中华人民共和国

兽药典

2015年版

一部

中国兽药典委员会 编

中国农业出版社

图书在版编目（CIP）数据

中华人民共和国兽药典：2015年版. 一部 / 中国兽
药典委员会编. —北京：中国农业出版社，2016.9
ISBN 978-7-109-21620-4

Ⅰ. ①中… Ⅱ. ①中… Ⅲ. ①兽医学—药典—中国—
2015 Ⅳ. ①S859.2

中国版本图书馆CIP数据核字（2016）第088325号

中国农业出版社出版

（北京市朝阳区麦子店街18号楼）

（邮政编码100125）

责任编辑　黄向阳　郭永立　郑　珂　周晓艳　王森鹤

北京地大天成印务有限公司印刷　　新华书店北京发行所发行

2016年9月第1版　　2016年9月北京第1次印刷

开本：880mm×1230mm 1/16　　印张：78.25

字数：2100千字

定价：760.00元

（凡本版图书出现印刷、装订错误，请向出版社发行部调换）

ISBN 978-7-109-21620-4
9 787109 216204>

前　言

　　《中华人民共和国兽药典》（简称《中国兽药典》）2015年版，按照第五届中国兽药典委员会全体委员大会审议通过的编制方案所确定的指导思想、编制原则和要求，经过全体委员和常设机构工作人员的努力，业已编制完成，经第五届中国兽药典委员会全体委员大会审议通过，由农业部颁布实施，为中华人民共和国第五版兽药典。

　　《中国兽药典》2015年版分为一部、二部和三部，收载品种总计2030种，其中新增186种，修订1009种。一部收载化学药品、抗生素、生化药品和药用辅料共752种，其中新增166种，修订477种；二部收载药材和饮片、植物油脂和提取物、成方制剂和单味制剂共1148种（包括饮片397种），其中新增9种，修订415种；三部收载生物制品131种，其中新增13种，修订117种。

　　本版兽药典各部均由凡例、正文品种、附录和索引等部分构成。一部、二部、三部共同采用的附录分别在各部中予以收载，方便使用。一部收载附录116项，其中新增24项，修订52项；二部收载附录107项，其中新增15项，修订49项；三部收载附录37项，其中修订17项，收载生物制品通则8项，其中新增2项，修订4项。

　　本版兽药典收载品种有所增加。一部继续增加收载药用辅料，共计达276种；二部新增4个兽医专用药材及5个成方制剂标准；三部新增13个生物制品标准。

　　本版兽药典标准体例更加系统完善。在凡例中明确了对违反兽药GMP或有未经批准添加物质所生产兽药产品的判定原则，为打击不按处方、工艺生产的行为提供了依据。在正文品种中恢复了与临床使用相关的内容，以便于兽药使用环节的指导和监管。建立了附录方法的永久性编号，质量标准与附录方法的衔接更加紧密。

　　本版兽药典质量控制水平进一步提高。一部加强了对有关物质的控制；二部进一步完善了显微鉴别，加强了对注射剂等品种的专属性检查；三部提高了口蹄疫灭活疫苗效力标准。

　　本版兽药典进一步加强兽药安全性检查。在附录中完善了对安全性及安全性检查的总体要求。在正文品种中增加了对毒性成分或易混杂成分的检查与控制，如一部加强了对静脉输液、乳状注射液等高风险品种渗透压、乳粒的检查与控制；二部规定了部分药材二氧化硫、有害元素的残留量，增加对黄曲霉毒素及16种农药的检查，替换标准中含苯毒性溶剂；三部增加了口蹄疫灭活疫苗细菌内毒素的标准和检验方法。

　　本版兽药典加强对现代分析技术的应用。一部增加了离子色谱法、拉曼光谱法等新方法，二部增加了质谱法、二氧化硫残留量测定法等新方法；一部、二部、三部分别收载或修订了国家兽药标准物质制备指导原则、兽药引湿性试验指导原则、动物源性原材料的一般要求等18个指导原则。

　　本届兽药典委员会进一步创新改进组织管理和工作机制。本届委员会共设立6个专业委员会，分别负责本专业范畴的标准制修订和兽药典编制工作，为完成新版兽药典编制工作奠定了坚实的基础。探索创新兽药典编制和兽药标准制修订项目的管理，制定并实施《中国兽药典编制工作规范》，保障兽药典编制工作的顺利完成。

本版兽药典在编制过程中，以确保兽药标准的科学性、先进性、实用性和规范性为重点，充分借鉴国内外药品及兽药标准和检验的先进技术和经验，客观反映我国兽药行业生产、检验和兽医临床用药的实际水平，着力提高兽药标准质量控制水平。《中国兽药典》2015年版的颁布实施，必将为推动我国兽药行业的健康发展发挥重要作用。

中国兽药典委员会

二〇一五年十二月

第五届中国兽药典委员会委员名单

主 任 委 员　高鸿宾

副主任委员　于康震　　张仲秋　　冯忠武　　徐肖君　　夏咸柱

执 行 委 员　（按姓氏笔画排序）

才学鹏	万仁玲	王 蓓	王玉堂	方晓华	冯忠武	冯忠泽
巩忠福	刘同民	许剑琴	李向东	李慧姣	杨汉春	杨劲松
杨松沛	谷 红	汪 明	汪 霞	沈建忠	张存帅	张仲秋
张秀英	陈光华	林典生	周明霞	赵 耘	赵文杰	赵启祖
胡元亮	段文龙	班付国	袁宗辉	耿玉亭	夏业才	夏咸柱
顾进华	徐士新	徐肖君	高 光	高迎春	盛圆贤	康 凯
董义春	蒋玉文	童光志	曾振灵	阚鹿枫		

委　　　员　（按姓氏笔画排序）

丁 铲	丁晓明	卜仕金	于康震	才学鹏	万仁玲	马双成
王 宁	王 栋	王 琴	王 蓓	王文成	王玉堂	王乐元
王亚芳	王在时	王志亮	王国忠	王建华	王建国	王贵平
王钦晖	王登临	支海兵	毛开荣	方晓华	孔宪刚	邓干臻
邓旭明	艾晓辉	卢 芳	卢亚艺	田玉柱	田克恭	田连信
田晓玲	史宁花	付本懂	冯 芳	冯忠武	冯忠泽	宁宜宝
巩忠福	毕丁仁	毕昊容	曲连东	朱 坚	朱明文	朱育红
任玉琴	刘同民	刘安南	刘秀梵	刘建晖	刘钟杰	刘家国
江善祥	许剑琴	孙 涛	孙进忠	孙志良	孙建宏	孙喜模
苏 亮	苏 梅	李 军	李 斌	李玉和	李向东	李秀波
李宝臣	李彦亮	李爱华	李慧义	李慧姣	李毅竦	杨汉春
杨永嘉	杨秀玉	杨劲松	杨松沛	杨国林	杨京岚	肖田安
肖后军	肖安东	肖希龙	肖新月	吴 兰	吴 杰	吴 萍
吴文学	吴国娟	吴福林	邱银生	何海蓉	谷 红	汪 明
汪 霞	汪开毓	沈建忠	宋慧敏	张 明	张 弦	张 莉
张永光	张存帅	张仲秋	张秀文	张秀英	张秀英	张浩吉

张培君	陆春波	陈 武	陈 锋	陈小秋	陈文云	陈玉库
陈光华	陈启友	陈昌福	陈焕春	陈慧华	武 华	范书才
范红结	林旭垫	林典生	林海丹	欧阳五庆	欧阳林山	罗 杨
罗玉峰	岳振锋	金录胜	周红霞	周明霞	周德刚	郑应华
郎洪武	赵 英	赵 耘	赵文杰	赵安良	赵启祖	赵晶晶
赵富华	郝素亭	胡大方	胡元亮	胡功政	胡松华	胡庭俊
胡福良	战 石	钟秀会	段文龙	侯丽丽	姜 力	姜 平
姜文娟	姜北宇	秦爱建	班付国	袁宗辉	耿玉亭	索 勋
夏业才	夏咸柱	顾 欣	顾进华	顾明芬	钱莘莘	徐士新
徐肖君	徐恩民	殷生章	高 光	高迎春	高鸿宾	郭文欣
郭锡杰	郭筱华	黄 珏	黄士新	黄显会	曹兴元	曹志高
盛圆贤	康 凯	章金刚	梁先明	梁梓森	彭 莉	董义春
董志远	蒋 原	蒋玉文	蒋桃珍	鲁兴萌	童光志	曾 文
曾 勇	曾建国	曾振灵	游忠明	谢梅冬	窦树龙	廖 明
阚鹿枫	谭 梅	潘伯安	潘春刚	潘洪波	操继跃	薛飞群
魏财文						

目　　录

本版兽药典（一部）新增品种名单

正文品种第一部分

三氯苯达唑   乙酰基阿维菌素注射液

三氯苯达唑片   苄星氯唑西林（原名称：苄星邻氯青霉素）

三氯苯达唑颗粒   苄星氯唑西林乳房注入剂（原名称：苄星邻氯青霉素注射液）

延胡索泰妙菌素   氧阿苯达唑

延胡索泰妙菌素预混剂   氧阿苯达唑片

延胡索泰妙菌素可溶性粉   氟尼辛葡甲胺颗粒

硫酸头孢喹肟   伊维菌素片

硫酸头孢喹肟注射液   伊维菌素溶液

注射用硫酸头孢喹肟   氟苯尼考可溶性粉

乙酰基阿维菌素   氟苯尼考甲硝唑滴耳液

正文品种第二部分

乙交酯丙交酯共聚物（5050）   组氨酸

乙交酯丙交酯共聚物（7525）（供注射用）   枸橼酸三乙酯

乙交酯丙交酯共聚物（8515）（供注射用）   枸橼酸三正丁酯

乙基纤维素水分散体   枸橼酸钠

乙基纤维素水分散体（B型）   氢氧化钾

乙醇   亮氨酸

二丁基羟基甲苯   活性炭（供注射用）

二氧化碳   盐酸

十八醇   氧化钙

十六十八醇   氧化锌

十六醇   氧化镁

丁香茎叶油   氨丁三醇

丁香油   胶态二氧化硅

丁香酚   粉状纤维素

三硅酸镁   烟酰胺

三氯蔗糖   烟酸

大豆油（供注射用）   酒石酸钠

大豆磷脂（供注射用）   海藻酸

小麦淀粉   海藻糖

山梨酸钾   预胶化羟丙基淀粉

门冬氨酸   硅化微晶纤维素

门冬酰胺   脱氧胆酸钠

马来酸   羟乙纤维素

马铃薯淀粉   羟丙甲纤维素邻苯二甲酸酯

无水枸橼酸   羟丙基淀粉空心胶囊

无水碳酸钠   羟苯苄酯

无水磷酸氢二钠   液状石蜡

无水磷酸氢钙   淀粉水解寡糖

木薯淀粉   蛋黄卵磷脂（供注射用）

D-木糖   维生素E琥珀酸聚乙二醇酯

木糖醇   琥珀酸

牛磺酸   硬脂酸锌

月桂酰聚氧乙烯（12）甘油酯   硝酸钾

月桂酰聚氧乙烯（32）甘油酯   硫酸铝

月桂酰聚氧乙烯（6）甘油酯   硫酸铵

月桂酰聚氧乙烯（8）甘油酯   硫酸羟喹啉

玉米淀粉   氯化钙

正丁醇   氯化钠（供注射用）

甘油   氯化钾

甘油三乙酯   氯化镁

甘油磷酸钙   氯甲酚

甘氨酸   稀盐酸

可可脂   稀醋酸

可压性蔗糖   稀磷酸

可溶性淀粉   焦糖

丙二醇（供注射用）   滑石粉

丙氨酸   酪氨酸

丙烯酸乙酯–甲基丙烯酸甲酯共   硼砂

聚物水分散体   硼酸

丙酸   微晶蜡

卡波姆共聚物   腺嘌呤

白陶土	羧甲纤维素钙
西黄蓍胶	聚乙二醇300（供注射用）
色氨酸	聚乙二醇400（供注射用）
冰醋酸	聚山梨酯80（供注射用）
麦芽酚	聚氧乙烯
壳聚糖	聚氧乙烯（35）蓖麻油
低取代羟丙纤维素	蔗糖八醋酸酯
谷氨酸钠	蔗糖丸芯
肠溶明胶空心胶囊	碱石灰
辛酸	碳酸丙烯酯
辛酸钠	碳酸氢钠
没食子酸	碳酸氢钾
尿素	精氨酸
阿司帕坦	醋酸
阿拉伯半乳糖	醋酸羟丙甲纤维素琥珀酸酯
纯化水	缬氨酸
环甲基硅酮	薄荷脑
苯扎氯铵	磷酸
苯扎溴铵	磷酸钙
苯甲醇	磷酸氢二铵
油酰聚氧乙烯甘油酯	磷酸淀粉钠
油酸钠	麝香草酚
油酸聚烃氧乙烯酯	泊洛沙姆407

本版兽药典（一部）未收载二〇一〇年版
兽药典（一部）中的品种名单

正文品种第一部分

喹乙醇 喹乙醇预混剂

注射用氯唑西林钠 硫酸黏菌素预混剂

正文品种第二部分

淀粉 邻苯二甲酸二乙酯

硫柳汞

本版兽药典（一部）新增与删除附录名单

一、新增附录

0112 耳用制剂

0231 兽用化学药品国家标准物质通则

0407 火焰光度法

0411 电感耦合等离子体原子发射光谱法

0412 电感耦合等离子体质谱法

0421 拉曼光谱法

0451　X射线衍射法

0531 超临界流体色谱法

0532 临界点色谱法

0542 毛细管电泳法

0931 溶出度与释放度测定法

1105 非无菌产品微生物限度检查：微生物计数法

1106 非无菌产品微生物限度检查：控制菌检查法

1107 非无菌兽药微生物限度标准

1121 抑菌效力检查法

1146 组胺类物质检查法

9015 兽药晶型研究及晶型质量控制指导原则

9204 微生物鉴定指导原则

9205 兽药洁净实验室微生物监测和控制指导原则

9206 无菌检查用隔离系统验证指导原则

9601 药用辅料功能性指标研究指导原则

9621 药包材通用要求指导原则

9622 药用玻璃材料和容器指导原则

9901 国家兽药标准物质制备指导原则

二、删除附录

X 射线粉末衍射法

溶出度测定法

释放度测定法

微生物限度检查法

抑菌剂效力检查法指导原则

凡　例

总　则

一、《中华人民共和国兽药典》简称《中国兽药典》，依据《兽药管理条例》组织制定和颁布实施，是国家监督管理兽药质量的法定技术标准。《中国兽药典》一经颁布实施，其同品种的上版标准或其原国家标准即同时停止使用。

《中国兽药典》由一部、二部和三部组成，内容分别包括凡例、正文和附录。除特别注明版次外，《中国兽药典》均指现行版《中国兽药典》。

本部为《中国兽药典》一部。

二、兽药国家标准由凡例与正文及其引用的附录共同构成。本部兽药典收载的凡例、附录对兽药典以外的其他兽用化学、抗生素、生化药品等国家标准具同等效力。

三、凡例是为正确使用《中国兽药典》进行兽药质量检定的基本原则，是对《中国兽药典》正文、附录及与兽药质量检定有关的共性问题的统一规定。

四、凡例和附录中采用"除另有规定外"这一用语，表示存在与凡例或附录有关规定不一致的情况时，则在正文中另作规定，并按此规定执行。

五、正文中引用的兽药系指本版兽药典收载的品种，其质量应符合相应的规定。

六、正文所设各项规定是针对符合《兽药生产质量管理规范》（Good Manufacturing Practices for Veterinary Drugs，简称兽药GMP）的产品而言。任何违反兽药GMP或有未经批准添加物质所生产的兽药，即使符合《中国兽药典》或按照《中国兽药典》暂不能将其添加物或相关杂质定性为何物质，亦不能认为其符合规定。

七、《中国兽药典》的英文名称为Veterinary Pharmacopoeia of the People's Republic of China；英文简称为Chinese Veterinary Pharmacopoeia；英文缩写为CVP。

正　文

八、《中国兽药典》各品种项下收载的内容为标准正文。正文系根据药物自身的理化与生物学特性，按照批准的处方来源、生产工艺、贮藏运输条件等所制定的、用以检测兽药质量是否达到用药要求并衡量其质量是否稳定均一的技术规定。

九、正文内容根据品种和剂型的不同，按顺序可分别列有：（1）品名（包括中文名、汉语拼音与英文名）；（2）有机药物的结构式；（3）分子式与分子量；（4）来源或有机药物的化学名称；（5）含量或效价规定；（6）处方；（7）制法；（8）性状；（9）鉴别；（10）检查；（11）含量测定；（12）类别；（13）作用与用途；（14）用法与用量；（15）注意事项；（16）不良反应；（17）休药期；（18）规格；（19）贮藏；（20）制剂等。

附　录

十、附录主要收载制剂通则、通用检测方法和指导原则。制剂通则系按照兽药剂型分类，针对剂型特点所规定的基本技术要求；通用检测方法系各正文品种进行相同检查项目的检测时所应采用的统一的设备、程序、方法及限度等；指导原则系为执行兽药典、考察兽药质量、起草与复核兽药标准等所制定的指导性规定。

名称与编排

十一、正文收载的兽药中文名称通常按照《中国药品通用名称》收载的名称及其命名原则命名，《中国兽药典》收载的兽药中文名称均为法定名称；本版兽药典收载的原料药英文名除另有规定外，均采用国际非专利药名（International Nonproprietary Names，INN）。

有机药物的化学名称系根据中国化学会编撰的《有机化学命名原则》命名，母体的选定与国际纯粹与应用化学联合会（International Union of Pure and Applied Chemistry，IUPAC）的命名系统一致。

十二、兽药化学结构式采用世界卫生组织（World Health Organization，WHO）推荐的"药品化学结构式书写指南"书写。

十三、正文按兽药中文名称笔画顺序排列，同笔画数的字按起笔笔形"一丨丿、一"的顺序排列；单方制剂排在其原料药后面；兽药用辅料集中编排；附录按分类编码排列；索引按汉语拼音顺序排序的中文索引、英文名和中文名对照索引排列。

项目与要求

十四、制法项下主要记载兽药的重要工艺要求和质量管理要求。

（1）所有兽药的生产工艺应经验证，并经国务院兽医行政管理部门批准，生产过程均应符合兽药GMP的要求。

（2）来源于动物组织提取的兽药，其所用动物种属要明确，所用脏器均应来自经检疫的健康动物，涉及牛源的应取自无牛海绵状脑病地区的健康牛群；来源于人尿提取的兽药，均应取自健康人群。上述兽药均应有明确的病毒灭活工艺要求以及质量管理要求。

（3）直接用于生产的菌种、毒种、来自人和动物的细胞、DNA重组工程菌及工程细胞，来源途径应经国务院兽医行政管理部门批准并应符合国家有关的管理规范。

十五、性状项下记载兽药的外观、臭、溶解度以及物理常数等。

（1）外观性状是对兽药的色泽和外表感观的规定。

（2）溶解度是兽药的一种物理性质。各品种项下选用的部分溶剂及其在该溶剂中的溶解性能，可供精制或制备溶液时参考；对在特定溶剂中的溶解性能需做质量控制时，在该品种项下另作具体规定。兽药的近似溶解度以下列名词术语表示：

极易溶解	系指溶质1g（ml）能在溶剂不到1ml中溶解；
易溶	系指溶质1g（ml）能在溶剂1～不到10ml中溶解；

溶解	系指溶质1g（ml）能在溶剂10～不到30ml中溶解；
略溶	系指溶质1g（ml）能在溶剂30～不到100ml中溶解；
微溶	系指溶质1g（ml）能在溶剂100～不到1000ml中溶解；
极微溶解	系指溶质1g（ml）能在溶剂1000～不到10 000ml中溶解；
几乎不溶或不溶	系指溶质1g（ml）在溶剂10 000ml中不能完全溶解。

试验法：除另有规定外，称取研成细粉的供试品或量取液体供试品，置25℃±2℃一定容量的溶剂中，每隔5分钟强力振摇30秒钟；观察30分钟内的溶解情况，如无目视可见的溶质颗粒或液滴时，即视为完全溶解。

（3）物理常数包括相对密度、馏程、熔点、凝点、比旋度、折光率、黏度、吸收系数、碘值、皂化值和酸值等；其测定结果不仅对兽药具有鉴别意义，也可反映兽药的纯度，是评价兽药质量的主要指标之一。

十六、鉴别项下规定的试验方法，系根据反映该兽药某些物理、化学或生物学等特性所进行的药物鉴别试验，不完全代表对该兽药化学结构的确证。

十七、检查项下包括反映兽药的安全性与有效性的试验方法和限度、均一性与纯度等制备工艺要求等内容；对于规定中的各种杂质检查项目，系指该兽药在按既定工艺进行生产和正常贮藏过程中可能含有或产生并需要控制的杂质（如残留溶剂、有关物质等）；改变生产工艺时需另考虑增修订有关项目。

对于生产过程中引入的有机溶剂，应在后续的生产环节予以有效去除。除正文已明确列有"残留溶剂"检查的品种必须对生产过程中引入的有机溶剂依法进行该项检查外，其他未在"残留溶剂"项下明确列出的有机溶剂与未在正文中列有此项检查的各品种，如生产过程中引入或产品中残留有机溶剂，均应按附录"残留溶剂测定法"检查并应符合相应溶剂的限度规定。

采用色谱法检测有关物质时，杂质峰（或斑点）不包括溶剂、辅料或原料药的非活性部分等产生的色谱峰（或斑点）。必要时，可采用适宜的方法对上述非杂质峰（或斑点）进行确认。

处方中含有抑菌剂的注射剂和眼用制剂，应建立适宜的检测方法对抑菌剂的含量进行控制。正文已明确列有抑菌剂检查的品种必须依法对产品中使用的抑菌剂进行该项检查，并应符合相应的限度规定。

供直接分装成注射用无菌粉末的原料药，应按照注射剂项下相应的要求进行检查，并应符合规定。

各类制剂，除另有规定外，均应符合各制剂通则项下有关的各项规定。

十八、含量测定项下规定的试验方法，用于测定原料药及制剂中有效成分的含量，一般可采用化学、仪器或生物测定方法。

十九、类别、作用与用途，系指兽药的主要作用与用途或学科的归属划分，不排除在临床实践的基础上作其他类别药物使用。

二十、用法与用量，系指常用的给药方法和除另有规定外成年畜禽的常用剂量。

二十一、制剂的规格，系指每一支、片或其他每一个单位制剂中含有主药的重量（或效价）或含量（%）或装量。注射液项下，如为"1ml：10mg"，系指1ml中含有主药10mg；对于列有处方或标有浓度的制剂，也可同时规定装量规格。

二十二、贮藏项下的规定，系为避免污染和降解而对兽药贮存与保管的基本要求，以下列名词术语表示：

遮光　系指用不透光的容器包装，例如，棕色容器或黑纸包裹的无色透明、半透明容器；

避光　系指避免日光直射；

密闭　系指将容器密闭，以防止尘土及异物进入；

密封　系指将容器密封以防止风化、吸潮、挥发或异物进入；

熔封或严封　系指将容器熔封或用适宜的材料严封，以防止空气与水分的侵入并防止污染；

阴凉处　系指不超过20℃；

凉暗处　系指避光并不超过20℃；

冷处　　系指2～10℃；

常温　　系指10～30℃。

除另有规定外，贮藏项下未规定温度的一般系指常温。

二十三、制剂中使用的原料药和辅料，均应符合本版兽药典的规定；本版兽药典未收载者，必须制定符合兽药用要求的标准，并需经国务院兽医行政管理部门批准。

同一原料药用于不同制剂（特别是给药途径不同的制剂）时，需根据临床用药要求制定相应的质量控制项目。

本版兽药典收载的药用辅料标准是对在品种【类别】项下规定相应用途辅料的基本要求。

制剂生产企业使用的药用辅料即使符合本版兽药典药用辅料标准，也应进行药用辅料标准的适用性验证。

药用辅料标准适用性验证应充分考虑药用辅料的来源、工艺以及制备制剂的特点、给药途径、使用对象、使用剂量等相关因素的影响。

在采用本版兽药典或《中国药典》收载的药用辅料时，还应考虑制备制剂的给药途径、制剂用途、配方组成、使用剂量等其他因素对其安全性的影响。根据制剂的安全风险的程度，选择相应等级的药用辅料。特别是对注射剂、眼用制剂等高风险制剂，在适用性、安全性、稳定性等符合要求的前提下应尽可能选择供注射用级别的药用辅料。

采用本版兽药典或《中国药典》收载的药用辅料对制剂的适用性及安全性等可能产生影响时，生产企业应根据制剂的特点，采用符合要求的药用辅料，并建立相应的药用辅料标准。

检验方法和限度

二十四、采用本版兽药典规定的方法进行检验时应对方法的适用性进行确认。

二十五、本版兽药典正文收载的所有品种，均应按规定的方法进行检验。如采用其他方法，应将该方法与规定的方法做比较试验，根据试验结果掌握使用，但在仲裁时仍以本版兽药典规定的方法为准。

二十六、本版兽药典中规定的各种纯度和限度数值以及制剂的重（装）量差异，系包括上限和下限两个数值本身及中间数值。规定的这些数值不论是百分数还是绝对数字，其最后一位数字都是有效位。

试验结果在运算过程中，可比规定的有效数字多保留一位数，而后根据有效数字修约规则进舍至规定有效位。计算所得的最后数值或测定读数值均可按修约规则进舍至规定的有效位，取此数值与标准中规定的限度数值比较，以判断是否符合规定的限度。

二十七、原料药的含量（%），除另有注明者外，均按重量计。如规定上限为100%以上时，系指用本版兽药典规定的分析方法测定时可能达到的数值，它为兽药典规定的限度或允许偏差，并非真实含有量；如未规定上限时，系指不超过101.0%。

制剂的含量限度范围，系根据主药含量的多少、测定方法误差、生产过程不可避免的偏差和贮存期间可能产生降解的可接受程度而制定的，生产中应按标示量100%投料。如已知某一成分在生产或贮存期间含量会降低，生产时可适当增加投料量，以保证在有效期内含量能符合规定。

标准品、对照品

二十八、标准品、对照品系指用于鉴别、检查、含量测定的标准物质。标准品系指用于生物检定或效价测定的标准物质，其特性量值一般按效价单位（或μg）计；对照品系指采用理化方法进行鉴别、检查或含量测定时所用的标准物质，其特性量值一般按纯度（%）计。

标准品与对照品的建立或变更批号，应与国际标准品或原批号标准品或对照品进行对比，并经过协作标定。然后按照国家兽药标准物质相应的工作程序进行技术审定，确认其质量能够满足既定用途后方可使用。

标准品与对照品均应附有使用说明书，一般应标明批号、特性量值、用途、使用方法、贮藏条件和装量等。

标准品与对照品均应按其标签或使用说明书所示的内容使用或贮藏。

计　　量

二十九、试验用的计量仪器均应符合国务院质量技术监督部门的规定。

三十、本版兽药典采用的计量单位。

（1）法定计量单位名称和单位符号如下：

长度	米(m)	分米(dm)	厘米(cm)	毫米(mm)
	微米(μm)		纳米(nm)	
体积	升(L)	毫升(ml)	微升(μl)	
质(重)量	千克(kg)	克(g)	毫克(mg)	微克(μg)
	纳克(ng)	皮克(pg)		
物质的量	摩尔(mol)	毫摩尔(mmol)		

压力	兆帕(MPa)	千帕(kPa)	帕(Pa)	
温度	摄氏度(℃)			
动力黏度	帕秒(Pa·s)		毫帕秒(mPa·s)	
运动黏度	平方米每秒(m^2/s)		平方毫米每秒(mm^2/s)	
波数	厘米的倒数(cm^{-1})			
密度	千克每立方米(kg/m^3)		克每立方厘米(g/cm^3)	
放射性活度	吉贝可（GBq）	兆贝可（MBq）	千贝可（kBq）	贝可（Bq）

（2）本版兽药典使用的滴定液和试液的浓度，以mol/L（摩尔/升）表示者，其浓度要求精密标定的滴定液用"XXX滴定液（YYYmol/L）"表示；作其他用途不需精密标定其浓度时，用"YYYmol/L XXX溶液"表示，以示区别。

（3）有关的温度描述，一般以下列名词术语表示：

水浴温度	除另有规定外，均指98~100℃；
热水	系指70~80℃；
微温或温水	系指40~50℃；
室温（常温）	系指10~30℃；
冷水	系指2~10℃；
冰浴	系指约0℃；
放冷	系指放冷至室温。

（4）符号"%"表示百分比，系指重量的比例；但溶液的百分比，除另有规定外，系指溶液100ml中含有溶质若干克；乙醇的百分比，系指在20℃时容量的比例。此外，根据需要可采用下列符号：

%（g/g）	表示溶液100g中含有溶质若干克；
%（ml/ml）	表示溶液100ml中含有溶质若干毫升；
%（ml/g）	表示溶液100g中含有溶质若干毫升；
%（g/ml）	表示溶液100ml中含有溶质若干克。

（5）缩写"ppm"表示百万分比，系指重量或体积的比例。

（6）缩写"ppb"表示十亿分比，系指重量或体积的比例。

（7）液体的滴，系在20℃时，以1.0ml水为20滴进行换算。

（8）溶液后标示的"（1→10）"等符号，系指固体溶质1.0g或液体溶质1.0ml加溶剂使成10ml的溶液；未指明用何种溶剂时，均系指水溶液；两种或两种以上液体的混合物，名称间用半字线"-"隔开，其后括号内所示的"："符号，系指各液体混合时的体积（重量）比例。

（9）本版兽药典所用药筛，选用国家标准的R40/3系列，分等如下：

| 筛号 | 筛孔内径（平均值） | 目号 |
| 一号筛 | $2000\mu m \pm 70\mu m$ | 10目 |

二号筛	$850\mu m \pm 29\mu m$	24目
三号筛	$355\mu m \pm 13\mu m$	50目
四号筛	$250\mu m \pm 9.9\mu m$	65目
五号筛	$180\mu m \pm 7.6\mu m$	80目
六号筛	$150\mu m \pm 6.6\mu m$	100目
七号筛	$125\mu m \pm 5.8\mu m$	120目
八号筛	$90\mu m \pm 4.6\mu m$	150目
九号筛	$75\mu m \pm 4.1\mu m$	200目

粉末分等如下：

最粗粉　指能全部通过一号筛，但混有能通过三号筛不超过20%的粉末；

粗　粉　指能全部通过二号筛，但混有能通过四号筛不超过40%的粉末；

中　粉　指能全部通过四号筛，但混有能通过五号筛不超过60%的粉末；

细　粉　指能全部通过五号筛，并含能通过六号筛不少于95%的粉末；

最细粉　指能全部通过六号筛，并含能通过七号筛不少于95%的粉末；

极细粉　指能全部通过八号筛，并含能通过九号筛不少于95%的粉末。

（10）乙醇未指明浓度时，均系指95%（ml/ml）的乙醇。

三十一、计算分子量以及换算因子等使用的原子量均按最新国际原子量表推荐的原子量。

精　确　度

三十二、本版兽药典规定取样量的准确度和试验精密度。

（1）试验中供试品与试药等"称重"或"量取"的量，均以阿拉伯数码表示，其精确度可根据数值的有效数位来确定，如称取"0.1g"，系指称取重量可为0.06~0.14g；称取"2g"，系指称取重量可为1.5~2.5g；称取"2.0g"，系指称取重量可为1.95~2.05g；称取"2.00g"，系指称取重量可为1.995~2.005g。

"精密称定"系指称取重量应准确至所取重量的千分之一；"称定"系指称取重量应准确至所取重量的百分之一；"精密量取"系指量取体积的准确度应符合国家标准中对该体积移液管的精密度要求；"量取"系指可用量筒或按照量取体积的有效数位选用量具。取用量为"约"若干时，系指取用量不得超过规定量的±10%。

（2）恒重，除另有规定外，系指供试品连续两次干燥或炽灼后称重的差异在0.3mg以下的重量；干燥至恒重的第二次及以后各次称重均应在规定条件下继续干燥1小时后进行；炽灼至恒重的第二次称重应在继续炽灼30分钟后进行。

（3）试验中规定"按干燥品（或无水物，或无溶剂）计算"时，除另有规定外，应取未经干燥（或未去水、或未去溶剂）的供试品进行试验，并将计算中的取用量按检查项下测得的干燥失重（或水分、或溶剂）扣除。

（4）试验中的"空白试验"，系指在不加供试品或以等量溶剂替代供试液的情况下，按同法操作所得的结果；含量测定中的"并将滴定的结果用空白试验校正"，系指按供试品所耗滴定液的量（ml）与空白试验中所耗滴定液的量（ml）之差进行计算。

（5）试验时的温度，未注明者，系指在室温下进行；温度高低对试验结果有显著影响者，除另有规定外，应以25℃±2℃为准。

试药、试液、指示剂

三十三、试验用的试药，除另有规定外，均应根据附录试药项下的规定，选用不同等级并符合国家标准或国务院有关行政主管部门规定的试剂标准。试液、缓冲液、指示剂与指示液、滴定液等，均应符合附录的规定或按照附录的规定制备。

三十四、试验用水，除另有规定外，均系指纯化水。酸碱度检查所用的水，均系指新沸并放冷至室温的水。

三十五、酸碱性试验时，如未指明用何种指示剂，均系指石蕊试纸。

动物试验

三十六、动物试验所使用的动物应为健康动物，其管理应按国务院有关行政主管部门颁布的规定执行。

动物品系、年龄、性别、体重等应符合兽药检定要求。

随着兽药纯度的提高，凡是有准确的化学和物理方法或细胞学方法能取代动物试验进行兽药质量检测的，应尽量采用，以减少动物试验。

说明书、包装、标签

三十七、兽药说明书应符合《兽药管理条例》及国务院兽医行政管理部门对说明书的规定。

三十八、直接接触兽药的包装材料和容器应符合国务院药品监督管理部门的有关规定，均应无毒、洁净，与内容兽药应不发生化学反应，并不得影响内容兽药的质量。

三十九、兽药标签应符合《兽药管理条例》及国务院兽医行政管理部门对包装标签的规定，不同包装标签其内容应根据上述规定印制，并应尽可能多地包含兽药信息。

四十、兽用麻醉药品、精神药品、毒性药品、外用兽药和兽用处方药的说明书和包装标签，必须印有规定的标识。

品 名 目 次

正文品种 第一部分

八画
青苯软肾明咖乳鱼注

九画
毒药枸胃氟氢重度浓癸绒

正文品种　第二部分

正 文 品 种

第 一 部 分

乙氧酰胺苯甲酯

Yiyangxian'an Benjiazhi

Ethopabate

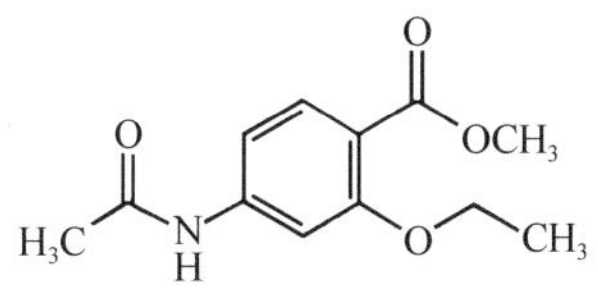

$C_{12}H_{15}NO_4$ 237.25

本品为4-乙酰氨基-2-乙氧基苯甲酸甲酯。按干燥品计算，含$C_{12}H_{15}NO_4$不得少于96.0%。

【性状】 本品为白色或类白色粉末。

本品在甲醇、乙醇或三氯甲烷中溶解，在乙醚中微溶，在水中不溶。

熔点 本品的熔点（附录0612）为147~152℃。

【鉴别】 （1）在含量测定项下记录的色谱图中，供试品溶液主峰的保留时间应与对照品溶液主峰的保留时间一致。

（2）本品的红外光吸收图谱应与对照的图谱一致。

【检查】 **有关物质** 取本品，加50%甲醇溶液溶解并稀释制成每1ml中约含0.4mg的溶液，作为供试品溶液；精密量取适量，用50%甲醇溶液定量稀释制成每1ml中约含10μg的溶液，作为对照溶液。照含量测定项下的色谱条件，精密量取对照溶液和供试品溶液各10μl，分别注入液相色谱仪，记录色谱图至主成分峰保留时间的2.5倍。供试品溶液色谱图中如有杂质峰，各杂质峰面积的和不得大于对照溶液主峰面积（2.5%）。

干燥失重 取本品，在105℃干燥至恒重，减失重量不得过0.5%（附录0831）。

炽灼残渣 不得过0.5%（附录0841）。

【含量测定】 照高效液相色谱法（附录0512）测定。

色谱条件与系统适用性试验 用十八烷基硅烷键合硅胶为填充剂；以0.3%庚烷磺酸钠溶液（用磷酸调节pH值至2.5）-甲醇-乙腈（450：150：30）为流动相；检测波长为268nm。理论板数按乙氧酰胺苯甲酯峰计算不低于4000。

测定法 取本品约40mg，精密称定，置100ml量瓶中，加50%甲醇溶液80ml，超声使溶解，用50%甲醇溶液稀释至刻度，摇匀，精密量取10μl，注入液相色谱仪，记录色谱图；另取乙氧酰胺苯甲酯对照品，同法测定。按外标法以峰面积计算，即得。

【类别】 抗球虫药。

【贮藏】 密封，在干燥处保存。

【制剂】 （1）盐酸氨丙啉乙氧酰胺苯甲酯预混剂 （2）盐酸氨丙啉乙氧酰胺苯甲酯磺胺喹噁啉预混剂

乙　酰　胺

Yixian'an

Acetamide

C_2H_5NO　59.07

本品含C_2H_5NO不得少于98.5%。

【性状】　本品为白色透明结晶；易潮解。

本品在水中极易溶解，在乙醇或吡啶中易溶，在甘油或三氯甲烷中溶解。

凝点　本品的凝点（附录0613）不低于77.0℃。

【鉴别】　（1）取本品0.2g，置试管中，加乙醇与硫酸各1ml共热，即发生乙酸乙酯的香气。

（2）取本品0.2g，加氢氧化钠试液1ml，加热即分解，发生氨臭，可使湿润的红色石蕊试纸变蓝色。

【检查】　**酸度**　取本品1.5g，加水10ml，加酚酞指示液1滴，摇匀，用氢氧化钠滴定液（0.1mol/L）滴定至溶液显淡红色，并在30秒钟内不褪，消耗氢氧化钠滴定液（0.1mol/L）不得过0.5ml。

溶液的澄清度　取本品1.0g，加水10ml溶解后，溶液应澄清。

氯化物　取本品2.0g，依法检查（附录0801），与标准氯化钠溶液4.0ml制成的对照液比较，不得更浓（0.002%）。

硫酸盐　取本品5.0g，置蒸发皿中，加5%无水碳酸钠溶液3ml，于水浴或砂浴上加热至乙酰胺气体逸尽，烧灼至完全炭化，残渣中加热水20ml，滤过，滤液依法检查（附录0802），与标准硫酸钾溶液2.0ml制成的对照液比较，不得更浓（0.004%）。

醋酸盐　取本品1.5g，加水20ml，加30%硫酸铁铵溶液0.3ml，摇匀，放置3分钟，与标准醋酸盐溶液〔精密称取醋酸钠（$CH_3COONa·3H_2O$）34.57g，置1000ml量瓶中，加水溶解并稀释至刻度，摇匀。精密量取10ml，置100ml量瓶中，用水稀释至刻度，摇匀。每1ml相当于1.5mg的CH_3COO^-〕2.0ml制成的对照液比较，不得更浓（0.2%）。

炽灼残渣　不得过0.1%（附录0841）。

重金属　取本品1.0g，加水23ml使溶解，加醋酸盐缓冲液（pH3.5）2ml，用水稀释至25ml，依法检查（附录0821第一法），含重金属不得过百万分之十。

【含量测定】　取本品约0.7g，精密称定，置凯氏烧瓶中，加水90ml使溶解，加氢氧化钠试液100ml，加热蒸馏，馏出液导入2%硼酸溶液50ml中，至体积约达150ml时停止蒸馏，馏出液中加甲基红-溴甲酚绿混合指示液6滴，用硫酸滴定液（0.25mol/L）滴定至溶液由蓝绿色变为灰紫色，并将滴定的结果用空白试验校正。每1ml硫酸滴定液（0.25mol/L）相当于29.54mg的C_2H_5NO。

【类别】　解毒药。

【贮藏】　密闭保存。

【制剂】　乙酰胺注射液

乙酰胺注射液

Yixian'an Zhusheye

Acetamide Injection

本品为乙酰胺的灭菌水溶液。含乙酰胺（C_2H_5NO）应为标示量的90.0%～110.0%。

【性状】 本品为无色的澄明液体。

【鉴别】 （1）取本品1ml，加氢氧化钠试液5ml，煮沸，即发生氨臭，能使湿润的红色石蕊试纸变蓝。

（2）本品显醋酸盐的鉴别反应（附录0301）。

【检查】 pH值 应为4.5～7.0（附录0631）。

其他 应符合注射剂项下有关的各项规定（附录0102）。

【含量测定】 精密量取本品适量（约相当于乙酰胺1.0g），照乙酰胺项下的方法测定。每1ml硫酸滴定液（0.25mol/L）相当于29.54mg的C_2H_5NO。

【作用与用途】 解毒药。用于氟乙酰胺等有机氟中毒。

【用法与用量】 以乙酰胺计。静脉、肌内注射：一次量，每1kg体重，家畜50～100mg。

【不良反应】 本品酸性较强，肌内注射可引起局部疼痛。

【注意事项】 为减轻局部疼痛，肌内注射时可配合使用适量盐酸普鲁卡因注射液。

【规格】 （1）5ml：0.5g （2）5ml：2.5g （3）10ml：1g （4）10ml：5g

【贮藏】 密闭保存。

乙酰氨基阿维菌素

Yixian'anji Aweijunsu

Eprinomectin

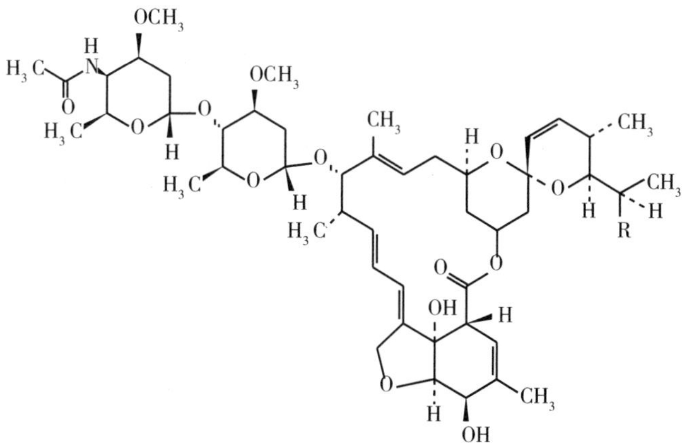

B_{1a}:R=C_2H_5 B_{1b}: R=CH_3

乙酰氨基阿维菌素B_{1a}：R=C_2H_5 $C_{50}H_{75}NO_{14}$ 914.13
乙酰氨基阿维菌素B_{1b}：R=CH_3 $C_{49}H_{73}NO_{14}$ 900.10

本品为乙酰氨基阿维菌素B_{1a}和乙酰氨基阿维菌素B_{1b}的混合物。主要组分乙酰氨基阿维菌素B_{1a}为（4'R）- 4'-（乙酰氨基）-5-O-去甲基-4'-脱氧阿维菌素A_{1a}；乙酰氨基阿维菌素B_{1b}为（4'R）- 4'-（乙酰氨基）-5-O-去甲基-25-去（1-甲基-丙基）-4'-脱氧-25-（1-甲基乙基）阿维菌素A_{1a}。按无水、无溶剂物计算，含乙酰氨基阿维菌素B_{1a}不得少于90.0%，含乙酰氨基阿维菌素B_1（B_{1a}＋B_{1b}）不得少于95.0%。

【性状】　本品为白色或类白色结晶性粉末；有引湿性。

本品在甲醇中极易溶解，在乙醇、三氯甲烷或丙酮中易溶，在水中几乎不溶。

比旋度　取本品，精密称定，加三氯甲烷溶解并定量稀释制成每1ml中约含10mg的溶液，依法测定（附录0621），按无水、无溶剂物计算，比旋度为＋37°至＋41°。

【鉴别】　（1）在含量测定项下记录的色谱图中，供试品溶液主峰的保留时间应与对照品溶液主峰的保留时间一致。

（2）本品的红外光吸收图谱应与对照品的图谱一致。

【检查】　甲醇溶液的澄清度与颜色　取本品1.0g，加甲醇50ml溶解后，溶液应澄清无色；如显浑浊，与1号浊度标准液（附录0902）比较，不得更浓；如显色，与黄绿色3号标准比色液（附录0901第一法）比较，不得更深。

有关物质　取含量测定项下的溶液作为供试品溶液，精密量取适量，用甲醇定量稀释制成每1ml中含5μg的溶液作为对照溶液。照含量测定项下的色谱条件，精密量取供试品溶液和对照溶液各20μl，分别注入液相色谱仪，记录色谱图。供试品溶液的色谱图中如有杂质峰，单个杂质峰面积不得大于对照溶液主峰面积（1.0%），各杂质峰面积的和不得大于对照溶液主峰面积的5倍（5.0%）。供试品溶液色谱图中小于对照溶液主峰面积0.05倍的峰可忽略不计。

8氧代－B_{1a}　取含量测定项下的溶液作为供试品溶液；取丁羟甲苯适量，精密称定，加甲醇制成每1ml中约含0.01mg的溶液，作为对照品溶液；照高效液相色谱法（附录0512）测定。用辛烷基硅烷键合硅胶为填充剂；以乙腈-0.1%高氯酸溶液（13∶7）为流动相；检测波长为280nm。精密量取对照品溶液和供试品溶液各20μl，分别注入液相色谱仪，记录色谱图。供试品溶液色谱图中如有相对于丁羟甲苯峰保留时间约0.59的杂质峰，按外标法以峰面积计算，将计算结果乘以丁羟甲苯相对于8氧代-B_{1a}的校正因子0.4，含8氧代-B_{1a}的量不得过0.5%。

乙酰氨基阿维菌素B_{1b}　照含量测定项下的方法测定，乙酰氨基阿维菌素B_{1b}的峰面积不得大于乙酰氨基阿维菌素B_{1a}和乙酰氨基阿维菌素B_{1b}峰面积之和的5.0%。

残留溶剂　乙醇、乙腈与丙酮　取本品1.0g，精密称定，置10ml量瓶中，加二甲基甲酰胺溶解并稀释至刻度，作为供试品溶液；另精密称取乙醇、乙腈与丙酮，用二甲基甲酰胺定量稀释制成每1ml中分别含乙醇5mg、乙腈0.41mg与丙酮5mg的混合溶液，作为对照品溶液，照残留溶剂测定法（附录0861第三法）测定。以二乙烯基-乙基乙烯苯型高分子多孔小球作为固定相的毛细管柱为色谱柱，初始温度为50℃，以每分钟2℃的速率升温至80℃，再以每分钟5℃的速率升温至220℃；进样口温度为170℃；检测器温度为170℃；出峰顺序依次为乙腈、乙醇、丙酮与二甲基甲酰胺，各峰之间的分离度均应符合要求。精密量取对照品溶液与供试品溶液各2μl，分别注入气相色谱仪，记录色谱图。按外标法以峰面积计算，均应符合规定。

水分　取本品，照水分测定法（附录0832第一法A）测定，含水分不得过2.0%。

炽灼残渣　取本品1.0g，依法检查（附录0841），遗留残渣不得过0.1%。

重金属　取炽灼残渣项下遗留的残渣，依法检查（附录0821第二法），含重金属不得过百万分之十。

【含量测定】　照高效液相色谱法（附录0512）测定。

色谱条件与系统适用性试验　用辛烷基硅烷键合硅胶为填充剂；以0.1%高氯酸溶液为流动相A，乙腈为流动相B，流速为每分钟1.5ml，按下表进行线性梯度洗脱；检测波长为245nm。理论板数按乙酰氨基阿维菌素B_{1a}峰计算不低于4500，乙酰氨基阿维菌素B_{1a}和B_{1b}的分离度应大于3。

时间（分钟）	流动相A（%）	流动相B（%）
0	45	55
15	45	55
25	5	95
30	45	55
35	45	55

测定法　取本品适量，精密称定，加甲醇制成每1ml中约含0.5mg的溶液，精密量取20μl注入液相色谱仪，记录色谱图；另取乙酰氨基阿维菌素对照品，同法测定。按外标法以峰面积计算，即得。

【类别】　大环内酯类抗寄生虫药。

【贮藏】　遮光，密封，在2～8℃干燥处保存。

【制剂】　乙酰氨基阿维菌素注射液

【有效期】　1年。

乙酰氨基阿维菌素注射液

Yixian'anji Aweijunsu Zhusheye

Eprinomectin Injection

本品为乙酰氨基阿维菌素的无菌油溶液，含乙酰氨基阿维菌素B_1（B_{1a}＋B_{1b}）应为标示量的90.0%～110.0%。

【性状】　本品为无色至微黄色的澄明油状液体，略黏稠。

【鉴别】　在含量测定项下记录的色谱图中，供试品溶液主峰的保留时间应与对照品溶液主峰的保留时间一致。

【检查】　颜色　取本品，与黄色或黄绿色4号标准比色液（附录0901第一法）比较，不得更深。

乙酰氨基阿维菌素B_{1b}　照含量测定项下的方法测定，乙酰氨基阿维菌素B_{1b}的峰面积不得大于乙酰氨基阿维菌素B_{1a}和乙酰氨基阿维菌素B_{1b}峰面积之和的5.0%。

有关物质　取含量测定项下的溶液作为供试品溶液，照乙酰氨基阿维菌素项下的方法测定。供试品溶液的色谱图中如有杂质峰，单个杂质峰面积不得大于对照溶液主峰面积（1.0%），各杂质峰面积的和不得大于对照溶液主峰面积的5倍（5.0%）。供试品溶液色谱图中小于对照溶液主峰面积0.05倍的杂质峰可忽略不计。

水分　取本品，照水分测定法（附录0832第一法A）测定，含水分不得过1.0%。

无菌　取本品，经薄膜过滤法处理，依法检查（附录1101），应符合规定。

其他　应符合注射剂项下有关的各项规定（附录0102）。

【含量测定】　精密量取本品适量，用甲醇定量稀释制成每1ml中约含0.5mg的溶液，作为供试品溶液。照乙酰氨基阿维菌素项下的方法测定，即得。

【作用与用途】　大环内酯类抗寄生虫药。主要用于驱杀牛体内寄生虫如胃肠道线虫、肺线虫以及体外寄生虫如蜱、螨、虱、牛皮蝇蛆、纹皮蝇蛆等。

【用法与用量】　以乙酰氨基阿维菌素计，皮下注射：一次量，每1kg体重，牛0.2mg。

【注意事项】　（1）本品只作皮下注射，不得肌内或静脉注射。

（2）柯利犬禁用。

（3）对虾、鱼等水生生物有剧毒，残存药物的包装切勿污染水源。

（4）使用本品时，操作人员不得进食或吸烟，操作后应洗手。

（5）避免儿童接触。

【休药期】　1日；奶牛弃奶期1日。

【规格】　（1）5ml：50mg　（2）10ml：0.1g　（3）30ml：0.3g　（4）50ml：0.5g

【贮藏】　遮光，密封，在阴凉处保存。

【有效期】　2年。

乙　醇

Yichun

Ethanol

C_2H_6O　46.07

【性状】　本品为无色澄清液体；微有特臭；易挥发，易燃烧，燃烧时显淡蓝色火焰；加热至约78℃即沸腾。

本品与水、甘油、三氯甲烷或乙醚能任意混溶。

相对密度　本品的相对密度（附录0601）不大于0.8129，相当于含C_2H_6O不少于95.0%（ml/ml）。

【鉴别】　（1）取本品1ml，加水5ml与氢氧化钠试液1ml后，缓缓滴加碘试液2ml，即发生碘仿的臭气，并生成黄色沉淀。

（2）本品的红外光吸收图谱应与对照的图谱一致。

【检查】　**酸碱度**　取本品20ml，加水20ml，摇匀，滴加酚酞指示液2滴，溶液应为无色；再加0.01mol/L氢氧化钠溶液1.0ml，溶液应显粉红色。

溶液的澄清度与颜色　本品应澄清无色。取本品适量，与同体积的水混合后，溶液应澄清；在10℃放置30分钟，溶液仍应澄清。

吸光度　取本品，以水为空白，照紫外-可见分光光度法（附录0401）测定吸光度，在240nm的波长处不得过0.08；250～260nm的波长范围内不得过0.06；270～340nm的波长范围内不得过0.02。

挥发性杂质　照气相色谱法测定（附录0521）。

色谱条件与系统适用性试验　以6%氰丙基苯基-94%二甲基聚硅氧烷为固定液；起始温度40℃，维持12分钟，以每分钟10℃的速率升温至240℃，维持10分钟；进样口温度为200℃；检测器温度为280℃。对照溶液（b）中乙醛峰与甲醇峰之间的分离度应符合要求。

测定法　精密量取无水甲醇100μl，置50ml量瓶中，用供试品稀释至刻度，摇匀，精密量取5ml，置50ml量瓶中，用供试品稀释至刻度，摇匀，作为对照溶液（a）；精密量取无水甲醇50μl，乙醛50μl，置50ml量瓶中，用供试品稀释至刻度，摇匀，精密量取100μl，置10ml量瓶中，用供试品稀释至刻度，摇匀，作为对照溶液（b）；精密量取乙缩醛150μl，置50ml量瓶中，用供试品稀释至刻度，摇匀，精密量取100μl，置10ml量瓶中，用供试品稀释至刻度，摇匀，作为对照溶液（c）；精密量取苯100μl，置100ml量瓶中，用供试品稀释至刻度，摇匀，精密量取100μl，置50ml量瓶中，用供试品稀释至刻度，摇匀，作为对照溶液（d）；取供试品作为供试品溶液（a）；精密量取4-甲基-2-戊醇150μl，置500ml量瓶中，加供试品稀释至刻度，摇匀，作为供试品溶液（b）。精密量取对照溶液（a）、（b）、（c）、（d）和供试品溶液（a）、（b）各1μl，分别注入气相色谱仪，记录色谱图，供试品溶液（a）如出现杂质峰，甲醇峰面积不得大于对照溶液（a）主峰面积的0.5倍（0.02%）；含乙醛和乙缩醛的总量按公式（1）计算，总量不得过0.001%（以乙醛计）；含苯按公式（2）计算，不得过0.0002%；供试品溶液（b）中其他各杂质峰面积的总和不得大于4-甲基-2-戊醇的峰面积（0.03%，以4-甲基-2-戊醇计）。

$$乙醛和乙缩醛的总含量 = [（0.001\% \times A_E）/（A_T - A_E）] + [（0.003\% \times C_E）/（C_T - C_E）] \times 100\% \qquad 公式（1）$$

式中　A_E为供试品溶液（a）中乙醛的峰面积；

　　　A_T为对照溶液（b）中乙醛的峰面积；

　　　C_E为供试品溶液（a）中乙缩醛的峰面积；

　　　C_T为对照溶液（c）中乙缩醛的峰面积。

$$苯含量\% = （0.0002\% \times B_E）/（B_T - B_E） \qquad 公式（2）$$

式中　B_E为供试品溶液中苯的峰面积；

　　　B_T为对照溶液中苯的峰面积。

不挥发物　取本品40ml，置105℃恒重的蒸发皿中，于水浴上蒸干后，在105℃干燥2小时，遗留残渣不得过1mg。

【类别】　消毒防腐药、溶剂。

【贮藏】　遮光，密封保存。

二甲氧苄啶

Erjiayang Bianding

Diaveridine

$C_{13}H_{16}N_4O_2$　260.29

本品为5-（3,4-二甲氧苄基）-2,4-嘧啶二胺。按干燥品计算，含$C_{13}H_{16}N_4O_2$不得少于98.0%。

【性状】　本品为白色或微黄色结晶性粉末；几乎无臭。

本品在三氯甲烷中极微溶解，在水、乙醇或乙醚中不溶；在盐酸中溶解，在稀盐酸中微溶。

【鉴别】　（1）取本品，加0.1mol/L盐酸溶液溶解并稀释制成每1ml中约含15μg的溶液，照紫外-可见分光光度法（附录0401），在230~350nm的波长范围内测定，在276nm的波长处有最大吸收，吸光度约为0.45。

（2）本品的红外光吸收图谱应与对照的图谱一致。

【检查】　酸碱度　取本品1.0g，加水50ml，煮沸，放冷，滤过，取滤液10ml，加甲基红指示液

2滴，不得显红色；加盐酸滴定液（0.1mol/L）0.3ml，应显红色。

氯化物　取酸碱度项下的滤液25ml，依法检查（附录0801），与标准氯化钠溶液7.0ml制成的对照液比较，不得更浓（0.014%）。

有关物质　取本品，加三氯甲烷-甲醇（4：1）溶解并稀释制成每1ml中约含10mg的溶液，作为供试品溶液；精密量取适量，用三氯甲烷-甲醇（4：1）定量稀释制成每1ml中约含35μg的溶液，作为对照溶液。照薄层色谱法（附录0502）试验，吸取上述两种溶液各20μl，分别点于同一硅胶GF$_{254}$薄层板上，以乙酸乙酯-甲醇-冰醋酸（70：20：5）为展开剂，展开，晾干，在紫外光灯（254nm）下检视。供试品溶液如显杂质斑点，与对照溶液的主斑点比较，不得更深。

干燥失重　取本品，在105℃干燥至恒重，减失重量不得过0.5%（附录0831）。

炽灼残渣　不得过0.15%（附录0841）。

【含量测定】　取本品约0.2g，精密称定，加冰醋酸15ml，微温使溶解，放冷，加结晶紫指示液1滴，用高氯酸滴定液（0.1mol/L）滴定至溶液显蓝色，并将滴定的结果用空白试验校正。每1ml高氯酸滴定液（0.1mol/L）相当于26.03mg的C$_{13}$H$_{16}$N$_4$O$_2$。

【类别】　抗菌增效剂。

【贮藏】　遮光，密闭保存。

【制剂】　磺胺喹噁啉二甲氧苄啶预混剂

二 甲 硅 油

Erjiaguiyou

Dimethicone

本品为二甲基硅氧烷聚合物。

【性状】　本品为无色澄清的油状液体；无臭或几乎无臭。

本品在三氯甲烷、乙醚、甲苯或二甲苯中能任意混合，在水或乙醇中不溶。

相对密度　本品的相对密度（附录0601）为0.970~0.980。

折光率　本品的折光率（附录0622）为1.400~1.410。

黏度　本品的运动黏度（附录0633第一法，毛细管内径2mm）在25℃时为500~1000mm^2/s。

【鉴别】　（1）取本品0.5g，置坩埚中，加硫酸0.5ml与硝酸0.5ml，缓缓炽灼，即形成白色纤维状物，最后遗留白色残渣。

（2）本品的红外光吸收图谱应与对照的图谱一致。

【检查】　**酸碱度**　取乙醇与三氯甲烷各5ml，摇匀，加酚酞指示液1滴，滴加氢氧化钠滴定液（0.02mol/L）至微显粉红色，加本品1.0g，摇匀；如无色，加氢氧化钠滴定液（0.02mol/L）0.15ml，应显粉红色；如显粉红色，加硫酸滴定液（0.01mol/L）0.15ml，粉红色应消失。

苯化物　取本品5g，加环己烷10ml振摇使溶解，照紫外-可见分光光度法（附录0401），在250~270nm的波长范围内测定吸光度，不得过0.2。

干燥失重　取本品，在150℃干燥3小时，减失重量不得过0.5%（附录0831）。

重金属 取本品1.0g，加三氯甲烷5ml溶解，并用三氯甲烷稀释至20ml，加新配制的0.002%双硫腙三氯甲烷溶液1.0ml，加水和氨试液-0.2%盐酸羟胺溶液（1∶9）各0.5ml，立即剧烈振摇1分钟，如显色，与取标准铅溶液0.5ml，加三氯甲烷20ml，自"加新配制的0.002%双硫腙三氯甲烷溶液1.0ml"起，同法操作所得的对照液比较，不得更深（0.0005%）。

【类别】 消沫药。

【贮藏】 密封保存。

【制剂】 二甲硅油片

二甲硅油片

Erjiaguiyou Pian

Dimethicone Tablets

本品含二甲硅油应为标示量的90.0%～110.0%；含氢氧化铝按氧化铝（Al_2O_3）计算，不得少于标示量的45.0%。

【处方】

二甲硅油	50g
氢氧化铝	80g
葡萄糖	600g
制成	1000片（50mg）或2000片（25mg）

【性状】 本品为白色或类白色片。

【鉴别】 （1）取含量测定项下所得的油状液体，照二甲硅油项下的鉴别试验，显相同的结果。

（2）取本品细粉适量（约相当于氢氧化铝0.5g），加稀盐酸10ml，加热使溶解，滤过，滤液显铝盐的鉴别反应（附录0301）。

【检查】 除崩解时限外，应符合片剂项下有关的各项规定（附录0101）。

【含量测定】 **二甲硅油** 取本品20片（50mg规格）或40片（25mg规格），精密称定，研细，精密称取适量（约相当于二甲硅油0.2g），用三氯甲烷提取8次，每次15ml，合并三氯甲烷液，用G4垂熔漏斗滤过，滤渣与滤器用三氯甲烷洗涤，合并三氯甲烷液，滤液置110℃干燥至恒重的蒸发皿中，在水浴上蒸干，并在110℃干燥至恒重，精密称定，即得供试品中含二甲硅油的重量。

氧化铝 精密称取上述细粉适量（约相当于氢氧化铝0.4g），加盐酸与水各10ml，置水浴上加热5分钟使氢氧化铝溶解，放冷，滤过，滤液置100ml量瓶中，残渣用水洗涤，洗液并入量瓶中，用水稀释至刻度，摇匀，精密量取20ml，照氢氧化铝含量测定项下的方法，自"加氨试液中和至恰析出沉淀"起，依法测定。每 1ml乙二胺四醋酸二钠滴定液（0.05mol/L）相当于2.549mg的Al_2O_3。

【作用与用途】 消沫药。用于泡沫性臌胀。

【用法与用量】 以二甲硅油计。内服：一次量，牛3～5g；羊1～2g。

【注意事项】 灌服前后宜灌注少量温水，以减少刺激性。

【规格】 （1）25mg （2）50mg

【贮藏】 密封，在干燥处保存。

二 硝 托 胺

Erxiaotuo'an

Dinitolmide

C$_8$H$_7$N$_3$O$_5$ 225.16

本品为3,5-二硝基-2-甲基苯甲酰胺。按干燥品计算，含C$_8$H$_7$N$_3$O$_5$不得少于98.0%。

【性状】 本品为淡黄色或淡黄褐色粉末；无臭。

本品在丙酮中溶解，在乙醇中微溶，在三氯甲烷或乙醚中极微溶解，在水中几乎不溶。

熔点 本品的熔点（附录0612）为177～181℃。

【鉴别】 （1）取本品约1g，加硫酸溶液（1→2）20ml，加热回流1小时，放冷，加水50ml，滤过，沉淀用水洗涤，在105℃干燥2小时后，依法测定（附录0612），熔点为203～207℃。

（2）本品的红外光吸收图谱应与对照的图谱一致。

【检查】 **酸度** 取本品0.50g，加中性乙醇（对酚酞指示液显中性）50ml溶解后，用氢氧化钠滴定液（0.1mol/L）滴定至溶液显粉红色，消耗氢氧化钠滴定液（0.1mol/L）不得过0.40ml。

氯化物 取本品1.20g，加水50ml，强力振摇3分钟，滤过，取滤液25ml依法检查（附录0801），与标准氯化钠溶液6.0ml制成的对照液比较，不得更浓（0.010%）。

有关物质 取本品，加丙酮溶解并稀释制成每1ml中约含25mg的溶液，作为供试品溶液；精密量取适量，用丙酮定量稀释制成每1ml中约含0.125mg的溶液，作为对照溶液；取邻甲基苯甲酸对照品，加丙酮溶解并稀释制成每1ml中约含0.125mg的溶液，作为对照品溶液。照薄层色谱法（附录0502）试验，吸取上述三种溶液各10μl，分别点于同一硅胶GF$_{254}$薄层板上，以冰醋酸-甲醇-三氯甲烷（5∶10∶85）为展开剂，展开，晾干，置紫外光灯（254nm）下检视。供试品溶液如显与对照品溶液或对照溶液主斑点相应的杂质斑点，其颜色与对照品溶液或对照溶液的主斑点比较，不得更深（0.5%）。喷以三氯化钛溶液（1→5），置100℃加热5分钟，放冷，喷以乙醇制对二甲氨基苯甲醛试液，日光下观察。供试品溶液如显其他杂质斑点，其颜色与对照溶液主斑点比较，不得更深（0.5%）。

干燥失重 取本品，在105℃干燥至恒重，减失重量不得过0.5%（附录0831）。

炽灼残渣 不得过0.2%（附录0841）。

重金属 取炽灼残渣项下遗留的残渣，依法检查（附录0821第二法），含重金属不得过百万分之二十。

砷盐 取本品1.0g，置坩埚中，加氢氧化钙1g，混匀，用少量水湿润，干燥后，先以小火烧灼使炭化，再置500～600℃炽灼至完全灰化，放冷，加盐酸5ml使溶解，加水23ml，依法检查（附录0822第一法），应符合规定（0.0002%）。

【含量测定】 取本品约0.15g，精密称定，置50ml量瓶中，加丙酮溶解并稀释至刻度。精密量取10ml，置锥形瓶中，加冰醋酸10ml与40%醋酸钠溶液15ml，开始向锥形瓶中通入氮气流直至滴定结束。精密加三氯化钛滴定液（0.1mol/L）25ml，放置5分钟，加盐酸

10ml，水10ml，10%硫氰酸钾溶液1ml，用硫酸铁铵滴定液（0.1mol/L）滴定至溶液显橘红色，并将滴定结果用空白试验校正。每1ml三氯化钛滴定液（0.1mol/L）相当于1.876mg的$C_8H_7N_3O_5$。

【类别】　抗球虫药。

【贮藏】　密闭保存。

【制剂】　二硝托胺预混剂

二硝托胺预混剂

Erxiaotuo'an Yuhunji

Dinitolmide Premix

本品为二硝托胺与轻质碳酸钙配制而成。含二硝托胺（$C_8H_7N_3O_5$）应为标示量的90.0%～110.0%。

【鉴别】　（1）取本品约0.2g，加丙酮20ml，振摇，滤过，滤液置水浴上蒸发至约5ml，加乙二胺1.5ml，摇匀，即显紫色。

（2）在含量测定项下记录的色谱图中，供试品溶液主峰的保留时间应与对照品溶液主峰的保留时间一致。

【检查】　粒度　本品应全部通过九号筛。

干燥失重　取本品，在105℃干燥4小时，减失重量不得过3.0%（附录0831）。

其他　应符合预混剂项下有关的各项规定（附录0109）。

【含量测定】　照高效液相色谱法（附录0512）测定。

色谱条件与系统适用性试验　用十八烷基硅烷键合硅胶为填充剂；甲醇-水（1∶1）为流动相；检测波长为240nm。理论板数按二硝托胺峰计算不低于1000。

测定法　取本品适量（约相当于二硝托胺0.2g），精密称定，置100ml量瓶中，加甲醇65ml，置60℃水浴中加热5分钟，不时转动，超声处理15分钟，加水至近刻度，再超声处理30秒钟，放冷，用水稀释至刻度，摇匀，放置；精密量取上清液5ml，置50ml量瓶中，用流动相稀释至刻度，摇匀，滤过，精密量取续滤液10μl，注入液相色谱仪，记录色谱图；另取二硝托胺对照品，同法测定。按外标法以峰面积计算，即得。

【作用与用途】　抗球虫药。用于鸡球虫病。

【用法与用量】　以本品计。混饲：每1000 kg饲料，鸡500 g。

【注意事项】　（1）蛋鸡产蛋期禁用。

（2）停药过早，常致球虫病复发，因此肉鸡宜连续应用。

（3）二硝托胺粉末颗粒的大小会影响抗球虫作用，应为极微细粉末。

（4）饲料中添加量超过250 mg/kg（以二硝托胺计）时，若连续饲喂15日以上可抑制雏鸡增重。

【休药期】　鸡3日。

【规格】　25%

【贮藏】　密闭保存。

二巯丙磺钠

Erqiu Binghuangna

Sodium Dimercaptopropanesulfonate

$$C_3H_7NaO_3S_3 \quad 210.27$$

本品为2,3-二巯基-1-丙磺酸钠。按干燥品计算，含$C_3H_7NaO_3S_3$不得少于98.0%。

【性状】 本品为白色结晶性粉末；有类似蒜的特臭；有引湿性。

本品在水中易溶，在乙醇、三氯甲烷或乙醚中不溶。

【鉴别】 （1）取本品约5mg，加水5ml，加稀硝酸数滴，使呈酸性，将溶液分为二等份，一份中加硝酸银试液数滴，即生成淡黄绿色沉淀；另一份中加硫酸铜试液数滴，即显深蓝色。

（2）取本品约5mg，加水5ml，加稀盐酸1ml，亚硝酸钠试液1ml，即显橙红色。

（3）本品灰化后的水溶液显钠盐的鉴别反应（附录0301）。

【检查】 溶液的澄清度与颜色 取本品1.25g，加水25ml溶解后，溶液应澄清；如显浑浊，与对照液〔取醋酸铅，加水制成每1ml中含铅0.5mg的溶液，取2ml，加水使成100ml，取10ml，加碳酸氢钠溶液（1→20）1ml，混合，即得（对照液和碳酸氢钠溶液均应新鲜配制）〕比较，不得更浓；如显色，与棕红色2号标准比色液（附录0901第一法）比较，不得更深。

干燥失重 取本品，在105℃干燥至恒重，减失重量不得过1.0%（附录0831）。

重金属 取本品1.0g，加水23ml溶解后，加醋酸盐缓冲液（pH3.5）2ml，依法检查（附录0821第一法），含重金属不得过百万分之二十。

【含量测定】 取本品约0.25g，精密称定，加水15ml使溶解，用碘滴定液（0.05mol/L）滴定至溶液显持久的黄色。每1ml碘滴定液（0.05mol/L）相当于10.51mg的$C_3H_7NaO_3S_3$。

【类别】 解毒药。

【贮藏】 密封，在干燥处保存。

【制剂】 二巯丙磺钠注射液

二巯丙磺钠注射液

Erqiu Binghuangna Zhusheye

Sodium Dimercaptopropanesulfonate Injection

本品为二巯丙磺钠的灭菌水溶液。含二巯丙磺钠（$C_3H_7NaO_3S_3$）应为标示量的95.0%～105.0%。

【性状】 本品为无色至微红色的澄明液体；有类似蒜的特臭。

【鉴别】 取本品，照二巯丙磺钠项下的鉴别（1）、（3）项试验，显相同的反应。

【检查】 pH值 应为3.0～5.0（附录0631）。

颜色 取本品，与棕红色5号标准比色液（附录0901第一法）比较，不得更深。

其他 应符合注射剂项下有关的各项规定（附录0102）。

【含量测定】　精密量取本品适量（约相当于二巯丙磺钠0.2g），加水15ml，用碘滴定液（0.05mol/L）滴定至溶液显持久的黄色。每1ml碘滴定液（0.05mol/L）相当于10.51mg的$C_3H_7NaO_3S_3$。

【作用与用途】　解毒药。主用于解救汞、砷中毒，亦用于铅、镉等中毒。

【用法与用量】　以二巯丙磺钠计，静脉、肌内注射：一次量，每1kg体重，马、牛5～8mg；猪、羊7～10mg。

【不良反应】　静脉注射速度快时可引起呕吐、心动过速等。

【注意事项】　（1）本品为无色澄明液体，混浊变色时不能使用。

（2）一般多采用肌内注射，静脉注射速度宜慢。

【规格】　（1）5ml：0.5g　（2）10ml：1g

【贮藏】　遮光，密闭保存。

三　氮　脒

Sandanmi

Diminazene Aceturate

$$C_{14}H_{15}N_7 \cdot 2C_4H_7NO_3 \cdot H_2O \quad 533.55$$

本品为4,4'-（重氮氨基）双（苯甲脒）醋甘酸盐（1：2）一水合物。按无水物计算，含$C_{14}H_{15}N_7 \cdot 2C_4H_7NO_3$不得少于97.5%。

【性状】　本品为黄色或橙色结晶性粉末；无臭；遇光、遇热变为橙红色。

本品在水中溶解，在乙醇、三氯甲烷或乙醚中几乎不溶。

熔点　本品的熔点（附录0612）为200～206℃，熔融时同时分解。

【鉴别】　（1）取本品约10mg，加稀盐酸1ml，加亚硝酸钠试液10滴，摇匀，加水3ml与碱性β-萘酚试液2ml，摇匀，即生成红色沉淀。

（2）取本品约10mg，加水3ml溶解后，加碘试液2ml，摇匀，即生成褐红色沉淀，再加氢氧化钠溶液（1→10）2ml，摇匀，沉淀变为黄色。

（3）取本品，加水制成每1ml中含10μg的溶液，照紫外-可见分光光度法（附录0401）测定，在370nm的波长处有最大吸收，吸光度约为0.65。

【检查】　**酸度**　取本品，加水制成每1ml中含50mg的溶液，依法测定（附录0631），pH值应为5.0～6.5。

溶液的澄清度　取本品1.0g，加水20ml溶解后，溶液应澄清；如显浑浊，与1号浊度标准液（附录0902）比较，不得更浓。

氯化物　取本品0.10g，加水与硝酸适量使溶解成20ml，滤过，取滤液5ml，依法检查（附录0801），与标准氯化钠溶液5.0ml制成的对照液比较，不得更浓（0.2%）。

有关物质　取本品适量，加水-乙腈（91：9）溶解并稀释制成每1ml中约含0.5mg的溶液，作为供试品溶液；精密量取适量，用水-乙腈（91：9）定量稀释制成每1ml中含25μg的溶液，作为对照溶液。照高效液相色谱法（附录0512）测定，用十八烷基硅烷键合硅胶为填充剂；以0.025mol/L磷酸溶液（用三乙胺调节pH值至3.0）-乙腈（91：9）为流动相；检测波长为254nm。理论板数按三氮脒峰计算不低于1500。精密量取对照溶液和供试品溶液各20μl，分别注入液相色谱仪，记录色谱图至主成分峰保留时间的6倍。供试品溶液色谱图中如有杂质峰，各杂质峰面积的和不得大于对照溶液主峰面积（5.0%）。

水分 取本品，照水分测定法（附录0832第一法A）测定，含水分不得过6.0%。

炽灼残渣 不得过0.2%（附录0841）。

铁盐 取炽灼残渣项下遗留的残渣，加盐酸1ml，置水浴上蒸干，再加稀盐酸1ml与水适量，置水浴中加热使溶解，滤过，坩埚用水洗涤，合并滤液与洗液，加水使成25ml，依法检查（附录0807），与标准铁溶液2.0ml用同一方法制成的对照液比较，不得更深（0.002%）。

重金属 取本品1.0g，依法检查（附录0821第二法），含重金属不得过百万分之二十。

无菌 取本品，用适宜溶剂溶解并稀释后，经薄膜过滤法处理，依法检查（附录1101），应符合规定。

【含量测定】 取本品约1g，精密称定，加水20ml使溶解，加盐酸溶液（1→2）40ml，照永停滴定法（附录0701），用亚硝酸钠滴定液（0.1mol/L）滴定。每1ml亚硝酸钠滴定液（0.1mol/L）相当于51.55mg的$C_{14}H_{15}N_7 \cdot 2C_4H_7NO_3$。

【类别】 抗原虫药。

【贮藏】 遮光，密闭保存。

【制剂】 注射用三氮脒

注射用三氮脒

Zhusheyong Sandanmi

Diminazene Aceturate for Injection

本品为三氮脒的无菌粉末。按无水物计算，含三氮脒（$C_{14}H_{15}N_7 \cdot 2C_4H_7NO_3$）不得少于97.5%，按平均装量计算，含三氮脒（$C_{14}H_{15}N_7 \cdot 2C_4H_7NO_3$）应为标示量的95.0%～105.0%。

【性状】 本品为黄色或橙色结晶性粉末。

【鉴别】 取本品，照三氮脒项下的鉴别试验，显相同的结果。

【检查】 **酸度、溶液的澄清度、有关物质、水分与无菌** 照三氮脒项下的方法检查，均应符合规定。

其他 应符合注射剂项下有关的各项规定（附录0102）。

【含量测定】 取装量差异项下的内容物，精密称取适量（约相当于三氮脒1g），照三氮脒项下的方法测定，即得。每1ml亚硝酸钠滴定液（0.1mol/L）相当于51.55mg的$C_{14}H_{15}N_7 \cdot 2C_4H_7NO_3$。

【作用与用途】 抗原虫药。用于家畜巴贝斯梨形虫病、泰勒梨形虫病、伊氏锥虫病和媾疫锥虫病。

【用法与用量】 以三氮脒计。肌内注射：一次量，每1kg体重，马3～4mg；牛、羊3～5mg。临用前配成5%～7%溶液。

【不良反应】 （1）三氮脒毒性较大，可引起副交感神经兴奋样反应。用药后常出现不安、起卧、频繁排尿、肌肉震颤等反应。过量使用可引起死亡。

（2）肌内注射有较强的刺激性。

【注意事项】 （1）本品毒性大、安全范围较小。应严格掌握用药剂量，不得超量使用。

（2）骆驼敏感，通常不用；马较敏感，慎用；超量应用可使乳牛产奶量减少。

（3）水牛不宜连用，一次即可；其他家畜必要时可连用，但须间隔24小时。连用不得超过3次。

（4）局部肌内注射有刺激性，可引起肿胀，应分点深层肌内注射。

【休药期】 牛、羊28日；弃奶期7日。

【规格】 （1）0.25g （2）1g

【贮藏】 遮光，密闭保存。

三氯苯达唑

Sanlübendazuo

Triclabendazole

$$C_{14}H_9Cl_3N_2OS \quad 359.66$$

本品为5-氯-6-（2,3-二氯苯氧基）-2-甲硫基-1H-苯并咪唑。按干燥品计算，含$C_{14}H_9Cl_3N_2OS$不得少于98.0%。

【性状】 本品为白色或类白色粉末；微有臭味。

本品在丙酮中易溶，在甲醇中溶解，在二氯甲烷中略溶，在三氯甲烷或乙酸乙酯中微溶，在水中不溶。

熔点 本品的熔点（附录0612）为172～176℃。

【鉴别】 （1）取本品与三氯苯达唑对照品，分别加丙酮制成每1ml中含50 mg的溶液，照有关物质项下的色谱条件，吸取上述两种溶液各$2\mu l$，分别点于同一硅胶GF_{254}薄层板上，供试品溶液所显主斑点的位置和颜色应与对照品溶液的主斑点相同。

（2）本品的红外光吸收图谱应与对照的图谱一致。

【检查】 **吸光度** 取本品约0.2g，精密称定，精密加无水乙醇20ml，振摇使溶解，照紫外-可见分光光度法（附录0401），在420nm的波长处测定，吸光度不得过0.12。

粒度 取本品，加10%聚山梨酯20溶液制成每1ml中含5mg的混悬液，照粒度和粒度分布测定法（附录0982第一法）测定，检视10个颗粒分布均匀的视野，含大于40 μm的颗粒不得过5%。

有关物质 取本品，加丙酮使溶解并定量稀释制成每1ml中含50mg的溶液，作为供试品溶液；另取三氯苯达唑对照品，加丙酮分别使溶解并定量稀释制成每1ml中各含0.05mg、0.15 mg、0.25 mg、0.4 mg、0.5 mg和0.75 mg的溶液，作为对照品溶液。照薄层色谱法（附录0502）试验，吸取上述溶液各$4\mu l$，分别点于同一硅胶GF_{254}薄层板上，以甲苯-乙腈（7：3）为展开剂，展开后，晾干，置紫外光灯（ 254nm）下检视。供试品溶液如显杂质斑点，在主斑点上方的杂质斑点的量不得过1.5%，其他杂质斑点的量不得过0.5%，杂质总量不得过2.0%。

干燥失重 取本品，在105℃干燥至恒重，减失重量不得过1.0%（附录0831）。

炽灼残渣 不得过0.1%（附录0841）。

【含量测定】 取本品约0.25g，精密称定，加冰醋酸30ml，振摇使溶解，照电位滴定法（附录0701），用高氯酸滴定液（0.1mol/L）滴定，并将滴定结果用空白试验校正。每1ml高氯酸滴定液（0.1mol/L）相当于35.97mg的$C_{14}H_9Cl_3N_2OS$。

【类别】 苯并咪唑类抗肝片吸虫药。

【贮藏】 遮光，密闭保存。

【制剂】 （1）三氯苯达唑片 （2）三氯苯达唑颗粒

三氯苯达唑片

Sanlübendazuo Pian

Triclabendazole Tablets

本品含三氯苯达唑（$C_{14}H_9Cl_3N_2OS$）应为标示量的90.0% ~ 110.0%。

【性状】 本品为类白色片。

【鉴别】 取含量测定项下的溶液，照紫外-可见分光光度法（附录0401）测定，在306nm的波长处有最大吸收。

【检查】 应符合片剂项下有关的各项规定（附录0101）。

【含量测定】 取本品20片，精密称定，研细，精密称取适量（约相当于三氯苯达唑20mg），置100ml量瓶中，加冰醋酸10ml，振摇使三氯苯达唑溶解，用乙醇稀释至刻度，摇匀，滤过，精密量取续滤液5ml，置100ml量瓶中，用乙醇稀释至刻度，摇匀，照紫外-可见分光光度法（附录0401），在306nm的波长处测定吸光度；另取三氯苯达唑对照品，同法测定。计算，即得。

【作用与用途】 苯并咪唑类抗肝片吸虫药。主要用于防治牛、羊肝片吸虫感染。

【用法与用量】 以三氯苯达唑计。内服：一次量，每1kg体重，牛12mg，羊10mg。治疗急性肝片吸虫病，应在5周后重复用药一次。

【注意事项】 （1）产奶期禁用。

（2）对鱼类毒性较大，残留药物容器切勿污染水源。

（3）对药物过敏者，使用时应避免皮肤直接接触和吸入，用药时应戴手套，禁止饮食和吸烟，用药后应洗手。

【休药期】 牛、羊56日。

【规格】 0.1g

【贮藏】 遮光，密闭保存。

三氯苯达唑颗粒

Sanlübendazuo Keli

Triclabendazole Granules

本品含三氯苯达唑（$C_{14}H_9Cl_3N_2OS$）应为标示量的90.0% ~ 110.0%。

【性状】 本品为类白色颗粒。

【鉴别】 取含量测定项下的溶液,照紫外-可见分光光度法(附录0401)测定,在306nm的波长处有最大吸收。

【检查】 应符合颗粒剂项下有关的各项规定(附录0110)。

【含量测定】 取本品,研细,精密称取适量(约相当于三氯苯达唑20mg),照三氯苯达唑片项下的方法测定,即得。

【作用与用途】 苯并咪唑类抗肝片吸虫药。主要用于防治牛、羊肝片吸虫感染。

【用法与用量】 以三氯苯达唑计。内服:一次量,每1kg体重,牛12mg,羊10mg。治疗急性肝片吸虫病,应在5周后重复用药一次。

【注意事项】 (1)产奶期禁用。

(2)对鱼类毒性较大,残留药物容器切勿污染水源。

(3)对药物过敏者,使用时应避免皮肤直接接触和吸入,用药时应戴手套,禁止饮食和吸烟,用药后应洗手。

【休药期】 牛、羊56日。

【规格】 10%

【贮藏】 遮光,密闭保存。

干燥硫酸钠

Ganzao Liusuanna

Dried Sodium Sulfate

$$Na_2SO_4 \quad 142.04$$

本品按干燥品计算,含Na_2SO_4不得少于99.0%。

【性状】 本品为白色粉末;无臭;有引湿性。

本品在水中易溶,在乙醇中不溶。

【鉴别】 本品的水溶液显钠盐与硫酸盐的鉴别反应(附录0301)。

【检查】 **酸碱度** 取本品5.0g,加水100ml使溶解,加溴麝香草酚蓝指示液2滴,如显黄色,加氢氧化钠滴定液(0.1mol/L)0.50ml,应变为蓝色;如显蓝色或绿色,加盐酸滴定液(0.1mol/L)0.50ml,应变为黄色。

氯化物 取本品0.10g,加水20ml使溶解,取5.0ml,依法检查(附录0801),与标准氯化钠溶液7.0ml制成的对照液比较,不得更浓(0.28%)。

水中不溶物 取本品10.0g,加水100ml,微温使溶解,用经105℃干燥至恒重的垂熔玻璃坩埚滤过,滤渣用温水洗涤至洗液不再显硫酸盐反应,在105℃干燥至恒重,遗留残渣不得过5.0mg。

干燥失重 取本品,在105℃干燥至恒重,减失重量不得过5.0%(附录0831)。

重金属 取本品1.0g,加水23ml使溶解,加醋酸盐缓冲液(pH3.5)2ml,依法检查(附录0821第一法),含重金属不得过百万分之二十。

砷盐 取本品0.20g,加水23ml使溶解,加盐酸5ml,依法检查(附录0822第一法),应符合规定(0.001%)。

【含量测定】 取本品约0.3g,精密称定,加水200ml使溶解,加盐酸1ml,煮沸,不断搅拌,立即缓缓加入热氯化钡试液20ml,置水浴上加热30分钟,静置1小时,用无灰滤纸滤过,用温水洗涤,至洗液不再显氯化物反应,置已炽灼至恒重的坩埚中,干燥并炽灼至恒重,精密称定,所得沉淀重量与0.608 6相乘,即得供试量中含有Na$_2$SO$_4$的重量。

【类别】 盐类泻药。

【贮藏】 密封保存。

土 霉 素

Tumeisu

Oxytetracycline

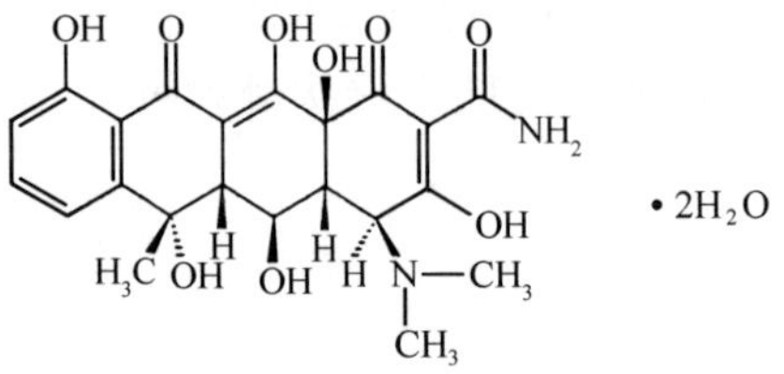

• 2H$_2$O

C$_{22}$H$_{24}$N$_2$O$_9$•2H$_2$O 496.46

本品为6-甲基-4-(二甲氨基)-3,5,6,10,12,12α-六羟基-1,11-二氧代-1,4,4α,5,5α,6,11,12α-八氢-2-并四苯甲酰胺二水物;按无水物计算,含土霉素(C$_{22}$H$_{24}$N$_2$O$_9$)不得少于95.0%。

【性状】 本品为淡黄色至暗黄色的结晶性粉末或无定形粉末;无臭;在日光下颜色变暗,在碱溶液中易破坏失效。

本品在乙醇中微溶,在水中极微溶解;在氢氧化钠试液和稀盐酸中溶解。

比旋度 取本品,精密称定,加0.1mol/L盐酸溶液溶解并定量稀释制成每1ml中含10mg的溶液,避光放置1小时后,在25℃依法测定(附录0621),比旋度为—203°至—216°。

【鉴别】 (1)取本品约0.5mg,加硫酸2ml,即显深朱红色;再加水1ml,溶液变为黄色。

(2)取本品与土霉素对照品,分别加甲醇溶解并稀释制成每1ml中含1mg的溶液,作为供试品溶液与对照品溶液;另取土霉素与盐酸四环素对照品,加甲醇溶解并稀释制成每1ml中各含1mg的混合溶液,照薄层色谱法(附录0502)试验,吸取上述三种溶液各1μl,分别点于同一薄层板①上,以乙酸乙酯-三氯甲烷-丙酮(2:2:1)溶液200ml中加4%乙二胺四醋酸二钠溶液(pH7.0)5ml作为展开剂,展开,晾干,用氨蒸气熏后,置紫外光灯(365nm)下检视,混合溶液应显两个完全分离的斑点,供试品溶液所显主斑点的位置和荧光应与对照品溶液主斑点的位置和荧光相同。

(3)在含量测定项下记录的色谱图中,供试品溶液主峰的保留时间应与对照品溶液主峰的保留时间一致。

以上(2)、(3)两项可选做一项。

【检查】 **酸度** 取本品适量,加水制成每1ml中含10mg的混悬液,依法测定(附录 0631),pH值应为4.5～7.0。

有关物质 取本品约25mg,精密称定,置50ml量瓶中,加0.1mol/L盐酸溶液5ml使溶解,用水稀释至刻度,摇匀,作为供试品溶液;精密量取2ml,置100ml量瓶中,用0.01mol/L盐酸溶液稀释

---

①薄层板的制备:取硅藻土适量,以用浓氨溶液调节pH值至7.0的4%乙二胺四醋酸二钠-甘油(95:5)为黏合剂,将干燥硅藻土-黏合剂(1g:3ml)混合调成糊状后,涂布成厚度约为0.4mm的薄层板,在室温下放置干燥,在105℃干燥1小时,备用。

至刻度，摇匀，作为对照溶液。照含量测定项下的色谱条件，精密量取对照溶液和供试品溶液各10μl，分别注入液相色谱仪，记录色谱图至主成分峰保留时间的4倍，供试品溶液色谱图中如有杂质峰，2-乙酰-2-去酰胺土霉素的峰面积不得大于对照溶液主峰面积的1.75倍（3.5%），其他各杂质峰面积的和不得大于对照溶液主峰面积（2.0%）。

杂质吸光度 取本品，加0.1mol/L盐酸甲醇溶液（1→100）溶解并定量稀释制成每1ml中含2.0mg的溶液，照紫外-可见分光光度法（附录0401），于1小时内，在430nm的波长处测定，吸光度不得过0.25；另取本品，加上述盐酸甲醇溶液溶解并定量稀释制成每1ml中含10mg的溶液，在490nm的波长处测定，吸光度不得过0.20。

水分 取本品，照水分测定法（附录0832第一法A）测定，含水分应为6.0%～9.0%。

异常毒性 取本品，按每25mg加0.1mol/L盐酸溶液1ml使溶解，再加氯化钠注射液制成每1ml中含2mg的溶液，依法测定（附录1141），按静脉注射法给药，应符合规定（供注射用）。

重金属 取本品1.0g，依法检查（附录0821第二法），含重金属不得过百万分之二十（供注射用）。

细菌内毒素 取本品，用0.1mol/L无内毒素盐酸溶液使溶解，依法检查（附录1143），每1mg土霉素中含内毒素的量应小于0.40EU（供注射用）。

【含量测定】 照高效液相色谱法（附录0512）测定。

色谱条件与系统适用性试验 用十八烷基硅烷键合硅胶为填充剂；醋酸铵溶液〔0.25mol/L醋酸铵溶液-0.05mol/L乙二胺四醋酸二钠溶液-三乙胺（100：10：1），用醋酸调节pH值至7.5〕-乙腈（88：12）为流动相；检测波长为280nm。取4-差向四环素对照品适量，用0.01mol/L盐酸溶液溶解并稀释制成每1ml中约含0.5mg的溶液；取土霉素对照品（约含2-乙酰-2-去酰胺土霉素3%）适量，用少量0.1mol/L盐酸溶液溶解，用水稀释制成每1ml中约含土霉素0.5mg的溶液，取上述两种溶液（1：24）混合制成每1ml中约含4-差向四环素20μg和土霉素480μg（约含2-乙酰-2-去酰胺土霉素14.5μg）的混合溶液作为分离度试验用溶液，取10μl注入液相色谱仪，记录色谱图，出峰顺序为：4-差向四环素峰（与土霉素峰相对保留时间约为0.9）、土霉素峰、2-乙酰-2-去酰胺土霉素峰（与土霉素峰相对保留时间约为1.1）。土霉素峰的保留时间约为12分钟。4-差向四环素与土霉素峰分离度应大于2.0，土霉素峰与2-乙酰-2-去酰胺土霉素峰的分离度应大于2.5。

测定法 取本品约25mg，精密称定，置50ml量瓶中，加0.1mol/L盐酸溶液5ml使溶解，用水稀释至刻度，摇匀，精密量取5ml，置25ml量瓶中，用0.01mol/L盐酸溶液稀释至刻度，摇匀，精密量取10μl，注入液相色谱仪，记录色谱图；另取土霉素对照品，同法测定。按外标法以峰面积计算供试品中$C_{22}H_{24}N_2O_9$的含量，即得。

【类别】 四环素类抗生素。

【贮藏】 遮光，密封，在干燥处保存。

【制剂】 土霉素片

土 霉 素 片

Tumeisu Pian

Oxytetracycline Tablets

本品含土霉素（$C_{22}H_{24}N_2O_9$）应为标示量的90.0%～110.0%。

【性状】 本品为淡黄色片。

【鉴别】 （1）取本品细粉适量（约相当于土霉素25mg），加热乙醇25ml，浸渍20分钟滤过，滤液置水浴上蒸干，残渣照土霉素项下的鉴别（1）项试验，显相同的反应。

（2）在含量测定项下记录的色谱图中，供试品溶液主峰的保留时间应与对照品溶液主峰的保留时间一致。

【检查】 溶出度 取本品，照溶出度与释放度测定法（附录0931第一法），以0.1mol/L的盐酸溶液900ml为溶出介质，转速为每分钟50转，依法操作，经45分钟时，取溶液适量，滤过，精密量取续滤液适量，用水稀释制成每1ml中约含50μg的溶液；另取土霉素对照品适量，用水稀释制成每1ml中约含50μg的溶液；取上述两种溶液，照紫外-可见分光光度法（附录0401），在353nm的波长处分别测定吸光度，计算每片的溶出量。限度为标示量的75%，应符合规定。

其他 应符合片剂项下有关的各项规定（附录0101）。

【含量测定】 取本品10片，精密称定，研细，精密称取适量（约相当于土霉素250mg），置500ml量瓶中，加0.1mol/L盐酸溶液100ml，超声处理10分钟，使土霉素完全溶解，放冷，用水稀释至刻度，摇匀，滤过，精密量取续滤液10ml，置50ml量瓶中，用0.01mol/L盐酸溶液稀释至刻度，摇匀。照土霉素项下的方法测定，即得。

【作用与用途】 四环素类抗生素。用于敏感的革兰氏阳性菌、革兰氏阴性菌和支原体等感染。

【用法与用量】 以土霉素计。 内服：一次量，每1kg体重，猪、驹、犊、羔10～25mg；犬15～50mg；禽25～50mg。一日2～3次，连用3～5日。

【不良反应】 （1）局部刺激性，特别是空腹给药对消化道有一定刺激性。

（2）肠道菌群紊乱。马、牛等草食动物轻者出现维生素缺乏症，重者造成二重感染，甚至出现致死性腹泻。

（3）影响牙齿和骨骼发育。

（4）对肝脏和肾脏有一定损害作用。偶尔可见致死性的肾中毒。

【注意事项】 （1）肝、肾功能严重不良的患畜禁用本品。

（2）孕畜、哺乳畜和小动物禁用。

（3）成年反刍动物、马属动物不宜内服。长期服用可诱发二重感染。

（4）避免与乳制品和含钙量较高的饲料同服。

【休药期】 牛、羊、猪7日，禽5日；弃蛋期2日；弃奶期72小时。

【规格】 按$C_{22}H_{24}N_2O_9$计算 （1）50mg （2）0.125g （3）0.25g

【贮藏】 遮光，密封，在干燥处保存。

山 梨 醇

Shanlichun

Sorbitol

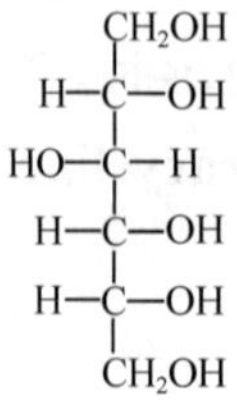

$C_6H_{14}O_6$ 182.17

本品为D-山梨糖醇。按干燥品计算，含$C_6H_{14}O_6$不得少于98.0%。

【性状】 本品为白色结晶性粉末；无臭；有引湿性。

本品在水中易溶，在乙醇中微溶，在三氯甲烷或乙醚中不溶。

比旋度 取本品约5g，精密称定，置50ml量瓶中，加硼砂6.4g与水适量，振摇使完全溶解，并稀释至刻度（如溶液不澄清，应滤过），依法测定（附录0621），比旋度为+4.0°至+7.0°。

【鉴别】 （1）取本品约50mg，加水3ml溶解后，加新制的10%儿茶酚溶液3ml，摇匀，加硫酸6ml，摇匀，即显粉红色。

（2）本品的红外光吸收图谱应与对照的图谱一致。

【检查】 酸度 取本品5.0g，加新沸放冷的水50ml溶解后，加酚酞指示液3滴与氢氧化钠滴定液（0.02mol/L）0.30ml，应显淡红色。

溶液的澄清度与颜色 取本品3.0g，加水20ml溶解后，溶液应澄清无色。

氯化物 取本品1.4g，依法检查（附录0801），与标准氯化钠溶液7.0ml制成的对照液比较，不得更浓（0.005%）。

硫酸盐 取本品2.0g，依法检查（附录0802），与标准硫酸钾溶液2.0ml制成的对照液比较，不得更浓（0.01%）。

还原糖 取本品10.0g，置400ml烧杯中，加水35ml使溶解，加碱性酒石酸铜试液50ml，加盖玻璃皿，加热使在4~6分钟内沸腾，继续煮沸2分钟，立即加新沸放冷的水100ml，用105℃恒重的垂熔玻璃坩埚滤过，用热水30ml分次洗涤容器与沉淀，再依次用乙醇与乙醚各10ml洗涤沉淀，于105℃干燥至恒重，所得氧化亚铜重量不得过67mg。

总糖 取本品2.1g，置250ml磨口烧瓶中，加盐酸溶液（9→1000）约40ml，加热回流4小时，放冷，将盐酸溶液移入400ml烧杯中，用水10ml洗涤容器并入烧杯中，用24%氢氧化钠溶液中和，照还原糖项下自"加碱性酒石酸铜试液50ml"起依法操作，所得氧化亚铜重量不得过50mg。

有关物质 取本品约0.5g，置10ml量瓶中，加水溶解并稀释至刻度，摇匀，作为供试品溶液；精密量取2ml，置100ml量瓶中，用水稀释至刻度，摇匀，作为对照溶液。分别取甘露醇对照品与山梨醇对照品各约0.5g，置10ml量瓶中，加水溶解并稀释至刻度，摇匀，作为系统适用性溶液。照高效液相色谱法（附录0512）试验，用磺化交联的苯乙烯二乙烯基苯共聚物为填充剂的强阳离子钙型交换柱（或分离效能相当的色谱柱）；以水为流动相；流速为每分钟0.5ml，柱温72~85℃，示差折光检测器。取系统适用性溶液20μl注入液相色谱仪，甘露醇峰与山梨醇峰的分离度应大于2.0。精密量取对照溶液和供试品溶液各20μl，分别注入液相色谱仪，记录色谱图至主成分峰保留时间的3倍。供试品溶液的色谱图中如有杂质峰，单个杂质峰面积不得大于对照溶液主峰面积（2.0%），各杂质峰面积的和不得大于对照溶液主峰面积的1.5倍（3.0%）。

干燥失重 取本品，置五氧化二磷干燥器中，在60℃减压干燥至恒重，减失重量不得过1.0%（附录0831）。

炽灼残渣 不得过0.1%（附录0841）。

重金属 取本品2.0g，加醋酸盐缓冲液（pH3.5）2ml与水适量，使溶解成25ml，依法检查（附录0821第一法），含重金属不得过百万分之十。

砷盐 取本品1.0g，加水10ml溶解后，加稀硫酸5ml与溴化钾溴试液0.5ml，置水浴上加热20分钟，使保持稍过量的溴存在（必要时，可滴加溴化钾溴试液），并随时补充蒸发的水分，放冷，加盐酸5ml与水适量使成28ml，依法检查（附录0822第一法），应符合规定（0.0002%）。

【含量测定】 取本品约0.2g，精密称定，置250ml量瓶中，加水使溶解并稀释至刻度，摇匀；精密量取10ml，置碘瓶中，精密加高碘酸钠（钾）溶液〔取硫酸溶液（1→20）90ml与高碘酸钠（钾）溶液（2.3→1000）110ml，混合制成〕50ml，置水浴上加热15分钟，放冷，加碘化钾试液10ml，密塞，放置5分钟，用硫代硫酸钠滴定液（0.05mol/L）滴定，至近终点时，加淀粉指示液1ml，继续滴定至蓝色消失，并将滴定的结果用空白试验校正。每1ml硫代硫酸钠滴定液（0.05mol/L）相当于0.9109mg的$C_6H_{14}O_6$。

【类别】 脱水药。

【贮藏】 遮光，密封保存。

【制剂】 山梨醇注射液

山梨醇注射液

Shanlichun Zhusheye

Sorbitol Injection

本品为山梨醇的灭菌水溶液。含山梨醇（$C_6H_{14}O_6$）应为标示量的95.0%～105.0%。

【性状】 本品为无色的澄明液体。

【鉴别】 （1）取本品0.2ml，用水稀释成3ml，照山梨醇项下的鉴别（1）项试验，应显相同的反应。

（2）取本品与山梨醇对照品各适量，分别加水溶解并制成每1ml中含5mg的溶液，照有关物质项下的色谱条件试验，供试品溶液主峰的保留时间应与对照品溶液主峰的保留时间一致。

【检查】 pH值 应为4.5～6.5（附录0631）。

热原 取本品，依法检查（附录1142），剂量按家兔体重每1kg注射10ml，应符合规定。

有关物质 精密量取本品2ml，置10ml量瓶中，用水稀释至刻度，摇匀，作为供试品溶液；精密量取2ml，置100ml量瓶中，用水稀释至刻度，摇匀，作为对照溶液。照山梨醇有关物质项下的方法测定。供试品溶液色谱图中如有杂质峰，单个杂质峰面积不得大于对照溶液主峰面积（2.0%），各杂质峰面积的和不得大于对照溶液主峰面积的1.5倍（3.0%）。

无菌 取本品，采用薄膜过滤法处理，以金黄色葡萄球菌为阳性对照菌，依法检查（附录1101），应符合规定。

其他 应符合注射剂项下有关的各项规定（附录0102）。

【含量测定】 精密量取本品10ml（约相当于山梨醇2.5g），置100ml量瓶中，用水稀释至刻度，摇匀；精密量取10ml，置250ml量瓶中，用水稀释至刻度，摇匀，照山梨醇含量测定项下的方法，自"精密量取10ml，置碘瓶中"起，依法测定。每1ml硫代硫酸钠滴定液（0.05mol/L）相当于0.9109mg的$C_6H_{14}O_6$。

【作用与用途】 脱水药。用于脑水肿、脑炎的辅助治疗。

【用法与用量】 以本品计。静脉注射：一次量，马、牛1000～2000ml；羊、猪100～250ml。

【不良反应】 （1）大剂量或长期静注应用可引起水和电解质平衡紊乱。

（2）静注过快可引起心血管反应如肺水肿及心动过速等。

（3）静注时药物漏出血管可使注射部位水肿，皮肤坏死。

【注意事项】 （1）严重脱水、肺充血或肺水肿、充血性心力衰竭以及进行性肾功能衰竭患畜禁用。

（2）脱水动物在治疗前应补充适当体液。

（3）局部刺激性较大，静脉注射时勿漏出血管外。

【规格】 （1）100ml：25g （2）250ml：62.5g （3）500ml：125g

【贮藏】 遮光，密闭保存。

马来酸麦角新碱

Malaisuan Maijiao Xinjian

Ergometrine Maleate

$$C_{19}H_{23}N_3O_2 \cdot C_4H_4O_4 \quad 441.48$$

本品为9,10-二脱氢-N-〔（S）-2-羟基-1-甲基乙基〕-6-甲基麦角灵-8β-甲酰胺马来酸盐。按干燥品计算，含$C_{19}H_{23}N_3O_2 \cdot C_4H_4O_4$不得少于98.0%。

【性状】 本品为白色或类白色的结晶性粉末；无臭；微有引湿性；遇光易变质。

本品在水中略溶，在乙醇中微溶，在三氯甲烷或乙醚中不溶。

比旋度 取本品，精密称定，加水溶解并定量稀释制成每1ml中约含10mg的溶液，依法测定（附录0621），比旋度为+53°至+56°。

【鉴别】 （1）本品的水溶液显蓝色荧光。

（2）取本品约1mg，加水1ml溶解后，加对二甲氨基苯甲醛试液2ml，5分钟后，显深蓝色。

（3）本品的红外光吸收图谱应与对照的图谱一致。

【检查】 **酸度** 取本品0.10g，加水10ml溶解后，依法测定（附录0631），pH值应为3.6～4.4。

溶液的澄清度 取本品0.10g，加水10ml溶解后，溶液应澄清。

有关物质 取本品，精密称定，加乙醇-浓氨溶液（9：1）溶解并定量稀释制成每1ml中含5mg的溶液与每1ml中含0.2mg的溶液，分别作为供试品溶液（1）与供试品溶液（2）；另取马来酸麦角新碱对照品，精密称定，用上述溶剂溶解并定量稀释制成每1ml中含5mg的溶液，作为对照品溶液。照薄层色谱法（附录0502）试验，吸取上述三种溶液各10μl，分别点于同一硅胶G薄层板上，以三氯甲烷-甲醇-水（25：8：1）为展开剂，展开，晾干，置紫外光灯（365nm）下检视。供试品溶液（1）主斑点的位置和颜色应与对照品溶液的主斑点相同，如显杂质斑点，其颜色与对照品溶液对应的杂质斑点比较，不得更深，并不得显对照品溶液以外的杂质斑点；供试品溶液（2）除主斑点外，不得显任何杂质斑点。

干燥失重 取本品，置五氧化二磷干燥器中干燥至恒重，减失重量不得过2.0%（附录0831）。

【含量测定】 取本品约60mg，精密称定，加冰醋酸20ml溶解后，加结晶紫指示液1滴，用高氯酸滴定液（0.05mol/L）滴定至溶液显蓝绿色，并将滴定的结果用空白试验校正。每1ml高氯酸滴定液（0.05mol/L）相当于22.07mg的$C_{19}H_{23}N_3O_2 \cdot C_4H_4O_4$。

【类别】 子宫收缩药。

【贮藏】 遮光，密封，在冷处保存。

【制剂】 马来酸麦角新碱注射液

马来酸麦角新碱注射液

Malaisuan Maijiao Xinjian Zhusheye

Ergometrine Maleate Injection

本品为马来酸麦角新碱的灭菌水溶液。含马来酸麦角新碱（$C_{19}H_{23}N_3O_2 \cdot C_4H_4O_4$）应为标示量的 90.0% ~ 110.0%。

【性状】 本品为无色或几乎无色的澄明液体，微显蓝色荧光。

【鉴别】 取本品适量（约相当于马来酸麦角新碱0.5mg），加对二甲氨基苯甲醛试液2ml，5分钟后，显深蓝色。

【检查】 pH值 应为3.0 ~ 5.0（附录0631）。

其他 应符合注射剂项下有关的各项规定（附录0102）。

【含量测定】 精密量取本品适量（约相当于马来酸麦角新碱1.5mg），置25ml量瓶中，用水稀释至刻度，摇匀，精密量取1ml，置具塞刻度试管中，精密加1%酒石酸溶液1ml与对二甲氨基苯甲醛试液4ml，摇匀，静置5分钟，照紫外-可见分光光度法（附录0401），在550nm的波长处测定吸光度；另取马来酸麦角新碱对照品约15mg，精密称定，置250ml量瓶中，加水适量使溶解并稀释至刻度，摇匀，同法测定。计算，即得。

【作用与用途】 子宫收缩药。临床上主要用于产后止血、加速胎衣排出及子宫复原。

【用法与用量】 以马来酸麦角新碱计。肌内、静脉注射：一次量，马、牛5 ~ 15mg；羊、猪0.5 ~ 1.0mg；犬0.1 ~ 0.5mg。

【注意事项】 （1）胎儿未娩出前禁用。

（2）不宜与缩宫素及其他子宫收缩药联用。

【规格】 （1）1ml : 0.5mg （2）1ml : 2mg

【贮藏】 遮光，密闭，在冷处保存。

马来酸氯苯那敏

Malaisuan Lübennamin

Chlorphenamine Maleate

$C_{16}H_{19}ClN_2 \cdot C_4H_4O_4$ 390.87

本品为2-{对-氯-α-〔2-（二甲氨基）乙基〕苯基}吡啶马来酸盐。按干燥品计算，含 $C_{16}H_{19}ClN_2 \cdot C_4H_4O_4$ 不得少于98.5%。

【性状】 本品为白色结晶性粉末；无臭。

本品在水或乙醇或三氯甲烷中易溶，在乙醚中微溶。

熔点　本品的熔点（附录0612）为131.5～135℃。

吸收系数　取本品，精密称定，加盐酸溶液（稀盐酸1ml加水至100ml）溶解并定量稀释制成每1ml中约含20μg的溶液，照紫外-可见分光光度法（附录0401），在264nm的波长处测定吸光度，吸收系数（$E_{1cm}^{1\%}$）为212～222。

【鉴别】　（1）取本品约10mg，加枸橼酸醋酐试液1ml，置水浴上加热，即显红紫色。

（2）取本品约20mg，加稀硫酸1ml，滴加高锰酸钾试液，红色即消失。

（3）本品的红外光吸收图谱应与对照的图谱一致。

【检查】　**酸度**　取本品0.1g，加水10ml溶解后，依法测定（附录0631），pH值应为4.0～5.0。

有关物质　取本品，加溶剂〔流动相A-乙腈（80:20）〕溶解并稀释制成每1ml中含1mg的溶液，作为供试品溶液；精密量取适量，用上述溶剂稀释制成每1ml中含3μg的溶液，作为对照溶液。照高效液相色谱法（附录0512）试验，用十八烷基硅烷键合硅胶为填充剂；流动相A为磷酸盐缓冲液（取磷酸二氢铵11.5g，加水适量使溶解，加磷酸1ml，用水稀释至1000ml），流动相B为乙腈，按下表进行梯度洗脱；流速为每分钟1.2ml，检测波长为225nm。理论板数按氯苯那敏峰计算不低于4000。精密量取对照溶液和供试品溶液各10μl，分别注入液相色谱仪，记录色谱图。供试品溶液的色谱图中如有杂质峰，除马来酸峰外，单个杂质峰面积不得大于对照溶液中氯苯那敏峰面积（0.3%），各杂质峰面积的和不得大于对照溶液中氯苯那敏峰面积的3倍（0.9%）。供试品溶液色谱图中小于对照溶液氯苯那敏峰面积0.17倍的色谱峰忽略不计（0.05%）。

时间（分钟）	流动相A（%）	流动相B（%）
0	90	10
25	75	25
40	60	40
45	90	10
50	90	10

残留溶剂　四氢呋喃、二氧六环、吡啶与甲苯　取本品，精密称定，加二甲基甲酰胺溶解并稀释制成每1ml中约含0.2g的溶液，作为供试品溶液；另取四氢呋喃、1,4-二氧六环、吡啶和甲苯，精密称定，用二甲基甲酰胺定量稀释制成每1ml中各含四氢呋喃144μg、1,4-二氧六环76μg、吡啶40μg、甲苯178μg的溶液，作为对照品溶液。精密量取对照品溶液和供试品溶液各1ml，置顶空瓶中，密封。照残留溶剂测定法（附录0861）测定，用5%苯基-95%甲基聚硅氧烷（或极性相近）为固定液；柱温在50℃维持15分钟，再以每分钟8℃的速率升温至120℃，维持10分钟；进样口温度为200℃，检测器温度为250℃。顶空瓶平衡温度为90℃，平衡时间为30分钟，进样体积为1.0ml。取对照品溶液顶空进样，理论板数按四氢呋喃峰计算不低于5000，各成分峰间的分离度均应符合要求。再取供试品溶液与对照品溶液分别顶空进样，记录色谱图。按外标法以峰面积计算，四氢呋喃、二氧六环、吡啶与甲苯均应符合规定。

易炭化物　取本品25mg，依法检查（附录0842），与黄色1号标准比色液比较，不得更深。

干燥失重　取本品，在105℃干燥至恒重，减失重量不得过0.5%（附录0831）。

炽灼残渣　不得过0.1%（附录0841）。

【含量测定】　取本品约0.15g，精密称定，加冰醋酸10ml溶解后，加结晶紫指示液1滴，用高氯酸滴定液（0.1mol/L）滴定至溶液显蓝绿色，并将滴定的结果用空白试验校正。每1ml高氯酸滴定液（0.1mol/L）相当于19.54mg的$C_{16}H_{19}ClN_2 \cdot C_4H_4O_4$。

【类别】 抗组胺药。

【贮藏】 遮光，密封保存。

【制剂】 （1）马来酸氯苯那敏片 （2）马来酸氯苯那敏注射液

马来酸氯苯那敏片

Malaisuan Lübennamin Pian

Chlorphenamine Maleate Tablets

本品含马来酸氯苯那敏（$C_{16}H_{19}ClN_2 \cdot C_4H_4O_4$）应为标示量的93.0% ~ 107.0%。

【性状】 本品为白色片。

【鉴别】 （1）取本品的细粉适量（约相当于马来酸氯苯那敏8mg），加水4ml，搅拌，滤过，滤液蒸干，照马来酸氯苯那敏项下的鉴别（1）项试验，显相同的反应。

（2）取本品的细粉适量（约相当于马来酸氯苯那敏20mg），加稀硫酸2ml，搅拌，滤过，滤液滴加高锰酸钾试液，红色即消失。

（3）在含量测定项下记录的色谱图中，供试品溶液两主峰的保留时间应与对照品溶液相应两主峰的保留时间一致。

【检查】 含量均匀度 取本品1片，置25ml（1mg规格）或50ml（4mg规格）量瓶中，加流动相约20ml，振摇崩散并使马来酸氯苯那敏溶解，用流动相稀释至刻度，摇匀，滤过，取续滤液20μl（1mg规格）或10μl（4mg规格），照含量测定项下的方法测定含量，应符合规定（附录0941）。

溶出度 取本品，照溶出度与释放度测定法（附录0931第三法），以稀盐酸2.5ml加水至250ml为溶剂，转速为每分钟50转，依法操作，经45分钟时，取溶液10ml滤过，取续滤液，照紫外-可见分光光度法（附录0401），在264nm的波长处测定吸光度，按$C_{16}H_{19}ClN_2 \cdot C_4H_4O_4$的吸收系数（$E_{1cm}^{1\%}$）为217计算每片的溶出量。限度为标示量的75%，应符合规定。

其他 应符合片剂项下有关的各项规定（附录0101）。

【含量测定】 照高效液相色谱法（附录0512）测定。

色谱条件与系统适用性试验 用十八烷基硅烷键合硅胶为填充剂；以磷酸盐缓冲液（取磷酸二氢铵11.5g，加水适量使溶解，加磷酸1ml，用水稀释至1000ml）-乙腈（80：20）为流动相；柱温为30℃；检测波长为262nm。出峰顺序依次为马来酸与氯苯那敏，理论板数按氯苯那敏峰计算不低于4000，氯苯那敏峰与相邻杂质峰的分离度应符合要求。

测定法 取本品20片，精密称定，研细，精密称取适量（约相当于马来酸氯苯那敏4mg），置50ml量瓶中，加流动相适量，振摇使马来酸氯苯那敏溶解，用流动相稀释至刻度，摇匀，滤过，精密量取续滤液10μl，注入液相色谱仪，记录色谱图；另取马来酸氯苯那敏对照品16mg，精密称定，置200ml量瓶中，加流动相溶解并稀释至刻度，摇匀，同法测定。按外标法以氯苯那敏峰面积计算，即得。

【作用与用途】 抗组胺药。用于过敏性疾病，如荨麻疹、过敏性皮炎、血清病等。

【用法与用量】 以马来酸氯苯那敏计。内服：一次量，马、牛80 ~ 100mg；羊、猪10 ~ 20mg；犬2 ~ 4mg；猫1 ~ 2mg。

【不良反应】 轻度中枢抑制作用和胃肠道反应。

【注意事项】 （1）对于过敏性疾病，本品仅是对症治疗，同时还须对因治疗，否则病状会复发。

（2）小动物在进食后或进食时内服可减轻对胃肠道的刺激性。

（3）本品可增强抗胆碱药、氟哌啶醇、吩噻嗪类及拟交感神经药等的作用。

【规格】 4mg

【贮藏】 遮光，密封保存。

马来酸氯苯那敏注射液
Malaisuan Lübennamin Zhusheye
Chlorphenamine Maleate Injection

本品为马来酸氯苯那敏的灭菌水溶液。含马来酸氯苯那敏（$C_{16}H_{19}ClN_2 \cdot C_4H_4O_4$）应为标示量的95.0% ~ 105.0%。

【性状】 本品为无色的澄明液体。

【鉴别】 （1）取本品适量（约相当于马来酸氯苯那敏30mg），置水浴上蒸干后，照马来酸氯苯那敏项下的鉴别（1）、（2）项试验，显相同的反应。

（2）在含量测定项下记录的色谱图中，供试品溶液两主峰的保留时间应与对照品溶液相应两主峰的保留时间一致。

【检查】 pH值 应为4.0 ~ 5.0（附录0631）。

有关物质 取含量测定项下的供试品溶液，作为供试品溶液；精密量取1ml，置100ml量瓶中，用水稀释至刻度，摇匀，作为对照溶液。照含量测定项下的色谱条件试验，精密量取对照溶液和供试品溶液各10μl，分别注入液相色谱仪，记录色谱图至氯苯那敏峰保留时间的2倍。供试品溶液的色谱图中如有杂质峰，除马来酸峰、氯苯那敏峰外，各杂质峰面积的和不得大于对照溶液中氯苯那敏峰面积（1.0%）。

细菌内毒素 取本品，依法检查（附录1143），每1mg马来酸氯苯那敏中含内毒素的量应小于5.0EU。

其他 应符合注射剂项下有关的各项规定（附录0102）。

【含量测定】 照高效液相色谱法（附录0512）测定。

色谱条件与系统适用性试验 用辛烷基硅烷键合硅胶为填充剂；以乙腈-含5%磷酸和5%三乙胺的水溶液（20：80）为流动相；检测波长为262nm。出峰顺序依次为马来酸与氯苯那敏，理论板数按氯苯那敏峰计算不低于4000，氯苯那敏峰与相邻杂质峰的分离度应符合要求。

测定法 精密量取本品2ml，置25ml量瓶中，用水稀释至刻度，摇匀，作为供试品溶液；另取马来酸氯苯那敏对照品，精密称定，加水溶解并定量稀释制成每1ml中约含0.8mg的溶液，作为对照品溶液。精密量取对照品溶液和供试品溶液各10μl，分别注入液相色谱仪，记录色谱图。按外标法以氯苯那敏峰面积计算，即得。

【作用与用途】 抗组胺药。用于过敏性疾病，如荨麻疹、过敏性皮炎、血清病等。

【用法与用量】 以马来酸氯苯那敏计。肌内注射：一次量，马、牛60 ~ 100mg；羊、猪10 ~ 20mg。

【不良反应】 （1）本品有轻度中枢抑制作用。

（2）大剂量静注时常出现中毒症状，以中枢神经系统过度兴奋为主。

【注意事项】 （1）对于过敏性疾病，本品仅是对症治疗，同时还须对因治疗，否则病状会复发。

（2）对严重的急性过敏性病例，一般先给予肾上腺素，然后再注射本品。全身治疗一般需持续3日。

（3）局部刺激性较强，不宜皮下注射。

（4）本品可增强抗胆碱药、氟哌啶醇、吩噻嗪类及拟交感神经药等的作用。

【规格】 （1）1ml：10mg （2）2ml：20mg

【贮藏】 遮光，密闭保存。

马度米星铵
Madumixing'an
Maduramicin Ammonium

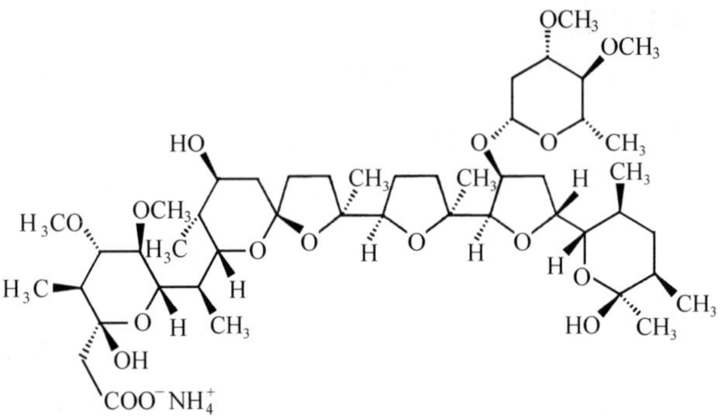

$C_{47}H_{83}NO_{17}$　934.17

本品为（3R,4S,5S,6R,7S,22S）-23,27-二去甲氧-2,6,22-三去甲氧-11-O-去甲氧-22-〔（2,6-二去氧-3,4-二-O-甲基-β-L-阿拉伯己吡喃糖基）氧〕-6-甲氧洛诺霉素A单铵盐。按干燥品计算，含马度米星（$C_{47}H_{80}O_{17}$）不得少于90.0%。

【性状】 本品为白色或类白色结晶性粉末；有微臭。

本品在甲醇、乙醇或三氯甲烷中易溶，在水中不溶。

【鉴别】 （1）取本品与马度米星对照品，分别加甲醇溶解并稀释制成每1ml中各约含1mg马度米星的溶液。照薄层色谱法（附录0502）试验，吸取上述两种溶液各$5\mu l$，分别点于同一硅胶G薄层板上，以乙酸乙酯-二氯甲烷（4：1）为展开剂，展开，晾干，喷以硫酸香草醛溶液〔取香草醛3g，加硫酸无水乙醇溶液（1.5→100）100ml，使溶解〕，置105℃加热10分钟，供试品溶液所显主斑点的位置和颜色应与对照品溶液的主斑点相同。

（2）在含量测定项下记录的色谱图中，供试品溶液主峰的保留时间应与对照品溶液主峰的保留时间一致。

（3）本品显铵盐的鉴别反应（附录0301）。

以上（1）、（2）两项可选做一项。

【检查】 **干燥失重** 取本品，以五氧化二磷为干燥剂，在60℃减压干燥至恒重，减失重量不得过2.0%（附录0831）。

炽灼残渣 不得过2.0%（附录0841）。

重金属 取炽灼残渣项下遗留的残渣，依法检查（附录0821第二法），含重金属不得过百万分之二十。

【含量测定】 照高效液相色谱法（附录0512）测定。

方法一

色谱条件与系统适用性试验 用十八烷基硅烷键合硅胶为填充剂；以甲醇-0.1mol/L醋酸铵溶液（9∶1）为流动相；用示差折光检测器检测。理论板数按马度米星峰计算不低于1500，马度米星峰与其他峰的分离度应符合要求。

测定法 取本品适量，精密称定，加乙腈溶解并定量稀释制成每1ml中约含马度米星3.2mg的溶液，摇匀。精密量取20μl，注入液相色谱仪，记录色谱图；另取马度米星对照品，同法测定。按外标法以峰面积计算，即得。

方法二

色谱条件与系统适用性试验 用十八烷基硅烷键合硅胶为填充剂；以甲醇-0.02mol/L醋酸铵溶液（9∶1）为流动相；用蒸发光散射检测器检测（参考条件：低温型：漂移管温度60℃，喷雾器加热水平60%，载气压力206kPa；高温型：漂移管温度100℃，载气流量为每分钟2.2L）。理论板数按马度米星峰计算不低于1500，马度米星峰与其他峰的分离度应符合要求。

测定法 取马度米星对照品适量，精密称定，分别加乙腈溶解并定量稀释制成每1ml中约含马度米星50μg、0.1mg和0.2mg的溶液作为对照品溶液（1）、（2）、（3）。精密量取上述三种溶液各20μl，分别注入液相色谱仪，记录色谱图，以对照品溶液浓度的对数值与相应的峰面积对数值计算线性回归方程，相关系数（r）应不小于0.99；另取本品适量，精密称定，加乙腈溶解并定量稀释制成每1ml中约含马度米星0.1mg的溶液，同法测定。用线性回归方程计算供试品中$C_{47}H_{80}O_{17}$的含量。

以上两种方法可选做一种，以方法二为仲裁方法。

【类别】 抗球虫药。

【贮藏】 密闭，在干燥处保存。

【制剂】 马度米星铵预混剂

马度米星铵预混剂

Madumixing'an Yuhunji

Maduramicin Ammonium Premix

本品含马度米星（$C_{47}H_{80}O_{17}$）应为标示量的90.0%～110.0%。

【鉴别】 取本品，照马度米星铵项下的鉴别（1）或（2）项试验，显相同的结果。

【检查】 **粒度** 本品二号筛通过率应大于95%，五号筛通过率应小于10%。

干燥失重 取本品，以五氧化二磷为干燥剂，在60℃减压干燥4小时，减失重量不得过10.0%（附录0831）。

其他 应符合预混剂项下有关的各项规定（附录0109）。

【含量测定】 **方法一** 精密称取本品适量（约相当于马度米星0.16g），精密加乙腈50ml，搅拌30分钟使马度米星铵溶解，滤过，取续滤液，照马度米星铵项下的方法一测定，即得。

方法二 精密称取本品适量（约相当于马度米星2.5mg），精密加乙腈25ml，超声10分钟，使马度米星铵溶解，放冷，滤过，取续滤液，照马度米星铵项下的方法二测定，即得。

以上两种方法可选做一种，以方法二为仲裁方法。

【作用与用途】 抗球虫药。用于预防鸡球虫病。

【用法与用量】 以本品计。混饲：每1000kg饲料，鸡500g。

【不良反应】 毒性较大，安全范围窄，较高浓度（7mg/kg饲料）混饲即可引起鸡不同程度的中毒甚至死亡。

【注意事项】 （1）蛋鸡产蛋期禁用。

（2）用药时必需精确计量，并使药料充分拌匀，勿随意加大使用浓度。

（3）鸡喂马度米星后的粪便切不可再加工作动物饲料，否则会引动物中毒，甚至死亡。

【休药期】 鸡5日。

【规格】 按$C_{47}H_{80}O_{17}$计算 1%

【贮藏】 密闭，在干燥处保存。

乌 洛 托 品

Wuluotuopin

Methenamine

$C_6H_{12}N_4$　140.19

本品为六亚甲基四胺。按干燥品计算，含$C_6H_{12}N_4$不得少于99.0%。

【性状】 本品为无色、有光泽的结晶或白色结晶性粉末；几乎无臭；遇火能燃烧，发生无烟的火焰；水溶液显碱性反应。

本品在水中易溶，在乙醇或三氯甲烷中溶解，在乙醚中微溶。

【鉴别】 （1）取本品约0.5g，加稀硫酸5ml溶解后，加热，产生甲醛的特臭，能使润湿的氨制硝酸银试纸显黑色；再加过量的氢氧化钠试液，产生氨臭，能使润湿的红色石蕊试纸变为蓝色。

（2）本品的红外光吸收图谱应与对照的图谱一致。

【检查】 酸碱度 取本品5.0g，加水50ml溶解，取溶液5.0ml，加酚酞指示液0.1ml，用盐酸滴定液（0.1mol/L）或氢氧化钠滴定液（0.1mol/L）滴定，消耗滴定液的体积不得过0.2ml。

溶液的澄清度与颜色 取本品2.0g，加新沸冷水20ml溶解后，溶液应澄清无色。

氯化物 取本品2.5g，依法检查（附录0801），与标准氯化钠溶液5.0ml制成的对照液比较，不得更浓（0.002%）。

硫酸盐 取本品1.0g，加水50ml溶解，取溶液10ml，加稀盐酸5滴酸化，加氯化钡试液5滴，在1分钟内无浑浊产生。

铵盐与三聚甲醛 取本品0.50g，加无氨蒸馏水10ml溶解后，立即加碱性碘化汞钾试液1.0ml，摇匀，在20～25℃放置2分钟，溶液的颜色与对照液（碱性碘化汞钾试液1.0ml，加无氨蒸馏水10ml）比较，不得更深；如显浑浊，与对照液（取标准硫酸钾溶液0.60ml，加水7ml与稀盐酸1ml，摇匀，加25%氯化钡溶液2ml，摇匀，放置10分钟）比较，不得更浓。

干燥失重 取本品，置五氧化二磷干燥器中干燥至恒重，减失重量不得过1.5%（附录 0831）。

重金属 取本品4.0g，加水20ml溶解后，必要时滤过，滤液中加氨试液数滴，加水使成25ml，依法检查（附录0821第三法），含重金属不得过百万分之五。

【含量测定】　取本品约0.1g，精密称定，加甲醇30ml溶解后，照电位滴定法（附录0701），用高氯酸滴定液（0.1mol/L）滴定，并将滴定的结果用空白试验校正。每1ml高氯酸滴定液（0.1mol/L）相当于14.02mg的$C_6H_{12}N_4$。

【类别】　消毒防腐药。

【贮藏】　遮光，密封保存。

【制剂】　乌洛托品注射液

乌洛托品注射液

Wuluotuopin Zhusheye

Methenamine Injection

本品为乌洛托品的灭菌水溶液。含乌洛托品（$C_6H_{12}N_4$）应为标示量的95.0%～105.0%。

【性状】　本品为无色澄明液体。

【鉴别】　取本品适量，照乌洛托品项下的鉴别（1）项试验，显相同的反应。

【检查】　pH值　应为8.5～10.5（附录0631）。

其他　应符合注射剂项下有关的各项规定（附录0102）。

【含量测定】　精密量取本品适量（约相当于乌洛托品4g），置100ml量瓶中，用水稀释至刻度，摇匀；精密量取10ml，精密加硫酸滴定液（0.25mol/L）50ml，摇匀，加热煮沸至不再发生甲醛臭，随时加近沸的水补足蒸发的水分，放冷，加甲基红指示液2滴，用氢氧化钠滴定液（0.5mol/L）滴定，并将滴定的结果用空白试验校正。每1ml硫酸滴定液（0.25mol/L）相当于17.52mg的$C_6H_{12}N_4$。

【作用与用途】　消毒防腐药。用于尿路感染。

【用法与用量】　以乌洛托品计，静脉注射：一次量，马、牛 15～30g；羊、猪 5～10g；犬 0.5～2g。

【不良反应】　对胃肠道有刺激作用，长期应用可出现排尿困难。

【注意事项】　宜加服氯化铵，使尿呈酸性。

【规格】　（1）5ml：2g　（2）10ml：4g　（3）20ml：8g　（4）50ml：20g

【贮藏】　遮光，密封保存。

巴　比　妥

Babituo

Barbital

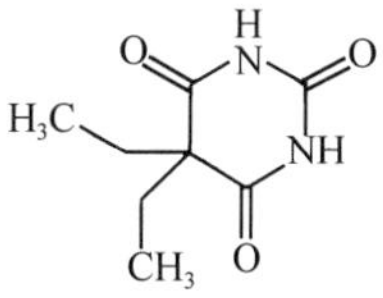

$C_8H_{12}N_2O_3$　184.19

本品为5,5-二乙基-2,4,6（1H,3H,5H）-嘧啶三酮。按干燥品计算，含$C_8H_{12}N_2O_3$不得少于99.0%。

【性状】　本品为白色结晶或白色结晶性粉末；无臭；饱和水溶液显酸性反应。

本品在沸水或乙醇中溶解，在三氯甲烷或乙醚中略溶，在水中微溶；在氢氧化钠或碳酸钠试液中溶解。

熔点　本品的熔点（附录0612）为189～192℃。

【鉴别】　（1）取本品约0.1g，加碳酸钠试液1ml与水10ml，振摇使溶解，逐滴加入硝酸银试液，即生成白色沉淀，振摇，沉淀即溶解，继续滴加过量的硝酸银试液，沉淀不再溶解。

（2）取本品50mg，加氢氧化钠试液10滴使溶解，加铜吡啶试液1～2滴，即显紫堇色或生成紫堇色沉淀。

【检查】　**溶液的澄清度**　取本品1.0g，加氢氧化钠试液10ml，溶解后，溶液应澄清；如显浑浊，与1号浊度标准液（附录0902）比较，不得更浓。

干燥失重　取本品，在105℃干燥至恒重，减失重量不得过1.0%（附录0831）。

炽灼残渣　不得过0.1%（附录0841）。

【含量测定】　取本品约0.3g，精密称定，加新制的碳酸钠试液15ml与水35ml使溶解，保持温度在15～20℃，用硝酸银滴定液（0.1mol/L）滴定至溶液微显混浊并在30秒钟内不消失。每1ml硝酸银滴定液（0.1mol/L）相当于18.42mg的$C_8H_{12}N_2O_3$。

【类别】　巴比妥类药物。

【贮藏】　遮光，密闭保存。

双 甲 脒

Shuangjiami

Amitraz

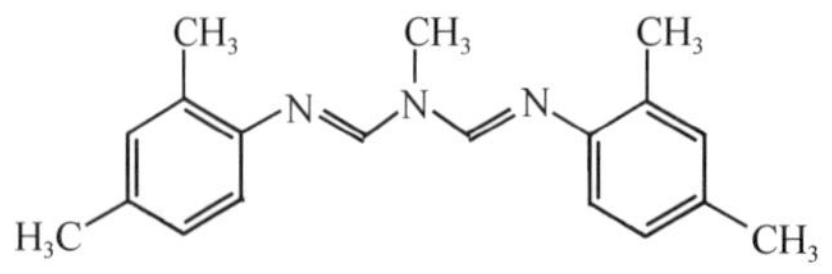

$C_{19}H_{23}N_3$　293.41

本品为 *N*-甲基-双（2,4-二甲苯亚胺甲基）胺。按无水物计算，含 $C_{19}H_{23}N_3$ 应为95.0%～101.5%。

【性状】　本品为白色或浅黄色结晶性粉末。

本品在丙酮中易溶，在水中几乎不溶；在乙醇中缓慢分解。

【鉴别】　（1）取本品与双甲脒对照品适量，分别加乙酸乙酯溶解并稀释制成每1ml中含2mg的溶液，照薄层色谱法（附录0502）试验，吸取上述两种溶液各2μl，分别点于同一高效硅胶GF$_{254}$薄层板上，以环己烷-乙酸乙酯-三乙胺（5：3：2）为展开剂，展开，晾干，置紫外光灯（254nm）下检视。供试品溶液所显主斑点的位置和颜色应与对照品溶液的主斑点相同。

（2）在含量测定项下记录的色谱图中，供试品溶液主峰的保留时间应与对照品溶液主峰的保留时间一致。

（3）本品的红外光吸收图谱应与对照的图谱一致。

以上（1）、（2）两项可选做一项。

【检查】　有关物质　取本品，加乙酸乙酯溶解并稀释制成每1ml中约含0.1g的溶液，作为供试品溶液；精密量取适量，用乙酸乙酯定量稀释制成每1ml中约含0.5mg的溶液，作为对照溶液；另取2,4-二甲基苯胺对照品适量，精密称定，用乙酸乙酯溶解并稀释制成每1ml中含0.3mg的溶液，作为对照品溶液。照薄层色谱法（附录0502）试验，吸取对照溶液和对照品溶液各2μl，分别点于同一高效硅胶GF₂₅₄薄层板（薄层板用展开剂预展10cm后，取出，置105℃干燥30分钟）上，以环己烷-乙酸乙酯-三乙胺（5∶3∶2）为展开剂，展开，晾干，置紫外光灯（254nm）下检视。对照溶液和对照品溶液的R_f值之差不得小于0.16。吸取供试品溶液和对照品溶液各2μl，对照溶液2μl、4μl、6μl与8μl分别点于同一经预展开的高效硅胶GF₂₅₄薄层板上，供试品溶液如显与对照品溶液位置相同的杂质斑点，其颜色与对照品溶液的主斑点比较，不得更深（0.3%）；供试品溶液如显其他杂质斑点，杂质斑点不得超过4个，其颜色与对照溶液的各主斑点比较，不得更深（2.0%），杂质总量不得过5.0%。

　　水分　取本品，照水分测定法（附录0832第一法A）测定，含水分不得过0.1%。

　　炽灼残渣　不得过0.2%（附录0841）。

【含量测定】　照气相色谱法（附录0521）测定。

　　色谱条件与系统适用性试验　用甲基硅橡胶（SE-30）为固定液，涂布浓度为3%的填充柱，柱温为230℃，或用100%二甲基聚硅氧烷（CP-SIL5-CB）为固定液的毛细管柱（15m×0.53mm），柱温为220℃；进样口温度230℃，检测器温度300℃，载气流速每分钟12ml。理论板数按双甲脒峰计算不低于1400（填充柱）或2000（毛细管柱）。双甲脒峰与内标物质峰的分离度应大于3.0。

　　校正因子测定　取角鲨烷适量，加乙酸乙酯溶解并稀释制成每1ml中含10mg的溶液，作为内标溶液。另取双甲脒对照品约50mg，精密称定，置10ml量瓶中，精密加入内标溶液5ml使溶解，用乙酸乙酯稀释至刻度，摇匀；取1~3μl，注入气相色谱仪，计算校正因子。

　　测定法　取本品约50mg，精密称定，置10ml量瓶中，精密加入内标溶液5ml使溶解，用乙酸乙酯稀释至刻度，摇匀（在配制后的1小时内完成测定）。取1~3μl，注入气相色谱仪，测定；计算，即得。

【类别】　杀虫药。

【贮藏】　遮光，密闭保存。

【制剂】　双甲脒溶液

双甲脒溶液

Shuangjiami Rongye

Amitraz Solution

　　本品为双甲脒加适宜的乳化剂和溶剂等制成。含双甲脒（$C_{19}H_{23}N_3$）应为标示量的90.0%~110.0%。

【性状】　本品为微黄色澄清液体。

【鉴别】　取本品，照双甲脒项下的鉴别（2）项试验，显相同结果。

【检查】　乳化性　取本品5ml，依法检查（附录0911），应符合规定。

　　有关物质　取本品，用乙酸乙酯稀释制成每1ml中约含双甲脒0.1g的溶液，作为供试品溶液；精密量取适量，用乙酸乙酯定量稀释制成每1ml中约含0.5mg的溶液，作为对照溶液；取2,4-二甲基苯胺对照品适量，加乙酸乙酯溶解并稀释制成每1ml中含0.3mg的溶液，作为对照品溶液。吸取供试品溶液和对照品溶液各2μl，对照溶液2μl、4μl、6μl与8μl，照双甲脒项下的方法检查。供试品溶液如显与对照品溶液位置相同的杂质斑点，其颜色与对照品溶液主斑点比较，不得更深（0.3%）；供试品溶液如显其他杂质斑点，除R_f值0.3以下的杂质斑点外，杂质斑点不得过4个，其颜色与对照溶液的各主斑点比较，不得更深（2.0%）；杂质总量不得过5.0%。

水分 取本品，照水分测定法（附录0832第一法A）测定，含水分不得过0.15%。

其他 应符合外用液体制剂项下有关的各项规定（附录0114）。

【含量测定】 取本品适量（约相当于双甲脒50mg），精密称定，照双甲脒项下的方法测定，另取本品，同时测定其相对密度，将供试品的量换算成毫升数，计算，即得。

【作用与用途】 杀虫药。主用于杀螨，亦用于杀灭蜱、虱等外寄生虫。

【用法与用量】 以双甲脒计。药浴、喷洒或涂擦：配成0.025%～0.05%的溶液；喷雾：蜜蜂，配成0.001%的溶液，1000ml用于200框蜂。

【不良反应】 （1）本品毒性较低，但马属动物敏感。

（2）对皮肤和黏膜有一定刺激性。

【注意事项】 （1）产奶期、流蜜期禁用。

（2）对鱼类有剧毒，禁用。勿将药液污染鱼塘、河流。

（3）马敏感，慎用。

（4）本品对皮肤有刺激性，使用时防止药液沾污皮肤和眼睛。

【休药期】 牛、羊21日，猪8日；弃奶期48小时。

【规格】 12.5%

【贮藏】 遮光，密封保存。

双羟萘酸噻嘧啶

Shuangqiangnaisuan Saimiding

Pyrantel Pamoate

$$C_{11}H_{14}N_2S \cdot C_{23}H_{16}O_6 \quad 594.68$$

本品为（E）-1,4,5,6-四氢-1-甲基-2-〔2-（2-噻吩基）乙烯基〕嘧啶-4,4'-亚甲基-双〔3-羟基-2-萘甲酸盐〕。按干燥品计算，含$C_{11}H_{14}N_2S \cdot C_{23}H_{16}O_6$应为97.0%～103.0%。

【性状】 本品为淡黄色粉末；无臭。

本品在二甲基甲酰胺中略溶，在乙醇中极微溶解，在水中几乎不溶。

吸收系数 避光操作。取本品约20mg，精密称定，加二氧六环-0.1%浓氨溶液（1∶1）8ml使溶解，用盐酸溶液（9→1000）稀释至100ml，摇匀，滤过，精密量取续滤液5ml，用盐酸溶液（9→1000）稀释至50ml，照紫外-可见分光光度法（附录0401），在311nm的波长处测定吸光度，吸收系数（$E_{1cm}^{1\%}$）为302～324。

【鉴别】 （1）取本品约10mg，加二氧六环-0.1%浓氨溶液（1∶1）5ml溶解后，加稀盐酸2ml，即生成黄色沉淀。

（2）取本品约20mg，加硫酸1ml，振摇，溶液即显红色。

（3）在含量测定项下记录的色谱图中，供试品溶液中噻嘧啶峰和双羟萘酸峰的保留时间应与对照品溶液中噻嘧啶峰和双羟萘酸峰的保留时间一致。

（4）本品的红外光吸收图谱应与对照的图谱一致。

【检查】　含氯化合物　取本品25mg，照氧瓶燃烧法（附录0703）进行有机破坏，以0.4%氢氧化钠溶液10ml为吸收液，俟生成的烟雾完全吸入吸收液后，照氯化物检查法（附录0801）检查，与标准氯化钠溶液3.5ml制成的对照液比较，不得更浓（0.14%）。

双羟萘酸　取经60℃减压干燥3小时的双羟萘酸适量，精密称定，加流动相溶解并定量稀释制成每1ml中约含52μg的溶液，照含量测定项下的色谱条件，精密量取20μl，注入液相色谱仪，记录色谱图，与含量测定项下记录的色谱图按外标法以峰面积（干燥品）计算，含双羟萘酸应为63.4%～67.3%。

有关物质　避光操作。临用新制。取本品80mg，置100ml量瓶中，加冰醋酸-水-二乙胺（5∶5∶2）7ml混合溶剂，再用乙腈稀释至刻度，摇匀，作为供试品溶液，精密量取供试品溶液1ml，置100ml容量瓶中，用流动相稀释至刻度，摇匀，作为对照溶液。照含量测定项下色谱条件测定，精密量取对照溶液和供试品溶液各20μl，分别注入液相色谱仪，记录色谱图至噻嘧啶色谱峰保留时间的4倍。供试品溶液的色谱图中如有杂质峰，各杂质峰面积的和不得大于对照溶液主峰面积（1.0%）。

干燥失重　取本品，在105℃干燥至恒重，减失重量不得过0.5%（附录0831）。

炽灼残渣　取本品1.0g，依法检查（附录0841），遗留残渣不得过0.1%。

重金属　取炽灼残渣项下遗留的残渣，依法检查（附录0821第二法），含重金属不得过百万分之二十。

【含量测定】　照高效液相色谱法（附录0512）测定。

色谱条件与系统适用性试验　用硅胶为填充剂；乙腈-水-醋酸-二乙胺（92.8∶3∶3∶1.2）为流动相；检测波长为288nm。取供试品溶液10ml，于2000lx条件下光照24小时，量取20μl注入液相色谱仪，紧邻噻嘧啶峰后的杂质峰相对保留时间约为1.3，噻嘧啶峰与该杂质峰的分离度应不小于4.0。

测定法　避光操作。临用新制。取本品约20mg，精密称定，置50ml量瓶中，加流动相适量，振摇使溶解并稀释至刻度，摇匀，精密量取2ml，置10ml量瓶中，用流动相稀释至刻度，摇匀，立即精密量取20μl，注入液相色谱仪，记录色谱图；另取双羟萘酸噻嘧啶对照品适量，精密称定，同法测定。按外标法以噻嘧啶峰面积计算，即得。

【类别】　抗蠕虫药。

【贮藏】　遮光，密封保存。

【制剂】　双羟萘酸噻嘧啶片

双羟萘酸噻嘧啶片
Shuangqiangnaisuan Saimiding Pian
Pyrantel Pamoate Tablets

本品含双羟萘酸噻嘧啶（$C_{11}H_{14}N_2S \cdot C_{23}H_{16}O_6$）应为标示量的93.0%～107.0%。

【性状】　本品为淡黄色片。

【鉴别】　取本品的细粉适量（约相当于双羟萘酸噻嘧啶40mg），加二氧六环-0.1%浓氨溶液

（1∶1）20ml使双羟萘酸噻嘧啶溶解后，滤过；取滤液5ml，加稀盐酸2ml，即生成黄色沉淀；另取滤液10ml，蒸干，残渣中加硫酸1ml，振摇，溶液即显红色。

【检查】　应符合片剂项下有关的各项规定（附录0101）。

【含量测定】　避光操作。取本品10片，精密称定，研细，精密称取适量（约相当于双羟萘酸噻嘧啶20mg），置100ml棕色量瓶中，加二氧六环-0.1%浓氨溶液（1∶1）8ml，振摇使双羟萘酸噻嘧啶溶解，用盐酸溶液（9→1000）稀释至刻度，摇匀，滤过，精密量取续滤液5ml，置50ml棕色量瓶中，用盐酸溶液（9→1000）稀释至刻度，摇匀，照紫外-可见分光光度法（附录0401），在311nm的波长处测定吸光度，按$C_{11}H_{14}N_2S \cdot C_{23}H_{16}O_6$的吸收系数（$E_{1cm}^{1\%}$）为313计算，即得。

【作用与用途】　抗蠕虫药。用于治疗家畜胃肠道线虫病。

【用法与用量】　以双羟萘酸噻嘧啶计。　内服：一次量，每1kg体重，马7.5～15mg；犬、猫5～10mg。

【不良反应】　小动物使用时，可发生呕吐。

【注意事项】　禁与肌松药、抗胆碱酯酶药和有机磷杀虫药合用；严重衰弱的动物慎用。

【规格】　0.3g

【贮藏】　遮光，密封保存。

水 合 氯 醛

Shuihelüquan

Chloral Hydrate

$$\begin{array}{c} CCl_3 \\ | \\ HO \!-\! \!-\! OH \end{array}$$

$C_2H_3Cl_3O_2$　165.40

本品为2,2,2-三氯-1,1-乙二醇。含$C_2H_3Cl_3O_2$不得少于99.0%。

【性状】　本品为白色或无色透明的结晶；有刺激性特臭；在空气中渐渐挥发。

本品在水中极易溶解，在乙醇、三氯甲烷或乙醚中易溶。

【鉴别】　取本品0.2g，加水2ml溶解后，加氢氧化钠试液2ml，溶液显浑浊；加温后成澄明的两液层，并发生三氯甲烷的臭气。

【检查】　酸度　取本品1.0g，加水10ml溶解后，依法测定（附录0631），pH值应为4.0～6.0。

氯化物　取本品0.50g，依法检查（附录0801），与标准氯化钠溶液5.0ml制成的对照液比较，不得更浓（0.010%）。

醇合三氯乙醛　取本品1.0g，加水4ml与氢氧化钠试液2ml，摇匀，滤过，滤液加碘试液至显深棕色，放置1小时，不得生成黄色结晶性沉淀。

炽灼残渣　不得过0.1%（附录0841）。

【含量测定】　取本品约4g，精密称定，加水10ml溶解后，精密加氢氧化钠滴定液（1mol/L）30ml，摇匀，静置2分钟，加酚酞指示液数滴，用硫酸滴定液（0.5mol/L）滴定至红色消失，再加铬酸钾指示液6滴，用硝酸银滴定液（0.1mol/L）滴定；自氢氧化钠滴定液（1mol/L）的体积（ml）中减去消耗硫酸滴定液（0.5mol/L）的体积（ml），再减去消耗硝酸银滴定液（0.1mol/L）的体积（ml）的2/15。每1ml氢氧化钠滴定液（1mol/L）相当于165.4mg的$C_2H_3Cl_3O_2$。

【作用与用途】 全身麻醉药。用于镇静和基础麻醉。

【用法与用量】 内服、灌肠：一次量，马、牛 10～25g；羊、猪2～4g；犬0.3～1g。

【不良反应】 （1）本品对局部组织有强烈刺激性。

（2）可引起牛、羊等动物唾液分泌大量增加。

（3）对呼吸中枢有较强的抑制作用。

（4）对肝肾有一定的损害作用。

【注意事项】 内服或灌肠应加黏浆药。

【贮藏】 密封保存。

水 杨 酸

Shuiyangsuan

Salicylic Acid

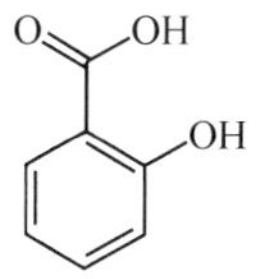

$C_7H_6O_3$ 138.12

本品为2-羟基苯甲酸。含$C_7H_6O_3$不得少于99.5%。

【性状】 本品为白色细微的针状结晶或白色结晶性粉末；无臭或几乎无臭；水溶液显酸性反应。

本品在乙醇或乙醚中易溶，在沸水中溶解，在三氯甲烷中略溶，在水中微溶。

熔点 本品的熔点（附录0612）为158～161℃。

【鉴别】 （1）取本品的水溶液，加三氯化铁试液1滴，即显紫堇色。

（2）本品的红外光吸收图谱应与对照的图谱一致。

【检查】 **有关物质** 取本品0.5g，精密称定，置100ml量瓶中，加流动相溶解并稀释至刻度，作为供试品溶液；精密量取1ml，置50ml量瓶中，用流动相稀释至刻度，摇匀，再精密量取1ml，置10ml量瓶中，用流动相稀释至刻度，摇匀，作为对照溶液。取4-羟基苯甲酸、4-羟基间苯二甲酸和苯酚对照品，加流动相溶解并稀释制成每1ml中含4-羟基苯甲酸5μg、4-羟基间苯二甲酸2.5μg和苯酚1μg的混合溶液，作为对照品溶液。照高效液相色谱法（附录0512）测定，用十八烷基硅烷键合硅胶为填充剂；以甲醇-水-冰醋酸（60：40：1）为流动相；检测波长为270nm。精密量取对照品溶液、对照溶液和供试品溶液各20μl，分别注入液相色谱仪，记录色谱图至主成分峰保留时间的2倍。供试品溶液的色谱图中如有与对照品溶液中保留时间一致的色谱峰，按外标法以峰面积计算，4-羟基苯甲酸不得过0.1%，4-羟基间苯二甲酸不得过0.05%，苯酚不得过0.02%；其他单个杂质峰面积不得大于对照溶液主峰面积的0.25倍（0.05%）；各杂质峰面积的和不得大于对照溶液主峰面积（0.2%）。

炽灼残渣 不得过0.1%（附录0841）。

重金属 取本品1.0g，加乙醇23ml溶解后，加醋酸盐缓冲液（pH3.5）2ml，依法检查（附录0821第一法），含重金属不得过百万分之十。

【含量测定】 取本品约0.3g,精密称定,加中性稀乙醇(对酚酞指示液显中性)25ml溶解后,加酚酞指示液3滴,用氢氧化钠滴定液(0.1mol/L)滴定。每1ml氢氧化钠滴定液(0.1mol/L)相当于13.81mg的$C_7H_6O_3$。

【作用与用途】 消毒防腐药。用于皮肤真菌感染。

【用法与用量】 外用:配成1%醇溶液或软膏。

【注意事项】 (1)皮肤破损处禁用。

(2)重复涂敷可引起刺激。不可大面积涂敷,以免吸收中毒。

【贮藏】 密封保存。

甘 油

Ganyou

Glycerol

$C_3H_8O_3$ 92.09

本品为1,2,3-丙三醇。含$C_3H_8O_3$不得少于95.0%。

【性状】 本品为无色、澄清的黏稠液体;有引湿性,水溶液(1→10)显中性反应。

本品与水或乙醇能任意混溶,在丙酮中微溶,在三氯甲烷或乙醚中均不溶。

相对密度 本品的相对密度(附录0601),在25℃时不小于1.2569。

【鉴别】 本品的红外光吸收图谱应与对照的图谱一致。

【检查】 颜色 取本品50ml,置50ml纳氏比色管中,与对照液(取比色用重铬酸钾液0.2ml,用水稀释至50ml制成)比较,不得更深。

氯化物 取本品5.0g,依法检查(附录0801),与标准氯化钠溶液7.5ml制成的对照液比较,不得更浓(0.0015%)。

硫酸盐 取本品10g,依法检查(附录0802),与标准硫酸钾溶液2.0ml制成的对照液比较,不得更浓(0.002%)。

脂肪酸与酯类 取本品40g,加新沸过的冷水40ml,再精密加氢氧化钠滴定液(0.1mol/L)10ml,摇匀后,煮沸5分钟,放冷,加酚酞指示液数滴,用盐酸滴定液(0.1mol/L)滴定剩余的氢氧化钠,并将滴定的结果用空白试验校正,消耗的氢氧化钠滴定液(0.1mol/L)不得过4.0ml。

丙烯醛、葡萄糖与铵盐 取本品4.0g,加10%氢氧化钾溶液5ml,混匀,在60℃放置5分钟,不得显黄色或发生氨臭。

易炭化物 取本品4.0g,照易炭化物检查法(附录0842)项下方法检查,静置时间为1小时,如显色,与对照溶液(取比色用氯化钴溶液0.2ml、比色用重铬酸钾溶液1.6ml与水8.2ml制成)比较,不得更深。

二甘醇、乙二醇与其他杂质 取本品约10g,精密称定,置25ml量瓶中,精密加入内标溶液(每1ml中含0.5mg正己醇的甲醇溶液)5ml,加甲醇溶解并稀释至刻度,作为供试品溶液;取二甘醇、乙二醇适量,精密称定,加甲醇溶解并稀释制成每1ml中含有二甘醇、乙二醇各0.5mg的溶液;精密量取5ml,置25ml量瓶中,精密加入内标溶液5ml,用甲醇稀释至刻度,作为对照品溶液。另取二甘醇、乙二醇、正己醇和甘油适量，精密称定，加甲醇溶解并稀释制成每1ml中含有甘油400mg，二甘醇、乙二醇、正己醇各0.1mg的溶液，作为系统适用性溶液。照气相色谱法（附录0521）试验，用6%氰丙基苯基-94%二甲基聚硅氧烷为固定液（或极性相近）的毛细管柱，程序升温，起始温度为100℃，维持4分钟，以每分钟50℃的速率升温至120℃，维持10分钟，再以每分钟50℃的速率升温至220℃，维持6分钟；进样口温度为200℃；检测器温度为250℃。取系统适用性溶液1μl，注入气相色谱仪，记录色谱图，各组分色谱峰之间的分离度应符合要求。取对照品溶液重复进样，二甘醇和乙二醇峰面积与内标峰面积比值的相对标准偏差均不得大于5%。依次精密量取对照品溶液和供试品溶液各1μl，注入气相色谱仪，记录色谱图，按内标法以峰面积计算，供试品中含二甘醇与乙二醇均不得过0.025%；如有其他杂质峰，扣除内标峰按面积归一化法计算，单个未知杂质不得过0.1%；杂质总量（包含二甘醇、乙二醇）不得过1.0%。

炽灼残渣　取本品20.0g，加热至发火，停止加热，使自然燃烧后，放冷，依法检查（附录0841），遗留残渣不得过2mg。

铁盐　取本品10.0g，依法检查，（附录0807）与标准铁溶液2.0ml制成的对照液比较，不得更深（0.0002%）。

重金属　取本品5.0g，加醋酸盐缓冲液（pH3.5）2ml与水适量使成25ml，依法检查（附录0821第一法），含重金属不得过百万分之二。

【含量测定】　取本品0.20g，精密称定，加水90ml，混匀，精密加入2.14%（g/ml）高碘酸钠溶液50ml，摇匀，暗处放置15分钟后，加50%（g/ml）乙二醇溶液10ml，摇匀，暗处放置20分钟，加酚酞指示液0.5ml，用氢氧化钠滴定液（0.1mol/L）滴定至红色，30秒内不褪色，并将滴定的结果用空白试验校正。每1ml氢氧化钠滴定液（0.1mol/L）相当于9.21mg的$C_3H_8O_3$。

【类别】　溶媒。

【贮藏】　密封，在干燥处保存。

甘　露　醇

Ganluchun

Mannitol

$C_6H_{14}O_6$　182.17

本品为D-甘露糖醇。按干燥品计算，含$C_6H_{14}O_6$应为98.0%～102.0%。

【性状】　本品为白色结晶或结晶性粉末；无臭。

本品在水中易溶，在乙醇中略溶，在乙醚中几乎不溶。

熔点　本品的熔点（附录0612）为166～170℃。

比旋度　取本品约1g，精密称定，置100ml量瓶中，加钼酸铵溶液（1→10）40ml，再加入0.5mol/L的硫酸溶液20ml，用水稀释至刻度，摇匀，在25℃时依法测定（附录0621），比旋度为＋137°至＋145°。

【鉴别】　（1）取本品的饱和水溶液1ml，加三氯化铁试液与氢氧化钠试液各0.5ml，即生成棕黄色沉淀，振摇不消失；滴加过量的氢氧化钠试液，即溶解成棕色溶液。

（2）本品的红外光吸收图谱应与对照的图谱一致。

【检查】 **酸度** 取本品5.0g，加水50ml溶解后，加酚酞指示液3滴与氢氧化钠滴定液（0.02mol/L）0.30ml，应显粉红色。

溶液的澄清度与颜色 取本品1.5g，加水10ml溶解后，溶液应澄清无色；如显浑浊，与1号浊度标准液（附录0902）比较，不得更浓。

有关物质 取本品，加水溶解并稀释制成每1ml中含50mg的溶液，作为供试品溶液；精密量取1ml，置100ml量瓶中，用水稀释至刻度，作为对照溶液；另取甘露醇与山梨醇各0.5g，置100ml量瓶中，加水溶解并稀释至刻度，作为系统适用性溶液。照高效液相色谱法（附录0512）试验，用磺化交联的苯乙烯二乙烯基苯共聚物为填充剂的强阳离子钙型交换柱（或分离效能相当的色谱柱），以水为流动相，流速为每分钟0.5ml，柱温为80℃，示差折光检测器，检测温度为55℃。取系统适用性溶液20μl注入液相色谱仪，记录色谱图，甘露醇峰与山梨醇峰之间的分离度应大于2.0。精密量取对照溶液和供试品溶液各20μl，分别注入液相色谱仪，记录色谱图至主成分峰保留时间的2倍。供试品溶液的色谱图中如显杂质峰，各杂质峰面积的和不得大于对照溶液主峰面积的2倍（2.0%）。供试品溶液色谱图中小于对照溶液主峰面积0.05倍的色谱峰可忽略不计。

还原糖 取本品5.0g，置锥形瓶中，加25ml水使溶解，加枸橼酸铜溶液（取硫酸铜25g、枸橼酸50g和无水碳酸钠144g，加水1000ml使溶解，即得）20ml，加热至沸腾，保持沸腾3分钟，迅速冷却，加2.4%（V/V）的冰醋酸溶液100ml和碘滴定液（0.025mol/L）20.0ml，摇匀，加6%（V/V）的盐酸溶液25ml（沉淀应完全溶解。如有沉淀，继续加该盐酸溶液至沉淀完全溶解），用硫代硫酸钠滴定液（0.05mol/L）滴定，近终点时加淀粉指示液1ml，继续滴定至蓝色消失。消耗硫代硫酸钠滴定液（0.05mol/L）的体积不得少于12.8ml。

氯化物 取本品2.0g，依法检查（附录0801），与标准氯化钠溶液6.0ml制成的对照液比较，不得更浓（0.003%）。

硫酸盐 取本品2.0g，依法检查（附录0802），与标准硫酸钾溶液2.0ml制成的对照液比较，不得更浓（0.01%）。

草酸盐 取本品1.0g，加水6ml，加热溶解后，放冷，加氨试液3滴与氯化钙试液1ml，摇匀，置水浴中加热15分钟后，取出，放冷；如发生浑浊，与草酸钠溶液〔取草酸钠0.1523g，置1000ml量瓶中，加水溶解并稀释至刻度，摇匀。每1ml相当于0.1mg的草酸盐（C_2O_4）〕2.0ml用同一方法制成的对照液比较，不得更浓（0.02%）。

干燥失重 取本品，在105℃干燥至恒重，减失重量不得过0.5%（附录0831）。

炽灼残渣 不得过0.1%（附录0841）。

重金属 取本品2.0g，加水23ml溶解后，加醋酸盐缓冲液（pH3.5）2ml，依法检查（附录0821第一法），含重金属不得过百万分之十。

砷盐 取本品1.0g，加水10ml使溶解，加稀硫酸5ml与溴化钾溴试液0.5ml，置水浴上加热20分钟，使保持稍过量的溴存在（必要时可滴加溴化钾溴试液），并随时补充蒸散的水分，放冷，加盐酸5ml与水适量使成28ml，依法检查（附录0822第一法），应符合规定（0.0002%）。

【含量测定】 取本品约0.2g，精密称定，置250ml量瓶中，加水使溶解并稀释至刻度，摇匀；精密量取10ml，置碘瓶中，精密加高碘酸钠溶液〔取硫酸溶液（1→20）90ml与高碘酸钠溶液（2.3→1000）110ml混合制成〕50ml，置水浴上加热15分钟，放冷，加碘化钾试液10ml，密塞，放置5分钟，用硫代硫酸钠滴定液（0.05mol/L）滴定，至近终点时，加淀粉指示液1ml，继续滴定至蓝色消失，并将滴定的结果用空白试验校正。每1ml硫代硫酸钠滴定液（0.05mol/L）相当于0.9109mg的$C_6H_{14}O_6$。

【类别】 脱水药。

【贮藏】 遮光，密封保存。

【制剂】 甘露醇注射液

甘露醇注射液
Ganluchun Zhusheye
Mannitol Injection

本品为甘露醇的灭菌水溶液。含甘露醇（$C_6H_{14}O_6$）应为标示量的95.0%~105.0%。

【性状】 本品为无色的澄明液体。

【鉴别】 （1）取本品1ml，照甘露醇项下的鉴别（1）项试验，显相同的反应。

（2）在含量测定项下记录的色谱图中，供试品溶液主峰的保留时间应与对照品溶液主峰的保留时间一致。

【检查】 pH值 应为4.5~6.5（附录0631）。

细菌内毒素 取本品，依法检查（附录1143），每1g甘露醇中含内毒素的量应小于1.25EU。

其他 应符合注射剂项下有关的各项规定（附录0102）。

【含量测定】 照高效液相测定法（附录0512）测定。

色谱条件与系统适用性试验 用磺化交联的苯乙烯二乙烯基苯共聚物为填充剂的强阳离子钙型交换柱（或分离效能相当的色谱柱），以水为流动相，流速为每分钟0.5ml，柱温为80℃，示差折光检测器，检测温度为55℃。另取甘露醇与山梨醇各0.5g，置100ml量瓶中，加水溶解并稀释至刻度，摇匀，取20μl注入液相色谱仪，记录色谱图，甘露醇与山梨醇色谱峰之间的分离度应大于2.0。

测定法 精密量取本品适量（约相当于甘露醇5g），加水溶解并定量稀释制成每1ml中含5mg的溶液，作为供试品溶液，精密量取20μl，注入液相色谱仪，记录色谱图；另取甘露醇对照品，同法测定，按外标法以峰面积计算，即得。

【作用与用途】 脱水药。用于脑水肿、脑炎的辅助治疗。

【用法与用量】 以本品计。静脉注射：一次量，马、牛1000~2000ml；羊、猪100~250ml。

【不良反应】 （1）大剂量或长期应用可引起水和电解质平衡紊乱。

（2）静脉注射过快可能引起心血管反应，如肺水肿及心动过速等。

（3）静脉注射时药物漏出血管可使注射部位水肿，皮肤坏死。

【注意事项】 （1）严重脱水、肺充血或肺水肿、充血性心力衰竭以及进行性肾功能衰竭患畜禁用。

（2）脱水动物在治疗前应适当补液。

（3）静脉注射时勿漏出血管外，以免引起肿胀和坏死。

【规格】 （1）100ml：20g （2）250ml：50g （3）500ml：100g

【贮藏】 遮光，密闭保存。

丙 酸 睾 酮

Bingsuan Gaotong

Testosterone Propionate

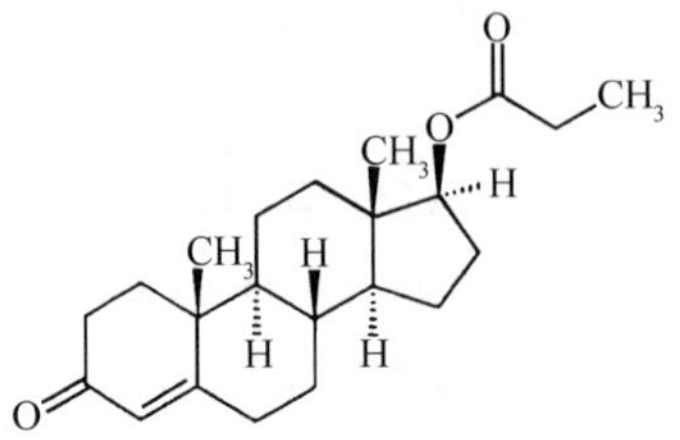

$C_{22}H_{32}O_3$ 344.49

本品为17β-羟基雄甾-4-烯-3-酮丙酸酯。按干燥品计算，含$C_{22}H_{32}O_3$应为97.0%~103.0%。

【性状】 本品为白色结晶或类白色结晶性粉末；无臭。

本品在三氯甲烷中极易溶解，在甲醇、乙醇或乙醚中易溶，在乙酸乙酯中溶解，在植物油中略溶，在水中不溶。

熔点 本品的熔点（附录0612）为118~123℃。

比旋度 取本品，精密称定，加乙醇溶解并定量稀释制成每1ml中约含10mg的溶液，依法测定（附录0621），比旋度为+84°至+90°。

【鉴别】 （1）在含量测定项下记录的色谱图中，供试品溶液主峰的保留时间应与对照品溶液主峰的保留时间一致。

（2）本品的红外光吸收图谱应与对照的图谱一致。

【检查】 **有关物质** 取本品，加甲醇溶解并稀释成每1ml中约含1mg的溶液，作为供试品溶液；精密量取1ml，置100ml量瓶中，用甲醇稀释至刻度，摇匀，作为对照溶液。照含量测定项下的色谱条件，精密量取对照溶液与供试品溶液各10μl，分别注入液相色谱仪，记录色谱图至主成分色谱峰保留时间的2倍。供试品溶液的色谱图中如有杂质峰，单个杂质峰面积不得大于对照溶液主峰面积的0.5倍（0.5%），各杂质峰面积的和不得大于对照溶液主峰面积（1.0%）。供试品溶液色谱图中小于对照溶液主峰面积0.02倍的色谱峰可忽略不计。

干燥失重 取本品，在105℃干燥至恒重，减失重量不得过0.5%（附录0831）。

【含量测定】 照高效液相色谱法（附录0512）测定。

色谱条件与系统适用性试验 用十八烷基硅烷键合硅胶为填充剂；以甲醇-水（80：20）为流动相，调节流速使丙酸睾酮峰的保留时间约为12分钟；检测波长为241nm。取本品约50mg，加甲醇适量使溶解，加1mol/L氢氧化钠溶液5ml，摇匀，室温放置30分钟后，用1mol/L盐酸溶液调节至中性，转移至50ml量瓶中，用甲醇稀释至刻度，摇匀，取10μl注入液相色谱仪，记录色谱图，丙酸睾酮峰与降解物峰（相对保留时间约为0.4）的分离度应不小于20。理论板数按丙酸睾酮峰计算不低于4000。

测定法 取本品约25mg，精密称定，置25ml量瓶中，加甲醇溶解并稀释至刻度，摇匀，精密量取5ml，置25ml量瓶中，用甲醇稀释至刻度，摇匀，作为供试品溶液，精密量取10μl，注入液相色谱仪，记录色谱图；另取丙酸睾酮对照品，同法测定。按外标法以峰面积计算，即得。

【类别】　性激素类药。

【贮藏】　遮光，密封保存。

【制剂】　丙酸睾酮注射液

丙酸睾酮注射液

Bingsuan Gaotong Zhusheye

Testosterone Propionate Injection

本品为丙酸睾酮的灭菌油溶液。含丙酸睾酮（$C_{22}H_{32}O_3$）应为标示量的90.0%～110.0%。

【性状】　本品为无色至淡黄色的澄明油状液体。

【鉴别】　（1）取本品适量（约相当于丙酸睾酮10mg），加无水乙醇10ml，强力振摇，置冰浴中放置使分层，取上层乙醇溶液置离心管中离心，取上清液作为供试品溶液；另取丙酸睾酮对照品，加无水乙醇制成每1ml中约含1mg的溶液，作为对照品溶液。照薄层色谱法（附录0502）试验，吸取上述两种溶液各10μl分别点于同一硅胶GF$_{254}$薄层板上，以二氯甲烷-甲醇（19：0.5）为展开剂，展开，晾干，置紫外光灯（254nm）下检视。供试品溶液所显主斑点的位置和颜色应与对照品溶液的主斑点相同。

（2）在含量测定项下记录的色谱图中，供试品溶液主峰的保留时间应与对照品溶液主峰的保留时间一致。

以上（1）、（2）两项可选做一项。

【检查】　**有关物质**　取含量测定项下的供试品溶液作为供试品溶液；精密量取1ml，置100ml量瓶中，用甲醇稀释至刻度，摇匀，作为对照溶液。照丙酸睾酮有关物质项下的方法试验。供试品溶液的色谱图中如有杂质峰，扣除相对主峰保留时间0.25之前的辅料（苯甲醇）峰，单个杂质峰面积不得大于对照溶液主峰面积的0.5倍（0.5%），各杂质峰面积的和不得大于对照溶液主峰面积的1.5倍（1.5%）。供试品溶液色谱图中小于对照溶液主峰面积0.02倍的色谱峰可忽略不计。

其他　应符合注射剂项下有关的各项规定（附录0102）。

【含量测定】　用内容量移液管精密量取本品适量（约相当于丙酸睾酮50mg），置50ml量瓶中，用乙醚分数次洗涤移液管内壁，洗液并入量瓶中，用乙醚稀释至刻度，摇匀，精密量取5ml，置具塞离心管中，在温水浴上使乙醚挥散，用甲醇振摇提取4次（5ml、5ml、5ml、3ml），每次振摇10分钟后离心15分钟，合并甲醇提取液，置25ml量瓶中，用甲醇稀释至刻度，摇匀，作为供试品溶液，精密量取10μl，照丙酸睾酮含量测定项下的方法测定，即得。

【作用与用途】　性激素类药。用于雄激素缺乏症的辅助治疗。

【用法与用量】　以丙酸睾酮计。肌内、皮下注射：一次量，每1kg体重，种畜0.25～0.5mg。

【不良反应】　注射部分可出现硬结、疼痛、感染及荨麻疹。

【注意事项】　（1）具有水钠潴留作用，肾、心或肝功能不全患畜慎用。

（2）仅用于种畜。

【规格】　（1）1ml：25mg　（2）1ml：50mg

【贮藏】　遮光，密闭保存。

右旋糖酐40

Youxuantanggan 40

Dextran 40

本品系蔗糖经肠膜状明串珠菌L.-M-1226号菌（*Leuconostoc mesenteroides*）发酵后生成的高分子葡萄糖聚合物，经处理精制而得。右旋糖酐40的重均分子量（M_w）应为32 000～42 000。

【性状】 本品为白色粉末；无臭。

本品在热水中易溶，在乙醇中不溶。

比旋度 取本品，精密称定，加水溶解并定量稀释制成每1ml中约含10mg的溶液，在25℃时，依法测定（附录0621），比旋度为＋190°至＋200°。

【鉴别】 取本品0.2g，加水5ml溶解后，加氢氧化钠试液2ml与硫酸铜试液数滴，即生成淡蓝色沉淀；加热后变为棕色沉淀。

【检查】 **分子量与分子量分布** 取本品适量，加流动相溶解并稀释制成每1ml中约含10mg的溶液，振摇，放置过夜，作为供试品溶液。另取4～5个已知分子量的右旋糖酐对照品，同法制成每1ml中各含10mg的溶液作为对照品溶液。照分子排阻色谱法（附录0514），以亲水性球型高聚物为填充剂（TSK G PWXL柱、Shodex OHpak SB HQ柱或其他适宜色谱柱），以0.71%硫酸钠溶液（内含0.02%叠氮化钠）为流动相，柱温35℃，流速为每分钟0.5ml，示差折光检测器。

称取葡萄糖和葡聚糖2000适量，分别加流动相溶解并稀释制成每1ml中约含10mg的溶液，取20μl注入液相色谱仪，测得保留时间t_T和t_0；供试品溶液和对照品溶液色谱图中主峰的保留时间t_R均应在t_T和t_0之间。理论板数按葡萄糖峰计算不小于5000。

取上述各对照品溶液20μl，分别注入液相色谱仪，记录色谱图，由GPC软件计算回归方程。取供试品溶液20μl，同法测定，用GPC软件算出供试品的重均分子量及分子量分布。本品10%大分子部分重均分子量不得大于120 000，10%小分子部分重均分子量不得小于5000。

氯化物 取本品0.10g，加水50ml，加热溶解后，放冷，取溶液10ml，依法检查（附录0801），与标准氯化钠溶液5ml制成的对照液比较，不得更浓（0.25%）。

氮 取本品0.20g，置50ml凯氏烧瓶中，加硫酸1ml，加热消化至供试品成黑色油状物，放冷，加30%过氧化氢溶液2ml，加热消化至溶液澄清（如不澄清，可再加上述过氧化氢溶液0.5～1.0ml，继续加热），冷却至20℃以下，加水10ml，滴加5%氢氧化钠溶液使成碱性，移至50ml比色管中，加水洗涤烧瓶，洗液并入比色管中，再用水稀释至刻度，缓缓加碱性碘化汞钾试液2ml，随加随摇匀（溶液温度保持在20℃以下）；如显色，与标准硫酸铵溶液（精密称取经105℃干燥至恒重的硫酸铵0.4715g，置100ml量瓶中，加水溶解并稀释至刻度，混匀，作为贮备液。临用时精密量取贮备液1ml，置100ml量瓶中，用水稀释至刻度，摇匀。每1ml相当于10μg的N）1.4ml加硫酸0.5ml用同法处理后的颜色比较，不得更深（0.007%）。

干燥失重 取本品，在105℃干燥6小时，减失重量不得过5.0%（附录0831）。

炽灼残渣 取本品1.5g，依法检查（附录0841），遗留残渣不得过0.5%。

重金属 取炽灼残渣项下遗留的残渣，依法检查（附录0821第二法），含重金属不得过百万分之八。

【类别】 血容量补充药。

【贮藏】 密封，在干燥处保存。

【制剂】 （1）右旋糖酐40葡萄糖注射液 （2）右旋糖酐40氯化钠注射液

右旋糖酐40葡萄糖注射液

Youxuantanggan 40 Putaotang Zhusheye

Dextran 40 and Glucose Injection

本品为右旋糖酐40与葡萄糖的灭菌水溶液。含右旋糖酐40与葡萄糖（$C_6H_{12}O_6 \cdot H_2O$）均应为标示量的95.0% ~ 105.0%。

【性状】 本品为无色、稍带黏性的澄明液体，有时显轻微的乳光。

【鉴别】 （1）取本品1ml，加氢氧化钠试液2ml与硫酸铜试液数滴，即生成淡蓝色沉淀，加热后变为棕色沉淀。

（2）取本品1ml，缓缓滴入温热的碱性酒石酸铜试液中，即生成氧化亚铜的红色沉淀。

【检查】 分子量与分子量分布 取本品，照右旋糖酐40项下的方法测定，重均分子量应为32 000 ~ 42 000，10%大分子部分重均分子量不得大于120 000，10%小分子部分重均分子量不得小于5000。

pH值 应为3.5 ~ 6.5（附录0631）。

5－羟甲基糠醛 精密量取本品适量（约相当于葡萄糖1.0g），置100ml量瓶中，用水稀释至刻度，摇匀，照紫外-可见分光光度法（附录0401），在284nm的波长处测定，吸光度不得大于0.32。

重金属 精密量取本品20ml，置坩埚中，蒸干，依法检查（附录0821第二法），含重金属不得过千万分之十五。

渗透压摩尔浓度 取本品，依法检查（附录0632），渗透压摩尔浓度应为270 ~ 350mOsmol/kg。

异常毒性 取本品，依法检查（附录1141），应符合规定。

细菌内毒素 取本品，依法检查（附录1143），每1ml中含内毒素的量应小于0.50EU。

过敏反应 取本品，依法检查（附录1147），应符合规定。

其他 应符合注射剂项下有关的各项规定（附录0102）。

【含量测定】 右旋糖酐40 精密量取本品10ml，置25ml量瓶中，用水稀释至刻度，摇匀，照旋光度测定法（附录0621）测定，按下式计算右旋糖酐的含量。

$$C = 0.5128 \, (a - 0.4795C_1)$$

式中 C为每100ml注射液中含右旋糖酐40的重量，g；

a为测得的旋光度×稀释倍数2.5；

C_1为每100ml注射液中用下法测得的葡萄糖重量，g。

葡萄糖 精密量取本品2ml，置碘瓶中，精密加碘滴定液（0.05mol/L）25ml，边振摇边滴加氢氧化钠滴定液（0.1mol/L）50ml，在暗处放置30分钟，加稀硫酸5ml，用硫代硫酸钠滴定液（0.1mol/L）滴定，至近终点时，加淀粉指示液2ml，继续滴定至蓝色消失，并将滴定的结果用0.12g的右旋糖酐40做空白试验校正。每1ml碘滴定液（0.05mol/L）相当于9.909mg的$C_6H_{12}O_6 \cdot H_2O$。

【作用与用途】 血容量补充药。主要用于补充和维持血容量，治疗失血、创伤、烧伤及中毒性休克。

【用法与用量】 以本品计。静脉注射：一次量，马、牛 500 ~ 1000ml；羊、猪 250 ~ 500ml。

【不良反应】 （1）偶见发热、荨麻疹等过敏反应。

（2）增加出血倾向。

【注意事项】 （1）静脉注射宜缓慢，用量过大可致出血。如鼻出血、创面渗血、血尿等。有出血倾向的患畜忌用。

（2）充血性心力衰竭或有出血性疾病的患畜禁用。患有肝肾疾病的患畜慎用。

（3）发生发热、荨麻疹等过敏反应时，应立即停止输血，必要时注射苯海拉明或肾上腺素解救。

（4）失血量如超过35%时应用本品可继发严重贫血，需采用输血疗法。

【规格】　500ml：30g右旋糖酐40与25g葡萄糖

【贮藏】　在25℃以下保存。

右旋糖酐40氯化钠注射液
Youxuantanggan 40 Lühuana Zhusheye
Dextran 40 and Sodium Chloride Injection

本品为右旋糖酐40与氯化钠的灭菌水溶液。含右旋糖酐40与氯化钠（NaCl）均应为标示量的95.0%～105.0%。

【性状】　本品为无色、稍带黏性的澄明液体，有时显轻微的乳光。

【鉴别】　（1）照右旋糖酐40葡萄糖注射液项下的鉴别（1）项试验，显相同的反应。

（2）本品显钠盐鉴别（1）与氯化物鉴别（1）的反应（附录0301）。

【检查】　pH值　应为4.0～7.0（附录0631）。

分子量与分子量分布　取本品，照右旋糖酐40项下的方法测定，重均分子量应为32 000～42 000，10%大分子部分重均分子量不得大于120 000，10%小分子部分重均分子量不得小于5000。

渗透压摩尔浓度　取本品，依法检查（附录0632），渗透压摩尔浓度应为265～325mOsmol/kg。

重金属、异常毒性、细菌内毒素与过敏反应　照右旋糖酐40葡萄糖注射液项下的方法检查，均应符合规定。

其他　应符合注射剂项下有关的各项规定（附录0102）。

【含量测定】　右旋糖酐40　精密量取本品10ml，置25ml量瓶中，用水稀释至刻度，摇匀，照旋光度测定法（附录0621）测定，按下式计算右旋糖酐的含量。

$$C = 0.5128a$$

式中　C为每100ml注射液中含右旋糖酐40的重量，g；

a为测得的旋光度×稀释倍数2.5。

氯化钠　精密量取本品10ml，置锥形瓶中，加铬酸钾指示液数滴，用硝酸银滴定液（0.1mol/L）滴定。每1ml硝酸银滴定液（0.1mol/L）相当于5.844mg的NaCl。

【作用与用途】　血容量补充药。主要用于补充和维持血容量，治疗失血、创伤、烧伤及中毒性休克。

【用法与用量】　以本品计。静脉注射：一次量，马、牛 500～1000ml；羊、猪 250～500ml。

【不良反应】　（1）偶见发热、荨麻疹等过敏反应。

（2）增加出血倾向。

【注意事项】　（1）充血性心力衰竭或有出血性疾病的患畜禁用。

（2）患有肝肾疾病的患畜慎用。

（3）发生发热、荨麻疹等过敏反应时，应立即停止输血，必要时注射苯海拉明或肾上腺素解救。

（4）静脉注射宜缓慢，用量过大可致出血。

（5）失血量如超过35%时应用本品可继发严重贫血，需采用输血疗法。

【规格】　500ml：30g右旋糖酐40与4.5g氯化钠

【贮藏】　在25℃以下保存。

右旋糖酐70
Youxuantanggan 70
Dextran 70

本品系蔗糖经肠膜状明串珠菌L.-M-1226号菌（*Leuconostoc mesenteroides*）发酵后生成的高分子葡萄糖聚合物，经处理精制而得。右旋糖酐70的重均分子量（M_w）应为64 000 ~ 76 000。

【性状】　本品为白色粉末；无臭。

本品在热水中易溶，在乙醇中不溶。

比旋度　照右旋糖酐40项下的方法测定，应符合规定。

【鉴别】　照右旋糖酐40项下的鉴别试验，显相同的反应。

【检查】　分子量与分子量分布　取本品，照右旋糖酐40项下的方法测定，10%大分子部分重均分子量不得大于185 000，10%小分子部分重均分子量不得小于15 000。

氯化物、氮、干燥失重、炽灼残渣与重金属　照右旋糖酐40项下的方法检查，均应符合规定。

【类别】　血容量补充药。

【贮藏】　密封，在干燥处保存。

【制剂】　（1）右旋糖酐70葡萄糖注射液　（2）右旋糖酐70氯化钠注射液

右旋糖酐70葡萄糖注射液
Youxuantanggan 70 Putaotang Zhusheye
Dextran 70 and Glucose Injection

本品为右旋糖酐70与葡萄糖的灭菌水溶液。含右旋糖酐70与葡萄糖（$C_6H_{12}O_6 \cdot H_2O$）均应为标示量的95.0% ~ 105.0%。

【性状】　本品为无色、稍带黏性的澄明液体，有时显轻微的乳光。

【鉴别】　照右旋糖酐40葡萄糖注射液项下的鉴别试验，显相同的反应。

【检查】　分子量与分子量分布　取本品，照右旋糖酐40项下的方法测定，重均分子量应为64 000 ~ 76 000，10%大分子部分重均分子量不得大于185 000，10%小分子部分重均分子量不得小于15 000。

渗透压摩尔浓度　取本品，依法检查（附录0632），渗透压摩尔浓度应为265 ~ 325mOsmol/kg。

pH值、5－羟甲基糠醛、重金属、异常毒性、细菌内毒素与过敏反应　照右旋糖酐40葡萄糖注射液项下的方法检查，均应符合规定。

其他　应符合注射剂项下有关的各项规定（附录0102）。

【含量测定】 照右旋糖酐40葡萄糖注射液项下的方法测定，用右旋糖酐70做空白试验校正。

【作用与用途】 血容量补充药。主要用于补充和维持血容量，治疗失血、创伤、烧伤及中毒性休克。

【用法与用量】 以本品计。静脉注射：一次量，马、牛 500～1000ml；羊、猪 250～500ml。

【不良反应】 （1）偶见发热、荨麻疹等过敏反应。

（2）增加出血倾向。

【注意事项】 （1）充血性心力衰竭或有出血性疾病的患畜禁用。

（2）患有肝肾疾病的患畜慎用。

（3）发生发热、荨麻疹等过敏反应时，应立即停止输血，必要时注射苯海拉明或肾上腺素解救。

（4）静脉注射宜缓慢，用量过大可致出血。

（5）失血量如超过35%时应用本品可继发严重贫血，需采用输血疗法。

【规格】 500ml：30g右旋糖酐70与25g葡萄糖

【贮藏】 在25℃以下保存。

右旋糖酐70氯化钠注射液

Youxuantanggan 70 Lühuana Zhusheye

Dextran 70 and Sodium Chloride Injection

本品为右旋糖酐70与氯化钠的灭菌水溶液。含右旋糖酐70与氯化钠（NaCl）均应为标示量的95.0%～105.0%。

【性状】 本品为无色、稍带黏性的澄明液体，有时显轻微的乳光。

【鉴别】 照右旋糖酐40氯化钠注射液项下的鉴别试验，显相同的反应。

【检查】 pH值 应为4.0～7.0（附录0631）。

分子量与分子量分布 取本品，照右旋糖酐40项下的方法测定，重均分子量应为64 000～76 000，10%大分子部分重均分子量不得大于185 000，10%小分子部分重均分子量不得小于15 000。

渗透压摩尔浓度 取本品，依法检查（附录0632），渗透压摩尔浓度应为265～325mOsmol/kg。

重金属、异常毒性、细菌内毒素与过敏反应 照右旋糖酐40葡萄糖注射液项下的方法检查，均应符合规定。

其他 应符合注射剂项下有关的各项规定（附录0102）。

【含量测定】 照右旋糖酐40氯化钠注射液项下的方法测定，并计算含量。

【作用与用途】 血容量补充药。主要用于补充和维持血容量，治疗失血、创伤、烧伤及中毒性休克。

【用法与用量】 以本品计。静脉注射：一次量，马、牛 500～1000ml；羊、猪 250～500ml。

【不良反应】 （1）偶见发热、荨麻疹等过敏反应。

（2）增加出血倾向。

【注意事项】 （1）充血性心力衰竭或有出血性疾病的患畜禁用。

（2）患有肝肾疾病的患畜慎用。

（3）发生发热、荨麻疹等过敏反应时，应立即停止输血，必要时注射苯海拉明或肾上腺素解救。

（4）静脉注射宜缓慢，用量过大可致出血。

（5）失血量如超过35%时应用本品可继发严重贫血，需采用输血疗法。

【规格】　500ml：30g右旋糖酐70与4.5g氯化钠

【贮藏】　在25℃以下保存。

右旋糖酐铁
Youxuantanggan Tie
Iron Dextran

本品为氢氧化铁与重均分子量（M_w）5000～7500的右旋糖酐的络合物。按干燥品计算，含铁（Fe）应不少于25.0%。

【性状】　本品为棕褐色至棕黑色结晶性粉末；无臭。

本品在热水中易溶，在乙醇中不溶。

【鉴别】　（1）取本品约40mg，加水5ml，加热使溶解，放冷，加氨试液，应无沉淀析出；另取本品约80mg，加水20ml与盐酸5ml，煮沸5分钟，放冷，加过量的氨试液，产生红棕色沉淀，滤过，沉淀用水洗涤，加适量盐酸使溶解，加水至20ml，溶液显铁盐的鉴别反应（附录0301）。

（2）取本品约40mg，加水500ml，加热使溶解，取1ml，置试管中，在冰浴中沿试管壁加蒽酮溶液（取蒽酮0.4g，加水10ml与硫酸190ml的混合液使溶解）2ml，摇匀，加热，溶液由绿色变为蓝绿色。

【检查】　游离铁　取本品0.10g，置50ml纳氏比色管中，加水10ml振摇使溶解，加标准铁贮备液1.0ml、硫氰酸钾溶液（取硫氰酸钾15g，置100ml量瓶中，加水约50ml溶解后，加丙酮15ml，用水稀释至刻度，摇匀）15ml与丙酮24ml，摇匀，静置，观察上清液的颜色。如显色，与标准铁贮备液3.0ml同法制成的对照液比较，不得更深（0.2%）。

氯化物　取本品0.25g，加水2ml与硫酸1ml，加热至溶液呈淡黄色，放冷，用水稀释至200ml，取2ml，依法检查（附录0801），与标准氯化钠溶液5.0ml制成的对照液比较，不得更浓（2.0%）。

分子量与分子量分布　取本品适量（约相当于右旋糖酐铁40mg），置试管中，加水2ml，加热使溶解，放冷，加4mol/L磷酸二氢钠溶液1ml，摇匀，静置过夜，加流动相至10ml，0.45μm滤膜滤过，取续滤液作为供试品溶液。另取4～5个已知分子量的右旋糖酐对照品，加流动相溶解并稀释制成每1ml中各含10mg的溶液作为对照品溶液。照分子排阻色谱法（附录0514），以亲水性球型高聚物为填充剂（TSK G PWXL柱、Shodex OHpak SB HQ柱或其他适宜色谱柱），以0.71%硫酸钠溶液（内含0.02%叠氮化钠）为流动相，柱温35℃，流速为每分钟0.5ml，示差折光检测器。

称取葡萄糖和葡聚糖2000适量，分别加流动相溶解并稀释制成每1ml中约含10mg的溶液，取20μl注入液相色谱仪，测得保留时间t_T和t_0；供试品溶液和对照品溶液色谱图中主峰的保留时间t_R均应在t_T和t_0之间。理论板数按葡萄糖峰计算不小于5000。

取上述各对照品溶液20μl，分别注入液相色谱仪，记录色谱图，由GPC专用软件计算回归方程。取供试品溶液50μl，同法测定，用GPC软件算出供试品的重均分子量及分子量分布。分布系数D（M_w/M_n）应小于1.8。

干燥失重　取本品，在105℃干燥至恒重，减失重量不得过5.0%（附录0831）。

重金属 取本品1.0g，加水6ml与硝酸4ml，水浴加热至体积为2～3ml，放冷，加硫酸2ml，置水浴加热至氧化成白色，如氧化不完全，再加硝酸1～2ml，再置水浴中加热，放冷，加盐酸15ml，加热使溶解，加乙酸异丁酯提取4次，每次8ml，弃去有机相，取水层，置水浴上蒸发至约8ml，放冷，加酚酞指示液1滴，加氨试液中和后，加醋酸盐缓冲液（pH3.5）2ml，加水至25ml，依法检查（附录0821第一法），含重金属不得过百万分之二十。

砷盐 取本品0.4g，加氢氧化钙0.5g，混匀，缓缓加热至完全炭化，在500～600℃炽灼使灰化，放冷，加盐酸14ml与水7ml使溶解，移至蒸馏瓶中，加酸性氯化亚锡试液0.5ml，蒸馏至约5ml，馏出液导入盛有10ml水的测砷瓶中，依法检查（附录0822第一法），应符合规定（0.0005%）。

【含量测定】 取本品约0.3g，精密称定，置碘瓶中，加水34ml与硫酸2ml，加热至溶液显橙黄色，放冷，滴加高锰酸钾试液，至溶液恰显粉红色并持续5秒钟，加盐酸30ml与碘化钾试液30ml，密塞，静置3分钟，加水50ml，用硫代硫酸钠滴定液（0.1mol/L）滴定，至近终点时，加淀粉指示液2ml，继续滴定至蓝色消失。每1ml硫代硫酸钠滴定液（0.1mol/L）相当于5.585mg的Fe。

【类别】 抗贫血药。

【贮藏】 遮光，密封保存。

【制剂】 右旋糖酐铁注射液

右旋糖酐铁注射液

Youxuantanggan Tie Zhusheye

Iron Dextran Injection

本品为右旋糖酐铁的灭菌胶体溶液。含铁（Fe）应为标示量的95.0%～105.0%。

【性状】 本品为深褐色的胶体溶液。

【鉴别】 （1）取本品0.5ml，加水5ml，照右旋糖酐铁项下的鉴别（1）项试验，显相同的反应。

（2）取本品的稀释液（1→1000）1ml，照右旋糖酐铁项下的鉴别（2）项试验，显相同的反应。

【检查】 pH值 应为5.2～6.5（附录0631）。

氯化物 取本品1ml，照右旋糖酐铁项下的方法检查，与标准氯化钠溶液5.0ml制成的对照液比较，不得更浓（0.5%）。

分子量与分子量分布 取本品适量（约相当于铁50mg），加4mol/L磷酸二氢钠溶液1ml，摇匀，静置过夜，加水至10ml，滤过，取续滤液50μl注入液相色谱仪，照右旋糖酐铁项下的方法测定。本品中右旋糖酐的重均分子量（M_w）应为5000～7500，分布系数D（M_w/M_n）应小于1.8。

重金属 取本品2ml，照右旋糖酐铁项下的方法检查，含重金属不得过百万分之十五。

砷盐 取本品1ml，照右旋糖酐铁项下的方法检查，含砷盐不得过0.0002%。

注射部位未吸收Fe含量 供试溶液和对照溶液的制备 取体重1.5～2.5kg健康家兔2只，剪去后腿内侧的毛，消毒注射部位，自半腱肌远侧末端插入针头，穿过缝匠肌注入股内肌中，每只家兔一侧后腿注射供试品，另一侧作为对照，剂量按每1kg体重注射含Fe 10mg的供试品。给药7天后，处死动物，切开给药侧后腿皮肤，仔细检查注射部位，注射部位肌肉不能有暗褐色沉积，沿筋膜板不能有渗迹，如有上述现象，则判为不符合规定；注射部位肌肉有轻微着色的则进行如下试验。取出注射部位呈色的股内肌；对照侧后腿，取出与给药侧后腿相应部位与大小的股内肌，分别匀浆后，移至1000ml烧杯中，加2mol/L氢氧化钠溶液75ml和水适量，使没过肌肉，加盖煮沸至无固体物存在，放冷，小心加硫酸50ml，加热至沸，分次滴加硝酸约10ml，至无炭化物出现，加热除去过量硝酸，放冷，转移至250ml量瓶中，用水稀释至刻度，摇匀，分别作为供试品溶液与对照溶液。

标准曲线的制备　精密量取铁单元素标准贮备液（每1ml中含Fe 100μg）0ml、0.5ml、1.0ml、2.0ml、3.0ml，分别置100ml量瓶中，加20%枸橼酸溶液10ml、巯基乙酸溶液1ml，摇匀，滴加浓氨溶液至紫红色不再加深，用水稀释至刻度。以0管为空白，照紫外-可见分光光度法（附录0401），在530nm的波长处测定吸光度，以含铁量（μg）与相应的吸光度计算直线回归方程。

测定法　精密量取供试品溶液和对照溶液各5ml，分别加硫酸3ml，加热至发烟，加硝酸适量，继续加热至溶液呈无色，放冷，加水20ml，煮沸3分钟，放冷，加20%枸橼酸溶液10ml、巯基乙酸溶液1ml，滴加浓氨溶液至紫红色不再加深，转移至100ml量瓶中，用水稀释至刻度，分别作为供试品测定溶液与对照测定溶液，以标准曲线项下0管为空白，照紫外-可见分光光度法（附录0401），在530nm的波长处分别测定注药腿肌的吸光度$A_{样}$与对照腿肌的吸光度$A_{对}$。由直线回归方程查得$Fe_{样}$和$Fe_{对}$的含量，求出平均值，按下式计算：

$$注射部位未吸收Fe含量 = \frac{Fe_{样} - Fe_{对}}{注射量（Fe）} \times 50 \times 100\%$$

注射部位未吸收Fe含量不得大于20%。

异常毒性　取体重18～22g的健康小鼠10只，分别自尾静脉注射用氯化钠注射液稀释成每1ml中含Fe 10mg的供试品溶液0.5ml，在5日内小鼠死亡数不得超过3只；如超过3只，需另取小鼠20只，重复试验，合并2次试验结果，小鼠死亡总数不得超过10只。

细菌内毒素　取本品，依法检查（附录1143），每1mg（按铁计）中含内毒素的量应小于0.50EU。

其他　除可见异物不检查外，应符合注射剂项下有关的各项规定（附录0102）。

【含量测定】　取本品适量（约相当于Fe 0.1g），精密称定，照右旋糖酐铁项下的方法测定。另取本品，同时测定其相对密度，将供试品量换算成毫升数，计算，即得。

【作用与用途】　抗贫血药。用于驹、犊、仔猪、幼犬和毛皮兽的缺铁性贫血。

【用法与用量】　以Fe计。肌内注射：一次量，驹、犊200～600mg；仔猪100～200mg；幼犬20～200mg；狐狸50～200mg；水貂30～100mg。

【不良反应】　仔猪注射铁剂偶尔会因肌无力而出现站立不稳，严重时可致死亡。

【注意事项】　（1）本品毒性较大，需严格控制肌内注射剂量。

（2）肌注时可引起局部疼痛，应深部肌注。

（3）超过4周龄的猪注射，可引起臀部肌肉着色。

（4）需防冻，久置可发生沉淀。

（5）铁盐可与许多化学物质或药物发生反应，故不宜与其他药物同时或混合内服给药。

【规格】　按Fe计算　（1）2ml：0.1g　（2）2ml：0.2g　（3）10ml：0.5g　（4）10ml：1g
（5）10ml：1.5g　（6）50ml：2.5g　（7）50ml：5g

【贮藏】　避光保存。

叶　酸

Yesuan

Folic Acid

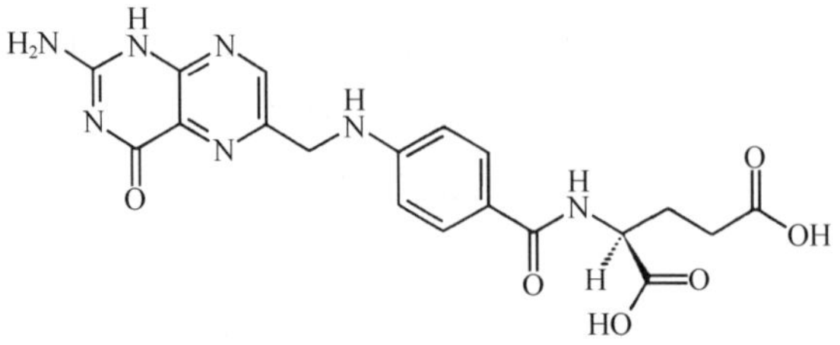

$C_{19}H_{19}N_7O_6$　441.40

本品为 N-{4-〔（2-氨基-4-氧代-1,4-二氢-6-蝶啶）甲氨基〕苯甲酰基}-L-谷氨酸。按无水物计算，含 $C_{19}H_{19}N_7O_6$ 应为95.0% ~ 102.0%。

【性状】　本品为黄色或橙黄色结晶性粉末；无臭。

本品在水、乙醇、丙酮、三氯甲烷或乙醚中不溶；在氢氧化钠试液或10%碳酸钠溶液中易溶。

比旋度　取本品，精密称定，用0.1mol/L的氢氧化钠溶液溶解并定量稀释制成每1ml中约含10mg的溶液，依法测定（附录0621），比旋度为+18°至+22°。

【鉴别】　（1）取本品约0.2mg，加0.4%氢氧化钠溶液10ml，振摇使溶解，加高锰酸钾试液1滴，振摇混匀后，溶液显蓝绿色；在紫外光灯下，显蓝绿色荧光。

（2）取本品，加0.4%氢氧化钠溶液制成每1ml中约含10μg的溶液，照紫外-可见分光光度法（附录0401）测定，在256nm、283nm与365nm ± 4nm的波长处有最大吸收，在256nm与365nm波长处的吸光度比值应为2.8 ~ 3.0。

（3）本品的红外光吸收图谱应与对照的图谱一致。

【检查】　水分　取本品约0.1g，精密称定，加三氯甲烷-无水甲醇（4：1）5ml，照水分测定法（附录0832第一法A）测定，含水分不得过8.5%。

炽灼残渣　不得过0.1%（附录0841）。

有关物质　避光操作。取本品约100mg，置100ml量瓶中，加氨试液约1ml使溶解，用流动相稀释至刻度，摇匀，作为供试品溶液。精密量取1ml，置100ml量瓶中，用流动相稀释至刻度，摇匀，作为对照溶液。取蝶酸10mg，置100ml量瓶中，加0.1mol/L碳酸钠溶液5ml与供试品溶液10ml，加流动相溶解并稀释至刻度，摇匀，照含量测定项下的色谱条件，取10μl注入液相色谱仪，记录色谱图，蝶酸峰与叶酸峰的分离度应大于4.0。精密量取对照溶液与供试品溶液各10μl，分别注入液相色谱仪，记录色谱图至主成分峰保留时间的3倍，供试品溶液的色谱图中，蝶酸与其他单个杂质峰面积均不得大于对照溶液主峰面积的0.6倍（0.6%），除蝶酸峰外各杂质峰面积之和不得大于对照溶液主峰面积的2倍（2.0%），供试品溶液色谱图中小于对照溶液主峰面积0.05倍的杂质峰忽略不计。

【含量测定】　照高效液相色谱法（附录0512）测定。避光操作。

色谱条件与系统适用性试验　用十八烷基硅烷键合硅胶为填充剂；以磷酸盐缓冲液（pH5.0）（取磷酸二氢钾2.0g，加水650ml溶解；加0.5mol/L四丁基氢氧化铵的甲醇溶液15ml，1mol/L磷酸溶液7ml与甲醇270ml，放冷，用1mol/L磷酸溶液或氨试液调节pH值至5.0，用水稀释至1000ml）为流动相，检测波长为280nm，流速为每分钟1.2ml。

测定法 取本品约10mg，精密称定，置50ml量瓶中，加0.5%氨溶液约30ml溶解后，用水稀释至刻度，摇匀，精密量取10μl，注入液相色谱仪，记录色谱图；另取叶酸对照品，同法测定。按外标法以峰面积计算，即得。

【类别】 抗贫血药。

【贮藏】 遮光，密封保存。

【制剂】 叶酸片

叶 酸 片

Yesuan Pian
Folic Acid Tablets

本品含叶酸（$C_{19}H_{19}N_7O_6$）应为标示量的90.0%～110.0%。

【性状】 本品为黄色或橙黄色片。

【鉴别】 （1）取本品细粉适量（约相当于叶酸0.4mg），加0.4%氢氧化钠溶液20ml，振摇使叶酸溶解，滤过；取滤液10ml，照叶酸项下的鉴别（1）项试验，显相同的反应。

（2）取上述剩余的滤液，用等量的0.4%氢氧化钠溶液稀释后，照叶酸项下的鉴别（2）项试验，显相同的结果。

【检查】 **含量均匀度** 取本品1片，照含量测定项下的方法，自"置25ml量瓶中"起，依法测定，并计算含量，应符合规定（附录0941）。

溶出度 取本品，照溶出度与释放度测定法（附录0931第一法），以磷酸盐缓冲液（pH6.8）900ml为溶出介质，转速为每分钟100转，依法操作，经45分钟时，取溶液适量，滤过，取续滤液照紫外-可见分光光度法（附录0401），在281nm的波长处测定吸光度；另取叶酸对照品，精密称定，加上述溶出介质溶解并定量稀释制成每1ml中约含6μg的溶液，同法测定，计算出每片的溶出量。限度为标示量的70%，应符合规定。

有关物质 避光操作。取本品细粉适量（约相当于叶酸10mg），置具塞试管中，加入0.5%氨溶液10ml，置热水浴中加热20分钟，时时振摇使叶酸溶解，离心（每分钟4000转）15分钟，取上清液作为供试品溶液。精密量取1ml，置100ml量瓶中，用流动相稀释至刻度，摇匀，作为对照溶液，照叶酸有关物质项下的色谱条件测定。供试品溶液的色谱图中，蝶酸峰面积不得大于对照溶液主峰面积的0.6倍（0.6%），单个杂质峰面积不得大于对照溶液主峰面积（1.0%），除蝶酸峰外各杂质峰面积之和不得大于对照溶液主峰面积的3倍（3.0%）。供试品溶液色谱图中小于对照溶液主峰面积0.05倍的峰忽略不计。

其他 应符合片剂项下有关的各项规定（附录0101）。

【含量测定】 避光操作。取本品20片，精密称定，研细，精密称取适量（约相当于叶酸5mg）置25ml量瓶中，加0.5%氨溶液约15ml，置热水浴中加热20分钟，时时振摇使叶酸溶解，放冷，用水稀释至刻度，摇匀，滤过，取续滤液作为供试品溶液，照叶酸含量测定项下的方法测定，即得。

【作用与用途】 抗贫血药。主用于防治因叶酸缺乏而引起的畜禽贫血病。

【用法与用量】 以叶酸计。内服：一次量，犬、猫2.5～5mg。

【注意事项】 （1）对甲氧苄啶等所致的巨幼红细胞性贫血无效。

（2）对维生素B_{12}缺乏所致"恶性贫血"，大剂量叶酸治疗可纠正血象，但不能改善神经症状。

【规格】　5mg

【贮藏】　遮光，密封保存。

甲　苯　咪　唑

Jiabenmizuo

Mebendazole

$$C_{16}H_{13}N_3O_3 \quad 295.30$$

本品为5-苯甲酰基-2-苯并咪唑氨基甲酸甲酯。按干燥品计算，含$C_{16}H_{13}N_3O_3$应为98.0%～102.0%。

【性状】　本品为白色、类白色或微黄色结晶性粉末；无臭。

本品在丙酮或三氯甲烷中极微溶解，在水中不溶；在甲酸中易溶，在冰醋酸中略溶。

　　吸收系数　取本品约50mg，精密称定，加甲酸5ml使溶解，用异丙醇定量稀释制成每1ml中约含10μg的溶液，照紫外-可见分光光度法（附录0401），在312nm的波长处测定吸光度，按干燥品计算吸收系数（$E_{1cm}^{1\%}$）为485～505。

【鉴别】　（1）取吸收系数测定项下的溶液，照紫外-可见分光光度法（附录0401）测定，在312nm的波长处有最大吸收。

　　（2）本品的红外光吸收图谱应与对照的图谱一致。

【检查】　**A晶型**　取本品与含A晶型为10%的甲苯咪唑对照品各约25mg，分别加液体石蜡0.3ml，研磨均匀，制成厚度约0.15mm的石蜡糊片，同时制作厚度相同的空白液体石蜡糊片作参比，照红外分光光度法（附录0402）测定，并调节供试品与对照品在803cm^{-1}波数处的透光率为90%～95%，分别记录620～803cm^{-1}波数处的红外光吸收图谱。在约620cm^{-1}和803cm^{-1}波数处的最小吸收峰间连接一基线，再在约640cm^{-1}和662cm^{-1}波数处的最大吸收峰之顶处作垂线与基线相交，用基线吸光度法求出相应吸收峰的吸光度值，供试品在约640cm^{-1}和662cm^{-1}波数处吸光度之比，不得大于含A晶型为10%的甲苯咪唑对照品在该波数处的吸光度之比。

　　有关物质　取本品50mg，置10ml量瓶中，加甲酸2ml溶解后，用丙酮稀释至刻度，摇匀，作为供试品溶液；精密量取适量，用丙酮分别定量稀释制成每1ml中含25μg和12.5μg的溶液，作为对照溶液（1）和（2）。照薄层色谱法（附录0502）试验，吸取上述三种溶液各10μl，分别点于同一硅胶GF$_{254}$薄层板上，以三氯甲烷-甲醇-甲酸（90：5：5）为展开剂，展开，晾干，置紫外光灯（254nm）下检视。对照溶液（2）应显一个明显斑点，供试品溶液如显杂质斑点，与对照溶液（1）的主斑点比较，不得更深。

　　干燥失重　取本品，在105℃干燥至恒重，减失重量不得过0.5%（附录0831）。

　　炽灼残渣　取本品1.0g，依法检查（附录0841），遗留残渣不得过0.1%。

　　重金属　取炽灼残渣项下遗留的残渣，依法检查（附录0821第二法），含重金属不得过百万分之二十。

【含量测定】　取本品约0.25g，精密称定，加甲酸8ml溶解后，加冰醋酸40ml与醋酐5ml，照电位滴定法（附录0701），用高氯酸滴定液（0.1mol/L）滴定，并将滴定的结果用空白试验校正。每

1ml高氯酸滴定液（0.1mol/L）相当于29.58mg的$C_{16}H_{13}N_3O_3$。

【类别】 抗蠕虫药。

【贮藏】 密封保存。

【制剂】 复方甲苯咪唑粉

复方甲苯咪唑粉

Fufang Jiabenmizuo Fen

Compound Mebendazole Powder

本品为甲苯咪唑、盐酸左旋咪唑与玉米淀粉配制而成。含甲苯咪唑（$C_{16}H_{13}N_3O_3$）与盐酸左旋咪唑（$C_{11}H_{12}N_2S \cdot HCl$）均应为标示量的90.0%~110.0%。

【处方】

甲苯咪唑	400g
盐酸左旋咪唑	100g
玉米淀粉	适量
制成	1000g

【性状】 本品为类白色粉末。

【鉴别】 （1）取本品适量（约相当于盐酸左旋咪唑0.15g），加水50ml，振摇使盐酸左旋咪唑溶解，滤过，滤液照盐酸左旋咪唑项下的鉴别（1）、（3）项试验，显相同的反应。

（2）取本品适量（约相当于甲苯咪唑20mg），加无水甲酸2ml，振摇使甲苯咪唑溶解，加丙酮18ml，摇匀，滤过，取滤液作为供试品溶液；另取甲苯咪唑对照品20mg，加无水甲酸2ml使溶解，加丙酮18ml，摇匀，作为对照品溶液。照薄层色谱法（附录0502）试验，吸取上述两种溶液各10μl，分别点于同一硅胶GF$_{254}$薄层板上，以三氯甲烷-甲醇-甲酸（90：5：5）为展开剂，展开，晾干，置紫外光灯（254nm）下检视。供试品溶液所显主斑点的位置和颜色应与对照品溶液的主斑点相同。

【检查】 旋光度 取本品适量，精密称定，加水使溶解，并定量稀释制成每1ml中约含盐酸左旋咪唑10mg的溶液，滤过，取续滤液，用2dm测定管依法测定（附录0621），旋光度应不低于$-2.0°$。

干燥失重 取本品，在105℃至恒重，减失重量不得过8.0%（附录0831）。

其他 应符合粉剂项下有关的各项规定（附录0108）。

【含量测定】 盐酸左旋咪唑 取本品适量（约相当于盐酸左旋咪唑0.4g），精密称定，置250ml具塞锥形瓶中，精密加水100ml，振摇25分钟，使盐酸左旋咪唑溶解，滤过，精密量取续滤液50ml，置分液漏斗中，加氢氧化钠试液5ml，摇匀，精密加入三氯甲烷50ml，振摇提取，静置分层后，分取三氯甲烷液，用干燥滤纸滤过，精密量取续滤液25ml，加冰醋酸15ml与结晶紫指示液1滴，用高氯酸滴定液（0.1mol/L）滴定至溶液显蓝色，并将滴定结果用空白试验校正。每1ml高氯酸滴定液（0.1mol/L）相当于24.08mg的$C_{11}H_{12}N_2S \cdot HCl$。

甲苯咪唑 精密称取本品适量（约相当于甲苯咪唑50mg），置100ml量瓶中，加无水甲酸5ml，置60℃热水浴中，加热15分钟使甲苯咪唑溶解，放冷，用异丙醇稀释至刻度，摇匀，滤过；

精密量取续滤液2ml，置100ml量瓶中，用异丙醇稀释至刻度，摇匀，照紫外-可见分光光度法（附录0401），在312nm波长处测定吸光度。按$C_{16}H_{13}N_3O_3$的吸收系数（$E_{1cm}^{1\%}$）为495计算，即得。

【作用与用途】 抗蠕虫药。用于治疗鳗鲡指环虫、三代虫、车轮虫等蠕虫引起的感染。

【用法与用量】 以本品计。浸浴：每1m³水体，鳗鲡2~5g（使用前经过适量甲酸预溶），浸浴20~30分钟。

【注意事项】 （1）养殖贝类、螺类、斑点叉尾鮰、大口鲇禁用。

（2）日本鳗鲡等特种养殖动物慎用。

（3）在使用范围内，水温高时宜采用低剂量。

（4）在低溶解氧状态下慎用。

【休药期】 150度日

【贮藏】 遮光，密闭保存。

甲 砜 霉 素

Jiafengmeisu

Thiamphenicol

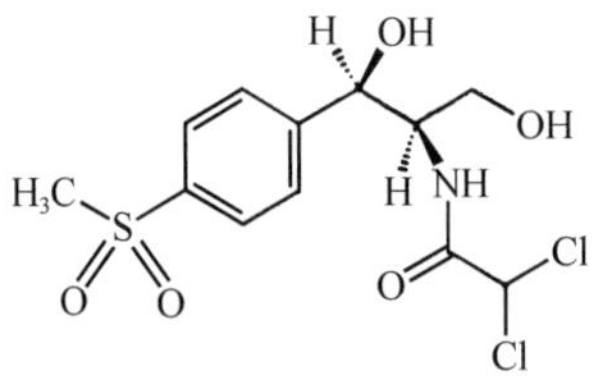

$C_{12}H_{15}Cl_2NO_5S$ 356.23

本品为〔R-（R*,R*）〕N-｛1-（羟基甲基）-2-羟基-2-〔4-（甲基磺酰基）苯基〕乙基｝-2,2-二氯乙酰胺。按干燥品计算，含$C_{12}H_{15}Cl_2NO_5S$不得少于98.0%。

【性状】 本品为白色结晶性粉末；无臭。

本品在N,N-二甲基甲酰胺中易溶，在无水乙醇中略溶，在水中微溶。

熔点 本品的熔点（附录0612）为163~167℃。

比旋度 取本品，精密称定，加N,N-二甲基甲酰胺溶解并定量稀释制成每1ml中约含50mg的溶液，依法测定（附录0621），比旋度为−21°至−24°。

吸收系数 取本品，精密称定，加水溶解（约40℃加热助溶）并定量稀释制成每1ml中约含0.2mg的溶液，照紫外-可见分光光度法（附录0401），分别在266nm和273nm的波长处测定吸光度，吸收系数（$E_{1cm}^{1\%}$）分别为25~28和21.5~23.5；精密量取上述供试品溶液适量，用水定量稀释制成每1ml中约含10μg的溶液，在224nm的波长处测定吸光度，吸收系数（$E_{1cm}^{1\%}$）为370~400。

【鉴别】 （1）取本品与甲砜霉素对照品适量，分别加甲醇溶解并稀释制成每1ml中约含10mg的溶液，照薄层色谱法（附录0502）试验，吸取上述两种溶液各5μl，分别点于同一硅胶GF₂₅₄薄层板上，以乙酸乙酯-甲醇（97∶3）为展开剂，展开，晾干，置紫外光灯（254nm）下检视。供试品溶液所显主斑点的位置和颜色应与对照品溶液主斑点的位置和颜色相同。

（2）在含量测定项下记录的色谱图中，供试品溶液主峰的保留时间应与对照品溶液主峰的保留时间一致。

（3）本品的红外光吸收图谱应与对照的图谱一致。

（4）取0.1%的本品溶液5ml，加0.1mol/L硝酸银溶液2ml，不得有沉淀生成。取本品50mg，加乙醇制氢氧化钾试液2ml使溶解，防止乙醇挥散，在水浴中加热15分钟，溶液显氯化物鉴别（1）的反应（附录0301）。

以上（1）、（2）两项可选做一项。

【检查】 酸碱度　取本品0.1g，加水20ml溶解后，加溴麝香草酚蓝指示液0.1ml；如显蓝色，加盐酸滴定液（0.02mol/L）0.10ml，应变为黄色；如显黄色，加氢氧化钠滴定液（0.02mol/L）0.10ml，应变为蓝色。

有关物质　取本品，加流动相溶解并稀释制成每1ml中含1mg的溶液，作为供试品溶液；精密量取1ml，置100ml量瓶中，用流动相稀释至刻度，摇匀，作为对照溶液。照含量测定项下的色谱条件，精密量取对照溶液和供试品溶液各10μl，分别注入液相色谱仪，记录色谱图至主成分峰保留时间的3.5倍。供试品溶液色谱图中如有杂质峰，单个杂质峰面积不得大于对照溶液主峰面积（1.0%）；各杂质峰面积的和不得大于对照溶液主峰面积的2倍（2.0%），供试品溶液色谱图中小于对照溶液主峰面积0.05倍的色谱峰可忽略不计。

氯化物　取本品0.5g，加水30ml，振摇5分钟，滤过，取滤液15ml，加稀硝酸1.5ml，并立即加入0.1mol/L硝酸银溶液1ml，在暗处放置2分钟，依法检查（附录0801），与标准氯化钠溶液5.0ml制成的对照液比较，不得更浓（0.02%）。

干燥失重　取本品，在105℃干燥至恒重，减失重量不得过1.0%（附录0831）。

炽灼残渣　取本品1.0g，依法检查（附录0841），遗留残渣不得过0.1%。

重金属　取炽灼残渣项下遗留的残渣，依法检查（附录0821第二法），含重金属不得过百万分之十。

【含量测定】 照高效液相色谱法（附录0512）测定。

色谱条件与系统适用性试验　用十八烷基硅烷键合硅胶为填充剂；以水-乙腈（4：1）为流动相；检测波长为225nm。取本品25mg，置25ml量瓶中，加1mol/L氢氧化钠溶液2ml使溶解，室温放置10分钟，加1mol/L盐酸溶液2ml，用流动相稀释至刻度，摇匀。量取5ml，置50ml量瓶中，加入甲砜霉素对照品5mg，用流动相溶解并稀释至刻度，摇匀，取10μl注入液相色谱仪，记录色谱图，甲砜霉素碱性降解物峰与甲砜霉素峰的分离度应符合要求。

测定法　取本品约0.1g，精密称定，置100ml量瓶中，加流动相溶解并稀释至刻度，摇匀，精密量取5ml，置50ml量瓶中，用流动相稀释至刻度，摇匀，精密量取10μl，注入液相色谱仪，记录色谱图；另取甲砜霉素对照品适量，同法测定。按外标法以峰面积计算，即得。

【类别】 酰胺醇类抗生素。

【贮藏】 遮光，密封，在干燥处保存。

【制剂】 （1）甲砜霉素片　（2）甲砜霉素粉

甲砜霉素片

Jiafengmeisu Pian

Thiamphenicol Tablets

本品含甲砜霉素（C$_{12}$H$_{15}$Cl$_2$NO$_5$S）应为标示量的90.0%~110.0%。

【性状】 本品为白色片。

【鉴别】 （1）取本品的细粉，加甲醇制成每1ml中含甲砜霉素10mg的溶液，滤过，滤液照甲砜霉素项下的鉴别（1）项试验，显相同的结果。

（2）在含量测定项下记录的色谱图中，供试品溶液主峰的保留时间应与对照品溶液主峰的保留时间一致。

（3）取本品的细粉适量（约相当于甲砜霉素50mg），加乙醇制氢氧化钾试液2ml使甲砜霉素溶解，防止乙醇挥散，在水浴中加热15分钟，滤液显氯化物鉴别（1）的反应（附录0301）。

以上（1）、（2）两项可选做一项。

【检查】 有关物质 取本品的细粉适量，加流动相溶解并稀释制成每1ml中含甲砜霉素1mg的溶液，滤过，取续滤液作为供试品溶液；照甲砜霉素项下的方法测定。单个杂质峰面积不得大于对照溶液主峰面积（1.0%）；各杂质峰面积的和不得大于对照溶液主峰面积的3倍（3.0%）。供试品溶液色谱图中小于对照溶液主峰面积0.05倍的色谱峰可忽略不计。

其他 应符合片剂项下有关的各项规定（附录0101）。

【含量测定】 取本品10片，精密称定，研细，精密称取适量（约相当于甲砜霉素0.1g），置100ml量瓶中，加流动相适量，振摇使甲砜霉素溶解，并用流动相稀释至刻度，摇匀，滤过，精密量取续滤液5ml，置50ml量瓶中，用流动相稀释至刻度，摇匀。照甲砜霉素项下的方法测定，即得。

【作用与用途】 酰胺醇类抗生素。主要用于治疗畜禽肠道、呼吸道等细菌性感染。

【用法与用量】 以甲砜霉素计。内服：一次量，每1kg体重，畜、禽5～10mg。一日2次，连用2～3日。

【不良反应】 （1）本品有血液系统毒性，虽然不会引起再生障碍性贫血，但其引起的可逆性红细胞生成抑制却比氯霉素更常见。

（2）本品有较强的免疫抑制作用，约比氯霉素强6倍。

（3）长期内服可引起消化机能紊乱，出现维生素缺乏或二重感染症状。

（4）有胚胎毒性。

（5）对肝微粒体药物代谢酶有抑制作用，可影响其他药物的代谢，提高血药浓度，增强药效或毒性，例如可显著延长戊巴比妥钠的麻醉时间。

【注意事项】 （1）疫苗接种期或免疫功能严重缺损的动物禁用。

（2）妊娠期及哺乳期家畜慎用。

（3）肾功能不全患畜要减量或延长给药间隔时间。

【休药期】 28日；弃奶期7日。

【规格】 （1）25mg （2）100mg

【贮藏】 遮光，密封，在干燥处保存。

甲砜霉素粉

Jiafengmeisu Fen

Thiamphenicol Powder

本品为甲砜霉素与淀粉配制而成。含甲砜霉素（$C_{12}H_{15}Cl_2NO_5S$）应为标示量的90.0%～110.0%。

【性状】 本品为白色粉末。

【鉴别】 照甲砜霉素片项下的鉴别（1）或（2）项试验，显相同的结果。

【检查】 有关物质 取本品适量，加流动相使甲砜霉素溶解并稀释制成每1ml中含甲砜霉素1mg的溶液，摇匀，滤过，取续滤液作为供试品溶液，照甲砜霉素项下有关物质的方法测定。单个杂质峰面积不得大于对照溶液主峰面积（1.0%）；各杂质峰面积的和不得大于对照溶液主峰面积的3倍（3.0%）。供试品溶液色谱图中小于对照溶液主峰面积0.05倍的色谱峰可忽略不计。

干燥失重 取本品，在105℃干燥至恒重，减失重量不得过8.0%（附录0831）。

其他 应符合粉剂项下有关的各项规定（附录0108）。

【含量测定】 精密称取本品适量（约相当于甲砜霉素50mg），置50ml量瓶中，加流动相适量，振摇使甲砜霉素溶解并用流动相稀释至刻度，摇匀，滤过；精密量取续滤液5ml，置50ml量瓶中，用流动相稀释至刻度，摇匀。照甲砜霉素项下的方法测定，即得。

【作用与用途】 酰胺醇类抗生素。主要用于治疗畜禽肠道、呼吸道等细菌性感染及鱼类细菌性疾病。

【用法与用量】 以甲砜霉素计。内服：一次量，每1kg体重，畜禽5～10mg，一日2次，连用2～3日。拌饵投喂：每1kg体重，鱼16.7mg，一日1次，连用3～4日。

【不良反应】 （1）本品有血液系统毒性，虽然不会引起再生障碍性贫血，但其引起的可逆性红细胞生成抑制却比氯霉素更常见。

（2）本品有较强的免疫抑制作用，约比氯霉素强6倍。

（3）长期内服可引起消化机能紊乱，出现维生素缺乏或二重感染症状。

（4）有胚胎毒性。

（5）对肝微粒体药物代谢酶有抑制作用，可影响其他药物的代谢，提高血药浓度，增强药效或毒性，例如可显著延长戊巴比妥钠的麻醉时间。

【注意事项】 （1）疫苗接种期或免疫功能严重缺损的动物禁用。

（2）妊娠期及哺乳期家畜慎用。

（3）肾功能不全患畜要减量或延长给药间隔时间。

【休药期】 28日；弃奶期7日；鱼500度日。

【规格】 （1）5% （2）15%

【贮藏】 遮光，密封，在干燥处保存。

甲 氧 苄 啶

Jiayang Bianding

Trimethoprim

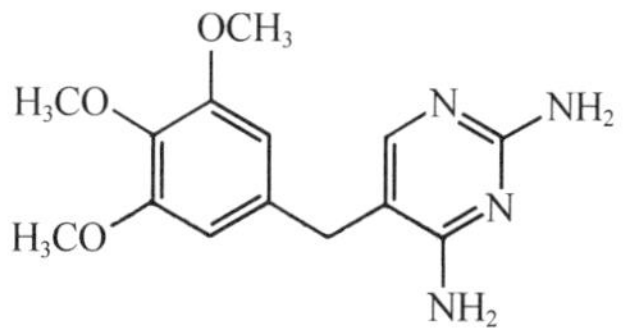

$C_{14}H_{18}N_4O_3$ 290.32

本品为5-〔（3,4,5-三甲氧基苯基）甲基〕-2,4-嘧啶二胺。按干燥品计算，含$C_{14}H_{18}N_4O_3$不得少于99.0%。

【性状】 本品为白色或类白色结晶性粉末；无臭。

本品在三氯甲烷中略溶，在乙醇或丙酮中微溶，在水中几乎不溶；在冰醋酸中易溶。

熔点 本品的熔点（附录0612）为199～203℃。

吸收系数 取本品，精密称定，加稀醋酸溶解并定量稀释制成每1ml中约含100μg的溶液，再用水定量稀释制成每1ml中约含20μg的溶液。照紫外-可见分光光度法（附录0401），在271nm的波长处测定吸光度，吸收系数（$E_{1cm}^{1\%}$）为198～210。

【鉴别】 （1）取本品约20mg，加稀硫酸2ml溶解后，加碘试液2滴，即生成棕褐色沉淀。

（2）取本品20mg，精密称定，加乙醇5ml溶解，再加0.4%氢氧化钠溶液制成每1ml中含20μg的溶液。照紫外-可见分光光度法（附录0401）测定，在287nm的波长处有最大吸收，其吸光度约为0.49。

（3）本品的红外光吸收图谱应与对照的图谱一致。

【检查】 **碱度** 取本品0.50g，加水50ml，振摇，滤过。取滤液，依法测定（附录0631），pH值应为7.5～8.5。

酸性溶液的澄清度与颜色 取本品1.0g，加醋酸25ml溶解，溶液应澄清无色；如显色，与黄色0.5号标准比色液比较（附录0901），不得更深。

有关物质 取本品约50mg，置50ml量瓶中，加流动相适量，振摇使溶解，用流动相稀释至刻度，摇匀，作为供试品溶液；精密量取适量，用流动相稀释制成每1ml中含2μg的溶液，作为对照溶液。照高效液相色谱法（附录0512）试验，用十八烷基硅烷键合硅胶为填充剂；以乙腈-水-三乙胺（200：799：1）（用氢氧化钠试液或冰醋酸调节pH值至6.4）为流动相；检测波长为280nm。取甲氧苄啶对照品和二甲氧苄啶对照品各适量，加流动相溶解并稀释制成每1ml中含甲氧苄啶2μg和二甲氧苄啶1μg的溶液，作为系统适用性溶液，取20μl注入液相色谱仪，记录色谱图，理论板数按甲氧苄啶峰计算不低于5000，甲氧苄啶峰与二甲氧苄啶峰的分离度应大于2.5。精密量取对照溶液与供试品溶液各20μl，分别注入液相色谱仪，记录色谱图至主成分峰保留时间的4倍。供试品溶液的色谱图中如有杂质峰，单个杂质峰面积不得大于对照溶液主峰面积（0.2%），各杂质峰面积的和不得大于对照溶液主峰面积的2倍（0.4%）。供试品溶液的色谱图中小于对照溶液主峰面积0.05倍的峰忽略不计。

干燥失重 取本品，在105℃干燥至恒重，减失重量不得过0.5%（附录0831）。

炽灼残渣 不得过0.1%（附录0841）。

【含量测定】 取本品约0.2g，精密称定，加冰醋酸20ml，温热使溶解，放冷，加结晶紫指示液1滴，用高氯酸滴定液（0.1mol/L）滴定至溶液显蓝色，并将滴定的结果用空白试验校正。每1ml高氯酸滴定液（0.1mol/L）相当于29.03mg的$C_{14}H_{18}N_4O_3$。

【类别】 抗菌增效剂。

【贮藏】 遮光，密封保存。

甲 酚

Jiafen

Cresol

C_7H_8O　108.14

本品为煤焦油中分馏得到的各种甲酚异构体的混合物。

【性状】 本品为几乎无色、淡紫红色或淡棕黄色的澄清液体；有类似苯酚的臭气，并微带焦臭；久贮或在日光下，色渐变深；饱和水溶液显中性或弱酸性反应。

本品与乙醇、三氯甲烷、乙醚、甘油、脂肪油或挥发油能任意混合，在水中略溶而生成带浑浊的溶液；在氢氧化钠溶液中溶解。

相对密度 本品的相对密度（附录0601）为1.030～1.050。

馏程 取本品，照馏程测定法（附录0611）测定，在190～205℃馏出的量应不少于85%（ml/ml）。

【鉴别】 （1）取本品的饱和水溶液，加三氯化铁试液，即显易消失的紫蓝色。

（2）取本品的饱和水溶液，加溴试液，即析出淡黄色的絮状沉淀。

【检查】 烃类 取本品1.0ml，加水60ml溶解后，如显浑浊，与对照液〔取水57ml，加硫酸滴定液（0.01mol/L）1.5ml与氯化钡试液2ml，摇匀，放置5分钟〕比较，不得更浓。

不挥发物 取本品，置水浴上蒸干，在105℃干燥至恒重，遗留残渣不得过0.1%。

水分 取本品，照水分测定法（附录0832第一法）测定，含水分不得过0.8%。

【类别】 消毒防腐药。

【贮藏】 遮光，密封保存。

【制剂】 甲酚皂溶液

甲酚皂溶液

Jiafen Zao Rongye

Saponated Cresol Solution

本品含甲酚（C_7H_8O）应为标示量的85.0%～110.0%。

【处方】

甲酚	520g（500ml）
植物油	173g
氢氧化钠	适量（约27g）
水	适量
制成	1000ml

【制法】 取氢氧化钠，加水100ml溶解后，放冷，不断搅拌下加入植物油中，使均匀乳化，放置30分钟，慢慢加热（间接蒸汽或水浴），当皂体颜色加深，呈透明状时再进行搅拌；并可按比例配成小样，检查未皂化物，如合格，则认为皂化完成；趁热加甲酚搅拌至皂块全溶，放冷，再添加水适量，使总量成1000ml，即得。

处方中的植物油可用低、中碳脂肪酸代替。

【性状】 本品为黄棕色至红棕色的黏稠液体；带甲酚的臭气。

本品能与乙醇混合成澄清液体。

【检查】 碱度 取本品1.0ml，用中性乙醇（对酚酞指示液显中性）20ml稀释后，加酚酞指示液1ml，如显红色，用硫酸滴定液（0.05mol/L）滴定，消耗硫酸滴定液（0.05mol/L）不得过1.0ml。

未皂化物 取本品5ml，加水95ml，混匀，溶液应澄清；如显浑浊，与对照液（取标准硫酸钾溶液6ml，加水80ml与稀盐酸1ml，用比色用氯化钴液和浓焦糖液调色，俟色调与供试品溶液近似后，加25%氯化钡溶液3ml，并加水至100ml，摇匀，放置10分钟）比较，不得更浓。

装量 取本品，照最低装量检查法（附录0942）检查，应符合规定。

微生物限度 取本品，照非无菌产品微生物限度检查：微生物计数法（附录1105）和控制菌检查法（附录1106）及非无菌兽药微生物限度标准（附录1107）检查，应符合规定。

【含量测定】 照气相色谱法（附录0521）测定。

色谱条件与系统适用性试验 以50%氰丙基苯基二甲基聚硅氧烷为固定液，柱温为110℃。理论板数按邻甲酚峰计算不低于5000，内标物质峰与邻甲酚峰、对甲酚峰和间甲酚峰的分离度应符合要求。

内标溶液的制备 取苯甲醛适量，加无水乙醇制成每1ml中含1.5mg的溶液，即得。

测定法 精密量取本品2ml，置分液漏斗中，加盐酸0.1ml，摇匀，加水3ml，摇匀，精密加乙醚20ml，轻轻振摇提取，静置分层，弃去水层。精密量取乙醚提取液5ml，置25ml量瓶中，用无水乙醇稀释至刻度，摇匀。精密量取1ml，置10ml量瓶中，精密加入内标溶液2ml，用无水乙醇稀释至刻度，摇匀，作为供试品溶液。另精密称取邻甲酚对照品约25mg、对甲酚对照品约25mg、间甲酚对照品约40mg，置10ml量瓶中，精密加入内标溶液2ml，加无水乙醇溶解并稀释至刻度，摇匀，作为对照品溶液。精密量取对照品溶液和供试品溶液各1μl，分别注入气相色谱仪，按内标法以峰面积分别计算邻甲酚、对甲酚和间甲酚的含量，并计算总和，即得。

【作用与用途】 消毒防腐药。主要用于器械、厩舍和排泄物等消毒。

【用法与用量】 以甲酚计。喷洒或浸泡：配成5%～10%的水溶液。

【注意事项】 （1）甲酚有特臭，不宜在肉联厂、乳牛厩舍、乳品加工车间和食品加工厂等应用，以免影响食品质量。

（2）本品对皮肤有刺激性，注意保护使用者的皮肤。

【贮藏】 遮光，密封保存。

甲硫喹嘧胺

Jialiu Kuimi'an

Quinapyramine Dimetilsulfate

$C_{17}H_{22}N_6 \cdot 2CH_3SO_4$ 532.60

本品为4-氨基-6-（2-氨基-6-甲基-4-嘧啶胺基）-2-甲基喹啉1,1'-二甲基二甲硫酸盐。按干燥品计算，含$C_{17}H_{22}N_6 \cdot 2CH_3SO_4$应为98.0%～102.0%。

【性状】 本品为白色或微黄色结晶性粉末；无臭；有引湿性。

本品在水中易溶，在有机溶剂中几乎不溶。

【鉴别】 （1）取本品的1%水溶液5ml，加铁氰化钾试液1ml，即生成黄色沉淀。

（2）取本品约0.1g，加硝酸0.2ml，即显紫红色。

（3）取本品，加水制成每1ml中约含5μg的溶液，照紫外-可见分光光度法（附录0401）测定，在297nm的波长处有最大吸收。

（4）取本品约0.1g，加水10ml溶解，加盐酸0.1ml，煮沸5分钟，放冷，滤过，滤液显硫酸盐的鉴别反应（附录0301）。

【检查】　酸度　取本品1.5g，加水100ml使溶解，依法测定（附录0631），pH值应为4.0～6.0。

溶液的澄清度　取本品1.0g，加水10ml溶解后，溶液应澄清。

氯化物　取本品40mg，加水30ml，稀硝酸20ml，混匀，静置5分钟，滤过至澄清，取续滤液25ml，依法检查（附录0801），与标准氯化钠溶液6.0ml制成的对照液比较，不得更浓（0.3%）。

干燥失重　取本品，在130℃干燥至恒重，减失重量不得过1.0%（附录0831）。

炽灼残渣　不得过0.2%（附录0841）。

重金属　取炽灼残渣项下遗留的残渣，依法检查（附录0821第二法），含重金属不得过百万分之十。

砷盐　取本品0.40g，加氢氧化钙0.4g，混合，加水少量，搅拌均匀，干燥后，先用小火烧灼使炭化，再在600℃炽灼使完全灰化，放冷，加盐酸5ml与水23ml使溶解，依法检查（附录0822第一法），应符合规定（0.0005%）。

无菌　取本品，加灭菌水制成每1ml中含50mg的溶液，依法检查（附录1101），应符合规定。

【含量测定】　取本品约0.12g，精密称定，置100ml量瓶中，加水30ml溶解后，精密加重铬酸钾滴定液（0.016 67mol/L）50ml，用水稀释至刻度，摇匀；放置10分钟，滤过，精密量取续滤液50ml，置碘瓶中，加碘化钾2g，稀盐酸20ml，密塞，摇匀，在暗处放置10分钟，加水50ml，用硫代硫酸钠滴定液（0.1mol/L）滴定，至近终点时，加淀粉指示液2ml，继续滴定至蓝色消失而显亮绿色，并将滴定的结果用空白试验校正。每1ml重铬酸钾滴定液（0.016 67mol/L）相当于8.877mg的$C_{17}H_{22}N_6 \cdot 2CH_3SO_4$。

【类别】　抗原虫药。

【贮藏】　遮光，密封保存。

【制剂】　注射用喹嘧胺

甲硫酸新斯的明

Jialiusuan Xinsidiming

Neostigmine Methylsulfate

$C_{13}H_{22}N_2O_6S$　334.39

本品为N,N,N-三甲基-3-〔（N,N-二甲氨基）甲酰氧基〕苯铵硫酸单甲酯盐。按干燥品计算，含$C_{13}H_{22}N_2O_6S$不得少于98.0%。

【性状】　本品为白色结晶性粉末；无臭；有引湿性。

本品在水中极易溶解，在乙醇中易溶。

熔点　本品的熔点（附录0612）为143～149℃。

【鉴别】　（1）取本品约1mg，置蒸发皿中，加20%氢氧化钠溶液1ml与水2ml，置水浴上蒸发至干，再在250℃加热约半分钟，加水1ml，溶解后，放冷，加重氮苯磺酸试液1ml，即显红色。

（2）本品的红外光吸收图谱应与对照的图谱一致。

（3）取本品约20mg，加20%氢氧化钠溶液1ml与浓过氧化氢溶液10滴，煮沸，冷却，加稀盐酸使成酸性，加氯化钡试液，即生成白色沉淀。

【检查】　酸碱度　取本品0.10g，加水10ml使溶解，加酚酞指示液2滴，不应显粉红色；再加氢氧化钠滴定液（0.02mol/L）0.20ml，应显粉红色。

氯化物 取本品0.2g，加水10ml使溶解，加稀硝酸1ml与硝酸银试液3ml，不得立即显浑浊。

硫酸盐 取本品0.5g，依法检查（附录0802），与标准硫酸钾溶液3.0ml制成的对照液比较，不得更浓（0.06%）。

有关物质 取本品，加水溶解并稀释制成每1ml中含0.5mg的溶液，作为供试品溶液；精密量取1ml，置200ml量瓶中，用水稀释至刻度，摇匀，作为对照溶液；另取供试品溶液1ml，置10ml量瓶中，加5mol/L氢氧化钠溶液50μl，放置5分钟后，加5mol/L盐酸溶液50μl，用水稀释至刻度，摇匀，作为系统适用性溶液（临用新制）。照高效液相色谱法（附录0512）测定。用辛烷基硅烷键合硅胶为填充剂；以0.05mol/L磷酸二氢钾溶液（用磷酸调节pH值至3.0）-乙腈（87:13）（含0.0015mol/L庚烷磺酸钠）为流动相；检测波长为215nm。取系统适用性溶液10μl注入液相色谱仪，3-羟基-N,N,N-三甲基苯胺硫酸单甲酯盐（杂质I）的相对保留时间约为0.45。精密量取对照溶液与供试品溶液各10μl，分别注入液相色谱仪，记录色谱图至主成分峰保留时间的2倍。供试品溶液的色谱图中如有与杂质I峰保留时间一致的色谱峰，其峰面积不得大于对照溶液主峰面积（0.5%），其他各杂质峰面积的和不得大于对照溶液主峰面积（0.5%）。

杂质吸光度 取本品，加1.0%碳酸钠溶液制成每1ml中含5.0mg的溶液，照紫外-可见分光光度法（附录0401）测定，在294nm波长处的吸光度不得过0.15。

易氧化物 取本品0.1g，加水1.0ml使溶解，加高锰酸钾滴定液（0.001mol/L）0.5ml，30秒钟内不得褪色。

干燥失重 取本品，在105℃干燥至恒重，减失重量不得过1.0%（附录0831）。

炽灼残渣 不得过0.1%（附录0841）。

【含量测定】 取本品约0.15g，精密称定，置凯氏烧瓶中，加水90ml溶解后，加氢氧化钠试液100ml，加热蒸馏，馏出液导入2%硼酸溶液50ml中，至体积约达150ml停止蒸馏，馏出液中加甲基红-溴甲酚绿混合指示液6滴，用硫酸滴定液（0.01mol/L）滴定至溶液由蓝绿色变为灰紫色，并将滴定的结果用空白试验校正。每1ml硫酸滴定液（0.01mol/L）相当于6.688mg的$C_{13}H_{22}N_2O_6S$。

【类别】 抗胆碱酯酶药。

【贮藏】 遮光，密封保存。

【制剂】 甲硫酸新斯的明注射液

附：

杂质I

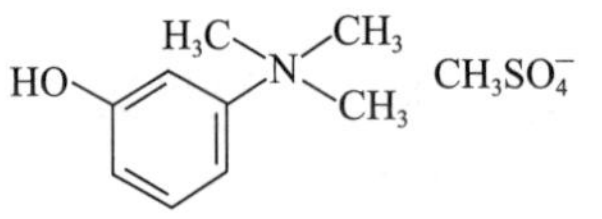

$C_{10}H_{17}NO_5S$ 263.31

3-羟基-N, N, N-三甲基苯铵硫酸单甲酯盐

甲硫酸新斯的明注射液

Jialiusuan Xinsidiming Zhusheye

Neostigmine Methylsulfate Injection

本品为甲硫酸新斯的明的灭菌水溶液。含甲硫酸新斯的明（$C_{13}H_{22}N_2O_6S$）应为标示量

的90.0% ~ 110.0%。

【性状】 本品为无色的澄明液体。

【鉴别】 （1）取本品2ml，照甲硫酸新斯的明项下的鉴别（1）项试验，显相同的反应。

（2）取本品20ml，蒸发至近干，照甲硫酸新斯的明项下的鉴别（3）项试验，显相同的反应。

【检查】 pH值　应为5.0 ~ 7.0（附录0631）。

有关物质 取本品作为供试品溶液；精密量取1ml，置100ml量瓶中，用水稀释至刻度，摇匀，作为对照溶液；另取供试品溶液1ml，置10ml量瓶中，加5mol/L氢氧化钠溶液50μl，放置5分钟后，加5mol/L盐酸溶液50μl，用水稀释至刻度，摇匀，作为系统适用性溶液（临用新制）。照甲硫酸新斯的明有关物质项下的方法测定。供试品溶液的色谱图中如有与杂质Ⅰ峰保留时间一致的色谱峰，其峰面积不得大于对照溶液的主峰面积（1.0%），其他各杂质峰面积的和不得大于对照溶液主峰面积的0.5倍（0.5%）。

细菌内毒素 取本品，依法检查（附录1143），每1mg甲硫酸新斯的明中含内毒素的量应小于50EU。

其他 应符合注射剂项下有关的各项规定（附录0102）。

【含量测定】 精密量取本品适量（约相当于甲硫酸新斯的明10mg），照氮测定法测定（附录0704第二法），置半微量氮测定仪中，加入40%氢氧化钠溶液5ml，缓缓加热蒸馏，馏出液导入2%硼酸溶液5ml中，至馏出液约达70ml停止蒸馏。馏出液加甲基红-溴甲酚绿混合指示液6滴，用硫酸滴定液（0.005mol/L）滴定至溶液由蓝绿色变为灰紫色，并将滴定的结果用空白试验校正。每1ml硫酸滴定液（0.005mol/L）相当于3.344mg的$C_{13}H_{22}N_2O_6S$。

【作用与用途】 抗胆碱酯酶药。主要用于胃肠弛缓、重症肌无力和胎衣不下等。

【用法与用量】 以甲硫酸新斯的明计。肌内、皮下注射：一次量，马4 ~ 10mg；牛4 ~ 20mg；羊、猪2 ~ 5mg；犬0.25 ~ 1mg。

【不良反应】 治疗剂量副作用较小。过量可引起出汗、心动过缓、肌肉震颤或肌麻痹。

【注意事项】 （1）机械性肠梗阻或支气管哮喘的患畜禁用。

（2）中毒时可用阿托品对抗其对M受体的兴奋作用。

（3）本品可延长和加强去极化型肌松药氯化琥珀胆碱的肌肉松弛作用；与非去极化性肌松药有拮抗作用。

【规格】 （1）1ml：0.5mg　（2）1ml：1mg　（3）5ml：5mg　（4）10ml：10mg

【贮藏】 遮光，密闭保存。

甲　　紫

Jiazi

Methylrosanilinium Chloride

本品为氯化四甲基副玫瑰苯胺、氯化五甲基副玫瑰苯胺与氯化六甲基副玫瑰苯胺的混合物。

【性状】 本品为深绿紫色的颗粒性粉末或绿紫色有金属光泽的碎片；臭极微。

本品在乙醇或三氯甲烷中溶解，在水中略溶，在乙醚中不溶。

【鉴别】 （1）取本品约1mg，撒于硫酸1ml的液面上，即溶解成橙黄色或棕红色的溶液，注意加水稀释，即变成棕色，渐转为绿色，最后变成蓝色。

（2）取本品约20mg，加水10ml溶解后，加盐酸5滴，摇匀；分取溶液5ml，滴加鞣酸试液，即生成深蓝色的沉淀。

（3）取鉴别（2）项下剩余的溶液，加锌粉约0.5g，加热，即褪色；分取1滴，置已滴有氨试液1滴的滤纸上，俟两液滴扩散接触，接界面即显蓝色。

【检查】　乙醇中不溶物　取本品1.0g，置烧瓶中，加乙醇50ml，加热回流15分钟后，用105℃恒重的垂熔玻璃坩埚滤过，滤渣用热乙醇洗涤，至洗液不再显紫堇色，在105℃干燥至恒重，遗留残渣不得过0.5%。

干燥失重　取本品，在105℃干燥至恒重，减失重量不得过7.5%（附录0831）。

炽灼残渣　取本品0.5g，依法检查（附录0841），遗留残渣不得过1.5%。

重金属　取炽灼残渣项下遗留的残渣，依法检查（附录0821第二法），含重金属不得过百万分之五十。

砷盐　取本品0.2g，加氢氧化钙0.5g，混合，加水少量，搅拌均匀，干燥后，先用小火烧灼使炭化，再在500～600℃炽灼使完全灰化，放冷，加盐酸5ml与水23ml使溶解，依法检查（附录0822第一法），应符合规定（0.001%）。

【类别】　消毒防腐药。

【贮藏】　遮光，密封保存。

【制剂】　甲紫溶液

甲　紫　溶　液

Jiazi Rongye

Methylrosanilinium Chloride Solution

本品含甲紫应为0.85%～1.05%（g/ml）。

【处方】

甲紫	10g
乙醇	适量
水	适量
制成	1000ml

【制法】　取甲紫，加乙醇适量使溶解，再加水适量使成1000ml，滤过，即得。

【性状】　本品为紫色液体。

【鉴别】　（1）取本品5ml，加盐酸2滴，滴加鞣酸试液，即生成深蓝色的沉淀。

（2）取本品2ml，置水浴上蒸干后，取残渣少许，撒于硫酸1ml的液面上，即溶解成橙黄色或棕红色的溶液，注意加水稀释，即变成棕色，渐转为绿色，最后变成蓝色。

【检查】　装量　取本品，依法检查（附录0942），应符合规定。

【含量测定】　精密量取本品10ml，置105℃恒重的蒸发皿中，置水浴上蒸干，在105℃干燥至恒重，计算，即得。

【作用与用途】　消毒防腐药。主要用于黏膜和皮肤的创伤、烧伤和溃疡的消毒。

【用法与用量】　外用：涂于患处。

【不良反应】　（1）外用可产生黏膜刺激和溃疡。

（2）长期或反复用于治疗口腔念球菌病，可因摄入本品而导致食管炎、喉炎、喉头阻塞和气管炎，还可引起恶心、呕吐、腹泻和腹痛等症。

【注意事项】 （1）本品有致癌性，禁用于食用动物。

（2）本品对皮肤、黏膜有着色作用，宠物面部创伤慎用。

【贮藏】 遮光，密封保存。

甲 醛 溶 液
Jiaquan Rongye
Formaldehyde Solution

本品含甲醛（CH_2O）应为36.0%～38.0%（g/g）。

本品中含有10%～12%的甲醇，以防止聚合。

【性状】 本品为无色或几乎无色的澄清液体，有刺激性特臭、能刺激鼻喉黏膜；在冷处久置易发生浑浊。

本品能与水或乙醇任意混合。

【鉴别】 （1）取本品5滴，置试管中，用水1ml稀释后，加氨制硝酸银试液3滴，即析出银，成细微的灰色沉淀，或在管壁生成光亮的银镜。

（2）取本品少量，加品红亚硫酸试液与稀盐酸数滴，即显红色。

【检查】 酸度 取本品5.0ml，加水5ml与酚酞指示液2滴，用氢氧化钠滴定液（0.1mol/L）滴定至溶液显粉红色，消耗氢氧化钠滴定液（0.1mol/L）不得过1.0ml。

【含量测定】 取本品约1.5ml，精密称定，置锥形瓶中，加水10ml、过氧化氢试液25ml与溴麝香草酚蓝指示液2滴，滴加氢氧化钠滴定液（1mol/L）至溶液显蓝色；再精密加氢氧化钠滴定液（1mol/L）25ml，瓶口置一玻璃小漏斗，置水浴上加热15分钟，不时振摇，放冷，用水洗涤漏斗，加溴麝香草酚蓝指示液2滴，用盐酸滴定液（1mol/L）滴定至溶液显黄色，并将滴定的结果用空白试验校正。每1ml氢氧化钠滴定液（1mol/L）相当于30.03mg的CH_2O。

【作用与用途】 消毒防腐药。主要用于厩舍熏蒸消毒，也可用于胃肠道制酵。

【用法与用量】 以本品计。熏蒸消毒：15ml/m³。内服：一次量，牛8～25ml；羊1～3ml。内服时用水稀释20～30倍。

【不良反应】 对动物皮肤、黏膜有强刺激性。

【注意事项】 （1）消毒后在物体表面形成一层具腐蚀作用的薄膜。

（2）动物误服甲醛溶液，应迅速灌服稀氨水解毒。

（3）药液污染皮肤，应立即用肥皂和水清洗。

【贮藏】 密封，防冻保存。

白 陶 土
Baitaotu
Kaolin

本品系取天然的含水硅酸铝，用水淘洗去砂，经稀酸处理并用水反复冲洗，除去杂质制成。

【性状】　本品为类白色细粉；加水湿润后，有类似黏土的气味，颜色加深。

本品在水、稀硫酸或氢氧化钠试液中几乎不溶。

【鉴别】　取本品约1g，置瓷蒸发皿中，加水10ml与硫酸5ml，加热至产生白烟，放冷，缓缓加水20ml，煮沸2~3分钟，滤过，滤渣为灰色。滤液显铝盐的鉴别反应（附录0301）。

【检查】　氯化物　取本品0.20g，加水25ml与硝酸1滴，煮沸5分钟，滤过，滤液依法检查（附录0801），与标准氯化钠溶液6.0ml制成的对照液比较，不得更浓（0.03%）。

硫酸盐　取本品0.30g，加水40ml与稀盐酸2ml，加热煮沸5分钟，放冷，滤过，滤液依法检查（附录0802），与标准硫酸钾溶液3.0ml制成的对照液比较，不得更浓（0.1%）。

酸中溶解物　取本品1.0g，加盐酸溶液（18→1000）50ml，煮沸5分钟，滤过，滤液蒸干，炽灼至恒重，遗留残渣不得过10mg。

炽灼失重　取本品，炽灼至恒重，减失重量不得过15.0%。

砂粒　取本品2g，置烧杯中，加水50ml，搅拌均匀，倾入已用水湿润的七号药筛上，烧杯反复用水冲洗至全部供试品移至药筛中，并用水冲洗药筛，使残留物集中，用手在筛网上抚摸，不得有砂粒感。

铁盐　取本品0.42g，加稀盐酸25ml与水25ml，煮沸2分钟，放冷，滤过，滤液加水使成100ml，摇匀；分取20ml，加过硫酸铵50mg，用水稀释成35ml后，依法检查（附录0807），与标准铁溶液5.0ml制成的对照液比较，不得更深（0.06%）。

重金属　取本品4.0g，加醋酸盐缓冲液（pH3.5）4ml与水46ml，煮沸，放冷，滤过，滤液加水使成50ml，摇匀，分取25ml，依法检查（附录0821第一法），含重金属不得过百万分之十。

砷盐　取本品1.0g，加盐酸5ml与水23ml，依法检查（附录0822第一法），应符合规定（0.0002%）。

【作用与用途】　止泻药。内服用于腹泻；外用可作敷剂和撒布剂的基质。

【用法与用量】　内服：一次量，马、牛50~150g；羊、猪10~30g；犬1~5g。

【注意事项】　能吸附其他药物和影响消化酶活性。

【贮藏】　密闭保存。

头 孢 噻 呋

Toubaosaifu

Ceftiofur

$$C_{19}H_{17}N_5O_7S_3 \quad 523.56$$

本品为{6R-〔6α,7β（Z）〕}-7-{〔（2-氨基-4-噻唑基）（甲氧亚氨基）乙酰基〕氨基}-3-{〔（2-呋喃羰基）硫代〕甲基}-8-氧代-5-硫杂-1-氮杂双环〔4.2.0〕辛-2-烯-2-甲酸。按无水物计算，含头孢噻呋（$C_{19}H_{17}N_5O_7S_3$）不得少于93.0%。

【性状】　本品为类白色至淡黄色粉末。

本品在丙酮中极微溶解，在水或乙醇中几乎不溶。

【鉴别】 在含量测定项下记录的色谱图中，供试品溶液主峰的保留时间应与对照品溶液主峰的保留时间一致。

【检查】 **溶液的澄清度与颜色** 取本品5份，各0.6g，各加碳酸钠0.1g与水12ml，超声15分钟使溶解，溶液应澄清；如显浑浊，与1号浊度标准液（附录0902）比较，均不得更浓；如显色，与黄色或橙黄色9号标准比色液（附录0901第一法）比较，均不得更深。

有关物质 取本品适量，加二甲基甲酰胺适量，振摇使溶解，用0.05mol/L醋酸铵溶液稀释制成每1ml中约含1mg的溶液，摇匀，作为供试品溶液；精密量取适量，用0.05mol/L醋酸铵溶液定量稀释制成每1ml中约含20μg的溶液，作为对照溶液。照含量测定项下的色谱条件，精密量取对照溶液与供试品溶液各20μl，分别注入液相色谱仪，记录色谱图。供试品溶液的色谱图中如有杂质峰，各杂质峰面积的和不得大于对照溶液主峰面积的1.5倍（3.0%）。供试品溶液色谱图中小于对照溶液主峰面积0.1倍的色谱峰可忽略不计。

残留溶剂 丙酮 取本品适量，精密称定，加二甲基甲酰胺溶解并稀释制成每1ml中约含20mg的溶液，摇匀，作为供试品溶液。取丙酮适量，精密称定，用二甲基甲酰胺稀释制成每1ml中约含0.1mg的溶液，摇匀，作为对照品溶液。照残留溶剂测定法（附录0861第三法）测定。以（5%）二苯基-（95%）二甲基硅氧烷共聚物（或极性相近）为固定液的毛细管柱为色谱柱；起始温度为50℃，维持5分钟，再以每分钟10℃的速率升温至150℃，维持10分钟；进样口温度为180℃；检测器温度为200℃，分流比5∶1。理论板数按丙酮峰计算不低于5000，丙酮峰与其相邻峰的分离度应符合要求。精密量取供试品溶液与对照品溶液各1μl，分别注入气相色谱仪，记录色谱图，按外标法以峰面积计算，应符合规定。

水分 取本品，照水分测定法（附录0832第一法A）测定，含水分不得过3.0%。

炽灼残渣 不得过0.5%（附录0841）。

重金属 取炽灼残渣项下遗留的残渣，依法检查（附录0821第二法），含重金属不得过百万分之二十。

细菌内毒素 取本品，用2.6%无内毒素的碳酸钠溶液使溶解，依法检查（附录1143），每1mg头孢噻呋中含内毒素的量应小于0.20EU。

无菌 取本品，用2.6%无菌碳酸钠溶液溶解后，经薄膜过滤法处理，依法检查（附录1101），应符合规定。

【含量测定】 照高效液相色谱法（附录0512）测定。

色谱条件与系统适用性试验 用十八烷基硅烷键合硅胶为填充剂；以醋酸铵溶液（取醋酸铵3.95g，加10%四丁基氢氧化铵溶液67ml，加水至700ml，用冰醋酸调节pH值至6.6～6.8）-甲醇-四氢呋喃（70∶20∶11）为流动相；检测波长为291nm。理论板数按头孢噻呋峰计算不低于1500。

测定法 取本品约0.1g，精密称定，置100ml量瓶中，加二甲基甲酰胺适量，振摇30分钟使溶解，用0.05mol/L醋酸铵溶液稀释至刻度，摇匀；精密量取5ml，置50ml量瓶中，用0.05mol/L醋酸铵溶液稀释至刻度，作为供试品溶液。精密量取20μl，注入液相色谱仪，记录色谱图；另取头孢噻呋对照品，同法测定。按外标法以峰面积计算，即得。

【类别】 β-内酰胺类抗生素。

【贮藏】 遮光，严封，冷处保存。

【制剂】 注射用头孢噻呋

注射用头孢噻呋

Zhusheyong Toubaosaifu

Ceftiofur for Injection

本品为头孢噻呋加适量的助溶剂制成的无菌冻干品。按无水物计算，含头孢噻呋（$C_{19}H_{17}N_5O_7S_3$）不得少于85.0%；按平均装量计算，含头孢噻呋（$C_{19}H_{17}N_5O_7S_3$）应为标示量的90.0%~110.0%。

【性状】 本品为类白色至淡黄色疏松块状物。

【鉴别】 在含量测定项下记录的色谱图中，供试品溶液主峰的保留时间应与对照品溶液主峰的保留时间一致。

【检查】 **酸碱度** 取本品，加水制成每1ml中含50mg的溶液，依法测定（附录0631），pH值应为5.5~7.5。

溶液的澄清度与颜色 取本品5瓶，按标示量分别加水制成每1ml中含50mg的溶液，溶液应澄清；如显浑浊，与1号浊度标准液（附录0902）比较，不得更浓：如显色，与黄色或橙黄色9号标准比色液（附录0901第一法）比较，不得更深。

有关物质 取本品加0.05mol/L醋酸铵溶液溶解并稀释制成每1ml中约含1mg的溶液，摇匀，作为供试品溶液；精密量取适量，用0.05mol/L醋酸铵溶液定量稀释制成每1ml中约含20μg的溶液，作为对照溶液。照头孢噻呋有关物质项下的方法测定，应符合规定。

水分 取本品，照水分测定法（附录0832第一法A）测定，含水分不得过3.0%。

细菌内毒素 取本品，依法检查（附录1143），每1mg头孢噻呋中含内毒素的量应小于0.20EU。

无菌 取本品，用适宜溶剂溶解后，经薄膜过滤法处理，依法检查（附录1101），应符合规定。

其他 应符合注射剂项下有关的各项规定（附录0102）。

【含量测定】 取装量差异项下的内容物适量（约相当于头孢噻呋0.1g），精密称定，加0.05mol/L醋酸铵溶液溶解并稀释制成每1ml中约含0.1mg的溶液，作为供试品溶液，照头孢噻呋项下的方法测定，即得。

【作用与用途】 β-内酰胺类抗生素。主要用于猪细菌性呼吸道感染和鸡的大肠埃希菌、沙门氏菌感染。

【用法与用量】 以头孢噻呋计。 肌内注射：一次量，每1kg体重，猪3mg。一日1次，连用3日。皮下注射：一日龄雏鸡，每羽0.1mg。

【不良反应】 （1）可能引起胃肠道菌群紊乱或二重感染。

（2）有一定的肾毒性。

【注意事项】 （1）对肾功能不全动物应调整剂量。

（2）对β-内酰胺类抗生素高敏的人应避免接触本品，避免儿童接触。

【休药期】 猪1日。

【规格】 按$C_{19}H_{17}N_5O_7S_3$计算 （1）0.1g （2）0.2g （3）0.5g （4）1.0g

【贮藏】 遮光，密闭，冷处保存。

头孢噻呋钠

Toubaosaifuna

Ceftiofur Sodium

$$C_{19}H_{16}N_5NaO_7S_3 \quad 545.54$$

本品为 ｛6R-〔6α,7β（Z）〕｝-7-｛〔（2-氨基-4-噻唑基）（甲氧亚氨基）乙酰基〕氨基｝-3-｛〔（2-呋喃羰基）硫代〕甲基｝-8-氧代-5-硫杂-1-氮杂双环〔4.2.0〕辛-2-烯-2-甲酸钠盐。按无水物计算，含头孢噻呋（$C_{19}H_{17}N_5O_7S_3$）不得少于85.0%。

【性状】 本品为白色至灰黄色粉末；无臭，有引湿性。

本品在水中溶解，在丙二醇中略溶，在甲醇中微溶。

【鉴别】 （1）在含量测定项下记录的色谱图中，供试品溶液主峰的保留时间应与对照品溶液主峰的保留时间一致。

（2）本品显钠盐的火焰反应（附录0301）。

【检查】 **酸碱度** 取本品，加水制成每1ml中含50mg的溶液，依法测定（附录0631），pH值应为5.5～7.5。

溶液的澄清度与颜色 取本品5份，各0.6g，分别加水12ml溶解后，溶液应澄清；如显浑浊，与1号浊度标准液（附录0902）比较，均不得更浓；如显色，与黄色或橙黄色9号标准比色液（附录0901第一法）比较，均不得更深。

有关物质 取本品适量，加0.05mol/L醋酸铵溶液溶解并稀释制成每1ml中约含1mg的溶液，作为供试品溶液；精密量取适量，用0.05mol/L醋酸铵溶液定量稀释制成每1ml中约含20μg的溶液，作为对照溶液。照含量测定项下的色谱条件，精密量取对照溶液与供试品溶液各20μl，分别注入液相色谱仪，记录色谱图。供试品溶液的色谱图中如有杂质峰，各杂质峰面积的和不得大于对照溶液主峰面积的1.5倍（3.0%）。供试品溶液色谱图中小于对照溶液主峰面积0.1倍的色谱峰可忽略不计。

残留溶剂 **丙酮** 取本品约0.4g，精密称定，置顶空瓶中，精密加水8ml使溶解，精密加内标溶液（取正丙醇适量，用水制成每1ml中约含1mg的溶液）2ml，密封，摇匀，作为供试品溶液。精密称取丙酮约0.16g，置100ml量瓶中，用水稀释至刻度，摇匀，精密量取5ml，置顶空瓶中，精密加水3ml和内标溶液2ml，密封，摇匀，作为对照品溶液。照残留溶剂测定法（附录0861第一法）测定，以聚乙二醇（PEG-20M）（或极性相近）为固定液的毛细管柱为色谱柱，柱温为100℃；检测器温度为200℃；进样口温度为180℃；顶空瓶平衡温度为85℃，平衡时间为20分钟。取对照品溶液顶空进样，丙酮峰与内标峰的分离度应符合要求。再取供试品溶液与对照品溶液分别顶空进样，记录色谱图，按内标法以峰面积计算，含丙酮不得过2.0%。

水分 取本品，照水分测定法（附录0832第一法A）测定，含水分不得过3.0%。

细菌内毒素 取本品，依法检查（附录1143），每1mg头孢噻呋中含内毒素的量应小于0.20EU。

无菌 取本品，用适宜溶剂溶解后，经薄膜过滤法处理，依法检查（附录1101），应符合规定。

【含量测定】 照高效液相色谱法（附录0512）测定。

色谱条件与系统适用性试验　用十八烷基硅烷键合硅胶为填充剂；以醋酸铵溶液（取醋酸铵3.95g，加10%四丁基氢氧化铵溶液67ml，加水至700ml，用冰醋酸调节pH值至6.6～6.8）-甲醇-四氢呋喃（70∶20∶11）为流动相；检测波长为254nm。理论板数按头孢噻呋峰计算不低于1500。

测定法　取本品适量（约相当于头孢噻呋0.1g），精密称定，加0.05mol/L醋酸铵溶液溶解并定量稀释制成每1ml中约含0.1mg的溶液，作为供试品溶液，精密量取20μl，注入液相色谱仪，记录色谱图；另取头孢噻呋对照品，同法测定。按外标法以峰面积计算出供试品中$C_{19}H_{17}N_5O_7S_3$的含量。

【类别】　β-内酰胺类抗生素。

【贮藏】　遮光，严封，冷处保存。

【制剂】　注射用头孢噻呋钠

注射用头孢噻呋钠

Zhusheyong Toubaosaifuna

Ceftiofur Sodium for Injection

本品为头孢噻呋钠的无菌粉末或无菌冻干品。按无水物计算，含头孢噻呋（$C_{19}H_{17}N_5O_7S_3$）不得少于85.0%；按平均装量计算，含头孢噻呋（$C_{19}H_{17}N_5O_7S_3$）应为标示量的90.0%～110.0%。

【性状】　本品为白色至灰黄色粉末或疏松块状物。

【鉴别】　取本品，照头孢噻呋钠项下的鉴别方法试验，显相同的结果。

【检查】　**溶液的澄清度与颜色**　取本品5瓶，按标示量分别加水制成每1ml中含50mg的溶液，溶液应澄清；如显浑浊，与1号浊度标准液（附录0902）比较，不得更浓；如显色，与黄色或橙黄色9号标准比色液（附录0901第一法）比较，不得更深。

酸碱度、有关物质、水分、细菌内毒素与无菌　照头孢噻呋钠项下的方法检查，均应符合规定。

其他　应符合注射剂项下有关的各项规定（附录0102）。

【含量测定】　取装量差异项下的内容物适量（约相当于头孢噻呋0.1g），精密称定，加0.05mol/L醋酸铵溶液溶解并定量稀释制成每1ml中约含0.1mg的溶液，作为供试品溶液。照头孢噻呋钠项下的方法测定，即得。

【作用与用途】　β-内酰胺类抗生素。主要用于治疗畜禽细菌性疾病。如猪细菌性呼吸道感染和鸡的大肠埃希菌、沙门氏菌感染等。

【用法与用量】　以头孢噻呋计。肌内注射：一次量，每1kg体重，猪3～5mg；一日1次，连用3日。皮下注射：1日龄鸡，每羽0.1mg。

【不良反应】　（1）可能引起胃肠道菌群紊乱或二重感染。

（2）有一定的肾毒性。

（3）可能出现局部一过性疼痛。

【注意事项】　（1）现配现用。

（2）对肾功能不全动物应调整剂量。

（3）对β-内酰胺类抗生素高敏的人应避免接触本品，避免儿童接触。

【休药期】　猪4日。

【规格】　按$C_{19}H_{17}N_5O_7S_3$计算　（1）0.1g　（2）0.2g　（3）0.5g　（4）1.0g　（5）4.0g

【贮藏】　遮光，密闭，冷处保存。

尼 可 刹 米

Nikeshami

Nikethamide

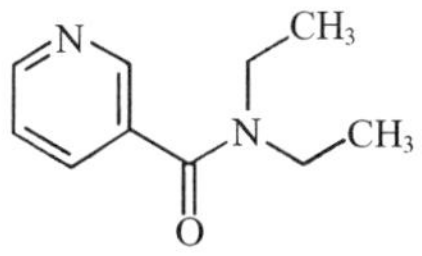

$C_{10}H_{14}N_2O$ 178.23

本品为N，N-二乙基烟酰胺。含$C_{10}H_{14}N_2O$不得少于98.5%（g/g）。

【性状】 本品为无色至淡黄色的澄清油状液体；放置冷处，即成结晶；有轻微的特臭；有引湿性。

本品能与水、乙醇、三氯甲烷或乙醚任意混合。

相对密度 本品的相对密度（附录0601）在25℃时为1.058～1.066。

凝点 本品的凝点（附录0613）为22～24℃。

折光率 本品的折光率（附录0622）在25℃时为1.522～1.524。

【鉴别】 （1）取本品10滴，加氢氧化钠试液3ml，加热，即发生二乙胺的臭气，能使湿润的红色石蕊试纸变蓝色。

（2）取本品1滴，加水50ml，摇匀，分取2ml，加溴化氰试液2ml与2.5%苯胺溶液3ml，摇匀，溶液渐显黄色。

（3）取本品2滴，加水1ml，摇匀，加硫酸铜试液2滴与硫氰酸铵试液3滴，即生成草绿色沉淀。

（4）本品的红外光吸收图谱应与对照的图谱一致。

【检查】 **酸碱度** 取本品5.0g，加水溶解并稀释至20ml，依法测定（附录0631），pH值应为6.5～7.8。

溶液的澄清度与颜色 取本品2.5g，加水溶解并稀释至10ml，溶液应澄清无色；如显浑浊，与1号浊度标准液（附录0902）比较，不得更浓；如显色，与黄色1号标准比色液（附录0901第一法）比较，不得更深。

氯化物 取本品5.0g，依法检查（附录0801），与标准氯化钠溶液7.0ml制成的对照液比较，不得更浓（0.0014%）。

有关物质 取本品适量，加水溶解并稀释制成每1ml中约含4mg的溶液，作为供试品溶液；精密量取1ml，置100ml量瓶中，用水稀释至刻度，摇匀，作为对照溶液。照高效液相色谱法（附录0512）试验，用十八烷基硅烷键合硅胶为填充剂，以甲醇-水（30∶70）为流动相，检测波长为263nm。理论板数按尼可刹米峰计算不低于2000，尼可刹米峰与其相邻杂质峰的分离度应符合要求。精密量取对照溶液与供试品溶液各10μl，分别注入液相色谱仪，记录色谱图至主成分峰保留时间的2倍。供试品溶液色谱图中如有杂质峰，各杂质峰面积的和不得大于对照溶液主峰面积的0.5倍（0.5%）。

易氧化物 取本品1.2g，加水5ml与高锰酸钾滴定液（0.02mol/L）0.05ml，摇匀，粉红色在2分钟内不得消失。

水分 取本品0.5g，加二硫化碳5ml，立即摇匀观察，溶液应澄清。

【含量测定】　取本品约0.15g，精密称定，加冰醋酸10ml与结晶紫指示液1滴，用高氯酸滴定液（0.1mol/L）滴定至溶液显蓝绿色，并将滴定的结果用空白试验校正。每1ml高氯酸滴定液（0.1mol/L）相当于17.82mg的$C_{10}H_{14}N_2O$。

【类别】　中枢兴奋药。

【贮藏】　遮光，密封保存。

【制剂】　尼可刹米注射液

尼可刹米注射液

Nikeshami Zhusheye

Nikethamide Injection

本品为尼可刹米的灭菌水溶液。含尼可刹米（$C_{10}H_{14}N_2O$）应为标示量的90.0%～110.0%。

【性状】　本品为无色的澄明液体。

【鉴别】　（1）取本品5ml，加碳酸钠使饱和后，即析出油层（与烟酰胺注射液的区别），分取油层，照尼可刹米项下的鉴别（1）、（2）、（3）项试验，显相同的反应。

（2）取本品适量（约相当于尼可刹米20mg），加二氯甲烷20ml，振摇提取，水浴蒸干二氯甲烷层，残渣经减压干燥，依法测定。本品的红外光吸收图谱应与对照的图谱一致。

【检查】　pH值　应为5.5～7.8（附录0631）。

有关物质　取本品适量，用水稀释制成每1ml中约含4mg的溶液，作为供试品溶液；精密量取1ml，置100ml量瓶中，用水稀释至刻度，摇匀，作为对照溶液。照尼可刹米有关物质项下的方法试验。供试品溶液的色谱图中如有杂质峰，各杂质峰面积的和不得大于对照溶液主峰面积（1.0%）。

细菌内毒素　取本品，依法检查（附录1143），每1mg尼可刹米中含内毒素的量应小于0.12EU。

其他　应符合注射剂项下有关的各项规定（附录0102）。

【含量测定】　用内容量移液管精密量取本品2ml，置200ml量瓶中，用0.5%硫酸溶液分次洗涤移液管内壁，洗液并入量瓶中，用0.5%硫酸溶液稀释至刻度，摇匀；精密量取适量，用0.5%硫酸溶液定量稀释制成每1ml中约含尼可刹米20μg的溶液，照紫外-可见分光光度法（附录0401），在263nm的波长处测定吸光度，按$C_{10}H_{14}N_2O$的吸收系数（$E_{1cm}^{1\%}$）为292计算，即得。

【作用与用途】　中枢兴奋药。主要用于解救呼吸中枢抑制。

【用法与用量】　以尼可刹米计。静脉、肌内或皮下注射：一次量，马、牛2.5～5g；羊、猪0.25～1g；犬0.125～0.5g。

【不良反应】　本品不良反应少，但剂量过大可引起血压升高、出汗、心律失常，震颤及肌肉强直，过量亦可引起惊厥。

【注意事项】　（1）本品静脉注射速度不宜过快。

（2）如出现惊厥，应及时静脉注射地西泮或小剂量硫喷妥钠。

（3）兴奋作用之后，常出现中枢抑制现象。

【规格】　（1）1.5ml：0.375g　（2）2ml：0.5g

【贮藏】　遮光，密闭保存。

对乙酰氨基酚

Duiyixian'anjifen

Paracetamol

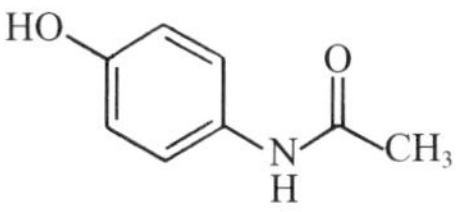

$C_8H_9NO_2$ 151.16

本品为4'-羟基乙酰苯胺。按干燥品计算，含$C_8H_9NO_2$应为98.0%～102.0%。

【性状】 本品为白色结晶或结晶性粉末；无臭。

本品在热水或乙醇中易溶，在丙酮中溶解，在水中略溶。

熔点 本品的熔点（附录0612第二法）为168～172℃。

【鉴别】 （1）本品的水溶液加三氯化铁试液，即显蓝紫色。

（2）取本品约0.1g，加稀盐酸5ml，置水浴中加热40分钟，放冷；取0.5ml，滴加亚硝酸钠试液5滴，摇匀，用水3ml稀释后，加碱性β-萘酚试液2ml，振摇，即显红色。

（3）本品的红外光吸收图谱应与对照的图谱一致。

【检查】 **酸度** 取本品0.10g，加水10ml使溶解，依法测定（附录0631），pH值应为5.5～6.5。

乙醇溶液的澄清度与颜色 取本品1.0g，加乙醇10ml溶解后，溶液应澄清无色；如显浑浊，与1号浊度标准液（附录0902）比较，不得更浓；如显色，与棕红色2号或橙红色2号标准比色液（附录0901第一法）比较，不得更深。

氯化物 取本品2.0g，加水100ml，加热溶解后，冷却，滤过，取滤液25ml，依法检查（附录0801），与标准氯化钠溶液5.0ml制成的对照液比较，不得更浓（0.01%）。

硫酸盐 取氯化物项下剩余的滤液25ml，依法检查（附录0802），与标准硫酸钾溶液1.0ml制成的对照液比较，不得更浓（0.02%）。

对氨基酚及有关物质 临用新制。取本品适量，精密称定，加溶剂〔甲醇-水（4:6）〕制成每1ml中约含20mg的溶液，作为供试品溶液；取对氨基酚对照品适量，精密称定，加上述溶剂溶解并制成每1ml中约含对氨基酚0.1mg的溶液，作为对照品溶液；精密量取对照品溶液与供试品溶液各1ml，置同一100ml量瓶中，用上述溶剂稀释至刻度，摇匀，作为对照溶液。照高效液相色谱法（附录0512）试验。用辛烷基硅烷键合硅胶为填充剂；以磷酸盐缓冲液（取磷酸氢二钠8.95g，磷酸二氢钠3.9g，加水溶解至1000ml，加10%四丁基氢氧化铵溶液12ml）-甲醇（90:10）为流动相；检测波长为245nm；柱温为40℃；理论板数按对乙酰氨基酚峰计算不低于2000，对氨基酚峰与对乙酰氨基酚峰的分离度应符合要求。精密量取对照溶液与供试品溶液各20μl，分别注入液相色谱仪，记录色谱图至主峰保留时间的4倍。供试品溶液的色谱图中如有与对氨基酚保留时间一致的色谱峰，按外标法以峰面积计算，含对氨基酚不得过0.005%，其他单个杂质峰面积不得大于对照溶液中对乙酰氨基酚峰面积的0.1倍（0.1%），其他各杂质峰面积的和不得大于对照溶液中对乙酰氨基酚峰面积的0.5倍（0.5%）。

对氯苯乙酰胺 临用新制。取对氨基酚及有关物质项下的供试品溶液作为供试品溶液；另取对氯苯乙酰胺对照品与对乙酰氨基酚对照品各适量，精密称定，加溶剂〔甲醇-水（4:6）〕溶解并制成每1ml中约含对氯苯乙酰胺1μg与对乙酰氨基酚20μg的混合溶液，作为对照品溶液。

照高效液相色谱法（附录0512）试验。用辛烷基硅烷键合硅胶为填充剂；以磷酸盐缓冲液（取磷酸氢二钠8.95g，磷酸二氢钠3.9g，加水溶解至1000ml，加10%四丁基氢氧化铵12ml）-甲醇（60：40）为流动相；检测波长为245nm；柱温为40℃；理论板数按对乙酰氨基酚峰计算不低于2000，对氯苯乙酰胺峰与乙酰氨基酚峰的分离度应符合要求。精密量取对照品溶液与供试品溶液各20μl，分别注入液相色谱仪，记录色谱图。按外标法以峰面积计算，含对氯苯乙酰胺不得过0.005%。

干燥失重　取本品，在105℃干燥至恒重，减失重量不得过0.5%（附录0831）。

炽灼残渣　不得过0.1%（附录0841）。

重金属　取本品1.0g，加水20ml，置水浴中加热使溶解，放冷，滤过，取滤液加醋酸盐缓冲液（pH3.5）2ml与水适量使成25ml，依法检查（附录0821第一法），含重金属不得过百万分之十。

【含量测定】　取本品约40mg，精密称定，置250ml量瓶中，加0.4%氢氧化钠溶液50ml溶解后，加水至刻度，摇匀，精密量取5ml，置100ml量瓶中，加0.4%氢氧化钠溶液10ml，加水至刻度，摇匀，照紫外-可见分光光度法（附录0401），在257nm的波长处测定吸光度，按$C_8H_9NO_2$的吸收系数（$E_{1cm}^{1\%}$）为715计算，即得。

【类别】　解热镇痛药。

【贮藏】　密封保存。

【制剂】　（1）对乙酰氨基酚片　（2）对乙酰氨基酚注射液

对乙酰氨基酚片

Duiyixian'anjifen Pian

Paracetamol Tablets

本品含对乙酰氨基酚（$C_8H_9NO_2$）应为标示量的95.0%～105.0%。

【性状】　本品为白色片。

【鉴别】　（1）取本品的细粉适量（约相当于对乙酰氨基酚0.5g），用乙醇20ml分次研磨使对乙酰氨基酚溶解，滤过，合并滤液，蒸干，残渣照对乙酰氨基酚项下的鉴别（1）、（2）项试验，显相同的反应。

（2）取本品的细粉适量（约相当于对乙酰氨基酚100mg），加丙酮10ml，研磨溶解，滤过，滤液水浴蒸干，残渣经减压干燥，依法测定。本品的红外光吸收图谱应与对照的图谱一致。

【检查】对氨基酚　临用新制。取本品细粉适量（约相当于对乙酰氨基酚0.2g），精密称定，置10ml量瓶中，加溶剂〔甲醇-水（4：6）〕适量，振摇使对乙酰氨基酚溶解，用溶剂稀释至刻度，摇匀，滤过，取续滤液作为供试品溶液；另取对氨基酚对照品与对乙酰氨基酚对照品各适量，精密称定，加上述溶剂制成每1ml中各约含20μg混合的溶液，作为对照品溶液。照对乙酰氨基酚中对氨基酚及有关物质项下的色谱条件测定。供试品溶液色谱图中如有与对照品溶液中对氨基酚保留时间一致的色谱峰，按外标法以峰面积计算，含对氨基酚不得过标示量的0.1%。

溶出度　取本品，照溶出度与释放度测定法（附录0931第一法），以稀盐酸24ml加水至1000ml为溶出介质，转速为每分钟100转，依法操作，经30分钟时，取溶液滤过，精密量取续滤液适量，用0.04%氢氧化钠溶液稀释成每1ml中含对乙酰氨基酚5~10μg的溶液，照紫外-可见分光光度法（附录0401），在257nm的波长处测定吸光度，按$C_8H_9NO_2$的吸收系数（$E_{1cm}^{1\%}$）为715计算每片的溶出量。限度为标示量的80%，应符合规定。

其他 应符合片剂项下有关的各项规定（附录0101）。

【含量测定】 取本品20片，精密称定，研细，精密称取适量（约相当于对乙酰氨基酚40mg），置250ml量瓶中，加0.4%氢氧化钠溶液50ml与水50ml，振摇15分钟，用水稀释至刻度，摇匀，滤过，精密量取续滤液5ml，照对乙酰氨基酚含量测定项下的方法，自"置100ml量瓶中"起，依法测定，即得。

【作用与用途】 解热镇痛药。用于发热、肌肉痛、关节痛和风湿症。

【用法与用量】 以对乙酰氨基酚计。内服：一次量，马、牛10~20g；羊1~4g；猪1~2g；犬0.1~1g。

【不良反应】 偶见厌食、呕吐、缺氧、发绀、红细胞溶解、黄疸和肝脏损害等症。

【注意事项】 （1）猫禁用，因给药后可引起严重的毒性反应。

（2）大剂量可引起肝、肾损害，在给药后12小时内使用乙酰半胱氨酸或蛋氨酸可以预防肝损害。肝、肾功能不全的患畜及幼畜慎用。

【规格】 （1）0.3g （2）0.5g

【贮藏】 密封保存。

对乙酰氨基酚注射液

Duiyixian'anjifen Zhusheye

Paracetamol Injection

本品为对乙酰氨基酚的灭菌水溶液。含对乙酰氨基酚（$C_8H_9NO_2$）应为标示量的95.0%~105.0%。本品中可加适量的稳定剂和助溶剂。

【性状】 本品为无色或几乎无色略带黏稠的澄明液体。

【鉴别】 （1）取本品，照对乙酰氨基酚项下的鉴别（1）、（2）项试验，显相同的反应。

（2）在含量测定项下记录的色谱图中，供试品溶液主峰的保留时间应与对照品溶液主峰的保留时间一致。

【检查】 pH值 应为4.5~6.5（附录0631）。

有关物质 临用新制。精密量取本品适量，用流动相稀释制成每1ml中约含对乙酰氨基酚2.5mg的溶液，摇匀，作为供试品溶液；精密量取1ml，置100ml量瓶中，用流动相稀释至刻度，摇匀，作为对照溶液；另精密称取对氨基酚对照品适量，加流动相溶解并定量稀释制成每1ml中约含2.5μg的溶液，作为对照品溶液。照含量测定项下的色谱条件试验，检测波长为245nm，精密量取对照溶液、对照品溶液与供试品溶液各10μl，分别注入液相色谱仪，记录色谱图至主成分峰保留时间的2倍。供试品溶液的色谱图中如有与对氨基酚保留时间一致的色谱峰，按外标法以峰面积计算，含对氨基酚不得过对乙酰氨基酚标示量的0.1%；其他各杂质峰面积的和不得大于对照溶液的主峰面积（1.0%）。

其他 应符合注射剂项下有关的各项规定（附录0102）。

【含量测定】 照高效液相色谱法（附录0512）测定。

色谱条件与系统适用性试验 用十八烷基硅烷键合硅胶为填充剂；以0.05mol/L醋酸铵溶液-甲醇（85：15）为流动相；检测波长为257nm。理论板数按对乙酰氨基酚峰计算不低于2000，对乙酰氨基酚峰与相邻杂质峰的分离度应符合要求。

测定法 精密量取本品适量，用流动相稀释制成每1ml中约含对乙酰氨基酚0.125mg的溶液，作为供试品溶液，精密量取10μl注入液相色谱仪，记录色谱图；另取对乙酰氨基酚对照品，同法测定。按外标法以峰面积计算，即得。

【作用与用途】 解热镇痛药。用于发热、肌肉痛、关节痛和风湿症。

【用法与用量】 以对乙酰氨基酚计。肌内注射：一次量，马、牛5～10g；羊0.5～2g；猪0.5～1g；犬0.1～0.5g。

【不良反应】 偶见厌食、呕吐、缺氧、发绀、红细胞溶解、黄疸和肝脏损害等症。

【注意事项】 （1）猫禁用，因给药后可引起严重的毒性反应。

（2）大剂量可引起肝、肾损害，在给药后12小时内使用乙酰半胱氨酸或蛋氨酸可以预防肝损害。肝、肾功能不全的患畜及幼畜慎用。

【规格】 （1）1ml：0.075g （2）2ml：0.25g （3）5ml：0.5g （4）10ml：1g （5）20ml：2g

【贮藏】 遮光，密闭保存。

吉 他 霉 素

Jitameisu

Kitasamycin

吉他霉素A$_1$：	R$_1$=H	R$_2$=COCH$_2$CH（CH$_3$）$_2$	
	R$_3$=H	R$_4$=H	
吉他霉素A$_3$：	R$_1$=COCH$_3$	R$_2$=COCH$_2$CH（CH$_3$）$_2$	
	R$_3$=H	R$_4$=H	
吉他霉素A$_4$：	R$_1$=H	R$_2$=COCH$_2$CH$_2$CH$_3$	
	R$_3$=H	R$_4$=H	
吉他霉素A$_5$：	R$_1$=COCH$_3$	R$_2$=COCH$_2$CH$_2$CH$_3$	
	R$_3$=H	R$_4$=H	
吉他霉素A$_6$：	R$_1$=H	R$_2$=COCH$_2$CH$_3$	
	R$_3$=H	R$_4$=H	
吉他霉素A$_7$：	R$_1$=COCH$_3$	R$_2$=COCH$_2$CH$_3$	
	R$_3$=H	R$_4$=H	
吉他霉素A$_8$：	R$_1$=COCH$_3$	R$_2$=COCH$_3$	

	R₃=H	R₄=H

吉他霉素A₉：　R₁=H　　　　　　　R₂=COCH₃

　　　　　　　R₃=H　　　　　　　R₄=H

吉他霉素A₁₃：　R₁=H　　　　　　R₂=COCH₂CH₂CH₂CH₂CH₃

　　　　　　　R₃=H　　　　　　　R₄=H

本品为以吉他霉素A₅、吉他霉素A₄、吉他霉素A₁和吉他霉素A₁₃等组分为主的混合物。按无水物计算，每1mg的效价不得少于1300吉他霉素单位。

【性状】 本品为白色或类白色粉末；无臭。

本品在甲醇、乙醇、丙酮或乙醚中极易溶解，在水中极微溶解，在石油醚中不溶。

【鉴别】 （1）取本品约10mg，加硫酸5ml，缓缓摇匀，溶液显红褐色。

（2）在吉他霉素组分测定项下记录的色谱图中，供试品溶液应出现四个与吉他霉素标准品溶液中A₅、A₄、A₁、A₁₃峰保留时间一致的色谱峰。

【检查】 碱度 取本品0.1g，加水100ml振摇使溶解，依法测定（附录0631），pH值应为8.0～10.0。

吉他霉素组分 照高效液相色谱法（附录0512）测定。

色谱条件与系统适用性试验 用十八烷基硅烷键合硅胶为填充剂；以0.1mol/L醋酸铵溶液（用磷酸调节pH值至4.5）-甲醇-乙腈（40：55：5）为流动相；柱温60℃；检测波长为231nm。取标准品溶液（1）10μl注入液相色谱仪，记录的色谱图应与标准图谱一致。

测定法 取本品适量，精密称定，加流动相溶解并定量稀释制成每1ml中约含吉他霉素2mg的溶液，作为供试品溶液；精密量取10μl注入液相色谱仪，记录色谱图；另取吉他霉素标准品适量，加流动相溶解并定量稀释制成每1ml中约含吉他霉素2mg的溶液，作为标准品溶液（1）；取5ml，置25ml量瓶中，用流动相稀释至刻度，摇匀，作为标准品溶液（2）。精密量取标准品溶液（1）、（2），同法测定。吉他霉素主组分出峰顺序依次为吉他霉素A₉、A₈、A₇、A₆、A₅、A₄、A₁、A₃、A₁₃。按外标法以吉他霉素A₅的峰面积计算，吉他霉素A₅应为35%～70%，A₄应为5%～25%，A₁、A₁₃均应为3%～15%；吉他霉素主组分A₉、A₈、A₇、A₆、A₅、A₄、A₁、A₃、A₁₃之和不得少于85%。

水分 取本品，照水分测定法（附录0832第一法A）测定，含水分不得过3.0%。

炽灼残渣 取本品1.0g，依法检查（附录0841），遗留残渣不得过0.5%。

【含量测定】 取本品，加乙醇（每2mg加乙醇1ml）溶解后，用灭菌水定量制成每1ml中约含1000单位的溶液，照抗生素微生物检定法（附录1201）测定。

【类别】 大环内酯类抗生素。

【贮藏】 遮光，密封，在干燥处保存。

【制剂】 （1）吉他霉素片 （2）吉他霉素预混剂

吉他霉素片
Jitameisu Pian
Kitasamycin Tablets

本品含吉他霉素应为标示量的90.0%～110.0%。

【性状】 本品为白色或类白色片。

【鉴别】 （1）取本品的细粉适量（约相当于吉他霉素10 000单位），加硫酸5ml，缓缓摇匀，溶液显红褐色。

（2）在吉他霉素组分测定项下记录的色谱图中，供试品溶液应出现四个与吉他霉素标准品溶液中A_5、A_4、A_1、A_{13}峰保留时间一致的色谱峰。

【检查】 **吉他霉素组分** 取本品细粉适量，精密称定，加流动相溶解并定量稀释制成每1ml中约含吉他霉素2500单位的溶液，滤过，取续滤液作为供试品溶液，照吉他霉素项下方法测定，柱温为40~60℃，按下式分别计算，吉他霉素A_5应为标示量的35%~70%，A_4应为标示量的5%~25%，A_1、A_{13}均应为标示量的3%~15%。

$$吉他霉素A_5（A_4、A_1、A_{13}）含量（\%）= \frac{A_T \times W_S \times 平均片重 \times P \times 标准品效价}{A_S \times W_T \times 标示量} \times 100\%$$

式中 A_T为供试品色谱图中吉他霉素A_5（A_4、A_1、A_{13}）的峰面积；

A_S为标准品色谱图中吉他霉素A_5的峰面积；

W_T为供试品的重量；

W_S为标准品的重量；

P为标准品中吉他霉素A_5的百分含量。

溶出度 取本品，照溶出度与释放度测定法（附录0931第二法），以磷酸盐缓冲液（pH5.0）1000ml为溶出介质，转速为每分钟75转，依法操作，经45分钟时，取溶液适量，滤过。精密量取续滤液适量，用溶出介质定量稀释制成每1ml中约含20单位的溶液，照紫外-可见分光光度法（附录0401），在231nm的波长处测定吸光度；另取本品10片，精密称定，研细，精密称取适量（相当于平均片重），加乙醇（每2mg加乙醇1ml）适量使吉他霉素溶解，再按标示量用溶出介质定量稀释制成每1ml中约含100单位的溶液，滤过，精密量取续滤液适量，用溶出介质定量稀释制成每1ml中含20单位的溶液，同法测定，计算每片的溶出量。限度为标示量的80%，应符合规定。

其他 应符合片剂项下有关的各项规定（附录0101）。

【含量测定】 取本品10片，精密称定，研细，精密称取适量，加乙醇适量（每2mg加乙醇1ml）使溶解，用灭菌水定量制成每1ml中约含吉他霉素1000单位的混悬液，静置，精密量取上清液，照吉他霉素项下的方法测定。

【作用与用途】 大环内酯类抗生素。用于治疗革兰氏阳性菌、支原体及钩端螺旋体等感染。

【用法与用量】 以吉他霉素计。 内服：一次量，每1kg体重，猪20~30mg；禽20~50mg。一日2次，连用3~5日。

【不良反应】 动物内服后可出现剂量依赖性胃肠道功能紊乱（如呕吐、腹泻、肠疼痛等），发生率较红霉素低。

【注意事项】 蛋鸡产蛋期禁用。

【休药期】 猪、鸡7日。

【规格】 （1）5mg（0.5万单位） （2）50mg（5万单位） （3）100mg（10万单位）

【贮藏】 遮光，密封，在干燥处保存。

吉他霉素预混剂

Jitameisu Yuhunji

Kitasamycin Premix

本品含吉他霉素应为标示量的90.0%~110.0%。

【鉴别】 （1）取本品适量（约相当于吉他霉素10mg），加硫酸5ml，缓缓摇匀，溶液显红褐色。

（2）在吉他霉素组分测定项下记录的色谱图中，供试品溶液应出现四个与吉他霉素标准品溶液中A_5、A_4、A_1、A_{13}峰保留时间一致的色谱峰。

【检查】 粒度 本品应全部通过二号筛。

吉他霉素组分 取本品适量，精密称定，加流动相溶解并定量稀释制成每1ml中约含吉他霉素2500单位的溶液，滤过，取续滤液照吉他霉素项下方法测定，柱温为40~60℃，按下式分别计算，吉他霉素A_5应为标示量的35%~70%，A_4应为标示量的5%~25%，A_1、A_{13}均应为标示量的3%~15%。

$$吉他霉素A_5（A_4、A_1、A_{13}）含量（\%）=\frac{A_T×W_S×P×标准品效价}{A_S×W_T×标示量}×100\%$$

式中 A_T为供试品色谱图中吉他霉素A_5（A_4、A_1、A_{13}）的峰面积；

A_S为标准品色谱图中吉他霉素A_5的峰面积；

W_T为供试品的重量；

W_S为标准品的重量；

P为标准品中吉他霉素A_5的百分含量。

干燥失重 取本品，在105℃干燥至恒重，减失重量不得过10.0%（有机辅料）或3.0%（无机辅料）（附录0831）。

其他 应符合预混剂项下有关的各项规定（附录0109）。

【含量测定】 取本品适量，精密称定，加乙醇适量（每2mg加乙醇1ml）使吉他霉素溶解，用灭菌水定量制成每1ml中约含吉他霉素1000单位的混悬液，静置，精密量取上清液，照吉他霉素项下的方法测定。

【作用与用途】 大环内酯类抗生素。主要用于治疗革兰氏阳性菌、支原体及钩端螺旋体等感染。也用作猪、鸡促生长。

【用法与用量】 以吉他霉素计。混饲（促生长）：每1000kg饲料，猪5~50g（500万~5000万单位）；鸡5~10g（500万~1000万单位）。

混饲（治疗）：每1000kg饲料，猪80~300g（8000万~30 000万单位）；鸡100~300g（10 000万~30 000万单位）；连用5~7日。

【不良反应】 动物内服后可出现剂量依赖性胃肠道功能紊乱（如呕吐、腹泻、腹痛等），发生率较红霉素低。

【注意事项】 蛋鸡产蛋期禁用。

【休药期】 猪、鸡7日。

【规格】 （1）100g∶10g（1000万单位） （2）100g∶30g（3000万单位） （3）100g∶50g（5000万单位）

【贮藏】 遮光，密闭，在干燥处保存。

地 西 泮

Dixipan

Diazepam

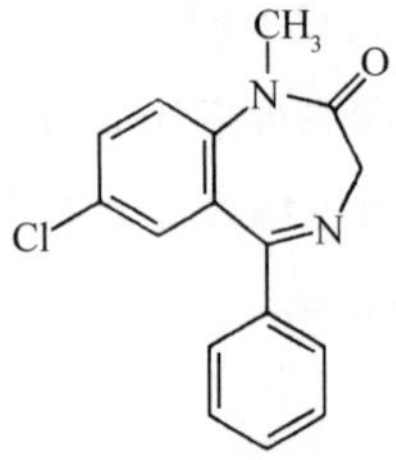

$C_{16}H_{13}ClN_2O$ 284.74

本品为1-甲基-5-苯基-7-氯-1,3-二氢-2*H*-1,4-苯并二氮杂䓬-2-酮。按干燥品计算，含$C_{16}H_{13}ClN_2O$不得少于98.5%。

【性状】 本品为白色或类白色的结晶性粉末；无臭。

本品在丙酮或三氯甲烷中易溶，在乙醇中溶解，在水中几乎不溶。

熔点 本品的熔点（附录0612）为130～134℃。

吸收系数 取本品，精密称定，加0.5%硫酸的甲醇溶液溶解并定量稀释使成每1ml中约含10μg的溶液，照紫外-可见分光光度法（附录0401），在284nm的波长处测定吸光度，吸收系数（$E_{1cm}^{1\%}$）为440～468。

【鉴别】 （1）取本品约10mg，加硫酸3ml，振摇使溶解，在紫外光灯（365nm）下检视，显黄绿色荧光。

（2）取本品，加0.5%硫酸的甲醇溶液制成每1ml中含5μg的溶液，照紫外-可见分光光度法（附录0401）测定，在242nm、284nm与366nm的波长处有最大吸收；在242nm波长处的吸光度约为0.51，在284nm波长处的吸光度约为0.23。

（3）本品的红外光吸收图谱应与对照的图谱一致。

（4）取本品20mg，用氧瓶燃烧法（附录0703）进行有机破坏，以5%氢氧化钠溶液5ml为吸收液，燃烧完全后，用稀硝酸酸化，并缓缓煮沸2分钟，溶液显氯化物鉴别（1）的反应（附录0301）。

【检查】 乙醇溶液的澄清度与颜色 取本品0.1g，加乙醇20ml，振摇使溶解，溶液应澄清无色；如显色，与黄色1号标准比色液（附录0901第一法）比较，不得更深。

氯化物 取本品1.0g，加水50ml，振摇10分钟，滤过，分取滤液25ml，依法检查（附录0301），与标准氯化钠溶液7.0ml制成的对照液比较，不得更浓（0.014%）。

有关物质 取本品，加甲醇溶解并稀释制成每1ml中含1mg的溶液作为供试品溶液；精密量取1ml，置200ml量瓶中，用甲醇稀释至刻度，摇匀，作为对照溶液。照高效液相色谱法（附录0512）试验。用十八烷基硅烷键合硅胶为填充剂；以甲醇-水（70:30）为流动相；检测波长为254nm。理论板数按地西泮峰计算不低于1500。精密量取对照溶液与供试品溶液各10μl，分别注入液相色谱仪，记录色谱图至主成分峰保留时间的4倍。供试品溶液色谱图中如有杂质峰，各杂质峰面积的和不得大于对照溶液主峰面积的0.6倍（0.3%）。

干燥失重 取本品，在105℃干燥至恒重，减失重量不得过0.5%（附录0831）。

炽灼残渣　不得过0.1%（附录0841）。

【含量测定】　取本品约0.2g，精密称定，加冰醋酸与醋酐各10ml使溶解，加结晶紫指示液1滴，用高氯酸滴定液（0.1mol/L）滴定至溶液显绿色。每1ml高氯酸滴定液（0.1mol/L）相当于28.47mg的$C_{16}H_{13}ClN_2O$。

【类别】　镇静与抗惊厥药。

【贮藏】　密封保存。

【制剂】　（1）地西泮片　（2）地西泮注射液

地 西 泮 片

Dixipan Pian

Diazepam Tablets

本品含地西泮（$C_{16}H_{13}ClN_2O$）应为标示量的90.0%～110.0%。

【性状】　本品为白色片。

【鉴别】　（1）取本品的细粉适量（约相当于地西泮10mg），加丙酮10ml，振摇使地西泮溶解，滤过，滤液蒸干，加硫酸3ml，振摇使溶解，在紫外光灯（365nm）下检视，显黄绿色荧光。

（2）在含量测定项下记录的色谱图中，供试品溶液主峰的保留时间应与对照品溶液主峰的保留时间一致。

【检查】　**有关物质**　取本品的细粉适量（约相当于地西泮10mg），加甲醇溶解并制成每1ml中含地西泮约1mg的溶液，摇匀，滤过，取续滤液作为供试品溶液；精密量取适量，用甲醇定量稀释制成每1ml中含地西泮5μg的溶液，作为对照溶液。照地西泮有关物质项下的方法测定，供试品溶液的色谱图中如有杂质峰，各杂质峰面积的和不得大于对照溶液主峰面积（0.5%）。

含量均匀度　取本品1片，置100ml量瓶中，加水5ml，振摇，使药片崩解后，加0.5%硫酸的甲醇溶液约60ml，充分振摇使地西泮溶解，用0.5%硫酸的甲醇溶液稀释至刻度，摇匀，滤过，精密量取续滤液10ml，置25ml量瓶中，用0.5%硫酸的甲醇溶液稀释至刻度，摇匀，照紫外-可见分光光度法（附录0401），在284nm的波长处测定吸光度，按$C_{16}H_{13}ClN_2O$的吸收系数（$E_{1cm}^{1\%}$）为454计算含量，应符合规定（附录0941）。

溶出度　取本品，照溶出度与释放度测定法（附录0931第二法），以水500ml为溶出介质，转速为每分钟75转，依法操作，经60分钟时，取溶液约10ml，滤过，取续滤液（2.5mg规格）或精密量取续滤液5ml，用水稀释至10ml（5mg规格），照紫外-可见分光光度法（附录0401），在230nm的波长处测定吸光度，另取地西泮对照品约10mg，精密称定，加甲醇5ml溶解后，用水稀释至100ml，精密量取5ml，用水稀释至100ml，同法测定，计算每片的溶出量。限度为标示量的75%，应符合规定。

其他　应符合片剂项下有关的各项规定（附录0101）。

【含量测定】　照高效液相色谱法（附录0512）测定。

色谱条件与系统适用性试验　用十八烷基硅烷键合硅胶为填充剂；以甲醇-水（70∶30）为流动相；检测波长为254nm。理论板数按地西泮峰计算不低于1500。

测定法　取本品20片，精密称定，研细，精密称取适量（约相当于地西泮10mg），置50ml量瓶中，加甲醇适量，振摇，使地西泮溶解，用甲醇稀释至刻度，摇匀，滤过，取续滤液作为供试品溶液，精密量取10μl注入液相色谱仪，记录色谱图；另取地西泮对照品约10mg，精密称定，同法测定。按外标法以峰面积计算，即得。

【作用与用途】 镇静与抗惊厥药。用于狂躁动物的安静与保定。

【用法与用量】 以地西泮计。内服：一次量，犬5～10 mg；猫2～5 mg；水貂0.5～1 mg。

【不良反应】 （1）猫可产生行为改变（受刺激、抑郁等），并可能引起肝损害。

（2）犬可出现兴奋效应，不同个体可出现镇静或癫痫两种极端效应，犬还表现食欲增强。

【注意事项】 （1）食品动物禁止用作促生长剂。

（2）孕畜忌用。

（3）肝肾功能障碍患畜慎用。

（4）与镇痛药（如杜冷丁）合用时，应将后者的剂量减少1/3。

（5）本品能增强其他中枢抑制药的作用，若同时应用应注意调整剂量。

【规格】 （1）2.5mg （2）5mg

【贮藏】 密封保存。

地西泮注射液

Dixipan Zhusheye

Diazepam Injection

本品为地西泮的灭菌水溶液。含地西泮（$C_{16}H_{13}ClN_2O$）应为标示量的90.0%～110.0%。

【性状】 本品为几乎无色至黄绿色的澄明液体。

【鉴别】 （1）取本品2ml，滴加稀碘化铋钾试液，即生成橙红色沉淀。

（2）在含量测定项下记录的色谱图中，供试品溶液主峰的保留时间应与对照品溶液主峰的保留时间一致。

【检查】 pH值 应为6.0～7.0（附录0631）。

颜色 取本品，与黄绿色6号标准比色液（附录0901第一法）比较，不得更深。

有关物质 取本品，用甲醇分别稀释制成每1ml中含1mg的供试品溶液与每1ml中含5μg的对照溶液。照地西泮有关物质项下的方法测定，供试品溶液的色谱图中如有杂质峰，各杂质峰面积的和不得大于对照溶液主峰面积（0.5%）。

其他 应符合注射剂项下有关的各项规定（附录0102）。

【含量测定】 照高效液相色谱法（附录0512）测定。

色谱条件与系统适用性试验 用十八烷基硅烷键合硅胶为填充剂；以甲醇-水（70∶30）为流动相；检测波长为254nm。理论板数按地西泮峰计算不低于1500。

测定法 精密量取本品适量（约相当于地西泮10mg），置50ml量瓶中，用甲醇稀释至刻度，摇匀，精密量取10μl注入液相色谱仪，记录色谱图；另取地西泮对照品约10mg，精密称定，同法测定。按外标法以峰面积计算，即得。

【作用与用途】 镇静与抗惊厥药。用于肌肉痉挛、癫痫及惊厥等。

【用法与用量】 以地西泮计。肌内、静脉注射：一次量，每1kg体重，马 0.1～0.15 mg；牛、羊、猪0.5～1 mg；犬、猫0.6～1.2 mg；水貂0.5～1 mg。

【不良反应】 （1）马在镇静剂量时，可引起肌肉震颤、乏力和共济失调。

（2）猫可产生行为异常（兴奋、抑郁等），并可能引起肝损害。经5～11日内服治疗可出现临床食欲减退、昏睡、ALT/AST比例增加和高胆红素血症。

（3）犬可出现兴奋效应，不同个体可出现镇静或癫痫两种极端效应。

【注意事项】 （1）食品动物禁止用作促生长剂。

（2）孕畜忌用。

（3）肝肾功能障碍患畜慎用。

（4）静脉注射宜缓慢，以防造成心血管和呼吸抑制。

（5）本品能增强其他中枢抑制药的作用，若同时应用应注意调整剂量。

【休药期】 28日。

【规格】 2ml：10mg

【贮藏】 遮光，密闭保存。

地 克 珠 利

Dikezhuli

Diclazuril

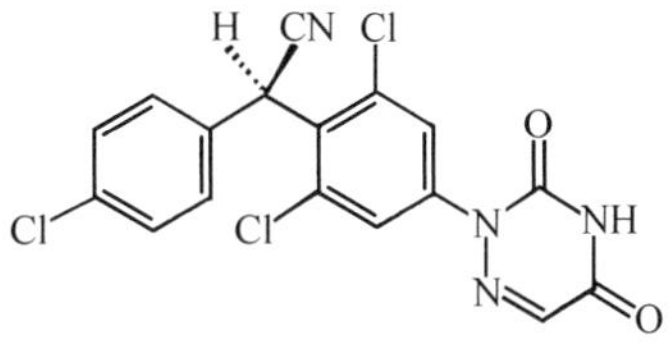

$C_{17}H_9Cl_3N_4O_2$　407.64

本品为 *RS*-2,6二氯-α-（4-氯苯）-4-〔4,5-二氢-3,5-二氧代-1,2,4-三嗪-2（3*H*）-基〕苯乙腈。按干燥品计算，含$C_{17}H_9Cl_3N_4O_2$不得少于96.0%。

【性状】 本品为类白色或淡黄色粉末，几乎无臭。

本品在二甲基甲酰胺中略溶，在四氢呋喃中微溶，在水或乙醇中几乎不溶。

【鉴别】 （1）取本品约10mg，置100ml量瓶中，加四氢呋喃10ml溶解后，用甲醇稀释至刻度，摇匀，量取10ml，置100ml量瓶中，用甲醇稀释至刻度，摇匀，照紫外-可见分光光度法（附录0401）测定，以四氢呋喃-甲醇（1：99）为空白，在220nm与277nm的波长处有最大吸收。

（2）本品的红外光吸收图谱应与对照的图谱一致。

【检查】 有关物质　取本品适量，用二甲基甲酰胺稀释制成每1ml中含地克珠利0.2mg的溶液，作为供试品溶液；精密量取1ml，置100ml量瓶中，用二甲基甲酰胺稀释至刻度，摇匀，作为对照溶液。照含量测定项下的色谱条件试验，精密量取二甲基甲酰胺、供试品溶液与对照溶液各20μl，分别注入液相色谱仪，记录色谱图至主峰保留时间的5倍。供试品溶液色谱图中如有杂质峰，各杂质峰面积的和不得大于对照溶液主峰面积的2.5倍（2.5%）。

干燥失重　取本品，在105℃干燥至恒重，减失重量不得过0.5%（附录0831）。

炽灼残渣　不得过0.1%（附录0841）。

重金属　取炽灼残渣项下遗留的残渣，依法检查（附录0821第二法），含重金属不得过百万分之二十。

【含量测定】 照高效液相色谱法（附录0512）测定。

色谱条件与系统适用性试验 用十八烷基硅烷键合硅胶为填充剂，以乙腈-0.2%磷酸溶液（57：43）为流动相，检测波长为280nm，理论板数按地克珠利峰计算不低于8000。

测定法 取本品适量，精密称定，加二甲基甲酰胺溶解并定量稀释制成每1ml中约含0.1mg的溶液，精密量取20μl注入液相色谱仪，记录色谱图；另取地克珠利对照品，同法测定。按外标法以峰面积计算，即得。

【类别】 抗原虫药。

【贮藏】 遮光，密闭保存。

【制剂】 地克珠利预混剂

地克珠利预混剂

Dikezhuli Yuhunji

Diclazuril Premix

本品为地克珠利与豆粕粉或麸皮、淀粉配制而成。含地克珠利（$C_{17}H_9Cl_3N_4O_2$）应为标示量的90.0%～110.0%。

【鉴别】 （1）取含量测定项下的供试品溶液1ml，加10%氢氧化四丁基铵溶液2～3滴，即显金黄色。

（2）在含量测定项下记录的色谱图中，供试品溶液主峰的保留时间应与对照品溶液主峰的保留时间一致。

【检查】 **有关物质** 取本品适量，用二甲基甲酰胺稀释制成每1ml中含地克珠利0.2mg的溶液，作为供试品溶液；精密量取1ml，置100ml量瓶中，用二甲基甲酰胺稀释至刻度，摇匀，作为对照溶液。照含量测定项下的色谱条件试验，精密量取二甲基甲酰胺、供试品溶液与对照溶液各20μl，分别注入液相色谱仪，记录色谱图至主峰保留时间的5倍。供试品溶液色谱图中如有杂质峰，各杂质峰面积的和不得大于对照溶液主峰面积的3.0倍（3.0%）。

干燥失重 取本品，在105℃干燥4小时，减失重量不得过10.0%（附录0831）。

其他 应符合预混剂项下有关的各项规定（附录0109页）。

【含量测定】 精密称取本品适量（约相当于地克珠利5mg），置具塞锥形瓶中，精密加入二甲基甲酰胺50ml，磁力搅拌15分钟，滤过，取续滤液作为供试品溶液，照地克珠利项下的方法测定，即得。

【作用与用途】 抗球虫药。用于预防禽、兔球虫病。

【用法与用量】 以地克珠利计。混饲：每1000kg饲料，禽、兔1g。

【注意事项】 （1）蛋鸡产蛋期禁用。

（2）本品药效期短，停药1日，抗球虫作用明显减弱，2日后作用基本消失。因此，必须连续用药以防球虫病再度暴发。

（3）本品混料浓度极低，药料应充分拌匀，否则影响疗效。

【休药期】 鸡5日，兔14日。

【规格】 （1）0.2% （2）0.5% （3）5%

【贮藏】 遮光，密闭，在干燥处保存。

地塞米松磷酸钠

Disaimisong Linsuanna

Dexamethasone Sodium Phosphate

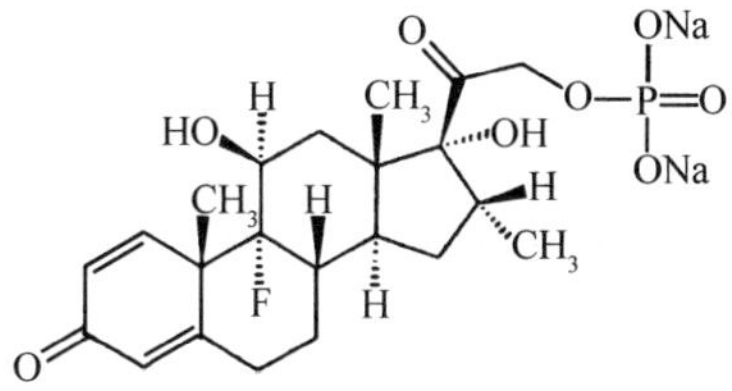

$$C_{22}H_{28}FNa_2O_8P \quad 516.41$$

本品为16α-甲基-11β,17α,21-三羟基-9α-氟孕甾-1,4-二烯-3,20-二酮-21-磷酸酯二钠盐。按无水与无溶剂物计算，含$C_{22}H_{28}FNa_2O_8P$应为97.0%～102.0%。

【性状】　本品为白色至微黄色粉末；无臭；有引湿性。

本品在水或甲醇中溶解，在丙酮或乙醚中几乎不溶。

比旋度　取本品，精密称定，加水溶解并定量稀释制成每1ml中约含10mg的溶液，依法测定（附录0621），比旋度为+72°至+80°。

【鉴别】　（1）在含量测定项下记录的色谱图中，供试品溶液主峰的保留时间应与对照品溶液主峰的保留时间一致。

（2）本品的红外光吸收图谱应与对照的图谱一致。

（3）本品显有机氟化物的鉴别反应（附录0301）。

（4）取本品约40mg，加硫酸2ml，缓缓加热至发生白烟，滴加硝酸0.5ml，继续加热至氧化氮蒸气除尽，放冷，滴加水2ml，再缓缓加热至发生白烟，溶液显微黄色，放冷，滴加水10ml，用氨试液中和至溶液遇石蕊试纸显中性反应，加少许活性炭脱色，滤过，滤液显钠盐与磷酸盐的鉴别反应（附录0301）。

【检查】　**碱度**　取本品0.1g，加水20ml溶解后，依法测定（附录0631），pH值应为7.5～10.5。

溶液的澄清度与颜色　取本品0.20g，加水10ml溶解后，溶液应澄清无色；如显浑浊，与1号浊度标准液（附录0902）比较，不得更浓；如显色，与黄色2号标准比色液（附录0901第一法）比较，不得更深。

游离磷酸盐　精密称取本品20mg，置25ml量瓶中，加水15ml使溶解；另取标准磷酸盐溶液〔精密称取经105℃干燥2小时的磷酸二氢钾0.35g，置1000ml量瓶中，加硫酸溶液（3→10）10ml与水适量使溶解，用硫酸稀释至刻度，摇匀；临用时再稀释10倍〕4.0ml，置另一25ml量瓶中，加水11ml；各精密加钼酸铵硫酸试液2.5ml与1-氨基-2-萘酚-4-磺酸溶液（取无水亚硫酸钠5g、亚硫酸氢钠94.3g与1-氨基-2-萘酚-4-磺酸0.7g，充分混合，临用时取此混合物1.5g，加水10ml使溶解，必要时滤过）1ml，加水至刻度，摇匀，在20℃放置30～50分钟。照紫外-可见分光光度法（附录0401），在740nm的波长处测定吸光度。供试品溶液的吸光度不得大于对照溶液的吸光度。

有关物质　取本品，加流动相溶解并定量稀释制成每1ml中约含1mg的溶液，作为供试品溶液；精密量取1ml，置100ml量瓶中，用流动相稀释至刻度，摇匀，作为对照溶液；另取地塞米松对照品适量，精密称定，加甲醇溶解并定量稀释制成每1ml中约含1mg的溶液，精密量取1ml，置100ml量瓶中，用流动相稀释至刻度，摇匀，作为对照品溶液；照含量测定项下的色谱条件，精密量取对照溶液、对照品溶液与供试品溶液各20μl，分别注入液相色谱仪，记录色谱图至主成分峰保留时间的2倍。供试品溶液色谱图中如有与对照品溶液色谱图中地塞米松峰保留时间一致的峰，按外标法以峰面积计算，不得过0.5%；其他单个杂质峰面积不得大于对照溶液主峰面积的0.5倍（0.5%），其他各杂质峰面积的和不得大于对照溶液主峰面积的2倍（2.0%）。

残留溶剂　取本品约1.0g，精密称定，置10ml量瓶中，加内标溶液〔取正丙醇，用水稀释制成0.02%（ml/ml）的溶液〕溶解并稀释至刻度，摇匀，精密量取5ml，置顶空瓶中，密封，作为供试品溶液；另取甲醇约0.3g、乙醇约0.5g与丙酮约0.5g，精密称定，置100ml量瓶中，用上述内标溶液稀释至刻度，摇匀，精密量取1ml，置10ml量瓶中，用上述内标溶液稀释至刻度，摇匀，精密量取5ml，置顶空瓶中，密封，作为对照品溶液。照残留溶剂测定法（附录0861第一法）试验，用6%氰丙基苯基-94%二甲基聚硅氧烷毛细管色谱柱，起始温度为40℃，以每分钟5℃的速率升温至120℃，维持1分钟，顶空瓶平衡温度为90℃，平衡时间为60分钟，理论板数按正丙醇峰计算不低于10 000，各成分峰间的分离度均应符合要求。分别量取供试品溶液与对照品溶液顶空瓶上层气体1ml，注入气相色谱仪，记录色谱图。按内标法以峰面积计算，甲醇、乙醇与丙酮的残留量均应符合规定。

水分　取本品适量，照水分测定法（附录0832第一法A）测定，含水分不得过15.0%。

【含量测定】　照高效液相色谱法（附录0512）测定。

色谱条件与系统适用性试验　用十八烷基硅烷键合硅胶为填充剂；以三乙胺溶液（取三乙胺7.5ml，用水稀释至1000ml，用磷酸调节pH值至3.0±0.05）-甲醇-乙腈（55：40：5）为流动相；检测波长为242nm。取地塞米松磷酸钠，加流动相溶解并稀释制成每1ml中约含1mg的溶液，另取地塞米松，加甲醇溶解并稀释制成每1ml中约含1mg的溶液。分别精密量取上述两种溶液适量，用流动相稀释制成每1ml中各约含10μg的混合溶液，取20μl注入液相色谱仪，记录色谱图，理论板数按地塞米松磷酸钠峰计算不低于7000，地塞米松磷酸钠峰与地塞米松峰的分离度应大于4.4。

测定法　取本品约20mg，精密称定，置50ml量瓶中，加水溶解并稀释至刻度，摇匀，精密量取适量，用流动相定量稀释制成每1ml中约含40μg的溶液，作为供试品溶液，精密量取20μl注入液相色谱仪，记录色谱图；另取地塞米松磷酸酯对照品，同法测定。按外标法以峰面积乘以1.0931计算，即得。

【类别】　糖皮质激素类药。

【贮藏】　遮光，密封，在干燥处保存。

【制剂】　地塞米松磷酸钠注射液

地塞米松磷酸钠注射液

Disaimisong Linsuanna Zhusheye

Dexamethasone Sodium Phosphate Injection

本品为地塞米松磷酸钠的灭菌水溶液。含地塞米松磷酸钠（$C_{22}H_{28}FNa_2O_8P$）应为标示量的90.0%～110.0%。

本品可加适量的稳定剂及助溶剂。

【性状】　本品为无色的澄明液体。

【鉴别】　在含量测定项下记录的色谱图中，供试品溶液主峰的保留时间应与对照品溶液主峰的保留时间一致。

【检查】　pH值　应为7.0～8.5（附录0631）。

有关物质　取本品，用流动相定量稀释制成每1ml中约含地塞米松磷酸钠0.5mg的溶液，作为供试品溶液；精密量取1ml，置100ml量瓶中，用流动相稀释至刻度，摇匀，作为对照溶液；另取地塞米松对照品适量，精密称定，加甲醇溶解并定量稀释制成每1ml中约含0.5mg的溶液，精密量取1ml，置100ml量瓶中，用流动相稀释至刻度，摇匀，作为对照品溶液；另称取地塞米松磷酸钠约10mg，置10ml量瓶中，加亚硫酸氢钠溶液（称取亚硫酸氢钠约15g，置100ml量瓶中，用水稀释至刻度，用30%氢氧化钠溶液调节pH值至8.0）3ml，超声使溶解，用新沸冷水（用30%氢氧化钠溶液调节pH值至8.0）稀释至刻度，在水浴中加热30分钟，放冷，作为杂质Ⅰ定位溶液。照地塞米松磷酸钠有关物质项下的色谱条件（Thermo BDS HYPERSIL C18，4.6mm×250mm，5μm或分离效能相当的色谱柱），柱温为40℃。取杂质Ⅰ定位溶液20μl注入液相色谱仪，调节流速使地塞米松磷酸钠峰的保留时间为20~25分钟，杂质Ⅰ的相对保留时间约为0.3。再精密量取对照溶液、对照品溶液和供试品溶液各20μl，分别注入液相色谱仪，记录色谱图。供试品溶液色谱图中，如有与对照品溶液色谱图中地塞米松峰保留时间一致的峰，按外标法以峰面积计算，不得过标示量的0.5%；如有与杂质Ⅰ溶液色谱图中杂质Ⅰ峰保留时间一致的色谱峰，按校正后的峰面积计算（乘以校正因子1.41）不得大于对照溶液主峰面积（1.0%）；其他单个杂质峰面积不得大于对照溶液主峰面积的0.5倍（0.5%），校正后的杂质Ⅰ峰面积与其他杂质峰面积的和不得大于对照溶液主峰面积的2倍（2.0%）。供试品溶液色谱图中与地塞米松磷酸钠峰相对保留时间为0.2之前的辅料峰忽略不计，小于对照溶液主峰面积0.05倍的色谱峰忽略不计（0.05%）。

细菌内毒素　取本品，依法检查（附录1143），每1mg地塞米松磷酸钠中含内毒素的量应小于1.2EU。

其他　应符合注射剂项下有关的各项规定（附录0102）。

【含量测定】　精密量取本品适量，用水定量稀释制成每1ml中约含地塞米松磷酸钠0.4mg的溶液，精密量取5ml，置50ml量瓶中，用流动相稀释至刻度，摇匀，照地塞米松磷酸钠含量测定项下的方法测定，即得。

【作用与用途】　糖皮质激素类药。有抗炎、抗过敏和影响糖代谢等作用。用于炎症性、过敏性疾病，牛酮血病和羊妊娠毒血症。

【用法与用量】　以地塞米松磷酸钠计。　肌内、静脉注射：一日量，马 2.5~5 mg；牛 5~20 mg；羊、猪4~12 mg；犬、猫 0.125~1 mg。

【不良反应】　（1）有较强的水钠潴留和排钾作用。

（2）有较强的免疫抑制作用。

（3）妊娠后期大剂量使用可引起流产。

（4）可导致犬迟钝，被毛干燥，体重增加，喘息，呕吐，腹泻，肝脏药物代谢酶升高，胰腺炎，胃肠溃疡，脂血症，引发或加剧糖尿病，肌肉萎缩，行为改变（沉郁、昏睡、富于攻击），可能需要终止给药。

（5）猫偶尔可见多饮、多食、多尿、体重增加、腹泻或精神沉郁。长期高剂量给药治疗可导致皮质激素分泌紊乱。

【注意事项】　（1）妊娠早期及后期母畜禁用。

（2）严重肝功能不良、骨软症、骨折治疗期、创伤修复期、疫苗接种期动物禁用。

（3）严格掌握适应证，防止滥用。

（4）对细菌性感染应与抗菌药合用。

（5）长期用药不能突然停药，应逐渐减量，直至停药。

【休药期】 牛、羊、猪21日；弃奶期3日。

【规格】 （1）1ml：1mg （2）1ml：2mg （3）1ml：5mg （4）5ml：2mg （5）5ml：5mg

【贮藏】 遮光，密闭保存。

附：

杂质 I

$C_{22}H_{30}FNa_2O_{11}PS$　　598.48

16α-甲基-11β,17α,21-三羟基-9α-氟-1β-磺酸基孕甾-4-烯-3,20-二酮-21-磷酸酯二钠盐

亚 甲 蓝

Yajialan

Methylthioninium Chloride

$C_{16}H_{18}ClN_3S \cdot 3H_2O$　373.90

本品为氯化3,7-双（二甲氨基）吩噻嗪-5-鎓三水合物。按干燥品计算，含$C_{16}H_{18}ClN_3S$不得少于98.5%。

【性状】 本品为深绿色、有铜光的柱状结晶或结晶性粉末；无臭。

本品在水或乙醇中易溶，在三氯甲烷中溶解。

【鉴别】 （1）取本品约10mg，加水50ml溶解后，显深蓝色；分取溶液10ml，加稀硫酸1ml与锌粉0.1g，蓝色即消失，滤过，滤液置空气中或加过氧化氢试液1滴，复显蓝色；另取溶液10ml，加碘化钾试液数滴，即生成深蓝色的绒毛状沉淀，沉淀后，上层溶液显淡蓝色；再取溶液10ml，加0.1mol/L碘溶液数滴，即显深棕色，加0.1mol/L硫代硫酸钠溶液复显蓝色。

（2）本品的红外光吸收图谱应与对照的图谱一致。

【检查】 干燥失重 取本品，在105℃干燥至恒重，减失重量不得过18.0%（附录0831）。

炽灼残渣 不得过1.2%（附录0841）。

锌盐 取本品0.10g，加硫酸数滴湿润后，炽灼，残渣中加稀盐酸5ml与水5ml，煮沸，加氨试液5ml，滤过，滤液中加硫化铵试液2滴，不得发生沉淀或浑浊。

砷盐 取本品0.20g，加氢氧化钙0.5g，混合，加水少量，搅拌均匀，干燥后，先用小火烧灼使炭化，再在600～700℃炽灼使完全灰化，放冷，加盐酸5ml与水23ml使溶解，依法检查（附录0822第一法），应符合规定（0.001%）。

【含量测定】 取本品约0.2g，精密称定，置烧杯中，加水40ml溶解后，置水浴上加热至75℃，

精密加重铬酸钾滴定液（0.016 67mol/L）25ml，摇匀，在75℃保温20分钟，放冷，用垂熔玻璃漏斗滤过，烧杯与漏斗用水洗涤4次，每次2.5ml，滤过，合并滤液与洗液，移置具塞锥形瓶中，加水250ml、硫酸溶液（1→5）25ml与碘化钾试液10ml，摇匀，用硫代硫酸钠滴定液（0.1mol/L）滴定，至近终点时，加淀粉指示液2ml，继续滴定至蓝色消失，并将滴定的结果用空白试验校正。每1ml重铬酸钾滴定液（0.016 67mol/L）相当于10.66mg的$C_{16}H_{18}ClN_3S$。

【类别】　解毒药。

【贮藏】　遮光，密封保存。

【制剂】　亚甲蓝注射液

亚甲蓝注射液

Yajialan Zhusheye

Methylthioninium Chloride Injection

本品为亚甲蓝的灭菌水溶液。含亚甲蓝（$C_{16}H_{18}ClN_3S \cdot 3H_2O$）应为标示量的90.0%～110.0%。本品中加有5%的葡萄糖。

【性状】　本品为深蓝色的澄明液体。

【鉴别】　取本品，照亚甲蓝项下的鉴别（1）项试验，显相同的反应。

【检查】　pH值　应为3.5～5.0（附录0631）。

其他　应符合注射剂项下有关的各项规定（附录0102）。

【含量测定】　精密量取本品适量（约相当于亚甲蓝20mg），用稀乙醇定量稀释制成每1ml中约含2μg的溶液，照紫外-可见分光光度法（附录0401），在661nm的波长处测定吸光度，另取亚甲蓝对照品适量，精密称定，加稀乙醇溶解并定量稀释制成每1ml中约含2μg的溶液，同法测定，计算，即得供试量中含有$C_{16}H_{18}ClN_3S \cdot 3H_2O$的量。

【作用与用途】　解毒药。用于亚硝酸盐中毒。

【用法与用量】　以亚甲蓝计。静脉注射：一次量，每1kg体重，家畜1～2 mg。

【不良反应】　（1）静脉注射过快可引起呕吐、呼吸困难、血压降低、心率加快和心律紊乱。

（2）用药后尿液呈蓝色，有时可产生尿路刺激症状。

【注意事项】　（1）本品刺激性强，禁止皮下或肌内注射（可引起组织坏死）。

（2）由于亚甲蓝溶液与多种药物为配伍禁忌，因此不得将本品与其他药物混合注射。

【规格】　（1）2ml：20mg　（2）5ml：50mg　（3）10ml：100mg

【贮藏】　遮光，密闭保存。

亚 硒 酸 钠

Yaxisuanna

Sodium Selenite

Na_2SeO_3　172.94

本品按干燥品计算，含Na_2SeO_3不得少于98.0%。

【性状】 本品为白色结晶性粉末；无臭；在空气中稳定。

本品在水中易溶，在乙醇中不溶。

【鉴别】 （1）取本品约50mg，加7mol/L盐酸溶液5ml，加0.1mol/L硫代硫酸钠溶液2ml，加热至沸，即生成红色沉淀。

（2）取本品约0.1g，加水5ml溶解，加硫酸铜试液1ml，即生成绿色沉淀，滴加稀醋酸，沉淀溶解，溶液显蓝绿色。

（3）本品显钠盐的鉴别反应（附录0301）。

【检查】 溶液的澄清度 取本品1.0g，加水10ml溶解后，溶液应澄清；如显浑浊，与1号浊度标准液（附录0902）比较，不得更浓。

氯化物 取本品0.50g，依法检查（附录0801），与标准氯化钠溶液5.0ml制成的对照液比较，不得更浓（0.01%）。

硝酸盐 取本品0.50g，加水5ml溶解，加0.1%靛胭脂溶液0.2ml与硫酸10ml，摇匀，所显蓝色与标准硝酸钾溶液（精密称取在105℃干燥至恒重的硝酸钾0.163g，置1000ml量瓶中，加水适量使溶解并稀释至刻度，摇匀，即得）0.5ml制成的对照液比较，不得更深（0.01%）。

碳酸盐 取本品0.50g，加水1ml溶解后，加盐酸2ml，溶液应无气泡产生。

硒酸盐及硫酸盐 取本品1.0g，加水20ml溶解，加盐酸中和至中性，再加盐酸0.5ml与1%氯化钡溶液1ml，摇匀，5分钟内不得发生浑浊。

干燥失重 取本品，在105℃干燥至恒重，减失重量不得过0.5%（附录0831）。

重金属 取本品1.0g，置100ml蒸发皿中，加高氯酸4ml，氢溴酸10ml溶解，加热蒸发至冒烟，取下放冷，再加氢溴酸蒸发2～3次，每次2ml，蒸干，残渣加水15ml，滴加氨试液至对酚酞指示液显中性，加醋酸盐缓冲液（pH3.5）2ml微温溶解后，用水稀释成25ml，依法检查（附录0821第一法），含重金属不得过百万分之二十。

砷盐 取本品1.0g，加氢氧化钙1g，混合，加水少量，搅拌均匀，干燥后，先用小火烧灼使炭化，再在500～600℃炽灼使完全灰化，放冷，加盐酸5ml与水23ml使溶解，依法检查（附录0822第一法），应符合规定（0.0002%）。

【含量测定】 取本品约0.1g，精密称定，置碘瓶中，加水50ml使溶解，加碘化钾3g，轻轻振摇使溶解，加盐酸溶液（1→2）10ml，密塞，摇匀，在暗处放置5分钟，再加水50ml，用硫代硫酸钠滴定液（0.1mol/L）滴定，至溶液由红棕色至橙红色，加淀粉指示液2ml，继续滴定至溶液由蓝色至紫红色，每1ml硫代硫酸钠滴定液（0.1mol/L）相当于4.324mg的Na_2SeO_3。

【类别】 硒补充药。

【贮藏】 密闭保存。

【制剂】 （1）亚硒酸钠注射液 （2）亚硒酸钠维生素E注射液

亚硒酸钠注射液

Yaxisuanna Zhusheye

Sodium Selenite Injection

本品为亚硒酸钠的灭菌水溶液。含亚硒酸钠（Na_2SeO_3）应为标示量的95.0%～105.0%。

【性状】 本品为无色的澄明液体。

【鉴别】 取本品适量，照亚硒酸钠项下的鉴别试验，显相同的反应。

【检查】 pH值 应为6.0～8.0（附录0631）。

其他 应符合注射剂项下有关的各项规定（附录0102）。

【含量测定】 精密量取本品适量（约相当于亚硒酸钠10mg），置碘瓶中，加碘化钾试液15ml，摇匀，加三氯甲烷10ml，盐酸溶液（1→2）5ml，摇匀，密塞，暗处放置5分钟，用硫代硫酸钠滴定液（0.01mol/L）滴定，至近终点时，加淀粉指示液2ml，强烈振摇30秒钟，继续滴定至水层蓝色消失，并将滴定的结果用空白试验校正。每1ml硫代硫酸钠滴定液（0.01mol/L）相当于0.4324mg的Na_2SeO_3。

【作用与用途】 硒补充药。用于防治幼畜白肌病和雏鸡渗出性素质等。

【用法与用量】 以亚硒酸钠计。 肌内注射：一次量，马、牛30～50mg；驹、犊 5～8 mg；羔羊、仔猪1～2 mg。

【不良反应】 硒毒性较大，猪单次内服亚硒酸钠的最小致死剂量为17mg/kg；羔羊一次内服10 mg亚硒酸钠将引起精神抑制、共济失调、呼吸困难、频尿、发绀、瞳孔扩大、臌胀和死亡，病理损伤包括水肿、充血和坏死，可涉及许多系统。

【注意事项】 （1）皮下或肌内注射时有局部刺激性。

（2）本品有较强毒性，中毒时表现为呕吐、呼吸抑制、虚弱、中枢抑制、昏迷等症状，严重可致死亡。

（3）补硒的同时添加维生素E，则防治效果更好。

【规格】 （1）1ml：1mg （2）1ml：2mg （3）5ml：5mg （4）5ml：10mg

【贮藏】 遮光，密闭保存。

亚硒酸钠维生素E注射液

Yaxisuanna Weishengsu E Zhusheye

Sodium Selenite and Vitamin E Injection

本品为亚硒酸钠与维生素E的灭菌乳状液。含维生素E（$C_{31}H_{52}O_3$）与亚硒酸钠（Na_2SeO_3）均应为标示量的90.0%～110.0%。

【处方】

亚硒酸钠	1g
维生素E	50g
乙醇	适量
聚山梨酯-80	适量
注射用水	适量
制成	1000ml

【性状】 本品为乳白色乳状液体。

【鉴别】 （1）取本品1ml，加乙醇制氢氧化钾试液2ml，煮沸，放冷，加水4ml与乙醚10ml，振摇后，静置使分层，取乙醚液2ml，加0.5% 2,2'-联吡啶的乙醇溶液数滴与0.2%三氯化铁的乙醇溶液数滴，应显红色。

（2）取本品1ml，加乙醇6ml，摇匀，澄清后，加硫酸铜试液1ml，即生成蓝绿色结晶性沉淀。

（3）在维生素E含量测定项下记录的色谱图中，供试品溶液主峰的保留时间应与对照品溶液主峰的保留时间一致。

【检查】 pH值 应为5.0～7.0（附录0631）。

其他 除可见异物外，应符合注射剂项下有关的各项规定（附录0102）。

【含量测定】 亚硒酸钠 精密量取本品10ml（约相当于亚硒酸钠10mg），置碘量瓶中，加碘化钾试液15ml，摇匀，加三氯甲烷20ml，盐酸溶液（1→2）10ml，摇匀，密塞，暗处放置10分钟，用硫代硫酸钠滴定液（0.01mol/L）滴定，至近终点时，加淀粉指示液2ml，强烈振摇30秒钟，继续边振摇边滴定，至水层蓝紫色消失后，强烈振摇30秒钟至水层不再显色，即为终点，并将滴定的结果用空白试验校正。每1ml硫代硫酸钠滴定液（0.01mol/L）相当于0.4324mg的Na_2SeO_3。

维生素E 照气相色谱法（附录0521）测定。

色谱条件与系统适用性试验 用硅酮（OV-17）为固定液，涂布浓度为2%的填充柱，柱温为265℃；或用100%二甲基聚硅氧烷为固定液的毛细管柱，柱温为275℃。理论板数按维生素E峰计算不低于500（填充柱）或5000（毛细管柱），维生素E峰与内标物质峰的分离度应符合要求。

校正因子测定 取正三十二烷或十六酸十六醇酯适量，加正己烷溶解并稀释制成每1ml中约含2.0mg的溶液，作为内标溶液。另取维生素E对照品约50mg，精密称定，置棕色具塞瓶中，精密加入内标溶液10ml，密塞，振摇使溶解，取1～3μl注入气相色谱仪，计算校正因子。

测定法 精密量取本品1ml，置棕色具塞瓶中，加盐酸溶液（1→4）2ml与无水乙醇10ml，精密加入内标溶液10ml，密塞，振摇5分钟，静置使分层，取上清液1～3μl，注入气相色谱仪，测定，计算，即得。

【作用与用途】 维生素及硒补充药。用于治疗幼畜白肌病。

【用法与用量】 肌内注射：一次量，驹、犊5～8ml；羔羊、仔猪1～2ml。

【不良反应】 硒毒性较大，猪单次内服亚硒酸钠的最小致死剂量为17mg/kg；羔羊一次内服10mg亚硒酸钠将引起精神抑制、共济失调、呼吸困难、频尿、发绀、瞳孔扩大、臌胀和死亡，病理损伤包括水肿、充血和坏死，可涉及许多系统。

【注意事项】 （1）皮下或肌内注射有局部刺激性。

（2）硒毒性较大，超量肌内注射易致动物中毒，中毒时表现为呕吐、呼吸抑制、虚弱、中枢抑制、昏迷等症状，严重可致死亡。

【规格】 （1）1ml （2）5ml （3）10ml

【贮藏】 遮光，密闭保存。

亚 硝 酸 钠

Yaxiaosuanna

Sodium Nitrite

$NaNO_2$ 69.00

本品按干燥品计算，含$NaNO_2$不得少于99.0%。

【性状】 本品为无色或白色至微黄色的结晶；无臭；有引湿性；水溶液显碱性反应。

本品在水中易溶，在乙醇中微溶。

【鉴别】 （1）取本品的水溶液（0.3→10）约1ml，加醋酸成酸性后，加新制的硫酸亚铁试液数滴，即显棕色。

（2）取上述溶液适量，加稀无机酸，加热，即发生红棕色的气体。

（3）本品的水溶液显钠盐的鉴别反应（附录0301）。

【检查】　溶液的颜色　取本品2.5g，加水50ml溶解，溶液颜色与黄色1号标准比色液（附录0901第一法）比较，不得更深。

氯化物　取本品0.30g，依法检查（附录0801），与标准氯化钠溶液6.0ml制成的对照液比较，不得更浓（0.02%）。

硫酸盐　取本品1.0g，依法检查（附录0802），与标准硫酸钾溶液3.0ml制成的对照液比较，不得更浓（0.03%）。

干燥失重　取本品，置硫酸干燥器中干燥至恒重，减失重量不得过1.0%（附录0831）。

重金属　取本品2.0g，加稀盐酸6ml溶解后，置水浴上蒸干并不断搅拌，使残渣成粗粉，再加水5ml，蒸干，加水23ml与醋酸盐缓冲液（pH3.5）2ml溶解后，依法检查（附录0821第一法），含重金属不得过百万分之十。

砷盐　取本品1.0g，加硫酸0.4ml与水1ml，蒸干，加热至发生浓白烟，放冷，加盐酸5ml与水23ml溶解后，依法检查（附录0822 第一法），应符合规定（0.0002%）。

【含量测定】　取本品约1g，精密称定，置100ml量瓶中，加水适量使溶解并稀释至刻度，摇匀；精密量取10ml，随摇动随缓缓加至酸性的高锰酸钾溶液〔精密量取高锰酸钾滴定液（0.02mol/L）50ml，置具塞锥形瓶中，加水100ml与硫酸5ml混合制成〕中，加入时，吸管的尖端须插入液面下，加完后密塞，放置10分钟，加碘化钾3g，密塞，轻轻振摇使溶解，放置10分钟，用硫代硫酸钠滴定液（0.1mol/L）滴定，至近终点时，加淀粉指示液2ml，继续滴定至蓝色消失，并将滴定的结果用空白试验校正。每1ml高锰酸钾滴定液（0.02mol/L）相当于3.45mg的$NaNO_2$。

【类别】　解毒药。

【贮藏】　密封保存。

【制剂】　亚硝酸钠注射液

亚硝酸钠注射液

Yaxiaosuanna Zhusheye

Sodium Nitrite Injection

本品为亚硝酸钠的灭菌水溶液。含亚硝酸钠（$NaNO_2$）应为标示量的95.0%～105.0%。

【性状】　本品为无色至微黄色的澄明液体。

【鉴别】　取本品适量，照亚硝酸钠项下的鉴别试验，显相同的反应。

【检查】　pH值　应为7.0～8.5（附录0631）。

热原　取本品，依法检查（附录1142），剂量按家兔每1kg体重注射1.5ml，应符合规定。

其他　应符合注射剂项下有关的各项规定（附录0102）。

【含量测定】　精密量取本品适量（约相当于亚硝酸钠 0.1g），照亚硝酸钠项下的方法，自"随摇动随缓缓加至酸性的高锰酸钾溶液中"起，依法测定，即得。每1ml高锰酸钾滴定液（0.02mol/L）相当于3.45mg的$NaNO_2$。

【作用与用途】　解毒药。能使血红蛋白氧化为高铁血红蛋白而与氰基结合。用于解救氰化物中毒。

【用法与用量】 以亚硝酸钠计。静脉注射：一次量，马、牛2g；羊、猪0.1～0.2 g。

【不良反应】 （1）本品有扩张血管作用，注射速度过快时，可导致血压降低、心动过速、出汗、休克、抽搐。

（2）用量过大时可因形成过多的高铁血红蛋白，而出现紫绀、呼吸困难等亚硝酸盐中毒的缺氧症状。

【注意事项】 （1）治疗氰化物中毒时，宜与硫代硫酸钠合用。

（2）应密切注意血压变化，避免引起血压下降。

（3）注射中出现严重不良反应应立即停止给药，因过量引起的中毒，可用亚甲蓝解救。

（4）马属动物慎用。

【规格】 10ml：0.3g

【贮藏】 遮光，密闭保存。

亚硫酸氢钠甲萘醌

Yaliusuanqingna Jianaikun

Menadione Sodium Bisulfite

$$C_{11}H_9NaO_5S \cdot 3H_2O \quad 330.30$$

本品为亚硫酸氢钠甲萘醌与亚硫酸氢钠的混合物。按干燥品计算，含$C_{11}H_9NaO_5S \cdot 3H_2O$应为63.0%～75.0%；含$NaHSO_3$应为30.0%～38.0%。

【性状】 本品为白色结晶性粉末；无臭或微有特臭；有引湿性；遇光易分解。

本品在水中易溶，在乙醇或乙醚中几乎不溶。

【鉴别】 （1）取本品约50mg，加水5ml溶解后，滴加0.1mol/L氢氧化钠溶液，即发生鲜黄色沉淀。

（2）取本品约80mg，加水2ml溶解后，加稀盐酸数滴，温热，即发生二氧化硫的臭气。

（3）本品的红外光吸收图谱应与对照的图谱一致。

【检查】 磺酸亚硫酸氢钠甲萘醌 取本品0.1g，加水5ml溶解后，加邻二氮菲试液2滴，不得发生沉淀。

水分 取本品，照水分测定法（附录0832第一法A）测定，含水分应为9.0%～13.0%。

【含量测定】 亚硫酸氢钠 取本品约1.5g，精密称定，置100ml量瓶中，加水振摇使溶解并稀释至刻度，摇匀，精密量取15ml，置具塞锥形瓶中，精密加碘滴定液（0.05mol/L）25ml，密塞混合，放置5分钟，缓缓加盐酸1ml，用硫代硫酸钠滴定液（0.1mol/L）滴定，至近终点时，加淀粉指示液3ml，继续滴定至蓝色消失，并将滴定的结果用空白试验校正。每1ml碘滴定液（0.05mol/L）相当于5.203mg的$NaHSO_3$。

亚硫酸氢钠甲萘醌 避光操作。取本品约1.0g，精密称定，置200ml量瓶中，加水使溶解并稀释至刻度，摇匀，精密量取20ml，置分液漏斗中，加三氯甲烷40ml与碳酸钠试液5ml，剧烈振摇30秒，静置，分取三氯甲烷层，用三氯甲烷湿润的脱脂棉滤过，滤液置200ml量瓶中，立即用三氯甲烷40ml

洗涤滤器，洗液并入量瓶中，水层用三氯甲烷振摇提取2次，每次20ml。提取液滤过，并用三氯甲烷20ml洗涤滤器，合并提取液与洗液置量瓶中，用三氯甲烷稀释至刻度，摇匀，精密量取2ml，置100ml量瓶中，用无水乙醇稀释至刻度，摇匀，照紫外-可见分光光度法（附录0401），用2%三氯甲烷的无水乙醇溶液作空白，在250nm的波长处测定吸光度；另取甲萘醌对照品约50mg，精密称定，置250ml量瓶中，加三氯甲烷使溶解并稀释至刻度，摇匀，精密量取2ml，置100ml量瓶中，用无水乙醇稀释至刻度，摇匀，同法测定，计算，并将结果与1.918相乘，即得供试品中含$C_{11}H_9NaO_5S \cdot 3H_2O$的量。

【类别】 止血药。

【贮藏】 遮光，密封保存。

【制剂】 亚硫酸氢钠甲萘醌注射液

亚硫酸氢钠甲萘醌注射液

Yaliusuanqingna Jianaikun Zhusheye

Menadione Sodium Bisulfite Injection

本品为亚硫酸氢钠甲萘醌的灭菌水溶液。含亚硫酸氢钠甲萘醌（$C_{11}H_9NaO_5S \cdot 3H_2O$）应为标示量的90.0%～110.0%。

【性状】 本品为无色的澄明液体；遇光易分解。

【鉴别】 取本品适量，照亚硫酸氢钠甲萘醌项下的鉴别（1）、（2）项试验，显相同的反应。

【检查】 pH值 应为2.0～4.0（附录0631）。

细菌内毒素 取本品，依法检查（附录1143），每1mg亚硫酸氢钠甲萘醌中含内毒素的量应小于20EU。

其他 应符合注射剂项下有关的各项规定（附录0102）。

【含量测定】 避光操作。精密量取本品适量（约相当于甲萘醌20mg），置分液漏斗中，加三氯甲烷40ml与碳酸钠试液2.5ml，剧烈振摇30秒钟，静置，分取三氯甲烷层，用三氯甲烷湿润的脱脂棉滤过，滤液置100ml量瓶中，立即用三氯甲烷20ml洗涤滤器，洗液并入量瓶中，水层用三氯甲烷振摇提取2次，每次10ml，提取液滤过，并用三氯甲烷20ml洗涤滤器，合并提取液与洗液置量瓶中，用三氯甲烷稀释至刻度，摇匀。精密量取2ml，置100ml量瓶中，用无水乙醇稀释至刻度，摇匀，照紫外-可见分光光度法（附录0401），用2%三氯甲烷的无水乙醇溶液作空白，在250nm的波长处测定吸光度；另取甲萘醌对照品约20mg，精密称定，置100ml量瓶中，加三氯甲烷使溶解并稀释至刻度，摇匀，精密量取2ml，置100ml量瓶中，用无水乙醇稀释至刻度，摇匀，同法测定，计算，并将结果与1.918相乘，即得供试品中含$C_{11}H_9NaO_5S \cdot 3H_2O$的量。

【作用与用途】 止血药。参与肝内凝血酶原的合成。用于维生素K缺乏所致的出血。

【用法与用量】 以亚硫酸氢钠甲萘醌计。 肌内注射：一次量，马、牛 100～300 mg；羊、猪 30～50 mg；犬10～30 mg；禽 2～4 mg。

【不良反应】 胃肠道不适，大剂量应用可导致幼畜产生溶血性贫血及黄疸。

【注意事项】 （1）可损害肝脏，肝功能不全患畜宜改用维生素K_1。

（2）肌注部位可出现疼痛、肿胀等。

【规格】 （1）1ml：4mg （2）10ml：40mg （3）10ml：150mg

【贮藏】 遮光，密闭保存。

延胡索酸泰妙菌素

Yanhusuosuan Taimiaojunsu

Tiamulin Fumarate

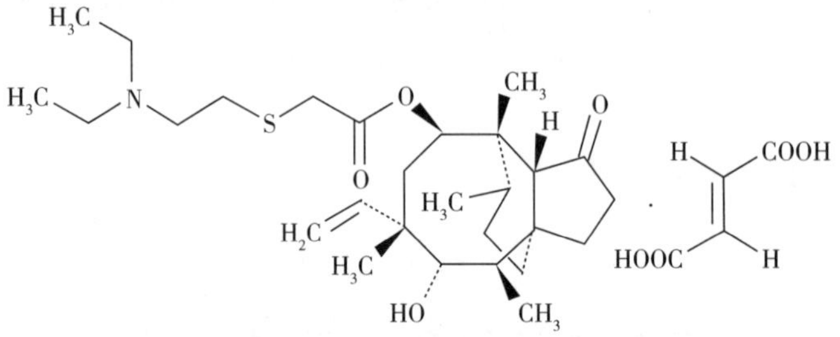

$C_{28}H_{47}NO_4S \cdot C_4H_4O_4$ 609.82

本品为（3aS,4R,5S,6S,8R,9R,9aR,10R）-6-乙烯基-5-羟基-4,6,9,10-四甲基-1-氧代十氢-3a，9-丙烷-3aH-环戊环辛烷-8-基｛〔2-（二乙基氨基）乙基〕硫烷基｝醋酸盐（E）丁-2-烯二酸。按干燥品计算，含延胡索酸泰妙菌素（$C_{28}H_{47}NO_4S \cdot C_4H_4O_4$）不得少于98.0%。

【性状】 本品为白色或类白色结晶性粉末。

本品在乙醇中易溶，在甲醇或水中溶解，在丙酮中略溶，在正己烷中几乎不溶。

熔点 本品的熔点（附录0612页第一法）为143～152℃。

比旋度 取本品，精密称定，加二氧六环溶解并定量稀释制成每1ml中含5mg的溶液，依法测定（附录0621），比旋度为＋24°至＋28°。

【鉴别】 （1）在含量测定项下记录的色谱图中，供试品溶液两主峰的保留时间应与对照品溶液相应的两主峰的保留时间一致。

（2）本品的红外光吸收图谱应与对照品的图谱一致。

【检查】 酸度 取本品1.0g，加水20ml使溶解，依法测定（附录0631），pH值应为3.1～4.1。

吸光度 取本品适量，精密称定，加水溶解并稀释制成每1ml中含延胡索酸泰妙菌素50mg的溶液，照紫外-可见分光光度法（附录0401）测定，在650nm的波长处吸光度不得过0.030，在400nm的波长处吸光度不得过0.150。

有关物质 取本品适量，用流动相溶解并稀释制成每1ml中约含4mg的溶液，作为供试品溶液；精密量取适量，用流动相定量稀释制成每1ml中约含0.04mg的溶液，作为对照溶液。照含量测定项下的色谱条件，精密量取对照溶液与供试品溶液各20μl注入液相色谱仪，记录色谱图至主成分峰保留时间的3倍。供试品溶液色谱图中如有杂质峰，单个杂质峰面积不得大于对照溶液的主峰面积（1.0%），各杂质峰面积的和不得大于对照溶液峰面积的3倍（3.0%）。

延胡索酸 取供试品约0.2g,精密称定，加50%乙醇溶液60ml溶解后，照电位滴定法（附录0701）用氢氧化钠滴定液（0.1mol/L）滴定，每1ml氢氧化钠滴定液（0.1mol/L）相当于5.804mg的延胡索酸，滴定结果用空白试验校正。按干燥品计算，含延胡索酸应为18.6%～19.4%。

干燥失重 取本品，在105℃干燥至恒重，减失重量不得过0.5%（附录0831）。

炽灼残渣 取本品1.0g，依法检查（附录0841），遗留残渣不得过0.1%。

重金属 取炽灼残渣项下遗留的残渣，依法检查（附录0821第二法），含重金属不得过百万分之十。

【含量测定】 照高效液相色谱法（附录0512）测定。

色谱条件与系统适用性试验 用十八烷基硅烷键合硅胶为填充剂；以甲醇-碳酸铵溶液〔取碳酸

铵10g，加水800ml使溶解，加6%高氯酸溶液（取高氯酸8.5ml，加水至100ml，摇匀）24ml，用水稀释至1000ml，摇匀，滤过〕-乙腈（49∶28∶23）为流动相，柱温30℃，流速为每分钟1.2ml，检测波长为212nm。分别取延胡索酸泰妙菌素对照品和苯甲磺酰截短侧耳素对照品适量，用流动相溶解并稀释成每1ml各含0.08mg的混合溶液，作为系统适用性溶液；取系统适用性溶液20μl，注入液相色谱仪，记录色谱图，泰妙菌素峰与苯甲磺酰截短侧耳素峰的分离度应大于2.0，理论板数按泰妙菌素峰计算不低于10 000。

测定法 取本品约0.2g，精密称定，置50ml量瓶中，用流动相溶解并稀释至刻度，作为供试品溶液，精密量取20μl注入液相色谱仪，记录色谱图；另取延胡索酸泰妙菌素对照品同法测定。按外标法以峰面积计算,即得。

【类别】 截短侧耳素类抗生素。

【贮藏】 遮光，密闭，在干燥处保存。

【制剂】 （1）延胡索酸泰妙菌素可溶性粉（2）延胡索酸泰妙菌素预混剂

延胡索酸泰妙菌素可溶性粉

Yanhusuosuan Taimiaojunsu Kerongxingfen

Tiamulin Fumarate Soluble Powder

本品含延胡索酸泰妙菌素（$C_{28}H_{47}NO_4S \cdot C_4H_4O_4$）应为标示量的95.0%～105.0%。

【性状】 本品为白色或类白色粉末。

【鉴别】 在含量测定项下记录的色谱图中，供试品溶液两主峰的保留时间应与对照品溶液相应的两主峰的保留时间一致。

【检查】 **溶解性** 取本品1.0g，加水50ml，振摇，应全部溶解。

酸度 取本品0.1g，加水10ml，溶解，依法测定（附录0631），pH值应为3.0～6.5。

有关物质 照延胡索酸泰妙菌素项下的方法测定，应符合规定。

干燥失重 取本品，在105℃干燥至恒重，减失重量应不得过4.0%（附录0831）。

其他 应符合可溶性粉项下有关的各项规定（附录0108）。

【含量测定】 取本品适量，精密称定，用流动相溶解并定量稀释制成每1ml中含延胡索酸泰妙菌素4mg的溶液，摇匀，照延胡索酸泰妙菌素项下的方法测定，即得。

【作用与用途】 截短侧耳素类抗生素。主要用于防治鸡慢性呼吸道病，猪支原体肺炎、猪放线杆菌胸膜肺炎，也用于密螺旋体引起的猪痢疾（赤痢）和猪增生性肠炎（回肠炎）。

【用法与用量】 以延胡索酸泰妙菌素计。混饮：每1L水，猪45～60mg，连用5日；鸡125～250mg，连用3日。

【不良反应】 猪使用正常剂量，有时会出现皮肤红斑。应用过量，猪可引起短暂流涎、呕吐和中枢神经抑制。

【注意事项】 （1）禁止与莫能菌素、盐霉素、甲基盐霉素等聚醚类抗生素合用。

（2）使用者避免药物与眼及皮肤接触。

【休药期】 猪7日，鸡5日。

【规格】 （1）5%（2）10%（3）45%

【贮藏】 遮光，密闭，在干燥处保存。

【有效期】 2年。

延胡索酸泰妙菌素预混剂

Yanhusuosuan Taimiaojunsu Yuhunji

Tiamulin Fumarate Premix

本品含延胡索酸泰妙菌素（$C_{28}H_{47}NO_4S \cdot C_4H_4O_4$）应为标示量的90.0%～110.0%。

【鉴别】 在含量测定项下记录的色谱图中，供试品溶液两主峰的保留时间应与对照品溶液相应两主峰的保留时间一致。

【检查】 粒度 本品应全部通过二号筛。

干燥失重 取本品，在105℃干燥至恒重，减失重量不得过8.0%（附录0831）。

其他 应符合预混剂项下有关的各项规定（附录0109）。

【含量测定】 取本品适量，精密称定，用流动相溶解并定量制成每1ml中含延胡索酸泰妙菌素4mg的溶液，摇匀，照延胡索酸泰妙菌素项下的方法测定，即得。

【作用与用途】 截短侧耳素类抗生素。主要用于防治猪支原体肺炎、猪放线杆菌胸膜肺炎，也用于密螺旋体引起的猪痢疾（赤痢）。

【用法与用量】 以延胡索酸泰妙菌素计。混饲：每1000kg饲料，猪40～100g，连用5～10日。

【不良反应】 猪使用正常剂量，有时会出现皮肤红斑。应用过量，猪可引起短暂流涎、呕吐和中枢神经抑制。

【注意事项】 （1）禁止与莫能菌素、盐霉素、甲基盐霉素等聚醚类抗生素合用。

（2）使用者避免药物与眼及皮肤接触。

（3）环境温度高于40℃，含药饲料贮存期不得超过7日。

【休药期】 猪7日。

【规格】 （1）10% （2）80%

【贮藏】 遮光，密闭，在干燥处保存。

【有效期】 2年。

伊 维 菌 素

Yiweijunsu

Ivermectin

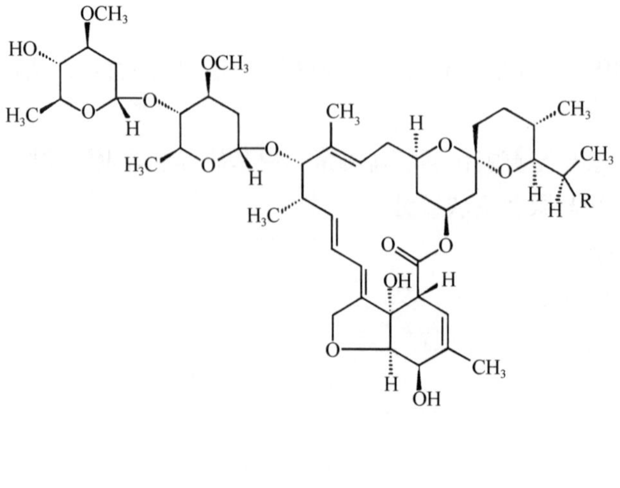

| 伊维菌素H₂B₁ₐ： | R=CH₂CH₃ | $C_{48}H_{74}O_{14}$ | 875.10 |
| 伊维菌素H₂B₁ᵦ： | R=CH₃ | $C_{47}H_{72}O_{14}$ | 861.07 |

本品为伊维菌素H_2B_{1a}和伊维菌素H_2B_{1b}的混合物。按无水、无乙醇、无甲酰胺计算，含伊维菌素（$H_2B_{1a}+H_2B_{1b}$）应为95.0%～102.0%。

【性状】 本品为白色结晶性粉末；微有引湿性。

本品在甲醇、乙酸乙酯或三氯甲烷中易溶，在乙醇或丙酮中溶解，在水中几乎不溶。

比旋度 取本品，精密称定，加甲醇溶解并定量稀释制成每1ml中约含25mg的溶液，依法测定（附录0621），按无水、无乙醇、无甲酰胺计算，比旋度为－17°至－20°。

【鉴别】 （1）在含量测定项下记录的色谱图中，供试品溶液主峰的保留时间应与对照品溶液主峰的保留时间一致。

（2）本品的红外光吸收图谱应与对照品的图谱一致。

【检查】 有关物质 取含量测定项下的对照品溶液，精密量取1ml，置100ml量瓶中，用甲醇稀释至刻度，作为对照品溶液（1）；精密量取对照品溶液（1）5ml，置100ml量瓶中，用甲醇稀释至刻度，作为对照品溶液（2）。照含量测定项下的色谱条件，取对照品溶液（2）20μl注入液相色谱仪，记录色谱图，再精密量取含量测定项下的供试品溶液和对照品溶液（1）各20μl，分别注入液相色谱仪，记录色谱图至主成分峰保留时间的2倍。供试品溶液的色谱图中如有杂质峰，伊维菌素H_2B_{1a}峰的相对保留时间1.3～1.5之间的各杂质峰面积的和不得大于对照品溶液（1）主峰面积的2.5倍（2.5%），其他单个杂质的峰面积不得大于对照品溶液（1）主峰面积（1.0%）；各杂质峰面积的和不得大于对照品溶液（1）主峰面积的5倍（5.0%），供试品溶液色谱图中小于对照品溶液（2）主峰面积的色谱峰可忽略不计（0.05%）。

伊维菌素组分 照含量测定项下的方法测定，伊维菌素H_2B_{1a}的峰面积不得少于伊维菌素H_2B_{1a}与伊维菌素H_2B_{1b}峰面积之和的90.0%。

残留溶剂 乙醇与甲酰胺 取本品约0.12g，精密称定，置离心管中，加间二甲苯2ml使溶解（必要时，在40～50℃水浴中加热）。精密加水2ml，混匀，离心。取出上层液再精密加水2ml萃取一次。合并两次萃取的水层液。精密加入内标溶液（取正丙醇0.5ml，置100ml量瓶中，用水稀释至刻度）1ml，离心去掉上层剩余间二甲苯，取水层作为供试品溶液；精密称取乙醇与甲酰胺各适量，用水定量稀释制成每1ml中含乙醇3mg与甲酰胺1.8mg的混合溶液，精密量取2ml置离心管中，加间二甲苯2ml混匀，离心。取出上层液再精密加水2ml萃取一次。合并两次萃取的水层液。精密加入内标溶液1ml。离心去掉上层剩余间二甲苯，取水层作为对照品溶液。照残留溶剂测定法（附录0861第三法）测定。以聚乙二醇（PEG-20M）（或极性相近）为固定液的毛细管柱为色谱柱，程序升温，初始温度为50℃，以每分钟15℃速率升温至80℃，再以每分钟26.7℃速率升温至240℃；进样口温度为220℃；检测器温度为280℃。理论板数按甲酰胺峰计算不低于1500，出峰顺序依次为乙醇、内标物、甲酰胺与间二甲苯，各成分峰之间的分离度应符合要求。量取供试品溶液与对照品溶液各1μl，分别注入气相色谱仪，记录色谱图。按内标法以峰面积计算，含乙醇不得过5.0%，甲酰胺不得过3.0%。

水分 取本品，照水分测定法（附录0832第一法A）测定，含水分不得过1.0%。

炽灼残渣 不得过0.1%（附录0841）。

重金属 取炽灼残渣项下遗留的残渣，依法检查（附录0821第二法），含重金属不得过百万分之二十。

【含量测定】 照高效液相色谱法（附录0512）测定。

色谱条件与系统适用性试验 用十八烷基硅烷键合硅胶为填充剂；以乙腈-甲醇-水（53：35：12）为流动相；检测波长为254nm。理论板数按H_2B_{1a}峰计算应不低于2000，伊维菌素H_2B_{1a}与H_2B_{1b}峰的分离度应不小于3.0。伊维菌素H_2B_{1b}峰约为伊维菌素H_2B_{1a}峰相对保留时间的0.8。

测定法 取本品适量，精密称定，加甲醇制成每1ml中约含0.8mg的溶液，作为供试品溶液，精密量取20μl注入液相色谱仪，记录色谱图；另取伊维菌素对照品，同法测定。按外标法以峰面积计算，即得。

【类别】 大环内酯类抗寄生虫药。

【贮藏】 遮光，密闭，在干燥处保存。

【制剂】 （1）伊维菌素片 （2）伊维菌素注射液 （3）伊维菌素溶液

伊维菌素片
Yiweijunsu Pian
Ivermectin Tablets

本品含伊维菌素（H_2B_{1a}＋H_2B_{1b}）应为标示量的90.0%～110.0%。

【性状】 本品为白色片。

【鉴别】 在含量测定项下记录的色谱图中，供试品溶液主峰的保留时间应与对照品溶液主峰的保留时间一致。

【检查】 伊维菌素组分 照含量测定项下的方法测定，伊维菌素H_2B_{1a}的峰面积不得少于伊维菌素H_2B_{1a}与伊维菌素H_2B_{1b}峰面积之和的90.0%。

含量均匀度 取本品1片，研细，置10ml量瓶中，加甲醇使伊维菌素溶解并稀释至刻度，照含量测定项下方法，自"滤过"起，依法测定，应符合规定（附录0941）。

其他 应符合片剂项下有关的各项规定（附录0101）。

【含量测定】 取本品10片，精密称定，研细，精密称取适量，加适量甲醇使伊维菌素溶解，用甲醇制成每1ml中约含伊维菌素0.2mg的溶液，滤过，照伊维菌素项下的方法测定，即得。

【作用与用途】 大环内酯类抗寄生虫药。用于防治羊、猪的线虫病，螨病和寄生性昆虫病。

【用法与用量】 以伊维菌素计。内服：一次量，每1kg体重，羊0.2mg；猪0.3mg。

【注意事项】 （1）泌乳期禁用。

（2）柯利犬禁用。

（3）伊维菌素对虾、鱼及水生生物有剧毒，残留药物的包装及容器切勿污染水源。

（4）母猪妊娠期前45日慎用。

【休药期】 羊35日，猪28日。

【规格】 （1）2mg （2）5mg （3）7.5mg

【贮藏】 避光，密闭，在干燥处保存。

伊维菌素注射液

Yiweijunsu Zhusheye

Ivermectin Injection

本品为伊维菌素与适宜溶剂配制而成的无菌溶液。含伊维菌素（H_2B_{1a}＋H_2B_{1b}）应为标示量的90.0%～110.0%。

【性状】 本品为无色或几乎无色的澄明液体，略黏稠。

【鉴别】 在含量测定项下记录的色谱图中，供试品溶液主峰的保留时间应与对照品溶液主峰的保留时间一致。

【检查】 **颜色** 本品如显色，与黄色或黄绿色2号标准比色液（附录0901第一法）比较，不得更深。

伊维菌素组分 照含量测定项下的方法测定，伊维菌素H_2B_{1a}的峰面积不得少于伊维菌素H_2B_{1a}与伊维菌素H_2B_{1b}峰面积和的90.0%。

水分 取本品，照水分测定法（附录0832第一法A）测定，含水分不得过1.0%。

无菌 取本品，经薄膜过滤法处理，依法检查（附录1101），应符合规定。

其他 应符合注射剂项下有关的各项规定（附录0102）。

【含量测定】 精密量取本品适量，用甲醇定量稀释制成每1ml中约含0.2mg的溶液，照伊维菌素项下的方法测定，即得。

【作用与用途】 大环内酯类抗寄生虫药。用于防治家畜线虫病、螨病及其他寄生性昆虫病。

【用法与用量】 以伊维菌素计。皮下注射：一次量，每1kg体重，牛、羊0.2 mg；猪0.3mg。

【不良反应】 （1）用于牛治疗皮蝇蚴病时，如杀死的幼虫在关键部位，将会引起严重的不良反应。

（2）注射时，注射部位有不适或暂时性水肿。

【注意事项】 （1）泌乳期禁用。

（2）仅限于皮下注射，因肌内、静脉注射易引起中毒反应。每个皮下注射点，不宜超过10ml。

（3）含甘油缩甲醛和丙二醇的伊维菌素注射剂，仅适用于牛、羊和猪。

（4）伊维菌素对虾、鱼及水生生物有剧毒，残存药物及包装切勿污染水源。

（5）与乙胺嗪同时使用，可能产生严重的或致死性脑病。

【休药期】 牛、羊35日，猪28日。

【规格】 按伊维菌素（H_2B_{1a}＋H_2B_{1b}）计算 （1）1ml∶10mg （2）2ml∶4mg （3）2ml∶10mg （4）2ml∶20mg （5）5ml∶10mg （6）5ml∶50mg （7）10ml∶20mg （8）10ml∶100mg （9）20ml∶40mg （10）50ml∶500mg （11）100ml∶1000mg

【贮藏】 遮光，密闭，在干燥处保存。

伊维菌素溶液

Yiweijunsu Rongye

Ivermectin Solution

本品为伊维菌素与甘油缩甲醛、丙二醇等制成的溶液。含伊维菌素（H_2B_{1a}＋H_2B_{1b}）应为标示量的90.0%~110.0%。

【性状】 本品为无色的澄清液体。

【鉴别】 在含量测定项下记录的色谱图中，供试品溶液主峰的保留时间应与对照品溶液主峰的保留时间一致。

【检查】 水分 取本品，照水分测定法（附录0832第一法A）测定，含水分不得过1.0%。

伊维菌素组分 照含量测定项下的方法测定，伊维菌素 H_2B_{1a}的峰面积不得少于伊维菌素H_2B_{1a}与伊维菌素H_2B_{1b}峰面积之和的90.0%。

其他 应符合内服溶液剂项下有关的各项规定（附录0111）。

【含量测定】 精密量取本品适量，用甲醇稀释制成每1ml中约含伊维菌素0.2mg的溶液，照伊维菌素项下的方法测定，即得。

【作用与用途】 大环内酯类抗寄生虫药。用于防治羊、猪的线虫病，螨病和寄生性昆虫病。

【用法与用量】 以伊维菌素计。内服：一次量，每1kg体重，羊0.2mg；猪0.3mg。

【注意事项】 （1）泌乳期禁用。

（2）母猪妊娠期前45日慎用。

（3）伊维菌素对虾、鱼及水生生物有剧毒，残留药物的包装及容器切勿污染水源。

【休药期】 羊35日，猪28日。

【规格】 （1）0.1% （2）0.2% （3）0.3%

【贮藏】 密闭，在凉暗干燥处保存。

安 乃 近

Annaijin

Metamizole Sodium

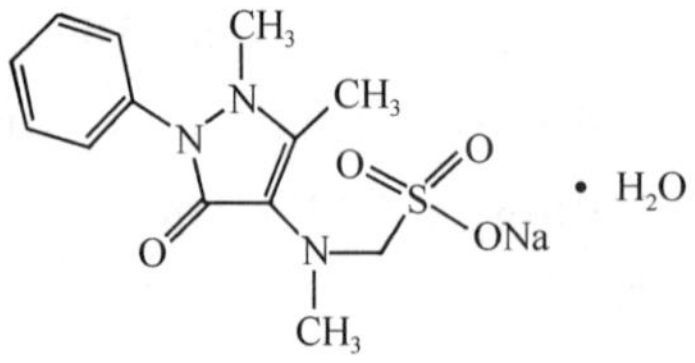

$C_{13}H_{16}N_3NaO_4S \cdot H_2O$ 351.36

本品为〔（1,5-二甲基-2-苯基-3-氧代-2,3-二氢-1H-吡唑-4-基）甲氨基〕甲烷磺酸钠盐一水合物。按干燥品计算，含$C_{13}H_{16}N_3NaO_4S$不得少于99.0%（供注射用）或98.5%（供内服用）。

【性状】 本品为白色至略带微黄色的结晶或结晶性粉末；无臭；水溶液放置后渐变黄色。

本品在水中易溶，在乙醇中略溶，在乙醚中几乎不溶。

【鉴别】 （1）取本品约20mg，加稀盐酸1ml溶解后，加次氯酸钠试液2滴，产生瞬即消失的蓝色，加热煮沸后变成黄色。

（2）取本品约0.1g，置试管中，加水1.5ml和稀盐酸1.5ml溶解后，试管口覆盖一张用碘酸钾0.1g溶于淀粉指示液10ml润湿的滤纸，缓缓加热滤纸变蓝色，取下滤纸继续加热，用玻璃棒蘸取1滴变色酸硫酸溶液（1→100），置试管口，10分钟内，玻璃棒上的试剂显蓝紫色。

（3）本品的红外光吸收图谱应与对照的图谱一致。

（4）本品显钠盐的火焰反应（附录0301）。

【检查】 酸度　取本品0.50g，加水50ml使溶解，依法检查（附录0631），pH值应为6.0～7.0。

溶液的澄清度与颜色　取本品2.5g（供注射用）或1.0g（供内服用），加水10ml使溶解，俟气泡消失后，立即检视，溶液应澄清无色；如显色，立即与黄绿色1号标准比色液（附录0901）比较，不得更深。

甲醇溶液的澄清度　取本品0.5g，加甲醇10ml，振摇使溶解，如显浑浊，立即与对照液〔取标准硫酸钾溶液0.5ml、1mol/L盐酸溶液与新制的氯化钡溶液（1→20）3ml，加水至10ml，摇匀，并放置10分钟〕比较，不得更深（供注射用）。

硫酸盐　取本品0.20g，依法检查（附录0802），与标准硫酸钾溶液2.0ml制成的对照液比较，不得更浓（0.1%）。

有关物质　取本品适量，精密称定，加甲醇溶解并稀释制成每1ml中含5mg的溶液，作为供试品溶液（临用新制）；另精密称取4-甲氨基安替比林对照品5mg，置200ml量瓶中，精密加入供试品溶液1ml，用甲醇溶解并稀释至刻度，摇匀，作为对照溶液；另取安乃近和4-N-去甲基安乃近对照品适量，用甲醇溶解并稀释制成每1ml中各含25μg的混合溶液作为系统适用性溶液。照高效液相色谱法（附录0512）试验，用十八烷基硅烷键合硅胶为填充剂（宽pH值使用范围色谱柱适用）；以磷酸盐缓冲液（磷酸二氢钠6.0g，加水1000ml，加三乙胺1ml，用氢氧化钠溶液调节pH值至7.0）-甲醇（75:25）为流动相；检测波长为254nm。取系统适用性溶液10μl注入液相色谱仪，记录色谱图，安乃近峰与4-N-去甲基安乃近峰的分离度应不小于3.0。精密量取对照溶液与供试品溶液各10μl，分别注入液相色谱仪，记录色谱图至主成分峰保留时间的3.5倍。供试品溶液的色谱图中如有与4-甲氨基安替比林保留时间一致的色谱峰，按外标法以峰面积计算，4-甲氨基安替比林不得过0.5%；其他杂质峰面积的和不大于对照溶液中安乃近峰面积（0.5%）（供内服用）或（0.2%）（供注射用）；杂质总量不得过0.5%。

干燥失重　取本品，在105℃干燥至恒重，减失重量应为4.9%～5.3%（附录0831）。

重金属　取本品1.0g，置石英坩埚或硬质玻璃蒸发皿中，加硫酸1ml使湿润，缓缓炽灼至硫酸蒸气除尽，放冷，加硝酸0.5ml，继续炽灼至氧化氮蒸气除尽后，在500～600℃炽灼使完全灰化，放冷，加盐酸2ml，置水浴上蒸干，加水15ml使溶解，滴加氨试液至对酚酞指示液显中性，再加醋酸盐缓冲液（pH3.5）2ml与水适量使成25ml，依法检查（附录0821第一法），含重金属不得过百万分之二十。

【含量测定】　取本品约0.3g，精密称定，加乙醇与0.01mol/L盐酸溶液各10ml溶解后，立即用碘滴定液（0.05mol/L）滴定（控制滴定速度为每分钟3～5ml），至溶液所显的浅黄色在30秒钟内不褪。每1ml碘滴定液（0.05mol/L）相当于16.67mg的$C_{13}H_{16}N_3NaO_4S$。

【类别】　解热镇痛抗炎药。

【贮藏】　遮光，密封保存。

【制剂】　（1）安乃近片　（2）安乃近注射液

安 乃 近 片

Annaijin Pian

Metamizole Sodium Tablets

本品含安乃近（$C_{13}H_{16}N_3NaO_4S \cdot H_2O$）应为标示量的95.0%～105.0%。

【性状】 本品为白色或几乎白色片。

【鉴别】 取本品的细粉适量，照安乃近项下的鉴别（1）、（2）项试验，显相同的反应。

【检查】 有关物质 取本品细粉适量，精密称定，加甲醇溶解并稀释制成每1ml中含安乃近5mg的溶液，作为供试品溶液（临用新制）；另精密称取4-甲氨基安替比林对照品5mg，置100ml量瓶中，精密加入供试品溶液1ml，加甲醇溶解并稀释至刻度，摇匀，作为对照溶液。照安乃近有关物质项下的方法测定。供试品溶液的色谱图中如有与4-甲氨基安替比林保留时间一致的色谱峰，按外标法以峰面积计算，4-甲氨基安替比林不得过标示量的1.0%；其他各杂质峰面积的和不得大于对照溶液中安乃近的峰面积（1.0%）。

其他 应符合片剂项下有关的各项规定（附录0101）。

【含量测定】 照高效液相色谱法（附录0512）测定。

色谱条件与系统适用性试验 用十八烷基硅烷键合硅胶为填充剂；以磷酸盐缓冲液（磷酸二氢钠6.0g，加水1000ml，加三乙胺1ml，加氢氧化钠溶液调pH值至7.0）-甲醇（75：25）为流动相；检测波长为254nm。取安乃近和4-N-去甲基安乃近对照品适量，加甲醇溶解并稀释制成每1ml中各含25μg的混合溶液，精密量取10μl注入液相色谱仪，记录色谱图，安乃近峰与4-N-去甲基安乃近峰的分离度应不小于3.0。

测定法 取本品10片，精密称定，研细，精密称取适量（约相当于安乃近50mg），置50ml量瓶中，加甲醇适量，振摇使安乃近溶解，用甲醇稀释至刻度，摇匀，滤过，精密量取续滤液5ml，置50ml量瓶中，用甲醇稀释至刻度，摇匀（8小时内进样），精密量取10μl，注入液相色谱仪，记录色谱图；另取安乃近对照品适量，精密称定，加甲醇溶解并定量稀释制成每1ml含0.1mg的溶液，同法测定，按外标法以峰面积计算，即得。

【作用与用途】 解热镇痛抗炎药。用于肌肉痛、风湿症、发热性疾患和疝痛等。

【用法与用量】 以安乃近计。内服：一次量，马、牛4～12g；羊、猪2～5g；犬0.5～1g。

【不良反应】 长期应用可引起粒细胞减少。

【注意事项】 可抑制凝血酶原的合成，加重出血倾向。

【休药期】 牛、羊、猪28日；弃奶期7日。

【规格】 （1）0.25g （2）0.5g

【贮藏】 遮光，密封保存。

安乃近注射液

Annaijin Zhusheye

Metamizole Sodium Injection

本品为安乃近的灭菌水溶液。含安乃近（$C_{13}H_{16}N_3NaO_4S \cdot H_2O$）应为标示量的95.0%～105.0%。

【性状】　本品为无色至微黄色的澄明液体。

【鉴别】　（1）取本品适量，照安乃近项下的鉴别（1）项试验，显相同的反应。

（2）取本品适量，加乙醇制成每1ml中含1.5mg的溶液，作为供试品溶液；另取安乃近对照品，加乙醇制成每1ml中含1.5mg的溶液，作为对照品溶液。照薄层色谱法（附录0502）试验，吸取上述两种溶液各2μl，分别点于同一硅胶GF$_{254}$薄层板上，以乙醇-苯（7.5∶5）为展开剂，展开，晾干，置紫外灯（254nm）下检视。供试品溶液所显主斑点的位置和颜色应与对照品的主斑点相同。

【检查】　pH值　应为5.0～7.0（附录0631）。

颜色　取本品，与黄色3号标准比色液（附录0901第一法）比较，不得更深。

其他　应符合注射剂项下有关的各项规定（附录0102）。

【含量测定】　精密量取本品10ml，置100ml量瓶中，加乙醇80ml，再用水稀释至刻度，摇匀，立即精密量取10ml，加乙醇2ml，水6.5ml与甲醛溶液0.5ml，放置1分钟，加盐酸溶液（9→1000）1.0ml，摇匀，用碘滴定液（0.05mol/L）滴定（控制滴定速度为每分钟3～5ml），至溶液所显的浅黄色在30秒内不褪。每1ml碘滴定液（0.05mol/L）相当于17.57mg的$C_{13}H_{16}N_3NaO_4S \cdot H_2O$。

【作用与用途】　解热镇痛抗炎药。用于肌肉痛、风湿症、发热性疾患和疝痛等。

【用法与用量】　以安乃近计。肌内注射：一次量，马、牛3～10g；羊1～2g；猪1～3g；犬0.3～0.6g。

【不良反应】　长期应用可引起粒细胞减少。

【注意事项】　不宜于穴位注射，尤其不适于关节部位注射，否则可能引起肌肉萎缩和关节机能障碍。

【休药期】　牛、羊、猪28日；弃奶期7日。

【规格】　（1）2ml∶0.5g　（2）5ml∶1.5g　（3）5ml∶2g　（4）10ml∶3g　（5）20ml∶6g

【贮藏】　遮光，密闭保存。

安钠咖注射液

Annaka Zhusheye

Caffeine and Sodium Benzoate Injection

本品为无水咖啡因与苯甲酸钠的灭菌水溶液。含无水咖啡因（$C_8H_{10}N_4O_2$）与苯甲酸钠（$C_7H_5NaO_2$）均应为标示量的93.0%～107.0%。

【性状】　本品为无色的澄明液体。

【鉴别】　（1）取本品1ml，加盐酸1ml与氯酸钾0.1g，置水浴上蒸干，残渣遇氨气即显紫色；再加氢氧化钠试液数滴，紫色即消失。

（2）取本品，蒸干，残渣显钠盐的鉴别（1）的反应（附录0301）。

（3）本品显苯甲酸盐的鉴别反应（附录0301）。

【检查】　pH值　应为7.5～8.5（附录0631）。

其他　应符合注射剂项下有关的各项规定（附录0102）。

【含量测定】　精密量取本品25ml，置100ml量瓶中，用水稀释至刻度，摇匀，照下述方法测定。

咖啡因　精密量取上述溶液适量（约相当于无水咖啡因0.12g），置100ml量瓶中，加水20ml与稀硫酸10ml，再精密加碘滴定液（0.05mol/L）50ml，用水稀释至刻度，摇匀，在暗处静置15分钟，用干燥滤纸滤过，精密量取续滤液50ml，用硫代硫酸钠滴定液（0.1mol/L）滴定，至近终点时，加淀粉指示液2ml，继续滴定至蓝色消失，并将滴定的结果用空白试验校正。每1ml碘滴定液（0.05mol/L）相当于4.855mg的$C_8H_{10}N_4O_2$。

苯甲酸钠　精密量取上述溶液适量（约相当于苯甲酸钠0.13g），加水15ml稀释后，加乙醚25ml与甲基橙指示液1滴，用盐酸滴定液（0.1mol/L）滴定，随滴随用强力振摇，至水层显持续的橙红色。每1ml盐酸滴定液（0.1mol/L）相当于14.41mg的$C_7H_5NaO_2$。

【作用与用途】　中枢兴奋药。能加强大脑皮质的兴奋过程，兴奋呼吸及血管运动中枢。用于中枢性呼吸、循环抑制和麻醉药中毒的解救。

【用法与用量】　以有效成分计。静脉、肌内或皮下注射：一次量，马、牛2～5g；羊、猪0.5～2g；犬0.1～0.3g。

【不良反应】　剂量过大可引起反射亢进、肌肉抽搐乃至惊厥。

【注意事项】　（1）大家畜心动过速（100次/分钟以上）或心率不齐时禁用。

（2）忌与鞣酸、碘化物及盐酸四环素、盐酸土霉素等酸性药物配伍，以免发生沉淀。

（3）剂量过大或给药过频易发生中毒。中毒时，可用溴化物、水合氯醛或巴比妥类药物对抗兴奋症状。

【休药期】　牛、羊、猪28日；弃奶期7日。

【规格】　（1）5ml：无水咖啡因0.24g与苯甲酸钠0.26g　（2）5ml：无水咖啡因0.48g与苯甲酸钠0.52g　（3）10ml：无水咖啡因0.48g与苯甲酸钠0.52g　（4）10ml：无水咖啡因0.96g与苯甲酸钠1.04g

【贮藏】　遮光，密闭保存。

安 替 比 林

Antibilin

Phenazone

$C_{11}H_{12}N_2O$　188.23

本品为1-苯基-2,3-二甲基-5-吡唑酮。按干燥品计算含$C_{11}H_{12}N_2O$不得少于99.0%。

【性状】　本品为无色或白色结晶性粉末；无臭。

本品在水、乙醇或三氯甲烷中易溶，在乙醚中略溶。

熔点　本品的熔点（附录0612）为110～113℃。

【鉴别】　（1）取本品约20mg，加水2ml溶解后，加三氯化铁试液1滴，即显深红色，再加硫酸10滴，即变为淡黄色。

（2）取本品约0.1g，加水10ml溶解后，加亚硝酸钠0.1g与稀硫酸1ml，即显深绿色。

【检查】　**溶液的澄清度**　取本品5.0g，加水25ml溶解，溶液应澄清；如显浑浊，与1号浊度标准液（附录0902）比较，不得更浓。

干燥失重　取本品，在60℃干燥6小时，减失重量不得过0.5%（附录0831）。

炽灼残渣 不得过0.1%（附录0841）。

重金属 取本品1.0g，加稀醋酸2ml与适量的水，使溶解并稀释制成25ml，依法检查（附录0821第一法），含重金属不得过百万分之十。

【含量测定】 取本品约0.15g，精密称定，置碘瓶中，加水20ml使溶解，加醋酸钠2g与稀醋酸1ml，再精密加碘滴定液（0.05mol/L）25ml，密塞，振摇，在暗处放置20分钟（放置时稍加振摇），加乙醇30ml，振摇，俟沉淀溶解后，用硫代硫酸钠滴定液（0.1mol/L）滴定，至近终点时，加淀粉指示液1ml，并继续滴定至紫色消失，将滴定的结果用空白试验校正，即得。每1ml碘滴定液（0.05mol/L）相当于9.412mg的$C_{11}H_{12}N_2O$。

【类别】 解热镇痛抗炎药。

【贮藏】 密闭保存。

安痛定注射液

Antongding Zhusheye

Antondine Injection

本品为氨基比林、安替比林与巴比妥的灭菌水溶液。含氨基比林（$C_{13}H_{17}N_3O$）与巴比妥（$C_8H_{12}N_2O_3$）均应为标示量的94.0%～106.0%，含安替比林（$C_{11}H_{12}N_2O$）应为标示量的90.0%～110.0%。

【处方】

氨基比林	50g
安替比林	20g
巴比妥	9g
乙二胺四醋酸二钠	0.1g
注射用水	适量
制成	1000ml

【性状】 本品为无色至淡棕色的澄明液体。

【鉴别】 （1）取本品数滴，加氢氧化钠试液1滴，混合后加吡啶溶液（1→10）4ml，再加铜吡啶试液1～2滴，溶液即显紫堇色，或发生紫堇色的沉淀。

（2）含量测定项下记录的色谱图中，供试品溶液两主峰的保留时间与对照品两主峰的保留时间一致。

（3）取本品5ml，加稀硫酸使成酸性，加0.1mol/L的亚硝酸钠溶液数滴，即显紫色，后变蓝色，继而消失（氨基比林）最后变成绿色（安替比林）。

【检查】 **pH值** 应为5.5～8.0（附录0631）。

其他 应符合注射剂项下有关的各项规定（附录0102）。

【含量测定】 **氨基比林、安替比林** 照高效液相色谱法（附录0512）测定。

色谱条件与系统适用性试验 用十八烷基硅烷键合硅胶为填充剂；以甲醇-水（40∶60）为流动相；检测波长为241nm。理论板数按氨基比林计算不低于1500，氨基比林与安替比林峰的分离度应符合规定。

测定法 精密量取本品适量，用流动相稀释制成每1ml中约含氨基比林100μg与安替比林40μg

的溶液，摇匀。精密量取10μl，注入液相色谱仪，记录色谱图；另取氨基比林与安替比林对照品适量，加流动相溶解并稀释制成每1ml中约含氨基比林100μg与安替比林40μg的混合溶液，同法测定。按外标法以峰面积计算，即得。

巴比妥　精密量取本品适量（约相当于巴比妥0.18g），加新制的碳酸钠试液10ml与水20ml，始终保持温度在15～20℃，用硝酸银滴定液（0.1mol/L）滴定，至溶液显出的浑浊在半分钟内不消失，即得。每1ml的硝酸银滴定液（0.1mol/L）相当于18.42mg的$C_8H_{12}N_2O_3$。

【作用与用途】　解热镇痛抗炎药。用于发热性疾患、关节痛、肌肉痛和风湿症等。

【用法与用量】　以本品计。肌内或皮下注射：一次量，马、牛20～50ml；猪、羊5～10ml。

【不良反应】　（1）剂量过大或长期应用，可引起虚脱、高铁血红蛋白血症、缺氧、发绀、粒细胞减少症等。

（2）可使其他药物代谢加速，影响药效。

【注意事项】　可引起粒性白细胞减少症，长期应用时注意定期检查血项。

【休药期】　牛、羊、猪28日；弃奶期7日。

【规格】　（1）5ml　（2）10ml　（3）20ml　（4）50ml

【贮藏】　遮光，密闭保存。

异戊巴比妥钠

Yiwubabituona

Amobarbital Sodium

$C_{11}H_{17}N_2NaO_3$　248.26

本品为5-乙基-5-（3-甲基丁基）-2,4,6（1H,3H,5H）-嘧啶三酮一钠盐。按干燥品计算，含$C_{11}H_{17}N_2NaO_3$不得少于98.5%。

【性状】　本品为白色的颗粒或粉末；无臭；有引湿性；水溶液显碱性反应。

本品在水中极易溶解，在乙醇中溶解，在三氯甲烷或乙醚中几乎不溶。

【鉴别】　（1）取本品约0.5g，加水10ml溶解后，加盐酸0.5ml，即析出异戊巴比妥的白色沉淀，滤过，沉淀用水洗净，在105℃干燥后，依法测定（附录0612），熔点为155～158.5℃。

（2）本品的红外光吸收图谱应与对照的图谱一致。

（3）本品显丙二酰脲类的鉴别反应（附录0301）。

（4）取本品约1g，炽灼后，显钠盐的鉴别反应（附录0301）。

【检查】　碱度　取本品1.0g，加水20ml溶解后，依法测定（附录0631），pH值应为9.5～11.0。

有关物质　取本品适量，加流动相溶解并稀释制成每1ml中约含1mg的溶液，作为供试品溶液；精密量取1ml，置200ml量瓶中，用流动相稀释至刻度，摇匀，作为对照溶液。照高效液相色谱法（附录0512）试验。用十八烷基硅烷键合硅胶为填充剂；以0.02mol/L磷酸二氢钾溶液（用磷酸调节pH值至3.0±0.1）-乙腈（65：35）为流动相，检测波长为220nm；理论板数按异戊巴比妥峰计算不低于2500，异戊巴比妥峰与相邻杂质峰的分离度应符合要求。精密量取对照溶液与供试品溶液各5μl，分别注入液相色谱仪，记录色谱图至主成分峰保留时间的5倍，供试品溶液的色谱图中如有杂质峰，各杂质峰面积的和不得大于对照溶液的主峰面积（0.5%）。

干燥失重　取本品，在130℃干燥至恒重，减失重量不得过4.0%（附录0831）。

重金属　取本品1.0g，加水43ml溶解后，缓缓加稀盐酸3ml，随加随用强力振摇，滤过，取续滤液23ml，加醋酸盐缓冲液（pH3.5）2ml，依法检查（附录0821第一法），含重金属不得过百万分之二十。

无菌　取本品，用0.1%无菌蛋白胨水溶液制成每1ml中含50mg的溶液，经薄膜过滤法处理，冲洗液用量不少于300ml，分次冲洗后，依法检查（附录1101），应符合规定（供无菌分装用）。

细菌内毒素　取本品，依法检查（附录1143），每1mg异戊巴比妥钠中含内毒素的量应小于0.40EU。（供注射用）

【含量测定】　取本品约0.2g，精密称定，加甲醇40ml使溶解，再加新制的3%无水碳酸钠溶液15ml，照电位滴定法（附录0701），用硝酸银滴定液（0.1mol/L）滴定。每1ml硝酸银滴定液（0.1mol/L）相当于24.83mg的$C_{11}H_{17}N_2NaO_3$。

【类别】　巴比妥类药。

【贮藏】　遮光，严封保存。

【制剂】　注射用异戊巴比妥钠

注射用异戊巴比妥钠
Zhusheyong Yiwubabituona
Amobarbital Sodium for Injection

本品为异戊巴比妥钠的无菌粉末。按平均装量计算，含异戊巴比妥钠（$C_{11}H_{17}N_2NaO_3$）应为标示量的93.0%～107.0%。

【性状】　本品为白色的颗粒或粉末。

【鉴别】　取本品，照异戊巴比妥钠项下的鉴别（1）、（3）、（4）项试验，显相同的结果。

【检查】　碱度　取本品0.50g，加水10ml溶解后，依法检查（附录0631），pH值应为9.5～11.0。

有关物质　取本品，加流动相溶解并稀释制成每1ml中约含异戊巴比妥钠1mg的溶液，作为供试品溶液；精密量取1ml，置200ml量瓶中，用流动相稀释至刻度，摇匀，作为对照溶液。照异戊巴比妥钠有关物质项下的方法测定，供试品溶液的色谱图中如有杂质峰，各杂质峰面积均不得大于对照溶液的主峰面积（0.5%）。

干燥失重　取本品，在130°C干燥至恒重，减失重量不得过5.0%（附录0831）。

无菌　取本品，用0.1%无菌蛋白胨水溶液制成每1ml中含异戊巴比妥钠50mg的溶液，经薄膜过滤法处理，冲洗液用量不少于300ml，分次冲洗后，依法检查（附录1101），应符合规定。

细菌内毒素　取本品，依法检查（附录1143），每1mg异戊巴比妥钠中含内毒素的量应小于0.40EU。

其他　应符合注射剂项下有关的各项规定（附录0102）。

【含量测定】　取装量差异项下的内容物约0.2g，精密称定，照异戊巴比妥钠项下的方法测定。每1ml硝酸银滴定液（0.1mol/L）相当于24.83mg的$C_{11}H_{17}N_2NaO_3$。按干燥品计算供试品中$C_{11}H_{17}N_2NaO_3$含量，再按平均装量计算，即得。

【作用与用途】　巴比妥类药。用于中小动物的镇静、抗惊厥和麻醉。

【用法与用量】　以异戊巴比妥钠计。静脉注射：一次量，每1kg体重，猪、犬、猫、兔2.5～10mg；临用前用灭菌注射用水配成3%～6%的溶液。

【不良反应】　在苏醒时有较强烈的兴奋现象。

【注意事项】　（1）肝功能、肾功能及肺功能不全患畜禁用。

（2）苏醒期较长，动物手术后在苏醒期应加强护理。

（3）本品中毒可用戊四氮等解救。

（4）静脉注射不宜过快，否则可出现呼吸抑制或血压下降。

【休药期】　猪28日。

【规格】　（1）0.1g　（2）0.25g

【贮藏】　遮光，密闭保存。

红　霉　素

Hongmeisu

Erythromycin

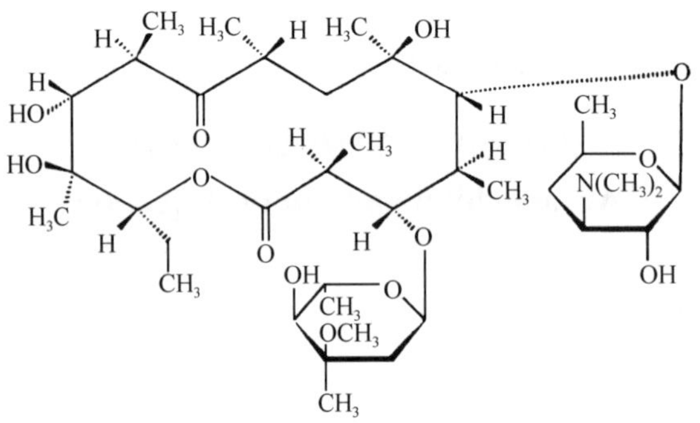

红霉素	分子式	分子量	R_1	R_2
A	$C_{37}H_{67}NO_{13}$	733.94	OH	CH_3
B	$C_{37}H_{67}NO_{12}$	717.94	H	CH_3
C	$C_{36}H_{65}NO_{13}$	719.90	OH	H

本品按无水物计算，每1mg的效价不得少于920红霉素单位。

【性状】　本品为白色或类白色的结晶或粉末；无臭；微有引湿性。

本品在甲醇、乙醇或丙酮中易溶，在水中极微溶解。

比旋度　取本品，精密称定，加无水乙醇溶解并定量稀释制成每1ml中约含20mg的溶液，放置30分钟后依法测定（附录0621），比旋度为−71°至−78°。

【鉴别】　（1）在红霉素组分项下记录的色谱图中，供试品溶液主峰的保留时间应与标准品溶液主峰的保留时间一致。

（2）本品的红外光吸收图谱应与对照的图谱一致。如不一致，取本品与标准品适量，加少量三氯甲烷溶解后，水浴蒸干，置五氧化二磷干燥器中减压干燥后测定，除1980cm⁻¹至2050cm⁻¹波长范围外，应与标准品的图谱一致。

【检查】 碱度 取本品0.1g，加水150ml，振摇，依法测定（附录0631），pH值应为8.0～10.5。

有关物质 取本品约40mg，置10ml量瓶中，加甲醇4ml使溶解，用pH8.0磷酸盐溶液（取磷酸氢二钾11.5g，加水900ml使溶解，用10%磷酸溶液调节pH值至8.0，用水稀释成1000ml）稀释至刻度，摇匀，作为供试品溶液；精密量取1ml，置100ml量瓶中，用上述pH8.0磷酸盐溶液-甲醇（3∶2）稀释至刻度，摇匀，作为对照溶液；精密量取对照溶液适量，用pH8.0磷酸盐溶液-甲醇（3∶2）定量稀释制成每1ml中约含4μg的溶液，作为灵敏度溶液。照红霉素组分检查项下的色谱条件，量取灵敏度溶液100μl注入液相色谱仪，记录色谱图，主成分色谱峰高的信噪比应大于10。精密量取对照溶液和供试品溶液各100μl，分别注入液相色谱仪，记录色谱图。供试品溶液色谱图中如有杂质峰，杂质C峰面积不得大于对照溶液主峰面积的3倍（3.0%），杂质E与杂质F校正后的峰面积（乘以校正因子0.08）均不得大于对照溶液主峰面积的2倍（2.0%），杂质D校正后的峰面积（乘以校正因子2）不得大于对照溶液主峰面积的2倍（2.0%），杂质A、杂质B及其他单个杂质的峰面积均不得大于对照溶液主峰面积的2倍（2.0%），各杂质校正后的峰面积之和不得大于对照溶液主峰面积的7倍（7.0%）。供试品溶液色谱图中小于灵敏度溶液主峰面积的峰忽略不计。

硫氰酸盐 取本品约0.1g，精密称定，置50ml棕色瓶中，加甲醇20ml溶解，再加三氯化铁试液1ml，用甲醇稀释至刻度，摇匀，作为供试品溶液；取105℃干燥1小时的硫氰酸钾2份，各约0.1g，精密称定，分别置两个50ml量瓶中，加甲醇20ml溶解并稀释至刻度，摇匀，精密量取5ml，置50ml量瓶中，用甲醇稀释至刻度，摇匀，再精密量取5ml，置50ml棕色瓶中，加三氯化铁试液1ml，用甲醇稀释至刻度，摇匀，作为对照品溶液；量取三氯化铁试液1ml，置50ml棕色瓶中，用甲醇稀释至刻度作为空白溶液。照紫外-可见分光光度法（附录0401），在492nm波长处分别测定吸光度（供试品溶液、对照品溶液与空白溶液均应在30分钟内测定），两份对照品溶液单位重量吸光度的比值应为0.985～1.015。红霉素中硫氰酸盐的含量不得过0.3%，硫氰酸根与硫氰酸钾的分子量分别为58.08与97.18。

水分 取本品约0.2g，加10%的咪唑无水甲醇溶液使溶解，照水分测定法（附录0832第一法A）测定，含水分不得过6.0%。

炽灼残渣 不得过0.2%（附录0841）。

红霉素组分 照高效液相色谱法（附录0512）测定。

色谱条件与系统适用性试验 用十八烷基硅烷键合硅胶为填充剂（XTerra RP C18柱，4.6mm×250mm，3.5μm或效能相当的色谱柱）；以乙腈-0.2mol/L磷酸氢二钾溶液（用磷酸调节pH值至7.0）-水（35∶5∶60）为流动相A，以乙腈-0.2mol/L磷酸氢二钾溶液（用磷酸调节pH值至7.0）-水（50∶5∶45）为流动相B，先以流动相A等度洗脱，待红霉素B洗脱完毕后立即按下表进行线性梯度洗脱，流速为每分钟1.0ml，检测波长为210nm，柱温为65℃。精密称取红霉素标准品约40mg，置10ml量瓶中，加甲醇4ml使溶解，用有关物质检查项下的pH8.0磷酸盐溶液稀释至刻度，摇匀，量取100μl注入液相色谱仪，记录色谱图，红霉素A峰的拖尾因子应不大于2.0。取红霉素系统适用性对照品40mg，置10ml量瓶中，加甲醇4ml使溶解，用上述pH8.0磷酸盐溶液稀释至刻度，摇匀，量取100μl注入液相色谱仪，记录色谱图，应与红霉素系统适用性对照品的标准图谱一致，红霉素A峰的保留时间约为23分钟，杂质A、杂质B、杂质C、杂质D、杂质E和杂质F的相对保留时间分别约为0.4、0.5、0.9、1.6、2.3和1.8，红霉素B和红霉素C的相对保留时间分别约为1.7和0.55，杂质B峰和红霉素C峰、红霉素B峰和杂质F峰之间的分离度应不小于1.2，杂质C峰和红霉素A峰之间的分离度应符合要求。

测定法 精密称取本品约40mg，置10ml量瓶中，加甲醇4ml使溶解，用上述pH8.0磷酸盐溶液稀释至刻度，摇匀，作为供试品溶液；精密称取红霉素标准品约40mg，置10ml量瓶中，加甲醇4ml使溶解，用上述pH8.0磷酸盐溶液稀释至刻度，摇匀，作为标准品溶液（1）；精密量取标准品溶液（1）1ml，置100ml量瓶中，用上述pH8.0磷酸盐溶液-甲醇（3∶2）稀释至刻度，摇匀，作为标准品溶液（2）。精密量取供试品溶液与标准品溶液（1）、标准品溶液（2）各100μl，分别注入液相色谱仪，记录色谱图。按外标法以标准品溶液（1）中红霉素A的峰面积计算供试品中红霉素A的含量，按无水物计，不得少于93.0%；按外标法以标准品溶液（2）中红霉素A的峰面积计算供试品中红霉素B和红霉素C的含量，按无水物计，均不得过3.0%。

时间（分钟）	流动性A（%）	流动性B（%）
0	100	0
t_g	100	0
t_g+2	0	100
t_g+9	0	100
t_g+10	100	0
t_g+20	100	0

注：t_g为红霉素B的保留时间。

【含量测定】　精密称取本品适量，加乙醇（10mg加乙醇1ml）溶解后，用灭菌水定量制成每1ml中约含1000单位的溶液，照抗生素微生物检定法（附录1201）测定，可信限率不得大于7%。1000红霉素单位相当于1mg的$C_{37}H_{67}NO_{13}$。

【类别】　大环内酯类抗生素。

【贮藏】　密封，在干燥处保存。

【制剂】　红霉素片

附：

1.红霉素组分参考色谱图

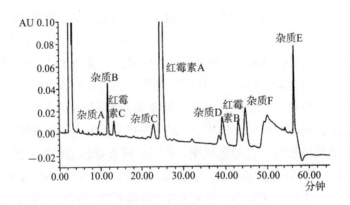

2. 杂质

杂质A【红霉素F（erythromycin F）】

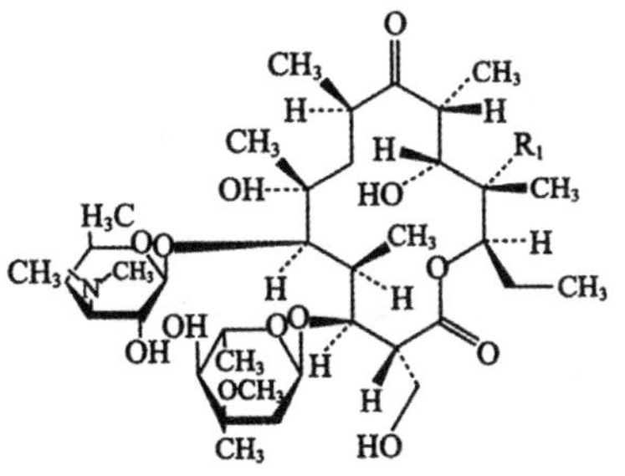

C$_{37}$H$_{67}$NO$_{14}$ 749.46

杂质B【N-去甲基红霉素A
（N-demethylerythromycin A）】

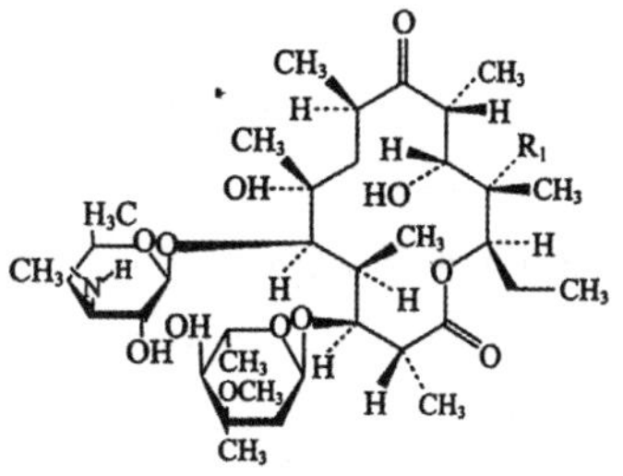

C$_{36}$H$_{65}$NO$_{13}$ 719.45

杂质C【红霉素E（erythromycin E）】

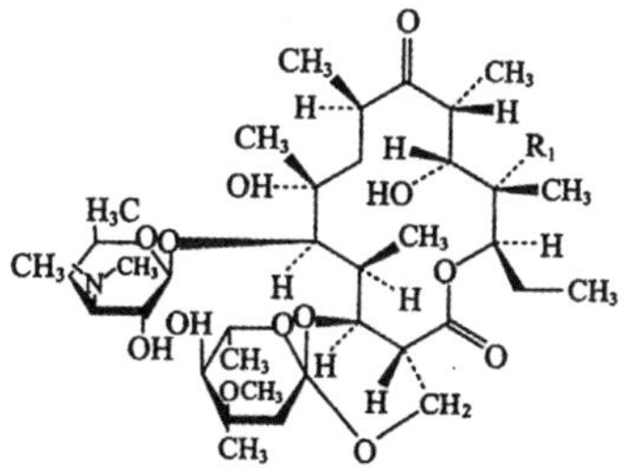

C$_{37}$H$_{65}$NO$_{14}$ 747.44

杂质D【脱水红霉素A（anhydroerythromycin A）】

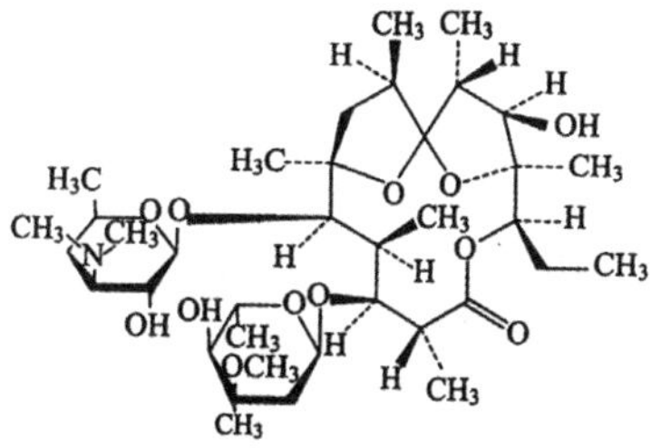

C$_{37}$H$_{65}$NO$_{12}$ 715.45

杂质E【红霉素A烯醇醚
（erythromycin A enol ether）】

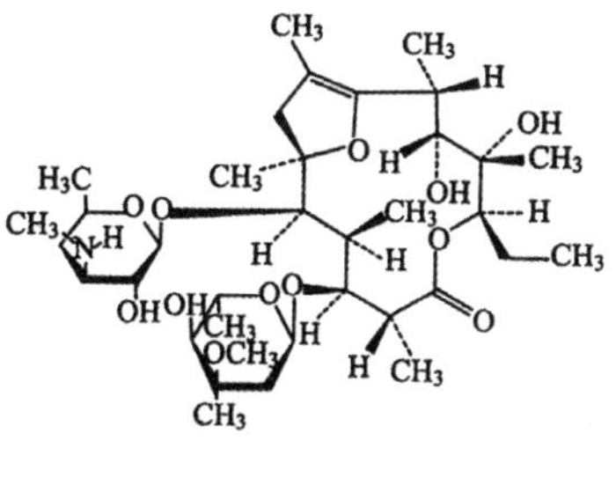

C$_{37}$H$_{65}$NO$_{12}$ 715.45

杂质F【表红霉素A烯醇醚
（pseudoerythromycin A enol ether）】

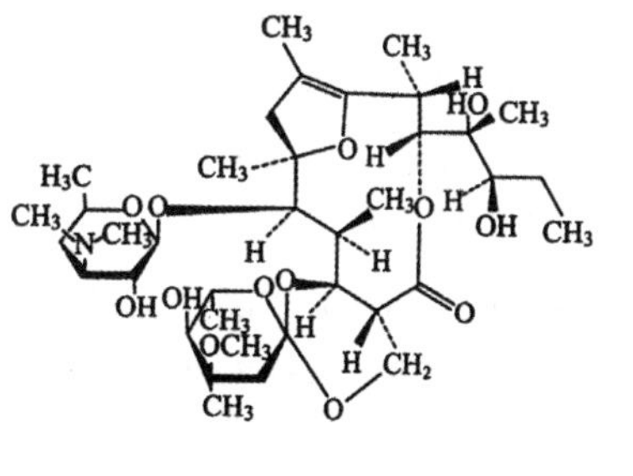

C$_{37}$H$_{65}$NO$_{12}$ 715.45

红 霉 素 片

Hongmeisu Pian

Erythromycin Tablets

本品含红霉素（$C_{37}H_{67}NO_{13}$）应为标示量的90.0%～110.0%。

【性状】 本品为白色或类白色片。

【鉴别】 （1）取本品细粉适量，加甲醇使红霉素溶解并稀释制成每1ml中约含红霉素2.5mg的溶液，滤过，取续滤液作为供试品溶液。另取红霉素标准品适量，加甲醇溶解并稀释制成每1ml中约含红霉素2.5mg的溶液，作为标准品溶液。照薄层色谱法（附录0502）试验，吸取上述两种溶液各10μl，分别点于同一硅胶G薄层板上，以三氯甲烷-甲醇（85：15）为展开剂，展开，晾干，喷以乙醇-对甲氧基苯甲醛-硫酸（90：5：5）的混合溶液，置100℃加热约数分钟，至出现黑至红紫色斑点。供试品溶液所显主斑点的位置与颜色应与标准品溶液主斑点的位置与颜色相同。

（2）在红霉素A组分项下记录的色谱图中，供试品溶液主峰的保留时间应与标准品溶液主峰的保留时间一致。

以上（1）、（2）两项可选做一项。

【检查】 **红霉素A组分** 取本品20片，精密称定，研细，精密称取适量（约相当于红霉素0.1g），加甲醇5ml使红霉素溶解，用磷酸盐缓冲液（pH7.0）-甲醇（15：1）定量稀释制成每1ml中约含红霉素4mg的溶液，滤过，取续滤液作为供试品溶液，照红霉素项下的红霉素组分的方法测定。按标示量计算，含红霉素A不得少于83.5%。

其他 应符合片剂项下有关的各项规定（附录0101）。

【含量测定】 取本品10片，研细，精密称取适量，用乙醇适量（红霉素约0.25g用乙醇25ml），分次研磨使红霉素溶解，并用灭菌水定量稀释制成每1ml中约含1000单位的溶液，摇匀，静置，精密量取上清液适量，照红霉素项下的方法测定，即得。

【作用与用途】 大环内酯类抗生素。主用于耐青霉素葡萄球菌感染，也用于其他革兰氏阳性菌及支原体感染。

【用法与用量】 以红霉素计。内服：一次量，每1kg体重，犬、猫10～20mg；一日2次，连用3～5日。

【不良反应】 （1）酯化红霉素可能具有肝毒性，表现为胆汁淤积，也可引起呕吐和腹泻，尤其是高剂量给药时。

（2）内服红霉素后常出现剂量依赖性胃肠道紊乱（呕吐、腹泻、肠疼痛和厌食等），可能由对平滑肌的刺激作用引起。

【注意事项】 （1）本品忌与酸性物质配伍。

（2）本品内服易被胃酸破坏，可应用肠溶片。

（3）红霉素是微粒体酶抑制剂，可能抑制某些药物的体内代谢。

【规格】 （1）50mg（5万单位） （2）0.125g（12.5万单位） （3）0.25g（25万单位）

【贮藏】 密封，在干燥处保存。

芬 苯 达 唑

Fenbendazuo

Fenbendazole

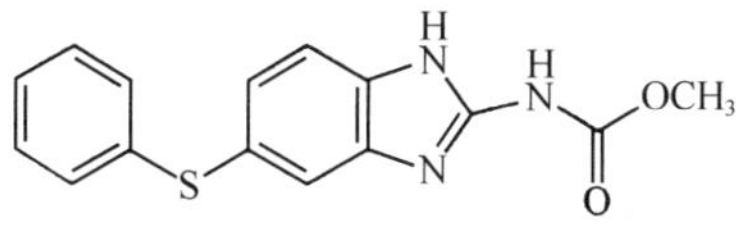

$C_{15}H_{13}N_3O_2S$ 299.35

本品为〔5-（苯硫基）-1*H*-苯并咪唑-2-基〕氨基甲酸甲酯。按干燥品计算，含$C_{15}H_{13}N_3O_2S$不得少于99.0%。

【性状】 本品为白色或类白色粉末；无臭。

本品在二甲基亚砜中溶解，在二甲基甲酰胺中略溶，在甲醇中微溶，在水中不溶；在冰醋酸中溶解。

吸收系数 取本品，精密称定，加甲醇溶解并定量稀释制成每1ml中约含7μg的溶液，照紫外-可见分光光度法（附录0401），在295nm的波长处测定吸光度，吸收系数（$E_{1cm}^{1\%}$）应为475~505。

【鉴别】 （1）取本品，加甲醇溶解并稀释制成每1ml中约含7μg的溶液，照紫外-可见分光光度法（附录0401）测定，在270~350nm的波长范围内测定，在295nm的波长处有最大吸收。

（2）本品的红外光吸收图谱应与对照的图谱一致。

【检查】 **有关物质** 照高效液相色谱法（附录0512）测定。

色谱条件与系统适用性试验 用十八烷基硅烷键和硅胶为填充剂；以甲醇-水-冰醋酸（30：70：1）为流动相A，以甲醇-水-冰醋酸（70：30：1）为流动相B；检测波长为280nm。理论板数按芬苯达唑峰计算不低于2000，按下表进行线性梯度洗脱。

时间（分钟）	流动相A（%）	流动相B（%）
0	100	0
10	0	100
40	0	100
50	100	0

测定法 取芬苯达唑50mg，置10ml量瓶中，加盐酸甲醇溶液（1→100）溶解并稀释至刻度，摇匀，作为供试品溶液；精密量取供试品溶液1ml，置200ml量瓶中，用盐酸甲醇溶液（1→100）稀释至刻度，摇匀，作为对照溶液；分别量取对照溶液和供试品溶液各10μl，注入液相色谱仪，记录色谱图；供试品溶液色谱图中如有杂质峰，单个杂质峰的面积不得大于对照溶液主峰面积（0.5%），各杂质峰面积的和不得大于对照溶液主峰面积的2倍（1.0%）。

干燥失重 取本品，在105℃干燥3小时，减失重量不得过1.0%（附录0831）。

炽灼残渣 不得过0.1%（附录0841）。

重金属 取炽灼残渣项下遗留的残渣，依法检查（附录0821第二法），含重金属不得过百万分之二十。

【含量测定】 取本品约0.2g，精密称定，加冰醋酸20ml，微温使溶解，放冷，加结晶紫指示液1滴，用高氯酸滴定液（0.1mol/L）滴定至溶液显绿色，并将滴定结果用空白试验校正。每1ml高氯酸滴定液（0.1mol/L）相当于29.94mg的$C_{15}H_{13}N_3O_2S$。

【类别】 抗蠕虫药。

【贮藏】 密闭保存。

【制剂】 （1）芬苯达唑片 （2）芬苯达唑粉

芬苯达唑片
Fenbendazuo Pian
Fenbendazole Tablets

本品含芬苯达唑（$C_{15}H_{13}N_3O_2S$）应为标示量的90.0%～110.0%。

【性状】 本品为白色或类白色片。

【鉴别】 取本品的细粉适量，加甲醇振摇使芬苯达唑溶解，用甲醇稀释制成每1ml中约含芬苯达唑7μg的溶液，滤过，取滤液，照芬苯达唑项下的鉴别（1）项试验，显相同的结果。

【检查】 应符合片剂项下有关的各项规定（附录0101）。

【含量测定】 取本品20片，精密称定，研细，精密称取适量（约相当于芬苯达唑20mg），置100ml量瓶中，加甲醇90ml，超声使芬苯达唑溶解，放冷，用甲醇稀释至刻度，摇匀；滤过，精密量取续滤液5ml，置100ml量瓶中，用甲醇稀释至刻度，摇匀，照紫外-可见分光光度法（附录0401），在295nm的波长处测定吸光度，按$C_{15}H_{13}N_3O_2S$的吸收系数（$E_{1cm}^{1\%}$）为490计算，即得。

【作用与用途】 抗蠕虫药。用于畜禽线虫病和绦虫病。

【用法与用量】 以芬苯达唑计。内服：一次量，每1kg体重，马、牛、羊、猪5～7.5mg；犬、猫25～50mg；禽10～50mg。

【不良反应】 按规定的用法与用量使用，一般不会产生不良反应。由于死亡的寄生虫释放抗原，可继发产生过敏性反应，特别是在高剂量下时。犬或猫内服时偶见呕吐，曾有一例报道，犬服药后出现各类白细胞减少。

【注意事项】 （1）供食用的马与泌乳期牛羊禁用。

（2）可能伴有致畸胎和胚胎毒性的作用，妊娠前期忌用。

（3）单剂量对于犬、猫往往无效，必须治疗3日。

【休药期】 牛、羊21日，猪3日；弃奶期7日。

【规格】 （1）25mg （2）50mg （3）0.1g

【贮藏】 密闭保存。

芬苯达唑粉
Fenbendazuo Fen
Fenbendazole Powder

本品为芬苯达唑与碳酸钙配制而成。含芬苯达唑（$C_{15}H_{13}N_3O_2S$）应为标示量的90.0%～110.0%。

【鉴别】 取本品，加甲醇振摇使芬苯达唑溶解，用甲醇稀释制成每1 ml中约含芬苯达唑7μg的溶液，滤过，取滤液，照芬苯达唑项下的鉴别（1）项试验，显相同的结果。

【检查】 干燥失重 取本品，在105℃干燥至恒重，减失重量不得过3.0%（附录0831）。

其他 应符合粉剂项下有关的各项规定（附录0108）。

【含量测定】 精密称取本品适量（约相当于芬苯达唑30mg），照芬苯达唑片项下的方法测定，即得。

【作用与用途】 抗蠕虫药。用于畜禽线虫病和绦虫病。

【用法与用量】 以芬苯达唑计。内服：一次量，每1kg体重，马、牛、羊、猪5～7.5mg；犬、猫25～50mg；禽10～50mg。

【不良反应】 按规定的用法与用量使用，一般不会产生不良反应。由于死亡的寄生虫释放抗原，可继发产生过敏性反应，特别是在高剂量下时。犬或猫内服时偶见呕吐，曾有一例报道，犬服药后出现各类白细胞减少。

【注意事项】 （1）供食用的马与泌乳期牛羊禁用。

（2）可能伴有致畸胎和胚胎毒性的作用，妊娠前期忌用。

（3）单剂量对于犬、猫往往无效，必须治疗3日。

【休药期】 牛、羊14日，猪3日；弃奶期5日。

【规格】 5%

【贮藏】 遮光，密封，在干燥处保存。

苄星青霉素

Bianxingqingmeisu

Benzathine Benzylpenicillin

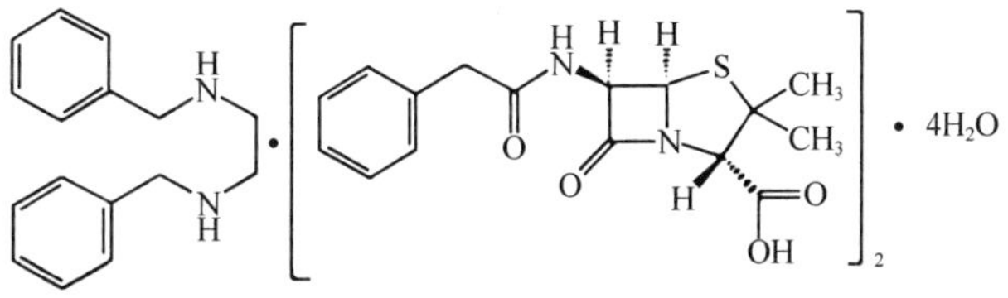

$(C_{16}H_{18}N_2O_4S)_2 \cdot C_{16}H_{20}N_2 \cdot 4H_2O$ 981.18

本品为（2S,5R,6R）-3,3-二甲基-7-氧代-6-（2-苯乙酰氨基）-4-硫杂-1-氮杂双环[3.2.0]庚烷-2-甲酸的N,N'-二苄基乙二胺盐四水合物，或加适量缓冲剂及助悬剂制成的无菌粉末。按无水物计算，含二苄基乙二胺（$C_{16}H_{20}N_2$）应为24.0%～27.0%，含青霉素（$C_{16}H_{18}N_2O_4S$）应为69.9%～75.0%，每1mg含青霉素应为1244～1335单位。

【性状】 本品为白色结晶性粉末。

本品在二甲基甲酰胺或甲酰胺中易溶，在乙醇中微溶，在水中极微溶解。

【鉴别】 在含量测定项下记录的色谱图中，供试品溶液两个主峰的保留时间应分别与对照品溶液中相应两个主峰的保留时间一致。

【检查】 酸碱度 取本品50mg，加水10ml制成混悬液，依法测定（附录0631），pH值应为5.0～7.5。

有关物质 临用新制。精密称取本品约70mg，置50ml量瓶中，加乙腈10ml振摇使均匀分散后，加甲醇10ml充分振摇使溶解，立即用磷酸盐缓冲液（取磷酸二氢钾6.8g与磷酸氢二钾1.14g，加水溶解并稀释至1000ml）稀释至刻度，摇匀，作为供试品溶液；精密量取1ml，置100ml量瓶中，用上述磷酸盐缓冲液稀释至刻度，作为对照溶液。照高效液相色谱法（附录0512）测定，用十八烷基硅烷键合硅胶为填充剂（端基封尾）；流动相A为0.05mol/L磷酸二氢钾溶液（用磷酸调节pH值至3.1），流动相B为甲醇，按下表进行线性梯度洗脱；柱温为40℃；检测波长为220nm。取本品70mg，置50ml量瓶中，加乙腈10ml和甲醇5ml使溶解，加0.1mol/L盐酸溶液2.0ml，放置10分钟，加 0.1mol/L氢氧化钠溶液2.0ml中和，用0.05mol/L磷酸盐缓冲液（pH6.0）稀释至刻度，摇匀，作为系统适用性溶液，取20μl注入液相色谱仪，记录色谱图，青霉素峰的保留时间约20分钟，二苄基乙二胺峰与相邻杂质峰的分离度和青霉素峰与相邻杂质峰的分离度均应符合要求。精密量取对照溶液与供试品溶液各20μl，分别注入液相色谱仪，记录色谱图。供试品溶液色谱图中如有杂质峰，单个杂质峰面积不得大于对照溶液两主峰面积和的2倍（2.0%），各杂质峰面积的和不得大于对照溶液两主峰面积和的3.5倍（3.5%）。供试品溶液色谱图中小于对照溶液两主峰面积和0.05倍的色谱峰可忽略不计。

时间（分钟）	流动相A（%）	流动相B（%）
0	75	25
30	35	65
55	35	65
56	75	25
70	75	25

水分 取本品，照水分测定法（附录0832第一法）测定，含水分应为5.0%~8.0%。

抽针试验 取本品1.0g，加水4ml，摇匀，用装有5½号针头的注射器抽取，应能顺利通过，不得阻塞。

可见异物 取制剂项下的最大规格量5份，分别加二甲基甲酰胺适量溶解后，依法检查（附录0904），应符合规定。（供无菌分装用）

细菌内毒素 取本品，依法检查（附录1143），每1000单位青霉素中含内毒素的量应小于0.25EU。（供注射用）

无菌 取本品，用适宜溶剂使分散均匀，加青霉素酶灭活后，依法检查（附录1101），应符合规定。（供无菌分装用）

【含量测定】 照高效液相色谱法（附录0512）测定。

色谱条件与系统适用性试验 用十八烷基硅烷键合硅胶为填充剂（端基封尾）；以0.05mol/L磷酸二氢钾溶液（用磷酸调节pH值至5.1）-乙腈（83∶17）为流动相；检测波长为220nm。取有关物质项下的系统适用性溶液20μl注入液相色谱仪，记录色谱图，二苄基乙二胺峰与相邻杂质峰的分离度和青霉素峰与相邻杂质峰的分离度均应符合要求。

测定法 精密称取本品约35mg，置50ml量瓶中，加乙腈10ml振摇使均匀分散后，加甲醇10ml充分振摇使溶解，立即用有关物质项下的磷酸盐缓冲液稀释至刻度，摇匀，作为供试品溶液，取20μl注入液相色谱仪，记录色谱图；另取苄星青霉素对照品，同法测定。按外标法以峰面积计算供试品中青霉素（$C_{16}H_{18}N_2O_4S$）和二苄基乙二胺（$C_{16}H_{20}N_2$）的含量。每1mg的$C_{16}H_{18}N_2O_4S$相当于1780青霉素单位。

【类别】 β-内酰胺类抗生素。

【贮藏】 密封，在干燥处保存。

【制剂】 注射用苄星青霉素

注射用苄星青霉素

Zhusheyong Bianxingqingmeisu

Benzathine Benzylpenicillin for Injection

本品为青霉素的二苄基乙二胺盐加适量缓冲剂及助悬剂制成的无菌粉末。按无水物计算，含二苄基乙二胺（$C_{16}H_{20}N_2$）应为24.0%～27.0%，含青霉素（$C_{16}H_{18}N_2O_4S$）应为69.9%～75.0%，每1mg含青霉素应为1244～1335单位；按平均装量计算，含青霉素（$C_{16}H_{18}N_2O_4S$）应为标示量的95.0%～105.0%。

【性状】 本品为白色结晶性粉末。

【鉴别】 在含量测定项下记录的色谱图中，供试品溶液两个主峰的保留时间应分别与对照品溶液中相应两个主峰的保留时间一致。

【检查】 **抽针试验** 取本品1瓶，按每30万单位加水1ml，摇匀，用装有5½号针头的注射器抽取，应能顺利通过，不得阻塞。

可见异物 取本品5瓶，分别加二甲基甲酰胺适量溶解后，依法检查（附录0904），应符合规定。

酸碱度、有关物质、水分、细菌内毒素与无菌 照苄星青霉素项下的方法检查，均应符合规定。

其他 应符合注射剂项下有关的各项规定（附录0102）。

【含量测定】 取装量差异项下的内容物，照苄星青霉素项下的方法测定，即得。每1mg的$C_{16}H_{18}N_2O_4S$相当于1780青霉素单位。

【作用与用途】 β-内酰胺类抗生素。为长效青霉素，用于革兰氏阳性细菌感染。

【用法与用量】 以苄星青霉素计。肌内注射：一次量，每1kg体重，马、牛2万～3万单位；羊、猪3万～4万单位；犬、猫4万～5万单位。必要时3～4日重复一次。

【不良反应】 主要不良反应是过敏反应，大多数家畜均可发生，但发生率较低。局部反应表现为注射部位水肿、疼痛，全身反应为荨麻疹、皮疹，严重者可引起休克或死亡。

【注意事项】 （1）本品血药浓度较低，急性感染时应与青霉素钠并用。

（2）注射液应在临用前配制。

（3）应注意与其他药物的相互作用和配伍禁忌，以免影响其药效。

【休药期】 牛、羊4日，猪5日；弃奶期3日。

【规格】 （1）30万单位 （2）60万单位 （3）120万单位

【贮藏】 密封，在干燥处保存。

苄星氯唑西林

Bianxing Lüzuoxilin

Benzathine cloxacillin

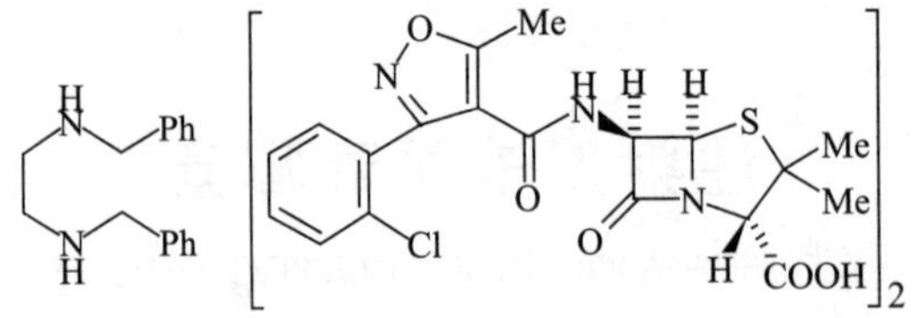

$$(C_{19}H_{18}ClN_3O_5S)_2 \cdot C_{16}H_{20}N_2 \quad 1112.11$$

本品为（2S,5R,6 R）-3，3-二甲基-6-〔5-甲基-3-（2-氯苯基）-4-异噁唑甲酰氨基〕-7-氧代-4-硫杂-1-氮杂双环[3.2.0]庚烷-2-甲酸N,N'-二苄基乙二胺基（2：1）。按无水物计算，含氯唑西林（$C_{19}H_{18}ClN_3O_5S$）应为70.4%～82.1%，含二苄基乙二胺（$C_{16}H_{20}N_2$）应为20.0%～22.0%。

【性状】　本品为白色或类白色结晶性粉末。

本品在甲醇中易溶，在三氯甲烷中溶解，在水或乙醇中不溶。

【鉴别】　（1）本品的红外光吸收图谱应与苄星氯唑西林对照品的图谱一致。

（2）在氯唑西林含量测定项下记录的色谱图中，供试品溶液主峰的保留时间应与对照品溶液主峰的保留时间一致。

（3）在二苄基乙二胺含量测定项下记录的色谱图中，供试品溶液主峰的保留时间应与对照品溶液主峰的保留时间一致。

【检查】　**甲醇溶液的澄清度与颜色**　取本品0.3g，加甲醇5ml，溶液应澄清无色；如显色，与黄色或黄绿色3号标准比色液（附录0901）比较，不得更深。

酸度　取本品0.1g，加水10ml制成悬浮液，依法测定（附录0631），pH值应为3.0～6.5。

水分　取本品，照水分测定法（附录0832第一法A）测定，含水分不得过5.0%。

无菌　取供试品10g，置100ml无菌离心管中，加入无菌聚山梨酯80 10g，搅拌使供试品浸润。加无菌十四烷酸异丙酯50ml，混匀，转至500ml无菌分液漏斗中，充分摇匀，静置4分钟，缓慢排出下层沉淀，取全部上清液，加无菌十四烷酸异丙酯200ml，摇匀，经薄膜过滤法处理，每管培养基中加入不少于600万单位青霉素酶溶液，依法检查（附录1101），应符合规定。

【含量测定】　**氯唑西林**　照高效液相色谱法（附录0512）测定。

色谱条件与系统适用性试验　用十八烷基硅烷键合硅胶为填充剂；以0.1mol/L磷酸二氢钠溶液-乙腈（3：1），用磷酸调pH值至4.6±0.2为流动相；检测波长220nm；柱温40℃。理论板数按氯唑西林计算不低于3000。

测定法　取本品适量，精密称定，加稀释液（取磷酸二氢钠3.15g，加水450ml使溶解，加乙腈300ml混匀，用磷酸或1mol/L氢氧化钠溶液调节pH值至6.4）溶解并定量稀释制成每1ml中约含氯唑西林0.1mg的溶液，精密量取10μl，注入液相色谱仪，记录色谱图；另取氯唑西林对照品适量，同法测定。按外标法以峰面积计算供试品中$C_{19}H_{18}ClN_3O_5S$的含量。

二苄基乙二胺　照高效液相色谱法（附录0512）测定。

色谱条件与系统适用性试验　用十八烷基硅烷键合硅胶为填充剂（端基封尾）；以0.05mol/L磷酸二氢钾溶液（用磷酸调节pH值至5.1）-乙腈（87：13）为流动相；检测波长为220nm。理论板数按二苄基乙二胺峰计算不低于3000，拖尾因子应不得过2.0。

测定法 取本品约0.1g，精密称定，置100ml量瓶中，加稀释液（取磷酸二氢钠3.15g，加水450ml使溶解，加乙腈300ml混匀，用磷酸或1mol/L氢氧化钠溶液调节pH值至6.4）适量，超声溶解，用稀释液稀释至刻度，摇匀，取10μl注入色谱仪，记录色谱图；另取二苄基乙二胺对照品适量，同法测定。按外标法以峰面积计算供试品中二苄基乙二胺（$C_{16}H_{20}N_2$）的含量。

【类别】 β-内酰胺类抗生素。

【贮藏】 密封，在干燥处保存。

【制剂】 苄星氯唑西林乳房注入剂

苄星氯唑西林乳房注入剂

Bianxing Lüzuoxilin Rufang Zhuruji

Benzathine cloxacillin Intramammary Infusion （Dry Cow）

本品为苄星氯唑西林的灭菌油混悬液。含苄星氯唑西林按氯唑西林（$C_{19}H_{18}ClN_3O_5S$）计算，应为标示量的90.0%~110.0%。

【性状】 本品为淡黄色的油混悬液，放置后分层，振摇后能均匀分散。

【鉴别】 （1） 取本品适量（约相当于氯唑西林0.5g），置离心管中，加甲苯25ml，混匀，离心，弃去甲苯层，残留物分别用甲苯25ml洗涤四次，每次加入甲苯后振摇30秒钟，取残留物以硅胶为干燥剂减压干燥，照苄星氯唑西林项下的鉴别（1）试验，显相同的结果。

（2）在氯唑西林含量测定项下记录的色谱图中，供试品溶液主峰的保留时间应与对照品溶液主峰的保留时间一致。

【检查】 水分 取本品，以三氯甲烷-无水甲醇（7∶3）作溶剂，照水分测定法（附录0832第一法）测定，含水分不得过1.0%。

无菌 取本品约100ml，加无菌十四烷酸异丙酯200ml，摇匀，再加无菌pH7.0氯化钠-蛋白胨缓冲液400ml，充分振摇后，离心20分钟（每分钟3000转），取全部下层溶液，置无菌分液漏斗中，振摇，静置使油水明显分层，取全部水层，用无菌pH7.0氯化钠-蛋白胨缓冲液稀释至800ml；照薄膜过滤法处理，用含0.1%聚山梨酯80的无菌pH7.0氯化钠-蛋白胨缓冲液为冲洗液，每张滤膜冲洗量为400ml，分8次冲洗后；再用0.9%无菌氯化钠溶液冲洗3次，每张滤膜每次冲洗量为50ml。每管培养基中加入不少于600万单位的青霉素酶溶液，摇匀，置37℃下作用1小时，依法检查（附录1101），应符合规定。

【其他】 应符合乳房注入剂项下有关的各项规定（附录0116）。

【含量测定】 照高效液相色谱法（附录0512）测定。

取经充分混匀的本品适量（约相当于氯唑西林50mg），精密称定，置50ml量瓶中，加稀释液（取磷酸二氢钠3.15g，加水450ml使溶解，加乙腈300ml混匀，用磷酸或1mol/L氢氧化钠溶液调节pH值至6.4）30ml，混匀，振摇30分钟，超声1分钟，用稀释液稀释至刻度，摇匀，滤过，精密量取续滤液适量，用稀释液定量稀释制成每1ml中约含氯唑西林0.1mg的溶液，照苄星氯唑西林项下的方法测定。另取本品，同时测定其相对密度，将供试品量换算成毫升（ml）数，计算，即得。

【作用与用途】 β-内酰胺类抗生素。主要用于治疗敏感菌引起的奶牛干乳期乳房炎。

【用法与用量】 乳管注入，干乳期奶牛，每乳室0.5g。

【注意事项】 （1）产犊前42日内禁用，泌乳期禁用。

（2）对青霉素过敏者不要接触本品。使用人员应避免直接接触产品中的药物，用后及时洗手。如出现皮肤红疹，应马上请医生诊治。脸、唇和眼肿胀或呼吸困难为严重过敏表现，急需医疗救护。

（3）避免儿童接触。

【休药期】 牛28日；弃奶期：产犊后96小时。

【规格】 按$C_{19}H_{18}ClN_3O_5S$计算（1）10ml：0.5g （2）250ml：12.5g

【贮藏】 密封，在凉暗处保存。

【有效期】 3年

杆 菌 肽 锌

Ganjuntaixin

Bacitracin Zinc

本品按干燥品计算，每1mg的效价不得少于40杆菌肽单位。

【性状】 本品为淡黄色至淡棕黄色粉末；无臭。

本品在吡啶中易溶，在水、甲醇、丙酮、三氯甲烷或乙醚中几乎不溶。

【鉴别】 （1）取本品约5mg，加0.1%茚三酮的水饱和正丁醇溶液1ml与吡啶0.5ml，加水1ml，置水浴中加热5分钟，即显深紫色。

（2）取本品约50mg，先用小火灼烧使炭化，再在550℃炽灼至完全灰化，放冷，加盐酸溶液（27→100）10ml，缓缓加热10分钟，放冷，滤过，加水50ml，亚铁氰化钾试液5ml，即生成白色沉淀。

【检查】 **干燥失重** 取本品，以五氧化二磷为干燥剂，在60℃减压干燥至恒重，减失重量不得过6.0%（附录0831）。

锌盐 取本品约0.3g，精密称定，先用小火灼烧使炭化，再在550℃炽灼使完全灰化，取灰化后的残留物，加1mol/L醋酸溶液3ml使溶解，加水50ml及新配制的0.2%二甲酚橙指示液数滴，再加六亚甲基四胺约0.5g，至溶液呈稳定的紫红色后，再加过量的六亚甲基四胺1.5g，用乙二胺四醋酸二钠滴定液（0.01mol/L）滴定，至溶液由紫红色变为黄色。每1ml乙二胺四醋酸二钠滴定液（0.01mol/L）相当于0.6537mg的Zn。含锌量应为4.0%～10.0%。

【含量测定】 精密称取本品适量，加磷酸盐缓冲液（pH6.0）-吡啶-5mol/L盐酸溶液（31：9：20）的混合液（pH2.0）适量（约每200杆菌肽单位加1ml），充分搅拌，使溶解，加灭菌磷酸盐缓冲液（pH6.0）使成每1ml中约含100单位的溶液，照抗生素微生物检定法（附录1201）测定。

【类别】 多肽类抗生素。

【贮藏】 密闭，在干燥处保存。

【制剂】 杆菌肽锌预混剂

杆菌肽锌预混剂

Ganjuntaixin Yuhunji

Bacitracin Zinc Premix

本品为杆菌肽锌与适宜的辅料配制而成。含杆菌肽应为标示量的90.0%~110.0%。

【鉴别】 （1）取本品约0.4g，加磷酸盐缓冲液（pH6.0）-吡啶-5mol/L盐酸溶液（31:9:20）的混合液10ml，充分搅拌15分钟，滤过，滤液照杆菌肽锌项下的鉴别（1）项试验，显相同的反应。

（2）取本品约1g，照杆菌肽锌项下的鉴别（2）项试验，显相同的反应。

【检查】 **粒度** 本品应全部通过二号筛。

有关物质 取本品，加磷酸盐缓冲液（pH6.0）-吡啶-5mol/L盐酸溶液（31:9:20）的混合液使杆菌肽锌溶解并稀释制成每1ml中含300杆菌肽单位的溶液，滤过，作为供试品溶液；另取杆菌肽锌标准品，用同一溶剂制成每1ml中含300杆菌肽单位的溶液，作为标准品溶液。照薄层色谱法（附录0502）试验，吸取上述两种溶液各5μl，分别点于同一硅胶GF$_{254}$薄层板（临用前于105℃活化2小时）上，以正丁醇-冰醋酸-水-吡啶-乙醇（60:15:10:6:5）为展开剂，展开，晾干，喷以1%茚三酮的丁醇-吡啶（99:1）溶液，置105℃加热约5分钟。供试品溶液所显斑点的位置与颜色应与标准品溶液的斑点相同，不得有其他杂质斑点。

干燥失重 取本品，在105℃干燥4小时，减失重量不得过8.0%（附录0831）。

其他 应符合预混剂项下有关的各项规定（附录0109）。

【含量测定】 精密称取本品适量，加磷酸盐缓冲液（pH6.0）-吡啶-5mol/L盐酸溶液（31:9:20）的混合液（pH2.0）适量（约每200杆菌肽单位加1ml），充分振摇使溶解，加灭菌磷酸盐缓冲液（pH6.0）使成每1ml中约含100单位的悬液，静置，取上层液，照杆菌肽锌项下的方法测定，即得。

【作用与用途】 多肽类抗生素。用于促进畜禽生长。

【用法与用量】 以杆菌肽计。 混饲：每1000kg饲料，犊3月龄以下10~100g，3~6月龄4~40g；猪6月龄以下4~40g；禽16周龄以下4~40g。

【注意事项】 蛋鸡产蛋期禁用。

【休药期】 0日。

【规格】 （1）100g:10g（40万单位） （2）100g:15g（60万单位）

【贮藏】 密闭，在干燥处保存。

呋 塞 米

Fusaimi

Furosemide

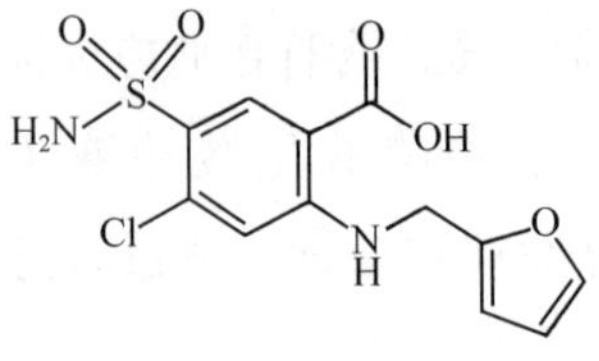

$C_{12}H_{11}ClN_2O_5S$　330.75

本品为2-〔（2-呋喃甲基）氨基〕-5-（氨磺酰基）-4-氯苯甲酸。按干燥品计算，含$C_{12}H_{11}ClN_2O_5S$不得少于99.0%。

【性状】　本品为白色或类白色的结晶性粉末；无臭。

本品在丙酮中溶解，在乙醇中略溶，在水中不溶。

熔点　本品的熔点（附录0612）为208～213℃，熔融时同时分解。

吸收系数　取本品，精密称定，加0.4%氢氧化钠溶液溶解并定量稀释制成每1ml中约含10μg的溶液，照紫外-可见分光光度法（附录0401），在271nm的波长处测定吸光度，吸收系数（$E_{1cm}^{1\%}$）为565～595。

【鉴别】　（1）取本品约25mg，加水5ml，滴加氢氧化钠试液使恰溶解，加硫酸铜试液1～2滴，即生成绿色沉淀。

（2）取本品25mg，置试管中，加乙醇2.5ml溶解后，沿管壁滴加对二甲氨基苯甲醛试液2ml，即显绿色，渐变深红色。

（3）取本品，加0.4%氢氧化钠溶液制成每1ml中约含5μg的溶液，照紫外-可见分光光度法（附录0401）测定，在228nm、271nm与333nm的波长处有最大吸收。

（4）本品的红外光吸收图谱应与对照的图谱一致。

【检查】　碱性溶液的澄清度与颜色　取本品0.50g，加氢氧化钠试液5ml溶解后，加水5ml，溶液应澄清无色；如显浑浊，与2号浊度标准液（附录0902）比较，不得更浓；如显色，与黄色3号标准比色液（附录0901第一法）比较，不得更深。

氯化物　取本品2.0g，加水100ml，充分振摇后，滤过；取滤液25ml，依法检查（附录0801），与标准氯化钠溶液7.0ml制成的对照液比较，不得更浓（0.014%）。

硫酸盐　取上述氯化物项下剩余的滤液25ml，依法检查（附录0802），与标准硫酸钾溶液2.0ml制成的对照液比较，不得更浓（0.04%）。

有关物质　避光操作。取本品，加混合溶剂〔取冰醋酸22ml，加乙腈-水（1:1）至1000ml，混匀〕溶解并稀释制成每1ml中约含1mg的溶液，作为供试品溶液；精密量取适量，用混合溶剂定量稀释制成每1ml中含10μg的溶液，作为对照溶液。照高效液相色谱法（附录0512）试验，用十八烷基硅烷键合硅胶为填充剂，以水-四氢呋喃-冰醋酸（70:30:1）为流动相，检测波长为272nm。理论板数按呋塞米峰计算不低于4000。精密量取对照溶液与供试品溶液各20μl，分别注入液相色谱仪，记录色谱图至主成分峰保留时间的3倍，供试品溶液的色谱图中如有杂质峰，单个杂质峰面积不得大于对照溶液主峰面积的0.2倍（0.2%），各杂质峰面积的和不得大于对照溶液的主峰面积（1.0%）。

干燥失重 取本品，在105℃干燥至恒重，减失重量不得过0.5%（附录0831）。

炽灼残渣 不得过0.1%（附录0841页）。

重金属 取本品0.50g，依法检查（附录0821第三法），含重金属不得过百万分之二十。

砷盐 取本品1.0g，加氢氧化钙1g混合，加水少量，搅拌均匀，先以小火加热，再炽灼至完全灰化，放冷，加盐酸5ml与水23ml，依法检查（附录0822第一法），应符合规定（0.0002%）。

【含量测定】 取本品约0.5g，精密称定，加乙醇30ml，微温使溶解，放冷，加甲酚红指示液4滴与麝香草酚蓝指示液1滴，用氢氧化钠滴定液（0.1mol/L）滴定至溶液显紫红色，并将滴定的结果用空白试验校正。每1ml氢氧化钠滴定液（0.1mol/L）相当于33.07mg的$C_{12}H_{11}ClN_2O_5S$。

【类别】 利尿药。

【贮藏】 遮光，密封保存。

【制剂】 （1）呋塞米片 （2）呋塞米注射液

呋 塞 米 片

Fusaimi Pian

Furosemide Tablets

本品含呋塞米（$C_{12}H_{11}ClN_2O_5S$）应为标示量的90.0%～110.0%。

【性状】 本品为白色片。

【鉴别】 取本品细粉适量（约相当于呋塞米80mg），加乙醇10ml，振摇使呋塞米溶解，滤过，滤液蒸干，残渣照呋塞米项下的鉴别（1）、（2）、（3）项试验，显相同的结果。

【检查】 溶出度 取本品，照溶出度与释放度测定法（附录0931第二法），以磷酸盐缓冲液（pH5.8）1000ml为溶出介质，转速为每分钟50转，依法操作，经30分钟时，取溶液适量，滤过，精密量取续滤液5ml，置10ml量瓶中，用0.8%氢氧化钠溶液稀释至刻度，摇匀，照紫外-可见分光光度法（附录0401），在271nm的波长处测定吸光度，按$C_{12}H_{11}ClN_2O_5S$的吸收系数（$E_{1cm}^{1\%}$）为580计算每片的溶出量。限度为标示量的65%，应符合规定。

其他 应符合片剂项下有关的各项规定（附录0101）。

【含量测定】 取本品20片，精密称定，研细，精密称取适量（约相当于呋塞米20mg），置100ml量瓶中，加0.4%氢氧化钠溶液约60ml，振摇10分钟使呋塞米溶解，用0.4%氢氧化钠溶液稀释至刻度，摇匀，滤过，精密量取续滤液5ml，置另一100ml量瓶中，用0.4%氢氧化钠溶液稀释至刻度，摇匀，照紫外-可见分光光度法（附录0401），在271nm的波长处测定吸光度，按$C_{12}H_{11}ClN_2O_5S$的吸收系数（$E_{1cm}^{1\%}$）为580计算，即得。

【作用与用途】 利尿药。用于各种水肿症。

【用法与用量】 以呋塞米计。内服：一次量，每1kg体重，马、牛、羊、猪2mg；犬、猫2.5～5mg。

【不良反应】 （1）可诱发低钠、低钾、低钙血症与低血镁等电解质平衡紊乱，另外，在脱水动物易出现氮血症。

（2）还可引起胃肠道功能紊乱，贫血、白细胞减少和衰弱等症状。

【注意事项】 （1）无尿患畜禁用，电解质紊乱或肝损害的患畜慎用。

（2）长期大量用药可出现低血钾、低血钠、低血钙、低血镁及脱水，应补钾或保钾性利尿药配伍或交替使用，并定时检测水和电解质平衡状态。

（3）应避免与氨基糖苷类抗生素和糖皮质激素合用。

【规格】 （1）20mg （2）50mg

【贮藏】 遮光，密封，在干燥处保存。

呋塞米注射液

Fusaimi Zhusheye

Furosemide Injection

本品为呋塞米加氢氧化钠与氯化钠制成的灭菌水溶液。含呋塞米（$C_{12}H_{11}ClN_2O_5S$）应为标示量的90.0%~110.0%。

【性状】 本品为无色或几乎无色的澄明液体。

【鉴别】 取本品，照呋塞米项下的鉴别（1）、（2）、（3）项试验，显相同的结果。

【检查】 pH值 应为8.5~9.5（附录0631）。

有关物质 避光操作。取本品适量，用混合溶剂〔取冰醋酸22ml，加乙腈-水（1:1）至1000ml，混匀〕稀释制成每1ml中约含1mg的溶液，作为供试品溶液；精密量取适量，用混合溶剂定量稀释制成每1ml中含10μg的溶液，作为对照溶液。照呋塞米有关物质项下的方法试验。供试品溶液的色谱图中如有杂质峰，单个杂质峰面积不得大于对照溶液主峰面积的1.5倍（1.5%），各杂质峰面积的和不得大于对照溶液主峰面积的3倍（3.0%）。

细菌内毒素 取本品，依法检查（附录1143），每1mg呋塞米中含内毒素的量应小于1.2EU。

其他 应符合注射剂项下有关的各项规定（附录0102）。

【含量测定】 照高效液相色谱法（附录0512）测定。

色谱条件与系统适用性试验 用十八烷基硅烷键合硅胶为填充剂；以水-四氢呋喃-冰醋酸（70:30:1）为流动相；检测波长为272nm。理论板数按呋塞米峰计算不低于4000。

测定法 精密量取本品适量，用混合溶剂〔取冰醋酸22ml，加乙腈-水（1:1）至1000ml，混匀〕定量稀释制成每1ml中约含呋塞米0.1mg的溶液，精密量取20μl注入液相色谱仪，记录色谱图；另取呋塞米对照品，同法测定。按外标法以峰面积计算，即得。

【作用与用途】 利尿药。用于各种水肿症。

【用法与用量】 以呋塞米计。肌内、静脉注射：1次量，每kg体重，马、牛、羊、猪0.5~1mg；犬、猫1~5mg。

【不良反应】 （1）可诱发低钠、低钾、低钙血症与低血镁等电解质平衡紊乱，另外，在脱水动物易出现氮血症。

（2）大剂量静注可能使犬听觉丧失。

（3）还可引起胃肠道功能紊乱，贫血、白细胞减少和衰弱等症状。

【注意事项】 （1）无尿患畜禁用，电解质紊乱或肝损害的患畜慎用。

（2）长期大量用药可出现低血钾、低血钠、低血钙、低血镁及脱水，应补钾或保钾性利尿药配伍或交替使用，并定时检测水和电解质平衡状态。

（3）应避免与氨基糖苷类抗生素和糖皮质激素合用。

【规格】 （1）2ml:20mg （2）10ml:100mg

【贮藏】 遮光，密闭保存。

吡 喹 酮

Bikuitong

Praziquantel

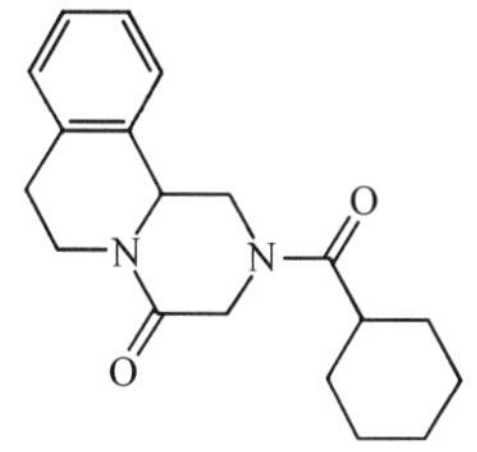

$$C_{19}H_{24}N_2O_2 \quad 312.41$$

本品为2-（环己基羰基）-1,2,3,6,7,11*b*-六氢-4*H*-吡嗪并[2,1-*a*]异喹啉-4-酮。按干燥品计算，含$C_{19}H_{24}N_2O_2$应为98.0%~102.0%。

【性状】 本品为白色或类白色结晶性粉末。

本品在三氯甲烷中易溶，在乙醇中溶解，在乙醚或水中不溶。

熔点 本品的熔点（附录0612）为136~141℃。

【鉴别】 （1）取本品，加乙醇制成每1ml中含0.5mg的溶液，照紫外-可见分光光度法（附录0401）测定，在264nm与272nm的波长处有最大吸收。

（2）本品的红外光吸收图谱应与对照的图谱一致。

【检查】 **酸度** 取本品0.50g，加中性乙醇（对甲基红指示液显中性）15ml溶解后，加甲基红指示液1滴与0.01mol/L氢氧化钠溶液0.10ml，应显黄色。

有关物质 取本品20mg，置100ml量瓶中，加流动相溶解并稀释至刻度，摇匀，作为供试品溶液；精密量取适量，用流动相定量稀释制成每1ml中含2μg的溶液，作为对照溶液。照含量测定项下的色谱条件，精密量取对照溶液与供试品溶液各20μl，分别注入液相色谱仪，记录色谱图至主成分峰保留时间的4倍。供试品溶液的色谱图中如有杂质峰，各杂质峰面积的和不得大于对照溶液主峰面积（1.0%）。

干燥失重 取本品，在105℃干燥至恒重，减失重量不得过0.5%（附录0831）。

炽灼残渣 取本品1.0g，依法检查（附录0841），遗留残渣不得过0.1%。

重金属 取炽灼残渣项下遗留的残渣，依法检查（附录0821第二法），含重金属不得过百万分之二十。

【含量测定】 照高效液相色谱法（附录0512）测定。

色谱条件与系统适用性试验 用十八烷基硅烷键合硅胶为填充剂；以乙腈-水（60:40）为流动相；检测波长为210nm。理论板数按吡喹酮峰计算不低于3000。

测定法 取本品约50mg，精密称定，置100ml量瓶中，加流动相适量，振摇使溶解，用流动相稀释至刻度，摇匀。精密量取5ml，置50ml量瓶中，用流动相稀释至刻度，摇匀，精密量取20μl注入液相色谱仪，记录色谱图；另取吡喹酮对照品，同法测定。按外标法以峰面积计算，即得。

【类别】 抗蠕虫药。

【贮藏】 遮光，密封保存。

【制剂】 吡喹酮片

吡 喹 酮 片

Bikuitong Pian

Praziquantel Tablets

本品含吡喹酮（$C_{19}H_{24}N_2O_2$）应为标示量的93.0%～107.0%。

【性状】 本品为白色片。

【鉴别】 在含量测定项下记录的色谱图中，供试品溶液主峰的保留时间与对照品溶液的保留时间一致。

【检查】 **溶出度** 取本品，照溶出度与释放度测定法（附录0931第二法），以含0.2%十二烷基硫酸钠的盐酸溶液（9→1000）500ml（0.1g规格）或900ml（0.2g、0.5g规格）为溶出介质，转速为每分钟50转，依法操作，经60分钟时，取溶液滤过，取续滤液（0.1g、0.2g规格）或取续滤液用溶出介质稀释成每1ml约含0.2mg的溶液（0.5g规格），照紫外-可见分光光度法（附录0401），在263nm波长处测定吸光度；另取吡喹酮对照品适量，精密称定，用溶出介质定量稀释制成每1ml中约含0.2mg的溶液，同法测定吸光度；计算出每片的溶出量。限度为标示量的75%，应符合规定。

其他 应符合片剂项下有关的各项规定（附录0101）。

【含量测定】 取本品20片，精密称定，研细，精密称取适量（约相当于吡喹酮50mg），置100ml量瓶中，加流动相振摇使吡喹酮溶解，用流动相稀释至刻度，摇匀，滤过，取续滤液，照吡喹酮含量测定项下的方法，自"精密量取5ml"起，依法测定，即得。

【作用与用途】 抗蠕虫药。主用于动物血吸虫病，也用于绦虫病和囊尾蚴病。

【用法与用量】 以吡喹酮计。 内服：一次，每1kg体重，牛、羊、猪10～35mg；犬、猫2.5～5mg；禽10～20mg。

【不良反应】 （1）高剂量时，牛偶见血清谷丙转氨酶轻度升高，部分牛会出现体温升高、肌肉震颤、臌气等。

（2）犬内服后可引起厌食、呕吐或腹泻，但发生率少于5%，猫的不良反应很少见。

【注意事项】 （1）4周龄以内幼犬和6周龄以内小猫慎用。

（2）吡喹酮与非班太尔配伍的产品可用于各种年龄的犬猫，还可以安全用于怀孕的犬、猫。

【休药期】 28日；弃奶期7日。

【规格】 （1）0.1g （2）0.2g （3）0.5g

【贮藏】 遮光，密封保存。

含 氯 石 灰

Hanlüshihui

Chlorinated Lime

本品含有效氯（Cl）不得少于25.0%。

【性状】 本品为灰白色颗粒性粉末；有氯臭；在空气中即吸收水分与二氧化碳而缓缓分解；水溶液遇红色石蕊试纸显碱性反应，随即将试纸漂白。

本品在水或乙醇中部分溶解。

【鉴别】 （1）本品遇稀盐酸即产生大量的氯气。

（2）本品显钙盐与氯化物的鉴别反应（附录0301）。

【含量测定】 取本品约2g，精密称定，置乳钵中，分次加水共25ml，研匀，移置500ml量瓶中，乳钵用水洗净，洗液并入量瓶中，用水稀释至刻度，密塞，静置10分钟，摇匀；精密量取混悬液100ml置碘瓶中，加碘化钾1.0g溶解后，加醋酸5ml，摇匀，密塞，在暗处放置5分钟，用硫代硫酸钠滴定液（0.1mol/L）滴定，至近终点时，加淀粉指示液2ml，继续滴定至蓝色消失，并将滴定的结果用空白试验校正。每1ml硫代硫酸钠滴定液（0.1mol/L）相当于3.545mg的Cl。

【作用与用途】 消毒药。用于饮水消毒和畜舍、场地、车辆、排泄物等的消毒，水产上用于水体消毒，用于防治水产养殖动物细菌性疾病。

【用法与用量】 饮水消毒：每50L水1g。 畜舍等消毒：配成5%～20%混悬液。水产：每$1m^3$水体，1.0～1.5g，一日1次，连用2日。使用时用水稀释1000～3000倍后，全池均匀泼洒。

【不良反应】 含氯石灰使用时可释放出氯气，引起流泪、咳嗽，并可刺激皮肤和黏膜。严重时可产生氯气急性中毒，表现为躁动、呕吐、呼吸困难。

【注意事项】 （1）鱼缺氧时严禁使用。

（2）鱼苗、鱼种慎用。

（3）对皮肤和黏膜有刺激作用。

（4）对金属有腐蚀作用，可使有色棉织物褪色。

【贮藏】 密封保存。

泛 酸 钙

Fansuangai

Calcium Pantothenate

$C_{18}H_{32}CaN_2O_{10}$ 476.54

本品为（R）-N-（3,3-二甲基-2,4-二羟基-1-氧代丁基）-3-丙氨酸钙盐。按干燥品计算，含钙（Ca）应为8.20%～8.60%，含氮（N）应为5.70%～6.00%。

【性状】 本品为白色粉末；无臭；有引湿性；水溶液显中性或弱碱性。

本品在水中易溶，在乙醇中极微溶解，在三氯甲烷或乙醚中几乎不溶。

比旋度 取本品，精密称定，加水溶解并定量稀释制成每1ml中约含50mg的溶液，依法测定（附录0621），比旋度为＋25.0°至＋28.5°。

【鉴别】 （1）取本品约50mg，加氢氧化钠试液5ml，振摇，加硫酸铜试液2滴，即显蓝紫色。

（2）取本品约50mg，加氢氧化钠试液5ml，振摇，煮沸1分钟，放冷，加酚酞指示液1滴，滴加盐酸溶液（9→100）至溶液褪色后再多加0.5ml，加三氯化铁试液2滴，即显鲜明的黄色。

（3）本品的红外光吸收图谱应与对照的图谱一致。

（4）本品显钙盐的鉴别反应（附录0301）。

【检查】 **酸碱度** 取本品1.0g，加水20ml溶解后，依法测定（附录0631），pH值应为6.8～8.0。

溶液的澄清度与颜色 酸碱度项下的溶液应澄清无色。

β−丙氨酸 取本品，精密称定，加水溶解并定量稀释制成每1ml中约含40mg的溶液，作为供试品溶液；另取β-丙氨酸对照品，精密称定，加水溶解并定量稀释制成每1ml中约含0.4mg的溶液，作为对照品溶液。照薄层色谱法（附录0502）试验，吸取上述两种溶液各5μl，分别点于同一硅胶G薄层板上，以乙醇-水（65：35）为展开剂，展开，晾干，喷以茚三酮试液，在110℃干燥10分钟，立即检视。供试品溶液如显与对照品溶液主斑点相应的杂质斑点，其颜色与对照品溶液的主斑点比较，不得更深（1.0%）。

干燥失重 取本品，在105℃干燥至恒重，减失重量不得过5.0%（附录0831）。

重金属 取本品1.0g，加水适量使溶解，加盐酸溶液（9→100）1.0ml，用水稀释至25ml，依法检查（附录0821第一法），含重金属不得过百万分之二十。

【含量测定】 **钙** 取本品约0.5g，精密称定，加水100ml溶解后，加氢氧化钠试液15ml与钙紫红素指示剂约0.1g，用乙二胺四醋酸二钠滴定液（0.05mol/L）滴定至溶液自紫红色转变为纯蓝色。每1ml乙二胺四醋酸二钠滴定液（0.05mol/L）相当于2.004mg的钙（Ca）。

氮 取本品约0.5g，精密称定，照氮测定法（附录0704第一法）测定。每1ml硫酸滴定液（0.05mol/L）相当于1.401mg的氮（N）。

【作用与用途】 维生素类药。用于泛酸缺乏症。

【用法与用量】 混饲：每1000kg饲料，猪10～13g；禽6～15g。

【贮藏】 密封，在干燥处保存。

阿 司 匹 林

Asipilin

Aspirin

$C_9H_8O_4$ 180.16

本品为2-（乙酰氧基）苯甲酸。按干燥品计算，含$C_9H_8O_4$不得少于99.5%。

【性状】 本品为白色结晶或结晶性粉末；无臭或微带醋酸臭，遇湿气即缓缓水解。

本品在乙醇中易溶，在三氯甲烷或乙醚中溶解，在水或无水乙醚中微溶；在氢氧化钠溶液或碳酸钠溶液中溶解，但同时分解。

【鉴别】 （1）取本品约0.1g，加水10ml，煮沸，放冷，加三氯化铁试液1滴，即显紫堇色。

（2）取本品约0.5g，加碳酸钠试液10ml，煮沸2分钟后，放冷，加过量的稀硫酸，即析出白色沉淀，并发生醋酸的臭气。

（3）本品的红外光吸收图谱应与对照的图谱一致。

【检查】 **溶液的澄清度** 取本品0.50g，加温热至约45℃的碳酸钠试液10ml溶解后，溶液应澄清。

游离水杨酸 临用新制。取本品约0.1g，精密称定，置10ml量瓶中，加1%冰醋酸的甲醇溶液适量，振摇使溶解，并稀释至刻度，摇匀，作为供试品溶液；取水杨酸对照品约10mg，精密称定，置100ml量瓶中，加1%冰醋酸的甲醇溶液适量使溶解并稀释至刻度，摇匀，精密量取5ml，置50ml量瓶中，用1%冰醋酸的甲醇溶液稀释至刻度，摇匀，作为对照品溶液。照高效液相色谱法（附录0512）试验。用十八烷基硅烷键合硅胶为填充剂；以乙腈-四氢呋喃-冰醋酸-水（20：5：5：70）为流动相；检测波长为303nm。理论板数按水杨酸峰计算不低于5000，阿司匹林峰与水杨酸峰的分离度应符合要求。立即精密量取对照品溶液与供试品溶液各10μl，分别注入液相色谱仪，记录色谱图。供试品溶液色谱图中如有与水杨酸峰保留时间一致的色谱峰，按外标法以峰面积计算，不得过0.1%。

易炭化物 取本品0.5g，依法检查（附录0842），与对照液（取比色用氯化钴液0.25ml、比色用重铬酸钾液0.25ml、比色用硫酸铜液0.40ml，加水使成5ml）比较，不得更深。

有关物质 取本品约0.1g，置10ml量瓶中，加1%冰醋酸的甲醇溶液适量，振摇使溶解并稀释至刻度，摇匀，作为供试品溶液；精密量取1ml，置200ml量瓶中，用1%冰醋酸的甲醇溶液稀释至刻度，摇匀，作为对照溶液；精密量取对照溶液1ml，置10ml量瓶中，用1%冰醋酸的甲醇溶液稀释至刻度，摇匀，作为灵敏度溶液。照高效液相色谱法（附录0512）试验。用十八烷基硅烷键合硅胶为填充剂；以乙腈-四氢呋喃-冰醋酸-水（20：5：5：70）为流动相A，乙腈为流动相B，按下表进行梯度洗脱；检测波长为276nm。阿司匹林峰的保留时间约为8分钟，阿司匹林峰与水杨酸峰的分离度应符合要求。分别精密量取供试品溶液、对照溶液、灵敏度溶液与游离水杨酸检查项下的水杨酸对照品溶液各10μl，注入液相色谱仪，记录色谱图。供试品溶液色谱图中如有杂质峰，除水杨酸峰外，其他各杂质峰面积的和不得大于对照溶液主峰面积（0.5%）。供试品溶液色谱图中小于灵敏度溶液主峰面积的色谱峰忽略不计。

时间（分钟）	流动相A（%）	流动相B（%）
0	100	0
60	20	80

干燥失重 取本品，置五氧化二磷为干燥剂的干燥器中，在60℃减压干燥至恒重，减失重量不得过0.5%（附录0831）。

炽灼残渣 不得过0.1%（附录0841）。

重金属 取本品1.0g，加乙醇23ml溶解后，加醋酸盐缓冲液（pH3.5）2ml，依法检查（附录0821第一法），含重金属不得过百万分之十。

【含量测定】 取本品约0.4g，精密称定，加中性乙醇（对酚酞指示液显中性）20ml溶解后，加酚酞指示液3滴，用氢氧化钠滴定液（0.1mol/L）滴定。每1ml氢氧化钠滴定液（0.1mol/L）相当于18.02mg的$C_9H_8O_4$。

【类别】 解热镇痛药。

【贮藏】 密封，在干燥处保存。

【制剂】 阿司匹林片

阿司匹林片

Asipilin Pian

Aspirin Tablets

本品含阿司匹林（$C_9H_8O_4$）应为标示量的95.0%～105.0%。

【性状】 本品为白色片。

【鉴别】 （1）取本品的细粉适量（约相当于阿司匹林0.1g），加水10ml，煮沸，放冷，加三氯化铁试液1滴，即显紫堇色。

（2）在含量测定项下记录的色谱图中，供试品溶液主峰的保留时间应与对照品溶液主峰的保留时间一致。

【检查】 **游离水杨酸** 临用新制。取本品细粉适量（约相当于阿司匹林0.5g），精密称定，置100ml量瓶中，用1%冰醋酸的甲醇溶液振摇使阿司匹林溶解，并稀释至刻度，摇匀，用滤膜滤过，取续滤液作为供试品溶液；取水杨酸对照品约15mg，精密称定，置50ml量瓶中，加1%冰醋酸的甲醇溶液溶解并稀释至刻度，摇匀，精密量取5ml，置100ml量瓶中，用1%冰醋酸的甲醇溶液稀释至刻度，摇匀，作为对照品溶液。照阿司匹林游离水杨酸项下的方法测定。供试品溶液色谱图中如有与水杨酸峰保留时间一致的色谱峰，按外标法以峰面积计算，不得过标示量的0.3%。

溶出度 取本品，照溶出度与释放度测定法（附录0931第一法），以盐酸溶液（稀盐酸24ml加水至1000ml，即得）1000ml为溶出介质，转速为每分钟100转，依法操作，经30分钟时，取溶液10ml滤过，取续滤液作为供试品溶液；另取阿司匹林对照品，精密称定，加1%冰醋酸的甲醇溶液溶解并稀释制成每1ml中约含0.24mg（0.3g规格）或0.4mg（0.5g规格）的溶液，作为阿司匹林对照品溶液；取水杨酸对照品，精密称定，加1%冰醋酸的甲醇溶液溶解并稀释制成每1ml中约含0.03mg（0.3g规格）或0.05mg（0.5g规格）的溶液，作为水杨酸对照品溶液。照含量测定项下的色谱条件，精密量取供试品溶液、阿司匹林对照品溶液与水杨酸对照品溶液各10μl，分别注入液相色谱仪，记录色谱图。按外标法以峰面积分别计算每片中阿司匹林与水杨酸含量，将水杨酸含量乘以1.304后，与阿司匹林含量相加即得每片溶出量。限度为标示量的80%，应符合规定。

其他 应符合片剂项下有关的各项规定（附录0101）。

【含量测定】 照高效液相色谱法（附录0512）测定。

色谱条件与系统适用性试验 用十八烷基硅烷键合硅胶为填充剂；以乙腈-四氢呋喃-冰醋酸-水（20：5：5：70）为流动相；检测波长为276nm。理论板数按阿司匹林峰计算不低于3000，阿司匹林峰与水杨酸峰的分离度应符合要求。

测定法 取本品20片，精密称定，充分研细，精密称取细粉适量（约相当于阿司匹林10mg），置100ml量瓶中，用1%冰醋酸的甲醇溶液强烈振摇使阿司匹林溶解，并用1%冰醋酸的甲醇溶液稀释至刻度，摇匀，滤膜滤过，取续滤液，作为供试品溶液，精密量取10μl，注入液相色谱仪，记录色谱图；另取阿司匹林对照品，精密称定，加1%冰醋酸的甲醇溶液振摇使溶解并定量稀释制成每1ml中约含0.1mg的溶液，同法测定。按外标法以峰面积计算，即得。

【作用与用途】 解热镇痛药。用于发热性疾患、肌肉痛、关节痛。

【用法与用量】 以阿司匹林计。内服：一次量，马、牛15~30g；羊、猪1~3g；犬0.2~1g。

【不良反应】 （1）本品能抑制凝血酶原合成，连续长期应用可引发出血倾向。

（2）对胃肠道有刺激作用，剂量大时易导致食欲不振、恶心、呕吐乃至消化道出血，长期使用可引发胃肠溃疡。

【注意事项】 （1）奶牛泌乳期禁用。

（2）猫因缺乏葡萄糖苷酸转移酶，对本品代谢很慢，容易造成药物蓄积，故对猫的毒性很大。

（3）胃炎、胃溃疡患畜慎用，与碳酸钙同服，可减少对胃的刺激。不宜空腹投药。发生出血倾向时，可用维生素K治疗。

（4）解热时，动物应多饮水，以利于排汗和降温，否则会因出汗过多而造成水和电解质平衡失调或虚脱。

（5）老龄动物、体弱或体温过高患畜，解热时宜用小剂量，以免大量出汗而引起虚脱。

（6）动物发生中毒时，可采取洗胃、导泻、内服碳酸氢钠及静注5%葡萄糖和0.9%氯化钠等解救。

【规格】　（1）0.3g　（2）0.5g

【贮藏】　密封，在干燥处保存。

阿 苯 达 唑
Abendazuo
Albendazole

$C_{12}H_{15}N_3O_2S$　265.34

本品为N-（5-丙硫基-1H-苯并咪唑-2-基）氨基甲酸甲酯。按干燥品计算，含$C_{12}H_{15}N_3O_2S$不得少于98.5%。

【性状】　本品为白色或类白色粉末；无臭。

本品在冰醋酸中溶解，在丙酮或三氯甲烷中微溶，在乙醇中几乎不溶，在水中不溶。

熔点　本品的熔点（附录0612）为206～212℃，熔融时同时分解。

吸收系数　取本品约10mg，精密称定，置100ml量瓶中，加冰醋酸5ml溶解后，用乙醇稀释至刻度，摇匀，精密量取5ml，置50ml量瓶中，用乙醇稀释至刻度，摇匀，照紫外-可见分光光度法（附录0401），在295nm的波长处测定吸光度，吸收系数（$E_{1cm}^{1\%}$）为430～458。

【鉴别】　（1）取本品约0.1g，置试管底部，管口放一湿润的醋酸铅试纸，加热灼烧试管底部，产生的气体能使醋酸铅试纸显黑色。

（2）取本品约0.1g，溶于微温的稀硫酸中，滴加碘化铋钾试液，即生成红棕色沉淀。

（3）取吸收系数项下的溶液，照紫外-可见分光光度法（附录0401）测定，在295nm的波长处有最大吸收，在277nm的波长处有最小吸收。

（4）本品的红外光吸收图谱应与对照的图谱一致。如发现在1380cm^{-1}处的吸收峰与对照的图谱不一致时，可取本品适量溶于无水乙醇中，置水浴上蒸干，减压干燥后测定。

【检查】　**有关物质**　取本品，加三氯甲烷-冰醋酸（9：1）溶解并制成每1ml中含10mg的溶液，作为供试品溶液；精密量取适量，用三氯甲烷-冰醋酸（9：1）分别稀释制成每1ml中含100μg和20μg的溶液作为对照溶液（1）和（2）。照薄层色谱法（附录0502）试验，吸取上述三种溶液各5μl，分别点于同一硅胶G薄层板上，以三氯甲烷-乙醚-冰醋酸（30：7：3）为展开剂，展开，晾干，立即置紫外光灯（254nm）下检视。对照溶液（2）应显一个明显斑点，供试品溶液如显杂质斑点，其荧光强度与对照溶液（1）的主斑点比较，不得更强。

干燥失重　取本品，在105℃干燥至恒重，减失重量不得过0.5%（附录0831）。

炽灼残渣　取本品1.0g，依法检查（附录0841），遗留残渣不得过0.2%。

铁盐　取炽灼残渣项下遗留的残渣，加盐酸2ml，置水浴上蒸干，再加稀盐酸4ml，微温溶解后，加水30ml与过硫酸铵50mg，依法检查（附录0807），与标准铁溶液3.0ml制成的对照液比较，不得更深（0.003%）。

【含量测定】 取本品约0.2g，精密称定，加冰醋酸20ml溶解后，加结晶紫指示液1滴，用高氯酸滴定液（0.1mol/L）滴定至溶液显绿色，并将滴定的结果用空白试验校正。每1ml高氯酸滴定液（0.1mol/L）相当于26.53mg的$C_{12}H_{15}N_3O_2S$。

【类别】 抗蠕虫药。

【贮藏】 密封保存。

【制剂】 阿苯达唑片

阿苯达唑片
Abendazuo Pian
Albendazole Tablets

本品含阿苯达唑（$C_{12}H_{15}N_3O_2S$）应为标示量的90.0%～110.0%。

【性状】 本品为类白色片。

【鉴别】 （1）取本品的细粉适量（约相当于阿苯达唑0.2g），加乙醇30ml，置水浴上加热使阿苯达唑溶解，滤过，滤液置水浴上蒸干，残渣照阿苯达唑项下的鉴别（1）、（2）项试验，显相同的反应。

（2）取含量测定项下的溶液，照紫外-可见分光光度法（附录0401）测定，在295nm的波长处有最大吸收，在277nm波长处有最小吸收。

【检查】 **溶出度** 取本品，照溶出度与释放度测定法（附录0931第二法）以0.1mol/L盐酸溶液900ml为溶出介质，转速为每分钟75转，依法操作，经45分钟时，取溶液滤过，精密量取续滤液适量，用0.1mol/L氢氧化钠溶液稀释制成每1ml中约含10μg的溶液，作为供试品溶液；另取阿苯达唑对照品约20mg，精密称定，置100ml量瓶中，加2%盐酸甲醇溶液5ml，振摇使溶解，用0.1mol/L盐酸溶液稀释至刻度，摇匀，精密量取5ml，置100ml量瓶中，用0.1mol/L氢氧化钠溶液稀释至刻度，摇匀，作为对照品溶液，照紫外-可见分光光度法（附录0401），在308nm的波长处分别测定吸光度，计算每片的溶出量。限度为标示量的65%，应符合规定。

其他 应符合片剂项下有关的各项规定（附录0101）。

【含量测定】 取本品20片，精密称定，研细，精密称取适量（约相当于阿苯达唑20mg），置100ml量瓶中，加冰醋酸10ml，振摇使阿苯达唑溶解，用乙醇稀释至刻度，摇匀，滤过，精密量取续滤液5ml，置100ml量瓶中，用乙醇稀释至刻度，摇匀，照紫外-可见分光光度法（附录0401），在295nm的波长处测定吸光度，按$C_{12}H_{15}N_3O_2S$的吸收系数（$E_{1cm}^{1\%}$）为444计算，即得。

【作用与用途】 抗蠕虫药。用于畜禽线虫病、绦虫病和吸虫病。

【用法与用量】 以阿苯达唑计。内服：一次量，每1kg体重，马5～10mg；牛、羊10～15mg；猪5～10mg；犬25～50mg；禽10～20mg。

【不良反应】 （1）犬以50mg/kg每天2次用药，会逐渐产生厌食症。

（2）猫可出现轻微嗜睡、抑郁、厌食等症状，当用本品治疗并殖吸虫病时有抗服的现象。

（3）可引起犬猫的再生障碍性贫血。

（4）对妊娠早期动物有致畸和胚胎毒性的作用。

【注意事项】 （1）奶牛泌乳期禁用。

（2）牛羊妊娠期前45天内忌用。

【休药期】　牛14日，羊4日，猪7日，禽4日；弃奶期60小时。

【规格】　（1）25mg　（2）50mg　（3）0.1g　（4）0.2g　（5）0.3g　（6）0.5g

【贮藏】　密封保存。

阿 莫 西 林

Amoxilin

Amoxicillin

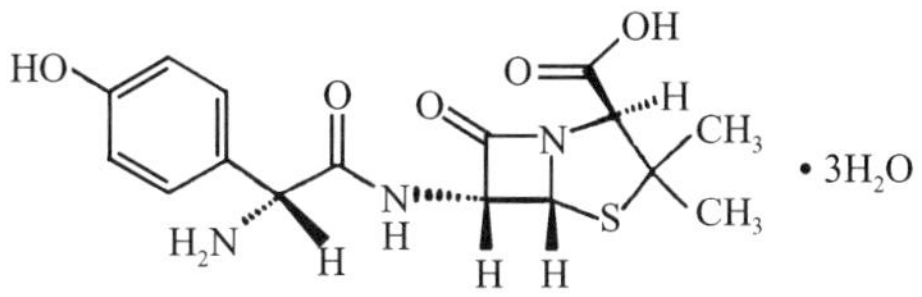

$$C_{16}H_{19}N_3O_5S \cdot 3H_2O \quad 419.46$$

本品为（2*S*,5*R*,6*R*）-3,3-二甲基-6-〔（*R*）-（-）-2-氨基-2-（4-羟基苯基）乙酰氨基〕-7-氧代-4-硫杂-1-氮杂双环[3.2.0]庚烷-2-甲酸三水合物。按无水物计算，含阿莫西林（按$C_{16}H_{19}N_3O_5S$计）不得少于95.0%。

【性状】　本品为白色或类白色结晶性粉末。

本品在水中微溶，在乙醇中几乎不溶。

比旋度　取本品，精密称定，加水溶解并定量稀释制成每1ml中约含2mg的溶液，依法测定（附录0621），比旋度为+290°至+315°。

【鉴别】　（1）取本品与阿莫西林对照品各约0.125g，分别加4.6%碳酸氢钠溶液溶解并稀释制成每1ml中约含阿莫西林10mg的溶液，作为供试品溶液与对照品溶液；另取阿莫西林对照品和头孢唑啉对照品各适量，加4.6%碳酸氢钠溶液溶解并稀释制成每1ml中约含阿莫西林10mg和头孢唑啉5mg的溶液作为系统适用性溶液。照薄层色谱法（附录0502）试验，吸取上述三种溶液各2μl，分别点于同一硅胶GF$_{254}$薄层板上，以乙酸乙酯-丙酮-冰醋酸-水（5∶2∶2∶1）为展开剂，展开，晾干，置紫外灯254nm下检视。系统适用性溶液应显两个清晰分离的斑点，供试品溶液所显主斑点的位置和颜色应与对照品溶液主斑点的位置和颜色相同。

（2）在含量测定项下记录的色谱图中，供试品溶液主峰的保留时间应与对照品溶液主峰的保留时间一致。

（3）本品的红外光吸收图谱应与对照的图谱一致。

以上（1）、（2）两项可选做一项。

【检查】　**酸度**　取本品，加水制成每1ml中含2mg的溶液，依法测定（附录0631），pH值应为3.5～5.5。

溶液的澄清度　取本品5份，各1.0g，分别加0.5mol/L盐酸溶液10ml，溶解后立即观察，另取本品5份，各1.0g，分别加2mol/L氨溶液10ml溶解后立即观察，溶液均应澄清。如显浑浊，与2号浊度标准液（附录0902）比较，均不得更浓。

有关物质　取本品适量，精密称定，加流动相A溶解并定量稀释成每1ml中约含2.0mg的溶液，作为供试品溶液；另取阿莫西林对照品适量，精密称定，用流动相A溶解并定量稀释制成每1ml中约含20μg的溶液，作为对照溶液。照高效液相色谱法（附录0512）测定，用十八烷基硅烷键合硅胶为填充剂；以0.05mol/L磷酸盐缓冲液（取0.05mol/L磷酸二氢钾溶液，用2mol/L氢氧化钾溶液调节pH值至5.0）-乙腈（99：1）为流动相A；以0.05mol/L磷酸盐缓冲液（pH5.0）-乙腈（80：20）为流动相B；检测波长为254nm。先以流动相A-流动相B（92：8）等度洗脱，待阿莫西林峰洗脱完毕后立即按下表线性梯度洗脱。取阿莫西林系统适用性对照品适量，加流动相A溶解并稀释制成每1ml中约含2.0mg的溶液，取20μl注入液相色谱仪，记录的色谱图应与标准图谱一致。精密量取对照溶液和供试品溶液各20μl，分别注入液相色谱仪，记录色谱图，供试品溶液色谱图中如有杂质峰，单个杂质峰面积不得大于对照溶液主峰面积（1.0%），各杂质峰面积的和不得大于对照溶液主峰面积的3倍（3.0%），供试品溶液色谱图中小于对照溶液主峰面积0.05倍的色谱峰可忽略不计。

时间（分钟）	流动相A（%）	流动相B（%）
0	92	8
25	0	100
40	0	100
41	92	8
55	92	8

阿莫西林聚合物 照分子排阻色谱法（附录0514）测定。

色谱条件与系统适用性试验 用葡聚糖凝胶G-10（40～120μm）为填充剂，玻璃柱内径1.0～1.4cm，柱长30～40cm，流动相A为pH8.0的0.05mol/L磷酸盐缓冲液〔0.05mol/L磷酸氢二钠溶液-0.05mol/L磷酸二氢钠溶液（95：5）〕，流动相B为水，流速为每分钟1.5ml，检测波长为254nm。量取0.2mg/ml蓝色葡聚糖2000溶液100～200μl注入液相色谱仪，分别以流动相A、B为流动相进行测定，记录色谱图。按蓝色葡聚糖2000峰计算理论板数均不低于500，拖尾因子均应小于2.0。在两种流动相系统中蓝色葡聚糖2000峰保留时间的比值应在0.93～1.07之间，对照溶液主峰和供试品溶液中聚合物峰与相应色谱系统中蓝色葡聚糖2000峰的保留时间的比值均应在0.93～1.07之间。称取阿莫西林约0.2g，置10ml量瓶中，加2%无水碳酸钠溶液4ml使溶解后，用0.3mg/ml的蓝色葡聚糖2000溶液稀释至刻度，摇匀。量取100～200μl注入液相色谱仪，用流动相A进行测定，记录色谱图。高聚体的峰高与单体与高聚体之间的谷高比应大于2.0。另以流动相B为流动相，精密量取对照溶液100～200μl，连续进样5次，峰面积的相对标准偏差应不大于5.0%。

对照溶液的制备 取青霉素对照品适量，精密称定，加水溶解并定量稀释制成每1ml中约含0.2mg的溶液。

测定法 取本品约0.2g，精密称定，置10ml量瓶中，加2%无水碳酸钠溶液4ml使溶解，用水稀释至刻度，摇匀，立即精密量取100～200μl注入色谱仪，以流动相A为流动相进行测定，记录色谱图。另精密量取对照溶液100～200μl注入色谱仪，以流动相B为流动相，同法测定。按外标法以青霉素峰面积计算，结果乘以校正因子0.2，阿莫西林聚合物的量不得过0.15%。

残留溶剂 精密称取本品0.25g，置顶空瓶中，精密加二甲基乙酰胺5ml溶解，密封，作为供试品溶液；精密称取丙酮和二氯甲烷适量，用二甲基乙酰胺定量稀释制成每1ml中约含丙酮40μg和二氯甲烷30μg的溶液，精密量取5ml，置顶空瓶中，密封，作为对照品溶液。照残留溶剂测定法（附录0861第二法）测定。以6%氰丙基苯基-94%二甲基聚硅氧烷（或极性相近）为固定液的毛细管柱为色谱柱；初始温度为40℃，维持4分钟，再以每分钟30℃的速率升温至200℃，维持6分钟；进样口温度为300℃，检测器温度为250℃；顶空瓶平衡温度为80℃，平衡时间为30分钟；取对照品溶液顶空进样，记录色谱图。丙酮和二氯甲烷的分离度应符合要求。取供试品溶液和对照品溶液分别顶空进样，记录色谱图。按外标法以峰面积计算，二氯甲烷的残留量不得过0.12%，丙酮的残留量应符合规定。

水分 取本品，照水分测定法（附录0832第一法A）测定，含水分应为12.0%~15.0%。

炽灼残渣 取本品1.0g，依法检查（附录0841），遗留残渣不得过1.0%。

【含量测定】 照高效液相色谱法（附录0512）测定。

色谱条件与系统适用性试验 用十八烷基硅烷键合硅胶为填充剂；以0.05mol/L磷酸二氢钾溶液（用2mol/L氢氧化钾溶液调节pH值至5.0）-乙腈（97.5：2.5）为流动相；检测波长254nm。取阿莫西林系统适用性对照品约25mg，置50ml量瓶中，用流动相溶解并稀释至刻度，摇匀，取20μl注入液相色谱仪，记录的色谱图应与标准图谱一致。

测定法 取本品约25mg，精密称定，置50ml量瓶中，加流动相溶解并稀释至刻度，摇匀，精密量取20μl注入液相色谱仪，记录色谱图；另取阿莫西林对照品适量，同法测定。按外标法以峰面积计算，即得。

【类别】 β-内酰胺类抗生素。

【贮藏】 遮光，密封保存。

【制剂】 阿莫西林可溶性粉

阿莫西林可溶性粉

Amoxilin Kerongxingfen

Amoxicillin Soluble Powder

本品为阿莫西林与无水葡萄糖配制而成。含阿莫西林（按$C_{16}H_{19}N_3O_5S$计）应为标示量的90.0%~110.0%。

【性状】 本品为白色或类白色粉末。

【鉴别】 （1）取本品适量（约相当于阿莫西林0.125g），加4.6%碳酸氢钠溶液溶解并稀释制成每1ml中约含阿莫西林10mg的溶液，作为供试品溶液，照阿莫西林项下的鉴别（1）项试验，显相同的结果。

（2）在含量测定项下记录的色谱图中，供试品溶液主峰的保留时间应与对照品溶液主峰的保留时间一致。

以上（1）、（2）两项可选做一项。

【检查】 溶解性 取本品50mg，加水100ml，搅拌，应溶解。

水分 取本品，照水分测定法（附录0832第一法A）测定，含水分不得过5.0%。

其他 应符合可溶性粉剂项下有关的各项规定（附录0108）。

【含量测定】 取本品适量，精密称定，加流动相使溶解并定量稀释制成每1ml中约含0.5mg的溶液，照阿莫西林项下的方法测定，即得。

【作用与用途】 β-内酰胺类抗生素。用于治疗鸡对阿莫西林敏感的革兰氏阳性菌和革兰氏阴性菌感染。

【用法与用量】 以阿莫西林计。 内服：一次量，每1kg体重，鸡20～30mg，一日2次，连用5日；混饮：每1L水，鸡60mg，连用3～5日。

【不良反应】 对胃肠道正常菌群有较强的干扰作用。

【注意事项】 （1）蛋鸡产蛋期禁用。

（2）对青霉素耐药的革兰氏阳性菌感染不宜使用。

（3）现配现用。

【休药期】 鸡7日。

【规格】 （1）5% （2）10%

【贮藏】 遮光，密封保存。

纯 化 水

Chunhuashui

Purified Water

H_2O 18.02

本品为饮用水经蒸馏法、离子交换法、反渗透法或其他适宜的方法制得的制药用水，不含任何添加剂。

【性状】 本品为无色的澄清液体；无臭。

【检查】 酸碱度 取本品10ml，加甲基红指示液2滴，不得显红色；另取10ml，加溴麝香草酚蓝指示液5滴，不得显蓝色。

硝酸盐 取本品5ml置试管中，于冰浴中放冷，加10%氯化钾溶液0.4ml与0.1%二苯胺硫酸溶液0.1ml，摇匀，缓缓滴加硫酸5ml，摇匀，将试管于50℃水浴中放置15分钟，溶液产生的蓝色与标准硝酸盐溶液〔取硝酸钾0.163g，加水溶解并稀释至100ml，摇匀，精密量取1ml，用水稀释成100ml，再精密量取10ml，用水稀释成100ml，摇匀，即得（每1ml相当于$1\mu g$ NO_3）〕0.3ml，加无硝酸盐的水4.7ml，用同一方法处理后的颜色比较，不得更深（0.000 006%）。

亚硝酸盐 取本品10ml，置纳氏管中，加对氨基苯磺酰胺的稀盐酸溶液（1→100）1ml及盐酸萘乙二胺溶液（0.1→100）1ml，产生的粉红色，与标准亚硝酸盐溶液〔取亚硝酸钠0.750g（按干燥品计算），加水溶解，稀释至100ml，摇匀，精密量取1ml，用水稀释成100ml，摇匀，再精密量取1ml，用水稀释成50ml，摇匀，即得（每1ml相当于$1\mu g$ NO_2）〕0.2ml，加无亚硝酸盐的水9.8ml，用同一方法处理后的颜色比较，不得更深（0.000 002%）。

氨 取本品50ml，加碱性碘化汞钾试液2ml，放置15分钟；如显色，与氯化铵溶液（取氯化铵31.5mg，加无氨水适量使溶解并稀释成1000ml）1.5ml，加无氨水48ml与碱性碘化汞钾试液2ml制成的对照液比较，不得更深（0.000 03%）。

电导率 应符合规定（附录0681）。

易氧化物 取本品100ml，加稀硫酸10ml，煮沸后，加高锰酸钾滴定液（0.02mol/L）0.10ml，再煮沸10分钟，粉红色不得完全消失。

不挥发物 取本品100ml，置105℃恒重的蒸发皿中，在水浴上蒸干，并在105℃干燥至恒重，遗留残渣不得过1mg。

重金属 取本品100ml，加水19ml，蒸发至20ml，放冷，加醋酸盐缓冲液（pH3.5）2ml与水适量使成25ml，加硫代乙酰胺试液2ml，摇匀，放置2分钟，与标准铅溶液1.0ml加水19ml用同一方法处理后的颜色比较，不得更深（0.000 01%）。

微生物限度 取本品不少于1ml 经薄膜过滤法处理，采用R2A琼脂培养基，30~35℃培养不少于5日，依法检查（附录1105），1ml供试品中需氧菌总数不得过100cfu。

R2A琼脂培养基处方及制备

酵母浸出粉	0.5g	蛋白胨	0.5g
酪蛋白水解物	0.5g	葡萄糖	0.5g
可溶性淀粉	0.5g	磷酸氢二钾	0.3g
无水硫酸镁	0.024g	丙酮酸钠	0.3g
琼脂	15g	纯化水	1000ml

除葡萄糖、琼脂外，取上述成分，混合，微温溶解，调节pH值使加热后在25℃的pH值为7.2±0.2，加入琼脂，加热溶化后，再加入葡萄糖，摇匀，分装，灭菌。

R2A琼脂培养基适用性检查试验 照非无菌产品微生物限度检查：微生物计数法（附录1105）中"计数培养基适用性检查"的胰酪大豆胨琼脂培养基的适用性检查方法进行，试验菌株为铜绿假单胞菌和枯草芽孢杆菌。应符合规定。

【类别】 溶剂、稀释剂。

【贮藏】 密闭保存。

青 霉 素 钠

Qingmeisuna

Benzylpenicillin Sodium

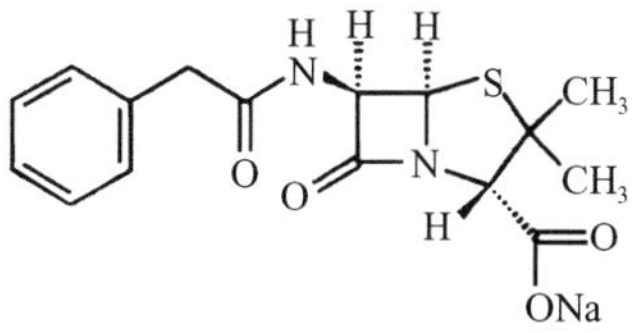

$C_{16}H_{17}N_2NaO_4S$ 356.38

本品为（$2S,5R,6R$）-3,3-二甲基-6-（2-苯乙酰氨基）-7-氧代-4-硫杂-1-氮杂双环[3.2.0]庚烷-2-甲酸钠盐。按干燥品计算，含$C_{16}H_{17}N_2NaO_4S$不得少于96.0%。

【性状】 本品为白色结晶性粉末；无臭或微有特异性臭；有引湿性；遇酸、碱或氧化剂等即迅速失效，水溶液在室温放置易失效。

本品在水中极易溶解，在乙醇中溶解，在脂肪油或液状石蜡中不溶。

【鉴别】 （1）在含量测定项下记录的色谱图中，供试品溶液主峰的保留时间应与对照品溶液主峰的保留时间一致。

（2）本品的红外光吸收图谱应与对照的图谱一致。

（3）本品显钠盐鉴别（1）的反应（附录0301）。

【检查】 结晶性 取本品少许，依法检查（附录0981），应符合规定。

酸碱度 取本品，加水制成每1ml中含30mg的溶液，依法测定（附录0631），pH值应为5.0~7.5。

溶液的澄清度与颜色 取本品5份，各0.3g，分别加水5ml使溶解，溶液应澄清无色；如显浑浊，与1号浊度标准液（附录0902）比较，均不得更浓；如显色，与黄色或黄绿色1号标准比色液

· 143 ·

（附录0901第一法）比较，均不得更深。

吸光度 取本品，精密称定，加水溶解并定量稀释制成每1ml中约含1.80mg的溶液，照紫外-可见分光光度法（附录0401），在280nm与325nm波长处测定，吸光度均不得大于0.10；在264nm波长处有最大吸收，吸光度应为0.80～0.88。

有关物质 取本品适量，加水溶解并定量稀释制成每1ml中约含4mg的溶液，作为供试品溶液；精密量取1ml，置100ml量瓶中，用水稀释至刻度，作为对照溶液；精密量取对照溶液适量，用水定量稀释制成每1ml中约含1.0μg的溶液，作为灵敏度溶液。照高效液相色谱法（附录0512）试验。用十八烷基硅烷键合硅胶为填充剂；以磷酸盐缓冲液（取磷酸二氢钾10.6g，加水至1000ml，用磷酸调节pH值至3.4）-甲醇（72：14）为流动相A，乙腈为流动相B；检测波长为225nm，流速为1.0ml/min，柱温为34℃。取青霉素系统适用性对照品适量，加水溶解并稀释制成每1ml中约含4mg的溶液，取20μl注入液相色谱仪，先以流动相A-流动相B（86.5：13.5）等度洗脱，待杂质E的第3个色谱峰（见参考图谱）洗脱完毕后，立即按下表进行线性梯度洗脱，记录的色谱图应与标准图谱一致。取灵敏度溶液20μl注入液相色谱仪，主成分色谱峰的信噪比应大于10。精密量取对照溶液和供试品溶液各20μl，分别注入液相色谱仪，记录色谱图，供试品溶液色谱图中如有杂质峰，各杂质峰面积的和不得大于对照溶液主峰面积（1.0%）。供试品溶液色谱图中小于灵敏度溶液主峰面积的色谱峰忽略不计。

时间（分钟）	流动相A（%）	流动相B（%）
0	86.5	13.5
$*t_g+2$	86.5	13.5
t_g+26	64	36
t_g+38	64	36
t_g+39	86.5	13.5
t_g+50	86.5	13.5

$*t_g$：青霉素系统适用性对照品溶液中杂质E的第3个色谱峰的保留时间。

青霉素聚合物 照分子排阻色谱法（附录0514）测定。

色谱条件与系统适用性试验 用葡聚糖凝胶G-10（40～120μm）为填充剂，玻璃柱内径：1.0～1.4cm，柱长：30～40cm，流动相A为pH7.0的0.1mol/L磷酸盐缓冲液〔0.1mol/L磷酸氢二钠溶液-0.1mol/L磷酸二氢钠溶液（61：39）〕，流动相B为水，流速每分钟1.5ml，检测波长为254nm，量取0.1mg/ml蓝色葡聚糖2000溶液100～200μl注入液相色谱仪，分别以流动相A、B进行测定，记录色谱图。理论板数按蓝色葡聚糖2000峰计算均不低于400，拖尾因子均应小于2.0。在两种流动相系统中蓝色葡聚糖2000峰的保留时间的比值应在0.93～1.07之间，对照溶液主峰与供试品溶液中聚合物峰与相应色谱系统中蓝色葡聚糖2000峰的保留时间的比值均应在0.93～1.07之间。取本品约0.4g置10ml量瓶中，加0.05mg/ml的蓝色葡聚糖2000溶液溶解并稀释至刻度，摇匀。量取100～200μl注入液相色谱仪，用流动相A进行测定，记录色谱图。高聚体的峰高与单体与高聚体之间的谷高比应大于2.0。另以流动相B为流动相，精密量取对照溶液100～200μl，连续进样5次，峰面积的相对标准偏差应不大于5.0%。

对照溶液的制备 取青霉素对照品适量，精密称定，加水溶解并定量稀释制成每1ml中约含青霉素0.1mg的溶液。

测定法 取本品约0.4g，精密称定，置10ml量瓶中，加水适量使溶解后，用水稀释至刻度，摇匀，立即精密量取100～200μl注入液相色谱仪，以流动相A为流动相进行测定，记录色谱图。另精密量取对照溶液100～200μl注入液相色谱仪，以流动相B为流动相进行测定，记录色谱图。按外标法以青霉素峰面积计算，含青霉素聚合物的量不得过0.08%。

干燥失重 取本品，在105℃干燥至恒重，减失重量不得过0.5%（附录0831）。

可见异物 取本品5份，每份各2.4g，加微粒检查用水溶解，依法检查（附录0904），应符合规定。（供无菌分装用）

不溶性微粒 取本品3份，加微粒检查用水制成每1ml中含60mg的溶液，依法检查（附录0903），每1g样品中，含10μm及10μm以上的微粒不得过6000粒，含25μm及25μm以上的微粒不得过600粒。（供无菌分装用）

细菌内毒素 取本品，依法检查（附录1143），每1000青霉素单位中含内毒素的量应小于0.10EU。（供注射用）

无菌 取本品，用适宜溶剂溶解，加青霉素酶灭活后或用适宜溶剂稀释后，经薄膜过滤法处理，依法检查（附录1101），应符合规定。（供无菌分装用）

【含量测定】 照高效液相色谱法（附录0512）测定。

色谱条件与系统适用性试验 用十八烷基硅烷键合硅胶为填充剂；以有关物质项下流动相A-流动相B（70：30）为流动相，检测波长为225nm；取青霉素系统适用性试验对照品适量，加水溶解并稀释制成每1ml中约含1mg的溶液，取20μl注入液相色谱仪，记录的色谱图应与标准图谱一致。

测定法 取本品适量，精密称定，加水溶解并定量稀释制成每1ml中约含1mg的溶液，作为供试品溶液，精密量取20μl，注入液相色谱仪，记录色谱图；另取青霉素对照品适量，同法测定。按外标法以峰面积计算，其结果乘以1.0658，即为供试品中$C_{16}H_{17}N_2NaO_4S$的含量。

【类别】 β-内酰胺类抗生素。

【贮藏】 严封，在凉暗干燥处保存。

【制剂】 注射用青霉素钠

附：

1. 青霉素钠有关物质参考图谱

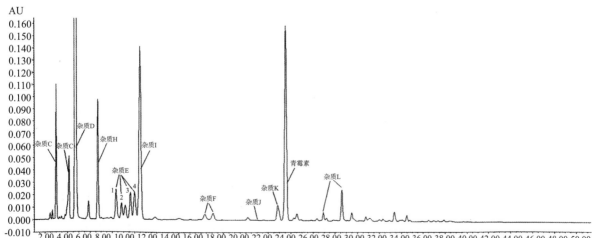

2. 杂质

杂质 C

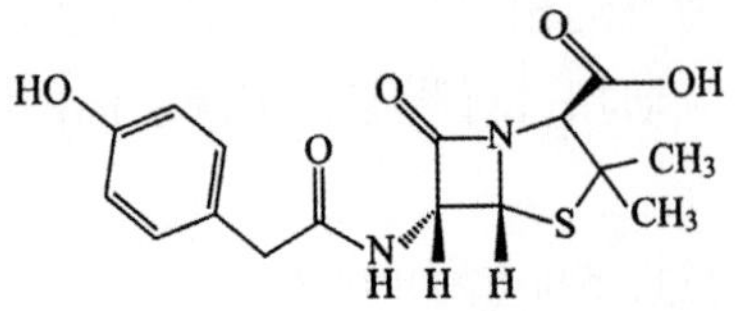

C₁₆H₁₈N₂O₅S   350.09

（2S,5R,6R）-6-｛〔（4-羟基苯基）乙酰基〕氨基｝-3,3-二甲基-7-氧代-4-硫杂-1-氮杂双环[3.2.0]庚烷-2-羧酸

杂质 D

C₁₆H₁₈N₂O₄S   334.10

（3S,7R,7aR）-5-苯基-2,2-二甲基-2,3,7,7a-四氢咪唑并[5,1-b]噻唑-3,7-二羧酸

杂质 E

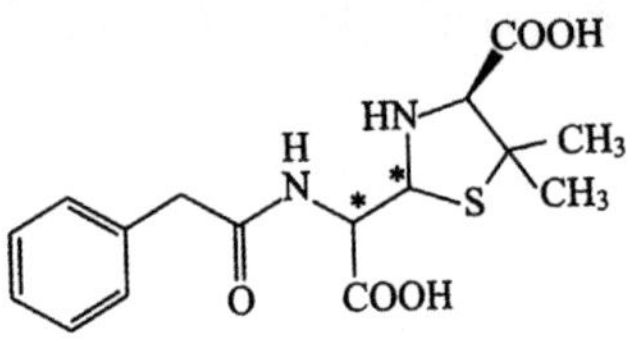

C₁₆H₂₀N₂O₅S   352.11

（4S）-2-｛羧基〔（苯乙酰基）氨基〕甲基｝-5,5-二甲基噻唑烷-4-羧酸

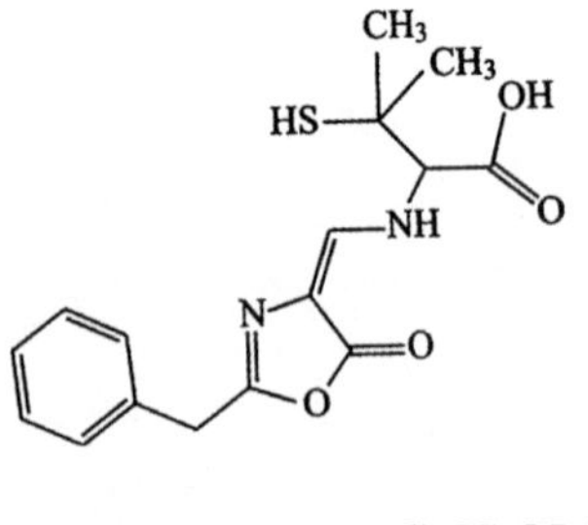

杂质 F

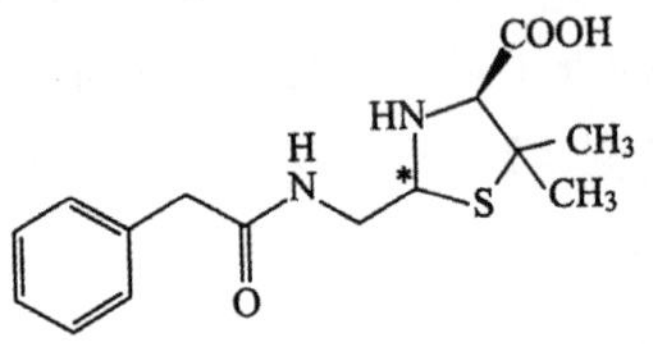

C₁₅H₂₀N₂O₃S   308.12

（2RS,4S）-2-｛〔（苯乙酰基）氨基〕甲基｝-5,5-二甲基噻唑烷-4-羧酸

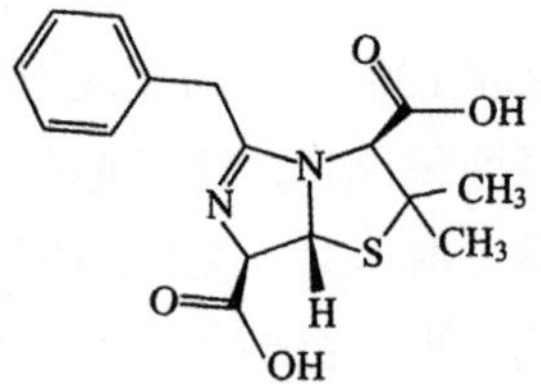

杂质 G

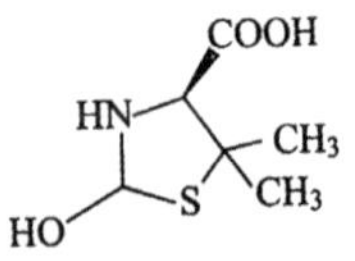

C₆H₁₁NO₃S   177.05

2-羟基-5,5-二甲基噻唑烷-4-羧酸

杂质 H

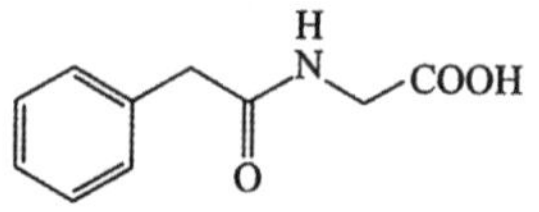

C₁₀H₁₁NO₃   193.07

2-〔（苯乙酰基）氨基〕-乙酸

杂质 I

C₁₆H₁₈N₂O₄S   334.10

2-｛（1E）-〔2-苄基-5-氧代噁唑-4（5H）-亚基〕甲氨基｝-3-巯基-3-甲基丁酸

杂质 J

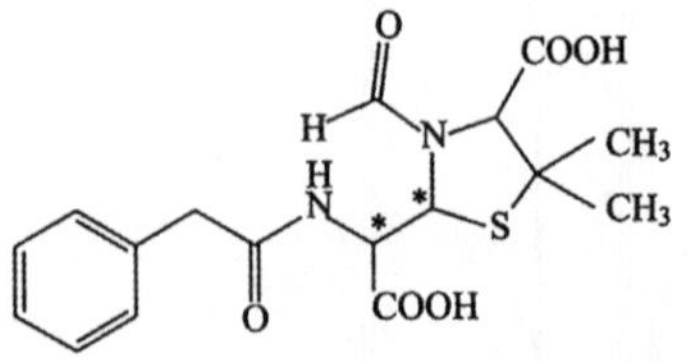

C₁₇H₂₀N₂O₆S   380.10

2-｛羧基〔（苯乙酰基）氨基〕甲基｝-3-甲酰基-5,5-二甲基噻唑烷-4-羧酸

杂质K

青霉酸二聚体（Penicillic acid dimer）

杂质L

$C_{26}H_{29}N_3O_7S$　527.17

2-｛羧基〔（苯乙酰基）氨基〕甲基｝-3-
｛2-〔（苯乙酰基）氨基〕乙酰基｝- 5,5-二甲
基噻唑烷-4-羧酸

注射用青霉素钠

Zhusheyong Qingmeisuna

Benzylpenicillin Sodium for Injection

本品为青霉素钠的无菌粉末。按干燥品计算，含$C_{16}H_{17}N_2NaO_4S$不得少于96.0%；按平均装量计算，含$C_{16}H_{17}N_2NaO_4S$应为标示量的95.0%～115.0%。

【性状】　本品为白色结晶性粉末。

【鉴别】　取本品，照青霉素钠项下的鉴别试验，显相同的结果。

【检查】　**溶液的澄清度与颜色**　取本品5瓶，按标示量分别加水制成每1ml中含60mg的溶液，溶液应澄清无色；如显浑浊，与1号浊度标准液（附录0902）比较，均不得更浓；如显色，与黄色或黄绿色2号标准比色液（附录0901第一法）比较，均不得更深。

青霉素聚合物　取装量差异项下的内容物，照青霉素钠项下的方法测定。按外标法以青霉素峰面积计算，青霉素聚合物的量不得过标示量的0.10%。

干燥失重　取本品，在105℃干燥至恒重，减失重量不得过1.0%（附录0831）。

不溶性微粒　取本品，按标示量加微粒检查用水制成每1ml中含60mg的溶液，依法检查（附录0903），标示量为1.0g 以下的折算为每1.0g样品中含10μm及10μm以上的微粒不得过6000粒，含25μm及25μm以上的微粒不得过600粒；标示量为1.0g以上（包括1.0g）每个供试品容器中含10μm及10μm以上的微粒不得过6000粒，含25μm及25μm以上的微粒不得过600粒。

酸碱度、有关物质、细菌内毒素与无菌　照青霉素钠项下的方法检查，均应符合规定。

其他　应符合注射剂项下有关的各项规定（附录0102）。

【含量测定】　取装量差异项下的内容物，照青霉素钠项下的方法测定。每1mg的$C_{16}H_{17}N_2NaO_4S$相当于1670青霉素单位。

【作用与用途】　β-内酰胺类抗生素。主要用于革兰氏阳性菌感染，亦用于放线菌及钩端螺旋体等的感染。

【用法与用量】　以青霉素钠计。肌内注射：一次量，每1kg体重，马、牛1万～2万单位；羊、猪、驹、犊2万～3万单位；犬、猫3万～4万单位；禽5万单位。一日2～3次，连用2～3日。

临用前，加灭菌注射用水适量使溶解。

【不良反应】　（1）主要是过敏反应，大多数家畜均可发生，但发生率较低。局部反应表现为注射部位水肿、疼痛，全身反应为荨麻疹、皮疹，严重者可引起休克或死亡。

（2）对某些动物，青霉素可诱导胃肠道的二重感染。

【注意事项】　（1）青霉素钠易溶于水，水溶液不稳定，很易水解，水解率随温度升高而加速，因此注射液应在临用前配制。必需保存时，应置冰箱中（2~8℃），可保存7日，在室温只能保存24小时。

（2）应了解与其他药物的相互作用和配伍禁忌，以免影响青霉素的药效。

（3）大剂量注射可能出现高血钠症，对肾功能减退或心功能不全患畜会产生不良后果。

（4）治疗破伤风时宜与破伤风抗毒素合用。

【休药期】　0日；弃奶期72小时。

【规格】　按$C_{16}H_{17}N_2NaO_4S$计算　（1）0.24g（40万单位）　（2）0.48g（80万单位）　（3）0.6g（100万单位）　（4）0.96g（160万单位）　（5）2.4g（400万单位）

【贮藏】　密闭，在凉暗干燥处保存。

青 霉 素 钾

Qingmeisujia

Benzylpenicillin Potassium

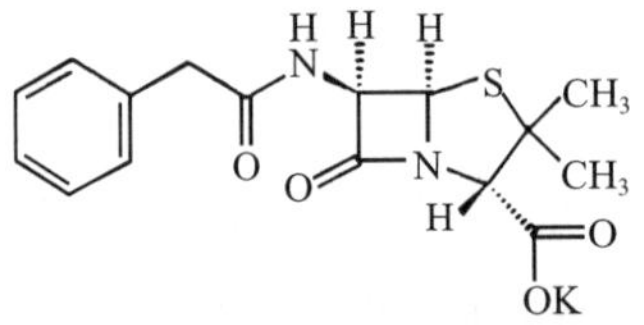

$C_{16}H_{17}KN_2O_4S$　372.49

本品为（2S,5R,6R）-3,3-二甲基-6-（2-苯乙酰氨基）-7-氧代-4-硫杂-1-氮杂双环[3.2.0]庚烷-2-甲酸钾盐。按干燥品计算，含$C_{16}H_{17}KN_2O_4S$不得少于96.0%。

【性状】　本品为白色结晶性粉末；无臭或微有特异性臭；有引湿性；遇酸、碱或氧化剂等即迅速失效，水溶液在室温放置易失效。

本品在水中极易溶解，在乙醇中略溶，在脂肪油或液状石蜡中不溶。

【鉴别】　（1）在含量测定项下记录的色谱图中，供试品溶液主峰的保留时间应与对照品溶液主峰的保留时间一致。

（2）本品的红外光吸收图谱应与对照的图谱一致。

（3）本品显钾盐鉴别（1）的反应（附录0301）。

【检查】　吸光度　取本品，精密称定，加水溶解并定量稀释制成每1ml中含1.88mg的溶液，照紫外-可见分光光度法（附录0401）测定，在280nm与325nm的波长处，吸光度均不得大于0.10；在264nm的波长处有最大吸收，吸光度应为0.80~0.88。

可见异物　取本品5份，每份各0.625g，加微粒检查用水溶解，依法检查（附录0904），应符合规定。（供无菌分装用）

不溶性微粒　取本品3份，加微粒检查用水制成每1ml中含50mg的溶液，依法检查（附录0903），每1g样品中，含10μm及10μm以上的微粒不得过6000粒，含25μm及25μm以上的微粒不得过600粒。（供无菌分装用）

结晶性、酸碱度、溶液的澄清度与颜色、有关物质、青霉素聚合物、干燥失重、细菌内毒素（供注射用）与**无菌**（供无菌分装用）　照青霉素钠项下的方法检查，均应符合规定。

【含量测定】 取本品，照青霉素钠项下的方法测定，按外标法以峰面积计算，其结果乘以1.1136，即为供试品中$C_{16}H_{17}KN_2O_4S$的含量。

【类别】 β-内酰胺类抗生素。

【贮藏】 严封，在凉暗干燥处保存。

【制剂】 注射用青霉素钾

注射用青霉素钾

Zhusheyong Qingmeisujia

Benzylpenicillin Potassium for Injection

本品为青霉素钾的结晶性无菌粉末。按干燥品计算，含$C_{16}H_{17}KN_2O_4S$不得少于96.0%；按平均装量计算，含$C_{16}H_{17}KN_2O_4S$应为标示量的95.0%~115.0%。

【性状】 本品为白色结晶性粉末。

【鉴别】 取本品，照青霉素钾项下的鉴别试验，显相同的结果。

【检查】 **溶液的澄清度与颜色** 照注射用青霉素钠项下的方法检查，应符合规定。

青霉素聚合物 取装量差异项下的内容物，精密称取适量，照青霉素钠项下的方法测定，按外标法以青霉素峰面积计算，青霉素聚合物的量不得过标示量的0.10%。

干燥失重 取本品，在105℃干燥至恒重，减失重量不得过1.0%（附录0831）。

不溶性微粒 取本品，按标示量加微粒检查用水制成每1ml中含50mg的溶液，依法检查（附录0903），标示量为1.0g以下的折算为每1.0g样品中含10μm及10μm以上的微粒不得过6000粒，含25μm及25μm以上的微粒不得过600粒；标示量为1.0g以上（包括1.0g）每个供试品容器中含10μm及10μm以上的微粒不得过6000粒，含25μm及25μm以上的微粒不得过600粒。

酸碱度、有关物质、细菌内毒素与无菌 照青霉素钠项下的方法检查，均应符合规定。

其他 应符合注射剂项下有关的各项规定（附录0102）。

【含量测定】 取装量差异项下的内容物，精密称取适量，照青霉素钾项下的方法测定，即得。每1mg的$C_{16}H_{17}KN_2O_4S$相当于1598青霉素单位。

【作用与用途】 β-内酰胺类抗生素。主要用于革兰氏阳性菌感染，亦用于放线菌及钩端螺旋体等的感染。

【用法与用量】 以青霉素钾计。肌内注射：一次量，每1kg体重，马、牛1万~2万单位；羊、猪、驹、犊2万~3万单位；犬、猫3万~4万单位；禽5万单位。一日2~3次，连用2~3日。

临用前，加灭菌注射用水适量使溶解。

【不良反应】 （1）主要是过敏反应，大多数家畜均可发生，但发生率较低。局部反应表现为注射部位水肿、疼痛，全身反应为荨麻疹、皮疹，严重者可引起休克或死亡。

（2）对某些动物，青霉素可诱导胃肠道的二重感染。

【注意事项】 （1）青霉素钾易溶于水，水溶液不稳定，很易水解，水解率随温度升高而加速，因此注射液应在临用前配制。必需保存时，应置冰箱中（2~8℃），可保存7天，在室温只能保存24小时。

（2）应了解与其他药物的相互作用和配伍禁忌，以免影响青霉素的药效。

（3）大剂量注射可能出现高血钾症。对肾功能减退或心功能不全患畜会产生不良后果，钾离子对心脏的不良作用更严重。

（4）治疗破伤风时宜与破伤风抗毒素合用。

【休药期】 0日；弃奶期72小时。

【规格】 按$C_{16}H_{17}KN_2O_4S$计算 （1）0.25g（40万单位） （2）0.5g（80万单位） （3）0.625g（100万单位） （4）1.0g（160万单位） （5）2.5g（400万单位）

【贮藏】 密闭，在凉暗干燥处保存。

苯 扎 溴 铵

Benzhaxiu'an

Benzalkonium Bromide

本品为溴化二甲基苄基烃铵的混合物。按无水物计算，含烃铵盐（$C_{22}H_{40}BrN$）应为95.0%～105.0%。

【性状】 本品在常温下为黄色胶状体，低温时可能逐渐形成蜡状固体；水溶液呈碱性反应，振摇时产生多量泡沫。

本品在水或乙醇中易溶，在丙酮中微溶，在乙醚中不溶。

【鉴别】 （1）取本品约0.2g，加硫酸1ml使溶解，加硝酸钠0.1g，置水浴上加热5分钟，放冷，加水10ml与锌粉0.5g，置水浴上微温5分钟；取上清液2ml，加5%亚硝酸钠溶液1ml，置冰浴中冷却，再加碱性β-萘酚试液3ml，即显橙红色。

（2）取本品1%水溶液10ml，加稀硝酸0.5ml，即生成白色沉淀，滤过，沉淀加乙醇即溶解；滤液显溴化物的鉴别反应（附录0301）。

【检查】 **溶液的澄清度与颜色** 取本品1.0g，加新沸放冷的水100ml使溶解，溶液应澄清无色；如显浑浊，与1号浊度标准液（附录0902）比较，不得更浓；如显色，与黄色2号标准比色液（附录0901第一法）比较，不得更深。

氨化合物 取本品溶液（2→100）5ml，置试管中，加氢氧化钠试液3ml，加热煮沸，不得发生氨臭。

非季铵类物 取本品4.0g，加水溶解并稀释至100ml，取25.0ml，置分液漏斗中，加三氯甲烷25ml与氢氧化钠滴定液（0.1mol/L）10ml，精密加新制的5%碘化钾溶液10ml，振摇，静置使分层，分取水层用三氯甲烷振摇洗涤3次，每次10ml，弃去三氯甲烷层，水层加盐酸40ml，放冷，加50%溴化钾溶液40ml，用碘酸钾滴定液（0.05mol/L）滴定至淡棕色，加三氯甲烷2ml，继续滴定并剧烈振摇至三氯甲烷层红色消失；另量取上述剩余的水溶液25.0ml，置分液漏斗中，加三氯甲烷25ml与盐酸滴定液（0.1mol/L）10ml，照上述方法，自"精密加新制的5%碘化钾溶液10ml"起，依法测定。前后两次消耗的碘酸钾滴定液（0.05mol/L）之差，不得大于0.5ml。

水分 取本品，照水分测定法（附录0832第一法A）测定，含水分不得过10.0%。

炽灼残渣 取本品1.0g，依法检查（附录0841），遗留残渣不得过0.1%。

【含量测定】 取本品约0.25g，精密称定，置具塞锥形瓶中，加水50ml与氢氧化钠试液1ml，摇匀，加溴酚蓝指示液0.4ml与三氯甲烷10ml，用四苯硼钠滴定液（0.02mol/L）滴定，将近终点时必须强力振摇，至三氯甲烷层的蓝色消失，即得。每1ml四苯硼钠滴定液（0.02mol/L）相当于7.969mg的$C_{22}H_{40}BrN$。

【类别】 消毒防腐药。

【贮藏】 遮光，密封保存。

【制剂】 苯扎溴铵溶液

苯扎溴铵溶液

Benzhaxiu'an Rongye

Benzalkonium Bromide Solution

本品为苯扎溴铵的水溶液，含烃铵盐以$C_{22}H_{40}BrN$计算，应为标示量的95.0%～105.0%。

【性状】 本品为无色至淡黄色的澄清液体；气芳香；强力振摇则发生多量泡沫。遇低温可能发生浑浊或沉淀。

【鉴别】 取本品10ml，置水浴上蒸干后，残渣照苯扎溴铵项下的鉴别试验，显相同的反应。

【检查】 装量 取本品，依法检查（附录0942），应符合规定。

微生物限度 取本品，照非无菌产品微生物限度检查：微生物计数法（附录1105）和控制菌检查法（附录1106）及非无菌兽药微生物限度标准（附录1107）检查，应符合规定。

【含量测定】 精密量取本品适量（约相当于苯扎溴铵0.25g），照苯扎溴铵含量测定项下的方法测定，即得。

【作用与用途】 消毒防腐药。用于手术器械、皮肤和创面消毒。

【用法与用量】 以苯扎溴铵计。创面消毒：配成0.01%溶液；皮肤、手术器械消毒：配成0.1%溶液。

【注意事项】 （1）禁与肥皂及其他阴离子表面活性剂、盐类消毒剂、碘化物和过氧化物等合用，术者用肥皂洗手后，务必用水冲净后再用本品。

（2）不宜用于眼科器械和合成橡胶制品的消毒。

（3）配制器械消毒液时，需加0.5%亚硝酸钠以防生锈，其水溶液不得贮存于聚乙烯制作的容器内，以避免与增塑剂起反应而使药液失效。

（4）可引起人的药物过敏。

【规格】 （1）5% （2）20%

【贮藏】 遮光，密闭保存。

苯 巴 比 妥

Benbabituo

Phenobarbital

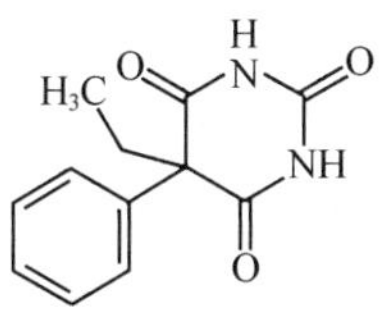

$C_{12}H_{12}N_2O_3$ 232.24

本品为5-乙基-5-苯基-2,4,6（1H,3H,5H）-嘧啶三酮。按干燥品计算，含$C_{12}H_{12}N_2O_3$不得少于98.5%。

【性状】 本品为白色有光泽的结晶性粉末；无臭；饱和水溶液显酸性反应。

本品在乙醇或乙醚中溶解，在三氯甲烷中略溶，在水中极微溶解；在氢氧化钠或碳酸钠溶液中溶解。

熔点 本品的熔点（附录0612）为174.5～178℃。

【鉴别】 （1）取本品约10mg，加硫酸2滴与亚硝酸钠约5mg，混合，即显橙黄色，随即转橙红色。

（2）取本品约50mg，置试管中，加甲醛试液1ml，加热煮沸，冷却，沿管壁缓缓加硫酸0.5ml，使成两液层，置水浴中加热。接界面显玫瑰红色。

（3）本品的红外光吸收图谱应与对照的图谱一致。

（4）本品显丙二酰脲类的鉴别反应（附录0301）。

【检查】 酸度 取本品0.20g，加水10ml，煮沸搅拌1分钟，放冷，滤过，取滤液5ml，加甲基橙指示液1滴，不得显红色。

乙醇溶液的澄清度 取本品1.0g，加乙醇5ml，加热回流3分钟，溶液应澄清。

有关物质 取本品，加流动相溶解并稀释制成每1ml中含1mg的溶液，作为供试品溶液；精密量取1ml，置200ml量瓶中，用流动相稀释至刻度，摇匀，作为对照溶液。照高效液相色谱法（附录0512）试验，用辛烷基硅烷键合硅胶为填充剂；以乙腈-水（25:75）为流动相，检测波长为220nm；理论板数按苯巴比妥峰计算不低于2500，苯巴比妥峰与相邻杂质峰的分离度应符合要求。精密量取对照溶液与供试品溶液各5μl，分别注入液相色谱仪，记录色谱图至主成分峰保留时间的3倍，供试品溶液色谱图中如有杂质峰，单个杂质峰面积不得大于对照溶液主峰面积（0.5%），各杂质峰面积的和不得大于对照溶液主峰面积的2倍（1.0%）。

中性或碱性物质 取本品1.0g，置分液漏斗中，加氢氧化钠试液10ml溶解后，加水5ml与乙醚25ml，振摇1分钟，分取醚层，用水振摇洗涤3次，每次5ml，取醚液经干燥滤纸滤过，滤液置105℃恒重的蒸发皿中，蒸干，在105℃干燥1小时，遗留残渣不得过3mg。

干燥失重 取本品，在105℃干燥至恒重，减失重量不得过1.0%（附录0831）。

炽灼残渣 不得过0.1%（附录0841）。

【含量测定】 取本品约0.2g，精密称定，加甲醇40ml使溶解，再加新制的3%无水碳酸钠溶液15ml，照电位滴定法（附录0701），用硝酸银滴定液（0.1mol/L）滴定。每1ml硝酸银滴定液（0.1mol/L）相当于23.22mg的$C_{12}H_{12}N_2O_3$。

【类别】 巴比妥类药。

【贮藏】 密封保存。

【制剂】 苯巴比妥片

苯巴比妥片
Benbabituo Pian
Phenobarbital Tablets

本品含苯巴比妥（$C_{12}H_{12}N_2O_3$）应为标示量的93.0%～107.0%。

【性状】 本品为白色片。

【鉴别】　（1）取本品的细粉适量（约相当于苯巴比妥0.1g），加无水乙醇10ml，充分振摇，滤过，滤液置水浴上蒸干，残渣照苯巴比妥项下的鉴别（1）、（4）项试验，显相同的反应。

（2）在含量测定项下记录的色谱图中，供试品溶液主峰的保留时间应与对照品溶液主峰的保留时间一致。

【检查】　**有关物质**　取本品细粉适量，加流动相溶解并稀释制成每1ml中约含苯巴比妥1mg的溶液，滤过，取续滤液作为供试品溶液；精密量取1ml，置200ml量瓶中，用流动相稀释至刻度，摇匀，作为对照溶液。照苯巴比妥有关物质项下的方法测定，供试品溶液色谱图中如有杂质峰，单个杂质峰面积不得大于对照溶液主峰面积（0.5%），各杂质峰面积的和不得大于对照溶液主峰面积的2倍（1.0%）。

含量均匀度　取本品1片，置50ml（30mg规格）或25ml（15mg规格）量瓶中，加流动相适量，照含量测定项下的方法，自"超声20分钟"起，依法测定，应符合规定（附录0941）。

溶出度　取本品，照溶出度与释放度测定法（附录0931第二法），以水900ml为溶出介质，转速为每分钟50转，依法操作，经45分钟时，取溶液滤过，精密量取续滤液适量，用硼酸氯化钾缓冲液（pH9.6）定量稀释制成每1ml中约含5μg的溶液，摇匀；另取苯巴比妥对照品，精密称定，加上述缓冲液溶解并定量稀释成每1ml中含5μg的溶液。取上述两种溶液，照紫外-可见分光光度法（附录0401），在240nm的波长处分别测定吸光度，计算每片的溶出量。限度为标示量的75%，应符合规定。

其他　应符合片剂项下有关的各项规定（附录0101）。

【含量测定】　照高效液相色谱法（附录0512）测定。

色谱条件与系统适用性试验　用辛烷基硅烷键合硅胶为填充剂；乙腈-水（30∶70）为流动相；检测波长为220nm。理论板数按苯巴比妥峰计算不低于2000，苯巴比妥与相邻色谱峰的分离度应符合要求。

测定法　取本品20片，精密称定，研细，精密称取适量（约相当于苯巴比妥30mg），置50ml量瓶中，加流动相适量，超声20分钟使苯巴比妥溶解，放冷，用流动相稀释至刻度，摇匀，滤过，精密量取续滤液1ml，置10ml量瓶中，用流动相稀释至刻度，摇匀，作为供试品溶液，精密量取10μl注入液相色谱仪，记录色谱图。另取苯巴比妥对照品，精密称定，加流动相溶解并定量稀释制成每1ml中约含苯巴比妥60μg的溶液，同法测定。按外标法以峰面积计算，即得。

【作用与用途】　巴比妥类药。用于缓解脑炎、破伤风、士的宁中毒所致的惊厥。

【用法与用量】　内服：一次量，每1kg体重，犬、猫6~12mg。

【不良反应】　（1）犬可能表现抑郁与躁动不安综合征，有时出现运动失调。

（2）猫对本品敏感，易致呼吸抑制。

【注意事项】　（1）肝肾功能不全、支气管哮喘或呼吸抑制的患畜禁用。严重贫血、心脏疾患的患畜及孕畜慎用。

（2）中毒时可用安钠咖、戊四氮、尼可刹米等中枢兴奋药解救。

（3）内服本品中毒的初期，可先用1∶2000的高锰酸钾洗胃，再以硫酸钠（忌用硫酸镁）导泻，并结合用碳酸氢钠碱化尿液以加速药物排泄。

【规格】　（1）15mg　（2）30mg　（3）100mg

【贮藏】　密封保存。

苯巴比妥钠

Benbabituona

Phenobarbital Sodium

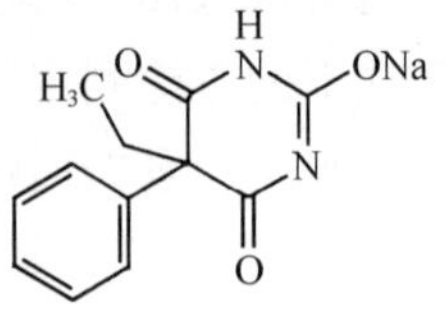

$C_{12}H_{11}N_2NaO_3$ 254.22

本品为5-乙基-5-苯基-2,4,6（1H,3H,5H）-嘧啶三酮一钠盐。按干燥品计算，含$C_{12}H_{11}N_2NaO_3$不得少于98.5%。

【性状】　本品为白色结晶性颗粒或粉末；无臭；有引湿性。

本品在水中极易溶解，在乙醇中溶解，在三氯甲烷或乙醚中几乎不溶。

【鉴别】　（1）取本品约0.5g，加水5ml溶解后，加稍过量的稀盐酸，即析出白色结晶性沉淀，滤过；沉淀用水洗净，在105℃干燥后，依法测定（附录0612），熔点为174～178℃；剩余的沉淀照苯巴比妥项下的鉴别（1）、（2）、（4）试验，显相同的反应。

（2）本品的红外光吸收图谱应与对照的图谱一致。

（3）本品显钠盐的鉴别反应（附录0301）。

【检查】　碱度　取本品1.0g，加水10ml溶解后，依法测定（附录0631），pH值应为9.5～10.5。

溶液的澄清度　取本品1.0g，加水10ml溶解后，溶液应澄清（供注射用）。

有关物质　取本品，用流动相溶解并稀释制成每1ml中含1mg的溶液，作为供试品溶液；精密量取1ml，置200ml量瓶中，用流动相稀释至刻度，摇匀，作为对照溶液。照高效液相色谱法（附录0512）试验，用辛烷基硅烷键合硅胶为填充剂；以乙腈-水（25：75）为流动相；检测波长为220nm；理论板数按苯巴比妥峰计算不低于2500，苯巴比妥峰与相邻杂质峰的分离度应符合要求。精密量取对照溶液与供试品溶液各5μl，分别注入液相色谱仪，记录色谱图至主成分峰保留时间的3倍，供试品溶液的色谱图中如有杂质峰，单个杂质峰面积不得大于对照溶液的主峰面积（0.5%），各杂质峰面积的和不得大于对照溶液主峰面积的2倍（1.0%）。

干燥失重　取本品，在150℃干燥至恒重，减失重量不得过6.0%（附录0831）。

重金属　取本品2.0g，加水32ml溶解后，缓缓加1mol/L盐酸溶液8ml，充分振摇，静置数分钟，滤过；取滤液20ml，加酚酞指示液1滴与氨试液适量至溶液恰显粉红色，加醋酸盐缓冲液（pH3.5）2ml与水适量使成25ml，依法检查（附录0821第一法），含重金属不得过百万分之十。

细菌内毒素　取本品依法检查（附录1143），每1mg苯巴比妥钠中含内毒素的量应小于0.50EU。（供注射用）

无菌　取本品，加灭菌水各10ml溶解后，依法检查（附录1101），应符合规定。（供无菌分装用）

【含量测定】　取本品约0.2g，精密称定，照苯巴比妥项下的方法测定。每1ml硝酸银滴定液（0.1mol/L）相当于25.42mg的$C_{12}H_{11}N_2NaO_3$。

【类别】 巴比妥类药。

【贮藏】 遮光，严封保存。

【制剂】 注射用苯巴比妥钠

注射用苯巴比妥钠

Zhusheyong Benbabituona

Phenobarbital Sodium for Injection

本品为苯巴比妥钠的无菌结晶或粉末。按干燥品计算，含$C_{12}H_{11}N_2NaO_3$不得少于98.5%；按平均装量计算，含苯巴比妥钠（$C_{12}H_{11}N_2NaO_3$）应为标示量的93.0%~107.0%。

【性状】 本品为白色结晶性颗粒或粉末。

【鉴别】 照苯巴比妥钠项下的鉴别试验，显相同的结果。

【检查】 **碱度** 照苯巴比妥钠项下的方法检查，应符合规定。

有关物质 取本品约10mg，置10ml量瓶中，加流动相溶解并稀释至刻度，摇匀，作为供试品溶液；精密量取1ml，置200ml量瓶中，用流动相稀释至刻度，摇匀，作为对照溶液。照苯巴比妥钠有关物质项下的方法测定，供试品溶液中如有杂质峰，单个杂质峰面积均不得大于对照溶液的主峰面积（0.5%），各杂质峰面积的和不得大于对照溶液主峰面积的2倍（1.0%）。

干燥失重 取本品，在150℃干燥至恒重，减失重量不得过7.0%（附录0831）。

细菌内毒素 取本品，依法检查（附录1143），每1mg苯巴比妥钠中含内毒素的量应小于0.50EU。

无菌 取本品，分别加灭菌水制成每1ml中含50mg的溶液，依法检查（附录1101），应符合规定。

其他 应符合注射剂项下有关的各项规定（附录0102）。

【含量测定】 取装量差异项下的内容物，照苯巴比妥项下的方法测定。每1ml硝酸银滴定液（0.1mol/L）相当于25.42mg的$C_{12}H_{11}N_2NaO_3$。

【作用与用途】 巴比妥类药。用于缓解脑炎、破伤风、士的宁中毒所致的惊厥。

【用法与用量】 肌内注射：一次量，羊、猪0.25~1g；每1kg体重，犬、猫6~12mg。

【不良反应】 （1）犬可能表现抑郁与躁动不安综合征，犬、猪有时出现运动失调。

（2）猫对本品敏感，易致呼吸抑制。

【注意事项】 （1）本品水溶液不可与酸性药物配伍。

（2）肝肾功能不全、支气管哮喘或呼吸抑制的患畜禁用。严重贫血、心脏疾患的患畜及孕畜慎用。

（3）中毒时可用安钠咖、戊四氮、尼可刹米等中枢兴奋药解救。

【休药期】 28日；弃奶期7日。

【规格】 （1）0.1g （2）0.5g

【贮藏】 遮光，密闭保存。

苯丙酸诺龙

Benbingsuan Nuolong

Nandrolone Phenylpropionate

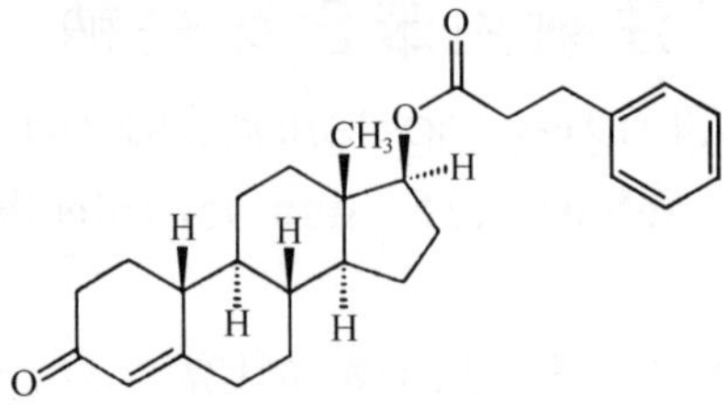

$C_{27}H_{34}O_3$ 406.57

本品为17β-羟基雌甾-4-烯-3-酮-3-苯丙酸酯。按干燥品计算，含$C_{27}H_{34}O_3$应为97.0%~103.0%。

【性状】 本品为白色或类白色结晶性粉末；有特殊臭。

本品在甲醇或乙醇中溶解，在植物油中略溶，在水中几乎不溶。

熔点 本品的熔点（附录0612）为93~99℃。

比旋度 取本品，精密称定，加二氧六环溶解并定量稀释制成每1ml中约含10mg的溶液，依法测定（附录0621），比旋度为+48°至+51°。

【鉴别】 （1）在含量测定项下记录的色谱图中，供试品溶液主峰的保留时间应与对照品溶液主峰的保留时间一致。

（2）本品的红外光吸收图谱应与对照的图谱一致。

【检查】 **有关物质** 取本品，用甲醇溶解并稀释制成每1ml中约含2mg的溶液，作为供试品溶液；精密量取2ml，置100ml量瓶中，用甲醇稀释至刻度，摇匀，作为对照溶液。除检测波长254nm外，照含量测定项下的色谱条件，精密量取对照溶液与供试品溶液各10μl，分别注入液相色谱仪，记录色谱图至主成分峰保留时间的2倍。供试品溶液的色谱图中如有杂质峰，单个杂质峰面积不得大于对照溶液主峰面积0.5倍（1.0%），各杂质峰面积的和不得大于对照溶液主峰面积的0.75倍（1.5%）。供试品溶液色谱图中小于对照溶液主峰面积0.01倍的色谱峰可忽略不计。

干燥失重 取本品，置五氧化二磷干燥器中，减压干燥至恒重，减失重量不得过0.5%（附录0831）。

【含量测定】 照高效液相色谱法（附录0512）测定。

色谱条件与系统适用性试验 用十八烷基硅烷键合硅胶为填充剂；以甲醇-水（82：18）为流动相；检测波长为241nm。取苯丙酸诺龙与丙酸睾酮，用甲醇溶解并稀释制成每1ml中各约含0.4mg的溶液，取10μl注入液相色谱仪，出峰顺序依次为丙酸睾酮与苯丙酸诺龙，丙酸睾酮峰与苯丙酸诺龙峰的分离度应大于10.0。

测定法 取本品约20mg，精密称定，置50ml量瓶中，加甲醇溶解并稀释至刻度，摇匀，精密量取10μl，注入液相色谱仪，记录色谱图；另取苯丙酸诺龙对照品，同法测定。按外标法以峰面积计算，即得。

【类别】 同化激素类药。

【贮藏】 遮光，密封保存。

【制剂】 苯丙酸诺龙注射液

苯丙酸诺龙注射液

Benbingsuan Nuolong Zhusheye

Nandrolone Phenylpropionate Injection

本品为苯丙酸诺龙的灭菌油溶液。含苯丙酸诺龙（$C_{27}H_{34}O_3$）应为标示量的90.0%～110.0%。

【性状】　本品为淡黄色的澄明油状液体。

【鉴别】　（1）取本品适量（约相当于苯丙酸诺龙50mg），加石油醚（沸程40～60℃）8ml使苯丙酸诺龙溶解，用冰醋酸-水（7：3）提取3次，每次8ml；合并提取液，用石油醚（沸程40～60℃）10ml洗涤一次，弃去洗液，提取液用水稀释至溶液变浑有析出物后，置冰浴中放置2小时，滤过；沉淀用水洗净，置五氧化二磷干燥器中减压干燥后，得白色结晶性粉末。取此粉末与苯丙酸诺龙对照品适量，分别用丙酮溶解制成每1ml中含5mg的溶液，作为供试品溶液与对照品溶液。照薄层色谱法（附录0502）试验。吸取上述两种溶液各10μl，分别点于同一硅胶G薄层板上，以正庚烷-丙酮（2：1）为展开剂，展开，晾干，喷以硫酸-乙醇（1：49），在110℃加热15分钟。供试品溶液所显主斑点的位置和颜色应与对照品溶液的主斑点相同。

（2）在含量测定项下记录的色谱图中，供试品溶液主峰的保留时间应与对照品溶液主峰的保留时间一致。

以上（1）、（2）两项可选做一项。

【检查】　**有关物质**　用内容量移液管精密量取本品适量（约相当于苯丙酸诺龙100mg），置10ml量瓶中，用乙醚分数次洗涤移液管内壁，洗液并入量瓶中，用乙醚稀释至刻度，摇匀；精密量取5ml，置具塞离心管中，在温水浴中使乙醚挥散，用甲醇振摇提取4次（第1～3次每次5ml，第4次3ml），每次振摇10分钟后离心15分钟，并用滴管将甲醇液移置25ml量瓶中，合并提取液，用甲醇稀释至刻度，摇匀，作为供试品溶液。照苯丙酸诺龙有关物质项下的方法测定。供试品溶液的色谱图中如有杂质峰，扣除苯甲醇峰，单个杂质峰面积不得大于对照溶液主峰面积的0.5倍（1.0%），各杂质峰面积的和不得大于对照溶液主峰面积的0.75倍（1.5%）。供试品溶液色谱图中小于对照溶液主峰面积0.01倍的色谱峰可忽略不计。

其他　应符合注射剂项下有关的各项规定（附录0102）。

【含量测定】　用内容量移液管精密量取本品适量（约相当于苯丙酸诺龙50mg），置25ml量瓶中，用乙醚分数次洗涤移液管内壁，洗液并入量瓶中，用乙醚稀释至刻度，摇匀；精密量取5ml，置具塞离心管中，在温水浴中使乙醚挥散，用甲醇振摇提取4次（第1～3次各5ml，第4次3ml），每次振摇10分钟后离心15分钟，并用滴管将甲醇液移置25ml量瓶中，合并提取液，用甲醇稀释至刻度，摇匀，作为供试品溶液，照苯丙酸诺龙含量测定项下方法测定，即得。

【作用与用途】　同化激素类药。用于营养不良、慢性消耗性疾病的恢复期。

【用法与用量】　以苯丙酸诺龙计。皮下、肌内注射：一次量，每1kg体重，家畜0.2～1 mg，每2周1次。

【不良反应】　可引起钠、钙、钾、水、氯和磷潴留以及繁殖机能异常；亦可引起肝脏毒性。

【注意事项】　（1）可以作治疗用，但不得在动物性食品中检出。

（2）禁止作促生长剂应用。

（3）肝、肾功能不全时慎用。

【休药期】　28日；弃奶期7日。

【规格】 （1）1ml：10mg （2）1ml：25mg

【贮藏】 遮光，密闭保存。

苯甲酸雌二醇
Benjiasuan Ci'erchun
Estradiol Benzoate

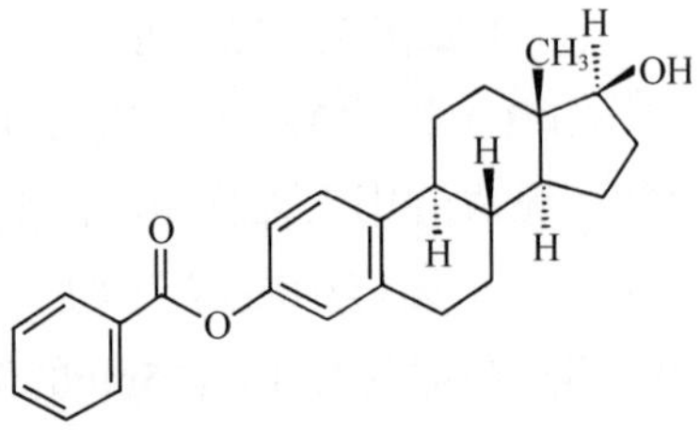

$C_{25}H_{28}O_3$ 376.50

本品为3-羟基雌甾-1,3,5（10）-三烯-17β-醇-3-苯甲酸酯，按干燥品计算，含$C_{25}H_{28}O_3$应为97.0%~103.0%。

【性状】 本品为白色结晶性粉末；无臭。

本品在丙酮中略溶，在乙醇或植物油中微溶，在水中不溶。

熔点 本品的熔点（附录0612）为191~196℃。

比旋度 取本品，精密称定，加二氧六环溶解并定量稀释制成每1ml中含10mg的溶液，依法测定（附录0621），比旋度为+58°至+63°。

吸收系数 取本品，精密称定，加无水乙醇溶解并定量稀释制成每1ml中含10μg的溶液，照紫外-可见分光光度法（附录0401），在230nm的波长处测定吸光度，吸收系数（$E_{1cm}^{1\%}$）为490~520。

【鉴别】 （1）取本品约2mg，加硫酸2ml使溶解，溶液即显黄绿色，并有蓝色荧光；将此溶液倾入2ml水中，溶液显淡橙色。

（2）在含量测定项下记录的色谱图中，供试品溶液主峰的保留时间应与对照品溶液主峰的保留时间一致。

（3）本品的红外光吸收图谱应与对照的图谱一致。

【检查】 有关物质 取本品，加乙腈溶解并稀释制成每1ml中含2mg的溶液，作为供试品溶液；精密量取1ml，置100ml量瓶中，用乙腈稀释至刻度，摇匀，作为对照溶液。照高效液相色谱法（附录0512）试验，用十八烷基硅烷键合硅胶为填充剂；以乙腈-水（60：40）为流动相A，乙腈为流动相B；按下表程序进行线性梯度洗脱，调节流速使苯甲酸雌二醇峰的保留时间约为26分钟，检测波长为230nm。理论板数按苯甲酸雌二醇峰计算不低于4500，苯甲酸雌二醇峰与相邻杂质峰的分离度应符合要求。精密量取对照溶液与供试品溶液各10μl，分别注入液相色谱仪，记录色谱图。供试品溶液色谱图中如有杂质峰，单个杂质峰面积不得大于对照溶液主峰面积（1.0%），各杂质峰面积的和不得大于对照溶液主峰面积的1.5倍（1.5%）。供试品溶液色谱图中小于对照溶液主峰面积0.01倍的色谱峰可忽略不计。

时间（分钟）	流动相A（%）	流动相B（%）
0→t_R+2	100	0
t_R+2→t_R+12	100→10	0→90

（续）

时间（分钟）	流动相A（%）	流动相B（%）
$t_R+12{\rightarrow}t_R+32$	10	90
$t_R+32{\rightarrow}t_R+37$	10→100	90→0
$t_R+37{\rightarrow}t_R+47$	100	0

注：t_R为苯甲酸雌二醇峰保留时间。

干燥失重 取本品，在105℃干燥至恒重，减失重量不得过0.5%（附录0831）。

【含量测定】 照高效液相色谱法（附录0512）测定。

色谱条件与系统适用性试验 用十八烷基硅烷键合硅胶为填充剂；以甲醇-水（80：20）为流动相；检测波长为230nm。理论板数按苯甲酸雌二醇峰计算不低于4500。

测定法 取本品约25mg，精密称定，置25ml量瓶中，加甲醇微温使溶解，放冷，用甲醇稀释至刻度，摇匀，精密量取5ml，置25ml量瓶中，用甲醇稀释至刻度，摇匀，作为供试品溶液，精密量取10μl，注入液相色谱仪，记录色谱图；另取苯甲酸雌二醇对照品，同法测定。按外标法以峰面积计算，即得。

【类别】 性激素类药。

【贮藏】 遮光，密封保存。

【制剂】 苯甲酸雌二醇注射液

苯甲酸雌二醇注射液

Benjiasuan Ci'erchun Zhusheye

Estradiol Benzoate Injection

本品为苯甲酸雌二醇的灭菌油溶液。含苯甲酸雌二醇（$C_{25}H_{28}O_3$）应为标示量的90.0%～110.0%。

【性状】 本品为淡黄色的澄明油状液体。

【鉴别】 （1）取本品适量（约相当于苯甲酸雌二醇1mg），加无水乙醇10ml，强力振摇，置冰浴中放置使分层，取上层乙醇溶液，置离心管中，离心，取上清液，作为供试品溶液；另取苯甲酸雌二醇对照品，加无水乙醇溶解并稀释制成每1ml中含0.1mg的溶液，作为对照品溶液。照薄层色谱法（附录0502）试验，吸取上述两种溶液各10μl，分别点于同一硅胶G薄层板上，以苯-乙醚-冰醋酸（50：30：0.5）为展开剂，展开，晾干，喷以硫酸-无水乙醇（1：1），于105℃加热10～20分钟，取出，放冷，置紫外光灯（365nm）下检视。供试品溶液所显主斑点的位置和颜色应与对照品溶液的主斑点相同。

（2）在含量测定项下记录的色谱图中，供试品溶液主峰的保留时间应与对照品溶液主峰的保留时间一致。

以上（1）、（2）两项可选做一项。

【检查】 **有关物质** 取本品适量（约相当于苯甲酸雌二醇2mg），置100ml量瓶中，加无水乙醇适量，充分振摇，待溶液澄清后，用无水乙醇稀释至刻度，摇匀，作为供试品溶液；精密量取1ml，置100ml量瓶中，用无水乙醇稀释至刻度，摇匀，作为对照溶液。照苯甲酸雌二醇有关物质项下的色谱条件，精密量取对照溶液与供试品溶液各20μl，分别注入液相色谱仪，记录色谱图。供试品溶液的色谱图中如有杂质峰，单个杂质峰面积不得大于对照溶液主峰面积（1.0%），各杂质峰面积的和不得大于对照溶液主峰面积的1.5倍（1.5%）。供试品溶液色谱图中小于对照溶液主峰面积0.01倍的色谱峰可忽略不计。

其他　应符合注射剂项下有关的各项规定（附录0102）。

【含量测定】　用内容量移液管精密量取本品适量（约相当于苯甲酸雌二醇2mg），置100ml量瓶中，加无水乙醇适量，充分振摇，待溶液澄清后，用无水乙醇稀释至刻度，摇匀，作为供试品溶液，照苯甲酸雌二醇含量测定项下的色谱条件，精密量取20μl注入液相色谱仪，记录色谱图；另取苯甲酸雌二醇对照品适量，精密称定，加无水乙醇溶解并定量稀释制成每1ml中约含20μg的溶液，同法测定。按外标法以峰面积计算，即得。

【作用与用途】　性激素类药。用于发情不明显动物的催情及胎衣滞留、死胎的排出。

【用法与用量】　以苯甲酸雌二醇计，肌内注射：一次量，马10～20mg；牛5～20mg；羊1～3mg；猪3～10mg；犬0.2～0.5mg。

【不良反应】　（1）对犬等小动物可引起血液恶液质，多见于老年动物或大剂量应用时。起初血小板和白细胞增多，但逐渐发展为血小板和白细胞下降。严重可致再生障碍性贫血。

（2）可引起囊性子宫内膜增生和子宫蓄脓。

（3）使牛发情期延长，泌乳减少。治疗后可出现早熟、卵泡囊肿。上述作用多因过量应用所致，调整剂量可减轻或消除这些不良反应。

【注意事项】　（1）妊娠早期的动物禁用，以免引起流产或胎儿畸形。

（2）可以作治疗用，但不得在动物性食品中检出。

【休药期】　28日；弃奶期7日。

【规格】　（1）1ml：1mg　（2）1ml：2mg　（3）2ml：3mg　（4）2ml：4mg

【贮藏】　遮光，密闭保存。

苯唑西林钠

Benzuoxilinna

Oxacillin Sodium

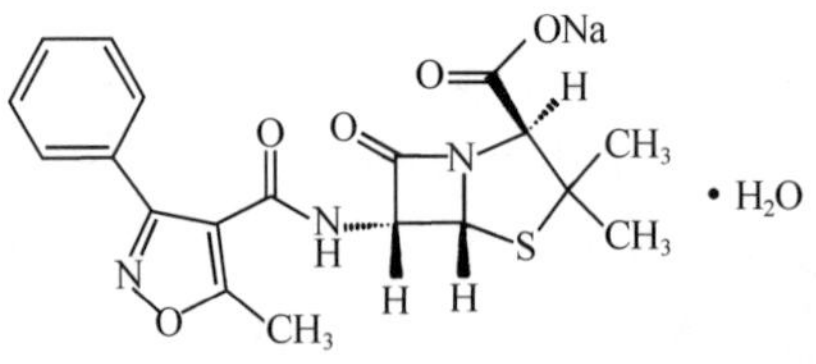

$C_{19}H_{18}N_3NaO_5S \cdot H_2O$　441.44

本品为（2S,5R,6R）-3,3-二甲基-6-（5-甲基-3-苯基-4-异噁唑甲酰氨基）-7-氧代-4-硫杂-1-氮杂双环[3.2.0]庚烷-2-甲酸钠盐一水合物。按无水物计算，含苯唑西林（$C_{19}H_{19}N_3O_5S$）不得少于90.0%。

【性状】　本品为白色粉末或结晶性粉末；无臭或微臭。

本品在水中易溶，在丙酮或丁醇中极微溶解，在乙酸乙酯或石油醚中几乎不溶。

比旋度　取本品，精密称定，加水溶解并定量稀释制成每1ml中约含10mg的溶液，依法测定（附录0621），比旋度为＋195°至＋214°。

【鉴别】 （1）在含量测定项下记录的色谱图中，供试品溶液主峰的保留时间应与对照品溶液主峰的保留时间一致。

（2）本品的红外光吸收图谱应与对照的图谱一致。

（3）本品显钠盐鉴别（1）的反应（附录0301）。

【检查】 **酸度** 取本品，加水制成每1ml中含20mg的溶液，依法测定（附录0631），pH值应为5.0～7.0。

溶液的澄清度与颜色 取本品5份，各0.6g，分别加水5ml溶解后，溶液应澄清无色（附录0901第一法）；如显浑浊，与1号浊度标准液（附录0902）比较，均不得更浓。

有关物质 取本品适量，精密称定，加流动相溶解并稀释制成每1ml中含苯唑西林1mg的溶液，作为供试品溶液；精密量取1ml，置100ml量瓶中，用流动相稀释至刻度，摇匀，作为对照溶液。精密量取对照溶液适量，用流动相定量稀释制成每1ml中约含苯唑西林1μg的溶液作为灵敏度溶液，照含量测定项下的色谱条件，取灵敏度溶液20μl，注入液相色谱仪，记录色谱图，主成分色谱峰的信噪比应大于10。精密量取对照溶液和供试品溶液各20μl，分别注入液相色谱仪，记录色谱图至主成分峰保留时间的7倍。供试品溶液色谱图中如有杂质峰，杂质B_1与杂质B_2峰面积的和不得大于对照溶液主峰面积的1.5倍（1.5%）；杂质D峰面积不得大于对照溶液主峰面积的0.5倍（0.5%）；氯唑西林峰面积不得大于对照溶液主峰面积（1.0%）；其他单个杂质峰面积不得大于对照溶液主峰面积的0.5倍（0.5%）；各杂质峰面积的和不得大于对照溶液主峰面积的3倍（3.0%）。

苯唑西林聚合物 照分子排阻色谱法（附录0514）测定。

色谱条件与系统适用性试验 用葡聚糖凝胶G-10（40～120μm）为填充剂，玻璃柱内径1.0～1.4cm，柱长30～40cm。流动相A为pH7.0的0.01mol/L磷酸盐缓冲液〔0.01mol/L磷酸氢二钠溶液-0.01mol/L磷酸二氢钠溶液（61∶39）〕，流动相B为水；检测波长为254nm。取0.1mg/ml蓝色葡聚糖2000溶液100～200μl，注入液相色谱仪，分别以流动相A、B进行测定，理论板数按蓝色葡聚糖2000峰计算，均不低于400，拖尾因子均应小于2.0。在两种流动相系统中蓝色葡聚糖2000峰的保留时间的比值应在0.93～1.07之间，对照溶液主峰与供试品溶液中聚合物峰与相应色谱系统中蓝色葡聚糖2000峰的保留时间的比值均应在0.93～1.07之间。称取苯唑西林钠约0.2g，置10ml量瓶中，用0.4mg/ml的蓝色葡聚糖2000溶液溶解并稀释至刻度，摇匀。量取100～200μl注入液相色谱仪，用流动相A进行测定，记录色谱图，高聚体的峰高与单体与高聚体之间的谷高比应大于2.0。另以流动相B为流动相，精密量取对照溶液100～200μl，连续进样5次，峰面积的相对标准偏差应不大于5.0%。

对照溶液的制备 取苯唑西林对照品约25mg，精密称定，加水溶解并定量稀释制成每1ml中约含50μg的溶液。

测定法 取本品约0.2g，精密称定，置10ml量瓶中，加水溶解并稀释至刻度，摇匀，立即精密量取100～200μl，注入液相色谱仪中，以流动相A为流动相进行测定，记录色谱图。另精密量取对照溶液100～200μl，注入液相色谱仪，以流动相B为流动相，同法测定，按外标法以苯唑西林峰面积计算，含苯唑西林聚合物的量不得过0.10%。

残留溶剂 取本品约1g，置10ml量瓶中，加水溶解并稀释至刻度，摇匀，作为供试品贮备液，精密量取1ml置顶空瓶中，再精密加水1ml，摇匀，密封，作为供试品溶液；精密称取乙醇、乙酸乙酯、正丁醇与乙酸丁酯各约0.25g，置50ml量瓶中，用水稀释至刻度，摇匀，精密量取10ml，置100ml量瓶中，用水稀释至刻度，摇匀，作为对照品贮备液；精密量取对照品贮备液1ml，置顶空瓶中，再精密加水1ml，摇匀，密封，作为系统适用性溶液；精密量取对照品贮备液1ml，置顶空瓶中，精密加供试品贮备液1ml，摇匀，密封，作为对照品溶液。照残留溶剂测定法（附录0861第二法）测定，用100%二甲基聚硅氧烷（或极性相近）为固定液的毛细管柱为色谱柱；起始温度为40℃，维持8分钟，再以每分钟30℃的速率升至100℃，维持5分钟；进样口温度为200℃；检测器温度为250℃；顶空瓶平衡温度为70℃，平衡时间为30分钟；取系统适用性溶液顶空进样，记录色谱图，出峰顺序依次为：乙醇，乙酸乙酯、正丁醇与乙酸丁酯，各色谱峰间的分离度应符合要求。取对照溶液顶空进样，计算数次进样结果，其相对标准偏差不得过5.0%。取供试品溶液与对照品溶液分别顶空进样，记录色谱图，用标准加入法以峰面积计算，均应符合规定。

2-乙基己酸 取本品，依法检查（附录0871），不得过0.8%。

水分 取本品，照水分测定法（附录0832第一法A）测定，含水分不得过5.0%。

可见异物 取本品5份，每份各1g，加微粒检查用水溶解，依法检查（附录0904），应符合规定。（供无菌分装用）

不溶性微粒 取本品3份，加微粒检查用水制成每1ml中含50mg的溶液，依法检查（附录0903），每1g样品中，含10μm及10μm以上的微粒不得过6000粒，含25μm及25μm以上的微粒不得过600粒。（供无菌分装用）

细菌内毒素 取本品，依法检查（附录1143），每1mg苯唑西林中含内毒素的量应小于0.10EU。（供注射用）

无菌 取本品，用适量溶剂溶解并稀释后，经薄膜过滤法处理，依法检查（附录1101），应符合规定。（供无菌分装用）

【含量测定】 照高效液相色谱法（附录0512）测定。

色谱条件与系统适用性试验 用十八烷基硅烷键合硅胶为填充剂，以磷酸二氢钾溶液（取磷酸二氢钾2.7g，加水1000ml使溶解，调节pH值至5.0）-乙腈（75：25）为流动相；检测波长为225nm。取本品25mg，置100ml量瓶中，加0.05mol/L氢氧化钠溶液1ml使溶解，放置3分钟后，用流动相稀释至刻度，摇匀，得每1ml中约含0.25mg的苯唑西林与其降解杂质的混合溶液（1），另取氯唑西林对照品适量，加混合溶液（1）溶解并稀释制成每1ml中含氯唑西林0.1mg的混合溶液（2），作为系统适用性溶液，取20μl注入液相色谱仪，记录色谱图；杂质B_1、B_2、D、氯唑西林峰的相对保留时间分别为0.4，0.5，0.9和1.45，杂质D峰与苯唑西林峰的分离度应大于1.5，苯唑西林峰与氯唑西林峰的分离度应大于2.5。

测定法 取本品适量，精密称定，加流动相溶解并定量稀释制成每1ml中约含苯唑西林0.1mg的溶液，作为供试品溶液，精密量取20μl注入液相色谱仪，记录色谱图；另取苯唑西林对照品适量，同法测定。按外标法以峰面积计算供试品中$C_{19}H_{19}N_3O_5S$的含量。

【类别】 β-内酰胺类抗生素。

【贮藏】 严封，在干燥处保存。

【制剂】 注射用苯唑西林钠

附：杂质B_1与B_2、杂质D的结构式和化学名称
杂质B_1与B_2

$C_{19}H_{21}N_3O_6S$ 419.45

（4S）-2-〔羧基〔〔（5-甲基-3-苯基异噁唑-4-基）甲酰基〕氨基〕甲基〕-5,5-二甲基噻唑烷-4-羧酸

杂质D

及C*差向导构体

$C_{18}H_{21}N_3O_4S$ 375.44

（2RS,4S）-5,5-二甲基-2〔〔〔（5-甲基-3-苯基异噁唑-4-基）甲酰基〕氨基〕甲基〕噻唑烷-4-羧酸

注射用苯唑西林钠

Zhusheyong Benzuoxilinna

Oxacillin Sodium for Injection

本品为苯唑西林钠的无菌粉末。按无水物计算，含苯唑西林（$C_{19}H_{19}N_3O_5S$）不得少于90.0%；按平均装量计算，含苯唑西林（$C_{19}H_{19}N_3O_5S$）应为标示量的95.0%～105.0%。

【性状】　本品为白色粉末或结晶性粉末。

【鉴别】　取本品，照苯唑西林钠项下的鉴别（1）、（3）试验，显相同的结果。

【检查】　**溶液的澄清度与颜色**　取本品5瓶，按标示量分别加水制成每1ml中含0.1g的溶液，溶液应澄清无色（附录0901第一法A）；如显浑浊，与1号浊度标准液（附录0902）比较，均不得更浓。

水分　取本品，照水分测定法（附录0832第一法A）测定，含水分不得过5.5%。

不溶性微粒　取本品，按标示量加微粒检查用水制成每1ml中含50mg的溶液，依法检查（附录0903），标示量为1.0g以下的折算为每1.0g样品中含10μm及10μm以上的微粒不得过6000粒，含25μm及25μm以上的微粒不得过600粒；标示量为1.0g以上（包括1.0g）每个供试品容器中含10μm及10μm以上的微粒不得过6000粒，含25μm及25μm以上的微粒不得过600粒。

酸度、有关物质、苯唑西林聚合物、细菌内毒素与**无菌**　照苯唑西林钠项下的方法检查，均应符合规定。

其他　除装量差异限度不得过±7.0%外，均应符合注射剂项下有关的各项规定（附录0102）。

【含量测定】　取装量差异项下的内容物，照苯唑西林钠项下的方法测定，即得。

【作用与用途】　β-内酰胺类抗生素。主要用于败血症、肺炎、乳腺炎、烧伤创面感染等。

【用法与用量】　以苯唑西林钠计。肌内注射：一次量，每1kg体重，马、牛、羊、猪10～15mg；犬、猫15～20mg。一日2～3次，连用2～3日。

【不良反应】　主要的不良反应是过敏反应，但发生率低。局部反应表现为注射部位水肿、疼痛，全身反应为荨麻疹、皮疹，严重者可引起休克或死亡。

【注意事项】　（1）苯唑西林钠水溶液不稳定，易水解，水解率随温度升高而加速，因此注射液应在临用前配制；必需保存时，应置冰箱中（2～8℃），可保存7天，在室温只能保存24小时。

（2）大剂量注射可能出现高血钠症。对肾功能减退或心功能不全患畜会产生不良后果。

【休药期】 牛、羊14日，猪5日；弃奶期72小时。

【规格】 按$C_{19}H_{19}N_3O_5S$计算 （1）0.5g （2）1.0g （3）2.0g

【贮藏】 密闭，在干燥处保存。

苯 酚

Benfen

Phenol

C_6H_6O 94.11

本品含C_6H_6O不得少于99.0%。

【性状】 本品为无色至微红色的针状结晶或结晶性块；有特臭；有引湿性；水溶液显弱酸性反应；遇光或在空气中色渐变深。

本品在乙醇、三氯甲烷、乙醚、甘油、脂肪油或挥发油中易溶，在水中溶解，在液状石蜡中略溶。

凝点 本品的凝点（附录0613）不低于40℃。

【鉴别】 取本品0.1g，加水10ml溶解后，照下述方法试验。

（1）取溶液5ml，加三氯化铁试液1滴，即显蓝紫色。

（2）取溶液5ml，加溴试液即生成瞬即溶解的白色沉淀，但溴试液过量时即生成持久的沉淀。

（3）本品的红外光吸收图谱应与对照的图谱一致。

【检查】 不挥发物 取本品5.0g，置水浴蒸发挥散后，在105℃干燥至恒重，遗留残渣不得过2.5mg。

【含量测定】 取本品约0.15g，精密称定，置100ml量瓶中，加水适量使溶解并稀释至刻度，摇匀；精密量取25ml，置碘瓶中，精密加溴滴定液（0.05mol/L）30ml，再加盐酸5ml，立即密塞，振摇30分钟，静置15分钟后，注意微开瓶塞，加碘化钾试液6ml；立即密塞，充分振摇后，加三氯甲烷1ml，摇匀；用硫代硫酸钠滴定液（0.1mol/L）滴定，至近终点时，加淀粉指示液，继续滴定至蓝色消失，并将滴定的结果用空白试验校正。每1ml溴滴定液（0.05mol/L）相当于1.569mg的C_6H_6O。

【作用与用途】 消毒防腐药。用于器械、用具等消毒。

【用法与用量】 配成2%～5%溶液。

【不良反应】 当苯酚浓度为0.5%～5%时，对皮肤可产生局部麻醉作用；高于5%溶液则对组织产生强烈的刺激和腐蚀作用。动物意外吞服或皮肤、黏膜大面积接触苯酚会引起全身性中毒，表现为中枢神经先兴奋、后抑制以及心血管系统受抑制，严重时可因呼吸麻痹致死。有致癌作用。

【注意事项】 本品对皮肤与黏膜有腐蚀性，对动物和人有较强的毒性，不能用于创面和皮肤的消毒。

【贮藏】 遮光，密封保存。

软　皂

Ruanzao

Soft Soap

本品为适宜的植物油用氢氧化钾皂化制成，含脂肪酸不得低于40.0%。

【性状】　本品为黄白色至黄棕色或黄绿色、透明或半透明、均匀、黏滑的软块；微有特臭。

本品在水或乙醇中溶解。

【鉴别】　（1）取本品20g，加水100ml，随时搅拌或加热促其溶解制成水溶液，此水溶液遇酚酞指示液，显碱性反应。

（2）取上述水溶液2ml，加稀硫酸2ml即出现大量絮状沉淀。

【检查】　**乙醇中不溶物**　取本品5.0g，加热中性乙醇（对酚酞指示液显中性）100ml溶解后，经105℃恒重的垂熔玻璃坩埚滤过，滤渣用热中性乙醇洗净，并在105℃干燥1小时，遗留残渣不得过3.0%。

脂肪酸的酸值和碘值　取本品30g，置干燥的大烧杯中，加热水300ml，搅拌使溶解；缓慢加入4mol/L的硫酸溶液60ml，在水浴中加热至脂肪酸形成透明层，移置分液漏斗中；用热水50ml洗涤，弃去洗液，分取油层置干燥烧杯中，放冷，应对甲基橙指示液显中性；置烘箱中除去多余的水分，滤过，照脂肪与脂肪油测定法（附录0713）测定，酸值不得大于205，碘值不得小于85。

游离氢氧化钾　取上述乙醇中不溶物项下的滤液与洗液，加酚酞指示液1～2滴与硫酸滴定液（0.05mol/L）2.3ml，溶液不得显红色或粉红色。

碳酸盐　取上述乙醇中不溶物项下的残渣，用沸水50ml洗涤，洗液放冷，加甲基橙指示液2～3滴与硫酸滴定液（0.05mol/L）2.5ml，应显红色。

未皂化物　取本品1.0g，加热水20ml，应完全溶解成几乎澄清的溶液。

水分　照水分测定法（附录0832第二法），取甲苯250ml置A瓶中，加干燥氯化钡10g；另取本品1.0g，用一小张玻璃纸包裹后置入A瓶，自"将仪器各部分连接"起，依法操作，检读水量，作为空白测定值；然后精密称取本品约7g，用玻璃纸包裹后投入上述A瓶中，再依法缓缓加热，直至水分完全馏出，放冷至室温，检读第二次水量；两者之差即为供试量中的含水量。含水分不得过52.0%。

树脂　取本品10g，置干燥的烧杯中，加热水100ml，搅拌使溶解，缓慢加入4mol/L硫酸溶液20ml，在水浴中加热至脂肪酸形成透明层，移至分液漏斗中，用热水50ml洗涤；弃去洗液，吸取上述已溶解的脂肪酸0.5ml，置试管中，加入醋酐2ml，加热振摇使溶解，放冷；吸取上述溶液1滴，置白瓷板上，加50%硫酸溶液1滴，用玻璃棒搅拌，不得显紫色。

【含量测定】　取本品30.0g，加热水100ml使溶解，将溶液定量转移至分液漏斗中，用1mol/L硫酸溶液60ml进行酸化后，再分别用50ml、40ml和30ml的乙醚进行萃取，合并乙醚液，定量转移至分液漏斗中，用水洗涤至水层溶液的pH值为6~7，取乙醚层，挥去乙醚液，将残留物在80℃干燥5小时，称定重量，计算，即得。

【作用与用途】　润滑剂，常用于动物的灌肠解毒。

【用法与用量】　灌肠：马、牛，每次用5%～10%溶液1～3L；羊、猪，每次用5%～10%溶液0.5～1L；犬，每次用3%～10%溶液0.1～0.2L。

【贮藏】　密封保存。

肾 上 腺 素

Shenshangxiansu

Epinephrine

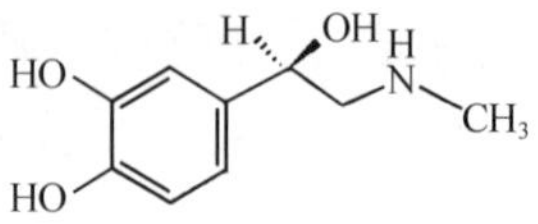

$C_9H_{13}NO_3$ 183.21

本品为（R）-4-〔2-（甲氨基）-1-羟基乙基〕-1,2-苯二酚。按干燥品计算，含$C_9H_{13}NO_3$不得少于98.5%。

【性状】 本品为白色或类白色结晶性粉末；无臭；与空气接触或受日光照射，易氧化变质；在中性或碱性水溶液中不稳定；饱和水溶液显弱碱性反应。

本品在水中极微溶解，在乙醇、三氯甲烷、乙醚、脂肪油或挥发油中不溶；在无机酸或氢氧化钠溶液中易溶，在氨溶液或碳酸钠溶液中不溶。

熔点 本品的熔点（附录0612）为206~212℃，熔融时同时分解。

比旋度 取本品，精密称定，加盐酸溶液（9→200）溶解并定量稀释制成每1ml中含20mg的溶液，依法测定（附录0621），比旋度为−50.0°至−53.5°。

【鉴别】 （1）取本品约2mg，加盐酸溶液（9→1000）2~3滴溶解后，加水2ml与三氯化铁试液1滴，即显翠绿色；再加氨试液1滴，即变紫色，最后变成紫红色。

（2）取本品10mg，加盐酸溶液（9→1000）2ml溶解后，加过氧化氢试液10滴，煮沸，即显血红色。

【检查】 酸性溶液的澄清度与颜色 取比旋度项下的溶液检查，应澄清无色；如显色，与同体积的对照液（取黄色3号标准比色液或橙红色2号标准比色液5ml加水5ml）比较（附录0901第一法），不得更深。

酮体 取本品，加盐酸溶液（9→2000）制成每1ml中含2.0mg的溶液，照紫外-可见分光光度法（附录0401），在310nm的波长处测定，吸光度不得过0.05。

有关物质 取本品约10mg，置10ml量瓶中，加盐酸0.1ml使溶解，用流动相稀释至刻度，摇匀，作为供试品溶液；精密量取供试品溶液1ml，置500ml量瓶中，用流动相稀释至刻度，摇匀，作为对照溶液；另取本品50mg，置50ml量瓶中，加浓过氧化氢溶液1ml，放置过夜，加盐酸0.5ml，用流动相稀释至刻度，摇匀，作为氧化破坏溶液；取重酒石酸去甲肾上腺素对照品适量，加氧化破坏溶液溶解并稀释制成每1ml中含20μg的溶液，作为系统适用性溶液。照高效液相色谱法（附录0512）试验，用十八烷基硅烷键合硅胶为填充剂；以硫酸氢四甲基铵溶液（取硫酸氢四甲基铵4.0g、庚烷磺酸钠1.1g、0.1mol/L乙二胺四醋酸二钠溶液2ml，用水溶解并稀释至950ml）-甲醇（95：5）（用1mol/L氢氧化钠溶液调节pH值至3.5）为流动相；流速为每分钟2ml，检测波长为205nm。取系统适用性溶液20μl，注入液相色谱仪，去甲肾上腺素峰与肾上腺素峰之间应出现两个未知杂质峰，理论板数按去甲肾上腺素峰计算不低于3000，去甲肾上腺素峰、肾上腺素峰与相邻杂质峰的分离度均应符合要求。精密量取对照溶液和供试品溶液各20μl，分别注入液相色谱仪，记录色谱图。供试品溶液色谱图中如有杂质峰，单个杂质峰面积不得大于对照溶液的主峰面积（0.2%），各杂质峰面积的和不得大于对照溶液主峰面积的2.5倍（0.5%）。

干燥失重 取本品，置五氧化二磷干燥器中，减压干燥18小时，减失重量不得过1.0%（附录0831）。

炽灼残渣 不得过0.1%（附录0841）。

【含量测定】 取本品约0.15g，精密称定，加冰醋酸10ml，振摇溶解后，加结晶紫指示液1滴，用高氯酸滴定液（0.1mol/L）滴定至溶液显蓝绿色，并将滴定的结果用空白试验校正。每1ml高氯酸滴定液（0.1mol/L）相当于18.32mg的$C_9H_{13}NO_3$。

【类别】 拟肾上腺素药。

【贮藏】 遮光，减压严封，在阴凉处保存。

【制剂】 盐酸肾上腺素注射液

盐酸肾上腺素注射液

Yansuan Shenshangxiansu Zhusheye

Epinephrine Hydrochloride Injection

本品为肾上腺素加盐酸适量，并加氯化钠适量使成等渗的灭菌水溶液。含肾上腺素（$C_9H_{13}NO_3$）应为标示量的85.0%~115.0%。

本品中可加适宜的稳定剂。

【性状】 本品为无色或几乎无色的澄明液体；受日光照射或与空气接触易变质。

【鉴别】 取本品2ml，加三氯化铁试液1滴，即显翠绿色；再加氨试液1滴，即变为紫色，最后变成紫红色。

【检查】 pH值 应为2.5~5.0（附录0631）。

有关物质 精密量取本品适量，用流动相定量稀释制成每1ml中含肾上腺素0.2mg的溶液，作为供试品溶液；另取重酒石酸去甲肾上腺素对照品适量，精密称定，加流动相溶解并定量稀释制成每1ml中含去甲肾上腺素20μg的溶液，精密量取5ml，置50ml量瓶中，精密加入供试品溶液5ml，用流动相稀释至刻度，作为对照溶液；另取焦亚硫酸钠适量，用流动相溶解并稀释制成每1ml中含0.2mg的溶液作为空白辅料溶液。照肾上腺素有关物质项下的色谱条件，理论板数按肾上腺素峰计算不低于2000，去甲肾上腺素峰与肾上腺素峰的分离度应大于4.0。精密量取上述三种溶液各20μl，分别注入液相色谱仪，记录色谱图至主成分峰保留时间的3倍。供试品溶液的色谱图中如有与去甲肾上腺素峰保留时间一致的色谱峰，按外标法以峰面积计算，不得过肾上腺素标示量的1.0%；如有其他杂质峰，扣除焦亚硫酸钠峰及之前的辅料峰，与辅料峰相邻的最大色谱峰不得大于对照溶液中肾上腺素峰的峰面积（10%），其他各杂质峰面积的和不得大于对照溶液中肾上腺素峰面积的0.1倍（1.0%）。

渗透压摩尔浓度 取本品，依法测定（附录0632），渗透压摩尔浓度应为257~315mOsmol/kg。

细菌内毒素 取本品，依法检查（附录1143），每1mg肾上腺素中含内毒素的量应小于30EU。

其他 应符合注射剂项下有关的各项规定（附录0102）。

【含量测定】 精密量取本品适量，用流动相定量稀释制成每1ml中含肾上腺素0.2mg的溶液，作为供试品溶液；另取肾上腺素对照品适量，精密称定，加流动相适量，加冰醋酸2~3滴，振摇使肾上腺素溶解，用流动相定量稀释制成每1ml中含0.2mg的溶液，摇匀，作为对照品溶液；除检测波长为280mm外，照肾上腺素有关物质项下的色谱条件，精密量取对照品溶液和供试品溶液各20μl，分别注入液相色谱仪，记录色谱图，按外标法以峰面积计算，即得。

【作用与用途】 拟肾上腺素类药。用于心脏骤停的急救；缓解严重过敏性疾患的症状；亦常与局部麻醉药配伍，以延长局部麻醉持续时间。

【用法与用量】 以盐酸肾上腺素计。皮下注射：一次量，马、牛2～5ml；羊、猪0.2～1.0ml；犬0.1～0.5ml。

静脉注射：一次量，马、牛1～3ml；羊、猪0.2～0.6ml；犬0.1～0.3ml。

【不良反应】 本品可诱发兴奋、不安、颤抖、呕吐、高血压（过量）、心律失常等。局部重复注射可引起注射部位组织坏死。

【注意事项】 （1）本品如变色即不得使用。

（2）与全麻药如水合氯醛合用时，易发生心室颤动。亦不能与洋地黄、钙剂合用。

（3）器质性心脏疾患、甲状腺机能亢进、外伤性及出血性休克等患畜慎用。

【规格】 （1）0.5ml：0.5mg （2）1ml：1mg （3）5ml：5mg

【贮藏】 遮光，密闭，在阴凉处保存。

明　胶

Mingjiao

Gelatin

本品为动物的皮、骨、腱与韧带中胶原蛋白经适度水解（酸法、碱法、酸碱混合法或酶法）后纯化得到的制品，或为上述不同明胶制品的混合物。

【性状】 本品为微黄色至黄色、透明或半透明、微带光泽的薄片或粉粒；无臭；在水中久浸即吸水膨胀并软化，重量可增加5～10倍。

本品在热水或甘油与水的热混合液中溶解，在醋酸中溶解，在乙醇、三氯甲烷或乙醚中不溶。

【鉴别】 （1）取本品0.5g，加水50ml，加热使溶解，取溶液5ml，加重铬酸钾试液-稀盐酸（4：1）数滴，即产生橘黄色絮状沉淀。

（2）取鉴别（1）项下剩余的溶液1ml，加水100ml，摇匀，加鞣酸试液数滴，即发生浑浊。

（3）取本品，加钠石灰，加热，即发生氨臭。

【检查】 凝冻浓度　取本品1.10g，置称定重量的锥形瓶中，加水80ml，在15～18℃放置2小时，使完全膨胀后，置60℃水浴中加热溶解，取出，称重；加水适量使内容物成100g，取10ml，置内径13mm的试管中，在0℃冰浴中冷冻6小时，取出，倒置10秒钟，应不流下。

酸碱度　取本品1.0g，加热水100ml，充分振摇使溶解，放冷至35℃，依法测定（附录0631），pH值应为3.6～7.6。

透光率　取本品2.0g，加50～60℃的水溶解并制成6.67%的溶液，冷却至45℃，照紫外-可见分光光度法（附录0401）分别在450nm与620nm的波长处测定透光率，分别不得低于50%和70%。

电导率　取本品1.0g，加不超过60℃的水溶解并制成1.0%的溶液，作为供试品溶液；另取水100ml作为空白溶液。将供试品溶液与空白溶液置30℃±1℃的水浴中保温1小时后，用电导率仪测定，以铂黑电极作为测定电极，先用空白溶液冲洗电极3次后，测定空白溶液的电导率，其电导率值应不得过5.0μS/cm。取出电极，再用供试品溶液冲洗电极3次后，测定供试品溶液的电导率，不得过0.5mS/cm。

亚硫酸盐 取本品20g，置长颈圆底烧瓶中，加水50ml，放置使膨胀后，加稀硫酸50ml，即时连接冷凝管，用水蒸气蒸馏；馏液导入过氧化氢试液（对甲基红-亚甲蓝混合指示液显中性）20ml中，至馏出液达80ml，停止蒸馏；馏出液中加甲基红-亚甲蓝混合指示液数滴，用氢氧化钠滴定液（0.1mol/L）滴定至溶液显草绿色，并将滴定的结果用空白试验校正，消耗氢氧化钠滴定液（0.1mol/L）不得过1.0ml。

过氧化物 取本品10g，置250ml具塞烧瓶中，加水140ml，放置2小时，在50℃的水浴中加热使迅速溶解，立即冷却；加硫酸溶液（1→5）6ml、碘化钾0.2g、1%淀粉溶液2ml与0.5%钼酸铵溶液1ml，密塞，摇匀，置暗处放置10分钟，溶液不得显蓝色。

干燥失重 取本品，在105℃干燥15个小时，减失重量不得过15.0%（附录0831）。

炽灼残渣 取本品1.0g，依法检查（附录0841），遗留残渣不得过2.0%。

铬 取本品0.5g，置聚四氟乙烯消解罐内，加硝酸5～10ml，混匀，浸泡过夜，盖好内盖，旋紧外套，置适宜的微波消解炉内进行消解。消解完全后，取消解内罐置电热板上缓缓加热至红棕色蒸气挥尽并近干，用2%硝酸溶液转移至50ml量瓶中，用2%硝酸溶液稀释至刻度，摇匀，作为供试品溶液；同法制备试剂空白溶液；另取铬单元素标准溶液，用2%硝酸溶液稀释制成每1ml中含铬1.0μg的铬标准贮备液，临用时，分别精密量取铬标准贮备液适量，用2%硝酸溶液稀释制成每1ml中含铬0～80ng的对照品溶液。取供试品溶液与对照品溶液，以石墨炉为原子化器，照原子吸收分光光度法（附录0406第一法），在357.9nm的波长处测定，含铬不得过百万分之二。

重金属 取炽灼残渣项下遗留的残渣，依法检查（附录0821），含重金属不得过百万分之三十。

砷盐 取本品2.0g，加淀粉0.5g与氢氧化钙1.0g，加水少量，搅拌均匀，干燥后，先用小火炽灼使炭化，再在500～600℃炽灼使呈灰白色，放冷，加盐酸8ml与水20ml溶解后，依法检查（附录0822第一法），应符合规定（0.0001%）。

微生物限度 取本品，照非无菌产品微生物限度检查：微生物计数法（附录1105）和控制菌检查法（附录1106）检查。1g供试品中需氧菌总数不得过1000cfu、霉菌及酵母菌总数不得过10cfu、不得检出大肠埃希菌；10g供试品中不得检出沙门菌。

【类别】 吸收性止血剂、赋形剂。

【贮藏】 密封，在凉暗处保存。

【制剂】 吸收性明胶海绵

吸收性明胶海绵
Xishouxing Mingjiao Haimian
Absorbable Gelatin Sponge

本品系取明胶溶于水，经打泡、冷冻、干燥、灭菌制成。

【性状】 本品为白色至微黄色、质轻、软而多孔的海绵状物；具吸水性，但在水中不溶；经较重的揉搓，不致崩碎。

【鉴别】 取本品约2cm×2cm×0.5cm浸入60～70℃的水中，使之完全浸润后，弃去多余的水，在此海绵上滴加硫酸铜试液1滴，再滴加2mol/L氢氧化钠溶液1滴，即显蓝紫色。

【检查】 吸水力 取本品约1cm×1cm×0.5cm，精密称定，浸入20℃的水中，用手指轻揉，注意不使破损；俟吸足水分，用小镊子轻轻夹住一角，提出水面停留1分钟后，精密称定。吸收的水分不得少于供试品重量的35倍。

甲醛 取本品10片，剪碎，混合均匀，精密称取0.5g，加水100ml，浸泡2小时，并时时振摇，吸取上清液1.0ml，加变色酸试液20ml，摇匀，加塞，置水浴中加热30分钟，放冷。照紫外-可见分光光度法（附录0401），在570nm的波长处测定吸光度。与0.003%（*W/V*）标准甲醛溶液1.0ml同法制成的对照液比较，吸光度不得更大（0.6%）。

炽灼残渣 取本品0.1g，依法检查（附录0841），遗留残渣不得过2.0%。

无菌 取本品，依法检查（附录1101），应符合规定。

【作用与用途】 局部止血剂。用于创口渗血区止血。

【用法与用量】 贴于出血处，再用干纱布压迫。

【注意事项】 （1）本品为灭菌制品，使用过程中要求无菌操作，以防污染。

（2）包装打开后不宜再消毒，以免延长吸收时间。

【规格】 （1）6cm×6cm×1cm （2）8cm×6cm×0.5cm

【贮藏】 严封保存。

咖 啡 因

Kafeiyin

Caffeine

$C_8H_{10}N_4O_2 \cdot H_2O$ 212.21
$C_8H_{10}N_4O_2$ 194.19

本品为1,3,7-三甲基-3,7-二氢-1*H*-嘌呤-2,6-二酮一水合物或其无水物。按干燥品计算，含$C_8H_{10}N_4O_2$不得少于98.5%。

【性状】 本品为白色或带极微黄绿色、有丝光的针状结晶或结晶性粉末；无臭；有风化性。

本品在热水或三氯甲烷中易溶，在水、乙醇或丙酮中略溶，在乙醚中极微溶解。

熔点 本品的熔点（附录0612）为235～238℃。

【鉴别】 （1）取本品约10mg，加盐酸1ml与氯酸钾0.1g，置水浴上蒸干，残渣遇氨气即显紫色；再加氢氧化钠试液数滴，紫色即消失。

（2）取本品的饱和水溶液5ml，加碘试液5滴，不生成沉淀；再加稀盐酸3滴，即生成红棕色的沉淀；并能在稍过量的氢氧化钠试液中溶解。

（3）本品的红外光吸收图谱应与对照的图谱一致。

【检查】 溶液的澄清度 取本品1.0g，加水50ml，加热煮沸，放冷，溶液应澄清。

有关物质 取本品，加三氯甲烷-甲醇（3:2）溶解制成每1ml中约含20mg的溶液，作为供试品溶液；精密量取适量，用上述溶剂定量稀释制成每1ml中约含0.10mg的溶液，作为对照溶液。照薄层色谱法（附录0502）试验，吸取上述两种溶液各10μl，分别点于同一硅胶GF₂₅₄薄层板上，以正丁醇-丙酮-三氯甲烷-浓氨溶液（40：30：30：10）为展开剂，展开，晾干，在紫外光灯（254nm）下检视。供试品溶液如显杂质斑点，与对照溶液的主斑点比较，不得更深。

干燥失重 取本品，在105℃干燥2小时，减失重量不得过8.5%；如为无水咖啡因，在105℃干燥1小时，减失重量不得0.5%（附录0831）。

炽灼残渣 不得过0.1%（附录0841）。

重金属 取本品0.5g，加水20ml，加热溶解后，放冷，加醋酸盐缓冲液（pH3.5）2ml与水适量使成25ml（必要时滤过），依法检查（附录0821第一法）。含重金属不得过百万分之十。

【含量测定】 取本品约0.15g，精密称定，加醋酐-冰醋酸（5：1）的混合液25ml，微温使溶解，放冷，加结晶紫指示液1滴，用高氯酸滴定液（0.1mol/L）滴定至溶液显黄色，并将滴定的结果用空白试验校正。每1ml高氯酸滴定液（0.1mol/L）相当于19.42mg的$C_8H_{10}N_4O_2$。

【类别】 中枢兴奋药。

【贮藏】 密封保存。

乳　酸

Rusuan

Lactic Acid

$C_3H_6O_3$　90.08

本品为2-羟基丙酸及其缩合物的混合物。含乳酸以$C_3H_6O_3$计算，应为85.0%～92.0%（g/g）。

【性状】 本品为无色或几乎无色的澄清黏稠液体；几乎无臭；有引湿性；水溶液显酸性反应。本品与水、乙醇能任意混合。

相对密度 本品的相对密度（附录0601）为1.20～1.21。

【鉴别】 本品的水溶液显乳酸盐（附录0301）的鉴别反应。

【检查】 颜色 取本品，与黄色1号标准比色液（附录0901第一法）比较，不得更深。

氯化物 取本品3.0g，依法检查（附录0801），与标准氯化钠溶液6.0ml制成的对照液比较，不得更浓（0.002%）。

硫酸盐 取本品2.0g，依法检查（附录0802），与标准硫酸钾溶液2.0ml制成的对照液比较，不得更浓（0.010%）。

枸橼酸、草酸、磷酸或酒石酸 取本品0.5g，加水适量使成5ml，混匀，用氨试液调至微碱性，加氯化钙试液1ml，置水浴中加热5分钟，不得产生浑浊。

易炭化物 取95%（g/g）硫酸5ml，置洁净的试管中，注意沿管壁加本品5ml，使成两液层，在15℃静置15分钟，接界面的颜色不得比淡黄色更深。

还原糖 取本品0.5g，加水10ml混匀，以20%氢氧化钠溶液调至中性，加碱性酒石酸铜试液6ml，加热煮沸2分钟，不得生成红色沉淀。

炽灼残渣 不得过0.1%（附录0841）。

钙盐 取本品1.0g，加水10ml溶解，加氨试液中和，加草酸铵试液数滴，不得产生浑浊。

铁盐 取本品1.0g，依法检查（附录0807），与标准铁溶液1.0ml制成的对照液比较，不得更深（0.001%）。

重金属 取本品2.0g，加水10ml与酚酞指示液1滴，滴加氨试液适量至溶液显粉红色，加稀盐酸3ml与水适量使成25ml，依法检查（附录0821第一法），含重金属不得过百万分之十。

砷盐 取本品2.0g，用水23ml稀释后，加盐酸5ml，依法检查（附录0822），应符合规定（0.0001%）。

【含量测定】 取本品约1g，精密称定，加水50ml，精密加氢氧化钠滴定液（1mol/L）25ml，煮沸5分钟，加酚酞指示液2滴，趁热用硫酸滴定液（0.5mol/L）滴定，并将滴定的结果用空白试验校正，即得。每1ml氢氧化钠滴定液（1mol/L）相当于90.08mg的$C_3H_6O_3$。

【作用与用途】 消毒防腐药。用于马属动物急性胃扩张和牛、羊前胃弛缓。

【用法与用量】 以本品计。内服：一次量，马、牛5~25ml；羊、猪0.5~3ml。配成2%溶液灌服。

【注意事项】 禁与氧化剂、氢碘酸、蛋白质溶液及重金属盐配伍。

【贮藏】 密封保存。

乳酸依沙吖啶

Rusuan Yisha'ading

Ethacridine Lactate

$C_{15}H_{15}N_3O \cdot C_3H_6O_3 \cdot H_2O$ 361.40

本品为6,9-二氨基-2-乙氧基吖啶乳酸盐水合物。按干燥品计算，含$C_{15}H_{15}N_3O \cdot C_3H_6O_3$不得少于99.0%。

【性状】 本品为黄色结晶性粉末；无臭。

本品在热水中易溶，在沸无水乙醇中溶解，在水中略溶，在乙醇中微溶，在乙醚中不溶。

【鉴别】 （1）取本品约0.1g，加水10ml，溶解后，加氢氧化钠试液使成碱性，即析出黄色沉淀；滤过，滤液中加0.5mol/L硫酸溶液2ml与高锰酸钾试液数滴，即显紫红色，加热后颜色消褪。

（2）取本品约50mg，加水5ml，溶解后，加稀盐酸使成酸性，再加亚硝酸钠试液1ml，即显樱桃红色。

（3）取本品的水溶液（1→2000），加碘试液数滴，即产生深蓝绿色沉淀；当加入乙醇时，沉淀消失。

（4）本品的红外光吸收图谱应与对照的图谱一致。

【检查】 **酸度** 取本品0.1g，加水100ml溶解后，依法测定（附录0631），pH值应为6.0~7.0。

溶液的澄清度与颜色 取本品0.20g，加新沸过并冷至50℃的水10ml使溶解，溶液应澄清。取此溶液5ml，用水稀释至10ml，与对照液（取1%三硝基苯酚溶液9.5ml与比色用三氯化铁液0.22ml及水0.28ml混合制成）比较，颜色不得更深。

氯化物 取本品1.0g，加水80ml，置水浴上加热溶解后，放冷；加氢氧化钠试液10ml，用水稀释至100ml，振摇，混匀，放置30分钟，滤过；取续滤液20ml，加稀硝酸7ml与硝酸银试液1ml，加水适量使成50ml，依法检查（附录0801）。与标准氯化钠溶液5ml制成的对照液比较，不得更浓（0.025%）。

硫酸盐 取上述滤液20ml，加水4.5ml与稀盐酸1.5ml，依法检查（附录0802）。与标准硫酸钾溶液10ml制成的对照液比较，不得更深（0.5%）。

有关物质 取本品约25mg，置50ml量瓶中，加流动相溶解并稀释至刻度，摇匀，作为供试品溶液；精密量取1ml，置100ml量瓶中，用流动相稀释至刻度，摇匀，作为对照溶液。照高效液相色谱法（附录0512）试验，用十八烷基硅烷键合硅胶为填充剂；以含0.1%辛烷磺酸钠的溶液〔磷酸盐缓冲液（取磷酸二氢钠7.8g，加水900ml溶解后，用磷酸调节pH值至2.8，用水稀释至1000ml）-乙腈（700：300）〕为流动相；检测波长为270nm。理论板数按乳酸依沙吖啶峰计算不低于3000。精密量取对照溶液和供试品溶液各$10\mu l$，分别注入液相色谱仪，记录色谱图至主成分峰保留时间的3倍，供试品溶液的色谱图中如有杂质峰，单个杂质峰面积不得大于对照溶液主峰面积的0.3倍（0.3%），各杂质峰面积的和不得大于对照溶液主峰面积（1.0%）。

干燥失重 取本品，在105℃干燥至恒重，减失重量应在4.5%~5.5%（附录0831）。

炽灼残渣 取本品1.0g，依法检查（附录0841），遗留残渣不得过0.1%。

重金属 取炽灼残渣项下遗留的残渣，依法检查（附录0821第二法），含重金属不得过百万分之三十。

【含量测定】 取本品约0.27g，精密称定，加无水甲酸5.0ml使溶解，加冰醋酸60ml，照电位滴定法（附录0701），用高氯酸滴定液（0.1mol/L）滴定，并将滴定的结果用空白试验校正。每1ml高氯酸滴定液（0.1mol/L）相当于34.34mg的$C_{15}H_{15}N_3O \cdot C_3H_6O_3$。

【类别】 消毒防腐药。

【贮藏】 密封保存。

【制剂】 乳酸依沙吖啶溶液

乳酸依沙吖啶溶液

Rusuan Yisha'ading Rongye

Ethacridine Lactate Solution

本品为乳酸依沙吖啶的水溶液。含乳酸依沙吖啶（按$C_{15}H_{15}N_3O \cdot C_3H_6O_3$计）应为标示量的93.0%~107.0%。

【性状】 本品为黄色的澄清液体。

【鉴别】 （1）取本品约10ml，加稀盐酸使成酸性，再加亚硝酸钠试液1ml，即显樱桃红色。

（2）取本品约10ml，加氢氧化钠试液使成碱性，即析出黄色沉淀；滤过，滤液加硫酸溶液（3→100）2ml与高锰酸钾试液数滴，即显紫红色，加热后颜色消失。

【检查】 pH值 应为5.0~7.5（附录0631）。

装量 取本品，照最低装量检查法（附录0942）检查，应符合规定。

微生物限度 取本品，照非无菌产品微生物限度检查：微生物计数法（附录1105）和控制菌检查法（附录1105）及非无菌兽药微生物限度标准（附录1107）检查，应符合规定。

【含量测定】 照高效液相色谱法（附录0512）测定。

色谱条件与系统适用性试验 用十八烷基硅烷键合硅胶为填充剂；以含0.1%辛烷磺酸钠的溶液〔磷酸盐缓冲液（取磷酸二氢钠7.8g，加水900ml溶解，用磷酸调节pH值至2.8，用水稀释至1000ml，即得）-乙腈（700:300）〕为流动相；检测波长为270nm。理论板数按乳酸依沙吖啶峰计算不低于3000。

测定法 精密量取本品适量，用流动相稀释制成每1ml中含乳酸依沙吖啶0.1mg的溶液，作为供试品溶液；精密量取10μl注入液相色谱仪，记录色谱图；另取乳酸依沙吖啶对照品适量，精密称定，加流动相溶解并稀释制成每1ml中含0.1mg的溶液，同法测定。按外标法以峰面积计算，即得。

【作用与用途】 消毒防腐药。用于创面、黏膜消毒。

【用法与用量】 外用：适量，涂于患处。

【注意事项】 （1）溶液在光照下可分解生成剧毒产物，若肉眼观察本品变为褐绿色，则证实已分解，不可再用。

（2）当溶液中氯化钠浓度高于0.5%时，本品可从溶液中析出；遇碱和碘液易析出沉淀。

（3）长期使用可能延缓伤口愈合。

【规格】 0.1%（按$C_{15}H_{15}N_3O \cdot C_3H_6O_3$计）

【贮藏】 遮光，密闭保存。

乳酸钠注射液

Rusuanna Zhusheye

Sodium Lactate Injection

本品为乳酸钠的灭菌水溶液。含$C_3H_5NaO_3$应为标示量的95.0%～110.0%。

【性状】 本品为无色的澄明液体。

【鉴别】 本品显钠盐（附录0301）与乳酸盐（附录0301）的鉴别反应。

【检查】 pH值 应为6.0～7.5（附录0631）。

细菌内毒素 取本品，依法检查（附录1143）每1ml中含内毒素的量应小于1.0EU。

其他 应符合注射剂项下有关的各项规定（附录0102）。

【含量测定】 精密量取本品1ml，置锥形瓶中，在105℃干燥1小时，加冰醋酸15ml与醋酐2ml，加热使溶解，放冷，加结晶紫指示液1滴，用高氯酸滴定液（0.1mol/L）滴定至溶液显蓝绿色，并将滴定的结果用空白试验校正。每1ml高氯酸滴定液（0.1mol/L）相当于11.21mg的$C_3H_5NaO_3$。

【作用与用途】 酸碱平衡调节药。用于酸血症。

【用法与用量】 静脉注射：一次量，马、牛，200～400ml；羊、猪40～60ml。用时稀释5倍。

【注意事项】 （1）水肿患畜慎用。

（2）患有肝功能障碍、休克、缺氧或心功能不全的动物慎用。

（3）不宜用生理盐水或其他含氯化钠溶液稀释本品，以免成为高渗溶液。

【规格】 （1）20ml：2.24g （2）50ml：5.60g （3）100ml：11.20g

【贮藏】 遮光，密闭保存。

乳糖酸红霉素

Rutangsuan Hongmeisu

Erythromycin Lactobionate

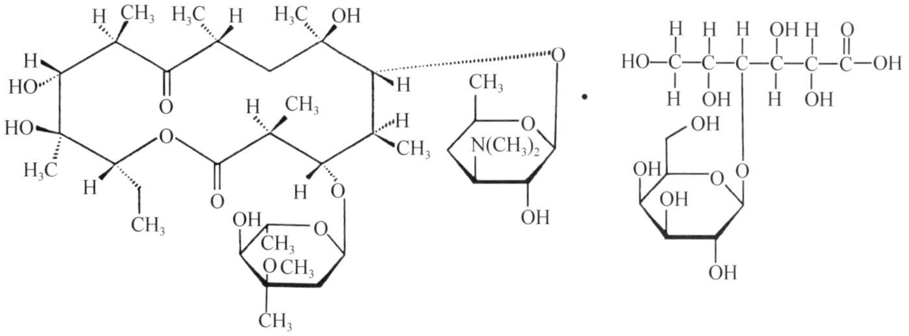

$C_{37}H_{67}NO_{13} \cdot C_{12}H_{22}O_{12}$ 1092.24

本品为红霉素的乳糖醛酸盐。按无水物计算，每1mg的效价不得少于610红霉素单位。

【性状】 本品为白色或类白色的结晶或粉末；无臭。

本品在水或乙醇中易溶，在丙酮或三氯甲烷中微溶，在乙醚中不溶。

【鉴别】 （1）在红霉素A组分项下记录的色谱图中，供试品溶液主峰的保留时间应与标准品溶液主峰的保留时间一致。

（2）本品的红外光吸收图谱应与对照的图谱一致。如发现在1750～1680cm^{-1}处的吸收峰与对照的图谱不一致时，可取本品适量，溶于无水乙醇中，在水浴上蒸干，置减压干燥器中减压干燥后测定。

【检查】 酸碱度 取本品0.85g，加水10ml溶解后，依法测定（附录0631），pH值应为6.0～7.5。

溶液的澄清度与颜色 取本品5份，各0.85g，分别加水10ml溶解后，溶液应澄清无色；如显浑浊，与1号浊度标准液（附录0902）比较，均不得更浓；如显色，与黄色1号标准比色液（附录0901第一法）比较，均不得更深。

红霉素B、C组分及有关物质 取本品，加甲醇适量（10mg加甲醇1ml）溶解后，用磷酸盐缓冲液（pH7.0）-甲醇（15：1）定量稀释制成每1ml中约含红霉素4mg的溶液，作为供试品溶液；精密量取供试品溶液5ml，置100ml量瓶中，用磷酸盐缓冲液（pH7.0）-甲醇（15：1）稀释到刻度，摇匀，作为对照溶液。照红霉素A组分项下的色谱条件，精密量取供试品溶液与对照溶液各20μl，分别注入液相色谱仪，记录色谱图至主峰保留时间的5倍。红霉素B按校正后的峰面积计算（乘以校正因子0.7）和红霉素C峰面积均不得大于对照溶液主峰面积（5.0%）。供试品溶液色谱图中如有杂质峰，除乳糖酸外（约为2分钟），红霉素烯醇醚和杂质1按校正后的峰面积计算（分别乘以校正因子0.09、0.15）和其他单个杂质峰面积均不得大于对照溶液主峰面积的0.6倍（3.0%）；其他各杂质峰面积的和不得大于对照溶液主峰面积（5.0%），（供试品溶液应临用前新配）供试品溶液色谱图中任何小于对照溶液主峰面积0.01倍的峰可忽略不计。

水分 取本品约0.2g，加10%的咪唑无水甲醇溶液使溶解，照水分测定法（附录0832第一法A）测定，含水分不得过4.0%。

红霉素A组分 照高效液相色谱法（附录0512）测定。

色谱条件与系统适用性试验 用十八烷基硅烷键合硅胶为填充剂；以磷酸盐溶液（取磷酸氢二

钾8.7g，加水1000ml，用20%磷酸调节pH值至8.2）-乙腈（40：60）为流动相；柱温35℃；检测波长为215nm。取红霉素标准品适量，130℃加热破坏4小时，加甲醇适量（红霉素10mg加甲醇1ml）溶解后，用磷酸盐缓冲液（pH7.0）-甲醇（15：1）稀释制成每1ml中约含4mg的溶液，取20μl注入液相色谱仪。记录色谱图至红霉素A峰保留时间的5倍。按红霉素C、红霉素A、杂质1、红霉素B、红霉素烯醇醚峰的顺序出峰（必要时，用红霉素C、红霉素B、红霉素烯醇醚对照品进行峰定位）。红霉素A峰与红霉素烯醇醚峰的分离度应大于14.0，红霉素A峰的拖尾因子应小于2.0。

测定法　取本品约0.17g和红霉素标准品约0.1g，精密称定，分别加甲醇适量（10mg加甲醇1ml）溶解后，用磷酸盐缓冲液（pH7.0）-甲醇（15：1）定量稀释制成每1ml中约含红霉素4mg的溶液，分别作为供试品溶液和标准品溶液；精密量取供试品溶液与标准品溶液各20μl，分别注入液相色谱仪，记录色谱图。按外标法以峰面积计算供试品中红霉素A的含量，按无水物计，不得少于59.1%。

可见异物　取本品5份，每份为制剂最大规格量，分别加微粒检查用水溶解，依法检查（附录0904），应符合规定（供无菌分装用）。

不溶性微粒　取本品3份，分别加微粒检查用水溶解，依法检查（附录0903）。每1g样品中，含10μm及10μm以上的微粒不得过6000粒，含25μm及25μm以上的微粒不得过600粒。（供无菌分装用）

细菌内毒素　取本品，依法检查（附录1143），每1mg红霉素中含内毒素的量应小于1.0EU。（供注射用）

无菌　取本品，用适宜溶剂溶解并稀释后，转移至不少于500ml的0.9%无菌氯化钠溶液中，经薄膜过滤法处理，依法检查（附录1101），应符合规定（供无菌分装用）。

【含量测定】　取本品适量，精密称定，加灭菌水定量制成每1ml中约含1000单位的溶液，照抗生素微生物检定法红霉素项下的方法（附录1201）测定。1000红霉素单位相当于1mg的$C_{37}H_{67}NO_{13}$。可信限率不得大于7%。

【类别】　大环内酯类抗生素。

【贮藏】　严封，在干燥处保存。

【制剂】　注射用乳糖酸红霉素

注射用乳糖酸红霉素

Zhusheyong Rutangsuan Hongmeisu

Erythromycin Lactobionate for Injection

本品为乳糖酸红霉素的无菌结晶、粉末或无菌冻干品。按无水物计算，每1mg的效价不得少于610红霉素单位；按平均装量计算，含红霉素（$C_{37}H_{67}NO_{13}$）应为标示量的93.0%～107.0%。

【性状】　本品为白色或类白色的结晶或粉末或疏松块状物。

【鉴别】　取本品，照乳糖酸红霉素项下的鉴别试验，显相同的结果。

【检查】　溶液的澄清度与颜色　取本品5瓶，按标示量分别加水制成每1ml中约含红霉素50mg的溶液，溶液应澄清无色；如显浑浊，与1号浊度标准液（附录0902）比较，均不得更浓；如显色，与黄色1号标准比色液（附录0901第一法）比较，均不得更深。

水分　取本品约0.2g，加10%的咪唑无水甲醇溶液使溶解，照水分测定法（附录0832第一法A）测定，含水分不得过5.0%。

酸碱度、红霉素B、C组分及有关物质、红霉素A组分、细菌内毒素与**无菌**　照乳糖酸红霉素项下的方法检查，均应符合规定。

其他　应符合注射剂项下有关的各项规定（附录0102）。

【含量测定】　取装量差异项下的内容物，精密称取适量，照乳糖酸红霉素项下的方法测定，即得。

【作用与用途】　大环内酯类抗生素。主要用于治疗耐青霉素葡萄球菌引起的感染性疾病，也用于治疗其他革兰氏阳性菌及支原体感染。

【用法与用量】　以乳糖酸红霉素计。静脉注射：一次量，每1kg体重，马、牛、羊、猪～5mg；犬、猫5～10mg。一日2次，连用2～3日。

临用前，先用灭菌注射用水溶解（不可用氯化钠注射液），然后用5%葡萄糖注射液稀释，浓度不超过0.1%。

【不良反应】　2～4月龄驹使用红霉素后，可出现体温过高、呼吸困难，在高温环境尤易出现。

【注意事项】　（1）本品局部刺激性较强，不宜作肌内注射。静脉注射的浓度过高或速度过快时，易发生局部疼痛和血栓性静脉炎，故静脉注射速度应缓慢。

（2）在pH过低的溶液中很快失效，注射溶液的pH值应维持在5.5以上。

【休药期】　牛14日，羊3日，猪7日；弃奶期72小时。

【规格】　按红霉素计　（1）0.25g（25万单位）　（2）0.3g（30万单位）

【贮藏】　密闭，在干燥处保存。

鱼 石 脂

Yushizhi

Ichthammol

本品系植物油（豆油、桐油、玉米油等）经硫化、磺化，再与氨水反应后制得的混合物。含有机硫（S）不得少于5.5%，含氨（NH_3）不得少于2.5%。

【性状】　本品为棕黑色的黏稠性液体；有特臭。

本品在水中溶解。

【鉴别】　（1）取本品，加等量的氢氧化钠试液，加热，即发生氨臭。

（2）取本品约1g，加水50ml溶解后，加盐酸少量，即生成棕褐色沉淀；放置后在容器壁及底部附着黑褐色树脂状沉淀。

【检查】　**水中溶解度**　取本品0.50g，置100ml烧杯中，加水50ml，搅拌溶解后，移置50ml纳氏比色管中，于距离25W白炽灯泡10～20cm处观察，应为均匀的棕色溶液，不得有溶质的颗粒或液滴。

甘油中溶解度　取本品1.0g，加甘油9ml，应完全溶解。

无机硫　取本品约2g，精密称定，置250ml烧杯中，加水100ml溶解后（必要时加热使溶解），加10%氯化铜溶液20ml，搅匀，煮沸，放冷，加氨试液5ml，搅匀，滤过，滤液移入200ml量瓶中，沉淀用水洗涤数次，洗液与滤液合并，加水至刻度，摇匀；精密量取100ml，煮沸，加盐酸中和后，再加盐酸1ml，并缓缓加氯化钡试液10ml，置水浴上加热30分钟，放冷，用无灰滤纸滤过，沉淀用温水分次洗涤，至洗液不再显氯化物的反应，干燥并炽灼至恒重；残渣重量经用空白试验校正后，与0.1374相乘，即得供试量中含有无机硫（S）的重量。不得过总硫量的20.0%。

干燥失重 取本品约1g，精密称定，加无水乙醇约5ml，放置15分钟，俟浸润后，在105℃干燥至恒重，减失重量不得过50.0%（附录0831）。

炽灼残渣 不得过0.25%（附录0841）。

【含量测定】 总硫量 取本品约0.5g，精密称定，置坩埚内，加无水碳酸钠4g与三氯甲烷3ml，混匀，微热并搅拌使三氯甲烷挥散，捣碎；加硝酸铜粗粉10g，搅匀，用小火缓缓加热，至氧化完全，稍加强火力炽灼至完全炭化，放冷；加盐酸20ml，俟作用完毕，用水约100ml分次将熔融物移置烧杯中，煮沸使氧化铜溶解，滤过；滤渣用水洗涤数次，洗液与滤液合并，加水至约200ml，煮沸，缓缓加氯化钡试液40ml，置水浴上加热30分钟，放冷，用无灰滤纸滤过；沉淀用温水分次洗涤，至洗液不再显氯化物的反应，干燥并炽灼至恒重；残渣重量经用空白试验校正后，与0.1374相乘，即得供试量中含有总硫（S）的重量。

有机硫 从总硫量（%）中减去无机硫的含量（%），即得有机硫的含量（%）。

氨 取本品约0.5g，精密称定，加水20ml，加石蜡0.6g和氢氧化钠溶液（2→5）4ml，蒸馏。精密量取硫酸滴定液（0.05mol/L）15ml，置锥形瓶中，收集约10ml馏出液，加甲基红指示液2滴，用氢氧化钠滴定液（0.1mol/L）滴定至溶液自粉红色变为黄色，并将滴定的结果用空白试验校正。每1ml硫酸滴定液（0.05mol/L）相当于1.703mg的NH_3。

【作用与用途】 消毒防腐药。用于胃肠道制酵。

【用法与用量】 内服：一次量，马、牛10～30g；羊、猪1～5g。先加倍量乙醇溶解，再用水稀释成3%～5%溶液。

【注意事项】 禁与酸性药物如稀盐酸、乳酸等混合使用。

【贮藏】 密封，在阴凉处保存。

【制剂】 鱼石脂软膏

鱼石脂软膏

Yushizhi Ruangao

Ichthammol Ointment

本品含鱼石脂按氨（NH_3）计不得少于0.25%。

【性状】 本品为棕黑色软膏；有特臭。

【鉴别】 （1）取本品约0.5g，置试管中，加氢氧化钠试液1ml，加热即发生氨臭，并能使湿润的红色石蕊试纸变蓝色。

（2）取本品约5g，加水25ml，加热，搅拌使鱼石脂溶解，放冷，滤过，滤液加盐酸少许，即生成棕褐色沉淀；放置后，在容器壁及底部附着黑褐色树脂状沉淀。

【检查】 应符合软膏剂项下有关的各项规定（附录0106）。

【含量测定】 取本品约4g，精密称定，加沸水约20ml，水浴加热10分钟，并时时搅拌，室温放置15～20分钟。置冰箱使上层液体凝结，取出后用装有脱脂棉的漏斗过滤，收集滤液至100ml量瓶中，凝结部分加适量沸水后重复以上操作，至水层几乎无色，合并滤液，用水稀释至刻度，摇匀。精密量取50ml，加石蜡1.5g和氢氧化钠溶液（2→5）10ml，蒸馏。精密量取硫酸滴定液（0.05mol/L）10ml，置锥形瓶中，收集约25ml馏出液，加甲基红指示液2滴，用氢氧化钠滴定液（0.1mol/L）

滴定至溶液自粉红色变为黄色，并将滴定的结果用空白试验校正。每1ml硫酸滴定液（0.05mol/L）相当于1.703mg的NH_3。

【作用与用途】 消毒防腐药。外用消炎。

【用法与用量】 涂敷患处。

【规格】 10%

【贮藏】 密闭保存。

注射用水

Zhusheyong Shui

Water for Injection

本品为纯化水经蒸馏所得的水。

【性状】 本品为无色的澄明液体；无臭。

【检查】 pH值 取本品100ml，加饱和氯化钾溶液0.3ml，依法测定（附录0631）pH值应为5.0～7.0。

氨 取本品50ml，照纯化水项下的方法检查，但对照用氯化铵溶液改为1.0ml，应符合规定（0.000 02%）。

硝酸盐与亚硝酸盐、电导率、易氧化物、不挥发物与重金属 照纯化水项下的方法检查，应符合规定。

细菌内毒素 取本品，依法检查（附录1143），每1ml中含内毒素的量应小于0.25EU。

微生物限度 取本品不少于100ml，经薄膜过滤法处理，采用R2A琼脂培养基，30~35℃培养不少于5日，依法检查（附录1105）。100ml供试品中需氧菌总数不得过10cfu。

R2A琼脂培养基处方、制备及适用性检查试验 照纯化水项下的方法检查，应符合规定。

【类别】 溶剂。

【贮藏】 密闭保存。

灭菌注射用水

Miejun Zhusheyong Shui

Sterile Water for Injection

本品为注射用水照注射剂生产工艺制备所得。

【性状】 本品为无色的澄明液体；无臭。

【检查】 pH值 取本品100ml，加饱和氯化钾溶液0.3ml，依法测定（附录0631），pH值应为5.0～7.0。

氯化物、硫酸盐与钙盐 取本品，分置三支试管中，每管各50ml，第一管加硝酸5滴与硝酸银试液1ml，第二管中加氯化钡试液5ml，第三管中加草酸铵试液2ml，均不得发生浑浊。

二氧化碳 取本品25ml，置50ml具塞量筒中，加氢氧化钙试液25ml，密塞振摇，放置，1小时内不得发生浑浊。

易氧化物　取本品100ml，加稀硫酸10ml，煮沸后，加高锰酸钾滴定液（0.02mol/L）0.10ml，再煮沸10分钟，粉红色不得完全消失。

硝酸盐与亚硝酸盐、氨、电导率、不挥发物、重金属与细菌内毒素　照注射用水项下的方法检查，应符合规定。

其他　应符合注射剂项下有关的各项规定（附录0102）。

【作用与用途】　溶剂。用作注射用灭菌粉末的溶剂或注射液的稀释剂。

【规格】　（1）1ml　（2）2ml　（3）5ml　（4）10ml　（5）20ml　（6）50ml　（7）100ml（8）500ml　（9）1000ml　（10）3000ml

【贮藏】　密闭保存。

注射用硫喷妥钠

Zhusheyong Liupentuona

Thiopental Sodium for Injection

本品为硫喷妥钠100份与无水碳酸钠6份混合的无菌粉末。按平均装量计算，含硫喷妥钠（$C_{11}H_{17}N_2NaO_2S$）应为标示量的93.0%～107.0%。

【性状】　本品为淡黄色粉末。

【鉴别】　（1）取本品约0.5g，加水10ml使硫喷妥钠溶解，加过量的稀盐酸，即生成白色沉淀；滤过，沉淀用水洗净，在105℃干燥后，依法测定（附录0612），熔点为157～161℃。

（2）取本品约0.1g，加吡啶溶液（1→10）10ml使硫喷妥钠溶解，加铜吡啶试液1ml，振摇，放置1分钟，即生成绿色沉淀。

（3）取本品约0.2g，加氢氧化钠试液5ml与醋酸铅试液2ml，生成白色沉淀；加热后，沉淀变为黑色。

（4）取本品，炽灼后，显钠盐的火焰反应（附录0301）。

【检查】　**碱度**　取本品0.5g，加水10ml溶解后，依法测定（附录0631），pH值应为9.5～11.2。

溶液的澄清度　取本品1.0g，加水10ml溶解后，溶液应澄清。

硫酸盐　取本品0.30g，加水23ml溶解后，加稀盐酸7ml，搅拌，滤过；取续滤液10ml，加水使成45ml，依法检查（附录0802）。与标准硫酸钾溶液1.0ml制成的对照液比较，不得更浓（0.10%）。

有关物质　取本品适量，加水溶解并稀释制成每1ml中约含硫酸妥钠10mg的溶液，作为供试品溶液；精密量取1ml，置200ml量瓶中，用水稀释至刻度，摇匀；作为对照溶液。照薄层色谱法（附录0502）试验，吸取上述两种溶液各20μl，分别点于同一硅胶GF$_{254}$薄层板上，以13.5mol/L氨溶液-乙醇-三氯甲烷（5∶15∶80）的下层溶液为展开剂，展开，晾干，立即在紫外光灯（254nm）下检视。供试品溶液如显杂质斑点（除原点外），与对照溶液的主斑点比较，不得更深。

干燥失重　取本品，在80℃减压干燥4小时，减失重量不得过2.0%（附录0831）。

细菌内毒素　取本品，依法检查（附录1143），每1mg硫喷妥钠中内毒素的量应小于0.50EU。

无菌　取本品，分别加灭菌水制成每1ml中含10mg的溶液，依法检查（附录1101），应符合规定。

其他 应符合注射剂项下有关的各项规定（附录0102）。

【含量测定】 取装量差异项下的内容物，混合均匀，精密称取适量（约相当于硫喷妥钠0.25g），置500ml量瓶中，加水使硫喷妥钠溶解并稀释至刻度，摇匀；精密量取适量，用0.4%氢氧化钠溶液定量稀释制成每1ml中约含5μg的溶液，照紫外-可见分光光度法（附录0401），在304nm的波长处测定吸光度。另取硫喷妥对照品适量，精密称定，用0.4%氢氧化钠溶液溶解并定量稀释制成每1ml中约含5μg的溶液，同法测定。根据每支的平均装量计算。每1mg硫喷妥相当于1.091mg的$C_{11}H_{17}N_2NaO_2S$。

【作用与用途】 巴比妥类药。用于动物的基础麻醉。

【用法与用量】 以硫喷妥钠计。静脉注射：一次量，每1kg体重马、牛、羊、猪10～15mg；犊15～20mg；犬、猫20～25mg。临用前配成2.5%溶液。

【不良反应】 （1）犬用硫喷妥钠后易导致心率失常。

（2）猫注射后可出现呼吸暂停、轻度高血压。

（3）马可出现兴奋和严重的运动失调（单独应用时）。

（4）一过性白细胞减少症、高血糖、窒息、心动过速和呼吸性酸中毒。

【注意事项】 （1）药液只供静脉注射，对巴比妥类药物有过敏史和心血管疾病患畜禁用。

（2）肝肾功能障碍、重病、衰弱、休克、腹部手术、支气管哮喘（可引起喉头痉挛、支气管水肿）等情况下禁用。

（3）因溶液碱性很强，因此静脉注射时不可漏出血管外，否则易引起静脉周围组织炎症；而快速静脉注射会引起明显的血管扩张和高血糖。

（4）反刍动物麻醉前注射阿托品，可减少腺体分泌。

（5）因本品可引起溶血，因此不得使用浓度小于2%的注射液。

（6）本品过量引起的呼吸与循环抑制，除采用支持性呼吸疗法和心血管支持药物（禁用肾上腺素类药物）外，还可用戊四氮等呼吸中枢兴奋药解救。

【规格】 按$C_{11}H_{17}N_2NaO_2S$计算 （1）0.5g （2）1g

【贮藏】 遮光，密封保存。

毒毛花苷K

Dumaohuagan K

Strophanthin K

本品为夹竹桃科植物绿毒毛旋花（*Strophanthus kombe* Oliv.）的干燥成熟种子中得到的各种苷的混合物。每1mg的效价应相当于毒毛花苷G标准品（按无水物计算）0.4～0.5mg。

【性状】 本品为白色或微黄色粉末；遇光易变质。

本品在水或乙醇（90%）中溶解，在三氯甲烷中极微溶解，在乙醚或苯中几乎不溶。

【鉴别】 （1）取本品少许，加硫酸与水的混合液（4∶1）溶解后，应即显绿色（与毒毛花苷G的区别）。

（2）取本品约50mg，加水5ml溶解后，加鞣酸试液2ml，即发生沉淀。

【检查】 **干燥失重** 取本品，置五氧化二磷干燥器中，减压干燥至恒重，减失重量不得过3.0%（附录0831）。

炽灼残渣　不得过1.0%（附录0841）。

【含量测定】　**标准品溶液和稀释液的制备**　迅速精密称取毒毛花苷G标准品适量，按标示的无水物的含量计算，每1mg加水4ml溶解；临用时，精密量取适量，用氯化钠注射液稀释。稀释倍数应调节适当（通常为40～60倍），使鸽的平均最小致死量在25～34ml之间。

供试品溶液和稀释液的制备　精密称取本品适量，加水溶解并稀释制成每1ml中含0.5mg的溶液，临用时，按上述方法制成稀释液。

检定法　照洋地黄生物测定法项下的方法（附录1211）测定，效价应符合规定。

【类别】　强心药。

【贮藏】　遮光，密封保存。

【制剂】　毒毛花苷K注射液

毒毛花苷K注射液

Dumaohuagan K Zhusheye

Strophanthin K Injection

本品为毒毛花苷K的灭菌水溶液，其效价应为标示量的83%～120%。

【性状】　本品为无色至微黄色的澄明液体；遇光易变质。

【鉴别】　取本品适量，蒸干，残渣照毒毛花苷K项下的鉴别法试验，显相同的反应。

【检查】　应符合注射剂项下有关的各项规定（附录0102）。

【含量测定】　精密量取本品适量，照毒毛花苷K项下的方法测定，即得。

【作用与用途】　强心药。可加强心肌收缩力，减慢心率，抑制心脏传导。主要用于充血性心力衰竭。

【用法与用量】　以毒毛花苷K计。静脉注射：一次量，马、牛1.25～3.75mg；犬0.25～0.5mg。临用前以5%的葡萄糖注射液稀释，缓慢注射。

【不良反应】　（1）中毒症状有精神抑郁、运动失调、厌食、呕吐、腹泻、严重虚脱、脱水和心率不齐等。

（2）较高剂量可引起心律失常，犬最常见的心律不齐有心脏房室传导阻滞、室上性心动过速、室性心悸。

【注意事项】　（1）期前房性收缩、室性心搏过速或房室传导过缓时禁用。

（2）安全范围窄，要时常监测心电图变化，以免发生毒性反应。

（3）肝肾功能障碍患畜用量应酌减。在过去10日内用过任何强心苷类的动物，使用时剂量亦应减少，以免中毒。

（4）低血钾能增加强心苷类药物对心脏的兴奋性，引起室性心律不齐，亦可导致心室传导阻滞。高渗葡萄糖、排钾性利尿药均可降低血钾水平，必须加以注意。适当补钾可预防或减轻强心苷的毒性反应。

（5）除非有充血性心力衰竭发生，否则动物处于休克、贫血、尿毒症等情况下勿使用强心苷类药物。

（6）在用钙盐或拟肾上腺素类药物（如肾上腺素）时慎用强心苷。

（7）心内膜炎、急性心肌炎、创伤性心包炎等情况下慎用强心苷类药物。

【规格】 （1）1ml：0.25mg （2）2ml：0.5mg

【贮藏】 遮光，密闭保存。

药 用 炭

Yaoyongtan

Medicinal Charcoal

【性状】 本品为黑色粉末；无臭；无砂性。

【鉴别】 取本品0.1g，置耐热玻璃管中，在缓缓通入压缩空气的同时，在放置样品的玻璃管处，用酒精灯加热灼烧（注意不应产生明火），产生的气体通入氢氧化钙试液中，即生成白色沉淀。

【检查】 **酸碱度** 取本品2.5g，加水50ml，煮沸5分钟，放冷，滤过；滤渣用水洗涤，合并滤液与洗液使成50ml；滤液应澄清，遇石蕊试纸应显中性反应。

氯化物 取酸碱度项下的滤液10ml，用水稀释成200ml，摇匀；分取20ml，依法检查（附录0801），与标准氯化钠溶液5.0ml制成的对照液比较，不得更浓（0.1%）。

硫酸盐 取酸碱度项下剩余的滤液20ml，依法检查（附录0802），与标准硫酸钾溶液5.0ml制成的对照液比较，不得更浓（0.05%）。

未炭化物 取本品0.25g，加氢氧化钠试液10ml，煮沸，滤过；滤液如显色，与对照液（取比色用氯化钴液0.3ml、比色用重铬酸钾液0.2ml、水9.5ml，混合制成）比较，不得更深。

酸中溶解物 取本品1.0g，加水20ml与盐酸5ml，煮沸5分钟，滤过；滤渣用热水10ml洗净，合并滤液与洗液，加硫酸1ml，蒸干后，炽灼至恒重，遗留残渣不得过10mg。

干燥失重 取本品，在120℃干燥至恒重，减失重量不得过10.0%（附录0831）。

炽灼残渣 取本品约0.50g，加乙醇2~3滴湿润后，依法检查（附录0841），遗留残渣不得过3.0%。

铁盐 取本品1.0g，加1mol/L盐酸溶液25ml，煮沸5分钟，放冷，滤过；用热水30ml分次洗涤残渣，合并滤液与洗液，加水适量使成100ml，摇匀；精密量取5ml，置50ml纳氏比色管中，依法检查（附录0807），与标准铁溶液2.5ml制成的对照液比较，不得更深（0.05%）。

锌盐 取本品1.0g，加水25ml，煮沸5分钟，放冷，滤过；用热水30ml分次洗涤残渣，合并滤液与洗液，加水适量使成100ml，摇匀；精密量取10ml，置50ml纳氏比色管中，加抗坏血酸0.5g，加盐酸溶液（1→2）4ml与亚铁氰化钾试液3ml，用水稀释至刻度，摇匀，如发生浑浊，与标准锌溶液〔精密称取硫酸锌（$ZnSO_4 \cdot 7H_2O$）44mg，置100ml量瓶中，加水溶解并稀释至刻度，摇匀；精密量取10ml，置另一100ml量瓶中，用水稀释至刻度，摇匀，即得。每1ml相当于$10\mu g$的Zn〕2ml用同一方法制成的对照液比较，不得更浓（0.02%）。

重金属 取本品1.0g，加稀盐酸10ml与溴试液5ml，煮沸5分钟，滤过；滤渣用沸水35ml洗涤，合并滤液与洗液，加水适量使成50ml，摇匀；分取20ml，加酚酞指示液1滴，并滴加氨试液至溶液显淡红色，加醋酸盐缓冲液（pH3.5）2ml与水适量使成25ml，加抗坏血酸0.5g溶解后，依法检查（附录0821第一法）。5分钟时比色，含重金属不得过百万分之三十。

吸着力 （1）取干燥至恒重的本品1.0g，加0.12%硫酸奎宁溶液100ml，在室温不低于20℃

下，用力振摇5分钟，立即用干燥的中速滤纸滤过；分取续滤液10ml，加盐酸1滴与碘化汞钾试液5滴，不得发生浑浊。

（2）精密量取0.1%亚甲蓝溶液50ml两份，分别置100ml具塞量筒中，一支量筒中加干燥至恒重的本品0.25g，密塞，在室温不低于20℃下，强力振摇5分钟；将两支量筒中的溶液分别用干燥的中速滤纸滤过，精密量取续滤液各25ml，分别置两个250ml量瓶中；各加10%醋酸钠溶液50ml，摇匀后，在不断轻微振摇下，各精密加碘滴定液（0.05mol/L）35ml，密塞，摇匀，放置；每隔10分钟强力振摇1次，50分钟后，分别用水稀释至刻度，摇匀，放置10分钟；分别用干燥滤纸滤过，精密量取续滤液各100ml，分别用硫代硫酸钠滴定液（0.1mol/L）滴定。两者消耗碘滴定液体积（0.05mol/L）的差数不得少于1.2ml。

【作用与用途】　吸附药。用于生物碱等中毒及腹泻、胃肠臌气等。

【用法与用量】　内服：一次量，马20～150g；牛20～200g；羊5～50g；猪3～10g；犬0.3～2g。

【注意事项】　（1）能吸附其他药物和影响消化酶活性。

（2）用于排出毒物时最好与盐类泻药配合用。

【贮藏】　密封保存。

枸橼酸乙胺嗪

Juyuansuan Yi'anqin

Diethylcarbamazine Citrate

$C_{10}H_{21}N_3O \cdot C_6H_8O_7$　391.42

本品为4-甲基-N,N-二乙基-1-哌嗪甲酰胺枸橼酸二氢盐。按干燥品计算，含$C_{10}H_{21}N_3O \cdot C_6H_8O_7$不得少于98.0%。

【性状】　本品为白色结晶性粉末；无臭；微有引湿性。

本品在水中易溶，在乙醇中略溶，在丙酮、三氯甲烷或乙醚中不溶。

熔点　本品的熔点（附录0612第一法）为135～139℃。

【鉴别】　（1）取本品约0.2g，加水2ml溶解后，加氢氧化钠试液使成碱性，用三氯甲烷5ml振摇提取，分取三氯甲烷液，蒸干，残渣加钼酸铵硫酸试液2ml，置水浴中加热，即生成蓝色沉淀。

（2）本品的红外光吸收图谱应与对照的图谱一致。

（3）上述三氯甲烷抽提后遗留的水溶液显枸橼酸盐的鉴别反应（附录0301）。

【检查】　N-甲基哌嗪　取本品，用甲醇制成每1ml中含50mg的溶液，作为供试品溶液；另取N-甲基哌嗪对照品，用甲醇制成每1ml中含50μg的溶液，作为对照品溶液。照薄层色谱法（附录0502）试验，吸取上述两种溶液各10μl，分别点于同一硅胶G薄层板上，以三氯甲烷-甲醇-氨溶液（13：5：1）为展开剂，展开，晾干，置碘蒸气中显色。供试品溶液如显与对照品溶液相应的杂质斑点，其颜色与对照品溶液的主斑点比较，不得更深（0.1%）。

干燥失重 取本品，在105℃干燥至恒重，减失重量不得过0.5%（附录0831）。

炽灼残渣 不得过0.1%（附录0841）。

重金属 取本品2.0g，加水20ml溶解后，加1mol/L盐酸溶液1.0ml与水适量使成25ml，依法检查（附录0821第一法），含重金属不得过百万分之十。

【含量测定】 取本品约0.3g，精密称定，加醋酐1ml与冰醋酸10ml使溶解，加结晶紫指示液1滴，用高氯酸滴定液（0.1mol/L）滴定至溶液显蓝色，并将滴定的结果用空白试验校正。每1ml高氯酸滴定液（0.1mol/L）相当于39.14mg的$C_{10}H_{21}N_3O \cdot C_6H_8O_7$。

【类别】 抗丝虫病药。

【贮藏】 密封，在干燥处保存。

【制剂】 枸橼酸乙胺嗪片

枸橼酸乙胺嗪片

Juyuansuan Yi'anqin Pian

Diethylcarbamazine Citrate Tablets

本品含枸橼酸乙胺嗪（$C_{10}H_{21}N_3O \cdot C_6H_8O_7$）应为标示量的95.0%～105.0%。

【性状】 本品为白色片。

【鉴别】 取本品的细粉适量（约相当于枸橼酸乙胺嗪0.2g），加水10ml，振摇使枸橼酸乙胺嗪溶解，滤过；滤液照枸橼酸乙胺嗪项下的鉴别（1）、（3）试验，显相同的反应。

【检查】 应符合片剂项下有关的各项规定（附录0101）。

【含量测定】 取本品20片，精密称定，研细，精密称取适量（约相当于枸橼酸乙胺嗪0.25g），置具塞锥形瓶中，加酒石酸（临用前，研细，在105℃干燥2小时）0.20g与冰醋酸10ml，用小火加热微沸3～5分钟，放冷；加醋酐5ml与结晶紫指示液1滴，摇匀，用高氯酸滴定液（0.1mol/L）滴定至近终点时，强力振摇2分钟，继续滴定至溶液显蓝色，并将滴定的结果用空白试验校正。每1ml高氯酸滴定液（0.1mol/L）相当于39.14mg的$C_{10}H_{21}N_3O \cdot C_6H_8O_7$。

【作用与用途】 抗丝虫药。主用于马、羊脑脊髓丝虫病，犬心丝虫病，亦可用于家畜肺丝虫病。

【用法与用量】 以枸橼酸乙胺嗪计。内服：一次量，每1kg体重，马、牛、羊、猪20mg；犬、猫50mg。

【不良反应】 （1）按推荐剂量使用时，很少发生不良反应，有些犬可发生腹泻或呕吐。

（2）微丝蚴阳性犬使用本品，可能会出现类似低血容量休克样反应，在数小时内引起犬过敏死亡。

【注意事项】 （1）微丝蚴阳性的犬不能使用。

（2）犬、猫宜喂食后服用，可减轻胃肠道不良反应。

【休药期】 28日；弃奶期7日。

【规格】 （1）50mg （2）100mg

【贮藏】 密封，在干燥处保存。

枸橼酸哌嗪

Juyuansuan Paiqin

Piperazine Citrate

$$(C_4H_{10}N_2)_3 \cdot 2C_6H_8O_7 \cdot 5H_2O \quad 732.74$$

本品按无水物计算，含（$C_4H_{10}N_2$）$_3 \cdot 2C_6H_8O_7$不得少于98.5%。

【性状】 本品为白色结晶性粉末或半透明结晶性颗粒；无臭；微有引湿性。

本品在水中易溶，在甲醇中极微溶解，在乙醇、三氯甲烷、乙醚或石油醚中不溶。

【鉴别】 （1）取本品约0.1g，加水5ml溶解后，加碳酸氢钠0.5g、铁氰化钾试液0.5ml与汞1滴，强力振摇1分钟，在20℃以上放置约20分钟，即缓缓显红色。

（2）本品的水溶液显枸橼酸盐的鉴别反应（附录0301）。

【检查】 **第一胺与氨** 取本品0.50g，加水10ml与10%氢氧化钠溶液1.0ml，振摇使溶解，加丙酮与亚硝基铁氰化钠试液各1.0ml，混匀，准确放置10分钟；另取相同量的试剂，但用水代替10%氢氧化钠溶液，作为空白。照紫外-可见分光光度法（附录0401），在520nm与600nm的波长处分别测定吸光度。600nm波长处的吸光度与520nm波长处的吸光度的比值，应不大于0.50（相当于第一胺与氨约0.7%）。

水分 取本品，照水分测定法（附录0832第一法A）测定，含水分应为10.0%～14.0%。

炽灼残渣 不得过0.1%（附录0841）。

铁盐 取本品2.0g，加水35ml与盐酸3ml溶解后，加过硫酸铵50mg与硫氰酸铵溶液（30→100）3ml，再加水适量使成50ml，摇匀；加丁醇20ml，振摇提取后，放置俟分层；分取丁醇层，如显色，与标准铁溶液1.0ml用同一方法制成的对照液比较，不得更深（0.0005%）。

重金属 取本品2.0g，加水20ml溶解后，加稀盐酸4.0ml，依法检查（附录0821第一法），含重金属不得过百万分之十。

【含量测定】 取本品约0.1g，精密称定，加冰醋酸30ml，振摇使溶解，加结晶紫指示液1滴，用高氯酸滴定液（0.1mol/L）滴定至溶液显蓝绿色，并将滴定的结果用空白试验校正。每1ml高氯酸滴定液（0.1mol/L）相当于10.71mg的（$C_4H_{10}N_2$）$_3 \cdot 2C_6H_8O_7$。

【类别】 抗蠕虫药。

【贮藏】 遮光，密封保存。

【制剂】 枸橼酸哌嗪片

枸橼酸哌嗪片

Juyuansuan Paiqin Pian

Piperazine Citrate Tablets

本品含枸橼酸哌嗪〔（$C_4H_{10}N_2$）$_3$•$2C_6H_8O_7$•$5H_2O$〕应为标示量的93.0%~107.0%。

【性状】 本品为白色片。

【鉴别】 取本品的细粉适量（约相当于枸橼酸哌嗪0.5g），加水20ml，振摇使枸橼酸哌嗪溶解，滤过；滤液照枸橼酸哌嗪项下的鉴别试验，显相同的反应。

【检查】 应符合片剂项下有关的各项规定（附录0101）。

【含量测定】 取本品20片，精密称定，研细，精密称取适量（约相当于枸橼酸哌嗪0.1g），照枸橼酸哌嗪项下的方法测定。每1ml高氯酸滴定液（0.1mol/L）相当于12.21mg的（$C_4H_{10}N_2$）$_3$•$2C_6H_8O_7$•$5H_2O$。

【作用与用途】 抗蠕虫药。主用于畜禽蛔虫病，亦用于马蛲虫病、毛线虫病，牛、羊、猪食道口线虫病。

【用法与用量】 以枸橼酸哌嗪计。内服：一次量，每1kg体重，马、牛0.25g；羊、猪0.25~0.3g；犬0.1g；禽0.25g。

【不良反应】 （1）按推荐剂量使用时，罕见不良反应，但在犬可见腹泻、呕吐和共济失调。

（2）微丝蚴阳性犬使用本品，可能会出现类似低血容量休克样反应，在数小时内引起犬过敏死亡。

【注意事项】 （1）微丝蚴阳性的犬不能使用。

（2）犬、猫宜喂食后服用，可减轻胃肠道不良反应。

【休药期】 牛、羊28日，猪21日，禽14日。

【规格】 （1）0.25g （2）0.5g

【贮藏】 遮光，密封保存。

胃 蛋 白 酶

Weidanbaimei

Pepsin

本品系自猪、羊或牛的胃黏膜中提取制得的胃蛋白酶。按干燥品计算，每1g中含胃蛋白酶活力不得少于3800单位。

【性状】 本品为白色至淡黄色的粉末；无霉败臭；有引湿性；水溶液显酸性反应。

【鉴别】 取本品的水溶液，加5%鞣酸或25%氯化钡溶液，即生成沉淀。

【检查】 **干燥失重** 取本品，在100℃干燥4小时，减失重量不得过5.0%（附录0831）。

微生物限度 取本品，照非无菌产品微生物限度检查：微生物计数法（附录1105）和控制菌检查法（附录1106）检查。1g供试品中需氧菌总数不得过5000cfu，霉菌和酵母菌总数不得过100cfu，不得检出大肠埃希菌。10g供试品中不得检出沙门菌。

【效价测定】 **对照品溶液的制备** 精密称取酪氨酸对照品适量，加盐酸溶液（取1mol/L盐酸溶液65ml，加水至1000ml）溶解并定量稀释制成每1ml中含0.5mg的溶液。

供试品溶液的制备 取本品适量，精密称定，加上述盐酸溶液溶解并定量稀释制成每1ml中含0.2～0.4单位的溶液。

测定法 取试管6支，其中3支各精密加入对照品溶液1ml，另3支各精密加入供试品溶液1ml，置37℃±0.5℃的水浴中，保温5分钟；精密加入预热至37℃±0.5℃的血红蛋白试液5ml，摇匀，并准确计时；在37℃±0.5℃水浴中反应10分钟；立即精密加入5%三氯醋酸溶液5ml，摇匀，滤过，取续滤液备用。另取试管2支，各精密加入血红蛋白试液5ml，置37℃±0.5℃水浴中保温10分钟；再精密加入5%三氯醋酸溶液5ml，其中1支加供试品溶液1ml，另1支加上述盐酸溶液1ml，摇匀，滤过；取续滤液，分别作为供试品和对照品的空白对照。照紫外-可见分光光度法（附录0401），在275nm的波长处测定吸光度，算出平均值$\overline{A}_s$和$\overline{A}$，按下式计算。

$$\text{每1g含胃蛋白酶的量（单位）} = \frac{\overline{A} \times W_s \times n}{\overline{A}_s \times W \times 10 \times 181.19}$$

式中 $\overline{A}_s$ 为对照品的平均吸光度；

$\overline{A}$ 为供试品的平均吸光度；

W_s 为每1ml对照品溶液中含酪氨酸的量，μg；

W 为供试品取样量，g；

n 为供试品稀释倍数。

在上述条件下，每分钟能催化水解血红蛋白生成$1\mu mol$酪氨酸的酶量，为一个蛋白酶活力的单位。

【作用与用途】 助消化药。用于胃液分泌不足及幼畜胃蛋白酶缺乏所致的消化不良。

【用法与用量】 内服：一次量，马、牛4000～8000单位；羊、猪800～1600单位；驹、犊1600～4000单位；犬80～800单位；猫80～240单位。

【注意事项】 （1）当胃液分泌不足引起消化不良时，胃内盐酸也常分泌不足。因此使用本品时应同服稀盐酸。

（2）忌与碱性药物、鞣酸、重金属盐等配合使用。

（3）温度超过70℃时迅速失效；剧烈搅拌可破坏其活性。

【贮藏】 密封，在阴凉干燥处保存。

氟尼辛葡甲胺

Funixin Pujia'an

Flunixin Meglumine

$C_{14}H_{11}F_3N_2O_2 \cdot C_7H_{17}NO_5$ 491.46

本品为2-（2-甲基-3-三氟甲基）苯基氨基-吡啶-3-羧酸与1-脱氧-1-甲氨基-D-山梨醇复合物

（1：1）。按干燥品计算，含氟尼辛葡甲胺$C_{14}H_{11}F_3N_2O_2 \cdot C_7H_{17}NO_5$不得少于99.0%。

【性状】 本品为白色或类白色结晶性粉末；无臭；有引湿性。

本品在水、甲醇或乙醇中溶解，在乙酸乙酯中几乎不溶。

熔点 本品的熔点（附录0612）为137~140℃。

比旋度 取本品，精密称定，加水溶解并定量稀释制成每1ml中约含0.12g的溶液，依法测定（附录0621），比旋度应为−9°至−12°。

【鉴别】 （1）取本品与氟尼辛葡甲胺对照品，加甲醇溶解并稀释制成每1ml中约含20μg的溶液，照紫外-可见分光光度法（附录0401）在220~400nm的波长范围内测定，供试品溶液的图谱应与对照品溶液的图谱一致。

（2）本品的红外光吸收图谱应与对照品的图谱一致。

【检查】 **碱度** 取本品2.5g，加水50ml溶解后，依法测定（附录0631），pH值应为7.0~9.0。

有关物质 取本品，加甲醇制成每1ml中含40mg的溶液，作为供试品溶液；精密量取适量，加甲醇定量稀释制成每1ml中含0.08mg的溶液，作为对照溶液。照薄层色谱法（附录0502）试验，吸取供试品溶液10μl与对照溶液10μl和5μl，分别点于同一硅胶GF_{254}薄层板上，以甲苯-乙酸乙酯-冰醋酸-水（65：30：10：1）为展开剂。展开后，晾干，置紫外光灯（254nm）下检视。供试品溶液如显杂质斑点，不得多于3个；与对照溶液主斑点比较，杂质总量不得过0.5%；且其任何一个杂质斑点与对照溶液10μl的主斑点比较，不得更深（0.2%）。

干燥失重 取本品，在105℃干燥4小时，减失重量不得过0.5%（附录0831）。

炽灼残渣 不得过0.2%（附录0841）。

【含量测定】 取本品约0.2g，精密称定，加冰醋酸50ml溶解后，照电位滴定法（附录0701），用高氯酸滴定液（0.1mol/L）滴定，并将滴定的结果用空白试验校正。每1ml高氯酸滴定液（0.1mol/L）相当于24.57mg的$C_{14}H_{11}F_3N_2O_2 \cdot C_7H_{17}NO_5$。

【类别】 解热镇痛抗炎药。

【贮藏】 遮光，密封保存。

【制剂】 （1）氟尼辛葡甲胺注射液 （2）氟尼辛葡甲胺颗粒

氟尼辛葡甲胺注射液

Funixin Pujia'an Zhusheye

Flunixin Meglumine Injection

本品为氟尼辛葡甲胺的灭菌水溶液。含氟尼辛葡甲胺按氟尼辛（$C_{14}H_{11}F_3N_2O_2$）计算，应为标示量的90.0%~110.0%。

【性状】 本品为无色或淡黄色澄明液体。

【鉴别】 （1）在含量测定项下记录的色谱图中，供试品溶液主峰的保留时间应与对照品溶液主峰的保留时间一致。

（2）取本品适量（相当于氟尼辛50mg），置50ml分液漏斗中，加醋酸盐缓冲液（取无水醋酸钠4.1g，加水500ml使溶解，加冰醋酸2.9ml，用水稀释至1000ml）10ml，振摇，再加入乙酸乙酯25ml，振摇，静置分层，取上清液作为供试品溶液。另取氟尼辛葡甲胺对照品适量，加甲醇制成每1ml中含3mg的溶液，作为对照品溶液。照薄层色谱法（附录0502）试验，吸取上述两种溶液各10μl，分别点于同一硅胶GF$_{254}$薄层板上，以甲苯-乙酸乙酯-冰醋酸-水（75：25：10：1）为展开剂，展开后，晾干，置紫外光灯（254nm）下检视。供试品溶液所显主斑点的位置和颜色应与对照品溶液的主斑点相同。

以上（1）、（2）两项可选做一项。

【检查】 pH值 应为7.8~9.0（附录0631）。

细菌内毒素 取本品，依法检查（附录1143），每1mg氟尼辛中含内毒素的量应小于4.5EU。

其他 应符合注射剂项下有关的各项规定（附录0102）。

【含量测定】 照高效液相色谱法（附录0512）测定。

色谱条件与系统适用性试验 用十八烷基硅烷键合硅胶为填充剂；以甲醇-水-冰醋酸（70：30：1）为流动相；检测波长为254nm。理论板数按氟尼辛峰计算不低于1500，氟尼辛与内标物质峰的分离度应大于1.9。

校正因子的测定 取苯甲酸钠适量，加水溶解并稀释制成每1ml中含33mg的溶液，作为内标溶液。另取氟尼辛葡甲胺对照品约83mg（约相当于氟尼辛50mg），精密称定，置50ml量瓶中，加适量甲醇-水（7：3）使溶解，精密加入内标溶液5ml，用甲醇-水（7：3）稀释至刻度，摇匀；精密量取5ml，置25ml量瓶中，用甲醇-水（7：3）稀释至刻度，摇匀，取20μl注入液相色谱仪，计算校正因子。

测定法 精密量取本品适量（约相当于氟尼辛50mg），置50ml量瓶中，加适量甲醇-水（7：3），精密加入内标溶液5ml，用甲醇-水（7：3）稀释至刻度，摇匀；精密量取5ml，置25ml量瓶中，用甲醇-水（7：3）稀释至刻度，摇匀，作为供试品溶液，取20μl注入液相色谱仪，测定，计算，即得。每1μg氟尼辛葡甲胺相当于0.6028μg氟尼辛。

【作用与用途】 解热镇痛抗炎药，用于家畜及小动物发热性、炎症性疾患、肌肉痛和软组织痛等。

【用法与用量】 以氟尼辛计。肌内、静脉注射：一次量，每1kg体重，牛、猪2mg；犬、猫1~2mg。一日1~2次，连用不超过5日。

【不良反应】 肌内注射对局部有刺激作用。长期大剂量使用本品可能导致动物胃溃疡及肾功能损伤。

【注意事项】 （1）消化道溃疡患畜慎用；

（2）不可与其他非甾体类抗炎药同时使用。

【休药期】 牛、猪28日。

【规格】 按C$_{14}$H$_{11}$F$_3$N$_2$O$_2$计 （1）2ml：10mg （2）2ml：100mg （3）5ml：250mg （4）10ml：0.5g （5）50ml：0.25g （6）50ml：2.5g （7）100ml：0.5g （8）100ml：5g

【贮藏】 遮光，密闭保存。

氟尼辛葡甲胺颗粒

Funixin Pujia'an Keli

Flunixin Meglumine Granules

本品含氟尼辛（C$_{14}$H$_{11}$F$_3$N$_2$O$_2$）应为标示量的90.0%~110.0%。

【性状】 本品为类白色或淡黄色颗粒。

【鉴别】 （1）取含量测定项下的供试品溶液和对照品溶液，照紫外-可见分光光度法（附录0401）在220~400nm的波长处测定，供试品溶液的图谱应与对照品溶液的图谱一致。

（2）取本品的细粉适量（约相当于氟尼辛25mg），置50ml离心管中，加醋酸盐缓冲液10ml（取无水醋酸钠4.1g，加水500ml使溶解，加冰醋酸2.9ml，用水稀释至1000ml，摇匀，即得），振摇1分钟，再加入乙酸乙酯25ml，振摇1分钟，静置分层，取上层清液作为供试品溶液。另取氟尼辛葡甲胺对照品适量，加甲醇制成每1ml中含1.5mg氟尼辛葡甲胺的溶液，作为对照品溶液。照薄层色谱法（附录0502）试验，吸取上述两种溶液各10μl，分别点于同一硅胶GF$_{254}$薄层板上，以甲苯-乙酸乙酯-冰醋酸-水（65：30：10：1）为展开剂，展开后，晾干，置紫外光灯（254nm）下检视。供试品溶液所显主斑点的位置应与对照品相同。

【检查】 溶出度 取本品适量（约相当于葡尼辛12.5mg），照溶出度与释放度测定法（附录0931第二法），以0.1mol/L盐酸900ml为溶剂，转速为每分钟50转，依法操作，经30分钟时，取溶液滤过，取续滤液作为供试品溶液；另取氟尼辛葡甲胺对照品，精密称定，用0.1mol/L盐酸溶解并定量稀释制成每1ml含23.6μg氟尼辛葡甲胺的溶液，作为对照品溶液。取上述两种溶液，照紫外-分光光度法（附录0401），在252nm的波长处测定吸光度，计算溶出量。每1μg氟尼辛葡甲胺相当于0.6028μg氟尼辛。限度为标示量的75%，应符合规定。

干燥失重 取本品，60℃减压干燥至恒重，减失重量不得过2.0%（附录0831）。

其他 应符合颗粒剂项下有关的各项规定（附录0110）。

【含量测定】 精密称取本品适量（约相当于氟尼辛25mg），置100ml量瓶中，加水80ml，振摇10分钟，用水稀释至刻度，摇匀；取该溶液10ml，离心，精密量取上清液5ml至另一100ml量瓶中，用0.1mol/L氢氧化钠溶液稀释至刻度，摇匀，作为供试品溶液。另取氟尼辛葡甲胺对照品适量，精密称定，加水溶解并定量稀释制成每1ml中含0.4mg氟尼辛葡甲胺的溶液，精密量取该溶液5ml至另一100ml量瓶中，用0.1mol/L氢氧化钠溶液稀释至刻度，摇匀，作为对照品溶液。取上述两种溶液，照紫外-可见分光光度法（附录0401），在283nm的波长处测定吸光度，计算，即得。每1μg氟尼辛葡甲胺相当于0.6028μg氟尼辛。

【作用与用途】 解热镇痛抗炎药，用于家畜及小动物发热性、炎症性疾患、肌肉痛和软组织痛等。

【用法与用量】 内服：一次量，每1kg体重，犬、猫2mg，一日1～2次，连用不超过5日。

【不良反应】 长期大剂量使用本品可能导致动物胃溃疡及肾功能损伤。

【注意事项】 消化道溃疡患畜慎用；请勿与其他非甾体类抗炎药同时使用。

【规格】 按$C_{14}H_{11}F_3N_2O_2$计 5%

【贮藏】 遮光、密封保存。

氟 苯 尼 考

Fubennikao

Florfenicol

$C_{12}H_{14}Cl_2FNO_4S$ 358.22

本品为〔R-（R*,R*）〕-2,2-二氯-N-〔1-氟甲基-2-羟基-2-（4-甲基磺酰基）苯基〕乙基乙酰胺。按无水物计算，含$C_{12}H_{14}Cl_2FNO_4S$不得少于98.0%。

【性状】　本品为白色或类白色粉末或结晶性粉末，无臭。

本品在二甲基甲酰胺中极易溶解，在甲醇中溶解，在冰醋酸中略溶，在三氯甲烷中极微溶解，在水中几乎不溶。

熔点　本品的熔点（附录0612）为152~156℃。

比旋度　取本品，精密称定，加二甲基甲酰胺溶解并定量稀释制成每1ml中约含50mg的溶液，依法测定（附录0621），比旋度应为－16°至－19°。

【鉴别】　（1）在含量测定项下记录的色谱图中，供试品溶液主峰的保留时间应与对照品溶液主峰的保留时间一致。

（2）本品的红外光吸收图谱应与对照的图谱一致。

【检查】　**酸度**　取本品0.1g，加水20ml，振摇，滤过，取续滤液，依法测定（附录0631），pH值应为4.5~6.5。

氯化物　取本品0.5g，加水30ml，振摇，滤过，取续滤液15ml，依法检查（附录0801），与标准氯化钠溶液5.0ml制成的对照液比较，不得更浓（0.02%）。

氟　取本品约40mg，精密称定，照氟检查法（附录0805）测定，按无水物计算，含氟量不得少于4.8%。

有关物质　取本品适量，用流动相溶解并制成每1ml中含氟苯尼考0.5mg的溶液，作为供试品溶液；精密量取1ml，置100ml量瓶中，用流动相稀释至刻度，摇匀，作为对照溶液。照含量测定项下的色谱条件，精密量取对照溶液与供试品溶液各10μl，分别注入液相色谱仪，记录色谱图至主成分峰保留时间的5倍。供试品溶液的色谱图如有杂质峰，单个杂质峰面积不得大于对照溶液主峰面积的0.5倍（0.5%），各杂质峰面积的和不得大于对照溶液主峰面积的2倍（2.0%），供试品溶液中小于对照溶液主峰面积0.05倍的色谱峰可忽略不计。

水分　取本品，照水分测定法（附录0832第一法A）测定，含水分不得过0.5%。

炽灼残渣　取本品1.0g，依法检查（附录0841），遗留残渣不得过0.1%。

重金属　取炽灼残渣项下遗留的残渣，依法检查（附录0821第二法），含重金属不得过百万分之二十。

【含量测定】　照高效液相色谱法（附录0512）测定。

色谱条件及系统适用性试验　用十八烷基硅烷键合硅胶为填充剂；以乙腈-水-冰醋酸（100：197：3）为流动相；检测波长为224nm。取氟苯尼考与甲砜霉素对照品适量，加流动相溶解并稀释制成每1ml中约含氟苯尼考50μg与甲砜霉素30μg的混合溶液，作为系统适用性溶液，量取10μl注入液相色谱仪，记录色谱图。甲砜霉素峰与氟苯尼考峰的分离度应大于4.0，理论板数按氟苯尼考峰计算不低于2500。

测定法　取本品适量，精密称定，加流动相溶解并定量稀释制成每1ml中约含50μg的溶液，作为供试品溶液，精密量取10μl，注入液相色谱仪，记录色谱图；另取氟苯尼考对照品，同法测定。按外标法以峰面积计算，即得。

【类别】　酰胺醇类抗生素。

【贮藏】　密闭保存

【制剂】　（1）氟苯尼考可溶性粉　（2）氟苯尼考注射液　（3）氟苯尼考粉　（4）氟苯尼考预混剂　（5）氟苯尼考溶液　（6）氟苯尼考甲硝唑滴耳液

氟苯尼考可溶性粉

Fubennikao Kerongxin Fen

Florfenicol Soluble Powder

本品为氟苯尼考与葡萄糖及适宜的助溶剂配制而成。含氟苯尼考（$C_{12}H_{14}Cl_2FNO_4S$）应为标示量的90.0%～110.0%。

【性状】 本品为白色或类白色粉末。

【鉴别】 在含量测定项下记录的色谱图中，供试品溶液主峰的保留时间应与对照品溶液主峰的保留时间一致。

【检查】 **干燥失重** 取本品，在105℃干燥至恒重，减失重量不得过10.0%（附录0831）。

其他 应符合可溶性粉剂项下有关的各项规定（附录0108）。

【含量测定】 取本品适量（约相当于氟苯尼考25mg），精密称定，加流动相溶解并定量稀释制成每1ml中约含50μg的溶液，滤过，取续滤液照氟苯尼考项下的方法测定，即得。

【作用与用途】 酰胺醇类抗生素。用于治疗鸡敏感细菌所致的细菌性疾病。

【用法与用量】 以氟苯尼考计。混饮：每1L水，鸡100～200mg，连用3～5日。

【不良反应】 有较强的免疫抑制作用。

【注意事项】 （1）蛋鸡产蛋期禁用；
（2）疫苗接种期间或免疫功能严重缺损的动物禁用。

【休药期】 鸡5日。

【规格】 5%

【贮藏】 密闭，在干燥处保存。

氟苯尼考注射液

Fubennikao Zhusheye

Florfenicol Injection

本品为氟苯尼考的灭菌溶液。含氟苯尼考（$C_{12}H_{14}Cl_2FNO_4S$）应为标示量的95.0%～105.0%。

【性状】 本品为无色至微黄色的澄明液体。

【鉴别】 取本品，照氟苯尼考项下的鉴别（1）项试验，显相同的结果。

【检查】 **颜色** 取本品，与黄色4号标准比色液（附录0901第一法）比较，不得更深。

水分 取本品，照水分测定法（附录0832第一法A）测定，含水分不得过2.0%。

无菌 取本品，转移至200ml无菌丙二醇中，混匀，经薄膜过滤法处理，依法检查（附录1101），应符合规定。

其他 应符合注射液项下有关的各项规定（附录0102）。

【含量测定】 取本品适量，精密称定，用流动相定量稀释制成每1ml中约含氟苯尼考50μg的溶液，照氟苯尼考项下的方法测定。另取本品，同时测定其相对密度，将供试品量换算成毫升数，计算，即得。

【作用与用途】 酰胺醇类抗生素。用于巴氏杆菌和大肠杆菌感染。

【用法与用量】 以氟苯尼考计。 肌内注射：一次量，每1kg体重，鸡20mg；猪15~20mg；每隔48小时一次，连用2次。鱼0.5~1mg，一日1次。

【不良反应】 （1）本品高于推荐剂量使用时有一定的免疫抑制作用。

（2）有胚胎毒性，妊娠期及哺乳期家畜慎用。

【注意事项】 （1）蛋鸡产蛋期禁用。

（2）疫苗接种期或免疫功能严重缺损的动物禁用。

（3）肾功能不全患畜需适当减量或延长给药间隔时间。

【休药期】 猪14日，鸡28日，鱼375度日。

【规格】 （1）2ml：0.6g （2）5ml：0.25g （3）5ml：0.5g （4）5ml：0.75g （5）5ml：1g （6）5ml：1.5g （7）10ml：0.5g （8）10ml：1g （9）10ml：1.5g （10）10ml：2g （11）50ml：2.5g （12）100ml：5g （13）100ml：10g （14）100ml：30g

【贮藏】 密闭保存。

氟苯尼考粉

Fubennikao Fen

Florfenicol Powder

本品含氟苯尼考（$C_{12}H_{14}Cl_2FNO_4S$）应为标示量的90.0%~110.0%。

【性状】 本品为白色或类白色粉末。

【鉴别】 取本品，照氟苯尼考项下的鉴别（1）项试验，显相同的结果。

【检查】 干燥失重 取本品，在105℃干燥至恒重，减失重量不得过10.0%（附录0831）。

其他 应符合粉剂项下有关的各项规定（附录0108）。

【含量测定】 取本品适量（约相当于氟苯尼考25mg），精密称定，加流动相溶解并定量稀释制成每1ml中约含50μg的溶液，滤过，取续滤液照氟苯尼考项下的方法测定，即得。

【作用与用途】 酰胺醇类抗生素。用于巴氏杆菌和大肠杆菌所致的细菌性疾病。

【用法与用量】 以氟苯尼考计。内服：每1kg体重，猪、鸡20~30mg，一日2次，连用3~5日；鱼10~15mg，一日1次，连用3~5日。

【不良反应】 （1）本品高于推荐剂量使用时有一定的免疫抑制作用。

（2）有胚胎毒性，妊娠期及哺乳期家畜慎用。

【注意事项】 （1）蛋鸡产蛋期禁用。

（2）疫苗接种期或免疫功能严重缺损的动物禁用。

（3）肾功能不全患畜需适当减量或延长给药间隔时间。

【休药期】 猪20日，鸡5日，鱼375度日。

【规格】 （1）2% （2）5% （3）10% （4）20%

【贮藏】 密闭，在干燥处保存。

氟苯尼考预混剂

Fubennikao Yuhunji

Florfenicol Premix

本品含氟苯尼考（$C_{12}H_{14}Cl_2FNO_4S$）应为标示量的90.0% ~ 110.0%。

【鉴别】 取本品，照氟苯尼考项下的鉴别（1）项试验，显相同的结果。

【检查】 粒度 本品应全部通过二号筛。

干燥失重 取本品，在105℃干燥至恒重，减失重量不得过10.0%（附录0831）。

其他 应符合预混剂项下有关的各项规定（附录0109）。

【含量测定】 精密称取本品适量（约相当于氟苯尼考25mg），加流动相适量，超声10分钟，放冷，用流动相定量稀释制成每1ml中约含50μg的溶液，滤过，取续滤液照氟苯尼考项下的方法测定，即得。

【作用与用途】 酰胺醇类抗生素。用于巴氏杆菌和大肠杆菌感染。

【用法与用量】 以本品计。混饲：每1000kg饲料，猪1000~2000g，连用7日。

【不良反应】 （1）本品高于推荐剂量使用时有一定的免疫抑制作用。

（2）有胚胎毒性，妊娠期及哺乳期家畜慎用。

【注意事项】 （1）疫苗接种期或免疫功能严重缺损的动物禁用；

（2）肾功能不全患畜需适当减量或延长给药间隔时间。

【休药期】 猪14日。

【规格】 2%

【贮藏】 密闭，在干燥处保存。

氟苯尼考溶液

Fubennikao Rongye

Florfenicol Solution

本品含氟苯尼考（$C_{12}H_{14}Cl_2FNO_4S$）应为标示量的90.0% ~ 110.0%。

【性状】 本品为无色或淡黄色澄清液体。

【鉴别】 取本品，照氟苯尼考项下的鉴别（1）项试验，显相同的结果。

【检查】 颜色 取本品，与黄色4号标准比色液（附录0901第一法）比较，不得更深。

水分 取本品，照水分测定法（附录0832第一法A）测定，含水分不得过3.0%。

其他 应符合内服溶液剂项下有关的各项规定（附录0111）。

【含量测定】 取本品适量，精密称定，用流动相定量稀释制成每1ml中约含50μg的溶液，照氟苯尼考项下的方法测定。另取本品，同时测定其相对密度，将供试品量换算成毫升数，计算，即得。

【作用与用途】 酰胺醇类抗生素。用于巴氏杆菌和大肠杆菌感染。

【用法与用量】 以氟苯尼考计。混饮：每1L水，鸡100~150mg，连用5日。

【不良反应】 （1）本品高于推荐剂量使用时有一定的免疫抑制作用。

（2）有胚胎毒性，妊娠期及哺乳期家畜慎用。

【注意事项】 （1）疫苗接种期或免疫功能严重缺损的动物禁用。

（2）蛋鸡产蛋期禁用；

（3）肾功能不全患畜需适当减量或延长给药间隔时间；

【休药期】 鸡5日。

【规格】 （1）5% （2）10%

【贮藏】 遮光，密闭保存。

氟苯尼考甲硝唑滴耳液
Fubennikao Jiaxiaozuo Di'erye
Florfenicol and Metronidazole Ear Drops

本品为氟苯尼考和甲硝唑的丙二醇溶液。含氟苯尼考（$C_{12}H_{14}Cl_2FNO_4S$）和甲硝唑（$C_6H_9N_3O_3$）均为标示量的90.0%～110.0%。

【性状】 本品为无色至微黄色的澄明油状液体。

【鉴别】 在含量测定项下记录的色谱图中，供试品溶液中氟苯尼考和甲硝唑主峰的保留时间，应分别与对照品溶液主峰的保留时间一致。

【检查】 pH值 应为5.5～7.5（附录0631）。

其他 应符合耳用制剂项下有关的各项规定（附录0112）。

【含量测定】 照高效液相色谱法（附录0512）测定。

色谱条件与系统适用性试验 用十八烷基硅烷键合硅胶为填充剂；以水-乙腈（70∶30）为流动相；氟苯尼考检测波长为223nm，甲硝唑检测波长为320nm。理论板数按氟苯尼考和甲硝唑峰计算均不低于1500。氟苯尼考和甲硝唑峰分离度应符合要求。

测定法 精密称取本品适量（约相当于氟苯尼考125mg），置50ml量瓶中，用流动相稀释至刻度，摇匀；精密量取5ml，置50ml量瓶中，用流动相稀释至刻度，摇匀，作为供试品溶液。精密量取10μl，注入液相色谱仪，记录色谱图；另取氟苯尼考对照品125mg、甲硝唑对照品15mg，精密称定，置同一50ml量瓶中，同法测定。按外标法以峰面积计算。另取本品测定相对密度（附录0601），将供试品量换算成ml数，计算，即得。

【作用与用途】 抗菌药。用于治疗犬、猫细菌性中耳炎、外耳炎。

【用法与用量】 滴耳：一次3~4滴，一日2次，连用5~7日。

【不良反应】 对破损皮肤有轻度刺激作用。

【注意事项】 （1）仅用于宠物。

（2）避免儿童接触。

【规格】 20ml：氟苯尼考500mg与甲硝唑60mg

【贮藏】 遮光，密闭保存。

氢化可的松

Qinghua Kedisong

Hydrocortisone

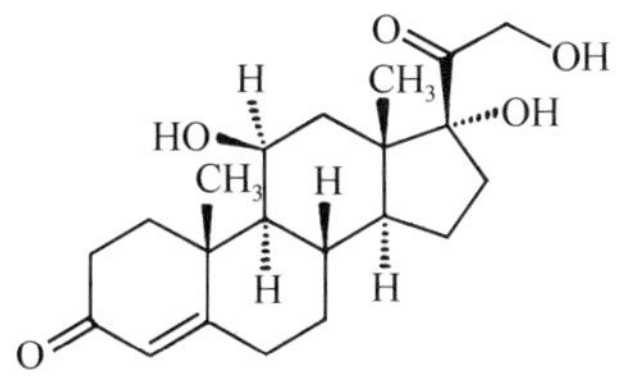

$C_{21}H_{30}O_5$　362.47

本品为 11β,17α,21-三羟基孕甾-4-烯-3,20-二酮。按干燥品计算，含 $C_{21}H_{30}O_5$ 应为 97.0%~103.0%。

【性状】　本品为白色或类白色的结晶性粉末；无臭；遇光渐变质。

本品在乙醇或丙酮中略溶，在三氯甲烷中微溶，在乙醚中几乎不溶，在水中不溶。

比旋度　取本品，精密称定，加无水乙醇溶解并定量稀释制成每1ml中约含10mg的溶液，依法测定（附录0621），比旋度为+162°至+169°。

吸收系数　取本品，精密称定，加无水乙醇溶解并定量稀释制成每1ml中约含10μg的溶液，照紫外-可见分光光度法（附录0401），在242nm的波长处测定吸光度，吸收系数（$E_{1cm}^{1\%}$）为 422~448。

【鉴别】　（1）取本品约0.1mg，加乙醇1ml溶解后，加临用新制的硫酸苯肼试液8ml，在70℃加热15分钟，即显黄色。

（2）取本品约2mg，加硫酸2ml使溶解，放置5分钟，显棕黄色至红色，并显绿色荧光；将此溶液倾入10ml水中，即变成黄色至橙黄色，并微带绿色荧光，同时生成少量絮状沉淀。

（3）在含量测定项下记录的色谱图中，供试品溶液主峰的保留时间应与对照品溶液主峰的保留时间一致。

（4）本品的红外光吸收图谱应与对照的图谱一致。

【检查】　**有关物质**　取本品，精密称定，加甲醇溶解并定量稀释制成每1ml中约含0.5mg的溶液，作为供试品溶液；精密量取1ml，置100ml量瓶中，用甲醇稀释至刻度，摇匀，作为对照溶液；另取泼尼松龙对照品，精密称定，加甲醇溶解并定量稀释制成每1ml中约含5μg的溶液，作为对照品溶液。照含量测定项下的色谱条件，精密量取对照溶液、对照品溶液与供试品溶液各20μl，分别注入液相色谱仪，记录色谱图至供试品溶液主成分峰保留时间的3倍。供试品溶液色谱图中如有与对照品溶液色谱图中泼尼松龙峰保留时间一致的峰，按外标法以峰面积计算，不得过0.5%；其他单个杂质峰面积不得大于对照溶液主峰面积的0.5倍（0.5%），各杂质峰面积的和不得大于对照溶液主峰面积的1.5倍（1.5%）。供试品溶液色谱图中小于对照溶液主峰面积0.01倍的峰忽略不计。

干燥失重　取本品，在105℃干燥至恒重，减失重量不得过0.5%（附录0831）。

【含量测定】　照高效液相色谱法（附录0512）测定。

色谱条件与系统适用性试验　用十八烷基硅烷键合硅胶为填充剂；以乙腈-水（28:72）为流动相；检测波长为245nm。取氢化可的松与泼尼松龙，加甲醇溶解并稀释制成每1ml中各约含5μg的溶液，取20μl注入液相色谱仪，记录色谱图。出峰顺序依次为泼尼松龙与氢化可的松，泼尼松龙峰与氢化可的松峰的分离度应符合要求。

测定法 取本品适量，精密称定，加甲醇溶解并定量稀释制成每1ml中约含0.1mg的溶液，作为供试品溶液，精密量取20μl注入液相色谱仪，记录色谱图；另取氢化可的松对照品，同法测定。按外标法以峰面积计算，即得。

【类别】 肾上腺皮质激素类药。

【贮藏】 遮光，密封保存。

【制剂】 氢化可的松注射液

氢化可的松注射液

Qinghua Kedisong Zhusheye

Hydrocortisone Injection

本品为氢化可的松的灭菌稀乙醇溶液。含氢化可的松（$C_{21}H_{30}O_5$）应为标示量的93.0%～107.0%。

【性状】 本品为无色的澄明液体。

【鉴别】 （1）取本品约1ml，置水浴上蒸干，残渣照氢化可的松项下的鉴别（1）、（2）项试验，显相同的反应。

（2）在含量测定项下记录的色谱图中，供试品溶液主峰的保留时间应与对照品溶液主峰的保留时间一致。

【检查】 **有关物质** 精密量取本品适量，用流动相定量稀释制成每1ml中约含氢化可的松0.5mg的溶液，作为供试品溶液；精密量取1ml，置100ml量瓶中，用流动相稀释至刻度，摇匀，作为对照溶液；另取泼尼松龙对照品，精密称定，加流动相溶解并定量稀释制成每1ml中约含5μg的溶液，作为对照品溶液；精密量取50%乙醇溶液5ml，置50ml量瓶中，用流动相稀释至刻度，摇匀，作为空白辅料溶液。除增加取空白辅料溶液20μl注入液相色谱仪外，照氢化可的松有关物质项下的方法试验，并扣除空白辅料色谱峰。供试品溶液色谱图中如有与对照品溶液色谱图中泼尼松龙峰保留时间一致的峰，按外标法以峰面积计算，不得过氢化可的松标示量的0.5%；其他单个杂质峰面积不得大于对照溶液主峰面积的0.5倍（0.5%），各杂质峰面积的和不得大于对照溶液主峰面积的2倍（2.0%）。供试品溶液色谱图中小于对照溶液主峰面积0.01倍的色谱峰可忽略不计。

乙醇量 应为47%～55%（附录0711）。

细菌内毒素 取本品，依法检查（附录1143），每1mg氢化可的松中含内毒素的量应小于1.0EU。

其他 应符合注射剂项下有关的各项规定（附录0102）。

【含量测定】 精密量取本品适量，用甲醇定量稀释制成每1ml中约含氢化可的松0.1mg的溶液，照氢化可的松含量测定项下的方法测定，即得。

【作用与用途】 肾上腺皮质激素类药。有抗炎、抗过敏和影响糖代谢等作用。用于炎症性、过敏性疾病，牛酮血病和羊妊娠毒血症等。

【用法与用量】 以氢化可的松计。静脉注射：一次量，马、牛0.2～0.5g；羊、猪0.02～0.08g。

【不良反应】 （1）诱发或加重感染。

（2）诱发或加重溃疡病。

（3）骨质疏松、肌肉萎缩、伤口愈合延缓。

（4）有较强的水钠潴留和排钾作用。

【注意事项】　（1）严重肝功能不良、骨软症、骨折治疗期、创伤修复期、疫苗接种期动物禁用。

（2）妊娠后期大剂量使用可引起流产，因此妊娠早期及后期母畜禁用。

（3）严格掌握适应证，防止滥用。

（4）用于严重急性的细菌性感染应与足量有效的抗菌药合用。

（5）大剂量可增加钠的重吸收及钾、钙和磷的排除，长期使用可致水肿、骨质疏松等。

（6）长期用药不能突然停药，应逐渐减量，直至停药。

【规格】　（1）2ml：10mg　（2）5ml：25mg　（3）20ml：100mg

【贮藏】　遮光，密闭保存。

氢 氧 化 铝

Qingyanghualü

Dried Aluminium Hydroxide

本品为以氢氧化铝为主要成分的混合物，可含有一定量的碳酸盐，含氢氧化铝〔$Al(OH)_3$〕不得少于76.5%。

【性状】　本品为白色粉末；无臭。

本品在水或乙醇中不溶；在稀无机酸或氢氧化钠溶液中溶解。

【鉴别】　取本品约0.5g，加稀盐酸10ml，加热溶解后，显铝盐的鉴别反应（附录0301）。

【检查】　制酸力　取本品约0.12g，精密称定，置250ml具塞锥形瓶中，精密加盐酸滴定液（0.1mol/L）50ml，密塞，在37℃不断振摇1小时，放冷，加溴酚蓝指示液6～8滴，用氢氧化钠滴定液（0.1mol/L）滴定。每1g消耗盐酸滴定液（0.1mol/L）不得少于250ml。

碱金属碳酸盐　取本品0.20g，加新沸过的冷水10ml，混匀后，滤过，滤液中加酚酞指示液2滴；如显粉红色，加盐酸滴定液（0.1mol/L）0.10ml，粉红色应消失。

氯化物　取本品0.10g，加稀硝酸6ml，煮沸溶解后，放冷，用水稀释成20ml，滤过；分取滤液5ml，依法检查（附录0801），与标准氯化钠溶液5.0ml制成的对照液比较，不得更浓（0.2%）。

硫酸盐　取本品0.1g，加稀盐酸3ml，煮沸溶解后，放冷，用水稀释成50ml，滤过；取滤液25ml，依法检查（附录0802），与标准硫酸钾溶液5.0ml制成的对照液比较，不得更浓（1.0%）。

镉　取本品0.50g两份，一份中加硝酸4ml，煮沸溶解后，放冷，定量转移至50ml量瓶中，用水稀释至刻度，摇匀，滤过，取续滤液作为供试品溶液；另一份中精密加标准镉溶液（精密量取镉单元素标准溶液适量，用水定量稀释制成每1ml中含镉1.0μg的溶液）1ml，同法操作，取续滤液作为对照品溶液。照原子吸收分光光度法（附录0406第二法），在228.8nm的波长处分别测定，应符合规定（0.0002%）。

汞　取本品1.0g两份，分别置50ml量瓶中，一份中加盐酸4ml摇匀后，加水25ml摇匀，加5%高锰酸钾溶液0.5ml，摇匀，滴加5%盐酸羟胺溶液至紫色恰消失，用水稀释至刻度，混匀，滤过，取续滤液作为供试品溶液；另一份中精密加标准汞溶液（精密量取汞单元素标准溶液适量，用水定量稀释制成每1ml中含汞2.0μg的溶液）1ml，同法操作，取续滤液作为对照品溶液。照原子吸收分光光度法（附录0406第二法），在253.6nm的波长处分别测定，应符合规定（0.0002%）。

重金属 取本品1.0g，加盐酸5ml，置水浴上蒸发至干，再加水5ml，搅匀，继续蒸发至近干时，搅拌使成干燥的粉末；加醋酸盐缓冲液（pH3.5）2ml与水10ml，微温溶解后，滤过，滤液中加水适量使成25ml，依法检查（附录0821第一法），含重金属不得过百万分之三十。

砷盐 取本品0.20g，加稀硫酸10ml，煮沸，放冷，加盐酸5ml与水适量使成28ml，依法检查（附录0822第一法），应符合规定（0.001%）。

【含量测定】 取本品约0.6g，精密称定，加盐酸与水各10ml，煮沸溶解后，放冷，定量转移至250ml量瓶中，用水稀释至刻度，摇匀；精密量取25ml，加氨试液中和至恰析出沉淀，再滴加稀盐酸至沉淀恰溶解为止；加醋酸-醋酸铵缓冲液（pH6.0）10ml，再精密加乙二胺四醋酸二钠滴定液（0.05mol/L）25ml，煮沸3~5分钟，放冷；加二甲酚橙指示液1ml，用锌滴定液（0.05mol/L）滴定至溶液自黄色转变为红色，并将滴定的结果用空白试验校正。每1ml乙二胺四醋酸二钠滴定液（0.05mol/L）相当于3.900mg的Al（OH）$_3$。

【作用与用途】 吸附药。用作胃肠黏膜保护。

【用法与用量】 内服：一次量，马15~30g；猪3~5g。

【不良反应】 在胃肠道中与食物中的磷酸盐结合成不溶性的磷酸铝后难以吸收，故长期应用可造成磷酸盐吸收不足。

【注意事项】 （1）本品为弱碱性药物，禁与酸性药物混合应用。

（2）长期应用时应在饲料中添加磷酸盐。

【贮藏】 密封保存。

氢 氯 噻 嗪

Qinglüsaiqin

Hydrochlorothiazide

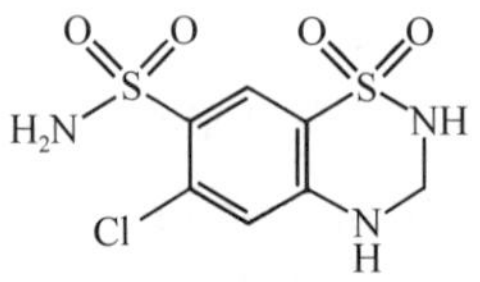

C$_7$H$_8$ClN$_3$O$_4$S$_2$ 297.74

本品为6-氯-3,4-二氢-2H-1,2,4-苯并噻二嗪-7-磺酰胺-1,1-二氧化物。按干燥品计算，含C$_7$H$_8$ClN$_3$O$_4$S$_2$应为98.0%~102.0%。

【性状】 本品为白色结晶性粉末；无臭。

本品在丙酮中溶解，在乙醇中微溶，在水、三氯甲烷或乙醚中不溶；在氢氧化钠试液中溶解。

【鉴别】 （1）在含量测定项下记录的色谱图中，供试品溶液主峰的保留时间应与对照品溶液主峰的保留时间一致。

（2）取本品50mg，置100ml量瓶中，用0.1mol/L氢氧化钠溶液10ml使溶解，用水稀释至刻度，摇匀；精密量取2ml，置100ml量瓶中，用0.01mol/L氢氧化钠溶液稀释至刻度，摇匀；照紫外-可见分光光度法（附录0401）测定，在273nm与323nm的波长处有最大吸收，273nm波长处的吸光度与323nm波长处的吸光度比值为5.4~5.7。

（3）本品的红外光吸收图谱应与对照的图谱一致。

【检查】 **酸碱度** 取本品0.50g，加水25ml，振摇2分钟，滤过。取续滤液10ml，加0.01mol/L氢氧化钠溶液0.2ml与甲基红指示液0.15ml，溶液应显黄色；再加0.01mol/L盐酸溶液0.4ml，溶液应呈红色。

氯化物 取本品1.0g，加水20ml，振摇，滤过，分取滤液10ml，依法检查（附录0801），与标准氯化钠溶液5.0ml制成的对照液比较，不得更浓（0.01%）。

有关物质 取本品约15mg，加有机相〔甲醇-乙腈（1：1）〕2.5ml溶解后，用水相〔0.02mol/L磷酸二氢钾溶液（用磷酸调节pH值至3.2）〕稀释至10ml，摇匀，作为供试品溶液；精密量取适量，用混合溶剂〔有机相-水相（1：3）〕定量稀释制成每1ml中含7.5μg的溶液，作为对照溶液。照高效液相色谱法（附录0512）试验，用十八烷基硅烷键合硅胶为填充剂，以水相-甲醇-四氢呋喃（94：6：1）为流动相A，以水相-甲醇-四氢呋喃（50：50：5）为流动相B；流速为每分钟1.0ml，按下表进行梯度洗脱；检测波长为224nm。

时间（分钟）	流动相A（%）	流动相B（%）
0	100	0
22.5	55	45
45	55	45
52.5	100	0
75	100	0

取氢氯噻嗪与氯噻嗪对照品各约15mg，置同一100ml量瓶中，加有机相25ml溶解，用水相稀释至刻度，摇匀；取适量，用混合溶剂稀释制成每1ml中各约含7.5μg的溶液；作为系统适用性溶液；取10μl注入液相色谱仪，氢氯噻嗪峰与氯噻嗪峰的分离度应大于2.5。再精密量取对照溶液与供试品溶液各10μl，分别注入液相色谱仪，记录色谱图。供试品溶液色谱图中如有杂质峰，单个杂质峰面积不得大于对照溶液主峰面积（0.5%），各杂质峰面积的和不得大于对照溶液主峰面积的2倍（1.0%）。色谱图中小于对照溶液主峰面积0.1倍（0.05%）的峰忽略不计。

残留溶剂 取本品约0.25g，精密称定，置20ml顶空瓶中，加二甲基甲酰胺2ml，振摇使溶解；精密加内标溶液（取异丙醇适量，用水稀释制成每1ml约含0.2mg的溶液）1ml，用水稀释至10ml，密封，摇匀，作为供试品溶液。分别取甲醇与乙醇，精密称定，用水稀释制成每1ml含甲醇、乙醇分别约为0.15mg与0.25mg的溶液。精密量取5ml，置20ml顶空瓶中，加二甲基甲酰胺2ml，精密加内标溶液1ml，用水稀释至10ml，密封，作为对照品溶液。照残留溶剂测定法（附录0861第二法）试验，以6%氰丙基-94%甲基聚硅氧烷（或极性相近）为固定液；起始温度为40℃，维持8分钟后，以每分钟45℃的速率升温至200℃，维持3分钟。进样口温度为200℃；检测器温度为250℃；顶空瓶平衡温度为80℃，平衡时间为30分钟。取对照品溶液顶空进样，甲醇峰与乙醇峰的分离度应符合要求。再取对照品溶液与供试品溶液分别顶空进样，记录色谱图。按内标法以峰面积比值计算，甲醇与乙醇的残留量均应符合规定。

干燥失重 取本品，在105℃干燥至恒重，减失重量不得过0.5%（附录0831）。

炽灼残渣 不得过0.10%（附录0841）。

重金属 取本品1.0g，加氢氧化钠试液7ml溶解后，用水稀释至25ml，依法检查（附录0821第三法），含重金属不得过百万分之十五。

【含量测定】 照高效液相色谱法（附录0512）测定。

色谱条件与系统适用性试验 用十八烷基硅烷键合硅胶为填充剂；以0.1mol/L磷酸二氢钠-乙腈（9：1）（用磷酸调节pH值至3.0±0.1）为流动相；检测波长为271nm，流速为每分钟1.5ml；柱温

30℃。取氢氯噻嗪与氯噻嗪对照品，加流动相溶解并稀释制成每1ml中各含0.05mg的溶液，作为系统适用性溶液，进行测试。氢氯噻嗪与氯噻嗪峰的分离度应大于2.0。

测定法 取本品约20mg，精密称定，置100ml量瓶中，加甲醇-乙腈（1∶1）5ml，振摇使溶解，用流动相稀释至刻度，摇匀；精密量取适量，用流动相定量稀释制成每1ml中约含50μg的溶液，精密量取10μl注入液相色谱仪，记录色谱图。另取氢氯噻嗪对照品，同法测定。按外标法以峰面积计算，即得。

【类别】 利尿药。

【贮藏】 遮光，密封保存。

【制剂】 氢氯噻嗪片

氢氯噻嗪片
Qinglǜsaiqin Pian
Hydrochlorothiazide Tablets

本品含氢氯噻嗪（$C_7H_8ClN_3O_4S_2$）应为标示量的93.0%～107.0%。

【性状】 本品为白色片。

【鉴别】 取本品的细粉适量（约相当于氢氯噻嗪10mg），加丙酮10ml振摇使氢氯噻嗪溶解，滤过，取续滤液作为供试品溶液；另取氢氯噻嗪对照品，加丙酮溶解并稀释制成0.1%的溶液作为对照品溶液。取上述两种溶液各5μl，分别点于同一硅胶GF_{254}薄层板上，以乙酸乙酯为展开剂，展开后，晾干，置紫外光灯（254nm）下检视。供试品溶液所显示斑点的位置和颜色应与对照品溶液主斑点相同。

【检查】 **有关物质** 取本品的细粉适量（约相当于氢氯噻嗪15mg），加有机相〔甲醇-乙腈（1∶1）〕2.5ml使氢氯噻嗪溶解，用水相〔0.02mol/L磷酸二氢钾溶液（用磷酸调节pH值至3.2）〕稀释至10ml，摇匀，滤过，取续滤液作为供试品溶液，照氢氯噻嗪有关物质项下的方法测定。供试品溶液色谱图中如有杂质峰，单个杂质峰面积不得大于对照溶液主峰面积的2倍（1.0%），各杂质峰面积的和不得大于对照溶液主峰面积的4倍（2.0%）。供试品溶液色谱图中小于对照溶液主峰面积0.1倍（0.05%）的峰忽略不计。

含量均匀度 取本品1片，置200ml量瓶中（10mg规格）或500ml量瓶中（25mg规格），加流动相10ml，放置30分钟；加甲醇-乙腈（1∶1）10ml，超声使氢氯噻嗪溶解，放冷，用流动相稀释至刻度，摇匀，滤过；取续滤液作为供试品溶液，照含量测定项下的方法测定含量，应符合规定（附录0941）。

溶出度 取本品，照溶出度与释放度测定法（附录0931第一法），以0.1mol/L盐酸溶液900ml为溶出介质，转速为每分钟100转，依法操作，经30分钟时，取溶液10ml，滤过，精密量取续滤液适量，用溶出介质定量稀释制成每1ml中约含5～10μg的溶液，照紫外-可见分光光度法（附录0401），在272nm的波长处测定吸光度；另取氢氯噻嗪对照品，精密称定，用溶出介质溶解并定量稀释制成每1ml中约含5～10μg的溶液，同法测定，计算每片的溶出量。限度为标示量的60%，应符合规定。

其他 应符合片剂项下有关的各项规定（附录0101）。

【含量测定】 取本品20片，精密称定，研细，精密称取细粉适量（约相当于氢氯噻嗪

20mg），置100ml量瓶中，加甲醇-乙腈（1∶1）5ml，振摇；加流动相20ml，超声约5分钟使氢氯噻嗪溶解，放冷，用流动相稀释至刻度，摇匀，滤过；精密量取续滤液适量，用流动相稀释制成每1ml中约含50μg的溶液，照氢氯噻嗪含量测定项下的方法测定。按外标法以峰面积计算，即得。

【作用与用途】　利尿药。用于各种水肿。

【用法与用量】　以氢氯噻嗪计。内服：一次量，每1kg体重，马、牛1～2mg；羊、猪2～3mg；犬、猫3～4mg。

【不良反应】　（1）大量或长期应用可引起体液和电解质平衡紊乱，导致低钾性碱血症、低氯性碱血症。

（2）高尿酸血症、高血钙症。

（3）其他不良反应有胃肠道反应（呕吐、腹泻）等。

【注意事项】　（1）严重肝、肾功能障碍、电解质平衡紊乱及高尿酸血症等患畜慎用。

（2）宜与氯化钾合用，以免发生低血钾症。

【规格】　（1）25mg（2）0.25g

【贮藏】　遮光，密封保存。

氢溴酸东莨菪碱

Qingxiusuan Donglangdangjian

Scopolamine Hydrobromide

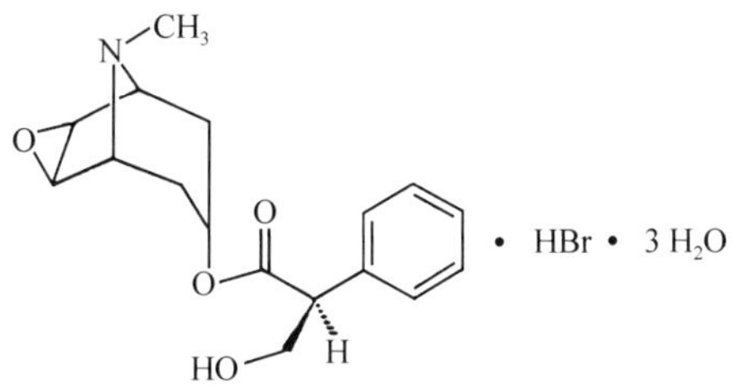

$C_{17}H_{21}NO_4 \cdot HBr \cdot 3H_2O$　438.32

本品为6β,7β-环氧-1αH,5αH-托烷-3α-醇(-)托品酸酯氢溴酸盐三水合物。按干燥品计算，含$C_{17}H_{21}NO_4 \cdot HBr$应为99.0%～102.0%。

【性状】　本品为无色结晶或白色结晶性粉末；无臭；微有风化性。

本品在水中易溶，在乙醇中略溶，在三氯甲烷中极微溶解，在乙醚中不溶。

熔点　本品的熔点（附录0612第一法）为195～199℃，熔融时同时分解。

比旋度　取本品，精密称定，加水溶解并定量稀释制成每1ml中约含50mg的溶液，依法测定（附录0621），比旋度为—24°至—27°。

【鉴别】　（1）取本品约10mg，加水1ml溶解后，置分液漏斗中，加氨试液使成碱性后，加三氯甲烷5ml，振摇，分取三氯甲烷液，置水浴上蒸干，残渣中加二氯化汞的乙醇溶液（取二氯化汞2g，加60%乙醇使成100ml）1.5ml，即生成白色沉淀（与阿托品及后马托品的区别）。

（2）本品的红外光吸收图谱应与对照的图谱一致。

（3）本品显托烷生物碱类的鉴别反应（附录0301）。

（4）本品的水溶液显溴化物的鉴别反应（附录0301）。

【检查】 **溶液的澄清度** 取本品0.50g，加水15ml溶解后，溶液应澄清。

酸度 取本品0.50g，加水10ml溶解后，依法测定（附录0631），pH值应为4.0～5.5。

其他生物碱 取本品0.10g，加水2ml溶解后，分成两等份：一份中加氨试液2～3滴，不得发生浑浊；另一份中加氢氧化钾试液数滴，只许发生瞬即消失的类白色浑浊。

有关物质 取本品适量，加水溶解并制成每1ml中含0.3mg的溶液，作为供试品溶液；精密量取1ml，置100ml量瓶中，用流动相稀释至刻度，摇匀，作为对照溶液。照含量测定项下的色谱条件，精密量取对照溶液和供试品溶液各20μl，分别注入液相色谱仪，记录色谱图至主成分峰保留时间的3倍。供试品溶液的色谱图中如有杂质峰，除溶剂峰附近的溴离子峰外，单个杂质峰面积不得大于对照溶液主峰面积的0.5倍（0.5%），各杂质峰面积的和不得大于对照溶液主峰面积（1.0%）。

易氧化物 取本品0.15g，加水5ml溶解后，在15～20℃加高锰酸钾滴定液（0.02mol/L）0.05ml，10分钟内红色不得完全消失。

干燥失重 取本品，先在60℃干燥1小时，再升温至105℃干燥至恒重，减失重量不得过13.0%（附录0831）。

【含量测定】 照高效液相色谱法（附录0512）测定。

色谱条件与系统适用性试验 用辛烷基硅烷键合硅胶为填充剂；以0.25%十二烷基硫酸钠溶液（用磷酸调节pH值至2.5）-乙腈（60∶40）为流动相；检测波长为210nm。理论板数按氢溴酸东莨菪碱峰计算不低于6000。

测定法 取本品适量，精密称定，加水溶解并稀释制成每1ml中含0.3mg的溶液，作为供试品溶液；精密量取20μl注入液相色谱仪，记录色谱图。另取氢溴酸东莨菪碱对照品，精密称定，用水溶解并稀释制成每1ml中含0.26mg的溶液，同法测定。按外标法以峰面积计算，即得。

【类别】 抗胆碱药。

【贮藏】 遮光，密封保存。

【制剂】 氢溴酸东莨菪碱注射液

氢溴酸东莨菪碱注射液

Qingxiusuan Donglangdangjian Zhusheye

Scopolamine Hydrobromide Injection

本品为氢溴酸东莨菪碱的灭菌水溶液。含氢溴酸东莨菪碱（$C_{17}H_{21}NO_4 \cdot HBr \cdot 3H_2O$）应为标示量的90.0%～110.0%。

【性状】 本品为无色的澄明液体。

【鉴别】 （1）在含量测定项下记录的色谱图中，供试品溶液主峰的保留时间应与对照品溶液主峰的保留时间一致。

（2）取本品适量（约相当于氢溴酸东莨菪碱2.5mg），置水浴上蒸干，残渣显托烷生物碱类的鉴别反应（附录0301）。

（3）本品显溴化物鉴别（2）的反应（附录0301）。

【检查】 **pH值** 应为3.0～5.0（附录0631）。

有关物质 取本品，用流动相稀释制成每1ml中含氢溴酸东莨菪碱0.3mg的溶液，作为供试品溶液；精密量取1ml，置100ml量瓶中，用流动相稀释至刻度，摇匀，作为对照溶液。照氢溴酸东莨菪碱有关物质项下的方法测定，供试品溶液的色谱图中如有杂质峰，除溶剂峰附近的溴离子峰外，各杂质峰面积的和不得大于对照溶液主峰面积（1.0%）。

细菌内毒素 取本品，依法检查（附录1143），每1mg氢溴酸东莨菪碱中含内毒素的量应小于20EU。

其他 应符合注射剂项下有关的各项规定（附录0102）。

【含量测定】 精密量取本品适量，用流动相稀释制成每1ml中含氢溴酸东莨菪碱0.3mg的溶液，作为供试品溶液。照氢溴酸东莨菪碱含量测定项下的方法测定，计算，并将结果与1.141相乘，即得。

【作用与用途】 抗胆碱药。具有解除平滑肌痉挛、抑制腺体分泌、散大瞳孔等作用。用于动物兴奋不安、胃肠道平滑肌痉挛等。

【用法与用量】 以氢溴酸东莨菪碱计。皮下注射：一次量，牛1~3mg；羊、猪0.2~0.5mg。

【不良反应】 胃肠蠕动减弱、腹胀、便秘、尿潴留或心动过速等。

【注意事项】 （1）马属动物麻醉前给药应慎重，因本品对马可产生明显兴奋作用。

（2）心律紊乱患畜慎用。

【规格】 （1）1ml∶0.3mg （2）1ml∶0.5mg

【贮藏】 遮光，密闭保存。

重酒石酸去甲肾上腺素

Zhongjiushisuan Qujia Shenshangxiansu

Norepinephrine Bitartrate

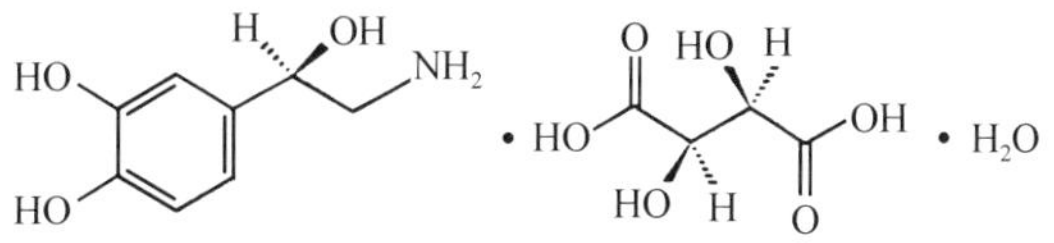

$C_8H_{11}NO_3 \cdot C_4H_6O_6 \cdot H_2O$　337.28

本品为（R）-4-（2-氨基-1-羟基乙基）-1,2-苯二酚重酒石酸盐一水合物。按无水物计算，含 $C_8H_{11}NO_3 \cdot C_4H_6O_6$ 不得少于99.0%。

【性状】 本品为白色或类白色结晶性粉末；无臭；遇光和空气易变质。

本品在水中易溶，在乙醇中微溶，在三氯甲烷或乙醚中不溶。

熔点 本品的熔点（附录0612）为100~106℃，熔融时同时分解，并显浑浊。

比旋度 取本品，精密称定，加水溶解并定量稀释制成每1ml中约含50mg的溶液，依法测定（附录0621），比旋度为−10.0°至−12.0°。

【鉴别】 （1）取本品约10mg，加水1ml溶解后，加三氯化铁试液1滴，振摇，即显翠绿色；再缓缓加碳酸氢钠试液，即显蓝色，最后变成红色。

（2）取本品约1mg，加酒石酸氢钾的饱和溶液10ml溶解，加碘试液1ml，放置5分钟后，加硫代硫酸钠试液2ml，溶液为无色或仅显微红色或淡紫色（与肾上腺素或异丙肾上腺素的区别）。

（3）取本品约50mg，加水1ml溶解后，加10%氯化钾溶液1ml，在10分钟内应析出结晶性沉淀。

【检查】 **溶液的澄清度与颜色** 取比旋度项下的溶液检查，应澄清无色。

酮体 取本品，加水溶解并稀释制成每1ml中约含2.0mg的溶液，照紫外-可见分光光度法（附录0401），在310nm的波长处测定，吸光度不得过0.05。

有关物质 取本品，加流动相A溶解并稀释制成每1ml中约含5mg的溶液，作为供试品溶液；精密量取适量，用流动相A定量稀释制成每1ml中约含15μg的溶液，作为对照溶液。照高效液相色谱法（附录0512）试验。用十八烷基硅烷键合硅胶为填充剂；以0.05%庚烷磺酸钠溶液（用磷酸调节pH值至2.2）为流动相A；乙腈-0.05%庚烷磺酸钠溶液（1∶1）（用磷酸调节pH值至2.4）为流动相B，照下表进行梯度洗脱；检测波长为280nm，流速为每分钟1.5ml。取本品10mg，加0.1mol/L盐酸溶液5ml使溶解；取1ml，加浓过氧化氢溶液0.1ml，摇匀；在紫外光灯（254nm）下照射90分钟，加流动相A9ml，摇匀，作为系统适用性溶液；取20μl注入液相色谱仪，主成分峰的保留时间约为11分钟，主成分峰后应出现一个未知降解产物峰与去甲肾上腺酮峰，去甲肾上腺酮峰的相对保留时间约为1.3，主成分峰与相邻杂质峰之间的分离度应符合要求。精密量取对照溶液与供试品溶液各20μl，分别注入液相色谱仪，记录色谱图。供试品溶液的色谱图中如有与去甲肾上腺酮峰保留时间一致的色谱峰，其峰面积乘以0.3后不得大于对照溶液主峰面积的1/3（0.1%），其他单个杂质峰面积不得大于对照溶液主峰面积的1/3（0.1%）；杂质总量不得过0.3%。供试品溶液色谱图中小于对照溶液主峰面积1/6倍的峰忽略不计。

时间（分钟）	流动相A（%）	流动相B（%）
0	98	2
1	98	2
20	70	30
25	50	50
25.1	98	2
35	98	2

水分 取本品50mg，照水分测定法（附录0832第一法A）测定，水分应为5.0%～6.0%。

炽灼残渣 不得过0.1%（附录0841）。

【含量测定】 取本品0.2g，精密称定，加冰醋酸10ml，振摇（必要时微温）溶解后，加结晶紫指示液1滴，用高氯酸滴定液（0.1mol/L）滴定至溶液显蓝绿色，并将滴定的结果用空白试验校正。每1ml高氯酸滴定液（0.1mol/L）相当于31.93mg的$C_8H_{11}NO_3 \cdot C_4H_6O_6$。

【类别】 拟肾上腺素药。

【贮藏】 遮光，充惰性气体，严封保存。

【制剂】 重酒石酸去甲肾上腺素注射液

重酒石酸去甲肾上腺素注射液
Zhongjiushisuan Qujia Shenshangxiansu Zhusheye
Norepinephrine Bitartrate Injection

本品为重酒石酸去甲肾上腺素加氯化钠适量使成等渗的灭菌水溶液。含重酒石酸去甲肾上腺素（$C_8H_{11}NO_3 \cdot C_4H_6O_6 \cdot H_2O$）应为标示量的90.0%～115.0%。

本品中可加适宜的稳定剂。

【性状】 本品为无色或几乎无色的澄明液体；遇光和空气易变质。

【鉴别】 （1）取本品1ml，加三氯化铁试液1滴，即显翠绿色。

（2）取本品适量（约相当于重酒石酸去甲肾上腺素1mg），照重酒石酸去甲肾上腺素项下的鉴别（2）项试验，显相同的反应。

（3）在含量测定项下记录的色谱图中，供试品溶液主峰的保留时间应与对照品溶液主峰的保留时间一致。

【检查】 pH值 应为2.5～4.5（附录0631）。

有关物质 取本品作为供试品溶液；精密量取供试品溶液1ml，置100ml量瓶中，用重酒石酸去甲肾上腺素有关物质项下的流动相A稀释至刻度，摇匀，作为对照溶液。照重酒石酸去甲肾上腺素有关物质项下的方法测定，供试品溶液的色谱图中如有与去甲肾上腺酮峰保留时间一致的色谱峰，其峰面积乘以0.3后不得大于对照溶液主峰面积的0.5倍（0.5%）；扣除相对保留时间约0.3之前的色谱峰，各杂质峰面积的和不得大于对照溶液的主峰面积（1.0%）。供试品溶液色谱图中小于对照溶液主峰面积0.05倍的色谱峰忽略不计。

渗透压摩尔浓度 取本品，依法测定（附录0632），渗透压摩尔浓度应为257～315mOsmol/kg。

细菌内毒素 取本品，依法检查（附录1143），每1mg重酒石酸去甲肾上腺素中含内毒素的量应小于83EU。

其他 应符合注射剂项下有关的各项规定（附录0102）。

【含量测定】 照高效液相色谱法（附录0512）测定。

色谱条件与系统适用性试验 用十八烷基硅烷键合硅胶为填充剂；以0.14%庚烷磺酸钠溶液-甲醇（65∶35）（用磷酸调节pH值至3.0±0.1）为流动相；检测波长为280nm。理论板数按去甲肾上腺素峰计算不低于3000。

测定法 精密量取本品适量（约相当于重酒石酸去甲肾上腺素4mg），置25ml量瓶中，用4%醋酸溶液稀释至刻度，摇匀，作为供试品溶液，精密量取20μl注入液相色谱仪，记录色谱图；另取重酒石酸去甲肾上腺素对照品适量，精密称定，加4%醋酸溶液制成每1ml中含0.16mg的溶液，同法测定。按外标法以峰面积计算，即得。

【作用与用途】 拟肾上腺素药。具有强烈的收缩血管、升高血压作用。用于外周循环衰竭休克时的早期急救。

【用法与用量】 以重酒石酸去甲肾上腺素计。静脉滴注：一次量，马、牛8～12mg；羊、猪2～4mg。临用前稀释成每1ml中含4～8μg的药液。

【不良反应】 （1）静脉滴注时间过长、剂量过高或药液外漏，可引起局部缺血坏死。

（2）静脉滴注时间过长或剂量过大，可使肾脏血管剧烈收缩，导致急性肾功能衰竭。

【注意事项】 （1）出血性休克禁用，器质性心脏病、少尿、无尿及严重微循环障碍等禁用。

（2）因静脉注射后在药物体内迅速被组织摄取，作用仅维持几分钟，故应采用静脉滴注，以维持有效血药浓度。

（3）限用于休克早期的应急抢救，并在短时间内小剂量静脉滴注。若长期大剂量应用可导致血管持续地强烈收缩，加重组织缺血、缺氧，使休克的微循环障碍恶化。

（4）静脉滴注时严防药液外漏，以免引起局部组织坏死。

【规格】 （1）1ml∶2mg （2）2ml∶10mg

【贮藏】 遮光，密闭，在阴凉处保存。

度 米 芬

Dumifen

Domiphen Bromide

$$C_{22}H_{40}BrNO \cdot H_2O \quad 432.49$$

本品为溴化N,N-二甲基-N-（2-苯氧乙基）-1-十二烷铵一水合物。按干燥品计算，含$C_{22}H_{40}BrNO$不得少于98.0%。

【性状】 本品为白色至微黄色片状结晶；无臭或微带特臭；振摇水溶液，则发生泡沫。

本品在乙醇或三氯甲烷中极易溶解，在水中易溶，在丙酮中略溶，在乙醚中几乎不溶。

熔点 取本品，80℃减压干燥5小时后，立即依法测定（附录0612），熔点为108~118℃。

【鉴别】 （1）取本品10mg，加水10ml溶解后，加曙红钠指示液0.5ml，再加水100ml，即显桃红色。

（2）取本品，80℃干燥1小时，其红外光吸收图谱应与对照的图谱一致。

（3）取本品1%水溶液10ml，加稀硝酸0.5ml，即生成白色沉淀，滤过，沉淀加乙醇即溶解；滤液显溴化物的鉴别反应（附录0301）。

【检查】 酸度 取本品0.20g，加水20ml溶解后，依法测定（附录0631），pH值应为5.0~7.0。

溶液的澄清度与颜色 取本品1.0g，加水10ml溶解后，溶液应澄清无色；如显浑浊，与2号浊度标准液（附录0902第一法）比较，不得更浓；如显色，与黄色1号标准比色液（附录0901第一法）比较，不得更深。

非季铵类物 精密量取含量测定项下的溶液25ml，照含量测定项下方法，自"置分液漏斗中"起，用盐酸滴定液（0.1mol/L）10ml代替氢氧化钠滴定液（0.1mol/L）10ml，同法操作。计算每1g度米芬在含量测定和非季铵类物两项滴定消耗的碘酸钾滴定液（0.05mol/L）体积之差，不得大于0.5ml。

干燥失重 取本品，在80℃干燥至恒重，减失重量不得过5.0%（附录0831）。

炽灼残渣 不得过0.1%（附录0841）。

【含量测定】 取本品2.0g，精密称定，置100ml量瓶中，加水溶解并稀释至刻度；精密量取25ml，置分液漏斗中，加三氯甲烷25ml与氢氧化钠滴定液（0.1mol/L）10ml，精密加新制的5%碘化钾溶液10ml，振摇，静置使分层；分取水层用三氯甲烷振摇洗涤3次，每次10ml，弃去三氯甲烷层，水层移入250ml具塞锥形瓶中；用水约15ml分3次淋洗分液漏斗，洗液并入锥形瓶中；加盐酸40ml，放冷，用碘酸钾滴定液（0.05mol/L）滴定至淡棕色；加三氯甲烷2ml，继续滴定并剧烈振摇至三氯甲烷层红色消失。精密量取新制的5%碘化钾溶液10ml，加水20ml以及盐酸40ml，同法操作，作空白试验。每1ml碘酸钾滴定液（0.05mol/L）相当于41.45mg的$C_{22}H_{40}BrNO$。

【作用与用途】 消毒防腐药。用于创面、黏膜、皮肤和器械消毒。

【用法与用量】 创面、黏膜消毒：0.02%~0.05%溶液；皮肤、器械消毒：0.05%~0.1%溶液。

【注意事项】 （1）禁与肥皂、盐类和其他合成洗涤剂配伍使用；金属器械消毒时加0.5%亚硝酸钠防锈。

（2）可引起接触性皮炎。

【贮藏】 遮光，密封保存。

浓戊二醛溶液

Nong Wu'erquan Rongye

Strong Glutaral Solution

$C_5H_8O_2$ 100.12

本品为戊二醛的水溶液。含戊二醛（$C_5H_8O_2$）应为标示量的95.0%～105.0%。

【性状】 本品为无色至淡黄色的澄清液体；有刺激性特臭。

本品能与水或乙醇任意混合。

【鉴别】 （1）取本品1ml，置试管中，加氨制硝酸银试液1ml，置水浴上加热数分钟后，生成细微的灰色沉淀，或在管壁生成光亮的银镜。

（2）取本品5滴，加1%水杨酸的硫酸溶液，即显棕红色。

【检查】 **pH值** 应为2.5～3.5（附录0631）。

溶液的澄清度 取本品10.0ml（25%）或12.5ml（20%），加水至100ml，摇匀，溶液应澄清（附录0902第一法）。

游离酸 精密量取本品5ml，加水5ml与酚酞指示液2滴，用氢氧化钠滴定液（0.1mol/L）滴定至溶液显粉红色，并持续15秒钟不褪，消耗氢氧化钠滴定液（0.1mol/L）不得过3.8ml。

【含量测定】 取本品适量（约相当于戊二醛0.2g），精密称定，精密加6.5%三乙醇胺溶液20ml与盐酸羟胺的中性溶液（取盐酸羟胺17.5g，加水75ml溶解，用异丙醇稀释至500ml，摇匀，加0.04%溴酚蓝乙醇溶液15ml，用6.5%三乙醇胺溶液滴定至溶液显蓝绿色）25ml，摇匀，放置1小时；用硫酸滴定液（0.25mol/L）滴定至溶液显蓝绿色，并将滴定的结果用空白试验校正。每1ml硫酸滴定液（0.25mol/L）相当于25.03mg的$C_5H_8O_2$。

【作用与用途】 消毒防腐药。用于橡胶、塑料制品及手术器械消毒。

【用法与用量】 以戊二醛计。配成2%或5%溶液。

【注意事项】 （1）常规浓度下可引起接触性皮炎或皮肤过敏反应，应避免接触皮肤和黏膜。

（2）误服可引起消化道黏膜炎症、坏死和溃疡，引起剧痛、呕吐、呕血、便血、血尿、尿闭、酸中毒、抽搐和循环衰竭。

【规格】 （1）20%（g/g） （2）25%（g/g）

【贮藏】 遮光，密封，在凉暗处保存。

【制剂】 稀戊二醛溶液

稀戊二醛溶液

Xi Wu'erquan Rongye

Dilute Glutaral Solution

本品系由浓戊二醛溶液加适量强化剂稀释制成的溶液。含戊二醛（$C_5H_8O_2$）应为标示量的

90.0%~110.0%（g/ml）。

【性状】　本品为无色至微黄色的澄清液体；有特臭。

【鉴别】　取本品，照浓戊二醛溶液项下的鉴别试验，显相同的反应。

【检查】　pH值　应为3.0~4.0（附录0631）。

装量　取本品，依法检查（附录0942），应符合规定。

微生物限度　取本品，照非无菌产品微生物限度检查：微生物计数法（附录1105）和控制菌检查法（附录1106）及非无菌兽药微生物限度标准（附录1107）检查，应符合规定。

【含量测定】　精密量取本品适量（约相当于戊二醛0.2g），照浓戊二醛溶液含量测定项下的方法测定。每1ml硫酸滴定液（0.25mol/L）相当于25.03mg的$C_5H_8O_2$。

【作用与用途】　消毒防腐药。用于橡胶、塑料制品及手术器械消毒。

【用法与用量】　喷洒使浸透：配成0.78%溶液，保持5分钟至干。

【注意事项】　避免接触皮肤和黏膜。

【规格】　（1）2%　（2）5%

【贮藏】　遮光，密封，在凉暗处保存。

浓过氧化氢溶液

Nong Guoyanghuaqing Rongye

Strong Hydrogen Peroxide Solution

H_2O_2　34.01

本品含过氧化氢（H_2O_2）应为26.0%~28.0%（g/g）。

【性状】　本品为无色澄清液体；无臭或有类似臭氧的臭气；遇氧化物或还原物即迅速分解并发生泡沫，遇光易变质。

【鉴别】　（1）取本品0.1ml，加水10ml与稀硫酸1滴，再加乙醚2ml与重铬酸钾试液数滴，振摇，乙醚层即显蓝色。

（2）取本品，加氢氧化钠试液使成碱性后，加热，即分解，发生泡沸并释放出氧。

【检查】　酸度　取本品10g，加水至100ml，加酚酞指示液数滴，用氢氧化钠滴定液（0.1mol/L）滴定至淡红色。消耗氢氧化钠滴定液（0.1mol/L）不得过1.0ml。

钡盐　取本品10ml，加稀硫酸2滴，10分钟内不得发生浑浊。

稳定剂　取本品100ml，加三氯甲烷-乙醚（3:2）的混合液提取3次（第1次50ml，第2、3次各25ml），合并提取液在室温下除去溶剂，残渣在干燥器中干燥2小时，遗留残渣不得过50mg（0.05%）。

不挥发物　取本品10ml，置水浴上蒸干，并在105℃干燥至恒重，遗留残渣不得过15mg。

【含量测定】　取本品2ml，精密称定，置200ml量瓶中，用水稀释至刻度，摇匀；精密量取10ml，置锥形瓶中，加稀硫酸20ml，用高锰酸钾滴定液（0.02mol/L）滴定。每1ml高锰酸钾滴定液（0.02mol/L）相当于1.701mg的H_2O_2。

【类别】　消毒防腐药。

【贮藏】　遮光，密封，在阴凉处保存。

【制剂】　过氧化氢溶液。

过氧化氢溶液

Guoyanghuaqing Rongye

Hydrogen Peroxide Solution

本品含过氧化氢（H_2O_2）应为2.5%~3.5%（g/ml）。

【性状】　本品为无色澄清液体；无臭或有类似臭氧的臭气；遇氧化物或还原物即迅速分解并发生泡沫，遇光易变质。

【鉴别】　（1）取本品1ml，加水10ml和稀硫酸1滴，再加乙醚2ml及重铬酸钾试液数滴，振摇，乙醚层即显蓝色。

（2）取本品，加氢氧化钠试液使成碱性后，加热，即分解，发生泡沸并释放出氧。

【检查】　**酸度**　取本品10ml，加酚酞指示液数滴，用氢氧化钠滴定液（0.1mol/L）滴定至淡红色。消耗氢氧化钠滴定液（0.1mol/L）不得过1.0ml。

钡盐　取本品10ml，加稀硫酸2滴，10分钟内不得发生浑浊。

稳定剂　取本品100ml，加三氯甲烷-乙醚（3:2）的混合液提取3次（第1次50ml，第2、3次各25ml），合并提取液在室温下除去溶剂，残渣在干燥器中干燥2小时，遗留残渣不得过50mg（0.05%）。

不挥发物　取本品10ml，置水浴上蒸干，并在105℃干燥至恒重，遗留残渣不得过15mg。

装量　取本品，依法检查（附录0942），应符合规定。

【含量测定】　精密量取本品5ml，置50ml量瓶中，用水稀释至刻度，摇匀，精密量取10ml，置锥形瓶中，加稀硫酸20ml，用高锰酸钾滴定液（0.02mol/L）滴定。每1ml高锰酸钾滴定液（0.02mol/L）相当于1.701mg的H_2O_2。

【作用与用途】　消毒防腐药。

【用法与用量】　用于清洗化脓性创口等。

【不良反应】　本品对皮肤、黏膜有强刺激性。

【注意事项】　（1）禁与有机物、碱、生物碱、碘化物、高锰酸钾或其他强氧化剂合用。

（2）不能注入胸腔、腹腔等密闭体腔或腔道、气体不易逸散的深部脓疡，以免产气过速，可导致栓塞或扩大感染。

【规格】　3%

【贮藏】　遮光，密封，在阴凉处保存。

癸 氧 喹 酯

Guiyangkuizhi

Decoquinate

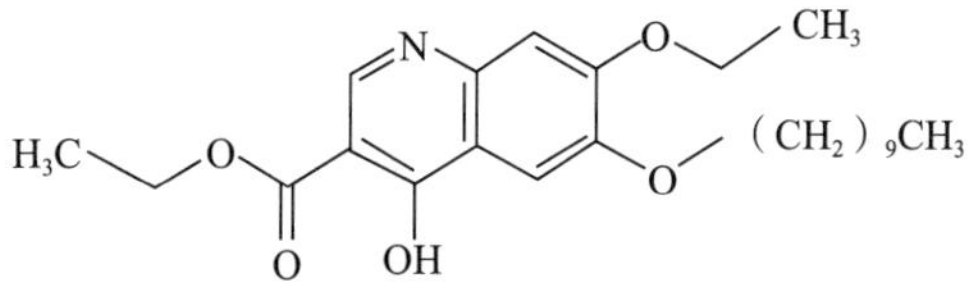

$C_{24}H_{35}NO_5$　417.54

本品为6-癸氧基-7-乙氧基-4-羟基喹啉-3-羧酸乙酯。按干燥品计算，含$C_{24}H_{35}NO_5$不得少于99.0%。

【性状】 本品为类白色或微黄色结晶性粉末；无臭。

本品在三氯甲烷中微溶，在水、乙醇或乙醚中不溶。

【鉴别】 （1）取本品约40mg，精密称定，置100ml量瓶中，加三氯甲烷10ml，微温使溶解，加无水乙醇70ml，放冷，用无水乙醇稀释至刻度，摇匀；精密量取10ml，置100ml量瓶中，用无水乙醇稀释至刻度，摇匀；精密量取10ml，置100ml量瓶中，加0.1mol/L盐酸溶液10ml，用无水乙醇稀释至刻度，摇匀。照紫外-可见分光光度法（附录0401）测定，在265nm的波长处有最大吸收，吸光度为0.38~0.42。

（2）本品的红外光吸收图谱应与对照的图谱一致。

【检查】 **有关物质** 取本品适量，加三氯甲烷加热使溶解并稀释制成每1ml中约含1mg的溶液，作为供试品溶液；精密量取适量，用三氯甲烷定量稀释制成每1ml中含0.01mg的溶液，作为对照溶液。照薄层色谱法（附录0502）试验，吸取上述两种溶液各10μl，分别点于同一硅胶GF$_{254}$薄层板上，以无水甲酸-无水乙醇-三氯甲烷（5:10:85）为展开剂，展开，晾干，置紫外光灯（254nm）下检视，供试品溶液如显杂质斑点，与对照溶液的主斑点比较，不得更深（1%）。

干燥失重 取本品，在105℃干燥至恒重，减失重量不得过0.5%（附录0831）。

炽灼残渣 取本品2.0g，依法检查（附录0841），遗留残渣不得过0.1%。

【含量测定】 取本品约0.36g，精密称定，加三氯甲烷-冰醋酸（1:1）溶液100ml使溶解，加结晶紫指示液1滴，用高氯酸滴定液（0.1mol/L）滴定至溶液显蓝色，并将滴定的结果用空白试验校正。每1ml高氯酸滴定液（0.1mol/L）相当于41.75mg的C$_{24}$H$_{35}$NO$_5$。

【类别】 抗球虫药。

【贮藏】 遮光，密封，在干燥处保存。

【制剂】 癸氧喹酯预混剂

癸氧喹酯预混剂

Guiyangkuizhi Yuhunji

Decoquinate Premix

本品含癸氧喹酯（C$_{24}$H$_{35}$NO$_5$）应为标示量的90.0%~110.0%。

【鉴别】 （1）取本品适量（约相当于癸氧喹酯40mg），加三氯甲烷40ml，超声20分钟，滤过，取续滤液作为供试品溶液；另取癸氧喹酯对照品加三氯甲烷制成每1ml中含1mg的溶液，作为对照品溶液。照薄层色谱法（附录0502）试验，吸取上述两种溶液各10μl，分别点于同一硅胶GF$_{254}$薄层板上，以乙醇-三氯甲烷（5:95）为展开剂，展开，晾干，置紫外灯下（254nm）检视，供试品溶液所显主斑点的位置和颜色应与对照品溶液的主斑点相同。

（2）在含量测定项下记录的色谱图中，供试品溶液主峰的保留时间应与对照品溶液主峰的保留时间一致。

以上（1）、（2）两项可选做一项。

【检查】 **干燥失重** 取本品，在105℃干燥4小时，减失重量不得过10.0%（有机辅料）或3.0%（无机辅料）（附录0831）。

其他 应符合预混剂项下有关的各项规定（附录0109）。

【含量测定】 照高效液相色谱法（附录0512）测定。

色谱条件与系统适用性试验 用十八烷基硅烷键合硅胶为填充剂；以甲醇-水-冰醋酸（85：15：1）为流动相；检测波长为265nm。理论板数按癸氧喹酯峰计算不低于1500。

测定法 取本品适量（约相当于癸氧喹酯50mg），精密称定，置100ml量瓶中，加氯化钙甲醇溶液（取氯化钙1g，加甲醇100ml，超声使溶解）适量，超声15分钟，放冷；用氯化钙甲醇溶液稀释至刻度，摇匀，滤过；精密量取续滤液5ml，置50ml量瓶中，用甲醇稀释至刻度，摇匀，作为供试品溶液；精密量取10μl，注入液相色谱仪，记录色谱图。另取癸氧喹酯对照品，同法测定。按外标法以峰面积计算，即得。

【作用与用途】 抗球虫药。用于预防由各种球虫（变位、柔嫩、巨型、堆型、毒害和布氏等）引起的鸡球虫病。

【用法与用量】 以本品计。混饲：每1000kg饲料，肉鸡453g，连用7～14日。

【注意事项】 不能用于含皂土的饲料中。

【休药期】 鸡5日。

【规格】 6%

【贮藏】 密闭，在阴凉干燥处保存。

绒 促 性 素

Rongcuxingsu

Chorionic Gonadotrophin

本品为孕妇尿中提取的绒毛膜促性腺激素。每1mg的效价不得少于4500单位。

【制法要求】 本品应从健康人群的尿中提取，生产过程应符合现行版《兽药生产质量管理规范》的要求。本品在生产过程中需经适宜的工艺方法处理，以使任何病毒如肝炎病毒、人免疫缺陷病毒等去除或灭活。

【性状】 本品为白色或类白色的粉末。

本品在水中溶解，在乙醇、丙酮或乙醚中不溶。

【鉴别】 照效价测定项下的方法，测定结果应能使未成年雌性小鼠子宫增重。

【检查】 **雌激素类物质** 取体重18～20g的雌性小鼠3只，摘除卵巢。2～3周后，皮下注射每1ml中含本品1250单位的氯化钠注射液4次，每次0.2ml，第一日下午，第二日上、下午，第三日上午各1次；分别在第四日、第五日、第六日上午用少量氯化钠注射液洗涤各小鼠阴道，制成阴道涂片，在低倍显微镜下观察，不得呈阳性反应（阳性反应系指涂片内绝大部分为角化细胞或上皮细胞）。

残留溶剂 取本品0.1g，精密称定，置顶空瓶中，精密加水2ml使溶解，密封，作为供试品溶液；另取无水乙醇适量，精密称定，用水定量稀释制成每1ml中含0.25mg溶液，精密量取2ml，置顶空瓶中，密封，作为对照品溶液。照残留溶剂测定法（附录0861第二法）测定，以聚乙二醇为固定液；起始温度为60℃，维持5分钟，以每分钟50℃的速率升温至200℃，维持15分钟；进样温度为200℃；检测器温度为250℃；顶空瓶平衡温度为90℃，平衡时间为20分钟。取对照品溶液与供试品溶液分别顶空进样，记录色谱图。按外标法以峰面积计算，乙醇的残留量应符合规定。

水分 取本品，照水分测定法（附录0832第一法）测定，含水分不得过5.0%。

乙肝表面抗原 取本品，加0.9%氯化钠溶液溶解并稀释制成每1ml中含10mg的溶液，按试剂盒说明书测定，应为阴性。

异常毒性 取本品，加氯化钠注射液溶解并稀释制成每1ml中含2000单位的溶液，依法检查（附录1141），应符合规定。

细菌内毒素 取本品，依法检查（附录1143），每1单位绒促性素中含内毒素的量应小于0.010EU。

【效价测定】 精密称取本品和绒促性素标准品适量，按标示效价，分别加含0.1%牛血清白蛋白的0.9%氯化钠溶液溶解并定量稀释制成每1ml中含10个单位的溶液，临用新配。照绒促性素生物检定法（附录1209）测定，应符合规定，测得的结果应为标示量的80%～125%。

【类别】 性激素类药。

【贮藏】 密封，在凉暗处保存。

【制剂】 注射用绒促性素

注射用绒促性素

Zhusheyong Rongcuxingsu

Chorionic Gonadotrophin for Injection

本品为绒促性素加适宜的赋形剂经冷冻干燥的无菌制品。其效价应为标示量的80%～125%。

【性状】 本品为白色的冻干块状物或粉末。

【检查】 **干燥失重** 取本品约0.1g，置五氧化二磷干燥器中，室温减压干燥至恒重，减失重量不得过5.0%（附录0831）。

无菌 取本品，用适宜溶剂溶解后，经薄膜过滤法处理，依法检查（附录1101），应符合规定。

异常毒性与细菌内毒素 照绒促性素项下的方法检查，均应符合规定。

其他 应符合注射剂项下有关的各项规定（附录0102）。

【效价测定】 取本品5支，按标示效价，分别加适量含0.1%牛血清白蛋白的0.9%氯化钠溶液溶解，全量转移至同一100ml量瓶中，用上述溶液稀释至刻度，摇匀。精密量取适量，用上述溶液定量稀释制成每1ml中含10单位的溶液，临用新配；精密称取绒促性素标准品适量，同法配制。照绒促性素生物检定法（附录1209）测定。

【作用与用途】 性激素类药。用于性功能障碍、习惯性流产及卵巢囊肿等。

【用法与用量】 以绒促性素计。肌内注射：一次量，马、牛1000～5000单位；羊100～500单位；猪500～1000单位；犬25～300单位。一周2～3次。

【注意事项】 （1）不宜长期应用，以免产生抗体和抑制垂体促性腺功能。

（2）本品溶液极不稳定，且不耐热，应在短时间内用完。

【规格】 （1）500单位 （2）1000单位 （3）2000单位 （4）5000单位

【贮藏】 密闭，在凉暗处保存。

泰 乐 菌 素

Tailejunsu

Tylosin

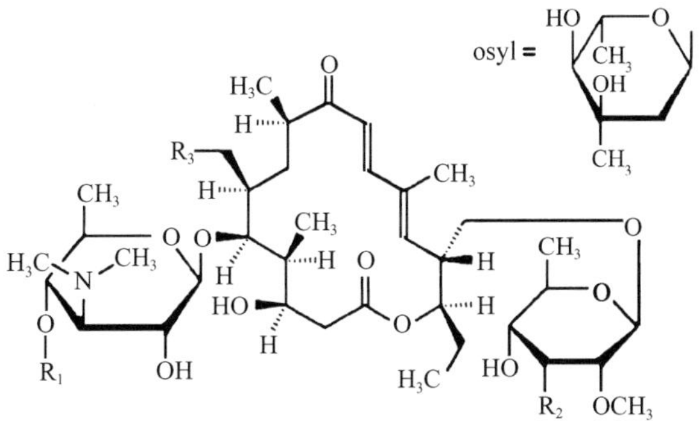

泰乐菌素A：R₁=osyl	R₂=OCH₃	R₃=CHO	$C_{46}H_{77}NO_{17}$	916.11
泰乐菌素B：R₁=H	R₂=OCH₃	R₃=CHO	$C_{39}H_{65}NO_{14}$	771.94
泰乐菌素C：R₁=osyl	R₂=OH	R₃=CHO	$C_{45}H_{75}NO_{17}$	902.08
泰乐菌素D：R₁=osyl	R₂=OCH₃	R₃=CH₂OH	$C_{46}H_{79}NO_{17}$	918.13

本品为泰乐菌素A、泰乐菌素B、泰乐菌素C、泰乐菌素D等组分为主的混合物。主要组分泰乐菌素A为（4R,5S,6S,7R,9R,11E,13E,15R,16R）-15-｛〔（6-脱氧-2,3-二-氧-甲基-β-D-阿洛吡喃糖基）氧〕甲基｝-6-｛〔3,6-二脱氧-4-氧-（2,6-二脱氧-3-碳-甲基-α-L-核-吡喃己糖基）-3-（二甲基氨基）-β-D-吡喃葡萄糖基〕氧｝16-乙基-4-羟基-5,9,13-三甲基-7-（2-氧代乙基）氧环十六碳-11,13-二烯-2,10-二酮。按干燥品计算，每1mg效价不得少于900泰乐菌素单位。

【性状】 本品为白色至浅黄色粉末。

本品在甲醇中易溶，在乙醇、丙酮或三氯甲烷中溶解，在水中微溶，在己烷中几乎不溶。

【鉴别】 （1）取本品约3mg，加丙酮2ml溶解后，加盐酸1ml，溶液由淡红色渐变为深紫色。

（2）在泰乐菌素组分项下记录的色谱图中，供试品溶液泰乐菌素A峰的保留时间应与标准品溶液泰乐菌素A峰的保留时间一致。

【检查】 碱度 取本品2.5g，加水100ml，充分振摇，滤过，取滤液，依法测定（附录0631），pH值应为8.5～10.5。

酪胺 取本品约50mg，精密称定，加甲醇5ml使溶解，加10%吡啶溶液2ml与2%茚三酮溶液2ml，用锡箔密封，置85℃水浴中加热30分钟，迅速放冷，定量转移至25ml量瓶中，用水稀释至刻度，作为供试品溶液；精密量取每1ml中含酪胺35μg的酪胺甲醇溶液5ml，同法制备，作为对照品溶液。立即照紫外-可见分光光度法（附录0401），在570nm的波长处测定，供试品溶液的吸光度不得大于对照溶液的吸光度。

泰乐菌素组分 照高效液相色谱法（附录0512）试验。

色谱条件与系统适用性试验 用十八烷基硅烷键合硅胶为填充剂；以2mol/L高氯酸钠溶液（用1mol/L盐酸溶液调节pH值至2.5±0.1）-乙腈（60:40）为流动相；检测波长为280nm。理论板数按泰乐菌素A组分计算不低于2000，泰乐菌素D峰与泰乐菌素A峰的分离度应大于2.0，拖尾因子不得过1.5。

测定法 取本品与泰乐菌素标准品各约30mg，分别置100ml量瓶中，加甲醇10ml溶解，用水稀释至刻度；各取20μl，分别注入高效液相色谱仪，记录色谱图至泰乐菌素A保留时间的1.5倍。泰乐菌素有关组分的相对保留时间依次约为：泰乐菌素C为0.5，泰乐菌素B为0.7，泰乐菌素D为0.8，泰乐菌素A为1。按峰面积归一化法计算，含泰乐菌素A应不得少于80%，泰乐菌素A、B、C、D之和应不得少于95%。

干燥失重 取本品，以五氧化二磷为干燥剂，在60℃减压干燥至恒重，减失重量不得过4.0%（附录0831）。

炽灼残渣 不得过2.5%（附录0841）。

重金属 取炽灼残渣项下遗留的残渣，依法检查（附录0821第二法），含重金属不得过百万分之二十。

【含量测定】 精密称取本品适量，按泰乐菌素每10mg加乙醇1ml使溶解，用灭菌水定量稀释制成每1ml中约含1000单位的溶液，照抗生素微生物检定法（附录1201）测定。1000泰乐菌素单位相当于1mg的泰乐菌素。

【类别】 大环内酯类抗生素。

【贮藏】 密闭，在干燥处保存。

盐　　酸

Yansuan

Hydrochloric Acid

HCl　36.46

本品含HCl应为36.0%～38.0%（g/g）。

【性状】 本品为无色发烟的澄清液体；有强烈的刺激臭；呈强酸性。

【鉴别】 （1）本品显氯化物鉴别（1）的反应（附录0301）。

（2）用玻璃棒沾湿氨试液接触到本品表面，产生明显的白烟。

（3）取盐酸溶液（1→100），可使蓝色石蕊试纸变红。

【检查】 **游离氯或溴** 取本品5.4g，用水稀释至20ml，放冷，加含锌碘化钾淀粉指示液0.2ml，10分钟内溶液不得显蓝色。

溴化物或碘化物 取本品3ml，用水稀释至10ml，放冷，加三氯甲烷1ml与0.002mol/L高锰酸钾溶液1滴，振摇，三氯甲烷层应无色。

硫酸盐 取本品25g，加碳酸钠试液2滴，置水浴上蒸干，残渣加水20ml溶解后，依法检查（附录0802），与标准硫酸钾溶液1.25ml制成的对照液比较，不得更浓（0.0005%）。

亚硫酸盐 取新沸过的冷水50ml，加碘化钾1g、碘滴定液（0.005mol/L）0.15ml及淀粉指示液1.5ml，摇匀；另取本品5ml，用新沸过的冷水50ml稀释后，加至上述溶液，摇匀，溶液的蓝色不得完全消失。

炽灼残渣 取本品100g，加硫酸2滴，蒸干后，依法检查（附录0841），遗留残渣不得过2mg（0.002%）。

铁盐 取本品30g，置水浴上蒸干后，残渣加水25ml，依法检查（附录0807），与标准铁溶液3.0ml制成的对照液比较，不得更深（0.0001%）。

重金属 取本品10g（8.5ml），置水浴上蒸干后，加醋酸盐缓冲液（pH3.5）2ml与水适量使成

25ml，依法检查（附录0821第一法），含重金属不得过百万分之二。

砷盐 取本品2.0g，用水22ml稀释后，加盐酸5ml，依法检查（附录0822第一法），应符合规定（0.0001%）。

【含量测定】 取本品约3ml，置贮有水约20ml并已精密称定重量的具塞锥形瓶中，精密称定，加水25ml与甲基红指示液2滴，用氢氧化钠滴定液（1mol/L）滴定。每1ml氢氧化钠滴定液（1mol/L）相当于36.46mg的HCl。

【作用与用途】 药用辅料，pH值调节剂。

【贮藏】 密封保存。

稀 盐 酸

Xi Yansuan

Dilute Hydrochloric Acid

本品系取盐酸234ml用水稀释至1000ml制得。含HCl应为9.5%～10.5%。

【性状】 本品为无色澄清液体；呈强酸性。

【鉴别】 本品显氯化物鉴别（1）的反应（附录0301）。

【检查】 **游离氯或溴** 取本品20ml，加含锌碘化钾淀粉指示液0.2ml，10分钟内不得显蓝色。

硫酸盐 取本品3ml，用水5ml稀释后，加25%氯化钡溶液5滴，1小时内不得发生浑浊或沉淀。

亚硫酸盐 取新沸过的冷水50ml，加碘化钾1.0g、碘滴定液（0.005mol/L）0.15ml与淀粉指示液1.5ml，摇匀；另取本品15ml，用新沸过的冷水40ml稀释后，加至上述溶液中，摇匀，溶液的蓝色不得完全消失。

炽灼残渣 取本品20ml，加硫酸2滴，蒸干后，依法检查（附录0841），遗留残渣不得过2mg（0.01%）。

铁盐 取本品20ml，置水浴上蒸干后，残渣加水25ml，依法检查（附录0807），与标准铁溶液1.0ml制成的对照液比较，不得更深（0.00005%）。

重金属 取本品10ml，置水浴上蒸干后，加醋酸盐缓冲液（pH3.5）2ml与水适量使成25ml，依法检查（附录0821第一法），含重金属不得过百万分之二。

砷盐 取本品1.4ml，用水22ml稀释后，加盐酸5ml，依法检查（附录0822第一法），应符合规定（0.00014%）。

【含量测定】 精密量取本品10ml，用水20ml稀释后，加甲基红指示液2滴，用氢氧化钠滴定液（1mol/L）滴定。每1ml氢氧化钠滴定液（1mol/L）相当于36.46mg的HCl。

【作用与用途】 助消化药、药用辅料。用于胃酸缺乏症。

【用法与用量】 内服：一次量，马10～20ml；牛15～30ml；羊2～5ml；猪1～2ml；犬0.1～0.5ml。用时稀释20倍以上。

【注意事项】 （1）禁与碱类、盐类健胃药、有机酸、洋地黄及其制剂合用。

（2）用药浓度和剂量不宜过大，否则因食糜酸度过高，反射性引起幽门括约肌痉挛，影响胃排空，产生腹痛。

【贮藏】 置玻璃瓶内，密封保存。

盐酸丁卡因

Yansuan Dingkayin

Tetracaine Hydrochloride

$C_{15}H_{24}N_2O_2 \cdot HCl$ 300.83

本品为4-（丁氨基）苯甲酸-2-（二甲氨基）乙酯盐酸盐。按干燥品计算，含$C_{15}H_{24}N_2O_2 \cdot HCl$不得少于99.0%。

【性状】 本品为白色结晶或结晶性粉末；无臭。

本品在水中易溶，在乙醇中溶解，在乙醚中不溶。

熔点 本品的熔点（附录0612第一法）为147~150℃。

【鉴别】 （1）取本品约0.1g，加5%醋酸钠溶液10ml溶解后，加25%硫氰酸铵溶液1ml，即析出白色结晶；滤过，结晶用水洗涤，在80℃干燥，依法测定（附录0612），熔点约为131℃。

（2）取本品约40mg，加水2ml溶解后，加硝酸3ml，即显黄色。

（3）本品的红外光吸收图谱应与对照品的图谱一致。

（4）本品的水溶液显氯化物鉴别（1）的反应（附录0301）。

【检查】 **酸度** 取本品，加水溶解并稀释制成每1ml中约含10mg的溶液，依法测定（附录0631），pH值应为4.5~6.5。

溶液的澄清度与颜色 取本品1.0g，加水10ml溶解后，溶液应澄清无色；如显浑浊，与1号浊度标准液（附录0902第一法）比较，不得更浓。

有关物质 取本品，精密称定，加水溶解并定量稀释制成每1ml中含50mg的溶液，作为供试品溶液；另取对丁氨基苯甲酸对照品，精密称定，加甲醇溶解并定量稀释制成每1ml中含0.10mg的溶液，作为对照品溶液。照薄层色谱法（附录0502）试验，吸取上述两种溶液各5μl，分别点于同一硅胶GF$_{254}$薄层板上，以三氯甲烷-甲醇-异丙胺（98：7：2）为展开剂，展开，晾干，置紫外光灯（254nm）下检视。供试品溶液如显杂质斑点，其颜色与对照品溶液的主斑点比较，不得更深。

易炭化物 取本品0.50g，依法检查（附录0842），与橙黄色3号标准比色液（附录0901第一法）比较，不得更深。

干燥失重 取本品，在105℃干燥至恒重，减失重量不得过1.0%（附录0831）。

炽灼残渣 取本品1.0g，依法检查（附录0841），遗留残渣不得过0.1%。

重金属 取炽灼残渣项下遗留的残渣，依法检查（附录0821第二法），含重金属不得过百万分之十。

【含量测定】 取本品约0.25g，精密称定，加乙醇50ml振摇使溶解，加0.01mol/L盐酸溶液5ml，摇匀，照电位滴定法（附录0701），用氢氧化钠滴定液（0.1mol/L）滴定，两个突跃点体积的差作为滴定体积。每1ml氢氧化钠滴定液（0.1mol/L）相当于30.08mg的$C_{15}H_{24}N_2O_2 \cdot HCl$。

【作用与用途】 局部麻醉药。用于表面麻醉。

【用法与用量】 黏膜或眼结膜表面麻醉：配成0.5%~1%溶液。

【不良反应】 大剂量可致心脏传导系统抑制。

【贮藏】 密封保存。

盐酸土霉素

Yansuan Tumeisu

Oxytetracycline Hydrochloride

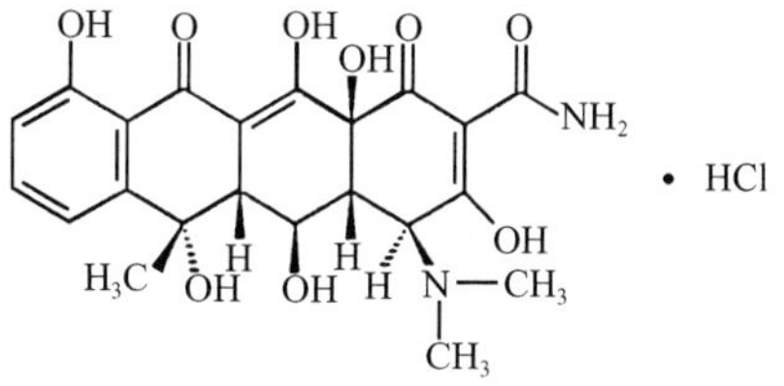

$$C_{22}H_{24}N_2O_9 \cdot HCl \quad 496.90$$

本品为6-甲基-4-（二甲氨基）-3,5,6,10,12,12α-六羟基-1,11-二氧代-1,4,4α,5,5α,6,11,12α-八氢-2-并四苯甲酰胺盐酸盐。按无水物计算，含土霉素（$C_{22}H_{24}N_2O_9$）不得少于88.0%。

【性状】 本品为黄色结晶性粉末；无臭；有引湿性；在日光下颜色变暗，在碱溶液中易破坏失效。

本品在水中易溶，在甲醇或乙醇中略溶，在乙醚中不溶。

比旋度 取本品，精密称定，加盐酸溶液（9→1000）溶解并定量稀释制成每1ml中约含10mg的溶液，依法测定（附录0621），比旋度为−188°至−200°。

【鉴别】 （1）取本品约0.5mg，加硫酸2ml，即显深朱红色；再加水1ml，溶液变为黄色。

（2）取本品与土霉素对照品，分别加甲醇溶解并稀释制成每1ml中约含1mg的溶液，作为供试品溶液与对照品溶液；另取土霉素与盐酸四环素对照品，加甲醇溶解并稀释制成每1ml中各约含1mg的混合溶液。照薄层色谱法（附录0502）试验，吸取上述三种溶液各1μl，分别点于同一硅胶GF$_{254}$薄层板上，以水-甲醇-二氯甲烷（6:35:59）溶液作为展开剂，展开，晾干，置紫外光灯（365nm）下检视。混合溶液应显两个完全分离的斑点，供试品溶液所显主斑点的位置和荧光应与对照品溶液主斑点的位置和荧光相同。

（3）在含量测定项下记录的色谱图中，供试品溶液主峰的保留时间应与对照品溶液主峰的保留时间一致。

（4）本品的水溶液显氯化物鉴别（1）的反应（附录0301）。

以上（2）、（3）两项可选做一项。

【检查】 酸度 取本品，加水制成每1ml中含10mg的溶液，依法测定（附录0631），pH值应为2.3~2.9。

有关物质 取本品适量，加0.01mol/L盐酸溶液溶解并制成每1ml中约含0.5mg的溶液，作为供试品溶液；精密量取2ml，置100ml量瓶中，用0.01mol/L盐酸溶液稀释至刻度，摇匀，作为对照溶液。取对照溶液2ml，置100ml量瓶中，用0.01mol/L盐酸溶液稀释至刻度，摇匀，作为灵敏度溶液。照含量测定项下的色谱条件试验，量取灵敏度溶液10ml注入液相色谱仪，记录色谱图，主成分峰峰高的信噪比应大于10。精密量取对照溶液与供试品溶液各10μl分别注入液相色谱仪，记录色谱图至主成分峰保留时间的4倍，供试品溶液色谱图如有杂质峰，2-乙酰-2-去酰胺土霉素的峰面积不得大于对照溶液主峰面积的1.75倍（3.5%），其他各杂质峰面积的和不得大于对照溶液主峰面积（2.0%）。供试品溶液色谱图中小于灵敏度溶液主峰面积的峰忽略不计。

杂质吸光度 取本品，加0.1mol/L盐酸甲醇溶液（1→100）溶解并定量稀释制成每1ml中含2.0mg的溶液，照紫外-可见分光光度法（附录0401），于1小时内，在430nm的波长处测定，吸光度不得过0.50。另取本品，加上述盐酸甲醇溶液溶解并定量稀释制成每1ml中含10mg的溶液，在490nm的波长处测定，吸光度不得过0.20。

水分 取本品，照水分测定法（附录0832第一法A）测定，含水分不得过2.0%。

异常毒性 取本品，加氯化钠注射液制成每1ml中含2mg的溶液，依法检查（附录1141），按静脉注射法给药，应符合规定。（供注射用）

细菌内毒素 取本品，依法检查（附录1143），每1mg盐酸土霉素中含内毒素的量应小于0.40EU。（供注射用）

无菌 取本品，用适宜溶剂溶解并稀释后，经薄膜过滤法处理，依法检查（附录1101），应符合规定。（供注射用）

【含量测定】 照高效液相色谱法（附录0512）测定。

色谱条件与系统适用性试验 用十八烷基硅烷键合硅胶为填充剂；以醋酸铵溶液〔0.25mol/L醋酸铵溶液-0.05mol/L乙二胺四醋酸二钠溶液-三乙胺（100∶10∶1），用醋酸调节pH值至7.5〕-乙腈（88∶12）为流动相；检测波长为280nm。取4-差向四环素对照品适量，用0.01mol/L盐酸溶液溶解并稀释制成每1ml中约含0.5mg的溶液；取土霉素对照品（约含3%的2-乙酰-2-去酰胺土霉素）适量，加少量0.1mol/L盐酸溶液溶解，用水稀释制成每1ml中约含土霉素0.5mg的溶液；取上述两种溶液（1∶24）混合制成每1ml中约含4-差向四环素20μg和土霉素480μg（约含2-乙酰-2-去酰胺土霉素14.5μg）的混合溶液作为分离度溶液。取该溶液10μl注入液相色谱仪，记录色谱图，出峰顺序为：4-差向四环素峰（与土霉素峰相对保留时间约为0.9）、土霉素峰、2-乙酰-2-去酰胺土霉素峰（与土霉素峰相对保留时间约为1.1）。土霉素峰的保留时间约为12分钟。4-差向四环素与土霉素峰分离度应大于2.0，土霉素峰与2-乙酰-2-去酰胺土霉素峰的分离度应大于2.5。

测定法 取本品约25mg，精密称定，置50ml量瓶中，加0.01mol/L盐酸溶液溶解并稀释至刻度，摇匀；精密量取5ml，置25ml量瓶中，用0.01mol/L盐酸溶液稀释至刻度，摇匀，作为供试品溶液；精密量取10μl注入液相色谱仪，记录色谱图。另取土霉素对照品，同法测定。按外标法以峰面积计算供试品中$C_{22}H_{24}N_2O_9$的含量，即得。

【类别】 四环素类抗生素。

【贮藏】 遮光，密封，在干燥处保存。

【制剂】 注射用盐酸土霉素

注射用盐酸土霉素

Zhusheyong Yansuan Tumeisu

Oxytetracycline Hydrochloride for Injection

本品为盐酸土霉素的无菌粉末。按无水物计算，含土霉素（$C_{22}H_{24}N_2O_9$）不得少于88.0%；按平均装量计算，含土霉素（$C_{22}H_{24}N_2O_9$）应为标示量的90.0%~110.0%。

【性状】 本品为黄色结晶性粉末。

【鉴别】 取本品，照盐酸土霉素项下的鉴别试验，显相同的结果。

【检查】 溶液的澄清度 取本品5瓶，分别加水制成每1ml中含10mg的溶液，溶液应澄清（附录0902第一法）。

水分 取本品，照水分测定法（附录0832第一法A）测定，含水分不得过2.5%。

有关物质、酸度、杂质吸光度、异常毒性、细菌内毒素与**无菌** 照盐酸土霉素项下的方法检查，均应符合规定。

其他 应符合注射剂项下有关的各项规定（附录0102）。

【**含量测定**】 取装量差异项下的内容物适量，精密称取约25mg，照盐酸土霉素项下的方法测定，即得。

【**作用与用途**】 四环素类抗生素。用于治疗某些革兰氏阳性菌和革兰氏阴性菌、立克次体、支原体等引起的感染性疾病。

【**用法与用量**】 以盐酸土霉素计。静脉注射：一次量，每1kg体重，家畜5～10mg。一日2次，连用2～3日。

【**不良反应**】 （1）局部刺激作用。盐酸盐水溶液有较强的刺激性，肌内注射可引起注射部位疼痛、炎症和坏死，静脉注射可引起静脉炎和血栓。静脉注射宜用稀溶液，缓慢滴注，以减轻局部反应。

（2）肠道菌群紊乱。对马肠道菌产生广谱抑制作用，继而由耐药沙门氏菌或不明病原菌（包括梭状芽孢杆菌等）引起继发感染，导致严重甚至致死性的腹泻。这种情况在大剂量静脉给药后常出现，但低剂量肌内注射也可能出现。

（3）肝肾损害。对肝、肾细胞有毒效应，可引起多种动物的剂量依赖性肾脏机能改变。牛大剂量（33mg/kg）静脉注射可致脂肪肝及近端肾小管坏死。

（4）可引起氮血症，而且可因类固醇类药物的存在而加剧，还可引起代谢性酸中毒及电解质失衡。

【**注意事项**】 （1）泌乳牛、羊禁用。

（2）肝肾功能严重不良的患畜禁用。

（3）马注射后可发生胃肠炎，慎用。

（4）静脉注射宜缓注；不宜肌内注射。

【**休药期**】 牛、羊、猪8日；弃奶期48小时。

【**规格**】 按$C_{22}H_{24}N_2O_9$计算 （1）0.2g （2）1g （3）2g （4）3g

【**贮藏**】 遮光，密封，在干燥处保存。

盐酸大观霉素

Yansuan Daguanmeisu

Spectinomycin Hydrochloride

$C_{14}H_{24}N_2O_7 \cdot 2HCl \cdot 5H_2O$　495.35

本品为〔2R-（2α,4αβ,5αβ,6β,7β,8β,9α,9αα,10αβ）〕十氢-4α,7,9-三羟基-2-甲基-6,8-双甲氨基-4H-吡喃并[2,3-b][1,4]苯并二氧六环-4-酮二盐酸盐五水合物。按无水物计算，每1mg的效价不得少于779大观霉素单位。

【性状】　本品为白色或类白色结晶性粉末。

本品在水中易溶，在乙醇、乙醚中几乎不溶。

比旋度　取本品，精密称定，加水溶解并定量稀释制成每1ml中约含100mg的溶液，依法测定（附录0621），比旋度为+15°至+21°。

【鉴别】　（1）本品的红外光吸收图谱应与对照的图谱一致。

（2）本品的水溶液显氯化物鉴别（1）的反应（附录0301）。

【检查】　结晶性　取本品，依法检查（附录0981），应符合规定。

酸度　取本品，加水制成每1ml中约含10mg的溶液，依法测定（附录0631），pH值应为3.8～5.6。

溶液的澄清度与颜色　取本品5份，各0.75g，分别加水5ml，溶解后，溶液应澄清无色；如显浑浊，与1号浊度标准液（附录0902）比较，均不得更浓；如显色，与黄色6号标准比色液（附录0901）比较，均不得更深。

有关物质　临用新制。取大观霉素对照品适量，精密称定，加水溶解并定量稀释制成每1ml中约含大观霉素分别为17μg、80μg和170μg的溶液作为对照品溶液（1）、（2）、（3）。取大观霉素对照品适量，精密称定，加水溶解并定量稀释制成每1ml中约含大观霉素10μg的溶液，作为灵敏度溶液。照含量测定项下的色谱条件，取灵敏度溶液20μl注入液相色谱仪，记录色谱图，大观霉素峰峰高的信噪比应大于10。精密量取对照品溶液（1）、（2）、（3）各20μl，分别注入液相色谱仪，记录色谱图，以对照品溶液浓度的对数值与相应的峰面积的对数值计算线性回归方程，相关系数（r）应不小于0.99；另取本品适量，精密称定，加水溶解并定量稀释制成每1ml中约含大观霉素3.5mg的溶液，同法测定，记录色谱图至主成分峰保留时间的3倍。供试品溶液色谱图中如有杂质峰，用线性回归方程计算，含杂质D（相对保留时间约为0.7）和杂质E（相对保留时间约为0.9）均不得过4.0%，其他单个杂质不得过1.0%，杂质总量不得过6.0%，并计算（4R）-双氢大观霉素（相对保留时间约为1.6）的含量。

水分　取本品，照水分测定法（附录0832第一法A）测定，含水分应为16.0%～20.0%。

炽灼残渣　不得过1.0%（附录0841）。

【含量测定】　精密称取本品适量，加灭菌磷酸盐缓冲液（pH7.0）定量制成每1ml中约含1000单位的溶液，照抗生素微生物检定法（附录1201）测定。1000大观霉素单位相当于1mg的$C_{14}H_{24}N_2O_7$。

【类别】　氨基糖苷类抗生素。

【贮藏】　密封，在干燥处保存。

【制剂】　（1）盐酸大观霉素可溶性粉　（2）盐酸大观霉素盐酸林可霉素可溶性粉

附：

1.色谱图

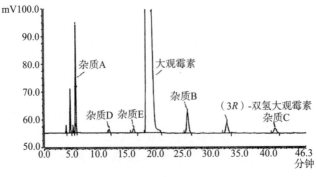

盐酸大观霉素参考图谱

2. 杂质

杂质A（放线菌胺）

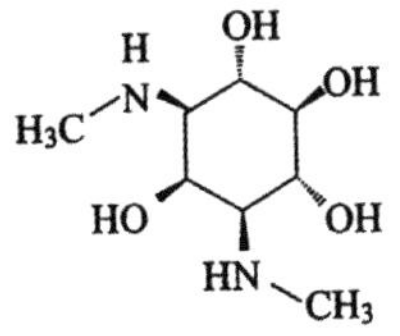

$C_8H_{18}N_2O_4$ 206.24

1,3-二脱氧-1,3-双（甲氨基）-肌醇

盐酸大观霉素可溶性粉

Yansuan Daguanmeisu Kerongxingfen

Spectinomycin Hydrochloride Soluble Powder

本品为盐酸大观霉素与枸橼酸、枸橼酸钠配制而成。含大观霉素（$C_{14}H_{24}N_2O_7$）应为标示量的90.0%～110.0%。

【性状】　本品为白色或类白色粉末。

【鉴别】　取本品与大观霉素标准品，分别加水溶解并稀释制成每1ml中约含10mg大观霉素的溶液，作为供试品溶液与标准品溶液。照薄层色谱法（附录0502）试验，吸取上述两种溶液各5μl，分别点于同一硅胶G薄层板上，以三氯甲烷-甲醇-浓氨溶液（2:2:1）为展开剂，展开，晾干，喷以1%高锰酸钾溶液，放置使显色，供试品溶液所显主斑点的位置和颜色应与标准品溶液的主斑点相同。

【检查】　酸度　取本品0.5g，加水10ml溶解后，依法测定（附录0631），pH值应为3.0～5.0。

水分　取本品，照水分测定法（附录0832第一法A）测定，含水分不得过18.0%。

其他　应符合可溶性粉剂项下有关的各项规定（附录0113）。

【含量测定】　精密称取本品适量，照盐酸大观霉素项下的方法测定，即得。

【作用与用途】　氨基糖苷类抗生素。用于革兰氏阴性菌及支原体感染。

【用法与用量】　混饮：每1L水，鸡1～2g，连用3～5日。

【不良反应】　大观霉素对动物毒性相对较小，很少引起肾毒性及耳毒性。但同其他氨基糖苷类一样，可引起神经肌肉阻断作用。

【注意事项】　蛋鸡产蛋期禁用。

【休药期】　5日

【规格】　按$C_{14}H_{24}N_2O_7$计算　（1）5g:2.5g（250万单位）　（2）50g:25g（2500万单位）（3）100g:50g（5000万单位）

【贮藏】　密闭，在干燥处保存。

盐酸大观霉素盐酸林可霉素可溶性粉

Yansuan Daguanmeisu Yansuan Linkemeisu Kerongxingfen

Spectinomycin Hydrochloride and Lincomycin Hydrochloride Soluble Powder

本品含大观霉素（$C_{14}H_{24}N_2O_7$）与林可霉素（$C_{18}H_{34}N_2O_6S$）均应为标示量的90.0%～110.0%。

【性状】 本品为白色或类白色粉末。

【鉴别】 取本品加水溶解并稀释成每1ml中约含大观霉素10mg与林可霉素5mg的溶液，作为供试品溶液；另取大观霉素标准品与林可霉素对照品，分别加水溶解并稀释成每1ml中约含大观霉素10mg、林可霉素5mg的溶液，作为标准品溶液与对照品溶液。吸取上述三种溶液各5μl，照盐酸大观霉素可溶性粉鉴别项试验，供试品溶液所显主斑点的位置和颜色应与大观霉素标准品溶液、林可霉素对照品溶液的主斑点相同。

【检查】 水分 取本品，照水分测定法（附录0832第一法A）测定，含水分不得过15.0%。

林可霉素B 照林可霉素含量测定项下的方法测定，林可霉素B的峰面积不得过林可霉素与林可霉素B峰面积和的5.0%。

其他 应符合可溶性粉剂项下有关的各项规定（附录0113）。

【含量测定】 大观霉素 精密称取本品适量，照盐酸大观霉素项下的方法测定，即得。

林可霉素 精密称取本品适量，加流动相溶解并定量稀释制成每1ml中约含林可霉素2mg的溶液，照盐酸林可霉素项下的方法测定，即得。

【作用与用途】 抗生素类药。用于革兰氏阴性细菌、革兰氏阳性细菌及支原体感染。

【用法与用量】 以大观霉素计。混饮：每1L水，5～7日龄雏鸡0.2～0.32g，连用3～5日。

【注意事项】 仅用于5～7日龄雏鸡。

【规格】 （1）5g：大观霉素2g（200万单位）与林可霉素1g（按$C_{18}H_{34}N_2O_6S$计算）

（2）50g：大观霉素20g（2000万单位）与林可霉素10g（按$C_{18}H_{34}N_2O_6S$计算）

（3）100g：大观霉素10g（1000万单位）与林可霉素5g（按$C_{18}H_{34}N_2O_6S$计算）

（4）100g：大观霉素40g（4000万单位）与林可霉素20g（按$C_{18}H_{34}N_2O_6S$计算）

【贮藏】 密闭，在干燥处保存。

盐酸左旋咪唑

Yansuan Zuoxuanmizuo

Levamisole Hydrochloride

$C_{11}H_{12}N_2S•HCl$ 240.76

本品为（S）-（-）-6-苯基-2,3,5,6-四氢咪唑并[2,1-b]噻唑盐酸盐。按干燥品计算，含$C_{11}H_{12}N_2S•HCl$不得少于98.5%。

【性状】 本品为白色或类白色的针状结晶或结晶性粉末；无臭。

本品在水中极易溶解，在乙醇中易溶，在三氯甲烷中微溶，在丙酮中极微溶解。

熔点　本品的熔点（附录0612第一法）为225～230℃。

比旋度　取本品适量，精密称定，加水溶解并定量稀释制成每1ml中约含50mg的溶液，依法测定（附录0621），比旋度不低于−121.5°。

【鉴别】　（1）取本品约60mg，加水20ml溶解后，加氢氧化钠试液2ml，煮沸10分钟，放冷，加亚硝基铁氰化钠试液数滴，即显红色；放置后，色渐变浅。

（2）本品的红外光吸收图谱应与对照的图谱一致。

（3）本品的水溶液显氯化物鉴别（1）的反应（附录0301）。

【检查】　溶液的澄清度　取本品2.0g，加水50ml，溶解后，溶液应澄清；如显浑浊，与2号浊度标准液（附录0902第一法）比较，不得更浓。

酸度　取溶液的澄清度项下的溶液，依法测定（附录0631），pH值应为3.5～5.0。

吸光度　取本品，用盐酸甲醇滴定液（0.2mol/L）制成每1ml中含1mg的溶液，照紫外-可见分光光度法（附录0401），在310nm的波长处测定，吸光度不得过0.20。

2−亚氨基噻唑烷衍生物　取本品50mg，加稀乙醇10ml与水25ml使溶解，再加氨试液5ml，置50℃水浴中加热5分钟，用硝酸银试液2ml与水适量制成50ml，摇匀，置50℃水浴中继续加热10分钟；如显浑浊，与对照液（取标准氯化钠溶液2ml，用水稀释成约40ml后，加硝酸1ml与硝酸银试液1ml，再加水适量制成50ml，摇匀，在暗处放置5分钟）比较，不得更浓。

2,3−二氢−6−苯基咪唑[2,1-*b*]噻唑盐酸盐　取本品，加甲醇制成每1ml中含0.10g的溶液，作为供试品溶液；另取2,3-二氢-6-苯基咪唑[2,1-*b*]噻唑盐酸盐对照品，用甲醇制成每1ml中含0.50mg的溶液，作为对照品溶液。照薄层色谱法（附录0502）试验，吸取上述两种溶液各5μl，分别点于同一硅胶G薄层板上，用甲苯-甲醇-冰醋酸（45：8：4）为展开剂，展开，晾干，置碘蒸气中显色。供试品溶液如显与对照品溶液相应的杂质斑点，其颜色与对照品溶液的主斑点比较，不得更深（0.5%）。

干燥失重　取本品，在105℃干燥至恒重，减失重量不得过0.5%（附录0831）。

炽灼残渣　不得过0.1%（附录0841）。

【含量测定】　取本品约0.2g，精密称定，加乙醇30ml溶解，照电位滴定法（附录0701），用氢氧化钠滴定液（0.1mol/L）滴定，并将滴定的结果用空白试验校正。每1ml氢氧化钠滴定液（0.1mol/L）相当于24.08mg的$C_{11}H_{12}N_2S \cdot HCl$。

【类别】　抗蠕虫药。

【贮藏】　密封保存。

【制剂】　（1）盐酸左旋咪唑片　（2）盐酸左旋咪唑注射液

附：

2- 亚氨基噻唑烷

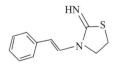

$C_{11}H_{12}N_2S$　204.29

3-［（*E*）-2-苯乙烯基］噻唑-2-亚胺

C$_{11}$H$_{10}$N$_2$S•HCl   238.78

2,3-二氢-6-苯基咪唑并［2,1-b］噻唑 盐酸盐

盐酸左旋咪唑片

Yansuan Zuoxuanmizuo Pian

Levamisole Hydrochloride Tablets

本品含盐酸左旋咪唑（C$_{11}$H$_{12}$N$_2$S•HCl）应为标示量的90.0%~110.0%。

【性状】 本品为白色片。

【鉴别】 取本品的细粉适量（约相当于盐酸左旋咪唑0.15g），加水50ml，振摇使盐酸左旋咪唑溶解，滤过。滤液照盐酸左旋咪唑项下的鉴别（1）、（3）项试验，显相同的反应。

【检查】 **旋光度** 取本品的细粉适量，精密称定，加水溶解并稀释制成每1ml中含盐酸左旋咪唑10mg的溶液，滤过，取续滤液，用2dm测定管依法测定（附录0621），旋光度应不低于−2.0°。

溶出度 取本品，照溶出度与释放度测定法（附录0931第一法），以水900ml为溶出介质，转速为每分钟100转，依法操作，经30分钟时，取溶液10ml，滤过，取续滤液作为供试品溶液。

标准曲线的制备 取盐酸左旋咪唑对照品适量，精密称定，加水溶解并稀释制成每1ml中含0.4mg的溶液，作为对照品溶液。精密量取对照品溶液1.0ml、2.0ml、3.0ml、4.0ml、5.0ml分别置100ml量瓶中，各用0.1mol/L氢氧化钠溶液稀释至刻度，摇匀，以0.1mol/L氢氧化钠溶液为空白，在220~250nm的波长区间绘制一阶导数光谱，量取峰零振幅D值，求得D值与浓度c的回归方程。

供试品溶液的测定 精密量取续滤液5.0ml置10ml（25mg规格）或20ml（50mg规格）量瓶中，用0.2mol/L氢氧化钠溶液稀释至刻度。摇匀，按标准曲线项下的方法测定，量取振幅值，从标准曲线的回归方程，计算出每片的溶出度，限度为标示量的80%，应符合规定。

其他 应符合片剂项下有关的各项规定（附录0101）。

【含量测定】 取本品20片，精密称定，研细，精密称取适量（约相当于盐酸左旋咪唑0.2g），置分液漏斗中，加水10ml，振摇使盐酸左旋咪唑溶解；加氢氧化钠试液5ml，稍振摇后，精密加入三氯甲烷50ml，振摇提取，静置分层后，分取三氯甲烷液，经干燥滤纸滤过；精密量取续滤液25ml，加冰醋酸15ml与结晶紫指示液1滴，用高氯酸滴定液（0.1mol/L）滴定至溶液显蓝色，并将滴定的结果用空白试验校正。每1ml高氯酸滴定液（0.1mol/L）相当于24.08mg的C$_{11}$H$_{12}$N$_2$S•HCl。

【作用与用途】 抗蠕虫药。主要用于牛、羊、猪、犬、猫和禽的胃肠道线虫、肺线虫及猪肾虫病。

【用法与用量】 以盐酸左旋咪唑计。内服：一次量，每1kg体重，牛、羊、猪7.5mg；犬、猫10mg；禽25mg。

【不良反应】 （1）牛用本品可出现副交感神经兴奋症状，口鼻出现泡沫或流涎，兴奋或颤

抖，舔唇和摇头等不良反应。症状一般在2小时内减退。

（2）绵羊给药后可引起暂时性兴奋，山羊可产生抑郁、感觉过敏和流涎。

（3）猪可引起流涎或口鼻冒出泡沫。

（4）犬可见胃肠功能紊乱如呕吐、腹泻，神经毒性反应如喘气、摇头、焦虑或其他行为变化，粒细胞缺乏症，肺水肿，免疫介导性皮疹等。

（5）猫可见流涎、兴奋、瞳孔散大和呕吐等。

【注意事项】　（1）泌乳期动物禁用。

（2）马和骆驼较敏感，骆驼禁用，马应慎用。

（3）极度衰弱或严重肝肾损伤患畜应慎用。疫苗接种、去角或去势等引起应激反应的牛应慎用或推迟使用。

（4）本品中毒时可用阿托品解毒和其他对症治疗。

【休药期】　牛2日，羊3日，猪3日，禽28日。

【规格】　（1）25mg　（2）50mg

【贮藏】　密封保存。

盐酸左旋咪唑注射液

Yansuan Zuoxuanmizuo Zhusheye

Levamisole Hydrochloride Injection

本品为盐酸左旋咪唑的灭菌水溶液。含盐酸左旋咪唑（$C_{11}H_{12}N_2S \cdot HCl$）应为标示量的95.0% ~ 105.0%。

【性状】　本品为无色的澄明液体。

【鉴别】　取本品适量，照盐酸左旋咪唑项下的鉴别（1）、（3）项试验，显相同的反应。

【检查】　pH值　应为3.0 ~ 4.5（附录0631）。

旋光度　取本品，用2dm测定管依法测定（附录0621），旋光度应不低于—11°。

其他　应符合注射剂项下有关的各项规定（附录0102）。

【含量测定】　精密量取本品适量（约相当于盐酸左旋咪唑0.25g），置分液漏斗中，加氢氧化钠试液5ml，稍振摇后，精密加入三氯甲烷50ml，振摇提取。静置分层后，精密量取三氯甲烷液25ml，加冰醋酸15ml、醋酐2ml与结晶紫指示液1滴，用高氯酸滴定液（0.1mol/L）滴定至溶液显蓝色，并将滴定的结果用空白试验校正。每1ml高氯酸滴定液（0.1mol/L）相当于24.08mg的$C_{11}H_{12}N_2S \cdot HCl$。

【作用与用途】　抗蠕虫药。主要用于牛、羊、猪、犬、猫和禽的胃肠道线虫、肺线虫及猪肾虫病。

【用法与用量】　以盐酸左旋咪唑计。皮下、肌内注射：一次量，每1kg体重，牛、羊、猪7.5mg；犬、猫10mg；禽25mg。

【不良反应】　（1）牛用本品可出现副交感神经兴奋症状，口鼻出现泡沫或流涎，兴奋或颤抖，舔唇和摇头等不良反应。症状一般在2小时内减退。

（2）绵羊给药后可引起暂时性兴奋，山羊可产生抑郁、感觉过敏和流涎。

（3）猪可引起流涎或口鼻冒出泡沫。

（4）犬可见胃肠功能紊乱如呕吐、腹泻，神经毒性反应如喘气、摇头、焦虑或其他行为变化，粒细胞缺乏症，肺水肿，免疫介导性皮疹等。

（5）猫可见流涎、兴奋、瞳孔散大和呕吐等。

【注意事项】 （1）泌乳期动物禁用。

（2）禁用于静脉注射。

（3）马和骆驼较敏感，骆驼禁用，马应慎用。

（4）极度衰弱或严重肝肾损伤患畜应慎用。疫苗接种、去角或去势等引起应激反应的牛应慎用或推迟使用。

（5）本品中毒时可用阿托品解毒和其他对症治疗。

【休药期】 牛14日，羊、猪、禽28日。

【规格】 （1）2ml：0.1g （2）5ml：0.25g （3）10ml：0.5g

【贮藏】 遮光，密闭保存。

盐酸四环素

Yansuan Sihuansu

Tetracycline Hydrochloride

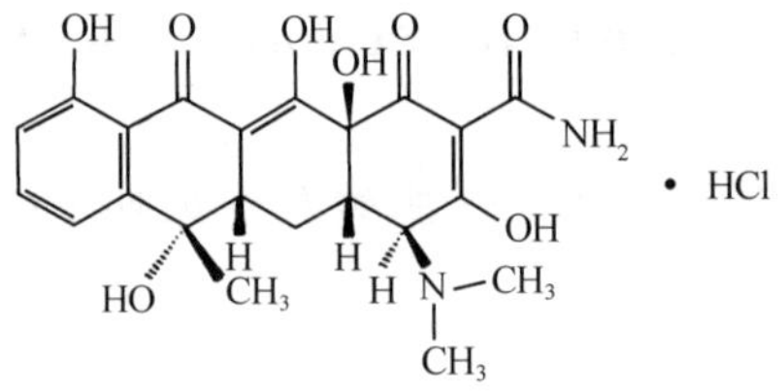

$C_{22}H_{24}N_2O_8 \cdot HCl$ 480.90

本品为（4S,4aS,5aS,6S,12aS）-6-甲基-4-（二甲氨基）-3,6,10,12,12a-五羟基-1,11-二氧代-1,4,4a,5,5α,6,11,12α-八氢-2-并四苯甲酰胺盐酸盐。按干燥品计算，含盐酸四环素（$C_{22}H_{24}N_2O_8 \cdot HCl$）不得少于95.0%。

【性状】 本品为黄色结晶性粉末；无臭；略有引湿性；遇光色渐变深，在碱性溶液中易破坏失效。

本品在水中溶解，在乙醇中微溶，在乙醚中不溶。

比旋度 取本品，精密称定，加0.01mol/L盐酸溶液溶解并定量稀释制成每1ml中约含10mg的溶液，依法测定（附录0621），比旋度为—240°至—258°。

【鉴别】 （1）取本品约0.5mg，加硫酸2ml，即显深紫色，再加三氯化铁试液1滴，溶液变为红棕色。

（2）在含量测定项下记录的色谱图中，供试品溶液主峰的保留时间应与对照品溶液主峰的保留时间一致。

（3）本品的红外光吸收图谱应与对照的图谱一致。

（4）本品的水溶液显氯化物鉴别（1）的反应（附录0301）。

【检查】 **酸度** 取本品，加水制成每1ml中约含10mg的溶液，依法测定（附录0631），pH值应为1.8～2.8。

溶液的澄清度　取本品5份，各50mg，分别加水5ml使溶解，溶液应澄清；如显浑浊，与1号浊度标准液（附录0902）比较，均不得更浓（供注射用）。

有关物质　临用新制。取本品，加0.01mol/L盐酸溶液溶解并稀释制成每1ml中约含0.8mg的溶液，作为供试品溶液；精密量取2ml，置100ml量瓶中，用0.01mol/L盐酸溶液稀释至刻度，摇匀，作为对照溶液。取对照溶液2ml，置100ml量瓶中，用0.01mol/L盐酸溶液稀释至刻度，摇匀，作为灵敏度溶液。照含量测定项下的色谱条件，量取灵敏度溶液10μl注入液相色谱仪，记录色谱图，主成分色谱峰峰高的信噪比应大于10。再精密量取对照溶液与供试品溶液各10μl，分别注入液相色谱仪，记录色谱图至主成分峰保留时间的2.5倍。供试品溶液色谱图中如有杂质峰，土霉素、4-差向四环素、盐酸金霉素、脱水四环素、差向脱水四环素按校正后的峰面积计算（分别乘以校正因子1.0、1.42、1.39、0.48和0.62），分别不得大于对照溶液主峰面积的0.25倍（0.5%）、1.5倍（3.0%）、0.5倍（1.0%）、0.25倍（0.5%）和0.25倍（0.5%），其他各杂质峰面积的和不得大于对照溶液主峰面积的0.5倍（1.0%）。供试品溶液色谱图中小于灵敏度溶液主峰面积的峰忽略不计。

杂质吸光度　取本品，在20～25℃时，加0.8%氢氧化钠溶液制成每1ml中含10mg的溶液，照紫外-可见分光光度法（附录0401），置4cm的吸收池中，自加0.8%氢氧化钠溶液起5分钟时，在530nm的波长处测定，吸光度不得过0.12（供注射用）。

干燥失重　取本品，在105℃干燥至恒重，减失重量不得过1.0%（供内服用）或0.5%（供注射用）（附录0831）。

热原　取本品，加氯化钠注射液制成每1ml中含5mg的溶液，依法检查（附录1142），剂量按家兔体重每1kg缓慢注射2ml，应符合规定（供注射用）。

无菌　取本品，用适宜溶剂溶解并稀释后，经薄膜过滤法处理，依法检查（附录1101），应符合规定（供注射用）。

【含量测定】　照高效液相色谱法（附录0512）测定。

色谱条件与系统适用性试验　用十八烷基硅烷键合硅胶为填充剂；以醋酸铵溶液〔0.15 mol/L醋酸铵溶液-0.01mol/L乙二胺四醋酸二钠溶液-三乙胺（100：10：1），用醋酸调节pH值至8.5〕-乙腈（83：17）为流动相；检测波长为280nm。取4-差向四环素对照品、土霉素对照品、差向脱水四环素对照品、盐酸金霉素对照品及脱水四环素对照品各约3mg与盐酸四环素对照品约48mg，置100ml量瓶中，加0.1mol/L盐酸溶液10ml使溶解后，用水稀释至刻度，摇匀，作为系统适用性溶液；取10μl注入液相色谱仪，记录色谱图，出峰顺序为：4-差向四环素、土霉素、差向脱水四环素、四环素、金霉素、脱水四环素，四环素峰的保留时间约为14分钟。4-差向四环素峰、土霉素峰、差向脱水四环素峰、四环素峰、金霉素峰间的分离度均应符合要求，金霉素峰及脱水四环素峰的分离度应大于1.0。

测定法　取本品约25mg，精密称定，置50ml量瓶中，加0.01mol/L盐酸溶液溶解并稀释至刻度，摇匀；精密量取5ml，置25ml量瓶中，用0.01mol/L盐酸溶液稀释至刻度，摇匀，作为供试品溶液；精密量取10μl注入液相色谱仪，记录色谱图。另取盐酸四环素对照品，同法测定。按外标法以峰面积计算，即得。

【类别】　四环素类抗生素。

【贮藏】　遮光，密封或严封，在干燥处保存。

【制剂】　注射用盐酸四环素

注射用盐酸四环素

Zhusheyong Yansuan Sihuansu

Tetracycline Hydrochloride for Injection

本品为盐酸四环素加适量的维生素C或枸橼酸作为稳定剂的无菌粉末。按平均装量计算，含盐酸四环素（$C_{22}H_{24}N_2O_8 \cdot HCl$）应为标示量的93.0% ~ 107.0%。

【性状】 本品为黄色混有白色的结晶性粉末。

【鉴别】 取本品，照盐酸四环素项下的鉴别（1）、（2）、（4）项试验，显相同的结果。

【检查】 溶液的澄清度 取本品5瓶，按标示量分别加水制成每1ml中约含10mg的溶液，溶液应澄清；如显浑浊，与1号浊度标准液（附录0902）比较，均不得更浓。

有关物质 取本品装量差异项下的内容物，混合均匀，精密称取适量，用0.01mol/L盐酸溶液溶解并稀释制成每1ml中约含盐酸四环素0.8mg的溶液，作为供试品溶液，照盐酸四环素项下的方法测定，应符合规定。

干燥失重 取本品，在105℃干燥至恒重，减失重量不得过0.8%（附录0831）。

酸度、杂质吸光度、热原与无菌 照盐酸四环素项下的方法检查，均应符合规定。

其他 应符合注射剂项下有关的各项规定（附录0102）。

【含量测定】 取装量差异项下的内容物，精密称取适量，照盐酸四环素项下的方法测定，即得。

【作用与用途】 四环素类抗生素。主要用于革兰氏阳性菌、革兰氏阴性菌和支原体感染。

【用法与用量】 以盐酸四环素计。静脉注射：一次量，每1kg体重，家畜5 ~ 10mg。一日2次，连用2 ~ 3日。

【不良反应】 （1）本品的水溶液有较强的刺激性，静脉注射可引起静脉炎和血栓。

（2）肠道菌群紊乱，长期应用可出现维生素缺乏症，重者造成二重感染。大剂量静脉注射对马肠道菌有广谱抑制作用，可引起耐药沙门氏菌或不明病原菌的继发感染，导致严重甚至致死性的腹泻。

（3）影响牙齿和骨发育。四环素进入机体后与钙结合，随钙沉积于牙齿和骨骼中。

（4）肝肾损害。过量四环素可致严重的肝损害和剂量依赖性肾脏机能改变。

（5）心血管效应。牛静脉注射四环素速度过快，可出现急性心衰竭。

【注意事项】 （1）易透过胎盘和进入乳汁，因此孕畜、哺乳畜禁用，泌乳牛、羊禁用。

（2）肝肾功能严重不良的患畜忌用本品。

（3）马注射后可发生胃肠炎，慎用。

【休药期】 牛、羊、猪8日；弃奶期48小时。

【规格】 （1）0.25g （2）0.5g （3）1g （4）2g （5）3g

【贮藏】 遮光，密闭，在干燥处保存。

盐 酸 吗 啡

Yansuan Mafei

Morphine Hydrochloride

$$C_{17}H_{19}NO_3 \cdot HCl \cdot 3H_2O \quad 375.85$$

本品为17-甲基-4,5α-环氧-7,8-二脱氢吗啡喃-3,6α-二醇盐酸盐三水合物。按干燥品计算，含$C_{17}H_{19}NO_3 \cdot HCl$不得少于99.0%。

【性状】　本品为白色、有丝光的针状结晶或结晶性粉末；无臭；遇光易变质。

本品在水中溶解，在乙醇中略溶，在三氯甲烷或乙醚中几乎不溶。

比旋度　取本品约1g，精密称定，置50ml量瓶中，加水适量使溶解后，用水稀释至刻度，依法测定（附录0621），比旋度为−110.0°至−115.0°。

【鉴别】　（1）取本品约1mg，加甲醛硫酸试液1滴，即显紫堇色。

（2）取本品约1mg，加钼硫酸试液0.5ml，即显紫色，继变为蓝色，最后变为棕绿色。

（3）取本品约1mg，加水1ml溶解后，加稀铁氰化钾试液1滴，即显蓝绿色（与可待因的区别）。

（4）本品的红外光吸收图谱应与对照的图谱一致。

（5）本品的水溶液显氯化物鉴别（1）的反应（附录0301）。

【检查】　酸度　取本品0.20g，加水10ml溶解后，加甲基红指示液1滴，如显红色，加氢氧化钠滴定液（0.02mol/L）0.20ml，应变为黄色。

溶液的澄清度与颜色　取本品0.5g，加水溶解并稀释至25ml，溶液应澄清无色；如显浑浊，与1号浊度标准液（附录0902）比较，不得更浓；如显色，与黄色或黄绿色2号标准比色液（附录0901）比较，不得更深。

铵盐　取本品0.20g，加氢氧化钠试液5ml，加热1分钟，发生的蒸气不得使湿润的红色石蕊试纸即时变蓝色。

阿扑吗啡　取本品50mg，加水4ml溶解后，加碳酸氢钠0.10g与0.1mol/L碘溶液1滴，加乙醚5ml，振摇提取，静置分层后，乙醚层不得显红色，水层不得显绿色。

罂粟酸　取本品0.15g，加水5ml溶解后，加稀盐酸5ml与三氯化铁试液2滴，不得显红色。

有关物质　取本品适量，加流动相溶解并稀释制成每1ml中约含盐酸吗啡0.5mg的溶液，作为供试品溶液；精密量取适量，用流动相定量稀释制成每1ml中含5μg的溶液，作为对照溶液。另取盐酸吗啡对照品适量，加水溶解，制成每1ml中含0.2mg的溶液，量取5ml，加0.4%的三氯化铁溶液1ml，置沸水浴中加热10分钟，放冷；量取该溶液1ml，加入磷酸可待因对照品溶液（取磷酸可待因对照品适量，加流动相溶解并稀释制成每1ml中约含磷酸可待因25μg的溶液）1ml，摇匀，作为系统适用性溶液。照高效液相色谱法（附录0512）试验。用十八烷基硅烷键合硅胶为填充剂；以0.0025mol/L庚烷磺酸钠的0.01mol/L磷酸二氢钾水溶液（含0.1%三乙胺，用磷酸调pH值为2.5±0.1）-乙腈（85：15）为流动相；检测波长为210nm；柱温为30℃。取系统适用性溶液20μl

注入液相色谱仪，记录色谱图，出峰顺序依次为：吗啡、伪吗啡与可待因。吗啡的保留时间为7～8分钟，伪吗啡的相对保留时间为1.2～1.5，可待因的相对保留时间为2.0～2.3；各色谱峰之间的分离度均应符合要求。精密量取对照溶液和供试品溶液各$20\mu l$，分别注入液相色谱仪，记录色谱图至主成分色谱峰保留时间的4倍。供试品溶液中如有与伪吗啡峰保留时间一致的色谱峰，其峰面积乘以校正因子2后，不得大于对照溶液主峰面积的0.4倍（0.4%），可待因与其他单个杂质峰均不得大于对照溶液主峰面积的0.25倍（0.25%），各杂质峰面积的和不得大于对照溶液主峰面积（1.0%）。供试品溶液色谱图中小于对照溶液主峰面积0.05倍的峰忽略不计。

干燥失重　取本品，在105℃干燥至恒重，减失重量不得过15.0%（附录0831）。

炽灼残渣　不得过0.1%（附录0841）。

【含量测定】　取本品约0.2g，精密称定，加冰醋酸10ml与醋酸汞试液4ml溶解后，加结晶紫指示液1滴，用高氯酸滴定液（0.1mol/L）滴定至溶液显绿色，并将滴定的结果用空白试验校正。每1ml高氯酸滴定液（0.1mol/L）相当于32.18mg的$C_{17}H_{19}NO_3 \cdot HCl$。

【类别】　镇痛药。

【贮藏】　遮光，密封保存。

【制剂】　盐酸吗啡注射液

附：

伪吗啡

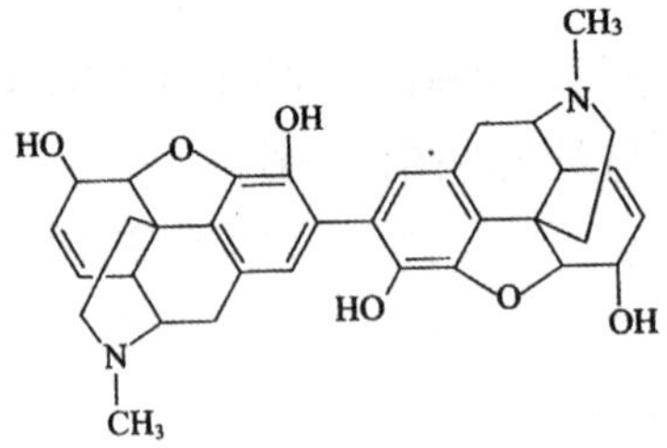

$$C_{34}H_{36}N_2O_6 \quad 568.66$$

（5'α,6'α)-7,7',8,8'-四去氢-4,5：4',5'-二环氧基-17,17'-二甲基-[2,2'-双吗啡喃]-3,3',6,6'-四醇

盐酸吗啡注射液

Yansuan Mafei Zhusheye

Morphine Hydrochloride Injection

本品为盐酸吗啡的灭菌水溶液。含盐酸吗啡（$C_{17}H_{19}NO_3 \cdot HCl \cdot 3H_2O$）应为标示量的95.0%～105.0%。

【性状】　本品为无色澄明的液体；遇光易变质。

【鉴别】　取本品，置水浴上蒸干后，残渣照盐酸吗啡项下的鉴别（1）、（2）、（3）、（5）项试验，显相同的反应。

【检查】　pH值　应为3.0～5.0（附录0631）。

有关物质　取本品适量，用流动相稀释制成每1ml中含盐酸吗啡0.5mg的溶液，作为供试品溶液；精密量取适量，用流动相定量稀释制成每1ml中含5μg的溶液，作为对照溶液。照盐酸吗啡有关物质项下的方法测定，供试品溶液色谱图中如有与伪吗啡保留时间一致的色谱峰，其峰面积乘以校正因子2后，不得大于对照溶液主峰面积的0.5倍（0.5%），其他单个杂质峰面积不得大于对照溶液主峰面积的0.5倍（0.5%），各杂质峰面积的和不得大于对照溶液主峰面积（1.0%）。供试品溶液色谱图中小于对照溶液主峰面积0.05倍的峰忽略不计。

细菌内毒素　取本品，依法检查（附录1143），每1mg盐酸吗啡中含内毒素的量应小于2.4EU。

其他　应符合注射剂项下有关的各项规定（附录0102）。

【含量测定】　精密量取本品适量，用0.1mol/L氢氧化钠溶液定量稀释制成每1ml中约含吗啡20μg的溶液，照紫外-可见分光光度法（附录0401），在250nm的波长处测定吸光度；另取吗啡对照品适量，精密称定，用0.1mol/L氢氧化钠溶液溶解并定量稀释制成每1ml中约含20μg的溶液，同法测定，计算，结果乘以1.317，即得盐酸吗啡（$C_{17}H_{19}NO_3 \cdot HCl \cdot 3H_2O$）的含量。

【作用与用途】　镇痛药。用于缓解剧痛和犬的麻醉前给药。

【用法与用量】　以盐酸吗啡计。皮下、肌内注射：一次量，每1kg体重，镇痛，马0.1～0.2mg，犬0.5～1mg；麻醉前给药，犬0.5～2mg。

【不良反应】　（1）可引起组胺释放、呼吸抑制、支气管收缩、中枢神经系统抑制。

（2）胃肠道反应包括呕吐、肠蠕动减弱、便秘（犬），此外还有体温过高（马）或过低（犬）等反应。

【注意事项】　（1）胃扩张、肠阻塞及臌胀者禁用，肝、肾功能异常者慎用。

（2）禁与氯丙嗪、异丙嗪、氨茶碱、巴比妥类等药物混合注射。

（3）不宜用于产科阵痛。

【规格】　（1）1ml：10mg　（2）10ml：100mg

【贮藏】　遮光，密闭保存。

盐酸多西环素

Yansuan Duoxihuansu

Doxycycline Hyclate

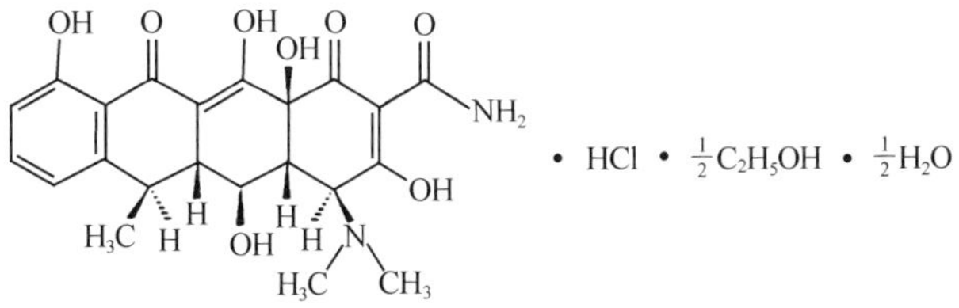

$$C_{22}H_{24}N_2O_8 \cdot HCl \cdot \tfrac{1}{2}C_2H_5OH \cdot \tfrac{1}{2}H_2O \quad 512.93$$

本品为6-甲基-4-（二甲氨基）-3,5,10,12,12α-五羟基-1,11-二氧代-1,4,4α,5,5α,6,11,12α-八氢-2-并四苯甲酰胺盐酸盐半乙醇半水合物。按无水与无乙醇物计算，含多西环素（$C_{22}H_{24}N_2O_8$）应为88.0%～94.0%。

【性状】　本品为淡黄色至黄色结晶性粉末；无臭。

本品在水或甲醇中易溶，在乙醇或丙酮中微溶。

比旋度　取本品，精密称定，加盐酸溶液（9→100）的甲醇溶液（1→100）溶解并定量稀释制成每1ml中约含10mg的溶液，在25℃时，依法测定（附录0621），按无水与无醇物计算，比旋度为−105°至−120°。

【鉴别】 （1）在含量测定项下记录的色谱图中，供试品溶液主峰的保留时间应与对照品溶液主峰的保留时间一致。

（2）取本品适量，加甲醇溶解并稀释制成每1ml中含20μg的溶液，照紫外-可见分光光度法（附录0401）测定，在269nm和354nm的波长处有最大吸收，在234nm和296nm的波长处有最小吸收。

（3）本品的红外光吸收图谱应与对照的图谱一致。

（4）本品的水溶液显氯化物鉴别（1）的反应（附录0301）。

【检查】 酸度 取本品，加水制成每1ml中含10mg的溶液，依法测定（附录0631），pH值应为2.0~3.0。

有关物质 取本品，加0.01mol/L盐酸溶液溶解并稀释制成每1ml中约含多西环素0.2mg的溶液，作为供试品溶液；精密量取适量，用0.01mol/L盐酸溶液定量稀释制成每1ml中约含4μg的溶液，作为对照溶液。照含量测定项下的色谱条件，精密量取对照溶液与供试品溶液各20μl，分别注入液相色谱仪，记录色谱图至主成分峰保留时间的2倍。供试品溶液色谱图中如有杂质峰，美他环素与β-多西环素峰面积均不得大于对照溶液主峰面积（2.0%），其他单个杂质峰面积不得大于对照溶液主峰面积的0.5倍（1.0%），各杂质峰面积之和不得大于对照溶液主峰面积的2倍（4.0%）。

杂质吸光度 取本品，精密称定，加盐酸溶液（9→100）的甲醇溶液（1→100）溶解并定量稀释制成每1ml中含10mg的溶液，照紫外-可见分光光度法（附录0401），在490nm的波长处测定，吸光度不得过0.12。

乙醇 取本品约1.0g，精密称定，置10ml量瓶中，加内标溶液（0.5%正丙醇溶液）溶解并稀释至刻度，摇匀，作为供试品溶液；精密称取无水乙醇约0.5g，置100ml量瓶中，用上述内标溶液稀释至刻度，摇匀，作为对照品溶液。照气相色谱法（附录0521），用二乙烯基-乙基乙烯苯型高分子多孔小球作为固定相，柱温为135℃，进样口温度与检测器温度均为150℃。乙醇峰与正丙醇峰的分离度应符合要求。精密量取供试品溶液与对照品溶液各2μl，分别注入气相色谱仪，记录色谱图，按内标法以峰面积比值计算，含乙醇的量应为4.3%~6.0%。

水分 取本品，照水分测定法（附录0832第一法A）测定，含水分应为1.5%~3.0%。

炽灼残渣 取本品1g，依法检查（附录0841），遗留残渣不得过0.2%。

重金属 取炽灼残渣项下遗留的残渣，依法检查（附录0821第二法），含重金属不得过百万分之二十。

【含量测定】 照高效液相色谱法（附录0512）测定。

色谱条件与系统适用性试验 用十八烷基硅烷键合硅胶为填充剂（pH值适用范围应大于9）；以醋酸盐缓冲液〔0.25mol/L醋酸铵溶液-0.1mol/L乙二胺四醋酸二钠-三乙胺（100：10：1），用冰醋酸或氨水调节pH值至8.8〕-乙腈（85：15）为流动相；柱温为35℃；检测波长为280nm。称取土霉素对照品、美他环素对照品、β-多西环素对照品及多西环素对照品各适量，加0.01mol/L盐酸溶液溶解并稀释制成每1ml中分别约含土霉素、美他环素、β-多西环素0.1mg与多西环素0.2mg的混合溶液，取20μl注入液相色谱仪，记录色谱图。多西环素与β-多西环素峰的分离度应大于4.0，多西环素与杂质F峰间的分离度应符合要求。

测定法 取本品适量，精密称定，加0.01mol/L盐酸溶液溶解并定量稀释制成每1ml中含多西环素0.1mg的溶液，作为供试品溶液，精密量取20μl注入液相色谱仪，记录色谱图；另取多西环素对照品适量，同法测定。按外标法以峰面积计算供试品中$C_{22}H_{24}N_2O_8$的含量。

【类别】 四环素类抗生素。

【贮藏】 贮藏，密封保存。

【制剂】 盐酸多西环素片

附：

杂质F

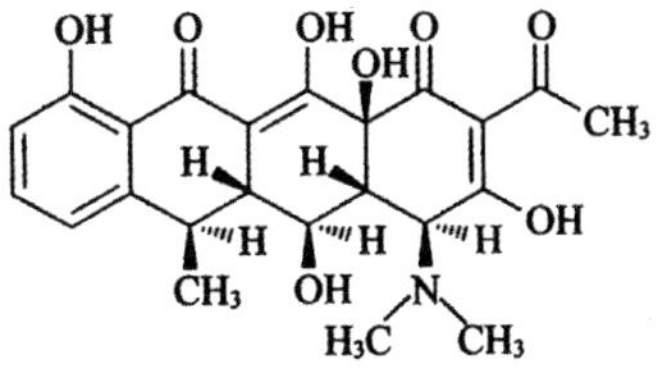

$C_{21}H_{21}NO_8$ 415.40

2-乙酰-2-脱氨甲酰多西环素

盐酸多西环素片

Yansuan Duoxihuansu Pian

Doxycycline Hyclate Tablets

本品含盐酸多西环素按多西环素（$C_{22}H_{24}N_2O_8$）计算，应为标示量的93.0%～107.0%。

【性状】 本品为淡黄色片。

【鉴别】 （1）在含量测定项下记录的色谱图中，供试品溶液主峰的保留时间应与对照品溶液主峰的保留时间一致。

（2）取本品细粉适量，加甲醇溶解并稀释制成每1ml中约含多西环素20μg的溶液，滤过，取续滤液，照紫外-可见分光光度法（附录0401）测定，在269nm和354nm的波长处有最大吸收，在234nm和296nm的波长处有最小吸收。

【检查】 **有关物质** 取本品细粉适量，加0.01mol/L盐酸溶液溶解并稀释制成每1ml中约含多西环素0.2mg的溶液，滤过，取续滤液作为供试品溶液，照盐酸多西环素项下的方法测定。美他环素与β-多西环素峰面积均不得大于对照溶液主峰面积（2.0%），其他单个杂质峰面积不得大于对照溶液主峰面积的0.5倍（1.0%），各杂质峰面积的和不得大于对照溶液主峰面积的2.5倍（5.0%）。

杂质吸光度 取本品5片，研细，加盐酸溶液（9→100）的甲醇溶液（1→100）溶解并定量稀释制成每1ml中约含多西环素9mg的溶液，滤过，取续滤液，照紫外-可见分光光度法（附录0401），在490nm的波长处测定，吸光度不得过0.20。

溶出度 取本品，照溶出度与释放度测定法（附录0931第二法），以水900ml为溶出介质，转速为每分钟50转，依法操作，45分钟时，取溶液滤过，精密量取续滤液适量，用水定量稀释制成每1ml中约含多西环素20μg的溶液，照紫外-可见分光光度法（附录0401），在276nm的波长处测定吸光度；另取多西环素对照品适量，精密称定，加水溶解并定量稀释制成每1ml中约含20μg的溶液，同法测定，计算每片的溶出量。限度为标示量的85%，应符合规定。

其他 应符合片剂项下有关的各项规定（附录0101）。

【含量测定】 取本品10片，精密称定，研细，精密称取适量（约相当于多西环素0.1g），置100ml量瓶中，加0.01mol/L盐酸溶液溶解并稀释至刻度，摇匀，滤过；精密量取续滤液5ml，置50ml量瓶中，用0.01mol/L盐酸溶液稀释至刻度，摇匀，照盐酸多西环素项下的方法测定，即得。

【作用与用途】 四环素类抗生素。用于革兰氏阳性菌、革兰氏阴性菌和支原体等的感染。

【用法与用量】 以多西环素计。内服：一次量，每1kg体重，猪、驹、犊、羔3~5mg；犬、猫5~10mg；禽15~25mg。一日1次，连用3~5日。

【不良反应】 （1）内服后可引起呕吐。

（2）肠道菌群紊乱，长期应用可出现维生素缺乏症，重者造成二重感染。对马肠道菌产生广谱抑制作用，可引起耐药沙门氏菌或不明病原菌的继发感染，导致严重甚至致死性的腹泻。

（3）过量应用会导胃肠功能紊乱，如厌食、呕吐或腹泻。

【注意事项】 （1）蛋鸡产蛋期、孕畜、哺乳畜、泌乳期奶牛禁用。

（2）肝肾功能严重不良的患畜禁用本品。

（3）成年反刍动物、马属动物和兔不宜内服。

（4）避免与乳制品和含钙量较高的饲料同服。

【休药期】 牛、羊、猪、禽28日。

【规格】 按$C_{22}H_{24}N_2O_8$计算 （1）10mg （2）25mg （3）50mg （4）0.1g

【贮藏】 遮光，密封保存。

盐酸异丙嗪

Yansuan Yibingqin

Promethazine Hydrochloride

$C_{17}H_{20}N_2S \cdot HCl$ 320.89

本品为（±）-N,N,α-三甲基-10H-吩噻嗪-10-乙胺盐酸盐。按干燥品计算，含$C_{17}H_{20}N_2S \cdot HCl$不得少于99.0%。

【性状】 本品为白色或类白色的粉末或颗粒；几乎无臭；在空气中日久变质，显蓝色。

本品在水中极易溶解，在乙醇或三氯甲烷中易溶，在丙酮或乙醚中几乎不溶。

吸收系数 取本品，精密称定，加0.01mol/L盐酸溶液溶解并定量稀释制成每1ml中约含6μg的溶液，照紫外-可见分光光度法（附录0401），在249nm的波长处测定吸光度，吸收系数（$E_{1cm}^{1\%}$）为883~937。

【鉴别】 （1）取本品约5mg，加硫酸5ml溶解后，溶液显樱桃红色；放置后，色渐变深。

（2）取本品约0.1g，加水3ml溶解后，加硝酸1ml，即生成红色沉淀；加热，沉淀即溶解，溶液由红色变为橙黄色。

（3）本品的红外光吸收图谱应与对照的图谱一致。

（4）本品的水溶液显氯化物鉴别（1）的反应（附录0801）。

【检查】 酸度　取本品0.50g，加水10ml溶解后，依法测定（附录0631），pH值应为4.0～5.0。

溶液的澄清度与颜色　取本品1.0g，加水10ml溶解后，溶液应澄清无色；如显浑浊，与1号浊度标准液（附录0902）比较，不得更浓；如显色，与黄色2号标准比色液（附录0901第一法）比较，不得更深。

有关物质　避光操作。取本品，加0.1mol/L盐酸溶液溶解并稀释制成每1ml约含0.2mg的溶液，作为供试品溶液；精密量取1ml，置100ml量瓶中，用0.1mol/L盐酸溶液稀释至刻度，摇匀，作为对照溶液。照高效液相色谱法（附录0512）试验，用十八烷基硅烷键合硅胶为填充剂，以水（用冰醋酸调节pH值至2.3）-甲醇（55：45）为流动相，检测波长为254nm。理论板数按盐酸异丙嗪峰计算不低于3000，盐酸异丙嗪峰与相对保留时间1.1～1.2的杂质峰的分离度应大于2.0。精密量取对照溶液与供试品溶液各$20\mu l$，分别注入液相色谱仪，记录色谱图至主成分色谱峰保留时间的3倍。供试品溶液色谱图中如有杂质峰，各杂质峰面积的和不得大于对照溶液主峰面积（1.0%）。

干燥失重　取本品，在105℃干燥至恒重，减失重量不得过0.5%（附录0831）。

炽灼残渣　不得过0.1%（附录0841）。

【含量测定】　取本品约0.25g，精密称定，加0.01mol/L盐酸溶液5ml与乙醇50ml使溶解。照电位滴定法（附录0701），用氢氧化钠滴定液（0.1mol/L）滴定，出现第一个突跃点时记下消耗的毫升数V_1，继续滴定至出现第二个突跃点时记下消耗的毫升数V_2，V_2与V_1之差即为本品消耗滴定液的体积。每1ml氢氧化钠滴定液（0.1mol/L）相当于32.09mg的$C_{17}H_{20}N_2S\cdot HCl$。

【类别】　抗组胺药。

【贮藏】　遮光，密封保存。

【制剂】　（1）盐酸异丙嗪片　（2）盐酸异丙嗪注射液

盐酸异丙嗪片

Yansuan Yibingqin Pian

Promethazine Hydrochloride Tablets

本品含盐酸异丙嗪（$C_{17}H_{20}N_2S\cdot HCl$）应为标示量的93.0%～107.0%。

【性状】　本品为白色至微黄色片。

【鉴别】　（1）取本品，研细，称取适量（约相当于盐酸异丙嗪0.2g），加水10ml，振摇使盐酸异丙嗪溶解，滤过，滤液置水浴上蒸干，残渣照盐酸异丙嗪项下的鉴别试验（1）、（2）、（4）项试验，显相同的反应。

（2）取本品10片（25mg规格）或20片（12.5mg规格），置研钵中研细，加甲醇-二乙胺（95：5）适量使盐酸异丙嗪溶解，并转移至25ml量瓶中，再用上述溶剂稀释至刻度，摇匀，滤过，取续滤液作为供试品溶液；另取盐酸异丙嗪对照品，加上述溶剂溶解并稀释制成每1ml中含10mg的溶液，作为对照品溶液。照薄层色谱法（附录0502）试验，吸取上述两种溶液各$10\mu l$，分别点于同一硅胶GF$_{254}$薄层板上，以乙烷-丙酮-二乙胺（8.5：1：0.5）为展开剂，展开，晾干，置紫外光灯（254nm）下检视。供试品溶液所显主斑点的位置和颜色应与对照品溶液的主斑点相同。

（3）在含量测定项下记录的色谱图中，供试品溶液主峰的保留时间应与对照品溶液主峰的保留时间一致。

（4）取本品细粉适量（约相当于盐酸异丙嗪100mg），加三氯甲烷10ml，研磨溶解，滤过，滤液水浴蒸干，残渣经减压干燥，依法测定。本品的红外光吸收图谱应与对照的图谱一致。

以上（2）、（3）两项可选做一项。

【检查】 有关物质 避光操作。取含量测定项下的续滤液作为供试品溶液；精密量取1ml，置100ml量瓶中，用0.1mol/L盐酸溶液稀释至刻度，摇匀，作为对照溶液。照含量测定项下的色谱条件，精密量取对照溶液与供试品溶液各20μl，分别注入液相色谱仪，记录色谱图至主成分峰保留时间的3倍。供试品溶液色谱图中如有杂质峰，单个杂质峰面积不得大于对照溶液主峰面积（1.0%），各杂质峰面积的和不得大于对照溶液主峰面积的2倍（2.0%）。

溶出度 取本品，照溶出度与释放度测定法（附录0931第一法），以盐酸溶液（9→1000）900ml为溶出介质，转速为每分钟100转，依法操作，经45分钟时，取溶液10ml，滤过；精密量取续滤液适量，用水定量稀释制成每1ml中约含盐酸异丙嗪5μg的溶液，照紫外-可见分光光度法（附录0401），在249nm的波长处测定吸光度，按$C_{17}H_{20}N_2S\cdot HCl$的吸收系数（$E_{1cm}^{1\%}$）为910计算每片的溶出量。限度为标示量的80%，应符合规定。

其他 应符合片剂项下有关的各项规定（附录0101）。

【含量测定】 避光操作。照高效液相色谱法（附录0512）测定。

色谱条件与系统适用性试验 用十八烷基硅烷键合硅胶为填充剂；以水（用冰醋酸调节pH值至2.3）-甲醇（55：45）为流动相；检测波长为254nm。理论板数按盐酸异丙嗪峰计算不低于3000，盐酸异丙嗪峰与相对保留时间1.1～1.2的杂质峰的分离度应大于2.0。

测定法 取本品10片，精密称定，研细，精密称取适量（约相当于盐酸异丙嗪20mg），置100ml量瓶中，加0.1mol/L盐酸溶液适量，振摇使盐酸异丙嗪溶解，并用0.1mol/L盐酸溶液稀释至刻度，摇匀，滤过；精密量取续滤液5ml，置50ml量瓶中，用水稀释至刻度，摇匀，作为供试品溶液，精密量取20μl注入液相色谱仪，记录色谱图。另取盐酸异丙嗪对照品，精密称定，加0.1mol/L盐酸溶液溶解并定量稀释制成每1ml中约含0.02mg的溶液，同法测定。按外标法以峰面积计算，即得。

【作用与用途】 抗组胺药。用于变态反应性疾病，如荨麻疹、血清病等。

【用法与用量】 以盐酸异丙嗪计。内服：一次量，马、牛0.25～1g；羊、猪0.1～0.5g；犬0.05～0.1g。

【不良反应】 有较强的中枢抑制作用。

【注意事项】 （1）小动物在饲喂后或饲喂时内服，可避免对胃肠道产生刺激作用，亦可延长吸收时间。

（2）本品禁与碱性溶液或生物碱合用。

【休药期】 牛、羊、猪28日；弃奶期7日。

【规格】 （1）12.5mg （2）25mg

【贮藏】 遮光，密封保存。

盐酸异丙嗪注射液

Yansuan Yibingqin Zhusheye

Promethazine Hydrochloride Injection

本品为盐酸异丙嗪的灭菌水溶液。含盐酸异丙嗪（$C_{17}H_{20}N_2S\cdot HCl$）应为标示量的

95.0%～105.0%。

本品可加有适量的维生素C。

【性状】 本品为无色的澄明液体。

【鉴别】 （1）取本品0.2ml，蒸干，残渣照盐酸异丙嗪项下的鉴别（1）、（2）、（4）项试验，显相同的反应。

（2）取本品10ml，置25ml量瓶中，加甲醇-二乙胺（95∶5）溶解并稀释至刻度，摇匀，作为供试品溶液；另取盐酸异丙嗪对照品，加甲醇-二乙胺（95∶5）溶解并稀释制成每1ml中约含10mg的溶液，作为对照品溶液。照薄层色谱法（附录0502）试验，吸取上述两种溶液各10μl，分别点于同一硅胶GF$_{254}$薄层板上，以己烷-丙酮-二乙胺（8.5∶1∶0.5）为展开剂，展开，晾干，置紫外光灯（254nm）下检视。供试品溶液所显主斑点的位置和颜色应与对照品溶液的主斑点相同。

（3）在含量测定项下记录的色谱图中，供试品溶液主峰的保留时间应与对照品溶液主峰的保留时间一致。

以上（2）、（3）两项可选做一项。

【检查】 pH值 应为4.0～5.5（附录0631）。

有关物质 避光操作。取含量测定项下的供试品贮备液，作为供试品溶液；精密量取1ml，置100ml量瓶中，用0.1mol/L盐酸溶液稀释至刻度，摇匀，作为对照溶液。照含量测定项下的色谱条件，精密量取对照溶液与供试品溶液各20μl，分别注入液相色谱仪，记录色谱图至主成分峰保留时间的3倍。另取维生素C适量，加0.1mol/L盐酸溶液溶解并稀释制成每1ml中含0.02mg的溶液，取20μl注入色谱仪，记录色谱图。供试品溶液的色谱图中如有杂质峰，除维生素C峰外，各杂质峰面积的和不得大于对照溶液主峰面积（1.0%）。

细菌内毒素 取本品，依法检查（附录1143），每1mg盐酸异丙嗪中含内毒素的量应小于3.0EU。

其他 应符合注射剂项下有关的各项规定（附录0102）。

【含量测定】 避光操作。照高效液相色谱法（附录0512）测定。

色谱条件与系统适用性试验 用十八烷基硅烷键合硅胶为填充剂；以水（用冰醋酸调节pH值至2.3）-甲醇（55∶45）为流动相；检测波长为254nm。理论板数按盐酸异丙嗪峰计算不低于3000，盐酸异丙嗪峰与相对保留时间1.1～1.2的杂质峰的分离度应大于2.0。

测定法 精密量取本品适量（约相当于盐酸异丙嗪50mg），置250ml量瓶中，用0.1mol/L盐酸溶液稀释至刻度，摇匀，作为供试品贮备溶液；精密量取5ml，置50ml量瓶中，用水稀释至刻度，摇匀，作为供试品溶液；精密量取20μl注入液相色谱仪，记录色谱图。另取盐酸异丙嗪对照品，精密称定，加0.1mol/L盐酸溶液溶解并定量稀释制成每1ml中约含0.02mg的溶液，同法测定。按外标法以峰面积计算，即得。

【作用与用途】 抗组胺药。用于变态反应性疾病，如荨麻疹、血清病等。

【用法与用量】 以盐酸异丙嗪计。肌内注射：一次量，马、牛250～500mg；羊、猪50～100mg；犬25～50mg。

【不良反应】 有较强的中枢抑制作用。

【注意事项】 本品有较强刺激性，不可作皮下注射。

【休药期】 牛、羊、猪28日；弃奶期7日。

【规格】 （1）2ml∶50mg （2）10ml∶0.25g

【贮藏】 遮光，密闭保存。

盐酸利多卡因

Yansuan Liduokayin

Lidocaine Hydrochloride

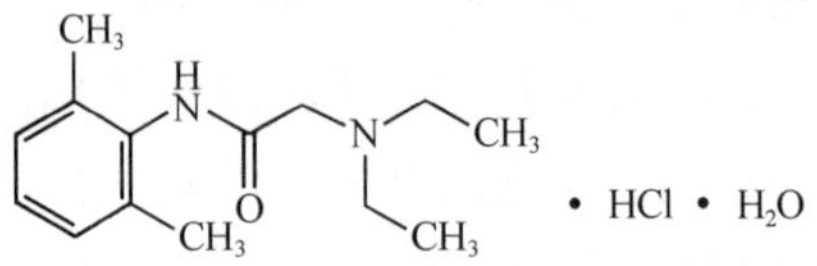

$C_{14}H_{22}N_2O \cdot HCl \cdot H_2O$ 288.82

本品为N-（2,6-二甲苯基）-2-（二乙氨基）乙酰胺盐酸盐一水合物。按无水物计算，含$C_{14}H_{22}N_2O \cdot HCl$应为98.0%～102.0%。

【性状】 本品为白色结晶性粉末；无臭。

本品在水或乙醇中易溶，在三氯甲烷中溶解，在乙醚中不溶。

熔点 本品的熔点（附录0612）为75～79℃。

【鉴别】 （1）取本品0.2g，加水20ml溶解后，取溶液2ml，加硫酸铜试液0.2ml与碳酸钠试液1ml，即显蓝紫色；加三氯甲烷2ml，振摇后放置，三氯甲烷层显黄色。

（2）本品的红外光吸收图谱应与对照的图谱一致。

（3）本品的水溶液显氯化物鉴别（1）的反应（附录0301）。

【检查】 **酸度** 取本品0.20g，加水40ml溶解后，依法测定（附录0631），pH值应为4.0～5.5。

溶液的澄清度 取本品1.0g，加水10ml溶解后，溶液应澄清；如显浑浊，与1号浊度标准液（附录0902）比较，不得更浓。

2,6－二甲基苯胺 临用新制。取本品适量，精密称定，加流动相溶解并定量稀释制成每1ml中含5mg的溶液，作为供试品溶液；另取2,6-二甲基苯胺对照品适量，精密称定，加流动相溶解并定量稀释制成每1ml中含2,6-二甲基苯胺0.5μg的溶液，作为对照品溶液。取2,6-二甲基苯胺对照品与盐酸利多卡因各适量，加流动相溶解并稀释制成每1ml中均约含50μg的溶液，作为系统适用性溶液。照含量测定项下的色谱条件试验，检测波长为230nm，取系统适用性溶液20μl注入液相色谱仪，记录色谱图，2,6-二甲基苯胺峰与盐酸利多卡因峰的分离度应符合要求。精密量取对照品溶液与供试品溶液各20μl，分别注入液相色谱仪，记录色谱图。供试品溶液的色谱图中如有与2,6-二甲基苯胺保留时间一致的色谱峰，按外标法一峰面积计算，不得过0.01%。

硫酸盐 取本品0.2g，加水20ml溶解后，加稀盐酸2ml，分成2等份；1份中加水1ml，摇匀，作为对照液；另1份中加25%氯化钡溶液1ml，摇匀，与对照液比较，不得更浓。

水分 取本品，照水分测定法（附录0832第一法A）测定，含水分为5.0%～7.5%。

炽灼残渣 不得过0.1%（附录0841）。

重金属 取本品2.0g，加醋酸盐缓冲液（pH 3.5）2ml与水适量使溶解成25ml，依法检查（附录0821第一法），含重金属不得过百万分之十。

【含量测定】 照高效液相色谱法（附录0512）测定。

色谱条件与系统适用性试验 用十八烷基硅烷键合硅胶为填充剂；以磷酸盐缓冲液（取1mol/L磷酸二氢钠溶液1.3ml与0.5mol/L磷酸氢二钠溶液32.5ml，用水稀释至1000ml，摇匀）-乙腈（50：50）（用磷酸调节pH值至8.0）为流动相；检测波长为254nm。理论板数按利多卡因峰计算不低于2000。

测定法 取本品适量，精密称定，加流动相溶解并定量稀释制成每1ml中约含2mg的溶液，精密量取20μl注入液相色谱仪，记录色谱图；另取利多卡因对照品，同法测定。按外标法以峰面积计算，并将结果乘以1.156，即得。

【类别】 局部麻醉药。

【贮藏】 密封保存。

【制剂】 盐酸利多卡因注射液

盐酸利多卡因注射液

Yansuan Liduokayin Zhusheye

Lidocaine Hydrochloride Injection

本品为盐酸利多卡因的灭菌水溶液。含盐酸利多卡因（$C_{14}H_{22}N_2O \cdot HCl$）应为标示量的95.0% ~ 105.0%。

【性状】 本品为无色的澄明液体。

【鉴别】 （1）取本品，照盐酸利多卡因项下的鉴别（1）、（3）项试验，显相同的结果。

（2）在含量测定项下记录的色谱图中，供试品溶液主峰的保留时间应与对照品溶液主峰的保留时间一致。

【检查】 pH值 应为4.0 ~ 6.0（附录0631）。

有关物质 精密量取本品适量，用流动相定量稀释制成每1ml中约含盐酸利多卡因2mg的溶液，作为供试品溶液；精密量取1ml，置100ml量瓶中，用流动相稀释至刻度，作为对照溶液；另取2,6-二甲基苯胺对照品，精密称定，加流动相溶解并稀释制成每1ml中约含0.8μg的溶液，作为对照品溶液。照含量测定项下的色谱条件，检测波长230nm，精密量取上述三种溶液各20μl，分别注入液相色谱仪，记录色谱图至主成分峰保留时间的3.5倍。供试品溶液的色谱图中如有与2,6-二甲基苯胺保留时间一致的色谱峰，按外标法以峰面积计算，不得过0.04%，其他单个杂质峰面积不得大于对照溶液主峰面积的0.5倍（0.5%），其他各杂质峰面积的和不得大于对照溶液主峰面积（1.0%）。

渗透压摩尔浓度 取本品，依法检查（附录0632），渗透压摩尔浓度应为285 ~ 310mOsmol/kg。

细菌内毒素 取本品，依法检查（附录1143），每1mg盐酸利多卡因中含内毒素的量应小于1.0EU；用于鞘内注射时应小于0.040EU。

其他 应符合注射剂项下有关的各项规定（附录0102）。

【含量测定】 照高效液相色谱法（附录0512）测定。

色谱条件与系统适用性试验 用十八烷基硅烷键合硅胶为填充剂；以磷酸盐缓冲液（取1mol/L磷酸二氢钠溶液1.3ml和0.5mol/L磷酸氢二钠溶液32.5ml，置1000ml量瓶中，用水稀释至刻度，摇匀）-乙腈（50：50）（用磷酸调节pH值至8.0）为流动相；检测波长为254nm。理论板数按利多卡因峰计算不低于2000。

测定法 精密量取本品适量（约相当于盐酸利多卡因100mg），置50ml量瓶中，用流动相稀释至刻度，摇匀，作为供试品溶液，精密量取20μl注入液相色谱仪，记录色谱图；另取利多卡因对照品约85mg，精密称定，置50ml量瓶中，加1mol/L盐酸溶液0.5ml使溶解，用流动相稀释至刻度，摇匀，同法测定。按外标法以峰面积计算，并乘以1.156，即得。

【作用与用途】 局部麻醉药。用于表面麻醉、传导麻醉、浸润麻醉和硬膜外麻醉。

【用法与用量】 以盐酸利多卡因计。浸润麻醉：配成0.25%～0.5%溶液。表面麻醉：配成2%～5%溶液。传导麻醉：配成2%溶液，每个注射点，马、牛8～12ml；羊3～4ml。硬膜外麻醉：配成2%溶液，马、牛8～12ml。

【不良反应】 推荐剂量使用有时出现呕吐；过量使用主要有嗜睡、共济失调、肌肉震颤等；大剂量吸收后可引起中枢兴奋如惊厥，甚至发生呼吸抑制。

【注意事项】 （1）当本品用于硬膜外麻醉和静脉注射时，不可加肾上腺素。

（2）剂量过大易出现吸收作用，可引起中枢抑制、共济失调、肌肉震颤等。

【规格】 （1）5ml：0.1g （2）10ml：0.2g （3）10ml：0.5g （4）20ml：0.4g

【贮藏】 密闭保存。

盐酸苯海拉明

Yansuan Benhailaming

Diphenhydramine Hydrochloride

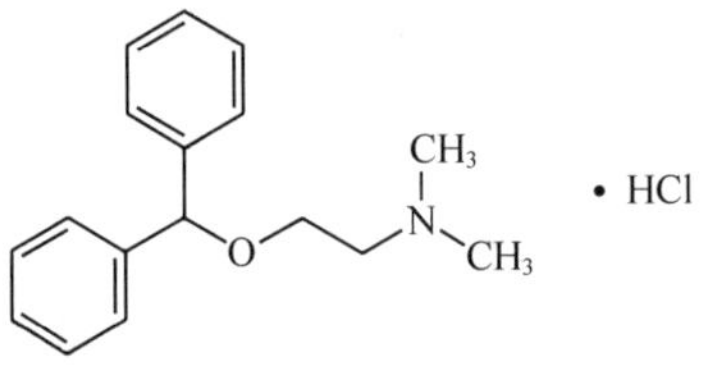

$C_{17}H_{21}NO \cdot HCl$ 291.82

本品为N,N-二甲基-2-（二苯基甲氧基）乙胺盐酸盐。按干燥品计算，含$C_{17}H_{21}NO \cdot HCl$应为98.0%～102.0%。

【性状】 本品为白色结晶性粉末；无臭。

本品在水中极易溶解，在乙醇或三氯甲烷中易溶，在丙酮中略溶，在乙醚中极微溶解。

熔点 本品的熔点（附录0612）为167～171℃。

【鉴别】 （1）取本品约5mg，加硫酸1滴，初显黄色，随即变成橙红色；滴加水，即成白色乳浊液。

（2）取本品，加0.01mol/L盐酸溶液溶解并稀释制成每1ml中约含0.5mg的溶液，照紫外-可见分光光度法（附录0401）测定，在253nm与258nm的波长处有最大吸收。

（3）本品的红外光吸收图谱应与对照的图谱一致。

（4）本品的水溶液显氯化物鉴别（1）的反应（附录0301）。

【检查】 **溶液的澄清度与颜色** 取本品1.0g，加新沸的冷水20ml，溶解后溶液应澄清无色；如显色，与黄色1号标准比色液（附录0901第一法）比较，不得更深。

有关物质 取本品，加流动相溶解并稀释制成每1ml中约含2.5mg的溶液，作为供试品溶液；精密量取1ml，置100ml量瓶中，用流动相稀释至刻度，摇匀，作为对照溶液。照含量测定项下的色谱条件，精密量取对照溶液与供试品溶液各20μl，分别注入液相色谱仪，记录色谱图至主成分峰保留时间的3倍。供试品溶液色谱图中如有杂质峰，单个杂质峰面积不得大于对照溶液主峰面积的0.5倍（0.5%），各杂质峰面积的和不得大于对照溶液主峰面积（1.0%）。

干燥失重 取本品，在105℃干燥至恒重，减失重量不得过0.5%（附录0831）。

炽灼残渣 不得过0.1%（附录0841）。

【含量测定】 照高效液相色谱法（附录0512）测定。

色谱条件与系统适用性试验 用氰基键合硅胶为填充剂；以乙腈-水-三乙胺（50：50：0.5）（用冰醋酸调节pH值至6.5）为流动相；检测波长为258nm。取二苯酮5mg，置100ml量瓶中，加乙腈5ml使溶解，用水稀释至刻度，摇匀；另取盐酸苯海拉明5mg，置10ml量瓶中，加上述二苯酮溶液1ml，用水稀释至刻度，摇匀，取20μl注入液相色谱仪，记录色谱图。理论板数按苯海拉明峰计算不低于5000，苯海拉明峰与二苯酮峰的分离度应大于2.0。

测定法 取本品，精密称定，加水溶解并定量稀释制成每1ml中约含0.5mg的溶液，作为供试品溶液，精密量取20μl注入液相色谱仪，记录色谱图；另取盐酸苯海拉明对照品，同法测定。按外标法以峰面积计算，即得。

【类别】 抗组胺药。

【贮藏】 密封保存。

【制剂】 盐酸苯海拉明注射液

盐酸苯海拉明注射液
Yansuan Benhailaming Zhusheye
Diphenhydramine Hydrochloride Injection

本品为盐酸苯海拉明的灭菌水溶液。含盐酸苯海拉明（$C_{17}H_{21}NO \cdot HCl$）应为标示量的95.0%～105.0%。

【性状】 本品为无色的澄明液体。

【鉴别】 在含量测定项下记录的色谱图中，供试品溶液主峰的保留时间应与对照品溶液主峰的保留时间一致。

【检查】 pH值 应为4.0～6.0（附录0631）。

有关物质 取本品，用流动相稀释制成每1ml中约含盐酸苯海拉明2.5mg的溶液，摇匀，作为供试品溶液；精密量取1ml，置100ml量瓶中，用流动相稀释至刻度，摇匀，作为对照溶液。照盐酸苯海拉明有关物质项下的方法测定。供试品溶液色谱图中如有杂质峰，单个杂质峰面积不得大于对照溶液主峰面积的0.5倍（0.5%），各杂质峰面积的和不得大于对照溶液主峰面积（1.0%）。

其他 应符合注射剂项下有关的各项规定（附录0102）。

【含量测定】 精密量取本品适量（约相当于盐酸苯海拉明50mg），置100ml量瓶中，用水稀释至刻度，摇匀，作为供试品溶液；精密量取20μl，照盐酸苯海拉明含量测定项下的方法测定，即得。

【作用与用途】 抗组胺药。用于变态反应性疾病，如荨麻疹、血清病等。

【用法与用量】 以盐酸苯海拉明计。肌内注射：一次量，马、牛100～500mg，羊、猪40～60mg；每1kg体重，犬0.5～1mg。

【不良反应】 （1）本品有较强的中枢抑制作用。

（2）大剂量静注时常出现中毒症状，以中枢神经系统过度兴奋为主。中毒时可静脉注射短效巴比妥类（如硫喷妥钠）进行解救，但不可使用长效或中效巴比妥。

【注意事项】 对严重的急性过敏性病例，一般先给予肾上腺素，然后再注射本品。全身治疗一般需持续3日。

【**休药期**】　牛、羊、猪28日；弃奶期7日。

【**规格**】　（1）1ml∶20mg　（2）5ml∶100mg

【**贮藏**】　遮光，密闭保存。

盐酸林可霉素

Yansuan Linkemeisu

Lincomycin Hydrochloride

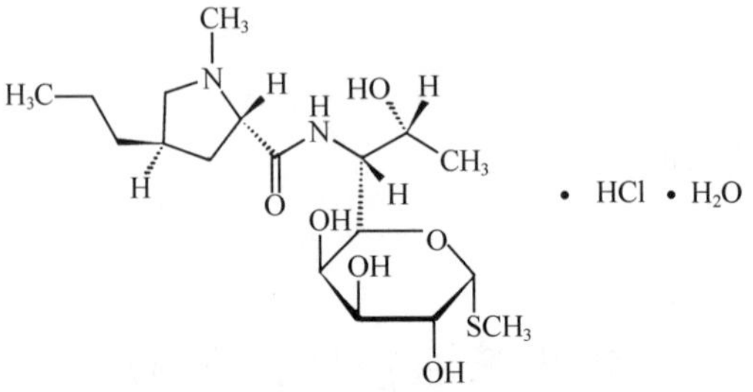

$C_{18}H_{34}N_2O_6S \cdot HCl \cdot H_2O$　461.02

本品为6-（1-甲基-反-4-丙基-*L*-2-吡咯烷甲酰氨基）-1-硫代-6,8-二脱氧-*D*-赤式-α-*D*-半乳辛吡喃糖甲苷盐酸盐一水合物。按无水物计算，含林可霉素（$C_{18}H_{34}N_2O_6S$）不得少于82.5%。

【**性状**】　本品为白色结晶性粉末；有微臭或特殊臭。

本品在水或甲醇中易溶，在乙醇中略溶。

【**鉴别**】　（1）取本品与林可霉素对照品适量，分别加甲醇制成每1ml中约含10mg的溶液，作为供试品溶液和对照品溶液；另取林可霉素对照品和克林霉素对照品适量，加甲醇制成每1ml中约含10mg的混合溶液，作为系统适用性溶液。照薄层色谱法（附录0502）试验，吸取上述三种溶液各2μl，分别点于同一硅胶G薄层板上，以乙酸乙酯–甲酸（1.5∶1）为展开剂，展开后，晾干，置碘蒸气中显色。系统适用性溶液应显两个清晰分离的斑点；供试品溶液所显主斑点的位置和颜色应与对照品溶液主斑点的位置和颜色相同。

（2）在含量测定项下记录的色谱图中，供试品溶液主峰的保留时间应与对照品溶液主峰的保留时间一致。

（3）本品的红外光吸收图谱应与林可霉素对照品的图谱一致（糊法）（附录0402）。

（4）本品的水溶液显氯化物鉴别（1）的反应（附录0301）。

以上（1）、（2）两项可选做一项。

【**检查**】　**结晶性**　取本品少许，依法检查（附录0981），应符合规定。

酸度　取本品，加水制成每1ml中含0.1g的溶液，依法测定（附录0631），pH值应为3.0～5.5。

溶液的澄清度与颜色　取本品5份，各2g，分别加水5ml使溶解，溶液应澄清；如显浑浊，与1号浊度标准液（附录0902）比较，均不得更浓；如显色，与黄色或黄绿色1号标准比色液（附录0901第一法）比较，均不得更深。

有关物质　取本品适量，加流动相溶解并稀释制成每1ml中约含林可霉素4mg的溶液，作为供试品溶液；精密量取1ml，置100ml量瓶中，用流动相稀释至刻度，摇匀，作为对照溶液。照含量测定项下的色谱条件，精密量取对照溶液和供试品溶液各10μl，分别注入液相色谱仪，记录色谱图至主成分峰保留时间的3倍。供试品溶液色谱图中如有杂质峰，除林可霉素

B峰外，单个杂质峰面积不得大于对照溶液主峰面积（1.0%），各杂质峰面积的和不得大于对照溶液主峰面积的2倍（2.0%），供试品溶液色谱图中小于对照溶液主峰面积0.05倍的色谱峰可忽略不计。

林可霉素B 照含量测定项下的方法测定，林可霉素B的峰面积不得过林可霉素与林可霉素B峰面积之和的5.0%。

水分 取本品，照水分测定法（附录0832第一法A）测定，含水分应为3.0%～6.0%。

炽灼残渣 不得过0.5%（附录0841）。

细菌内毒素 取本品，依法检查（附录1143），每1mg林可霉素中含内毒素的量应小于0.50EU。（供注射用）

【含量测定】 照高效液相色谱法（附录0512）测定。

色谱条件与系统适用性试验 用十八烷基硅烷键合硅胶为填充剂；以0.05mol/L硼砂溶液（用85%磷酸溶液调节pH值至6.1）-甲醇（1：1）为流动相；检测波长为214nm。林可霉素峰保留时间约为16分钟，林可霉素峰与林可霉素B峰（与林可霉素峰相对保留时间为0.4～0.7）的分离度应大于2.6。林可霉素峰与相邻杂质峰的分离度应符合要求。

测定法 取本品适量（约相当于林可霉素50mg），精密称定，加流动相溶解并定量稀释制成每1ml中约含林可霉素2mg的溶液，作为供试品溶液，精密量取10μl，注入液相色谱仪，记录色谱图；另取林可霉素对照品适量，同法测定。按外标法以峰面积计算供试品中$C_{18}H_{34}N_2O_6S$的含量。

【类别】 林可胺类抗生素。

【贮藏】 密封保存。

【制剂】 （1）盐酸林可霉素片 （2）盐酸林可霉素注射液 （3）盐酸大观霉素盐酸林可霉素可溶性粉

盐酸林可霉素片
Yansuan Linkemeisu Pian
Lincomycin Hydrochloride Tablets

本品含盐酸林可霉素按林可霉素（$C_{18}H_{34}N_2O_6S$）计算，应为标示量的90.0%～110.0%。

【性状】 本品为白色或类白色片。

【鉴别】 （1）取本品细粉，加甲醇适量（每10mg林可霉素加甲醇1ml），振摇2～3分钟，静置，取上清液作为供试品溶液，照盐酸林可霉素项下鉴别（1）项试验，显相同的结果。

（2）在含量测定项下记录的色谱图中，供试品溶液主峰的保留时间应与对照品溶液主峰的保留时间一致。

（3）本品的水溶液显氯化物鉴别（1）的反应（附录0301）。

以上（1）、（2）两项可选做一项。

【检查】 **有关物质** 取本品的细粉适量，加流动相溶解并稀释制成每1ml中约含林可霉素4mg的溶液，滤过，取续滤液，照林可霉素项下的方法测定，应符合规定。

林可霉素B 照含量测定项下的方法测定，林可霉素B的峰面积不得过林可霉素与林可霉素B峰面积和的5.0%。

其他 应符合片剂项下有关的各项规定（附录0101）。

【含量测定】　取本品10片，精密称定，研细，精密称取适量（约相当于林可霉素0.2g），加80%乙醇溶液溶解并定量稀释制成每1ml中约含10mg的溶液，滤过；精密量取续滤液适量，用流动相定量稀释制成每1ml中约含林可霉素2mg的溶液，作为供试品溶液；照盐酸林可霉素项下的方法测定，即得。

【作用与用途】　林可胺类抗生素。

用于革兰氏阳性菌感染，亦可用于猪密螺旋体病和支原体等感染。

【用法与用量】　以盐酸林可霉素计。内服：一次量，每1kg体重，猪10～15mg；犬、猫15～25mg。一日1～2次，连用3～5日。

【不良反应】　具有神经肌肉阻断作用。

【注意事项】　猪用药后可能出现胃肠道功能紊乱。

【休药期】　猪6日。

【规格】　按$C_{18}H_{34}N_2O_6S$计算　（1）0.25g　（2）0.5g

【贮藏】　密封保存。

盐酸林可霉素注射液

Yansuan Linkemeisu Zhusheye

Lincomycin Hydrochloride Injection

本品为盐酸林可霉素的灭菌水溶液。含林可霉素（$C_{18}H_{34}N_2O_6S$）应为标示量的90.0%～110.0%。

【性状】　本品为无色至微黄色或微黄绿色的澄明液体。

【鉴别】　（1）取本品和林可霉素对照品适量，分别加甲醇制成每1ml中约含10mg的溶液，作为供试品溶液和对照品溶液。照盐酸林可霉素项下鉴别（1）项试验，显相同的结果。

（2）在含量测定项下记录的色谱图中，供试品溶液主峰的保留时间应与对照品溶液主峰的保留时间一致。

（3）本品显氯化物鉴别（1）的反应（附录0301）。

以上（1）、（2）两项可选做一项。

【检查】　pH值　取本品，加水制成每1ml中含0.1g的溶液（10%或10%以下规格可直接取样），依法测定（附录0631），pH值应为3.0～5.5。

颜色　本品应无色；如显色，与黄色或黄绿色2号标准比色液（附录0901第一法）比较，不得更深。

有关物质　取本品，用流动相稀释制成每1ml中含林可霉素4mg的溶液，作为供试品溶液，精密量取1ml，置100ml量瓶中，用流动相稀释至刻度，摇匀，作为对照溶液。照含量测定项下的色谱条件，精密量取对照溶液与供试品溶液各10μl，分别注入液相色谱仪，记录色谱图至主成分峰保留时间的3倍。供试品溶液色谱图中如有杂质峰，除林可霉素B峰外，单个杂质峰面积不得大于对照溶液主峰面积（1.0%），各杂质峰面积的和不得大于对照溶液主峰面积的2倍（2.0%），供试品溶液色谱图中小于对照溶液主峰面积0.05倍的色谱峰可忽略不计。

林可霉素B　照含量测定项下的方法测定，林可霉素B的峰面积不得过林可霉素与林可霉素B峰面积和的5.0%。

苯甲醇 精密称取本品适量，照有关物质项下的方法制备供试品溶液；另精密称取苯甲醇适量，用流动相定量稀释制成每1ml中约含0.13mg的溶液，作为对照溶液。照有关物质项下的方法测定，精密量取对照溶液与供试品溶液各10μl，分别注入液相色谱仪，记录色谱图。按外标法以峰面积计算，每1ml本品中含有苯甲醇不得过9.45mg。

细菌内毒素 照盐酸林可霉素项下的方法检查，应符合规定。

无菌 取本品，用适宜溶剂稀释后，经薄膜过滤法处理，依法检查（附录1101），应符合规定。

其他 应符合注射剂项下有关的各项规定（附录0102）。

【含量测定】 照高效液相色谱法（附录0512）测定。

色谱条件与系统适用性试验 用十八烷基硅烷键合硅胶为填充剂；以0.05mol/L硼砂溶液（用85%磷酸溶液调节pH值至5.0）-甲醇-乙腈（67：33：2）混合后为流动相；检测波长为214nm。林可霉素峰保留时间约为16分钟，林可霉素峰与林可霉素B峰（与林可霉素峰相对保留时间为0.4～0.7）的分离度应不小于2.6。林可霉素峰与相邻杂质峰的分离度应符合要求。

测定法 精密量取本品适量，用流动相定量稀释制成每1ml中含林可霉素2mg的溶液，摇匀，作为供试品溶液，精密量取10μl，注入液相色谱仪，记录色谱图；另取林可霉素对照品适量，同法测定，按外标法以峰面积计算供试品中$C_{18}H_{34}N_2O_6S$的含量。

【作用与用途】 抗生素类药。主要用于革兰氏阳性菌感染，亦可用于猪密螺旋体病和支原体等感染。

【用法与用量】 以盐酸林可霉素计。肌内注射：一次量，每1kg体重，猪10mg，一日1次；犬、猫10mg，一日2次，连用3～5日。

【不良反应】 具有神经肌肉阻断作用。

【注意事项】 肌内注射给药可能会引起一过性腹泻或排软便。虽然极少见，如出现应采取必要的措施以防脱水。

【休药期】 猪2日。

【规格】 按$C_{18}H_{34}N_2O_6S$计算 （1）2ml：0.12g （2）2ml：0.2g （3）2ml：0.3g （4）2ml：0.6g （5）5ml：0.3g （6）5ml：0.5g （7）10ml：0.3g （8）10ml：0.6g （9）10ml：1g （10）10ml：1.5g （11）10ml：3g （12）100ml：30g

【贮藏】 密闭保存。

盐酸金霉素
Yansuan Jinmeisu
Chlortetracycline Hydrochloride

$C_{22}H_{23}ClN_2O_8 \cdot HCl$　515.35

本品为6-甲基-4-（二甲氨基）-3,6,10,12,12a-五羟基-1,11-二氧代-7-氯-1,4,4α,5,5α,6,11,12α-八氢-2-并四苯甲酰胺盐酸盐。按干燥品计算，含$C_{22}H_{23}ClN_2O_8 \cdot HCl$不得少于91.0%。

【性状】 本品为金黄色或黄色结晶；无臭；遇光色渐变暗。

本品在水或乙醇中微溶，在丙酮或乙醚中几乎不溶。

比旋度 取本品，精密称定，加水溶解并定量稀释制成每1ml中约含5mg的溶液，避光放置30分钟。在25℃时，依法测定（附录0621），比旋度为—235°至—250°。

【鉴别】 （1）取本品约0.5mg，加硫酸2ml即显蓝色，渐变为橄榄绿色；加水1ml后，显金黄色或棕黄色。

（2）在含量测定项下记录的色谱图中，供试品溶液主峰的保留时间应与对照品溶液主峰的保留时间一致。

（3）本品的红外光吸收图谱应与对照的图谱一致。

（4）本品的水溶液显氯化物鉴别（1）的反应（附录0301）。

【检查】 酸度 取本品，加水制成每1ml中含5mg的溶液，依法测定（附录0631），pH值应为2.3～3.3。

有关物质 临用新制。取本品，精密称定，加0.01mol/L盐酸溶液溶解并定量稀释制成每1ml中含1.0mg的溶液，作为供试品溶液；另取盐酸四环素对照品和4-差向金霉素对照品，精密称定，加0.01mol/L盐酸溶液溶解并定量稀释制成每1ml中分别含0.08mg与0.04mg的溶液，作为对照品溶液。取盐酸四环素对照品适量，精密称定，加0.01mol/L盐酸溶液溶解并定量稀释制成每1ml中含1μg的溶液，作为对照品溶液（1）。照含量测定项下的色谱条件，精密量取对照品溶液、对照品溶液（1）与供试品溶液各20μl，分别注入液相色谱仪，记录色谱图至主成分峰保留时间的2倍。供试品溶液色谱图中如有杂质峰以峰面积计算，含4-差向金霉素不得过4.0%，含盐酸四环素不得过8.0%。其他杂质的总量按外标法以4-差向金霉素计算，不得过1.5%，供试品溶液中小于对照品溶液（1）主峰面积的色谱峰可略不计。

杂质吸光度 取本品适量，精密称定，加水溶解并定量稀释制成每1ml中含5mg的溶液，照紫外-可见分光光度法（附录0401），在460nm的波长处测定，其吸光度不得过0.40。

干燥失重 取本品，在105℃干燥至恒重，减失重量不得过1.0%（附录0831）。

【含量测定】 照高效液相色谱法（附录0512）测定。

色谱条件与系统适用性试验 用辛烷基硅烷键合硅胶为填充剂；高氯酸-二甲基亚砜-水（8：525：467）（pH<2.0）为流动相；柱温45℃；检测波长为280nm。取盐酸金霉素、盐酸四环素和4-差向金霉素对照品各适量，加0.01mol/L盐酸溶液溶解并稀释制成每1ml中分别含1mg的混合溶液，取20μl注入液相色谱仪，记录色谱图。出峰顺序依次为盐酸四环素、4-差向金霉素、盐酸金霉素，四环素峰与4-差向金霉素峰、4-差向金霉素峰与金霉素峰间的分离度均应符合要求。

测定法 取本品约25mg，精密称定，置25ml量瓶中，加0.01mol/L盐酸溶液溶解并稀释至刻度，摇匀，作为供试品溶液，精密量取20μl，注入液相色谱仪，记录色谱图；另取盐酸金霉素对照品，同法测定。按外标法以峰面积计算，即得。

【类别】 四环素类抗生素。

【贮藏】 遮光，密封，在干燥处保存。

盐酸哌替啶

Yansuan Paitiding

Pethidine Hydrochloride

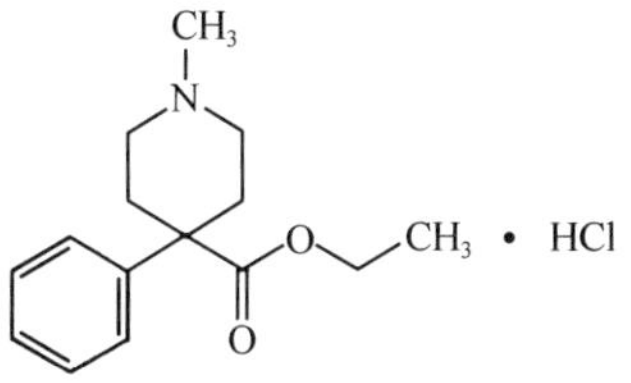

$$C_{15}H_{21}NO_2 \cdot HCl \quad 283.80$$

本品为1-甲基-4-苯基-4-哌啶甲酸乙酯盐酸盐。按干燥品计算，含$C_{15}H_{21}NO_2 \cdot HCl$不得少于99.0%。

【性状】 本品为白色结晶性粉末；无臭或几乎无臭。

本品在水或乙醇中易溶，在三氯甲烷中溶解，在乙醚中几乎不溶。

熔点 本品的熔点（附录0612）为186～190℃。

【鉴别】 （1）取本品约50mg，加乙醇5ml溶解后，加三硝基苯酚的乙醇溶液（1→30）5ml，振摇，即析出黄色结晶性沉淀；放置，滤过，沉淀用水洗净后，在105℃干燥2小时，依法测定（附录0612），熔点为188～191℃。

（2）取本品约50mg，加水5ml溶解后，加碳酸钠试液2ml，振摇，即生成油滴状物。

（3）本品的红外光吸收图谱应与对照的图谱一致。

（4）本品的水溶液显氯化物鉴别（1）的反应（附录0301）。

【检查】 **酸度** 取本品0.30g，加水10ml溶解后，依法测定（附录0631），pH值应为4.5～5.5。

溶液的澄清度与颜色 取本品0.10g，加水5ml溶解后，溶液应澄清无色。

有关物质 取本品适量，加流动相溶解并定量稀释制成每1ml中约含1mg的溶液，作为供试品溶液；精密量取1ml，置100ml量瓶中，用流动相稀释至刻度，摇匀，作为对照溶液。照高效液相色谱法（附录0512）试验，用硅胶为填充剂；以0.0025mol/L庚烷磺酸钠溶液-0.05mol/L磷酸二氢钾溶液-乙腈（3：3：1）（用氢氧化钠试液调节pH值至5.0±0.1）为流动相；检测波长为210nm。理论板数按盐酸哌替啶峰计算不低于2000，盐酸哌替啶峰与相邻杂质峰的分离度应符合要求。精密量取对照溶液与供试品溶液各10μl，分别注入液相色谱仪，记录色谱图至主成分峰保留时间的3倍。供试品溶液的色谱图中如有杂质峰，单个杂质峰面积不得大于对照溶液主峰面积的0.5倍（0.5%），各杂质峰面积的和不得大于对照溶液主峰面积（1.0%）。

干燥失重 取本品，在105℃干燥至恒重，减失重量不得过1.0%（附录0831）。

炽灼残渣 不得过0.1%（附录0841）。

【含量测定】 取本品约0.25g，精密称定，加冰醋酸10ml与醋酸汞试液5ml使溶解，加结晶紫指示液1滴，用高氯酸滴定液（0.1mol/L）滴定至溶液显蓝绿色，并将滴定的结果用空白试验校正。每1ml高氯酸滴定液（0.1mol/L）相当于28.38mg的$C_{15}H_{21}NO_2 \cdot HCl$。

【类别】 镇痛药。

【贮藏】 密封保存。

【制剂】 盐酸哌替啶注射液

盐酸哌替啶注射液

Yansuan Paitiding Zhusheye

Pethidine Hydrochloride Injection

本品为盐酸哌替啶的灭菌水溶液。含盐酸哌替啶（$C_{15}H_{21}NO_2 \cdot HCl$）应为标示量的95.0% ~ 105.0%。

【性状】 本品为无色的澄明液体。

【鉴别】 （1）在含量测定项下记录的色谱图中，供试品溶液主峰的保留时间应与对照品溶液主峰的保留时间一致。

（2）本品显氯化物鉴别（1）的反应（附录0301）。

【检查】 pH值 应为4.0 ~ 6.0（附录0631）。

有关物质 取本品适量，用流动相稀释制成每1ml中约含盐酸哌替啶1mg的溶液，作为供试品溶液；精密量取1ml，置100ml量瓶中，用流动相稀释至刻度，摇匀，作为对照溶液。照盐酸哌替啶有关物质项下的方法测定，供试品溶液的色谱图中如有杂质峰，单个杂质峰面积不得大于对照溶液主峰面积的0.5倍（0.5%），各杂质峰面积的和不得大于对照溶液主峰面积（1.0%）。

细菌内毒素 取本品，依法检查（附录1143），每1mg盐酸哌替啶中含内毒素的量应小于0.20EU。

其他 应符合注射剂项下有关的各项规定（附录0102）。

【含量测定】 照高效液相色谱法（附录0512）测定。

色谱条件与系统适用性试验 用硅胶为填充剂；以0.0025mol/L庚烷磺酸钠溶液-0.05 mol/L磷酸二氢钾溶液-乙腈（3：3：1）（用氢氧化钠试液调节pH值至5.0 ± 0.1）为流动相；检测波长为210nm。理论板数按盐酸哌替啶峰计算不低于2000，盐酸哌替啶峰与相邻杂质峰的分离度应符合要求。

测定法 精密量取本品适量，用流动相定量稀释制成每1ml中约含盐酸哌替啶0.1mg的溶液，作为供试品溶液，精密量取20μl，注入液相色谱仪，记录色谱图；另取盐酸哌替啶对照品，同法测定，按外标法以峰面积计算，即得。

【作用与用途】 镇痛药。用于缓解创伤性疼痛和某些内脏疾患的剧痛。

【用法与用量】 以盐酸哌替啶计。皮下、肌内注射：一次量，每1kg体重，马、牛、羊、猪2 ~ 4mg；犬、猫5 ~ 10mg。

【不良反应】 （1）具有心血管抑制作用，易致血压下降。

（2）可导致猫过度兴奋。

（3）过量中毒可致呼吸抑制、惊厥、心动过速、瞳孔散大等。

【注意事项】 （1）患有慢性阻塞性肺部疾患、支气管哮喘、肺源性心脏病和严重肝功能减退的患畜禁用。

（2）不宜用于妊娠动物、产科手术。

（3）对注射部位有较强刺激性。

（4）过量中毒时，除用纳络酮对抗呼吸抑制外，尚须配合使用巴比妥类药物以对抗惊厥。

【规格】 （1）1ml：25mg （2）1ml：50mg （3）2ml：100mg

【贮藏】 密闭保存。

盐酸氨丙啉

Yansuan Anbinglin

Amprolium Hyrochloride

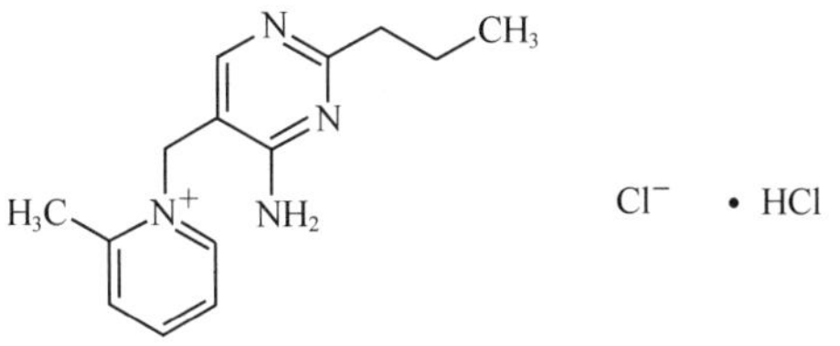

$C_{14}H_{19}ClN_4 \cdot HCl \quad 315.24$

本品为1-〔（4-氨基-2-丙基-5-嘧啶基）甲基〕-2-甲基吡啶氯化物盐酸盐。按干燥品计算，含$C_{14}H_{19}ClN_4 \cdot HCl$不得少于97.5%。

【性状】 本品为白色或类白色粉末；无臭或几乎无臭。

本品在水中易溶，在乙醇中微溶，在乙醚中几乎不溶或不溶，在三氯甲烷中不溶。

吸光度 取本品，加0.1mol/L盐酸溶液溶解并稀释制成每1ml中约含10μg的溶液，照紫外-可见分光光度法（附录0401），在246nm与262nm的波长处测定，其吸光度分别为0.42～0.44与0.40～0.42。

【鉴别】 （1）在含量测定项下记录的色谱图中，供试品溶液主峰的保留时间应与对照品溶液主峰的保留时间一致。

（2）本品的红外光吸收图谱应与对照的图谱一致。

（3）本品的水溶液显氯化物鉴别（1）的反应（附录0301）。

【检查】 甲基吡啶 取本品适量，精密称定，用流动相稀释制成每1ml中约含0.5mg的溶液，作为供试品溶液；另取2-甲基吡啶，精密称定，用流动相稀释制成每1ml中约含5μg的溶液，作为对照溶液。照含量测定项下的色谱条件，精密量取对照溶液与供试品溶液各20μl，分别注入液相色谱仪，记录色谱图。供试品溶液的色谱图中如有与2-甲基吡啶保留时间一致的色谱峰，其峰面积不得大于对照溶液的主峰面积（1.0%）。

干燥失重 取本品，在100℃减压干燥3小时，减失重量不得过1.0%（附录0831）。

炽灼残渣 不得过0.5%（附录0841）。

【含量测定】 照高效液相色谱法（附录0512）测定。

色谱条件与系统适用性试验 用十八烷基硅烷键合硅胶为填充剂；以庚烷磺酸钠溶液（取1-庚烷磺酸钠12g，加水1000ml使溶解，加冰醋酸24ml与三乙胺6ml）-甲醇-乙腈（600：350：50）为流动相；检测波长为254nm。取盐酸氨丙啉对照品与2-甲基吡啶，加流动相溶解并定量稀释制成每1ml中各约含0.2mg的混合溶液，作为供试品溶液；取20μl注入液相色谱仪，记录色谱图。理论板数按氨丙啉峰计算不低于1500，氨丙啉峰与2-甲基吡啶峰的分离度应符合要求。

测定法 取本品约20mg，精密称定，置100ml量瓶中，用流动相溶解并稀释至刻度，摇匀，精密量取20μl，注入液相色谱仪，记录色谱图；另取盐酸氨丙啉对照品，同法测定。按外标法以峰面积计算，即得。

【类别】 抗球虫药。

【贮藏】 密闭，在干燥处保存。

【制剂】 （1）盐酸氨丙啉乙氧酰胺苯甲酯预混剂 （2）盐酸氨丙啉乙氧酰胺苯甲酯磺胺喹噁啉预混剂

盐酸氨丙啉乙氧酰胺苯甲酯预混剂

Yansuan Anbinglin Yiyangxian'an Benjiazhi Yuhunji

Amprolium Hydrochloride and Ethopabate Premix

本品含盐酸氨丙啉（$C_{14}H_{19}ClN_4 \cdot HCl$）与乙氧酰胺苯甲酯（$C_{12}H_{15}NO_4$）均应为标示量的90.0%～110.0%。

【处方】

盐酸氨丙啉	250g
乙氧酰胺苯甲酯	16g
辅料	适量
制成	1000g

【鉴别】 在含量测定项下记录的色谱图中，供试品溶液两主峰的保留时间应与对照品溶液两主峰的保留时间一致。

【检查】 干燥失重 取本品，在105℃干燥4小时，减失重量不得过10.0%（有机辅料）或3.0%（无机辅料）（附录0831）。

其他 应符合预混剂项下有关的各项规定（附录0109）。

【含量测定】 照高效液相色谱法（附录0512）测定。

色谱条件与系统适用性试验 用十八烷基硅烷键合硅胶为填充剂；以0.2%硝酸-甲醇（1∶1）为流动相；检测波长为267nm。理论板数按氨丙啉峰计算不低于1500，氨丙啉峰与乙氧酰胺苯甲酯峰的分离度应符合要求。

测定法 取本品约0.2g，精密称定，置100ml量瓶中，加流动相80ml，超声20分钟使盐酸氨丙啉和乙氧酰胺苯甲酯溶解，用流动相稀释至刻度，摇匀，滤过，取续滤液作为供试品溶液，精密量取20μl，注入液相色谱仪，记录色谱图。另取盐酸氨丙啉对照品与乙氧酰胺苯甲酯对照品，精密称定，分别加流动相溶解并定量稀释制成每1ml中含0.5mg和32μg的溶液，同法测定。按外标法以峰面积计算，即得。

【作用与用途】 抗球虫药。用于鸡球虫病。

【用法与用量】 以本品计。混饲：每1000 kg饲料，鸡500 g。

【注意事项】 （1）蛋鸡产蛋期禁用。

（2）饲料中的维生素B_1含量在10 mg/kg以上时，能对本品的抗球虫作用产生明显的拮抗作用。

【休药期】 鸡3日。

【贮藏】 遮光，密封，在干燥处保存。

盐酸氨丙啉乙氧酰胺苯甲酯磺胺喹噁啉预混剂

Yansuan Anbinglin Yiyangxian'an Benjiazhi Huang'an Kui'elin Yuhunji

Amprolium Hydrochloride Ethopabate and Sulfaquinoxaline Premix

本品含盐酸氨丙啉（$C_{14}H_{19}ClN_4 \cdot HCl$）、乙氧酰胺苯甲酯（$C_{12}H_{15}NO_4$）与磺胺喹噁啉（$C_{14}H_{12}N_4O_2S$）均应为标示量的90.0%~110.0%。

【处方】

盐酸氨丙啉	200g
乙氧酰胺苯甲酯	10g
磺胺喹噁啉	120g
辅料	适量
制成	1000g

【鉴别】 在含量测定项下记录的色谱图中，供试品溶液三主峰的保留时间应与对照品溶液三主峰的保留时间一致。

【检查】 干燥失重 取本品，在105℃干燥4小时，减失重量不得过10.0%（有机辅料）或3.0%（无机辅料）（附录0831）。

含量均匀度 照含量测定项下的方法，依法测定乙氧酰胺苯甲酯含量，应符合规定（附录0941）。

其他 应符合预混剂项下有关的各项规定（附录0109）。

【含量测定】 照高效液相色谱法（附录0512）测定。

色谱条件与系统适用性试验 用十八烷基硅烷键合硅胶为填充剂；以乙腈-0.02mol/L磷酸二氢钾溶液-三乙胺（40∶60∶0.5）（用磷酸调节pH值至3.0±0.1）为流动相；检测波长为260nm。理论板数按磺胺喹噁啉峰计算不低于2000，氨丙啉峰、乙氧酰胺苯甲酯峰与磺胺喹噁啉峰的分离度应符合要求。

测定法 取本品约0.3g，精密称定，置100ml量瓶中，加乙腈50ml，振摇15分钟，加水15ml和0.1mol/L氢氧化钠溶液2ml，振摇5分钟，用水稀释至刻度，摇匀，滤过；精密量取续滤液1ml，置25ml量瓶中，用流动相稀释至刻度，摇匀，作为供试品溶液；精密量取20μl，注入液相色谱仪，记录色谱图。另取盐酸氨丙啉对照品约60mg、磺胺喹噁啉对照品约36mg，精密称定，置100ml量瓶中，加水15ml和0.1mol/L氢氧化钠溶液2ml，振摇使溶解，用水稀释至刻度；另取乙氧酰胺苯甲酯对照品，精密称定，加乙腈溶解并稀释制成每1ml中约含30μg的溶液。精密量取上述两种溶液各1ml，置25ml量瓶中，用流动相稀释至刻度，摇匀，同法测定。按外标法以峰面积计算，即得。

【作用与用途】 抗球虫药。用于鸡球虫病。

【用法与用量】 以本品计。混饲：每1000 kg饲料，鸡500 g。

【注意事项】 （1）蛋鸡产蛋期禁用。

（2）饲料中的维生素B_1含量在10 mg/kg以上时，能对本品的抗球虫作用产生明显的拮抗作用。

（3）连续饲喂不得超过5日。

【休药期】 鸡7日。

【贮藏】 遮光，密封，在干燥处保存。

盐酸氯丙嗪

Yansuan Lübingqin

Chlorpromazine Hydrochloride

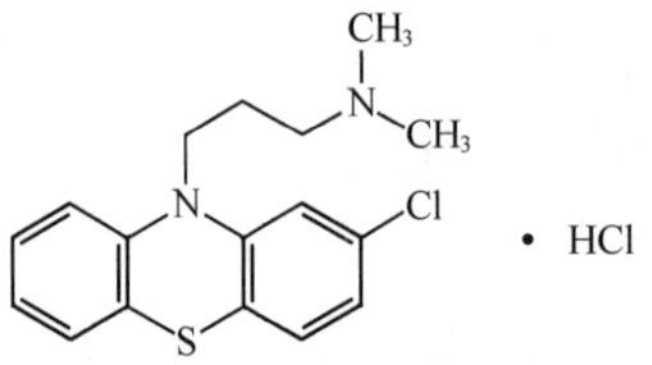

$C_{17}H_{19}ClN_2S \cdot HCl$ 355.33

本品为 N,N-二甲基-2-氯-10H-吩噻嗪-10-丙胺盐酸盐。按干燥品计算，含 $C_{17}H_{19}ClN_2S \cdot HCl$ 不得少于99.0%。

【性状】 本品为白色或乳白色结晶性粉末；有微臭；有引湿性；遇光渐变色；水溶液显酸性反应。

本品在水、乙醇或三氯甲烷中易溶，在乙醚或苯中不溶。

熔点 本品的熔点（附录0612）为194～198℃。

【鉴别】 （1）取本品约10mg，加水1ml溶解后，加硝酸5滴即显红色，渐变淡黄色。

（2）取本品，加盐酸溶液（9→1000）制成每1ml中含5μg的溶液，照紫外-可见分光光度法（附录0401）测定，在254nm与306nm的波长处有最大吸收，在254nm的波长处吸光度约为0.46。

（3）本品的红外光吸收图谱应与对照的图谱一致。

（4）本品的水溶液显氯化物鉴别（1）的反应（附录0301）。

【检查】 **溶液的澄清度与颜色** 取本品0.50g，加水10ml，振摇使溶解后，溶液应澄清无色；如显浑浊，与1号浊度标准液（附录0902）比较，不得更浓；如显色，与黄色3号或黄绿色3号标准比色液（附录0901第一法）比较，不得更深，并不得显其他颜色。

有关物质 避光操作。取本品20mg，置50ml量瓶中，加流动相溶解并稀释至刻度，摇匀，作为供试品溶液；精密量取适量，用流动相定量稀释制成每1ml中含2μg的溶液，作为对照溶液。照高效液相色谱法（附录0512）试验，用辛烷基硅烷键合硅胶为填充柱；以乙腈-0.5%三氟乙酸（50：50）（用四甲基乙二胺调节pH值至5.3）为流动相；检测波长为254nm。精密量取对照溶液和供试品溶液各10μl，分别注入液相色谱仪，记录色谱图至主成分峰保留时间的4倍。供试品溶液的色谱图中如有杂质峰，单个杂质峰面积不得大于对照溶液主峰面积（0.5%），各杂质峰面积的和不得大于对照溶液主峰面积的2倍（1.0%）。

干燥失重 取本品，在105℃干燥至恒重，减失重量不得过0.5%（附录0831）。

炽灼残渣 不得过0.1%（附录0841）。

【含量测定】 取本品约0.2g，精密称定，加冰醋酸10ml与醋酐30ml溶解后，照电位滴定法（附录0701），用高氯酸滴定液（0.1mol/L）滴定，并将滴定的结果用空白试验校正。每1ml高氯酸滴定液（0.1mol/L）相当于35.53mg的 $C_{17}H_{19}ClN_2S \cdot HCl$。

【类别】 镇静药。

【贮藏】 遮光，密封保存。

【制剂】 （1）盐酸氯丙嗪片 （2）盐酸氯丙嗪注射液

盐酸氯丙嗪片

Yansuan Lübingqin Pian

Chlorpromazine Hydrochloride Tablets

本品含盐酸氯丙嗪（$C_{17}H_{19}ClN_2S \cdot HCl$）应为标示量的93.0%～107.0%。

【性状】 本品为白色片。

【鉴别】 取本品细粉适量（约相当于盐酸氯丙嗪50mg），加水5ml，振摇使盐酸氯丙嗪溶解，滤过；滤液照盐酸氯丙嗪项下的鉴别（1）、（4）项试验，显相同的反应。

【检查】 **有关物质** 避光操作。取本品细粉适量（约相当于盐酸氯丙嗪20mg），置50ml量瓶中，加流动相使盐酸氯丙嗪溶解并稀释至刻度，摇匀，滤过，取续滤液作为供试品溶液；精密量取适量，用流动相定量稀释制成每1ml中含2μg的溶液，作为对照溶液。照盐酸氯丙嗪有关物质项下的方法测定，供试品溶液的色谱图中如有杂质峰，单个杂质峰面积不得大于对照溶液主峰面积（0.5%）。

溶出度 避光操作。取本品，照溶出度与释放度测定法（附录0931第一法），以水1000ml为溶出介质，转速为每分钟100转，依法操作，经30分钟时，取溶液10ml滤过；精密量取续滤液适量，用盐酸溶液（9→1000）定量稀释制成每1ml中含盐酸氯丙嗪5μg的溶液，摇匀；照紫外-可见分光光度法（附录0401），在254nm的波长处测定吸光度，按$C_{17}H_{19}ClN_2S \cdot HCl$的吸收系数（$E_{1cm}^{1\%}$）为915计算每片的溶出量。限度为标示量的70%，应符合规定。

其他 应符合片剂项下有关的各项规定（附录0101）。

【含量测定】 避光操作。取本品10片，研细，精密称取适量（约相当于盐酸氯丙嗪10mg），置100ml量瓶中，加溶剂〔盐酸溶液（9→1000）〕70ml，振摇使盐酸氯丙嗪溶解，用溶剂稀释至刻度，摇匀，滤过；精密量取续滤液5ml，置100ml量瓶中，用溶剂稀释至刻度，摇匀；照紫外-可见分光光度法（附录0401），在254nm的波长处测定吸光度，按$C_{17}H_{19}ClN_2S \cdot HCl$的吸收系数（$E_{1cm}^{1\%}$）为915计算，即得。

【作用与用途】 镇静药。用于强化麻醉以及使动物安静等。

【用法与用量】 以盐酸氯丙嗪计。内服：一次量，每1kg体重，犬、猫2～3mg。

【不良反应】 过大剂量可使犬、猫等动物出现心律不齐，四肢与头部震颤，甚至四肢与躯干僵硬等不良反应。

【注意事项】 （1）禁止用作食品动物促生长剂。

（2）过量引起的低血压禁用肾上腺素解救，但可选用去甲肾上腺素。

（3）有黄疸、肝炎、肾炎的患畜及年老体弱动物慎用。

（4）用药后能改变动物的大多数生理参数（呼吸、心率、体温等），临床检查时需注意。

（5）动物可食组织中不得检出。

【规格】 （1）12.5mg （2）25mg （3）50mg

【贮藏】 遮光，密封保存。

盐酸氯丙嗪注射液

Yansuan Lübingqin Zhusheye

Chlorpromazine Hydrochloride Injection

本品为盐酸氯丙嗪的灭菌水溶液。含盐酸氯丙嗪（$C_{17}H_{19}ClN_2S \cdot HCl$）应为标示量的 95.0% ~ 105.0%。

【性状】 本品为无色或几乎无色的澄明液体。

【鉴别】 （1）取本品适量（约相当于盐酸氯丙嗪10mg），照盐酸氯丙嗪项下的鉴别（1）项试验，显相同的反应。

（2）取含量测定项下的溶液，照盐酸氯丙嗪项下的鉴别（2）项试验，显相同的结果。

【检查】 pH值 应为3.0 ~ 5.0（附录0631）。

有关物质 避光操作。精密量取本品适量，用流动相稀释制成每1ml中含盐酸氯丙嗪0.4mg的溶液，作为供试品溶液；精密量取适量，用流动相定量稀释制成每1ml中含2μg的溶液，作为对照溶液。照盐酸氯丙嗪有关物质项下的方法测定，供试品溶液的色谱图中如有杂质峰，大于对照溶液主峰面积（0.5%）且小于对照溶液主峰面积10倍（5%）的杂质峰不得多于一个，其他单个杂质峰面积均不得大于对照溶液主峰面积（0.5%）。

其他 应符合注射剂项下有关的各项规定（附录0102）。

【含量测定】 避光操作。精密量取本品适量（约相当于盐酸氯丙嗪50mg），置200ml量瓶中，用盐酸溶液（9→1000）稀释至刻度，摇匀；精密量取2ml，置100ml量瓶中，用盐酸溶液（9→1000）稀释至刻度，摇匀。照紫外-可见分光光度法（附录0401），在254nm的波长处测定吸光度，按$C_{17}H_{19}ClN_2S \cdot HCl$的吸收系数（$E_{1cm}^{1\%}$）为915计算，即得。

【作用与用途】 镇静药。用于强化麻醉以及使动物安静等。

【用法与用量】 以盐酸氯丙嗪计。肌内注射：一次量，每1kg体重，马、牛0.5 ~ 1mg；羊、猪1 ~ 2mg；犬、猫1 ~ 3mg；虎4mg；熊2.5mg；单峰骆驼1.5 ~ 2.5mg；野牛2.5mg；恒河猴、豹2mg。

【不良反应】 （1）用本品常兴奋不安，易发生意外，马属动物慎用。

（2）过大剂量可使犬、猫等动物出现心律不齐，四肢与头部震颤，甚至四肢与躯干僵硬等不良反应。

【注意事项】 （1）静脉注射前应进行稀释，注射速度宜慢。

（2）不可与pH 5.8以上的药液配伍，如青霉素钠（钾）、戊巴比妥钠、苯巴比妥钠、氨茶碱和碳酸氢钠等。

（3）过量引起的低血压禁用肾上腺素解救，但可选用去甲肾上腺素。

（4）有黄疸、肝炎和肾炎的患畜及年老体弱动物慎用。

【休药期】 28日；弃奶期7日。

【规格】 （1）2ml：0.05g （2）10ml：0.25g

【贮藏】 遮光，密闭保存。

盐酸氯苯胍

Yansuan Lübengua

Robenidine Hydrochloride

$C_{15}H_{13}Cl_2N_5 \cdot HCl$　370.66

本品为1,3-双〔（对氯亚苄基）氨基〕胍盐酸盐。按干燥品计算，含$C_{15}H_{13}Cl_2N_5 \cdot HCl$不得少于98.0%。

【性状】　本品为白色或淡黄色结晶性粉末；无臭；遇光色渐变深。

本品在乙醇中略溶，在三氯甲烷中极微溶解，在水或乙醚中几乎不溶；在冰醋酸中略溶。

【鉴别】　（1）取本品约10mg，加乙醇适量，微温使溶解，放冷，加三硝基苯酚试液3～4滴，即生成黄色絮状沉淀。

（2）取本品约0.1g，加乙醇10ml，加热溶解后，在搅拌下滴加1mol/L氢氧化钠溶液，调节pH值至12左右，趁热滤过，滤液放冷后，即析出黄色沉淀，滤过；沉淀用乙醇和水洗涤至中性，在105℃干燥至恒重，依法测定（附录0612）。熔点应为188～193℃。

（3）取本品，加甲醇溶解并稀释制成每1ml中约含5μg的溶液，照紫外-可见分光光度法（附录0401），在310～380nm的波长范围内测定，在352nm的波长处有最大吸收，并不得有其他杂峰。

（4）本品的乙醇溶液显氯化物鉴别（1）的反应（附录0301）。

【检查】　**乙醇溶液的澄清度**　取本品约0.30g，加乙醇50ml，加热使溶解，放冷后溶液应澄清；如显浑浊，与1号浊度标准液（附录0902）比较，不得更浓。

含氯量　取本品约0.30g，精密称定，加乙醇50ml，加热使溶解，放冷后，加0.2%二苯偕肼指示液（取二苯偕肼指示液1ml，加乙醇至5ml）2ml，用硝酸汞滴定液（0.05mol/L）滴定至溶液显浅玫瑰红色。每1ml硝酸汞滴定液（0.05mol/L）相当于3.545mg的Cl。按干燥品计算，含氯量应为9.5%～9.8%。

干燥失重　取本品，在105℃干燥至恒重，减失重量不得过5.0%（附录0831）。

炽灼残渣　不得过0.1%（附录0841）。

重金属　取炽灼残渣项下遗留的残渣，依法检查（附录0821第二法），含重金属不得过百万分之二十。

砷盐　取本品1.0g，加氢氧化钙1g，混合，加水少量，搅拌均匀，干燥后，先用小火烧灼使炭化，再在500～600℃炽灼使完全灰化，放冷，加盐酸5ml与水23ml使溶解，依法检查（附录0822），应符合规定（0.0002%）。

【含量测定】　取本品约0.3g，精密称定，加冰醋酸40ml，微温使溶解，放冷后加醋酸汞试液5ml，醋酐3ml和结晶紫指示液1滴，用高氯酸滴定液（0.1mol/L）滴定至溶液显蓝色，并将滴定的结果用空白试验校正。每1ml高氯酸滴定液（0.1mol/L）相当于37.07mg的$C_{15}H_{13}Cl_2N_5 \cdot HCl$。

【类别】　抗球虫药。

【贮藏】　遮光，密闭保存。

【制剂】　（1）盐酸氯苯胍片　（2）盐酸氯苯胍预混剂

盐酸氯苯胍片

Yansuan Lübengua Pian

Robenidine Hydrochloride Tablets

本品含盐酸氯苯胍（$C_{15}H_{13}Cl_2N_5 \cdot HCl$）应为标示量的90.0%～110.0%。

【性状】 本品为白色或类白色片。

【鉴别】 （1）取本品的细粉适量（约相当于盐酸氯苯胍10mg），加乙醇10ml，微温使溶解，放冷，滤过；滤液加三硝基苯酚试液2～3滴，即生成黄色絮状沉淀。

（2）取含量测定项下的溶液，照紫外-可见分光光度法（附录0401），在310～380nm的波长范围内测定，在352nm的波长处有最大吸收，并不得有其他杂峰。

【检查】 应符合片剂项下有关的各项规定（附录0101）。

【含量测定】 取本品20片，精密称定，研细，精密称取适量（约相当于盐酸氯苯胍25mg），置50ml棕色量瓶中，加甲醇30ml，振摇使盐酸氯苯胍溶解，用甲醇稀释至刻度，摇匀，滤过；精密量取续滤液2ml，置200ml棕色量瓶中，用甲醇稀释至刻度，摇匀作为供试品溶液。照紫外-可见分光光度法（附录0401），在352nm的波长处测定吸光度。另取盐酸氯苯胍对照品，同法测定。计算，即得。

【作用与用途】 抗球虫药。用于禽、兔球虫病。

【用法与用量】 以盐酸氯苯胍计。内服：一次量，每1 kg体重，鸡、兔10～15 mg。

【注意事项】 （1）蛋鸡产蛋期禁用。

（2）应用本品防治某些球虫病时停药过早，常导致球虫病复发，应连续用药。

【休药期】 鸡5日，兔7日。

【规格】 10mg

【贮藏】 遮光，密闭保存。

盐酸氯苯胍预混剂

Yansuan Lübengua Yuhunji

Robenidine Hydrochloride Premix

本品含盐酸氯苯胍（$C_{15}H_{13}Cl_2N_5 \cdot HCl$）应为标示量的90.0%～110.0%。

【鉴别】 取本品，照盐酸氯苯胍片项下的鉴别试验，显相同的结果。

【检查】 干燥失重 取本品，在105℃干燥4小时，减失重量不得过10.0%（有机辅料）或3.0%（无机辅料）（附录0831）。

其他 应符合预混剂项下有关的各项规定（附录0109）。

【含量测定】 取本品适量（约相当于盐酸氯苯胍25mg），精密称定，照盐酸氯苯胍片项下的方法测定，即得。

【作用与用途】 抗球虫药。用于禽、兔球虫病。

【用法与用量】 以本品计。混饲：每1000 kg饲料，鸡300～600 g；兔1000～1500g。

【注意事项】 （1）蛋鸡产蛋期禁用。

（2）长期或高浓度（60 mg/kg饲料）混饲，可引起鸡肉、鸡蛋异臭。低浓度（＜30 mg/kg饲料）不会产生上述现象。

（3）应用本品防治某些球虫病时停药过早，常导致球虫病复发，应连续用药。

【休药期】 鸡5日，兔7日。

【规格】 10%

【贮藏】 遮光，密封，在干燥处保存。

盐酸氯胺酮

Yansuan Lü'antong

Ketamine Hydrochloride

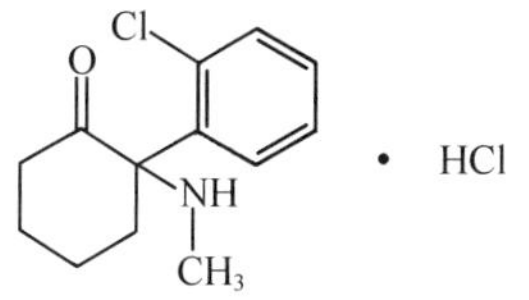

$C_{13}H_{16}ClNO \cdot HCl$　274.19

本品为2-（2-氯苯基）-2-（甲氨基）环己酮盐酸盐。按干燥品计算，含$C_{13}H_{16}ClNO \cdot HCl$不得少于99.0%。

【性状】 本品为白色结晶性粉末；无臭。

本品在水中易溶，在热乙醇中溶解，在乙醚中不溶。

【鉴别】 （1）取本品适量，加水制成每1ml中约含0.3mg的溶液，照紫外-可见分光光度法（附录0401）测定，在269nm与277nm的波长处有最大吸收。

（2）本品的红外光吸收图谱应与对照的图谱一致。

（3）本品的水溶液显氯化物鉴别（1）的反应（附录0301）。

【检查】 **酸度** 取本品0.10g，加水10ml溶解后，依法测定（附录0631），pH值应为4.0～5.5。

溶液的澄清度 取本品1.0g，加水10ml溶解后，溶液应澄清；如显浑浊，与1号浊度标准液（附录0902）比较，不得更浓。

有关物质 取本品适量，加流动相溶解并稀释制成每1ml中含盐酸氯胺酮0.5mg的溶液，作为供试品溶液；精密量取1ml，置200ml量瓶中，用流动相稀释至刻度，摇匀，作为对照溶液。照高效液相色谱法（附录0512）测定，用十八烷基硅烷键合硅胶为填充剂；以0.0025mol/L庚烷磺酸钠（用5%醋酸溶液调节pH值为6.0±0.1）-乙腈（40：30）为流动相；检测波长为220nm。理论板数按氯胺酮峰计算应不低于4000，氯胺酮峰与相邻杂质峰的分离度应符合要求。精密量取对照溶液与供试品溶液各20μl，分别注入液相色谱仪，记录色谱图至主成分峰保留时间的3倍。供试品溶液色谱图中如有杂质峰，单个杂质峰面积不得大于对照溶液主峰面积的0.5倍（0.25%），各杂质峰面积的和不得大于对照溶液主峰面积（0.5%）。

干燥失重 取本品，在105℃干燥至恒重，减失重量不得过0.5%（附录0831）。

炽灼残渣 取本品1.0g，依法检查（附录0841），遗留残渣不得过0.1%。

重金属 取炽灼残渣项下遗留的残渣，依法检查（附录0821第二法）含重金属不得过百万分之十。

【含量测定】 取本品约0.2g，精密称定，加冰醋酸40ml和醋酐10ml超声使溶解后，放冷，照电位滴定法（附录0701），用高氯酸滴定液（0.1mol/L）滴定，并将滴定的结果用空白试验校正。每1ml高氯酸滴定液（0.1mol/L）相当于27.42mg的$C_{13}H_{16}ClNO \cdot HCl$。

【类别】 全身麻醉药。

【贮藏】 密封保存。

【制剂】 盐酸氯胺酮注射液

盐酸氯胺酮注射液

Yansuan Lü'antong Zhusheye

Ketamine Hydrochloride Injection

本品为盐酸氯胺酮的灭菌水溶液。含氯胺酮（$C_{13}H_{16}ClNO$）应为标示量的90.0%～110.0%。

【性状】 本品为无色的澄明液体。

【鉴别】 （1）取本品2滴，加0.5%硫酸溶液4ml与碘化铋钾试液1滴，即生成红棕色沉淀。

（2）取本品适量，照盐酸氯胺酮项下的鉴别（1）项试验，显相同的结果。

【检查】 pH值 应为3.5～5.5（附录0631）。

有关物质 取本品，用流动相稀释制成每1ml中含盐酸氯胺酮0.5mg的溶液，作为供试品溶液；精密量取1ml，置200ml量瓶中，用流动相稀释至刻度，摇匀，作为对照溶液。照盐酸氯胺酮有关物质项下的方法测定，供试品溶液色谱图中如有杂质峰，单个杂质峰面积不得大于对照溶液主峰面积的0.5倍（0.25%），各杂质峰面积的和不得大于对照溶液主峰面积（0.5%）。

细菌内毒素 取本品，依法检查（附录1143），每1mg盐酸氯胺酮中含内毒素的量应小于0.40EU。

其他 应符合注射剂项下有关的各项规定（附录0102）。

【含量测定】 精密量取本品适量（约相当于盐酸氯胺酮25mg），置100ml量瓶中，用0.05mol/L盐酸溶液稀释至刻度，摇匀，作为供试品溶液；另取盐酸氯胺酮对照品，精密称定，用0.05mol/L盐酸溶液溶解并定量稀释制成每1ml中约含盐酸氯胺酮0.25mg的溶液，作为对照品溶液。取上述两种溶液，照紫外-可见分光光度法（附录0401），在269nm的波长处分别测定吸光度，计算，即得。

【作用与用途】 全身麻醉药。用于全身麻醉及化学保定。

【用法与用量】 以盐酸氯胺酮计。静脉注射：一次量，每1kg体重，马、牛2～3mg；羊、猪2～4mg。

肌内注射：一次量，每1kg体重，羊、猪10～15mg；犬10～20mg；猫20～30mg；灵长动物5～10mg；熊8～10mg；鹿10mg；水貂6～14mg。

【不良反应】 （1）本品可使动物血压升高、唾液分泌增多、呼吸抑制和呕吐等。

（2）高剂量可产生肌肉张力增加、惊厥、呼吸困难、痉挛、心搏暂停和苏醒期延长等。

【注意事项】 （1）怀孕后期动物禁用。

（2）马静脉注射应缓慢。

（3）对咽喉或支气管的手术或操作，不宜单用本品，必须合用肌肉松弛剂。

（4）驴、骡对本品不敏感，不宜应用。

（5）反刍动物应用时，麻醉前常需禁食12~24小时，并给予小剂量阿托品抑制腺体分泌；应用时，常用赛拉嗪等作麻醉前给药。

【规格】 （1）2ml：0.1g （2）2ml：0.3g （3）10ml：0.1g （4）20ml：0.2g

【贮藏】 密闭保存。

盐酸普鲁卡因

Yansuan Pulukayin

Procaine Hydrochloride

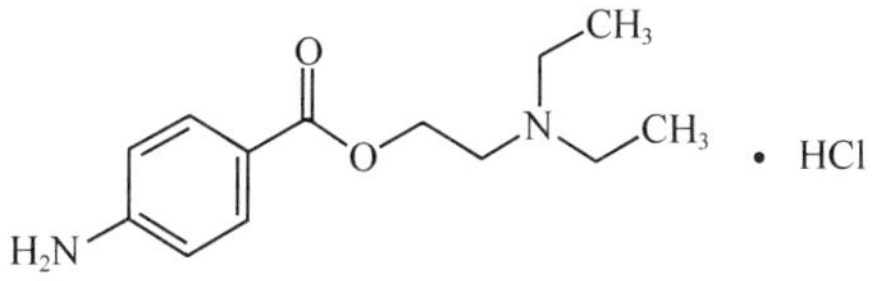

$C_{13}H_{20}N_2O_2 \cdot HCl$ 272.77

本品为4-氨基苯甲酸-2-（二乙氨基）乙酯盐酸盐。按干燥品计算，含$C_{13}H_{20}N_2O_2 \cdot HCl$不得少于99.0%。

【性状】 本品为白色结晶或结晶性粉末；无臭。

本品在水中易溶，在乙醇中略溶，在三氯甲烷中微溶，在乙醚中几乎不溶。

熔点 本品的熔点（附录0612）为154~157℃。

【鉴别】 （1）取本品约0.1g，加水2ml溶解后，加10%氢氧化钠溶液1ml，即生成白色沉淀；加热，变为油状物；继续加热，发生的蒸气能使湿润的红色石蕊试纸变为蓝色；加热至油状物消失后，放冷，加盐酸酸化，即析出白色沉淀。

（2）本品的红外光吸收图谱应与对照的图谱一致。

（3）本品的水溶液显氯化物鉴别（1）的反应（附录0301）。

（4）本品显芳香第一胺类的鉴别反应（附录0301）。

【检查】 酸度 取本品0.40g，加水10ml溶解后，加甲基红指示液1滴，如显红色，加氢氧化钠滴定液（0.02mol/L）0.20ml，应变为橙色。

溶液的澄清度 取本品2.0g，加水10ml溶解后，溶液应澄清。

对氨基苯甲酸 取本品，精密称定，加水溶解并定量稀释制成每1ml中含0.2mg的溶液，作为供试品溶液；另取对氨基苯甲酸对照品，精密称定，加水溶解并定量制成每1ml中含1μg的溶液，作为对照品溶液；取供试品溶液1ml与对照品溶液9ml混合均匀，作为系统适用性溶液。照高效液相色谱法（附录0512）试验，用十八烷基硅烷键合硅胶为填充剂；以含0.1%庚烷磺酸钠的0.05mol/L磷酸氢二钾溶液（用磷酸调节pH值至3.0）-甲醇（68：32）为流动相；检测波长为279nm。取系统适用性溶液10μl，注入液相色谱仪，理论板数按对氨基苯甲酸峰计算不低于2000，普鲁卡因峰与对氨基苯甲酸峰的分离度应大于2.0。精密量取对照品溶液与供试品溶液各10μl，分别注入液相色谱仪，记录色谱图。供试品溶液色谱图中如有与对氨基苯甲酸峰保留时间一致的色谱峰，按外标法以峰面积计算，不得过0.5%。

干燥失重 取本品，在105℃干燥至恒重，减失重量不得过0.5%（附录0831）。

炽灼残渣　取本品1.0g，依法检查（附录0841），遗留残渣不得过0.1%。

铁盐　取炽灼残渣项下遗留的残渣，加盐酸2ml，置水浴上蒸干；再加稀盐酸4ml，微温溶解后，加水30ml与过硫酸铵50mg，依法检查（附录0807）。与标准铁溶液1.0ml制成的对照液比较，不得更深（0.001%）。

重金属　取本品2.0g，加水15ml溶解后，加醋酸盐缓冲液（pH 3.5）2ml与水适量使成25ml，依法检查（附录0821第一法）。含重金属不得过百万分之十。

【含量测定】　取本品约0.6g，精密称定，照永停滴定法（附录0701），在15～25℃下，用亚硝酸钠滴定液（0.1mol/L）滴定。每1ml亚硝酸钠滴定液（0.1mol/L）相当于27.28mg的$C_{13}H_{20}N_2O_2 \cdot HCl$。

【类别】　局部麻醉药。

【贮藏】　遮光，密封保存。

【制剂】　盐酸普鲁卡因注射液

盐酸普鲁卡因注射液

Yansuan Pulukayin Zhusheye

Procaine Hydrochloride Injection

本品为盐酸普鲁卡因加氯化钠适量使成等渗的灭菌水溶液。含盐酸普鲁卡因（$C_{13}H_{20}N_2O_2 \cdot HCl$）应为标示量的95.0%～105.0%。

【性状】　本品为无色的澄明液体。

【鉴别】　（1）取本品，照盐酸普鲁卡因项下的鉴别（3）、（4）项试验，显相同的反应。

（2）在含量测定项下记录的色谱图中，供试品溶液主峰的保留时间应与对照品溶液主峰的保留时间一致。

（3）取本品（约相当于盐酸普鲁卡因80mg），水浴蒸干，残渣经减压干燥，依法测定。本品的红外光吸收图谱应与对照的图谱一致。

【检查】　pH值　应为3.5～5.0（附录0631）。

有关物质　精密量取本品适量，用水定量稀释制成每1ml中含盐酸普鲁卡因0.2mg的溶液，作为供试品溶液；精密量取1ml，置100ml量瓶中，用水稀释至刻度，摇匀，作为对照溶液；取对氨基苯甲酸对照品适量，精密称定，加水溶解并定量制成每1ml中含2.4μg的溶液，作为对照品溶液。取供试品溶液1ml与对照品溶液9ml混合均匀，作为系统适用性溶液。照盐酸普鲁卡因中对氨基苯甲酸项下的方法，精密量取对照品溶液、对照溶液与供试品溶液各10μl，分别注入液相色谱仪，记录色谱图至主成分峰保留时间的4倍。供试品溶液色谱图中如有与对氨基苯甲酸保留时间一致的色谱峰，按外标法以峰面积计算，不得过盐酸普鲁卡因标示量的1.2%，其他杂质峰面积的和不得大于对照溶液的主峰面积（1.0%）。

渗透压摩尔浓度　取本品，依法检查（附录0632），渗透压摩尔浓度比应为0.9~1.1。

细菌内毒素　取本品，可用0.06EU/ml以上高灵敏度的鲎试剂，依法检查（附录1143）。每1mg盐酸普鲁卡因中含内毒素的量应小于0.20EU。

其他　应符合注射剂项下有关的各项规定（附录0102）。

【含量测定】　照高效液相色谱法（附录0512）测定。

色谱条件与系统适用性试验 用十八烷基硅烷键合硅胶为填充剂；以含0.1%庚烷磺酸钠的0.05mol/L磷酸二氢钾溶液（用磷酸调节pH值至 3.0）-甲醇（68∶32）为流动相；检测波长为290nm。理论板数按盐酸普鲁卡因峰计算不低于2000。盐酸普鲁卡因峰与相邻杂质峰的分离度应符合要求。

测定法 精密量取本品适量，用水定量稀释制成每1ml中含盐酸普鲁卡因0.02mg的溶液，作为供试品溶液；精密量取10μl注入液相色谱仪，记录色谱图；另取盐酸普鲁卡因对照品，精密称定，加水溶解并定量稀释制成每1ml中含盐酸普鲁卡因0.02mg的溶液，同法测定。按外标法以峰面积计算，即得。

【作用与用途】 局部麻醉药。用于浸润麻醉、传导麻醉、硬膜外麻醉和封闭疗法。

【用法与用量】 以盐酸普鲁卡因计。浸润麻醉、封闭疗法：0.25%～0.5%溶液。传导麻醉：2%～5%溶液，每个注射点，大动物10～20ml；小动物2～5ml。硬膜外麻醉：2%～5%溶液，马、牛20～30ml。

【注意事项】 （1）剂量过大易出现吸收作用，可引起中枢神经系统先兴奋后抑制的中毒症状，应进行对症治疗。马对本品比较敏感。

（2）本品应用时常加入0.1%盐酸肾上腺素注射液，以减少普鲁卡因吸收，延长局麻时间。

【规格】 （1）5ml∶0.15g （2）10ml∶0.1g （3）10ml∶0.2g （4）10ml∶0.3g （5）50ml∶1.25g （6）50ml∶2.5g

【贮藏】 遮光，密闭保存。

盐 霉 素 钠

Yanmeisuna

Salinomycin Sodium

$C_{42}H_{69}O_{11}Na$ 772.99

本品为盐霉素的钠盐。按干燥品计算，每1mg的效价不得少于850盐霉素单位。

【性状】 本品为白色或淡黄色结晶性粉末；微有特臭。

本品在甲醇、乙醇、丙酮、三氯甲烷或乙醚中易溶，在正己烷中微溶，在水中不溶。

【鉴别】 （1）取本品，加乙醇制成每1ml中约含3mg的溶液，取2ml，加香草醛试液1ml，摇匀，溶液即显红色。

（2）取本品，加乙醇制成每1ml中约含50μg的溶液，取9ml，加1mol/L盐酸溶液1ml，摇匀，放置5分钟。照紫外-可见分光光度法（附录0401）测定，在287nm的波长处有最大吸收。

（3）本品显钠盐的火焰反应（附录0301）。

【检查】 干燥失重 取本品，以五氧化二磷为干燥剂，在60℃减压干燥至恒重，减失重量不得过7.0%。

炽灼残渣 应为7.0%～11.0%（附录0841）。

重金属 取炽灼残渣项下遗留的残渣，依法检查（附录0821第二法），含重金属不得过百万分之二十。

【含量测定】 精密称取本品适量，按盐霉素每10mg加乙醇2ml使溶解，加灭菌水定量制成每1ml中约含1000单位的溶液。照抗生素微生物检定法（附录1201）测定。1000盐霉素单位相当于1mg的$C_{42}H_{70}O_{11}$。

【类别】 抗球虫药。

【贮藏】 密闭，在干燥处保存。

【制剂】 盐霉素钠预混剂

盐霉素钠预混剂

Yanmeisuna Yuhunji

Salinomycin Sodium Premix

本品含盐霉素（$C_{42}H_{70}O_{11}$）应为标示量的90.0%～110.0%。

【鉴别】 取本品，加乙醇制成每1ml中含盐霉素3mg的溶液，摇匀，静置，取上清液2ml，加香草醛试液1ml，摇匀，溶液即显红色。

【检查】 **粒度** 本品应全部通过二号筛。

有关物质 取本品，加乙醇溶解并定量稀释制成每1ml中含盐霉素1mg的溶液，振摇，滤过，作为供试品溶液；另取盐霉素标准品，加乙醇溶解并定量稀释制成相同浓度的溶液，作为标准品溶液。照薄层色谱法（附录0502）试验，吸取上述两种溶液各$5\mu l$，分别点于同一硅胶G薄层板上，以乙酸乙酯-乙腈（2∶1）为展开剂，展开，晾干；喷以1%香草醛盐酸溶液，置100℃加热10分钟，供试品溶液所显主斑点的位置与颜色应与标准品溶液主斑点相同，并不得有其他杂质斑点。

干燥失重 取本品，在105℃干燥4小时，减失重量不得过8.0%（附录0831）。

其他 应符合预混剂项下有关的各项规定（附录0109）。

【含量测定】 精密称取本品适量，按盐霉素每10mg加乙醇2ml，充分振摇30分钟，加灭菌水溶解并定量稀释制成每1ml中约含1000单位的溶液，摇匀，静置；精密量取上清液适量，照盐霉素钠项下的方法测定，即得。

【作用与用途】 抗球虫药。用于禽球虫病。

【用法与用量】 以盐霉素计。混饲：每1000kg饲料，鸡60g。

【注意事项】 （1）蛋鸡产蛋期禁用。

（2）对成年火鸡、鸭和马属动物毒性大，禁用。

（3）禁与泰妙菌素、竹桃霉素及其他抗球虫药合用。

（4）本品安全范围较窄，应严格控制混饲浓度。

【休药期】 鸡5日。

【规格】 （1）100g∶10g（1000万单位） （2）500g∶50g（5000万单位）

【贮藏】 密闭，在干燥处保存。

恩 诺 沙 星

Ennuoshaxing

Enrofloxacin

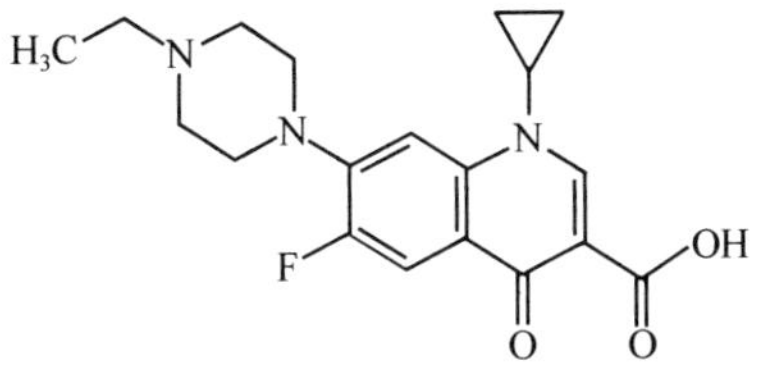

C₁₉H₂₂FN₃O₃ 359.40

本品为1-环丙基-6-氟-4-氧代-1,4-二氢-7-（4-乙基-1-哌嗪基）-3-喹啉羧酸。按干燥品计算，含C₁₉H₂₂FN₃O₃不得少于99.0%。

【性状】 本品为微黄色或淡橙黄色结晶性粉末；无臭；遇光色渐变为橙红色。

本品在三氯甲烷中易溶，在二甲基甲酰胺中略溶，在甲醇中微溶，在水中极微溶解；在氢氧化钠试液中微溶。

熔点 本品的熔点（附录0612）为221～226℃。熔融时同时分解。

【鉴别】 （1）在含量测定项下记录的色谱图中，供试品溶液主峰的保留时间应与对照品溶液主峰的保留时间一致。

（2）本品的红外光吸收图谱应与对照的图谱一致。

【检查】 **溶液的澄清度与颜色** 取本品1.0g，加0.5mol/L氢氧化钠溶液20ml溶解后，溶液应澄清；如显浑浊，与1号浊度标准液（附录0902）比较，不得更浓；如显色，与黄色4号或黄绿色4号标准比色液（附录0901）比较，不得更深。

氟喹啉酸 取本品，加0.1mol/L氢氧化钠溶液使溶解并稀释制成每1ml中约含10mg的溶液，作为供试品溶液。另取氟喹啉酸对照品约5.0mg，精密称定，置50ml量瓶中，加6mol/L氨溶液0.05ml与水适量使溶解，并用水稀释至刻度，摇匀；精密量取适量，用水稀释制成每1ml中含20μg的溶液，作为对照品溶液。照薄层色谱法（附录0502）试验，吸取上述两种溶液各5μl，分别点于同一硅胶GF₂₅₄薄层板上，以乙酸乙酯-正丁醇-冰醋酸-水（50:9:25:15）为展开剂，直立展开，晾干约15分钟，置紫外光灯（254nm）下检视。供试品溶液如显与对照品溶液相同的杂质斑点，其颜色与对照品溶液的主斑点比较，不得更深（0.2%）。

有关物质 取本品适量，加流动相使溶解并稀释制成每1ml中含0.25mg的溶液，作为供试品溶液。另取恩诺沙星、盐酸环丙沙星对照品适量，加流动相溶解并稀释制成每1ml中各含0.25mg的混合溶液，作为系统适用性溶液。照含量测定项下的色谱条件，量取系统适用性溶液20μl，注入液相色谱仪，记录色谱图至恩诺沙星主峰保留时间的2倍。环丙沙星峰与恩诺沙星峰的分离度应大于4.0，理论板数按恩诺沙星峰计算不低于2500。再精密量取供试品溶液20μl，注入液相色谱仪，记录色谱图。供试品溶液色谱图中如有杂质峰，按峰面积归一化法计算，与环丙沙星峰保留时间一致的杂质峰不得过0.5%，其他单个杂质峰不得过0.3%，环丙沙星峰与各杂质峰的和不得过0.7%。

干燥失重 取本品，在105℃干燥至恒重，减失重量不得过0.5%（附录0831）。

炽灼残渣 不得过0.2%（附录0841）。

重金属 取炽灼残渣项下遗留的残渣，依法检查（附录0821第二法），含重金属不得过百万分之二十。

【含量测定】 照高效液相色谱法（附录0512）测定。

色谱条件与系统适用性试验 用十八烷基硅烷键合硅胶为填充剂；以0.025mol/L磷酸溶液（用三乙胺调节pH值至3.0）-乙腈（83：17）为流动相；检测波长为278nm。理论板数按恩诺沙星峰计算不低于2500。

测定法 取本品适量，精密称定，加流动相适量，超声使溶解，用流动相稀释制成每1ml中约含50μg的溶液，摇匀。精密量取10μl，注入液相色谱仪，记录色谱图；另取恩诺沙星对照品，同法测定。按外标法以峰面积计算，即得。

【类别】 氟喹诺酮类抗菌药。

【贮藏】 遮光，密封，在干燥处保存。

【制剂】 （1）恩诺沙星片 （2）恩诺沙星注射液 （3）恩诺沙星溶液

恩诺沙星片

Ennuoshaxing Pian

Enrofloxacin Tablets

本品含恩诺沙星（$C_{19}H_{22}FN_3O_3$）应为标示量的90.0%～110.0%。

【性状】 本品为类白色片。

【鉴别】 （1）取本品的细粉适量（约相当于恩诺沙星50mg），加稀醋酸溶解，滤过，取滤液，加碘化铋钾试液数滴，即生成橘红色沉淀。

（2）在含量测定项下记录的色谱图中，供试品溶液主峰的保留时间应与对照品溶液主峰的保留时间一致。

【检查】 应符合片剂项下有关的各项规定（附录0101）。

【含量测定】 取本品20片，精密称定，研细，精密称取适量（约相当于恩诺沙星25mg），置100ml量瓶中，加流动相70ml，超声15分钟，放冷，用流动相稀释至刻度，摇匀，滤过；精密量取续滤液5ml，置25ml量瓶中，用流动相稀释至刻度，摇匀；精密量取10μl，照恩诺沙星项下的方法测定，即得。

【作用与用途】 氟喹诺酮类抗菌药。用于畜禽细菌性疾病和支原体感染。

【用法与用量】 以恩诺沙星计。内服：一次量，每1kg体重，犬、猫2.5～5mg；禽5～7.5mg。一日2次，连用3～5日。

【不良反应】 （1）使幼龄动物软骨发生变性，影响骨骼发育并引起跛行及疼痛。

（2）消化系统的反应有呕吐、食欲不振、腹泻等。

（3）皮肤反应有红斑、瘙痒、荨麻疹及光敏反应等。

（4）犬、猫偶见过敏反应、共济失调、癫痫发作。

【注意事项】 （1）蛋鸡产蛋期禁用。

（2）对中枢系统有潜在的兴奋作用，诱导癫痫发作，患癫痫的犬慎用。

（3）食肉动物及肾功能不良患畜慎用，可偶发结晶尿。

（4）本品不适用于8周龄前的犬。

（5）本品耐药菌株呈增多趋势，不应在亚治疗剂量下长期使用。

【休药期】　鸡8日。

【规格】　（1）2.5mg　（2）5mg

【贮藏】　遮光，密闭保存。

恩诺沙星注射液

Ennuoshaxing Zhusheye

Enrofloxacin Injection

本品为恩诺沙星的灭菌水溶液。含恩诺沙星（$C_{19}H_{22}FN_3O_3$）应为标示量的90.0%～110.0%。

【性状】　本品为无色至淡黄色的澄明液体。

【鉴别】　（1）取本品适量（约相当于恩诺沙星50mg），加稀醋酸使成酸性，加碘化铋钾试液数滴，即生成橘红色沉淀。

（2）在含量测定项下记录的色谱图中，供试品溶液主峰的保留时间应与对照品溶液主峰的保留时间一致。

【检查】　pH值　应为9.5～10.5（附录0631）。

颜色　取本品，加水制成每1ml中含5mg的溶液，依法检查（附录0901第一法），与黄色2号比色液比较，不得更深。

其他　应符合注射剂项下有关的各项规定（附录0102）。

【含量测定】　精密量取本品适量，用流动相稀释制成每1ml中约含恩诺沙星50μg的溶液，摇匀；精密量取10μl，照恩诺沙星项下的方法测定，即得。

【作用与用途】　氟喹诺酮类抗菌药。用于畜禽细菌性疾病和支原体感染。

【用法与用量】　以恩诺沙星计。肌内注射：一次量，每1kg体重，牛、羊、猪 2.5mg；犬、猫、兔 2.5～5mg。一日1～2次，连用2～3日。

【不良反应】　（1）使幼龄动物软骨发生变性，影响骨骼发育并引起跛行及疼痛。

（2）消化系统的反应有呕吐、食欲不振、腹泻等。

（3）皮肤反应有红斑、瘙痒、荨麻疹及光敏反应等。

（4）犬、猫偶见过敏反应、共济失调、癫痫发作。

【注意事项】　（1）对中枢系统有潜在的兴奋作用，诱导癫痫发作，患癫痫的犬慎用。

（2）食肉动物及肾功能不良患畜慎用，可偶发结晶尿。

（3）本品不适用于马。肌内注射有一过性刺激性。

（4）本品不适用于8周龄前的犬。

（5）本品耐药菌株呈增多趋势，不应在亚治疗剂量下长期使用。

【休药期】　牛、羊14日，猪10日，兔14日。

【规格】　（1）2ml：50mg　（2）5ml：50g　（3）5ml：0.125g　（4）5ml：0.25g　（5）5ml：0.5g　（6）10ml：50mg　（7）10ml：0.25g　（8）10ml：0.5g　（9）10ml：1g、（10）100ml：5g　（11）100ml：2.5g　（12）100ml：10g

【贮藏】　遮光，密闭保存。

恩诺沙星溶液

Ennuoshaxing Rongye

Enrofloxacin Solution

本品为恩诺沙星的水溶液。含恩诺沙星（$C_{19}H_{22}FN_3O_3$）应为标示量的90.0%～110.0%。

【性状】 本品为几乎无色至淡黄色的澄明液体。

【鉴别】 取本品，照恩诺沙星注射液项下的鉴别试验，应显相同的结果。

【检查】 pH值 应为11.0～13.0（附录0631）。

颜色 取本品，加水制成每1ml中含25mg的溶液，依法检查（附录0901第一法）。与黄色3号比色液比较，不得更深。

其他 应符合内服溶液剂项下有关的各项规定（附录0111）。

【含量测定】 精密量取本品适量，用流动相定量稀释制成每1ml中约含恩诺沙星50μg的溶液，摇匀；精密量取10μl，照恩诺沙星项下的方法测定，即得。

【作用与用途】 氟喹诺酮类抗菌药。用于鸡细菌性疾病和支原体感染。

【用法与用量】 以恩诺沙星计。混饮：每1L水，禽50～75mg。

【不良反应】 （1）使幼龄动物软骨发生变性，影响骨骼发育并引起跛行及疼痛。

（2）消化系统的反应有呕吐、食欲不振、腹泻等。

【注意事项】 蛋鸡产蛋期禁用。

【休药期】 禽8日。

【规格】 （1）2.5% （2）5% （3）10%

【贮藏】 遮光，密封保存。

氧 化 锌

Yanghuaxin

Zinc Oxide

ZnO 81.38

本品按炽灼至恒重后计算，含ZnO不得少于99.0%。

【性状】 本品为白色至极微黄白色的无砂性细微粉末；无臭；在空气中能缓缓吸收二氧化碳。本品在稀酸中溶解，在水或乙醇中不溶。

【鉴别】 （1）取本品，加强热，即变成黄色；放冷，黄色即消失。

（2）本品的稀盐酸溶液显锌盐的鉴别反应（附录0301）。

【检查】 碱度 取本品1.0g，加新沸的热水10ml，振摇5分钟，放冷，滤过；滤液加酚酞指示液2滴，如显粉红色，加盐酸滴定液（0.1mol/L）0.10ml，粉红色应消失。

碳酸盐与酸中不溶物 取本品2.0g，加水10ml混合后，加稀硫酸30ml，置水浴上加热，不得发生气泡；搅拌后，溶液应澄清。

硫酸盐 取本品1.0g，加稀盐酸适量使溶解，依法检查（附录0802），与标准硫酸钾溶液0.5ml

制成的对照液比较，不得更深（0.005%）。

炽灼失重　取本品约1.0g，精密称定，在800℃炽灼至恒重，减失重量不得过1.0%。

铁盐　取本品0.40g，加稀盐酸8ml、水15ml与硝酸2滴，煮沸5分钟使溶解，放冷；加水适量使成50ml，混匀后，取出25ml，加水10ml，依法检查（附录0807）。与标准铁溶液1.0ml制成的对照液比较，不得更深（0.005%）。

铅盐　取本品2.0g，加水20ml搅匀后，加冰醋酸5ml，置水浴上加热溶解后，放冷，滤过，滤液加铬酸钾指示液5滴，不得发生浑浊。

砷盐　取本品1.0g，加盐酸5ml与水23ml使溶解，依法检查（附录0822第一法），应符合规定（0.0002%）。

【含量测定】　取本品约0.1g，精密称定，加稀盐酸2ml使溶解，加水25ml，加0.025%甲基红的乙醇溶液1滴，滴加氨试液至溶液显微黄色；加水25ml、氨-氯化铵缓冲液（pH 10.0）10ml与铬黑T指示剂少许，用乙二胺四醋酸二钠滴定液（0.05mol/L）滴定至溶液由紫色转变为纯蓝色。每1ml乙二胺四醋酸二钠滴定液（0.05mol/L）相当于4.069mg的ZnO。

【类别】　收敛药。

【贮藏】　密封保存。

【制剂】　氧化锌软膏

氧化锌软膏

Yanghuaxin Ruangao

Zinc Oxide Ointment

本品含氧化锌（ZnO）应为标示量的93.0%～107.0%。

【性状】　本品为类白色至淡黄色软膏。

【鉴别】　取本品约1g，加稀盐酸10ml，加热并搅拌使氧化锌溶解，放冷，滤过；滤液显锌盐的鉴别反应（附录0301）。

【检查】　应符合软膏剂项下有关的各项规定（附录0106）。

【含量测定】　取本品约0.5g，精密称定，加三氯甲烷10ml，微温，使凡士林融化；加0.5mol/L硫酸溶液10ml，搅拌使氧化锌溶解；照氧化锌含量测定项下的方法，自"加0.025%甲基红的乙醇溶液1滴"起，依法测定。每1ml乙二胺四醋酸二钠滴定液（0.05mol/L）相当于4.069mg的ZnO。

【作用与用途】　收敛药。用于皮炎和湿疹等。

【用法与用量】　外用：适量，患处涂敷。

【规格】　（1）20g∶3g　（2）500g∶75g

【贮藏】　密封保存。

氧　化　镁

Yanghuamei

Magnesium Oxide

MgO　40.30

本品按炽灼至恒重后计算，含MgO不得少于96.5%。

【性状】　本品为白色粉末；无臭；在空气中能缓缓吸收二氧化碳。

本品在水中几乎不溶，在乙醇中不溶；在稀酸中溶解。

【鉴别】　本品的稀盐酸溶液显镁盐的鉴别反应（附录0301）。

【检查】 **碱度**　取本品1.0g，加水50ml，煮沸5分钟，趁热滤过；滤渣用水适量洗涤，洗液并入滤液中，加甲基红指示液数滴，再加硫酸滴定液（0.05mol/L）2.0ml，溶液应由黄色变为红色。

酸性溶液的颜色　取本品1.0g，加醋酸15ml与水5ml，煮沸2分钟，放冷，加水使成20ml，如浑浊可滤过，溶液应无色；如显色，与黄绿色2号标准比色液（附录0901第一法）比较，不得更深。

氧化钙　取新炽灼放冷的本品约5.0g，加水30ml与醋酸70ml溶解，煮沸2分钟，放冷，滤过；滤渣用稀醋酸洗涤，合并滤液与洗液，置100ml量瓶中，用稀醋酸稀释至刻度，摇匀，作为供试品溶液。精密量取10ml，加水300ml，再加三乙醇胺溶液（3→10）10ml与45%氢氧化钾溶液10ml，放置5分钟；加钙紫红素指示剂0.1g，用乙二胺四醋酸二钠滴定液（0.01mol/L）滴定至溶液自紫红色转变为蓝色，并将滴定的结果用空白试验校正。每1ml乙二胺四醋酸二钠滴定液（0.01mol/L）相当于0.5608mg的CaO，本品含氧化钙不得过0.50%。

氯化物　精密量取氧化钙项下供试品溶液1ml，用水稀释成25ml，依法检查（附录0801），与标准氯化钠溶液7.0ml制成的对照液比较，不得更浓（0.14%）。

硫酸盐　精密量取氧化钙项下供试品溶液2ml，用水稀释成20ml，依法检查（附录0802），与标准硫酸钾溶液3.0ml制成的对照液比较，不得更浓（0.3%）。

碳酸盐　取本品0.10g，加水5ml，煮沸，放冷，加醋酸5ml，不得泡沸。

酸中不溶物　取本品2.0g，加水75ml，再分次加盐酸少量，随加随搅拌，至不再溶解，煮沸5分钟，滤过；滤渣用水洗涤，至洗液不再显氯化物的反应，炽灼至恒重，遗留残渣不得过2.0mg（0.10%）。

可溶性物质　取本品1.0g，加水100ml，煮沸5分钟，趁热滤过；滤液置水浴上蒸干，并在105℃干燥1小时，遗留残渣不得过2.0%。

炽灼失重　取本品0.50g，炽灼至恒重，减失重量不得过5.0%。

铁盐　取本品50mg，加稀盐酸2ml与水23ml溶解后，依法检查（附录0807）。与标准铁溶液2.5ml制成的对照液比较，不得更深（0.05%）。

锰盐　取本品1.0g，加水20ml、硝酸5ml、硫酸5ml与磷酸1ml，加热煮沸2分钟，放冷；加高碘酸钾2.0g，再煮沸5分钟，放冷；移入50ml比色管中，用无还原性的水（每1000ml水中加硝酸3ml与高碘酸钾5g，煮沸2分钟，放冷）稀释至刻度，摇匀；与标准锰溶液（取在400～500℃炽灼至恒重的无水硫酸锰0.275g，置1000ml量瓶中，加水适量使溶解并稀释至刻度，摇匀。每1ml相当于0.10mg的Mn）0.30ml用同一方法制成的对照液比较，不得更深（0.003%）。

重金属 取本品0.50g，加稀盐酸10ml与水5ml，加热溶解后，煮沸1分钟，放冷，滤过；滤液中加酚酞指示液1滴，滴加氨试液适量至溶液显淡红色，加醋酸盐缓冲液（pH 3.5）2ml与水适量使成25ml，加抗坏血酸0.5g溶解后，依法检查（附录0821第一法）。5分钟时比色，含重金属不得过百万分之四十。

砷盐 取本品0.40g，加盐酸5ml与水23ml使溶解，依法检查（附录0822第一法），应符合规定（0.0005%）。

【含量测定】 取本品0.5g，精密称定，精密加硫酸滴定液（0.5mol/L）30ml溶解后，加甲基橙指示液1滴，用氢氧化钠滴定液（1mol/L）滴定。根据消耗的硫酸量，减去混有的氧化钙（CaO）应消耗的硫酸量，即得供试量中MgO消耗的硫酸量。每1ml硫酸滴定液（0.5mol/L）相当于20.15mg的MgO或28.04mg的CaO。

【作用与用途】 吸附药。有吸附、轻泻作用。用于胃肠臌气。

【用法与用量】 内服：一次量，马、牛50～100g；羊、猪2～10g。

【贮藏】 密封保存。

氧阿苯达唑

Yang Abendazuo

Albendazole Oxide

$$C_{12}H_{15}N_3O_3S \quad 281.33$$

本品为〔5-（丙基亚磺酰基）-1H-苯并咪唑-2-基〕氨基甲酸甲酯。按干燥品计算，含$C_{12}H_{15}N_3O_3S$不得少于99.0%。

【性状】 本品为白色或类白色粉末；无臭。

本品在乙醇中极微溶解，在丙酮中几乎不溶，在水中不溶；在冰醋酸或氢氧化钠试液中易溶。

吸收系数 取本品约10mg，精密称定，置100ml量瓶中，加冰醋酸5ml溶解后，用乙醇稀释至刻度，摇匀；精密量取5ml，置50ml量瓶中，用乙醇稀释至刻度，摇匀；照紫外-可见分光光度法（附录0401），在294nm的波长处测定吸光度，吸收系数（$E_{1cm}^{1\%}$）为542～576。

【鉴别】 （1）取本品约0.1g，置试管底部，管口放一湿润的醋酸铅试纸，加热灼烧试管底部，产生的气体能使醋酸铅试纸显黑色。

（2）取本品与氧阿苯达唑对照品各25mg，分别加冰醋酸2.5ml使溶解，用流动相稀释制成每1ml中各约含1mg的溶液，作为供试品溶液和对照品溶液。照有关物质项下的色谱条件，取供试品溶液和对照品溶液各10μl，注入液相色谱仪，记录色谱图。供试品溶液主峰的保留时间应与对照溶液主峰的保留时间一致。

（3）本品的红外光吸收图谱应与对照的图谱一致。如发现与对照的图谱不一致时，可取本品适量加无水乙醇，置水浴上加热使溶解后蒸干，减压干燥后测定。

【检查】 **酸度** 取本品约0.5g，加水50ml，置超声浴中超声2分钟，滤过；取滤液，依法测定

（附录0631）。pH值应为5.5～7.0。

有关物质 取本品25mg，加冰醋酸2.5ml使溶解，加流动相制成每1ml中含1mg的溶液，作为供试品溶液；精密量取适量，用流动相定量稀释制成每1ml中含20μg的溶液，作为对照溶液。照高效液相色谱法（附录0512）试验，以十八烷基硅烷键合硅胶为填充剂；乙腈-0.5mol／L四丁基溴化铵溶液-冰醋酸-水（16：2：1：81）为流动相；检测波长为289nm；理论板数按氧阿苯达唑峰计算应不低于3000。取对照溶液和供试品溶液各10μl，注入液相色谱仪，记录色谱图至主成分峰保留时间的5倍。供试品溶液色谱图中如有杂质峰，各杂质峰面积的和不得大于对照溶液主峰面积（2.0%）。

干燥失重 取本品，在105℃干燥至恒重，减失重量不得过0.5%（附录0831）。

炽灼残渣 不得过0.2%。

铁盐 取炽灼残渣项下遗留的残渣，加盐酸2ml，置水浴上蒸干，再加稀盐酸4ml，微热溶解后，加水30ml与过硫酸铵50mg，依法检查（附录0807）。与标准铁溶液3.0ml用同一方法制成的对照液比较，不得更深（0.003%）。

【含量测定】 取本品约0.2g，精密称定，加冰醋酸5ml和醋酐20ml溶解后，加结晶紫指示液1滴，用高氯酸滴定液（0.1mol／L）滴定至溶液显绿色，并将滴定的结果用空白试验校正。每1ml高氯酸滴定液（0.1mol／L）相当于28.13mg的$C_{12}H_{15}N_3O_3S$。

【类别】 抗蠕虫药。

【贮藏】 密封保存。

【制剂】 氧阿苯达唑片

氧阿苯达唑片

Yang Abendazuo Pian

Albendazole Oxide Tablets

本品含氧阿苯达唑（$C_{12}H_{15}N_3O_3S$）应为标示量的90.0%～110.0%。

【性状】 本品为白色或类白色片。

【鉴别】 （1）取本品的细粉适量（约相当于氧阿苯达唑0.2g），加乙醇30ml，置水浴上加热至微沸，搅拌使氧阿苯达唑溶解，滤过；滤液置水浴上蒸干，残渣照氧阿苯达唑项下的鉴别（1）项试验，显相同的反应。

（2）在含量测定项下记录的色谱图中，供试品溶液主峰的保留时间应与对照品溶液主峰的保留时间一致。

【检查】 应符合片剂项下有关的各项规定（附录0101）。

【含量测定】 照高效液相色谱法（附录0512）测定。

色谱条件与系统适用性试验 用十八烷基硅烷键合硅胶为填充剂；乙腈-0.5mol／L四丁基溴化铵溶液-冰醋酸-水（16：2：1：81）为流动相；检测波长为289nm。理论板数按氧阿苯达唑峰计算应不低于3000。

测定法 取本品10片，精密称定，研细，精密称取适量（约相当于氧阿苯达唑10mg），置50ml量瓶中，加冰醋酸5ml，振摇使氧阿苯达唑溶解，用流动相稀释至刻度，摇匀，滤过；取续滤液作为供试品溶液，精密量取10μl，注入液相色谱仪，记录色谱图。另取氧阿苯达唑对照品约50mg，精密称定，置50ml量瓶中，加冰醋酸5ml，振摇使溶解，用流动相稀释至刻度，摇匀；精密量取适量，用流动相定量稀释制成每lml中含0.2mg的溶液，作为对照品溶液，同法测定。按外标法以峰面积计算，即得。

【作用与用途】 抗蠕虫药。主要用于驱除畜禽线虫和绦虫。

【用法与用量】 以氧阿苯达唑计。内服：一次量，每1kg体重，羊5～10mg。

【不良反应】 （1）本品有潜在的皮肤致敏性；（2）对妊娠早期动物有致畸和胚胎毒性的作用。

【注意事项】 （1）妊娠前期的羊慎用本品。（2）使用时应避免皮肤，避免儿童接触。

【休药期】 羊4日。

【规格】 （1）50mg （2）0.1g

【贮藏】 密闭保存。

氨 苄 西 林

Anbianxilin

Ampicillin

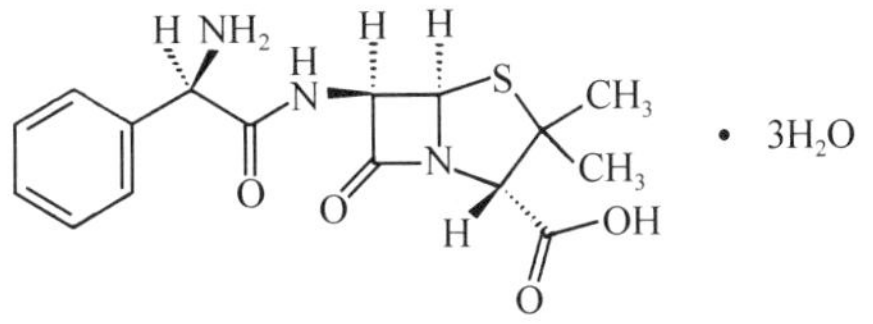

$C_{16}H_{19}N_3O_4S \cdot 3H_2O$ 403.45

本品为（2S,5R,6R）-3,3-二甲基-6-〔（R）-2-氨基-2-苯乙酰氨基〕-7-氧代-4-硫杂-1-氮杂双环[3.2.0]庚烷-2-甲酸三水化合物。按无水物计算，含氨苄西林（$C_{16}H_{19}N_3O_4S$）不得少于96.0%。

【性状】 本品为白色结晶性粉末。

本品在水中微溶，在三氯甲烷、乙醇、乙醚或不挥发油中不溶；在稀酸溶液或稀碱溶液中溶解。

比旋度 取本品，精密称定，加水溶解并定量稀释制成每1ml中约含2.5mg的溶液，在60℃水浴上加热使溶解，冷却，依法测定（附录0621），比旋度为+280°至+305°。

【鉴别】 （1）取本品和氨苄西林对照品适量，分别加磷酸盐缓冲液（取无水磷酸氢二钠0.50g与磷酸二氢钾0.301g，加水溶解使成1000ml，pH值为7.0）溶解并稀释制成每1ml中各含1mg的溶液，作为供试品溶液与对照品溶液；取上述两种溶液等量混合，作为混合溶液。照薄层色谱法（附录0502）试验，吸取上述三种溶液各2μl，分别点于同一硅胶G薄层板上，以丙酮-水-甲苯-冰醋酸（65：10：10：2.5）为展开剂，展开，晾干，喷以0.3%茚三酮乙醇显色液，在90℃加热至出现斑点。混合溶液所显主斑点应为单一斑点，供试品溶液所显主斑点的位置和颜色应与对照品溶液或混合溶液主斑点的位置和颜色相同。

（2）在含量测定项下记录的色谱图中，供试品溶液主峰的保留时间应与对照品溶液主峰的保留时间一致。

（3）本品的红外光吸收图谱应与对照的图谱一致。

以上（1）、（2）两项可选做一项。

【检查】 酸度 取本品，加水制成每1ml中含2.5mg的溶液，在60℃水浴上加热使溶解，放冷，依法测定（附录0631），pH值应为3.5～5.5。

溶液的澄清度 取本品5份，各0.6g，分别加1mol/L盐酸溶液5ml，使溶解后，立即检查，另取本品5份，各0.6g，分别加2mol/L氢氧化铵溶液5ml，使溶解后，立即检查，溶液均应澄清；如显浑浊，与2号浊度标准液（附录0902）比较，均不得更浓。

有关物质 临用新制。取本品适量，精密称定，加流动相A溶解并定量稀释制成每1ml中约含3mg的溶液，作为供试品溶液；另取氨苄西林对照品适量，精密称定，加流动相A溶解并定量稀释制成每1ml中约含30μg的溶液，作为对照溶液。照高效液相色谱法（附录0512）试验，用十八烷基硅烷键合硅胶为填充剂；流动相A为12%醋酸溶液-0.2mol/L磷酸二氢钾溶液-乙腈-水（0.5：50：50：900）；流动相B为12%醋酸溶液-0.2mol/L磷酸二氢钾溶液-乙腈-水（0.5：50：400：550）；检测波长为254nm。先以流动相A-流动相B（85：15）等度洗脱，待氨苄西林峰洗脱完毕后立即按下表进行线性梯度洗脱。取氨苄西林系统适用性对照品适量，加流动相A溶解并稀释制成每1ml中约含2mg的溶液，取20μl注入液相色谱仪，记录的色谱图应与标准图谱一致。精密量取对照溶液与供试品溶液各20μl，分别注入液相色谱仪，记录色谱图。供试品溶液色谱图中如有杂质峰，按外标法以氨苄西林峰计算。单个杂质峰面积不得过1.0%，各杂质的总量不得过3.0%，供试品溶液色谱图中小于对照溶液主峰面积0.05倍的色谱峰可忽略不计。

时间（分钟）	流动相A（%）	流动相B（%）
0	85	15
30	0	100
45	0	100
50	85	15
60	85	15

***N,N*-二甲基苯胺** 取本品约1.0g，精密称定，置具塞试管中，加1mol/L氢氧化钠溶液5ml，精密加入内标溶液（精密称取适量萘，加环己烷溶解并稀释制成每1ml中约含50μg的溶液）1ml，强烈振摇，静置，取上层液作为供试品溶液；取*N,N*-二甲基苯胺50mg，精密称定，置50ml量瓶中，加盐酸2ml和水20ml振摇混匀后，用水稀释至刻度，摇匀；精密量取5ml，置250ml量瓶中，用水稀释至刻度，摇匀；精密量取1ml，置具塞试管中，加1mol/L氢氧化钠溶液5ml，精密加入内标溶液1ml，强烈振摇，静置，取上层液，作为对照品溶液。照气相色谱法（附录0521）试验，以硅酮（OV-17）为固定相，涂布浓度为3%；柱温120℃；*N,N*-二甲基苯胺峰与内标峰的分离度应符合要求。精密量取对照品与供试品溶液各2μl，分别注入气相色谱仪，记录色谱图，按内标法以峰面积比值计算。含*N,N*-二甲基苯胺的量不得过百万分之二十。

水分 取本品，照水分测定法（附录0832第一法A）测定，含水分应为12.0%～15.0%。

炽灼残渣 取本品1.0g，依法检查（附录0841），遗留残渣不得过0.5%。

重金属 取炽灼残渣项下遗留的残渣，依法检查（附录0821第二法），含重金属不得过百万分之二十。

【含量测定】 照高效液相色谱法（附录0512）测定。

色谱条件与系统适用性试验 用十八烷基硅烷键合硅胶为填充剂；以有关物质项下的流动相A-流动相B（85：15）为流动相；检测波长为254nm。取氨苄西林对照品和头孢拉定对照品各适量，加流动相A溶解并制成每1ml中约含氨苄西林0.3mg和头孢拉定0.02mg的混合溶液，取20μl注入液相色谱仪，记录色谱图。氨苄西林峰与头孢拉定峰的分离度应大于3.0。

测定法 取本品约50mg，精密称定，置50ml量瓶中，用有关物质项下的流动相A溶解并稀释至刻度，摇匀，作为供试品溶液；精密量取20μl注入液相色谱仪，记录色谱图；另取氨苄西林对照品适量，同法测定。按外标法以峰面积计算，即得。

【类别】 β-内酰胺类抗生素。

【贮藏】 遮光，严封，在干燥处保存。

氨苄西林钠

Anbian Xilinna

Ampicillin Sodium

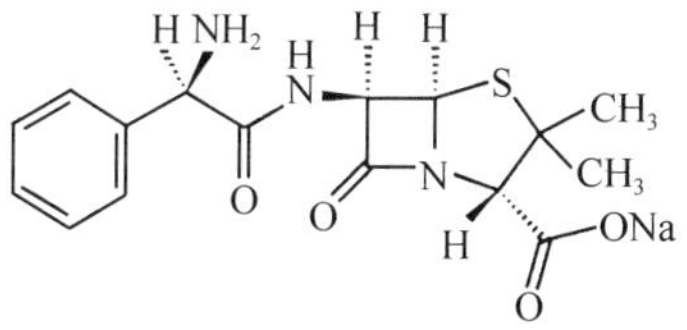

$C_{16}H_{18}N_3NaO_4S$ 371.39

本品为（2S,5R,6R）-3,3-二甲基-6-〔（R）-2-氨基-2-苯乙酰氨基〕-7-氧代-4-硫杂-1-氮杂双环[3.2.0]庚烷-2-甲酸钠盐。按无水物计算，含氨苄西林（以$C_{16}H_{19}N_3O_4S$计）不得少于85.0%。

【性状】 本品为白色或类白色的粉末或结晶性粉末；无臭或微臭；有引湿性。

本品在水中易溶，在乙醇中略溶，在乙醚中不溶。

比旋度 取本品，精密称定，用0.4%邻苯二甲酸氢钾溶液溶解并定量稀释制成每1ml中约含2.5mg的溶液，依法测定（附录0621），比旋度为+258°至+287°。

【鉴别】 （1）取本品和氨苄西林对照品适量，分别加磷酸盐缓冲液（取无水磷酸氢二钠0.50g与磷酸二氢钾0.301g，加水溶解使成1000ml，pH值为7.0）溶解并稀释制成每1ml中各约含1mg的溶液，作为供试品溶液与对照品溶液；取上述两种溶液等量混合，作为混合溶液。照薄层色谱法（附录0502）试验，吸取上述三种溶液各2μl，分别点于同一硅胶G薄层板上，以丙酮-水-甲苯-冰醋酸（65：10：10：2.5）为展开剂，展开，晾干，喷以0.3%茚三酮乙醇显色液，在90℃加热至出现斑点。混合溶液所显主斑点应为单一斑点，供试品溶液所显主斑点的位置和颜色应与对照品溶液或混合溶液主斑点的位置和颜色相同。

（2）在含量测定项下记录的色谱图中，供试品溶液主峰的保留时间应与对照品溶液主峰的保留时间一致。

（3）本品的红外光吸收图谱应与对照的图谱一致。

（4）本品显钠盐鉴别（1）的鉴别反应（附录0301）。

以上（1）、（2）两项可选做一项。

【检查】 **碱度** 取本品，加水制成每1ml中含0.1g的溶液，振摇使溶解，室温放置10分钟后，依法测定（附录0631），pH值为8.0～10.0。

溶液的澄清度与颜色 取本品5份，各0.6g，分别加水5ml溶解后，溶液应澄清无色；如显浑浊，与1号浊度标准液（附录0902）比较，均不得更浓；如显色，与黄绿色5号标准比色液（附录0901第一法）比较，均不得更深。

有关物质 取本品适量，精密称定，加流动相A溶解并定量稀释制成每1ml中约含3mg的溶液，作为供试品溶液，照氨苄西林项下的方法测定。供试品溶液色谱图中如有杂质峰，按外标法以氨苄西林峰计算，氨苄西林二聚物的量不得过4.5%，其他单个杂质的量不得过2.0%，其他各杂质总量不得过5.0%。

残留溶剂 取本品约0.3g，精密称定，置顶空瓶中，精密加水3ml使溶解，密封，作为供试品溶液；分别精密称取丙酮、乙酸乙酯、异丙醇、二氯甲烷、甲基异丁基酮、甲苯和正丁醇各适量，用水定量稀释制成每1ml中分别含丙酮0.5mg、乙酸乙酯0.5mg、异丙醇0.5mg、二氯甲烷0.2mg、甲基异丁基酮0.5mg、甲苯89μg和正丁醇0.5mg的混合溶液，精密量取3ml，置顶空瓶中，密封，作为对照品溶液。照残留溶剂测定法（附录0861第二法）试验，以硝基对苯二酸改性的聚乙二醇（或极性相近）为固定液的毛细管柱为色谱柱，起始温度为60℃，维持6分钟，再以每分钟20℃的速率升温至150℃，维持8分钟；进样口温度为150℃；检测器温度为250℃；顶空瓶平衡温度为80℃，平衡时间为30分钟。取对照品溶液顶空进样，记录色谱图，按丙酮、乙酸乙酯、异丙醇、二氯甲烷、甲基异丁基酮、甲苯和正丁醇顺序出峰，各主峰之间的分离度均应符合要求。再取供试品溶液与对照品溶液分别顶空进样，记录色谱图，按外标法以峰面积计算，二氯甲烷的残留量不得过0.2%，丙酮、乙酸乙酯、异丙醇、甲基异丁基酮、甲苯和正丁醇的残留量均应符合规定。

2-乙基己酸 取本品，依法测定（附录0871），不得过0.8%。

水分 取本品，照水分测定法（附录0832第一法A）测定，含水分不得过2.0%。

重金属 取本品1.0g，依法检查（附录0821第二法），含重金属不得过百万分之二十。

可见异物 取本品5份，每份各2g，加微粒检查用水溶解，依法检查（附录0904），应符合规定。（供无菌分装用）

不溶性微粒 取本品3份，加微粒检查用水制成每1ml中含50mg的溶液，依法检查（附录0903）。每1g样品中，含10μm及10μm以上的微粒不得过6000粒，含25μm及25μm以上的微粒不得过600粒。（供无菌分装用）

细菌内毒素 取本品，依法检查（附录1143），每1mg氨苄西林（按$C_{16}H_{19}N_3O_4S$计）中含内毒素的量应小于0.10EU。（供注射用）

无菌 取本品，用适宜溶剂溶解并稀释后，经薄膜过滤法处理，依法检查（附录1101），应符合规定。（供无菌分装用）

【含量测定】 取本品适量，精密称定，加有关物质项下的流动相A溶解并定量稀释制成每1ml中约含氨苄西林（按$C_{16}H_{19}N_3O_4S$计）1mg的溶液，照氨苄西林项下的方法测定，即得。

【类别】 β-内酰胺类抗生素。

【贮藏】 严封，在干燥处保存。

【制剂】 注射用氨苄西林钠

注射用氨苄西林钠

Zhusheyong Anbian Xilinna

Ampicillin Sodium for Injection

本品为氨苄西林钠的无菌粉末。按无水物计算，含氨苄西林（以$C_{16}H_{19}N_3O_4S$计）不得少于85.0%；按平均装量计算，含氨苄西林（以$C_{16}H_{19}N_3O_4S$计）应为标示量的95.0%～105.0%。

【性状】 本品为白色或类白色的粉末或结晶性粉末。

【鉴别】 取本品，照氨苄西林钠项下的鉴别试验，显相同的结果。

【检查】 **溶液的澄清度与颜色** 取本品5瓶，按标示量分别加水制成每1ml中含0.1g的溶液，溶液应澄清无色；如显浑浊，与1号浊度标准液（附录0902）比较，均不得更浓；如显色，与黄绿色5号标准比色液（附录0901第一法）比较，均不得更深。

水分 取本品，照水分测定法（附录0832第一法A）测定，含水分不得过2.5%。

不溶性微粒 取本品，按标示量加微粒检查用水制成每1ml中含50mg的溶液，依法检查（附录0903），标示量为1.0g以下的折算为每1.0g样品中含$10\mu m$及$10\mu m$以上的微粒不得过6000粒，含$25\mu m$及$25\mu m$以上的微粒不得过600粒；标示量为1.0g以上（包括1.0g）每个供试品容器中含$10\mu m$及$10\mu m$以上的微粒不得过6000粒，含$25\mu m$及$25\mu m$以上的微粒不得过600粒。

碱度、有关物质、细菌内毒素与无菌 照氨苄西林钠项下的方法检查，均应符合规定。

其他 应符合注射剂项下有关的各项规定（附录0102）。

【含量测定】 取装量差异项下的内容物，照氨苄西林钠项下的方法测定，即得。

【作用与用途】 β-内酰胺类抗生素。用于对氨苄西林敏感菌感染。

【用法与用量】 以氨苄西林钠计。肌内、静脉注射：一次量，每1kg体重，家畜10～20mg。一日2～3次，连用2～3日。

【不良反应】 本类药物可出现与剂量无关的过敏反应，表现为皮疹、发烧、嗜酸性细胞增多、白细胞和血小板减少、贫血、淋巴结病或全身性过敏反应。

【注意事项】 对青霉素酶敏感，不宜用于耐青霉素的金黄色葡萄球菌感染。

【休药期】 牛6日，猪15日；弃奶期48小时。

【规格】 按$C_{16}H_{19}N_3O_4S$计算 （1）0.5g （2）1.0g （3）2.0g

【贮藏】 密闭，在干燥处保存。

氨 茶 碱

Anchajian

Aminophylline

n=0，$C_2H_8N_2$（$C_7H_8N_4O_2$）$_2$　420.43

n=2，　$C_2H_8N_2$（$C_7H_8N_4O_2$）$_2 \cdot 2H_2O$　456.46

本品为1,3-二甲基-3,7-二氢-1H-嘌呤-2,6-二酮-1,2-乙二胺盐二水合物或无水物。按无水物计算，含无水茶碱（$C_7H_8N_4O_2$）应为84.0%～87.4%；含乙二胺（$C_2H_8N_2$）应为13.5%～15.0%。

【性状】 本品为白色至微黄色的颗粒或粉末，易结块；微有氨臭；在空气中吸收二氧化碳，并分解成茶碱；水溶液显碱性反应。

本品在水中溶解，在乙醇中微溶，在乙醚中几乎不溶。

【鉴别】 （1）取本品约0.2g，加水10ml溶解后，不断搅拌，滴加稀盐酸1ml使茶碱析出，滤过；滤渣用少量水洗涤后，在105℃干燥1小时，其红外光吸收图谱应与对照的图谱一致。

（2）取本品约30mg，加水1ml溶解后，加1%硫酸铜溶液2～3滴，振摇，溶液初显紫色；继续滴加硫酸铜溶液，渐变蓝紫色，最后成深蓝色。

（3）在含量测定项下记录的色谱图中，供试品溶液主峰的保留时间应与对照品溶液主峰的保留时间一致。

【检查】 **溶液的澄清度与颜色** 取本品0.50g，加新沸放冷的水10ml，微热使溶解，溶液应澄清无色，如显色，依法检查（附录0901第一法），与黄绿色2号标准比色液比较，不得更深。

有关物质 取本品0.20g，加水2ml，微热使溶解，放冷，用甲醇稀释至10ml，摇匀，作为供试品溶液，精密量取1ml，用甲醇稀释至200ml，摇匀，作为对照溶液。照薄层色谱法（附录0502）试验，吸取上述两种溶液各10μl，分别点于同一硅胶GF$_{254}$薄层板上，以正丁醇-丙酮-三氯甲烷-浓氨溶液（40：30：30：10）为展开剂，展开，晾干，置紫外光灯（254nm）下检视。供试品溶液如显杂质斑点，与对照溶液的主斑点比较，不得更深。

水分 取本品，照水分测定法（附录0832第一法A）测定，含水分不得过8.0%；如为无水氨茶碱［C$_2$H$_8$N$_2$（C$_7$H$_8$N$_4$O$_2$）$_2$］，含水分不得过1.5%。

炽灼残渣 不得过0.1%（附录0841）。

【含量测定】 **无水茶碱** 照高效液相色谱法（附录0512）测定。

色谱条件与系统适用性试验 用十八烷基硅烷键合硅胶为填充剂；以甲醇-0.12%戊烷磺酸钠溶液（20：80）（用冰醋酸调节pH值至2.9±0.1）为流动相；检测波长为254nm。取茶碱对照品与可可碱对照品各适量，用甲醇-水（1：4）溶解并稀释制成每1ml中各含0.064mg的溶液，取10μl注入液相色谱仪，理论板数按茶碱峰计算不低于2000，茶碱峰与可可碱峰之间的分离度应大于3.0。

测定法 取本品适量，精密称定，用甲醇-水（1：4）溶解并定量稀释制成每1ml中约含无水茶碱0.08mg的溶液，作为供试品溶液，精密量取10μl，注入液相色谱仪，记录色谱图；另取茶碱对照品，同法测定。按外标法以峰面积计算，即得。

乙二胺 取本品约0.25g，精密称定，加水25ml使溶解，加茜素磺酸钠指示液8滴，用硫酸滴定液（0.05mol/L）滴定至溶液显黄色。每1ml硫酸滴定液（0.05mol/L）相当于3.005mg的C$_2$H$_8$N$_2$。

【类别】 平喘药。

【贮藏】 遮光，密封保存。

【制剂】 （1）氨茶碱片 （2）氨茶碱注射液

氨 茶 碱 片

Anchajian Pian

Aminophylline Tablets

本品含无水茶碱（C$_7$H$_8$N$_4$O$_2$）应为氨茶碱标示量的74.0%～84.0%，含乙二胺（C$_2$H$_8$N$_2$）不得少于氨茶碱标示量的11.25%。

【性状】 本品为白色至微黄色片。

【鉴别】 取本品的细粉适量（约相当于氨茶碱0.5g），加水20ml，研磨浸渍后，滤过，滤液显碱性反应；取滤液照氨茶碱项下的鉴别（1）、（2）项试验，显相同的结果。

【检查】　溶出度　取本品，照溶出度与释放度测定法（附录0931第一法），以水800ml为溶出介质，转速为每分钟100转，依法操作，经10分钟时，取溶液10ml，滤过；精密量取续滤液适量，用0.01mol/L氢氧化钠溶液定量稀释制成每1ml中约含氨茶碱10μg的溶液，照紫外-可见分光光度法（附录0401），在275nm的波长处测定吸光度，按$C_7H_8N_4O_2$的吸收系数（$E_{1cm}^{1\%}$）为650计算每片的溶出量。限度为标示量的60%，应符合规定。

其他　应符合片剂项下有关的各项规定（附录0101）。

【含量测定】　无水茶碱　取本品20片，精密称定，研细，精密称取适量（约相当于氨茶碱100mg），置200ml量瓶中，加0.1mol/L氢氧化钠溶液20ml与水60ml，振摇10分钟使氨茶碱溶解，用水稀释至刻度，摇匀，滤过；精密量取续滤液5ml，置250ml量瓶中，用0.01mol/L氢氧化钠溶液稀释至刻度，摇匀，照紫外-可见分光光度法（附录0401），在275nm的波长处测定吸光度，按$C_7H_8N_4O_2$的吸收系数（$E_{1cm}^{1\%}$）为650计算，即得。

乙二胺　精密称取上述研细的粉末适量（约相当于氨茶碱0.5g），加水50ml，微温使氨茶碱溶解，放冷，加茜素磺酸钠指示液8滴，用盐酸滴定液（0.1mol/L）滴定至溶液显黄色。每1ml盐酸滴定液（0.1mol/L）相当于3.005mg的$C_2H_8N_2$。

【作用与用途】　平喘药。具有松弛支气管平滑肌、扩张血管、利尿等作用。用于缓解气喘症状。

【用法与用量】　以氨茶碱计。内服：一次量，每1kg体重，马5～10mg；犬、猫10～15mg。

【不良反应】　犬、猫可出现恶心、呕吐、失眠、胃酸分泌增加、腹泻、贪食多饮和多尿的症状。马的副作用一般与剂量有关，包括紧张不安、兴奋（听觉、视觉、触觉）、震颤、发汗、心动过速和运动失调。严重中毒可出现癫痫或心律失常。

【注意事项】　内服可引起呕吐反应。

【规格】　（1）50mg　（2）100mg　（3）200mg

【贮藏】　遮光，密封保存。

氨茶碱注射液

Anchajian Zhusheye

Aminophylline Injection

本品为氨茶碱的灭菌水溶液。含无水茶碱（$C_7H_8N_4O_2$）应为氨茶碱标示量的74.0%～84.0%。含乙二胺（$C_2H_8N_2$）应为氨茶碱标示量的13.0%～20.0%。

【性状】　本品为无色至淡黄色的澄明液体。

【鉴别】　取本品适量，照氨茶碱项下的鉴别（1）、（2）项试验，显相同的结果。

【检查】　pH值　不得过9.6（附录0631）。

颜色　取本品，应无色；如显色，取适量，用水稀释制成每1ml中含氨茶碱0.125g的溶液，与黄色或黄绿色4号标准比色液（附录0901第一法）比较，不得更深。

有关物质　取本品适量，用流动相稀释制成每1ml中约含氨茶碱2.5mg的溶液，作为供试品溶液；精密量取1ml，置200ml量瓶中，用流动相稀释至刻度，摇匀，作为对照溶液。另取茶碱对照品和可可碱对照品各适量，加流动相溶解并稀释制成每1ml中各含10μg的溶液，作为系统适用性溶液。照高效液相色谱法（附录0512）试验，用十八烷基硅烷键合硅胶为填充剂；以醋酸盐缓冲液

（取醋酸钠1.36g加水100m使溶解，加冰醋酸5ml，再加水稀释至1000ml，摇匀）-乙腈（93∶7）为流动相；检测波长为271nm；取系统适用性溶液20μl，注入液相色谱仪，记录色谱图，理论板数按茶碱峰计算不低于5000，可可碱峰与茶碱峰的分离度应大于2.0。精密量取对照溶液与供试品溶液各20μl，分别注入液相色谱仪，记录色谱图至茶碱峰保留时间的3倍。供试品溶液的色谱图中如有杂质峰（除相对茶碱峰的保留时间约为0.3之前的辅料峰与苯甲醇峰外），各杂质峰面积的和不得大于对照溶液主峰面积（0.5%）。

细菌内毒素　取本品，依法检查（附录1143），每1mg氨茶碱中含内毒素的量应小于0.50EU。

其他　应符合注射剂项下有关的各项规定（附录0102）。

【含量测定】　无水茶碱　精密量取本品适量，用0.01mol/L氢氧化钠溶液定量稀释制成每1ml中约含氨茶碱10μg的溶液，照紫外-可见分光光度法（附录0401），在275nm的波长处测定吸光度，按$C_7H_8N_4O_2$的吸收系数（$E_{1cm}^{1\%}$）为650计算，即得。

乙二胺　精密量取本品适量（约相当于氨茶碱0.25g），加水50ml，摇匀，加茜素磺酸钠指示液8滴，用盐酸滴定液（0.1mol/L）滴定至溶液显黄色。每1ml盐酸滴定液（0.1mol/L）相当于3.005mg的$C_2H_8N_2$。

【作用与用途】　平喘药。具有松弛支气管平滑肌、缓解气喘症状，以及扩张血管、利尿等作用。

【用法与用量】　以氨茶碱计。肌内、静脉注射：一次量，马、牛1～2g；羊、猪0.25～0.5g；犬0.05～0.1g。

【不良反应】　可引起中枢神经系统兴奋。

【注意事项】　（1）肝功能低下，心衰患畜慎用。

（2）静脉注射或静脉滴注如用量过大、浓度过高或速度过快，都可强烈兴奋心脏和中枢神经，故需稀释后注射并注意掌握速度和剂量。

（3）注射液碱性较强，可引起局部红肿、疼痛，应作深部肌内注射。

【规格】　按$C_2H_8N_2（C_7H_8N_4O_2）_2\cdot2H_2O$计（1）2ml∶0.25g　（2）2ml∶0.5g　（3）5ml∶1.25g

【贮藏】　遮光，密闭保存。

氨基比林

Anjibilin

Aminophenazone

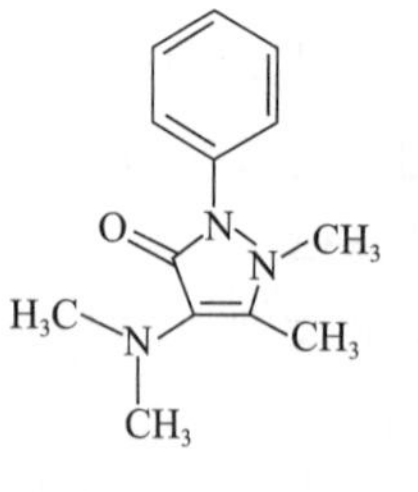

$C_{13}H_{17}N_3O$　231.30

本品为4-二甲氨基-1,2-二氢-1,5-二甲基-2-苯基-3H-吡唑-3-酮。含$C_{13}H_{17}N_3O$不得少于99.0%。

【性状】　本品为白色或几乎白色的结晶性粉末；无臭；遇光渐变质；水溶液显碱性反应。本品在乙醇或三氯甲烷中易溶，在水或乙醚中溶解。

【鉴别】　取本品约0.8g，加水20ml溶解后，照下述方法试验：

（1）取溶液5ml，加稀盐酸3滴与三氯化铁试液1ml，即显蓝紫色，再加稀硫酸数滴，应显紫红色。

（2）取溶液5ml，加硝酸银试液5滴，即显紫蓝色，渐析出灰黑色的金属银。

（3）取溶液5ml，加新制的稀铁氰化钾试液数滴，即显深蓝色或生成深蓝色沉淀（与安替比林的区别）。

【检查】　**氯化物**　取本品0.50g，加水15ml微温使溶解，放冷，依法检查（附录0801），与标准氯化钠溶液1.0ml制成的对照液比较，不得更浓（0.002%）。

安替比林与氨基安替比林　取本品0.10g，加香草醛0.1g，精密加入硫酸溶液（2→7）7ml，置水浴中加热5分钟，时时振摇，如显色，与对照液〔取香草醛0.1g，精密加入硫酸溶液（2→7）7ml，置水浴中加热5分钟，时时振摇〕比较，不得更深。

易炭化物　取本品0.50g，依法检查（附录0842），溶液应几乎无色。

炽灼残渣　不得过0.1%（附录0841）。

重金属　取本品1.0g，加1mol/L盐酸溶液4ml与水适量使成25ml，依法检查（附录0821第一法），含重金属不得过百万分之十五。

【含量测定】　取本品约1g，精密称定，加水40ml微温溶解后，放冷，加甲基橙-亚甲蓝混合指示液3滴，用盐酸滴定液（0.5mol/L）滴定至终点的颜色与对照液〔取水50ml，加上述混合指示液3滴与盐酸滴定液（0.5mol/L）0.05ml制成〕的一致，自消耗盐酸滴定液（0.5mol/L）的毫升数中减去0.05ml。每1ml盐酸滴定液（0.5mol/L）相当于115.6mg的$C_{13}H_{17}N_3O$。

【类别】　解热镇痛药。

【贮藏】　遮光，密闭保存。

【制剂】　（1）复方氨基比林注射液　（2）安痛定注射液

复方氨基比林注射液

Fufang Anjibilin Zhusheye

Compound Aminophenazone Injection

本品为氨基比林与巴比妥混合制成的灭菌水溶液。含氨基比林（$C_{13}H_{17}N_3O$）与巴比妥（$C_8H_{12}N_2O_3$）均应为标示量的94.0%～106.0%。

【处方】

氨基比林	71.5g
巴比妥	28.5g
甘油	150ml
乙醇	230ml
注射用水	适量
制成	1000ml

【性状】　本品为无色至淡黄色的澄明液体。

【鉴别】　（1）取本品2ml，加稀盐酸2滴与三氯化铁试液数滴，即显蓝紫色，再加稀硫酸数滴，即显紫红色。

（2）取本品数滴，加氢氧化钠试液1滴，混合后，加吡啶溶液（1→10）4ml，加铜吡啶试液1～2滴，即显紫堇色或生成紫堇色沉淀。

【检查】 pH值 应为5.0～7.0（附录0631）。

颜色 取本品，依法检查（附录0901第一法），与黄色2号标准比色液比较，不得更深。

其他 应符合注射剂项下有关的各项规定（附录0102）。

【含量测定】 氨基比林 精密量取本品5ml，加水20ml，加甲基橙-亚甲蓝混合指示液3滴，用盐酸滴定液（0.1mol/L）滴定至溶液所显颜色与对照液〔取水30ml，加上述混合指示液3滴与盐酸滴定液（0.1mol/L）0.2ml制成〕的颜色一致，自消耗盐酸滴定液（0.1mol/L）的毫升数中减去0.2ml。每1ml盐酸滴定液（0.1mol/L）相当于23.13mg的$C_{13}H_{17}N_3O$。

巴比妥 精密量取本品5ml，加新制的碳酸钠试液6ml与水14ml，保持温度在15～20℃，用硝酸银滴定液（0.1mol/L）滴定至溶液（应为15～20℃）微显混浊并在30秒钟内不消失。每1ml硝酸银滴定液（0.1mol/L）相当于18.42mg的$C_8H_{12}N_2O_3$。

【作用与用途】 解热镇痛药。主要用于马、牛、羊、猪等动物的解热和抗风湿，也可用于马和骡的疝痛，但镇痛效果较差。

【用法与用量】 肌内、皮下注射：一次量，马、牛20～50ml；羊、猪5～10ml。

【不良反应】 剂量过大或长期应用，可引起高铁血红蛋白血症、缺氧、发绀、粒细胞减少症等。

【注意事项】 连续长期应用可引起粒性白细胞减少症，应定期检查血象。

【休药期】 28日；弃奶期7日。

【规格】 （1）5ml （2）10ml （3）20ml （4）50ml

【贮藏】 遮光，密闭保存。

倍 他 米 松

Beitamisong

Betamethasone

$C_{22}H_{29}FO_5$ 392.47

本品为16β-甲基-11β,17α,21-三羟基-9α-氟孕甾-1,4-二烯-3,20-二酮。按干燥品计算，含$C_{22}H_{29}FO_5$应为97.0%～103.0%。

【性状】 本品为白色或类白色结晶性粉末；无臭。

本品在乙醇中略溶，在二氧六环中微溶，在水或三氯甲烷中几乎不溶。

比旋度 取本品，精密称定，加二氧六环溶解并定量稀释制成每1ml中约含10mg的溶液，依法测定（附录0621），比旋度为+115°至+121°。

吸收系数 取本品，精密称定，加乙醇溶解并定量稀释制成每1ml中约含10μg的溶液，照紫外-可见分光光度法（附录0401），在239nm的波长处测定吸光度，吸收系数（$E_{1cm}^{1\%}$）为382～406。

【鉴别】 （1）取本品约10mg，加甲醇1ml，微温溶解后，加热的碱性酒石酸铜试液1ml，生成砖红色沉淀。

（2）在含量测定项下记录的色谱图中，供试品溶液主峰的保留时间应与对照品溶液主峰的保留时间一致。

（3）本品的红外光吸收图谱应与对照的图谱一致。

（4）本品显有机氟化物的鉴别反应（附录0301）。

【检查】 有关物质 取本品，加流动相溶解并稀释制成每1ml中约含0.4mg的溶液，作为供试品溶液；精密量取1ml，置100ml量瓶中，用流动相稀释至刻度，摇匀，作为对照溶液。照含量测定项下的色谱条件，精密量取对照溶液与供试品溶液各20μl，分别注入液相色谱仪，记录色谱图至主成分峰保留时间的2.5倍。供试品溶液色谱图中如有杂质峰，峰面积在对照溶液主峰面积0.5~1.0倍（0.5%~1.0%）之间的杂质峰不得超过1个，其他单个杂质峰面积不得大于对照溶液中主峰面积的0.5倍（0.5%），各杂质峰面积的和不得大于对照溶液主峰面积的2倍（2.0%）。供试品溶液色谱图中小于对照溶液主峰面积0.01倍的色谱峰忽略不计。

干燥失重 取本品，在105℃干燥至恒重，减失重量不得过0.5%（附录0831）。

炽灼残渣 不得过0.1%（附录0841）。

【含量测定】 照高效液相色谱法（附录0512）测定。

色谱条件与系统适用性试验 用十八烷基硅烷键合硅胶为填充剂；以乙腈-水（25：75）为流动相；检测波长为240nm。取地塞米松对照品，加有关物质项下的供试品溶液溶解并稀释制成每1ml中含倍他米松与地塞米松各40μg的溶液，取20μl注入液相色谱仪，倍他米松峰与地塞米松峰的分离度应大于1.9。

测定法 取本品，精密称定，加流动相溶解并定量稀释制成每1ml中约含40μg的溶液，作为供试品溶液，精密量取20μl注入液相色谱仪，记录色谱图；另取倍他米松对照品，同法测定。按外标法以峰面积计算，即得。

【类别】 糖皮质激素类药。

【贮藏】 遮光，密封保存。

【制剂】 倍他米松片

倍他米松片
Beitamisong Pian
Betamethasone Tablets

本品含倍他米松（$C_{22}H_{29}FO_5$）应为标示量的90.0%~110.0%。

【性状】 本品为白色片。

【鉴别】 在含量测定项下记录的色谱图中，供试品溶液主峰的保留时间应与对照品溶液主峰的保留时间一致。

【检查】 溶出度 取本品，照溶出度与释放度测定法（附录0931第二法），以水900ml为溶出介质，转速为每分钟50转，依法操作，经30分钟时，取溶液滤过，取续滤液作为供试品溶液；另精密称取倍他米松对照品适量，加甲醇溶解并定量稀释制成每1ml中约含0.28mg的溶液，精密量取2ml，置1000ml量瓶中，用水稀释至刻度，摇匀，作为对照品溶液。照含量测定项下的色谱条件，精密量取对照品溶液与供试品溶液各100μl，分别注入液相色谱仪，记录色谱图，按外标法以峰面积计算每片的溶出量。限度为标示量的75%，应符合规定。

含量均匀度 取本品1片，置25ml量瓶中，加流动相适量，超声使倍他米松溶解，放冷，用流动相稀释至刻度，摇匀，离心（转速为每分钟4000转）20分钟，取上清液作为供试品溶液。另取倍他米松对照品，精密称定，加流动相溶解并定量稀释成每1ml中约含20μg的溶液，作为对照品溶液。照含量测定项下的方法测定，计算含量，应符合规定（附录0941）。

其他 应符合片剂项下有关的各项规定（附录0101）。

【含量测定】 取本品20片，精密称定，研细，精密称取适量（约相当于倍他米松2mg），置50ml量瓶中，加流动相适量，超声30分钟使倍他米松溶解，放冷，用流动相稀释至刻度，摇匀，离心（4000转/分钟）20分钟，取上清液作为供试品溶液，照倍他米松含量测定项下的方法测定，即得。

【作用与用途】 糖皮质激素类药。有抗炎、抗过敏和影响糖代谢等作用。主要用于炎症性、过敏性疾病等的治疗。

【用法与用量】 以倍他米松计。内服：一次量，犬、猫0.25～1mg。

【不良反应】 （1）有较强的水、钠潴留和排钾作用。

（2）有较强的免疫抑制作用。

（3）妊娠后期大剂量使用可引起流产。

（4）大剂量或长期使用易引起肾上腺皮质功能衰退。

【注意事项】 （1）严重肝功能不良、骨软症、骨折治疗期、创伤修复期、疫苗接种期动物禁用。

（2）妊娠早期及后期禁用。

（3）严格掌握适应证，防止滥用。

（4）对细菌性感染应与抗菌药合用。

（5）长期用药不能突然停药，应逐渐减量，直至停药。

【规格】 0.5mg

【贮藏】 遮光，密封保存。

高 锰 酸 钾

Gaomengsuanjia

Potassium Permanganate

$KMnO_4$ 158.03

本品含$KMnO_4$应为99.0%～100.5%。

【性状】 本品为黑紫色、细长的棱形结晶或颗粒，带蓝色的金属光泽；无臭；与某些有机物或易氧化物接触，易发生爆炸。

本品在沸水中易溶，在水中溶解。

【鉴别】 （1）取0.1%本品的水溶液5ml，加稀硫酸酸化，滴加过氧化氢溶液，紫红色即消褪。

（2）上述褪色后的溶液显钾盐的鉴别反应（附录0301）。

【检查】 氯化物 取本品2.0g，加热水60ml溶解后，置水浴上加热，在不断搅拌下滴加乙醇适量（约8ml），使溶液完全褪色后，移入100ml量瓶中，用水稀释至刻度，摇匀，滤过；取续滤液25ml，依法检查（附录0801），与标准氯化钠溶液5.0ml制成的对照液比较，不得更浓（0.010%）。

硫酸盐　取上述氯化物项下剩余的滤液25ml，依法检查（附录0802），与标准硫酸钾溶液2.0ml制成的对照液比较，不得更浓（0.040%）。

水中不溶物　取本品1.0g，加水100ml溶解后，加热至沸，放冷，用经105℃干燥至恒重的垂熔玻璃坩埚滤过，滤渣用水洗涤至无色，在105℃干燥至恒重，遗留残渣不得过5mg（0.5%）。

【含量测定】　取本品约0.8g，精密称定，置250ml量瓶中，加新蒸馏的水溶解并稀释至刻度，摇匀，作为供试品溶液。取供试品溶液置50ml滴定管中，调节液面至刻度起点，另精密量取草酸滴定液（0.05mol/L）25ml，加硫酸溶液（1→2）5ml与水50ml置锥形瓶中。由滴定管中迅速加入供试品溶液约23ml，加热至65℃，继续滴定至溶液显粉红色，并保持30秒钟不褪色。每1ml草酸滴定液（0.05mol/L）相当于3.161mg的$KMnO_4$。

【类别】　消毒防腐药。

【作用与用途】　高锰酸钾为强氧化剂，遇有机物、加热、加酸或碱等均可释出新生态氧而呈现杀菌、除臭、氧化等作用。常用于皮肤创伤及腔道炎症的创面消毒、止血和收敛，也用于有机物中毒。

【用法与用量】　腔道冲洗及洗胃：配成0.05%～0.1%溶液；创伤冲洗：配成0.1%～0.2%溶液。

【不良反应】　（1）高浓度高锰酸钾有刺激和腐蚀作用。

（2）内服可引起胃肠道刺激症状，严重时出现呼吸和吞咽困难。

【注意事项】　（1）严格掌握不同用途使用不同浓度的溶液。

（2）水溶液易失效，药液需现用现配，避光保存，久置变棕色而失效。

（3）由于高锰酸钾对胃肠道有刺激作用，在误服有机物中毒时，不应反复用高锰酸钾溶液洗胃。

（4）动物内服本品中毒时，应用温水或添加3%过氧化氢溶液洗胃，并内服牛奶、豆浆或氢氧化铝凝胶，以延缓吸收。

【贮藏】　密封保存。

烟　酰　胺

Yanxian'an

Nicotinamide

$C_6H_6N_2O$　122.13

本品为3-吡啶甲酰胺。按干燥品计算，含$C_6H_6N_2O$不得少于99.0%。

【性状】　本品为白色的结晶性粉末；无臭或几乎无臭；略有引湿性。

本品在水或乙醇中易溶，在甘油中溶解。

熔点　本品的熔点（附录0612）为128～131℃。

吸收系数　取本品，精密称定，加盐酸溶液（9→1000）溶解并定量稀释制成每1ml中约含15μg的溶液，照紫外-可见分光光度法（附录0401），在261nm的波长处测定吸光度，吸收系数（$E_{1cm}^{1\%}$）为417～443。

【鉴别】 （1）取本品约0.1g，加水5ml溶解后，加氢氧化钠试液5ml，缓缓加热，产生的氨气使湿润的红色石蕊试纸变蓝（与烟酸的区别）。继续加热至氨臭完全除去，放冷，加酚酞指示液1~2滴，用稀硫酸中和，加硫酸铜试液2ml，即缓缓析出淡蓝色的沉淀。

（2）取本品，加水溶解并稀释制成每1ml中约含20μg的溶液，照紫外-可见分光光度法（附录0401）测定，在261nm的波长处有最大吸收，在245nm的波长处有最小吸收，在245nm波长处的吸光度与261nm波长处的吸光度的比值应为0.63~0.67。

（3）本品的红外光吸收图谱应与对照的图谱一致。

【检查】 **酸碱度** 取本品1.0g，加水10ml使溶解，依法测定（附录0631），pH值应为5.5~7.5。

溶液的澄清度与颜色 取本品1.0g，加水10ml溶解后，溶液应澄清无色。

易炭化物 取本品0.2g，依法检查（附录0842），与对照溶液（取比色用氯化钴液1.0ml、比色用重铬酸钾液2.5ml、比色用硫酸铜液1.0ml，用水稀释至50ml）5ml比较，不得更深。

有关物质 取本品，精密称定，加乙醇溶解并稀释制成每1ml中约含40mg的溶液，作为供试品溶液；精密量取适量，用乙醇分别稀释制成每1ml中约含0.2mg与0.1mg的溶液，作为对照溶液（1）和（2）；另取烟酸对照品，加乙醇溶解并定量稀释制成每1ml中约含0.2mg的溶液，作为对照品溶液；再取烟酸对照品与本品适量，加乙醇溶解并稀释制成每1ml中约含烟酸0.2mg和烟酰胺1mg的混合溶液，作为对照溶液（3）。照薄层色谱法（附录0502）试验，吸取上述5种溶液各5μl，分别点于同一硅胶GF$_{254}$薄层板上，以三氯甲烷-无水乙醇-水（48:45:4）为展开剂，展开，晾干，置紫外光灯（254nm）下检视。对照溶液（3）应显示两个清晰分离的斑点；对照溶液（2）应显示一个清晰可见的斑点；供试品溶液如显与对照品溶液相应的杂质斑点，其颜色与对照品溶液的主斑点比较，不得更深（0.5%）；如显其他杂质斑点，与对照溶液（1）的主斑点比较，不得更深。

干燥失重 取本品，置五氧化二磷干燥器中，减压干燥18小时，减失重量不得过0.5%（附录0831）。

炽灼残渣 不得过0.1%（附录0841）。

重金属 取本品1.0g，加水10ml溶解后，加1mol/L盐酸溶液6ml与水适量使成25ml，依法检查（附录0821第一法），含重金属不得过百万分之二十。

【含量测定】 取本品约0.1g，精密称定，加冰醋酸20ml溶解后，加醋酐5ml与结晶紫指示液1滴，用高氯酸滴定液（0.1mol/L）滴定至溶液显蓝绿色，并将滴定的结果用空白试验校正。每1ml高氯酸滴定液（0.1mol/L）相当于12.21mg的$C_6H_6N_2O$。

【类别】 维生素类药。

【贮藏】 遮光，密封保存。

【制剂】 （1）烟酰胺片 （2）烟酰胺注射液

烟 酰 胺 片

Yanxian'an Pian

Nicotinamide Tablets

本品含烟酰胺（$C_6H_6N_2O$）应为标示量的93.0%~107.0%。

【性状】 本品为白色片。

【鉴别】 （1）取本品细粉适量（约相当于烟酰胺0.2g），加水10ml，搅拌使烟酰胺溶解，滤过，取滤液5ml，照烟酰胺项下的鉴别（1）项试验，显相同的反应。

（2）取本品细粉适量，加乙醇溶解并稀释制成每1ml中含烟酰胺5mg的溶液，滤过，取滤液作为供试品溶液；另取烟酰胺对照品，加乙醇溶解并稀释制成每1ml中约含5mg的溶液，作为对照品溶液。照有关物质项下的方法测定，供试品溶液所显主斑点的位置和颜色应与对照品溶液的主斑点相同。

（3）取本品细粉适量（约相当于烟酰胺0.1g），加无水乙醇10ml，研磨使烟酰胺溶解，滤过，滤液置水浴上蒸干，取残渣研细，在80℃干燥2小时，依法测定。本品的红外光吸收图谱应与对照的图谱一致。

【检查】 **有关物质** 取本品的细粉适量（约相当于烟酰胺0.1g），精密称定，加乙醇15ml，振摇15分钟，滤过，滤液置水浴上蒸干，残渣加乙醇2.5ml使溶解，摇匀，作为供试品溶液；照烟酰胺有关物质项下的方法试验，供试品溶液如显与对照品溶液相应的杂质斑点，其颜色与对照品溶液的主斑点比较，不得更深（0.5%）；如显其他杂质斑点，与对照溶液（1）的主斑点比较，不得更深。

其他 应符合片剂项下有关的各项规定（附录0101）。

【含量测定】 取本品20片，精密称定，研细，精密称取细粉适量（约相当于烟酰胺60mg），置100ml量瓶中，加盐酸溶液（9→1000）75ml，置水浴上加热15分钟并时时振摇，使烟酰胺溶解，放冷，用盐酸溶液（9→1000）稀释至刻度，摇匀，滤过；精密量取续滤液5ml，置200ml量瓶中，用盐酸溶液（9→1000）稀释至刻度，摇匀，照紫外-可见分光光度法（附录0401），在261nm的波长处测定吸光度，按$C_6H_6N_2O$的吸收系数（$E_{1cm}^{1\%}$）为430计算，即得。

【作用与用途】 维生素类药。主要用于烟酸缺乏症。

【用法与用量】 以烟酰胺计。内服：一次量，每1kg体重，家畜3～5mg。

【规格】 （1）50mg （2）100mg

【贮藏】 遮光，密封保存。

烟酰胺注射液

Yanxian'an Zhusheye

Nicotinamide Injection

本品为烟酰胺的灭菌水溶液。含烟酰胺（$C_6H_6N_2O$）应为标示量的95.0%～105.0%。

【性状】 本品为无色的澄明液体。

【鉴别】 （1）取本品适量（约相当于烟酰胺0.2g），照烟酰胺项下的鉴别（1）项试验，显相同的结果。

（2）取本品适量，用乙醇稀释制成每1ml中含烟酰胺5mg的溶液，作为供试品溶液；另取烟酰胺对照品，加乙醇溶解并稀释制成每1ml中约含5mg的溶液，作为对照品溶液。照有关物质项下的方法试验。供试品溶液所显主斑点的位置和颜色应与对照品溶液的主斑点相同。

【检查】 **pH值** 应为5.5～7.5（附录0631）。

有关物质 取本品适量，用乙醇稀释制成每1ml中含40mg的溶液，作为供试品溶液；照烟酰胺有关物质项下的方法试验，供试品溶液如显与对照品溶液相应的杂质斑点，其颜色与对照品溶液的主斑点比较，不得更深（0.5%）；如显其他杂质斑点，与对照溶液（1）的主斑点比较，不得更深。

细菌内毒素 取本品，依法检查（附录1143），每1mg烟酰胺中含内毒素的量应小于0.75EU。

其他 应符合注射剂项下有关的各项规定（附录0102）。

【含量测定】 精密量取本品适量，用盐酸溶液（9→1000）定量稀释制成每1ml中约含15μg的溶液，照紫外-可见分光光度法（附录0401），在261nm的波长处测定吸光度，按$C_6H_6N_2O$的吸收系数（$E_{1cm}^{1\%}$）为430计算，即得。

【作用与用途】 维生素类药。主要用于烟酸缺乏症。

【用法与用量】 以烟酰胺计。肌内注射：一次量，每1kg体重，家畜0.2~0.6mg；幼畜不得超过0.3mg。

【注意事项】 肌内注射可引起注射部位疼痛。

【规格】 （1）1ml：50mg （2）1ml：100mg

【贮藏】 遮光，密闭保存。

烟　　酸

Yansuan

Nicotinic Acid

$C_6H_5NO_2$　123.11

本品为吡啶-3-羧酸。按干燥品计算，含$C_6H_5NO_2$应不少于99.0%。

【性状】 本品为白色结晶或结晶性粉末，无臭或有微臭。

本品在沸水或沸乙醇中溶解，在水中略溶，在乙醇中微溶，在乙醚中几乎不溶；在碳酸钠试液或氢氧化钠试液中易溶。

吸收系数 取本品，精密称定，加0.1mol/L氢氧化钠溶液溶解并定量稀释制成每1ml中约含20μg的溶液，照紫外-可见分光光度法（附录0401），在263nm的波长处测定吸光度，吸收系数（$E_{1cm}^{1\%}$）为248~264。

【鉴别】 （1）取本品约4mg，加2,4-二硝基氯苯8mg，研匀，置试管中，缓缓加热熔化后，再加热数秒钟，放冷，加乙醇制氢氧化钾试液3ml，即显紫红色。

（2）取本品约50mg，加水20ml溶解后，滴加0.4%氢氧化钠溶液至遇石蕊试纸显中性反应，加硫酸铜试液3ml，即缓缓析出淡蓝色沉淀。

（3）取本品，加水溶解并稀释制成每1ml中约含20μg的溶液，照紫外-可见分光光度法（附录0401）测定，在262nm的波长处有最大吸收，在237nm的波长处有最小吸收；237nm波长处的吸光度与262nm波长处的吸光度的比值应为0.35~0.39。

（4）本品的红外光吸收图谱应与对照的图谱一致。

【检查】 **溶液的颜色** 取本品1.0g，加氢氧化钠试液10ml溶解后，如显色，与同体积的对照液（取比色用氯化钴液1.5ml、比色用重铬酸钾液17ml与比色用硫酸铜液1.5ml，用水稀释至1000ml）比较，不得更深。

　　氯化物　取本品0.25g，依法检查（附录0801），与标准氯化钠溶液5.0ml制成的对照液比较，不得更浓（0.02%）。

　　硫酸盐　取本品0.50g，依法检查（附录0802），与标准硫酸钾溶液1.0ml制成的对照液比较，不得更浓（0.02%）。

　　干燥失重　取本品，置五氧化二磷干燥器中，减压干燥至恒重，减失重量不得过0.5%（附录0831）。

　　炽灼残渣　不得过0.1%（附录0841）。

　　重金属　取本品1.0g，加稀盐酸1.5ml与水使成25ml，缓缓加温使完全溶解，放冷，依法检查（附录0821第一法），含重金属不得过百万分之二十。

　　【含量测定】　取本品约0.3g，精密称定，加新沸过的冷水50ml溶解后，加酚酞指示液3滴，用氢氧化钠滴定液（0.1mol/L）滴定。每1ml氢氧化钠滴定液（0.1mol/L）相当于12.31mg的$C_6H_5NO_2$。

　　【类别】　维生素类药。

　　【贮藏】　密封保存。

　　【制剂】　烟酸片

烟　酸　片

Yansuan Pian

Nicotinic Acid Tablets

　　本品含烟酸（$C_6H_5NO_2$）应为标示量的95.0%～105.0%。

　　【性状】　本品为白色片。

　　【鉴别】　（1）取本品的细粉适量（约相当于烟酸0.25g），加水100ml使烟酸溶解后，滤过；取滤液20ml，照烟酸项下的鉴别（2）项试验，显相同的反应。

　　（2）取上述滤液适量，用水稀释制成每1ml中含烟酸约20μg的溶液，照紫外-可见分光光度法（附录0401）测定，在262nm的波长处有最大吸收。

　　【检查】　溶出度　取本品，照溶出度与释放度测定法（附录0931第一法），以水900ml为溶出介质，转速为每分钟100转，依法操作，经20分钟时，取溶液适量，滤过；精密量取续滤液5ml（100mg规格）或10ml（50mg规格），置25ml量瓶中，用水稀释至刻度，摇匀，照紫外-可见分光光度法（附录0401），在262nm的波长处测定吸光度；另取烟酸对照品，精密称定，加水溶解并定量稀释制成每1ml中约含20μg的溶液，同法测定，计算每片的溶出量。限度为标示量的80%，应符合规定。

　　其他　应符合片剂项下有关的各项规定（附录0101）。

　　【含量测定】　取本品10片，精密称定，研细，精密称取适量（约相当于烟酸0.2g），加新沸过的冷水50ml，置水浴上加热，并时时振摇使烟酸溶解后，放冷，加酚酞指示液3滴，用氢氧化钠滴定液（0.1mol/L）滴定。每1ml氢氧化钠滴定液（0.1mol/L）相当于12.31mg的$C_6H_5NO_2$。

　　【作用与用途】　维生素类药。主要用于烟酸缺乏症。

　　【用法与用量】　内服：一次量，每1kg体重，家畜3～5mg。

　　【规格】　（1）50mg　（2）100mg

　　【贮藏】　密封保存。

酒石酸吉他霉素

Jiushisuan Jitameisu

Kitasamycin Tartrate

本品为吉他霉素酒石酸盐。按无水物计算，每1mg的效价不得少于1100吉他霉素单位。

【性状】 本品为白色至淡黄色粉末；无臭。

本品在水、甲醇和乙醇中极易溶解。

【鉴别】 （1）取本品，照吉他霉素项下的鉴别（1）、（2）项试验，显相同的结果。

（2）本品的水溶液显酒石酸盐鉴别（1）项的鉴别反应（附录0301）。

【检查】 酸度 取本品0.3g，加水10ml溶解后，依法测定（附录0631），pH值应为3.0～5.0。

水分 取本品，照水分测定法（附录0832第一法A）测定，含水分不得过5.0%。

炽灼残渣 不得过0.5%（附录0841）。

吉他霉素组分 取本品适量，精密称定，加流动相溶解并稀释制成每1ml中约含吉他霉素2500单位的溶液，作为供试品溶液，照吉他霉素项下的方法测定，柱温为40～60℃，按下式分别计算，吉他霉素A_5应为35%～70%，A_4应为5%～25%，A_1、A_{13}均应为3%～15%，吉他霉素A_9、A_8、A_7、A_6、A_5、A_4、A_1、A_3、A_{13}之和不得少于85%。

$$吉他霉素 A_5（A_4、A_1、A_{13}、A_9、A_8、A_7、A_6、A_3）含量 = \frac{A_T \times W_S \times P \times 标准品效价}{A_S \times W_T \times 供试品效价} \times 100\%$$

式中 A_T为供试品色谱图中吉他霉素A_5（A_4、A_1、A_{13}、A_9、A_8、A_7、A_6、A_3）的峰面积；

A_S为标准品色谱图中吉他霉素A_5的峰面积；

W_T为供试品的重量；

W_S为标准品的重量；

P为标准品中吉他霉素A_5的百分含量。

【含量测定】 精密称取本品适量，加灭菌水溶解并定量稀释制成每1ml中约含吉他霉素1000单位的溶液，照吉他霉素项下的方法测定。

【类别】 大环内酯类抗生素。

【贮藏】 遮光，密闭，在干燥处保存。

【制剂】 酒石酸吉他霉素可溶性粉

酒石酸吉他霉素可溶性粉

Jiushisuan Jitameisu Kerongxingfen

Kitasamycin Tartrate Soluble Powder

本品含吉他霉素应为标示量的90.0%～110.0%。

【性状】 本品为白色或类白色粉末。

【鉴别】 照酒石酸吉他霉素项下的鉴别试验，显相同结果。

【检查】 水分 取本品，照水分测定法（附录0832第一法A）测定，含水分不得过6.0%。

吉他霉素组分 取本品适量，精密称定，加流动相溶解并稀释制成每1ml中约含吉他霉素2500单位的溶液，摇匀，滤过，照吉他霉素项下方法测定，柱温为40～60℃，按下式分别计算，吉他霉素A_5应为35%～70%，A_4应为5%～25%，A_1、A_{13}均应为3%～15%。

$$吉他霉素A_5（A_4、A_1、A_{13}）含量=\frac{A_T \times W_S \times P \times 标准品效价}{A_S \times W_T \times 标示量} \times 100\%$$

式中 A_T为供试品色谱图中吉他霉素A_5（A_4、A_1、A_{13}）的峰面积；

A_S为标准品色谱图中吉他霉素A_5的峰面积；

W_T为供试品的重量；

W_S为标准品的重量；

P为标准品中吉他霉素A_5的百分含量。

其他 应符合可溶性粉剂项下有关的各项规定（附录0113）。

【含量测定】 精密称取本品适量，照酒石酸吉他霉素项下的方法测定。

【作用与用途】 大环内酯类抗生素。主要用于治疗革兰氏阳性菌、支原体等引起的感染性疾病。

【用法与用量】 以吉他霉素计。混饮：每1L水，鸡0.25～0.5g。连用3～5日。

【不良反应】 动物内服后可出现剂量依赖性胃肠道功能紊乱（如呕吐、腹泻、肠疼痛等），发生率较红霉素低。

【注意事项】 蛋鸡产蛋期禁用。

【休药期】 鸡7日。

【规格】 （1）10g：5g（500万单位）（2）100g：10g（1000万单位）

【贮藏】 密闭，在干燥处保存。

酒石酸泰乐菌素

Jiushisuan Tailejunsu

Tylosin Tartrate

本品为泰乐菌素的酒石酸盐。按干燥品计算，每1mg的效价不得少于800泰乐菌素单位。

【性状】 本品为白色至淡黄色粉末。

本品在三氯甲烷中易溶，在水或甲醇中溶解，在乙醚中几乎不溶。

【鉴别】 （1）取本品约10mg，加吡啶7.5ml，醋酐2.5ml使溶解，放置约10分钟，溶液显绿色。

（2）取本品约3mg，加丙酮2ml溶解后，加盐酸1ml，溶液由淡红色渐变为深紫色。

（3）在泰乐菌素组分项下记录的色谱图中，供试品溶液泰乐菌素A峰的保留时间应与标准品溶液泰乐菌素A峰的保留时间一致。

（4）本品的水溶液显酒石酸盐鉴别（1）项的反应（附录0301）。

【检查】 酸碱度 取本品，加水溶解并稀释制成每1ml中含25mg的溶液，依法测定（附录0631），pH值应为5.0～7.2。

酪胺 取本品（约相当于泰乐菌素50mg），精密称定，照泰乐菌素项下的方法检查，应符合规定。

干燥失重 取本品，以五氧化二磷为干燥剂，在60℃减压干燥至恒重，减失重量不得过4.5%（附录0831）。

炽灼残渣 不得过2.5%（附录0841）。

重金属 取炽灼残渣项下遗留的残渣，依法检查（附录0821），含重金属不得过百万分之二十。

泰乐菌素组分 取本品（约相当于泰乐菌素30mg），照泰乐菌素项下的方法检查，应符合规定。

无菌 取本品，用适宜溶剂溶解并稀释后，经薄膜过滤法处理，依法检查（附录1101），应符合规定。（供注射用）

【含量测定】 精密称取本品适量，加灭菌水溶解并定量稀释制成每1ml中约含1000单位的溶液，照泰乐菌素项下的方法测定。

【类别】 大环内酯类抗生素。

【贮藏】 密闭，在干燥处保存。

【制剂】 （1）注射用酒石酸泰乐菌素 （2）酒石酸泰乐菌素可溶性粉

注射用酒石酸泰乐菌素

Zhusheyong Jiushisuan Tailejunsu

Tylosin Tartrate for Injection

本品为酒石酸泰乐菌素与枸橼酸钠混合制成的无菌粉末。按平均装量计算，含泰乐菌素应为标示量的90.0% ~ 110.0%。

【性状】 本品为淡黄色粉末。

【鉴别】 取本品，照酒石酸泰乐菌素项下的鉴别（2）、（3）、（4）项试验，显相同的结果。

【检查】 酸碱度 取本品，加水制成每1ml中含25mg的溶液，依法测定（附录0631），pH值应为5.5 ~ 7.5。

酪胺 取本品（约相当于泰乐菌素50mg），精密称定，照泰乐菌素项下的方法检查，应符合规定。

干燥失重 取本品，置五氧化二磷干燥器中，在60℃减压干燥至恒重，减失重量不得过5.5%（附录0831）。

泰乐菌素组分 取本品（约相当于泰乐菌素30mg），照泰乐菌素项下的方法检查，应符合规定。

无菌 照酒石酸泰乐菌素项下的方法检查，应符合规定。

其他 应符合注射剂项下有关的各项规定（附录0102）。

【含量测定】 取装量差异项下的内容物，精密称取适量，加灭菌水溶解并定量稀释制成每1ml中约含1000单位的溶液，照泰乐菌素项下的方法测定，即得。

【作用与用途】 大环内酯类抗生素。主要用于治疗支原体及敏感革兰氏阳性菌引起的感染性疾病。

【用法与用量】　以酒石酸泰乐菌素计。皮下或肌内注射：一次量，每1kg体重，猪、禽5~13mg。

【不良反应】　（1）可能具有肝毒性，表现为胆汁瘀积，也可引起呕吐和腹泻，尤其是高剂量给药时。

（2）具有刺激性，肌内注射可引起剧烈的疼痛，静脉注射后可引起血栓性静脉炎及静脉周围炎。

【注意事项】　有局部刺激性。

【休药期】　猪21日，禽28日。

【规格】　（1）1g（100万单位）　（2）2g（200万单位）　（3）3g（300万单位）　（4）6.25g（625万单位）

【贮藏】　密闭，在干燥处保存。

酒石酸泰乐菌素可溶性粉

Jiushisuan Tailejunsu Kerongxingfen

Tylosin Tartrate Soluble Powder

本品含泰乐菌素应为标示量的90.0%~110.0%。

【性状】　本品为白色至浅黄色粉末。

【鉴别】　（1）取本品，（约相当于泰乐菌素3mg），加丙酮2ml溶解后，加盐酸1ml，溶液由淡红色渐变为深紫色。

（2）取本品，照酒石酸泰乐菌素项下的鉴别（3）、（4）项试验，显相同的结果。

【检查】　酸碱度　取本品，加水溶解并稀释制成每1ml中含酒石酸泰乐菌素25mg的溶液，依法测定（附录0631），pH值应为5.0~7.2。

酪胺　取本品（约相当于泰乐菌素50mg），精密称定，照泰乐菌素项下的方法检查，应符合规定。

干燥失重　取本品，以五氧化二磷为干燥剂，在60℃减压干燥至恒重，减失重量不得过5.0%（附录0831）。

泰乐菌素组分　取本品（约相当于泰乐菌素30mg），照泰乐菌素项下的方法检查，应符合规定。

其他　应符合可溶性粉剂项下有关的各项规定（附录0113）。

【含量测定】　精密称取本品适量，加灭菌水溶解并定量稀释制成每1ml中约含1000单位的溶液，照泰乐菌素项下的方法测定，即得。

【作用与用途】　大环内酯类抗生素。用于禽革兰氏阳性菌及支原体感染。

【用法与用量】　以泰乐菌素计。混饮：治疗革兰氏阳性菌及支原体感染，每1L水，禽500mg。连用3~5日。

【注意事项】　蛋鸡产蛋期禁用。

【休药期】　鸡1日。

【规格】　（1）100g：10g（1000万单位）　（2）100g：20g（2000万单位）　（3）100g：50g（5000万单位）

【贮藏】　密闭，在干燥处保存。

黄　体　酮

Huangtitong

Progesterone

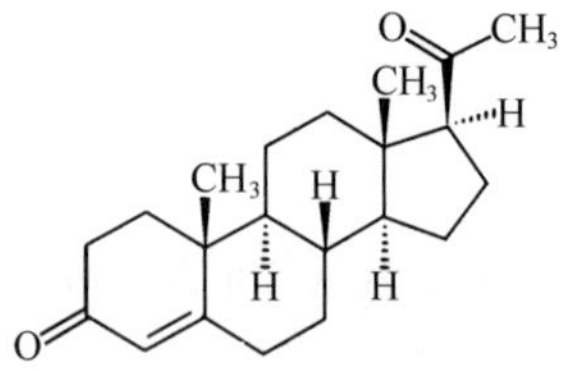

$C_{21}H_{30}O_2$　314.47

本品为孕甾-4-烯-3,20-二酮。按干燥品计算，含$C_{21}H_{30}O_2$应为98.0%～103.0%。

【性状】　本品为白色或类白色的结晶性粉末；无臭。

本品在三氯甲烷中极易溶解，在乙醇、乙醚或植物油中溶解，在水中不溶。

熔点　本品的熔点（附录0612）为128～131℃。

比旋度　取本品，精密称定，加乙醇溶解并定量稀释制成每1ml中约含10mg的溶液，在25℃时，依法测定（附录0621），比旋度为+186°至+198°。

【鉴别】　（1）取本品约5mg，加甲醇0.2ml溶解后，加亚硝基铁氰化钠的细粉约3mg、碳酸钠及醋酸铵各约50mg，摇匀，放置10～30分钟，应显蓝紫色。

（2）取本品约0.5mg，加异烟肼约1mg与甲醇1ml溶解后，加稀盐酸1滴，即显黄色。

（3）在含量测定项下记录的色谱图中，供试品溶液主峰的保留时间应与对照品溶液主峰的保留时间一致。

（4）本品的红外光吸收图谱应与对照的图谱一致。

【检查】　**有关物质**　取本品，加甲醇溶解并稀释成每1ml中约含1mg的溶液，作为供试品溶液；精密量取1ml，置100ml量瓶中，用甲醇稀释至刻度，摇匀，作为对照溶液。照含量测定项下的色谱条件，精密量取对照溶液与供试品溶液各10μl，分别注入液相色谱仪，记录色谱图至主成分峰保留时间的2倍。供试品溶液色谱图中如有杂质峰，单个杂质峰面积不得大于对照溶液主峰面积的0.5倍（0.5%），各杂质峰面积的和不得大于对照溶液主峰面积（1.0%）。供试品溶液色谱图中小于对照溶液主峰面积0.05倍的色谱峰可忽略不计。

干燥失重　取本品，在105℃干燥至恒重，减失重量不得过0.5%（附录0831）。

【含量测定】　照高效液相色谱法（附录0512）测定。

色谱条件与系统适用性试验　用辛烷基硅烷键合硅胶为填充剂；以甲醇-乙腈-水（25：35：40）为流动相；检测波长为241nm。取本品25mg，置25ml量瓶中，加0.1mol/L的氢氧化钠甲醇溶液10ml使溶解，置60℃水浴中保温4小时，放冷，用1mol/L盐酸溶液调节至中性，用甲醇稀释至刻度，摇匀，取10μl注入液相色谱仪，调节流速使黄体酮峰的保留时间约为12分钟，色谱图中黄体酮峰与相对保留时间为1.1的降解产物峰的分离度应大于4.0。

测定法　取本品，精密称定，加甲醇溶解并定量稀释制成每1ml中约含0.2mg的溶液，作为供试品溶液，精密量取10μl，注入液相色谱仪，记录色谱图；另取黄体酮对照品，同法测定。按外标法以峰面积计算，即得。

【类别】　性激素类药。

【贮藏】　遮光，密封保存。

【制剂】　黄体酮注射液

黄体酮注射液

Huangtitong Zhusheye

Progesterone Injection

本品为黄体酮的灭菌油溶液。含黄体酮（$C_{21}H_{30}O_2$）应为标示量的93.0%～107.0%。

【性状】　本品为无色至淡黄色的澄明油状液体。

【鉴别】　在含量测定项下记录的色谱图中，供试品溶液主峰的保留时间应与对照品溶液主峰的保留时间一致。

【检查】　有关物质　用内容量移液管精密量取本品适量（约相当于黄体酮50mg），置50ml量瓶中，用乙醚分数次洗涤移液管内壁，洗液并入量瓶中，用乙醚稀释至刻度，摇匀；精密量取25ml，置具塞离心管中，在温水浴中使乙醚挥散，用甲醇振摇提取4次（第1～3次每次5ml，第4次3ml），每次振摇10分钟后离心15分钟，并将甲醇液移置25ml量瓶中，合并提取液，用甲醇稀释至刻度，摇匀，经0.45μm滤膜滤过，取续滤液作为供试品溶液；精密量取1ml，置100ml量瓶中，用甲醇稀释至刻度，摇匀，作为对照溶液。照黄体酮有关物质项下的方法试验，供试品溶液色谱图中如有杂质峰，扣除相对保留时间0.1之前的峰（如处方中含有苯甲醇，应扣除苯甲醇的色谱峰），单个杂质峰面积不得大于对照溶液主峰面积的0.5倍（0.5%），各杂质峰面积的和不得大于对照溶液主峰面积的2倍（2.0%）。供试品溶液色谱图中小于对照溶液主峰面积0.05倍的色谱峰可忽略不计。

其他　应符合注射剂项下有关的各项规定（附录0102）。

【含量测定】　用内容量移液管精密量取本品适量（约相当于黄体酮50mg），置50ml量瓶中，用乙醚分数次洗涤移液管内壁，洗液并入量瓶中，用乙醚稀释至刻度，摇匀，精密量取5ml，置具塞离心管中，在温水浴中使乙醚挥散，用甲醇振摇提取4次（第1～3每次5ml，第4次3ml），每次振摇10分钟后离心15分钟，并将甲醇液移置25ml量瓶中，合并提取液，用甲醇稀释至刻度，摇匀，作为供试品溶液，照黄体酮含量测定项下的方法测定，即得。

【作用与用途】　性激素类药。用于预防流产。

【用法与用量】　以黄体酮计。肌内注射：一次量，马、牛50～100mg；羊、猪15～25mg；犬2～5mg。

【注意事项】　（1）奶牛泌乳期禁用。

（2）长期应用可能延长妊娠期。

【休药期】　30日。

【规格】　（1）1ml：10mg　（2）1ml：50mg　（3）2ml：20mg　（4）5ml：100mg

【贮藏】　遮光，密闭保存。

萘 普 生

Naipusheng

Naproxen

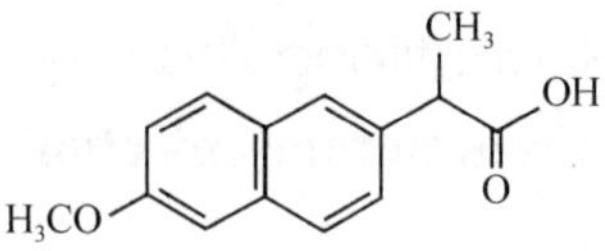

$$C_{14}H_{14}O_3 \quad 230.26$$

本品为（＋）-（S）-α-甲基-6-甲氧基-2-萘乙酸。按干燥品计算，含$C_{14}H_{14}O_3$不得少于98.5%。

【性状】 本品为白色或类白色结晶性粉末；无臭或几乎无臭。

本品在甲醇、乙醇或三氯甲烷中溶解，在乙醚中略溶，在水中几乎不溶。

熔点 本品的熔点（附录0612）为153～158℃。

比旋度 取本品，精密称定，加三氯甲烷溶解并定量稀释制成每1ml中约含10mg的溶液，依法测定（附录0621），比旋度为＋63.0°至＋68.5°。

【鉴别】 （1）取本品，加甲醇制成每1ml中含30μg的溶液，照紫外-可见分光光度法（附录0401）测定，在262nm、271nm、317nm与331nm的波长处有最大吸收。

（2）本品的红外光吸收图谱应与对照的图谱一致。

【检查】 氯化物 取本品0.50g，加水50ml，振摇10分钟，滤过（滤纸先用稀硝酸湿润），取续滤液25ml，依法检查（附录0801），与标准氯化钠溶液7.5ml制成的对照液比较，不得更浓（0.030%）。

有关物质 避光操作。取本品适量，精密称定，加流动相适量，充分振摇使溶解并定量稀释制成每1ml中约含0.5mg的溶液，作为供试品溶液；另取6-甲氧基-2-萘乙酮（杂质Ⅰ）对照品适量，精密称定，加流动相溶解并定量稀释制成每1ml中约含50μg的溶液，作为对照品溶液；分别精密量取供试品溶液1ml和对照品溶液2ml，置同一200ml量瓶中，用流动相稀释至刻度，摇匀，作为对照溶液。照高效液相色谱法（附录0512）试验。用十八烷基硅烷键合硅胶为填充剂；以甲醇-0.01mol/L磷酸二氢钾溶液（75：25，用磷酸调节pH值至3.0）为流动相；检测波长为240nm。理论板数按萘普生峰计算不低于5000，萘普生峰与各相邻杂质峰的分离度应符合要求。精密量取对照溶液与供试品溶液各20μl，分别注入液相色谱仪，记录色谱图至主成分峰保留时间的2.5倍，供试品溶液色谱图中如有与杂质Ⅰ峰保留时间一致的色谱峰，按外标法以峰面积计算，不得过0.1%；其他单个杂质峰面积不得大于对照溶液中萘普生峰面积的0.4倍（0.2%）；各杂质峰面积的和不得大于对照溶液中萘普生峰面积（0.5%）。

干燥失重 取本品，在105℃干燥3小时，减失重量不得过0.5%（附录0831）。

炽灼残渣 取本品1.0g，依法检查（附录0841），不得过0.1%。

重金属 取炽灼残渣项下遗留的残渣，依法检查（附录0821第二法），含重金属不得过百万分之二十。

【含量测定】 取本品约0.5g，精密称定，加甲醇45ml溶解后，再加水15ml与酚酞指示液3滴，用氢氧化钠滴定液（0.1mol/L）滴定，并将滴定的结果用空白试验校正。每1ml氢氧化钠滴定液（0.1mol/L）相当于23.03mg的$C_{14}H_{14}O_3$。

【类别】 解热镇痛抗炎药。

【贮藏】 遮光，密封保存。

【制剂】 （1）萘普生片 （2）萘普生注射液

附：

杂质I

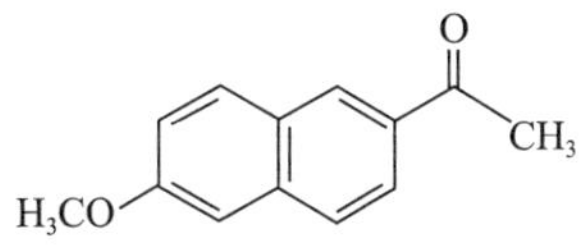

$$C_{13}H_{12}O_2 \quad 200.23$$

6-甲氧基-2-萘乙酮

萘 普 生 片

Naipusheng Pian

Naproxen Tablets

本品含萘普生（$C_{14}H_{14}O_3$）应为标示量的93.0%～107.0%。

【性状】 本品为白色或类白色片。

【鉴别】 （1）在含量测定项下记录的色谱图中，供试品溶液主峰的保留时间应与对照品溶液主峰的保留时间一致。

（2）取本品的细粉适量，加甲醇制成每1ml中约含萘普生30μg的溶液，滤过，滤液照紫外-可见分光光度法（附录0401）测定，在262nm、271nm、317nm与331nm的波长处有最大吸收。

（3）取本品（约相当于萘普生0.2g），研细，加甲醇10ml，使充分溶解后，滤过，滤液水浴蒸干，105℃干燥1小时，残渣经减压干燥，依法测定。本品的红外光吸收图谱应与对照的图谱一致。

【检查】 **有关物质** 避光操作。取本品细粉适量（约相当于萘普生25mg），置50ml量瓶中，加流动相适量，振摇使萘普生溶解，用流动相稀释至刻度，摇匀，滤过，取续滤液作为供试品溶液；另取6-甲氧基-2-萘乙酮（杂质I）对照品，精密称定，加流动相溶解并定量稀释制成每1ml中含50μg的溶液，作为对照品溶液；分别精密量取对照品溶液与供试品溶液各1ml，置同一100ml量瓶中，用流动相稀释至刻度，摇匀，作为对照溶液。照萘普生有关物质项下的方法测定，供试品溶液色谱图中如有与杂质I峰保留时间一致的色谱峰，按外标法以峰面积计算，不得过萘普生标示量的0.1%；其他单个杂质峰面积不得大于对照溶液中萘普生峰面积的0.4倍（0.2%）；各杂质峰面积的和不得大于对照溶液中萘普生峰面积（1.0%）。

溶出度 取本品，照溶出度与释放度测定法（附录0931第一法），以磷酸盐缓冲液（pH 7.4）（取磷酸二氢钠2.28g、磷酸氢二钠11.50g，加水至1000ml）900ml为溶出介质，转速为每分钟100转，依法操作，经45分钟时，取溶液10ml，滤过，取续滤液作为供试品溶液；另取萘普生对照品，精密称定，用上述溶出介质溶解并定量稀释制成每1ml中约含100μg（0.1g规格）或125μg（0.125g规格）或250μg（0.25g规格）的溶液，作为对照品溶液。分别取上述两种溶液，照紫外-可见分光光度法（附录0401），在331nm的波长处测定吸光度，计算每片的溶出量。限度为标示量的80%，应符合规定。

其他 应符合片剂项下有关的各项规定（附录0101）。

【含量测定】 照高效液相色谱法（附录0512）测定。

色谱条件及系统适用试验 用十八烷基硅烷键合硅胶为填充剂；以甲醇-0.01mol/L磷酸二氢钾溶液（75∶25），用磷酸调节pH值至3.0为流动相；检测波长为272nm。理论板数按萘普生峰计算不低于2000，萘普生峰与相邻杂质峰之间的分离度应符合要求。

测定法 取本品20片，精密称定，研细，精密称取适量（约相当于萘普生0.1g），置100ml量瓶中，加流动相适量，超声使萘普生溶解，放冷，用流动相稀释至刻度，摇匀，滤过；精密量取续滤液5ml，置250ml量瓶中，用流动相稀释至刻度，摇匀，作为供试品溶液，精密量取20μl，注入液相色谱仪，记录色谱图；另取萘普生对照品，精密称定，用流动相溶解并稀释制成每1ml约含20μg的溶液，同法测定，按外标法以峰面积计算，即得。

【作用与用途】 解热镇痛抗炎药。用于肌炎、软组织炎症疼痛所致的跛行和关节炎等。

【用法与用量】 以萘普生计。内服：一次量，每1kg体重，马5～10 mg；犬2～5 mg。

【不良反应】 （1）消化道溃疡患畜禁用。

（2）能明显抑制白细胞游走，对血小板黏着和聚集亦有抑制作用，可延长凝血时间。

（3）本品副作用较阿司匹林、消炎痛、保泰松轻，但仍有胃肠道反应，如溃疡甚至出血，犬较敏感，特敏感犬可引起肾炎。

（4）偶致黄疸和血管性水肿。长期应用应注意肾功能损害。

【注意事项】 （1）本品可增强双香豆素等的抗凝血作用，引起中毒和出血反应，原因是萘普生能与血浆蛋白竞争性结合，使游离型抗凝血药比例增多。

（2）与呋塞咪或氢氯噻嗪等合用，可使后者的排钠利尿效果下降。

（3）丙磺舒可增加本品的血药浓度，明显延长本品的血浆半衰期。阿司匹林可加速本品的排出。

（4）犬对本品敏感，可见溃疡出血或肾损伤，慎用。

【规格】 （1）0.1g （2）0.125g （3）0.25g

【贮藏】 遮光，密闭保存。

萘普生注射液

Naipusheng Zhusheye

Naproxen Injection

本品为萘普生加适宜助溶剂制成的灭菌水溶液。含萘普生（$C_{14}H_{14}O_3$）应为标示量的90.0%～110.0%。

【性状】 本品为几乎无色或微黄色的澄明液体。

【鉴别】 取含量测定项下的溶液，照紫外-可见分光光度法（附录0401）测定，在262nm、271nm、318nm与330nm的波长处有最大吸收。

【检查】 pH值 应为7.5～9.0（附录0631）。

其他 应符合注射剂项下有关的各项规定（附录0102）。

【含量测定】 精密量取本品适量，用0.1mol/L氢氧化钠溶液定量稀释制成每1ml中约含萘普生

80μg的溶液，照紫外-可见分光光度法（附录0401），在331nm的波长处测定吸光度；另取萘普生对照品，同法测定。计算，即得。

【作用与用途】 解热镇痛抗炎药。用于肌炎、软组织疼痛所致的跛行和关节炎等。

【用法与用量】 以萘普生计。静脉注射：一次量，每1kg体重，马5mg。

【不良反应】 （1）对血小板黏着和聚集亦有抑制作用，可延长凝血时间。

（2）偶致黄疸和水肿。长期应用应注意肾功能损害。

【注意事项】 消化道溃疡患畜慎用。

【规格】 （1）2ml：0.1g （2）2ml：0.2g （3）5ml：0.125g （4）10ml：0.5g
（5）10ml：1g

【贮藏】 遮光，密闭保存。

酞磺胺噻唑

Taihuang'an Saizuo

Phthalylsulfathiazole

$C_{17}H_{13}N_3O_5S_2$ 403.44

本品为2-〔〔〔4-〔（2-噻唑氨基）磺酰基〕苯基〕氨基〕羰基〕苯甲酸。按干燥品计算，含$C_{17}H_{13}N_3O_5S_2$不得少于99.0%。

【性状】 本品为白色或类白色的结晶性粉末；无臭。

本品在乙醇中微溶，在水或三氯甲烷中几乎不溶；在氢氧化钠试液中易溶。

【鉴别】 （1）取本品约1g，加2mol/L氢氧化钠溶液9ml，加热回流30分钟，放冷，加2mol/L盐酸溶液18ml，强力振摇，滤过，用2mol/L氢氧化钠溶液调节滤液pH值至中性，即析出白色沉淀，滤过；沉淀用水洗净，在100～105℃干燥后，依法测定（附录0612），熔点为200～203℃。

（2）取本品约20mg，置试管中，加间苯二酚约20mg，混合后，加硫酸0.5ml，置油浴中，在160℃加热3分钟，放冷，将反应物倾入200ml 0.5%的氢氧化钠溶液中，即显绿色荧光；加酸使成酸性，荧光即消失；再加碱使成碱性，荧光又显出。

（3）本品的红外光吸收图谱应与对照的图谱一致。

（4）鉴别（1）项下的沉淀，显芳香第一胺的鉴别反应（附录0301）。

【检查】 **酸度** 取本品2.0g，加水100ml，密塞，放置30分钟并时时振摇，滤过；取滤液25ml，加酚酞指示液2滴与氢氧化钠滴定液（0.1mol/L）1.0ml，应显粉红色。

氯化物 取上述酸度项下剩余的滤液25ml，依法检查（附录0801），与标准氯化钠溶液7.0ml制成的对照液比较，不得更浓（0.014%）。

磺胺噻唑和有关芳香胺 取本品5.0mg，加乙醇25ml溶解后，加水3.5ml与稀盐酸4ml，摇匀，作为供试品溶液；另取磺胺噻唑溶液（取磺胺噻唑10mg，加盐酸0.5ml与水适量使溶解成100ml）

1.0ml，加乙醇25ml、水2.5ml与稀盐酸4ml，摇匀，作为对照溶液；分别置50ml量瓶中，立即在冰浴中放冷，各加0.25%亚硝酸钠溶液1.0ml，混匀，放置3分钟，各加入4%氨基磺酸溶液2.5ml混匀，放置5分钟，再各加0.4%二盐酸萘基乙二胺溶液1.0ml，用水稀释至刻度，摇匀；照紫外-可见分光光度法（附录0401），在550nm的波长处分别测定，供试品溶液的吸光度不得大于对照溶液的吸光度。

干燥失重　取本品，在105℃干燥至恒重，减失重量不得过2.0%（附录0831）。

炽灼残渣　不得过0.1%（附录0841）。

重金属　取本品0.5g，依法检查（附录0821第三法），含重金属不得过百万分之二十。

【含量测定】　取本品约0.8g，精密称定，置锥形瓶中，加盐酸溶液（1→2）50ml，加热回流30分钟，放冷，移置烧杯中，锥形瓶用水适量洗净，洗液并入烧杯中，照永停滴定法（附录0701），用亚硝酸钠滴定液（0.1mol/L）滴定。每1ml亚硝酸钠滴定液（0.1mol/L）相当于40.34mg的$C_{17}H_{13}N_3O_5S_2$。

【类别】　磺胺类抗菌药。

【贮藏】　密封保存。

【制剂】　酞磺胺噻唑片

酞磺胺噻唑片

Taihuang' an Saizuo Pian

Phthalylsulfathiazole Tablets

本品含酞磺胺噻唑（$C_{17}H_{13}N_3O_5S_2$）应为标示量的95.0%～105.0%。

【性状】　本品为白色片。

【鉴别】　取本品的细粉适量（约相当于酞磺胺噻唑0.5g），加氨试液10ml，研磨使酞磺胺噻唑溶解，加水10ml，滤过，滤液加醋酸适量，使酞磺胺噻唑析出，滤过；沉淀用水洗净，干燥后，照酞磺胺噻唑项下的鉴别（2）项试验，显相同的结果。

【检查】　应符合片剂项下有关的各项规定（附录0101）。

【含量测定】　取本品10片，精密称定，研细，精密称取适量（约相当于酞磺胺噻唑0.8g），照酞磺胺噻唑项下的方法测定。每1ml亚硝酸钠滴定液（0.1mol/L）相当于40.34mg的$C_{17}H_{13}N_3O_5S_2$。

【作用与用途】　磺胺类抗菌药。主要用于幼畜和中、小动物肠道细菌性感染。

【用法与用量】　以酞磺胺噻唑计。内服：一次量，每1kg体重，犊、羔、猪、犬、猫0.1～0.15g。一日2次，连用3～5日。

【不良反应】　长期服用可能影响胃肠道菌群，引起消化道功能紊乱。

【注意事项】　（1）新生仔畜（1～2日龄犊牛、仔猪等）的肠内吸收率高于幼畜。

（2）不宜长期服用，注意观察胃肠道功能。

【休药期】　28日。

【规格】　（1）0.5g　（2）1g

【贮藏】　密封保存。

酚 磺 乙 胺

Fenhuangyi'an

Etamsylate

$C_{10}H_{17}NO_5S$ 263.31

本品为2,5-二羟基苯磺酸二乙胺盐。按干燥品计算，含$C_{10}H_{17}NO_5S$应为98.0%～102.0%。

【性状】　本品为白色结晶或结晶性粉末；无臭；有引湿性；遇光易变质。

本品在水中易溶，在乙醇中溶解，在丙酮中微溶，在三氯甲烷或乙醚中不溶。

熔点　本品的熔点（附录0612）为127～131℃。

【鉴别】　（1）取本品约0.1g，加水2ml溶解后，加三氯化铁试液1～3滴，即显蓝色，放置后渐褪成较浅的蓝紫色。

（2）取本品约0.1g，加氢氧化钠试液5ml，加热即发生二乙胺的臭气，能使湿润的红色石蕊试纸变蓝色。

（3）取本品约50mg，加水2ml，分为两等份：一份中加硝酸0.5ml，置水浴上蒸干后，加水1ml，加氯化钡试液即生成白色沉淀；另一份中加硝酸1滴，加氯化钡试液不得生成沉淀。

（4）本品的红外光吸收图谱应与对照的图谱一致。

【检查】　**酸度**　取本品1.0g，加水10ml溶解后，依法检查（附录0631），pH值应为4.0～5.5。

硫酸盐　取本品1.0g，依法检查（附录0802），与标准硫酸钾溶液3.0ml制成的对照液比较，不得更浓（0.030%）。

氢醌　取本品适量，精密称定，加流动相溶解并稀释制成每1ml中约含0.1g的溶液，作为供试品溶液；另取氢醌对照品，精密称定，加流动相溶解并稀释制成每1ml中约含20μg的溶液，作为对照品溶液。照含量测定项下的色谱条件，精密量取上述两种溶液各5μl，分别注入液相色谱仪，记录色谱图。供试品溶液色谱图中如有与氢醌保留时间相同的杂质峰，其峰面积不得大于对照品溶液主峰面积（0.02%）。

干燥失重　取本品，在105℃干燥至恒重，减失重量不得过0.5%（附录0831）。

炽灼残渣　取本品1.0g，置已炽灼至恒重的坩埚中，加定量滤纸的碎片适量（约相当于直径9cm的滤纸一张），加硫酸1ml，搅匀后，搅棒用小块定量滤纸擦净，滤纸并入坩埚中，除不再加硫酸外，依法检查（附录0841），遗留残渣不得过0.1%。

重金属　取本品2.0g，加水20ml溶解后，加醋酸盐缓冲液（pH 3.5）2ml与水适量稀释使成25ml，依法检查（附录0821第一法），含重金属不得过百万分之十。

【含量测定】　照高效液相色谱法（附录0512）测定。

色谱条件与系统适用性试验　用氨基键合硅胶为填充剂；以甲醇-0.2%磷酸二氢钾溶液（10∶90）为流动相；检测波长为223nm。理论板数按酚磺乙胺峰计算不低于800，酚磺乙胺峰与氢醌峰的分离度应符合要求。

校正因子的测定　取非那西丁适量，加甲醇-水（1∶1）溶解并稀释制成每1ml中含1.5mg的溶液，作为内标溶液。另取酚磺乙胺对照品，加水溶解并稀释制成每1ml中约含2mg的溶液；精密量取5ml，置25ml量瓶中，精密加入内标溶液5ml，加2%磷酸二氢钾溶液2.5ml，用水稀释至刻度，摇匀；取5μl注入液相色谱仪，计算校正因子。

测定法 取本品，加水溶解并稀释制成每1ml中约含2mg的溶液；摇匀，精密量取5ml，置25ml量瓶中，精密加入内标溶液5ml，加2%磷酸二氢钾溶液2.5ml，用水稀释至刻度，摇匀；取5μl注入液相色谱仪，测定，计算，即得。

【类别】 止血药。

【贮藏】 遮光，密封保存。

【制剂】 酚磺乙胺注射液

酚 磺 乙 胺 注 射 液

Fenhuangyi' an Zhusheye

Etamsylate Injection

本品为酚磺乙胺的灭菌水溶液。含酚磺乙胺（$C_{10}H_{17}NO_5S$）应为标示量的95.0%～105.0%。

【性状】 本品为无色或几乎无色的澄明液体。

【鉴别】 取本品适量（约相当于酚磺乙胺0.2g），照酚磺乙胺项下的鉴别（1）、（2）项试验，显相同的反应。

【检查】 pH值 应为3.5～6.5（附录0631）。

其他 应符合注射剂项下有关的各项规定（附录0102）。

【含量测定】 精密量取本品适量（约相当于酚磺乙胺0.25g），置200ml量瓶中，用乙醇稀释至刻度，摇匀；精密量取2ml，置100ml量瓶中，用乙醇稀释至刻度，摇匀，照紫外-可见分光光度法（附录0401），在305nm的波长处测定吸光度，按$C_{10}H_{17}NO_5S$的吸收系数（$E_{1cm}^{1\%}$）为159计算，即得。

【作用与用途】 止血药。主要用于内出血，鼻出血及手术出血的预防和止血。

【用法与用量】 按酚磺乙胺计。肌内、静脉注射：一次量，马、牛1.25～2.5 g；羊、猪0.25～0.5 g。

【注意事项】 预防外科手术出血，应在术前15～30分钟用药。

【规格】 （1）2ml：0.25g （2）2ml：0.5g （3）10ml：1.25g

【贮藏】 遮光，密闭保存。

液 状 石 蜡

Yezhuang Shila

Liquid Paraffin

本品系从石油中制得的多种液状烃的混合物。

【性状】 本品为无色澄清的油状液体；无臭；在日光下不显荧光。

本品在三氯甲烷、乙醚或挥发油中溶解，在水或乙醇中均不溶。

相对密度 本品的相对密度为0.845～0.890（附录0601）。

黏度 本品的运动黏度（附录0633第一法），在40℃时（毛细管内径1mm），不得小于36mm²/s。

【检查】 **酸度** 取本品5.0ml，加中性乙醇（对酚酞指示液显中性）5ml，煮沸，溶液遇湿润的石蕊试纸应显中性反应。

稠环芳烃 取本品25ml，置分液漏斗中，加正己烷25ml混合后，再精密加入二甲基亚砜5ml，剧烈振摇2分钟，静置使分层，将二甲基亚砜层移入另一分液漏斗中，用正己烷2ml振摇洗涤后，静置俟分层，必要时离心；分取二甲基亚砜层，照紫外-可见分光光度法（附录0401），在260～350nm的波长范围内测定吸光度，其最大吸光度不得大于0.10。

固形石蜡 取本品，在105℃干燥2小时，置硫酸干燥器中放冷后，满装于内径约25mm的具塞试管中，密塞，置0℃冷却4小时，如发生浑浊，与同体积的对照液（取0.01mol/L盐酸溶液0.15ml，加稀硝酸6ml与硝酸银试液1.0ml，用水稀释至50ml）比较，不得更深。

易炭化物 取本品5ml，置长约160mm，内径约25mm的具塞试管中，加硫酸（含H_2SO_4 94.5%～95.5%）5ml，置水浴中，30秒钟后迅速取出，密塞，强力振摇3次，振幅应在12cm以上，但时间不超过3秒钟，振摇后，放回水浴中，每隔30秒钟，再取出，如上法振摇，自试管浸入水浴中起，经过10分钟后取出，静置使分层，石蜡层不得显色；酸层如显色，与对照液（取比色用重铬酸钾液1.5ml、比色用氯化钴液1.3ml、比色用硫酸铜液0.5ml与水1.7ml，再加本品5ml制成）比较，不得更深。

【作用与用途】 润滑性泻药，主要用于小肠便秘、瘤胃积食、有肠炎的家畜及孕畜的便秘。

【用法与用量】 内服：一次量，马、牛500～1500ml；驹、犊60～120ml；羊100～300ml；猪50～100ml；犬10～30ml；猫5～10ml。

【不良反应】 导泻时可致肛门瘙痒。

【注意事项】 （1）不宜多次服用，以免影响消化，阻碍脂溶性维生素及钙、磷的吸收；
（2）猫可加温水灌服。

【贮藏】 密封保存。

维 生 素 A

Weishengsu A

Vitamin A

本品系用每1g含270万单位以上的维生素A醋酸酯结晶加精制植物油制成的油溶液。含维生素A应为标示量的97.0%～103.0%。

【性状】 本品为淡黄色油溶液或结晶与油的混合物（加热至60℃应为澄清溶液）；无臭；在空气中易氧化，遇光易变质。

本品与三氯甲烷、乙醚、环己烷或石油醚能任意混合，在乙醇中微溶，在水中不溶。

【鉴别】 取本品1滴，加三氯甲烷10ml振摇使溶解；取2滴，加三氯甲烷2ml与25%三氯化锑的三氯甲烷溶液0.5ml，即显蓝色，渐变成紫红色。

【检查】 **酸值** 取乙醇与乙醚各15ml，置锥形瓶中，加酚酞指示液5滴，滴加氢氧化钠滴定液（0.1mol/L）至微显粉红色，再加本品2.0g，振摇使溶解，用氢氧化钠滴定液（0.1mol/L）滴定，酸值应不大于2.0（附录0713）。

过氧化值 取本品1.0g，加冰醋酸-三氯甲烷（6：4）30ml，振摇使溶解，加碘化钾的饱和溶液1ml，振摇1分钟，加水100ml与淀粉指示液1ml，用硫代硫酸钠滴定液（0.01mol/L）滴定至紫蓝色消失，并将滴定的结果用空白试验校正。消耗硫代硫酸钠滴定液（0.01mol/L）不得过1.5ml。

【含量测定】 取本品，照维生素A测定法（附录0721）项下紫外-可见分光光度法测定，即得。

【类别】 维生素类药。

【规格】 （1）每1g含维生素A50万单位 （2）每1g含维生素A100万单位

【贮藏】 装于铝制或其他适宜的容器内，充氮气，密封，在凉暗处保存。

【制剂】 维生素AD油

维生素AD油
Weishengsu AD You
Vitamin A and D Oil

本品系取维生素A与维生素D_2或维生素D_3，加鱼肝油或精炼食用植物油（在0℃左右脱去固体脂肪）溶解和调整浓度，并加稳定剂适量制成。含维生素A应为标示量的90.0%～120.0%；含维生素D应为标示量的85.0%以上。标签上应注明本品含维生素D_2或维生素D_3。

【性状】 本品为黄色至橙红色的澄清油状液体；无败油臭。

【鉴别】 （1）取本品，用三氯甲烷稀释制成每1ml中含维生素A10～20单位的溶液；取1ml，加25%三氯化锑的三氯甲烷溶液2ml，即显蓝色至蓝紫色，放置后，蓝色渐消褪。

（2）取维生素D测定法（附录0722第二法）中的供试品溶液B或收集净化用色谱柱系统中的维生素D流出液，用无氧氮气吹干，加流动相少许溶解后，作为供试品溶液；另取等量的维生素D_2与维生素D_3对照品，用流动相稀释制成各约相当于5～10单位的混合溶液，作为对照品溶液。照高效液相色谱法（附录0512）试验，用十八烷基硅烷键合硅胶为填充剂；以甲醇-乙腈（3：97）为流动相；检测波长为254nm。取对照品溶液20μl注入液相色谱仪，记录色谱图，维生素D_2峰与维生素D_3峰的分离度应大于1.0。再取供试品溶液20μl注入液相色谱仪，记录色谱图，供试品溶液色谱图中应有与对照品溶液相应的维生素D_2主峰或维生素D_3主峰保留时间一致的色谱峰。

【检查】 酸值 取乙醇与乙醚各15ml，置锥形瓶中，加酚酞指示液5滴，滴加氢氧化钠滴定液（0.1mol/L）至微显粉红色，加本品2.0g，加热回流10分钟，放冷，用氢氧化钠滴定液（0.1mol/L）滴定，酸值应不得大于2.8（附录0713）。

装量 取本品，照最低装量检查法（附录0942）检查，应符合规定。

【含量测定】维生素A 取本品，照维生素A测定法（附录0721）项下的高效液相色谱法测定，即得。

维生素D 取本品，照维生素D测定法（附录0722）测定。采用维生素D_2或维生素D_3对照品应与标签所注的相符。

【作用与用途】 维生素类药。主要用于维生素A、维生素D缺乏症；局部应用能促进创伤、溃疡愈合。

【用法与用量】 内服：一次量，马、牛20～60ml；羊、猪10～15ml；犬5～10ml；禽1～2ml。

【注意事项】 （1）用时应注意补充钙剂。

（2）维生素A易因补充过量而中毒，中毒时应立即停用本品和钙剂。

【规格】 每1g含维生素A 5000单位与维生素D 500单位

【贮藏】 遮光，满装，密封，在阴凉干燥处保存。

维 生 素 B₁

Weishengsu B₁

Vitamin B₁

$C_{12}H_{17}ClN_4OS \cdot HCl$ 337.27

本品为氯化4-甲基-3-〔（2-甲基-4-氨基-5-嘧啶基）甲基〕-5-（2-羟基乙基）噻唑鎓盐酸盐。按干燥品计算，含$C_{12}H_{17}ClN_4OS \cdot HCl$不得少于99.0%。

【性状】 本品为白色结晶或结晶性粉末；有微弱的特臭；干燥品在空气中迅即吸收约4%的水分。

本品在水中易溶，在乙醇中微溶，在乙醚中不溶。

吸收系数 取本品，精密称定，加盐酸溶液（9→1000）溶解并定量稀释制成每1ml约含12.5μg的溶液，照紫外-可见分光光度法（附录0401），在246nm的波长处测定吸光度，吸收系数（$E_{1cm}^{1\%}$）为406～436。

【鉴别】 （1）取本品约5mg，加氢氧化钠试液2.5ml溶解后，加铁氰化钾试液0.5ml与正丁醇5ml，强力振摇2分钟，放置使分层，上面的醇层显强烈的蓝色荧光；加酸使成酸性，荧光即消失；再加碱使成碱性，荧光又显出。

（2）取本品适量，加水溶解，水浴蒸干，在105℃干燥2小时测定。本品的红外光吸收图谱应与对照的图谱一致。

（3）本品的水溶液显氯化物鉴别（1）的反应（附录0301）。

【检查】 **酸度** 取本品0.50g，加水20ml溶解后，依法测定（附录0631），pH值应为2.8～3.3。

溶液的澄清度与颜色 取本品1.0g，加水10ml溶解后，溶液应澄清无色；如显色，与对照液（取比色用重铬酸钾液0.1ml，加水适量使成10ml）比较，不得更深。

硫酸盐 取本品2.0g，依法检查（附录0802），与标准硫酸钾溶液2.0ml制成的对照液比较，不得更浓（0.01%）。

硝酸盐 取本品1.0g，加水溶解并稀释至100ml，取1.0ml，加水4.0ml与10%氯化钠溶液0.5ml，摇匀；精密加稀靛胭脂试液〔取靛胭脂试液，用等量的水稀释。临用前，量取本液1.0ml，用水稀释至50ml，照紫外-可见分光光度法（附录0401），在610nm的波长处测定，吸光度应为0.3～0.4〕1ml，摇匀，沿管壁缓缓加硫酸5.0ml，立即缓缓振摇1分钟，放置10分钟，与标准硝酸钾溶液（精密称取在105℃干燥至恒重的硝酸钾81.5mg，置50ml量瓶中，加水溶解并稀释至刻度，摇匀；精密量取5ml，置100ml量瓶中，用水稀释至刻度，摇匀。每1ml相当于50μg的NO_3）0.50ml用同法制成的对照液比较，不得更浅（0.25%）。

有关物质 取本品，用流动相溶解并稀释制成每1ml中约含1mg的溶液，作为供试品溶液；精密量取1ml，置100ml量瓶中，用流动相稀释至刻度，摇匀，作为对照溶液。照高效液相色谱法（附录0512）试验，用十八烷基硅烷键合硅胶为填充剂，以甲醇-乙腈-0.02mol/L庚烷磺酸钠溶液（含1%三乙胺，用磷酸调节pH值至5.5）（9∶9∶82）为流动相，检测波长为254nm，理论板数按维生素B₁峰计算不低于2000，维生素B₁峰与相邻峰的分离度应符合要求。精密量取对照溶液与供试品溶液各20μl，分别注入液相色谱仪，记录色谱图至主峰保留时间的3倍。供试品溶液色谱图中如有杂质峰，各杂质峰面积的和不得大于对照溶液主峰面积的0.5倍（0.5%）。

干燥失重 取本品，在105℃干燥至恒重，减失重量不得过5.0%（附录0831）。

炽灼残渣 不得过0.1%（附录0841）。

铁盐 取本品1.0g，加水25ml溶解后，依法检查（附录0807），与标准铁溶液2.0ml制成的对照液比较，不得更深（0.002%）。

重金属 取本品1.0g，加水25ml溶解后，依法检查（附录0821第一法），含重金属不得过百万分之十。

总氯量 取本品约0.2g，精密称定，加水20ml溶解后，加稀醋酸2ml与溴酚蓝指示液8～10滴，用硝酸银滴定液（0.1mol/L）滴定至显蓝紫色。每1ml硝酸银滴定液（0.1mol/L）相当于3.54mg的氯（Cl）。按干燥品计算，含总氯量应为20.6%～21.2%。

【含量测定】 取本品约0.12g，精密称定，加冰醋酸20ml微热使溶解，放冷，加醋酐30ml，照电位滴定法（附录0701），用高氯酸滴定液（0.1mol/L）滴定，并将滴定的结果用空白试验校正。每1ml高氯酸滴定液（0.1mol/L）相当于16.86mg的 $C_{12}H_{17}ClN_4OS \cdot HCl$。

【类别】 维生素类药。

【贮藏】 遮光，密封保存。

【制剂】 （1）维生素B₁片 （2）维生素B₁注射液

维生素B₁片

Weishengsu B₁ Pian

Vitamin B₁ Tablets

本品含维生素B₁（$C_{12}H_{17}ClN_4OS \cdot HCl$）应为标示量的90.0%～110.0%。

【性状】 本品为白色片。

【鉴别】 取本品的细粉适量，加水搅拌，滤过，滤液蒸干后，照维生素B₁鉴别项下（1）、（3）项试验，显相同的反应。

【检查】 有关物质 取本品的细粉适量，加流动相适量，振摇使维生素B₁溶解，用流动相稀释制成每1ml中含维生素B₁1mg的溶液，滤过，取续滤液作为供试品溶液；精密量取1ml，置100ml量瓶中，用流动相稀释至刻度，摇匀，作为对照溶液。照维生素B₁有关物质项下的方法试验，供试品溶液色谱图中如有杂质峰，各杂质峰面积的和不得大于对照溶液主峰面积的1.5倍（1.5%）。

其他 应符合片剂项下有关的各项规定（附录0101）。

【含量测定】 取本品20片，精密称定，研细，精密称取适量（约相当于维生素

B₁25mg），置100ml量瓶中，加盐酸溶液（9→1000）约70ml，振摇15分钟使维生素B₁溶解，用上述溶剂稀释至刻度，摇匀，用干燥滤纸滤过；精密量取续滤液5ml，置另一100ml量瓶中，再用上述溶剂稀释至刻度，摇匀，照紫外-可见分光光度法（附录0401），在246nm的波长处测定吸光度，按$C_{12}H_{17}ClN_4OS \cdot HCl$的吸收系数（$E_{1cm}^{1\%}$）为421计算，即得。

【作用与用途】 维生素类药。主要用于维生素B₁缺乏症，如多发性神经炎；也用于胃肠弛缓等。

【用法与用量】 以维生素B₁计。内服：一次量，马、牛100～500mg；羊、猪25～50mg；犬10～50mg；猫5～30mg。

【注意事项】 （1）吡啶硫胺素、氨丙啉是维生素B₁的拮抗物，饲料中此类物质添加过多会引起维生素B₁缺乏。

（2）与其他B族维生素或维生素C合用，可对代谢发挥综合疗效。

【规格】 （1）10mg （2）50mg

【贮藏】 遮光，密封保存。

维生素B₁注射液
Weishengsu B₁ Zhusheye
Vitamin B₁ Injection

本品为维生素B₁的灭菌水溶液。含维生素B₁（$C_{12}H_{17}ClN_4OS \cdot HCl$）应为标示量的93.0%～107.0%。

【性状】 本品为无色的澄明液体。

【鉴别】 取本品适量，照维生素B₁鉴别项下（1）、（3）项试验，显相同的反应。

【检查】 pH值 应为2.5～4.0（附录0631）。

有关物质 取本品适量，用流动相稀释制成每1ml中含维生素B₁1mg的溶液，作为供试品溶液；精密量取1ml，置100ml量瓶中，用流动相稀释至刻度，摇匀，作为对照溶液。照维生素B₁有关物质项下的方法试验，供试品溶液色谱图中如有杂质峰，各杂质峰面积的和不得大于对照溶液主峰面积的的2倍（2.0%）。

其他 应符合注射剂项下有关的各项规定（附录0102）。

【含量测定】 精密量取本品适量（约相当于维生素B₁50mg），置200ml量瓶中，用水稀释至刻度，摇匀；精密量取5ml，置100ml量瓶中，用盐酸溶液（9→1000）稀释至刻度，照紫外-可见分光光度法（附录0401），在246nm的波长处测定吸光度，按$C_{12}H_{17}ClN_4OS \cdot HCl$的吸收系数（$E_{1cm}^{1\%}$）为421计算，即得。

【作用与用途】 维生素类药。主要用于维生素B₁缺乏症，如多发性神经炎；也用于胃肠弛缓等。

【用法与用量】 以维生素B₁计。皮下、肌内注射：一次量，马、牛100～500mg；羊、猪25～50mg；犬10～25mg；猫5～15mg。

【不良反应】 注射时偶见过敏反应，甚至休克。

【注意事项】 （1）吡啶硫胺素、氨丙啉是维生素B₁的拮抗物，饲料中此类物质添加过多会引起维生素B₁缺乏。

（2）与其他B族维生素或维生素C合用，可对代谢发挥综合疗效。

【规格】　（1）1ml：10mg　（2）1ml：25mg　（3）2ml：0.1g　（4）10ml：0.25g

【贮藏】　遮光，密闭保存。

维 生 素 B$_2$

Weishengsu B$_2$

Vitamin B$_2$

$C_{17}H_{20}N_4O_6$　376.37

本品为7,8-二甲基-10-〔（2S,3S,4R）-2,3,4,5-四羟基戊基〕-3,10-二氢苯并蝶啶-2,4-二酮。按干燥品计算，含$C_{17}H_{20}N_4O_6$应为97.0%～103.0%。

【性状】　本品为橙黄色结晶性粉末；微臭；溶液易变质，在碱性溶液中或遇光变质更快。

本品在水、乙醇、三氯甲烷或乙醚中几乎不溶；在稀氢氧化钠溶液中溶解。

比旋度　避光操作。取本品，精密称定，加无碳酸盐的0.05mol/L氢氧化钠溶液溶解并定量稀释制成每1ml中约含5mg的溶液，在30分钟内，依法测定（附录0621），比旋度为－115°至－135°。

【鉴别】　（1）取本品约1mg，加水100ml溶解后，溶液在透射光下显淡黄绿色并有强烈的黄绿色荧光；分成两份：一份中加无机酸或碱溶液，荧光即消失；另一份中加连二亚硫酸钠结晶少许，摇匀后，黄色即消褪，荧光亦消失。

（2）取含量测定项下的供试品溶液，照紫外-可见分光光度法（附录0401）测定，在267nm、375nm与444nm的波长处有最大吸收。375nm波长处的吸光度与267nm波长处的吸光度的比值应为0.31~0.33；444nm波长处的吸光度与267nm波长处的吸光度的比值应为0.36～0.39。

（3）本品的红外光吸收图谱应与对照的图谱一致。

【检查】　酸碱度　取本品0.50g，加水25ml，煮沸2分钟，放冷，滤过；取滤液10ml，加酚酞指示液0.05ml与氢氧化钠滴定液（0.01mol/L）0.4ml，显橙色，再加盐酸滴定液（0.01mol/L）0.5ml，显黄色，再加甲基红溶液（取甲基红50mg，加0.1mol/L氢氧化钠溶液1.86ml与乙醇50ml的混合液溶解，用水稀释至100ml，即得）0.15ml，显橙色。

感光黄素　取本品25mg，加无醇三氯甲烷10ml，振摇5分钟，滤过，滤液照紫外-可见分光光度法（附录0401），在440nm的波长处测定，吸光度不得过0.016。

有关物质　避光操作。取本品约15mg，置100ml量瓶中，加冰醋酸5ml与水75ml，加热溶解后，用水适量稀释，放冷，再用水稀释至刻度，摇匀，作为供试品溶液；精密量取1ml，置50ml量瓶中，用水稀释至刻度，摇匀，作为对照溶液。照含量测定项下的色谱条件，精密量取对照溶液与供试品溶液各20μl，分别注入液相色谱仪，记录色谱图至主峰保留时间的3倍。供试品溶液色谱图中如有杂质峰，单个杂质峰面积不得大于对照溶液主峰面积的0.5倍（1.0%），各杂质峰面积的和不得大于对照溶液的主峰面积（2.0%）。供试品溶液色谱图中小于对照溶液主峰面积0.01倍的色谱峰可忽略不计。

干燥失重　取本品0.5g，在105℃干燥至恒重，减失重量不得过1.0%（附录0831）。

炽灼残渣　不得过0.2%（附录0841）。

【含量测定】　避光操作。照高效液相色谱法（附录0512）测定。

色谱条件与系统适用性试验　用十八烷基硅烷键合硅胶为填充剂；以0.01mol/L庚烷磺酸钠的0.5%冰醋酸溶液-乙腈-甲醇（85：10：5）为流动相；检测波长为444nm。理论板数按维生素B₂峰计算不低于2000。

测定法　取本品约15mg，精密称定，置500ml量瓶中，加冰醋酸5ml与水200ml，置水浴上加热，并时时振摇使溶解，用水适量稀释，放冷，再用水稀释至刻度，摇匀，作为供试品溶液；精密量取20μl，注入液相色谱仪，记录色谱图；另取维生素B₂对照品，同法测定。按外标法以峰面积计算，即得。

【类别】　维生素类药。

【贮藏】　遮光，密封保存。

【制剂】　（1）维生素B₂片　（2）维生素B₂注射液

维生素B₂片
Weishengsu B₂ Pian
Vitamin B₂ Tablets

本品含维生素B₂（$C_{17}H_{20}N_4O_6$）应为标示量的90.0%～110.0%。

【性状】　本品为黄色至橙黄色片。

【鉴别】　取本品的细粉适量（约相当于维生素B₂ 1mg），加水100ml，振摇，浸渍数分钟使维生素B₂溶解，滤过，滤液照维生素B₂鉴别（1）项试验，显相同的反应。

【检查】　有关物质　避光操作。取本品的细粉适量（约相当于维生素B₂ 10mg），置100ml量瓶中，加盐酸溶液（1→2）5ml，振摇使维生素B₂溶解，加水10ml冲洗瓶壁上残存的粉末。继续振摇数分钟，再用水稀释至刻度，摇匀，滤过，取续滤液作为供试品溶液。精密量取1ml，置50ml量瓶中，用水稀释至刻度，摇匀，作为对照溶液。照含量测定项下的色谱条件，精密量取对照溶液与供试品溶液各20μl，分别注入液相色谱仪，记录色谱图至主成分峰保留时间的3倍，供试品溶液的色谱图中如有杂质峰，单个杂质峰面积不得大于对照溶液主峰面积的0.75倍（1.5%），各杂质峰面积的和不得大于对照溶液的主峰面积的1.5倍（3.0%）。供试品溶液色谱图中小于对照溶液主峰面积0.025倍的色谱峰可忽略不计。

溶出度　避光操作。取本品，照溶出度与释放度测定法（附录0931第一法），以冰醋酸3ml与4%氢氧化钠溶液18ml用水稀释至600ml为溶出介质，转速为每分钟100转，依法操作，经20分钟时，取溶液10ml，滤过；取续滤液，照紫外-可见分光光度法（附录0401），在444nm的波长处测定吸光度，按$C_{17}H_{20}N_4O_6$吸收系数（$E_{1cm}^{1\%}$）为323计算每片的溶出量。限度为标示量的75%，应符合规定。

其他 应符合片剂项下有关的各项规定（附录0101）。

【含量测定】 避光操作。照高效液相色谱法（附录0512）测定。

色谱条件与系统适用性试验 用十八烷基硅烷键合硅胶为填充剂；以0.01mol/L庚烷磺酸钠的0.5%冰醋酸溶液-乙腈-甲醇（85：10：5）为流动相；检测波长为444nm。理论板数按维生素B$_2$峰计算不低于2000。

测定法 取本品20片，精密称定，研细，精密称取适量（约相当于维生素B$_2$10mg），置500ml量瓶中，加盐酸溶液（1→2）10ml，振摇使维生素B$_2$溶解，加水20ml，继续振摇数分钟，再用水稀释至刻度，摇匀，作为供试品溶液，精密量取20μl注入液相色谱仪，记录色谱图；另取维生素B$_2$对照品约10mg，同法测定。按外标法以峰面积计算，即得。

【作用与用途】 维生素类药。主要用于维生素B$_2$缺乏症，如口炎、皮炎、角膜炎等。

【用法与用量】 以维生素B$_2$计。内服：一次量，马、牛100～150mg；羊、猪20～30mg；犬10～20mg；猫5～10mg。

【注意事项】 动物内服本品后，尿液呈黄色。

【规格】 （1）5mg （2）10mg

【贮藏】 遮光，密封保存。

维生素B$_2$注射液

Weishengsu B$_2$ Zhusheye
Vitamin B$_2$ Injection

本品为维生素B$_2$的灭菌水溶液。含维生素B$_2$（C$_{17}$H$_{20}$N$_4$O$_6$）应为标示量的90.0%～115.0%。本品中可酌加适宜的助溶剂与止痛剂。

【性状】 本品为橙黄色的澄明液体；遇光易变质。

【鉴别】 取本品适量（约相当于维生素B$_2$1mg），照维生素B$_2$项下的鉴别（1）项试验，显相同的反应。

【检查】 pH值 应为4.5～6.5（附录0631）。

其他 应符合注射剂项下有关的各项规定（附录0102）。

【含量测定】 避光操作。精密量取本品适量（约相当于维生素B$_2$10mg），置1000ml量瓶中，加10%醋酸溶液2ml与14%醋酸钠溶液7ml，用水稀释至刻度，摇匀，照紫外-可见分光光度法（附录0401），在444nm的波长处测定吸光度，按C$_{17}$H$_{20}$N$_4$O$_6$的吸收系数（$E_{1cm}^{1\%}$）为323计算，即得。

【作用与用途】 维生素类药。主要用于维生素B$_2$缺乏症，如口炎、皮炎、角膜炎等。

【用法与用量】 以维生素B$_2$计。皮下、肌内注射：一次量，马、牛100～150mg；羊、猪20～30mg；犬10～20mg；猫5～10mg。

【注意事项】 动物注射本品后，尿液呈黄色。

【规格】 （1）2ml：10mg （2）5ml：25mg （3）10ml：50mg

【贮藏】 遮光，密闭保存。

维生素B₆

Weishengsu B₆

Vitamin B₆

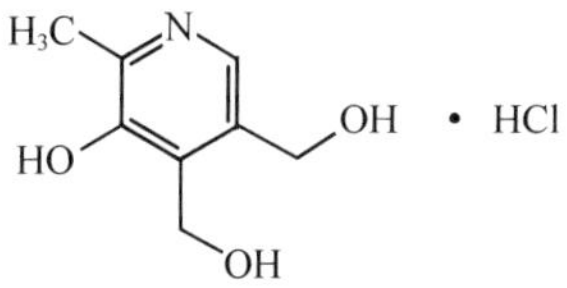

$$C_8H_{11}NO_3 \cdot HCl \quad 205.64$$

本品为6-甲基-5羟基-3,4-吡啶二甲醇盐酸盐。按干燥品计算，含$C_8H_{11}NO_3 \cdot HCl$应为98.0%~102.0%。

【性状】 本品为白色或类白色的结晶或结晶性粉末；无臭；遇光渐变质。

本品在水中易溶，在乙醇中微溶，在三氯甲烷或乙醚中不溶。

【鉴别】 （1）取本品约10mg，加水100ml溶解后，取1ml 2份，分别置甲、乙两支试管中，各加20%醋酸钠溶液2ml，甲管中加水1ml，乙管中加4%硼酸溶液1ml，混匀，各迅速加氯亚氨基-2,6-二氯醌试液1ml；甲管中显蓝色，几分钟后即消失，并转变为红色，乙管中不显蓝色。

（2）在含量测定项下记录的色谱图中，供试品溶液主峰的保留时间应与对照品溶液主峰的保留时间一致。

（3）本品的红外光吸收图谱应与对照的图谱一致。

（4）本品的水溶液显氯化物鉴别（1）的反应（附录0301）。

【检查】 **酸度** 取本品1.0g，加水20ml使溶解，依法测定（附录0631），pH值应为2.4~3.0。

溶液的澄清度与颜色 取本品1.0g，加水10ml溶解后，溶液应澄清；如显浑浊，与1号浊度标准液（附录0902）比较，不得更浓；如显色，与黄色1号标准比色液（附录0901第一法）比较，不得更深。

有关物质 取本品，加流动相溶解并稀释制成每1ml中约含1mg的溶液，作为供试品溶液；精密量取1ml，置100ml量瓶中，用流动相稀释至刻度，摇匀，作为对照溶液。照含量测定项下的色谱条件，精密量取对照溶液与供试品溶液各10μl，分别注入液相色谱仪，记录色谱图至主成分峰保留时间的3倍。供试品溶液的色谱图中如有杂质峰，各杂质峰面积的和不得大于对照溶液主峰面积（1.0%）。

干燥失重 取本品，在105℃干燥至恒重，减失重量不得过0.5%（附录0831）。

炽灼残渣 不得过0.1%（附录0841）。

重金属 取本品2.0g，加水20ml溶解后，加氨试液至遇石蕊试纸显中性反应，加醋酸盐缓冲液（pH 3.5）2ml与水适量使成25ml，依法检查（附录0821第一法），含重金属不得过百万分之十。

【含量测定】 照高效液相色谱法（附录0512）测定。

色谱条件与系统适用性试验 用十八烷基硅烷键合硅胶为填充剂；以0.04%戊烷磺酸钠溶液（用冰醋酸调节pH值至3.0）-甲醇（85:15）为流动相；检测波长为291nm。理论板数按维生素B₆峰计算不低于4000。

测定法 取本品，精密称定，加流动相溶解并定量稀释制成每1ml中约含0.1mg的溶液，作为供试品溶液，精密量取10μl，注入液相色谱仪，记录色谱图；另取维生素B₆对照品，同法测定。按外标法以峰面积计算，即得。

【类别】 维生素类药。

【贮藏】 遮光，密封保存。

【制剂】 （1）维生素B$_6$片 （2）维生素B$_6$注射液

维生素B$_6$片
Weishengsu B$_6$ Pian
Vitamin B$_6$ Tablets

本品含维生素B$_6$（C$_8$H$_{11}$NO$_3$·HCl）应为标示量的93.0%～107.0%。

【性状】 本品为白色片。

【鉴别】 （1）取本品细粉适量（约相当于维生素B$_6$10mg），加20%醋酸钠溶液5ml，振摇使维生素B$_6$溶解，滤过，滤液加水使成100ml，照维生素B$_6$项下的鉴别（1）项试验，显相同的反应。

（2）在含量测定项下记录的色谱图中，供试品溶液主峰的保留时间应与对照品溶液主峰的保留时间一致。

（3）取本品细粉适量，加水振摇，滤过，滤液显氯化物鉴别（1）的反应（附录0301）。

【检查】 有关物质 取本品的细粉适量，加流动相适量，振摇使维生素B$_6$溶解，用流动相稀释制成每1ml中约含维生素B$_6$1mg的溶液，滤过，取续滤液作为供试品溶液，照维生素B$_6$有关物质项下的方法试验，供试品溶液的色谱图中如有杂质峰，各杂质峰面积的和不得大于对照溶液主峰面积（1.0%）。

含量均匀度 取本品1片，置100ml量瓶中，加流动相适量，超声使维生素B$_6$溶解，放冷，用流动相稀释至刻度，摇匀，滤过，取续滤液作为供试品溶液，照含量测定项下的方法测定含量，应符合规定（附录0941）。

其他 应符合片剂项下有关的各项规定（附录0101）。

【含量测定】 取本品30片，精密称定，研细，精密称取适量（约相当于维生素B$_6$0.1g），置100ml量瓶中，加流动相适量，超声使维生素B$_6$溶解，放冷，用流动相稀释至刻度，摇匀，滤过；精密量取续滤液5ml，置50ml量瓶中，用流动相稀释至刻度，摇匀，作为供试品溶液。照维生素B$_6$含量测定项下的方法测定，即得。

【作用与用途】 维生素类药。用于皮炎和周围神经炎等。

【用法与用量】 以维生素B$_6$计。内服：一次量，马、牛3～5g；羊、猪0.5～1g；犬0.02～0.08g。

【注意事项】 与维生素B$_{12}$合用，可促进维生素B$_{12}$的吸收。

【规格】 10mg

【贮藏】 遮光，密封保存。

维生素B$_6$注射液
Weishengsu B$_6$ Zhusheye
Vitamin B$_6$ Injection

本品为维生素B$_6$的灭菌水溶液。含维生素B$_6$（C$_8$H$_{11}$NO$_3$·HCl）应为标示量的93.0%～107.0%。

【性状】 本品为无色至淡黄色的澄明液体。

【鉴别】 （1）取本品适量，照维生素B$_6$鉴别（1）项试验，显相同的反应。

（2）在含量测定项下记录的色谱图中，供试品溶液主峰的保留时间应与对照品溶液主峰的保留时间一致。

【检查】 **pH值** 应为2.5~4.0（附录0631）。

颜色 取本品，与黄色4号标准比色液（附录0901第一法）比较，不得更深。

有关物质 取本品，用流动相稀释制成每1ml中含1mg的溶液，作为供试品溶液，照维生素B$_6$有关物质项下的方法试验，供试品溶液的色谱图中如有杂质峰，各杂质峰面积的和不得大于对照溶液主峰面积（1.0%）。

细菌内毒素 取本品，依法检查（附录1143），每1mg维生素B$_6$中含内毒素的量应小于0.30EU。

其他 应符合注射剂项下有关的各项规定（附录0102）。

【含量测定】 精密量取本品适量，用流动相定量稀释制成每1ml中约含维生素B$_6$0.1mg的溶液，作为供试品溶液；照维生素B$_6$项下的方法测定，即得。

【作用与用途】 维生素类药。用于皮炎和周围神经炎等。

【用法与用量】 以维生素B$_6$计。皮下、肌内或静脉注射：一次量，马、牛3~5g；羊、猪0.5~1g；犬0.02~0.08g。

【注意事项】 与维生素B$_{12}$合用，可促进维生素B$_{12}$的吸收。

【规格】 （1）1ml：25mg （2）1ml：50mg （3）2ml：100mg （4）10ml：500mg （5）10ml：1g

【贮藏】 遮光，密闭保存。

维 生 素 B$_{12}$

Weishengsu B$_{12}$
Vitamin B$_{12}$

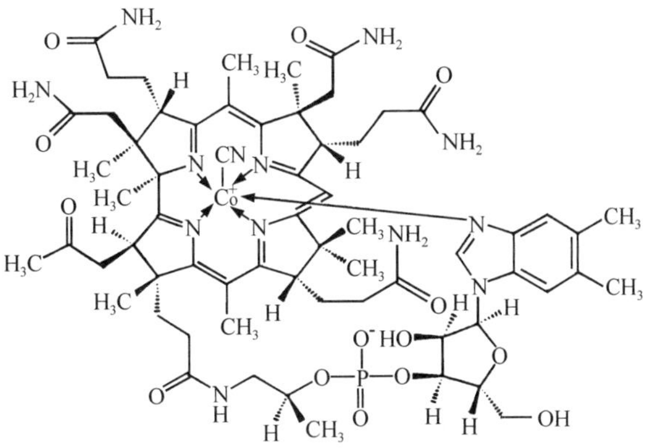

C$_{63}$H$_{88}$CoN$_{14}$O$_{14}$P 1355.38

本品为Coα-〔α-（5,6-二甲基苯并咪唑基）〕-Coβ氰钴酰胺。按干燥品计算，含C$_{63}$H$_{88}$CoN$_{14}$O$_{14}$P不得少于96.0%。

【性状】 本品为深红色结晶或结晶性粉末；无臭；引湿性强。

本品在水或乙醇中略溶，在丙酮、三氯甲烷或乙醚中不溶。

【鉴别】 （1）取本品约1mg，加硫酸氢钾约50mg，置坩埚中，灼烧至熔融，放冷，加水3ml，煮沸使溶解，加酚酞指示液1滴，滴加氢氧化钠试液至显淡红色后，加醋酸钠0.5g、稀醋酸0.5ml与0.2%1-亚硝基-2-萘酚-3,6-二磺酸钠溶液0.5ml，即显红色或橙红色；加盐酸0.5ml，煮沸1分钟，颜色不消失。

（2）取含量测定项下的供试品溶液，照紫外-可见分光光度法（附录0401）测定，在278nm、361nm与550nm的波长处有最大吸收。361nm波长处的吸光度与278nm波长处的吸光度的比值应为1.70～1.88。361nm波长处的吸光度与550nm波长处的吸光度的比值应为3.15～3.45。

（3）本品的红外光吸收图谱应与对照的图谱一致。

【检查】 **溶液的澄清度** 取本品20mg，加水10ml溶解后，溶液应澄清。

有关物质 避光操作，溶液临用新制。取本品，加流动相溶解并稀释制成每1ml中约含1mg的溶液，作为供试品溶液；精密量取1ml，置100ml量瓶中，用流动相稀释至刻度，摇匀，作为对照溶液；另取本品约25mg，置25ml量瓶中，加水10ml使溶解，加0.1%氯胺T溶液5ml与0.05mol/L盐酸溶液0.5ml，用水稀释至刻度，摇匀，放置5分钟；精密量取1ml，置10ml量瓶中，用流动相稀释至刻度，摇匀，作为系统适用性溶液；再精密量取对照溶液1ml，置10ml量瓶中，用流动相稀释至刻度，摇匀，作为灵敏度溶液。照高效液相色谱法（附录0512）试验，用十八烷基硅烷键合硅胶为填充剂，以甲醇-0.028mol/L磷酸氢二钠溶液（用磷酸调节pH值至3.5）（26：74）为流动相，检测波长为361nm。系统适用性溶液中应出现维生素B$_{12}$峰与一个降解产物峰（相对保留时间约为1.4），二者的分离度应大于2.5，灵敏度溶液中主峰的信噪比应大于3。精密量取对照溶液和供试品溶液各10μl，分别注入液相色谱仪，记录色谱图至主成分峰保留时间的3倍。供试品溶液的色谱图中如有杂质峰，各杂质峰面积的和不得大于对照溶液主峰面积的2倍（2.0%）。

假维生素B$_{12}$ 取本品1.0mg，置分液漏斗中，加水20ml使溶解，加甲酚-四氯化碳（1：1）5ml，充分振摇1分钟；分取下层溶液，置另一分液漏斗中，加硫酸溶液（1→7）5ml，充分振摇，上层溶液应无色；如显色，与同体积的对照液〔取高锰酸钾滴定液（0.02mol/L）0.15ml，加水至250ml〕比较，不得更深。

干燥失重 取本品约50mg，在105℃干燥至恒重，减失重量不得过12.0%（附录0831）。

【含量测定】 避光操作。取本品，精密称定，加水溶解并定量稀释制成每1ml中约含25μg的溶液，照紫外-可见分光光度法（附录0401），在361nm的波长处测定吸光度，按C$_{63}$H$_{88}$CoN$_{14}$O$_{14}$P的吸收系数（$E_{1cm}^{1\%}$）为207计算，即得。

【类别】 维生素类药。

【贮藏】 遮光，密封保存。

【制剂】 维生素B$_{12}$注射液

维生素B$_{12}$注射液

Weishengsu B$_{12}$ Zhusheye
Vitamin B$_{12}$ Injection

本品为维生素B$_{12}$的灭菌水溶液。含维生素B$_{12}$（C$_{63}$H$_{88}$CoN$_{14}$O$_{14}$P）应为标示量的90.0%～110.0%。

【性状】 本品为粉红色至红色的澄明液体。

【鉴别】 取含量测定项下的溶液，照紫外-可见分光光度法（附录0401）测定，在361nm与550nm的波长处有最大吸收；361nm波长处的吸光度与550nm波长处的吸光度的比值应为3.15～3.45。

【检查】 pH值 应为4.0～6.0（附录0631）。

其他 应符合注射剂项下有关的各项规定（附录0102）。

【含量测定】 避光操作。精密量取本品适量，用水定量稀释制成每1ml中约含维生素B_{12} 25μg的溶液，照紫外-可见分光光度法（附录0401），在361nm的波长处测定吸光度，按$C_{63}H_{88}CoN_{14}O_{14}P$的吸收系数（$E_{1cm}^{1\%}$）为207计算，即得。

【作用与用途】 维生素类药。用于维生素B_{12}缺乏所致的贫血、幼畜生长迟缓等。

【用法与用量】 以维生素B_{12}计。肌内注射：一次量，马、牛1～2mg；猪、羊0.3～0.4mg；犬、猫0.1mg。

【不良反应】 肌内注射偶可引起皮疹、瘙痒、腹泻以及过敏性哮喘。

【注意事项】 在防治巨幼红细胞贫血症时，本品与叶酸配合应用可取的更好的效果。

【规格】 （1）1ml：0.05mg （2）1ml：0.1mg （3）1ml：0.25mg （4）1ml：0.5mg （5）1ml：1mg

【贮藏】 遮光，密闭保存。

维 生 素 C

Weishengsu C

Vitamin C

$C_6H_8O_6$ 176.13

本品为L-抗坏血酸。含$C_6H_8O_6$不得少于99.0%。

【性状】 本品为白色结晶或结晶性粉末；无臭；久置色渐变微黄；水溶液显酸性反应。

本品在水中易溶，在乙醇中略溶，在三氯甲烷或乙醚中不溶。

熔点 本品的熔点（附录0612）为190～192℃，熔融时同时分解。

比旋度 取本品，精密称定，加水溶解并定量稀释制成每1ml中约含0.10g的溶液，依法测定（附录0621），比旋度为+20.5°至+21.5°。

【鉴别】 （1）取本品0.2g，加水10ml溶解后，分成二等份，在一份中加硝酸银试液0.5ml，即生成银的黑色沉淀；在另一份中，加二氯靛酚钠试液1～2滴，试液的颜色即消失。

（2）本品的红外光吸收图谱应与对照的图谱一致。

【检查】 **溶液的澄清度与颜色** 取本品3.0g，加水15ml，振摇使溶解，溶液应澄清无色；如显色，将溶液经4号垂熔玻璃漏斗滤过，取滤液，照紫外-可见分光光度法（附录0401），在420nm的波长处测定吸光度，不得过0.03。

草酸　取本品0.25g，加水4.5ml，振摇使维生素C溶解，加氢氧化钠试液0.5ml、稀醋酸1ml与氯化钙试液0.5ml，摇匀，放置1小时，作为供试品溶液；另精密称取草酸75mg，置500ml量瓶中，加水溶解并稀释至刻度，摇匀；精密量取5ml，加稀醋酸1ml与氯化钙试液0.5ml，摇匀，放置1小时，作为对照溶液。供试品溶液产生的浑浊不得浓于对照溶液（0.3%）。

炽灼残渣　不得过0.1%（附录0841）。

铁　取本品5.0g两份，分别置25ml量瓶中，一份中加0.1mol/L硝酸溶液溶解并稀释至刻度，摇匀，作为供试品溶液（B）；另一份中加标准铁溶液（精密称取硫酸铁铵863mg，置1000ml量瓶中，加1mol/L硫酸溶液25ml，用水稀释至刻度，摇匀，精密量取10ml，置100ml量瓶中，用水稀释至刻度，摇匀）1.0ml，加0.1mol/L硝酸溶液溶解并稀释至刻度，摇匀，作为对照溶液（A）。照原子吸收分光光度法（附录0406），在248.3nm的波长处分别测定，应符合规定。

铜　取本品2.0g两份，分别置25ml量瓶中，一份中加0.1mol/L硝酸溶液溶解并稀释至刻度，摇匀，作为供试品溶液（B）；另一份中加标准铜溶液（精密称取硫酸铜393mg，置1000ml量瓶中，加水溶解并稀释至刻度，摇匀；精密量取10ml，置100ml量瓶中，用水稀释至刻度，摇匀）1.0ml，加0.1mol/L硝酸溶液溶解并稀释至刻度，摇匀，作为对照溶液（A）。照原子吸收分光光度法（附录0406），在324.8nm的波长处分别测定，应符合规定。

重金属　取本品1.0g，加水溶解成25ml，依法检查（附录0821第一法），含重金属不得过百万分之十。

细菌内毒素　取本品，加碳酸钠（170℃加热4小时以上）适量，使混合，依法检查（附录1143），每1mg维生素C中含内毒素的量应小于0.020EU。（供注射用）

【含量测定】　取本品约0.2g，精密称定，加新沸过的冷水100ml与稀醋酸10ml使溶解，加淀粉指示液1ml，立即用碘滴定液（0.05mol/L）滴定，至溶液显蓝色并在30秒内不褪。每1ml碘滴定液（0.05mol/L）相当于8.806mg的$C_6H_8O_6$。

【类别】　维生素类药。

【贮藏】　遮光，密封保存。

【制剂】　（1）维生素C片　（2）维生素C注射液

维生素C片
Weishengsu C Pian
Vitamin C Tablets

本品含维生素C（$C_6H_8O_6$）应为标示量的93.0%～107.0%。

【性状】　本品为白色至略带淡黄色片。

【鉴别】　（1）取本品的细粉适量（约相当于维生素C 0.2g），加水10ml，振摇使维生素C溶解，滤过，滤液照维生素C项下的鉴别（1）项试验，显相同的反应。

（2）取本品的细粉适量（约相当于维生素C 10mg），加水10ml，振摇使维生素C溶解，滤过，取滤液作为供试品溶液；另取维生素C对照品，加水溶解并稀释制成1ml中约含1mg的溶液，作为对照品溶液。照薄层色谱法（附录0502）试验，吸取上述两种溶液各2μl，分别点于同一硅胶GF_{254}薄层板上，以乙酸乙酯-乙醇-水（5：4：1）为展开剂，展开，晾干，立即（1小时内）置紫外光灯（254nm）下检视。供试品溶液所显主斑点的位置和颜色应与对照品溶液的主斑点相同。

【检查】 **溶液的颜色** 取本品的细粉适量（相当于维生素C1.0g），加水20ml，振摇使维生素C溶解，滤过，滤液照紫外-可见分光光度法（附录0401），在440nm的波长处测定吸光度，不得过0.07。

其他 应符合片剂项下有关的各项规定（附录0101）。

【含量测定】 取本品20片，精密称定，研细，精密称取适量（约相当于维生素C 0.2g），置100ml量瓶中，加新沸过的冷水100ml与稀醋酸10ml的混合液适量，振摇使维生素C溶解并稀释至刻度，摇匀，迅速滤过；精密量取续滤液50ml，加淀粉指示液1ml，立即用碘滴定液（0.05mol/L）滴定，至溶液显蓝色并持续30秒不褪。每1ml碘滴定液（0.05mol/L）相当于8.806mg的$C_6H_8O_6$。

【作用与用途】 维生素类药。主要用于维生素C缺乏症，发热，慢性消耗性疾病等。

【用法与用量】 以维生素C计。内服：一次量，马1~3g；猪0.2~0.5g；犬0.1~0.5g。

【不良反应】 给予高剂量时，尿酸盐、草酸盐或胱氨酸结晶形成的风险增加。

【注意事项】 （1）与水杨酸类和巴比妥合用能增加维生素C的排泄。

（2）与维生素K_3、维生素B_2、碱性药物和铁离子等溶液配伍，可影响药效，不宜配伍。

（3）可破坏饲料中的维生素B_{12}，并与饲料中的铜、锌离子发生络合，阻断其吸收。

（4）大剂量应用时可酸化尿液，使某些有机碱类药物排泄增加，并减弱氨基糖苷类药物的抗菌作用。

（5）因在瘤胃内易被破坏，反刍动物不宜内服。

【规格】 100mg

【贮藏】 遮光，密封保存。

维生素C注射液

Weishengsu C Zhusheye

Vitamin C Injection

本品为维生素C的灭菌水溶液。含维生素C（$C_6H_8O_6$）应为标示量的93.0%~107.0%。

【性状】 本品为无色至微黄色的澄明液体。

【鉴别】 （1）取本品，用水稀释制成1ml中含维生素C 10mg的溶液，取4ml，加0.1mol/L的盐酸溶液4ml，混匀，加0.05%亚甲蓝乙醇溶液4滴，置40℃水浴中加热，3分钟内溶液应由深蓝色变为浅蓝色或完全褪色。

（2）取本品，用水稀释制成1ml中约含维生素C 1mg的溶液，作为供试品溶液；另取维生素C对照品，加水溶解并稀释制成1ml中约含1mg的溶液，作为对照品溶液。照薄层色谱法（附录0502）试验，吸取上述两种溶液各2μl，分别点于同一硅胶GF_{254}薄层板上，以乙酸乙酯-乙醇-水（5:4:1）为展开剂，展开，晾干，立即（1小时内）置紫外光灯（254nm）下检视。供试品溶液所显主斑点的位置和颜色应与对照品溶液的主斑点相同。

【检查】 **pH值** 应为5.0~7.0（附录0631）。

颜色 取本品，用水稀释制成每1ml中含维生素C 50mg的溶液，照紫外-可见分光光度法（附录0401），在420nm的波长处测定，吸光度不得过0.06。

草酸 取本品，用水稀释制成每1ml中含维生素C 50mg的溶液；精密量取5ml，加稀醋酸1ml与氯化钙试液0.5ml，摇匀，放置1小时，作为供试品溶液；精密称取草酸75mg，置500ml量瓶中，加水溶解并稀释至刻度，摇匀；精密量取5ml，加稀醋酸1ml与氯化钙试液0.5ml，摇匀，放置1小时，作为对照溶液。供试品溶液产生的浑浊不得浓于对照溶液（0.3%）。

细菌内毒素 取本品，依法检查（附录1143），每1mg维生素C中含内毒素的量应小于0.020EU。

其他 应符合注射剂项下有关的各项规定（附录0102）。

【含量测定】 精密量取本品适量（约相当于维生素C 0.2g），加水15ml与丙酮2ml，摇匀，放置5分钟，加稀醋酸4ml与淀粉指示液1ml，用碘滴定液（0.05mol/L）滴定，至溶液显蓝色并持续30秒钟不褪。每1ml碘滴定液（0.05mol/L）相当于8.806mg的$C_6H_8O_6$。

【作用与用途】 维生素类药。主要用于维生素C缺乏症，发热，慢性消耗性疾病等。

【用法与用量】 以维生素C计。肌内、静脉注射：一次量，马1~3g；牛2~4g；羊、猪0.2~0.5g；犬0.02~0.1g。

【不良反应】 给予高剂量时，可增加尿酸盐、草酸盐或胱氨酸结晶形成的风险。

【注意事项】 （1）与水杨酸类和巴比妥合用能增加维生素C的排泄；

（2）与维生素K_3、维生素B_2、碱性药物和铁离子等溶液配伍，可影响药效，不宜配伍；

（3）大剂量应用时可酸化尿液，使某些有机碱类药物排泄增加；

（4）对氨基糖苷类、β-内酰胺类、四环素类等多种抗生素具有不同程度的灭活作用，因此不宜与这些抗生素混合注射。

【规格】 （1）2ml：0.1g （2）2ml：0.25g （3）5ml：0.5g （4）10ml：0.5g （5）10ml：1g （6）20ml：2.5g

【贮藏】 遮光，密闭保存。

维 生 素 D₂
Weishengsu D₂
Vitamin D₂

$C_{28}H_{44}O$　396.66

本品为9,10-开环麦角甾-5,7,10（19）,22-四烯-3β-醇。含$C_{28}H_{44}O$应为97.0%~103.0%。

【性状】 本品为无色针状结晶或白色结晶性粉末；无臭；遇光或空气均易变质。

本品在三氯甲烷中极易溶解，在乙醇、丙酮或乙醚中易溶，在植物油中略溶，在水中不溶。

比旋度 取本品，精密称定，加无水乙醇溶解并定量稀释制成每1ml中约含40mg的溶液，依法测定（附录0621），比旋度为+102.5°至+107.5°（应于容器开启后30分钟内取样，并在溶液配制后30分钟内测定）。

吸收系数 取本品，精密称定，加无水乙醇溶解并定量稀释制成每1ml中约含10μg的溶液，照紫外-可见分光光度法（附录0401），在265nm的波长处测定吸光度，吸收系数（$E_{1cm}^{1\%}$）为

460～490。

【鉴别】 （1）取本品约0.5mg，加三氯甲烷5ml溶解后，加醋酐0.3ml与硫酸0.1ml，振摇，初显黄色，渐变红色，迅即变为紫色，最后成绿色。

（2）在含量测定项下记录的色谱图中，供试品溶液主峰的保留时间应与对照品溶液主峰的保留时间一致。

（3）本品的红外光吸收图谱应与对照的图谱一致。

【检查】 **麦角甾醇** 取本品10mg，加90%乙醇2ml溶解后，加洋地黄皂苷溶液（取洋地黄皂苷20mg，加90%乙醇2ml，加热溶解制成）2ml，混合，放置18小时，不得发生浑浊或沉淀。

有关物质 取本品约25mg，置100ml棕色量瓶中，加异辛烷80ml，避免加热，超声使完全溶解，放冷，用异辛烷稀释至刻度，摇匀，作为供试品溶液；精密量取1ml，置100ml棕色量瓶中，用异辛烷稀释至刻度，摇匀，作为对照溶液。照含量测定项下的色谱条件，精密量取对照溶液与供试品溶液各100μl，分别注入液相色谱仪，记录色谱图至维生素D₂峰保留时间的2倍。供试品溶液的色谱图中如有杂质峰，除前维生素D₂峰外，单个杂质的峰面积不得大于对照溶液主峰面积的0.5倍（0.5%），各杂质峰面积的和不得大于对照溶液主峰面积（1.0%）。

【含量测定】 取本品，照维生素D测定法（附录0722第一法）测定，即得。

【类别】 维生素类药。

【贮藏】 遮光，充氮、密封，在冷处保存。

【制剂】 维生素AD油

维 生 素 D₃
Weishengsu D₃
Vitamin D₃

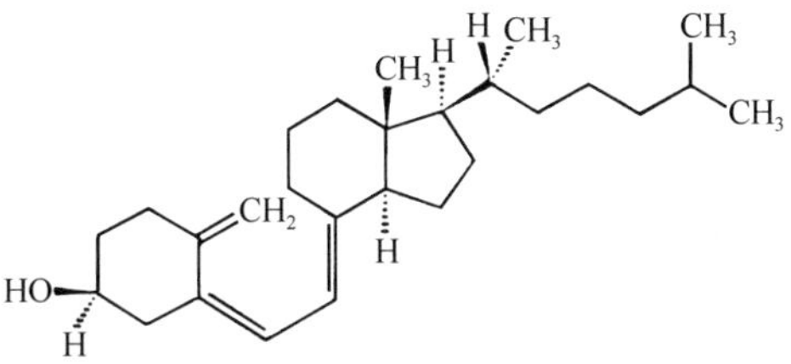

$C_{27}H_{44}O$　384.65

本品为9,10-开环胆甾-5,7,10（19）-三烯-3β-醇。含$C_{27}H_{44}O$应为97.0%～103.0%。

【性状】 本品为无色针状结晶或白色结晶性粉末；无臭；遇光或空气均易变质。

本品在乙醇、丙酮、三氯甲烷或乙醚中极易溶解，在植物油中略溶，在水中不溶。

比旋度 取本品，精密称定，加无水乙醇溶解并定量稀释制成每1ml中约含5mg的溶液，依法测定（附录0621），比旋度为＋105°至＋112°（应于容器开启后30分钟内取样，并在溶液配制后30分钟内测定）。

吸收系数 取本品，精密称定，加无水乙醇溶解并定量稀释制成每1ml中约含10μg的溶液，照紫外-可见分光光度法（附录0401），在265nm的波长处测定吸光度，吸收系数（$E_{1cm}^{1\%}$）为465～495。

【鉴别】 （1）取本品约0.5mg，加三氯甲烷5ml溶解后，加醋酐0.3ml与硫酸0.1ml振摇，初显黄色，渐变红色，迅即变为紫色、蓝绿色，最后成绿色。

（2）在含量测定项下记录的色谱图中，供试品溶液主峰的保留时间应与对照品溶液主峰的保留时间一致。

（3）本品的红外光吸收图谱应与对照的图谱一致。

【检查】 **有关物质** 取本品约25mg，置100ml棕色量瓶中，加异辛烷80ml，避免加热，超声1分钟使完全溶解，放冷，用异辛烷稀释至刻度，摇匀，作为供试品溶液；精密量取1ml，置100ml棕色量瓶中，用异辛烷稀释至刻度，摇匀，作为对照溶液。照含量测定项下的色谱条件，精密量取对照溶液与供试品溶液各100μl，分别注入液相色谱仪，记录色谱图至维生素D₃峰保留时间的2倍。供试品溶液的色谱图中如有杂质峰，除前维生素D₃峰外，单个杂质峰面积不得大于对照溶液主峰面积的0.5倍（0.5%），各杂质峰面积的和不得大于对照溶液主峰面积（1.0%）。

【含量测定】 取本品，照维生素D测定法（附录0722第一法）测定，即得。

【类别】 维生素类药。

【贮藏】 遮光，充氮、密封，在冷处保存。

【制剂】 （1）维生素AD油 （2）维生素D₃注射液

维生素 D₃注射液

Weishengsu D₃ Zhusheye

Vitamin D₃ Injection

本品为维生素D₃的灭菌油溶液。含维生素D₃（$C_{27}H_{44}O$）应为标示量的90.0%～110.0%。

【性状】 本品为淡黄色的澄明油状液体。

【鉴别】 （1）取本品0.1ml，照维生素D₃项下的鉴别（1）项试验，显相同的反应。

（2）在含量测定项下记录的色谱图中，供试品溶液主峰的保留时间应与对照品溶液主峰的保留时间一致。

【检查】 应符合注射剂项下有关的各项规定（附录0102）。

【含量测定】 用内容量移液管精密量取本品适量，加正己烷溶解并定量稀释制成每1ml中约含0.225mg的溶液；精密量取5ml，置50ml棕色量瓶中，用正己烷稀释至刻度，摇匀，作为供试品溶液。除精密称取维生素D₃对照品22.5mg外，照维生素D测定法（附录0722第一法）测定，即得。

【作用与用途】 维生素类药。主要用于防治维生素D缺乏症，如佝偻病、骨软症等。

【用法与用量】 以维生素D₃计。肌内注射：一次量，每1kg体重，家畜1500～3000单位。

【不良反应】 （1）过量使用维生素D会直接影响钙和磷的代谢，减少骨的钙化作用，在软组织出现异位钙化，以及导致心律失常和神经功能紊乱等症状；

（2）维生素D过多还会间接干扰其他脂溶性维生素（如维生素A、维生素E和维生素K）的代谢。

【注意事项】 使用时应注意补充钙剂，中毒时应立即停用本品和钙制剂。

【规格】 （1）0.5ml：3.75mg（15万单位） （2）1ml：7.5mg（30万单位） （3）1ml：15mg（60万单位）

【贮藏】 遮光，密闭保存。

维 生 素 E
Weishengsu E
Vitamin E

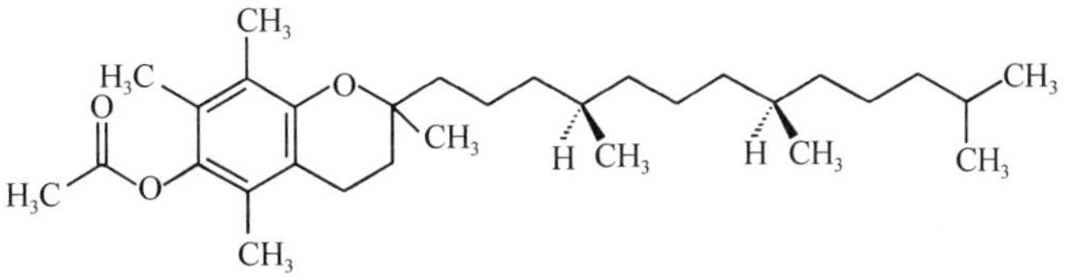

合成型

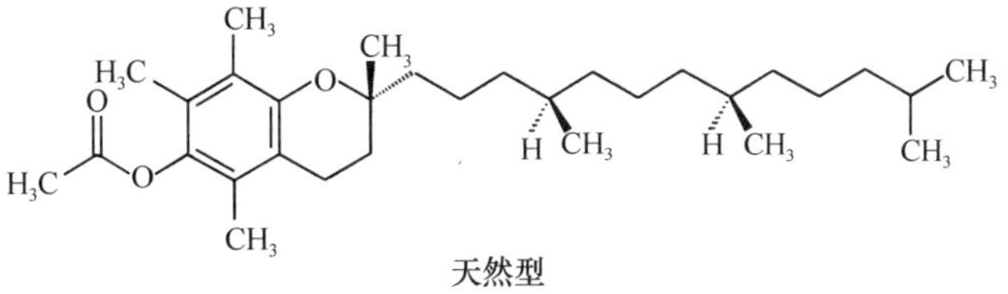

天然型

$C_{31}H_{52}O_3$ 472.75

本品为合成型或天然型维生素E；合成型为（±）-2,5,7,8-四甲基-2-（4,8,12-三甲基十三烷基）-6-苯并二氢吡喃醇醋酸酯或*dl*-α-生育酚醋酸酯，天然型为（+）-2,5,7,8-四甲基-2-（4,8,12-三甲基十三烷基）-6-苯并二氢吡喃醇醋酸酯或*d*-α-生育酚醋酸酯。含$C_{31}H_{52}O_3$应为96.0%～102.0%。

【性状】　本品为微黄色至黄色或黄绿色澄清的黏稠液体；几乎无臭；遇光色渐变深。天然型放置会固化，25℃左右熔化。

本品在无水乙醇、丙酮、乙醚或植物油中易溶，在水中不溶。

比旋度　避光操作。取本品约0.4g，精密称定，置150ml具塞圆底烧瓶中，加无水乙醇25ml使溶解，加硫酸乙醇溶液（1→7）20ml，置水浴上回流3小时，放冷，用硫酸乙醇溶液（1→72）定量转移至200ml量瓶中并稀释至刻度，摇匀。精密量取100ml，置分液漏斗中，加水200ml，用乙醚提取2次（75ml，25ml），合并乙醚液，加铁氰化钾氢氧化钠溶液〔取铁氰化钾50g，加氢氧化钠溶液（1→125）溶解并稀释至500ml〕50ml，振摇3分钟；取乙醚层，用水洗涤4次，每次50ml，弃去洗涤液，乙醚液经无水硫酸钠脱水后，置水浴上减压或在氮气流下蒸干至7～8ml时，停止加热，继续挥干乙醚，残渣立即加异辛烷溶解并定量转移至25ml量瓶中，用异辛烷稀释至刻度，摇匀，依法测定（附录0621），比旋度（按d-α-生育酚计，即测得结果除以换算系数0.911）不得低于＋24°（天然型）。

折光率　本品的折光率（附录0622）为1.494～1.499。

吸收系数　取本品，精密称定，加无水乙醇溶解并定量稀释制成每1ml中约含0.1mg的溶液，照紫外-可见分光光度法（附录0401），在284nm的波长处测定吸光度，吸收系数（$E_{1cm}^{1\%}$）为41.0～45.0。

【鉴别】　（1）取本品约30mg，加无水乙醇10ml溶解后，加硝酸2ml，摇匀，在75℃加热约15分钟，溶液显橙红色。

（2）在含量测定项下记录的色谱图中，供试品溶液主峰的保留时间应与对照品溶液主峰的保留时间一致。

（3）本品的红外光吸收图谱应与对照的图谱一致。

【检查】　**酸度**　取乙醇与乙醚各15ml，置锥形瓶中，加酚酞指示液0.5ml，滴加氢氧化钠滴定液（0.1mol/L）至微显粉红色，加本品1.0g溶解后，用氢氧化钠滴定液（0.1mol/L）滴定，消耗的氢氧化钠滴定液（0.1mol/L）不得过0.5ml。

生育酚（天然型）　取本品0.10g，加无水乙醇5ml溶解后，加二苯胺试液1滴，用硫酸铈滴定液（0.01mol/L）滴定，消耗的硫酸铈滴定液（0.01mol/L）不得过1.0ml。

有关物质（合成型）　取本品，用正己烷稀释制成每1ml中约含2.5mg的溶液，作为供试品溶液；精密量取适量，用正己烷定量稀释制成每1ml中含25μg的溶液，作为对照溶液。精密量取对照溶液与供试品溶液各1μl，分别注入气相色谱仪，记录色谱图至主成分峰保留时间的2倍，供试品溶液的色谱图中如有杂质峰，α-生育酚（杂质Ⅰ）（相对保留时间约为0.87）的峰面积不得大于对照溶液主峰面积（1.0%），其他单个杂质峰面积不得大于对照溶液主峰面积的1.5倍（1.5%），各杂质峰面积的和不得大于对照溶液主峰面积的2.5倍（2.5%）。

残留溶剂　正己烷　取本品，精密称定，加二甲基甲酰胺溶解并定量稀释制成每1ml中约含50mg的溶液，作为供试品溶液；另取正己烷，加二甲基甲酰胺溶解并定量稀释制成每1ml中约含10μg的溶液，作为对照品溶液。照残留溶剂测定法（附录0861第一法）试验，以5%苯基甲基聚硅氧烷为固定液（或极性相近的固定液），起始柱温为50℃，维持8分钟，然后以每分钟45℃的速率升温至260℃，维持15分钟。正己烷的残留量应符合规定。（天然型）

【含量测定】　照气相色谱法（附录0521）测定。

色谱条件与系统适用性试验　以硅酮（OV-17）为固定液，涂布浓度为2%的填充柱，或用100%二甲基聚硅氧烷为固定液的毛细管柱；柱温为265℃。理论板数按维生素E峰计算不低于500（填充柱）或5000（毛细管柱），维生素E峰与内标物质峰的分离度应符合要求。

校正因子的测定　取正三十二烷适量，加正己烷溶解并稀释制成每1ml中含1.0mg的溶液，作为内标溶液。另取维生素E对照品约20mg，精密称定，置棕色具塞瓶中，精密加内标溶液10ml，密塞，振摇使溶解，作为对照品溶液；取1~3μl注入气相色谱仪，计算校正因子。

测定法　取本品约20mg，精密称定，置棕色具塞瓶中，精密加内标溶液10ml，密塞，振摇使溶解，作为供试品溶液；取1~3μl注入气相色谱仪，测定，计算，即得。

【类别】　维生素类药。

【贮藏】　遮光，密封保存。

【制剂】　（1）维生素E注射液　（2）亚硒酸钠维生素E注射液

附：

杂质Ⅰ（α-生育酚）

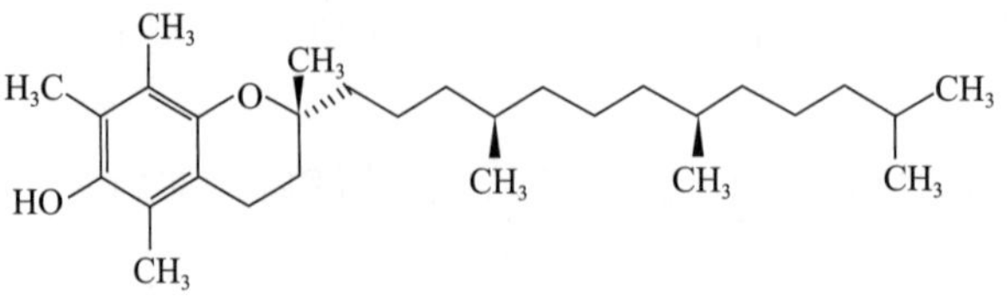

$C_{29}H_{50}O_2$　430.71

维生素E注射液

Weishengsu E Zhusheye

Vitamin E Injection

本品为维生素E的灭菌油溶液。含维生素E（$C_{31}H_{52}O_3$）应为标示量的90.0%～110.0%。

【性状】 本品为淡黄色的澄明油状液体。

【鉴别】 （1）取本品，照维生素E项下的鉴别（1）项试验，显相同的反应。

（2）在含量测定项下记录的色谱图中，供试品溶液主峰的保留时间应与对照品溶液主峰的保留时间一致。

【检查】 有关物质 〔原料药为维生素E（合成型）〕取本品适量，用正己烷稀释制成每1ml中约含维生素E2.5mg的溶液，作为供试品溶液；精密量取适量，用正己烷定量稀释制成每1ml中含维生素E25μg的溶液，作为对照溶液。照维生素E有关物质项下的方法测定，供试品溶液的色谱图中如有杂质峰，α-生育酚（相对保留时间约为0.87）的峰面积不得大于对照溶液主峰面积（1.0%），其他单个杂质峰面积不得大于对照溶液主峰面积的1.5倍（1.5%），各杂质峰面积的和不得大于对照溶液主峰面积的2.5倍（2.5%）。

其他 应符合注射剂项下有关的各项规定（附录0102）。

【含量测定】 精密量取本品2ml，置棕色具塞锥形瓶中，照维生素E含量测定项下的方法，精密加内标溶液50ml，密塞，摇匀，作为供试品溶液；取1～3μl注入气相色谱仪，并依法测定校正因子，计算，即得。

【作用与用途】 维生素类药。主要用于治疗因维生素E缺乏所致不孕症、白肌病等。

【用法与用量】 以维生素E计。皮下、肌内注射：一次量，驹、犊0.5～1.5g；羔羊、仔猪0.1～0.5g；犬0.03～0.1g。

【不良反应】 过高剂量可诱导犬凝血障碍。

【注意事项】 （1）维生素E和硒同用具有协同作用。

（2）大剂量的维生素E可延迟抗缺铁性贫血药物的治疗效应。

（3）液状石蜡、新霉素能减少本品的吸收。

（4）偶尔可引起死亡、流产或早产等过敏反应，可立即注射肾上腺素或抗组胺药物治疗。

（5）注射体积超过5ml时应分点注射。

【规格】 （1）1ml：50mg （2）10ml：500mg

【贮藏】 遮光，密闭保存。

维 生 素 K₁

Weishengsu K₁

Vitamin K₁

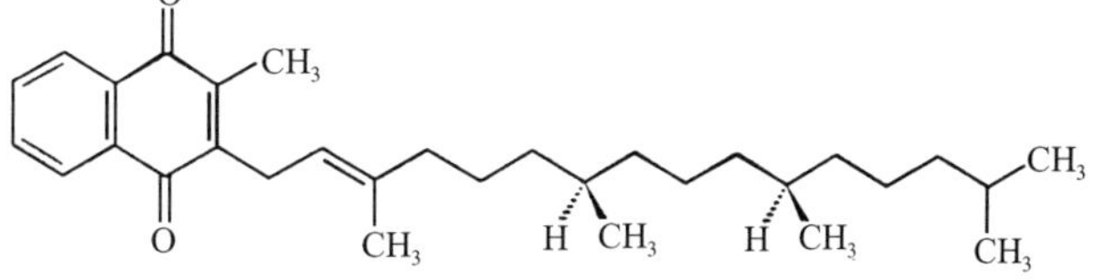

$C_{31}H_{46}O_2$　450.71

本品为2-甲基-3-（3,7,11,15-四甲基-2-十六碳烯基）-1,4-萘二酮的反式和顺式异构体的混合物。含$C_{31}H_{46}O_2$应为97.0%~103.0%。

【性状】 本品为黄色至橙色澄清的黏稠液体；无臭或几乎无臭；遇光易分解。

本品在三氯甲烷、乙醚或植物油中易溶，在乙醇中略溶，在水中不溶。

折光率 本品的折光率（附录0622）为1.525~1.528。

【鉴别】 （1）取本品1滴，加甲醇10ml与5%氢氧化钾的甲醇溶液1ml，振摇，溶液显绿色；置热水浴中即变成深紫色；放置后，显红棕色。

（2）在含量测定项下记录的色谱图中，供试品溶液主峰的保留时间应与对照品溶液主峰的保留时间一致。

（3）取本品，加三甲基戊烷溶解并稀释制成每1ml中约含10μg的溶液，照紫外-可见分光光度法（附录0401）测定，在243nm、249nm、261nm与270nm的波长处有最大吸收；在228nm、246nm、254nm与266nm的波长处有最小吸收；254nm波长处的吸光度与249nm波长处的吸光度的比值应为0.70~0.75。

（4）本品的红外光吸收图谱应与对照的图谱一致。

【检查】 **甲萘醌** 取本品20mg，加三甲基戊烷2ml使溶解，加氨试液-乙醇（1:1）1ml与氰基乙酸乙酯2滴，缓缓振摇，放置后，如下层溶液显蓝色，与甲萘醌的三甲基戊烷溶液（每1ml中含甲萘醌对照品20μg）2ml用同法制成的对照液比较，不得更深（0.2%）。

顺式异构体 照含量测定项下的方法，按峰面积归一化法计算，顺式异构体的含量不得过21.0%。

【含量测定】 避光操作。照高效液相色谱法（附录0512）测定。

色谱条件与系统适用性试验 用硅胶为填充剂；以石油醚（60~90℃）-正戊醇（2000:2.5）为流动相；检测波长为254nm。维生素K₁的顺、反式异构体峰之间及顺式异构体峰与内标物质峰之间的分离度应符合要求。

内标溶液的制备 取苯甲酸胆甾酯约37.5mg，置25ml量瓶中，用流动相溶解并稀释至刻度，摇匀，即得。

测定法 取本品约20mg，精密称定，置50ml量瓶中，加流动相溶解并稀释至刻度，摇匀，精密量取5ml与内标溶液1ml，置10ml量瓶中，用流动相稀释至刻度，摇匀，作为供试品溶液，取10μl注入液相色谱仪，记录色谱图；另取维生素K₁对照品，同法测定。按内标法以顺、反式异构体峰面积的和计算，即得。

【类别】 维生素类药。

【贮藏】 遮光，密封保存。

【制剂】 维生素K₁注射液

维生素K₁注射液

Weishengsu K₁ Zhusheye

Vitamin K₁ Injection

本品为维生素 K₁的灭菌水分散液。含维生素 K₁（$C_{31}H_{46}O_2$）应为标示量的90.0%~110.0%。

【性状】 本品为黄色的液体。

【鉴别】 取本品，照维生素K₁项下的鉴别（1）、（2）项试验，显相同的反应。

【检查】 pH值　应为5.0～6.5（附录0631）。

有关物质　避光操作。取本品2ml，置20ml量瓶中，用流动相稀释至刻度，摇匀，作为供试品溶液；精密量取1ml，置100ml量瓶中，用流动相稀释至刻度，摇匀，作为对照溶液。照含量测定项下的色谱条件试验，检测波长为270nm。精密量取对照溶液与供试品溶液各10μl，分别注入液相色谱仪，记录色谱图至主峰保留时间的2倍，供试品溶液色谱图中如有杂质峰，扣除相对保留时间小于0.3的峰，单个杂质峰面积不得大于对照溶液主峰面积（1.0%），各杂质峰面积的和不得大于对照溶液主峰面积的2倍（2.0%）。

细菌内毒素　取本品，依法检查（附录1143），每1mg维生素K_1中含内毒素的量应小于7.5EU。

其他　除可见异物检查可允许微显浑浊外，应符合注射剂项下有关的各项规定（附录0102）。

【含量测定】　避光操作。照高效液相色谱法测定（附录0512）。

色谱条件与系统适用性试验　用十八烷基硅烷键合硅胶为填充剂；以无水乙醇-水（90∶10）为流动相；检测波长为254nm。调节色谱条件使主成分色谱峰的保留时间约为12分钟，理论板数按维生素K_1峰计算不低于3000，维生素K_1峰与相邻杂质峰的分离度应符合要求。

测定法　精密量取本品2ml，置20ml量瓶中，用流动相稀释至刻度，摇匀，精密量取5ml，置50ml量瓶中，用流动相稀释至刻度，摇匀，精密量取10μl，注入液相色谱仪，记录色谱图；另取维生素K_1对照品约10mg，精密称定，置10ml量瓶中，加无水乙醇适量，强烈振摇使溶解并稀释至刻度，摇匀，精密量取5ml，置50ml量瓶中，用流动相稀释至刻度，摇匀，同法测定。按外标法以峰面积计算，即得。

【作用与用途】　维生素类药。用于维生素K缺乏所致的出血。

【用法与用量】　以维生素K_1计。肌内、静脉注射：一次量，每1kg体重，犊1mg；犬、猫0.5～2 mg。

【不良反应】　肌内注射可引起局部红肿和疼痛。

【注意事项】　静脉注射宜缓慢。

【规格】　1ml∶10mg

【贮藏】　遮光，密闭，防冻保存（如有油滴析出或分层，则不宜使用，但可在遮光条件下加热至70～80℃，振摇使其自然冷却，如可见异物正常仍可继续使用）。

替 米 考 星

Timikaoxing

Tilmicosin

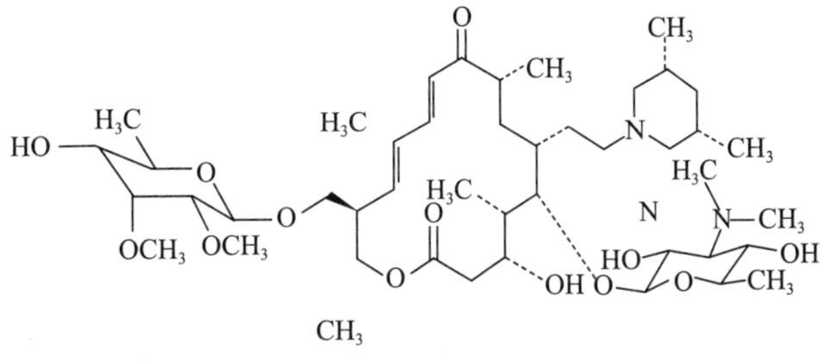

cis-form

$C_{46}H_{80}N_2O_{13}$　869.13

本品为4^A-*O*-脱（2,6-二脱氧-3-*C*-甲基-*α*-L-核糖-吡喃己基）-20-脱氧-20-（3,5-二甲基-1-哌啶基）-泰乐菌素。按无水物计算，含替米考星（$C_{46}H_{80}N_2O_{13}$）不得少于85.0%。

【性状】 本品为白色或类白色粉末。

本品在甲醇、乙腈或丙酮中易溶，在水中不溶。

【鉴别】 （1）在含量测定项下记录的色谱图中，供试品溶液替米考星顺式异构体峰和反式异构体峰的保留时间应与对照品溶液两峰的保留时间一致。

（2）本品的红外光吸收图谱应与对照品的图谱一致。

【检查】 **有关物质** 取本品约0.2g，精密称定，置50ml量瓶中，加乙腈10ml超声使溶解，用磷酸溶液（取水900ml，加磷酸5.71g，用12.5mol/L氢氧化钠溶液调节pH值至2.5±0.1，加水至1000ml）稀释至刻度，摇匀，作为供试品溶液（24小时内使用）；取替米考星对照品适量，精密称定，加乙腈制成每1ml中含0.25mg的溶液，精密量取5ml，置25ml量瓶中，用上述磷酸溶液稀释至刻度，摇匀，作为对照品溶液。照高效液相色谱法（附录0512）试验，用十八烷基硅烷键合硅胶（250mm×4.6mm，5μm）为填充剂；以水-磷酸二丁胺缓冲液〔取二丁胺16.8ml，加磷酸溶液（1→10）70ml，边加边搅拌，放冷后，用磷酸调节pH值至2.5±0.1，加水至100ml〕（975：25）为流动相A，以乙腈为流动相B；按下表进行梯度洗脱；检测波长为280nm；流速为每分钟1.1ml。替米考星反式异构体（两个不完全分开的峰）、顺式异构体与顺-8-差向异构体的相对保留时间分别为0.9、1.0和1.1。理论板数按替米考星顺式异构体峰计算不低于3000，替米考星的顺式异构体和反式异构体峰的分离度应符合要求。精密量取对照品溶液与供试品溶液各10μl，分别注入液相色谱仪，记录色谱图。供试品溶液的色谱图中如有杂质峰（除顺式、反式和顺-8-差向异构体外），按下式以无水物计算，单个杂质不得过3.0%，各杂质的和不得过10.0%。供试品溶液色谱图中小于对照品溶液顺式异构体峰面积0.01倍的色谱峰可忽略不计。

$$杂质含量 = \frac{A \times W_s \times P}{A_s \times W \times n} \times 100\%$$

式中　A为供试品溶液色谱图中除顺式、反式和顺-8-差向异构体外，有关物质峰面积的和或单个有关物质峰面积；

A_s为对照品溶液色谱图中顺式和反式异构体峰面积的和；

W_s为对照品的重量；

W为供试品的重量；

P为对照品的顺式和反式异构体的含量；

n为对照品与供试品的稀释倍数比。

时间（分钟）	流动相A（%）	流动相B（%）
0	82	18
30	60	40
32	82	18
40	82	18

水分 取本品，以10%咪唑甲醇溶液-吡啶（4：1）20ml作溶剂，照水分测定法（附录0832第

一法A）测定，含水分不得过5.0%。

替米考星组分　在含量测定项下记录的供试品溶液色谱图中，替米考星顺式异构体峰面积与替米考星反式异构体峰面积分别应为替米考星顺式异构体与反式异构体峰面积和的82.0%～88.0%与12.0%～18.0%。

【含量测定】　照高效液相色谱法（附录0512）测定。

色谱条件与系统适用性试验　用十八烷基硅烷键合硅胶（250mm×4.6mm，5μm）为填充剂；以水-乙腈-磷酸二丁胺溶液〔取二丁胺16.8ml，加磷酸溶液（1→10）70ml，边加边搅拌，放冷后，用磷酸调节pH值至2.5±0.1，加水至100ml〕-四氢呋喃（805：115：25：55）为流动相；检测波长为280nm，流速为每分钟1.0ml。理论板数按替米考星顺式异构体峰计算不低于3000，替米考星的顺式与反式异构体峰的分离度应符合要求。替米考星反式异构体峰和顺式异构体峰的相对保留时间为0.9和1.0。

测定法　取本品25mg，精密称定，置50ml量瓶中，加乙腈10ml超声使溶解，用上述磷酸溶液稀释至刻度，摇匀，作为供试品溶液。精密量取10μl注入液相色谱仪，记录色谱图。另取替米考星对照品同法测定。按外标法以替米考星顺式异构体和反式异构体峰面积的和计算，即得。

【类别】　大环内酯类抗生素。

【贮藏】　遮光，密闭保存。

【制剂】　（1）替米考星注射液　（2）替米考星预混剂　（3）替米考星溶液

替米考星注射液

Timikaoxing Zhusheye

Tilmicosin Injection

本品为替米考星与丙二醇等制成的灭菌溶液。含替米考星（$C_{46}H_{80}N_2O_{13}$）应为标示量的90.0%～110.0%。

【性状】　本品为淡黄色至棕红色澄明液体。

【鉴别】　在含量测定项下记录的色谱图中，供试品溶液主峰的保留时间应与对照品溶液主峰的保留时间一致。

【检查】　pH值　应为5.5～6.5（附录0631）。

细菌内毒素　取本品，依法检查（附录1143），每1mg替米考星中含内毒素的量应小于0.50EU。

无菌　取本品，每瓶取2ml，混匀，加入含1%无菌吐温20的磷酸盐缓冲液（pH 7.0）200ml，摇匀，用含1%无菌吐温20的磷酸盐缓冲液（pH 7.0）为冲洗液，经薄膜过滤法处理，依法检查（附录1101），应符合规定。

其他　应符合注射剂项下有关的各项规定（附录0102）。

【含量测定】　精密量取本品适量（约相当于替米考星0.6g），置100ml量瓶中，用磷酸溶液（取磷酸5.71g，加水900ml使溶解，用12.5mol/L氢氧化钠溶液调节pH值至2.5±0.1，加水至1000ml）稀释至刻度，摇匀；精密量取5ml置50ml量瓶中，用上述磷酸溶液稀释至刻度，摇匀。照替米考星项下的方法测定。按外标法以替米考星顺式和反式异构体峰面积的和计算，即得。

【作用与用途】　大环内酯类抗生素。用于治疗胸膜肺炎放线杆菌、巴氏杆菌及支原体感染。

【用法与用量】 以替米考星计。皮下注射：每1kg体重，牛10mg。仅注射1次。

【不良反应】 本品对动物的毒性作用主要是心血管系统，可引起心动过速和收缩力减弱。牛一次静脉注射5mg/kg即致死，猪、灵长类动物和马静脉注射也有致死性危险。牛皮下注射50mg/kg可引起心肌毒性，150mg/kg可致死。

【注意事项】 （1）泌乳期奶牛和肉牛犊禁用。

（2）本品禁止静脉注射。

（3）皮下注射可出现局部反应（水肿等），避免与眼接触。

（4）注射本品时应密切监测心血管状态。

【休药期】 牛35日。

【规格】 10ml：3g

【贮藏】 遮光，密闭保存。

替米考星预混剂

Timikaoxing Yuhunji

Tilmicosin Premix

本品含替米考星（$C_{46}H_{80}N_2O_{13}$）应为标示量的90.0%～110.0%。

【鉴别】 在含量测定项下记录的色谱图中，供试品溶液主峰的保留时间应与对照品溶液主峰的保留时间一致。

【检查】 粒度 本品应全部通过二号筛。

干燥失重 取本品，以五氧化二磷为干燥剂，在60℃减压干燥5小时，减失重量不得过10.0%（附录0831）。

其他 应符合预混剂项下有关的各项规定（附录0109）。

【含量测定】 取本品适量（约相当于替米考星0.25g），精密称定，置50ml量瓶中，加提取液｛取磷酸二丁胺溶液〔取二丁胺16.8ml，加磷酸溶液（1→10）70ml，边加边搅拌，放冷后，用磷酸调节pH值至2.5±0.1，加水至100ml〕25ml，加乙腈200ml，加水至1000ml｝40ml，超声10分钟，放冷，用上述提取液稀释至刻度，滤过，精密量取续滤液5ml，置50ml量瓶中，用磷酸溶液（取磷酸5.71g，加水900ml，用12.5mol/L氢氧化钠溶液调节pH值至2.5±0.1，加水至1000ml）稀释至刻度，摇匀，照替米考星项下的方法测定。按外标法以顺式和反式异构体峰面积的和计算，即得。

【作用与用途】 大环内酯类抗生素。用于治疗猪胸膜肺炎放线杆菌、巴氏杆菌及支原体感染。

【用法与用量】 以替米考星计。混饲：每1000kg饲料，猪200～400g。连用15日。

【不良反应】 （1）本品对动物的毒性作用主要是心血管系统，可引起心动过速和收缩力减弱。

（2）动物内服后可能出现剂量依赖性胃肠道紊乱，如呕吐、腹泻、腹痛等。

【注意事项】 替米考星对眼睛有刺激性，可引起过敏反应，避免直接接触。

【休药期】 猪14日。

【规格】 （1）10% （2）20%

【贮藏】 遮光，密闭保存。

替米考星溶液

Timikaoxing Rongye

Tilmicosin Solution

本品含替米考星（$C_{46}H_{80}N_2O_{13}$）应为标示量的90.0%～110.0%。

【性状】 本品为淡黄色至棕红色的澄清液体。

【鉴别】 在含量测定项下记录的色谱图中，供试品溶液主峰的保留时间应与对照品溶液主峰的保留时间一致。

【检查】 pH值 应为3.5～7.0（附录0631）。

其他 应符合内服溶液剂项下有关的各项规定（附录0111）。

【含量测定】 精密量取本品适量（约相当于替米考星0.50g），置100ml量瓶中，用磷酸溶液（取磷酸5.71g，加水900ml，用12.5mol/L氢氧化钠溶液调节pH值至2.5±0.1，加水至1000ml）稀释至刻度；精密量取5ml，置50ml量瓶中，用上述磷酸溶液稀释至刻度，摇匀，照替米考星项下的方法测定。按外标法以顺式和反式异构体峰面积的和计算，即得。

【作用与用途】 大环内酯类抗生素。用于治疗由巴氏杆菌及支原体感染引起的鸡呼吸道疾病。

【用法与用量】 以替米考星计。混饮：每1L水，鸡75mg。连用3日。

【不良反应】 本品对动物的毒性作用主要是心血管系统，可引起心动过速和收缩力减弱。

【注意事项】 蛋鸡产蛋期禁用。

【休药期】 鸡12日。

【规格】 （1）10% （2）25%

【贮藏】 遮光，密闭保存。

葡 萄 糖

Putaotang

Glucose

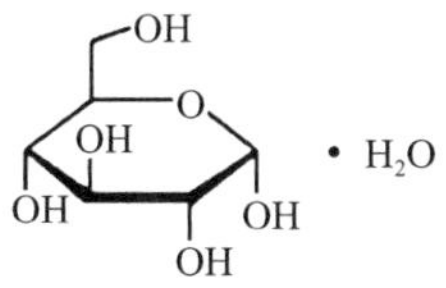

$C_6H_{12}O_6 \cdot H_2O$　198.17

本品为D-（＋）-吡喃葡萄糖一水合物。

【性状】 本品为无色结晶或白色结晶性或颗粒性粉末；无臭。

本品在水中易溶，在乙醇中微溶。

比旋度 取本品约10g，精密称定，置100ml量瓶中，加水适量与氨试液0.2ml，溶解后，用水稀释至刻度，摇匀，放置10分钟，在25℃时，依法测定（附录0621），比旋度为＋52.6°至＋53.2°。

【鉴别】 （1）取本品约0.2g，加水5ml溶解后，缓缓滴入微温的碱性酒石酸铜试液中，即生成氧化亚铜的红色沉淀。

（2）取干燥失重项下的本品适量，依法测定，本品的红外光吸收图谱应与对照的图谱一致。

【检查】　**酸度**　取本品2.0g，加水20ml溶解后，加酚酞指示液3滴与氢氧化钠滴定液（0.02mol/L）0.20ml，应显粉红色。

溶液的澄清度与颜色　取本品5.0g，加热水溶解后，放冷，用水稀释至10ml，溶液应澄清无色；如显浑浊，与1号浊度标准液（附录0902）比较，不得更浓；如显色，与对照液（取比色用氯化钴液3.0ml、比色用重铬酸钾液3.0ml与比色用硫酸铜液6.0ml，用水稀释成50ml）1.0ml用水稀释至10ml比较，不得更深。

乙醇溶液的澄清度　取本品1.0g，加乙醇20ml，置水浴上加热回流约40分钟，溶液应澄清。

氯化物　取本品0.60g，依法检查（附录0801），与标准氯化钠溶液6.0ml制成的对照液比较，不得更浓（0.01%）。

硫酸盐　取本品2.0g，依法检查（附录0802），与标准硫酸钾溶液2.0ml制成的对照液比较，不得更浓（0.01%）。

亚硫酸盐与可溶性淀粉　取本品1.0g，加水10ml溶解后，加碘试液1滴，应即显黄色。

干燥失重　取本品，在105℃干燥至恒重，减失重量为7.5%～9.5%（附录0831）。

炽灼残渣　不得过0.1%（附录0841）。

蛋白质　取本品1.0g，加水10ml溶解后，加磺基水杨酸溶液（1→5）3ml，不得发生沉淀。

钡盐　取本品2.0g，加水20ml溶解后，溶液分成两等份，一份中加稀硫酸1ml，另一份中加水1ml，摇匀，放置15分钟，两液均应澄清。

钙盐　取本品1.0g，加水10ml溶解后，加氨试液1ml与草酸铵试液5ml，摇匀放置1小时，如发生浑浊，与标准钙溶液〔精密称取碳酸钙0.1250g，置500ml量瓶中，加水5ml与盐酸0.5ml使溶解，用水稀释至刻度，摇匀。每1ml相当于0.1mg的钙（Ca）〕1.0ml制成的对照液比较，不得更浓（0.01%）。

铁盐　取本品2.0g，加水20ml溶解后，加硝酸3滴，缓慢煮沸5分钟，放冷，用水稀释成45ml，加硫氰酸铵溶液（30→100）3.0ml，摇匀，如显色，与标准铁溶液2.0ml用同一方法制成的对照液比较，不得更深（0.001%）。

重金属　取本品4.0g，加醋酸盐缓冲液（pH 3.5）2ml，依法检查（附录0821第一法），含重金属不得过百万分之五。

砷盐　取本品2.0g，加水5ml溶解后，加稀硫酸5ml与溴化钾溴试液0.5ml，置水浴上加热约20分钟，使保持稍过量的溴存在，必要时，再补加溴化钾溴试液适量，并随时补充蒸散的水分，放冷，加盐酸5ml与水适量使成28ml，依法检查（附录0822第一法），应符合规定（0.0001%）。

微生物限度　取本品10g，用pH 7.0无菌氯化钠-蛋白胨缓冲液制成1∶10的供试液。

需氧菌总数、霉菌和酵母菌总数　取供试液1ml，依法检查（附录1105），1g供试品中需氧菌总数不得过1000cfu，霉菌和酵母菌总数不得过100cfu。

大肠埃希菌　取1∶10的供试液10ml，依法检查（附录1106），1g供试品中不得检出。

【类别】　体液补充药。

【贮藏】　密封保存。

【制剂】　（1）葡萄糖注射液　（2）葡萄糖氯化钠注射液

无水葡萄糖

Wushui Putaotang
Anhydrous Glucose

$C_6H_{12}O_6$ 180.16

本品为D-（＋）-吡喃葡萄糖。

【性状】 本品为无色结晶或白色结晶性或颗粒性粉末；无臭。

本品在水中易溶，在乙醇中微溶。

比旋度 取本品约10g，精密称定，置50ml量瓶中，加水适量与氨试液2.0ml溶解后，用水稀释至刻度，摇匀，放置60分钟，在25℃时依法测定（附录0621），比旋度为＋52.6°至＋53.2°。

【鉴别】 （1）取本品约0.2g，加水5ml溶解后，缓缓滴入微温的碱性酒石酸铜试液中，即生成氧化亚铜的红色沉淀。

（2）本品的红外光吸收图谱应与对照的图谱一致。

【检查】 **酸度** 取本品2.0g，加水20ml溶解后，加酚酞指示液3滴与氢氧化钠滴定液（0.02mol/L）0.20ml，应显粉红色。

溶液的澄清度与颜色 取本品5.0g，加热水溶解后，放冷，用水稀释至10ml，溶液应澄清无色；如显浑浊，与1号浊度标准液（附录0902）比较，不得更浓；如显色，与对照液（取比色用氯化钴液3.0ml、比色用重铬酸钾液3.0ml与比色用硫酸铜液6.0ml，用水稀释成50ml）1.0ml用水稀释至10ml比较，不得更深。

乙醇溶液的澄清度 取本品1.0g，加乙醇20ml，置水浴上加热回流约40分钟，溶液应澄清。

氯化物 取本品0.60g，依法检查（附录0801），与标准氯化钠溶液6.0ml制成的对照液比较，不得更浓（0.01%）。

硫酸盐 取本品2.0g，依法检查（附录0802），与标准硫酸钾溶液2.0ml制成的对照液比较，不得更浓（0.01%）。

亚硫酸盐与可溶性淀粉 取本品1.0g，加水10ml溶解后，加碘试液1滴，应即显黄色。

干燥失重 取本品，在105℃干燥至恒重，减失重量不得过1.0%（附录0831）。

炽灼残渣 不得过0.1%（附录0841）。

蛋白质 取本品1.0g，加水10ml溶解后，加磺基水杨酸溶液（1→5）3ml，不得发生浑浊或沉淀。

钡盐 取本品2.0g，加水20ml溶解后，溶液分成两等份，一份中加稀硫酸1ml，另一份中加水1ml，摇匀，放置15分钟，两液均应澄清。

钙盐 取本品1.0g，加水10ml溶解后，加氨试液1ml与草酸铵试液5ml，摇匀，放置1小时，如发生浑浊，与标准钙溶液〔精密称取碳酸钙0.1250g，置500ml量瓶中，加水5ml与盐酸0.5ml使溶解，用水稀释至刻度，摇匀。每1ml相当于0.1mg的钙（Ca）〕1.0ml制成的对照液比较，不得更浓（0.01%）。

铁盐 取本品2.0g，加水20ml溶解后，加硝酸3滴，缓慢煮沸5分钟，放冷，用水稀释成45ml，加硫氰酸铵溶液（30→100）3.0ml，摇匀，如显色，与标准铁溶液2.0ml用同一方法制成的对照液比较，不得更深（0.001%）。

重金属 取本品5.0g，加水23ml溶解后，加醋酸盐缓冲液（pH 3.5）2ml，依法检查（附录0821第一法），含重金属不得过百万分之四。

砷盐 取本品2.0g，加水5ml溶解后，加稀硫酸5ml与溴化钾溴试液0.5ml，置水浴上加热约20分钟，使保持稍过量的溴存在，必要时，再补加溴化钾溴试液适量，并随时补充蒸发的水分，放冷，加盐酸5ml与水适量使成28ml，依法检查（附录0822第一法），应符合规定（0.0001%）。

微生物限度 取本品10g，用pH7.0无菌氯化纳-蛋白胨缓冲液制成1∶10的供试液。

需氧菌总数、霉菌和酵母菌总数 取供试液1ml，依法检查（附录1105），每1g供试品中需氧菌总数不得过1000cfu，霉菌和酵母菌总数不得过100cfu。

大肠埃希菌 取1∶10的供试液10ml，依法检查（附录1106），1g供试品中不得检出。

【类别】 体液补充药。

【贮藏】 密封保存。

【制剂】 （1）葡萄糖注射液 （2）葡萄糖氯化钠注射液

葡萄糖注射液

Putaotang Zhusheye

Glucose Injection

本品为葡萄糖或无水葡萄糖的灭菌水溶液。含葡萄糖（$C_6H_{12}O_6 \cdot H_2O$）应为标示量的95.0% ~ 105.0%。

【性状】 本品为无色或几乎无色的澄明液体。

【鉴别】 取本品，缓缓滴入微温的碱性酒石酸铜试液中，即生成氧化亚铜的红色沉淀。

【检查】 pH值 取本品或本品适量，用水稀释制成含葡萄糖为5%的溶液，每100ml加饱和氯化钾溶液0.3ml，依法检查（附录0631），pH值应为3.2 ~ 6.5。

5-羟甲基糠醛 精密量取本品适量（约相当于葡萄糖1.0g），置 100ml量瓶中，用水稀释至刻度，摇匀，照紫外-可见分光光度法（附录0401），在284nm的波长处测定，吸光度不得大于0.32。

重金属 取本品适量（约相当于葡萄糖3g），必要时，蒸发至约20ml，放冷，加醋酸盐缓冲液（pH 3.5）2ml与水适量使成25ml，依法检查（附录0821第一法），按葡萄糖含量计算，含重金属不得过百万分之五。

细菌内毒素 取本品，依法检查（附录1143），每1ml中含内毒素的量应小于0.50EU。

无菌 取本品，采用薄膜过滤法，以金黄色葡萄球菌为阳性对照菌，依法检查（附录1101），应符合规定。

其他 应符合注射剂项下有关的各项规定（附录0102）。

【含量测定】 精密量取本品适量（约相当于葡萄糖10g），置100ml量瓶中，加氨试液0.2ml（10%或10%以下规格的本品可直接取样测定），用水稀释至刻度，摇匀，静置10分钟，在25℃时，依法测定旋光度（附录0621），与2.0852相乘，即得供试量中含有$C_6H_{12}O_6 \cdot H_2O$的重量（g）。

【作用与用途】 体液补充药。5%等渗溶液用于补充营养和水分；10%高渗溶液用于提高血液渗透压和利尿。

【用法与用量】 以葡萄糖计。静脉注射：一次量，马、牛50 ~ 250g；羊、猪10 ~ 50g；犬

5～25g。

【不良反应】　长期单纯补给葡萄糖可出现低钾、低钠血症等电解质紊乱状态。

【注意事项】　高渗注射液应缓慢注射，以免加重心脏负担，且勿漏出血管外。

【规格】　（1）20ml：5g　（2）20ml：10g　（3）100ml：5g　（4）100ml：10g　（5）250ml：12.5g（6）250ml：25g　（7）500ml：25g　（8）500ml：50g　（9）500ml：250g　（10）1000ml：50g（11）1000ml：100g

【贮藏】　密闭保存。

葡萄糖氯化钠注射液

Putaotang Lühuana Zhusheye

Glucose and Sodium Chloride Injection

本品为葡萄糖或无水葡萄糖与氯化钠的灭菌水溶液。含葡萄糖（$C_6H_{12}O_6 \cdot H_2O$）与氯化钠（NaCl）均应为标示量的95.0%～105.0%。

【性状】　本品为无色的澄明液体。

【鉴别】　（1）取本品，缓缓滴入微温的碱性酒石酸铜试液中，即生成氧化亚铜的红色沉淀。

（2）本品显钠盐与氯化物鉴别（1）的反应（附录0301）。

【检查】　pH值　应为3.5～5.5（附录0631）。

5-羟甲基糠醛　精密量取本品适量（约相当于葡萄糖0.1g），置50ml量瓶中，用水稀释至刻度，摇匀，照紫外-可见分光光度法（附录0401）在284nm的波长处测定，吸光度不得大于0.25。

重金属　取本品适量（约相当于葡萄糖3g），必要时，蒸发至约20ml，放冷，加醋酸盐缓冲液（pH 3.5）2ml与水适量使成25ml，依法检查（附录0821第一法），含重金属不得过百万分之五。

细菌内毒素　取本品，依法检查（附录1143），每1ml中含内毒素的量应小于0.50EU。

无菌　取本品，采用薄膜过滤法，以金黄色葡萄球菌为阳性对照菌，依法检查（附录1101），应符合规定。

其他　应符合注射剂项下有关的各项规定（附录0102）。

【含量测定】　葡萄糖　取本品，在25℃时，依法测定旋光度（附录0621）与2.0852相乘，即得供试量中含有$C_6H_{12}O_6 \cdot H_2O$的重量（g）。

氯化钠　精密量取本品10ml，加水40ml，加2%糊精溶液5ml、2.5%硼砂溶液2ml与荧光黄指示液5～8滴，用硝酸银滴定液（0.1mol/L）滴定。每1ml硝酸银滴定液（0.1mol/L）相当于5.844mg的NaCl。

【作用与用途】　体液补充药。用于脱水症。

【用法与用量】　静脉注射：一次量，马、牛1000～3000ml；羊、猪250～500ml；犬100～500 ml。

【不良反应】　输注过多、过快，可致水钠潴留，引起水肿、血压升高、心率加快、胸闷、呼吸困难，甚至急性左心衰竭。

【注意事项】　（1）低血钾症患畜慎用。

（2）易致肝、肾功能不全患病动物水钠潴留，应注意控制剂量。

【规格】　（1）100ml：葡萄糖5g与氯化钠0.9g　（2）250ml：葡萄糖12.5g与氯化钠2.25g

（3）500ml：葡萄糖25g与氯化钠4.5g （4）1000ml：葡萄糖50g与氯化钠9g

【贮藏】 密闭保存。

葡萄糖酸钙

Putaotangsuangai

Calcium Gluconate

$$C_{12}H_{22}CaO_{14} \cdot H_2O \quad 448.40$$

本品为D-葡萄糖酸钙盐一水合物。含$C_{12}H_{22}CaO_{14} \cdot H_2O$应为99.0%~104.0%。

【性状】 本品为白色颗粒性粉末；无臭。

本品在沸水中易溶，在水中缓缓溶解，在无水乙醇、三氯甲烷或乙醚中不溶。

【鉴别】 （1）取本品约0.1g，加水5ml溶解后，加三氯化铁试液1滴，显深黄色。

（2）取本品50mg，加水5ml，温水浴溶解，滤过，取滤液作为供试品溶液。另取葡萄糖酸钙对照品，同法制成每1ml中含10mg的溶液，作为对照品溶液。照薄层色谱法（附录0502）试验，吸取上述两种溶液各5μl，分别点于同一硅胶G薄层板上，以乙醇-水-浓氨溶液-乙酸乙酯（50：30：10：10）为展开剂，展开，晾干，置110℃加热20分钟后，放冷，喷以钼酸铵-硫酸铈试液（取钼酸铵2.5g，加1mol/L硫酸溶液50ml使溶解，再加硫酸铈1.0g，加1mol/L硫酸溶液溶解并稀释至100ml，摇匀），再在110℃加热10分钟后，取出放冷，10分钟后检视。供试品溶液所显主斑点的位置和颜色应与对照品溶液的主斑点相同。

（3）本品的红外光吸收图谱应与对照的图谱一致。

（4）本品的水溶液显钙盐的鉴别反应（附录0301）。

【检查】 **溶液的澄清度** 取本品4.0g，加水40ml，煮沸至溶解，溶液应澄清。（供注射用）

氯化物 取本品0.10g，依法检查（附录0801）与标准氯化钠溶液5.0ml制成的对照液比较，不得更浓（0.05%）。

硫酸盐 取本品0.50g，依法检查（附录0802），与标准硫酸钾溶液5.0ml制成的对照液比较，不得更浓（0.1%）。

蔗糖或还原糖类 取本品0.50g，加水10ml，加热溶解后，加稀盐酸2ml，煮沸2分钟，放冷，加碳酸钠试液5ml，静置5分钟，用水稀释成20ml，滤过；分取滤液5ml，加碱性酒石酸铜试液2ml，煮沸1分钟，不得立即生成红色沉淀。

镁盐与碱金属盐 取本品1.0g，加水40ml溶解后，加氯化铵0.5g，煮沸，加过量的草酸铵试液使钙完全沉淀，置水浴上加热1小时，放冷，用水稀释成100ml，摇匀，滤过；分取滤液50ml，加硫酸0.5ml，蒸干后，炽灼至恒重，遗留残渣不得过5mg。

重金属 取本品1.0g，加1mol/L盐酸溶液2ml与水适量使成25ml，微温使溶解，放冷，依法检查（附录0821第一法），含重金属不得过百万分之十五。

砷盐　取本品1.0g，加盐酸5ml与水23ml溶解后，依法检查（附录0822第一法），应符合规定（0.0002%）。

【含量测定】　取本品0.5g，精密称定，加水100ml，微温使溶解，加氢氧化钠试液15ml与钙紫红素指示剂0.1g，用乙二胺四醋酸二钠滴定液（0.05mol/L）滴定至溶液自紫色变为纯蓝色。每1ml乙二胺四醋酸二钠滴定液（0.05mol/L）相当于22.42mg的$C_{12}H_{22}CaO_{14} \cdot H_2O$。

【类别】　钙补充药。

【贮藏】　密封保存。

【制剂】　葡萄糖酸钙注射液

葡萄糖酸钙注射液

Putaotangsuangai Zhusheye
Calcium Gluconate Injection

本品为葡萄糖酸钙的灭菌水溶液。含葡萄糖酸钙（$C_{12}H_{22}CaO_{14} \cdot H_2O$）应为标示量的97.0%～107.0%。

本品中需添加钙盐或其他适宜的稳定剂，但加入的钙盐按钙（Ca）计算，不得超过葡萄糖酸钙中含有钙量的5.0%。

【性状】　本品为无色的澄明液体。

【鉴别】　取本品适量，照葡萄糖酸钙项下的鉴别（1）、（4）项试验，显相同的反应。

【检查】　pH值　应为4.0～7.5（附录0631）。

蔗糖或还原糖类　取本品适量（约相当于葡萄糖酸钙0.5g），加水5ml，加稀盐酸2ml，煮沸2分钟，放冷，加碳酸钠试液5ml，静置5分钟，用水稀释使成20ml，滤过；分取滤液5ml，加碱性酒石酸铜试液2ml，煮沸1分钟，2分钟内不得生成红色沉淀。

重金属　取本品适量（约相当于葡萄糖酸钙1.0g），加醋酸缓冲液（pH 3.5）2ml与水适量使成25ml，依法检查（附录0821第一法），含重金属不得过百万分之十五。

细菌内毒素　取本品，依法检查（附录1143），每1mg葡萄糖酸钙中含内毒素的量应小于0.17EU。

其他　应符合注射剂项下有关的各项规定（附录0102）。

【含量测定】　精密量取本品适量（约相当于葡萄糖酸钙0.5g），置锥形瓶中，用水稀释使成100ml，照葡萄糖酸钙含量测定项下的方法，自"加氢氧化钠试液15ml"起，依法测定。每1ml乙二胺四醋酸二钠滴定液（0.05mol/L）相当于22.42mg的$C_{12}H_{22}CaO_{14} \cdot H_2O$。

【作用与用途】　钙补充药。用于钙缺乏症及过敏性疾病，亦可解除镁离子中毒引起的中枢抑制。

【用法与用量】　以葡萄糖酸钙计。静脉注射：一次量，马、牛20～60g；羊、猪5～15g；犬0.5～2g。

【不良反应】　心脏或肾脏疾病的患畜，可能产生高血钙症。

【注意事项】　本品注射宜缓慢，应用强心苷期间禁用。有刺激性，不宜皮下或者肌内注射。注射液不可漏出血管外，否则会导致疼痛及组织坏死。

【规格】　（1）10ml：1g　（2）20ml：1g　（3）50ml：5g　（4）100ml：10g　（5）500ml：50g

【贮藏】　密闭保存。

硝 氯 酚

Xiaolüfen

Niclofolan

$C_{12}H_6Cl_2N_2O_6$ 345.06

本品为4,4'-二氯-6,6'-二硝基-2,2'-联二苯酚。按干燥品计算，含$C_{12}H_6Cl_2N_2O_6$不得少于97.0%。

【性状】 本品为黄色结晶性粉末；无臭。

本品在丙酮、三氯甲烷或二甲基甲酰胺中溶解，在乙醚中略溶，在乙醇中微溶，在水中不溶；在氢氧化钠试液中溶解，在冰醋酸中略溶。

熔点 本品的熔点（附录0612）为176~181℃。

【鉴别】 （1）取本品约10mg，加新配制的5%硫酸亚铁溶液2ml，加1.5mol/L硫酸溶液3滴，摇匀，加2mol/L氢氧化钾溶液1.5ml，密塞，振摇，即生成棕红色沉淀。

（2）取本品约10mg，加乙醇5ml，微温溶解后，加三氯化铁试液数滴，即显红色或紫红色。

（3）取本品约50mg，置坩埚中，加无水碳酸钠0.5g，混合，炽灼（约600℃）20分钟后，放冷，加水10ml，搅拌，滤过，滤液加硝酸使成酸性，加硝酸银试液1ml，即生成白色沉淀。

【检查】 **联苯酚和二氯联苯酚** 取本品约0.10g，置25ml具塞试管中，加碳酸钠试液2ml，微温使溶解，加水5ml，混匀，加2%4-氨基安替比林溶液4滴与10%的铁氰化钾溶液4滴，摇匀，加三氯甲烷5ml，密塞，振摇1分钟，三氯甲烷层应显浅黄色；如显红色，与对照液〔取联苯酚50mg，精密称定，置100ml量瓶中，加碳酸钠试液10ml溶解后，用水稀释至刻度（每1ml含0.5mg），精密量取0.2ml，置25ml具塞试管中，加碳酸钠试液1ml，加2%4-氨基安替比林溶液4滴，摇匀，加水5ml与三氯甲烷5ml，密塞，振摇1分钟，三氯甲烷层为对照液〕比较，不得更深。

干燥失重 取本品，在105℃干燥至恒重，减失重量不得过1.0%（附录0831）。

炽灼残渣 不得过0.15%（附录0841）。

【含量测定】 取本品约0.4g，精密称定，置500ml凯氏烧瓶中，加冰醋酸30ml，微温溶解后，加锌粉4g，盐酸10ml，置水浴中加热2小时，照氮测定法（附录0704第一法）测定。每1ml硫酸滴定液（0.05mol/L）相当于17.25mg的$C_{12}H_6Cl_2N_2O_6$。

【类别】 抗蠕虫药。

【贮藏】 遮光，密闭保存。

【制剂】 硝氯酚片

硝 氯 酚 片

Xiaolüfen Pian

Niclofolan Tablets

本品含硝氯酚（$C_{12}H_6Cl_2N_2O_6$）应为标示量的90.0%~110.0%。

【性状】 本品为黄色片。

【鉴别】 取本品的细粉适量（约相当于硝氯酚0.5g），加丙酮适量，振摇使溶解，滤过，滤液置水浴上蒸发至干，残渣照硝氯酚项下的鉴别试验，显相同的反应。

【检查】 应符合片剂项下有关的各项规定（附录0101）。

【含量测定】 取本品20片，精密称定，研细，精密称取适量（约相当于硝氯酚0.4g），照硝氯酚项下的方法测定，即得。每1ml硫酸滴定液（0.05mol/L）相当于17.25mg的$C_{12}H_6Cl_2N_2O_6$。

【作用与用途】 抗蠕虫药。用于牛、羊片形吸虫病。

【用法与用量】 以硝氯酚计。内服：一次量，每1kg体重，黄牛3～7mg；水牛1～3mg；羊3～4mg。

【不良反应】 过量用药动物可出现发热、呼吸急促和出汗，持续2～3日，偶见死亡。

【注意事项】 （1）治疗量对动物比较安全，过量引起的中毒症状（如发热、呼吸困难、窒息）可根据症状选用尼可刹米、毒毛花苷K、维生素C等对症治疗，但禁用钙剂静脉注射。

（2）硝氯酚中毒时，静脉注射钙剂可增强本品毒性。

【休药期】 28日。

【规格】 0.1g

【贮藏】 遮光，密封保存。

硝酸士的宁

Xiaosuan Shidening

Strychnine Nitrate

$C_{21}H_{22}N_2O_2 \cdot HNO_3$ 397.44

本品为番木鳖碱-10-酮单硝酸盐，含$C_{21}H_{22}N_2O_2 \cdot HNO_3$不得少于99.0%。

【性状】 本品为无色针状结晶或白色结晶性粉末；无臭。

本品在沸水中易溶，在水中略溶，在乙醇或三氯甲烷中微溶，在乙醚中几乎不溶。

【鉴别】 （1）取本品约0.5mg，置蒸发皿中，加硫酸1滴溶解后，加重铬酸钾的结晶一小粒，周围即显紫色。

（2）本品的水溶液显硝酸盐的鉴别反应（附录0301）。

【检查】 酸度 取本品0.5g，加水25ml溶解后，加甲基红指示液1滴与氢氧化钠滴定液（0.02mol/L）0.5ml，应显黄色。

马钱子碱 取本品0.1g，加硝酸-水（1：1）1ml，除黄色外，不得显红色或淡红棕色。

炽灼残渣 不得过0.1%（附录0841）。

【含量测定】 取本品约0.3g，精密称定，加冰醋酸20ml，振摇使溶解，照电位滴定法（附录0701），用高氯酸滴定液（0.1mol/L）滴定，并将滴定的结果用空白试验校正。即得。每1ml高氯酸滴定液（0.1mol/L）相当于39.74mg的$C_{21}H_{22}N_2O_2 \cdot HNO_3$。

【类别】 中枢兴奋药。

【贮藏】 遮光，密封保存。

【制剂】 硝酸士的宁注射液

硝酸士的宁注射液

Xiaosuan Shidening Zhusheye

Strychnine Nitrate Injection

本品为硝酸士的宁的灭菌水溶液。含硝酸士的宁（$C_{21}H_{22}N_2O_2 \cdot HNO_3$）应为标示量的90.0%～110.0%。

【性状】 本品为无色的澄明液体。

【鉴别】 （1）取本品数滴，置蒸发皿中，蒸干后，加硫酸1滴，再加重铬酸钾结晶一小粒，周围即显紫色。

（2）取本品1滴，置瓷皿中，加二苯胺试液1滴，即显蓝色。

【检查】 pH值 应为3.0～4.5（附录0631）。

其他 应符合注射剂项下有关的各项规定（附录0102）。

【含量测定】 精密量取本品适量，加水制成每1ml中约含16μg的溶液，照紫外-可见分光光度法（附录0401），在254nm的波长处测定吸光度，按$C_{21}H_{22}N_2O_2 \cdot HNO_3$的吸收系数（$E_{1cm}^{1\%}$）为316计算，即得。

【作用与用途】 中枢兴奋药。用于脊髓性不全麻痹。

【用法与用量】 以硝酸士的宁计。皮下注射：一次量，马、牛15～30mg；羊、猪2～4mg；犬0.5～0.8mg。

【不良反应】 本品毒性大，安全范围小，过量易出现肌肉震颤、脊髓兴奋性惊厥、角弓反张等。

【注意事项】 （1）肝肾功能不全、癫痫及破伤风患畜禁用。

（2）孕畜及中枢神经系统兴奋症状的患畜禁用。

（3）本品排泄缓慢，长期应用易蓄积中毒，故使用时间不宜太长，反复给药应酌情减量。

（4）因过量出现惊厥时应保持动物安静，避免外界刺激，并迅速肌内注射苯巴比妥钠等进行解救。

【规格】 （1）1ml：2mg （2）10ml：20mg

【贮藏】 遮光，密闭保存。

硫代硫酸钠

Liudailiusuanna

Sodium Thiosulfate

$Na_2S_2O_3 \cdot 5H_2O$　248.19

本品按干燥品计算，含$Na_2S_2O_3$不得少于99.0%。

【性状】 本品为无色、透明的结晶或结晶性细粒；无臭；在干燥空气中有风化性，在湿空气中有潮解性；水溶液显微弱的碱性反应。

本品在水中极易溶解，在乙醇中不溶。

【鉴别】 （1）取本品约0.1g，加水1ml溶解后，加盐酸，即析出白色沉淀，迅即变为黄色，并发生二氧化硫的刺激性特臭。

（2）取本品约0.1g，加水1ml溶解后，加三氯化铁试液，即显暗紫堇色，并立即消失。

（3）本品的水溶液显钠盐鉴别（1）的反应（附录0301）。

【检查】 酸碱度 取样品1.0g，加水10ml溶解后，依法测定（附录0631），pH值应为6.0～8.4。

硫酸盐与亚硫酸盐 取本品0.50g，置50ml量瓶中，加水溶解并稀释至刻度，精密量取10ml，滴加碘滴定液（0.05mol/L）至溶液显浅黄色，加20%盐酸溶液0.5ml，加硫代硫酸钠滴定液（0.1mol/L）1滴使溶液黄色褪去，用水稀释至25ml，依法检查（附录0802），与标准硫酸钾溶液2.0ml制成的对照液比较，不得更深（0.2%）。

硫化物 取本品2.5g，加水20ml使溶解，加醋酸铅溶液〔取醋酸铅〔（CH$_3$COO）$_2$Pb·3H$_2$O〕5g和氢氧化钠15g，加水80ml溶解，用水稀释至100ml〕0.3ml，摇匀，放置2分钟，与标准硫化钠溶液2.5ml制成的对照液比较，不得更深（0.0005%）。

干燥失重 取本品，先在40～50℃，渐次升高温度至105℃并干燥至恒重，减失重量应为32.0%～37.0%（附录0831）。

钙盐 取本品0.50g，加水10ml溶解后，加草酸铵试液，不得发生混浊。

重金属 取本品1.0g，加水10ml溶解后，缓缓加稀盐酸5ml，置水浴上蒸干，残渣中加水15ml，缓缓煮沸10分钟，滤过，用水适量洗涤滤器，合并洗液与滤液，煮沸，趁热加溴试液适量使成澄清溶液，再加稍过量的溴试液，使溶液显微黄色，煮沸，除去过剩的溴，放冷，加酚酞指示液1滴与氨试液适量至溶液显淡红色，加醋酸盐缓冲液（pH 3.5）2ml与水适量使成25ml，依法检查（附录0821第一法），含重金属不得过百万分之二十。

砷盐 取本品0.20g，加水5ml溶解后，加硝酸3ml，置水浴上，注意蒸干，残渣中加水数毫升，搅匀，滤过，滤渣用水洗净，合并滤液与洗液，蒸干后，加盐酸5ml与水23ml使溶解，依法检查（附录0822第一法），应符合规定（0.001%）。

【含量测定】 取本品约0.5g，精密称定，加水30ml溶解后，加淀粉指示液2ml，用碘滴定液（0.05mol/L）滴定至溶液显持续的蓝色。每1ml碘滴定液（0.05mol/L）相当于15.81mg的Na$_2$S$_2$O$_3$。

【类别】 解毒药。

【贮藏】 密封保存。

【制剂】 硫代硫酸钠注射液

硫代硫酸钠注射液

Liudailiusuanna Zhusheye

Sodium Thiosulfate Injection

本品为硫代硫酸钠的灭菌水溶液。含硫代硫酸钠（Na$_2$S$_2$O$_3$·5H$_2$O）应为标示量的95.0%～105.0%。本品中可加适量的稳定剂。

【性状】 本品为无色的澄明液体。

【鉴别】　取本品，照硫代硫酸钠项下的鉴别试验，显相同的反应。

【检查】　pH值　应为8.5～10.0（附录0631）。

细菌内毒素　取本品，依法检查（附录1143），每1mg硫代硫酸钠中含内毒素的量应小于0.015EU。

其他　应符合注射剂项下有关的各项规定（附录0102）。

【含量测定】　精密量取本品适量（约相当于硫代硫酸钠0.5g），加水20ml与丙酮2ml，放置5分钟后，再加稀醋酸2ml与淀粉指示液2ml，用碘滴定液（0.05mol/L）滴定至溶液显持续的蓝色。每1ml碘滴定液（0.05mol/L）相当于24.82mg的$Na_2S_2O_3 \cdot 5H_2O$。

【作用与用途】　解毒药。主用于解救氰化物中毒，也可用于砷、汞、铅、铋、碘等中毒。

【用法与用量】　以硫代硫酸钠计。静脉、肌内注射：一次量，马、牛5～10g；羊、猪1～3g；犬、猫1～2g。

【注意事项】　（1）本品解毒作用产生较慢，应先静脉注射亚硝酸钠再缓慢注射本品，但不能将两种药液混合静脉注射。

（2）对内服中毒动物，还应使用本品的5%溶液洗胃，并于洗胃后保留适量溶液于胃中。

【规格】　（1）10ml：0.5g　（2）20ml：1g　（3）20ml：10g

【贮藏】　密闭保存。

硫氰酸红霉素

Liuqingsuan Hongmeisu

Erythromycin Thiocyanate

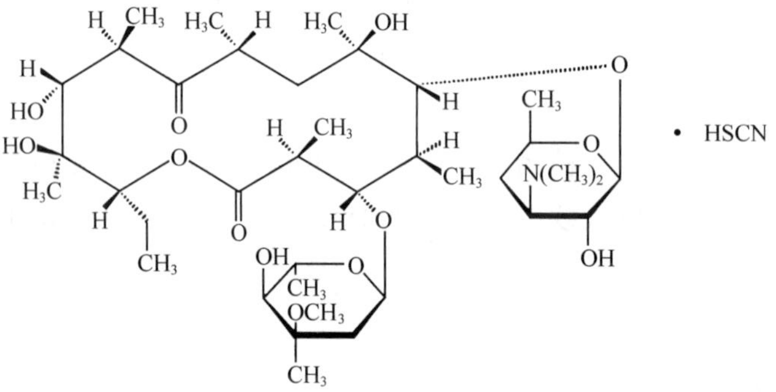

$C_{37}H_{67}NO_{13} \cdot HSCN$　793.02

本品为红霉素硫氰酸盐。按干燥品计算，每1mg的效价不得少于750红霉素单位。

【性状】　本品为白色或类白色的结晶或结晶性粉末；无臭；微有引湿性。

本品在甲醇或乙醇中易溶，在水或三氯甲烷中微溶。

【鉴别】　（1）取本品约5mg，加硫酸2ml，缓缓摇匀，即显红棕色。

（2）取本品约5mg，加丙酮2ml溶解后，加盐酸2ml，即显棕黄色，渐变为紫红色，再加三氯甲烷2ml，充分振摇，三氯甲烷层显紫蓝色。

（3）取本品约5mg，加水10ml，加三氯化铁试液2ml，摇匀，溶液显朱红色。

【检查】　红霉素B、红霉素C组分及有关物质　取本品约0.1g，精密称定，加甲醇5ml溶解，用磷酸盐缓冲液（pH 7.0）-甲醇（15：1）稀释制成每1ml中约含4mg的溶液，作为供试品溶液；精密量取5ml，置100ml量瓶中，用磷酸盐缓冲液（pH 7.0）-甲醇（15∶1）稀释至刻度，摇匀，作为对照溶液。照红霉素A组分测定项下的色谱条件，精密量取对照溶液与供试品溶液各20μl分别注入液相色谱仪，记录色谱图至主成分峰保留时间的3.5倍。红霉素B按校正后的峰面积计算（乘以校正因子0.7）和红霉素C峰面积均不得大于对照溶液主峰面积（5.0%）。供试品溶液色谱图中如有杂质峰（除硫氰酸峰外），红霉素烯醇醚、杂质1按校正后峰面积计算（分别乘以校正因子0.09、0.15）和其他单个杂质面积均不得大于对照溶液主峰面积的0.6倍（3.0%）；其他各杂质峰面积的和不得大于对照溶液主峰面积（5.0%），供试品溶液色谱图中小于对照溶液主峰面积0.01倍的色谱峰可忽略不计。

硫氰酸盐　取本品约0.1g，精密称定，置50ml棕色量瓶中，加甲醇溶解并稀释至刻度，精密量取2ml，置50ml棕色量瓶中，加三氯化铁试液1ml，用甲醇稀释至刻度，作为供试品溶液。取105℃干燥1小时的硫氰酸钾两份，各约0.1g，精密称定，分别置50ml量瓶中，加甲醇溶解并稀释至刻度，摇匀；精密量取5ml，置50ml量瓶中，用甲醇稀释至刻度，摇匀；再精密量取2ml，置50ml棕色量瓶中，加三氯化铁试液1ml，用甲醇稀释至刻度，摇匀，作为对照品溶液。量取三氯化铁试液1ml，置50ml棕色量瓶中，用甲醇稀释至刻度作为空白溶液。照紫外-可见分光光度法（附录0401），在492nm波长处分别测定吸光度（供试品溶液、对照品溶液和空白溶液均应在30分钟内测定），两份对照品溶液单位重量吸光度的比值应为0.985～1.015。按干燥品计算，含硫氰酸盐应为6.0%～8.0%，硫氰酸根与硫氰酸钾的分子量分别为58.08与97.18。

干燥失重　取本品，以五氧化二磷为干燥剂，在60℃减压干燥至恒重，减失重量不得过6.0%（附录0831）。

炽灼残渣　不得过1.0%（附录0841）。

红霉素A组分　照高效液相色谱法测定（附录0512）。

色谱条件与系统适用性试验　用十八烷基硅烷键合硅胶为填充剂；以磷酸盐溶液（取磷酸氢二钾8.7g，加水1000ml，用20%磷酸溶液调节pH值至8.2）-乙腈（40∶60）为流动相；流速为每分钟0.8～1.0ml；柱温35℃；检测波长为215nm。取红霉素标准品适量，130℃加热破坏4小时，加甲醇适量（10mg加甲醇1ml）溶解后，用磷酸盐缓冲液（pH 7.0）-甲醇（15∶1）稀释制成每1ml中约含4mg的溶液，取20μl注入液相色谱仪。记录色谱图至红霉素A峰保留时间的5倍。按红霉素C、红霉素A、杂质1、红霉素B和红霉素烯醇醚的顺序出峰（必要时，用红霉素C、红霉素B、红霉素烯醇醚对照品进行峰定位）。红霉素A峰与红霉素烯醇醚峰的分离度应大于14.0，红霉素A峰的拖尾因子应小于2.0。

测定法　取本品和红霉素标准品各约0.1g，精密称定，分别加甲醇5ml溶解，用磷酸盐缓冲液（pH 7.0）-甲醇（15∶1）定量稀释并制成每1ml中约含4mg的溶液，分别作为供试品溶液和标准品溶液；精密量取标准品溶液和供试品溶液各20μl，分别注入液相色谱仪，记录色谱图，按外标法以峰面积计算供试品中红霉素A的含量，按干燥品计算，不得少于80.0%。

【含量测定】　精密称取本品适量，加乙醇（10mg红霉素加乙醇1ml）使溶解，用灭菌水定量稀释制成每1ml约含1000单位的溶液。照抗生素微生物检定法（附录1201）测定。1000红霉素单位相当于1mg的$C_{37}H_{67}NO_{13}$。

【类别】　大环内酯类抗生素。

【贮藏】　密封，在干燥处保存。

【制剂】　硫氰酸红霉素可溶性粉

硫氰酸红霉素可溶性粉

Liuqingsuan Hongmeisu Kerongxingfen

Erythromycin Thiocyanate Soluble Powder

本品含红霉素（$C_{37}H_{67}NO_{13}$）应为标示量的90.0%～110.0%。

【性状】 本品为白色或类白色粉末。

【鉴别】（1）取本品约0.1g，加硫酸10ml，缓缓摇匀，即显红棕色。

（2）取本品约0.1g，照硫氰酸红霉素项下的鉴别（2）、（3）项试验，显相同的反应。

【检查】 干燥失重 取本品，以五氧化二磷为干燥剂，在60℃减压干燥4小时，减失重量不得过10.0%（附录0831）。

红霉素A组分 照高效液相色谱法（附录0512）测定。

色谱条件与系统适用性试验 用十八烷基硅烷键合硅胶为填充剂；以磷酸盐溶液（取磷酸氢二钾8.7g，加水1000ml，用20%磷酸溶液调节pH值至8.2）-乙腈（40：60）为流动相；流速为每分钟0.8～1.0ml；柱温35℃；检测波长为215nm。取红霉素标准品适量，130℃加热破坏4小时，加甲醇适量（10mg加甲醇1ml）溶解后，用磷酸盐缓冲液（pH7.0）-甲醇（15：1）稀释制成每1ml中约含4mg的溶液，取20μl注入液相色谱仪。记录色谱图至红霉素A保留时间的5倍。按红霉素C、红霉素A、杂质1、红霉素B和红霉素烯醇醚峰的顺序出峰（必要时，用红霉素C、红霉素B、红霉素烯醇醚对照品进行峰定位）红霉素A峰与红霉素烯醇醚峰的分离度应大于14.0，红霉素A峰的拖尾因子应小于2.0。

测定法 取本品（约含红霉素0.1g）和红霉素标准品约0.1g，精密称定，分别加甲醇5ml溶解，用磷酸盐缓冲液（pH 7.0）-甲醇（15：1）定量稀释并制成每1ml中约含4mg的溶液，分别作为供试品溶液和标准品溶液；精密量取对照品溶液和供试品溶液各20μl，分别注入液相色谱仪，记录色谱图，按外标法以峰面积计算供试品中红霉素A的含量，按标示量计算，红霉素A不得少于76.0%。

其他 应符合可溶性粉剂项下有关的各项规定（附录0113）。

【含量测定】 精密称取本品适量，加乙醇（10mg红霉素加乙醇1ml）使溶解，用灭菌水定量稀释制成每1ml约含1000单位的溶液。照硫氰酸红霉素项下的方法测定，即得。

【作用与用途】 大环内酯类抗生素。用于治疗鸡的革兰氏阳性菌和支原体引起的感染性疾病。如鸡的葡萄球菌病、链球菌病、慢性呼吸道病和传染性鼻炎。

【用法与用量】 以红霉素计。混饮：每1L水，鸡125mg（12.5万单位）。连用3～5日。

【不良反应】 动物内服后常出现剂量依赖性胃肠道功能紊乱，如腹泻。

【注意事项】（1）蛋鸡产蛋期禁用。

（2）本品禁与酸性物质配伍。

（3）本品与其他大环内酯类、林可胺类作用靶点相同，不宜同时使用。

（4）与β-内酰胺类合用表现拮抗作用。

（5）有抑制细胞色素氧化酶系统的作用，与某些药物合用时可能抑制其代谢。

【休药期】 鸡3日。

【规格】（1）100g：2.5g（250万单位）（2）100g：5g（500万单位）

【贮藏】 密闭，在干燥处保存。

硫酸卡那霉素

Liusuan Kanameisu

Kanamycin Sulfate

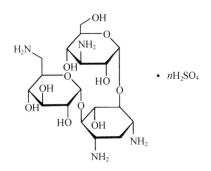

$$C_{18}H_{36}N_4O_{11} \cdot nH_2SO_4$$

本品为O-3-氨基-3-脱氧-α-D葡吡喃糖基-（1→6）-O-〔6-氨基-6-脱氧-α-D-葡吡喃糖基-（1→4）〕-2-脱氧-D-链霉胺硫酸盐。按干燥品计算，含卡那霉素（$C_{18}H_{36}N_4O_{11}$）不得少于67.0%（高效液相色谱法）或每1mg的效价不得少于670卡那霉素单位（抗生素微生物检定法）。

【性状】 本品为白色或类白色粉末；无臭；有引湿性。

本品在水中易溶，在乙醇、丙酮、三氯甲烷或乙醚中几乎不溶。

比旋度 取本品，精密称定，加水溶解并定量稀释制成每1ml中约含50mg的溶液，依法测定（附录0621），比旋度为＋102°至＋110°。

【鉴别】 （1）取本品约1mg，加水2ml溶解后，加0.2%蒽酮的硫酸溶液4ml，在水浴中加热15分钟，冷却，即显蓝紫色。

（2）在含量测定项下记录的色谱图中，供试品溶液主峰的保留时间应与对照品溶液主峰的保留时间一致。

（3）本品的红外光吸收图谱应与对照的图谱一致。

（4）本品的水溶液显硫酸盐的鉴别反应（附录0301）。

【检查】 酸碱度 取本品3g，加水10ml溶解后，依法测定（附录0631），pH值应为6.0～8.0。

溶液的澄清度与颜色 取本品5份，各1.7g，分别加水5ml溶解后，溶液应澄清无色；如显浑浊，与1号浊度标准液（附录0902）比较，均不得更浓；如显色，与黄色或黄绿色4号标准比色液（附录0901第一法）比较，均不得更深。

卡那霉素B 精密称取本品适量，用水溶解并稀释制成每1ml中约含卡那霉素2mg的溶液，作为供试品溶液；精密量取适量，用水定量稀释制成每1ml中约含卡那霉素0.04mg的溶液，作为对照溶液。照含量测定项下的色谱条件，精密量取对照溶液与供试品溶液各$20\mu l$，分别注入液相色谱仪，记录色谱图。供试品溶液色谱图中卡那霉素B峰面积不得大于对照溶液主峰面积（2.0%）。

硫酸盐 取本品约0.18g，精密称定，加水100ml使溶解，加浓氨溶液调节pH值至11后，精密加入氯化钡滴定液（0.1mol/L）10ml、酞紫指示液5滴，用乙二胺四醋酸二钠滴定液（0.05mol/L）滴定，注意保持滴定过程中的pH值为11，滴定至紫色开始消褪，加乙醇50ml，继续滴定，至蓝紫色消失，并将滴定的结果用空白试验校正。每1ml氯化钡滴定液（0.1mol/L）相当于9.606mg的硫酸盐（SO_4）。本品含硫酸盐按干燥品计算应为23.0%～26.0%。

干燥失重 取本品，在105℃干燥3小时，减失重量不得过4.0%（附录0831）。

炽灼残渣 不得过0.5%（附录0841）。

细菌内毒素 取本品，依法检查（附录1143），每1mg卡那霉素中含内毒素的量应小于0.40EU。（供注射用）

无菌 取本品，用适宜溶剂溶解并稀释后经薄膜过滤法处理，依法检查（附录1101），应符合规定。另取装量10ml的0.5%葡萄糖肉汤培养基6管，分别加每1ml中含本品30mg的溶液0.25~0.5ml，3管置30~35℃培养，另3管置20~25℃培养，应符合规定。（供无菌分装用）

【含量测定】 方法一 照高效液相色谱法（附录0512）测定。

色谱条件与系统适用性试验 用十八烷基硅烷键合硅胶为填充剂，以0.2mol/L三氟醋酸溶液-甲醇（95∶5）为流动相。用蒸发光散射检测器检测（参考条件：漂移管温度110℃，载气流量为每分钟3.0L或漂移管温度44℃；载气压力350kPa）。分别称取卡那霉素对照品与卡那霉素B对照品适量，用水溶解并制成每1ml中各约含80μg的混合溶液，取20μl注入液相色谱仪，卡那霉素峰与卡那霉素B峰的分离度应不小于5.0。

测定法 取卡那霉素对照品适量，精密称定，用水溶解并定量稀释制成每1ml中约含卡那霉素0.10mg、0.15mg、0.20mg的溶液。精密量取上述三种溶液各20μl，分别注入液相色谱仪，记录色谱图，以对照品溶液浓度的对数值与相应的峰面积对数值计算线性回归方程，相关系数（r）应不小于0.99；另取本品适量，精密称定，加水溶解并定量稀释制成每1ml中约含卡那霉素0.15mg的溶液，同法测定。用回归方程计算供试品中$C_{18}H_{36}N_4O_{11}$的含量。

方法二 精密称取本品适量，用灭菌水定量稀释制成每1ml中约含1000单位的溶液，照抗生素微生物检定法（附录1201）测定。1000卡那霉素单位相当于1mg的$C_{18}H_{36}N_4O_{11}$。

以上两种方法可选做一种，以方法一为仲裁方法。

【类别】 氨基糖苷类抗生素。

【贮藏】 密封，在干燥处保存。

【制剂】 （1）注射用硫酸卡那霉素 （2）硫酸卡那霉素注射液

硫酸卡那霉素注射液

Liusuan Kanameisu Zhusheye

Kanamycin Sulfate Injection

本品为硫酸卡那霉素的灭菌水溶液。按卡那霉素（$C_{18}H_{36}N_4O_{11}$）计算，应为标示量的90.0%~110.0%。

【性状】 本品为无色至淡黄色或淡黄绿色的澄明液体。

【鉴别】 取本品，照硫酸卡那霉素项下的鉴别（1）、（2）和（4）项试验，显相同的结果。

【检查】 pH值 应为4.5~7.5（附录0631）。

颜色 本品应无色，如显色，与黄色或黄绿色4号标准比色液（附录0901第一法）比较，不得更深。

卡那霉素B 取本品适量，用水定量稀释制成每1ml中约含卡那霉素2mg的溶液，作为供试品溶液；照硫酸卡那霉素项下的方法测定。供试品溶液色谱图中卡那霉素B峰面积不得大于对照溶液主峰面积的2倍（4.0%）。

细菌内毒素 照硫酸卡那霉素项下的方法检查，应符合规定。

无菌 取本品，用适宜溶剂稀释后，照硫酸卡那霉素项下的方法检查，应符合规定。

其他 应符合注射剂项下有关的各项规定（附录0102）。

【含量测定】 精密量取本品适量，照硫酸卡那霉素项下的方法测定，即得。

【作用与用途】 氨基糖苷类抗生素。用于治疗败血症及泌尿道、呼吸道感染，亦用于猪气喘病。

【用法与用量】 以硫酸卡那霉素计。肌内注射：一次量，每1kg体重，家畜10～15mg。一日2次，连用3～5日。

【不良反应】 （1）卡那霉素与链霉素一样有耳毒性、肾毒性，而且其耳毒性比链霉素、庆大霉素更强。

（2）神经肌肉阻断作用常由剂量过大所致。

【注意事项】 （1）与其他氨基糖苷类有交叉过敏现象，对氨基糖苷类过敏患畜禁用。

（2）患畜出现脱水或者肾功能损害时慎用。

（3）治疗泌尿系统感染时，同时内服碳酸氢钠可增强药效。

（4）Ca^{2+}、Mg^{2+}、Na^+、NH_4^+、K^+等阳离子可抑制本品抗菌活性。

（5）与头孢菌素、右旋糖酐、强效利尿药、红霉素等合用，可增强本品的耳毒性。

【休药期】 28日；弃奶期7日。

【规格】 按$C_{18}H_{36}N_4O_{11}$计算 （1）2ml：0.5g（50万单位） （2）5ml：0.5g（50万单位）（3）10ml：0.5g（50万单位） （4）10ml：1.0g（100万单位） （5）100ml：10g（1000万单位）

【贮藏】 密闭保存。

注射用硫酸卡那霉素

Zhusheyong Liusuan Kanameisu

Kanamycin Sulfate for Injection

本品为硫酸卡那霉素的无菌粉末。按干燥品计算，含卡那霉素（$C_{18}H_{36}N_4O_{11}$）不得少于65.0%（高效液相色谱法）或每1mg的效价不得少于650卡那霉素单位（抗生素微生物检定法）；按平均装量计算，含卡那霉素（$C_{18}H_{36}N_4O_{11}$）应为标示量的93.0%～107.0%。

【性状】 本品为白色或类白色的粉末。

【鉴别】 取本品，照硫酸卡那霉素项下的鉴别（1）、（2）和（4）项试验，显相同的结果。

【检查】 溶液的澄清度与颜色 取本品5瓶，按标示量分别加水制成每1ml中含0.2g的溶液，溶液应澄清无色；如显浑浊，与1号浊度标准液（附录0902）比较，均不得更浓；如显色，与黄色或黄绿色4号标准比色液（附录0901第一法）比较，均不得更深。

卡那霉素B 取装量差异项下的内容物适量，混合均匀，加水溶解并稀释制成每1ml中约含卡那霉素2mg的溶液，作为供试品溶液；照硫酸卡那霉素项下的方法测定。供试品溶液色谱图中卡那霉素B峰面积不得大于对照溶液主峰面积的2倍（4.0%）。

干燥失重 取本品，在105℃干燥3小时，减失重量不得过5.0%（附录0831）。

酸碱度、细菌内毒素与无菌 照硫酸卡那霉素项下的方法检查，均应符合规定。

其他 应符合注射剂项下有关的各项规定（附录0102）。

【含量测定】 取装量差异项下的内容物，混合均匀，精密称取适量，照硫酸卡那霉素项下的方法测定，即得。

【作用与用途】 氨基糖苷类抗生素。用于治疗败血症及泌尿道、呼吸道感染，亦用于猪气喘病。

【用法与用量】 以硫酸卡那霉素计。肌内注射：一次量，每1kg体重，家畜10～15mg。一日2次，连用2～3日。

【不良反应】 （1）氨基糖苷类抗生素能引起肾毒性和不可逆的耳毒性。

（2）猫对本品敏感，常量即可造成恶心、呕吐、流涎及共济失调。

（3）犬、猫外科手术全身麻醉后，与青霉素合用预防感染时，常出现中毒和意外死亡。

【注意事项】 （1）与其他氨基糖苷类有交叉过敏现象，对氨基糖苷类过敏患畜禁用。

（2）导盲犬、牧羊犬和为听觉缺陷者服务的犬慎用。

（3）患畜出现脱水或者肾功能损害时慎用。

（4）治疗泌尿系统感染时，同时内服碳酸氢钠可增强药效。

（5）Ca^{2+}、Mg^{2+}、Na^+、NH_4^+、K^+等阳离子可抑制本品抗菌活性。

（6）与头孢菌素、右旋糖酐、强效利尿药、红霉素等合用，可增强本品的耳毒性。

（7）急性中毒时可用新斯的明等抗胆碱酯酶药、钙制剂（葡萄糖酸钙）拮抗其肌肉传导阻滞作用。

【休药期】 牛、羊、猪28日；弃奶期7日。

【规格】 按$C_{18}H_{36}N_4O_{11}$计算 （1）0.5g（50万单位） （2）1g（100万单位） （3）2g（200万单位）

【贮藏】 密闭，在干燥处保存。

硫酸头孢喹肟

Liusuan Toubaokuiwo

Cefquinome Sulfate

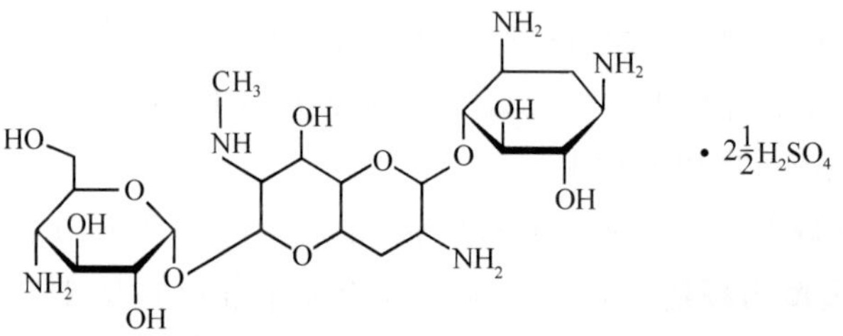

$C_{23}H_{24}N_6O_5S_2 \cdot H_2SO_4$　626.69

本品为1-〔〔（6R,7R）-7-〔〔（2Z）-（2-氨基-4-噻唑基）（甲氧亚氨基）乙酰基〕氨基〕-2-羧基-8-氧代-5-硫杂-1-氮杂双环[4.2.0]辛-2-烯-3-基〕甲基〕-5,6,7,8-四氢喹啉鎓硫酸盐。按无水物计算，含头孢喹肟（$C_{23}H_{24}N_6O_5S_2$）不得少于80.0%。

【性状】 本品为类白色至微黄色结晶性粉末；微臭；有引湿性。

本品在水中微溶，在甲醇中微溶，在乙醇或丙酮中几乎不溶。

【鉴别】 （1）在含量测定项下记录的色谱图中，供试品溶液主峰的保留时间应与对照品溶液主峰的保留时间一致。

（2）本品的红外光吸收图谱应与对照品的图谱一致。

（3）本品的水溶液显硫酸盐的鉴别反应（附录0301）。

【检查】 **酸度** 取本品，加水制成每1ml中约含10mg的溶液，依法测定（附录0631），pH值应为1.6～2.6。

溶液的澄清度与颜色 取本品5份，每份0.12g，分别加无水碳酸钠25mg与水10ml振摇使溶解，溶液应澄清无色；如显混浊，与1号浊度标准液（附录0902）比较，不得更浓；如显色，与黄色7号标准比色液（附录0901第一法）比较，不得更深。

碘化物 取本品0.2g，加氢氧化钠试液3ml使溶解，加水8ml，滴加稀硝酸至沉淀完全，再加过量稀硝酸3ml，搅拌，滤过，沉淀用少量水洗涤，合并滤液和洗液使成20ml，加浓过氧化氢溶液1ml与三氯甲烷1ml，振摇，静置使分层，三氯甲烷层如显色，与0.0013%碘化钾溶液（每1ml相当于10μg的 I ）2.0ml用同一方法制成的对照液比较，不得更深（0.01%）。

有关物质 临用现配。取本品适量，用流动相溶解并稀释制成每1ml中约含1mg的溶液，作为供试品溶液；精密量取1ml，置100ml量瓶中，用流动相稀释至刻度，摇匀，作为对照溶液。照含量测定项下的色谱条件，精密量取对照溶液和供试品溶液各20μl，分别注入液相色谱仪，记录色谱图至主成分峰保留时间的2倍。另取5,6,7,8-四氢喹啉对照品适量，用流动相溶解并稀释制成每1ml中约含5μg的溶液，量取20μl，注入液相色谱仪，记录色谱图。供试品溶液色谱图中如有与5,6,7,8-四氢喹啉对照溶液主峰保留时间一致的色谱峰，其峰面积不得大于对照溶液主峰面积的2倍（2.0%），其他单个杂质峰面积不得大于对照溶液主峰面积（1.0%），各杂质峰面积的和不得大于对照溶液主峰面积的3.0倍（3.0%）。

水分 取本品，照水分测定法（附录0832第一法A）测定，含水分不得过5.0%。

炽灼残渣 不得过0.3%（附录0841）。

重金属 取炽灼残渣项下遗留的残渣，依法检查（附录0821第二法），含重金属不得过百万分之二十。

细菌内毒素 取本品，用无内毒素的无水碳酸钠溶液（2.5→100）使溶解，依法检查（附录1143），每1mg头孢喹肟中含内毒素的量应小于0.10EU。（供注射用）

无菌 取本品，用适量无菌无水碳酸钠溶液（2.5→100）使溶解，经薄膜过滤法处理，依法检查（附录1101），应符合规定。（供注射用）

可见异物 取本品5份，每份各0.5g，加无水碳酸钠溶液（2.5→100）（经0.45μm滤膜滤过）溶解，依法检查（附录0904），应符合规定。（供注射用）

【含量测定】 照高效液相色谱法（附录0512）测定。

色谱条件与系统适用性试验 用十八烷基硅烷键合硅胶为填充剂；以0.025mol/L高氯酸钠溶液-磷酸-乙腈（1000：12：115）（用三乙胺调节pH值至3.6）为流动相；检测波长为270nm。取头孢喹肟约25mg，加流动相100ml使溶解，另取头孢噻肟约25mg，置50ml量瓶中，用流动相稀释至刻度，摇匀；取5ml置25ml量瓶中，加上述头孢噻肟溶液1ml，用流动相稀释至刻度。取20μl注入液相色谱仪，记录色谱图，头孢喹肟与头孢噻肟的分离度应大于1.0。

测定法 取本品适量，精密称定，用流动相溶解并定量稀释成每1ml中含0.1mg的溶液，摇匀，作为供试品溶液，精密量取20μl注入液相色谱仪，记录色谱图。另取头孢喹肟对照品，同法测定。按外标法以峰面积计算，即得。

【类别】 β-内酰胺类抗生素。

【贮藏】 遮光，密封，在2～8℃干燥处保存。

【制剂】 （1）注射用硫酸头孢喹肟 （2）硫酸头孢喹肟注射液

注射用硫酸头孢喹肟

Zhusheyong Liusuan Toubaokuiwo

Cefquinome Sulfate for Injection

本品为硫酸头孢喹肟加适量助溶剂制成的无菌粉末。按平均装量计算，含头孢喹肟（$C_{23}H_{24}N_6O_5S_2$）应为标示量的90.0%~110.0%。

【性状】 本品为类白色至淡黄色结晶性粉末。

【鉴别】 （1）在含量测定项下记录的色谱图中，供试品溶液主峰的保留时间应与对照品溶液主峰的保留时间一致。

（2）取本品适量，加稀盐酸即泡沸，产生二氧化碳气体，导入氢氧化钙试液中，即生成白色沉淀。

（3）本品显钠盐鉴别（1）的反应（附录0301）。

【检查】 酸度 取本品，加水制成每1ml中含0.1g的溶液，振摇使溶解，待气泡完全消失后，依法测定（附录0631），pH值应为5.5~7.5。

溶液的澄清度与颜色 取本品5瓶，按标示量分别加水制成每1ml中含10mg的溶液，溶液应澄清无色；如显浑浊，与1号浊度标准液（附录0902）比较，不得更浓；如显色，与黄色7号标准比色液（附录0901第一法）比较，不得更深。

有关物质 临用现配。取装量差异项下的内容物，照硫酸头孢喹肟项下的方法测定，供试品溶液色谱图中如有与5,6,7,8-四氢喹啉对照溶液主峰保留时间一致的色谱峰，其峰面积不得大于对照溶液主峰面积的2倍（2.0%），其他单个杂质峰面积不得大于对照溶液主峰面积（1.0%），各杂质峰面积的和不得大于对照溶液主峰面积的4.0倍（4.0%）。

干燥失重 取本品，在60℃减压干燥至恒重，减失重量不得过3.0%（附录0831）。

无菌 取本品，用适宜溶剂溶解并稀释后，经薄膜过滤法处理，依法检查（附录1101），应符合规定。

其他 应符合注射剂项下有关的各项规定（附录0102）。

【含量测定】 取装量差异项下的内容物，照硫酸头孢喹肟项下的方法测定，即得。

【作用与用途】 β-内酰胺类抗生素，用于治疗由多杀性巴氏杆菌或胸膜肺炎放线杆菌引起的猪呼吸道疾病。

【用法与用量】 以头孢喹肟计。肌内注射：一次量，每1kg体重，猪2mg，一日1次，连用3~5日。

【注意事项】 （1）对β-内酰胺类抗生素过敏的动物禁用。

（2）对青霉素和头孢类抗生素过敏者勿接触本品。

（3）现用现配。

（4）本品在溶解时会产生气泡，操作时应加以注意。

【休药期】 猪3日。

【规格】 按$C_{23}H_{24}N_6O_5S_2$计算 （1）50mg （2）0.1g （3）0.2g （4）0.5g

【贮藏】 遮光，密封，在2~8℃保存。

硫酸头孢喹肟注射液

Liusuan Toubaokuiwo Zhusheye

Cefquinome Sulfate Injection

本品为硫酸头孢喹肟与油酸乙酯等配制而成的无菌混悬液。含头孢喹肟（$C_{23}H_{24}N_6O_5S_2$）应为标示量的90.0%～110.0%。

【性状】　本品为细微颗粒的混悬油溶液。静置后，细微颗粒下沉，摇匀后成均匀的类白色至浅褐色的混悬液。

【鉴别】　（1）在含量测定项下记录的色谱图中，供试品溶液主峰的保留时间应与对照品溶液主峰的保留时间一致。

（2）取摇匀后的供试品2ml，加水5ml与稀盐酸1ml，混匀，超声10分钟，弃去有机层，水层显硫酸盐的鉴别反应（附录0301）。

【检查】　**有关物质**　临用现配。精密量取摇匀后的本品适量（约相当于头孢喹肟50mg），精密加入流动相50ml，强力振摇10分钟，弃去油层，滤过，取续滤液作为供试品溶液；照硫酸头孢喹肟项下方法测定。供试品溶液如显杂质峰，5,6,7,8-四氢喹啉峰面积不得大于对照溶液主峰面积的3倍（3.0%），其他单一杂质峰面积不得大于对照溶液主峰面积（1.0%），各杂质峰面积的和不得大于对照溶液主峰面积的4倍（4.0%）。

水分　取本品，照水分测定法（附录0832第一法A）检查，含水分不得过0.2%。

细菌内毒素　取摇匀后的供试品2ml与细菌内毒素检查用水3ml，混匀，分成2等份，振摇30秒，离心15分钟（每分钟2000转），取水层，用1 mol/L氢氧化钠溶液调节pH值至6.5～7.5，取1ml，加细菌内毒素检查用水，摇匀，照细菌内毒素检查法（附录1143）检查，每1mg头孢喹肟中含细菌内毒素的量应小于0.10EU。

无菌　取本品，混匀，取10ml，加入含6%聚山梨酯80的pH7.0无菌氯化钠-蛋白胨缓冲液50ml，摇匀，加不少于$6×10^7$单位的青霉素酶，充分振摇，倒置，置37℃作用4小时；依法检查（附录1101，直接接种法），应符合规定。

分散性　取本品3支，振摇30秒后，将供试品转移至玻璃容器中检视，均应分散均匀，不得有结块或沉淀物。

沉降　取本品3支，振摇30秒后，取10 ml 置刻度试管中（内径1.0～1.5 cm）检视，10分钟内不得沉淀。

粒度　取本品，摇匀后照粒度和粒度分布测定法（附录0982第三法）测定，含小于5μm的颗粒应不得少于80%，小于10μm的颗粒不得少于90%，小于20μm的颗粒不得少于95%，不得有超过50μm的颗粒。

其他　应符合注射剂项下有关的各项规定（附录0102）。

【含量测定】　精密量取摇匀后的本品适量（约相当于头孢喹肟50mg），置锥形瓶中，精密加流动相100ml，强力振摇10分钟，弃去油层，滤过；精密量取续滤液5ml，置25 ml量瓶，用流动相稀释至刻度，摇匀，照硫酸头孢喹肟项下的方法测定，即得。

【作用与用途】　β-内酰胺类抗生素，用于治疗由多杀性巴氏杆菌或胸膜肺炎放线杆菌引起的猪呼吸道疾病。

【用法与用量】　以头孢喹肟计。肌内注射：一次量，每1kg体重，猪2～3mg，一日1次，连用3日。

【注意事项】 （1）对β-内酰胺类抗生素过敏的动物禁用。

（2）对青霉素和头孢类抗生素过敏者勿接触本品。

（3）使用前应充分摇匀。

【休药期】 猪3日。

【规格】 按$C_{23}H_{24}N_6O_5S_2$计算 （1）5ml：0.125g （2）10ml：0.1g （3）10ml：0.25g
（4）20ml：0.5g （5）30ml：0.75g （6）50ml：1.25g （7）100ml：2.5g

【贮藏】 密闭，在凉暗处保存。

硫 酸 亚 铁

Liusuanyatie

Ferrous Sulfate

$FeSO_4 \cdot 7H_2O$ 278.01

本品含$FeSO_4 \cdot 7H_2O$应为98.5%～104.0%。

【性状】 本品为淡蓝绿色柱状结晶或颗粒；无臭；在干燥空气中即风化，在湿空气中即迅速氧化变质，表面生成黄棕色的碱式硫酸铁。

本品在水中易溶，在乙醇中不溶。

【鉴别】 本品的水溶液显亚铁盐与硫酸盐的鉴别反应（附录0301）。

【检查】 酸度 取本品0.50g，加水10ml溶解后，依法测定（附录0631），pH值应为3.0～4.0。

氯化物 取本品2.5g，置50ml量瓶中，加稀硫酸0.5ml，加水溶解并稀释至刻度，摇匀，精密量取3.3ml，用水稀释使成25ml，依法检查（附录0801），与标准氯化钠溶液5.0ml制成的对照液比较，不得更浓（0.03%）。

碱式硫酸盐 取本品1.0g，加新沸过的冷水2ml溶解，溶液应澄清。

锰盐 取本品1.0g，加水40ml溶解后，加硝酸10ml，置水浴上加热蒸发至约10ml，加过硫酸铵0.5g，继续加热10分钟，滴加5%亚硫酸钠溶液约15ml，继续加热至无二氧化硫臭气产生，加水10ml、磷酸5ml和高碘酸钠0.5g，继续加热1分钟，放冷，加水至50ml，与高锰酸钾滴定液（0.02mol/L）1.0ml用同一方法制成的对照液比较，不得更浓（0.1%）。

高铁盐 取本品5.0g，精密称定，置250ml碘瓶中，加盐酸10ml与新沸的冷水100ml的混合溶液，振摇使溶解，加碘化钾3g，密塞，摇匀，在暗处放置5分钟，立即用硫代硫酸钠滴定液（0.1mol/L）滴定，至近终点时，加淀粉指示液0.5ml，继续滴定至蓝色消失，并将滴定的结果用空白试验校正。每1ml硫代硫酸钠滴定液（0.1mol/L）相当于5.585mg的Fe。本品含高铁盐不得过0.5%。

锌盐 取本品1.0g，加7mol/L盐酸溶液10ml溶解后，加30%过氧化氢溶液2ml，置水浴上蒸发至约5ml，放冷，移至分液漏斗中，加7mol/L盐酸溶液约15ml分次洗涤容器，洗液并入分液漏斗中，用甲基异丁基甲酮（取新蒸馏的甲基异丁基甲酮100ml，加7mol/L盐酸溶液1ml，混匀）振摇提取3次，每次20ml，水层置水浴上蒸发至约一半体积，放冷，加水适量使成25ml，精密量取5ml，置25ml纳氏比色管中，加亚铁氰化钾试液1ml，加水适量使成13ml，摇匀，放置5分钟，如发生浑浊，与标准锌溶液〔精密称取硫酸锌（$FeSO_4 \cdot 7H_2O$）44mg，置100ml量瓶中，加水溶解并稀释至刻度，摇匀；精密量取10ml置100ml量瓶中，用水稀释至刻度，摇匀，即得。每1ml相当于10μg的Zn〕10ml加7mol/L盐酸溶液2ml与亚铁氰化钾试液1ml制成的对照液比较，不得更浓（0.05%）。

汞盐 避光操作。取本品1.0g，置烧杯中，加稀硝酸30ml，置水浴上加热使溶解，置冰浴中迅速冷却后，加柠檬酸钠溶液（1→4）20ml和盐酸羟胺溶液1ml，用硫酸或浓氨溶液调pH值至1.8，作为供试品溶液；精密量取标准汞溶液3ml，加稀硝酸30ml，加柠檬酸钠溶液（1→4）5ml与盐酸羟胺溶液1ml，用硫酸或浓氨溶液调节pH值至1.8，作为对照溶液。将供试品溶液与对照溶液分别转移至分液漏斗中，用双硫腙提取溶液与三氯甲烷各5ml的混合溶液提取2次，合并三氯甲烷层置另一分液漏斗中，加盐酸溶液（1→2）10ml振摇提取，静置分层，分取酸层用三氯甲烷3ml洗涤，弃去三氯甲烷层，酸溶液中加乙二胺四醋酸二钠溶液（1→50）0.1ml与6mol/L醋酸溶液2ml，混匀，缓缓加氨水5ml，用冷水淋洗冷却后，分别用浓氨溶液或硫酸调节供试品溶液和对照溶液pH值至1.8。分别在供试品溶液和对照溶液中加稀双硫腙提取溶液5.0ml，剧烈振摇提取，静置分层，供试品溶液三氯甲烷层所显颜色与对照溶液比较，不得更深（0.0003%）。

重金属 取本品1.0g，加7mol/L盐酸溶液10ml溶解，加30%过氧化氢溶液2ml，置水浴上蒸发至约5ml，放冷，移至分液漏斗中，用7mol/L盐酸溶液10ml分次洗涤容器，洗液并入分液漏斗中，用甲基异丁基甲酮（取新蒸馏的甲基异丁基甲酮100ml，加7mol/L盐酸溶液1ml，混匀）振摇提取3次，每次20ml，水层置水浴上加热20分钟，放冷，加酚酞指示液1滴，并滴加浓氨试液至溶液显淡红色，再加醋酸盐缓冲液（pH 3.5）2ml与水适量使成25ml，依法检查（附录0821第一法），含重金属不得过百万分之二十。

砷盐 取本品1.0g，加水23ml溶解后，加盐酸5ml，依法检查（附录0822第一法），应符合规定（0.0002%）。

【含量测定】 取本品约0.5g，精密称定，加稀硫酸与新沸过的冷水各15ml溶解后，立即用高锰酸钾滴定液（0.02mol/L）滴定至溶液显持续的粉红色。每1ml高锰酸钾滴定液（0.02mol/L）相当于27.80mg的$FeSO_4 \cdot 7H_2O$。

【作用与用途】 抗贫血药。用于防治缺铁性贫血。

【用法与用量】 内服：一次量，马、牛2～10g；羊、猪0.5～3g；犬0.05～0.5g；猫0.05～0.1g，配成0.2%～1%溶液。

【不良反应】 （1）内服对胃肠道黏膜有刺激性，大量内服可引起肠坏死、出血，严重时可致休克。

（2）铁能与肠道内硫化氢结合生成硫化铁，使硫化氢减少，减少了对肠蠕动的刺激作用，可致便秘，并排黑粪。

【注意事项】 （1）禁用于消化道溃疡、肠炎等。

（2）钙剂、磷酸盐类、含鞣酸药物、抗酸药等均可使铁沉淀，妨碍其吸收，本品不宜与上述药物同时使用。

（3）铁剂与四环素药物可形成络合物，互相妨碍吸收，不宜同时使用。

【贮藏】 密封保存。

附：汞盐检查方法中各种溶液的配制方法

标准汞溶液的制备 精密称取二氯化汞135.4mg，置100ml量瓶中，加0.5mol/L硫酸溶液溶解并稀释至刻度，摇匀，作为贮备液（每1ml相当于1mg的Hg）。临用前，精密量取贮备液5ml，置100ml量瓶中，用0.5mol/L硫酸溶液稀释至刻度，摇匀；再精密量取2ml，置100ml量瓶中，用

0.5mol/L硫酸溶液稀释至刻度，摇匀，即得（每1ml相当于1μg的Hg）。

盐酸羟胺溶液　取盐酸羟胺20g置分液漏斗中，加水65ml使溶解，加麝香草酚蓝指示液5滴，滴加浓氨溶液至显黄色，加二乙基二硫代氨基甲酸钠溶液（1→25）10ml，混匀，放置5分钟；加三氯甲烷10～15ml提取，弃去三氯甲烷层，水溶液中滴加3mol/L盐酸溶液至粉红色（必要时，补加麝香草酚蓝指示液1～2滴），用水稀释至100ml，即得。

双硫腙提取溶液　取双硫腙30mg，加三氯甲烷1000ml溶解，加乙醇5ml，摇匀，置冰箱中保存。临用前，用二分之一体积的1%硝酸溶液提取，弃去酸液后使用。

稀双硫腙提取溶液　临用前，取双硫腙提取溶液5ml，加三氯甲烷25ml，摇匀，即得。

硫酸庆大霉素
Liusuan Qingdameisu
Gentamicin Sulfate

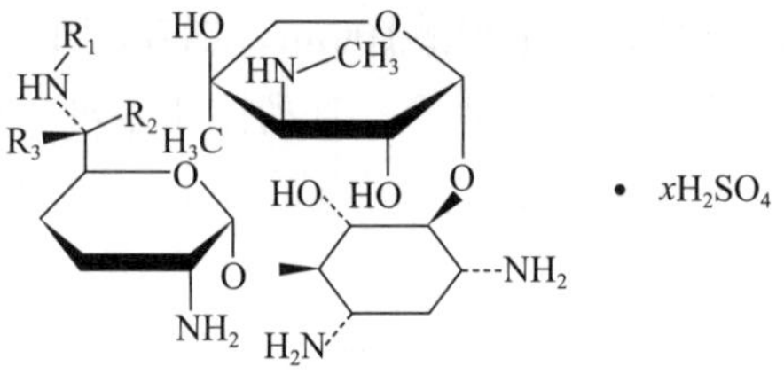

庆大霉素	分子式	R_1	R_2	R_3
C_1	$C_{21}H_{43}N_5O_7$	CH_3	CH_3	H
C_{1a}	$C_{19}H_{39}N_5O_7$	H	H	H
C_2	$C_{20}H_{41}N_5O_7$	H	CH_3	H
C_{2a}	$C_{20}H_{41}N_5O_7$	H	H	CH_3

本品为庆大霉素C_1、C_{1a}、C_2、C_{2a}等组分为主要混合物的硫酸盐。按无水物计算，每1mg的效价不得少于590庆大霉素单位。

【性状】　本品为白色或类白色的粉末；无臭；有引湿性。

本品在水中易溶，在乙醇、丙酮或乙醚中不溶。

比旋度　取本品，精密称定，加水溶解并定量稀释制成每1ml中约含50mg的溶液，依法测定（附录0621），比旋度为＋107°至＋121°。

【鉴别】　（1）取本品与庆大霉素标准品，分别加水制成每1ml中含2.5mg的溶液，照薄层色谱法（附录0502）试验，吸取上述两种溶液各2μl，分别点于同一硅胶G薄层板（临用前于105℃活化2小时）上；另取三氯甲烷、甲醇、浓氨溶液（1：1：1）混合振摇，放置1小时，分取下层混合液为展开剂，展开，取出于20～25℃晾干，置碘蒸气中显色，供试品溶液所显主斑点数、位置和颜色应与标准品溶液主斑点数、位置和颜色相同。

（2）在庆大霉素C组分测定项下记录的色谱图中，供试品溶液各主峰保留时间应与标准品溶液各主峰保留时间一致。

（3）本品的红外光吸收图谱应与对照的图谱一致。

（4）本品的水溶液显硫酸盐的鉴别反应（附录0802）。

以上（1）、（2）两项可选做一项。

【检查】 **酸度** 取本品，加水制成每1ml中含40mg的溶液，依法测定（附录0631），pH值应为4.0~6.0。

溶液的澄清度与颜色 取本品5份，各0.4g，分别加水5ml使溶解，溶液应澄清无色；如显浑浊，与1号浊度标准液（附录0902）比较，均不得更浓；如显色，与黄色或黄绿色2号标准比色液（附录0901）比较，均不得更深。

硫酸盐 取本品约0.125g，精密称定，加水100ml使溶解，用浓氨溶液调节pH值至11，精密加入氯化钡滴定液（0.1mol/L）10ml及酞紫指示液5滴，用乙二胺四醋酸二钠滴定液（0.05 mol/L）滴定，注意保持滴定过程中的pH值为11，滴定至紫色开始消褪，加乙醇50ml，继续滴定至紫蓝色消失，并将滴定的结果用空白试验校正。每1ml氯化钡滴定液（0.1 mol/L）相当于9.606mg硫酸盐（SO_4），本品含硫酸盐按无水物计算应为32.0%~35.0%。

有关物质 精密称取西索米星对照品、小诺霉素标准品各适量，加流动相溶解并定量稀释制成每1ml中约含西索米星和小诺霉素各25μg、50μg和100μg的溶液，作为标准品溶液（1）、（2）、（3）。照庆大霉素C组分项下色谱条件试验，精密量取标准品溶液（1）、（2）、（3）各20μl，分别注入液相色谱仪，记录色谱图，计算标准品溶液浓度的对数值与相应的峰面积对数值的线性回归方程，相关系数（r）应不小于0.99；另精密称取本品适量，加流动相溶解并定量稀释制成每1ml中约含庆大霉素2.5mg的溶液，同法测定，记录色谱图至庆大霉素C_1峰保留时间的1.2倍，供试品溶液色谱图中如有西索米星峰、小诺霉素峰，用相应的线性回归方程计算西索米星、小诺霉素的含量。含西索米星不得过2.0%，小诺霉素不得过3.0%。除硫酸峰和亚硫酸峰外（必要时用硫酸盐和亚硫酸盐定位），其他杂质按西索米星线性回归方程计算，单个杂质不得过2.0%，总杂质不得过4.5%。供试品溶液色谱图中小于0.1%的杂质峰忽略不计。

水分 取本品，照水分测定法（附录0832第一法A）测定，含水分不得过15.0%。

炽灼残渣 不得过0.5%（附录0841）。

庆大霉素C组分 照高效液相色谱法（附录0512）测定。

色谱条件与系统适用性试验 用十八烷基键合硅胶为填充剂（pH值适应范围0.8~8.0）；以0.2mol/L三氟醋酸溶液-甲醇（96：4）为流动相；流速为每分钟0.6~0.8ml；蒸发光散射检测器（高温型不分流模式：漂移管温度为105~110℃，载气流量为每分钟2.5L；低温型分流模式：漂移管温度为45~55℃，载气压力为350kPa）检测。取庆大霉素、小诺霉素标准品和西索米星对照品各适量，分别加流动相溶解并稀释制成每1ml中约含庆大霉素总C组分2.5mg、小诺霉素0.1mg和西索米星25μg的溶液，分别量取20μl注入液相色谱仪，庆大霉素标准品溶液色谱图应与标准图谱一致，西索米星峰和庆大霉素C_{1a}峰之间，庆大霉素C_2峰、小诺霉素峰和庆大霉素C_{2a}峰之间的分离度均应符合规定；西索米星对照品溶液色谱图中主成分峰峰高的信噪比应大于20；精密量取小诺霉素标准品溶液20μl，连续进样5次，峰面积的相对标准偏差应符合要求。

测定法 取庆大霉素标准品适量，精密称定，加流动相溶解并定量稀释制成每1ml中约含庆大霉素总C组分1.0mg、2.5mg和5.0mg的溶液，作为标准品溶液（1）、（2）、（3）。精密量取上述三种溶液各20μl，分别注入液相色谱仪，记录色谱图，计算标准品溶液各组分浓度对数值与相应的峰面积对数值的线性回归方程，相关系数（r）应不小于0.99；另精密称取本品适量，加流动相溶解并定量稀释制成每1ml中约含庆大霉素2.5mg的溶液，同法测定，用庆大霉素各组分的线性回归方程分别计算供试品中对应组分的量（C_{tCx}），并按下面公式计算出各组分的含量（%，mg/mg）。C_1应为14%~22%，C_{1a}应为10%~23%，$C_{2a}+C_2$应为17%~36%，四个组分总含量不得低于50.0%。

$$C_x（\%）= \dfrac{C_{tCx}}{\dfrac{m_t}{V_t}} \times 100\%$$

式中　C_x为庆大霉素各组分的含量（%，mg/mg）；

　　　　C_{tCx}为由回归方程计算出的各组分的含量（mg/ml）；

　　　　m_t为供试品重量（mg）；

　　　　V_t为体积（ml）。

根据所得组分的含量，按下面公式计算出庆大霉素各组分的相对比例。C_1应为25%～50%，C_{1a}应为15%～40%，C_{2a}＋C_2应为20%～50%。

$$C'_x（\%）= \dfrac{C_x}{C_1 + C_{1a} + C_2} \times 100\%$$

式中　C'_x为庆大霉素各组分的相对比例。

细菌内毒素（供注射用）　取本品，依法检查（附录1143），每1mg庆大霉素中含内毒素的量应小于0.50EU。

【含量测定】　精密称取本品适量，用灭菌水定量稀释制成每1ml中约含1000单位的溶液，照抗生素微生物检定法（附录1201）测定。可信限率不得大于7%。1000庆大霉素单位相当于1mg的庆大霉素。

【类别】　氨基糖苷类抗生素。

【贮藏】　密封，在干燥处保存。

【制剂】　硫酸庆大霉素注射液

附：

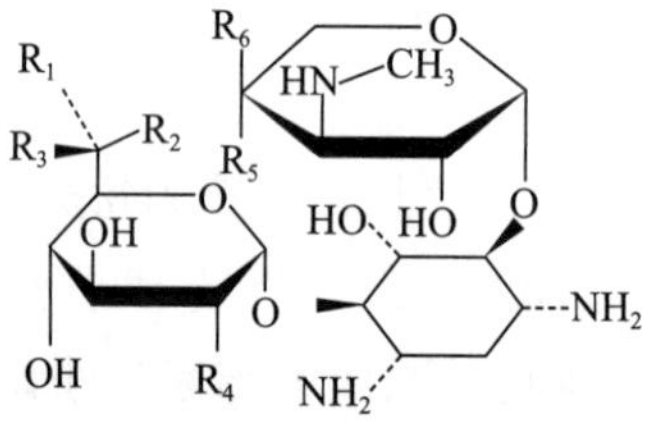

杂质	庆大霉素组分	R_1	R_2	R_3	R_4	R_5	R_6	分子式	分子量
杂质F	A	OH	H	H	NH_2	OH	H	$C_{18}H_{36}N_4O_{10}$	468.24
杂质G	A_2	OH	H	H	H	OH	H	$C_{18}H_{35}N_3O_{10}$	453.23
杂质C	B_1	NH_2	CH_3	H	OH	CH_3	OH	$C_{20}H_{40}N_4O_{10}$	496.27
杂质H	X	OH	H	H	NH_2	OH	CH_3	$C_{19}H_{38}N_4O_{10}$	482.26

杂质A（西索米星）

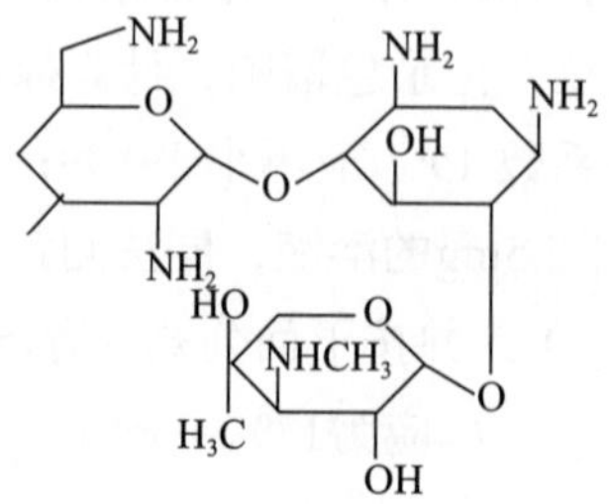

$C_{19}H_{37}N_5O_7$　447.27

组分C_{2b}（小诺霉素）

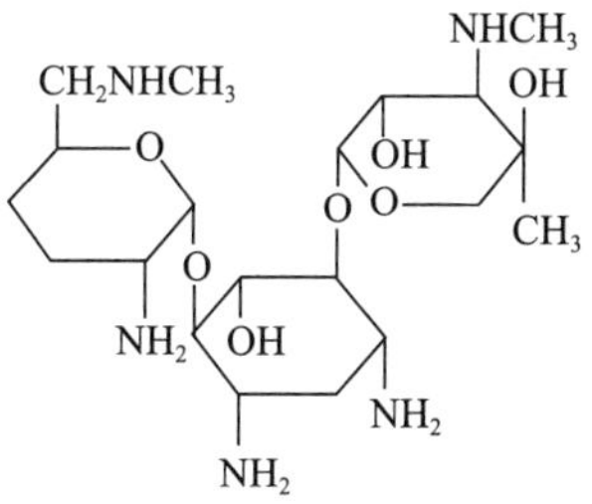

$C_{20}H_{41}N_5O_7$ 463.30

硫酸庆大霉素注射液
Liusuan Qingdameisu Zhusheye
Gentamicin Sulfate Injection

本品为硫酸庆大霉素的灭菌水溶液。含庆大霉素应为标示量的90.0%~110.0%。

【性状】 本品为无色至微黄色或微黄绿色的澄明液体。

【鉴别】 取本品，照硫酸庆大霉素项下的鉴别（1）或（2）和（4）项试验，显相同的结果。

【检查】 pH值　应为3.5~6.0（附录0631）。

颜色 本品应无色；如显色，与黄色或黄绿色2号标准比色液（附录0901第一法）比较，不得更深。

有关物质 精密量取本品适量，用流动相定量稀释制成每1ml中约含庆大霉素2.5mg的溶液，照硫酸庆大霉素有关物质项下的方法测定，含西索米星不得过标示量的2.0%，小诺霉素不得过标示量的3.0%，其他单个杂质不得过标示量的2.0%，其他杂质总量不得过标示量的4.5%。

庆大霉素C组分 精密量取本品适量，用流动相定量稀释制成每1ml中约含庆大霉素2.5mg的溶液，照硫酸庆大霉素项下的方法测定，用庆大霉素各组分的线性回归方程分别计算供试品中对应组分的量（C_{tCx}），并按下面公式计算出各组分的含量（%，u/u）。

$$C_x（\%）= \frac{C_{tCx} \times 理论效价}{\dfrac{V_1 \times 标示量}{V_2}} \times 100\%$$

式中　C_x为庆大霉素各组分的含量（%，单位/单位）；

C_{tCx}为由回归方程计算出的各组分的含量（mg/ml）；

V_1为吸取供试品溶液的量（ml）；

V_2为体积（ml）；

标示量以单位/ml计。

C_1应为标示量的15.3%~28.0%，C_{1a}应为标示量的19.6%~48.0%，$C_{2a}+C_2$应为标示量的28.5%~63.8%，四个组分总含量不得低于标示量的85%。

理论效价：C_1 739.6单位/mg，C_{1a} 1287.0单位/mg，C_{2a} 1079.5单位/mg，C_2 1095.7单位/mg。

细菌内毒素 取本品，照硫酸庆大霉素项下的方法检查，应符合规定。

无菌 取本品，用适宜溶剂稀释后，摇匀，经薄膜过滤法处理，依法检查（附录1101），应符合规定。

其他　应符合注射剂项下有关的各项规定（附录0102）。

【含量测定】　精密量取本品适量，照硫酸庆大霉素项下的方法测定，即得。

【作用与用途】　氨基糖苷类抗生素。用于革兰氏阴性和阳性细菌感染。

【用法与用量】　以硫酸庆大霉素计。肌内注射：一次量，每1kg体重，家畜2～4mg；犬、猫3～5mg。一日2次，连用2～3日。

【不良反应】　（1）耳毒性。常引起耳前庭损害，这种损害可随连续给药的药物积累而加重，并呈剂量依赖性。

（2）偶见过敏反应。猫较敏感，常量即可造成恶心、呕吐、流涎及共济失调等。

（3）大剂量可引起神经肌肉传导阻断。犬、猫外科手术全身麻醉后，合用青霉素预防感染时，常出现意外死亡。

（4）可导致可逆性肾毒性。

【注意事项】　（1）庆大霉素可与β-内酰胺类抗生素联合治疗严重感染，但在体外混合存在配伍禁忌。

（2）本品与青霉素联合，对链球菌具协同作用。

（3）有呼吸抑制作用，不宜静脉推注。

（4）与四环素、红霉素等合用可能出现拮抗作用。

（5）与头孢菌素合用可能使肾毒性增强。

【休药期】　猪、牛、羊40日。

【规格】　（1）2ml：0.08g（8万单位）　（2）5ml：0.2g（20万单位）　（3）10ml：0.2g（20万单位）　（4）10ml：0.4g（40万单位）

【贮藏】　密闭，在凉暗处保存。

硫酸安普霉素

Liusuan Anpumeisu

Apramycin Sulfate

$$C_{21}H_{41}N_5O_{11} \cdot 2\tfrac{1}{2}H_2SO_4 \quad 784.77$$

本品为4-O-[（2R,3R,4aS,6R,7S,8R,8aR）-3-氨基-6-（4-氨基-4-脱氧基-α-D-吡喃葡萄糖苷）-8-羟基-7-甲氨基-全氢化吡喃葡萄糖[3,2-b]吡喃基-2-]-2-脱氧链霉胺硫酸盐。按干燥品计算，每1mg的效价不得少于550安普霉素单位。

【性状】　本品为微黄色或黄褐色粉末；有引湿性。

本品在水中易溶，在甲醇、丙酮、三氯甲烷或乙醚中几乎不溶。

【鉴别】　（1）取本品与安普霉素标准品，分别加水制成每1ml中约含1mg安普霉素的溶液。照薄层色谱法（附录0502）试验，吸取上述两种溶液各5μl，分别点于同一硅胶G薄层板上，以甲醇-

三氯甲烷-浓氨溶液（6：2：4）为展开剂，展开，晾干，在105℃加热5分钟，放冷，置碘蒸气中显色。供试品溶液所显主斑点的位置和颜色应与标准品溶液的主斑点相同。

（2）在有关物质测定项下记录的色谱图中，供试品溶液主峰的保留时间应与标准品溶液主峰的保留时间一致。

（3）本品的水溶液显硫酸盐的鉴别反应（附录0301）。

以上（1）、（2）两项可选作一项。

【检查】　**有关物质**　取本品适量，精密称定，加水溶解并稀释成每1ml中约含5mg的溶液，作为供试品溶液；精密量取适量，用水定量稀释制成每1ml中约含0.25mg的溶液，摇匀，作为对照溶液；另取安普霉素标准品，精密称定，加水溶解并稀释制成每1ml中约含3.5mg的溶液，作为鉴别试验用标准品溶液。照高效液相色谱法（附录0512）测定，用磺酸基键合硅胶（Venusil SCX-F）为填充剂；以枸橼酸钠溶液（取枸橼酸钠2.0g，加苯酚溶液①0.08ml和硫二甘醇0.5ml，加水溶解并稀释成100ml，用盐酸调节pH值至4.2）为流动相A，以枸橼酸钠溶液（取枸橼酸钠4.0g，氯化钠4.0g和苯酚溶液①0.08ml，加水溶解并稀释成100ml，用盐酸调节pH值至7.4）为流动相B；柱后衍生反应温度为120℃；以茚三酮溶液②为衍生化试剂；按下表进行线性梯度洗脱；检测波长为568nm。取对照溶液20μl注入液相色谱仪，调节检测灵敏度，使主成分色谱峰的峰高约为满量程，精密量取供试品溶液、对照溶液、标准品溶液各20μl，分别注入液相色谱仪，记录色谱图。供试品溶液色谱图中如有杂质峰，单个最大杂质峰面积不得大于对照溶液主峰面积的2.8倍（14%），其他单个杂质峰面积不得大于对照溶液主峰面积的0.8倍（4%），各杂质峰面积的和不得大于对照溶液主峰面积的6倍（30%），供试品溶液色谱图中小于对照溶液主峰面积0.04倍的色谱峰可忽略不计。

时间（分钟）	流动相A（%）	流动相B（%）
0	75	25
3	75	25
9	0	100
30	0	100
31	75	25
41	75	25

注：流动相为高浓度的盐系统，试验结束后及时用水冲洗仪器，最好较长时间地冲洗。

干燥失重　取本品，在60℃减压干燥4小时，减失重量不得过10.0%（附录0831）。

炽灼残渣　不得过1.0%（附录0841）。

重金属　取炽灼残渣项下遗留的残渣，依法检查（附录0821第二法），含重金属不得过百万分之二十。

【含量测定】　精密称取本品适量，加灭菌水溶解并定量稀释制成每1ml中约含1000单位的溶液，照抗生素微生物检定法（附录1201）测定。1000安普霉素单位相当于1mg的$C_{21}H_{41}N_5O_{11}$。

【类别】　氨基糖苷类抗生素。

【贮藏】　密闭，在干燥处保存。

【制剂】　（1）硫酸安普霉素可溶性粉　（2）硫酸安普霉素预混剂

① 苯酚溶液：称苯酚8g，加2ml的蒸馏水使溶解，即得。

② 茚三酮溶液：取乙二醇甲醚1000ml，通入氮气流2~3分钟后，再持续通入氮气流下，加茚三酮10g和还原茚三酮1g，使溶解；再加醋酸盐缓冲液（取54.44g醋酸钠，加水50ml使溶解，加冰乙酸10ml，混匀，用冰乙酸调pH至5.5，用水稀释成100ml）200ml，再加水650ml和20%聚氧乙烯

（23）十二烷基醚（聚氧乙烯月桂醚）4ml，即得。

硫酸安普霉素可溶性粉

Liusuan Anpumeisu Kerongxingfen

Apramycin Sulfate Soluble Powder

本品为硫酸安普霉素与枸橼酸钠配制而成。含安普霉素（$C_{21}H_{41}N_5O_{11}$）应为标示量的90.0%~110.0%。

【性状】 本品为微黄色至黄褐色粉末。

【鉴别】 照硫酸安普霉素项下的鉴别（1）或（2）试验，显相同的结果。

【检查】 酸碱度 取本品0.5g，加水10ml溶解后，依法测定（附录0631），pH值应为5.0~8.0。

有关物质 取本品适量，加水溶解并稀释制成每1ml中约含3mg安普霉素的溶液，摇匀，作为供试品溶液；精密量取适量，用水定量稀释制成每1ml中约含0.15mg的溶液，摇匀，作为对照溶液。照硫酸安普霉素有关物质项下的方法测定，应符合规定。

干燥失重 取本品，在105℃干燥4小时，减失重量不得过8.0%（附录0831）。

其他 应符合可溶性粉剂项下有关的各项规定（附录0113）。

【含量测定】 精密称取本品适量，加灭菌水溶解并定量稀释制成每1ml中约含1000单位的溶液，照硫酸安普霉素项下的方法测定，即得。

【作用与用途】 氨基糖苷类抗生素。主要用于治疗猪、鸡革兰氏阴性菌引起的肠道感染。

【用法与用量】 以安普霉素计。混饮：1L水，鸡250~500mg，连用5日；每1kg体重，猪12.5mg，连用7日。

【不良反应】 内服可能损害肠壁绒毛而影响肠道对脂肪、蛋白质、糖、铁等的吸收。也可引起肠道菌群失调，发生厌氧菌或真菌等二重感染。

【注意事项】 （1）蛋鸡产蛋期禁用。

（2）本品遇铁锈易失效，混饲器械要注意防锈，也不宜与微量元素制剂混合使用。

（3）饮水给药必须当天配制。

【休药期】 猪21日，鸡7日。

【规格】 （1）100g：10g（1000万单位） （2）100g：40g（4000万单位） （3）100g：50g（5000万单位）

【贮藏】 避光，密闭，在干燥处保存。

硫酸安普霉素预混剂

Liusuan Anpumeisu Yuhunji

Apramycin Sulfate Premix

本品含安普霉素（$C_{21}H_{41}N_5O_{11}$）应为标示量的90.0%~110.0%。

【鉴别】 照硫酸安普霉素项下的鉴别（1）或（2）试验，显相同的结果。

【检查】 粒度 本品二号筛通过率不得小于95%。

有关物质 取本品适量，加0.5%的氯化钠溶液适量，振摇5分钟使硫酸安普霉素溶解并稀释制成每1ml中约含3mg安普霉素的溶液，摇匀，滤过，取续滤液，作为供试品溶液；精密量取适量，用水定量稀释制成每1ml中约含0.15mg的溶液，摇匀，作为对照溶液。照硫酸安普霉素项下的方法测定，应符合规定。

干燥失重 取本品，在105℃干燥4小时，减失重量不得过10.0%（附录0831）。

其他 应符合预混剂项下有关的各项规定（附录0109）。

【含量测定】 取本品适量，精密称定，加灭菌水适量，超声5分钟使硫酸安普霉素溶解，放冷，用灭菌水定量稀释制成每1ml中约含1000单位的溶液，取上清液，照硫酸安普霉素项下的方法测定，即得。

【作用与用途】 氨基糖苷类抗生素。主要用于治疗猪革兰氏阴性菌引起的肠道感染。

【用法与用量】 以安普霉素计。混饲：每1000kg饲料，猪80～100g，连用7日。

【不良反应】 （1）内服可能损害肠壁绒毛而影响肠道对脂肪、蛋白质、糖、铁等的吸收。也可引起肠道菌群失调，发生厌氧菌或真菌等二重感染。

（2）长期或大量应用可引起肾毒性。

【注意事项】 本品遇铁锈易失效，混饲器械要注意防锈，也不宜与微量元素制剂混合使用。

【休药期】 猪21日。

【规格】 （1）100g∶3g（300万单位） （2）1000g∶165g（16500万单位）

【贮藏】 避光，密闭，干燥处保存。

硫酸阿托品

Liusuan Atuopin

Atropine Sulfate

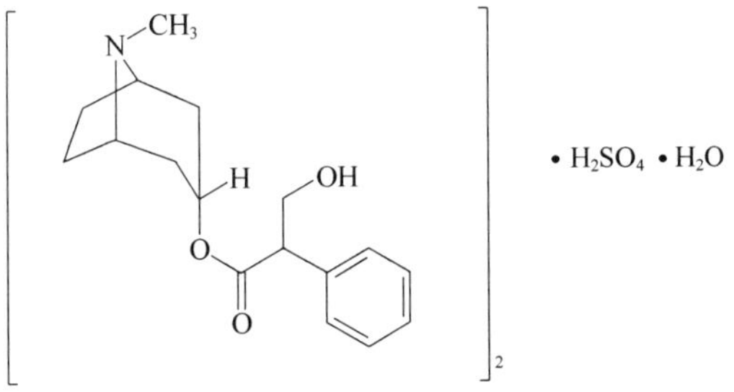

$$(C_{17}H_{23}NO_3)_2 \cdot H_2SO_4 \cdot H_2O \quad 694.84$$

本品为（±）-α-（羟甲基）苯乙酸-8-甲基-8-氮杂双环[3.2.1]-3-辛酯硫酸盐一水合物。按干燥品计算，含（$C_{17}H_{23}NO_3$）$_2$·H_2SO_4不得少于98.5%。

【性状】 本品为无色结晶或白色结晶性粉末；无臭。

本品在水中极易溶解，在乙醇中易溶。

熔点 取本品，在120℃干燥4小时后，立即依法测定（附录0612），熔点不得低于189℃，熔融时同时分解。

【鉴别】 （1）本品的红外光吸收图谱应与对照的图谱一致。

（2）本品显托烷生物碱类的鉴别反应（附录0301）。

（3）本品的水溶液显硫酸盐的鉴别反应（附录0301）。

【检查】　酸度　取本品0.50g，加水10ml溶解后，加甲基红指示液1滴，如显红色，加氢氧化钠滴定液（0.02mol/L）0.15ml，应变为黄色。

莨菪碱　取本品，按干燥品计算，加水溶解并制成每1ml中含50mg的溶液，依法测定（附录0621），旋光度不得过−0.40°。

有关物质　取本品，加水溶解并稀释制成每1ml中含0.5mg的溶液，作为供试品溶液；精密量取1ml，置100ml量瓶中，用水稀释至刻度，摇匀，作为对照溶液。照高效液相色谱法（附录0512）试验。用十八烷基硅烷键合硅胶为填充剂，以0.05mol/L磷酸二氢钾溶液（含0.0025mol/L庚烷磺酸钠）-乙腈（84：16）（用磷酸或氢氧化钠试液调节pH值至5.0）为流动相，检测波长为225nm，阿托品峰与相邻杂质峰的分离度应符合要求。精密量取对照溶液与供试品溶液各20μl，分别注入液相色谱仪，记录色谱图至主成分峰保留时间的2倍。供试品溶液色谱图中如有杂质峰，扣除相对保留时间0.17之前的色谱峰，各杂质峰面积的和不得大于对照溶液主峰面积（1.0%）。

干燥失重　取本品，在120℃干燥4小时，减失重量不得过5.0%（附录0831）。

炽灼残渣　不得过0.1%（附录0841）。

【含量测定】　取本品约0.5g，精密称定，加冰醋酸与醋酐各10ml溶解后，加结晶紫指示液1～2滴，用高氯酸滴定液（0.1mol/L）滴定至溶液显纯蓝色，并将滴定的结果用空白试验校正。每1ml高氯酸滴定液（0.1mol/L）相当于67.68mg的（$C_{17}H_{23}NO_3$）$_2$·H_2SO_4。

【类别】　抗胆碱药。

【贮藏】　密封保存。

【制剂】　（1）硫酸阿托品片　（2）硫酸阿托品注射液

硫酸阿托品片

Liusuan Atuopin Pian

Atropine Sulfate Tablets

本品含硫酸阿托品〔（$C_{17}H_{23}NO_3$）$_2$·H_2SO_4·H_2O〕应为标示量的90.0%～110.0%。

【性状】　本品为白色片。

【鉴别】　（1）取本品的细粉适量（约相当于硫酸阿托品1mg），置分液漏斗中，加氨试液约5ml，混匀，用乙醚10ml振摇提取后，分取乙醚层，置白瓷皿中，挥尽乙醚后，残渣显托烷生物碱类的鉴别反应（附录0301）。

（2）本品的水溶液显硫酸盐的鉴别反应（附录0301）。

【检查】　含量均匀度　取本品1片，置具塞试管中，精密加水6.0ml，密塞，充分振摇30分钟使硫酸阿托品溶解，离心，取上清液作为供试品溶液，照含量测定项下的方法测定含量，应符合规定（附录0941）。

其他　应符合片剂项下有关的各项规定（附录0101）。

【含量测定】　取本品20片，精密称定，研细，精密称取适量（约相当于硫酸阿托品2.5mg），置50ml量瓶中，加水振摇使硫酸阿托品溶解并稀释至刻度，滤过，取续滤液，作为供试品溶液。另取硫酸阿托品对照品约25mg，精密称定，置25ml量瓶中，加水溶解并稀释至刻度，摇匀，精密量取5ml，置100ml量瓶中，用水稀释至刻度，摇匀，作为对照品溶液。精密量取对照品溶液与供试品溶液各2ml，分别置预先精密加入三氯甲烷10ml的分液漏斗中，各加溴甲酚绿溶液〔取溴甲酚绿50mg与邻苯二甲酸氢钾1.021g，加0.2mol/L氢氧化钠溶液6.0ml使溶解，再用水稀释至100ml，摇匀，必要时滤过〕2.0ml，振摇提取2分钟后，静置使分层，分取澄清的三氯甲烷液，照紫外-可见分光光度法（附录0401），在420nm的波长处分别测定吸光度，计算，并将结果乘以1.027，即得。

【作用与用途】 抗胆碱药。具有解除平滑肌痉挛、抑制腺体分泌等作用。主要用于解除消化道平滑肌痉挛、分泌增多和麻醉前给药等，也可用于有机磷和拟胆碱药等中毒。

【用法与用量】 以硫酸阿托品计。内服：一次量，每1kg体重，犬、猫0.02～0.04mg。

【不良反应】 本品副作用与用药目的有关，其毒性作用往往是使用过大剂量所致。在麻醉前给药或治疗消化道疾病时，易致肠臌胀和便秘等。所有动物的中毒症状基本类似，即表现为口干、瞳孔扩大、脉搏快而弱、兴奋不安和肌肉震颤等，严重时则出现昏迷、呼吸浅表、运动麻痹等，最终可因惊厥、呼吸抑制及窒息而死亡。

【注意事项】 （1）肠梗阻、尿潴留等患畜禁用。

（2）可增强噻嗪类利尿药、拟肾上腺素药物的作用。

（3）可加重双甲脒的某些毒性症状，引起肠蠕动的进一步抑制。

（4）中毒解救时宜采用对症性支持疗法，极度兴奋时可试用毒扁豆碱、短效巴比妥类、水合氯醛等药物对抗。禁用吩噻嗪类药物如氯丙嗪治疗。

【规格】 0.3mg

【贮藏】 密封保存。

硫酸阿托品注射液

Liusuan Atuopin Zhusheye

Atropine Sulfate Injection

本品为硫酸阿托品的灭菌水溶液。含硫酸阿托品〔$(C_{17}H_{23}NO_3)_2 \cdot H_2SO_4 \cdot H_2O$〕应为标示量的90.0%～110.0%。

【性状】 本品为无色的澄明液体。

【鉴别】 （1）取本品适量（约相当于硫酸阿托品5mg），置水浴上蒸干，残渣显托烷生物碱类的鉴别反应（附录0301）。

（2）本品显硫酸盐的鉴别反应（附录0301）。

【检查】 pH值 应为3.5～5.5（附录0631）。

有关物质 取本品，用水稀释制成每1ml中含硫酸阿托品0.5mg的溶液，作为供试品溶液；精密量取3ml，置100ml量瓶中，用水稀释至刻度，摇匀，作为对照溶液；照硫酸阿托品有关物质项下的方法测定，供试品溶液色谱图中如有杂质峰，扣除相对保留时间0.17之前的色谱峰，各杂质峰面积的和不得大于对照溶液主峰面积（3.0%）。

细菌内毒素 取本品，依法检查（附录1143），每1mg硫酸阿托品中含内毒素的量应小于25EU。

其他 应符合注射剂项下有关的各项规定（附录0102）。

【含量测定】 精密量取本品适量（约相当于硫酸阿托品2.5mg），置50ml量瓶中，用水稀释至刻度，摇匀，作为供试品溶液；另取硫酸阿托品对照品约25mg，精密称定，置25ml量瓶中，用水溶解并稀释至刻度，摇匀，精密量取5ml，置100ml量瓶中，用水稀释至刻度，摇匀，作为对照品溶液。精密量取对照品溶液与供试品溶液各2ml，分别置预先精密加入三氯甲烷10ml的分液漏斗中，各加溴甲酚绿溶液〔取溴甲酚绿50mg与邻苯二甲酸氢钾1.021g，加0.2mol/L氢氧化钠溶液6.0ml使溶解，再用水稀释至100ml，摇匀，必要时滤过〕2.0ml，振摇提取2分钟后，静置使分层，分取澄清的三氯甲烷液，照紫外-可见分光光度法（附录0401），在420nm的波长处分别测定吸光度，计算，并将结果乘以1.027，即得。

【作用与用途】 抗胆碱药。具有解除平滑肌痉挛、抑制腺体分泌等作用。主要用于有机磷酸酯类药物中毒、麻醉前给药和拮抗胆碱神经兴奋症状。

【用法与用量】 以硫酸阿托品计。肌内、皮下或静脉注射：一次量，每1kg体重，麻醉前给药，马、牛、羊、猪、犬、猫0.02～0.05mg；解除有机磷酸酯类中毒，马、牛、羊、猪0.5～1mg；犬、猫0.1～0.15mg；禽0.1～0.2mg。

【不良反应】 （1）本品副作用与用药目的有关，其毒性作用往往是使用过大剂量所致。在麻醉前给药或治疗消化道疾病时，易致肠臌胀、瘤胃臌胀和便秘等。

（2）所有动物的中毒症状基本类似，即表现为口干、瞳孔扩大、脉搏快而弱、兴奋不安和肌肉震颤等，严重时则出现昏迷、呼吸浅表、运动麻痹等，最终可因惊厥、呼吸抑制及窒息而死亡。

【注意事项】 （1）肠梗阻、尿潴留等患畜禁用。

（2）可增强噻嗪类利尿药、拟肾上腺素药物的作用。

（3）可加重双甲脒的某些毒性症状，引起肠蠕动的进一步抑制。

（4）中毒解救时宜对症治疗，极度兴奋时可试用毒扁豆碱、短效巴比妥类、水合氯醛等药物对抗。禁用吩噻嗪类药物如氯丙嗪治疗。

【规格】 （1）1ml：0.5mg （2）2ml：1mg （3）1ml：5mg （4）5ml：25mg （5）5ml：50mg （6）10ml：20mg （7）10ml：50mg

【贮藏】 密闭保存。

硫酸链霉素
Liusuan Lianmeisu
Streptomycin Sulfate

$(C_{21}H_{39}N_7O_{12})_2 \cdot 3H_2SO_4$ 1457.40

本品为O-2-甲氨基-2-脱氧-α-L-葡吡喃糖基-（1→2）-O-5-脱氧-3-C-甲酰基-α-L-来苏呋喃糖基-（1→4）-N^1,N^3-二脒基-D-链霉胺硫酸盐。按干燥品计算，每1mg的效价不得少于720链霉素单位。

【性状】 本品为白色或类白色的粉末；无臭或几乎无臭；有引湿性。

本品在水中易溶，在乙醇中不溶。

【鉴别】 （1）取本品约0.5mg，加水4ml溶解后，加氢氧化钠试液2.5ml与0.1% 8-羟基喹啉的乙醇溶液1ml，放冷至约15℃，加次溴酸钠试液3滴，即显橙红色。

（2）取本品约20mg，加水5ml溶解后，加氢氧化钠试液0.3ml，置水浴上加热5分钟，加硫酸铁铵溶液（取硫酸铁铵0.1g，加0.5mol/L硫酸溶液5ml使溶解）0.5ml，即显紫红色。

（3）本品的红外光吸收图谱应与对照的图谱一致。

（4）本品的水溶液显硫酸盐的鉴别反应（附录0301）。

【检查】 **酸度** 取本品，加水制成每1ml中含20万单位的溶液，依法测定（附录0631），pH值应为4.5~7.0。

溶液的澄清度与颜色 取本品5份，各1.5g，分别加水5ml，溶解后，溶液应澄清无色；如显浑浊，与2号浊度标准液（附录0902第一法）比较，均不得更浓；如显色，与各色5号标准比色液（附录0901第一法）比较，均不得更深。

硫酸盐 取本品0.25g，精密称定，置碘瓶中，加水100ml使溶解，用氨试液调节pH值至11，精密加入氯化钡滴定液（0.1mol/L）10ml与酞紫指示液5滴，用乙二胺四醋酸二钠滴定液（0.1mol/L）滴定，注意保持滴定过程中的pH值为11，滴定至紫色开始消褪，加乙醇50ml，继续滴定至紫蓝色消失，并将滴定结果用空白试验校正。每1ml氯化钡滴定液（0.1mol/L）相当于9.606mg的硫酸盐（SO_4）。按干燥品计算，含硫酸盐应为18.0%~21.5%。

有关物质 取本品适量，加水溶解并稀释制成每1ml中约含链霉素3.5mg的溶液，作为供试品溶液；精密量取适量，用水定量稀释制成每1ml中约含链霉素35μg、70μg和140μg的溶液，作为对照溶液（1）、（2）和（3）。照高效液相色谱法（附录0512）测定，用十八烷基硅烷键合硅胶为填充剂，以0.15mol/L的三氟醋酸溶液为流动相，流速为每分钟0.5ml，用蒸发光散射检测器检测（参考条件：漂移管温度为110℃，载气流速为每分钟2.8L）。取链霉素标准品适量，加水溶解并稀释制成每1ml中约含链霉素3.5mg的溶液，置日光灯（3000lx）下照射24小时，作为分离度溶液。取妥布霉素标准品适量，用分离度试验用溶液溶解并稀释制成每1ml中约含妥布霉素0.06mg的混合溶液，量取10μl注入液相色谱仪，记录色谱图。链霉素峰保留时间约为10~12分钟，链霉素峰与相对保留时间约为0.9处的杂质峰的分离度和链霉素峰与妥布霉素峰的分离度应分别大于1.2和1.5。精密量取对照溶液（1）、（2）和（3）各10μl，分别注入液相色谱仪，记录色谱图。以对照溶液浓度的对数值与相应峰面积的对数值计算线性回归方程，相关系数（r）应不小于0.99。另取供试品溶液，同法测定，记录色谱图至主成分峰保留时间的2倍，供试品溶液色谱图中如有杂质峰（硫酸峰除外），用线性回归方程计算，单个杂质不得过2.0%，杂质总量不得过5.0%。

干燥失重 取本品，以五氧化二磷为干燥剂，在60℃减压干燥4小时，减失重量不得过6.0%（附录0831）。

可见异物 取本品5份，每份为制剂最大规格量，加微粒检查用水溶解，依法检查（附录0904），应符合规定。（供无菌分装用）

不溶性微粒 取本品3份，加微粒检查用水溶解，依法检查（附录0903），每1g样品中，含10μm及10μm以上的微粒不得过6000粒，含25μm及25μm以上的微粒不得过600粒。（供无菌分装用）

异常毒性 取本品，加氯化钠注射液制成每1ml中含2600单位的溶液，依法检查（附录1141），按静脉注射法给药，观察24小时，应符合规定。（供注射用）

细菌内毒素（供注射用） 取本品，依法检查（附录1143），每1mg链霉素中含内毒素的量应小于0.25EU。

无菌 取本品，用适宜溶剂溶解并稀释后，经薄膜过滤法处理，依法检查（附录1101），应符合规定。另取装量10ml的0.5%葡萄糖肉汤培养基6管，分别加入每1ml中含2万单位的溶液0.25~0.5ml，3管置30~35℃培养，另3管置20~25℃培养，应符合规定（供无菌分装用）。

【含量测定】 精密称取本品适量，加灭菌水定量制成每1ml中约含1000单位的溶液。照抗生素微生物检定法（附录1201）测定。1000链霉素单位相当于1mg的$C_{21}H_{39}N_7O_{12}$。

【类别】 氨基糖苷类抗生素。

【贮藏】 严封，在干燥处保存。

【制剂】 注射用硫酸链霉素

注射用硫酸链霉素

Zhusheyong Liusuan Lianmeisu

Streptomycin Sulfate for Injection

本品为硫酸链霉素的无菌粉末。按干燥品计算，每1mg的效价不得少于720链霉素单位；按平均装量计算，含链霉素（$C_{21}H_{39}N_7O_{12}$）应为标示量的93.0%~107.0%。

【性状】 本品为白色或类白色的粉末。

【鉴别】 照硫酸链霉素项下的鉴别试验，显相同的结果。

【检查】 溶液的澄清度与颜色 取本品5瓶，按标示量分别加水制成每1ml中含20万单位的溶液，溶液应澄清无色；如显浑浊，与2号浊度标准液（附录0902）比较，均不得更浓；如显色，与各色7号标准比色液（附录0901第一法）比较，均不得更深。

干燥失重 取本品，以五氧化二磷为干燥剂，在60℃减压干燥4小时，减失重量不得过7.0%（附录0831）。

酸度、有关物质、异常毒性、细菌内毒素与无菌 照硫酸链霉素项下的方法检查，均应符合规定。

其他 应符合注射剂项下有关的各项规定（附录0102）。

【含量测定】 取装量差异项下的内容物，精密称取适量，照硫酸链霉素项下的方法测定，即得。

【作用与用途】 氨基糖苷类抗生素。主要用于治疗敏感的革兰氏阴性菌和结核杆菌感染。

【用法与用量】 以硫酸链霉素计。肌内注射：一次量，每1kg体重，家畜10~15mg。一日2次，连用2~3日。

【不良反应】 （1）耳毒性。链霉素最常引起前庭损害，这种损害可随连续给药的药物积累而加重，并呈剂量依赖性。

（2）猫对链霉素较敏感，常量即可造成恶心、呕吐、流涎及共济失调等。

（3）剂量过大导致神经肌肉阻断作用。犬、猫外科手术全身麻醉后，合用青霉素和链霉素预防感染时，常出现意外死亡，这是由于全身麻醉剂和肌肉松弛剂对神经肌肉阻断有增强作用。

（4）长期应用可引起肾脏损害。

【注意事项】 （1）链霉素与其他氨基糖苷类有交叉过敏现象，对氨基糖苷类过敏的患畜禁用。

（2）患畜出现脱水（可致血药浓度增高）或肾功能损害时慎用。

（3）用本品治疗泌尿道感染时，肉食动物和杂食动物可同时内服碳酸氢钠使尿液呈碱性，以增强药效。

（4）Ca^{2+}、Mg^{2+}、Na^+、NH_4^+和K^+等阳离子可抑制本类药物的抗菌活性。

（5）与头孢菌素、右旋糖酐、强效利尿药（如呋塞米等）、红霉素等合用，可增强本类药物的耳毒性。

（6）骨骼肌松弛药（如氯化琥珀胆碱等）或具有此种作用的药物可加强本类药物的神经肌肉阻滞作用。

【休药期】 牛、羊、猪18日；弃奶期72小时。

【规格】 （1）0.75g（75万单位）　（2）1g（100万单位）　（3）2g（200万单位）　（4）4g（400万单位）　（5）5g（500万单位）

【贮藏】 密闭，在干燥处保存。

硫　酸　锌

Liusuanxin

Zinc Sulfate

$ZnSO_4 \cdot 7H_2O$　287.56

本品含$ZnSO_4 \cdot 7H_2O$应为99.0% ~ 103.0%。

【性状】 本品为无色的棱柱状或细针状结晶或颗粒状的结晶性粉末；无臭；有风化性。

本品在水中极易溶解，在甘油中易溶，在乙醇中不溶。

【鉴别】 本品的水溶液显锌盐与硫酸盐的鉴别反应（附录0301）。

【检查】 酸度 取本品0.50g，加水10ml溶解后，加甲基橙指示液1滴，不得显橙红色。

溶液的澄清度 取本品2.5g，加水10ml溶解后，溶液应澄清。

碱金属与碱土金属盐 取本品2.0g，置200ml量瓶中，加水150ml溶解后，加硫化铵试液适量，使锌盐沉淀完全，再用水稀释至刻度，摇匀，滤过；分取滤液100ml，加硫酸0.5ml，蒸干并炽灼至恒重，遗留残渣不得过5mg（0.5%）。

铅盐 取本品0.50g，加水5ml溶解后，加氰化钾试液10ml，摇匀，放置使溶液澄清，加硫化钠试液5滴，静置2分钟；如显色，与标准铅溶液0.50ml用同法制成的对照液比较，不得更深（0.001%）。

铝、铁、铜盐与其他重金属 取本品1.0g，加水10ml溶解后，加浓氨溶液10ml，放置30分钟，溶液应澄清无色，加硫化钠试液适量，只许生成白色沉淀。

【含量测定】 取本品约0.3g，精密称定，加水30ml溶解后，加氨-氯化铵缓冲液（pH10.0）10ml与铬黑T指示剂少许，用乙二胺四醋酸二钠滴定液（0.05mol/L）滴定至溶液自紫红色转变为纯蓝色。每1ml乙二胺四醋酸二钠滴定液（0.05mol/L）相当于14.38mg的$ZnSO_4 \cdot 7H_2O$。

【作用与用途】 收敛药。本品有收敛与抗菌作用。主要用于结膜炎。

【用法与用量】 滴眼：配成0.5% ~ 1%溶液。

【贮藏】 密封保存。

硫酸新霉素

Liusuan Xinmeisu

Neomycin Sulfate

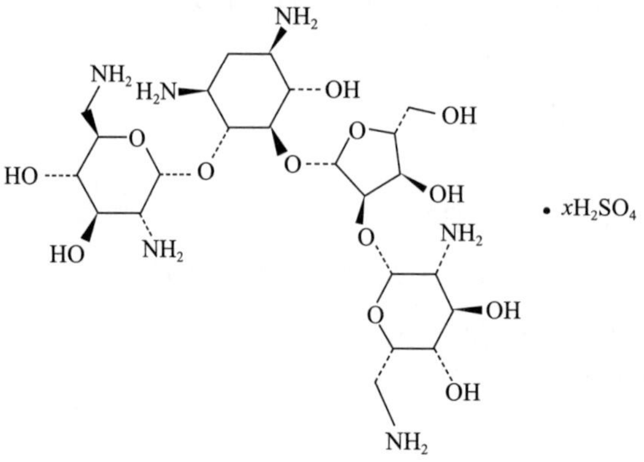

$$C_{23}H_{46}N_6O_{13} \quad 614.64$$

本品为2-脱氧-4-*O*-（2,6-二氨基-2,6-二脱氧-*α*-D-吡喃葡萄糖基）-5-*O*-〔3-*O*-（2,6-二氨基-2,6-二脱氧-*β*-L-吡喃艾杜糖基）-*β*-D-呋喃核糖基〕-D-链霉胺硫酸盐。本品按干燥品计算，每1mg的效价不得少于650新霉素单位。

【性状】 本品为白色或类白色的粉末；无臭；极易引湿。

本品在水中极易溶解，在乙醇、乙醚、丙酮或三氯甲烷中几乎不溶。

【鉴别】 （1）取本品约10mg，加水1ml溶解后，加盐酸溶液（9→100）2ml，在水浴中加热10分钟，加8%氢氧化钠溶液2ml与2%乙酰丙酮水溶液1ml，置水浴中加热5分钟，冷却后，加对二甲氨基苯甲醛试液1ml，即显樱桃红色。

（2）取本品与新霉素标准品适量，分别加水溶解并稀释制成每1ml中含20mg的溶液，作为供试品溶液和标准品溶液；取新霉胺对照品适量，用供试品溶液溶解并稀释制成每1ml中含0.4mg的溶液，作为混合溶液。照薄层色谱法（附录0502）试验，吸取上述三种溶液各1μl，分别点于同一硅胶H薄层板（硅胺H1.5g，用0.25%羧甲基纤维素钠溶液6ml调浆制板）上，以甲醇-乙酸乙酯-丙酮-8.8%醋酸铵溶液（25∶15∶10∶40）为展开剂，展开，晾干，在110℃干燥20分钟，趁热喷以10%次氯酸钠溶液，将薄层板于通风处冷却片刻，再喷碘化钾淀粉溶液（0.5%淀粉溶液100ml中含碘化钾0.5g），立即检视。混合溶液应显三个清晰分离的斑点，供试品溶液所显主斑点的位置和颜色应与标准品溶液的主斑点的位置和颜色相同。

（3）本品的红外光吸收图谱应与对照的图谱一致。

（4）本品的水溶液显硫酸盐的鉴别反应（附录0301）。

【检查】 **酸度** 取本品，加水制成每1ml中含0.1g的溶液，依法测定（附录0631），pH值应为5.0～7.0。

硫酸盐 取本品0.16g，精密称定，置碘量瓶中，加水100ml使溶解，用浓氨溶液调节pH值至11后，精密加氯化钡滴定液（0.1mol/L）10ml、酞紫指示液5滴，用乙二胺四醋酸二钠滴定液（0.05mol/L）滴定，注意保持滴定过程中pH值为11，滴定至紫色开始消褪，加入乙醇50ml，继续滴定至蓝紫色消失，并将滴定的结果用空白试验校正。每1ml氯化钡滴定液（0.1mol/L）相当于9.606mg的硫酸盐（SO_4）。按干燥品计算，含硫酸盐应为27.0%～31.0%。

新霉胺　取本品，加水溶解并定量稀释制成每1ml中含20mg的溶液，作为供试品溶液；另取新霉胺对照品，加水溶解并定量稀释制成每1ml中含0.4mg的溶液，作为对照品溶液。照鉴别（2）项下的薄层色谱法检查。供试品溶液所显新霉胺的斑点的颜色与对照溶液主斑点的颜色比较，不得更深。

干燥失重　取本品，以五氧化二磷为干燥剂，在60℃减压干燥至恒重，减失重量不得过6.0%（附录0831）。

炽灼残渣　不得过1.0%（附录0841）。

【含量测定】　精密称取本品适量，加灭菌水溶解并定量制成每1ml中约含1000单位的溶液。照抗生素微生物检定法（附录1201）测定。1000新霉素单位相当于1mg的新霉素。

【类别】　氨基糖苷类抗生素。

【贮藏】　密封，在干燥处保存。

【制剂】　（1）硫酸新霉素片　（2）硫酸新霉素可溶性粉　（3）硫酸新霉素滴眼液

硫酸新霉素片

Liusuan Xinmeisu Pian

Neomycin Sulfate Tablets

本品含硫酸新霉素按新霉素计算，应为标示量的93.0%～107.0%。

【性状】　本品为白色片。

【鉴别】　取本品细粉适量，加水制成每1ml中约含新霉素20mg的溶液，滤过，滤液照硫酸新霉素项下的鉴别（1）、（2）和（4）项试验，显相同的结果。

【检查】　应符合片剂项下有关的各项规定（附录0101）。

【含量测定】　取本品10片，精密称定，研细，精密称取适量（约相当于新霉素0.25g），加灭菌水，振摇，使硫酸新霉素溶解，并定量稀释制成每1ml中约含1000单位的悬液，摇匀，静置，精密量取上清液适量，照硫酸新霉素项下的方法测定，即得。

【作用与用途】　氨基糖苷类抗生素。主要用于治疗犬、猫敏感的革兰氏阴性菌所致的胃肠道感染。

【用法与用量】　以新霉素计。内服：一次量，每1kg体重，犬、猫10～20mg。一日2次，连用3～5日。

【不良反应】　新霉素在氨基糖苷类中的毒性最大，但内服给药或局部给药吸收少，很少出现毒性反应。

【注意事项】　本品内服可影响维生素A、维生素B_{12}或洋地黄类药物的吸收。

【规格】　（1）0.1g（10万单位）　（2）0.25g（25万单位）

【贮藏】　密封，在干燥处保存。

硫酸新霉素可溶性粉

Liusuan Xinmeisu Kerongxingfen

Neomycin Sulfate Soluble Powder

本品为硫酸新霉素与蔗糖、维生素C等配制而成。含硫酸新霉素按新霉素计算，应为标示量的90.0%～110.0%。

【性状】 本品为类白色至淡黄色粉末。

【鉴别】 取本品，加水制成每1ml中约含新霉素20mg的溶液，照硫酸新霉素项下的鉴别（1）、（2）和（4）项试验，显相同的结果。

【检查】 酸碱度 取本品，加水制成每1ml中含新霉素10mg的溶液，依法测定（附录0631），pH值应为4.0～7.5。

干燥失重 取本品，以五氧化二磷为干燥剂，在60℃减压干燥至恒重，减失重量不得过6.0%（附录0831）。

其他 应符合可溶性粉剂项下有关的各项规定（附录0113）。

【含量测定】 精密称取本品适量，照硫酸新霉素项下的方法测定，即得。

【作用与用途】 氨基糖苷类抗生素。主要用于治疗禽敏感的革兰氏阴性菌所致的胃肠道感染。

【用法与用量】 以新霉素计。混饮：每1L水，禽50～75mg。连用3～5日。

【不良反应】 新霉素在氨基糖苷类中的毒性最大，但内服给药或局部给药很少出现毒性反应。

【注意事项】 （1）蛋鸡产蛋期禁用。

（2）可影响维生素A、维生素B_{12}的吸收。

【休药期】 鸡5日，火鸡14日。

【规格】 （1）100g：3.25g（325万单位） （2）100g：5g（500万单位） （3）100g：6.5g（650万单位） （4）100g：20g（2000万单位） （5）100g：32.5g（3250万单位）

【贮藏】 密封，在干燥处保存。

硫酸新霉素滴眼液

Liusuan Xinmeisu Diyanye

Neomycin Sulfate Eye Drops

本品含硫酸新霉素按新霉素计算，应为标示量的90.0%～110.0%。

【性状】 本品为无色至微黄色的澄明液体。

【鉴别】 取本品，照硫酸新霉素项下的鉴别（1）、（2）和（4）项试验，显相同的结果。

【检查】 pH值 应为6.0～7.0（附录0631）。

颜色 本品应无色；如显色，与黄色3号标准比色液（附录0901第一法）比较，均不得更深。

防腐剂 羟苯乙酯、羟苯丙酯与苯扎氯铵 如使用羟苯乙酯、羟苯丙酯与苯扎氯铵作为防腐剂，照高效液相色谱法（附录0512）测定。

色谱条件与系统适用性试验 用十八烷基硅烷键合硅胶为填充剂；以乙腈-5mmol/L醋酸铵溶

液〔含1%三乙胺，用冰醋酸调节pH值至（5.0±0.5）〕（65：35）为流动相；检测波长为262nm。取羟苯乙酯、羟苯丙酯与苯扎氯铵对照品各适量，加水溶解并稀释制成每1ml中各含8μg、8μg与0.14mg混合溶液。取20μl注入液相色谱仪，记录色谱图，羟苯乙酯峰、羟苯丙酯峰与苯扎氯铵峰间的分离度均应符合要求，按苯扎氯铵峰计，拖尾因子应小于1.5。

测定法　取本品，按处方中羟苯乙酯、羟苯丙酯或苯扎氯铵的含量，用水定量稀释制成每1ml中含羟苯乙酯或羟苯丙酯8μg或苯扎氯铵0.14mg的溶液，精密量取20μl注入液相色谱仪，记录色谱图；另取羟苯乙酯、羟苯丙酯与苯扎氯铵对照品适量，同法测定。供试品中如含羟苯乙酯、羟苯丙酯与苯扎氯铵，按外标法以峰面积计算，均应为标示量的80.0%～120.0%。

渗透压摩尔浓度　取本品，依法检查（附录0632），渗透压摩尔浓度比应为0.95～1.15。

其他　应符合眼用制剂项下有关的各项规定（附录0107）。

【含量测定】　精密量取本品适量，照硫酸新霉素项下的方法测定，即得。

【作用与用途】　氨基糖苷类抗生素。主要用于结膜炎、角膜炎等。

【用法与用量】　滴眼。

【规格】　8ml：40mg（4万单位）

【贮藏】　遮光，密闭，在阴凉处保存。

硫　酸　镁

Liusuanmei

Magnesium Sulfate

$$MgSO_4 \cdot 7H_2O \quad 246.48$$

本品按炽灼至恒重后计算，含$MgSO_4$不得少于99.5%。

【性状】　本品为无色结晶；无臭；有风化性。

本品在水中易溶，在乙醇中几乎不溶。

【鉴别】　本品的水溶液显镁盐（附录0301）与硫酸盐（附录0301）的鉴别反应。

【检查】　**酸碱度**　取本品5.0g，加水50ml溶解后，加溴麝香草酚蓝指示液3滴；如显黄色，加氢氧化钠滴定液（0.02mol/L）0.10ml，应变为蓝绿色，如显蓝绿色或绿色，加盐酸滴定液（0.02mol/L）0.10ml，应变为黄色。

溶液的澄清度　取本品2.5g，加水20ml，振摇使溶解，溶液应澄清；如显浑浊，与1号浊度标准液（附录0902）比较，不得更浓。

氯化物　取本品0.50g，依法检查（附录0801），与标准氯化钠溶液5.0ml制成的对照液比较，不得更浓（0.01%）。

炽灼失重　取本品1.0g，精密称定，先在105℃干燥2小时，再在450℃±25℃炽灼至恒重，减失重量应为48.0%～52.0%。

铁盐　取本品2.0g，加硝酸溶液（1→10）5ml，煮沸1分钟，放冷，用水稀释成35ml，依法检查（附录0807），与标准铁溶液3.0ml用同一方法制成的对照液比较，不得更深（0.0015%）。

钙　取本品1.0g两份，分别置100ml量瓶中，一份中加稀盐酸5.0ml，加水溶解并稀释至刻度，摇匀，作为供试品溶液；另一份中加标准钙溶液（准确称取105℃干燥至恒重的碳酸钙0.1250g，置500ml量瓶中，加1mol/L盐酸溶液10ml溶解，用水稀释至刻度，摇匀，制成每1ml中含钙0.1mg的溶液）2.0ml，加稀盐酸5.0ml，加水溶解并稀释至刻度，摇匀，作为对照品溶液。照原子吸收分光光度法（附录0406），在422.7nm的波长处分别测定，应符合规定（0.02%）。

锌盐 取本品2.0g，加水20ml使溶解后，加醋酸1ml，加亚铁氰化钾试液5滴，不得显浑浊。

重金属 取本品2.0g，加水10ml溶解后，加醋酸盐缓冲液（pH3.5）2ml与水适量使成25ml，加抗坏血酸0.5g溶解后，依法检查（附录0821第一法），5分钟时比色，含重金属不得过百万分之十。

砷盐 取本品1.0g，加水23ml溶解后，加盐酸5ml，依法检查（附录0822第一法），应符合规定（0.0002%）。

【含量测定】 取本品约0.25g，精密称定，加水30ml溶解后，加氨-氯化铵缓冲液（pH 10.0）10ml与铬黑T指示剂少许，用乙二胺四醋酸二钠滴定液（0.05mol/L）滴定至溶液由紫红色变为纯蓝色。每1ml乙二胺四醋酸二钠滴定液（0.05mol/L）相当于6.018mg的$MgSO_4$。

【作用与用途】 盐类泻药。主要用于导泻。

【用法与用量】 内服：一次量，马200～500g；牛300～800g；羊50～100g；猪25～50g；犬10～20g；猫2～5g。用时配成6%～8%溶液。

【不良反应】 导泻时如服用浓度过高的溶液，可从组织中吸取大量水分而引起脱水。

【注意事项】 （1）在某些情况（如机体脱水、肠炎等）下，镁离子吸收增多会产生毒副作用。

（2）因易继发胃扩张，不适用于小肠便秘的治疗。

（3）肠炎患畜不宜用本品。

【贮藏】 密封保存。

【制剂】 硫酸镁注射液

硫酸镁注射液

Liusuanmei Zhusheye

Magnesium Sulfate Injection

本品为硫酸镁的灭菌水溶液。含硫酸镁（$MgSO_4 \cdot 7H_2O$）应为标示量的95.0%～105.0%。

【性状】 本品为无色的澄明液体。

【鉴别】 本品显镁盐与硫酸盐的鉴别反应（附录0301）。

【检查】 pH值 应为5.0～7.0（附录0631）。

苯甲醇 取本品作为供试品溶液；另取苯甲醇适量，精密称定，用水稀释制成每1ml中约含10mg的溶液，作为对照品溶液。照高效液相色谱法（附录0512）试验，用十八烷基硅烷键合硅胶为填充剂；以甲醇-水（50：50）为流动相；检测波长为257nm。理论板数按苯甲醇计算不低于3000。精密量取对照品溶液与供试品溶液各20μl，分别注入液相色谱仪，记录色谱图。供试品溶液色谱图中如有苯甲醇峰，按外标法以峰面积计算，不得过1.0%（g/ml，限度是以硫酸镁注射液体积计算，即每100ml硫酸镁注射液中含苯甲醇不得过1.0g）。

重金属 取本品（约相当于硫酸镁2.0g），加醋酸盐缓冲液（pH3.5）2ml与水适量使成25ml，加抗坏血酸0.5g溶解后，依法检查（附录0821），5分钟时比色，含重金属不得过百万分之十。

硒 取本品蒸干，取蒸干后粉末（约相当于硫酸镁0.1g），精密称定，依法检查（附录0804），应符合规定（0.005%）。

细菌内毒素 取本品，依法检查（附录1143），每1mg硫酸镁中含内毒素的量应小于0.03EU。

无菌 取本品，经薄膜过滤法处理，以金黄色葡萄球菌为阳性对照菌，依法检查（附录1101），应符合规定。

其他 应符合注射剂项下有关的各项规定（附录0102）。

【含量测定】 精密量取本品适量（约相当于硫酸镁0.5g），置50ml量瓶中，用水稀释至刻度，摇匀；精密量取25ml，照硫酸镁含量测定项下的方法，自"加氨-氯化铵缓冲液（pH10.0）10ml"起，依法测定。每1ml乙二酸四醋酸二钠滴定液（0.05mol/L）相当于12.32mg的$MgSO_4 \cdot 7H_2O$。

【作用与用途】 抗惊厥药。主要用于破伤风及其他痉挛性疾病。

【用法与用量】 以硫酸镁计。 静脉、肌内注射：一次量，马、牛10~25g；羊、猪2.5~7.5g；犬、猫1~2g。

【不良反应】 静脉注射速度过快或过量可导致血镁过高，可引起血压剧降，呼吸抑制，心动过缓，神经肌肉兴奋传导阻滞，甚至死亡。

【注意事项】 （1）静脉注射宜缓慢，遇有呼吸麻痹等中毒现象时，应立即静脉注射钙剂解救。

（2）患有肾功能不全、严重心血管疾病、呼吸系统疾病的患畜慎用或不用。

（3）与硫酸黏菌素、硫酸链霉素、葡萄糖酸钙、盐酸普鲁卡因、四环素、青霉素等药物存在配伍禁忌。

【规格】 （1）10ml∶1g （2）10ml∶2.5g

【贮藏】 遮光，密闭保存。

硫酸黏菌素

Liusuan Nianjunsu

Colistin Sulfate

本品为一种多黏菌素的硫酸盐。按干燥品计算，每1mg的效价不得少于19 000黏菌素单位。

【性状】 本品为白色至微黄色粉末；无臭或几乎无臭；有引湿性。

本品在水中易溶，在乙醇中微溶，在丙酮、三氯甲烷或乙醚中几乎不溶。

【鉴别】 （1）取本品约20mg，加磷酸盐缓冲液（pH7.0）2ml与0.5%茚三酮水溶液0.2ml，加热至沸，溶液显紫色。

（2）取本品约2mg，加水5ml溶解后，加10%氢氧化钠溶液5ml，再滴加1%硫酸铜溶液5滴，每加1滴即充分振摇，溶液显红紫色。

（3）本品的水溶液显硫酸盐的鉴别反应（附录0301）。

【检查】 **酸度** 取本品，加水溶解并稀释制成每1ml中含黏菌素10mg的溶液，依法测定（附录0631），pH值应为4.0~6.5。

干燥失重 取本品0.2~0.3g，在105℃干燥至恒重，减失重量不得过6.0%（附录0831）。

【含量测定】 精密称取本品适量，加灭菌水定量稀释制成每1ml中约含1万单位的溶液，照抗生素微生物检定法（附录1201）测定。30 000黏菌素单位相当于1mg黏菌素。

【类别】 多肽类抗生素。

【贮藏】 遮光，密封，在干燥处保存。

【制剂】 硫酸黏菌素可溶性粉

硫酸黏菌素可溶性粉
Liusuan Nianjunsu Kerongxingfen
Colistin Sulfate Soluble Powder

本品含黏菌素应为标示量的90.0%～110.0%。

【性状】 本品为白色或类白色粉末。

【鉴别】 取本品与黏菌素标准品，分别加水制成每1ml中约含黏菌素0.5mg的溶液。照薄层色谱法（附录0502）试验，吸取上述两种溶液各5µl，分别点于同一硅胶G薄层板上，以正丁醇-醋酸-吡啶-水（5∶1∶6∶4）为展开剂，展开后，晾干，在100℃干燥30分钟，放冷，喷以茚三酮丙酮试液（1→100），于100℃加热20分钟，检视。供试品溶液所显主斑点的位置和颜色应与标准品溶液的主斑点相同。

【检查】 干燥失重 取本品，在105℃干燥至恒重，减失重量不得过6.0%（附录0831）。

其他 应符合可溶性粉剂项下有关的各项规定（附录0113）。

【含量测定】 精密称取本品适量，照硫酸黏菌素项下的方法测定，即得。

【作用与用途】 多肽类抗生素。主要用于治疗猪、鸡革兰氏阴性菌所致的肠道感染。

【用法与用量】 以黏菌素计。混饮：每1L水，猪40～200 mg，鸡20～60 mg。混饲：每1kg饲料，猪40～80mg。

【注意事项】 （1）蛋鸡产蛋期禁用。

（2）连续使用不宜超过1周。

【休药期】 猪、鸡7日。

【规格】 （1）100g∶2g（0.6亿单位） （2）100g∶5g（1.5亿单位） （3）100g∶10g（3亿单位）

【贮藏】 遮光，密闭，在干燥处保存。

喹 嘧 氯 胺
Kuimi Lüan
Quinapyramine Dichloride

$C_{17}H_{22}Cl_2N_6 \cdot 2H_2O$ 417.34

本品为4-氨基-6-（2-氨基-6-甲基-4-嘧啶胺基）-2-甲基喹啉1,1'-二甲基二氯化物二水合物。按干燥品计算，含$C_{17}H_{22}Cl_2N_6$应为98.0%～102.0%。

【性状】　本品为白色或微黄色结晶性粉末；无臭。

本品在热水中略溶，在水中微溶，在有机溶剂中几乎不溶。

【鉴别】　（1）取本品的饱和水溶液5ml，加铁氰化钾试液1ml，生成黄色沉淀。

（2）取本品约0.1g，加硝酸0.2ml，即显紫红色。

（3）取本品，加水溶解并稀释制成每1ml中约含5μg的溶液，照紫外-可见分光光度法（附录0401）测定，在297nm的波长处有最大吸收。

（4）本品的水溶液显氯化物鉴别（1）的反应（附录0301）。

【检查】　酸度　取本品1.5g，加水100ml，加热煮沸，使成饱和溶液，放冷，滤过，取滤液，依法测定（附录0631），pH值应为4.0～6.0。

干燥失重　取本品，在130℃干燥至恒重，减失重量不得过9.0%（附录0831）。

炽灼残渣　不得过0.2%（附录0841）。

重金属　取炽灼残渣项下遗留的残渣，依法检查（附录0821第二法），含重金属不得过百万分之十。

砷盐　取本品0.40g，加氢氧化钙0.4g，混合，加水少量，搅拌均匀，干燥后，先用小火烧灼使炭化，再在600℃炽灼使完全灰化，放冷，加盐酸5ml与水23ml使溶解，依法检查（附录0822第一法），应符合规定（0.0005%）。

抽针试验　取本品1.0g，加水5ml制成混悬液，用装有7号针头的注射器抽取，应能顺利通过，不得阻塞。

无菌　取本品，用灭菌水制成每1ml中含62.5mg的溶液，依法检查（附录1101），应符合规定。

【含量测定】　取本品约0.12g，精密称定，置烧杯中，加水25ml，加热搅拌使溶解，精密加入重铬酸钾滴定液（0.016 67mol/L）50ml，搅拌，加热煮沸2分钟，放冷，定量转移至100ml量瓶中，用水稀释至刻度，摇匀，滤过，精密量取续滤液50ml，置碘瓶中，加碘化钾2g与稀盐酸20ml，密塞，摇匀，在暗处放置10分钟，加水50ml，用硫代硫酸钠滴定液（0.1mol/L）滴定，至近终点时，加淀粉指示液2ml，继续滴定至蓝色消失呈亮绿色，并将滴定的结果用空白试验校正。每1ml重铬酸钾滴定液（0.016 67mol/L）相当于6.355mg的$C_{17}H_{22}Cl_2N_6$。

【类别】　抗锥虫药。

【贮藏】　遮光，密闭保存。

【制剂】　注射用喹嘧胺

注射用喹嘧胺

Zhusheyong Kuimi'an

Quinapyramine for Injection

本品为喹嘧氯胺与甲硫喹嘧胺（4∶3）混合的无菌粉末。按平均装量计算，含甲硫喹嘧胺与喹嘧氯胺按喹嘧胺（$C_{17}H_{22}N_6$）计，应为标示量的95.0%～105.0%。

【性状】　本品为白色或微黄色结晶性粉末。

【鉴别】　（1）取本品的饱和水溶液5ml，加铁氰化钾试液1ml，即生成黄色沉淀。

（2）取本品约0.1g，加水20ml，加稀硝酸适量，煮沸5分钟，放冷，滤过，滤液显硫酸盐与氯化物鉴别（1）的反应（附录0301）。

【检查】 含氯量 取本品0.45g，精密称定，加水450ml使溶解，照电位滴定法（附录0701），用硝酸银滴定液（0.1mol/L）滴定。每1ml硝酸银滴定液（0.1mol/L）相当于3.545mg的Cl。含氯量应为10.1%～11.2%。

干燥失重 取本品，在130℃干燥至恒重，减失重量不得过7.5%（附录0831）。

抽针试验 取本品1瓶，按每1g加水5ml使成混悬液，用装有7号针头的注射器抽取，应能顺利通过，不得阻塞。

无菌 取本品，分别加灭菌水8ml使溶解，依法检查（附录1101），应符合规定。

其他 应符合注射剂项下有关的各项规定（附录0102）。

【含量测定】 取装量差异项下的内容物，混合均匀，精密称取0.12g，照喹嘧氯铵项下的方法测定。每1ml重铬酸钾滴定液（0.01667mol/L）相当于5.173mg的$C_{17}H_{22}N_6$。

【作用与用途】 抗锥虫药。用于家畜锥虫病。

【用法与用量】 以有效成分计。肌内、皮下注射：一次量，每1kg体重，马、牛、骆驼4～5mg。临用前配成10%水悬液。

【不良反应】 （1）肌内或皮下注射时可引起注射部位肿胀和硬结。

（2）马属动物对本品较敏感，注射后0.25～2小时常出现兴奋不安、肌肉震颤、出汗、体温升高、频排粪尿、呼吸困难与心跳加快等症状，一般可在3～5小时消失。反应严重的患畜可肌内注射阿托品缓解症状。

【休药期】 牛28日；弃奶期7日。

【规格】 500mg：喹嘧氯胺286mg与甲硫喹嘧胺214mg

【贮藏】 遮光，密封保存。

氯 化 钙

Lühuagai

Calcium Chloride

$CaCl_2 \cdot 2H_2O$ 147.02

本品含$CaCl_2 \cdot 2H_2O$应为97.0%～103.0%。

【性状】 本品为白色、坚硬的碎块或颗粒；无臭；极易潮解。

本品在水中极易溶解，在乙醇中易溶。

【鉴别】 本品的水溶液显钙盐的鉴别反应与氯化物鉴别（1）的反应（附录0301）。

【检查】 酸碱度 取本品3.0g，加水20ml溶解后，加酚酞指示液2滴；如显粉红色，加盐酸滴定液（0.02mol/L）0.30ml，粉红色应消失；如不显色，加氢氧化钠滴定液（0.02mol/L）0.10ml，应显粉红色。

溶液的澄清度 取本品1.0g，加水10ml溶解后，溶液应澄清；如显浑浊，与1号浊度标准液（附录0902）比较，不得更浓。

硫酸盐 取本品1.0g，依法检查（附录0802），与标准硫酸钾溶液2.0ml制成的对照液比较，不得更浓（0.02%）。

　　钡盐　取本品2.0g，加水20ml溶解后，滤过，滤液分为两等份，一份中加新制的硫酸钙试液5ml，另一份中加水5ml，静置1小时，两液均应澄清。

　　铝盐、铁盐与磷酸盐　取本品1.0g，加水20ml溶解后，加稀盐酸2滴与酚酞指示液1滴，滴加氨制氯化铵试液至溶液显粉红色，加热至沸，不得有浑浊或沉淀生成。

　　镁盐与碱金属盐　取本品1.0g，加水40ml溶解后，加氯化铵0.5g，煮沸，加过量的草酸铵试液使钙完全沉淀，置水浴上加热1小时，放冷，用水稀释成100ml，搅匀，滤过，分取滤液50ml，加硫酸0.5ml，蒸干后，炽灼至恒重，遗留残渣不得过5mg。

　　重金属　取本品2.0g，加醋酸盐缓冲液（pH3.5）2ml与水适量使溶解成25ml，依法检查（附录0821第一法），含重金属不得过百万分之十。

　　砷盐　取本品1.0g，加盐酸5ml与水23ml，依法检查（附录0822第一法），应符合规定（0.0002%）。

　　【含量测定】　取本品约1.5g，置贮有水约10ml并称定重量的称量瓶中，精密称定，移置100ml量瓶中，用水稀释至刻度，摇匀；精密量取10ml，置锥形瓶中，加水90ml、氢氧化钠试液15ml与钙紫红素指示剂约0.1g，用乙二胺四醋酸二钠滴定液（0.05mol/L）滴定至溶液由紫红色变为纯蓝色。每1ml乙二胺四醋酸二钠滴定液（0.05mol/L）相当于7.351mg的$CaCl_2 \cdot 2H_2O$。

　　【类别】　钙补充药。

　　【贮藏】　密封，在干燥处保存。

　　【制剂】　（1）氯化钙注射液　（2）氯化钙葡萄糖注射液

氯化钙注射液

Lühuagai Zhusheye

Calcium Chloride Injection

本品为氯化钙的灭菌水溶液。含氯化钙（$CaCl_2 \cdot 2H_2O$）应为标示量的95.0%～105.0%。

　　【性状】　本品为无色的澄明液体。

　　【鉴别】　本品显钙盐与氯化物鉴别（1）的反应（附录0301）。

　　【检查】　pH值　应为4.5～6.5（附录0631）。

　　细菌内毒素　取本品，依法检查（附录1143），每1mg氯化钙中含内毒素的量应小于0.20EU。

　　重金属　取本品50ml，蒸发至约20ml，放冷，加醋酸盐缓冲液（pH3.5）2ml与水适量制成25ml，依法检查（附录0821第一法），含重金属不得过千万分之三。

　　其他　应符合注射剂项下有关的各项规定（附录0102）。

　　【含量测定】　精密量取本品适量（约相当于氯化钙0.15g），置锥形瓶中，加水使成10ml，照氯化钙含量测定项下的方法，自"加水90ml"起，依法测定。每1ml乙二胺四醋酸二钠滴定液（0.05mol/L）相当于7.351mg的$CaCl_2 \cdot 2H_2O$。

　　【作用与用途】　钙补充药。用于低血钙症以及毛细血管通透性增加所致疾病。

　　【用法与用量】　以氯化钙计。静脉注射：一次量，马、牛5～15g；羊、猪1～5g；犬0.1～1g。

　　【不良反应】　（1）钙剂治疗可能诱发高血钙症，尤其在心、肾功能不良患畜。

　　（2）静脉注射钙剂速度过快可引起低血压、心律失常和心跳停止。

　　【注意事项】　（1）应用强心苷期间禁用本品。

（2）本品刺激性强，不宜皮下或肌内注射，其5%溶液不可直接静脉注射，注射前应以10～20倍葡萄糖注射液稀释。

（3）静脉注射宜缓慢。

（4）勿漏出血管。若发生漏出，受影响局部可注射生理盐水、糖皮质激素和1%普鲁卡因。

【规格】 （1）10ml：0.3g （2）10ml：0.5g （3）20ml：0.6g （4）20ml：1g

【贮藏】 密闭保存。

氯化钙葡萄糖注射液

Lühuagai Putaotang Zhusheye

Calcium Chloride and Glucose Injection

本品为氯化钙与葡萄糖的灭菌水溶液。含氯化钙（$CaCl_2•2H_2O$）与葡萄糖（$C_6H_{12}O_6•H_2O$）均应为标示量的95.0%～105.0%。

【性状】 本品为无色澄明液体。

【鉴别】 （1）取本品，照葡萄糖注射液项下的鉴别试验，显相同的反应。

（2）本品显钙盐与氯化物鉴别（1）的反应（附录0301）。

【检查】 pH值 应为3.0～6.0（附录0631）。

重金属 取本品5ml，加醋酸盐缓冲液（pH 3.5）2ml与水适量使成25ml，依法检查（附录0821第一法），含重金属不得过百万分之三。

热原 取本品，依法检查（附录1142），剂量按家兔每1kg体重注射1ml，应符合规定。

其他 应符合注射剂项下有关的各项规定（附录0102）。

【含量测定】 氯化钙 精密量取本品3ml，加水使成100ml，加氢氧化钠试液15ml与钙紫红素指示剂0.1g，用乙二胺四醋酸二钠滴定液（0.05mol/L）滴定至溶液自紫红色变为纯蓝色。每1ml乙二胺四醋酸二钠滴定液（0.05mol/L）相当于7.351mg的$CaCl_2•2H_2O$。

葡萄糖 精密量取本品20ml，照葡萄糖注射液项下的方法测定，即得。

【作用与用途】 钙补充药。用于低血钙症、心脏衰竭、荨麻疹、血管神经性水肿和其他毛细血管通透性增加的过敏性疾病。

【用法与用量】 静脉注射：一次量，马、牛100～300ml；羊、猪20～100ml；犬5～10ml。

【不良反应】 （1）钙剂治疗可能诱发高血钙症，尤其在心、肾功能不良患畜。

（2）静脉注射钙剂速度过快可引起低血压、心律失常和心跳停止。

【注意事项】 （1）应用强心苷期间禁用本品。

（2）本品刺激性强，不宜皮下或肌内注射，其5%溶液不可直接静脉注射，注射前应以10～20倍葡萄糖注射液稀释。

（3）静脉注射宜缓慢，快速静脉注射能引起低血压、心律失常，甚至心搏停止。

（4）勿漏出血管。若发生漏出，受影响局部可注射生理盐水、糖皮质激素和1%普鲁卡因。

【规格】 （1）20ml：氯化钙1g与葡萄糖5g （2）50ml：氯化钙2.5g与葡萄糖12.5g （3）100ml：氯化钙5g与葡萄糖25g

【贮藏】 遮光，密闭保存。

氯 化 钠

Lühuana

Sodium Chloride

NaCl 58.44

本品按干燥品计算，含氯化钠（NaCl）不得少于99.5%。

【性状】 本品为无色、透明的立方形结晶或白色结晶性粉末；无臭。

本品在水中易溶，在乙醇中几乎不溶。

【鉴别】 本品显钠盐与氯化物的鉴别反应（附录0301）。

【检查】 **酸碱度** 取本品5.0g，加水50ml溶解后，加溴麝香草酚蓝指示液2滴，如显黄色，加氢氧化钠滴定液（0.02mol/L）0.10ml，应变为蓝色；如显蓝色或绿色，加盐酸滴定液（0.02mol/L）0.20ml，应变为黄色。

溶液的澄清度与颜色 取本品5.0g，加水25ml溶解后，溶液应澄清无色。

碘化物 取本品的细粉5.0g，置瓷蒸发皿内，滴加新配制的淀粉混合液（取可溶性淀粉0.25g，加水2ml，搅匀，再加沸水至25ml，随加随搅拌，放冷，加0.025mol/L硫酸溶液2ml、亚硝酸钠试液3滴与水25ml，混匀）适量使晶粉湿润，置日光下（或日光灯下）观察，5分钟内晶粒不得显蓝色痕迹。

溴化物 取本品2.0g，置100ml量瓶中，加水溶解并稀释至刻度，摇匀，精密量取5ml，置10ml比色管中，加苯酚红混合液〔取硫酸铵25mg，加水235ml，加2mol/L氢氧化钠溶液105ml，加2mol/L醋酸溶液135ml，摇匀，加苯酚红溶液（取苯酚红33mg，加2mol/L氢氧化钠溶液1.5ml，加水溶解并稀释至100ml，摇匀，即得）25ml，摇匀，必要时，调节pH值至4.7〕2.0ml和0.01%氯胺T溶液（临用新制）1.0ml，立即混匀，准确放置2分钟，加0.1mol/L硫代硫酸钠溶液0.15ml，用水稀释至刻度，摇匀，作为供试品溶液；另取标准溴化钾溶液（精密称取在105℃干燥至恒重的溴化钾30mg，加水使溶解成100ml，摇匀，精密量取1ml，置100ml量瓶中，用水稀释至刻度，摇匀，即得。每1ml溶液相当于2μg的Br）5.0ml，置10ml比色管中，同法制备，作为对照溶液。取对照溶液和供试品溶液，照紫外-可见分光光度法（附录0401），以水为空白，在590nm处测定吸光度，供试品溶液的吸光度不得大于对照溶液的吸光度（0.01%）。

硫酸盐 取本品5.0g，依法检查（附录0802），与标准硫酸钾溶液1.0ml制成的对照液比较，不得更浓（0.002%）。

亚硝酸盐 取本品1.0g，加水溶解并稀释至10ml，照紫外-可见分光光度法（附录0401），测定，在354nm波长处测定吸光度，不得过0.01。

磷酸盐 取本品0.40g，加水溶解并稀释至100ml，加钼酸铵硫酸溶液〔取钼酸铵2.5g，加水20ml使溶解，加硫酸溶液（56→100）50ml，用水稀释至100ml，摇匀〕4ml，加新配制的氯化亚锡盐酸溶液〔取酸性氯化亚锡试液1ml，加盐酸溶液（18→100）10ml，摇匀〕0.1ml，摇匀，放置10分钟，如显色，与标准磷酸盐溶液（精密称取在105℃干燥2小时的磷酸二氢钾0.716g，置1000ml量瓶中，加水溶解并稀释至刻度，摇匀，精密量取1ml，置100ml量瓶中，用水稀释至刻度，摇匀，即得。每1ml相当于5μg的PO4）2.0ml用同一方法制成的对照液比较，不得更深（0.0025%）。

亚铁氰化物 取本品2.0g，加水6ml，超声使溶解，加混合液〔取硫酸铁铵溶液（取硫酸铁铵1g，加0.05mol/L硫酸溶液100ml使溶解）5ml与1%硫酸亚铁溶液95ml，混匀〕0.5ml，摇匀，10分钟内不得显蓝色。

钡盐 取本品4.0g，加水20ml溶解后，滤过，滤液分为两等份，一份中加稀硫酸2ml，另一份中加水2ml，静置15分钟，两液应同样澄清。

钙盐 取本品2.0g，加水10ml使溶解，加氨试液1ml，摇匀，加草酸铵试液1ml，5分钟内不得发生浑浊。

镁盐 取本品1.0g，加水20ml使溶解，加氢氧化钠试液2.5ml与0.05%太坦黄溶液0.5ml，摇匀；生成的颜色与标准镁溶液（精密称取在800℃炽灼至恒重的氧化镁16.58mg，加盐酸2.5ml与水适量使溶解成1000ml，摇匀）1.0ml用同一方法制成的对照液比较，不得更深（0.001%）。

钾盐 取本品5.0g，加水20ml溶解后，加稀醋酸2滴，加四苯硼钠溶液（取四苯硼钠1.5g，置乳钵中，加水10ml研磨后，再加水40ml，研匀，用质密的滤纸滤过，即得）2ml，加水使成50ml，如显浑浊，与标准硫酸钾溶液12.3ml用同一方法制成的对照液比较，不得更浓（0.02%）。

干燥失重 取本品，在105℃干燥至恒重，减失重量不得过0.5%（附录0831）。

铁盐 取本品5.0g，依法检查（附录0807），与标准铁溶液1.5ml制成的对照液比较，不得更深（0.0003%）。

重金属 取本品5.0g，加水20ml溶解后，加醋酸盐缓冲液（pH3.5）2ml与水适量使成25ml，依法检查（附录0821第一法），含重金属不得过百万分之二。

砷盐 取本品5.0g，加水23ml溶解后，加盐酸5ml，依法检查（附录0822第一法），应符合规定（0.000 04%）。

【含量测定】 取本品约0.12g，精密称定，加水50ml溶解后，加2%糊精溶液5ml、2.5%硼砂溶液2ml与荧光黄指示液5~8滴，用硝酸银滴定液（0.1mol/L）滴定。每1ml硝酸银滴定液（0.1mol/L）相当于5.844mg的NaCl。

【类别】 电解质补充药。

【贮藏】 密封保存。

【制剂】 （1）氯化钠注射液 （2）浓氯化钠注射液 （3）复方氯化钠注射液 （4）葡萄糖氯化钠注射液

氯化钠注射液

Lühuana Zhusheye

Sodium Chloride Injection

本品为氯化钠的等渗灭菌水溶液。含氯化钠（NaCl）应为0.850%~0.950%（g/ml）。

【性状】 本品为无色的澄明液体。

【鉴别】 本品显钠盐与氯化物鉴别（1）的反应（附录0301）。

【检查】 pH值 应为4.5~7.0（附录0631）。

重金属 取本品50ml，蒸发至约20ml，放冷，加醋酸盐缓冲液（pH3.5）2ml与水适量使成25ml，依法检查（附录0821第一法），含重金属不得过千万分之三。

渗透压摩尔浓度 取本品，依法检查（附录0632），渗透压摩尔浓度应为260~320mOsmol/kg。

细菌内毒素 取本品，依法检查（附录1143），每1ml中含内毒素的量应小于0.50EU。

无菌 采用薄膜过滤法处理，以金黄色葡萄球菌为阳性对照菌，依法检查（附录1101），应符合规定。

其他 应符合注射剂项下有关的各项规定（附录0102）。

【含量测定】 精密量取本品10ml，加水40ml、2%糊精溶液5ml，2.5%硼砂溶液2ml与荧光黄指示液5~8滴，用硝酸银滴定液（0.1mol/L）滴定。每1ml硝酸银滴定液（0.1mol/L）相当于5.844mg的NaCl。

【作用与用途】 体液补充药。用于脱水症。

【用法与用量】 静脉注射：一次量，马、牛1000~3000ml；羊、猪250~500ml；犬100~500ml。

【不良反应】 （1）输注或内服过多、过快，可致水钠潴留，引起水肿，血压升高，心率加快。

（2）过多、过快给予低渗氯化钠可致溶血、脑水肿等。

【注意事项】 （1）肺水肿患畜禁用。

（2）脑、肾、心脏功能不全及血浆蛋白过低患畜慎用。

（3）本品所含有的氯离子比血浆氯离子浓度高，已发生酸中毒动物，如大量应用，可引起高氯性酸中毒。此时可改用碳酸氢钠和生理盐水。

【规格】 （1）10ml：0.09g （2）100ml：0.9g （3）250ml：2.25g （4）500ml：4.5g （5）1000ml：9g

【贮藏】 密闭保存。

复方氯化钠注射液

Fufang Lühuana Zhusheye

Compound Sodium Chloride Injection

本品为氯化钠、氯化钾与氯化钙混合制成的灭菌水溶液。含总氯量（Cl）应为0.52%~0.58%（g/ml），含氯化钾（KCl）应为0.028%~0.032%（g/ml），含氯化钙（$CaCl_2 \cdot 2H_2O$）应为0.031%~0.035%（g/ml）。

【处方】

氯化钠	8.5g
氯化钾	0.30g
氯化钙	0.33g
注射用水	适量
制成	1000ml

【性状】 本品为无色的澄明液体。

【鉴别】 本品显钠盐、钾盐、钙盐与氯化物鉴别（1）的反应（附录0301）。

【检查】 pH值 应为4.5~7.5（附录0631）。

重金属 取本品50ml，蒸发至约20ml，放冷，加醋酸盐缓冲液（pH3.5）2ml与水适量使成25ml，依法检查（附录0821第一法），含重金属不得过千万分之三。

砷盐 取本品20ml，加水3ml与盐酸5ml，依法检查（附录0822第一法），应符合规定（0.00001%）。

渗透压摩尔浓度 取本品，依法检查（附录0632），渗透压摩尔浓度应为260~320mOsmol/kg。

细菌内毒素 取本品，依法检查（附录1143），每1ml中含内毒素的量应小于0.50EU。

无菌 取本品，经薄膜过滤法处理，以金黄色葡萄球菌为阳性对照菌，依法检查（附录

1101），应符合规定。

其他　应符合注射剂项下有关的各项规定（附录0102）。

【含量测定】　**总氯量**　精密量取本品10ml，加水40ml、2%糊精溶液5ml、2.5%硼砂溶液2ml与荧光黄指示液5～8滴，用硝酸银滴定液（0.1mol/L）滴定。每1ml硝酸银滴定液（0.1mol/L）相当于3.545mg的Cl。

氯化钾　取四苯硼钠滴定液（0.02mol/L）60ml，置烧杯中，加冰醋酸1ml与水25ml，准确加入本品100ml，置50～55℃水浴中保温30分钟，放冷，再在冰浴中放置30分钟，用105℃恒重的4号垂熔玻璃坩埚滤过，沉淀用澄清的四苯硼钾饱和溶液20ml分4次洗涤，再用少量水洗，在105℃干燥至恒重，精密称定，所得沉淀重量与0.2081相乘，即得供试量中含有KCl的重量。

氯化钙　精密量取本品100ml，置200ml锥形瓶中，加1mol/L氢氧化钠溶液15ml和羟基萘酚蓝指示液3ml，用乙二胺四醋酸二钠滴定液（0.025mol/L）滴定至溶液由紫红色变为纯蓝色。每1ml乙二胺四醋酸二钠滴定液（0.025 mol/L）相当于3.676mg的$CaCl_2 \cdot 2H_2O$。

【作用与用途】　体液补充剂。用于脱水症。

【用法与用量】　静脉注射：一次量，马、牛1000～3000ml；羊、猪250～500ml；犬100～500ml。

【不良反应】　（1）输注或内服过多、过快，可致水钠钾潴留，引起水肿，血压升高，心率加快。

（2）过多、过快给予低渗氯化钠可致溶血、脑水肿等。

【注意事项】　（1）肺水肿患畜禁用。

（2）脑、肾、心脏功能不全及血浆蛋白过低患畜慎用。

（3）本品所含有的氯离子比血浆氯离子浓度高，已发生酸中毒动物，如大量应用，可引起高氯性酸中毒。此时可改用碳酸氢钠和生理盐水。

【规格】　（1）250ml　（2）500ml　（3）1000ml

【贮藏】　遮光，密闭保存。

浓氯化钠注射液

Nong Lühuana Zhusheye

Concentrated Sodium Chloride Injection

本品为氯化钠的高渗灭菌水溶液。含氯化钠（NaCl）应为9.50%～10.50%（g/ml）。

【性状】　本品为无色的澄明液体。

【鉴别】　本品显钠盐与氯化物鉴别（1）的反应（附录0301）。

【检查】　pH值　应为4.5～7.0（附录0631）。

重金属　取本品10.0ml，加醋酸盐缓冲液（pH3.5）2ml与水适量使成25ml，依法检查（附录0821第一法），含重金属不得过百万分之一。

细菌内毒素　取本品，依法检查（附录1143），每1g氯化钠中含内毒素的量应小于25EU。

其他　应符合注射剂项下有关的各项规定（附录0102）。

【含量测定】　精密量取本品10ml，置100ml量瓶中，用水稀释至刻度，摇匀；精密量取10ml，置锥形瓶中，加水40ml、2%糊精溶液5ml、2.5%硼砂溶液2ml与荧光黄指示液5～8滴，用硝酸银滴定液（0.1mol/L）滴定。每1ml硝酸银滴定液（0.1mol/L）相当于5.844mg的NaCl。

【作用与用途】　胃肠平滑肌兴奋药。用于反刍动物前胃驰缓和马属动物便秘症。

【用法与用量】 以氯化钠计。静脉注射：一次量，每1kg体重，家畜0.1g。

【不良反应】 （1）输注过多、过快，可致水钠潴留，引起水肿，血压升高，心率加快。

（2）过量使用可致高血钠症。

【注意事项】 （1）肺水肿患畜禁用。脑、肾、心脏功能不全及血浆蛋白过低患畜慎用。

（2）本品所含有的氯离子比血浆氯离子浓度高，已发生酸中毒动物，如大量应用，可引起高氯性酸中毒。此时可改用碳酸氢钠和生理盐水。

【规格】 （1）50ml∶5g （2）100ml∶10g （3）250ml∶25g

【贮藏】 密闭保存。

氯 化 钾

Lühuajia

Potassium Chloride

KCl 74.55

本品按干燥品计算，含氯化钾（KCl）不得少于99.5%。

【性状】 本品为无色长棱形、立方形结晶或白色结晶性粉末；无臭。

本品在水中易溶，在乙醇或乙醚中不溶。

【鉴别】 本品的水溶液显钾盐与氯化物鉴别（1）的反应（附录0301）。

【检查】 **酸碱度** 取本品5.0g，加水50ml溶解后，加酚酞指示液3滴，不得显色；加氢氧化钠滴定液（0.02mol/L）0.30ml后，应显粉红色。

溶液的澄清度与颜色 取本品2.5g，加水25ml溶解后，溶液应澄清无色。

硫酸盐 取本品2.0g，依法检查（附录0802），与标准硫酸钾溶液2.0ml制成的对照液比较，不得更浓（0.01%）。

钠盐 用铂丝蘸取本品的水溶液（1→5），在无色火焰中燃烧，不得显持续的黄色。

锰盐 取本品2.0g，加水8ml溶解后，加氢氧化钠试液2ml，摇匀，放置10分钟，不得显色。

碘化物、钡盐、钙盐、镁盐与铁盐 照氯化钠项下的方法检查，均应符合规定。

溴化物 取本品0.2g，置100ml量瓶中，加水溶解并稀释至刻度，摇匀，精密量取5ml，置10ml比色管中，照氯化钠项下的方法检查，应符合规定（0.1%）。

干燥失重 取本品，在105℃干燥至恒重，减失重量不得过1.0%（附录0831）。

重金属 取本品4.0g，加水20ml溶解后，加醋酸盐缓冲液（pH3.5）2ml与水适量使成25ml，依法检查（附录0821第一法），含重金属不得过百万分之五。

砷盐 取本品2.0g，加水23ml溶解后，加盐酸5ml，依法检查（附录0822第一法），应符合规定（0.0001%）。

【含量测定】 取本品约0.15g，精密称定，加水50ml使溶解，加2%糊精溶液5ml、2.5%硼砂溶液2ml与荧光黄指示液5～8滴，用硝酸银滴定液（0.1mol/L）滴定。每1ml硝酸银滴定液（0.1mol/L）相当于7.455mg的KCl。

【类别】 电解质补充药。

【贮藏】 密封保存。

【制剂】 氯化钾注射液

氯化钾注射液

Lühuajia Zhusheye

Potassium Chloride Injection

本品为氯化钾的灭菌水溶液。含氯化钾（KCl）应为标示量的95.0%～105.0%。

【性状】 本品为无色的澄明液体。

【鉴别】 本品显钾盐与氯化物鉴别（1）的反应（附录0301）。

【检查】 pH值 应为5.0～7.0（附录0631）。

细菌内毒素 取本品，采用0.06EU/ml以上的高灵敏度鲎试剂，依法检查（附录1143），每1mg氯化钾中含内毒素的量应小于0.12EU。

无菌 取本品，经薄膜过滤法处理，以金黄色葡萄球菌为阳性对照菌，依法检查（附录1101），应符合规定。

其他 应符合注射剂项下有关的各项规定（附录0102）。

【含量测定】 精密量取本品10ml，置100ml量瓶中，用水稀释至刻度，摇匀，精密量取10ml，加水40ml、2%糊精溶液5ml、2.5%硼砂溶液2ml与荧光黄指示液5～8滴，用硝酸银滴定液（0.1mol/L）滴定。每1ml硝酸银滴定液（0.1mol/L）相当于7.455mg的KCl。

【作用与用途】 体液补充药。主要用于低血钾症，亦可用于强心苷中毒引起的阵发性心动过速等。

【用法与用量】 以氯化钾计。静脉注射：一次量，马、牛2～5g；羊、猪0.5～1g。使用时必须用5%葡萄糖注射液稀释成0.3%以下的溶液。

【不良反应】 应用过量或滴注过快易引起高血钾症。

【注意事项】 （1）无尿或血钾过高时禁用。

（2）肾功能严重减退或尿少时慎用。

（3）高浓度溶液或快速静脉注射可能会导致心跳骤停。

（4）脱水病例一般先给不含钾的液体，等排尿后再补钾。

【规格】 10ml：1g

【贮藏】 密闭保存。

氯化氨甲酰甲胆碱

Lühua Anjiaxian Jiadanjian

Bethanechol Chloride

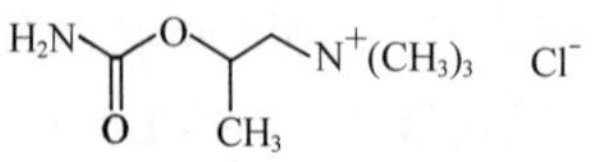

$C_7H_{17}ClN_2O_2$ 196.68

本品为2-〔（氨甲酰）氧基〕-N,N,N-三甲基-1-丙胺氯化物。按干燥品计算，含$C_7H_{17}ClN_2O_2$应为98.0%～101.5%。

【性状】 本品为白色结晶或结晶性粉末；有氨臭；置空气中潮解。

本品在水中极易溶解，在乙醇中易溶，在三氯甲烷或乙醚中不溶。

熔点 本品的熔点（附录0612）为217～221℃。熔融时同时分解。

【鉴别】 （1）取本品的水溶液（1→100）1ml，加碘试液0.1ml，生成棕色沉淀，即变成深橄榄绿色。

（2）取本品的水溶液（1→100）2ml，置具塞试管中，加溴麝香草酚蓝指示液2～3滴，加三氯甲烷2ml，振摇，静置使分层，三氯甲烷层应显黄色。

（3）本品的红外光吸收图谱应与对照的图谱一致。

（4）本品的水溶液显氯化物鉴别（1）的反应（附录0301）。

【检查】 **酸度** 取本品0.25g，加水25ml溶解后，依法测定（附录0631），pH值应为5.5～7.0。

含氯量 取本品约0.20g，精密称定，加水30ml使溶解，精密加入硝酸银滴定液（0.1mol/L）25ml、硝酸3ml与邻苯二甲酸二丁酯5ml，振摇数分钟，加硫酸铁铵指示液2ml，用硫氰酸铵滴定液（0.1mol/L）滴定，并将滴定的结果用空白试验校正。每1ml硝酸银滴定液（0.1mol/L）相当于3.545mg的Cl。按干燥品计算，含氯量（Cl）应为17.7%～18.3%。

干燥失重 取本品，在105℃干燥2小时，减失重量不得过1.0%（附录0831）。

炽灼残渣 不得过0.1%（附录0841）。

重金属 取本品1.0g，依法检查（附录0821第三法），含重金属不得过十万分之一。

【含量测定】 取本品约0.15g，精密称定，加冰醋酸10ml使溶解，加醋酸汞试液5ml、醋酐2ml与结晶紫指示液1滴，用高氯酸滴定液（0.1mol/L）滴定至溶液显蓝色，并将滴定的结果用空白试验校正。每1ml高氯酸滴定液（0.1mol/L）相当于19.67mg的$C_7H_{17}ClN_2O_2$。

【类别】 拟胆碱药。

【贮藏】 密封保存。

【制剂】 氯化氨甲酰甲胆碱注射液

氯化氨甲酰甲胆碱注射液

Lühua Anjiaxian Jiadanjian Zhusheye

Bethanechol Chloride Injection

本品为氯化氨甲酰甲胆碱的灭菌水溶液。含氯化氨甲酰甲胆碱（$C_7H_{17}ClN_2O_2$）应为标示量的95.0%～105.0%。

【性状】 本品为无色的澄明液体。

【鉴别】 取本品适量，置水浴上蒸发至干，照氯化氨甲酰甲胆碱项下鉴别（1）、（2）、（4）项试验，显相同的反应。

【检查】 **pH值** 应为5.5～7.0（附录0631）。

细菌内毒素 取本品，依法检查（附录1143），每1mg氯化氨甲酰甲胆碱中含内毒素的量不得过25EU。

其他 应符合注射剂项下有关的各项规定（附录0102）。

【含量测定】 精密量取本品适量（约相当于氯化氨甲酰甲胆碱50mg），加盐酸溶液（1→500）

20ml，在搅拌下加新配制的0.6%四苯硼钠溶液20ml，放置10分钟，用已在105℃恒重过的垂熔玻璃坩埚滤过，沉淀用水洗涤4次，每次5ml。在105℃干燥至恒重，精密称定，所得沉淀重量与0.4094相乘，即得供试量中含有$C_7H_{17}ClN_2O_2$的量。

【作用与用途】 拟胆碱药。主要用于胃肠弛缓，也用于膀胱积尿、胎衣不下和子宫蓄脓等。

【用法与用量】 以氯化氨甲酰甲胆碱计。皮下注射：一次量，每1kg体重，马、牛0.05～0.1mg；犬、猫0.25～0.5mg。

【不良反应】 较大剂量可引起呕吐、腹泻、气喘、呼吸困难。

【注意事项】 （1）患有肠道完全阻塞或创伤性网胃炎的动物及孕畜禁用。

（2）过量中毒时可用阿托品解救。

【规格】 （1）1ml：2.5mg （2）5ml：12.5mg （3）10ml：25mg （4）10ml：50mg

【贮藏】 遮光，密闭保存。

氯 化 铵

Lühua'an

Ammonium Chloride

NH_4Cl 53.49

本品按干燥品计算，含氯化铵（NH_4Cl）不得少于99.5%。

【性状】 本品为无色结晶或白色结晶性粉末；无臭；有引湿性。

本品在水中易溶，在乙醇中微溶。

【鉴别】 本品的水溶液显铵盐与氯化物鉴别（1）的反应（附录0301）。

【检查】 酸度 取本品2.0g，加水10ml使溶解，依法测定（附录0631），pH值应为4.0～6.0。

钡盐 取本品4.0g，加水20ml溶解后，滤过，滤液分为两等份，一份中加稀硫酸2ml，另一份中加水2ml，静置15分钟，两液应同样澄清。

干燥失重 取本品，置硫酸干燥器中干燥至恒重，减失重量不得过0.5%（附录0831）。

炽灼残渣 不得过0.1%（附录0841）。

铁盐 取本品1.0g，用小火加热，俟氯化铵全部挥散，放冷，残渣中加水25ml，依法检查（附录0807），与标准铁溶液5.0ml制成的对照液比较，不得更深（0.005%）。

重金属 取本品2.0g，加醋酸盐缓冲液（pH3.5）2ml与水适量使溶解成25ml，依法检查（附录0821第一法），含重金属不得过百万分之十。

砷盐 取本品0.40g，加水23ml溶解后，加盐酸5ml，依法检查（附录0822第一法），应符合规定（0.0005%）。

【含量测定】 取本品约0.12g，精密称定，加水50ml使溶解，再加糊精溶液（1→50）5ml、荧光黄指示液8滴与碳酸钙0.10g，摇匀，用硝酸银滴定液（0.1mol/L）滴定。每1ml硝酸银滴定液（0.1mol/L）相当于5.349mg的NH_4Cl。

【作用与用途】 祛痰药。主要用于支气管炎初期。

【用法与用量】 内服：一次量，马8～15g；牛10～25g；羊2～5g；猪1～2g；犬、猫0.2～1g。

【注意事项】 （1）肝脏、肾脏功能异常的患畜，内服氯化铵容易引起血氯过高性酸中毒和血氨升高，应禁用或慎用。

（2）禁与碱性药物、重金属盐、磺胺药等配伍应用。

（3）单胃动物用后有呕吐反应。

【贮藏】 密封，在干燥处保存。

氯化琥珀胆碱

Lühua Hupodanjian

Suxamethonium Chloride

$$C_{14}H_{30}Cl_2N_2O_4 \cdot 2H_2O \quad 397.34$$

本品为二氯化$2,2'$-〔（1,4-二氧代-1,4-亚丁基）双（氧）〕双〔N,N,N-三甲基乙铵〕二水合物。按无水物计算，含$C_{14}H_{30}Cl_2N_2O_4$不得少于98.0%。

【性状】 本品为白色或几乎白色的结晶性粉末；无臭。

本品在水中极易溶解，在乙醇或三氯甲烷中微溶，在乙醚中不溶。

熔点 取本品，不经干燥，依法测定（附录0612），熔点为157～163℃。

【鉴别】 （1）取本品约0.1g，加水10ml溶解后，加稀硫酸10ml与硫氰酸铬铵试液30ml，生成淡红色沉淀。

（2）取本品约20mg，加水1ml溶解后，再加1%氯化钴溶液与亚铁氰化钾试液各0.1ml，即显持久的翠绿色。

（3）本品的红外光吸收图谱应与对照的图谱一致。

（4）本品的水溶液显氯化物鉴别（1）的反应（附录0301）。

【检查】 **酸度** 取本品0.10g，加水10ml溶解后，依法测定（附录0631），pH值应为3.5～5.0。

氯化胆碱 取本品，加甲醇溶解并稀释制成每1ml中含20mg的溶液，作为供试品溶液。另取氯化琥珀胆碱对照品与氯化胆碱对照品适量，加甲醇溶解并稀释制成每1ml中约含氯化琥珀胆碱20mg与氯化胆碱0.10mg的溶液，作为对照品溶液。照薄层色谱法（附录0502）试验，吸取上述两种溶液各10μl，分别点于同一微晶纤维素薄层板上，用正丁醇-水-无水甲酸（67：20：17）为展开剂，展开，晾干，喷以稀碘化铋钾试液，在105℃加热10分钟使显色，对照品溶液应显示两个完全分离的斑点。供试品溶液如显与氯化胆碱相应的杂质斑点，其颜色与对照品溶液中相应的斑点比较，不得更深（0.5%）。

水分 取本品，照水分测定法（附录0832第一法A）测定，含水分应为8.0%～10.0%。

炽灼残渣 不得过0.1%（附录0841）。

【含量测定】 取本品约0.15g，精密称定，加冰醋酸20ml溶解后，加醋酸汞试液5ml与结晶紫指示液1滴，用高氯酸滴定液（0.1mol/L）滴定至溶液显蓝色，并将滴定的结果用空白试验校正。每1ml高氯酸滴定液（0.1mol/L）相当于18.07mg的$C_{14}H_{30}Cl_2N_2O_4$。

【类别】 骨骼肌松弛药。

【贮藏】 密封保存。

【制剂】 氯化琥珀胆碱注射液

氯化琥珀胆碱注射液

Lühua Hupodanjian Zhusheye

Suxamethonium Chloride Injection

本品为氯化琥珀胆碱的灭菌溶液。含氯化琥珀胆碱（$C_{14}H_{30}Cl_2N_2O_4\cdot2H_2O$）应为标示量的95.0% ~ 105.0%。

【性状】 本品为无色或几乎无色的澄明黏稠液体。

【鉴别】 照氯化琥珀胆碱项下的鉴别（1）、（2）、（4）项试验，显相同的反应。

【检查】 pH值 取本品2.0ml，加水8ml，依法测定（附录0631），pH值应为3.0 ~ 5.0。

氯化胆碱 取本品适量，用甲醇稀释制成每1ml中含氯化琥珀胆碱10mg的溶液，作为供试品溶液；取氯化琥珀胆碱对照品与氯化胆碱对照品适量，加甲醇溶解并制成每1ml中约含氯化琥珀胆碱10mg与氯化胆碱0.20mg的溶液，作为对照品溶液。照薄层色谱法（附录0502）试验，吸取上述溶液各5μl，分别点于同一微晶纤维素薄层板上，用正丁醇-水-无水甲酸（67：20：17）为展开剂，展开，晾干，喷以稀碘化铋钾试液，105℃加热至斑点显色清晰。对照品溶液应显示两个完全分离的斑点。供试品溶液如显与氯化胆碱相应的斑点，其颜色与对照品溶液中相应的斑点比较，不得更深（2.0%）。

水解产物 精密量取本品适量（相当于氯化琥珀胆碱0.2g），加新沸放冷的蒸馏水30ml，摇匀，用乙醚提取5次，每次20ml，合并乙醚液，水溶液备用；用新沸放冷的蒸馏水洗涤乙醚液2次，每次10ml，弃去乙醚液。再用乙醚洗涤回洗水液2次，每次10ml，弃去乙醚液，合并水溶液，加溴麝香草酚蓝指示液，用氢氧化钠滴定液（0.1mol/L）滴定至中性；再精密加氢氧化钠滴定液（0.1mol/L）25ml，加热回流40分钟，放冷，加溴麝香草酚蓝指示液，用盐酸滴定液（0.1mol/L）滴定。同时用新沸放冷的蒸馏水50ml，自"精密加氢氧化钠滴定液（0.1mol/L）25ml"起，同法操作，进行空白试验校正。初次中和所需氢氧化钠滴定液（0.1mol/L）的体积不得大于初次中和与水解后所需氢氧化钠滴定液（0.1mol/L）体积总和的十分之一（10%）。

细菌内毒素 取本品，依法检查（附录1143），每1mg氯化琥珀胆碱中含内毒素的量应小于2.0EU。

其他 应符合注射剂项下有关的各项规定（附录0102）。

【含量测定】 用内容量移液管精密量取本品适量（约相当于氯化琥珀胆碱0.4g），置锥形瓶中，用水10ml分次洗出移液管内壁的附着液，洗液并入锥形瓶中，加溴酚蓝指示液数滴，滴加稀醋酸至溶液显黄色，用硝酸银滴定液（0.1mol/L）滴定至沉淀变为蓝紫色。每1ml硝酸银滴定液（0.1mol/L）相当于19.87mg的$C_{14}H_{30}Cl_2N_2O_4\cdot2H_2O$。

【作用与用途】 骨骼肌松弛药。主要用于动物的化学保定和外科辅助麻醉。

【用法与用量】 以氯化琥珀胆碱计。肌内注射：一次量，每1kg体重，马0.07 ~ 0.2mg；牛0.01 ~ 0.016mg；猪2mg；犬、猫0.06 ~ 0.11mg；鹿0.08 ~ 0.12mg。

【不良反应】 （1）本品过量易引起呼吸肌麻痹。

（2）本品使肌肉持久去极化而释放出钾离子，使血钾升高。

（3）本品使唾液腺、支气管腺和胃腺的分泌增加。

【注意事项】 （1）年老体弱、营养不良及妊娠动物禁用。

（2）高血钾、心肺疾患、电解质紊乱和使用抗胆碱酯酶药时慎用。

（3）水合氯醛、氯丙嗪、普鲁卡因和氨基糖苷类抗生素能增强本品的肌松作用和毒性，不可合用；本品与新斯的明、有机磷类化合物同时应用，可使作用和毒性增强；噻嗪类利尿药可增强本品的作用。

（4）反刍动物对本品敏感，用药前应停食半日，以防影响呼吸或造成异物性肺炎，用药前可注射阿托品以制止唾液腺和支气管腺的分泌。

（5）用药过程中如发现呼吸抑制或停止时，应立即将舌拉出，施以人工呼吸或输氧，同时静脉注射尼可刹米，但不可应用新斯的明解救。

（6）琥珀胆碱在碱性溶液中可水解失效。

【规格】 （1）1ml：50mg （2）2ml：100mg

【贮藏】 密闭保存。

氯前列醇钠
Lüqianliechunna
Cloprostenol Sodium

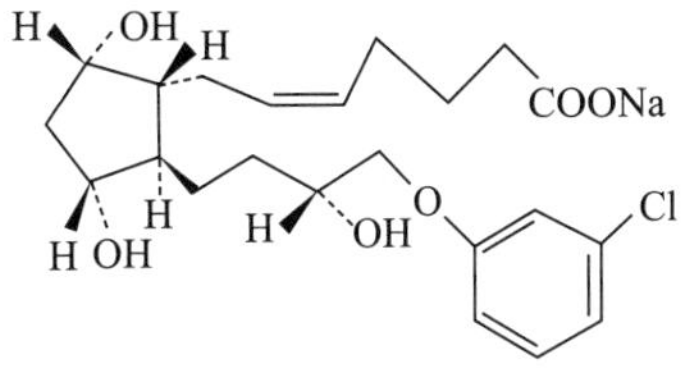

$C_{22}H_{28}ClNaO_6$ 446.90

本品为（±）-（5Z）-7-〔（1R,3R,5S）-2-〔（1E,3R）-4-（3-氯苯氧基）-3-羟基-1-丁烯基〕-3,5-二羟基环戊烷基〕-5-庚烯酸钠。按无水物计算，含$C_{22}H_{28}ClNaO_6$应为97.5%～102.5%。

【性状】 本品为白色或类白色粉末，有引湿性。

本品在水、甲醇或乙醇中易溶，在丙酮中不溶。

【鉴别】 （1）本品的红外光吸收图谱应与对照品的图谱一致。

（2）本品的水溶液显钠盐的鉴别反应（附录0301）。

【检查】 有关物质 取本品，加无水乙醇溶解并稀释制成每1ml中约含20mg的溶液作为供试品溶液；精密量取适量，用无水乙醇定量稀释制成每1ml中含0.5mg的溶液作为对照溶液。照含量测定项下的色谱条件，分别精密量取对照溶液和供试品溶液各5μl，注入液相色谱仪，记录色谱图至主成分峰保留时间的2.5倍。供试品溶液色谱图中如有杂质峰（扣除溶剂峰），各杂质峰面积的和不得大于对照溶液的主峰面积（2.5%）。

水分 取本品，照水分测定法（附录0832第一法A）测定，含水分不得过3.0%。

【含量测定】 照高效液相色谱法（附录0512）测定。

色谱条件与系统适用性试验 用硅胶为填充剂；以冰醋酸-无水乙醇-正己烷（1：100：900）为流动相；流速为每分钟1.5ml；检测波长220nm。理论板数按氯前列醇峰计算不低于3000。

测定法 取本品，精密称定，加无水乙醇溶解并定量稀释制成每1ml中约含0.5 mg的溶液作为供试品溶液，精密量取10 μl，注入液相色谱仪，记录色谱图；另取氯前列醇钠对照品，同法测定，按外标法以峰面积计算，即得。

【类别】 前列腺素类药。

【贮藏】 密封，凉暗处保存。

【制剂】 （1）氯前列醇钠注射液 （2）注射用氯前列醇钠

氯前列醇钠注射液

Lüqianliechunna Zhusheye

Cloprostenol Sodium Injection

本品为氯前列醇钠的灭菌水溶液，含氯前列醇钠以氯前列醇（$C_{22}H_{29}ClO_6$）计应为标示量的90.0%～110.0%。

【性状】 本品为无色的澄明液体。

【鉴别】 在含量测定项下记录的色谱图中，供试品溶液主峰的保留时间应与对照品溶液主峰的保留时间一致。

【检查】 pH值 应为7.0～9.0（附录0631）。

有关物质 取本品作为供试品溶液；精密量取5ml，置200ml量瓶中，用水稀释至刻度，摇匀，作为对照溶液。照含量测定项下的色谱条件，精密量取对照溶液与供试品溶液各20μl，分别注入液相色谱仪，记录色谱图至主成分峰保留时间的2.5倍。供试品溶液色谱图中如有杂质峰（扣除溶剂峰），各杂质峰面积的和不得大于对照溶液的主峰面积（2.5%）。

其他 应符合注射剂项下有关的各项规定（附录0102）。

【含量测定】 照高效液相色谱法（附录0512）测定。

色谱条件与系统适用性试验 用十八烷基硅烷键合硅胶为填充剂；0.24%磷酸二氢钠溶液（用磷酸调节pH值至2.5）-乙腈（65：35）为流动相，流速为每分钟1.5ml；检测波长220nm。理论板数按氯前列醇钠峰计算，应不低于3000。

测定法 取本品为供试品溶液，精密量取20μl，注入液相色谱仪，记录色谱图。另取氯前列醇钠对照品，精密称定，用水溶解并定量稀释制成与供试品溶液相应浓度的溶液，作为对照品溶液，同法测定。按外标法以峰面积计算，并将计算结果与0.9508相乘，即得。

【作用与用途】 前列腺素类药。有强大溶解黄体和直接兴奋子宫平滑肌作用，主用于控制母牛同期发情和怀孕母猪诱导分娩。

【用法与用量】 以氯前列醇计。肌内注射：一次量，牛0.2～0.3 mg；猪妊娠第112～113日，0.05～0.1 mg。

【不良反应】 在妊娠后期应用本品，可增加动物难产的风险，且药效下降。

【注意事项】 （1）维持妊娠的动物禁用。

（2）诱导分娩时，应在预产期前2天使用，严禁过早使用。

（3）本品可诱导流产或急性支气管痉挛，使用时要小心，妊娠妇女和患有哮喘及其他呼吸道疾病的人员操作时应特别小心。

（4）如果偶尔吸入或注射本品引起呼吸困难，可吸入速效舒张支气管药。

（5）本品极易通过皮肤吸收，操作时应配戴橡胶或一次性防护手套，操作完毕及在饮水或饭前，用肥皂和水彻底洗手。皮肤上粘、溅本品，应立即用清水冲洗干净。

（6）本品不能与解热镇痛抗炎药同时应用。

（7）本品用完后，空瓶应深埋或焚烧。本品产生的废弃物应在批准的废物处理设备中处理，严禁在现场处置未经稀释的本品。勿使本品污染饮水、饲料和食品。

【规格】 按$C_{22}H_{29}ClO_6$计算 （1）2ml：0.1mg （2）10ml：0.5mg （3）2ml：0.2mg

（4）5ml：0.5mg

【贮藏】 密闭，在凉暗处保存。

注射用氯前列醇钠
Zhusheyong Lüqianliechunna
Cloprostenol Sodium for Injection

本品为氯前列醇钠加适宜赋形剂制成的无菌冻干品。按平均装量计算，含氯前列醇钠（$C_{22}H_{28}ClNaO_6$）应为标示量的90.0%~110.0%。

【性状】 本品为白色冻干块状物。

【鉴别】 （1）在含量测定项下记录的色谱图中，供试品溶液主峰的保留时间应与对照品溶液主峰的保留时间一致。

（2）本品的水溶液显钠盐的鉴别反应（附录0301）。

【检查】 有关物质 取本品，加水溶解并稀释成每1ml中含0.1mg的溶液作为供试品溶液；精密量取适量，用水定量稀释制成每1ml中含2.5μg的溶液作为对照溶液。照氯前列醇钠注射液有关物质项下的方法测定。供试品溶液色谱图中如有杂质峰（扣除溶剂和赋形剂峰），各杂质峰面积的和不得大于对照溶液的主峰面积（2.5%）。

水分 取本品，照水分测定法（附录0832第一法A）测定，含水分不得过5.0%。

无菌 取本品，加灭菌水2ml使溶解，依法检查（附录1101），应符合规定。

其他 应符合注射剂项下有关各项规定（附录0102）。

【含量测定】 照高效液相色谱法（附录0512）测定。

色谱条件与系统适用性试验 用十八烷基硅烷键合硅胶为填充剂；0.24%磷酸二氢钠溶液（用磷酸调节pH值至2.5）-乙腈（65：35）为流动相，流速为每分钟1.5ml；检测波长220nm。理论板数按氯前列醇钠峰计算，应不低于3000。

测定法 取装量差异项下的内容物适量，精密称定，加水溶解并定量稀释制成每1ml中含0.1mg的溶液作为供试品溶液，精密量取20μl，注入液相色谱仪，记录色谱图。另取氯前列醇钠对照品，同法测定。按外标法以峰面积计算，即得。

【作用与用途】 前列腺素类药。主要用于控制母牛同期发情和怀孕母猪诱导分娩。

【用法与用量】 以氯前列醇钠计。肌内注射：一次量，牛同期发情 0.4~0.6mg，11日后再注射一次；母猪诱导分娩预产期前3日内0.05~0.2mg。

【不良反应】 在妊娠后期应用本品，可增加动物难产的风险，且药效下降。

【注意事项】 （1）维持妊娠的动物禁用。

（2）诱导分娩时，应在预产期前2天使用，严禁过早使用。

（3）本品可诱导流产或急性支气管痉挛，使用时要小心，妊娠妇女和患有哮喘及其他呼吸道疾病的人员操作时应特别小心。

（4）如果偶尔吸入或注射本品引起呼吸困难，可吸入速效舒张支气管药。

（5）本品极易通过皮肤吸收，操作时应配戴橡胶或一次性防护手套，操作完毕及在饮水或饭前，用肥皂和水彻底洗手。皮肤上粘、溅本品，应立即用清水冲洗干净。

（6）本品不能与解热镇痛抗炎药同时应用。

（7）本品用完后，空瓶应深埋或焚烧。本品产生的废弃物应在批准的废物处理设备中处理，严禁在现场处置未经稀释的本品。勿使本品污染饮水、饲料和食品。

【规格】 （1）0.1mg （2）0.2mg （3）0.5mg

【贮藏】 密闭，在凉暗处保存。

氯唑西林钠

Lüzuoxilinna

Cloxacillin Sodium

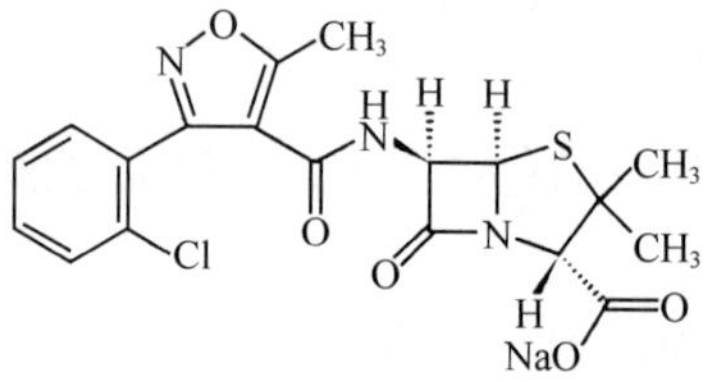

$C_{19}H_{17}ClN_3NaO_5S$ 457.87

本品为（2*S*,5*R*,6*R*）-3,3-二甲基-6-〔5-甲基-3-（2-氯苯基）-4-异噁唑甲酰氨基〕-7-氧代-4-硫杂-1-氮杂双环[3.2.0]庚烷-2-甲酸钠盐。按无水物计算，含氯唑西林（$C_{19}H_{18}ClN_3O_5S$）不得少于90.0%。

【性状】 本品为白色粉末或结晶性粉末；微臭；有引湿性。

本品在水中易溶，在乙醇中溶解，在乙酸乙酯中几乎不溶。

比旋度 取本品，精密称定，加水溶解并定量稀释制成每1ml中约含10mg的溶液，依法测定（附录0621），比旋度为+163°至+172°。

【鉴别】 （1）在含量测定项下记录的色谱图中，供试品溶液主峰的保留时间应与对照品溶液主峰的保留时间一致。

（2）取本品约30mg，加甲醇0.1ml使溶解，滴入蒸发皿上，待甲醇自然挥发完后，真空干燥，照红外分光光度法（附录0402）测定，本品的红外光吸收图谱应与同法处理的氯唑西林钠对照品的图谱一致。

（3）本品显钠盐鉴别（1）的反应（附录0301）。

【检查】 酸度 取本品1.0g，加水10ml溶解后，依法测定（附录0631），pH值应为5.0～7.0。

溶液的澄清度与颜色 取本品5份，各0.6g，分别加水5ml溶解后，溶液应澄清无色；如显浑浊，与1号浊度标准液（附录0902）比较，均不得更浓；如显色，与黄色或黄绿色4号标准比色液（附录0901第一法）比较，均不得更深（供注射用）。

有关物质 取本品适量，精密称定，加流动相溶解并稀释制成每1ml中约含1mg的溶液，作为供试品溶液；精密量取适量，用流动相稀释成每1ml中约含10μg的溶液，作为对照溶液。照含量测定项下的色谱条件，精密量取对照溶液与供试品溶液各20μl，分别注入液相色谱仪，记录色谱图至主成分峰保留时间的5倍，供试品溶液色谱图中如有杂质峰，单个杂质峰面积不得大于对照溶液主峰面积（1.0%），各杂质峰面积的和不得大于对照溶液主峰面积的5倍（5.0%）。

氯唑西林聚合物 照分子排阻色谱法（附录0514）测定。

色谱条件与系统适用性试验 用葡聚糖凝胶G-10（40～120μm）为填充剂，玻璃柱内径1.0～1.4cm，柱长30～40cm。流动相A为pH7.0的0.01mol/L磷酸盐缓冲液〔0.01mol/L磷酸氢二钠溶液-0.01mol/L磷酸二氢钠溶液（61∶39）〕，流动相B为水，检测波长为254nm。取0.1mg/ml蓝色葡聚糖2000溶液100～200μl，注入液相色谱仪，分别以流动相A、B进行测定，理论板数以蓝色葡聚糖2000峰计算，均不低于400，拖尾因子均应小于2.0。在两种流动相系统中，蓝色葡聚糖2000峰保留时间的比值应为0.93～1.07，对照溶液主峰和供试品溶液中聚合物峰与相应色谱系统中蓝色葡聚糖2000峰的保留时间的比值均应为0.93～1.07。取本品约0.2g，置10ml量瓶中，用0.05mg/ml的蓝色葡聚糖2000溶液溶解并稀释至刻度，摇匀。量取100～200μl入液相色谱仪，用流动相A进行测定，记录色谱图，高聚体的峰高与单体与高聚体之间的谷高比应大于2.0。另以流动相B为流动相，精密量取对照溶液100～200μl，连续进样5次，峰面积的相对标准偏差应不大于5.0%。

对照溶液的制备　取氯唑西林对照品约25mg，精密称定，加水溶解并定量稀释制成每1ml中约含50μg的溶液。

测定法　取本品约0.2g，精密称定，置10ml量瓶中，加水溶解并稀释至刻度，摇匀，立即精密量取100～200μl，注入液相色谱仪，以流动相A为流动相进行测定，记录色谱图。另精密量取对照溶液100～200μl，注入液相色谱仪，以流动相B为流动相，同法测定，按外标法以氯唑西林峰面积计算，氯唑西林聚合物的量不得过0.8%。

残留溶剂　取本品约1g，精密称定，置10ml量瓶中，加水溶解并稀释至刻度，摇匀，作为供试品贮备液，精密量取1ml置顶空瓶中，再精密加水1ml，摇匀，密封，作为供试品溶液；另精密称取丙酮、乙酸乙酯与乙酸丁酯各约0.25g，置50ml量瓶中，用水稀释至刻度，摇匀，精密量取10ml，置100ml量瓶中，用水稀释至刻度，摇匀，作为对照品贮备液；取对照品贮备液1ml置顶空瓶中，加水1ml，摇匀，密封，作为系统适用性溶液；精密量取对照品贮备液1ml置顶空瓶中，再精密加入供试品贮备液1ml，摇匀，密封，作为对照品溶液。照残留溶剂测定法（附录0861第二法）测定，用100%的二甲基聚硅氧烷（或极性相近）为固定液的毛细管柱为色谱柱；柱温为40℃，维持8分钟，再以每分钟30℃的速率升至100℃，维持5分钟。进样口温度为200℃；检测器温度为250℃；顶空瓶平衡温度为70℃，平衡时间为30分钟；取系统适用性溶液顶空进样，出峰顺序依次为：丙酮，乙酸乙酯与乙酸丁酯，各色谱峰之间的分离度均应符合要求。取供试品溶液与对照品溶液分别顶空进样，记录色谱图，用标准加入法以峰面积计算，丙酮、乙酸乙酯与乙酸丁酯的残留量均应符合规定。

2-乙基己酸　取本品，依法测定（附录0871），不得过0.8%。

水分　取本品，照水分测定法（附录0832第一法A）测定，含水分不得过4.5%。

可见异物　取本品5份，每份各1g，加微粒检查用水溶解，依法检查（附录0904），应符合规定。（供无菌分装用）

不溶性微粒　取本品3份，加微粒检查用水制成每1ml中含50mg的溶液，依法检查（附录0903），每1g样品中，含10μm及10μm以上的微粒不得过6000粒，含25μm及25μm以上的微粒不得过600粒。（供无菌分装用）

细菌内毒素　取本品，依法检查（附录1143），每1mg氯唑西林中含内毒素的量应小于0.10EU。（供无菌分装用）

无菌　取本品，用适宜溶剂溶解后，经薄膜过滤法处理，依法检查（附录1101），应符合规定。（供无菌分装用）

【含量测定】　照高效液相色谱法（附录0512）测定。

色谱条件与系统适用性试验　用十八烷基硅烷键合硅胶为填充剂；以0.02mol/L磷酸二氢钾溶液

（用氢氧化钠试液调节pH值为5.0）-乙腈（75∶25）为流动相；检测波长为225nm。取氯唑西林对照品与氟氯西林对照品适量，加流动相溶解并稀释制成每1ml中各约含0.1mg的溶液，取20μl注入液相色谱仪，记录色谱图，氯唑西林峰与氟氯西林峰之间的分离度应大于2.5，理论板数按氯唑西林峰计算不低于1000，拖尾因子不得过1.5。

测定法 取本品适量，精密称定，加流动相溶解并定量稀释制成每1ml中约含0.1mg的溶液，作为供试品溶液，精密量取20μl注入液相色谱仪，记录色谱图；另取氯唑西林对照品适量，同法测定。按外标法以峰面积计算供试品中$C_{19}H_{18}ClN_3O_5S$含量。

【类别】 β-内酰胺类抗生素。

【贮藏】 严封，在干燥处保存。

氯 羟 吡 啶

Lüqiangbiding

Clopidol

$C_7H_7Cl_2NO$ 192.04

本品为3,5-二氯-2,6-二甲基-4-羟基吡啶。按干燥品计算，含$C_7H_7Cl_2NO$应为98.0%～102.0%。

【性状】 本品为白色或类白色粉末；无臭。

本品在甲醇或乙醇中极微溶解，在水、丙酮、乙醚或苯中不溶；在氢氧化钠试液中微溶。

【鉴别】 （1）取含量测定项下的溶液，照紫外-可见分光光度法（附录0401）测定，在249nm的波长处有最大吸收，在235nm的波长处有最小吸收，在249nm与235nm波长处的吸光度比值应为1.50～1.58。

（2）本品的红外光吸收图谱应与对照的图谱一致。

（3）取本品约50mg，置坩埚中，加无水碳酸钠0.5g，混合，在600℃炽灼20分钟后，放冷，加水10ml，搅拌，滤过，滤液显氯化物鉴别（1）的反应（附录0301）。

【检查】 **氯化物** 取本品0.10g，加1mol/L氢氧化钠溶液5ml，小心加热使溶解，加水25ml，加稀硝酸使呈弱酸性，滤过，滤液用水稀释至50ml，取25ml，依法检查（附录0801），与标准氯化钠溶液2.5ml制成的对照液比较，不得更浓（0.05%）。

有关物质 取本品0.10g，置10ml量瓶中，加甲醇约5ml，混匀，加氢氧化钠溶液（1→50）2ml，超声使完全溶解，用甲醇稀释至刻度，摇匀，作为供试品溶液；精密量取适量，用甲醇定量稀释制成每1ml中约含0.1mg的溶液，作为对照溶液。照薄层色谱法（附录0502）试验，吸取供试品溶液5μl，点于硅胶GF$_{254}$薄层板〔以甲苯-甲醇-三乙胺（3∶4∶3）预展开，取出后晾干〕上，以甲苯-甲醇-三乙胺（3∶2∶5）为展开剂，展开，晾干。吸取对照溶液5μl，点于同一薄层板上，再以甲苯-甲醇-三乙胺（3∶4∶3）为展开剂，展开，晾干，置紫外光灯（254nm）下检视。供试品溶液如显杂质斑点，不得多于1个，与对照溶液的主斑点比较，不得更深（1.0%）。

干燥失重 取本品，在105℃干燥至恒重，减失重量不得过0.5%（附录0831）。

炽灼残渣 不得过0.3%（附录0841）。

重金属 取炽灼残渣项下遗留的残渣，依法检查（附录0821第二法），含重金属不得过百万分之二十。

砷盐 取本品1.0g，加氢氧化钙1.0g，混合，加水少量，搅拌均匀，干燥后，先用小火烧灼使炭化，再在500～600℃炽灼使完全灰化，放冷，加盐酸5ml与水23ml使溶解，依法检查（附录0822第一法），应符合规定（0.0002%）。

【含量测定】 取本品约0.15g，精密称定，置100ml量瓶中，加甲醇50ml与0.5mol/L氢氧化钠溶液5ml，振摇使溶解，用甲醇稀释至刻度，摇匀；精密量取10ml，置100ml量瓶中，加0.5mol/L氢氧化钠溶液1.5ml，用甲醇稀释至刻度，摇匀；精密量取10ml，置100ml量瓶中，用甲醇稀释至刻度，摇匀。照紫外-可见分光光度法（附录0401），在249nm的波长处测定吸光度，按$C_7H_7Cl_2NO$的吸收系数（$E_{1cm}^{1\%}$）为429计算，即得。取0.5mol/L氢氧化钠溶液0.2ml，加甲醇至100ml，摇匀，作为空白对照溶液。

【类别】 抗原虫药。

【贮藏】 遮光，密闭，在凉暗处保存。

【制剂】 氯羟吡啶预混剂

氯羟吡啶预混剂

Lüqiangbiding Yuhunji

Clopidol Premix

本品含氯羟吡啶（$C_7H_7Cl_2NO$）应为标示量的90.0%～110.0%。

【鉴别】 取含量测定项下的溶液，照氯羟吡啶项下鉴别（1）项试验，显相同的结果。

【检查】 干燥失重 取本品，在105℃干燥4小时，减失重量不得过10.0%（有机辅料）或3.0%（无机辅料）（附录0831）。

其他 应符合预混剂项下有关的各项规定（附录0109）。

【含量测定】 取本品适量（约相当于氯羟吡啶0.15g），精密称定，置100ml量瓶中，加甲醇50ml和0.5mol/L氢氧化钠溶液20ml，振摇10分钟，用甲醇稀释至刻度，摇匀；静置，取上清液，滤过，精密量取续滤液2ml，置200ml量瓶中，用甲醇稀释至刻度，摇匀。照紫外-可见分光光度法（附录0401），在249nm的波长处测定吸光度。按$C_7H_7Cl_2NO$的吸收系数（$E_{1cm}^{1\%}$）为429计算，即得。取0.5mol/L氢氧化钠溶液0.2ml，加甲醇至100ml，摇匀，作为空白对照溶液。

【作用与用途】 抗球虫药。主要用于预防禽、兔球虫病。

【用法与用量】 以本品计，混饲：每1000kg饲料，鸡500g，兔800g。

【注意事项】 （1）蛋鸡产蛋期禁用。

（2）本品能抑制鸡对球虫产生免疫力，停药过早易导致球虫病爆发。

（3）后备鸡群可以连续喂至16周龄。

（4）对本品产生耐药球虫的鸡场，不能换用喹啉类抗球虫药，如癸氧喹酯等。

【休药期】 鸡5日，兔5日。

【规格】 25%

【贮藏】 遮光，密封，在干燥处保存。

氯 硝 柳 胺

Lüxiaoliu'an

Niclosamide

$$C_{13}H_8Cl_2N_2O_4 \quad 327.12$$

本品为4'-硝基-2',5-二氯水杨酰苯胺。按干燥品计算，含$C_{13}H_8Cl_2N_2O_4$不得少于98.0%。

【性状】 本品为淡黄色粉末。

本品在乙醇、三氯甲烷或乙醚中微溶，在水中几乎不溶。

熔点 本品的熔点（附录0612）为228～232℃。

【鉴别】 （1）取本品约50mg，加盐酸溶液（9→100）5ml与锌粉0.1g，置水浴上加热10分钟，放冷，滤过；滤液中加亚硝酸钠试液0.5ml，摇匀，放置10分钟，加2%氨基磺酸铵溶液2ml，振摇，再放置10分钟，加0.5%二盐酸萘基乙二胺溶液2ml，显深红色。

（2）取本品，置试管中，小火加热使分解；将试管上端升华物溶于水中，加三氯化铁试液数滴，即显紫色。

（3）本品的红外光吸收图谱应与对照的图谱一致。

（4）取本品20mg，照氧瓶燃烧法（附录0703）进行有机破坏，用10%氢氧化钠溶液5ml为吸收液，俟燃烧完毕后，溶液显氯化物鉴别（1）的反应（附录0301）。

【检查】 **氯化物** 取本品0.50g，加水50ml，煮沸，速冷，滤过，取滤液25ml，依法检查（附录0801），与标准氯化钠溶液10ml制成的对照液比较，不得更浓（0.04%）。

2-氯-4-硝基苯胺 取本品0.10g，加甲醇20ml，煮沸2分钟，放冷，加盐酸溶液（9→100）使成50ml，滤过；取滤液10ml，加亚硝酸钠试液5滴，摇匀，放置10分钟，加2%氨基磺酸铵溶液1ml，振摇，再放置10分钟，加0.5%二盐酸萘基乙二胺溶液1ml；如显色，与2-氯-4-硝基苯胺对照品10μg，加甲醇4ml与盐酸溶液（9→100）制成10ml溶液，用同一方法处理后的颜色比较，不得更深（0.05%）。

5-氯水杨酸 取本品0.5g，加水10ml，煮沸2分钟，放冷，滤过；滤液加三氯化铁试液数滴，不得显红色或紫色。

干燥失重 取本品，在105℃干燥至恒重，减失重量不得过0.5%（附录0831）。

炽灼残渣 不得过0.1%（附录0841）。

重金属 取炽灼残渣项下遗留的残渣，依法检查（附录0821第二法），含重金属不得过百万分之二十。

【含量测定】 取本品约0.3g，精密称定，加二甲基甲酰胺60ml溶解后，照电位滴定法（附录0701），用甲醇钠滴定液（0.1mol/L）滴定，并将滴定的结果用空白试验校正。每1ml甲醇钠滴定液（0.1mol/L）相当于32.71mg的$C_{13}H_8Cl_2N_2O_4$。

【类别】 抗蠕虫药。

【贮藏】 遮光，密封保存。

【制剂】 氯硝柳胺片

氯硝柳胺片

Lüxiaoliu' an Pian

Niclosamide Tablets

本品含氯硝柳胺（$C_{13}H_8Cl_2N_2O_4$）应为标示量的95.0%～105.0%。

【性状】 本品为淡黄色片。

【鉴别】 取本品1片的细粉，加乙醇25ml，加热煮沸，放冷，滤过，滤液置水浴上蒸干；残渣照氯硝柳胺项下的鉴别（1）、（2）、（4）项试验，显相同的反应。

【检查】 2-氯-4-硝基苯胺与5-氯水杨酸 取本品的细粉适量，照氯硝柳胺项下的检查法检查，应符合规定。

其他 应符合片剂项下有关的各项规定（附录0101）。

【含量测定】 取本品20片，精密称定，研细，精密称取适量（约相当于氯硝柳胺0.3g），照氮测定法（附录0704第一法）测定。每1ml硫酸滴定液（0.05mol/L）相当于16.36mg的$C_{13}H_8Cl_2N_2O_4$。

【作用与用途】 抗蠕虫药。用于动物绦虫病、反刍动物前后盘吸虫感染。

【用法与用量】 以氯硝柳胺计。内服：一次量，每1kg体重，牛40～60mg；羊60～70mg；犬、猫80～100mg；禽50～60mg。

【不良反应】 犬、猫对本品较敏感，2倍治疗量可使犬、猫出现暂时性下痢，4倍治疗量可使犬肝脏出现病灶性营养不良，肾小球出现渗出物。

【注意事项】 （1）动物在给药前，应禁食12小时。

（2）本品可与左旋咪唑合用，用以治疗犊牛和羔羊的绦虫与线虫混合感染；普鲁卡因合用可提高氯硝柳胺对小鼠绦虫的疗效。

（3）本品对鱼类毒性强。

【休药期】 牛、羊28日，禽28日。

【规格】 0.5g

【贮藏】 遮光，密封保存。

氯氰碘柳胺钠

Lüqingdianliu' anna

Closantel Sodium

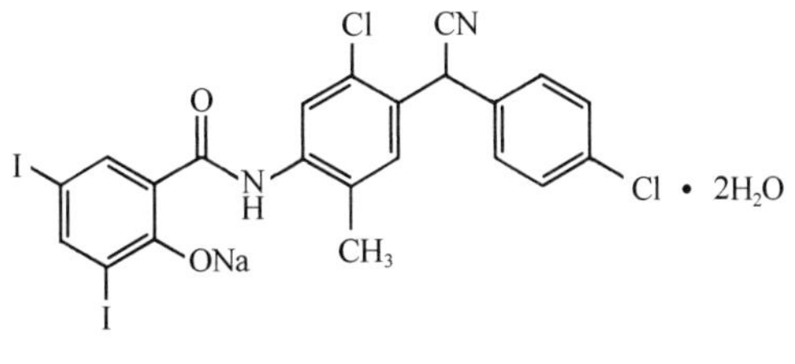

$C_{22}H_{13}Cl_2I_2N_2NaO_2 \cdot 2H_2O$ 721.08

本品为N-〔5-氯-4〔（4-氯苯基）氰甲基〕-2-甲苯基〕-2-羟基-3,5-二碘苯甲酰钠盐。按无水物计算，含$C_{22}H_{13}Cl_2I_2N_2NaO_2$应为98.0%～102.0%。

【性状】　本品为浅黄色粉末；无臭。

本品在乙醇或丙酮中易溶，在甲醇中溶解，在水或三氯甲烷中不溶。

【鉴别】　（1）取本品，加乙醇溶解并稀释制成每1ml中约含20μg的溶液，照紫外-可见分光光度法（附录0401）测定，在243nm、284nm与372nm的波长处有最大吸收。

（2）在含量测定项下记录的色谱图中，供试品溶液主峰的保留时间应与对照品溶液主峰的保留时间一致。

（3）本品的红外光吸收图谱应与对照的图谱一致。

【检查】　**有关物质**　取含量测定项下的溶液作为供试品溶液；精密量取适量，用甲醇定量稀释制成每1ml中含2μg的溶液作为对照溶液。照含量测定项下的色谱条件，精密量取对照溶液与供试品溶液各20μl，分别注入液相色谱仪，记录色谱图至主成分保留时间的2倍。供试品溶液的色谱图中如有杂质峰，各杂质峰面积的和不得大于对照溶液主峰面积的2倍（2.0%）。

水分　取本品，照水分测定法（附录0832第一法A）测定，含水分应为4.7%～6.0%。

重金属　取本品1.0g，依法检查（附录0821第二法），含重金属不得过百万分之二十。

【含量测定】　照高效液相色谱法（附录0512）测定。

色谱条件与系统适用性试验　用十八烷基硅烷键合硅胶为填充剂；以甲醇-乙腈-水〔（30∶55∶15），用2%磷酸溶液调节pH值至2.9〕为流动相；检测波长为250nm。理论板数按氯氰碘柳胺钠峰计算不低于2500。

测定法　取本品适量，精密称定，加甲醇溶解并定量稀释制成每1ml中约含0.2mg的溶液，精密量取20μl，注入液相色谱仪，记录色谱图；另取氯氰碘柳胺钠对照品，同法测定。按外标法以峰面积计算，即得。

【类别】　抗蠕虫药。

【贮藏】　密闭，在干燥处保存。

【制剂】　氯氰碘柳胺钠注射液

氯氰碘柳胺钠注射液

Lüqingdianliu'anna Zhusheye

Closantel Sodium Injection

本品为氯氰碘柳胺钠的丙二醇灭菌水溶液。含氯氰碘柳胺钠（$C_{22}H_{13}Cl_2I_2N_2NaO_2$）应为标示量的90.0%～110.0%。

【性状】　本品为淡黄色或黄色的澄明液体。

【鉴别】　取本品，照氯氰碘柳胺钠项下的鉴别（1）、（2）项试验，显相同的结果。

【检查】　**pH值**　应为8.0～10.0（附录0631）。

热原　取本品，用氯化钠注射液稀释制成每1ml中含5mg的溶液，依法检查（附录1142），剂量按家兔体重每1kg注射1ml，应符合规定。

无菌　取本品，用适宜溶剂稀释后，经薄膜过滤法处理，依法检查（附录1101），应符合规定。

其他　应符合注射剂项下有关的各项规定（附录0102）。

【含量测定】　精密量取本品适量，照氯氰碘柳胺钠项下的方法测定，即得。

【作用与用途】　抗蠕虫药，主要用于防治牛、羊肝片吸虫、胃肠道线虫病及羊鼻蝇蛆病等。

【用法与用量】　以氯氰碘柳胺钠计。皮下或肌内注射：一次量，每1kg体重，牛2.5～5mg；羊5～10mg。

【注意事项】　对局部组织有一定的刺激性。

【休药期】　牛、羊28日；弃奶期28日。

【规格】　（1）10ml：0.5g　（2）100ml：5g

【贮藏】　遮光，密闭，在阴凉处保存。

奥 芬 达 唑

Aofendazuo

Oxfendazole

C$_{15}$H$_{13}$N$_3$O$_3$S　315.35

　　本品为〔5-（苯亚磺酰）-1H-苯并咪唑-2-基〕氨基甲酸酯。按干燥品计算，含C$_{15}$H$_{13}$N$_3$O$_3$S不得少于98.0%。

【性状】　本品为白色或类白色粉末；有轻微的特殊气味。

　　本品在甲醇、丙酮、三氯甲烷或乙醚中微溶，在水中不溶。

　　吸收系数　取本品，精密称定，加甲醇溶解并定量稀释制成每1ml中约含12.5μg的溶液，照紫外-可见分光光度法（附录0401），在294nm的波长处测定吸光度，吸收系数（$E_{1cm}^{1\%}$）为533～566。

【鉴别】　（1）取本品，加甲醇溶解并稀释制成每1ml中约含12.5μg的溶液，照紫外-可见分光光度法（附录0401）测定，在227nm与294nm的波长处有最大吸收。

　　（2）本品的红外光吸收图谱应与对照的图谱一致。

【检查】　**有关物质**　照高效液相色谱法（附录0512）测定。

　　色谱条件与系统适用性试验　用十八烷基硅烷键合硅胶为填充剂；以乙腈-0.2%戊烷磺酸钠溶液〔（36：64）用2.8%硫酸溶液调节pH值至2.7〕为流动相；检测波长为254nm。理论板数按奥芬达唑峰计算不低于2000。取10ml供试品溶液，置25ml量瓶中，加浓过氧化氢溶液0.25ml，用流动相稀释至刻度，摇匀，作为系统适用性溶液；精密量取20μl注入液相色谱仪，记录色谱图，2个主峰的分离度应大于4.0。

　　测定法　取本品适量，精密称定，加流动相溶解并稀释制成每1ml中含0.25mg的溶液，作为供试品溶液；精密量取适量，用流动相定量稀释制成每1ml中含5μg的溶液，作为对照溶液；另取芬苯达唑对照品约12.5mg，精密称定，置100ml量瓶中，加冰醋酸1ml使溶解，用流动相稀释至刻度，摇匀，精密量取1ml，置50ml量瓶中，用流动相稀释至刻度，摇匀，作为对照品溶液。精密量取对照溶液、对照品溶液与供试品溶液各20μl，分别注入液相色谱仪，记录色谱图至主成分峰保留时间的4倍。供试品溶液的色谱图中如有杂质峰，与对照品溶液保留时间一致的杂质峰，峰面积不得大于对照品溶液的主峰面积（1.0%），其他各杂质峰面积的和不得大于对照溶液的主峰面积（2.0%）。

干燥失重 取本品，在105℃干燥至恒重，减失重量不得过0.5%（附录0831）。

炽灼残渣 不得过0.2%（附录0841）。

【含量测定】 取本品约0.25g，精密称定，加冰醋酸40ml溶解后，照电位滴定法（附录0701），用高氯酸滴定液（0.1mol/L）滴定，并将滴定的结果用空白试验校正。每1ml高氯酸滴定液（0.1mol/L）相当于31.54mg的$C_{15}H_{13}N_3O_3S$。

【类别】 抗蠕虫药。

【贮藏】 密闭保存。

【制剂】 奥芬达唑片

奥芬达唑片

Aofendazuo Pian

Oxfendazole Tablets

本品含奥芬达唑（$C_{15}H_{13}N_3O_3S$）应为标示量90.0%~110.0%。

【性状】 本品为白色或类白色片。

【鉴别】 取本品的细粉适量，加甲醇振摇使奥芬达唑溶解，用甲醇稀释制成每1ml中约含奥芬达唑12.5μg的溶液，滤过，取滤液，照奥芬达唑项下鉴别（1）试验，显相同的结果。

【检查】 应符合片剂项下有关的各项规定（附录0101）。

【含量测定】 取本品20片，精密称定，研细，精密称取适量（约相当于奥芬达唑25mg），置100ml量瓶中，加甲醇90ml，超声使奥芬达唑溶解，用甲醇稀释至刻度，摇匀；滤过，精密量取续滤液5ml，置100ml量瓶中，用甲醇稀释至刻度，摇匀。照紫外-可见分光光度法（附录0401），在294nm的波长处测定吸光度，按$C_{15}H_{13}N_3O_3S$的吸收系数（$E_{1cm}^{1\%}$）为550计算，即得。

【作用与用途】 抗蠕虫药。主要用于畜和犬的线虫病和绦虫病。

【用法与用量】 以奥芬达唑计。内服：一次量，每1kg体重，马10mg；牛5mg；羊5~7.5mg；猪4mg；犬10mg。

【不良反应】 （1）犬大剂量应用时可能产生食欲不振。

（2）可引起犬的再生障碍性贫血。

（3）具有致畸作用。

【注意事项】 （1）牛、羊泌乳期禁用。

（2）供食用的马禁用。

（3）单剂量对于犬一般无效，必须连用3日。

【休药期】 牛、羊、猪7日。

【规格】 （1）50mg （2）0.1g

【贮藏】 密闭保存。

普鲁卡因青霉素

Pulukayin Qingmeisu

Procaine Benzylpenicillin

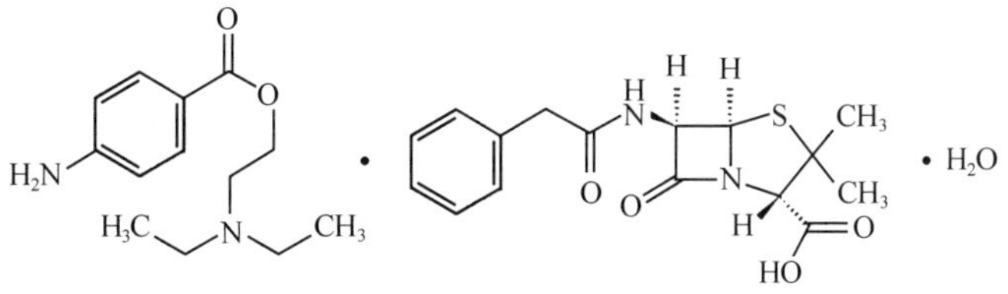

$$C_{13}H_{20}N_2O_2 \cdot C_{16}H_{18}N_2O_4S \cdot H_2O \quad 588.72$$

本品为对氨基苯甲酸2-（二乙氨基）乙酯（6R）-6-（2-苯基乙酰氨基）青霉烷酸盐一水合物。按无水物计算，含普鲁卡因（$C_{13}H_{20}N_2O_2$）应为38.0%～43.0%，含青霉素（$C_{16}H_{18}N_2O_4S$）应为56.2%～59.6%，每1mg含青霉素应不少于1000单位。

【性状】 本品为白色结晶性粉末；遇酸、碱或氧化剂等即迅速失效。

本品在甲醇中易溶，在乙醇或三氯甲烷中略溶，在水中微溶。

比旋度 取本品，精密称定，加水-丙酮（2∶3）溶解并定量稀释制成每1ml中约含10mg的溶液，依法测定（附录0621），比旋度为＋165°至＋180°。

【鉴别】 （1）取本品，加丙酮-水（2∶3）溶解并稀释制成每1ml中约含5mg的溶液，作为供试品溶液；另取盐酸普鲁卡因对照品，加丙酮-水（2∶3）溶解并稀释制成每1ml约含2mg的溶液，作为对照品溶液（1），取青霉素对照品，加丙酮-水（2∶3）溶解并稀释制成每1ml中约含3mg的溶液，作为对照品溶液（2）。照薄层色谱法（附录0502）试验，吸取上述三种溶液各5µl，分别点于同一硅胶G薄层板上，以丙酮-15.4%醋酸铵溶液（2∶3）（并用浓氨溶液或醋酸调节pH值至7）为展开剂，展开，晾干，置碘蒸气中显色，供试品溶液所显两主斑点的位置和颜色应分别与相应对照品的主斑点的位置和颜色相同。

（2）在含量测定项下记录的色谱图中，供试品溶液两个主峰的保留时间应与对照品溶液两个主峰的保留时间一致。

（3）本品的红外光吸收图谱应与对照的图谱一致。

以上（1）、（2）两项可选做一项。

【检查】 **酸碱度** 取本品，加水制成每1ml中含60mg的混悬液，依法测定（附录0631），pH值应为5.0～7.5。

甲醇溶液的澄清度与颜色 取本品5份，各0.3g，分别加甲醇5ml溶解后，溶液应澄清无色；如显浑浊，与1号浊度标准液（附录0902）比较，均不得更浓；如显色，与黄色或黄绿色2号标准比色液（附录0901第一法）比较，均不得更深。

有关物质 取本品70mg，精密称定，置50ml量瓶中，用流动相A溶解并稀释至刻度，摇匀，作为供试品溶液；精密称取对氨基苯甲酸对照品16.80mg，置50ml量瓶中，加流动相A溶解并稀释至刻度，摇匀，精密量取5ml，置50ml量瓶中，用流动相A稀释至刻度，摇匀，作为对氨基苯甲酸贮备液；分别精密量取供试品溶液1ml、对氨基苯甲酸贮备液2ml，置同一100ml量瓶中，用流动相A稀释至刻度，摇匀，作为对照溶液。照高效液相色谱法（附录0512）测定，用十八烷基硅烷键合硅胶为填充剂；流动相A为缓冲液（取磷酸二氢钾14g和40%氢氧化四丁基铵溶液6.5g溶解于约700ml水中，用1mol/L氢氧化钾溶液调节pH值至7.0，用水稀释至1000ml，混匀）-水-乙腈（52:28:20）；流动相B为上述缓冲液（pH7.0）-水-乙腈（52:18:30）；先以流动相A等度洗脱，待普鲁卡因峰洗脱完毕后立即按下表进行线性梯度洗脱，检测波长为225nm。分别取青霉素、盐酸普鲁卡因和青霉素系统适用性对照品适量，用对氨基苯甲酸贮备液溶解并稀释制成每1ml中分别含0.50mg、0.15mg和0.80mg的混合溶液，取10μl注入液相色谱仪，记录色谱图，青霉素峰应在25分钟内洗脱，除青霉素、普鲁卡因和对氨基苯甲酸外，应检出一个较大的青霉素主杂质，出峰顺序为对氨基苯甲酸、普鲁卡因、青霉素主杂质、青霉素。对氨基苯甲酸峰与相邻杂质峰、普鲁卡因峰与青霉素主杂质峰、青霉素峰与相邻杂质峰之间的分离度均应符合要求。精密量取对照溶液和供试品溶液各10μl，分别注入液相色谱仪，记录色谱图，供试品溶液色谱图中如有杂质峰，对氨基苯甲酸峰面积不得大于对照溶液对应峰面积的0.5倍（0.024%），其他单个杂质峰面积不得大于对照溶液青霉素主峰面积（1.0%）。

时间（分钟）	流动相A（%）	流动相B（%）
0	100	0
1	100	0
2	50	50
27	50	50
28	100	0
38	100	0

青霉素聚合物 照分子排阻色谱法（附录0514）测定。

色谱条件与系统适用性试验 用葡聚糖凝胶G-10（40~120μm）为填充剂，玻璃柱内径1.0~1.4cm，柱长30~40cm。流动相A为pH7.0的0.03mol/L磷酸盐缓冲液〔0.03mol/L磷酸氢二钠溶液-0.03mol/L磷酸二氢钠溶液（61:39）〕，流动相B为水，流速为每分钟1.5ml，检测波长为254nm。取0.1mg/ml蓝色葡聚糖2000溶液100~200μl注入液相色谱仪，分别以流动相A、B进行测定，记录色谱图，理论板数以蓝色葡聚糖2000峰计算均不低于400，拖尾因子均应小于2.0。在两种流动相系统中蓝色葡聚糖2000峰保留时间的比值应为0.93~1.07，对照溶液主峰和供试品溶液中聚合物峰与相应色谱系统中蓝色葡聚糖2000峰的保留时间的比值均应为0.93~1.07。取本品约0.3g，置10ml量瓶中，先加入二甲基甲酰胺约2ml使完全溶解，再用0.1mol/L蓝色葡聚糖2000溶液稀释至刻度，摇匀，取100~200μl注入液相色谱仪，用流动相A进行测定，记录色谱图，高聚体的峰高与单体与高聚体之间的谷高比应大于2.0。另以流动相B为流动相，精密量取对照溶液100~200μl，连续进样5次，峰面积的相对标准偏差应不大于5.0%。

对照溶液的制备 取青霉素对照品适量，精密称定，加水溶解并定量稀释制成每1ml中约含0.1mg的溶液。

测定法 取本品约0.3g，精密称定，置10ml量瓶中，加二甲基甲酰胺2ml使溶解，用水稀释至刻度，摇匀，立即精密量取100~200μl注入液相色谱仪，以流动相A为流动相进行测定，记录色谱图，另精密量取对照溶液100~200μl注入液相色谱仪，以流动相B为流动相进行测定。按外标法以青霉素峰面积计算，青霉素聚合物的量不得过青霉素的0.20%。

残留溶剂 取本品约1.0g，精密称定，置顶空瓶中，分别精密加入内标溶液（称取丙醇适量，用二甲基甲酰胺溶解并稀释制成每1ml中约含3mg的溶液）1ml、二甲基甲酰胺4ml，密封，摇匀，作为供试品溶液；另精密称取乙酸乙酯和正丁醇适量，用定量稀释制成每1ml中约含乙酸乙酯和正丁醇各0.625mg的溶液。精密量取4ml，置顶空瓶中，再精密加入内标溶液1ml置同一顶空瓶中，密封，作为对照品溶液。照残留溶剂测定法（附录0861第二法）测定，以6%氰丙基苯基-94%二甲基聚硅氧烷（或极性相近）为固定液的毛细管柱为色谱柱；起始温度为90℃，维持14分钟，继以每分钟20℃的速率升至180℃，维持5分钟；进样口温度为210℃；检测器温度为250℃；顶空瓶平衡温度为70℃，平衡时间为30分钟。取对照品溶液顶空进样，按丙醇、乙酸乙酯和正丁醇顺序依次出峰，各色谱峰之间的分离度应符合要求。再取供试品溶液和对照品溶液分别顶空进样，记录色谱图。按内标法以峰面积比值计算，乙酸乙酯与正丁醇的残留量均应符合规定。

水分 取本品，照水分测定法（附录0832第一法A）测定，含水分应为2.8%～4.0%。

抽针试验 取本品1.5g，加水5ml制成混悬液，用装有$4\frac{1}{2}$号针头的注射器抽取，应能顺利通过，不得阻塞。

细菌内毒素（供注射用） 取本品，依法检查（附录1143），每1000青霉素单位中含内毒素的量应小于0.10EU。

无菌 取本品，用适宜溶剂使分散均匀加青霉素酶灭活后，依法检查（附录1101），应符合规定。（供无菌分装用）

【含量测定】 照高效液相色谱法（附录0512）测定。

色谱条件与系统适用性试验 用十八烷基硅烷键合硅胶为填充剂；以缓冲液〔取磷酸二氢钾14g和40%氢氧化四丁基铵溶液6.5g溶解于约700ml水中，用1mol/L氢氧化钾溶液调节pH值至7.0，用水稀释至1000ml，混匀〕-水-乙腈（52：23：25），并用1mol/L氢氧化钾溶液或10%磷酸溶液调节pH值至（7.5±0.05）为流动相；检测波长235nm。取青霉素V钾对照品适量，用流动相溶解并稀释制成每1ml中含青霉素V钾2.4mg的溶液，将此溶液与对照品溶液以1：3体积比混合，取10μl注入液相色谱仪，记录色谱图，青霉素峰和青霉素V峰的分离度应大于2.0。

测定法 取本品约70mg，精密称定，置50ml量瓶中，加流动相约30ml，超声使溶解后，用流动相稀释至刻度，摇匀，作为供试品溶液，精密量取10μl，注入液相色谱仪，记录色谱图；另取青霉素对照品和盐酸普鲁卡因对照品适量，精密称定，用流动相溶解并定量稀释制成每1ml中分别约含青霉素0.8mg和普鲁卡因0.54mg的溶液，同法测定。按外标法以峰面积计算供试品中$C_{13}H_{20}N_2O_2$和$C_{16}H_{18}N_2O_4S$的含量，每1mg的$C_{16}H_{18}N_2O_4S$相当于1780青霉素单位。

【类别】 β-内酰胺类抗生素。

【贮藏】 严封，在干燥处保存。

【制剂】 （1）注射用普鲁卡因青霉素 （2）普鲁卡因青霉素注射液

注射用普鲁卡因青霉素

Zhusheyong Pulukayin Qingmeisu

Procaine Benzylpenicillin for Injection

本品为普鲁卡因青霉素与青霉素钠（钾）加适宜的悬浮剂与缓冲剂制成的无菌粉末。按无水物计算，含普鲁卡因应为29.1%～35.6%，含青霉素应为59.0%～66.3%，每1mg含青霉素应为1050～1180单位；按平均装量计算，含青霉素应为标示量的95.0%～105.0%。

【性状】 本品为白色粉末。

【鉴别】 （1）取本品，照普鲁卡因青霉素项下的鉴别（1）或（2）试验，显相同的结果。

（2）本品显钠（钾）盐鉴别（1）的反应（附录0301）。

【检查】 **甲醇溶液的颜色** 取本品5瓶，分别取适量（约相当于40万单位）先加水1ml，振摇，再加甲醇5ml溶解后，如显色，与黄色或黄绿色4$\frac{1}{2}$号标准比色液（附录0901第一法）比较，均不得更深。

青霉素聚合物 取本品适量（约相当于青霉素180mg），精密称定，置10ml量瓶中，加二甲基甲酰胺2ml使溶解，用水稀释至刻度，照普鲁卡因青霉素项下的方法测定，按外标法以青霉素峰面积计算，青霉素聚合物的量不得过青霉素标示量的0.80%。

水分 取本品，照水分测定法（附录0832第一法A）测定，含水分不得过3.5%。

悬浮时间与抽针试验 取本品1瓶，按每40万单位加水1ml使成混悬液，摇匀，静置2分钟，不得有颗粒下沉或明显的分层。用装有4$\frac{1}{2}$号针头的注射器抽取，应能顺利通过，不得阻塞。

酸碱度、有关物质、细菌内毒素与无菌 照普鲁卡因青霉素项下的方法检查，均应符合规定。

其他 应符合注射剂项下有关的各项规定（附录0102）。

【含量测定】 取装量差异项下的内容物，照普鲁卡因青霉素项下的方法测定，即得。

【作用与用途】 β-内酰胺类抗生素。主要用于畜禽革兰氏阳性菌感染，亦用于放线菌和钩端螺旋体等感染。

【用法与用量】 以有效成分计。肌内注射：一次量，每1kg体重，马、牛1万～2万单位；羊、猪、驹、犊2万～3万单位；犬、猫3万～4万单位。一日1次，连用2～3日。

【不良反应】 （1）主要为过敏反应，大多数家畜均可发生，但发生率较低。局部反应表现为注射部位水肿、疼痛，全身反应为荨麻疹、皮疹，严重者可引起休克或死亡。

（2）对某些动物，青霉素可诱导胃肠道的二重感染。

【注意事项】 （1）大环内酯类、四环素类和酰胺醇类等快效抑菌剂对青霉素的杀菌活性有干扰作用，不宜合用。

（2）重金属离子（尤其是铜、锌、汞）、醇类、酸、碘、氧化剂、还原剂、羟基化合物，呈酸性的葡萄糖注射液或盐酸四环素注射液等可破坏青霉素的活性。

（3）本品与盐酸氯丙嗪、盐酸林可霉素、酒石酸去甲肾上腺素、盐酸土霉素、盐酸四环素、B族维生素或维生素C不宜混合，否则可产生混浊、絮状物或沉淀。

【休药期】 牛、羊4日，猪5日；弃奶期72小时。

【规格】 （1）40万单位〔普鲁卡因青霉素30万单位、青霉素钠（钾）10万单位〕 （2）80万单位〔普鲁卡因青霉素60万单位、青霉素钠（钾）20万单位〕 （3）160万单位〔普鲁卡因青霉素120万单位、青霉素钠（钾）40万单位〕 （4）400万单位〔普鲁卡因青霉素300万单位、青霉素钠（钾）100万单位〕

【贮藏】 密闭，在干燥处保存。

普鲁卡因青霉素注射液

Pulukayin Qingmeisu Zhusheye

Procaine Benzylpenicillin Injection

本品为普鲁卡因青霉素的无菌油混悬液，含青霉素（$C_{16}H_{18}N_2O_4S$）应为标示量的

90.0%～110.0%，含普鲁卡因（C$_{13}$H$_{20}$N$_2$O$_2$）应为普鲁卡因青霉素（C$_{13}$H$_{20}$N$_2$O$_2$·C$_{16}$H$_{18}$N$_2$O$_4$S·H$_2$O）标示量的36.0%～44.0%。

【性状】 本品为细微颗粒的混悬油溶液。静置后，细微颗粒下沉，振摇后成均匀的淡黄色混悬液。

【鉴别】 在含量测定项下记录的色谱图中，供试品溶液两个主峰的保留时间应与对照品溶液两个主峰的保留时间一致。

【检查】 水分 取本品，照水分测定法（附录0832第二法）测定，含水分不得过1.4%。

抽针试验 取本品1瓶，摇匀后，用装有7号针头的5ml注射器先注入空气5ml后，在3分钟内应能顺利抽出内容物1ml以上。

颗粒细度 取本品，摇匀后，照粒度和粒度分布测定法（附录0982第一法）测定，不得有70μm以上的颗粒，5μm以下的颗粒不得少于65%。

无菌 取本品，分别接种于培养基（在培养基中加入足以使青霉素灭活的青霉素酶）中，依法检查（附录1101），应符合规定。

其他 应符合注射剂项下有关的各项规定（附录0102）。

【含量测定】 照高效液相色谱法（附录0512）测定。

色谱条件与系统适用性试验 用十八烷基硅烷键合硅胶为填充剂；以缓冲液（取磷酸二氢钾14g和40%氢氧化四丁基铵溶液6.5g溶解于约700ml水中，用1mol／L氢氧化钾溶液调节pH值至7.0，用水稀释至1000ml，混匀）-水-乙腈（52：23：25），并用1mol／L氢氧化钾溶液或10%磷酸溶液调节pH值至（7.5±0.05）为流动相；检测波长235nm。取青霉素V钾对照品适量，用流动相溶解并稀释制成每1ml中含青霉素V钾2.4mg的溶液，将此溶液与对照品溶液以1：3体积比混合，取10μl注入液相色谱仪，记录色谱图，青霉素峰和青霉素V峰的分离度应大于2.0。

测定法 取本品，摇匀，精密称取适量，加流动相超声20分钟，放冷，并用流动相稀释制成每1ml中约含青霉素0.8mg的溶液，摇匀，作为供试品溶液，精密量取10μl，注入液相色谱仪，记录色谱图；另取青霉素对照品和盐酸普鲁卡因对照品，用流动相溶解并稀释制成每1ml中分别约含青霉素0.8mg和普鲁卡因0.54mg的溶液，同法测定。同时取本品测定其相对密度，将供试品量换算成毫升数。按外标法以峰面积计算供试品中C$_{13}$H$_{20}$N$_2$O$_2$和C$_{16}$H$_{18}$N$_2$O$_4$S的含量。每1mg的C$_{16}$H$_{18}$N$_2$O$_4$S相当于1780青霉素单位。

【作用与用途】 β-内酰胺类抗生素。主要用于革兰氏阳性菌感染，亦可用于放线菌及钩端螺旋体等感染。

【用法与用量】 以有效成分计。肌内注射：一次量，每1kg体重，马、牛1万～2万单位；羊、猪、驹、犊2万～3万单位；犬、猫3万～4万单位。一日1次，连用2～3日。

【不良反应】 （1）主要为过敏反应，大多数家畜均可发生，但发生率较低。局部反应表现为注射部位水肿、疼痛，全身反应为荨麻疹、皮疹，严重者可引起休克或死亡。

（2）对某些动物，青霉素可诱导胃肠道的二重感染。

【注意事项】 （1）大环内酯类、四环素类和酰胺醇类等快效抑菌剂对青霉素的杀菌活性有干扰作用，不宜合用。

（2）重金属离子（尤其是铜、锌、汞）、醇类、酸、碘、氧化剂、还原剂、羟基化合物，呈酸性的葡萄糖注射液或盐酸四环素注射液等可破坏青霉素的活性。

（3）本品与盐酸氯丙嗪、盐酸林可霉素、酒石酸去甲肾上腺素、盐酸土霉素、盐酸四环素、B族维生素或维生素C不宜混合，否则可产生混浊、絮状物或沉淀。

【休药期】 牛10日，羊9日，猪7日；弃奶期48小时。

【规格】 （1）5ml：75万单位（普鲁卡因青霉素742mg） （2）10ml：300万单位（普鲁卡因青霉素2967mg） （3）10ml：450万单位（普鲁卡因青霉素4451mg）

【贮藏】 密闭，在干燥处和凉暗处保存。

碘

Dian

Iodine

I_2 253.81

本品含碘（按I计）不得少于99.5%。

【性状】 本品为灰黑色或蓝黑色、有金属光泽的片状结晶或块状物，质重、脆；有特臭；在常温中能挥发。

本品在乙醇、乙醚或二硫化碳中易溶，在三氯甲烷中溶解，在四氯化碳中略溶，在水中几乎不溶；在碘化钾或碘化钠的水溶液中溶解。

【鉴别】 （1）本品的乙醇溶液或含有碘化钾或碘化钠的水溶液均显红棕色，在三氯甲烷中显紫堇色。

（2）取本品的饱和水溶液，加淀粉指示液即显蓝色；煮沸，蓝色即消失，放冷，仍显蓝色；但经较长时间煮沸，蓝色即不重显。

【检查】 **氯化物与溴化物** 取本品1.0g，置乳钵中，分次加水40ml研细后，滤过，滤液中加少量锌粉使褪色；分取溶液10ml，依次缓缓加氨试液5ml与硝酸银试液5ml，放置5分钟，滤过，滤液移至50ml纳氏比色管中，加水使成40ml，滴加硝酸使遇石蕊试纸显中性反应后，再加硝酸1ml与水适量使成50ml；如发生浑浊，与对照液（取标准氯化钠溶液3.5ml加水至40ml，再加硝酸1ml、硝酸银试液1ml与水适量使成50ml）比较，不得更浓（0.014%）。

硫酸盐 取本品1.0g，置水浴上加热使挥发，残留物用水40ml分次洗涤，洗液移至50ml纳氏比色管中（必要时滤过），依法检查（附录0802），与标准硫酸钾溶液3.0ml制成的对照液比较，不得更浓（0.03%）。

不挥发物 取本品，置105℃恒重的蒸发皿中，在水浴上加热使挥发，并在105℃干燥至恒重，遗留残渣不得过0.05%。

【含量测定】 取本品研细的粉末约0.4g，置贮有20%碘化钾溶液5ml并称定重量的称量瓶中，精密称定，轻轻摇动，俟完全溶解后，移至具塞锥形瓶中，用水稀释使成约50ml，加稀盐酸1ml，用硫代硫酸钠滴定液（0.1mol/L）滴定，至近终点时，加淀粉指示液2ml，继续滴定至蓝色消失。每1ml硫代硫酸钠滴定液（0.1mol/L）相当于12.69mg的I。

【类别】 消毒防腐药。

【贮藏】 遮光，密封，在阴凉处保存。

【制剂】 （1）碘甘油 （2）碘酊 （3）浓碘酊

碘 甘 油

Dian Ganyou

Iodine Glycerol

本品含碘（按I计）与碘化钾（KI）均应为0.90%~1.10%（g/ml）。

【处方】

碘	10g
碘化钾	10g
水	10ml
甘油	适量
制成	1000ml

【制法】　取碘化钾，加水溶解后，加碘，搅拌使溶解，再加甘油使成1000ml，搅匀，即得。

【性状】　本品为红棕色的黏稠液体；有碘的特臭。

【鉴别】　（1）取本品1ml，用水稀释，加硫代硫酸钠试液，棕色应消失。

（2）取鉴别（1）项遗留的溶液，加亚硝酸钴钠试液，即生成黄色沉淀。

（3）本品的红外光吸收图谱应与甘油对照的图谱一致。

【检查】　微生物限度　取本品，照非无菌产品微生物限度检查：微生物计数法（附录1105）和控制菌检查法（附录1106）及非无菌兽药微生物限度标准（附录1107）检查，应符合规定。

【含量测定】　碘　精密量取本品20ml，置具塞锥形瓶中，加水100ml与醋酸1滴，用硫代硫酸钠滴定液（0.1mol/L）滴定至溶液无色。每1ml硫代硫酸钠滴定液（0.1mol/L）相当于12.69mg的I。

碘化钾　取上述滴定后的溶液，加醋酸2ml与曙红指示液0.1ml，用硝酸银滴定液（0.1mol/L）滴定，至沉淀由黄色转变为玫瑰红色；将消耗的硝酸银滴定液（0.1mol/L）的体积（ml）减去上述消耗的硫代硫酸钠定液（0.1mol/L）的体积（ml）。每1ml硝酸银滴定液（0.1mol/L）相当于16.60mg的KI。

【作用与用途】　消毒防腐药。用于口腔、舌、齿龈、阴道等黏膜炎症与溃疡。

【用法与用量】　涂患处。

【不良反应】　低浓度碘的毒性很低，使用时偶尔引起过敏反应。

【注意事项】　（1）对碘过敏动物禁用。

（2）不应与含汞药物配伍。

【贮藏】　遮光，密封保存。

碘 酊

Dian Ding

Iodine Tincture

本品含碘（按I计）应为1.80%~2.20%（g/ml），含碘化钾（KI）应为1.35%~1.65%（g/ml）。

【处方】

碘	20g
碘化钾	15g
乙醇	500ml
水	适量
制成	1000ml

【制法】 取碘化钾，加水20ml溶解后，加碘及乙醇，搅拌使溶解，再加水适量使成1000ml，即得。

【性状】 本品为红棕色的澄清液体；有碘与乙醇的特臭。

【鉴别】 （1）取本品1滴，滴入淀粉指示液1ml与水10ml的混合液中，即显深蓝色。

（2）取本品5ml，置水浴上蒸干，缓缓炽灼，使游离碘完全挥发，残渣加水溶解后，显钾盐与碘化物的鉴别反应（附录0301）。

【检查】 乙醇量 取本品约20ml，置碘瓶中，加锌粉适量使脱色，滤过，精密量取续滤液10ml，照乙醇量测定法（附录0711气相色谱法）测定，含乙醇应为45.0% ~ 55.0%（ml/ml）。

其他 应符合酊剂项下有关的各项规定（附录0103）。

【含量测定】 碘 精密量取本品10ml，置具塞锥形瓶中，加醋酸1滴，用硫代硫酸钠滴定液（0.1mol/L）滴定至溶液无色。每1ml硫代硫酸钠滴定液（0.1mol/L）相当于12.69mg的 I 。

碘化钾 取上述滴定后的溶液，加醋酸2ml与曙红钠指示液0.1ml，用硝酸银滴定液（0.1mol/L）滴定，至沉淀由黄色变为玫瑰红色；将消耗的硝酸银滴定液（0.1mol/L）的体积（ml）减去上述消耗的硫代硫酸钠滴定液（0.1mol/L）的体积（ml）。每1ml硝酸银滴定液（0.1mol/L）相当于16.60mg的KI。

【作用与用途】 消毒防腐药。用于手术前和注射前皮肤消毒。

【用法与用量】 术前和注射前的皮肤消毒。

【不良反应】 低浓度碘的毒性很低，使用时偶尔引起过敏反应。

【注意事项】 （1）对碘过敏动物禁用。

（2）小动物用碘酊涂擦皮肤消毒后，宜用70%酒精脱碘，避免引起发泡或发炎。

（3）不应与含汞药物配伍。

【贮藏】 遮光，密封，在凉处保存。

浓 碘 酊

Nong Dianding

Strong Iodine Tincture

本品含碘（I）应为9.0% ~ 11.0%（g/ml），含碘化钾（KI）应为6.75% ~ 8.25%（g/ml）。

【处方】

碘	100g
碘化钾	75g
水	80ml
乙醇	适量
制成	1000ml

【制法】　取碘化钾75g，加水80ml溶解后，加碘与乙醇适量，搅拌使溶解，再加乙醇至总量，搅匀，滤过，即得。

【性状】　本品为暗红褐色液体；有碘与乙醇的特臭；易挥发。

【鉴别】　（1）取本品1滴，滴入淀粉指示液1ml与水10ml的混合溶液中，即显深蓝色。

（2）取本品2ml，置水浴上蒸干，缓缓炽灼，使游离碘完全挥发，残渣加水溶解后，显钾盐与碘化物的鉴别反应（附录0301）。

【含量测定】　碘　精密量取本品2ml，置碘瓶中，加乙醇10ml与醋酸1滴，用硫代硫酸钠滴定液（0.1mol/L）滴定至溶液无色。每1ml硫代硫酸钠滴定液（0.1mol/L）相当于12.69mg的I。

碘化钾　取上述滴定后的溶液，加醋酸2ml与曙红钠指示液2滴，用硝酸银滴定液（0.1mol/L）滴定，至沉淀由黄色变为玫瑰红色；将消耗的硝酸银滴定液（0.1mol/L）的体积（ml）减去上述消耗的硫代硫酸钠滴定液（0.1mol/L）的体积（ml）。每1ml硝酸银滴定液（0.1mol/L）相当于16.60mg的KI。

【作用与用途】　刺激药。外用于局部慢性炎症。

【用法与用量】　局部涂擦。

【不良反应】　偶尔引起过敏反应。

【注意事项】　本品刺激性强，皮肤局部反复涂擦可引起炎症反应。

【贮藏】　遮光，密封，在阴凉处保存。

碘　化　钾

Dianhuajia

Potassium Iodide

KI　166.00

本品按干燥品计算，含碘化钾（KI）不得少于99.0%。

【性状】　本品为无色结晶或白色结晶性粉末；无臭；微有引湿性。

本品在水中极易溶解，在乙醇中溶解。

【鉴别】　本品的水溶液显钾盐与碘化物的鉴别反应（附录0301）。

【检查】　碱度　取本品1.0g，加水10ml溶解后，加硫酸滴定液（0.05mol/L）0.10ml与酚酞指示液1滴，不得显红色。

溶液的澄清度与颜色　取本品1.0g，加水10ml溶解后，溶液应澄清无色。

氯化物　取本品0.25g，加水100ml溶解后，加浓过氧化氢溶液与磷酸各1ml，煮沸至溶液无色，放冷，再加浓过氧化氢溶液0.5ml，煮沸，放冷，移至250ml量瓶中，用水稀释至刻度，摇匀，取5.0ml，依法检查（附录0801），与标准氯化钠溶液2.5ml制成的对照液比较，不得更浓（0.5%）。

硫酸盐　取本品0.50g，依法检查（附录0802），与标准硫酸钾溶液2.0ml制成的对照液比较，不得更浓（0.04%）。

碘酸盐　取本品0.50g，加新沸过的冷水10ml溶解后，加稀硫酸2滴与淀粉指示液0.2ml，避光放置，2分钟内不得显蓝色。

干燥失重　取本品，在105℃干燥4小时，减失重量不得过1.0%（附录0831）。

钡盐 取本品1.0g，加水20ml溶解后，滤过，滤液分为两等份，一份中加稀硫酸1ml，另一份中加水1ml，15分钟内两液应同样澄清。

铁盐 取本品0.50g，加水5ml溶解后，加浓过氧化氢与盐酸各2ml，蒸干至残渣无色，放冷（必要时，再加浓过氧化氢溶液1ml，蒸干，放冷），依法检查（附录0807），与标准铁溶液1.0ml制成的对照液比较，不得更深（0.002%）。

重金属 取本品2.0g，加水23ml溶解后，加醋酸盐缓冲液2ml（pH3.5），依法检查（附录0821第一法），含重金属不得过百万分之十。

【含量测定】 取本品约0.3g，精密称定，加水10ml溶解后，加盐酸35ml，用碘酸钾滴定液（0.05mol/L）滴定至黄色，加三氯甲烷5ml，继续滴定，同时强烈振摇，直至三氯甲烷层的颜色消失。每1ml碘酸钾滴定液（0.05mol/L）相当于16.60mg的KI。

【类别】 祛痰药。

【贮藏】 遮光，密封保存。

【制剂】 碘化钾片

碘 化 钾 片

Dianhuajia Pian

Potassium Iodide Tablets

本品含碘化钾（KI）应为标示量的90.0%～110.0%（10mg规格）或92.5%～107.5%（200mg规格）。

【性状】 本品为白色片。

【鉴别】 取本品的细粉适量，加水使碘化钾溶解，滤过，滤液显钾盐与碘化物的鉴别反应（附录0301）。

【检查】 含量均匀度 取本品1片（10mg规格），置100ml量瓶中，加水适量，充分振摇，使碘化钾溶解，用水稀释至刻度，摇匀，滤过，精密量取续滤液5ml，置100ml量瓶中，用水稀释至刻度，摇匀，作为供试品溶液。另取碘化钾对照品，精密称定，加水溶解并定量稀释制成每1ml中约含5μg的溶液，作为对照品溶液。照紫外-可见分光光度法（附录0401），在227nm的波长处测定吸光度，计算含量，应符合规定（附录0941）。

其他 应符合片剂项下有关的各项规定（附录0101）。

【含量测定】 取本品80片，精密称定，研细，精密称取适量（约相当于碘化钾0.3g），照碘化钾含量测定项下的方法，自"加水10ml溶解后"起，依法测定，即得。

【作用与用途】 祛痰药。用于慢性支气管炎。

【用法与用量】 以碘化钾计。内服，一次量，马、牛5～10g；羊、猪1～3g；犬0.2～1g。

【注意事项】 （1）碘化钾在酸性溶液中能析出游离碘。

（2）肝、肾功能低下患畜慎用。

（3）不适于急性支气管炎症。

【规格】 （1）10mg （2）200mg

【贮藏】 遮光，密封，在干燥处保存。

碘 硝 酚

Dianxiaofen

Disophenol

$C_6H_3I_2NO_3$ 390.90

本品为2,6-二碘-4-硝基苯酚。按干燥品计算，含$C_6H_3I_2NO_3$不得少于98.0%。

【性状】 本品为淡黄色粉末或淡黄色结晶性粉末；无臭。

本品在乙酸乙酯中易溶，在乙醇中溶解，在水中几乎不溶。

熔点 本品的熔点为155～159℃。

【鉴别】 （1）取本品约30mg，置坩埚中，小火加热，即产生紫色的碘蒸气。

（2）取本品，加0.1mol/L氢氧化钠溶液制成每1ml中约含15μg的溶液，照紫外-可见分光光度法（附录0401）测定，在234nm、282nm与407nm的波长处有最大吸收。

（3）本品的红外光吸收图谱应与对照的图谱一致。

【检查】 **酸度** 取本品1.0g，加水20ml，振摇数分钟，滤过，依法测定（附录0631），pH值应为4.0～6.0。

氯化物 取本品2.0g，加氢氧化钠试液8ml与水25ml，加热使溶解，加稀硝酸6ml，搅拌数分钟，使碘硝酚析出，冷却，滤过，沉淀用少量水洗涤，洗液与滤液合并，使成50ml，摇匀，必要时重复滤过；取滤液20ml，依法检查（附录0801），与标准氯化钠溶液4.0ml制成的对照液比较，不得更浓（0.005%）。

游离碘 取本品0.1g，加水3ml溶解后，加淀粉指示剂0.5ml，不得显蓝色或紫色。

碘化物 取氯化物项下剩余的滤液20ml，加三氯甲烷1ml，稀硝酸3ml与浓过氧化氢溶液1ml，振摇，静置分层后，三氯甲烷层如显色，与0.0013%碘化钾溶液（每1ml相当于10μg的I）2.0ml，加水使成20ml后，与用同一方法制成的对照液比较，不得更深（0.0025%）。

对硝基苯酚 取本品，加乙醇溶解并稀释制成每1ml中含20mg的溶液，作为供试品溶液；取对硝基苯酚，加乙醇溶解并稀释制成每1ml中含0.2mg的溶液，作为对照溶液。照薄层色谱法（附录0502）试验，吸取上述两种溶液各10μl，分别点于同一硅胶GF$_{254}$薄层板上，以苯-冰醋酸（95∶5）为展开剂，展开，晾干，置紫外光灯（254nm）下检视。供试品溶液如显杂质斑点，其颜色与对照溶液主斑点比较，不得更深，并不得显其他杂质斑点（1%）。

干燥失重 取本品，在105℃干燥至恒重，减失重量不得过0.5%（附录0831）。

炽灼残渣 不得过0.1%（附录0841）。

重金属 取炽灼残渣项下的残渣，依法检查（附录0821第二法），含重金属不得过百万分之十。

【含量测定】 取本品约0.25g，精密称定，加2mol/L氢氧化钠溶液20ml和锌粉1g，加热回流30分钟，放冷，冷凝管用少量水洗涤，滤过。用水洗涤容器与滤器三次，每次10ml，合并洗液与滤液，置250ml碘瓶中，加5%高锰酸钾溶液20ml与50%硫酸溶液10ml，摇匀，放冷，加新制的10%亚硫酸氢钠溶液13ml，摇匀，放置5分钟，滴加5%高锰酸钾溶液至溶液无色，再缓慢滴加1%高锰酸钾溶液至溶液显淡黄色，加淀粉指示液0.5ml，用硝酸银滴定液（0.1mol/L）滴定至蓝色消失。再加1%高锰酸钾溶液1滴，振摇，如出现蓝色，继续滴定至蓝色消失。每1ml硝酸银滴定液（0.1mol/L）相当于19.54mg的$C_6H_3I_2NO_3$。

【类别】 抗寄生虫药。

【贮藏】 遮光，密闭保存。

【制剂】 碘硝酚注射液

碘硝酚注射液

Dianxiaofen Zhusheye

Disophenol Injection

本品为碘硝酚的灭菌溶液。含碘硝酚（$C_6H_3I_2NO_3$）应为标示量的93.0%~107.0%。

【性状】 本品为黄色澄明的黏稠液体。

【鉴别】 （1）取本品适量（相当于碘硝酚0.4g），加0.1mol/L盐酸溶液5ml，水20ml，摇匀，滤过，残渣置坩埚中，小火加热，即产生紫色的碘蒸气。

（2）取含量测定项下的溶液，照紫外-可见分光光度法（附录0401）测定，在234nm、282nm与407nm的波长处有最大吸收。

【检查】 pH值 应为7.0~8.5（附录0631）。

无菌 取本品，转移至不少于500ml的0.9%无菌氯化钠溶液中，经薄膜过滤法处理，依法检查（附录1101），应符合规定。

其他 应符合注射剂项下有关的各项规定（附录0102）。

【含量测定】 精密称取本品适量（约相当于碘硝酚0.2g），置250ml量瓶中，用水稀释至刻度，摇匀；精密量取5ml，置250ml量瓶中，用水稀释至刻度，摇匀。照紫外-可见分光光度法（附录0401），在407nm的波长处测定吸光度；另取本品，同时测定其相对密度（附录0601），将供试品量换算成毫升数，按$C_6H_3I_2NO_3$的吸收系数（$E_{1cm}^{1\%}$）为411计算，即得。

【作用与用途】 抗寄生虫药。用于羊线虫、羊鼻蝇蛆、螨和蜱感染。

【用法与用量】 以碘硝酚计。皮下注射：一次量，每1kg体重，羊10~20mg。

【不良反应】 （1）安全范围窄，通常表现为肝毒性症状。

（2）治疗量时，可见心率、呼吸加快，体温升高。

（3）剂量过大时可见失明、呼吸困难、抽搐甚至死亡。

【注意事项】 （1）本品不得用于秋季螨病防治。

（2）因为碘硝酚对组织中幼虫效果较差，故3周后应重复用药。

【休药期】 羊90日；弃奶期90日。

【规格】 （1）10ml：0.5g （2）20ml：1g （3）20ml：4g （4）100ml：20g （5）250ml：50g

【贮藏】 遮光，密闭保存。

碘 解 磷 定

Dianjielinding

Pralidoxime Iodide

$$C_7H_9IN_2O \quad 264.07$$

本品为1-甲基-2-吡啶甲醛肟碘化物。

【性状】 本品为黄色颗粒状结晶或结晶性粉末；无臭；遇光易变质。

本品在水或热乙醇中溶解，在乙醇中微溶，在乙醚中不溶。

熔点 本品的熔点（附录0612）为220～227℃，熔融时同时分解。

吸收系数 避光操作。取本品，精密称定，加盐酸溶液（9→1000）溶解并定量稀释制成每1ml中约含10μg的溶液，在1小时内，照紫外-可见分光光度法（附录0401），在294nm的波长处测定吸光度，吸收系数（$E_{1cm}^{1\%}$）为464～494。

【鉴别】 取本品约0.2g，加水20ml溶解后，照下述方法试验。

（1）取溶液5ml，加碘化铋钾试液数滴，即生成红棕色沉淀。

（2）取溶液10ml，加三氯化铁试液1滴，即显黄色；再加三氯化铁试液1滴，即生成棕色沉淀（与氯解磷定的区别）。

（3）本品的红外光吸收图谱应与对照的图谱一致。

【检查】 **氰化物** 取本品0.40g，依法检查（附录0806第二法），与标准氰化钾溶液1.0ml 所得的结果相比较，应符合规定（0.0005%）。

游离碘 取本品0.10g，加水3ml溶解后，加淀粉指示液0.5ml，不得显蓝色或紫色。

干燥失重 取本品，在105℃干燥至恒重，减失重量不得过0.5%（附录0831）。

炽灼残渣 取本品1.0g，依法检查（附录0841），遗留残渣不得过0.1%。

重金属 取炽灼残渣项下遗留的残渣，依法检查（附录0821第二法），含重金属不得过百万分之十。

总碘量 取本品约0.5g，精密称定，加水50ml溶解后，加稀醋酸10ml与曙红钠指示液10滴，用硝酸银滴定液（0.1mol/L）滴定至溶液由玫瑰红色变为紫红色。每1ml硝酸银滴定液（0.1mol/L）相当于12.69mg的I。按干燥品计算，含碘量，按I计，应为47.6%～48.5%。

【类别】 解毒药。

【贮藏】 遮光，密封保存。

【制剂】 碘解磷定注射液

碘解磷定注射液

Dianjielinding Zhusheye

Pralidoxime Iodide Injection

本品为碘解磷定的灭菌水溶液。含碘解磷定（$C_7H_9IN_2O$）应为标示量的90.0%～105.0%。

本品中可加5%的葡萄糖作稳定剂。

【性状】 本品为无色或几乎无色的澄明液体。

【鉴别】 取本品10ml，用水稀释至25ml后，照碘解磷定项下的鉴别（1）、（2）项试验，显相同的反应。

【检查】 pH值 应为3.5～5.0（附录0631）。

游离碘 取本品4ml，加淀粉指示液0.5ml，不得显蓝色或紫色。

分解产物 避光操作。取含量测定项下的溶液，在1小时内，照紫外-可见分光光度法（附录0401），在294nm与262nm的波长处分别测定吸光度，其比值应不小于3.1。

热原 取本品，依法检查（附录1142），剂量按家兔体重每1kg注射2ml，应符合规定。

其他 应符合注射剂项下有关的各项规定（附录0102）。

【含量测定】 避光操作。精密量取本品5ml，置250ml量瓶中，用盐酸溶液（9→1000）稀释至刻度，摇匀；精密量取5ml，置另一250ml量瓶中，用盐酸溶液（9→1000）稀释至刻度，摇匀，在1小时内，照紫外-可见分光光度法（附录0401），在294nm的波长处测定吸光度，按$C_7H_9IN_2O$的吸收系数（$E_{1cm}^{1\%}$）为479计算，即得。

【作用与用途】 解毒药。能活化被抑制的胆碱酯酶。用于有机磷中毒。

【用法与用量】 以碘解磷定计。静脉注射：一次量，每1kg体重，家畜15～30mg。

【不良反应】 本品注射速度过快可引起呕吐、心率加快和共济失调。大剂量或注射速度过快还可引起血压波动、呼吸抑制。

【注意事项】 （1）禁与碱性药物配伍。

（2）有机磷内服中毒的动物先以2.5%碳酸氢钠溶液彻底洗胃（敌百虫除外）；由于消化道后部也可吸收有机磷，应用本品至少维持48～72小时，以防延迟吸收的有机磷加重中毒程度，甚至致死。

（3）用药过程中定时测定血液胆碱酯酶水平，作为用药监护指标。血液胆碱酯酶应维持在50%～60%以上。必要时应及时重复应用本品。

（4）本品与阿托品有协同作用，与阿托品联合应用时，可适当减少阿托品剂量。

【规格】 （1）10ml：0.25g （2）20ml：0.5g

【贮藏】 遮光，密闭保存。

碘 醚 柳 胺

Dianmiliu'an

Rafoxanide

$C_{19}H_{11}Cl_2I_2NO_3$ 626.02

本品为N-〔3-氯-4-（4-氯苯氧）苯基〕-2-羟基-3,5-二碘苯甲酰胺。按干燥品计算，含$C_{19}H_{11}Cl_2I_2NO_3$应为98.0%～102.0%。

【性状】 本品为灰白色至淡棕色粉末。

本品在丙酮中溶解，在乙酸乙酯或三氯甲烷中略溶，在甲醇中微溶，在水中不溶。

熔点 本品的熔点（附录0612）为173~176℃。

【鉴别】 （1）取本品10mg，加乙醇10ml溶解后，滴加三氯化铁试液2滴，振摇，即显紫黑色。

（2）取本品，加盐酸甲醇溶液（9→1000）溶解并稀释制成每1ml中含40μg的溶液，照紫外-可见分光光度法（附录0401）测定，在280nm与335nm的波长处有最大吸收，其吸光度分别约为0.97和0.59。

（3）取本品约20mg，置坩埚中，加热，即分解产生紫色的碘蒸气。

（4）本品的红外光吸收图谱应与对照的图谱一致。

【检查】 **有关物质** 取本品，加三氯甲烷溶解并稀释制成每1ml中约含10mg的溶液，作为供试品溶液；精密量取适量，用三氯甲烷定量稀释制成每1ml中约含0.1mg的溶液，作为对照溶液（上述两种溶液均应临用前配制）。照薄层色谱法（附录0502）试验，吸取上述两种溶液各10μl，分别点于同一硅胶GF$_{254}$薄层板上，以三氯甲烷-甲醇-浓氨溶液（170：30：2）为展开剂，展开，晾干，置紫外光灯（254nm）下检视。供试品溶液如显杂质斑点，其颜色与对照溶液的主斑点比较，不得更深。

干燥失重 取本品，在105℃干燥至恒重，减失重量不得过0.5%（附录0831）。

炽灼残渣 不得过0.1%（附录0841）。

【含量测定】 取本品约1.25g，精密称定，加丙酮50ml，振摇使溶解（如溶解较慢，可微温或超声使溶解），加酚酞指示液1ml，用氢氧化钠滴定液（0.1mol/L）滴定，并将滴定的结果用空白试验校正。每1ml氢氧化钠滴定液（0.1mol/L）相当于62.60mg的$C_{19}H_{11}Cl_2I_2NO_3$。

【类别】 抗寄生虫药。

【贮藏】 遮光，密闭保存。

【制剂】 碘醚柳胺混悬液

碘醚柳胺混悬液

Dianmiliu' an Hunxuanye

Rafoxanide Suspension

本品含碘醚柳胺（$C_{19}H_{11}Cl_2I_2NO_3$）应为标示量的90.0%~110.0%。

【性状】 本品为灰白色混悬液；久置可分为两层，上层为无色液体，下层为灰白色至淡棕色沉淀。

【鉴别】 （1）取摇匀后的本品适量（约相当于碘醚柳胺0.2g），先缓缓加热挥干，再用强火加热，产生的蒸气能使湿润的碘化钾淀粉试纸变蓝。

（2）取含量测定项下的溶液，照紫外-可见分光光度法（附录0401）测定，在280nm与335nm波长处有最大吸收，在280nm与335nm波长处的吸光度比值应为1.59~1.69。

【检查】 应符合内服混悬剂项下有关的各项规定（附录0111）。

【含量测定】 取本品，摇匀，精密量取适量（约相当于碘醚柳胺0.1g），置分液漏斗中，加0.1mol/L氢氧化钠溶液25ml与乙醚25ml，振摇5分钟，分取乙醚层，水层用乙醚提取3次，每次25ml，合并乙醚液，置200ml棕色量瓶中，用乙醚稀释至刻度，摇匀；精密量取5ml，置100ml棕色量瓶中，用盐酸甲醇溶液（9→1000）稀释至刻度，摇匀。照紫外-可见分光光度法（附录0401），在335nm的波长处测定吸光度，按$C_{19}H_{11}Cl_2I_2NO_3$的吸收系数（$E_{1cm}^{1\%}$）为149计算，即得。

【作用与用途】 抗寄生虫药。用于治疗牛、羊肝片吸虫病。

硼砂

【用法与用量】 以碘醚柳胺计。内服：一次量，每1kg体重，牛、羊7～12mg。

【注意事项】 （1）泌乳期禁用。

（2）不得超量使用。

【休药期】 牛、羊60日。

【规格】 2%

【贮藏】 遮光，密封保存。

硼　砂
Pengsha
Borax

$$Na_2B_4O_7 \cdot 10H_2O \quad 381.37$$

本品为四硼酸钠，含$Na_2B_4O_7 \cdot 10H_2O$应为99.0%～103.0%。

【性状】 本品为无色半透明的结晶或白色结晶性粉末；无臭；有风化性；水溶液显碱性反应。本品在沸水或甘油中易溶，在水中溶解，在乙醇中不溶。

【鉴别】 本品的水溶液显钠盐与硼酸盐的鉴别反应（附录0301）。

【检查】 碱度 取本品1.0g，加水25ml溶解后，在20～25℃依法测定（附录0631），pH值应为9.0～9.6。

溶液的澄清度 取本品0.5g，加水10ml溶解后，溶液应澄清；如显浑浊，与2号浊度标准液（附录0902）比较，不得更浓。

氯化物 取本品0.25g，依法检查（附录0801），与标准氯化钠溶液5.0ml制成的对照液比较，不得更浓（0.02%）。

硫酸盐 取本品0.50g，依法检查（附录0802），与标准硫酸钾溶液2.0ml制成的对照液比较，不得更浓（0.04%）。

碳酸盐与碳酸氢盐 取本品0.25g，加水5ml溶解后，加盐酸，不得发生泡沸。

钙盐 取本品0.25g，加水10ml溶解后，加醋酸使成酸性，再加草酸铵试液1.0ml，放置1分钟后，加乙醇5ml，摇匀，15分钟后，如显浑浊，与标准钙溶液〔精密称取在105～110℃干燥至恒重的碳酸钙0.125g，置500ml量瓶中，加水5ml与盐酸0.5ml使溶解，用水稀释至刻度，摇匀；临用前，精密量取10ml，置100ml量瓶中，用水稀释至刻度，摇匀（每1ml相当于10μg的Ca）〕2.5ml用同一方法制成的对照液比较，不得更浓（0.01%）。

铁盐 取本品1.0g，加水25ml溶解后，依法检查（附录0807），与标准铁溶液3.0ml制成的对照液比较，不得更深（0.003%）。

重金属 取本品1.0g，加水16ml溶解后，滴加1mol/L盐酸溶液至遇刚果红试纸变蓝紫色，再加水适量使成25ml，依法检查（附录0821第一法），含重金属不得过百万分之十。

砷盐 取本品0.4g，加水23ml溶解后，加盐酸5ml，依法检查（附录0822第二法），应符合规定（0.0005%）。

【含量测定】 取本品约0.4g，精密称定，加水25ml溶解后，加0.05%甲基橙溶液1滴，用盐酸滴定液（0.1mol/L）滴定至橙红色，煮沸2分钟，冷却，如溶液呈黄色，继续滴定至溶液呈橙红色，加中性甘油〔取甘油80ml，加水20ml与酚酞指示液1滴，用氢氧化钠滴定液（0.1mol/L）滴定至粉红色〕80ml与酚酞指示液8滴，用氢氧化钠滴定液（0.1mol/L）滴定至显粉红色。每1ml氢氧化钠滴定液（0.1mol/L）相当于9.534mg的$Na_2B_4O_7 \cdot 10H_2O$。

【作用与用途】 消毒防腐药。用于冲洗眼结膜、口腔及阴道黏膜。

【用法与用量】 外用冲洗：配成2%～4%溶液。

【贮藏】 密封保存。

硼葡萄糖酸钙注射液

Pengputaotangsuangai Zhusheye

Calcium Borogluconate Injection

本品为葡萄糖酸钙与硼酸的灭菌注射液。含钙（Ca）应为标示量的95.0%～105.0%，含硼酸（H_3BO_3）不得过钙标示含量的2.3倍。

【性状】 本品为无色澄明液体。

【鉴别】 （1）取本品5ml，加三氯化铁试液1滴，即显黄色。

（2）取本品1ml，加草酸铵试液2滴，即生成白色沉淀，分离，沉淀不溶于醋酸，但可溶于盐酸。

（3）取本品1ml，加硫酸0.15ml，混合后，加甲醇5ml，点火燃烧，即发生边缘带绿色的火焰。

【检查】 pH值 应为5.0～7.0（附录0631）。

热原 取本品，依法检查（附录1142），剂量按家兔体重每1kg缓缓注射2ml，应符合规定。

其他 应符合注射剂项下有关的各项规定（附录0102）。

【含量测定】 **钙** 精密量取本品适量（约相当于钙45mg），置锥形瓶中，加水50ml，40%氢氧化钠溶液4.0ml与钙紫红素指示剂约10mg，用乙二胺四醋酸二钠滴定液（0.05mol/L）滴定至溶液自粉红色转变为蓝色。每1ml的乙二胺四醋酸二钠滴定液（0.05mol/L）相当于2.004mg的Ca。

硼酸 精密量取本品5ml，置100ml烧杯中，加水50ml，用盐酸溶液（1→25）调节pH值至4.00，加甘露醇3g，振摇使溶解，加酚酞指示液2滴，用氢氧化钠滴定液（0.1mol/L）滴定至溶液显粉红色。每1ml的氢氧化钠滴定液（0.1mol/L）相当于6.183mg的H_3BO_3。

【作用与用途】 钙补充药。用于钙缺乏症。

【用法与用量】 以钙计。静脉注射：一次量，每100kg体重，牛1g。

【注意事项】 缓慢注射，禁与强心苷并用。

【规格】 （1）100ml：钙1.5g （2）100ml：钙2.3g （3）250ml：钙3.8g （4）250ml：钙5.7g （5）500ml：钙7.6g （6）500ml：钙11.4g

【贮藏】 密闭，在凉暗处保存。

硼　　酸

Pengsuan

Boric Acid

H_3BO_3　61.83

本品含H_3BO_3不得少于99.5%。

【性状】　本品为无色微带珍珠光泽的结晶或白色疏松的粉末，有滑腻感；无臭；水溶液显弱酸性反应。

本品在沸水、沸乙醇或甘油中易溶，在水或乙醇中溶解。

【鉴别】　本品的水溶液显硼酸盐的鉴别反应（附录0301）。

【检查】　酸度　取本品1.0g，加水30ml溶解后，依法测定（附录0631），pH值应为3.5～4.8。

溶液的澄清度　取本品1.0g，加温水30ml使溶解，放冷，溶液应澄清；如显浑浊，与1号浊度标准液（附录0902）比较，不得更浓。

乙醇溶液的澄清度　取本品1.0g，加乙醇10ml，煮沸溶解后，溶液应澄清；如显浑浊，与2号浊度标准液（附录0902第一法）比较，不得更浓。

氯化物　取本品0.50g，依法检查（附录0801），与标准氯化钠溶液5.0ml制成的对照液比较，不得更浓（0.01%）。

硫酸盐　取本品0.50g，依法检查（附录0802），与标准硫酸钾溶液2.0ml制成的对照液比较，不得更浓（0.04%）。

磷酸盐　取本品0.50g，加水15ml溶解后，加2,4-二硝基苯酚的饱和溶液2滴，滴加硫酸溶液（12→100）至黄色消失，用水稀释至20ml，再加硫酸溶液（12→100）4ml、5%钼酸铵溶液1ml与磷试液1.0ml，摇匀，于60℃水浴中保温10分钟，如显色，与标准磷酸盐溶液（精密称取磷酸二氢钾0.1430g，置1000ml量瓶中，加水溶解并稀释至刻度，摇匀，精密量取10ml，置100ml量瓶中，用水稀释至刻度，摇匀，即得。每1ml溶液相当于10μg的PO_4）5.0ml用同一方法制成的对照液比较，不得更深（0.01%）。

钙盐　取本品0.50g，加水10ml溶解后，加氨试液使成碱性，再加草酸铵试液0.5ml与乙醇5ml，加水至20ml，摇匀，如显浑浊，与标准钙溶液（同硼砂项下）5.0ml用同一方法制成的对照液比较，不得更浓（0.01%）。

镁盐　取本品0.50g，加水8ml溶解后，用8%氢氧化钠溶液中和至中性，加水至10ml，再加8%氢氧化钠溶液5ml与0.05%太坦黄溶液0.2ml，摇匀；如显色，与标准镁溶液（取预先经800℃灼烧至恒重的氧化镁16.58mg，加盐酸2.5ml与水适量使溶解成1000ml，摇匀）5.0ml用同一方法制成的对照液比较，不得更深（0.01%）。

铁盐　取本品1.0g，加水25ml溶解后，依法检查（附录0807），与标准铁溶液1.0ml制成的对照液比较，不得更深（0.001%）。

重金属　取本品1.0g，加水23ml溶解后，加醋酸盐缓冲液（pH3.5）2ml，依法检查（附录0821第一法）含重金属不得过百万分之十。

【含量测定】　取本品约0.5g，精密称定，加甘露醇5g与新沸过的冷水25ml，微温使溶解，迅即放冷，加酚酞指示液3滴，用氢氧化钠滴定液（0.5mol/L）滴定至显粉红色。每1ml氢氧化钠滴定液（0.5mol/L）相当于30.92mg的H_3BO_3。

【作用与用途】　消毒防腐药。用于洗眼或冲洗黏膜。

【用法与用量】　外用冲洗：配成2%～4%溶液。

【不良反应】　外用一般毒性不大，但不适用于大面积创伤和新生肉芽组织的冲洗，以避免吸收后蓄积中毒。

【贮藏】　密封保存。

溴　化　钠

Xiuhuana

Sodium Bromide

NaBr　102.89

本品按干燥品计算，含NaBr不得少于99.0%。

【性状】　本品为无色或白色细小的立方形结晶，或白色颗粒状粉末；无臭；有引湿性。

本品在水中易溶，在乙醇中溶解。

【鉴别】　本品的水溶液显钠盐与溴化物的鉴别反应（附录0301）。

【检查】　酸碱度　取本品5.0g，加水50ml溶解后，加溴麝香草酚蓝指示液2滴，如显黄色，加氢氧化钠滴定液（0.02mol/L）1.50ml，应显蓝色；如显蓝色或绿色，加盐酸滴定液（0.02mol/L）1.50ml，应显黄色。

溶液的澄清度与颜色　取本品2.5g，加水25ml使溶解后，溶液应澄清无色。

氯化物　取本品0.50g，置100ml凯氏烧瓶中，加水10ml使溶解，加硝酸5ml与浓过氧过氢溶液3ml，在凯氏烧瓶口放一小漏斗，并使烧瓶成45°斜置，用直火缓缓加热，至溶液无色澄明后，继续加热15分钟，放冷，移置100ml量瓶中，用少量水分次洗净凯氏烧瓶，洗液并入量瓶中，用水稀释至刻度，摇匀；精密量取2ml，依法检查（附录0801），与标准氯化钠溶液6.0ml制成的对照液比较，不得更浓（0.6%）。

碘化物　取本品0.50g，加水10ml溶解后，加三氯化铁试液数滴与三氯甲烷1ml，振摇，静置俟分层，三氯甲烷层不得显紫堇色。

硫酸盐　取本品2.0g，依法检查（附录0802），与标准硫酸钾溶液4.0ml制成的对照液比较，不得更浓（0.02%）。

溴酸盐　取本品1.0g，加新沸过的冷水10ml溶解后，加10%碘化钾溶液0.1ml，淀粉指示液1ml与稀硫酸0.15ml，摇匀，放置5分钟，不得显蓝色或紫色。

干燥失重　取本品，在105℃干燥至恒重，减失重量不得过5.0%（附录0831）。

钡盐　取本品4.0g，加水20ml溶解后，滤过，滤液分为2等份，1份中加稀硫酸2ml，另1份中加水2ml，静置15分钟，两液应同样澄清。

钙盐与镁盐　取本品0.20g，加水20ml溶解后，加氨试液2ml，摇匀，分为2等份，1份中加草酸铵试液2ml，另1份中加磷酸氢二钠试液1ml，5分钟内均不得发生浑浊。

重金属　取本品2.0g，加水10ml溶解后，加醋酸盐缓冲液（pH3.5）2ml与水适量使成25ml，依法检查（附录0821第一法），含重金属不得过百万分之十。

砷盐　取本品0.50g，加水23ml溶解后，加盐酸5ml，依法检查（附录0822第一法），应符合规定（0.0004%）。

【含量测定】　取本品约0.2g，精密称定，加水100ml溶解后，加稀醋酸10ml与曙红钠指示液10滴，用硝酸银滴定液（0.1mol/L）滴定至出现桃红色凝乳状沉淀。每1ml硝酸银滴定液（0.1mol/L）相当于10.29mg的NaBr。

【作用与用途】　镇静药。用以缓解中枢神经兴奋性症状。

【用法与用量】　内服：一次量，马10～50g；牛15～60g；羊、猪5～15g；犬0.5～2g。

【贮藏】　密封保存。

聚 维 酮 碘

Juweitongdian

Povidone Iodine

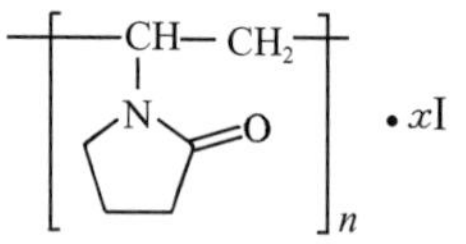

本品为1-乙烯基-2-吡咯烷酮均聚物与碘的复合物。按干燥品计算，含有效碘（I）应为9.0%～12.0%。

【性状】 本品为黄棕色至红棕色无定形粉末。

本品在水或乙醇中溶解，在乙醚或三氯甲烷中不溶。

【鉴别】 取本品约0.5g，加水5ml溶解后，照下述方法试验。

（1）取溶液1滴，加水9ml与淀粉指示液1ml，即显深蓝色。

（2）取溶液0.5ml，涂布在面积约为7.5cm×2.6cm的玻璃板上，于低湿度室温下放置过夜使干燥，形成一棕色、干燥的薄膜，易溶于水。

【检查】 干燥失重 取本品约5g，精密称定，在105℃干燥4小时，称重，以后各次均在继续干燥1小时后称重，直到连续两次干燥后的重量差异不超过5.0mg；减失重量不得过8.0%（附录0831）。

炽灼残渣 取本品1.0g，依法检查（附录0841），遗留残渣不得过0.1%。

重金属 取炽灼残渣项下遗留的残渣，依法检查（附录0821第二法），含重金属不得过百万分之二十。

砷盐 取本品1.3g，加氢氧化钙0.5g，混匀，加水适量（约2ml），搅拌均匀，干燥后，先用小火烧灼使炭化，再在600℃炽灼使完全灰化，放冷，加盐酸5ml与水23ml，依法检查（附录0822第一法），应符合规定（0.000 15%）。

含氮量 取本品约0.50g，精密称定，照氮测定法（附录0704第一法）测定，即得。按干燥品计算，含氮量应为9.5%～11.5%。

碘离子 取本品约0.50g，精密称定，置250ml锥形瓶中，加水100ml溶解后，滴加亚硫酸氢钠试液数滴使溶液颜色消失，加硝酸10ml，精密加入硝酸银滴定液（0.1mol/L）25ml，摇匀后，加硫酸铁铵指示液0.5ml，用硫氰酸铵滴定液（0.1mol/L）滴定至溶液显淡砖红色，并将滴定的结果用空白试验校正，每1ml硝酸银滴定液（0.1mol/L）相当于12.69mg的I。计算得总碘的百分含量减去含量测定项下有效碘的百分含量，即得碘离子的百分含量。按干燥品计算，含碘离子不得过6.6%。

【含量测定】 取本品约1g，精密称定，置烧杯中，加水120ml，搅拌使溶解，照电位滴定法（附录0701），用硫代硫酸钠滴定液（0.1mol/L）滴定。每1ml硫代硫酸钠滴定液（0.1mol/L）相当于12.69mg的I。

【类别】 消毒防腐药。

【贮藏】 遮光，密封，在阴凉干燥处保存。

【制剂】 聚维酮碘溶液

聚维酮碘溶液

Juweitongdian Rongye

Povidone Iodine Solution

本品含聚维酮碘按有效碘（I）计算，应为标示量的8.5%～12.0%。

【性状】 本品为红棕色液体。

【鉴别】 （1）取本品1～5滴，加水10ml与淀粉指示液1滴，溶液即显蓝紫色。

（2）取本品10ml，置50ml锥形瓶中（瓶内颈切勿玷污），瓶口覆盖一张用淀粉指示液湿润的滤纸，放置60秒钟，不显蓝色。

【检查】 pH值 应为3.0～6.5（附录0631）。

其他 应符合外用液体制剂项下有关的各项规定（附录0114）。

【含量测定】 精密量取本品适量（约相当于聚维酮碘1.25g），置烧杯中，加水至125ml，照电位滴定法（附录0701），用硫代硫酸钠滴定液（0.1mol/L）滴定。每1ml硫代硫酸钠滴定液（0.1mol/L）相当于12.69mg的I。

【作用与用途】 消毒防腐药。用于手术部位、皮肤黏膜消毒。

【用法与用量】 以聚维酮碘计。皮肤消毒及治疗皮肤病，5%溶液；奶牛乳头浸泡，0.5%～1%溶液；黏膜及创面冲洗，0.1%溶液。

【注意事项】 （1）对碘过敏动物禁用。

（2）当溶液颜色变为白色或淡黄色即失去消毒活性。

（3）不应与含汞药物配伍。

【规格】 （1）1% （2）2% （3）5% （4）7.5% （5）10%

【贮藏】 遮光，密封，在阴凉处保存。

碱式硝酸铋

Jianshi Xiaosuanbi

Bismuth Subnitrate

本品为一种组成不定的碱式盐。按干燥品计算，含铋（Bi）应为71.5%～74.5%。

【性状】 本品为白色粉末；无臭或几乎无臭；微有引湿性；能使湿润的蓝色石蕊试纸变红色。

本品在水或乙醇中不溶，在盐酸或硝酸中易溶。

【鉴别】 取本品，炽灼，即发生氧化氮的棕色气体；遗留的残渣加硝酸溶解后，显铋盐的鉴别反应（附录0301）。

【检查】 氯化物 取本品0.20g，加硝酸4ml溶解后，加水使成20ml；取5ml，依法检查（附录0801），与标准氯化钠溶液5.0ml制成的对照液比较，不得更浓（0.10%）。

硫酸盐 取铜盐检查项下的滤液25ml，滴加氨试液至对石蕊试纸显中性，滤过，滤液依法检查（附录0802），与标准硫酸钾溶液1.0ml制成的对照液比较，不得更浓（0.020%）。

碳酸盐与酸中不溶物 取本品3.0g，加硝酸3ml，不得发生泡沸，加热应溶解。

干燥失重 取本品，在105℃干燥至恒重，减失重量不得过2.5%（附录0831）。

碱金属与碱土金属 取本品1.0g，加醋酸-水（1∶1）20ml，煮沸2分钟，放冷，滤过，滤渣用水洗净，洗液与滤液合并，加稀盐酸2ml，通入硫化氢气体，使铋完全沉淀，滤过，滤液中加硫酸5滴，蒸干，炽灼至恒重，遗留残渣不得过5mg。

铜盐 取本品1.0g，加盐酸1.5ml溶解后，加入40ml水中，即生成多量白色沉淀，加水使成50ml，摇匀，滤过；取滤液5ml，滴加氨试液至对石蕊试纸显中性，再多加5ml，滤过，沉淀用水洗涤2次，每次5ml，合并滤液与洗液。加二乙基二硫代氨基甲酸钠试液5ml，再加水使成50ml，如显色，与标准硫酸铜溶液（精密量取比色用硫酸铜液2.5ml，置100ml量瓶中，用水稀释至刻度，摇匀，精密量取2.5ml，置另一100ml量瓶中，用水稀释至刻度，摇匀，即得。每1ml相当于10μg的Cu）0.5ml，加氨试液5ml与二乙基二硫代氨基甲酸钠试液5ml，再加水使成50ml制成的对照液比较，不得更浓（0.005%）。

银盐 取本品1.0g，加硝酸5ml溶解后，加水15ml与稀盐酸2滴，不得发生浑浊。

铅盐 取本品1.0g，加硝酸2ml使溶解，加水3ml，氢氧化钠试液20ml与甲基橙指示液2滴，继续滴加氢氧化钠试液至沉淀沉定，上层液显橙红色；滤过，取滤液置50ml纳氏比色管中，加水使成50ml，加铬酸钾试液0.5ml，摇匀，放置10分钟。与标准铅溶液5.0ml制成的对照液比较，不得更浓（0.005%）。

砷盐 取本品0.20g，加硫酸2ml，蒸发至近干，放冷，加盐酸5ml与水23ml溶解后，依法检查（附录0822第一法），应符合规定（0.0010%）。

【含量测定】 取本品约0.2g，精密称定，加硝酸溶液（3→10）5ml使溶解，加水300ml与儿茶酚紫指示液6滴，溶液应显纯蓝色，如显紫色或紫红色，滴加氨试液至显纯蓝色，用乙二胺四醋酸二钠滴定液（0.05mol/L）滴定至溶液显淡黄色。每1ml乙二胺四醋酸二钠滴定液（0.05mol/L）相当于10.45mg的Bi。

【作用与用途】 止泻药。用于胃肠炎及腹泻等。

【用法与用量】 内服。一次量，马、牛15~30g；羊、猪、驹、犊2~4g；犬0.3~2g。

【注意事项】 （1）对病原菌引起的腹泻，应先用抗菌药控制其感染后再用本品。

（2）碱式硝酸铋在肠内溶解后，可形成亚硝酸盐，量大时能被吸收引起中毒。

【贮藏】 遮光，密封保存。

碱式碳酸铋

Jianshi Tansuanbi

Bismuth Subcarbonate

本品为一种组成不定的碱式盐。按干燥品计算，含铋（Bi）应为80.0%~82.5%。

【性状】 本品为白色至微黄色的粉末；无臭；遇光即缓缓变质。

本品在水或乙醇中不溶。

【鉴别】 （1）取本品约0.2g，加稀盐酸2ml，即发生泡沸并溶解。溶液分为二等份：一份中用水稀释，即生成白色沉淀，再加硫化钠试液，沉淀变为棕褐色；另一份中加10%硫脲溶液1ml，即显深黄色。

（2）取本品约50mg，加硝酸1ml溶解后，加水10ml；分取2ml，滴加碘化钾试液，即生成棕黑色沉淀，再加过量的碘化钾试液，沉淀即溶解成黄橙色的溶液。

【检查】 **制酸力** 取本品约0.50g，精密称定，置具塞锥形瓶中，精密加盐酸滴定液（0.1mol/L）50ml，密塞，在37℃不断振摇1小时，放冷，加水50ml，加溴酚蓝指示液8滴，用氢氧化钠滴定液（0.1mol/L）滴定剩余的盐酸。按干燥品计算，每1g消耗盐酸滴定液（0.1mol/L）不得少于38ml。

氯化物 取本品0.20g，加硝酸4ml溶解后，加水适量使成20ml；精密量取5ml，依法检查（附录0801），与标准氯化钠溶液7.0ml制成的对照液比较，不得更浓（0.14%）。

硫酸盐 取本品1.0g，加盐酸2ml溶解后，倾入40ml水中，即产生多量白色沉淀，滴加氨试液至对石蕊试纸显中性，加水使成50ml，摇匀，滤过；分取滤液25ml，依法检查（附录0802），与标准硫酸钾溶液1.0ml制成的对照液比较，不得更浓（0.02%）。

硝酸盐 取本品0.10g，加水8ml与靛胭脂试液2ml，注意加硫酸10ml，待泡沸停止，煮沸，放置1分钟，溶液的蓝色不得完全消失。

干燥失重 取本品，在105℃干燥至恒重，减失重量不得过1.0%（附录0831）。

碱金属与碱土金属盐 取本品1.0g，加醋酸-水（1：1）20ml，煮沸2分钟，放冷，滤过，滤渣用水洗净，洗液与滤液合并，加稀盐酸2ml，通入硫化氢气体，使铋完全沉淀，滤过，滤液中加硫酸5滴，蒸干，炽灼至恒重，遗留残渣不得过5mg。

铜盐 取本品2.0g两份，分别置50ml量瓶中，各加硝酸6ml溶解后，一份用水稀释至刻度，摇匀，作为供试品溶液；另一份中加铜标准溶液〔精密量取铜单元素标准溶液适量，用水定量稀释制成每1ml含铜（Cu）10μg的溶液〕5ml，同法操作，作为对照品溶液。照原子吸收分光光度法（附录0406第二法），在324.7nm的波长处分别测定，应符合规定（0.0025%）。

银盐 取本品2.0g，加水1ml和硝酸4ml，缓缓加热使溶解，加水至11ml，放冷，加1mol/L盐酸溶液2ml，暗处放置5分钟，与标准银溶液〔精密称取硝酸银0.7874g，置1000ml量瓶中，加水使溶解并稀释至刻度，摇匀，精密量取10ml，置100ml量瓶中，用水稀释至刻度，摇匀，精密量取10ml，置100ml量瓶中，用水稀释至刻度，摇匀，即得，每1ml相当于5μg的银（Ag）〕10.0ml加硝酸1ml和1mol/L盐酸溶液2ml同法制成的对照液比较，不得更浓（0.0025%）。

铅盐 取本品3.0g两份，分别置50ml量瓶中，各加硝酸10ml溶解后，一份中用水稀释至刻度，摇匀，作为供试品溶液；另一份中加标准铅溶液6ml，用水稀释至刻度，摇匀，作为对照溶液。照原子吸收分光光度法（附录0406第二法），在283.3nm的波长处分别测定，应符合规定（0.002%）。

砷盐 取本品1.0g，加盐酸5ml与水23ml溶解后，依法检查（附录0822第一法），应符合规定（0.0002%）。

【含量测定】 取本品约0.2g，精密称定，加硝酸溶液（3→10）5ml使溶解，再加水100ml与二甲酚橙指示液3滴，用乙二胺四醋酸二钠滴定液（0.05mol/L）滴定至淡黄色。每1ml乙二胺四醋酸二钠滴定液（0.05mol/L）相当于10.45mg的Bi。

【类别】 止泻药。

【贮藏】 遮光，密封保存。

【制剂】 碱式碳酸铋片

碱式碳酸铋片

Jianshi Tansuanbi Pian

Bismuth Subcarbonate Tablets

本品含碱式碳酸铋以铋（Bi）计算，应为标示量的75.0%～85.0%。

【性状】 本品为白色至微黄色片。

【鉴别】 （1）取本品的细粉适量（约相当于碱式碳酸铋0.3g），加稀盐酸3ml，即发生泡沸，再加水10ml，滤过，滤液分为两份：一份中用水稀释，即生成白色沉淀，再加硫化钠试液，沉淀变为棕褐色；另一份中加10%硫脲溶液1ml，即显深黄色。

（2）取本品的细粉适量（约相当于碱式碳酸铋50mg），加硝酸1ml溶解后，加水10ml，滤过，取滤液2ml，滴加碘化钾试液，即生成棕黑色沉淀，再加过量的碘化钾试液，沉淀即溶解成黄橙色的溶液。

【检查】 制酸力 取本品细粉适量（约相当于碱式碳酸铋0.30g），精密称定，置250ml具塞锥形瓶中，精密加盐酸滴定液（0.1mol/L）50ml，密塞，在37℃不断振摇1小时，放冷，加水50ml，加溴酚蓝指示液8滴，用氢氧化钠滴定液（0.1mol/L）滴定剩余的盐酸。每片消耗盐酸滴定液（0.1mol/L）不得少于10ml（0.3g）或17ml（0.5g）。

其他 应符合片剂项下有关的各项规定（附录0101）。

【含量测定】 取本品20片，精密称定，研细，精密称取适量（约相当于碱式碳酸铋0.2g），照碱式碳酸铋项下的方法，自"加硝酸溶液（3→10）5ml使溶解"起，依法测定。每1ml乙二胺四醋酸二钠滴定液（0.05mol/L）相当于10.45mg的Bi。

【作用与用途】 止泻药。用于胃肠炎及腹泻等。

【用法与用量】 内服。一次量，马、牛15～30g；羊、猪、驹、犊2～4g；犬0.3～2g。

【规格】 含碱式碳酸铋 （1）0.3g （2）0.5g

【贮藏】 遮光，密封，在干燥处保存。

碳　酸　氢　钠

Tansuanqingna

Sodium Bicarbonate

$$NaHCO_3 \quad 84.01$$

本品含$NaHCO_3$应为99.5%～100.5%（供注射用），或不得少于99.0%（供内服用）。

【性状】 本品为白色结晶性粉末；无臭；在潮湿空气中即缓缓分解；水溶液放置稍久，或振荡，或加热，碱性即增强。

本品在水中溶解，在乙醇中不溶。

【鉴别】 本品的水溶液显钠盐与碳酸氢盐的鉴别反应（附录0301）。

【检查】 碱度 取本品0.20g，加水20ml使溶解，依法测定（附录0631），pH值应不得高于8.6。

溶液的澄清度 取本品1.0g，加水20ml溶解后，溶液应澄清（供注射用）；或与2号浊度标准液（附录0902）比较，不得更浓（供内服用）。

氯化物　取本品1.5g（供注射用）或0.15g（供内服用），加水溶解使成25ml，滴加硝酸使成微酸性后，置水浴中加热除尽二氧化碳，放冷，依法检查（附录0801），与标准氯化钠溶液3.0ml制成的对照液比较，不得更浓〔0.002%（供注射用）或0.02%（供内服用）〕。

硫酸盐　取本品3.0g（供注射用）或0.50g（供内服用），加水溶解使成40ml，滴加盐酸使成微酸性后，置水浴中加热除尽二氧化碳，放冷，依法检查（附录0802），与标准硫酸钾溶液1.5ml制成的对照液比较，不得更浓〔0.005%（供注射用）或0.03%（供内服用）〕。

铵盐　取本品1.0g，加氢氧化钠试液10ml，加热，发生的蒸气遇湿润的红色石蕊试纸不得变蓝色。

干燥失重　取本品4.0g，置硅胶干燥器中干燥4小时，减失重量不得过0.25%（附录0831）。

钙盐　取本品1.0g，加新沸过的冷水50ml溶解后，加氨试液1ml与草酸铵试液2ml，摇匀，放置1小时；如发生浑浊，与标准钙溶液（精密称取碳酸钙0.125g，置500ml量瓶中，加水5ml与盐酸0.5ml的混合液使溶解，并用水稀释至刻度，摇匀，每1ml相当于0.1mg的Ca）1.0ml制成的对照液比较，不得更浓〔0.01%（供注射用）〕。

铁盐　取本品3.0g（供注射用）或1.0g（供内服用），加水适量溶解后，加稀硝酸使成微酸性，煮沸1分钟，放冷，用水稀释使成25ml，依法检查（附录0807），与标准铁溶液1.5ml制成的对照液比较，不得更浓〔0.0005%（供注射用）或0.0015%（供内服用）〕。

重金属　取本品4.0g，加稀盐酸19ml与水5ml后，煮沸5分钟，放冷，加酚酞指示液1滴，并滴加氨试液至溶液显粉红色，放冷，加醋酸盐缓冲液（pH3.5）2ml与水适量使成25ml，依法检查（附录0821第一法），含重金属不得过百万分之五。

砷盐　取本品1.0g，加水23ml溶解后，加盐酸5ml，依法检查（附录0822第一法），应符合规定（0.0002%）。

【含量测定】　取本品约1g，精密称定，加水50ml使溶解，加甲基红-溴甲酚绿混合指示液10滴，用盐酸滴定液（0.5mol/L）滴定至溶液由绿色转变为紫红色，煮沸2分钟，冷却至室温，继续滴定至溶液由绿色变为暗紫色。每1ml盐酸滴定液（0.5mol/L）相当于42.00mg的$NaHCO_3$。

【类别】　酸碱平衡调节药

【贮藏】　密封，在干燥处保存。

【制剂】　（1）碳酸氢钠片　（2）碳酸氢钠注射液

碳酸氢钠片

Tansuanqingna Pian

Sodium Bicarbonate Tablets

本品含碳酸氢钠（$NaHCO_3$）应为标示量的95.0%～105.0%。

【性状】　本品为白色片。

【鉴别】　取本品的细粉适量，加水振摇，滤过，滤液显钠盐与碳酸氢盐的鉴别反应（附录0301）。

【检查】　碳酸盐　取本品，研细，精密称取适量（相当于碳酸氢钠1.00g），加新沸过并用冰冷却的水100ml，轻轻旋摇使碳酸氢钠溶解，加酚酞指示液4～5滴，如显红色，立即加盐酸滴定液（0.5mol/L）1.30ml，应变为无色。

崩解时限 照崩解时限检查法（附录0921），在人工胃液中进行检查，应在30分钟内全部崩解。

其他 应符合片剂项下有关的各项规定（附录0101）。

【含量测定】 取本品10片，精密称定，研细，精密称取适量（约相当于碳酸氢钠1g），加水50ml，振摇使碳酸氢钠溶解，加甲基红-溴甲酚绿混合指示液10滴，用盐酸滴定液（0.5mol/L）滴定至溶液由绿色转变为紫红色，煮沸2分钟，放冷，继续滴定至溶液由绿色变为暗紫色。每1ml盐酸滴定液（0.5mol/L）相当于42.00mg的$NaHCO_3$。

【作用与用途】 酸碱平衡调节药。用于酸血症、胃肠卡他，也用于碱化尿液。

【用法与用量】 以碳酸氢钠计。内服：一次量，马15～60g；牛30～100g；羊5～10g；猪2～5g；犬0.5～2g。

【不良反应】 （1）剂量过大或肾功能不全患畜可出现水肿、肌肉疼痛等症状。

（2）内服时可在胃内产生大量CO_2，引起胃肠臌气。

【注意事项】 充血性心力衰竭、肾功能不全和水肿或缺钾等患畜慎用。

【规格】 （1）0.3g （2）0.5g

【贮藏】 密封，在干燥处保存。

碳酸氢钠注射液

Tansuanqingna Zhusheye

Sodiun Bicarbonate Injection

本品为碳酸氢钠的灭菌水溶液。含碳酸氢钠（$NaHCO_3$）应为标示量的95.0%～105.0%。本品中可加适量的稳定剂。

【性状】 本品为无色的澄明液体。

【鉴别】 本品显钠盐与碳酸氢盐的鉴别反应（附录0301）。

【检查】 pH值 应为7.5～8.5（附录0631）。

渗透压摩尔浓度 取本品（100ml及以上规格），依法测定（附录0632），渗透压摩尔浓度比应为3.0～3.6。

细菌内毒素 取本品，依法检查（附录1143），每1g碳酸氢钠中含内毒素的量应小于25EU。

其他 应符合注射剂项下有关的各项规定（附录0102）。

【含量测定】 精密量取本品适量（约相当于碳酸氢钠0.5g），加水使成50ml，加甲基红-溴甲酚绿混合指示液10滴，用盐酸滴定液（0.5mol/L）滴定至溶液由绿色转变为紫红色，煮沸2分钟，放冷，继续滴定至溶液由绿色变为暗紫色。每1ml盐酸滴定液（0.5mol/L）相当于42.00mg的$NaHCO_3$。

【作用与用途】 酸碱平衡调节药。用于酸血症。

【用法与用量】 以碳酸氢钠计。静脉注射：一次量，马、牛15～30g；羊、猪2～6g；犬0.5～1.5g。

【不良反应】 （1）大量静脉注射时可引起代谢性碱中毒、低血钾症，易出现心率失常、肌肉痉挛。

（2）剂量过大或肾功能不全患畜可出现水肿、肌肉疼痛等症状。

【注意事项】 （1）应避免与酸性药物、复方氯化钠、硫酸镁或盐酸氯丙嗪注射液等混合应用。

（2）对组织有刺激性，静脉注射时勿漏出血管外。

（3）用量要适当，纠正严重酸中毒时，应测定CO_2结合力作为用量依据。

（4）患有充血性心力衰竭、肾功能不全和水肿或缺钾等患畜慎用。

【规格】　（1）10ml：0.5g　（2）250ml：12.5g　（3）500ml：25g

【贮藏】　密闭保存。

碳 酸 钙

Tansuangai

Calcium Carbonate

$CaCO_3$　100.09

本品按干燥品计算，含$CaCO_3$不得少于98.5%。

【性状】　本品为白色极细微的结晶性粉末；无臭。

本品在水中几乎不溶，在乙醇中不溶；在含铵盐或二氧化碳的水中微溶，遇稀醋酸、稀盐酸或稀硝酸即发生泡沸并溶解。

【鉴别】　（1）取铂丝，用盐酸湿润后，蘸取本品在无色火焰中燃烧，火焰即显砖红色。

（2）取本品约0.6g，加稀盐酸15ml，振摇，滤过，滤液加甲基红指示液2滴，用氨试液调至中性，再滴加稀盐酸至恰呈酸性，加草酸铵试液，即生成白色沉淀，分离，沉淀在醋酸中不溶，但在盐酸中溶解。

（3）取本品适量，加稀盐酸即泡沸，产生二氧化碳气体，导入氢氧化钙试液中，即生成白色沉淀。

【检查】　**氯化物**　取本品0.10g，加稀硝酸10ml，加热煮沸2分钟，放冷，必要时滤过，依法检查（附录0801），与标准氯化钠溶液3.0ml制成的对照液比较，不得更浓（0.03%）。

硫酸盐　取本品0.10g，加稀盐酸2ml，加热煮沸2分钟，放冷，必要时滤过，依法检查（附录0802），与标准硫酸钾溶液2.0ml制成的对照液比较，不得更浓（0.2%）。

酸中不溶物　取本品2.0g，加水10ml，混合后，滴加稀盐酸，随滴随振摇，待泡沸停止，加水90ml，滤过，滤渣用水洗涤，至洗液不再显氯化物的反应，干燥后炽灼至恒重，遗留残渣不得过0.2%。

干燥失重　取本品，在105℃干燥至恒重，减失重量不得过1.0%（附录0831）。

钡盐　取本品2.0g，加水10ml，混合后，滴加稀盐酸使溶解，用水稀释至100ml，用铂丝蘸取溶液，置无色火焰中燃烧，不得显绿色。

镁盐与碱金属盐　取本品1.0g，加水20ml与稀盐酸10ml溶解后，加甲基红指示液1滴，煮沸，滴加氨试液中和后，加过量的草酸铵试液使钙完全沉淀，置水浴上加热1小时，放冷，用水稀释成100ml，搅匀，滤过，分取滤液50ml，加硫酸0.5ml，蒸干后，炽灼至恒重，遗留残渣不得过1.0%。

铁盐　取本品0.12g，加稀盐酸2ml与水适量使溶解成25ml，依法检查（附录0807），如显色，与标准铁溶液5.0ml制成的对照液比较，不得更深（0.04%）。

镉　取本品0.5g两份，精密称定，分别置50ml量瓶中，一份加8%硝酸溶液溶解并稀释至刻度，摇匀，作为供试品溶液；另一份加入标准镉溶液〔精密量取镉单元素标准溶液适量，用水定量稀释制成每1ml中含镉（Cd）1μg的溶液〕1.0ml，加8%硝酸溶液溶解并稀释至刻度，摇匀，作为对照溶液。照原子吸收分光光度法（附录0406第二法），在228.8nm波长处分别测定，应符合规定（0.000 2%）。

汞 取本品1.0g两份，精密称定，分别置50ml量瓶中，加8%盐酸溶液30ml使溶解后，一份加5%高锰酸钾溶液0.5ml，摇匀，滴加5%盐酸羟胺溶液至紫色恰消失，用水稀释至刻度，摇匀，作为供试品溶液；另一份加汞标准溶液〔精密量取汞单元素标准溶液适量，用水定量稀释制成每1ml中含汞（Hg）0.5μg的溶液〕1.0ml后，自上述"加5%高锰酸钾溶液0.5ml"起，同法制备，作为对照溶液。照原子吸收分光光度法（附录0406第二法），在253.6nm的波长处分别测定吸光度，应符合规定（0.000 05%）。

重金属 取本品0.50g，加水5ml，混合均匀，加稀盐酸4ml，煮沸5分钟，放冷，滤过，滤器用少量水洗涤，合并洗液与滤液，加酚酞指示液1滴，并滴加适量的氨试液至溶液显淡红色，加稀醋酸2ml与水制成25ml，加维生素C 0.5g，溶解后，依法检查（附录0821第一法），含重金属不得过百万分之三十。

砷盐 取本品0.50g，加盐酸6ml与水22ml溶解后，依法检查（附录0822第一法），应符合规定（0.0004%）。

【含量测定】 取本品约1g，精密称定，置250ml量瓶中，用少量水湿润，加稀盐酸溶解后，用水稀释至刻度，摇匀，精密量取25ml，置锥形瓶中，加水25ml与氢氧化钾溶液（1→10）5ml使pH值大于12，加钙紫红素指示剂少许，用乙二胺四醋酸二钠滴定液（0.05mol/L）滴定至溶液由紫红色变为纯蓝色。每1ml乙二胺四醋酸二钠滴定液（0.05mol/L）相当于5.005mg的$CaCO_3$。

【作用与用途】 钙补充药。

【用法与用量】 内服：一次量，马、牛30～120g；羊、猪3～10g；犬0.5～2g。

【注意事项】 内服给药对胃肠道有一定的刺激性。

【贮藏】 密封保存。

赛 拉 唑

Sailazuo

Xylazole

$C_{11}H_{14}N_2S$ 206.31

本品为4,5-二氢-2-（2,4-二甲苯胺基）噻唑。按无水物计算，含$C_{11}H_{14}N_2S$不得少于98.0%。

【性状】 本品为白色结晶。

本品在丙酮、三氯甲烷或乙醚中易溶，在石油醚中极微溶解，在水中不溶。

熔点 本品的熔点（附录0612）为73～78℃。

【鉴别】 （1）取本品少许，加少量稀盐酸溶解后，滴加碘化汞钾试液，即生成白色沉淀。

（2）取本品少许，置试管中，直火缓缓加热至熔融，继续加热，发生的气体能使湿润的醋酸铅试纸变黑。

（3）取本品0.1g，加稀盐酸1ml使溶解，加0.1mol/L溴溶液1ml，即生成淡黄色沉淀。

（4）本品的红外光吸收图谱应与对照的图谱一致。

【检查】 溶液的澄清度 取本品1.0g，加稀盐酸5ml使溶解，加水5ml，溶液应澄清；如显浑浊，与1号浊度标准液（附录0902）比较，不得更浓。

有关物质 取本品适量，加无水乙醇溶解并稀释制成每1ml中约含25mg的溶液，作为供试品溶液；精密量取适量，用无水乙醇定量稀释制成每1ml中约含0.2mg的溶液，作为对照溶液。照薄层色谱法（附录0502）试验，吸取上述两种溶液各10μl，分别点于同一硅胶GF$_{254}$薄层板上，以正己烷-无水乙醚-甲醇-浓氨溶液（6∶3∶0.4∶0.04）为展开剂，展开，晾干，置紫外光灯（254nm）下检视。供试品溶液如显杂质斑点，其荧光强度与对照溶液的主斑点比较，不得更强（0.8%）。

氯化物 取本品1.0g，加稀硝酸10ml，再加水10ml，微温使溶解，依法检查（附录0801），与标准氯化钠溶液3.0ml制成的对照液比较，不得更浓（0.003%）。

硫酸盐 取本品1.0g，加稀盐酸2.5ml使溶解，依法检查（附录0802），与标准硫酸钾溶液1.0ml制成的对照液比较，不得更浓（0.010%）。

水分 取本品，照水分测定法（附录0832第一法A）测定，含水分不得过0.50%。

炽灼残渣 不得过0.2%（附录0841）。

重金属 取炽灼残渣项下遗留的残渣，依法检查（附录0821第二法），含重金属不得过百万分之二十。

砷盐 取本品0.40g，置坩埚中，加无水碳酸钠1g，混匀，用少量水湿润，干燥后，先用小火烧灼使炭化，再在500～600℃炽灼使完全灰化，放冷，加盐酸5ml与水23ml，使溶解，依法检查（附录0822第一法），应符合规定（0.0005%）。

【含量测定】 取本品约0.15g，精密称定，加冰醋酸20ml，使溶解，加结晶紫指示液1滴，用高氯酸滴定液（0.1mol/L）滴定至溶液显蓝色，并将滴定的结果用空白试验校正。每1ml的高氯酸滴定液（0.1mol/L）相当于20.63mg的C$_{11}$H$_{14}$N$_2$S。

【类别】 化学保定药。

【贮藏】 密闭保存。

【制剂】 盐酸赛拉唑注射液

盐酸赛拉唑注射液

Yansuan Sailazuo Zhusheye

Xylazole Hydrochloride Injection

本品为赛拉唑加盐酸适量制成的灭菌水溶液。含盐酸赛拉唑（C$_{11}$H$_{14}$N$_2$S·HCl）应为标示量的95.0%～105.0%。

【性状】 本品为无色澄明液体。

【鉴别】 （1）取本品适量（约相当于盐酸赛拉唑0.1g），滴加碘化汞钾试液，即生成白色沉淀。

（2）取本品1ml，加稀盐酸3～4滴，加0.1mol/L溴溶液1ml，即生成淡黄色沉淀。

（3）本品显氯化物鉴别（1）的反应（附录0301）。

【检查】 pH值 应为3.0～4.5（附录0631）。

其他 应符合注射剂项下有关的各项规定（附录0102）。

【含量测定】 精密量取本品适量（约相当于盐酸赛拉唑0.1g），置分液漏斗中，加1mol/L氢氧化钠溶液5ml，用三氯甲烷提取3次（20ml、15ml、15ml），合并三氯甲烷提取液，以水洗涤2次，洗涤液再以三氯甲烷10ml提取，合并三氯甲烷液，置70℃水浴上蒸干，加醋酐2ml，与冰醋酸20ml，使溶解，加结晶紫指示液1滴，用高氯酸滴定液（0.1mol/L）滴定至溶液显蓝色，并将滴定的结果用空白试验校正。每1ml的高氯酸滴定液（0.1mol/L）相当于24.13mg的$C_{11}H_{14}N_2S\cdot HCl$。

【作用与用途】 化学保定药。有镇静、镇痛和骨骼肌松弛作用，主要用于家畜和野生动物的化学保定，也可用于基础麻醉。

【用法与用量】 以盐酸赛拉唑计。肌内注射：一次量，每1kg体重，马、骡0.5～1.2mg；驴1～3mg；黄牛、牦牛0.2～0.6mg；水牛0.4～1mg；羊1～3mg；鹿2～5mg。

【不良反应】 （1）反刍动物对本品敏感，用药后表现唾液分泌增多、瘤胃迟缓、膨胀、逆呕、腹泻、心搏缓慢和运动失调等，妊娠后期的牛会出现早产或流产。

（2）马属动物用药后可出现肌肉震颤、心搏徐缓、呼吸频率下降、多汗，以及颅内压增加等。

【注意事项】 （1）马属动物静脉注射速度宜慢，给药前可先注射小剂量阿托品，以免发生心脏传导阻滞。

（2）牛用本品前应禁食一定时间，并注射阿托品；手术时应采用伏卧姿势，并将头放低，以防异物性肺炎及减轻瘤胃胀气时压迫心肺。妊娠后期牛不宜应用。

（3）有呼吸抑制、心脏病、肾功能不全等症状的患畜慎用。

（4）中毒时，可用α2受体阻断药及阿托品等解救。

【休药期】 28日；弃奶期7日。

【规格】 （1）5ml：0.1g （2）10ml：0.2g

【贮藏】 遮光，密闭保存。

赛 拉 嗪

Sailaqin

Xylazine

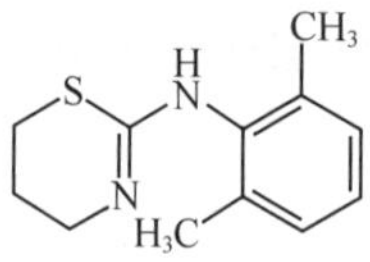

$C_{12}H_{16}N_2S$ 220.34

本品为N-（2,6-二甲苯基）-5,6-二氢-4H-1,3-噻嗪-2-胺。按干燥品计算，含$C_{12}H_{16}N_2S$不得少于98.5%。

【性状】 本品为白色或类白色结晶性粉末。

本品在丙酮或苯中易溶，在乙醇或三氯甲烷中溶解，在石油醚中微溶，在水中不溶。

熔点 本品的熔点（附录0612）为136～142℃。

【鉴别】 （1）取本品20mg，置试管中，直火加热使熔融，继续加热，发生的气体能使湿润的醋酸铅试纸变黑。

（2）取本品0.1g，加稀盐酸1ml使溶解，滴加0.1mol/L溴溶液1ml，溶液应显黄色。

（3）本品的红外光吸收图谱应与对照的图谱一致。

【检查】　溶液的澄清度　取本品1.0g，加稀盐酸5ml使溶解，加水10ml，溶液应澄清；如显浑浊，与1号浊度标准液（附录0902）比较，不得更浓。

干燥失重　取本品，在105℃干燥至恒重，减失重量不得过0.5%（附录0831）。

炽灼残渣　不得过0.1%（附录0841）。

重金属　取炽灼残渣项下遗留的残渣，依法检查（附录0821第二法），含重金属不得过百万分之二十。

【含量测定】　取本品约0.18g，精密称定，加冰醋酸20ml，微温使溶解，放冷，加结晶紫指示液1滴，用高氯酸滴定液（0.1mol/L）滴定至溶液显蓝色，并将滴定的结果用空白试验校正。每1ml的高氯酸滴定液（0.1mol/L）相当于22.03mg的$C_{12}H_{16}N_2S$。

【类别】　化学保定药。

【贮藏】　密闭保存。

【制剂】　盐酸赛拉嗪注射液

盐酸赛拉嗪注射液

Yansuan Sailaqin Zhusheye

Xylazine Hydrochloride Injection

本品为赛拉嗪加盐酸适量制成的灭菌水溶液。含赛拉嗪（$C_{12}H_{16}N_2S$）应为标示量的95.0%~105.0%。

【性状】　本品为无色澄明液体。

【鉴别】　（1）取本品适量（约相当于赛拉嗪20mg），置试管中，小火加热使水分蒸干后，直火加热至熔融，继续加热，发生的气体能使湿润的醋酸铅试纸变黑。

（2）取本品1ml，加0.1mol/L溴溶液1ml，应显黄色。

（3）本品显氯化物鉴别（1）的反应（附录0301）。

【检查】　pH值　应为3.0~5.5（附录0631）。

其他　应符合注射剂项下有关的各项规定（附录0102）。

【含量测定】　精密量取本品适量（约相当于赛拉嗪0.2g），置水浴上蒸干，在105℃干燥1小时，放冷，加冰醋酸10ml使溶解，加醋酸汞试液5ml、醋酐2ml与结晶紫指示液1滴，用高氯酸滴定液（0.1mol/L）滴定至溶液显纯蓝色，并将滴定的结果用空白试验校正。每1ml的高氯酸滴定液（0.1mol/L）相当于22.03mg的$C_{12}H_{16}N_2S$。

【作用与用途】　化学保定药。有镇静、镇痛和骨骼肌松弛作用，主要用于家畜和野生动物的化学保定和基础麻醉作用。

【用法与用量】　以赛拉嗪计。肌内注射：一次量，每1kg体重，马1~2mg；牛0.1~0.3mg；羊0.1~0.2mg；犬、猫1~2mg；鹿0.1~0.3mg。

【不良反应】　（1）犬、猫用药后常出现呕吐、肌肉震颤、心搏徐缓、呼吸频率下降等，另外在猫出现排尿增加。

（2）反刍动物对本品敏感，用药后表现唾液分泌增多、瘤胃迟缓、膨胀、逆呕、腹泻、心搏缓慢和运动失调等,妊娠后期的牛会出现早产或流产。

（3）马属动物用药后可出现肌肉震颤、心搏徐缓、呼吸频率下降、多汗,以及颅内压增加等。

【注意事项】 （1）产奶动物禁用。

（2）马静脉注射速度宜慢,给药前可先注射小剂量阿托品,以免发生心脏传导阻滞。

（3）牛用本品前应禁食一定时间,并注射阿托品;手术时应采用伏卧姿势,并将头放低,以防异物性肺炎及减轻瘤胃胀气时压迫心肺。妊娠后期牛不宜应用。

（4）犬、猫用药后可引起呕吐。

（5）有呼吸抑制、心脏病、肾功能不全等症状的患畜慎用。

（6）中毒时,可用α2受体阻断药及阿托品等解救。

【休药期】 牛、羊14日,鹿15日。

【规格】 （1）2ml∶0.2g （2）5ml∶0.1g （3）10ml∶0.2g

【贮藏】 密闭,在阴凉干燥处保存。

缩宫素注射液

Suogongsu Zhusheye

Oxytocin Injection

本品系自猪或牛的脑垂体后叶中提取或化学合成的缩宫素的灭菌水溶液。其效价应为标示量的91%~116%。

【性状】 本品为无色澄明或几乎澄明的液体。

【鉴别】 （1）照缩宫素生物测定法（附录1210）测定,应有子宫收缩的反应。

（2）取本品,用0.9%氯化钠溶液稀释制成每1ml中含5单位溶液,作为供试品溶液;另取缩宫素对照品,加0.9%氯化钠溶解并稀释制成每1ml含5单位的溶液,作为对照品溶液。照高效液相色谱法（附录0512）试验,用辛烷基硅烷键合硅胶为填充剂;以0.1mol/L磷酸二氢钠溶液-乙腈（82∶18）为流动相;流速为每分钟0.8ml;检测波长为220nm。取供试品溶液与对照品溶液各20μl,分别注入液相色谱仪,供试品溶液主峰与对照品溶液主峰的保留时间应一致。

【检查】 pH值 应为3.0~4.5（附录0631）。

升压物质 取本品,按标示量用氯化钠注射液稀释制成每1ml中含2单位的溶液,依法检查（附录1144）,应符合规定。

细菌内毒素 取本品,依法检查（附录1143）,每1单位缩宫素中含内毒素的量应小于2.5EU。

异常毒性 取本品,用氯化钠注射液稀释制成每1ml中含5单位的溶液,依法检查（附录1141）,应符合规定。

过敏反应 取本品,用氯化钠注射液稀释制成每1ml中含0.2单位的溶液,依法检查（附录1147）,应符合规定。

其他 应符合注射剂项下有关的各项规定（附录0102）。

【效价测定】 照缩宫素生物测定法（附录1210）测定,即得。

【作用与用途】 子宫收缩药。用于催产、产后子宫止血和胎衣不下等。

【用法与用量】 皮下、肌内注射：一次量，马、牛30～100单位；羊、猪10～50单位；犬2～10单位。

【注意事项】 子宫颈尚未开放、骨盆过狭以及产道阻碍时禁用于催产。

【规格】 （1）1ml∶10单位 （2）2ml∶10单位 （3）2ml∶20单位 （4）5ml∶50单位

【贮藏】 密闭，在凉暗处保存。

醋　酸

Cusuan

Acetic Acid

$$C_2H_4O_2 \quad 60.05$$

本品含醋酸（$C_2H_4O_2$）应为36%～37%（g/g）。

【性状】 本品为无色澄明液体，有刺激性特臭。

本品能与水、乙醇或甘油混溶。

相对密度 本品在25℃时的相对密度（附录0601）为1.04～1.05。

【鉴别】 （1）本品能使蓝色的石蕊试纸变红。

（2）本品加氢氧化钠试液中和后，显醋酸盐的鉴别反应（附录0301）。

【检查】 **氯化物** 取本品1.0ml，用水稀释使成10ml，精密量取2ml，依法检查（附录0801），与标准氯化钠溶液7.0ml制成的对照液比较，不得更浓（0.035%）。

硫酸盐 精密量取上述氯化物项下的稀释液2.0ml，依法检查（附录0802），与标准硫酸钾溶液3.0ml制成的对照液比较，不得更浓（0.15%）。

甲酸与易氧化物 取本品5.0ml，加重铬酸钾滴定液（0.016 67mol/L）2.5ml与硫酸6ml，放置1分钟后，加水20ml，放冷至15℃，再加碘化钾试液1ml，应即显黄色或棕色。

乙醛 取本品15ml蒸馏，在最初的5ml馏出物中加5%氯化汞溶液10ml，加5mol/L氢氧化钠溶液碱化，放置5分钟，再加1mol/L硫酸溶液酸化，溶液不得出现浑浊。

不挥发物 取本品20ml，置105℃恒重的蒸发皿中，在水浴上蒸干后，在105℃干燥至恒重，遗留残渣不得过1mg。

异臭 取本品5ml，加氢氧化钠试液中和后，煮沸，除微有醋酸臭外，不得发生其他臭气。

重金属 取不挥发物项下遗留的残渣，加盐酸溶液（9→1000）8ml，微温使溶解，用水稀释至100ml，摇匀，分取10ml，加醋酸盐缓冲液（pH3.5）2ml与水适量使成25ml，依法检查（附录0821第一法），含重金属不得过百万分之十。

【含量测定】 取本品约4ml，精密称定，用新沸过的冷水40ml稀释后，加酚酞指示液3滴，用氢氧化钠滴定液（1mol/L）滴定。每1ml氢氧化钠滴定液（1mol/L）相当于60.05mg的$C_2H_4O_2$。

【作用与用途】 消毒防腐药。

【用法与用量】 外用：冲洗口腔2%～3%溶液。

【不良反应】 醋酸有刺激性，高浓度时对皮肤、黏膜有腐蚀性。

【注意事项】 （1）避免与眼睛接触，若与高浓度醋酸接触，立即用清水冲洗。

（2）应避免接触金属器械，以免产生腐蚀作用。

（3）禁与碱性药物配伍。

【贮藏】 置玻璃瓶内，密封保存。

醋酸可的松

Cusuan Kedisong

Cortisone Acetate

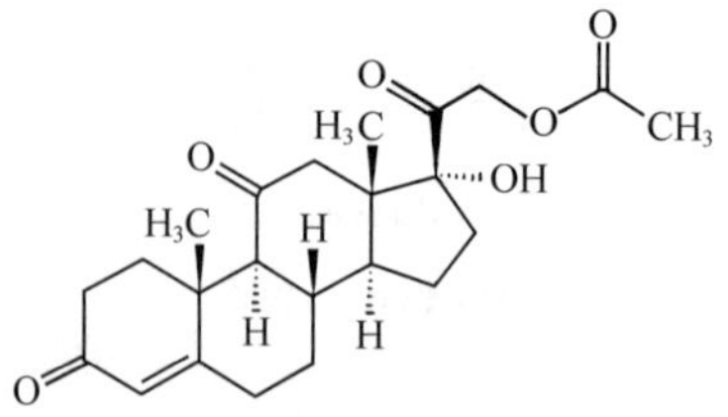

$C_{23}H_{30}O_6$ 402.49

本品为17α,21-二羟基孕甾-4-烯-3,11,20-三酮-21-醋酸酯。按干燥品计算，含$C_{23}H_{30}O_6$应为97.0%～103.0%。

【性状】　本品为白色或类白色的结晶性粉末；无臭。

本品在三氯甲烷中易溶，在丙酮或二氧六环中略溶，在乙醇或乙醚中微溶，在水中不溶。

比旋度　取本品，精密称定，加二氧六环溶解并定量稀释制成每1ml中约含10mg的溶液，依法测定（附录0621），比旋度为＋210°至＋217°。

吸收系数　取本品，精密称定，加无水乙醇溶解并定量稀释制成每1ml中约含10μg的溶液，照紫外-可见分光光度法（附录0401），在238nm的波长处测定吸光度，吸收系数（$E_{1cm}^{1\%}$）为375～405。

【鉴别】　（1）取本品约0.1mg，加甲醇1ml溶解后，加临用新制的硫酸苯肼试液8ml，在70℃水浴中加热15分钟，即显黄色。

（2）取本品约2mg，加硫酸2ml使溶解，放置5分钟，显黄色或微带橙色；用水10ml稀释后，颜色即消失，溶液应澄清。

（3）在含量测定项下记录的色谱图中，供试品溶液主峰的保留时间应与对照品溶液主峰的保留时间一致。

（4）本品的红外光吸收图谱应与对照的图谱一致。

【检查】　**有关物质**　取本品，加乙腈溶解并稀释制成每1ml中约含1mg的溶液，作为供试品溶液；精密量取1ml，置100ml量瓶中，用乙腈稀释至刻度，摇匀，作为对照溶液。照含量测定项下的色谱条件，精密量取对照溶液与供试品溶液各20μl，分别注入液相色谱仪，记录色谱图至主成分峰保留时间的2.5倍。供试品溶液色谱图中如有杂质峰，单个杂质峰面积不得大于对照溶液主峰面积的0.5倍（0.5%），各杂质峰面积的和不得大于对照溶液主峰面积的1.5倍（1.5%）。供试品溶液色谱图中小于对照溶液主峰面积0.01倍（0.01%）的峰忽略不计。

干燥失重　取本品，在105℃干燥至恒重，减失重量不得过0.5%（附录0831）。

【含量测定】　照高效液相色谱法（附录0512）测定。

色谱条件与系统适用性试验　用十八烷基硅烷键合硅胶为填充剂；以乙腈-水（36∶64）为流动相；检测波长为254nm。取醋酸可的松与醋酸氢化可的松，加乙腈溶解并稀释制成每1ml中各约含10μg的溶液，取20μl注入液相色谱仪，记录色谱图，理论板数按醋酸可的松峰计算不低于3500，醋酸可的松峰与醋酸氢化可的松峰的分离度应大于4.0。

测定法　取本品，精密称定，用乙腈溶解并定量稀释制成每1ml中约含0.1mg的溶液，作为供试品溶液，精密量取20μl，注入液相色谱仪，记录色谱图；另取醋酸可的松对照品，同法测定。按外标法以峰面积计算，即得。

【类别】 糖皮质激素类药。

【贮藏】 遮光，密封保存。

【制剂】 醋酸可的松注射液

醋酸可的松注射液

Cusuan Kedisong Zhusheye

Cortisone Acetate Injection

本品为醋酸可的松的灭菌水混悬液。含醋酸可的松（$C_{23}H_{30}O_6$）应为标示量的90.0%～110.0%。

【性状】 本品为微细颗粒的混悬液，静置后微细颗粒下沉，振摇后成均匀的乳白色混悬液。

【鉴别】 （1）取本品3ml，用三氯甲烷振摇提取2次，每次10ml，分取三氯甲烷液，滤过，滤液置水浴上蒸干，残渣照醋酸可的松项下鉴别（1）、（2）项试验，显相同的反应。

（2）在含量测定项下记录的色谱图中，供试品溶液主峰的保留时间应与对照品溶液主峰的保留时间一致。

【检查】 pH值 应为4.5～7.0（附录0631）。

其他 应符合注射剂项下有关的各项规定（附录0102）。

【含量测定】 取本品，摇匀，用内容量移液管精密量取适量（约相当于醋酸可的松50mg），置50ml量瓶中，用乙腈分次洗涤移液管内壁，洗液并入量瓶中，加乙腈适量，振摇1小时使醋酸可的松溶解，用乙腈稀释至刻度，摇匀，滤过，精密量取续滤液5ml，置50ml量瓶中，用乙腈稀释至刻度，摇匀，作为供试品溶液，精密量取20μl，照醋酸可的松含量测定项下的方法测定，即得。

【作用与用途】 糖皮质激素类药。有抗炎、抗过敏和影响糖代谢等作用，用于炎症性、过敏性疾病和牛酮血病、羊妊娠毒血症等。

【用法与用量】 以醋酸可的松计。肌内注射：一次量，马、牛250～750 mg；羊12.5～25 mg；猪50～100 mg；犬25～100 mg。

滑囊、腱鞘或关节囊内注射：一次量，马、牛50～250 mg。

【不良反应】 （1）有较强的水钠潴留和排钾作用。

（2）有较强的免疫抑制作用。

（3）妊娠后期大剂量使用可引起流产。

（4）大剂量或长期用药易引起肾上腺皮质功能低下。

【注意事项】 （1）妊娠早期及后期母畜禁用。

（2）禁用于骨质疏松症和疫苗接种期。

（3）严重肝功能不良、骨折治疗期、创伤修复期动物禁用。

（4）急性细菌性感染时，应与抗菌药配伍使用。

（5）长期用药不能突然停药，应逐渐减量，直至停药。

【规格】 10ml∶0.25g

【贮藏】 遮光，密闭保存。

醋酸地塞米松

Cusuan Disaimisong

Dexamethasone Acetate

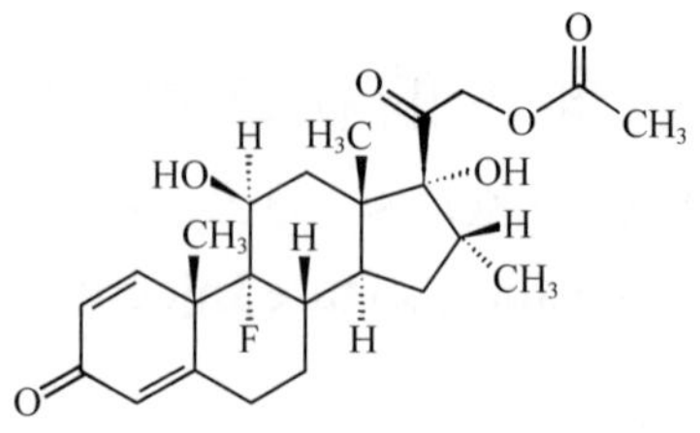

$$C_{24}H_{31}FO_6 \quad 434.50$$

本品为16α-甲基-11β,17α,21-三羟基-9α-氟孕甾-1,4-二烯-3,20-二酮-21-醋酸酯。按干燥品计算，含$C_{24}H_{31}FO_6$应为97.0%～102.0%。

【性状】 本品为白色或类白色的结晶或结晶性粉末；无臭。

本品在丙酮中易溶，在甲醇或无水乙醇中溶解，在乙醇或三氯甲烷中略溶，在乙醚中极微溶解，在水中不溶。

比旋度 取本品，精密称定，加二氧六环溶解并定量稀释制成每1ml中约含10mg的溶液，依法测定（附录0621），比旋度为+82°至+88°。

吸收系数 取本品，精密称定，加乙醇溶解并定量稀释制成每1ml中约含15μg的溶液，照紫外-可见分光光度法（附录0401），在240nm的波长处测定吸光度，吸收系数（$E_{1cm}^{1\%}$）为343～371。

【鉴别】 （1）取本品约10mg，加甲醇1ml，微温溶解后，加热的碱性酒石酸铜试液1ml，即生成红色沉淀。

（2）在含量测定项下记录的色谱图中，供试品溶液主峰的保留时间应与对照品溶液主峰的保留时间一致。

（3）本品的红外光吸收图谱应与对照的图谱一致。

（4）取本品约50mg，加乙醇制氢氧化钾试液2ml，置水浴中加热5分钟，放冷，加硫酸溶液（1→2）2ml，缓缓煮沸1分钟，即发生乙酸乙酯的香气。

（5）本品显有机氟化物的鉴别反应（附录0301）。

【检查】 **有关物质** 取本品，精密称定，加流动相溶解并定量稀释制成每1ml中约含0.5mg的溶液，作为供试品溶液（临用新制）；另取地塞米松对照品，精密称定，加流动相溶解并定量稀释制成每1ml中约含0.5mg的溶液，精密量取1ml与供试品溶液1ml，置同一100ml量瓶中，用流动相稀释至刻度，摇匀，作为对照溶液。照含量测定项下的色谱条件，精密量取对照溶液与供试品溶液各20μl，分别注入液相色谱仪，记录色谱图至供试品溶液主成分峰保留时间的2倍。供试品溶液的色谱图中如有与对照溶液中地塞米松峰保留时间一致的杂质峰，按外标法以峰面积计算，不得过0.5%；其他单个杂质峰面积不得大于对照溶液中醋酸地塞米松峰面积的0.5倍（0.5%），各杂质峰面积（与地塞米松峰保留时间一致的杂质峰面积乘以1.13）的和不得大于对照溶液中醋酸地塞米松峰面积（1.0%）。供试品溶液色谱图中小于对照溶液中醋酸地塞米松峰面积0.01倍（0.01%）的峰忽略不计。

干燥失重 取本品，在105℃干燥至恒重，减失重量不得过0.5%（附录0831）。

炽灼残渣 不得过0.1%（附录0841）。

硒 取本品0.10g，依法检查（附录0804），应符合规定（0.005%）。

【含量测定】 照高效液相色谱法（附录0512）测定。

色谱条件与系统适用性试验 用十八烷基硅烷键合硅胶为填充剂；以乙腈-水（40∶60）为流动相；检测波长为240nm。取有关物质项下的对照溶液20μl注入液相色谱仪，出峰顺序依次为地塞米松与醋酸地塞米松，地塞米松峰与醋酸地塞米松峰的分离度应大于20.0。

测定法 取本品，精密称定，加甲醇溶解并定量稀释制成每1ml中约含50μg的溶液，作为供试品溶液，精密量取20μl，注入液相色谱仪，记录色谱图；另取醋酸地塞米松对照品，同法测定。按外标法以峰面积计算，即得。

【类别】 糖皮质激素类药。

【贮藏】 遮光，密封保存。

【制剂】 醋酸地塞米松片

醋酸地塞米松片
Cusuan Disaimisong Pian
Dexamethasone Acetate Tablets

本品含醋酸地塞米松（$C_{24}H_{31}FO_6$）应为标示量的90.0%~110.0%。

【性状】 本品为白色片。

【鉴别】 （1）在含量测定项下记录的色谱图中，供试品溶液主峰的保留时间应与对照品溶液主峰的保留时间一致。

（2）取本品细粉适量（约相当于醋酸地塞米松15mg），加丙酮20ml，振摇使醋酸地塞米松溶解，滤过，滤液置水浴上蒸干，取残渣经常温减压干燥12小时，依法测定，本品的红外光吸收图谱应与对照的图谱一致。

（3）取本品的细粉适量（约相当于醋酸地塞米松7mg），加乙醇25ml，浸渍15分钟，时时振摇，滤过，滤液置水浴上蒸干，残渣显有机氟化物的鉴别反应（附录0301）。

【检查】 **含量均匀度** 取本品1片，置乳钵中，研细，加甲醇适量，分次转移至25ml量瓶中，超声使醋酸地塞米松溶解，用甲醇稀释至刻度，摇匀，滤过，取续滤液作为供试品溶液；另取醋酸地塞米松对照品，精密称定，加甲醇溶解并定量稀释制成每1ml中约含30μg的溶液，作为对照品溶液。照含量测定项下的方法测定，按外标法以峰面积计算每片的含量，应符合规定（附录0941）。

溶出度 取本品，照溶出度与释放度测定法（附录0931第二法），以0.35%十二烷基硫酸钠溶液900ml为溶出介质，转速为每分钟75转，依法操作，经45分钟时，取溶液适量，滤过，取续滤液作为供试品溶液；另取醋酸地塞米松对照品约16mg，精密称定，置200ml量瓶中，加无水乙醇20ml，振摇使溶解，用溶出介质稀释至刻度，摇匀，精密量取1ml，置100ml量瓶中，用溶出介质稀释至刻度，摇匀，作为对照品溶液。精密量取对照品溶液与供试品溶液各50μl，照含量测定项下的方法测定。按外标法以峰面积计算每片的溶出量。限度为标示量的70%，应符合规定。

其他 应符合片剂项下有关的各项规定（附录0101）。

【含量测定】 取本品20片，精密称定，研细，精密称取适量（约相当于醋酸地塞米松2.5mg），置50ml量瓶中，加甲醇适量，超声使醋酸地塞米松溶解，用甲醇稀释至刻度，摇匀，滤过，取续滤液作为供试品溶液，照醋酸地塞米松含量测定项下的方法测定，即得。

【作用与用途】 糖皮质激素类药。有抗炎、抗过敏和影响糖代谢等作用，用于炎症性、过敏性疾病和牛酮血病、羊妊娠毒血症等。

【用法与用量】 以醋酸地塞米松计。内服：一次量，马、牛5～20mg；犬、猫0.5～2mg。

【不良反应】 （1）有较强的水钠潴留和排钾作用。

（2）有较强的免疫抑制作用。

（3）妊娠后期大剂量使用可引起流产。

（4）大剂量或长期用药易引起肾上腺皮质功能低下。

【注意事项】 （1）禁用于骨质疏松症和疫苗接种期。

（2）急性细菌性感染时应与抗菌药物配伍使用。

（3）易引起孕畜早产。

【休药期】 马、牛0日。

【规格】 0.75mg

【贮藏】 遮光，密封保存。

醋酸泼尼松

Cusuan Ponisong

Prednisone Acetate

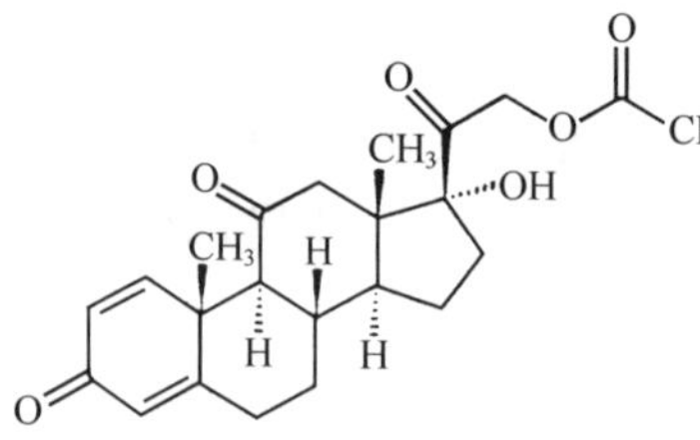

$C_{23}H_{28}O_6$ 400.47

本品为17α,21-二羟基孕甾-1,4-二烯-3,11,20-三酮-21-醋酸酯。按干燥品计算，含$C_{23}H_{28}O_6$应为97.0%～102.0%。

【性状】 本品为白色或类白色的结晶性粉末；无臭。

本品在三氯甲烷中易溶，在丙酮中略溶，在乙醇或乙酸乙酯中微溶，在水中不溶。

比旋度 取本品，精密称定，加二氧六环溶解并定量稀释制成每1ml中约含10mg的溶液，依法测定（附录0621），比旋度应为＋183°至＋190°。

吸收系数 取本品，精密称定，加无水乙醇溶解并定量稀释制成每1ml中约含10μg的溶液，照紫外-可见分光光度法（附录0401），在238nm的波长处测定吸光度，吸收系数（$E_{1cm}^{1\%}$）为373～397。

【鉴别】 （1）取本品约1mg，加乙醇2ml使溶解，加10%氢氧化钠溶液2滴与氯化三苯四氮唑试液1ml，即显红色。

（2）取本品约5mg，加硫酸1ml使溶解，放置5分钟，即显橙色；将此溶液倾入10ml水中，即变成黄色，渐变为蓝绿色。

（3）在含量测定项下记录的色谱图中，供试品溶液主峰的保留时间应与对照品溶液主峰的保留时间一致。

（4）本品的红外光吸收图谱应与对照的图谱一致。

【检查】 有关物质 临用新制。取本品，精密称定，加流动相溶解并定量稀释制成每1ml中含0.5mg的溶液，作为供试品溶液；另取泼尼松对照品、醋酸可的松对照品各适量，精密称定，加流动相溶解并定量稀释制成每1ml中各约含0.5mg的混合溶液，精密量取1ml与供试品溶液1ml，置同一100ml量瓶中，用流动相稀释至刻度，摇匀，作为对照溶液。照含量测定项下的色谱条件，取对照溶液20μl注入液相色谱仪，出峰顺序为泼尼松、醋酸泼尼松、醋酸可的松，醋酸泼尼松峰与醋酸可的松峰的分离度应大于2.5。精密量取对照溶液与供试品溶液各20μl，分别注入液相色谱仪，记录色谱图至主成分峰保留时间的2倍。供试品溶液色谱图中如有与对照溶液中泼尼松、醋酸可的松保留时间一致的杂质峰，按外标法以峰面积计算，分别不得过0.5%与1.5%；各杂质峰面积的和不得大于对照溶液中醋酸泼尼松峰面积的2倍（2.0%）。供试品溶液色谱图中小于对照溶液醋酸泼尼松峰面积0.01倍（0.01%）的峰忽略不计。

干燥失重 取本品，在105℃干燥至恒重，减失重量不得过0.5%（附录0831）。

【含量测定】 照高效液相色谱法（附录0512）测定。

色谱条件与系统适用性试验 用十八烷基硅烷键合硅胶为填充剂；以乙腈-水（33：67）为流动相；检测波长240nm。取有关物质项下的对照溶液20μl注入液相色谱仪，记录色谱图，醋酸泼尼松峰与醋酸可的松峰间的分离度应符合要求。

测定法 取本品，精密称定，加甲醇溶解并定量稀释制成每1ml中约含0.1mg的溶液；作为供试品溶液，精密量取20μl注入液相色谱仪，记录色谱图；另取醋酸泼尼松对照品，同法测定。按外标法以峰面积计算，即得。

【类别】 糖皮质激素类药。

【贮藏】 遮光，密封保存。

【制剂】 （1）醋酸泼尼松片 （2）醋酸泼尼松眼膏

醋酸泼尼松片
Cusuan Ponisong Pian
Prednisone Acetate Tablets

本品含醋酸泼尼松（$C_{23}H_{28}O_6$）应为标示量的90.0%～110.0%。

【性状】 本品为白色片。

【鉴别】 取本品的细粉适量（约相当于醋酸泼尼松0.1g），加三氯甲烷50ml，搅拌使醋酸泼尼松溶解，滤过，滤液照下述方法（1）、（2）试验。

（1）取滤液，置水浴上蒸干，残渣照醋酸泼尼松项下的鉴别（2）项试验，显相同的反应。

（2）取滤液作为供试品溶液；另取醋酸泼尼松对照品，加三氯甲烷溶解并稀释制成每1ml中约含2mg的溶液，作为对照品溶液。照薄层色谱法（附录0502）试验，吸取上述两种溶液各5μl，分别点于同一硅胶G薄层板上，以二氯甲烷-乙醚-甲醇-水（385：60：15：2）为展开剂，展开，晾干，在105℃干燥10分钟，放冷，喷以碱性四氮唑蓝试液，立即检视。供试品溶液所显主斑点的位置和颜色应与对照品溶液的主斑点相同。

（3）在含量测定项下记录的色谱图中，供试品溶液主峰的保留时间应与对照品溶液主峰的保留时间一致。

（4）取本品细粉适量（约相当于醋酸泼尼松50mg），加乙醇10 ml研磨使溶解，滤过，滤液室温挥干，残渣经减压干燥，依法测定。本品的红外光吸收图谱应与对照的图谱一致。

以上（2）、（3）两项可选做一项。

【检查】　**含量均匀度**　取本品1片，置50ml量瓶中，加甲醇适量，超声使醋酸泼尼松溶解，放冷，用甲醇稀释至刻度，摇匀，滤过，精密量取续滤液20μl，照含量测定项下的方法测定，按外标法以峰面积计算每片的含量，应符合规定（附录0941）。

溶出度　取本品，照溶出度与释放度测定法（附录0931第二法），以0.25%十二烷基硫酸钠溶液600ml为溶出介质，转速为每分钟100转，依法操作，经45分钟时，取溶液适量，滤过，取续滤液作为供试品溶液；另取醋酸泼尼松对照品约10mg，精密称定，置100ml量瓶中，加无水乙醇10ml，振摇使溶解，用溶出介质稀释至刻度，摇匀，精密量取2ml，置25ml量瓶中，用溶出介质稀释至刻度，摇匀，作为对照品溶液。精密量取对照品溶液与供试品溶液各20μl，照含量测定项下的方法，依法测定。按外标法以峰面积计算每片的溶出量。限度为标示量的70%，应符合规定。

其他　应符合片剂项下有关的各项规定（附录0101）。

【含量测定】　取本品20片，精密称定，研细，精密称取适量（约相当于醋酸泼尼松5mg），置50ml量瓶中，加甲醇30ml，充分振摇使醋酸泼尼松溶解，用甲醇稀释至刻度，摇匀，滤过，取续滤液作为供试品溶液，照醋酸泼尼松含量测定项下的方法测定，即得。

【作用与用途】　糖皮质激素类药。有抗炎、抗过敏和影响糖代谢等作用，用于炎症性、过敏性疾病和牛酮血病、羊妊娠毒血症等。

【用法与用量】　以醋酸泼尼松计。内服：一次量，马、牛100～300mg；羊、猪10～20mg；每1kg体重，犬、猫0.5～2mg。

【不良反应】　（1）有较强的水钠潴留和排钾作用。

（2）有较强的免疫抑制作用。

（3）妊娠后期大剂量使用可引起流产。

（4）大剂量或长期用药易引起肾上腺皮质功能低下。

【注意事项】　（1）妊娠早期及后期母畜禁用。

（2）禁用于骨质疏松症和疫苗接种期。

（3）严重肝功能不良、骨折治疗期、创伤修复期动物禁用。

（4）急性细菌性感染时应与抗菌药物配伍使用。

（5）长期用药不能突然停药，应逐渐减量，直至停药。

【休药期】　0日。

【规格】　5mg

【贮藏】　遮光，密封保存。

醋酸泼尼松眼膏
Cusuan Ponisong Yangao
Prednisone Acetate Eye Ointment

本品含醋酸泼尼松（$C_{23}H_{28}O_6$）应为标示量的90.0%～110.0%。

【性状】　本品为淡黄色软膏。

【鉴别】　取本品2g，置具塞锥形瓶中，加石油醚30ml，充分振摇使基质溶解，滤过，滤渣用石油醚分次洗涤后，加无水乙醇10ml，加温搅拌使醋酸泼尼松溶解，在冰浴中放冷，滤过，滤液置水浴上蒸干，加三氯甲烷5ml溶解，作为供试品溶液；另取醋酸泼尼松对照品，加三氯甲烷溶解并稀释制成每1ml中约含2mg的溶液，作为对照品溶液。照薄层色谱法（附录0502）试验，吸取上述两种溶液各5μl，分别点于同一硅胶G薄层板上，以二氯甲烷-乙醚-甲醇-水（385：60：15：2）为展开剂，展开，晾干，在105℃干燥10分钟，放冷，喷以碱性四氮唑蓝试液，立即检视。供试品溶液所显主斑点的位置和颜色应与对照品溶液的主斑点相同。

【检查】　应符合眼用制剂项下有关的各项规定（附录0107）。

【含量测定】　精密称取本品5g（相当于醋酸泼尼松25mg），置烧杯中，加无水乙醇约30ml，置水浴上加热，充分搅拌使醋酸泼尼松溶解，再置冰浴中放冷后，滤过，滤液置100ml量瓶中，同法提取3次，滤液并入量瓶中，用无水乙醇稀释至刻度，摇匀，作为供试品溶液；另取醋酸泼尼松对照品约25mg，精密称定，置100ml量瓶中，加无水乙醇使溶解并稀释至刻度，摇匀，作为对照品溶液。精密量取对照品溶液与供试品溶液各1ml，分别置具塞试管中，各精密加无水乙醇9ml与氯化三苯四氮唑试液2ml，摇匀，再精密加氢氧化四甲基铵试液2ml，摇匀，在25℃的暗处放置40分钟，照紫外-可见分光光度法（附录0401），在485nm的波长处分别测定吸光度，计算，即得。

【作用与用途】　糖皮质激素类药。用于结膜炎、虹膜炎、角膜炎和巩膜炎等。

【用法与用量】　眼部外用：一日2～3次。

【注意事项】　（1）角膜溃疡禁用。

（2）眼部细菌感染时，应与抗菌药物配伍使用。

【规格】　0.5%

【贮藏】　密闭，在阴凉干燥处保存。

醋酸氟轻松

Cusuan Fuqingsong

Fluocinonide

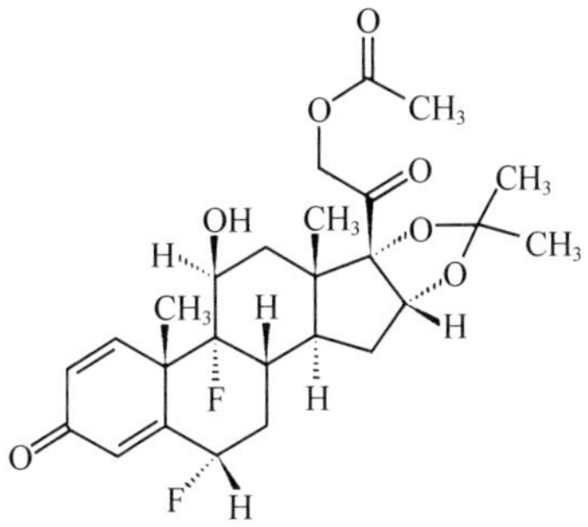

$C_{26}H_{32}F_2O_7$　494.53

本品为11β-羟基-16α,17-〔（1-甲基亚乙基）-双（氧）〕-21-（乙酰氧基）-6α,9-二氟孕甾-1,4-二烯-3,20-二酮。按干燥品计算，含$C_{26}H_{32}F_2O_7$应为97.0%～103.0%。

【性状】　本品为白色或类白色的结晶性粉末；无臭。

本品在丙酮或二氧六环中略溶，在甲醇或乙醇中微溶，在水或石油醚中不溶。

比旋度　取本品，精密称定，加二氧六环溶解并定量稀释制成每1ml中约含10mg的溶液，依法测定（附录0621），比旋度为＋80°至＋88°。

【鉴别】 （1）取本品约10mg，加甲醇1ml，微温溶解后，加热的碱性酒石酸铜试液1ml，即生成红色沉淀。

（2）在含量测定项下记录的色谱图中，供试品溶液主峰的保留时间应与对照品溶液主峰的保留时间一致。

（3）本品的红外光吸收图谱应与对照的图谱一致。

（4）本品显有机氟化物的鉴别反应（附录0301）。

【检查】 氟 取本品，照氟检查法（附录0805）测定，含氟量不得少于7.0%。

有关物质 取本品约14mg，精密称定，置100ml量瓶中，加甲醇60ml与乙腈10ml使溶解，用水稀释至刻度，摇匀，作为供试品溶液（临用新制）；精密量取1ml，置100ml量瓶中，用流动相稀释至刻度，摇匀，作为对照溶液。照含量测定项下的色谱条件，精密量取对照溶液与供试品溶液各20μl，分别注入液相色谱仪，记录色谱图至主成分峰保留时间的2.5倍。供试品溶液的色谱图中如有杂质峰，峰面积在对照溶液主峰面积0.5～1.0倍的杂质峰不得超过1个，其他单个杂质峰面积不得大于对照溶液主峰面积的0.5倍（0.5%），各杂质峰面积的和不得大于对照溶液主峰面积的2倍（2.0%）。供试品溶液色谱图中小于对照溶液主峰面积0.02倍（0.02%）的色谱峰可忽略不计。

干燥失重 取本品，在105℃干燥至恒重，减失重量不得过0.5%（附录0831）。

炽灼残渣 不得过0.1%（附录0841）。

硒 取本品50mg，依法检查（附录0804），应符合规定（0.01%）。

【含量测定】 照高效液相色谱法（附录0512）测定。

色谱条件与系统适用性试验 用十八烷基硅烷键合硅胶为填充剂；以甲醇-乙腈-水（60：10：30）为流动相；检测波长为240nm。取醋酸氟轻松对照品约14mg，置100ml量瓶中，加甲醇60ml与乙腈10ml使溶解，置水浴上加热20分钟，放冷，用水稀释至刻度，摇匀。取20μl注入液相色谱仪，调节流速，使醋酸氟轻松峰的保留时间约为12分钟，色谱图中醋酸氟轻松峰与相对保留时间约为0.59的降解产物峰的分离度应大于10.0。

测定法 取本品约14mg，精密称定，置100ml量瓶中，加甲醇60ml与乙腈10ml使溶解，用水稀释至刻度，摇匀，精密量取5ml，置50ml量瓶中，用流动相稀释至刻度，摇匀，作为供试品溶液，精密量取20μl注入液相色谱仪，记录色谱图；另取醋酸氟轻松对照品，精密称定，同法测定。按外标法以峰面积计算，即得。

【类别】 糖皮质激素类药。

【贮藏】 密封保存。

【制剂】 醋酸氟轻松乳膏

醋酸氟轻松乳膏
Cusuan Fuqingsong Rugao
Fluocinonide Cream

本品含醋酸氟轻松（$C_{26}H_{32}F_2O_7$）应为标示量的90.0%～110.0%。

【性状】 本品为白色乳膏。

【鉴别】 在含量测定项下记录的色谱图中，供试品溶液主峰的保留时间应与对照品溶液主峰的保留时间一致。

【检查】 应符合乳膏剂项下有关的各项规定（附录0106）。

【含量测定】 取本品适量（约相当于醋酸氟轻松1.25mg），精密称定，置50ml量瓶中，加甲醇约30ml，置80℃水浴中加热2分钟，振摇使醋酸氟轻松溶解，放冷，精密加内标溶液（取炔诺酮适量，加甲醇溶解并稀释制成每1ml中约含0.15mg的溶液，即得）5ml，用甲醇稀释至刻度，摇匀，置冰浴中冷却2小时以上，取出后迅速滤过，取续滤液放至室温，作为供试品溶液，照醋酸氟轻松含量测定项下的色谱条件，取供试品溶液20μl注入液相色谱仪，记录色谱图；另取醋酸氟轻松对照品，精密称定，加甲醇溶解并定量稀释制成每1ml中约含0.125mg的溶液，精密量取10ml与内标溶液5ml，置50ml量瓶中，用甲醇稀释至刻度，摇匀，同法测定。按内标法以峰面积计算，即得。

【作用与用途】 糖皮质激素类药。用于过敏性皮炎等。

【用法与用量】 外用：涂患处适量。

【注意事项】 局部细菌感染时，应与抗菌药物配伍使用。

【规格】 （1）10g：2.5mg （2）20g：5mg

【贮藏】 密闭，在阴凉处保存。

醋酸氢化可的松
Cusuan Qinghua Kedisong
Hydrocortisone Acetate

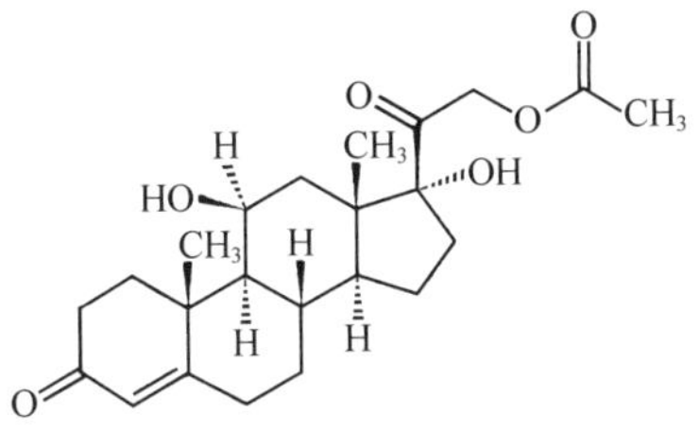

$C_{23}H_{32}O_6$ 404.50

本品为$11\beta,17\alpha,21$-三羟基孕甾-4-烯-3,20-二酮-21-醋酸酯。按干燥品计算，含$C_{23}H_{32}O_6$应为97.0%~102.0%。

【性状】 本品为白色或类白色的结晶性粉末；无臭。

本品在甲醇、乙醇或三氯甲烷中微溶，在水中不溶。

比旋度 取本品，精密称定，加二氧六环溶解并定量稀释制成每1ml中约含10mg的溶液，依法测定（附录0621），比旋度为＋158°至＋165°。

吸收系数 取本品，精密称定，加无水乙醇溶解并定量稀释制成每1ml中约含10μg的溶液，照紫外-可见分光光度法（附录0401），在241nm的波长处测定吸光度，吸收系数（$E_{1cm}^{1\%}$）为383~407。

【鉴别】 （1）取本品约0.1mg，加乙醇1ml溶解后，加临用新制的硫酸苯肼试液8ml，在70℃加热15分钟，溶液即显黄色。

（2）取本品约2mg，加硫酸2ml使溶解，溶液即显黄色至棕黄色，并带绿色荧光。

（3）在含量测定项下记录的色谱图中，供试品溶液主峰的保留时间应与对照品溶液主峰的保留时间一致。

（4）本品的红外光吸收图谱应与对照的图谱一致。

【检查】 有关物质 取本品约25mg，置50ml量瓶中，加乙腈20ml，超声使醋酸氢化可的松溶解，放冷，用水稀释至刻度，摇匀，作为供试品溶液（12小时内使用）；精密量取1ml，置100ml量瓶中，用流动相稀释至刻度，摇匀，作为对照溶液。照含量测定项下的色谱条件，精密量取对照溶液与供试品溶液各20μl，分别注入液相色谱仪，记录色谱图至主成分峰保留时间的3倍。供试品溶液色谱图中如有杂质峰，峰面积在对照溶液主峰面积0.5～1.0倍之间的杂质峰不得超过1个，其他单个杂质峰面积不得大于对照溶液主峰面积的0.5倍（0.5%），各杂质峰面积的和不得大于对照溶液主峰面积的2倍（2.0%）。供试品溶液中小于对照溶液主峰面积0.02倍（0.02%）的色谱峰忽略不计。

干燥失重 取本品，在105℃干燥至恒重，减失重量不得过0.5%（附录0831）。

【含量测定】 照高效液相色谱法（附录0512）测定。

色谱条件与系统适用性试验 用十八烷基硅烷键合硅胶为填充剂；以乙腈-水（36∶64）为流动相；检测波长为254nm。取醋酸氢化可的松与醋酸可的松对照品，加流动相溶解并稀释制成每1ml中各含5μg的混合溶液，量取20μl注入液相色谱仪，调节流速，使醋酸氢化可的松峰的保留时间约为16分钟，醋酸氢化可的松峰与醋酸可的松峰的分离度应大于5.5。

测定法 取本品适量，精密称定，用甲醇溶解并定量稀释制成每1ml中约含0.25mg的溶液，精密量取5ml，置25ml量瓶中，用流动相稀释至刻度，摇匀，作为供试品溶液，精密量取20μl，注入液相色谱仪，记录色谱图；另取醋酸氢化可的松对照品，同法测定。按外标法以峰面积计算，即得。

【类别】 糖皮质激素类药。

【贮藏】 遮光，密封保存。

【制剂】 （1）醋酸氢化可的松注射液 （2）醋酸氢化可的松滴眼液

醋酸氢化可的松注射液
Cusuan Qinghua Kedisong Zhusheye
Hydrocortisone Acetate Injection

本品为醋酸氢化可的松的灭菌混悬液。含醋酸氢化可的松（$C_{23}H_{32}O_6$）应为标示量的90.0%～110.0%。

【性状】 本品为微细颗粒的混悬液。静置后微细颗粒下沉，振摇后成均匀的乳白色混悬液。

【鉴别】 （1）取本品约3ml，用三氯甲烷振摇提取2次，每次10ml，分取三氯甲烷液，滤过，滤液置水浴上蒸干，残渣照醋酸氢化可的松项下的鉴别（1）、（2）项试验，显相同的反应。

（2）在含量测定项下记录的色谱图中，供试品溶液主峰的保留时间应与对照品溶液主峰的保留时间一致。

【检查】 pH值 应为5.0～7.0（附录0631）。

有关物质 用内容量移液管精密量取本品2ml，置100ml量瓶中，加乙腈40ml，超声使醋酸氢化可的松溶解，放冷，用水稀释至刻度，摇匀，作为供试品溶液（12小时内使用）；精密量取1ml，置100ml量瓶中，用流动相稀释至刻度，摇匀，作为对照溶液。照醋酸氢化可的松含量测定项下的色谱条件，精密量取对照溶液与供试品溶液各20μl，分别注入液相色谱仪，记录色谱图至主成分峰保留时间的3倍。供试品溶液色谱图中如有杂质峰，扣除相对保留时间为0.15以前的峰，峰面积在对照溶液主峰面积0.5~1.0倍的杂质峰不得超过1个，其他单个杂质峰面积不得大于对照溶液主峰面积的0.5倍（0.5%），各杂质峰面积的和不得大于对照溶液主峰面积的2倍（2.0%）。供试品溶液色谱图中小于对照溶液主峰面积0.01倍（0.01%）的色谱峰忽略不计。

细菌内毒素　取本品，依法检查（附录1143），每1mg醋酸氢化可的松中含内毒素的量应小于0.5EU。

其他　应符合注射剂项下有关的各项规定（附录0102）。

【含量测定】　取本品数支，充分摇匀后，并入同一具塞试管中，再充分摇匀，用内容量移液管精密量取2ml，置200ml量瓶中，用甲醇分次洗涤移液管内壁，洗液并入量瓶中，加甲醇适量，振摇使醋酸氢化可的松溶解，并用甲醇稀释至刻度，摇匀，精密量取5ml，置25ml量瓶中，用流动相稀释至刻度，摇匀，作为供试品溶液，精密量取20μl，照醋酸氢化可的松含量测定项下的方法测定，即得。

【作用与用途】　糖皮质激素类药。有抗炎、抗过敏和影响糖代谢等作用，用于炎症性、过敏性疾病和牛酮血病、羊妊娠毒血症等。

【用法与用量】　以醋酸氢化可的松计。肌内注射：一次量，马、牛250~750 mg；羊12.5~25 mg；猪50~100 mg；犬25~100 mg。

滑囊、腱鞘或关节囊内注射：一次量，马、牛50~250 mg。

【不良反应】　（1）有较强的水钠潴留和排钾作用。

（2）有较强的免疫抑制作用。

（3）妊娠后期大剂量使用可引起流产。

（4）大剂量或长期用药易引起肾上腺皮质功能低下。

【注意事项】　（1）妊娠早期及后期母畜禁用。

（2）禁用于骨质疏松症和疫苗接种期。

（3）严重肝功能不良、骨折治疗期、创伤修复期动物禁用。

（4）急性细菌性感染时，应与抗菌药配伍使用。

（5）长期用药不能突然停药，应逐渐减量，直至停药。

【休药期】　0日。

【规格】　5ml：125mg

【贮藏】　遮光，密封保存。

醋酸氢化可的松滴眼液
Cusuan Qinghua Kedisong Diyanye
Hydrocortisone Acetate Eye Drops

本品含醋酸氢化可的松（$C_{23}H_{32}O_6$）应为标示量的90.0%~110.0%。

【性状】　本品为微细颗粒的混悬液，静置后微细颗粒下沉，振摇后成均匀的乳白色混悬液。

【鉴别】　（1）取本品12ml，照醋酸氢化可的松项下的鉴别（1）、（2）项试验，显相同的反应。

（2）在含量测定项下记录的色谱图中，供试品溶液主峰的保留时间应与对照品溶液主峰的保留时间一致。

【检查】 pH值 应为4.5～7.0（附录0631）。

渗透压摩尔浓度 取本品充分摇匀后，依法检查（附录0632），渗透压摩尔浓度比应为0.9～1.2。

其他 应符合眼用制剂项下有关的各项规定（附录0107）。

【含量测定】 取本品数支，充分摇匀后，并入同一具塞试管中，再充分摇匀，用内容量移液管精密量取5ml，置100ml量瓶中，用甲醇分次洗涤移液管内壁，洗液并入量瓶中，加甲醇适量，振摇使醋酸氢化可的松溶解，用甲醇稀释至刻度，摇匀，精密量取5ml，置25ml量瓶中，用流动相稀释至刻度，摇匀，作为供试品溶液，精密量取20μl，照醋酸氢化可的松含量测定项下的方法测定，即得。

【作用与用途】 糖皮质激素类药。用于结膜炎、虹膜炎、角膜炎和巩膜炎等。

【用法与用量】 滴眼。

【注意事项】 （1）角膜溃疡禁用。

（2）眼部有感染时应与抗菌药物配伍使用。

【规格】 3ml：15mg

【贮藏】 遮光，密闭保存。

醋酸氯己定

Cusuan Lǜjiding

Chlorhexidine Acetate

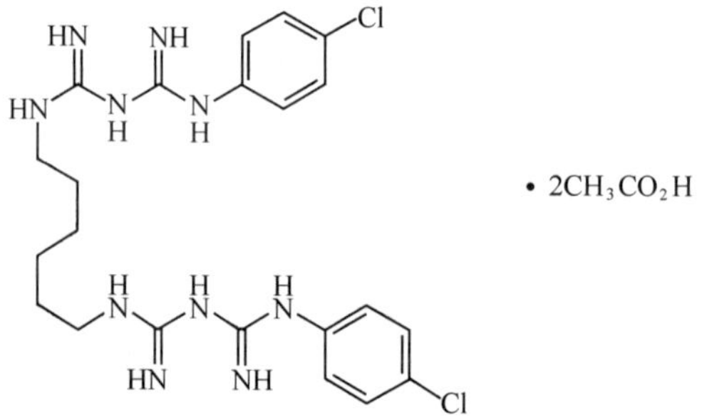

$\cdot 2CH_3CO_2H$

$C_{22}H_{30}Cl_2N_{10}\cdot2C_2H_4O_2$ 625.56

本品为1,6-双（N^1-对氯苯基-N^5-双胍基）己烷二醋酸盐。按干燥品计算，含$C_{22}H_{30}Cl_2N_{10}\cdot2C_2H_4O_2$不得少于97.5%。

【性状】 本品为白色或几乎白色的结晶性粉末；无臭。

本品在乙醇中溶解，在水中微溶。

【鉴别】 （1）取本品约10mg，加热的1%溴化十六烷基三甲铵溶液5ml使溶解，再加溴试液与氢氧化钠试液各1ml，即显深红色。

（2）取本品约10mg，加水10ml使溶解，加重铬酸钾试液2滴，即生成黄色沉淀；加稀硝酸数滴，沉淀即溶解。

（3）取本品，加乙醇制成每1ml中约含10μg的溶液，照紫外-可见分光光度法（附录0401）测定，在259nm的波长处有最大吸收。

（4）本品的水溶液显醋酸盐的鉴别反应（附录0301）。

【检查】 对氯苯胺 取本品0.20g，加盐酸溶液（9→100）10ml与水20ml，振摇溶解后，依次加0.5mol/L亚硝酸钠溶液1ml与5%氨基磺酸铵溶液2ml，摇匀，放置5分钟，加0.1%二盐酸萘基乙二胺溶液5ml与乙醇1ml，再用水适量稀释至50ml，摇匀，放置30分钟，如显色，与对氯苯胺溶液〔取对氯苯胺，精密称定，加盐酸溶液（9→100）制成每1ml含10μg的溶液〕10ml用同一方法制成的对照液比较，不得更深（0.05%）。

有关物质 取本品适量，加甲醇溶解并稀释制成每1ml中含6mg的溶液，作为供试品溶液；精密量取适量，分别用甲醇定量稀释制成每1ml中含60μg和120μg的溶液，作为对照溶液（1）和（2）。照薄层色谱法（附录0502）试验，吸取上述三种溶液各5μl，分别点于同一薄层板〔取硅胶GF_{254}8g，加甲酸钠溶液（1→22）22ml，涂布制板〕上，以三氯甲烷-无水乙醇-甲酸（70：30：9）为展开剂，展开，晾干，置紫外光灯（254nm）下检视。供试品溶液如显杂质斑点，与对照溶液（1）的主斑点比较，不得更深，如有1个杂质斑点超过时，应不得深于对照溶液（2）的主斑点。

干燥失重 取本品，在105℃干燥至恒重，减失重量不得过3.5%（附录0831）。

炽灼残渣 不得过0.1%（附录0841）。

【含量测定】 取本品约0.25g，精密称定，加丙酮30ml与冰醋酸2ml，振摇使溶解后，加甲基橙的饱和丙酮溶液0.5～1ml，用高氯酸滴定液（0.1mol/L）滴定至溶液显橙色，并将滴定的结果用空白试验校正。每1ml高氯酸滴定液（0.1mol/L）相当于31.28mg的$C_{22}H_{30}Cl_2N_{10} \cdot 2C_2H_4O_2$。

【作用与用途】 消毒防腐药。对革兰氏阳性菌、革兰氏阴性菌和真菌均具有杀灭作用。用于皮肤、黏膜、人手及器械消毒。

【用法与用量】 皮肤消毒：0.5%醇（70%乙醇）溶液；黏膜及创面消毒：0.05%溶液；人手消毒：0.02%溶液；器械消毒：0.1%溶液。

【注意事项】 （1）禁与汞、甲醛、碘酊、高锰酸钾等消毒剂配伍应用。

（2）本品不能与肥皂、碱性物质和其他阳离子表面活性剂混合使用；金属器械消毒时加0.5%亚硝酸钠防锈。

（3）本品遇硬水可形成不溶性盐，遇软木（塞）可失去药物活性。

【贮藏】 密封保存。

醋酸磺胺米隆

Cusuan Huang'anmilong

Mafenide Acetate

$C_7H_{10}N_2O_2S \cdot C_2H_4O_2$ 246.29

本品为α-氨基-对甲苯磺酰胺醋酸盐。含$C_7H_{10}N_2O_2S \cdot C_2H_4O_2$不得少于98.0%。

【性状】 本品为白色至淡黄色结晶或结晶性粉末；有醋酸臭。

本品在水中易溶。

熔点 取本品，不经干燥，依法测定（附录0612），熔点为163~167℃。

【鉴别】 （1）取本品的水溶液（1→1000）5ml，加氢氧化钠试液5ml，振摇，加新制的5%萘醌磺酸钾溶液0.5ml，显黄红色；放置10分钟后，加氯化铵0.2g，溶液变为蓝绿色（与其他磺胺类药的区别）。

（2）本品的红外光吸收图谱应与对照的图谱一致。

【检查】 酸度 取本品1.0g，加水10ml溶解后，加甲基红指示液1滴，不得显红色。

铵盐 取酸度项下的溶液，置试管中，加氢氧化钠试液5ml，置水浴中加热，发生的蒸气遇湿润的红色石蕊试纸不得变蓝色。

水分 取本品，照水分测定法（附录0832第一法A）测定，含水分不得过1.0%。

炽灼残渣 取本品1.0g，依法检查（附录0841），遗留残渣不得过0.1%。

重金属 取炽灼残渣项下遗留的残渣，依法检查（附录0821第二法），含重金属不得过百万分之十五。

【含量测定】 取本品约0.2g，精密称定，加冰醋酸20ml溶解后，加结晶紫指示液1滴，用高氯酸滴定液（0.1mol/L）滴定至溶液显蓝绿色，并将滴定的结果用空白试验校正。每1ml高氯酸滴定液（0.1mol/L）相当于24.63mg的$C_7H_{10}N_2O_2S \cdot C_2H_4O_2$。

【作用与用途】 磺胺类抗菌药。用于烧伤创面。

【用法与用量】 外用：湿敷5%~10%溶液。

【注意事项】 由于本品在血中很快灭活，故只作局部应用，不用于内服和注射。

【贮藏】 遮光，密封，在阴凉处保存。

磺胺二甲嘧啶

Huang'an Erjiamiding

Sulfadimidine

$C_{12}H_{14}N_4O_2S$ 278.33

本品为N-（4,6-二甲基-2-嘧啶基）-4-氨基苯磺酰胺。按干燥品计算，含$C_{12}H_{14}N_4O_2S$不得少于99.0%。

【性状】 本品为白色或微黄色的结晶或粉末；无臭；遇光色渐变深。

本品在热乙醇中溶解，在水或乙醚中几乎不溶；在稀酸或稀碱溶液中易溶。

熔点 本品的熔点（附录0612）为197~200℃。

【鉴别】 （1）取本品约0.1g，加水与0.4%氢氧化钠溶液各3ml，振摇使溶解，滤过，取滤液，加硫酸铜试液1滴，即生成黄绿色并随即变为红棕色的沉淀（与磺胺邻二甲氧嘧啶的区别）。

（2）本品的红外光吸收图谱应与对照的图谱一致。

（3）本品显芳香第一胺类的鉴别反应（附录0301）。

【检查】 酸度 取本品1.0g，加水50ml，置水浴中振摇加热5分钟，立即放冷，滤过；分取滤液

25ml，加溴麝香草酚蓝指示液2滴与氢氧化钠滴定液（0.1mol/L）0.20ml，应显蓝色。

溶液的澄清度与颜色 取本品0.40g，加氢氧化钠试液10ml溶解后，溶液应澄清无色；如显浑浊，与1号浊度标准液（附录0902）比较，不得更浓；如显色，与黄色3号标准比色液（附录0901第一法）比较，不得更深。

氯化物 取本品1.0g，加水50ml，振摇10分钟，滤过，分取滤液25ml，依法检查（附录0801），与标准氯化钠溶液5.0ml制成的对照液比较，不得更浓（0.01%）。

有关物质 取本品适量，加浓氨溶液-甲醇（1：9）的混合溶液溶解并稀释制成每1ml中约含20mg的溶液（溶液如不澄清，可缓缓加热至完全溶解），作为供试品溶液；精密量取适量，用浓氨溶液-甲醇（1：24）定量稀释制成每1ml中约含0.10mg的溶液，作为对照溶液。照薄层色谱法（附录0502）试验，吸取上述两种溶液各5μl，分别点于同一硅胶GF$_{254}$薄层板上，以二氧六环-硝基甲烷-水-氨试液（50：40：5：3）为展开剂，展开，晾干，于100～105℃干燥，放冷，置紫外光灯（254nm）下检视。供试品溶液如显杂质斑点，其颜色与对照溶液的主斑点比较，不得更深。

干燥失重 取本品，在105℃干燥至恒重，减失重量不得过0.5%（附录0831）。

炽灼残渣 不得过0.1%（附录0841）。

重金属 取本品1.0g，依法检查（附录0821第三法），含重金属不得过百万分之十。

【含量测定】 取本品约0.5g，精密称定，照永停滴定法（附录0701），用亚硝酸钠滴定液（0.1mol/L）滴定。每1ml亚硝酸钠滴定液（0.1mol/L）相当于27.83mg的$C_{12}H_{14}N_4O_2S$。

【类别】 磺胺类抗菌药。

【贮藏】 遮光，密封保存。

【制剂】 磺胺二甲嘧啶片

磺胺二甲嘧啶片
Huang'an Erjiamiding Pian
Sulfadimidine Tablets

本品含磺胺二甲嘧啶（$C_{12}H_{14}N_4O_2S$）应为标示量的95.0%～105.0%。

【性状】 本品为白色至微黄色片。

【鉴别】 取本品的细粉适量（约相当于磺胺二甲嘧啶0.5g），加氨试液10ml，研磨使磺胺二甲嘧啶溶解，加水10ml，滤过，滤液置水浴上蒸发使氨挥散，放冷，加醋酸使呈酸性，即析出沉淀，滤过，沉淀用水洗净，在105℃干燥1小时，依法测定（附录0612），熔点为197～200℃；剩余的沉淀照磺胺二甲嘧啶项下的鉴别（1）、（3）项试验，显相同的反应。

【检查】 溶出度 取本品，照溶出度与释放度测定法（附录0931第一法），以盐酸溶液（9→1000）900ml为溶出介质，转速为每分钟100转，依法操作，经45分钟时，取溶液10ml滤过，精密量取续滤液2ml，置100ml量瓶中，用溶出介质稀释至刻度，摇匀；照紫外-可见分光光度法（附录0401），在243nm的波长处测定吸光度，按$C_{12}H_{14}N_4O_2S$的吸收系数（$E_{1cm}^{1\%}$）为536计算每片的溶出量。限度为标示量的70%，应符合规定。

其他 应符合片剂项下有关的各项规定（附录0101）。

【含量测定】 取本品10片，精密称定，研细，精密称取适量（约相当于磺胺二甲嘧啶0.5g），照永停滴定法（附录0701），用亚硝酸钠滴定液（0.1mol/L）滴定。每1ml亚硝酸钠滴定液（0.1mol/L）相当于27.83mg的$C_{12}H_{14}N_4O_2S$。

【作用与用途】 磺胺类抗菌药。用于敏感菌感染，也可用于球虫和弓形虫感染。

【用法与用量】 以磺胺二甲嘧啶计。内服：一次量，每1kg体重，家畜首次量140～200mg，维持量70～100mg。一日1～2次，连用3～5日。

【不良反应】 磺胺或其代谢物可在尿液中产生沉淀，在高剂量给药或低剂量长期给药时更易产生结晶，引起结晶尿、血尿或肾小管堵塞。

【注意事项】 （1）易在泌尿道中析出结晶，应给患畜大量饮水。大剂量、长期应用时宜同时给予等量的碳酸氢钠。

（2）肾功能受损时，排泄缓慢，应慎用。

（3）可引起肠道菌群失调，长期用药可引起维生素B和维生素K的合成和吸收减少，宜补充相应的维生素。

（4）在家畜出现过敏反应时，立即停药并给予对症治疗。

【休药期】 牛10日，猪15日，禽10日；弃奶期7日。

【规格】 0.5g

【贮藏】 遮光，密封保存。

磺胺二甲嘧啶钠

Huang'an Erjiamidingna

Sulfadimidine Sodium

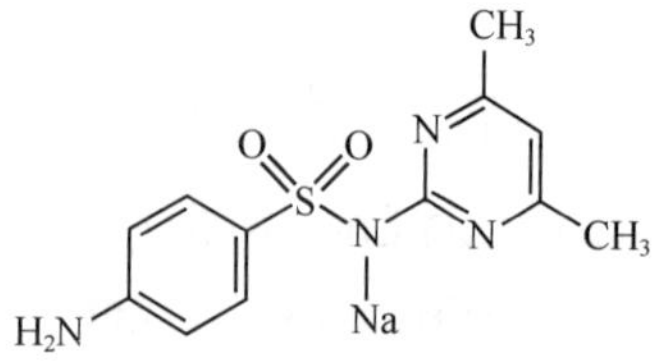

$C_{12}H_{13}N_4NaO_2S$ 300.31

本品为*N*-（4,6-二甲基-2-嘧啶基）-4-氨基苯磺酰钠盐。按干燥品计算，含$C_{12}H_{13}N_4NaO_2S$不得少于99.0%。

【性状】 本品为白色或极微黄色的结晶或粉末；无臭或几乎无臭；有引湿性。

本品在水中易溶；在乙醇中略溶。

【鉴别】 （1）取本品1g，加水20ml溶解，用醋酸酸化后，产生沉淀，滤过，沉淀用水洗净，在105℃干燥1小时，依法测定（附录0612），熔点应为197～200℃。剩余沉淀照磺胺二甲嘧啶项下的鉴别（1）、（3）项试验，显相同的反应。

（2）鉴别（1）项下的滤液应显钠盐的鉴别反应（附录0301）。

【检查】 碱度 取本品1.0g，加水10ml溶解后，依法测定（附录0631），pH值应为10.0～11.0。

溶液的澄清度与颜色 取本品8.2g，加水25ml溶解后，溶液应澄清无色；如显色，与对照液（取黄色7号标准比色液12.5ml，加水至25ml）或橙黄色3号标准比色液（附录0901第一法）比较，不得更深；如显浑浊，与1号浊度标准液（附录0902）比较，不得更浓。

有关物质 取本品适量，加乙醇-浓氨溶液（9：1）混合溶液制成每1ml约含10mg的溶液，作为供试品溶液；另取氨苯磺胺对照品，用以上混合液溶解并稀释制成每1ml中约含50μg溶液，作为对照品溶液。照薄层色谱法（附录0502）试验，吸取上述两种溶液各10μl，分别点于同一硅胶H薄层板上，以正丁醇-1mol/L氨溶液（15：3）为展开剂，展开，晾干，于105℃干燥10分钟，喷以对二甲氨基苯甲醛溶液（取对二甲氨基苯甲醛0.1g，加适量乙醇溶解后，加盐酸1ml，用乙醇稀释至100ml）使显色。供试品溶液如显杂质斑点，其颜色与对照品溶液的斑点比较，不得更深（0.5%）。

干燥失重 取本品，在105℃干燥至恒重，减失重量不得过2.0%（附录0831）。

【含量测定】 取本品约0.5g，精密称定，照永停滴定法（附录0701），用亚硝酸钠滴定液（0.1mol/L）滴定。每1ml亚硝酸钠滴定液（0.1mol/L）相当于30.03mg的$C_{12}H_{13}N_4NaO_2S$。

【类别】 磺胺类抗菌药。

【贮藏】 遮光，密封保存。

【制剂】 磺胺二甲嘧啶钠注射液

磺胺二甲嘧啶钠注射液

Huang'an Erjiamidingna Zhusheye

Sulfadimidine Sodium Injection

本品为磺胺二甲嘧啶钠的灭菌水溶液。含磺胺二甲嘧啶钠（$C_{12}H_{13}N_4NaO_2S$）应为标示量的95.0%～105.0%。

【性状】 本品为无色至微黄色的澄明液体；遇光易变质。

【鉴别】 取本品约5ml，用水20ml稀释后，加醋酸2ml，即析出磺胺二甲嘧啶的白色沉淀；滤过，沉淀用水洗净，在105℃干燥1小时，依法测定（附录0612），熔点应为197～200℃。剩余沉淀照磺胺二甲嘧啶项下的鉴别（1）、（3）项试验，显相同的反应。

【检查】 pH值 应为9.0～11.0（附录0631）。

颜色 取本品，与黄色3号标准比色液（附录0901第一法）比较，不得更深。

其他 应符合注射剂项下有关的各项规定（附录0102）。

【含量测定】 精密量取本品适量（约相当于磺胺二甲嘧啶钠0.5g），照永停滴定法（附录0701），用亚硝酸钠滴定液（0.1mol/L）滴定。每1ml亚硝酸钠滴定液（0.1mol/L）相当于30.03mg的$C_{12}H_{13}N_4NaO_2S$。

【作用与用途】 磺胺类抗菌药。用于敏感菌感染，也可用于球虫和弓形虫感染。

【用法与用量】 以磺胺二甲嘧啶钠计。静脉注射：一次量，每1kg体重，家畜50～100mg。一日1～2次，连用2～3日。

【不良反应】 （1）磺胺或其代谢物可在尿液中产生沉淀，在高剂量给药或低剂量长期给药时更易产生结晶，引起结晶尿、血尿或肾小管堵塞。

（2）马静脉注射可引起暂时性麻痹。

（3）本品为强碱性溶液，对组织有强刺激性。

【注意事项】 （1）应用磺胺药期间应给患畜大量饮水，以防结晶尿的发生，必要时亦可加服碳酸氢钠等碱性药物。

（2）肾功能受损时，排泄缓慢，应慎用。

（3）本品遇酸类可析出结晶，故不宜用5%葡萄糖液稀释。

（4）注意交叉过敏反应。若出现过敏反应或其他严重不良反应时，立即停药，并给予对症治疗。

【休药期】　28日；弃奶期7日。

【规格】　（1）5ml：0.5g　（2）10ml：1g　（3）100ml：10g

【贮藏】　遮光，密封保存。

磺胺甲噁唑

Huang' an Jia' ezuo

Sulfamethoxazole

$$C_{10}H_{11}N_3O_3S \quad 253.28$$

本品为 N-（5-甲基-3-异噁唑基）-4-氨基苯磺酰胺。按干燥品计算，含 $C_{10}H_{11}N_3O_3S$ 不得少于99.0%。

【性状】　本品为白色结晶性粉末；无臭。

本品在水中几乎不溶；在稀盐酸、氢氧化钠试液或氨试液中易溶。

熔点　本品的熔点（附录0612）为168～172℃。

【鉴别】　（1）取本品约0.1g，加水与0.4%氢氧化钠溶液各3ml，振摇使溶解，滤过，取滤液，加硫酸铜试液1滴，即生成草绿色沉淀（与磺胺异噁唑的区别）。

（2）本品的红外光吸收图谱应与对照的图谱一致。

（3）本品显芳香第一胺类的鉴别反应（附录0301）。

【检查】　酸度　取本品1.0g，加水10ml，摇匀，依法测定（附录0631），pH值应为4.0～6.0。

碱性溶液的澄清度与颜色　取本品1.0g，加氢氧化钠试液5ml与水20ml溶解后，溶液应澄清无色；如显浑浊，与1号浊度标准液（附录0902第一法）比较，不得更浓；如显色，与同体积的对照液（取黄色3号标准比色液12.5ml，加水至25ml）比较（附录0901第一法），不得更深。

氯化物　取本品2.0g，加水100ml，振摇，滤过；分取滤液25ml，依法检查（附录0801），与标准氯化钠溶液5.0ml制成的对照液比较，不得更浓（0.01%）。

硫酸盐　取氯化物项下剩余的滤液25ml，依法检查（附录0802），与标准硫酸钾溶液1.0ml制成的对照液比较，不得更浓（0.02%）。

有关物质　取本品，加乙醇-浓氨溶液（9：1）制成每1ml中约含10mg的溶液，作为供试品溶液；精密量取适量，用乙醇-浓氨溶液（9：1）稀释制成每1ml中约含50μg的溶液，作为对照溶液。照薄层色谱法（附录0502）试验，吸取上述两种溶液各10μl，分别点于同一以0.1%羧甲基纤维素钠为黏合剂的硅胶H薄层板上，以三氯甲烷-甲醇-二甲基甲酰胺（20：2：1）为展开剂，展开，晾干，喷以乙醇制对二甲氨基苯甲醛试液使显色。供试品溶液如显杂质斑点，与对照溶液的主斑点比较，不得更深。

干燥失重　取本品，在105℃干燥至恒重，减失重量不得过0.5%（附录0831）。

炽灼残渣　不得过0.1%（附录0841）。

重金属　取碱性溶液的澄清度与颜色项下的溶液，依法检查（附录0821第三法），含重金属不得过百万分之十五。

【含量测定】　取本品约0.5g，精密称定，加盐酸溶液（1→2）25ml，再加水25ml，振摇使溶解，照永停滴定法（附录0701），用亚硝酸钠滴定液（0.1mol/L）滴定。每1ml亚硝酸钠滴定液（0.1mol/L）相当于25.33mg的$C_{10}H_{11}N_3O_3S$。

【类别】　磺胺类抗菌药。

【贮藏】　遮光，密封保存。

【制剂】　（1）磺胺甲噁唑片　（2）复方磺胺甲噁唑片

磺胺甲噁唑片
Huang'an Jia'ezuo Pian
Sulfamethoxazole Tablets

本品含磺胺甲噁唑（$C_{10}H_{11}N_3O_3S$）应为标示量的95.0%~105.0%。

【性状】　本品为白色片。

【鉴别】　取本品的细粉适量（约相当于磺胺甲噁唑0.5g），加氨试液10ml，研磨使磺胺甲噁唑溶解，加水10ml，滤过，滤液置水浴上蒸发使氨挥散，放冷，加醋酸使成酸性，即析出沉淀，滤过，沉淀照磺胺甲噁唑项下的鉴别（1）、（3）项试验，显相同的反应。

【检查】　应符合片剂项下有关的各项规定（附录0101）。

【含量测定】　取本品10片，精密称定，研细，精密称取适量（约相当于磺胺甲噁唑0.5g），照磺胺甲噁唑含量测定项下的方法测定。每1ml亚硝酸钠滴定液（0.1mol/L）相当于25.33mg的$C_{10}H_{11}N_3O_3S$。

【作用与用途】　磺胺类抗菌药。用于敏感菌引起家畜的呼吸道、泌尿道等感染。

【用法与用量】　以磺胺甲噁唑计。内服：一次量，每1kg体重，家畜首次量50~100mg，维持量25~50mg。一日2次，连用3~5日。

【不良反应】　（1）磺胺或其代谢物可在尿液中产生沉淀，在高剂量给药或低剂量长期给药时更易产生结晶，引起结晶尿、血尿或肾小管堵塞。

（2）马内服可能产生腹泻。

【注意事项】　（1）易在泌尿道中析出结晶，应给患畜大量饮水。大剂量、长期应用时宜同时给予等量的碳酸氢钠。

（2）肾功能受损时，排泄缓慢，应慎用。

（3）可引起肠道菌群失调，长期用药可引起维生素B和维生素K的合成和吸收减少，宜补充相应的维生素。

（4）注意交叉过敏反应。在家畜出现过敏反应时，立即停药并给予对症治疗。

【休药期】　28日；弃奶期7日。

【规格】　0.5g

【贮藏】　遮光，密封保存。

复方磺胺甲噁唑片

Fufang Huang' an Jia'ezuo Pian

Compound Sulfamethoxazole Tablets

本品含磺胺甲噁唑（$C_{10}H_{11}N_3O_3S$）与甲氧苄啶（$C_{14}H_{18}N_4O_3$）均应为标示量的 90.0% ~ 110.0%。

【处方】

磺胺甲噁唑	400g
甲氧苄啶	80g
辅料	适量
制成	1000片

【性状】　本品为白色片。

【鉴别】　（1）取本品的细粉适量（约相当于甲氧苄啶50mg），加稀硫酸10ml，微热使甲氧苄啶溶解后，放冷，滤过，滤液加碘试液0.5ml，即生成棕褐色沉淀。

（2）取本品的细粉适量（约相当于磺胺甲噁唑0.2g），加甲醇10ml，振摇，滤过，取滤液作为供试品溶液；另取磺胺甲噁唑对照品0.2g与甲氧苄啶对照品40mg，加甲醇10ml溶解，作为对照品溶液。照薄层色谱法（附录0502）试验，吸取上述两种溶液各5μl，分别点于同一硅胶GF$_{254}$薄层板上，以三氯甲烷-甲醇-二甲基甲酰胺（20：2：1）为展开剂，展开，晾干，置紫外光灯（254nm）下检视。供试品溶液所显两种成分的主斑点的位置和颜色应与对照品溶液的主斑点相同。

（3）在含量测定项下记录的色谱图中，供试品溶液两主峰的保留时间应与对照品溶液相应的两主峰的保留时间一致。

（4）取本品的细粉适量（约相当于磺胺甲噁唑50mg），显芳香第一胺类的鉴别反应（附录0301）。

以上（2）、（3）两项可选做一项。

【检查】　溶出度　取本品，照溶出度与释放度测定法（附录0931第二法），以0.1mol/L盐酸溶液900ml为溶出介质，转速为每分钟75转，依法操作，经30分钟时，取溶液适量，滤过，精密量取续滤液10μl，照含量测定项下的方法，依法测定，计算每片中磺胺甲噁唑和甲氧苄啶的溶出量。限度均为标示量的70%，应符合规定。

其他　应符合片剂项下有关的各项规定（附录0101）。

【含量测定】　照高效液相色谱法（附录0512）测定。

色谱条件与系统适用性试验　用十八烷基硅烷键合硅胶为填充剂；以乙腈-水-三乙胺（200：799：1）（用氢氧化钠试液或冰醋酸调节pH值至5.9）为流动相；检测波长为240nm。理论板数按甲氧苄啶峰计算不低于4000，磺胺甲噁唑峰与甲氧苄啶峰间的分离度应符合要求。

测定法　取本品10片，精密称定，研细，精密称取适量（约相当于磺胺甲噁唑44mg），置100ml量瓶中，加0.1mol/L盐酸溶液适量，超声使两主成分溶解，用0.1mol/L盐酸溶液稀释至刻度，摇匀，滤过，取续滤液作为供试品溶液，精密量取10μl，注入液相色谱仪，记录色谱图；另取磺胺甲噁唑对照品和甲氧苄啶对照品各适量，精密称定，加0.1mol/L盐酸溶液溶解并定量稀释制成每1ml中含磺胺甲噁唑0.44mg与甲氧苄啶89μg的溶液，摇匀，同法测定。按外标法以峰面积计算，即得。

【作用与用途】 磺胺类抗菌药。能双重阻断细菌叶酸代谢，增强抗菌效力。用于敏感菌引起家畜的呼吸道、泌尿道等感染。

【用法与用量】 以磺胺甲噁唑计。内服：一次量，每1kg体重，家畜20～25mg。一日2次，连用3～5日。

【不良反应】 主要表现为急性反应如过敏反应，慢性反应表现为粒细胞减少、血小板减少、肝脏损害、肾脏损害及中枢神经毒性反应。

【注意事项】 （1）对磺胺类药物有过敏史的病畜禁用。

（2）易在泌尿道中析出结晶，应给患畜大量饮水。大剂量、长期应用时宜同时给予等量的碳酸氢钠。

（3）肾功能受损时，排泄缓慢，应慎用。

（4）可引起肠道菌群失调，长期用药可引起维生素B和维生素K的合成和吸收减少，宜补充相应的维生素。

（5）在家畜出现过敏反应时，立即停药并给予对症治疗。

（6）甲氧苄啶和磺胺不能用于有肝脏实质损伤的病犬和马。

【休药期】 28日；弃奶期7日。

【贮藏】 遮光，密封保存。

磺胺对甲氧嘧啶

Huang'an Duijiayangmiding

Sulfamethoxydiazine

$C_{11}H_{12}N_4O_3S$ 280.30

本品为N-（5-甲氧基-2-嘧啶基）-4-氨基苯磺酰胺。含$C_{11}H_{12}N_4O_3S$不得少于99.0%。

【性状】 本品为白色或微黄色的结晶或粉末；无臭。

本品在乙醇中微溶，在水或乙醚中几乎不溶；在氢氧化钠试液中易溶，在稀盐酸中微溶。

熔点 本品的熔点（附录0612）为210～214℃。

【鉴别】 （1）取本品约0.1g，加水与0.4%氢氧化钠溶液各3ml，振摇使溶解，滤过，取滤液加硫酸铜试液1滴，即生成淡咖啡色沉淀，放置后变为紫红色（与磺胺间甲氧嘧啶的区别）。

（2）本品的红外光吸收图谱应与对照的图谱一致。

（3）本品显芳香第一胺类的鉴别反应（附录0301）。

【检查】 **酸度** 取本品2.0g，加水100ml，置水浴中振摇加热10分钟，立即放冷，滤过；分取滤液25ml，加酚酞指示液2滴与氢氧化钠滴定液（0.1mol/L）0.20ml，应显粉红色。

溶液的澄清度与颜色 取本品1.0g，加氢氧化钠试液5ml与水20ml溶解后，溶液应澄清无色；如显浑浊，与1号浊度标准液（附录0902）比较，不得更浓；如显色，与对照液（取黄色3号标准比色液12.5ml，加水至25ml）比较（附录0901第一法），不得更深。

氯化物　取酸度项下剩余的滤液25ml，依法检查（附录0801），与标准氯化钠溶液7.0ml制成的对照液比较，不得更浓（0.014%）。

有关物质　取本品适量，加乙醇-浓氨溶液（9∶1）溶解并稀释制成每1ml中约含5mg的溶液，作为供试品溶液；精密量取适量，用乙醇-浓氨溶液（9∶1）定量稀释制成每1ml中约含25μg的溶液，作为对照溶液。照薄层色谱法（附录0502）试验，吸取上述两种溶液各10μl，分别点于同一以0.1%羧甲基纤维素钠为黏合剂的硅胶H薄层板上，以正丁醇-氨试液（30∶1）为展开剂，展开，晾干，在105℃加热10分钟，放冷，喷以乙醇制对二甲氨基苯甲醛试液，使显色。供试品溶液如显杂质斑点，其颜色与对照溶液的主斑点比较，不得更深（0.5%）。

炽灼残渣　不得过0.1%（附录0841）。

重金属　取溶液的澄清度与颜色项下的溶液，依法检查（附录0821第三法），含重金属不得过百万分之十五。

【含量测定】　取本品约0.5g，精密称定，加盐酸溶液（1→2）20ml溶解后（必要时加热），加水50ml，放冷，照永停滴定法（附录0701），用亚硝酸钠滴定液（0.1mol/L）滴定。每1ml亚硝酸钠滴定液（0.1mol/L）相当于28.03mg的$C_{11}H_{12}N_4O_3S$。

【类别】　磺胺类抗菌药。

【贮藏】　遮光，密闭保存。

【制剂】　（1）磺胺对甲氧嘧啶片　（2）复方磺胺对甲氧嘧啶片　（3）复方磺胺对甲氧嘧啶钠注射液

磺胺对甲氧嘧啶片

Huang'an Duijiayangmiding Pian

Sulfamethoxydiazine Tablets

本品含磺胺对甲氧嘧啶（$C_{11}H_{12}N_4O_3S$）应为标示量的95.0%～105.0%。

【性状】　本品为白色或微黄色片。

【鉴别】　取本品的细粉适量（约相当于磺胺对甲氧嘧啶0.5g），加氨试液10ml，研磨使磺胺对甲氧嘧啶溶解，加水10ml，滤过，滤液置水浴上蒸发使氨挥散，放冷，加醋酸使成酸性，即析出沉淀，滤过，沉淀用水洗净，在105℃干燥后，依法测定（附录0612），熔点为210～214℃；剩余的沉淀照磺胺对甲氧嘧啶项下的鉴别（1）、（3）项试验，显相同的反应。

【检查】　应符合片剂项下有关的各项规定（附录0101）。

【含量测定】　取本品10片，精密称定，研细，精密称取适量（约相当于磺胺对甲氧嘧啶0.5g），加盐酸溶液（1→2）20ml，加热使磺胺对甲氧嘧啶溶解后，加水50ml，放冷，照永停滴定法（附录0701），用亚硝酸钠滴定液（0.1mol/L）滴定。每1ml亚硝酸钠滴定液（0.1mol/L）相当于28.03mg的$C_{11}H_{12}N_4O_3S$。

【作用与用途】　磺胺类抗菌药。主用于敏感菌感染，也可用于球虫感染。

【用法与用量】　以磺胺对甲氧嘧啶计。内服：一次量，每1kg体重，家畜首次量50～100mg，维持量25～50mg。一日1～2次，连用3～5日。

【不良反应】　（1）磺胺对甲氧嘧啶或其代谢物可在尿液中产生沉淀，在高剂量给药或低剂量长期给药时更易产生结晶，引起结晶尿、血尿或肾小管堵塞。

（2）马内服可能产生腹泻。

【注意事项】 （1）易在泌尿道中析出结晶，应给患畜大量饮水。大剂量、长期应用时宜同时给予等量的碳酸氢钠。

（2）肾功能受损时，排泄缓慢，应慎用。

（3）可引起肠道菌群失调，长期用药可引起维生素B和维生素K的合成和吸收减少，宜补充相应的维生素。

（4）注意交叉过敏反应。在家畜出现过敏反应时，立即停药并给予对症治疗。

【休药期】 28日。

【规格】 0.5g

【贮藏】 遮光，密闭保存。

复方磺胺对甲氧嘧啶片

Fufang Huang'an Duijiayangmiding Pian

Compound Sulfamethoxydiazine Tablets

本品每片含磺胺对甲氧嘧啶（$C_{11}H_{12}N_4O_3S$）应为0.380～0.420g；含甲氧苄啶（$C_{14}H_{18}N_4O_3$）应为72.0～88.0mg。

【处方】

磺胺对甲氧嘧啶	400g
甲氧苄啶	80g
辅料	适量
制成	1000片

【性状】 本品为白色片。

【鉴别】 （1）取本品的细粉适量（约相当于磺胺对甲氧嘧啶0.1g），加0.4%氢氧化钠溶液5ml，振摇，滤过，滤液加硫酸铜试液，即生成紫灰色沉淀。

（2）取本品的细粉适量（约相当于甲氧苄啶25mg），加0.4%氢氧化钠溶液5ml，摇匀，加三氯甲烷5ml，振摇提取，分取三氯甲烷液，加稀硫酸5ml，振摇后，加碘试液2滴，在稀硫酸层生成褐色沉淀。

（3）取本品的细粉适量（约相当于磺胺对甲氧嘧啶50mg），显芳香第一胺类的鉴别反应（附录0301）。

【检查】 应符合片剂项下有关的各项规定（附录0101）。

【含量测定】 **磺胺对甲氧嘧啶** 取本品10片，精密称定，研细，精密称取适量（约相当于磺胺对甲氧嘧啶0.5g），照永停滴定法（附录0701），用亚硝酸钠滴定液（0.1mol/L）滴定。每1ml亚硝酸钠滴定液（0.1mol/L）相当于28.03mg的$C_{11}H_{12}N_4O_3S$。

甲氧苄啶 精密称取上述研细的粉末适量（约相当于甲氧苄啶20mg），置分液漏斗中，加0.4%氢氧化钠溶液25ml，摇匀，用三氯甲烷提取2次（25ml、20ml），合并三氯甲烷液，置50ml量瓶中，用三氯甲烷稀释至刻度，摇匀；精密量取25ml，置分液漏斗中，精密加稀醋酸50ml，振摇15分钟，放置使分层，取水层，滤过，精密量取续滤液10ml，置100ml量瓶中，加稀醋酸10ml，用水稀释至刻度。照紫外-可见分光光度法（附录0401），在271nm的波长处测定吸光度，按$C_{14}H_{18}N_4O_3$的吸收系数（$E_{1cm}^{1\%}$）为204计算，即得。

【作用与用途】 磺胺类抗菌药。能双重阻断细菌叶酸代谢，增强抗菌效力。主用于敏感菌引起的泌尿道、呼吸道及皮肤软组织等感染。

【用法与用量】 以磺胺对甲氧嘧啶计。内服：一次量，每1kg体重，家畜20～25mg。一日2～3次，连用3～5日。

【不良反应】 急性反应如过敏反应，慢性反应表现为粒细胞减少、血小板减少、肝脏损害、肾脏损害及中枢神经毒性反应。

【注意事项】 （1）易在泌尿道中析出结晶，应给患畜大量饮水。大剂量、长期应用时宜同时给予等量的碳酸氢钠。

（2）肾功能受损时，排泄缓慢，应慎用。

（3）可引起肠道菌群失调，长期用药可引起维生素B和维生素K的合成和吸收减少，宜补充相应的维生素。

（4）在家畜出现过敏反应时，立即停药并给予对症治疗。

（5）甲氧苄啶与磺胺类药物不能用于有肝脏实质损伤、血液不调的病犬和马。

【休药期】 28日；弃奶期7日。

【贮藏】 遮光，密封，在干燥处保存。

复方磺胺对甲氧嘧啶钠注射液

Fufang Huang'an Duijiayangmidingna Zhusheye

Compound Sulfamethoxydiazine Sodium Injection

本品为磺胺对甲氧嘧啶加氢氧化钠适量和甲氧苄啶制成的灭菌水溶液。含磺胺对甲氧嘧啶钠（$C_{11}H_{11}N_4NaO_3S$）和甲氧苄啶（$C_{14}H_{18}N_4O_3$）均应为标示量的90.0%～110.0%。

【性状】 本品为无色至微黄色的澄明液体。

【鉴别】 （1）取本品1ml，加水3ml，加醋酸适量，即析出沉淀，滤过，沉淀加水与0.4%氢氧化钠溶液各3ml，使溶解，滴加硫酸铜试液，即生成紫灰色沉淀。

（2）取本品适量（约相当于甲氧苄啶0.1g），加稀硫酸10ml，摇匀，滤过，滤液加碘试液，即生成棕褐色沉淀。

（3）本品显芳香第一胺类的鉴别反应（附录0301）。

【检查】 pH值 应为9.5～11.0（附录0631）。

其他 应符合注射剂项下有关的各项规定（附录0102）。

【含量测定】 **磺胺对甲氧嘧啶钠** 精密量取本品适量（约相当于磺胺对甲氧嘧啶钠0.5g），照永停滴定法（附录0701），用亚硝酸钠滴定液（0.1mol/L）滴定。每1ml亚硝酸钠滴定液（0.1mol/L）相当于30.23mg的$C_{11}H_{11}N_4NaO_3S$。

甲氧苄啶 精密量取本品适量（约相当于甲氧苄啶40mg），置分液漏斗中，加0.1mol/L氢氧化钠溶液15ml，摇匀，用三氯甲烷提取2次（25ml、20ml），合并三氯甲烷液，置50ml量瓶中，用三氯甲烷稀释至刻度，摇匀；精密量取25ml，置分液漏斗中，精密加稀醋酸50ml，振摇15分钟，放置使分层，取水层，滤过，精密量取续滤液5ml，置100ml量瓶中，加稀醋酸10ml，用水稀释至刻度。照紫外-可见分光光度法（附录0401），在271nm的波长处测定吸光度，按$C_{14}H_{18}N_4O_3$的吸收系数（$E_{1cm}^{1\%}$）为204计算，即得。

【作用与用途】 磺胺类抗菌药。能双重阻断细菌叶酸代谢，增强抗菌效力。主用于敏感菌引起的泌尿道、呼吸道及皮肤软组织等感染。

【用法与用量】 以磺胺对甲氧嘧啶钠计。肌内注射：一次量，每1kg体重，家畜15~20mg。一日1~2次，连用2~3日。

【不良反应】 急性反应如过敏反应，慢性反应表现为粒细胞减少、血小板减少、肝脏损害、肾脏损害及中枢神经毒性反应。

【注意事项】 （1）本品遇酸类可析出结晶，故不宜用5%葡萄糖液稀释。

（2）长期或大剂量应用易引起结晶尿，应同时应用碳酸氢钠，并给患畜大量饮水。

（3）若出现过敏反应或其他严重不良反应时，立即停药，并给予对症治疗。

（4）甲氧苄啶和磺胺不能用于有肝脏实质损伤的病犬和马。

【休药期】 28日；弃奶期7日。

【规格】 （1）10ml：磺胺对甲氧嘧啶钠1g与甲氧苄啶0.2g （2）10ml：磺胺对甲氧嘧啶钠1.5g与甲氧苄啶0.3g （3）10ml：磺胺对甲氧嘧啶钠2g与甲氧苄啶0.4g

【贮藏】 遮光，密闭保存。

磺胺间甲氧嘧啶

Huang'an Jianjiayangmiding

Sulfamonomethoxine

$C_{11}H_{12}N_4O_3S$ 280.30

本品为N-（6-甲氧基-4-嘧啶基）-4-氨基苯磺酰胺。按干燥品计算，含$C_{11}H_{12}N_4O_3S$不得少于99.0%。

【性状】 本品为白色或类白色的结晶性粉末；无臭；遇光色渐变暗。

本品在丙酮中略溶，在乙醇中微溶，在水中不溶；在稀盐酸或氢氧化钠试液中易溶。

熔点 本品的熔点（附录0612）为204~206℃。

【鉴别】 （1）取本品约0.1g，加水与0.4%氢氧化钠溶液各3ml，振摇使溶解，滤过，取滤液，加硫酸铜试液1滴，即生成黄绿色沉淀（与磺胺对甲氧嘧啶的区别）。

（2）本品的红外光吸收图谱应与对照的图谱一致。

（3）本品显芳香第一胺类的鉴别反应（附录0301）。

【检查】 酸度 取本品2.0g，加水100ml，置水浴中振摇加热10分钟，立即放冷，滤过，分取滤液25ml，加酚酞指示液2滴与氢氧化钠滴定液（0.1mol/L）0.20ml，应显粉红色。

溶液的澄清度与颜色 取本品1.0g，加氢氧化钠试液5ml与水20ml使溶解，溶液应澄清无色；如显色，与黄色3号标准比色液（附录0901第一法）比较，不得更深。

氯化物 取酸度项下剩余的滤液25ml，依法检查（附录0801），与标准氯化钠溶液7.0ml制成的对照液比较，不得更浓（0.014%）。

干燥失重 取本品，在105℃干燥至恒重，减失重量不得过0.5%（附录0831）。

炽灼残渣 不得过0.1%（附录0841）。

重金属 取本品0.50g，依法检查（附录0821第三法），含重金属不得过百万分之二十。

【含量测定】 取本品约0.5g，精密称定，照永停滴定法（附录0701），用亚硝酸钠滴定液（0.1mol/L）滴定。每1ml亚硝酸钠滴定液（0.1mol/L）相当于28.03mg的$C_{11}H_{12}N_4O_3S$。

【类别】 磺胺类抗菌药。

【贮藏】 遮光，密封保存。

【制剂】 磺胺间甲氧嘧啶片

磺胺间甲氧嘧啶片

Huang'an Jianjiayangmiding Pian

Sulfamonomethoxine Tablets

本品含磺胺间甲氧嘧啶（$C_{11}H_{12}N_4O_3S$）应为标示量的95.0%～105.0%。

【性状】 本品为白色或微黄色片。

【鉴别】 取本品的细粉适量（约相当于磺胺间甲氧嘧啶0.5g），加氨试液10ml，振摇使磺胺间甲氧嘧啶溶解，加水10ml，滤过，滤液置水浴上蒸发使氨挥散，放冷，加醋酸使成酸性，即析出沉淀；滤过，沉淀用水洗净，在105℃干燥1小时，依法测定（附录0612），熔点为204～206℃；剩余的沉淀照磺胺间甲氧嘧啶项下的鉴别（1）、（3）项试验，显相同的反应。

【检查】 应符合片剂项下有关的各项规定（附录0101）。

【含量测定】 取本品50片（规格25mg）或10片（规格0.5g），精密称定，研细，精密称取适量（约相当于磺胺间甲氧嘧啶0.5g），照永停滴定法（附录0701），用亚硝酸钠滴定液（0.1mol/L）滴定。每1ml亚硝酸钠滴定液（0.1mol/L）相当于28.03mg的$C_{11}H_{12}N_4O_3S$。

【作用与用途】 磺胺类抗菌药。用于敏感菌感染，也可用于猪弓形虫和鸡住白细胞虫等感染。

【用法与用量】 以磺胺间甲氧嘧啶计。内服：一次量，每1kg体重，家畜首次量50～100mg，维持量25～50mg。一日2次，连用3～5日。

【不良反应】 （1）磺胺或其代谢物可在尿液中产生沉淀，在高剂量给药或低剂量长期给药时更易产生结晶，引起结晶尿、血尿或肾小管堵塞。

（2）马内服可能产生腹泻。

【注意事项】 （1）易在泌尿道中析出结晶，应给患畜大量饮水。大剂量、长期应用时宜同时给予等量的碳酸氢钠。

（2）肾功能受损时，排泄缓慢，应慎用。

（3）可引起肠道菌群失调，长期用药可引起维生素B和维生素K的合成和吸收减少，宜补充相应的维生素。

（4）注意交叉过敏反应。在家畜出现过敏反应时，立即停药并给予对症治疗。

【休药期】 28日。

【规格】 （1）25mg （2）0.5g

【贮藏】 遮光，密闭保存。

磺胺间甲氧嘧啶钠

Huang'an Jianjiayangmidingna

Sulfamonomethoxine Sodium

$$\text{(structural formula)} \cdot H_2O$$

$$C_{11}H_{11}N_4NaO_3S \cdot H_2O \quad 320.29$$

本品为 N-（6-甲氧基-4-嘧啶基）-4-氨基苯磺酰胺钠盐一水合物。按无水物计算，含 $C_{11}H_{11}N_4NaO_3S$ 不得少于98.0%。

【性状】 本品为白色结晶或结晶性粉末；无臭。

本品在水中易溶，在乙醇中微溶，在丙酮中极微溶解。

【鉴别】 （1）取本品0.4g，加水10ml溶解后，加醋酸2ml，即析出白色沉淀；滤过，沉淀用水洗净，在105℃干燥后，照磺胺间甲氧嘧啶项下的鉴别试验，应显相同的结果。

（2）鉴别（1）项下的滤液，显钠盐的鉴别反应（附录0301）。

【检查】 碱度 取本品1.0g，加水5ml溶解后，依法测定（附录0631），pH值应为9.6～10.5。

溶液的澄清度与颜色 取本品1.0g，加水25ml使溶解，溶液应澄清无色；如显色，与黄色3号标准比色液（附录0901第一法）比较，不得更深。

水分 取本品，照水分测定法（附录0832第一法A）测定，含水分不得过6.0%。

重金属 取本品0.5g，依法检查（附录0821第三法），含重金属不得过百万分之二十。

【含量测定】 取本品约0.5g，精密称定，照永停滴定法（附录0701），用亚硝酸钠滴定液（0.1mol/L）滴定。每1ml亚硝酸钠滴定液（0.1mol/L）相当于30.23mg的 $C_{11}H_{11}N_4NaO_3S$。

【类别】 磺胺类抗菌药。

【贮藏】 遮光，密封保存。

【制剂】 磺胺间甲氧嘧啶钠注射液

磺胺间甲氧嘧啶钠注射液

Huang'an Jianjiayangmidingna Zhusheye

Sulfamonomethoxine Sodium Injection

本品为磺胺间甲氧嘧啶钠的灭菌水溶液。含磺胺间甲氧嘧啶钠（$C_{11}H_{11}N_4NaO_3S$）应为标示量的95.0%～105.0%。

【性状】 本品为无色至淡黄色澄明液体。

【鉴别】 （1）取本品10ml，用水30ml稀释后，加醋酸4ml，即析出白色沉淀，滤过，沉淀用水洗净，在105℃干燥4小时，依法测定（附录0612），熔点为204～206℃；剩余的沉淀照磺胺间甲氧嘧啶项下的鉴别（1）、（3）项试验，显相同的结果。

（2）本品显钠盐的鉴别反应（附录0301）。

【检查】 pH值　应为9.5～11.0（附录0631）。

颜色　取本品，加水制成每1ml含磺胺间甲氧嘧啶钠40mg的溶液，与黄色3号标准比色液（附录0901第一法）比较，不得更深。

其他　应符合注射剂项下有关的各项规定（附录0102）。

【含量测定】 精密量取本品适量（约相当于磺胺间甲氧嘧啶钠0.5g），照永停滴定法（附录0701），用亚硝酸钠滴定液（0.1mol/L）滴定。每1ml亚硝酸钠滴定液（0.1mol/L）相当于30.23mg的 $C_{11}H_{11}N_4NaO_3S$。

【作用与用途】 磺胺类抗菌药。用于敏感菌感染，也可用于猪弓形虫等感染。

【用法与用量】 以磺胺间甲氧嘧啶钠计。静脉注射：一次量，每1kg体重，家畜50mg。一日1～2次，连用2～3日。

【不良反应】 （1）磺胺或其代谢物可在尿液中产生沉淀，在高剂量给药或低剂量长期给药时更易产生结晶，引起结晶尿、血尿或肾小管堵塞。

（2）马静脉注射可引起暂时性麻痹。

（3）磺胺注射液为强碱性溶液，对组织有强刺激性。

【注意事项】 （1）本品遇酸类可析出结晶，故不宜用5%葡萄糖液稀释。

（2）长期或大剂量应用易引起结晶尿，应同时应用碳酸氢钠，并给患畜大量饮水。

（3）若出现过敏反应或其他严重不良反应时，立即停药，并给予对症治疗。

【休药期】 28日；弃奶期7日。

【规格】 （1）5ml：0.5 g　（2）5ml：0.75 g　（3）10ml：0.5g　（4）10ml：1g　（5）10ml：1.5g　（6）10ml：3g　（7）20ml：2g　（8）50ml：5g　（9）100ml：10g

【贮藏】 遮光，密闭保存。

磺　胺　脒

Huang'anmi
Sulfaguanidine

$$C_7H_{10}N_4O_2S \cdot H_2O \quad 232.26$$

本品为N-（氨基亚胺甲基）-4-氨基苯磺酰胺的一水合物。按干燥品计算，含 $C_7H_{10}N_4O_2S$ 不得少于99.0%。

【性状】 本品为白色针状结晶性粉末；无臭或几乎无臭；遇光渐变色。

本品在沸水中溶解，在水、乙醇或丙酮中微溶；在稀盐酸中易溶，在氢氧化钠试液中几乎不溶。

熔点　本品的熔点（附录0612）为189～192℃。

【鉴别】 （1）取本品约0.2g，加氢氧化钠溶液（1→5）5ml，煮沸，即发生氨臭。

（2）本品的红外光吸收图谱应与对照的图谱一致。

（3）本品显芳香第一胺类的鉴别反应（附录0301）。

【检查】 酸碱度 取本品2.0g，加水100ml，摇匀，置水浴中加热10分钟，立即放冷，滤过，分取滤液25ml，加酚酞指示液2滴，不得显色，再加0.1mol/L氢氧化钠溶液0.1ml，应显粉红色。

氯化物 取酸碱度项下剩余的滤液25ml，依法检查（附录0801），与标准氯化钠溶液5.0ml制成的对照液比较，不得更浓（0.010%）。

有关物质 取本品适量，加丙酮溶解并稀释制成每1ml中约含10mg的溶液，作为供试品溶液；精密量取适量，用丙酮定量稀释制成每1ml中约含0.1mg的溶液，作为对照溶液；取磺胺脒和磺胺对照品，加丙酮溶解并稀释制成每1ml中各含2mg的混合溶液，作为系统适用性溶液。照薄层色谱法（附录0502）试验，吸取上述三种溶液各10μl，分别点于同一硅胶GF$_{254}$薄层板上，以无水甲酸-甲醇-二氯甲烷（10：20：70）为展开剂，展开约15cm，取出，晾干，置紫外光灯（254nm）下检视，系统适用性溶液应呈现两个分离明显的主斑点；供试品溶液如显杂质斑点，其颜色与对照溶液的主斑点比较，不得更深（1.0%）。

干燥失重 取本品，在105℃干燥至恒重，减失重量应为6.0%~8.0%（附录0831）。

炽灼残渣 不得过0.1%（附录0841）。

重金属 取炽灼残渣项下遗留的残渣，依法检查（附录0821第二法），含重金属不得过百万分之二十。

【含量测定】 取本品约0.5g，精密称定，照永停滴定法（附录0701），用亚硝酸钠滴定液（0.1mol/L）滴定。每1ml亚硝酸钠滴定液（0.1mol/L）相当于21.43mg的$C_7H_{10}N_4O_2S$。

【类别】 磺胺类抗菌药。

【贮藏】 遮光，密封保存。

【制剂】 磺胺脒片

磺 胺 脒 片
Huang'anmi Pian
Sulfaguanidine Tablets

本品含磺胺脒（$C_7H_{10}N_4O_2S \cdot H_2O$）应为标示量的95.0%~105.0%。

【性状】 本品为白色片。

【鉴别】 取本品的细粉适量（约相当于磺胺脒0.5g），加稀盐酸10ml，研磨使磺胺脒溶解，加水5ml，滤过，滤液加醋酸铵溶液（1→2）3ml，在冷处放置30分钟，即析出沉淀，滤过，沉淀用水洗净，在105℃干燥1小时，依法测定（附录0612），熔点为189~192℃；剩余的沉淀照磺胺脒项下的鉴别（1）、（3）项试验，显相同的反应。

【检查】 应符合片剂项下有关的各项规定（附录0101）。

【含量测定】 取本品10片（规格0.5g）或50片（规格25mg），精密称定，研细，精密称取适量（约相当于磺胺脒0.5g），照永停滴定法（附录0701），用亚硝酸钠滴定液（0.1mol/L）滴定。每1ml亚硝酸钠滴定液（0.1mol/L）相当于23.23mg的$C_7H_{10}N_4O_2S \cdot H_2O$。

【作用与用途】 磺胺类抗菌药。用于肠道细菌性感染。

【用法与用量】 以磺胺脒计。内服：一次量，每1kg体重，家畜0.1~0.2g。一日2次，连用3~5日。

【不良反应】 长期服用可能影响胃肠道菌群，引起消化道功能紊乱。

【注意事项】 （1）新生仔畜（1~2日龄犊牛、仔猪等）的肠内吸收率高于幼畜。

（2）不宜长期服用，注意观察胃肠道功能。

【休药期】 28日。

【规格】 （1）0.25g （2）0.5g

【贮藏】 遮光、密闭，在干燥处保存。

磺胺氯达嗪钠

Huang'an Lüdaqinna

Sulfachlorpyridazine Sodium

$C_{10}H_8ClN_4NaO_2S$ 306.71

本品为4-氨基-N-（6-氯-3-哒嗪基）苯磺酰胺的钠盐。按无水物计算，含$C_{10}H_8ClN_4NaO_2S$不得少于99.0%。

【性状】 本品为白色至淡黄色粉末。

本品在水中易溶，在甲醇中溶解，在乙醇中略溶，在三氯甲烷中微溶。

【鉴别】 （1）取本品与磺胺氯达嗪钠对照品，分别加甲醇溶解并稀释制成每1ml中各约含10mg的溶液作为供试品溶液和对照品溶液。照有关物质项下色谱条件，吸取上述两种溶液各$2\mu l$，分别点于同一硅胶GF$_{254}$薄层板上。供试品溶液所显主斑点的位置与颜色应与对照品溶液的主斑点相同。

（2）本品的红外光吸收图谱应与对照品的图谱一致。

（3）本品显芳香第一胺类的鉴别反应（附录0301）。

【检查】 **碱度** 取本品1.0g，加水20ml溶解后，依法测定（附录0631），pH值应为7.2~9.2。

溶液的澄清度 取本品2.5g，加水50ml使溶解，溶液应澄清。

有关物质 取本品适量，加甲醇溶解并稀释制成每1ml中约含10mg的溶液，作为供试品溶液；分别精密量取适量，用甲醇定量稀释制成每1ml中各约含0.01mg和0.03mg的溶液，作为对照溶液（1）和（2）。照薄层色谱法（附录0502）试验，吸取上述三种溶液各$4\mu l$，分别点于同一硅胶GF$_{254}$薄层板上，以甲苯-乙酸乙酯-甲醇（3：1：1）为展开剂，展开，晾干，置紫外光灯（254nm）下检视，供试品溶液如显杂质斑点，单个杂质斑点颜色与对照品溶液（2）的主斑点比较，不得更深；各杂质量的和不得过1.0%。

水分 取本品，照水分测定法（附录0832第一法A）测定，含水分不得过5.0%。

砷盐 取本品1.0g，加氢氧化钙1.0g，混合，加少量水，搅拌均匀，干燥后，先用小火烧灼使炭化，再在500~600℃炽灼使完全灰化，放冷，加盐酸5ml与水23ml使溶解，依法检查（附录0822），应符合规定（0.0002%）。

【含量测定】 取本品0.5g，精密称定，加水30ml与盐酸溶液（1→2）20ml使溶解，照永停滴定法（附录0701），用亚硝酸钠滴定液（0.1mol/L）滴定。每1ml的亚硝酸钠滴定液（0.1mol/L）相当于30.67mg的$C_{10}H_8ClN_4NaO_2S$。

【类别】 磺胺类抗菌药。

【贮藏】 遮光，密封保存。

【制剂】 复方磺胺氯达嗪钠粉

复方磺胺氯达嗪钠粉

Fufang Huang'an Lüdaqinna Fen

Compound Sulfachlorpyridazine Sodium Powder

本品为磺胺氯达嗪钠、甲氧苄啶与蔗糖配制而成。含磺胺氯达嗪钠（$C_{10}H_8ClN_4NaO_2S$）应为标示量的90.0%～105.0%，含甲氧苄啶（$C_{14}H_{18}N_4O_3$）应为标示量的90.0%～110.0%。

【处方】

	处方1	处方2
磺胺氯达嗪钠	100g	625g
甲氧苄啶	20g	125g
辅料	适量	适量
制成	1000g	1000g

【性状】 本品为淡黄色粉末。

【鉴别】 （1）取本品适量（约相当于甲氧苄啶1mg），置分液漏斗中，加0.4%氢氧化钠溶液5ml与三氯甲烷5ml，轻轻振摇，静置，分取三氯甲烷层，加稀硫酸5ml，振摇，加碘试液数滴，水层即生成黄褐色沉淀。

（2）在含量测定项下记录的色谱图中，供试品溶液两主峰的保留时间应与对照品溶液相应两主峰的保留时间一致。

（3）本品显芳香第一胺类的鉴别反应（附录0301）。

【检查】 粒度 本品应全部通过二号筛，三号筛通过率不得少于70%。

水分 取本品，照水分测定法（附录0832第一法A）测定，含水分不得过3.0%。

其他 应符合粉剂项下有关的各项规定（附录0108）。

【含量测定】 照高效液相色谱法（附录0512）测定。

色谱条件与系统适用性试验 用十八烷基硅烷键合硅胶为填充剂；以0.1%磷酸溶液-乙腈（90∶18）为流动相，检测波长为230nm。理论板数按甲氧苄啶峰计算不得低于1600，甲氧苄啶峰与磺胺氯达嗪峰的分离度应符合要求。

测定法 取本品适量（约相当于磺胺氯达嗪钠0.2g和甲氧苄啶40mg），精密称定，置100ml量瓶中，加50%甲醇溶液溶解并稀释至刻度，摇匀；精密量取5ml，置50ml量瓶中，用流动相稀释至刻度，摇匀；精密量取20μl，注入液相色谱仪，记录色谱图；另取磺胺氯达嗪钠对照品与甲氧苄啶对照品，同法测定。按外标法以峰面积计算，即得。

【作用与用途】 磺胺类抗菌药。用于畜禽大肠埃希菌和巴氏杆菌感染。

【用法与用量】 以磺胺氯达嗪钠计。内服：每1kg体重，猪、鸡，一日量，20mg。猪，连用5～10日；鸡，连用3～6日。

【不良反应】 主要表现为急性反应如过敏反应，慢性反应表现为粒细胞减少、血小板减少、肝脏损害、肾脏损害及中枢神经毒性反应。易在尿中沉积，尤其是在高剂量长时间用药时更易发生。

【注意事项】 （1）蛋鸡产蛋期禁用。

（2）不得作为饲料添加剂长期应用。

（3）易在泌尿道中析出结晶，应给患畜大量饮水。大剂量、长期应用时宜同时给予等量的碳酸氢钠。

（4）肾功能受损时，排泄缓慢，应慎用。

（5）可引起肠道菌群失调，长期用药可引起维生素B和维生素K的合成和吸收减少，宜补充相应的维生素。

（6）不能用于对磺胺类药物有过敏史的病畜。

【休药期】 猪4日，鸡2日。

【贮藏】 遮光，密闭保存。

磺胺氯吡嗪钠

Huang'an Lübiqinna

Sulfachloropyrazine Sodium

$C_{10}H_8ClN_4NaO_2S \cdot H_2O$　324.72

本品为N-（5-氯-3-吡嗪基）-4-氨基苯磺酰胺钠盐一水化合物。含$C_{10}H_8ClN_4NaO_2S \cdot H_2O$不得少于99.0%。

【性状】 本品为白色或淡黄色粉末。

本品在水或甲醇中溶解，在乙醇或丙酮中微溶，在三氯甲烷中不溶。

【鉴别】 （1）取本品与磺胺氯吡嗪钠对照品，分别加甲醇溶解并稀释制成每1ml中各约含1mg的溶液，作为供试品溶液和对照品溶液。照有关物质项下色谱条件试验，供试品溶液所显主斑点的位置和颜色应与对照品溶液的主斑点相同。

（2）本品的红外光吸收图谱应与对照品的图谱一致。

（3）本品显芳香第一胺类的鉴别反应（附录0301）。

【检查】 粒度 取本品，用$500\mu m$与$40\mu m$孔径筛检查，大于$500\mu m$的颗粒不得过1%；$500\sim40\mu m$的颗粒不得少于17%。

碱度 取本品0.5g，加水10ml溶解后，依法测定（附录0631），pH值应为9.0～10.5。

溶液的澄清度 取本品2.5g，加水50ml使溶解，溶液应澄清。

有关物质 取本品适量，加甲醇溶解并稀释制成每1ml中约含10mg的溶液，作为供试品溶液；精密量取适量，用甲醇定量稀释制成每1ml中约含0.3mg的溶液，作为对照溶液。照薄层色谱法（附录0502）试验，吸取上述两种溶液各$2\mu l$，分别点于同一硅胶G薄层板上，以甲苯-乙酸乙酯-甲醇（3：1：1）为展开剂，展开，晾干。将薄层板置于充满亚硝酸气体（用亚硝酸钠2g，加盐酸5ml产生）的密闭容器中，5分钟后取出，室温下放置3～5分钟，喷以0.1%盐酸萘乙二胺溶液，供试品溶液如显杂质斑点，其颜色与对照溶液的主斑点比较，不得更深（3.0%）。

水分 取本品，照水分测定法（附录0832第一法A）测定，含水分不得过6.5%。

重金属 取本品1.0g，依法检查（附录0821第三法），含重金属不得过百万分之二十。

砷盐 取本品0.4g，加氢氧化钙1.0g，混合，加少量水，搅拌均匀，干燥后，先用小火烧灼使炭化，再在500～600℃炽灼使完全灰化，放冷，加盐酸5ml与水23ml使溶解，依法检查（附录0822第一法），应符合规定（0.0005%）。

【含量测定】 取本品约0.5g，精密称定，加水40ml使溶解，加二甲基甲酰胺40ml，摇匀，缓缓加入氢溴酸溶液（1→2）25ml，照永停滴定法（附录0701），用亚硝酸钠滴定液（0.1mol/L）滴定。每1ml的亚硝酸钠滴定液（0.1mol/L）相当于32.47mg的$C_{10}H_8ClN_4NaO_2S\cdot H_2O$。

【类别】 抗球虫药。

【贮藏】 遮光，密闭保存。

【制剂】 磺胺氯吡嗪钠可溶性粉

磺胺氯吡嗪钠可溶性粉

Huang'an Lübiqinna Kerongxingfen

Sulfachloropyrazine Sodium Soluble Powder

本品含磺胺氯吡嗪钠（$C_{10}H_8ClN_4NaO_2S\cdot H_2O$）应为标示量的90.0%～110.0%。

【性状】 本品为淡黄色粉末。

【鉴别】 （1）取本品，加甲醇溶解并稀释制成每1ml中约含1mg的溶液，照磺胺氯吡嗪钠项下的鉴别（1）项试验，显相同的结果。

（2）取本品适量（约相当于磺胺氯吡嗪钠50mg），加稀盐酸2ml使溶解，显芳香第一胺类的鉴别反应（附录0301）。

【检查】 溶解性 取本品15g，加水100ml，搅拌后应全部溶解。

粒度 取本品，用500μm孔径筛检查，500μm孔径筛通过率不得少于90%。

有关物质 取本品适量，加甲醇超声使溶解并稀释制成每1ml中含10mg的溶液，取上清液，作为供试品溶液。照磺胺氯吡嗪钠有关物质项下的方法测定。供试品溶液如显杂质斑点，其颜色与对照溶液的主斑点比较，不得更深（3.0%）。

水分 取本品，照水分测定法（附录0832第一法A）测定，含水分不得过2.5%。

其他 应符合可溶性粉剂项下有关的各项规定（附录0113）。

【含量测定】 取本品（约相当于磺胺氯吡嗪钠0.5g），精密称定，加水25ml使溶解，加二甲基甲酰胺15ml，缓缓加入氢溴酸溶液（1→2）40ml，照永停滴定法（附录0701），用亚硝酸钠滴定液（0.1mol/L）滴定。每1ml的亚硝酸钠滴定液（0.1mol/L）相当于32.47mg的$C_{10}H_8ClN_4NaO_2S\cdot H_2O$。

【作用与用途】 抗球虫药。用于治疗羊、鸡、兔球虫病。

【用法与用量】 以磺胺氯吡嗪钠计。混饮：每1L水，肉鸡、火鸡0.3g，连用3日。混饲：每1000kg饲料，肉鸡、火鸡600g，连用3日；兔600g，连用5～10日。内服：配成水溶液，每1kg体重，羊120mg，一日量，连用3～5日。

【注意事项】 （1）蛋鸡产蛋期禁用。

（2）饮水给药连续饮用不得超过5日。

（3）不得在饲料中添加长期使用。

【休药期】　火鸡4日，肉鸡1日，羊、兔28日。

【规格】　（1）10%　（2）20%　（3）30%

【贮藏】　遮光，密闭保存。

磺胺喹噁啉

Huang'an Kui'elin

Sulfaquinoxaline

$$C_{14}H_{12}N_4O_2S \quad 300.34$$

本品为N-2-喹啉基-4-氨基苯磺酰胺。按干燥品计算，含$C_{14}H_{12}N_4O_2S$不得少于98.0%。

【性状】　本品为淡黄色或黄色粉末；无臭。

本品在乙醇中极微溶解，在水或乙醚中几乎不溶；在氢氧化钠试液中易溶。

【鉴别】　（1）取本品，加0.01mol/L氢氧化钠溶液溶解并稀释制成每1ml中约含5μg的溶液，照紫外-可见分光光度法（附录0401），在230～350nm的波长范围内测定，在252nm的波长处有最大吸收，吸光度约为0.55。

（2）本品的红外光吸收图谱应与对照的图谱一致。

（3）本品显芳香第一胺类的鉴别反应（附录0301）。

【检查】　酸度　取本品2.0g，加水100ml，在70℃加热5分钟，放冷，滤过，取滤液50ml，用氢氧化钠滴定液（0.1mol/L）滴定至pH值为7.0。消耗氢氧化钠滴定液（0.1mol/L）不得过0.2ml。

有关物质　取本品适量，加0.1mol/L氢氧化钠溶液溶解并稀释制成每1ml中约含25mg的溶液，作为供试品溶液；精密量取适量，用0.1mol/L氢氧化钠溶液定量稀释制成每1ml中约含0.25mg的溶液，作为对照溶液。照薄层色谱法（附录0502）试验，吸取上述两种溶液各1μl，分别点于同一硅胶G薄层板上，以正丁醇-浓氨溶液（15∶3）为展开剂，展开，晾干，喷以0.1%对二甲氨基苯甲醛的盐酸-乙醇（1∶99）溶液，使显色。供试品溶液如显杂质斑点，不得多于1个，其颜色与对照溶液的主斑点比较，不得更深（1.0%）。

干燥失重　取本品，在105℃干燥至恒重，减失重量不得过1.0%（附录0831）。

炽灼残渣　不得过0.1%（附录0841）。

重金属　取炽灼残渣项下遗留的残渣，依法检查（附录0821第二法），含重金属不得过百万分之二十。

【含量测定】　取本品约0.5g，精密称定，加0.5mol/L氢氧化钠溶液20ml与溴化钾5g，溶解后，加甘油15ml，硫酸溶液（1→2）20ml，照永停滴定法（附录0701），用亚硝酸钠滴定液（0.1mol/L）滴定。每1ml亚硝酸钠滴定液（0.1mol/L）相当于30.03mg的$C_{14}H_{12}N_4O_2S$。

【类别】　抗球虫药。

【贮藏】 遮光，密封保存。

【制剂】 （1）磺胺喹噁啉二甲氧苄啶预混剂 （2）盐酸氨丙啉乙氧酰胺苯甲酯磺胺喹噁啉预混剂

磺胺喹噁啉二甲氧苄啶预混剂
Huang'an Kui'elin Erjiayangbianding Yuhunji
Sulfaquinoxaline and Diaveridine Premix

本品含磺胺喹噁啉（$C_{14}H_{12}N_4O_2S$）与二甲氧苄啶（$C_{13}H_{16}N_4O_2$）均应为标示量的90.0%~110.0%。

【处方】

磺胺喹噁啉	200g
二甲氧苄啶	40g
辅料	适量
制成	1000g

【鉴别】 （1）取二甲氧苄啶含量测定项下的溶液，照紫外-可见分光光度法（附录0401）测定，在276nm的波长处有最大吸收。

（2）取本品适量（约相当于磺胺喹噁啉50mg），加稀盐酸5ml，缓缓加热使溶解，放冷，滤过，滤液显芳香第一胺类的鉴别反应（附录0301）。

【检查】 **干燥失重** 取本品，在105℃干燥4小时，减失重量不得过10.0%（有机辅料）或3.0%（无机辅料）（附录0831）。

其他 应符合预混剂项下有关的各项规定（附录0109）。

【含量测定】 **二甲氧苄啶** 取本品适量（约相当于二甲氧苄啶18mg），精密称定，置分液漏斗中，加水15ml，摇匀，加0.2mol／L氢氧化钠溶液20ml，轻轻振摇，用三氯甲烷提取4次，第一次50ml，振摇10分钟，以后各30ml，振摇5分钟，合并三氯甲烷液，置水浴中蒸干，用稀醋酸溶解（必要时微温），定量转移置200ml量瓶中，用稀醋酸稀释至刻度，摇匀，滤过，精密量取续滤液20ml，置100ml量瓶中，用水稀释至刻度，摇匀。照紫外-可见分光光度法（附录0401），在276nm的波长处测定吸光度，按$C_{13}H_{16}N_4O$的吸收系数（$E_{1cm}^{1\%}$）为295计算，即得。

磺胺喹噁啉 取本品适量（约相当于磺胺喹噁啉0.5g），精密称定，照磺胺喹噁啉项下的方法，自"加0.5mol／L氢氧化钠溶液20ml"起，依法测定，即得。每1ml亚硝酸钠滴定液（0.1mol／L）相当于30.03mg的$C_{14}H_{12}N_4O_2S$。

【作用与用途】 抗球虫药。用于禽球虫病。

【用法与用量】 以本品计。混饲：每1000kg饲料，鸡500g。

【不良反应】 较大剂量延长给药时间可引起食欲下降，肾脏出现磺胺喹噁啉结晶，并干扰血液正常凝固。

【注意事项】 （1）蛋鸡产蛋期禁用。

（2）连续饲喂不得超过5日。

【休药期】 鸡10日。

【贮藏】 遮光，密封，在干燥处保存。

磺胺喹噁啉钠

Huang'an Kuie'linna

Sulfaquinoxaline Sodium

$C_{14}H_{11}N_4NaO_2S$ 322.32

本品为N-2-喹啉基-4-氨基苯磺酰胺的钠盐。按干燥品计算，含$C_{14}H_{11}N_4NaO_2S$不得少于98.0%。

【性状】 本品为类白色或淡黄色粉末；无臭。

本品在水中易溶，在乙醇中微溶。

【鉴别】 （1）取本品约1g，加水25ml溶解后，加醋酸2ml，即析出黄色沉淀；滤过，沉淀用水洗涤，在105℃干燥1小时，照磺胺喹噁啉项下的鉴别试验，显相同的结果。

（2）本品的水溶液显钠盐的鉴别反应（附录0301）。

【检查】 碱度 取本品1.0g，加水5ml溶解后，依法测定（附录0631），pH值应为9.5～10.5。

有关物质 取本品适量，加水溶解并稀释制成每1ml中含25mg的溶液，作为供试品溶液。照磺胺喹噁啉有关物质项下的方法测定。供试品溶液如显杂质斑点，不得多于1个，其颜色与对照溶液的主斑点比较，不得更深（1.0%）。

干燥失重 取本品，在105℃干燥至恒重，减失重量不得过5.0%（附录0831）。

重金属 取本品1.0g，依法检查（附录0821第二法），含重金属不得过百万分之二十。

【含量测定】 取本品0.5g，精密称定，加水20ml与溴化钾5g，溶解后，加甘油15ml，硫酸溶液（1→2）20ml，照永停滴定法（附录0701），用亚硝酸钠滴定液（0.1mol／L）滴定。每1ml亚硝酸钠滴定液（0.1mol／L）相当于32.23mg的$C_{14}H_{11}N_4NaO_2S$。

【类别】 抗球虫药。

【贮藏】 遮光，密封保存。

【制剂】 磺胺喹噁啉钠可溶性粉

磺胺喹噁啉钠可溶性粉

Huang'an Kui'elinna Kerongxingfen

Sulfaquinoxaline Sodium Soluble Powder

本品含磺胺喹噁啉钠（$C_{14}H_{11}N_4NaO_2S$）应为标示量的90.0%～110.0%。

【性状】 本品为白色至微黄色粉末。

【鉴别】 （1）取本品适量（约相当于磺胺喹噁啉钠0.1g），加水25ml溶解后，加醋酸2ml，即析出黄色沉淀；滤过，沉淀用水洗涤，在105℃干燥1小时，照磺胺喹噁啉项下的鉴别（1）、（3）项试验，显相同的结果。

（2）本品的水溶液显钠盐的鉴别反应（附录0301）。

【检查】 干燥失重 取本品，在105℃干燥4小时，减失重量不得过10.0%（附录0831）。

其他 应符合可溶性粉剂项下有关的各项规定（附录0113）。

【含量测定】 取本品适量（约相当于磺胺喹噁啉钠0.5g），精密称定，加水20ml与溴化钾5g，溶解后，加甘油15ml与硫酸溶液（1→2）20ml，照永停滴定法（附录0701），用亚硝酸钠滴定液（0.1mol/L）滴定。每1ml亚硝酸钠滴定液（0.1mol/L）相当于32.23mg的$C_{14}H_{11}N_4NaO_2S$。

【作用与用途】 抗球虫药。用于禽球虫病。

【用法与用量】 以磺胺喹噁啉钠计。混饮：每1 L水，鸡0.3～0.5 g。

【注意事项】 （1）蛋鸡产蛋期禁用。

（2）连续饮用不得超过5日，否则动物易出现中毒反应。

【休药期】 鸡10日。

【规格】 （1）5% （2）10% （3）30%

【贮藏】 遮光，密闭保存。

磺 胺 嘧 啶

Huang'anmiding

Sulfadiazine

$C_{10}H_{10}N_4O_2S$ 250.28

本品为N-2-嘧啶基-4-氨基苯磺酰胺。按干燥品计算，含$C_{10}H_{10}N_4O_2S$不得少于99.0%。

【性状】 本品为白色或类白色的结晶或粉末；无臭；遇光色渐变暗。

本品在乙醇或丙酮中微溶，在水中几乎不溶；在氢氧化钠试液或氨试液中易溶，在稀盐酸中溶解。

【鉴别】 （1）取本品约0.1g，加水与0.4%氢氧化钠溶液各3ml，振摇使溶解，滤过，取滤液，加硫酸铜试液1滴，即生成黄绿色沉淀，放置后变为紫色。

（2）本品的红外光吸收图谱应与对照的图谱一致。

（3）本品显芳香第一胺类的鉴别反应（附录0301）。

【检查】 酸度 取本品2.0g，加水100ml，置水浴中振摇加热10分钟，立即放冷，滤过；分取滤液25ml，加酚酞指示液2滴与氢氧化钠滴定液（0.1mol/L）0.20ml，应显粉红色。

碱性溶液的澄清度与颜色 取本品2.0g，加氢氧化钠试液10ml溶解后，加水至25ml，溶液应澄清无色；如显色，与黄色3号标准比色液（附录0901第一法）比较，不得更深。

氯化物 取上述酸度项下剩余的滤液25ml，依法检查（附录0801），与标准氯化钠溶液5.0ml制成的对照液比较，不得更浓（0.01%）。

干燥失重 取本品，在105℃干燥至恒重，减失重量不得过0.5%（附录0831）。

炽灼残渣 不得过0.1%（附录0841）。

重金属 取本品1.0g，依法检查（附录0821第三法），含重金属不得过百万分之十。

【含量测定】　取本品约0.5g，精密称定，照永停滴定法（附录0701），用亚硝酸钠滴定液（0.1mol/L）滴定。每1ml亚硝酸钠滴定液（0.1mol/L）相当于25.03mg的$C_{10}H_{10}N_4O_2S$。

【类别】　磺胺类抗菌药。

【贮藏】　遮光，密封保存。

【制剂】　磺胺嘧啶片

磺胺嘧啶片

Huang'anmiding Pian

Sulfadiazine Tablets

本品含磺胺嘧啶（$C_{10}H_{10}N_4O_2S$）应为标示量的95.0%～105.0%。

【性状】　本品为白色至微黄色片；遇光色渐变深。

【鉴别】　（1）取本品的细粉适量（约相当于磺胺嘧啶0.1g），加水与0.4%氢氧化钠溶液各3ml，振摇使磺胺嘧啶溶解，滤过，取滤液加硫酸铜试液1滴，即生成黄绿色沉淀，放置后变为紫色。

（2）在含量测定项下记录的色谱图中，供试品溶液主峰的保留时间应与对照品溶液主峰的保留时间一致。

（3）取本品的细粉适量（约相当于磺胺嘧啶0.1g），加稀盐酸5ml，振摇使磺胺嘧啶溶解，滤过，滤液显芳香第一胺类的鉴别反应（附录0301）。

【检查】　**溶出度**　取本品，照溶出度与释放度测定法（附录0931第二法），以盐酸溶液（9→1000）1000ml为溶出介质，转速为每分钟75转，依法操作，经60分钟时，取溶液5ml滤过，精密量取续滤液1ml，置50ml量瓶中，用0.01mol/L氢氧化钠溶液稀释至刻度，摇匀，照紫外-可见分光光度法（附录0401），在254nm的波长处测定吸光度，按$C_{10}H_{10}N_4O_2S$的吸收系数（$E_{1cm}^{1\%}$）为866计算每片的溶出量。限度为标示量的70%，应符合规定。

其他　应符合片剂项下有关的各项规定（附录0101）。

【含量测定】　照高效液相色谱法（附录0512）测定。

色谱条件与系统适用性试验　用十八烷基硅烷键合硅胶为填充剂；以乙腈-0.3%醋酸铵溶液（20：80）为流动相；检测波长为260nm。理论板数按磺胺嘧啶峰计算不低于3000。

测定法　取本品20片，精密称定，研细，精密称取适量（约相当于磺胺嘧啶0.1g）置100ml量瓶中，加0.1mol/L氢氧化钠溶液10ml，振摇使磺胺嘧啶溶解，用流动相稀释至刻度，摇匀，滤过，精密量取续滤液5ml，置50ml量瓶中，用流动相稀释至刻度，摇匀，作为供试品溶液；精密量取10µl注入液相色谱仪，记录色谱图；另取磺胺嘧啶对照品约25mg，精密称定，置50ml量瓶中，加0.1mol/L氢氧化钠溶液2.5ml溶解后，用流动相稀释至刻度，摇匀，精密量取10ml，置50ml量瓶中，用流动相稀释至刻度，摇匀，同法测定。按外标法以峰面积计算，即得。

【作用与用途】　磺胺类抗菌药。用于敏感菌感染，也可用于弓形虫感染。

【用法与用量】　以磺胺嘧啶计。内服：一次量，每1kg体重，家畜首次量0.14～0.2g，维持量0.07～0.1g。一日2次，连用3～5日。

【不良反应】　（1）磺胺嘧啶或其代谢物可在尿液中产生沉淀，在高剂量给药或低剂量长期给药时更易产生结晶，引起结晶尿、血尿或肾小管堵塞。

（2）马内服可能产生腹泻。

【注意事项】 （1）易在泌尿道中析出结晶，应给患畜大量饮水。大剂量、长期应用时宜同时给予等量的碳酸氢钠。

（2）肾功能受损时，排泄缓慢，应慎用。

（3）可引起肠道菌群失调，长期用药可引起维生素B和维生素K的合成和吸收减少，宜补充相应的维生素。

（4）在家畜出现过敏反应时，立即停药并给予对症治疗。

【休药期】 猪5日，牛、羊28日；弃奶期7日。

【规格】 0.5g

【贮藏】 遮光，密封保存。

磺胺嘧啶钠

Huang'anmidingna

Sulfadiazine Sodium

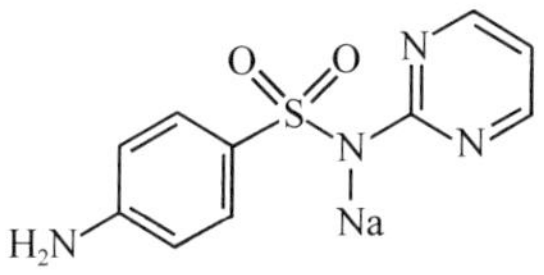

$C_{10}H_9N_4NaO_2S$　272.26

本品为N-2-嘧啶基-4-氨基苯磺酰胺钠盐。按干燥品计算，含$C_{10}H_9N_4NaO_2S$不得少于99.0%。

【性状】 本品为白色结晶性粉末；无臭；遇光色渐变暗；久置潮湿空气中，即缓缓吸收二氧化碳而析出磺胺嘧啶。

本品在水中易溶，在乙醇中微溶。

【鉴别】 （1）取本品约1g，加水25ml溶解后，加醋酸2ml，即析出白色沉淀；滤过，沉淀用水洗净，在105℃干燥后，照磺胺嘧啶项下的鉴别（1）、（3）项试验，显相同的结果。

（2）本品的红外光吸收图谱应与对照的图谱一致。

（3）本品的水溶液显钠盐鉴别（1）的反应（附录0301）。

【检查】 碱度 取本品1.0g，加水5ml溶解后，依法测定（附录0631），pH值应为9.6～10.5。

溶液的澄清度与颜色 取本品1.0g，加水5ml溶解后，溶液应澄清无色；如显色，与黄色3号标准比色液（附录0901第一法）比较，不得更深。

干燥失重 取本品，在105℃干燥2小时，减失重量不得过1.0%（附录0831）。

重金属 取本品1.0g，依法检查（附录0821第三法），含重金属不得过百万分之十。

【含量测定】 取本品约0.6g，精密称定，照永停滴定法（附录0701），用亚硝酸钠滴定液（0.1mol/L）滴定。每1ml的亚硝酸钠滴定液（0.1mol/L）相当于27.23mg的$C_{10}H_9N_4NaO_2S$。

【类别】 磺胺类抗菌药。

【贮藏】 遮光，严封保存。

【制剂】 （1）磺胺嘧啶钠注射液 （2）复方磺胺嘧啶钠注射液

磺胺嘧啶钠注射液

Huang'anmidingna Zhusheye

Sulfadiazine Sodium Injection

本品为磺胺嘧啶钠的灭菌水溶液。含磺胺嘧啶钠（$C_{10}H_9N_4NaO_2S$）应为标示量的95.0%～105.0%。本品中可加适宜的稳定剂。

【性状】 本品为无色至微黄色的澄明液体；遇光易变质。

【鉴别】 取本品5ml，用水20ml稀释后，加醋酸2ml，即析出磺胺嘧啶白色沉淀；滤过，沉淀用水洗净，在105℃干燥1小时，照磺胺嘧啶项下的鉴别（1）项试验，显相同的结果。

【检查】 pH值 应为9.5～11.0（附录0631）。

颜色 取本品，如显色，与黄色3号标准比色液（附录0901第一法）比较，不得更深。

重金属 精密量取本品4.0ml，依法检查（附录0821第三法），含重金属不得过百万分之五。

砷盐 精密量取本品2.0ml，加水21ml与盐酸5ml，依法检查（附录0822第一法），应符合规定（0.0001%）。

细菌内毒素 取本品，依法检查（附录1143），每1mg磺胺嘧啶钠中含内毒素的量应小于0.10EU。

其他 应符合注射剂项下有关的各项规定（附录0102）。

【含量测定】 精密量取本品适量（约相当于磺胺嘧啶钠0.6g），照磺胺嘧啶含量测定项下的方法测定。每1ml亚硝酸钠滴定液（0.1mol/L）相当于27.23mg的$C_{10}H_9N_4NaO_2S$。

【作用与用途】 磺胺类抗菌药。用于敏感菌感染，也可用于弓形虫感染。

【用法与用量】 以磺胺嘧啶钠计。静脉注射：一次量，每1kg体重，家畜0.05～0.1g。一日1～2次，连用2～3日。

【不良反应】 （1）磺胺嘧啶或其代谢物可在尿液中产生沉淀，在高剂量给药或低剂量长期给药时更易产生结晶，引起结晶尿、血尿或肾小管堵塞。

（2）马静脉注射可引起暂时性麻痹。

（3）急性中毒：多发生于静脉注射时，速度过快或剂量过大。主要表现为神经兴奋、共济失调、肌无力、呕吐、昏迷、厌食和腹泻等。牛、山羊还可见到视觉障碍、散瞳。

【注意事项】 （1）本品遇酸类可析出结晶，故不宜用5%葡萄糖液稀释。

（2）长期或大剂量应用易引起结晶尿，应同时应用碳酸氢钠，并给患畜大量饮水。

（3）若出现过敏反应或其他严重不良反应时，立即停药，并给予对症治疗。

【休药期】 牛10日，羊18日，猪10日；弃奶期3日。

【规格】 （1）2ml：0.4g （2）5ml：1g （3）10ml：1g （4）10ml：2g （5）10ml：3g （6）50ml：5g

【贮藏】 遮光，密闭保存。

复方磺胺嘧啶钠注射液

Fufang Huang'anmidingna Zhusheye

Compound Sulfadiazine Sodium Injection

本品为磺胺嘧啶钠和甲氧苄啶的灭菌水溶液。含磺胺嘧啶钠（$C_{10}H_9N_4NaO_2S$）与甲氧苄啶

（$C_{14}H_{18}N_4O_3$）均应为标示量的90.0%~110.0%。

【处方】

磺胺嘧啶钠	100g
甲氧苄啶	20g
丙二醇	500ml
乙醇	100ml
硫代硫酸钠	1g
注射用水	适量
制成	1000ml

【性状】 本品为无色至微黄色的澄明液体。

【鉴别】 （1）取本品适量（约相当于甲氧苄啶25mg），加0.4%氢氧化钠溶液5ml，摇匀，加三氯甲烷5ml，振摇提取，取三氯甲烷液加稀硫酸5ml，振摇后，加碘试液2滴，在稀硫酸层生成褐色沉淀。

（2）取本品5ml，加醋酸溶液（6→100）10ml，即析出白色沉淀，滤过；沉淀用水洗涤，在105℃干燥1小时，照磺胺嘧啶项下的鉴别（1）、（3）项试验，显相同的结果。

【检查】 pH值 应为9.5~11.0（附录0631）。

其他 应符合注射剂项下有关的各项规定（附录0102）。

【含量测定】 磺胺嘧啶钠 精密量取本品5ml，照永停滴定法（附录0701），用亚硝酸钠滴定液（0.1mol/L）滴定。每1ml的亚硝酸钠滴定液（0.1mol/L）相当于27.23mg的$C_{10}H_9N_4NaO_2S$。

甲氧苄啶 精密量取本品适量（约相当于甲氧苄啶20mg），置分液漏斗中，加氢氧化钠溶液（0.1mol/L）25ml，摇匀，用三氯甲烷提取2次（25ml、20ml），合并三氯甲烷液，置50ml量瓶中，用三氯甲烷稀释至刻度，摇匀；精密量取25ml，置分液漏斗中，精密加稀醋酸50ml，振摇15分钟，放置使分层，取水层，滤过，精密量取续滤液10ml，置100ml量瓶中，加稀醋酸10ml，用水稀释至刻度，照紫外-可见分光光度法（附录0401），在271nm的波长处测定吸光度，按$C_{14}H_{18}N_4O_3$的吸收系数（$E_{1cm}^{1\%}$）为204计算，即得。

【作用与用途】 磺胺类抗菌药。用于敏感菌及弓形虫感染。

【用法与用量】 以磺胺嘧啶计。肌内注射：一次量，每1kg体重，家畜20~30mg。一日1~2次，连用2~3日。

【不良反应】 急性反应如过敏反应，慢性反应表现为粒细胞减少、血小板减少、肝脏损害、肾脏损害及中枢神经毒性反应。易在尿中沉积，长期或大剂量应用易引起结晶尿。

【注意事项】 （1）本品遇酸类可析出结晶，故不宜用5%葡萄糖液稀释。

（2）长期或大剂量应用，应同时应用碳酸氢钠，并给患畜大量饮水。

（3）若出现过敏反应或其他严重不良反应时，立即停药，并给予对症治疗。

【休药期】 牛、羊12日，猪20日；弃奶期48小时。

【规格】 （1）1ml （2）5ml （3）10ml

【贮藏】 遮光，密闭保存。

磺胺嘧啶银

Huang'anmidingyin

Sulfadiazine Silver

$C_{10}H_9AgN_4O_2S$　357.14

本品为 *N*-2-嘧啶基-4-氨基苯磺酰胺银盐。按干燥品计算，含$C_{10}H_9AgN_4O_2S$不得少于98.0%。

【性状】　本品为白色或类白色的结晶性粉末；遇光或遇热易变质。

本品在水、乙醇、三氯甲烷或乙醚中均不溶；在氨试液中溶解。

【鉴别】　（1）取本品约0.5g，加硝酸5ml 使溶解，再加水与氯化钠的饱和溶液各20ml，摇匀，滤过，滤液用10%氢氧化钠溶液中和至对酚酞指示液显浅红色，加稀醋酸2ml，即析出白色沉淀；滤过，沉淀用水洗净，在105℃干燥1小时，照磺胺嘧啶项下的鉴别（1）、（3）项试验，显相同的结果。

（2）本品的红外光吸收图谱应与对照的图谱一致。

（3）取本品约0.1g，加硝酸2ml使溶解，再加水20ml，溶液显银盐的鉴别反应（附录0301）。

【检查】　**酸度**　取本品1.0g，加水50ml，加热至70℃，5分钟后，立即放冷，滤过，取滤液，依法测定（附录0631），pH值应为5.5~7.0。

硝酸盐　取本品约2g，精密称定，置烧杯中，加水30.0ml，振摇20分钟，用无硝酸盐的滤器过滤，取续滤液3.0ml，置具塞试管中；精密量取硝酸盐对照溶液（取硝酸钾0.326g，加水溶解并稀释至1000ml，摇匀，即得。每1ml约含$200\mu g$ NO_3）1ml，置另一具塞试管中，加水2.0ml，摇匀；再取水3.0ml置一空白具塞试管中。将三个试管置冰浴中，各缓慢加入变色酸溶液（取变色酸50mg，在冰浴中加硫酸100ml溶解并冷却）7.0ml，在冰浴中放置3分钟，并时时振摇成旋涡状。将试管从冰浴中取出，放置30分钟。照紫外-可见分光光度法（附录0401），在408nm的波长处测定吸光度，供试品溶液的吸光度不得大于对照溶液的吸光度（0.1%）。

有关物质　避光操作。取供试品约50mg，置10ml量瓶中，加氨水3.0ml使溶解，用甲醇稀释至刻度，摇匀，作为供试品溶液；精密量取1ml，置100ml量瓶中，用甲醇-氨水（4：1）稀释至刻度，摇匀，作为对照溶液。照薄层色谱法（附录0502）试验，吸取上述溶液各$10\mu l$，分别点于同一硅胶GF$_{254}$薄层板上，以三氯甲烷-甲醇-氨水（7：4：1）为展开剂，展开，晾干，置紫外光灯（254nm）下检视，供试品溶液如显杂质斑点，与对照溶液的主斑点比较，不得更深。

干燥失重　取本品1.0g，在80℃干燥至恒重，减失重量不得过1.0%（附录0831）。

【含量测定】　取本品约0.5g，精密称定，置具塞锥形瓶中，加硝酸8ml溶解后，加水50ml与硫酸铁铵指示液2ml，用硫氰酸铵滴定液（0.1mol/L）滴定。每1ml硫氰酸铵滴定液（0.1mol/L）相当于35.71mg 的$C_{10}H_9AgN_4O_2S$。

【作用与用途】　磺胺类抗菌药。局部用于烧伤创面。

【用法与用量】　外用：撒布于创面或配成2%混悬液湿敷。

【不良反应】　局部应用时有一过性疼痛，无其他不良反应。

【注意事项】 局部应用本品时，要清创排脓，因为在脓液和坏死组织中，含有大量的PABA，可减弱磺胺类的作用。

【贮藏】 遮光，密封，在阴凉处保存。

磺 胺 噻 唑

Huang'an Saizuo

Sulfathiazole

$C_9H_9N_3O_2S_2$ 255.32

本品为N-2-噻唑基-4-氨基苯磺酰胺。按干燥品计算，含$C_9H_9N_3O_2S_2$不得少于99.0%。

【性状】 本品为白色或淡黄色的结晶颗粒或粉末；无臭或几乎无臭；遇光色渐变深。

本品在乙醇中微溶，在水中极微溶解；在氢氧化钠试液中易溶，在稀盐酸中溶解。

熔点 本品的熔点（附录0612）为200～203℃。

【鉴别】 （1）取本品约10mg，加水10ml与0.1mol/L氢氧化钠溶液2ml使溶解，加硫酸铜试液0.5ml，即生成灰紫色沉淀（与磺胺的区别）。

（2）本品的红外光吸收图谱应与对照的图谱一致。

（3）本品显芳香第一胺类的鉴别反应（附录0301）。

【检查】 **酸度** 取本品2.0g，加水100ml，加热至70℃，5分钟后，立即放冷，滤过，分取滤液25ml，加酚酞指示液2滴与氢氧化钠滴定液（0.1mol/L）0.50ml，应显粉红色。

溶液的澄清度与颜色 取本品0.50g，加水20ml与氢氧化钠试液3ml使溶解，溶液应澄清无色；如显浑浊，与1号浊度标准液（附录0902）比较，不得更浓；如显色，与黄色3号标准比色液（附录0901第一法）比较，不得更深。

氯化物 取酸度项下的滤液25ml，依法检查（附录0801），与标准氯化钠溶液7.0ml制成的对照液比较，不得更浓（0.014%）。

硫酸盐 取酸度项下的滤液，依法检查（附录0802），与标准硫酸钾溶液2.0ml制成的对照液比较，不得更浓（0.040%）。

有关物质 取本品适量，加乙醇-浓氨溶液（9∶1）溶解并稀释制成每1ml中含10mg的溶液，作为供试品溶液；精密量取适量，用乙醇-浓氨溶液（9∶1）稀释成每1ml中含0.05mg的溶液，作为对照溶液。照薄层色谱法（附录0502）试验，吸取上述两种溶液各10μl，分别点于同一硅胶H薄层板上，以正丁醇-1mol/L氨溶液（5∶1）为展开剂，展开，在105℃加热10分钟，喷以0.1%对二甲氨基苯甲醛的盐酸乙醇（1→100）溶液。供试品溶液如显杂质斑点，与对照溶液的主斑点比较，不得更深（0.5%）。

干燥失重 取本品，在105℃干燥至恒重，减失重量不得过0.5%（附录0831）。

炽灼残渣 不得过0.1%（附录0841）。

重金属 取本品1.0g，依法检查（附录0821第三法），含重金属不得过百万分之二十。

【含量测定】 取本品约0.5g，精密称定，照永停滴定法（附录0701），用亚硝酸钠滴定液（0.1mol/L）滴定。每1ml亚硝酸钠滴定液（0.1mol/L）相当于25.53mg的$C_9H_9N_3O_2S_2$。

【类别】 磺胺类抗菌药。

【贮藏】 遮光，密闭保存。

【制剂】 磺胺噻唑片

磺胺噻唑片

Huang'an Saizuo Pian

Sulfathiazole Tablets

本品含磺胺噻唑（$C_9H_9N_3O_2S_2$）应为标示量的95.0% ~ 105.0%。

【性状】 本品为白色至微黄色片；遇光色渐变深。

【鉴别】 取本品的细粉适量（约相当于磺胺噻唑0.5g），加氨试液10ml，研磨使磺胺噻唑溶解，加水10ml，滤过，使氨挥散，放冷，加醋酸使成酸性，即析出沉淀，滤过，沉淀用水洗涤，并在105℃干燥1小时，依法测定（附录0612），熔点为200 ~ 204℃；剩余的沉淀照磺胺噻唑项下的鉴别（1）、（3）项试验，显相同的反应。

【检查】 应符合片剂项下有关的各项规定（附录0101）。

【含量测定】 取本品10片，精密称定，研细，精密称取适量（约相当于磺胺噻唑0.5g），照磺胺噻唑项下的方法测定。每1ml亚硝酸钠滴定液（0.1mol/L）相当于25.53mg的$C_9H_9N_3O_2S_2$。

【作用与用途】 磺胺类抗菌药。用于敏感菌感染。

【用法与用量】 以磺胺噻唑计。内服：一次量，每1kg体重，家畜首次量0.14 ~ 0.2g，维持量0.07 ~ 0.1g。一日2 ~ 3次，连用3 ~ 5日。

【不良反应】 （1）泌尿系统损伤，出现结晶尿、血尿和蛋白尿等。

（2）抑制胃肠道菌群，导致消化系统障碍和草食动物的多发性肠炎等。

（3）造血机能破坏，出现溶血性贫血、凝血时间延长和毛细血管渗血。

（4）幼畜或幼禽免疫系统抑制、免疫器官出血及萎缩。

【注意事项】 磺胺噻唑的代谢产物乙酰磺胺噻唑的水溶性比原药低，排泄时易在肾小管析出结晶（尤其在酸性尿中），因此应与适量碳酸氢钠同服。

【休药期】 28日；弃奶期7日。

【规格】 （1）0.5g （2）1g

【贮藏】 遮光，密闭，在干燥处保存。

磺胺噻唑钠

Huan'an Saizuona

Sulfathiazole Sodium

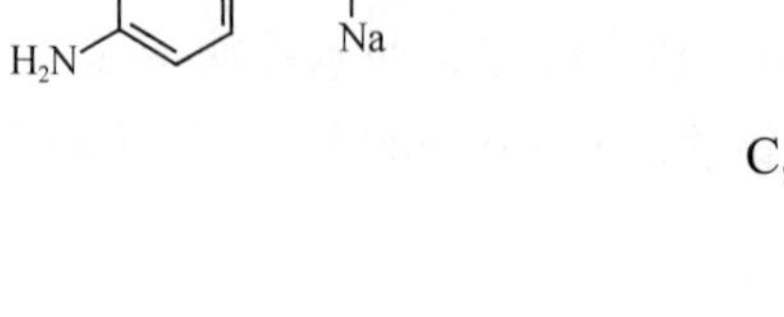

$C_9H_8N_3NaO_2S_2 \cdot 1\frac{1}{2}H_2O$ 304.33

本品为N-2-噻唑基-4-氨基苯磺酰胺钠盐的倍半水合物。按干燥品计算，含$C_9H_8N_3NaO_2S_2$不得少于99.0%。

【性状】 本品为白色或淡黄色的结晶颗粒或粉末。

本品在水中溶解。

【鉴别】 （1）取本品约1g，加水25ml溶解后，加醋酸2ml，即析出磺胺噻唑的白色沉淀；滤过，沉淀用水充分洗涤，在105℃干燥4小时，依法测定（附录0612），熔点应为200～203℃。剩余的沉淀物照磺胺噻唑项下的鉴别（2）、（3）项试验，显相同的结果。

（2）本品的水溶液显钠盐的鉴别反应（附录0301）。

【检查】 碱度 取本品2.0g，加水10ml溶解后，依法测定（附录0631），pH值应为9.5～11.0。

溶液的澄清度与颜色 取本品1.0g，加水5ml溶解后，溶液应澄清无色；如显色，与黄色3号标准比色液（附录0901第一法）比较，不得更深。

干燥失重 取本品，在105℃干燥4小时，减失重量应为6.0%～9.0%（附录0831）。

重金属 取本品1.0g，依法检查（附录0821第三法），含重金属不得过百万分之二十。

【含量测定】 取本品约0.5g，精密称定，照永停滴定法（附录0701），在冰浴条件下，用亚硝酸钠滴定液（0.1mol/L）缓慢滴定并不断搅拌。每1ml亚硝酸钠滴定液（0.1mol/L）相当于27.73mg的$C_9H_8N_3NaO_2S_2$。

【类别】 磺胺类抗菌药。

【贮藏】 遮光，密闭保存。

【制剂】 磺胺噻唑钠注射液

磺胺噻唑钠注射液

Huang'an Saizuona Zhusheye

Sulfathiazole Sodium Injection

本品为磺胺噻唑钠的灭菌水溶液。含磺胺噻唑钠（$C_9H_8N_3NaO_2S_2$）应为标示量的95.0%～105.0%。

【性状】 本品为无色至淡黄色的澄明液体；遇光色渐变深。

【鉴别】 取本品5ml，用水20ml稀释后，加醋酸2ml，即析出白色沉淀，滤过，沉淀用水洗涤，在105℃干燥4小时，依法测定（附录0612），熔点为200～203℃；剩余的沉淀照磺胺噻唑项下的鉴别（1）、（3）项试验，显相同的反应。

【检查】 pH值 应为9.5～11.0（附录0631）。

颜色 本品应无色，如显色，与黄绿色3号标准比色液（附录0901第一法）比较，不得更深。

其他 应符合注射剂项下有关的各项规定（附录0102）。

【含量测定】 精密量取本品适量（约相当于磺胺噻唑钠0.5g），照永停滴定法（附录0701），用亚硝酸钠滴定液（0.1mol/L）滴定。每1ml亚硝酸钠滴定液（0.1mol/L）相当于27.73mg的$C_9H_8N_3NaO_2S_2$。

【作用与用途】 磺胺类抗菌药。用于敏感菌感染。

【用法与用量】 以磺胺噻唑钠计。静脉注射：一次量，每1kg体重，家畜0.05～0.1g。一日2次，连用2～3日。

【不良反应】　表现为急性和慢性中毒两类。

（1）急性中毒。多发生于静脉注射其钠盐时，速度过快或剂量过大。主要表现为神经兴奋、共济失调、肌无力、呕吐、昏迷、厌食和腹泻等。牛、山羊还可见到视觉障碍、散瞳。

（2）慢性中毒。主要由于剂量偏大、用药时间过长而引起。主要症状为：①泌尿系统损伤，出现结晶尿、血尿和蛋白尿等；②抑制胃肠道菌群，导致消化系统障碍和草食动物的多发性肠炎等；③造血机能破坏，出现溶血性贫血、凝血时间延长和毛细血管渗血；④幼畜或幼禽免疫系统抑制、免疫器官出血及萎缩。

【注意事项】　（1）本品遇酸类可析出结晶，故不宜用5%葡萄糖液稀释。

（2）长期或大剂量应用易引起结晶尿，应同时应用碳酸氢钠，并给患畜大量饮水。

（3）若出现过敏反应或其他严重不良反应时，立即停药，并给予对症治疗。

【休药期】　28日；弃奶期7日。

【规格】　（1）5ml：0.5g　（2）10ml：1g　（3）20ml：2g

【贮藏】　遮光，密闭保存。

磷 酸 哌 嗪

Linsuan Paiqin

Piperazine Phosphate

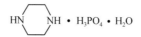

$$C_4H_{10}N_2 \cdot H_3PO_4 \cdot H_2O \quad 202.15$$

本品按无水物计算，含$C_4H_{10}N_2 \cdot H_3PO_4$不得少于98.5%。

【性状】　本品为白色鳞片状结晶或结晶性粉末；无臭。

本品在沸水中溶解，在水中略溶，在乙醇、三氯甲烷或乙醚中不溶。

【鉴别】　（1）取本品约0.1g，加水5ml溶解后，加碳酸氢钠0.5g、铁氰化钾试液0.5ml与汞1滴，强力振摇1分钟，在20℃以上放置约20分钟，即缓缓显红色。

（2）本品的红外光吸收图谱应与对照的图谱一致。

（3）本品的水溶液显磷酸盐的鉴别反应（附录0301）。

【检查】　**第一胺与氨**　取本品0.50g，加水10ml与10%氢氧化钠溶液1.0ml，振摇使溶解，加丙酮1.0ml与亚硝基铁氰化钠试液1.0ml，混匀，准确放置10分钟；另取相同量的试剂，但用水代替10%氢氧化钠溶液作为空白。照紫外-可见分光光度法（附录0401），在520nm与600nm的波长处分别测定吸光度。600nm波长处的吸光度与520nm波长处的吸光度的比值，应不大于0.50（相当于第一胺与氨共约0.7%）。

　　水分　取本品，照水分测定法（附录0832第一法A）测定，含水分应为8.0%～9.5%。

　　铁盐　取本品2.0g，加水35ml与盐酸5ml溶解后，加过硫酸铵50mg与硫氰酸铵溶液（30→100）3ml，再加水适量使成50ml，摇匀，加正丁醇20ml，振摇提取，放置俟分层，分取正丁醇层，与标准铁溶液1.0ml用同一方法制成的对照液比较（附录0807），不得更深（0.0005%）。

　　重金属　取本品2.0g，加水20ml与稀盐酸4ml溶解后，依法检查（附录0821第一法），含重金属不得过百万分之十。

【含量测定】 取本品约80mg，精密称定，加无水甲酸4ml，微热使溶解，加冰醋酸50ml与结晶紫指示液1滴，用高氯酸滴定液（0.1mol/L）滴定至溶液显绿色，并将滴定的结果用空白试验校正。每1ml高氯酸滴定液（0.1mol/L）相当于9.207mg的$C_4H_{10}N_2 \cdot H_3PO_4$。

【类别】 抗寄生虫药。

【贮藏】 密封保存。

【制剂】 磷酸哌嗪片

磷酸哌嗪片

Linsuan Paiqin Pian

Piperazine Phosphate Tablets

本品含磷酸哌嗪（$C_4H_{10}N_2 \cdot H_3PO_4 \cdot H_2O$）应为标示量的93.0%～107.0%。

【性状】 本品为白色片。

【鉴别】 取本品的细粉适量（约相当于磷酸哌嗪0.5g），加水20ml，加热振摇使磷酸哌嗪溶解，滤过，滤液照磷酸哌嗪项下的鉴别（1）、（3）项试验，显相同的反应。

【检查】 应符合片剂项下有关的各项规定（附录0101）。

【含量测定】 取本品20片，精密称定，研细，精密称取适量（约相当于磷酸哌嗪1g），置100ml量瓶中，加水90ml，振摇使磷酸哌嗪溶解，再用水稀释至刻度，摇匀，滤过，精密量取续滤液10ml，加三硝基苯酚试液70ml，搅拌，加热，至上层溶液澄清，放冷，1小时后，用置105℃恒重的垂熔玻璃坩埚滤过，沉淀用哌嗪的三硝基苯酚衍生物（$C_4H_{10}N_2 \cdot 2C_6H_3N_3O_7$）的饱和溶液洗涤数次后，在105℃干燥至恒重，精密称定。沉淀的重量与0.3714相乘，即得供试量中含有$C_4H_{10}N_2 \cdot H_3PO_4 \cdot H_2O$的重量。

【作用与用途】 抗寄生虫药。主要用于畜禽蛔虫，也用于马蛲虫，犬、猫弓首蛔虫等。

【用法与用量】 以磷酸哌嗪计。内服：一次量，每1kg体重，马、猪0.2～0.25g；犬、猫0.07～0.1g；禽0.2～0.5g。

【不良反应】 按规定的用法与用量使用尚未见不良反应。但在犬或猫可见腹泻、呕吐和共济失调。高剂量时，马和驹有暂时性软粪现象。

【注意事项】 （1）哌嗪对未成熟虫体作用不强，通常应间隔一段时间后重复给药：马3～4周，猪2个月，禽10～14日，犬、猫2～3周。

（2）对马的适口性差，不宜混于饲料中给药，应以溶液剂灌服。

（3）对猪、禽饮水或混饲给药时应在8～12小时内用完，动物还应禁食一夜。

（4）应用本药时，不能并用泻剂、吩噻嗪类（如氢氯噻嗪）、噻嘧啶、甲噻嘧啶、氯丙嗪等，也不能和亚硝酸盐并用。

（5）慢性肝、肾疾病及胃肠蠕动减弱的患畜慎用。

【休药期】 牛、羊28日，猪21日，禽14日。

【规格】 （1）0.2g （2）0.5g

【贮藏】 密封保存。

磷 酸 氢 钙

Linsuanqinggai

Calcium Hydrogen Phosphate

$CaHPO_4 \cdot 2H_2O$ 172.09

本品含$CaHPO_4 \cdot 2H_2O$应为98.0%~105.0%。

【性状】 本品为白色粉末；无臭。

本品在水或乙醇中不溶；在稀盐酸或稀硝酸中易溶。

【鉴别】 本品的酸性溶液显钙盐与磷酸盐的鉴别反应（附录0301）。

【检查】 **氟化物** 取本品2.0g，置连接有冷凝管的50ml蒸馏瓶中，加高氯酸5ml、水15ml与玻璃珠数粒，瓶塞具有2孔，孔内分别插入装有水的滴液漏斗（下接毛细管）与温度计，毛细管前端与温度计汞球均插入液面之下。用小火加热至135℃，收集馏出液于加有水约10ml的液面之下，再从滴液漏斗通过毛细管逐滴注入水，使温度维持在135~140℃；继续蒸馏至馏出液约达70ml，用水冲洗馏液管，并稀释至100ml，摇匀，分取50ml，作为供试品溶液；另取氟对照液〔取在105℃干燥至恒重的氟化钠0.2210g，精密称定，置100ml量瓶中，加水溶解并稀释至刻度，摇匀；临用前，精密量取10ml，置1000ml量瓶中，用水稀释至刻度，摇匀，即得每1ml中含氟（F）10μg的对照液〕15ml，用水稀释至50ml，摇匀，作为对照溶液。取供试品溶液与对照溶液，各加茜素磺酸钠指示液1.5ml，滴加氢氧化钠滴定液（0.05mol/L）至溶液刚显红色后，各精密加盐酸滴定液（0.02mol/L）5ml，摇匀，用0.025%硝酸钍溶液滴定至溶液显红色，供试品溶液消耗的0.025%硝酸钍溶液的体积（ml）不得大于对照溶液消耗的体积（ml）（0.015%）。

氯化物 取本品0.20g，加水10ml与硝酸2ml，缓缓加热至溶解，放冷，依法检查（附录0801），与标准氯化钠溶液10.0ml制成的对照液比较，不得更浓（0.05%）。

硫酸盐 取本品1.0g，加少量稀盐酸，使恰能溶解，用水稀释至100ml，摇匀，滤过，取滤液20ml，加水5ml，依法检查（附录0802），与标准硫酸钾溶液4.0ml制成的对照液比较，不得更浓（0.2%）。

碳酸盐 取本品1.0g，加水5ml，混匀，加盐酸2ml，不得泡沸。

盐酸中不溶物 取本品5.0g，加盐酸10ml与水40ml，加热溶解后，用水稀释至100ml，如有不溶物，滤过，滤渣用水洗净，至洗液不显氯化物的反应，在105℃干燥1小时，遗留残渣不得过5mg。

炽灼失重 取本品约1.0g，置已炽灼至恒重的坩埚中，精密称定，于600℃炽灼至恒重，减失重量应为24.5%~26.5%。

钡盐 取本品0.50g，加水10ml，加热，滴加盐酸，随滴随搅拌，使溶解，滤过，滤液中加硫酸钾试液2ml，10分钟内不得发生浑浊。

重金属 取本品1.0g，加稀盐酸3ml，加热使溶解，加水使成50ml，滤过，分取滤液25ml，依法检查（附录0821第一法），含重金属不得过百万分之三十。

砷盐 取本品0.50g，加盐酸溶液5ml与水23ml溶解后，依法检查（附录0822第一法），应符合规定（0.0004%）。

【含量测定】 取本品0.6g，精密称定，加稀盐酸10ml，加热使溶解，冷却，定量转移至100ml量瓶中，用水稀释至刻度，摇匀；精密量取10ml，加水50ml，用氨试液调节至中性后，精密加乙二胺四醋酸二钠滴定液（0.05mol/L）25ml，加热数分钟，放冷，加氨-氯化铵缓冲液（pH10.0）10ml与铬黑T指示剂少许，用锌滴定液（0.05mol/L）滴定至溶液显紫红色，并将滴定的结果用空白试验校正。每1ml乙二胺四醋酸二钠滴定液（0.05mol/L）相当于8.605mg的CaHPO₄·2H₂O。

【类别】 钙、磷补充药。

【贮藏】 密封保存。

磷酸泰乐菌素

Linsuan Tailejunsu

Tylosin Phosphate

本品为泰乐菌素磷酸盐，按干燥品计算，每1mg的效价不得少于800泰乐菌素单位。

【性状】 本品为白色至淡黄色粉末。

本品在三氯甲烷中易溶，在水或甲醇中溶解，在乙醚中几乎不溶。

【鉴别】 （1）取本品约3mg，加丙酮2ml溶解后，加盐酸1ml，溶液由淡红色渐变为深紫色。

（2）在泰乐菌素组分项下记录的色谱图中，供试品溶液泰乐菌素A峰的保留时间应与标准品溶液泰乐菌素A峰的保留时间一致。

（3）本品的水溶液显磷酸盐的鉴别反应（附录0301）。

【检查】 **酸碱度** 取本品，加水溶解并稀释制成每1ml中含25mg的溶液，依法测定（附录0631），pH值应为5.0～7.5。

酪胺 取本品（约相当于泰乐菌素50mg），精密称定，照泰乐菌素项下的方法检查，应符合规定。

干燥失重 取本品，以五氧化二磷为干燥剂，在60℃减压干燥至恒重，减失重量不得过5.0%（附录0831）。

炽灼残渣 不得过5.0%（附录0841）。

重金属 取炽灼残渣项下遗留的残渣，依法检查（附录0821），含重金属不得过百万分之二十。

泰乐菌素组分 取本品（约相当于泰乐菌素30mg），照泰乐菌素项下的方法检查，应符合规定。

【含量测定】 精密称取本品适量，用灭菌水定量稀释制成每1ml中约含1000单位的溶液，照泰乐菌素项下的方法测定。

【类别】 大环内酯类抗生素。

【贮藏】 密闭，在干燥处保存。

【制剂】 磷酸泰乐菌素预混剂

磷酸泰乐菌素预混剂

Linsuan Tailejunsu Yuhunji

Tylosin Phosphate Premix

本品含泰乐菌素应为标示量的90.0%～110.0%。

【鉴别】 取本品，照磷酸泰乐菌素项下的鉴别（2）、（3）项试验，显相同的结果。

【检查】 粒度 本品应全部通过二号筛。

干燥失重 取本品，在60℃减压干燥至恒重，减失重量不得过10.0%（附录0831）。

泰乐菌素组分 取本品适量（约相当于泰乐菌素30mg），精密称定，置100ml量瓶中，加甲醇10ml，超声使磷酸泰乐菌素溶解，用水稀释至刻度，作为供试品溶液。照泰乐菌素项下的方法检查，应符合规定。

其他 应符合预混剂项下有关的各项规定（附录0109）。

【含量测定】 取本品适量，精密称定，置100ml量瓶中，加灭菌磷酸盐缓冲液（pH6.0）40ml与甲醇40ml，超声15分钟，摇匀，放冷，用灭菌磷酸盐缓冲液（pH6.0）稀释至刻度，制成每1ml中约含1000单位泰乐菌素的溶液，取上清液，照泰乐菌素项下的方法测定，即得。

【作用与用途】 大环内酯类抗生素。主要用于防治猪、鸡支原体感染引起的疾病，也用于治疗鸡产气荚膜梭菌引起的坏死性肠炎。

【用法与用量】 以泰乐菌素计，混饲：每1000kg饲料，用于防治畜禽细菌及支原体感染，猪10～100g，鸡4～50g。

【不良反应】 可引起剂量依赖性胃肠道紊乱。

【注意事项】 （1）蛋鸡产蛋期禁用。

（2）因与其他大环内酯类、林可胺类作用靶点相同，不宜同时使用。

（3）与β-内酰胺类合用表现为拮抗作用。

（4）可引起人接触性皮炎，避免直接接触皮肤，沾染的皮肤要用清水洗净。

【休药期】 猪、鸡5日。

【规格】 （1）100g：2.2g（220万单位） （2）100g：8.8g（880万单位） （3）100g：10g（1000万单位） （4）100g：22g（2200万单位）

【贮藏】 密闭，在干燥处保存。

正 文 品 种

第 二 部 分

乙交酯丙交酯共聚物（5050）（供注射用）

Yijiaozhibingjiaozhigongjuwu（5050）(Gongzhusheyong)

Poly lactide-co-glycolide（5050） for Injection

$$H(C_6H_8O_4)_n(C_4H_4O_4)_mOH$$

本品为丙交酯、乙交酯的环状二聚合物在亲核引发剂催化作用下的开环聚合物。丙交酯和乙交酯摩尔百分比为50∶50，特性黏度应符合附表规定，分子量分布系数D（M_w/M_n）应不得过2.5。

【性状】 本品为白色至淡黄色粉末或颗粒，几乎无臭。

本品在三氯甲烷、二氯甲烷、丙酮、二甲基甲酰胺中易溶，在乙酸乙酯中微溶，在水、乙醇、乙醚中不溶。

特性黏度 取本品0.5g，精密称定，置100ml量瓶中，加三氯甲烷70ml，超声至完全溶解，冷却至室温后，加三氯甲烷稀释至刻度，摇匀。照黏度测定法（附录0633第二法），25℃下特性黏度应符合附表规定。

【鉴别】 取特性黏度项下配制的溶液测定，本品的红外光谱图应与对照品的图谱一致。

【检查】 酸度 取本品适量，研细，加水超声10分钟，分散成约2.0mg/ml的混悬液，过滤，取续滤液，依法测定（附录0631），pH值应为5.0～7.0。

溶液的澄清度 取本品0.5g，加二氯甲烷25ml使溶解，依法检查（附录0902），溶液应澄清。

分子量分布 取本品适量，精密称定，加四氢呋喃溶解并制成每1ml中约含3mg的溶液，振摇，室温放置过夜，作为供试品溶液。另取5个聚苯乙烯分子量对照品（分子量范围应包含供试品的分子量）适量，加四氢呋喃溶解并制成每1ml中约含3ml的溶液，作为对照品溶液。照分子排阻色谱法（附录0514）测定，采用凝胶色谱柱，以四氢呋喃为流动相，示差折光检测器；检测器温度35℃。取乙腈20μl，注入液相色谱仪，记录色谱图，理论板数按乙腈峰计不少于10 000。

取上述对照品溶液各20μl，分别注入液相色谱仪，记录色谱图，由GPC软件计算回归方程。取供试品溶液20μl，同法测定，用GPC软件算出供试品的重均分子量、数均分子量及分子量分布。供试品的重均分子量应为7000～170 000，分布系数D（M_w/M_n）应不得过2.5。

丙交酯乙交酯摩尔比 取本品10～20mg，加含有四甲基硅烷（TMS）的氘代三氯甲烷0.6～0.8ml，溶解。照核磁共振波谱法测定。记录乙交酯单元中的亚甲基质子（4.4～5.0ppm）及丙交酯单元中次甲基质子（5.1～5.5ppm）的积分面积，计算丙交酯和乙交酯的摩尔百分含量，应为45%～55%和45%～55%。

乙交酯和丙交酯 取乙酸丁酯适量，精密称定，加二氯甲烷溶解，并制成每1ml约含0.125mg的溶液，作为内标溶液；取本品约0.1g，精密称定，置10ml量瓶中，加内标溶液2ml，用二氯甲烷溶解，并稀释至刻度，摇匀，作为供试品溶液；另分别取乙交酯、丙交酯适量，精密加入内标溶液适量，用二氯甲烷溶解并制成每1ml中约含乙交酯50μg、丙交酯100μg、乙酸丁酯25μg的溶液，作为对照溶液。照气相色谱法（附录0521）测定。以5%苯基-甲基聚硅氧烷（或极性相近）为固定液的色谱柱，柱温为135℃，进样口温度为250℃，检测器温度为300℃。取供试品溶液与对照溶液各3μl，分别注入气相色谱仪，按内标法以峰面积计算，含丙交酯不得过1.5%，乙交酯不得过0.5%。

乙交酯丙交酯共聚物（5050）（供注射用）

残留溶剂 甲醇、丙酮、二氯甲烷和甲苯 取本品约0.1g，精密称定，置10ml量瓶中，加二甲基甲酰胺溶解，并稀释至刻度，作为供试品溶液。另取甲醇、丙酮、二氯甲烷和甲苯适量，精密称定，用二甲基甲酰胺溶解并定量稀释制成每1ml中含甲醇30μg、丙酮50μg、二氯甲烷6μg、甲苯8.9μg的混合溶液，作为对照溶液。照残留溶剂测定法（附录0816第三法）测定。以6%氰丙基苯-94%甲基聚硅氧（或极性相近）为固定液；起始温度为40℃，维持8分钟，以每分钟10℃的速率升温至200℃；进样口温度为180℃；检测器温度为250℃。取供试品溶液和对照溶液各3μl，注入气相色谱仪。按外标法以峰面积计算，含甲醇不得过0.3%，丙酮不得过0.5%，二氯甲烷不得过0.05%，甲苯不得过0.05%。

水分 取本品适量，以三氯甲烷作溶剂，照水分测定法（附录0832第一法）测定，含水分不得过1.0%。

炽灼残渣 取本品1.0g，依法检查（附录0841），遗留残渣不得过0.2%。

重金属 取炽灼残渣项下遗留的残渣，依法检查（附录0821第二法），含重金属不得过百万分之十。

砷盐 取本品1.0g，加氢氧化钙1.0g，混合，加水搅拌均匀，干燥后，先用小火灼烧使炭化，再在500～600℃炽灼使完全灰化，放冷，加盐酸5ml与水23ml，依法检查（附录0822第一法），应符合规定（0.0002%）。

锡 取本品0.25g，置聚四氟乙烯消解罐中，加硝酸6.0ml和浓过氧化氢溶液2.0ml，盖上内盖，旋紧外套，置微波消解仪中消解。消解完全后取消解内罐置电热板上缓缓加热至红棕色气体挥尽，用超纯水将罐内消解溶液小心转移至100ml容量瓶并稀释至刻度，摇匀，作为供试品溶液。同法制备试剂空白溶液。照电感耦合等离子体原子发射光谱（ICP-AES）法（附录0411）测定，计算，含锡不得过0.015%。

微生物限度 取本品，依法检查（附录1105与附录1106），每1g供试品需氧菌总数不得过100cfu、大肠埃希菌每1g应小于100cfu；每10g应不得检出沙门氏菌。

细菌内毒素 取本品适量，以二甲基亚砜充分溶解，进一步使用细菌内毒素检查用水稀释至试验所需浓度（该溶液中二甲基亚砜浓度应小于0.1%），依法检测（附录1143），每1mg乙交酯丙交酯共聚物中含内毒素的量应小于0.9EU。

无菌（供无除菌工艺的无菌制剂用） 取本品，依法检查（附录1101），应符合规定。

【**类别**】 药用辅料，缓释材料。

【**贮藏**】 密封，冷藏或者冷冻（−20～8℃），在开封前使产品接近室温以尽量减少由于水分冷凝引起的降解。

附表　黏度的限度值

标示黏度（ml/g）	特性黏度范围（ml/g）
10	5～15
15	10～20
20	15～25
30	25～35
35	30～40
40	35～45
45	40～50
50	45～55
60	50～70
70	60～80

（续）

标示黏度（ml/g）	特性黏度范围（ml/g）
80	70 ~ 90
90	80 ~ 100

乙交酯丙交酯共聚物（7525）（供注射用）

Yijiaozhibingjiaozhigongjuwu（7525）(Gongzhusheyong)

Poly lactide-co-glycolide（7525） for Injection

$$H(C_6H_8O_4)_n(C_4H_4O_4)_mOH$$

本品为丙交酯、乙交酯的环状二聚合物在亲核引发剂催化作用下的开环聚合物。丙交酯和乙交酯摩尔百分比为75：25，特性黏度应符合附表规定，分子量分布系数D（M_w/M_n）应不得过2.5。

【性状】 本品为白色至淡黄色粉末或颗粒，几乎无臭。

本品在三氯甲烷、二氯甲烷、丙酮、二甲基甲酰胺中易溶，在乙酸乙酯中微溶，在水、乙醇、乙醚中不溶。

特性黏度 取本品0.5g，精密称定，置100ml量瓶中，加三氯甲烷70ml，超声至完全溶解，冷却至室温后，加三氯甲烷稀释至刻度，摇匀。照黏度测定法（附录0633第二法），25℃下特性黏度应符合附表规定。

【鉴别】 取特性黏度项下配制的溶液测定，本品的红外光谱图应与对照品的图谱一致。

【检查】 **酸度** 取本品适量，研细，加水超声10分钟，分散成约2.0mg/ml的混悬液，过滤，取续滤液，依法测定（附录0631），pH值应为5.0 ~ 7.0。

溶液的澄清度 取本品0.5g，加二氯甲烷25ml使溶解，依法检查（附录0902），溶液应澄清。

分子量分布 取本品适量，精密称定，加四氢呋喃溶解并制成每1ml中约含3mg的溶液，振摇，室温放置过夜，作为供试品溶液。另取5个聚苯乙烯分子量对照品（分子量范围应包含供试品的分子量）适量，加四氢呋喃溶解并制成每1ml中约含3ml的溶液，作为对照品溶液。照分子排阻色谱法（附录0514）测定，采用凝胶色谱柱，以四氢呋喃为流动相，示差折光检测器；检测器温度35℃。取乙腈20μl，注入液相色谱仪，记录色谱图，理论板数按乙腈峰计不少于10 000。

取上述对照品溶液各20μl，分别注入液相色谱仪，记录色谱图，由GPC软件计算回归方程。取供试品溶液20μl，同法测定，用GPC软件算出供试品的重均分子量、数均分子量及分子量分布。供试品的重均分子量应为7000 ~ 170 000，分布系数D（M_w/M_n）应不得过2.5。

丙交酯乙交酯摩尔比 取本品10 ~ 20mg，加含有四甲基硅烷（TMS）的氘代三氯甲烷0.6 ~ 0.8ml，溶解。照核磁共振波谱法测定。记录乙交酯单元中的亚甲基质子（4.4 ~ 5.0ppm）及丙交酯单元中次甲基质子（5.1 ~ 5.5ppm）的积分面积，计算丙交酯和乙交酯的摩尔百分含量，应为70% ~ 80%和20% ~ 30%。

乙交酯和丙交酯 取乙酸丁酯适量，精密称定，加二氯甲烷溶解，并制成每1ml约含0.125mg的溶液，作为内标溶液；取本品约0.1g，精密称定，置10ml量瓶中，加内标溶液2ml，用二氯甲烷溶解，并稀释至刻度，摇匀，作为供试品溶液；另取乙交酯、丙交酯适量，精密加入内标溶液适量，用二氯甲烷溶解并制成每1ml中约含乙交酯50μg、丙交酯100μg、乙酸丁酯25μg的溶液，作为对照溶液。照气相色谱法（附录0521）测定。以5%苯基-甲基聚硅氧烷（或极性相近）为固定液的色谱柱，柱温为135℃，进样口温度为250℃，检测器温度为300℃。取供试品溶液与对照溶液各3μl，分别注入气相色谱仪，按内标法以峰面积计算，含丙交酯不得过1.5%，乙交酯不得过0.5%。

残留溶剂　甲醇、丙酮、二氯甲烷和甲苯　取本品约0.1g，精密称定，置10ml量瓶中，加二甲基甲酰胺溶解，并稀释至刻度，作为供试品溶液。另取甲醇、丙酮、二氯甲烷和甲苯适量，精密称定，用二甲基甲酰胺溶解并定量稀释制成每1ml中含甲醇30μg、丙酮50μg、二氯甲烷6μg、甲苯8.9μg的混合溶液，作为对照溶液。照残留溶剂测定法（附录0816第三法）测定。以6%氰丙基苯-94%甲基聚硅氧（或极性相近）为固定液的色谱柱；起始温度为40℃，维持8分钟，以每分钟10℃的速率升温至200℃；进样口温度为180℃；检测器温度为250℃。取供试品溶液和对照溶液各3μl，分别注入气相色谱仪。按外标法以峰面积计算，含甲醇不得过0.3%，丙酮不得过0.5%，二氯甲烷不得过0.05%，甲苯不得过0.05%。

水分　取本品适量，以三氯甲烷作溶剂，照水分测定法（附录0832第一法）测定，含水分不得过1.0%。

炽灼残渣　取本品1.0g，依法检查（附录0841），遗留残渣不得过0.2%。

重金属　取炽灼残渣项下遗留的残渣，依法检查（附录0821第二法），含重金属不得过百万分之十。

砷盐　取本品1.0g，加氢氧化钙1.0g，混合，加水搅拌均匀，干燥后，先用小火灼烧使炭化，再在500～600℃炽灼使完全灰化，放冷，加盐酸5ml与水23ml，依法检查（附录0822第一法），应符合规定（0.0002%）。

锡　取本品0.25g，置聚四氟乙烯消解罐中，加硝酸6.0ml和浓过氧化氢溶液2.0ml，盖上内盖，旋紧外套，置微波消解仪中消解。消解完全后取消解内罐置电热板上缓缓加热至红棕色气体挥尽，用超纯水将罐内消解溶液小心转移至100ml容量瓶并稀释至刻度，摇匀，作为供试品溶液。同法制备试剂空白溶液。照电感耦合等离子体原子发射光谱（ICP-AES）法（附录0411）测定，计算，含锡不得过0.015%。

微生物限度　取本品10g，依法检查（附录1105），总需氧菌数每1g应不得过100cfu、大肠埃希菌每1g应小于100cfu；每10g应不得检出沙门氏菌。

细菌内毒素　取本品适量，以二甲基亚砜充分溶解，进一步使用细菌内毒素检查用水稀释至试验所需浓度（该溶液中二甲基亚砜浓度应小于0.1%），依法检测（附录1143），每1mg乙交酯丙交酯共聚物中含内毒素的量应小于0.9EU。

无菌（供无除菌工艺的无菌制剂用）　取本品，依法检查（附录1101），应符合规定。

【类别】　药用辅料，缓释材料。

【贮藏】　密封，冷藏或者冷冻（-20～8℃），在开封前使产品接近室温以尽量减少由于水分冷凝引起的降解。

附表　黏度的限度值

标示黏度（ml/g）	特性黏度范围（ml/g）
10	5～15
15	10～20
20	15～25
25	20～30

（续）

标示黏度（ml/g）	特性黏度范围（ml/g）
30	25～35
35	30～40
40	35～45
45	40～50
50	45～55
60	50～70
70	60～80
80	70～90
90	80～100

乙交酯丙交酯共聚物（8515）（供注射用）

Yijiaozhibingjiaozhigongjuwu（8515）(Gongzhusheyong)

Poly lactide-co-glycolide（8515） for Injection

$$H(C_6H_8O_4)_n(C_4H_4O_4)_mOH$$

本品为丙交酯、乙交酯的环状二聚合物在亲核引发剂催化作用下的开环聚合物。丙交酯和乙交酯摩尔百分比为85：15，特性黏度应符合附表规定，分子量分布系数D（M_w/M_n）应不得过2.5。

【性状】 本品为白色至淡黄色粉末或颗粒，几乎无臭。

本品在三氯甲烷、二氯甲烷、丙酮、二甲基甲酰胺中易溶，在乙酸乙酯中微溶，在水、乙醇、乙醚中不溶。

特性黏度 取本品0.5g，精密称定，置100ml量瓶中，加三氯甲烷70ml，超声至完全溶解，冷却至室温后，加三氯甲烷稀释至刻度，摇匀。照黏度测定法（附录0633第二法），25℃下特性黏度应符合附表规定。

【鉴别】 取特性黏度项下配制的溶液测定，本品的红外光谱图应与对照品的图谱一致。

【检查】 **酸度** 取本品适量，研细，加水超声10分钟，分散成约2.0mg/ml的混悬液，过滤，取续滤液，依法测定（附录0631），pH值应为5.0～7.0。

溶液的澄清度 取本品0.5g，加二氯甲烷25ml使溶解，依法检查（附录0902），溶液应澄清。

分子量分布 取本品适量，精密称定，加四氢呋喃溶解并制成每1ml中约含3mg的溶液，振摇，室温放置过夜，作为供试品溶液。另取5个聚苯乙烯分子量对照品（分子量范围应包含供试品的分子量）适量，加四氢呋喃溶解并制成每1ml中约含3ml的溶液，作为对照品溶液。照分子排阻色谱法（附录0514）测定，采用凝胶色谱柱，以四氢呋喃为流动相，示差折光检测器；检测器温度35℃。取乙腈20μl，注入液相色谱仪，记录色谱图，理论板数按乙腈峰计不少于10 000。

取上述对照品溶液各20μl，分别注入液相色谱仪，由GPC软件计算回归方程。取供试品溶液20μl，同法测定，用GPC软件算出供试品的重均分子量、数均分子量及分子量分布。供试品的重均分子量应为7000～170 000，分布系数D（M_w/M_n）应不得过2.5。

乙交酯丙交酯共聚物（8515）（供注射用）

丙交酯乙交酯摩尔比 取本品10~20mg，加含有四甲基硅烷（TMS）的氘代三氯甲烷0.6~0.8ml，溶解。照核磁共振波谱法测定。记录乙交酯单元中的亚甲基质子（4.4~5.0ppm）及丙交酯单元中次甲基质子（5.1~5.5ppm）的积分面积，计算丙交酯和乙交酯的摩尔百分含量，应为80%~90%和10%~20%。

乙交酯和丙交酯 取乙酸丁酯适量，精密称定，加二氯甲烷溶解，并制成每1ml约含0.125mg的溶液，作为内标溶液；取本品约0.1g，精密称定，置10ml量瓶中，加内标溶液2ml，用二氯甲烷溶解，并稀释至刻度，摇匀，作为供试品溶液；另取乙交酯、丙交酯适量，精密加入内标溶液适量，用二氯甲烷溶解并制成每1ml中约含乙交酯50μg、丙交酯100μg、乙酸丁酯25μg的溶液，作为对照溶液。照气相色谱法（附录0521）测定。以5%苯基-甲基聚硅氧烷（或极性相近）为固定液的色谱柱，柱温为135℃，进样口温度为250℃，检测器温度为300℃。取供试品溶液与对照溶液各3μl，分别注入气相色谱仪，按内标法以峰面积计算，含丙交酯不得过1.5%，乙交酯不得过0.5%。

残留溶剂 甲醇、丙酮、二氯甲烷和甲苯 取本品约0.1g，精密称定，置10ml量瓶中，加二甲基甲酰胺溶解，并稀释至刻度，作为供试品溶液。另取甲醇、丙酮、二氯甲烷和甲苯适量，精密称定，用二甲基甲酰胺溶解并定量稀释制成每1ml中含30μg、50μg、6μg和8.9μg的溶液，作为对照溶液。照残留溶剂测定法（附录0816第三法）测定。以6%氰丙基苯-94%甲基聚硅氧（或极性相近）为固定液；起始温度为40℃，维持8分钟，以每分钟10℃的速率升温至200℃；进样口温度为180℃；检测器温度为250℃。取供试品溶液和对照溶液各3μl，分别注入气相色谱仪。按外标法以峰面积计算，含甲醇不得过0.3%，丙酮不得过0.5%，二氯甲烷不得过0.05%，甲苯不得过0.05%。

水分 取本品适量，以三氯甲烷作溶剂，照水分测定法（附录0832第一法）测定，含水分不得过1.0%。

炽灼残渣 取本品1.0g，依法检查（附录0841），遗留残渣不得过0.2%。

重金属 取炽灼残渣项下遗留的残渣，依法检查（附录0821第二法），含重金属不得过百万分之十。

砷盐 取本品1.0g，加氢氧化钙1.0g，混合，加水搅拌均匀，干燥后，先用小火灼烧使炭化，再在500~600℃炽灼使完全灰化，放冷，加盐酸5ml与水23ml，依法检查（附录0822第一法），应符合规定（0.0002%）。

锡 取本品0.25g，置聚四氟乙烯消解罐中，加硝酸6.0ml和浓过氧化氢溶液2.0ml，盖上内盖，旋紧外套，置适宜的微波消解仪中消解。消解完全后取消解内罐置电热板上缓缓加热至红棕色气体挥尽，用超纯水将罐内消解溶液小心转移至100ml容量瓶并稀释至刻度，摇匀，作为供试品溶液。同法制备试剂空白溶液。照电感耦合等离子体原子发射光谱（ICP-AES）法（附录0411）测定，计算，含锡不得过0.015%。

微生物限度 取本品10g，依法检查（附录1105），总需氧菌数每1g应不得过100cfu、大肠埃希菌每1g应小于100cfu；每10g应不得检出沙门氏菌。

细菌内毒素 取本品适量，以二甲基亚砜充分溶解，进一步使用细菌内毒素检查用水稀释至实验所需浓度（该溶液中二甲基亚砜浓度应小于0.1%），依法检测（附录1143），每1mg乙交酯丙交酯共聚物中含内毒素的量应小于0.9EU。

无菌（供无除菌工艺的无菌制剂用） 取本品，依法检查（附录1101），应符合规定。

【类别】 药用辅料，缓释材料。

【贮藏】 密封，冷藏或者冷冻（-20~8℃），在开封前使产品接近室温以尽量减少由于水分冷凝引起的降解。

附表　黏度的限度值

标示黏度（ml/g）	特性黏度范围（ml/g）
10	5 ~ 15
15	10 ~ 20
20	15 ~ 25
25	20 ~ 30
30	25 ~ 35
35	30 ~ 40
40	35 ~ 45
45	40 ~ 50
50	45 ~ 55
60	50 ~ 70
70	60 ~ 80
80	70 ~ 90
90	80 ~ 100

乙基纤维素

Yiji Xianweisu

Ethylcellulose

本品为乙基醚纤维素。按干燥品计算，含乙氧基（-OC$_2$H$_5$）应为44.0% ~ 51.0%。

【性状】　本品为白色或类白色的颗粒或粉末；无臭，无味。

本品在甲苯或乙醚中易溶，在水中不溶。

【鉴别】　（1）取本品5g，加乙醇-甲苯（1:4）溶液100ml，振摇，溶液为透明的微黄色溶液，取上述溶液适量，倾注在玻璃板上，俟溶液蒸发后，形成一层有韧性的膜，该膜可以燃烧。

（2）本品的红外光吸收图谱应与对照品的图谱一致。

【检查】　**黏度**　精密称取本品2.5g（按干燥品计），置具塞锥形瓶中，精密加乙醇-甲苯（1:4）溶液50ml，振摇至完全溶解，静置8 ~ 10小时，调节温度至20℃±0.1℃，测定动力黏度（附录0633第一法），标示黏度大于或等于10mPa·s者，黏度应为标示黏度的90.0% ~ 110.0%，标示黏度为6 ~ 10mPa·s者，黏度应为标示黏度的80.0% ~ 120.0%，标示黏度小于或等于6mPa·s者，黏度应为标示黏度的75.0% ~ 140.0%。

干燥失重　取本品，在105℃干燥2小时，减失重量不得过3.0%（附录0831）。

炽灼残渣　取本品1.0g，依法检查（附录0841），遗留残渣不得过0.4%。

重金属　取炽灼残渣项下遗留的残渣，依法检查（附录0821第二法），含重金属不得过百万分之二十。

砷盐　取本品0.67g，加氢氧化钙1.0g，混合，加水搅拌均匀，干燥后，先用小火灼烧使炭化，再在500 ~ 600℃炽灼使完全灰化，放冷，加盐酸8ml与水23ml，依法检查（附录0822第一法），应符合规定（0.0003%）。

【含量测定】　**乙氧基**　照甲氧基、乙氧基与羟丙氧基测定法（附录0712）测定。如采用第二法（容量法），取本品适量（相当于乙氧基10mg），精密称定，将油液温度控制在150 ~ 160℃，加热时间延长到1 ~ 2小时，其余同法操作。每1ml硫代硫酸钠滴定液（0.1mol/L）相当于0.7510mg的乙氧基。

【类别】 药用辅料，包衣材料和释放阻滞剂等。

【贮藏】 密封，在干燥处保存。

乙基纤维素水分散体

Yiji Xianweisu Shuifensanti

Ethylcellulose Aqueous Dispersion

本品含乙基纤维素应为标示量的90.0%～110.0%。

本品含适量的十六醇和十二烷基硫酸钠作为分散剂和稳定剂，亦可加入适量的消泡剂和抑菌剂。

【性状】 本品为乳白色混悬液。

【鉴别】 （1）取本品，置培养皿中，均匀铺开，在60℃烘箱内干燥，应形成透明或半透明的薄膜。

（2）取本品1ml，加水9ml，加亚甲蓝溶液（取硫酸0.7ml和无水硫酸钠5g，置烧杯中，缓慢加水90ml，再加0.3%亚甲蓝溶液至100ml，混匀，即得）25ml，混匀，再加三氯甲烷15ml，剧烈振摇，静置分层，下层应为蓝色。

（3）取鉴别（1）项下的薄膜0.2g，加三氯甲烷20ml使溶解，作为供试品溶液；取十六醇对照品适量，加三氯甲烷溶解并制成每1ml中含有0.1g的溶液，作为对照品溶液。照气相色谱法（附录0521），用聚二甲基硅氧烷为固定液（或极性相近）的毛细管色谱柱，柱温为50℃，维持5分钟，以每分钟20℃升温至220℃，维持2分钟；进样口温度为250℃，检测器温度为250℃；取供试品溶液和对照品溶液各1μl，进样，记录色谱图。供试品溶液色谱图中应呈现十六醇对照品溶液主峰相同保留时间的色谱峰。

（4）取鉴别（1）项下的薄膜少许，照红外分光光度法（附录0402，溴化钾压片法），应在3600～2600cm^{-1}和1500～800cm^{-1}区间有最大吸收，且与乙基纤维素对照品图谱一致。

【检查】 **黏度** 取本品，采用NDJ-79型旋转粘度计，选用合适的转子，调节温度为25℃±0.1℃，测定动力黏度（附录0633第二法）。读数应在仪器测定量程的10%～90%范围内，分别记录在60、90、120秒时读数，三次的平均值即为黏度值，不得大于150mPa•s。

pH值 应为4.0～7.0（附录0631）。

二氯甲烷（生产工艺中使用二氯甲烷时测定） 取本品适量，精密称定，用二甲基亚砜溶解并稀释制成每1ml中约含75mg的溶液，作为供试品溶液；另精密称取二氯甲烷适量，加二甲基亚砜溶解并稀释制成每1ml中约含45μg的溶液，作为对照溶液。分别精密量取供试品溶液与对照溶液各5ml，置顶空瓶中，密封。照残留溶剂测定法（附录0861第二法）试验，用以6%氰丙基苯基-94%二甲基硅氧烷为固定液（或极性相近）的毛细管柱；柱温为50℃，维持4分钟，以每分钟30℃升温至200℃，维持2分钟；进样口温度为250℃，检测器温度为250℃；顶空瓶平衡温度为80℃，平衡时间为20分钟。分别取供试品溶液和对照溶液顶空进样，记录色谱图，按外标法以峰面积计算，应符合规定。

干燥失重 取本品5ml，加已恒重的20～30目砂10g，搅匀，精密称定，在60℃干燥至恒重，减失重量不得过71.0%（附录0831）。

重金属 取本品1.0g，依法检查（附录0821第二法），含重金属不得过百万分之十。

【含量测定】 照甲氧基、乙氧基与羟丙氧基测定法（附录0712）测定。如采用第二法（容量法），取本品适量（相当于乙氧基10mg），精密称定，油浴温度控制在150～160℃，加热时间延长到1～2小时，其余同法操作。每1ml硫代硫酸钠滴定液（0.1mol/L）相当于0.7510mg的乙氧基。

【类别】 药用辅料，包衣材料。

【贮藏】 密闭，避免冻结。

乙基纤维素水分散体（B型）

Yiji Xianweisu Shuifensanti（B Xing）

Ethylcellulose Aqueous Dispersion Type B

本品为稳定的乙基纤维素水分散体。含乙基纤维素应为标示量的90.0%～110.0%。

本品可加入适量的增塑剂、稳定剂和助流剂。

【性状】 本品为乳白色混悬液，有氨臭。

【鉴别】 （1）取本品，置培养皿中，均匀铺开，在60℃烘箱内干燥至少60分钟，应形成透明的薄膜或半透明的薄膜。

（2）在含量测定项下记录的色谱图中，供试品溶液主峰的保留时间应与乙基纤维素对照品溶液主峰的保留时间一致。

（3）取鉴别（1）项下的薄膜少许，照红外分光光度法（附录0402，溴化钾压片法），在3600～2600cm^{-1}和1500～800cm^{-1}区间应有最大吸收，且与乙基纤维素对照品图谱一致。

【检查】 黏度 取本品，采用BrookfieldDV-S型旋转黏度计，2号转子，每分钟20转，调节温度为25℃±0.1℃，测定动力黏度（附录0633第二法）。黏度值应为400～1500mPa•s。

pH值 应为9.5～11.5（附录0631）。

癸二酸二丁酯与油酸（标签中含该成分时测定） 取本品约1g，精密称定，置50ml量瓶中，加四氢呋喃25ml，振摇15分钟，用四氢呋喃稀释至刻度，摇匀，滤过，取续滤液作为供试品溶液；另精密称取癸二酸二丁酯对照品与油酸对照品适量，用四氢呋喃溶解并稀释成每1ml中分别约含0.74mg和0.48mg的溶液，作为对照品溶液。照气相色谱法（附录0521），以聚乙二醇-20M-TPA修饰为固定液（或极性相近）的毛细管柱；起始温度为150℃，维持2分钟，再以每分钟10℃的速率升温至250℃，维持10分钟；进样口温度为280℃，检测器温度为280℃。量取对照品溶液0.5μl，注入气相色谱仪，记录色谱图，癸二酸二丁酯峰与油酸峰的分离度应不小于2.0，连续进样6次，癸二酸二丁酯与油酸峰面积的RSD均应不大于5.0%。再精密量取供试品溶液和对照品溶液各0.5μl，注入气相色谱仪，记录色谱图，按外标法以峰面积计算。含癸二酸二丁酯与油酸均应符合标示规定，且癸二酸二丁酯和油酸与乙基纤维素含量比值应分别小于0.25和0.15。

正丁醇（标签中注明含丁基酯时测定） 取本品约2g，精密称定，置25ml量瓶中，加甲醇15ml，振摇15分钟，用甲醇稀释至刻度，摇匀，作为供试品溶液；另精密称取正丁醇适量，用甲醇溶解并稀释制成每1ml中约含0.16mg的溶液，作为对照品溶液。照残留溶剂测定法（附录0861第三法）试验，以聚乙二醇-20M为固定液（或极性相近）的毛细管柱；起始温度为45℃，维持5分钟，再以每分钟10℃的速率升温至220℃，维持10分钟；进样口温度为250℃，检测器温度为250℃。取对照品溶液0.5μl，注入气相色谱仪，记录色谱图，正丁醇峰拖尾因子应不大于2.0。再精密量取供试品溶液和对照品溶液各0.5μl分别进样，记录色谱图，按外标法以峰面积计算，含正丁醇不得过0.2%。

甘油（标签中注明含甘油酯时测定）　取本品约2g，精密称定，置25ml量瓶中，加甲醇15ml，振摇15分钟，用甲醇稀释至刻度，摇匀，作为供试品溶液；另精密称取甘油适量，用甲醇溶解并稀释制成每1ml中约含0.48mg的溶液，作为对照品溶液。照残留溶剂测定法（附录0861第三法）试验，以6%氰丙基苯基-94%二甲基聚硅氧烷为固定液（或极性相近）的毛细管柱；起始温度为120℃，维持2分钟，再以每分钟10℃的速率升温至240℃，维持10分钟；进样口温度为280℃，检测器温度为280℃。量取对照品溶液1μl，注入气相色谱仪，记录色谱图，甘油峰拖尾因子应不大于2.5。再精密量取供试品溶液和对照品溶液各1μl分别进样，记录色谱图，按外标法以峰面积计算，含甘油不得过0.6%。

二氯甲烷（生产工艺中使用二氯甲烷时测定）　取本品约1.9g，精密称定，置25ml量瓶中，用二甲基亚砜溶解并稀释至刻度，摇匀，作为供试品溶液；另精密量取二氯甲烷适量，用二甲基亚砜溶解并稀释制成每1ml中约含45μg的溶液，作为对照品溶液。分别精密量取供试品溶液与对照品溶液各5ml，置顶空瓶中，密封。照残留溶剂测定法（附录0861第二法）试验，用以6%氰丙基苯基-94%二甲基硅氧烷为固定液（或极性相近）的毛细管柱；柱温为50℃，维持4分钟，以30℃/分钟升温至200℃，维持2分钟；进样口温度为250℃，检测器温度为250℃；顶空瓶温度为80℃，平衡时间为20分钟，进样体积为1.0ml。分别取供试品溶液和对照品溶液顶空进样，记录色谱图，按外标法以峰面积计算，应符合规定。

中链脂肪酸甘油三酯（标签中注明含中链脂肪酸甘油三酯时测定）　取含量测定项下的供试品溶液作为供试品溶液；另精密称取三辛酸甘油酯对照品适量，用四氢呋喃溶解并稀释制成每1ml中含0.6mg的溶液，作为对照品溶液。照含量测定项下的色谱条件，精密量取对照品溶液和供试品溶液各20μl，分别注入液相色谱仪，记录色谱图。按外标法以峰面积计算，含中链脂肪酸甘油三酯应符合标示规定，且中链脂肪酸甘油三酯与乙基纤维素含量比值应小于0.25。

总固体　取本品约1g，精密称定，在105℃干燥至恒重，遗留残渣应为23.0%～26.0%。

炽灼残渣（标签中含无机不挥发物时检查）　不得过1.95%（附录0841）。

重金属　取本品1.0g（若需检查炽灼残渣，则取该项下遗留的残渣），依法检查（附录0821第二法），含重金属不得过百万分之十。

【含量测定】　照高效液相色谱法（附录0512）测定。

色谱条件与系统适用性试验　用苯乙烯二乙烯基苯共聚物为填充剂；以四氢呋喃为流动相，流速为每分钟0.5ml；柱温为45℃；示差折光检测器，检测器温度为45℃。取乙基纤维素对照品、三辛酸甘油酯对照品与油酸对照品适量，用四氢呋喃溶解并稀释制成每1ml中分别约含3.75mg、0.6mg和0.4mg的溶液，作为系统适用性溶液，量取10μl注入液相色谱仪，记录色谱图，三辛酸甘油酯峰与乙基纤维素峰的分离度应不小于2.0，三辛酸甘油酯峰与油酸峰的分离度应不小于1.2，乙基纤维素峰的拖尾因子应不大于2.0。

测定法　取本品约1g，精密称定，置50ml量瓶中，加四氢呋喃30ml，振摇15分钟，用四氢呋喃稀释至刻度，摇匀，滤过，精密量取续滤液10μl注入液相色谱仪，记录色谱图；另精密称取乙基纤维素对照品适量，用四氢呋喃溶解并稀释制成每1ml中约含3.75mg的溶液，同法测定，按外标法以峰面积计算，即得。

【类别】　药用辅料，包衣材料，释放阻滞剂。

【贮藏】　25℃以下密闭保存，避免冻结。

【标签】　标签中应注明产品成分。

乙 酸 乙 酯

Yisuanyizhi

Ethyl Acetate

$C_4H_8O_2$ 88.11

本品按无水物计，含乙酸乙酯（$C_4H_8O_2$）不得少于99.5%（g/g）。

【性状】 本品为无色澄清的液体；具挥发性，易燃烧，有水果香味。

本品在水中溶解，能与乙醇、乙醚、丙酮或二氯甲烷任意混溶。

相对密度 本品的相对密度（附录0601）为0.898～0.902。

折光率 本品的折光率（附录0622）为1.370～1.373。

【鉴别】 （1）本品燃烧时产生黄色火焰和醋酸味。

（2）本品的红外光吸收图谱应与对照品的图谱一致。

【检查】 **溶液的澄清度与颜色** 取本品1.0ml，加水15ml，混匀，依法检查（附录0901和附录0902），溶液应澄清无色。

酸度 取本品2.0ml，置锥形瓶中，加中性乙醇10ml与酚酞指示液2滴，摇匀，滴加氢氧化钠滴定液（0.1mol/L）至显粉红色。消耗氢氧化钠滴定液（0.1mol/L）不得过0.10ml。

易炭化物 取本品2.0ml，置25ml具塞比色管中，加硫酸10ml，密塞振摇，静置15分钟，不得显色。

不挥发物 取本品20.0ml，置已恒重的蒸发皿中，于水浴上蒸干后，在105℃干燥1小时，遗留残渣不得过0.6mg。

水分 不得过0.1%（附录0832第一法B）。

有关物质 照气相色谱法测定（附录0521）。

色谱条件与系统适用性试验 用以6%氰丙基苯基-94%二甲基硅氧烷为固定液（或极性相近）的毛细管柱，起始温度为90℃，维持5分钟，以每分钟28℃的速率升温至240℃，维持2分钟；进样口温度为260℃，检测器温度为280℃。取三氯甲烷、乙酸乙酯、乙酸异丁酯和乙酸丁酯（3∶1∶1∶1）混合溶液作为系统适用性溶液，取1μl，注入气相色谱仪，记录色谱图，乙酸乙酯峰拖尾因子应不大于1.5，且各峰的分离度应符合要求。

测定法 取本品1μl，注入气相色谱仪，记录色谱图。按面积归一化法计算，各杂质峰总面积之和不得大于主峰面积的0.2%。

【含量测定】 取本品1.5g，精密称定，置250ml锥形瓶中，精密加氢氧化钠滴定液（0.5mol/L）50ml，加热回流1小时，放冷，加酚酞指示液1滴，用盐酸滴定液（0.5mol/L）滴定至无色，并将滴定的结果用空白试验校正。每1ml氢氧化钠滴定液（0.5mol/L）相当于44.05mg的$C_4H_8O_2$。

【类别】 药用辅料，溶剂。

【贮藏】 密封保存。

乙　醇

Yichun

Ethanol

C_2H_6O　46.07

【性状】　本品为无色澄清液体；微有特臭；易挥发，易燃烧，燃烧时显淡蓝色火焰；加热至约78℃即沸腾。

本品与水、甘油、三氯甲烷或乙醚能任意混溶。

相对密度　本品的相对密度（附录0601）不大于0.8129，相当于含C_2H_6O不少于95.0%（ml/ml）。

【鉴别】　（1）取本品1ml，加水5ml与氢氧化钠试液1ml后，缓缓滴加碘试液2ml，即发生碘仿的臭气，并生成黄色沉淀。

（2）本品的红外光吸收图谱应与对照的图谱一致。

【检查】　**酸碱度**　取本品20ml，加水20ml，摇匀，滴加酚酞指示液2滴，溶液应为无色；再加0.01mol/L氢氧化钠溶液1.0ml，溶液应显粉红色。

溶液的澄清度与颜色　本品应澄清无色。取本品适量，与同体积的水混合后，溶液应澄清；在10℃放置30分钟，溶液仍应澄清。

吸光度　取本品，以水为空白，照紫外-可见分光光度法（附录0401）测定吸光度，在240nm的波长处不得过0.08；250~260nm的波长范围内不得过0.06；270~340nm的波长范围内不得过0.02。

挥发性杂质　照气相色谱法测定（附录0521）。

色谱条件与系统适用性试验　以6%氰丙基苯基-94%二甲基聚硅氧烷为固定液；起始温度40℃，维持12分钟，以每分钟10℃的速率升温至240℃，维持10分种；进样口温度为200℃；检测器温度为280℃。对照溶液（b）中乙醛峰与甲醇峰之间的分离度应符合要求。

测定法　精密量取无水甲醇100μl，置50ml量瓶中，用供试品稀释至刻度，摇匀，精密量取5ml，置50ml量瓶中，用供试品稀释至刻度，摇匀，作为对照溶液（a）；精密量取无水甲醇50μl，乙醛50μl，置50ml量瓶中，用供试品稀释至刻度，摇匀，精密量取100μl，置10ml量瓶中，用供试品稀释至刻度，摇匀，作为对照溶液（b）；精密量取乙缩醛150μl，置50ml量瓶中，用供试品稀释至刻度，摇匀，精密量取100μl，置10ml量瓶中，用供试品稀释至刻度，摇匀，作为对照溶液（c）；精密量取苯100μl，置100ml量瓶中，用供试品稀释至刻度，摇匀，精密量取100μl，置50ml量瓶中，用供试品稀释至刻度，摇匀，作为对照溶液（d）；取供试品作为供试品溶液（a）；精密量取4-甲基-2-戊醇150μl，置500ml量瓶中，加供试品稀释至刻度，摇匀，作为供试品溶液（b）。精密量取对照溶液（a）、（b）、（c）、（d）和供试品溶液（a）、（b）各1μl，分别注入气相色谱仪，记录色谱图，供试品溶液（a）如出现杂质峰，甲醇峰面积不得大于对照溶液（a）中甲醇峰面积的0.5倍（0.02%）；含乙醛和乙缩醛的总量按公式（1）计算，总量不得过0.001%（以乙醛计）；含苯按公式（2）计算，不得过0.0002%；供试品溶液（b）中其他各杂质峰面积的总和不得大于4-甲基-2-戊醇的峰面积（0.03%，以4-甲基-2-戊醇计）。

乙醛和乙缩醛的总含量% $=[(0.001\% \times A_E)/(A_T-A_E)]+[(0.003\% \times C_E)/(C_T-C_E)]$ 　　　（1）

式中　A_E为供试品溶液（a）中乙醛的峰面积；

A_T为对照溶液（b）中乙醛的峰面积；

C_E为供试品溶液（a）中乙缩醛的峰面积；

C_T为对照溶液（c）中乙缩醛的峰面积。

$$苯含量\% = （0.0002\%B_E）/（B_T - B_E）\tag{2}$$

式中 B_E为供试品溶液中苯的峰面积；

B_T为对照溶液中苯的峰面积。

不挥发物 取本品40ml，置105℃恒重的蒸发皿中，于水溶上蒸干后，在105℃干燥2小时，遗留残渣不得过1mg。

【类别】 药用辅料，溶剂。

【贮藏】 避光，密封保存。

二丁基羟基甲苯

Erdingjiqiangjijiaben

Butylated Hydroxytoluene

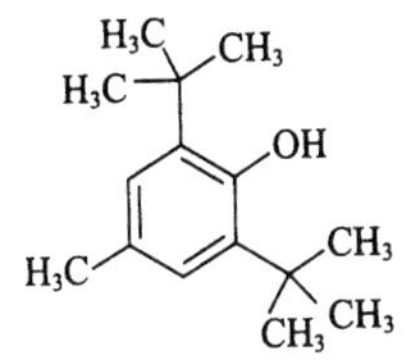

$C_{15}H_{24}O$　220.35

本品为2，6-二特丁基（1，1-二甲基乙基）-4-甲基苯酚。按无水物计算，含$C_{15}H_{24}O$不得少于98.5%。

【性状】 本品为无色、白色或类白色结晶或结晶性粉末。

本品在丙酮中极易溶解，在乙醇中易溶，在水和丙二醇中不溶。

凝点 本品的凝点（附录0613）为69~70℃。

吸收系数 取本品，精密称定，加乙醇溶解并定量稀释制成每1ml中约含50μg的溶液，照紫外-可见分光光度法（附录0401），在278nm的波长处测定吸光度，吸收系数（$E_{1cm}^{1\%}$）为80.0~90.0。

【鉴别】 （1）在含量测定项下记录的色谱图中，供试品溶液主峰的保留时间应与对照品溶液主峰的保留时间一致。

（2）本品的红外光吸收图谱应与对照品的图谱一致。

【检查】 **甲醇溶液的澄清度与颜色** 取本品1.0g，加甲醇10ml溶解后，依法检查（附录0901与附录0902），溶液应澄清无色；如显色，与黄色3号标准比色液（附录0901第一法）比较，不得更深。

硫酸盐 取本品10.0g，加水约40ml，充分振摇，滤过，取滤液依法检查（附录0802），与标准硫酸钾溶液2.0ml制成的对照液比较，不得更浓（0.002%）。

游离酚 取本品约10g，精密称定，加0.25%氢氧化钠溶液50ml，于65℃水浴中加热振荡5分钟，冷却，滤过，滤液置碘瓶，滤渣用水30ml分次洗涤，洗液并入碘瓶中，精密加溴滴定液（0.05mol/L）10ml，加盐酸5ml，立即密塞，充分振摇后，用10%碘化钾溶液5ml封口，15℃以下暗处放置15分钟后，微开瓶塞，将碘化钾溶液放入碘瓶中，立即密塞，充分振摇后，再用水封口，暗处放置5分钟后，用硫代硫酸钠滴定液（0.1mol/L）滴定，近终点时，加淀粉指示液5ml，继续滴定至蓝色消失，并将滴定的结果用空白试验校正。每1ml硫代硫酸钠滴定液（0.1mol/L）相当于

10.81mg的C_7H_8O。含游离酚按对甲苯酚（C_7H_8O）计，不得过0.02%。

有关物质　取本品约0.2g，加甲醇制成每1ml中约含20mg的溶液，作为供试品溶液；精密量取1ml，置200ml量瓶中，加甲醇稀释至刻度，摇匀，作为对照溶液。照薄层色谱法（附录0502）试验，吸取上述两种溶液各10μl，分别点于同一硅胶G薄层板上，以二氯甲烷为展开剂，展开，展开距离大于15cm，晾干，喷以5%铁氰化钾溶液-10%三氯化铁溶液-水（10∶20∶70）混合溶液（临用新配），立即检视。供试品溶液如显杂质斑点，其颜色与对照溶液所显的主斑点相比较，均不得更深（0.5%）。

水分　取本品5g，照水分测定法（附录0832第一法1）测定，含水分不得过0.1%。

炽灼残渣　取本品1.0g，依法检查（附录0841），遗留残渣不得过0.1%。

重金属　取本品2.5g，依法检查（附录0821第二法），含重金属不得过百万分之四。

砷盐　取本品2.0g，加氢氧化钙2.0g，混合，加水少量，搅拌均匀，干燥后，先用小火烧灼使炭化，再在600℃炽灼使完全灰化，放冷，加盐酸5ml与水23ml，依法检查（附录0822第一法），应符合规定（0.0001%）。

【含量测定】　照高效液相色谱法（附录0512）测定。

色谱条件与系统适用性　用十八烷基硅烷键合硅胶为填充剂；以甲醇-水（9∶1）为流动相，检测波长为278nm。理论板数按二丁基羟基甲苯峰计算不低于3000。

测定法　取本品约20mg，精密称定，置100ml量瓶中，加甲醇适量使溶解并稀释至刻度，摇匀，精密量取10μl注入液相色谱仪，记录色谱图；另取二丁基羟基甲苯对照品，同法测定。按外标法以峰面积计算，即得。

【类别】　药用辅料，抗氧剂。

【贮藏】　密封，在阴凉干燥处保存。

二甲基亚砜

Erjiajiyafeng

Dimethyl Sulfoxide

$$H_3C—\overset{\overset{\displaystyle O}{\|}}{S}—CH_3$$

C_2H_6OS　78.13

本品可由二甲硫醚在氧化氮存在下通过空气氧化制得；也可以从制造纸浆的副产物中制得。

本品按无水物计算，应不得少于99.5%。

【性状】　本品为无色液体；无臭或几乎无臭；有引湿性。

本品与水、乙醇或乙醚能任意混溶，在烷烃中不溶。

凝点　本品的凝点（附录0613）为17.0～18.3℃。

折光率　本品的折光率（附录0622）为1.478～1.479。

相对密度　本品的相对密度（附录0601）为1.095～1.105。

【鉴别】　（1）取本品5ml，置试管中，加氯化镍50mg，振摇使溶解，溶液呈黄绿色，置50℃水浴中加热，溶液呈绿色或蓝绿色，放冷，溶液呈黄绿色。

（2）本品的红外光吸收图谱应与对照品的图谱一致。

【检查】　**酸度**　取本品50.0g，加水100ml溶解后，加酚酞指示液0.1ml，用氢氧化钠滴定液（0.01mol/L）滴定至溶液显粉红色，消耗氢氧化钠滴定液（0.01mol/L）不得过5.0ml。

吸光度　取本品适量，通入干燥氮气15分钟，以水为空白，照紫外-可见分光光度法（附录0401），立即测定，在275nm波长处的吸光度不得大于0.30；在285nm与295nm波长处的吸光度与275nm波长处的吸光度的比值，分别不得过0.65与0.45；在270～350nm的波长范围内，不得有最大吸收峰。

氢氧化钾变深物　精密量取本品25ml，置50ml量瓶中，加水0.5ml与氢氧化钾1.0g，密塞，在水浴上加热20分钟，放冷，将溶液置1cm吸收池中，以水为空白，照紫外-可见分光光度法（附录0401），在350nm的波长处测定吸光度，不得大于0.023。

水分　取本品，照水分测定法（附录0832第一法A）测定，含水分不得过0.2%。

有关物质　取本品，精密称定，用内标溶液（0.025%二苯甲烷的丙酮溶液）稀释制成50%的溶液，作为供试品溶液；取供试品溶液适量，加内标溶液稀释成0.050%的溶液，作为对照溶液；取二甲基砜对照品适量，精密称定，用上述内标溶液稀释制成0.050%的溶液，作为二甲基砜对照品溶液；照气相色谱法（附录0521）试验，以10%聚乙二醇20M为固定液，柱温为150℃，FID检测器；理论板数按二甲基砜峰计算不低于1500，二甲基砜峰与内标峰的分离度应大于2.0。取供试品溶液、对照溶液、二甲基砜对照品溶液各2μl，分别注入气相色谱仪，记录色谱图。供试品溶液如显二甲基砜峰，其与二苯甲烷峰面积的比值，不得大于二甲基砜对照品溶液中二甲基砜峰与二苯甲烷峰面积的比值（0.1%）。供试品溶液中所有杂质峰面积总和（除主峰及内标峰）与二苯甲烷峰面积的比值不得大于对照溶液中二甲基砜与二苯甲烷峰面积的比值（0.1%）。

不挥发残留物　取本品约100g，精密称定，置105℃已干燥恒重的蒸发皿中，在通风橱内置电热板上缓缓蒸发至干（不发生沸腾），置105℃干燥3小时，称重，残留物不得过0.01%。

【含量测定】　按以下公式计算本品的含量：

$$含量 = \frac{1 - 不挥发残留物 - 有关物质}{1 - 水分} \times 100\%$$

【类别】　药用辅料，吸收促进剂、溶剂和防冻剂等（仅供外用）。

【贮藏】　密闭，在阴凉、干燥处保存。

二　甲　硅　油

Erjiaguiyou

Dimethicone

本品为二甲基硅氧烷的线性聚合物，含聚合二甲基硅氧烷为97.0%～103.0%。因聚合度不同而有不同黏度。按运动黏度的不同，本品分为20、50、100、200、350、500、750、1000、12 500、30 000十个型号。

【性状】 本品为无色澄清的油状液体；无臭或几乎无臭，无味。

本品在三氯甲烷、乙醚、甲苯、乙酸乙酯、甲基乙基酮中极易溶解，在水或乙醇中不溶。

相对密度 本品的相对密度（附录0601）在25℃时应符合附表的规定。

折光率 本品的折光率（附录0622）在25℃时应符合附表的规定。

黏度 本品在25℃时的运动黏度（附录0633第一法，毛细管内径为2mm；黏度为1000mm²/s及以上时采用第二法）应符合附表的规定。

【鉴别】 （1）取本品0.5g，加硫酸0.5ml与硝酸0.5ml，缓缓炽灼，即形成白色纤维状物，最后遗留白色残渣。

（2）取本品0.5g，置试管中，小火加热直至出现白烟。将试管倒置在另一含有0.1%变色酸钠硫酸溶液1ml的试管上，使白烟接触到溶液。振摇第二支试管10秒钟，水浴加热5分钟，溶液应显紫色。

（3）本品的红外光吸收图谱应与对照的图谱一致。

【检查】 **酸碱度** 取乙醇与三氯甲烷各5ml，摇匀，加酚酞指示液1滴，滴加氢氧化钠滴定液（0.02mol/L）至微显粉红色，加入本品1.0g，摇匀；如无色，加氢氧化钠滴定液（0.02mol/L）0.15ml，应显粉红色；如显粉红色，加硫酸滴定液（0.01mol/L）0.15ml，粉红色应消失。

矿物油 取本品，与对照溶液（取硫酸奎宁，用0.005mol/L硫酸溶解并稀释制成每1ml中含0.1μg的溶液）在紫外光灯（365nm）下比较荧光强度，不得更深。

苯基化合物 取本品5.0g，置具塞试管中，精密加环己烷10ml，振摇使溶解，照紫外-可见分光光度法（附录0401），在250~270nm的波长范围内测定吸光度，应不得过0.2。

干燥失重 取本品，在150℃干燥2小时，减失重量不得超过附表规定的限度（附录0831）。

重金属 取本品1.0g，置比色管中，加三氯甲烷溶解并稀释至20ml，加临用新制的0.002%双硫腙三氯甲烷溶液1.0ml、水0.5ml与氨试液-0.2%盐酸羟胺溶液（1∶9）的混合溶液0.5ml，作为供试品溶液。另取三氯甲烷20ml置比色管中，加临用新制的0.002%双硫腙三氯甲烷溶液1.0ml、标准铅溶液0.5ml与氨试液-0.2%盐酸羟胺溶液（1∶9）的混合溶液0.5ml，作为对照溶液。立即强力振摇供试品溶液和对照溶液1分钟，供试品溶液产生的红色与对照溶液比较，不得更深（0.0005%）。

砷盐 取本品1.0g，加氢氧化钙1.0g，混合，加水少量，搅拌均匀，干燥后，先用小火灼烧使炭化，再在500~600℃炽灼使完全灰化，放冷，加盐酸5ml与水23ml使溶解，依法检查（附录0822第一法），应符合规定（0.0002%）。

【含量测定】 按衰减全反射红外光谱法，在4000~700cm⁻¹波数扫描样品与对照品的红外光谱，计算在1259cm⁻¹波数附近的吸收度（以峰高计），按照以下公式计算二甲硅油中的聚二甲基硅氧烷的含量：

$$聚二甲基硅氧烷的含量（\%）=100(A_u/A_s)(D_s/D_u)$$

式中 A_u为样品的吸收度；

A_s为对照品的吸收度；

D_u为样品在25℃时的相对密度；

D_s为对照品在25℃时的相对密度。

【类别】 药用辅料，消泡剂和润滑剂等。

【贮藏】 密封保存。

附表　相对密度、折光率、黏度、干燥失重的限度值

标示黏度 （mm²/s）	黏度 （mm²/s）	相对密度	折光率	干燥失重 （%）
20	18～22	0.946～0.954	1.3980～1.4020	20.0
50	47.5～52.5	0.955～0.965	1.4005～1.4045	2.0
100	95～105	0.962～0.970	1.4005～1.4045	0.3
200	190～220	0.964～0.972	1.4013～1.4053	0.3
350	332.5～367.5	0.965～0.973	1.4013～1.4053	0.3
500	475～525	0.967～0.975	1.4013～1.4053	0.3
750	712.5～787.5	0.967～0.975	1.4013～1.4053	0.3
1000	950～1050	0.967～0.975	1.4013～1.4053	0.3
12 500	11 875～13 125	—	1.4015～1.4055	2.0
30 000	27 000～33 000	0.969～0.977	1.4010～1.4100	2.0

二 氧 化 钛

Eryanghuatai

Titanium Dioxide

TiO_2　79.88

本品按干燥品计算，含TiO_2应为98.0%～100.5%。

【**性状**】　本品为白色粉末；无臭，无味。

本品在水中不溶；在盐酸、硝酸或稀硫酸中不溶。

【**鉴别**】　取本品约0.5g，加无水硫酸钠5g与水10ml，混匀，加硫酸10ml，加热煮沸至澄清，冷却，缓缓加硫酸溶液（25→100）30ml，用水稀释至100ml，摇匀，照下述方法试验。

（1）取溶液5ml，加过氧化氢试液数滴，即显橙红色。

（2）取溶液5ml，加锌粒数颗，放置45分钟后，溶液显紫蓝色。

【**检查**】　**酸碱度**　取本品5.0g，加水50ml使溶解，滤过，精密量取续滤液10ml，加溴麝香草酚蓝指示液0.1ml；如显蓝色，加盐酸滴定液（0.01mol/L）1.0ml，应变为黄色；如显黄色，加氢氧化钠滴定液（0.01mol/L）1.0ml，应变为蓝色。

水中溶解物　取本品10.0g，加硫酸铵0.5g，加水150ml，加热煮沸5分钟，冷却，用水稀释至200ml，摇匀，用双层定量滤纸滤过，精密量取续滤液100ml，置经105℃恒重的蒸发皿中，蒸干，在105℃干燥至恒重，遗留残渣不得过12.5mg（0.25%）。

酸中溶解物　取本品5.0g，加0.5mol/L盐酸溶液100ml，置水浴上加热30分钟，并不时搅拌，用三层定量滤纸滤过，滤渣用0.5mol/L盐酸溶液洗净，合并滤液与洗液，置经105℃恒重的蒸发皿中，蒸干，在105℃干燥至恒重，遗留残渣不得过25mg（0.5%）。

钡盐　取本品10.0g，加盐酸30ml，振摇1分钟，加水100ml，加热煮沸，趁热滤过，用水60ml

洗涤残渣，合并滤液与洗液，用水稀释至200ml，摇匀，取10ml，加硫酸溶液（5.5→60）1ml，静置30分钟，不得产生浑浊或沉淀。

锑盐 取本品0.50g，加无水硫酸钠5g，置于长颈燃烧瓶中，加水10ml，摇匀，小心加入硫酸10ml，摇匀，小心加热煮沸至澄清，放冷，加水30ml，再慢慢加入硫酸10ml，混匀，放冷，用水稀释至100ml，摇匀，即得供试品溶液。取酒石酸锑钾0.274g，加25%盐酸溶液20ml使溶解，加水稀释至100ml，摇匀，取10.0ml，置1000ml量瓶中，加25%盐酸溶液200ml，加水稀释至刻度，摇匀，取10.0ml，置100ml量瓶中，加25%盐酸溶液30ml，加水稀释至刻度，即得锑标准溶液（临用新配，每1ml相当于1μg锑）。取供试品溶液10ml，加盐酸和水各10ml，摇匀，冷却至20℃，加入10%亚硝酸钠溶液（临用新配）0.15ml，静置5分钟，加1%盐酸羟胺溶液5ml和0.01%的罗丹明B溶液（临用新配）10ml，混匀，用甲苯10ml萃取1分钟（如有必要，离心2分钟）。取锑标准溶液5.0ml，加盐酸10ml，加混合溶液（无水硫酸钠0.5g，加硫酸2ml，用水稀释至15ml，摇匀，即得）15ml，自"冷却至20℃……"起，同供试品溶液同法操作。供试品溶液的甲苯层粉红色不得深于锑标准溶液的甲苯层（0.01%）。

铁盐 取"锑盐"项下供试品溶液20ml，依法检查（附录0807），与标准铁溶液2.0ml制成的对照液比较，不得更深（0.02%）。

干燥失重 取本品，在105℃干燥3小时，减失重量不得过0.5%（附录0831）。

炽灼失重 取干燥品约2g，精密称定，在约800℃炽灼至恒重，减失重量不得过0.5%。

重金属 取本品5.0g，加盐酸7.5ml，振摇1分钟，加水25ml，加热煮沸，滤过，滤渣用水洗涤，合并滤液与洗液，置50ml量瓶中，用水稀释至刻度，摇匀，精密量取10ml，滴加氨试液至对酚酞指示液显中性，再加稀醋酸2ml，用水稀释成25ml，依法检查（附录0821第一法），含重金属不得过百万分之二十。

砷盐 取本品0.4g，依法检查（附录0822第一法），应符合规定（0.0005%）。

【含量测定】 取本品0.25g，置于石英坩埚中，精密称定，加焦硫酸钾2g，小火熔融，大火烧至蜂窝状，放冷，分2～3次加硫酸20ml，每次均加热溶解，放冷，分别转移至同一有约100ml水的烧杯中，搅匀，放冷，移至250ml容量瓶中（必要时可水浴加热至澄清），加水稀释至刻度，摇匀，精密量取10ml置500ml锥形瓶中，加水200ml与过氧化氢4ml，混匀，精密加入乙二胺四醋酸二钠滴定液（0.05mol/L）25ml，放置5分钟，加甲基红指示液1滴，用20%氢氧化钠溶液中和至pH试纸显中性，加乌洛托品5g使溶解，加二甲酚橙指示液1ml，用锌滴定液（0.05mol/L）滴定至溶液自橙色变为黄色最后转为橙红色；同时做空白试验校正。每1ml乙二胺四醋酸二钠滴定液（0.05mol/L）相当于3.995mg的TiO_2。

【类别】 药用辅料，助流剂和遮光剂等。

【贮藏】 密封，在干燥处保存。

二 氧 化 硅

Eryanghuagui

Silicon Dioxide

$SiO_2 \cdot xH_2O$ SiO_2 60.08

本品系将硅酸钠与酸（如盐酸、硫酸、磷酸等）反应或与盐（如氯化铵、硫酸铵、碳酸氢铵等）反应，产生硅酸沉淀（即水合二氧化硅），经水洗涤、除去杂质后干燥而制得，按炽灼品计算，含SiO_2应不少于99.0%。

【性状】 本品为白色疏松的粉末；无臭、无味。

本品在水中不溶，在热的氢氧化钠试液中溶解，在稀盐酸中不溶。

【鉴别】 取本品约5mg，置铂坩埚中，加碳酸钾200mg，混匀。在600～700℃炽灼10分钟，冷却，加水2ml微热溶解。缓缓加入钼酸铵试液（取钼酸6.5g，加水14ml与氨水14.5ml，振摇使溶解，冷却，在搅拌下缓缓加入已冷却的32ml硝酸与40ml水的混合液中，静置48小时，滤过，取滤液，即得）2ml，溶液显深黄色。

【检查】 粒度 取本品10g，照粒度和粒度分布测定法〔附录0982第二法（1）〕检查，通过七号筛（125μm）的样品量应不低于85%。

酸碱度 取本品1g，加水20ml，振摇，滤过，取滤液依法测定（附录0631），pH值应为5.0～7.5。

氯化物 取本品0.5g，加水50ml，加热回流2小时，放冷，加水补足至50ml，摇匀，滤过，取续滤液10ml，依法检查（附录0801），与标准氯化钠溶液10.0ml制成的对照液比较，不得更浓（0.1%）。

硫酸盐 取氯化物项下的续滤液10ml，依法检查（附录0802），与标准硫酸钾溶液5.0ml制成的对照液比较，不得更浓（0.5%）。

干燥失重 取本品，在145℃干燥2小时，减失重量不得过5.0%（附录0831）。

炽灼失重 取干燥失重项下遗留的供试品1.0g，精密称定，在1000℃炽灼1小时，减失重量不得过干燥品重量的8.5%。

铁盐 取本品0.2g，加水25ml，盐酸2ml与硝酸5滴，煮沸5分钟，放冷，滤过，用少量水洗涤滤器，合并滤液与洗液，加过硫酸铵50mg，加水稀释至35ml，依法检查（附录0807），与标准铁溶液3.0ml制成的对照液比较，不得更深（0.015%）。

重金属 取本品3.3g，加水40ml及盐酸5ml，缓缓加热煮沸15分钟，放冷，滤过，滤液置100ml量瓶中，用适量水洗涤滤器，洗液并入量瓶中，加水稀释至刻度，摇匀，取20ml，加酚酞指示液1滴，滴加氨试液至淡红色，加醋酸盐缓冲液（pH3.5）2ml与水适量使成25ml，依法检查（附录0821第一法），含重金属不得过百万分之三十。

砷盐 取重金属项下溶液20ml，加盐酸5ml，依法检查（附录0822第一法），应符合规定（0.0003%）。

【含量测定】 取本品1g，精密称定，置已在1000℃下炽灼至恒重的铂坩埚中，在1000℃下炽灼1小时，取出，放冷，精密称定。将残渣用水润湿，滴加氢氟酸10ml，置水浴上蒸干，放冷，继续加入氢氟酸10ml和硫酸0.5ml，置水浴上蒸发至近干，移至电炉上缓缓加热至酸蒸气除尽，在1000℃下炽灼至恒重，放冷，精密称定，减失的重量，即为供试量中含有SiO_2的重量。

【类别】 药用辅料，助流剂和助悬剂等。

【贮藏】 密封保存。

二 氧 化 碳

Eryanghuatan

Carbon Dioxide

$$CO_2 \quad 44.01$$

本品含CO_2不得少于99.5%（ml/ml）。

【性状】 本品为无色气体；无臭；水溶液显弱酸性反应。

本品1容在常压20℃时，能溶于水约1容中。

【鉴别】 （1）取本品，通入氢氧化钡试液中，即生成白色沉淀；沉淀能在醋酸中溶解并发生泡沸。

（2）本品能使火焰熄灭。

（3）本品的红外光吸收图谱应与对照的图谱一致。

【检查】 **酸度** 取水100ml，加甲基橙指示液0.2ml，混匀，分取50ml，置甲、乙两支比色管中，于乙管中，加盐酸滴定液（0.01mol/L）1.0ml，摇匀；于甲管中，通入本品1000ml（速度为每小时4000ml）后，显出的红色不得较乙管更深。

一氧化碳 取本品，用一氧化碳检测管测定，含一氧化碳不得过百万分之十。

磷化氢 取本品，用磷化氢检测管测定，含磷化氢不得过千万分之三。

硫化氢 取本品，用硫化氢检测管测定，含硫化氢不得过百万分之一。

碳氢化合物 取本品作为供试品；取甲烷含量为0.0020%的气体（以氮气为稀释剂）作为对照气体，照气相色谱法（附录0521）试验，用玻璃球为填料的色谱柱（0.8m×4mm，80目）；柱温为110℃；进样口温度为110℃；检测器温度为120℃。量取供试品气体与对照气体，注入气相色谱仪，在净化温度为360℃时测得的峰面积为相应空白值；量取供试品气体与对照气体，注入气相色谱仪，测定峰面积，减去相应空白值后的峰面积为校正峰面积。按外标法以校正峰面积计算，含碳氢化合物（以甲烷计）不得过0.0020%。

【含量测定】 取L型二氧化碳测定仪（图2），打开两通旋塞C和D，用橡胶管将样品钢瓶减压阀出口与C处的玻璃管相连接，用本品（大于被置换容积的10倍量）充分置换测定仪及其连接管道中的空气，关闭旋塞D，再关闭底部旋塞C，取下橡胶管，迅速旋转D数次，使仪器内的压力与大气压平衡。向滴液漏斗中注入30%氢氧化钾溶液105ml，缓慢开启旋塞D，让30%氢氧化钾溶液流入水平吸收器A，当二氧化碳吸收完全（即30%氢氧化钾溶液不再流入吸收器A，剩余的气体体积恒定时），关闭旋塞D。读取吸收器A量气管内的液面所指刻度值，即得。

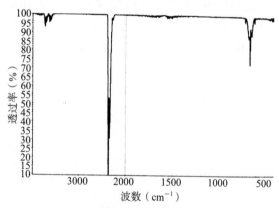

图1　CO_2对照图谱（气体池法）

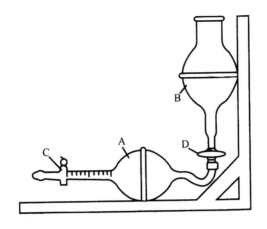

图2　L型二氧化碳测定仪

A：吸收器（容量：100ml±0.5ml，其中99~100ml处的最小分度值为0.05ml）；

B：滴液漏斗（容量：120ml，在105ml处有一刻度线）；

C、D：两通旋塞。

注：检查与测定前，应先将供试品钢瓶在试验室温度下放置6小时以上。

【类别】　药用辅料，空气取代剂、pH值调节剂和气雾剂抛射剂。

【贮藏】　置耐压容器内保存。

附：气体检测管

气体检测管系一种两端熔封的圆柱形透明管，内含涂有化学试剂的惰性载体，必要时还含有用于消除干扰物质的预处理层或过滤器。使用时将管两端割断，让规定体积的气体在一定时间内通过检测管，被测气体立即与化学试剂反应，利用化学试剂变色的长度或者颜色变化的强度，测定气体种类或浓度。

一氧化碳检测管：最小量程不大于5ppm，RSD不得过±15%。

磷化氢检测管：最小量程不大于0.05ppm，RSD不得过±10%。

硫化氢检测管：最小量程不大于0.2ppm，RSD不得过±10%。

十二烷基硫酸钠

Shier Wanji Liusuanna

Sodium Lauryl Sulfate

本品为以十二烷基硫酸钠（$C_{12}H_{25}NaO_4S$）为主的烷基硫酸钠混合物。

【性状】　本品为白色至淡黄色结晶或粉末；有特征性微臭。

本品在水中易溶，在乙醚中几乎不溶。

【鉴别】　（1）本品的水溶液（1→10）显钠盐的鉴别反应（附录0301）。

（2）本品的水溶液（1→10）加盐酸酸化，缓缓加热沸腾20分钟，溶液显硫酸盐的鉴别反应（附录0301）。

【检查】　碱度　取本品1.0g，加水100ml溶解后，加酚红指示液2滴，用盐酸滴定液（0.1mol/L）滴定。消耗盐酸滴定液（0.1mol/L）不得过0.60ml。

　　氯化钠　取本品5g，精密称定，加水50ml使溶解，加稀硝酸中和（调节pH值至6.5～10.5），加铬酸钾指示液2ml，用硝酸银滴定液（0.1mol/L）滴定。每1ml硝酸银滴定液（0.1mol/L）相当于5.844的NaCl。

　　硫酸钠　取本品约1g，精密称定，加水10ml溶解后，加乙醇100ml，加热至近沸2小时，趁热过滤，滤渣用煮沸的乙醇100ml洗涤后，再加水150ml溶解，并洗涤容器，水溶液加盐酸10ml加热至沸，加25%氯化钡溶液10ml，放置过夜，滤过，滤渣用水洗至不再显氯化物的反应，并在500～600℃炽灼至恒重，遗留残渣与氯化钠的总量不得过8.0%。

　　未酯化醇　取本品约10g，精密称定，加水100ml溶解后，加乙醇100ml，用正己烷提取3次，每次50ml，必要时加氯化钠以助分层，合并正己烷层，用水洗涤3次，每次50ml，再用无水硫酸钠脱水，滤过，滤液在水浴上蒸干后，在105℃干燥30分钟，放冷，称重。本品含未酯化醇不得过4.0%。

　　重金属　取本品1.0g，依法检查（附录0821第二法），含重金属不得过百万分之二十。

　　总醇量　取本品约5g，精密称定，加水150ml溶解后，加盐酸50ml，缓缓加热回流4小时，放冷，溶液用乙醚提取2次，每次75ml，合并乙醚层，在水浴上蒸干后，在105℃干燥30分钟，放冷，称量。本品含总醇量不得少于59.0%。

　　【类别】　药用辅料，湿润剂和乳化剂等。

　　【贮藏】　密封保存。

十　八　醇

Shibachun

Stearyl Alcohol

　　本品为固体醇混合物。系通过氢化铝锂还原硬脂酸乙酯而制得。含十八醇（$C_{18}H_{38}O$）不得少于95.0%。

　　【性状】　本品为白色粉末、颗粒、片状或块状物。

　　本品在乙醚中易溶，在乙醇中溶解，在水中几乎不溶。

　　熔点　本品的熔点（附录0612第二法）为57～60℃。

　　酸值　应不大于1.0（附录0713）。

　　皂化值　取本品约20.0g，依法操作（附录0713），应不大于2.0。

　　碘值　取本品2.0g，加三氯甲烷25ml，振摇使溶解，依法操作（附录0713），应不大于2.0。

　　羟值　应为197～217（附录0713）。

　　【鉴别】　在含量测定项下记录的色谱图中，供试品溶液主峰的保留时间应与对照品溶液主峰的保留时间一致。

　　【检查】　**碱度**　取本品3.0g，加无水乙醇25ml，加热使溶解，放冷，加酚酞指示液2滴，溶液不得显红色。

　　乙醇溶液的澄清度与颜色　取本品0.50g，加乙醇20ml，加热使溶解，放冷，溶液应澄清无色；如显浑浊，与1号浊度标准液（附录0902第一法）比较，应不得更浓。

　　炽灼残渣　取本品2.0g，依法检查（附录0841），遗留残渣不得过0.05%。

　　【含量测定】　照气相色谱法（附录0521）测定。

色谱条件与系统适用性试验 以100%-聚二甲基硅氧烷毛细管柱为分析柱，火焰离子化检测器；柱温205℃，进样口温度250℃，检测器温度250℃；理论版数按十八醇峰计算不低于10 000，十八醇峰与相邻色谱峰的分离度应符合规定。

测定法 取本品100mg，精密称定，置100ml量瓶中，加无水乙醇溶解并稀释至刻度，摇匀，精密量取1μl注入气相色谱仪，记录色谱图；另精密称取十八醇对照品适量，加无水乙醇溶解制成每1ml中含1.0mg的溶液，摇匀，同法操作，按外标法以峰面积计算十八醇的含量，即得。

【类别】 药用辅料，阻滞剂和基质等。

【贮藏】 密闭，在阴凉干燥处保存。

十六十八醇

Shiliushibachun

Cetosteryl Alcohol

本品为十六醇与十八醇的混合物。含十八醇（$C_{18}H_{38}O$）不得少于40.0%，十六醇（$C_{16}H_{34}O$）与十八醇（$C_{18}H_{38}O$）的含量之和不得少于90.0%。

【性状】 本品为白色颗粒、片状或块状物。

本品在乙醇和乙醚中易溶，在水中几乎不溶。

熔点 本品的熔点（附录0612第二法）为49～56℃。

酸值 应不大于1.0（附录0713）。

皂化值 取本品20.0g，依法操作（附录0713），应不大于2.0。

碘值 取本品2.0g，加三氯甲烷25ml，振摇使溶解，依法操作（附录0713），应不大于2.0。

羟值 应为208～228（附录0713）。

【鉴别】 在含量测定项下记录的色谱图中，供试品溶液主峰的保留时间应与对照品溶液主峰的保留时间一致。

【检查】 **乙醇溶液的澄清度与颜色** 取本品0.50g，加乙醇20ml加热使溶，放冷，依法检查（附录0901与附录0902），溶液应澄清无色；如显浑浊，与1号浊度标准液（附录0902第一法）比较，应不得更浓。

【含量测定】 照气相色谱法（附录0521）测定。

色谱条件与系统适用性试验 以100%-聚二甲基硅氧烷为固定液的毛细管柱，检测器为氢火焰离子化检测器；柱温205℃，进样口温度250℃，检测器温度250℃；理论板数按十六醇峰计算不低于10 000，十六醇与十八醇峰的分离度应符合规定。

测定法 取本品100mg，精密称定，置100ml量瓶中，加无水乙醇溶解并稀释至刻度，摇匀，精密量取1μl注入气相色谱仪，记录色谱图；另精密称取十六醇、十八醇对照品适量，加无水乙醇溶解制成每1ml中各含0.5mg的混合溶液，摇匀，同法操作，按外标法以峰面积计算十八醇的含量及十六醇与十八醇含量之和，即得。

【类别】 药用辅料，阻滞剂和基质等。

【贮藏】 密闭，阴凉干燥处保存。

十 六 醇

Shiliuchun

Cetyl Alcohol

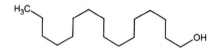

$$C_{16}H_{34}O \quad 242.44$$

本品为十六醇，系由天然油脂经甲酯化、氢化、精制而得。含$C_{16}H_{34}O$不得少于96.0%，其他烷烃不得过1.5%。

【性状】 本品为白色粉末、颗粒、片状或块状物；有油脂味，溶化后为透明的油状液体。

本品与乙醇能互溶，在水中几乎不溶。

熔点 本品的熔点（附录0612第二法）为46～52℃。

酸值 本品的酸值（附录0713）不大于1.0。

皂化值 取本品10g，精密称定，依法检查（附录0713），不得过1.0。

羟值 本品的羟值（附录0713）为220～240。

碘值 本品的碘值（附录0713）不大于1.5。

【鉴别】 在含量测定项下记录的色谱图中，供试品溶液主峰的保留时间应与对照品溶液主峰的保留时间一致。

【检查】 **乙醇溶液的澄清度与颜色** 取本品0.50g，加乙醇20ml加热使溶解，放冷，依法检查（附录0901与附录0902），溶液应澄清无色；如显浑浊，与1号浊度标准液（附录0902第一法）比较，不得更浓。

【含量测定】 照气相色谱法（附录0521）测定。

色谱条件与系统适用性试验 用5%二苯基聚硅氧烷为涂层的色谱柱或其他相当的毛细管柱，起始温度为120℃，以每分钟5℃的速率升温至240℃，理论板数按十六醇峰计算不低于10 000，十六醇与十六烷峰的分离度应符合要求。

测定法 取本品适量，用无水乙醇制成每1ml中约含10mg的溶液，作为供试品溶液；另取十六烷对照品与十六醇对照品适量，用无水乙醇制成每1ml中约含十六醇10mg和十六烷1mg的溶液，作为对照品溶液。取供试品溶液及上述对照品溶液各1μl，分别注入气相色谱仪，记录色谱图。十六醇含量（X）、其他烷烃的含量（Y）按下列公式计算：

$$X = \frac{A_{ROH}}{A_{ROH} + \dfrac{A_{RH}}{f} + \Sigma A_x} \times 100\%$$

$$Y = \frac{\dfrac{A_{RH}}{f} + \Sigma A_x}{A_{ROH} + \dfrac{A_{RH}}{f} + \Sigma A_x} \times 100\%$$

式中 A_{ROH}为十六醇的色谱峰面积；

A_{RH}为十六烷的色谱峰面积；

A_x 为其他未定性的杂组分峰面积；

f 为烷烃的相对响应值。

$$f = \frac{s_{RH} \times m_{ROH}}{s_{ROH} \times m_{RH}}$$

式中　m_{RH} 为十六烷对照品的质量；

　　　m_{ROH} 为十六醇对照品的质量；

　　　s_{RH} 为十六烷对照品的色谱峰面积；

　　　s_{ROH} 为十六醇对照品的色谱峰面积。

【类别】　药用辅料，基质和乳化剂等。

【贮藏】　密闭保存。

丁香茎叶油

Dingxiangjingye You

Clove Leaf Oil

本品为桃金娘科植物丁香（Eugenia cayophyllata Thunb.）的茎、叶经水蒸气蒸馏提取的挥发油。含 β-丁香烯（$C_{15}H_{24}$）应为5.0%～14.0%，含丁香酚（$C_{10}H_{12}O_2$）应为80.0%～92.0%。

【性状】　本品为微黄色至黄色的澄清液体；有丁香的香气，味辛辣，且有麻舌感；在空气中露置易变质。

本品在乙醇、乙醚、冰醋酸或甲苯中极易溶解，在水中几乎不溶。

相对密度　本品的相对密度（附录0601）为1.038～1.060。

旋光度　取本品，依法测定（附录0621），旋光度应为0°至−2.0°。

折光率　本品的折光率（附录0622）为1.528～1.537。

【鉴别】　（1）取本品约80mg，加甲苯2ml使溶解，作为供试品溶液。另称取丁香酚和乙酸丁香酚酯对照品适量，用甲苯制成每1ml中各含25mg的混合溶液，作为对照品溶液。照薄层色谱法（附录0502）试验，吸取上述两种溶液各2μl，分别点于同一硅胶GF$_{254}$薄层板上，以甲苯为展开剂，展开，取出，放置5分钟后进行二次展开，取出，晾干，在紫外光灯（254nm）下检视，对照品溶液色谱中应显示两个清晰分离的斑点（斑点从上至下分别为丁香酚和乙酸丁香酚酯），供试品溶液色谱中所显主斑点的位置与颜色应与对照品溶液中丁香酚斑点相同。再喷以茴香醛溶液（取茴香醛0.5ml，加冰醋酸10ml使溶解，加甲醇85ml和硫酸5ml，摇匀，即得。临用新制），在105℃加热5～10分钟，供试品溶液色谱中所显丁香酚斑点的位置与颜色应与对照品溶液中丁香酚斑点相同，在溶剂前沿和在与乙酸丁香酚酯斑点下方，应各显示一个红色斑点，溶剂前沿斑点为β-丁香烯。

（2）在含量测定项下记录的色谱图中，供试品溶液主峰的保留时间应与对照品溶液中β-丁香烯峰和丁香酚峰的保留时间一致。

以上（1）、（2）两项可选做一项。

【检查】　**溶液澄清度**　取本品1ml，加70%乙醇2ml溶解后，依法检查（附录0902），溶液应澄清。

水溶性酚类　取本品1ml，加热水20ml，振摇，放冷，用水湿润的滤纸滤过，滤液中加三氯化铁试液1滴，除显易消失的灰绿色外，不得显蓝色或紫色。

脂肪油和树脂化精油 取本品1滴滴于滤纸上，24小时内油滴应完全挥发，不得留下半透明或油性斑点。

重金属 取本品1.0g，依法测定（附录0821第二法），含重金属不得过百万分之十。

【含量测定】 照气相色谱法（附录0521）测定。

色谱条件与系统适用性试验 用聚乙二醇为固定液（或极性相近）的毛细管柱，起始柱温为80℃，维持1分钟，再以每分钟3℃的速率升温至180℃，维持2分钟，进样口温度为250℃，检测器温度为250℃。取对照品溶液1μl，注入气相色谱仪，β-丁香烯峰和丁香酚峰的分离度应符合要求。

内标溶液的制备 取水杨酸乙酯适量，加正己烷溶解并稀释制成每1ml中约含9mg的溶液，即得。

测定法 取本品约0.1g，精密称定，置10ml量瓶中，加内标溶液溶解并稀释至刻度，摇匀，作为供试品溶液。另精密称取β-丁香烯与丁香酚对照品适量，加内标溶液溶解并定量稀释制成每1ml中约含1.0mg和8.8mg的混合溶液，作为对照品溶液。取对照品溶液与供试品溶液各1μl，分别注入气相色谱仪，记录色谱图，按内标法以峰面积计算，即得。

【类别】 药用辅料，芳香剂和矫味剂等。

【贮藏】 密封，在凉暗处保存。

丁 香 油

Dingxiang You

Clove Oil

本品为桃金娘科植物丁香（*Eugenia cayophyllata* Thunb）的干燥花蕾经水蒸气蒸馏提取的挥发油。含β-丁香烯（$C_{15}H_{24}$）应为5.0%～14.0%，含丁香酚（$C_{10}H_{12}O_2$）应为75.0%～88.0%，含乙酸丁香酚酯（$C_{12}H_{14}O_3$）应为4.0%～15.0%。

【性状】 本品为微黄色至黄色的澄清液体；有丁香的香气，味辛辣，且有麻舌感；在空气中露置易变质。

本品在乙醇、乙醚、冰醋酸或甲苯中极易溶解，在水中几乎不溶。

相对密度 本品的相对密度（附录0601）为1.038～1.060。

旋光度 取本品，依法测定（附录0621），旋光度应为0°至—2.0°。

折光率 本品的折光率（附录0622）为1.528～1.537。

【鉴别】 （1）取本品约80mg，加甲苯2ml使溶解，作为供试品溶液。另称取丁香酚和乙酸丁香酚酯对照品适量，用甲苯制成每1ml中各含25mg的混合溶液，作为对照品溶液。照薄层色谱法（附录0502）试验，吸取上述两种溶液各2μl，分别点于同一硅胶GF$_{254}$薄层板上，以甲苯为展开剂，展开，取出，放置5分钟后进行二次展开，取出，晾干，在紫外光灯（254nm）下检视，对照品溶液色谱中应显示两个清晰分离的斑点（斑点从上至下分别为丁香酚和乙酸丁香酚酯），供试品溶液色谱中所显主斑点的位置与颜色应与对照品溶液中丁香酚和乙酸丁香酚酯的斑点相同。再喷以茴香醛溶液（取茴香醛0.5ml，加冰醋酸10ml使溶解，加甲醇85ml和硫酸5ml，摇匀，即得。临用新制），在105℃加热5～10分钟，供试品溶液色谱中所显丁香酚和乙酸丁香酚酯斑点的位置与颜色应与对照品溶液中丁香酚和乙酸丁香酚酯的斑点相同，在溶剂前沿与乙酸丁香酚酯斑点下方，应各显示一个红色斑点，溶剂前沿斑点为β-丁香烯。

（2）在含量测定项下记录的色谱图中，供试品溶液主峰的保留时间应与对照品溶液中β-丁香烯峰、丁香酚峰和乙酸丁香酚酯峰的保留时间一致。

以上（1）、（2）两项可选做一项。

【检查】 **溶液澄清度** 取本品1ml，加70%乙醇2ml溶解后，依法检查（附录0902），溶液应澄清。

水溶性酚类 取本品1ml，加热水20ml，振摇，放冷，用水湿润的滤纸滤过，滤液中加三氯化铁试液1滴，除显易消失的灰绿色外，不得显蓝色或紫色。

脂肪油和树脂化精油 取本品1滴滴于滤纸上，24小时内油滴应完全挥发，不得留下半透明或油性斑点。

重金属 取本品1.0g，依法测定（附录0821第二法），含重金属不得过百万分之十。

【含量测定】 照气相色谱法（附录0521）测定。

色谱条件与系统适用性试验 用聚乙二醇为固定液（或极性相近）的毛细管柱，起始柱温为80℃，维持1分钟，再以每分钟3℃的速率升温至180℃，维持2分钟，进样口温度为250℃，检测器温度为250℃。取对照品溶液1μl，注入气相色谱仪，各组分的出峰顺序为β-丁香烯、丁香酚、乙酸丁香酚酯。

内标溶液的制备 取水杨酸乙酯适量，加正己烷溶解并稀释制成每1ml中约含9mg的溶液，即得。

测定法 取本品约0.1g，精密称定，置10ml量瓶中，加内标溶液溶解并稀释至刻度，摇匀，作为供试品溶液。另精密称取β-丁香烯、丁香酚与乙酸丁香酚对照品适量，加内标溶液溶解并定量稀释制成每1ml中约含1.0mg、8.8mg与1.0mg的混合溶液，作为对照品溶液。取对照品溶液与供试品溶液各1μl，分别注入气相色谱仪，记录色谱图，按内标法以峰面积计算，即得。

【类别】 药用辅料，芳香剂和矫味剂等。

【贮藏】 密封，在凉暗处保存。

丁 香 酚

Dingxiangfen

Eugenol

$C_{10}H_{12}O$　164.20

本品为4-烯丙基-2-甲氧基苯酚。从丁香油、丁香茎叶油或其他含丁香酚的芳香油蒸馏分离而得。含丁香酚（$C_{10}H_{12}O$）应为98.0%～102.0%。

【性状】 本品为无色或淡黄色的澄清液体；有丁香的香气，味辛辣；露置空气中或贮存日久，渐变质。

本品在乙醇、三氯甲烷、乙醚中溶解，在水中极微溶解。

相对密度 本品的相对密度（附录0601韦氏比重秤法）。在25℃时应为1.060～1.068。

馏程 取本品，照馏程测定法（附录0611）测定，在252～255℃馏出的量不得少于90.0%（ml/ml）。

折光率 本品的折光率（附录0622）应为1.538～1.542。

【鉴别】 （1）取本品约0.05ml，加乙醇2ml使溶解，加三氯化铁试液0.1ml，振摇，溶液显暗绿色，放置，渐显黄绿色。

（2）取本品适量，加乙醇制成每1ml含2mg的溶液，作为供试品溶液。另取丁香酚对照品，加乙醇制成每1ml含2mg的溶液，作为对照品溶液。照薄层色谱法（附录0502）试验，吸取供试品溶液和对照品溶液各5μl，分别点于同一硅胶GF$_{254}$薄层板上，以乙酸乙酯-甲苯（10：90）为展开剂，展开，取出，晾干，置紫外光灯（254nm）下检视。供试品溶液所显主斑点的位置与颜色应与对照品溶液主斑点相同；喷以茴香醛试液，在105℃加热10分钟，供试品溶液所显主斑点的位置与颜色应与对照品溶液主斑点相同。

（3）在含量测定项下记录色谱图中，供试品溶液主峰的保留时间应与对照品溶液主峰的保留时间一致。

（4）本品的红外光吸收图谱（膜法）应与对照品的图谱一致。

以上（2）、（3）两项可选做一项。

【检查】 碳氢化合物 取本品1ml，置50ml具塞量筒中，加8.5%氢氧化钠溶液5ml，加水30ml，摇匀，应为黄色的澄清溶液。

水溶性酚类 取本品1ml，加热水20ml，振摇，放冷，用水湿润的滤纸滤过，滤液中加三氯化铁试液1滴，除显易消失的灰绿色外，不得显蓝色或紫色。

二聚物和低聚物 取本品0.150g，加无水乙醇稀释至100ml，照紫外-可见分光光度法（附录0401），在330nm的波长处测定吸光度，不得过0.25。

有关物质 取本品约2g，置10ml量瓶中，用无水乙醇溶解并稀释至刻度，摇匀，作为供试品溶液。精密量取1ml，置100ml量瓶中，用无水乙醇稀释至刻度，摇匀，作为对照溶液。取丁香酚和香草醛各适量，用无水乙醇溶解并稀释制成每1ml中约含丁香酚40mg、香草醛10mg的混合溶液，作为系统适用性试验溶液。照气相色谱法（附录0521）测定。用（5%苯基）甲基聚硅氧烷为固定液（或相似的固定液）的毛细管柱；初始温度为80℃，保持2分钟，以每分钟8℃的速率升温至280℃，保持20分钟；进样口温度250℃；检测器温度280℃；分流比为40：1。取系统适用性试验溶液1μl，注入气相色谱仪，香草醛相对丁香酚的保留时间约为1.1，丁香酚与香草醛的分离度应符合规定。精密量取供试品溶液与对照溶液各1μl，分别注入气相色谱仪，记录色谱图，在供试品溶液的色谱图中如有杂质峰，单个杂质峰面积不得大于对照溶液主峰面积的0.5倍（0.5%），各杂质峰面积的和不得大于对照溶液主峰面积的2倍（2.0%）。供试品溶液色谱图中小于对照溶液主峰面积0.05倍的峰可忽略不计。

炽灼残渣 取本品1.0g，依法检查（附录0841），遗留残渣不得过0.1%。

重金属 取炽灼残渣项下遗留的残渣，依法检查（附录0821第二法），含重金属不得过百万分之二十。

【含量测定】 照气相色谱法（附录0521）测定。

色谱条件与系统适用性试验 用FFAP（硝基对苯二甲酸改性的聚乙二醇）毛细管色谱柱（柱长为30m，内径为0.32mm，膜厚度为0.25μm）；初始温度为80℃，保持1分钟，以每分钟5℃的速率升温至200℃，保持15分钟；进样口温度230℃；检测器温度250℃；分流比为10：1。丁香酚峰与水杨酸甲酯峰之间的分离度应大于2.5。

内标溶液的制备 取水杨酸甲酯适量，加无水乙醇溶解并稀释制成每1ml含1mg的溶液，即得。

测定法 取本品50mg，精密称定，置50ml量瓶中，加入内标溶液溶解并稀释至刻度，摇匀，精密量取0.5μl，注入气相色谱仪，记录色谱图，另取丁香酚对照品50mg，同法测定，按内标法以峰面积计算，即得。

【类别】 药用辅料，调味剂等。

【贮藏】 遮光，密封，置阴凉处。

三 乙 醇 胺

Sanyichun'an

Trolamine

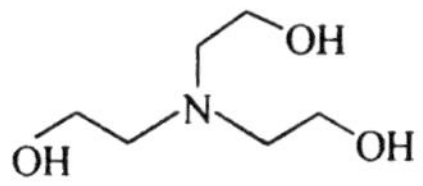

$C_6H_{15}NO_3$ 149.19

本品为2,2',2"-氮川三乙醇，由环氧乙烷氨解并经分离纯化制得。按无水物计算，含总碱以$C_6H_{15}NO_3$计应为99.0%~103.0%。

【性状】 本品为无色至微黄色的黏稠澄清液体。

本品在水或乙醇中极易溶解，在二氯甲烷中溶解。

相对密度 本品的相对密度（附录0601）为1.120~1.130。

折光率 本品的折光率（附录0622）为1.482~1.485。

【鉴别】 （1）取本品1ml，加硫酸铜试液0.3ml，显蓝色。再加氢氧化钠试液2.5ml，加热至沸，蓝色仍不消失。

（2）取本品1ml，加氯化钴试液0.3ml，应显暗红色。

（3）取本品1ml置试管中，缓缓加热，产生的气体能使湿润的红色石蕊试纸变蓝。

（4）精密量取有关物质项下供试品溶液1ml，置200ml量瓶中，加水稀释至刻度，摇匀，作为供试品溶液。精密量取有关物质项下对照品溶液（1）1ml，置200ml量瓶中，加水稀释至刻度，摇匀，作为对照品溶液。照有关物质项下的色谱条件试验，供试品溶液主峰的保留时间应与三乙醇胺对照品溶液主峰保留时间一致。

【检查】 溶液的澄清度与颜色 取本品12g，置20ml量瓶中，加水稀释至刻度，依法检查，溶液应澄清无色；如显色，与橙黄色1号标准比色液（附录0901）比较，不得更深。

有关物质 取本品约10g，精密称定，置100ml量瓶中，精密加内标溶液（取3-氨基丙醇约5g，置100ml量瓶中，加水溶解并稀释至刻度，摇匀）1ml，加水溶解并稀释至刻度，摇匀，作为供试品溶液；取三乙醇胺对照品约1.0g，精密称定，置10ml量瓶中，加水溶解并稀释至刻度，摇匀，作为对照品溶液（1）；另取单乙醇胺约1.0g、二乙醇胺约5.0g与三乙醇胺对照品约1.0g，精密称定，置100ml量瓶中，加水溶解并稀释至刻度，摇匀，精密量取1ml，置100ml量瓶中，精密加内标溶液1ml，用水稀释至刻度，摇匀，作为对照品溶液（2）。照气相色谱法（附录0502）试验，以（5%）二苯基-（95%）聚二甲基硅氧烷为固定相；起始温度为60℃，以每分钟30℃的速率升温至230℃，维持10分钟；进样口温度为260℃，检测器温度为290℃。单乙醇胺峰与内标峰的分离度应大于2.0。精密量取供试品溶液与对照品溶液（2）各1μl，分别注入气相色谱仪，记录色谱图。按内标法以峰面积比值计算，供试品溶液中单乙醇胺峰面积与内标峰面积的比值不得大于对照品溶液（2）中单乙醇胺峰面积与内标峰面积的比值（0.1%），供试品溶液中二乙醇胺峰面积与内标峰面积的比值不得大于对照品溶液（2）中二乙醇胺峰面积与内标峰面积的比值（0.5%），供试品溶液中其他杂质峰面积的总和与内标峰面积的比值不得大于对照品溶液（2）中主峰面积与内标峰面积的比值10倍（1.0%）。供试品溶液色谱图中任何小于对照品溶液（2）中三乙醇胺峰面积0.5倍的杂质峰可忽略不计。

水分 取本品约1g，照水分测定法（附录0832第一法A）测定，含水分不得过1.0%。

炽灼残渣 不得过0.1%（附录0841）。

重金属 取本品1.0g，加水20ml使溶解，依法检查（附录0821第一法），含重金属不得过百万分之十。

【含量测定】 取本品约1.2g，精密称定，置250ml锥形瓶中，加新沸的冷水75ml，加甲基红指示液0.3ml，用盐酸滴定液（1mol/L）滴定至溶液显微红色并保持30秒不褪色。每1ml盐酸滴定液（1mol/L）相当于149.2mg的$C_6H_{15}NO_3$。

【类别】 药用辅料，乳化剂和pH值调节剂等。

【贮藏】 遮光，密封保存。

三油酸山梨坦（司盘85）
Sanyousuan Shanlitan（Sipan85）
Sorbitan Trioleate（Span85）

本品为山梨坦与三分子油酸形成酯的混合物，系山梨醇脱水，在碱性催化下，与三分子油酸酯化而制得；或者由山梨醇与三分子油酸在180～280℃下直接酯化而制得。

【性状】 本品为淡黄色至黄色油状液体，略有特殊气味。

本品在乙醇中微溶，在水中不溶。

酸值 本品的酸值（附录0713）不大于17。

皂化值 本品的皂化值（附录0713）为169～183。

羟值 本品的羟值（附录0713）为50～75。

碘值 本品的碘值（附录0713）为77～85。

过氧化值 本品的过氧化值（附录0713）不大于10。

【鉴别】 取本品约2g，置250ml烧瓶中，加乙醇100ml和氢氧化钾3.5g，混匀。加热回流2小时，加水约100ml，趁热转移至250ml烧杯中，置水浴上蒸发并不断加入水，继续蒸发，直至无乙醇气味，再加热水100ml，趁热缓缓滴加硫酸溶液（1→2）至石蕊试纸显中性，记录所消耗的体积，继续滴加硫酸溶液（1→2）（约为上述消耗体积的10%）至下层液体澄清。上述溶液用正己烷提取3次，每次100ml，弃去正己烷层，取水层溶液用10%氢氧化钾溶液调节pH值至7.0，水浴蒸发至干，残渣加无水乙醇150ml，用玻棒搅拌，如有必要，将残渣研碎，置水浴中煮沸3分钟，将上述溶液置铺有硅藻土的漏斗中，滤过，滤液蒸干，残渣加甲醇2ml溶解，作为供试品溶液；另分别称取异山梨醇33mg、1,4-去水山梨醇25mg及山梨醇25mg，加甲醇1ml溶解，作为对照品溶液。照薄层色谱法（附录0502）试验，吸取上述两种溶液各2μl，分别点于同一硅胶G薄层板上，以丙酮-冰醋酸（50：1）为展开剂，展开，取出，晾干，喷以硫酸溶液（1→2）至恰好湿润，加热至斑点清晰，立即检视，供试品溶液所显斑点的位置和颜色应与对照品溶液斑点相同。

【检查】 **脂肪酸组成** 取本品0.1g，置50ml圆底烧瓶中，加0.5mol/L氢氧化钾甲醇溶液4ml，在65℃水浴中加热回流10分钟，放冷，加14%三氟化硼甲醇溶液5ml，在65℃水浴中加热回流2分钟，放冷，加正己烷5ml，继续在65℃水浴中加热回流1分钟，放冷，加饱和氯化钠溶液10ml，摇匀，静置使分层，取上层液，经无水硫酸钠干燥。照气相色谱法（附录0521）试验。以聚乙二醇为固定液的毛细管柱为色谱柱，起始温度为150℃，维持3分钟，以每分钟5℃的速率升温至220℃，维持10

分钟；进样口温度为240℃，检测器温度为280℃。分别取肉豆蔻酸甲酯、棕榈酸甲酯、棕榈油酸甲酯、硬脂酸甲酯、油酸甲酯、亚油酸甲酯、亚麻酸甲酯对照品适量，加正己烷溶解并稀释制成每1ml中各约含1mg的溶液，取1μl注入气相色谱仪，记录色谱图，理论板数按油酸甲酯峰计算不低于20 000，各色谱峰的分离度应符合要求。取上层液1μl注入气相色谱仪，记录色谱图，按峰面积归一化法计算，本品含肉豆蔻酸不大于5.0%、含棕榈酸不大于16.0%、含棕榈油酸不大于8.0%、含硬脂酸不大于6.0%、含油酸应为65.0%~88.0%、含亚油酸不大于18.0%、含亚麻酸不大于4.0%、含其他脂肪酸不大于4.0%。

水分 取本品，以无水甲醇-二氯甲烷（1:1）为溶剂，照水分测定法（附录0832第一法A）测定，含水分不得过0.7%。

炽灼残渣 取本品1.0g，依法检查（附录0841），遗留残渣不得过0.25%。

重金属 取炽灼残渣项下遗留的残渣，依法检查（附录0821第二法），含重金属不得过百万分之十。

【类别】 药用辅料，乳化剂和消泡剂等。

【贮藏】 密封，在干燥处保存。

三 硅 酸 镁

Sanguisuanmei

Magnesium Trisilicate

本品为组成不定的硅酸镁水合物（$Mg_2Si_3O_8 \cdot nH_2O$）。含MgO不得少于20.0%，含SiO_2不得少于45%；SiO_2与MgO含量的比值应为2.1~2.3。

【性状】 本片为白色或类白色粉末；无臭、无味；微有引湿性。

本品在水或乙醇中不溶。

【鉴别】 （1）用铂丝环蘸取磷酸铵钠的结晶数粒，在无色火焰上熔成透明的小球后，趁热蘸取本品，熔融如前，二氧化硅即浮于小球的表面，放冷，即成网状结构的不透明小球。

（2）取本品约0.5g，加稀盐酸10ml，混合，滤过，滤液用氨试液中和后，显镁盐的鉴别反应（2）（附录0301）。

【检查】 粒度及粒度分布（作为助流剂使用时，检查此项） 取本品，照粒度和粒度分布测定法（附录0982第三法）测定，用激光散射粒度分布仪测定，以水为分散剂，采用湿法测定。粒径大于250μm的颗粒不得过6%。

制酸力 取本品约0.30g，精密称定，置具塞锥形瓶中，精密加盐酸滴定液（0.1mol/L）与水各50ml，置37℃水浴中保温2小时（应时时振摇，但最后15分钟应静置），放冷；精密量取上清液50ml，加甲基橙指示液1滴，用氢氧化钠滴定液（0.1mol/L）滴定剩余的盐酸液。按炽灼品计算，每1g消耗盐酸滴定液（0.1mol/L）应为140~170ml。

游离碱 取本品4.0g，加水60ml，煮沸15分钟，用2~3层滤纸滤过，滤渣用水分次洗涤，合并洗液与滤液，置100ml量瓶中，用水稀释至刻度，摇匀；精密量取25ml，加酚酞指示液2滴，如显淡红色，加盐酸滴定液（0.1mol/L）1.0ml，淡红色应消失。

氯化物 取本品1.0g，加硝酸4ml与水4ml，加热煮沸，时时振摇，加水20ml，摇匀，放冷，滤过，滤渣用少量水分次洗涤，合并洗液与滤液，置50ml量瓶中，用水稀释至刻度，摇匀，作为供试品溶液。精密量取5ml，依法检查（附录0801），与标准氯化钠溶液5.0ml制成的对照液比较，不得更浓（0.05%）。

硫酸盐 精密量取氯化物项下的供试品溶液5ml，加水30ml，依法检查（附录0802），与标准硫酸钾溶液5.0ml制成的对照液比较，不得更浓（0.5%）。

可溶性盐类 精密量取上述游离碱项下剩余的滤液25ml，蒸干，炽灼至恒重，遗留残渣不得过15mg。

炽灼失重 取本品约0.5g，精密称定，在700～800℃炽灼至恒重，减失重量不得过30.0%。

重金属 取本品3.0g，加盐酸5ml与水40ml，煮沸20分钟，放冷，加酚酞指示液2滴，加浓氨试液至溶液显粉红色，再加0.1mol/L盐酸溶液1ml使成微酸性，滤过，滤渣分次用水少量洗涤，合并洗液与滤液，滴加氨试液至溶液显粉红色，加0.1mol/盐酸溶液8ml与水适量使成75ml，摇匀，分取25ml，依法检查（附录0821第一法），含重金属不得过百万分之二十。

汞盐 取本品1.0g两份，分别置25ml量瓶中，一份加盐酸6ml，振摇使氧化镁溶解，再缓慢加水稀释至刻度，摇匀，滤过，残渣用少量盐酸溶液（6→25）分次洗涤，合并滤液与洗液，置50ml量瓶中，加5%高锰酸钾溶液0.5ml，摇匀，滴加5%盐酸羟胺溶液至紫色恰消失，用盐酸溶液（6→25）稀释至刻度，作为供试品溶液；另一份精密加汞标准溶液（精密量取汞元素标准溶液适量，用水定量稀释制成每1ml中含汞0.1μg的溶液）5ml，同法操作，作为对照品溶液。照原子吸收分光光度法（附录0406第二法），在253.6nm的波长处分别测定供试品溶液与对照品溶液，应符合规定（0.00005%）。

砷盐 精密量取氯化物项下的供试品溶液20ml，加盐酸5ml，加水3ml，依法检查（附录0822第一法），应符合规定（0.0005%）。

【含量测定】 氧化镁 取本品1.5g，精密称定，精密加硫酸滴定液（0.5mol/L）50ml，置水浴上加热15分钟，放冷，加甲基橙指示液1滴，用氢氧化钠滴定液（1mol/L）滴定。每1ml硫酸滴定液（0.5mol/L）相当于20.15mg的MgO。

二氧化硅 取本品0.4g，精密称定，置瓷皿中，加硫酸3ml与硝酸5ml的混合液，待作用完全，置砂浴上蒸干，放冷，加稀硫酸10ml与水100ml，煮沸使镁盐溶解，上层液经无灰滤纸滤过，残渣以热水洗涤3次，洗液一并滤过，最后将残渣移置滤纸上，用热水洗涤，将残渣连同滤纸置铂坩埚中，干燥，炽灼灰化后，再炽灼30分钟，放冷，精密称定。再将残渣用水湿润，加氢氟酸3ml与硫酸3滴，蒸干，炽灼5分钟，放冷，精密称定，减失的重量，即为供试量中SiO_2的重量。

【类别】 药用辅料，助流剂，抗黏着剂，助悬剂，吸附剂和助滤剂等。

【贮存】 密封保存。

三氯叔丁醇

Sanlü Shudingchun

Chlorobutanol

$$C_4H_7Cl_3O \cdot \frac{1}{2}H_2O \quad 186.47$$

本品为2-甲基-1,1,1-三氯-2-丙醇半水合物。按无水物计，含$C_4H_7Cl_3O$不得少于98.5%。

【性状】 本品为白色结晶；有微似樟脑的特臭；易升华。

本品在乙醇、三氯甲烷、乙醚或挥发油中易溶，在水中微溶。

熔点 取本品，不经干燥，依法测定（附录0612），熔点不低于77℃。

【鉴别】 （1）取本品约25mg，加水5ml溶解后，加氢氧化钠试液1ml，缓缓加碘试液3ml，即产生黄色沉淀，并有碘仿的特臭。

（2）本品的红外光吸收图谱应与对照品的图谱一致（附录0402）。

【检查】 酸度 取本品5.0g，加乙醇10ml，振摇使溶解；取4ml，加乙醇15ml与溴麝香草酚蓝指示剂0.1ml，摇匀，其颜色与对照液（取0.01mol/L氢氧化钠溶液1.0ml，加乙醇18ml与溴麝香草酚蓝指示剂0.1ml，摇匀）所显的蓝色比较，不得更深。

溶液的澄清度 取本品5.0g，加乙醇10ml使溶解，依法检查（附录0902），溶液应澄清；如显浑浊，与2号浊度标准液（附录0902）比较，不得更浓。

氯化物 取本品0.10g，加稀乙醇25ml，振摇溶解后，加硝酸1.0ml与稀乙醇适量使成50ml，再加硝酸银试液1.0ml，摇匀，在暗处放置5分钟，与对照液（取标准氯化钠溶液5.0ml加硝酸1.0ml与稀乙醇适量使成50ml，再加硝酸银试液1.0ml制成）比较，不得更浓（0.05%）。

水分 取本品，照水分测定法（附录0832第一法B）测定，含水分应为4.5%～5.5%。

炽灼残渣 不得过0.1%（附录0841）。

【含量测定】 取本品约0.1g，精密称定，加乙醇5ml使溶解，加20%氢氧化钠溶液5ml，加热回流15分钟，放冷，加水20ml与硝酸5ml，精密加硝酸银滴定液（0.1mol/L）30ml，再加邻苯二甲酸二丁酯5ml，密塞，强力振摇后，加硫酸铁铵指示液2ml，用硫氰酸铵滴定液（0.1mol/L）滴定，并将滴定的结果用空白试验校正。每1ml硝酸银滴定液（0.1mol/L）相当于5.915mg的$C_4H_7Cl_3O$。

【类别】 药用辅料，防腐剂和增塑剂等。

【贮藏】 密封保存。

三 氯 蔗 糖

Sanlü zhetang

Sucralose

$C_{12}H_{19}Cl_3O_8$ 397.64

本品为1,6-二氯-1,6-二脱氧-β-D-呋喃果糖-4-氯-4-脱氧-α-D-呋喃半乳糖苷。按干燥品计算，含$C_{12}H_{19}Cl_3O_8$应为98.0%～102.0%。

【性状】 本品为白色或类白色结晶性粉末。遇光和热颜色易变深。

本品在水中易溶，在无水乙醇中溶解，在乙酸乙酯中微溶。

比旋度 取本品1.0g，精密称定，置100ml量瓶中，加水溶解并稀释至刻度，摇匀，依法测定（附录0621），比旋度为+84.0°至+87.5°。

【鉴别】 （1）取本品0.1g，用甲醇溶解并稀释制成每1ml中含10mg的溶液，作为供试品溶液。

取三氯蔗糖对照品适量，用甲醇溶解并稀释制成每1ml中含10mg的溶液，作为对照品溶液。照有关物质检查项下的色谱条件，供试品溶液的主斑点的位置与颜色应与对照品溶液的主斑点相同。

（2）在含量测定项下记录的色谱图中，供试品溶液主峰的保留时间应与对照品溶液主峰的保留时间一致。

（3）本品的红外光吸收图谱应与三氯蔗糖对照品的图谱一致。

以上（1）、（2）两项可选做一项。

【检查】　水解产物　取本品2.5g，置10ml量瓶中，用甲醇溶解并稀释至刻度，摇匀，作为供试品溶液。取甘露醇对照品适量，用水溶解并定量稀释制成每1ml含0.1g的溶液，作为对照溶液（1），另取甘露醇和果糖对照品适量，用水溶解并定量稀释制成每1ml中含0.1g和0.4mg的混合溶液，作为对照溶液（2）。分别吸取对照溶液（1）、（2）和供试品溶液各5μl，分别点于同一硅胶G薄层板上，每次点样要待干燥后再继续点，每个点的面积要基本相同，点样完毕后用显色剂（取对-茴香胺1.23g和邻苯二甲酸1.66g，用甲醇100ml溶解，溶液存放在暗处并冷藏，如溶液褪色则失效）喷雾后，于100℃±2℃的烘箱中加热15分钟，加热后立即在阴暗背景下观察薄层板，供试品溶液的斑点不得深于对照溶液（2）的斑点。对照溶液（1）应显白色斑点，如果斑点变黑，即薄层板加热时间过长，需重试。

有关物质　取本品适量，精密称定，用甲醇溶解并定量稀释制成每1ml中含0.1g的溶液，作为供试品溶液。精密量取供试品溶液1ml，置200ml量瓶中，用甲醇稀释至刻度，作为对照溶液。照薄层色谱法（附录0502）试验，分别吸取供试品溶液和对照溶液各5μl，分别点于同一十八烷基硅烷键合硅胶（Whatman Partisil LKC$_{18}$F板或效能相当的薄层板）上，以5%氯化钠溶液-乙腈（70：30）为展开剂，展距15cm，取出晾干，喷以15%硫酸甲醇溶液，在125℃加热10分钟。供试品溶液所显杂质斑点，其颜色与对照溶液主斑点比较，不得更深。

甲醇　取本品约0.4g，精密称定，置顶空瓶中，精密加水2ml溶解，精密加内标溶液（取异丙醇适量，精密称定，用水稀释制成每1ml中含0.1mg的溶液）2ml，密封，摇匀，作为供试品溶液；取甲醇适量，精密称定，用水稀释制成每1ml中含0.2mg的溶液，精密量取2ml，置顶空瓶中，精密加内标溶液2ml，密封，摇匀，作为对照品溶液。照气相色谱法（附录0521）测定。用6%氰苯丙基-94%甲基聚硅氧烷为固定相；进样口温度220℃；检测器温度250℃；起始温度35℃，维持5分钟，再以每分钟50℃升温至200℃，维持5分钟。顶空瓶平衡温度为80℃，平衡时间为30分钟，取对照品溶液与供试品溶液分别顶空进样，记录色谱图，按内标法以峰面积计算，含甲醇不得过0.1%。

水分　取本品0.5g，照水分测定法（附录0832第一法）测定，含水分不得过2.0%。

炽灼残渣　取本品1.0g，依法检查（附录0841），遗留残渣不得过0.7%。

重金属　取炽灼残渣项下遗留的残渣，依法检查（附录0821第二法），含重金属不得过百万分之十。

【含量测定】　照高效液相色谱法（附录0512）测定。

色谱条件与系统适用性试验　用十八烷基硅烷键合硅胶为填充剂，以水-乙腈（85：15）为流动相，示差折光检测器，流速为每分钟1.0ml。理论板数按三氯蔗糖峰计算不得低于2000。

测定法　取本品适量，用流动相溶解并稀释制成每1ml中含10mg的溶液，精密量取20μl，注入液相色谱仪，记录色谱图。另取三氯蔗糖对照品，同法测定，按外标法以峰面积计算，即得。

【类别】　药用辅料，矫味剂和甜味剂等。

【贮藏】　避光，密封保存，温度不超过25℃。

大　豆　油

Dadouyou

Soybean Oil

本品系由豆科植物大豆（*Glycine soya* Bentham）的种子提炼制成的脂肪油。

【性状】　本品为淡黄色的澄清液体；无臭或几乎无臭。

本品可与乙醚或三氯甲烷混溶，在乙醇中极微溶解，在水中几乎不溶。

相对密度　本品的相对密度（附录0601）应为0.916~0.922。

折光率　本品的折光率（附录0622）应为1.472~1.476。

酸值　本品的酸值应不大于0.2（附录0713）。

皂化值　本品的皂化值应为188~200（附录0713）。

碘值　本品的碘值应为126~140（附录0713）。

【检查】　**过氧化物**　取本品10.0g，置250ml碘瓶中，立即加冰醋酸-三氯甲烷（60：40）30ml，振摇使溶解，精密加饱和碘化钾溶液0.5ml，密塞，振摇1分钟，加水30ml，用硫代硫酸钠滴定液（0.01mol/L）滴定，至近终点时，加淀粉指示液0.5ml，继续滴定至蓝色消失，并将滴定的结果用空白试验校正。消耗硫代硫酸钠滴定液（0.01mol/L）不得过10.0ml。

不皂化物　取本品5.0g，精密称定，置250ml锥形瓶中，加氢氧化钾乙醇溶液（取氢氧化钾12g，加水10ml溶解后，用乙醇稀释至100ml，摇匀，即得）50ml，加热回流1小时，放冷至25℃以下，移至分液漏斗中，用水洗涤锥形瓶2次，每次50ml，洗液并入分液漏斗中。用乙醚提取3次，每次100ml；合并乙醚提取液，用水洗涤乙醚提取液3次，每次40ml，静置分层，弃去水层；依次用3%氢氧化钾溶液与水洗涤乙醚层各3次，每次40ml。再用水40ml反复洗涤乙醚层直至最后洗液中加入酚酞指示液2滴不显红色。转移乙醚提取液至已恒重的蒸发皿中，用乙醚10ml洗涤分液漏斗，洗液并入蒸发皿中，置50℃水浴上蒸去乙醚，用丙酮6ml溶解残渣，置空气流中挥去丙酮。在105℃干燥至连续两次称重之差不超过1mg，不皂化物不得过1.0%。

用中性乙醇20ml溶解残渣，加酚酞指示液数滴，用乙醇制氢氧化钠滴定液[①]（0.1mol/L）滴定至粉红色持续30秒不褪色，如果消耗乙醇制氢氧化钠滴定液（0.1mol/L）超过0.2ml，残渣总量不能当作不皂化物重量，试验必须重做。

水分　取本品，以无水甲醇-癸醇（1：1）为溶剂，照水分测定法（附录0832第一法A）测定，含水分不得过0.1%。

棉籽油　取本品5ml，置试管中，加1%硫黄的二硫化碳溶液与戊醇的等容混合液5ml，置饱和氯化钠水浴中，注意缓缓加热至泡沫停止（除去二硫化碳），继续加热15分钟，不得显红色。

重金属　取本品4.0g，置50ml瓷蒸发皿中，加硫酸4ml，混匀，缓缓加热至硫酸除尽后，加硝酸2ml与硫酸5滴，小火加热至氧化氮气除尽后，在500~600℃炽灼使完全灰化，放冷，依法检查（附录0821第二法），含重金属不得过百万分之五。

砷盐　取本品1.0g，加氢氧化钙1.0g，混合，加水少量，搅拌均匀，干燥后，先用小火灼烧使

---

① 乙醇制氢氧化钠滴定液（0.1mol/L）的制备：取50%氢氧化钠溶液2ml，加乙醇250ml（如溶液浑浊，配制后放置过夜，取上清液再标定）。取苯甲酸约0.2g，精密称定，加乙醇10ml和水2ml溶解，加酚酞指示液2滴，用上述滴定液滴定至溶液显持续浅粉红色。每1ml乙醇制氢氧化钠滴定液（0.1mol/L）相当于12.21mg的苯甲酸。根据本液的消耗量与苯甲酸的取用量，计算出本液的浓度，即得。

炭化，再在500~600℃炽灼使完全灰化，放冷，加盐酸5ml与水23ml，依法检查（附录0822第一法），应符合规定（0.0002%）。

脂肪酸组成 取本品0.1g，置50ml锥形瓶中，加0.5mol/L氢氧化钾甲醇溶液2ml，在65℃水浴中加热回流30分钟，放冷，加15%三氟化硼甲醇溶液2ml，在65℃水浴中加热回流30分钟，放冷，加庚烷4ml，继续在65℃水浴中加热回流5分钟后，放冷，加饱和氯化钠溶液10ml洗涤，摇匀，静置使分层，取上层液，用水洗涤3次，每次2ml，取上层液经无水硫酸钠干燥，作为供试品溶液。照气相色谱法（附录0521）试验，以键合聚乙二醇为固定液，起始温度为230℃，维持11分钟，以每分钟5℃的速率升温至250℃，维持10分钟，进样口温度为206℃，检测器温度为270℃。分别取十四烷酸甲酯、棕榈酸甲酯、棕榈油酸甲酯、硬脂酸甲酯、油酸甲酯、亚油酸甲酯、亚麻酸甲酯、花生酸甲酯、二十碳烯酸甲酯与山嵛酸甲酯对照品，加正己烷溶解并稀释制成每1ml中含上述对照品各0.1mg的溶液，取1μl注入气相色谱仪，记录色谱图。理论板数按亚油酸峰计算不低于5000，各色谱峰的分离度应符合要求。取供试品溶液1μl，注入气相色谱仪，记录色谱图。按面积归一化法计算，供试品中含小于十四碳的饱和脂肪酸不大于0.1%、十四烷酸不大于0.2%、棕榈酸应为9.0%~13.0%、棕榈油酸不大于0.3%、硬脂酸应为3.0%~5.0%、油酸应为17.0%~30.0%、亚油酸应为48.0%~58.0%、亚麻酸应为5.0%~11.0%、花生酸不大于1.0%、二十碳烯酸不大于1.0%、山嵛酸不大于1.0%。

【类别】 药用辅料，溶剂和分散剂等。

【贮藏】 遮光，密封，在凉暗处保存。

大豆油（供注射用）

Dadouyou (Gongzhusheyong)

Soybean Oil for Injection

本品系由豆科植物大豆（*Glycine soya* Bentham）的种子提炼制成的脂肪油。

【性状】 本品为淡黄色的澄明液体；无臭或几乎无臭。

本品可与三氯甲烷或乙醚混溶，在乙醇中极微溶，在水中几乎不溶。

相对密度 本品的相对密度（附录0601）为0.916~0.922。

折光率 本品的折光率（附录0621）为1.472~1.476。

酸值 本品的酸值应不大于0.1（附录0713）。

皂化值 本品的皂化值应为188~195（附录0713）。

碘值 本品的碘值应为126~140（附录0713）。

【检查】 **吸光度** 取本品，照紫外-可见分光光度法（附录0401）测定，以水为空白，在450nm波长处的吸光度不得过0.045。

过氧化物 取本品10.0g，置250ml碘瓶中，立即加冰醋酸-三氯甲烷（60∶40）混合液30ml，振摇使溶解，精密加饱和碘化钾溶液0.5ml，密塞，振摇1分钟，加水30ml，用硫代硫酸钠滴定液（0.01mol/L）滴定，至近终点时，加淀粉指示液0.5ml，继续滴定至蓝色消失，并将滴定的结果用空白试验校正。消耗硫代硫酸钠滴定液（0.01mol/L）不得过3.0ml。

不皂化物 取本品5.0g，精密称定，置250ml锥形瓶中，加氢氧化钾乙醇溶液（取氢氧化钾12g，加水10ml溶解后，用乙醇稀释至100ml，摇匀，即得）50ml，加热回流1小时，放冷至25℃以下，移至分液漏斗中，用水洗涤锥形瓶2次，每次50ml，洗液并入分液漏斗中，用乙醚提取3次，每次100ml；合并乙醚提取液，用水洗涤乙醚提取液3次，每次40ml，静置分层，弃去水层；依次用3%氢氧化钾溶液与水洗涤乙醚层各3次，每次40ml；再用水40ml反复洗涤乙醚层直至最后洗液中加酚酞指示液2滴不显红色。将乙醚提取物移至已恒重的蒸发皿中，用乙醚10ml洗涤分液漏斗，洗液并入蒸发皿中，置50℃水浴上蒸去乙醚，用丙酮6ml溶解残渣，置空气流中挥去丙酮。在105℃干燥至连续两次称重之差不超过1mg，不皂化物不得过1.0%。

用中性乙醇20ml溶解残渣，加酚酞指示液数滴，用乙醇制氢氧化钠滴定液（0.1mol/L）[①]滴定至粉红色持续30秒不褪色，如果消耗乙醇制氢氧化钠滴定液（0.1mol/L）超过0.2ml，残渣总量不能当作不皂化物重量，试验必须重做。

棉籽油　取本品5ml，置试管中，加1%硫黄的二硫化碳溶液与戊醇的等容混合液5ml，置饱和氯化钠水浴中，注意缓缓加热至泡沫停止（除去二硫化碳），继续加热15分钟，不得显红色。

碱性杂质　取新蒸馏的丙酮10ml置一试管中，加水0.3ml，再加0.04%溴酚蓝乙醇溶液0.05ml，滴加盐酸滴定液（0.01mol/L）或氢氧化钠滴定液（0.01mol/L）使该溶液恰成黄色，精密加本品10ml，振摇，静置，用盐酸滴定液（0.01mol/L）滴定上清液至黄色，消耗盐酸滴定液（0.01mol/L）不得过0.1ml。

水分　取本品，以无水甲醇-癸醇（1：1）为溶剂，照水分测定法（附录0832第一法1）测定，含水分不得过0.1%。

重金属　取本品5.0g，置50ml瓷蒸发皿中，加硫酸4ml，混匀，用低温缓缓加热至硫酸除尽后，加硝酸2ml与硫酸5滴，小火加热至氧化氮气除尽后，在500~600℃炽灼使完全灰化，放冷，依法检查（附录0821第二法），含重金属不得过百万分之二。

砷盐　取本品5.0g，置石英或铂坩埚中，加硝酸镁乙醇溶液（1→50）10ml，点火燃烧后缓缓加热至灰化。如果含有炭化物，加少量硝酸湿润后，再强热至灰化，放冷，加盐酸5ml，置水浴上加热使溶解，加水23ml，依法检查（附录0822第一法），应符合规定（0.00004%）。

脂肪酸组成　取本品0.1g，置50ml锥形瓶中，加0.5mol/L氢氧化钾甲醇溶液2ml，在65℃水浴中加热回流30分钟，放冷，加15%三氟化硼甲醇溶液2ml，再在65℃水浴中加热回流30分钟，放冷，加庚烷4ml，继续在65℃水浴中加热回流5分钟后，放冷，加饱和氯化钠溶液10ml洗涤，摇匀，静置使分层，取上层液，用水洗涤3次，每次2ml，取上层液经无水硫酸钠干燥，作为供试品溶液。照气相色谱法（附录0521）试验，以键合聚乙二醇为固定液，起始温度为230℃，维持11分钟，以每分钟5℃的速度升温至250℃，维持10分钟，进样口温度为260℃，检测器温度为270℃。分别取十四烷酸甲酯、棕榈酸甲酯、棕榈油酸甲酯、硬脂酸甲酯、油酸甲酯、亚油酸甲酯、亚麻酸甲酯、花生酸甲酯、二十碳烯酸甲酯与山嵛酸甲酯对照品，加正己烷溶解并稀释制成每1ml含上述对照品各0.1mg的溶液，取1μl注入气相色谱仪，记录色谱图，理论板数按亚油酸峰计算不低于5000，各色谱峰的分离度应符合要求。取供试品溶液1μl注入气相色谱仪，记录色谱图。按面积归一化法计算，供试品中含小于十四碳的饱和脂肪酸不大于0.1%、十四烷酸不大于0.2%、棕榈酸应为9.0%~13.0%、棕榈油酸不大于0.3%、硬脂酸应为3.0%~5.0%、油酸应为17.0%~30.0%、亚油酸应为48.0%~58.0%、亚麻酸应为5.0%~11.0%、花生酸不大于1.0%、二十碳烯酸不大于1.0%、山嵛酸不大于1.0%。

无菌（供无除菌工艺的无菌制剂用）　取本品，依法检查（附录1101），应符合规定。

---

① 乙醇制氢氧化钠滴定液（0.1mol/L）的制备：取50%氢氧化钠溶液2ml，加乙醇250ml（如溶液浑浊，配制后放置过夜，取上清液再标定）。取苯甲酸约0.2g，精密称定，加乙醇10ml和水2ml溶解，加酚酞指示液2滴，用上述滴定液滴定至溶液显持续浅粉红色。每1ml乙醇制氢氧化钠滴定液（0.1mol/L）相当于12.21mg的苯甲酸。根据本液的消耗量与苯甲酸的取用量，计算出本液的浓度，即得。

微生物限度　取本品，依法检查（附录1105、附录1106与附录1107），应符合规定。

【类别】　药用辅料，溶剂和分散剂等。

【贮藏】　遮光，密闭，在凉暗处保存。

大 豆 磷 脂

Dadou Linzhi

Soya Lecithin

大豆磷脂系从大豆中提取精制而得的磷脂混和物。以无水物计算，含磷量应不得少于2.7%；含氮量应为1.5%～2.0%；含磷脂酰胆碱应不得少于45.0%，含磷脂酰乙醇胺应不得过30.0%，含磷脂酰胆碱和磷脂酰乙醇胺总量不得少于70.0%。

【性状】　本品为黄色至棕色的半固体、块状物。

本品在乙醚和乙醇中易溶，在丙酮中不溶。

酸值　本品的酸值应不大于30（附录0713）。

碘值　本品的碘值应不小于75（附录0713）。

过氧化值　本品的过氧化值应不大于3.0（附录0713）。

【鉴别】　（1）取本品约10mg，加乙醇溶液2ml，加5%氯化镉乙醇溶液1～2滴，即产生白色沉淀。

（2）取本品0.4g，加乙醇溶液2ml，加硝酸铋钾溶液（取硝酸铋8g，加硝酸20ml使溶解；另取碘化钾27.2g，加水50ml使溶解；合并上述两种溶液，加水稀释成100ml，摇匀）1～2滴，即产生砖红色沉淀。

【检查】　溶液的颜色　取本品适量，加乙醇制成每1ml中含6mg的溶液。照紫外-可见分光光度法（附录0901），在350nm的波长处测定吸光度，不得过0.8。

丙酮中不溶物　取本品1.0g，精密称定，加丙酮约15ml，搅拌使其溶解后，用G4垂熔玻璃坩埚滤过，残渣用丙酮洗涤，洗至丙酮几乎无色。残渣在105℃干燥至恒重，不溶物不得少于90.0%。

己烷中不溶物　取本品10.0g，精密称定，加正己烷100ml，振摇使样品溶解，用事先在105℃干燥1小时并称重的G4垂熔玻璃坩埚滤过，锥形瓶用25ml正己烷洗涤两次，洗液过滤后，G4垂熔玻璃坩埚于105℃干燥1小时并称重，不溶物不得过0.3%。

水分　取本品，照水分测定法（附录0832第一法）测定，含水分不得过1.5%。

重金属　取本品1.0g，依法检查（附录0821第二法），含重金属不得过百万分之二十。

砷盐　取本品1.0g置于100ml标准磨口锥形瓶中，加入5ml硫酸，加热至样品炭化，滴加浓过氧化氢溶液，至反应停止后继续加热，滴加浓过氧化氢溶液至溶液无色，冷却后加水10ml，蒸发至浓烟消失，依法检查（附录0822第二法），应符合规定（0.0002%）。

铅　取本品0.1g，精密称定，置聚四氟乙烯消解罐中，加硝酸5～10ml，混匀，浸泡过夜，盖上内盖，旋紧外套，置适宜的微波炉内，进行消解。消解完全后，取消解罐置电热板上缓缓加热至棕红色蒸气挥尽并近干，用0.2%硝酸转移至10ml量瓶中，并用0.2%硝酸稀释至刻度，摇匀，作为供试品溶液。同法制备试剂空白溶液；另取铅单元素标准溶液适量，用0.2%硝酸稀释制成每1ml中含铅0～100ng的对照品溶液。取供试品和对照品溶液，以石墨炉为原子化器，照原子吸收分光光度法（附录0406第一法），在283.3nm的波长处测定，含铅不得过百万分之二。

　　残留溶剂　取本品0.2g，精密称定，置20ml顶空瓶中，加水2ml，密封，作为供试品溶液。精密称取乙醇、丙酮、乙醚、石油醚、正己烷适量，加水溶解并稀释制成每1ml中分别含上述溶剂约200μg、200μg、200μg、50μg、27μg的溶液，作为对照品溶液。照残留溶剂测定法（附录0861）试验。毛细管柱（HP-PLOT/Q，0.53mm×30m×40μm），火焰离子检测器（FID），进样口温度为250℃，检测器温度为260℃；柱温采用程序升温，初温为160℃维持8分钟，以每分钟5℃的升温速率升温至190℃，维持6分钟；分流比20∶1。氮气流速：2ml/min。顶空温度80℃，顶空时间45分钟，进样体积为1ml。各色谱峰之间的分离度应符合要求。按外标法以峰面积计算，本品含乙醇、丙酮、乙醚均不得过0.2%，含石油醚不得过0.05%，含正己烷不得过0.02%，总残留溶剂不得过0.5%。

　　微生物限度　取本品，依法检查（附录1105与附录1106），每1g供试品中需氧菌总数不得过100cfu，霉菌和酵母菌总数不得过100cfu，不得检出大肠埃希菌；每10g供试品中不得检出沙门氏菌。

　　【含量测定】　磷含量　对照品溶液的制备　精密称取经105℃干燥至恒重的磷酸二氢钾对照品0.0439g，置50ml量瓶中，加水溶解并稀释至刻度，摇匀，精密量取10ml，置另一50ml量瓶中，加水稀释至刻度，摇匀（每1ml相当于0.04mg的磷）。

　　供试品溶液的制备　取本品约0.15g，精密称定，置凯氏烧瓶中，加硫酸20ml与硝酸50ml，缓缓加热至溶液呈淡黄色，小心滴加过氧化氢溶液，使溶液褪色，继续加热30分钟，冷却后，转移至100ml量瓶中，用水稀释至刻度，摇匀。

　　测定法　精密量取对照品溶液与供试品溶液各2ml，分别置50ml量瓶中，各依次加入钼酸铵硫酸试液4ml、亚硫酸钠试液2ml与新鲜配制的对苯二酚溶液（取对苯二酚0.5g，加水适量使溶解，加硫酸1滴，用水稀释成100ml）2ml，加水稀释至刻度，摇匀，暗处放置40分钟，照紫外-可见分光光度法（附录0401），在620nm的波长处分别测定吸光度，计算含磷量。

　　氮含量　取本品约0.1g，精密称定，照氮测定法（附录0704第二法）测定，计算。

　　磷脂酰胆碱、磷脂酰乙醇胺含量　照高效液相色谱法（附录0512）测定。

　　色谱条件与系统适用性试验　用硅胶为填充剂（Alltima Sillica，250mm×4.6mm×5μm），柱温为40℃；以甲醇-水-冰醋酸-三乙胺（85∶15∶0.45∶0.05，*V/V*）为流动相A，以正己烷-异丙醇-流动相A（20∶48∶32，*V/V*）为流动相B；流速为每分钟1ml；按下表进行梯度洗脱；检测器为蒸发光散射检测器（参考条件：漂移管温度为72℃；载气流量为每分钟2.0ml）。

时间（分钟）	流动相A（%）	流动相B（%）
0	10	90
20	30	70
35	95	5
36	10	90
41	10	90

　　取磷脂酰乙醇胺、磷脂酰肌醇、溶血磷脂酰乙醇胺、磷脂酰胆碱、溶血磷脂酰胆碱对照品各适量，用三氯甲烷-甲醇（2∶1）溶解制成每1ml分别含上述对照品为50μg、100μg、100μg、200μg、200μg的混合溶液，取上述溶液20μl注入液相色谱仪，各成分按上述顺序依次洗脱，各成分分离度应符合规定，理论板数按磷脂酰胆碱、磷脂酰乙醇胺峰、磷脂酰肌醇计算应不低于1500。

　　测定法　分别称取磷脂酰乙醇胺和磷脂酰胆碱对照品适量，精密称定，用三氯甲烷-甲醇（2∶1）溶解，稀释制成每1ml含磷脂酰胆碱分别为50μg、100μg、150μg、200μg、300μg、400μg，含磷脂酰乙醇胺分别为5μg、10μg、15μg、20μg、30μg、40μg的溶液作为对照品溶液。精密量取上述对照品溶液各20μl，分别注入液相色谱仪中，记录色谱图，以对照品溶液浓度的对数值与相应的峰面积对数值计算回归方程。另精密称取本品约15mg，置50ml量瓶中，加三氯甲烷-甲醇（2：1）溶解并稀释至刻度，摇匀，取供试溶液20μl，注入液相色谱仪，记录色谱图。由回归方程计算磷脂酰胆碱、磷脂酰乙醇胺的含量。

　　【类别】　药用辅料，乳化剂和增溶剂等。

　　【贮藏】　遮光，密封，−18℃以下保存。

大豆磷脂（供注射用）
Dadou Linzhi (Gongzhusheyong)
Soya Lecithin for Injection

　　大豆磷脂系从大豆中提取精制而得的磷脂混和物。以无水物计算，含磷量应不得少于2.7%；含氮量应为1.5%~2.0%；含磷脂酰胆碱应不得少于45.0%，含磷脂酰乙醇胺应不得过30.0%，含磷脂酰胆碱和磷脂酰乙醇胺总量不得少于70%。

　　【性状】　本品为黄色至棕色的半固体、块状体。

　　本品在乙醚和乙醇中易溶，在丙酮中不溶。

　　酸值　本品的酸值应不大于30（附录0713）。

　　碘值　本品的碘值应不小于75（附录0713）。

　　过氧化值　本品的过氧化值应不大于3.0（附录0713）。

　　【鉴别】　（1）取本品约10mg，加乙醇溶液2ml，加5%氯化镉乙醇溶液1~2滴，即产生白色沉淀。

　　（2）取本品0.4g，加乙醇溶液2ml，加硝酸铋钾溶液（取硝酸铋8g，加硝酸20ml使溶解；另取碘化钾27.2g，加水50ml使溶解，合并上述两种溶液，加水稀释成100ml）1~2滴，即产生砖红色沉淀。

　　（3）在含量测定项下磷脂酰胆碱和磷脂酰乙醇胺记录的色谱图中，供试品溶液主峰的保留时间应与对照品溶液主峰的保留时间一致。

　　【检查】　溶液的颜色　取本品适量，加乙醇制成每1ml中含6mg的溶液。照紫外-可见分光光度法（附录0401），在350nm处的波长处测定吸光度，不得过0.8。

　　丙酮不溶物　取本品1.0g，精密称定，加丙酮约15ml，搅拌使其溶解后，用G4垂熔玻璃坩埚滤过，残渣用丙酮洗涤，洗至丙酮几乎无色。残渣在105℃干燥至恒重，不溶物不得少于90.0%。

　　己烷中不溶物　取本品10.0g，精密称定，加正己烷100ml，振摇使样品溶解，用事先在105℃干燥1小时并称重的G4垂熔玻璃坩埚滤过，锥形瓶用25ml正己烷洗涤两次，洗液过滤后，G4垂熔玻璃坩埚于105℃干燥1小时并称重，不溶物不得过0.3%。

　　水分　取本品适量，照水分测定法（附录0832第一法）测定，含水分不得过1.5%。

　　蛋白质　取本品1.0g，加正己烷10ml，微温使溶解，溶液应澄明。如有不溶物，以3000转/分钟的速度离心5分钟，弃去上清液，残留物加正己烷5ml，搅拌使溶解，同法操作2次，残留物经减压干燥除去正己烷后，加水1ml，振摇使溶解，加缩二脲试液（取硫酸铜1.5g和酒石酸钾钠6.0g，加水500ml使溶解，边搅拌边加入10%氢氧化钠溶液300ml，用水稀释至1000ml，混匀）4ml，放置30分钟，溶液应不呈蓝紫色或红紫色。

重金属 取本品1.0g，依法检查（附录0821第二法），含重金属不得过百万分之五。

砷盐 取本品1.0g置于100ml标准磨口锥形瓶中，加入5ml硫酸，加热至样品炭化，滴加浓过氧化氢溶液，至反应停止后继续加热，滴加浓过氧化氢溶液至溶液无色，冷却后加水10ml，蒸发至浓烟消失，依法检查（附录0822第二法），应符合规定（0.0002%）。

铅 取本品0.1g，精密称定，置聚四氟乙烯消解罐中，加硝酸5～10ml，混匀，浸泡过夜，盖上内盖，旋紧外套，置适宜的微波消解炉内，进行消解。消解完全后，取消解罐置电热板上缓缓加热至棕红色蒸汽挥尽并近干，用0.2%硝酸转移至10ml容量瓶中，并用0.2%硝酸稀释至刻度，摇匀，作为供试品溶液。同法制备试剂空白溶液；另取铅单元素标准溶液适量，用0.2%硝酸稀释制成每1ml含铅0～100ng的对照品溶液。取供试品和对照品溶液，以石墨炉为原子化器，照原子吸收分光光度法（附录0406第一法），在283.3nm的波长处测定，含铅不得过百万分之二。

残留溶剂 取本品0.2g，精密称定，置20ml顶空瓶中，加水2ml，密封，作为供试品溶液。精密称取乙醇、丙酮、乙醚、石油醚、正己烷适量，加水溶解并稀释制成每1ml分别含上述溶剂约$200\mu g$、$200\mu g$、$200\mu g$、$50\mu g$、$27\mu g$的溶液，作为对照品溶液。照残留溶剂测定法（附录0861）试验。毛细管柱（HP-PLOT/Q，0.53mm×30m×40μm），火焰离子检测器（FID）；进样口温度为250℃，检测器温度260℃；柱温采用程序升温，初温为160℃维持8分钟，以每分钟5℃的升温速率升温至190℃，维持6分钟；分流比20：1。氮气流速：2ml/min。顶空温度80℃，顶空时间45分钟，进样体积为1ml。各色谱峰之间的分离度应符合要求。按外标法以峰面积计算，本品含乙醇、丙酮、乙醚均不得过0.2%，含石油醚不得过0.05%，含正己烷不得过0.02%，总残留溶剂不得过0.5%。

有关物质 取本品约125mg，精密称定，置25ml量瓶中，用三氯甲烷-甲醇（2：1）溶解并稀释至刻度，摇匀，作为供试溶液。取溶血磷脂酰乙醇胺、溶血磷脂酰胆碱、磷脂酰肌醇对照品各适量，用三氯甲烷-甲醇（2：1）溶解制成每1ml含溶血磷脂酰乙醇胺分别为$10\mu g$、$20\mu g$、$40\mu g$、$60\mu g$、$80\mu g$、$100\mu g$，含溶血磷脂酰胆碱分别为$50\mu g$、$100\mu g$、$200\mu g$、$300\mu g$、$400\mu g$、$500\mu g$的溶液，含磷脂酰肌醇分别为$5\mu g$、$10\mu g$、$15\mu g$、$20\mu g$、$30\mu g$、$40\mu g$的溶液作为对照品溶液。照磷脂酰胆碱含量含量测定方法，取各对照溶液20μl注入液相色谱仪，以浓度的对数值为横坐标，峰面积的对数值为纵坐标计算回归方程。取供试溶液20μl注入液相色谱仪，记录峰面积，由回归方程计算溶血磷脂酰乙醇胺、溶血磷脂酰胆碱、磷脂酰肌醇的含量。含溶血磷脂酰乙醇胺不得过1%，含溶血磷脂酰胆碱不得过3.5%，含溶血磷脂酰乙醇胺和溶血磷脂酰胆碱总量不得过4.0%，含磷脂酰肌醇应不得过5.0%，含总有关物质不得过8.0%。

无菌（供无除菌工艺的无菌制剂用） 取本品，依法检查（附录1101），应符合规定。

微生物限度 取本品，依法检查（附录1105与附录1106），每1g供试品中除细菌、霉菌及酵母菌数不得过100cfu，还不得检出大肠埃希菌和沙门氏菌。

细菌内毒素 取本品，以无水乙醇充分溶解，进一步使用细菌内毒素检查用水稀释至实验室所需浓度（该溶液中乙醇浓度应小于20%），依法检查（附录1143），每1g大豆磷脂中含内毒素的量应不得过2.0EU。

【含量测定】 磷含量 对照品溶液的制备 精密称取经105℃干燥至恒重的磷酸二氢钾对照品0.0439g，置50ml量瓶中，加水溶解并稀释至刻度，摇匀，精密量取10ml，置另一50ml量瓶中，加水稀释至刻度，摇匀（每1ml相当于0.04mg的磷）。

供试品溶液的制备　取本品约0.15g，精密称定，置凯氏烧瓶中，加硫酸20ml与硝酸50ml，缓缓加热至溶液呈淡黄色，小心滴加过氧化氢溶液，使溶液褪色，继续加热30分钟，冷却后，转移至100ml量瓶中，加水稀释至刻度，摇匀。

测定法　精密量取对照品溶液与供试品溶液各2ml，分别置50ml量瓶中，各依次加入钼酸铵硫酸试液4ml，亚硫酸钠试液2ml与新鲜配制的对苯二酚溶液（取对苯二酚0.5g，加水适量使溶解，加硫酸1滴，加水稀释成100ml）2ml，加水稀释至刻度，摇匀，暗处放置40分钟，照紫外-可见分光光度法（附录0401），在620nm的波长处分别测定吸光度，计算含磷量。

氮含量　取本品0.1g，精密称定，照氮测定法（附录0704第二法）测定，计算。

磷脂酰胆碱、磷脂酰乙醇胺含量　照高效液相色谱法（附录0512）测定。

色谱条件与系统适应性试验　用硅胶为填充剂（色谱柱Alltima Sillica，250mm×4.6mm×5μm），柱温为40℃；以甲醇-水-冰醋酸-三乙胺（85∶15∶0.45∶0.05，*V/V*）为流动相A，以正己烷-异丙醇-流动相A（20∶48∶32，*V/V*）为流动相B；流速为每分钟1ml；按下表进行梯度洗脱；检测器为蒸发光散射检测器（参考条件：漂移管温度为72℃；载气流量为每分钟2.0ml）。

时间（分钟）	流动相A（%）	流动相B（%）
0	10	90
20	30	70
35	95	5
36	10	90
41	10	90

取磷脂酰乙醇胺、磷脂酰肌醇、溶血磷脂酰乙醇胺、磷脂酰胆碱、溶血磷脂酰胆碱对照品各适量，用三氯甲烷-甲醇（2∶1）溶解，制成每1ml含上述对照品分别为50μg、100μg、100μg、200μg、200μg的混合溶液，取上述溶液20μl注入液相色谱仪，各成分按上述顺序依次洗脱，各成分分离度应符合规定，理论板数按磷脂酰胆碱峰、磷脂酰乙醇胺峰、磷脂酰肌醇峰计算均应不低于1500。

测定法　分别称取磷脂酰乙醇胺和磷脂酰胆碱对照品适量，精密称定，用三氯甲烷-甲醇（2∶1）溶解，稀释制成每1ml含磷脂酰胆碱分别为50μg、100μg、150μg、200μg、300μg、400μg，含磷脂酰乙醇胺分别为5μg、10μg、15μg、20μg、30μg、40μg的溶液作为对照品溶液。精密量取上述对照品溶液各20μl注入液相色谱仪中，记录色谱图，以对照品溶液浓度的对数值与相应的峰面积对数值计算回归方程，另精密称取本品约15mg，置50ml量瓶中，加三氯甲烷-甲醇（2∶1）溶解并稀释至刻度。取供试溶液20μl注入液相色谱仪中，记录色谱图，由回归方程计算磷脂酰胆碱、磷脂酰乙醇胺的含量。

【类别】　药用辅料，乳化剂，增溶剂等。

【贮藏】　密封、避光，低温（－18℃以下）保存。

小 麦 淀 粉
Xiaomai Dianfen
Wheat Starch

本品系自禾本科植物小麦 *Triticum aestivum* L. 的颖果中制得。

【性状】 本品为白色或类白色粉末。

本品在冷水或乙醇中均不溶解。

【鉴别】 （1）取本品，用甘油醋酸试液装片（二部附录2001），在显微镜下观察。小麦淀粉多为单粒，呈显出大或者小颗粒，中等大小的颗粒很少。从正面看，大颗粒的直径一般为 $10\sim60\mu m$，一般为平圆形的，也有很少是椭圆形的，中心脐点或者条纹不可见，或者几乎不可见，小麦淀粉颗粒的边缘有时会出现裂纹；从侧面看，颗粒成椭圆形或者梭形，并且脐点在中心轴线上；小颗粒成圆形或者多边形，直径为 $2\sim10\mu m$。在偏光显微镜下观察，呈现偏光十字，十字交叉位于颗粒脐点处。

（2）取本品约1g，加水15ml，煮沸，放冷，即成类白色半透明的凝胶状物。

（3）取鉴别（2）项下凝胶状物约1g，加碘试液1滴，即显蓝色或蓝黑色，加热后逐渐褪色。

【检查】 酸度 取本品5.0g，加水25ml，缓缓搅拌1分钟，使混匀，静置15分钟，依法测定（附录0631），pH值应为4.5～7.0。

外来物质 取本品适量，用甘油醋酸试液装置（二部附录2001），在显微镜下观察，不得有其他品种的淀粉颗粒。

二氧化硫 取本品适量，依法检查（二部附录2331），含二氧化硫不得过0.005%。

氧化物质 取本品4.0g，置具塞锥形瓶中，加水50.0ml，密塞，振摇5分钟，转入具塞离心管中，离心至澄清，取上清液30.0ml，置碘量瓶中，加冰醋酸1ml与碘化钾1.0g，密塞，摇匀，置暗处放置30分钟，加淀粉指示液1ml，用硫代硫酸钠滴定液（0.002mol/L）滴定至蓝色消失，并将滴定的结果用空白试验校正。每1ml硫代硫酸钠滴定液（0.002mol/L）相当于 $34\mu g$ 的氧化物质（以过氧化氢 H_2O_2 计），消耗的硫代硫酸钠滴定液（0.002mol/L）不得过1.4ml（0.002%）。

总蛋白 取本品约6g（含氮约2mg），精密称定，置凯氏烧瓶中，加入粉末4g（取硫酸钾100g、硫酸铜5g与硒2.5g，研细，混匀），加入玻璃珠3粒，用10ml硫酸清洗瓶颈上的颗粒进入瓶中，并旋转混合，在瓶口上放一小漏斗，以防过度损失硫酸。使凯氏烧瓶成45°斜置，用小火缓缓加热使溶液保持在沸点以下，等泡沸停止，逐步加大火力，沸腾至溶液成澄明的绿色后，继续加热10分钟，放冷，小心加入水25ml，再次放冷，并置于蒸汽蒸馏装置中。加入40%氢氧化钠溶液50ml，并通入蒸汽马上开始蒸馏后，依法检查（附录0704第二法），得总氮量；另取本品约6g，精密称定，加水10ml混匀后，加10%三氯醋酸溶液10ml，混匀，静置30分钟，滤过（如有必要，可离心后滤过），取滤液，自"置凯氏烧瓶中，加入粉末4g"起同法操作，得非蛋白氮量，以总氮量减去非蛋白氮量即为供试品的总蛋白氮量。总蛋白不得过0.3%（相当于0.048%的氮，折算系数为6.25）。

干燥失重 取本品，在130℃干燥90分钟，减失重量不得过15.0%（附录0831）。

灰分 取本品，依法检查（二部附录2302），遗留残渣不得过0.6%。

铁盐 取本品1.50g，加2mol/L盐酸溶液15.0ml，振摇5分钟，滤过，取滤液10.0ml置50ml纳氏比色管中，加过硫酸铵50mg，用水稀释成35ml后，依法检查（附录0807），与标准铁溶液1.0ml制成的对照液比较，不得更深（0.001%）。

微生物限度 取本品，依法检查（附录1105与附录1106），每1g中需氧菌总数不得过1000cfu，霉菌和酵母菌总数不得过100cfu，不得检出大肠埃希菌。

【类别】 药用辅料，填充剂和崩解剂等。

【贮藏】 密封保存。

小 麦 麸

Xiaomaifu

Wheat Bran

本品系以小麦籽实为原料加工后所分出的表皮。

【性状】 本品为浅黄至黄褐色细碎屑状物或粉末；无霉变、结块、异味。

【检查】 粒度 应全部通过二号筛。

干燥失重 取本品，在105℃干燥4小时，减失重量不得过8.0%（附录0831）。

粗蛋白 取本品约0.5g，精密称定，置凯氏烧瓶中，照氮测定法（附录0704第二法）依法测定，每1ml的硫酸滴定液（0.005mol/L）相当于0.1401mg的N，并将计算结果乘以6.25。蛋白质含量应不得少于11.0%。

粗纤维 取本品约1g，精密称定，置烧杯中，加入0.13mol/L硫酸溶液150ml，用冷凝球置于烧杯上，煮沸，如产生泡沸，则加正辛醇数滴，使沸腾保持30分钟，将烧杯内容物倾入滤埚①中，用弱真空抽滤，并用50ml热水分5次洗涤，加丙酮适量覆盖残渣，静置数分钟，抽滤，再用石油醚（沸程40～60℃）90ml分3次洗涤残渣，抽滤，将残渣转移至酸消煮用的同一烧杯中，加入0.23mol/L氢氧化钾溶液150ml，用冷凝球置于烧杯上，煮沸，使沸腾保持30分钟，将烧杯中内容物倾入滤埚中，用弱真空抽滤，残渣用热水洗至中性，再用丙酮90ml分3次洗涤样品，抽滤，将滤埚置于灰化皿中，在130℃干燥2小时，放冷，精密称定，再将灰化皿和滤埚在500℃下灰化，精密称定，直至冷却后连续两次称量的差值不超过2mg，同时进行空白试验，空白试验的质量损失应不得过2mg。粗纤维含量应不得过11.0%。

炽灼残渣 不得过6.0%（附录0841）。

重金属 取炽灼残渣项下遗留的残渣，依法检查（附录0821第二法），含重金属不得过百万分之二十。

砷盐 取本品1.0g，加氢氧化钙1g，混合，加水适量搅拌均匀，干燥后以小火缓缓灼烧使炭化，再在500～600℃炽灼使完全灰化，放冷，加盐酸8ml与水23ml，依法检查（附录0822第一法），应符合规定（0.0002%）。

【类别】 药用辅料，稀释剂。

【贮藏】 密闭，在干燥处保存。

口 服 葡 萄 糖

Koufu Putaotang

Glucosum for Orale

$C_6H_{12}O_6 \cdot H_2O$ 198.17

本品为D-（+）-吡喃葡萄糖一水合物。

---

① 滤埚：用材质为石英、陶瓷、硬质玻璃或不锈钢，滤板孔径为40～100μm的坩埚，在坩埚底部覆盖一厚度为坩埚高度五分之一的滤器辅料（硅藻土、海沙或质量相当的其他材料。海沙在使用前用浓度为4mol/L盐酸煮沸，用水洗至中性，在500℃下加热1小时以上），在滤器辅料上面可置一陶瓷筛板，以防溅起。

【性状】 本品为白色或几乎白色结晶性或颗粒性粉末；无臭，味甜。

本品在水中易溶，在乙醇中微溶。

比旋度 取本品约10g，精密称定置100ml量瓶中，加水适量与氨试液0.2ml溶解后，用水稀释至刻度，摇匀，放置10分钟，在25℃时，依法测定（附录0621）。按干燥品计算，比旋度为+52.0°至+53.5°。

【鉴别】 取本品约0.2g，加水5ml溶解后，缓缓滴入温热的碱性酒石酸铜试液中，即生成氧化亚铜的红色沉淀。

【检查】 酸度 取本品2.0g，加水20ml溶解后，加酚酞指示液3滴与氢氧化钠滴定液（0.02mol/L）1.2ml，应显粉红色。

乙醇中不溶物 取本品1.0g，加90%乙醇30ml，置水浴上加热回流约10分钟，应溶解成几乎澄明的溶液。如显浑浊，趁热用90℃干燥至恒重的垂熔坩埚滤过，滤渣用热的90%乙醇洗净后，在90℃干燥至恒重，遗留残渣不得过5mg。

氯化物 取本品0.30g，依法检查（附录0801），如发生浑浊，与标准氯化钠溶液6.0ml制成的对照液比较，不得更浓（0.02%）。

硫酸盐 取本品1.0g，依法检查（附录0802），如发生浑浊，与标准硫酸钾溶液2.0ml制成的对照液比较，不得更浓（0.02%）。

亚硫酸盐与可溶性淀粉 取本品1.0g，加水10ml溶解后，加碘试液1滴，应即显黄色。

干燥失重 取本品，在105℃干燥至恒重，减失重量不得过9.5%（附录0831）。

炽灼残渣 不得过0.2%（附录0841）。

铁盐 取本品1.0g，加水20ml溶解后，加硝酸3滴，缓缓煮沸5分钟，放冷，加水稀释使成45ml，加硫氰酸铵溶液（30→100）3ml，摇匀，如显色，与标准铁溶液2.0ml，用同一方法制成的对照液比较，不得更深（0.002%）。

重金属 取本品1.0g，加水23ml溶解后，加稀醋酸2ml，依法检查（附录0821第一法），含重金属不得过百万分之二十。

砷盐 取本品1.0g，加水5ml溶解后，加稀硫酸5ml与溴化钾溴试液0.5ml，置水浴上加热约20分钟，使保持稍过量的溴存在，必要时，再补加溴化钾溴试液适量，并随时补充蒸散的水分，放冷，加盐酸5ml，与水适量使成28ml，依法检查（附录0822第一法），含砷量不得过百万分之二。

【类别】 药用辅料。

【贮藏】 密封保存。

山 梨 酸

Shanlisuan

Sorbic Acid

$$C_6H_8O_2 \quad 112.13$$

本品为（*E,E*）-2,4-己二烯酸，按无水物计算，含$C_6H_8O_2$不得少于99.0%。

【性状】 本品为白色至微黄白色结晶性粉末；有特臭。

本品在乙醇中易溶，在乙醚中溶解，在水中极微溶解。

熔点 本品的熔点（附录0612）为132～136℃。

【鉴别】 （1）取本品约0.2g，加乙醇2ml溶解后，加溴试液数滴，溴的颜色即消褪。

（2）取本品，加0.1mol/L盐酸溶液溶解并稀释制成每1ml中约含2.5μg的溶液，照紫外-可见分光光度法（附录0401）测定，在264nm的波长处有最大吸收。

（3）本品的红外光吸收图谱应与对照的图谱一致。

【检查】 **乙醇溶液的澄清度与颜色** 取本品1.0g，加乙醇50ml使溶解依法检查（附录0901与附录0902），溶液应澄清无色。

醛 取本品1.0g，加水30ml与异丙醇50ml使溶解，用0.1mol/L的氢氧化钠溶液调节pH值至4.0，加水稀释至100ml，摇匀，取10ml，加无色品红溶液（取碱性品红0.1g，加水60ml，加10%无水亚硫酸钠溶液10ml，摇匀，边搅拌边滴加盐酸2ml，加水至100ml。避光放置12小时以上，加0.2～0.3g活性炭，振摇，滤过，即得。如溶液浑浊，使用前需滤过；如试液呈现紫罗兰色，加活性炭重新脱色）1ml，摇匀，放置30分钟与对照液（取乙醛1.0g，置100ml量瓶中，加正丙醇稀释至刻度，摇匀，取适量，用正丙醇稀释制成每1ml中含乙醛0.1mg的溶液，取该溶液1.5ml，加水4.5ml与异丙醇4ml，摇匀，再加无色品红溶液1ml，摇匀）比较，不得更深（0.15%）。

水分 取本品，照水分测定法（附录0832第一法A）测定，含水分不得过0.5%。

炽灼残渣 取本品1.0g，依法检查（附录0841），遗留残渣不得过0.1%。

重金属 取炽灼残渣项下遗留的残渣，依法检查（附录0821第二法），含重金属不得过百万分之十。

【含量测定】 取本品约0.25g，精密称定，加中性乙醇（对酚酞指示液呈中性）25ml溶解后，加酚酞指示液数滴，用氢氧化钠滴定液（0.1mol/L）滴定。每1ml氢氧化钠滴定液（0.1mol/L）相当于11.21mg的$C_6H_8O_2$。

【类别】 药用辅料，抑菌剂。

【贮藏】 遮光，密封，在阴凉处保存。

山 梨 酸 钾

Shanlisuanjia

Potassium Sorbate

$$H_3C \diagup \diagdown \diagup \diagdown \diagup^{OK}_{\|_O}$$

$C_6H_7KO_2$ 150.22

本品为（E,E）-（2,4）-己二烯酸钾盐。由山梨酸与碳酸钾或氢氧化钾反应制得。按干燥品计算，含$C_6H_7KO_2$不得少于99.0%。

【性状】 本品为白色或类白色鳞片状或颗粒状结晶或结晶性粉末。

本品在水中易溶，在乙醇中微溶。

【鉴别】 （1）取本品约0.1g，加水10ml使溶解，加丙酮1ml，滴加稀盐酸使成酸性后，加溴试液2滴，摇匀，能使溴试液褪色。

（2）取本品，加水制成每1ml中含0.2mg的溶液，量取适量，加0.1mol/L盐酸溶液制成每1ml中含2μg的溶液，照紫外-可见分光光度法（附录0401）测定，在264nm的波长处有最大吸收。

（3）本品的红外光吸收图谱应与对照的图谱一致。

（4）本品的水溶液显钾盐的火焰反应（附录0301）。

【检查】　酸碱度　取本品1.0g，加水20ml溶解后，加酚酞指示液2滴，如显淡红色，加盐酸滴定液（0.1mol/L）0.25ml，淡红色应消失；如无色，加氢氧化钠滴定液（0.1mol/L）0.25ml，应显淡红色。

溶液的澄清度与颜色　取本品0.20g，加水5ml溶解后，依法检查（附录0901与附录0902），溶液应澄清无色；如显色，与黄色3号标准比色液（附录0901第一法）比较，不得更深。

氯化物　取本品0.40g，加水15ml使溶解，边搅拌边加稀硝酸10ml，滤过，用水10ml分次洗涤残渣，合并滤液和洗液，加水使成约40ml，依法检查（附录0801），与标准氯化钠溶液7.0ml制成的对照液比较，不得更浓（0.018%）。

硫酸盐　取本品1.05g，加水30ml使溶解，边搅拌边加稀盐酸2ml，滤过，用水8ml分次洗涤，合并滤液和洗液，加水使成约40ml，依法检查（附录0802），与标准硫酸钾溶液4.0ml制成的对照液比较，不得更浓（0.038%）。

醛　取本品1.0g，置100ml量瓶中，加异丙醇50ml与水30ml使溶解，用1mol/L盐酸溶液调节pH值至4（用精密试纸），加水稀释至刻度，摇匀，精密量取10ml，置纳氏比色管中，加品红-亚硫酸试液（取碱性品红0.2g，溶于120ml热水中，放冷，加10%结晶亚硫酸钠溶液20ml与盐酸2ml，混匀）1ml，摇匀，放置30分钟后，与标准甲醛溶液（精密量取甲醛溶液适量，加水制成每1ml中含甲醛0.1mg的溶液）1.0ml，加异丙醇5ml与水4ml用同一方法制成的对照液比较，不得更深（0.1%）。

干燥失重　取本品，在105℃干燥至恒重，减失重量不得过1.0%（附录0831）。

重金属　取本品2.0g，置坩埚中，加氧化镁0.5g，缓缓加热使成白色或灰白色。再在800℃炽灼1小时。用盐酸溶液（1→2）10ml分2次溶解残渣，滴加浓氨溶液至对酚酞指示液显中性，放冷，加冰醋酸使红色消失，再加冰醋酸0.5ml与醋酸盐缓冲液（pH3.5）2ml，移置纳氏比色管中，加水稀释成25ml；另取标准铅溶液2.0ml，加氧化镁0.5g，同上法操作，依法检查（附录0821第一法），含重金属不得过百万分之十。

砷盐　取本品0.67g，加氢氧化钙1.0g，混合，加水少量，搅拌均匀，干燥后，先用小火烧灼使炭化，再在500～600℃炽灼使完全灰化，放冷，加盐酸5ml与水23ml使溶解，依法检查（附录0822第一法），应符合规定（0.0003%）。

【含量测定】　取本品约0.12g，精密称定，加冰醋酸24ml与醋酐1ml溶解后，加结晶紫指示液1滴，用高氯酸滴定液（0.1mol/L）滴定至溶液显蓝色，并将滴定的结果用空白试验校正。每1ml的高氯酸滴定液（0.1mol/L）相当于15.02mg的$C_6H_7KO_2$。

【类别】　药用辅料，抑菌剂。

【贮藏】　密封保存。

山嵛酸甘油酯

Shanyusuan Ganyouzhi

Glyceryl Behenate

本品系由山嵛酸与甘油经酯化而得，主要为山嵛酸单甘油酯、山嵛酸二甘油酯与山嵛酸三甘油酯。

【性状】 本品为白色或类白色粉末或硬蜡块；有微臭味。

本品在三氯甲烷中溶解，在水或乙醇中几乎不溶。

熔点 本品的熔点（附录0612）应为65～77℃。

酸值 本品的酸值应不大于4（附录0713）。

碘值 取本品3.0g，依法测定（附录0713），本品的碘值应不大于3。

皂化值 本品的皂化值应为145～165（附录0713）。

过氧化值 本品的过氧化值应不大于6（附录0713）。

【鉴别】 （1）取本品适量，用三氯甲烷制成每1ml中约含60mg的溶液，作为供试品溶液；另取山嵛酸甘油酯对照品适量，加三氯甲烷制成每1ml中约含60mg的溶液，作为对照品溶液。照薄层色谱法（附录0502）试验，取上述两种溶液各10μl，分别点于同一硅胶G薄层板（临用前用乙醚展开，取出，晾干，再置2.5%硼酸的乙醇溶液中放置1分钟，取出，晾干，于110℃加热30分钟）上，以三氯甲烷-丙酮（96∶4）为展开剂，展开，取出，晾干，喷以0.02%二氯荧光黄的乙醇溶液，置紫外光灯（254nm）下检视，供试品溶液所显的主斑点的位置和颜色应与对照品溶液的主斑点相同。

（2）脂肪酸组成项下记录的色谱图中供试品溶液主峰的保留时间应与对照品溶液中山嵛酸甲酯峰保留时间一致。

【检查】 **游离甘油** 取山嵛酸单甘油酯检查项下收集的水层溶液，照山嵛酸单甘油酯检查项下的方法，自"精密加高碘酸溶液50ml"起，同法滴定；同时用水75ml作空白试验。每1ml硫代硫酸钠滴定液（0.1mol/L）相当于2.3mg的甘油（$C_3H_8O_3$），本品游离甘油量不得过1.0%。

水分 取本品适量，以吡啶为溶剂，照水分测定法（附录0832第一法A）测定，含水分不得过1.0%。

炽灼残渣 取本品1.0g，依法检查（附录0841），遗留残渣不得过0.1%。

镍 取镍标准溶液适量，加0.5%稀硝酸稀释制成每1ml中含0.001μg的溶液，作为对照品溶液；取本品约0.5g，精密称定，加硝酸10ml（或其他适宜试剂适量）消解，将消解后的液体移至25ml量瓶中，用水冲洗消解瓶2次，每次2ml，合并洗液，加1%硝酸镁溶液与10%磷酸二氢铵溶液各1ml，加水稀释至刻度，摇匀，作为供试品溶液；同法不加样品制备空白供试液。照原子吸收分光光度法（附录0406第一法），在232nm的波长处分别测定，本品含镍量应符合规定（0.0001%）。

重金属 取炽灼残渣项下遗留的残渣，依法检查（附录0821第二法），含重金属不得过百万分之十。

砷盐 取本品1.0g，加氢氧化钙1.0g，混合，加水搅拌均匀，干燥后，先用小火灼烧使炭化，再在500～600℃炽灼使完全灰化，放冷，加盐酸5ml与水23ml，依法检查（附录0822第一法），应符合规定（0.0002%）。

脂肪酸组成 取本品0.1g，置50ml锥形瓶中，加0.5mol/L氢氧化钠甲醇溶液2ml，在65℃水浴中皂化约30分钟，放冷，加15%三氟化硼甲醇溶液2ml，再在65℃水浴中甲酯化30分钟，放冷，加正庚烷4ml，继续在65℃水浴中回流5分钟后，放冷，加饱和氯化钠溶液10ml，振摇，静置使分层，取上层液用水洗涤3次，每次2ml，并用无水硫酸钠干燥。照气相色谱法（附录0521）试验，以键合聚乙二醇为固定液，起始温度为230℃，维持11分钟，以每分钟5℃的速率升至250℃，维持10分钟。进样口温度为260℃，检测器温度为270℃。分别取棕榈酸甲酯、硬脂酸甲酯、花生酸甲酯、山嵛酸甲酯、芥酸甲酯、二十四烷酸甲酯对照品适量，加正己烷制成每1ml中各含0.1mg的溶液，取1μl注入气相色谱仪，记录色谱图，理论板数按山嵛酸峰计算不得低于10 000，各色谱峰的分离度应符合要求。取上层液1μl注入气相色谱仪，记录色谱图。其出峰顺序为棕榈酸、硬脂酸、花生酸、山嵛酸、芥酸与二十四烷酸，按面积归一化法以峰面积计算，依次为不大于3.0%、不大于5.0%、不大于10.0%、不少于83.0%、不大于3.0%与不大于3.0%。

山嵛酸单甘油酯 取本品约1g，精密称定，置100ml锥形瓶中，加三氯甲烷25ml使溶解，移至分液漏斗中，锥形瓶用三氯甲烷25ml洗1次，水25ml洗1次，洗涤液并入同一分液漏斗中，强力振摇1分钟，静置分层（若乳化，加冰醋酸1～2ml）；将水层转移至500ml具塞锥形瓶中，三氯甲烷层用水洗涤2次，每次25ml，合并水层（用于游离甘油检查）。三氯甲烷层转移至500ml具塞锥形瓶中，精密加高碘酸溶液（取高碘酸5.4g，加水100ml与冰醋酸1900ml，在暗处放置）50ml，放置60分钟，并时时振摇，加碘化钾试液20ml，放置5分钟，加水100ml，用硫代硫酸钠滴定液（0.1mol/L）滴定，待混合液由棕色变为淡黄色，加淀粉指示液2ml，继续滴定至蓝色消失；同时用三氯甲烷50ml与水10ml做空白试验（并将滴定的结果用空白试验校正）。每1ml硫代硫酸钠滴定液（0.1mol/L）相当于20.73mg的山嵛酸单甘油酯。含山嵛酸单甘油酯应为12.0%～18.0%。

【类别】 药用辅料，润滑剂和释放阻滞剂等。

【贮藏】 密闭保存。

附：山嵛酸单甘油酯检查用三氯甲烷的检查 精密量取高碘酸溶液50ml，分别置于三个500ml具塞锥形瓶中，加三氯甲烷50ml与水10ml于前两个锥形瓶中，加水50ml于第三个锥形瓶中，再分别加碘化钾试液20ml，摇匀，照山嵛酸单甘油酯检查项下方法，自"放置5分钟"起，同法滴定。含三氯甲烷与不含三氯甲烷的溶液消耗硫代硫酸钠滴定液（0.1mol/L）的容积（ml）之差不得过0.5ml。

门 冬 氨 酸

Mendong'ansuan

Aspartic Acid

$$C_4H_7NO_4 \qquad 133.10$$

本品为L-2-氨基丁二酸。按干燥品计算，含$C_4H_7NO_4$不得少于98.5%。

【性状】 本品为白色或类白色结晶或结晶性粉末；无臭。

本品在热水中溶解，在水中微溶，在乙醇中不溶，在稀盐酸或氢氧化钠溶液中溶解。

比旋度 取本品，精密称定，加6mol/L盐酸溶液溶解并定量稀释制成每1ml中约含80mg的溶液，依法测定（附录0621），比旋度为+24.0°至+26.0°。

【鉴别】 （1）取本品与门冬氨酸对照品各10mg，分别置25ml量瓶中，加氨试液2ml使溶解，用水稀释至刻度，摇匀，作为供试品溶液与对照品溶液。照其他氨基酸项下的色谱条件试验，供试品溶液所显主斑点的位置和颜色应与对照品溶液的主斑点相同。

（2）本品的红外光吸收图谱应与对照的图谱一致。

【检查】 酸度 取本品0.10g，加水20ml溶解后，依法测定（附录0631），pH值应为2.0～4.0。

溶液的透光率 取本品1.0g，加1mol/L盐酸溶液10ml溶解后，照紫外-可见分光光度法（附录0401），在430nm的波长处测定透光率，不得低于98.0%。

氯化物 取本品0.30g，依法检查（附录0801），与标准氯化钠溶液6.0ml制成的对照液比较，不得更浓（0.02%）。

硫酸盐 取本品1.0g，依法检查（附录0802），与标准硫酸钾溶液2.0ml制成的对照液比较，不得更浓（0.02%）。

铵盐 取本品0.10g，依法检查（附录0808），与标准氯化铵溶液2.0ml制成的对照液比较，不得更深（0.02%）。

其他氨基酸 取本品0.10g，置10ml量瓶中，加浓氨溶液2ml使溶解，用水稀释至刻度，摇匀，作为供试品溶液；精密量取1ml，置200ml量瓶中，用水稀释至刻度，摇匀，作为对照溶液；另取门冬氨酸对照品10mg与谷氨酸对照品10mg，置同一25ml量瓶中，加氨试液2ml使溶解，用水稀释至刻度，摇匀，作为系统适用性试验溶液。照薄层色谱法（附录0502）试验，吸取上述三种溶液各5μl，分别点于同一硅胶G薄层板上，以冰醋酸-水-正丁醇（1：1：3）为展开剂，展开至少15cm，晾干，喷以0.2%茚三酮的正丁醇-2mol/L醋酸溶液（95：5）混合溶液，在105℃加热约15分钟至斑点出现，立即检视。对照溶液应显一个清晰的斑点，系统适用性试验溶液应显两个清晰分离的斑点。供试品溶液如显杂质斑点，其颜色与对照溶液的主斑点比较，不得更深（0.5%）。

干燥失重 取本品，在105℃干燥3小时，减失重量不得过0.2%（附录0831）。

炽灼残渣 取本品1.0g，依法检查（附录0841），遗留残渣不得过0.1%。

铁盐 取本品1.0g，依法检查（附录0807），与标准铁溶液1.0ml制成的对照液比较，不得更深（0.001%）。

重金属 取炽灼残渣项下遗留的残渣，依法检查（附录0821第二法），含重金属不得过百万分之十。

砷盐 取本品2.0g，加水23ml溶解后，加盐酸5ml，依法检查（附录0822第一法），应符合规定（0.0001%）。

热原 取本品，加氯化钠注射液溶解并稀释制成每1ml中含10mg的溶液，依法检查（附录1142），剂量按家兔体重每1kg注射10ml，应符合规定。（供注射用）

【含量测定】 取本品约0.1g，精密称定，加无水甲酸5ml使溶解，加冰醋酸30ml，照电位滴定法（附录0701），用高氯酸滴定液（0.1mol/L）滴定，并将滴定的结果用空白试验校正。每1ml高氯酸滴定液（0.1mol/L）相当于13.31mg的$C_4H_7NO_4$。

【类别】 药用辅料，增溶剂和冻干保护剂等。

【贮藏】 密封保存。

门 冬 酰 胺

Mendongxian'an

Asparagine

$C_4H_8N_2O_3 \cdot H_2O$ 150.13

本品为门冬酰胺一水合物。按干燥品计算，含$C_4H_8N_2O_3$不得少于98.0%。

【性状】 本品为白色或类白色结晶或结晶性粉末；无臭。

本品在热水中易溶，在甲醇、乙醇或乙醚中几乎不溶；在稀盐酸或氢氧化钠试液中易溶。

比旋度 取本品，精密称定，加3mol/L盐酸溶液溶解并定量稀释制成每1ml中约含20mg的溶液，依法测定（附录0621），比旋度为+31°至+35°。

【鉴别】 （1）取本品约1g，加10%氢氧化钠溶液5ml，微热至沸，产生的蒸气有氨臭并能使湿润的红色石蕊试纸变蓝色。

（2）取本品约1mg，加水5ml溶解后，加茚三酮约5mg，加热，溶液显紫色。

（3）取本品与门冬酰胺对照品各0.1g，分别加水10ml，微温使溶解（不超过40℃），放冷，作为供试品溶液与对照品溶液。照其他氨基酸项下的色谱条件试验，供试品溶液所显主斑点的位置和颜色应与对照品溶液的主斑点相同。

【检查】 溶液的透光率 取本品0.4g，加水20ml溶解后，照紫外-可见分光光度法（附录0401），在430nm的波长处测定透光率，不得低于98.0%。

氯化物 取本品1.0g，依法检查（附录0801），与标准氯化钠溶液5.0ml制成的对照液比较，不得更浓（0.005%）。

硫酸盐 取本品2.0g，加水25ml，加热溶解后，放冷，依法检查（附录0802），与标准硫酸钾溶液1.0ml制成的对照液比较，不得更浓（0.005%）。

其他氨基酸 取本品0.25g，置10ml量瓶中，加水适量，微温使溶解（不超过40℃），放冷，用水稀释至刻度，摇匀，作为供试品溶液；精密量取1ml，置200ml量瓶中，用水稀释至刻度，摇匀，作为对照溶液；另取谷氨酸对照品25mg，置10ml量瓶中，加水适量加热使溶解，再加供试品溶液1ml，用水稀释至刻度，摇匀，作为系统适用性试验溶液。照薄层色谱法（附录0502）试验，吸取上述三种溶液各5μl，分别点于同一硅胶G薄层板上，以冰醋酸-水-正丁醇（1:1:2）为展开剂，展开至少10cm，晾干，110℃加热15分钟，喷以0.2%茚三酮的正丁醇-2mol/L醋酸溶液（95:5）混合溶液，在110℃加热约10分钟至斑点出现，立即检视。对照溶液应显一个清晰的斑点，系统适用性试验溶液应显两个完全分离的斑点。供试品溶液如显杂质斑点，其颜色与对照溶液的主斑点比较，不得更深（0.5%）。

干燥失重 取本品，在105℃干燥3小时，减失重量为11.5%~12.5%（附录0831）。

炽灼残渣 不得过0.1%（附录0841）。

铁盐 取本品1.0g，加水25ml溶解后，依法检查（附录0807），与标准铁溶液1.0ml制成的对照液比较，不得更深（0.001%）。

铵盐 取本品10mg，置直径约4cm的称量瓶中，加水1ml使溶解；另取标准氯化铵溶液1.0ml，置另一同样的称量瓶中。两个称量瓶瓶盖下方均粘贴一张用1滴水润湿的边长约5mm的银锰试纸（将滤纸条浸入0.85%硫酸锰-0.85%硝酸银溶液中3~5分钟，取出，晾干）。分别向两个称量瓶中加重质氧化镁各0.30g，立即加盖密塞，旋转混匀，40℃放置30分钟。供试品使试纸产生的灰色与标准氯化铵溶液1.0ml制成的对照试纸比较，不得更深（0.1%）。

重金属 取本品1.0g，加水23ml加热溶解后，加醋酸盐缓冲液（pH3.5）2ml，依法检查（附录0821第一法），含重金属不得过百万分之十。

砷盐 取本品2.0g，加水23ml和盐酸5ml溶解后，依法检查（附录0822第一法），应符合规定（0.0001%）。

【含量测定】 取本品约0.15g，精密称定，照氮测定法（附录0704第一法）测定。每1ml硫酸滴定液（0.05mol/L）相当于6.606mg的$C_4H_8N_2O_3$。

【类别】 药用辅料，增溶剂和冻干保护剂等。

【贮藏】 遮光，密封，阴凉处保存。

马　来　酸

Malaisuan

Maleic Acid

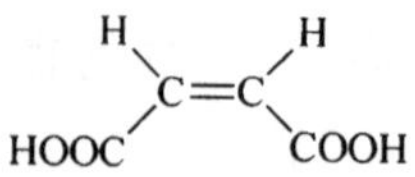

$$C_4H_4O_4 \quad 116.07$$

本品为顺丁烯二酸。按无水物计算，含马来酸（$C_4H_4O_4$）不得少于99.0%。

【性状】 本品为白色或类白色结晶性粉末，有特臭。

本品在水和丙酮中易溶。

熔点 本品的熔点（附录0621）为133~137℃。

【鉴别】 （1）取本品0.1g，加水10ml使溶解，混匀，作为供试品溶液。取供试品溶液0.3ml，加间苯二酚硫酸溶液（1→300）3ml，水浴加热15分钟，溶液应无色。取供试品溶液3ml，加溴试液1ml，水浴加热15分钟，溴试液颜色消失，放冷，量取0.2ml，加间苯二酚硫酸溶液（1→300）3ml，置水浴加热15分钟，溶液应呈紫红色。

（2）取本品和马来酸对照品各适量，用有关物质项下的流动相溶解并稀释制成每1ml中含10μg的溶液，作为供试品溶液和对照品溶液。照有关物质项下的色谱条件测定，取供试品溶液和对照品溶液各10μl，分别注入液相色谱仪，供试品溶液主峰的保留时间应与对照品溶液主峰的保留时间一致。

（3）本品的红外光吸收图谱应与马来酸对照品的图谱一致。

【检查】 **酸度** 取本品0.5g，加水10ml，振摇使溶解，依法测定（附录0631），pH值不得过2.0。

溶液的澄清度与颜色 取本品1.0g，加水10ml溶解后，依法检查（附录0901与附录0902），溶液应澄清无色；如显色，与黄色1号标准比色液（附录0901第一法）比较，不得更深。

富马酸及其他有关物质 取本品适量，精密称定，加流动相溶解并定量稀释制成每1ml中约含1mg的溶液，作为供试品溶液；另取马来酸和富马酸对照品各适量，精密称定，加流动相溶解并定量稀释制成每1ml中各含1μg和5μg的溶液，作为对照品溶液。照高效液相色谱法（附录0512）试验。用十八烷基硅烷键合硅胶为填充剂；以水（用磷酸调节pH值至3.0）-乙腈（85:15）为流动相；检测波长210nm。取对照品溶液10μl，注入液相色谱仪，富马酸峰与马来酸峰的分离度应大于2.5。再精密量取供试品溶液和对照品溶液各10μl，分别注入液相色谱仪，记录色谱图至马来酸峰保留时间的2倍。供试品溶液色谱图中如显杂质峰，按外标法以峰面积计算，含富马酸不得过0.5%，其他单个杂质按对照品溶液中马来酸峰面积计算不得过0.1%，杂质总量不得过1.0%。

水分 取本品，照水分测定法（附录0832第一法1）测定，含水分不得过2.0%。

炽灼残渣 取本品1.0g，依法检查（附录0841），遗留残渣不得过0.1%。

铁盐 取本品1.0g，加水25ml，依法检查（附录0807），与标准铁溶液0.5ml制成的对照品比较，不得更深（0.0005%）。

重金属 取炽灼残渣项下遗留的残渣，依法检查（附录0821第二法），含重金属不得过百万分之十。

【含量测定】 取本品约1.0g，精密称定，加水100ml使溶解，加酚酞指示液数滴，用氢氧化钠滴定液（1mol/L）滴定，每1ml氢氧化钠滴定液（1mol/L）相当于58.04mg的$C_4H_4O_4$。

【类别】 药用辅料，pH值调节剂和泡腾剂等。

【贮藏】 密闭保存。

马铃薯淀粉

Malingshu Dianfen

Potato Starch

本品系自茄科植物马铃薯 *Solanum tuberosum* L. 的块茎中制得。

【性状】 本品为白色或类白色粉末。

本品在水或乙醇中均不溶解。

【鉴别】 （1）取本品，用甘油醋酸试液装片（二部附录2001），在显微镜下观察。淀粉均为单粒，呈卵圆形或梨形，直径为30～100μm，偶见超过100μm；或圆形，大小为10～35μm；偶见具有2～4个淀粉粒组成的复合颗粒。呈卵圆形或梨形的颗粒，脐点偏心；呈圆形的颗粒脐点无中心或略带不规则的脐点。在偏光显微镜下，十字交叉位于颗粒脐点处。

（2）取本品1g，加水15ml，煮沸，放冷，即成类白色半透明的凝胶状物。

（3）取鉴别（2）项下凝胶状物，加碘试液1滴，即显蓝色或蓝黑色，加热后逐渐褪色。

【检查】 **酸碱度** 取本品5.0g，加水25ml，磁搅拌1分钟，静置15分钟，依法测定（附录0631），pH值应为5.0～8.0。

外来物质 取本品，用甘油醋酸试液装片（二部附录2001），在显微镜下观察，不得有其他品种的淀粉颗粒。

二氧化硫 取本品适量，依法检查（二部附录2331），含二氧化硫不得过0.005%。

氧化物质 取本品4.0g，置具塞锥形瓶中，加水50.0ml，密塞，振摇5分钟，转入具塞离心管中，取上清液30.0ml，置碘量瓶中，加冰醋酸1ml与碘化钾1.0g，密塞，摇匀，置暗处放置30分钟，加淀粉指示液1ml，用硫代硫酸钠滴定液（0.002mol/L）滴定至蓝色消失，并将滴定的结果用空白试验校正。每1ml硫代硫酸钠滴定液（0.002mol/L）相当于34μg的氧化物质（以过氧化氢H_2O_2计），消耗硫代硫酸钠滴定液（0.002mol/L）不得过1.4ml（0.002%）。

干燥失重 取本品，在130℃干燥1.5小时，减失的重量不得过20.0%（附录0831）。

灰分 取本品，依法检查（二部附录2302），遗留残渣不得过0.6%。

铁盐 取本品1.50g，加2mol/L盐酸溶液15.0ml，振摇5分钟，滤过，取滤液10.0ml置50ml纳氏比色管中，加过硫酸铵50mg，用水稀释成35ml，依法检查（附录0807），与标准铁溶液1.0ml制成的对照液比较，不得更深（0.001%）。

微生物限度 取本品，依法检查（附录1105与附录1106），每1g中需氧菌总数不得过1000cfu、霉菌和酵母菌总数不得过100cfu，不得检出大肠埃希菌。

【类别】 药用辅料，稀释剂和黏合剂等。

【贮藏】 密闭保存。

无水亚硫酸钠

Wushui Yaliusuanna

Anhydrous Sodium Sulfite

Na_2SO_3　126.04

本品含Na_2SO_3应为97.0%~100.5%。

【性状】 本品为白色结晶或粉末。

本品在水中易溶，在乙醇中极微溶解，在乙醚中几乎不溶。

【鉴别】（1）本品的水溶液（1→10）显碱性，溶液显亚硫酸盐的鉴别反应（附录0301）。

（2）本品的水溶液显钠盐鉴别（1）的反应（附录0301）。

【检查】 溶液的澄清度与颜色 取本品1.0g，加水20ml使溶解，依法检查（附录0901与附录0902），溶液应澄清无色。

硫代硫酸盐 取本品2.0g，加水100ml，振摇使溶解，加甲醛溶液10ml、醋酸10ml，摇匀，静置5分钟，取水100ml，自"加甲醛溶液"起同法操作，作为空白。加淀粉指示液0.5ml，用碘滴定液（0.05mol/L）滴定，扣除空白试验消耗的体积，消耗碘滴定液不得过0.15ml。

铁盐 取本品1.0g，加盐酸2ml，置水浴上蒸干，加水适量溶解，依法检查（附录0807），与标准铁溶液1.0ml制成的对照液比较，不得更深（0.001%）。

锌 取本品约10.0g，精密称定，置250ml锥形瓶中，加水25ml，振摇使大部分溶解，缓缓加入盐酸15ml，加热至沸腾。冷却，用水定量转移至100ml量瓶中，并稀释至刻度，摇匀，精密量取适量，加水定量稀释制成每1ml约含20mg的溶液，作为供试品溶液；精密量取锌单元素标准溶液（每1ml中含Zn1000μg）5ml，置200ml量瓶中，用水稀释至刻度，摇匀，精密量取2ml，置100ml量瓶中，加盐酸3ml，用水稀释至刻度，摇匀，作为对照品溶液。分别取供试品溶液和对照品溶液，照原子吸收分光光度法（附录0406第一法），在213.9nm的波长处测定，供试品溶液的吸光度不得大于对照品溶液的吸光度（0.0025%）。

重金属 取本品1.0g，依法检查（附录0821第一法），含重金属不得过百万分之十。

硒 取本品3.0g，加甲醛溶液10ml，缓缓加入盐酸2ml，水浴加热20分钟，溶液显粉红色，与另取本品1.0g，精密加硒标准溶液（精密称取硒0.100g，加硝酸2ml，蒸干，残渣加水2ml使溶解，蒸干，重复操作3次，残渣用稀盐酸溶解并定量转移至1000ml量瓶中，加稀盐酸稀释至刻度，摇匀，即得）0.2ml，加甲醛溶液10ml，缓缓加入盐酸2ml，水浴加热20分钟，制得的对照溶液的颜色比较，不得更深（0.001%）。

砷盐 取本品0.5g，加水10ml溶解后，加硫酸1ml，置砂浴上蒸至白烟冒出，放冷，加水21ml与盐酸5ml，依法检查（附录0822第二法），应符合规定（0.0004%）。

【含量测定】 取本品约0.20g，精密称定，加适量水振摇溶解后，精密加碘滴定液（0.05mol/L）50ml，密塞，在暗处放置5分钟，用硫代硫酸钠滴定液（0.1mol/L）滴定，至近终点时，加淀粉指示液1ml，继续滴定至蓝色消失，并将滴定的结果用空白试验校正。每1ml碘滴定液（0.05mol/L）相当于6.302mg的Na_2SO_3。

【类别】 药用辅料，抗氧剂。

【贮藏】 密封保存。

无水枸橼酸

Wushui Juyuansuan

Anhydrous Citric Acid

$C_6H_8O_7$ 192.12

本品为2-羟基丙烷-1,2,3-三羧酸。按无水物计算，含$C_6H_8O_7$应在99.5%~100.5%。

【性状】 本品为无色的半透明结晶、白色颗粒或白色结晶性粉末；无臭，味极酸；在干燥空气中微有风化性；水溶液显酸性反应。

本品在水中极易溶解，在乙醇中易溶，在乙醚中略溶。

熔点 本品的熔点（附录0621）为152~154℃，熔融同时分解。

【鉴别】 （1）本品显枸橼酸盐的鉴别反应（附录0301）。

（2）本品的红外光吸收图谱应与对照的图谱一致。

【检查】 溶液的澄清度与颜色 取本品2.0g，加水10ml使溶解后，依法检查（附录0901与附录0902第一法），溶液应澄清无色；如显色，与黄色2号或黄绿色2号标准比色液（附录0901第一法）比较，不得更深。

氯化物 取本品10.0g，依法检查（附录0801），与标准氯化钠溶液5.0ml制成的对照液比较，不得更浓（0.0005%）。

硫酸盐 取本品1.0g，依法检查（附录0802），与标准硫酸钾溶液1.5ml制成的对照液比较，不得更浓（0.015%）。

草酸盐 取本品1.0g，加水10ml溶解后，加氨试液中和，加氯化钙试液2ml，在室温放置30分钟，不得产生浑浊。

易炭化物 取本品1.0g，置比色管中，加95%（g/g）硫酸10ml，在90℃±1℃加热1小时，立即放冷，如显色，与对照液（取比色用氯化钴液0.9ml、比色用重铬酸钾液8.9ml与比色用硫酸铜液0.2ml混匀）比较，不得更深。

水分 取本品，照水分测定法（附录0832第一法A）测定，含水分不得过0.5%。

炽灼残渣 不得过0.1%（附录0841）。

钙盐 取本品1.0g，加水10ml溶解后，加氨试液中和，加草酸铵试液数滴，不得产生浑浊。

重金属 取本品4.0g，加水10ml溶解后，加酚酞指示液1滴，滴加氨试液适量至溶液显粉红色，加醋酸盐缓冲液（pH3.5）2ml与水适量使成25ml，依法检查（附录0821第一法），含重金属不得过百万分之五。

砷盐 取本品2.0g，加水23ml溶解后，加盐酸5ml，依法检查（附录0822第一法），应符合规定（0.0001%）。

【含量测定】 取本品约1.5g，精密称定，加新沸过的冷水40ml溶解后，加酚酞指示液3滴，用氢氧化钠滴定液（1mol/L）滴定。每1ml氢氧化钠滴定液（1mol/L）相当于64.04mg的$C_6H_8O_7$。

【类别】 药用辅料，pH值调节剂，稳定剂和酸化剂。

【贮藏】 密封保存。

无水碳酸钠

Wushui Tansuanna

Anhydrous Sodium Carbonate

Na_2CO_3 105.99

本品通过氨碱法亦称索尔维法制得。按干燥品计算，含Na_2CO_3不得少于99.0%。

【性状】 本品为白色或类白色结晶性粉末，有引湿性。

本品在水中易溶，在乙醇中几乎不溶。

【鉴别】 本品显钠盐和碳酸盐的鉴别反应（附录0301）。

【检查】 **溶液的澄清度与颜色** 取本品2.0g，加水10ml溶解后，依法检查（附录0901与附录0902），溶液应澄清无色；如显浑浊，与1号浊度标准液（附录0902）比较，不得更浓；如显色，与黄色1号标准比色液（附录0901第一法）比较，不得更深。

氯化物 取本品0.4g，依法检查（附录0801），与标准氯化钠溶液5.0ml制成的对照液比较，不得更浓（0.0125%）。

硫酸钠 取本品1.0g，依法检查（附录0802），与标准硫酸钾溶液2.5ml制成的对照液比较，不得更浓（0.025%）。

铵盐 取本品1.0g，加氢氧化钠试液10ml，加热，发生的蒸气遇湿润的红色石蕊试纸不得变蓝色。

碳酸氢钠 取本品0.4g，加水20ml溶解后，加入氯化钡试液20ml，滤过。取续滤液10ml加入酚酞指示液0.1ml，溶液不得变红；剩余续滤液煮沸2分钟，溶液仍应澄清。

干燥失重 取本品，在105℃干燥4小时，减失重量不得过2.0%（附录0831）。

铁盐 取本品1.0g，加水适量溶解后，加稀盐酸使成微酸性，煮沸除尽二氧化碳气体，放冷，用水稀释制成25ml，依法检查（附录0807），与标准铁溶液5.0ml制成的对照液比较，不得更深（0.005%）。

重金属 取砷盐检查项下供试品溶液5ml，依法检查（附录0821第一法），应符合规定（百万分之五十）。

砷盐 取本品2.0g，加盐酸5ml与水25ml后，煮沸除尽二氧化碳气体，放冷，滴加5mol/L氢氧化钠溶液至溶液呈中性并用水稀释至50ml，摇匀，分取10ml，依法检查（附录0822第一法），应符合规定（0.0005%）。

【含量测定】 取本品约1.5g，精密称定，加水50ml使溶解，加甲基红-溴甲酚绿混合指示液10滴，用盐酸滴定液（1.0mol/L）滴定至溶液由绿色转变为紫红色，煮沸2分钟，冷却至室温，继续滴定至溶液由绿色转变为暗紫色，并将滴定的结果用空白试验校正。每1ml盐酸滴定液（1.0mol/L）相当于53.00mg的Na_2CO_3。

【类别】 药用辅料，pH值调节剂等。

【储藏】 密封保存。

无水磷酸氢二钠

Wushui Linsuan Qing'erna

Disodium Hydrogen Phosphate Anhydrous

Na_2HPO_4　142.0

本品按干燥品计算，含Na_2HPO_4不得少于99.0%。

【性状】　本品为白色或类白色粉末，具引湿性。

本品在水中易溶，在乙醇中几乎不溶。

【鉴别】　本品的水溶液显钠盐与磷酸盐的鉴别反应（附录0301）。

【检查】　**碱度**　取本品1.0g，加水20ml溶解后，依法测定（附录0631），pH值应为9.0～9.4。

溶液的澄清度与颜色　取本品1.0g，加水10ml，充分振摇使溶解，依法检查（附录0901与附录0902），溶液应澄清无色。

氯化物　取本品5.0g，依法检查（附录0801），与标准氯化钠溶液5.0ml制成的对照液比较，不得更浓（0.001%）。

硫酸盐　取本品2.0g，依法检查（附录0802），与标准硫酸钾溶液2.0ml制成的对照液比较，不得更浓（0.01%）。

碳酸盐　取本品2.0g，加水10ml，煮沸，冷却后，加盐酸2ml，应无气泡产生。

水中不溶物　取本品20.0g，加热水100ml使溶解，用经105℃干燥至恒重的4号垂熔坩埚滤过，沉淀用热水200ml分10次洗涤，在105℃干燥2小时，遗留残渣不得过10mg（0.05%）。

还原物质　取本品5.0g，加新沸过的冷水溶解并稀释至50ml，摇匀，量取5.0ml，加稀硫酸5ml与高锰酸钾滴定液（0.02mol/L）0.25ml，在水浴加热5分钟，溶液的紫红色不得消失。

磷酸二氢钠　取含量测定项下测定结果并按下式计算，含磷酸二氢钠应不得过2.5%。

$$\frac{N_2 - N_3}{N_3 - N_1} \times 100\%$$

干燥失重　取本品，在130℃干燥至恒重，减失重量不得过1.0%（附录0831）。

铁盐　取本品0.50g，加水20ml使溶解，加盐酸溶液（1→2）1ml与10%磺基水杨酸溶液2ml，摇匀，加氨试液5ml，摇匀，如显色，与标准铁溶液（附录0807）1.0ml用同一方法制成对照液比较，不得更深（0.002%）。

重金属　取本品2.0g，加水15ml溶解后，加盐酸适量调节溶液pH值约为4，加醋酸盐缓冲液（pH3.5）2ml与水适量使成25ml，依法检查（附录0821第一法），含重金属不得过百万分之十。

砷盐　取本品1.0g，加水23ml溶解后，加盐酸5ml，依法检查（附录0822第一法），应符合规定（0.0002%）。

【含量测定】　取本品约2.5g，精密称定，加新沸过的冷水25ml溶解后，精密加入盐酸滴定液（1mol/L）25ml，照电位滴定法（附录0701），用氢氧化钠滴定液（1mol/L）滴定，记录第一突跃点消耗氢氧化钠滴定液体积N_1与第二突跃点消耗氢氧化钠滴定液总体积N_2，以第一个突跃点消耗的氢氧化钠滴定液体积计算含量，并将滴定的结果用空白试验校正N_3。每1ml盐酸滴定液（1mol/L）相当于142.0mg的Na_2HPO_4。

【类别】　药用辅料，pH值调节剂和缓冲剂等。

【贮藏】 密封保存。

无水磷酸氢钙

Wushui Linsuan Qinggai

Anhydrous Calcium Hydrogen Phosphate

$CaHPO_4$　136.06

本品含$CaHPO_4$应为98.0%~103.0%。

【性状】 本品为白色或类白色粉末；无臭。

本品在水或乙醇中几乎不溶，在稀盐酸或稀硝酸中易溶。

【鉴别】 本品的酸性溶液显钙盐与磷酸盐鉴别（2）和（3）的反应（附录0301）。

【检查】 **氯化物** 取本品0.20g，加水10ml与硝酸2ml，缓缓加热至溶解，放冷，依法检查（附录0801），与标准氯化钠溶液10.0ml制成的对照液比较，不得更浓（0.05%）。

硫酸盐 取本品1.0g，加少量稀盐酸，使恰能溶解，用水稀释至100ml，摇匀，滤过，取滤液20ml，加水5ml，依法检查（附录0802），与标准硫酸钾溶液4.0ml制成的对照液比较，不得更浓（0.2%）。

氟化物 操作时使用塑料用具。精密称取经105℃干燥4小时的氟化钠221mg，置100ml量瓶中，加水适量使溶解，加缓冲液（取枸橼酸钠73.5g，加水250ml使溶解，即得）50.0ml，加水稀释至刻度，摇匀，即得氟标准贮备液（每1ml相当于1mg的F）。精密量取氟标准贮备液适量，加缓冲液分别稀释制成每1ml中含F0.1μg、0.2μg、0.5μg、1.0μg的标准溶液。取本品约2.0g，精密称定，置100ml量瓶中，加水20ml与盐酸2.0ml，振荡使溶解，加缓冲液50ml，用水稀释至刻度，摇匀，即得供试品溶液。以氟离子选择电极为指示电极，饱和甘汞电极为参比电极，分别测量上述标准溶液和供试品溶液的电位响应值（mV）。以氟离子浓度（μg/ml）的对数值（logC）为x轴，以电位响应值为y轴，绘制标准曲线，根据测得的供试品溶液的电位值，从标准曲线上确定供试品溶液中氟离子浓度，含氟化物不得过0.005%。

碳酸盐 取本品1.0g，加水5ml，混匀，加盐酸2ml，不得泡沸。

盐酸中不溶物 取本品约5.0g，精密称定，加盐酸10ml与水40ml，加热溶解后，用水稀释至100ml，如有不溶物，滤过，滤渣用水洗净，至洗液不显氯化物的反应，在105℃干燥1小时，遗留残渣不得过5mg。

炽灼失重 取本品约1.0g，精密称定，在800℃炽灼至恒重，减失重量应为6.6%~8.5%。

钡盐 取本品0.50g，加水10ml，加热，滴加盐酸，随滴随搅拌，使溶解，滤过，滤液中加硫酸钾试液2ml，10分钟内不得发生浑浊。

铁盐 取本品2.5g，加稀盐酸20ml，加热使溶解，用水稀释至50ml，取稀释液1.0ml，依法检查（附录0807），与标准铁溶液2.0ml制成的对照液比较，不得更深（0.04%）。

铅盐 取本品0.2g，精密称定，置50ml量瓶中，用硝酸溶液（1→100）溶解并稀释至刻度，摇匀，作为供试品溶液；另取标准铅溶液（每1ml中相当于10μg的Pb）适量，用硝酸溶液（1→100）稀释制成每1ml中含0ng、10ng、20ng、30ng、40ng、50ng的对照品溶液。照原子吸收分光光度法（附录0406第一法），以石墨炉为原子化器，在283.3nm的波长处测定，计算，即得。含铅不得过0.0005%。

砷盐　取本品1.0g，加盐酸5ml与水23ml溶解后，依法检查（附录0822第一法），应符合规定（0.0002%）。

【含量测定】　取本品约0.6g，精密称定，加稀盐酸10ml，加热使溶解，冷却，移至100ml量瓶中，用水稀释至刻度，摇匀；精密量取10ml，加水50ml，用氨试液调节至中性后，精密加乙二胺四醋酸二钠滴定液（0.05mol/L）25ml，加热数分钟，放冷，加氨-氯化铵缓冲液（pH10.0）10ml与铬黑T指示剂少许，用锌滴定液（0.05mol/L）滴定至溶液显紫红色，并将滴定的结果用空白试验校正。每1ml乙二胺四醋酸二钠滴定液（0.05mol/L）相当于6.803mg的$CaHPO_4$。

【类别】　药用辅料，稀释剂。

【贮藏】　密封保存。

木 薯 淀 粉
Mushu Dianfen
Tapioca Starch

本品系自大戟科植物木薯 Manihot utilissima Pohl的块根中制得。

【性状】　本品为白色或类白色粉末。

本品在冷水或乙醇中均不溶。

【鉴别】　（1）取本品适量，用甘油醋酸试液装片（二部附录2001），在显微镜下观察：多为单粒，圆形或椭圆形，直径为5～35μm，旁边有一凹处；脐点中心性，呈圆点状或线状，层纹不明显。在偏光显微镜下观察，呈现偏光十字，十字交叉位于颗粒脐点处。

（2）取本品约1g，加水15ml，煮沸，放冷，即成类白色半透明的凝胶状物。

（3）取鉴别（2）项下凝胶状物约1g，加碘试液1滴，即显蓝色或蓝黑色，加热后逐渐褪色，放冷，蓝色复现。

【检查】　酸度　取本品5.0g，加水25ml，振摇5分钟，使混匀，静置15分钟，依法测定（附录0631），pH值应为4.5～7.0。

外来物质　取本品适量，用甘油醋酸试液装置（二部附录2001），在显微镜下观察，不得有其他品种的淀粉颗粒。

二氧化硫　取本品适量，依法检查（二部附录2331），含二氧化硫不得过0.004%。

氧化物质　取本品4.0g，置具塞锥形瓶中，加水50.0ml，密塞，振摇5分钟，转入具塞离心管中，离心至澄清，取上清液30.0ml，置碘量瓶中，加冰醋酸1ml与碘化钾1.0g，密塞，摇匀，置暗处放置30分钟，加淀粉指示液1ml，用硫代硫酸钠滴定液（0.002mol/L）滴定至蓝色消失，并将滴定的结果用空白试验校正。每1ml硫代硫酸钠滴定液（0.002mol/L）相当于34μg的氧化物质（以过氧化氢H_2O_2计），消耗硫代硫酸钠滴定液（0.002mol/L）不得过1.4ml（0.002%）。

干燥失重　取本品，在105℃干燥5小时，减失重量不得过15.0%（附录0831）。

灰分　取本品，依法检查（二部附录2302），遗留残渣不得过0.3%。

铁盐　取本品1.50g，加2mol/L盐酸溶液15ml，振摇5分钟，滤过，取滤液10ml置50ml纳氏比色管中，加过硫酸铵50mg，用水稀释成35ml后，依法检查（附录0807），与标准铁溶液2.0ml制成的对照液比较，不得更深（0.002%）。

微生物限度　取本品，依法检查（附录1105与附录1106），每1g供试品中需氧菌总数不得过

1000cfu，霉菌和酵母菌总数不得过100cfu，不得检出大肠埃希菌。

　　【类别】　药用辅料，填充剂和崩解剂等。

　　【贮藏】　密封保存。

D-木 糖

D-Mutang

Xylose

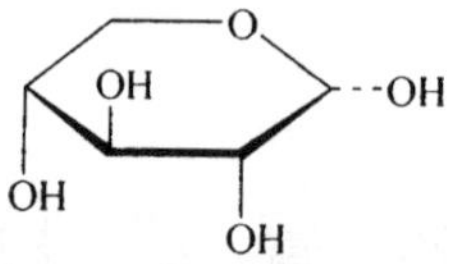

$C_5H_{10}O_5$　　150.13

　　本品按干燥品计算，含$C_5H_{10}O_5$应为98.0%~102.0%。

　　【性状】　本品为白色或类白色晶体，或无色针状物，略有甜味。

　　本品在水中易溶，在热乙醇中溶解，在乙醇中微溶。

　　比旋度　取本品约10g，精密称定，置100ml量瓶中，用水80ml与氨试液1ml溶解，用水稀释至刻度，摇匀，放置30分钟，依法测定（附录0621），比旋度为+18.5°至+19.5°。

　　【鉴别】　（1）取本品0.1g，加水10ml溶解后，加碱性酒石酸铜试液3ml，加热，即产生红色沉淀。

　　（2）在含量测定项下记录的色谱图中，供试品溶液主峰的保留时间应与对照品溶液主峰的保留时间一致。

　　（3）本品的红外光吸收图谱应与对照品的图谱一致。

　　【检查】　**酸度**　取本品5.0g，加水25ml使溶解，依法测定（附录0631），pH值为5.0~7.0。

　　溶液的澄清度与颜色　取本品1.0g，用水10ml溶解后，依法检查（附录0901与附录0902），溶液应澄清无色。

　　氯化物　取本品1.0g，依法检查（附录0801），与标准氯化钠溶液5.0ml制成的对照液比较，不得更浓（0.005%）。

　　硫酸盐　取本品2.0g，依法检查（附录0802），与标准硫酸钾溶液1.0ml制成的对照液比较，不得更浓（0.005%）。

　　有关物质　取本品适量，精密称定，用流动相溶解并稀释制成每1ml中约含5mg的溶液，作为供试品溶液；精密量取1ml，置100ml量瓶中，用流动相稀释至刻度，摇匀，作为对照溶液。照含量测定项下的方法，精密量取供试品溶液和对照溶液各20μl，分别注入液相色谱仪，记录色谱图至主成分峰保留时间的3倍，供试品溶液色谱图中如有杂质峰，单个杂质峰面积不得大于对照溶液主峰面积（1.0%），各杂质峰面积的和不得大于对照溶液主峰面积的2倍（2.0%）。

　　干燥失重　取本品1.0g，在105℃干燥至恒重（附录0831），减失重量不得过0.3%。

　　炽灼残渣　取本品1.0g，依法检查（附录0841），遗留残渣不得过0.1%。

　　铁盐　取本品2.0g，依法检查（附录0807），与标准铁溶液1.0ml制成的对照溶液比较，不得更深（0.0005%）。

　　重金属　取本品2.0g，用水20ml溶解后，加醋酸盐缓冲液（pH3.5）2ml，依法检查（附录0821

第一法），含重金属不得过百分之十。

【含量测定】 照高效液相色谱法（附录0512）测定。

色谱条件与系统适用性试验 以氨基键合硅胶为填充剂；以乙腈-水（65∶35）为流动相；示差检测器，检测器温度40℃；柱温45℃。取D-木糖与果糖，用流动相溶解并定量稀释制成每1ml中约含D-木糖与果糖为1mg与0.2mg的系统适用性溶液，摇匀，取20μl，注入液相色谱仪，记录色谱图。D-木糖峰与果糖峰的分离度应大于1.5。

测定法 取本品适量，精密称定，用流动相溶解稀释并定量制成每1ml中含1mg的溶液，摇匀，精密量取20μl，注入液相色谱仪，记录色谱图；另取木糖对照品，同法测定，按外标法以峰面积计算，即得。

【类别】 药用辅料，甜味剂和稀释剂等。

【贮藏】 密闭，在阴凉干燥处保存。

木 糖 醇
Mutangchun
Xylitol

$$C_5H_{12}O_5 \quad 152.15$$

本品为1,2,3,4,5-戊五醇，按干燥品计算，含$C_5H_{12}O_5$不得少于98.0%。

【制法】 由玉米芯、甘蔗渣等物质中提取，经水解、脱色、离子交换、加氢、蒸发、结晶等工艺加工而成。

【性状】 本品为白色结晶或结晶性粉末，无臭；味甜；有引湿性。

本品在水中极易溶解，在乙醇中微溶。

熔点 本品的熔点（附录0612）为91.0~94.5℃。

【鉴别】 （1）取本品0.5g，加盐酸0.5ml与二氧化铅0.1g，置水浴上加热，溶液即显黄绿色。

（2）本品的红外光吸收图谱应与对照的图谱一致。

【检查】 酸度 取本品5.0g，加水10ml使溶解，依法测定（附录0631），pH值应为5.0~7.0。

溶液的澄清度与颜色 取本品1.0g，用水10ml溶解，依法检查（附录0901与附录0902），溶液应澄清无色。

氯化物 取本品0.5g或1.0g（供注射用），依法检查（附录0801），与标准氯化钠溶液5.0ml制成的对照液比较，不得更浓（0.01%）或（0.005%）。

硫酸盐 取本品2.0g或5.0g（供注射用），依法检查（附录0802），与标准硫酸钾溶液3.0ml制成的对照液比较，不得更浓（0.015%）或（0.006%）。

电导率 取本品20.0g，置100ml量瓶中，用水溶解并稀释至刻度，依法测定（附录0681），不得过20μS•cm^{-1}。

还原糖 取本品0.50g，置具塞比色管中，加水2.0ml使溶解，加入碱性酒石酸铜试液1.0ml，密塞，水浴加热5分钟，放冷，溶液的浊度与用每1ml含0.5mg葡萄糖溶液2.0ml同法制得的对照溶液比较，不得更浓（含还原糖以葡萄糖计，不得过0.2%）。

总糖 取本品1.0g，加水15ml溶解后，加稀盐酸4ml，置水浴上加热回流3小时，放冷，滴加氢氧化钠试液，调节pH值约为5，用水适量转移至100ml量瓶中，加水稀释至刻度，摇匀，精密量取4.0ml，加水1.0ml，摇匀，作为供试品溶液；另取在105℃干燥至恒重的葡萄糖适量，精密称定，加水溶解并定量稀释制成每1ml中约含0.2mg的溶液，取5.0ml，作为对照品溶液；取上述两种溶液，分别加铜溶液2.5ml，摇匀，置水浴中煮沸5分钟，放冷，分别加磷钼酸溶液2.5ml，立即摇匀；供试品溶液如显色，与对照品溶液比较，不得更深（含总糖以葡萄糖计算，不得过0.5%）。

有关物质 分别精密称取L-阿拉伯糖醇对照品、半乳糖醇对照品、甘露醇对照品及山梨醇对照品各约5mg，置20ml量瓶中，用水溶解并稀释至刻度，摇匀，作为对照品溶液。另精密称取赤藓糖醇5mg，置25ml量瓶中，用水溶解并稀释至刻度，作为内标溶液。精密量取对照品溶液1ml置100ml圆底烧瓶中，精密加入内标溶液1ml，置60℃水浴上旋转蒸发至干后，精密加入无水吡啶1ml与乙酸酐1ml，回流煮沸1小时至完全乙酰化。照气相色谱法（附录0521），用14%氰丙基苯基（86%）二甲基聚硅氧烷为固定液的毛细管柱，程序升温，起始温度为170℃，维持1分钟，以每分钟10℃的速率升温至230℃，维持30分钟；分流比20：1，进样口温度及检测器温度均为250℃。取上述对照品乙酰化溶液1μl，注入气相色谱仪，记录色谱图。半乳糖醇峰及山梨醇峰的分离度应大于2.0，另取本品约5.0g，精密称定，置100ml量瓶中，用水溶解并稀释至刻度，摇匀，作为供试品溶液，同法测定。供试品乙酰化溶液的色谱图中，如有上述对照品杂质峰，按内标法以峰面积计算，杂质总量不得过2.0%。

干燥失重 取本品1.0g，以五氧化二磷为干燥剂，减压干燥24小时，减失重量不得过1.0%（附录0831）。

炽灼残渣 取本品1.0g，依法检查（附录0841），不得过0.2%或0.1%。（供注射用）

镍盐 取本品0.5g，加水5ml溶解后，加溴试液1滴，振摇1分钟，加氨试液1滴，加1%丁二酮肟的乙醇溶液0.5ml，摇匀，放置5分钟，如显色，与镍对照溶液1.0ml，用同一方法制成的对照液比较，不得更深（0.0002%）。

重金属 取本品2.0g或4.0g（供注射用），加水23ml溶解后，加稀醋酸2ml，依法检查（附录0821第一法），含重金属不得过百万分之十或百万分之五。（供注射用）

砷盐 取本品2.0g，加水23ml溶解后，加盐酸5ml，依法检查（附录0822第一法），应符合规定（0.0001%）。

细菌内毒素（供注射用） 取本品，依法检查（附录1143），每1g木糖醇中含内毒素的量应小于2.5EU。

【含量测定】 取本品约0.2g，精密称定，置100ml量瓶中，用水溶解并稀释至刻度，摇匀；精密量取5ml，置碘瓶中，精密加高碘酸钾溶液（称取高碘酸钾2.3g，加1mol/L硫酸溶液16.3ml与水适量使溶解，再用水稀释至500ml）15ml与0.5mol/L硫酸溶液10ml，置水浴上加热30分钟，放冷，加碘化钾1.5g，密塞，轻轻振摇使溶解，暗处放置5分钟，用硫代硫酸钠滴定液（0.1mol/L）滴定，至近终点时，加淀粉指示液2ml，继续滴定至蓝色消失，并将滴定的结果用空白试验校正。每1ml硫代硫酸钠滴定液（0.1mol/L）相当于1.902mg的$C_5H_{12}O_5$。

【类别】 药用辅料，甜味剂等。

【贮藏】 密闭，在阴凉干燥处保存。

注：（1）铜溶液 取无水碳酸钠4g，加水40ml使溶解，加酒石酸0.75g，振摇使溶解；另取硫酸铜（$CuSO_4·5H_2O$）0.45g，加水10ml使溶解，与上述溶液混合，加水至100ml，摇匀，即得。

（2）磷钼酸溶液　取钼酸3.5g，钨酸钠0.5g，加5%氢氧化钠溶液40ml，煮沸20分钟，放冷，加磷酸12.5ml，加水稀释至50ml，摇匀，即得。

（3）镍对照溶液的制备　精密称取硫酸镍铵0.673g，置1000ml量瓶中，加水溶解并稀释至刻度，摇匀，作为镍贮备液（1ml相当于0.1mg的Ni），精密量取镍贮备液1ml，置100ml量瓶中，用水稀释至刻度，摇匀，即得（每1ml相当于1μg的Ni）。

牛　磺　酸

Niuhuangsuan

Taurine

C$_2$H$_7$NO$_3$S　125.15

本品为2-氨基乙磺酸。按干燥品计算，含牛磺酸（C$_2$H$_7$NO$_3$S）不得少于98.5%。

【性状】　本品为白色或类白结晶或结晶性粉末；无臭。

本品在水中溶解，在乙醇、乙醚或丙酮中不溶。

【鉴别】　（1）取本品与牛磺酸对照品各适量，分别加水溶解并稀释制成每1ml中约含2mg的溶液，作为供试品溶液与对照品溶液。照有关物质项下的色谱条件试验，供试品溶液主斑点的位置和颜色应与对照品溶液的主斑点相同。

（2）本品的红外光吸收图谱应与对照的图谱一致。

【检查】　**溶液的透光率**　取本品0.5g，加水20ml溶解后，照紫外-可见分光光度法（附录0401），在430mn的波长处测定透光率，不得低于95.0%。

氯化物　取本品1.0g，加水溶解使成50ml，取25ml，依法检查（附录0801），与标准氯化钠溶液5.0ml制成的对照液比较，不得更浓（0.01%）。

硫酸盐　取本品2.0g，依法检查（附录0802），与标准硫酸钾溶液2.0ml制成的对照液比较，不得更浓（0.01%）。

铵盐　取本品0.10g，依法检查（附录0808），与标准氯化铵溶液2.0ml制成的对照液比较，不得更深（0.02%）。

有关物质　取本品适量，加水溶解并稀释制成每1ml中约含20mg的溶液，作为供试品溶液；精密量取1ml，置500ml量瓶中，用水稀释至刻度，摇匀，作为对照溶液；另取牛磺酸对照品与丙氨酸对照品各适量，分别加水溶解并稀释制成每1ml中约含2mg的溶液，各取适量，等体积混合，摇匀，作为系统适用性溶液。照薄层色谱法（附录0502）试验，吸取上述三种溶液各5μl，分别以条带状点样方式点于同一硅胶G薄层板上，条带宽度5mm，以水-无水乙醇-正丁醇-冰醋酸（150∶150∶100∶1）为展开剂，展开，晾干，喷以茚三酮的丙酮溶液（1→50），在105℃加热约5分钟至斑点出现，立即检视。对照溶液应显一个清晰的斑点，系统适用性溶液应显两个完全分离的斑点。供试品溶液如显杂质斑点，不得超过1个。其颜色与对照溶液的主斑点比较，不得更深（0.2%）。

干燥失重　取本品，在105℃干燥4小时，减失重量不得过0.4%（附录0831）。

炽灼残渣　取本品1.0g,依法检查（附录0841），遗留残渣不得过0.1%。

　　铁盐　取本品1.0g，依法检查（附录0807），与标准铁溶液1.0ml制成的对照液比较，不得更浓（0.001%）。

　　重金属　取炽灼残渣项下遗留的残渣，依法检查（附录0821第二法），含重金属不得过百万分之十。

　　砷盐　取本品1.0g，加水23ml溶解后，加盐酸5ml，依法检查（附录0822第一法），应符合规定（0.0002%）。

　　【含量测定】　取本品约0.2g，精密称定，加水50ml溶解，精密加入中性甲醛溶液（取甲醛溶液，滴加酚酞指示剂5滴，用0.1mol/L的氢氧化钠溶液调节至溶液显微粉红色）5ml，照电位滴定法（附录0701），用氢氧化钠滴定液（0.1mol/L）滴定。每1ml氢氧化钠滴定液（0.1mol/L）相当于12.52mg的$C_2H_7NO_3S$。

　　【类别】　药用辅料，增溶剂等。

　　【贮藏】　遮光，密封保存。

月桂山梨坦（司盘20）
Yuegui Shanlitan（Sipan 20）
Sorbitan laurate（Span 20）

　　本品为山梨坦与单月桂酸形成酯的混合物，系山梨醇脱水，在碱性催化剂下，与月桂酸酯化而制得；或由山梨醇与月桂酸在180～280℃下直接酯化而制得。

　　【性状】　本品为淡黄色至黄色油状液体，有轻微异臭。本品在乙酸乙酯中微溶，在水中不溶。

　　酸值　本品的酸值（附录0713）不大于8。

　　皂化值　本品的皂化值（附录0713）为158～170（皂化时间1小时）。

　　羟值　本品的羟值（附录0713）为330～358。

　　碘值　本品的碘值（附录0713）不大于10。

　　过氧化值　本品的过氧化值（附录0713）不大于5。

　　【鉴别】　取本品约2g，置250ml烧瓶中，加乙醇100ml和氢氧化钾3.5g，混匀，加热回流2小时，加水约100ml，趁热转移至250ml烧杯中，置水浴上蒸发并不断加入水，继续蒸发，直至无乙醇气味，最后加热水100ml，趁热缓缓滴加硫酸溶液（1→2）至石蕊试纸显中性，记录所消耗的体积，继续滴加硫酸溶液（1→2）（约为上述消耗体积的10%），静置使下层液体澄清。转移上述溶液至500ml分液漏斗中，用正己烷提取3次，每次100ml，弃去正己烷层，取水层溶液，用10%氢氧化钾溶液调节pH值至7.0，水浴蒸发至干，残渣（如有必要，将残渣研碎）加无水乙醇150ml，用玻棒搅拌，置水浴中煮沸3分钟，将上述溶液置铺有硅藻土的漏斗中，滤过，溶液蒸干，残渣加甲醇2ml溶解，作为供试品溶液；另分别取异山梨醇33mg、1,4-去水山梨醇25mg与山梨醇25mg，加甲醇1ml溶解，作为对照品溶液。照薄层色谱法（附录0502）试验，吸取上述两种溶液各$2\mu l$，分别点于同一硅胶G薄层板上，以丙酮-冰醋酸（50∶1）为展开剂，展开，取出，晾干，喷硫酸溶液（1→2）至恰好湿润，立即于200℃加热至斑点清晰，冷却，立即检视。供试品溶液所显斑点的位置和颜色应与对照品溶液斑点相同。

　　【检查】　**脂肪酸组成**　取本品0.1g，置25ml锥形瓶中，加0.5mol/L氢氧化钾甲醇溶液2ml，振摇使溶解，加热回流30分钟，沿冷凝管加14%三氟化硼甲醇溶液2ml，加热回流30分钟，沿冷凝管加正庚烷4ml，加热回流5分钟，放冷，加饱和氯化钠溶液10ml，振摇15秒，加饱和氯化钠溶液至瓶颈部，混匀，静置分层，取上层液2ml，用水洗涤3次，每次2ml，取上层液经无水硫酸钠干燥，作为供试品溶液；分别精密称取下列各脂肪酸甲酯对照品适量，用正庚烷溶解并稀释制成每1ml中含己酸甲酯0.1mg、辛酸甲酯0.7mg、癸酸甲酯0.5mg、月桂酸甲酯4.0mg、肉豆蔻酸甲酯2.0mg、棕榈酸甲酯1.0mg、硬脂酸甲酯0.5mg、油酸甲酯1.0mg、亚油酸甲酯0.2mg的混合对照品溶液（1），取1.0ml，置10ml量瓶中，加正庚烷稀释至刻度，摇匀，作为混合对照品溶液（2）。照气相色谱法（附录0521）试验，以聚乙二醇为固定液的毛细管柱为色谱柱，初始温度170℃，以每分钟2℃的速度升温至230℃，维持10分钟，进样口温度为250℃，检测器温度为250℃。取混合对照品溶液（1）、（2）各1μl，分别注入气相色谱仪，记录色谱图，混合对照品溶液（1）中各组分脂肪酸甲酯峰间的分离度不小于1.8，理论板数按己酸甲酯峰计算不得低于3000，混合对照品溶液（2）中最小脂肪酸甲酯峰的信噪比应大于5。取供试品溶液1μl，注入气相色谱仪，按峰面积归一化法计算，含己酸不大于1.0%；辛酸不大于10.0%；癸酸不大于10.0%；月桂酸为40.0%~60.0%；肉豆蔻酸为14.0%~25.0%；棕榈酸为7.0%~15.0%；硬脂酸不大于7.0%；油酸不大于11.0%；亚油酸不大于3.0%。

水分 取本品，照水分测定法（附录0832第一法A）测定，含水分不得过1.5%。

炽灼残渣 取本品1.0g，依法检查（附录0841），遗留残渣不得过0.5%。

重金属 取炽灼残渣项下遗留的残渣，依法检查（附录0821第二法），含重金属不得过百万分之十。

【类别】 药用辅料，乳化剂和消泡剂等。

【贮藏】 密闭保存。

月桂氮䓬酮

Yuegui Danzhuotong

Laurocapram

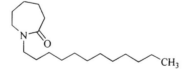

C₁₈H₃₅NO　281.48

本品为1-十二烷基-六氢-2H-氮杂䓬-2-酮。含$C_{18}H_{35}NO$应为97.0%~102.0%。

【性状】 本品为无色透明的黏稠液体；几乎无臭，无味。

本品在无水乙醇、乙酸乙酯、乙醚、苯或环己烷中极易溶解，在水中不溶。

相对密度 本品的相对密度（附录0601）为0.906~0.926。

折光率 本品的折光率（附录0622）为1.470~1.473。

黏度 本品的运动黏度（附录0633第一法，毛细管内径1.2mm±0.05mm），在25℃时为32~34mm²/s。

【鉴别】 （1）取本品2ml，加甲醇2ml，加1mol/L盐酸羟胺溶液（临用新配）1ml，加氢氧化钾1小粒，置水浴上加热，放冷，加三氧化铁试液1滴，摇匀，再置水浴上加热，溶液显棕紫色。

（2）本品的红外光吸收图谱应与对照的图谱一致。

【检查】 酸碱度 取本品5ml，加中性乙醇5ml，温热使溶解，放冷，溶液遇石蕊试纸应显中性反应。

己内酰胺与有关物质 取本品约0.5g，置10ml量瓶中，加甲醇适量，振摇使溶解并稀释至刻度，摇匀，作为供试品溶液。另精密称取己内酰胺对照品适量，用甲醇溶解并稀释制成每1ml含0.05mg的溶液，作为对照品溶液。照残留溶剂测定法（附录0861第二法）试验，用100%二甲基聚硅氧烷（或极性相近）为固定液的毛细管柱，起始温度100℃，维持1分钟，以每分钟15℃升温至240℃，维持至主峰保留时间的2倍；检测器温度为300℃，进样口温度为250℃。取对照品溶液1μl注入气相色谱仪，调节检测灵敏度，使主成分色谱峰的峰高约为满量程的25%，再精密量取供试品溶液和对照品溶液各1μl，分别注入气相色谱仪，记录色谱图，供试品溶液的色谱图中如有杂质峰，与己内酰胺保留时间一致的杂质峰的峰面积不得大于对照品溶液主峰面积（0.1%），其他杂质峰按面积归一法计算，单个杂质不得过1.5%，总杂质不得过3.0%。

溴化物 取本品1.0g，加水10ml，充分振摇，加盐酸3滴与三氯甲烷1ml，边振摇边滴加2%氯胺T溶液（临用新制）3滴，三氯甲烷层如显色，与标准溴化钾溶液（精密称取在105℃干燥至恒重的溴化钾0.1489g，加水使溶解成100ml，摇匀）1.0ml，用同一方法制成的对照液比较，不得更深（0.1%）。

炽灼残渣 取本品2.0g，依法检查（附录0841），遗留残渣不得过0.1%。

重金属 取炽灼残渣项下遗留的残渣，依法检查（附录0821第二法），含重金属不得过百万分之十。

【含量测定】 照气相色谱法（附录0521）测定。

色谱条件与系统适用性试验 用100%二甲基聚硅氧烷（或极性相近）为固定液的毛细管柱，起始温度100℃，维持1分钟，以每分钟15℃升温至240℃，维持45分钟，检测器温度为300℃，进样口温度为250℃。理论板数按月桂氮䓬酮峰计算，应不低于10 000，月桂氮䓬酮峰与内标物质峰的分离度应符合要求。

校正因子测定 取廿四烷适量，加正己烷溶解并稀释成每1ml中含2mg的溶液，作为内标溶液。另取月桂氮䓬酮对照品约20mg，精密称定，置10ml量瓶中，用内标溶液溶解并稀释至刻度，摇匀，取1μl注入气相色谱仪，计算校正因子。

测定法 取本品约20mg，精密称定，置10ml量瓶中，用内标溶液溶解并稀释至刻度，摇匀，取1μl注入气相色谱仪，测定，按内标法计算，即得。

【类别】 药用辅料，渗透促进剂。

【贮藏】 遮光，密封保存。

月桂酰聚氧乙烯（12）甘油酯

Yueguixian Juyangyixi（12）Ganyouzhi

Lauroyl Macrogolglycerides（12）

本品为甘油的单酯、双酯、三酯和聚乙二醇600的单酯、双酯的混合物。由饱和油脂加聚乙二醇部分醇解；或通过甘油和聚乙二醇600与脂肪酸酯化；或将甘油酯和脂肪酸聚氧乙烯酯混合得到。

【性状】 本品为淡黄色蜡状固体。

本品在二氯甲烷中易溶，在水中几乎不溶，但可分散。

酸值 本品的酸值（附录0713）不大于2。

皂化值 本品的皂化值（附录0713）为150～170。

羟值 本品的羟值（附录0713）为50～70。

碘值 本品的碘值（附录0713）不大于2。

过氧化值 本品的过氧化值（附录0713）不大于6。

【鉴别】 （1）取本品及月桂酰聚氧乙烯（12）甘油酯对照品适量，分别加二氯甲烷制成每1ml中含50mg的溶液。照薄层色谱法（附录0502）试验，取上述两种溶液各10μl，点于同一硅胶G薄层板，以乙醚-正己烷（7：3）为展开剂，展开，取出，晾干，置碘蒸气中显色至斑点清晰。供试品与对照品溶液均至少应显5个完全分离的清晰斑点，供试品溶液所显斑点的位置与颜色应与对照品溶液中各主斑点相同。

（2）本品的红外光吸收图谱应与对照品的图谱一致。

【检查】 碱性杂质 取本品5.0g，分别加水0.3ml、乙醇10ml和0.4g/L的中性溴酚蓝乙醇溶液2滴，混匀，用盐酸滴定液（0.01mol/L）滴定至上层溶液颜色变为黄色，消耗盐酸滴定液（0.01mol/L）不得过1.0ml。

　　游离甘油 取本品1.2g，加二氯甲烷25ml溶解，必要时加热，放冷后，加水100ml，边振摇边加入高碘酸钠的醋酸溶液（称取高碘酸钠0.446g置100ml量瓶中，用25%的硫酸溶液2.5ml溶解后，再用冰醋酸稀释至刻度，即得）25ml，静置30分钟。加入75g/L的碘化钾溶液40ml，静置1分钟，加入淀粉溶液1ml，用硫代硫酸钠滴定液（0.1mol/L）滴定，同时做空白试验。每1ml硫代硫酸钠滴定液（0.1mol/L）相当于2.3mg甘油。含游离甘油不得过3.0%。

　　环氧乙烷和二氧六环 取本品1g，精密称定，置顶空瓶中，精密加入N,N-二甲基乙酰胺1.0ml和水0.2ml，密封，摇匀，作为供试品溶液。另取聚乙二醇400（以60℃，1.5～2.5kPa旋转蒸发6小时，除去挥发成分）99.75g，置100ml西林瓶（或其他合适的容器）中，精密称定，密封，再用预先冷冻至约−10℃的玻璃注射器穿刺注入环氧乙烷约300μl（相当于环氧乙烷0.25g），精密称定，摇匀，作为环氧乙烷对照品贮备液（临用新配或临用前标定）。精密称取冷却的环氧乙烷对照品贮备液1g，置含49g经处理的冷聚乙二醇400的西林瓶中，密封，摇匀。精密称取10g，置含30ml水的50ml量瓶中，用水稀释至刻度，作为环氧乙烷对照品溶液（10μg/ml）。取二氧六环适量，精密称定，用水制成每1ml中含0.5mg的溶液，作为二氧六环对照品溶液。取本品1g，精密称定，置顶空瓶中，精密加入N,N-二甲基乙酰胺1.0ml，环氧乙烷对照品溶液0.1ml及二氧六环对照品溶液0.1ml，密封，摇匀，作为对照品溶液。量取环氧乙烷对照品溶液0.1ml置顶空瓶中，加新配制的0.001%乙醛溶液0.1ml及二氧六环对照品溶液0.1ml，密封，摇匀，作为系统适用性试验溶液。照气相色谱法（附录0521）试验。以聚二甲基硅氧烷为固定液，起始温度为50℃，维持5分钟，以每分钟5℃的速率升温至180℃，再以每分钟30℃的速率升温至230℃，维持5分钟（可根据具体情况调整）。进样口温度为150℃，检测器为氢火焰离子化检测器，温度为250℃。顶空平衡温度为70℃，平衡时间45分钟，取系统适用性试验溶液顶空进样，调整仪器灵敏度使环氧乙烷峰和乙醛峰的峰高为满量程的15%，乙醛峰和环氧乙烷峰的分离度不小于2.0，二氧六环峰高应为基线噪音的5倍以上。顶空平衡温度为90℃，平衡时间45分钟，分别取供试品溶液及对照品溶液顶空进样，重复进样至少3次。环氧乙烷峰面积的相对标准偏差应不得过15%，二氧六环峰面积的相对标准偏差应不得过10%。按标准加入法计算，环氧乙烷不得过0.0001%，二氧六环不得过0.001%。

　　环氧乙烷对照品贮备液的标定 取50%氯化镁的无水乙醇混悬液10ml，精密加入乙醇制盐酸滴定液（0.1mol/L）20ml，混匀，放置过夜，取环氧乙烷对照品贮备液5g，精密称定，置上述溶液中混匀，放置30分钟，照电位滴定法（附录0701）用氢氧化钾乙醇滴定液（0.1mol/L）滴定，用聚乙二醇400作为空白校正，每1ml氢氧化钾乙醇滴定液相当于4.404mg的环氧乙烷，计算，即得。

乙二醇、二甘醇和三甘醇 取本品4g，精密称定，置100ml量瓶中，取1,3-丁二醇0.004g，精密称定，置同一量瓶中，加乙醇使溶解，相同溶剂稀释至刻度，作为供试品溶液。取乙二醇0.0025g，二甘醇0.004g，三甘醇0.004g，精密称定，置同一100ml量瓶中，取1,3-丁二醇0.004g，置该量瓶中，加乙醇使溶解，相同溶剂稀释至刻度，作为对照品溶液。照气相色谱法（附录0521）试验。以50%苯基-50%甲基聚硅氧烷为固定液（液膜厚度1.0μm）的毛细管柱，起始温度为60℃，维持5分钟，再以每分钟2℃的速率升温至170℃，维持0分钟，再以每分钟15℃的速率升温至280℃，维持50分钟（可根据具体情况调整）。检测器为氢火焰离子化检测器。检测器温度290℃，进样口温度为270℃。取对照品溶液作为系统适用性试验溶液，载气为氮气，流速4.0ml/min，分流比2∶1，进样体积1.0μl。乙二醇，二甘醇和三甘醇与内标1,3-丁二醇的分离度均不得小于2.0，各峰间的拖尾因子应符合规定，乙二醇，二甘醇和三甘醇峰面积相对于内标1,3-丁二醇的峰面积，相对标准偏差不得过5.0%。按内标法计算，含乙二醇，二甘醇和三甘醇均不得过0.1%。

水分 取本品，照水分测定法（附录0832第一法A）测定，以甲醇-二氯甲烷（3∶7）为溶剂，含水分不得过1.0%。

炽灼残渣 取本品2.0g，依法检查（附录0841），遗留残渣应不得过0.1%。

重金属 取炽灼残渣项下遗留残渣，依法检查（附录0821第二法），含重金属不得过百万分之十。

脂肪酸组成 取本品约1.0g，置于25ml圆底两口烧瓶中，加无水甲醇10ml，60g/L氢氧化钾的甲醇溶液0.2ml，振摇使溶解，通氮气（速度参考值在50ml/min），加热至沸腾，当溶液变透明后（约10分钟），继续加热5分钟，用水冷却烧瓶，再转移至分液漏斗中。用正庚烷5ml洗涤烧瓶，再将该液体加入分液漏斗并摇匀。加入200g/L氯化钠溶液10ml，振摇，静置分层，取有机层，经无水硫酸钠干燥，过滤，作为供试品溶液。分别精密称取下列各脂肪酸甲酯对照品适量，用正庚烷溶解并稀释制成每1ml中含辛酸甲酯1.0mg、癸酸甲酯1.0mg、月桂酸甲酯3.0mg、肉豆蔻酸甲酯1.5mg、棕榈酸甲酯1.5mg、硬脂酸甲酯2.0mg的混合溶液（1）。取1.0ml，置10ml量瓶中，加正庚烷稀释至刻度，制成混合溶液（2）。照气相色谱法（附录0521）试验，以聚乙二醇为固定液的毛细管柱为色谱柱，初始温度170℃，以每分钟2℃的速率升温至230℃，维持10分钟。进样口温度250℃，检测器温度250℃。取混合溶液（1）、混合溶液（2）各1μl分别注入气相色谱仪，记录色谱图，混合溶液（1）中各相邻脂肪酸甲酯峰间的分离度不小于1.8，理论板数按辛酸甲酯计算不得低于30 000；混合溶液（2）中脂肪酸甲酯的最小峰高不得低于基线噪音的5倍。另取供试品溶液1μl，注入气相色谱仪，按面积归一化法以峰面积计算，辛酸不大于15.0%，癸酸不大于12.0%，月桂酸30.0%～50.0%，肉豆蔻酸5.0%～25.0%，棕榈酸4.0%～25.0%，硬脂酸5.0%～35.0%。

【类别】药用辅料，增溶剂和乳化剂。

【贮藏】充氮，密封，在阴凉干燥处保存。

月桂酰聚氧乙烯（32）甘油酯
Yueguixian Juyangyixi（32）Ganyouzhi
Lauroyl Macrogolglycerides（32）

本品为甘油的单酯、双酯、三酯和聚乙二醇1500的单酯、双酯的混合物。由饱和油脂加聚乙二醇部分醇解；或通过甘油和聚乙二醇1500与脂肪酸酯化；或将甘油酯和脂肪酸聚氧乙烯酯混合得到。

【性状】 本品为淡黄色蜡状固体。

本品在二氯甲烷中易溶，在水中几乎不溶，但可分散。

酸值 本品的酸值（附录0713）不大于2。

皂化值 本品的皂化值（附录0713）为79～93。

羟值 本品的羟值（附录0713）为36～56。

碘值 本品的碘值（附录0713）不大于2。

过氧化值 本品的过氧化值（附录0713）不大于6。

【鉴别】 （1）取本品及月桂酰聚氧乙烯（32）甘油酯对照品适量，分别加二氯甲烷制成每1ml中含50mg的溶液。照薄层谱法（附录0502）试验，取上述两种溶液各10μl，点于同一硅胶G薄层板，以乙醚-正己烷（7：3）为展开剂，展开，取出，晾干，置碘蒸气中显色至斑点清晰。供试品与对照品溶液均至少应显5个完全分离的清晰斑点，供试品溶液所显斑点的位置与颜色应与对照品溶液中各主斑点相同。

（2）本品的红外光吸收图谱应与对照品的图谱一致。

【检查】 碱性杂质 取本品5.0g，分别加水0.3ml，乙醇10ml和0.4g/L的中性溴酚蓝乙醇溶液2滴，混匀，用盐酸滴定液（0.01mol/L）滴定至上层溶液颜色变为黄色，消耗盐酸滴定液（0.01mol/L）不得过1.0ml。

游离甘油 取本品1.2g，加二氯甲烷25ml溶解，必要时加热，放冷后，加水100ml，边振摇边加入高碘酸钠的醋酸溶液（称取高碘酸钠0.446g至100ml量瓶中，用25%的硫酸溶液2.5ml溶解后，再用冰醋酸稀释至刻度，即得）25ml，静置30分钟。加入75g/L的碘化钾溶液40ml，静置1分钟，加入淀粉溶液1ml，用硫代硫酸钠滴定液（0.1mol/L）滴定，同时做空白试验。每1ml硫代硫酸钠滴定液（0.1mol/L）相当于2.3mg甘油。含游离甘油不得过3.0%。

环氧乙烷和二氧六环 取本品1g，精密称定，置顶空瓶中，精密加入N,N-二甲基乙酰胺1.0ml和水0.2ml，密封，摇匀，作为供试品溶液。另取聚乙二醇400（以60℃，1.5～2.5kPa旋转蒸发6小时，除去挥发成分）99.75g，置100ml西林瓶（或其他合适的容器）中，精密称定，密封，再用预先冷冻至约−10℃的玻璃注射器穿刺注入环氧乙烷约300μl（相当于环氧乙烷0.25g），精密称定，摇匀，作为环氧乙烷对照品贮备液（临用新配或临用前标定）。精密称取冷却的环氧乙烷对照品贮备液1g，置含49g经处理的冷聚乙二醇400的西林瓶中，密封，摇匀。精密称取10g，置含30ml水的50ml量瓶中，用水稀释至刻度，作为环氧乙烷对照品溶液（10μg/ml）。取二氧六环适量，精密称定，用水制成每1ml中含0.5mg的溶液，作为二氧六环对照品溶液。取本品1g，精密称定，置顶空瓶中，精密加入N,N-二甲基乙酰胺1.0ml，环氧乙烷对照品溶液0.1ml及二氧六环对照品溶液0.1ml，密封，摇匀，作为对照品溶液。量取环氧乙烷对照品溶液0.1ml置顶空瓶中，加新配制的0.001%乙醛溶液0.1ml及二氧六环对照品溶液0.1ml，密封，摇匀，作为系统适用性试验溶液。照气相色谱法（附录0521）试验。以聚二甲基硅氧烷为固定液，起始温度为50℃，维持5分钟，以每分钟5℃的速率升温至180℃，再以每分钟30℃的速率升温至230℃，维持5分钟（可根据具体情况调整）。进样口温度为150℃，检测器为氢火焰离子化检测器，温度为250℃。顶空平衡温度为70℃，平衡时间45分钟，取系统适应性试验溶液顶空进样，调整仪器灵敏度使环氧乙烷峰和乙醛峰的峰高为满量程的15%，乙醛峰和环氧乙烷峰的分离度不小于2.0，二氧六环峰高应为基线噪音的5倍以上。顶空平衡温度为90℃，平衡时间45分钟，分别取供试品溶液及对照品溶液顶空进样，重复进样至少3次。环氧乙烷峰面积的相对标准偏差应不得过15%，二氧六环峰面积的相对标准偏差应不得过10%。按标准加入法计算，环氧乙烷不得过0.0001%，二氧六环不得过0.001%。

环氧乙烷对照品贮备液的标定　取50%氯化镁的无水乙醇混悬液10ml，精密加入乙醇制盐酸滴定液（0.1mol/L）20ml，混匀，放置过夜，取环氧乙烷对照品贮备液5g，精密称定，置上述溶液中混匀，放置30分钟，照电位滴定法（附录0701）用氢氧化钾乙醇滴定液（0.1mol/L）滴定，用聚乙二醇400作为空白校正，每1ml氢氧化钾乙醇滴定液相当于4.404mg的环氧乙烷，计算，即得。

乙二醇、二甘醇和三甘醇　取本品4g，精密称定，置100ml量瓶中，取1,3-丁二醇0.004g，精密称定，置同一量瓶中，加乙醇使溶解，相同溶剂稀释至刻度，作为供试品溶液。取乙二醇0.0025g，二甘醇0.004g，三甘醇0.004g，精密称定，置同一100ml量瓶中，取1,3-丁二醇0.004g，置该量瓶中，加乙醇使溶解，相同溶剂稀释至刻度，作为对照品溶液。照气相色谱法（附录0521）试验。以50%苯基-50%甲基聚硅氧烷为固定液（液膜厚度1.0μm）的毛细管柱，起始温度为60℃，维持5分钟，再以每分钟2℃的速率升温至170℃，维持0分钟，再以每分钟15℃的速率升温至280℃，维持50分钟（可根据具体情况调整）。检测器为氢火焰离子化检测器。检测器温度290℃，进样口温度为270℃。取对照品溶液作为系统适用性试验溶液，载气为氮气，流速4.0ml/min，分流比2:1，进样体积1.0μl。乙二醇、二甘醇和三甘醇与内标1,3-丁二醇的分离度均不得小于2.0，各峰间的拖尾因子应符合规定，乙二醇、二甘醇和三甘醇峰面积相对于内标1,3-丁二醇的峰面积，相对标准偏差不得过5.0%。按内标法计算，含乙二醇、二甘醇和三甘醇均不得过0.1%。

水分　取本品，照水分测定法（附录0832第一法A）测定，以甲醇-二氯甲烷（3:7）为溶剂，含水分不得过1.0%

炽灼残渣　取本品1.0g，依法检查（附录0841），遗留残渣应不得过0.1%。

重金属　取炽灼残渣项下遗留残渣，依法检查（附录0821第二法），含重金属不得过百万分之十。

脂肪酸组成　取本品约1.0g，置于25ml圆底两口烧瓶中，加无水甲醇10ml，60g/L氢氧化钾的甲醇溶液0.2ml，振摇使溶解，通氮气（速度参考值为50ml/min），加热至沸腾，当溶液变透明后（约10分钟），继续加热5分钟，用水冷却烧瓶，再转移至分液漏斗中。用正庚烷5ml洗涤烧瓶，再将该液体加入分液漏斗并摇匀。加入200g/L氯化钠溶液10ml，振摇，静置分层，取有机层，经无水硫酸钠干燥，过滤，作为供试品溶液。分别精密称取下列各脂肪酸甲酯对照品适量，用正庚烷溶解并稀释制成每1ml中含辛酸甲酯1.0mg，癸酸甲酯1.0mg、月桂酸甲酯3.0mg、肉豆蔻酸甲酯1.5mg、棕榈酸甲酯1.5mg、硬脂酸甲酯2.0mg的混合溶液（1）。取1.0ml，置10ml量瓶中，加正庚烷稀释至刻度，制成混合溶液（2）。照气相色谱法（附录0521）试验，以聚乙二醇为固定液的毛细管柱为色谱柱，初始温度170℃，以每分钟2℃的速率升温至230℃，维持10分钟。进样口温度250℃，检测器温度250℃。取混合溶液（1）、混合溶液（2）各1μl，分别注入气相色谱仪，记录色谱图，混合溶液（1）中各相邻脂肪酸甲酯峰间的分离度不小于1.8，理论板数按辛酸甲酯计算不得低于30 000；混合溶液（2）中脂肪酸甲酯的最小峰高不得低于基线噪音的5倍。另取供试品溶液1μl，注入气相色谱仪，按面积归一化法以峰面积计算，辛酸不大于15.0%，癸酸不大于12.0%，月桂酸30.0%～50.0%，肉豆蔻酸5.0%～25.0%，棕榈酸4.0%～25.0%，硬脂酸5.0%～35.0%。

【类别】　药用辅料，增溶剂和乳化剂。

【贮藏】　充氮，密封，在阴凉干燥处保存。

月桂酰聚氧乙烯（6）甘油酯

Yueguixian Juyangyixi（6）Ganyouzhi

Lauroyl Macrogolglycerides（6）

本品为甘油的单酯、双酯、三酯和聚乙二醇300的单酯、双酯的混合物。由饱和油脂加聚乙二醇部分醇解；或通过甘油和聚乙二醇300与脂肪酸酯化；或将甘油酯和脂肪酸聚氧乙烯酯混合得到。

【性状】　本品为淡黄色蜡状固体。

本品在二氯甲烷中易溶，在水中几乎不溶，但可分散。

酸值　本品的酸值（附录0713）不大于2。

皂化值　本品的皂化值（附录0713）为190~204。

羟值　本品的羟值（附录0713）为65~85。

碘值　本品的碘值（附录0713）不大于2。

过氧化值　本品的过氧化值（附录0713）不大于6。

【鉴别】　（1）取本品及月桂酰聚氧乙烯（6）甘油酯对照品适量，分别加二氯甲烷溶解并稀释制成每1ml中含50mg的溶液。照薄层色谱法（附录0502）试验，取上述两种溶液各10μl，点于同一硅胶G薄层板，以乙醚-正己烷（7：3）为展开剂，展开，取出，晾干，置碘蒸气中显色至斑点清晰。供试品与对照品溶液均至少应显5个完全分离的清晰斑点，供试品溶液所显斑点的位置与颜色应与对照品溶液中各主斑点相同。

（2）本品的红外光吸收图谱应与对照品的图谱一致。

【检查】　**碱性杂质**　取本品5.0g，分别加水0.3ml、乙醇10ml和0.4g/L的中性溴酚蓝乙醇溶液2滴，混匀，用盐酸滴定液（0.01mol/L）滴定至上层溶液颜色变为黄色，消耗盐酸滴定液（0.01mol/L）不得过1.0ml。

游离甘油　取本品1.2g，加二氯甲烷25ml溶解，必要时加热，放冷后，加水100ml，边振摇边加入高碘酸钠的醋酸溶液（称取高碘酸钠0.446g至100ml量瓶中，用25%的硫酸溶液2.5ml溶解后，再用冰醋酸稀释至刻度，即得）25ml，静置30分钟。加入75g/L的碘化钾溶液40ml，静置1分钟，加入淀粉溶液1ml，用硫代硫酸钠滴定液（0.1mol/L）滴定，同时做空白试验校正。每1ml硫代硫酸钠滴定液（0.1mol/L）相当于2.3mg甘油。含游离甘油不得过3.0%。

环氧乙烷和二氧六环　取本品1g，精密称定，置顶空瓶中，精密加入N,N-二甲基乙酰胺1.0ml和水0.2ml，密封，摇匀，作为供试品溶液。另取聚乙二醇400（以60℃，1.5~2.5kPa旋转蒸发6小时，除去挥发成分）99.75g，置100ml西林瓶（或其他合适的容器）中，精密称定，密封，再用预先冷冻至约-10℃的玻璃注射器穿刺注入环氧乙烷约300μl（相当于环氧乙烷0.25g），精密称定，摇匀，作为环氧乙烷对照品贮备液（临用新配或临用前标定）。精密称取冷却的环氧乙烷对照品贮备液1g，置含49g经处理的冷聚乙二醇400的西林瓶中，密封，摇匀。精密称取10g，置含30ml水的50ml量瓶中，用水稀释至刻度，作为环氧乙烷对照品溶液（10μg/ml）。取二氧六环适量，精密称定，用水制成每1ml中含0.5mg的溶液，作为二氧六环对照品溶液。取本品1g，精密称定，置顶空瓶中，精密加入N,N-二甲基乙酰胺1.0ml、环氧乙烷对照品溶液0.1ml及二氧六环对照品溶液0.1ml，密封，摇匀，作为对照品溶液。量取环氧乙烷对照品溶液0.1ml置顶空瓶中，加新配制的0.001%乙醛溶液0.1ml及二氧六环对照品溶液0.1ml，密封，摇匀，作为系统适用性试验溶液。照气相色谱法（附录0521）试验。以聚二甲基硅氧烷为固定液，起始温度为50℃，维持5分钟，以每分钟5℃的速率升温至180℃，再以每分钟30℃的速率升温至230℃，维持5分钟（可根据具体情况调整）。进样口温度为150℃，检测器为氢火焰离子化检测器，温度为250℃。顶空平衡温度为70℃，平衡时间45分钟，取系统适用性试验溶液顶空进样，调整仪器灵敏度使环氧乙烷峰和乙醛峰的峰高为满量程的15%，乙醛峰和环氧乙烷峰的分离度不小于2.0，二氧六环峰高应为基线噪音的5倍以上。顶空平衡温度为90℃，平衡时间45分钟，分别取供试品溶液及对照品溶液顶空进样，重复进样至少3次。环氧乙烷峰面积的相对标准偏差应不得过15%，二氧六环峰面积的相对标准偏差应不得过10%。按标准加入法计算，环氧乙烷不得过0.0001%，二氧六环不得过0.001%。

　　环氧乙烷对照品贮备液的标定　取50%氯化铁的无水乙醇混悬液10ml，精密加入乙醇制盐酸滴定液（0.1mol/L）20ml，混匀，放置过夜，取环氧乙烷对照品贮备液5g，精密称定，置上述溶液中混匀，放置30分钟，照电位滴定法（附录0701）用氢氧化钾乙醇滴定液（0.1mol/L）滴定，用聚乙二醇400作为空白校正，每1ml氢氧化钾乙醇滴定液相当于4.404mg的环氧乙烷，计算，即得。

　　乙二醇、二甘醇和三甘醇　取本品4g，精密称定，置100ml量瓶中，取1,3-丁二醇0.004g，精密称定，置同一量瓶中，加乙醇使溶解，相同溶剂稀释至刻度，作为供试品溶液。取乙二醇0.0025g，二甘醇0.004g，三甘醇0.004g，精密称定，置同一100ml量瓶中，取1,3-丁二醇0.004g，置该量瓶中，加乙醇使溶解，相同溶剂稀释至刻度，作为对照品溶液。照气相色谱法（附录0521）试验。以50%苯基-50%甲基聚硅氧烷为固定液（液膜厚度1.0μm）的毛细管柱，起始温度为60℃，维持5分钟，再以每分钟2℃的速率升温至170℃，维持0分钟，再以每分钟15℃的速率升温至280℃，维持50分钟（可根据具体情况调整）。检测器温度290℃，进样口温度为270℃。取对照品溶液作为系统适用性溶液，流速4.0ml/min，分流比2:1，进样体积1.0μl。乙二醇、二甘醇和三甘醇与内标1,3-丁二醇的分离度均不得小于2.0，各峰间的拖尾因子应符合规定，乙二醇、二甘醇和三甘醇峰面积相对于内标1,3-丁二醇的峰面积，相对标准偏差不得过5.0%。按内标法计算，含乙二醇、二甘醇和三甘醇均不得过0.1%。

　　水分　取本品，照水分测定法（附录0832第一法A）测定，以甲醇-二氯甲烷（3:7）为溶剂，含水分不得过1.0%。

　　炽灼残渣　取本品1.0g，依法检查（附录0841），遗留残渣应不得过0.1%。

　　重金属　取炽灼残渣项下遗留残渣，依法检查（附录0821第二法），含重金属不得过百万分之十。

　　脂肪酸组成　取本品约1.0g，置于25ml圆底两口烧瓶中，加无水甲醇10ml，60g/L氢氧化钾的甲醇溶液0.2ml，振摇使溶解，通氮气（速度参考值为50ml/min），加热至沸腾，当溶液变透明后（约10分钟），继续加热5分钟，用水冷却烧瓶，再转移至分液漏斗中。用正庚烷5ml洗涤烧瓶，再将该液体加入分液漏斗并摇匀。加入200g/L氯化钠溶液10ml，振摇，静置分层，取有机层，经无水硫酸钠干燥，过滤，作为供试品溶液。分别精密称取下列各脂肪酸甲酯对照品适量，用正庚烷溶解并稀释制成每1ml中含辛酸甲酯1.0mg、癸酸甲酯1.0mg、月桂酸甲酯3.0mg、肉豆蔻酸甲酯1.5mg、棕榈酸甲酯1.5mg、硬脂酸甲酯2.0mg的混合溶液（1）。取1.0ml，置10ml容量瓶中，加正庚烷稀释至刻度，制成混合溶液（2）。照气相色谱法（附录0521）试验，以聚乙二醇为固定液的毛细管柱为色谱柱，初始温度170℃，以每分钟2℃的速率升温至230℃，维持10分钟。进样口温度250℃，检测器温度250℃。取混合溶液（1）、混合溶液（2）各1μl，分别注入气相色谱仪，记录色谱图，混合溶液（1）中各相邻脂肪酸甲酯峰间的分离度不小于1.8，理论板数按辛酸甲酯计算不得低于30 000；混合溶液（2）中脂肪酸甲酯的最小峰高不得低于基线噪音的5倍。另取供试品溶液1μl，注入气相色谱仪，按面积归一化法以峰面积计算，辛酸不大于15.0%，癸酸不大于12.0%，月桂酸

30.0%～50.0%，肉豆蔻酸5.0%～25.0%，棕榈酸4.0%～25.0%，硬脂酸5.0%～35.0%。

【类别】 药用辅料，增溶剂和乳化剂。

【贮藏】 充氮，密封，在阴凉干燥处保存。

月桂酰聚氧乙烯（8）甘油酯

Yueguixian Juyang Yixi（8）Ganyouzhi

Lauroyl Macrogolglycerides（8）

本品为甘油的单酯、双酯、三酯和聚乙二醇400的单酯、双酯的混合物。由饱和油脂加聚乙二醇部分醇解；或通过甘油和聚乙二醇400与脂肪酸酯化；或将甘油酯和脂肪酸聚氧乙烯酯混合得到。

【性状】 本品为淡黄色蜡状固体。

本品在二氯甲烷中易溶，在水中几乎不溶，但可分散。

酸值 本品的酸值（附录0713）不大于2。

皂化值 本品的皂化值（附录0713）为170～190。

羟值 本品的羟值（附录0713）为60～80。

碘值 本品的碘值（附录0713）不大于2。

过氧化值 本品的过氧化值（附录0713）不大于6。

【鉴别】 （1）取本品及月桂酰聚氧乙烯（8）甘油酯对照品适量，分别加二氯甲烷制成每1ml中含50mg的溶液。照薄层色谱法（附录0502）试验，取上述两种溶液各10μl，点于同一硅胶G薄层板，以乙醚-正己烷（7:3）为展开剂，展开，取出，晾干，置碘蒸气中显色至斑点清晰。供试品与对照品溶容液均至少应显5个完全分离的清晰斑点，供试品溶液所显斑点的位置与颜色应与对照品溶液中各主斑点相同。

（2）本品的红外光吸收图谱应与对照品的图谱一致。

【检查】 **碱性杂质** 取本品5.0g，分别加水0.3ml、乙醇10ml和0.4g/L的中性溴酚蓝乙醇溶液2滴，混匀，用盐酸滴定液（0.01mol/L）滴定至上层溶液颜色变为黄色，消耗盐酸滴定液（0.01mol/L）不得过1.0ml。

游离甘油 取本品1.2g，加二氯甲烷25ml溶解，必要时加热，放冷后，加水100ml，边振摇边加入高碘酸钠的醋酸溶液（称取高碘酸钠0.446g至100ml量瓶中，用25%的硫酸溶液2.5ml溶解后，再用冰醋酸稀释至刻度，即得）25ml，静置30分钟。加入75g/L的碘化钾溶液40ml，静置1分钟，加入淀粉溶液1ml，用硫代硫酸钠滴定液（0.1mol/L）滴定，同时做空白试验。每1ml硫代硫酸钠滴定液（0.1mol/L）相当于2.3mg甘油。含游离甘油不得过3.0%。

环氧乙烷和二氧六环 取本品1g，精密称定，置顶空瓶中，精密加入N,N-二甲基乙酰胺1.0ml和水0.2ml，密封，摇匀，作为供试品溶液。另取聚乙二醇400（以60℃，1.5～2.5kPa旋转蒸发6小时，除去挥发成分）99.75g，置100ml西林瓶（或其他合适的容器）中，精密称定，密封，再用预先冷冻至约−10℃的玻璃注射器穿刺注入环氧乙烷约300μl（相当于环氧乙烷0.25g），精密称定，摇匀，作为环氧乙烷对照品贮备液（临用新配或临用前标定）。精密称取冷却的环氧乙烷对照品贮备液1g，置含49g经处理的冷聚乙二醇400的西林瓶中，密封，摇匀；精密称取10g，置含30ml水的50ml量瓶中，用水稀释至刻度，作为环氧乙烷对照品溶液（10μg/ml）。取二氧六环适量，精密称定，用水制成每1ml中含0.5mg的溶液，作为二氧六环对照品溶液。取本品1g，精密称定，置顶空瓶中，精密加入*N,N*-二甲基乙酰胺1.0ml，环氧乙烷对照品溶液0.1ml及二氧六环对照品溶液0.1ml，密封，摇匀，作为对照品溶液。量取环氧乙烷对照品溶液0.1ml置顶空瓶中，加新配制的0.001%乙醛溶液0.1ml及二氧六环对照品溶液0.1ml，密封，摇匀，作为系统适用性试验溶液。照气相色谱法（附录0521）试验。以聚二甲基硅氧烷为固定液，起始温度为50℃，维持5分钟，以每分钟5℃的速率升温至180℃，再以每分钟30℃的速率升温至230℃，维持5分钟（可根据具体情况调整）。进样口温度为150℃，检测器为氢火焰离子化检测器，温度为250℃。顶空平衡温度为70℃，平衡时间45分钟，取系统适用性试验溶液顶空进样，调整仪器灵敏度使环氧乙烷峰和乙醛峰的峰高为满量程的15%，乙醛峰和环氧乙烷峰的分离度不小于2.0，二氧六环峰高应为基线噪音的5倍以上。顶空平衡温度为90℃，平衡时间45分钟，分别取供试品溶液及对照品溶液顶空进样，重复进样至少3次。环氧乙烷峰面积的相对标准偏差应不得过15%，二氧六环峰面积的相对标准偏差应不得过10%。按标准加入法计算，环氧乙烷不得过0.0001%，二氧六环不得过0.001%。

环氧乙烷对照品贮备液的标定 取50%氯化镁的无水乙醇混悬液10ml，精密加入乙醇制盐酸滴定液（0.1mol/L）20ml，混匀，放置过夜，取环氧乙烷对照品贮备液5g，精密称定，置上述溶液中混匀，放置30分钟，照电位滴定法（附录0701）用氢氧化钾乙醇滴定液（0.1mol/L）滴定，用聚乙二醇400作为空白校正，每1ml氢氧化钾乙醇滴定液相当于4.404mg的环氧乙烷，计算，即得。

乙二醇、二甘醇和三甘醇 取本品4g，精密称定，置100ml量瓶中，取1,3-丁二醇0.004g，精密称定，置同一量瓶中，加乙醇使溶解，相同溶剂稀释至刻度，作为供试品溶液。取乙二醇0.0025g，二甘醇0.004g，三甘醇0.004g，精密称定，置同一100ml量瓶中，取1,3-丁二醇0.004g，置该量瓶中，加乙醇使溶解，相同溶剂稀释至刻度，作为对照品溶液。照气相色谱法（附录0521）试验。以50%苯基-50%甲基聚硅氧烷为固定液（液膜厚度1.0μm）的毛细管柱，起始温度为60℃，维持5分钟，再以每分钟2℃的速率升温至170℃，维持0分钟，再以每分钟15℃的速率升温至280℃。维持50分钟（可根据具体情况调整）。检测器为氢火焰离子化检测器。检测器温度290℃，进样口温度为270℃。取对照品溶液作为系统适用性试验溶液载气为氮气，流速4.0ml/min，分流比2：1，进样体积1.0μl。乙二醇、二甘醇和三甘醇与内标1,3-丁二醇的分离度均不得小于2.0，各峰间的拖尾因子应符合规定，乙二醇、二甘醇、和三甘醇面积相对于内标1,3-丁二醇的峰面积，相对标准偏差不得过5.0%。按内标法计算，含乙二醇、二甘醇和三甘醇均不得过0.1%。

水分 取本品，照水分测定法（附录0832第一法A）测定，以甲醇-二氯甲烷（3：7）为溶剂，含水分不得过1.0%。

炽灼残渣 取本品1.0g，依法检查（附录0841），遗留残渣应不得过0.1%。

重金属 取炽灼残渣项下遗留残渣，依法检查（附录0821第二法），含重金属不得过百万分之十。

脂肪酸组成 取本品约1.0g，置于25ml圆底两口烧瓶中，加无水甲醇10ml，60g/L氢氧化钾的甲醇溶液0.2ml，振摇使溶解，通氮气（速度参考值为50ml/min），加热至沸腾，当溶液变透明后（约10分钟），继续加热5分钟，用水冷却烧瓶，再转移至分液漏斗中。用正庚烷5ml洗涤烧瓶，再将该液体加入分液漏斗并摇匀。加入200g/L氯化钠溶液10ml，振摇，静置分层，取有机层，经无水硫酸钠干燥，过滤，作为供试品溶液。分别精密称取下列各脂肪酸甲酯对照品适量，用正庚烷溶解并稀释制成每1ml中含辛酸甲酯1.0mg、癸酸甲酯1.0mg、月桂酸甲酯3.0mg、肉豆蔻酸甲酯1.5mg、棕榈酸甲酯1.5mg、硬脂酸甲酯2.0mg的混合溶液（1）。取1.0ml，置10ml量瓶中，加正庚烷稀释至刻度，制成混合溶液（2）。照气相色谱法（附录0521）试验，以聚乙二醇为固定液的毛细管柱为色谱柱，初始温度170℃以每分钟2℃的速率升温至230℃，维持10分钟。进样口温度250℃，检测器温度250℃。取混合溶液（1）、混合溶液（2）各1μl，分别注入气相色谱仪，记录色谱图，混合溶液（1）中各相邻脂肪酸甲酯峰间的分离度不小于1.8，理论板数按辛酸甲酯计算不得低于30 000；混合溶液（2）中脂肪酸甲酯的最小峰高不得低于基线噪音的5倍。另取供试品溶液1μl，注入气相色谱仪，按面积归一化法以峰面积计算，辛酸不大于15.0%，癸酸不大于12.0%，月桂酸30.0%~50.0%，肉豆蔻酸5.0%~25.0%，棕榈酸4.0%~25.0%，硬脂酸5.0%~35.0%。

【类别】 药用辅料，增溶剂和乳化剂。

【贮藏】 充氮，密封，在阴凉干燥处保存。

巴西棕榈蜡
Baxi Zonglüla
Carnauba Wax

本品系从 *Copernicia cerifera* Mart. 叶子中提取纯化而制得的蜡。

【性状】 本品为淡黄色或黄色粉末、薄片或块状物。

本品在热的二甲苯中易溶，在热的乙酸乙酯中溶解，在水或乙醇中几乎不溶。

熔点 本品的熔点（附录0612第二法）应为80~86℃。

酸值 取本品约5g，精密称定，置250ml锥形瓶中，加二甲苯100ml，加热至完全溶解，加乙醇50ml和溴麝香草酚蓝指示液2.5ml，加热使澄清后，趁热用乙醇制氢氧化钾滴定液（0.1mol/L）滴定至溶液显绿色，并将滴定的结果用空白试验校正。酸值（附录0301）应为2~7。

皂化值 取本品约3g，精密称定，置500ml锥形瓶中，加异丙醇-甲苯（5:4）混合液50ml，精密加0.5mol/L氢氧化钾乙醇溶液15ml，加热回流3小时，加酚酞指示液1ml，趁热用盐酸滴定液（0.5mol/L）滴定，至溶液粉红色刚好褪去，加热至沸，如溶液又出现粉红色，再滴定至粉红色刚好褪去，并将滴定的结果用空白试验校正。皂化值（附录0713）应为78~95。

碘值 取本品约1.8g，精密称定，置500ml干燥碘瓶中，加三氯甲烷30ml，在80℃±1℃水浴中加热溶解后，依法测定（附录0713），碘值应为5~14。

【鉴别】 取本品约0.1g，加三氯甲烷5ml，加热溶解，作为供试品溶液（趁热点样）；另取薄荷醇、麝香草酚各约10mg与乙酸薄荷酯10μl，置同一20ml量瓶中，加甲苯稀释至刻度，摇匀，作为对照品溶液。照薄层色谱法（附录0502）试验，吸取供试品溶液6μl与对照品溶液2μl，分别点于同一硅胶G薄层板上，以乙酸乙酯-三氯甲烷（2:98）为展开剂，展开，取出，晾干，喷以新制的20%磷钼酸乙醇溶液，在105℃加热10~15分钟至斑点清晰，立即检视。对照品溶液显示的斑点由低至高依次为深蓝色的薄荷醇、红色的麝香草酚和深蓝色的乙酸薄荷酯。供试品溶液应在薄荷醇与麝香草酚相应的位置之间显示一个大的斑点（三十烷烃），其下方可见多个微小斑点，在麝香草酚与乙酸薄荷酯相应的位置之间显示多个蓝色斑点，在上述斑点之上还应显示其他斑点，比移值（R_f）最大的斑点应清晰，原点应显蓝色。

【检查】 溶液的澄清度与颜色 取本品0.1g，加三氯甲烷10ml，加热使溶解，依法测定（附录0901与附录0902），溶液应澄清无色；如显色，与同体积的对照液（取比色用重铬酸钾液1.0ml，加水15ml，摇匀，即得）比较，不得更深。

炽灼残渣 取本品1.0g，依法检查（附录0841），遗留残渣不得过0.25%。

重金属 取炽灼残渣项下遗留的残渣，依法检查（附录0821），含重金属不得过百万分之二十。

　　【类别】　药用辅料，包衣材料和释放阻滞剂等。

　　【贮藏】　遮光，密封保存。

玉　米　芯　粉
Yumixin Fen
Corncob Flour

本品为玉米芯经粉碎加工并过筛后制得。

　　【性状】　本品为浅黄色粉末至浅褐色均匀颗粒，无杂质、霉变、结块、虫蛀及异味异臭。

　　【检查】　粒度　本品二号筛通过率应大于95%，五号筛通过率应小于5%。

　　干燥失重　取本品，在105℃干燥5小时，减失重量不得过10.0%（附录0831）。

　　炽灼残渣　取本品1.0g，依法检查（附录0841）遗留残渣不得过2.0%。

　　重金属　取炽灼残渣项下遗留的残渣，依法检查（附录0821第二法），含重金属不得过百万分之二十。

　　砷盐　取本品1.0g，加15%硝酸镁溶液5ml，混合，于70℃蒸干，先用小火炽灼使炭化，然后在550℃灰化3.5～4小时，放冷，缓慢加盐酸5ml与水23ml使溶解，依法检查（附录0822第一法），应符合规定（0.0002%）。

　　【类别】　药用辅料，粉剂、预混剂辅料。

　　【贮藏】　密闭，在干燥处保存。

玉　米　朊
Yumi Ruan
Zein

本品系从玉米麸质中提取所得的醇溶性蛋白。按干燥品计算，含氮（N）量应为13.1%～17.0%。

　　【性状】　本品为黄色或淡黄色薄片，一面具有一定的光泽；无臭，无味。

　　本品在80%～92%乙醇或70%～80%丙酮中易溶，在水或无水乙醇中不溶。

　　【鉴别】　（1）取本品约20mg，剪碎，加90%乙醇2ml使溶解，加10%醋酸铅溶液2ml，即产生白色沉淀。

　　（2）取本品约0.1g，加0.1mol/L氢氧化钠溶液10ml和硫酸铜试液数滴，置水浴中加热，即变为紫色。

　　（3）取本品约25mg，滴加硝酸1ml，用力振摇，溶液变成亮黄色，再加6mol/L的氨水10ml，溶液即变为橙黄色。

　　（4）取本品10mg，置10ml离心管中，加溶剂（取异丙醇55ml，β-巯基乙醇2ml，加水至100ml）10ml，用涡旋混合器混合振荡使样品完全溶解，再以每分钟11 000转离心10分钟，取上清液作为供试品贮备液，取供试品贮备液与供试品缓冲液（取三羟四基氨基甲烷6.0g，加水70ml，用盐酸调节pH值至6.8，加丙三醇20ml，十二烷基硫酸钠4.0g，溴酚蓝0.005g，加水至100ml）（1:1）混合，将混合溶液置于密封的微量离心管中95℃放置10分钟，再置冰浴中冷却，作为供试品溶液。分别取标准蛋白溶液与供试品溶液各10μl（上样量约为5μg），照电泳法（附录0541第五法）测定，分离胶溶液为30%丙烯酰胺溶液-分离胶缓冲液-20%十二烷基硫酸钠溶液-10%过硫酸铵溶液（临用新配）-四甲基乙二胺-水（3.5:1.5:0.08:0.1:0.01:5.3），电压为100V，运行时间为2.5小时或前沿到达凝胶顶部。以标准蛋白分子量的对数为纵坐标，相对迁移率为横坐标，计算回归方程，供试品在19~26kDa应含有两个主要的蛋白质带。

【检查】 醚可溶性物 取本品1g（按干燥品计），置索氏提取器中，加无水乙醚80~100ml，回流提取约6小时，提取液挥干乙醚，80℃干燥至恒重，遗留残渣不得过2.0%。

己烷可溶物 取本品1g（按干燥品计），置100ml烧杯中，加入85%乙醇50ml，用磁力搅拌器搅拌，并加热至30℃，使样品完全溶解。将供试品溶液转移至250ml分液漏斗中，加入正己烷100ml,缓慢振摇混合后静置使分层，将上层（正己烷层）转移至已在80℃干燥至恒重的烧杯中，将下层（乙醇层）倾出置另一分液漏斗中，再加入正己烷100ml提取，重复该提取过程6次。将正己烷提取液合并蒸干，80℃干燥至恒重，遗留残渣不得过12.5%。

干燥失重 取本品，在105℃干燥至恒重，减失重量不得过8.0%（附录0831）。

炽灼残渣 取本品1.0g，依法检查（附录0841），遗留残渣不得过0.3%。

重金属 取炽灼残渣项下遗留的残渣，依法检查（附录0821第二法），含重金属不得过百万分之二十。

微生物限度 取本品，依法检查（附录1105与附录1106），每1g供试品中需氧菌总数不得过1000cfu、霉菌和酵母菌总数不得过100cfu，不得检出大肠埃希菌。

【含量测定】 取本品0.2g，精密称定，照氮测定法（附录0704第一法）测定，计算，即得。

【类别】 药用辅料，包衣材料和释放阻滞剂等。

【贮藏】 密闭，在干燥处保存。

玉 米 粉

Yumi Fen

Maize Flour

本品系玉米经除杂等工序研磨而成的产品。

【性状】 本品为黄色粉末；无霉变、结块、异味。

本品在水或乙醇中不溶解。

【鉴别】 （1）取本品约1g，加水15ml，煮沸，放冷，即成黄色的糊状物。

（2）取本品约0.1g，加水20ml混匀，加碘试液数滴，即显蓝色或蓝黑色，加热后逐渐褪色。

【检查】 酸度 取本品20.0g，加水100ml，振摇5分钟使混匀，依法测定（附录0631），pH值应为4.5~7.0。

氧化物 取本品4.0g，置具塞离心管中，加水50.0ml，振摇5分钟，离心至澄清，取上清液30.0ml，置碘量瓶中，加硫酸（1→2）2ml与碘化钾1.0g，密塞，摇匀，置暗处放置30分钟，加淀粉指示液1ml，用硫代硫酸钠滴定液（0.002mol/L）滴定至蓝色消失，并将滴定的结果用空白试验校正。每1ml硫代硫酸钠滴定液（0.002mol/L）相当于34μg的氧化物质（以H_2O_2计），消耗的硫代硫酸钠滴定液（0.002mol/L）不得过1.4ml（0.002%）。

　　干燥失重　取本品，在105℃干燥5小时，减失的重量不得过14.0%（附录0831）。

　　炽灼残渣　取本品1.0g，依法检查（附录0841），遗留残渣不得过2.0%。

　　铁盐　取本品0.50g，加稀盐酸4ml与水16ml，振摇5分钟，滤过，用少量水洗涤，合并滤液与洗液，加过硫酸铵50mg，用水稀释成35ml后，依法检查（附录0807），与标准铁溶液1.0ml制成的对照液比较，不得更深（0.002%）。

　　重金属　取炽灼残渣项下遗留的残渣，依法检查（附录0821第二法），含重金属不得过百万分之二十。

　　砷盐　取本品1.0g，加15%硝酸镁溶液5ml，混合，在70℃蒸干，先用小火炽灼使炭化，然后在550℃灰化3.5~4小时，放冷，缓慢加盐酸5ml与水23ml使溶解，依法检查（附录0822第一法），应符合规定（0.0002%）。

　　【**类别**】　药用辅料，粉剂、预混剂辅料。

　　【**贮藏**】　密闭，在干燥处保存。

玉 米 淀 粉

Yumi Dianfen

Maize Starch

本品系自禾本科植物玉蜀黍 *Zea mays* L. 的颖果制得。

【**性状**】　本品为白色或类白色粉末。

本品在水或乙醇中均不溶解。

【**鉴别**】　（1）取本品约1.0g，加水15ml，煮沸，放冷，即成类白色半透明的凝胶状物。

　　（2）取鉴别（1）项下凝胶状物约1ml，加碘试液1滴，即显蓝黑色或紫黑色，加热后逐渐褪色。

　　（3）取本品适量，用甘油醋酸试液装片（二部附录2001），置显微镜下观察，淀粉均为单粒，呈多角形或类圆形，直径为5~30μm；脐点中心性，呈圆点状或星状；层纹不明显。在偏光显微镜下观察，呈现偏光十字，十字交叉位于颗粒脐点处。

【**检查**】　**酸度**　取本品4.0g，加水20ml，振摇5分钟，使混匀，离心，取上清液，依法测定（附录0631），pH值应为4.5~7.0。

　　外来物质　取鉴别（3）项下装片，在显微镜下观察，不得有其他品种的淀粉颗粒。

　　二氧化硫　取本品，依法检查（二部附录2331），含二氧化硫不得过0.004%。

　　氧化物质　取本品4.0g，置具塞锥形瓶中，加水50.0ml，密塞，振摇5分钟，转入具塞离心管中，离心至澄清，取上清液30.0ml，置碘瓶中，加冰醋酸1ml与碘化钾1.0g，密塞，摇匀，置暗处放置30分钟，加淀粉指示液1ml，用硫代硫酸钠滴定液（0.002mol/L）滴定至蓝色消失，并将滴定的结果用空白试验校正。消耗硫代硫酸钠滴定液（0.002mol/L）不得过1.4ml（0.002%）。

　　干燥失重　取本品，在130℃干燥90分钟，减失重量不得过14.0%（附录0831）。

　　灰分　取本品1.0g，依法检查（二部附录2302），遗留残渣不得过0.3%。

　　重金属　取本品1.0g，依法检查（附录0821），含重金属不得过百万分之二十。

　　铁盐　取本品1.0g，置于具塞锥形瓶中，加稀盐酸4ml与水16ml，强力振摇5分钟，滤过，用适量水洗涤，合并滤液与洗液置50ml纳氏比色管中，加过硫酸铵50mg，用水稀释成35ml后，依法检查（附录0807），与标准铁溶液1.0ml制成的对照液比较，不得更深（0.001%）。

微生物限度　取本品，依法检查（附录1105与附录1106），每1g供试品中需氧菌总数不得过1000cfu、霉菌和酵母菌总数不得过100cfu，不得检出大肠埃希菌。

【类别】　药用辅料，填充剂和崩解剂等。

【贮藏】　密闭保存。

正　丁　醇

Zhengdingchun

Butyl Alcohol

$C_4H_{10}O$　74.12

本品为1-丁醇，可由羰基合成法或乙醛合成法制得，亦可用发酵法制得。

【性状】　本品为无色澄清的液体；具特殊刺鼻的酒味。

本品在水中溶解。能与乙醇、乙醚任意混溶。

相对密度　本品的相对密度（附录0601）在25℃时为0.807~0.809。

馏程　本品的馏程（附录0611）为116℃~119℃，沸距不大于1.5℃。

【鉴别】　本品的红外光吸收图谱应与对照品的图谱一致。

【检查】　**酸度**　取本品74ml，加酚酞指示液2滴，溶液应为无色，用乙醇制氢氧化钾滴定液（0.02mol/L）滴定至显粉红色，15秒内不褪，消耗乙醇制氢氧化钾滴定液（0.02mol/L）不得过2.5ml。

醛化合物　取本品10.0ml，加氨制硝酸银试液10ml，密塞，混匀，避光静置30分钟，溶液不应显色。

不挥发物　取本品100ml，置经105℃恒重的蒸发皿中，于水浴上蒸干后，在105℃干燥30分钟，遗留残渣不得过4mg。

二丁醚与有关物质　照气相色谱法测定（附录0521）。

色谱条件与系统适用性试验　用以聚乙二醇-20M为固定液（或极性相近）的毛细管柱，柱温为75℃，进样口温度为260℃，检测器温度为280℃。取二丁醚、2-丁醇、异丁醇和正丁醇的等体积混合溶液作为系统适用性溶液，取1μl，注入气相色谱仪，记录色谱图，各峰的分离度应符合要求。

测定法　取本品1μl，注入气相色谱仪，记录色谱图。按面积归一化法计算，含二丁醚不得过0.2%，且各杂质峰面积的总和不得大于总峰面积的0.5%。

水分　不得过0.1%（附录0832第一法B）。

【类别】　药用辅料，溶剂和消泡剂等。

【贮藏】　密闭，贮存在远离火种和热源的凉暗处。

甘 油

Ganyou

Glycerol

$C_3H_8O_3$　92.09

本品为1,2,3-丙三醇。按无水物计算，含$C_3H_8O_3$不得少于95.0%。

【性状】　本品为无色、澄清的黏稠液体；味甜；有引湿性；水溶液（1→10）显中性反应。
本品与水或乙醇能任意混溶，在丙酮中微溶，在三氯甲烷或乙醚中均不溶。

相对密度　本品的相对密度（附录0601）在25℃时不小于1.257。

折光率　本品的折光率（附录0622）应为1.470～1.475。

【鉴别】　本品的红外光吸收图谱应与对照的图谱一致。

【检查】　**酸碱度**　取本品25.0g，加水稀释成50ml，混匀，加酚酞指示液0.5ml，溶液应无色，加0.1mol/L氢氧化钠溶液0.2ml，溶液应显粉红色。

颜色　取本品50ml，置50ml纳氏比色管中，与对照液（取比色用重铬酸钾液0.2ml，加水稀释至50ml制成）比较，不得更深。

氯化物　取本品5.0g，依法检查（附录0801），与标准氯化钠溶液7.5ml制成的对照液比较，不得更浓（0.0015%）。

硫酸盐　取本品10g，依法检查（附录0822），与标准硫酸钾溶液2.0ml制成的对照液比较，不得更浓（0.002%）。

醛与还原性物质　取本品约1g，置50ml量瓶中，加水25ml溶解，加入新配制的10%盐酸甲基苯并噻唑酮腙溶液（用0.02mol/L的氢氧化钠溶液调节pH值至4.0。临用新制）2ml静置30分钟，加新配制的0.5%三氯化铁溶液5ml，摇匀，静置5分钟，加甲醇稀释至刻度，摇匀。照紫外-可见分光光度法（附录0401），在655nm的波长处测定吸光度，供试品溶液的吸光度不得大于对照品溶液〔每1ml含甲醛（CH_2O）5.0μg〕2.0ml同法处理后的吸光度。

糖　取本品5.0g，加水5ml，混匀，加稀硫酸1ml，置水浴上加热5分钟，加不含碳酸盐的2mol/L氢氧化钠溶液3ml，滴加硫酸铜试液1ml，混匀，应为蓝色澄清溶液，继续在水浴上加热5分钟，溶液应仍为蓝色，无沉淀产生。

脂肪酸与脂类　取本品40g，加新沸的冷水40ml，再精密加氢氧化钠滴定液（0.1mol/L）10ml，摇匀后，煮沸5分钟，放冷，加酚酞指示液数滴，用盐酸滴定液（0.1mol/L）滴定至红色消失，并将滴定的结果用空白试验校正。消耗的氢氧化钠滴定液（0.1mol/L）不得过4.0ml。

易炭化物　取本品4.0g，在振摇下逐滴加入硫酸5ml，过程中控制温度不得超过20℃，静置1小时后，如显色，与同体积对照溶液（取比色用氯化钴溶液0.2ml，比色用重铬酸钾溶液1.6ml与水8.2ml制成）比较，不得更深。

有关物质　取本品约10g，精密称定，置25ml量瓶中，精密加入内标溶液（每1ml中含0.5mg正己醇的甲醇溶液）5ml，用甲醇溶解并稀释至刻度，作为供试品溶液。取二甘醇、乙二醇、1,2-丙二醇适量，精密称定，用甲醇溶解并稀释制成每1ml中含二甘醇、乙二醇、1,2-丙二醇各0.5mg的溶液，精密量取5ml，置25ml量瓶中，精密加入内标溶液5ml，用甲醇稀释至刻度，作为对照品溶液。

另取二甘醇，乙二醇、1,2-丙二醇、正己醇和甘油适量，精密称定，用甲醇溶解并稀释制成每1ml中含甘油400mg，二甘醇、乙二醇、1,2-丙二醇、正己醇各0.1mg的溶液，作为系统适用性溶液。照气相色谱法（附录0521），用6%氰丙基苯基-94%二甲基聚硅氧烷为固定液（或极性相近的固定液）的毛细管柱，程序升温，起始温度为100℃，维持4分钟，以每分钟50℃的速率升温至120℃，维持10分钟，再以每分钟50℃的速率升温至220℃，维持20分钟；进样口温度为200℃，检测器温度为250℃，色谱图记录时间至少为主峰保留时间的两倍。取系统适用性试验溶液1μl，注入气相色谱仪，记录色谱图，各组分色谱峰之间的分离度应符合要求。取对照品溶液重复进样，二甘醇和乙二醇峰面积与内标峰面积比值的相对标准偏差均不得大于5%。精密量取供试品溶液和对照品溶液各1μl，注入气相色谱仪，记录色谱图，按内标法以峰面积计算，供试品中含二甘醇、乙二醇均不得过0.025%；含1,2-丙二醇不得过0.1%；如有其他杂质峰，扣除内标峰按面积归一化法计算，单个未知杂质不得过0.1%；杂质总量（包含二甘醇、乙二醇和1,2-丙二醇）不得过1.0%。

水分 取本品，照水分测定法（附录0832第一法A）测定，含水分不得过2.0%。

炽灼残渣 取本品20.0g，加热至自燃，停止加热，待燃烧完毕，放冷，依法检查（附录0841），遗留残渣不得过2mg。

铵盐 取本品4.0g，加10%氢氧化钾溶液5ml，混匀，在60℃放置5分钟。不得发生氨臭。

铁盐 取本品10.0g，依法检查（附录0807），与标准铁溶液2.0ml制成的对照液比较，不得更深（0.0002%）。

重金属 取本品5.0g，依法检查（附录0821），含重金属不得过百万分之二。

砷盐 取本品6.65g，加水23ml和盐酸5ml混匀，依法检查（附录0822第一法），应符合规定（0.000 03%）。

【含量测定】 取本品约0.1g，精密称定，加水45ml，混匀，精密加入2.14%高碘酸钠溶液25ml，摇匀，暗处放置15分钟后，加50%（g/ml）乙二醇溶液10ml，摇匀，暗处放置20分钟，加酚酞指示液0.5ml，用氢氧化钠滴定液（0.1mol/L）滴定至红色，30秒内不褪，并将滴定的结果用空白试验校正。每1ml氢氧化钠滴定液相当于（0.1mol/L）相当于9.21mg的$C_3H_8O_3$。

【类别】 药用辅料，溶剂和助悬剂等。

【贮藏】 密封，在干燥处保存。

【注意】 本品可与硼酸形成复合物，过热会分解放出有毒的丙烯醛；与强氧化剂共研可能爆炸，受光照或与碱式硝酸铋、氧化剂接触会变黑。

甘油（供注射用）

Ganyou（Gongzhusheyong）

Glycerol for Injection

$C_3H_8O_3$ 92.09

本品为1,2,3-丙三醇。按无水物计算，含$C_3H_8O_3$应不得少于98.0%。

【性状】 本品为无色、澄清的黏稠液体；味甜；有引湿性；水溶液（1→10）显中性反应。

本品与水或乙醇能任意混溶，在丙酮中微溶，在三氯甲烷或乙醚中均不溶。

相对密度 本品的相对密度（附录0601）在25℃时不小于1.257。

折光率 本品的折光率（附录0622）应为1.470～1.475。

【鉴别】 本品的红外光吸收图谱应与对照的图谱一致。

【检查】 **酸碱度** 取本品25.0g，加水稀释成50ml，混匀，加酚酞指示液0.5ml，溶液应无色，加0.1mol/L氢氧化钠溶液0.2ml，溶液应显粉红色。

颜色 取本品50ml，置50ml纳氏比色管中，与对照液（取比色用重铬酸钾液0.2ml，加水稀释至50ml制成）比较，不得更深。

氯化物 取本品5.0g，依法检查（附录0801），与标准氯化钠溶液3.0ml制成的对照液比较，不得更浓（0.0006%）。

硫酸盐 取本品10g，依法检查（附录0802），与标准硫酸钾溶液2.0ml制成的对照液比较，不得更浓（0.002%）。

醛与还原性物质 取本品约1g，置50ml量瓶中，加水25ml溶解，加入10%盐酸甲基苯并噻唑酮腙溶液（用0.02mol/L的氢氧化钠溶液调节pH值至4.0。临用新制）2ml静置30分钟，加新配制的0.5%三氯化铁溶液5ml，摇匀，静置5分钟，加甲醇稀释至刻度，摇匀。照紫外-可见分光光度法（附录0401），在655nm的波长处测定吸光度，供试品溶液的吸光度不得大于对照品溶液〔每1ml含甲醛（CH_2O）5.0μg〕2.0ml同法处理后的吸光度。

脂肪酸与酯类 取本品40g，加新沸过的冷水40ml，再精密加氢氧化钠滴定液（0.1mol/L）10ml，摇匀，煮沸5分钟，放冷，加酚酞指示液数滴，用盐酸滴定液（0.1mol/L）滴定至红色消失，并将滴定结果用空白试验校正。消耗的氢氧化钠滴定液（0.1mol/L）不得过2.0ml。

易炭化物 取本品约6.3g，在振摇下逐滴加入硫酸5ml，此时温度不得超过20℃，静置1小时后，如显色，与同体积对照溶液（取比色用氯化钴溶液0.2ml、比色用重铬酸钾溶液1.6ml与水8.2ml制成）比较，不得更深。

糖 取本品5.0g，加水5ml，混匀，加稀硫酸1ml，置水浴上加热5分钟，加不含碳酸盐的2mol/L氢氧化钠溶液3ml，滴加硫酸铜试液1ml，混匀，应为蓝色澄清溶液，继续在水浴上加热5分钟，溶液应仍为蓝色，无沉淀产生。

有关物质 取本品约10g，精密称定，置25ml量瓶中，精密加入内标溶液（每1ml中含0.5mg正己醇的甲醇溶液）5ml，用甲醇溶解并稀释至刻度，作为供试品溶液。取二甘醇、乙二醇、1,2-丙二醇适量，精密称定，用甲醇溶解并稀释制成每1ml中含二甘醇、乙二醇、1,2-丙二醇各0.5mg的溶液。精密量取5ml，置25ml量瓶中，精密加入内标溶液5ml，用甲醇稀释至刻度，作为对照品溶液。另取二甘醇、乙二醇、1,2-丙二醇、正己醇和甘油适量，精密称定，用甲醇溶解并稀释制成每1ml中含甘油400mg、二甘醇、乙二醇、1,2-丙二醇、正己醇各0.1mg的溶液，作为系统适用性试验溶液。照气相色谱法（附录0521），用（6%）氰丙基苯基-（94%）二甲基聚硅氧烷为固定液（或极性相近的固定液）的毛细管柱，程序升温，起始温度为100℃，维持4分钟，以每分钟50℃的速率升温至120℃，维持10分钟，再以每分钟50℃的速率升温至220℃，维持20分钟；进样口温度为200℃；检测器温度为250℃。取系统适用性试验溶液1μl，注入气相色谱仪，记录色谱图，各组分色谱峰之间的分离度应符合要求。取对照品溶液重复进样，二甘醇和乙二醇峰面积与内标峰面积比值的相对标准偏差均不得大于5%。精密量取供试品溶液和对照品溶液各1μl，注入气相色谱仪，记录色谱图，按内标法以峰面积计算，供试品中含二甘醇与乙二醇均不得过0.025%；含1,2-丙二醇不得过0.1%；如有其他杂质峰，扣除内标峰按面积归一化法计算，单个未知杂质不得过0.1%；杂质总量（包含二甘醇、乙二醇和1,2-丙二醇）不得过0.5%。

水分　取本品，照水分测定法（附录0832第一法A）测定，含水分不得过2.0%。

炽灼残渣　取本品20.0g，加热至自燃，停止加热，待燃烧完毕，放冷，依法检查（附录0841），遗留残渣不得过2mg。

铵盐　取本品4.0g，加10%氢氧化钾溶液5ml，混匀，在60℃放置5分钟。不得发生氨臭。

铁盐　取本品20.0g，依法检查（附录0807）与标准铁溶液1.0ml制成的对照液比较，不得更深（0.000 05%）。

重金属　取本品5.0g，依法检查（附录0821第一法），含重金属不得过百万分之二。

砷盐　取本品6.65g，加水23ml和盐酸5ml混匀，依法检查（附录0822第一法），应符合规定（0.000 03%）。

微生物限度　取本品，依法检查（附录1105与附录1106），每1g供试品中需氧菌总数不得过1000cfu、霉菌和酵母菌总数不得过100cfu，不得检出大肠埃希菌。

细菌内毒素　取本品，依法检查（附录1143），每1g甘油（供注射用）中含细菌内毒素的量应小于10EU。

无菌（供无除菌工艺的无菌制剂用）　取本品，依法检查（附录1101），应符合规定。

【含量测定】　取本品约0.1g，精密称定，加水45ml，混匀，精密加2.14%（g/ml）高碘酸钠滴定液25ml，摇匀，暗处放置15分钟后，加50%（g/ml）乙二醇溶液5ml，摇匀，暗处放置20分钟，加酚酞指示液0.5ml，用氢氧化钠滴定液（0.1mol/L）滴定，并将滴定的结果用空白试验校正。每1ml氢氧化钠滴定液（0.1mol/L）相当于9.21mg的$C_3H_8O_3$。

【类别】　药用辅料，溶剂和助悬剂等。

【贮藏】　密封，在干燥处保存。

【注意】　本品可与硼酸形成复合物，过热会分解放出有毒的丙烯醛；与强氧化剂共研可能爆炸，受光照或与碱式硝酸铋、氧化剂接触会变黑。

甘油三乙酯

Ganyousanyizhi

Triacetin

$C_9H_{14}O_6$　218.21

本品按无水物计算，含$C_9H_{14}O_6$应为97.0% ~ 100.5%。

【性状】　本品为无色澄清稍具黏性的油状液体。

本品在水中易溶，能与乙醇、三氯甲烷、乙醚混溶。

相对密度　本品的相对密度（附录0601）在25℃时为1.152 ~ 1.158。

折光率　本品的折光率（附录0622）为1.429 ~ 1.432。

【鉴别】　（1）取本品0.03g，加水3ml使溶解，用氢氧化钠试液调至微碱性，加入5%硝酸镧溶液0.25ml（如有白色沉淀物，过滤该溶液），再加碘-碘化钾试液（取碘0.127g和碘化钾0.20g，加水使溶解制成10ml溶液，即得）0.1ml和氨试液0.1ml生成蓝色（如无蓝色生成，则小心加热至沸腾），调至中性（如有必要，上述实验温度控制在25℃以上），应显醋酸盐鉴别（2）的反应（附录0301）。

（2）本品的红外光吸收图谱（膜法）应在3960～2890cm^{-1}和1770～1720cm^{-1}区间有最大吸收。

【检查】 酸度 取本品5g，加中性乙醇50ml使溶解，加酚酞指示液5滴，用氢氧化钠滴定液（0.020mol/L）滴定至粉红色。消耗的氢氧化钠滴定液（0.020mol/L）不得过1.0ml。

颜色 本品应无色，如显色，与黄色1号标准比色液（附录0901第一法）比较，不得更深。

水分 取本品适量，照水分测定法（附录0832第一法）测定，含水分不得过0.2%。

重金属 取本品5.0g，小火灼烧使炭化（放置石棉网），放冷，加硫酸0.5ml再小火使炭化完全，放冷，加硝酸0.5ml置水浴上蒸干，以350～400℃炽灼使完全灰化，依法检查（附录0821第二法），含重金属不得过百万分之五。

砷盐 取本品0.4g，用水21ml与盐酸5ml使溶解，依法检查（附录0822第一法），应符合规定（0.0005%）。

【含量测定】 取本品0.3g，精密称定，置250ml锥形瓶中，精密加入乙醇制氢氧化钾滴定液（0.5mol/L）25ml和玻璃珠数粒，摇匀，加热回流30分钟，放冷，加酚酞指示液0.5ml，用盐酸滴定液（0.5mol/L）滴定，并将滴定的结果用空白试验校正。每1ml的乙醇制氢氧化钾滴定液（0.5mol/L）相当于36.37mg的$C_9H_{14}O_6$。

【类别】 药用辅料，溶剂、增塑剂和保湿剂等。

【贮藏】 密闭，干燥处保存。

甘油磷酸钙

Ganyoulinsuangai

Calcium Glycerophosphate

$C_3H_7CaO_6P$　210.14

本品是由甘油和磷酸共热，再加石灰乳中和，用乙醇沉淀，收集沉淀，经洗涤、干燥而制得。为β-，D-和L-α-甘油磷酸钙的混合物。按干燥品计算，含钙（Ca）应为18.6%～19.4%。

【性状】 本品为白色至微黄色粉末，无臭或微臭，略有引湿性。

本品在水中微溶，在乙醇中几乎不溶。

【鉴别】 （1）取本品约0.1g，用水和稀硝酸各10ml溶解后，加钼酸铵试液5ml，煮沸，即发生黄色沉淀。

（2）取本品约0.1g，加硫酸氢钾0.1g，混合后，置试管中加热，即发生丙烯醛的刺激性臭。

（3）本品显钙盐的火焰反应（附录0301）。

【检查】 酸碱度 取本品1.0g，用水100ml溶解，加酚酞指示液2滴，用氢氧化钠滴定液（0.1mol/L）或盐酸滴定液（0.1mol/L）滴定，消耗氢氧化钠滴定液（0.1mol/L）或盐酸滴定液（0.1mol/L）不得过1.7ml。

溶液的澄清度与颜色 取本品1.0g，用水100ml溶解，依法检查（附录0901与附录0902），溶液应澄清无色，如显浑浊，与3号浊度标准液（附录0902第一法）比较，不得更浓。

氯化物 取本品0.25g，依法检查（附录0801），与标准氯化钠溶液5.0ml制成的对照溶液比较，不得更浓（0.02%）。

硫酸盐 取本品0.25g，依法检查（附录0802），与标准硫酸钾溶液5.0ml制成的对照溶液比较，不得更浓（0.2%）。

磷酸盐 取本品1.0g，置25ml纳氏比色管中，加稀硝酸10ml溶解，加钼酸铵试液10ml，摇匀，静置10分钟，如显色，与磷酸盐标准溶液（精密称取磷酸二氢钾0.192g，置100ml量瓶中，加水溶解并稀释至刻度，摇匀，精密量取3ml，置另一100ml的量瓶中，加稀硝酸至刻度，摇匀）10ml制成的对照液比较，不得更浓（0.04%）。

柠檬酸盐 取本品5g置烧杯中，加新沸冷水20ml，溶解后滤过，滤液中加硫酸0.15ml，振摇，滤过。滤液中加硫酸汞试液5ml，加热至沸腾，再加高锰酸钾溶液0.5ml，再次加热至沸腾，应无沉淀产生。

游离甘油与醇中可溶物 取本品1g，加无水乙醇25ml，振摇2分钟，滤过，滤渣用无水乙醇5ml洗涤，合并滤液与洗液，置经70℃干燥至恒重的蒸发皿中，置水浴上蒸干，在70℃干燥1小时，遗留残渣不得过5mg（0.5%）。

干燥失重 取本品，在150℃干燥4小时，减失重量不得过12.0%（附录0831）。

铁盐 取本品1.0g，用稀盐酸2ml与水23ml溶解后，依法检查（附录0807），与标准铁溶液2.0ml制成的对照液比较，不得更深（0.002%）。

重金属 取本品1.0g，加醋酸盐缓冲液（pH3.5）2ml与水适量使成25ml，依法检查（附录0821第一法），含重金属不得过百万分之二十。

砷盐 取本品0.67g，加水23ml和盐酸5ml，溶解后，依法检查（附录0822第一法），应符合规定（0.0003%）。

【含量测定】 取本品0.2g，精密称定，加水300ml振摇使溶解，加10mol/L氢氧化钠溶液6.0ml及钙羧酸指示剂15mg，用乙二胺四醋酸二钠滴定液（0.05mol/L）滴定至溶液由紫色变为蓝色。每1ml乙二胺四醋酸二钠滴定液（0.05mol/L）相当于2.004mg的Ca。

【类别】 药用辅料，稀释剂和吸湿剂等。

【贮藏】 密封，在干燥处保存。

甘 氨 酸

Gan'ansuan

Glycine

$C_2H_5NO_2$ 75.07

本品为氨基乙酸。按干燥品计算，含$C_2H_5NO_2$不得少于99.0%。

【性状】 本品为白色至类白色结晶性粉末；无臭。

本品在水中易溶，在乙醇或乙醚中几乎不溶。

【鉴别】 （1）取本品与甘氨酸对照品各适量，分别加水溶解并稀释制成每1ml中约含10mg的溶液，作为供试品溶液与对照品溶液。照其他氨基酸项下的色谱条件试验，供试品溶液所显主斑点的位置和颜色应与对照品溶液的主斑点相同。

（2）本品的红外光吸收图谱应与对照的图谱一致。

【检查】 酸度 取本品1.0g，加水20ml溶解后，依法测定（附录0631），pH值应为5.6～6.6。

溶液的透光率 取本品1.0g，加水20ml溶解后，照紫外-可见分光光度法（附录0401），在430nm的波长处测定透光率，不得低于98.0%。

氯化物 取本品1.0g，依法检查（附录0801），与标准氯化钠溶液7.0ml制成的对照液比较，不得更浓（0.007%）。

硫酸盐 取本品2.5g，依法检查（附录0802），与标准硫酸钾溶液1.5ml制成的对照液比较，不得更浓（0.006%）。

铵盐 取本品0.10g，依法检查（附录0808），与标准氯化铵溶液2.0ml制成的对照液比较，不得更深（0.02%）。

其他氨基酸 取本品，加水溶解并稀释制成每1ml中约含10mg的溶液，作为供试品溶液；精密量取1ml，置200ml量瓶中，用水稀释至刻度，摇匀，作为对照溶液；另取甘氨酸对照品与丙氨酸对照品各适量，置同一量瓶中，加水溶解并稀释制成每1ml中含10mg和0.05mg的溶液，作为系统适用性溶液。照薄层色谱法（附录0502）试验，吸取上述三种溶液各2μl，分别点于同一硅胶G薄层板上，以正丙醇-氨水（7:3）为展开剂，展开约10cm，晾干，在80℃干燥30分钟，喷以茚三酮的正丙醇溶液（1→1000），在105℃加热至斑点出现，立即检视。对照溶液应显一个清晰的斑点，系统适用性溶液应显两个完全分离的斑点；供试品溶液除主斑点外，所显杂质斑点个数不得超过1个，其颜色与对照溶液的主斑点比较不得更深（0.5%）。

干燥失重 取本品，在105℃干燥3小时，减失重量不得过0.2%（附录0831）。

炽灼残渣 不得过0.1%（附录0841）。

铁盐 取本品1.50g，依法检查（附录0807），与标准铁溶液1.5ml制成的对照液比较，不得更深（0.0001%）。

重金属 取本品2.0g，加水23ml溶解，加醋酸盐缓冲液（pH3.5）2ml，依法检查（附录0821第一法），含重金属不得过百万分之十。

砷盐 取本品2.0g，加水23ml溶解后，加盐酸5ml，依法检查（附录0822第一法），应符合规定（0.0001%）。

细菌内毒素（供注射用） 取本品，依法检查（附录1143），每1g甘氨酸中含内毒素的量应小于20EU。

【含量测定】 取本品约70mg，精密称定，加无水甲酸1.5ml使溶解，加冰醋酸50ml，照电位滴定法（附录0701），用高氯酸滴定液（0.1mol/L）滴定，并将滴定的结果用空白试验校正。每1ml高氯酸滴定液（0.1mol/L）相当于7.507mg的$C_2H_5NO_2$。

【类别】 药用辅料，助溶剂、抗氧增效剂等。

【贮藏】 遮光，密封保存。

可 可 脂

Kekezhi

Cocoa Butter

本品系由梧桐科（Sterculiaceae）可可属（*Theobromacacao* L.）植物的种子提炼制成的固体脂肪。

【性状】 本品为淡黄白色固体；25℃以下通常微具脆性；气味舒适，有轻微的可可香味（压榨品）或味平淡（溶剂提取品）。

本品在乙醚或三氯甲烷中易溶，在煮沸的无水乙醇中溶解，在乙醇中几乎不溶。

相对密度 本品的相对密度（附录0601）在40℃时相对于水在20℃时为0.895～0.904。

折光率 本品的折光率（附录0622）在40℃时为1.456～1.458。

酸值 应不大于2.8（附录0713）。

皂化值 应为188～195（附录0713）。

碘值 应为35～40（附录0713）。

【鉴别】 在脂肪酸组成项下记录的色谱图中，供试品溶液中棕榈酸甲酯峰、硬脂酸甲酯峰、油酸甲酯峰、亚油酸甲酯峰的保留时间应分别与对照品溶液中相应峰的保留时间一致。

【检查】 **脂肪酸组成** 取本品0.10～0.15g，置50ml回流瓶中，加0.5mol/L氢氧化钠甲醇溶液4ml，在水浴中加热回流至供试品融化，加14%三氟化硼甲醇溶液5ml，在水浴中加热回流2分钟，再加正庚烷2～5ml，继续在水浴中加热回流1分钟后，放冷，加饱和氯化钠溶液10ml，摇匀，静置使分层，取上层液，经无水硫酸钠干燥，作为供试品溶液；分别取棕榈酸甲酯、硬脂酸甲酯、油酸甲酯、亚油酸甲酯、亚麻酸甲酯、花生酸甲酯对照品，加正庚烷溶解并稀释制成每1ml中含上述对照品各0.1mg的溶液，作为对照品溶液。照气相色谱法（附录0521）试验，以25%苯基-25%氰丙基苯基-50%甲基聚硅氧烷为固定液；起始温度为120℃，以每分钟10℃的速率升温至240℃，维持5分钟（注：在240℃的维持时间可根据样品中最后一个色谱峰的出峰时间进行适当的调整），进样口温度为250℃，检测器温度为250℃。取对照品溶液1μl注入气相色谱仪，记录色谱图，各色谱峰的分离度应符合要求。取供试品溶液1μl，注入气相色谱仪，记录色谱图，按峰面积归一化法计算，含棕榈酸应为23%～30%，硬脂酸应为31%～37%，油酸应为31%～38%，亚油酸应为1.6%～4.8%，亚麻酸和花生酸均不得过1.5%。

【类别】 药用辅料，润滑剂和栓剂基质等。

【贮藏】 密闭保存。

可压性蔗糖

Keyaxing Zhetang

Compressible Sugar

本品系由蔗糖与其他辅料，如麦芽糊精共结晶制得；也可用干法制粒工艺制得。按干燥品计算，含蔗糖（$C_{12}H_{22}O_{11}$）应为95.0%～98.0%。

本品可含有淀粉、麦芽糊精、转化糖以及适当的助流剂。

【性状】 本品为白色或类白色结晶性粉末或微小颗粒；无臭，味甜。

本品在水中极易溶解。

【鉴别】 （1）在含量测定项下，非转化溶液的比旋度应不小于+62.6°，酸转化溶液应为左旋。

（2）本品红外光吸收图谱应与对照图谱一致。

【检查】 **氯化物** 取本品0.20g，加水溶解使成25ml，依法检查（附录0831），与标准氯化钠溶液2.5ml制成的对照液比较，不得更浓（0.0125%）。

硫酸盐 取本品1.0g，依法检查（附录0802），与标准硫酸钾溶液1.0ml制成的对照液比较，不得更浓（0.01%）。

干燥失重　取本品，在105℃干燥4小时，减失重量不得过1.0%（附录0831）。

炽灼残渣　取本品，依法检查（附录0841），遗留残渣不得过0.1%。

钙盐　取本品1.0g，加水5ml溶解，加草酸铵试液1ml，1分钟内溶液应保持澄清。

重金属　取本品4.0g，加水20ml溶解，加0.1mol/L盐酸溶液1ml与水适量使成25ml，依法检查（附录0821第一法），含重金属不得过百万分之五。

【含量测定】　取在105℃干燥4小时的本品约26g，精密称定，置100ml量瓶中，加饱和醋酸铅溶液0.3ml和水90ml，振摇使溶解，用水稀释至刻度，摇匀，用滤板上平铺硅藻土8g的布氏漏斗，减压抽滤，弃去初滤液20ml，精密量取续滤液25ml两份，分别置两个50ml量瓶中，取其中一瓶，缓缓加入盐酸溶液（1→2）6ml，充分摇匀，再加水10ml，摇匀后置60℃水浴，持续振摇3分钟，并继续加热7分钟，立即冷却至20℃，用水稀释至刻度，混匀。将另一瓶冷却至20℃，用水稀释至刻度，摇匀；将两个容量瓶于20℃保持30分钟后依法测定旋光度（附录0621）。按下式计算蔗糖（$C_{12}H_{22}O_{11}$）的百分数：

$$100（\alpha_0-\alpha_i）/88.3$$

式中　α_0和α_i分别为非转化和酸转化溶液的比旋度。

【类别】　药用辅料，稀释剂、甜味剂。

【贮藏】　密封保存。

可溶性淀粉

Kerongxing Dianfen

Soluble Starch

本品系淀粉通过酶或酸水解等方法加工，改善其在水中溶解度而制得。

【性状】　本品为白色或类白色粉末。

本品在沸水中溶解，在冷水或乙醇中均不溶。

【鉴别】　取本品约1g，加水15ml，煮沸，放冷，加碘试液3滴，即显蓝色或蓝紫色或蓝黑色。

【检查】　对碘灵敏度　取澄清度检查项下的供试品溶液2.5ml，加水97.5ml，加碘滴定液（0.005mol/L）0.50ml，摇匀，溶液应呈纯蓝色或紫红色，加硫代硫酸钠滴定液（0.01mol/L）0.50ml后，溶液蓝色应消失。

酸碱度　取澄清度检查项下放冷后的供试品溶液，依法测定（附录0631），pH值应为6.0～7.5。

溶液的澄清度　取本品1.0g，加水5ml，搅拌均匀，加热水95ml，煮沸2分钟，依法检查（附录0902），溶液应澄清，如显浑浊，立即与3号浊度标准液（附录0902）比较，不得更浓。

还原物质　取本品10.0g，加水100.0ml，振摇15分钟，放置12小时，用G_4玻璃垂熔坩埚滤过，取续滤液50.0ml，加碱性酒石酸铜试液50ml煮沸2分钟，用已恒重的G_4玻璃垂熔坩埚滤过，沉淀物用水洗涤直至洗液呈中性，再分别用乙醇和乙醚各30ml洗涤，在105℃干燥至恒重，遗留残渣不得过250mg（5.0%）。

氧化物质　取本品4.0g，置具塞锥形瓶中，加水50.0ml，密塞，振摇5分钟，转入50ml具塞离心管中，离心至澄清，取上清液30.0ml，置碘量瓶中，加冰醋酸1ml与碘化钾1.0g，密塞，摇匀，置暗处放置30分钟，用硫代硫酸钠滴定液（0.002mol/L）滴定至蓝色或紫红色消失，并将滴定的结果用空白试验校正（空白试验应在放置30分钟后，加淀粉指示液1ml后测定）。每1ml硫代硫酸钠滴定液（0.002mol/L）相当于34μg的氧化物质（以过氧化氢H_2O_2计），消耗的硫代硫酸钠滴定液（0.002mol/L）不得过1.4ml（0.002%）。

干燥失重 取本品，在130℃干燥90分钟，减失重量不得过13.0%（附录0831）。

灰分 取本品1.0，依法检查（二部附录2302），遗留残渣不得过0.5%。

铁盐 取本品1.0g，置于具塞锥形瓶中，加稀盐酸4ml与水16ml，强力振摇5分钟，滤过，用适量水洗涤，合并滤液与洗液置50ml纳氏比色管中，加过硫酸铵50mg，用水稀释成35ml后，依法检查（附录0807），与标准铁溶液1.0ml制成的对照液比较，不得更深（0.001%）。

重金属 取灰分项下遗留的残渣，依法检查（附录0821第二法），含重金属不得过百万分之二十。

砷盐 取本品1.0g，加水21ml，煮沸，放冷，加盐酸5ml，依法检查（附录0822第一法），应符合规定（0.0002%）。

【类别】 药用辅料，稀释剂和崩解剂等。

【贮藏】 密封保存。

丙 二 醇

Bing'erchun

Propylene Glycol

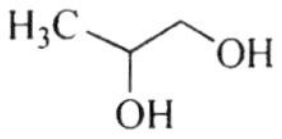

$C_3H_8O_2$　76.09

本品为1,2-丙二醇。含$C_3H_8O_2$不得少于99.5%。

【性状】 本品为无色澄清的黏稠液体；无臭；有引湿性。

本品与水、乙醇或三氯甲烷能任意混溶。

相对密度 本品的相对密度（附录0601）在25℃时应为1.035～1.037。

【鉴别】 （1）在含量测定项下记录的色谱图中，供试品溶液主峰的保留时间应与对照品溶液主峰的保留时间一致。

（2）本品的红外光吸收图谱应与对照的图谱一致。

【检查】 **酸度** 取本品10.0ml，加新沸过的冷水50ml溶解后，加溴麝香草酚蓝指示液3滴，用氢氧化钠滴定液（0.01mol/L）滴定至溶液显蓝色，消耗氢氧化钠滴定液（0.01mol/L）的体积不得过0.5ml。

氯化物 取本品1.0ml，依法检查（附录0801），与标准氯化钠溶液7.0ml制成的对照液比较，不得更浓（0.007%）。

硫酸盐 取本品5.0ml，依法检查（附录0802），与标准硫酸钾溶液3.0ml制成的对照液比较，不得更浓（0.006%）。

有关物质 取本品适量，精密称定，用无水乙醇稀释制成每1ml中约含丙二醇0.5g的溶液，作为供试品溶液；另精密称取一缩二乙二醇（二甘醇）、一缩二丙二醇、二缩三丙二醇与环氧丙烷对照品，用无水乙醇稀释制成每1ml中各约含5μg、500μg、150μg和5μg的溶液，作为对照品溶液。照气相色谱法（附录0502）试验，以聚乙二醇20M为固定液，起始温度为80℃，维持3分钟，以每分钟15℃的速率升温至220℃，维持4分钟，进样口温度为230℃，检测器温度250℃，各色谱峰的分离度应符合要求。精密量取供试品溶液与对照品溶液各1μl，注入气相色谱仪，记录色谱图，按外标法以峰面积计算供试品中一缩二乙二醇（二甘醇）、一缩二丙二醇、二缩三丙二醇与环氧丙烷的量。含一缩二乙二醇（二甘醇）不得过0.001%；一缩二丙二醇不得过0.1%；二缩三丙二醇不得过0.03%；环氧丙烷不得过0.001%。

氧化性物质　取本品5.0ml，置碘量瓶中，加碘化钾试液1.5ml与稀硫酸2ml，密塞，在暗处放置15分钟，加淀粉指示液2ml，如显蓝色，用硫代硫酸钠滴定液（0.005mol/L）滴定至蓝色消失，消耗硫代硫酸钠滴定液（0.005mol/L）的体积不得过0.2ml。

还原性物质　取本品1.0ml，加氨试液1ml，在60℃水浴中加热5分钟，溶液应不显黄色；迅速加硝酸银试液0.15ml，摇匀，放置5分钟，溶液应无变化。

水分　取本品适量，照水分测定法（附录0832第一法A）测定，含水分不得过0.2%。

炽灼残渣　取本品50g，加热至燃烧，即停止加热，使自然燃烧至干，在700~800℃炽灼至恒重，遗留残渣不得过2.5mg。

重金属　取本品4.0ml，加水19ml与醋酸盐缓冲液（pH3.5）2ml，混匀，依法检查（附录0821第一法），含重金属不得过百万分之五。

砷盐　取本品1.0g，加盐酸5ml与水23ml，摇匀，依法检查（附录0822），应符合规定（0.0002%）。

【含量测定】　照气相色谱法（附录0521）测定。

色谱条件与系统适用性试验　以聚乙二醇-20M为固定相；起始温度为130℃，维持1分钟，以每分钟10℃的速率升温至240℃，维持1分钟，进样口温度230℃，检测器温度250℃。理论板数按1,2-丙二醇峰计算不低于10 000。

测定法　取本品适量，精密称定，用无水乙醇稀释制成每1ml中约含1mg的溶液，精密量取1μl，注入气相色谱仪，记录色谱图；另取1,2-丙二醇对照品，同法测定，按外标法以峰面积计算，即得。

【类别】　药用辅料，溶剂和增塑剂等。

【贮藏】　密封，在干燥处保存。

丙二醇（供注射用）

Bing'erchun（Gongzhusheyong）

Propylene Glycol（For Injection）

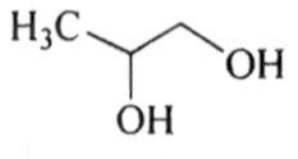

本品为1,2-丙二醇。含$C_3H_8O_2$不得少于99.5%。

【性状】　本品为无色澄清的黏稠液体；无臭；有引湿性。

本品与水、乙醇或三氯甲烷能任意混溶。

相对密度　本品的相对密度（附录0601）在25℃时应为1.035~1.037。

【鉴别】　（1）在含量测定项下记录的色谱图中，供试品溶液主峰的保留时间应与对照品溶液主峰的保留时间一致。

（2）本品的红外光吸收图谱应与对照的图谱一致。

【检查】　酸度　取本品10.0ml，加新沸过的冷水50ml溶解后，加溴麝香草酚蓝指示液3滴，用氢氧化钠滴定液（0.01mol/L）滴定至溶液显蓝色，消耗氢氧化钠滴定液（0.01mol/L）的体积不得过0.5ml。

氯化物　取本品1.0ml，依法检查（附录0801），与标准氯化钠溶液7.0ml制成的对照液比较，不得更浓（0.007%）。

硫酸盐　取本品5.0ml，依法检查（附录0802），与标准硫酸钾溶液3.0ml制成的对照液比较，不得更浓（0.006%）。

有关物质　取本品适量，精密称定，用无水乙醇稀释制成每1ml中约含丙二醇0.5g的溶液，作为供试品溶液；另精密称取一缩二乙二醇（二甘醇）、一缩二丙二醇、二缩三丙二醇与环氧丙烷对照品，用无水乙醇稀释制成每1ml中各约含5μg、500μg、150μg与5μg的溶液，作为对照品溶液。照气相色谱法（附录0521）试验，以聚乙二醇-20M为固定液的毛细管柱为色谱柱，起始温度为80℃，维持3分钟，以每分钟15℃的速率升温至220℃，维持4分钟，进样口温度230℃，检测器温度250℃，各色谱峰的分离度应符合要求。精密量取供试品溶液与对照品溶液各1μl，注入气相色谱仪，记录色谱图，按外标法以峰面积计算供试品中一缩二乙二醇（二甘醇）、一缩二丙二醇，二缩三丙二醇与环氧丙烷的量。含一缩二乙二醇（二甘醇）不得过0.001%；一缩二丙二醇不得过0.1%；二缩三丙二醇不得过0.03%；环氧丙烷不得过0.001%。

乙二醇　取本品1g，精密称定，置10ml量瓶中，用乙腈溶解并稀释至刻度，摇匀，作为供试品溶液。称取乙二醇对照品0.2g，精密称定，置100ml量瓶中，用乙腈溶解并稀释至刻度，精密量取1ml置100ml量瓶中，加相同溶剂稀释至刻度，摇匀，作为乙二醇对照品溶液。以（6%）氰丙基苯基-（94%）二甲基聚硅氧烷（或极性相近）为固定液的毛细管柱为色谱柱；检测器为氢火焰离子化检测器。进样口温度为230℃；分流比30:1；检测器温度250℃；柱温120℃维持4分钟后，以每分钟8℃的速率升温至140℃，维持10分钟，再以每分钟8℃的速率升温至220℃，维持5分钟。各色谱峰的分离度应大于2.0，理论板数按乙二醇峰计算不低于10 000，乙二醇峰的拖尾因子不得大于2.0，精密量取供试品溶液与对照品溶液各1μl，注入气相色谱仪，记录色谱图，按以下公式计算：

$$乙二醇含量 = \frac{A_t \times M_r}{1000A_r \times M_t} \times 100\%$$

式中　A_t为供试品溶液图谱中乙二醇的峰面积；

　　　　A_r为对照品溶液图谱中乙二醇的峰面积；

　　　　M_t为供试品溶液中被测物的称样量，g；

　　　　M_r为对照品溶液中乙二醇的称样量，g。

依上法检测，乙二醇含量不得过0.02%。

氧化性物质　取本品5.0ml，置碘量瓶中，加碘化钾试液1.5ml与稀硫酸2ml，密塞，在暗处放置15分钟，加淀粉指示液2ml，如显蓝色，用硫代硫酸钠滴定液（0.005mol/L）滴定至蓝色消失，消耗硫代硫酸钠滴定液（0.005mol/L）的体积不得过0.2ml。

还原性物质　取本品1.0ml，加氨试液1ml，在60℃水浴中加热5分钟，溶液应不显黄色；迅速加硝酸银试液0.15ml，摇匀，放置5分钟，溶液应无变化。

水分　取本品适量，照水分测定法（附录0823第一法A）测定，含水分不得过0.2%。

炽灼残渣　取本品50g，加热至燃烧，即停止加热，使自然燃烧至干（如不能燃烧，则加热至蒸汽除尽后），在700～800℃炽灼至恒重，遗留残渣不得过2.5mg。

重金属 取本品4.0ml，加水19ml与醋酸盐缓冲液（pH3.5）2ml，混匀，依法检查（附录0821第一法），含重金属不得过百万分之五。

砷盐 取本品1.0g，加盐酸5ml与水23ml，摇匀，依法检查（附录0822），应符合规定（0.0002%）。

细菌内毒素 取本品，依法检查（1143），每1mg丙二醇中含内毒素的量应小于0.012 EU。

无菌 （供无除菌工艺的无菌制剂用） 取本品，依法检查（附录1101），应符合规定。

【含量测定】 照气相色谱法（附录0521）测定。

色谱条件与系统适用性试验 以聚乙二醇-20M为固定相，起始温度为130℃，维持1分钟，以每分钟10℃的速率升温至240℃，维持1分钟，进样口温度230℃，检测器温度250℃。理论板数按1,2-丙二醇峰计算不低于10 000。

测定法 取本品，精密称定，用无水乙醇稀释制成每1ml中约含1mg的溶液，精密量取1μl注入气相色谱仪，记录色谱图；另取1,2-丙二醇对照品，同法测定，按外标法以峰面积计算，即得。

【类别】 药用辅料，溶剂等。

【贮藏】 密封，在干燥处保存。

丙　氨　酸

Bing'ansuan

Alanine

C₃H₇NO₂ 89.09

本品为L-2-氨基丙酸。按干燥品计算，含$C_3H_7NO_2$不得少于98.5%。

【性状】 本品为白色或类白色结晶或结晶性粉末；有香气。

本品在水中易溶，在乙醇、丙酮或乙醚中不溶；在1mol/L盐酸溶液中易溶。

比旋度 取本品，精密称定，加1mol/L盐酸溶液溶解并定量稀释制成每1ml中约含50mg的溶液，依法测定（附录0621），比旋度为+14.0°至+15.0°。

【鉴别】 （1）取本品与丙氨酸对照品各适量，分别加水溶解并稀释制成每1ml中约含10mg的溶液，作为供试品溶液与对照品溶液。照其他氨基酸项下的色谱条件试验，供试品溶液所显主斑点的位置和颜色应与对照品溶液的主斑点相同。

（2）本品的红外光吸收图谱应与对照的图谱一致。

【检查】 **酸度** 取本品1.0g，加水20ml溶解后，依法测定（附录0631），pH值应为5.5～7.0。

溶液的透光率 取本品1.0g，加水20ml溶解后，照紫外-可见分光光度法（附录0401），在430nm的波长处测定透光率，不得低于98.0%。

氯化物 取本品0.30g，依法检查（附录0801），与标准氯化钠溶液6.0ml制成的对照液比较，不得更浓（0.02%）。

硫酸盐 取本品1.0g，依法检查（附录0802），与标准硫酸钾溶液2.0ml制成的对照液比较，不得更浓（0.02%）。

铵盐　取本品0.10g，依法检查（附录0808），与标准氯化铵溶液2.0ml制成的对照液比较，不得更深（0.02%）。

其他氨基酸　取本品适量，加水溶解并稀释制成每1ml中约含25mg的溶液，作为供试品溶液；精密量取1ml，置200ml量瓶中，用水稀释至刻度，摇匀，作为对照溶液；另取丙氨酸对照品与甘氨酸对照品各适量，置同一量瓶中，加水溶解并稀释制成每1ml中分别含丙氨酸25mg和甘氨酸0.125mg的溶液，作为系统适用性试验溶液。照薄层色谱法（附录0502）试验，吸取上述三种溶液各2μl，分别点于同一硅胶G薄层板上，以正丁醇-水-冰醋酸（3:1:1）为展开剂，展开，晾干，同法再展开一次，晾干。喷以0.2%茚三酮的正丁醇冰醋酸溶液〔正丁醇-2mol/L冰醋酸溶液（95:5）〕，在105℃加热至斑点出现，立即检视。对照溶液应显一个清晰的斑点，系统适用性试验溶液应显两个完全分离的斑点。供试品溶液如显杂质斑点，不得超过1个。其颜色与对照溶液的主斑点比较，不得更深（0.5%）。

干燥失重　取本品，在105℃干燥3小时，减失重量不得过0.2%（附录0831）。

炽灼残渣　不得过0.1%（附录0841）。

铁盐　取本品1.0g，依法检查（附录0807），与标准铁溶液1.0ml制成的对照液比较，不得更深（0.001%）。

重金属　取本品2.0g，加水23ml溶解后，加醋酸盐缓冲液（pH3.5）2ml，依法检查（附录0821第一法），含重金属不得过百万分之十。

砷盐　取本品2.0g，加水23ml溶解后，加盐酸5ml，依法检查（附录0822第一法），应符合规定（0.0001%）。

细菌内毒素　（供注射用）　取本品，依法检查（附录1143），每1g丙氨酸中含内毒素的量应小于20EU。

【含量测定】　取本品约80mg，精密称定，加无水甲酸2ml溶解后，加冰醋酸50ml，照电位滴定法（附录0701），用高氯酸滴定液（0.1mol/L）滴定，并将滴定的结果用空白试验校正。每1ml高氯酸滴定液（0.1mol/L）相当于8.909mg的$C_3H_7NO_2$。

【类别】　药用辅料，pH值调节剂和疏松剂等。

【贮藏】　密封保存。

丙烯酸乙酯-甲基丙烯酸甲酯共聚物水分散体

Bingxisuanyizhi-jiajibingxisuanjiazhi

Gongjuwu Shuifensanti

Ethyl Acrylate and Methyl Methacrylate

Copolymer Dispersion

本品为平均分子量约为800 000的丙烯酸乙酯-甲基丙烯酸甲酯中性共聚物的30%水分散体。含1.5%壬苯醇醚100为乳化剂。

【性状】　本品为乳白色低黏度的液体，具有微弱的特殊气味。

本品能与任何比例的水混溶，呈乳白色。与丙酮、乙醇或异丙醇（1:5）混合，开始会有沉淀析出，加过量溶剂后溶解成透明或略微混浊的黏性溶液。与1mol/L氢氧化钠溶液按1:2混合时，分散体不溶解且依然呈乳白色。

相对密度　本品的相对密度（附录0601），应为1.037～1.047。

黏度　取本品，依法测定（附录0633），用旋转式黏度计0号转子，每分钟30转，在20℃时的动力黏度不得过50mPa•s。

【鉴别】　（1）取本品，倒在玻璃板上，待挥发至干后，应形成一透明的膜。

（2）取本品约0.1ml，置蒸发皿中，在水浴上蒸干，残渣加丙酮数滴使溶解，滴于溴化钾片上，置红外灯下干燥，依法测定（附录0402），本品的红外吸收图谱应与所附的对照图谱一致。

【检查】　**pH值**　应为5.5～8.6（附录0631）。

凝固物　取本品100.0g，用经105℃干燥5小时后称重的7号筛滤过，残渣用水洗涤至洗出液澄清，残留物于105℃干燥5小时后称重，不得过1%。

单体　照高效液相色谱法（附录0512）测定。

色谱条件与系统适用性试验　用十八烷基硅烷键合硅胶为填充剂；乙腈-水（15:85）为流动相；检测波长为205nm。丙烯酸乙酯与甲基丙烯酸甲酯两峰的分离度应符合要求。

对照品溶液的制备　取丙烯酸乙酯对照品和甲基丙烯酸甲酯对照品适量，精密称定，用四氢呋喃溶解并定量稀释制成每1ml中均约含2μg的溶液，作为对照品贮备溶液，精密量取10ml，精密滴加高氯酸钠溶液（取高氯酸钠（$NaClO_4 \cdot H_2O$）3.5g，加水溶解并稀释至100ml）5ml，摇匀，精密量取5ml，置10ml量瓶中，用水稀释至刻度，摇匀，即得。

供试品溶液的制备　取本品约1g，精密称定，置50ml量瓶中，用四氢呋喃溶解并稀释至刻度，摇匀，精密量取10ml，精密滴加高氯酸钠溶液5ml，边加边搅拌，离心除去沉淀物，精密量取上清液5ml，置10ml量瓶中，用水稀释至刻度，摇匀，即得。

测定法　精密量取对照品溶液和供试品溶液各20μl，分别注入液相色谱仪，记录色谱图，用外标法以峰面积计算，即得。

本品中含甲基丙烯酸甲酯和丙烯酸乙酯单体的总量不得过0.01%。

干燥失重　取本品1g，精密称定，置水浴上蒸发至干，再在110℃干燥3小时，减失重量应为68.5%～71.5%。

炽灼残渣　取本品1.0g，精密称定，置已恒重的坩埚中，在蒸汽浴上温和加热，蒸干后，炽灼至恒重，遗留残渣不得过0.4%。

重金属　取炽灼残渣项下遗留的残渣，依法检查（附录0822第二法），含重金属不得过百万分之十。

砷盐　取本品1.0g，置锥形瓶中，加硫酸5ml于电炉上低温加热至完全炭化后，逐滴加入过氧化氢溶液（如发生大量泡沫，停止加热并旋转锥形瓶，防止未反应物在瓶底结块），直至溶液无色，放冷，小心加水10ml，再加热至有白烟出现，放冷，缓缓加盐酸5ml与水适量使成28ml，依法检查（附录0822第一法），应符合规定（0.0002%）。

微生物限度　取本品，依法检查（附录1105与附录1106），每1g供试品中需氧菌总数不得过1000cfu、霉菌和酵母菌总数不得过100cfu、不得检出大肠埃希菌。

【类别】　药用辅料，缓释包衣材料，骨架缓释片黏合剂和阻滞剂。

【贮藏】　密闭，于5～25℃保存。

附：

本品的红外对照图谱。

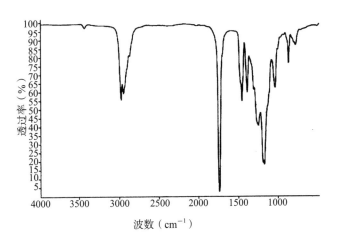

丙 酸

Bingsuan

Propionic Acid

$$C_3H_6O_2 \quad 74.08$$

本品含$C_3H_6O_2$不得少于99.5%。

【性状】 本品为无色至微黄色油状液体；有刺激性及油脂酸败臭气味。

本品能与水、乙醇或乙醚混溶。

相对密度 本品的相对密度（附录0601）为0.993～0.997。

馏程 本品的馏程（附录0611）为138.5～142.5℃。

【鉴别】 取本品1ml，加硫酸3滴和乙醇1ml，加热，即发生酯的香气。

【检查】 **不挥发物** 取本品20.0g，置经105℃恒重的蒸发皿中，蒸干，在105℃干燥至恒重，遗留残渣不得过2.0mg。

醛 取本品10.0ml，置盛有水50ml、1.25%亚硫酸氢钠溶液10.00ml碘瓶中，密塞，强烈振摇；放置30分钟后，用碘滴定液（0.05mol/L）滴定至棕黄色，同时做空白试验。空白与供试品所消耗碘滴定液（0.05mol/L）的体积之差不得大于1.75ml。

易氧化物 取氢氧化钠15g，加水50ml溶解，冷却，加溴6ml，充分搅拌使完全溶解，加水稀释至2000ml，摇匀。精密量取上液25ml，置盛有水100ml的碘瓶中，加20%醋酸钠溶液10ml，加本品10.0ml，摇匀，放置15分钟，加25%碘化钾溶液5ml，加盐酸10ml，用硫代硫酸钠滴定液（0.1mol/L）滴定至棕黄色消失，同时做空白试验。空白与供试品所消耗硫代硫酸钠滴定液（0.1mol/L）的体积之差不得大于2.2ml。

水分 取本品，照水分测定法（附录0832第一法）测定，含水分不得过0.15%。

重金属 取不挥发物项下的遗留残渣，加0.1mol/L盐酸8ml，微热溶解后，加水稀释至100ml，摇匀，取10.0ml，依法检查（附录0821第一法），含重金属不得过百万分之十。

砷盐 取本品5.0g于瓷坩埚中，加15%硝酸镁溶液10ml，加氧化镁粉末1g，混匀，浸泡4小时，于低温或水浴上蒸干，先用小火加热至炭化完全，再在550℃炽灼使灰化完全，放冷至室温，加水适量使湿润，加酚酞指示液1滴，缓缓加入盐酸溶液（1→2）至酚酞的红色褪去，滤过，滤液置50ml量瓶中，用少量水洗涤坩埚3次，洗液并入量瓶中，加水稀释至刻度，摇匀，取6.67ml，加水16.3ml，加盐酸5ml，依法检查（附录0822第一法），应符合规定（0.0003%）。

【含量测定】 取本品约0.8g，精密称定，加新沸过的冷水100ml使溶解，加酚酞指示液2滴，用氢氧化钠滴定液（0.5mol/L）滴定至溶液显粉红色，并保持30秒钟不褪。每1ml的氢氧化钠滴定液（0.5mol/L）相当于37.04mg的$C_3H_6O_2$。

【类别】 药用辅料，pH值调节剂、助溶剂和抑菌剂等。

【贮藏】 避光，密封保存。

石　蜡

Shila

Paraffin

本品系自石油或页岩油中得到的各种固形烃的混合物。

【性状】 本品为无色或白色半透明的块状物，常显结晶状的构造；无臭，无味；手指接触有滑腻感。

本品在三氯甲烷或乙醚中溶解，在水或乙醇中几乎不溶。

熔点　本品的熔点（附录0612第二法）为50～65℃。

【鉴别】 （1）取本品，加强热，即燃烧发生光亮的火焰，并遗留炭化的残渣。

（2）取本品约0.5g，置干燥试管中，加等量的硫后，加热，即发生硫化氢的臭气并炭化。

【检查】 酸碱度　取本品约5.0g，加热熔化后，加等容的中性热乙醇，振摇后，静置使分层；乙醇溶液遇石蕊试纸应显中性反应。

易炭化物　取本品4.0g，置具塞试管中，于65～70℃水浴中熔化后，加95%（g/g）硫酸5ml，并保持此温度10分钟，每隔1分钟强力振摇数秒钟，10分钟时取出，本品不得染色；硫酸层如显色，与对照液（取比色用氯化钴液0.8ml、比色用硫酸铜液0.3ml、比色用重铬酸钾液1.0ml与水2.9ml混合制成）比较，不得更深。

硫化物　取本品4.0g，加饱和氧化铅的氢氧化钠溶液（1→5）2滴，加乙醇2ml，摇匀，在70℃水浴中加热10分钟，同时振摇，放冷后，不得显黑棕色。

稠环芳烃　取本品0.5g，精密称定，置分液漏斗中，加正己烷25ml振摇使溶解，再精密加入二甲基亚砜5ml，剧烈振摇2分钟，静置使分层，将二甲基亚砜层移至另一分液漏斗中，加正己烷2ml振摇洗涤后，静置使分层（必要时离心），分取二甲基亚砜层作为供试品溶液；另取正己烷25ml，置分液漏斗中，精密加入二甲基亚砜5ml，剧烈振摇2分钟，静置使分层，取二甲基亚砜层作为空白溶液，照紫外-可见分光光度法（附录0401），在260～350nm波长范围内测定吸光度，其最大吸光度不得过0.10。

【类别】 药用辅料，软膏基质和包衣材料等。

【贮藏】 密闭保存。

卡 波 姆

Kabomu

Carbomer

本品系以非苯溶剂为聚合溶剂的丙烯酸键合烯丙基蔗糖或季戊四醇烯丙醚的高分子聚合物。按干燥品计算,含羧酸基(—COOH)应为56.0% ~ 68.0%。

【性状】 本品为白色疏松状粉末;有特征性微臭;有引湿性。

【鉴别】 (1)取本品0.1g,加水20ml和10%氢氧化钠溶液0.4ml,即成凝胶状。

(2)取本品0.1g,加水10ml,摇匀,加麝香草酚蓝指示液0.5ml,应显橙色。取本品0.1g,加水10ml,摇匀,加甲酚红指示液0.5ml,应显黄色。

(3)取本品0.1g,加水10ml,用1mol/L氢氧化钠溶液调节pH值至7.5,边搅拌边加10%氯化钙溶液2ml,立即产生白色沉淀。

(4)本品的红外光吸收图谱(附录0402)应在波数为$1710cm^{-1} \pm 5cm^{-1}$、$1454cm^{-1} \pm 5cm^{-1}$、$1414cm^{-1} \pm 5cm^{-1}$、$1254cm^{-1} \pm 5cm^{-1}$、$1172cm^{-1} \pm 5cm^{-1}$、$1115cm^{-1} \pm 5cm^{-1}$和$801cm^{-1} \pm 5cm^{-1}$处有特征吸收,其中$1710cm^{-1}$处有最强吸收。

【检查】 **酸度** 取本品0.1g,均匀分散溶胀于10ml水中,依法检查(附录0631),pH值应为2.5 ~ 3.5。

黏度 取预先在80℃干燥1小时的本品1.0g,边搅拌边加水200ml,至分散均匀后,用15%氢氧化钠溶液调节pH值至7.3 ~ 7.8混匀(避免产生气泡),在25℃水浴中静置1小时,依法测定(附录0633),A型应为4 ~ 11Pa•s,B型应为25 ~ 45Pa•s,C型应为40 ~ 60Pa•s。

残留溶剂 **苯、乙酸乙酯与环己烷** 取本品约0.2g,精密称定,置顶空瓶中,精密加入二甲基亚砜5ml,密封,作为供试品溶液;分别取苯、乙酸乙酯和环己烷适量,精密称定,用二甲基亚砜定量稀释制成每lml中含苯$4\mu g$、乙酸乙酯0.2mg和环己烷0.12mg的混合溶液,精密量取5ml,置顶空瓶中,密封,作为对照品溶液。照残留溶剂测定法(附录0861第二法)测定,用100%二甲基聚硅氧烷为固定液(或极性相近的固定液)的毛细管柱,程序升温,起始温度为40℃,维持3分钟,以每分钟5℃的速率升温至120℃,维持20分钟,再以每分钟20℃的速率升温至220℃,维持3分钟,再以每分钟20℃的速率升温至240℃,维持8分钟;进样口温度260℃,检测器温度260℃;顶空瓶平衡温度85℃,平衡时间为90分钟。取对照品溶液与供试品溶液分别顶空进样。按外标法以峰面积计算,苯不得检出,含乙酸乙酯不得过0.5%,环己烷不得过0.3%。

丙烯酸 取本品约50mg,精密称定,置具塞离心管中,加2.5%硫酸铝钾溶液5ml,封盖,在50℃转速每分钟250转振摇1小时,以每分钟10 000转离心10分钟,滤过,滤液作为供试品溶液;取丙烯酸对照品适量,精密称定,用2.5%硫酸铝钾溶液溶解并定量稀释成每1ml中含$25\mu g$的溶液,作为对照品溶液。照高效液相色谱法(附录0512)测定。用十八烷基硅烷键合硅胶为填充剂;以磷酸二氢钾溶液(取磷酸二氢钾1.36g,加水1000ml使溶解,用磷酸调节pH值至3.0 ± 0.1)-甲醇(80:20)为流动相;检测波长为200nm。精密量取对照品溶液和供试品溶液各$10\mu l$,注入液相色谱仪,按外标法以峰面积计算,不得过0.25%。

干燥失重 取本品,在80℃减压干燥1小时,减失重量不得过2.0%(附录0831)。

炽灼残渣 取本品1.0g,依法检查(附录0841),遗留残渣不得过2.0%。

重金属 取炽灼残渣项下遗留的残渣,依法检查(附录0821第二法),含重金属不得过百万分之二十。

【含量测定】 取本品约0.4g，精密称定，加水400ml，搅拌使溶解，照电位滴定法（附录0701），用氢氧化钠滴定液（0.25mol／L）滴定（近终点时，每次滴入后搅拌至少2分钟）。每1ml氢氧化钠滴定液（0.25mol／L）相当于11.25mg的—COOH。

【类别】 药用辅料，软膏基质和释放阻滞剂等。

【贮藏】 密封保存。

【标示】 应标示本品所属的黏度类型（A型、B型或C型）、黏度值、测量用的仪器和参数。

卡波姆共聚物
Kabomu Gongjuwu
Carbomer Copolymer

本品系以非苯溶剂为聚合溶剂的丙烯酸键合多元醇烷基醚的长链烷基甲基丙烯酸酯高分子共聚物。按干燥品计，含羧酸（—COOH）应为52.0%～62.0%。

【性状】 本品为白色疏松粉末；有特征性微臭；有引湿性。

【鉴别】 （1）取本品约5g，加水500ml，搅拌，应形成分散液并出现泡沫层，室温静置1小时，泡沫层不消失。

（2）本品的红外光吸收图谱（附录0402）应在波数为1710cm^{-1}±5cm^{-1}、1454cm^{-1}±5cm^{-1}、1414cm^{-1}±5cm^{-1}、1245cm^{-1}±5cm^{-1}、1172cm^{-1}±5cm^{-1}、1115cm^{-1}±5cm^{-1}和801cm^{-1}±5cm^{-1}处有特征吸收，其中1710cm^{-1}处有最强吸收。

【检查】 酸度 取本品0.1g，加水10ml使溶胀均匀分散，依法检查（附录0631），pH值应为2.5～3.5。

黏度 取预先经80℃干燥1小时的本品2.0g，边搅拌变加水200ml，使分散均匀，用15%氢氧化钠溶液调节pH值至7.3～7.8，混匀（避免产生气泡），在25℃水浴中静置1小时，依法测定（附录0633），动力黏度A型应为4.5～13.5Pa•s，B型应为10～29Pa•s，C型应为25～45Pa•s。

残留溶剂 苯、乙酸乙酯与环己烷 取本品约0.2g，精密称定，置顶空瓶中，精密加入二甲基亚砜5ml，密封，作为供试品溶液；分别取苯、乙酸乙酯和环己烷适量，精密称定，用二甲基亚砜定量稀释成每1ml中含苯4μg、乙酸乙酯0.2mg和环己烷0.12mg的混合溶液，精密量取5ml，置顶空瓶中，密封，作为对照品溶液。照残留溶剂测定法（附录0861第二法）测定，用100%二甲基聚硅氧烷为固定液（或极性相近的固定液）的毛细管柱，程序升温，起始温度为40℃，维持3分钟，以每分钟5℃的速率升温至120℃，维持20分钟，再以每分钟20℃的速率升温至220℃，维持3分钟，再以每分钟20℃的速率升温至240℃，维持8分钟；进样口温度260℃；检测器温度260℃；顶空瓶平衡温度为85℃，平衡时间为90分钟。取对照品溶液与供试品溶液分别顶空进样。按外标法以峰面积计算，苯不得检出，含乙酸乙酯不得过0.5%，环己烷不得过0.3%。

丙烯酸 取本品约0.1g，精密称定，置具塞离心管中，加水9ml，振摇2小时，加50%氢氧化钠溶液2滴，振摇，加10%氯化钠溶液1.0ml，振摇至凝胶崩散，离心，取上清液滤过，滤液作为供试品溶液；取丙烯酸对照品适量，精密称定，用水溶解并定量稀释成每1ml中含25μg的溶液，作为对照品溶液。照高效液相色谱法（附录0512）测定。用十八烷基硅烷键合硅胶为填充剂；以磷酸二氢钾溶液（取磷酸二氢钾1.36g，加水1000ml使溶解，用磷酸调节pH值至3.0±0.1）-甲醇（80：20）

为流动相；检测波长200nm。精密量取对照品溶液和供试品溶液各10μl，注入液相色谱仪，按外标法以峰面积计算，不得过0.25%。

干燥失重　取本品，在80℃减压干燥1小时，减失重量不得过2.0%（附录0831）。

炽灼残渣　取本品1.0g，依法检查（附录0841），遗留残渣不得过2.0%。

重金属　取炽灼残渣项下遗留的残渣，依法检查（附录0821第二法），含重金属不得过百万分之二十。

【含量测定】　取本品约0.4g，精密称定，加水400ml，搅拌使溶解，照电位滴定法（附录0701），用氢氧化钠滴定液（0.25mol/L）滴定（近终点时，每次滴入后搅拌至少2分钟）。每1ml氢氧化钠滴定液（0.25mol/L）相当于11.25mg的—COOH。

【类别】　药用辅料，软膏基质和释放阻滞剂等。

【贮藏】　密闭保存。

【标示】　应标示本品所属的黏度类型（A型、B型或C型）、黏度值、测量用的仪器和参数。

甲基纤维素

Jiaji Xianweisu

Methylcellulose

本品为甲基醚纤维素。按干燥品计算，含甲氧基（—OCH$_3$）应为27.0%～32.0%。

【性状】　本品为白色或类白色纤维状或颗粒状粉末；无臭，无味。

本品在水中溶胀成澄清或微浑浊的胶体溶液；在无水乙醇、三氯甲烷或乙醚中不溶。

【鉴别】　（1）取本品1g，加沸水100ml，搅拌均匀，置冰浴中冷却至形成均匀澄清或微浑浊的溶液，取该溶液适量，置试管中，沿管壁缓缓加0.035%蒽酮的硫酸溶液2ml，放置，在两液界面处显蓝绿色环。

（2）取鉴别（1）项下的溶液适量，加热，溶液产生雾状或片状沉淀，冷却后，沉淀溶解。

（3）取鉴别（1）项下的水溶液适量，倾倒在玻璃板上，待水分蒸发后，形成一层有韧性的膜。

（4）取鉴别（1）项下的溶液0.1ml，加硫酸溶液（9→10）9ml，振摇，置沸水浴中加热3分钟，迅速置冰浴中冷却，加0.2%茚三酮溶液0.6ml，在25℃放置，溶液呈红色，100分钟内不变紫色。

（5）取鉴别（1）项下的溶液50ml，置盛有水50ml的烧杯中，将温度计浸入溶液，搅拌并以每分钟2～5℃速度加热升温，溶液出现浑浊的温度不得低于50℃。

【检查】　**酸碱度**　取黏度项下的溶液，依法测定（附录0631），电极浸没时间为5分钟±0.5分钟，pH值应为5.0～8.0。

黏度　对于标示黏度低于600mPa·s的供试品，取本品4.0g（按干燥品计），加90℃的水196g，充分搅拌约10分钟。置冰浴中冷却，冷却过程中继续搅拌，再保持40分钟，加冷水至总重为200g，搅拌均匀，调节温度至20℃±0.1℃，如有必要可用减压法或离心除去溶液中的气泡，选择适合毛细管内径的平式黏度计，依法测定（附录0633第一法），黏度应为标示黏度的80%～120%；对于标示黏度不低于600mPa·s的供试品，取本品10.0g（按干燥品计），加90℃的水490g，充分搅拌约10分钟。置冰浴中冷却，冷却过程中继续搅拌，再保持40分钟，加冷水至总重为500g，搅拌均匀，调节温度至20℃±0.1℃，用NDJ-1型黏度计，按下表选择合适的转子和转速，依法测定（附录0633第三法），黏度应为标示黏度的75%～140%。

标示黏度（mPa·s）	转子型号	转速（r/min）	系数
600≤标示黏度<1400	3	60	20
1400≤标示黏度<3500	3	12	100
3500≤标示黏度<9500	4	60	100
9500≤标示黏度	4	6	1000

干燥失重　取本品，在105℃干燥2小时，减失重量不得过5.0%（附录0831）。

炽灼残渣　取本品1.0g，依法检查（附录0841），遗留残渣不得过1.0%。

重金属　取炽灼残渣项下遗留的残渣，依法检查（附录0821第二法），含重金属不得过百万分之二十。

砷盐　取本品1.0g，加氢氧化钙1.0g，混合，加水搅拌均匀，干燥后，先用小火灼烧使炭化，再在500～600℃炽灼使完全灰化，放冷，加盐酸8ml与水23ml，依法检查（附录0822第一法），应符合规定（0.0002%）。

【含量测定】　甲氧基　取本品，精密称定，照甲氧基、乙氧基与羟丙氧基测定法（附录0712）测定，即得。

【类别】　药用辅料，黏合剂和助悬剂等。

【贮藏】　密闭，在干燥处保存。

【标示】　以mPa·s或Pa·s为单位标明黏度。

白 凡 士 林

Bai Fanshilin

White Vaselin

本品系从石油中得到的经脱色处理的多种烃的半固体混合物。

【性状】　本品为白色至微黄色均匀的软膏状物；无臭或几乎无臭；与皮肤接触有滑腻感；具有拉丝性。

本品在乙醚中微溶，在乙醇或水中几乎不溶。

相对密度　本品的相对密度（附录0601）在60℃时为0.815～0.880。

熔点　本品的熔点（附录0612第三法）为45～60℃。

【鉴别】　（1）取本品2.0g，融熔，加水2ml和0.05mol/L的碘溶液0.2ml，振摇，冷却，上层应为紫粉色或棕色。

（2）本品的红外光吸收图谱应与对照品的图谱一致（膜法）。

【检查】　锥入度　取本品适量，在85℃±2℃熔融，照锥入度测定法（附录0983）测定，锥入度应为130～230单位。

酸碱度　取本品35.0g，置250ml烧杯中，加水100ml，加热至微沸，搅拌5分钟，静置放冷，分取水层，加酚酞指示液1滴，应无色；再加甲基橙指示液0.10ml，不得显粉红色。

颜色　取本品10.0g，置烧杯中，在水浴上加热使熔融，移入比色管中，与同体积的对照液（取比色用重铬酸钾液7.8ml与比色用硫酸铜液0.2ml，混匀，取2.5ml，加水至25ml）比较，不得更深。

杂质吸光度　取本品，加三甲基戊烷溶解并稀释制成每1ml中约含0.50mg的溶液，照紫外-可见分光光度法（附录0401），在290nm的波长处测定，吸光度不得过0.50。

硫化物　取本品3.0g，依法检查（附录0803），应符合规定（0.000 17%）。

有机酸　取本品20.0g，加中性稀乙醇（对酚酞显中性）100ml，搅拌并加热至沸，加酚酞指示液1ml与氢氧化钠滴定液（0.1mol/L）0.40ml，强力搅拌，应显红色。

异性有机物与炽灼残渣　取本品2.0g，置550℃炽灼至恒重的坩埚中，用直火加热，应无辛臭；再炽灼（附录0841），遗留残渣不得过1mg（0.05%）。

固定油、脂肪和松香　取本品10g，加入5mol/L的氢氧化钠溶液50ml，在水浴中放置30分钟，分离水层。用2.5mol/L硫酸溶液酸化，不得生成油或固体物质。

重金属　取本品1.0g，依法检查（附录0821第二法），含重金属不得过百万分之三十。

砷盐　取本品1.0g，加六合水硝酸镁乙醇溶液（1→50）10ml和过氧化氢（30%）1.5ml，灼烧使炭化，放冷，若未完全灰化，则加一定量的硝酸再炭化，550℃炽灼至灰化完全。依法检查（附录0822第一法），应符合规定（0.0002%）。

【类别】　药用辅料，软膏基质和润滑剂等。

【贮藏】　密闭，避光保存。

白　陶　土
Baitaotu
Kaolin

见品种正文。

【类别】　药用辅料，吸附剂和助悬剂等。

【贮藏】　密闭保存。

白　蜂　蜡
Bai Fengla
White Beeswax

本品系由蜂蜡（蜜蜂分泌物的蜡）经氧化漂白精制而得。因蜜蜂的种类不同，由中华蜜蜂分泌的蜂蜡俗称中蜂蜡（酸值为5.0～8.0），由西方蜂种（主要指意蜂）分泌的蜂蜡俗称西蜂蜡（酸值为16.0～23.0）。

【性状】　本品为白色或淡黄色固体，无光泽，无结晶；无味，具特异性气味。

本品在三氯甲烷中易溶，在乙醚中微溶，在水或无水乙醇中几乎不溶。

相对密度　取本品，制成长、宽、高各为1cm的块状物，置500ml量杯中，加乙醇溶液（1→3）约400ml（20℃），如果蜡块下沉，可加入蒸馏水；如蜡块上浮，则可加入乙醇，至蜡块可停在溶液中任意一点，即得相对密度测试液。取测试液，照相对密度测定法（附录0601）测定，即得。本品的相对密度为0.954～0.964。

熔点　本品的熔点（附录0612第二法）为62～67℃。

折光率　本品的折光率（附录0622）在75℃时为1.4410～1.4430。

酸值 本品的酸值（附录0713）为5.0～8.0（中蜂蜡）或16.0～23.0（西蜂蜡）。

皂化值 本品的皂化值（附录0713）为85～100。

碘值 本品的碘值（附录0713）为8.0～13.0。

【检查】 地蜡、石蜡与其他蜡类物质 取本品3.0g，置100ml具塞圆底烧瓶中，加4%氢氧化钾乙醇溶液30ml，加热回流2小时，取出，插入温度计，立即将烧瓶置于80℃热水中。在水温下降过程中不断旋转烧瓶，观察烧瓶中溶液的状态。当溶液温度降至65℃时，不得出现大量浑浊或液滴。

脂肪、脂肪油、日本蜡与松香 取本品1.0g，置100ml烧瓶中，加3.5mol/L氢氧化钠溶液35ml，加热回流30分钟，取出，放冷，至蜡分层，溶液应澄清或为半透明状；取上述溶液滤过，并用盐酸酸化滤液，溶液应澄清，不得出现大量浑浊或沉淀。

丙三醇和其他多元醇 取本品0.20g，加氢氧化钾乙醇溶液（取氢氧化钾3g，加水5ml使溶解，加乙醇至100ml，摇匀，即得）10ml，加热回流30分钟，取出，加稀硫酸50ml，放冷，滤过，用稀硫酸洗涤容器和残渣，合并洗液和滤液，置同一100ml量瓶中，加稀硫酸稀释至刻度，摇匀，作为供试品溶液。取10ml纳氏比色管两支，甲管中精密加入供试品溶液1ml，加0.05mol/L高碘酸钠溶液0.5ml，混匀，放置5分钟，再加品红亚硫酸试液1.0ml，混匀，不得出现沉淀；然后将试管置40℃温水中，在水温下降过程中不断旋转试管，观察10～15分钟；乙管中精密加入0.001%丙三醇的稀硫酸溶液1ml，与甲管同时依法操作，甲管中所显的颜色与乙管比较，不得更深（以丙三醇计，不得过0.5%）。

重金属 取本品1.0g，依法检查（附录0821第二法），含重金属不得过百万分之二十。

砷盐 取本品1.0g，置凯氏烧瓶中，加硫酸5ml，小火加热至完全炭化后（必要时可添加硫酸，总量不超过10ml），小心逐滴加入浓过氧化氢溶液，待反应停止，继续加热，并滴加浓过氧化氢溶液至溶液无色，放冷，加水10ml，蒸发至浓烟发生以除尽过氧化氢，加盐酸5ml与水适量，依法检查（附录0822第一法），应符合规定（不得过0.0002%）。

【类别】 药用辅料，软膏基质和释放阻滞剂等。

【贮藏】 避光，密闭保存。

亚硫酸氢钠

Yaliusuanqingna

Sodium Bisulfite

$NaHSO_3$　104.06

本品为亚硫酸氢钠与焦亚硫酸钠的混合物。按二氧化硫（SO_2）计算，应为61.5%～67.4%。

【性状】 本品为白色颗粒或结晶性粉末；有二氧化硫的微臭。

本品在水中易溶，在乙醇或乙醚中几乎不溶。

【鉴别】 （1）本品的水溶液（1→20）呈酸性，显亚硫酸氢盐的鉴别反应（附录0301）。

（2）本品的水溶液显钠盐的鉴别反应（附录0301）。

【检查】 溶液的澄清度与颜色 取本品1.0g，加水10ml使溶解，依法检查（附录0901和附录0902），溶液应澄清无色。

硫代硫酸盐 取本品1.0g，加水15ml溶解后，加稀盐酸5ml，摇匀，静置5分钟，不得产生浑浊。

铁盐 取本品1.0g，加盐酸2ml，置水浴上蒸干，加水适量溶解，依法检查（附录0807），与标准铁溶液2.0ml制成的对照液比较，不得更深（0.002%）。

重金属 取本品1.0g，加水10ml溶解后，加盐酸5ml，置水浴上蒸干，加水10ml使溶解，加酚酞指示液1滴，滴加氨试液适量至溶液显粉红色，加醋酸盐缓冲液（pH3.5）2ml与水适量使成25ml，依法检查（附录0821第一法），含重金属不得过百万分之二十。

砷盐 取本品0.5g，加水10ml溶解后，加硫酸1ml，置砂浴上蒸至白烟冒出，放冷，加水21ml与盐酸5ml，依法检查（附录0822第一法），应符合规定（0.0004%）。

【含量测定】 取本品约0.15g，精密称定，精密加碘滴定液（0.05mol/L）50ml，密塞，振摇使溶解，在暗处放置5分钟，用硫代硫酸钠滴定液（0.1mol/L）滴定，近终点时，加淀粉指示液1ml，继续滴定至蓝色消失，并将滴定的结果用空白试验校正。每1ml碘滴定液（0.05mol/L）相当于3.203mg的SO_2。

【类别】 药用辅料，抗氧剂。

【贮藏】 遮光，密封保存。

西 黄 蓍 胶

Xihuangshijiao

Tragacanth

本品系豆科植物西黄蓍胶树 *Astragalus gummifer* Labill. 提取的黏液经干燥制得。

【性状】 本品为白色或类白色半透明扁平而弯曲的带状薄片；表面具平行细条纹；质硬平坦光滑；或为白色或类白色粉末；遇水溶胀成胶体黏液。

【鉴别】 （1）取本品适量，用50%甘油溶液装片（二部附录2001），滴加氧化锌碘试液1滴，置显微镜下观察，可见圆形或椭圆形淀粉颗粒，直径为4~10μm，偶见20μm，大多为单粒，偶见聚合颗粒。

（2）取本品约0.1g，置离心管中，加三氟醋酸溶液（6.7→100）2ml，强力振摇使形成凝胶状，密塞，120℃放置1小时，离心，取上清液转移至50ml圆底烧瓶中，加水10ml，60℃旋转减压蒸干；残渣加90%甲醇溶液1ml使溶解，滤过，取续滤液作为供试品溶液；取阿拉伯糖、鼠李糖、木糖、半乳糖各10mg，加90%甲醇溶液5ml使溶解，摇匀，作为混合对照品溶液，照薄层色谱法（附录0502）试验，吸取供试品溶液和混合对照品溶液各5μl，分别点于同一硅胶G薄层板上，以1.6%磷酸二氢钠溶液-丁醇-丙酮（10:40:50）为展开剂，二次展开，第一次展开距离约10cm，第二次展开距离约15cm，取出，晾干，喷以茴香醛溶液（取茴香醛0.5ml、冰醋酸10ml、甲醇85ml与硫酸5ml混合），110℃加热至斑点显示清晰。供试品色谱中，在与半乳糖、阿拉伯糖、木糖对照品色谱相应的位置上，显相同颜色的斑点；在鼠李糖对照品色谱相应的位置上不得显示相同颜色的斑点。

（3）取本品约0.5g，加乙醇1ml浸湿，分次加水50ml，边加边振摇，形成均匀的黏液。取黏液5ml，加水5ml和4.5%氢氧化钡溶液2ml，摇匀，生成白色絮状沉淀，加热，溶液和沉淀物逐渐显黄色，加稀盐酸2滴，摇匀，沉淀溶解，溶液褪色。

【检查】 **黏度** 取本品9.0g，加氯化钾3.0g，加水300ml，以800r/min的转速搅拌约2小时，直至完全均匀的分散和湿润，依法测定（附录0633第三法），用Brookfield RV-DV型旋转黏度计，5号转子，每分钟60转，在20℃±0.1℃的黏度应为标示黏度的80%~120%。

外来物质 取本品2.0g，置250ml圆底烧瓶中，加甲醇95ml涡旋以湿润样品，加盐酸溶液

（25→100）60ml，加玻璃珠数粒，置水浴加热回流3小时，取出玻璃珠，将样品溶液趁热用已恒重的G4垂熔漏斗减压滤过，用少量水冲洗圆底烧瓶，滤过，再用甲醇40ml分次洗涤残渣，在110℃干燥至恒重，遗留残渣不得过1.0%。

灰分 取本品1.0g，依法检查（二部附录2303），遗留灰分不得过4.0%。

重金属 取灰分项下遗留的残渣，依法检查（附录0821第二法），含重金属不得过百万分之二十。

微生物限度 取本品，依法检查（附录1105与附录1106），每1g供试品中需氧菌总数不得过1000cfu、霉菌和酵母菌总数不得过100cfu，不得检出大肠埃希菌。

【类别】 药用辅料，黏合剂、助悬剂和乳化剂等。

【贮藏】 密闭，在干燥处保存。

色 氨 酸

Se'ansuan

Tryptophan

$C_{11}H_{12}N_2O_2$ 204.23

本品为L-2-氨基-3（β-吲哚）丙酸。按干燥品计算，含$C_{11}H_{12}N_2O_2$不得少于99%。

【性状】 本品为白色或微黄色结晶或结晶性粉末；无臭。

本品在水中微溶，在乙醇中极微溶解，在三氯甲烷中不溶，在甲酸中易溶；在氢氧化钠试液或稀盐酸中溶解。

比旋度 取本品，精密称定，加水溶解并定量稀释制成每1ml中约含10mg的溶液，依法测定（附录0621），比旋度为−32.5°至−30.0°。

【鉴别】 （1）取本品与色氨酸对照品各适量，分别加水溶解并稀释成每1ml中约含10mg的溶液，作为供试品溶液与对照品溶液。照其他氨基酸项下的色谱条件试验，供试品溶液所显主斑点的位置和颜色应与对照品溶液的主斑点相同。

（2）本品的红外光吸收图谱应与对照的图谱一致（附录0402）。

【检查】 **酸度** 取本品0.5g，加水50ml溶解后，依法测定（附录0631），pH值应为5.4～6.4。

溶液的透光率 取本品0.5g，加2mol/L盐酸溶液20ml溶解后，照紫外-可见分光光度法（附录0401），在430nm的波长处测定透光率，不得低于95.0%。

氯化物 取本品0.25g，依法检查（附录0801），与标准氯化钠溶液5.0ml制成的对照液比较，不得更浓（0.02%）。

硫酸盐 取本品1.0g，依法检查（附录0802），与标准硫酸钾溶液2.0ml制成的对照液比较，不得更浓（0.02%）。

铵盐 取本品0.10g，依法检查（附录0808），与标准氯化铵溶液2.0ml制成的对照液比较，不得更深（0.02%）。

其他氨基酸 取本品0.30g，置20ml量瓶中，加1mol/L盐酸溶液1ml与水适量使溶解，用水稀释至刻度，摇匀，作为供试品溶液；精密量取1ml，置200ml量瓶中，用水稀释至刻度，摇匀，作为对照溶液；另取色氨酸对照品与酪氨酸对照品各10mg，置同一25ml量瓶中，加1mol/L盐酸溶液1ml及水适量使溶解，用水稀释至刻度，摇匀，作为系统适用性溶液。照薄层色谱法（附录0502）试验，吸取上述三种溶液各2μl，分别点于同一硅胶G薄层板上，以正丁醇-冰醋酸-水（3∶1∶1）为展开剂，展开，晾干，喷以茚三酮的丙酮溶液（1→50），在80℃加热至斑点出现，立即检视。对照溶液应显一个清晰的斑点，系统适用性溶液应显两个完全分离的斑点。供试品溶液如显杂质斑点，其颜色与对照溶液的主斑点比较，不得更深（0.5%）。

干燥失重 取本品，在105℃干燥3小时，减失重量不得过0.2%（附录0831）。

炽灼残渣 取本品1.0g，依法检查（附录0841），遗留残渣不得过0.1%。

铁盐 取本品1.0g，炽灼灰化后，残渣加盐酸2ml，置水浴上蒸干，再加稀盐酸4ml，微热溶解后，加水30ml与过硫酸铵50mg，依法检查（附录0807），与标准铁溶液2.0ml制成的对照液比较，不得更深（0.002%）。

重金属 取炽灼残渣项下遗留的残渣，依法检查（附录0821第二法），含重金属不得过百万分之十。

砷盐 取本品2.0g，加盐酸5ml与水23ml溶解后，依法检查（附录0822第一法），应符合规定（0.0001%）。

细菌内毒素 取本品，加入内毒素检查用水，并加热至80℃使其溶解，依法检查（附录1143），每1g色氨酸中含内毒素的量应小于50EU。（供注射用）

【含量测定】 取本品约0.15g，精密称定，加无水甲酸3ml溶解后，加冰醋酸50ml，照电位滴定法（附录0701），用高氯酸滴定液（0.1mol/L）滴定，并将滴定的结果用空白试验校正。每1ml高氯酸滴定液（0.1mol/L）相当于20.42mg的$C_{11}H_{12}N_2O_2$。

【类别】 药用辅料，增溶剂和冻干保护剂等。

【贮藏】 遮光，密封，在凉处保存。

冰 醋 酸

Bingcusuan

Glacial Acetic Acid

$C_2H_4O_2$　60.05

本品含$C_2H_4O_2$不得少于99.0%（g/g）。

【性状】 本品为无色的澄明液体或无色的结晶块；有强烈的特臭。

本品与水、乙醇、甘油或多数的挥发油、脂肪油均能任意混合。

凝点 本品的凝点（附录0613）不低于14.8℃。

【鉴别】 （1）取本品1ml，加水1ml，用氢氧化钠试液中和，加三氯化铁试液，即显深红色；煮沸，即生成红棕色的沉淀；再加盐酸，即溶解成黄色溶液。

（2）取本品少许，加硫酸与少量的乙醇，加热，即发生乙酸乙酯的香气。

【检查】 氯化物 取本品10ml，加水20ml，依法检查（附录0810），与标准氯化钠溶液4.0ml

制成的对照液比较，不得更深（0.0004%）。

硫酸盐 取本品20ml，加1%无水碳酸钠溶液1ml，置水浴上蒸干，依法检查（附录0802），与标准硫酸钾溶液1.0ml制成的对照液比较，不得更深（0.0005%）。

甲酸与易氧化物 取本品5ml，加水10ml稀释后，分取5ml，加重铬酸钾滴定液（0.016 67mol/L）2.5ml与硫酸6ml，放置1分钟，再加水20ml，冷却至15℃，加碘化钾试液1ml，应显深黄色或棕色。

乙醛 取本品1.8ml，精密称定，置10ml量瓶中，用水稀释至刻度，摇匀，取2.5ml，置顶空瓶中，加3.2mol/L氢氧化钠溶液2.5ml，立即密封，摇匀，作为供试品溶液；另取乙醛对照品适量，精密称定，用1.6mol/L醋酸钠溶液稀释制成每1ml中约含0.01mg的溶液。精密量取5ml，置顶空瓶中，密封，作为对照品溶液。照残留溶剂测定法（附录0861）测定，以聚乙二醇聚硅氧烷为固定液的毛细管柱为色谱柱；柱温35℃维持5分钟，以每分钟30℃的速率升温至120℃，维持2分钟；进样口温度200℃；检测器温度250℃；顶空平衡温度为80℃，平衡时间为30分钟。取供试品溶液和对照品溶液分别顶空进样，记录色谱图，按外标法以峰面积计算，含乙醛不得过0.01%。

高锰酸钾还原物质 取本品2ml，加水10ml与高锰酸钾滴定液（0.02mol/L）0.10ml，摇匀，放置30分钟，粉红色不得完全消失。

不挥发物 取本品20ml，置105℃恒重的蒸发皿中，在水浴上蒸干并在105℃干燥至恒重，遗留残渣不得过1mg。

水分 取本品，照水分测定法（附录0832第一法）测定，含水分不得过0.20%。

铁盐 取本品2ml，置水浴上蒸干，加水15ml，微温溶解后，加水适量使成25ml，依法检查（附录0807），与标准铁溶液1.0ml制成的对照溶液比较，不得更深（0.0005%）。

重金属 取本品10ml，置水浴上蒸干，加醋酸盐缓冲液（pH3.5）2ml与水15ml，微温溶解后，加水适量使成25ml，依法检查（附录0821第一法），含重金属不得过百万分之二。

【含量测定】 取本品约2ml，置具塞锥形瓶中，精密称定，加新沸冷水40ml与酚酞指示液3滴，用氢氧化钠滴定液（1mol/L）滴定。每1ml氢氧化钠滴定液（1mol/L）相当于60.05mg的$C_2H_4O_2$。

【类别】 药用辅料，pH值调节剂和溶剂。

【贮藏】 密闭保存。

交联羧甲基纤维素钠

Jiaolian Suojiaji Xianweisuna

Croscarmellose Sodium

本品为交联的、部分羧甲基化的纤维素钠盐。

【性状】 本品为白色或类白色粉末；有引湿性。

本品在水中溶胀并形成混悬液，在无水乙醇、乙醚、丙酮或甲苯中不溶。

【鉴别】 （1）取本品1g，加0.0004%亚甲蓝试液100ml，搅拌，放置，生成蓝色纤维状沉淀。

（2）取本品1g，加水50ml，混匀，取1ml置试管中，加水1ml与α-萘酚甲醇溶液（取α-萘酚1g，加无水甲醇25ml，搅拌溶解，即得，临用新制）5滴，沿倾斜的试管壁，缓缓加硫酸2ml，在液面交界处显紫红色。

（3）取鉴别（2）项下的溶液，显钠盐的火焰反应（附录0301）。

【检查】 **酸度** 取本品1g，加水100ml，振摇5分钟后，依法测定（附录0631），pH值应为

5.0 ~ 7.0。

沉降体积 取100ml具塞量筒，加水75ml，取本品1.5g，每次0.5g，分三次加入量筒中，每次加样后剧烈振摇，加水至100ml，继续振摇至供试品在溶液中均匀分散，放置4小时，沉降体积应为10.0 ~ 30.0ml。

取代度 取本品约1.0g，精密称定，置500ml具塞锥形量瓶中，加10%氯化钠溶液300ml，精密加氢氧化钠滴定液（0.1mol/L）25ml，密塞，放置5分钟，并时时振摇。加盐酸滴定液（0.1mol/L）15ml，加间甲酚紫指示液（取间甲酚紫0.1g，加0.01mol/L氢氧化钠溶液13ml使溶解，加水稀释至100ml，即得）5滴，密塞后振摇。如果溶液显紫色，继续加盐酸滴定液（0.1mol/L），每次1.0ml，直至溶液变为黄色。用氢氧化钠滴定液（0.1mol/L）滴定至溶液由黄色变为紫色。

照下式计算羧甲基酸取代度A：

$$羧甲基酸取代度A = \frac{1150M}{7102 - 412M - 80C}$$

式中 M为中和1g供试品（按干燥品计）所需氢氧化钠的毫摩尔数；

　　　C为供试品在炽灼残渣项下得到的炽灼残渣百分数。

照下式计算羧甲基钠取代度S：

$$羧甲基钠取代度S = \frac{(162 + 58A) \times C}{7102 - 80C}$$

按干燥品计算，羧甲基酸与羧甲基钠的取代度（$A+S$）应为0.60 ~ 0.85。

氯化钠与乙醇酸钠 氯化钠 取本品约5.0g，精密称定，置250ml烧杯中，加水50ml与30%过氧化氢溶液5ml，置水浴上加热20分钟并不断搅拌。放冷，加水100ml与硝酸10ml，用硝酸银滴定液（0.05mol/L）滴定，滴定过程中不断搅拌，银电极电位法指示滴定终点。每1ml的硝酸银滴定液（0.05mol/L）相当于2.922mg的NaCl。

乙醇酸钠 避光操作。取本品约0.5g，精密称定，置100ml烧杯中，加冰醋酸与水各5ml，搅拌15分钟。缓缓加入丙酮50ml并不断搅拌，再加氯化钠1g并不断搅拌数分钟；滤过，并用丙酮完全定量转移至100ml量瓶中，加丙酮稀释至刻度，摇匀，作为供试品溶液。取室温减压干燥12小时的乙醇酸约0.1g，精密称定，置100ml量瓶中，加水溶解并稀释至刻度，摇匀，分别量取上述溶液1.0ml、2.0ml、3.0ml、4.0ml，置100ml量瓶中，分别加水至5ml，加冰醋酸5ml，加丙酮稀释至刻度，作为对照品溶液（1）、对照品溶液（2）、对照品溶液（3）与对照品溶液（4）。取供试品溶液与上述对照品溶液各2.0ml，分别置25ml量瓶中，置水浴中加热20分钟，挥去丙酮，取出，冷却后加2,7-二羟基萘溶液（取2,7-二羟基萘10mg，加硫酸100ml溶解后，放置至溶液的颜色褪去，2天内使用）5.0ml，混匀后，再加入2,7-二羟基萘溶液15.0ml，混匀。用铝箔盖住量瓶口，置水浴中加热20分钟，冷却，加硫酸稀释至刻度，混匀。同时取含5%水与5%冰醋酸的丙酮溶液2.0ml作为空白溶液，同法操作。照紫外-可见分光光度法（附录0401），在540nm的波长处测定吸光度。绘制标准曲线，计算供试品中乙醇酸的含量，照下式计算供试品中乙醇酸钠的百分含量：

$$乙醇酸钠的含量 = \frac{1.29\omega}{(1-b)W} \times 100\%$$

式中 ω为供试品中乙醇酸的含量，mg；

1.29为乙醇酸与乙醇酸钠换算系数;

b为供试品的干燥失重;

W为供试品的取样量，mg。

按干燥品计算，氯化钠与乙醇酸钠总量不得过0.5%。

水中可溶物 取本品约10g，精密称定，加水800ml，并在30分钟内每10分钟搅拌1分钟。放置1小时后，取上层液（必要时离心）200ml经快速滤纸减压滤过，取续滤液150ml置预先干燥至恒重的250ml烧杯中，精密称定滤液的重量，加热浓缩至干，在105℃干燥4小时，精密称定，计算残渣的重量，照下式计算水中可溶物的含量。

$$水中可溶物的含量 = \frac{W_1（800+W_2）}{W_2 W_3（1-b）} \times 100\%$$

式中 W_1为残渣的重量，g;

W_2为供试品的取样量，g;

W_3为滤液的重量，g;

b为供试品的干燥失重。

按干燥品计算，水中可溶物不得过10.0%。

干燥失重 取本品，在105℃干燥6小时，减失重量不得过10.0%（附录0831）。

炽灼残渣 取本品1.0g，依法检查（附录0841）。遗留残渣按干燥品计应为14.0%～28.0%。

重金属 取炽灼残渣项下遗留的残渣，依法检查（附录0821第二法），含重金属不得过百万分之十。

【类别】 药用辅料，崩解剂和填充剂等。

【贮藏】 密闭保存。

交联聚维酮

Jiaolian Juweitong

Crospovidone

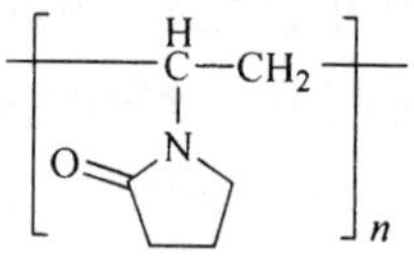

$（C_6H_9NO）_n$

本品为N-乙烯-2-吡咯烷酮合成交联的不溶于水的均聚物。分子式为（C_6H_9NO）$_n$，其中n代表1-乙烯基-2-吡咯烷酮链节的平均数。按无水物计算，含氮（N）应为11.0%～12.8%。

【性状】 本品为白色或类白色粉末；几乎无臭；有引湿性。

本品在水、乙醇、三氯甲烷或乙醚中不溶。

【鉴别】 （1）取本品1g，加水10ml振摇使分散成混悬液，加碘试液0.1ml，振摇30秒钟，加淀粉指示液1ml，振摇，应无蓝色产生。

（2）本品的红外光吸收图谱应与对照品的图谱一致。

【检查】 酸碱度 取本品1.0g，加水100ml搅拌使成均匀混悬液，依法测定（附录0631），pH

值应为5.0~8.0。

水中可溶物 取本品25.0g，置烧杯中，加水200ml，搅拌1小时，用水定量转移至250ml量瓶中，并加水稀释至刻度，摇匀，静置（一般不超过24小时），取上层溶液，离心30分钟（每分钟3500转），取上清液经0.45μm滤膜滤过，精密量取续滤液50ml，置已在105℃干燥3小时并称重的烧杯中，蒸发至干，在105℃干燥3小时，遗留残渣不得过50mg（1.0%）。

***N*-乙烯-2吡咯烷酮** 取本品约1.25g，精密称定，精密加水50ml，振摇使分散，密塞，振荡1小时，静置后，取上清液滤过，续滤液作为供试品溶液；另取*N*-乙烯-2-吡咯烷酮对照品适量，精密称定，用流动相溶解并稀释制成每1ml约含0.25μg的溶液，作为对照品溶液。另取*N*-乙烯-2-吡咯烷酮对照品和乙酸乙烯酯适量，加甲醇溶解并制成每1ml中含*N*-乙烯-2-吡咯烷酮1μg与乙酸乙烯酯50μg的溶液，作为系统适用性试验溶液。照高效液相色谱法（附录0512）测定，用十八烷基硅烷键合硅胶为填充剂，以乙腈-水（8∶92）为流动相，检测波长为235nm。取系统适用性试验溶液20μl，注入液相色谱仪，记录色谱图，*N*-乙烯-2-吡咯烷酮峰与乙酸乙烯酯峰的分离度应符合规定。量取供试品溶液与对照品溶液各20μl，注入液相色谱仪，记录色谱图，按外标法以峰面积计算，不得过0.001%。

过氧化物 在20~25℃下操作。取本品2.0g，加水50ml使成混悬液，均分成两份，其中一份加三氯化钛硫酸溶液（量取15%三氯化钛溶液20ml，在冰浴下与硫酸13ml小心混合均匀，加适量浓过氧化氢溶液至出现黄色，加热至冒白烟，放冷，反复用水稀释并蒸发至溶液近无色，加水得无色溶液，并加水至100ml，滤过）2.0ml，摇匀，放置30分钟，作为供试品溶液；另一份加13%（*V/V*）硫酸溶液2.0ml，摇匀，放置30分钟，作为空白溶液，照紫外-可见分光光度法（附录0401），在405nm的波长处测定吸光度，不得过0.35（相当于0.04%的H_2O_2）。

水分 取本品，照水分测定法（附录0832第一法）测定，含水分不得过5.0%。

炽灼残渣 取本品2.0g，依法检查（附录0841），遗留残渣不得过0.1%。

重金属 取炽灼残渣项下遗留的残渣，依法检查（附录0821第二法），含重金属不得过百万分之十。

砷盐 取本品1.0g，置凯氏烧瓶中，加硫酸5ml，小火加热至完全炭化后（必要时可添加硫酸，总量不超过10ml），缓缓滴加浓过氧化氢溶液，待反应停止，继续加热，并滴加浓过氧化氢溶液至溶液无色，放冷，加水10ml，蒸发除尽过氧化氢，加盐酸5ml与水适量，依法检查（附录0822第一法），应符合规定（不得过0.0002%）。

【含量测定】 取本品约0.2g，精密称定，照氮测定法（附录0704第二法）测定，计算，即得。

【类别】 药用辅料，崩解剂和填充剂等。

【贮藏】 避光，密封，在阴暗处保存。

羊 毛 脂

Yangmao Zhi

Lanolin

本品系采用羊毛经加工精制而得。

【性状】 本品为淡黄色至棕黄色的蜡状物；有黏性而滑腻；臭微弱而特异。

本品在三氯甲烷或乙醚中易溶，在热乙醇中溶解，在乙醇中极微溶解，在水中不溶；但能与约

2倍量的水均匀混合。

熔点 本品的熔点（附录0612第二法）为36~42℃。

酸值 本品的酸值（附录0713）不大于1.5。

皂化值 本品的皂化值（附录0713）为92~106（测定时加热回流时间为2小时）。

碘值 本品的碘值（附录0713）为18~35（测定时在暗处放置时间为4小时）。

【鉴别】 取本品0.5g，加三氯甲烷5ml溶解后，加醋酐1ml与硫酸2滴，即显深绿色。

【检查】 酸碱度 取本品10g，加水50ml，置水浴上加热熔融，不断搅拌，放冷，除去脂肪，水溶液应澄清。取10ml，加酚酞指示液1滴，不得显红色；另取10ml，加甲基红指示液1滴，不得显红色。

氯化物 取本品0.20g，置锥形瓶中，加乙醇27ml，加热回流数分钟，放冷，加硝酸0.5ml，滤过，滤液中加硝酸银的乙醇溶液（1→50）5滴，如发生浑浊，与对照液〔取乙醇20ml，加标准氯化钠溶液7.0ml、硝酸0.5ml与硝酸银的乙醇溶液（1→50）5滴制成〕比较，不得更浓（0.035%）。

易氧化物 取上述酸碱度项下遗留的溶液10ml，加高锰酸钾滴定液（0.02mol/L）1滴，5分钟内红色不得完全消失。

乙醇中不溶物 取本品0.50g，加无水乙醇40ml，煮沸，溶液应澄清或显极微的浑浊。

干燥失重 取本品，在105℃干燥至恒重，时加搅拌，减失重量不得过0.5%（附录0831）。

炽灼残渣 不得过0.15%（附录0841）。

【类别】 药用辅料，软膏基质和乳化剂等。

【贮藏】 密封，在阴凉处保存。

异 丙 醇

Yibingchun

Isopropyl Alcohol

$$C_3H_8O \qquad 60.10$$

本品为2-丙醇。

【性状】 本品为无色澄清液体。

本品与水、甲醇、乙醇或乙醚能任意混溶。

相对密度 本品的相对密度（附录0601韦氏比重秤法）为0.785~0.788。

折光率 本品的折光率（附录0622）为1.376~1.379。

【鉴别】 （1）取本品1ml，加碘试液2ml与氢氧化钠试液2ml，振摇，即产生黄色沉淀，并产生碘仿的特臭。

（2）取本品5ml，加重铬酸钾试液20ml，再小心加硫酸5ml，在水浴上缓缓加热，产生的气体能使浸有水杨醛-乙醇溶液（1:10）与30%氢氧化钠溶液的滤纸变红棕色。

（3）本品的红外光吸收图谱应与对照品的图谱一致。

【检查】 **酸度** 取本品50.0ml，加水100ml，加酚酞指示液2滴，用氢氧化钠滴定液（0.1mol/L）滴定至粉红色30秒不褪色，消耗氢氧化钠滴定液（0.1mol/L）不得过1.4ml。

溶液的澄清度与颜色 取本品1.0ml，加水20ml，混匀，静置5分钟后，依法检查（附录0901与附录0902），溶液应澄清无色。

吸光度 取本品，照紫外-可见分光光度法（附录0401）测定，在230nm、250nm、270nm、290nm与310nm波长处的吸光度分别不得大于0.30、0.10、0.03、0.02与0.01。

水不溶性物质 取本品2.0ml，加水8ml，振摇，放置5分钟，溶液应澄清。

不挥发物 取本品50.0ml，置105℃恒重的蒸发皿中，在水浴上蒸干后，再在105℃干燥1小时，遗留残渣不得过1.0mg〔0.002%（g/ml）〕。

易氧化物 取本品10.0ml，置比色管中，调节温度至15℃，加高锰酸钾滴定液（0.02mol/l）0.50ml，密塞，摇匀，在15℃静置15分钟，溶液所呈粉红色不得完全消失。

易炭化物 取硫酸5ml，置干燥的比色管中，冷却至10℃，振摇同时滴加本品5ml（保持溶液温度不得高于20℃），溶液的颜色与黄色1号标准比色液（附录0901）比较，不得更深。

羰基化合物 取本品0.50ml，置具塞比色管中，加2,4二硝基苯肼溶液（取2,4二硝基苯肼50mg，加盐酸2ml，用无羰基甲醇①稀释至50ml，摇匀）1ml，密塞，摇匀，静置30分钟，加吡啶8ml、水2ml与氢氧化钾-甲醇溶液（取33%氢氧化钾溶液15ml，加无羰基甲醇50ml，混匀）2ml，摇匀，静置30分钟，用无羰基甲醇稀释到25ml，摇匀，所呈暗红色与羰基化合物（CO）杂质标准溶液②0.50ml按同一方法处理后比较，不得更深。

水分 取本品，照水分测定法（附录0832第一法A）测定，含水分不得过0.2%。

苯与有关物质 照气相色谱法测定（附录0521）。

色谱条件与系统适用性试验 用6%氰丙基苯基-94%二甲基硅氧烷为固定液（或极性相近）的毛细管柱，程序升温，起始温度为40℃，维持12分钟，以每分钟10℃的速率升温至240℃，维持10分钟；进样口温度为280℃，检测器温度为280℃。对照溶液（a）中正丙醇峰与2-丁醇峰的分离度应不小于10。

测定法 取本品作为供试品溶液（a）；精密量取2-丁醇1ml，置50ml量瓶中，用本品稀释至刻度，摇匀，精密量取5ml，置100ml量瓶中，用本品稀释至刻度，摇匀，作为供试品溶液（b）；精密量取2-丁醇和正丙醇各0.5ml，置50ml量瓶中，用本品稀释至刻度，摇匀，精密量取5ml，置50ml量瓶中，用本品稀释至刻度，摇匀，作为对照溶液（a）；精密量取苯100μl，置100ml量瓶中，用本品稀释至刻度，摇匀，精密量取0.2ml，置100ml量瓶中，用本品稀释至刻度，摇匀，作为对照溶液（b）。精密量取对照溶液（a）、（b）和供试品溶液（a）、（b）各1μl，分别注入气相色谱仪，记录色谱图。供试品溶液（a）中如含苯，其峰面积应不大于对照溶液（b）中苯峰面积的0.5倍（0.0002%）；供试品溶液（b）中其他各杂质峰面积的总和不得大于对照溶液（a）中2-丁醇峰面积的3倍（0.3%）。

【类别】 药用辅料，溶剂。

【贮藏】 遮光，密封保存。

---

① 无羰基甲醇的制备：取甲醇2000ml，加2,4二硝基苯肼10g与盐酸0.5ml，置水浴加热回流2小时，弃去最初的馏出液50ml，收集馏出液于棕色瓶中。
② 羰基化合物（CO）杂质标准溶液的制备：精密称取丙酮10.43g（相当于CO5.000g），置50ml无羰基甲醇的100ml量瓶中，用无羰基甲醇稀释至刻度，摇匀，精密量取2ml，另一100ml量瓶中，用无羰基甲醇稀释到刻度，摇匀，精密量取2ml，置50ml量瓶中，用无羰基甲醇稀释到刻度，摇匀，即得（每1ml中含40μg的CO）。本溶液临用新配。

红 氧 化 铁

Hong Yanghuatie

Red Ferric Oxide

Fe_2O_3 159.69

本品按炽灼至恒重后计算，含Fe_2O_3不得少于98.0%。

【性状】 本品为暗红色粉末；无臭，无味。

本品在水中不溶，在沸盐酸中易溶。

【鉴别】 取本品约0.1g，加稀盐酸5ml，煮沸冷却后，溶液显铁盐的鉴别反应（附录0301）。

【检查】 **水中可溶物** 取本品2.0g，加水100ml，置水浴上加热回流2小时，滤过，滤渣用少量水洗涤，合并滤液与洗液，置经105℃恒重的蒸发皿中，蒸干，在105℃干燥至恒重，遗留残渣不得过10mg（0.5%）。

酸中不溶物 取本品2.0g，加盐酸25ml，置水浴中加热使溶解，加水100ml，用经105℃恒重的4号垂熔坩埚滤过，滤渣用盐酸溶液（1→100）洗涤至洗液无色，再用水洗涤至洗液不显氯化物的反应，在105℃干燥至恒重，遗留残渣不得过6mg（0.3%）。

炽灼失重 取本品约1.0g，精密称定，在800℃炽灼至恒重，减失重量不得过4.0%（附录0841）。

钡盐 取本品0.2g，加盐酸5ml，加热使溶解，滴加过氧化氢试液1滴，再加10%氢氧化钠溶液20ml，滤过，滤渣用水10ml洗涤，合并滤液与洗液，加硫酸溶液（2→10）10ml，不得显浑浊。

铅 取本品2.5g，置100ml具塞锥形瓶中，加0.1mol/L盐酸溶液35ml，搅拌1小时，滤过，滤渣用0.1mol/L盐酸溶液洗涤，合并滤液与洗液置50ml量瓶中，用0.1mol/L盐酸溶液稀释至刻度，摇匀，作为供试品溶液。照原子吸收分光光度法（附录0406），在217.0nm的波长处测定。另取标准铅溶液2.5ml，置50ml量瓶中，加1mol/L盐酸溶液5ml，加水稀释至刻度，摇匀，同法测定。供试品溶液的吸光度不得大于对照溶液（0.001%）。

砷盐 取本品0.67g，加盐酸7ml，加热使溶解，加水21ml，滴加酸性氯化亚锡试液使黄色褪去，依法检查（附录0822第一法），应符合规定（0.0003%）。

【含量测定】 取经800℃炽灼至恒重的本品约0.15g，精密称定，置具塞锥形瓶中，加盐酸5ml，置水浴上加热使溶解，加过氧化氢试液2ml，加热至沸数分钟，加水25ml，放冷，加碘化钾1.5g与盐酸2.5ml，密塞，摇匀，在暗处静置15分钟，用硫代硫酸钠滴定液（0.1mol/L）滴定，至近终点时加淀粉指示液2.5ml，继续滴定至蓝色消失。每1ml硫代硫酸钠滴定液（0.1mol/L）相当于7.985mg的Fe_2O_3。

【类别】 药用辅料，着色剂和包衣材料等。

【贮藏】 密封保存。

纤维醋法酯

Xianwei Cufazhi

Cellacefate

本品为部分乙酰化的醋酸纤维与苯二甲酸酐缩合制得。按游离酸和无水物计算，含苯甲酸甲酰基（$C_8H_5O_3$）应为30.0%～36.0%，乙酰基（C_2H_3O）应为21.5%～26.0%。

【性状】 本品为白色或类白色的无定形纤维状、细条状、片状、颗粒或粉末。

本品在水或乙醇中不溶；在丙酮中溶胀成澄清或微浑浊的胶体溶液。

【鉴别】 取本品，用粉粹机或研磨机粉粹后，取粉末，用溴化钾压片法测定，其红外光吸收图谱应与对照品的图谱一致。

【检查】 **黏度** 精密称取本品15g（按无水物计），置具塞锥形瓶中，精密加丙酮-水（249∶1）溶液85g，振摇至完全溶解，依法测定动力黏度（附录0633第一法），选择不同内径的毛细管，使得流出时间大于200秒。黏度应为45～90mPa·s。

水分 取本品约0.5g，精密称定，加无水乙醇-二氯甲烷（3∶2）混合溶液代替无水甲醇作溶剂使溶解（如供试品溶解困难，用脱水乙醇代替无水乙醇），照水分测定法（附录0832第一法A）测定，含水分不得过5.0%。

游离酸 取本品约3.0g，精密称定，置碘量瓶中，加甲醇溶液（1→2）100ml，密塞，振摇2小时，滤过，用甲醇溶液（1→2）洗涤碘量瓶和残渣2次，每次10ml，合并洗液和滤液，加酚酞指示液3滴，用氢氧化钠滴定液（0.1mol/L）滴定，并将滴定的结果用空白试验校正。每1ml氢氧化钠滴定液（0.1mol/L）相当于8.306mg的$C_8H_6O_4$。按无水物计算，含游离酸以邻苯二甲酸（$C_8H_6O_4$）计，不得过3.0%。

炽灼残渣 取本品2.0g，依法检查（附录0841），遗留残渣不得过0.1%。

重金属 取炽灼残渣项下遗留的残渣，依法检查（附录0821第二法），含重金属不得过百万分之十。

【含量测定】 **苯甲酸甲酰基** 取本品约1g，精密称定，置锥形瓶中，加乙醇-丙酮（3∶2）混合溶液50ml，振摇使溶解，加酚酞指示液2滴，用氢氧化钠滴定液（0.1mol/L）滴定，并将滴定的结果用空白试验校正。每1ml氢氧化钠滴定液（0.1mol/L）相当于14.91mg的$C_8H_5O_3$。按下式计算苯甲酸甲酰脂的百分含量：

$$\frac{14.91(V-V_0)}{[1000(100\%-\alpha)(100\%-S)W]}-\frac{1.795S}{(100\%-S)}$$

式中 W为供试品的取样量，g；
V为消耗氢氧化钠滴定液（0.1mol/L）的体积，ml；
V_0为空白消耗氢氧化钠滴定液（0.1mol/L）的体积，ml；
α为水分含量；
S为游离酸含量。

乙酰基 取本品约0.1g，精密称定，置磨口烧瓶中，精密加氢氧化钠滴定液（0.1mol/L）25ml，加热回流30分钟，放冷，加酚酞指示液5滴，用盐酸滴定液（0.1mol/L）滴定，并将滴定的结果用空白试验校正。每1ml氢氧化钠滴定液（0.1mol/L）相当于4.304mg的C_2H_3O，按下式计算乙酰基的百分含量：

$$\frac{4.304(V_0-V)}{[1000(100\%-\alpha)(100\%-S)W]}-\frac{0.5182S}{(100\%-S)}-0.5773P$$

式中 W为供试品的取样量，g；
V为消耗盐酸滴定液（0.1mol/L）的体积，ml；
V_0为空白消耗盐酸滴定液（0.1mol/L）的体积，ml；

α为水分含量；

S为游离酸含量；

P为苯甲酸甲酰基含量。

【类别】 药用辅料，包衣材料和释放阻滞剂。

【贮藏】 遮光，密闭保存。

附：

脱水乙醇的制备

在500ml的圆底烧瓶中，放置1.2g干燥纯净的镁条，加无水乙醇20ml，装上回流冷凝管，并在冷凝管上附加一只无水氯化钙干燥管。用电热套直接加热使微沸，移去电热套，立即加入几粒碘片（此时注意不要振荡），顷刻即在碘粒附近发生作用。待作用完毕后，加入无水乙醇200ml和几粒沸石，回流1小时。改成蒸馏装置。蒸去前馏分后，用干燥的蒸馏瓶做接受器，其支管接一无水氯化钙干燥管，使与大气相通，用电热套直接加热，蒸馏产物收存于玻璃瓶中，密封保存。

检查脱水乙醇和脱水乙醇-二氯甲烷混合溶液（3∶2）的水分：取10ml，照水分测定法（附录0832第一法A）测定，脱水乙醇和脱水乙醇-二氯甲烷混合溶液（3∶2）含水分均不得过0.05%。

麦 芽 酚

Mayafen

Maltol

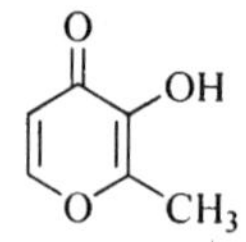

C$_6$H$_6$O$_3$ 126.11

本品为3-羟基-2-甲基-4-吡喃酮。按无水物计算，含C$_6$H$_6$O$_3$不得少于99.0%。

【性状】 本品为白色结晶性粉末；具有焦糖或奶油样香气。

本品在乙醇或丙二醇中溶解，在水或甘油中略溶。

熔点 本品的熔点（附录0612）为160～164℃。

【鉴别】 （1）取含量测定项下的溶液，照紫外-可见分光光度法（附录0401）测定，在274nm的波长处有最大吸收。

（2）本品的红外光吸收图谱应与对照品图谱一致。

【检查】 水分 取本品，照水分测定法（附录0832第一法）测定，不得过0.5%。

炽灼残渣 取本品1.0g，依法检查（附录0841），遗留残渣不得过0.2%。

铅 照铅、镉、砷、汞、铜测定法（二部附录2321）测定，铅不得过百万分之十。

重金属 取炽灼残渣项下遗留的残渣，依法检查（附录0821第二法），含重金属不得过百万分之二十。

砷盐 取本品0.67g，于450～500℃炽灼使完全灰化后，取残渣，依法检查（附录0822第一法），应符合规定（0.0003%）。

【含量测定】 取本品约50mg，精密称定，置250ml量瓶中，用0.1mol/L盐酸溶液溶解并稀释至刻度，摇匀，精密量取5ml，置100ml量瓶中，用0.1mol/L盐酸溶液稀释至刻度，摇匀，照紫外-可见分光光度法（附录0401），在274nm的波长处测定吸光度；另取麦芽酚对照品，同法测定，即得。

【类别】 药用辅料，调味剂和芳香剂等。

【贮藏】 密闭，避光保存。

麦 芽 糊 精
Maiya Hujing
Maltodextrin

$$(C_6H_{10}O_5)_n \cdot H_2O$$

本品系食用淀粉经酶法或酸法水解后精制而得。

【性状】 本品为白色至类白色的粉末或颗粒；微臭，无味或味微甜；有引湿性。

本品在水中易溶，在无水乙醇中几乎不溶。

【鉴别】 取本品约1g，加水10ml溶解后，缓缓滴入微温的碱性酒石酸铜试液中，即生成红色沉淀。

【检查】 酸度 取本品2.0g，加水10ml溶解后，依法测定（附录0631），pH值应为4.5～6.5。

水中不溶物 取本品5.0g（按干燥品计），置烧杯中，加35～40℃水50ml溶解后，趁热用经105℃干燥至恒重的3号垂熔坩埚滤过，烧杯用35～40℃水50ml分数次洗涤，滤过，滤渣在105℃干燥至恒重，遗留残渣不得过1.0%。

蛋白质 取本品10g，精密称定，置500ml凯氏烧瓶中，加无水硫酸钾10g和硫酸铜0.5g，缓缓加硫酸50ml，照氮测定法（附录0704第一法）测定氮含量，再乘以6.25系数即得。含蛋白质不得过0.1%。

二氧化硫 取本品5g，精密称定，置250ml碘量瓶中，加水100ml使溶解，加盐酸5ml与淀粉指示液1ml，立即用碘滴定液（0.01mol/L）滴定至溶液由淡黄色变为淡蓝色至紫红色，并将滴定的结果用空白试验校正。每1ml碘滴定液（0.01mol/L）相当于0.6406mg的SO_2。含二氧化硫不得过0.004%。

干燥失重 取本品，在105℃干燥至恒重，减失重量不得过6.0%（附录0831）。

炽灼残渣 取本品2.0g，依法检查（附录0841），遗留残渣不得过0.5%。

重金属 取炽灼残渣项下遗留的残渣，依法检查（附录0821第二法），含重金属不得过百万分之五。

砷盐 取本品2.0g，加氢氧化钙1.0g，混合，加水适量搅拌均匀，干燥后，以小火灼烧使炭化，再以500～600℃炽灼使完全灰化，放冷，加盐酸8ml与水23ml，依法检查（附录0822第一法），应符合规定（0.0001%）。

DE值 取无水葡萄糖对照品0.5g，精密称定，置250ml量瓶中，用水溶解并稀释至刻度，摇匀，作为葡萄糖对照品溶液。预滴定时，精密量取碱性酒石酸铜试液10ml，置锥形瓶中，加水20ml，加玻璃珠3粒，用50ml滴定管加入葡萄糖对照品溶液24ml，摇匀，置于电炉上加入至沸腾，并保持微沸，加1%亚甲蓝溶液2滴，继续用葡萄糖对照品溶液滴定，直至蓝色刚好消失（整个滴定过程在3分钟内完成）；正式滴定时，预先加入比预滴定葡萄糖对照品溶液少0.5ml。操作同预滴定，并做平行试验。

另取本品适量（附表），精密称定，置250ml量瓶中，加热水溶解后，放冷，用水稀释至刻度，摇匀，作为供试品溶液。预滴定时，精密量取碱性酒石酸铜试液10ml，置锥形瓶中，加水20ml，加玻璃珠3粒，用50ml滴定管加入一定量的供试品溶液，按葡萄糖对照品溶液同法操作。正式滴定时，预先加入比预滴定少0.5ml的供试品溶液。操作方法同预滴定，并做平行试验。按下式计算本品相当于葡萄糖的量，按干燥品计算，含葡萄糖当量值（DE值）不得过20。

$$X = \frac{C_1 V_1}{C_2 V_2} \times 100\%$$

式中　X为DE值［样品葡萄糖当量值（样品中还原糖占干物质的百分数）］，%；

C_1为葡萄糖对照品溶液浓度，mg/ml；

V_1为消耗葡萄糖对照品溶液的总体积，ml；

C_2为供试品溶液浓度（按无水物计），mg/ml；

V_2为消耗麦芽糊精样品溶液的总体积，ml。

微生物限度　取本品，依法检查（附录1105与附录1106），每1g供试品中需氧菌总数不得过1000cfu，霉菌和酵母菌总数不得过100cfu、不得检出大肠埃希菌。

【类别】　药用辅料，包衣材料；稀释剂、黏合剂和增稠剂等。

【贮藏】　密封，干燥处保存。

附表　DE值项目中样品取样量参考表

DE值	1	6	9	12	15	19
取样量（g）	20.0	10.0	5.0	4.5	3.5	3.0

不同DE值的样品的取样量可参考上表，配制成一定浓度的供试品溶液，先进行预滴定试验。

麦　芽　糖
Maiyatang
Maltose

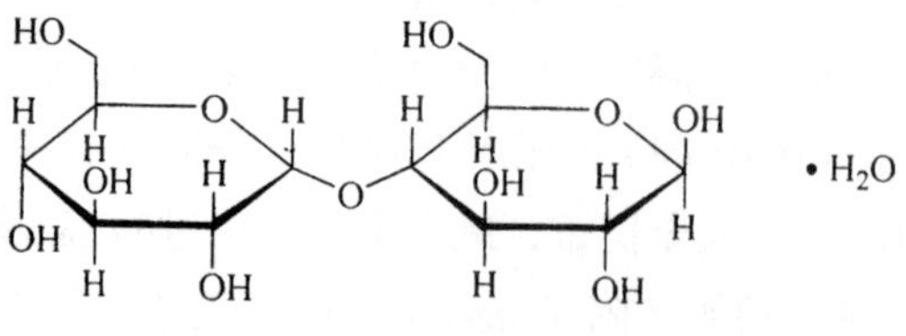

或

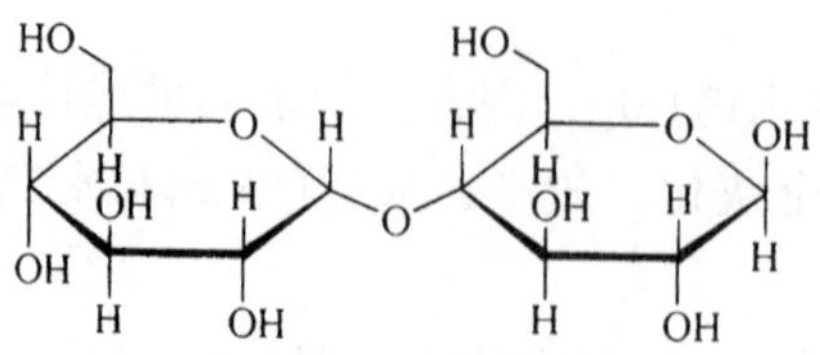

$C_{12}H_{22}O_{11} \cdot H_2O$　360.31

$C_{12}H_{22}O_{11}$　342.30

本品为4-O-α-D-吡喃葡萄糖基-β-吡喃葡萄糖一水合物，含一个结晶水或为无水物。按无水物计算，含$C_{12}H_{22}O_{11}$不得少于98.0%。

【性状】 本品为白色晶体或结晶性粉末；味甜。

本品在水中易溶，在甲醇中微溶，在乙醇中极微溶，在乙醚中几乎不溶。

比旋度 取本品置80℃干燥4小时，取约10g，精密称定，置100ml量瓶中，加氨试液0.2ml，再加水稀释至刻度，摇匀，依法测定（附录0621），比旋度为+126°至+131°。

【鉴别】 （1）取本品0.5g，加水5ml溶解后，加氨试液5ml，在水浴中加热5分钟，溶液即显橙色。

（2）取本品溶液（1→20）2~3滴，加至热的碱性硫酸铜试液5ml中，应生成红色的沉淀。

（3）在含量测定项下记录的色谱图中，供试品溶液主峰的保留时间应与对照品溶液主峰的保留时间一致。

【检查】 酸度 取本品1.0g，加水10ml使溶解，依法测定（附录0631），pH值应为4.5~6.5。

氯化物 取本品0.4g，依法检查（附录0801），与标准氯化钠溶液7.2ml制成的对照液比较，不得更浓（0.018%）。

硫酸盐 取本品1.0g，依法检查（附录0802），与标准硫酸钾溶液2.4ml制成的对照液比较，不得更浓（0.024%）。

糊精、可溶性淀粉和亚硫酸盐 取本品1.0g，加水10ml溶解后，加碘试液1滴，溶液显黄色，再加淀粉指示剂1滴，溶液显蓝色。

有关物质 取本品适量，精密称定，加水溶解并制成每1ml中含50mg的溶液，作为供试品溶液；精密量取1ml，置100ml量瓶中，加水稀释至刻度，摇匀，作为对照溶液。照含量测定项下的色谱条件，精密量取供试品溶液与对照溶液各20μl，分别注入液相色谱仪，记录色谱图至主成分峰保留时间的2.5倍。供试品溶液色谱图中，除溶剂峰外，主成分峰之前的杂质峰面积之和不得大于对照溶液主峰面积的1.5倍（1.5%），主成分峰之后的杂质峰面积之和不得大于对照溶液主峰面积的0.5倍（0.5%）。

水分 取本品，照水分测定法（附录0832第一法A）测定，无水物含水分不得过1.5%，一水物含水分为4.5%~6.5%。

炽灼残渣 取本品1.0g，依法检查（附录0841），遗留残渣不得过0.05%。

重金属 取本品5.0g，加水23ml溶解后，加醋酸盐缓冲液（pH3.5）2ml，依法检查（附录0821第一法），含重金属不得过百万分之四。

砷盐 取本品1.5g，加水5ml，加稀硫酸5ml与溴试液1ml，置水浴上加热5分钟，再加热浓缩至5ml，放冷，加盐酸5ml与水23ml使溶解，依法检查（附录0822第一法），应符合规定（0.000 13%）。

微生物限度 取本品，依法检查（附录1105与附录1106），每1g供试品中需氧菌总数不得过1000cfu、霉菌和酵母菌总数不得过100cfu，不得检出大肠埃希菌。

【含量测定】 照高效液相色谱法（附录0512）测定。

色谱条件与系统适用性试验 用氨基键合硅胶为填充剂；以乙腈-水（70∶30）为流动相；柱温为35℃；示差折光检测器；取麦芽糖、葡萄糖与麦芽三糖对照品各适量，加水溶解并稀释制成每1ml中各含10mg的溶液，量取20μl注入液相色谱仪，记录色谱图，麦芽糖峰、葡萄糖峰与麦芽三糖峰之间的分离度均应符合要求。

测定法 取本品适量，精密称定，加水溶解并定量稀释制成每1ml约含麦芽糖10mg的溶液，精密量取20μl，注入液相色谱仪，记录色谱图；取麦芽糖对照品适量，同法测定，按外标法以峰面积计算，即得。

　　【类别】　药用辅料，填充剂和矫味剂等。

　　【贮藏】　密闭保存。

壳　聚　糖

Kejutang
Chitosan

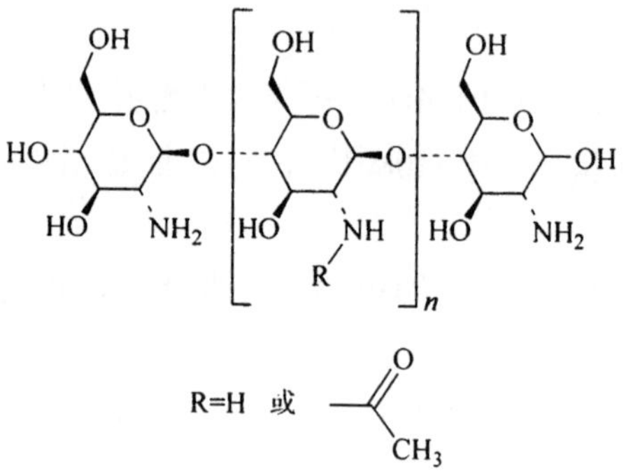

R=H 或 —C(=O)CH₃

本品为N-乙酰-D-氨基葡萄糖和D-氨基葡萄糖组成的无分支二元多聚糖。

　　【性状】　本品为类白色粉末，无臭，无味。

　　本品微溶于水，几乎不溶于乙醇。

　　【鉴别】　（1）本品的红外光吸收图谱应与对照品的图谱一致（附录0402）。

　　（2）取本品0.2g，加水80ml，搅拌使分散，加羟基乙酸溶液（0.1→20）20ml，室温下缓缓搅拌使溶液澄清（搅拌30～60分钟），加0.5%的十二烷基硫酸钠溶液5ml，生成凝胶状团块。

　　【检查】　**黏度**　精密称取本品1.0g，加1%冰醋酸溶液100ml，搅拌使完全溶解，用NDJ-1型旋转式黏度计，依法检查（附录0633第三法），在20℃时的动力黏度不得过标示量的80%～120%。

　　脱乙酰度　取本品约0.5g，精密称定，精密加入盐酸滴定液（0.3mol/L）18ml，室温下搅拌2小时使溶解，加1%甲基橙指示剂3滴，用氢氧化钠滴定液（0.15mol/L）滴定至变为橙色。以下式计算脱乙酰度，脱乙酰度应大于70%。

$$D.D.\% = \frac{(N_{HCl} \times V_{HCl} - N_{NaOH} \times V_{NaOH}) \times 0.016}{G \times (100 - W) \times 9.94\%} \times 100\%$$

　　式中　D.D.%为脱乙酰度，%；

　　　　　N_{HCl}为盐酸滴定液（0.3mol/L）的浓度，mol/L；

　　　　　V_{HCl}为盐酸滴定液（0.3mol/L）的体积，ml；

　　　　　N_{NaOH}为氢氧化钠滴定液（0.15mol/L）的浓度，mol/L；

　　　　　V_{NaOH}为氢氧化钠滴定液（0.15mol/L）的体积，ml；

　　　　　G为供试品称重，g；

　　　　　W为干燥失重项下减失重量，%；

　　　　　0.016为与1mol/L盐酸相当的氨基量，g；

　　　　　9.94%为理论氨基含量。

　　酸碱度　取本品0.50g，加水50ml，搅拌30分钟，静置30分钟，依法测定（附录0631），pH值应为6.5～8.5。

蛋白质　取本品0.1g，置10ml量瓶中，以1%冰醋酸溶液溶解并稀释至刻度，摇匀，取适量该溶液，依法测定（附录0731第五法），蛋白质含量不得过0.2%。

干燥失重　取本品1.0g，在105℃干燥至恒重，减失重量不得过10%（附录0831）。

炽灼残渣　取本品1.0g，依法检查（附录0841），遗留残渣不得过1.0%。

重金属　取炽灼残渣项下的残渣，依法检查（附录0821第二法），含重金属不得过百万分之十。

砷盐　取本品2.0g，加氢氧化钙1.0g，混合，加水2ml，搅拌均匀，置水浴上蒸干，以小火烧灼使炭化，后以500～600℃炽灼使完全灰化，放冷，加盐酸5ml，加水23ml，依法检查（附录0822第一法），含砷盐不得过百万分之一。

【类别】　药用辅料，崩解剂，增稠剂等。

【贮藏】　密闭、凉暗处干燥保存。

【标示】　以mPa•s或Pa•s为单位标明黏度。

低取代羟丙纤维素

Diqudai Qiangbing Xianweisu

Low-Substituted Hydroxypropyl Cellulose

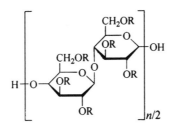

R=H或[CH₂CH(CH₃)O]ₘH

　　本品为低取代2-羟丙基醚纤维素。为纤维素碱化后与环氧丙烷在高温条件下发生醚化反应，然后经中和、重结晶、洗涤、干燥、粉碎和筛分制得。按干燥品计算，含羟丙氧基（—OCH₂CHOHCH₃）应为5.0%～16.0%。

【性状】　本品为白色或类白色粉末；无臭，无味。

　　本品在乙醇、丙酮或乙醚中不溶。

【鉴别】　（1）取本品约40mg，置试管中，加水2ml，振摇使成混悬液，沿管壁缓缓加0.035%蒽酮硫酸溶液1ml，在两液界面处显蓝绿色环。

　　（2）取本品0.1g，加水10ml，振摇；加氢氧化钠1g，振摇混匀，作为供试品溶液。取供试品溶液0.1ml，加硫酸溶液（9→10）9ml，摇匀，置水浴中加热3分钟，立即冰浴冷却，加茚三酮溶液（取茚三酮0.2g，加水10ml使溶解，临用新制）0.6ml，摇匀，放置，即显红色，继续放置约100分钟，变为紫色。

　　（3）取鉴别（2）项下的供试品溶液5ml，加丙酮-甲醇（4:1）混合溶液10ml，振摇，即生成白色絮状沉淀。

【检查】　**酸碱度**　取本品0.10g，加水10ml，振摇，制成混悬液，依法测定（附录0631），pH值应为5.0～7.5。

氯化物 取本品0.10g，加热水30ml，在水浴中加热10分钟，趁热滤过，残渣用热水洗涤4次，每次15ml，合并滤液与洗液于100ml量瓶中，放冷，加水稀释至刻度，摇匀；取10ml，依法检查（附录0801），与标准氯化钠溶液2.0ml制成的对照液比较，不得更浓（0.20%）。

干燥失重 取本品，在105℃干燥至恒重，减失重量不得过8.0%（附录0831）。

炽灼残渣 取本品1.0g，依法检查（附录0841），遗留残渣不得过1.0%。

重金属 取炽灼残渣项下遗留的残渣，依法检查（附录0821第二法），含重金属不得过百万分之二十。

铁盐 取本品1.0g，照炽灼残渣项下的方法炽灼后，残渣加稀盐酸5ml，置水浴中加热溶解，加水至25ml，混匀；取5.0ml，依法检查（附录0807），与标准铁溶液2.0ml制成的对照液比较，不得更深（0.010%）。

砷盐 取本品1.0g，加氢氧化钙1.0g，混合，加水少量，搅拌均匀，干燥后，缓缓加热至炭化，再在500～600℃炽灼使完全灰化，放冷，加盐酸8ml与水23ml，依法检查（附录0822第一法），应符合规定（0.0002%）。

【含量测定】 **羟丙氧基** 照甲氧基、乙氧基与羟丙氧基测定法（附录0712）测定。如采用第二法（容量法），取本品约0.1g，精密称定，依法测定，即得。

【类别】 药用辅料，崩解剂和填充剂等。

【贮藏】 密闭保存。

谷 氨 酸 钠

Gu'ansuanna

Sodium Glutamate

$C_5H_8NNaO_4 \cdot H_2O$ 187.13

本品为L-2-氨基戊二酸的单钠盐。按干燥品计算，含$C_5H_8NNaO_4 \cdot H_2O$应为99.0%～100.5%。

【性状】 本品为白色结晶或结晶性粉末。本品在水中易溶，在乙醇中微溶。

比旋度 取本品，精密称定，加2mol/L盐酸溶液溶解并定量稀释制成每1ml中约含0.1g的溶液，依法测定（附录0621），比旋度为+24.8°至+25.3°。

【鉴别】 （1）取本品约5mg，加水1ml使溶解，加茚三酮试液数滴，加热，溶液显蓝色至紫蓝色。

（2）取本品与谷氨酸钠对照品各适量，分别加水溶解并稀释制成每1ml中约含0.4mg溶液，作为供试品溶液与对照品溶液。照其他氨基酸项下的色谱条件试验，供试品溶液所显主斑点的位置和颜色应与对照品溶液的主斑点相同。

（3）本品的红外光吸收图谱应与对照的图谱一致。

（4）本品的水溶液显钠盐鉴别（1）的反应（附录0301）。

【检查】 **酸碱度** 取本品1.0g，加水10ml溶解后，依法测定（附录0631），pH值应为6.7～7.2。

溶液的透光率 取本品1.0g，加水10ml溶解后，照紫外-可见分光光度法（附录0401），在

430nm的波长处测定透光率，不得低于98.0%。

氯化物　取本品0.10g，依法检查（附录0801），与标准氯化钠溶液5.0ml制成的对照液比较，不得更浓（0.05%）。

硫酸盐　取本品0.5g，依法检查（附录0802），与标准硫酸钾溶液1.5ml制成的对照液比较，不得更浓（0.03%）。

铵盐　取本品0.10g，依法检查（附录0808），与标准氯化铵溶液2.0ml制成的对照液比较，不得更深（0.02%）。

其他氨基酸　取本品适量，加水溶解并稀释制成每1ml中约含10mg的溶液，作为供试品溶液；精密量取1ml，置200ml量瓶中，用水稀释至刻度，摇匀，作为对照溶液；另取谷氨酸钠对照品与门冬氨酸对照品各适量，置同一量瓶中，加水溶解并稀释制成每1ml中各约含0.4mg的溶液，作为系统适用性溶液。照薄层色谱法（附录0502）试验，吸取上述三种溶液各5μl，分别点于同一硅胶G薄层板上，以正丁醇-水-冰醋酸（2:1:1）为展开剂，展开，晾干，喷以茚三酮的丙酮溶液（1→50），在80℃加热至斑点出现，立即检视。对照溶液应显一个清晰的斑点，系统适用性溶液应显两个完全分离的斑点。供试品溶液如显杂质斑点，其颜色与对照溶液的主斑点比较，不得更深（0.5%）。

干燥失重　取本品，在97～99℃干燥5小时，减失重量不得过0.1%（附录0831）。

铁盐　取本品1.0g，依法检查（附录0807），与标准铁溶液1.0ml制成的对照液比较，不得更深（0.001%）。

重金属　取本品1.0g，加水23ml溶解后，加醋酸盐缓冲液（pH3.5）2ml，依法检查（附录0821第一法），含重金属不得过百万分之十。

砷盐　取本品2.0g,加水23ml溶解后，加盐酸5ml，依法检查（附录0822第一法），应符合规定（0.0001%）。

细菌内毒素（供注射用）　取本品，依法检查（附录1143），每1g谷氨酸钠中含内毒素的量应小于25EU。

【含量测定】　取本品约80mg,精密测定，加无水甲酸3ml溶解后，加冰醋酸30ml，照电位滴定法（附录0701），用高氯酸滴定液（0.1mol/L）滴定，并将滴定的结果用空白试验校正。每1ml高氯酸滴定液（0.1mol/L）相当于9.357mg的$C_5H_8NNaO_4 \cdot H_2O$。

【类别】　药用辅料，矫味剂和助溶剂等。

【贮藏】　遮光，密封保存。

肠溶明胶空心胶囊

Changrong Mingjiao Kongxin Jiaonang

Enterosoluble Vacant Gelatin Capsules

本品系用胶囊用明胶加辅料和适宜的肠溶材料制成的空心硬胶囊，分为肠溶胶囊和结肠肠溶胶囊两种。

【性状】　本品呈圆筒状，系由可套合和锁合的帽和体两节组成的质硬且有弹性的空囊，囊体应光洁、色泽均匀、切口平整、无变形、无异臭。本品为透明（两节均不含遮光剂）、半透明（仅一节含遮光剂）、不透明（两节均含遮光剂）三种。

【鉴别】　（1）取本品0.25g，加水50ml，加热使溶化，放冷，摇匀，取溶液5ml，加重铬酸钾试液-稀盐酸（4:1）数滴，即产生橘黄色絮状沉淀。

（2）取鉴别（1）项下的溶液1ml，加水50ml，摇匀，加鞣酸试液数滴，即产生浑浊。

（3）取本品约0.3g，置试管中，加钠石灰少许，产生的气体能使湿润的红色石蕊试纸变蓝色。

【检查】 崩解时限 肠溶胶囊 取本品6粒，装满滑石粉，照崩解时限检查法（附录0921）肠溶胶囊剂项下的方法检查，应符合规定。

结肠肠溶胶囊 取本品6粒，装满滑石粉，照崩解时限检查法（附录0921）结肠肠溶胶囊项下的方法检查，应符合规定。

松紧度、亚硫酸盐、对羟基苯甲酸酯类、氯乙醇、环氧乙烷、干燥失重、炽灼残渣、铬、重金属与微生物限度 照明胶空心胶囊项下的方法检查，均应符合规定。

【类别】 要用辅料，用于迟释胶囊剂的制备。

【贮藏】 密闭，在温度10~25℃、相对湿度35%~65%条件下保存。

辛 酸

Xinsuan

Caprylic Acid

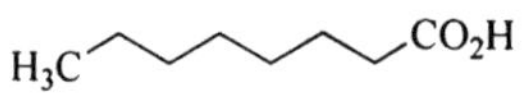

$$C_8H_{16}O_2 \quad 114.2$$

本品为八个碳的直链羧酸。按干燥品计算，含$C_8H_{16}O_2$不得少于99.0%。

【性状】 本品为无色或微黄色的透明油状液体。

本品在乙醇或丙酮中极易溶解，在碱金属氢氧化物的稀溶液中溶解，在水中极微溶解。

相对密度 本品的相对密度（附录0601）为0.909~0.912。

【鉴别】 在有关物质项下记录的色谱图中，供试品溶液主峰的保留时间应与对照品溶液主峰的保留时间一致。

【检查】 溶液的澄清度与颜色 取本品5.0g，加水50ml溶解后，依法检查（附录0901与附录0902），溶液应澄清无色；如显色，与黄色3号标准比色液（附录0901第一法）比较，不得更深。

有关物质 取本品约0.1g，加乙酸乙酯10ml使溶解，作为供试品溶液；精密量取适量，用乙酸乙酯定量稀释成每1ml中约含辛酸10μg的溶液，作为对照溶液。另称取辛酸对照品约0.1g，加乙酸乙酯10ml使溶解，作为对照品溶液。照气相色谱法（附录0521）试验，以2-硝基对苯二酸改性的聚乙二醇-20M为固定液的毛细管柱为色谱柱（30m液的毛细管柱为ID×0.25μm）；起始温度为100℃，维持1分钟，再以每分钟5℃的速率升温至220℃，维持20分钟；进样口温度为250℃；检测器温度为250℃；取供试品溶液和对照溶液各1μl，分别注入气相色谱仪，记录色谱图。对照溶液的信噪比应不小于5；按面积归一化法计算，供试品溶液色谱图中单个杂质不得过0.3%，总杂质不得过0.5%，供试品溶液色谱图中任何小于对照溶液中辛酸主峰面积0.5倍的杂质峰可忽略不计。

水分 取本品，照水分测定法（附录0832第一法A）测定，含水分不得过0.7%。

炽灼残渣 取本品1.0g，依法检查（附录0841），遗留残渣不得过0.1%。

重金属 取本品约1.2g，加乙醇溶解并稀释至25ml，作为供试品溶液，依法检查（附录0821第一法），含重金属不得过百万分之十。

【含量测定】 取本品约0.125g，精密称定，加乙醇25ml使溶解，照电位滴定法（附录0701），用氢氧化钠滴定液（0.1mol/L）滴定，并将滴定的结果用空白试验校正。每1ml氢氧化钠滴定液（0.1mol/L）相当于14.42mg的$C_8H_{16}O_2$。

【类别】 药用辅料，稳定剂和抑菌剂等。

【贮藏】 密闭，凉暗处保存。

辛 酸 钠

Xinsuanna

Sodium Caprylate

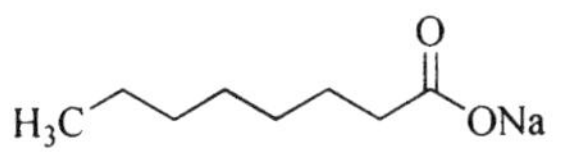

$C_8H_{15}NaO_2$ 166.20

本品按无水物计算，含$C_8H_{15}NaO_2$应不得少于99.0%。

【性状】 本品为白色或类白色结晶性粉末。

本品在水或冰醋酸中易溶，在乙醇中略溶，在丙酮中几乎不溶。

【鉴别】 （1）取本品约20mg，加水0.5ml溶解后，加甲氧基苯乙酸试液（取甲氧基苯乙酸2.7g，加10%氢氧化四甲铵的甲醇溶液6ml溶解后，加乙醇20ml，摇匀，即得）1.5ml，于冰浴中冷却30分钟，生成大量白色结晶性沉淀；置20℃的水浴中，搅拌5分钟，沉淀不消失；加氨试液1ml，沉淀完全溶解；再加16%碳酸铵溶液1ml，没有沉淀生成。

（2）在有关物质项下记录的色谱图中，供试品溶液主峰的保留时间应于对照品溶液主峰的保留时间一致。

【检查】 碱度 取本品2.5g，加水25ml溶解后，依法测定（附录0631），pH值应为8.0～10.5。

溶液的澄清度与颜色 取本品2.5g，加水25ml溶解后，依法检查（附录0901与附录0902），溶液应澄清无色。如显色，与橙黄色1号标准比色液（附录0901第一法）比较，不得更深。

水分 取本品，照水分测定法（附录0832第一法）测定，含水分不得过3.0%。

重金属 取本品3.0g，加冰醋酸15ml与乙醇15ml溶解后，取25ml作为供试品溶液。依法检查（附录0821第一法），含重金属不得过百万分之五。

有关物质 取本品约0.12g，加水5ml溶解后，加稀硫酸1ml，摇匀，加乙酸乙酯10ml，振摇提取后，静置使分层，取乙酸乙酯层，加无水硫酸钠干燥后，取上清液作为供试品溶液；精密量取1ml，置100ml量瓶中，用乙酸乙酯稀释至刻度，摇匀，精密量取5ml，至50ml量瓶中，用乙酸乙酯稀释至刻度，摇匀，作为对照溶液。另取辛酸对照品约10mg，加乙酸乙酯10ml使溶解，作为对照品溶液。照气相色谱法（附录0521）试验，以2-硝基对苯二酸改性的聚乙二醇-20M为固定液的毛细管柱为色谱柱（30m×0.25mmID×0.25μm）；起始温度为100℃，维持1分钟，再以每分钟5℃的速率升温至220℃，维持20分钟；进样口温度为250℃；检测器温度为250℃；量取供试品溶液和对照溶液各1μl，分别注入气相色谱仪，记录色谱图。对照溶液的信噪比应不小于5；按面积归一化法计算，供试品溶液色谱图中单个杂质不得过0.3%，总杂质不得过0.5%，供试品溶液色谱图中任何小于对照溶液中主峰面积0.5倍的峰可忽略不计。

【含量测定】 取本品约0.15g，精密称定，加冰醋酸50ml使溶解，照电位滴定法（附录0701），用高氯酸滴定液（0.1mol/L）滴定，并将滴定的结果用空白试验校正。每1ml高氯酸滴定液（0.1mol/L）相当于16.62mg的$C_8H_{15}NaO_2$。

【类别】 药用辅料，稳定剂和抑菌剂等。

【贮藏】 密闭，凉暗处保存。

没 食 子 酸

Moshizisuan

Gallic Acid

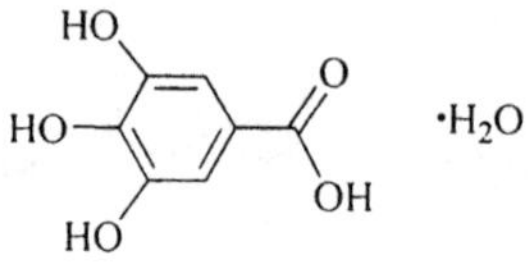

$$C_7H_6O_5 \cdot H_2O \quad 188.13$$

本品为3,4,5-三羟基苯甲酸一水合物。按干燥品计算，含$C_7H_6O_5$应为98.0%~102.0%。

【性状】 本品为白色或淡黄色结晶或结晶性粉末；无臭。

本品在热水、甲醇、乙醇和丙酮中易溶，在水、乙醚中微溶，在苯、三氯甲烷和石油醚中几乎不溶。

【鉴别】 （1）取本品0.10g，加水100ml溶解后，取2ml，滴加三氯化铁试液1滴，即显蓝黑色。

（2）在含量测定项下记录的色谱图中，供试品溶液主峰的保留时间应与对照品溶液主峰的保留时间一致。

（3）本品的红外光吸收图谱应与对照品的图谱一致。

【检查】 酸度 取本品0.10g，加水100ml溶解后，依法测定（附录0631），pH值应为3.0~3.8。

溶液的澄清度与颜色 取本品1.0g，加无水乙醇20ml溶解后，依法检查（附录0901与附录0902），溶液应澄清无色；如显色，与黄色3号标准比色液（附录0901第一法）比较，不得更深。

水溶解试验 取本品1.0g，加高于80℃的水20ml溶解后，立即观察，溶液应澄清。

单宁酸 取本品1.0g，加热水20ml溶解后，置冰箱（0~5℃）中冷却至没食子酸结晶析出后，立即过滤，滤液加1%的明胶氯化钠溶液（临用新制。取明胶0.5g，氯化钠5g，溶于温度不超过60℃的水50ml中，即得）5~6滴，溶液应澄清。

氯化物 取本品2.0g，置100ml量瓶中，加热水90ml溶解后，放冷至室温，用水稀释至刻度，摇匀，置冰箱（0~5℃）中冷却至没食子酸结晶析出，立即过滤，取续滤液25.0ml，依法检查（附录0801），与标准氯化钠溶液5.0ml用同一方法制成的对照液比较，不得更浓（0.01%）。

硫酸盐 取氯化物检查项下的续滤液25.0ml，置50ml纳氏比色管中，加盐酸溶液（2→3）0.3ml，乙醇3ml，10%的氯化钡溶液1ml，摇匀，放置10分钟，依法检查（附录0802），与标准硫酸钾溶液2.5ml用同一方法制备的对照液比较，不得更深（0.005%）。

干燥失重 取本品，在105℃干燥至恒重，减失重量不得过10.0%（附录0831）。

炽灼残渣 取本品2.0g，在550~600℃灼烧至恒重（附录0841），遗留残渣不得过0.1%。

铁 取本品2.0g，置坩埚中，缓缓炽灼至完全碳化，放冷；加硫酸0.5ml使残渣湿润，低温加热至硫酸蒸气除尽后，在500~550℃炽灼使完全灰化，放冷，残渣加稀盐酸5ml与水10ml，水浴加热使溶解，放冷，滤过，用适量水洗涤坩埚和滤器，合并滤液和洗液，置50ml纳氏比色管中，用水稀释使成35ml后，加过硫酸铵50mg，依法检查（附录0807），与标准铁溶液2.0ml用同一方法制成的对照液比较，不得更深（0.001%）。

重金属 取炽灼残渣项下遗留的残渣，依法检查（附录0821第二法），含重金属不得过百万分之十。

【含量测定】 照高效液相色谱法（附录0512）测定。

色谱条件与系统适用性试验 用十八烷基硅烷键合硅胶为填充剂；以0.05%磷酸溶液-甲醇（93：7）为流动相；检测波长为271nm。理论板数按没食子酸峰计算应不低于4000。

测定法 取本品约0.1g，精密称定，置100ml量瓶中，加流动相溶解并稀释至刻度，摇匀，精密量取适量，用流动相定量稀释制成每1ml中约含20μg的溶液，用孔径为0.45μm的滤膜滤过，弃去初滤液5ml，取续滤液作为供试品溶液，精密量取20μl注入液相色谱仪，记录色谱图；另取没食子酸对照品适量，精密称定，加流动相溶解并定量稀释制成每1ml中约含20μg的溶液，同法测定。按外标法以峰面积计算，即得。

【类别】 药用辅料，螯合剂和抗氧剂。

【贮藏】 密封,在干燥处保存。

尿　素

Niaosu

Urea

$$CH_4N_2O \quad 60.06$$

本品含CH_4N_2O不得少于99.5%。

【性状】 本品为无色棱柱状结晶或白色结晶性粉末；几乎无臭，味咸凉；放置较久后，渐渐发生微弱的氨臭；水溶液显中性反应。

本品在水或乙醇中易溶，在乙醚或三氯甲烷中不溶。

熔点 本品的熔点（附录0612）为132~135℃。

【鉴别】 （1）取本品0.5g，置试管中加热，液化并放出氨气；继续加热至液体显浑浊，冷却，加水10ml与氢氧化钠试液2ml溶解后，加硫酸铜试液1滴，即显紫红色。

（2）取本品0.1g，加水1ml溶解后，加硝酸1ml，即生成白色结晶性沉淀。

（3）本品的红外光吸收图谱应与对照的图谱一致。

【检查】 氯化物 取本品1.0g,依法检查（附录0801），与标准氯化钠溶液7.0ml制成的对照液比较，不得更浓（0.007%）。

硫酸盐 取本品4.0g，依法检查（附录0802），与标准硫酸钾溶液4.0ml制成的对照液比较，不得更浓（0.10%）。

乙醇中不溶物 取本品5.0g，加热乙醇50ml，如有不溶物，用105℃恒重的垂熔玻璃坩埚滤过，滤渣用热乙醇20ml洗涤，并在105℃干燥至恒重，遗留残渣不得过2mg。

炽灼残渣 不得过0.1%（附录0841）。

重金属　取本品1.0g，加水20ml溶解后，加0.1mol/L盐酸溶液5ml，依法检查（附录0821第一法），含重金属不得过百万分之二十。

【含量测定】　取本品约0.15g，精密称定，置凯氏烧瓶中，加水25ml、3%硫酸铜溶液2ml与硫酸8ml，缓缓加热至溶液呈澄清的绿色后，继续加热30分钟，放冷，加水100ml，摇匀，沿瓶壁缓缓加20%氢氧化钠溶液75ml，自成一液层，加锌粒0.2g，用氮气球将凯氏烧瓶与冷凝管连接，并将冷凝管的末端伸入盛有4%硼酸溶液50ml的500ml锥形瓶的液面下；轻轻摆动凯氏烧瓶，使溶液混合均匀，加热蒸馏，俟氨馏尽，停止蒸馏；馏出液中加甲基红指示液数滴，用盐酸滴定液（0.2mol/L）滴定，并将滴定的结果用空白试验校正。每1ml盐酸滴定液（0.2mol/L）相当于6.006mg的CH_4N_2O。

【类别】　药用辅料，渗透促进剂、助溶剂。

【贮藏】　密封保存。

阿 司 帕 坦

Asipatan

Aspartame

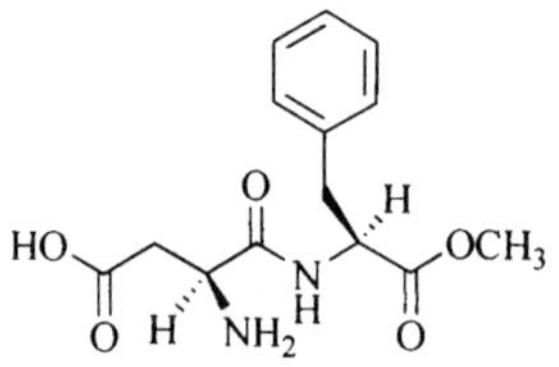

C$_{14}$H$_{18}$N$_2$O$_5$　294.31

本品为 *N*-L-α-天冬氨酰-L-苯丙氨酸-1-甲酯。按干燥品计算，含 $C_{14}H_{18}N_2O_5$ 应为98.0%~102.0%。

【性状】　本品为白色结晶性粉末；味甜。

本品在水中极微溶解，在乙醇、正己烷或二氯甲烷中不溶。

比旋度　取本品，精密称定，加15mol/L甲酸溶液溶解并定量稀释制成每1ml中约含40mg的溶液，立即依法测定（附录0621），比旋度为+14.5°至+16.5°。

【鉴别】　本品的红外吸光吸收图谱应于对照的图谱一致。

【检查】　吸光度　取本品，精密称定，用2mol/L盐酸溶液溶解并定量稀释制成每1ml中含10mg的溶液，照紫外-可见分光光度法（附录0401），在430nm的波长处测定吸光度，应不大于0.022。

酸度　取本品1.0g，加水125ml溶解后，依法测定（附录0631），pH值应为4.0~6.0。

有关物质　取本品，用流动相溶解并制成每1ml中含6mg的溶液，作为供试品溶液；精密量取2ml，置100ml量瓶中，加流动相稀释至刻度，摇匀，作为对照溶液，照高效液相色谱法（附录0512）测定，用十八烷基硅烷键合硅胶为填充剂（Kromasil C18 250nm×4.6mm sum柱适用）；以枸橼酸盐缓冲液（取9.6g枸橼酸，溶于约800ml水中，用1mol/L氢氧化钠溶液调pH值为4.7，加水至1000ml）-甲醇（67:33）为流动相；检测波长为254nm，取L-天冬氨酰-L-苯丙氨酸和苯丙氨酸适量，精密称定，加流动相溶解并稀释制成每1ml中各含15μg的混合溶液，量取20μl，注入液相色谱仪，L-天冬氨酰-L-苯丙氨酸峰和苯丙氨酸峰的分离度应符合要求。精密量取供试品溶液和对照溶液各20μl，分别注入液相色谱仪，记录色谱图至主成分峰保留时间的2倍。供试品溶液的色谱图中如显杂质峰，各杂质峰面积的和不得大于对照溶液的主峰面积（2.0%）。

干燥失重 取本品，在105℃干燥4小时，减失重量不得过4.5%（附录0831）。

炽灼残渣 取本品1.0g，依法检查（附录0841），遗留残渣不得过0.2%。

重金属 取炽灼残渣项下遗留的残渣，依法检查（附录0821第二法），含重金属不得过百万分之十。

砷盐 取本品0.67g，加氢氧化钙1.0g，混合，加水2ml，搅拌均匀，在40℃烘干，缓缓灼烧使炭化，再以500~600℃炽灼使完全灰化，放冷，加盐酸8ml与水23ml，依法检查（附录0822第一法），应符合规定（0.0003%）。

【含量测定】 取本品约0.25g，精密称定，加甲酸3ml及冰醋酸50ml，溶解后，照电位滴定法（附录0701），用高氯酸滴定液（0.1mol/L）滴定，并将滴定的结果用空白试验校正。每1ml高氯酸滴定液（0.1mol/L）相当于29.43mg$C_{14}H_{18}N_2O_5$。

【类别】 药用辅料，甜味剂和矫味剂。

【贮藏】 密闭保存。

阿拉伯半乳聚糖

Alabo Banrujutang

Arabino Galactan

本品系由松科落叶松 *Larix gmelinii* 木质部提取的水溶性多糖。

【性状】 本品为白色至淡黄色粉末。

本品在水中易溶，在乙醇中不溶。

【鉴别】 （1）取本品约6g，加水10ml，搅拌，形成黏液，应呈琥珀色。

（2）取本品约0.1g，置离心管中，加三氟醋酸溶液（6.7→100）2ml，摇匀，密塞，120℃放置1小时，离心，取上清液转移至50ml圆底烧瓶中，加水10ml，60℃旋转减压蒸干；残渣加90%甲醇溶液2ml使溶解，滤过，取续滤液作为供试品溶液；取阿拉伯糖、半乳糖各10mg，加90%甲醇溶液5ml使溶解，摇匀，作为混合对照品溶液。照薄层色谱法（附录0502）试验，吸取供试品溶液5μl和混合对照品溶液10μl，分别点于同一硅胶G薄层板上，以1.6%磷酸二氢钠溶液-丁醇-丙酮（10:40:50）为展开剂，二次展开，第一次展开距离约10cm，第二次展开距离约15cm，取出，晾干，喷以茴香醛溶液（取茴香醛0.5ml、冰醋酸10ml、甲醇85ml与硫酸5ml混合），110℃加热至斑点显示清晰。供试品溶液所显半乳糖、阿拉伯糖斑点的位置和颜色应与对照品溶液的主斑点相同。

【检查】 干燥失重 取本品1.0g，在105℃干燥5小时，减失重量不得过12.0%（附录0831）。

灰分 取本品1.0g，依法检查（二部附录2302），遗留残渣不得过4.0%。

重金属 取灰分项下遗留的残渣，依法检查（附录0821第二法），含重金属不得过百万分之二十。

砷盐 取本品0.67g，加盐酸5ml和水23ml，依法检查（附录0822第一法），应符合规定（0.0003%）。

【类别】 药用辅料，助悬剂和黏合剂等。

【贮藏】 密闭保存。

阿 拉 伯 胶

Alabojiao

Acacia

本品系自 *Acacia senegal*（Linné）Willdenow 或同属近似树种的枝干得到的干燥胶状渗出物。

【性状】 本品为白色至微黄色薄片，颗粒或粉末。

本品在水中略溶，在乙醇中不溶。

【鉴别】 在葡萄糖和果糖检查项下记录的色谱中，供试品溶液所显斑点的位置与颜色应与乳糖、阿拉伯糖和鼠李糖对照品溶液的斑点相同。

【检查】 **不溶性物质** 取本品5.0g，加水100ml使溶解，加3mol/L盐酸溶液10ml，缓慢煮沸15分钟后，用经105℃恒重的4号垂熔坩埚滤过，反复用热水洗涤滤器后，在105℃干燥至恒重，遗留残渣不得过1.0%。

淀粉或糊精 取本品水溶液（1→50）煮沸，放冷，滴加碘试液数滴，溶液不显蓝色或红色。

葡萄糖和果糖 取本品0.1g，置离心管中，加1%三氟乙酸溶液2ml，强力振摇使溶解，密塞120℃加热1小时，离心，小心转移上层液至50ml烧杯中，加水10ml减压蒸发至干。残渣加水0.1ml及甲醇0.9ml，离心分离沉淀。如有必要，用甲醇1ml稀释上层清液。另分别取阿拉伯糖、半乳糖、葡萄糖、鼠李糖及木糖对照品各10mg于1ml水中，用甲醇稀释至10ml，作为对照品溶液。照薄层色谱法（附录0502）试验，吸取上述两种溶液各10μl，分别点于同一硅胶G薄层板上，以1.6%磷酸二氢钠溶液-正丁醇-丙酮（10：40：50）为展开剂，展开，取出，晾干，喷以对甲氧基苯甲醛溶液（取对甲氧基苯甲醛0.5ml，加冰醋酸10ml，甲醇85ml，硫酸5ml，摇匀，即得）至恰好湿润，立即在110℃加热10分钟，放冷，立即检视，对照品溶液应显示的5个清晰分离的斑点，从下到上的顺序依次为半乳糖（灰绿色或绿色）、葡萄糖（灰色）、阿拉伯糖（黄绿色）、木糖（绿灰色或黄灰色）、鼠李糖（黄绿色）。供试品色谱中，在与半乳糖和阿拉伯糖对照品色谱相应的位置之间，不得显灰色或灰绿色斑点。

黄蓍胶 在葡萄糖和果糖检查项下记录的色谱中，供试品色谱中，在与木糖对照品色谱相应的位置上，不得显绿灰色或黄灰色斑点。

含鞣酸的树胶 取本品水溶液（1→50）10ml，加三氯化铁试液0.1ml，溶液不显黑色或不产生黑色沉淀。

刺梧桐胶 取本品0.2g，置一具有分度值为0.1ml的平底带塞玻璃量筒中，加60%乙醇10ml，密塞振摇，产生的胶体不得过1.5ml。另取本品1.0g，加水100ml，摇匀，加甲基红指示液0.1ml，用氢氧化钠滴定液（0.01mol/L）滴定至溶液变色，消耗氢氧化钠滴定液（0.01mol/L）不得过5.0ml。

干燥失重 取本品，在105℃干燥5小时，减失重量不得过15.0%（附录0831）。

总灰分 不得过4.0%（二部附录2302）。

酸不溶性灰分 不得过0.5%（二部附录2302）。

重金属 取本品0.5g，依法检查（附录0821第二法），含重金属不得过百万分之四十。

砷盐 取本品0.67g，加氢氧化钙1.0g，加水2ml，混匀，100℃烘干，小火缓缓灼烧使炭化，再以480℃炽灼使完全灰化，放冷，加盐酸5ml与水21ml，依法检查（附录0822第二法），应符合规定（0.0003%）。

【类别】 药用辅料，助悬剂和增黏剂等。

【贮藏】 密封，置阴凉干燥处保存。

纯 化 水

Chunhuashui

Purified Water

见品种正文。

【类别】 药用辅料，溶剂和稀释剂。

【贮藏】 密封保存。

环甲基硅酮

Huanjiajiguitong

Cyclomethicone

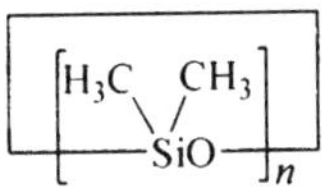

$$\left[\begin{matrix} H_3C & CH_3 \\ & | \\ & SiO \end{matrix}\right]_n$$

$(C_2H_6OSi)_n$ $n = 4 \sim 6$

本品为全甲基化的、含有重复单元 $[-(CH_3)_2SiO-]_n$ 的环硅氧烷，其中 n 为4、5或6，或为上述的混合物。$(C_2H_6OSi)_n$ 含量按环甲基硅酮4，环甲基硅酮5，环甲基硅酮6的总量计不得少于98.0%；含环甲基硅酮单元应为标示量的95.0% ~ 105.0%。

【性状】 本品为无色透明的油状液体。

【鉴别】 （1）在含量测定项下记录的色谱图中，供试品溶液各主峰的保留时间与相应对照品溶液主峰的保留时间一致。

（2）本品的红外光吸收图谱在4000 ~ 1000cm^{-1}区间内与对照品的图谱一致。

【检查】 **含酸量** 取本品约30g，精密称定，加入新沸冷水60ml，回流30分钟，放冷至室温，用少量新沸冷水冲洗冷凝管内壁，置分液漏斗中，静置使分层，分取水层，加酚酞指示液3滴，用氢氧化钠滴定液（0.01mol/L）滴定，每1ml氢氧化钠滴定液（0.01mol/L）相当于0.365mg的盐酸。本品含酸量以盐酸（HCl）计不得过0.001%。

不挥发残渣 取本品2.0g，置150℃干燥2小时的蒸发皿中，精密称定，水浴蒸干后置150℃干燥2小时。遗留残渣不得过3.0mg（0.15%）。

【含量测定】 照气相色谱法（附录0521）测定。

色谱条件与系统适用性试验 以二甲基聚硅氧烷为固定相；起始温度为120℃，维持2分钟，以10℃每分钟速度升至190℃；进样口温度为260℃；检测器温度为280℃。

测定法 取本品适量，精密称定，加无水乙醇溶解并稀释制成每1ml中含1mg的溶液，作为供试品溶液，精密量取1μl，注入气相色谱仪，记录色谱图；另取环甲基硅酮4、环甲基硅酮5、环甲基硅酮6对照品，同法测定；按外标法以峰面积计算，即得。

【类别】 药用辅料，防水剂。

【贮藏】 密封保存。

环 拉 酸 钠

Huanlasuanna

Sodium Cyclamate

$C_6H_{12}NNaO_3S$ 201.22

本品为环己氨基磺酸钠盐。按干燥品计算，含$C_6H_{12}NNaO_3S$不得少于98.0%。

【性状】 本品为白色结晶性粉末；无臭，味甜。

本品在水中易溶，在乙醇中极微溶，在三氯甲烷或乙醚中不溶。

【鉴别】 （1）取本品约0.1g，加水10ml使溶解，加盐酸1ml与氯化钡溶液（1→10）1ml，溶液应澄清；再加亚硝酸钠溶液（1→10）1ml，即产生白色沉淀。

（2）本品的红外光吸收图谱应与对照品的图谱一致。

（3）本品显钠盐的鉴别反应（附录0301）。

【检查】 **酸碱度** 取本品1.0g，加水10ml使溶解，依法测定（附录0631），pH值应为5.5~7.5。

溶液的澄清度与颜色 取酸碱度项下的溶液，依法检查（附录0901与附录0902），应澄清无色。

吸光度 取本品1.0g，加水10ml使溶解，照紫外-可见分光光度法（附录0401），在270nm的波长处测定吸光度，应不得过0.10。

硫酸盐 取本品0.50g，依法检查（附录0802），与标准硫酸钾溶液1.2ml制成的对照液比较，不得更浓（0.024%）。

环己胺 取本品10g，精密称定，置100ml量瓶中，加水溶解并稀释至刻度，摇匀，作为供试品溶液；另取环己胺对照品0.1g，精密称定，置100ml量瓶中，迅速加盐酸溶液（1→100）50ml使溶解，并用水稀释至刻度，摇匀，精密量取适量，用水稀释制成每lml中含环己胺2.5μg的溶液，作为对照品溶液。精密量取供试品溶液与对照品溶液各10ml，分别置60ml分液漏斗中，加碱性乙二胺四醋酸二钠溶液（取乙二胺四醋酸二钠10g与氢氧化钠3.4g，加水使溶解并稀释至100ml，摇匀，即得）3.0ml与三氯甲烷-正丁醇（20：1）15.0ml，振摇2分钟，静置，分取三氯甲烷层；精密量取10ml，置另一分液漏斗中，加甲基橙硼酸溶液（取甲基橙200mg与硼酸3.5g，加水100ml，置水浴上加热使溶解，静置24小时以上，临用前滤过，取续滤液，即得）2.0ml，振摇2分钟，静置，分取三氯甲烷层，加无水硫酸钠1g，振摇，静置；精密量取三氯甲烷溶液5ml，置比色管中，加甲醇-硫酸（50：1）0.5ml，摇匀，供试品溶液的颜色不得深于对照品溶液，或照紫外-可见分光光度法（附录0401），在520nm的波长处测定吸光度，供试品溶液的吸光度不得大于对照品溶液的吸光度（0.0025%）。

干燥失重 取本品，在105℃干燥至恒重，减失重量不得过1.0%（附录0831）。

重金属 取本品1.0g，加水23ml溶解后，加醋酸盐缓冲液（pH3.5）2ml，依法检查（附录0821第一法），含重金属不得过百万分之十。

砷盐 取本品2.0g，加水22ml溶解后，加盐酸5ml，依法检查（附录0822第一法），应符合规定（0.0001%）。

【含量测定】 取本品约0.16g，精密称定，加冰醋酸40ml，微温溶解后，放冷，加结晶紫指示液

2滴，用高氯酸滴定液（0.1mol/L）滴定至溶液显绿色，并将滴定的结果用空白试验校正。每1ml高氯酸滴定液（0.1mo/L）相当于20.12mg的$C_6H_{12}NNaO_3S$。

【类别】 药用辅料，甜味剂和矫味剂。

【贮藏】 密封保存。

苯 扎 氯 铵

Benzhalü'an

Benzalkonium Chloride

本品为氯化二甲基苄基烃铵的混合物。按无水物计算，含烃铵盐（$C_{22}H_{40}ClN$）应为95.0%～105.0%。

【性状】 本品为白色蜡状固体或黄色胶状体；水溶液显中性或弱碱性反应，振摇时产生多量泡沫。

本品在水或乙醇中极易溶解，在乙醚中微溶。

【鉴别】 （1）取本品约0.2g，加硫酸1ml使溶解，加硝酸钠0.1g，置水浴上加热5分钟，放冷，加水10ml与锌粉0.5g，置水浴上微温5分钟，取上清液2ml，加5%亚硝酸钠溶液1ml，置冰水中冷却，再加碱性β-萘酚试液3ml，即显猩红色。

（2）取本品，加水溶解并稀释制成每1ml中约含0.5mg的溶液，照紫外-可见分光光度法（附录0401）测定，在257nm、262nm与269nm的波长处有最大吸收。

（3）取本品1%水溶液10ml，加稀硝酸0.5ml，即发生白色沉淀，滤过，沉淀能在乙醇中溶解，滤液显氯化物的鉴别反应（附录0301）。

【检查】 酸碱度 取本品0.5g，加水50ml使溶解，加溴甲酚紫溶液（取溴甲酚紫50mg，加0.1mol/L氢氧化钠溶液0.92ml与乙醇20ml使溶解，加水稀释至100ml）0.1ml，若溶液显黄色，用氢氧化钠滴定液（0.1mol/L）滴定；若溶液显蓝紫色，用盐酸滴定液（0.1mol/L）滴定，消耗的滴定液均不得过0.1ml。

溶液的澄清度与颜色 取本品1.0g，加新沸放冷的水100ml使溶解，溶液应澄清无色；如显浑浊，与1号浊度标准液（附录0902第一法）比较，不得更浓；如显色，与黄色2号标准比色液（附录0901第一法）比较，不得更深。

水不溶物 取本品1.0g，加水10ml溶解后，不得显浑浊，不得有不溶物。

氨化合物 取本品0.1g，加水5ml溶解后，加氢氧化钠试液3ml，加热煮沸，不得发生氨臭。

水分 取本品，照水分测定法（附录0832第一法A）测定，含水分不得过10.0%。

炽灼残渣 取本品1.0g，依法检查（附录0841），遗留残渣不得过0.1%。

【含量测定】 取本品约0.5g，精密称定，置烧杯中，用水35ml分次洗入250ml分液漏斗中，加0.1mol/L氢氧化钠溶液10ml与三氯甲烷25ml，精密加新制的5%碘化钾溶液10ml，振摇，静置使分层，水层用三氯甲烷提取3次，每次10ml，弃去三氯甲烷层，水层移入250ml具塞锥形瓶中，用水约15ml分3次淋洗分液漏斗，合并洗液与水液，加盐酸40ml，放冷，用碘酸钾滴定液（0.05mol/L）滴定至淡棕色，加三氯甲烷5ml，继续滴定并剧烈振摇至三氯甲烷层无色，并将滴定的结果用空白试验校正。每1ml碘酸钾滴定液（0.05mol/L）相当于35.40mg的$C_{22}H_{40}ClN$。

【类别】 药用辅料，抑菌剂。

【贮藏】 遮光，密封保存。

苯 扎 溴 铵

Benzhaxiu'an

BenzalkoniumBromide

见品种正文。

【类别】 药用辅料，抑菌剂。

苯 甲 酸 钠

Benjiasuanna

Sodium Benzoate

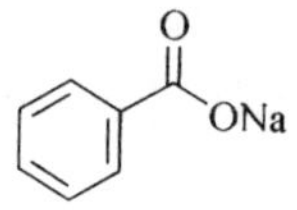

C₇H₅NaO₂   144.11

本品系苯甲酸和碳酸氢钠反应制得。按干燥品计算，含$C_7H_5NaO_2$不得少于99.0%。

【性状】 本品为白色颗粒、粉末或结晶性粉末；无臭或微带臭气，味微甜带咸。

本品在水中易溶，在乙醇中略溶。

【鉴别】 （1）本品的红外光吸收图谱应与对照的图谱一致。

（2）取本品约0.5g，加水10ml溶解后，溶液显钠盐鉴别（1）的反应（附录0301）与苯甲酸盐的鉴别反应（附录0301）。

【检查】 **酸碱度** 取本品1.0g，加水20ml溶解后，加酚酞指示液2滴；如显淡红色，加硫酸滴定液（0.05mol/L）0.25ml，淡红色应消失；如无色，加氢氧化钠滴定液（0.1mol/L）0.25ml，应显淡红色。

溶液的澄清度与颜色 取本品1.0g，加水10ml使溶解，依法检查（附录0901与附录0902），溶液应澄清无色。

氯化物 取本品0.50g，置坩埚中，加硝酸溶液（1→10）2ml，混匀，于100℃干燥至无明显湿迹，加碳酸钙0.8g，用少量水润湿，在100℃干燥后，于电炉上低温炭化，再在600℃马福炉中灼烧10分钟，冷却后，用硝酸溶液20ml溶解残渣，滤过，滤液置50ml比色管中，用水15ml洗涤瓷坩埚，洗液并入滤液中，加水至刻度，摇匀，作为供试品溶液。另取碳酸钙0.8g，加硝酸溶液22.5ml溶解，滤过，滤液置50ml比色管中，加标准氯化钠溶液15.0ml，用水稀释至刻度，摇匀，作为对照溶液。在两溶液中各加硝酸银试液0.5ml，摇匀，避光放置5分钟后比较，供试品溶液的浊度应浅于对照溶液的浊度（0.03%）。

硫酸盐 取本品0.40g，用水40ml溶解，边搅拌边慢慢加入稀盐酸4ml，静置5分钟，滤过。取续滤液20ml置50ml纳氏比色管中，加水至刻度，摇匀，作为供试品溶液；量取标准硫酸钾溶液2.4ml，置50ml纳氏比色管中，加稀盐酸2ml，加水至刻度，摇匀，作为对照溶液。在两溶液中各加氯化钡溶液5ml，摇匀，供试品溶液的浊度应浅于对照溶液的浊度（0.12%）。

邻苯二甲酸 取本品0.1g，加水1ml和间苯二酚硫酸溶液〔取间苯二酚0.1g溶于稀硫酸

（1→10）10ml中〕1ml，于120～125℃加热蒸去水分，继续加热90分钟，放冷，残渣用水5ml溶解。精密量取1ml，加入氢氧化钠溶液（43→500）10ml，摇匀，在紫外光灯（365nm）下检视。另取邻苯二甲酸氢钾61mg，精密称定，置1000ml量瓶中，用水溶解并稀释至刻度，摇匀，精密量取1ml和间苯二酚硫酸溶液1ml，同法处理，供试品溶液的荧光强度应弱于对照溶液。

干燥失重 取本品，在105℃干燥至恒重，减失重量不得过1.5%（附录0831）。

重金属 取本品2.0g，加水45ml，不断搅拌，滴加稀盐酸5ml，滤过，分取滤液25ml，依法检查（附录0821第一法），含重金属不得过百万分之十。

砷盐 取无水碳酸钠1g，铺于坩埚底部与四周，再取本品0.40g，置无水碳酸钠上，用少量水湿润，干燥后，先用小火灼烧使炭化，再在500～600℃炽灼使完全灰化，放冷，加盐酸5ml与水23ml使溶解，依法检查（附录0822第一法）应符合规定（0.0005%）。

【含量测定】 取本品，经105℃干燥至恒重，取约0.12g，精密称定，加冰醋酸20ml使溶解，加结晶紫指示液1滴，用高氯酸滴定液（0.1mol/L）滴定至溶液显绿色，并将滴定的结果用空白试验校正。每1ml高氯酸滴定液（0.1mol/L）相当于14.41mg的$C_7H_5NaO_2$。

【类别】 药用辅料，抑菌剂。

【贮藏】 密封保存。

苯 甲 醇

Benjiachun

Benzyl Alcohol

C_7H_8O 108.14

本品按无水物计算含C_7H_8O不得少于98.0%。

【性状】 本品为无色液体；具有微弱香气及灼味；有引湿性。

本品在水中溶解，与乙醇、三氯甲烷或乙醚能任意混合。

相对密度 本品的相对密度（附录0601）为1.043～1.050。

馏程 取本品，照馏程测定法（附录0611）测定，在203～206℃馏出的量不得少于95%（ml/ml）。

折光率 本品的折光率（附录0622）为1.538～1.541。

【鉴别】 （1）取高锰酸钾试液2ml，加稀硫酸溶液2ml，再加本品2～3滴，振摇，即发生苯甲醛的特臭。

（2）本品的红外光吸收图谱应与对照的图谱一致（附录0402）。

【检查】 **酸度** 取供试品10ml，加入乙醇10ml和酚酞指示剂1ml，用氢氧化钠滴定液（0.1mol/L）滴定至溶液显粉红色，消耗的氢氧化钠滴定液（0.1mol/L）不得过0.2ml。

溶液的澄清度与颜色 取本品2ml，加入58ml，振摇，依法检查（附录0901与附录0902），溶液应澄清无色。

氯化物 取本品1g，依法检查（附录0801），与标准氯化钠溶液3.0ml制成的对照液比较，不得更深（0.003%）。

有关物质 取本品作为供试品溶液；另取苯甲醛对照品适量，精密称定，加丙酮溶解并稀释制成每1ml中含苯甲醛0.5mg的溶液作为对照品溶液。照气相色谱法（附录0521）试验，以聚乙二醇-20M为固定液；分流进样，分流比20：1；起始温度为50℃，以每分钟5℃的速率升温至220℃，维持35分钟；进样口温度为200℃；检测器温度为310℃；精密量取供试品溶液与对照品溶液各1μl注入气相色谱仪，记录色谱图，供试品溶液色谱图中任何小于主峰面积0.0001%的峰可以忽略不计。按外标法以峰面积计算，含苯甲醛不得过0.1%，如有其他杂质峰，按面积归一化法计算，单个未知杂质不得过0.02%，其他杂质总量不得过0.1%；供注射用时，按外标法以峰面积计算，含苯甲醛不得过0.05%，如有其他杂质峰，按面积归一化法计算，单个未知杂质不得过0.01%，其他杂质总量不得过0.05%。

水分 取本品，照水分测定法（附录0832第一法B）测定，含水分不得过0.5%。

细菌内毒素（供注射用） 取本品，依法检查（附录1143），每1g苯甲醇中含内毒素的量应小于0.1EU。

【含量测定】 照气相色谱法（附录0521）测定。

色谱条件与系统适用性试验 以聚乙二醇-20M为固定相；进样口温度200℃，检测器温度250℃，柱温为130℃。

测定法 取本品，精密称定，用甲醇稀释制成每1ml中约含有1mg的溶液，精密量取1μl注入气相色谱仪，记录色谱图；另取苯甲醇对照品，同法测定，按外标法以峰面积计算，即得。

【类别】 药用辅料，抑菌剂等。

【贮藏】 遮光，密闭保存。

DL-苹果酸

DL-Pingguosuan

Malic Acid

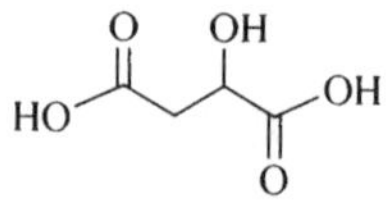

$C_4H_6O_5$　134.09

本品为（RS）-（±）-羟基丁二酸。按无水物计算，含$C_4H_6O_5$不得少于99.0%。

【性状】 本品为白色结晶性粉末；无臭，无味。

本品在水或乙醇中易溶，在丙酮中微溶。

熔点 本品的熔点（附录0612）为128～132℃。

【鉴别】 （1）取本品约0.5g，加水10ml使溶解，用浓氨溶液调pH值至中性，加1%对氨基苯磺酸溶液1ml，在沸水浴中加热5分钟，加20%亚硝酸钠溶液5ml，置水浴中加热3分钟，加4%氢氧化钠溶液5ml，溶液应立即显红色。

（2）本品的红外光吸收图谱应与DL-苹果酸对照品的图谱一致。

【检查】 **溶液的澄清度与颜色** 取本品10.0g，加水100ml溶解后，依法检查（附录0901与附录0902），溶液应澄清无色；如显浑浊，与1号浊度标准液（附录0902第一法）比较，不得更深。

旋光性 取本品，精密称定，加水溶解并定量稀释制成每1ml中约含0.2g的溶液，依法测定（附录0621），比旋度应为−0.10°至+0.10°。

易氧化物 取本品0.10g，置100ml烧杯中，加水25ml与硫酸溶液（1→20）25ml使溶解，摇匀，置20℃±1℃水浴中冷却，加0.02mol/L高锰酸钾滴定液5ml，溶液的颜色应在3分钟内不消失。

氯化物 取本品1.0g，依法检查（附录0801），与标准氯化钠溶液5.0ml制成的对照液比较，不得更浓（0.005%）。

硫酸盐 取本品1.0g，依法检查（附录0802），与标准硫酸钾溶液3.0ml制成的对照液比较，不得更浓（0.03%）。

水中不溶物 取本品25.0g，加水100ml使溶解，用经100℃恒重的4号垂熔坩埚滤过，滤渣用热水冲洗后，在100℃干燥至恒重，遗留残渣不得过0.1%。

有关物质 取本品，精密称定，加流动相溶解并定量稀释制成每1ml中约含1mg的溶液，作为供试品溶液；另取富马酸和马来酸对照品，精密称定，加流动相溶解并定量稀释制成每1ml中含富马酸10μg与马来酸0.5μg的混合溶液，作为对照品溶液；照高效液相色谱法（附录0512）试验，用辛烷基硅烷键合硅胶为填充剂，以0.1%磷酸溶液-甲醇（90：10）为流动相，检测波长为214nm。取富马酸、马来酸、DL-苹果酸对照品适量，加流动相溶解并稀释制成每1ml中约含富马酸10μg、马来酸4μg与DL-苹果酸1mg的混合溶液，取10μl注入液相色谱仪，各组分的出峰顺序为DL-苹果酸、马来酸和富马酸，理论板数按DL-苹果酸峰计算不低于2000，富马酸峰、马来酸峰与DL-苹果酸峰的分离度均应符合要求。取对照品溶液10μl，注入液相色谱仪，调节检测灵敏度，使马来酸峰的峰高约为满量程的10%。再精密量取供试品溶液与对照品溶液各10μl，分别注入液相色谱仪，记录色谱图至主峰保留时间的3倍。供试品溶液的色谱图中如显杂质峰，按外标法以峰面积计算，含富马酸和马来酸不得过1.0%和0.05%。其他单个杂质峰面积不得大于对照品溶液中马来酸峰面积的2倍（0.1%），其他杂质峰面积的和不得大于对照品溶液中马来酸峰面积的10倍（0.5%）。

水分 取本品，照水分测定法（附录0832第一法A）测定，含水分不得过2.0%。

炽灼残渣 取本品1.0g，依法检查（附录0841），遗留残渣不得过0.1%。

钙盐 取本品1.0g，加水10ml使溶解，加5%醋酸钠溶液20ml，摇匀，取15ml，加2mol/L醋酸溶液1ml，摇匀，作为供试品溶液；取标准钙溶液（精密称取碳酸钙2.50g，置1000ml量瓶中，加5mol/L醋酸溶液12ml，加水适量使溶解并稀释至刻度，摇匀，作为钙贮备溶液。临用前，精密量取钙贮备溶液1ml，置100ml量瓶中，加水稀释至刻度，摇匀。每1ml中含Ca10μg）10.0ml，加2mol/L醋酸溶液1ml与水5ml，摇匀，作为对照品溶液。取醇制标准钙溶液（临用前，精密量取钙贮备溶液10ml，置100ml量瓶中，加乙醇稀释至刻度，摇匀，每1ml中含Ca0.1mg）0.2ml，置纳氏比色管中，加4%草酸铵溶液1ml，1分钟后，加入供试品溶液，摇匀，放置15分钟后，与同法制成的对照液比较，不得更浓（0.02%）。

重金属 取炽灼残渣项下遗留的残渣，依法检查（附录0821第二法），含重金属不得过百万分之二十。

砷盐 取本品1.0g，加盐酸5ml与水23ml，依法检查（附录0822第一法），应符合规定（0.0002%）。

【含量测定】 取本品约1.0g，精密称定，置250ml量瓶中，加水溶解并稀释至刻度，摇匀，精密量取25ml，置锥形瓶中，加酚酞指示液2滴，用氢氧化钠滴定液（0.1mol/L）滴定至显微红色，并保持30秒内不褪。每1ml氢氧化钠滴定液（0.1mol/L）相当于6.704mg的$C_4H_6O_5$。

【类别】 药用辅料，pH值调节剂和抗氧剂等。

【贮藏】 遮光，密封保存。

L-苹果酸

L-Pingguosuan

L-Malic Acid

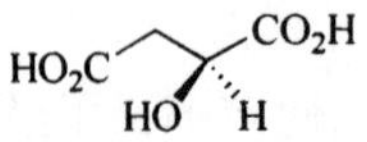

$C_4H_6O_5$ 134.09

本品为L-羟基丁二酸,由酶工程法或发酵法反应并经分离纯化制得。按无水物计算,含$C_4H_6O_5$不得少于99.0%。

【性状】 本品为白色结晶或结晶性粉末;无臭,无味。

本品在水和乙醇中易溶,在丙酮中微溶。

比旋度 取本品,精密称定,加水溶解并定量稀释制成每1ml中约含85mg的溶液,依法测定(附录0621),比旋度为—2.6°至—1.6°。

【鉴别】 (1)取本品约0.5g,加水10ml使溶解,用浓氨溶液调pH值至中性,加1%对氨基苯磺酸溶液1ml,在沸水浴中加热5分钟,加20%亚硝酸钠溶液5ml,置水浴中加热3分钟,加4%氢氧化钠溶液5ml,溶液应立即显红色。

(2)本品的红外光吸收图谱应与L-苹果酸对照品的图谱一致。

【检查】 溶液的澄清度与颜色 取本品10.0g,用水100ml溶解后,依法检查(附录0901与附录0902),溶液应澄清无色;如显浑浊,与1号浊度标准液(附录0902第一法)比较,不得更浓。

易氧化物 取本品0.10g,置100ml烧杯中,加水25ml与硫酸溶液(1→20)25ml使溶解,摇匀,置20℃±1℃水浴中冷却,加0.02mol/L高锰酸钾溶液5ml,溶液的颜色应在3分钟内不消失。

氯化物 取本品1.0g,依法检查(附录0801),与标准氯化钠溶液5.0ml制成的对照液比较,不得更浓(0.005%)。

硫酸盐 取本品1.0g,依法检查(附录0802),与标准硫酸钾溶液3.0ml制成的对照液比较,不得更浓(0.03%)。

水中不溶物 取本品25.0g,加水100ml使溶解,用经100℃恒重的4号垂熔坩埚滤过,滤渣用热水冲洗后,在100℃干燥至恒重,遗留残渣不得过0.1%。

有关物质 取本品,精密称定,加流动相溶解并定量稀释制成每1ml中约含1mg的溶液,作为供试品溶液;另取富马酸和马来酸对照品,精密称定,加流动相溶解并定量稀释制成每1ml中含富马酸10μg与马来酸0.5μg的混合溶液,作为对照品溶液;照高效液相色谱法(附录0512)试验,用辛烷基硅烷键合硅胶为填充剂,以0.1%磷酸溶液-甲醇(90:10)为流动相,检测波长为214nm。取富马酸、马来酸、DL-苹果酸对照品适量,加流动相溶解并稀释制成每1ml中约含富马酸10μg、马来酸4μg与DL-苹果酸1mg的混合溶液,取10μl注入液相色谱仪,各组分的出峰顺序为DL-苹果酸、马来酸和富马酸,理论板数按DL-苹果酸峰计算不低于2000,富马酸峰、马来酸峰与DL-苹果酸峰的分离度均应符合要求。取对照品溶液10μl,注入液相色谱仪,调节检测灵敏度,使马来酸峰的峰高约为满量程的10%。再精密量取供试品溶液与对照品溶液各10μl,分别注入液相色谱仪,记录色谱图至主峰保留时间的3倍。供试品溶液的色谱图中如显杂质峰,按外标法以峰面积计算,含富马酸和马来酸不得过1.0%和0.05%。其他单个杂质峰面积不得大于对照品溶液中马来酸峰面积的2倍(0.1%),其他杂质峰面积的和不得大于对照品溶液中马来酸峰面积的10倍(0.5%)。

水分　取本品，照水分测定法（附录0832）测定，含水分不得过2.0%。

炽灼残渣　取本品1.0g，依法检查（附录0841），遗留残渣不得过0.1%（附录0841）。

钙盐　取本品1.0g，加水10ml使溶解，加5%醋酸钠溶液20ml，摇匀，取15ml，加2mol/L醋酸溶液1ml，摇匀，作为供试品溶液；取标准钙溶液（精密称取碳酸钙2.50g，置1000ml量瓶中，加5mol/L醋酸溶液12ml，加水适量使溶解并稀释至刻度，摇匀，作为钙贮备溶液。临用前，精密量取钙贮备溶液1ml，置100ml量瓶中，加水稀释至刻度，摇匀。每1ml中含Ca10μg）10.0ml，加2mol/L醋酸溶液1ml与水5ml，摇匀，作为对照品溶液。取醇制标准钙溶液（临用前，精密量取钙贮备溶液10ml，置100ml量瓶中，加乙醇稀释至刻度，摇匀，每1ml中含Ca0.1mg）0.2ml，置纳氏比色管中，加4%草酸铵溶液1ml，1分钟后，加入供试品溶液，摇匀，放置15分钟后，与同法制成的对照液比较，不得更浓（0.02%）。

重金属　取炽灼残渣项下遗留的残渣，依法检查（附录0821第二法），含重金属不得过百万分之二十。

砷盐　取本品1.0g，加盐酸5ml与水23ml，依法检查（附录0822第一法），应符合规定（0.0002%）。

【含量测定】　取本品约1.0g，精密称定，置250ml量瓶中，加水溶解并稀释至刻度，摇匀，精密量取25ml，置锥形瓶中，加酚酞指示液2滴，用氢氧化钠滴定液（0.1mol/L）滴定至显微红色并保持30秒内不褪。每1ml氢氧化钠滴定液（0.1mol/L）相当于6.704mg的$C_4H_6O_5$。

【类别】　药用辅料，pH值调节剂和抗氧剂等。

【贮藏】　遮光，密封，在阴凉处保存。

果　胶

Guojiao

Pectin

本品系从柑橘皮或苹果渣中提取得到的碳水化合物。按干燥品计算，含甲氧基（—OCH_3）不得少于6.7%，含半乳糖醛酸（$C_6H_{10}O_7$）不得少于74.0%。

【性状】　本品为白色至浅黄色的颗粒或粉末。

【鉴别】　（1）取本品1.0g。加水9ml，水浴加热使溶解，并随时补充蒸散的水分，冷却时应形成硬的凝胶物。

（2）取本品1%水溶液适量，加等量的乙醇，即形成一种半透明的凝胶状沉淀。

（3）取本品1%水溶液5ml，加2mol/L氢氧化钠溶液1ml，室温放置15分钟，即形成凝胶或半凝胶状物。

（4）取鉴别（3）项下凝胶或半凝胶状物，加3mol/L盐酸酸化，振摇，即形成一定体积的无色凝胶状沉淀，煮沸后变为白色絮状沉淀。

【检查】　糖类和有机酸　取本品1.0g，置500ml烧瓶中，加乙醇3~5ml润湿，立即加水100ml，振摇至完全溶解，加盐酸乙醇溶液100ml（取盐酸0.3ml，加乙醇100ml，即得）混匀，立即滤过，取滤液25ml置已干燥至恒重的蒸发皿中，水浴蒸干，取残渣在50℃真空干燥2小时，遗留的残渣不得过20mg。

干燥失重　取本品，在105℃下干燥3小时，减失重量不得过10.0%（附录0831）。

　　重金属　取本品2.0g，依法检查（附录0821第二法），含重金属不得过百万分之十。

　　砷盐　取本品0.5g，加盐酸5ml与水23ml，依法检查（附录0822第一法），应符合规定（0.0003%）。

　　【含量测定】　甲氧基团　取本品约5.0g，精密称定，置烧杯中，加60%乙醇-盐酸（20∶1）150ml，搅拌10分钟，转移至恒重的滤器（30～60ml的垂熔坩埚或布氏漏斗）中，用上述溶液洗涤6次，每次15ml，继续用60%乙醇洗至滤液不显氯化物反应，再加乙醇20ml洗涤，残渣在105℃干燥1小时，放冷，称重。精密称取干燥残渣的1/10重量，置250ml锥形瓶中，加乙醇2ml润湿，加新沸的冷水100ml，振摇至全部溶解，加酚酞指示液5滴，用氢氧化钠滴定液（0.5mol/L）滴定，消耗滴定液体积为V_1。再加氢氧化钠滴定液（0.5mol/L）20.0ml，剧烈振摇，放置15分钟，加盐酸滴定液（0.5mol/L）20.0ml，振摇至粉红色消失，加酚酞指示液，用氢氧化钠滴定液（0.5mol/L）滴定至溶液微显粉红色，记录体积为V_2。每1ml的氢氧化钠滴定液（0.5mol/L）（即第二次消耗滴定液的体积V_2）相当于15.52mg的$-OCH_3$。

　　半乳糖醛酸　每1ml的氢氧化钠滴定液（0.5mol/L）（即总消耗滴定液的体积，$V_总=V_1+V_2$）相当于97.07mg的$C_6H_{10}O_7$。

　　【类别】　药用辅料，增稠剂和释放阻滞剂等。

　　【贮藏】　密封保存。

果　糖

Guotang

Fructose

$$C_6H_{12}O_6 \quad 180.16$$

　　本品为D-（—）吡喃果糖，按干燥品计算，含$C_6H_{12}O_6$应为98.0%～102.0%。

　　【性状】　本品为无色或白色结晶或结晶性粉末；无臭，味甜。

　　本品在水中极易溶解，在乙醇中微溶，在乙醚中不溶。

　　【鉴别】　（1）取本品0.25g，加水1ml溶解后，加间苯二酚0.2g和稀盐酸9ml，置水浴中加热2分钟，溶液显红色。

　　（2）本品的红外光吸收图谱应与对照品的图谱一致。

　　【检查】　酸度　取本品2.0g，加水20ml溶解后，加酚酞指示液3滴与氢氧化钠滴定液（0.02mol/L）0.20ml，应显粉红色。

　　溶液的澄清度与颜色　取本品5.0g，加水10ml溶解后，溶液应澄清无色；如显色，与黄色或黄绿色1号标准比色液（附录0901第一法）比较，不得更深。

　　5-羟甲基糠醛　取本品0.50g，加水10ml溶解后，照紫外-可见分光光度法（附录0401），在284nm的波长处测定，吸光度不得过0.32。

　　氯化物　取本品0.60g，依法检查（附录0801），与标准氯化钠溶液6.0ml制成的对照液比较，不得更浓（0.01%）。

硫酸盐 取本品2.0g，依法检查（附录0802），与标准硫酸钾溶液2.0ml制成的对照液比较，不得更浓（0.01%）。

钡盐 取本品10.0g，加水溶解并稀释至100ml，作为贮备液。取贮备液10ml，加1mol/L硫酸溶液1ml制成供试品溶液，立即与取贮备液10ml，加水1ml制成的对照液比较，1小时后再次比较，均不得更浑浊。

钙与镁（以钙计） 取本品2.0g，精密称定，加水20ml使溶解，加盐酸2滴，加氨-氯化铵缓冲液（pH 10.0）5ml和铬黑T指示剂适量，用乙二胺四醋酸二钠滴定液（0.005mol/L）滴定至蓝色。消耗乙二胺四醋酸二钠滴定液（0.005mol/L）不得过0.5ml。

蔗糖 取本品5.0g，加水10ml，摇匀，各取1ml分别置甲、乙两支比色管中，甲管中加乙醇9ml，乙管中加水9ml，摇匀。甲管的乳光不得比乙管更强。

干燥失重 取本品，在70℃减压干燥4小时，减失重量不得过0.5%（附录0831）。

炽灼残渣 不得过0.1%（附录0841）。

重金属 取本品5.0g，加水23ml溶解后，加醋酸盐缓冲液（pH 3.5）2ml，依法检查（附录0821第一法），含重金属不得过百万分之四。

砷盐 取本品2.0g，加水5ml溶解后，加稀硫酸5ml和溴试液1ml，置水浴上加热并浓缩至约5ml，放冷，加盐酸5ml与水适量使成28ml，依法检查（附录0822第一法），应符合规定（0.0001%）。

无菌 取本品，用0.1%无菌蛋白胨水溶解后，经薄膜过滤法处理，用0.1%无菌蛋白胨水分次冲洗（每膜不少于100ml），以金黄色葡萄球菌为阳性对照菌，依法检查（附录1101），应符合规定。（供无菌分装用）

【含量测定】 取本品10g，精密称定，置100ml量瓶中，加水适量与氨试液0.2ml，溶解后，用水稀释至刻度，摇匀，放置30分钟后，在25℃时，依法测定旋光度（附录0621），与1.124相乘，即得供试品中$C_6H_{12}O_6$的重量（g）。

【类别】 药用辅料，矫味剂和填充剂等。

【贮藏】 密封，阴凉干燥处保存。

明胶空心胶囊

Mingjiao Kongxin Jiaonang

Vacant Gelatin Capsules

本品系由胶囊用明胶加辅料制成的空心硬胶囊。

【性状】 本品呈圆筒状，系由可套合和锁合的帽和体两节组成的质硬且有弹性的空囊。囊体应光洁、色泽均匀、切口平整、无变形、无异臭。本品分为透明（两节均不含遮光剂）、半透明（仅一节含遮光剂）、不透明（两节均含遮光剂）三种。

【鉴别】 （1）取本品0.25g，加水50ml，加热使溶化，放冷、摇匀，取溶液5ml，加重铬酸钾试液-稀盐酸（4:1）数滴，即产生橘黄色絮状沉淀。

（2）取鉴别（1）项下的溶液1ml，加水50ml，摇匀，加鞣酸试液数滴，即产生浑浊。

（3）取本品约0.3g，置试管中，加钠石灰少许，产生的气体能使湿润的红色石蕊试纸变蓝色。

【检查】 松紧度 取本品10粒，用拇指与食指轻捏胶囊两端，旋转拔开，不得有黏结、变形或破裂，然后装满滑石粉，将帽、体套合并锁合，逐粒于1m的高度处直坠于厚度为2cm的木板上，应不漏粉；如有少量漏粉，不得超过1粒。如超过，应另取10粒复试，均应符合规定。

脆碎度 取本品50粒，置表面皿中，放入盛有硝酸镁饱和溶液的干燥器内，置25℃±1℃恒温24小时，取出，立即分别逐粒放入直立在木板（厚度2cm）上的玻璃管（内径为24mm，长为200mm）内，将圆柱形砝码（材质为聚四氟乙烯，直径为22mm，重20g±0.1g）从玻璃管口处自由落下，视胶囊是否破裂，如有破裂，不得超过5粒。

崩解时限 取本品6粒，装满滑石粉，照崩解时限检查法（附录0921）胶囊剂项下的方法，加挡板进行检查，各粒均应在10分钟内全部溶化或崩解。如有1粒不能全部溶化或崩解，应另取6粒复试，均应符合规定。

黏度 取本品4.50g，置已称定重量的100ml烧杯中，加温水20ml，置60℃水浴中搅拌使溶化；取出烧杯，擦干外壁，加水使胶液总重量达到下列计算式的重量（含干燥品15.0%），将胶液搅匀后倒入干燥的具塞锥形瓶中，密塞，置40℃±0.1℃水浴中，约10分钟后，移至平氏黏度计内，照黏度测定法（附录0633第一法，毛细管内径为2.0mm），于40℃±0.1℃水浴中测定，本品运动黏度不得低于60mm^2/s。

$$胶液总重量（g）=\frac{（1-干燥失重）\times 4.50 \times 100}{15.0}$$

亚硫酸盐（以SO$_2$计） 取本品5.0g，置长颈圆底烧瓶中，加热水100ml使溶化，加磷酸2ml与碳酸氢钠0.5g，即时连接冷凝管，加热蒸馏，用0.05mol/L碘溶液15ml为接收液，收集馏出液50ml，加水稀释至100ml，摇匀，量取50ml，置水浴上蒸发，随时补充水适量，蒸至溶液几乎无色，用水稀释至40ml，照硫酸盐检查法（附录0802）检查，如显浑浊，与标准硫酸钾溶液3.75ml制成的对照液比较，不得更浓（0.01%）。

对羟基苯甲酸酯类 取本品约0.5g，精密称定，置已加热水30ml的分液漏斗中，振摇使溶解，放冷，精密加乙醚50ml，小心振摇，静置分层，精密量取乙醚层25ml，置蒸发皿中，蒸干乙醚，用流动相转移至5ml量瓶中并稀释至刻度，摇匀，作为供试品溶液；另精密称取羟苯甲酯、羟苯乙酯、羟苯丙酯、羟苯丁酯对照品各25mg，置同一250ml量瓶中，加流动相溶解并稀释至刻度，摇匀，精密量取上述溶液5ml，置25ml量瓶中，用流动相稀释至刻度，摇匀，作为对照品溶液。照高效液相色谱法（附录0512）试验，用十八烷基硅烷键合硅胶为填充剂，以甲醇-0.02mol/L醋酸铵（58:42）为流动相，检测波长为254nm，理论板数按羟苯乙酯峰计算应不低于1600。精密量取供试品溶液与对照品溶液各10μl，分别注入液相色谱仪，记录色谱图；供试品溶液如出现与对照品溶液相应的峰，按外标法以峰面积计算，含羟苯甲酯、羟苯乙酯、羟苯丙酯与羟苯丁酯的总量不得过0.05%（此项适用于以对羟基苯甲酸酯类作为抑菌剂的工艺）。

氯乙醇 取本品适量，剪碎，称取2.5g，置具塞锥形瓶中，加正己烷25ml，浸渍过夜，将正己烷液移至分液漏斗中，精密加水2ml，振摇提取，取水溶液作为供试品溶液。另取氯乙醇适量，精密称定，加正己烷溶解并定量稀释成每1ml中约含22μg的溶液，精密量取2ml，置盛有正己烷24ml的分液漏斗中，精密加水2ml，振摇提取，取水溶液作为对照溶液。照气相色谱法（附录0521）试验，用10%聚乙二醇柱，在柱温110℃下测定。供试品溶液中氯乙醇峰面积不得大于对照溶液峰面积（此项适用于环氧乙烷灭菌的工艺）。

环氧乙烷 取本品约2.0g，精密称定，置20ml顶空瓶中，精密加60℃的水10ml，密封，不断振摇使溶解，作为供试品溶液；取外部干燥的100ml量瓶，加水约60ml，加瓶塞，称重，用注射器注入环氧乙烷对照品约0.3ml，不加瓶塞，振摇，盖好瓶塞，称重，前后两次称重之差即为溶液中环氧乙烷的重量，用水稀释至刻度，摇匀，精密量取适量，用水定量稀释制成每1ml中约含2μg的溶液，精密量取对照溶液1ml，置20ml顶空瓶中，精密加水9ml，密封，作为对照品溶液；照残留溶剂测定法（附录0861第二法）试验，用5%甲基聚硅氧烷或聚乙二醇为固定液（或其他性质近似的固定液）的毛细管柱，柱温45℃，顶空瓶平衡温度为80℃，平衡时间为15分钟。取供试品溶液与对照品溶液分别顶空进样，记录色谱图。供试品溶液中环氧乙烷的峰面积不得大于对照品溶液主峰面积（0.0001%）（此项适用于环氧乙烷灭菌的工艺）。

干燥失重 取本品1.0g，将帽、体分开，在105℃干燥6小时，减失重量应为12.5%~17.5%。

炽灼残渣 取本品1.0g，依法检查（附录0841），遗留残渣分别不得过2.0%（透明）、3.0%（半透明）与5.0%（不透明）。

铬 取本品0.5g，置聚四氟乙烯消解罐内，加硝酸5~10ml，混匀，浸泡过夜，盖上内盖，旋紧外套，置适宜的微波消解炉内，进行消解。消解完全后，取消解内罐置电热板上缓缓加热至红棕色蒸气挥尽并近干，用2%硝酸溶液转移至50ml量瓶中，并用2%硝酸溶液稀释至刻度，摇匀，作为供试品溶液。同法制备试剂空白溶液；另取铬单元素标准溶液，用2%硝酸溶液稀释制成每1ml含铬1.0μg的铬标准贮备液，临用时，分别精密量取铬标准贮备液适量，用2%硝酸溶液稀释制成每1ml含铬0~80ng的对照品溶液。取供试品溶液与对照品溶液，以石墨炉为原子化器，照原子吸收分光光度法（附录0406第一法），在357.9nm的波长处测定，计算，即得。含铬不得过百万分之二。

重金属 取炽灼残渣项下遗留的残渣，依法检查（附录0821第二法），含重金属不得过百万分之四十。

微生物限度 取本品，依法检查（附录1105与附录1106），每1g供试品中需氧菌总数不得过1000cfu、霉菌及酵母菌总数不得过100cfu，不得检出大肠埃希菌；每10g供试品中不得检出沙门氏菌。

【类别】 药用辅料，用于胶囊剂的制备。

【贮藏】 密闭，在温度10~25℃，相对湿度35%~65%条件下保存。

依地酸二钠

Yidisuan'erna

Disodium Edetate

$C_{10}H_{14}N_2Na_2O_8 \cdot 2H_2O$　372.24

本品为乙二胺四醋酸二钠盐二水合物。含$C_{10}H_{14}N_2Na_2O_8 \cdot 2H_2O$应为99.0%~101.0%。

【性状】 本品为白色或类白色结晶性粉末；无臭。

本品在水中溶解，在甲醇、乙醇或三氯甲烷中几乎不溶。

【鉴别】 （1）取本品2g，加水25ml使溶解，加3.3%硝酸铅溶液6ml，振摇，加碘化钾试液3ml，无黄色沉淀生成；加草酸铵试液3ml，无沉淀生成。

（2）取本品，在50℃减压干燥4小时，其红外光吸收图谱应与对照的图谱一致。

（3）本品显钠盐的鉴别反应（附录0301）。

【检查】　络合力试验　取本品，精密称定，加水溶解并稀释制成0.01mol/L的溶液，作为供试品溶液；精密称取经200℃干燥2小时的碳酸钙0.10g，置100ml量瓶中，加水10ml与6mol/L盐酸溶液0.4ml使溶解，用氨试液调节至中性，用水稀释至刻度，摇匀，作为试验溶液（1）（0.01mol/L）；精密称取硫酸铜（$CuSO_4·5H_2O$）0.250g，置100ml量瓶中，加水溶解并稀释至刻度，摇匀，作为试验溶液（2）（0.01mol/L）。精密量取供试品溶液5ml，加氨试液3滴与4%草酸铵溶液2.5ml，在不断振摇下加试验溶液（1）5.0ml，溶液应澄明，在振摇1分钟后，如仍浑浊，再加供试品溶液0.2ml，振摇1分钟，溶液应澄明；精密量取供试品溶液5ml，加氨试液0.5ml与10%亚铁氰化钾溶液0.5ml，在不断振摇下加试验溶液（2）4.8ml，溶液应为淡蓝色，不得有红色。

酸度　取本品0.50g，加水10ml溶解后，依法测定（附录0631），pH值应为4.0～5.0。

溶液的澄清度与颜色　取本品0.50g，加水10ml溶解后依法检查（附录0901与附录0902），溶液应澄清无色。

氯化物　取本品1.0g，加水25ml溶解，加稀硝酸10ml，摇匀，放置10分钟，待沉淀完全后，滤过，用少量水分次洗涤滤器，合并洗液与滤液，依法检查（附录0801），与标准氯化钠溶液4.0ml制成的对照液比较，不得更浓（0.004%）。

铁盐　取本品0.50g，加水适量使溶解，置50ml纳氏比色管中，加20%枸橼酸溶液2ml与氯化钙0.5g，振摇溶解后，加巯基乙酸0.1ml，摇匀，用氨试液调节至石蕊试纸显碱性，用水稀释至50ml，摇匀，静置5分钟，依法检查（附录0807）与标准铁溶液1.0ml用同一方法制成的对照液比较，不得更深（0.002%）。

重金属　取本品1.0g，加硫酸1.0ml，加热炭化完全，再在500～600℃炽灼至完全灰化，依法检查（附录0821第二法），含重金属不得过百万分之十。

【含量测定】　取本品约0.4g，精密称定，加水40ml使溶解，加氨-氯化铵缓冲液（pH10.0）10ml，以锌滴定液（0.05mol/L）滴定，近终点时加少量铬黑T指示剂，继续滴定至溶液由蓝色变成紫红色。每1ml锌滴定液（0.05mol/L）相当于18.61mg的$C_{10}H_{14}N_2Na_2O_8·2H_2O$。

【类别】　药用辅料，螯合剂。

【贮藏】　密闭，在干燥处保存。

乳　糖
Rutang
Lactose

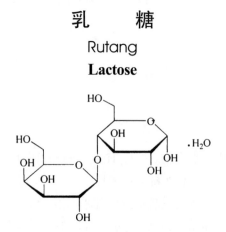

$C_{12}H_{22}O_{11}·H_2O$　360.31

本品为4-*O*-β-D-吡喃半乳糖基-D-葡萄糖一水合物。按无水物计算，含$C_{12}H_{22}O_{11}$应为98.0%~102.0%。

【性状】　本品为白色的结晶性颗粒或粉末；无臭，味微甜。

本品在水中易溶，在乙醇、三氯甲烷或乙醚中不溶。

比旋度　取本品，在80℃干燥2小时后，精密称定，加水溶解并定量稀释制成每1ml中约含本品0.1g与氨试液0.02ml的溶液，依法测定（附录0621），比旋度为+52.0°至+52.6°。

【鉴别】　（1）取本品0.2g，加氢氧化钠试液5ml，微温，溶液初显黄色，后变为棕红色，再加硫酸铜试液数滴，即析出氧化亚铜的红色沉淀。

（2）在含量测定项下记录的色谱图中，供试品溶液主峰的保留时间应与对照品溶液主峰的保留时间一致。

（3）本品的红外光吸收图谱应与对照的图谱一致。

【检查】　酸度　取本品1.0g，加水20ml溶解后，依法测定（附录0631），pH值应为4.0~7.0。

溶液的澄清度与颜色　取本品1.0g，加沸水10ml溶解后，依法检查（附录0901与附录0902），溶液应澄清无色；如显色，与黄色2号标准比色液（附录0901第一法）比较，不得更深。

有关物质　取本品适量，加水溶解并稀释制成每1ml含100mg的溶液，作为供试品溶液；精密量取1ml，置100ml量瓶中，加水稀释至刻度，摇匀，作为对照溶液。照含量测定项下的方法试验，记录色谱图至主成分峰保留时间的2倍。供试品溶液的色谱图中除溶剂峰以外，如显杂质峰，各杂质峰面积的和不得大于对照溶液峰面积的0.5倍（0.5%）。

杂质吸光度　取本品，精密称定，加温水溶解并定量稀释成每1ml中含100mg的溶液，照紫外-可见分光光度法（附录0401），在400nm的波长处测定吸光度，不得过0.04。再精密吸取上述溶液1ml，置10ml量瓶中，加水稀释至刻度，照紫外-可见分光光度法（附录0401），在210~220nm的波长范围内测定吸光度，不得过0.25；在270~300nm的波长范围内测定吸光度，不得过0.07。

蛋白质　取本品5.0g，加热水25ml溶解后，放冷，加硝酸汞试液0.5ml，5分钟内不得生成絮状沉淀。

干燥失重　取本品，置硅胶干燥器内，在80℃减压干燥至恒重，减失重量不得过1.0%（附录0831）。

水分　取本品，以甲醇-甲酰胺（2∶1）为溶剂，照水分测定法（附录0832第一法A）测定，含水分应为4.5%~5.5%。

炽灼残渣　取本品1.0g，依法检查（附录0841），遗留残渣不得过0.1%。

重金属　取本品3.0g，加温水20ml溶解后，再加醋酸盐缓冲液（pH3.5）2ml与水适量使成25ml，依法检查（附录0821第一法），含重金属不得过百万分之五。

砷盐　取炽灼残渣项下残留物，加水23ml溶解后，加盐酸5ml，依法检查（附录0822第一法），应符合规定（0.0002%）。

微生物限度　取本品，依法检查（附录1105与附录1106），每1g供试品中需氧菌总数不得过1000cfu、霉菌及酵母菌总数不得过100cfu，不得检出大肠埃希菌。

【含量测定】　照高效液相色谱法（附录0512）测定。

色谱条件与系统适用性试验　用氨基键合硅胶为填充剂；以乙腈-水（70∶30）为流动相；示差折光检测器检测；柱温为45℃，检测器温度为40℃。取乳糖对照品与蔗糖对照品各适量，加水溶解并稀释制成每1ml各含1mg的溶液，取10μl注入液相色谱仪，乳糖峰与蔗糖峰之间的分离度应符合要求，理论板数以乳糖峰计算不得低于5000。

测定法 取本品适量，精密称定，加水溶解并定量稀释制成每1ml约含乳糖1mg的溶液，精密量取10µl，注入液相色谱仪，记录色谱图；另取乳糖对照品适量，同法测定，按外标法以峰面积计算，即得。

【类别】 药用辅料，填充剂和矫味剂等。

【贮藏】 密闭保存。

单 糖 浆
Dantangjiang
Simple Syrup

本品为蔗糖的近饱和的水溶液。

【处方】

蔗糖	850g
水	适量
制成	1000ml

【制法】 取水450ml，煮沸，加蔗糖，搅拌使溶解；继续加热至100℃，用脱脂棉滤过，自滤器上添加适量的热水，使其冷至室温时为1000ml，搅匀，即得。

【性状】 本品为无色至淡黄白色的浓厚液体；味甜；遇热易发酸变质。

【检查】 **相对密度** 本品的相对密度（附录0601）应不低于1.30。

【类别】 药用辅料，矫味剂和黏合剂等。

【贮藏】 遮光，密封，在30℃以下保存。

油酰聚氧乙烯甘油酯
Youxianjuyangyixiganyouzhi
Oleoyl Macrogolglycerides

本品为甘油单酯、二酯、三酯和聚乙二醇的单酯、二酯的混合物，系由不饱和油脂与聚乙二醇部分醇解，或由甘油和聚乙二醇与脂肪酸酯化，或由甘油酯与脂肪酸聚氧乙烯酯混合制得。可含游离的聚乙二醇。聚乙二醇的平均分子量为300～400。

【性状】 本品为淡黄色油状液体。

本品在二氯甲烷中极易溶解,在水中几乎不溶，但可分散。

相对密度 本品的相对密度（附录0601）为0.925～0.955。

折光率 本品的折光率（附录0622）为1.465～1.475。

黏度 本品的运动黏度（附录0633第一法），在40℃时（毛细管内径为1.2mm或适合的毛细管内径）为30～45mm^2/s。

酸值 本品的酸值（附录0713）不大于2。

皂化值 本品的皂化值（附录0713）为150～170。

羟值 本品的羟值（附录0713）为45～65。

碘值 本品的碘值（附录0713）为75～95。

过氧化值 本品的过氧化值（附录0713）不大于12。

【鉴别】 （1）取本品适量，加二氯甲烷制成每1ml中含50mg的溶液，作为供试品溶液。照薄层色谱法（附录0502）试验，取上述溶液10μl，点于硅胶G薄层板上，以乙醚-正己烷（7：3）为展开剂，展开，取出，晾干，置碘蒸气中显色至斑点清晰。供试品溶液至少应显5个完全分离的清晰斑点，甘油三酯斑点的比移值（R_f）约0.9，1,3-甘油二酯、1,2-甘油二酯、甘油单酯、聚乙二醇酯化物与甘油三酯斑点的相对比移值（R_f）分别为0.7、0.6、0.1、0。

（2）本品的红外光吸收图谱应与对照品的图谱一致。

【检查】 **碱性杂质** 取本品5.0g，精密称定，加入试管中，加入乙醇30ml，加热溶解，照电位滴定法（附录0701），用盐酸滴定液（0.01mol/L）滴定，以消耗盐酸滴定液（0.01mol/L）体积为V（ml），样品重量为W（g），按下式计算，含碱性杂质不得过0.008%。

碱性杂质计算公式：

$$碱性杂质含量＝\frac{40\times10\times V\times10^{-6}}{W}\times100\%$$

游离甘油 取本品1.2g，加二氯甲烷25ml溶解，必要时微温，放冷后加水100ml，边振摇边加高碘酸钠醋酸溶液（称取高碘酸钠0.446g至100ml量瓶中，用25%硫酸溶液2.5ml溶解后，再用冰醋酸稀释至刻度，摇匀，即得）25ml，静置30分钟，加入75g/L碘化钾溶液40ml，静置1分钟，加入淀粉溶液1ml，用硫代硫酸钠滴定液（0.1mol/L）滴定，同时用空白试验校正。每1ml硫代硫酸钠（0.1mol/L）相当于2.3mg甘油。含游离甘油不得过3.0%。

环氧乙烷和二氧六环 取本品1g，精密称定，置顶空瓶中，精密加入N,N-二甲基乙酰胺1.0ml和水0.2ml，密封，摇匀，作为供试品溶液；另取聚乙二醇400（以60℃,1.5～2.5kPa旋转蒸发6小时，除去挥发成分）99.75g，置100ml西林瓶（或其他合适的容器）中，精密称定，密封，再用预先冷冻至约－10℃的玻璃注射器穿刺注入环氧乙烷约300μl（相当于环氧乙烷0.25g），精密称定，摇匀，作为环氧乙烷对照品贮备液（临用新配或临用前标定）。精密称取冷却的环氧乙烷对照品贮备液1g，置另一经预冷的含上述聚乙二醇400 49g的西林瓶中，密封，精密称取10g，置含水30ml的50ml量瓶中，用水稀释至刻度，摇匀，作为环氧乙烷对照品溶液。取二氧六环适量，精密称定，用水制成每1ml含0.1mg的溶液，作为二氧六环对照品溶液。取本品1g，精密称定，置顶空瓶中，精密加入N,N-二甲基乙酰胺1.0ml，环氧乙烷对照品溶液0.1ml与二氧六环对照品溶液0.1ml，密封，摇匀，作为对照品溶液。量取环氧乙烷对照品溶液0.1ml置顶空瓶中，加新配置的0.001%乙醛溶液0.1ml及二氧六环对照品溶液0.1ml，密封，摇匀，作为系统适用性试验溶液。照气相色谱法（附录0521）试验。以聚二甲基硅氧烷为固定液，起始温度为50℃，维持5分钟，以每分钟5℃速率升温至180℃，再以每分钟30℃的速率升温至230℃，维持5分钟（可根据具体情况调整）。进样口温度为150℃，检测器为氢火焰离子化检测器，温度为250℃。顶空平衡温度为70℃，平衡时间为45分钟，取系统适用性试验溶液顶空进样，乙醛峰和环氧乙烷峰的分离度不小于2.0，二氧六环峰高应为基线噪音5倍以上。顶空平衡温度为90℃，平衡时间45分钟，分别取供试品溶液及对照品溶液顶空进样，重复进样至少3次。环氧乙烷峰面积的相对标准偏差应不得过15%，二氧六环峰面积的相对标准偏差应不得过10%。按标准加入法计算，环氧乙烷不得过0.0001%，二氧六环不得过0.001%。

环氧乙烷对照品贮备液的标定 取50%氯化镁的无水乙醇混悬液10ml，精密加入乙醇制盐酸滴定液（0.1mol/L）20ml，混匀，放置过夜，取环氧乙烷对照品贮备液5g，精密称定，置上述溶液中混匀，放置30分钟，照电位滴定法（附录0701）用氢氧化钾乙醇滴定液（0.1mol/L）滴定，用聚乙二醇400作为空白校正，每1ml氢氧化钾乙醇滴定液相当于4.404mg的环氧乙烷，计算，即得。

水分 取本品，照水分测定法（附录0832第一法A）测定，以甲醇-二氯甲烷（3∶7）为溶剂，含水分不得超过1.0%。

炽灼残渣 取本品1.0g，依法检查（附录0841），遗留残渣不得过0.1%。

重金属 取炽灼残渣项下遗留残渣，依法检查（附录0821第二法），含重金属不得超过百万分之十。

脂肪酸组成 照气相色谱法（附录0521）测定。

取本品1.0g，置于25ml圆底两口烧瓶中,加无水甲醇10ml与60g/L氢氧化钾乙醇溶液0.2ml，振摇使溶解，通氮气（速度参考值每分钟50ml），加热至沸腾，当溶液变透明后（约10分钟），继续加热5分钟，用水冷却烧瓶，在再转移至分液漏斗中。用正庚烷5ml洗涤烧瓶，再将该液体加入分液漏斗并摇匀。加入200g/L氯化钠溶液10ml，振摇，静置分层，取有机层，经无水硫酸钠干燥，过滤，作为供试品溶液；分别精密称取下列各脂肪酸甲酯对照品适量，用正庚烷溶解并定量稀释制成每1ml中含有棕榈酸甲酯0.8mg、硬脂酸甲酯0.6mg、油酸甲酯5.0mg、亚油酸甲酯3.0mg、亚麻酸甲酯0.2mg、花生酸甲酯0.2mg、花生烯酸甲酯0.2mg的混合对照品溶液（1），取1.0ml，置10ml容量瓶中，加正庚烷稀释至刻度，摇匀，作为混合对照品溶液（2）。照气相色谱法（附录0521）试验，以聚乙二醇为固定液的毛细管柱为色谱柱，初始温度为170℃，以每分钟2℃的速率升温至230℃，维持10分钟。进样口温度250℃，检测器温度250℃。取混合对照品溶液（1）、混合对照品溶液（2）各1μl，分别注入气相色谱仪，记录色谱图，混合对照品溶液（1）中各相邻脂肪酸甲酯峰间的分离度不小于1.8，理论板数按油酸甲酯峰计算不得低于30000；混合对照品溶液（2）中脂肪酸甲酯的最小峰高不得低于基线噪音的5倍。取供试品1μl，注入气相色谱仪，按面积归一化法以峰面积计算，棕榈酸应为4.0%～9.0%，硬脂酸不大于6.0%，油酸应为58.0%～80.0%，亚油酸应为15.0%～35.0%，亚麻酸不大于2.0%，花生酸不大于2.0%，花生烯酸不大于2.0%。

【类别】 药用辅料，增溶剂和乳化剂。

【贮藏】 充氮，密封，在阴凉干燥处保存。

油 酸 乙 酯
Yousuan Yizhi
Ethyl Oleate

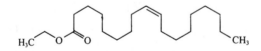

$$C_{20}H_{38}O_2 \quad 310.51$$

本品为脂肪酸乙酯的混合物，主要成分为油酸乙酯。

【性状】 本品为无色至淡黄色澄清液体。

本品在水中几乎不溶，可与乙醇、二氯甲烷或石油醚（40～60℃）互溶。

相对密度 本品的相对密度（附录0601）为0.866～0.874。

折光率 本品的折光率（附录0622）在25℃时为1.443～1.450。

酸值 本品的酸值（附录0713）不得过0.5。

皂化值 本品的皂化值（附录0713）为177～188。

碘值 本品的碘值（附录0713）为75～90。

过氧化值 本品的过氧化值（附录0713）不得过10.0。

【检查】 **油酸** 取本品1.0g，置25ml圆底烧瓶中，加无水甲醇10ml与6%氢氧化钾的甲醇溶液0.2ml，连接回流冷凝管，同时以每分钟50ml的流速充入氮气，振摇，加热至沸。溶液澄清（一般需加热煮沸10分钟）后继续加热5分钟。用水冷却烧瓶并将内容物转移至分液漏斗中。用庚烷5ml清洗烧瓶，合并洗液于分液漏斗中，振摇。加入20%氯化钠溶液10ml，剧烈振摇。静置，取有机层用无水硫酸钠干燥，滤过，取续滤液，作为供试品溶液。照气相色谱法（附录0521）试验。以聚乙二醇为固定液，起始温度为160℃，以每分钟3℃的速率升温至230℃，进样口温度为250℃，检测器温度为250℃。取供试品溶液1μl注入气相色谱仪，记录色谱图。按面积归一化法计算，含油酸（以油酸甲酯计）不得少于60.0%。溶剂峰和峰面积小于0.05%的色谱峰忽略不计。

水分 取本品，照水分测定法（附录0832第一法A）测定，含水分不得过1.0%。

炽灼残渣 不得过0.1%（附录0841）。

【类别】 药用辅料，增塑剂和软膏基质等。

【贮藏】 遮光，密闭保存。

油酸山梨坦（司盘80）
Yousuan Shanlitan（Sipan 80）
Sorbitan Oleate（Span 80）

本品为山梨坦与油酸形成酯的混合物，系山梨醇脱水，在碱性催化剂下，与油酸酯化而制得；或者由山梨醇与油酸在180～280℃下直接酯化而制得。

【性状】 本品为淡黄色至黄色油状液体；有轻微异臭。

本品在水或丙二醇中不溶。

酸值 本品的酸值（附录0713）不大于8。

皂化值 本品的皂化值（附录0713）为145～160（皂化时间1小时）。

羟值 本品的羟值（附录0713）为190～215。

碘值 本品的碘值（附录0713）为62～76。

过氧化值 本品的过氧化值（附录0713）不大于10。

【鉴别】 取本品约2g，置250ml烧瓶中，加乙醇100ml和氢氧化钾3.5g，混匀。加热回流2小时，加水约100ml，趁热转移至250ml烧杯中，置水浴上蒸发并不断加入水，继续蒸发，直至无乙醇气味，最后加热水100ml，趁热缓缓滴加硫酸溶液（1→2）至石蕊试纸显中性，记录所消耗的体积，继续滴加硫酸溶液（1→2）（约为上述消耗体积的10%），静置使下层液体澄清。转移上述溶液至500ml分液漏斗中，用正己烷提取3次，每次100ml，弃去正己烷层，取水层溶液用10%氢氧化钾溶液调节pH值至7.0，水浴蒸发至干，残渣（如有必要，将残渣研碎）加无水乙醇150ml，用玻棒搅拌，置水浴中煮沸3分钟，将上述溶液置铺有硅藻土的漏斗中，滤过，溶液蒸干，残渣加甲醇2ml溶解，作为供试品溶液；另分别取异山梨醇33mg、1,4-去水山梨醇25mg与山梨醇25mg，加甲醇1ml溶解，作为对照品溶液。照薄层色谱法（附录0502）试验，吸取上述两种溶液各2μl，分别点于同一硅胶G薄层板上，以丙酮-冰醋酸（50∶1）为展开剂，展开，取出，晾干，喷硫酸溶液（1→2）至恰好湿润，立即于200℃加热至斑点清晰，冷却，立即检视，供试品溶液所显斑点的位置与颜色应与对照品溶液斑点相同。

【检查】 脂肪酸组成 取本品0.1g，置25ml锥形瓶中，加入0.5mol/L的氢氧化钠甲醇溶液2ml，振荡至溶解，加热回流30分钟，沿冷凝管加14%的三氟化硼甲醇溶液2ml，加热回流30分钟，沿冷凝管加正庚烷4ml，加热回流5分钟，放冷，加饱和氯化钠溶液10ml，振摇15秒，加饱和氯化钠溶液至瓶颈部，混匀，静置分层，取上层液2ml，用水洗涤三次，每次2ml，取上层液经无水硫酸钠干燥，作为供试品溶液；分别精密称取下列各脂肪酸甲酯对照品适量，用正庚烷溶解并稀释制成每1ml中含肉豆蔻酸甲酯0.5mg、棕榈酸甲酯1.0mg、棕榈油酸甲酯0.5mg、硬脂酸甲酯0.5mg、油酸甲酯6.0mg、亚油酸甲酯1.0mg、亚麻酸甲酯0.5mg的混合对照品溶液（1），取1.0ml，置10ml量瓶中，用正庚烷稀释至刻度，摇匀，作为混合对照品溶液（2）。照气相色谱法（附录0521）试验，以聚乙二醇为固定液的毛细管柱为色谱柱，初始温度170℃，以每分钟2℃的速率升温至230℃，维持10分钟，进样口温度250℃，检测器温度250℃，取混合对照品溶液（1）、（2）各1μl，分别注入气相色谱仪，记录色谱图，混合对照品溶液（1）中各组分脂肪酸甲酯峰的分离度不小于1.8，理论板数按油酸甲酯峰计算不低于30 000，混合对照品溶液（2）中最小脂肪酸甲酯峰的信噪比应大于5。取供试品溶液1μl，注入气相色谱仪，按峰面积归一化法计算，含肉豆蔻酸不大于5.0%，棕榈酸不大于16.0%，棕榈油酸不大于8.0%，硬脂酸不大于6.0%，油酸为65.0%～88.0%，亚油酸不大于18.0%，亚麻酸不大于4.0%，其他脂肪酸不大于4.0%。

水分 取本品，照水分测定法（附录0832第一法A）测定，含水分不得过1.0%。

炽灼残渣 取本品1.0g，依法检查（附录0841），遗留残渣不得过0.5%。

重金属 取炽灼残渣项下遗留的残渣，依法检查（附录0821第二法），含重金属不得过百万分之十。

【类别】 药用辅料，乳化剂和消泡剂等。

【贮藏】 密封，在干燥处保存。

油　酸　钠
Yousuanna
Sodium Oleate

【性状】 本品为白色至微黄色粉末状和块状物。本品在温水中易溶，在90%乙醇中略溶。

碘值 取本品适量，精密称定，置250ml干燥碘瓶中，加三氯甲烷10ml，精密加溴化碘溶液25ml，密塞，振摇使溶解，在暗处放置30分钟，依法测定（附录0713），碘值应不少于60。

过氧化值 应不大于10（附录0713）。

【检查】 碱度 取本品，用水制成每1ml中含10mg的溶液，依法测定（附录0631），pH值应为9.0～11.0。

溶液的颜色 取本品，用水制成每1ml中含10mg的溶液，与黄色2号标准比色液（附录0901第一法）比较，不得更深。

游离脂肪酸 取本品0.25g，精密称定，置锥形瓶中。加乙醇-乙醚（1∶1）混合液（临用前加酚酞指示液0.1ml，用0.1mol/L氢氧化钠溶液滴定至微显粉红色）20ml，振摇使溶解，用氢氧化钠滴定液（0.01mol/L）滴定至溶液显红色，消耗氢氧化钠滴定液（0.01mol/L）的体积不得过2.0ml。

其他脂肪酸 照油酸项下，以峰面积归一化法计算，含癸酸不得过1.0%；月桂酸不得过5.0%；肉豆蔻酸不得过20.0%；棕榈酸不得过20.0%；棕榈油酸不得过0.5%；硬脂酸不得过20.0%；亚油酸不得过15.0%；亚麻酸不得过1.0%。

DL-α-生育酚　避光操作，取本品和DL-α-生育酚对照品适量，分别用正己烷-异丙醇-水（40∶50∶8）的混合溶液制成每1ml中含40mg和0.1mg的溶液，作为供试品溶液和对照品溶液。照薄层色谱法（附录0502）试验，量取上述两种溶液各20μl，分别点于同一硅胶G薄层板上，以正己烷-乙醚（70∶30）为展开剂，展开，晾干，喷以硫酸铜溶液（取硫酸铜10g，用适量水溶解，加入磷酸8ml，用水稀释至100ml，即得），在170℃下干燥10分钟，立即检视，供试品溶液如显与对照品溶液相应的杂质斑点，其颜色与对照品溶液斑点比较，应不得更深（不得过0.25%）。

钠　取本品0.1g,精密称定，置石英或铂坩埚中，在电炉上慢慢加热至完全炭化，移入马弗炉中，在1小时内加热至600℃，再加热12小时，放冷，残渣用0.5%盐酸溶液转移至100ml量瓶中并稀释至刻度，摇匀，作为供试品溶液。另精密量取钠标准溶液（1ml中含Na$^+$1mg）1ml，2ml，3ml，分置25ml的量瓶中，用0.5%盐酸溶液稀释至刻度，摇匀，作为对照品溶液。供试品溶液和对照品溶液也可适当稀释从适应不同仪器的灵敏度，但供试品与对照品稀释倍数应一致。照火焰光度法（附录0407）测定，以标准曲线法计算，钠的含量应为7.0%~8.5%。

油酸　取本品约0.1g，精密称定，置25ml的锥形瓶中，加入14%三氟化硼的甲醇溶液2ml，回流30分钟，加入正庚烷4ml，继续回流5分钟，放冷，加入饱和氯化钠溶液10ml，振摇15秒，放置，吸取上清液，用水洗3次，每次2ml，有机层通过无水硫酸钠层滤过，续滤液作为供试品溶液。另取油酸钠对照品同法处理，作为对照品溶液。分别精密量取脂肪酸甲酯峰识别用溶液（用正己烷制成每1ml中含癸酸甲酯、月桂酸甲酯、肉豆蔻酸甲酯、棕榈酸甲酯、棕榈油酸甲酯、硬脂酸甲酯、亚油酸甲酯和亚麻酸甲酯各0.1mg的混合溶液）、对照品溶液和供试品溶液各1μl，注入气相色谱仪，照气相色谱法测定（附录0521），以聚乙二醇为固定液的毛细管柱为色谱柱，进样口温度250℃，检测器温度为280℃。初始温度60℃，保持5分钟，以每分钟6℃升至240℃，保持25分钟测定，按峰面积归一化法计算，含油酸不得少于50.0%。

乙醇　取本品约0.1g，精密称定，置顶空瓶中，精密加水5ml，密封，作为供试品溶液。另取乙醇适量，精密称定，用水定量稀释制成每1ml中约含0.1mg的溶液，精密量取5ml，置顶空瓶中，密封，作为对照品溶液。照残留溶剂测定法（附录0861第二法），以100%的二甲基聚硅氧烷为固定液的毛细管柱为色谱柱；起始温度为40℃，维持10分钟，以每分钟35℃升至240℃，维持5分钟；进样口温度250℃，检测器温度280℃；顶空平衡温度为80℃，平衡时间为30分钟。取供试品溶液与对照品溶液分别顶空进样，记录色谱图。按外标法以峰面积计算,含乙醇不得过0.5%。

干燥失重　取本品约2.0g，精密称定，在105℃干燥1小时，减失重量不得过2.0%（附录0831）。

重金属　取本品1.0g，依法检查（附录0821第二法），含重金属不得过百万分之十。

砷　取本品0.5g，精密称定，置50ml锥瓶中，加硝酸-高氯酸（4∶1）混合溶液15ml，在120℃电热板上缓缓加热至黄烟消失，升温至160℃待溶液挥发至剩余约1ml，放冷（若还有油状物，加适量上述混酸，重复上述消解过程），溶液应澄清。用水转移至10ml量瓶中，用水洗涤容器，洗液合并于量瓶中，并稀释至刻度，摇匀，作为供试品贮备溶液。精密量取供试品贮备溶液1ml，置10ml量瓶中，加10%碘化钾溶液1ml，盐酸3ml，加水稀释至刻度，摇匀，作为供试品溶液（B）；另精密量取供试品贮备溶液1ml，置10ml量瓶中，加砷标准溶液（0.1μg/ml）1ml，加10%碘化钾溶液1ml，盐酸3ml，加水稀释至刻度，摇匀，作为对照溶液（A）；同法制备空白溶液。取空白溶液、供试品溶液和对照品溶液，在80℃水浴中加热3分钟，放冷至室温，吸入氢化物发生器，以1%硼氢化钠-0.3%氢氧化钠为还原剂；以盐酸溶液（1→100）为载液；照原子吸收分光光度法（附录0406第二法），在193.7nm的波长处分别测定吸光值，对照溶液（A）测得值为a，供试品溶液（B）测得值为b，b值应小于（a-b）（0.0002%）。

热原（供注射用）　取本品约0.4g,加注射用水20ml，在38℃水浴中加热并振摇使溶解完全，用1mol/L盐酸溶液调pH值至8.0，加氯化钠注射液制成每1ml中含1.3mg的溶液，依法检查（附录1142），剂量按家兔体重每1kg缓慢注射10ml，应符合规定。

微生物限度　取本品10g，加预热至45℃含3%聚山梨酯80的无菌氯化钠-蛋白胨缓冲液（pH7.0）至200ml，匀浆，制成1∶20的供试液。取供试液20ml，加入预热至45℃含0.5%聚山梨酯80的无菌氯化钠-蛋白胨冲洗液（pH7.0）100ml中，按薄膜过滤法滤过，滤膜用该冲洗液冲洗三次，每次100ml，再用预热至45℃的无菌氯化钠-蛋白胨冲洗液（pH7.0）冲洗液冲洗二次，每次100ml，取膜，贴膜培养检查细菌数；另取供试液，按常规法，依法检查（附录1105与附录1106），每1g供试品中需氧菌总数不得过100cfu、霉菌和酵母菌总数不得过100cfu，不得检出大肠埃希菌。

【类别】　药用辅料，起泡剂和稳定剂等。

【贮藏】　避光，密封，在-20℃±5℃保存。

注：**砷标准溶液的制备**　精密量取砷标准溶液（1mg As³⁺/ml）适量，用2%硝酸溶液制成每1ml中含0.1μg的溶液。

油酸聚氧乙烯酯

Yousuanjuyangyixizhi

Polyoxyl Oleate

本品为油酸和聚乙二醇单酯和双酯的混合物。可由动植物油酸环氧化或由油酸与聚乙二醇酯化制得。分子式以$C_{17}H_{33}COO(CH_2CH_2O)_nH$表示。$n$为5~6或10。

【性状】　本品为淡黄色黏稠液体。

本品在水中可分散,在乙醇和异丙醇中溶解，与脂肪油、石蜡能任意混溶。

折光率　本品的折光率（附录0622）为1.464~1.468。

酸值　本品的酸值（附录0713）不大于1。

皂化值　本品的皂化值（附录0713）为105~120（n为5~6）或65~85（n为10）。

羟值　本品的羟值（附录0713）为50~70（n为5~6）或65~90（n为10）。

碘值　本品的碘值（附录0713）为50~60（n为5~6）或27~34（n为10）。

过氧化值　本品的过氧化值（附录0713）不大于12。

【鉴别】　本品的红外光吸收图谱应与对照品的图谱一致。

【检查】　碱性物质　取本品2.0g，加入乙醇20ml，混匀，取该溶液2ml，加入0.05ml酚红指示液，溶液不显红色。

环氧乙烷和二氧六环　取本品1g，精密称定，置顶空瓶中，精密加入N,N-二甲基乙酰胺1.0ml和水0.2ml，密封，摇匀，作为供试品溶液。另取聚乙二醇400（以60℃，1.5~2.5kPa旋转蒸发6小时，除去挥发成分）99.75g，置100ml西林瓶（或其他合适的容器）中，精密称定，密封，再用预先冷冻至约-10℃的玻璃注射器穿刺注入环氧乙烷约300μl（相当于环氧乙烷0.25g），精密称定，摇匀，作为环氧乙烷对照品贮备液（临用新配或临用前标定）。精密称取冷却的环氧乙烷对照品贮备液1g，置另一经预冷的含上述聚乙二醇400 49g的西林瓶中，密封，摇匀，精密称取10g，置含30ml水的50ml量瓶中，用水稀释至刻度,摇匀，作为环氧乙烷对照品溶液。取二氧六环适量，精密称定，用水制成每1ml中含0.5mg的溶液，作为二氧六环对照品溶液。取本品1g，精密称定，置顶空瓶中，精密加入N,N-二甲基乙酰胺1.0ml，环氧乙烷对照品溶液0.1ml与二氧六环对照品溶液0.1ml，密封，摇匀，作为对照品溶液。量取环氧乙烷对照品溶液0.1ml置顶空瓶中，加新配制的0.001%乙醛溶液0.1ml及二氧六环对照品溶液0.1ml，密封，摇匀，作为系统适用性试验溶液。照气相色谱法（附录0521）试验。以聚二甲基硅氧烷为固定液，起始温度为50℃，维持5分钟，以每分钟5℃的速率升温至180℃，再以每分钟30℃的速率升温至230℃，维持5分钟（可根据具体情况调整）。进样口温度为150℃，检测器温度为250℃。顶空平衡温度为70℃，平衡时间45分钟，取系统适用性试验溶液顶空进样，乙醛峰和环氧乙烷峰的分离度不小于2.0，二氧六环峰高应为基线噪音的5倍以上。顶空平衡温度为90℃，平衡时间45分钟，分别取供试品溶液及对照品溶液顶空进样，重复进样至少3次。环氧乙烷峰面积的相对标准偏差应不得过15%，二氧六环峰面积的相对标准偏差应不得过10%。按标准加入法计算，环氧乙烷不得过0.0001%，二氧六环不得过0.001%。

水分　取本品1.0g，照水分测定法（附录0832第一法A）测定，含水分不得过2.0%。

炽灼残渣　取本品1.0g，依法检查（附录0841），遗留残渣应不得过0.3%。

脂肪酸组成　取本品约1.0g，置于25ml圆底两口烧瓶中，加无水甲醇10ml与60g/L氢氧化钾甲醇溶液0.2ml，振摇使溶解，通氮气（速度参考值为每分钟50ml），加热至沸腾，当溶液变透明后（约10分钟），继续加热5分钟，用水冷却烧瓶，再转移至分液漏斗中。用正庚烷5ml洗涤烧瓶，再将该液体加入分液漏斗并摇匀。加入200g/L氯化钠溶液10ml，振摇，静置分层，取有机层，经无水硫酸钠干燥，过滤，作为供试品溶液；分别精密称取下列各脂肪酸甲酯对照品适量，用正庚烷溶解并定量稀释制成每1ml中含肉豆蔻酸甲酯0.5mg、棕榈酸甲酯1.0mg、棕榈油酸甲酯0.5mg、硬脂酸甲酯0.5mg、油酸甲酯6.0mg、亚油酸甲酯1.0mg、亚麻酸甲酯0.5mg的混合对照品溶液（1）。取1.0ml，置10ml量瓶中，加正庚烷稀释至刻度，摇匀，作为混合对照品溶液（2）。照气相色谱法（附录0521）试验，以聚乙二醇为固定液的毛细管柱为色谱柱，初始温度170℃，以每分钟2℃的速率升温至230℃，维持10分钟。进样口温度250℃，检测器温度250℃。取混合对照品溶液（1）、混合对照品溶液（2）各1μl，分别注入气相色谱仪，记录色谱图，混合对照品溶液（1）中各相邻脂肪酸甲酯峰间的分离度不小于1.8，理论塔板数按油酸甲酯峰计算不得低于30 000；混合对照品（2）中脂肪酸甲酯的最小峰高不得低于基线噪音的5倍。取供试品溶液1μl，注入气相色谱仪，按面积归一化法以峰面积计算，肉豆蔻酸不大于5.0%；棕榈酸不大于16.0%；棕榈油酸不大于8.0%；硬脂酸不大于6.0%；油酸65.0%～88.0%；亚油酸不大于18.0%；亚麻酸不大于4.0%；其他脂肪酸不大于4.0%。

【类别】　药用辅料，增溶剂和乳化剂。

【贮藏】　充氮,密封，在阴凉干燥处保存。

泊洛沙姆188
Poluoshamu 188
Poloxamer 188

$$H(C_2H_4O)_a(C_3H_6O)_b(C_2H_4O)_aOH$$

本品为α-氢-ω-羟基聚（氧乙稀）$_a$-聚（氧丙烯）$_b$-聚（氧乙稀）$_a$嵌段共聚物。由环氧丙烷和丙二醇反应，形成聚氧丙烯二醇，然后加入环氧乙烷形成嵌段共聚物。在共聚物中氧乙烯单元（a）为75~85，氧丙烯单元（b）为25~30，氧乙烯（EO）含量79.9%~83.7%，平均分子量为7680~9510。

【性状】 本品为白色半透明蜡状固体；微有异臭。

本品在水或乙醇中易溶，在无水乙醇或乙酸乙酯中溶解，在乙醚或石油醚中几乎不溶。

【鉴别】 本品的红外光吸收图谱应与对照的图谱一致。

【检查】 酸碱度　取本品1.0g，加水10ml溶解后，依法测定（附录0631），pH值应为5.0~7.5。

溶液的澄清度与颜色　取酸碱度项下的溶液，依法检查（附录0901与附录0902）应澄清无色。

聚氧乙烯　用本品的含1%四甲基硅烷的氘代三氯甲烷（或氘代水，用1%4,4-二甲基-4-硅杂戊磺酸钠为内标）10%~20%（g/ml）溶液0.5~1.0ml，装入NMR中，加氘代水1滴，振摇，在NMR仪中，从0×10^{-6}到5×10^{-6}扫描，以直接比较法定量，按下式计算EO值：

$$EO = 3300\alpha / (33\alpha + 58)$$

式中　$\alpha = (A_2/A_1) - 1$；

A_1为1.15×10^{-6}处双峰的积分面积，代表聚氧丙烯的甲基；

A_2为$(3.2 \sim 3.8) \times 10^{-6}$处复合峰的积分面积，代表聚氧丙烯基、聚氧乙烯基的$CH_2O$和聚氧丙烯基的CHO；

EO为聚氧乙烯在整个分子组成中所占的比例，%。

不饱和度　称取研细后的本品约15.0g，精密加醋酸汞溶液50ml，在磁力搅拌下使完全溶解，静置30分钟，间断振摇，加溴化钠结晶10g，在磁力搅拌下混合2分钟，立即加酚酞指示液1ml，用甲醇制氢氧化钾滴定液（0.1mol/L）滴定，以空白试验和初始酸度校正〔取泊洛沙姆15.0g，加中性甲醇（对酚酞指示液显中性）75ml溶解后，用甲醇制氢氧化钾滴定液（0.1mol/L）中和至对酚酞指示液显中性〕。用下式计算泊洛沙姆的不饱和度（mmol/g），应为0.018~0.034mmol/g。

$$不饱和度 = (V_{供} - V_{空白} - V_{初始})N / W$$

式中　V为供试品、空白和初始酸度消耗的甲醇制氢氧化钾滴定液（0.1mol/L）的体积，ml；

N为甲醇制氢氧化钾滴定液的浓度，mol/L；

W为供试品重量，g。

平均分子量　取本品适量（约相当于分子量$\times 0.002$g），精密称定，精密加邻苯二甲酸酐-吡啶溶液25ml，再加少许沸石，加热回流1小时，放冷，用吡啶冲洗冷凝器两次，每次10ml，加水10ml，混匀，加塞放置10分钟，精密加0.66mol/L氢氧化钠溶液50ml，再加酚酞-吡啶溶液（1→100）0.5ml，用氢氧化钠滴定液（0.5mol/L）滴定，显微粉红色，持续15秒钟不褪色，并将滴定的结果用空白试验校正，即得。按下式计算供试品的平均分子量：

$$平均分子量 = 2000W / [(B-S)N]$$

式中　W为供试品重量，g；

B为空白消耗氢氧化钠滴定液（0.5mol/L）的体积，ml；

S为供试品消耗氢氧化钠滴定液（0.5mol/L）的体积，ml；

N为氢氧化钠滴定液的浓度，mol/L。

环氧乙烷、环氧丙烷与二氧六环　取本品约1g，精密称定，置顶空瓶中，精密加二甲基甲酰胺5ml，摇匀，密封，作为供试品溶液。另取环氧乙烷、环氧丙烷和二氧六环适量，用二甲基甲酰胺稀释制成每1ml中分别含0.2μg、1μg和2μg的溶液，精密量取上述溶液5ml，置顶空瓶中，密封，作为对照溶液。照气相色谱法（附录0521）测定，用（6%）氰丙基苯基-（94%）二甲基聚硅氧烷为固定液的毛细管柱（0.25mm×30m）；起始温度70℃，以每分钟35℃的速率升温至220℃，维持5分钟；进样口温度为250℃；检测器温度为280℃。顶空瓶平衡温度为80℃，平衡时间为30分钟。取对照溶液顶空进样，环氧乙烷峰、环氧丙烷峰与二氧六环峰之间的分离度应符合要求。再取供试品溶液与对照溶液分别顶空进样，记录色谱图。按外标法以峰面积计算，含环氧乙烷不得过0.0001%，环氧丙烷不得过0.0005%，二氧六环不得过0.0005%。

乙二醇和二甘醇 取1,3-丁二醇适量，精密称定，加无水乙醇并稀释制成1ml中含0.01mg的溶液作为内标溶液；取本品0.1g，精密称定，置25ml量瓶中，精密加内标溶液1ml，用无水乙醇稀释至刻度，摇匀，滤过，取滤液作为供试品溶液；取乙二醇和二甘醇适量，精密称定，用无水乙醇溶解并稀释制成每1ml中各含0.01mg的混合溶液，量取混合溶液1ml，置25ml量瓶中，精密加内标溶液1ml，用无水乙醇稀释至刻度，摇匀，作为对照溶液。照气相色谱法（附录0521），以苯基-聚二甲基硅氧烷（50：50）为固定相。起始温度60℃，维持5分钟，以每分种10℃的速率升至100℃，再以每分钟4℃的速率升至170℃，最后以每分钟10℃的速率升至270℃，维持2分钟。进样口温度270℃，检测器温度290℃。取供试品溶液和对照溶液注入气相色谱仪，按内标法以峰面积计算，含乙二醇、二甘醇均不得过0.01%。

丙二醇 取本品适量，精密称定，用无水乙醇稀释制成每1ml中含1mg的溶液，作为供试品溶液；另取丙二醇适量，精密称定，用无水乙醇稀释制成每1ml中约含0.005μg的溶液，作为对照溶液。照气相色谱法（附录0521）测定。以聚乙二醇-20M为固定相；起始温度为130℃，维持1分钟，以每分钟10℃的速率升温至240℃，维持1分钟，进样口温度230℃，检测器温度250℃。取供试品溶液和对照溶液各1μl注入气相色谱仪。按外标法以峰面积计算，含丙二醇不得过0.0005%。

水分 取本品，照水分测定法（附录0832第一法A）测定，含水分不得过1.0%。

炽灼残渣 不得过0.4%（附录0841）。

重金属 取本品1.0g，加水23ml溶解后，加醋酸盐缓冲液（pH3.5）2ml，依法检查（附录0821第二法），含重金属不得过百万分之二十。

砷盐 取本品1.0g，加盐酸5ml与水23ml，振摇使溶解，依法检查（附录0822第一法），应符合规定（0.0002%）。

细菌内毒素（供注射用） 取本品，依法检查（附录1143），每1mg中含内毒素的量应小于0.012EU。

无菌（供无除菌工艺的无菌制剂用） 取本品，依法检查（附录1101），应符合规定。

【类别】 药用辅料，增溶剂和乳化剂等。

【贮藏】 遮光，密封保存。

附：醋酸汞溶液的配制 取醋酸汞50g，用加有冰醋酸0.5ml的甲醇900ml溶解，加甲醇稀释到1000ml，摇匀，如显黄色不能使用；如显浑浊，应滤过，如滤后仍浑浊或呈黄色则不能使用。本品宜临用时新制。贮于棕色瓶中，在暗处避光保存。

邻苯二甲酸酐-吡啶溶液的配制与标定 取吡啶500ml（吡啶含水量应小于0.1%；或取吡啶500ml，加邻苯二甲酸酐30g，溶解后，进行蒸馏，取其中间馏分应用），加邻苯二甲酸酐72g，剧烈振摇至完全溶解或在40℃水浴上加热使其完全溶解，避光，放置过夜，即得。

精密量取上述溶液10ml，加吡啶25ml与水50ml，混匀，放置15分钟，加酚酞-吡啶溶液（1→100）0.5ml，用氢氧化钠滴定液（0.5mol/L）滴定，消耗滴定液的量应为37.6～40.0ml。

泊洛沙姆407

Poluoshamu 407

Poloxamer 407

$$H(C_2H_4O)_a(C_3H_6O)_b(C_2H_4O)_aOH$$

本品为α-氢-ω-羟基聚（氧乙烯）$_a$-聚（氧丙烯）$_b$-聚（氧乙烯）$_a$嵌段共聚物。由环氧丙烷和丙二醇反应，形成聚氧丙烯二醇，然后加入环氧乙烷形成嵌段共聚物。在共聚物中氧乙烯单元（a）为101，氧丙烯单元（b）为56，氧乙烯（EO）含量71.5%~74.9%，平均分子量为9840~14 600。

【性状】 本品为白色至微黄色半透明蜡状固体；微有异臭。

本品在水、乙醇中易溶，在无水乙醇或乙酸乙酯中溶解，在乙醚或石油醚中几乎不溶。

【鉴别】 本品的红外光吸收图谱应与对照的图谱一致。

【检查】 **酸碱度** 取本品1.0g，加水10ml溶解后，依法测定（附录0631），pH值应为5.0~7.5。

溶液的澄清度与颜色 取酸碱度项下的溶液，依法检查（附录0901与附录0902），应澄清无色，如显色，与黄色1号标准比色液（附录0901第一法）比较，不得更深。

聚氧乙烯 取本品的含1%四甲基硅烷的氘代三氯甲烷（或氘代水，用1%4,4-二甲基-4-硅杂戊磺酸钠为内标）10%~20%（g/ml）溶液0.5~1.0ml，装入核磁共振管中，加氘代水1滴，振摇，在核磁共振仪中，从0×10^{-6}到5×10^{-6}扫描，以直接比较法定量，按下式计算氧乙烯（EO）值：

$$EO = 3300\alpha / (33\alpha + 58)$$

式中 $\alpha = (A_2/A_1) - 1$

A_1为1.15×10^{-6}处双峰的积分面积，即代表聚氧丙烯的甲基；

A_2为$(3.2 \sim 3.8) \times 10^{-6}$处复合峰的积分面积，代表聚氧丙烯基、聚氧乙烯基的$CH_2O$和聚氧丙稀基的CHO；

EO为聚氧乙烯在整个分子组成中所占的比例，%。

不饱和度 称取研细后的本品约15.0g，精密加醋酸汞溶液50ml，在磁力搅拌下使完全溶解，静置30分钟，间断振摇，加溴化钠结晶10g，在磁力搅拌下混合2分钟，立即加酚酞指示液1ml，用甲醇制氢氧化钾滴定液（0.1mol/L）滴定，以空白试验和初始酸度校正〔取泊洛沙姆15.0g，加中性甲醇（对酚酞指示液显中性）75ml溶解后，用甲醇制氢氧化钾滴定液（0.1mol/L）中和至对酚酞指示液显中性〕。用下式计算不饱和度，应为0.031~0.065meq/g。

$$不饱和度 = (V_{供} - V_{空白} - V_{初始}) N / W$$

式中 V为供试品、空白和初始酸度消耗的甲醇制氢氧化钾滴定液（0.1mol/L）的体积，ml；

N为甲醇制氢氧化钾滴定液的浓度，mol/L；

W为供试品量，g。

平均分子量 取本品适量（约相当于分子量×0.002g），精密称定，精密加邻苯二甲酸酐-吡啶溶液25ml，再加少许沸石，加热回流1小时，放冷，用吡啶冲洗冷凝器两次，每次10ml，加水10ml，混匀，加塞放置10分钟，精密加0.66mol/L氢氧化钠溶液50ml，再加酚酞-吡啶溶液（1→100）0.5ml，用氢氧化钠滴定液（0.5mol/L）滴定，显微粉红色，持续15秒钟不褪色，并将滴定的结果用空白试验校正，即得。按下式计算供试品的平均分子量：

$$平均分子量 = 2000W / [(B-S)N]$$

式中　W 为供试品重量，g；

B 为空白消耗氢氧化钠滴定液（0.5mol/L）的体积，ml；

S 为供试品消耗氢氧化钠液（0.5mol/L）的体积，ml；

N 为氢氧化钠滴定液的浓度，mol/L。

环氧乙烷、环氧丙烷、二氧六环　取本品1g，精密称定，置顶空瓶中，精密加二甲基甲酰胺5ml，摇匀，密封，作为供试品溶液。另取环氧乙烷、环氧丙烷和二氧六环适量，用二甲基甲酰胺稀释制成每1ml中含0.2μg、1μg和2μg的溶液，精密量取上述溶液5ml，置顶空瓶中，密封，作为对照溶液。照气相色谱法（附录0521）测定，用6%氰丙基苯基-94%二甲基聚硅氧烷为固定液的毛细管柱（0.25mm×30m），起始温度70℃，以每分钟35℃的速率升至220℃，保持5分钟；进样口温度为250℃；检测器温度为280℃。顶空平衡温度为80℃，保温时间为30分钟。环氧乙烷峰、环氧丙烷峰和二氧六环峰之间的分离度应符合要求。按外标法以峰面积计算，含环氧乙烷不得过0.0001%，环氧丙烷不得过0.0005%，二氧六环不得过0.0005%。

乙二醇和二甘醇　取1,3-丁二醇适量，精密称定，加无水乙醇溶解并稀释制成每1ml中含0.01mg的溶液作为内标溶液；取本品0.1g，精密称定，置25ml容量瓶中，精密加内标溶液1ml，用无水乙醇稀释至刻度，摇匀，滤过，取滤液作为供试品溶液；取乙二醇和二甘醇适量，精密称定，用无水乙醇溶解并稀释制成每1ml中含0.01mg的混合溶液，量取混合溶液1ml，置25ml容量瓶中，精密加内标溶液1ml，用无水乙醇稀释至刻度，摇匀，作为对照溶液。照气相色谱法（附录0521），以苯基-聚二甲基硅氧烷（50：50）为固定相。起始温度60℃，维持5分钟，以每分钟10℃的速率升至100℃，再以每分钟4℃的速率升至170℃，最后以每分钟10℃的速率升至270℃，维持2分钟。进样口温度为270℃，检测器温度为290℃。取供试品溶液和对照溶液注入气相色谱仪，按内标法以峰面积计算，含乙二醇、二甘醇均不得过0.01%。

丙二醇　取本品适量，精密称定，用无水乙醇稀释制成每1ml中含1mg的溶液，作为供试品溶液；另取丙二醇适量，精密称定，用无水乙醇稀释制成每1ml中约含0.005μg的溶液，作为对照溶液。照气相色谱法（附录0521）测定。以聚乙二醇-20M为固定相；起始温度为130℃，维持1分钟，以每分钟10℃的速率升温至240℃，维持1分钟，进样口温度230℃，检测器温度250℃。取供试品溶液和对照溶液各1μl注入气相色谱仪。按外标法以峰面积计算，含丙二醇不得过0.0005%。

水分　取本品，照水分测定法（附录0832第一法A）测定，含水分不得过1.0%。

炽灼残渣　不得过0.4%（附录0841）。

重金属　取本品1.0g，加水23ml溶解后，加醋酸盐缓冲液（pH3.5）2ml，依法检查（附录0821第二法），含重金属不得过百万分之二十。

砷盐　取本品1.0g，加盐酸5ml与水23ml，振摇使溶解，依法检查（附录0822第一法），应符合规定（0.0002%）。

【类别】　药用辅料，增溶剂和乳化剂。

【贮藏】　遮光，密闭保存。

附：醋酸汞溶液的配制　取醋酸汞50g，用加有冰醋酸0.5ml的甲醇900ml溶解，加甲醇稀释到1000ml，摇匀，如显黄色不能使用；如显浑浊，应滤过，如滤后仍浑浊或呈黄色则不能用。本品宜临用时新制。贮于棕色瓶中，在暗处保存。

邻苯二甲酸酐-吡啶溶液的配制与标定　取吡啶500ml（吡啶含水量应小于0.1%；或取吡啶500ml，加邻苯二甲酸酐30g，溶解后，进行蒸馏，取其中间馏分应用），加邻苯二甲酸酐72g，剧烈振摇至全溶解或在40℃水浴上加热使其完全溶解，避光，放置过夜，即得。

精密量取上述溶液10ml，加吡啶25ml与水50ml，混匀，放置15分钟，加酚酞-吡啶溶液（1→100）0.5ml，用氢氧化钠滴定液（0.5mol/L）滴定，消耗滴定液的量应为37.6～40.0ml。

组　氨　酸
Zu'ansuan
Histidine

$$C_6H_9N_3O_2 \quad 155.16$$

本品为L-2-氨基-3-（1H-咪唑-4）丙酸。按干燥品计算，含$C_6H_9N_3O_2$不得少于99.0%。

【性状】　本品为白色或类白色结晶或结晶性粉末；无臭。

本品在水中溶解，在乙醇中极微溶解，在乙醚中不溶。

比旋度　取本品，精密称定，加6mol/L盐酸溶液溶解并定量稀释制成每1ml中约含0.11g的溶液，依法测定（附录0621），比旋度为+12.0°至+12.8°。

【鉴别】　（1）取本品与组氨酸对照品各适量，分别加水溶解并稀释制成每1ml中约含0.4mg的溶液，作为供试品溶液与对照品溶液。照其他氨基酸项下的色谱条件试验，供试品溶液所显主斑点的位置和颜色应与对照品溶液的主斑点相同。

（2）本品的红外光吸收图谱应与对照的图谱一致。

【检查】　**酸碱度**　取本品1.0g，加水50ml溶解后，依法测定（附录0631），pH值应为7.0～8.5。

溶液的透光率　取本品0.60g，加水20ml溶解后，照紫外-可见分光光度法（附录0401），在430nm的波长处测定透光率，不得低于98.0%。

氯化物　取本品0.25g，依法检查（附录0801），与标准氯化钠溶液5.0ml制成的对照液比较，不得更浓（0.02%）。

硫酸盐　取本品1.0g，依法检查（附录0802），与标准硫酸钾溶液2.0ml制成的对照液比较，不得更浓（0.02%）。

铵盐　取本品0.10g，依法检查（附录0808），与标准氯化铵溶液2.0ml制成的对照液比较，不得更深（0.02%）。

其他氨基酸　取本品适量，加水溶解并稀释制成每1ml中约含10mg的溶液，作为供试品溶液；精密量取1ml，置200ml量瓶中，用水稀释至刻度，摇匀，作为对照溶液；另取组氨酸对照品与脯氨酸对照品各适量，置于同一量瓶中，用水溶解并稀释制成每1ml中各约含0.4mg的溶液，作为系统适用性溶液。照薄层色谱法（附录0502）试验，吸取上述三种溶液各5μl，分别点于同一硅胶G薄层板上，以正丙醇-浓氨溶液（67：33）为展开剂，展开，晾干，喷以茚三酮的丙酮溶液（1→50），在80℃加热至斑点出现，立即检视。对照溶液应显一个清晰的斑点，系统适用性溶液应显两个完全分离的斑点。供试品溶液如显杂质斑点，其颜色与对照溶液的主斑点比较，不得更深（0.5%）。

干燥失重 取本品，在105℃干燥3小时，减失重量不得过0.2%（附录0831）。

炽灼残渣 不得过0.1%（附录0841）。

铁盐 取本品1.0g，依法检查（附录0807），与标准铁溶液1.0ml制成的对照液比较，不得更深（0.001%）。

重金属 取本品1.0g，依法检查（附录0821第一法），含重金属不得过百万分之十。

砷盐 取本品2.0g，加水23ml溶解后，加盐酸5ml，依法检查（附录0822第一法），应符合规定（0.0001%）。

细菌内毒素 取本品，依法检查（附录1143），每1g组氨酸中含内毒素量应小于6.0EU。（供注射用）

【含量测定】 取本品约0.15g，精密称定，加无水甲酸2ml使溶解，加冰醋酸50ml，照电位滴定法（附录0701），用高氯酸滴定液（0.1mol/L）滴定，并将滴定的结果用空白试验校正。每1ml高氯酸滴定液（0.1mol/L）相当于15.52mg的$C_6H_9N_3O_2$。

【类别】 药用辅料，增溶剂和冻干保护剂。

【贮藏】 遮光，密封保存。

枸　橼　酸

Juyuansuan

Citric Acid

$C_6H_8O_7 \cdot H_2O$　210.14

本品为2-羟基丙烷-1,2,3-三羧酸一水合物。按无水物计算，含$C_6H_8O_7$不得少于99.5%。

【性状】 本品为无色的半透明结晶、白色颗粒或白色结晶性粉末；无臭，味极酸；在干燥空气中微有风化性；水溶液显酸性反应。

本品在水中极易溶解，在乙醇中易溶，在乙醚中略溶。

【鉴别】 （1）本品在105℃干燥2小时，其红外光吸收图谱应与对照的图谱一致。

（2）本品显枸橼酸盐的鉴别反应（附录0301）。

【检查】 **溶液的澄清度与颜色** 取本品2.0g，加水10ml使溶解后，依法检查（附录0901），溶液应澄清无色；如显色，与黄色2号或黄绿色2号标准比色液（附录0901第一法）比较，不得更深。

氯化物 取本品10.0g，依法检查（附录0801），与标准氯化钠溶液5.0ml制成的对照液比较，不得更浓（0.0005%）。

硫酸盐 取本品1.0g，依法检查（附录0802），与标准硫酸钾溶液1.5ml制成的对照液比较，不得更浓（0.015%）。

草酸盐 取本品1.0g，加水10ml溶解后，加氨试液中和，加氯化钙试液2ml。在室温放置30分钟，不得产生浑浊。

易炭化物 取本品1.0g，置比色管中，加95%（g/g）硫酸10ml，在90℃±1℃加热1小时，立即放冷，如显色，与对照液（取比色用氯化钴液0.9ml，比色用重铬酸钾液8.9ml与比色用硫酸铜液0.2ml混匀）比较，不得更深。

水分 取本品，照水分测定法（附录0832第一法A）测定，含水分为7.5%～9.5%。

炽灼残渣 不得过0.1%（附录0841）。

钙盐 取本品1.0g，加水10ml溶解后，加氨试液中和，加草酸铵试液数滴，不得产生浑浊。

铁盐 取本品1.0g，依法检查（附录0807），加正丁醇提取后，与标准铁溶液1.0ml用同一方法制成的对照液比较，不得更深（0.001%）。

重金属 取本品4.0g，加水10ml溶解后，加酚酞指示液1滴，滴加氨试液适量至溶液显粉红色，加醋酸盐缓冲液（pH3.5）2ml与水适量使成25ml，依法检查（附录0821第一法），含重金属不得过百万分之五。

砷盐 取本品2.0g，加水23ml溶解后，加盐酸5ml，依法检查（附录0822第一法），应符合规定（0.0001%）。

【含量测定】 取本品约1.5g，精密称定，加新沸过的冷水40ml溶解后，加酚酞指示液3滴，用氢氧化钠滴定液（1mol/L）滴定。每1ml氢氧化钠滴定液（1mol/L）相当于64.04mg的$C_6H_8O_7$。

【类别】 药用辅料，pH值调节剂、稳定剂和酸化剂。

【贮藏】 密封保存。

枸橼酸三乙酯

Juyuansuan Sanyizhi

Triethyl Citrate

$C_{12}H_{20}O_7$ 276.29

本品为2-羟基丙烷-1,2,3-三羧酸三乙酯。由枸橼酸与乙醇在催化剂作用下酯化制得，然后经脱酯、中和、水洗精制。按无水物计算，含$C_{12}H_{20}O_7$不得少于99.0%。

【性状】 本品为无色澄清的油状液体。

本品在乙醇、异丙醇或丙酮中易溶，在水中溶解。

相对密度 本品的相对密度（附录0601）在25℃时为1.135～1.139。

折光率 本品的折光率（附录0622）在25℃时为1.439～1.441。

【鉴别】 本品的红外光吸收光谱图图谱应与对照品的图谱一致。

【检查】 酸度 取本品16.0g，加对溴麝香草酚蓝指示液显中性的乙醇16ml，混匀，立即加溴麝香草酚蓝指示液（0.1%的乙醇溶液）数滴，用氢氧化钠滴定液（0.1mol/L）滴定至溶液显蓝色，消耗氢氧化钠滴定液（0.1mol/L）的体积不得过0.5ml。

有关物质 取本品，加二氯甲烷溶解并稀释制成每1ml含30mg的溶液，作为供试品溶液；精密量取1ml，置100ml量瓶中，加二氯甲烷稀释至刻度，摇匀，作为对照溶液。照含量测定项下的色谱条件测定，供试品溶液色谱图中如有杂质峰，单个杂质峰面积不得大于对照溶液的0.2倍（0.2%），各杂质峰面积的和不得大于对照溶液的0.5倍（0.5%）。

水分 取本品适量，照水分测定法（附录0832第一法A）测定，含水分不得过0.25%。

炽灼残渣 取本品1.0g，依法检查（附录0841），遗留残渣应不得过0.1%。

重金属 取炽灼残渣项下遗留残渣，依法检查（附录0821第二法），含重金属不得过百万分之十。

砷盐 取本品0.67g，加水23ml使溶解，加盐酸5ml，依法检查（附录0822第一法），应符合规定（0.0003%）。

【含量测定】 照气相色谱法（附录0521）测定。

色谱条件与系统适用性试验 以35%苯基-65%甲基聚硅氧烷为固定液，内径0.32mm，柱长30m，液膜厚度0.5μm的毛细管柱为色谱柱，起始温度80℃，维持0.5分钟，以每分钟20℃的速率升温至220℃，维持30分钟，进样口温度为225℃；检测器温度275℃，流速每分钟2.3ml。分别取枸橼酸三乙酯对照品和乙酰枸橼酸三乙酯对照品适量，加二氯甲烷溶解并稀释制成每1ml各含30mg的溶液，取1μl注入气相色谱仪，枸橼酸三乙酯峰与乙酰枸橼酸三乙酯峰的分离度应符合要求。

测定法 称取本品约300mg，精密称定，加二氯甲烷溶解并稀释制成每1ml中含30mg的溶液，精密量取1μl注入气相色谱仪，记录色谱图；另取枸橼酸三乙酯对照品适量，同法测定，按外标法以峰面积计算，即得。

【类别】 药用辅料，增塑剂。

【贮藏】 密封保存。

枸橼酸三正丁酯

Juyuansuan Sanzhengdingzhi

Tributyl Citrate

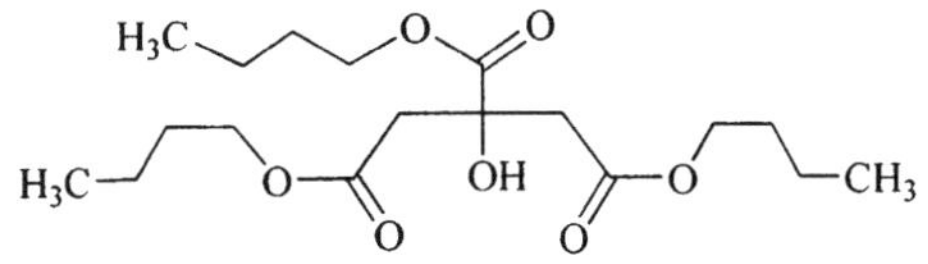

$C_{18}H_{32}O_7$ 360.44

本品为2-羟基丙烷-1,2,3-三羧酸三正丁酯。由枸橼酸与正丁醇在催化剂作用下酯化制得，然后经脱酯、中和、水洗精制。按无水物计算，含$C_{18}H_{32}O_7$不得少于99.0%。

【性状】 本品为无色澄清的油状液体。本品在乙醇、异丙醇或丙酮中易溶，在水中几乎不溶。

相对密度 本品的相对密度（附录0601）在25℃时为1.037～1.045。

折光率 本品的折光率（附录0622）在25℃时为1.443～1.445。

【鉴别】 （1）在含量测定项下记录的色谱图中，供试品溶液主峰的保留时间应与对照品溶液主峰的保留时间一致。

（2）本品的红外光吸收光谱图图谱应与对照品的图谱一致。

【检查】 酸度 取本品16.0g，加对溴麝香草酚蓝指示液显中性的乙醇16ml，混匀，立即加溴麝香草酚蓝指示液（0.1%的乙醇溶液）数滴，用氢氧化钠滴定液（0.1mol/L）滴定至溶液显蓝色，消耗氢氧化钠滴定液（0.1mol/L）的体积不得过0.5ml。

有关物质 取本品，加二氯甲烷溶解并稀释制成每1ml含30mg的溶液，作为供试品溶液；精密量取1ml，置100ml量瓶中，加二氯甲烷稀释至刻度，摇匀，作为对照溶液。照含量测定项下的色谱条件测定，供试品溶液色谱图中如有杂质峰，单个杂质峰面积不得大于对照溶液的0.5倍（0.5%），各杂质峰面积的和不得大于对照溶液的1.5倍（1.5%）。

水分 取本品适量，照水分测定法（附录0832第一法A）测定，含水分不得过0.2%。

炽灼残渣 取本品1.0g，依法检查（附录0841），遗留残渣应不得过0.1%。

重金属 取炽灼残渣项下遗留残渣，依法检查（附录0821第二法），含重金属不得过百万分之十。

砷盐 取本品0.67g，加氢氧化钙1.0g，混合，加水搅拌均匀，干燥后，先用小火炽烧使炭化，再在500～600℃炽灼使完全灰化，放冷，加盐酸5ml与水23ml使溶解，依法检查（附录0822第一法），应符合规定（0.0003%）。

【含量测定】 照气相色谱法（附录0521）测定。

色谱条件与系统适用性试验 以35%苯基-65%甲基聚硅氧烷为固定液，内径0.32mm，柱长30m，液膜厚度0.5μm的毛细血管柱为色谱柱，起始温度80℃，维持0.5分钟，以每分钟20℃的速率升温至220℃，维持30分钟，检测器温度275℃，进样口温度为225℃；载气为氮气，流速每分钟2.3ml。分别取枸橼酸三正丁酯对照品和乙酰枸橼酸三丁酯对照品适量，加二氯甲烷溶解并稀释制成每1ml各含30mg的溶液，取1μl注入气相色谱仪，枸橼酸三正丁酯相对保留时间0.9，乙酰枸橼酸三丁酯相对保留时间1.0，枸橼酸三正丁酯峰和乙酰枸橼酸三丁酯峰的分离度应不得小于1.5；重复进样，枸橼酸三正丁酯峰面积的相对标准偏差应不得过2.0%。

测定法 称取本品约300mg，精密称定，加二氯甲烷溶解并稀释制成每1ml中含30mg的溶液，精密量取1μl注入气相色谱仪，记录色谱图；另取枸橼酸三正丁酯对照品适量，同法测定，按外标法以峰面积计算，即得。

【类别】 药用辅料，增塑剂。

【贮藏】 密封保存。

枸 橼 酸 钠

Juyuansuanna

Sodium Citrate

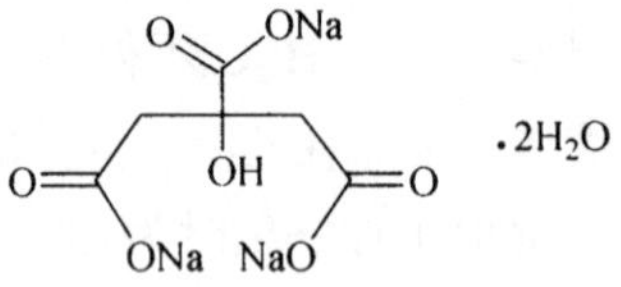

$C_6H_5Na_3O_7 \cdot 2H_2O$　294.10

本品为2-羟基丙烷-1,2,3-三羧酸钠二水合物。系由枸橼酸溶于水，缓缓加入计算量碳酸钠至气泡消失，滤过，蒸干即得。按干燥品计算，含$C_6H_5Na_3O_7$不得少于99.0%。

【性状】 本品为无色结晶或白色结晶性粉末；无臭；在湿空气中微有潮解性，在热空气中有风化性。

本品在水中易溶，在乙醇中不溶。

【鉴别】 本品显钠盐与枸橼酸盐的鉴别反应（附录0301）。

【检查】 碱度　取本品1.0g，加水20ml溶解后，加酚酞指示液1滴与硫酸滴定液（0.05mol/L）0.10ml，不得显红色。

溶液的澄清度与颜色　取本品2.5g，加水10ml溶解后，依法检查（附录0901与附录0902），溶液应澄清无色。

氯化物　取本品0.60g，依法检查（附录0801），与标准氯化钠溶液6.0ml制成的对照液比较，不得更浓（0.01%）。

硫酸盐　取本品0.50g，依法检查（附录0802），与标准硫酸钾溶液2.5ml制成的对照液比较，不得更浓（0.05%）。

酒石酸盐　取本品1g，置试管中，加水2ml溶解后，加醋酸钾试液与醋酸各1ml，用玻棒摩擦管壁，不得析出结晶性沉淀。

易炭化物　取本品0.40g，加硫酸〔含H_2SO_4 94.5%～95.5%（g/g）〕5ml，在90℃±1℃加热1小时，立即放冷，依法检查（附录0842），与黄色或黄绿色8号标准比色液比较，不得更深。

干燥失重　取本品，在180℃干燥至恒重，减失重量应为10.0%～13.0%（附录0831）。

钙盐或草酸盐　取本品2.0g，加新沸的冷水20ml溶解后，加氨试液0.4ml与草酸铵试液2ml，摇匀，放置1小时，如发生浑浊，与标准钙溶液〔精密称取碳酸钙0.125g，置500ml量瓶中，加水5ml与盐酸0.5ml的混合液使溶解，并用水稀释至刻度，摇匀，每1ml中含钙（Ca）0.10mg〕1.0ml制成的对照液比较，不得更浓（0.005%）。

在上述检查中，如不发生浑浊，应另取本品1.0g，加水1ml与稀盐酸3ml的混合液使溶解，加90%乙醇4ml与氯化钙试液4滴，静置1小时，不得发生浑浊。

重金属　取本品2.0g，加水10ml溶解后，加稀醋酸10ml与水适量使成25ml，依法检查（附录0821第一法），含重金属不得过百万分之五。

砷盐　取本品2.0g，加水23ml溶解后，加盐酸5ml，依法检查（附录0822第一法），应符合规定（0.0001%）。

细菌内毒素　取本品，依法检查（附录1143），每1mg枸橼酸钠中含内毒素的量应小于0.25EU。（供注射用）

【含量测定】 取本品约80mg，精密称定，加冰醋酸30ml溶解，加醋酐10ml，照电位滴定法（附录0701），用高氯酸滴定液（0.1mol/L）滴定，并将滴定的结果用空白试验校正。每1ml高氯酸滴定液（0.1mol/L）相当于8.602mg的$C_6H_5Na_3O_7$。

【类别】 药用辅料，缓冲剂，螯合剂，抗氧增效剂。

【贮藏】 密封保存。

轻质氧化镁

Qingzhi Yanghuamei

Light Magnesium Oxide

MgO　40.03

本品按炽灼至恒重后计算，含MgO不得少于96.5%。

【性状】 本品为白色或类白色粉末；无臭，无味；在空气中能缓缓吸收二氧化碳。

本品在水或乙醇中几乎不溶，在稀酸中溶解。

【鉴别】 本品的稀盐酸溶液显镁盐的鉴别反应（附录0301）。

【检查】 表观体积 取本品15.0g，加入量筒中，不经振动，体积不得少于100ml。

碱度 取本品1.0g，加水50ml，煮沸5分钟，趁热滤过，滤渣用水适量洗涤，洗液并入滤液中，加甲基红指示液数滴与硫酸滴定液（0.05mol/L）2.0ml，溶液应由黄色变为红色。

溶液的颜色 取本品1.0g，加醋酸15ml与水5ml，煮沸2分钟，放冷，加水使成20ml，如浑浊可滤过，溶液应无色；如显色，与黄绿色2号标准比色液（附录0901第一法）比较，不得更深。

氯化物 取氧化钙项下供试品溶液1.0ml，用水稀释成25ml，依法检查（附录0801），与标准氯化钠溶液5.0ml制成的对照液比较，不得更浓（0.1%）。

硫酸盐 取氧化钙项下供试品溶液2.0ml，用水稀释至20ml，依法检查（附录0802），与标准硫酸钾溶液3.0ml制成的对照液比较，不得更浓（0.3%）。

碳酸盐 取本品0.10g，加水5ml，煮沸，放冷，加醋酸5ml，不得泡沸。

酸中不溶物 取本品2.0g，加盐酸25ml，置水浴中加热使溶解，加水100ml，用经105℃干燥至恒重的4号垂熔坩埚滤过，滤渣用水洗涤至洗液不显氯化物的反应，在105℃干燥至恒重，遗留残渣不得过2.0mg（0.10%）。

可溶性物质 取本品1.0g，加水100ml，煮沸5分钟，趁热滤过，滤渣用少量水洗涤，合并滤液与洗液，置经105℃干燥至恒重的蒸发皿中，置水浴上蒸干，在105℃干燥至恒重，遗留残渣不得过2.0%。

炽灼失重 取本品0.50g，炽灼至恒重，减失重量不得过5.0%。

氧化钙 取新炽灼放冷的本品5.0g，加水30ml与醋酸70ml混合均匀，煮沸2分钟，放冷，滤过，滤渣用稀醋酸洗涤，合并滤液与洗液，置100ml量瓶中，用稀醋酸稀释至刻度，摇匀，作为供试品溶液。精密量取10ml，加水300ml，加三乙醇胺溶液（3→10）10ml与45%氢氧化钾溶液10ml，放置5分钟，加钙紫红素指示剂0.1g，用乙二胺四醋酸二钠滴定液（0.01mol/L）滴定至溶液自紫红色转变为蓝色，并将滴定的结果用空白试验校正。每1ml乙二胺四醋酸二钠滴定液（0.01mol/L）相当于0.5608mg的CaO，本品含氧化钙不得过0.50%。

铁盐 取本品50mg，加稀盐酸2ml与水23ml溶解后，依法检查（附录0807），与标准铁溶液2.5ml制成的对照液比较，不得更深（0.05%）。

锰盐 取本品1.0g，加水20ml、硝酸5ml、硫酸5ml与磷酸1ml，加热煮沸2分钟，放冷，加高碘酸钾2.0g，再煮沸5分钟，放冷，移入50ml比色管中，用无还原性的水（每1000ml水中加硝酸3ml与高碘酸钾5g，煮沸2分钟，放冷）稀释至刻度，摇匀；与标准锰溶液（取在400～500℃炽灼至恒重的无水硫酸锰0.275g，置1000ml量瓶中，加水适量使溶解并稀释至刻度，摇匀。每1ml相当于0.10mg的Mn）0.30ml用同一方法制成的对照液比较，不得更深（0.003%）。

重金属 取本品0.50g，加稀盐酸10ml与水5ml，加热溶解后，煮沸1分钟，放冷，滤过，滤液中加酚酞指示液1滴，滴加氨试液适量至溶液显淡红色，加醋酸盐缓冲液（pH3.5）2ml与水适量使成25ml，加抗坏血酸0.5g溶解后，依法检查（附录0821第一法），放置5分钟比色，含重金属不得过百分之二十。

砷盐 取本品0.50g，加盐酸5ml与水23ml使溶解，依法检查（附录0822第一法），应符合规定（0.0004%）。

【含量测定】 取本品0.4g，精密称定，精密加硫酸滴定液（0.5mol/L）25ml溶解后，加甲基橙指示液1滴。用氢氧化钠滴定液（1mol/L）滴定，并将滴定的结果用空白试验校正。根据消耗的硫酸量，减去混有的氧化钙（CaO）应消耗的硫酸量，即得供试量中MgO消耗的硫酸量。每1ml硫酸滴定液（0.5mol/L）相当于20.15mg的MgO或28.04mg的CaO。

【类别】　药用辅料，填充剂和pH值调节剂等。

【贮藏】　密封保存。

轻质液状石蜡
Qingzhi Yezhuang Shila
Light Liquid Paraffin

本品系从石油中制得的多种液状饱和烃的混合物。

【性状】　本品为无色透明的油状液体；无臭，无味；在日光下不显荧光。

本品可与三氯甲烷或乙醚任意混溶，除蓖麻油外，与多数脂肪油均能任意混合，微溶于乙醇，不溶于水。

相对密度　本品的相对密度（附录0601）为0.830～0.860。

黏度　本品的运动黏度（附录0633第一法），在40℃时（毛细管内径为1.0mm±0.05mm）不得小于12mm²/s。

【鉴别】　（1）取本品5ml，置坩埚中，加热并点燃，燃烧时产生光亮的火焰，并伴有石蜡的气味。

（2）取本品0.5g，置干燥试管中，加等量的硫，振摇，加热，即产生硫化氢的臭气。

【检查】　**酸碱度**　取本品10ml，加沸水10ml和酚酞指示液1滴，强力振摇，溶液应无色；用氢氧化钠滴定液（0.02mol/L）滴定至溶液显粉红色时，消耗氢氧化钠滴定液（0.02mol/L）不得过0.20ml。

硫化物　取本品4.0ml，加饱和氧化铅的氢氧化钠溶液（1→5）2滴，加乙醇2ml，摇匀，在70℃水浴中加热10分钟，同时振摇，放冷后，不得显棕黑色。

稠环芳烃　精密量取本品25ml，置分液漏斗中，加正己烷25ml混匀后，再精密加二甲基亚砜5ml，剧烈振摇2分钟，静置使分层，将二甲基亚砜层移至另一分液漏斗中，用正己烷2ml振摇洗涤后，静置使分层（必要时离心），分取二甲基亚砜层作为供试品溶液；另取正己烷25ml，置50ml分液漏斗中，精密加二甲基亚砜5ml，剧烈振摇2分钟，静置使分层，取二甲基亚砜层作为空白溶液，照紫外-可见分光光度法（附录0401），在260～350nm的波长范围内测定吸光度，最大吸光度不得过0.10。

固形石蜡　取本品适量，在105℃干燥2小时，置硫酸干燥器中放冷后，置50ml纳氏比色管中至50ml，密塞，置0℃冷却4小时，如发生浑浊，与对照液（取0.01mol/L盐酸溶液0.15ml，加稀硝酸6ml与硝酸银试液1.0ml，加水稀释至50ml，在暗处放置5分钟）比较，不得更浓。

易炭化物　取本品5ml，置长约160mm、内径约25mm的比色管中，加硫酸［含H_2SO_4 94.5%～95.5%（g/g）］5ml，置沸水浴中加热，30秒后迅速取出，密塞，上下强力振摇3次，振幅在12cm以上，时间不超过3秒，再放置水浴中加热，每隔30秒取出，如上法振摇，自试管浸入水浴中起，经10分钟后取出，静置使分层，依法检查（附录0842），石蜡层不得显色；硫酸层如显色，与对照液（取比色用重铬酸钾液1.5ml，比色用氯化钴液1.3ml与比色用硫酸铜液0.5ml，加水1.7ml，再加本品5ml混合制成）比较，不得更深。

重金属　取本品1.0g，置坩埚中，缓缓炽灼至炭化，在450～550℃炽灼使完全灰化，放冷，加盐酸2ml，置水浴上蒸干后，依法检查（附录0821第二法），含重金属不得过百万分之十。

砷盐　取本品1.0g，置坩埚中，加入2%硝酸镁的乙醇溶液10ml，炽灼至灰化（如有未炭化的物质，加硝酸少许，再次灼烧至灰化），放冷，加盐酸5ml，置水浴上加热溶解，加水23ml，依法检查（附录0822第一法），应符合规定（0.0002%）。

【类别】　药用辅料，润滑剂和软膏基质等。

【贮藏】　密封保存。

轻质碳酸钙

Qingzhi Tansuangai

Light Calcium Carbonate

$CaCO_3$　100.09

本品为化学沉淀法制得。按干燥品计算，含$CaCO_3$应为98.0%～100.5%。

【性状】　本品为白色极细微的结晶性粉末；无臭，无味。本品在水中几乎不溶，在乙醇中不溶；在含铵盐或二氧化碳的水中微溶，遇稀醋酸、稀盐酸或稀硝酸即发生泡沸并溶解。

【鉴别】　（1）取铂丝，用盐酸湿润后，蘸取本品在无色火焰中燃烧，火焰即显砖红色。

（2）取本品约0.6g，加稀盐酸15ml，振摇，滤过，滤液加甲基红指示液2滴，用氨试液调至中性，再滴加稀盐酸至恰呈酸性，加草酸铵试液，即生成白色沉淀，分离，沉淀在醋酸中不溶，但在盐酸中溶解。

（3）取本品适量，加稀盐酸即泡沸，产生二氧化碳气体，导入氢氧化钙试液中，即生成白色沉淀。

【检查】　**酸中不溶物**　取本品2.0g，加水10ml，混合后，滴加稀盐酸，随滴随振摇，待泡沸停止，加水90ml，滤过，滤渣用水洗涤，至洗液不再显氯化物的反应，干燥后炽灼至恒重，遗留残渣不得过0.2%。

游离碱　取本品3.0g，加新沸过放冷的水30ml，摇匀，3分钟后滤过，精密量取续滤液20ml，加酚酞指示液2滴，加盐酸滴定液（0.1mol/L）0.2ml，溶液不得显红色。

干燥失重　取本品，在105℃干燥至恒重，减失重量不得过1.0%（附录0831）。

钡盐　取本品1.0g，置烧杯中，加水湿润后缓缓加入盐酸溶液（1→4）8ml，使溶解，移至纳氏比色管中，量取标准钡溶液〔取氯化钡（$BaCl_2 \cdot 2H_2O$）0.889g，置500ml量瓶中，加水溶解并稀释至刻度，摇匀；精密量取10ml，置100ml量瓶中，用水稀释至刻度，摇匀，每1ml相当于0.1mgBa〕3.0ml，置另一纳氏比色管中，各加水至20ml，分别加无水醋酸钠2g，冰醋酸溶液（1→20）1ml与5%的铬酸钾溶液1ml，加水稀释至50ml，放置15分钟，供试品溶液如显浑浊，与标准钡溶液比较，不得更浓（0.03%）。

镁盐与碱金属盐　取本品1.0g，加水20ml与稀盐酸10ml溶解后，加甲基红指示液1滴，煮沸，滴加氨试液中和后，加过量的草酸铵试液使钙完全沉淀，置水浴上加热1小时，放冷，加水稀释成100ml，搅匀，滤过，分取滤液50ml，加硫酸0.5ml，蒸干后，炽灼至恒重，遗留残渣不得过1.0%。

重金属　取本品0.50g，加水5ml，混合均匀，加稀盐酸4ml，煮沸5分钟，放冷，滤过，滤器用少量水洗涤，合并洗液与滤液，加酚酞指示液1滴，并滴加适量的氨试液至溶液显淡红色，加稀醋酸2ml与水使成25ml，加抗坏血酸0.5g，溶解后，依法检查（附录0821第一法），含重金属不得过百万分之三十。

砷盐 取本品1.00g，加盐酸6ml与水22ml溶解后，依法检查（附录0822第一法），应符合规定（0.0004%）。

【含量测定】 取本品约1g，精密称定，置250ml量瓶中，用少量水湿润，加稀盐酸溶解后，用水稀释至刻度，摇匀，精密量取25ml，置锥形瓶中，加水25ml与氢氧化钾溶液（1→10）5ml使pH值大于12，加钙紫红素指示剂少许，用乙二胺四醋酸二钠滴定液（0.05mol／L）滴定至溶液由紫红色变为纯蓝色。每1ml乙二胺四醋酸二钠滴定液（0.05mol/L）相当于5.005mg的$CaCO_3$。

【类别】 药用辅料，预混剂稀释剂等。

【贮藏】 密封保存。

氢化大豆油

Qinghua Dadouyou

Hydrogenated Soybean Oil

本品系豆科植物大豆 *Glycine soya* Bentham 的种子提炼得到的油，经精炼、脱色、氢化和除臭而成。

【性状】 本品为白色至淡黄色的块状物或粉末，加热熔融后呈透明、淡黄色液体。

本品在二氯甲烷或甲苯中易溶，在水或乙醇中不溶。

熔点 本品的熔点（附录0612第二法）为66～72℃。

酸值 取本品10.0g，精密称定，置250ml锥形瓶中，加乙醇-甲苯（1：1）混合液〔临用前加酚酞指示液0.5ml，用氢氧化钠滴定液（0.1mol/L）调节至中性〕50ml，加热使完全溶解，趁热用氢氧化钠滴定液（0.1mol/L）滴定至粉红色持续30秒不褪。酸值应不大于0.5（附录0713）。

过氧化值 应不大于5.0（附录0713）。

【鉴别】 在脂肪酸组成检查项下记录的色谱图中，供试品溶液中棕榈酸甲酯峰、硬脂酸甲酯峰的保留时间应分别与对照品溶液中相应峰的保留时间一致。

【检查】 不皂化物 取本品5.0g，精密称定，置250ml锥形瓶中，加氢氧化钾乙醇溶液（取氢氧化钾12g，用水10ml溶解，用乙醇稀释至100ml，摇匀）50ml，加热回流1小时，放冷至25℃以下，移至分液漏斗中，用水洗涤锥形瓶2次，每次50ml，洗液并入分液漏斗中。用乙醚提取3次，每次100ml；合并乙醚提取液，用水洗涤乙醚提取液3次，每次40ml，静置分层，弃去水层，依次用3%氢氧化钾溶液与水洗涤乙醚层各3次，每次40ml，再用水40ml反复洗涤乙醚层直至最后洗液中加酚酞指示液2滴不显红色。转移乙醚提取液至已恒重的蒸发皿中，用乙醚10ml洗涤分液漏斗，洗液并入蒸发皿中，置50℃水浴上蒸去乙醚，用丙酮6ml溶解残渣，置空气流中挥去丙酮。在105℃干燥至连续两次称重之差不超过1mg，不皂化物不得过1.0%。

用中性乙醇20ml溶解残渣，加酚酞指示液数滴，用乙醇制氢氧化钠滴定液（0.1mol/L）①滴定

---

① 乙醇制氢氧化钠滴定液（0.1mol/L）的制备：取50%氢氧化钠溶液2ml，加乙醇250ml（如溶液浑浊，配置后放置过夜，取上清液再标定）。取苯甲酸约0.2g，精密称定，加乙醇10ml与水2ml溶解，加酚酞指示液2滴，用上述滴定液滴定至溶液显持续浅粉红色。每1ml乙醇制氢氧化钠滴定液（0.1mol/L）相当于12.21mg的苯甲酸。根据本液的消耗量和苯甲酸的取用量，计算本液的浓度。

至粉红色，持续30秒不褪，如消耗乙醇制氢氧化钠滴定液（0.1mol/L）超过0.2ml，残渣总量不能当作不皂化物重量，试验必须重做。

碱性杂质　取本品2.0g，置锥形瓶中，加乙醇1.5ml和甲苯3ml，缓缓加热溶解，加0.04%溴酚蓝乙醇溶液0.05ml，用盐酸滴定液（0.01mol/L）滴定至溶液变为黄色，消耗盐酸滴定液（0.01mol/L）不得过0.4ml。

水分　取本品1.0g，照水分测定法（附录0832第一法B）测定，含水分不得过0.3%。

镍　取镍标准品溶液适量，加水稀释制成每1ml中含0.1μg的溶液，作为对照品溶液；取本品5.0g，精密称定，置坩埚中，缓缓加热至炭化完全，在600℃灼烧至成白色灰状物，放冷，加稀盐酸4ml溶解并定量转移至25ml量瓶，加硝酸0.3ml，用水稀释至刻度，摇匀，作为供试品溶液。精密量取对照品溶液0、1.0、2.0、3.0ml，分别置10ml量瓶中，精密加供试品溶液2.0ml，加水稀释至刻度，摇匀。取上述各溶液，照原子吸收分光光度法（附录0406第二法），在232.0nm的波长处测定，按标准加入法计算，即得。含镍量不得过百万分之一。

脂肪酸组成　取本品0.1g，置50ml圆底烧瓶中，加0.5mol/L氢氧化钾甲醇溶液4ml，在水浴中加热回流10分钟，放冷，加14%三氟化硼甲醇溶液5ml，在水浴中加热回流2分钟，放冷，加正己烷5ml，继续在水浴中加热回流1分钟，放冷，加饱和氯化钠溶液10ml，摇匀，静置使分层，取上层液，加少量无水硫酸钠干燥，作为供试品溶液。照气相色谱法（附录0521）试验。以100%氰丙基聚硅氧烷为固定液，起始温度120℃，维持3分钟，以每分钟10℃的速率升温至180℃，维持5.5分钟，再以每分钟15℃的速率升温至215℃，维持3分钟；进样口温度250℃，检测器温度280℃。分别取肉豆蔻酸甲酯、棕榈酸甲酯、硬脂酸甲酯、油酸甲酯、亚油酸甲酯、亚麻酸甲酯、花生酸甲酯与二十二碳烷酸甲酯对照品适量，加正己烷溶解并稀释制成每1ml中各含0.5mg的溶液，取0.2μl注入气相色谱仪，记录色谱图，理论板数按棕榈酸甲酯峰计算不低于20 000，各色谱峰的分离度应符合要求。取供试品溶液0.2μl注入气相色谱仪，记录色谱图，按面积归一化法以峰面积计算，碳链小于14的饱和脂肪酸不大于0.1%，肉豆蔻酸不大于0.5%，棕榈酸为9.0%～16.0%，硬脂酸为79.0%～89.0%，油酸不大于4.0%，亚油酸不大于1.0%，亚麻酸不大于0.2%，花生酸不大于1.0%，二十二碳烷酸不大于1.0%。

【类别】　药用辅料，润滑剂和释放阻滞剂等。

【贮藏】　遮光，密封，在凉暗处保存。

氢化蓖麻油
Qinghua Bimayou
Hydrogenated Castor Oil

$$C_3H_5(C_{18}H_{35}O_3)_3 \quad 939.50$$

本品系由蓖麻油氢化制得，主要成分为12-羟基硬脂酸甘油三酯。

【性状】　本品为白色至淡黄色的粉末、块状物或片状物。

本品在二氯甲烷中微溶，在乙醇中极微溶解，在水或石油醚中不溶。

熔点　本品的熔点（附录0612）为85～88℃。

酸值　应不大于4.0（附录0713）。

羟值　应为150～165（附录0713）。

碘值 应不大于5.0（附录0713）。

皂化值 应为176~182（附录0713）。

【检查】 碱性杂质 取本品1.0g，加乙醇1.5ml与甲苯3ml，温热使溶解，加0.04%溴酚蓝乙醇溶液1滴，趁热用盐酸滴定液（0.01mol/L）滴定至溶液变为黄色，消耗盐酸滴定液（0.01mol/L）不得过0.2ml。

镍 取镍标准溶液适量，0.5%稀硝酸定量稀释制成每1ml中分别含0、0.005、0.025、0.050与0.075mg的溶液，作为对照品溶液；取本品0.5g，精密称定，加硝酸10ml消解，将消解后的液体移至25ml量瓶中，用水冲洗消解瓶2次，每次2ml，合并洗液，加0.04mol/L硝酸镁溶液与0.87mol/L磷酸二氢铵溶液各1ml，用水稀释至刻度，摇匀，作为供试品溶液。同法不加样品制备空白供试液，照原子吸收分光光度法（附录0406第一法），在232.0nm波长处测定，计算，即得。含镍量不得过百万分之五。

重金属 取本品1.0g，依法检查（附录0821第二法），含重金属不得过百万分之十。

砷盐 取本品1.0g，置150ml锥形瓶中，加硫酸5ml，加热完全炭化后，逐滴加入浓过氧化氢溶液（如发生大量泡沫，停止加热并旋转锥形瓶，防止未反应物在瓶底结块），直至溶液无色。放冷，小心加水10ml，再加热至三氧化硫气体出现，放冷，缓缓加水适量使成28ml，依法检查（附录0822第一法），应符合规定（0.0002%）。

脂肪酸组成 取本品0.1g，置50ml锥形瓶中，加0.5mol/L氢氧化钠甲醇溶剂2ml，在65℃水浴中加热回流约30分钟，放冷，加15%三氟化硼甲醇溶液2ml，再在65℃水浴中加热回流30分钟，放冷，加庚烷4ml，继续在65℃水浴中加热回流5分钟后，放冷，加饱和氯化钠溶液10ml，摇匀，静置使分层，取上层液2ml，用水洗涤3次，每次2ml，上层液经无水硫酸钠干燥，作为供试品溶液。照气相色谱法（附录0521）试验。以键合聚乙二醇为固定液，起始温度为230℃，维持11分钟，以每分钟5℃的速度升温至250℃，维持10分钟，进样口温度为260℃，检测器温度为270℃。分别取棕榈酸甲酯、硬脂酸甲酯、花生酸甲酯、12-氧硬脂酸甲酯与12-羟基硬脂酸甲酯对照品，加正己烷溶解并稀释制成每1ml各含0.1mg的溶液，取1μl注入气相色谱仪，记录色谱图，理论塔板数按12-羟基硬脂酸甲酯峰计算不得低于10 000，各色谱峰的分离度应符合要求。取供试品溶液1μl注入气相色谱仪，记录色谱图，按面积归一化法计算，棕榈酸不大于2.0%，硬脂酸应为7.0%~14.0%，花生酸不大于1.0%，12-氧硬脂酸不大于5.0%，12-羟基硬脂酸应为78.0%~91.0%，其他脂肪酸不大于3.0%。

【类别】 药用辅料，乳化剂和软膏基质等。

【贮藏】 遮光，密闭保存。

氢 氧 化 钠
Qingyanghuana
Sodium Hydroxide

NaOH　40.00

本品含总碱量作为氢氧化钠（NaOH）计算，应为97.0%~100.5%；总碱量中碳酸钠（Na_2CO_3）不得过2.0%。

【性状】 本品为熔制的白色干燥颗粒、块、棒或薄片；质坚脆，折断面显结晶性；引湿性强，在空气中易吸收二氧化碳。

本品在水中极易溶解，在乙醇中易溶。

【鉴别】　本品的水溶液显钠盐的鉴别反应（附录0301）。

【检查】　**碱度**　取本品，加水溶解制成每1ml中含0.1mg的溶液，依法测定（附录0631），pH值不得小于11.0。

溶液的澄清度与颜色　取本品1.0g，加水20ml溶解，依法检查（附录0901与附录0902），溶液应澄清无色。

氯化物　取本品0.50g，依法检查（附录0801），与标准氯化钠溶液2.5ml制成的对照液比较，不得更浓（0.005%）。

硫酸盐　取本品1.0g，依法检查（附录0802），与标准硫酸钾溶液1.5ml制成的对照液比较，不得更浓（0.015%）。

钾盐　取本品0.25g，加水5ml溶解后，加醋酸使成酸性，置冰浴中冷却，再加亚硝酸钴钠试液数滴，不得产生浑浊。

铝盐与铁盐　取本品5.0g，加稀盐酸50ml溶解后，煮沸，放冷，加氨试液使成碱性，滤过，滤渣用水500ml洗净，并炽灼至恒重，遗留残渣不得过5mg。

铁盐　取本品1.0g，加水10ml与盐酸2.5ml溶解后，加水溶解使成25ml，依法检查（附录0807）与标准铁溶液1.0ml制成的对照液比较，不得更浓（0.001%）。

重金属　取本品1.0g，加水5ml与稀盐酸11ml溶解后，煮沸，放冷，加酚酞指示液1滴与氨试液适量至溶液显淡红色，加醋酸盐缓冲液（pH3.5）2ml与水适量使成25ml，依法检查（附录0821第一法），含重金属不得过百万分之二十。

【含量测定】　取本品约1.5g，精密称定，加新沸过的冷水40ml溶解，放冷至室温，加酚酞指示液3滴，用硫酸滴定液（0.5mol/L）滴定至红色消失，记录消耗硫酸滴定液（0.5mol/L）的体积（ml），加甲基橙指示液2滴，继续滴加硫酸滴定液（0.5mol/L）至显持续的橙红色，根据前后两次消耗硫酸滴定液（0.5mol/L）的体积（ml），算出供试量中的总碱量（作为NaOH计算），并根据加甲基橙指示液后消耗硫酸滴定液（0.5mol/L）的体积（ml），算出供试量中Na_2CO_3的含量。每1ml硫酸滴定液（0.5mol/L）相当于40.00mg的NaOH或106.0mg的Na_2CO_3。

【类别】　药用辅料，pH值调节剂。

【贮藏】　密封保存。

氢 氧 化 钾

Qingyanghuajia

Potassium Hydroxide

KOH　56.11

本品通过氯化钾电解制得。含KOH不得少于85.0%。

【性状】　本品为白色的固体，呈小丸状、薄片状、棒状或其他形状；质坚、脆，具有结晶断裂面；易吸收空气中水分与二氧化碳。

本品在水中极易溶解，在乙醇中易溶。

【鉴别】　（1）取本品50mg，加水500ml溶解，溶液呈碱性。

（2）本品的水溶液显钾盐的鉴别反应（附录0301）。

【检查】 **澄清度与颜色** 取本品5g，加新沸过的冷水50ml溶解，依法检查（附录0901与附录0902），溶液应澄清无色。

碳酸盐 取含量测定项下测得的碳酸钾（K_2CO_3）含量计算，应不得过2.0%。

氯化物 取含量测定项下供试品溶液5ml，滴加硝酸使成中性，加水至25ml，依法检查（附录0801），与标准氯化钠溶液2.0ml制成的对照液比较，不得更浓（0.01%）。

硫酸盐 取本品2.0g，加水适量溶解，加盐酸溶液（1→2）使成中性，加水至40ml，再加上述盐酸溶液5ml，依法检查（附录0802），与标准硫酸钾溶液1.0ml制成的对照液比较，不得更浓（0.005%）。

磷酸盐 取本品0.5g，加水适量溶解，滴加硝酸使成显著酸性，加水至100ml，加钼酸铵硫酸试液4ml与氯化亚锡试液0.1ml，充分振摇，放置10分钟，与标准磷酸盐溶液（精密称取磷酸二氢钾143mg，置1000ml量瓶中，加水溶解并稀释至刻度，摇匀。临用前精密量取5ml，置100ml量瓶中，加水稀释至刻度，摇匀，即得。每1ml相当于$5\mu g$的PO_4）2.0ml制成的对照液比较，不得更深（0.002%）。

钠 取本品2.0g，置250ml量瓶中，加水适量溶解，加盐酸溶液（1→2）使成中性后，加水稀释至刻度，摇匀，精密量取1.0ml，共4份，分别置4只100ml量瓶中，分别精密加入标准钠溶液（每1ml相当于1mgNa）0、0.1、0.2、0.3ml，各加水稀释至刻度，摇匀。照原子吸收分光光度法（附录0406第二法），在589nm波长处测定钠的吸光度，计算钠含量，应不得过1.0%。

铝盐 取本品1.0g，加水适量溶解，加盐酸溶液（1→2）使成中性后，加水稀释至20ml，加30%醋酸溶液2ml与10%抗坏血酸溶液2ml，摇匀，加醋酸-醋酸铵缓冲液（pH4.5）20ml与玫红三羧酸铵溶液（称取玫红三羧酸铵0.25g与阿拉伯胶5g，加水250ml，温热溶解，加醋酸铵87g，溶解后，加盐酸50ml，加水稀释至500ml）3ml，加水稀释至50ml，摇匀，放置15分钟，与标准铝溶液（精密称取硫酸铝钾1.759g，置1000ml量瓶中，加水适量溶解，加硫酸溶液（1→4）10ml，加水稀释至刻度，摇匀，即得。每1ml相当于0.1mg的Al）0.5ml制成的对照液比较，不得更深（0.005%）。

铁盐 取本品1.0g，加水10ml溶解，加盐酸溶液（1→2）调节pH值至2，加水至25ml，依法检查（附录0807），与标准铁溶液1.0ml制成的对照液比较，不得更深（0.001%）。

重金属 取本品1.0g，加水适量溶解，加硝酸2ml，水浴蒸干，取残渣加水适量溶解，用0.1mol/L氢氧化钠溶液调节pH值至4，加水至20ml，加醋酸盐缓冲液（pH3.5）2ml，再加水稀释至25ml，依法检查（附录0821第一法），含重金属不得过百万分之二十。

【含量测定】 取本品10g，迅速精密称定，置250ml量瓶中，加新沸冷却水适量溶解后，冷却，加水稀释至刻度，摇匀，精密量取50ml，置500ml具塞锥形瓶中，加新沸冷却水95ml与10%氯化钡溶液5ml，密塞，摇匀，放置15分钟，加酚酞指示液2滴，用盐酸滴定液（1mol/L）滴定至溶液红色消失，记录消耗盐酸滴定液（1mol/L）的体积（V_1）；再加甲基红-溴甲酚绿混合指示液10滴，继续用盐酸滴定液（1mol/L）滴定至溶液由绿色变为暗红色，煮沸2分钟，冷却后，再滴定至溶液显暗红色，记录消耗盐酸滴定液（1mol/L）的体积（V_2）。根据消耗体积（V_1），算出供试量中KOH的含量，并根据加甲基红-溴甲酚绿混合指示液后消耗的体积（V_2-V_1），算出供试量中K_2CO_3的含量。每1ml盐酸滴定液（1mol/L）相当于56.11mg的KOH或相当于69.10mg的K_2CO_3。

【类别】 药用辅料，pH值调节剂。

【贮藏】 密封保存。

重质碳酸钙

Zhongzhi Tansuangai

Ground Limestone

$CaCO_3$ 100.09

本品为用优质的方解石或石灰石经粉碎制得。按干燥品计算，含$CaCO_3$应为97.0%～100.5%。

【性状】 本品为白色极细微的结晶性粉末；无臭，无味。

品在水中几乎不溶，在乙醇中不溶；在含铵盐或二氧化碳的水中微溶，遇稀醋酸、稀盐酸或稀硝酸即发生泡沸并溶解。

【鉴别】 （1）取铂丝，用盐酸湿润后，蘸取本品在无色火焰中燃烧，火焰即显砖红色。

（2）取本品约0.6g，加稀盐酸15ml，振摇，滤过，滤液加甲基红指示液2滴，用氨试液调至中性，再滴加稀盐酸至恰呈酸性，加草酸铵试液，即生成白色沉淀，分离，沉淀在醋酸中不溶，但在盐酸中溶解。

（3）取本品适量，加稀盐酸即泡沸，产生二氧化碳气体，导入氢氧化钙试液中，即生成白色沉淀。

【检查】 酸中不溶物 取本品2.0g，加水10ml，混合后，滴加稀盐酸，随滴随振摇，待泡沸停止，加水90ml，滤过，滤渣用水洗涤，至洗液不再显氯化物的反应，干燥后炽灼至恒重，遗留残渣不得过0.2%。

游离碱 取本品3.0g，加新沸过放冷的水30ml，摇匀，3分钟后滤过，精密量取续滤液20ml，加酚酞指示液2滴，加盐酸滴定液（0.1mol/L）0.2ml，溶液不得显红色。

干燥失重 取本品，在105℃干燥至恒重，减失重量不得过1.0%（附录0831）。

钡盐 取本品1.0g，置烧杯中，加水湿润后缓缓加入盐酸溶液（1→4）8ml，使溶解，移至纳氏比色管中，量取标准钡溶液〔取氯化钡（$BaCl_2 \cdot 2H_2O$）0.889g，置500ml量瓶中，加水溶解并稀释至刻度，摇匀；精密量取10ml，置100ml量瓶中，用水稀释至刻度，摇匀。每1ml相当于0.1mg Ba〕3.0ml，置另一纳氏比色管中，各加水至20ml，分别加无水醋酸钠2g，冰醋酸溶液（1→20）1ml与5%的铬酸钾溶液1ml，加水稀释至50ml，放置15分钟，供试品溶液如显浑浊，与标准钡溶液比较，不得更浓（0.03%）。

镁盐与碱金属盐 取本品1.0g，加水20ml与稀盐酸10ml溶解后，加甲基红指示液1滴，煮沸，滴加氨试液中和后，加过量的草酸铵试液使钙完全沉淀，置水浴上加热1小时，放冷，加水稀释成100ml，搅匀，滤过，分取滤液50ml，加硫酸0.5ml，蒸干后，炽灼至恒重，遗留残渣不得过1.0%。

重金属 取本品0.50g，加水5ml，混合均匀，加稀盐酸4ml，煮沸5分钟，放冷，滤过，滤器用少量水洗涤，合并洗液与滤液，加酚酞指示液1滴，并滴加适量的氨试液至溶液显淡红色，加稀醋酸2ml与水使成25ml，加抗坏血酸0.5g，溶解后，依法检查（附录0821第一法），含重金属不得过百万分之三十。

砷盐 取本品1.0g，加盐酸6ml与水22ml溶解后，依法检查（附录0822第一法），应符合规定（0.0004%）。

【含量测定】 取本品约1g，精密称定，置250ml量瓶中，用少量水湿润，加稀盐酸溶解后，用水稀释至刻度，摇匀，精密量取25ml，置锥形瓶中，加水25ml与氢氧化钾溶液（1→10）5ml使pH值大于12，加钙紫红素指示剂少许，用乙二胺四醋酸二钠滴定液（0.05mol/L）滴定至溶液由紫红色变为纯蓝色。每1ml乙二胺四醋酸二钠滴定液（0.05mol／L）相当于5.005mg的$CaCO_3$。

【类别】 药用辅料，预混剂稀释剂等。

【贮藏】 密封保存。

胆 固 醇

Danguchun

Cholesterol

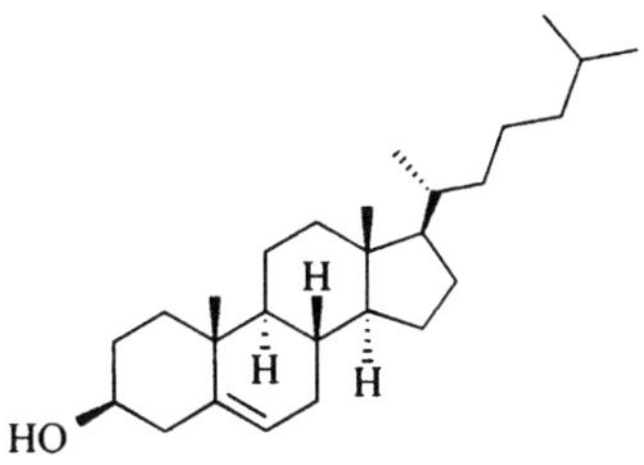

$C_{27}H_{46}O$ 386.7

本品系由动物器官提取、精制而得。本品为胆甾-5-烯-3β-醇。按干燥品计算，含胆固醇（$C_{27}H_{46}O$）不得少于95.0%。

【性状】 本品为白色片状结晶；无臭。

本品在三氯甲烷中易溶，在乙醚中溶解，在丙酮、乙酸乙酯或石油醚中略溶，在乙醇中微溶，在水中不溶。

熔点 本品的熔点（附录0612）为147～150℃。

比旋度 取本品，精密称定，加二氧六环溶解并定量稀释制成每1ml中含20mg的溶液，依法测定（附录0621），比旋度应为−38°至 −34°。

【鉴别】 （1）取本品约10mg，加三氯甲烷1ml溶解后，加硫酸1ml，三氯甲烷层显血红色，硫酸层对光侧视应显绿色荧光。

（2）取本品约5mg，加三氯甲烷2ml使溶解，加醋酐1ml，硫酸1滴，即显粉红色，迅速变为蓝色，最后呈亮绿色。

（3）本品的红外光吸收图谱应与对照品的图谱一致。

（4）取本品与胆固醇对照品适量，分别加丙酮制成每1ml约含2mg的溶液作为供试品溶液与对照品溶液。照薄层色谱法（附录0502）试验，吸取上述两种溶液各20μl，分别点于同一硅胶G薄层板上，以乙酸乙酯-甲苯（1：2）为展开剂，展开，取出，晾干，喷以30%三氯化锑的三氯甲烷溶液，于105℃干燥5分钟，立即检视，供试品溶液所显主斑点的位置和颜色应与对照品溶液的主斑点相同。

【检查】 **酸度** 取本品1.0g，置具塞锥形瓶中，加乙醚10ml溶解后，精密加入0.1mol/L氢氧化钠溶液10ml，振摇约1分钟，缓缓加热除去乙醚，煮沸5分钟，放冷，加水10ml，在磁力搅拌下加酚酞指示液2滴，用硫酸滴定液（0.05mol/L）滴定至粉红色消失，同时做空白试验。空白试验消耗的硫酸滴定液毫升数与供试品消耗的硫酸滴定液毫升数之差不得过0.3ml。

乙醇中不溶物 取本品0.5g，加乙醇50ml，温热使溶解后，静置2小时，不得产生沉淀或浑浊。

干燥失重 取本品，在105℃干燥至恒重，减失重量不得过0.3%（附录0831）。

炽灼残渣 取本品1g,依法检查(附录0841),遗留残渣不得过0.1%。

重金属 取炽灼残渣项下遗留的残渣,依法检查(附录0821第二法),含重金属不得过百万分之十。

砷盐 取本品1.0g,加氢氧化钙1.0g,混合,加水少量搅拌均匀,干燥后,先用小火烧灼使炭化,再在500~600℃炽灼使完全灰化,放冷,加盐酸5ml与水23ml使溶解,依法检查(附录0822第一法),应符合规定(0.0002%)。

【含量测定】 照高效液相色谱法(附录0512)测定。

色谱条件与系统适用性试验 用十八烷基硅烷键合硅胶为填充剂,以甲醇为流动相;用蒸发光散射检测器检测。精密量取对照品溶液(每1ml中含胆固醇0.1mg)20μl,注入液相色谱仪,理论板数按胆固醇峰计算应不低于5000,重复进样5次,胆固醇峰面积的相对标准偏差应不大于2.0%。

测定法 取胆固醇对照品适量,精密称定,分别用无水乙醇溶解并定量稀释制成每1ml中约含胆固醇0.05、0.1、0.2、0.3、0.5mg的溶液作为对照品溶液,精密量取各20μl,分别注入液相色谱仪,记录色谱图,以对照品溶液浓度的对数值与相应的峰面积对数值计算回归方程,相关系数(r)应不小于0.99;另取本品适量,精密称定,用无水乙醇溶解并定量稀释制成每1ml中约含胆固醇0.125mg的溶液,同法测定,用回归方程计算供试品中胆固醇的含量,即得。

【类别】 药用辅料,乳化剂和软膏基质等。

【贮藏】 遮光,密闭保存。

亮 氨 酸
Liang'ansuan
Leucine

$C_6H_{13}NO_2$ 131.17

本品为L-2-氨基-4-甲基戊酸。按干燥品计算,含$C_6H_{13}NO_2$不得少于98.5%。

【性状】 本品为白色结晶或结晶性粉末;无臭,味微苦。

本品在甲酸中易溶,在水中略溶,在乙醇或乙醚中极微溶解。

比旋度 取本品,精密称定,加6mol/L盐酸溶液溶解并定量稀释制成每1ml中约含40mg的溶液,依法测定(附录0621),比旋度为+14.9°至+16.0°。

【鉴别】 (1)取本品与亮氨酸对照品各适量,分别加水溶解并稀释制成每1ml中约含0.4mg的溶液,作为供试品溶液与对照品溶液。照其他氨基酸项下的色谱条件试验,供试品溶液所显主斑点的位置和颜色应与对照品溶液的主斑点相同。

(2)本品的红外光吸收图谱应与对照的图谱一致。

【检查】 **酸度** 取本品0.50g,加水50ml,加热使溶解,放冷至室温,依法测定(附录0631),pH值应为5.5~6.5。

溶液的透光率 取本品0.50g,加水50ml,加热使溶解,放冷至室温,照紫外-可见分光光度法(附录0401),在430nm的波长处测定透光率,不得低于98.0%。

　　氯化物　取本品0.25g，依法检查（附录0801），与标准氯化钠溶液5.0ml制成的对照液比较，不得更浓（0.02%）。

　　硫酸盐　取本品1.0g，依法检查（附录0802），与标准硫酸钾溶液2.0ml制成的对照液比较，不得更浓（0.02%）。

　　铵盐　取本品0.10g，依法检查（附录0808），与标准氯化铵溶液2.0ml制成的对照液比较，不得更深（0.02%）。

　　其他氨基酸　取本品适量，加水溶解并稀释制成每1ml中约含20mg的溶液，作为供试品溶液；精密量取1ml，置200ml量瓶中，用水稀释至刻度，摇匀，作为对照溶液；另取亮氨酸对照品与缬氨酸对照品各适量，置同一量瓶中，加水溶解并稀释制成每1ml中各约含0.4mg的溶液，作为系统适用性溶液。照薄层色谱法（附录0502）试验，吸取上述三种溶液各5μl，分别点于同一硅胶G薄层板上，以正丁醇-水-冰醋酸（3:1:1）为展开剂，展开后，晾干，喷以茚三酮的丙酮溶液（1→50），在80℃加热至斑点出现，立即检视。对照溶液应显一个清晰的斑点，系统适用性溶液应显两个完全分离的斑点。供试品溶液如显杂质斑点，其颜色与对照溶液的主斑点比较，不得更深（0.5%）。

　　干燥失重　取本品，在105℃干燥3小时，减失重量不得过0.2%（附录0831）。

　　炽灼残渣　取本品1.0g，依法检查（附录0841），遗留残渣不得过0.1%。

　　铁盐　取本品1.5g，依法检查（附录0807），与标准铁溶液1.5ml制成的对照液比较，不得更深（0.001%）。

　　重金属　取炽灼残渣项下遗留的残渣，依法检查（附录0821第二法），含重金属不得过百万分之十。

　　砷盐　取本品2.0g，加水5ml，加硫酸1ml与亚硫酸10ml，在水浴上加热至体积约剩2ml，加水5ml，滴加氨试液至对酚酞指示液显中性，加盐酸5ml，加水使成28ml，依法检查（附录0822第一法），应符合规定（0.0001%）。

　　细菌内毒素（供注射用）　取本品，依法检查（附录1143），每1g亮氨酸中含内毒素的量应小于25EU。

　　【含量测定】　取本品约0.1g，精密称定，加无水甲酸1ml溶解后，加冰醋酸25ml，照电位滴定法（附录0701），用高氯酸滴定液（0.1mol/L）滴定，并将滴定的结果用空白试验校正。每1ml高氯酸滴定液（0.1mol/L）相当于13.12mg的$C_6H_{13}NO_2$。

　　【类别】　药用辅料，抗氧剂及增溶剂等。

　　【贮藏】　遮光，密封保存。

活性炭（供注射用）

Huoxingtan（Gongzhusheyong）

Activated Charcoal for Injection

　　本品系由木炭、各种果壳和优质煤等作为原料，通过物理和化学方法对原料进行破碎、过筛、催化剂活化、漂洗、烘干和筛选等一系列工序加工制造而成，具有很强吸附能力的多孔疏松物质。

　　【性状】　本品为黑色粉末，无臭，无味；无砂性。

　　【鉴别】　取本品0.1g，置耐热玻璃管中，在缓缓通入压缩空气的同时，在放置样品的玻璃管处，用酒精灯加热灼烧（注意不应产生明火），产生的气体通入氢氧化钙试液中，即生成白色沉淀。

活性炭（供注射用）

【检查】　酸碱度　取本品2.5g，加水50ml，煮沸5分钟，放冷，滤过，滤渣用水洗涤，合并滤液与洗液使成50ml；滤液应澄清，遇石蕊试纸应显中性反应。

氯化物　取酸碱度项下的滤液10ml，加水稀释成200ml，摇匀；分取20ml，依法检查（附录0801），与标准氯化钠溶液5.0ml制成的对照液比较，不得更浓（0.1%）。

硫酸盐　取酸碱度项下剩余的滤液20ml，依法检查（附录0802），与标准硫酸钾溶液5.0ml制成的对照液比较，不得更浓（0.05%）。

未炭化物　取本品0.25g，加氢氧化钠试液10ml，煮沸，滤过；滤液如显色，与对照液（取比色用氯化钴液0.3ml，比色用重铬酸钾液0.2ml，水9.5ml混合制成）比较，不得更深。

硫化物　取本品0.5g，加水20ml与盐酸5ml，煮沸，蒸汽不能使湿润的醋酸铅试纸变黑。

氰化物　取本品5g，至蒸馏瓶中，加水50ml与酒石酸2g，蒸馏，馏出液用置于冰水浴的吸收液吸收，吸收液为氢氧化钠试液2ml和水10ml，蒸馏出约25ml馏出液，加水稀释至50ml，加入12滴硫酸亚铁试液，加热至几乎沸腾，放冷，加盐酸试液1ml，溶液应不变蓝。

乙醇中溶解物　取本品2.0g，加乙醇50ml煮沸回流10分钟，立即滤过，滤液用乙醇稀释至50ml，取滤液40ml，105℃干燥至恒重，遗留残渣不得过8mg。

荧光物质　取本品10.0g，至蒸馏瓶中，加入100ml环己烷，蒸馏2小时，馏出液用环己烷稀释至100ml，作为供试品溶液。取奎宁，精密称定，加0.005mol/L的硫酸溶液溶解并定量稀释制成每1ml中含奎宁83ng的对照溶液，照紫外-可见分光光度法（附录0401），在365nm波长处分别测定吸光度，供试品溶液的吸光度应小于对照溶液的吸光度。

酸中溶解物　取本品1.0g，加水20ml与盐酸5ml，煮沸5分钟，滤过，滤渣用热水10ml洗净，合并滤液与洗液，加硫酸1ml，蒸干后，炽灼至恒重，遗留残渣不得过8mg。

干燥失重　取本品，在120℃干燥至恒重，减失重量不得过10.0%（附录0831）。

炽灼残渣　取本品约0.50g，加乙醇2～3滴湿润后，依法检查（附录0841），遗留残渣不得过3.0%。

铁盐　取本品1.0g，加1mol/L盐酸溶液25ml，煮沸5分钟，放冷，滤过，用热水30ml分次洗涤残渣，合并滤液与洗液加水至100ml，摇匀；精密量取5ml，置50ml纳氏比色管中，依法检查（附录0807），与标准铁溶液1.0ml制成的对照液比较，不得更深（0.02%）。

锌盐　取本品1.0g，加水25ml，煮沸5分钟，放冷，滤过，用热水30ml分次洗涤残渣，合并滤液与洗液，加水至100ml，摇匀；精密量取10ml，置50ml纳氏比色管中，加抗坏血酸0.5g，加盐酸溶液（1→2）4ml与亚铁氰化钾试液3ml，加水稀释至刻度，摇匀，如发生浑浊，与标准锌溶液〔精密称取硫酸锌（ZnSO$_4$·7H$_2$O）44mg，置100ml量瓶中，加水溶解并稀释至刻度，摇匀，精密量取10ml，置另一100ml量瓶中，加水稀释至刻度，摇匀，即得。每1ml相当于10μg的Zn〕0.5ml用同一方法制成的对照液比较，不得更浓（0.005%）。

重金属　取本品1.0g，加稀盐酸10ml与溴试液5ml，煮沸5分钟，滤过、滤渣用沸水35ml洗涤，合并滤液与洗液，加水至50ml，摇匀；分取20ml，加酚酞指示液1滴，并滴加氨试液至溶液显淡红色，加醋酸盐缓冲液（pH3.5）2ml与水适量至25ml，加抗坏血酸0.5g溶解后，依法检查（附录0821第一法），5分钟时比色，含重金属不得过百万分之三十。

吸着力　（1）取干燥至恒重的本品1.0g，加0.12%硫酸奎宁溶液100ml，在室温不低于20℃下，用力振摇5分钟，立即用干燥的中速滤纸滤过，分取续滤液10ml，加盐酸1滴与碘化汞钾试液5滴，不得发生浑浊。

（2）取两个100ml具塞量筒，一筒加干燥至恒重的本品0.25g，再分别精密加入0.1%亚甲蓝溶液各50ml，密塞，在室温不低于20℃下，强力振摇5分钟，将两筒中的溶液分别用干燥的中速滤纸滤过，精密量取续滤液各25ml，分别置两个250ml量瓶中，各加10%醋酸钠溶液50ml，摇匀后，在不断旋动下，精密加碘滴定液（0.05mol/L）35ml，密塞，摇匀，放置，每隔10分钟强力振摇1次，50分钟后，用水稀释至刻度，摇匀，放置10分钟，分别用干燥滤纸滤过，精密量取续滤液各100ml，分别用硫代硫酸钠滴定液（0.1mol/L）滴定。两者消耗碘滴定液（0.05mol/L）相差不得少于1.4ml。

微生物限度 取本品，依法检查（附录1105与附录1106），每1g供试品中需氧菌总数不得过1000cfu、霉菌及酵母菌总数不得过100cfu，不得检出大肠埃希菌；每10g供试品中不得检出沙门氏菌。

细菌内毒素 活性炭所含内毒素本底值 称取约75mg活性炭，加入约5ml细菌内毒素检查用水配置成活性炭浓度为1.5%（1.5g/100ml）的混合溶液，漩涡混合9分钟，然后1500转离心5分钟，离心后，取上清液用0.22μm无热原滤膜过滤，取续滤液按照附录1143检测，样品细菌内毒素应小于2EU/g。

活性炭对细菌内毒素吸附力 取细菌内毒素国家标准品1支，按使用说明书配制成浓度为200EU/ml，20EU/ml的标准内毒素溶液备用，称取约75mg活性炭两份，分别加入约5ml浓度为200EU/ml和20EU/ml的标准内毒素溶液配制成活性炭浓度为1.5%的混合溶液，漩涡混合9分钟，1500转离心5分钟，离心后，取上清用0.22μm无热原滤膜过滤，取续滤液按照（附录1143）检测，应能使200EU/ml，20EU/ml的标准内毒素溶液内毒素含量均下降2个数量级（吸附率达到99%）。

无菌（供无除菌工艺的无菌制剂用） 取本品，依法检查（附录1101），应符合规定。

【类别】 药用辅料，吸附剂等。

【贮藏】 密封保存。

浓 氨 溶 液

Nong'an Rongye

Strong Ammonia Solution

$$NH_3 \quad 17.03$$

本品含氨（NH_3）应为25.0%～28.0%（g/g）。

【性状】 本品为无色的澄清液体；有强烈刺激性的特臭；易挥发；显碱性反应。

本品能与水或乙醇任意混合。

相对密度 本品的相对密度（附录0601）为0.900～0.908。

【鉴别】 取本品少量，另用玻璃棒蘸取盐酸，持近本品的液面，即产生白色的浓烟。

【检查】 氯化物 取本品约10g（11ml），置水浴上蒸干，残渣加水20ml溶解后，依法检查（附录0801），与标准氯化钠溶液1.0ml制成的对照溶液比较，不得更浓（0.0001%）。

硫酸盐 取本品约20g（22ml），置水浴上蒸干，残渣加水25ml溶解后，依法检查（附录0802），与标准硫酸钾溶液1.0ml制成的对照液比较，不得更浓（0.0005%）。

碳酸盐 取本品约10g（11ml），置具塞试管中，加10ml氢氧化钙试液，摇匀，与0.01%无水碳酸钠溶液10ml用同法制成的对照液比较，不得更浓（0.006%）。

易氧化物 取本品8.8ml，小心加至稀硫酸试液100ml中，冷却至室温，加高锰酸钾滴定液（0.002mol/L）0.75ml，静置5分钟，淡粉红色不得完全消失。

不挥发物 取本品约50g（55ml），置105℃恒重的蒸发皿中，在水浴上蒸干，在105℃干燥1小时，遗留残渣不得过1mg。

吡啶与相关物质 取本品，以水为空白，照紫外-可见分光光度法（附录0401页），在252nm的波长处测定，吸光度不得过0.06。

铁盐 取本品约40g（44ml），置水浴上蒸干，残渣加水25ml溶解后，依法检查（附录0807），与标准铁溶液1.0ml制成的对照液比较，不得更深（0.000 025%）。

重金属 取本品约20g（22ml），置水浴上蒸干，加盐酸1ml，再蒸干，残渣中加醋酸盐缓冲液（pH 3.5）2ml与水23ml使溶解，依法检查（附录0821第一法），含重金属不得过百万分之一。

【含量测定】 取本品约2ml，置贮有盐酸滴定液（1.0mol/L）50.0ml并精密称定重量的具塞锥形瓶中，加塞，摇匀，再精密称定，加甲基红指示液2滴，用氢氧化钠滴定液（1.0mol/L）滴定，并将滴定的结果用空白试验校正。每1ml盐酸滴定液（1.0mol/L）相当于17.03mg的NH_3。

【类别】 药用辅料，碱化剂和pH值调节剂。

【贮藏】 密封，在30℃以下保存。

盐　酸

Yansuan

Hydrochloric Acid

HCl　36.46

见品种正文。

【类别】 药用辅料；pH调节剂。

【贮藏】 密封保存。

氧　化　钙

Yanghuagai

Calcium Oxide

CaO　56.08

本品按炽灼至恒重后计算，含CaO不得少于98.0%。

【性状】 本品为白色或类白色块状物、颗粒或粉末，无臭。

本品在乙醇、沸水中几乎不溶。

【鉴别】 （1）取本品1g，加水数滴润湿，呈现放热现象，样品变松散状，加水5ml，搅匀，呈糊状并使pH试纸呈碱性。

（2）本品应显钙盐的火焰反应（附录0301）。

【检查】 酸中不溶物 取本品5.0g，加水数滴润湿后，再加水100ml，搅匀，用盐酸调至酸性，再加入盐酸1ml，煮沸5分钟，用经105℃干燥至恒重的4号垂熔玻璃坩埚滤过，滤渣用沸水洗涤至洗液加硝酸银溶液不显混浊，垂熔玻璃坩埚在105℃干燥至恒重，遗留的残渣不得过10.0mg（0.2%）。

碳酸盐 取本品1.0g，加水数滴润湿后，再加水50ml，搅匀，加入过量的稀硝酸，不得发生气泡。

镁和碱金属 取本品1.0g，加水75ml使溶散，用盐酸调至酸性，再加入盐酸1ml，煮沸1～2分钟，加入氨试液中和，加过量的草酸铵试液，置水浴上加热2小时，放冷，加水至200ml，搅匀，滤过，取滤液50ml，加入硫酸0.5ml，置水浴上蒸干，在600℃炽灼至恒重，遗留的残渣不得过15mg。

炽灼残渣　取本品1.0g，依法检查（附录0841），在900℃炽灼至恒重，减失重量不得过10.0%。

【含量测定】　取本品0.4g，精密称定，置250ml量瓶中，加稀盐酸（1→3）8ml，超声处理（约10分钟）使溶解，放冷，加水稀释至刻度，摇匀，精密量取10ml，加水50ml和8mol/L的氢氧化钾溶液2ml，加钙羧酸指示剂5mg，用乙二胺四醋酸二钠滴定液（0.02mol/L）滴定至溶液由酒红色变为蓝绿色为终点。每1ml的乙二胺四醋酸二钠滴定液（0.02mol/L）相当于1.122mg的CaO。

【类别】　药用辅料，稀释剂、碱化剂。

【贮藏】　密封保存。

氧　化　锌
Yanghuaxin
Zinc Oxide

ZnO　81.38

本品按炽灼至恒重后计算，含ZnO不得少于99.0%。

【性状】　本品为白色至极微黄白色的无砂性细微粉末；无臭；在空气中能缓缓吸收二氧化碳。本品在水或乙醇中不溶；在稀酸中溶解。

【鉴别】　（1）取本品，加强热，即变成黄色；放冷，黄色即消失。

（2）本品的稀盐酸溶液显锌盐的鉴别反应（附录0301）。

【检查】　碱度　取本品1.0g，加新沸的热水10ml，振摇5分钟，放冷，滤过，滤液加酚酞指示液2滴，如显粉红色，加盐酸滴定液（0.1mol/L）0.10ml，粉红色应消失。

硫酸盐　取本品1.0g，加适量稀盐酸溶解，依法检查（附录0802），与标准硫酸钾溶液0.5ml制成的对照液比较，不得更深（0.005%）。

碳酸盐与酸中不溶物　取本品2.0g，加水10ml混合后，加稀硫酸30ml，置水浴上加热，不得发生气泡；搅拌后，溶液应澄清。

炽灼失重　取本品约1.0g，精密称定，在800℃炽灼至恒重，减失重量不得过1.0%。

铁盐　取本品0.40g，加稀盐酸8ml，水15ml与硝酸2滴，煮沸5分钟使溶解，放冷，加水适量使成50ml，摇匀后，另取25ml，加水10ml，依法检查（附录0807），与标准铁溶液1.0ml制成的对照液比较，不得更深（0.005%）。

铅盐　取本品5.0g，加50%硝酸24ml，煮沸1分钟，冷却，稀释至100ml，照原子吸收分光光度法（附录0406）测定，应不得过百万分之五十。

砷盐　取本品1.0g，加盐酸5ml与水23ml使溶解，依法检查（附录0822第一法），应符合规定（0.0002%）。

【含量测定】　取本品约0.1g，精密称定，加稀盐酸2ml使溶解，加水25ml，加0.025%甲基红的乙醇溶液1滴，滴加氨试液至溶液显微黄色，加水25ml，氨-氯化铵缓冲（pH10.0）10ml与铬黑T指示剂少许，用乙二胺四醋酸二钠滴定液（0.05mol/L）滴定至溶液由紫色转变为纯蓝色。每1ml乙二胺四醋酸二钠滴定液（0.05mol/L）相当于4.069mg的ZnO。

【类别】　药用辅料。填充剂和抑菌剂等。

【贮藏】　密封保存。

氧　化　镁

Yanghuamei

Magnesium Oxide

$$MgO \quad 40.30$$

本品按炽灼至恒重后计算，含MgO不得少于96.5%。

【性状】　本品为白色粉末；无臭，无味；在空气中能缓缓吸收二氧化碳。

本品在水或乙醇中几乎不溶；在稀酸中溶解。

【鉴别】　本品的稀盐酸溶液显镁盐的鉴别反应（附录0301）。

【检查】　表观体积　取本品15g，加入量筒中，不经振动，体积不得大于60ml。

碱度　取本品1.0g，加水50ml，煮沸5分钟，趁热滤过，滤渣用水适量洗涤，洗液并入滤液中，加甲基红指示液数滴与硫酸滴定液（0.05mol/L）2.0ml，溶液应由黄色变为红色。

溶液的颜色　取本品1.0g，加醋酸15ml与水5ml，煮沸2分钟，放冷，加水使成20ml，如浑浊可滤过，溶液应无色；如显色，与黄绿色2号标准比色液（附录0901第一法）比较，不得更深。

氯化物　取氧化钙项下供试品溶液1.0ml，用水稀释成25ml，依法检查（附录0801），与标准氯化钠溶液5.0ml制成的对照液比较，不得更浓（0.1%）。

硫酸盐　取氧化钙项下供试品溶液2.0ml，用水稀释至20ml，依法检查（附录0802），与标准硫酸钾溶液3.0ml制成的对照液比较，不得更浓（0.3%）。

碳酸盐　取本品0.10g，加水5ml，煮沸，放冷，加醋酸5ml，不得泡沸。

酸中不溶物　取本品2.0g，加盐酸25ml，置水浴中加热使溶解，加水100ml，用经105℃干燥至恒重的4号垂熔坩埚滤过，滤渣用水洗涤至洗液不显氯化物的反应，在105℃干燥至恒重，遗留残渣不得过2.0mg（0.10%）。

可溶性物质　取本品1.0g，加水100ml，煮沸5分钟，趁热滤过，滤渣用少量水洗涤，合并滤液与洗液，置经105℃干燥至恒重的蒸发皿中，置水浴上蒸干，在105℃干燥至恒重，遗留残渣不得过2.0%。

炽灼失重　取本品0.50g，炽灼至恒重，减失重量不得过5.0%。

氧化钙　取新炽灼放冷的本品5.0g，加水30ml与醋酸70ml使溶解，煮沸2分钟，放冷，滤过，滤渣用稀醋酸洗涤，合并滤液与洗液，置100ml量瓶中，用稀醋酸稀释至刻度，摇匀，作为供试品溶液。精密量取10ml，加水300ml，加三乙醇胺溶液（3→10）10ml与45%氢氧化钾溶液10ml，放置5分钟，加钙紫红素指示剂0.1g，用乙二胺四醋酸二钠滴定液（0.01mol/L）滴定至溶液自紫红色转变为蓝色，并将滴定的结果用空白试验校正。每1ml乙二胺四醋酸二钠滴定液（0.01mol/L）相当于0.5608mg的CaO，本品含氧化钙不得过0.50%。

铁盐　取本品50mg，加稀盐酸2ml与水23ml溶解后，依法检查（附录0807），与标准铁溶液2.5ml制成的对照液比较，不得更深（0.05%）。

锰盐　取本品1.0g，加水20ml、硝酸5ml、硫酸5ml与磷酸1ml，加热煮沸2分钟，放冷，加高碘酸钾2.0g，再煮沸5分钟，放冷，移入50ml比色管中，用无还原性的水（每1000ml水中加硝酸3ml与高碘酸钾5g，煮沸2分钟，放冷）稀释至刻度，摇匀；与标准锰溶液（取在400～500℃炽灼至恒重的无水硫酸锰0.275g，置1000ml量瓶中，加水适量使溶解并稀释至刻度，摇匀。每1ml相当于0.10mg的Mn）0.30ml用同一方法制成的对照液比较，不得更深（0.003%）。

重金属　取本品0.50g，加稀盐酸10ml与水5ml，加热溶解后，煮沸1分钟，放冷，滤过，滤液中加酚酞指示液1滴，滴加氨试液适量至溶液显淡红色，加醋酸盐缓冲液（pH3.5）2ml与水适量使成25ml，加抗坏血酸0.5g溶解后，依法检查（附录0821第一法），放置5分钟比色，含重金属不得过百万分之二十。

砷盐 取本品0.50g，加盐酸5ml与水23ml使溶解，依法检查（附录0822第一法），应符合规定（0.0004%）。

【含量测定】 取本品0.4g，精密称定，精密加硫酸滴定液（0.5mol/L）25ml溶解后，加甲基橙指示液1滴，用氢氧化钠滴定液（1mol/L）滴定，并将滴定的结果用空白试验校正。根据消耗的硫酸量，减去混有的氧化钙（CaO）应消耗的硫酸量，即得供试量中MgO消耗的硫酸量。每1ml硫酸滴定液（0.5mol/L）相当于20.15mg的MgO或28.04mg的CaO。

【类别】 药用辅料，填充剂和pH值调节剂。

【贮藏】 密封保存。

氨 丁 三 醇

Andingsanchun

Trometamol

$$C_4H_{11}NO_3 \quad 121.14$$

本品为2-氨基-2-羟甲基-1,3-丙二醇。按干燥品计算，含$C_4H_{11}NO_3$不得少于99.0%。

【性状】 本品为白色结晶。

本品在水中易溶，在乙醇中溶解。

熔点 本品的熔点（附录0612第二法）为168～172℃。

【鉴别】 （1）取本品0.2g，加水1ml溶解后，加水杨醛饱和溶液1ml与冰醋酸2滴，即显黄色。

（2）有关物质项下供试品溶液（2）所显主斑点的位置和颜色应与对照品溶液的主斑点相同。

（3）本品的红外光吸收图谱应与对照的图谱一致。

【检查】 **碱度** 取本品1.0g，加20ml溶解后，依法测定（附录0631），pH值应为10.0～11.5。

溶液的澄清度与颜色 取本品2.5g，加新沸放冷的水50ml溶解后，依法检查（附录0901与附录0902）溶液应澄清，几乎无色。如显浑浊，与1号浊度标准液比较，不得更浓（附录0902）。

氯化物 取溶液的澄清度与颜色项下的溶液10ml，依法检查（附录0801），与标准氯化钠溶液5.0ml制成的对照液比较，不得更浓（0.01%）。

有关物质 取本品0.20g，置10ml量瓶中，用水1ml使溶解，用甲醇稀释至刻度，摇匀，作为供试品溶液（1），精密量取1ml，置10ml量瓶中，加甲醇稀释至刻度，摇匀，作为供试品溶液（2）。另取氨丁三醇对照品20mg，置10ml量瓶中，加甲醇溶解并稀释至刻度，摇匀，作为对照品溶液。精密量取供试品溶液（1）1ml，置100ml量瓶中，加甲醇稀释至刻度，摇匀，作为对照溶液。照薄层色谱法（附录0502）试验，吸取上述4种溶液各10μl分别点于在甲醇中预展开的同一硅胶G薄层板上（如MERCK薄层板或与之等效的薄层板），以氨水-异丙醇（1:9）为展开剂，展开后，105℃干燥后，喷以高锰酸钾显色液（取高锰酸钾0.5g，加10g/L的碳酸钠溶液100ml使溶解）显色，放置约

10分钟后检测，供试品溶液（1）如显杂质斑点，与对照溶液所显的主斑点比较，不得更深。

干燥失重 取本品，在80℃减压干燥至恒重，减失重量不得过0.6%（附录0831）。

炽灼残渣 取本品1.0g，依法检查（附录0841），遗留残渣不得过0.1%。

铁盐 取本品1.0g，置10ml量瓶中，加水溶解并稀释至刻度，依法检查（附录0807），与标准铁溶液1.0ml制成的对照液比较，不得更深（0.001%）。

镍盐 取本品1.0g，用水10ml溶解后，加氨试液1ml与丁二酮肟试液2ml，放置10分钟，如显色，与标准镍溶液（精密称取硫酸镍铵0.6730g，置1000ml量瓶中，加水适量使溶解并稀释至刻度，摇匀。精密量取10ml，置100ml量瓶中，加水稀释至刻度，摇匀）1.5ml同法制成的对照液比较，不得更深（0.0015%）。

重金属 取炽灼残渣项下遗留的残渣，依法检查（附录0821第二法），含重金属不得过百万分之十。

细菌内毒素（供注射用） 取本品，依法检查（附录1143），每1mg氨丁三醇中含内毒素的量应小于0.03EU。

无菌（适用于非终端灭菌工艺或无除菌工艺的制剂） 取本品，依法检查（附录1101），应符合规定。

【含量测定】 取本品约0.25g，精密称定，加水80ml溶解后，加甲基红指示液2～3滴，用盐酸滴定液（0.1mol/L）滴定，即得。每1ml盐酸滴定液（0.1mol/L）相当于12.11mg的$C_4H_{11}NO_3$。

【类别】 药用辅料，酸碱平衡调节剂。

【贮藏】 遮光，密封保存。

倍他环糊精

Beita Huanhujing

Betacyclodextrin

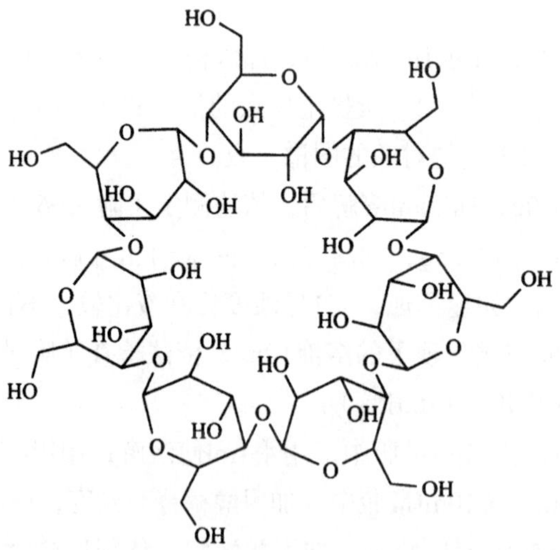

（$C_6H_{10}O_5$）$_7$　1134.99

本品为环状糊精葡萄糖基转移酶作用于淀粉而生成的7个葡萄糖以α-1,4-糖苷键结合的环状低聚糖。按干燥品计算，含（$C_6H_{10}O_5$）$_7$应为98.0%～102.0%。

【性状】 本品为白色结晶或结晶性粉末；无臭，味微甜。

本品在水中略溶，在甲醇、乙醇、丙酮或乙醚中几乎不溶。

比旋度 取本品，精密称定，加水溶解制成每1ml中约含10mg的溶液，依法测定（附录0621），比旋度为+159°至+164°。

【鉴别】 （1）取本品约0.2g，加碘试液2ml，在水浴中加热使溶解，放冷，产生黄褐色沉淀。

（2）在含量测定项下记录的色谱图中，供试品溶液主峰的保留时间应与对照品溶液主峰的保留时间一致。

（3）本品的红外光吸收图谱应与对照品的图谱一致。

【检查】 酸碱度 取本品0.20g，加水20ml溶解后，加饱和氯化钾溶液0.2ml，依法测定（附录0631），pH值应为5.0~8.0。

溶液的澄清度与颜色 取本品0.50g，加水50ml使溶解，依法检查（附录0901与附录0902），溶液应澄清无色；如显浑浊，与2号浊度标准液（附录0902第二法）比较，不得更浓。

氯化物 取本品0.39g，依法检查（附录0801），与标准氯化钠溶液7.0ml制成的对照溶液比较，不得更浓（0.018%）。

杂质吸光度 取本品约1g，精密称定，加水100ml溶解，照紫外-可见分光光度法（附录0401）测定，在230~350nm波长范围内的吸光度不得过0.10，在350~750nm波长范围内的吸光度不得过0.05。

还原糖 取本品1.0g，精密称定，加水25ml使溶解，加碱性酒石酸铜试液40ml，缓缓煮沸3分钟，室温放置过夜，用4号垂熔漏斗滤过，沉淀用温水洗至洗液呈中性，弃去滤液和洗液，沉淀用热硫酸铁试液20ml溶解，滤过，滤器用水100ml洗涤，合并滤液与洗液，加热至60℃，趁热用高锰酸钾滴定液（0.02mol/L）滴定。按干燥品计算，每1g消耗高锰酸钾滴定液（0.02mol/L）不得过3.2ml（1.0%）。

环己烷 取本品约0.2g，精密称定，置顶空瓶中，加内标溶液（取二氯乙烯适量，加20%二甲基亚砜溶液制成每1ml中约含0.04μg的溶液，即得）10.0ml，作为供试品溶液；另精密称取环己烷，加内标溶液制成每1ml中约含环己烷0.078mg的溶液，量取10.0ml置顶空瓶中作为对照品溶液。照残留溶剂测定法（附录0861）试验，以100%二甲基聚硅氧烷为固定液的毛细管柱为色谱柱；柱温为90℃；进样口温度为200℃；检测器温度为250℃；顶空瓶平衡温度为70℃，平衡时间为20分钟。取对照品溶液顶空进样，各成分峰之间的分离度应符合规定。取供试品溶液与对照品溶液分别顶空进样，记录色谱图，按内标法以峰面积计算，应符合规定。

干燥失重 取本品，在105℃干燥至恒重，减失重量不得过14.0%（附录0831）。

炽灼残渣 取本品1.0g，依法检查（附录0841），遗留残渣不得过0.1%。

重金属 取炽灼残渣项下遗留的残渣，依法检查（附录0821第二法），含重金属不得过百万分之十。

微生物限度 取本品，依法检查（附录1105和附录1106），每1g供试品中需氧菌总数不得过1000cfu、霉菌及酵母菌总数不得过100cfu，不得检出大肠埃希菌。

【含量测定】 照高效液相色谱法（附录0512）测定。

色谱条件与系统适用性试验 用十八烷基硅烷键合硅胶为填充剂；以水-甲醇（85∶15）为流动相；以示差折光检测器测定。理论板数按倍他环糊精峰计算不低于1500。

测定法 取本品约50mg，精密称定，置10ml量瓶中，加水适量使溶解并稀释至刻度，摇匀，精密量取10μl，注入液相色谱仪，记录色谱图；另取倍他环糊精对照品约50mg，精密称定，同法测定。按外标法以峰面积计算，即得。

【类别】 药用辅料，包合剂和稳定剂等。

【贮藏】 密闭，在干燥处保存。

胶态二氧化硅

Jiaotai Eryanghuagui

Colloidal Silicon Dioxide

SiO_2 60.08

本品系将四氯化硅在氢气与氧气火焰中反应而制得。按炽灼品计算，含SiO_2应为99.0%～100.5%。

【性状】 本品为白色疏松的粉末。

本品在水中不溶，在热的氢氧化钠试液中溶解，在稀盐酸中不溶。

【鉴别】 （1）取本品约5mg，置铂坩锅中，加碳酸钾200mg，混匀。在600～700℃炽灼10分钟，冷却，加水2ml微热使溶解，缓缓加入钼酸铵溶液（取钼酸6.5g，加水14ml与浓氨溶液14.5ml，振摇使溶解，冷却，边搅拌边缓缓加入已冷却的硝酸32ml与水40ml的混合液中，静置48小时，滤过，取滤液即得）2ml，溶液显深黄色。

（2）取鉴别（1）项下得到的深黄色溶液1滴，滴于滤纸上，挥干溶剂，滴加邻联甲苯胺的冰醋酸饱和溶液1滴，并将滤纸置于浓氨溶液上方显色，斑点应显蓝绿色。

【检查】 **表观体积** 取本品2.5g，置100ml量筒中，不经振动，体积不得少于35ml。

酸度 取本品1g，加水25ml，振摇使混悬均匀，依法测定（附录0631），pH值应为3.5～5.5。

氯化物 取本品0.5g，加水50ml，加热回流2小时，放冷，加水使成50ml，摇匀，滤过，取续滤液10ml，依法检查（附录0801），与标准氯化钠溶液1.1ml制成的对照液比较，不得更浓（0.011%）。

干燥失重 取本品，在105℃干燥2小时，减失重量不得过2.5%（附录0831）。

炽灼失重 取干燥失重项下遗留的样品1.0g，精密称定，在1000℃±25℃炽灼至恒重，减失重量不得过干燥品重量的2.0%。

钙盐 取本品1.0g，加氢氧化钠试液30ml，煮沸，放冷，加水20ml与酚酞指示液1滴，滴加稀硝酸至颜色消失，立即加稀醋酸5ml，摇匀，用水稀释至100ml，离心，取上清液滤过，取续滤液25ml，加草酸试液1ml，用乙醇稀释至50ml，立即摇匀，放置10分钟，如显浑浊，与标准钙溶液（取经180℃干燥4小时的碳酸钙0.25g，加稀盐酸3ml使溶解，用水稀释至100ml，摇匀，取4.0ml，加稀醋酸5ml，用水稀释至100ml，摇匀，即得）25ml，用同一方法制成的对照液比较，不得更深。

铝盐 取本品0.5g，加氢氧化钠试液40ml，煮沸，放冷，用氢氧化钠试液稀释至50ml。滤过，取续滤液10.0ml，加31%冰醋酸溶液17ml，摇匀，加玫瑰红三羧酸铵溶液（取玫瑰红三羧酸铵0.1g，加水100ml溶解，放置24小时后即得）2ml，用水稀释至50ml，放置30分钟，如显色，与标准铝溶液（取硫酸铝钾0.176g，加水溶解并稀释至1000ml）15.5ml，加氢氧化钠试液10ml，自上述"加31%冰醋酸溶液17ml"起，用同一方法制成的对照液比较，不得更深。

铁盐 取本品0.2g，加水25ml，盐酸2ml与硝酸5滴，煮沸5分钟，放冷，滤过，用少量水洗涤残渣，合并滤液与洗液，加过硫酸铵50mg，加水稀释至35ml，依法检查（附录0807），与标准铁溶液3.0ml制成的对照液比较，不得更深（0.015%）。

重金属 取本品3.3g，加水40ml及盐酸5ml，缓缓加热煮沸15分钟，放冷，滤过，滤液置100ml量瓶中，用适量水洗涤滤器，洗液并入量瓶中，加水稀释至刻度，摇匀，取20ml，加酚酞指示液1滴，滴加氨试液至淡红色，加醋酸盐缓冲液（pH3.5）2ml与水适量使成25ml，依法检查（附录0821第一法），含重金属不得过百万分之二十五。

砷盐 取重金属项下溶液20ml，加盐酸5ml，依法检查（附录0822第一法）应符合规定（0.0003%）。

【含量测定】 取本品0.5g，置已在1000℃±25℃炽灼至恒重的铂坩锅中，在1000℃±25℃炽灼2小时，放冷，精密称定。残渣中滴加硫酸3滴，并用适量乙醇润湿，再加入氢氟酸15ml，置水浴上蒸发至近干，移至电炉上缓缓加热至酸蒸气除尽，在1000℃±25℃炽灼至恒重，放冷，精密称定，如果有残渣存在，则重复分析，从"加入氢氟酸15ml"开始，减失的重量即为供试品中含有的SiO_2的重量。

【类别】 药用辅料，增稠剂、稳定剂和稀释剂等。

【贮藏】 密闭保存。

胶囊用明胶

Jiaonangyong Mingjiao

Gelatin for Capsules

本品为动物的皮、骨、腱与韧带中胶原蛋白不完全酸水解、碱水解或酶降解后纯化得到的制品，或为上述三种不同明胶制品的混合物。

【性状】 本品为微黄色至黄色、透明或半透明微带光泽的薄片或粉粒；无臭、无味；浸在水中时会膨胀变软，能吸收其自身质量5~10倍的水。

本品在热水中易溶，在醋酸或甘油与水的热混合液中溶解，在乙醇中不溶。

【鉴别】 （1）取本品0.5g，加水50ml，加热使溶解，取溶液5ml，加重铬酸钾试液-稀盐酸（4:1）的混合液数滴，即产生橘黄色絮状沉淀。

（2）取鉴别（1）项下剩余的溶液1ml，加水100ml，摇匀，加鞣酸试液数滴，即产生浑浊。

（3）取本品，加钠石灰，加热，即发生氨臭。

【检查】 **冻力强度**（仅限硬胶囊） 取本品两份各7.50g，分别置冻力瓶内，加水制成6.67%的胶液，加盖，放置1~4小时后，在65℃±2℃的水浴中搅拌加热15分钟使样品溶散均匀，在室温下放置15分钟，将冻力瓶水平放置在10℃±0.1℃的恒温水浴中，用橡胶塞密塞保温17小时±1小时后，迅速移出冻力瓶，擦干外壁，置冻力仪测试台上测试，计算两次结果的平均值，冻力强度应不低于180Bloomg。

酸碱度 取本品1.0g，加热水100ml，充分振摇使溶解，放冷至35℃，依法测定（附录0631），pH值应为4.0~7.2。

透光率 取本品2.0g，加50~60℃的水使溶解并稀释制成6.67%的溶液后，冷却至45℃，照紫外-可见分光光度法（附录0401），分别在450nm与620nm的波长处测定透光率，分别不得低于50%与70%。

电导率 取本品1.0g，加不超过60℃的水溶解并稀释制成1.0%的溶液，作为供试品溶液，另取水100ml作为空白溶液，将供试品溶液与空白溶液置于30℃±1℃的水浴中保温1小时后，用电导率仪测定，以铂黑电极作为测定电极，先用空白溶液冲洗电极3次后，测定空白溶液的电导率，其电导率值应不得过5.0μS/cm。取出电极，再用供试品溶液冲洗电极3次后，测定供试品溶液的电导率，应不得过0.5μS/cm。

亚硫酸盐（以SO_2计） 取本品10.0g，置于长颈圆底烧瓶中，加水150ml，放置1小时后，在

60℃水浴中加热使溶解，加磷酸5ml与碳酸氢钠1g，即时连接冷凝管（产生过量的泡沫时，可加入适量的消泡剂，如硅油等），加热蒸馏，用0.05mol/L碘溶液15ml作为接收液，收集馏出液50ml，用水稀释至100ml，摇匀，量取50ml，置水浴上蒸发，随时补充水适量，蒸至溶液几乎无色，用水稀释至40ml，照硫酸盐检查法（附录0802）检查，如显浑浊，与标准硫酸钾溶液7.5ml制成的对照液比较，不得更浓（0.01%）。

过氧化物　取本品10g，置250ml具塞烧瓶中，加水140ml，放置2小时，在50℃的水浴中加热使溶解，立即冷却，加硫酸溶液（1→5）6ml、碘化钾0.2g、1%淀粉溶液2ml与0.5%钼酸铵溶液1ml，密塞，摇匀，在暗处放置10分钟，溶液不得显蓝色。

干燥失重　取本品，在105℃干燥15小时，减失重量不得过15.0%（附录0831）。

炽灼残渣　取本品1.0g，依法检查（附录0841），遗留残渣不得过2.0%。

铬　取本品0.5g，置聚四氟乙烯消解罐内，加硝酸5～10ml，混匀，100℃预消解2小时后，盖上内盖，旋紧外套，置适宜的微波消解炉内，进行消解。消解完全后，取消解内罐置电热板上缓缓加热至红棕色蒸气挥尽并近干，用2%硝酸溶液转移至50ml聚四氟乙烯量瓶中，并用2%硝酸溶液稀释至刻度，摇匀，作为供试品溶液；同法制备试剂空白溶液；另取铬单元素标准溶液，用2%硝酸溶液稀释制成每1ml含铬1.0μg的铬标准贮备液，临用时，分别精密量取铬标准贮备液适量，用2%硝酸溶液稀释制成每1ml含铬0～80ng的对照品溶液。取供试品溶液与对照品溶液，以石墨炉为原子化器，照原子吸收分光光度法（附录0406第一法）或电感耦合等离子体质谱法（附录0412第一法）测定。含铬不得过百万分之二。

重金属　取炽灼残渣项下遗留的残渣，依法检查（附录0821第二法），含重金属不得过百万分之三十。

砷盐　取本品2.0g，加淀粉0.5g与氢氧化钙1.0g，加水少量，搅拌均匀，干燥后，先用小火炽灼使炭化，再在500～600℃炽灼使灰化完全，放冷，加盐酸8ml与水20ml溶解后，依法检查（附录0822第一法），应符合规定（0.0001%）。

微生物限度　取本品，依法检查（附录1105和附录1106），每1g供试品中需氧菌总数不得过1000cfu、霉菌及酵母菌总数不得过100cfu，不得检出大肠埃希菌；每10g供试品中不得检出沙门氏菌。

【类别】　药用辅料，用于硬胶囊等。

【贮藏】　密封，在干燥处保存。

粉状纤维素
Fenzhuang Xianweisu
Powdered Cellulose

$$C_{6n}H_{10n+2}O_{5n+1}$$

本品系自植物纤维浆中所得的α-纤维素，经纯化和机械粉碎制得。

【性状】　本品为白色或类白色粉末或颗粒状粉末。

本品在水、丙酮、无水乙醇、甲苯或稀盐酸中几乎不溶。

【鉴别】　（1）取本品10mg，置玻璃板上，加氯化锌碘溶液（取氯化锌20g和碘化钾6.5g，加水10.5ml使全部溶解后，再加碘0.5g，振摇15分钟）2ml，即显蓝紫色。

（2）取本品约0.25g，精密称定，置具塞锥形瓶中，精密加水与1.0mol/L双氢氧化乙二胺铜溶液各25ml，密塞，振摇使完全溶解，取溶液适量转移至乌氏黏度计（毛细管内径0.7～0.8mm）中，在25℃±0.1℃水浴中平衡至少5分钟，记录溶液流经黏度计上下两个刻度时的时间t_1（以秒计）计算溶液的运动黏度（v_1）。取适量1.0mol/L双氢氧化乙二胺铜溶液与等量水混合，用乌氏黏度计（毛细管内径0.5～0.6mm）同法测定（附录0633第二法）流出时间t_2（以秒计），计算溶剂的运动黏度（v_2）。按下式计算供试品的相对黏度（η_{rel}）

$$\eta_{rel} = \frac{v_1}{v_2}$$

根据计算的相对黏度（η_{rel}）值，查特性黏度表（附表）得到特性黏度$[\eta]C$，按下式计算聚合度（P），应不低于440。

$$P = \frac{95[\eta]C}{m[(100-b)/100]}$$

式中　m为供试品取样量，g；

　　　b为供试品干燥失重，%。

【检查】　酸碱度　取本品10g，加水90ml，搅拌1小时后静置，取上清液依法测定（附录0631），pH值应为5.0～7.5。

溶解性　取本品50mg，加氨制四氨铜溶液（取硫酸铜6.9g，加水20ml，边搅拌边滴加浓氨溶液至产生的沉淀全部溶解。放冷至20℃以下，边振摇边滴加10mol/L氢氧化钠溶液6ml，经3号垂熔玻璃漏斗滤过，用水洗涤沉淀至滤液澄清，加浓氨溶液40ml，边加边搅拌溶解沉淀边抽滤，即得）10ml振摇，应全部溶解，且无残渣。

醚中可溶物　取本品10g，精密称定，置内径为20mm的层析柱内，用不含过氧化物的乙醚50ml洗脱，流速为每分钟20滴，洗脱液在经105℃干燥至恒重的蒸发皿中蒸发至干，在105℃干燥30分钟，遗留残渣不得过15.0mg（0.15%）。

水中可溶物　取本品6g，精密称定，加新沸放冷水90ml，搅拌10分钟，减压滤过，弃去初滤液至少10ml，取澄清的续滤液15ml在经105℃干燥至恒重的蒸发皿中蒸发至干，在105℃干燥1小时，遗留残渣不得过15.0mg（0.15%）。

干燥失重　取本品1.0g，在105℃干燥3小时，减失重量不得过6.5%（附录0831）。

炽灼残渣　取本品1.0g，依法测定（附录0841），以干燥品计算，遗留残渣不得过0.3%。

重金属　取炽灼残渣项下遗留的残渣，依法检查（附录0821第二法），含重金属不得过百万分之十。

【类别】　药用辅料，黏合剂、填充剂和崩解剂等。

【性状】　密封保存。

附表　相对黏度（η_{rel}）与特性黏数和浓度的乘积转换表

η_{rel}	$[\eta]C$									
	0.00	0.01	0.02	0.03	0.04	0.05	0.06	0.07	0.08	0.09
1.1	0.098	0.106	0.115	0.125	0.134	0.143	0.152	0.161	0.170	0.180
1.2	0.189	0.198	0.207	0.216	0.225	0.233	0.242	0.250	0.259	0.268
1.3	0.276	0.285	0.293	0.302	0.310	0.318	0.326	0.334	0.342	0.350
1.4	0.358	0.367	0.375	0.383	0.391	0.399	0.407	0.414	0.422	0.430
1.5	0.437	0.445	0.453	0.460	0.468	0.476	0.484	0.491	0.499	0.507
1.6	0.515	0.522	0.529	0.536	0.544	0.551	0.558	0.566	0.573	0.580
1.7	0.587	0.595	0.602	0.608	0.615	0.622	0.629	0.636	0.642	0.649
1.8	0.656	0.663	0.670	0.677	0.683	0.690	0.697	0.704	0.710	0.717
1.9	0.723	0.730	0.736	0.743	0.749	0.756	0.762	0.769	0.775	0.782
2.0	0.788	0.795	0.802	0.809	0.815	0.821	0.827	0.833	0.840	0.846
2.1	0.852	0.858	0.864	0.870	0.876	0.882	0.888	0.894	0.900	0.906
2.2	0.912	0.918	0.924	0.929	0.935	0.941	0.948	0.953	0.959	0.965
2.3	0.971	0.976	0.983	0.988	0.994	1.000	1.006	1.011	1.017	1.022
2.4	1.028	1.033	1.039	1.044	1.050	1.056	1.061	1.067	1.072	1.078
2.5	1.083	1.089	1.094	1.100	1.105	1.111	1.116	1.121	1.126	1.131
2.6	1.137	1.142	1.147	1.153	1.158	1.163	1.169	1.174	1.179	1.184
2.7	1.190	1.195	1.200	1.205	1.210	1.215	1.220	1.225	1.230	1.235
2.8	1.240	1.245	1.250	1.255	1.260	1.265	1.270	1.275	1.280	1.285
2.9	1.290	1.295	1.300	1.305	1.310	1.314	1.319	1.324	1.329	1.333
3.0	1.338	1.343	1.348	1.352	1.357	1.362	1.367	1.371	1.376	1.381
3.1	1.386	1.390	1.395	1.400	1.405	1.409	1.414	1.418	1.423	1.427
3.2	1.432	1.436	1.441	1.446	1.450	1.455	1.459	1.464	1.468	1.473
3.3	1.477	1.482	1.486	1.491	1.496	1.500	1.504	1.508	1.513	1.517
3.4	1.521	1.525	1.529	1.533	1.537	1.542	1.546	1.550	1.554	1.558
3.5	1.562	1.566	1.570	1.575	1.579	1.583	1.587	1.591	1.595	1.600
3.6	1.604	1.608	1.612	1.617	1.621	1.625	1.629	1.633	1.637	1.642
3.7	1.646	1.650	1.654	1.658	1.662	1.666	1.671	1.675	1.679	1.683
3.8	1.687	1.691	1.695	1.700	1.704	1.708	1.712	1.715	1.719	1.723
3.9	1.727	1.731	1.735	1.739	1.742	1.746	1.750	1.754	1.758	1.762
4.0	1.765	1.769	1.773	1.777	1.781	1.785	1.789	1.792	1.796	1.800
4.1	1.804	1.808	1.811	1.815	1.819	1.822	1.826	1.830	1.833	1.837
4.2	1.841	1.845	1.848	1.852	1.856	1.859	1.863	1.867	1.870	1.874
4.3	1.878	1.882	1.885	1.889	1.893	1.896	1.900	1.904	1.907	1.911
4.4	1.914	1.918	1.921	1.925	1.929	1.932	1.936	1.939	1.943	1.946
4.5	1.950	1.954	1.957	1.961	1.964	1.968	1.971	1.975	1.979	1.982
4.6	1.986	1.989	1.993	1.996	2.000	2.003	2.007	2.010	2.013	2.017
4.7	2.020	2.023	2.027	2.030	2.033	2.037	2.040	2.043	2.047	2.050
4.8	2.053	2.057	2.060	2.063	2.067	2.070	2.073	2.077	2.080	2.083
4.9	2.087	2.090	2.093	2.097	2.100	2.103	2.107	2.110	2.113	2.116
5.0	2.119	2.122	2.125	2.129	2.132	2.135	2.139	2.142	2.145	2.148
5.1	2.151	2.154	2.158	2.160	2.164	2.167	2.170	2.173	2.176	2.180

η_{rel}	$[\eta]C$									
	0.00	0.01	0.02	0.03	0.04	0.05	0.06	0.07	0.08	0.09
5.2	2.183	2.186	2.190	2.192	2.195	2.197	2.200	2.203	2.206	2.209
5.3	2.212	2.215	2.218	2.221	2.224	2.227	2.230	2.233	2.236	2.240
5.4	2.243	2.246	2.249	2.252	2.255	2.258	2.261	2.264	2.267	2.270
5.5	2.273	2.276	2.279	2.282	2.285	2.288	2.291	2.294	2.297	2.300
5.6	2.303	2.306	2.309	2.312	2.315	2.318	2.320	2.324	2.326	2.329
5.7	2.322	2.335	2.338	2.341	2.344	2.347	2.350	2.353	2.355	2.358
5.8	2.361	2.364	2.367	2.370	2.373	2.376	2.379	2.382	2.384	2.387
5.9	2.390	2.393	2.396	2.400	2.403	2.405	2.408	2.411	2.414	2.417
6.0	2.419	2.422	2.425	2.428	2.431	2.433	2.436	2.439	2.442	2.444
6.1	2.447	2.450	2.453	2.456	2.458	2.461	2.464	2.467	2.470	2.472
6.2	2.475	2.478	2.481	2.483	2.486	2.489	2.492	2.494	2.497	2.500
6.3	2.503	2.505	2.508	2.511	2.513	2.516	2.518	2.521	2.524	2.526
6.4	2.529	2.532	2.534	2.537	2.540	2.542	2.545	2.547	2.550	2.553
6.5	2.555	2.558	2.561	2.563	2.566	2.568	2.571	2.574	2.576	2.579
6.6	2.581	2.584	2.587	2.590	2.592	2.595	2.597	2.600	2.603	2.605
6.7	2.608	2.610	2.613	2.615	2.618	2.620	2.623	2.625	2.627	2.630
6.8	2.633	2.635	2.637	2.640	2.643	2.645	2.648	2.650	2.653	2.655
6.9	2.658	2.660	2.663	2.665	2.668	2.670	2.673	2.675	2.678	2.680
7.0	2.683	2.685	2.687	2.690	2.693	2.695	2.698	2.700	2.702	2.705
7.1	2.707	2.710	2.712	2.714	2.717	2.719	2.721	2.724	2.726	2.729
7.2	2.731	2.733	2.736	2.738	2.740	2.743	2.745	2.748	2.750	2.752
7.3	2.755	2.757	2.760	2.762	2.764	2.767	2.769	2.771	2.774	2.776
7.4	2.779	2.781	2.783	2.786	2.788	2.790	2.793	2.75	2.798	2.800
7.5	2.802	2.805	2.807	2.809	2.812	2.814	2.816	2.819	2.821	2.823
7.6	2.826	2.828	2.830	2.833	2.835	2.837	2.840	2.842	2.844	2.847
7.7	2.849	2.851	2.854	2.856	2.858	2.860	2.863	2.865	2.868	2.870
7.8	2.873	2.875	2.877	2.879	2.881	2.844	2.877	2.899	2.891	2.893
7.9	2.895	2.898	2.900	2.902	2.905	2.907	2.909	2.911	2.913	2.915
8.0	2.918	2.920	2.922	2.924	2.926	2.928	2.931	2.933	2.935	2.937
8.1	2.939	2.942	2.944	2.946	2.948	2.950	2.952	2.955	2.957	2.959
8.2	2.961	2.963	2.966	2.968	2.970	2.972	2.974	2.976	2.979	2.981
8.3	2.983	2.985	2.987	2.990	2.992	2.994	2.996	2.998	3.000	3.002
8.4	3.004	3.006	3.008	3.010	3.012	3.015	3.017	3.019	3.021	3.023
8.5	3.025	3.027	3.029	3.031	3.033	3.035	3.037	3.040	3.042	3.044
8.6	3.046	3.048	3.050	3.052	3.054	3.056	3.058	3.060	3.062	3.064
8.7	3.067	3.069	3.071	3.073	3.075	3.077	3.079	3.081	3.083	3.085
8.8	3.087	3.089	3.092	3.094	3.096	3.098	3.100	3.012	3.014	3.016
8.9	3.108	3.110	3.112	3.114	3.116	3.118	3.120	3.122	3.124	3.126
9.0	3.128	3.130	3.132	3.134	3.136	3.138	3.140	3.142	3.144	3.146
9.1	3.148	3.150	3.152	3.154	3.156	3.158	3.160	3.162	3.164	3.166
9.2	3.168	3.170	3.172	3.174	3.176	3.178	3.180	3.182	3.184	3.186

（续）

η_{rel}	[η]C									
	0.00	0.01	0.02	0.03	0.04	0.05	0.06	0.07	0.08	0.09
9.3	3.188	3.190	3.192	3.194	3.196	3.198	3.200	3.202	3.204	3.206
9.4	3.208	3.210	3.212	3.214	3.215	3.217	3.219	3.221	3.223	3.225
9.5	3.227	3.229	3.231	3.233	3.235	3.237	3.239	3.241	3.242	3.244
9.6	3.246	3.248	3.250	3.252	3.254	3.256	3.258	3.260	3.262	3.264
9.7	3.266	3.268	3.269	3.271	3.273	3.275	3.277	3.279	3.281	3.283
9.8	3.285	3.287	3.289	3.291	3.293	3.295	3.297	3.298	3.300	3.302
9.9	3.304	3.305	3.307	3.309	3.311	3.313	3.316	3.318	3.320	3.321
10	3.32	3.34	3.36	3.37	3.39	3.41	3.43	3.45	3.46	3.48
11	3.50	3.52	3.53	3.55	3.56	3.58	3.60	3.61	3.63	3.64
12	3.66	3.68	3.69	3.71	3.72	3.74	3.76	3.77	3.79	3.80
13	3.80	3.83	3.85	3.86	3.88	3.89	3.90	3.92	3.93	3.95
14	3.96	3.97	3.99	4.00	4.02	4.03	4.04	4.06	4.07	4.09
15	4.10	4.11	4.13	4.14	4.15	4.17	4.18	4.19	4.20	4.22
16	4.23	4.24	4.25	4.27	4.28	4.29	4.30	4.31	4.33	4.34
17	4.35	4.36	4.37	4.38	4.39	4.41	4.42	4.43	4.44	4.45
18	4.46	4.47	4.48	4.49	4.50	4.52	4.53	4.54	4.55	4.56
19	4.57	4.58	4.59	4.60	4.61	4.62	4.63	4.64	4.65	4.66

烟　酰　胺

Yanxian'an

Nicotinamide

$C_6H_6N_2O$　122.13

本品为3-吡啶甲酰胺。按干燥品计算，含$C_6H_6N_2O$不得少于99.0%。

【性状】　本品为白色的结晶性粉末；无臭或几乎无臭，味苦，略有引湿性。

本品在水或乙醇中易溶，在甘油中溶解。

熔点　本品的熔点（附录0612）为128～131℃。

【鉴别】　（1）取本品约0.1g，加水5ml溶解后，加氢氧化钠试液5ml，缓缓加热，产生的氨气使湿润的红色石蕊试纸变蓝（与烟酸的区别）。继续加热至氨臭完全除去，放冷，加酚酞指示液1～2滴，用稀硫酸中和，加硫酸铜试液2ml，即缓缓析出淡蓝色的沉淀。

（2）取本品，加水溶解并稀释制成每1ml中含20μg的溶液，照紫外-可见分光光度法（附录0401）测定，在261nm的波长处有最大吸收，在245nm的波长处有最小吸收，在245nm波长处的吸光度与261nm波长处的吸光度的比值应为0.63～0.67。

（3）本品的红外光吸收图谱应与对照的图谱一致。

【检查】　**酸碱度**　取本品1.0g，加水10ml使溶解，依法测定（附录0631），pH值为5.5～7.5。

溶液的澄清度与颜色　取本品1.0g，加水10ml溶解后，依法检查（附录0901与附录0902）溶液应澄清无色。

易炭化物　取本品0.20g，依法检查（附录0842），与对照溶液（取比色用氯化钴液1.0ml、比色用重铬酸钾液2.5ml、比色用硫酸铜液1.0ml，加水稀释至50ml）5ml比较，不得更深。

有关物质　取本品，精密称定，加乙醇溶解并稀释制成每1ml中约含40mg的溶液，作为供试品溶液；精密量取适量，用乙醇分别稀释制成每1ml中约含0.2mg和0.1mg的溶液。作为对照溶液（1）和（2）；另取烟酸对照品适量，加乙醇溶解并稀释制成每1ml中约含0.2mg的溶液，作为对照品溶液；再取烟酸对照品和本品适量，加乙醇溶解并稀释制成每1ml中约含烟酸0.2mg和烟酰胺1mg的混合溶液，作为对照溶液（3）。照薄层色谱法（附录0502）试验，吸取上述5种溶液各5μl，分别点于同一硅胶GF$_{254}$薄层板上，以三氯甲烷-无水乙醇-水（48：45：4）为展开剂，展开，取出，晾干，置紫外光灯（254nm）下检视。对照溶液（3）应显示两个清晰分离的斑点；对照溶液（2）应显示一个清晰可见的斑点；供试品溶液如显与对照品溶液相应的杂质斑点，其颜色与对照品溶液的主斑点比较，不得更深（0.5%）；如显其他杂质斑点，与对照溶液（1）的主斑点比较，不得更深。

干燥失重　取本品，置五氧化二磷干燥器中，减压干燥18小时，减失重量不得过0.5%（附录0831）。

炽灼残渣　不得过0.1%（附录0841）。

重金属　取本品1.0g，加水10ml溶解后，加1mol/L盐酸溶液6ml与水适量使成25ml，依法检查（附录0821第一法），含重金属不得过百万分之二十。

砷盐　取本品1.0g，加水23ml与盐酸5ml使溶解后，依法检查（附录0822第一法），应符合规定（0.0002%）。

【含量测定】　取本品约0.1g，精密称定，加冰醋酸20ml溶解后，加醋酐5ml与结晶紫指示液1滴，用高氯酸滴定液（0.1mol/L）滴定至溶液显蓝绿色，并将结果用空白试验校正。每1ml高氯酸滴定液（0.1mol/L）相当于12.21mg的$C_6H_6N_2O$。

【类别】　药用辅料，助溶剂和稳定剂。

【贮藏】　遮光、密封保存。

烟　　酸

Yansuan

Nicotinic Acid

$C_6H_5NO_2$　123.11

本品为吡啶-3-羧酸。按干燥品计算，含$C_6H_5NO_2$应不少于99.0%。

【性状】　本品为白色结晶或结晶性粉末；无臭或有微臭，味微酸；水溶液显酸性反应。

本品在沸水或沸乙醇中溶解，在水中略溶，在乙醇中微溶，在乙醚中几乎不溶；在碳酸钠试液或氢氧化钠试液中易溶。

【鉴别】　（1）取本品约50mg，加水20ml溶解后，滴加0.4%氢氧化钠溶液至遇石蕊试纸显中性反应，加硫酸铜试液3ml，即缓缓析出淡蓝色沉淀。

（2）取本品，加水制成每1ml中约含20μg的溶液，照紫外-可见分光光度法（附录0401）测定，在262nm的波长处有最大吸收，在237nm的波长处有最小吸收，237nm波长处的吸光度与262nm波长处的吸光度的比值应为0.35~0.39。

（3）本品的红外光吸收图谱应与对照的图谱一致。

【检查】 **溶液的颜色** 取本品1.0g，加氢氧化钠试液10ml溶解后，依法检查（附录0901与附录0902）如显色，与同体积的对照液（取比色用氯化钴液1.5ml、比色用重铬酸钾液17ml与比色用硫酸铜液1.5ml，加水使成1000ml）比较，不得更深。

3-氰基吡啶 取本品，精密称定，加乙醇溶解并稀释制成每1ml中约含10mg的溶液，作为供试品溶液；另取3-氰基吡啶对照品适量，加乙醇溶解并稀释制成1ml中约含0.2mg的溶液，作为对照品溶液。照薄层色谱法（附录0502）试验，分别吸取供试品溶液40μl与对照品溶液5μl，分别点于同一硅胶GF$_{254}$薄层板上，以甲苯-三氯甲烷-乙酸乙酯-冰醋酸（7.5:5:2:0.5）为展开剂，展开，取出，晾干，置紫外光灯（254nm）下检视。供试品溶液如显与对照品溶液相应的杂质斑点，其颜色与对照品溶液的主斑点比较，不得更深（0.25%）。

氯化物 取本品0.25g，依法检查（附录0801），与标准氯化钠溶液5.0ml制成的对照液比较，不得更浓（0.02%）。

硫酸盐 取本品0.50g，依法检查（附录0802），与标准硫酸钾溶液1.0ml制成的对照液比较，不得更浓（0.02%）。

干燥失重 取本品，置五氧化二磷干燥器内，减压干燥至恒重，减失重量不得过0.5%（附录0831）。

炽灼残渣 取本品1.0g，依法检查（附录0841），遗留残渣不得过0.1%。

重金属 取炽灼残渣项下遗留的残渣，依法检查（附录0821第二法），含重金属不得过百万分之二十。

砷盐 取本品1.0g，加水23ml与盐酸5ml使溶解后，依法检查（附录0822第一法），应符合规定（0.0002%）。

【含量测定】 取本品约0.3g，精密称定，加新沸过的冷水50ml溶解后，加酚酞指示液3滴，用氢氧化钠滴定液（0.1mol/L）滴定。每1ml氢氧化钠滴定液（0.1mol/L）相当于12.31mg的$C_6H_5NO_2$。

【类别】 药用辅料，助溶剂，载体材料。

【贮藏】 密封保存。

DL-酒石酸

DL-Jiushisuan

DL-Tartaric acid

$C_4H_6O_6$　150.09

本品为2,3-二羟基丁二酸。按干燥品计算，含$C_4H_6O_6$不得少于99.5%。

【性状】　本品为白色至类白色颗粒或结晶性粉末。

本品在水中易溶，在乙醇中微溶。

【鉴别】　（1）取本品约1g，加水10ml使溶解，溶液应使蓝色石蕊试纸显红色。

（2）取本品约1g，加少量水溶解，用氢氧化钠试液调至中性，加水稀释至20ml，作为供试品溶液。在预先加有2%间苯二酚溶液2～3滴与10%溴化钾溶液2～3滴的硫酸5ml中，加供试品溶液2～3滴，置水浴上加热5～10分钟，溶液应显深蓝色；放冷，将溶液倒入过量的水中，溶液应显红色。

（3）本品的红外光吸收图谱应与对照品的图谱一致。

（4）本品的水溶液显酒石酸盐的鉴别反应（2）（附录0301）。

【检查】　**溶液的澄清度与颜色**　取本品1.0g，加水10ml使溶解，溶液应澄清无色；如显色，与黄色2号标准比色液（附录0901第一法）比较，不得更深。

比旋度　取本品，精密称定，加水溶解并定量稀释制成每1ml中约含0.1g的溶液，依法测定（附录0621），比旋度应为−0.10°至+0.10°。

氯化物　取本品0.5g，依法检查（附录0801），与标准氯化钠溶液5.0ml制成的对照液比较，不得更浓（0.01%）。

硫酸盐　取本品2.0g，依法检查（附录0802），与标准硫酸钾溶液3.0ml制成的对照液比较，不得更浓（0.015%）。

草酸盐　取本品0.8g，加水4ml使溶解，加盐酸3ml和锌粒1g，煮沸1分钟，放置2分钟后，加1%盐酸苯肼溶液0.25ml，加热至沸，迅速冷却，将溶液转移置量筒中，加等体积的盐酸和5%铁氰化钾溶液0.25ml，摇匀，放置30分钟后，与标准草酸溶液〔精密称取草酸（$C_2H_2O_4 \cdot 2H_2O$）10.0mg，加水稀释成100ml，摇匀。每1ml相当于70μg的$C_2H_2O_4$〕4.0ml同法制成的对照液比较，不得更深（0.035%）。

易氧化物　取本品1.0g，加水25ml与硫酸溶液（1→20）25ml使溶解，将溶液保持在20℃±1℃条件下，加0.02mol/L高锰酸钾溶液4.0ml，溶液的紫色在静置条件下3分钟内应不消失。

干燥失重　取本品，在105℃干燥至恒重，减失重量不得过0.5%（附录0831）。

炽灼残渣　取本品1.0g，依法检查（附录0841），遗留残渣不得过0.1%。

钙盐　取本品1.0g，加水10ml使溶解，加入5%醋酸钠溶液20ml，摇匀，作为供试品溶液。取醇制标准钙溶液（精密称取碳酸钙2.50g，置1000ml量瓶中，加5mol/L醋酸溶液12ml，加水适量使溶解并稀释至刻度，摇匀，作为钙溶液贮备液。临用前，精密量取钙溶液贮备液10ml，置100ml量瓶中，加乙醇稀释至刻度，摇匀。每1ml相当于钙0.1mg）0.2ml，置纳氏比色管中，加4%草酸铵溶液1ml，1分钟后，加入2mol/L醋酸溶液1ml和供试品溶液15ml的混合液，摇匀，放置15分钟后，与标准钙溶液（临用前，精密量取钙溶液贮备液1ml，置100ml量瓶中，加水稀释至刻度，摇匀。每1ml相当于钙10μg）10.0ml，加2mol/L醋酸溶液1ml和水5ml同法制成的对照液比较，不得更浓（0.02%）。

重金属　取炽灼残渣项下遗留的残渣，依法检查（附录0821第二法），含重金属不得过百万分之十。

砷盐　取本品1.0g，加水23ml与盐酸5ml使溶解，依法检查（附录0822第一法），应符合规定（0.0002%）。

【含量测定】　取本品约0.65g，精密称定，加水25ml溶解后，加酚酞指示液数滴，用氢氧化钠滴定液（1mol/L）滴定。每1ml氢氧化钠滴定液（1mol/L）相当于75.04mg的$C_4H_6O_6$。

【类别】　药用辅料，pH值调节剂和泡腾剂等。

【贮藏】　遮光，密封保存。

酒 石 酸 钠

Jiushisuanna

Sodium Tartrate

$C_4H_4Na_2O_6 \cdot 2H_2O$ 230.08

本品为L-（＋）-2,3-二羟基丁二酸二钠二水合物。按干燥品计算，含$C_4H_4Na_2O_6$应为99.0% ~ 100.5%。

【性状】 本品为无色透明结晶或白色结晶性粉末。

本品在水中易溶，在乙醇中几乎不溶。

比旋度 取本品，精密称定，加水溶解并定量稀释制成每1ml 中约含100mg 的溶液，依法测定（附录0621），比旋度应为+29.5°至+31.5°。

【鉴别】 本品的水溶液显酒石酸盐的鉴别（2）与钠盐的鉴别的反应（附录0301）。

【检查】 酸碱度 取本品1.0g，加水10ml溶解后，依法测定（附录0631），pH 值应为7.0 ~ 9.0。

溶液的澄清度与颜色 取本品1.0g，加水10ml 使溶解，依法检查（附录0901与附录0902）溶液应澄清无色；如显色，与黄色2 号标准比色液（附录0901第一法）比较，不得更深。

氯化物 取本品3.0g，依法检查（附录0801），与标准氯化钠溶液6.0ml 制成的对照液比较，不得更浓（0.002%）。

硫酸盐 取本品4.0g，依法检查（附录0802），与标准硫酸钾溶液2.0ml 制成的对照液比较，不得更浓（0.005%）。

干燥失重 取本品，在150℃干燥3 小时，减失重量为14.0% ~ 17.0%（附录0831）。

铁盐 取本品1.0g，依法检查（附录0807），与标准铁溶液1.0ml 制成的对照液比较，不得更深（0.001%）。

重金属 取本品1.0g，依法检查（附录0821第二法），含重金属不得过百万分之二十。

【含量测定】 取本品适量，在150℃干燥3 小时后，精密称取约80mg，加冰醋酸50ml，加热至近沸，使溶解，放冷，照电位滴定法（附录0701），用高氯酸滴定液（0.1mol/L）滴定，并将滴定的结果用空白试验校正。每1ml 高氯酸滴定液（0.1mol/L）相当于9.703mg 的$C_4H_4Na_2O_6$。

【类别】 药用辅料，螯合剂。

【贮藏】 密封保存。

海 藻 酸

Haizao Suan

Aliginic Acid

本品系从各种褐色海藻原料中经稀碱提取得到的亲水性胶体碳水化合物海藻酸盐，再用无机酸处理、精制而得。按干燥品计算，含羧酸基（—COOH）应为19.0% ~ 25.0%。

【性状】 本品为白色至微黄色的粉末；无臭，几乎无味。

本品在水、甲醇、乙醇、丙酮、三氯甲烷中不溶，在氢氧化钠试液中溶解。

【鉴别】 （1）取本品30mg，加0.1mol/L氢氧化钠溶液5ml使溶解，加氯化钙试液1ml，生成胶状沉淀。

（2）取本品约30mg，加0.1mol/L氢氧化钠溶液5ml使溶解，加稀硫酸1ml，即生成胶状沉淀。

（3）取本品约10mg，加水5ml，加新制的1% 1,3-二羟基萘乙醇溶液1ml与盐酸5ml，摇匀，煮沸5分钟，放冷，加异丙醚15ml，振摇，放置数分钟，分取醚层，同时做空白对照，醚层显深紫色，并且样品的颜色应深于空白对照的颜色。

【检查】 酸度 取本品1.5g，加水50ml，振摇5分钟，依法测定（附录0631），pH值应为1.5～3.5。

淀粉 取本品0.10g，加氢氧化钠溶液（1→2500）100ml使溶解，取5ml，加碘试液1滴，不得产生瞬变的蓝色。

氯化物 取本品约2.5g，精密称定，置100ml容量瓶中，加稀硝酸50ml，振摇1小时，加稀硝酸稀释至刻度，摇匀，滤过，精密量取续滤液50ml，精密加硝酸银滴定液（0.1mol/L）10ml和甲苯5ml，加硫酸铁铵试液2ml，用硫氰酸铵滴定液（0.1mol/L）滴定，剧烈振摇至终点，并将滴定的结果用空白试验校正。每1ml硝酸银滴定液（0.1mol/L）相当于3.545mg的Cl。含Cl不得过1.0%。

干燥失重 取本品，在105℃干燥4小时，减失重不得过15.0%（附录0831）。

炽灼残渣 取本品0.5g，依法检查（附录0841），遗留残渣不得过5.0%。

铁盐 取本品1.0g，先用小火灼烧使炭化，再在500～600℃炽灼使完全灰化，放冷，加盐酸3ml使残渣溶解，移置50ml量瓶中，加水至刻度，摇匀，精密量取5ml，置纳氏比色管中，加水使成25ml，依法检查（附录0807），与标准铁溶液5.0ml制成的对照液比较，不得更深（0.05%）。

重金属 取炽灼残渣项下遗留的残渣，依法检查（附录0821第二法），含重金属不得过百万分之二十。

砷盐 取本品0.5g，加无水碳酸钠0.5g，混匀，加水少量湿润，先用小火灼烧使炭化，再在500～600℃炽灼使完全灰化，放冷，加少量盐酸至残渣不再产生气泡为止，加盐酸5ml与水23ml，依法检查（附录0822第二法），应符合规定（0.0004%）。

微生物限度 取本品，依法检查（附录1105与附录1106），每1g供试品中，需氧菌总数不得过100cfu，霉菌和酵母菌总数不得过100cfu，不得检出大肠埃希菌；每10g供试品不得检出沙门氏菌。

【含量测定】 取本品0.25g，精密称定，加水25ml，精密加氢氧化钠滴定液（0.1mol/L）25ml，再加酚酞指示剂0.2ml，用盐酸滴定液（0.1mol/L）滴定。每1ml氢氧化钠滴定液（0.1mol/L）相当于4.502mg的—COOH。

【类别】 药用辅料，黏合剂和崩解剂。

【性状】 密闭保存。

海 藻 酸 钠

Haizaosuanna

Sodium Alginate

本品系从褐色海藻植物中用稀碱提取精制而得，其主要成分为海藻酸的钠盐。

【性状】 本品为白色至浅棕黄色粉末；几乎无臭，无味。

本品在水中溶胀成胶体溶液，在乙醇中不溶。

【鉴别】 （1）取本品0.2g，加水20ml，时时振摇至分散均匀。取溶液5ml，加5%氯化钙溶液1ml，即生成大量胶状沉淀。

（2）取鉴别（1）项下的供试品溶液5ml，加稀硫酸1ml，即生成大量胶状沉淀。

（3）取本品约10mg，加水5ml，加新制的1%1,3-二羟基萘的乙醇溶液1ml与盐酸5ml，摇匀，煮沸3分钟，冷却，加水5ml与异丙醚15ml，振摇。同时做空白试验。上层溶液应显深紫色。

（4）取炽灼残渣项下的残渣，加水5ml使溶解，显钠盐的鉴别反应（附录0301）。

【检查】 溶液的澄清度与颜色 取本品0.10g，加水适量不断搅拌使溶解，加水稀释至30ml，摇匀，放置1小时。精密量取1.0ml，置10ml量瓶中，加水稀释至刻度，摇匀，依法检查（附录0901与附录0902），溶液应澄清无色；如显浑浊，与2号浊度标准液（附录0902第一法）比较，不得更浓；如显色，与黄色2号标准比色液（附录0901第一法）比较，不得更深。

氯化物 取本品2.5g，精密称定，置100ml量瓶中，加稀硝酸50ml，振摇1小时，加稀硝酸稀释至刻度，摇匀，滤过；精密量取续滤液50ml，精密加入硝酸银滴定液（0.1mol/L）10ml，加甲苯5ml与硫酸铁铵指示液2ml，用硫氰酸铵滴定液（0.1mol/L）滴定，滴至近终点时，用力振摇。每1ml硝酸银滴定液（0.1mol/L）相当于3.545mg的Cl。含Cl不得过1.0%。

干燥失重 取本品0.5g，在105℃干燥4小时，减失重量不得过15.0%（附录0831）。

炽灼残渣 取本品0.5g，依法检查（附录0841），按干燥品计算，遗留残渣应为30.0%~36.0%。

钙盐 取本品0.1g两份，分别置锥形瓶中，一份中加5ml硝酸消化后，定量转移至100ml量瓶中，加水稀释至刻度，摇匀，精密量取10ml，置100ml量瓶中，加水稀释至刻度，摇匀，作为供试品溶液；另一份中精密加入标准钙溶液（每1ml中含钙1000μg的溶液）1.5ml，同法操作，作为对照品溶液。照原子吸收分光光度法（附录0406第二法），在422.7nm的波长处分别测定，应符合规定（1.5%）。

铅 取本品1.0g两份，分别置锥形瓶中，一份中加10ml硝酸消化后，定量转移至10ml量瓶中，加水稀释至刻度，摇匀，作为供试品溶液；另一份中精密加入标准铅溶液（精密量取铅单元素标准溶液适量，用水定量稀释制成每1ml中含铅10μg的溶液）1ml，同法操作，作为对照品溶液。照原子吸收分光光度法（附录0406第二法），在283.3nm的波长处分别测定，应符合规定（0.001%）。

重金属 取炽灼残渣项下遗留的残渣，依法检查（附录0821第二法，必要时滤过），含重金属不得过百万分之二十。

砷盐 取本品1.33g，加氢氧化钙1.3g，混合，加水湿润，烘干，先用小火加热使其反应完全，逐渐加大火力烧灼使炭化，再在500~600℃炽灼使完全灰化，放冷，加盐酸8ml与水23ml使溶解，依法检查（附录0822第二法），应符合规定（0.000 15%）。

微生物限度 取本品，依法检查（附录1105与附录1106），每1g供试品中需氧菌总数不得过1000cfu、霉菌及酵母菌总数不得过100cfu，不得检出大肠埃希菌；每10g供试品中不得检出沙门氏菌。

【类别】 药用辅料，助悬剂和释放阻滞剂等。

【贮藏】 密封保存。

海 藻 糖

Haizaotang

Trehalose

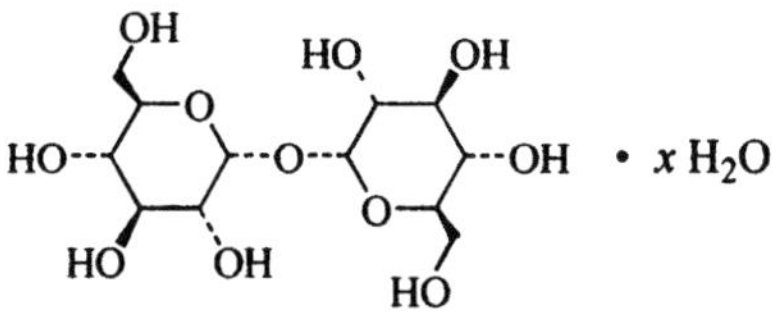

$C_{12}H_{22}O_{11}$ 342.30

$C_{12}H_{22}O_{11} \cdot 2H_2O$ 378.33

本品由食用级淀粉酶解而成。为两个吡喃环葡萄糖分子以1,1-糖苷键连接而成的非还原性双糖。本品可分为无水物和二水物。按无水物计算，含$C_{12}H_{22}O_{11}$应为98.0%~102.0%。

【性状】 本品为白色或类白色结晶性粉末，味甜。

无水海藻糖在水中易溶，在甲醇、乙醇中几乎不溶。二水海藻糖在水中易溶，在甲醇中微溶，在乙醇中几乎不溶。

比旋度 取本品，精密称定，加水溶解并定量稀释制成每1ml中约含100mg的溶液，依法测定（附录0621），比旋度为+197°至+201°。

【鉴别】 （1）取本品2g，加水5ml使溶解，取该溶液1ml，加α-萘酚乙醇溶液（1→20）0.4ml，沿容器壁缓慢加入硫酸0.5ml，溶液即在两液界面处产生紫色环。

（2）取本品0.2g，加水5ml溶解，作为供试品溶液；取甘氨酸0.2g，加水5ml溶解，作为甘氨酸溶液。量取供试品溶液2ml，加入稀盐酸1ml，室温静置20分钟；再加入氢氧化钠试液4ml和甘氨酸溶液2ml，于水浴中加热10分钟后，溶液不显棕色。

（3）在含量测定项下记录的色谱图中，供试品溶液主峰的保留时间应与对照溶液保留时间一致。

（4）本品的红外光吸收图谱应与海藻糖对照品图谱一致。

【检查】 酸度 取本品1.0g（按无水物计算），加水10ml使溶解，依法测定（附录0631），pH值应为4.5~6.5。

溶液的澄清度与颜色 取本品33.0g（按无水物计算），置100ml量瓶中，加新沸冷水充分振摇使溶解，放冷，照紫外-可见分光光度法（附录0401），在420nm与720nm波长处测定吸光度。720nm波长处的吸光度值不得过0.033，420nm与720nm波长处的吸光度差值不得过0.067。

氯化物 取本品0.40g，依法检查（附录0801），与标准氯化钠溶液5.0ml制成的对照液比较，不得更浓（0.0125%）。

硫酸盐 取本品1.0g，依法检查（附录0802），与标准硫酸钾溶液2.0ml制成的对照液比较，不得更浓（0.020%）。

可溶性淀粉 取本品1.0g，加水10ml溶解后，加碘试液1滴，不得显蓝色。

有关物质 取本品适量，加水溶解并稀释制成每1ml中约含10mg的溶液，作为供试品溶液；精密量取1ml，置100ml量瓶中，加水稀释至刻度，摇匀，作为对照溶液。照含量测定项下的色谱条件，精密量取供试品溶液和对照溶液各$10\mu l$，分别注入液相色谱仪，记录色谱图。供试品溶液色谱图中，除溶剂峰外，供试品溶液主峰之前、之后的杂质峰面积之和分别不得大于对照溶液主峰面积的0.5倍（0.5%）。

水分 取本品，照水分测定法（附录0832）测定，含水分应为9.0%～11.0%；如为无水物，含水分应不得过1.0%。

炽灼残渣 不得过0.1%（附录0841）。

重金属 取本品4.0g，加水23ml溶解后，加醋酸盐缓冲液（pH 3.5）2ml，依法检查（附录0821第一法），含重金属不得过百万分之五。

无菌（供无除菌工艺的无菌制剂用） 取本品，依法检查（附录1101），应符合规定。

微生物限度 取本品，依法检查（附录1105与附录1106），每1g供试品中需氧菌总数不得过1000cfu，霉菌和酵母菌总数不得过100cfu，不得检出大肠埃希菌；每10g供试品中不得检出沙门氏菌。

细菌内毒素（供注射用） 取本品，依法检查（附录1143），每1mg海藻糖中含内毒素的量应小于0.05EU。

【含量测定】 照高效液相色谱法（附录0512）测定。

色谱条件与系统适用性试验 采用磺化交联的苯乙烯-二乙烯基苯共聚物为填充剂的强阳离子钠型（或氢型）色谱柱，以水为流动相；流速为每分钟0.4ml，柱温为80℃；示差折光检测器。取麦芽三糖、葡萄糖、海藻糖对照品适量，加水溶解并稀释制成每1ml中各含2.5mg、2.5mg、10mg的溶液，吸取20μl，注入液相色谱仪，重复进样三次，记录色谱图，主峰面积的相对标准偏差不得过2.0%，各色谱峰之间的分离度应符合规定。

测定法 取本品适量，精密称定，加水溶解并定量稀释制成每1ml约含海藻糖10mg的溶液，精密量取20μl，注入液相色谱仪，记录色谱图；另取海藻糖对照品适量，同法测定，按外标法以峰面积计算，即得。

【类别】 药用辅料，矫味剂、甜味剂、冷冻干燥辅料、稀释剂、增稠剂和保湿剂等。

【规格】 本品可分为无水海藻糖、二水海藻糖、无水海藻糖（供注射用）、二水海藻糖（供注射用）。

【贮藏】 密封，阴凉、干燥处保存。

预胶化羟丙基淀粉

Yujiaohua Qiangbingji Dianfen

Pregelatinized Hydroxypropyl Starch

本品系以羟丙基淀粉为原料，在加热或不加热状态下经物理方法破坏部分或全部淀粉粒后干燥而得的制品。按干燥品计算，含羟丙氧基（—OCH$_2$CHOHCH$_3$）应为2.5%～8.9%。

【性状】 本品为白色、类白色或淡黄色粉末或颗粒；或为半透明的长条状物或片状物；在水中溶胀。

【鉴别】 （1）取本品约1g，加水50ml，煮沸，放冷，即形成透明或半透明的稀稠液体。

（2）取本品约0.5g，加水2ml，混匀，加碘试液1滴，即显蓝色或蓝紫色。

（3）在含量测定项下记录的色谱图中，供试品溶液主峰的保留时间应与对照品溶液主峰的保留时间一致。

【检查】 酸碱度 取本品3.0g，加水100ml，搅拌10分钟后，依法测定（附录0631），pH值应为4.5～8.0。

铁盐 取本品0.50g，加稀盐酸4ml与水16ml，搅拌5分钟，滤过，用水少量洗涤，合并滤液与洗液，加过硫酸铵50mg，用水稀释成35ml后，依法检查（附录0807），与标准铁溶液1.0ml制成的对照液比较，不得更深（0.002%）。

二氧化硫 取本品，依法检查（二部附录2331），含二氧化硫不得过0.005%。

氧化物 取本品4.0g，置具塞锥形瓶中，加甲醇-水（1:1）混合液50.0ml，密塞，振摇5分钟，转入具塞离心管中，离心至澄清，取上清液30.0ml，置碘瓶中，加冰醋酸1ml与碘化钾1.0g，密塞，摇匀，置暗处放置30分钟，加淀粉指示液1ml，用硫代硫酸钠滴定液（0.002mol/L）滴定至蓝色消失，并将滴定的结果用空白试验校正。每1ml硫代硫酸钠滴定液（0.002mol/L）相当于34μg的氧化物质（以H_2O_2计）。消耗硫代硫酸钠滴定液（0.002mol/L）不得过1.4ml（0.002%）。

1,2-丙二醇 取本品粉末约2.0g，精密称定，置100ml量瓶中，加乙醇适量，超声10分钟，放冷，用乙醇稀释至刻度，摇匀，每分钟3000转离心10分钟，取上清液作为供试品溶液；取1,2-丙二醇对照品适量，精密称定，用乙醇稀释并制成每1ml中约含20μg的溶液，作为对照品溶液。照气相色谱法（附录0251）测定。用（6%）氰丙基苯-（94%）二甲基聚硅氧烷为固定液的毛细管色谱柱；柱温为90℃；进样口温度为250℃；检测器温度为250℃。精密量取供试品溶液与对照品溶液各1μl，分别注入气相色谱仪，记录色谱图，理论板数按1,2-丙二醇计不得低于10 000，与相邻溶剂峰的分离度应符合要求。按外标法以峰面积计算，含1,2-丙二醇不得过0.1%。

干燥失重 取本品，在130℃干燥90分钟，减失重量不得过15.0%（附录0831）。

炽灼残渣 取本品1.0g，依法检查（附录0841），遗留残渣不得过0.6%。

重金属 取炽灼残渣项下遗留的残渣，依法检查（附录0821），含重金属不得过百万分之二十。

砷盐 取本品1.0g，加盐酸1ml与水21ml，加热使溶解，加盐酸4ml，依法检查（附录0822第一法），应符合规定（0.0002%）。

微生物限度 取本品，依法检查（附录1105与附录1106），每1g供试品中需氧菌总数不得过1000cfu、霉菌和酵母菌总数不得过100cfu，不得检出大肠埃希菌。

【含量测定】 羟丙氧基 照甲氧基、乙氧基与羟丙氧基测定法（附录0712第一法）测定，即得。

【类别】 药用辅料，黏合剂和填充剂等。

【贮藏】 密闭保存。

预胶化淀粉

Yujiaohua Dianfen

Pregelatinized Starch

本品系淀粉通过物理方法加工，改善其流动性和可压性而制得。

【性状】 本品为白色或类白色粉末。

【鉴别】 （1）取本品约1g，加水15ml，煮沸，放冷，即成透明或半透明类白色的凝胶状物。

（2）取本品约0.1g，加水20ml，混匀，加碘试液数滴，即显蓝黑色、蓝色、紫色或紫红色，加热后逐渐褪色。

【检查】 酸度 取本品10.0g，加中性乙醇（对酚酞指示液显中性）10ml，摇匀，再加经煮沸放冷的水100ml，电磁搅拌5分钟，取上清液，依法测定（附录0631），pH值应为4.5~7.0。

二氧化硫 取本品适量。依法检查（二部附录2331），二氧化硫含量不得过0.004%。

氧化物质 取本品5.0g，加甲醇-水（1∶1）的混合液20ml，再加6mol/L醋酸溶液1ml，搅拌均匀，离心，精密加新制的饱和碘化钾溶液0.5ml，放置5分钟，上清液和沉淀物不得有明显的蓝色、棕色或紫色。

干燥失重 取本品，在120℃干燥4小时，减失重量不得过14.0%（附录0831）。

灰分 取本品1.0g，依法检查（二部附录2302），遗留残渣不得过0.3%。

重金属 取样品1.0g，依法检查（附录0821第二法），含重金属不得过百万分之二十。

铁盐 取本品0.50g，加稀盐酸4ml与水16ml，振摇5分钟，滤过，用少量水洗涤，合并滤液与洗液，加过硫酸铵50mg，用水稀释成35ml后，依法检查（附录0807），与标准铁溶液1.0ml制成的对照液比较，不得更深（0.002%）。

微生物限度 取本品，依法检查（附录1105与附录1106），每1g供试品中需氧菌总数不得过1000cfu、霉菌和酵母菌总数不得过100cfu，不得检出大肠埃希菌。

【类别】 药用辅料，崩解剂和填充剂等。

【贮藏】 在干燥处保存。

黄 凡 士 林

Huang Fanshilin

Yellow Vaselin

本品系从石油中得到的多种烃的半固体混合物。

【性状】 本品为淡黄色或黄色均匀的软膏状半固体；无臭或几乎无臭；有滑腻感；具有拉丝性。

本品在35℃的三氯甲烷中溶解，在乙醚中微溶，在乙醇或水中几乎不溶。

相对密度 本品的相对密度（附录0601）在60℃时为0.815～0.880。

熔点 本品的熔点（附录0612第三法）为45～60℃。

【检查】 **锥入度** 取本品适量，在85℃±2℃熔融，照锥入度测定法（附录0983）测定，锥入度应为130～230单位。

酸碱度 取本品35.0g，置250ml烧杯中，加水100ml，加热至微沸，搅拌5分钟，静置放冷，分取水层，加酚酞指示液1滴，应无色；再加甲基橙指示液0.10ml，不得显粉红色。

颜色 取本品10.0g，置烧杯中，在水浴上加热使熔融，移入比色管中，与同体积的对照液（取比色用氯化钴液2.0ml与比色用重铬酸钾液6.0ml，加水至10ml制成）比较，不得更深。

杂质吸光度 取本品，加三甲基戊烷溶解并稀释制成每1ml中含0.50mg的溶液，照紫外-可见分光光度法（附录0401），在290nm的波长处测定，吸光度不得过0.75。

硫化物 取本品3.0g，依法检查（附录0803），应符合规定（0.000 17%）。

有机酸 取本品20.0g，加中性稀乙醇100ml，搅拌并加热至沸，加酚酞指示液1ml与氢氧化钠滴定液（0.1mol/L）0.40ml，强力搅拌，应显红色。

油脂和树脂 取本品10.0g，加20%氢氧化钠溶液50ml，加热回流30分钟，放冷。分取水层，加稀硫酸200ml，不得生成油状物质和沉淀。

异性有机物与炽灼残渣 取本品2.0g，用直火加热，应无异臭；再炽灼，遗留残渣不得过1mg（0.05%）。

重金属 取本品1.0g，依法检查（附录0821第二法），含重金属不得过百万分之三十。

砷盐 取本品1.0g，加2%硝酸镁乙醇溶液10ml与浓过氧化氢溶液1.5ml，混匀，小火灼烧使炭化，再以500~600℃炽灼使完全灰化，放冷，加硝酸0.5ml，加热灼烧至氧化氮蒸气除尽后，放冷，加盐酸5ml与水23ml，依法检查（附录0822第二法），应符合规定（0.0002%）。

【类别】 药用辅料，软膏基质和润滑剂等。

【贮藏】 密闭保存。

黄 原 胶

Huangyuanjiao

Xanthan Gum

本品系淀粉经甘兰黑腐病黄单胞菌（*Xanthomonas campestris*）发酵后生成的多糖类高分子聚合物经处理精制而得。

【性状】 本品为类白色或浅黄色的粉末；微臭，无味。

本品在水中溶胀成胶体溶液，在乙醇、丙酮或乙醚中不溶。

【鉴别】 取本品的干燥品与槐豆胶各1.5g，混匀，加至80℃的水300ml中，边加边搅拌至形成溶液后，继续搅拌30分钟保持溶液温度不低于60℃，放冷，即形成橡胶状凝胶物；另取本品的干燥品3.0g，不加槐豆胶，同法操作，应不形成橡胶状凝胶物。

【检查】 黏度 取本品干燥品3.0g，加氯化钾3.0g，混匀，加水294ml，在25℃以每分钟800转连续搅拌2小时后，依法测定（附录0633第二法），用NDJ-1型旋转式黏度计3号转子，每分钟60转，在25℃时的动力黏度应不低于0.6Pa•s。

丙酮酸 取本品60mg，精密称定，置50ml磨口烧瓶中，加水10ml溶解后，加1mol/L盐酸溶液20ml，称定烧瓶重量，加热回流3小时，放冷，称量烧瓶，补充蒸发的水分；精密量取2ml，置分液漏斗中，加2,4-二硝基苯肼盐酸溶液（取2,4-二硝基苯肼1.0g，加2mol/L盐酸溶液200ml使溶解，摇匀）1ml，摇匀，加乙酸乙酯5ml，振摇，静置使分层，弃去水层，用碳酸钠试液提取3次，每次5ml，合并提取液，置50ml量瓶中，用碳酸钠试液稀释至刻度，摇匀，作为供试品溶液；另取丙酮酸45mg，精密称定，置500ml量瓶中，加水溶解并稀释至刻度，摇匀，精密量取10ml，置50ml磨口烧瓶中，照供试品溶液制备方法，自"加1mol/L盐酸溶液20ml"起，依法操作，作为对照品溶液。照紫外-可见分光光度法（附录0401），以碳酸钠试液为空白，在375nm的波长处分别测定吸光度。供试品溶液的吸光度不得低于对照品溶液的吸光度（1.5%）。

氮 取本品约0.1g，精密称定，照氮测定法（附录0704第二法）测定，按干燥品计算，含氮量不得过1.5%。

干燥失重 取本品，在105℃干燥至恒重，减失重量不得过15.0%（附录0831）。

灰分 取本品1.0g，置炽灼至恒重的坩埚中，精密称定，缓缓炽灼至完全炭化后，逐渐升高温度至500~600℃，使完全灰化并恒重，按干燥品计算，遗留灰分不得过16.0%。

重金属 取灰分项下遗留的残渣，依法检查（附录0821第二法，必要时滤过），含重金属不得过百万分之二十。

砷盐 取本品0.67g，加氢氧化钙1.0g，混合，加水适量，搅拌均匀，干燥后，以小火灼烧使炭化，再以500～600℃炽灼使完全灰化，放冷，加盐酸8ml与水23ml，依法检查（附录0822第一法），应符合规定（0.0003%）。

微生物限度 取本品，依法检查（附录1105与附录1106），每1g供试品中需氧菌总数不得过1000cfu、霉菌及酵母菌总数不得过100cfu，不得检出大肠埃希菌。

【类别】 药用辅料，黏合剂和助悬剂。

【贮藏】 密封保存。

黄 氧 化 铁

Huang Yanghuatie

Yellow Ferric Oxide

$Fe_2O_3 \cdot H_2O$ 177.70

本品系三氧化二铁一水合物，按炽灼至恒重后计算，含Fe_2O_3不得少于98.0%。

【性状】 本品为赭黄色粉末；无臭，无味。

本品在水中不溶，在沸盐酸中易溶。

【鉴别】 取本品约0.1g，加稀盐酸5ml，煮沸冷却后，溶液显铁盐的鉴别反应（附录0807）。

【检查】 **水中可溶物** 取本品2.0g，加水100ml，置水浴上加热回流2小时，滤过，滤渣用少量水洗涤，合并滤液与洗液，置经105℃恒重的蒸发皿中，蒸干，在105℃干燥至恒重，遗留残渣不得过10mg（0.5%）。

酸中不溶物 取本品2.0g，加盐酸25ml，置水浴中加热使溶解，加水100ml，用经105℃恒重的4号垂熔坩埚滤过，滤渣用盐酸溶液（1→100）洗涤至洗液无色，再用水洗涤至洗液不显氯化物的反应，在105℃干燥至恒重，遗留残渣不得过6mg（0.3%）。

炽灼失重 取本品约1.0g，精密称定，在800℃炽灼至恒重，减失重量不得过14.0%。

钡盐 取本品 0.2g，加盐酸5ml，加热使溶解，滴加过氧化氢试液1滴，再加10%氢氧化钠溶液20ml，滤过，滤渣用水10ml洗涤，合并滤液与洗液，加硫酸溶液（2→10）10ml，不得显浑浊。

铅盐 取本品2.5g，置100ml具塞锥形瓶中，加0.1mol/L盐酸溶液35ml，搅拌1小时，滤过，滤渣用0.1mol/L盐酸溶液洗涤，合并滤液与洗液置50ml量瓶中，加0.1mol/L盐酸溶液稀释至刻度，摇匀，作为供试品溶液。照原子吸收分光光度法（附录0406），在217.0nm的波长处测定。另取标准铅溶液2.5ml，置50ml量瓶中，加1mol/L盐酸溶液5ml，加水稀释至刻度，摇匀，同法测定。供试品溶液的吸光度不得大于对照溶液（0.001%）。

砷盐 取本品0.67g，加盐酸7ml，加热使溶解，加水21ml，滴加酸性氯化亚锡试液使黄色褪去，依法检查（附录0822第一法），应符合规定（0.0003%）。

【含量测定】 取经800℃炽灼至恒重的本品约0.15g，精密称定，置具塞锥形瓶中，加盐酸5ml，置水浴上加热使溶解，加过氧化氢试液2ml，加热至沸数分钟，加水25ml，放冷，加碘化钾1.5g与盐酸2.5ml，密塞，摇匀，在暗处静置15分钟，用硫代硫酸钠滴定液（0.1mol/L）滴定，至近终点时加淀粉指示液2.5ml，继续滴定至蓝色消失。每1ml硫代硫酸钠滴定液（0.1mol/L）相当于7.985mg的Fe_2O_3。

【类别】 药用辅料，着色剂和包衣材料等。

【贮藏】 密封保存。

硅化微晶纤维素

Guihua Weijing Xianweisu

Silicified Microcrystalline Cellulose

本品由微晶纤维素和胶态二氧化硅在水中共混干燥制得。按干燥品计算，含微晶纤维素 94.0% ~ 100.0%。

【性状】 本品为白色或类白色微细颗粒或粉末；无臭，无味。

本品在水、稀酸、5%氢氧化钠溶液、丙酮、乙醇和或甲苯中不溶。

【鉴别】 （1）本品红外光吸收图谱应与对照的图谱一致。

（2）取本品10mg，置表面皿上，加氯化锌碘试液2ml，即变蓝色。

（3）取炽灼残渣项下的残渣约5mg，置铂坩埚中，加碳酸钾0.2g，混匀。炽灼10分钟，放冷，加水 2ml微热溶解，缓缓加入钼酸铵溶液（取钼酸6.5g，加水14ml与浓氨溶液14.5ml，振摇使溶解，放冷，在 搅拌下缓缓加入硝酸32ml与水40ml的混合液中，静置48小时，滤过，取滤液即得）2ml，溶液显深黄色。

（4）取鉴别（3）项下得到的深黄色钼硅酸溶液1滴，滴于滤纸上，蒸干溶剂。加邻联甲苯胺 的冰醋酸饱和溶液1滴以减少钼硅酸转化为钼蓝。将该滤纸置于浓氨溶液上方，有蓝绿色斑点产生 （在通风橱中操作，试验过程中避免接触邻联甲苯胺试剂）。

【检查】 **酸度** 取电导率项下的上清液，依法测定（附录0631），pH值应为5.0 ~ 7.0。

水溶性物质 取本品5.0g，加水80ml，振摇10分钟，滤过，滤液置预先恒重的蒸发皿中，在水 浴上蒸干，并在105℃干燥1小时，遗留残渣不得过0.25%。

脂溶性物质 取本品10.0g，装入内径约20mm的玻璃柱中，用无过氧化物的乙醚50ml通过柱， 收集乙醚液置预先恒重的蒸发皿中，蒸发至干，并在105℃干燥30分钟，遗留残渣不得过0.05%。

电导率 取本品5.0g，加新沸冷水40ml，振摇20分钟，离心，取上清液测定电导率。同时测定 所用水的电导率，供试品溶液电导率与水电导率的差值不得过75μS/cm。

聚合度 取本品约1.3g，精密称定，置125ml具塞锥形瓶中，精密加水和1.0mol/L氢氧化乙二胺 铜溶液各25ml，立即通入氮气，于电磁搅拌器上搅拌至完全溶解，转移适量溶液至已校正的黏度计 （或其他类似黏度计）中，在25℃水浴中平衡至少5分钟，记录溶液流经黏度计上下两个刻度的时 间t_1（以秒计），按下列公式计算溶液的运动黏度V_1：

$$V_1 = t_1 \times k_1$$

式中 k_1为黏度计常数。

取适量 1.0mol/L氢氧化乙二胺铜溶液与水等量混合，用乌氏黏度计（毛细管内径0.63mm，已 校正）依法测定，测得流出时间t_2（以秒计），按下列公式计算溶液的运动黏度V_2：

$$V_2 = t_2 \times k_2$$

式中 k_2为黏度计常数。

按以下公式计算供试品的相对黏度（η_{rel}）：

$$\eta_{rel} = \frac{V_1}{V_2} = \frac{t_1 k_1}{t_2 k_2}$$

根据计算得的相对黏度η_{rel}值，查特性黏度表，得特性黏度$[\eta]c$，按以下公式计算聚合度 （P），应不大于350。

$$P = 95[\eta]c/\{m[(100-a)/100][(100-b)/100]\}$$

式中　*m*为供试品取样量，g；

　　　　*b*为供试品干燥失重百分值；

　　　　*a*为供试品炽灼残渣百分值。

干燥失重　取本品，在105℃干燥3小时，减失重量不得过6.0%（附录0831）。

炽灼残渣　取本品1.0g，依法检查（附录0841），遗留残渣应为1.8%～2.2%。

重金属　取本品，依法检查（附录0821第二法），含重金属不得过百万分之十。

微生物限度　取本品，依法检查（附录1105与附录1106），每1g供试品中需氧菌总数不得过1000cfu、霉菌及酵母菌总数不得过100cfu，不得检出大肠埃希菌。

【含量测定】　取本品约0.125g，精密称定，置锥形瓶中，加水25ml，精密加重铬酸钾溶液（取基准重铬酸钾4.903g，加水适量使溶解并稀释至200ml）50ml，混匀，缓缓加硫酸100ml，迅速加热至沸，放冷，移至250ml量瓶中，加水稀释至刻度，摇匀，精密量取50ml，加邻二氮菲指示液3滴，用硫酸亚铁铵滴定液（0.1mol/L）滴定，并将滴定的结果用空白试验校正。每1ml硫酸亚铁铵滴定液（0.1mol/L）相当于0.675mg的纤维素。

【类别】　药用辅料，填充剂、润滑剂。

【贮藏】　密封保存。

【标签】　应标注出堆密度及粒度分布，并注明方法和限度。

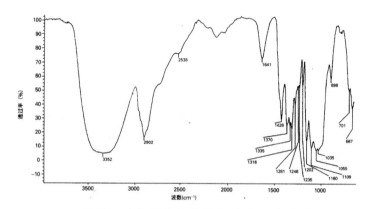

附图　硅化微晶纤维素红外光吸收图谱

附表　相对黏度（η_{rel}）与特性黏数和浓度的乘积（$[\eta]C$）转换表

η_{rel}	$[\eta]C$									
	0.00	0.01	0.02	0.03	0.04	0.05	0.06	0.07	0.08	0.09
1.1	0.098	0.106	0.115	0.125	0.134	0.143	0.152	0.161	0.170	0.180
1.2	0.189	0.198	0.207	0.216	0.225	0.233	0.242	0.250	0.259	0.268
1.3	0.276	0.285	0.293	0.302	0.310	0.318	0.326	0.334	0.342	0.350
1.4	0.358	0.367	0.375	0.383	0.391	0.399	0.407	0.414	0.422	0.430
1.5	0.437	0.445	0.453	0.460	0.468	0.476	0.484	0.491	0.499	0.507
1.6	0.515	0.522	0.529	0.536	0.544	0.551	0.558	0.566	0.573	0.580
1.7	0.587	0.595	0.602	0.608	0.615	0.622	0.629	0.636	0.642	0.649
1.8	0.656	0.663	0.670	0.677	0.683	0.690	0.697	0.704	0.710	0.717
1.9	0.723	0.730	0.736	0.743	0.749	0.756	0.762	0.769	0.775	0.782
2.0	0.788	0.795	0.802	0.809	0.815	0.821	0.827	0.833	0.840	0.846
2.1	0.852	0.858	0.864	0.870	0.876	0.882	0.888	0.894	0.900	0.906
2.2	0.912	0.918	0.924	0.929	0.935	0.941	0.948	0.953	0.959	0.965
2.3	0.971	0.976	0.983	0.988	0.994	1.000	1.006	1.011	1.017	1.022

η_{rel}	$[\eta]C$									
	0.00	0.01	0.02	0.03	0.04	0.05	0.06	0.07	0.08	0.09
2.4	1.028	1.033	1.039	1.044	1.050	1.056	1.061	1.067	1.072	1.078
2.5	1.083	1.089	1.094	1.100	1.105	1.111	1.116	1.121	1.126	1.131
2.6	1.137	1.142	1.147	1.153	1.158	1.163	1.169	1.174	1.179	1.184
2.7	1.190	1.195	1.200	1.205	1.210	1.215	1.220	1.225	1.230	1.235
2.8	1.240	1.245	1.250	1.255	1.260	1.265	1.270	1.275	1.280	1.285
2.9	1.290	1.295	1.300	1.305	1.310	1.314	1.319	1.324	1.329	1.333
3.0	1.338	1.343	1.348	1.352	1.357	1.362	1.367	1.371	1.376	1.381
3.1	1.386	1.390	1.395	1.400	1.405	1.409	1.414	1.418	1.423	1.427
3.2	1.432	1.436	1.441	1.446	1.450	1.455	1.459	1.464	1.468	1.473
3.3	1.477	1.482	1.486	1.491	1.496	1.500	1.504	1.508	1.513	1.517
3.4	1.521	1.525	1.529	1.533	1.537	1.542	1.546	1.550	1.554	1.558
3.5	1.562	1.566	1.570	1.575	1.579	1.583	1.587	1.591	1.595	1.600
3.6	1.604	1.608	1.612	1.617	1.621	1.625	1.629	1.633	1.637	1.642
3.7	1.646	1.650	1.654	1.658	1.662	1.666	1.671	1.675	1.679	1.683
3.8	1.687	1.691	1.695	1.700	1.704	1.708	1.712	1.715	1.719	1.723
3.9	1.727	1.731	1.735	1.739	1.742	1.746	1.750	1.754	1.758	1.762
4.0	1.765	1.769	1.773	1.777	1.781	1.785	1.789	1.792	1.796	1.800
4.1	1.804	1.808	1.811	1.815	1.819	1.822	1.826	1.830	1.833	1.837
4.2	1.841	1.845	1.848	1.852	1.856	1.859	1.863	1.867	1.870	1.874
4.3	1.878	1.882	1.885	1.889	1.893	1.896	1.900	1.904	1.907	1.911
4.4	1.914	1.918	1.921	1.925	1.929	1.932	1.936	1.939	1.943	1.946
4.5	1.950	1.954	1.957	1.961	1.964	1.968	1.971	1.975	1.979	1.982
4.6	1.986	1.989	1.993	1.996	2.000	2.003	2.007	2.010	2.013	2.017
4.7	2.020	2.023	2.027	2.030	2.033	2.037	2.040	2.043	2.047	2.050
4.8	2.053	2.057	2.060	2.063	2.067	2.070	2.073	2.077	2.080	2.083
4.9	2.087	2.090	2.093	2.097	2.100	2.103	2.107	2.110	2.113	2.116
5.0	2.119	2.122	2.125	2.129	2.132	2.135	2.139	2.142	2.145	2.148
5.1	2.151	2.154	2.158	2.160	2.164	2.167	2.170	2.173	2.176	2.180
5.2	2.183	2.186	2.190	2.192	2.195	2.197	2.200	2.203	2.206	2.209
5.3	2.212	2.215	2.218	2.221	2.224	2.227	2.230	2.233	2.236	2.240
5.4	2.243	2.246	2.249	2.252	2.255	2.258	2.261	2.264	2.267	2.270
5.5	2.273	2.276	2.279	2.282	2.285	2.288	2.291	2.294	2.297	2.300
5.6	2.303	2.306	2.309	2.312	2.315	2.318	2.320	2.324	2.326	2.329
5.7	2.332	2.335	2.338	2.341	2.344	2.347	2.350	2.353	2.355	2.358
5.8	2.361	2.364	2.367	2.370	2.373	2.376	2.379	2.382	2.384	2.387
5.9	2.390	2.393	2.396	2.400	2.403	2.405	2.408	2.411	2.414	2.417
6.0	2.419	2.422	2.425	2.428	2.431	2.433	2.436	2.439	2.442	2.444
6.1	2.447	2.450	2.453	2.456	2.458	2.461	2.464	2.467	2.470	2.472
6.2	2.475	2.478	2.481	2.483	2.486	2.489	2.492	2.494	2.497	2.500
6.3	2.503	2.505	2.508	2.511	2.513	2.516	2.518	2.521	2.524	2.526
6.4	2.529	2.532	2.534	2.537	2.540	2.542	2.545	2.547	2.550	2.553

（续）

η_{rel}	$[\eta]C$									
	0.00	0.01	0.02	0.03	0.04	0.05	0.06	0.07	0.08	0.09
6.5	2.555	2.558	2.561	2.563	2.566	2.568	2.571	2.574	2.576	2.579
6.6	2.581	2.584	2.587	2.590	2.592	2.595	2.597	5.600	2.603	2.605
6.7	2.608	2.610	2.613	2.615	2.618	2.620	2.623	2.625	2.627	2.630
6.8	2.633	2.635	2.637	2.640	2.643	2.645	2.648	2.650	2.653	2.655
6.9	2.658	2.660	2.663	2.665	2.668	2.670	2.673	2.675	2.678	2.680
7.0	2.683	2.685	2.687	2.690	2.693	2.695	2.698	2.700	2.702	2.705
7.1	2.707	2.710	2.712	2.714	2.717	2.719	2.721	2.724	2.726	2.729
7.2	2.731	2.733	2.736	2.738	2.740	2.743	2.745	2.748	2.750	2.752
7.3	2.755	2.757	2.760	2.762	2.764	2.767	2.769	2.771	2.774	2.776
7.4	2.779	2.781	2.783	2.786	2.788	2.790	2.793	2.795	2.798	2.800
7.5	2.802	2.805	2.807	2.809	2.812	2.814	2.816	2.819	2.821	2.823
7.6	2.826	2.828	2.830	2.833	2.835	2.837	2.840	2.842	2.844	2.847
7.7	2.849	2.851	2.854	2.856	2.858	2.860	2.863	2.865	2.868	2.870
7.8	2.873	2.875	2.877	2.879	2.881	2.884	2.887	2.889	2.891	2.893
7.9	2.895	2.898	2.900	2.902	2.905	2.907	2.909	2.911	2.913	2.915
8.0	2.918	2.920	2.922	2.924	2.926	2.928	2.931	2.933	2.935	2.937
8.1	2.939	2.942	2.944	2.946	2.948	2.950	2.952	2.955	2.957	2.959
8.2	2.961	2.963	2.966	2.968	2.970	2.972	2.974	2.976	2.979	2.981
8.3	2.983	2.985	2.987	2.990	2.992	2.994	2.996	2.998	3.000	3.002
8.4	3.004	3.006	3.008	3.010	3.012	3.015	3.017	3.019	3.021	3.023
8.5	3.025	3.027	3.029	3.031	3.033	3.035	3.037	3.040	3.042	3.044
8.6	3.046	3.048	3.050	3.052	3.054	3.056	3.058	3.060	3.062	3.064
8.7	3.067	3.069	3.071	3.073	3.075	3.077	3.079	3.081	3.083	3.085
8.8	3.087	3.089	3.092	3.094	3.096	3.098	3.100	3.102	3.104	3.106
8.9	3.108	3.110	3.112	3.114	3.116	3.118	3.120	3.122	3.124	3.126
9.0	3.128	3.130	3.132	3.134	3.136	3.138	3.140	3.142	3.144	3.146
9.1	3.148	3.150	3.152	3.154	3.156	3.158	3.160	3.162	3.164	3.166
9.2	3.168	3.170	3.172	3.174	3.176	3.178	3.180	3.182	3.184	3.186
9.3	3.188	3.190	3.192	3.194	3.196	3.198	3.200	3.202	3.204	3.206
9.4	3.208	3.210	3.212	3.214	3.215	3.217	3.219	3.221	3.223	3.225
9.5	3.227	3.229	3.231	3.233	3.235	3.237	3.239	3.241	3.242	3.244
9.6	3.246	3.248	3.250	3.252	3.254	3.256	3.258	3.260	3.262	3.264
9.7	3.266	3.268	3.269	3.271	3.273	3.275	3.277	3.279	3.281	3.283
9.8	3.285	3.287	3.289	3.291	3.293	3.295	3.297	3.298	3.300	3.302
9.9	3.304	3.305	3.307	3.309	3.311	3.313	3.316	3.318	3.320	3.321
10	3.32	3.34	3.36	3.37	3.39	3.41	3.43	3.45	3.46	3.48
11	3.50	3.52	3.53	3.55	3.56	3.58	3.60	3.61	3.63	3.64
12	3.66	3.68	3.69	3.71	3.72	3.74	3.76	3.77	3.79	3.80
13	3.80	3.83	3.85	3.86	3.88	3.89	3.90	3.92	3.93	3.95
14	3.96	3.97	3.99	4.00	4.02	4.03	4.04	4.06	4.07	4.09
15	4.10	4.11	4.13	4.14	4.15	4.17	4.18	4.19	4.20	4.22

（续）

η_{rel}	$[\eta]C$									
	0.00	0.01	0.02	0.03	0.04	0.05	0.06	0.07	0.08	0.09
16	4.23	4.24	4.25	4.27	4.28	4.29	4.30	4.31	4.33	4.34
17	4.35	4.36	4.37	4.38	4.39	4.41	4.42	4.43	4.44	4.45
18	4.46	4.47	4.48	4.49	4.50	4.52	4.53	4.54	4.55	4.56
19	4.57	4.58	4.59	4.60	4.61	4.62	4.63	4.64	4.65	4.66

硅 酸 镁 铝

Guisuanmeilü

Magnesium Aluminum Silicate

本品系由含高镁量的高岭石类硅矿粉与水渗和成稀砂浆，经精制、干燥、粉碎而制得。铝含量与镁含量之比应为0.5～1.2。

【性状】 本品为白色或类白色、柔软、光滑的小薄片或微粉化粉末；无臭、无味；有引湿性；在水中呈胶状分布。

本品在水或乙醇中几乎不溶。

黏度 取本品5%的水溶液，用NDJ-1型旋转式黏度计2号转子每分钟30转，在20℃±0.1℃依法测定（附录0633第二法），其动力黏度为0.3～0.6Pa•s。

【鉴别】 （1）取本品约0.5g，加稀盐酸10ml，微温滤过，取续滤液，加氢氧化钠试液使成碱性，即发生白色胶状沉淀，滴加0.1%茜素磺酸钠溶液数滴，沉淀即显樱红色。

（2）取鉴别（1）项下的续滤液，加氢氧化钠试液使成碱性，即发生白胶状沉淀，再加氢氧化钠试液3ml，沉淀部分溶解，滤过，沉淀用水洗净后，加碘试液即显红棕色。

（3）取铂丝制成环状，蘸取磷酸铵钠的结晶微粒在火焰上熔成透明的小球后，趁热蘸取本品，熔融，二氧化硅即浮于小球表面，放冷，即成网状结构的不透明小球。

【检查】 碱度 取本品5g，加入水100ml，混匀，依法测定（附录0631），pH值应为9.0～10.0。

酸消耗量 取本品5.0g，加水500ml，用秒表控制时间，在相同的搅拌速度下分别在5秒、65秒、125秒、185秒、245秒、305秒、365秒、425秒、485秒、545秒、605秒、665秒和725秒时加入0.1mol/L盐酸溶液3.0ml，于785秒时加入0.1mol/L盐酸溶液1.0ml，于840秒时，依法测定（附录0631），混合液的pH值应不大于4.0。

干燥失重 取本品，在105℃干燥至恒重，减失重量不得过8.0%（附录0831）。

炽灼失重 取本品1.0g，于700～800℃炽灼至恒重，减失重量不得过17.0%。

重金属 取本品4.0g，加盐酸6ml与水30ml，加热至沸，放冷，加酚酞指示液2滴，滴加浓氨溶液至溶液颜色变为微粉红色，滤过，加水适量洗涤滤渣，合并滤液，加入抗坏血酸0.5g，并用水稀释至50ml，摇匀。取12.5ml置纳氏比色管中，加醋酸盐缓冲液（pH3.5）2ml，加水稀释成25ml，依法检查（附录0821第一法），含重金属不得过百万分之十五。

砷盐 取本品1.0g，加稀盐酸10ml，煮沸，冷却后过滤，滤液置水浴上蒸干，加盐酸5ml与水23ml，依法检查（附录0822第一法），应符合规定（0.0002%）。

微生物限度 取本品，依法检查（附录1105与附录1106）。每1g供试品中需氧菌总数不得过

1000cfu、霉菌及酵母菌总数不得过100cfu，不得检出大肠埃希菌。

【含量测定】 **铝** 取本品0.5g，精密称定，加盐酸2ml与水50ml，煮沸使溶，放冷，滤过，滤渣及容器用水25ml分次洗涤，合并滤液与洗液，滴加氨试液至恰好析出沉淀，再滴加稀盐酸使沉淀恰好溶解，加醋酸-醋酸铵缓冲液（pH 6.0）10ml，精密加乙二胺四醋酸二钠滴定液（0.05mol/L）20ml，煮沸10分钟，放冷，加二甲酚橙指示液1ml，用锌滴定液（0.05mol/L）滴定，至溶液由黄色变为红色，并将滴定的结果用空白试验校正。每1ml乙二胺四醋酸二钠滴定液（0.05mol/L）相当于1.349mg的Al。

镁 取本品0.36g，精密称定，加盐酸3ml与水50ml，煮沸使溶，放冷，加甲基红指示液1滴，滴加氨试液使溶液由红色变为黄白色，再煮沸5分钟，趁热滤过，滤渣及容器用2%氯化铵溶液30ml分次洗涤，合并滤液与洗液，放冷，加氨试液10ml与三乙醇胺溶液（1→2）5ml，再加铬黑T指示剂少量，用乙二胺四醋酸二钠滴定液（0.05mol/L）滴定，至溶液显纯蓝色。每1ml乙二胺四醋酸二钠滴定液（0.05mol/L）相当于1.215mg的Mg。

计算铝含量与镁含量的比值，应符合规定。

【类别】 药用辅料，助悬剂和吸附剂等。

【贮藏】 密闭，在阴凉干燥处保存。

甜 菊 素

Tianjusu

Steviosin

本品是以甜菊素为主的混合苷。按干燥品计算，含甜菊素（$C_{38}H_{60}O_{18}$）不得少于95.0%。

【性状】 本品为白色或类白色粉末；无臭，味浓甜微苦。

本品在乙醇中溶解，在水中微溶。

比旋度 取本品，精密称定，加水溶解并定量稀释制成每1ml含10.0mg的溶液（如溶液不澄明，应滤过）。在25℃时，依法测定（附录0621），比旋度应为−40°至−30°。

【鉴别】 取本品与甜菊素对照品各10mg，分别加无水乙醇1ml溶解，制成供试品溶液与对照品溶液。照薄层色谱法（附录0502）试验，吸取上述两种溶液各2μl，分别点于同一硅胶G薄层板上，以三氯甲烷-甲醇-水（65∶35∶10）的下层液为展开剂，展开，取出，晾干，喷以30%硫酸乙醇溶液，在110℃加热约15分钟至斑点清晰，供试品溶液所显主斑点的位置应与对照品溶液的主斑点相同。

【检查】 **酸度** 取本品0.50g，加中性乙醇（对酚酞指示液显中性）20ml，振摇使溶解，加酚酞指示液1滴，用氢氧化钠滴定液（0.1mol/L）滴定至红色出现，并在10秒内不褪，消耗氢氧化钠滴定液（0.1mol/L）不得过0.5ml。

杂质吸光度 取本品，精密称定，加水溶解并定量稀释制成每1ml含20.0mg的溶液。照紫外-可见分光光度法（附录0401）在370nm波长处测定，吸光度不得大于0.10。

干燥失重 取本品，在105℃干燥至恒重，减失重量不得过5.0%（附录0831）。

炽灼残渣 取本品1.0g，依法检查（附录0841），遗留残渣不得过0.1%。

重金属 取炽灼残渣项下遗留的残渣，依法检查（附录0821第二法），含重金属不得过百万分之二十。

砷盐 取本品1.0g，加10ml硝酸浸润样品，放置片刻后，加玻璃珠数粒，缓缓加热，待作用缓和后，稍冷，沿瓶壁加入5ml硫酸，再缓缓加热，至瓶中溶液开始变成红棕色，保持微沸，并分次滴加硝酸，每次2～3ml，直至溶液呈无色或淡黄色，继续加热5分钟，冷却，加水10ml，煮沸至产生白烟，放冷，缓缓加水适量使成28ml，依法检查（附录0822第一法），应符合规定（0.0002%）。

【含量测定】 取本品约0.3g，精密称定，置250ml锥形瓶中，加稀硫酸25ml与水25ml，振摇溶解后，加热至微沸，水解30分钟，冷却，滤过，滤渣用水洗至中性后，加中性乙醇（对酚酞指示液显中性）50ml，溶解后，再加酚酞指示液2滴，用乙醇制氢氧化钾滴定液（0.05mol/L）滴定至溶液显红色，10秒内不褪。每1ml乙醇制氢氧化钾滴定液（0.05mol/L）相当于40.24mg的$C_{38}H_{60}O_{18}$。

【类别】 药用辅料，矫味剂和甜味剂。

【贮藏】 密封保存。

脱氧胆酸钠
Tuoyang Dansuanna
Sodium Deoxycholate

$C_{24}H_{39}NaO_4$　414.55

本品为3α,12α-二羟基-5β-胆甾烷-24-酸钠。按干燥品计算，含$C_{24}H_{39}NaO_4$不得少于97.0%。

【性状】 本品为白色或类白色粉末。

本品在水和乙醇中易溶，在乙醚中不溶。

比旋度 取本品，精密称定，加水溶解并定量稀释制成每1ml中约含20mg的溶液，依法测定（附录0621），比旋度为+40.0°至+45.0°。

【鉴别】（1）取本品10mg，加硫酸1ml与甲醛1滴使溶解，放置5分钟后，再加水5ml，生成蓝绿色悬浮物。

（2）本品的红外光吸收图谱应与脱氧胆酸钠对照品的图谱一致。

（3）本品显钠盐的鉴别反应（附录0301）。

【检查】 钠 取钠标准溶液适量，用水定量稀释制成每1ml中分别含0.16μg、0.4μg、0.8μg、1.0μg、1.2μg的溶液，作为对照品溶液；取本品0.14g，精密称定，置铂坩埚中，缓缓加热至炭化完全，放冷，精密加入硫酸0.5ml使湿润，低温加热至硫酸蒸气除尽后，在600℃灼烧至成白色灰状物，放冷，精密加入盐酸1ml溶解并定量转移至100ml量瓶中，用水稀释至刻度，摇匀，再精密量取1ml置100ml量瓶中，用水稀释至刻度，摇匀，作为供试品溶液。同法制备空白溶液，照原子吸收分光光度法（附录0406第一法），在589.0nm波长处测定，计算，即得。按干燥品计算，含钠量应为5.0%～6.1%。

溶液的澄清度与颜色 取本品0.5g，加水10ml溶解后，依法检查（附录0901与附录0902），溶液应澄清无色。如显色，与黄色1号标准比色液（附录0901第一法）比较，不得更深。

干燥失重　取本品，在60℃减压干燥至恒重，减失重量不得过5.0%（附录0831）。

重金属　取本品1.0g，置铂坩埚中，依法检查（附录0821第二法），含重金属不得过百万分之二十。

砷盐　取本品1.0g，加2%硝酸镁乙醇溶液10ml，点燃乙醇，缓缓加热至灰化，如仍有炭化物，可加少量硝酸湿润，继续加热（500～600℃）至灰化完全，放冷，加水21ml溶解后，加盐酸5ml，依法检查（附录0822第一法），应符合规定（0.0002%）。

【含量测定】　取本品约0.3g，精密称定，加无水甲酸5ml使溶解，加冰醋酸35ml，照电位滴定法（附录0701），用高氯酸滴定液（0.1mol/L）滴定，并将滴定的结果用空白试验校正。每1ml高氯酸滴定液（0.1mol/L）相当于41.46mg的$C_{24}H_{39}NaO_4$。

【类别】　药用辅料，乳化剂等。

【贮藏】　密闭保存。

羟乙纤维素

Qiangyi Xianweisu

Hydroxyethyl Cellulose

本品由碱性纤维素和环氧乙烷（或2-氯乙醇）经醚化反应制备，属非离子型可溶纤维素醚类。

【性状】　本品为白色或灰白色或淡黄白色粉末或颗粒。

本品在热水或冷水中形成胶体溶液，在丙酮、乙醇或甲苯中几乎不溶。

黏度　取本品1%的水溶液，用旋转式黏度计，2号转子每分钟12转，在25℃±0.1℃的条件下依法测定（附录0633第三法），其黏度应为标示值的50%～150%。

【鉴别】　（1）取本品约1g，加水100ml，搅拌使完全溶解，呈胶体溶液，加热至60℃，溶液应保持澄清。

（2）取鉴别（1）项下溶液1ml，倾注在玻璃板上，待水分蒸发后，应形成薄膜。

（3）取鉴别（1）项下溶液10ml，加入稀醋酸0.3ml和10%鞣酸溶液2.5ml，出现淡黄白色絮状沉淀，加入稀氨水后溶解。

（4）取本品0.05%水溶液1ml，加入5%苯酚水溶液1ml，硫酸5ml，振摇，冷却，溶液应呈橙色。

【检查】　酸碱度　取本品约1g，加水100ml，搅拌使完全溶解，依法测定（附录0631），pH值应为6.0～8.5。

氯化物　取本品0.5g，加水100ml，搅拌使完全溶解，取1.0ml，依法测定（附录0801），与标准氯化钠溶液5.0ml制成的对照液比较，不得更浓（1.0%）。

硝酸盐　供试品溶液的制备　精密称取本品0.5g，置100ml量瓶中，加缓冲液溶解并稀释至刻度，摇匀，即得供试品溶液。

标准溶液贮备液的制备　精密称取硝酸钾0.2038g，置250ml量瓶中，加缓冲液（取磷酸二氢钾135g，加水适量溶解后，加1mol/L硫酸50ml，用水稀释至1000ml，摇匀，量取80ml，用水稀释至2000ml，摇匀，即得）溶解并稀释至刻度，摇匀，即得硝酸盐标准溶液贮备液（每1ml中含NO_3 0.5mg）。

对照品溶液1的制备（适用于黏度不大于1000mPa•s的供试品）　精密量取标准溶液贮备液

10ml、20ml和40ml，分别置100ml量瓶中，用缓冲液稀释至刻度，摇匀，即得。

对照品溶液2的制备（适用于黏度大于1000mPa•s的供试品）　精密量取标准溶液贮备液1ml、2ml和4ml，分别置100ml量瓶中，用缓冲液稀释至刻度，摇匀，即得。

测定法　分别取对照品溶液1或对照品溶液2，以硝酸盐选择电极为指示电极，银-氯化银电极为参比电极，依法测定（附录0701）电位（mV），以电位E（mV）对硝酸盐浓度C的对数（lgC）作线性回归，得E-lgC标准曲线；取供试品溶液，测定电位值，计算供试品中硝酸盐的量。

按干燥品计，黏度不大于1000mPa•s的供试品含硝酸盐不得过3.0%；黏度大于1000mPa•s的供试品含硝酸盐不得过0.2%。

乙二醛　取本品1.0g，置具塞试管中，精密加入无水乙醇10ml，密塞，磁力搅拌30分钟，离心，取上清液2.0ml，加入0.4%的甲基苯并噻唑酮腙盐酸盐的80%冰醋酸溶液5.0ml，摇匀，静置2小时，溶液所显颜色与用乙二醛对照溶液（取经标定的乙二醛溶液适量，用无水乙醇稀释制成每1ml中含$C_2H_2O_2$ 20μg的对照溶液）2.0ml代替上清液同法制得的对照溶液比较，不得更深（0.002%）。

乙二醛溶液的标定　取乙二醛溶液（40%）1.0g，精密称定，加入7%盐酸羟胺溶液20ml与水50ml，摇匀，静置30分钟，加入甲基红混合指示剂（1%甲基红-0.02%亚甲蓝乙醇溶液）1ml，用氢氧化钠（1mol/L）滴定至红色变绿色，并将滴定结果用空白试验校正。每1ml氢氧化钠滴定液相当于乙二醛（$C_2H_2O_2$）29.02mg。

环氧乙烷　取本品1g，精密称定，置顶空瓶中，精密加入超纯水1.0ml，密封，摇匀，作为供试品溶液。量取环氧乙烷300μl（相当于0.25g环氧乙烷），置含50ml经过处理的聚乙二醇400（以60℃，1.5～2.5kPa旋转蒸发6小时，除去挥发性成分）的100ml量瓶中，加入前后称重，加入相同溶剂稀释至刻度，摇匀，作为环氧乙烷对照品贮备液。精密称取1g冷的环氧乙烷对照品贮备液，置含40.0g经处理的聚乙二醇400的50ml量瓶中，加相同溶剂稀释至刻度。精密称取10g，置含30ml水的50ml量瓶中，用水稀释至刻度，制得每1ml中含环氧乙烷10μg的对照品溶液（1）；取本品1g，精密称定，置顶空瓶中，精密加入对照品溶液（1）0.1ml和水0.9ml，密封，摇匀，作为对照品溶液（2）；再精密量取对照品溶液（1）0.1ml，置顶空瓶中，加入新鲜配制的0.001%乙醛溶液0.1ml，作为系统适用性试验溶液。照气相色谱法（附录0521）试验。以聚二甲基硅氧烷为固定液，起始温度为50℃，维持5分钟，以每分钟5℃的速率升温至180℃，再以每分钟30℃的速率升温至230℃，维持5分钟（可根据具体情况调整）。进样口温度为150℃，检测器为火焰离子化检测器，温度为250℃。顶空瓶平衡温度为70℃，平衡时间为45分钟。取系统适用性试验溶液顶空进样，调节检测灵敏度使环氧乙烷峰和乙醛峰的峰高约为满量程的15%，乙醛峰和环氧乙烷峰之间的分离度不小于2.0。分别取供试品溶液及对照品溶液顶空进样，重复进样至少3次。环氧乙烷峰面积的相对标准偏差应不得过15%。按标准加入法计算，环氧乙烷不得过0.0001%。

环氧乙烷对照品贮备液的标定　取50%氯化镁的无水乙醇混悬液10ml，精密加入乙醇制盐酸滴定液（0.1mol/L）20ml，混匀，放置过夜。取环氧乙烷对照品贮备液5g，精密称定，置上述溶液中，放置30分钟，照电位滴定法（附录0701），用乙醇制氢氧化钾滴定液（0.1mol/L）滴定，并将滴定结果用空白试验校正，每1ml乙醇制氢氧化钾滴定液（0.1mol/L）相当于4.404mg的环氧乙烷，计算，即得。

乙二醇与二甘醇　取本品0.1g，精密称定，置25ml量瓶中，精密加入内标溶液（取1,3-丁二醇对照品0.2g，置100ml量瓶中，加无水乙醇溶解并稀释至刻度，摇匀即得）1ml，加无水乙醇充分溶胀并稀释至刻度，摇匀，滤过，取续滤液作为供试品溶液;另取乙二醇和二甘醇各0.2g，精密称定，置100ml量瓶中，加无水乙醇溶解并稀释至刻度，摇匀，精密量取5ml，置100ml量瓶中，精密加入内标溶液5ml，用无水乙醇稀释至刻度，摇匀，取2ml，置50ml量瓶中，用无水乙醇稀释至刻度，摇匀，作为对照品溶液。照气相色谱法（附录0521），以苯基-聚二甲基硅氧烷（50∶50）为固定相，起始温度为60℃，维持5分钟，以每分钟10℃的速率升至100℃，再以每分钟4℃的速率升至170℃，最后以每分钟10℃的速率升至270℃，维持2分钟。以高纯氮气为载气。进样口温度为270℃，检测器温度为290℃。按内标法计算，含乙二醇与二甘醇均不得过0.01%。

干燥失重　取本品1.000g，于105℃干燥3小时，减失重量不得过10%（附录0831）。

炽灼残渣　取本品1.0g，依法检查（附录0841），遗留残渣不得过5.0%。

重金属　取炽灼残渣项下遗留的残渣，依法检查（附录0821第二法），含重金属不得过百万分之二十。

【类别】　药用辅料，增稠剂、薄膜包衣剂、稳定剂、粘合剂和助悬剂等。

【贮藏】　密闭保存。

【标示】　以mPa·s或Pa·s为单位标明黏度。

羟丙甲纤维素

Qiangbingjia Xianweisu

Hypromellose

本品为2-羟丙基醚甲基纤维素，为半合成品，可用两种方法制造：①将棉绒或木浆粕纤维用烧碱处理后，再先后与一氯甲烷和环氧丙烷反应，经精制，粉碎得到；②用适宜级别的甲基纤维素经氢氧化钠处理，和环氧丙烷在高温高压下反应至理想程度，精制即得。分子量范围为10 000~1 500 000。

根据甲氧基与羟丙氧基含量的不同将羟丙甲纤维素分为四种取代型，即1828、2208、2906、2910型。按干燥品计算，各取代型甲氧基（—OCH$_3$）与羟丙氧基（—OCH$_2$CHOHCH$_3$）的含量应符合下表要求。

取代型	甲氧基	羟丙氧基
1828	16.5%~20.0%	23.0%~32.0%
2208	19.0%~24.0%	4.0%~12.0%
2906	27.0%~30.0%	4.0%~7.5%
2910	27.0%~30.0%	7.0%~12.0%

【性状】　本品为白色或类白色纤维状或颗粒状粉末；无臭。

本品在无水乙醇、乙醚、丙酮中几乎不溶；在冷水中溶胀成澄清或微浑浊的胶体溶液。

【鉴别】　（1）取本品1g，加热水（80~90℃）100ml，搅拌形成浆状物，在冰浴中冷却，成黏性液体；取2ml置试管中，沿管壁缓缓加0.035%蒽酮的硫酸溶液1ml，放置5分钟，在两液界面处显蓝绿色环。

（2）取鉴别（1）项下的黏性液体适量，倾注在玻璃板上，俟水分蒸发后，形成一层有韧性的薄膜。

（3）取本品0.5g，均匀分散于50ml沸水中，用电磁搅拌，形成不溶的浆状物；电磁搅拌下使浆状物冷却至10℃，形成澄清或轻微浑浊的溶液，加水50ml，电磁搅拌并同时加热，以每分钟2~5℃的速度升温，产生浑浊的絮凝温度应不低于50℃。

【检查】　**黏度**　标示黏度小于600mPa·s的，按方法1检验，黏度应为标示黏度的80%~120%；标示黏度大于等于600mPa·s的。按方法2检验，黏度应为标示黏度的75%~140%。

取本品适量（按干燥品计算），加90℃的水制成2.0%（g/g）的溶液，充分搅拌约10分钟，直至颗粒得到完全均匀的分散和润湿且瓶内壁无未溶解的样品颗粒，置冰浴中冷却，冷却过程中继续搅匀，除去气泡，必要时用冷水调节重量，除去所有的泡沫作为供试品溶液。

方法1：在20℃±0.1℃，按流出时间不少于200秒，选用适宜内径的乌氏黏度计测定溶液的运动粘度（ν），并在相同条件下测定溶液的密度（ρ），按下式计算动力黏度（η）=$\rho\nu$。

方法2：在20℃±0.1℃，选用适宜的单柱型旋转黏度计（Brookfield type LV model 或相当黏度计）按下表条件测定（附录0633第三法），旋转2分钟后读数，停止2分钟，再重复实验2次，取三次实验的平均值。

标示黏度（mPa·s）	转子型号	转速（r/min）
600~1400	3	60
1400~3 500	3	12
3500~9500	4	60
9500~99 500	4	6
>99 500	4	3

酸碱度 取本品1.0g（按干燥品计），边搅拌边加至90℃的水50ml中，放冷，加水使溶液成100ml，搅拌至溶解完全，依法测定（附录0631），pH值应为5.0~8.0。

水中不溶物 取本品1.0g，置烧杯中，加热水（80~90℃）100ml溶胀约15分钟，然后在冰浴中冷却，加水300ml（黏度高的供试品可适当增加水的体积，确保溶液滤过），并充分搅拌，用经105℃干燥至恒重的1号垂熔玻璃坩埚滤过，烧杯用水洗净，洗液并入上述垂熔玻璃坩埚中，滤过，在105℃干燥至恒重，遗留残渣不得过5mg（0.5%）。

干燥失重 取本品，在105℃干燥2小时，减失重量不得过5.0%（附录0831）。

炽灼残渣 取本品1.0g，依法检查（附录0841），遗留残渣不得过1.5%。

重金属 取炽灼残渣项下遗留的残渣，依法检查（附录0821第二法），含重金属不得过百万分之二十。

砷盐 取本品1.0g，加氢氧化钙1.0g，混合，加水搅拌均匀，干燥后，先用小火烧灼使炭化，再在600℃炽灼使完全灰化，放冷，加盐酸5ml与水23ml使溶解，依法检查（附录0822第一法），应符合规定（0.0002%）。

【含量测定】 **甲氧基** 照甲氧基、乙氧基与羟丙氧基测定法（附录0712）测定。如采用第二法（容量法），取本品，精密称定，依法测定，测得的甲氧基量（%）扣除羟丙氧基量（%）与（31/75×0.93）的乘积，即得。

羟丙氧基 照甲氧基、乙氧基与羟丙氧基测定法（附录0712）测定。如采用第二法（容量法），取本品约0.1g，精密称定，依法测定，即得。

【类别】 药用辅料，释放阻滞剂和包衣材料等。

【贮藏】 密闭保存。

【标示】 标明取代型，并从mPa.s为单位标明黏度。

羟丙甲纤维素邻苯二甲酸酯

Qiangbingjia Xianweisu Linben'erjiasuanzhi

Hypromellose Phthalate

本品为羟丙甲纤维素与邻苯二甲酸的单酯化物。按干燥品计算，含邻苯二甲酰基的量应为

21.0% ~ 35.0%。

【性状】 本品为白色或类白色的粉末或颗粒；无臭，无味。

本品在水、无水乙醇中几乎不溶，在丙酮、甲苯中极微溶解，在甲醇-丙酮（1：1）、甲醇-二氯甲烷（1：1）中溶解。

黏度 取本品10g，105℃干燥1h，加甲醇-二氯甲烷（1：1）（g/g）混合溶液90g使溶解，在20℃±0.1℃，依法测定（附录0633第二法），黏度应为标示黏度的80% ~ 120%。

【鉴别】 本品的红外光吸收图谱与对照品的图谱一致。

【检查】 氯化物 取本品0.1g，加0.2mol/L 氢氧化钠溶液40ml使溶解，加酚酞试液1滴，滴加稀硝酸至红色消失，再加入稀硝酸5ml，加热至沸使产生胶状沉淀，冷却，过滤，用少量蒸馏水洗涤沉淀多次，合并滤液，摇匀，置于50ml纳氏比色管中，作为供试品溶液。依法检查（附录0801），与标准氯化钠溶液7.0ml制成的对照液比较，不得更深（0.07%）。

游离邻苯二甲酸 取本品0.2g，精密称定，置100ml量瓶中，加乙腈约50ml，超声使部分溶解，再加水10ml，超声使完全溶解，用乙腈稀释至刻度，摇匀，作为供试品溶液；另精密称取邻苯二甲酸对照品约10mg，置50ml量瓶中，加乙腈溶解并稀释至刻度，摇匀，精密量取5ml，置50ml量瓶中，加水5ml，用乙腈稀释至刻度，摇匀，作为对照品溶液。照高效液相色谱法（附录0512）试验。用十八烷基硅烷键合硅胶为填充剂；以乙腈-0.1% 三氟乙酸（1：9）为流动相；流速为每分钟2.0ml；检测波长为235nm。取对照品溶液10µl，注入液相色谱仪，连续进样6次，峰面积的相对标准偏差应不大于1.0%。精密量取供试品溶液与对照品溶液各10µl，分别注入液相色谱仪，记录色谱图。供试品溶液的色谱图中如有与邻苯二甲酸保留时间一致的色谱峰，按外标法以峰面积计算，不得过1.0%。

水分 取本品，照水分测定法（附录0832第一法A）测定，含水分不得过5.0%。

炽灼残渣 取本品1.0g，依法检查（附录0841），遗留残渣不得过0.2%。

重金属 取炽灼残渣项下遗留的残渣，依法检查（附录0821第二法），含重金属不得过百万分之十。

砷盐 取本品1.0g，加氢氧化钙1.0g，混合，加水搅拌均匀，干燥后，先用小火灼烧使炭化，再在600℃炽灼使全部灰化，放冷，加盐酸5ml与水23ml使溶解，依法检查（附录0822第一法），应符合规定（0.0002%）。

【含量测定】 取本品约1.0g，精密称定，加乙醇-丙酮-水（2：2：1）的混合溶液50ml使溶解，加酚酞指示液2滴，用氢氧化钠滴定液（0.1mol/L）滴定，并将滴定结果用空白试验校正。按下式计算邻苯二甲酰基含量：

$$邻苯二甲酰基含量（\%）= \frac{0.01 \times V \times F \times 149.1}{(1-a)W} - 2 \times \frac{149.1}{166.1} \times S$$

式中 149.1为邻苯二甲酰基的分子量；

166.1为邻苯二甲酸的分子量；

W为供试品取样量，g；

F为氢氧化钠滴定液（0.1mol/L）的浓度校正因子；

V为氢氧化钠滴定液消耗的毫升数；

a为供试品的水分含量，%。

S为供试品中游离邻苯二甲酸含量。

【类别】 药用辅料，包衣材料。

【贮藏】 密封保存。

【标示】 以mPa•s或Pa•s为单位标明黏度。

羟丙纤维素

Qiangbing Xianweisu

Hydroxypropyl Cellulose

R=H或 $\left[\,CH_2CH\,(\,CH_3\,)O\,\right]_mH$

本品为部分取代2-羟丙基醚纤维素，按干燥品计算，含羟丙氧基（—OCH₂CHOHCH₃）应为53.4%~77.5%。

【性状】 本品为白色至类白色粉末或颗粒，干燥后有引湿性。

本品在水或乙醇中溶胀成胶体溶液；在乙醚中几乎不溶。

【鉴别】 （1）取本品1.0g，加热水100ml，搅拌使成浆状液体，置冰浴中冷却，成黏性液体；取2ml置试管中，沿管壁缓缓加0.035%蒽酮的硫酸溶液1ml，放置5分钟，在两液界面处显蓝绿色环。

（2）取鉴别（1）项下的黏性液体适量，倾注在玻璃板上，待水分蒸发后，形成一层薄膜。

（3）取鉴别（1）项下的黏性液体10ml，加氢氧化钠1g，振摇混匀，取0.1ml，加硫酸溶液(9→10)9ml，振摇。水浴加热3分钟，立即置冰浴中冷却，放冷后，加入茚三酮溶液（取茚三酮0.2g，加水10ml，使溶解。临用新配）0.6ml，摇匀，室温放置，即显红色，继续放置约100分钟，变成紫色。

（4）取鉴别（1）项下的黏性液体适量，在水浴中边加热边搅拌，至溶液温度达到40℃以上时溶液变浑浊或生成絮状沉淀，放冷，溶液再次澄清。

【检查】 **黏度** 取本品适量（按干燥品计算），加90℃的水制成2.0%（g/g）或5.0%（g/g）（标示黏度小于150mPa•s时）的溶液，充分搅拌约10分钟，直至颗粒得到完全均匀分散和润湿（且瓶内壁无未溶解的样品颗粒），溶液置冰浴中冷却，冷却过程中继续搅匀，逐去气泡并用冷水调节重量。用适宜的单柱型的旋转式黏度计（Brookfield type LV Model，或相当的黏度计），在20℃±0.1℃，以旋转式黏度计测定（附录0633第三法），或按标示方法配制溶液及测定黏度应为标示黏度的75%~140%。

酸碱度 取本品1.0g（按干燥品计算），边搅拌边加至90℃的水50ml中，放冷，加水使溶液成100ml，搅拌使完全溶解，依法测定（附录0631），pH值应为5.0~8.5。

氯化物 取本品0.10g，加热水50ml，搅拌均匀，在冰浴中冷却，转移至100ml量瓶中，用水稀释至刻度，摇匀，取10ml，依法检查（附录0801），与标准氯化钠溶液5.0ml制成的对照液比较，不得更浓（0.5%）。

残留溶剂 异丙醇与甲苯 取本品约50mg，精密称定，置顶空瓶中，精密加入二甲基亚砜2ml

使溶解，密封，作为供试品溶液；另取异丙醇与甲苯适量，精密称定，用二甲基亚砜稀释制成每1ml中含异丙醇0.125mg、甲苯0.022mg的混合溶液，精密量取2ml，置顶空瓶中，密封，作为对照品溶液。照残留溶剂测定法（附录0861第二法）测定，以固定液为6%氰丙基苯基-94%二甲基硅氧烷（或极性相近的固定液）的毛细管柱为色谱柱；起始温度为50℃，保持2分钟，再以每分钟15℃的速率升温至220℃，保持1分钟；检测器温度250℃；进样口温度220℃。顶空瓶平衡温度为70℃，平衡时间为30分钟。取对照品溶液顶空进样，各成分峰之间的分离度均应符合要求。再取供试品溶液与对照品溶液分别顶空进样，记录色谱图。按外标法以峰面积计算，应符合规定。

干燥失重　取本品，在105℃干燥至恒重，减失重量不得过7.0%（附录0831）。

二氧化硅　取本品1.0g，置铂坩埚中，在1000℃炽灼至恒重。将残渣用水湿润，滴加氢氟酸10ml，置水浴上蒸干，放冷，继续加入氢氟酸10ml和硫酸0.5ml，置水浴上蒸发至近干，移至电炉上缓缓加热至酸蒸气除去，在1000℃炽灼至恒重，放冷，精密称定，与恒重残渣的差值即为二氧化硅的重量，按干燥品计算，应不得过0.6%。

炽灼残渣　取本品1.0g，依法检查（附录0841），遗留残渣不得过1.0%。

重金属　取炽灼残渣项下遗留的残渣，依法检查（附录0821第二法），含重金属不得过百万分之二十。

砷盐　取本品1.0g，加氢氧化钙1.0g，混匀，加水少量，搅拌均匀，干燥后，先用小火灼烧使炭化，再在500～600℃炽灼使完全炭化，放冷，加盐酸8ml与水23ml，依法检查（附录0822第一法），应符合规定（0.0002%）。

【含量测定】　**羟丙氧基**　照甲氧基、乙氧基与羟丙氧基测定法（附录0712）测定。如采用第二法（容量法），取本品约0.1g，精密称定，依法测定，即得。

【类别】　药用辅料，崩解剂和填充剂等。

【贮藏】　密闭，在干燥处保存。

【标示】　应标示黏度，单位mPa•s。

羟丙基倍他环糊精

Qiangbingji Beita Huanhujing

Hydroxypropyl Betadex

本品为倍他环糊精与1,2-环氧丙烷的醚化物。按无水物计算，含羟丙氧基（—OCH$_2$CHOHCH$_3$）应为19.6%～26.3%。

【性状】　本品为白色或类白色的无定形或结晶性粉末；无臭，味微甜；引湿性强。

本品极易溶于水，易溶于甲醇或乙醇，几乎不溶于丙酮或三氯甲烷。

【鉴别】　取本品5%的水溶液0.5ml，置10ml试管中，加10%α-萘酚的乙醇溶液2滴，摇匀，沿试管壁缓缓加入硫酸1ml，在两液界面处即显紫色环。

【检查】　**酸碱度**　取本品1.0g，加水40ml溶解后，依法测定（附录0631），pH值应为5.0～7.5。

溶液的澄清度与颜色　取本品2.5g，加水25ml使溶解，依法检查（附录0901与附录0902），溶液应澄清无色。

氯化物 取本品0.1g，依法检查（附录0801），与标准氯化钠溶液5.0ml制成的对照液比较，不得更浓（0.05%）。

倍他环糊精 精密称取本品约1.0g，置10ml量瓶中，加水溶解并稀释至刻度，摇匀，作为供试品溶液；另精密称取倍他环糊精对照品约50mg，置100ml量瓶中，加水溶解并稀释至刻度，摇匀，作为对照品溶液。照高效液相色谱法（附录0512）测定，用氨基键合硅胶为填充剂；以乙腈-水（65∶35）为流动相；用示差折光检测器检测；柱温35℃。精密量取对照品溶液和供试品溶液各20μl，分别注入液相色谱仪，记录色谱图。供试品溶液色谱图中如有与倍他环糊精峰保留时间一致的色谱峰，按外标法以峰面积计算，含倍他环糊精不得过0.5%。

1,2-丙二醇 取本品约1g，精密称定，置10ml量瓶中，加甲醇溶解并稀释至刻度，摇匀，作为供试品溶液。另精密称取1,2-丙二醇约50mg，置100ml量瓶中，加甲醇稀释至刻度，摇匀，作为对照品溶液。照残留溶剂测定法（附录0861）测定。用100%聚二甲基硅氧烷化学交联毛细管柱为色谱柱；起始温度为70℃，以每分钟10℃的速率升温至100℃，再以每分钟40℃的速率上升至220℃，维持4分钟；进样口温度为250℃；检测器温度为280℃；理论板数以1,2-丙二醇峰计算不得小于3000。精密量取对照品溶液和供试品溶液，分别注入气相色谱仪，记录色谱图。按外标法以峰面积计算，含1,2-丙二醇不得过0.5%。

水分 取本品，照水分测定法（附录0832第一法）测定，含水分不得过6.0%。

炽灼残渣 取本品1.0g，依法检查（附录0841），遗留残渣不得过0.2%。

重金属 取炽灼残渣项下遗留的残渣，依法检查（附录0821第二法），含重金属不得过百万分之十。

【含量测定】 羟丙氧基 取本品约0.1g，精密称定，照甲氧基、乙氧基与羟丙氧基测定法（附录0712）测定，即得。

【类别】 药用辅料，包合剂和稳定剂等。

【贮藏】 遮光，密闭保存。

羟丙基淀粉空心胶囊

Qiangbingji Dianfen Kongxin Jiaonang

Vacant Capsules from Hydroxypropyl Starch

本品系由羟丙基淀粉加辅料制成的空心硬胶囊。

【性状】 本品呈圆筒状，系由可套合和锁合的帽和体两节组成的质硬且有弹性的空囊。囊体应光洁、色泽均匀、切口平整、无变形、无异臭。本品分为透明（两节均不含遮光剂）、半透明（仅一节含遮光剂）和不透明（两节均含遮光剂）三种。

【鉴别】 （1）取本品0.5g，加水20ml，混匀，立即加碘试液1滴，溶液显蓝色或红紫色。

（2）取本品0.1g，置100ml量瓶中，加稀硫酸12.5ml，水浴加热使溶解，冷却至室温，加水稀释至刻度，摇匀。取1ml置具塞试管中，置冷水浴中，逐滴加入硫酸8ml，混匀，移至水浴加热3分钟，立刻将试管转入冰浴中冷却，并放至室温，沿试管壁小心加入茚三酮试液0.6ml，立即摇匀，于25℃水浴中保持100分钟。加硫酸15ml，倒转试管数次使混匀（不可摇动）。在5分钟内应显紫色。

【检查】 松紧度 取本品10粒，用拇指与食指轻捏胶囊两端，旋转拨开，不得有粘结、变形或破裂，然后装满滑石粉，将帽、体套合并锁合，逐粒于1m的高度处直坠于厚度为2cm的木板上，应不漏粉；如有少量漏粉，不得超过1粒。如超过，应另取10粒复试，均应符合规定。

脆碎度 取本品50粒，置表面皿中，放入盛有硝酸镁饱和溶液的干燥器内，置25℃±1℃恒温24小时，取出，立即分别逐粒放入直立在木板（厚度2cm）上的玻璃管（内径为24mm，长为200mm）内，将圆柱形砝码（材质为聚四氟乙烯，直径为22mm，重20g±0.1g）从玻璃管口处自由落下，视胶囊是否破裂，如有破裂，不得超过5粒。

崩解时限 取本品6粒，装满滑石粉，照崩解时限检查法（附录0921）胶囊剂项下的方法，加挡板进行检查，应在20分钟内全部崩解。

干燥失重 取本品1.0g，将帽、体分开，在130℃干燥90分钟，减失的重量不得过15.0%（附录0831）。

炽灼残渣 取本品1.0g，依法检查（附录0841），遗留残渣分别不得过2.0%（透明）、3.0%（半透明）与5.0%（不透明）。

重金属 取炽灼残渣项下遗留的残渣，依法检查（附录0821第二法），含重金属不得过百万分之二十。

微生物限度 取本品，依法检查（附录1105与附录1106），每1g供试品中需氧菌总数不得过1000cfu，霉菌和酵母菌总数不得过100cfu，不得检出大肠埃希菌。

【类别】 药用辅料，用于胶囊剂的制备。

【贮藏】 密闭，在温度10~25℃、相对湿度35%~65%条件下保存。

羟 苯 乙 酯

Qiangbenyizhi

Ethylparaben

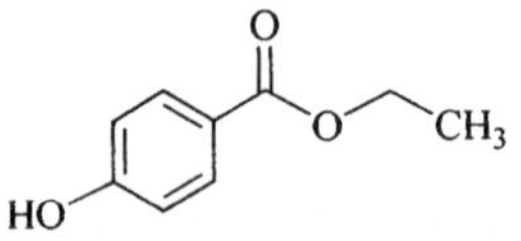

$C_9H_{10}O_3$ 166.18

本品为4-羟基苯甲酸乙酯，由乙醇和对羟基苯甲醇酯化而成。按干燥品计算，含$C_9H_{10}O_3$应为98.0%~102.0%。

【性状】 本品为白色结晶性粉末。

本品在甲醇、乙醇或乙醚中易溶，在甘油中微溶，在水中几乎不溶。

熔点 本品的熔点（附录0612）为115~118℃。

【鉴别】 （1）在含量测定项下记录的色谱图中，供试品溶液主峰的保留时间应与对照品溶液主峰的保留时间一致。

（2）取本品，加乙醇溶解并稀释制成每1ml中约含5μg的溶液，照紫外-可见分光光度法（附录0401）测定，在259nm的波长处有最大吸收。

（3）本品的红外光吸收图谱应与对照的图谱一致。

【检查】 **溶液的澄清度与颜色** 取本品1.0g，加乙醇10ml使溶解，依法检查（附录0901与附录0902），溶液应澄清无色；如显色，与黄色或黄绿色1号标准比色液比较（附录0901第一法），不得更深。

酸度　取溶液的澄清度与颜色项下溶液2ml，加乙醇2ml与水5ml，摇匀，加溴甲酚氯指示液2滴，用氢氧化钠滴定液（0.1mol/L）滴定至显蓝色，消耗氢氧化钠滴定液（0.1mol/L）不得过0.1ml。

氯化物　取本品2.0g，加水50ml，80℃水浴加热5分钟，放冷，滤过；取续滤液5.0ml，依法检查（附录0801），与标准氯化钠溶液7.0ml制成的对照液比较，不得更浓（0.035%）。

硫酸盐　取氯化物项下续滤液25ml，依法检查（附录0802），与标准硫酸钾溶液2.4ml制成的对照液比较，不得更浓（0.024%）。

有关物质　取本品，加流动相溶解并稀释制成每1ml中含1mg的溶液，作为供试品溶液；精密量取1ml，置100ml的量瓶中，加流动相稀释至刻度，摇匀，作为对照溶液。照含量测定项下的色谱条件，精密量取供试品溶液与对照溶液各20μl，分别注入液相色谱仪，记录色谱图至主峰保留时间的4倍。供试品溶液色谱图中如显杂质峰，单个杂质峰面积不得大于对照溶液主峰面积的0.4倍（0.4%），各杂质峰面积的和不得大于对照溶液主峰面积的0.8倍（0.8%）。

干燥失重　取本品，置硅胶干燥器内，减压干燥至恒重，减失重量不得过0.5%（附录0831）。

炽灼残渣　取本品1.0g，依法检查（附录0841），遗留残渣不得过0.1%。

重金属　取炽灼残渣项下遗留的残渣，依法检查（附录0821第二法），含重金属不得过百万分之二十。

砷盐　取本品1.0g，加氢氧化钙1.0g，混合，加水少量，搅拌均匀，干燥后，先用小火灼烧使炭化，再在500～600℃炽灼使完全灰化，放冷，加盐酸5ml与水23ml，依法检查（附录0822第一法），应符合规定（0.0002%）。

【含量测定】　照高效液相色谱法（附录0512）测定。

色谱条件与系统适用性试验　用十八烷基硅烷键合硅胶为填充剂，以甲醇-1%冰醋酸（60∶40）为流动相，检测波长为254nm。取羟苯甲酯和羟苯乙酯适量，加流动相溶解并稀释制成每1ml中各含10μg的溶液，取20μl注入液相色谱仪，记录色谱图；羟苯甲酯峰与羟苯乙酯峰的分离度应符合要求。

测定法　取本品适量，精密称定，加流动相溶解并定量稀释制成每1ml中含羟苯乙酯0.1mg的溶液，精密量取20μl，注入液相色谱仪，记录色谱图；另取羟苯乙酯对照品适量，同法测定。按外标法以峰面积计算，即得。

【类别】　药用辅料，防腐剂。

【贮藏】　密闭保存。

羟　苯　丁　酯

Qiangbendingzhi

Butylparaben

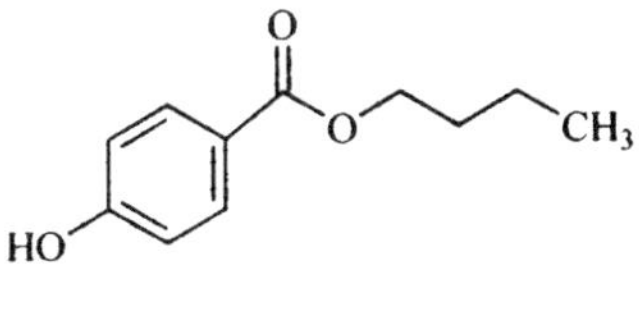

$C_{11}H_{14}O_3$　194.23

本品为4-羟基苯甲酸丁酯，由正丁醇和对羟基苯甲酸酯化而成。按干燥品计算，含$C_{11}H_{14}O_3$应为98.0% ~ 102.0%。

【性状】 本品为白色或类白色结晶或结晶性粉末。

本品在乙醇、丙酮或乙醚中极易溶解，在热水中微溶，在水中几乎不溶。

熔点 本品的熔点（附录0612）为68 ~ 71℃。

【鉴别】 （1）在含量测定项下记录的色谱图中，供试品溶液主峰的保留时间应与对照品溶液主峰的保留时间一致。

（2）取本品，加乙醇溶解并稀释制成每1ml中约含5μg的溶液，照紫外-可见分光光度法（附录0401）测定，在258nm的波长处有最大吸收。

（3）本品的红外光吸收图谱应与对照的图谱一致。

【检查】 **溶液的澄清度与颜色** 取本品1.0g，加乙醇10ml溶解后，依法检查（附录0901与附录0902），溶液应澄清无色；如显色，与黄色或黄绿色1号标准比色液（附录0901第一法）比较，不得更深。

酸度 取溶液的澄清度与颜色项下溶液2ml，加乙醇2ml与水5ml，摇匀，加溴甲酚绿指示液2滴，用氢氧化钠滴定液（0.1mol/L）滴定至显蓝色，消耗氢氧化钠滴定液（0.1mol/L）不得过0.1ml。

氯化物 取本品2.0g，加水50ml，80℃水浴加热5分钟，放冷，滤过；取续滤液5.0ml，依法检查（附录0801），与标准氯化钠溶液7.0ml制成的对照液比较，不得更浓（0.035%）。

硫酸盐 取氯化物项下续滤液25ml，依法检查（附录0802），与标准硫酸钾溶液2.4ml制成的对照液比较，不得更浓（0.024%）。

有关物质 取本品，加流动相溶解并稀释制成每1ml中含1mg的溶液，作为供试品溶液；精密量取1ml，置100ml的量瓶中，加流动相稀释至刻度，摇匀，作为对照溶液。照含量测定项下的色谱条件，精密量取供试品溶液与对照溶液各20μl，分别注入液相色谱仪，记录色谱图至主峰保留时间的4倍。供试品溶液色谱图中如显杂质峰，单个杂质峰面积不得大于对照溶液主峰面积的0.4倍（0.4%），各杂质峰面积的和不得大于对照溶液主峰面积的0.8倍（0.8%）。

干燥失重 取本品，置硅胶干燥器内，减压干燥至恒重，减失重量不得过0.5%（附录0831）。

炽灼残渣 取本品1.0g，依法检查（附录0841），遗留残渣不得过0.1%。

重金属 取炽灼残渣项下遗留的残渣，依法检查（附录0821第二法），含重金属不得过百万分之二十。

砷盐 取本品1.0g，加氢氧化钙1.0g，混合，加水少量，搅拌均匀，干燥后，先用小火灼烧使炭化，再在500 ~ 600℃炽灼使完全灰化，放冷，加盐酸5ml与水23ml，依法检查（附录0822第一法），应符合规定（0.0002%）。

【含量测定】 照高效液相色谱法（附录0512）测定。

色谱条件与系统适用性试验 用十八烷基硅烷键合硅胶为填充剂，以甲醇-1%冰醋酸（60：40）为流动相，检测波长为254nm。取羟苯甲酯与羟苯乙酯对照品各适量，加流动相溶解并稀释制成每1ml中各含10μg的溶液，取20μl，注入液相色谱仪，记录色谱图；羟苯甲酯峰与羟苯乙酯峰之间的分离度应符合要求。

测定法 取本品适量，精密称定，加流动相溶解并定量稀释制成每1ml中含羟苯丁酯0.1mg的溶液，精密量取20μl，注入液相色谱仪，记录色谱图；另取羟苯丁酯对照品适量，同法测定。按外标法以峰面积计算，即得。

【类别】 药用辅料，抑菌剂。

【贮藏】 密闭保存。

羟 苯 丙 酯

Qiangbenbingzhi

Propylparaben

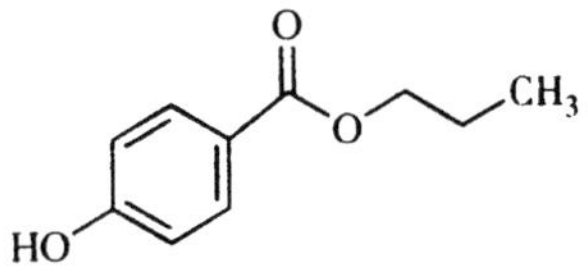

$C_{10}H_{12}O_3$　180.20

本品为4-羟基苯甲酸丙酯。按干燥品计算，含$C_{10}H_{12}O_3$应为98.0%～102.0%。

【性状】　本品为白色或类白色结晶或结晶性粉末。

本品在甲醇、乙醇或乙醚中易溶，在热水中微溶，在水中几乎不溶。

熔点　本品的熔点（附录0612）为96～99℃。

【鉴别】　（1）在含量测定项下记录的色谱图中，供试品溶液主峰的保留时间应与对照品溶液主峰的保留时间一致。

（2）取本品，加乙醇溶解并稀释制成每1ml中约含5μg的溶液，照紫外-可见分光光度法（附录0401）测定，在258nm的波长处有最大吸收。

（3）本品的红外光吸收图谱应与对照的图谱一致。

【检查】　**溶液的澄清度与颜色**　取本品1.0g，加乙醇10ml溶解后，依法检查（附录0901与附录0902）溶液应澄清无色；如显色，与黄色或黄绿色1号标准比色液比较（附录0901第一法），不得更深。

酸度　取溶液的澄清度与颜色项下溶液2ml，加乙醇2ml与水5ml，摇匀，加溴甲酚绿指示液2滴，用氢氧化钠滴定液（0.1mol/L）滴定至显蓝色，消耗氢氧化钠滴定液（0.1mol/L）不得过0.1ml。

氯化物　取本品2.0g，加水50ml，80℃水浴加热5分钟，放冷，滤过；取续滤液5.0ml，依法检查（附录0801），与标准氯化钠溶液7.0ml制成的对照液比较，不得更浓（0.035%）。

硫酸盐　取氯化物项下续滤液25ml，依法检查（附录0802），与标准硫酸钾溶液2.4ml制成的对照液比较，不得更浓（0.024%）。

有关物质　取本品，加流动相溶解并稀释制成每1ml中含1mg的溶液，作为供试品溶液；精密量取1ml，置100ml的量瓶中，加流动相稀释至刻度，摇匀，作为对照溶液。照含量测定项下的色谱条件，精密量取供试品溶液与对照溶液各20μl，分别注入液相色谱仪，记录色谱图至主峰保留时间的4倍。供试品溶液色谱图中如显杂质峰，单个杂质峰面积不得大于对照溶液主峰面积的0.4倍（0.4%），各杂质峰面积的和不得大于对照溶液主峰面积的0.8倍（0.8%）。

干燥失重　取本品，置硅胶干燥器内，减压干燥至恒重，减失重量不得过0.5%（附录0831）。

炽灼残渣　取本品1.0g，依法检查（附录0841），遗留残渣不得过0.1%。

重金属　取炽灼残渣项下遗留的残渣，依法检查（附录0821第二法），含重金属不得过百万分之二十。

砷盐　取本品1.0g，加氢氧化钙1.0g混合，加水少量，搅拌均匀，干燥后，先用小火灼烧使炭化，再在500～600℃炽灼使完全灰化，放冷，加盐酸5ml与水23ml，依法检查（附录0822第一法），应符合规定（0.0002%）。

【含量测定】　照高效液相色谱法（附录0512）测定。

色谱条件与系统适用性试验 用十八烷基硅烷键合硅胶为填充剂，以甲醇-1%冰醋酸（60:40）为流动相，检测波长为254nm。取羟苯甲酯与羟苯乙酯各适量，加流动相溶解并稀释制成每1ml中各含10μg的溶液，取20μl注入液相色谱仪，记录色谱图，羟苯甲酯峰与羟苯乙酯峰间的分离度应符合要求。

测定法 取本品适量，精密称定，加流动相溶解并定量稀释制成每1ml中含羟苯丙酯0.1mg的溶液，精密量取20μl注入液相色谱仪，记录色谱图；另取羟苯丙酯对照品适量，同法测定。按外标法以峰面积计算，即得。

【类别】 药用辅料，抑菌剂。

【贮藏】 密闭保存。

羟苯丙酯钠

Qiangbenbingzhina

Sodium Propyl Parahydroxybenzoate

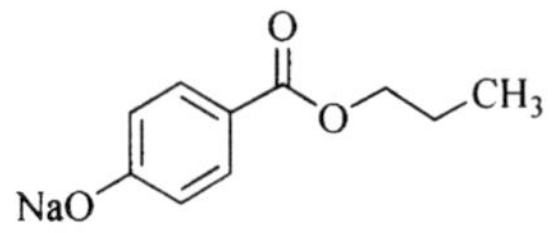

$C_{10}H_{11}NaO_3$　202.18

本品系在氢氧化钠水溶液中加入对羟基苯甲酸丙酯反应后精制而成。按无水物计算，含$C_{10}H_{11}NaO_3$应为98.0%~102.0%。

【性状】 本品为白色或类白色结晶性粉末。

本品在水中易溶，在乙醇中微溶。

【鉴别】 （1）取本品10mg，置试管中，加10.6%碳酸钠溶液1ml，加热煮沸30秒，放冷，加0.1% 4-氨基安替比林的硼酸盐缓冲液（pH9.0）（取含0.618%硼酸的0.1mol/L氯化钾溶液1000ml与0.1mol/L氢氧化钠溶液420ml混合，即得）5ml与5.3%铁氰化钾溶液1ml，混匀，溶液变为红色，

（2）在含量测定项下记录的色谱图中，供试品溶液主峰的保留时间应与对照品溶液主峰的保留时间一致。

（3）本品显钠盐的鉴别反应（附录0301）。

【检查】 碱度 取本品0.10g，加水100ml溶解，依法测定（附录0631），pH值应为9.5~10.5。

溶液的澄清度与颜色 取本品1.0g，加水10ml溶解后，依法检查（附录0901与附录0902），溶液应澄清；如显色与棕红色3号标准比色液（附录0901第一法）比较，不得更深。

氯化物 取本品2.0g，加水40ml使溶解，用稀硝酸调节溶液至中性，用水稀释至50ml，振摇，滤过，取滤液5.0ml，依法检查（附录0801），与标准氯化钠溶液7.0ml制成的对照液比较，不得更深（0.035%）。

硫酸盐 取氯化物项下的续滤液25ml，依法检查（附录0802），与标准硫酸钾溶液2.4ml制成的对照液比较，不得更深（0.024%）。

有关物质 取本品适量，加流动相溶解并稀释制成每1ml中含1.0mg的溶液，作为供试品溶液；精密量取适量，用流动相稀释制成每1ml中含1.0μg的溶液，作为对照溶液，照含量测定项下的色谱条件，精密量取供试品溶液与对照溶液各20μl，分别注入液相色谱仪，记录色谱图至主成分峰保留

时间的4倍，供试品溶液色谱图中如有与对羟基苯甲酸峰保留时间一致的峰，其峰面积的1.4倍不得大于对照溶液主峰面积的3倍（3.0%），其他单个杂质的峰面积不得大于对照溶液主峰面积的0.5倍（0.5%），其他各杂质峰面积之和不得大于对照溶液主峰面积（1.0%）。

水分　取本品，照水分测定法（附录0832第一法A）测定，含水分不得过5.0%。

重金属　取本品2.0g，依法检查（附录0821第三法）；若供试液带颜色，且不能以稀焦糖调色时，取本品4.0g，加氢氧化钠试液10ml与水20ml溶解后，分成甲乙二等份，乙管中加水使成25ml，甲管中加硫化钠溶液5滴，摇匀，经滤膜（孔径3μm）滤过，然后甲管中加入标准铅溶液2ml，加水使成25ml，再分别在甲乙两管中各加入硫化钠溶液5滴，比较，含重金属不得过百万分之十。

砷盐　取本品1.0g，加氢氧化钙1g，混合，加水2ml，搅拌均匀，干燥后先用小火缓缓灼烧至完全炭化，再在500~600℃炽灼使成灰白色，放冷，加盐酸5ml与水23ml，依法检查（附录0822第一法），应符合规定（0.0002%）。

【含量测定】　照高效液相色谱法（附录0512）测定。

色谱条件与系统适用性试验　用十八烷基硅烷键合硅胶为填充剂；以甲醇-1%冰醋酸（60:40）为流动相，检测波长为254nm。取羟苯丙酯钠与对羟基苯甲酸，加流动相配制成每1ml中分别含0.1mg的混合溶液，取20μl注入液相色谱仪，记录色谱图；对羟基苯甲酸峰和羟苯丙酯峰的分离度应符合要求。

测定法　取本品适量，精密称定，加流动相溶解并定量稀释制成每1ml中含羟苯丙酯钠0.1mg的溶液，精密量取20μl注入液相色谱仪，记录色谱图；另取羟苯丙酯对照品适量，同法测定。按外标法以峰面积乘以系数1.122后计算，即得。

【类别】　药用辅料，抑菌剂。

【贮藏】　密闭保存。

羟 苯 甲 酯

Qiangbenjiazhi

Methylparaben

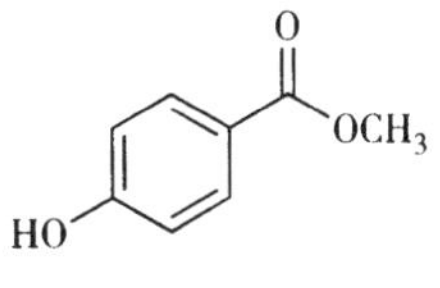

$C_8H_8O_3$　152.15

本品为4-羟基苯甲酸甲酯，由甲醇和对羟基苯甲酸酯化而成。按干燥品计算；含$C_8H_8O_3$应为98.0%~102.0%。

【性状】　本品为白色或类白色结晶或结晶性粉末。

本品在甲醇、乙醇或乙醚中易溶，在热水中溶解，在水中微溶。

熔点　本品的熔点（附录0612）为125~128℃。

【鉴别】　（1）在含量测定项下记录的色谱图中，供试品溶液主峰的保留时间应与对照品溶液主峰的保留时间一致。

（2）取本品，加乙醇溶解并稀释制成每1ml中约含5μg的溶液，照紫外-可见分光光度法（附录0401）测定，在258nm的波长处有最大吸收。

（3）本品的红外光吸收图谱应与对照的图谱一致。

【检查】 溶液的澄清度与颜色 取本品1.0g，加乙醇10ml使溶解，依法检查（附录0901与附录0902），溶液应澄清无色；如显色，与黄色或黄绿色1号标准比色液（附录0901第一法）比较，不得更深。

酸度 取溶液的澄清度与颜色项下溶液2ml，加乙醇2ml与水5ml，摇匀，加溴甲酚绿指示液2滴，用氢氧化钠滴定液（0.1mol/L）滴定至显蓝色，消耗氢氧化钠滴定液（0.1mol/L）不得过0.1ml。

氯化物 取本品2.0g，加水50ml，80℃水浴加热5分钟，放冷，滤过；取续滤液5.0ml，依法检查（附录0801），与标准氯化钠溶液7.0ml制成的对照液比较，不得更浓（0.035%）。

硫酸盐 取氯化物项下续滤液25ml，依法检查（附录0802），与标准硫酸钾溶液2.4ml制成的对照液比较，不得更浓（0.024%）。

有关物质 取本品，用流动相溶解并稀释制成每1ml中含1mg的溶液，作为供试品溶液；精密量取1ml，置100ml的量瓶中，加流动相稀释至刻度，摇匀，作为对照溶液。照含量测定项下的色谱条件，精密量取供试品溶液与对照溶液各20μl，分别注入液相色谱仪，记录色谱图至主峰保留时间的4倍。供试品溶液色谱图中如显杂质峰，单个杂质峰面积不得大于对照溶液主峰面积的0.4倍（0.4%），各杂质峰面积的和不得大于对照溶液主峰面积的0.8倍（0.8%）。

甲醇 取本品适量，精密称定，加N,N-二甲基甲酰胺适量，立即振摇使溶解并稀释制成每1ml中约含0.1g的溶液，作为供试品溶液，另精密称取甲醇适量，加N,N-二甲基甲酰胺溶解并稀释制成每1ml中含甲醇0.3mg的溶液，作为对照品溶液。照残留溶剂测定法（附录0861第三法）测定，以100%二甲基聚硅氧烷为固定液；起始温度40℃，以每分钟15℃的速率升温至80℃，维持5分钟，然后以每分钟6℃的速率升温至130℃，维持1分钟，再以每分钟40℃的速率升温至220℃，维持3分钟；进样口温度为200℃；检测器温度为250℃。取对照品溶液1μl注入气相色谱仪，各成分峰间的分离度均应符合要求。精密量取供试品溶液与对照品溶液各1μl，分别注入气相色谱仪，记录色谱图，按外标法以峰面积计算，应不得过0.3%。

干燥失重 取本品，置硅胶干燥器内，减压干燥至恒重，减失重量不得过0.5%（附录0831）。

炽灼残渣 取本品1.0g，依法检查（附录0841），遗留残渣不得过0.1%。

重金属 取炽灼残渣项下遗留的残渣，依法检查（附录0821第二法），含重金属不得过百万分之二十。

砷盐 取本品1.0g，加氢氧化钙1.0g，混合，加水少量，搅拌均匀，干燥后，先用小火灼烧使炭化，再在500～600℃炽灼使完全灰化，放冷，加盐酸5ml与水23ml，依法检查（附录0822第一法），应符合规定（0.0002%）。

【含量测定】 照高效液相色谱法（附录0512）测定。

色谱条件与系统适用性试验 用十八烷基硅烷键合硅胶为填充剂，以甲醇-1%冰醋酸（60：40）为流动相，检测波长为254nm。取羟苯甲酯与羟苯乙酯对照品各适量，加流动相溶解并稀释制成每1ml中各含10μg的溶液，取20μl注入液相色谱仪，记录色谱图，羟苯甲酯峰与羟苯乙酯峰之间的分离度应符合要求。

测定法 取本品适量，精密称定，加流动相溶解并定量稀释制成每1ml中含羟苯甲酯0.1mg的溶液，精密量取20μl注入液相色谱仪，记录色谱图；另取羟苯甲酯对照品适量，同法测定。按外标法以峰面积计算，即得。

【类别】 药用辅料，抑菌剂。

【贮藏】 密闭保存。

羟苯甲酯钠

Qiangbenjiazhina

Sodium Methyl Parahydroxybenzoate

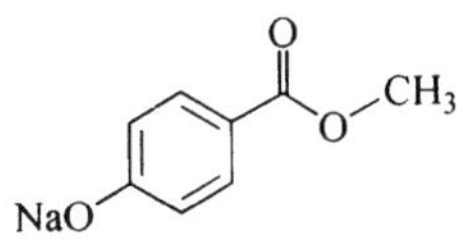

C$_8$H$_7$NaO$_3$ 174.12

本品系在氢氧化钠水溶液中加入对羟基苯甲酸甲酯反应后精制而成。按干燥品计算，含C$_8$H$_7$NaO$_3$应为98.0% ~ 102.0%。

【性状】 本品为白色或类白色结晶性粉末。

本品在水中易溶，在乙醇中微溶，在二氯甲烷中几乎不溶。

【鉴别】 （1）取本品10mg，置试管中，加10.6%碳酸钠溶液1ml，加热煮沸30秒，放冷，加0.1%4-氨基安替比林的硼酸盐缓冲液（pH9.0）（取含0.618%硼酸的0.1mol/L氯化钾溶液1000ml与0.1mol/L氢氧化钠溶液420ml混合，即得）5ml与5.3%铁氰化钾溶液1ml，混匀，溶液变为红色。

（2）在含量测定项下记录的色谱图中，供试品溶液主峰的保留时间应与对照品溶液主峰的保留时间一致。

（3）本品显钠盐的鉴别反应（附录0301）。

【检查】 **碱度** 取本品0.10g，加水100ml溶解，依法测定（附录0631），pH值应为9.5 ~ 10.5。

溶液的澄清度与颜色 取本品1.0g，加水10ml溶解后，依法检查（附录0901与附录0902），溶液应澄清；颜色与棕红色3号标准比色液（附录0901第一法）比较，不得更深。

氯化物 取本品2.0g，加水40ml使溶解，用稀硝酸调节溶液至中性，用水稀释至50ml，摇匀，滤过，取续滤液5.0ml，依法检查（附录0801），与标准氯化钠溶液7.0ml制成的对照液比较，不得更浓（0.035%）。

硫酸盐 取氯化物项下的续滤液25ml，依法检查（附录0802），与标准硫酸钾溶液2.4ml制成的对照液比较，不得更浓（0.024%）。

有关物质 取本品适量，加流动相溶解并稀释制成每1ml中含1mg的溶液，作为供试品溶液；精密量取适量，用流动相稀释制成每1ml中含10μg的溶液，作为对照溶液。照含量测定项下的色谱条件，精密量取供试品溶液与对照溶液各20μl，分别注入液相色谱仪，记录色谱图至主成分峰保留时间的4倍。供试品溶液色谱图中如有与对羟基苯甲酸峰保留时间一致的峰，其峰面积的1.4倍不得大于对照溶液主峰面积的3倍（3.0%），其他单个杂质峰面积不得大于对照溶液主峰面积的0.5倍（0.5%），其他各杂质峰面积的和不得大于对照溶液主峰面积（1.0%）。

水分 取本品，照水分测定法（附录0832第一法A）测定，含水分不得过5.0%。

重金属 取本品2.0g，依法检查（附录0821第三法）；若供试液带颜色，且不能以稀焦糖调色时，取本品4.0g，加氢氧化钠试液10ml与水20ml溶解后，分成甲乙二等份，乙管中加水使成25ml，甲管中加硫化钠试液5滴，摇匀，经滤膜（孔径3μm）滤过，然后甲管中加入标准铅溶液2ml，加水使成25ml，再分别在甲乙两管中各加入硫化钠试液5滴，比较，含重金属不得过百万分之十。

砷盐 取本品1.0g，加氢氧化钙1g，混合，加水2ml，搅拌均匀，干燥后先用小火缓缓灼烧至完全炭化，再在500 ~ 600℃炽灼成灰白色，放冷，加盐酸5ml与水23ml使溶解，依法检查（附录0822第一法），应符合规定（0.0002%）。

【含量测定】 照高效液相色谱法（附录0512）测定。

色谱条件与系统适用性试验 用十八烷基硅烷键合硅胶为填充剂，以甲醇-1%冰醋酸（60：40）为流动相，检测波长为254nm。取羟苯甲酯钠与对羟基苯甲酸，加流动相配制成每1ml中分别含0.1mg的混合溶液，取20μl注入液相色谱仪，记录色谱图，对羟基苯甲酸峰和羟苯甲酯钠峰的分离度应符合要求。

测定法 取本品适量，精密称定，加流动相溶解并定量稀释制成每1ml中含羟苯甲酯钠0.1mg的溶液，精密量取20μl注入液相色谱仪，记录色谱图；另取羟苯甲酯对照品适量，同法测定。按外标法以峰面积乘以系数1.145后计算，即得。

【类别】 药用辅料，抑菌剂。

【贮藏】 密闭保存。

羟 苯 苄 酯

Qiangbenbianzhi

Benzyl Hydroxybenzoate

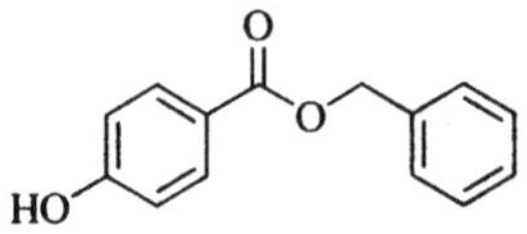

$$C_{14}H_{12}O_3 \quad 228.25$$

本品为苄基-4-羟基苯甲酸。按干燥品计算，含$C_{14}H_{12}O_3$应为98.0%～102.0%。

【性状】 本品为白色或乳白色结晶性粉末。

本品在甲醇或乙醇中溶解，在水中几乎不溶。

熔点 本品的熔点（附录0612）为111～113℃。

【鉴别】 （1）在含量测定项下记录的色谱图中，供试品溶液主峰的保留时间应与对照品溶液主峰的保留时间一致。

（2）取本品，加乙醇溶解并稀释制成每1ml中约含5μg溶液，照紫外-可见分光光度法（附录0401）测定，在260nm的波长处有最大吸收。

（3）本品的红外光吸收光谱图应与对照品的图谱一致。

【检查】 **酸度** 取本品0.2g，加50%乙醇水溶液5ml，摇匀，加甲基红指示液2滴，用氢氧化钠滴定液（0.1mol/L）滴定至橙色，消耗氢氧化钠滴定液（0.1mol/L）不得过0.1ml。

氯化物 取本品2.0g，加水50ml，80℃水浴加热5分钟，放冷，滤过；取续滤液5.0ml，依法检查（附录0801），与标准氯化钠溶液7.0ml制成的对照溶液比较，不得更浓（0.035%）。

硫酸盐 取氯化物项下续滤液25ml，依法检查（附录0802），与标准硫酸钾溶液2.4ml制成的对照溶液比较，不得更浓（0.024%）。

有关物质 取本品，加溶剂〔1%冰醋酸溶液-甲醇（40：60）〕溶解并稀释制成每1ml中含1mg的溶液，作为供试品溶液；精密量取1ml，置100ml量瓶中，加溶剂稀释至刻度，摇匀，作为对照溶液。精密称取对羟基苯甲酸对照品适量，加溶剂溶解并定量制成每1ml含10μg的溶液，作为对照品溶液。照高效液相色谱法（附录0512）试验，用苯基硅烷键合硅胶为填充剂，流动相A为1%冰醋酸溶液，流动相B为甲醇；按下表进行梯度洗脱，检测波长为254nm。取羟苯丁酯与羟苯苄酯对照品各适量，加溶剂溶解并稀释制成每1ml各含10µg的溶液，作为系统适用性试验溶液，取系统适用性试验溶液20µl，注入液相色谱仪，记录色谱图，羟苯丁酯与羟苯苄酯峰之间的分离度不小于3.0。精密量取供试品溶液、对照溶液与对照品溶液各20µl，分别注入液相色谱仪，记录色谱图。供试品溶液色谱图中如有与对羟基苯甲酸峰保留时间一致的峰，按外标法以峰面积计算，含对羟基苯甲酸不得过1.0%，其他单个杂质峰面积不得大于对照溶液主峰面积的0.5倍（0.5%），其他各杂质峰面积的和不得大于对照溶液主峰面积（1.0%）。

时间（分钟）	流动相A（%）	流动相B（%）
0	40	60
17	40	60
40	0	100
45	0	100
46	40	60
52	40	60

干燥失重　取本品，置硅胶干燥器内，减压干燥至恒重，减失重量不得过0.5%（附录0831）。

炽灼残渣　取本品1.0g，依法检查（附录0841），遗留残渣不得过0.1%。

重金属　取炽灼残渣项下的遗留残渣，依法测定（附录0821第二法），含重金属不得过百万分之二十。

【含量测定】　照高效液相色谱法（附录0512）测定。

色谱条件与系统适用性试验　以苯基硅烷键合硅胶为填充剂，以1%冰醋酸溶液为流动相A，以甲醇为流动相B，按下表进行梯度洗脱。检测波长为254nm。取有关物质项下系统适用性试验溶液20µl，注入液相色谱仪，记录色谱图，羟苯丁酯与羟苯苄酯峰之间的分离度应不小于3.0。

测定法　取本品适量，精密称定，加溶剂〔1%冰醋酸溶液-甲醇（40∶60）〕溶解并定量稀释制成每1ml中约含0.1mg的溶液，精密量取20µl，注入液相色谱仪，记录色谱图；另取羟苯苄酯对照品适量，同时测定。按外标法以峰面积计算，即得。

时间（分钟）	流动相A（%）	流动相B（%）
0	40	60
17	40	60
18	0	100
23	0	100
24	40	60
30	40	60

【类别】　药用辅料，抑菌剂。

【贮藏】　密闭保存。

混合脂肪酸甘油酯（硬脂）

Hunhe Zhifangsuan Ganyouzhi（Yingzhi）

Hard Fat

本品为$C_8 \sim C_{18}$饱和脂肪酸的甘油一酯、二酯及三酯的混合物。

【性状】　本品为白色或类白色的蜡状固体；具有油脂臭；触摸时有滑腻感。

本品在三氯甲烷或乙醚中易溶，在石油醚（60～90℃）中溶解，在水或乙醇中几乎不溶。

熔点 本品的熔点（附录0612第二法）为：34型33～35℃；36型35～37℃；38型37～39℃；40型39～41℃。

酸值 本品的酸值（附录0713）不大于1.0。

皂化值 本品的标示皂化值为215～260，皂化值（附录0713）应为标示皂化值的95%～105%。

羟值 本品的羟值（附录0713）不大于60。

碘值 本品的碘值（附录0713）不大于2.0。

过氧化值 本品的过氧化值（附录0713）不大于3。

【鉴别】 取本品约1.0g，加三氯甲烷10ml使溶解，作为供试品溶液。照薄层色谱法（附录0502）试验，吸取供试品溶液5μl，点于硅胶G薄层板上，以三氯甲烷-丙酮（20：0.5）为展开剂，展开，展开距离应大于12cm，晾干，置碘蒸气中显色后，立即检视，应至少显四个斑点。

【检查】 碱性杂质 取本品2.0g，加乙醇1.5ml和乙醚3.0ml使溶解，在40℃水浴中加热溶解后，加溴酚蓝指示液0.05ml，用盐酸滴定液（0.01mol/L）滴定至溶液显黄色，消耗盐酸滴定液（0.01mol/L）不得过0.15ml。

灰分 取本品2g，置已炽灼至恒重的坩埚中，精密称定，缓缓炽灼（注意避免燃烧）至完全炭化后，在500～600℃炽灼使完全灰化并恒重，遗留灰分不得过0.05%。

重金属 取本品1g，加饱和氯化钠溶液20ml，置水浴上加热溶化，然后置冰浴中冷却，滤过，滤液移至50ml比色管中，加稀醋酸2ml与水适量使成25ml，依法检查（附录0821第一法），含重金属不得过百万分之十。

【类别】 药用辅料，栓剂基质和释放阻滞剂等。

【贮藏】 密闭，在阴凉处保存。

液 状 石 蜡

Yezhuang Shila

Liquid Paraffin

本品系从石油中制得的多种液状饱和烃的混合物。

【性状】 本品为无色澄清的油状液体；无臭，无味；在日光下不显荧光。

本品可与三氯甲烷或乙醚任意混溶，在乙醇中微溶，在水中不溶。

相对密度 本品的相对密度（附录0601）为0.845～0.890。

黏度 本品的运动黏度（附录0633第一法），在40℃时（毛细管内径1.0mm±0.05mm）不得小于36mm²/s。

【鉴别】 （1）取本品5ml，置坩埚中，加热并点燃，燃烧时产生光亮的火焰，并伴有石蜡的气味。

（2）取本品0.5g，置干燥试管中，加等量的硫，振摇，加热至熔融，即产生硫化氢的臭气。

【检查】 酸碱度 取本品15ml，加沸水30ml，剧烈振摇1分钟；冷却分离出水层，分取10ml的水层滤液，向其中加酚酞指示剂两滴，溶液应无色；用氢氧化钠滴定液（0.01mol/L）滴定至溶液显粉红色时，消耗氢氧化钠滴定液不得过1.0ml。

硫化物 取本品4.0ml，加饱和氧化铅的氢氧化钠溶液（1→5）2滴，加乙醇2ml，摇匀，在

70℃水浴中加热10分钟，同时振摇，放冷后，不得显棕黑色。

稠环芳烃 精密量取本品25ml，置250ml分液漏斗中，加正己烷25ml混匀后，再精密加二甲基亚砜5ml，剧烈振摇2分钟，静置使分层，将二甲基亚砜层移入另一50ml分液漏斗中，用正己烷2ml振摇洗涤后，静置使分层（必要时离心），分取二甲基亚砜层作为供试品溶液；另取正己烷25ml，置50ml分液漏斗中，精密加入二甲基亚砜5ml，剧烈振摇2分钟，静置使分层，取二甲基亚砜层作为空白溶液；照紫外-可见分光光度法（附录0401），在260～350nm波长范围内测定吸光度，其最大吸光度不得过0.10。

固形石蜡 取本品适量，在105℃干燥2小时，置硫酸干燥器中放冷后，置50ml纳氏比色管中至50ml，密塞，置0℃冷却4小时，如发生浑浊，与对照溶液（0.01mol/L盐酸溶液0.15ml，加稀硝酸6ml与硝酸银试液1.0ml，加水稀释至50ml，在暗处放置5分钟）比较，不得更浓。

易炭化物 取本品5ml，置长约160mm，内径约25mm的具塞试管中，加硫酸[H_2SO_4含量为94.5%～95.5%（g/g）]5ml，置沸水浴中加热，30秒后迅速取出，密塞，上下强力振摇3次，振幅在12cm以上，时间不超过3秒，再放置水浴中加热，每隔30秒取出，如上法振摇，如此10分钟后取出，静置使分层，依法检查（附录0842），石蜡层不得显色；酸层如显色，与对照液（取比色用重铬酸钾1.5ml，比色用二氯化钴液1.3ml与比色用硫酸铜液0.5ml，加水1.7ml，再加本品5ml混合制成）比较，不得更深。

重金属 取本品1.0g，置坩埚中，缓慢灼烧至炭化，在450～550℃灼烧使完全灰化，放冷，加盐酸2ml，置水浴上蒸干后，依法检查（附录0821第二法），含重金属不得过百万分之十。

砷盐 取本品1.0g，置坩埚中，加2%硝酸镁的乙醇溶液10ml，炽灼至灰化（如有未炭化的物质，加硝酸少许，再次灼烧至灰化），放冷，加盐酸5ml，置水浴上加热溶解，加水23ml，依法检查（附录0822第一法），应符合规定（0.0002%）。

【类别】 药用辅料，润滑剂和软膏基质等。

【贮藏】 密封保存。

淀粉水解寡糖

Dianfen Shuijieguatang

Dextrates

本品是由淀粉经酶水解并纯化得到的糖类混合物，可为无水物或水合物。按干燥品计算，葡萄糖当量值应为93.0%～99.0%。

【性状】 本品为白色、具流动性的多孔球形结晶性颗粒；无臭、味甜。

本品在水中易溶；在稀酸中溶解；在乙醇、丙二醇中不溶。

【检查】 酸度 取本品20%水溶液，依法检查，pH值应为3.8～5.8（附录0631）。

干燥失重 取本品，在105℃干燥16小时，减失重量无水物不得过2.0%，水合物应为7.8%～9.2%（附录0831）。

炽灼残渣 取本品2.0g，依法检查（附录0841），不得过0.1%。

重金属 取炽灼残渣项下遗留的残渣，依法检查（附录0821第二法），含重金属不得过百万分之五。

【含量测定】 葡萄糖当量值 取本品约5g，精密称定，置500ml量瓶中，加热水溶解，放冷，用水稀释至刻度，摇匀，作为供试品溶液；另取葡萄糖对照品适量，精密称定，用水溶解并定量稀释制成每1ml中约含10mg的溶液作为对照品溶液。精密量取碱性酒石酸铜试液25ml，置锥形瓶中，加热至沸，立即用对照品溶液滴定，至近终点时继续缓缓加热2分钟，并不断旋转振摇，加1%亚甲蓝溶液2滴，在微沸状态下，缓缓滴加对照品溶液至上清液蓝色消失（滴定过程应在3分钟内完成）；另精密量取碱性酒石酸铜试液25ml，用供试品溶液同法操作，按下式计算即得。

$$(C_S/C_U) \times (V_S/V_U) \times 100\%$$

式中　C_U 为供试品溶液的浓度，mg/ml；

C_S 为对照品溶液的浓度，mg/ml；

V_S 和 V_U 分别为对照品溶液和供试品溶液的滴定体积，ml。

【类别】　药用辅料，甜味剂。

蛋黄卵磷脂

Danhuang Luanlinzhi

Egg Yolk Lecithin

本品系以鸡蛋黄或蛋黄粉为原料，经适当溶剂提取精制而得的磷脂混合物。以无水物计算，含磷（P）应为3.5%~4.1%，含氮（N）应为1.75%~1.95%，含磷脂酰胆碱不得少于68%，含磷脂酰乙醇胺不得过20%，含磷脂酰胆碱和磷脂酰乙醇胺总量不得少于80%。

【性状】　本品为乳白色或淡黄色的粉末或蜡状固体，具有轻微的特臭，触摸时有轻微滑腻感。

本品在乙醇、乙醚、三氯甲烷或石油醚（沸程40~60℃）中溶解，在丙酮和水中几乎不溶。

酸值　本品的酸值（附录0713）不得过20.0。

皂化值　本品的皂化值（附录0713）为195~212。

碘值　本品的碘值（附录0713）为65~73。

过氧化值　取本品2g，精密称定，置250ml碘瓶中，依法测定（附录0713），不得过3.0。

【鉴别】　（1）取本品0.1g，置坩埚中，加碳酸钠-碳酸钾（2∶1）3g，混匀，微火加热，产生的气体能使润湿的红色石蕊试纸变蓝。

（2）取鉴别（1）项下遗留的残渣约100mg，缓缓灼烧至炭化物全部消失，冷却，加水30ml，微热使残渣溶解，滤过，滤液置试管中，滴加硫酸至无气泡产生，再加硫酸4滴，加钼酸钾少许，加热，应呈黄绿色。

（3）在磷脂酰胆碱和磷脂酰乙醇胺含量测定项下记录的色谱图中，供试品溶液主峰的保留时间应与对照品溶液主峰的保留时间一致。

【检查】　**游离脂肪酸**　对照品溶液的制备　称取棕榈酸0.512g，至50ml量瓶中，用正庚烷溶解并稀释至刻度，摇匀，精密量取2ml，至50ml量瓶中，用正庚烷稀释至刻度，摇匀，即得。

供试品溶液的制备　取本品约1g，精密称定，至25ml量瓶中，用异丙醇溶解并稀释至刻度，摇匀，即得。

测定法　精密量取供试品溶液和对照品溶液各1ml，分别置20ml具塞试管中，各加异丙醇-正庚烷-0.5mol/L硫酸溶液（40∶10∶1）混合溶液5.0ml，振摇1分钟，放置10分钟。供试品溶液管精密加正庚烷3ml和水3ml，对照品溶液管精密加正庚烷2ml和水4ml，密塞，上下翻转10次，静置至少15分钟使分层。分别精密量取上层液3ml，置10ml离心管中，加尼罗蓝指示液（取尼罗蓝0.04g，加水200ml，使溶解后，加正庚烷100ml振摇，弃去上层正庚烷。反复操作4次。取下层水溶液20ml，加无水乙醇180ml，混匀。本液置棕色瓶中，室温下可存放1个月）1ml，在通氮条件下，用氢氧化钠滴定液（0.01mol/L）滴定至溶液显淡紫色。供试品溶液消耗氢氧化钠滴定液（0.01mol/L）的毫升数不得大于对照品溶液消耗氢氧化钠滴定液（0.01mol/L）的毫升数（不得过1%）。

甘油三酸酯、胆固醇、棕榈酸 取本品适量，用己烷-异丙醇-水（40：50：8）混合溶剂制成每1ml中含20mg的溶液，作为供试品溶液，分别精密称取甘油三酸酯对照品、胆固醇、棕榈酸对照品各适量，用上述混合溶剂分别制成每1ml各含0.6mg、0.6mg、0.2mg的甘油三酸酯、胆固醇、棕榈酸的对照品溶液，照薄层色谱法（附录0502）试验，吸取上述供试品溶液，甘油三酸酯对照品溶液，胆固醇对照品溶液各5μl，棕榈酸对照品溶液1μl，分别点于同一硅胶G薄层板上，以己烷-乙醚-冰醋酸（70：30：1）为展开剂，置内壁贴有展开剂湿润滤纸的层析缸中，展开后，取出，晾干。喷以10%（W/V）硫酸铜稀磷酸溶液（8%，W/V）溶液，热风吹干，在170℃干燥10分钟，供试品溶液如显现与对照品溶液相应位置的杂质斑点，其颜色与对照品溶液所显的主斑点比较不得更深（即甘油三酸酯不得过3%；胆固醇不得过2%；棕榈酸不得过0.2%）。

残留溶剂 取本品0.2g，置20ml顶空瓶中，加水2ml，密封，作为供试品溶液。精密称取乙醇、丙酮、乙醚、石油醚、正己烷适量，加水溶解并稀释制成每1ml分别含上述溶剂约200μg、200μg、200μg、50μg、27μg的溶液，作为对照品溶液。照残留溶剂测定法（附录0861）试验。毛细管柱HP-PLOT/Q，0.53mm×30m×40μm）；起始温度160℃，维持8分钟，以每分钟5℃的速率升温至190℃，维持6分钟，进样口温度为250℃，检测器温度260℃，分流比20：1。氮气流速为每分钟2ml。顶空瓶平衡温度为80℃，平衡时间为45分钟，进样体积为1ml。各色谱峰之间的分离度应符合要求。按外标法以峰面积计算，本品含乙醇，丙酮，乙醚均不得过0.2%，含石油醚不得过0.05%，含正己烷不得过0.02%，总残留溶剂不得过0.5%。

水分 取本品，照水分测定法（附录0832第一法A）测定，含水分不得过3%。

重金属 取本品2.0g，缓缓灼烧炭化，加硝酸2ml，小心加热至干，加硫酸2ml，加热至完全炭化，在500~600℃灼烧至完全灰化，放冷，依法检查（附录0821第二法），含重金属不得过百万分之五。

砷盐 取本品1.0g，置凯氏烧瓶中，加硫酸5ml，用小火消化使炭化，控制温度不超过120℃（必要时可添加硫酸，总量不超过10ml），小心逐滴加入浓过氧化氢溶液，俟反应停止，继续加热，并滴加浓过氧化氢溶液至溶液无色，冷却，加水10ml，蒸发至浓烟发生使除尽过氧化氢，加盐酸5ml与水适量，依法检查（附录0822第一法），应符合规定（0.0002%）。

微生物限度 取本品，依法检查（附录1105与附录1106）。每1g供试品中需氧菌总数不得过1000cfu、霉菌及酵母菌总数不得过100cfu，不得检出大肠埃希菌。

【含量测定】磷 对照品溶液的制备 取105℃干燥至恒重的磷酸二氢钾约0.13g，精密称定，置100ml量瓶中，加水溶解并稀释至刻度，精密量取10ml，置100ml量瓶中，用水稀释至刻度，摇匀，即得（每1ml中含磷约为30μg）。

供试品溶液的制备 精密称取本品约0.1g，置坩埚中，加三氯甲烷2ml溶解后，加氧化锌2g，水浴蒸干，缓缓炽灼使样品炭化，然后在600℃炽灼1小时，放冷，加盐酸溶液（1→2）10ml，煮沸5分钟使残渣溶解，转移到100ml量瓶中，加水稀释至刻度，摇匀，即得。

测定法 精密量取对照品溶液0ml、2ml、4ml、6ml、10ml，分别置25ml量瓶中，依次分别加水10ml、钼酸铵硫酸溶液（取钼酸铵5g，加0.5mol/L硫酸溶液100ml使溶解，即得）1ml、对苯二酚硫酸溶液（取对苯二酚0.5g，加0.25mol/L硫酸溶液100ml，使溶解，即得。临用新制）1ml与50%醋酸钠溶液3ml，并用水稀释至刻度，摇匀，放置5分钟。照紫外-可见分光光度法（附录0401），以第一瓶为空白，在720nm的波长处测定吸光度，以测得吸光度与其对应的浓度计算回归方程。另精密量取供试品溶液4ml，置25ml量瓶中，照上述方法自"依次分别加水10ml"起，同法测定。由回归方程计算，即得。

氮 取本品约0.1g，精密称定，照氮测定法（附录0704第二法）测定，计算，即得。

磷脂酰胆碱与磷脂酰乙醇胺 照高效液相色谱法（附录0512）测定。

色谱条件与系统适用性试验 用硅胶为填充剂（色谱柱Alltima Sillica 250mm×4.6mm，5μm），以甲醇-水-冰醋酸-三乙胺（85：15：0.45：0.05）为流动相A，以正己烷-异丙醇-流动相A（20：48：32）为流动相B；柱温为40℃；流速为每分钟1ml，按下表进行梯度洗脱；检测器为蒸发光散射检测器（参考条件：漂移管温度72℃；载气流量为每分钟2.0ml）。

时间（分钟）	流动相A（%）	流动相B（%）
0	10	90
20	30	70
35	95	5
36	10	90
41	10	90

取磷脂酰乙醇胺、磷脂酰肌醇、溶血磷脂酰乙醇胺、蛋黄磷脂酰胆碱、鞘磷脂、溶血磷脂酰胆碱对照品各适量，用三氯甲烷-甲醇（2：1）溶解并定量稀释制成每1ml含上述对照品为50μg、100μg、100μg、200μg、200μg、200μg的混合溶液，取上述溶液20μl注入液相色谱仪，各成分按上述顺序依次洗脱，各成分峰之间的分离度均应符合规定，理论板数按蛋黄磷脂酰胆碱峰与磷脂酰乙醇胺峰计算均应不低于1500。

测定法 分别称取磷脂酰乙醇胺和蛋黄磷脂酰胆碱对照品适量，精密称定，用三氯甲烷-甲醇（2：1）溶解，稀释制成含磷脂酰乙醇胺和磷脂酰胆碱6个不同浓度溶液作为对照品溶液，对照品溶液中磷脂酰胆碱和磷脂酰乙醇胺的浓度范围应涵盖供试品溶液中磷脂酰胆碱和磷脂酰乙醇胺含量的60%～140%。精密量取上述对照溶液各20μl注入液相色谱仪中，以对照品溶液浓度的对数值与相应峰面积的对数值计算回归方程。另精密称取本品约15mg，置50ml量瓶中，加三氯甲烷-甲醇（2：1）溶解并稀释至刻度，摇匀，作为供试品溶液。精密量取20μl注入液相色谱仪中，记录色谱图。用回归方程计算磷脂酰胆碱、磷脂酰乙醇胺的含量。

【类别】 药用辅料，乳化剂和增溶剂等。

【贮藏】 密封、避光，-18℃以下保存。

蛋黄卵磷脂（供注射用）
Danhuang Luanlinzhi（Gongzhusheyong）
Egg Yolk Lecithin for Injection

本品系以鸡蛋黄或蛋黄粉为原料，经适当溶剂提取精制而得的磷脂混合物。以无水物计算，含氮（N）应为1.75%～1.95%，含磷（P）应为3.5%～4.1%，含磷脂酰胆碱不得少于68%，含磷脂酰乙醇胺应不得过20%，含磷脂酰胆碱和磷脂酰乙醇胺的总量不得少于80%。

【性状】 本品为乳白色或淡黄色粉末状或蜡状固体，具有轻微的特臭，触摸时有轻微滑腻感。

本品在乙醇、乙醚、三氯甲烷或石油醚（沸程40～60℃）中溶解，在丙酮和水中几乎不溶。

酸值 本品的酸值（附录0713）不得过20.0。

皂化值 本品的皂化值（附录0713）为195～212。

碘值 本品的碘值（附录0713）为60～73。

过氧化值 取本品2.0g，精密称定，置250ml碘瓶中，依法测定（附录0713），应不得过3.0。

【鉴别】 （1）取本品0.1g，置坩埚中，加碳酸钠-碳酸钾（2：1）3g，混匀，微火加热，产生的气体能使润湿的红色石蕊试纸变蓝。

（2）取鉴别（1）项下遗留的残渣约100mg，缓缓灼烧至炭化物全部消失，放冷，加水30ml，微热使残渣溶解，滤过，滤液至试管中，滴加硫酸至无气泡产生，再加硫酸4滴，加钼酸钾少许，加热，应呈黄绿色。

（3）在磷脂酰胆碱和磷脂酰乙醇胺含量测定项下记录的色谱图中，供试品溶液主峰的保留时间应与对照品溶液主峰的保留时间一致。

【检查】 游离脂肪酸 对照品溶液的制备称取棕榈酸0.512g，至50ml量瓶中，用正庚烷溶解并稀释至刻度，摇匀，精密量取2ml，至50ml量瓶中，用正庚烷稀释至刻度，摇匀，即得。

供试品溶液的制备 取本品约1g，精密称定，至25ml量瓶中，用异丙醇溶解并稀释至刻度，摇匀，即得。

测定法 精密量取供试品溶液和对照品溶液各1ml，分别置20ml具塞试管中，各加异丙醇-正庚烷-0.5mol/L硫酸溶液（40：10：1）混合溶液5.0ml，振摇1分钟，放置10分钟。供试品溶液管精密加正庚烷3ml和水3ml，对照品溶液管精密加正庚烷2ml和水4ml，密塞，上下翻转10次，静置至少15分钟，使分层。分别精密量取上层液3ml，置10ml离心管中，加尼罗蓝指示液（取尼罗蓝0.04g，加水200ml，使溶解后，加正庚烷100ml振摇，弃去上层正庚烷。反复操作4次。取下层水溶液20ml，加无水乙醇180ml，混匀。本液置棕色瓶中，室温下可存放一个月）1ml，在通氮条件下，用氢氧化钠滴定液（0.01mol/L）滴定至溶液显淡紫色。供试品溶液消耗氢氧化钠滴定液（0.01mol/L）的毫升数不得大于对照品溶液消耗氢氧化钠滴定液（0.01mol/L）的毫升数（不得过1%）。

甘油三酸酯、胆固醇、棕榈酸 取本品适量，用己烷-异丙醇-水（40：50：8）混合溶剂制成每1ml中含20mg的溶液，作为供试品溶液，分别精密称取甘油三酸酯对照品、胆固醇、棕榈酸对照品各适量，用上述混合溶剂分别制成每1ml各含0.6mg、0.4mg、0.2mg的甘油三酸酯、胆固醇、棕榈酸的对照品溶液，照薄层色谱法（附录0502）试验，吸取上述供试品溶液，甘油三酸酯对照品溶液，胆固醇对照品溶液各5μl，棕榈酸对照品溶液1μl，分别点于同一硅胶G薄层板上，以己烷-乙醚-冰醋酸（70：30：1）为展开剂，置内壁贴有展开剂湿润滤纸的层析缸中，展开后，取出，晾干。喷以10%（W/V）硫酸铜稀磷酸溶液（8%,W/V）溶液，热风吹干，在170℃干燥10分钟，供试品溶液如显现与对照品溶液相应位置的杂质斑点，其颜色与对照品溶液所显的主斑点比较不得更深（即甘油三酸酯不得过3%；胆固醇不得过2%；棕榈酸不得过0.2%）。

有关物质 取本品约125mg，精密称定，置25ml量瓶中，用三氯甲烷-甲醇（2：1）溶解并稀释至刻度，摇匀，作为供试品溶液。另取溶血磷脂酰乙醇胺、鞘磷脂、溶血磷脂酰胆碱、磷脂酰肌醇对照品适量，加三氯甲烷-甲醇（2：1）溶解制成每1ml约含溶血磷脂酰乙醇胺10μg、20μg、40μg、60μg、100μg，约含鞘磷脂50μg、100μg、200μg、300μg、400μg，约含溶血磷脂酰胆碱50μg、100μg、200μg、300μg、400μg，约含磷脂酰肌醇10μg、20μg、60μg、100μg、200μg的溶液，作为对照溶液。照磷脂酰胆碱和磷脂酰乙醇胺含量测定项下的色谱条件，取对照溶液20μl注入液相色谱仪，以对照品溶液浓度的对数值与相应峰面积的对数值计算回归方程。另取供试液溶液20μl注入液相色谱仪，用回归方程计算有关物质的含量。含磷脂酰肌醇（PI）不得过5.0%，含溶血磷脂酰乙醇胺（LPE）不得过1%，含鞘磷脂（SPM）不得过3.0%，含溶血磷脂酰胆碱（LPC）应不得过3.5%，含溶血磷脂酰乙醇胺（LPE）和溶血磷脂酰胆碱（LPC）总量应不得过4.0%，含上述有关物质总量不得过8.0%。

残留溶剂 取本品0.2g，置20ml顶空瓶中，加水2ml，密封，作为供试品溶液。精密称取乙醇、丙酮、乙醚、石油醚、正己烷适量，加水溶解并稀释制成每1ml分别含上述溶剂约200μg、200μg、200μg、50μg、27μg的溶液，作为对照品溶液。照残留溶剂测定法（附录0861）试验。毛细管柱HP-PLOT/Q，0.53mm×30m×40μm）；起始温度160℃，维持8分钟，以每分钟5℃的速率升温至190℃，维持6分钟；进样口温度为250℃，检测器温度260℃；分流比20∶1。氮气流速为每分钟2ml。顶空瓶平衡温度为80℃，平衡时间为45分钟，进样体积为1ml。各色谱峰之间的分离度应符合要求。按外标法以峰面积计算，本品含乙醇、丙酮、乙醚均不得过0.2%，含石油醚不得过0.05%，含正己烷不得过0.02%，总残留溶剂不得过0.5%。

水分 取本品，照水分测定法（附录0832第一法A）测定，含水分不得过3%。

蛋白质 取本品1.0g，加正己烷10ml，微温使溶解，溶液应澄明。如有不溶物，以每分钟3000转的速度离心5分钟，弃去上清液，残留物加正己烷5ml，搅拌使溶解，同法操作2次，残留物经减压干燥除去正己烷后，加水1ml，振摇使溶解，加缩二脲试液（取硫酸铜1.5g和酒石酸钾钠6.0g，加水500ml使溶解，边搅拌边加入10%氢氧化钠溶液300ml，用水稀释至1000ml，混匀）4ml，放置30分钟，溶液应不呈蓝紫色或红紫色。

重金属 取本品2.0g，缓缓灼烧炭化，加硝酸2ml，小心加热至干，加硫酸2ml，加热至完全炭化，在500～600℃灼烧至完全灰化，放冷，依法检查（附录0821第二法），含重金属不得过百万分之五。

砷盐 取本品1.0g，置凯氏烧瓶中，加硫酸5ml，用小火消化使炭化（必要时可添加硫酸，总量不超过10ml），小心逐滴加入浓过氧化氢溶液，俟反应停止，继续加热，并滴加浓过氧化氢溶液至溶液无色，冷却，加水10ml，蒸发至浓烟发生使除尽过氧化氢，加盐酸5ml与水适量，依法检查（附录0822第一法），应符合规定（不得过0.0002%）。

细菌内毒素 取本品，以无水乙醇充分溶解，进一步使用细菌内毒素检查用水稀释至实验所需浓度（该溶液中乙醇浓度应小于20%），依法检查（附录1143中浊度法），每1g中含内毒素的量应小于2.0EU。

微生物限度 取本品，依法检查（附录1105与附录1106），每1g供试品中需氧菌总数、霉菌和酵母菌总数均不得过100cfu，不得检出大肠埃希菌；每10g供试品中不得检出沙门氏菌。

无菌（供无除菌工艺的无菌制剂用） 取本品，依法检查（附录1101），应符合规定。

【含量测定】 氮 取本品约0.1g，依法测定（附录0704）。

磷 对照品溶液的制备 取105℃干燥至恒重的磷酸二氢钾约0.13g，精密称定，置100ml量瓶中，加水溶解并稀释至刻度，精密量取10ml置100ml量瓶中，用水稀释至刻度，摇匀，每1ml中含磷（P）约为30μg。

供试品溶液的制备 取本品约0.1g，精密称定，至坩埚中，加三氯甲烷2ml溶解，加氧化锌2g，蒸去三氯甲烷，缓缓炽灼使样品炭化，然后在600℃炽灼1小时，放冷，加盐酸溶液（1→2）10ml，煮沸5分钟使残渣溶解，转移到100ml量瓶中，加水稀释至刻度。

测定法 精密量取对照品溶液0ml、2ml、4ml、6ml、10ml，分别置25ml量瓶中，依次分别加水10ml，钼酸铵硫酸溶液（取钼酸铵5g，加0.5mol/L硫酸溶液100ml）1ml，对苯二酚硫酸溶液（取对苯二酚0.5g，加0.25mol/L硫酸溶液100ml，临用前配制）1ml和50%醋酸钠溶液3ml，并用水稀释至刻度，摇匀，放置5分钟。照紫外-可见分光光度法（附录0401），以第一瓶为空白，在720nm的波长处测定吸光度，以测得吸光度与其对应的浓度计算回归方程。另精密量取供试品溶液4ml，置25ml量瓶中，照标准曲线制备项下自"依次分别加水10ml"起同法操作，测得吸光度，由回归方程计算含磷（P）量。

磷脂酰胆碱和磷脂酰乙醇胺 照高效液相色谱法（附录0512）测定。

色谱条件与系统适用性试验 用硅胶为填充剂（色谱柱Alltima Sillica，250mm×4.6mm×5μm）；以甲醇-水-冰醋酸-三乙胺（85∶15∶0.45∶0.05）为流动相A，以正己烷-异丙醇-流动相A（20∶48∶32）为流动相B；按下表进行梯度洗脱；柱温为40℃，用蒸发光散射检测器检测（参考条件:漂移管温度为72℃；载气流量为每分钟2.0ml）。

时间（分钟）	流动相A（%）	流动相B（%）
0	10	90
20	30	70
35	95	5
36	10	90
41	10	90

取磷脂酰乙醇胺、磷脂酰肌醇、溶血磷脂酰乙醇胺、蛋黄磷脂酰胆碱、鞘磷脂、溶血磷脂酰胆碱对照品各适量，用三氯甲烷-甲醇（2∶1）溶解制成每1ml含上述对照品分别为50μg、100μg、100μg、200μg、200μg、200μg的混合溶液，取上述溶液20μl注入液相色谱仪，各成分按上述顺序依次洗脱，各成分分离度应符合规定，理论板数按蛋黄磷脂酰胆碱、磷脂酰乙醇胺峰计算应不低于1500。

测定法 分别取磷脂酰乙醇胺和蛋黄磷脂酰胆碱对照品适量，精密称定，用三氯甲烷-甲醇（2∶1）溶解，稀释制成含磷脂酰乙醇胺和磷脂酰胆碱6个不同浓度溶液作为对对照品溶液，对照溶液中磷脂酰胆碱和磷脂酰乙醇胺的浓度范围应涵盖供试品溶液中磷脂酰胆碱和磷脂酰乙醇胺含量的60%～140%。精密量取上述对照品溶液各20μl注入液相色谱仪中，以对照品溶液浓度的对数值与相应峰面积的对数值计算回归方程。另精密称取本品约15mg，置50ml量瓶中，加三氯甲烷-甲醇（2∶1）溶解并稀释至刻度，摇匀，作为供试品溶液。精密量取20μl注入液相色谱仪中，记录色谱图。用回归方程计算磷脂酰胆碱、磷脂酰乙醇胺的含量。

【类别】 药用辅料（供注射用），乳化剂，增溶剂、脂质体膜材等。

【贮藏】 密封、避光，低温（－18℃以下）保存。

维生素E琥珀酸聚乙二醇酯

Weishengsu E Huposuanjuyi'erchunzhi

Vitamin E Polyethylene Glycol Succinate

$C_{33}O_5H_{54}$（CH_2CH_2O）$_{20-22}$≈1513

本品为维生素E琥珀酸盐和聚乙二醇酯化而成的混合物，主要由单酯化聚乙二醇及少量双酯化聚乙二醇产物组成。含α-生育酚（$C_{29}H_{50}O_2$）不得少于25.0%。

【性状】 本品为白色至淡黄色蜡状固体；无臭。

本品在乙醇中易溶，在正己烷中不溶。

比旋度 取本品约0.9g，精密称定，置具塞试管中，60℃水浴加热使熔化，加乙醇10ml使溶解，置加热套中100～105℃加热回流至完全溶解，加氢氧化钠2g，继续回流30分钟，趁热加酚酞指示剂液2滴，用盐酸溶液（1→2）滴定至粉红色消失，密塞，放冷，加庚烷25ml，密塞，混匀，静置分层。取上层液至具塞试管中，加水10ml，密塞，振摇，静置分层。取上层液至具塞试管中，加铁氰化钾溶液（取铁氰化钾2g溶于10ml的0.2mol/L氢氧化钠溶液中）10ml，振摇，静置分层，取庚烷层，用无水硫酸钠干燥，依法测定（附录0621），不得低于+24.0°。

酸值 取本品约1.0g，精密称定，加乙醇-乙醚（1∶1）混合液〔临用前加酚酞指示液1.0ml，用氢氧化钠滴定液（0.1mol/L）滴定至微显粉红色〕25ml，振摇使完全溶解。用氢氧化钠滴定液（0.1mol/L）滴定，酸值（附录0713）不得过1.5。

【鉴别】 在含量测定项下记录的色谱图中，供试品溶液主峰的保留时间应与对照溶液的主峰保留时间一致。

【检查】 **水溶性** 取本品约20g，加热使熔化，加沸水80ml，持续搅拌，冷却至室温，3小时内溶液应澄清。

【含量测定】 照气相色谱法（附录0521）测定。

色谱条件与系统适用性试验 用5%苯基-95%甲基聚硅氧烷（或极性相近）为固定液的毛细管柱；起始温度为250℃，以每分钟10℃的速率升温至290℃，维持6分钟；进样口温度280℃；检测温度为300℃。理论板数按α-生育酚计算不低于5000，α-生育酚峰拖尾因子不得过2.0，α-生育酚与内标物质峰的分离度应符合要求。

校正因子的测定 取花生酸乙酯适量，加异辛烷溶解并稀释制成每1ml中含12mg的溶液，作为内标溶液。另取α-生育酚对照品约30mg，精密称定，置具塞试管中，加入吡啶2ml和含1%三甲基氯硅烷的N,O-双（三甲基硅烷基）三氟乙酰胺溶液0.5ml，100℃水浴加热10分钟，放冷至室温，精密加入内标溶液5ml，加异辛烷20ml，密塞，振摇。取1μl注入气相色谱仪，计算校正因子。

测定法 取本品约0.15g，精密称定，置具塞试管中，60℃水浴加热使熔化，加维生素C 45mg；沸石适量，加入乙醇溶液（每1L乙醇溶液中加酚酞试液0.25ml）20ml，置于加热套中，100℃加热回流至样品完全溶解，加氢氧化钾0.25g，继续回流30分钟，趁热逐滴加稀盐酸至粉红色消失。冷至室温，加水20ml清洗试管内壁，精密加入内标溶液5ml，密塞，混匀，静置分层。取上层溶液3ml，置具塞试管中，加吡啶2ml和含1%三甲基氯硅烷的N,O-双（三甲基硅烷基）三氟乙酰胺溶液2.5ml，100℃水浴加热10分钟，冷至室温，加异辛烷12ml，密塞，摇匀，取1μl注入气相色谱仪，测定，计算，即得。

【类别】 药用辅料，增溶剂和乳化剂等。

【贮藏】 密封，避光保存。

琥 珀 酸
Huposuan
Succinic Acid

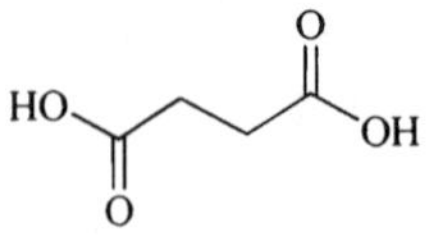

$C_4H_6O_4$ 118.09

本品为丁二酸，含$C_4H_6O_4$应为99.0%～100.5%。

【性状】 本品为白色结晶。

本品在甲醇中易溶，在乙醇或水中溶解，在丙酮中略溶。

熔点 本品的熔点（附录0612第一法）为185～190℃。

【鉴别】 本品的红外光吸收图谱应与对照品的图谱一致。

【检查】 炽灼残渣 取本品，依法检查（附录0841），遗留残渣不得过0.025%。

重金属 取本品1.0g，加水20ml溶解，用6mol/L氨溶液调节pH值至3.0～4.0，加水稀释至25ml，依法检查（附录0821第一法），含重金属不得过百万分之二十。

【含量测定】 取本品约0.25g，精密称定，加新沸放冷的水25ml溶解后，加酚酞指示液2～3滴，用氢氧化钠滴定液（0.1mol/L）滴定至溶液显粉红色，即得。每1ml氢氧化钠滴定液（0.1mol/L）相当于5.905mg的$C_4H_6O_4$。

【类别】 药用辅料，缓冲剂和pH值调节剂。

【贮藏】 密闭保存。

琼　脂
Qiongzhi
Agar

本品系自石花菜科石花菜 *Gelidium amansii* Lamx 或其他数种红藻类植物中浸出并经脱水干燥的黏液质。

【性状】 线形琼脂呈细长条状，类白色至淡黄色；半透明，表面皱缩，微有光泽，质轻软而韧，不易折断；完全干燥后，则脆而易碎；无臭，味淡。

粉状琼脂为细颗粒或鳞片状粉末，无色至淡黄色；用冷水装置，在显微镜下观察，为无色的不规则多角形黏液质碎片；无臭，味淡。

本品在沸水中溶解，在冷水中不溶，但能膨胀成胶块状，水溶液显中性反应。

【鉴别】 （1）取本品约1g，加水65ml，煮沸，不断搅拌使溶解，用热水补足蒸散的水分，放冷至32～39℃，即凝结成半透明有弹性的凝胶状物，热至85℃时复融化。

（2）取本品（如为条状，应剪碎），浸入0.02mol/L碘溶液中，数分钟后，染成棕黑色，取出，加水浸渍后渐变紫色。

（3）取本品约0.1g，加水20ml，加热使溶解；取4ml，加盐酸0.5ml，置水浴上加热30分钟，加氢氧化钠试液3ml与碱性酒石酸铜试液6ml，置水浴中加热，即生成红色沉淀。

【检查】 吸水力 取本品5.0g，置100ml量筒中，加水使成100ml，搅匀，在25℃静置24小时，经湿润的玻璃棉滤入另一量筒中，滤液的总量不得过75ml。

淀粉 取本品0.10g，加水100ml，煮沸溶解后，放冷，加碘试液2滴，不得显蓝色。

凝胶 取本品1.0g，置烧杯中，加水100ml，置水浴上加热至溶解，放冷至50℃，作为供试品溶液。取供试品溶液5ml，加0.2mol/L重铬酸钾溶液与3mol/L盐酸溶液的混合溶液（4：1）2～3滴，不得出现黄色沉淀。

水中不溶物 取本品1.5g，精密称定，置烧杯中，加水使成200ml，煮沸，边煮边搅拌至琼脂完全溶解，趁热用105℃恒重的3号垂熔玻璃坩埚滤过，烧杯用热水分数次洗涤，滤过，滤渣在105℃干燥至恒重，遗留残渣不得过15mg（1.0%）。

杂质 取本品250g，平铺，肉眼或放大镜（5～10倍）观察，将杂质拣出，杂质不得过1.0%。

　　酸不溶性灰分　取灰分项下遗留的残渣，在坩埚中加3mol/L盐酸溶液25ml，煮沸5分钟，用无灰滤纸滤过，坩埚内的残渣用水洗于滤纸上，滤渣连同滤纸移至同一坩埚中，缓慢升温，按灰分项下方法炽灼至恒重。遗留酸不溶性灰分的量不得过0.5%。

　　干燥失重　取本品（如为条状，应剪碎），在105℃干燥5小时，减失重量不得过20.0%（附录0831）。

　　灰分　取本品约1.0g，置炽灼至恒重的坩埚中，精密称定，缓缓炽灼至完全炭化时，逐渐升高温度至650℃±25℃，使完全灰化并恒重，遗留灰分不得过5.0%。

　　重金属　取本品0.5g，依法检查（附录0821第二法），含重金属不得过百万分之四十。

　　砷盐　取本品1.0g，加硫酸5ml充分润湿（可适当增加硫酸加入量，但不得超过10ml），缓慢加热，控制加热温度不超过120℃，小心滴加30%过氧化氢溶液，终止加热，分次振摇使混合均匀，待反应平静后再次加热，重复上述操作，使过氧化氢量始终保持在稍过量状态，至混合物变成棕色或者黑色时，再加少量的30%过氧化氢溶液，继续消化并逐渐升温，直至三氧化二硫被完全除尽，溶液变成无色或淡黄色；放冷，缓缓加入水10ml，混匀，继续加热除尽浓烟，重复数次至过氧化氢全部除尽；放冷，加水10ml，用水冲洗容器的边沿和内壁使成35ml。取标准砷溶液3.0ml同法处理，依法检查（附录0822第二法），应符合规定（0.0003%）。

　　微生物限度　取本品依法检查（附录1105与附录1106），每1g供试品中需氧菌总数不得过1000cfu，霉菌和酵母菌总数不得过100cfu，不得检出大肠埃希菌。

　　【类别】　药用辅料，助悬剂和释放阻滞剂。

　　【贮藏】　密闭保存。

棕　氧　化　铁

Zong Yanghuatie

Brown Ferric Oxide

　　本品系红氧化铁、黄氧化铁与黑氧化铁按一定比例混合而成。按炽灼至恒重后计算，含Fe_2O_3不得少于98.0%。

　　【性状】　本品为红棕色粉末；无臭，无味。

　　本品在水中不溶，在沸盐酸中易溶。

　　【鉴别】　取本品约0.1g，加稀盐酸5ml，煮沸冷却后。溶液显铁盐的鉴别反应（附录0807）。

　　【检查】　**水中可溶物**　取本品2.0g，加水100ml，置水浴上加热回流2小时，滤过，滤渣用少量水洗涤，合并滤液与洗液，置经105℃恒重的蒸发皿中，蒸干，在105℃干燥至恒重，遗留残渣不得过10mg（0.5%）。

　　酸中不溶物　取本品2.0g，加盐酸25ml，置水浴中加热使溶解，加水100ml，用经105℃恒重的4号垂熔坩埚滤过，滤渣用盐酸溶液（1→100）洗涤至洗液无色，再用水洗涤至洗液不显氯化物的反应，在105℃干燥至恒重，遗留残渣不得过6mg（0.3%）。

　　钡盐　取本品0.2g，加盐酸5ml，加热使溶解，滴加过氧化氢试液1滴，再加10%氢氧化钠溶液20ml，滤过，滤渣用水10ml洗涤，合并滤液与洗液，加硫酸溶液（2→10）10ml，不得显浑浊。

　　铅　取本品2.5g，置100ml具塞锥形瓶中，加0.1mol/L盐酸溶液35ml，搅拌1小时，滤过，滤渣用0.1mol/L盐酸溶液洗涤，合并滤液与洗液置50ml量瓶中，加0.1mol/L盐酸溶液稀释至刻度，摇匀，作为供试品溶液。照原子吸收分光光度法（附录0406），在217.0nm的波长处测定。另取标准铅溶液2.5ml，置50ml量瓶中，加1mol/L盐酸溶液5ml，加水稀释至刻度，摇匀，同法测定。供试品溶液的吸光度不得大于对照溶液（0.001%）。

砷盐 取本品0.67g，加盐酸7ml，加热使溶解，加水21ml，滴加酸性氯化亚锡试液使黄色褪去，依法检查（附录0822第一法），应符合规定（0.0003%）。

【含量测定】 取经800℃炽灼至恒重的本品约0.15g，精密称定，置具塞锥形瓶中，加盐酸2.5ml，置水浴上加热使溶解，加过氧化氢试液1ml，加热至沸数分钟，加水25ml，放冷，加碘化钾1.5g与盐酸2.5ml，密塞，摇匀，在暗处静置15分钟，用硫代硫酸钠滴定液（0.1mol/L）滴定，至近终点时加淀粉指示液2.5ml，继续滴定至蓝色消失。每1ml硫代硫酸钠滴定液（0.1mol/L）相当于7.985mg的Fe_2O_3。

【类别】 药用辅料，着色剂和包衣材料等。

【贮藏】 密封保存。

棕榈山梨坦（司盘40）

Zonglü Shanlitan（Sipan 40）

Sorbitan Palmitate（Span 40）

本品为山梨坦与单棕榈酸形成酯的混合物，系山梨醇脱水，在碳酸氢钠催化下，与单棕榈酸酯化而制得；或由α-山梨醇与单棕榈酸在180～280℃下直接酯化而制得。

【性状】 本品为淡黄色蜡状固体，有轻微的异臭。

本品在无水乙醇或水中不溶。

酸值 本品的酸值（附录0713）不大于8。

皂化值 本品的皂化值（附录0713）为140～150（皂化时间1小时）。

羟值 本品的羟值（附录0713）为275～305。

碘值 本品的碘值（附录0713）不大于10。

过氧化值 本品的过氧化值（附录0713）不大于5。

【鉴别】 取本品约2g，置250ml烧瓶中，加乙醇100ml和氢氧化钾3.5g，混匀。加热回流2小时，加水约100ml，趁热转移至250ml烧杯中，置水浴上蒸发并不断加入水，继续蒸发，直至无乙醇气味，最后加热水100ml，趁热缓缓滴加硫酸溶液（1→2）至石蕊试纸显中性，记录所消耗的体积，继续滴加硫酸溶液（1→2）（约为上述消耗体积的10%），静置使下层液体澄清。转移上述溶液至500ml分液漏斗中，用正己烷提取3次，每次100ml，弃去正己烷层，取水层溶液，用10%氢氧化钾溶液调节pH值至7.0，水浴蒸发至干，残渣（如有必要，将残渣研碎）加无水乙醇150ml，用玻棒搅拌，置水浴中煮沸3分钟，将上述溶液置铺有硅藻土的漏斗中，滤过，滤液蒸干，残渣加甲醇2ml溶解，作为供试品溶液；另分别取异山梨醇33mg、1,4-去水山梨醇25mg与山梨醇25mg，加甲醇1ml溶解，作为对照品溶液。照薄层色谱法（附录0502）试验，吸取上述两种溶液各2μl，分别点于同一硅胶G薄层板上，以丙酮-冰醋醋（50：1）为展开剂，展开，取出，晾干，喷硫酸溶液（1→2）至恰好湿润，立即于200℃加热至斑点清晰，冷却，立即检视，供试品溶液所显斑点的位置与颜色应与对照品溶液斑点相同。

【检查】 **脂肪酸组成** 取本品0.1g，置25ml锥形瓶中，加入0.5mol/L的氢氧化钠甲醇溶液2ml，振摇至溶解. 加热回流30分钟，沿冷凝管加14%的三氟化硼甲醇溶液2ml，加热回流30分钟，沿冷凝管加正庚烷4ml，加热回流5分钟，放冷，加饱和氯化钠溶液10ml，振摇15秒，加饱和氯化钠溶液至瓶颈部，混匀，静置分层，取上层液2ml，用水洗涤3次，每次2ml，取上层液经无水硫酸钠干燥，作为供试品溶液；分别精密称取下列各脂肪酸甲酯对照品适量，用正庚烷溶解并稀释制成每1ml中含棕榈酸甲酯9.0mg、硬脂酸甲酯1.0mg的混合对照品溶液（1）。取1.0ml置10ml量瓶中，加正庚烷稀释至刻度，摇匀，作为混合对照品溶液（2）。照气相色谱法（附录0521）试验，以聚乙二醇为固定液的毛细管柱为色谱柱，初始温度170℃，以每分钟2℃的速率升温至230℃，维持10分钟，进样口温度250℃，检测器温度250℃，取混合对照品溶液（1）、（2）各1μl，分别注入气相色谱仪，记录色谱图，混合对照品溶液（1）中棕榈酸甲酯峰和硬脂酸甲酯峰的分离度不小于1.8，理论板数按棕榈酸甲酯峰计算不得低于30 000；混合对照品溶液（2）中最小脂肪酸甲酯峰的信噪比应大于5，取供试品溶液1μl，注入气相色谱仪，按峰面积归一化法计算，棕榈酸不少于92.0%；硬脂酸不大于6.0%。

水分 取本品，照水分测定法（附录0832第一法A）测定，含水分不得过1.5%。

炽灼残渣 取本品1.0g，依法检查（附录0841），遗留残渣不得过0.5%。

重金属 取炽灼残渣项下遗留的残渣，依法检查（附录0821第二法），含重金属不得过百万分之十。

【类别】 药用辅料，乳化剂和消泡剂等。

【贮藏】 密封，在干燥处保存。

硬脂山梨坦（司盘60）

Yingzhi Shanlitan（Sipan 60）

Sorbitan Monostearate（Span 60）

本品为山梨坦与硬脂酸形成酯的混合物，系山梨醇脱水，在碱性催化下，与硬脂酸酯化而制得；或由α-山梨醇与硬脂酸在180～280℃下直接酯化而制得。

【性状】 本品为淡黄色至黄褐色蜡状固体，有轻微气味。本品在乙酸乙酯中极微溶解，在水或丙酮中不溶。

酸值 本品的酸值（附录0713）不大于10。

皂化值 本品的皂化值（附录0713）为147～157。

羟值 本品的羟值（附录0713）为235～260。

碘值 本品的碘值（附录0713）不大于10。

过氧化值 本品的过氧化值（附录0713）不大于5。

【鉴别】 取本品约2g，置250ml烧瓶中，加乙醇100ml和氢氧化钾3.5g，混匀。加热回流2小时，加水约100ml，趁热转移至250ml烧杯中，置水浴上蒸发并不断加入水，继续蒸发，直至无乙醇气味，最后加热水100ml，趁热缓缓滴加硫酸溶液（1→2）至石蕊试纸显中性，记录所消耗的体积，继续滴加硫酸溶液（1→2）（约为上述消耗体积的10%）至下层液体澄清。上述溶液用正己烷提取3次，每次100ml，弃去正己烷层，取水层溶液用10%氢氧化钾溶液调节pH值至7.0，水浴蒸发至干，残渣加无水乙醇150ml，用玻棒搅拌，如有必要，将残渣研碎，置水浴中煮沸3分钟，将上述溶液置铺有硅藻土的漏斗中，滤过，滤液蒸干，残渣加甲醇2ml溶解，作为供试品溶液；另分别称取异山梨醇33mg、1,4-去水山梨醇25mg及山梨醇25mg，加甲醇1ml溶解，作为混合对照品溶液。照薄层色谱法（附录0502）试验，吸取上述两种溶液各2μl，分别点于同一硅胶G薄层板上，以丙酮-冰酸醋（50∶1）为展开剂，展开，取出，晾干，喷以硫酸乙醇溶液（1→2）至恰好湿润，加热至斑点显色清晰，立即检视，供试品溶液所显斑点的位置与颜色应与对照品溶液斑点相同。

【检查】　脂肪酸组成　取本品0.1g，置50ml圆底烧瓶中，加0.5mol/L氢氧化钾甲醇溶液4ml，在65℃水浴中加热回流10分钟，放冷，加14%三氟化硼甲醇溶液5ml，在65℃水浴中加热回流2分钟，放冷，加正己烷5ml，继续在65℃水浴中加热回流1分钟，放冷，加饱和氯化钠溶液10ml，摇匀，静置使分层，取上层液，经无水硫酸钠干燥。照气相色谱法（附录0521）试验，以聚乙二醇为固定液的毛细管柱为色谱柱，初始温度150℃，维持3分钟，以每分钟5℃的速率升温至220℃，维持10分钟，进样口温度240℃，检测器温度280℃。分别取棕榈酸甲酯、硬脂酸甲酯对照品适量，加正己烷溶解并稀释制成每1ml中各含1mg的溶液，取1μl注入气相色谱仪，记录色谱图，理论板数按硬脂酸甲酯峰计算不低于20 000，各色谱峰的分离度应符合要求。取上层液1μl注入气相色谱仪，记录色谱图，按面积归一化法以峰面积计算，本品含硬脂酸不得少于40.0%，含棕榈酸和硬脂酸总和不得少于90.0%。

水分　取本品，以无水甲醇-二氯甲烷（1∶1）为溶剂，照水分测定法（附录0832第一法A）测定，含水分不得过1.5%。

炽灼残渣　取本品1.0g，依法检查（附录0841），遗留残渣不得过0.5%。

重金属　取炽灼残渣项下遗留的残渣，依法检查（附录0821第二法），含重金属不得过百万分之十。

【类别】　药用辅料，乳化剂和消泡剂等。

【贮藏】　密封，在干燥处保存。

硬　脂　酸

Yingzhisuan

Stearic Acid

本品系从动、植物油脂中得到的固体脂肪酸，主要成分为硬脂酸（$C_{18}H_{36}O_2$）与棕榈酸（$C_{16}H_{32}O_2$）。含硬脂酸（$C_{18}H_{36}O_2$）不得少于40.0%，含硬脂酸（$C_{18}H_{36}O_2$）与棕榈酸（$C_{16}H_{32}O_2$）总量不得少于90.0%。

【性状】　本品为白色或类白色有滑腻感的粉末或结晶性硬块，其剖面有微带光泽的细针状结晶；有类似油脂的微臭。

本品在三氯甲烷或乙醚中易溶，在乙醇中溶解，在水中几乎不溶。

凝点　本品的凝点（附录0613）不低于54℃。

碘值　本品的碘值（附录0713）不大于4。

酸值　本品的酸值（附录0713）为203～210。

【鉴别】　在含量测定项下记录的色谱图中，供试品溶液两个主峰的保留时间应分别与对照品溶液两个主峰的保留时间一致。

【检查】　溶液的颜色　取本品适量，在75℃水浴上加热熔化，如显色，与黄绿色1号标准比色液（附录0901）比较，不得更深。

水溶性酸　取本品5.0g，加热熔化，加等容新沸的热水，振摇2分钟，放冷，滤过，滤液中加甲基橙指示液1滴，不得显红色。

中性脂肪或蜡　取本品1.0g，加无水碳酸钠0.5g与水30ml，煮沸使溶解，溶液应澄清。

炽灼残渣　取本品4.0g，依法检查（附录0841），遗留残渣不得过0.1%。

镍　取本品0.10g，置高压消解罐中，加硝酸适量，130℃加热至消化完全，冷却，转移置10ml量瓶中，用1%硝酸稀释至刻度，作为供试品溶液。同法制备空白溶液。另取镍单元素标准溶液，用1%硝酸稀释制成0、5、10和15μg/ml的对照品溶液。取供试品溶液和对照品溶液，照原子吸收分光光度法（附录0406第一法），在232.0nm的波长处测定，计算，即得。含镍不得过0.0001%。

重金属　取炽灼残渣项下遗留的残渣，依法检查（附录0821第二法），含重金属不得过百万分之五。

【含量测定】　照气相色谱法（附录0521）测定。

色谱条件与系统适用性试验　以聚乙二醇-20M为固定液的毛细管柱；起始温度为170℃，维持2分钟，再以每分钟10℃的速率升温至240℃，维持数分钟，使色谱图记录至除溶剂峰外的第二个主峰保留时间的3倍；进样口温度为250℃；检测器温度为260℃。硬脂酸甲酯峰与棕榈酸甲酯峰的分离度应大于5.0。

测定法　取本品约0.1g，精密称定，置锥形瓶中，精密加三氟化硼的甲醇溶液（13%~15%）5ml振摇使溶解，置水浴中回流20分钟，放冷，用正己烷10~15ml转移并洗涤至分液漏斗中，加水10ml与氯化钠饱和溶液10ml，振摇分层，弃去下层（水层），正己烷层加无水硫酸钠6g干燥除去水分后，置25ml量瓶中，用正己烷稀释至刻度，摇匀，作为供试品溶液；另取硬脂酸对照品约50mg与棕榈酸对照品约50mg，同上法操作制得对照品溶液。精密量取供试品溶液与对照品溶液各1μl，注入气相色谱仪，记录色谱图。按面积归一化法以峰面积计算供试品中硬脂酸（$C_{18}H_{36}O_2$）与棕榈酸（$C_{16}H_{32}O_2$）的含量。

【类别】　药用辅料，润滑剂和软膏基质等。

【贮藏】　密闭保存。

附表　三种型号硬脂酸

型号	含硬脂酸量	含硬脂酸与棕榈酸总量
硬脂酸50	40.0%~60.0%	不少于90.0%
硬脂酸70	60.0%~80.0%	不少于90.0%
硬脂酸95	不少于90.0%	不少于96.0%

硬 脂 酸 钙

Yingzhisuangai

Calcium Stearate

本品主要为硬脂酸钙（$C_{36}H_{70}O_4Ca$）与棕榈酸钙（$C_{32}H_{62}O_4Ca$）的混合物。含氧化钙（CaO）应为9.0%~10.5%。

【性状】　本品为白色粉末。

本品在水、乙醇或乙醚中不溶。

【鉴别】　（1）取本品约25g，加稀硫酸60ml与热水200ml，加热并时时搅拌，使脂肪酸成油层分出，取油层用沸水洗涤至洗液不显硫酸盐的反应，收集油层于小烧杯中，在蒸汽浴上温热至油层与水层完全分离，并呈透明状，放冷，弃去水层，加热使油层熔化，趁热滤过，置干燥烧杯中，在105℃干燥20分钟。依法测定凝点（附录0613），应不低于54℃。

（2）取本品约1.0g，加水25ml与盐酸5ml，摇匀，加热，脂肪酸成油层分出，水层显钙盐的鉴别反应（附录0301）。

【检查】　**干燥失重**　取本品，在105℃干燥至恒重，减失重量不得过4.0%（附录0831）。

重金属　取本品2.5g，置蒸发皿中，作为供试品。另取本品0.5g，置另一蒸发皿中作为对照品。分别加25%硝酸镁乙醇溶液5ml，用短颈漏斗盖于蒸发皿上，颈部朝上，在电热板上低温加热30分钟，再中温加热30分钟，放冷；移开漏斗，对照品中精密加标准铅溶液2ml，分别将蒸发皿炽灼至样品灰化，放冷，加硝酸10ml，使残渣溶解，将溶液分别移入两个250ml烧杯中，各加高氯酸溶液（7→10）5ml，蒸发至干，残渣中加盐酸2ml，用水淋洗烧杯内壁，再蒸发至干，快干时旋动烧杯；再加盐酸2ml，重复上述操作，放冷后加水约10ml使残渣溶解。各加酚酞指示液1滴，用氢氧化钠试液中和至出现粉红色，再加稀盐酸至无色。各加稀醋酸1ml与少量活性炭，混匀，滤过，滤液置50ml纳氏比色管中，用水冲洗滤渣后稀释至40ml，各加硫代乙酰胺试液1.2ml与醋酸盐缓冲液（pH3.5）2ml，摇匀，放置5分钟后，同置白纸上，自上向下透视，供试品管中显示的颜色与对照管比较，不得更深。含重金属不得过百万分之十。

微生物限度　取本品，依法检查（附录1105与附录1106），每1g供试品中需氧菌总数不得过1000cfu、霉菌和酵母菌总数不得过100cfu，不得检出大肠埃希菌。

【含量测定】　取本品约1.2g，精密称定，置烧瓶中，加0.05mol/L硫酸溶液50ml，加热约3小时直至油层澄清（加热时盖上表面皿以防止溅出），必要时补充水至初始体积，放冷，滤过，用水洗涤滤器和烧瓶直至对蓝色石蕊试纸不呈酸性。再用氢氧化钠试液中和滤液至对蓝色石蕊试纸呈中性。在磁力搅拌器充分搅拌下，用50ml滴定管加乙二胺四醋酸二钠滴定液（0.05mol/L）30ml，再加氢氧化钠试液15ml与羟基萘酚蓝指示剂2mg，继续用乙二胺四醋酸二钠滴定液滴定至溶液显纯蓝色。每1ml乙二胺四醋酸二钠滴定液（0.05mol/L）相当于2.804mg的CaO。

【类别】　药用辅料，润滑剂和乳化剂等。

【贮藏】　密闭，在阴凉干燥处保存。

硬　脂　酸　锌

Yingzhisuanxin

Zinc Stearate

本品系以硬脂酸与锌反应制得。主要为硬脂酸锌（$C_{36}H_{70}O_4Zn$）和棕榈酸锌（$C_{32}H_{62}O_4Zn$）的混合物。含氧化锌（ZnO）应为12.5%～14.0%。

【性状】　本品为白色或类白色细粉。

本品在水或无水乙醇中几乎不溶。

【鉴别】　（1）取本品约25g，加热水200ml和稀硫酸60ml，加热，使脂肪酸成油层分出，备用；取水层加稀硫酸酸化，加0.1%硫酸铜溶液1滴及硫氰酸汞铵试液数滴，即生成紫色沉淀。

（2）取鉴别（1）项下的油层用沸水洗涤，直至洗液不显硫酸盐的反应，收集油层于小烧杯中，放冷，弃去水层，加热使油层熔化，趁热滤过，105℃干燥20分钟，依法测定凝点（附录0613），应不低于54℃。

【检查】　**酸碱度**　取本品1.0g，加乙醇5ml振摇，再加水20ml和酚红指示液0.1ml，使溶液变成黄色所消耗盐酸滴定液（0.1mol/L）的体积不得过0.30ml；或者使溶液变成红色所消耗氢氧化钠滴定液（0.1mol/L）的体积不得过0.10ml。

脂肪酸的酸值　取溶液的颜色项下得到的残渣0.20g，加乙醇-乙醚（1:1）混合液〔临用前加酚酞指示液1.0ml，用氢氧化钠滴定液（0.1mol/L）调至微显粉红色〕25ml使溶解，依法测定（附录0713），酸值应为195～210。

溶液的颜色　取本品5.0g，加乙醚50ml和硝酸溶液（1.1→10）40ml，加热回流至溶液澄清，放冷，移至分液漏斗中，振摇，放置分层。取乙醚层用水提取2次，每次4ml；将乙醚层挥干，残渣在105℃干燥后备用；合并所有水层，加乙醚15ml洗涤，弃去乙醚层，水层于水浴上挥去乙醚，放冷，移至50ml量瓶中，加水稀释至刻度，摇匀，作为供试品溶液，供试品溶液如显色，与黄色1号标准比色液（附录0901第一法）比较，不得更深。

脂肪酸溶液的澄清度与颜色　取溶液的颜色项下得到的残渣0.5g，加三氯甲烷10ml使溶解，依法检查（附录0901与附录0902），溶液应澄清无色。如显色，与黄色2号标准比色液（附录0901第一法）比较，不得更深。

氯化物　取溶液的颜色项下制备的供试品溶液2.0ml，依法检查（附录0801），与标准氯化钠溶液5.0ml制成的对照液比较，不得更浓（0.025%）。

硫酸盐　取溶液的颜色项下制备的供试品溶液1.0ml，置50ml量瓶中，加水稀释至刻度，摇匀。再取12.5ml，依法检查（附录0802），与标准硫酸钾溶液1.5ml制成的对照液比较，不得更浓（0.6%）。

镉盐　精密量取溶液的颜色项下制备的供试品溶液20.0ml，置50ml量瓶中，加硝酸溶液（1.1→10）稀释至刻度，摇匀，作为供试品溶液，照原子吸收分光光度法（附录0406），在228.8nm的波长处测定。另取镉标准溶液，加硝酸溶液（1.1→10）稀释制成每1ml中含镉0.2μg的对照品溶液，同法测定。供试品溶液的吸光度不得大于对照品溶液（0.0005%）。

铅盐　取溶液的颜色项下制备的供试品溶液，照原子吸收分光光度法（附录0406），在217.0nm的波长处测定。另精密量取标准铅贮备液适量，加硝酸溶液（1.1→10）稀释制成每1ml中含铅2.5μg的对照品溶液，同法测定，供试品溶液的吸光度不得大于对照品溶液（0.0025%）。

砷盐　取本品3.33g，加水50ml和硫酸5ml，缓缓煮沸至油层澄清且溶液体积减至约25ml，趁热滤过，放冷，加水稀释至50ml，量取20ml，加水8ml，依法检查（附录0822第二法），应符合规定（0.00015%）。

【含量测定】　精密称取本品约1g，加0.05mol/L硫酸溶液50ml，煮沸至少10分钟，直至油层澄清，必要时补充水至初始体积，放冷，滤过，用水洗涤滤器和烧杯直至洗液对蓝色石蕊试纸不呈酸性；合并滤液和洗液，加氨-氯化铵缓冲液（取氯化铵6.75g，加水溶解，加浓氨溶液57ml，加水稀释至100ml）15ml和铬黑T指示剂少许，加热至40℃，用乙二胺四醋酸二钠滴定液（0.05mol/L）滴定至溶液显纯蓝色。每1ml乙二胺四醋酸二钠滴定液（0.05mol/L）相当于4.069mg的ZnO。

【类别】　药用辅料，润滑剂等。

【贮藏】　密闭保存。

硬脂酸聚烃氧（40）酯
Yingzhisuan Jutingyang（40）Zhi
Polyoxyl（40）Stearate

本品为聚乙二醇单硬脂酸酯。分子式以C$_{17}$H$_{35}$COO（CH$_2$CH$_2$O）$_n$H表示，n约为40。

【性状】 本品为白色蜡状固体；无臭。

本品在水、乙醇中溶解，在乙醚、乙二醇中不溶。

熔点 本品的熔点（附录0612第二法）为46~51℃。

酸值 本品的酸值（附录0713）不大于2。

皂化值 本品的皂化值（附录0713）为25~35。

羟值 本品的羟值（附录0713）为22~38。

【鉴别】 本品的红外光吸收图谱应与对照品的图谱一致。

【检查】 **碱度** 取本品2.0g，加乙醇20ml使溶解，取溶液2ml，加酚磺酞指示液0.05ml，不得显红色。

溶液的澄清度与颜色 取本品1.0g，加水20ml溶解后，依法检查（附录0901与附录0902），溶液应澄清无色；如显色，与黄色6号标准比色液（附录0901）比较，不得更深。

游离聚乙二醇 取本品6g，精密称定，置500ml分液漏斗中，加乙酸乙酯50ml使溶解，用29%氯化钠溶液提取2次，每次50ml，合并下层水相，用乙酸乙酯50ml提取，分取下层水相，用三氯甲烷提取2次，每次50ml，合并三氯甲烷层，水浴蒸干，残渣用三氯甲烷15ml溶解，滤过，并用少量三氯甲烷洗涤滤器，合并滤液，蒸干，直至无三氯甲烷与乙酸乙酯气味，残渣于60℃真空干燥1小时，放冷，称量，含游离聚乙二醇为17%~27%。

水分 取本品，照水分测定法（附录0832第一法A）测定，含水分不得过3.0%。

炽灼残渣 不得过0.3%（附录0841）。

重金属 取本品2.0g，依法检查（附录0821第三法），含重金属不得过百万分之十。

脂肪酸组成 取本品约0.1g，置25ml锥形瓶中，加0.5mol/L氢氧化钠的甲醇溶液2ml，振摇使溶解，加热回流30分钟，沿冷凝管加14%三氟化硼的甲醇溶液2ml，加热回流30分钟，沿冷凝管加正庚烷4ml，加热回流5分钟，放冷，加饱和氯化钠溶液10ml，振摇15秒，加饱和氯化钠溶液至瓶颈部，混匀，静置分层，取上层液2ml，用水洗涤3次，每次2ml，上层液经无水硫酸钠干燥。照气相色谱法（附录0521）试验，以聚乙二醇为固定液的毛细管柱为色谱柱，起始温度170℃，维持2分钟，再以每分钟10℃的速率升温至240℃，维持数分钟。检测器为氢火焰化离子检测器（FID），进样口温度为250℃，检测器温度为260℃；载气为氮气，流速为2ml/分钟，分流比为10：1。取上层液1μl注入气相色谱仪，出峰顺序为棕榈酸甲酯、硬脂酸甲酯，棕榈酸甲酯峰与硬脂酸甲酯峰的分离度应大于5.0，记录色谱图至硬脂酸甲酯峰保留时间的3倍。按面积归一化法以峰面积计算，硬脂酸不少于40.0%，硬脂酸与棕榈酸的总和不少于90.0%。

砷盐 取本品0.67g，依法检查（附录0822第二法），含砷不得过0.0003%。

【类别】 药用辅料，增溶剂、乳化剂和基质等。

【贮藏】 密闭，在阴凉干燥处保存。

硬 脂 酸 镁

Yingzhisuanmei

Magnesium Stearate

本品是镁与硬脂酸化合而成。系以硬脂酸镁（$C_{36}H_{70}MgO_4$）与棕榈酸镁（$C_{32}H_{62}MgO_4$）为主要成分的混合物。按干燥品计算，含Mg应为4.0%～5.0%。

【**性状**】　本品为白色轻松无砂性的细粉；微有特臭；与皮肤接触有滑腻感。

本品在水、乙醇或乙醚中不溶。

【**鉴别**】　（1）取本品约5.0g，置圆底烧瓶中，加无过氧化物乙醚50ml、稀硝酸20ml与水20ml，加热回流至完全溶解，放冷，移至分液漏斗中，振摇，放置分层，将水层移入另一分液漏斗中，用水提取乙醚层2次，每次4ml，合并水层，用无过氧化物乙醚15ml清洗水层，将水层移至50ml量瓶中，加水稀释至刻度，摇匀，作为供试品溶液，应显镁盐的鉴别反应（附录0301）。

（2）在硬脂酸与棕榈酸相对含量检查项下记录的色谱图中，供试品溶液两主峰的保留时间应分别与对照品溶液两主峰的保留时间一致。

【**检查**】　**酸碱度**　取本品1.0g，加新沸过的冷水20ml，水浴上加热1分钟并时时振摇，放冷，滤过，取续滤液10.0ml，加溴麝香草酚蓝指示液0.05ml，用盐酸滴定液（0.1mol/L）或氢氧化钠滴定液（0.1mol/L）滴定至溶液颜色发生变化，滴定液用量不得过0.05ml。

氯化物　量取鉴别（1）项下的供试品溶液1.0ml，依法检查（附录0801），与标准氯化钠溶液10.0ml制成的对照液比较，不得更浓（0.10%）。

硫酸盐　量取鉴别（1）项下的供试品溶液1.0ml，依法检查（附录0802），与标准硫酸钾溶液6.0ml制成的对照液比较，不得更浓（0.6%）。

干燥失重　取本品，在80℃干燥至恒重，减失重量不得过5.0%（附录0831）。

铁盐　取本品0.50g，炽灼灰化后，加稀盐酸5ml与水10ml，煮沸，放冷，滤过，滤液加过硫酸铵50mg，用水稀释成35ml，依法检查（附录0807），与标准铁溶液5.0ml用同一方法制成的对照液比较，不得更深（0.01%）。

镉盐　取本品0.05g两份，精量称定，分别置高压消解罐中，一份中加硝酸2ml消化后，定量转移至100ml量瓶中，加水稀释至刻度，摇匀，作为供试品溶液；另一份中精密加入标准镉溶液（精密量取镉单元素标准溶液适量，用水定量稀释制成每1ml中含镉0.3μg的溶液）0.5ml，同法操作，作为对照品溶液。照原子吸收分光光度法（附录0406第二法），在228.8nm的波长处分别测定吸光度，计算，应符合规定（0.0003%）。

镍盐　取本品0.05g两份，精量称定，分别置高压消解罐中，一份中加硝酸2ml消化后，定量转移至10ml量瓶中，加水稀释至刻度，摇匀，作为供试品溶液；另一份中精密加入标准镍溶液（精密量取镍单元素标准溶液适量，用水定量稀释制成每1ml中含镍0.5μg的溶液）0.5ml，同法操作，作为对照品溶液。照原子吸收分光光度法（附录0406第二法），在232.0nm的波长处分别测定吸光度，计算，应符合规定（0.0005%）。

重金属　取本品2.0g，缓缓炽灼至完全炭化，放冷，加硫酸0.5～1.0ml，使恰润湿，低温加热至硫酸除尽，加硝酸0.5ml，蒸干，至氧化氮蒸气除尽后，放冷，在500～600℃炽灼使完全灰化，放冷，加盐酸2ml，置水浴上蒸干后加水15ml与稀醋酸2ml，加热溶解后，放冷，加醋酸盐缓冲液（pH3.5）2ml与水适量使成25ml，依法检查（附录0821第二法），含重金属不得过百万分之十五。

硬脂酸与棕榈酸相对含量　取本品0.1g，精密称定，置锥形瓶中，加三氟化硼的甲醇溶液〔取三氟化硼一水合物或二水合物适量（相当于三氟化硼14g），加甲醇溶解并稀释至100ml，摇匀〕5ml，摇匀，加热回流10分钟使溶解，从冷凝管加正庚烷4ml，再回流10分钟，放冷后加饱和氯化钠溶液20ml，振摇，静置使分层，将正庚烷层通过装有无水硫酸钠0.1g（预先用正庚烷洗涤）的玻璃柱，移入烧杯中，作为供试品溶液。照气相色谱法（附录0521）试验。用聚乙二醇-20M为固定相的毛细管柱，起始柱温70℃，维持2分钟，以每分钟5℃的速率升温至240℃，维持5分钟；进样口温度为220℃，检测器温度为260℃。分别称取棕榈酸甲酯与硬脂酸甲酯对照品适量，加正庚烷制成每1ml中分别约含15mg与10mg的溶液，取1μl注入气相色谱仪，棕榈酸甲酯峰与硬脂酸甲酯峰的分离度应大于3.0。精密量取供试品溶液1ml，置100ml量瓶中，用正庚烷稀释至刻度，摇匀，取1μl注入气相色谱仪，调节检测灵敏度，使棕榈酸甲酯峰与硬脂酸甲酯峰应能检出。再取供试品溶液1μl，注入气相色谱仪，记录色谱图，按下式面积归一化法计算硬脂酸镁中硬脂酸在脂肪酸中的百分含量。

$$硬脂酸百分含量=\frac{A}{B}\times100\%$$

式中　A为供试品中硬脂酸甲酯的峰面积；

B为供试品中所有脂肪酸酯的峰面积。

同法计算硬脂酸镁中棕榈酸在总脂肪酸中的百分含量。硬脂酸相对含量不得低于40%，硬脂酸与棕榈酸相对含量的总和不得低于90%。

微生物限度　取本品，依法检查（附录1105与附录1106），每1g供试品中需氧菌总数不得过1000cfu、霉菌及酵母菌总数不得过100cfu，不得检出大肠埃希菌。

【含量测定】　取本品约0.2g，精密称定，加正丁醇-无水乙醇（1∶1）溶液50ml，加浓氨溶液5ml与氨-氯化铵缓冲液（pH 10.0）3ml，再精密加乙二胺四醋酸二钠滴定液（0.05mol/L）25ml与铬黑T指示剂少许，混匀，在40～50℃水浴上加热至溶液澄清，用锌滴定液（0.05mol/L）滴定至溶液自蓝色转变为紫色，并将滴定的结果用空白试验校正。每1ml乙二胺四醋酸二钠滴定液（0.05mol/L）相当于1.215mg的Mg。

【类别】　药用辅料，润滑剂。

【贮藏】　密闭保存。

硝　酸　钾

Xiaosuanjia

Potassium Nitrate

KNO_3　101.10

本品按干燥品计算，含KNO_3不得少于99.0%。

【性状】　本品为白色或无色透明结晶。

本品在水中易溶，在乙醇中微溶。

【鉴别】　本品显钾盐与硝酸盐的鉴别反应（附录0301）。

【检查】　酸碱度　取本品1.0g，加新沸冷水10ml使溶解，加入溴麝香草酚蓝指示液1滴，用盐酸滴定液（0.01mol/L）或氢氧化钠滴定液（0.01mol/L）滴定至溶液变色，消耗滴定液体积不得过0.5ml。

溶液的澄清度与颜色　取本品1.0g，加水10ml使溶解，依法检查（附录0901与附录0902），溶液应澄清无色。

氯化物　取本品1.0g，依法检查（附录0801）与标准氯化钠溶液2.0ml制成的对照液比较，不得更浓（0.002%）。

硫酸盐　取本品1.0g，依法检查（附录0802）与标准硫酸钾溶液1.5ml制成的对照液比较，不得更浓（0.015%）。

还原性物质　取本品1.0g，加水10ml使溶解，加稀硫酸0.5ml与碘化锌淀粉指示液2ml，溶液2分钟内不变蓝。

干燥失重 取本品约1g，精密称定，在105℃干燥至恒重，减失重量不得过0.5%（附录0831）。

铵盐 取本品0.4g，依法检查（附录0808），与标准氯化铵溶液2.0ml制成的对照液比较，不得更浓（0.005%）。

钙盐 取本品2.0g，加水15ml使溶解，作为供试品溶液。取醇制标准钙溶液（精密称取碳酸钙2.50g，置1000ml量瓶中，加醋酸12ml，加水适量溶解后并用水稀释至刻度，摇匀，作为钙溶液贮备液。临用前，精密量取钙溶液贮备液10ml，置100ml量瓶中，加乙醇稀释至刻度，摇匀，每1ml相当于钙0.1mg）0.2ml，置纳氏比色管中，加4%草酸铵溶液1ml，1分钟后，加稀醋酸1ml与供试品溶液15ml的混合液，摇匀，放置15分钟，作为供试品管；另取纳氏比色管，加入醇制标准钙溶液0.2ml，4%草酸铵溶液1ml，1分钟后，加入标准钙溶液（临用前，精密量取钙溶液贮备液1ml，置100ml量瓶中，加水稀释至刻度，摇匀。每1ml相当于钙10μg）10.0ml，稀醋酸1ml与水5ml，摇匀，放置15分钟，作为对照液管。供试品管与对照液管比较，不得更浓（0.005%）。

铁盐 取本品2.0g，依法检查（附录0807），与标准铁溶液2.0ml制成的对照液比较，不得更浓（0.001%）。

钠盐 取本品1.0g，置100ml量瓶中，用水稀释至刻度，摇匀，作为供试品溶液。另取120℃干燥2小时后的基准氯化钠0.509g（相当于钠0.2g），用水稀释制成每1ml分别含钠0.5μg、1.0μg、1.5μg、2.0μg的对照品溶液。照原子吸收分光光度法（附录0406第一法），在589.0nm的波长处测定，以水为空白溶液，按多点工作曲线法，计算。含钠不得过0.10%。

重金属 取本品1.0g，依法检查（附录0821第一法），含重金属不得过百万分之十。

【含量测定】 取本品0.2g，精密称定，加水20ml溶解，转移至已处理好的强酸性阳离子交换树脂柱中，用水洗涤树脂柱（每分钟约3ml的流量），收集交换液及洗涤液约250ml，加酚酞指示液1ml，用氢氧化钠滴定液（0.1mol/L）滴定至终点。每1ml氢氧化钠滴定液（0.1mol/L）相当于10.11mg的KNO_3。

阳离子交换树脂处理方法为：取钠盐状态阳离子交换树脂15g，加水适量，转移至离子交换柱中，自顶端加2mol/L盐酸溶液30～40ml，开启活塞，使盐酸浸润树脂后关闭活塞，浸泡过夜，用新沸过的冷水300～500ml洗涤树脂柱，并取最后的洗液100ml，加酚酞指示液2～3滴与氢氧化钠滴定液（0.1mol/L）1滴，如显粉红色，即可供试验用。

【类别】 药用辅料，渗透压调节剂。

【贮藏】 密闭保存。

硫　　酸
Liusuan
Sulfuric Acid

$$H_2SO_4 \quad 98.08$$

本品系将焙烧含硫矿产生的二氧化硫通过五氧化二钒的作用，转化为三氧化硫，再通入水中制得。含硫酸（H_2SO_4）不得少于95.0%（g/g）。

【性状】 本品为无色、无臭的澄清油状液体；吸水性强，能与水或乙醇互溶，同时释放大量的热。

相对密度 本品的相对密度（附录0601）为1.831～1.849。

【鉴别】 本品显硫酸盐的鉴别反应（附录0301）。

【检查】 **溶液的澄清度与颜色** 取本品5.0ml，缓缓加至冷水30ml中，放冷，加水稀释至50ml，依法检查（附录0901与附录0902），溶液应澄清无色。

还原性物质 取本品5.0g（2.8ml），缓缓加至冷水15ml中（冰浴中操作），冷却后，加水稀释至25ml，加0.001mol/L高锰酸钾溶液0.10ml，摇匀，与亚硫酸钠溶液（每1ml中含SO_3^{2-}10μg）5.0ml，自"加水稀释至25ml"起。同法制得的对照溶液比较，颜色不得更浅。

炽灼残渣 取本品40g（22ml），蒸干后，依法检查（附录0841），遗留残渣不得过2mg（0.005%）。

铁盐 取本品10g（5.5ml），蒸干并炽烧至硫酸蒸气除尽，放冷，在残渣中加稀盐酸1ml，缓缓加热使溶解，并用水稀释至25ml；取1ml，稀释至10ml，依法检查（附录0807），与标准铁溶液1.0ml制成的对照溶液比较，不得更深（0.0025%）。

重金属 取本品4.0g（2.2ml），加0.1%的碳酸钠溶液10ml，蒸干，依法检查（附录0821第二法），含重金属不得过百万分之五。

砷盐 取本品2.0g（1.1ml），用水20ml稀释，放冷，加水25ml，依法检查（附录0822第一法），应符合规定（0.0001%）。

【含量测定】 精密称取本品1.8g，置贮有水约20ml的具塞锥形瓶中，加水25ml与甲基红指示液2滴，用氢氧化钠滴定液（1mol/L）滴定。每1ml氢氧化钠滴定液（1mol/L）相当于49.04mg的H_2SO_4。

【类别】 药用辅料，pH值调节剂。

【贮藏】 密封保存。

硫 酸 钙

Liusuangai

Calcium Sulfate

$CaSO_4 \cdot 2H_2O$　172.17

本品由碳酸钙与硫酸反应或氯化钙溶液与可溶性硫酸盐反应制得。以炽灼品计算，含$CaSO_4$不得少于99.0%。

【性状】 本品为白色粉末；无臭，无味。

本品在水中微溶，在乙醇中不溶。

【鉴别】 取本品，加稀盐酸使溶解，溶液显钙盐与硫酸盐（附录0301）的鉴别反应。

【检查】 **酸碱度** 取本品1.5g，加水15ml，振摇5分钟，放置5分钟，滤过；取续滤液10ml，加氢氧化钠滴定液（0.01mol/L）0.25ml，加酚酞指示液0.1ml，应显红色，加盐酸滴定液（0.01mol/L）0.30ml，应变为无色，再加甲基红指示液0.2ml，应显橙红色。

氯化物 取本品0.50g，加硝酸溶液（1→2）5ml与水40ml，振摇使溶解，依法检查（附录0801），与标准氯化钠溶液9.0ml制成的对照液比较，不得更浓（0.018%）。

碳酸盐 取本品1.0g，加水5ml，混匀，滴加稀盐酸，不得发生泡沸。

炽灼失重 取本品1.0g，在700~800℃炽灼至恒重，减失重量应为19.0%~23.0%。

铁盐 取本品0.20g，加过硫酸铵50mg与稀盐酸10ml，振摇溶解后，加水稀释使成50ml，加硫氰酸铵试液5.0ml，摇匀，依法检查（附录0807），与标准铁溶液2.0ml用同一方法制成的对照液比较，不得更深（0.01%）。

重金属　取本品2.5g，加盐酸2ml与水15ml，加热至沸，放冷，加酚酞指示液2滴，滴加浓氨溶液至溶液颜色恰变为粉红色，加冰醋酸0.5ml，加水稀释至25ml，滤过，取滤液12ml做为供试品溶液；另取滤液2ml，加标准铅溶液1.5ml，加水稀释至12ml，作为对照溶液；再取滤液2ml，加水10ml，作为空白溶液。将上述三种溶液分别置25ml纳氏比色管中，加醋酸盐缓冲液（pH3.5）2ml，摇匀，分别加硫代乙酰胺试液1.2ml，摇匀，放置2分钟。空白溶液所显的颜色应浅于对照溶液所显的颜色，供试品溶液如显色，与对照溶液比较，不得更深（0.001%）。

砷盐　取本品0.20g，加10%盐酸溶液10ml，置50℃水浴加热5分钟使溶解，加盐酸5ml与水21ml，依法检查（附录0822第一法），应符合规定（0.001%）。

【含量测定】　取本品约0.2g，精密称定，加稀盐酸10ml与水100ml，加热并振摇使溶解，放冷，在搅拌下精密加乙二胺四醋酸二钠滴定液（0.05mol/L）20ml，摇匀，加氢氧化钠溶液（1→5）15ml与钙紫红素指示剂0.1g，继以乙二胺四醋酸二钠滴定液（0.05mol/L）滴定至溶液由紫色变为蓝色。每1ml乙二胺四醋酸二钠滴定液（0.05mol/L）相当于6.807mg的$CaSO_4$。

【类别】　药用辅料，稀释剂。

【贮藏】　遮光，密封保存。

硫　酸　铝

Liusuanlü

Aluminum Sulfate

$$Al_2（SO_4）_3 \cdot xH_2O$$

本品系以铝土矿在加压条件下与硫酸反应，或以氢氧化铝与硫酸反应制得。含有不同数量结晶水，含$Al_2（SO_4）_3$应为54.0%~59.0%。

【性状】　本品为无色或白色结晶或结晶性粉末。

本品在水中溶解，在乙醇中几乎不溶。

【鉴别】　本品的水溶液显铝盐与硫酸盐的鉴别反应（附录0301）。

【检查】　**酸度**　取本品0.5g，加水25ml溶解后，依法测定（附录0631），pH值应为2.5~4.0。

溶液的澄清度与颜色　取本品2.5g，加水50ml溶解后，溶液应无色（附录0901第一法）；如显浑浊，与3号浊度标准（附录0902）比较，不得更浓。

铵盐　取本品0.4g，加水100ml使溶解后，取10ml依法检查（附录0808），应符合规定（0.05%）。

水分　取本品，照水分测定法（附录0832第一法A）测定，含水分应为41.0%~46.0%。

碱金属与碱土金属盐　取本品1.0g，加水150ml溶解后，煮沸，滴加甲基红指示液2滴，加氨试液使溶液呈明显黄色，加热水稀释至150ml。趁热滤过，取续滤液75ml蒸干，于600℃炽灼至恒重，残留物不得过2mg（0.4%）。

铁盐　取本品0.1g，依法检查（附录0807），与标准铁溶液1.0ml制成的对照液比较，不得更深（0.01%）。

重金属　取本品1.0g，加水23ml溶解，加醋酸盐缓冲液（pH3.5）2ml，依法检查（附录0821第一法），含重金属不得过百万分之二十。

【含量测定】 取本品1.5g，精密称定，置50ml量瓶中，加水溶解并稀释至刻度，摇匀，精密量取10ml，置250ml锥形瓶中，精密加入乙二胺四醋酸二钠滴定液（0.05mol/L）25ml，加醋酸-醋酸铵缓冲液（pH4.5）20ml，加热至近沸，并保持5分钟，放冷，加乙醇50ml，加双硫腙指示液（取双硫腙25.6mg，加乙醇溶解并稀释至100ml，冷处保存2个月）2ml，用锌滴定液（0.05mol/L）滴定至亮粉色，并将滴定的结果用空白试验校正。每1ml乙二胺四醋酸二钠滴定液（0.05mol/L）相当于8.554mg的$Al_2(SO_4)_3$。

【类别】 药用辅料，助悬剂。

【贮藏】 密闭保存。

硫 酸 铵

Liusuan'an

Ammonium Sulfate

$(NH_4)_2SO_4$　132.14

本品含$(NH_4)_2SO_4$应为99.0%～100.5%。

【性状】 本品为无色或白色晶体或颗粒。

本品在水中易溶，在乙醇中不溶。

【鉴别】 本品的水溶液（1→20）显铵盐与硫酸盐的鉴别反应（附录0301）。

【检查】 酸度 取本品1.0g，加水20ml使溶解，依法测定（附录0631），pH值应为5.0～6.0。

氯化物 取本品2.0g，依法检查（附录0801），与标准氯化钠溶液1.0ml制成的对照液比较，不得更浓（0.0005%）。

磷酸盐 取本品4.0g，加0.5mol/L硫酸溶液25ml使溶解，加钼酸铵硫酸溶液（取钼酸铵5g，置100ml量瓶中，加0.5mol/L硫酸溶解并稀释至刻度，摇匀即得）和对甲氨基苯酚硫酸盐溶液（取对甲氨基苯酚硫酸盐0.2g，加水100ml，加亚硫酸氢钠20g，搅拌使溶解，即得）各1ml，室温放置2小时，如显色，与标准磷酸盐溶液（精密称取在105℃干燥2小时的磷酸二氢钾0.1433g，置1000ml量瓶中，加水溶解并稀释至刻度，摇匀。精密量取10ml，置100ml量瓶中，用水稀释至刻度，摇匀即得。每1ml相当于$10\mu g$的PO_4）2.0ml同法制成的对照液比较，不得更深（0.0005%）。

硝酸盐 取本品1.0g，置试管中，加水5ml使溶解，于冰浴中冷却，加10%氯化钾溶液0.4ml与0.1%二苯胺硫酸溶液0.1ml，摇匀，缓缓滴加硫酸5ml，摇匀，将试管于50℃水浴中放置15分钟，溶液产生的蓝色与标准硝酸盐溶液〔取硝酸钾0.163g，加水溶解并稀释至100ml，摇匀，精密量取1ml，加水稀释成100ml，摇匀，即得（每1ml相当于$10\mu gNO_3$）〕1.0ml，加无硝酸盐的水4ml，用同一方法处理后的颜色比较，不得更深（0.001%）。

水中不溶物 取本品20g，置烧杯中，加水200ml使溶解，置水浴上加热1小时。趁热将溶液用已恒重的G2垂融漏斗滤过，并用热水洗涤烧杯及漏斗，在105℃干燥至恒重，遗留残渣不得过0.005%。

炽灼残渣 取本品20g，依法检查（附录0841），遗留残渣不得过0.005%。

铁盐 取本品2.0g，加水40ml，盐酸2ml，依法检查（附录0807），与标准铁溶液1.0ml制成的对照液比较，不得更深（0.0005%）。

【含量测定】 取本品约1.25g，精密称定，置250ml锥形瓶中，加水50ml使溶解，精密加氢氧化钠滴定液（1mol/L）25ml，将玻璃漏斗置于瓶口，煮沸15～20分钟，直至溶液中的氨气完全逸出（使石蕊试纸呈中性），放冷，加麝香草酚蓝指示液3滴，用硫酸滴定液（0.5mol/L）滴定，并将结果用空白试验校正。每1ml硫酸滴定液（0.5mol/L）相当于66.07mg的（NH₄）₂SO₄。

【类别】 药用辅料，缓冲剂。

【贮藏】 密闭保存。

硫酸羟喹啉

Liusuanqiangkuilin

Oxyquinoline Sulfate

$$（C_9H_7NO）_2 \cdot H_2SO_4 \cdot H_2O \quad 406.42$$

本品为8-羟基喹啉硫酸盐一水合物。按无水物计算，含（C_9H_7NO）$_2 \cdot H_2SO_4$应为97.0%～101.0%。

【性状】 本品为黄色结晶性粉末。

本品在水中极易溶解，在甲醇中易溶，在乙醇中微溶，在丙酮或乙醚中几乎不溶。

【鉴别】 （1）本品的红外光吸收图谱（石蜡糊法）应与对照品的图谱一致（附录0402）。如不一致，取供试品和对照品用水溶解，滤过；滤液蒸干，残渣置干燥器中放置过夜，同法测定比较。

（2）本品的水溶液（1→10）显硫酸盐的鉴别反应（附录0301）。

【检查】 **水分** 取本品，照水分测定法（附录0832第一法A）测定，含水分应为4.0%～6.0%。

炽灼残渣 取本品1.0g，依法检查（附录0841），遗留残渣不得过0.3%。

重金属 取炽灼残渣项下遗留的残渣，依法检查（附录0821第二法），含重金属不得过百万分之二十。

【含量测定】 取本品约0.1g，精密称定，置具塞锥形瓶中，加冰醋酸30ml溶解后，精密加溴滴定液（0.05mol/L）25ml，再加溴化钾溶液（3→20）10ml与盐酸10ml，立即密塞，摇匀，在暗处放置15分钟。迅速加入碘化钾溶液（1→10）10ml，水100ml，密塞，振摇。用水冲洗瓶壁，振摇，用硫代硫酸钠滴定液（0.1mol/L）滴定，至近终点时加淀粉指示液3ml，并将滴定的结果用空白试验校正。每1ml溴滴定液（0.05mol/L）相当于4.855mg的（C_9H_7NO）$_2 \cdot H_2SO_4$。

【类别】 药用辅料，抑菌剂。

【贮藏】 密闭保存。

紫 氧 化 铁

Zi Yanghuatie

Purple Ferric Oxide

本品系红氧化铁与黑氧化铁按一定比例混合而成。按炽灼至恒重后计算，含Fe_2O_3不得少于98.0%。

【性状】　本品为暗紫红色粉末；无臭，无味。

本品在水中不溶，在沸盐酸中易溶。

【鉴别】　取本品约0.1g，加稀盐酸5ml，煮沸冷却后，溶液显铁盐的鉴别反应（附录0301）。

【检查】　**水中可溶物**　取本品2.0g，加水100ml，置水浴上加热回流2小时，滤过，滤渣用少量水洗涤，合并滤液与洗液，置经105℃恒重的蒸发皿中，蒸干，在105℃干燥至恒重，遗留残渣不得过10mg（0.5%）。

酸中不溶物　取本品2.0g，加盐酸25ml，置水浴中加热使溶解，加水100ml，用经105℃恒重的4号垂熔坩埚滤过，滤渣用盐酸溶液（1→100）洗涤至洗液无色，再用水洗涤至洗液不显氯化物的反应，在105℃干燥至恒重，遗留残渣不得过6mg（0.3%）。

炽灼失重　取本品约1.0g，精密称定，在800℃炽灼至恒重，减失重量不得过4.0%。

钡盐　取本品0.2g，加盐酸5ml，加热使溶解，滴加过氧化氢试液1滴，再加10%氢氧化钠溶液20ml，滤过，滤渣用水10ml洗涤，合并滤液与洗液，加硫酸溶液（2→10）10ml，不得显浑浊。

铅　取本品2.5g，置100ml具塞锥形瓶中，加0.1mol/L盐酸溶液35ml，搅拌1小时，滤过，滤渣用0.1mol/L盐酸溶液洗涤，合并滤液与洗液于50ml量瓶中，加0.1mol/L盐酸溶液稀释至刻度，摇匀，作为供试品溶液。照原子吸收分光光度法（附录0406），在217.0nm的波长处测定。另取标准铅溶液2.5ml，置50ml量瓶中，加1mol/L盐酸溶液5ml，加水稀释至刻度，摇匀，同法测定。供试品溶液的吸光度不得大于对照溶液（0.001%）。

砷盐　取本品0.67g，加盐酸7ml，加热使溶解，加水21ml，滴加酸性氯化亚锡试液使黄色褪去，依法检查（附录0822第一法），应符合规定（0.0003%）。

【含量测定】　取经800℃炽灼至恒重的本品约0.15g，精密称定，置具塞锥形瓶中，加盐酸2.5ml，置水浴上加热使溶解，加过氧化氢试液1ml，加热至沸数分钟，加水25ml，放冷，加碘化钾1.5g与盐酸2.5ml，密塞，摇匀，在暗处静置15分钟，用硫代硫酸钠滴定液（0.1mol/L）滴定，至近终点时加淀粉指示液2.5ml，继续滴定至蓝色消失。每1ml硫代硫酸钠滴定液（0.1mol/L）相当于7.985mg的Fe_2O_3。

【类别】　药用辅料，着色剂和包衣材料等。

【贮藏】　密封保存。

黑 氧 化 铁

Hei Yanghuatie

Black Ferric Oxide

$Fe_2O_3 \cdot FeO$　　231.53

本品按炽灼至恒重后计算，含Fe_2O_3不得少于96.0%。

【性状】　本品为黑色粉末；无臭，无味。

本品在水中不溶，在沸盐酸中易溶。

【鉴别】　取本品约0.1g，加稀盐酸5ml，煮沸冷却后，溶液显铁盐的鉴别反应（附录0301）。

【检查】　**水中可溶物**　取本品2.0g，加水100ml，置水浴上加热回流2小时，滤过，滤渣用少量水洗涤，合并滤液与洗液，置经105℃恒重的蒸发皿中，蒸干，在105℃干燥至恒重，遗留残渣不得过10mg（0.5%）。

　　酸中不溶物　取本品2.0g，加盐酸25ml，置水浴中加热使溶解，加水100ml，用经105℃恒重的4号垂熔坩埚滤过，滤渣用盐酸溶液（1→100）洗涤至洗液无色，再用水洗涤至洗液不显氯化物的反应，在105℃干燥至恒重，遗留残渣不得过6mg（0.3%）。

　　炽灼失重　取本品约1.0g，精密称定，在800℃炽灼至恒重，减失重量不得过4.0%（附录0831）。

　　钡盐　取本品0.2g，加盐酸5ml，加热使溶解，滴加过氧化氢试液1滴，再加10%氢氧化钠溶液20ml，滤过，滤渣用水10ml洗涤，合并滤液与洗液，加硫酸溶液（2→10）10ml，不得显浑浊。

　　铅　取本品2.5g，置100ml具塞锥形瓶中，加0.1mol/L盐酸溶液35ml，搅拌1小时，滤过，滤渣用0.1mol/L盐酸溶液洗涤，合并滤液与洗液于50ml量瓶中，加0.1mol/L盐酸溶液稀释至刻度，摇匀，作为供试品溶液。照原子吸收分光光度法（附录0406），在217.0nm的波长处测定吸光度。另取标准铅溶液2.5ml，置50ml量瓶中，加1mol/L盐酸溶液5ml，加水稀释至刻度，摇匀，同法测定。供试品溶液的吸光度不得大于对照溶液（0.001%）。

　　砷盐　取本品0.67g，加盐酸7ml，加热使溶解，加水21ml，滴加酸性氯化亚锡试液使黄色褪去，依法检查（附录0822第一法），应符合规定（0.0003%）。

　　【含量测定】　取经800℃炽灼至恒重的本品约0.15g，精密称定，置具塞锥形瓶中，加盐酸5ml，置水浴上加热使溶解，加过氧化氢试液2ml，加热至沸数分钟，加水25ml，放冷，加碘化钾1.5g与盐酸2.5ml，密塞，摇匀，在暗处静置15分钟，用硫代硫酸钠滴定液（0.1mol/L）滴定，至近终点时加淀粉指示液2.5ml，继续滴定至蓝色消失。每1ml硫代硫酸钠滴定液（0.1mol/L）相当于7.985mg的Fe_2O_3。

　　【类别】　药用辅料，着色剂和包衣材料等。

　　【贮藏】　密封保存。

氯　化　钙

Lühuagai

Calcium Chloride

$CaCl_2 \cdot 2H_2O$　147.02

　　本品含氯化钙（$CaCl_2 \cdot 2H_2O$）应为97.0%~103.0%。

　　【性状】　本品为白色、坚硬的碎块或颗粒或结晶性粉末；无臭，极易潮解。

　　本品在水中极易溶解，在乙醇中易溶。

　　【鉴别】　本品的水溶液显钙盐与氯化物的鉴别反应（附录0301）。

　　【检查】　酸碱度　取本品1.0g，加水20ml溶解后，摇匀，依法测定（附录0631），pH值应为6.0~9.2。

　　溶液的澄清度与颜色　取本品1.0g，加水10ml溶解后，依法检查（附录0901与附录0902），溶液应澄清无色；如显浑浊，与1号浊度标准液（附录0902）比较，不得更浓。

　　硫酸盐　取本品1.0g，依法检查（附录0802），与标准硫酸钾溶液2.0ml制成的对照液比较，不得更浓（0.02%）。

　　钡盐　取本品2.0g，加水20ml溶解后，滤过，滤液分为两等份，一份中加临用新制的硫酸钙试液5ml，另一份中加水5ml，静置1小时，两液均应澄清。

　　铝盐、铁盐与磷酸盐　取本品1.0g，加水20ml溶解后，加稀盐酸2滴与酚酞指示液1滴，滴加氨制氯化铵试液至溶液显粉红色，加热至沸，不得有浑浊或沉淀生成。

镁盐与碱金属盐　取本品1.0g，加水40ml溶解后，加氯化铵0.5g，煮沸，加过量的草酸铵试液使钙完全沉淀，置水浴上加热1小时，放冷，定量转移至100ml量瓶中，加水稀释至刻度，摇匀，滤过，精密量取滤液50ml，加硫酸0.5ml，蒸干后，炽灼至恒重，遗留残渣不得过5mg。

重金属　取本品2.0g，加醋酸盐缓冲液（pH3.5）2ml与水适量使溶解制成25ml，依法检查（附录0821第一法），含重金属不得过百万分之十。

砷盐　取本品1.0g，加盐酸5ml与水23ml，依法检查（附录0822第一法），应符合规定（0.0002%）。

【含量测定】　取本品约1.5g，精密称定，置预先加有水10ml的100ml量瓶中，用水稀释至刻度，摇匀；精密量取10ml，置锥形瓶中，加水90ml、氢氧化钠试液15ml与钙紫红素指示剂约0.1g，用乙二胺四醋酸二钠滴定液（0.05mol/L）滴定至溶液由紫红色转变为纯蓝色。每1ml乙二胺四醋酸二钠滴定液（0.05mol/L）相当于7.351mg的$CaCl_2 \cdot 2H_2O$。

【类别】　药用辅料，渗透压调节剂。

【贮藏】　密封，在干燥处保存。

氯化钠（供注射用）

Lühuana（Gongzhusheyong）

Sodium Chloride for Injection

NaCl　58.44

本品按干燥品计算，含氯化钠（NaCl）不得少于99.5%。

【性状】　本品为无色、透明的立方形结晶或白色结晶性粉末；无臭，味咸。

本品在水中易溶，在乙醇中几乎不溶。

【鉴别】　本品显钠盐与氯化物的鉴别反应（附录0301）。

【检查】　**酸碱度**　取本品5.0g，加水50ml溶解后，加溴麝香草酚蓝指示液2滴，如显黄色，加氢氧化钠滴定液（0.02mol/L）0.10ml，应变为蓝色；如显蓝色或绿色，加盐酸滴定液（0.02mol/L）0.20ml，应变为黄色。

溶液的澄清度与颜色　取本品5.0g，加水25ml溶解后，依法检查（附录0901与附录0902），溶液应澄清无色。

碘化物　取本品的细粉5.0g，置瓷蒸发皿内，滴加新配制的淀粉混合液（取可溶性淀粉0.25g，加水2ml，搅匀，加沸水至25ml，随加随搅拌，放冷，加0.025mol/L硫酸溶液2ml、亚硝酸钠试液3滴与水25ml，混匀）适量使晶粉湿润，置日光下（或日光灯下）观察，5分钟内晶粒不得显蓝色痕迹。

溴化物　取本品2.0g，置100ml量瓶中，加水溶解并稀释至刻度，摇匀，精密量取5ml，置10ml比色管中，加苯酚红混合液〔取硫酸铵25mg，加水235ml，加2mol/L氢氧化钠溶液105ml，加2mol/L醋酸溶液135ml，摇匀，加苯酚红溶液（取苯酚红33mg，加2mol/L氢氧化钠溶液1.5ml，加水溶解并稀释至100ml，摇匀，即得）25ml，摇匀，必要时，调节pH值至4.7〕2.0ml和0.01%的氯胺T溶液（临用新制）1.0ml，立即混匀，准确放置2分钟，加0.1mol/L的硫代硫酸钠溶液0.15ml，用水稀释至刻度，摇匀，作为供试品溶液；另取标准溴化钾溶液（精密称取在105℃干燥至恒重的溴化钾30mg，加水100ml使溶解，摇匀，精密量取1ml，置100ml量瓶中，用水稀释至刻度，摇匀，每1ml中含Br 2μg）5.0ml，置10ml比色管中，同法制备，作为对照溶液。照紫外-可见分光光度法（附录0401），以水为空白，在590nm的波长处测定供试品溶液的吸光度不得大于对照溶液的吸光度（0.01%）。

硫酸盐 取本品5.0g，依法检查（附录0802），与标准硫酸钾溶液1.0ml制成的对照液比较，不得更浓（0.002%）。

亚硝酸盐 取本品1.0g，加水溶解并稀释至10ml，照紫外-可见分光光度法（附录0401）测定，在354nm的波长处测定吸光度，不得过0.01。

磷酸盐 取本品0.40g，加水溶解并稀释至100ml，加钼酸铵硫酸溶液〔取钼酸铵2.5g，加水20ml使溶解，加硫酸溶液（56→100）50ml，用水稀释至100ml，摇匀〕4ml，加新配制的氯化亚锡盐酸溶液〔取酸性氯化亚锡试液1ml，加盐酸溶液（18→100）10ml，摇匀〕0.1ml，摇匀，放置10分钟，如显色，与标准磷酸盐溶液（精密称取在105℃干燥2小时的磷酸二氢钾0.716g，置1000ml量瓶中，加水溶解并稀释至刻度，摇匀，精密量取1ml，置100ml量瓶中，用水稀释至刻度，摇匀，每1ml中含PO$_4$ 5μg）2.0ml，用同一方法制成的对照液比较，不得更深（0.0025%）。

亚铁氰化物 取本品2.0g，加水6ml，超声处理使溶解，加混合液〔取硫酸铁铵溶液（取硫酸铁铵1g，加0.05mol/L硫酸溶液100ml使溶解）5ml与1%硫酸亚铁溶液95ml，混匀〕0.5ml，摇匀，10分钟内不得显蓝色。

铝盐（供制备血液透析液、血液过滤液或腹膜透析液用） 取本品20.0g，加水100ml溶解，再加入醋酸-醋酸铵缓冲液（pH6.0）10ml，作为供试品溶液；另取标准铝溶液〔精密量取铝单元素标准溶液适量，用2%硝酸溶液定量稀释制成每1ml中含铝（Al）2μg的溶液〕2.0ml，加水98ml和醋酸-醋酸铵缓冲液（pH6.0）10ml，作为对照品溶液；量取醋酸-醋酸铵缓冲液（pH6.0）10ml，加水100ml，作为空白溶液。分别将上述三种溶液移至分液漏斗中，各加入0.5%的8-羟基喹啉三氯甲烷溶液提取3次（20ml、20ml、10ml），合并提取液置50ml量瓶中，加三氯甲烷至刻度，摇匀。照荧光分析法（附录0405），在激发波长392nm、发射波长518nm的波长处测定供试品溶液的荧光强度应不大于对照溶液的荧光强度（千万分之二）。

钡盐 取本品4.0g，加水20ml溶解后，滤过，滤液分为两等份，一份中加稀硫酸2ml，另一份中加水2ml，静置15分钟，两液应同样澄清。

钙盐 取本品2.0g，加水10ml使溶解，加氨试液1ml，摇匀，加草酸铵试液1ml，5分钟内不得发生浑浊。

镁盐 取本品1.0g，加水20ml使溶解，加氢氧化钠试液2.5ml与0.05%太坦黄溶液0.5ml，摇匀；生成的颜色与标准镁溶液（精密称取在800℃炽灼至恒重的氧化镁16.58mg，加盐酸2.5ml与水适量使溶解并用水稀释至1000ml，摇匀）1.0ml，加水20ml同法制成的对照液比较，不得更深（0.001%）。

钾盐 取本品5.0g，加水20ml溶解后，加稀醋酸2滴，加四苯硼钠溶液（取四苯硼钠1.5g，置乳钵中，加水10ml研磨后，再加水40ml，研匀，滤过，即得）2ml，加水使成50ml，如显浑浊，与标准硫酸钾溶液12.3ml同法制成的对照液比较，不得更浓（0.02%）。

干燥失重 取本品，在105℃干燥至恒重，减失重量不得过0.5%（附录0831）。

铁盐 取本品5.0g，依法检查（附录0807），与标准铁溶液1.5ml制成的对照液比较，不得更深（0.0003%）。

重金属 取本品5.0g，加水20ml溶解后，加醋酸盐缓冲液（pH3.5）2ml与水适量使成25ml，依法检查（附录0821第一法），含重金属不得过百万分之二。

砷盐　取本品5.0g，加水23ml溶解后，加盐酸5ml，依法检查（附录0822第一法），应符合规定（0.000 04%）。

无菌（适用于无除菌工艺的无菌制剂用）　取本品，依法检查（附录1101），应符合规定。

细菌内毒素　取本品，依法检查（附录1143），每1g中含内毒素的量应小于5.0EU。

【含量测定】　取本品约0.12g，精密称定，加水50ml溶解后，加2%糊精溶液5ml、2.5%硼砂溶液2ml与荧光黄指示液5~8滴，用硝酸银滴定液（0.1mol/L）滴定。每1ml硝酸银滴定液（0.1mol/L）相当于5.844mg的NaCl。

【类别】　药用辅料，渗透压调节剂。

【贮藏】　密封保存。

氯　化　钾

Lühuàjiǎ

Potassium Chloride

KCl　74.55

本品按干燥品计算，含氯化钾（KCl）不得少于99.5%。

【性状】　本品为无色长棱形、立方形结晶或白色结晶性粉末；无臭。

本品在水中易溶，在乙醇或乙醚中不溶。

【鉴别】　本品的水溶液显钾盐与氯化物鉴别（1）的反应（附录0301）。

【检查】　酸碱度　取本品5.0g，加水50ml溶解后，加酚酞指示液3滴，不得显色；加氢氧化钠滴定液（0.02mol/L）0.30ml后，应显粉红色。

溶液的澄清度与颜色　取本品2.5g，加水25ml溶解后，依法检查（附录0901与附录0902），溶液应澄清无色。

硫酸盐　取本品2.0g，依法检查（附录0802），与标准硫酸钾溶液2.0ml制成的对照液比较，不得更浓（0.01%）。

钠盐　用铂丝蘸取本品的水溶液（1→5），在无色火焰中燃烧，不得显持续的黄色。

锰盐　取本品2.0g，加水8ml溶解后，加氢氧化钠试液2ml，摇匀，放置10分钟，不得显色。

铝盐（供制备血液透析溶液用）　取本品4.0g，加水100ml使溶解，加醋酸-醋酸铵缓冲液（pH6.0）10ml，作为供试品溶液；另取铝标准溶液（精密量取铝单元素标准溶液适量，用水定量稀释制成每1ml含铝$2\mu g$的溶液）2.0ml，加水98ml和醋酸-醋酸铵缓冲液（pH6.0）10ml，作为对照品溶液；量取醋酸-醋酸铵缓冲液（pH6.0）10ml，加水100ml，作为空白溶液。分别将上述三种溶液移至分液漏斗中，各加入0.5%的8-羟基喹啉三氯甲烷溶液提取三次（20ml、20ml、10ml），合并提取液，置50ml量瓶中，加三氯甲烷至刻度，摇匀，照荧光分光光度法（附录0405）测定，在激发波长392nm、发射波长518nm处测定，供试品溶液的荧光强度应不大于对照溶液的荧光强度（0.0001%）。

碘化物、钡盐、钙盐、镁盐与铁盐　照氯化钠项下的方法检查，均应符合规定。

溴化物　取本品0.2g，置100ml量瓶中，加水溶解并稀释至刻度，摇匀，精密量取5ml，置10ml比色管中，照氯化钠项下的方法检查，应符合规定（0.1%）。

干燥失重　取本品，在105℃干燥至恒重，减失重量不得过1.0%（附录0831）。

重金属 取本品4.0g，加水20ml溶解后，加醋酸盐缓冲液（pH3.5）2ml与水适量使成25ml，依法检查（附录0821第一法），含重金属不得过百万分之五。

砷盐 取本品2.0g，加水23ml溶解后，加盐酸5ml，依法检查（附录0822第一法），应符合规定（0.0001%）。

【含量测定】 取本品约0.15g，精密称定，加水50ml溶解后，加2%糊精溶液5ml、2.5%硼砂溶液2ml与荧光黄指示液5～8滴，用硝酸银滴定液（0.1mol/L）滴定。每1ml硝酸银滴定液（0.1mol/L）相当于7.455mg的KCl。

【类别】 药用辅料，渗透压调节剂等。

【贮藏】 密封保存。

氯 化 镁

Lühuamei

Magnesium Chloride

$MgCl_2 \cdot 6H_2O$　203.30

本品含氯化镁（$MgCl_2 \cdot 6H_2O$）应为98.0%～101.0%。

【性状】 本品为无色透明的结晶或结晶性粉末；无臭、味苦；易潮解。

本品在水或乙醇中易溶。

【鉴别】 本品的水溶液显镁盐与氯化物的鉴别反应（附录0301）。

【检查】 酸度 取本品1g，加水20ml，溶解后，依法测定（附录0631），pH值应为4.5～7.0。

溶液的澄清度与颜色 取本品2.5g，加水25ml溶解后，依法检查（附录0901与附录0902），溶液应澄清无色。

溴化物 取本品2.0g，置100ml量瓶中，加水溶解并稀释至刻度，摇匀，精密量取5ml，置10ml比色管中，加苯酚红混合液〔取硫酸铵25mg，加水235ml，加2mol/L氢氧化钠溶液105ml，加2mol/L醋酸溶液135ml，摇匀，加苯酚红溶液（取苯酚红33mg，加2mol/L氢氧化钠溶液1.5ml，加水溶解并稀释至100ml，摇匀，即得）25ml，摇匀，必要时，调节pH至4.7〕2.0ml和0.01%氯胺T溶液（临用新制）1.0ml，立即混匀，准确放置2分钟，加0.1mol/L的硫代硫酸钠溶液0.15ml，用水稀释至刻度，摇匀，作为供试品溶液；另取标准溴化钾溶液（精密称取105℃干燥至恒重的溴化钾30mg，加水使溶解成100ml，摇匀，精密量取5ml，置100ml量瓶中，加水稀释至刻度，摇匀，即得。每1ml溶液相当于10μg的Br）5.0ml，置10ml比色管中，同法制备，作为对照溶液。取对照溶液和供试品溶液，照紫外-可见分光光度法（附录0401），以水为空白，在590nm处测定吸光度，供试品溶液的吸光度不得大于对照溶液的吸光度（0.05%）。

硫酸盐 取本品2.0g，依法检查（附录0802），与标准硫酸钾溶液2.0ml制成的对照液比较，不得更浓（0.01%）。

水分 取本品，照水分测定法（附录0832第一法A）测定，含水分应为51.0%～55.0%。

铝盐（供制备血液透析溶液用） 取本品4.0g，加水100ml使溶解，加醋酸-醋酸铵缓冲液（pH6.0）10ml，作为供试品溶液；另取铝标准溶液（精密量取铝单元素标准溶液适量，用水定量稀释制成每1ml含铝2μg的溶液）2.0ml，加水98ml和醋酸-醋酸铵缓冲液（pH6.0）10ml，作为对照品溶液；量取醋酸-醋酸铵缓冲液（pH6.0）10ml，加水100ml，作为空白溶液。分别将上述三种溶液移至分液漏斗中，各加入0.5%的8-羟基喹啉三氯甲烷溶液提取三次（20ml、20ml、10ml），合并提取液，置50ml量瓶中，加三氯甲烷至刻度，摇匀，照荧光分析法（附录0405）测定，在激发波长392nm、发射波长518nm处测定，供试品溶液的荧光强度应不大于对照品溶液的荧光强度（百万分之一）。

钡盐 取本品1g，加水10ml，加1mol/L的硫酸溶液1ml，2小时内不产生浑浊。

钙盐 取本品0.10g，加水15ml溶解后，加醋酸溶液（2mol/L）1ml，草酸铵试液1ml，摇匀，放置15分钟，如显浑浊，与标准钙溶液〔精密称取在105～110℃干燥至恒重的碳酸钙2.5g，置1000ml量瓶中，加醋酸溶液（6mol/L）12ml使溶解，用水稀释至刻度，摇匀；临用前，精密量取10ml，置另一1000ml量瓶中，用水稀释至刻度，摇匀，即得，每1ml相当于10μg的Ca〕10ml用同法制成的对照液比较，不得更浓（0.1%）。

钾盐 取本品5g，加水5ml，加酒石酸氢钠试液0.2ml，5分钟内不产生浑浊。

铁盐 取本品2.0g，依法检查（附录0807），与标准铁溶液2.0ml制成的对照液比较，不得更深（0.001%）。

重金属 取本品1.0g，加水20ml溶解后，加稀醋酸2ml与水适量使成25ml，依法检查（附录0821第一法），含重金属不得过百万分之十。

砷盐 取本品1.0g，加水23ml溶解后，加盐酸5ml，依法检查（附录0822第一法），含砷量不得过0.0002%。

【含量测定】 取本品约0.3g，精密称定，加水50ml溶解后，加氨-氯化铵缓冲液（pH10.0）10ml，与铬黑T指示剂少许，用乙二胺四醋酸二钠滴定液（0.05mol/L）滴定至溶液由紫红色转变为纯蓝色，即得。每1ml的乙二胺四醋酸二钠滴定液（0.05mol/L）相当于10.17mg的$MgCl_2 \cdot 6H_2O$。

【类别】 药用辅料，渗透压调节剂、局部止痛剂和缓冲剂。

【贮藏】 密封保存。

氯 甲 酚

Lǚjiafen

Chlorocresol

C_7H_7ClO　142.58

本品为4-氯-3-甲基苯酚。含C_7H_7ClO应为98.0%～101.0%。

【性状】 本品为白色或类白色结晶性粉末或块状结晶；有酚的特臭；遇光或在空气中色渐变深。本品在乙醇中极易溶解，在乙醚、石油醚中溶解，在水中微溶；在碱性溶液中易溶。

熔点 本品的熔点（附录0612）为64～67℃。

【鉴别】 （1）取本品约40mg，加水10ml，振摇，加三氯化铁试液1滴，即显蓝紫色。

（2）取本品约30mg，加水10ml，振摇溶解后，加溴试液，即发生白色沉淀。

（3）取本品约50mg与无水碳酸钠0.5g，混合后，加热至暗红色，继续加热10分钟，冷却后，加水溶解，滤液显氯化物的鉴别反应（附录0301）。

【检查】 **酸度** 取本品3.0g，研细，加水60ml，振摇2分钟，滤过，取滤液10ml，加甲基红指示液0.1ml，溶液显橙色或红色。加0.01mol/L氢氧化钠溶液，即显黄色，加入量不得过0.2ml。

溶液的澄清度与颜色　取本品1.25g，加乙醇25ml溶解后，依法检查（附录0901与附录0902），溶液应澄清无色；如显色与橙红色2号标准比色液（附录0901第一法）比较，不得更深。

有关物质　取本品1.0g，精密称定，置100ml量瓶中，加适量丙酮使溶解，并用丙酮稀释至刻度，摇匀，作为供试品溶液；精密量取1ml，置100ml量瓶中，用丙酮稀释至刻度，摇匀，精密量取10ml，置100ml量瓶中，用丙酮稀释至刻度，摇匀，作为对照溶液；另取间甲酚对照品适量，精密称定，加丙酮溶解并定量稀释成每1ml中含50μg的溶液，作为对照品溶液。照气相色谱法（附录0521）测定，用35%苯基甲基聚硅氧烷为固定相的毛细管柱（30m×0.32mm，0.50μm，DB-17柱适用），进样口温度为210℃，检测器温度为280℃，柱温为125℃。另取邻甲酚和间甲酚对照品适量，用丙酮溶解并稀释制成每1ml中各含50μg的混合溶液，取1μl注入气相色谱仪，邻甲酚峰和间甲酚峰的分离度应符合要求。精密量取对照溶液1μl，注入气相色谱仪，氯甲酚峰的保留时间约为8分钟，调节检测灵敏度，使主成分色谱峰的峰高约为满量程的20%。精密量取对照溶液、对照品溶液和供试品溶液各1μl，分别注入气相色谱仪，记录色谱图至主峰保留时间的3倍。供试品溶液中如有杂质峰，间甲酚按外标法以峰面积计算不得过0.5%，其他单个杂质峰面积不得大于对照溶液主峰面积（0.1%），其他杂质峰面积的和不得大于对照溶液主峰面积的5倍（0.5%）。

不挥发物　取本品2.0g，置经105℃干燥至恒重的蒸发皿中，置水浴上加热挥干后，在105℃干燥至恒重，遗留残渣不得过2mg（0.1%）。

【含量测定】　取本品约70mg，精密称定，置碘瓶中，加入冰醋酸30ml使溶解。精密加入溴酸钾滴定液（0.016 67mol/L）25ml，加15%溴化钾溶液20ml，盐酸10ml。避光放置15分钟后，加碘化钾1g和水100ml，用硫代硫酸钠滴定液（0.1mol/L）滴定，至近终点时，加淀粉指示液1ml作为指示剂，并将滴定结果用空白试验校正。每1ml溴酸钾滴定液（0.016 67mol/L）相当于3.565mg的C_7H_7ClO。

【类别】　药用辅料，抑菌剂。

【贮藏】　遮光，密封保存。

稀　盐　酸
Xi Yansuan
Diluted Hydrochloric Acid

本品系取盐酸234ml，加水稀释至1000ml制得。含HCl应为9.5%～10.5%。

【性状】　本品为无色澄清液体；呈强酸性。

【鉴别】　（1）本品显氯化物的鉴别反应（附录0301）。

（2）本品可使蓝色石蕊试纸变红。

【检查】　**游离氯或溴**　取本品20ml，加含锌碘化钾淀粉指示液0.2ml，10分钟内溶液不得显蓝色。

溴化物或碘化物　取本品10ml，加三氯甲烷1ml和0.002mol/L高锰酸钾溶液1滴，振摇，三氯甲烷层应无色。

硫酸盐　取本品100ml，加碳酸钠试液2滴，置水浴上蒸干；残渣加水20ml溶解后，依法检查（附录0802），与标准硫酸钾溶液1.25ml制成的对照液比较，不得更浓（0.000 125%）。

亚硫酸盐　取新沸过的冷水50ml，加碘化钾1.0g、0.005mol/L碘溶液0.15ml及淀粉指示液1.5ml，摇匀；另取本品15ml，加新沸过冷水40ml稀释后，加至上述溶液中摇匀，溶液的蓝色不得完全消失。

炽灼残渣　取本品20ml，加硫酸2滴，蒸干后，依法检查（附录0841），遗留残渣不得过2mg（0.01%）。

铁盐　取本品100ml，置水浴上蒸干后，残渣加水25ml，依法检查（附录0807），与标准铁溶液3.0ml制成的对照液比较，不得更深（0.00003%）。

重金属　取本品10ml，置水浴上蒸干，加醋酸盐缓冲液（pH3.5）2ml与水适量使成25ml，依法检查（附录0821第一法），含重金属不得过百万分之二。

砷盐　取本品2.0ml，加水22ml稀释后，加盐酸5ml，依法检查（附录0822第一法），应符合规定（0.0001%）。

【含量测定】　精密量取本品10ml，加水20ml与甲基红指示液2滴，用氢氧化钠滴定液（1mol/L）滴定。每1ml氢氧化钠滴定液（1mol/L）相当于36.46mg的HCl。

【类别】　药用辅料，pH值调节剂。

【贮藏】　置玻璃瓶内，密封保存。

稀　醋　酸

Xi Cusuan

Dilute Acetic Acid

本品系取醋酸或冰醋酸适量，用水稀释而成。本品含醋酸（$C_2H_4O_2$）应为5.7%~6.3%（g/g）。

【性状】　本品为无色澄明液体；有刺激性特臭和辛辣的酸味。

本品能与水、乙醇或甘油混溶。

【鉴别】　（1）本品能使蓝色的石蕊试纸变红。

（2）本品加氢氧化钠试液中和后，显醋酸盐的鉴别反应（附录0301）。

【检查】　氯化物　取本品1.0ml，依法检查（附录0801），与标准氯化钠溶液7.0ml制成的对照液比较，不得更浓（0.007%）。

硫酸盐　取本品2.5ml，加水稀释使成20ml，精密量取5.0ml，依法检查（附录0802），与标准硫酸钾溶液1.5ml制成的对照液比较，不得更浓（0.024%）。

甲酸与易氧化物　取本品5.0ml，加硫酸6ml，混匀，放冷至20℃，加重铬酸钾滴定液（0.01667mol/L）0.4ml，放置1分钟后，加水25ml，再加碘化钾试液1ml，加淀粉指示液1ml，用硫代硫酸钠滴定液（0.1mol/L）滴定，并将滴定的结果用空白试验校正。消耗硫代硫酸钠滴定液（0.1mol/L）不得过0.2ml。

高锰酸钾还原物质　取本品25ml，加高锰酸钾滴定液（0.02mol/L）0.2ml，摇匀，放置1分钟，粉红色不得完全消失。

乙醛　取本品75ml蒸馏，在最初的5ml馏出物中加5%氯化汞溶液10ml，加5mol/L氢氧化钠溶液碱化，放置5分钟，再加1mol/L硫酸溶液酸化，溶液不得出现浑浊。

不挥发物　取本品20ml，置105℃恒重的蒸发皿中，在水浴上蒸干并在105℃干燥至恒重，遗留残渣不得过1mg。

重金属 取本品10ml，加醋酸盐缓冲液（pH3.5）2ml与水适量使成25ml，依法检查（附录0821第一法），含重金属不得过百万分之一。

【含量测定】 取本品20g，精密称定，置锥形瓶中，加新沸过的冷水30ml稀释后，加酚酞指示液1～3滴，用氢氧化钠滴定液（1mol/L）滴定。每1ml氢氧化钠滴定液（1mol/L）相当于60.05mg的 $C_2H_4O_2$。

【类别】 药用辅料，pH值调节剂和缓冲剂等。

【贮藏】 置玻璃瓶内，密封保存。

稀 磷 酸

Xi Linsuan

Dilute Phosphoric Acid

H_3PO_4　98.00

本品系取磷酸69ml，加水稀释至1000ml制得。含 H_3PO_4 应为9.5%～10.5%（g/ml）。

【性状】 本品为无色澄清液体；呈强酸性。

【鉴别】 本品显磷酸盐的鉴别反应（附录0301）。

【检查】 **溶液的澄清度与颜色** 取本品86g，加水稀释至150ml，摇匀，依法检查（附录0901与附录0902），溶液应澄清无色。

氨沉淀物 取溶液的澄清度与颜色项下的溶液15ml，加氨试液12ml，溶液应无浑浊产生。

次磷酸和亚磷酸 取溶液的澄清度与颜色项下的溶液15ml，加硝酸银试液6ml，水浴加热5分钟，溶液应无浑浊产生。

碱性磷酸盐 取本品20ml，置水浴上蒸发至约5g，放冷，量取2ml，加乙醚6ml和乙醇2ml，溶液应无浑浊产生。

硝酸盐 取本品5ml，依次加靛胭脂试液0.1ml和硫酸5ml，溶液所呈蓝色在1分钟内不消失。

氯化物 取本品10ml，依法检查（附录0801），与标准氯化钠溶液6.0ml制成的对照液比较，不得更浓（0.0006%）。

硫酸盐 取本品20ml，依法检查（附录0802），与标准硫酸钾溶液2.0ml制成的对照液比较，不得更浓（0.001%）。

铁盐 取本品10ml，依法检查（附录0807），与标准铁溶液6.0ml制成的对照液比较，不得更深（0.006%）。

重金属 取本品20ml，加氨试液4ml，加水稀释至25ml，依法检查（附录0821第一法），含重金属不得过百万分之一。

砷盐 取本品10ml，加盐酸5ml与水13ml，依法检查（附录0822第一法），应符合规定（0.00002%）。

【含量测定】 精密量取本品10ml，加水50ml稀释后，加麝香草酚酞指示液0.5ml，用氢氧化钠滴定液（1mol/L）滴定。每1ml氢氧化钠滴定液（1mol/L）相当于49.00mg的 H_3PO_4。

【类别】 药用辅料，pH值调节剂。

【贮藏】 密封保存。

焦亚硫酸钠

Jiaoyaliusuanna

Sodium Metabi sulfite

$Na_2S_2O_5$ 190.10

本品含$Na_2S_2O_5$不得少于95.0。

【性状】 本品为无色至类白色结晶或结晶性粉末。

本品在水中易溶,在乙醇中极微溶解。

【鉴别】 (1)取碘试液,滴加本品的水溶液(1→20)适量,碘的颜色即消失;所得溶液显硫酸盐的鉴别反应(附录0301)。

(2)本品显钠盐的火焰反应(附录0301)。

【检查】 **酸度** 取本品1.0g,加水20ml溶解后,依法测定(附录0631),pH值应为3.5~5.0。

溶液的澄清度与颜色 取本品1.0g,加水10ml溶解后,依法检查(附录0901与附录0902),溶液应澄清无色。

氯化物 取本品0.10g,依法检查(附录0801),与标准氯化钠溶液5.0ml制成的对照溶液比较,不得更浓(0.05%)。

硫代硫酸盐 取本品2.2g,缓缓加稀盐酸10ml,溶解后,置水浴中加热10分钟,放冷,移至比色管中,加水至20ml,如显浑浊,与硫代硫酸钠滴定液(0.1mol/L)0.1ml用同一方法制成的对照液比较,不得更浓(0.05%)。

铁盐 取本品1.0g,加水5ml与盐酸2ml溶解后,置水浴上蒸干,残渣加水15ml与盐酸2ml,溶解后,加溴试液适量使溶液显微黄色,加热除去过剩的溴,放冷,加水至25ml,依法检查(附录0807),与标准铁溶液2.0ml制成的对照液比较,不得更深(0.002%)。

重金属 取本品1.0g,加水10ml溶解后,加盐酸5ml,置水浴上蒸干,残渣加水15ml,缓缓煮沸2分钟,放冷,加溴试液适量使澄清,加热除去过剩的溴,放冷,加酚酞指示液1滴与氨试液适量至溶液显粉红色,加醋酸盐缓冲液(pH3.5)2ml与水适量使成25ml,依法检查(附录0821第一法),含重金属不得过百万分之二十。

砷盐 取本品2.0g,加水4ml溶解后,缓缓滴加硝酸3ml,置水浴上蒸干,残渣加盐酸5ml与水23ml,溶解后,依法检查(附录0822第一法),应符合规定(0.0001%)。

【含量测定】 取本品约0.15g,精密称定,置碘瓶中,精密加碘滴定液(0.05mol/L)50ml,密塞,振摇溶解后,加盐酸1ml,用硫代硫酸钠滴定液(0.1mol/L)滴定,至近终点时,加淀粉指示液2ml,继续滴定到蓝色消失;并将滴定的结果用空白试验校正。每1ml碘滴定液(0.05mol/L)相当于4.752mg的$Na_2S_2O_5$。

【类别】 药用辅料,抗氧剂和抑菌剂。

【贮藏】 遮光,密封保存,避免高温。

焦　糖

Jiaotang

Caramel

本品是以碳水化合物如蔗糖或葡萄糖等为主要原料，经加热处理制得。

【性状】　本品为暗棕色稠状液体；微有特臭，味淡。

本品可与水混溶，在浓度小于55%（ml/ml）乙醇中溶解，与乙醚、三氯甲烷、丙酮、苯或正己烷不能混溶。

相对密度　本品的相对密度（附录0601）不得小于1.30。

【检查】　纯度　取本品1ml，加水至20ml，加磷酸0.5ml，摇匀，应不生成沉淀。

吸光度　取本品适量，精密称定，用水溶解并稀释成每1ml中含1.0mg的溶液，摇匀，照紫外-可见分光光度法（附录0401），在610nm的波长处测定，吸光度不得过0.600。

4-甲基咪唑　取本品10g，精密称定，置聚丙烯烧杯中，加3mol/L氢氧化钠溶液5.0ml，混匀，加色谱纯硅藻土20g，搅拌至颜色均匀。将混合物全部转移至具聚四氟乙烯旋塞的层析柱（250mm×25mm）中，填充均匀。用二氯甲烷洗涤聚丙烯烧杯，将洗液转移至层析柱中，待二氯甲烷流至旋塞时关闭旋塞，静置至少15分钟。开启旋塞，使二氯甲烷以每分钟5ml的流量流出，收集洗脱液约300ml，移置水浴温度为35℃的旋转蒸发仪中蒸发至干。精密量取水10ml置旋转蒸发仪烧瓶中，溶解残渣并充分荡洗烧瓶，作为供试品溶液；另取4-甲基咪唑对照品适量，精密称定，用水溶解并定量稀释制成相应浓度的对照品溶液（相应浓度根据吸光度值及含量限度换算所得）。照高效液相色谱法（附录0512）测定，用十八烷基硅烷键合硅胶为填充剂；以0.05mol/L磷酸盐缓冲液（取磷酸二氢钾6.8g和庚烷磺酸钠1g，加水900ml溶解，用磷酸调节pH值至3.5，用水稀释至1000ml）-甲醇（85:15）为流动相；检测波长为210nm。理论板数按4-甲基咪唑峰计算不低于3000，且4-甲基咪唑峰与相邻杂质峰的分离度应符合要求。精密量取对照品溶液与供试品溶液各10μl，分别注入液相色谱仪，记录色谱图，按外标法以峰面积计算供试品中的4-甲基咪唑的量。用吸光度项下测得吸光度值换算成吸光度为0.10时4-甲基咪唑的含量，不得过0.02%。

氨氮　取本品5.0g，精密称定，置500ml蒸馏瓶中，加氧化镁2g与水200ml，加热蒸馏，馏出液至加有2%硼酸溶液5ml中，并滴加混合指示液（0.2%溴甲酚绿乙醇溶液5份与0.2%甲基红乙醇溶

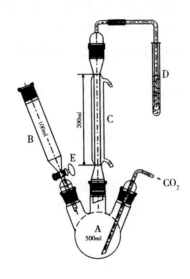

液1份混合）5滴，至接收液的总体积约100ml时，停止蒸馏，用盐酸滴定液（0.1mol/L）滴定至溶液变为灰红色，并将滴定的结果用空白试验校正。每1ml盐酸滴定液（0.1mol/L）相当于1.7mg的NH_3，用吸光度项下测得吸光度值换算成吸光度为0.10时氨氮的含量，不得过0.5%。

二氧化硫　仪器装置　见图。A为容量为500ml的三颈圆底烧瓶，B为容量不小于100ml的分液漏斗，C为长度不小于200mm的冷凝管，D为试管。临用前连接好装置，并密封。

测定法　取本品约25.0g，精密称定，置圆底烧瓶（A）中，加水250ml，轻轻混匀。二氧化碳导气管先保持在液面以上；加2mol/L盐酸溶液80ml至分液漏斗（B）中，开启分液漏斗旋塞，使2mol/L盐酸溶液流入三颈圆底烧瓶中，至剩下约5ml时关闭旋塞以防止二氧化碳气体逸出；开启冷凝水，在收集试管（D）中加入3%过氧化氢溶液10ml；用电热套加热圆底烧瓶，直至溶液沸腾，立刻将通二氧化碳的导气管插入到液面以下距离瓶底约2.5cm处，打开二氧化碳通气阀，调节流速为每分钟100ml±5ml，继续加热使沸腾2小时；在不中断二氧化碳气流的情况下，移开收集管，将内容物转移至锥形瓶中，用少量水洗涤收集管，洗液合并至锥形瓶中，然后在水浴上加热15分钟，放冷，加溴酚蓝指示液（取溴酚蓝适量，用乙醇制成每1ml中含0.2mg的溶液）2滴，用氢氧化钠滴定液（0.1mol/L）滴定至溶液由黄色变为蓝紫色，并将滴定的结果用空白试验校正。每1ml氢氧化钠滴定液（0.1mol/L）相当于3.203mg的SO_2，用吸光度项下测得吸光度值换算成吸光度为0.10时二氧化硫的含量，不得过0.1%。

灰分　取本品约3.0g，精密称定，缓缓炽灼至完全炭化后，在600℃炽灼至恒重，遗留残渣不得过8.0%。

铅盐　取本品约0.25g，精密称定，置聚四氟乙烯消解罐内，加硝酸5～10ml，混匀，盖上内盖，旋紧外套，浸泡过夜，置微波消解炉内消解。消解完全后，取消解罐置电热板上缓缓加热至红棕色蒸气挥尽并近干，用2%硝酸溶液转移至100ml量瓶中，并用2%硝酸溶液稀释至刻度，摇匀，作为供试品溶液；同法制备空白溶液；另取铅单元素标准溶液，用2%硝酸溶液稀释制成每1ml中含铅0～80ng的对照品溶液。取供试品溶液与对照品溶液，用2.0%磷酸二氢铵溶液作为基体改进剂，以石墨炉为原子化器，照原子吸收分光光度法（附录0406第一法），在283.3nm的波长处测定，计算，即得。含铅不得过百万分之十。

砷盐　取本品2.0g，置凯氏烧瓶中，加硫酸5ml和玻璃珠数粒，小火加热使炭化，控制温度不超过120℃（必要时可添加硫酸，总量不超过10ml），小心逐滴加入浓过氧化氢溶液，俟反应停止，继续加热，并滴加浓过氧化氢溶液至溶液为无色或淡黄色，冷却，加水10ml，加热至浓烟发生使除尽过氧化氢，加盐酸5ml与水适量，依法检查（附录0822第二法），应符合规定（0.0001%）。

微生物限度　取本品，依法检查（附录1106），每1g供试品中不得检出大肠埃希菌。

【类别】　药用辅料，着色剂。

【贮藏】　密闭保存。

滑　石　粉
Huashifen
Talc

本品系滑石经精选净制、粉碎、浮选、干燥制成。主要成分为 $Mg_3Si_4O_{10}(OH)_2$。本品含镁（Mg）应为17.0%～19.5%。

【性状】　本品为白色或类白色、无砂性的微细粉末，有滑腻感。

本品在水、稀盐酸或 8.5%氢氧化钠溶液中均不溶。

【鉴别】 （1）取本品 0.2g，置铂坩埚中，加等量氟化钙或氟化钠粉末，搅拌，加硫酸5ml，微热，立即将悬有1滴水的铂坩埚盖盖上，稍等片刻，取下铂坩埚盖，水滴出现白色浑浊。

（2）取本品0.5g，置烧杯中，加入盐酸溶液（4→10）10ml，盖上表面皿，加热至微沸，不时摇动烧杯，并保持微沸40分钟，取下，用快速滤纸滤过，用水洗涤滤渣4~5次。取滤渣约0.1g，置铂坩埚中，加入硫酸溶液（1→2）10滴和氢氟酸5ml，加热至冒二氧化硫白烟时，取下，冷却，加水10ml使溶解，取溶液2滴，加镁试剂（取对硝基苯偶氮间苯二酚0.01g，加4%氢氧化钠溶液1000ml溶解，即得）1滴，滴加40%氢氧化钠溶液使成碱性，生成天蓝色沉淀。

（3）本品的红外光吸收图谱应在3677cm^{-1}±2cm^{-1}，1018cm^{-1}±2cm^{-1}，669cm^{-1}±2cm^{-1}波数处有特征吸收。

【检查】 酸碱度 取本品10.0g，加水50ml，煮沸30分钟，时时补充蒸失的水分，滤过，滤液遇石蕊试纸应显中性反应。

水中可溶物 取本品约5g，精密称定，置100ml烧杯中，加新沸放冷的水50ml，加热煮沸30分钟后，冷却，用经105℃干燥至恒重的4号垂熔坩埚滤过，滤渣用水5ml洗涤，洗液与滤液合并，蒸干，在105℃干燥1小时，遗留残渣不得5mg（0.1%）。

酸中可溶物 取本品约1g，精密称定，置100ml具塞锥形瓶中，精密加入稀盐酸20ml，称重，在50℃浸渍15分钟，放冷，再称重，用稀盐酸补足减失的重量，摇匀，用中速滤纸滤过，精密量取续滤液10ml，置经105℃干燥至恒重的蒸发皿中，加稀硫酸1ml，蒸干，105℃干燥至恒重，遗留残渣不得过10mg（2.0%）。

石棉 取本品，照X射线衍射法（附录0451）测定，实验条件：Cu Kα辐射石墨单色器，管压40kV，管流40 mA，连续扫描方式，2θ扫描范围为10°~13°及24°~26°，扫描步长为每分钟0.02°，在10.5°±0.1°2θ处特征峰为角闪石特征峰，在24.3°±0.1°2θ和12.1°±0.1°2θ处特征峰为蛇纹石特征峰。若在X射线粉末衍射检出石棉特征峰，需将样品置光学显微镜下观察，如发现有细针状纤维状物，且长短径比大于20或长于5μm，判定为样品中含石棉；或发现以下情形中至少两项，也可判定样品中含有石棉：成束状的平行纤维；纤维束呈发散性末端；纤维状物呈薄针状；有由单个纤维状物缠结而成的团块或纤维状物呈弯曲状。应不得检出。

炽灼失重 取本品约2g，精密称定，在600~700℃炽灼至恒重，减失重量不得过5.0%。

铁 取本品约10g，精密称定，置锥形瓶中，加0.5mol/L 盐酸溶液50ml，摇匀，置水浴加热回流30分钟，放冷，用中速滤纸滤过，滤液置100ml 量瓶中，用热水30ml分次洗涤容器及滤渣，滤过，洗液并入同一量瓶中，放冷，加水至刻度，摇匀，作为供试品贮备液，精密量取5ml，置200ml量瓶中，用0.25mol/L 盐酸溶液稀释至刻度，摇匀，作为供试品溶液；同法制备空白溶液；另精密量取铁标准溶液适量，用0.25mol/L 盐酸溶液稀释制成每1ml中含铁5~10μg的系列对照品溶液。取空白溶液、供试品溶液和对照品溶液，照原子吸收分光光度法（附录0406第一法），在248.3nm的波长处测定，计算，即得。含铁不得过0.25%。

铅 取铁盐项下的供试品贮备液作为供试品溶液；除去供试品，同法制备空白溶液；另精密量取铅标准溶液适量，用0.25mol/L盐酸溶液稀释制成每1ml中含铅0.5~1.25μg 的系列对照品溶液。取空白溶液、供试品溶液和对照品溶液，照原子吸收分光光度法（附录0406第一法），在217.0nm的波长处测定，计算，即得。含铅不得过0.001%。

钙 精密量取含量测定项下的供试品贮备液5ml，置20ml量瓶中，用混合溶液（取盐酸10ml和8.9%氯化镧溶液10ml，加水至100ml）稀释至刻度，摇匀，作为供试品溶液；同法制备空白溶液；

另精密量取钙标准溶液适量，用水稀释制成每1ml中含钙100μg的溶液，精密量取适量，用混合溶液稀释制成每1ml中含钙1～5μg的系列对照品溶液。取空白溶液、供试品溶液和对照品溶液，照原子吸收分光光度法（附录0406第一法），在422.7nm的波长处测定，计算，即得。含钙不得过0.9%。

铝 精密量取含量测定项下的供试品贮备液1ml，置50ml量瓶中，加水稀释至刻度，摇匀，精密量取1ml，置25ml量瓶中，用混合溶液（取盐酸10ml和2.5%氯化铯溶液10ml，加水至100ml）稀释至刻度，摇匀，作为供试品溶液；同法制备空白溶液；另精密量取铝标准溶液适量，用水稀释制成每1ml中含铝1.0μg的溶液，精密量取适量，用混合溶液稀释制成每1ml中含铝10～50ng的系列对照品溶液。取空白溶液、供试品溶液和对照品溶液，用石墨炉原子化器，照原子吸收分光光度法（附录0406第一法），在309.3nm的波长处测定，计算，即得。含铝不得过2.0%。

砷盐 取铁盐项下供试品溶液10ml，加盐酸5ml与水13ml，依法检查（附录0822第一法），应符合规定（0.0002%）。

【含量测定】 取本品约0.1g，精密称定，置聚四氟乙烯容器中，加盐酸1ml、无铅硝酸1ml与高氯酸1ml，搅拌摇匀，加氢氟酸7ml，置加热板上缓缓蒸至近干（约0.5ml），残渣加盐酸5ml，加热至沸，放冷，用水转移至50ml量瓶中，用水稀释至刻度，摇匀，作为供试品贮备液。精密量取贮备液2ml，置50ml量瓶中，用水稀释至刻度，摇匀，精密量取2ml，置100ml量瓶中，用混合溶液（取盐酸10ml和8.9%氯化镧溶液10ml，加水至100ml）稀释至刻度，摇匀，作为供试品溶液。精密量取镁标准溶液适量，分别用水稀释制成每1ml中含镁10μg、15μg、20μg、25μg的溶液，各精密量取2ml，分置100ml量瓶中，用混合溶液稀释至刻度，摇匀，作为对照品溶液。取空白溶液、供试品溶液和对照品溶液，照原子吸收分光光度法（附录0406第一法），在285.2nm的波长处测定，用标准曲线法计算，即得。

【类别】 药用辅料，润滑剂等。

【贮藏】 置干燥处保存。

富 马 酸

Fumasuan

Fumaric Acid

$C_4H_4O_4$ 116.07

本品为反丁烯二酸。按无水物计算，含$C_4H_4O_4$不得少于99.0%。

【性状】 本品为白色或类白色颗粒或结晶性粉末，无臭。

本品在乙醇中溶解，在水和乙醚中微溶，在二氯甲烷中几乎不溶。

【鉴别】（1）取本品约0.5g，加水10ml，加热煮沸，滴加溴试液，溴试液的颜色消褪。

（2）取本品和富马酸对照品各适量，用有关物质项下的流动相分别溶解并稀释制成每1ml中约含10μg的溶液，作为供试品溶液和对照品溶液。照有关物质项下的色谱条件，取供试品溶液和对照品溶液各10μl，分别注入液相色谱仪，供试品溶液主峰的保留时间应与对照品溶液主峰的保留时间一致。

（3）本品的红外光吸收图谱应与富马酸对照品的图谱一致。

【检查】 **马来酸及其他有关物质** 取本品适量，精密称定，加流动相溶解并定量稀释制成每1ml中约含1mg的溶液，作为供试品溶液；另取富马酸和马来酸对照品各适量，精密称定，加流动相溶解并定量稀释制成每1ml中各含1μg的混合溶液，作为对照品溶液。照高效液相色谱法（附录0512）实验。用十八烷基硅烷键合硅胶为填充剂，以水（用磷酸调节pH值至3.0）-乙腈（85：15）为流动相，检测波长210nm。取对照品溶液10μl，注入液相色谱仪，富马酸峰与马来酸峰的分离度应大于2.5。再精密量取供试品溶液和对照品溶液各10μl，分别注入液相色谱仪，记录色谱图至富马酸峰保留时间的3倍，供试品溶液色谱图中如显杂质峰。按外标法以峰面积计算，含马来酸不得过0.1%，其他单个杂质按对照品溶液中富马酸峰的峰面积计算不得过0.1%，杂质总量不得过0.2%。

水分 取本品，照水分测定法（附录0832第一法A）测定，含水分不得过0.5%。

炽灼残渣 取本品1.0g，依法检查（附录0841），遗留残渣不得过0.1%。

重金属 取炽灼残渣项下遗留的残渣，依法检查（附录0821第二法），含重金属不得过百万分之十。

【含量测定】 取本品约1.0g，精密称定，加甲醇50ml，在热水浴中缓缓加热使溶解，放冷，加酚酞指示液数滴，用氢氧化钠滴定液（0.5mol/L）滴定，每1ml氢氧化钠滴定液（0.5mol/L）相当于29.02mg的$C_4H_4O_4$。

【类别】 药用辅料，pH值调节剂和泡腾剂等。

【贮藏】 密封保存。

酪 氨 酸

Lao'ansuan

Tyrosine

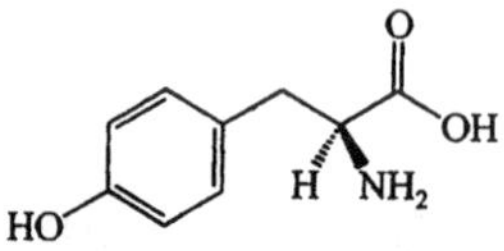

$C_9H_{11}NO_3$ 181.19

本品为L-2-氨基-3-（4-羟基苯基）丙酸。按干燥品计算，含$C_9H_{11}NO_3$不得少于99.0%。

【性状】 本品为白色结晶或结晶性粉末；无臭。

本品在水中极微溶解，在无水乙醇、甲醇或丙酮中不溶；在稀盐酸或稀硝酸中溶解。

比旋度 取本品，精密称定，加1mol/L盐酸溶液溶解并定量稀释制成每1ml中约含50mg的溶液，依法测定（附录0621），比旋度为−12.1°至−11.3°。

【鉴别】 （1）取本品与酪氨酸对照品各适量，分别加稀氨溶液（浓氨溶液14→100）溶解并稀释制成每1ml中约含0.4mg的溶液，作为供试品溶液与对照品溶液。照其他氨基酸项下的色谱条件试验，供试品溶液所显主斑点的位置和颜色应与对照品溶液的主斑点相同。

（2）本品的红外光吸收图谱应与对照的图谱一致。

【检查】 **酸度** 取本品0.02g，加水100ml制成饱和水溶液，依法测定（附录0631），pH值应为5.0～6.5。

溶液的透光率 取本品1.0g，加1mol/L盐酸溶液20ml溶解后，照紫外-可见分光光度法（附录0401），在430nm的波长处测定透光率，不得低于95.0%。

氯化物 取本品0.25g，依法检查（附录0801），与标准氯化钠溶液5.0ml制成的对照液比较，不得更浓（0.02%）。

硫酸盐 取本品1.0g，加水40ml温热使溶解，放冷，依法检查（附录0802），与标准硫酸钾溶液2.0ml同法制成的对照液比较，不得更浓（0.02%）。

铵盐 取本品0.10g，依法检查（附录0808），与标准氯化铵溶液2.0ml制成的对照液比较，不得更深（0.02%）。

其他氨基酸 取本品适量，加稀氨溶液（浓氨溶液14→100）溶解并稀释制成每1ml中约含10mg的溶液，作为供试品溶液；精密量取1ml，置250ml量瓶中，用上述稀氨溶液稀释至刻度，摇匀，作为对照溶液；另取酪氨酸对照品与苯丙氨酸对照品各适量，置同一量瓶中，加上述稀氨溶液溶解并稀释制成每1ml中各约含0.4mg的溶液，作为系统适用性试验溶液。照薄层色谱法（附录0502）试验，吸取上述三种溶液各2μl，分别点于同一硅胶G薄层板上，以正丙醇-浓氨溶液（7:3）为展开剂，展开，晾干，喷以茚三酮的丙酮溶液（1→50），在80℃加热至斑点出现，立即检视。对照溶液应显一个清晰的斑点，系统适用性试验溶液应显两个完全分离的斑点。供试品溶液如显杂质斑点，其颜色与对照溶液的主斑点比较，不得更深（0.4%）。

干燥失重 取本品，在105℃干燥3小时，减失重量不得过0.2%（附录0831）。

炽灼残渣 取本品2.0g，依法检查（附录0841），遗留残渣不得过0.1%。

铁盐 取本品1.0g，炽灼灰化后，残渣加盐酸2ml，置水浴上蒸干，再加稀盐酸4ml，微热溶解后，加水30ml与过硫酸铵50mg，依法检查（附录0807），与标准铁溶液1.0ml同法制成的对照液比较，不得更深（0.001%）。

重金属 取炽灼残渣项下遗留的残渣，依法检查（附录0821第二法），含重金属不得过百万分之十。

砷盐 取本品2.0g，加盐酸5ml与水23ml溶解后，依法检查（附录0822第一法），应符合规定（0.0001%）。

细菌内毒素 取本品0.1g，加内毒素检查用水10ml制成饱和溶液，取上清液依法检查（附录1143），每1ml酪氨酸饱和溶液中含内毒素的量应小于0.25EU。（供注射用）

【含量测定】 取本品约0.15g，精密称定，加无水甲酸6ml溶解后，加冰醋酸50ml，照电位滴定法（附录0701），用高氯酸滴定液（0.1mol/L）滴定，并将滴定的结果用空白试验校正。每1ml高氯酸滴定液（0.1mol/L）相当于18.12mg的$C_9H_{11}NO_3$。

【类别】 药用辅料，助溶剂和稳定剂等。

【贮藏】 遮光，密封保存。

硼 砂

Pengsha

Borax

$Na_2B_4O_7 \cdot 10H_2O$ 381.37

本品为四硼酸钠，含$Na_2B_4O_7 \cdot 10H_2O$应为99.0%～103.0%。

【性状】 本品为无色半透明的结晶或白色结晶性粉末；无臭；有风化性。

本品在沸水中易溶，在水中溶解，在乙醇中不溶。

【鉴别】 本品应显钠盐与硼酸盐的鉴别反应（附录0301）。

【检查】 碱度　取本品1.0g，加水25ml溶解后，依法测定（附录0631），pH值应为9.0～9.6。

溶液的澄清度与颜色　取本品0.5g，加水10ml溶解后，依法测定（附录0901第一法与附录0902），溶液应澄清无色；如显浑浊，与2号浊度标准液（附录0902第一法）比较，不得更浓。

氯化物　取本品0.25g，依法检查（附录0801），与标准氯化物溶液5.0ml制成的对照液比较，不得更浓（0.02%）。

硫酸盐　取本品0.50g，依法检查（附录0802），与标准硫酸钾溶液2.0ml制成的对照液比较，不得更浓（0.04%）。

碳酸盐与碳酸氢盐　取本品0.25g，加水5ml溶解后，加稀盐酸3ml，不得发生泡沸。

钙盐　取本品0.25g，加水10ml溶解后，加醋酸使成酸性，再加草酸铵试液1.0ml，放置1分钟，加乙醇5ml，摇匀，放置15分钟后，如显浑浊，与标准钙溶液（精密称取在105～110℃干燥至恒重的碳酸钙0.125g，置500ml量瓶中，加水5ml与盐酸0.5ml使溶解，用水稀释至刻度，摇匀；临用前，精密量取10ml，置100ml量瓶中，加水稀释至刻度，摇匀，即得。每1ml相当于10μg的Ca）2.5ml用同一方法制成的对照液比较，不得更浓（0.01%）。

镁盐　取本品0.50g，加水8ml溶解后，用稀盐酸中和至中性，加水至10ml，再加8%氢氧化钠溶液5ml与0.05%太坦黄溶液0.2ml，摇匀；如显色，与标准镁溶液（精密称取经800℃灼烧至恒重的氧化镁16.6mg，加盐酸2.5ml与水适量使溶解成1000ml，摇匀。每1ml相当于10μg的Mg）5.0ml用同一方法制成的对照液比较，不得更深（0.01%）。

铁盐　取本品1.0g，加水25ml溶解后，依法检查（附录0807），与标准铁溶液3.0ml制成的对照液比较，不得更深（0.003%）。

铵盐　取本品2.0g，依法检查（附录0808），与标准氯化铵溶液2.0ml制成的对照液比较，不得更深（0.001%）。

重金属　取本品1.0g，加水16ml溶解后，滴加稀盐酸至中性，加醋酸盐缓冲液（pH3.5）2ml，再加水适量使成25ml，依法检查（附录0821第一法），含重金属不得过百万分之十。

砷盐　取本品0.4g，加水23ml溶解后，加盐酸5ml，依法检查（附录0822第一法），应符合规定（0.0005%）。

【含量测定】 取本品0.15g，精密称定，加水25ml溶解后，加0.05%甲基橙溶液1滴，用盐酸滴定液（0.1mol/L）滴定至橙红色，煮沸2分钟，放冷，如溶液呈黄色，继续滴定至溶液刚好呈橙红色，加甘露醇5g使溶解，再加酚酞指示剂3滴，用氢氧化钠滴定液（0.1mol/L）滴定至显粉红色，并将滴定的结果用空白试验校正。每1ml氢氧化钠滴定液（0.1mol/L）相当于9.534mg的$Na_2B_4O_7 \cdot 10H_2O$。

【类别】 药用辅料，抑菌剂和缓冲剂。

【贮藏】 密封保存。

硼　酸

Pengsuan

Boric Acid

H_3BO_3　61.83

本品按干燥品计算，含H_3BO_3不少于99.5%。

【性状】 本品为无色微带珍珠光泽的结晶或白色疏松的粉末，有滑腻感；无臭。

本品在乙醇或水中溶解；在沸水或沸乙醇中易溶。

【鉴别】 本品的水溶液显硼酸盐的鉴别反应（附录0301）。

【检查】 **酸度** 取本品1.0g，加水30ml溶解后，依法测定（附录0631），pH值应为3.5～4.8。

溶液澄清度与颜色 取本品1.0g，加水30ml使溶解，依法测定（附录0901第一法与附录0902），溶液应澄清无色；如显浑浊，与1号浊度标准液（附录0902第一法）比较，不得更浓。

乙醇溶液的澄清度 取本品1.0g，加乙醇25ml使溶解，溶液应澄清。

氯化物 取本品0.50g，依法检查（附录0801），与标准氯化钠溶液5.0ml制成的对照液比较，不得更浓（0.01%）。

硫酸盐 取本品0.50g，依法检查（附录0802），与标准硫酸钾溶液2.0ml制成的对照液比较，不得更浓（0.04%）。

磷酸盐 取本品0.50g，加水15ml溶解后，加2,4-二硝基苯酚的饱和溶液2滴，滴加硫酸溶液（12→100）至黄色消失，加水稀释至20ml，再加硫酸溶液（12→100）4ml、5%钼酸铵溶液1ml与磷试液1ml，摇匀，于60℃水浴中保温10分钟，如显色，与标准磷酸盐溶液（精密称取磷酸二氢钾0.1430g，置1000ml量瓶中，加水溶解并稀释至刻度，摇匀，精密量取10ml，置100ml量瓶中，加水稀释至刻度，摇匀，即得。每1ml溶液相当于10μg的PO_4）5.0ml用同一方法制成的对照液比较，不得更深（0.01%）。

钙盐 取本品0.50g，加水10ml溶解后，加氨试液使成碱性，再加草酸铵试液0.5ml与乙醇5ml，加水至20ml，摇匀，如显浑浊，与标准钙溶液（精密称取在105℃干燥至恒重的碳酸钙0.125g，置500ml量瓶中，加水5ml与盐酸0.5ml使溶解，用水稀释至刻度，摇匀，即得。每1ml相当于10μg的Ca）5.0ml用同一方法制成的对照液比较，不得更浓（0.01%）。

镁盐 取本品0.50g，加水8ml溶解后，用8%氢氧化钠溶液中和至中性，加水至10ml，再加8%氢氧化钠溶液5ml与0.05%太坦黄溶液0.2ml，摇匀；如显色，与标准镁溶液（精密称取经800℃灼烧至恒重的氧化镁16.6mg，加盐酸2.5ml与水适量使溶解成1000ml，摇匀，即得。每1ml相当于10μg的Mg）5.0ml用同一方法制成的对照液比较，不得更深（0.01%）。

铁盐 取本品1.0g，加水25ml溶解后，依法检查（附录0807），与标准铁溶液1.0ml制成的对照液比较，不得更深（0.001%）。

铵盐 取本品2g，依法检查（附录0808），不得过0.001%。

干燥失重 取本品1g，置硅胶干燥器中放置5小时，减失重量不得过0.5%（附录0831）。

重金属 取本品1.0g，加水23ml溶解后，加醋酸盐缓冲液（pH3.5）2ml，依法检查（附录0821第一法），含重金属不得过百万分之十。

砷盐 取本品0.40g，加水23ml溶解后，加盐酸5ml，依法检查（附录0822第一法），应符合规定（0.0005%）。

【含量测定】 取本品0.1g，精密称定，加20%的中性甘露醇（对酚酞指示液显中性）25ml，微温使溶解，迅速放冷，加酚酞指示液3滴，用氢氧化钠滴定液（0.1mol/L）滴定。每1ml氢氧化钠滴定液（0.1mol/L）相当于6.183mg的H_3BO_3。

【类别】 药用辅料，抑菌剂和缓冲剂。

【贮藏】 密封保存。

微晶纤维素

Weijing Xianweisu

Microcrystalline Cellulose

$$C_{6n}H_{10n+2}O_{5n+1}$$

本品系含纤维素植物的纤维浆制得的α-纤维素，在无机酸的作用下部分解聚，纯化而得。

【性状】 本品为白色或类白色粉末或颗粒状粉末；无臭，无味。

本品在水、乙醇、乙醚、稀硫酸或5%氢氧化钠溶液中几乎不溶。

【鉴别】 （1）取本品10mg置表面皿上，加氯化锌碘试液2 ml，即变蓝色。

（2）取本品约1.3g，精密称定，置具塞锥形瓶中，精密加水25ml，振摇使微晶纤维素分散并润湿，通入氮气以排除瓶中的空气，在保持通氮气的情况下，精密加1mol/L双氢氧化乙二胺铜溶液25ml，除去氮气管，密塞，强力振摇，使微晶纤维素溶解，作为供试品溶液；取适量，置25℃±0.1℃水浴中；约5分钟后，移至乌氏黏度计内（毛细管内径为0.7～1.0mm，选用适宜黏度计常数K_1），照黏度测定法（附录0633第二法），于25℃±0.1℃水浴中测定。记录供试品溶液流经黏度计上下两刻度时的时间t_1，按下式计算供试品溶液的运动黏度v_1：

$$v_1 = t_1 \times K_1$$

分别精密量取水和1mol/L双氢氧化乙二胺铜溶液各25ml，混匀，作为空白溶液，取适量，置25℃±0.1℃水浴中，约5分钟后，移至乌氏黏度计内（毛细管内径为0.5～0.6mm，黏度计常数K_2约为0.01），照黏度测定法（附录0633第二法），于25℃±0.1℃水浴中测定。记录空白溶液流经黏度计上下两刻度时的时间t_2，按下式计算空白溶液的运动黏度v_2：

$$v_2 = t_2 \times K_2$$

照下式计算微晶纤维素的相对黏度：

$$\eta_{rel} = v_1 / v_2$$

根据计算所得的相对黏度值（η_{rel}），查附表，得$[\eta]C$值〔特性黏数$[\eta]$（ml/g）和浓度C（g/100ml）的乘积〕，按下式计算聚合度（P），应不得过350。

$$P = \frac{95[\eta]C}{m}$$

式中　m为供试品取样量，g，以干燥品计算。

【检查】 **酸碱度** 取电导率项下制备的上清液，依法测定（附录0631），pH值应为5.0～7.5。

氯化物 取本品0.10g，加水35ml，振摇，滤过，取滤液，依法检查（附录0801），与标准氯化钠溶液3.0ml制成的对照液比较，不得更浓（0.03%）。

水中溶解物 取本品5.0g，加水80 ml，振摇10分钟，室温静置10～20分钟，真空抽滤（使用孔径2μm或以下的微孔滤膜或定量分析滤纸），滤液置105℃干燥至恒重的蒸发皿中，在水浴上蒸干，并在105℃干燥1小时，遗留残渣不得过0.2%。

醚中溶解物 取本品10.0g，置内径约为20mm的玻璃柱中，用不含过氧化物的乙醚50ml洗脱柱子，收集洗脱液置105℃干燥至恒重的蒸发皿中挥发至干，在105℃干燥至恒重遗留残渣不得过0.05%。

淀粉 取本品0.10g，加水5ml，振摇，加碘试液0.2ml，不得显蓝色。

电导率 取本品5.0g，加新沸并放冷至室温的水40ml，振摇20分钟，离心，取上清液，在25℃±0.1℃依法测定（附录0681），同法测定制备供试品溶液所用水的电导率，两者之差不得过75μS/cm。

干燥失重 取本品1.0g，在105℃干燥3小时，减失重量不得过7.0%（附录0831）。

炽灼残渣 取本品1.0g，依法检查（附录0841），遗留残渣不得过0.1%。

重金属 取炽灼残渣项下遗留的残渣，依法检查（附录0821第二法），含重金属不得过百万分之十。

砷盐 取本品1.0g，加氢氧化钙1.0g，混合，加水搅拌均匀，干燥后，先用小火烧灼使炭化，再在600℃炽灼使完全灰化，放冷，加盐酸5ml与水23ml使溶解，依法检查（附录0822第一法），应符合规定（0.0002%）。

【类别】 药用辅料，填充剂和崩解剂等。

【贮藏】 密闭保存。

【标示】 标明产品型号，细度测定方法与要求。

附表 相对黏度（η_{rel}）与特性黏数和浓度的乘积（$[\eta]C$）转换表

η_{rel}	$[\eta]C$									
	0.00	0.01	0.02	0.03	0.04	0.05	0.06	0.07	0.08	0.09
1.1	0.098	0.106	0.115	0.125	0.134	0.143	0.152	0.161	0.170	0.180
1.2	0.189	0.198	0.207	0.216	0.225	0.233	0.242	0.250	0.259	0.268
1.3	0.276	0.285	0.293	0.302	0.310	0.318	0.326	0.334	0.342	0.350
1.4	0.358	0.367	0.375	0.383	0.391	0.399	0.407	0.414	0.422	0.430
1.5	0.437	0.445	0.453	0.460	0.468	0.476	0.484	0.491	0.499	0.507
1.6	0.515	0.522	0.529	0.536	0.544	0.551	0.558	0.566	0.573	0.580
1.7	0.587	0.595	0.602	0.608	0.615	0.622	0.629	0.636	0.642	0.649
1.8	0.656	0.663	0.670	0.677	0.683	0.690	0.697	0.704	0.710	0.717
1.9	0.723	0.730	0.736	0.743	0.749	0.756	0.762	0.769	0.775	0.782
2.0	0.788	0.795	0.802	0.809	0.815	0.821	0.827	0.833	0.840	0.846
2.1	0.852	0.858	0.864	0.870	0.876	0.882	0.888	0.894	0.900	0.906
2.2	0.912	0.918	0.924	0.929	0.935	0.941	0.948	0.953	0.959	0.965
2.3	0.971	0.976	0.983	0.988	0.994	1.000	1.006	1.011	1.017	1.022
2.4	1.028	1.033	1.039	1.044	1.050	1.056	1.061	1.067	1.072	1.078
2.5	1.083	1.089	1.094	1.100	1.105	1.111	1.116	1.121	1.126	1.131
2.6	1.137	1.142	1.147	1.153	1.158	1.163	1.169	1.174	1.179	1.184
2.7	1.190	1.195	1.200	1.205	1.210	1.215	1.220	1.225	1.230	1.235
2.8	1.240	1.245	1.250	1.255	1.260	1.265	1.270	1.275	1.280	1.285
2.9	1.290	1.295	1.300	1.305	1.310	1.314	1.319	1.324	1.329	1.333
3.0	1.338	1.343	1.348	1.352	1.357	1.362	1.367	1.371	1.376	1.381
3.1	1.386	1.390	1.395	1.400	1.405	1.409	1.414	1.418	1.423	1.427

（续）

| η_{rel} | \multicolumn{10}{c}{$[\eta]C$} |
	0.00	0.01	0.02	0.03	0.04	0.05	0.06	0.07	0.08	0.09
3.2	1.432	1.436	1.441	1.446	1.450	1.455	1.459	1.464	1.468	1.473
3.3	1.477	1.482	1.486	1.491	1.496	1.500	1.504	1.508	1.513	1.517
3.4	1.521	1.525	1.529	1.533	1.537	1.542	1.546	1.550	1.554	1.558
3.5	1.562	1.566	1.570	1.575	1.579	1.583	1.587	1.591	1.595	1.600
3.6	1.604	1.608	1.612	1.617	1.621	1.625	1.629	1.633	1.637	1.642
3.7	1.646	1.650	1.654	1.658	1.662	1.666	1.671	1.675	1.679	1.683
3.8	1.687	1.691	1.695	1.700	1.704	1.708	1.712	1.715	1.719	1.723
3.9	1.727	1.731	1.735	1.739	1.742	1.746	1.750	1.754	1.758	1.762
4.0	1.765	1.769	1.773	1.777	1.781	1.785	1.789	1.792	1.796	1.800
4.1	1.804	1.808	1.848	1.815	1.819	1.822	1.826	1.830	1.833	1.837
4.2	1.841	1.845	1.885	1.852	1.856	1.859	1.863	1.867	1.870	1.874
4.3	1.878	1.882	1.921	1.889	1.893	1.896	1.900	1.904	1.907	1.911
4.4	1.914	1.918	1.957	1.925	1.929	1.932	1.936	1.939	1.943	1.946
4.5	1.950	1.954	1.993	1.961	1.964	1.968	1.971	1.975	1.979	1.982
4.6	1.986	1.989	2.027	1.996	2.000	2.003	2.007	2.010	2.013	2.017
4.7	2.020	2.023	2.060	2.030	2.033	2.037	2.040	2.043	2.047	2.050
4.8	2.053	2.057	2.093	2.063	2.067	2.070	2.073	2.077	2.080	2.083
4.9	2.087	2.090	2.125	2.097	2.100	2.103	2.107	2.110	2.113	2.116
5.0	2.119	2.122	2.158	2.129	2.132	2.135	2.139	2.142	2.145	2.148
5.1	2.151	2.154	2.190	2.160	2.164	2.167	2.170	2.173	2.176	2.180
5.2	2.183	2.186	2.218	2.192	2.195	2.197	2.200	2.203	2.206	2.209
5.3	2.212	2.215	2.218	2.221	2.224	2.227	2.230	2.233	2.236	2.240
5.4	2.243	2.246	2.249	2.252	2.255	2.258	2.261	2.264	2.267	2.270
5.5	2.273	2.276	2.279	2.282	2.285	2.288	2.291	2.294	2.297	2.300
5.6	2.303	2.306	2.309	2.312	2.315	2.318	2.320	2.324	2.326	2.329
5.7	2.332	2.335	2.338	2.341	2.344	2.347	2.350	2.353	2.355	2.358
5.8	2.361	2.364	2.367	2.370	2.373	2.376	2.379	2.382	2.384	2.387
5.9	2.390	2.393	2.396	2.400	2.403	2.405	2.408	2.411	2.414	2.417
6.0	2.419	2.422	2.425	2.428	2.431	2.433	2.436	2.439	2.442	2.444
6.1	2.447	2.450	2.453	2.456	2.458	2.461	2.464	2.467	2.470	2.472
6.2	2.475	2.478	2.481	2.483	2.486	2.489	2.492	2.494	2.497	2.500
6.3	2.503	2.505	2.508	2.511	2.513	2.516	2.518	2.521	2.524	2.526
6.4	2.529	2.532	2.534	2.537	2.540	2.542	2.545	2.547	2.550	2.553
6.5	2.555	2.558	2.561	2.563	2.566	2.568	2.571	2.574	2.576	2.579
6.6	2.581	2.584	2.587	2.590	2.592	2.595	2.597	2.600	2.603	2.605
6.7	2.608	2.610	2.613	2.615	2.618	2.620	2.623	2.625	2.627	2.630
6.8	2.633	2.635	2.637	2.640	2.643	2.645	2.648	2.650	2.653	2.655
6.9	2.658	2.660	2.663	2.665	2.668	2.670	2.673	2.675	2.678	2.680
7.0	2.683	2.685	2.687	2.690	2.693	2.695	2.698	2.700	2.702	2.705
7.1	2.707	2.710	2.712	2.714	2.717	2.719	2.721	2.724	2.726	2.729
7.2	2.731	2.733	2.736	2.738	2.740	2.743	2.745	2.748	2.750	2.752
7.3	2.755	2.757	2.760	2.762	2.764	2.767	2.769	2.771	2.774	2.776
7.4	2.779	2.781	2.783	2.786	2.788	2.790	2.793	2.795	2.798	2.800

η_{rel}	$[\eta]C$									
	0.00	0.01	0.02	0.03	0.04	0.05	0.06	0.07	0.08	0.09
7.5	2.802	2.805	2.807	2.809	2.812	2.814	2.816	2.819	2.821	2.823
7.6	2.826	2.828	2.830	2.833	2.835	2.837	2.840	2.842	2.844	2.847
7.7	2.849	2.851	2.854	2.856	2.858	2.860	2.863	2.865	2.868	2.870
7.8	2.873	2.875	2.877	2.879	2.881	2.884	2.887	2.889	2.891	2.893
7.9	2.895	2.898	2.900	2.902	2.905	2.907	2.909	2.911	2.913	2.915
8.0	2.918	2.920	2.922	2.924	2.926	2.928	2.931	2.933	2.935	2.937
8.1	2.939	2.942	2.944	2.946	2.948	2.950	2.952	2.955	2.957	2.959
8.2	2.961	2.963	2.966	2.968	2.970	2.972	2.974	2.976	2.979	2.981
8.3	2.983	2.985	2.987	2.990	2.992	2.994	2.996	2.998	3.000	3.002
8.4	3.004	3.006	3.008	3.010	3.012	3.015	3.017	3.019	3.021	3.023
8.5	3.025	3.027	3.029	3.031	3.033	3.035	3.037	3.040	3.042	3.044
8.6	3.046	3.048	3.050	3.052	3.054	3.056	3.058	3.060	3.062	3.064
8.7	3.067	3.069	3.071	3.073	3 075	3.077	3.079	3.081	3.083	3.085
8.8	3.087	3.089	3.092	3.094	3.096	3.098	3.100	3.102	3.104	3.106
8.9	3.108	3.110	3.112	3.114	3.116	3.118	3.120	3.122	3.124	3.126
9.0	3.128	3.130	3.132	3.134	3.136	3.138	3.140	3.142	3.144	3.146
9.1	3.148	3.150	3.152	3.154	3.156	3.158	3.160	3.162	3.164	3.166
9.2	3.168	3.170	3.172	3.174	3.176	3.178	3.180	3.182	3.184	3.186
9.3	3.188	3.190	3.192	3.194	3.196	3.198	3.200	3.202	3.204	3.206
9.4	3.208	3.210	3.212	3.214	3.215	3.217	3.219	3.221	3.223	3.225
9.5	3.227	3.229	3.231	3.233	3.235	3.237	3.239	3.241	3.242	3.244
9.6	3.246	3.248	3.250	3.252	3.254	3.256	3.258	3.260	3.262	3.264
9.7	3.266	3.268	3.269	3.271	3.273	3.275	3.277	3.279	3.281	3.283
9.8	3.285	3.287	3.289	3.291	3.293	3.295	3.297	3.298	3.300	3.302
9.9	3.304	3.305	3.307	3.309	3.311	3.313	3.316	3.318	3.320	3.321
10	3.32	3.34	3.36	3.37	3.39	3.41	3.43	3.45	3.46	3.48
11	3.50	3.52	3.53	3.55	3.56	3.58	3.60	3.61	3.63	3.64
12	3.66	3.68	3.69	3.71	3.72	3.74	3.76	3.77	3.79	3.80
13	3.80	3.83	3.85	3.86	3.88	3.89	3.90	3.92	3.93	3.95
14	3.96	3.97	3.99	4.00	4.02	4.03	4.04	4.06	4.07	4.09
15	4.10	4.11	4.13	4.14	4.15	4.17	4.18	4.19	4.20	4.22
16	4.23	4.24	4.25	4.27	4.28	4.29	4.30	4.31	4.33	4.34
17	4.35	4.36	4.37	4.38	4.39	4.41	4.42	4.43	4.44	4.45
18	4.46	4.47	4.48	4.49	4.50	4.52	4.53	4.54	4.55	4.56
19	4.57	4.58	4.59	4.60	4.61	4.62	4.63	4.64	4.65	4.66

微 晶 蜡

Weijingla

Microcrystalline Wax

本品系从石油中制得的直链烃、支链烃与环状烃的混合物。

【性状】 本品为白色或类白色的蜡状固体，无臭。

本品在三氯甲烷或乙醚中易溶，在无水乙醇中微溶，在水中不溶。

熔点 本品的熔点（附录0612第二法）为54～102℃。

【鉴别】 （1）取本品适量，置蒸发皿中，加热融化，点燃熔融物，火焰明亮，有石油味。

（2）取本品约0.5g，置试管中，加升华硫0.5g，轻轻振摇，混匀，加热，将产生的硫化氢气体导入醋酸铅试液50ml中，溶液颜色逐渐由无色变为黑色。

【检查】 酸碱度 取本品35.0g，置250ml分液漏斗中，加沸水100ml，剧烈振摇5分钟，分取水层，再加沸水50ml振摇洗涤，重复两次，合并水层溶液，加酚酞指示液1滴，煮沸，溶液不显微红色；另取同法制备所得的水溶液，加甲基橙指示液0.1ml，溶液不显微红色。

颜色 取本品适量，水浴加热使熔融，取熔融液5ml，与同体积的对照液（取比色用氯化钴液1.2ml、比色用重铬酸钾液1.8ml与水2ml，混匀）比较，不得更深。

有机酸类 取本品20.0g，置250ml锥形瓶中，加中性稀乙醇100ml，加热回流10分钟，加酚酞指示液1ml，振摇，立即用氢氧化钠滴定液（0.1mol/L）滴定至溶液变为粉红色。消耗氢氧化钠滴定液（0.1mol/L）不得过0.4ml。

油脂和树脂 取本品10.0g，加20%氢氧化钠溶液50ml，加热回流30分钟，放冷。分取水层，加稀硫酸200ml，不得生成油状物质和沉淀。

灰分 取本品1.0g，置已恒重的坩埚中，缓慢加热至完全炭化，在500～600℃使完全灰化并至恒重，遗留残渣不得过0.1%。

重金属 取本品2.0g，缓慢加热至完全炭化，在450～550℃炽灼使完全灰化，取出，放冷，加盐酸2ml，水浴蒸干，残渣加醋酸2ml与水15ml，作为供试品溶液。依法检查（附录0821第二法），含重金属不得过百万分之十。

【类别】 药用辅料，包衣剂，控制释放载体等。

【贮藏】 遮光，密封保存。

腺 嘌 呤

Xianpiaoling

Adenine

C₅H₅N₅ 135.13

本品为7H-嘌呤-6-胺。按干燥品计算，含$C_5H_5N_5$不得少于98.5%。

【性状】 本品为白色或类白色粉末或结晶或结晶性粉末，无嗅无味。

本品在热水中略溶，在乙醇中微溶，在水中极微溶解。

【鉴别】 （1）取本品，用稀醋酸溶解并稀释制成每1ml含1mg的溶液，作为供试品溶液。取腺嘌呤对照品，同法制成对照品溶液。取腺嘌呤和阿糖腺苷对照品各10mg，置10ml量瓶中，用稀醋酸溶解（必要时加热）并稀释至刻度，作为系统适用性溶液。照薄层色谱法（附录0502）试验，吸取上述溶液各5μl，点于同一硅胶GF₂₅₄薄层板上，以浓氨水-乙酸乙酯-丙醇

（20∶40∶40）为展开剂，展开，晾干，置紫外光灯（254nm）下检视，系统适用性溶液应有两个清晰且分离的斑点，供试品溶液所显主斑点的位置与颜色应与对照品溶液主斑点的位置与颜色相同。

（2）本品的红外光吸收图谱应与对照品图谱一致。

【检查】 酸碱度 取本品2.5g，加水50ml，煮沸3分钟，放冷，加水补足至50ml，过滤，取滤液10ml（剩余滤液备用），加溴麝香草酚蓝指示剂0.1ml和0.01mol/L的氢氧化钠溶液0.2ml，溶液应呈蓝色，加0.01mol/L的盐酸溶液0.4ml，溶液应呈黄色。

溶液的澄清度与颜色 取本品0.5g，加稀盐酸50ml溶解，依法检查（附录0901与附录0902），溶液应澄清无色。

氯化物 取本品0.5g，先用小火灼烧使炭化，再在500～600℃灼烧使完全灰化，放冷，依法检查（附录0801），与标准氯化钠溶液5.0ml制成的对照液比较，不得更浓（0.01%）。

硫酸盐 取酸碱度项下滤液10ml，依法检查（附录0802），与标准硫酸钾溶液1.5ml制成的对照液比较，不得更浓（0.03%）。

有机杂质 对照品溶液的制备 取腺嘌呤对照品适量，精密称定，加热水适量使溶解，放冷，加水定量稀释制成每1ml约含0.19mg的溶液，分别精密量取3ml置于三个100ml的量瓶中，分别用0.1mol/L的盐酸溶液、0.1mol/L的氢氧化钠溶液、pH7.0的磷酸盐缓冲液〔取磷酸二氢钾4.54g，用水溶解并稀释至500ml，作为A溶液；取无水磷酸氢二钠4.73g，用水溶解并稀释至500ml，作为B溶液。取上述A溶液38.9ml和B溶液61.1ml，摇匀，即得（必要时，逐滴加入B溶液使溶液pH至7.0）〕稀释至刻度，摇匀，即得。

供试品溶液的制备 照对照品溶液的制备方法制成三种供试品溶液。

测定法 分别取相应的对照品溶液和供试品溶液，照紫外-可见分光光度法（附录0401）测定，以水为空白，在220～320nm波长范围扫描，记录最大吸光度值，供试品溶液的吸光度A_i应符合下述公式要求：

$$\frac{M_i \times (1-C) \times V_s \times V_s}{M_s \times V_i \times C_s} \times 0.98 \leqslant A_i \leqslant \frac{M_i \times (1-C) \times V_s \times A_s}{M_s \times V_i \times C_s} \times 1.02$$

式中 A_i 为供试品溶液的吸光度；

A_s 为对照品溶液的吸光度；

M_i 为供试品的称样量，mg；

M_s 为对照品的称样量，mg；

V_i 为供试品溶液的稀释体积，ml；

V_s 为对照品溶液的稀释体积，ml；

C 为供试品干燥失重结果；

C_s 为对照品标示含量，%。

含氮量 取本品约50mg，精密称定，依法检查（附录0704第一法），按干燥品计算，含氮量应为50.2%～53.4%。

干燥失重 取本品1g，在105℃干燥至恒重，减失重量不得过0.5%（附录0831）。

炽灼残渣 取本品1g，依法检查（附录0841），遗留残渣不得过0.1%。

重金属 取炽灼残渣项下遗留的残渣，依法检查（附录0821第二法），含重金属不得过百万分之十。

【含量测定】 取本品0.1g，精密称定，加醋酸酐20ml和无水醋酸30ml溶解。照电位滴定法（附录0701），用高氯酸滴定液（0.1mol/L）滴定至终点。每1ml高氯酸滴定液（0.1mol/L）相当于13.51mg的$C_5H_5N_5$。

【类别】 药用辅料，冻干保护剂等。

【贮藏】 密闭保存。

羧甲纤维素钙

Suojia Xianweisugai

Carboxymethylcellulose Calcium

本品为羧甲纤维素钙盐。

【性状】 本品为白色或黄白色粉末，有引湿性。

本品在水中溶胀并形成混悬液，在丙酮、乙醇或甲苯中不溶。

【鉴别】 取本品0.1g，加水10ml，充分振摇后，加1mol/L氢氧化钠溶液2ml，静置10分钟，备用。

（1）取上述溶液1ml加水稀释至5ml，取溶液1滴，加变色酸试液0.5ml，水浴中加热10分钟，溶液应显紫红色。

（2）取上述溶液5ml，加丙酮10ml，混合振摇，应生成白色絮状沉淀。

（3）取上述溶液5ml，加三氯化铁试液1ml，混合振摇，应生成棕色絮状沉淀。

（4）取本品1g，炽灼灰化，加水10ml和6mol/L醋酸溶液5ml，溶解残渣，必要时滤过，滤液煮沸放冷，用氨试液中和，溶液显钙盐的鉴别试验（附录0301）。

【检查】 **酸度** 取本品1.0g，加入新沸放冷的水100ml，振摇，加酚酞指示剂2滴，不应出现红色。

氯化物 取本品0.80g（按干燥品计），加水50ml，振摇，加1mol/L氢氧化钠10ml溶解，加水至100ml，作为供试品贮备溶液。取样品贮备液20ml，加2mol/L硝酸10ml，水浴加热至产生絮状沉淀，放冷，离心，取上清液。沉淀用水洗涤离心3次，每次10ml，合并上清液和洗液，加水至100ml，混匀，量取10ml，依法检查（附录0801），与标准氯化钠溶液5ml制备的对照溶液比较，不得更浓（0.3%）。

硫酸盐 取氯化物项中的供试品贮备液10ml，加盐酸1ml，水浴中加热至产生絮状沉淀，放冷，离心，取上清液。沉淀用水洗涤离心3次，每次10ml，合并上清液和洗液，加水至100ml，混匀，量取25ml，依法检查（附录0802），与标准硫酸钾溶液2ml制备的对照溶液比较，不得更浓（1.0%）。

干燥失重 取本品，在105℃干燥4小时，减失重量不得过10.0%（附录0831）。

炽灼残渣 取本品1.0g，依法检查（附录0841）。遗留残渣按干燥品计应为10.0%~20.0%。

重金属 取炽灼残渣项下遗留的残渣，依法检查（附录0821第二法），含重金属不得过百万分之二十。

【类别】 药用辅料，崩解剂和填充剂等。

【贮藏】 密闭保存。

羧甲纤维素钠

Suojia Xianweisuna

Carboxymethylcellulose Sodium

本品为纤维素在碱性条件下与一氯醋酸钠作用生成的羧甲纤维素钠盐。按干燥品计算，含钠（Na）应为6.5%~9.5%。

【性状】 本品为白色至微黄色纤维状或颗粒状粉末；无臭；有引湿性。

本品在水中溶胀成胶状溶液，在乙醇、乙醚或三氯甲烷中不溶。

【鉴别】 取本品1g，加温水50ml，搅拌使分散均匀，制成胶状溶液，放冷，备用。

（1）取上述溶液10ml，加硫酸铜试液1ml，即生成蓝色絮状沉淀。

（2）取上述溶液5ml，加等体积氯化钡试液，即生成白色沉淀。

（3）取上述溶液，显钠盐的火焰反应（附录0301）。

【检查】 **黏度** 取本品4.0g（按干燥品计），置已称定重量的250ml的烧杯中，加热水150ml，置热水浴中保温30分钟，速度搅拌，至粉末充分湿透，放冷，加足量的水使混合物总量为200g，静置，时时搅拌至完全溶解。调节温度至25℃，选用适宜的单柱型旋转黏度计（Brookfield type LV model或效能相当黏度计），按下表试验条件，依法测定（附录0633第三法），或按照标示方法配制溶液及测定，应为标示黏度的75%~140%。

标示黏度（mPa•s）	转子	转速（r/min）
1000~2500（不包括2500）	3号	30
	2号	12
2500~8000（不包括8000）	4号	60
	3号	12
8000~12000（不包括12 000）	4号	30、60
	3号	6

酸碱度 取本品0.5g，加温水50ml剧烈搅拌，至形成胶体溶液，放冷，依法测定（附录0631），pH值应为6.5~8.0。

溶液的澄清度与颜色 取本品1.0g，加煮沸放冷至40~50℃的水90ml，剧烈搅拌，至形成胶体溶液，放冷，用煮沸放冷的水稀释至100ml。如显浑浊，与3号浊度标准液（附录0902第一法）比较，不得更浓；如显色，与黄色3号标准比色液（附录0901第一法）比较，不得更深。

氯化物 取本品1.0g（按干燥品计），精密称定，置250ml锥形瓶中，加无水乙醇5ml，再加水150ml使溶解，加30%过氧化氢溶液5滴，缓缓煮沸10分钟，冷却，加铬酸钾指示液1ml，用硝酸银滴定液（0.1mol/L）滴定。每1ml硝酸银滴定液（0.1mol/L）相当于3.545mg的Cl。含氯化物不得过1.0%。

硫酸盐 取本品0.5g（按干燥品计），加水50ml使溶解，取10ml，加盐酸1ml，摇匀，置水浴上加热，产生絮状沉淀，放冷，离心。沉淀用水洗涤，每次10ml，离心，重复三次，合并洗涤与上清液置50ml量瓶中，加水稀释至刻度，摇匀。精密量取10ml，置50ml纳氏比色管中。加水40ml，依法检查（附录0802），与标准硫酸钾溶液1.0ml用同一方法制成的对照液比较，不得更浓（0.5%）。

硅酸盐 取本品1.0g（按干燥品计），置坩埚中，炽灼至完全灰化；加稀盐酸20ml，盖上玻璃平皿，缓缓煮沸30分钟。移去玻璃平皿，水浴挥发至干，继续小火加热1小时，加热水10ml，搅拌均匀。经定量滤纸滤过，沉淀用热水洗涤至冲洗液中加硝酸银试液不再产生沉淀时止。沉淀与定量滤纸同置已恒重的坩埚中，在500~600℃炽灼至恒重，遗留残渣不得过0.5%。

乙醇酸钠 避光操作。取本品0.5g（按干燥品计），精密称定，置烧杯中，加5mol/L醋酸溶液与水各5ml，搅拌至少30分钟至乙醇酸钠溶解，加丙酮80ml与氯化钠2g，搅拌使羧甲纤维素完全沉淀，滤过，用丙酮定量转移至100ml量瓶中，加丙酮稀释至刻度，摇匀，静置24小时，取上清液作为供试品溶液。取室温减压干燥12小时的乙醇酸0.310g，置1000ml量瓶中，加水溶解并稀释至刻度。精密量取5ml，置100ml量瓶中，加5mol/L醋酸溶液5ml，静置30分钟，加丙酮80ml与氯化钠2g，摇匀，用丙酮稀释至刻度，摇匀，静置24小时，作为对照溶液。取供试品溶液和对照溶液各2.0ml，分别置25ml纳氏比色管中，水浴加热至丙酮挥去，冷却，精密加2,7-二羟基萘硫酸溶液（取2,7-二羟基萘10mg，加硫酸100ml使溶解，放置至颜色褪去，2天内使用）20ml，密塞，摇匀，置水浴中加热20分钟，冷却，供试品溶液与对照溶液比较，颜色不得更深。必要时，取上述两种溶液，照紫外-可见分光光度法（附录0401），10分钟内，在540nm的波长处测定吸光度，计算，含乙醇酸钠不得过0.4%。

干燥失重 取本品1.0g，在105℃干燥6小时，减失重量不得过10.0%（附录0831）。

铁盐 取本品1.0g（按干燥品计），置坩埚中，缓缓炽灼至完全炭化，放冷；加硫酸0.5ml使残渣湿润，低温加热至硫酸蒸气除尽后，在550~600℃炽灼使完全灰化，放冷，加盐酸1ml与硝酸3滴，置水浴上蒸干，放冷，加稀盐酸16ml与水适量，使残渣溶解，移至100ml量瓶中，加水至刻度，摇匀（必要时滤过），精密量取25ml，置50ml纳氏比色管中，依法检查（附录0807），与标准铁溶液4.0ml用同一方法制成的对照液比较，不得更深（0.016%）。

重金属 取本品1.0g（按干燥品计），依法检查（附录0821第二法），含重金属不得过百万分之十。

砷盐 取本品0.67g（按干燥品计），加氢氧化钙1.0g，混合，加水2ml，搅拌均匀，干燥后，以小火烧灼使炭化，再以500~600℃炽灼使完全灰化，放冷，加盐酸8ml与水23ml，依法检查（附录0822第一法），应符合规定（0.0003%）。

【含量测定】 取干燥失重项下的本品约0.25g，精密称定，置150ml锥形瓶中，加冰醋酸50ml，摇匀，加热回流2小时，放冷，移至100ml烧杯中，锥形瓶用冰醋酸洗涤3次，每次5ml，合并洗液于烧杯中，照电位滴定法（附录0701），用高氯酸滴定液（0.1mol/L）滴定，并将滴定的结果用空白试验校正。每1ml高氯酸滴定液（0.1mol/L）相当于2.299mg的Na。

【类别】 药用辅料，崩解剂和填充剂等。

【贮藏】 密封，在干燥处保存。

【标示】 以mPa•s或Pa•s为单位标明黏度。

羧甲淀粉钠

Suojia Dianfenna

Sodium Starch Glycolate

本品为淀粉在碱性条件下与氯乙酸作用生成的淀粉羧甲基醚的钠盐。按80%乙醇洗过的干燥品计算，含钠（Na）应为2.0%~4.0%。

【性状】 本品为白色或类白色粉末；无臭；有引湿性。

本品在水中分散成黏稠状胶体溶液，在乙醇或乙醚中不溶。

【鉴别】 （1）取本品约0.1g，加水5ml，摇匀，加碘试液1滴，即显蓝色。

（2）本品显钠盐的火焰反应（附录0301）。

【检查】 **酸碱度** 取本品1.0g，加水100ml振摇分散后，依法测定（附录0631），pH值应为5.5~7.5。

氯化钠 取本品约0.5g，精密称定，置250ml锥形瓶中，加水150ml，摇匀，加铬酸钾指示液1ml，用硝酸银滴定液（0.1mol/L）滴定。每1ml硝酸银滴定液（0.1mol/L）相当于5.844mg的NaCl。按干燥品计算，含氯化钠不得过6.0%。

乙醇酸钠 避光操作。取本品0.2g，精密称定，置烧杯中，加5mol/L醋酸溶液与水各5ml，搅拌约15分钟至乙醇酸钠溶解。加丙酮50ml与氯化钠1g，搅拌使羧甲淀粉完全沉淀，滤过，滤液转移至100ml量瓶中，加丙酮稀释至刻度，摇匀。静置24小时，取上清液作为供试品溶液。取室温减压干燥12小时的乙醇酸0.310g，置500ml量瓶中，加水溶解并稀释至刻度。精密量取5ml，置100ml量瓶中，加5mol/L醋酸溶液5ml，静置30分钟，加丙酮80ml和氯化钠1g，摇匀，加丙酮稀释至刻度，摇匀，静置24小时，作为对照溶液。取供试品溶液和对照溶液各2.0ml，分别置25ml纳氏比色管中，水浴加热至丙酮挥去，放冷，加2,7-二羟基萘硫酸溶液（取2,7-二羟基萘10mg，加硫酸100ml溶解，放置至颜色褪去，2天内使用）20ml，密塞，摇匀，置水浴中加热20分钟，冷却。供试品溶液与对照溶液比较，颜色不得更深。必要时，取上述两种溶液，照紫外-可见分光光度法（附录0401），10分钟内，在540nm波长处测定吸光度，计算，不得过2.0%。

干燥失重 取本品，在130℃干燥90分钟，减失重量不得过10.0%（附录0831）。

铁盐 取本品0.50g，置坩埚中，缓缓炽灼至完全炭化，放冷；加硫酸0.5ml使湿润，低温加热至硫酸蒸气除尽后，在550~600℃炽灼使完全灰化，放冷，加稀盐酸4ml，在60℃水浴中加热10分钟，同时搅拌使溶解，放冷（必要时滤过），移至50ml纳氏比色管中，依法检查（附录0807），与标准铁溶液1.0ml用同一方法制成的对照液比较，不得更深（0.002%）。

重金属 取本品1.0g，依法检查（附录0821第二法），含重金属不得过百万分之二十。

【含量测定】 取本品1.0g，置锥形瓶中，加入80%乙醇20ml，搅拌，过滤。重复操作至滤液用硝酸银试液检查不含氯化物为止。取滤渣在105℃干燥至恒重，取约0.45g，精密称定，置150ml锥形瓶中，加冰醋酸50ml，摇匀，沸水浴上加热回流2小时，放冷，移至100ml烧杯中，锥形瓶用冰醋酸洗涤3次，每次5ml，洗液并入烧杯中，照电位滴定法（附录0701），用高氯酸滴定液（0.1mol/L）滴定，并将滴定的结果用空白试验校正。每1ml高氯酸滴定液（0.1mol/L）相当于2.299mg的Na。

【类别】 药用辅料，崩解剂和填充剂等。

【贮藏】 密封，在干燥处保存。

聚乙二醇1000

Juyi'erchun 1000

Macrogol 1000

本品为环氧乙烷和水缩聚而成的混合物，分子式以HO（CH₂CH₂O）ₙH表示，其中n代表氧乙烯基的平均数。

【性状】 本品为无色或几乎无色的黏稠液体，或呈半透明蜡状软物；略有特臭。

本品在水或乙醇中易溶，在乙醚中不溶。

凝点 本品的凝点（附录0613）为33～38℃。

黏度 取本品25.0g，置50ml量瓶中，加水溶解并稀释至刻度，摇匀，用毛细管内径为0.8mm的平氏黏度计，依法测定（附录0633第一法），在40℃时的运动黏度为8.5～11.0mm²/s。

【鉴别】 （1）取本品0.05g，加稀盐酸5ml和氯化钡试液1ml，振摇，滤过；在滤液中加入10%磷钼酸溶液1ml，产生黄绿色沉淀。

（2）取本品0.1g，置试管中，加入硫氰酸钾和硝酸钴各0.1g，混合后，加入二氯甲烷5ml，溶液呈蓝色。

【检查】 **平均分子量** 取本品约3.0g，精密称定，置干燥的250ml具塞锥形瓶中，精密加邻苯二甲酸酐的吡啶溶液（取邻苯二甲酸酐14g，溶于无水吡啶100ml中，放置过夜，备用）25ml，摇匀，加少量无水吡啶于锥形瓶口边缘封口，置沸水浴中，加热30～60分钟，取出冷却，精密加入氢氧化钠滴定液（0.5mol/L）50ml，以酚酞的吡啶溶液（1→100）为指示剂，用氢氧化钠滴定液（0.5mol/L）滴定至显红色，并将滴定的结果用空白试验校正。供试量（g）与4000的乘积，除以消耗氢氧化钠滴定液（0.5mol/L）的容积（ml），即得供试品的平均分子量，应为900～1100。

酸度 取本品1.0g，加水20ml溶解后，依法测定（附录0631），pH值应为4.0～7.0。

溶液的澄清度与颜色 取本品5.0g，加水50ml溶解后，依法检查（附录0901与附录0902），溶液应澄清无色；如显浑浊，与2号浊度标准液（附录0902第一法）比较，不得更浓；如显色，与黄色2号标准比色液（附录0901第一法）比较，不得更深。

乙二醇、二甘醇、三甘醇 取乙二醇、二甘醇与三甘醇对照品各400mg，置100ml量瓶中，加无水乙醇稀释至刻度，摇匀，作为对照贮备液。取内标物1,3-丁二醇400mg，置100ml量瓶中，加无水乙醇稀释至刻度，摇匀，作为内标贮备液，取对照贮备液和内标贮备液各1.0ml，置100ml量瓶中，加无水乙醇稀释至刻度，摇匀，作为对照溶液；另取本品4.0g，置100ml量瓶中，加入内标贮备液1.0ml，加无水乙醇稀释至刻度，摇匀，作为供试品溶液。取上述溶液，照气相色谱法（附录0521）测定。以50%苯基-50%聚二甲基硅氧烷为固定相。起始温度60℃，维持5分钟，以每分钟2℃的速度升温至170℃，维持5分钟，再以每分钟15℃的速度升温至280℃，维持50分钟。进样口温度为270℃，检测器温度为290℃。载气为高纯N₂。燃气为H₂。助燃气为压缩空气。柱流量为4.0ml/min。按内标法计算，含乙二醇、二甘醇与三甘醇均不得过0.1%。

环氧乙烷和二氧六环 取本品1g，精密称定，置顶空瓶中，精密加入超纯水1.0ml，密封，摇匀，作为供试品溶液。量取环氧乙烷300μl（相当于0.25g环氧乙烷），置含50ml经过处理的聚乙二醇400（以60℃，1.5～2.5kPa旋转蒸发6小时，除去挥发性成分）的100ml量瓶中，加入相同溶剂稀释至刻度，摇匀，作为环氧乙烷对照品贮备液，精密称取1g冷的环氧乙烷对照品贮备液，置含40ml经过处理的聚乙二醇400的50ml量瓶中，加相同溶剂稀释至刻度。精密称取10g，置含30ml水的50ml

量瓶中，加水稀释至刻度。精密量取10ml，置50ml量瓶中，加水稀释至刻度，摇匀，作为环氧乙烷对照品溶液。取二氧六环适量，精密称定，用水制成每1ml中含0.1mg的溶液，作为二氧六环对照品溶液。精密称取本品1g，置顶空瓶中，精密加入0.5m环氧乙烷对照品溶液及0.5ml二氧六环对照品溶液，密封，摇匀，作为对照品溶液。量取0.5ml环氧乙烷对照品溶液置顶空瓶中，加入新鲜配制的0.001%乙醛溶液0.1ml及二氧六环对照品溶液0.1ml，密封，摇匀，作为系统适用性试验溶液，照气相色谱法（附录0521）试验，以聚二甲基硅氧烷为固定液，起始温度为35℃，维持5分钟，以每分钟5℃的速率升温至180℃，然后以每分钟30℃的速率升温至230℃，维持5分钟（可根据具体情况调整）。进样口温度为150℃，检测器温度为250℃，顶空瓶平衡温度为70℃，平衡时间为45分钟。取系统适用性试验溶液顶空进样，调节检测器灵敏度使环氧乙烷峰和乙醛峰的峰高约为满量程的15%，乙醛峰和环氧乙烷峰之间的分离度不小于2.0，二氧六环峰高应为基线噪音的5倍以上，分别取供试品溶液及对照品溶液顶空进样，重复进样至少3次。环氧乙烷峰面积的相对标准偏差应不得过15%，二氧六环峰面积的相对标准偏差应不得过10%，按标准加入法计算，环氧乙烷不得过0.0001%，二氧六环不得过0.001%。

甲醛　取本品1g，精密称定，加入0.6%变色酸钠溶液0.25ml，在冰水中冷却后，加硫酸5ml，摇匀，静置15分钟，缓缓定量转移至盛有10ml水的25ml量瓶中，放冷，缓慢加水加至刻度，摇匀，作为供试品溶液。另取甲醛0.81g，精密称定，置100ml量瓶中，加水稀释至刻度，精密量取1ml，置100ml量瓶中，用水稀释至刻度；精密量取1ml，自"加入0.6%变色酸钠溶液0.25ml"起，同法操作，作为对照溶液。取上述两种溶液，照紫外-可见分光光度法（附录0401），在567nm波长处测定吸光度，并用同法操作的空白溶液进行校正。供试品溶液的吸光度不得大于对照溶液的吸光度（0.003%）。

水分　取本品2.0g，照水分测定法（附录0832第一法A）测定，含水分不得过1.0%。

炽灼残渣　不得过0.1%（附录0841）。

重金属　取本品4.0g，加盐酸溶液（9→1000）5ml与水适量，溶解后，用稀醋酸或氨试液调节pH值至3.0～4.0，再加水稀释至25ml，依法检查（附录0821第一法），含重金属不得过百万分之五。

【类别】　药用辅料，软膏基质和润滑剂等。

【贮藏】　密闭保存。

聚乙二醇1500

Juyi'erchun 1500

Macrogol 1500

本品为环氧乙烷和水缩聚而成的混合物，分子式以HO（CH$_2$CH$_2$O）$_n$H表示，其中n代表氧乙烯基的平均数。

【性状】　本品为白色蜡状固体薄片或颗粒状粉末；略有特臭。

本品在水或乙醇中易溶，在乙醚中不溶。

凝点　本品的凝点（附录0613）为41～46℃。

黏度　取本品25.0g，置100ml量瓶中，加水溶解并稀释至刻度，摇匀，用毛细管内径为0.8mm的平氏黏度计，依法测定（附录0633第一法），在40℃时的运动黏度为3.0～4.0mm^2/s。

【鉴别】　（1）取本品0.05g，加稀盐酸溶液5ml和氯化钡试液1ml，振摇，滤过；在滤液中加入

10%磷钼酸溶液1ml，产生黄绿色沉淀。

（2）取本品0.1g，置试管中，加入硫氰酸钾和硝酸钴各0.1g，混合后，加入二氯甲烷5ml，溶液呈蓝色。

【检查】 **平均分子量** 取本品约4.5g，精密称定，置干燥的250ml具塞锥形瓶中，精密加邻苯二甲酸酐的吡啶溶液（取邻苯二甲酸酐14g，溶于无水吡啶100ml中，放置过夜，备用）25ml，摇匀，加少量无水吡啶于锥形瓶口边缘封口，置沸水浴中，加热30~60分钟，取出冷却，精密加入氢氧化钠滴定液（0.5mol/L）50ml，以酚酞的吡啶溶液（1→100）为指示剂，用氢氧化钠滴定液（0.5mol/L）滴定至显红色，并将滴定的结果用空白试验校正。供试量（g）与4000的乘积，除以消耗氢氧化钠滴定液（0.5mol/L）的容积（ml），即得供试品的平均分子量，应为1350~1650。

酸度 取本品1.0g，加水20ml溶解后，依法测定（附录0631），pH值应为4.0~7.0。

溶液的澄清度与颜色 取本品5.0g，加水50ml溶解后，依法检查（附录0901与附录0902），溶液应澄清无色；如显浑浊，与2号浊度标准液（附录0902第一法）比较，不得更浓；如显色，与黄色的2号标准比色液（附录0901第一法）比较，不得更深。

乙二醇、二甘醇、三甘醇 取乙二醇、二甘醇与三甘醇对照品各400mg，置100ml量瓶中，加无水乙醇稀释至刻度，摇匀，作为对照贮备液。取内标物1,3-丁二醇400mg，置100ml量瓶中，加无水乙醇稀释至刻度，摇匀，作为内标贮备液。取对照贮备液和内标贮备液各1.0ml，置100ml量瓶中，加无水乙醇稀释至刻度，摇匀，作为对照品溶液。另取本品4.0g，置100ml量瓶中，加入内标贮备液1.0ml，加无水乙醇稀释至刻度，摇匀，作为供试品溶液，取上述溶液。照气相色谱法（附录0521）测定。以50%苯基-50%聚二甲基硅氧烷为固定相。起始温度60℃，维持5分钟后，以每分钟2℃的速率升温至170℃，维持5分钟后，再以每分钟15℃的速率升温至280℃，维持50分钟。进样口温度为270℃，检测器温度290℃。载气为高纯N₂。燃气为H₂。助燃气为压缩空气，柱流量为4.0ml/min。按内标法计算，含乙二醇、二甘醇与三甘醇均不得过0.1%。

环氧乙烷和二氧六环 取本品1g，精密称定，置顶空瓶中，精密加入超纯水1.0ml，密封，摇匀，作为供试品溶液；量取环氧乙烷300μl（相当于0.25g环氧乙烷），置含50ml经过处理的聚乙二醇400（以60℃，1.5~2.5kPa旋转蒸发6小时，除去挥发性成分）的100ml量瓶中，加入相同溶剂稀释至刻度，摇匀，作为环氧乙烷对照品贮备液。精密称取1g冷的环氧乙烷对照品贮备液，置含40ml经过处理的聚乙二醇400的50ml量瓶中，加相同溶剂稀释至刻度。精密称取10g，置含30ml水的50ml量瓶中，加水稀释至刻度。精密量取10ml，置50ml量瓶中，加水稀释至刻度，摇匀，作为环氧乙烷对照品溶液。取二氧六环适量，精密称定，用水制成每1ml中约0.1mg的溶液，作为二氧六环对照品溶液。精密称取本品1g，置顶空瓶中，精密加入0.5ml环氧乙烷对照品溶液及0.5ml二氧六环对照品溶液，密封，摇匀。作为对照品溶液。量取0.5ml环氧乙烷对照品溶液置顶空瓶中，加入新鲜配制的0.001%乙醛溶液0.1ml及二氧六环对照品溶液0.1ml，密封，摇匀。作为系统适用性试验溶液。照气相色谱法（附录0521）试验。以聚二甲基硅氧烷为固定液，起始温度为35℃，维持5分钟，以每分钟5℃的速率升温至180℃，然后以每分钟30℃的速率升温至230℃，维持5分钟（可根据具体情况调整）。进样口温度为150℃，检测器温度250℃。顶空瓶平衡温度为70℃，平衡时间为45分钟，取系统适用性试验溶液顶空进样，调节检测器灵敏度使环氧乙烷峰和乙醛峰的峰高约为满量程的15%，乙醛峰和环氧乙烷峰之间的分离度不小于2.0，二氧六环峰高应为基线噪音的5倍以上。分别取供试品溶液与对照品溶液顶空进样，重复进样至少3次。环氧乙烷峰面积的相对标准偏差应不得过15%，二氧六环峰面积的相对标准偏差应不得过10%。按标准加入法计算，环氧乙烷不得过0.0001%，二氧六环不得过0.001%。

甲醛 取本品1g，精密称定，加入0.6%变色酸钠溶液0.25ml，在冰水中冷却后，加硫酸5ml，摇匀，静置15分钟，缓缓定量转移至盛有10ml水的25ml量瓶中，放冷，缓慢加水加至刻度，摇匀，作为供试品溶液。另取甲醛0.81g，精密称定，置100ml量瓶中，加水稀释至刻度，精密量取1ml，置100ml量瓶中，用水稀释至刻度；精密量取1ml，自"加入0.6%变色酸钠溶液0.25ml"起，同法操作，作为对照液。取上述两种溶液，照紫外-可见分光光度法（附录0401），在567nm波长处测定吸光度，并用同法操作的空白溶液进行校正。供试品溶液的吸光度不得大于对照溶液的吸光度（0.003%）。

水分 取本品2.0g，照水分测定法（附录0832第一法A）测定，含水分不得过1.0%。

炽灼残渣 不得过0.1%（附录0841）。

重金属 取本品4.0g，加盐酸溶液（9→1000）5ml与水适量，溶解后，用稀醋酸或氨试液调节pH值至3.0～4.0，再加水稀释至25ml，依法检验（附录0821第一法），含重金属不得过百万分之五。

【类别】 药用辅料，软膏基质和润滑剂等。

【贮藏】 密闭保存。

聚乙二醇300（供注射用）

Juyi'erchun 300（Gongzhusheyong）

Macrogol 300 for Injection

本品为环氧乙烷与水缩聚而成的混合物。分子式以H（OCH$_2$CH$_2$）$_n$OH表示，其中n代表氧乙烯基的平均数。

【性状】 本品为无色澄清的黏稠液体；微臭。

本品在水，乙醇，乙二醇中易溶，在乙醚中不溶。

相对密度 本品的相对密度（附录0601）在20℃时应为1.120～1.130。

黏度 本品的运动黏度（附录0633第一法），在25℃时（毛细管内径为1.2mm）应为59～73mm^2/s。

【鉴别】 （1）取本品0.05g，加稀盐酸溶液5ml和氯化钡试液1ml，振摇，滤过；在滤液中加入10%磷钼酸溶液1ml，产生黄绿色沉淀。

（2）取本品0.1g置试管中，加入硫氰酸钾和硝酸钴各0.1g，混合后，加入二氯甲烷5ml，溶液呈蓝色。

【检查】 **平均分子量** 取本品1.2g，精密称定，置干燥的250ml具塞锥形瓶中，精密加邻苯二甲酸酐的吡啶溶液（取邻苯二甲酸酐14g，溶于无水吡啶100ml中，放置过夜，备用）25ml，摇匀，置沸水浴中，加热30～60分钟，取出冷却，精密加入氢氧化钠滴定液（0.5mol/L）50ml，以酚酞的吡啶溶液（1→100）为指示剂，用氢氧化钠滴定液（0.5mol/L）滴定至显红色，并将滴定的结果用空白试验校正。供试量（g）与4000的乘积，除以消耗氢氧化钠滴定液（0.5mol/L）的容积（ml），即得供试品的平均分子量，应为285～315。

酸碱度 取本品1.0g，加水20ml溶解后，依法测定（附录0631）pH值应为4.5～7.5。

溶液的澄清度与颜色 取本品5.0g，加水50ml溶解，依法检查（附录0901与附录0902），溶液应澄清无色，如显浑浊，与2号浊度标准液（附录0902第一法）比较，不得更浓；如显色，与黄色2号标准比色液（附录0901第一法）比较，不得更深。

乙二醇、二甘醇、三甘醇 取乙二醇、二甘醇与三甘醇对照品各400mg，置100ml量瓶中，加无水乙醇稀释至刻度，摇匀，作为对照贮备液。取内标物1,3-丁二醇400mg，置100ml量瓶中，加无水乙醇稀释至刻度，摇匀，作为内标贮备液，取对照贮备液和内标贮备液各1.0ml，置100ml量瓶中，加无水乙醇稀释至刻度，摇匀，作为对照溶液；另取本品4.0g，置100ml量瓶中，加入内标贮备液1.0ml，加无水乙醇稀释至刻度，摇匀，作为供试品溶液。取上述溶液，照气相色谱法（附录0521）测定。以苯基-聚二甲基硅氧烷（50%：50%）为固定相。起始温度为60℃，维持5分钟，以每分钟2℃的速率升温至170℃，维持5分钟，再以每分钟15℃的速率升温至280℃，维持50分钟。进样口温度为270℃。检测器温度为290℃。载体为高纯N_2。燃气为H_2。助燃气为压缩空气。柱流量为4.0ml/min。按内标法计算，含乙二醇、二甘醇与三甘醇均不得过0.1%。

环氧乙烷和二氧六环 取本品1g，精密称定，置顶空瓶中，精密加入超纯水1.0ml，密封，摇匀。作为供试品溶液。量取环氧乙烷300μl（相当于0.25g环氧乙烷），置含50ml经过处理的聚乙二醇400（以60℃，1.5～2.5kPa旋转蒸发6小时，除去挥发性成分）的100ml量瓶中，加入相同溶剂稀释至刻度，摇匀，作为环氧乙烷对照品贮备液。精密称取1g冷的环氧乙烷对照品贮备液，置含40ml经过处理的聚乙二醇400的50ml量瓶中，加相同溶剂稀释至刻度。精密称取10g，置含30ml水的50ml量瓶中，加水稀释至刻度。精密量取10ml，置50ml量瓶中，加水稀释至刻度，摇匀，作为环氧乙烷对照品溶液。取二氧六环适量，精密称定，用水制成每1ml中含0.1mg的溶液，作为二氧六环对照品溶液。精密称取本品1g，置顶空瓶中，精密加环氧乙烷对照品溶液0.5ml及二氧六环对照品溶液0.5ml，密封，摇匀，作为对照品溶液。量取环氧乙烷对照品溶液0.5ml置顶空瓶中，加入新鲜配制的0.001%乙醛溶液0.1ml及二氧六环对照品溶液0.1ml，密封，摇匀，作为系统适用性试验溶液。照气相色谱法（附录0521）试验。以聚二甲基硅氧烷为固定液，起始温度为35℃，维持5分钟，以每分钟5℃的速率升温至180℃，然后以每分钟30℃的速率升温至230℃，维持5分钟（可根据具体情况调整）。进样口温度为150℃。检测器温度为250℃。顶空瓶平衡温度为70℃，平衡时间为45分钟。取系统适用性试验溶液顶空进样，调节检测灵敏度使环氧乙烷峰和乙醛峰的峰高约为满量程的15%，乙醛峰和环氧乙烷峰之间的分离度不小于2.0，二氧六环峰高应为基线噪音的5倍以上。分别取供试品溶液及对照品溶液顶空进样，重复进样至少3次。环氧乙烷峰面积的相对标准偏差应不得过15%，二氧六环峰面积的相对标准偏差应不得过10%。按标准加入法计算，环氧乙烷不得过0.0001%，二氧六环不得过0.001%。

环氧乙烷对照品贮备液的标定 取50%氯化镁的无水乙醇混悬液10ml，精密加乙醇制盐酸滴定液（0.1mol/L）20ml混匀，放置过夜。取环氧乙烷对照品贮备液5g，精密称定，置上述溶液中，放置30分钟，照电位滴定法（附录0701），用乙醇制氢氧化钾滴定液（0.1mol/L）滴定，并将滴定结果用空白试验校正，每1ml乙醇制氢氧化钾滴定液相当于4.404mg的环氧乙烷，计算，即得。

甲醛 取本品1g，精密称定，加0.6%变色酸钠溶液0.25ml，在冰水中冷却后，加硫酸5ml，摇匀，静置15分钟，缓慢定量转移至盛有10ml水的25ml量瓶中，放冷，缓慢加水至刻度，摇匀，作为供试品溶液。另取甲醛溶液0.27g（相当于甲醛0.1g），精密称定，置100ml量瓶中，加水稀释至刻度，精密量取1ml，用水稀释至100ml；精密量取1ml，自"加0.6%变色酸钠溶液0.25ml"起，同法操作，作为对照溶液。取上述两种溶液，照紫外-可见分光光度法（附录0401），在567nm波长处测定吸光度，并同法配制空白溶液进行校正。供试品溶液的吸光度不得大于对照溶液的吸光度（百万分之十）。

水分 取本品2.0g，照水分测定法（附录0832第一法A）测定，含水分不得过1.0%。

还原性物质 取本品1.0g，置外径12mm无色透明中性比色管，加1%间苯二酚溶液1ml，（如有必要，加热）使溶解，加盐酸2ml，另取标准参比液置相同比色管，放置5分钟，于白色背景下，自上向下透视，供试品溶液颜色不得深于参比液橙红色2号。

炽灼残渣 取本品，依法检查（附录0841），遗留残渣不得过0.1%。

重金属 取本品4.0g，加盐酸溶液（9→1000）5ml与水适量，溶解后，用稀醋酸或氨试液调节pH值至3.0~4.0，再加水稀释至25ml，依法检查（附录0821第一法），含重金属不得过百万分之五。

砷盐 取本品0.67g，置凯式烧瓶中，加硫酸5ml，用小火消化使炭化，控制温度不超过120℃（必要时可添加硫酸，总量不超过10ml），小心逐滴加入浓过氧化氢溶液，俟反应停止，继续加热，并滴加浓过氧化氢溶液至溶液无色，冷却，加水10ml，蒸发至浓烟发生使除尽过氧化氢，加盐酸5ml与水适量，依法检查（附录0822第一法），应符合规定（0.0003%）。

细菌内毒素 取本品，依法检查（附录1143），每1mg聚乙二醇300中含内毒素的量应小于0.012EU。

无菌（供无除菌工艺的无菌制剂用） 取本品，依法检查（附录1101），应符合规定。

【类别】 药用辅料，溶剂和增塑剂。

【贮藏】 密封保存。

聚乙二醇400

Juyi'erchun 400

Macrogol 400

本品为环氧乙烷和水缩聚而成的混合物。分子式以HO（CH_2CH_2O）$_n$H表示，其中n代表氧乙烯基的平均数。

【性状】 本品为无色或几乎无色的黏稠液体；略有特臭。

本品在水或乙醇中易溶，在乙醚中不溶。

凝点 本品的凝点（附录0613）为4~8℃。

相对密度 本品的相对密度（附录0601）为1.110~1.140。

黏度 本品的运动黏度（附录0633第一法），在40℃时（毛细管内径为0.8mm）应为37~45mm^2/s。

【鉴别】 （1）取本品0.05g，加稀盐酸5ml和氯化钡试液1ml，振摇，滤过；在滤液中加入10%磷钼酸溶液1ml，产生黄绿色沉淀。

（2）取本品0.1g，置试管中，加入硫氰酸钾和硝酸钴各0.1g，混合后，加入二氯甲烷5ml，溶液呈蓝色。

【检查】 平均分子量 取本品约1.2g，精密称定，置干燥的250ml具塞锥形瓶中，精密加邻苯二甲酸酐的吡啶溶液（取邻苯二甲酸酐14g，溶于无水吡啶100ml中，放置过夜，备用）25ml，摇匀，置沸水浴中，加热30~60分钟，取出冷却，精密加入氢氧化钠滴定液（0.5mol/L）50ml，以酚酞的吡啶溶液（1→100）为指示剂，用氢氧化钠滴定液（0.5mol/L）滴定至显红色，并将滴定的结果用空白试验校正。供试量（g）与4000的乘积，除以消耗氢氧化钠滴定液（0.5mol/L）的体积（ml），即得供试品的平均分子量，应为380~420。

酸度 取本品1.0g，加水20ml溶解后，依法测定（附录0631），pH值应为4.0~7.0。

溶液的澄清度与颜色 取本品5.0g，加水50ml溶解后，依法检查（附录0901与附录0902），溶液应澄清无色；如显浑浊，与2号浊度标准液（附录0902）比较，不得更浓；如显色，与黄色2号标准比色液（附录0901第一法）比较，不得更深。

乙二醇、二甘醇、三甘醇　取乙二醇、二甘醇与三甘醇对照品各400mg，置100ml量瓶中，加无水乙醇稀释至刻度，摇匀，作为对照贮备液。取内标物1,3-丁二醇400mg，置100ml量瓶中，加无水乙醇稀释至刻度，摇匀，作为内标贮备液，取对照贮备液和内标贮备液各1.0ml，置100ml量瓶中，加无水乙醇稀释至刻度，摇匀，作为对照溶液；另取本品4.0g，置100ml量瓶中，加入内标贮备液1.0ml，加无水乙醇稀释至刻度，摇匀，作为供试品溶液。取上述溶液，照气相色谱法（附录0521）测定。以苯基-聚二甲基硅氧烷（50%∶50%）为固定相。起始温度60℃，维持5分钟，以每分钟2℃的速率升温至170℃，维持5分钟，再以每分钟15℃的速率升温至280℃，维持50分钟。进样口温度为270℃，检测器温度为290℃，载气为高纯N_2，燃气为H_2，助燃气为压缩空气，柱流量为4.0ml/min。按内标法计算，含乙二醇、二甘醇与三甘醇均不得过0.1%。

环氧乙烷与二氧六环　取本品1g，精密称定，置顶空瓶中，精密加入超纯水1.0ml，密封，摇匀，作为供试品溶液。量取环氧乙烷300μl（相当于0.25g环氧乙烷），置含50ml经过处理的聚乙二醇400（以60℃，1.5～2.5kPa旋转蒸发6小时，除去挥发性成分）的100ml量瓶中，加入相同溶剂稀释至刻度，摇匀，作为环氧乙烷对照品贮备液。精密称取1g冷的环氧乙烷对照品贮备液，置含40ml经过处理的聚乙二醇400的50ml量瓶中，加相同溶剂稀释至刻度。精密称取10g，置含30ml水的50ml量瓶中，加水稀释至刻度。精密量取10ml，置50ml量瓶中，加水稀释至刻度，摇匀，作为环氧乙烷对照品溶液。取二氧六环适量，精密称定，用水制成每1ml中含0.1mg的溶液，作为二氧六环对照品溶液。精密称取本品1g，置顶空瓶中，精密加入0.5ml环氧乙烷对照品溶液及0.5ml二氧六环对照品溶液，密封，摇匀，作为对照品溶液。量取0.5ml环氧乙烷对照品溶液置顶空瓶中，加入新鲜配制的0.001%乙醛溶液0.1ml及二氧六环对照品溶液0.1ml，密封，摇匀，作为系统适用性试验溶液。照气相色谱法（附录0521）试验。以聚二甲基硅氧烷为固定液，起始温度为35℃，维持5分钟，以每分钟5℃的速率升温至180℃，然后以每分钟30℃的速率升温至230℃，维持5分钟（可根据具体情况调整）。进样口温度为150℃，检测器温度为250℃。顶空瓶平衡温度为70℃，平衡时间为45分钟。取系统适用性试验溶液顶空进样，调节检测灵敏度使环氧乙烷峰和乙醛峰的峰高约为满量程的15%，乙醛峰与环氧乙烷峰之间的分离度不小于2.0，二氧六环峰高应为基线噪音的5倍以上。分别取供试品溶液及对照品溶液顶空进样，重复进样至少3次。环氧乙烷峰面积的相对标准偏差应不得过15%，二氧六环峰面积的相对标准偏差应不得过10%。按标准加入法计算，环氧乙烷不得过0.0001%，二氧六环不得过0.001%。

环氧乙烷对照品贮备液的标定　取50%氯化镁的无水乙醇混悬液10ml，精密加入20ml乙醇制盐酸滴定液（0.1mol/L）混匀，放置过夜。取5g环氧乙烷对照品贮备液，精密称定，置上述溶液中，放置30分钟，照电位滴定法（附录0701），用乙醇制氢氧化钾滴定液（0.1mol/L）滴定，并将滴定的结果用空白试验校正，每1ml乙醇制氢氧化钾滴定液相当于4.404mg的环氧乙烷，计算，即得。

甲醛　取本品1g，精密称定，加入0.6%变色酸钠溶液0.25ml，在冰水中冷却后，加硫酸5ml，摇匀，静置15分钟，缓缓定量转移至盛有10ml水的25ml量瓶中，放冷，缓缓加水至刻度，摇匀，作为供试品溶液。另取甲醛0.86g，精密称定，置100ml量瓶中，加水稀释至刻度，精密量取1ml，加水定量稀释至100ml；精密量取1ml，自"加0.6%变色酸钠溶液0.25ml"起，同法操作，作为对照溶液。取上述两种溶液，照紫外-可见分光光度法（附录0401），在567nm波长处测定吸光度，并用同法操作的空白溶液进行校正。供试品溶液的吸光度不得大于对照溶液的吸光度（0.003%）。

水分　取本品2.0g，照水分测定法（附录0832第一法A）测定，含水分不得过1.0%。

炽灼残渣　不得过0.1%（附录0841）。

重金属　取本品4.0g，加盐酸溶液（9→1000）5ml与水适量，溶解后，用稀醋酸或氨试液调节pH值至3.0～4.0，再加水稀释至25ml，依法检查（附录0821第一法），含重金属不得过百万分之五。

砷盐　取本品0.67g，置凯氏烧瓶中，加硫酸5ml，用小火消化使炭化，控制温度不超过120℃（必要时可添加硫酸，总量不超过10ml），小心逐滴加入浓过氧化氢溶液，俟反应停止，继续加热，并滴加浓过氧化氢溶液至溶液无色，冷却，加水10ml，蒸发至浓烟发生使除尽过氧化氢，加盐酸5ml与水适量，依法检查（附录0822第一法），应符合规定（0.0003%）。

【类别】　药用辅料，溶剂和增塑剂等。

【贮藏】　密封保存。

聚乙二醇400（供注射用）

Juyi'erchun 400（Gongzhusheyong）

Macrogol 400 for Injection

本品为环氧乙烷和水缩聚而成的混合物。分子式以H（OCH$_2$CH$_2$）$_n$OH表示，其中n代表氧乙烯基的平均数。

【性状】　本品为无色或几乎无色的黏稠液体；略有特臭。

本品在水或乙醇中易溶，在乙醚中不溶。

相对密度　本品的相对密度（附录0601）为1.110～1.140。

黏度　本品的运动黏度（附录0633第一法），在40℃时（毛细管内径为1.2mm或适合的毛细管内径）应为37～45mm^2/s。

【鉴别】　（1）取本品0.05g，加稀盐酸溶液5ml和氯化钡试液1ml，振摇，滤过；在滤液中加入10%磷钼酸溶液1ml，产生黄绿色沉淀。

（2）取本品0.1g，置试管中，加入硫氰酸钾和硝酸钴各0.1g，混合后，加入二氯甲烷5ml，溶液呈蓝色。

【检查】　**平均分子量**　取本品约1.2g，精密称定，置干燥的250ml具塞锥形瓶中，精密加邻苯二甲酸酐的吡啶溶液（取邻苯二甲酸酐14g，溶于无水吡啶100ml中，放置过夜，备用）25ml，摇匀，置沸水浴中，加热30～60分钟，取出冷却，精密加入氢氧化钠滴定液（0.5mol/L）50ml，以酚酞的吡啶溶液（1→100）为指示剂，用氢氧化钠滴定液（0.5mol/L）滴定至显红色，并将滴定的结果用空白试验校正。供试量（g）与4000的乘积，除以消耗氢氧化钠滴定液（0.5mol/L）的容积（ml），即得供试品的平均分子量，应为380～420。

酸度　取本品1.0g，加水20ml溶解后，依法测定（附录0631），pH值应为4.0～7.0。

溶液的澄清度与颜色　取本品5.0g，加水50ml溶解，依法检查（附录0901与附录0902），溶液应澄清无色，如显浑浊，与2号浊度标准液（附录0902）比较，不得更浓；如显色，与黄色2号标准比色液（附录0901第一法）比较，不得更深。

乙二醇、二甘醇、三甘醇　取乙二醇、二甘醇与三甘醇对照品各400mg，置100ml量瓶中，加无水乙醇稀释至刻度，摇匀，作为对照贮备液。取内标物1,3-丁二醇400mg，置100ml量瓶中，加无水乙醇稀释至刻度，摇匀，作为内标贮备液，取对照贮备液和内标贮备液各1.0ml，置100ml量瓶中，加无水乙醇稀释至刻度，摇匀，作为对照溶液；另取本品4.0g，置100ml量瓶中，加入内标贮备液1.0ml，加无水乙醇稀释至刻度，摇匀，作为供试品溶液。取上述溶液，照气相色谱法（附录0521）测定。以苯基-聚二甲基硅氧烷（50%：50%）为固定相。起始温度为60℃，维持5分钟，以每分钟2℃的速率升温至170℃，维持5分钟，再以每分钟15℃的速率升温至280℃，维持50分钟。进样口温度为270℃。检测器温度为290℃。载体为高纯N_2。燃气为H_2。助燃气为压缩空气。柱流量为每分钟4.0ml。按内标法计算，含乙二醇、二甘醇与三甘醇均不得过0.1%。

环氧乙烷和二氧六环 取本品1g，精密称定，置顶空瓶中，精密加入超纯水1.0ml，密封，摇匀。作为供试品溶液。量取环氧乙烷300μl（相当于0.25g环氧乙烷），置含50ml经过处理的聚乙二醇400（以60℃，1.5～2.5kPa旋转蒸发6小时，除去挥发性成分）的100ml量瓶中，加入相同溶剂稀释至刻度，摇匀，作为环氧乙烷对照品贮备液。精密称取1g冷的环氧乙烷对照品储备液，置含40ml经过处理的聚乙二醇400的50ml量瓶中，加相同溶剂稀释至刻度。精密称取10g，置含30ml水的50ml量瓶中，加水稀释至刻度。精密量取10ml，置50ml量瓶中，加水稀释至刻度，摇匀，作为环氧乙烷对照品溶液。取二氧六环适量，精密称定，用水制成每1ml中含0.1mg的溶液，作为二氧六环对照品溶液。精密称取本品1g，置顶空瓶中，精密加入0.5ml环氧乙烷对照品溶液及0.5ml二氧六环对照品溶液，密封，摇匀，作为对照品溶液。量取0.5ml环氧乙烷对照品溶液置顶空瓶中，加入新鲜配制的0.001%乙醛溶液0.1ml及二氧六环对照品溶液0.1ml，密封，摇匀，作为系统适用性试验溶液。照气相色谱法（附录0521）试验。以聚二甲基硅氧烷为固定液，起始温度为35℃，维持5分钟，以每分钟5℃的速率升温至180℃，然后以每分钟30℃的速率升温至230℃，维持5分钟（可根据具体情况调整）。进样口温度为150℃。检测器温度为250℃。顶空瓶平衡温度为70℃，平衡时间为45分钟。取系统适用性试验溶液顶空进样，调节检测灵敏度使环氧乙烷峰和乙醛峰的峰高约为满量程的15%，乙醛峰和环氧乙烷峰之间的分离度不小于2.0，二氧六环峰高应为基线噪音的5倍以上。分别取供试品溶液剂对照品溶液顶空进样，重复进样至少3次。环氧乙烷峰面积的相对标准偏差应不得过15%，二氧六环峰面积的相对标准偏差应不得过10%。按标准加入法计算，环氧乙烷不得过0.0001%，二氧六环不得过0.001%。

环氧乙烷对照品贮备液的标定 取50%氯化镁的无水乙醇混悬液10ml，精密加入20ml乙醇制盐酸滴定液（0.1mol/L）混匀，放置过夜。取5g环氧乙烷对照品贮备液，精密称定，置上述溶液中，放置30分钟，照电位滴定法（附录0701），用乙醇制氢氧化钾滴定液（0.1mol/L）滴定，并将滴定结果用空白试验校正，每1ml乙醇制氢氧化钾滴定液相当于4.404mg的环氧乙烷，计算，即得。

甲醛 取本品1g，精密称定，加入0.6%变色酸钠溶液0.25ml，在冰水中冷却后，加硫酸5ml，静置15分钟，缓慢定量转移至盛有10ml水的25ml量瓶中，放冷，缓慢加水至刻度，摇匀，作为供试品溶液。另取甲醛溶液0.27g（相当于甲醛0.1g），精密称定，置100ml量瓶中，加水稀释至刻度，精密量取1ml，加水定量稀释至100ml；精密量取1ml，自"加0.6%变色酸钠溶液0.25ml"起，同法操作，作为对照溶液。取上述两种溶液，照紫外-可见分光光度法（附录0401），在567nm波长处测定吸光度，并用同法操作的空白溶液进行校正。供试品溶液的吸光度不得大于对照溶液的吸光度（百万分之十）。

水分 取本品2.0g，照水分测定法（附录0832第一法A）测定，含水分不得过1.0%。

还原性物质 取本品1.0g，置外径12mm无色透明中性比色管中，加1%间苯二酚溶液1ml（如有必要，加热），使溶解，加盐酸2ml，另取标准参比液置相同比色管，放置5分钟，于白色背景下，自上向下透视，供试品溶液颜色不得深于参比液橙红色2号。

炽灼残渣 不得过0.1%（附录0841）。

重金属 取本品4.0g，加盐酸溶液（9→1000）5ml与水适量，溶解后，用稀醋酸或氨试液调节pH值至3.0～4.0，再加水稀释至25ml，依法检查（附录0821第一法），含重金属不得过百万分之五。

砷盐 取本品0.67g，置凯氏烧瓶中，加硫酸5ml，用小火消化使炭化，控制温度不超过120℃（必要时可添加硫酸，总量不超过10ml），小心逐滴加入浓过氧化氢溶液，俟反应停止，继续加热，并滴加浓过氧化氢溶液至溶液无色，冷却，加水10ml，蒸发至浓烟发生使除尽过氧化氢，加盐酸5ml与水适量，依法检查（附录0822第一法），应符合规定（0.0003%）。

细菌内毒素 取本品，依法检查（附录1143），每1mg聚乙二醇400中含内毒素的量应小于0.012EU。

无菌（适用于制剂无终端灭菌工艺或无除菌工艺的产品） 取本品，依法检查（附录1101），应符合规定。

【类别】 药用辅料，溶剂和增塑剂等。

【贮藏】 密封保存。

聚乙二醇4000

Juyi'erchun 4000

Macrogol 4000

本品为环氧乙烷和水缩聚而成的混合物，分子式以HO（CH₂CH₂O）ₙH表示，其中n代表氧乙烯基的平均数。

【性状】 本品为白色蜡状固体薄片或颗粒状粉末；略有特臭。

本品在水或乙醇中易溶，在乙醚中不溶。

凝点 本品的凝点（附录0613）为50～54℃。

黏度 取本品25.0g，置100ml量瓶中，加水溶解并稀释至刻度，摇匀，用毛细管内径为0.8mm的平氏黏度计，依法测定（附录0633第一法），在40℃时的运动黏度为5.5～9.0mm²/s。

【鉴别】 （1）取本品0.05g，加稀盐酸溶液5ml和氯化钡试液1ml，振摇，滤过；在滤液中加入10%磷钼酸溶液1ml，产生黄绿色沉淀。

（2）取本品0.1g，置试管中，加入硫氰酸钾和硝酸钴各0.1g，混合后，加入二氯甲烷5ml，溶液呈蓝色。

【检查】 **平均分子量** 取本品约12g，精密称定，置干燥的250ml具塞锥形瓶中，精密加邻苯二甲酸酐的吡啶溶液（取邻苯二甲酸酐14g，溶于无水吡啶100ml中，放置过夜，备用）25ml，摇匀，加少量无水吡啶于锥形瓶口边缘封口，置沸水浴中，加热30～60分钟，取出冷却，精密加入氢氧化钠滴定液（0.5mol/L）50ml，以酚酞的吡啶溶液（1→100）为指示剂，用氢氧化钠滴定液（0.5mol/L）滴定至显红色，并将滴定的结果用空白试验校正。供试量（g）与4000的乘积，除以消耗氢氧化钠滴定液（0.5mol/L）的容积（ml），即得供试品的平均分子量，应为3400～4200。

酸度 取本品1.0g，加水20ml溶解后，依法测定（附录0631），pH值应为4.0～7.0.

溶液的澄清度与颜色 取本品5.0g，加水50ml溶解后，依法检查（附录0901与附录0902），溶液应澄清无色；如显浑浊，与2号浊度标准液（附录0902第一法）比较，不得更浓；如显色，与黄色的2号标准比色液（附录0901第一法）比较，不得更深。

乙二醇、二甘醇、三甘醇 取乙二醇、二甘醇与三甘醇对照品各400mg，置100ml量瓶中，加无水乙醇稀释至刻度，摇匀，作为对照贮备液。取内标物1,3-丁二醇400mg，置100ml量瓶中，加无水乙醇稀释至刻度，摇匀，作为内标贮备液。取对照贮备液和内标贮备液1.0ml，置100ml量瓶中，加无水乙醇稀释至刻度，摇匀，作为对照溶液；另取本品4.0g，置100ml量瓶中，加入内标贮备液1.0ml，加无水乙醇稀释至刻度，摇匀，作为供试品溶液。取上述溶液，照气相色谱法（附录0521）测定。以50%苯基-50%聚二甲基硅氧烷为固定相。起始温度60℃，维持5分钟后，以每分钟2℃的速率升温至170℃，维持5分钟，再以每分钟15℃的速率升温至280℃，维持50分钟。进样口温度为270℃，检测器温度290℃。载气为高纯N_2，燃气为H_2，助燃气为压缩空气，柱流量为4.0ml/min。按内标法计算，含乙二醇、二甘醇与三甘醇均不得过0.1%。

环氧乙烷和二氧六环 取本品1g，精密称定，置顶空瓶中，精密加入超纯水1.0ml，密封，摇匀，作为供试品溶液。量取环氧乙烷300μl（相当于0.25g环氧乙烷），置含50ml经过处理的聚乙二醇400（在60℃，1.5～2.5kPa旋转蒸发6小时，除去挥发性成分）的100ml量瓶中，加入相同溶剂稀释至刻度，摇匀，作为环氧乙烷对照品贮备液。精密称取1g冷的环氧乙烷对照品贮备液，置含40ml经过处理的聚乙二醇400的50ml量瓶中，加相同溶剂稀释至刻度。精密称取10g，置含30ml水的50ml量瓶中，加水稀释至刻度。精密量取10ml，置50ml量瓶中，加水稀释至刻度，摇匀，作为环氧乙烷对照品溶液。取二氧六环适量，精密称定，用水制成每1ml中含0.1mg的溶液，作为二氧六环对照品溶液。精密称取本品1g，置顶空瓶中，精密加入0.5ml环氧乙烷对照品溶液及0.5ml二氧六环对照品溶液，密封，摇匀，作为对照品溶液。量取0.5ml环氧乙烷对照品溶液置顶空瓶中，加入新鲜配制的0.001%乙醛溶液0.1ml及二氧六环对照品溶液0.1ml，密封，摇匀，作为系统适用性试验溶液。照气相色谱法（附录0521）试验，以聚二甲基硅氧烷为固定液，起始温度为35℃，维持5分钟，以每分钟5℃的速率升温至180℃，然后以每分钟30℃的速率升温至230℃，维持5分钟（可根据具体情况调整）。进样口温度为150℃，检测器温度为250℃。顶空瓶平衡温度为70℃，平衡时间为45分钟。取系统适用性试验溶液顶空进样，调节检测器灵敏度使环氧乙烷峰和乙醛峰的峰高约为满量程的15%，乙醛峰和环氧乙烷峰之间的分离度不小于2.0，二氧六环峰高应为基线噪音的5倍以上，分别取供试品溶液及对照品溶液顶空进样，重复进样至少3次。环氧乙烷峰面积的相对标准偏差应不得过15%，二氧六环峰面积的相对标准偏差应不得过10%，按标准加入法计算，环氧乙烷不得过0.0001%，二氧六环不得过0.001%。

甲醛 取本品1g，精密称定，加入0.6%变色酸钠溶液0.25ml，在冰水中冷却后，加硫酸5ml，摇匀，静置15分钟，缓缓定量转移至盛有10ml水的25ml量瓶中，放冷，缓慢加水加至刻度，摇匀，作为供试品溶液。另取甲醛0.81g，精密称定，置100ml量瓶中，加水稀释至刻度，精密量取1ml，用水定量稀释至100ml；精密量取1ml，自"加入0.6%变色酸钠溶液0.25ml"起，同法操作，作为对照液。取上述两种溶液，照紫外-可见分光光度法（附录0401），在567nm波长处测定吸光度，并用同法操作的空白溶液进行校正。供试品溶液的吸光度不得大于对照溶液的吸光度（0.003%）。

水分 取本品2.0g，照水分测定法（附录0832第一法A）测定，含水分不得过1.0%。

炽灼残渣 不得过0.1%（附录0841）。

重金属 取本品4.0g，加盐酸溶液（9→1000）5ml与水适量，溶解后，用稀醋酸或氨试液调节pH值至3.0～4.0，再加水稀释至25ml，依法检验（附录0821第一法），含重金属不得过百万分之五。

【类别】 药用辅料，软膏基质和润滑剂等。

【贮藏】 密闭保存。

聚乙二醇600

Juyi'erchun 600

Macrogol 600

本品为环氧乙烷和水缩聚而成的混合物。分子式以HO（CH₂CH₂O）$_n$H表示，其中n代表氧乙烯基的平均数。

【性状】 本品为无色或几乎无色的黏稠液体，或呈半透明蜡状软物；略有特臭。

本品在水或乙醇中易溶，在乙醚中不溶。

相对密度 本品的相对密度（附录0601）为1.115～1.145。

黏度 本品的运动黏度（附录0613第一法），在40℃时（毛细管内径为1.5mm），为56～62mm²/s。

【鉴别】 （1）取本品0.05g，加稀盐酸溶液5ml和氯化钡试液1ml，振摇，滤过；在滤液中加入10%磷钼酸溶液1ml，产生黄绿色沉淀。

（2）取本品0.1g，置试管中，加入硫氰酸钾和硝酸钴各0.1g，混合后，加入二氯甲烷5ml，溶液呈蓝色。

【检查】 **平均分子量** 取本品约1.2g，精密称定，置干燥的250ml具塞锥形瓶中，精密加邻苯二甲酸酐的吡啶溶液（取邻苯二甲酸酐14g溶于无水吡啶100ml中，放置过夜，备用）25ml，摇匀，加少量无水吡啶于锥形瓶口边缘封口，置沸水浴中，加热30～60分钟，取出冷却，精密加入氢氧化钠滴定液（0.5mol/L）50ml，以酚酞的吡啶溶液（1→100）为指示剂，用氢氧化钠滴定液（0.5mol/L）滴定至显红色，并将滴定的结果用空白试验校正。供试量（g）与4000的乘积，除以消耗氢氧化钠滴定液（0.5mol/L）的容积（ml），即得供试品的平均分子量，应为570～630。

酸度 取本品1.0g，加水20ml溶解后，依法测定（附录0631），pH值应为4.0～7.0。

溶液的澄清度与颜色 取本品5.0g，加水50ml溶解后，依法检查（附录0901与附录0902），溶液应澄清无色；如显浑浊，与2号浊度标准液（附录0902）比较，不得更浓；如显色，与黄色的2号标准比色液（附录0901第一法）比较，不得更深。

乙二醇、二甘醇、三甘醇 取乙二醇、二甘醇与三甘醇对照品各400mg，置100ml量瓶中，加无水乙醇稀释至刻度，摇匀，作为对照贮备液。取内标物1,3-丁二醇400mg，置100ml量瓶中，加无水乙醇稀释至刻度，摇匀，作为内标贮备液，取对照贮备液和内标贮备液各1.0ml，置100ml量瓶中，加无水乙醇稀释至刻度，摇匀，作为对照溶液；另取本品4.0g，置100ml量瓶中，加入内标贮备液1.0ml，加无水乙醇稀释至刻度，摇匀，作为供试品溶液。取上述溶液，照气相色谱法（附录0521）测定。以苯基-聚二甲基硅氧烷（50%：50%）为固定相。起始温度60℃，维持5分钟，以每分钟2℃的速率升温至170℃，维持5分钟，再以每分钟15℃的速率升温至280℃，维持50分钟。进样口温度为270℃。检测器温度为290℃。载气为高纯N₂。燃气为H₂。助燃气为压缩空气。柱流量为4.0ml/min。按内标法计算，含乙二醇、二甘醇与三甘醇均不得过0.1%。

环氧乙烷和二氧六环 取本品1g，精密称定，置顶空瓶中，精密加入超纯水1.0ml，密封，摇匀，作为供试品溶液。量取环氧乙烷300μl（相当于0.25g环氧乙烷），置含50ml经过处理的聚乙二醇400（以60℃，1.5～2.5kPa旋转蒸发6小时，除去挥发性成分）的100ml量瓶中，加入相同溶剂稀释至刻度，摇匀，作为环氧乙烷对照贮备液。精密称取1g冷的环氧乙烷对照品贮备液，置含40ml经过处理的聚乙二醇400的50ml量瓶中，加相同溶剂稀释至刻度。精密称取10g，置含30ml水的50ml

量瓶中，加水稀释至刻度。精密量取10ml，置50ml量瓶中，加水稀释至刻度，摇匀，作为环氧乙烷对照品溶液。取二氧六环适量，精密称定，用水制成每1ml中含0.1mg的溶液，作为二氧六环对照品溶液。精密称取本品1g，置顶空瓶中，精密加入0.5ml环氧乙烷对照品溶液及0.5ml二氧六环对照品溶液，密封，摇匀，作为对照品溶液。量取0.5ml环氧乙烷对照品溶液置顶空瓶中，加入新鲜配制的0.001%乙醛溶液0.1ml及二氧六环对照品溶液0.1ml，密封，摇匀，作为系统适用性试验溶液，照气相色谱法（附录0521）试验，以聚二甲基硅氧烷为固定液，起始温度为35℃，维持5分钟，以每分钟5℃的速率升温至180℃，然后以每分钟30℃的速率升温至230℃，维持5分钟（可根据具体情况调整）。进样口温度为150℃，检测器温度为250℃，顶空平衡温度为70℃，平衡时间为45分钟。取系统适用性试验溶液顶空进样，调节检测器灵敏度使环氧乙烷峰和乙醛峰的峰高约为满量程的15%，乙醛峰和环氧乙烷峰之间的分离度不小于2.0，二氧六环峰高应为基线噪音的5倍以上，分别取供试品溶液及对照品溶液顶空进样，重复进样至少3次。环氧乙烷峰面积的相对标准偏差应不得过15%，二氧六环峰面积的相对标准偏差应不得过10%，按标准加入法计算，环氧乙烷不得过0.0001%，二氧六环不得过0.001%。

甲醛 取本品1g，精密称定，加入0.6%变色酸钠溶液0.25ml，在冰水中冷却后，加硫酸5ml，摇匀，静置15分钟，缓缓定量转移至盛有10ml水的25ml量瓶中，放冷，缓慢加水加至刻度，摇匀，作为供试品溶液。另取甲醛0.81g，精密称定，置100ml量瓶中，加水稀释至刻度，精密量取1ml，用水定量稀释至100ml；精密量取1ml，自"加入0.6%变色酸钠溶液0.25ml"起，同法操作，作为对照液。取上述两种溶液，照紫外-可见分光光度法（附录0401），在567nm波长处测定吸光度，并用同法操作的空白溶液进行校正。供试品溶液的吸光度不得大于对照溶液的吸光度（0.003%）。

水分 取本品2.0g，照水分测定法（附录0832第一法A）测定，含水分不得过1.0%。

炽灼残渣 不得过0.1%（附录0841）。

重金属 取本品4.0g，加盐酸溶液（9→1000）5ml与水适量，溶解后，用稀醋酸或氨试液调节pH值至3.0~4.0，再加水稀释至25ml，依法检验（附录0821第一法），含重金属不得过百万分之五。

砷盐 取本品0.67g，置凯氏烧瓶中，加硫酸5ml，用小火消化使炭化，控制温度不超过120℃（必要时可添加硫酸，总量不超过10ml），小心逐滴加入浓过氧化氢溶液，俟反应停止，继续加热，并滴加浓过氧化氢溶液至溶液无色，冷却，加水10ml，蒸发至浓烟发生使除尽过氧化氢，加盐酸5ml与水适量，依法检查（附录0822第一法），应符合规定（不得过0.0003%）。

【类别】 药用辅料，溶剂和增塑剂等。

【贮藏】 密封，在干燥处保存。

聚乙二醇6000

Juyi'erchun 6000

Macrogol 6000

本品为环氧乙烷和水缩聚而成的混合物，分子式以HO（CH_2CH_2O）_nH表示，其中n代表氧乙烯基的平均数。

【性状】 本品为白色蜡状固体薄片或颗粒状粉末；略有特臭。

本品在水或乙醇中易溶，在乙醚中不溶。

凝点 本品的凝点（附录0613）为53~58℃。

黏度 取本品25.0g，置100ml量瓶中，加水溶解并稀释至刻度，摇匀，用毛细管内径为1.0mm的平氏黏度计，依法测定（附录0633第一法），在40℃时的运动黏度为10.5～16.5mm²/s。

【鉴别】 （1）取本品0.05g，加稀盐酸溶液5ml和氯化钡试液1ml，振摇，滤过；在滤液中加入10%磷钼酸溶液1ml，产生黄绿色沉淀。

（2）取本品0.1g，置试管中，加入硫氰酸钾和硝酸钴各0.1g，混合后，加入二氯甲烷5ml，溶液呈蓝色。

【检查】 **平均分子量** 取本品约12.5g，精密称定，置干燥的250ml具塞锥形瓶中，精密加邻苯二甲酸酐的吡啶溶液（取邻苯二甲酸酐14g，溶于无水吡啶100ml中，放置过夜，备用）25ml，摇匀，加少量无水吡啶于锥形瓶口边缘封口，置沸水浴中，加热30～60分钟，取出冷却，精密加入氢氧化钠滴定液（0.5mol/L）50ml，以酚酞的吡啶溶液（1→100）为指示剂，用氢氧化钠滴定液（0.5mol/L）滴定至显红色，并将滴定的结果用空白试验校正。供试量（g）与4000的乘积，除以消耗氢氧化钠滴定液（0.5mol/L）的容积（ml），即得供试品的平均分子量，应为5400～7800。

酸度 取本品1.0g，加水20ml溶解后，依法测定（附录0631），pH值应为4.0～7.0。

溶液的澄清度与颜色 取本品5.0g，加水50ml溶解后，依法检查（附录0901与附录0902），溶液应澄清无色；如显浑浊，与2号浊度标准液（附录0902）比较，不得更浓；如显色，与黄色2号标准比色液（附录0901第一法）比较，不得更深。

乙二醇、二甘醇、三甘醇 取乙二醇、二甘醇与三甘醇对照品各400mg，置100ml量瓶中，加无水乙醇稀释至刻度，摇匀，作为对照贮备液。取内标物1,3-丁二醇400mg，置100ml量瓶中，加无水乙醇稀释至刻度，摇匀，作为内标贮备液，取对照贮备液和内标贮备液各1.0ml，置100ml量瓶中，加无水乙醇稀释至刻度，摇匀，作为对照溶液。另取本品4.0g，置100ml量瓶中，加入内标贮备液1.0ml，加无水乙醇稀释至刻度，摇匀，作为供试品溶液。取上述溶液，照气相色谱法（附录0521）测定。以苯基-聚二甲基硅氧烷（50%：50%）为固定相。起始温度60℃，维持5分钟，以每分钟2℃的速率升温至170℃，维持5分钟，再以每分钟15℃的速率升温至280℃，维持50分钟。进样口温度为270℃。检测器温度为290℃。载气为高纯N₂。燃气为H₂。助燃气为压缩空气，柱流量为4.0ml/min。按内标法计算，含乙二醇、二甘醇与三甘醇均不得过0.1%。

环氧乙烷和二氧六环 取本品1g，精密称定，置顶空瓶中，精密加入超纯水1.0ml，密封，摇匀，作为供试品溶液。量取环氧乙烷300μl（相当于0.25g环氧乙烷），置含50ml经过处理的聚乙二醇400（在60℃，1.5～2.5kPa旋转蒸发6小时，除去挥发性成分）的100ml量瓶中，加入相同溶剂稀释至刻度，摇匀，作为环氧乙烷对照品贮备液，精密称取1g冷的环氧乙烷对照品贮备液，置含40ml经过处理的聚乙二醇400的50ml量瓶中，加相同溶剂稀释至刻度。精密称取10g，置含30ml水的50ml量瓶中，加水稀释至刻度。精密量取10ml，置50ml量瓶中，加水稀释至刻度，摇匀，作为环氧乙烷对照品溶液。取二氧六环适量，精密称定，用水制成每1ml中含0.1mg的溶液，作为二氧六环对照品溶液。精密称取本品1g，置顶空瓶中，精密加入0.5ml环氧乙烷对照品溶液及0.5ml二氧六环对照品溶液，密封，摇匀，作为对照品溶液。量取0.5ml环氧乙烷对照品溶液置顶空瓶中，加入新鲜配制的0.001%乙醛溶液0.1ml及二氧六环对照品溶液0.1ml，密封，摇匀，作为系统适用性试验溶液，照气相色谱法（附录0521）试验，以聚二甲基硅氧烷为固定液，起始温度为35℃，维持5分钟，以每分钟5℃的速率升温至180℃，然后以每分钟30℃的速率升温至230℃，维持5分钟（可根据具体情况调整）。进样口温度为150℃，检测器温度为250℃。顶空瓶平衡温度为70℃，平衡时间为45分钟。取系统适用性试验溶液顶空进样，调节检测器灵敏度使环氧乙烷峰和乙醛峰的峰高约为满量程的15%，乙醛峰和环氧乙烷峰之间的分离度不小于2.0，二氧六环峰高应为基线噪音的5倍以上，分别取供试品溶液及对照品溶液顶空进样，重复进样至少3次。环氧乙烷峰面积的相对标准偏差应不得过15%，二氧六环峰面积的相对标准偏差应不得过10%。按标准加入法计算，环氧乙烷不得过0.0001%，二氧六环不得过0.001%。

甲醛　取本品1g，精密称定，加入0.6%变色酸钠溶液0.25ml，在冰水中冷却后，加硫酸5ml，摇匀，静置15分钟，缓缓定量转移至盛有10ml水的25ml量瓶中，放冷，缓慢加水加至刻度，摇匀，作为供试品溶液。另取甲醛0.81g，精密称定，置100ml量瓶中，加水稀释至刻度，精密量取1ml，用水定量稀释至100ml；精密量取1ml，自"加入0.6%变色酸钠溶液0.25ml"起，同法操作，作为对照液。取上述两种溶液，照紫外-可见分光光度法（附录0401），在567nm波长处测定吸光度，并用同法操作的空白溶液进行校正。供试品溶液的吸光度不得大于对照溶液的吸光度（0.003%）。

水分　取本品2.0g，照水分测定法（附录0832第一法A）测定，含水分不得过1.0%。

炽灼残渣　不得过0.1%（附录0841）。

重金属　取本品4.0g，加盐酸溶液（9→1000）5ml与水适量，溶解后，用稀醋酸或氨试液调节pH值至3.0～4.0，再加水稀释至25ml，依法检验（附录0821第一法），含重金属不得过百万分之五。

【类别】　药用辅料，软膏基质和润滑剂等。

【贮藏】　密封，在干燥处保存。

聚 乙 烯 醇

Juyixichun

Polyvinyl Alcohol

本品为聚乙酸乙烯酯的甲醇溶液中加碱液醇解反应制得品。分子式以（CH$_2$CHOH）$_n$（CH$_2$CHOCOCH$_3$）$_m$表示，其中，$m+n$代表平均聚合度，m/n应为0～0.35。本品平均相对分子量应为20 000～150 000。

【性状】　本品为白色至微黄色粉末或半透明状颗粒；无臭，无味。

本品在热水中溶解，在乙醇中微溶，在丙酮中几乎不溶。

酸值　取本品10g，精密称定，置圆底烧瓶中，加水250ml，不断搅拌下加热回流30分钟后，不断搅拌下放冷。精密量取50ml，照脂肪与脂肪油测定法（附录0713）测定，酸值不大于3.0。

【鉴别】　取本品，照红外分光光度法（附录0402）测定，应在2940cm^{-1}±10cm^{-1}及2920cm^{-1}±10cm^{-1}波数处有特征吸收峰。

【检查】　**黏度**　取本品适量，精密称定，加水制成浓度为3.8%（g/g）、4.0%（g/g）、4.2%（g/g）的溶液，置水浴中加热使溶解，放冷，再置20℃±0.1℃的恒温水浴中，脱去气泡，作为供试品溶液。取20～25ml，依法测定（附录0633第二法），另取本品10g，精密称定，在105℃干燥至恒重，根据测定的结果计算溶液的实际浓度。以黏度对浓度回归，由回归方程计算出浓度为4.0%时供试品的动力黏度。在20℃±0.1℃时的动力黏度应为标示量的85.0%～115.0%。

水解度　取本品1g，精密称定，置250ml的锥形瓶中，加60%甲醇溶液35ml，使供试品浸润，加酚酞指示液3滴，用稀盐酸或氢氧化钠试液调至中性，精密加0.2mol/L氢氧化钠溶液25ml，加热回流1小时，用水10ml冲洗冷凝器的内壁和塞的下部，放冷，用盐酸滴定液（0.2mol/L）滴定剩余的氢氧化钠溶液至终点；同法进行空白试验。以供试品消耗盐酸滴定液（0.2mol/L）的体积（ml）为A，空白试验消耗的体积（ml）为B，供试品的重量（g）为W，按下式计算供试品的皂化值（S）：

$$S=（B-A）\times 56.11 \times c/W（c为盐酸滴定液浓度）$$

根据测得的皂化值（S）按下式计算水解度应为85%~89%。

$$水解度=\{100-[7.84S/(100-0.075S)]\}/100$$

酸度 取本品2g，加水50ml，置水浴中加热使溶解，放冷，依法测定（附录0631），pH值应为4.5~6.5。

溶液的澄清度与颜色 取本品10g，置圆底烧瓶中，加水250ml，不断搅拌下加热回流30分钟使溶解，放冷至室温；依法检查（附录0901与附录0902），溶液应澄清无色；如显浑浊，与1号浊度标准液（附录0902第一法）比较，不得更浓；如显色，与黄色或黄绿色1号标准比色液（附录0901第一法）比较，不得更深。

水中不溶物 取本品约6g，精密称定，加水制成浓度为4.0%（g/g）的溶液，置于水浴中充分搅拌加热使溶解，趁热用经110℃干燥至恒重的100目筛网过滤，残渣用水25ml洗涤两次，残留物在110℃干燥1小时，不溶物不得超过0.1%。

残留溶剂 甲醇和乙醇甲酯 取丙酮0.6g，置1000ml量瓶中，加水稀释至刻度，摇匀，作为内标溶液；取本品约0.5g，精密称定，置20ml顶空瓶中，精密加入内标溶液2.0ml，摇匀，密封，作为供试品溶液；取甲醇和乙醇甲酯各约0.125g，精密称定，置同一50ml量瓶中，加内标溶液稀释至刻度，摇匀，精密另取2ml，置20ml顶空瓶中，密封，作为对照品溶液。照残留溶剂测定法（附录0861第二法）测定。以DB-624毛细管柱（6%氰丙基苯基-94%二甲基聚硅氧烷30.0m×0.530mm×3.00μm）为色谱柱；进样口温度为200℃，检测器温度为250℃；程序升温为初始温度40℃，保持8分钟，以每分钟10℃升温至150℃，保持2分钟。顶空瓶，平衡温度为80℃，平衡时间为30分钟。取对照品溶液顶空进样，出峰顺序依次为甲醇、丙酮、乙酸甲酯，各组分峰的分离度均应符合要求。再取供试品溶液和对照品溶液分别顶空进样，记录色谱图。按内标法以峰面积计算，甲醇及乙醇甲酯含量均不得大于1.0%。

干燥失重 取本品，在105℃干燥至恒重，减失重量不得过5.0%（附录0831）。

炽灼残渣 取本品1.0g，依法检查（附录0841），遗留残渣不得过0.5%。

重金属 取炽灼残渣项下遗留的残渣，依法检查（附录0821第二法），含重金属不得过百万分之十。

砷盐 取本品1.0g，加氢氧化钙1.0g，混合，加水少量，搅拌均匀，干燥后，先用小火炽灼使炭化，再在500~600℃炽灼使完全炭化，放冷，加盐酸5ml与水23ml，依法检查（附录0822第一法），应符合规定（0.0002%）。

【类别】 药用辅料，成膜材料和助悬剂等。

【贮藏】 密封保存。

【标示】 以mPa•s或Pa•s为单位标明黏度。

聚山梨酯20

Jushanlizhi 20

Polysorbate 20

本品系月桂山梨坦和环氧乙烷聚合而成的聚氧乙烯20月桂山梨坦。

【性状】 本品为淡黄色至黄色的黏稠油状液体；微有特臭。

本品在水、乙醇、甲醇或乙酸乙酯中易溶，在液状石蜡中微溶。

相对密度 本品的相对密度（附录0601韦氏比重秤法）为1.09～1.12。

黏度 本品的运动黏度（附录0633第一法），在25℃时（毛细管内径为2.0mm或适合的毛细管内径）为250～400mm²/s。

酸值 取本品10g，精密称定，置250ml锥形瓶中，加中性乙醇（对酚酞指示液显中性）50ml使溶解，加热回流10分钟，放冷，加酚酞指示液5滴，用氢氧化钠滴定液（0.1mol/L）滴定，酸值（附录0713）不得过2.0。

皂化值 本品的皂化值（附录0713）为40～50。

羟值 本品的羟值（附录0713）为96～108。

过氧化值 本品的过氧化值（附录0713）不得过10。

【鉴别】 （1）取本品的水溶液（1→20）5ml，加氢氧化钠试液5ml，煮沸数分钟，放冷，用稀盐酸酸化，显乳白色浑浊。

（2）取本品的水溶液（1→20）2ml，滴加溴试液0.5ml，溴试液不褪色。

（3）取本品的水溶液（1→20）10ml，加硫氰酸钴铵溶液（取硫氰酸铵17.4g与硝酸钴2.8g，加水溶解成100ml）5ml，混匀，再加三氯甲烷5ml，振摇混合，静置后，三氯甲烷层显蓝色。

【检查】 **酸碱度** 取本品0.50g，加水10ml溶解后，依法测定（附录0631），pH值应为4.0～7.5。

颜色 取本品10ml，与同体积的对照液（取比色用重铬酸钾液8.0ml与比色用氯化钴液0.8ml，加水至10ml）比较，不得更深。

乙二醇和二甘醇 取本品约4g，精密称定，置100ml量瓶中，精密加入内标溶液（取1,3-丁二醇适量，用丙酮制成每1ml中约含4mg的溶液）1ml，加丙酮稀释至刻度，摇匀，作为供试品溶液；另取乙二醇、二甘醇各约40mg，精密称定，置同一100ml量瓶中，加丙酮稀释至刻度，摇匀，精密量取10ml置另一100ml量瓶中，精密加入内标溶液1ml，加丙酮稀释至刻度，摇匀，作为对照品溶液。照气相色谱法（附录0521）试验。以50%苯基-50%甲基聚硅氧烷为固定液（柱长为30m，内径为0.53mm，膜厚度1.0μm），起始温度为40℃，以每分钟10℃的速率升温至60℃，维持5分钟后，以每分钟10℃的速率升温至170℃，再以每分钟15℃的速率升温至280℃，维持60分钟（可根据具体情况调整）。进样口温度为270℃，检测器温度290℃。取对照品溶液作为系统适用性试验溶液，各峰之间的分离度均不得小于2.0，各峰的拖尾因子均应符合规定。量取供试品溶液与对照品溶液各1μl，分别进样，记录色谱图。按内标法以峰面积计算，乙二醇和二甘醇均不得过0.01%。

环氧乙烷和二氧六环 取本品约1g，精密称定，置顶空瓶中，精密加超纯水1.0ml，密封，摇匀，作为供试品溶液；精密量取环氧乙烷对照品贮备溶液适量，置量瓶中，加经处理的聚乙二醇400（在60℃，1.5～2.5kPa旋转蒸发6小时，除去挥发成分）溶解并稀释制成每1ml中约含1μg的溶液，作为环氧乙烷对照品溶液。另取二氧六环适量，精密称定，用水制成每1ml中约含10μg的溶液，作为二氧六环对照品溶液。取本品约1g，精密称定，置顶空瓶中，精密加环氧乙烷对照品溶液与二氧六环对照品溶液各0.5ml，密封，摇匀。作为对照品溶液。量取环氧乙烷对照品溶液0.5ml置顶空瓶中，加新配制的0.001%乙醛溶液0.1ml及二氧六环对照品溶液0.5ml，密封，摇匀。作为系统适用性试验溶液。照气相色谱法（附录0521）试验。以聚二甲基硅氧烷为固定液，起始温度为35℃，维持5分钟，以每分钟5℃的速率升温至180℃，再以每分钟30℃的速率升温至230℃，维持5分钟（可根据具体情况调整）。进样口温度为150℃，检测器温度为250℃。顶空平衡温度为70℃，平衡时间45分钟，取系统适用性试验溶液顶空进样，流速为每分钟2.5ml，分流比1∶20。调整仪器灵敏度使环氧乙烷峰和乙醛峰的峰高为满量程的15%，乙醛峰和环氧乙烷峰的分离度不小于2.0，二氧六环峰高至少应为基线噪音的5倍以上。分别取供试品溶液与对照品溶液顶空进样，重复进样至少3次。环氧乙烷峰面积的相对标准偏差应不得过15%，二氧六环峰面积的相对标准偏差应不得过10%。按标准加入法计算，含环氧乙烷不得过0.0001%，含二氧六环不得过0.001%。

水分　取本品，照水分测定法（附录0832第一法A）测定，含水分不得过3.0%。

炽灼残渣　取本品1.0g，依法检查（附录0841），遗留残渣不得过0.25%。

重金属　取炽灼残渣项下遗留的残渣，依法检查（附录0821第二法），含重金属不得过百万分之十。

砷盐　取本品1.0g，置凯氏烧瓶中，加硫酸5ml，用小火消化使炭化，控制温度不超过120℃（必要时可添加硫酸，总量不超过10ml），小心逐滴加入浓过氧化氢溶液，俟反应停止，继续加热，并滴加浓过氧化氢溶液至溶液无色，冷却，加水10ml，蒸发至浓烟发生使除尽过氧化氢，加盐酸5ml与水适量，依法检查（附录0822第一法），应符合规定（不得过0.0002%）。

脂肪酸组成　取本品约0.1g，置50ml锥形瓶中，加2%氢氧化钠甲醇溶液2ml，在65℃水浴中加热回流30分钟，放冷，加14%三氟化硼甲醇溶液2ml，再在水浴中加热回流30分钟，放冷，加正庚烷4ml，继续在水浴中加热回流5分钟，放冷，加饱和氯化钠溶液10ml，振摇，静置使分层，取上层液，用水洗涤3次，每次4ml，上层液经无水硫酸钠干燥后，作为供试品溶液。照气相色谱法（附录0521）试验。以聚乙二醇-20M为固定液的石英毛细管柱（0.32mm×30m，膜厚度0.50μm）为色谱柱，起始温度为90℃，以每分钟20℃的速率升温至160℃，维持1分钟，再以每分钟2℃的速率升温至220℃，维持20分钟；进样口温度为190℃；检测器温度为250℃。分别称取己酸甲酯、辛酸甲酯、葵酸甲酯、月桂酸甲酯、肉豆蔻酸甲酯、棕榈酸甲酯、硬脂酸甲酯、油酸甲酯与亚油酸甲酯对照品适量，用正庚烷溶解并制成每1ml中各约含己酸甲酯、辛酸甲酯、葵酸甲酯、月桂酸甲酯0.1mg，肉豆蔻酸甲酯、棕榈酸甲酯、硬脂酸甲酯、油酸甲酯、亚油酸甲酯各约含1mg的混合溶液，取1μl注入气象色谱仪，记录色谱图，理论板数按月桂酸甲酯峰计算不低于10 000，各色谱峰的分离度应符合要求。取供试品溶液1μl注入气相色谱仪，记录色谱图，按面积归一化法计算（峰面积小于0.05%的峰可忽略不计）。含月桂酸应为40.0%~60.0%，含肉豆蔻酸应为14.0%~25.0%，含棕榈酸应为7.0%~15.0%，含己酸、辛酸、葵酸、硬脂酸、油酸与亚油酸分别不得大于1.0%、10.0%、10.0%、7.0%、11.0%与3.0%。

【类别】　药用辅料，乳化剂和润湿剂等。

【贮藏】　遮光，密封保存。

聚山梨酯40

Jushanlizhi 40

Polysorbate 40

本品系棕榈山梨坦和环氧乙烷聚合而成的聚氧乙烯20棕榈山梨坦。

【性状】　本品为乳白色至黄色的黏稠液体或冻膏状物；微有特臭。

本品在温水、乙醇、甲醇或乙酸乙酯中易溶，在液状石蜡中微溶。

相对密度　本品的相对密度（附录0601韦氏比重秤法），在25℃时为1.07~1.10。

黏度　本品的运动黏度（附录0633第一法），在30℃时（毛细管内径为2.0mm或适合的毛细管内径）为250～400mm²/s。

酸值　取本品10g，精密称定，置250ml锥形瓶中，加中性乙醇（对酚酞指示液显中性）50ml使溶解，煮沸回流10分钟，放冷，加酚酞指示液5滴，用氢氧化钠滴定液（0.1mol/L）滴定，酸值（附录0713）不得过2.0。

皂化值　本品的皂化值（附录0713）为41～52。

羟值　本品的羟值（附录0713）为89～105。

过氧化值　本品的过氧化值（附录0713）不得过10。

【鉴别】　（1）取本品的水溶液（1→20）5ml，加氢氧化钠试液5ml，煮沸数分钟，放冷，用稀盐酸酸化，显乳白色浑浊。

（2）取本品的水溶液（1→20）2ml，滴加溴试液0.5ml，溴试液不褪色。

（3）取本品6ml，加水4ml混匀，呈胶状物。

（4）取本品的水溶液（1→20）10ml，加硫氰酸钴铵溶液（取硫氰酸铵17.4g与硝酸钴2.8g，加水溶解成100ml）5ml，混匀，再加三氯甲烷5ml，振摇混合，静置后，三氯甲烷层显蓝色。

【检查】　**酸碱度**　取本品0.50g，加水10ml溶解后，依法测定（附录0631），pH值应为4.0～7.5。

颜色　取本品10ml，与同体积的对照液（取比色用重铬酸钾液8.0ml与比色用氯化钴液0.8ml，加水至10ml）比较，不得更深。

乙二醇和二甘醇　取本品约4g，精密称定，置100ml量瓶中，精密加入内标溶液（取1,3-丁二醇适量，用丙醇制成每1ml中约含4mg的溶液）1ml，加丙醇稀释至刻度，摇匀，作为供试品溶液；另取乙二醇、二甘醇各约40mg，精密称定，置同一100ml量瓶中，加丙酮稀释至刻度，摇匀，精密量取10ml置另一100ml量瓶中，精密加入内标溶液1ml，加丙醇稀释至刻度，摇匀，作为对照品溶液。照气相色谱法（附录0521）试验。以50%苯基-50%甲基聚硅氧烷为固定液（柱长为30m，内径为0.53mm，膜厚度1.0μm），起始温度为40℃，以每分钟10℃的速率升温至60℃。维持5分钟后，以每分钟10℃的速率升温至170℃，再以每分钟15℃的速率升温至280℃，维持60分钟（可根据具体情况调整）。进样口温度为270℃，检测器温度290℃。取对照品溶液作为系统适用性试验溶液，各峰之间的分离度均不得小于2.0，各峰的拖尾因子均应符合规定。量取供试品溶液与对照品溶液各1μl，分别进样，记录色谱图。按内标法以峰面积计算，乙二醇和二甘醇均不得过0.01%。

环氧乙烷和二氧六环　取本品约1g，精密称定，置顶空瓶中，精密加超纯水1.0ml，密封，摇匀，作为供试品溶液；精密量取环氧乙烷对照品贮备溶液适量，置量瓶中，加经处理的聚乙二醇400（在60℃，1.5～2.5kPa旋转蒸发6小时，除去挥发成分）溶解并稀释制成每1ml中约含1μg的溶液，作为环氧乙烷对照品溶液。另取二氧六环适量，精密称定，用水制成每1ml中约含10μg的溶液，作为二氧六环对照品溶液。取本品约1g，精密称定，置顶空瓶中，精密加环氧乙烷对照品溶液与二氧六环对照品溶液各0.5ml，密封，摇匀。作为对照品溶液。量取环氧乙烷对照品溶液0.5ml置顶空瓶中，加新配制的0.001%乙醛溶液0.1ml及二氧六环对照品溶液0.5ml，密封，摇匀。作为系统适用性试验溶液。照气相色谱法（附录0521）试验。以聚二甲基硅氧烷为固定液，起始温度为35℃，维持5分钟，以每分钟5℃的速率升温至180℃，再以每分钟30℃的速率升温至230℃，维持5分钟（可根据具体情况调整）。进样口温度为150℃，检测器温度为250℃。顶空平衡温度为70℃，平衡时间45分钟，取系统适用性试验溶液顶空进样，流速为每分钟2.5ml，分流比1∶20。调整仪器灵敏度使环氧乙烷峰和乙醛峰的峰高为满量程的15%，乙醛峰和环氧乙烷峰的分离度不小于2.0，二氧六环峰高至少应为基线噪音的5倍以上。分别取供试品溶液与对照品溶液顶空进样，重复进样至少3次。环氧乙烷峰面积的相对标准偏差应不得过15%，二氧六环峰面积的相对标准偏差应不得过10%。按标准加入法计算，含环氧乙烷不得过0.0001%，含二氧六环不得过0.001%。

水分 取本品，照水分测定法（附录0832第一法A）测定，含水分不得过3.0%。

炽灼残渣 取本品1.0g，依法检查（附录0841），遗留残渣不得过0.25%。

重金属 取炽灼残渣项下遗留的残渣，依法检查（附录0821第二法），含重金属不得过百万分之十。

砷盐 取本品1.0g，置凯氏烧瓶中，加硫酸5ml，用小火消化使炭化，控制温度不超过120℃（必要时可添加硫酸，总量不超过10ml），小心逐滴加入浓过氧化氢溶液，俟反应停止，继续加热，并滴加浓过氧化氢溶液至溶液无色，冷却，加水10ml，蒸发至浓烟发生使除尽过氧化氢，加盐酸5ml与水适量，依法检查（附录0822第一法），应符合规定（不得过0.0002%）。

脂肪酸组成 取本品约0.1g，置50ml锥形瓶中，加2%氢氧化钠甲醇溶液2ml，在65℃水浴中加热回流30分钟，放冷，加14%三氟化硼甲醇溶液2ml，再在水浴中加热回流30分钟，放冷，加正庚烷4ml，继续在水浴中加热回流5分钟，放冷，加饱和氯化钠溶液10ml，振摇，静置使分层，取上层液，用水洗涤3次，每次4ml，上层液经无水硫酸钠干燥后，作为供试品溶液。照气相色谱法（附录0521）试验。以聚乙二醇-20M为固定液（0.32mm×30m，液膜厚度0.50µm）的石英毛细管柱为色谱柱，起始温度为90℃，以每分钟20℃的速率升温至160℃，维持1分钟，再以每分钟2℃的速率升温至220℃，维持20分钟，进样口温度为190℃，检测器温度为250℃，称取棕榈酸甲酯对照品适量，加正庚烷溶解并制成每1ml中约含1mg的溶液，取1µl注入气相色谱仪，记录色谱图，理论板数按棕榈酸甲酯峰计算不低于10 000，取供试品溶液1µl注入气相色谱仪，记录色谱图，按面积归一化法计算，含棕榈酸不得少于92.0%。

【类别】 药用辅料，乳化剂和增溶剂等。

【贮藏】 遮光，密封保存。

聚山梨酯60

Jushanlizhi 60

Polysorbate 60

本品系硬脂山梨坦和环氧乙烷聚合而成的聚氧乙烯20硬脂山梨坦。

【性状】 本品为乳白色至黄色的黏稠液体或冻膏状物；微有特臭。

本品在温水、乙醇、甲醇或乙酸乙酯中易溶，在液状石蜡中微溶。

相对密度 本品的相对密度（附录0601韦氏比重秤法），在25℃时为1.06～1.09。

黏度 本品的运动黏度（附录0633第一法），在30℃时（毛细管内径为2.0mm或适合的毛细管内径）为300～450mm²/s。

酸值 取本品10g，精密称定，置250ml锥形瓶中，加中性乙醇（对酚酞指示液显中性）50ml使溶解，煮沸回流10分钟，放冷，加酚酞指示液5滴，用氢氧化钠滴定液（0.1mol/L）滴定，酸值（附录0713）不得过2.0。

皂化值 本品的皂化值（附录0713）为45～55。

羟值 本品的羟值（附录0713）为81～96。

过氧化值 本品的过氧化值（附录0713）不得过10。

【鉴别】 （1）取本品的水溶液（1→20）5ml，加氢氧化钠试液5ml，煮沸数分钟，放冷，用稀盐酸酸化，显乳白色浑浊。

（2）取本品的水溶液（1→20）2ml，滴加溴试液0.5ml，溴试液不褪色。

（3）取本品6ml，加水4ml混匀，呈胶状物。

（4）取本品的水溶液（1→20）10ml，加硫氰酸钴铵溶液（取硫氰酸铵17.4g与硝酸钴2.8g，加水溶解成100ml）5ml，混匀，再加三氯甲烷5ml，振摇混合，静置后，三氯甲烷层显蓝色。

【检查】 **酸碱度** 取本品0.50g，加水10ml溶解后，依法测定（附录0631），pH值应为4.0～7.5。

颜色 取本品10ml，与同体积的对照液（取比色用重铬酸钾液8.0ml与比色用氯化钴液0.8ml，加水至10ml）比较，不得更深。

乙二醇和二甘醇 取本品约4g，精密称定，置100ml量瓶中，精密加入内标溶液（取1,3-丁二醇适量，用丙醇制成每1ml中约含4mg的溶液）1ml，加丙醇稀释至刻度，摇匀，作为供试品溶液；另取乙二醇、二甘醇各约40mg，精密称定，置同一100ml量瓶中，加丙酮稀释至刻度，摇匀，精密量取10ml置另一100ml量瓶中，精密加入内标溶液1ml，加丙醇稀释至刻度，摇匀，作为对照品溶液。照气相色谱法（附录0521）试验。以50%苯基-50%甲基聚硅氧烷为固定液（柱长为30m，内径为0.53mm，膜厚度1.0μm），起始温度为40℃，以每分钟10℃的速率升温至60℃，维持5分钟后，以每分钟10℃的速率升温至170℃，再以每分钟15℃的速率升温至280℃，维持60分钟（可根据具体情况调整）。进样口温度为270℃，检测器温度290℃。取对照品溶液作为系统适用性试验溶液，各峰之间的分离度均不得小于2.0，各峰的拖尾因子均应符合规定。量取供试品溶液与对照品溶液各1μl，分别进样，记录色谱图。按内标法以峰面积计算，乙二醇和二甘醇均不得过0.01%。

环氧乙烷和二氧六环 取本品约1g，精密称定，置顶空瓶中，精密加超纯水1.0ml，密封，摇匀，作为供试品溶液；精密量取环氧乙烷对照品贮备溶液适量，置量瓶中，加经处理的聚乙二醇400（在60℃，1.5～2.5kPa旋转蒸发6小时，除去挥发成分）溶解并稀释制成每1ml中约含1μg的溶液，作为环氧乙烷对照品溶液。另取二氧六环适量，精密称定，用水制成每1ml中约含10μg的溶液，作为二氧六环对照品溶液。取本品约1g，精密称定，置顶空瓶中，精密加环氧乙烷对照品溶液与二氧六环对照品溶液各0.5ml，密封，摇匀。作为对照品溶液。量取环氧乙烷对照品溶液0.5ml置顶空瓶中，加新配制的0.001%乙醛溶液0.1ml及二氧六环对照品溶液0.5ml，密封，摇匀。作为系统适用性试验溶液。照气相色谱法（附录0521）试验。以聚二甲基硅氧烷为固定液，起始温度为35℃，维持5分钟，以每分钟5℃的速率升温至180℃，再以每分钟30℃的速率升温至230℃，维持5分钟（可根据具体情况调整）。进样口温度为150℃，检测器温度为250℃。顶空平衡温度为70℃，平衡时间45分钟，取系统适用性试验溶液顶空进样，流速为每分钟2.5ml，分流比1∶20。调整仪器灵敏度使环氧乙烷峰和乙醛峰的峰高为满量程的15%，乙醛峰和环氧乙烷峰的分离度不小于2.0，二氧六环峰高至少应为基线噪音的5倍以上。分别取供试品溶液与对照品溶液顶空进样，重复进样至少3次。环氧乙烷峰面积的相对标准偏差应不得过15%，二氧六环峰面积的相对标准偏差应不得过10%。按标准加入法计算，含环氧乙烷不得过0.0001%，含二氧六环不得过0.001%。

水分 取本品，照水分测定法（附录0832第一法A）测定，含水分不得过3.0%。

炽灼残渣 取本品1.0g，依法检查（附录0841），遗留残渣不得过0.25%。

　　重金属　取炽灼残渣项下遗留的残渣，依法检查（附录0821第二法），含重金属不得过百万分之十。

　　砷盐　取本品1.0g，置凯氏烧瓶中，加硫酸5ml，用小火消化使炭化，控制温度不超过120℃（必要时可添加硫酸，总量不超过10ml），小心逐滴加入浓过氧化氢溶液，俟反应停止，继续加热，并滴加浓过氧化氢溶液至溶液无色，冷却，加水10ml，蒸发至浓烟发生使除尽过氧化氢，加盐酸5ml与水适量，依法检查（附录0822第一法），应符合规定（不得过0.0002%）。

　　脂肪酸组成　取本品约0.1g，置50ml锥形瓶中，加入2%氢氧化钠甲醇溶液2ml，在65℃水浴中加热回流30分钟，放冷，加14%三氟化硼甲醇溶液2ml，再在水浴中加热回流30分钟，放冷，加正庚烷4ml，继续在水浴中加热回流5分钟，放冷，加饱和氯化钠溶液10ml，振摇，静置使分层，取上层液，用水洗涤3次，每次4ml，上层液经无水硫酸钠干燥后，作为供试品溶液。照气相色谱法（附录0521）试验。以聚乙二醇-20M为固定液的石英毛细管柱（0.32mm×30m，液膜厚度0.50μm）为色谱柱，起始温度为90℃，以每分钟20℃的速率升温至160℃，维持1分钟，再以每分钟2℃的速率升温至220℃，维持20分钟，进样口温度为190℃，检测器温度为250℃，分别称取硬脂酸甲酯和棕榈酸甲酯对照品适量，加正庚烷溶解并制成每1ml中各约含1mg的溶液，取1μl注入气相色谱仪，记录色谱图，理论板数按硬脂酸甲酯峰计算不低于10 000，硬脂酸甲酯峰与棕榈酸甲酯峰的分离度应符合要求。取供试品溶液1μl注入气相色谱仪，记录色谱图，按面积归一化法计算，含硬脂酸应为40.0%～60.0%，硬脂酸和棕榈酸之和不得少于90.0%。

　　【类别】　药用辅料，增溶剂和乳化剂等。

　　【贮藏】　遮光，密封保存。

聚山梨酯80

Jushanlizhi 80

Polysorbate 80

本品系油酸山梨坦和环氧乙烷聚合而成的聚氧乙烯20油酸山梨坦。

　　【性状】　本品为淡黄色至橙黄色的黏稠液体；微有特臭，味微苦略涩，有温热感。

　　本品在水、乙醇、甲醇或乙酸乙酯中易溶，在矿物油中极微溶解。

　　相对密度　本品的相对密度（附录0601韦氏比重秤法）为1.06～1.09。

　　黏度　本品的运动黏度（附录0633第一法），在25℃时（毛细管内径为2.0～2.5mm）为350～550mm²/s。

　　酸值　取本品10g，精密称定，置250ml锥形瓶中，加中性乙醇（对酚酞指示液显中性）50ml使溶解，附回流冷凝器煮沸10分钟，放冷，加酚酞指示液5滴，用氢氧化钠滴定液（0.1mol/L）滴定，酸值（附录0713）不得过2.0。

　　皂化值　本品的皂化值（附录0713）为45～55。

　　羟值　本品的羟值（附录0713）为65～80。

　　碘值　本品的碘值（附录0713）为18～24。

　　过氧化值　本品的过氧化值（附录0713）不得过10。

　　【鉴别】　（1）取本品的水溶液（1→20）5ml，加氢氧化钠试液5ml，煮沸数分钟，放冷，用稀盐酸酸化，显乳白色浑浊。

（2）取本品的水溶液（1→20），滴加溴试液，溴试液即褪色。

（3）取本品6ml，加水4ml混匀，呈胶状物。

（4）取本品的水溶液（1→20）10ml，加硫氰酸钴铵溶液（取硫氰酸铵17.4g与硝酸钴2.8g，加水溶解成100ml）5ml，混匀，再加三氯甲烷5ml，振摇混合，静置后，三氯甲烷层显蓝色。

【检查】　酸碱度　取本品0.50g，加水10ml溶解后，依法测定（附录0631），pH值应为5.0～7.5。

颜色　取本品10ml，与同体积的对照液（取比色用重铬酸钾液8.0ml与比色用氯化钴液0.8ml，加水至10ml）比较，不得更深。

乙二醇和二甘醇　取本品约4g，精密称定，置100ml量瓶中，精密加入内标溶液（取1,3-丁二醇适量，用丙酮制成每1ml中约含4mg的溶液）1ml，加丙酮稀释至刻度，摇匀，作为供试品溶液；另取乙二醇、二甘醇各约40mg，精密称定，置同一100ml量瓶中，加丙酮稀释至刻度，摇匀，精密量取10ml置另一100ml量瓶中，精密加入内标溶液1ml，加丙酮稀释至刻度，摇匀，作为对照品溶液。照气相色谱法（附录0521）试验。以50%苯基-50%甲基聚硅氧烷为固定液（柱长为30m，内径为0.53mm，膜厚度1.0μm），起始温度为40℃，以每分钟10℃的速率升温至60℃，维持5分钟后，以每分钟10℃的速率升温至170℃，再以每分钟15℃的速率升温至280℃，维持60分钟（可根据具体情况调整）。进样口温度为270℃，检测器温度290℃。取对照品溶液作为系统适用性试验溶液，各峰之间的分离度均不得小于2.0，各峰的拖尾因子均应符合规定。量取供试品溶液与对照品溶液各1μl，分别进样，记录色谱图。按内标法以峰面积计算，乙二醇、二甘醇均不得过0.01%。

环氧乙烷和二氧六环　取本品1g，精密称定，置顶空瓶中，精密加超纯水1.0g，密封，摇匀，作为供试品溶液。量取环氧乙烷300μl（相当于0.25g环氧乙烷），置含50ml经处理的聚乙二醇400（以60℃，1.5～2.5kPa旋转蒸发6小时，除去挥发性成分）的100ml量瓶中，加入相同溶剂稀释至刻度，摇匀，作为环氧乙烷对照品贮备液。精密量取1g冷的环氧乙烷对照品贮备液，置含40ml经过处理的聚乙二醇400的50ml量瓶中，加相同溶剂稀释至刻度。精密称取10g，置含30ml水的50ml量瓶中，加水稀释至刻度。精密量取10ml，置50ml量瓶中，加水稀释至刻度，摇匀，作为环氧乙烷对照品溶液。取二氧六环适量，精密称定，用水制成每1ml中含0.1mg的溶液，作为二氧六环对照品溶液。精密称取本品1g，置顶空瓶中，精密加入环氧乙烷对照品溶液0.5ml与二氧六环对照品溶液0.5ml，密封，摇匀，作为对照品溶液。量取环氧乙烷对照品溶液0.5ml置顶空瓶中，加入新鲜配制的0.001%乙醛溶液0.1ml与二氧六环对照品溶液0.1ml，密封，摇匀，作为系统适用性试验溶液。照气相色谱法（附录0521）试验。以聚二甲基硅氧烷为固定液，起始温度为35℃，维持5分钟，以每分钟5℃的速率升温至180℃，再以每分钟30℃的速率升温至230℃，维持5分钟（可根据具体情况调整）。进样口温度为150℃，检测器温度为250℃。顶空平衡温度为70℃，平衡时间为45分钟。取系统适用性试验溶液顶空进样，调节检测灵敏度使环氧乙烷峰和乙醛峰的峰高约为满量程的15%，乙醛峰与环氧乙烷峰之间的分离度不小于2.0，二氧六环峰高应为基线噪音的5倍以上。分别取供试品溶液与对照品溶液顶空进样，重复进样至少3次。环氧乙烷峰面积的相对标准偏差应不得过15%，二氧六环封面积的相对标准偏差应不得过10%。按标准加入法计算，含环氧乙烷不得过0.0001%，含二氧六环不得过0.001%。

冻结试验　取本品，置玻璃容器内，于5℃±2℃放置24小时，不得冻结。

水分　取本品，照水分测定法（附录0832第一法A）测定，含水分不得过3.0%。

炽灼残渣　取本品1.0g，依法检查（附录0841），遗留残渣不得过0.2%。

重金属　取炽灼残渣项下遗留的残渣，依法检查（附录0821第二法），含重金属不得过百万分之十。

砷盐　取本品1.0g，置凯氏烧瓶中，加硫酸5ml，用小火消化使炭化，控制温度不超过120℃（必要时可添加硫酸，总量不超过10ml），小心滴加浓过氧化氢溶液，俟反应停止，继续加热，并滴加浓过氧化氢溶液至溶液无色，冷却，加水10ml，蒸发至浓烟发生使除尽过氧化氢，加盐酸5ml与水适量，依法检查（附录0822第一法），应符合规定（0.0002%）。

脂肪酸组成　取本品约0.1g，精密称定，置50ml锥形瓶中，加2%氢氧化钠甲醇溶液2ml，置65℃水溶中加热回流30分钟，放冷，加14%三氟化硼甲醇溶液2ml，在水溶中加热回流30分钟，放冷，加正庚烷4ml，继续在水溶中加热回流5分钟，放冷，加饱和氯化钠溶液10ml，振摇，静置使分层，取上层液，用水洗涤3次，每次4ml，上层液经无水硫酸钠干燥后，作为供试品溶液。照气相色谱法（附录0521）试验。以聚乙二醇-20M为固定液的石英毛细管柱（0.32mm×30mm，膜厚度0.50μm）为色谱柱，起始温度为90℃，以每分钟20℃的速率升温至160℃，维持1分钟，再以每分钟2℃的速率升温至220℃，维持20分钟；进样口温度为190℃；检测器温度为250℃。分别称取肉豆蔻酸甲酯、棕榈酸甲酯、棕榈油甲酯、硬脂酸甲酯、油酸甲酯、亚油酸甲酯与亚麻酸甲酯对照品适量，加正庚烷溶解并制成每1ml中各约含1mg的溶液，取1μl注入气相色谱仪，记录色谱图，理论板数按油酸甲酯峰计算不低于10 000，各色谱峰的分离度应符合要求。取供试品溶液1μl注入气相色谱仪，记录色谱图，按面积归一化法计算（峰面积小于0.05%的峰可忽略不计），含油酸不得少于58.0%，含肉豆蔻酸、棕榈酸、棕榈油酸、硬脂酸、亚油酸与亚麻酸分别不得大于5.0%、16.0%、8.0%、6.0%、18.0%与4.0%。

【类别】　药用辅料，增溶剂和乳化剂等。

【贮藏】　遮光，密封保存。

聚山梨酯80（供注射用）

Jushanlizhi 80（Gongzhusheyong）

Polysorbate 80 for Injection

本品系植物来源油酸山梨坦和环氧乙烷聚合而成的聚氧乙烯20油酸山梨坦。

【性状】　本品为无色至微黄色黏稠液体，微有特臭，味微苦略涩，有温热感。

本品在水、乙醇、甲醇或乙酸乙酯中易溶，在矿物油中极微溶解。

相对密度　本品的相对密度（附录0601第二法），在20℃时应为1.06~1.09。

黏度　本品的运动黏度（附录0633第一法），在25℃时（毛细管内径为2.0~2.5mm）为350~450mm²/s。

酸值　取本品10g，精密称定，置250ml锥形瓶中，加中性乙醇（对酚酞指示液显中性）50ml，使溶解，附回流冷凝器煮沸10分钟，放冷，加酚酞指示液5滴，用氢氧化钠滴定液（0.1mol/L）滴定，酸值（附录0713）不得过1.0。

皂化值　本品的皂化值（附录0713）为45~55。

羟值　本品的羟值（附录0713）为65~80。

碘值　本品的碘值（附录0713）为18~24。

过氧化值　本品的过氧化值（附录0713）不得过3。

【鉴别】　（1）取本品的水溶液（1→20）5ml，加氢氧化钠试液5ml，煮沸数分钟，放冷，用稀盐酸酸化，显乳白色浑浊。

（2）取本品的水溶液（1→20），滴加溴试液，溴试液即褪色。

（3）取本品6ml，加水4ml混匀，呈胶状物。

（4）取本品的水溶液（1→20）10ml，加硫氰酸钴铵溶液（取硫氰酸钴铵17.4g与硝酸钴2.8g，加水溶解成100ml）5ml，混匀，再加三氯甲烷5ml，振摇混合，静置后，三氯甲烷层显蓝色。

【检查】　**酸碱度**　取本品约0.50g，加水10ml溶解后，依法测定（附录0631），pH值应为5.0~7.5。

吸光度　取本品0.1g，精密称定。置25ml量瓶中，加乙腈:水（70:30）混合液适量，使完全溶解，继续加乙腈:水（70:30）混合液至刻度。照紫外-可见分光光度法（附录0401），扫描范围190~400nm。在225nm波长处吸光度不得过1.0，在267nm波长处吸光度不得过0.10且不得出现最大吸收峰。

颜色　取本品10ml，与同体积的黄色2号标准液比较（附录0901），不得更深。

乙二醇、二甘醇和三甘醇　取本品4g，精密称定。置100ml量瓶中，取1,3-丁二醇0.004g，精密称定，置同一量瓶中，加丙酮使溶解，相同溶剂稀释至刻度，作为供试品溶液。取乙二醇0.0025g，二甘醇0.004g，三甘醇0.004g，精密称定，置同一100ml量瓶中，取1,3-丁二醇0.004g，置该量瓶中，加丙酮使溶解，相同溶剂稀释至刻度，作为对照品溶液。照气相色谱法（附录0521）试验。以50%苯基-50%甲基聚硅氧烷为固定液（液膜厚度1.0μm）的毛细管柱，起始温度为40℃，以每分钟10℃的速率升温至60℃，维持5分钟，再以每分钟10℃的速率升温至170℃，维持0分钟，再以每分钟15℃的速率升温至280℃。维持60分钟（可根据具体情况调整）。检测器为氢火焰离子化检测器。检测器温度290℃，进样口温度为270℃。取对照品溶液作为系统适用性试验溶液，载气为氦气，流速每分钟5.0ml，分流比2:1，进样体积1.0μl。乙二醇，二甘醇和三甘醇与内标1,3-丁二醇的分离度均不得小于2.0，各峰间的拖尾因子应符合规定，乙二醇，二甘醇和三甘醇峰面积相对于内标1,3-丁二醇的峰面积相对标准偏差不得过5.0%。以1,3-丁二醇峰面积计算乙二醇，二甘醇和三甘醇的峰面积，以下式计算：

$$结果=（R_u/R_s）\times（C_s\times C_u）\times F\times 100$$

式中　R_u为供试品溶液中各待测物质与内标的峰面积比率；

R_s为对照品溶液中各对照物质（乙二醇，二甘醇和三甘醇）与内标的峰面积比率；

C_s为对照品溶液中各对照物质（乙二醇，二甘醇和三甘醇）的浓度，μg/ml；

C_u为供试品溶液中待测物质的浓度，mg/ml；

F为转换因子，10^3mg/g。

依法检测，乙二醇，二甘醇和三甘醇均不得过0.01%。

环氧乙烷和二氧六环　取本品1g，精密称定，置顶空瓶中，精密加超纯水1.0ml，密封，摇匀，作为供试品溶液。70℃放置45分钟。量取环氧乙烷300μl（相当于环氧乙烷0.25g），置含50ml经处理的聚乙二醇400（以60℃，1.5~2.5kPa旋转蒸发6小时，除去挥发成分）的100ml量瓶中，加入前后称重，用相同溶剂稀释至刻度，摇匀。作为环氧乙烷对照品贮备液。精密称取1g冷的环氧乙烷对照品贮备液，置含40.0ml经处理的冷聚乙二醇400的50ml量瓶中，加相同溶剂稀释至刻度。精密称取10g，置含30ml水的50ml量瓶中，用水稀释至刻度。精密量取10ml，置50ml量瓶中，加水稀释至刻度，摇匀。作为环氧乙烷对照品溶液。取二氧六环适量，精密称定，用水制成每1ml中含0.1mg的溶液，作为二氧六环对照品溶液。取本品1g，精密称定，置顶空瓶中，精密加环氧乙烷对照品溶液0.5ml及二氧六环对照品溶液0.5ml，密封，摇匀。70℃放置45分钟。作为对照品溶液。量取环氧乙烷对照品溶液0.5ml置顶空瓶中，加新配制的0.001%乙醛溶液0.1ml及二氧六环对照品溶液0.1ml，密封，摇匀。70℃放置45分钟。作为系统适用性试验溶液。照气相色谱法（附录0521）试验。以聚二甲基硅氧烷为固定液，起始温度为35℃，维持5分钟，以每分钟5℃的速率升温至180℃，再以每分钟30℃的速率升温至230℃，维持5分钟（可根据具体情况调整）。进样口温度为150℃，检测器为氢火焰离子化检测器，温度为250℃。顶空平衡温度为70℃，平衡时间45分钟。取系统适用性试验溶液顶空进样，调整仪器灵敏度使环氧乙烷峰和乙醛峰的峰高为满量程的15%，乙醛峰和环氧乙烷峰的分离度不小于2.0，二氧六环峰高至少应为基线噪音的5倍以上。分别取供试品溶液及对照品溶液顶空进样，重复进样至少3次。环氧乙烷峰面积的相对标准偏差应不得过15%，二氧六环峰面积的相对标准偏差应不得过10%。按标准加入法计算，环氧乙烷不得过0.0001%，二氧六环不得过0.0001%。

环氧乙烷对照品贮备液的标定　取50%氯化镁的无水乙醇混悬液10ml，精密加入乙醇制盐酸滴定液（0.1mol/L）20ml，混匀，放置过夜，取环氧乙烷对照品贮备液5g，精密称定，置上述溶液中混匀，放置30分钟，照电位滴定法（附录0701）用氢氧化钾乙醇滴定液（0.1mol/L）滴定，并将滴定结果用空白试验校正，每1ml氢氧化钾乙醇滴定液相当于4.404mg的环氧乙烷，计算，即得。

冻结试验　取本品，置玻璃容器内，于冰浴中放置24小时，不得冻结。

水分　取本品，照水分测定法（附录0832第一法A）测定，含水分不得过0.5%。

炽灼残渣　取本品1.0g，依法检查（附录0841），遗留残渣不得过0.1%。

重金属　取炽灼残渣项下遗留的残渣，依法检查（附录0821第二法），含重金属不得过百万分之十。

砷盐　取本品1.0g，置凯氏烧瓶中，加硫酸5ml，用小火消化使炭化，控制温度不超过120℃（必要时可添加硫酸，总量不超过10ml），小心逐滴加入浓过氧化氢溶液，俟反应停止，继续加热，并滴加浓过氧化氢溶液至溶液无色，冷却，加水10ml，蒸发至浓烟发生使除尽过氧化氢，加盐酸5ml与水适量，依法检查（附录0822第一法），应符合规定（不得过百万分之二）。

脂肪酸组成　取本品0.1g，精密称定，置50ml锥形瓶中，加2%氢氧化钠甲醇溶液2ml，置水浴中加热回流30分钟，放冷，加14%三氟化硼甲醇溶液2ml，在水浴中加热回流30分钟，放冷，加正庚烷4ml，继续在水浴中加热回流5分钟，放冷，加饱和氯化钠溶液10ml，振摇，静置使分层，取上层，用水洗涤三次，每次用蒸馏水4ml。作为供试品溶液。照气相色谱法（附录0521）试验。以88%氰丙基聚硅氧烷为固定液（液膜厚度0.20μm）的石英毛细管柱（100m×0.25mm）为色谱柱，起始柱温为90℃维持0分钟，以每分钟20℃的速率升温至160℃，维持1分钟，再以每分钟2℃的速率升温至220℃，维持20分钟；进样口温度340℃；检测器为氢火焰离子化检测器，温度330℃。分别取肉豆蔻酸甲酯、棕榈酸甲酯、棕榈油酸甲酯、硬脂酸甲酯、亚油酸甲酯、亚麻酸甲酯以及油酸甲酯对照品适量，加正庚烷溶解并制成每1ml中各含0.1g的溶液，取1μl注入气相色谱仪，记录色谱图，理论板数按油酸甲酯峰计算不低于10 000，各色谱峰的分离度应符合要求。取供试品溶液1μl注入气相色谱仪，记录色谱图，按面积归一化法以峰面积计算（忽略峰面积小于0.05%的峰）油酸含量不得低于98.0%，其中肉豆蔻酸、棕榈酸、棕榈油酸、硬脂酸、亚油酸、亚麻酸含量均不得过0.5%。

无菌（供无除菌工艺的无菌制剂用）　取本品，依法检查（附录1101），应符合规定。

细菌内毒素　取本品，依法检测（附录1143），每1mg聚山梨酯80中含内毒素的量应小于0.012EU。

【类别】　药用辅料，增溶剂和乳化剂等。

【贮藏】　遮光，密闭保存。

聚丙烯酸树脂 Ⅱ
Jubingxisuan Shuzhi Ⅱ
Polyacrylic Resin Ⅱ

本品为甲基丙烯酸与甲基丙烯酸甲酯以50∶50的比例共聚而得。

【性状】　本品为白色条状物或粉末，在乙醇中易结块。

本品（如为条状物断成长约1cm，粉末则不经研磨）在温乙醇中1小时内溶解，在水中不溶。

　　酸值　取本品约0.5g，精密称定，置250ml锥形瓶中，加75%中性乙醇（对酚酞指示液显中性）25ml，微温使溶解，放冷，精密滴加氢氧化钠滴定液（0.1mol/L）15ml，加氯化钠5g与水10ml，用氢氧化钠滴定液（0.1mol/L）继续滴定至粉红色持续30秒不褪。本品的酸值（附录0713），按干燥品计算，应为300~330。

【鉴别】　本品的红外光吸收图谱应与对照品的图谱一致。

【检查】　**黏度**　取本品6.0g，加乙醇100ml，微温使溶解，用旋转式黏度计，依法测定（附录0633第二法），在25℃时的动力黏度不得过50mPa•s。

　　酸度　取本品3.0g，加pH值约为7的75%乙醇100ml，微温使溶解，放冷，依法测定（附录0631），pH值应为4.0~6.0。

　　干燥失重　取本品，在110℃干燥至恒重，减失重量不得过10.0%（附录0831）。

　　重金属　取本品1.0g，依法检查（附录0821第二法），含重金属不得过百万分之三十。

　　砷盐　取本品1.0g，置150ml锥形瓶中，加硫酸5ml，加热完全炭化后，逐滴加入浓过氧化氢溶液（如发生大量泡沫，停止加热并旋转锥形瓶，防止未反应物在瓶底结块），直至溶液无色。放冷，小心加水10ml，再加热至三氧化硫气体出现，放冷；缓缓加水适量使成28ml，依法检查（附录0822），应符合规定（0.0002%）。

【类别】　药用辅料，包衣材料和释放阻滞剂等。

【贮藏】　密封，在阴凉处保存。

聚丙烯酸树脂 Ⅲ
Jubingxisuan Shuzhi Ⅲ
Polyacrylic Resin Ⅲ

本品为甲基丙烯酸与甲基丙烯酸甲酯以35∶65的比例共聚而得。

【性状】　本品为白色条状物或粉末，在乙醇中易结块。

本品（如为条状物断成长约1cm，粉末则不经研磨）在温乙醇中1小时内溶解，在水中不溶。

　　酸值　取本品约0.5g，精密称定，置250ml锥形瓶中，加75%中性乙醇（对酚酞指示液显中性）25ml，微温使溶解，放冷，精密滴加氢氧化钠滴定液（0.1mol/L）15ml，加氯化钠5g与水10ml，用氢氧化钠滴定液（0.1mol/L）继续滴定至粉红色，持续30秒不褪。本品的酸值（附录0713），按干燥品计算，应为210~240。

【鉴别】　本品的红外光吸收图谱应与对照品的图谱一致。

【检查】　黏度　取本品6.0g，加乙醇100ml，微温使溶解，用旋转式黏度计，依法测定（附录0633第二法），在25℃时的动力黏度不得过50mPa•s。

酸度　取本品3.0g，加pH值约为7的75%乙醇100ml，微温使溶解，放冷，依法测定（附录0631），pH值应为4.0~6.0。

干燥失重　取本品，在110℃干燥至恒重，减失重量不得过10.0%（附录0831）。

重金属　取本品1.0g，依法检查（附录0821第二法），含重金属不得过百万分之三十。

砷盐　取本品1.0g，置150ml锥形瓶中，加硫酸5ml，加热至完全炭化后，逐滴加入浓过氧化氢溶液（如发生大量泡沫，停止加热并旋转锥形瓶，防止未反应物在瓶底结块），直至溶液无色。放冷，小心加水10ml，再加热至三氧化硫气体出现，放冷，缓缓加水适量，使成28ml，依法检查（附录0822），应符合规定（0.0002%）。

【类别】　药用辅料，包衣材料和释放阻滞剂等。

【贮藏】　密封，在阴凉处保存。

聚丙烯酸树脂 Ⅳ

Jubingxisuan Shuzhi Ⅳ

Polyacrylic Resin Ⅳ

本品为甲基丙烯酸二甲氨基乙酯与甲基丙烯酸酯类的共聚物。

【性状】　本品为淡黄色粒状或片状固体；有特臭。

本品在温乙醇中（1小时内）溶解，在盐酸溶液（9→1000）中（1小时内）略溶，在水中不溶。

相对密度　取本品10.25g，置100ml量瓶中，加异丙醇-丙酮（3∶2）溶解并稀释至刻度，作为供试品溶液，供试品溶液的相对密度（附录0601）为0.810~0.820。

折光率　取相对密度项下的供试品溶液，依法测定（附录0622），供试品溶液的折光率为1.380~1.395。

碱值　取本品约0.3g，精密称定，加中性乙醇（对溴酚蓝指示液呈黄色）25ml，使溶解，精密加盐酸滴定液（0.1mol/L）20ml和溴酚蓝指示液数滴，摇匀，用氢氧化钠滴定液（0.1mol/L）滴定至溶液呈蓝绿色，同时做空白试验，以本品消耗的氢氧化钠滴定液（0.1mol/L）的容积（ml）为A，空白试验消耗的容积（ml）为B，本品的重量（g）为W，照下式计算即得，碱值应为162.0~198.0。

$$碱值=\frac{(B-A)\times5.61}{W}$$

【鉴别】　取黏度测定项下的溶液约10μl，涂布于直径13mm的溴化钾压制空白片上，加热挥干溶剂，测定红外光谱图，应与同法制作的对照品红外光谱图一致。

【检查】　黏度　取本品12.00g，置100ml量瓶中，加乙醇溶解并稀释至刻度，用NDJ-79型旋转式黏度计，依法测定（附录0633第二法），在30℃时的动力黏度为5~20mPa•s。

溶液的颜色　取相对密度项下的供试品溶液，照紫外-可见分光光度法（附录0401），在420nm的波长处测定吸光度，不得过0.20。

干燥失重　取本品，在110℃干燥至恒重，减失重量不得过4.0%（附录0831）。

炽灼残渣　取本品1.0g，依法检查（附录0841），遗留残渣不得过0.2%。

　　重金属　取炽灼残渣项下遗留的残渣，依法检查（附录0821第二法），含重金属不得过百万分之十。

　　砷盐　取本品1.0g，加硫酸10ml，加热至完全炭化后，逐滴加入过氧化氢溶液至溶液完全褪色，放冷，加水10ml，加热到产生三氧化硫气体，放冷，加水适量使成28ml，依法检查（附录0822第一法），应符合规定（0.0002%）。

　　【类别】　药用辅料，包衣材料和释放阻滞剂等。

　　【贮藏】　密封，在阴凉处保存。

聚甲丙烯酸铵酯 I

Jujiabingxisuan'anzhi I

Methacrylic Acid Copolymer I

　　本品为甲基丙烯酸甲酯、丙烯酸乙酯与甲基丙烯酸氯化三甲氨基乙酯以60∶30∶10的比例共聚而得。

　　【性状】　本品为类白色半透明或透明的形状大小不一的固体。

　　本品在沸水、丙酮中溶解，在异丙醇中几乎不溶。

　　折光率　取本品1.25g，加异丙醇-丙酮（6∶4）10ml使溶解，依法测定（附录0622），折光率为1.380~1.385。

　　碱值　取本品，在110℃干燥至恒重（约5小时），精密称取1g，加二氯甲烷25ml使溶解，加冰醋酸50ml和醋酸汞试液5ml，摇匀后，加喹哪啶红指示液3滴，用高氯酸滴定液（0.1mol/L）滴定至溶液颜色由红色变无色，并将滴定的结果用空白试验校正。每1ml高氯酸滴定液（0.1mol/L）相当于5.61mg的KOH。按干燥品计算，应为23.9~32.3（mg/g）。

　　【鉴别】　本品的红外光吸收图谱应与对照品的图谱一致。

　　【检查】　**黏度**　取本品6.0g，加75%乙醇溶液100ml使完全溶解后，依法测定（附录0633第二法），用旋转式黏度计0号转子，每分钟30转，在20℃时的动力黏度不得过0.015Pa•s。

　　有关物质　取本品适量，精密称定，用甲醇溶解并定量稀释制成每1ml中含1mg的溶液，作为供试品溶液。照高效液相色谱法（附录0512）测定。用十八烷基硅烷键合硅胶为填充剂；甲醇-磷酸盐缓冲液〔取磷酸氢二钠（Na_2HPO_4）3.55g和磷酸二氢钾（KH_2PO_4）3.40g，加水至1000ml，使溶解，用磷酸调节pH值至2.0〕（2∶8）为流动相；检测波长为202nm，理论板数按甲基丙烯酸峰计算不低于1000，丙烯酸乙酯峰与甲基丙烯酸甲酯峰的分离度应符合要求。精密量取供试品溶液20μl注入液相色谱仪，记录色谱图。另分别取甲基丙烯酸、丙烯酸乙酯与甲基丙烯酸甲酯对照品适量，精密称定，用甲醇溶解并定量稀释制成每1ml中含甲基丙烯酸、丙烯酸乙酯与甲基丙烯酸甲酯各3μg的溶液，同法测定，按外标法以峰面积分别计算各单体杂质峰的量，其总量不得过0.3%。

　　干燥失重　取本品，在110℃干燥6小时，减失重量不得过5.0%（附录0831）。

　　炽灼残渣　取本品1.0g，依法检查（附录0841），遗留残渣不得过0.3%。

　　重金属　取炽灼残渣项下遗留的残渣，依法检查（附录0821第二法），含重金属不得过百万分之三十。

　　砷盐　取本品1.0g，置150ml锥形瓶中，加硫酸5ml，加热至完全炭化后，逐滴加入浓过氧化氢溶液（如发生大量泡沫，停止加热并旋转锥形瓶，防止未反应物在瓶底结块），直至溶液无色，放冷，小心加水10ml，再加热至三氧化硫气体出现，放冷，缓缓加盐酸5ml与水适量使成28ml，依法检查（附录0822第一法），应符合规定（0.0002%）。

【类别】 药用辅料，包衣材料和释放阻滞剂等。

【贮藏】 密封，在阴凉处保存。

聚甲丙烯酸铵酯 Ⅱ
Jujiabingxisuan'anzhi Ⅱ
Methacrylic Acid Copolymer Ⅱ

本品为甲基丙烯酸甲酯、丙烯酸乙酯与甲基丙烯酸氯化三甲氨基乙酯以65∶30∶5的比例共聚而得。

【性状】 本品为类白色半透明或透明的形状大小不一的固体。

本品在丙酮中略溶，在沸水、异丙醇中几乎不溶。

折光率 取本品1.25g，加异丙醇-丙酮（6∶4）10ml使溶解，依法测定（附录0622），折光率为1.380～1.385。

碱值 取本品，在110℃干燥至恒重（约5小时）。精密称取1g，加二氯甲烷25ml使溶解，加冰醋酸50ml和醋酸汞试液5ml，摇匀后，加喹哪啶红指示液3滴，用高氯酸滴定液（0.1mol/L）滴定至溶液颜色由红色变无色，并将滴定的结果用空白试验校正。每1ml高氯酸滴定液（0.1mol/L）相当于5.61mg的KOH。按干燥品计算，应为12.1～18.3（mg/g）。

【鉴别】 本品的红外光吸收图谱应与对照品的图谱一致。

【检查】 黏度 取本品6.0g，加75%乙醇溶液100ml使完全溶解后，依法测定（附录0633第二法），用旋转式黏度计0号转子，每分钟30转，在20℃时的动力黏度不得过0.015Pa·s。

有关物质 取本品适量，精密称定，用甲醇溶解并定量稀释制成每1ml中含1mg的溶液，作为供试品溶液。照高效液相色谱法（附录0512）测定。用十八烷基硅烷键合硅胶为填充剂；甲醇-磷酸盐缓冲液〔取磷酸氢二钠（Na_2HPO_4）3.55g和磷酸二氢钾（KH_2PO_4）3.40g，加水至1000ml，使溶解，用磷酸调节pH值至2.0〕（2∶8）为流动相；检测波长为202nm，理论板数按甲基丙烯酸峰计算不低于1000，丙烯酸乙酯峰与甲基丙烯酸甲酯峰的分离度应符合要求。精密量取供试品溶液20μl注入液相色谱仪，记录色谱图。另分别取甲基丙烯酸、丙烯酸乙酯与甲基丙烯酸甲酯对照品适量，精密称定，用甲醇溶解并定量稀释制成每1ml中含甲基丙烯酸、丙烯酸乙酯与甲基丙烯酸甲酯各3μg的溶液，同法测定，按外标法以峰面积分别计算各单体杂质峰的量，其总量不得过0.3%。

干燥失重 取本品，在110℃干燥6小时，减失重量不得过5.0%（附录0831）。

炽灼残渣 取本品1.0g，依法检查（附录0841），遗留残渣不得过0.3%。

重金属 取炽灼残渣项下遗留的残渣，依法检查（附录0821第二法），含重金属不得过百万分之三十。

砷盐 取本品1.0g，置150ml锥形瓶中，加硫酸5ml，加热至完全炭化后，逐滴加入浓过氧化氢溶液（如发生大量泡沫，停止加热并旋转锥形瓶，防止未反应物在瓶底结块），直至溶液五色，放冷，小心加水10ml，再加热至三氧化硫气体出现，放冷，缓缓加盐酸5ml与水适量使成28ml，依法检查（附录0822第一法），应符合规定（0.0002%）。

【类别】 药用辅料，包衣材料和释放阻滞剂等。

【贮藏】 密封，在阴凉处保存。

聚 氧 乙 烯

Juyangyixi

Polyethylene Oxide

$$H \left[O \underset{}{CH_2CH_2} \right]_n OH$$

$n=2000 \sim 20\,000$

本品为环氧乙烷（或称氧化乙烯）在高温高压下，并在引发剂和催化剂存在下聚合而制得非离子均聚物，分子式以HO（CH_2CH_2O）$_n$H表示，其中n为氧乙烯基的平均数，$n=2000 \sim 20\,000$。

【性状】 本品为白色至类白色易流动的粉末。

【鉴别】 （1）本品红外光吸收图谱应与对照品的图谱一致。

（2）取本品12g，转移至800ml烧杯中，加入125ml无水异丙醇，高速搅拌使分散均匀，加入588ml的水，并快速搅拌1分钟（应避免水的溅出），继续缓慢搅拌3小时至溶液无胶状物，在水浴中放置30分钟，使溶液的温度维持在25℃±0.1℃，依法检测（附录0633第三法），黏度应为10～180cP。

【检查】 碱度 取黏度测定项下的溶液依法测定（附录0631），pH值应为8.0～10.0。

干燥失重 取本品，以五氧化二磷为干燥剂，常温减压干燥至恒重，减失重量不得过1.0%（附录0831）。

二氧化硅 取本品1.0g，精密称定，置炽灼至恒重的铂坩埚中，加硫酸4滴，加热至硫酸除尽，在700℃炽灼至恒重。加入1ml水使润湿，并缓缓加入氢氟酸20滴，蒸干后在700℃炽灼10分钟，放冷，称量。自加氢氟酸起，重复操作至恒重。以氢氟酸处理前后的净重差异计算二氧化硅含量，遗留残渣不得过3.0%。

炽灼残渣 取本品1.0g，精密称定，置炽灼至恒重的铂坩埚中，加硫酸4滴，加热至硫酸除尽，在700℃炽灼至恒重，加入1ml水使润湿，并缓缓加入氢氟酸20滴，蒸干后在700℃炽灼10分钟，放冷，称量。自加氢氟酸起，重复操作至恒重，遗留残渣不得过2.0%。

重金属 取本品1.0g，依法检查（附录0821第二法），含重金属不得过百万分之十。

碱土金属 取本品1g，精密称定，加异丙醇100ml，搅拌均匀后加水600ml，高速搅拌至样品溶解，加30%三乙醇胺溶液与10%氢氧化钠溶液各25ml，精密加入乙二胺四醋酸二钠滴定液（0.01mol/L）25ml，继续搅拌15分钟，加羟基萘酚蓝指示剂约1g，用硝酸钙滴定液（0.01mol/L）滴定至溶液显紫红色，并将滴定的结果用空白试验校正。每1ml硝酸钙滴定液（0.01mol/L）相当于0.5608mg的CaO。含碱土金属（以CaO计）不得过1.0%。

粒度 除另有规定外，照粒度和粒度分布测定法（附录0982第二法）检查，通过一号筛的应为100%，通过二号筛的应为96%～100%。

环氧乙烷和二氧六环 取本品1.0g，精密称定，置20ml顶空瓶中，100℃加热30分钟，冷却至室温，作为供试品溶液。精密称取40g丙酮，置1000ml量瓶中，加环氧乙烷对照品0.05g，二氧六环对照品0.5g密封，摇匀，作为对照品贮备液。取本品1.0g，精密称定，共4份，置20ml顶空瓶中，分别精密加入2.0μl、4.0μl、6.0μl、8.0μl对照品贮备液，密封，100℃加热30分钟，冷却至室温，作为各对照品溶液。对照品贮备液0.5ml加新配制的0.001%乙醛溶液0.1ml，密封，摇匀，作为系统适用性试验溶液（1）。量取6μl对照品贮备液置顶空瓶中，密封，摇匀，作为系统适用性试验溶液（2）。照气相色谱法（附录0521）测定，用G45为固定相的色谱柱，起始柱温70℃，维持5分钟，以每分钟10℃的速率升温至200℃，维持5分钟，进样口温度为200℃，检测器温度为250℃。顶空瓶平衡温度为100℃，平衡时间为30分钟，进样体积为1.0ml。取系统适用性试验溶液进样，环氧乙烷峰、二氧六环峰和乙醛峰之间的分离度大于2.0。丙酮峰和环氧乙烷峰之间的分离度不小于2.0。重复进样5次，环氧乙烷峰面积的相对标准偏差应不得过5%。

分别取供试品溶液和各对照品溶液，顶空进样，记录环氧乙烷峰和二氧六环面积。以各溶液中加入的环氧乙烷和二氧六环量（μg）对面积绘制标准曲线，标准曲线的相关系数不得低于0.99，标准曲线外延和含量轴相交，截距即为供试品溶液中环氧乙烷和二氧六环量（μg）。按标准曲线加入法计算，含环氧乙烷不得过0.0001%，二氧六环不得超过0.001%。

2,6-二叔丁基对甲酚 取正二十一烷适量，用丙酮溶解并稀释制成每1ml中含0.6mg的溶液，作为内标溶液，取2,6-二叔丁基对甲酚约20mg，精密称定，用丙酮溶解并稀释制成每1ml中含0.2mg的溶液，作为对照品贮备液。精密量取对照品贮备液15ml与内标溶液5ml，混匀，作为对照品溶液；另取本品3g，精密称定，置25ml量瓶中，加丙酮15ml与内标溶液5ml，振摇30分钟，离心，取上清液作为供试品溶液。分别取对照品溶液与供试品溶液各1μl，照气相色谱法（附录0521），用5%苯基-95%二甲基聚硅氧烷毛细管色谱柱，柱温50℃保持2分钟，以每分钟15℃的升温速率升温至300℃，维持10分钟，进样口温度为275℃，检测器为氢火焰离子化检测器，温度为310℃，载气为氮气，流速为每分钟2.5ml，内标峰与2,6-二叔丁基对甲酚峰的分离度应符合规定，依法测定，按外标法以峰面积计算，含2,6-二叔丁基对甲酚不得过0.1%。

乙二醇和二甘醇 取乙二醇、二甘醇对照品各200mg，置于100ml量瓶中，加无水乙醇使溶解并稀释至刻度，摇匀，作为对照贮备液。取1,3-丁二醇对照品200mg，置于100ml量瓶中，加无水乙醇使溶解并稀释至刻度，摇匀，作为内标贮备液。取对照贮备液和内标贮备液各2.5ml，分别置于50ml量瓶中，加无水乙醇使溶解并稀释至刻度，摇匀，作为对照1和内标1，分别取上述对照1和内标1溶液各1.0ml，置于25ml量瓶中，加无水乙醇使溶解并稀释至刻度，摇匀，作为对照溶液；另取本品0.1g，精密称定，置于25ml量瓶中，加无水乙醇使充分溶胀并稀释至刻度，摇匀滤过，作为供试品溶液。取对照溶液和供试品溶液，照气相色谱法（附录0521）测定。以苯基-聚二甲基硅氧烷（50%：50%）为固定相。起始温度60℃，维持5分钟，以每分钟10℃的速率升至100℃，再以每分钟4℃的速率升至170℃，最后以每分钟10℃的速率升至270℃，维持2分钟。进样口温度为270℃。检测器温度为290℃。载气为高纯氮气，按内标法计算，含乙二醇、二甘醇均不得过0.1%。

【类别】 药用辅料，崩解剂和阻滞剂等。

【贮藏】 避光密封保存。

聚氧乙烯（35）蓖麻油
Juyangyixi（35）Bimayou
Polyoxyl（35）Castor Oil

本品为聚氧乙烯甘油三蓖麻酸酯，其中还含少量聚乙二醇蓖麻酸酯、游离乙二醇。本品为1mol

甘油蓖麻酸酯与35mol环氧乙烷反应得到。

【性状】 本品为白色、类白色或淡黄色糊状物或黏稠液体；微有特殊气味。

本品在乙醇中极易溶解。

相对密度 本品的相对密度（附录0601）为1.05~1.06。

黏度 本品的运动黏度（附录0633第一法），在25℃时（毛细管内径为2.0mm或适合的毛细管内径）为570~710mm^2/s。

酸值 取本品5g，酸值（附录0713）不得过2.0。

皂化值 本品的皂化值（附录0713）为65~70。

羟值 本品的羟值（附录0713）为65~78。

碘值 本品的碘值（附录0713）为25~35。

过氧化值 本品的过氧化值（附录0713）不得过5。

【鉴别】 （1）本品的红外光吸收图谱应与聚氧乙烯（35）蓖麻油标准品的图谱一致（薄膜法）。

（2）取本品的水溶液（1→20），滴加溴试液，溴试液即褪色。

【检查】 **酸度** 取本品1.0g，加水10ml使溶解，依法测定（附录0631），pH值应为5.0~7.0。

溶液的澄清度与颜色 取本品5.0g，加水50ml溶解后，依法检查（附录0901与附录0902），溶液应澄清无色；若显浑浊，与3号浊度标准液（附录0902）比较，不得更深；若显色，与橙黄色1号标准比色液（附录0901第一法）比较，不得更深。

环氧乙烷和二氧六环 取本品1g，精密称定，置10ml顶空瓶中，精密加超纯水1.0ml，密封，摇匀，70℃放置45分钟，作为供试品溶液。量取环氧乙烷300μl（相当于环氧乙烷0.25g），置含50ml经处理的聚乙二醇400（以60℃，1.5~2.5kPa旋转蒸发6小时，除去挥发成分）的100ml量瓶中，加入前后称重，加入相同溶剂稀释至刻度，摇匀，作为环氧乙烷对照品贮备液。精密称取1g冷的环氧乙烷对照品贮备液，置含40.0ml经处理的冷聚乙二醇400的50ml量瓶中，加相同溶剂稀释至刻度。精密称取10g，置含30ml水的50ml量瓶中，用水稀释至刻度。精密量取10ml，置50ml量瓶中，加水稀释至刻度，摇匀。作为环氧乙烷对照品溶液。取二氧六环适量，精密称定，用水制成每1ml中含0.1mg的溶液，作为二氧六环对照品溶液。取本品1g，精密称定，置顶空瓶中，精密加环氧乙烷对照品溶液0.5ml及二氧六环对照品溶液0.5ml，密封，摇匀。70℃放置45分钟。作为对照品溶液。量取环氧乙烷对照品溶液0.5ml置10ml顶空瓶中，加入新鲜配制的0.001%乙醛溶液0.1ml与二氧六环对照品溶液0.1ml，密封，摇匀，70℃放置45分钟，作为系统适用性试验溶液。照气相色谱法（附录0521）试验。以聚二甲基硅氧烷为固定液的石英或玻璃毛细管色谱柱，起始柱温为50℃，维持5分钟，以每分钟5℃的速率升温至180℃，再以每分钟30℃的速率升温至230℃，维持5分钟（可根据具体情况调整）。进样口温度为150℃，检测器为火焰离子化检测器，温度为250℃。平衡温度为70℃，平衡时间45分钟，取系统适用性试验溶液1.0ml顶空进样，流速20cm/s，分流比为1:20。调整仪器灵敏度使环氧乙烷和乙醛的峰高为满量程的15%，乙醛和环氧乙烷的分离度应至少达到2.0，二氧六环峰高至少应为基线噪音的5倍以上。分别注入供试品溶液及对照品溶液1.0ml顶空进样，重复进样至少3次。环氧乙烷的3次测量值的相对标准偏差应不得过15%，二氧六环的3次测量值的相对标准偏差应不得过10%。按标准加入法计算，环氧乙烷不得过0.0001%，二氧六环不得过0.001%。

环氧乙烷含量（百万分之）按以下公式计算：

$$\frac{A_t \times C}{(A_r \times M_t) - (A_t \times M_r)}$$

式中　A_t为供试品溶液图谱中环氧乙烷的峰面积；

　　　　A_r为对照品溶液a图谱中环氧乙烷的峰面积；

　　　　M_t为供试品溶液中被测物的称量量，g；

　　　　M_r为对照品溶液a中被测物的称量量，g；

　　　　C为对照品溶液a中环氧乙烷的加入量，μg。

二氧六环含量（百万分之）按以下公式计算：

$$\frac{D_t \times C}{(D_r \times M_t) - (D_t \times M_r)}$$

式中　D_t为供试品溶液图谱中二氧六环的峰面积；

　　　　D_r为对照品溶液a图谱中二氧六环的峰面积；

　　　　C为对照品溶液a中二氧六环的加入量，μg。

环氧乙烷对照品贮备液的标定　取50%氯化镁的无水乙醇混悬液10ml，精密加入乙醇制盐酸滴定液（0.1mol/L）20ml，混匀，放置过夜，取环氧乙烷对照品贮备液5g，精密称定，置上述溶液中混匀，放置30分钟，照电位滴定法（附录0701）用氢氧化钾乙醇滴定液（0.1mol/L）滴定，用聚乙二醇400作为空白试验校正，每1ml氢氧化钾乙醇滴定液相当于4.404mg的环氧乙烷，计算，即得。

水分　取本品，照水分测定法（附录0832第一法A）测定，含水分不得过0.5%。

炽灼残渣　取本品1g，依法检查（附录0841），不得过0.2%。

重金属　取炽灼残渣项下遗留的残渣，依法检查（附录0821第二法），含重金属不得过百万分之十。

砷盐　取本品1.0g，置于坩埚中，加硝酸镁六水合物乙醇（95%）溶液（1→50）10ml，缓慢加热，蒸发乙醇，至灼烧，若有炭化物残留，加少量硝酸，继续灼烧。冷却后，加盐酸3ml，水浴加热至残渣溶解，依法检查（附录0822第二法），应符合规定（不得过百万分之二）。

无菌（供无除菌工艺的无菌制剂用）　取本品，依法检查（附录1101），应符合规定。

细菌内毒素（供注射用）　取本品，依法检查（附录1143），每1mg聚氧乙烯（35）蓖麻油中含内毒素的量应不得过0.012EU。

【类别】　药用辅料，乳化剂和增溶剂等。

【贮藏】　遮光，密闭保存。

聚维酮K30

Juweitong K 30

Povidone K 30

$(C_6H_9NO)_n$

本品系吡咯烷酮和乙烯在加压下生成乙烯基吡咯烷酮单体，在催化剂作用下聚合得到的1-乙烯基-2-吡咯烷酮均聚物，其平均分子量为3.8×10^4，分子式为$(C_6H_9NO)_n$，其中n代表1-乙烯基-2-吡咯烷酮链节的平均数。

【性状】 本品为白色至乳白色粉末；无臭或稍有特臭，无味；具引湿性。

本品在水、乙醇、异丙醇或三氯甲烷中溶解，在丙酮或乙醚中不溶。

【鉴别】 （1）取本品水溶液（1→50）2ml，加1mol/L盐酸溶液2ml与重铬酸钾试液数滴，即生成橙黄色沉淀。

（2）取本品水溶液（1→50）3ml，加硝酸钴约15mg与硫氰酸铵约75mg，搅拌后，滴加稀盐酸使呈酸性，即生成浅蓝色沉淀。

（3）取本品水溶液（1→50）3ml，加碘试液1~2滴，即生成棕红色沉淀，搅拌，溶解成棕红色溶液。

【检查】 **K值** 取本品1.00g（按无水物计算），精密称定，置100ml量瓶中，加水适量使溶解，在25℃±0.05℃恒温水浴中放置1小时后，加水稀释至刻度，依法检查（附录0633第三法），测得相对黏度η_r，按下式计算K值，应为27.0~32.0。

$$K = \frac{\sqrt{300W\lg\eta_r + (W+1.5W\lg\eta_r)^2 + 1.5W\lg\eta_r} - W}{0.15W + 0.03W^2}$$

式中 W为供试品的重量（按无水物计算），g。

pH值 取本品1.0g（按无水物计算），加水20ml溶解后，依法检查（附录0631），pH值应为3.0~7.0。

醛 取本品约20.0g（按无水物计算），置圆底烧瓶中，加4.5mol/L硫酸溶液180ml，加热回流45分钟，放冷；另取盐酸羟胺溶液（取盐酸羟胺6.95g，加水溶解并稀释至100ml，用氨试液调节pH值至3.1）20ml，置锥形瓶中，再将锥形瓶置冰浴中，连接蒸馏装置，将冷凝管下端插入盐酸羟胺溶液的液面下，加热蒸馏，至接收液的总体积约为120ml时，停止蒸馏，馏出液用氢氧化钠滴定液（0.1mol/L）滴定至pH值为3.1，并将滴定的结果用空白试验校正，消耗氢氧化钠滴定液（0.1mol/L）不得过9.1ml。

N-乙烯基吡咯烷酮 取本品10.0g（按无水物计算），加水80ml使溶解，加醋酸钠1g，精密加碘滴定液（0.05mol/L）10ml，放置10分钟，用硫代硫酸钠滴定液（0.1mol/L）滴定，至近终点时，加淀粉指示液2ml，继续滴定至蓝色消失，并将滴定的结果用空白试验校正，消耗碘滴定液（0.05mol/L）不得过3.6ml。

水分 取本品，照水分测定法（附录0832第一法A）测定，含水分不得过5.0%。

炽灼残渣 取本品1.0g，依法检查（附录0841），遗留残渣不得过0.1%。

重金属 取炽灼残渣项下遗留的残渣，依法检查（附录0821第二法），含重金属不得过百万分之十。

含氮量 取本品约0.1g，精密称定，置凯氏定氮瓶中，依次加入硫酸钾10g和硫酸铜0.5g，沿瓶壁缓缓加硫酸20ml，在凯氏定氮瓶口放一小漏斗，用直火缓缓加热，俟溶液成澄明的绿色后，继续加热30分钟，放冷。转移至100ml量瓶中，加水稀释至刻度，摇匀。精密量取10ml，照氮测定法（附录0704第二法）测定，馏出液用硫酸滴定液（0.005mol/L）滴定，并将滴定的结果用空白试验校正。按无水物计算，含氮量应为11.5%~12.8%。

【类别】 药用辅料，黏合剂和助溶剂等。

【贮藏】 遮光，密封，在干燥处保存。

蔗　糖

Zhetang

Sucrose

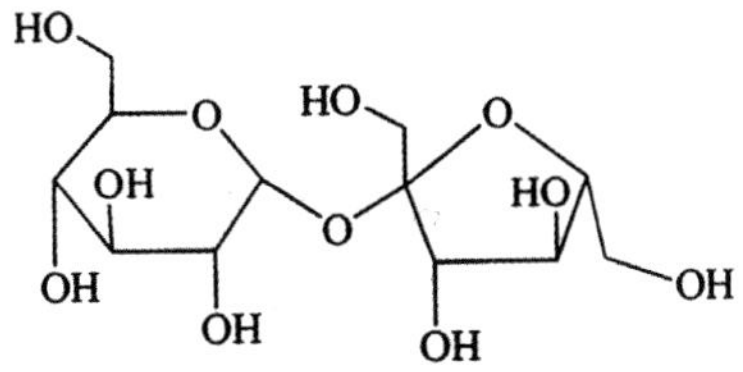

$C_{12}H_{22}O_{11}$　342.30

本品为β-D-呋喃果糖基-α-D-吡喃葡萄糖苷。

【性状】　本品为无色结晶或白色结晶性的松散粉末；无臭，味甜。

本品在水中极易溶解，在乙醇中微溶，在无水乙醇中几乎不溶。

比旋度　取本品，精密称定，加水溶解并定量稀释制成每1ml中约含0.1g的溶液，依法测定（附录0621），比旋度为+66.3°至+67.0°。

【鉴别】　（1）取本品，加0.05mol/L硫酸溶液，煮沸后，用0.1mol/L氢氧化钠溶液中和，再加碱性酒石酸铜试液，加热即生成氧化亚铜的红色沉淀。

（2）本品的红外光吸收图谱应与蔗糖对照品的图谱一致。

【检查】　溶液的颜色　取本品5g，加水5ml溶解后，如显色，与黄色4号标准比色液（附录0901第一法）比较，不得更深。

硫酸盐　取本品1.0g，依法检查（附录0802），与标准硫酸钾溶液5.0ml制成的对照液比较，不得更浓（0.05%）。

还原糖　取本品5.0g，置250ml锥形瓶中，加水25ml溶解后，精密加碱性枸橼酸铜试液25ml与玻璃珠数粒，加热回流使在3分钟内沸腾，从全沸时起，连续沸腾5分钟，迅速冷却至室温（此时注意应勿使瓶中氧化亚铜与空气接触），立即加25%碘化钾溶液15ml，摇匀，随振摇随缓缓加入硫酸溶液（1→5）25ml，俟二氧化碳停止放出后，立即用硫代硫酸钠滴定液（0.1mol/L）滴定，至近终点时，加淀粉指示液2ml，继续滴定至蓝色消失，同时做一空白试验；二者消耗硫代硫酸钠滴定液（0.1mol/L）的差数不得过2.0ml（0.10%）。

炽灼残渣　取本品2.0g，依法检查（附录0841），遗留残渣不得过0.1%。

钙盐　取本品1.0g，加水25ml使溶解，加氨试液1ml与草酸铵试液5ml，摇匀，放置1小时，与标准钙溶液（精密称取碳酸钙0.125g，置500ml量瓶中，加水5ml与盐酸0.5ml使溶解，加水至刻度，摇匀。每1ml相当于0.10mg的Ca）5.0ml制成的对照液比较，不得更浓（0.05%）。

重金属　取炽灼残渣项下遗留的残渣，依法检查（附录0821第二法），含重金属不得过百万分之五。

【类别】　药用辅料，矫味剂和黏合剂等。

【贮藏】　密封，在干燥处保存。

蔗糖八醋酸酯

Zhetang Bacusuanzhi

Sucrose Octaacetate

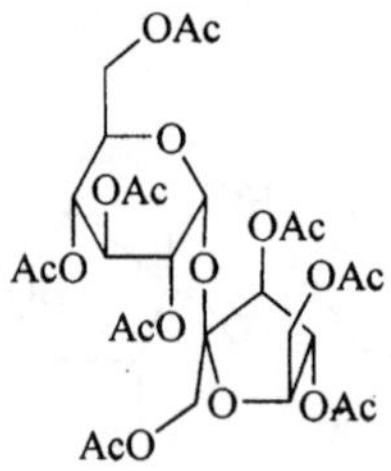

$C_{28}H_{38}O_{19}$ 678.59

本品为β-D-呋喃果糖基-α-D-吡喃葡萄糖苷八醋酸酯。按无水物计算，含$C_{28}H_{38}O_{19}$不得少于98.0%。

【性状】　本品为白色粉末；无臭，味苦；略有引湿性。

本品在甲醇、三氯甲烷中易溶，在乙醇和乙醚中溶解，在水中极微溶解。

熔点　本品的熔点（附录0612）不低于78℃。

【鉴别】　（1）取本品0.5g，加正丁醇20ml与5%氯化钠溶液20ml的混合液（预热至40~60℃），振摇使溶解，静置，分去水层，正丁醇层再用5%氯化钠溶液40ml（预热至40~60℃）分2次洗涤，取正丁醇层约2ml，置试管中，倾斜试管，沿壁缓缓加蒽酮试液约3ml至形成层状，置60℃水浴加热3分钟，在两液层接触面处出现蓝色至绿色。

（2）在含量测定项下记录的色谱图中，供试品溶液主峰的保留时间应与对照品溶液主峰的保留时间一致。

（3）本品的红外吸收图谱应与对照品的图谱一致。

【检查】　**酸度**　取本品1g，加中性乙醇20ml使溶解，加酚酞指示液2滴，加入2滴的0.1mol/L的氢氧化钠溶液2滴，溶液的颜色应变成红色。

有关物质　取本品，精密称定，用乙腈-水（75：25）溶解并稀释制成每1ml中约含20mg的溶液，作为供试品溶液；精密量取1ml，置100ml量瓶中，用乙腈-水（75：25）稀释至刻度，摇匀，作为对照溶液；精密量取对照溶液1ml，置10ml量瓶中，用乙腈-水（75：25）稀释至刻度，摇匀，作为灵敏度试验溶液。照高效液相色谱法（附录0512）试验，用十八烷基硅烷键合硅胶为填充剂，以乙腈为流动相A，以水为流动相B；检测波长为210nm；柱温为30℃；按下表进行线性梯度洗脱。取灵敏度试验溶液20μl，注入液相色谱仪，蔗糖八醋酸酯峰的信噪比应大于10；精密量取供试品溶液和对照溶液各20μl，分别注入液相色谱仪，记录色谱图至主峰保留时间的2倍。供试品溶液的色谱图中如有杂质峰，单个杂质峰面积不得大于对照溶液主峰面积（1.0%），各杂质峰面积的和不得大于对照溶液主峰面积的2.5倍（2.5%）。

时间（分钟）	流动相A（%）	流动相B（%）
0	38	62
18	38	62
20	48	52
27	48	52
29	38	62
37	38	62

水分　取本品，照水分测定法（附录0832第一法A）测定，含水分不得过1.0%。

炽灼残渣　取本品1.0g，依法检查（附录0841），遗留残渣不得过0.5%。

重金属　取炽灼残渣项下遗留的残渣，依法测定（附录0821第二法），含重金属不得过百万分之二十。

砷盐　取本品2.0g，加硫酸与硝酸各5ml，缓慢加热至沸，并不断滴加硝酸，每次2~3ml，直至溶液为无色或淡黄色，加饱和草酸铵溶液15ml，加热至冒浓烟，浓缩至2~3ml，放冷，加水至25ml，依法检查（附录0822第一法），应符合规定（0.0001%）。

【含量测定】　照高效液相色谱法（附录0512）测定。

色谱条件和系统适用性试验　用十八烷基硅烷键合硅胶为填充剂；以乙腈-水（75:25）为流动相；检测波长为210nm；理论板数按蔗糖八醋酸酯计算不低于2500。

测定法　取本品约0.5g，精密称定，置100ml量瓶中，加流动相溶解并稀释至刻度，摇匀，精密量取20μl，注入液相色谱仪，记录色谱图；另取蔗糖八醋酸酯对照品，同法测定。按外标法以峰面积计算，即得。

【类别】　药用辅料，酒精变性剂等。

【贮藏】　密闭保存。

蔗 糖 丸 芯

Zhetang Wanxin

Sugar Spheres

本品为蔗糖和淀粉及其他辅料制成的球形小丸。按干燥品计算，含蔗糖（$C_{12}H_{22}O_{11}$）量应为标示量±15%。

【性状】　本品为白色或类白色球形小丸。

【鉴别】　（1）取含量测定项下的沉淀适量，加碘试液1滴，即显蓝黑色，加水适量，摇匀，加热后逐渐褪色。

（2）取含量测定项下溶液1ml，加水稀释至20ml，摇匀，取5ml，加12.5%硫酸铜溶液（临用新制）0.15ml和8.5%氢氧化钠溶液（临用新制）2ml，振摇，溶液澄清并显蓝色。加热后，溶液仍澄清，颜色不消失，加20%盐酸溶液4ml，煮沸1分钟，加8.5%氢氧化钠溶液4ml，即生成橙红色沉淀。

（3）取含量测定项下溶液1ml，加水稀释至20ml，摇匀，取2ml，加甲醇3ml，加甲醇-水（3:2）稀释至20ml，摇匀，作为供试品溶液；另取蔗糖对照品适量，加甲醇-水（3:2）溶解并稀释制成每1ml中约含0.5mg的溶液，作为对照品溶液；再分别称取果糖、葡萄糖、乳糖和蔗糖对照品适量，加甲醇-水（3:2）溶解并定量稀释制成每1ml中各约含0.5mg的溶液，作为系统适用性溶液。照薄层色谱法（附录0502）试验，吸取上述三种溶液各2μl，分别点于高效硅胶G薄层板上（推荐Merck，或者与之性能相当），以甲醇-1,2-二氯乙烷-冰醋酸-水（15:50:25:10）（水应精密加入，如发现浑浊，应重新配制）为展开剂，展开、取出、晾干，再次展开（展开剂需重新配制），取出、晾干，在暖气流下吹干，喷以0.5%麝香草酚溶液〔取麝香草酚0.5g，加乙醇-硫酸（95:5）100ml使溶解〕，于130℃加热10分钟，立即检视，系统适用性溶液色谱中应显示四个明显斑点，供试品溶液色谱中所显示主斑点颜色与位置应与对照品溶液色谱的主斑点相同。

【检查】　粒度　取本品25g，照粒度测定法（附录0982第二法）检查，不能通过下限标示粒径和能通过上限标示粒径的总和不得少于90%。

干燥失重 取本品，在105℃干燥4小时，减失重量不得过4.0%（附录0831）。

炽灼残渣 取本品2.0g，依法检查（附录0841），遗留残渣不得超过0.2%。

重金属 取炽灼残渣项下遗留的残渣，依法检查（附录0821第二法），含重金属不得过百万分之五。

微生物限度 取本品，依法检查（附录1105与附录1106），每1g供试品中需氧菌总数不得过1000cfu，霉菌和酵母菌总数不得过100cfu，不得检出大肠埃希菌。

【含量测定】 取本品，研细，取约10g，精密称定，置于100ml量瓶中，加水适量，振摇使蔗糖溶解，加水稀释至刻度，摇匀，以每分钟10 000转离心30分钟，取上清液，依法测定旋光度（附录0621），按下式计算，即得本品中含$C_{12}H_{22}O_{11}$的百分含量（%）。

$$蔗糖含量 = \frac{10^4 \times \alpha}{66.5 \times l \times m \times (100\% - H)}$$

式中 α为旋光度；

66.5°为20℃时蔗糖的比旋度；

l为测定管长度，dm；

m为称样量，g；

H为干燥失重，%。

【类别】 药用辅料，载体材料。

【贮藏】 密闭，在干燥处保存。

【标示】 以百分比标明蔗糖含量。

蔗糖硬脂酸酯

Zhetang Yingzhisuanzhi

Sucrose Stearate

本品为蔗糖的硬脂酸酯混合物，按单酯在总酯中的相对含量，主要分为蔗糖硬脂酸酯S-3、S-7、S-11和S-15。

【性状】 本品为白色至淡黄褐色的块状固体或粉末；无臭或略有臭，无味。

本品在热的正丁醇、三氯甲烷或四氢呋喃中溶解，在水中极微溶解。

酸值 取本品4g，精密称定，加四氢呋喃40ml与水20ml，微热使溶解，放冷，照电位滴定法（附录0701），用氢氧化钠滴定液（0.1mol/L）滴定至pH值8.20为终点，并将滴定的结果用空白试验校正，酸值（附录0713）应不大于5.0。

【鉴别】 （1）取本品0.5g，加正丁醇20ml与5%氯化钠溶液20ml的混合液（预热至40~60℃），振摇使溶解，静置，分去水层，正丁醇层再用5%氯化钠溶液40ml（预热至40~60℃）分2次洗涤，取正丁醇层约2ml，置试管中，倾斜试管，沿管壁缓缓加蒽酮试液约3ml至形成层状，置60℃水浴中加热3分钟，在两液层接触面处应出现蓝色至绿色。

（2）在脂肪酸组成检查项下记录的色谱图中，供试品溶液中棕榈酸甲酯峰与硬脂酸甲酯峰的保留时间应与对照品溶液中相应峰的保留时间一致。

【检查】 游离蔗糖 照高效液相色谱法（附录0512）测定。

色谱条件与系统适用性试验　用氨基键合硅胶为填充剂；以醋酸铵的乙腈溶液（10μg/ml）为流动相A，以醋酸铵的四氢呋喃-水（90∶10）溶液（10μg/ml）为流动相B；以四氢呋喃-水（87.5∶12.5）为稀释液；用蒸发光散射器检测（参考条件：漂移管温度45℃，载气2.0L/min）。取蔗糖对照品精密称定，加稀释液溶解并稀释制成每1ml中约含0.2mg的溶液，量取20μl注入液相色谱仪，按下表进行线性梯度洗脱，记录色谱图，蔗糖峰的信噪比应大于10，各相邻峰间的分离度均应符合要求。

时间（分钟）	流动相A（%）	流动相B（%）	流速（ml/min）
0	100	0	1.0
1	100	0	1.0
9	0	100	1.0
16	0	100	1.0
16.01	0	100	2.5
38	0	100	2.5
39	100	0	2.5
42	100	0	1.0

测定法　分别取蔗糖对照品适量，精密称定，分别加稀释液溶解并定量稀释制成每1ml中约含蔗糖0.25mg、0.50mg、1.0mg、2.0mg和2.5mg的溶液，作为对照品溶液。精密量取上述对照品溶液各20μl，分别注入液相色谱仪，记录色谱图，以对照品溶液浓度的对数值与相应峰面积的对数值计算线性回归方程，相关系数（r）应不小于0.99；另取本品适量，精密称定，加稀释液溶解并定量稀释制成每1ml中约含蔗糖硬脂酸酯50mg的溶液，同法测定，用线性回归方程计算供试品中游离蔗糖的含量，应不得过4.0%。

干燥失重　取本品，以五氧化二磷为干燥剂，在60℃减压干燥至恒重，减失重量不得过3.0%（附录0831）。

炽灼残渣　取本品1.0g，依法检查（附录0841），遗留残渣不得过1.5%。

重金属　取炽灼残渣项下遗留的残渣，依法检查（附录0821第二法），含重金属不得过百万分之二十。

砷盐　取本品2.0g，加硫酸与硝酸各5ml，缓缓加热至沸，并不断滴加硝酸，每次2～3ml，直至溶液为无色或淡黄色，放冷，加饱和草酸铵溶液15ml，加热至冒浓烟，浓缩至2～3ml，放冷，加水至25ml，依法检查（附录0822第一法），应符合规定（0.0001%）。

脂肪酸组成　取本品0.1g，置50ml锥形瓶中，加0.5mol/L氢氧化钠甲醇溶液2ml，在65℃水浴中加热回流约30分钟，放冷，加14%三氟化硼甲醇溶液2ml，再在65℃水浴中加热回流约30分钟，放冷，加庚烷4ml，继续在65℃水浴中加热回流5分钟，放冷，加饱和氯化钠溶液10ml，摇匀，静置使分层，取上层液2ml，用水洗涤3次，每次2ml，并用无水硫酸钠干燥。照气相色谱法（附录0521）试验。以键合聚乙二醇为固定液，起始温度为130℃，维持2分钟，以每分钟5℃的速率升至230℃，维持18分钟，进样口温度为220℃，检测器温度为270℃，分别取月桂酸、肉豆蔻酸、棕榈酸和硬脂酸对照品各20mg，同上法操作制得对照品溶液，取1μl注入气相色谱仪，记录色谱图，各色谱峰的分离度应符合要求。取上层液1μl注入气相色谱仪，记录色谱图，按面积归一化法以峰面积计算，月桂酸和肉豆蔻酸均不大于3.0%，硬脂酸不少于40.0%，棕榈酸与硬脂酸总量不少于90.0%。

含单酯量　取本品约0.2g，精密称定，置10ml量瓶中，加三氯甲烷溶解并稀释至刻度，摇匀。照薄层色谱法（附录0502）试验，吸取上述溶液20μl，点于硅胶G薄层板上，以三氯甲烷-甲醇-冰醋酸-水（80∶10∶8∶2）为展开剂，展开，取出，晾干，在100℃加热30分钟，放冷，喷以桑色素溶液（取桑色素50mg，加甲醇溶解成100ml），置紫外光灯（365nm）下检视。并划分单酯（M：

距原点最近一个）、二酯（D：居中间二至四个）与三酯（T：距原点最远一至四个）斑点（单、二、三酯斑点群之间距离相对较大）。分别刮取M、D、T酯斑点部位的硅胶，分别置10ml离心试管中，各精密加乙醇1ml与蒽酮试液7ml，摇匀，置60℃水浴中加热20分钟，放冷，离心分离15分钟，转速为每分钟2500转，取上清液，作为供试品溶液；另刮取同一薄层板空白处与供试品斑点相同大小的硅胶，同法处理作为空白对照溶液。照紫外-可见分光光度法（附录0401），在625nm的波长处分别测定吸光度，得A_M、A_D与A_T，按下式计算含单酯量（按总酯100%计），S-3含单酯量为0%～24%；S-7为25%～44%；S-11为45%～64%；S-15为不少于65%。

$$蔗糖单硬脂酸酯含量 = \frac{1.754A_M}{1.754A_M + 2.508A_D + 3.261A_T} \times 100\%$$

【类别】 药用辅料，增溶剂和乳化剂等。

【贮藏】 密封，在干燥处保存。

碱 石 灰

Jianshihui

Soda Lime

本品为氢氧化钙与氢氧化钠（或氢氧化钾）的混合物。

【性状】 本品为白色或灰白色颗粒，或含有着色指示剂的颗粒，以显示本品的二氧化碳吸收力。

【鉴别】 （1）取本品1小粒，置湿润的红色石蕊试纸上，试纸立即变蓝。

（2）本品显钙盐的鉴别反应（附录0301）。

（3）本品显钠盐鉴别（1）的反应（附录0301）。

（4）本品显钾盐鉴别（1）的反应（附录0301）。

以上（3）、（4）两项可选做一项。

【检查】 取本品约500g，照粒度和粒度分布法（附录0982第二法 双筛分法）检查，未通过孔径为4.0mm药筛的部分不得过1%；通过孔径为0.45mm药筛的部分不得过2%。

颗粒硬度 取本品约20g，置19cm×10.5cm×5cm的铝匣内，加直径为7.9mm的钢珠20粒，以每秒来回两次的速度于平板上面移动，移动距离为26cm（包括匣子长度19cm在内），移动时间为3分钟，取出钢珠，用孔径为0.45mm的药筛过筛，不能通过部分，不得少于80%。

干燥失重 取本品，在105℃干燥2小时，减失重量应为10.0%～15.0%（附录0831）。

吸湿力 取本品约10g，置直径约50mm、高30mm的称量瓶中，精密称定重量后，启盖，置贮有14%（ml/ml）硫酸液的干燥器中，放置24小时，增加的重量不得过7.5%。

二氧化碳吸收力 取内径约15mm、高15cm的干燥U形玻璃管一支，下端用干燥棉花宽松充填后，在管的一臂中，加入干燥氯化钙约5g，精密称定重量；另一臂中加本品约10g，再精密称定重量，管口各塞单孔木塞，塞孔中各插入玻璃管一支，将置有本品的臂上的玻璃管与贮有干燥氯化钙的另一玻璃管连接，以每分钟75ml的速度，将二氧化碳气体经过氯化钙通入本品，20分钟后，放冷至室温，称定重量，所增加的重量不得少于供试品重量的19.0%。

【类别】 药用辅料，二氧化碳吸收剂。

【贮藏】 遮光，密闭保存。

碳酸丙烯酯

Tansuan Bingxizhi

Propylene Carbonate

$C_4H_6O_3$　102.09

本品为4-甲基-1,3-二氧戊环-2-酮。含$C_4H_6O_3$不得少于99.0%。

【性状】　本品为无色或淡黄色透明液体。

相对密度　应为1.203～1.210（附录0601）。

【鉴别】　本品的红外光吸收图谱应与对照品的图谱一致。

【检查】　**酸碱度**　取本品10ml，加饱和氯化钾溶液0.3ml，用水稀释至100ml，摇匀，依法测定（附录0631），pH值应为6.0～7.5。

炽灼残渣　取本品1.0g，依法检查（附录0841），不得过0.1%。

【含量测定】　取本品0.6g，精密称定，置250ml碘瓶中，精密加氢氧化钡溶液{取氢氧化钡 ［Ba（OH）$_2$·8H$_2$O］75g，加新沸过的冷水1000ml，即得。本液应临用滤过}50ml，充氮去除空气和二氧化碳后密塞，并加3滴水形成水封。置95～100℃水浴中加热15分钟，加酚酞指示液6滴，趁热用盐酸滴定液（0.5mol/L）滴定至溶液无色，并将滴定的结果用空白试验校正。每1ml盐酸滴定液（0.5mol/L）相当于25.52mg的$C_4H_6O_3$。

【类别】　药用辅料，溶剂等。

【贮藏】　密封保存。

碳　酸　氢　钠

Tansuanqingna

Sodium Bicarbonate

$NaHCO_3$　84.01

本品系取碳酸钠饱和溶液通入二氧化碳，生成碳酸氢钠，经干燥即得。或以氯化钠、氨、二氧化碳为原料，在一定条件下反应，生成碳酸氢钠和氯化铵，利用其溶解度差异经分离、干燥而得。本品按干燥品计算，含$NaHCO_3$不得少于99.0%。

【性状】　本品为白色结晶性粉末；无臭，味咸；在潮湿空气中即缓缓分解；水溶液放置稍久，或振摇，或加热，碱性即增强。

本品在水中溶解，在乙醇中不溶。

【鉴别】　本品的水溶液显钠盐与碳酸氢盐的鉴别反应（附录0301）。

【检查】　**碱度**　取本品0.20g，加水20ml使溶解，依法测定（附录0631），pH值应不高于8.6。

溶液的澄清度　取本品1.0 g，加水20ml溶解后，溶液与2号浊度标准液（附录0902）比较，不得更浓。

氯化物　取本品0.15g，加水溶解使成25ml，滴加硝酸使成微酸性后，置水浴中加热除尽二氧化碳，放冷，依法检查（附录0801），与标准氯化钠溶液3.0ml制成的对照液比较，不得更浓（0.02%）。

硫酸盐 取本品0.50g，加水溶解使成40ml，滴加盐酸使成微酸性后，置水浴中加热以除尽二氧化碳，放冷，依法检查（附录0802），与标准硫酸钾溶液1.5ml制成的对照液比较，不得更浓（0.03%）。

铵盐 取本品1.0g，加氢氧化钠试液10ml，加热，发生的蒸气遇湿润的红色石蕊试纸不得变蓝色。

干燥失重 取本品4.0g，置硅胶干燥器中干燥4小时，减失重量不得过0.25%（附录0831）。

铁盐 取本品1.0g，加水适量溶解后，加稀硝酸使成微酸性，煮沸1分钟，放冷，用水稀释制成25ml，依法检查（附录0807），与标准铁溶液1.5ml制成的对照液比较，不得更深（0.0015%）。

重金属 取本品4.0g，加稀盐酸19ml与水5ml后，煮沸5分钟，放冷，加酚酞指示液1滴，并滴加氨试液至溶液显粉红色，放冷，加醋酸盐缓冲液（pH3.5）2ml与水适量使成25ml，依法检查（附录0821第一法），含重金属不得过百万分之五。

砷盐 取本品1.0g，加水23ml溶解后，加盐酸5ml，依法检查（附录0822第一法），应符合规定（0.0002%）。

【含量测定】 取本品约1g，精密称定，加水50ml使溶解，加甲基红-溴甲酚绿混合指示液10滴，用盐酸滴定液（0.5mol/L）滴定至溶液由绿色转变为紫红色，煮沸2分钟，冷却至室温，继续滴定至溶液由绿色变为暗紫色。每1ml盐酸滴定液（0.5mol/L）相当于42.00mg的$NaHCO_3$。

【类别】 药用辅料，碱化剂。

【贮藏】 密封，在干燥处保存。

碳 酸 氢 钾

Tansuanqingjia

Potassium Bicarbonate

$KHCO_3$　100.12

本品系在饱和的碳酸钾溶液中，通入二氧化碳，冷却结晶而得。按干燥品计，含$KHCO_3$不得少于99.0%。

【性状】 本品为白色或类白色结晶性粉末或无色结晶。

本品在水中易溶，在乙醇中几乎不溶。

【鉴别】 本品显钾盐（1）项和碳酸氢盐的鉴别反应（附录0301）。

【检查】 碱度 取本品2.5g，加水50ml溶解后，依法检查（附录0631），pH值不得过8.6。

溶液的澄清度与颜色 取本品5.0g，加水100ml溶解后，依法检查（附录0901与附录0902）溶液应澄清无色。

碳酸盐 取本品3.0g，置瓷研钵中，加入乙醇25ml和水5ml研磨。滴加酚酞指示液3滴，用氯化钡溶液（精密称取氯化钡12.216g，溶于300ml水中并加乙醇定容至1000ml）滴定至混悬液变为无色。研磨2分钟，如混悬液变为粉色，继续用氯化钡溶液滴定至无色；必要时反复滴加氯化钡溶液并研磨2分钟，直至研磨后混悬液不再显粉色为终点。每1ml氯化钡溶液相当于6.911mg碳酸钾。含碳酸盐不得过2.5%。

氯化物 取本品0.33g，加水溶解使成25ml，滴加硝酸使成微酸性后，置水浴中加热以除尽二氧化碳，放冷，依法检查（附录0801），与标准氯化钠溶液5.0ml制成的对照液比较，不得更浓（0.015%）。

硫酸盐 取本品1.0g，加水溶解使成40ml，滴加盐酸使成微酸性后，置水浴中加热以除尽二氧化碳，放冷，依法检查（附录0802），与标准硫酸钾溶液1.5ml 制成的对照液比较，不得更浓（0.015%）。

铵盐 取本品1.0g，加水50ml溶解后，加碱性碘化汞钾试液2ml，放置15 分钟，依法检查（附录0808）；如显色，与标准氯化铵溶液2.0ml 制成的对照液比较，不得更深（0.002%）。

干燥失重 取本品4.0g，置硅胶干燥器中干燥4小时，减失重量不得过0.3%（附录0831）。

钙盐 取本品1.0g，加新沸过的冷水50ml溶解后，加氨试液1ml与草酸铵试液2ml，摇匀，放置2小时；如发生混浊，与标准钙溶液（精密称取碳酸钙0.125g，置500ml 量瓶中，加水5ml与盐酸0.5ml的混合液使溶解，并用水稀释至刻度，摇匀，每1ml 相当于0.1mg的Ca）1.0ml 制成的对照液比较，不得更浓（0.01%）。

铁盐 取本品1.0g，加水适量溶解后，加稀盐酸使成微酸性，煮沸除尽二氧化碳气体，放冷，用水稀释制成25ml，依法检查（附录0807），与标准铁溶液2.0ml 制成的对照液比较，不得更深（0.002%）。

钠 取本品0.25g，置50ml量瓶中，用水溶解并稀释至刻度，摇匀，分别精密量取20ml置两个50ml量瓶中，各加盐酸溶液（1→2）10ml，一个量瓶中加水稀释至刻度，摇匀，精密量取10ml，置50ml量瓶中，加水稀释至刻度，作为供试品溶液；另一个量瓶中加标准氯化钠溶液（每1ml中含Na0.1mg）5ml，加水稀释至刻度，摇匀，精密量取10ml，置50ml量瓶中，加水稀释至刻度，作为对照溶液。照原子吸收分光光度法（附录0406第二法），在589nm 的波长处测定，应符合规定（0.50%）。

重金属 取本品2.0g，加稀盐酸12ml与水5ml后，煮沸5分钟，放冷，加酚酞指示液1滴，并滴加氨试液至溶液显粉红色，放冷，加醋酸盐缓冲液（pH3.5）2ml与水适量使成25ml，依法检查（附录0821第一法），含重金属不得过百万分之十。

砷盐 取本品1.0g，加水23ml溶解后，加盐酸5ml，依法检查（附录0822第一法），应符合规定（0.0002%）。

【含量测定】 取本品2g，精密称定，加水100ml 使溶解，加甲基红-溴甲酚绿混合指示液10滴，用盐酸滴定液（1.0mol/L）滴定至溶液由绿色转变为紫红色，煮沸2分钟，冷却至室温，继续滴定至溶液由绿色转变为暗紫色，并将滴定的结果用空白试验校正。每1ml盐酸滴定液（1.0mol/L）相当于100.1mg 的$KHCO_3$。

【类别】 药用辅料，pH值调节剂等。

【贮藏】 密闭保存。

精制玉米油
Jingzhi Yumiyou
Refined Corn Oil

本品系由植物玉蜀黍种子的胚芽，用热压法制成的脂肪油。

【性状】 本品为淡黄色的澄明油状液体；微有特殊臭，味淡。

本品可与乙醚、三氯甲烷、石油醚、丙酮混溶，在乙醇中微溶。

相对密度 本品的相对密度（附录0601）应为0.915～0.923。

折光率 本品的折光率（附录0622）应为1.472～1.475。

酸值 应不大于0.6（附录0713）。

皂化值 应为187～195（附录0713）。

碘值 应为108～128（附录0713）。

水分与挥发物 不得过0.2%（附录0713）。

【**检查**】 **脂肪酸组成** 取本品8～10滴（重150～250mg），置50ml量瓶中（滴入时勿碰瓶壁），加0.5mol／L氢氧化钾甲醇溶液4ml，在65℃水浴中加热，待油珠溶解后，放冷，加15%三氟化硼甲醇溶液5ml，在65℃水浴中加热2分钟，放冷，加正己烷1～4ml，在65℃水浴中加热1分钟，放冷，加入饱和氯化钠溶液至瓶颈部，混匀，静置分层，照气相色谱法（附录0521）测定。以聚丁二酸乙二醇酯为固定液，涂布浓度为10%～15%，载气为氮气，流速为每分钟30ml，氢气流速为每分钟30ml，空气流速为每分钟300ml，进样口温度为250℃，检测器温度为250℃，柱温为185℃。取上层液1～2μl，注入气相色谱仪，记录色谱图，其出峰顺序方棕榈酸、硬脂酸、油酸、亚油酸和亚麻酸，按不加校正因子的面积归一化法计算峰面积，依次为8%～19%、1%～4%、19%～50%、34%～62%、0%～2%，应符合规定。

不皂化物 取本品约5g，精密称定，置250ml锥形瓶中，加氢氧化钾乙醇溶液（取氢氧化钾10g，加乙醇溶解并稀释至100ml，即得）50ml，加热回流1小时，放冷，将瓶中的内容物移至分液漏斗中，用100ml热水分次洗涤锥形瓶，洗液并入分液漏斗中，再加水50ml置分液漏斗中，放冷，用乙醚提取3次，每次100ml，合并乙醚提取液，用水洗涤乙醚提取液，直至洗液中加酚酞指示液2滴不显红色为止，加少量无水硫酸钠置乙醚提取液中，放置1小时，滤过，滤液置已恒重的蒸发皿中，并用乙醚10ml洗涤分液漏斗，洗液并入蒸发皿中，置50℃水浴上蒸去乙醚，加丙酮3ml溶解残渣，置水浴上蒸去丙酮，在70～80℃减压干燥30分钟，并在减压条件下放冷，称定重量。将称重后的残渣加乙醚2ml溶解，再加中性乙醇10ml与酚酞指示液2滴，用乙醇制氢氧化钾滴定液（0.1mol／L）滴定至溶液呈淡红色并在30秒内不褪色，以残渣重量（g）为a，供试品消耗的乙醇制氢氧化钾滴定液（0.1mol/L）体积（ml）为b，供试品重量（g）为W，按下式计算不皂化物，不得过1.5%。

$$不皂化物含量 = \frac{a-(b \times 0.0282)}{W} \times 100\%$$

微生物限度 取本品，依法检查（附录1105与附录1106），每1ml供试品中需氧菌总数不得过100cfu，真菌及酵母菌总数不得过100cfu，不得检出大肠埃希菌。

【**类别**】 药用辅料，溶剂和分散剂等。

【**贮藏**】 遮光，密封，在阴凉处保存。

精　氨　酸

Jing'ansuan

Arginine

$C_6H_{14}N_4O_2$　174.20

本品为L-2-氨基-5-胍基戊酸。按干燥品计算，含$C_6H_{14}N_4O_2$不得少于99.0%。

【性状】 本品为白色结晶或结晶性粉末，几乎无臭，有特殊味。

本品在水中易溶，在乙醇中几乎不溶；在稀盐酸中易溶。

比旋度 取本品，精密称定，加6mol/L盐酸溶液溶解并定量稀释制成每1ml中约含80mg的溶液，依法测定（附录0621），比旋度为+26.9°至+27.9°。

【鉴别】 （1）取本品与精氨酸对照品各适量，分别加0.1mol/L盐酸溶液溶解并稀释制成每1ml中约含10mg的溶液，作为供试品溶液与对照品溶液。照其他氨基酸项下的色谱条件试验，供试品溶液所显主斑点的位置和颜色应与对照品溶液的主斑点相同。

（2）本品的红外光吸收图谱应与对照的图谱一致。

【检查】 碱度 取本品2.5g，加水25ml溶解后，依法检查（附录0631），pH值应为10.5~12.0。

溶液的透光率 取本品1.0g，加水10ml溶解后，照紫外-可见分光光度法（附录0401），在430nm的波长处测定透光率，不得低于98.0%。

氯化物 取本品0.30g，依法检查（附录0801），与标准氯化钠溶液6.0ml制成的对照液比较，不得更浓（0.02%）。

硫酸盐 取本品1.0g，依法检查（附录0802），与标准硫酸钾溶液2.0ml制成的对照液比较，不得更浓（0.02%）。

铵盐 取本品0.10g，依法检查（附录0808），与标准氯化铵溶液2.0ml制成的对照液比较，不得更深（0.02%）。

蛋白质 取本品1g，加水10ml溶解后，加20%三氯醋酸溶液5滴，不得生成沉淀。

其他氨基酸 取本品适量，加0.1mol/L盐酸溶液溶解并稀释制成每1ml中约含10mg的溶液，作为供试品溶液；精密量取1ml置250ml量瓶中，用0.1mol/L盐酸溶液稀释至刻度，摇匀，作为对照溶液；另取精氨酸对照品与盐酸赖氨酸对照品各适量，置同一量瓶中，加0.1mol/L盐酸溶液溶解并稀释制成每1ml中分别约含精氨酸10mg和盐酸赖氨酸0.4mg的溶液，作为系统适用性溶液。照薄层色谱法（附录0502）试验，吸取上述三种溶液各5μl，分别点于同一硅胶G薄层板上，以正丙醇-浓氨溶液（6:3）为展开剂，展开约20cm后，晾干，在90℃干燥约10分钟，放冷，喷以1%茚三酮的正丙醇溶液，在90℃加热至斑点出现，立即检视。对照溶液应显一个清晰的斑点，系统适用性溶液应显两个完全分离的斑点。供试品溶液如显杂质斑点，不得超过1个，其颜色与对照溶液的主斑点比较，不得更深（0.4%）。

干燥失重 取本品，在105℃干燥3小时，减失重量不得过0.5%（附录0831）。

炽灼残渣 不得过0.1%（附录0841）。

铁盐 取本品1.0g，依法检查（附录0807），与标准铁溶液1.0ml制成的对照液比较，不得更深（0.001%）。

重金属 取本品1.0，加水23ml与醋酸盐缓冲液（pH3.5）2ml溶解后，依法检查（附录0821第一法），含重金属不得过百万分之十。

砷盐 取本品2.0，加水23ml溶解后，加盐酸5ml，依法检查（附录0822第一法），应符合规定（0.0001%）。

细菌内毒素 取本品，依法检查（附录1143），每1g精氨酸中含内毒素的量应小于10EU。（供注射用）

【含量测定】 取本品约80mg，精密称定，加无水甲酸3ml使溶解后，加冰醋酸50ml，照电位滴定法（附录0701），用高氯酸滴定液（0.1mol/L）滴定，并将滴定的结果用空白试验校正。每1ml高氯酸滴定液（0.1mol/L）相当于8.710mg的$C_6H_{14}N_4O_2$。

【类别】 药用辅料，增溶剂和冻干保护剂等。

【贮藏】 密封保存。

橄 榄 油

Ganlanyou

Olive Oil

本品系由油橄榄的成熟核果提炼制成的脂肪油。

【性状】 本品为淡黄色的澄清液体；无臭或几乎无臭。

本品可与乙醚或三氯甲烷混溶，在乙醇中极微溶解，在水中几乎不溶。

相对密度 本品的相对密度（附录0601）为0.908～0.915。

酸值 应不大于1.0（附录0713）。

皂化值 应为186～194（附录0713）。

碘值 应为79～88（附录0713）。

【检查】 **吸光度** 取本品1.00g，置100ml量瓶中，加环己烷适量溶解并稀释至刻度，照紫外-可见分光光度法（附录0401），在270nm的波长处测定，吸光度不得过1.2。

过氧化物 取本品10.0g，置250ml碘瓶中，立即加冰醋酸-三氯甲烷（60：40）30ml，振摇使溶解，精密加碘化钾试液0.5ml，密塞，准确振摇1分钟，加水30ml，用硫代硫酸钠滴定液（0.01mol/L）滴定，至近终点时，加淀粉指示液0.5ml，继续滴定至蓝色消失，并将滴定的结果用空白试验校正。消耗硫代硫酸钠滴定液（0.01ml）不得过10.0ml。

不皂化物 取本品5.0g，精密称定，置250ml锥形瓶中，加氢氧化钾乙醇溶液（取氢氧化钾12g，加水10ml溶解后，用乙醇稀释至100ml，摇匀）50ml，加热回流1小时，放冷至25℃以下，转移至分液漏斗中，用水洗涤锥形瓶2次，每次50ml，洗液并入分液漏斗中。用乙醚提取3次，每次100ml；合并乙醚提取液，用水洗涤乙醚提取液3次，每次40ml，静置分层，弃去水层；依次用3%氢氧化钾溶液与水洗涤乙醚层各3次，每次40ml。再用水40ml反复洗涤乙醚层直至最后洗液中加酚酞指示液2滴不显红色。转移乙醚提取液至已恒重的蒸发皿中，用乙醚10ml洗涤分液漏斗，洗液并入蒸发皿中，置50℃水浴上蒸去乙醚，用丙酮6ml溶解残渣，置空气流中挥去丙酮。在105℃干燥至连续两次称重之差不超过1mg，不皂化物不得过1.5%。

用中性乙醇20ml溶解残渣，加酚酞指示液数滴，用乙醇制氢氧化钠滴定液（0.1mol/L）滴定至粉红色持续30秒不褪色，如果消耗乙醇制氢氧化钠滴定液（0.1mol/L）超过0.2ml，残渣总量不能当作不皂化物重量，试验必须重做。

碱性杂质 在试管中加新蒸馏的丙酮10ml、水0.3ml与0.04%的溴酚蓝乙醇溶液1滴，用0.01mol/L盐酸溶液或0.01mol/L氢氧化钠溶液调节至中性，加本品10ml，充分振摇后静置。用盐酸滴定液（0.01mol/L）滴定至上层液出现黄色，消耗的盐酸滴定液（0.01mol/L）不得过0.1ml。

棉籽油 取本品5ml，置试管中，加1%硫黄的二硫化碳溶液与戊醇的等容混合液5ml，置饱和氯化钠水浴中，注意缓缓加热至泡沫停止（除去二硫化碳），继续加热15分钟，应不显红色。

芝麻油 取本品10ml，加盐酸10ml，加新制的糠醛乙醇溶液（1→50）0.1ml，剧烈振摇15秒，酸液层应不出现粉红至深红的颜色。如有颜色，加水10ml，再次剧烈振摇，酸液层颜色应消失。

水分 取本品，以无水平醇-癸醇（1:1）为溶剂，照水分测定法（附录0832第一法A）测定，含水分不得过0.5%。

重金属 取本品4.0g，置50ml瓷蒸发皿中，加硫酸4ml，混匀，缓缓加热至硫酸除尽后，加硝酸2ml与硫酸5滴，小火加热至氧化氮气除尽后，在500～600℃炽灼残渣使完全灰化，放冷，依法检查（附录0821第二法），含重金属不得过百万分之十。

砷盐 取本品1.0g，加氢氧化钙1.0g，混合，加水搅拌均匀，干燥后，先用小火灼烧使炭化，再在500～600℃炽灼使完全灰化，放冷，加盐酸5ml与水23ml，依法检查（附录0822第一法），应符合规定（不得过0.0002%）。

脂肪酸组成 取本品0.1g，置50ml锥形瓶中，加0.5mol/L氢氧化钠甲醇溶液2ml，在65℃水浴中加热回流30分钟，放冷，加15%三氟化硼甲醇溶液2ml，再在65℃水浴中加热回流30分钟，放冷，加庚烷4ml，继续在65℃水浴中加热回流5分钟后，放冷，加饱和氯化钠溶液10ml，摇匀，静置使分层，取上层液，用水洗涤3次，每次2ml，取上层液经无水硫酸钠干燥，作为供试品溶液。照气相色谱法（附录0521）试验。以键合聚乙二醇为固定液，起始温度为230℃，维持11分钟，以每分钟5℃的速率升温至250℃，维持10分钟。进样口温度为260℃，检测器温度为270℃。分别取棕榈酸甲酯、棕榈油酸甲酯、硬脂酸甲酯、油酸甲酯、亚油酸甲酯、亚麻酸甲酯、花生酸甲酯、二十碳烯酸甲酯、山嵛酸甲酯与二十四烷酸甲酯对照品，加正己烷适量溶解制成每1ml含上述对照品各0.1mg的溶液，取1μl注入气相色谱仪，记录色谱图，理论板数按油酸甲酯峰计算不低于10 000，各色谱峰的分离度应符合要求。取供试品溶液1μl注入气相色谱仪，记录色谱图，按面积归一化法以峰面积计算，含碳原子数少于16的饱和脂肪酸不大于0.1%,棕榈酸应为7.5%～20.0%，棕榈油酸不大于3.5%，硬脂酸应为0.5%～5.0%，油酸应为56.0%～85.0%，亚油酸应为3.5%～20.0%，亚麻酸不大于1.2%，花生酸不大于0.7%，二十碳烯酸不大于0.4%，山嵛酸不大于0.2%，二十四烷酸不大于0.2%。

【类别】 药用辅料，溶剂和分散剂等。

【贮藏】 避光，密封，在凉暗处保存。

醋　酸

Cusuan

Acetic Acid

$C_2H_4O_2$　60.05

本品含$C_2H_4O_2$应为36%～37%（g/g）。

【性状】 本品为无色澄明液体；有刺激性特臭和辛辣的酸味。

本品能与水、乙醇或甘油混溶。

相对密度 本品的相对密度在25℃时（附录0601）为1.04～1.05。

【鉴别】 （1）本品能使蓝色的石蕊试纸变红。

（2）本品加氢氧化钠试液中和后，显醋酸盐的鉴别反应（附录0301）。

【检查】 氯化物 取本品1.0ml，依法检查（附录0801），与标准氯化钠溶液7.0ml制成的对照液比较，不得更浓（0.007%）。

硫酸盐 取本品2.5ml，加水稀释使成20ml，精密量取5ml，依法检查（附录0802），与标准硫酸钾溶液1.5ml制成的对照液比较，不得更浓（0.024%）。

甲酸与易氧化物 取本品5.0ml，加硫酸6ml，混匀，放冷至20℃，加重铬酸钾滴定液

（0.01667mol/L）2.0ml，放置1分钟后，加水25ml，再加碘化钾试液1ml，淀粉指示液1ml，用硫代硫酸钠滴定液（0.1mol/L）滴定，消耗滴定液不得少于1.0ml。

还原物质 取本品5.0ml，加水20ml与高锰酸钾滴定液（0.02mol/L）0.2ml，摇匀，放置1分钟，粉红色不得完全消失。

乙醛 取本品5ml，精密称定，置10ml量瓶中，用水稀释至刻度，摇匀，取2.5ml，置顶空瓶中，加3.2mol/L氢氧化钠溶液2.5ml，立即密封，摇匀，作为供试品溶液；另取乙醛对照品适量，精密称定，用1.6mol/L醋酸钠溶液稀释制成每1ml中约含0.05mg的溶液，精密量取5ml，置顶空瓶中，密封，作为对照品溶液。照残留溶剂测定法（附录0861第二法）测定，以聚乙二醇聚硅氧烷为固定液的毛细管柱为色谱柱；柱温35℃维持5分钟，以每分钟30℃的速率升温至120℃，维持2分钟；进样口温度200℃；检测器温度250℃；顶空平衡温度为80℃，平衡时间为30分钟。取供试品溶液和对照品溶液分别顶空进样，按外标法以峰面积计算，含乙醛不得过0.02%。

不挥发物 取本品20ml，置105℃恒重的蒸发皿中，在水浴上蒸干后，在105℃干燥至恒重，遗留残渣不得过1mg。

重金属 取本品10ml，水浴蒸干，残渣加水20ml使溶解，分取15ml，加醋酸盐缓冲液（pH3.5）1.5ml与水适量使成25ml，依法检查（附录0821第一法），含重金属不得过百万分之二。

【含量测定】 取本品约4ml，精密称定，置锥形瓶中，加新沸放冷的水40ml，加酚酞指示液3滴，用氢氧化钠滴定液（1mol/L）滴定。每1ml氢氧化钠滴定液（1mol/L）相当于60.05mg的$C_2H_4O_2$。

【类别】 药用辅料，pH值调节剂和缓冲剂等。

【贮藏】 置玻璃瓶内，密封保存。

醋酸纤维素
Cusuan Xianweisu
Cellulose Acetate

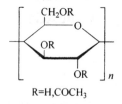

R=H,COCH₃

本品为部分或完全乙酰化的纤维素。按干燥品计算，含乙酰基（C_2H_3O）应为29.0%～44.8%，且应为标示量的90.0%～110.0%。

【性状】 本品为白色、微黄白色或灰白色的粉末或颗粒；有引湿性。

本品在甲酸、丙酮或甲醇与二氯甲烷的等体积混合液中溶解，在水或乙醇中几乎不溶。

【鉴别】 取本品适量溶于二氧六环中，取1滴滴于溴化钾晶片中，105℃干燥1小时后测定，其红外光吸收图谱应与对照品的图谱一致。

【检查】 **黏度** 取本品10g，精密称定，振摇溶解于甲醇-二氯甲烷（50:50）的混合溶液100ml中，用适宜的单柱型旋转黏度计（Brookfield type LV model或效能相当黏度计），2号转子每分钟60转，在20℃±0.1℃，依法测定（附录0633第二法），黏度应为标示黏度的75%～140%。

干燥失重　取本品，在105℃干燥3小时，减失重量不得过5.0%（附录0831）。

炽灼残渣　取本品2.0g，依法检查（附录0841），遗留残渣不得过0.1%。

重金属　取炽灼残渣项下遗留的残渣，依法检查（附录0821第二法），含重金属不得过百万分之十。

游离酸　取本品5.0g，精密称定，加新沸过的冷水150ml，振摇，放置3小时。滤过，滤渣用水洗净，合并滤液与洗液，加酚酞指示液2～3滴，用氢氧化钠滴定液（0.01mol/L）滴定至粉红色。每1ml氢氧化钠滴定液（0.01mol/L）相当于0.6005mg的游离酸。按干燥品计算，含游离酸不得过0.1%。

残留溶剂　取本品约0.1g，精密称定，置顶空瓶中，精密加水5ml，加无水硫酸钠1.0g，密封，作为供试品溶液；另取二氯甲烷、三氯甲烷、1,1,2-三氯乙烯与二氧六环，精密称定，加水溶解并稀释制成每1ml中含二氯甲烷、三氯甲烷、1,1,2-三氯乙烯与二氧六环分别为12μg、1.2μg、1.6μg与7.6μg的溶液。精密量取5ml，置顶空瓶中，加无水硫酸钠1.0g，密封，作为对照品溶液。照残留溶剂测定法（附录0861第一法）试验，以（5%）苯基-（95%）甲基聚硅氧烷为固定液的毛细管柱为色谱柱；柱温为35℃；进样口温度为100℃，检测器温度为260℃；顶空瓶平衡温度为80℃，平衡时间为60分钟，进样体积为1.0ml。取对照品溶液顶空进样，各成分峰之间的分离度均应符合要求。精密量取供试品溶液与对照品溶液，分别顶空进样，记录色谱图，按外标法以峰面积计算，均应符合规定。

【含量测定】　乙酰基含量低于42.0%的照本法测定。

取本品约2.0g，精密称定，置锥形瓶中，加丙酮100ml和水10ml，密塞，用磁力搅拌器搅拌至完全溶解，精密加入氢氧化钠滴定液（1.0mol/L）30ml，继续搅拌30分钟，加热水100ml，冲洗锥形瓶内壁，再继续搅拌2分钟，放冷，加酚酞指示液2～3滴，用硫酸滴定液（0.5mol/L）滴定至终点，并将滴定的结果用空白试验校正。每1ml硫酸滴定液（0.5mol/L）相当于43.05mg的C_2H_3O。

乙酰基含量高于42.0%的照本法测定。

取本品2.0g，精密称定，置锥形瓶中，加二甲基亚砜30ml和丙酮100ml，密塞，用磁力搅拌器搅拌16小时，精密加入氢氧化钠滴定液（1.0mol/L）30ml，继续搅拌6分钟，静置60分钟，加热水100ml，冲洗锥形瓶内壁，再继续搅拌2分钟，放冷，加酚酞指示液4～5滴，用盐酸滴定液（0.5mol/L）滴定至终点，精密滴加过量的盐酸滴定液（0.5mol/L）0.5ml，搅拌5分钟，静置30分钟，用氢氧化钠滴定液（0.5mol/L）滴定至粉红色，并将滴定的结果用空白试验校正。每1ml盐酸滴定液（0.5mol/L）相当于21.525mg的C_2H_3O。

【类别】　药用辅料，释放阻滞剂和包衣材料等。

【贮藏】　密封保存。

醋　酸　钠

Cusuanna

Sodium Acetate

$C_2H_3NaO_2 \cdot 3H_2O$　136.08

本品常用结晶碳酸钠和醋酸反应后，滤过、蒸发、冷却、结晶、常温干燥而制成。按干燥品计算，含醋酸钠（$C_2H_3NaO_2$）不得少于99.0%。

【性状】　本品为无色结晶或白色结晶性粉末，微带醋酸味。

本品在水中易溶。

【鉴别】　（1）本品的红外光吸收图谱应与对照品图谱一致。

（2）本品的水溶液显钠盐和醋酸盐的鉴别反应（附录0301）。

【检查】　碱度　取本品适量，加水溶解并稀释成每1ml中含无水醋酸钠30mg的溶液，依法测定（附录0631），pH值应为7.5～9.2。

氯化物　取本品适量（相当于无水醋酸钠0.2g），依法检查（附录0801），与标准氯化钠溶液7.0ml制成的对照溶液比较，不得更浓（0.035%）。

硫酸盐　取本品适量（相当于无水醋酸钠10g），依法检查（附录0802），与标准硫酸钾溶液5.0ml制成的对照溶液比较，不得更浓（0.005%）。

干燥失重　取本品，在120℃干燥至恒重，减失重量应为38.0%～41.0%，如为无水醋酸钠，减失重量不得过1.0%（附录0831）。

水中不溶物　取本品适量（相当于无水醋酸钠20g），加水150ml，煮沸后水浴上加热1小时，倒入经105℃干燥至恒重的3号垂熔坩埚，滤过，并用水洗涤3次，105℃干燥至恒重，遗留残渣不得过10mg（0.05%）。

钙盐和镁盐　取本品适量（相当于无水醋酸钠0.2g），加水20ml溶解，加6mol/L氢氧化铵溶液2ml、草酸铵试液2ml与12%磷酸氢二钠溶液2ml，在5分钟内不得发生浑浊。

钾盐　取本品适量（相当于无水醋酸钠3.0g），加水5ml溶解，加新制的5%酒石酸氢钠溶液0.4ml，5分钟内不得发生浑浊。

铁盐　取本品适量（相当于无水醋酸钠1.0g），加水25ml溶解，依法检查（附录0807），与标准铁溶液1.0ml制成的对照液比较，不得更深（0.001%）。

重金属　取本品适量（相当于无水醋酸钠2.0g），加水23ml溶解，加稀醋酸2ml，依法检查（附录0821第一法），含重金属不得过百万分之十。

砷盐　取本品适量（相当于无水醋酸钠0.7g），加水25ml溶解，加盐酸5ml，依法检查（附录0822第一法），应符合规定（0.0003%）。

【含量测定】　取经120℃干燥至恒重的本品约60mg，精密称定，加冰醋酸25ml溶解，加结晶紫指示液2滴，用高氯酸滴定液（0.1mol/L）滴定至溶液显蓝色，并将滴定的结果用空白试验校正。每1ml的高氯酸滴定液（0.1mol/L）相当于8.203mg的$C_2H_3NaO_2$。

【类别】　药用辅料，pH值调节剂和缓冲剂等。

【贮藏】　密闭，在阴凉干燥处保存。

醋酸羟丙甲纤维素琥珀酸酯

Cusuan Qiangbingjia Xianweisu Huposuanzhi

Hypromellose Acetate Succinate

本品为羟丙甲纤维素的醋酸、琥珀酸混合酯。按干燥品计算，含甲氧基12.0%～28.0%，2-羟丙氧基为4.0%～23.0%，乙酰基为2.0%～16.0%，琥珀酰基为4.0%～28.0%。

【性状】　本品为白色或淡黄色粉末或颗粒，无臭，无味。本品在乙醇、水中不溶，在甲醇、丙酮中溶解，冷水中溶胀成澄清或微浑浊的胶体溶液。

黏度 取本品2.00g（预先干燥），加氢氧化钠溶液使成100g，振摇30分钟。在20℃±0.1℃依法测定（附录0633第二法），黏度为标示值的80%~120%。

【检查】 醋酸、琥珀酸 取本品0.102g，精密称定，置锥形瓶中，精密加入磷酸盐溶液（取0.02mol/L磷酸二氢钾溶液，用1mol/L氢氧化钠溶液调pH值至7.5）4.0ml，搅拌2小时，加磷酸溶液（取1.25mol/L磷酸1ml，置50ml量瓶中，加水稀释至刻度，摇匀）4.0ml，强力振摇，离心，上清液作为供试品溶液；精密称取琥珀酸0.13g，置100ml量瓶中，加水适量，振摇使完全溶解，加水至刻度，摇匀，作为琥珀酸贮备溶液；取加有水20ml的100ml量瓶，称重，精密加入冰醋酸2ml，再称重，用水稀释至刻度，摇匀，精密量取6ml，置100ml量瓶中，用水稀释至刻度，摇匀，作为醋酸贮备溶液；精密量取醋酸贮备溶液和琥珀酸贮备溶液各4.0ml，置同一25ml量瓶中，用流动相稀释至刻度，摇匀，作为对照溶液。照高效液相色谱法（附录0521）试验。以十八烷基硅烷键合硅胶为填充剂，以0.02mol/L磷酸二氢钾溶液（用6mol/L磷酸溶液调pH值至2.8）为流动相，流速每分钟1ml，检测波长为215nm。取对照溶液10μl，注入液相色谱仪，按琥珀酸峰计算，理论板数不得少于8000。取供试品溶液与对照溶液各10μl，注入液相色谱仪，按下式计算醋酸和琥珀酸总量不得过1.0%。

$$醋酸含量 = 0.0768 \left(W_A/W \right) \left(r_{UA}/r_{SA} \right)$$

式中　W_A 为醋酸贮备溶液中冰醋酸量，mg；

　　　W 为供试品的取样量，mg；

　　　r_{UA}、r_{SA} 为供试品溶液、对照溶液中醋酸的峰面积。

$$琥珀酸含量 = 1.28 \left(W_S/W_{US} \right) \left(r_{US}/r_{SS} \right)$$

式中　W_S 为琥珀酸贮备溶液中琥珀酸量，mg；

　　　W_{US} 为供试品取样量，mg；

　　　r_{US}、r_{SS}: 供试品溶液、对照溶液琥珀酸的峰面积。

干燥失重 取本品，在105℃干燥1小时，减失重量不得过5.0%（附录0831）。

炽灼残渣 取本品1g，依法检查（附录0841），遗留残渣不得过0.2%。

重金属 取炽灼残渣项下遗留的残渣，依法检查（附录0821），含重金属不得过百万分之十。

砷盐 取本品1.0g，加氢氧化钙1.0g，混合，加水搅拌均匀，干燥后，先用小火灼烧使炭化，再在500~600℃炽灼使完全灰化，放冷，加盐酸5ml与水23ml，依法检查（附录0822第一法），应符合规定（0.0002%）。

【含量测定】 乙酰基和琥珀酰基 照高效液相色谱法（附录0512）测定。

色谱条件与系统适应性试验　同醋酸、琥珀酸项下。

测定法　取本品12.4mg，精密称定，置锥形瓶中，精密加入1.0mol/L氢氧化钠溶液4.0ml，搅拌4小时，加1.25mol/L磷酸溶液4.0ml使pH值为3或略少，强力振摇，用滤膜（0.22μm）滤过，滤液作为供试品溶液；取醋酸、琥珀酸项下的对照溶液作为对照溶液。精密量取供试品溶液与对照溶液各10μl，注入液相色谱仪，记录色谱图，按下式计算：

$$醋酸含量A = 0.0768 \left(W_A/W_U \right) \left(r_{UA}/r_{SA} \right)$$

式中　W_A 为醋酸贮备液中冰醋酸量，mg；

　　　W_U 为供试品取样量，mg；

　　　r_{UA}、r_{SA} 为供试品溶液、对照溶液醋酸峰面积。

$$乙酰基含量 = 0.717 \left(A - A_{free} \right)$$

式中　A 为上述测得的醋酸总含量；

A_{free}为醋酸、琥珀酸项下游离醋酸含量。

$$总琥珀酸含量=1.28\left(W_{\text{S}}/W_{\text{U}}\right)\left(r_{\text{US}}/r_{\text{SS}}\right)$$

式中　W_{S}为琥珀酸溶液中琥珀酸量，mg；

　　　W_{U}为供试品取样量，mg；

　　　r_{US}、r_{SS}为供试品溶液、对照溶液琥珀酸的峰面积。

$$琥珀酰基含量=0.856\left(S-S_{\text{free}}\right)$$

式中　S为上述测得的琥珀酸总含量；

　　　S_{free}为醋酸、琥珀酸项下游离琥珀酸含量。

注：试验完毕后，色谱柱用水-乙腈（1∶1）的混合液冲洗60分钟，再用甲醇冲洗60分钟，色谱柱保存在甲醇中。

甲氧基和2-羟丙氧基　甲氧基　取本品，依法测定（附录0712），如采用第二法（容量法），取本品，精密称定，测得的甲氧基量（%）扣除羟丙氧基量（%）与（31/75×0.93）的乘积，即得。

2-羟丙氧基　取本品，依法测定（附录0712），即得。

【类别】　药用辅料，包衣材料。

【贮藏】　密封保存。

【标示】　以mPa·s或Pa·s为单位标明黏度。

糊　　精

Hujing

Dextrin

本品系由淀粉或部分水解的淀粉，在干燥状态下经加热改性而制得的聚合物。

【性状】　本品为白色或类白色的无定形粉末；无臭，味微甜。

本品在沸水中易溶，在乙醇或乙醚中不溶。

【鉴别】　取本品10%的水溶液1ml，加碘试液1滴，即显紫红色。

【检查】　酸度　取本品5.0g，加水50ml，加热使溶解，放冷，加酚酞指示液2滴与氢氧化钠滴定液（0.1mol/L）2.0ml，应显粉红色。

还原糖　取本品2.0g，加水100ml，振摇5分钟，静置，滤过；取滤液50ml，加碱性酒石酸铜试液50ml，煮沸3分钟，用105℃恒重的垂熔玻璃坩埚滤过，滤渣先用水、再用乙醇、最后用乙醚分次洗涤，在105℃干燥2小时，遗留的氧化亚铜不得过0.20g。

干燥失重　取本品，在105℃干燥至恒重，减失重量不得过10.0%（附录0831）。

炽灼残渣　取本品1.0g，依法检查（附录0841），遗留残渣不得过0.5%。

重金属　取炽灼残渣项下遗留的残渣，依法检查（附录0821第二法），含重金属不得过百万分之二十。

铁盐　取本品2.0g，炽灼灰化后，残渣加盐酸1ml与硝酸3滴，置水浴上蒸发至近干，放冷，加盐酸1ml使溶解，用水移至50ml量瓶中，加水稀释至刻度，摇匀；精密量取10ml，依法检查（附录0807），与标准铁溶液2.0ml制成的对照液比较，不得更深（0.005%）。

微生物限度　取本品，依法检查（附录1105与附录1106），每1g供试品中需氧菌总数不得过1000cfu、霉菌和酵母菌总数不得过100cfu，不得检出大肠埃希菌。

【类别】　药用辅料，填充剂和黏合剂等。

【贮藏】　密闭，在干燥处保存。

缬　氨　酸

Xie'ansuan

Valine

$$C_5H_{11}NO_2 \qquad 117.15$$

本品为L-2-氨基-3-甲基丁酸。按干燥品计算，含$C_5H_{11}NO_2$得少于98.5%。

【性状】　本品为白色结晶或结晶性粉末；无臭。

本品在水中溶解，在乙醇中几乎不溶。

比旋度　取本品，精密称定，加6mol/L盐酸溶液溶解并定量稀释制成每1ml中约含80mg的溶液，依法测定（附录0621），比旋度为+26.6°至+28.8°。

【鉴别】　（1）取本品与缬氨酸对照品各适量，分别加水溶解并稀释制成每1ml中约含0.4mg的溶液，作为供试品溶液与对照品溶液。照其他氨基酸项下的色谱条件试验，供试品溶液所显主斑点的位置和颜色应与对照品溶液的主斑点相同。

（2）本品的红外光吸收图谱应与对照的图谱一致。

【检查】　**酸度**　取本品1.0g，水20ml溶解后，依法测定（附录0631），pH值应为5.5~6.5。

溶液的透光率　取本品0.5g，加水20ml溶解后，照紫外-可见分光光度法（附录0401），在430nm的波长处测定透光率，不得低于98.0%。

氯化物　取本品0.25g，依法检查（附录0801），与标准氯化钠溶液5.0ml制成的对照液比较，不得更浓（0.02%）。

硫酸盐　取本品0.7g，依法检查（附录0802），与标准硫酸钾溶液2.0ml制成的对照液比较，不得更浓（0.03%）。

铵盐　取本品0.10g，依法检查（附录0808），与标准氯化铵溶液2.0ml制成的对照液比较，不得更深（0.02%）。

其他氨基酸　取本品适量，加水溶解并稀释制成每1ml中约含20mg的溶液，作为供试品溶液；精密量取1ml置200ml量瓶中，用水稀释至刻度，摇匀，作为对照溶液；另取缬氨酸对照品与苯丙氨酸对照品各适量，置同一量瓶中，加水溶解并稀释制成每1ml中各含0.4mg的溶液，作为系统适用性溶液。照薄层色谱法（附录0502）试验，吸取上述三种溶液各5μl，分别点于同一硅胶G薄层板上，以正丁醇-冰醋酸-水（3:1:1）为展开剂，展开，晾干，喷以茚三酮的丙酮溶液（1→50），在80℃加热至斑点出现，立即检视。对照溶液应显一个清晰的斑点，系统适用性溶液应显两个完全分离的斑点。供试品溶液如显杂质斑点，其颜色与对照溶液的主斑点比较，不得更深（0.5%）。

干燥失重　取本品，在105℃干燥3小时，减失重量不得过0.2%（附录0831）。

炽灼残渣　不得过0.1%（附录0841）。

铁盐　取本品2.0g，依法检查（附录0807），与标准铁溶液2.0ml制成的对照液比较，不得更深（0.001%）。

重金属 取本品1.0g，加水23ml溶解后，加醋酸盐缓冲液（pH3.5）2ml，依法检查（附录0821第一法）含重金属不得过百万分之十。

砷盐 取本品2.0g，加水5ml，加硫酸1ml与亚硫酸10ml，在水浴上加热至体积约2ml，加水5ml，滴加氨试液至对酚酞指示液显中性，加盐酸5ml，加水使成28ml，依法检查（附录0822第一法），应符合规定（0.0001%）。

细菌内毒素 取本品，依法检查（附录1143），每1g缬氨酸中含内毒素的量应小于20EU。（供注射用）

【含量测定】 取本品约0.10g，精密称定，加无水甲酸1ml溶解后，加冰醋酸25ml，照电位滴定法（附录0701），用高氯酸滴定液（0.1mol/L）滴定，并将滴定的结果用空白试验校正。每1ml高氯酸滴定液（0.1mol/L）相当于11.72mg的$C_5H_{11}NO_2$。

【类别】 药用辅料，增溶剂和冻干保护剂等。

【贮藏】 遮光，密封保存。

薄 荷 脑

Bohenao

l-Menthol

$C_{10}H_{20}O$　156.27

本品为l-1-甲基-4-异丙基环己醇-3，系自唇形科植物薄荷 Mentha haplocalyx Briq.的新鲜茎和叶经水蒸气蒸馏、冷冻、重结晶制得。含$C_{10}H_{20}O$应为95.0%～105.0%。

【性状】 本品为无色针状或棱柱状结晶或白色结晶性粉末；有薄荷的特殊香气，味初辛、后清凉。乙醇溶液显中性反应。

本品在乙醇、三氯甲烷、乙醚中极易溶解，在水中极微溶解。

熔点 本品的熔点为42～44℃（附录0621）。

比旋度 取本品，精密称定，加乙醇溶解并定量稀释制成每1ml约含0.1g的溶液，依法测定（附录0621），比旋度应为-50°至-49°。

【鉴别】 （1）取本品1g，加硫酸20ml使溶解，即显橙红色，24小时后析出无薄荷脑香气的无色油层（与麝香草酚的区别）。

（2）取本品50mg，加冰醋酸1ml使溶解，加硫酸6滴与硝酸1滴的冷混合液，仅显淡黄色（与麝香草酚的区别）。

【检查】 **有关物质** 取本品适量，精密称定，加无水乙醇溶解并定量稀释制成每1ml约含50mg的溶液，作为供试品溶液；精密量取薄荷脑对照品适量。加无水乙醇溶解并定量稀释制成每1ml约含薄荷脑0.5mg的溶液，作为对照品溶液。照含量测定项下的色谱条件，其中柱温为110℃，精密量取供试品溶液与对照品溶液各1μl，分别注入气相色谱仪，记录色谱图至主成分峰保留时间的2倍。供试品色谱图中如有杂质峰，各杂质峰面积的和不得大于对照品溶液的主峰面积（1.0%）。

不挥发物　取本品2g，置已干燥至恒重的蒸发皿中，在水浴上加热，使缓缓挥散后，在105℃干燥至恒重，遗留残渣不得过1mg。

重金属及有害元素　照铅、镉、砷、汞、铜测定法（二部附录2321）测定，铅不得过百万分之五；镉不得过千万分之三；砷不得过百万分之二；汞不得过千万分之二；铜不得过百万分之二十。

【含量测定】　照气相色谱法（附录0521）测定。

色谱条件与系统适用性试验　以交联键合聚乙二醇为固定相的毛细管柱；柱温120℃；进样口温度250℃；检测器温度250℃；分流比10∶1。理论板数按薄荷脑峰计算应不低于10 000。

测定法　取本品10mg，精密称定，置10ml量瓶中，加无水乙醇溶解并稀释至刻度，摇匀，精密量取1μl，注入气相色谱仪，记录色谱图；另取薄荷脑对照品，同法测定。按外标法以峰面积计算，即得。

【类别】　药用辅料，矫味剂和芳香剂等。

【贮藏】　密封，置阴凉处。

磷　　酸

Linsuan

Phosphoric Acid

$$H_3PO_4 \quad 98.00$$

本品含H_3PO_4应为85.0% ~ 90.0%（g/g）。

【性状】　本品为无色、透明的黏稠状液体；有腐蚀性；能与水或乙醇互溶。

相对密度　本品的相对密度（附录0601）约为1.7。

【鉴别】　本品显磷酸盐的鉴别反应（附录0301）。

【检查】　**溶液的澄清度与颜色**　取本品1.0g，加水15ml摇匀，依法检查（附录0901与附录0902），溶液应澄清无色。

氨沉淀物　取本品1.0g，加水15ml，加氨试液12ml，溶液应无浑浊产生。

次磷酸和亚磷酸　取本品1.0g，加水15ml，加硝酸银试液6ml，水浴加热5分钟，溶液应无浑浊产生。

碱性磷酸盐　取本品1ml，加乙醚6ml和乙醇2ml，溶液应无浑浊产生。

硝酸盐　取本品2.6g，加水3.5ml，依次加靛胭脂试液0.1ml和硫酸5ml，溶液所呈蓝色在1分钟内不消失。

氯化物　取本品2.0g，依法检查（附录0801），与标准氯化钠溶液10.0ml制成的对照液比较，不得更浓（0.005%）。

硫酸盐　取本品2.0g，依法检查（附录0802），与标准硫酸钾溶液2.0ml制成的对照液比较，不得更浓（0.01%）。

铁盐　取本品2.0g，加水30ml，摇匀，量取3.0ml，依法检查（附录0807），与标准铁溶液1.0ml制成的对照液比较，不得更深（0.005%）。

重金属　取本品1.0g，加氨试液1.6ml，加水稀释至25ml，依法检查（附录0821第一法），含重金属不得过百万分之十。

砷盐 取本品1.0g，加盐酸5ml与水22ml，依法检查（附录0822第一法），应符合规定（0.0002%）。

【含量测定】 取本品约1.0g，精密称定，加水120ml，加麝香草酚酞指示液0.5ml，用氢氧化钠滴定液（1mol/L）滴定。每1ml氢氧化钠滴定液（1mol/L）相当于49.00mg的H_3PO_4。

【类别】 药用辅料，pH值调节剂。

【贮藏】 密封保存。

磷酸二氢钾

Linsuan Erqingjia

Potassium Dihydrogen Phosphate

KH_2PO_4　　136.09

本品按干燥品计算，含KH_2PO_4不得少于99.0%。

【性状】 本品为无色结晶或白色结晶性粉末或颗粒或块状物；无臭。

本品在水中易溶，在乙醇中几乎不溶。

【鉴别】 本品的水溶液显钾盐与磷酸盐的鉴别反应（附录0301）。

【检查】 **酸度** 取本品1.0g，加水20ml溶解后，依法测定（附录0631），pH值应为4.2～4.5。

溶液的澄清度与颜色 取本品1.0g，加水10ml溶解，依法测定（附录0901与附录0902），溶液应澄清无色；如显浑浊，与1号浊度标准液（附录0902）比较，不得更浓。

氯化物 取本品5.0g，依法检查（附录0801），与标准氯化钠溶液5.0ml制成的对照液比较，不得更浓（0.001%）。

硫酸盐 取本品3.3g，依法检查（附录0802），与标准硫酸钾溶液1.0ml制成的对照液比较，不得更浓（0.003%）。

碳酸盐 取本品2.0g，加水10ml，煮沸，冷却后，加盐酸2ml，应无气泡产生。

缩合磷酸盐 取本品2.0g，置100ml量瓶中，加水溶解并稀释至刻度，摇匀。量取5.0ml置纳氏比色管中，加稀醋酸1.0ml，加醋酸-醋酸钠溶液（取1mol/L氢氧化钠溶液17ml，加稀醋酸40ml，用水稀释至100ml）5.0ml，加水使成15ml，加氯化钡试液2ml，摇匀，在25℃±2℃放置15分钟，不得发生浑浊。

水中不溶物 取本品10.0g，加热水100ml使溶解，用经105℃干燥至恒重的4号垂熔坩埚滤过，沉淀用热水200ml分10次洗涤，在105℃干燥2小时，遗留残渣不得过20mg（0.2%）。

还原物质 取本品5.0g，加新沸过的冷水溶解并稀释至50ml，量取5.0ml，加稀硫酸5ml与高锰酸钾滴定液（0.02mol/L）0.25ml，水浴加热5分钟，溶液的紫红色不消失。

干燥失重 取本品，在105℃干燥至恒重，减失重量不得过0.2%（附录0831）。

铁盐 取本品1.0g，加水20ml溶解，加10%磺基水杨酸溶液2ml，摇匀，加氨试液5ml，摇匀，如显色，与标准铁溶液（附录0807）1.0ml用同一方法制成的对照液比较，不得更深（0.001%）。

重金属 取本品2.0g，依法检查（附录0821第一法），含重金属不得过百万分之十。

砷盐 取本品1.0g，加水23ml溶解后，加盐酸5ml，依法检查（附录0822第一法），应符合规定（0.0002%）。

【含量测定】 取本品约2.5g，精密称定，加新沸过的冷水100ml溶解后，照电位滴定法（附录0701），用氢氧化钠滴定液（1mol/L）滴定。每1ml的氢氧化钠滴定液（1mol/L）相当于136.1mg的KH_2PO_4。

【类别】 药用辅料，pH值调节剂和缓冲剂等。

【贮藏】 密封保存。

磷 酸 钙

Linsuangai

Calcium Phosphate

$Ca_3(PO_4)_2$ 310.18

本品按炽灼品计算，含磷酸钙以Ca计，应为34.0%~40.0%。

【性状】 本品为白色或类白色粉末。

本品在水中几乎不溶，在稀盐酸或稀硝酸中溶解。

【鉴别】 （1）取本品约0.5g，加稀硝酸使溶解，加钼酸铵试液，温热，生成黄色沉淀。

（2）本品应显钙盐的鉴别反应（1）（附录0301）。

【检查】 **氯化物** 取本品0.25g，加稀硝酸50ml使溶解，必要时用不含氯离子的滤纸滤过，取续滤液10ml，置25ml纳氏比色管中，加硝酸银试液1ml，加水稀释至25ml，摇匀，照氯化物检查法（附录0801），与标准氯化钠溶液7.0ml同法制得的对照液比较，不得更浓（0.14%）。

硫酸盐 取本品0.40g，加稀盐酸4ml使溶解，加水使成100ml，滤过，取续滤液25ml，置50ml纳氏比色管中，照硫酸盐检查法（附录0802），与标准硫酸钾溶液5.0ml同法制得的对照液比较，不得更浓（0.5%）。

氟化物 精密称取经105℃干燥1小时的氟化钠221mg，置100ml量瓶中，加水适量使溶解，加缓冲液（取枸橼酸钠73.5g，加水250ml使溶解，即得）50.0ml，加水稀释至刻度，摇匀，即得氟标准溶液（每1ml相当于1mg的F）。

称取本品2.0g，置带搅拌子的塑料烧杯中，加水20ml与盐酸3.0ml，搅拌使溶解，加缓冲液50.0ml，滤过，用水约15ml清洗滤纸和滤器3次，合并洗液和滤液，加水使成100.0ml，以氟离子选择电极为指示电极，银-氯化银电极（以3mol/L氯化钾溶液为盐桥溶液）为参比电极，将指示电极和参比电极插入液面，搅拌，约每隔1分钟，加入氟标准溶液150μl、200μl、250μl和300μl，使供试品中加入氟离子分别为150μg、350μg、600μg和900μg。分别读取电位响应值（mV），以供试品溶液中氟离子含量（μg/ml）的对数（lgC）为x轴，对电位响应值（y轴）做标准曲线并计算回归方程，读取标准曲线在x轴上截距的绝对值即为每1ml供试品溶液中的氟离子含量C（μg）的对数（lgC），按下式计算供试品中的氟化物含量（%），即得。

$$氟化物含量 = \frac{100 \times C \times 10^{-6}}{W} \times 100\%$$

式中 C为每1ml供试品溶液中的氟离子含量，μg；

W为供试品的称重，g。

本品含氟化物不得过0.0075%，应符合规定。

还原性物质 取本品10.0g，加稀硫酸100.0ml搅匀后，滤过，取续滤液50.0ml，加高锰酸钾滴定液（0.02mol/L）0.10ml，水浴加热5分钟，溶液的紫红色不得消失。

氧化性物质 避光操作。取本品1.0g，加稀硫酸100.0ml搅匀后，滤过，取续滤液50.0ml，置纳氏比色管中，加碘化钾0.2g，加1%淀粉溶液2ml，摇匀，立即与新制的间氯过氧苯甲酸乙醇溶液（每1ml中含间氯过氧苯甲酸10μg）1.0ml，置纳氏比色管中，加稀硫酸至50ml，自"加碘化钾0.2g"起，同法制成的对照溶液比较，颜色不得更深。

酸中不溶物 取本品约2.0g，精密称定，加稀盐酸25ml，加热使溶解，用干燥至恒重的4号垂熔坩埚滤过，残渣用热水洗涤至滤液不含氯化物后，在105℃干燥至恒重，遗留残渣不得过0.2%。

水中溶解物 取本品约2.0g，精密称定，加水100.0ml，置水浴上加热30分钟，放冷，加水适量补充至原体积，搅拌并滤过，精密量取续滤液50ml，置干燥至恒重的蒸发皿中，置水浴上蒸干，于120℃干燥至恒重，遗留残渣不得过0.5%。

钡盐 取本品0.50g，加水10ml，加热，滴加盐酸使溶解，再加盐酸2滴使过量，滤过，取滤液加硫酸钾试液1ml，15分钟内不得产生浑浊。

炽灼失重 取本品1.0g，精密称定，在800℃炽灼30分钟，减失重量不得过8.0%。

铅 取本品约0.2g，精密称定，置50ml量瓶中，用硝酸溶液（1→100）溶解并稀释至刻度，摇匀，作为供试品溶液；分别另取标准铅溶液（每1ml中相当于10μg的Pb）适量，用硝酸溶液（1→100）稀释制成每1ml中含0ng、10ng、20ng、30ng、40ng、50ng的对照品溶液。取供试品溶液和对照品溶液，以石墨炉为原子化器，照原子吸收分光光度法（附录0406第一法），在283.3nm的波长处测定，计算，即得。含铅不得过0.0005%。

砷盐 取本品0.67g，加水23ml溶解后，加盐酸5ml，依法检查（附录0822第一法），应符合规定（0.0003%）。

【含量测定】 取本品约0.6g，精密称定，加稀盐酸10ml，必要时加热使溶解，冷却，定量转移至100ml量瓶中，用水稀释至刻度，摇匀；精密量取10ml，加水50ml，滴加氨试液至恰出现沉淀后，再滴加稀盐酸至沉淀恰溶解，精密加入乙二胺四醋酸二钠滴定液（0.05mol/L）25ml，加热煮沸3分钟，放冷，加氨-氯化铵缓冲液（pH10.0）10ml与铬黑T指示剂少许，用锌滴定液（0.05mol/L）滴定至紫色，并将结果用空白试验校正。每1ml乙二胺四醋酸二钠滴定液（0.05mol/L）相当于2.004mg的Ca。

【类别】 药用辅料，填充剂。

【贮藏】 密封保存。

磷酸氢二钠

Linsuan Qing'erna

Disodium Hydrogen Phosphate Dodecahydrate

$Na_2HPO_4 \cdot 12H_2O$ 358.14

本品按干燥品计算，含Na_2HPO_4不得少于99.0%。

【性状】 本品为无色或白色结晶或块状物；无臭；常温置空气中易风化。

本品在水中易溶，在乙醇中几乎不溶。

【鉴别】 本品的水溶液显钠盐与磷酸盐的鉴别反应（附录0301）。

【检查】　碱度　取本品1.0g，加水20ml溶解后，依法测定（附录0631），pH值应为9.0～9.4。

溶液的澄清度与颜色　取本品1.0g，加水10ml溶解后，依法测定（附录0901与附录0902）溶液应澄清无色。

氯化物　取本品5.0g，依法检查（附录0801），与标准氯化钠溶液5.0ml制成的对照液比较，不得更浓（0.001%）。

硫酸盐　取本品2.0g，依法检查（附录0802），与标准硫酸钾溶液2.0ml制成的对照液比较，不得更浓（0.01%）。

碳酸盐　取本品2.0g，加水10ml，煮沸，冷却后，加盐酸2ml，应无气泡产生。

水中不溶物　取本品20.0g，加热水100ml使溶解，用经105℃干燥至恒重的4号垂熔坩埚滤过，沉淀用热水200ml分10次洗涤，在105℃干燥2小时，遗留残渣不得过10mg（0.05%）。

还原物质　取本品5.0g，加新沸过的冷水溶解并稀释至50ml，量取5.0ml，加稀硫酸5ml与高锰酸钾滴定液（0.02mol/L）0.25ml，水浴加热5分钟，溶液的紫红色不消失。

磷酸二氢钠　取含量测定项下测定结果并按下式计算，含磷酸二氢钠应不得过2.5%。

$$\frac{N_2 - N_3}{N_3 - N_1} \times 100\%$$

干燥失重　取本品，在130℃干燥至恒重，减失重量应为55.0%～64.0%（附录0831）。

铁盐　取本品2.0g，加水20ml溶解后，加盐酸溶液（1→2）1ml与10%磺基水杨酸溶液2ml，摇匀，加氨试液5ml，摇匀，如显色，与标准铁溶液（附录0807）1.0ml用同一方法制成的对照液比较，不得更深（0.0005%）。

重金属　取本品4.0g，加水15ml溶解后，加盐酸适量调节溶液pH值约为4，加醋酸盐缓冲液（pH3.5）2ml与水适量使成25ml，依法检查（附录0821第一法），含重金属不得过百万分之五。

砷盐　取本品1.0g，加水23ml溶解后，加盐酸5ml，依法检查（附录0822第一法），应符合规定（0.0002%）。

【含量测定】　取本品约6.3g，精密称定，加新沸过的冷水100ml溶解后，照电位滴定法（附录0701），用硫酸滴定液（0.5mol/L）滴定。每1ml的硫酸滴定液（0.5mol/L）相当于142.0mg的Na_2HPO_4。

【类别】　药用辅料，pH值调节剂和缓冲剂等。

【贮藏】　密封保存。

磷酸氢二钾

Linsuan Qing'erjia

Dipotassium Hydrogen Phosphate

K_2HPO_4　174.18

本品按干燥品计算，含K_2HPO_4不得少于99.0%。

【性状】　本品为无色或白色结晶性粉末或颗粒或块状物；无臭；具引湿性。

本品在水中极易溶解，在乙醇中几乎不溶。

【鉴别】　本品的水溶液显钾盐与磷酸盐的鉴别反应（附录0301）。

【检查】　碱度　取本品1.0g，加水20ml溶解后，依法测定（附录0631），pH值应为8.5～9.6。

溶液的澄清度与颜色 取本品1.0g，加水10ml溶解，依法测定（附录0901与附录0902）溶液应澄清无色。

氯化物 取本品1.5g，依法检查（附录0801），与标准氯化钠溶液6.0ml制成的对照液比较，不得更浓（0.004%）。

硫酸盐 取本品2.0g，依法检查（附录0802），与标准硫酸钾溶液3.4ml制成的对照液比较，不得更浓（0.017%）。

碳酸盐 取本品 2.0g，加水10ml，煮沸，冷却后，加盐酸2ml，应无气泡产生。

缩合磷酸盐 取本品2.0g，置100ml量瓶中，加水溶解并稀释至刻度，摇匀。量取5.0ml置纳氏比色管中，加稀醋酸1.0ml与醋酸-醋酸钠溶液（取1mol/L氢氧化钠溶液17ml，加稀醋酸40ml，用水稀释至100ml）5.0ml，加水使成15ml，加氯化钡试液2ml，摇匀，在25℃±2℃放置15分钟，不得产生浑浊。

水中不溶物 取本品10.0g，加热水100ml使溶解，用经105℃干燥至恒重的4号垂熔坩埚滤过，沉淀用热水200ml分10次洗涤，在105℃干燥2小时，遗留残渣不得过2mg（0.02%）。

还原物质 取本品5.0g，加新沸过的冷水溶解并稀释至50ml，量取5.0ml，加稀硫酸5ml与高锰酸钾滴定液（0.02mol/L）0.25ml，水浴加热5分钟，溶液的紫红色不消失。

干燥失重 取本品，在130℃干燥至恒重，减失重量不得过2.0%（附录0831）。

铁盐 取本品1.0g，加水20ml溶解后，加盐酸溶液（1→2）1ml与10%磺基水杨酸溶液2ml，摇匀，加氨试液5ml，摇匀，如显色，与标准铁溶液（附录0807）1.0ml用同一方法制成的对照液比较，不得更深（0.001%）。

钠 取本品1.00g，置100ml量瓶中，用水溶解并稀释至刻度，摇匀，作为供试品贮备液，精密量取供试品贮备液5ml，置100ml量瓶中，加水稀释至刻度摇匀，作为供试品溶液；另取经100~105℃干燥3小时的氧化钠0.5084g，置100ml量瓶中，用水溶解并稀释至刻度，摇匀，作为对照品溶液Ⅰ；精密量取对照品溶液Ⅰ2.5ml置100ml量瓶中，用水稀释至刻度，摇匀，作为对照品溶液Ⅱ（50μg/ml，以Na⁺计）；精密量取供试品贮备液5ml及对照品溶液Ⅱ1ml同置100ml量瓶中，用水稀释至刻度，摇匀，作为对照品溶液。取供试品溶液和对照品溶液，以火焰为原子化器，照原子吸收分光光度法（附录0406第二法），在589nm的波长处测定，设对照品溶液的读数为a，供试品溶液的读数为b，规定b值应小于（$a-b$）。即含钠不得过0.1%。

重金属 取本品2.0g，加水15ml溶解后，用盐酸适量调节溶液pH值约为4，加醋酸盐缓冲液（pH3.5）2ml与水适量使成25ml，依法检查（附录0821第一法），含重金属不得过百万分之十。

砷盐 取本品1.0g，加水23ml溶解后，加盐酸5ml，依法检查（附录0822第一法），应符合规定（0.0002%）。

细菌内毒素（供注射用） 取本品，依法检查（附录1143），每1mg磷酸氢二钾中含内毒素的量应小于1.1EU。

无菌（供无除菌工艺的无菌制剂用） 取本品，依法检查（附录1101），应符合规定。

【含量测定】 取本品约3g，精密称定，加新沸过的冷水50ml溶解后，照电位滴定法（附录0701），用硫酸滴定液（0.5mol/L）滴定。每1ml的硫酸滴定液（0.5mol/L）相当于174.2mg的K_2HPO_4。

【类别】 药用辅料，pH值调节剂和缓冲剂等。

【贮藏】 密封，在干燥处保存。

磷酸氢二钾三水合物

Linsuan Qing'erjia Sanshuihewu

Dipotassium Hydrogen Phosphate Trihydrate

$K_2HPO_4 \cdot 3H_2O$ 228.22

本品按干燥品计算，含K_2HPO_4不得少于99.0%。

【性状】 本品为无色或白色结晶或块状物；具引湿性。

本品在水中极易溶解，在乙醇中几乎不溶。

【鉴别】 本品的水溶液显钾盐与磷酸盐的鉴别反应（附录0301）。

【检查】 碱度 取本品1.0g，加水20ml溶解后，依法测定（附录0631），pH值应为8.9～9.4。

溶液的澄清度与颜色 取本品1.0g，加水10ml溶解，依法测定（附录0901与附录0902），溶液应澄清无色。

氯化物 取本品2.5g，依法检查（附录0801），与标准氯化钠溶液5.0ml制成的对照液比较，不得更浓（0.002%）。

硫酸盐 取本品2.0g，依法检查（附录0802），与标准硫酸钾溶液2.0ml制成的对照液比较，不得更浓（0.01%）。

碳酸盐 取本品2.0g，加水10ml，煮沸，冷却后，加盐酸2ml，应无气泡产生。

缩合磷酸盐 取本品2.0g，置100ml量瓶中，加水溶解并稀释至刻度。量取5.0ml，置纳氏比色管中，加稀醋酸1.0ml与醋酸-醋酸钠溶液（取1mol/L氢氧化钠溶液17ml，加稀醋酸40ml，用水稀释至100ml）5.0ml，加水至15ml，加氯化钡试液2ml，摇匀，在25℃±2℃放置15分钟，不得产生浑浊。

水中不溶物 取本品10.0g，加热水100ml使溶解，用经105℃干燥至恒重的4号垂熔坩埚滤过，沉淀用热水200ml分10次洗涤，在105℃干燥2小时，遗留残渣不得过1mg（0.01%）。

还原物质 取本品5.0g，加新沸过的冷水溶解并稀释至50ml，量取5.0ml，加稀硫酸5ml与高锰酸钾滴定液（0.02mol/L）0.25ml，水浴加热5分钟，溶液的紫红色不消失。

干燥失重 取本品，在180℃干燥至恒重，减失重量应为22.0%～26.0%（附录0831）。

铁盐 取本品1.0g，加水20ml溶解后，加盐酸溶液（1→2）1ml与10%磺基水杨酸溶液2ml，摇匀，加氨试液5ml，摇匀，如显色，与标准铁溶液（附录0807）1.0ml用同一方法制成的对照液比较，不得更深（0.001%）。

钠 取本品1.00g，置100ml量瓶中，用水溶解并稀释至刻度，摇匀，作为供试品贮备液，精密量取供试品贮备液5ml，置100ml量瓶中，加水稀释至刻度摇匀，作为供试品溶液；另取经100～105℃干燥3小时的氯化钠0.5084g，置100ml量瓶中，用水溶解并稀释至刻度，摇匀，作为对照品溶液Ⅰ；精密量取对照品溶液Ⅰ2.5ml置100ml量瓶中，用水稀释至刻度，摇匀，作为对照品溶液Ⅱ（50μg/ml，以Na^+计）；精密量取供试品贮备液5ml及对照品溶液Ⅱ1ml同置100ml量瓶中，用水稀释至刻度，摇匀，作为对照品溶液。取供试品溶液和对照品溶液，以火焰为原子化器，照原子吸收分光光度法(附录0406第二法)，在589nm的波长处测定，设对照品溶液的读数为a，供试品溶液的读数为b，规定b值应小于（a-b）。即含钠不得过0.1%。

重金属 取本品2.0g，加水15ml溶解后，用盐酸适量调节溶液pH值约为4，加醋酸盐缓冲液（pH3.5）2ml与水适量使成25ml，依法检查（附录0821第一法），含重金属不得过百万分之十。

砷盐 取本品2.0g，加水23ml溶解后，加盐酸5ml，依法检查（附录0822第一法），应符合规定（0.0001%）。

细菌内毒素（供注射用） 取本品，依法检查（附录1143），每1mg磷酸氢二钾三水合物中含内毒素的量应小于1.1EU。

无菌（供无除菌工艺的无菌制剂用） 取本品，依法检查（附录1101），应符合规定。

【含量测定】 取本品约3.3g，精密称定，加新沸过的冷水50ml溶解，照电位滴定法（附录0701），用硫酸滴定液（0.5mol/L）滴定。每1ml的硫酸滴定液（0.5mol/L）相当于174.2mg的 K_2HPO_4。

【类别】 药用辅料，pH值调节剂和缓冲剂等。

【贮藏】 密封，在干燥处保存。

磷酸氢二铵

Linsuan Qing'er'an

Diammonium Hydrogen Phosphate

$(NH_4)_2HPO_4$ 132.06

本品由碳酸铵或液氨中和磷酸再经浓缩、结晶、干燥而得。含（ $NH_4)_2HPO_4$ 应为 96.0%～102.0%。

【性状】 本品为无色或白色结晶或结晶性粉末。

本品在水中易溶，在丙酮或乙醇中不溶。

【鉴别】 本品的水溶液显铵盐与磷酸盐的鉴别反应（附录0301）。

【检查】 碱度 取本品0.10g，加水10ml溶解后，依法测定（附录0631），pH值应为7.6～8.2。

水中不溶物 取本品20.0g，加热水100ml使溶解，用经105℃干燥至恒重的4号垂熔坩埚滤过，残渣用热水200ml分10次洗涤后，在105℃干燥2小时，遗留残渣不得过1mg（0.005%）。

氯化物 取本品1.0g，依法检查（附录0801），与标准氯化钠溶液4.0ml制成的对照液比较，不得更浓（0.004%）。

硫酸盐 取本品0.20g，依法检查（附录0802），与标准硫酸钾溶液2.0ml制成的标准液比较，不得更浓（0.1%）。

铁盐 取本品1.0g，加水15ml使溶解，用盐酸溶液（1→2）调节pH值为2.0，加2%抗坏血酸溶液1ml、醋酸-醋酸钠缓冲溶液（pH 4.5）5ml、0.2%邻二氮菲溶液1ml，加水稀释至50ml，摇匀，放置15分钟，如显色，与标准铁溶液（附录0807）2.0ml用同一方法制成的对照液比较，不得更深（0.002%）。

铅盐 取本品0.20g两份，分别置50ml量瓶中，一份用硝酸溶液（1→100）溶解并稀释至刻度，摇匀，作为供试品溶液。另一份中精密加入标准铅溶液〔取标准铅溶液（每1ml中相当于 $10\mu g$ 的Pb）适量，用硝酸溶液（1→100）稀释制成每1ml中含铅 $0.5\mu g$ 的溶液〕2ml，用硝酸溶液（1→100）溶解并稀释至刻度，摇匀，作为对照品溶液。取供试品溶液和对照品溶液，照原子吸收分光光度法（附录0406第二法），以石墨炉为原子化器，在283.3nm的波长处分别测定供试品溶液的吸光度 a 和对照品溶液的吸光度 b， a 不得大于 $b-a$ （0.0005%）。

砷盐 取本品0.67g，加水23ml溶解后，加盐酸5ml，依法检查（附录0822第一法），应符合规定（0.0003%）。

【含量测定】 取本品约0.6g，精密称定，加新沸冷水40ml使溶解，照电位滴定法（附录0701），用硫酸滴定液（0.1mol/L）滴定。每1ml硫酸滴定液（0.1mol/L）相当于26.42mg的$(NH_4)_2HPO_4$。

【类别】 药用辅料，缓冲剂和泡腾剂。

【贮藏】 密封保存。

磷酸淀粉钠
Linsuan Dianfenna
Sodium Starch Phosphate

$$NaO-\overset{\overset{O}{\|}}{\underset{\underset{OH}{|}}{P}}-OR$$

本品主要是以薯类淀粉为原料，添加磷酸盐并用氢氧化钠调节pH值后，经过滤、干燥、粉碎而得。

【性状】 本品为白色粉末；无臭。

本品在水或乙醇中均不溶解。

【鉴别】 （1）取本品约1g，加水15ml，煮沸，放冷，即成半透明类白色的凝胶状物。

（2）取本品约0.1g，加水20ml，混匀，加碘试液数滴，即显蓝色或蓝黑色，加热后逐渐褪色。

（3）取本品，在偏光显微镜下观察，其部分颗粒的偏光十字完全消失。

（4）本品显钠盐鉴别（1）的反应（附录0301）。

（5）取本品2g，置铂金坩埚中，缓缓炽灼至完全炭化，在300℃炽灼2小时，放冷，加水10ml使溶解，滤过，滤液加钼酸铵硫酸试液1ml，摇匀，再加氯化亚锡试液1滴，摇匀，放置10分钟，溶液应显蓝色。

【检查】 酸度　取本品1.0g，加水100ml，振摇，使混匀，立即依法测定（附录0631），pH值应为4.5~7.0。

粒度　取本品15.0g，称定重量，依法检查（附录0982第二法）。能通过六号筛的样品量不得少于供试量的90%，不能通过三号筛的样品量不得过供试量的0.5%。

干燥失重　取本品，在105℃干燥5小时，减失重量不得过15.0%（附录0831）。

灰分　取本品约1.0g，置炽灼至恒重的坩埚中，精密称定，缓缓炽灼至完全炭化后，逐渐升高温度至600~700℃，使完全灰化并恒重，遗留的灰分不得过0.3%。

铁盐　取本品0.50g，加稀盐酸4ml与水16ml，振摇5分钟，滤过，用水少量洗涤，合并滤液与洗液，加过硫酸铵50mg，用水稀释成35ml后，依法检查（附录0807），与标准铁溶液1.0ml制成的对照液比较，不得更深（0.002%）。

游离磷酸盐　取本品0.10g，加水100ml，超声处理10分钟，滤过，取续滤液1.0ml加水稀释成20ml，加钼酸铵硫酸试液4ml，摇匀，再加氯化亚锡试液0.1ml，摇匀，放置10分钟，如显色，与标准磷酸盐溶液（精密称取在105℃干燥2小时的磷酸二氢钾0.716g，置1000ml量瓶中，加水溶解并稀释至刻度，摇匀，精密量取1ml，置100ml量瓶中，用水稀释至刻度，摇匀，即得）3.0ml，加水稀释至20ml，用同一方法制成对照溶液比较，不得更深（1.5%）。

二氧化硫 取本品20.0g，置具塞锥形瓶中，加水200ml，充分振摇，滤过，取滤液100ml，加淀粉指示液2ml，用碘滴定液（0.005mol/L）滴定，并将滴定的结果用空白试验校正。消耗的碘滴定液（0.005mol/L）不得过1.25ml（0.004%）。

氧化物质 取本品4.0g，置具塞锥形瓶中，加水50.0ml，密塞，振摇5分钟，转入50ml具塞离心管中，离心至澄清，取上清液30.0ml，置碘量瓶中，加冰醋酸1ml与碘化钾1.0g，密塞，摇匀，置暗处放置30分钟，加淀粉指示液1ml，用硫代硫酸钠滴定液（0.002mol/L）滴定至蓝色消失，并将滴定的结果用空白试验校正。每1ml硫代硫酸钠滴定液（0.002mol/L）相当于34μg的氧化物质（以过氧化氢H_2O_2计），消耗的硫代硫酸钠滴定液（0.002mol/L）不得过1.4ml（0.002%）。

微生物限度 取本品，依法检查（附录1105与附录1106），每1g供试品中需氧菌总数不得过1000cfu、霉菌和酵母菌总数不得过100cfu，不得检出大肠埃希菌。

【类别】 药用辅料，黏合剂等。

【贮藏】 密闭，在干燥处保存。

麝 香 草 酚

Shexiangcaofen

Thymol

$C_{10}H_{14}O$ 150.22

本品为5-甲基-2-异丙基苯酚。含$C_{10}H_{14}O$应不少于98.0%。

【性状】 本品为无色结晶或白色结晶性粉末。

本品在乙醇、三氯甲烷或乙醚中极易溶解，在冰醋酸中易溶，在液状石蜡、碱性溶液中溶解，在水中微溶。

熔点 本品的熔点（附录0612）为48～52℃。

【鉴别】 （1）取本品约0.2g，加2mol/L氢氧化钠溶液2ml，加热使溶解，加三氯甲烷0.2ml，水浴加热，即显紫色。

（2）取本品约2mg，加冰醋酸1ml溶解后，加硫酸0.15ml和硝酸0.05ml，即显蓝绿色。

（3）本品的红外光吸收图谱应与对照品的图谱一致（附录0402）。

【检查】 **酸度** 取本品1.0g，置100ml具塞锥形瓶中，加水20ml，加热至沸使溶解，密塞，冷却后，剧烈振摇1分钟，待麝香草酚结晶析出后，滤过，取滤液5ml，加甲基红指示液0.05ml和0.01mol/L氢氧化钠溶液0.05ml，即显黄色。

溶液的澄清度与颜色 取本品1.0g，加2mol/L氢氧化钠溶液10ml，振摇使溶解，依法检查（附录0901与附录0902），溶液应澄清无色。如显浑浊，与4号浊度标准液（附录0902第一法）比较，不得更浓；如显色，与橙红色2号标准比色液（附录0901第一法）比较，不得更深。

有关物质 取本品0.1g，置10ml量瓶中，加适量乙醇使溶解，并用乙醇稀释至刻度，摇匀，作为供试品溶液;精密量取1ml，置100ml量瓶中，用乙醇稀释至刻度，摇匀，作为对照溶液；精密量取1ml，置10ml量瓶中，用乙醇稀释至刻度，摇匀，作为灵敏度溶液。照气相色谱法（附录

0521）测定，用聚乙二醇为固定相的毛细管柱（30m × 0.32mm，0.50μm，DB-Wax柱适用），柱温以80℃保持2分钟，再以每分钟8℃升温至240℃，保持15分钟，进样口温度为250℃，检测器温度为280℃。取灵敏度试验溶液1μl，注入气相色谱仪，记录色谱图。麝香草酚色谱峰信噪比不小于10。再精密量取对照溶液和供试品溶液各1μl，分别注入气相色谱仪，记录色谱图。供试品溶液中如有杂质峰，各杂质峰面积的和不得大于对照溶液主峰面积（1.0%），小于灵敏度试验溶液主峰面积0.5倍的峰可忽略不计（0.05%）。

不挥发物 取本品2.0g，置水浴上加热挥发后，在105℃干燥至恒重，遗留残渣不得过1mg（0.05%）。

【含量测定】 取本品约0.1g，精密称定，置250ml碘瓶中，加入1mol/L氢氧化钠溶液25ml振摇使溶解，加入热盐酸（1→2）20ml，摇匀，立即用溴滴定液（0.05mol/L）滴定至距理论终点1~2ml处，加热溶液至70~80℃，加甲基橙指示液2滴并继续缓慢滴定至红色消失，再加入溴滴定液（0.05mol/L）2滴，振摇约10秒后加甲基橙指示液1滴，振摇，溶液如显红色则重复上述步骤继续滴定。直至加入甲基橙指示液1滴，振摇后红色消失。每1ml溴滴定液（0.05mol/L）相当于3.755mg的$C_{10}H_{14}O$。

【类别】 药用辅料，抑菌剂等。

【贮藏】 遮光，密封保存。

附　　录

附 录 目 次

0100 制剂通则

0101 片剂

片剂系指原料药物或与适宜的辅料制成的圆片状或异形的片状固体制剂。

片剂以内服普通片为主，另有咀嚼片、泡腾片、缓释片、控释片与肠溶片等。

咀嚼片 系指于口腔中咀嚼后吞服的片剂。

咀嚼片一般应选择甘露醇、山梨醇、蔗糖等水溶性辅料作填充剂和黏合剂。咀嚼片的硬度应适宜。

泡腾片 系指含有碳酸氢钠和有机酸，遇水可产生气体而呈泡腾状的片剂。

泡腾片中的原料药物应是易溶性的，加水产生气泡后应能溶解。有机酸一般用枸橼酸、酒石酸、富马酸等。

缓释片 系指在规定的释放介质中缓慢地非恒速释放药物的片剂。缓释片应符合缓释制剂的有关要求（附录9013）并应进行释放度（附录0931）检查。

控释片 系指在规定的释放介质中缓慢地恒速释放药物的片剂。控释片应符合控释制剂的有关要求（附录9013）并应进行释放度（附录0931）检查。

肠溶片 系指用肠溶性包衣材料进行包衣的片剂。

为防止原料药物在胃内分解失效、对胃的刺激或控制原料药物在肠道内定位释放，可对片剂包肠溶衣；为治疗结肠部位疾病等，可对片剂包结肠定位肠溶衣。

肠溶片除另有规定外，应进行释放度（附录0931）检查。

片剂在生产与贮藏期间应符合下列有关规定。

一、原料药与辅料应混合均匀。含药量小或含毒、剧药的片剂，应根据原料药物的性质采用适宜方法使其分散均匀。

二、凡属挥发性或对光、热不稳定的原料药物，在制片过程中应采取遮光、避热等适宜方法，以避免成分损失或失效。

三、压片前的物料、颗粒或半成品应控制水分，以适应制片工艺的需要，防止片剂在贮存期间发霉、变质。

四、泡腾片等根据需要可加入矫味剂、芳香剂和着色剂等附加剂。

五、咀嚼片根据需要可加入诱食剂等附加剂。

六、为增加稳定性、掩盖药物不良臭味、改善片剂外观等，可对片剂进行包衣。必要时，薄膜包衣片剂应检查残留溶剂。

七、片剂外观应完整光洁，色泽均匀，有适宜的硬度和耐磨性，以免包装、运输过程中发生磨损或破碎，除另有规定外，非包衣片，应符合片剂脆碎度检查法（附录0923）的要求。

八、片剂的溶出度、释放度、含量均匀度等应符合要求。

九、除另有规定外，片剂应密封贮存。

除另有规定外，片剂应进行以下相应检查。

【重量差异】 照下述方法检查，应符合规定。

检查法 取供试品20片，精密称定总重量，求得平均片重后，再分别精密称定每片的重量，每片重量与平均片重相比较，按表中的规定，超出重量差异限度的不得多于2片，并不得有1片超出限度1倍。

平均片重	重量差异限度
0.30g以下	± 7.5%
0.30g至1.0g以下	± 5%
1.0g及1.0g以上	± 2%

糖衣片的片芯应检查重量差异并符合规定，包糖衣后不再检查重量差异。薄膜衣片应在包薄膜衣后检查重量差异并符合规定。

凡规定检查含量均匀度的片剂，一般不再进行重量差异检查。

【崩解时限】 除另有规定外，照崩解时限检查法（附录0921）检查，应符合规定。

凡规定检查溶出度、释放度的片剂，一般不再进行崩解时限检查。咀嚼片不进行崩解时限检查。

0102 注射剂

注射剂系指原料药物或与适宜的辅料制成的供注入体内的无菌制剂。

注射剂可分为注射液、注射用无菌粉末与注射用浓溶液。

注射液 系指原料药物与适宜的辅料制成的供注入体内的无菌液体制剂，包括溶液型、乳状液型或混悬型等注射液，可用于皮下注射、皮内注射、肌内注射、静脉注射、静脉滴注等。其中，供静脉滴注用的大容量注射液（除另有规定外，一般不小于100ml）也可称为输液。

注射用无菌粉末 系指原料药物或与适宜辅料制成的供临用前用无菌溶液配制成注射液的无菌粉末或无菌块状物，一般采用无菌分装或冷冻干燥法制得。可用适宜的注射用溶剂配制后注射，也可用静脉输液配制后静脉滴注。

注射用浓溶液 系指原料药物与适宜辅料制成的供临用前稀释后静脉滴注用的无菌浓溶液。

注射剂在生产与贮藏期间应符合下列有关规定。

一、溶液型注射液应澄明；除另有规定外，混悬型注射液中原料药物粒径应控制在15μm以下，含15~20μm（间有个别20~50μm）者，不应超过10%，若有可见沉淀，振摇时应容易分散均匀。混悬型注射液不得用于静脉注射或椎管注射；乳状液型注射液，不得有相分离现象，不得用于椎管注射；静脉用乳状液型注射液中90%乳滴的粒径应在1μm以下，不得有大于5μm的乳滴。除另有规定外，静脉输液应尽可能与血液等渗。

二、注射剂所用的原辅料应从来源及工艺等生产环节进行严格控制，并应符合注射用的质量要求。

三、注射剂所用溶剂必须安全无害，并与其他药用成分兼容性良好，不得影响活性成分疗效和质量。一般分为水性溶剂和非水性溶剂。

（1）水性溶剂最常用的为注射用水，也可用0.9%氯化钠溶液或其他适宜的水溶液。

（2）非水性溶剂常用的为植物油，主要为供注射用大豆油，其他还有乙醇、丙二醇和聚乙二醇等溶剂。供注射用的非水性溶剂，应严格限制其用量，并应在各品种项下进行相应的检查。

四、配制注射剂时，可根据药物的性质加入适宜的附加剂，如渗透压调节剂、pH值调节剂、增溶剂、助溶剂、抗氧剂、抑菌剂、乳化剂、助悬剂等。所用附加剂应不影响药物疗效，避免对检验产生干扰，使用浓度不得引起毒性或明显的刺激性。常用的抗氧剂有亚硫酸钠、亚硫酸氢钠和焦亚硫酸钠等，一般浓度为0.1%~0.2%。多剂量包装的注射液可加适宜的抑菌剂，抑菌剂的用量应能抑制注射液中微生物的生长，除另有规定外，在制剂确定处方时，该处方的抑菌效力应符合抑菌效力检查法（附录1121）的规定。加有抑菌剂的注射液，仍应采用适宜的方法灭菌。静脉给药与脑池内、硬膜外、椎管内用的注射液均不得加抑菌剂。常用的抑菌剂为0.5%苯酚、0.3%甲酚、0.5%三氯叔丁醇、0.01%硫柳汞等。

五、注射剂常用容器有玻璃安瓿、玻璃瓶、塑料安瓿、塑料瓶（袋）等。容器的密封性须用适宜的方法确证。除另有规定外，容器应符合有关注射用玻璃容器和塑料容器的国家标准规定。容器用胶塞特别是多剂量包装注射液用的胶塞要有足够的弹性和稳定性，其质量应符合有关国家标准规定。除另有规定外，容器应足够透明，以便内容物的检视。

六、在注射剂的生产过程中应尽可能缩短配制时间，防止微生物与热原的污染及原料药物变质。输液的配制过程更应严格控制。制备混悬型注射液、乳状液型注射液过程中，要采取必要的措施，保证粒子大小符合质量标准的要求。注射用无菌粉末应按无菌操作制备。必要时注射剂应进行相应的安全性检查，如异常毒性、过敏反应、溶血与凝聚、降压物质等，均应符合要求。

七、灌装标示装量为不大于50ml的注射剂时，应按下表适当增加装量。除另有规定外，多剂量包装的注射剂，每一容器的装量一般不得超过10次注射量，增加装量应能保证每次注射用量。

标示装量（ml）	增加量（ml）	
	易流动液	黏稠液
0.5	0.10	0.12
1	0.10	0.15
2	0.15	0.25
5	0.30	0.50
10	0.50	0.70
20	0.60	0.90
50	1.0	1.5

注射剂灌封后应尽快熔封或严封。接触空气易变质的原料药物，在灌装过程中，应排除容器内空气，可填充二氧化碳或氮等气体，立即熔封或严封。

对温度敏感的原料药物在灌封过程中应控制温度，灌封完成后应立即将注射剂置于规定温度下贮存。

制备注射用冻干制剂时，分装后应及时冷冻干燥。冻干后残留水分应符合相关品种的要求。

八、注射剂熔封或严封后，一般应根据原料药物性质选用适宜的方法进行灭菌，必须保证制成品无菌。注射剂应采用适宜方法进行容器检漏。

九、除另有规定外，注射剂应避光贮存。

十、注射剂的标签或说明书中应标明其中所用辅料的名称，如有抑菌剂还应标明抑菌剂的种类及浓度；注射用无菌粉末应标明配制溶液所用的溶剂种类，必要时还应标注溶剂量。

除另有规定外，注射剂应进行以下相应检查。

【装量】 注射液及注射用浓溶液照下述方法检查，应符合规定。

检查法 供试品标示装量不大于2ml者，取供试品5支（瓶），2ml以上至50ml者，取供试品3支

（瓶）；开启时注意避免损失，将内容物分别用相应体积的干燥注射器及注射针头抽尽，然后缓慢连续地注入经标化的量入式量筒内（量筒的大小应使待测体积至少占其额定体积的40%，不排尽针头中的液体），在室温下检视。测定油溶液、乳状液或混悬液时，应先加温（如有必要）摇匀，再用干燥注射器及注射针头抽尽后，同前法操作，放冷（加温时），检视，每支（瓶）的装量均不得少于其标示量。

标示装量为50ml以上的注射液及注射用浓溶液照最低装量检查法（附录0942）检查，应符合规定。

也可采用重量除以相对密度计算装量，准确量取供试品，精密称定，求出每1ml供试品的重量（即供试品的相对密度）；精密称定用干燥注射器及注射针头抽出或直接缓慢倾出供试品内容物的重量，再除以供试品相对密度，得出相应的装量。

【装量差异】 除另有规定外，注射用无菌粉末照下述方法检查，应符合规定。

检查法 取供试品5瓶（支），除去标签、铝盖，容器外壁用乙醇擦净，干燥，开启时注意避免玻璃屑等异物落入容器中，分别迅速精密称定。容器为玻璃瓶的注射用无菌粉末，首先小心开启内塞，使容器内外气压平衡，盖紧后精密称定。然后倾出内容物，容器用水或乙醇洗净，在适宜条件下干燥后，再分别精密称定每一容器的重量，求出每瓶（支）的装量与平均装量。每瓶（支）装量与平均装量相比较，应符合下列规定，如有1瓶（支）不符合规定，应另取10瓶（支）复试，应符合规定。

平均装量	装量差异限度
0.05g及0.05g以下	±15%
0.05g以上至0.15g	±10%
0.15g以上至0.50g	±7%
0.50g以上	±5%

凡规定检查含量均匀度的注射用无菌粉末，一般不再进行装量差异检查。

【渗透压摩尔浓度】 除另有规定外，静脉输液及椎管注射用注射液按各品种项下的规定，照渗透压摩尔浓度测定法（附录0632）测定，应符合规定。

【可见异物】 除另有规定外，照可见异物检查法（附录0904）检查，应符合规定。

【不溶性微粒】 除另有规定外，用于静脉注射、静脉滴注、鞘内注射、椎管内注射的溶液型注射液、注射用无菌粉末及注射用浓溶液照不溶性微粒检查法（附录0903）检查，均应符合规定。

【无菌】 照无菌检查法（附录1101）检查，应符合规定。

【细菌内毒素】 或 **【热原】** 除另有规定外，静脉用注射剂按各品种项下的规定，照细菌内毒素检查法（附录1143）或热原检查法（附录1142）检查，应符合规定。

0103 酊剂

酊剂系指将原料药物用规定浓度的乙醇提取或溶解而制成的澄清液体制剂，也可用流浸膏稀释制成。供内服或外用。

酊剂在生产与贮藏期间应符合下列有关规定。

一、除另有规定外，含有毒剧药品的酊剂，每100ml应相当于原药物10g；其他酊剂，每100ml

相当于原药物20g。

二、含有毒剧药品酊剂的有效成分，应根据其半成品的含量加以调整，使符合各该酊剂项下的规定。

三、酊剂可用溶解、稀释、浸渍或渗漉等法制备。

（1）溶解法或稀释法　取原料药物的粉末或流浸膏，加规定浓度的乙醇适量，溶解或稀释，静置，必要时滤过，即得。

（2）浸渍法　取适当粉碎的饮片，置有盖容器中，加入溶剂适量，密盖，搅拌或振摇，浸渍3～5日或规定的时间，倾取上清液，再加入溶剂适量，依法浸渍至有效成分充分浸出，合并浸出液，加溶剂至规定量后，静置，滤过，即得。

（3）渗漉法　照流浸膏剂项下的方法（二部附录0108），用溶剂适量渗漉，至流出液达到规定量后，静置，滤过，即得。

四、除另有规定外，酊剂应澄清，久置允许有少量摇之易散的沉淀。

五、除另有规定外，酊剂应遮光密封，置阴凉处贮存。

除另有规定外，酊剂应进行以下相应检查。

【乙醇量】　照乙醇量测定法（附录0711）测定，应符合各品种项下的规定。

【甲醇量】　内服酊剂照甲醇量检查法（二部附录0851）检查，应符合规定。

【装量】　照最低装量检查法（附录0942）检查，应符合规定。

【微生物限度】　除另有规定外，照非无菌产品微生物限度检查：微生物计数法（附录1105）和控制菌检查法（附录1106）及非无菌兽药微生物限度标准（附录1107）检查，应符合规定。

0104 栓剂

栓剂系指原料药物与适宜基质制成供腔道给药的固体制剂。

栓剂因施用腔道的不同，分为直肠栓、阴道栓和尿道栓。直肠栓为鱼雷形、圆锥形或圆柱形等；阴道栓为鸭嘴形、球形或卵形等；尿道栓一般为棒状。

栓剂在生产与贮藏期间均应符合下列有关规定。

一、药栓常用基质为半合成脂肪酸甘油酯、可可豆酯、聚氧乙烯硬脂酸酯、聚氧乙烯山梨聚糖脂肪酸酯、氢化植物油、甘油明胶、泊洛沙姆、聚乙二醇类或其他适宜物质。根据需要可加入表面活性剂、稀释剂、润滑剂和抑菌剂。除另有规定外，在制剂确定处方时，该处方的抑菌效力应符合抑菌效力检查法（附录1121）的规定。常用水溶性或与水能溶的基质制备阴道栓。

二、栓剂可用挤压成形法和模制成形法制备。制备栓剂用的固体原料药物，除另有规定外，应预先用适宜方法制成细粉或最细粉，可根据施用腔道和使用需要，制成各种适宜的形状。

三、栓剂中的原料药物与基质应混合均匀，其外形应完整光滑；放入腔道后应无刺激性，应能融化、软化或溶化，并与分泌液混合，逐渐释放出药物，产生局部或全身作用；应有适宜的硬度，以免在包装或贮存时变形。

四、栓剂所用包装材料应无毒性，并不得与原料药物或基质发生理化作用。

五、除另有规定外，栓剂应在30℃以下密闭贮存和运输，防止因受热、受潮而变形、发霉、变质。

除另有规定外，栓剂应进行以下相应检查。

0105 胶囊剂

【重量差异】 照下述方法检查，应符合规定。

检查法 取供试品10粒，精密称定总重量，求得平均粒重后，再分别精密称定每粒的重量。每粒重量与平均粒重相比较，按表中的规定，超出重量差异限度的不得多于1粒，并不得超出限度1倍。

平均粒重	重量差异限度
1.0g至1.0g以下	±10%
1.0g以上至3.0g	±7.5%
3.0g以上	±5%

凡规定检查含量均匀度的栓剂，一般不再进行重量差异检查。

【融变时限】 除另有规定外，照融变时限检查法（附录0922）检查，应符合规定。

【微生物限度】 除另有规定外，照非无菌产品微生物限度检查：微生物计数法（附录1105）和控制菌检查法（附录1106）及非无菌兽药微生物限度标准（附录1107）检查，应符合规定。

0105 胶囊剂

胶囊剂系指原料药物或与适宜辅料充填于空心胶囊或密封于软质囊材中制成的固体制剂。可分为硬胶囊、软胶囊（胶丸）、缓释胶囊、控释胶囊和肠溶胶囊，主要供内服用。

硬胶囊（通称为胶囊） 系指采用适宜的制剂技术，将原料药物或加适宜辅料制成的均匀粉末、颗粒、小片、小丸、半固体或液体等充填于空心胶囊中的胶囊剂。

软胶囊 系指将一定量的液体原料药物直接包封，或将固体原料药物溶解或分散在适宜的辅料中制备成溶液、混悬液、乳状液或半固体，密封于软质囊材中的胶囊剂。可用滴制法或压制法制备。软质囊材是由胶囊用明胶、甘油或其他适宜的药用辅料单独或混合制成。

缓释胶囊 系指在规定的释放介质中缓慢地非恒速释放药物的胶囊剂。缓释胶囊应符合缓释制剂（附录9013）的有关要求并应进行释放度（附录0931）检查。

控释胶囊 系指在规定的释放介质中缓慢地恒速释放药物的胶囊剂。控释胶囊应符合控释制剂（附录9013）的有关要求并应进行释放度（附录0931）检查。

肠溶胶囊 系指用肠溶材料包衣的颗粒或小丸充填于胶囊而制成的硬胶囊，或用适宜的肠溶材料制备而得的硬胶囊或软胶囊。肠溶胶囊不溶于胃液，但能在肠液中崩解而释放活性成分。除另有规定外，肠溶胶囊应符合迟释制剂（附录9013）的有关要求，并进行释放度（附录0931）检查。

胶囊剂在生产与贮藏期间应符合下列有关规定。

一、胶囊剂内容物不论是原料药物还是辅料，均不应造成胶囊壳的变质。

二、小剂量原料药物应用适宜的稀释剂稀释，并混合均匀。

三、硬胶囊可根据下列制剂技术制备不同形式内容物充填于空心胶囊中。

（1）将原料药物加适宜的辅料如稀释剂、助流剂、崩解剂等制成均匀的粉末、颗粒或小片。

（2）将普通小丸、速释小丸、缓释小丸、控释小丸或肠溶小丸单独填充或混合填充，必要时加入适量空白小丸作填充剂。

（3）将原料药物粉末直接填充。

（4）将原料药物制成包合物、固体分散体、微囊或微球。

（5）溶液、混悬液、乳状液等也可采用特制灌囊机填充于空心胶囊中，必要时密封。

· 附录 12 ·

四、胶囊剂应整洁，不得有黏结、变形、渗漏或囊壳破裂现象，并应无异臭。

五、胶囊剂的溶出度、释放度、含量均匀度等应符合要求。必要时，内容物包衣的胶囊剂应检查残留溶剂。

六、除另有规定外，胶囊剂应密封贮存，其存放环境温度不高于30℃，湿度应适宜，防止受潮、发霉、变质。

除另有规定外，胶囊剂应进行以下相应检查。

【装量差异】 照下述方法检查，应符合规定。

检查法 除另有规定外，取供试品20粒，分别精密称定重量后，倾出内容物（不得损失囊壳），硬胶囊囊壳用小刷或其他适宜用具拭净，软胶囊或内容物为半固体或液体的硬胶囊囊壳用乙醚等易挥发性溶剂洗净，置通风处使溶剂自然挥尽，再分别精密称定囊壳重量，求出每粒内容物的装量与平均装量。每粒的装量与平均装量相比较，超出装量差异限度的不得多于2粒，并不得有1粒超出限度1倍。

平均装量	装量差异限度
0.30g以下	±10%
0.30g及0.30g以上	±7.5%

凡规定检查含量均匀度的胶囊剂，一般不再进行装量差异的检查。

【崩解时限】 除另有规定外，照崩解时限检查法（附录0921）检查，均应符合规定。

凡规定检查溶出度或释放度的胶囊剂，一般不再进行崩解时限的检查。

0106 软膏剂、乳膏剂、糊剂

软膏剂 系指原料药物与油脂性或水溶性基质混合制成的均匀的半固体外用制剂。

因药物在基质中分散状态不同，分为溶液型软膏剂和混悬型软膏剂。溶液型软膏剂为原料药物溶解（或共熔）于基质或基质组分中制成的软膏剂；混悬型软膏剂为原料药物细粉均匀分散于基质中制成的软膏剂。

乳膏剂 系指原料药物溶解或分散于乳状液型基质中形成的均匀的半固体制剂。

乳膏剂由于基质不同，可分为水包油型乳膏剂与油包水型乳膏剂。

糊剂 系指大量的原料药物固体粉末（一般25%以上）均匀地分散在适宜的基质中所组成的半固体外用制剂。可分为含水凝胶性糊剂和脂肪糊剂。

软膏剂、乳膏剂、糊剂在生产与贮藏期间均应符合下列有关规定。

一、软膏剂、乳膏剂、糊剂选用基质应根据各剂型的特点、原料药物的性质、制剂的疗效和产品的稳定性。基质也可由不同类型基质混合组成。

软膏剂基质可分为油脂性基质和水溶性基质。油脂性基质常用的有凡士林、石蜡、液状石蜡、硅油、蜂蜡、硬脂酸、羊毛脂等；水溶性基质主要有聚乙二醇。乳膏剂常用的乳化剂可分为水包油型和油包水型。水包油型乳化剂有钠皂、三乙醇胺皂类、脂肪醇硫酸（酯）钠类和聚山梨酯类；油包水型乳化剂有钙皂、羊毛脂、单甘油酯、脂肪醇等。

二、软膏剂、乳膏剂、糊剂基质应均匀、细腻，涂于皮肤或黏膜上应无刺激性。软膏剂中不溶性原料药物及糊剂的原料药物固体粉末，均应预先用适宜的方法磨成细粉，确保粒度符合规定。

三、软膏剂、乳膏剂根据需要可加入保湿剂、防腐剂、增稠剂、稀释剂、抗氧剂及透皮促进剂。除另有规定外，加入抑菌剂的软膏剂、乳膏剂、糊剂在制剂确定处方时，该处方的抑菌效力应符合抑菌效力检查法（附录1121）的规定。

四、软膏剂、乳膏剂应具有适当的黏稠度，糊剂稠度一般较大，应易涂布于皮肤或黏膜上，不融化，黏稠度随季节变化应很小。

五、软膏剂、乳膏剂、糊剂应无酸败、异臭、变色、变硬等变质现象。乳膏剂不得有油水分离及胀气现象。

六、除另有规定外，软膏剂、糊剂应避光密闭贮存；乳膏剂应避光密封，宜置25℃以下贮存，不得冷冻。

七、软膏剂、乳膏剂、糊剂所用内包装材料，不应与原料药物或基质发生物理化学反应。无菌产品的内包装材料应无菌。

除另有规定外，软膏剂、乳膏剂、糊剂应进行以下相应检查。

【粒度】 除另有规定外，混悬型软膏剂照下述方法检查，应符合规定。

检查法 取供试品适量，置于载玻片上涂成薄层，薄层面积相当于盖玻片面积，共涂3片，照粒度和粒度分布测定法（附录0982第一法）测定，均不得检出大于$180\mu m$的粒子。

【装量】 照最低装量检查法（附录0942）检查，应符合规定。

【无菌】 用于烧伤或严重创伤的软膏剂和乳膏剂，照无菌检查法（附录1101）检查，应符合规定。

【微生物限度】 除另有规定外，照非无菌产品微生物限度检查：微生物计数法（附录1105）和控制菌检查法（附录1106）及非无菌兽药微生物限度标准（附录1107）检查，应符合规定。

0107 眼用制剂

眼用制剂系指直接用于眼部发挥治疗作用的无菌制剂。

眼用制剂可分为眼用液体制剂（滴眼剂、洗眼剂、眼内注射溶液）、眼用半固体制剂（眼膏剂、眼用乳膏剂、眼用凝胶剂等）。眼用液体制剂也可以固态形式包装，另备溶剂，在临用前配成溶液或混悬液。

滴眼剂 系指由原料药物与适宜辅料制成的供滴入眼内的无菌液体制剂。可分为溶液、混悬液或乳状液。

洗眼剂 系指由原料药物制成的无菌澄明水溶液，供冲洗眼部异物或分泌液、中和外来化学物质的眼用液体制剂。

眼内注射溶液 系指由原料药物与适宜辅料制成的无菌澄明溶液，供眼周围组织（包括球结膜下、筋膜下及球后）或眼内注射（包括前房注射、前房冲洗、玻璃体内注射、玻璃体内灌注等）的无菌眼用液体制剂。

眼膏剂 系指由原料药物与适宜基质均匀混合，制成溶液型或混悬型膏状的无菌眼用半固体制剂。

眼用乳膏剂 系指由原料药物与适宜基质均匀混合，制成乳膏状的无菌眼用半固体制剂。

眼用凝胶剂 系指由原料药物与适宜辅料制成凝胶状的无菌眼用半固体制剂。

眼用制剂在生产与贮藏期间应符合下列有关规定。

一、滴眼剂中可加入调节渗透压、pH值、黏度以及增加原料药物溶解度和制剂稳定性的辅料，所用辅料不应降低药效或产生局部刺激。

二、除另有规定外，滴眼剂应与泪液等渗。混悬型滴眼剂的沉降物不应结块或聚集，经振摇应易再分散，并应检查沉降体积比。除另有规定外，每个容器的装量应不超过10ml。

三、洗眼剂属用量较大的眼用制剂，应尽可能与泪液等渗并具有相近的pH值。除另有规定外，每个容器的装量应不超过200ml。

四、多剂量眼用制剂一般应加适当抑菌剂，尽量选用安全风险小的抑菌剂。产品标签应注明抑菌剂的种类和标示量。除另有规定外，在制剂确定处方时，该处方的抑菌剂效力应符合抑菌效力检查法（附录1121）的规定。

五、眼用半固体制剂基质应过滤并灭菌，不溶性原料药物应预先制成极细粉。眼膏剂、眼用乳膏剂、眼用凝胶剂应均匀、细腻、无刺激性，并易涂布于眼部，便于原料药物分散和吸收。除另有规定外，每个容器的装量应不超过5g。

六、眼内注射溶液、供外科手术用和急救用的眼用制剂，均不得加抑菌剂或抗氧剂或不适当的附加剂，且应采用一次性使用包装。

七、包装容器应无菌、不易破裂，其透明度应不影响可见异物检查。

八、除另有规定外，眼用制剂还应符合相应剂型通则项下有关规定，如眼用凝胶剂还应符合凝胶剂的规定。

九、除另有规定外，眼用制剂应遮光密封贮存。

十、眼用制剂在启用后最多可使用4周。

除另有规定外，眼用制剂应进行以下相应检查。

【可见异物】 除另有规定外，滴眼剂照可见异物检查法（附录0904）中滴眼剂项下的方法检查，应符合规定；眼内注射溶液照可见异物检查法（附录0904）中注射液项下的方法检查，应符合规定。

【粒度】 除另有规定外，混悬型眼用制剂照下述方法检查，粒度应符合规定。

检查法 取液体型供试品强烈振摇，立即量取适量（相当于主药$10\mu g$）置于载玻片上，共涂3片；或各取3个容器的半固体型供试品，将内容物全部挤于合适的容器中，搅拌均匀，取适量（相当于主药$10\mu g$）置于载玻片上，涂成薄层，薄层面积相当于盖玻片面积，共涂3片，照粒度和粒度分布测定法（附录0982第一法）测定，每个涂片中大于$50\mu m$的粒子不得过2个，且不得检出大于$90\mu m$的粒子。

【沉降体积比】 混悬型滴眼剂照下述方法检查，沉降体积比应不低于0.90。

检查法 除另有规定外，用具塞量筒量取供试品50ml，密塞，用力振摇1分钟，记下混悬物的开始高度H_0，静置3小时，记下混悬物的最终高度H，按下式计算：

$$沉降体积比 = H/H_0$$

【金属性异物】 除另有规定外，眼用半固体制剂照下述方法检查，应符合规定。

检查法 取供试品10个，分别将全部内容物置于底部平整光滑、无可见异物和气泡、直径为6cm的平底培养皿中，加盖，除另有规定外，在85℃保温2小时，使供试品摊布均匀，室温放冷至凝固后，倒置于适宜的显微镜台上，用聚光灯从上方以45°角的入射光照射皿底，放大30倍，检视不小于$50\mu m$且具有光泽的金属性异物数。10个容器中每个内含金属性异物超过8粒者，不得过1个，且其总数不得过50粒；如不符合上述规定，应另取20个复试；初、复试结果合并计算，30个中每个容器中含金属性异物超过8粒者，不得过3个，且其总数不得过150粒。

【装量差异】 除另有规定外，单剂量包装的眼用固体制剂或半固体制剂照下述方法检查，应符合规定。

检查法 取供试品20个，分别称定内容物重量，计算平均装量，每个装量与平均装量相比较（有标示装量的应与标示装量相比较）超过平均装量±10%者，不得过2个，并不得有超过平均装量±20%者。

凡规定检查含量均匀度的眼用制剂，一般不再进行装量差异检查。

【装量】 除另有规定外，单剂量包装的眼用液体制剂照下述方法检查，应符合规定。

检查法 取供试品10个，将内容物分别倒入经标化的量入式量筒（或适宜容器）内，检视，每个装量与标示装量相比较，均不得少于其标示装量。

多剂量包装的眼用制剂，照最低装量检查法（附录0942）检查，应符合规定。

【渗透压摩尔浓度】 除另有规定外，水溶液型滴眼剂、洗眼剂和眼内注射溶液按各品种项下的规定，照渗透压摩尔浓度测定法（附录0632）检查，应符合规定。

【无菌】 除另有规定外，照无菌检查法（附录1101）检查，应符合规定。

0108 粉剂

粉剂系指原料药物或与适宜的辅料经粉碎、均匀混合制成的干燥粉末状制剂，分为内服粉剂和局部用粉剂。

局部用粉剂可用于皮肤、黏膜和创伤等疾患，亦称撒粉。

粉剂在生产与贮藏期间应符合下列规定。

一、供制备粉剂的成分均应粉碎成细粉。除另有规定外，内服粉剂应能通过五号筛；局部用粉剂应能通过六号筛。

二、粉剂应干燥、松散、混合均匀、色泽一致。制备含有毒、剧药或药物浓度低的粉剂时，应采用适宜的方法使药物分散均匀。

三、粉剂根据需要可加入适宜的防腐剂、分散剂等。

四、用于深部组织创伤或皮肤损伤的粉剂应无菌。

五、粉剂可单剂量包装亦可多剂量包（分）装。多剂量包装者应附分剂量的用具。

六、除另有规定外，粉剂应密闭贮存，含挥发药物或易吸潮药物的粉剂应密封贮存，并应进行微生物限度的控制。

除另有规定外，粉剂应进行以下相应检查。

【外观均匀度】 取供试品适量，置光滑纸上，平铺约5cm^2，将其表面压平，在亮处观察，应色泽均匀，无花纹与色斑。

【干燥失重】 除另有规定外，取供试品，按干燥失重测定法（附录0831）测定，在105℃干燥至恒重，减失重量不得过2.0%。

【装量】 按最低装量检查法（附录0942）检查，应符合规定。

【含量均匀度】 主药含量小于2%者，照含量均匀度检查法（附录0941）检查，应符合规定。检查此项的药物，不再测定含量，可用此平均含量结果作为含量测定结果。复方制剂仅检查符合上述条件的组分。

【无菌】 用于深部组织创伤或皮肤损伤的粉剂，照无菌检查法（附录1101）检查，应符合规定。

0109 预混剂

预混剂系指原料药物与适宜的辅料均匀混合制成的粉末状或颗粒状制剂。预混剂通过饲料以一定的药物浓度给药。

预混剂在生产与贮藏期间应符合下列规定。

一、预混剂中的药物应先干燥、粉碎,除另有规定外,应全部通过四号筛,允许混有能通过五号筛不超过10.0%的粉末。

二、预混剂中所用辅料包括载体、稀释剂等。辅料应稳定、流动性良好,与药物及饲料易于混匀。含脂辅料应先行脱脂。一般宜用单一的辅料。如选用一种以上辅料时,其相对密度及粒度应相近,以免在运输和贮存过程中出现分层现象。辅料含重金属不得过百万分之二十;含砷盐不得过百万分之二;无机辅料干燥失重不得过3.0%;有机辅料干燥失重不得过8.0%。

三、配制时,可按药物性质,用适当的方法使药物分散均匀。低浓度药物预混剂的配制应采用适宜的方法使药物混合均匀。

四、预混剂应流动性良好,易与饲料混合均匀。

五、除另有规定外,预混剂应密闭贮存,含挥发性药物或易吸潮药物的预混剂应密封贮存,并应进行微生物限度的控制。

六、预混剂的标签除另有规定外,还应标明辅料的名称。

除另有规定外,预混剂应进行以下相应检查。

【干燥失重】 除另有规定外,取供试品,按干燥失重测定法(附录0831)测定。在105℃干燥至恒重,以无机物质为辅料的,减失重量不得过3.0%;以有机物质为辅料的,减失重量不得过8.0%。

【装量】 按最低装量检查法(附录0942)检查,应符合规定。

【含量均匀度】 主药含量小于2%者,照含量均匀度检查法(附录0941)检查,应符合规定。检查此项的药物,不再测定含量,可用此平均含量结果作为含量测定结果。复方制剂仅检查符合上述条件的组分。

0110 颗粒剂

颗粒剂系指原料药物与适宜的辅料混合制成具有一定粒度的干燥颗粒状制剂。

颗粒剂可分为可溶颗粒(通称为颗粒)、混悬颗粒、泡腾颗粒、肠溶颗粒、缓释颗粒和控释颗粒等。

混悬颗粒 系指难溶性原料药物与适宜辅料混合制成的颗粒剂。临用前加水或其他适宜的液体振摇即可分散成混悬液。

除另有规定外,混悬颗粒应进行溶出度(附录0931)检查。

泡腾颗粒 系指含有碳酸氢钠和有机酸,遇水可放出大量气体而呈泡腾状的颗粒剂。

泡腾颗粒中的原料药物应是易溶性的,加水产生气泡后应能溶解。有机酸一般用枸橼酸、酒石酸等。

肠溶颗粒 系指采用肠溶材料包裹颗粒或其他适宜方法制成的颗粒剂。肠溶颗粒耐胃酸而在肠液中释放活性成分或控制药物在肠道内定位释放，可防止药物在胃内分解失效，避免对胃的刺激。肠溶颗粒应进行释放度（附录0931）检查。

缓释颗粒 系指在规定的释放介质中缓慢地非恒速释放药物的颗粒剂。

缓释颗粒应符合缓释制剂的有关要求（附录9013），并应进行释放度（附录0931）检查。

控释颗粒 系指在规定的释放介质中缓慢地恒速释放药物的颗粒剂。

控释颗粒应符合控释制剂的有关要求（附录9013），并应进行释放度（附录0931）检查。

颗粒剂在生产与贮藏期间应符合下列有关规定。

一、原料药物与辅料应均匀混合；含药量小或含毒、剧药的颗粒剂，应根据原料药物的性质采用适宜方法使其分散均匀。

二、凡属挥发性原料药物或遇热不稳定的药物在制备过程应注意控制适宜的温度条件，凡遇光不稳定的原料药物应遮光操作。

三、根据需要可加入适宜的辅料，如稀释剂、黏合剂、分散剂、着色剂和矫味剂等。

四、为了防潮、掩盖原料药物的不良气味等需要，也可对颗粒包薄膜衣。必要时，包衣颗粒应检查残留溶剂。

五、颗粒剂应干燥，颗粒均匀，色泽一致，无吸潮、软化、结块、潮解等现象。

六、颗粒剂的溶出度、释放度、含量均匀度等应符合要求。

七、除另有规定外，颗粒剂应密封，置干燥处贮存，防止受潮。

除另有规定外，颗粒剂应进行以下相应检查。

【粒度】 除另有规定外，照粒度和粒度分布测定法（附录0982第二法双筛分法）测定，不能通过一号筛与能通过五号筛的总和不得过15%。

【干燥失重】 除另有规定外，照干燥失重测定法（附录0831）测定，于105℃干燥（含糖颗粒应在80℃减压干燥）至恒重，减失重量不得过2.0%。

【溶化性】 除另有规定外，颗粒剂照下述方法检查，溶化性应符合规定。

可溶颗粒检查法 取供试品10g，加热水200ml，搅拌5分钟，立即观察，可溶颗粒应全部溶化或轻微浑浊，但不得有异物。

泡腾颗粒检查法 取供试品3袋，将内容物分别转移至盛有200ml水的烧杯中，水温为15～25℃，应迅速产生气体而呈泡腾状，5分钟内颗粒均应完全分散或溶解在水中。

混悬颗粒或已规定检查溶出度或释放度的颗粒剂，可不进行溶化性检查。

【装量差异】 单剂量包装的颗粒剂按下述方法检查，应符合规定。

检查法 取供试品10袋（瓶），除去包装，分别精密称定每袋（瓶）内容物的重量，求出每袋（瓶）内容物的装量与平均装量，每袋（瓶）的装量与平均装量相比较，超出装量差异限度的颗粒剂不得多于2袋（瓶），并不得有1袋（瓶）超出装量差异限度1倍。

平均装量	装量差异限度
1.0g及1.0g以下	±10%
1.0g以上至1.5g	±8%
1.5g以上至6.0g	±7%
6.0g以上	±5%

凡规定检查含量均匀度的颗粒剂，一般不再进行装量差异检查。

【装量】 多计量包装的颗粒剂，按最低装量检查法（附录0942）检查，应符合规定。

0111 内服溶液剂、内服混悬剂、内服乳剂

内服溶液剂系指原料药物溶解于适宜溶剂中制成供内服的澄清液体制剂。

内服混悬剂系指难溶性固体原料药物，分散在液体介质中，制成的供内服的混悬液体制剂，也包括干混悬剂或浓混悬液。

内服乳剂系指两种互不相溶的液体制成的供内服的水包油型液体制剂。

用适宜的量具以小体积或以滴计量的内服溶液剂、内服混悬剂或内服乳剂称为滴剂。

内服溶液剂、内服混悬剂和内服乳剂在生产与贮藏期间应符合下列有关规定。

一、除另有规定外，内服溶液剂的溶剂、内服混悬剂的分散介质常用纯化水。

二、根据需要可加入适宜的附加剂，如抑菌剂、分散剂、助悬剂、增稠剂、助溶剂、润湿剂、缓冲剂、乳化剂、稳定剂、矫味剂以及色素等，其品种与用量应符合国家标准的有关规定，除另有规定外，在制剂确定处方时，该处方的抑菌剂效力应符合抑菌效力检查法（附录1121）的规定。

三、制剂应稳定，无刺激性，不得有发霉、酸败、变色、异物、产生气体或其他变质现象。

四、内服滴剂包装内一般应附有滴管和吸球或其他量具。

五、除另有规定外，应避光、密封贮存。

六、内服乳剂应呈均匀的乳白色，以半径为10cm的离心机每分钟4000转的转速（约$1800 \times g$）离心15分钟，不应有分层现象。

乳剂可能会出现相分离的现象，但振摇易再分散。

七、内服混悬剂的混悬物应分散均匀，放置后若有沉淀物，经振摇应易再分散，并应检查沉降体积比。

八、内服混悬剂在标签上应注明"用前摇匀"；以滴计量的滴剂在标签上要标明每毫升或每克液体制剂相当的滴数。

除另有规定外，内服溶液剂、内服混悬剂、内服乳剂应进行以下相应检查。

【装量】 除另有规定外，单剂量包装的内服溶液剂、内服混悬剂、内服乳剂的装量，照下述方法检查，应符合规定。

检查法 取供试品10袋（支），将内容物分别倒入经标化的量入式量筒内，检视，每袋（支）装量与标示装量相比较均不得少于其标示量。

凡规定检查含量均匀度者，一般不再进行装量检查。

多剂量包装的内服溶液剂、内服混悬剂、内服乳剂和干混悬剂照最低装量检查法（附录0942）检查，应符合规定。

【装量差异】 除另有规定外，单剂量包装的干混悬剂照下述方法检查，应符合规定。

检查法 取供试品20袋（支），分别精密称定内容物，计算平均装量，每袋（支）装量与平均装量相比较，装量差异限度应在平均装量的±10%以内，超出装量差异限度的不得多于2袋（支），并不得有1袋（支）超出限度1倍。

凡规定检查含量均匀度者，一般不再进行装量差异检查。

【干燥失重】 除另有规定外，干混悬剂照干燥失重测定法（附录0831）检查，减失重量不得过2.0%。

【沉降体积比】 内服混悬剂照下述方法检查，沉降体积比应不低于0.90。

检查法 除另有规定外，用具塞量筒量取供试品50ml，密塞，用力振摇1分钟，记下混悬物的

开始高度H_0，静置3小时，记下混悬物的最终高度H，按下式计算：

$$沉降体积比=H/H_0$$

干混悬剂按各品种项下规定的比例加水振摇，应均匀分散，并照上法检查沉降体积比，应符合规定。

【微生物限度】 除另有规定外，照非无菌产品微生物限度检查：微生物计数法（附录1105）和控制菌检查法（附录1106）及非无菌兽药微生物限度标准（附录1107）检查，应符合规定。

0112 耳用制剂

耳用制剂系指原料药物与适宜辅料制成的直接用于耳部发挥局部治疗作用的制剂。

耳用制剂可分为耳用液体制剂（滴耳剂、洗耳剂、耳用喷雾剂）、耳用半固体制剂（耳用软膏剂、耳用乳膏剂、耳用凝胶剂等）。耳用液体制剂也可以固态形式包装，另备溶剂，在临用前配成溶液或混悬液。

滴耳剂 系指由原料药物与适宜辅料制成的水溶液，或由甘油或其他适宜溶剂和分散介质制成的澄明溶液、混悬液或乳状液，供滴入外耳道用的液体制剂。

洗耳剂 系指由原料药物与适宜辅料制成澄明水溶液，用于清洁外耳道的液体制剂。通常是符合生理pH值范围的水溶液，用于伤口或手术前使用者应无菌。

耳用喷雾剂 系指由原料药物与适宜辅料制成澄明溶液、混悬液或乳状液，借喷雾器雾化的耳用液体制剂。

耳用软膏剂 系指由原料药物与适宜基质均匀混合制成溶液型或混悬型膏状的耳用半固体制剂。

耳用乳膏剂 系指由原料药物与适宜基质均匀混合制成乳膏状的耳用半固体制剂。

耳用凝胶剂 系指由原料药物与适宜辅料制成凝胶状的耳用半固体制剂。

耳用制剂在生产与贮藏期间应符合下列有关规定。

一、耳用制剂通常含有调节张力或黏度、控制pH值、增加药物溶解度、提高制剂稳定性或提供足够抗菌性能的辅料，辅料应不影响制剂的药效，并应无毒性或局部刺激性。溶剂（如水、甘油、脂肪油等）不应对耳膜产生不利的压迫。除另有规定外，多剂量包装的水性耳用制剂，可含有适宜浓度的抑菌剂，如制剂本身有足够的抑菌性能，可不加抑菌剂。如需加入抑菌剂，除另有规定外，在制剂确定处方时，该处方的抑菌剂效力应符合抑菌效力检查法（附录1121）的规定。

二、除另有规定外，耳用制剂多剂量包装容器应配有完整的滴管或适宜材料组合成套，一般应配有橡胶乳头或塑料乳头的螺旋盖滴管。容器应无毒洁净，且应与原料药或辅料具有良好的相容性，容器的器壁要有一定的厚度且均匀。装量应不超过10ml或5g。

三、耳用溶液剂应澄清，不得有沉淀和异物；耳用混悬液若出现沉淀物，经振摇应易分散；耳用乳状液若出现油相与水相分离，振摇应易恢复成乳状液。耳用半固体制剂应柔软细腻，易涂布。

四、除另有规定外，耳用制剂还应符合相应制剂通则项下有关规定，如耳用软膏剂还应符合软膏剂的规定，耳用喷雾剂还应符合喷雾剂的规定。

五、除另有规定外，耳用制剂应密闭贮存。

六、耳用制剂在启用后最多不超过4周。

除另有规定外，耳用制剂应进行以下相应检查。

【沉降体积比】 混悬型滴耳剂照下述方法检查，沉降体积比应不低于0.90。

检查法 除另有规定外，用具塞量筒量取供试品50ml，密塞，用力振摇1分钟，记下混悬物的开始高度H_0，静置3小时，记下混悬物的最终高度H，按下式计算：

$$沉降体积比=H/H_0$$

【重（装）量差异】 除另有规定外，单剂量给药的耳用制剂照下述方法检查，应符合规定。

检查法 取供试品20个剂量单位，分别称定内容物，计算平均重（装）量，超过平均重（装）量±10%者不得过2个，并不得有超过平均重（装）量±20%者。

凡规定检查含量均匀度的耳用制剂，一般不再进行重（装）量差异的检查。

【装量】 多剂量耳用制剂，照最低装量检查法（附录0942）检查，应符合规定。

【无菌】 除另有规定外，用于手术、耳部伤口或耳膜穿孔的滴耳剂与洗耳剂，照无菌检查法（附录1101）检查，应符合规定。

【微生物限度】 除另有规定外，照非无菌产品微生物限度检查：微生物计数法（附录1105）和控制菌检查法（附录1106）及非无菌兽药微生物限度标准（附录1107）检查，应符合规定。

0113 可溶性粉剂

可溶性粉剂系指原料药物或与适宜的辅料经粉碎、均匀混合制成的可溶于水的干燥粉末状制剂。专用于饮水给药。

在水中不溶或分散性差、水溶液不稳定、挥发性大等原料药物不宜制成可溶性粉剂。

可溶性粉剂在生产与贮藏期间应符合下列规定。

一、可溶性粉剂常用的辅料有葡萄糖、乳糖、蔗糖等。

二、供制备可溶性粉剂的各成分均应粉碎成细粉。

三、可溶性粉剂应干燥、松散、混合均匀、色泽一致。制备含有毒、剧药或药物浓度低的可溶性粉剂时，应采用适宜的方法使药物分散均匀。

四、可溶性粉剂必要时亦可加入适宜的防腐剂、助溶剂、分散剂等附加剂。

五、除另有规定外，可溶性粉剂应密闭贮存，含挥发性药物或易吸潮药物的可溶性粉剂应密封贮存，并应进行微生物限度的控制。

除另有规定外，可溶性粉剂应进行以下相应检查。

【外观均匀度】 取供试品适量，置光滑纸上，平铺约5cm²，将其表面压平，在亮处观察，应色泽均匀，无花纹与色斑。

【干燥失重】 除另有规定外，取供试品，按干燥失重测定法（附录0831）测定，在105℃干燥至恒重，减失重量不得过10.0%。

【溶解性】 除另有规定外，取供试品适量，置纳氏比色管中，加水制成50ml的溶液（浓度为临床使用时高剂量浓度的2倍），在25℃±2℃上下翻转10次，供试品应全部溶解，静置30分钟，不得有浑浊或沉淀生成。

【装量】 照最低装量检查法（附录0942）检查，应符合规定。

【含量均匀度】 主药含量小于2%者，照含量均匀度检查法（附录0941）检查，应符合规定。检查此项的药物，不再测定含量，可用此平均含量结果作为含量测定结果。复方制剂仅检查符合上述条件的组分。

0114 外用液体制剂

外用液体制剂系指原料药物与适宜的溶剂或分散介质制成的，通过动物体表给药以产生局部或全身性作用的溶液、混悬液或乳状液及供临用前稀释的高浓度液体制剂。一般有涂剂、浇泼剂、滴剂、乳头浸剂、浸洗剂等。

涂剂 系指原料药物与适宜溶剂、透皮促进剂制成的涂于动物特定部位，通过皮肤吸收而达到治疗目的的液体制剂。

浇泼剂 系指原料药物与适宜溶剂制成的浇泼于动物体表的澄清液体制剂。浇泼剂易于在皮肤上分散和吸收，使用量通常在5ml以上，使用时沿动物的背中线进行浇泼。

滴剂 系指原料药物与适宜的溶剂或分散介质制成的用适宜的量具以小体积或以滴计量，滴至动物的头、背等部位局部给药的液体制剂。滴剂的使用量通常在10ml以下。

乳头浸剂 系指原料药物与适宜的溶剂或分散介质制成的用于乳头浸洗的液体制剂。乳头浸剂供奶牛挤奶前或挤奶后（必要时）浸洗乳头用，以降低乳头表面的病原微生物污染，通常含有保湿剂以滋润和软化皮肤。

浸洗剂 系指原料药物与适宜的溶剂或分散介质制成的对动物进行全身浸浴的液体制剂。

外用液体制剂在生产与贮藏期间应符合下列有关规定。

一、外用液体制剂的溶剂和分散介质常用饮用水、适宜的有机溶剂。

二、根据需要可加入适宜的附加剂，如分散剂、助悬剂、增稠剂、助溶剂、润湿剂、缓冲剂、乳化剂、稳定剂、透皮促进剂、抑菌剂等，其品种与用量应符合国家标准的有关规定，除另有规定外，在制剂确定处方时，该处方的抑菌剂效力应符合抑菌效力检查法（附录1121）的规定。

三、不得有发霉、酸败、变色、异物、产生气体或其他变质现象。

四、外用乳剂应颜色均匀，以半径为10cm的离心机每分钟4000转的转速（约$1800 \times g$）离心15分钟，不应有分层现象。

五、外用混悬剂中的混悬物应分散均匀，放置后有沉降物经振摇应易再分散，并应检查沉降体积比。混悬剂在标签上应注明"用时摇匀"。

六、外用滴剂包装内一般应附有滴管和吸球或其他量具。以滴计量的滴剂在标签上要标明每毫升或每克液体制剂相当的滴数。

七、除另有规定外，外用液体制剂应密封贮存。

除另有规定外，外用液体制剂应进行以下相应检查。

【粒度】 含有原料药物分散粒子的外用溶液剂，按各品种项下的规定，照粒度和粒度分布测定法（附录0982第一法）检查，应符合规定。

【沉降体积比】 混悬型外用液体制剂照下述方法检查，沉降体积比应不低于0.90。

检查法 除另有规定外，用具塞量筒量取供试品50ml，密塞，用力振摇1分钟，记下混悬物的开始高度H_0，静置3小时，记下混悬物的最终高度H，按下式计算：

$$沉降体积比 = H/H_0$$

【乳化稳定性】 可乳化外用液体制剂，照乳化性检查法（附录0911）检查，应符合规定。

【装量】 除另有规定外，照最低装量检查法（附录0942）检查，应符合规定。

【无菌】 供皮肤严重损伤使用的外用液体制剂，照无菌检查法（附录1101）检查，应符合规定。

【微生物限度】 乳头浸剂照非无菌产品微生物限度检查：微生物计数法（附录1105）和控制菌

检查法（附录1106）及非无菌兽药微生物限度标准（附录1107）检查，应符合规定。

0115 子宫注入剂

子宫注入剂系指原料药物与适宜的辅料制成供子宫注入的无菌制剂。

子宫注入剂可分为溶液型、乳状液型、混悬液型、乳膏以及供临用前配制成溶液或混悬液的无菌粉末。

子宫注入剂在生产与贮藏期间应符合下列有关规定。

一、溶液型子宫注入剂应澄清；混悬型子宫注入剂，混悬物应分散均匀，放置后有沉降物经振摇应易再分散；乳状液型子宫注入剂如出现分层，经振摇应易重新分散均匀。

二、子宫注入剂所用溶剂必须安全无害，并与其他药用成分兼容性良好，不得影响疗效和质量。一般分为水性溶剂和非水性溶剂。

（1）水性溶剂　最常用的为注射用水，也可用0.9%氯化钠溶液或其他适宜的水溶液。

（2）非水性溶剂　常用的为植物油，主要为供注射用大豆油，其他还有乙醇、丙二醇和聚乙二醇等溶剂。

三、配制子宫注入剂时，可根据需要加入适宜的附加剂。如稳定剂、增溶剂、增稠剂、助溶剂、抗氧剂、抑菌剂、乳化剂、助悬剂等。所用附加剂应不影响药物疗效，避免对检验产生干扰，使用浓度不得引起毒性或明显的刺激。常用的抗氧剂有亚硫酸钠、亚硫酸氢钠和焦亚硫酸钠，一般浓度为0.1%～0.2%；常用的抑菌剂为0.5%苯酚、0.3%甲酚和0.5%三氯叔丁醇等。多剂量包装的子宫注入剂，本身亦无足够的抑菌活性，可加入一定浓度的适宜抑菌剂，抑菌剂的用量应能抑制子宫注入剂中微生物的生长，除另有规定外，在制剂确定处方时，该处方的抑菌效力应符合抑菌效力检查法（附录1121）的规定。加有抑菌剂的子宫注入剂，仍应采用适宜的方法灭菌或无菌操作制备。

四、子宫注入剂常用的容器有玻璃瓶、塑料瓶（玻璃瓶、塑料瓶包装时应另配有注入器）及一次性注入器等。注入剂所使用容器的密封性须用适宜的方法确证。除另有规定外，容器应符合有关国家药用包装材料标准规定。容器用胶塞要有足够的稳定性，其质量应符合有关国家标准规定。

五、在子宫注入剂的生产过程中应尽可能缩短配制时间，防止微生物的污染及原料药物变质。制备混悬型注入剂、乳状液型注入剂过程中，要采取必要的措施，保证粒子大小符合质量标准的要求。注入用无菌粉末应按无菌操作制备。

六、除另有规定外，子宫注入剂一般可灌装于单剂量容器或多剂量容器内。灌装注入剂时应按下表适当增加装量，除另有规定外，多剂量包装的注入剂，每个容器的装量不得超过10次注入量，增加的装量应能保证每次注入用量。

标示装量（ml）	增加量（ml）	
	易流动液	黏稠液
5	0.30	0.50
10	0.50	0.70
20	0.60	0.90
50	1.0	1.5

七、子宫注入剂一般应根据原料药物性质或内包装物的性质选用适宜的方法进行灭菌或无菌操作制备，所用的各种器具及容器等均需用适宜的方法清洁、灭菌。

八、子宫注入剂的标签或说明书中应标明所用辅料的名称，如有抑菌剂还应标明抑菌剂的种类及浓度。临用前配制成溶液或混悬液的注入用无菌粉末应标明配制溶液所用溶剂种类，必要时还应标注溶剂量。混悬型与乳状液型子宫注入剂在标签上应标明"用时摇匀"字样。

九、除另有规定外，子宫注入剂应密封贮存。

除另有规定外，子宫注入剂应进行以下相应检查。

【粒度】 含有分散原料药物粒子或原料药物粒子的子宫注入剂，按各品种项下的规定，照粒度和粒度分布测定法（附录0982第一法）测定，应符合规定。

【沉降体积比】 混悬型子宫注入剂照下述方法检查，沉降体积比应不低于0.90。

检查法 除另有规定外，用具塞量筒量取供试品50ml，密塞，用力振摇1分钟，记下混悬物的开始高度H_0，静置3小时，记下混悬物的最终高度H，按下式计算：

$$沉降体积比=H/H_0$$

【装量】 除另有规定外，子宫注入剂的装量应为标示装量的100.0%～110.0%。

检查法 重量法（适用于标示装量以重量计者） 除另有规定外，取供试品5支（瓶），分别称定重量，分别倾尽或挤尽内容物，再分别称定空容器的重量，求出每个容器内容物的装量，均应符合规定。

容量法（适用于标示装量以容量计者） 除另有规定外，取供试品5支（瓶），一次性注入器包装的供试品，将内容物直接缓慢连续地注入预经标化的量入式量筒内（量筒的大小应使待测体积至少占其额定体积的40%，不排尽注入针头中的液体），在室温下检视。其他容器包装的供试品，将内容物分别用相应体积的干燥注射器及注射针头抽尽，然后缓慢连续地注入预经标化的量入式量筒内（量筒的大小应使待测体积至少占其额定体积的40%，不排尽针头中的液体），在室温下检视。测定油溶液、乳状液或混悬液时，应先加温（如有必要）摇匀，再用干燥注射器及注射针头抽尽后，同前法操作，放冷（加温时），检视，每支（瓶）的装量均应符合规定。

除另有规定外，注入用无菌粉末照下述方法检查，应符合规定。

检查法 取供试品5支（瓶），除去标签、铝盖，容器外壁用乙醇擦净，干燥，开启时注意避免玻璃屑等异物落入容器中，分别迅速精密称定。容器为玻璃瓶或塑料瓶的注入用无菌粉末，首先小心开启内塞，使容器内外气压平衡，盖紧后精密称定。然后倾出内容物，容器用水或乙醇洗净，在适宜条件下干燥后，再分别精密称定每一容器的重量，求出每支（瓶）的装量，均应符合规定。

【无菌】 照无菌检查法（附录1101）检查，应符合规定。

0116 乳房注入剂

乳房注入剂系指原料药物与适宜的辅料制成供乳管注入的无菌制剂。

乳房注入剂可分为溶液型、混悬液型、乳状液型、乳膏以及供临用前配制成溶液或混悬液的无菌粉末。

乳房注入剂在生产与贮藏期间应符合下列有关规定。

一、溶液型乳房注入剂应澄清；混悬型乳房注入剂，混悬物应分散均匀，放置后有沉降物经振摇应易再分散；乳状液型乳房注入剂如出现分层，经振摇应易重新分散均匀。

二、乳房注入剂所用溶剂必须安全无害，并与其他药用成分兼容性良好，不得影响疗效和质量。一般分为水性溶剂和非水性溶剂。

（1）水性溶剂　最常用的为注射用水，也可用0.9%氯化钠溶液或其他适宜的水溶液。

（2）非水性溶剂　常用的为植物油，主要为供注射用大豆油；其他还有乙醇、丙二醇和聚乙二醇等溶剂。

三、配制乳房注入剂时，可根据需要加入适宜的附加剂。如稳定剂、增溶剂、增稠剂、助溶剂、抗氧剂、抑菌剂、乳化剂、助悬剂等。所用附加剂应不影响药物疗效，避免对检验产生干扰，使用浓度不得引起毒性或明显的刺激。常用的抗氧剂有亚硫酸钠、亚硫酸氢钠和焦亚硫酸钠，一般浓度为0.1%～0.2%；常用的抑菌剂为0.5%苯酚、0.3%甲酚和0.5%三氯叔丁醇等。多剂量包装的乳房注入剂，本身亦无足够的抑菌活性，可加入一定浓度的适宜抑菌剂，抑菌剂的用量应能抑制乳房注入剂中微生物的生长，除另有规定外，在制剂确定处方时，该处方的抑菌效力应符合抑菌效力检查法（附录1121）的规定。加有抑菌剂的乳房注入剂，仍应采用适宜的方法灭菌或无菌操作制备。

四、乳房注入剂常用的容器有玻璃瓶、塑料瓶（玻璃瓶、塑料瓶包装时应另配有注入器）及一次性注入器等。乳房注入剂所使用容器的密封性须用适宜的方法确证。除另有规定外，容器应符合有关国家药用包装材料标准规定。容器用胶塞要有足够的稳定性，其质量应符合有关国家标准规定。

五、在乳房注入剂的生产过程中应尽可能缩短配制时间，防止微生物的污染及原料药物变质。制备混悬型注入剂、乳状液型注入剂过程中，要采取必要的措施，保证粒子大小符合质量标准的要求。注入用无菌粉末应按无菌操作制备。

六、除另有规定外，乳房注入剂一般可灌装于单剂量容器或多剂量容器内。灌装注入剂时应按下表适当增加装量，除另有规定外，多剂量包装的注入剂，每个容器的装量不得超过10次注入量，增加的装量应能保证每次注入用量。

标示装量（ml）	增加量（ml）	
	易流动液	黏稠液
5	0.30	0.50
10	0.50	0.70
20	0.60	0.90
50	1.0	1.5

七、乳房注入剂一般应根据原料药物性质或内包装物的性质选用适宜的方法进行灭菌或无菌操作制备，所用的各种器具及容器等均需用适宜的方法清洁、灭菌。

八、乳房注入剂的标签或说明书中应标明所用辅料的名称，如有抑菌剂还应标明抑菌剂的种类及浓度。临用前配制成溶液或混悬液的注入用无菌粉末应标明配制溶液所用溶剂种类，必要时还应标注溶剂量。混悬型与乳状液型乳房注入剂在标签上应标明"用时摇匀"字样。

九、除另有规定外，乳房注入剂应密封贮存。

除另有规定外，乳房注入剂应进行以下相应检查。

【粒度】　含有分散原料药物粒子或原料药物粒子的乳房注入剂，按各品种项下的规定，照粒度和粒度分布测定法（附录0982第一法）测定，应符合规定。

【沉降体积比】　混悬型乳房注入剂照下述方法检查，沉降体积比应不低于0.90。

检查法　除另有规定外，用具塞量筒量取供试品50ml，密塞，用力振摇1分钟，记下混悬物的开始高度H_0，静置3小时，记下混悬物的最终高度H，按下式计算：

$$沉降体积比=H/H_0$$

【装量】　除另有规定外，乳房注入剂的装量应为标示装量的100.0%～110.0%。

检查法 重量法（适用于标示装量以重量计者） 除另有规定外，取供试品5支（瓶），分别称定重量，分别倾尽或挤尽内容物，再分别称定空容器的重量，求出每个容器内容物的装量，均应符合规定。

容量法（适用于标示装量以容量计者） 除另有规定外，取供试品5支（瓶），一次性注入器包装的供试品，将内容物直接缓慢连续地注入预经标化的量入式量筒内（量筒的大小应使待测体积至少占其额定体积的40%，不排尽注入针头中的液体），在室温下检视。其他容器包装的供试品，将内容物分别用相应体积的干燥注射器及注射针头抽尽，然后缓慢连续地注入预经标化的量入式量筒内（量筒的大小应使待测体积至少占其额定体积的40%，不排尽针头中的液体），在室温下检视。测定油溶液、乳状液或混悬液时，应先加温（如有必要）摇匀，再用干燥注射器及注射针头抽尽后，同前法操作，放冷（加温时），检视，每支（瓶）的装量均应符合规定。

除另有规定外，注入用无菌粉末照下述方法检查，应符合规定。

检查法 取供试品5支（瓶），除去标签、铝盖，容器外壁用乙醇擦净，干燥，开启时注意避免玻璃屑等异物落入容器中，分别迅速精密称定。容器为玻璃瓶或塑料瓶的注入用无菌粉末，首先小心开启内塞，使容器内外气压平衡，盖紧后精密称定。然后倾出内容物，容器用水或乙醇洗净，在适宜条件下干燥后，再分别精密称定每一容器的重量，求出每支（瓶）的装量，均应符合规定。

【无菌】 照无菌检查法（附录1101）检查，应符合规定。

0117 阴道用制剂

阴道用制剂系指原料药物与适宜基质或辅料制成直接用于阴道发挥治疗作用的制剂。阴道用制剂包括阴道药绵及阴道片与阴道泡腾片等。

阴道药绵 系指原料药物经适宜溶剂溶解后定量吸附在海绵基质中，经干燥后制成的通过塞入阴道一定时间以发挥药效的单剂量固体制剂。根据使用目的的不同，可制成各种适宜的形状，其体积应适合阴道给药。

阴道片与阴道泡腾片 系指置于阴道内使用的片剂。阴道片与阴道泡腾片的形状应易置于阴道内，可借助器具将阴道片送入阴道。阴道片在阴道内应易溶化、溶散或融化、崩解并释放药物，主要起局部消炎杀菌作用，也可给予性激素类药物。具有局部刺激性的药物不得制成阴道片。

阴道片应进行融变时限检查，阴道泡腾片还应进行发泡量检查。

阴道用制剂在生产与贮藏期间均应符合下列有关规定。

一、制备阴道药绵的基质应符合药绵的有关规定。溶解药物的溶剂应无毒无害并易挥发。

二、药绵外形要平整光滑；塞入腔道后应无刺激性，药物应易于被机体吸收，并逐渐释放出药物。

三、除另有规定外，阴道药绵应密闭贮存。

四、除另有规定外，阴道片与阴道泡腾片在生产与贮藏期间应符合片剂项下有关的各项规定（附录0101）。

除另有规定外，阴道用制剂应进行以下相应检查。

【重量差异】 阴道片与阴道泡腾片照片剂项下的检查法（附录0101）检查，应符合规定。

凡检查含量均匀度的阴道片与阴道泡腾片，一般不再进行重量差异的检查。

【崩解时限】 除另有规定外，阴道片照崩解时限检查法（附录0921）检查，应符合规定。

【释放度】 除另有规定外，阴道药绵照释放度测定法（附录0931）检查，应符合规定。

【融变时限】 阴道片照融变时限检查法（附录0922）检查，应符合规定。

【发泡量】 阴道泡腾片照下述方法检查，应符合规定。

检查法 除另有规定外，取25ml具塞刻度试管（内径1.5cm，若片剂直径较大，可改为2.0cm）10支，按表中规定加水一定量，置37℃±1℃水浴中5分钟，各管中分别投入供试品1片，20分钟内观察最大发泡量的体积，平均发泡体积不得少于6ml，且少于4ml的不得超过2片。

平均片重	加水量
1.5g及1.5g以下	2.0ml
1.5g以上	4.0ml

【微生物限度】 除另有规定外，照非无菌产品微生物限度检查：微生物计数法（附录1105）和控制菌检查法（附录1106）及非无菌兽药微生物限度标准（附录1107）检查，应符合规定。

0200 其他通则

0201 药用辅料

药用辅料系指生产兽药和调配处方时使用的赋形剂和附加剂；是除活性成分或前体以外，在安全性方面已进行了合理的评估，并且包含在药物制剂中的物质。在作为非活性物质时，药用辅料除了赋形、充当载体、提高稳定性外，还具有增溶、助溶、调节释放等重要功能，是可能会影响到制剂的质量、安全性和有效性的重要成分。因此，应关注药用辅料本身的安全性以及药物-辅料相互作用及其安全性。

药用辅料可从来源、用途、剂型、给药途径进行分类。

按来源分类 可分为天然物、半合成物和全合成物。

按用于制备的剂型分类 可用于制备的药物制剂类型主要包括片剂、注射剂、胶囊剂、颗粒剂、眼用制剂、栓剂、丸剂、软膏剂、乳膏剂、散剂、搽剂、涂剂、涂膜剂、酊剂、贴剂、贴膏剂、内服溶液剂、内服混悬剂、内服乳剂、耳用制剂、粉剂、预混剂、可溶性粉剂、灌注剂等。

按用途分类 可分为溶媒、抛射剂、增溶剂、助溶剂、乳化剂、着色剂、黏合剂、崩解剂、填充剂、润滑剂、润湿剂、渗透压调节剂、稳定剂、助流剂、抗结块剂、助压剂、矫味剂、抑菌剂、助悬剂、包衣剂、成膜剂、芳香剂、增黏剂、抗黏着剂、抗氧剂、抗氧增效剂、螯合剂、皮肤渗透促进剂、空气置换剂、pH调节剂、吸附剂、增塑剂、表面活性剂、发泡剂、消泡剂、增稠剂、包合剂、保护剂、保湿剂、柔软剂、吸收剂、稀释剂、絮凝剂与反絮凝剂、助滤剂、冷凝剂、基质、载体材料等。

按给药途径分类 可分为内服、注射、黏膜、经皮或局部给药、经鼻或吸入给药和眼部给药等。

同一药用辅料可用于不同给药途径、不同剂型，且有不同的用途。

药用辅料在生产、贮存和应用中应符合下列规定。

一、生产兽药所用的辅料必须符合药用要求，即经论证确认生产用原料符合要求、符合药用辅料生产质量管理规范和供应链安全。

二、药用辅料应在使用途径和使用量下经合理评估后，对动物无毒害作用；化学性质稳定，不易受温度、pH值、光线、保存时间等的影响；与主药无配伍禁忌，一般情况下不影响主药的剂量、疗效和制剂主成分的检验，尤其不影响安全性；且应选择功能性符合要求的辅料，经筛选尽可能用较小的用量发挥较大的作用。

三、药用辅料的国家标准应建立在经兽医行政主管部门确认的生产条件、生产工艺以及原材料的来源等基础上，按照药用辅料生产质量管理规范进行生产，上述影响因素任何之一发生变化，均应重新验证，确认药用辅料标准的适用性。

四、药用辅料可用于多种给药途径，同一药用辅料用于给药途径不同的制剂时，需根据临床用药要求制定相应的质量控制项目。质量标准的项目设置需重点考察安全性指标。药用辅料的质量标准可设置"标示"项，用于标示其规格，如注射用辅料等。

五、药用辅料用于不同的给药途径或用于不同的用途对质量的要求不同。在制定辅料标准时既要考虑辅料自身的安全性，也要考虑影响制剂生产、质量、安全性和有效性的性质。药用辅料的试验内容主要包括两部分：①与生产工艺及安全性有关的常规试验，如性状、鉴别、检查、含量等项目；②影响制剂性能的功能性指标，如黏度、粒度等。

六、药用辅料的残留溶剂、微生物限度、热原、细菌内毒素、无菌等应符合所应用制剂的相应要求。注射剂、滴眼剂等无菌制剂用辅料应符合注射级或眼用制剂的要求，供注射用辅料的细菌内毒素应符合要求（附录1143），用于有除菌工艺或最终灭菌工艺制剂的供注射用辅料应符合微生物限度和控制菌要求（附录1105与附录1106），用于无菌生产工艺且无除菌工艺制剂的供注射用辅料应符合无菌要求（附录1101）。

七、药用辅料的包装上应注明为"药用辅料"，且辅料的适用范围（给药途径）、包装规格及贮藏要求应在包装上予以明确。

0211 制药用水

水是药物生产中用量大、使用广的一种辅料，用于生产过程和药物制剂的制备。

本版兽药典中所收载的制药用水，因其使用的范围不同而分为饮用水、纯化水、注射用水和灭菌注射用水。一般应根据各生产工序或使用目的与要求选用适宜的制药用水。兽药生产企业应确保制药用水的质量符合预期用途的要求。

制药用水的原水通常为饮用水。

制药用水的制备从系统设计、材质选择、制备过程、贮存、分配和使用均应符合兽药生产质量管理规范的要求。

制水系统应经过验证，并建立日常监控、检测和报告制度，有完善的原始记录备查。

制药用水系统应定期进行清洗与消毒，消毒可以采用热处理或化学处理等方法。采用的消毒方法以及化学处理后消毒剂的去除应经过验证。

饮用水 为天然水经净化处理所得的水，其质量必须符合现行中华人民共和国国家标准《生活饮用水卫生标准》。饮用水可作为药材净制时的漂洗、制药用具的粗洗用水。除另有规定外，也可作为饮片的提取溶剂。

纯化水 为饮用水经蒸馏法、离子交换法、反渗透法或其他适宜的方法制备的制药用水。不含纯化水可作为配制普通药物制剂用的溶剂或试验用水；可作为中药注射剂、滴眼剂等灭菌制剂所用饮片的提取溶剂；内服、外用制剂配制用溶剂或稀释剂；非灭菌制剂用器具的精洗用水。也用作非灭菌制剂所用饮片的提取溶剂。纯化水不得用于注射剂的配制与稀释。

纯化水有多种制备方法，应严格监测各生产环节，防止微生物污染。

注射用水 为纯化水经蒸馏所得的水，应符合细菌内毒素试验要求。注射用水必须在防止细菌内毒素产生的设计条件下生产、贮藏及分装。其质量应符合注射用水项下的规定。

注射用水可作为配制注射剂、滴眼剂等的溶剂或稀释剂及容器的精洗。

为保证注射用水的质量，应减少原水中的细菌内毒素，监控蒸馏法制备注射用水的各生产环节，并防止微生物的污染。应定期清洗与消毒注射用水系统。注射用水的储存方式和静态储存期限应经过验证确保水质符合质量要求，例如，可以在80℃以上保温或70℃以上保温循环或4℃以下的状态下存放。

灭菌注射用水 为注射用水按照注射剂生产工艺制备所得。不含任何添加剂。主要用于注射用灭菌粉末的溶剂或注射剂的稀释剂。其质量应符合灭菌注射用水项下的规定。

灭菌注射用水灌装规格应与临床需要相适应，避免大规格、多次使用造成污染。

0231 兽用化学药品国家标准物质通则

兽用化学药品国家标准物质系指供国家法定兽用化学药品标准中兽药的物理、化学及生物学等测试用，具有确定的特性或量值，用于校准设备、评价测量方法、给供试兽药赋值或鉴别用的物质。

兽用化学药品国家标准物质应具备稳定性、均匀性和准确性。

兽用化学药品国家标准物质的分级分类、建立、使用、稳定性监测、标签说明书、贮存及发放应符合下列有关规定。

一、兽用化学药品国家标准物质的分级与分类

兽用化学药品国家标准物质共分为两级。

一级兽用化学药品国家标准物质：具有很好的质量特性，其特征量值采用定义法或其他精准、可靠的方法进行计量。

二级兽用化学药品国家标准物质：具有良好的质量特性，其特征量值采用准确、可靠的方法或直接与一级标准物质相比较的方法进行计量。

兽用化学药品国家标准物质分为两类：

标准品，系指含有单一成分或混合组分，用于生物检定、抗生素或生化药品中效价、毒性或含量测定的兽用化学药品国家标准物质。其生物学活性以国际单位（IU）、单位（U）或以重量单位（g，mg，µg）表示。

对照品，系指含有单一成分、组合成分或混合组分，用于化学药品、抗生素、部分生化药品、药用辅料、中药材（含饮片）、提取物、中成药、生物制品（理化测定）等检验及仪器校准用的兽用化学药品国家标准物质。

二、兽用化学药品国家标准物质的建立

建立兽用化学药品国家标准物质的工作包括：确定品种、获取候选兽用化学药品标准物质、确定标定方案、分析标定、审核批准和分包装。

1.品种的确定　除另有规定外，根据兽用化学药品国家标准制定或修订所提出的使用要求（品种、用途等），确定需要制备的品种。

2.候选兽用化学药品标准物质的获取　候选标准品和对照品应从正常工艺生产的原料中选取一批质量满意的产品。

3.兽用化学药品国家标准物质的标定　兽用化学药品国家标准物质的标定须经3家以上实验室协作完成。参加标定单位应采用统一的设计方案、统一的方法和统一的记录格式，标定结果应经统计学处理（需要至少5次独立的有效结果）。兽用化学药品国家标准物质的标定结果一般采用各参加单位标定结果的均值表示。

兽用化学药品国家标准物质的标定包括定性鉴别、结构鉴定、纯度分析、量值确定和稳定性考察等。

4.分装、包装　兽用化学药品国家标准物质的分包装条件参照兽药GMP要求执行，主要控制分包装环境的温度、湿度、光照及与安全性有关的因素等。

兽用化学药品国家标准物质采用单剂量包装形式以保证使用的可靠性。包装容器所使用的材料应保证兽用化学药品国家标准物质的质量。

三、兽用化学药品国家标准物质的使用

兽用化学药品国家标准物质供执行国家法定兽药标准使用，包括校准设备、评价测量方法或者对供试兽药进行鉴别或赋值等。

兽用化学药品国家标准物质所赋量值只在规定的用途中使用有效。如果作为其他目的使用，其适用性由使用者自行决定。

兽用化学药品国家标准物质单元包装一般供一次使用；标准物质溶液应临用前配制。否则，使用者应证明其适用性。

四、兽用化学药品国家标准物质的稳定性监测

兽用化学药品国家标准物质的发行单位应建立常规的质量保障体系，对其发行的兽用化学药品国家标准物质进行定期监测，确保兽用化学药品国家标准物质正常贮存的质量。如果发现兽用化学药品国家标准物质发生质量问题，应及时公示停止该批号标准物质的使用。

五、兽用化学药品国家标准物质的贮存

兽用化学药品国家标准物质的贮存条件根据其理化特性确定。除另有规定外，兽用化学药品国家标准物质一般在室温条件下贮存。

六、兽用化学药品国家标准物质的标签及说明书

兽用化学药品国家标准物质的标签应包括兽用化学药品国家标准物质的名称、编号、批号、装量、用途、贮存条件和提供单位等信息；供含量测定用的标准物质还应在标签上标明其含量信息。

兽用化学药品国家标准物质的说明书除提供标签所标明的信息外，还应提供有关兽用化学药品国家标准物质的组成、结构、来源等信息，必要时应提供对照图谱。

0300

0301 一般鉴别试验

水杨酸盐

（1）取供试品的中性或弱酸性稀溶液，加三氯化铁试液1滴，即显紫色。

（2）取供试品溶液，加稀盐酸，即析出白色水杨酸沉淀；分离，沉淀在醋酸铵试液中溶。

丙二酰脲类

（1）取供试品约0.1g，加碳酸钠试液1ml与水10ml，振摇2分钟，滤过，滤液中逐滴加入硝酸银试液，即生成白色沉淀，振摇，沉淀即溶解；继续滴加过量的硝酸银试液，沉淀不再溶解。

（2）取供试品约50mg，加吡啶溶液（1→10）5ml，溶解后，加铜吡啶试液1ml，即显紫色或生成紫色沉淀。

有机氟化物

取供试品约7mg，照氧瓶燃烧法（附录0703页）进行有机破坏，用水20ml与0.01mol/L氢氧化钠溶液6.5ml为吸收液，俟燃烧完毕后，充分振摇；取吸收液2ml，加茜素氟蓝试液0.5ml，再加12%醋酸钠的稀醋酸溶液0.2ml，用水稀释至4ml，加硝酸亚铈试液0.5ml，即显蓝紫色；同时做空白对照试验。

亚硫酸盐或亚硫酸氢盐

（1）取供试品，加盐酸，即发生二氧化硫的气体，有刺激性特臭，并能使硝酸亚汞试液湿润的滤纸显黑色。

（2）取供试品溶液，滴加碘试液，碘的颜色即消褪。

亚锡盐

取供试品的水溶液1滴，点于磷钼酸铵试纸上，试纸应显蓝色。

托烷生物碱类

取供试品约10mg，加发烟硝酸5滴，置水浴上蒸干，得黄色的残渣，放冷，加乙醇2～3滴湿润，加固体氢氧化钾一小粒，即显深紫色。

汞盐

亚汞盐　（1）取供试品，加氨试液或氢氧化钠试液，即变黑色。

（2）取供试品，加碘化钾试液，振摇，即生成黄绿色沉淀，瞬即变为灰绿色，并逐渐转变为灰黑色。

汞盐　（1）取供试品溶液，加氢氧化钠试液，即生成黄色沉淀。

（2）取供试品的中性溶液，加碘化钾试液，即生成猩红色沉淀，能在过量的碘化钾试液中溶解；再以氢氧化钠试液碱化，加铵盐即生成红棕色的沉淀。

（3）取不含过量硝酸的供试品溶液，涂于光亮的铜箔表面，擦试后即生成一层光亮似银的沉积物。

芳香第一胺类

取供试品约50mg，加稀盐酸1ml，必要时缓缓煮沸使溶解，加0.1mol/L亚硝酸钠溶液数滴，加与0.1mol/L亚硝酸钠溶液等体积的1mol/L脲溶液，振摇1分钟，滴加碱性β-萘酚试液数滴，视供试品不同，生成由粉红到猩红色沉淀。

苯甲酸盐

（1）取供试品的中性溶液，滴加三氯化铁试液，即生成赭色沉淀；再加稀盐酸，变为白色沉淀。

（2）取供试品，置干燥试管中，加硫酸后，加热，不炭化，但析出苯甲酸，并在试管内壁凝结成白色升华物。

乳酸盐

取供试品溶液5ml（约相当于乳酸5mg），置试管中，加溴试液1ml与稀硫酸0.5ml，置水浴上加热，并用玻棒小心搅拌至褪色，加硫酸铵4g，混匀，沿管壁逐滴加入10%亚硝基铁氰化钠的稀硫酸溶液0.2ml和浓氨试液1ml，使成两液层；在放置30分钟内，两液层的接界面处出现一暗绿色环。

枸橼酸盐

（1）取供试品溶液2ml（约相当于枸橼酸10mg），加稀硫酸数滴，加热至沸，加高锰酸钾试液数滴，振摇，紫色即消失；溶液分成两份，一份中加硫酸汞试液1滴，另一份中逐滴加入溴试液，均生成白色沉淀。

（2）取供试品约5mg，加吡啶-醋酐（3:1）约5ml，振摇，即生成黄色到红色或紫红色的溶液。

钙盐

（1）取铂丝，用盐酸湿润后，蘸取供试品，在无色火焰中燃烧，火焰即显砖红色。

（2）取供试品溶液（1→20），加甲基红指示液2滴，用氨试液中和，再滴加盐酸至恰呈酸性，加草酸铵试液，即生成白色沉淀；分离，沉淀不溶于醋酸，但可溶于稀盐酸。

钠盐

（1）取铂丝，用盐酸湿润后，蘸取供试品，在无色火焰中燃烧，火焰即显鲜黄色。

（2）取供试品约100mg，置10ml试管中，加水2ml溶解，加15%碳酸钾溶液2ml，加热至沸，应不得有沉淀生成；加焦锑酸钾试液4ml，加热至沸；置冰水中冷却，必要时，用玻棒摩擦试管内壁，应有致密的沉淀生成。

钡盐

（1）取铂丝，用盐酸湿润后，蘸取供试品，在无色火焰中燃烧，火焰即显黄绿色；通过绿色玻璃透视，火焰显蓝色。

（2）取供试品溶液，滴加稀硫酸，即生成白色沉淀；分离，沉淀在盐酸或硝酸中均不溶解。

酒石酸盐

（1）取供试品的中性溶液，置洁净的试管中，加氨制硝酸银试液数滴，置水浴中加热，银即游离并附在试管的内壁成银镜。

（2）取供试品溶液，加醋酸成酸性后，加硫酸亚铁试液1滴和过氧化氢试液1滴，俟溶液褪色后，用氢氧化钠试液碱化，溶液即显紫色。

铋盐

（1）取供试品溶液，滴加碘化钾试液，即生成红棕色溶液或暗棕色沉淀；分离，沉淀能在过量碘化钾试液中溶解成黄棕色的溶液，再加水稀释，又生成橙色沉淀。

（2）取供试品溶液，用稀硫酸酸化，加10%硫脲溶液，即显深黄色。

钾盐

（1）取铂丝，用盐酸湿润后，蘸取供试品，在无色火焰中燃烧，火焰即显紫色；但有少量的钠盐混存时，须隔蓝色玻璃透视，方能辨认。

（2）取供试品，加热炽灼除去可能杂有的铵盐，放冷后，加水溶解，再加0.1%四苯硼钠溶液与醋酸，即生成白色沉淀。

铁盐

亚铁盐 （1）取供试品溶液，滴加铁氰化钾试液，即生成深蓝色沉淀；分离，沉淀在稀盐酸中不溶，但加氢氧化钠试液，即生成棕色沉淀。

（2）取供试品溶液，加1%邻二氮菲的乙醇溶液数滴，即显深红色。

铁盐 （1）取供试品溶液，滴加亚铁氰化钾试液，即生成深蓝色沉淀；分离，沉淀在稀盐酸中不溶，但加氢氧化钠试液，即生成棕色沉淀。

（2）取供试品溶液，滴加硫氰酸铵试液，即显血红色。

铵盐

（1）取供试品，加过量的氢氧化钠试液后，加热，即分解，发生氨臭；遇用水湿润的红色石蕊试纸，能使之变蓝色，并能使硝酸亚汞试液湿润的滤纸显黑色。

（2）取供试品溶液，加碱性碘化汞钾试液1滴，即生成红棕色沉淀。

银盐

（1）取供试品溶液，加稀盐酸，即生成白色凝乳状沉淀；分离，沉淀能在氨试液中溶解，加稀硝酸酸化后，沉淀复生成。

（2）取供试品的中性溶液，滴加铬酸钾试液，即生成砖红色沉淀；分离，沉淀能在硝酸中溶解。

铜盐

（1）取供试品溶液，滴加氨试液，即生成淡蓝色沉淀；再加过量的氨试液，沉淀即溶解，生成深蓝色溶液。

（2）取供试品溶液，加亚铁氰化钾试液，即显红棕色或生成红棕色沉淀。

锂盐

（1）取供试品溶液，加氢氧化钠试液碱化后，加入碳酸钠试液，煮沸，即生成白色沉淀；分离，沉淀能在氯化铵试液中溶解。

（2）取铂丝，用盐酸湿润后，蘸取供试品，在无色火焰中燃烧，火焰显胭脂红色。

（3）取供试品适量，加入稀硫酸或可溶性硫酸盐溶液，不生成沉淀（与锶盐区别）。

硫酸盐

（1）取供试品溶液，滴加氯化钡试液，即生成白色沉淀；分离，沉淀在盐酸或硝酸中均不溶解。

（2）取供试品溶液，滴加醋酸铅试液，即生成白色沉淀；分离，沉淀在醋酸铵试液或氢氧化钠试液中溶解。

（3）取供试品溶液，加盐酸，不生成白色沉淀（与硫代硫酸盐区别）。

硝酸盐

（1）取供试品溶液，置试管中，加等量的硫酸，小心混合，冷后，沿管壁加硫酸亚铁试液，使成两液层，接界面显棕色。

（2）取供试品溶液，加硫酸与铜丝（或铜屑），加热，即发生红棕色的蒸气。

（3）取供试品溶液，滴加高锰酸钾试液，紫色不应褪去（与亚硝酸盐区别）。

锌盐

（1）取供试品溶液，加亚铁氰化钾试液，即生成白色沉淀；分离，沉淀在稀盐酸中不溶解。

（2）取供试品制成中性或碱性溶液，加硫化钠试液，即生成白色沉淀。

锑盐

（1）取供试品溶液，加醋酸成酸性后，置水浴上加热，趁热加硫代硫酸钠试液数滴，逐渐生成橙红色沉淀。

（2）取供试品溶液，加盐酸成酸性后，通硫化氢，即生成橙色沉淀；分离，沉淀能在硫化铵试液或硫化钠试液中溶解。

铝盐

（1）取供试品溶液，滴加氢氧化钠试液，即生成白色胶状沉淀；分离，沉淀能在过量的氢氧化钠试液中溶解。

（2）取供试品溶液，加氨试液至生成白色胶状沉淀，滴加茜素磺酸钠指示液数滴，沉淀即显樱红色。

氯化物

（1）取供试品溶液，加稀硝酸使成酸性后，滴加硝酸银试液，即生成白色凝乳状沉淀；分离，沉淀加氨试液即溶解，再加稀硝酸酸化后，沉淀复生成。如供试品为生物碱或其他有机碱的盐酸盐，须先加氨试液使成碱性，将析出的沉淀滤过除去，取滤液进行试验。

（2）取供试品少量，置试管中，加等量的二氧化锰，混匀，加硫酸湿润，缓缓加热，即发生氯气，能使用水湿润的碘化钾淀粉试纸显蓝色。

溴化物

（1）取供试品溶液，滴加硝酸银试液，即生成淡黄色凝乳状沉淀；分离，沉淀能在氨试液中微溶，但在硝酸中几乎不溶。

（2）取供试品溶液，滴加氯试液，溴即游离，加三氯甲烷振摇，三氯甲烷层显黄色或红棕色。

碘化物

（1）取供试品溶液，滴加硝酸银试液，即生成黄色凝乳状沉淀；分离，沉淀在硝酸或氨试液中均不溶解。

（2）取供试品溶液，加少量的氯试液，碘即游离；如加三氯甲烷振摇，三氯甲烷层显紫色；如加淀粉指示液，溶液显蓝色。

硼酸盐

（1）取供试品溶液，加盐酸成酸性后，能使姜黄试纸变成棕红色；放置干燥，颜色即变深，用氨试液湿润，即变为绿黑色。

（2）取供试品，加硫酸，混合后，加甲醇，点火燃烧，即发生边缘带绿色的火焰。

碳酸盐与碳酸氢盐

（1）取供试品溶液，加稀酸，即泡沸，发生二氧化碳气，导入氢氧化钙试液中，即生成白色沉淀。

（2）取供试品溶液，加硫酸镁试液，如为碳酸盐溶液，即生成白色沉淀；如为碳酸氢盐溶液，须煮沸，始生成白色沉淀。

（3）取供试品溶液，加酚酞指示液，如为碳酸盐溶液，即显深红色；如为碳酸氢盐溶液，不变色或仅显微红色。

镁盐

（1）取供试品溶液，加氨试液，即生成白色沉淀；滴加氯化铵试液，沉淀溶解；再加磷酸氢二钠试液1滴，振摇，即生成白色沉淀。分离，沉淀在氨试液中不溶解。

（2）取供试品溶液，加氢氧化钠试液，即生成白色沉淀。分离，沉淀分成两份，一份中加过量的氢氧化钠试液，沉淀不溶解；另一份中加碘试液，沉淀转成红棕色。

醋酸盐

（1）取供试品，加硫酸和乙醇后，加热，即分解发生乙酸乙酯的香气。

（2）取供试品的中性溶液，加三氯化铁试液1滴，溶液呈深红色，加稀无机酸，红色即褪去。

磷酸盐

（1）取供试品的中性溶液，加硝酸银试液，即生成浅黄色沉淀；分离，沉淀在氨试液或稀硝酸中均易溶解。

（2）取供试品溶液，加氯化铵镁试液，即生成白色结晶性沉淀。

（3）取供试品溶液，加钼酸铵试液与硝酸后，加热即生成黄色沉淀；分离，沉淀能在氨试液中溶解。

0400 光谱法

光谱法（spectrometry）是基于物质与电磁辐射作用时，测量由物质内部发生量子化的能级之间的跃迁而产生的发射、吸收或散射辐射的波长和强度进行分析的方法。按不同的分类方式，光谱法可分为发射光谱法、吸收光谱法、散射光谱法；或分为原子光谱法和分子光谱法；或分为能级谱，电子、振动、转动光谱，电子自旋及核自旋谱等。

质谱法（mass spectrometry，MS）是在离子源中将分子解离成气态离子，测定生成离子的质量和强度（质谱），进行定性和定量分析的一种常用的谱学分析方法。严格地讲，质谱法不属于光谱法范畴，但基于其谱图表达的特征性与光谱法类似，故通常将其与光谱法归为一类。

分光光度法是光谱法的重要组成部分，是通过测定被测物质在特定波长处或一定波长范围内的吸光度或发光强度，对该物质进行定性和定量分析的方法。常用的技术包括紫外-可见分光光度法、红外分光光度法、荧光分光光度法和原子吸收分光光度法等。可见光区的分光光度法在早期被称为比色法。

光散射法是测量由于溶液亚微观的光学密度不均一产生的散射光，这种方法在测量具有1000到数亿分子量的多分散体系的平均分子量方面有重要作用。拉曼光谱法是一种非弹性光散射法，是指被测样品在强烈的单色光（通常是激光）照射下光发生散射时，分析被测样品发出的散射光频率位移的方法。上述这些方法所用的波长范围包括从紫外光区至红外光区。为了叙述方便，光谱范围大致分成紫外区（190~400nm）、可见区（400~760nm）、近红外区（760~2500nm）、红外区（2.5~40μm或4000~250cm^{-1}）。所用仪器为紫外分光光度计、可见分光光度计（或比色计）、近红外分光光度计、红外分光光度计、荧光分光光度计或原子吸收分光光度计，以及光散射计和拉曼光谱仪。为保证测量的精密度和准确度，所用仪器应按照国家计量检定规程或兽药典通则中各光谱法的相应规定，定期进行校正检定。

原理和术语

单色光辐射穿过被测物质溶液时，在一定的浓度范围内被该物质吸收的量与该物质的浓度和液层的厚度（光路长度）成正比，其关系可以用朗伯-比尔定律表述如下：

$$A = \lg \frac{1}{T} = Ecl$$

式中　A 为吸光度；

　　　T 为透光率；

　　　E 为吸收系数，采用的表示方法是 $E_{1cm}^{1\%}$，其物理意义为当溶液浓度为1%（g/ml），液层
　　　　厚度为1cm时的吸光度数值；

　　　c 为100ml溶液中所含被测物质的重量（按干燥品或无水物计算），g；

　　　l 为液层厚度，cm。

上述公式中吸收系数也可以摩尔吸收系数ε来表示，其物理意义为溶液浓度c为1mol/L和液层厚度为1cm时的吸光度数值。在最大吸收波长处摩尔吸收系数表示为ε_{max}。

物质对光的选择性吸收波长，以及相应的吸收系数是该物质的物理常数。在一定条件下，物质的吸收系数是恒定的，且与入射光的强度、吸收池厚度及样品浓度无关。当已知某纯物质在一定条件下的吸收系数后，可用同样条件将该供试品配成溶液，测定其吸光度，即可由上式计算出供试品中该物质的含量。在可见光区，除某些物质对光有吸收外，很多物质本身并没有吸收，但可在一定条件下加入显色试剂或经过处理使其显色后再测定，故又称之为比色分析。

化学因素或仪器变化可引起朗伯-比尔定律的偏离。由于溶质间或溶质与溶剂的缔合及溶质解离等引起溶质浓度改变，将产生明显的朗伯-比尔定律偏离。非单色入射光、狭缝宽度效应和杂散光等仪器因素，都会造成朗伯-比尔定律的偏离。

原子吸收过程基本上遵从朗伯-比尔定律，吸光度与待测元素的原子数目呈正比关系。据此，可建立标准曲线并根据溶液的吸收值计算溶液中元素的浓度。

荧光发射光谱是经光照射的活性物质的发射光分布光谱图，它以被激发物质发射光的强度为纵坐标，以发射光的波长为横坐标。荧光激发光谱是激发光分布光谱图，它以被激发物质发射光的强度为纵坐标，以入射（激发）光波长为横坐标。如同在吸收光谱中一样，有机化合物荧光所覆盖的电磁波光谱重要的区域包括紫外区、可见区和近红外区等，在250~800nm范围。当分子吸收光辐射后，能量以热能的方式消散或以与吸收波长相同或更长的光辐射释放。光的吸收和发射都是由于电子在分子不同能级间、不同轨道间发生跃迁造成的。在光的吸收和发射间存在一个时间延迟，对于大多数有机荧光化合物溶液，这一时间间隔也就是分子位于激发态的时间，大约为10^{-9}~10^{-8}秒。荧光的寿命很短，可与磷光相区别，后者寿命要长许多，一般为 10^{-3} 秒到几分钟。

拉曼散射活性是一种分子特性（单位cm^4/g），它决定随机取向样品中所观察的拉曼谱带强度。拉曼散射活性由产生的分子极化所决定，极化使分子运动而产生拉曼位移谱带。一般，拉曼谱带的强度与样品的浓度呈正比关系。

当正文品种中给出红外光谱或拉曼光谱数据时，字母S、M、W分别代表强峰、中等强度峰和弱峰；sh为肩峰，bd为宽峰，v表示非常的意思。

各光谱法相对适用性

对于多数药物，紫外-可见光谱法定量测量的准确度和灵敏度要比近红外和红外光谱法高。物质的紫外-可见光谱通常专属性差，但是很适合作定量分析，对于大多数物质也是有用的辅助鉴别方法。近年来，近红外光谱法的应用日益广泛，特别是在大量样品的快速鉴别和水分测定方面。近红外光谱特别适合测定羟基和氨基，例如，乙醇中的水分，氨基存在时的羟基，碳氢化合物中的乙醇，以及叔胺存在时的伯胺和仲胺等。

在不含光学异构体的情况下，任何一个化合物都有一个特定红外光谱，光学异构体具有相同的红外光谱。但是，某些化合物在固态时会表现出多晶型，多晶型会导致红外光谱的差异。通常，结构中微小的差别会使红外光谱有很明显的差别。在红外光谱中呈现大量的吸收峰，有时不需进行预先分离，也可以定量测定成分已知的混合物中的某个特定成分。

拉曼和红外光谱对于不同的官能团具有不同的相对灵敏度，例如，拉曼光谱对碳硫键和碳碳键特别灵敏，更容易鉴别某些芳香化合物。水有很强的红外吸收但其拉曼散射却特别弱。因此，拉曼光谱几乎不受水的影响，对含水物的鉴别很有用。拉曼光谱有两个主要不足：一是最低检测浓度通常为$10^{-1} \sim 10^{-2}$ mol/L，二是许多物质中的杂质会发出荧光干扰拉曼散射信号的检测。

光反射测量法提供的红外光谱信息与发射光测量法的相似。由于光反射测量法仅探测样品的表面成分，克服了与光学厚度和物质散射性相关的困难。因此，反射测量用于强吸收物质的检测更容易。一种常用于红外反射光检测的特殊技术被称为衰减全反射（ATR），也被称为多重内反射（MIR）。ATR 技术的灵敏度很高，但重现性较差，不是一个可靠的定量技术，除非每个待测成分都有合适的内标。

荧光分光光度法比紫外吸收分光光度法的灵敏度高。在荧光光谱中，空白溶液的信号很低，以致由背景发射产生的干扰要小得多。通常，浓度低于10^{-5}mol/L的化合物几乎不能用吸收光谱测定，而荧光光谱的测定浓度可以低至$10^{-7} \sim 10^{-8}$ mol/L。

对照品的使用

在鉴别、检查和定量测定中，使用对照品进行比较时，应保证供试品和对照品在相同的条件下进行测量。这些条件包括波长的设定，狭缝宽度的调整，吸收池的位置和校正以及透光率水平。吸收池在不同波长下透光率可能会有差异，必要时，应对吸收池进行多波长点的校正。

"同法制备"、"相同溶液"等描述，实际上是指对照样品（通常是对照品）和供试样品应同法制备、同法检测。在制备对照品溶液时，制备的溶液浓度（如10%以内）只是期望浓度的近似值，而吸光度的计算则以精确的称量为基础；如果没有使用预先干燥的对照品，吸光度则应按无水物计算。

"同时测定"、"同时测量"等描述，是指特定空白溶液的吸光度、对照品溶液的吸光度和供试品溶液的吸光度应立即依序测定。

0401 紫外-可见分光光度法

紫外-可见分光光度法是在190~800nm 波长范围内测定物质的吸光度，用于鉴别、杂质检查和定量测定的方法。当光穿过被测物质溶液时，物质对光的吸收程度随光的波长不同而变化。因此，通过测定物质在不同波长处的吸光度，并绘制其吸光度与波长的关系图即得被测物质的吸收光谱。从吸收光谱中，可以确定最大吸收波长λ_{max}和最小吸收波长λ_{min}。物质的吸收光谱具有与其结构相关的特征性。因此，可以通过特定波长范围内样品的光谱与对照光谱或对照品光谱的比较，或通过确定最大吸收波长，或通过测量两个特定波长处的吸收比值而鉴别物质。用于定量时，在最大吸收波长处测量一定浓度样品溶液的吸光度，并与一定浓度的对照溶液的吸光度进行比较或采用吸收系数法求算出样品溶液的浓度。

仪器的校正和检定

1．波长 由于环境因素对机械部分的影响，仪器的波长经常会略有变动，因此除应定期对所用的仪器进行全面校正检定外，还应于测定前校正测定波长。常用汞灯中的较强谱线237.83nm，253.65nm，275.28nm，296.73nm，313.16nm，334.15nm，365.02nm，404.66nm，435.83nm，546.07nm与576.96nm；或用仪器中氘灯的486.02nm与656.10nm谱线进行校正；钬玻璃在波长279.4nm，287.5nm，333.7nm，360.9nm，418.5nm，460.0nm，484.5nm，536.2nm与637.5nm处有尖锐吸收峰，也可作波长校正用，但因来源不同或随着时间的推移会有微小的变化，使用时应注意；近年来，常使用高氯酸钬溶液校正双光束仪器，以10%高氯酸溶液为溶剂，配制含氧化钬（Ho_2O_3）4%的溶液，该溶液的吸收峰波长为241.13nm，278.10nm，287.18nm，333.44nm，345.47nm，361.31nm，416.28nm，451.30nm，485.29nm，536.64nm和640.52nm。

仪器波长的允许误差为：紫外光区±1nm，500nm附近±2nm。

2. 吸光度的准确度 可用重铬酸钾的硫酸溶液检定。取在120℃干燥至恒重的基准重铬酸钾约60mg，精密称定，用0.005mol/L硫酸溶液溶解并稀释至1000ml。在规定的波长处测定并计算其吸收系数，并与规定的吸收系数比较，应符合表中的规定。

波长（nm）	235（最小）	257（最大）	313（最小）	350（最大）
吸收系数（$E_{1cm}^{1\%}$）的规定值	124.5	144.0	48.6	106.6
吸收系数（$E_{1cm}^{1\%}$）的许可范围	123.0~126.0	142.8~146.2	47.0~50.3	105.5~108.5

3. 杂散光的检查 可按下表所列的试剂和浓度，配制成水溶液，置1cm石英吸收池中。在规定的波长处测定透光率，应符合表中的规定。

试剂	浓度（%，g/ml）	测定用波长（nm）	透光率（%）
碘化钠	1.00	220	<0.8
亚硝酸钠	5.00	340	<0.8

对溶剂的要求

含有杂原子的有机溶剂，通常均具有很强的末端吸收。因此，当作溶剂使用时，它们的使用范围均不能小于截止使用波长。例如，甲醇、乙醇的截止使用波长为205nm。另外，当溶剂不纯时，也可能增加干扰吸收。因此，在测定供试品前，应先检查所用的溶剂在供试品所用的波长附近是否符合要求，即将溶剂置1cm石英吸收池中，以空气为空白（即空白光路中不置任何物质）测定其吸光度。溶剂和吸收池的吸光度，在220~240nm范围内不得超过0.40，在241~250nm范围内不得超过0.20，在251~300nm范围内不得超过0.10，在300nm以上时不得超过0.05。

测定法

测定时，除另有规定外，应以配制供试品溶液的同批溶剂为空白对照，采用1cm的石英吸收池，在规定的吸收峰波长±2nm以内测试几个点的吸光度，或由仪器在规定波长附近自动扫描测定，以核对供试品的吸收峰波长位置是否正确。除另有规定外，吸收峰波长应在该品种项下规定的波长±2nm以内，并以吸光度最大的波长作为测定波长。一般供试品溶液的吸光度读数，以在0.3~0.7之间为宜。仪器的狭缝波带宽度宜小于供试品吸收带的半高宽度的十分之一，否则测得的吸光度会偏低；狭缝宽度的选择，应以减小狭缝宽度时供试品的吸光度不再增大为准。由于吸收池和溶剂本身可能有空白吸收，因此测定供试品的吸光度后应减去空白读数，或由仪器自动扣除空白读数后再计算含量。

当溶液的pH值对测定结果有影响时，应将供试品溶液的pH值和对照品溶液的pH值调成一致。

1. 鉴别和检查 分别按各品种项下规定的方法进行。

2. 含量测定 一般有以下几种。

（1）对照品比较法　按各品种项下的方法，分别配制供试品溶液和对照品溶液，对照品溶液中所含被测成分的量应为供试品溶液中被测成分规定量的100%±10%，所用溶剂也应完全一致。在规定的波长处测定供试品溶液和对照品溶液的吸光度后，按下式计算供试品中被测溶液的浓度：

$$c_X = (A_X / A_R) c_R$$

式中　c_X 为供试品溶液的浓度；

A_X 为供试品溶液的吸光度；

c_R 为对照品溶液的浓度；

A_R 为对照品溶液的吸光度。

（2）吸收系数法　按各品种项下的方法配制供试品溶液，在规定的波长处测定其吸光度，再以该品种在规定条件下的吸收系数计算含量。用本法测定时，吸收系数通常应大于100，并注意仪器的校正和检定。

（3）计算分光光度法　计算分光光度法有多种，使用时应按各品种项下规定的方法进行。当吸光度处在吸收曲线的陡然上升或下降的部位测定时，波长的微小变化可能对测定结果造成显著影响，故对照品和供试品的测试条件应尽可能一致。计算分光光度法一般不宜用作含量测定。

（4）比色法　供试品本身在紫外-可见光区没有强吸收，或在紫外光区虽有吸收但为了避免干扰或提高灵敏度，可加入适当的显色剂，使反应产物的最大吸收移至可见光区，这种测定方法称为比色法。

用比色法测定时，由于显色时影响显色深浅的因素较多，应取供试品与对照品或标准品同时操作。除另有规定外，比色法所用的空白系指同体积的溶剂代替对照品或供试品溶液，然后依次加入等量的相应试剂，并用同样方法处理。在规定的波长处测定对照品和供试品溶液的吸光度后，按上述（1）法计算供试品浓度。

当吸光度和浓度关系不呈良好线性时，应取数份梯度量的对照品溶液，用溶剂补充至同一体积，显色后测定各份溶液的吸光度，然后以吸光度与相应的浓度绘制标准曲线，再根据供试品的吸光度在标准曲线上查得其相应的浓度，并求出其含量。

0402 红外分光光度法

红外分光光度法是在4000~400cm^{-1}波数范围内测定物质的吸收光谱，用于化合物的鉴别、检查或含量测定的方法。除部分光学异构体及长链烷烃同系物外，几乎没有两个化合物具有相同的红外光谱，据此可以对化合物进行定性和结构分析。化合物对红外辐射的吸收程度与其浓度的关系符合朗伯-比尔定律，是红外分光光度法定量分析的依据。

仪器及其校正

可使用傅里叶变换红外光谱仪或色散型红外分光光度计。用聚苯乙烯薄膜（厚度约为0.04mm）校正仪器，绘制其光谱图，用3027cm^{-1}，2851cm^{-1}，1601cm^{-1}，1028cm^{-1}，907cm^{-1}处的吸收峰对仪器的波数进行校正。傅里叶变换红外光谱仪在3000cm^{-1}附近的波数误差应不大于±5cm^{-1}，在1000cm^{-1}附近的波数误差应不大于±1cm^{-1}。

用聚苯乙烯薄膜校正时，仪器的分辨率要求在3110~2850cm^{-1}范围内应能清晰地分辨出7个峰，峰2851cm^{-1}与谷2870cm^{-1}之间的分辨深度不小于18%透光率，峰1583cm^{-1}与谷1589cm^{-1}之间的分辨深度不小于12%透光率。仪器的标称分辨率，除另有规定外，应不低于2cm^{-1}。

供试品的制备及测定

通常采用压片法、糊法、膜法、溶液法和气体吸收法等进行测定。对于吸收特别强烈或不透明表面上的覆盖物等供试品，可采用如衰减全反射、漫反射和发射等红外光谱方法。对于极微量或需微区分析的供试品，可采用显微红外光谱方法测定。

1. 原料药鉴别 除另有规定外，应按照中国兽药典委员会编订的《兽药红外光谱集》收载的各光谱图所规定的方法制备样品。具体操作技术参见《兽药红外光谱集》的说明。

采用固体制样技术时，最常碰到的问题是多晶现象，固体样品的晶型不同，其红外光谱往往也会产生差异。当供试品的实测光谱与《兽药红外光谱集》所收载的标准光谱不一致时，在排除各种可能影响光谱的外在或人为因素后，应按该兽药光谱图中备注的方法或各品种项下规定的方法进行预处理，再绘制光谱，比对。如未规定该品种供药用的晶型或预处理方法，则可使用对照品，并采用适当的溶剂对供试品与对照品在相同的条件下同时进行重结晶，然后依法绘制光谱，比对。如已规定特定的药用晶型，则应采用相应晶型的对照品依法比对。

当采用固体制样技术不能满足鉴别需要时，可改用溶液法绘制光谱后与对照品在相同条件下绘制的光谱进行比对。

2. 制剂鉴别 各品种鉴别项下应明确规定制剂的前处理方法，通常采用溶剂提取法。提取时应选择适宜的溶剂，以尽可能减少辅料的干扰，避免导致可能的晶型转变。提取的样品再经适当干燥后依法进行红外光谱鉴别。

3. 多组分原料药鉴别 不能采用全光谱比对，可借鉴【附注】"2（3）"的方法，选择主要成分的若干个特征谱带，用于组成相对稳定的多组分原料药的鉴别。

4. 晶型、异构体限度检查或含量测定 供试品制备和具体测定方法均按各品种项下有关规定操作。

【附注】

1.各品种项下规定"应与对照的图谱一致"，系指《兽药红外光谱集》所载的图谱。

2.药物制剂经提取处理并依法绘制光谱，比对时应注意以下四种情况：

（1）辅料无干扰，待测成分的晶型不变化，此时可直接与原料药的标准光谱进行比对。

（2）辅料无干扰，但待测成分的晶型有变化，此种情况可用对照品经同法处理后的光谱比对。

（3）待测成分的晶型无变化，而辅料存在不同程度的干扰，此时可参照原料药的标准光谱，在指纹区内选择3~5个不受辅料干扰的待测成分的特征谱带作为鉴别的依据。鉴别时，实测谱带的波数误差应小于规定值的±5cm^{-1}（0.5%）。

（4）待测成分的晶型有变化，辅料也存在干扰，此种情况一般不宜采用红外光谱鉴别。

3.由于各种型号的仪器性能不同，供试品制备时研磨程度的差异或吸水程度不同等原因，均会影响光谱的形状。因此，进行光谱比对时，应考虑各种因素可能造成的影响。

0405 荧光分光光度法

某些物质受紫外光或可见光照射激发后能发射出比激发光波长较长的荧光。物质的激发光谱和荧光发射光谱，可用于该物质的定性分析。当激发光强度、波长、所用溶剂及温度等条件固定时，物质在一定浓度范围内，其发射光强度与溶液中该物质的浓度成正比关系，可用于该物质的含量测定。荧光分光光度法的灵敏度一般较紫外-可见分光光度法高，但浓度太高的溶液会发生 "自熄灭" 现象，而且在液面附近溶液会吸收激发光，使发射光强度下降，导致发射光强度与浓度不成正比，故荧光分光光度法应在低浓度溶液中进行。

测定法

所用的仪器为荧光计或荧光分光光度计，按各品种项下的规定，选定激发光波长和发射光波长，并制备对照品溶液和供试品溶液。

通常荧光分光光度法是在一定条件下，测定对照品溶液荧光强度与浓度的线性关系。当线性关系良好时，可在每次测定前，用一定浓度的对照品溶液校正仪器的灵敏度；然后在相同的条件下，分别读取对照品溶液及其试剂空白的荧光强度与供试品溶液及其试剂空白的荧光强度，用下式计算供试品浓度：

$$c_x = \frac{R_x - R_{xb}}{R_r - R_{rb}} \times c_r$$

式中　c_x 为供试品溶液的浓度；

c_r 为对照品溶液的浓度；

R_x 为供试品溶液的荧光强度；

R_{xb} 为供试品溶液试剂空白的荧光强度；

R_r 为对照品溶液的荧光强度；

R_{rb} 为对照品溶液试剂空白的荧光强度。

因荧光分光光度法中的浓度与荧光强度的线性较窄，故（$R_x - R_{xb}$）/（$R_r - R_{rb}$）应控制在0.5～2之间为宜，如若超过，应在调节溶液浓度后再进行测定。

当浓度与荧光强度明显偏离线性时，应改用标准曲线法进行含量测定。

对易被光分解或弛豫时间较长的品种，为使仪器灵敏度定标准确，避免因激发光多次照射而影响荧光强度，可选择一种激发光和发射光波长与供试品近似而对光稳定的物质配成适当浓度的溶液，作为基准溶液。例如，蓝色荧光可用硫酸奎宁的稀硫酸溶液，黄绿色荧光可用荧光素钠水溶液，红色荧光可用罗丹明B水溶液等。在测定供试品溶液时，选择适当的基准溶液代替对照品溶液校正仪器的灵敏度。

【附注】

荧光分光光度法因灵敏度高，故应注意以下干扰因素。

（1）溶剂不纯会带入较大误差，应先做空白检查，必要时，应用玻璃磨口蒸馏器蒸馏后再用。

（2）溶液中的悬浮物对光有散射作用，必要时，应用垂熔玻璃滤器滤过或用离心法除去。

（3）所用的玻璃仪器与测定池等也必须保持高度洁净。

（4）温度对荧光强度有较大的影响，测定时应控制温度一致。

（5）溶液中的溶氧有降低荧光作用，必要时可在测定前通入惰性气体除氧。

（6）测定时需注意溶液的pH值和试剂的纯度等对荧光强度的影响。

0406 原子吸收分光光度法

原子吸收分光光度法的测量对象是呈原子状态的金属元素和部分非金属元素，是基于测量蒸气中原子对特征电磁辐射的吸收强度进行定量分析的一种仪器分析方法。原子吸收分光光度法遵循分光光度法的吸收定律，一般通过比较对照品溶液和供试品溶液的吸光度，计算供试品中待测元素的含量。

对仪器的一般要求

所用仪器为原子吸收分光光度计，它由光源、原子化器、单色器、背景校正系统、自动进样系统和检测系统等组成。

1. **光源**　常用待测元素作为阴极的空心阴极灯。

2. **原子化器**　主要有四种类型：火焰原子化器、石墨炉原子化器、氢化物发生原子化器及冷蒸气发生原子化器。

（1）火焰原子化器　由雾化器及燃烧灯头等主要部件组成。其功能是将供试品溶液雾化成气溶胶后，再与燃气混合，进入燃烧灯头产生的火焰中，以干燥、蒸发、离解供试品，使待测元素形成基态原子。燃烧火焰由不同种类的气体混合物产生，常用乙炔-空气火焰。改变燃气和助燃气的种类及比例可以控制火焰的温度，以获得较好的火焰稳定性和测定灵敏度。

（2）石墨炉原子化器　由电热石墨炉及电源等部件组成。其功能是将供试品溶液干燥、灰化，再经高温原子化使待测元素形成基态原子。一般以石墨作为发热体，炉中通入保护气，以防氧化并能输送试样蒸气。

（3）氢化物发生原子化器　由氢化物发生器和原子吸收池组成，可用于砷、锗、铅、镉、硒、锡、锑等元素的测定。其功能是将待测元素在酸性介质中还原成低沸点、易受热分解的氢化物，再由载气导入由石英管、加热器等组成的原子吸收池，在吸收池中氢化物被加热分解，并形成基态原子。

（4）冷蒸气发生原子化器　由汞蒸气发生器和原子吸收池组成，专门用于汞的测定。其功能是将供试品溶液中的汞离子还原成汞蒸气，再由载气导入石英原子吸收池，进行测定。

3. **单色器**　其功能是从光源发射的电磁辐射中分离出所需要的电磁辐射，仪器光路应能保证有良好的光谱分辨率和在相当窄的光谱带（0.2nm）下正常工作的能力，波长范围一般为190.0～900.0nm。

4. **背景校正系统**　背景干扰是原子吸收测定中的常见现象。背景吸收通常来源于样品中的共存组分及其在原子化过程中形成的次生分子或原子的热发射、光吸收和光散射等。这些干扰在仪器设计时应设法予以克服。常用的背景校正法有以下四种：连续光源（在紫外光区通常用氘灯）、塞曼效应、自吸效应、非吸收线等。

在原子吸收分光光度法分析中，必须注意背景以及其他原因引起的对测定的干扰。仪器某些工作条件（如波长、狭缝、原子化条件等）的变化可影响灵敏度、稳定程度和干扰情况。在火焰法原子吸收测定中可采用选择适宜的测定谱线和狭缝、改变火焰温度、加入络合剂或释放剂、采用标准加入法等方法消除干扰；在石墨炉原子吸收测定中可采用选择适宜的背景校正系统、加入适宜的基体改进剂等方法消除干扰。具体方法应按各品种项下的规定选用。

5. **检测系统**　由检测器、信号处理器和指示记录器组成，应具有较高的灵敏度和较好的稳定性，并能及时跟踪吸收信号的急速变化。

测定法

第一法（标准曲线法）　在仪器推荐的浓度范围内，除另有规定外，制备含待测元素不同浓度的对照品溶液至少5份，浓度依次递增，并分别加入各品种项下制备供试品溶液的相应试剂，同时以相应试剂制备空白对照溶液。将仪器按规定启动后，依次测定空白对照溶液和各浓度对照品溶液的吸光度，记录读数。以每一浓度3次吸光度读数的平均值为纵坐标、相应浓度为横坐标，绘制标准曲线。按各品种项下的规定制备供试品溶液，使待测元素的估计浓度在标准曲线浓度范围内，测定吸光度，取3次读数的平均值，从标准曲线上查得相应的浓度，计算被测元素的含量。绘制标准曲线时，一般采用线性回归，也可采用非线性拟合方法回归。

第二法（标准加入法） 取同体积按各品种项下规定制备的供试品溶液4份，分别置4个同体积的量瓶中，除（1）号量瓶外，其他量瓶分别精密加入不同浓度的待测元素对照品溶液，分别用去离子水稀释至刻度，制成从零开始递增的一系列溶液。按上述标准曲线法自"将仪器按规定启动后"操作，测定吸光度，记录读数；将吸光度读数与相应的待测元素加入量作图，延长此直线至与含量轴的延长线相交，此交点与原点间的距离即相当于供试品溶液取用量中待测元素的含量，如图，再以此计算供试品中待测元素的含量。

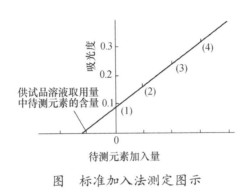

图　标准加入法测定图示

当用于杂质限量检查时，取供试品，按各品种项下的规定，制备供试品溶液；另取等量的供试品，加入限度量的待测元素溶液，制成对照品溶液。照上述标准曲线法操作，设对照品溶液的读数为a，供试品溶液的读数为b，b值应小于（$a-b$）。

0407 火焰光度法

火焰光度法是以火焰作为激发光源，供试品溶液用喷雾装置以气溶胶形式引入火焰光源中，靠火焰光的热能将待测元素原子化并激发其发射特征光谱，通过光电检测系统测量出待测元素特征谱线的辐射光强度，从而进行元素分析的方法。属于原子发射光谱法的范畴，主要用于碱金属及碱土金属的测定。通常借比较对照品溶液和供试品溶液的发光强度，求得供试品中待测元素的含量。

对仪器的一般要求

所用仪器为火焰光度计，由燃烧系统、单色器和检测系统等部件组成。

燃烧系统由喷雾装置、燃烧灯、燃料气体和助燃气体的供应等部分组成。燃烧火焰通常是用空气作助燃气，用煤气或液化石油气等作燃料气组成的火焰，即空气-煤气或空气-液化石油气火焰。

仪器某些工作条件（如火焰类型、火焰状态、空气压缩机供应压力等）的变化可影响灵敏度、稳定程度和干扰情况，应按各品种项下的规定选用。

测定法

火焰光度法用于含量测定及杂质限量检查时，分别照原子吸收分光光度法（附录0406）中第一法、第二法进行测定与计算。

0411 电感耦合等离子体原子发射光谱法

电感耦合等离子体原子发射光谱法是以等离子体为激发光源的原子发射光谱分析方法，可进行多元素的同时测定。

样品由载气（氩气）引入雾化系统进行雾化后，以气溶胶形式进入等离子体的中心通道，在高温和惰性气氛中被充分蒸发、原子化、电离和激发，发射出所含元素的特征谱线。根据各元素特征谱线的存在与否，鉴别样品中是否含有某种元素（定性分析）；根据特征谱线强度，测定样品中相应元素的含量（定量分析）。

本法适用于各类药品中从痕量到常量的元素分析，尤其是矿物类中药、营养补充剂等的元素定性定量测定。

1．对仪器的一般要求

电感耦合等离子体原子发射光谱仪由样品引入系统、电感耦合等离子体（ICP）光源、色散系统、检测系统等构成，并配有计算机控制及数据处理系统、冷却系统、气体控制系统等。

样品引入系统 同电感耦合等离子体质谱法（附录0412）。

电感耦合等离子体（ICP）光源 电感耦合等离子体光源的"点燃"，需具备持续稳定的纯氩气流、炬管、感应圈、高频发生器、冷却系统等条件。样品气溶胶被引入等离子体后，在6000~10 000K的高温下，发生去溶剂、蒸发、解离、激发或电离、发射谱线。根据光路采光方向，可分为水平观察ICP源和垂直观察ICP源；双向观察ICP光源可实现垂直/水平双向观察。实际应用中宜根据样品基质、待测元素、波长、灵敏度等因素选择合适的观察方式。

色散系统 电感耦合等离子体原子发射光谱的单色器通常采用棱镜或棱镜与光栅的组合，光源发出的复合光经色散系统分解成按波长顺序排列的谱线，形成光谱。

检测系统 电感耦合等离子体原子发射光谱的检测系统为光电转换器，它是利用光电效应将不同波长光的辐射能转化成光电流信号。常见的光电转换器有光电倍增管和固态成像系统两类。固态成像系统是一类以半导体硅片为基材的光敏元件制成的多元阵列集成电路式的焦平面检测器，如电荷耦合器件（CCD）、电荷注入器件（CID）等，具有多谱线同时检测、检测速度快、动态线性范围宽、灵敏度高等特点。检测系统应保持性能稳定，具有良好的灵敏度、分辨率和光谱响应范围。

冷却和气体控制系统 冷却系统包括排风系统和循环水系统，其功能主要是有效地排出仪器内部的热量。循环水温度和排风口温度应控制在仪器要求范围内。气体控制系统运行应稳定，氩气的纯度应不小于99.99%。

2．干扰和校正

电感耦合等离子体原子发射光谱法测定中通常存在的干扰大致可分为两类：一类是光谱干扰，主要包括连续背景和谱线重叠干扰等；另一类是非光谱干扰，主要包括化学干扰、电离干扰、物理干扰等。

干扰的消除和校正可采用空白校正、稀释校正、内标校正、背景扣除校正、干扰系数校正、标准加入等方法。

3．供试品溶液的制备

同电感耦合等离子体质谱法（附录0412）。

4．测定法

分析谱线的选择原则一般是选择干扰少、灵敏度高的谱线；同时应考虑分析对象：对于微量元素的分析采用灵敏线，而对于高含量元素的分析可采用较弱的谱线。

定性鉴别

根据原子发射光谱中的各元素固有的一系列特征谱线的存在与否，可以确定供试品中是否含有相应元素。元素特征光谱中强度较大的谱线称为元素的灵敏线。在供试品光谱中，某元素灵敏线的检出限即为相应元素的检出限。

定量测定

同电感耦合等离子体质谱法（附录0412）。

内标元素及参比线的选择原则：

内标元素的选择　外加内标元素在供试样品中应不存在或含量极微可忽略；如样品基体元素的含量较稳时，亦可用该基体元素作内标；内标元素与待测元素应有相近的特性；同族元素，具相近的电离能。

参比线的选择　激发能应尽量相近；分析线与参比线的波长及强度接近；无自吸现象且不受其他元素干扰；背景应尽量小。

5．方法检测限与方法定量限

同电感耦合等离子体质谱法（附录0412）。

0412 电感耦合等离子体质谱法

本法是以等离子体为离子源的一种质谱型元素分析方法。主要用于多种元素的同时测定，并可与其他色谱分离技术联用，进行元素形态及其价态分析。

样品由载气（氩气）引入雾化系统进行雾化后，以气溶胶形式进入等离子体中心区，在高温和惰性气氛中被去溶剂化、汽化解离和电离，转化成带正电荷的正离子，经离子采集系统进入质量分析器，质量分析器根据质荷比进行分离，根据元素质谱峰强度测定样品中相应元素的含量。

本法灵敏度高，适用于各类药品从痕量到微量的元素分析，尤其是痕量重金属元素的测定。

1．仪器的一般要求

电感耦合等离子体质谱仪由样品引入系统、电感耦合等离子体（ICP）离子源、接口、离子透镜系统、四极杆质量分析器、检测器等构成，其他支持系统有真空系统、冷却系统、气体控制系统、计算机控制及数据处理系统等。

样品引入系统　按样品的状态不同分为液体、气体或固体进样，通常采用液体进样方式。样品引入系统主要由样品导入和雾化两个部分组成。样品导入部分一般为蠕动泵，也可使用自提升雾化器。要求蠕动泵转速稳定，泵管弹性良好，使样品溶液匀速泵入，废液顺畅排出。雾化部分包括雾化器和雾化室。样品以泵入方式或自提升方式进入雾化器后，在载气作用下形成小雾滴并进入雾化室，大雾滴碰到雾化室壁后被排除，只有小雾滴可进入等离子体离子源。要求雾化器雾化效率高、雾化稳定性好，记忆效应小，耐腐蚀；雾化室应保持稳定的低温环境，并应经常清洗。常用的溶液型雾化器有同心雾化器、交叉型雾化器等；常见的雾化室有双通路型和旋流型。实际应用中应根据样品基质、待测元素、灵敏度等因素，选择合适的雾化器和雾化室。

电感耦合等离子体离子源　电感耦合等离子体的"点燃"，需具备持续稳定的高纯氩气流（纯度应不小于99.99%）、炬管、感应圈、高频发生器、冷却系统等条件。样品气溶胶被引入等离子体离子源，在6000~10 000K的高温下，发生去溶剂、蒸发、解离、原子化、电离等过程，转化成带正电荷的正离子。测定条件如射频功率、气体流量、炬管位置、蠕动泵流速等工作参数，可以根据供试品的具体情况进行优化，使灵敏度最佳、干扰最小。

接口系统 接口系统的功能是将等离子体中的样品离子有效地传输到质谱仪。其关键部件是采样锥和截取锥，平时应经常清洗，并注意确保锥孔不损坏，否则将影响仪器的检测性能。

离子透镜系统 位于截取锥后面高真空区的离子透镜系统的作用是将来自截取锥的离子聚焦到质量过滤器，并阻止中性原子进入和减少来自ICP的光子通过量。离子透镜参数的设置应适当，要注意兼顾低、中、高质量的离子都具有高灵敏度。

四极杆质量分析器 质量分析器通常为四极杆质量分析器，可以实现质谱扫描功能。四极杆的作用是基于在四根电极之间的空间产生一随时间变化的特殊电场，只有给定 m/z 的离子才能获得稳定的路径而通过极棒，从另一端射出。其他离子则将被过分偏转，与极棒碰撞，并在极棒上被中和而丢失，从而实现质量选择。测定中应设置适当的四极杆质量分析器参数，优化质谱分辨率和响应并校准质量轴。

检测器 通常使用的检测器是双通道模式的电子倍增器，四极杆系统将离子按质荷比分离后引入检测器，检测器将离子转换成电子脉冲，由积分线路计数。双模式检测器采用脉冲计数和模拟两种模式，可同时测定同一样品中的低浓度和高浓度元素。检测低含量信号时，检测器使用脉冲模式，直接记录撞击到检测器的总离子数量；当离子浓度较大时，检测器则自动切换到模拟模式进行检测，以保护检测器，延长使用寿命。测定中应注意设置适当的检测器参数，以优化灵敏度，对双模式检测信号（脉冲和模拟）进行归一化校准。

其他支持系统 真空系统由机械泵和分子涡轮泵组成，用于维持质谱分析器工作所需的真空度，真空度应达到仪器使用要求值。冷却系统包括排风系统和循环水系统，其功能是排出仪器内部的热量，循环水温度和排风口温度应控制在仪器要求范围内。气体控制系统运行应稳定，氩气的纯度应不小于99.99%。

2．干扰和校正

电感耦合等离子体质谱法测定中的干扰大致可分为两类：一类是质谱型干扰，主要包括同质异位素、多原子离子、双电荷离子等；另一类是非质谱型干扰，主要包括物理干扰、基体效应、记忆效应等。

干扰的消除和校正方法有优化仪器参数、内标校正、干扰方程校正、碰撞反应池技术、稀释校正、标准加入法等。

3．供试品溶液的制备

供试品消解的常用试剂一般是酸类，包括硝酸、盐酸、高氯酸、硫酸、氢氟酸，以及一定比例的混合酸（如硝酸:盐酸4:1等），也可使用少量过氧化氢；其中硝酸引起的干扰最小，是供试品制备的首选酸。试剂的纯度应为优级纯以上。所用水应为去离子水（电阻率应不小于18MΩ•cm）。

供试品溶液制备时应同时制备试剂空白，标准溶液的介质和酸度应与供试品溶液保持一致。

固体样品 除另有规定外，称取样品适量（0.1~3g），结合实验室条件以及样品基质类型选用合适的消解方法。消解方法有敞口容器消解法、密闭容器消解法和微波消解法。微波消解法所需试剂少、消解效率高，利于降低试剂空白值、减少样品制备过程中的污染或待测元素的挥发损失。样品消解后根据待测元素含量定容至适当体积后即可进行质谱测定。

液体样品 根据样品的基质、有机物含量和待测元素含量等情况，可选用直接分析、稀释或浓缩后分析、消化处理后分析等不同的测定方式。

4．测定法

对待测元素，目标同位素的选择一般需根据待测样品基体中可能出现的干扰情况，选取干扰少、丰度较高的同位素进行测定；有些同位素需采用干扰方程校正；对于干扰不确定的情况亦可选择多个同位素测定，以便比较。常用测定方法如下：

（1）标准曲线法　在选定的分析条件下，测定不同浓度的标准系列溶液（标准溶液的介质和酸度应与供试品溶液一致），以待测元素的响应值为纵坐标，浓度为横坐标，绘制标准曲线，计算回归方程，相关系数应不低于0.99。在同样的分析条件下，进行空白试验，根据仪器说明书要求扣除空白。

附　内标校正的标准曲线法

在每个样品（包括标准溶液、供试品溶液和试剂空白）中添加相同浓度的内标（ISTD）元素，以标准溶液待测元素分析峰响应值与内标元素参比峰响应值的比值为纵坐标，浓度为横坐标，绘制标准曲线，计算回归方程。利用供试品中待测元素分析峰响应值和内标元素参比峰响应值的比值，扣除试剂空白后，从标准曲线或回归方程中查得相应的浓度，计算样品中各待测元素的含量。使用内标可有效地校正响应信号的波动，内标校正的标准曲线法为最常用的测定法。

选择内标时应考虑如下因素：待测样品中不含有该元素；与待测元素质量数接近；其电离能与待测元素电离能相近；元素的化学特性等。内标的加入可以在每个样品和标准溶液中分别加入，也可通过蠕动泵在线加入。

（2）标准加入法　取同体积的供试品溶液4份，分别置4个同体积的量瓶中，除第1个量瓶外，在其他3个量瓶中分别精密加入不同浓度的待测元素标准溶液，分别稀释至刻度，摇匀，制成系列待测溶液。在选定的分析条件下分别测定，以分析峰的响应值为纵坐标，待测元素加入量为横坐标，绘制标准曲线，相关系数应不低于0.99。将标准曲线延长交于横坐标，交点与原点的距离所相应的含量，即为供试品取用量中待测元素的含量，再以此计算供试品中待测元素的含量。

5．检测限与定量限

在最佳实验条件下，测定不少于7份的空白样品溶液，以连续测定空白样品溶液响应值的3倍标准偏差（3SD）所对应的待测元素浓度作为检测限；以连续测定空白溶液响应值的10倍标准偏差（10SD）所对应的待测元素浓度作为定量限。

6．高效液相色谱-电感耦合等离子体质谱联用法

本法是以高效液相色谱（HPLC）作为分离工具分离元素的不同形态，以电感耦合等离子体质谱（ICP-MS）作为检测器，在线检测元素不同形态的一种方法。可用于砷、汞、硒、锑、铅、锡、铬、溴、碘等元素的形态分析。

供试品中不同形态及其价态元素通过高效液相色谱进行分离，随流动相引入电感耦合等离子体质谱系统进行检测，根据保留时间的差别确定元素形态分析次序；电感耦合等离子体质谱检测待测元素各形态的信号变化，根据色谱图的保留时间确定样品中是否含有某种元素形态（定性分析），以色谱峰面积或峰高确定样品中相应元素形态的含量（定量分析）。

（1）仪器的一般要求

仪器除电感耦合等离子质谱仪外，还包括高效液相色谱仪、接口系统及数据处理系统。高效液相色谱仪应通过适当的接口与电感耦合等离子体质谱仪连接，仪器软件应具有可同时控制两者参数设置和进样分析的功能。

高效液相色谱系统　应包括高压输液泵系统、进样系统、色谱柱等，如果需要也可配备柱温箱和紫外检测器。相应部件应定期检定并符合有关规定。

目前用于元素形态分析的高效液相色谱类型根据分离原理可分为：离子交换色谱、反相离子对色谱、分配色谱、排阻色谱和手性色谱等。根据所测元素形态化合物的性质，选择适当的色谱柱和流动相进行分离。

常用的色谱柱为离子交换色谱柱和反相键合相色谱柱，其流动相多用甲醇、乙腈、水和无机盐的缓冲溶液，常用两元或四元梯度泵将有机调节剂与水相混合作为流动相。对高电离能元素（砷、硒、溴、碘、汞等）而言，等离子体中心通道若存在一定量的碳，可改善等离子体环境，提高元素灵敏度，特别是对低质量数元素影响，如需可在流动相中适当加入一定比例的有机调节剂，其比例视待测元素以及有机调节剂碳链长短优化条件而定。当流动相采用高比例的有机调节剂（如超过20%甲醇或10%乙腈）时，需要电感耦合等离子体质谱仪配备专用的有机进样系统，如加配有机加氧通道、采用铂锥、使用有机炬管（内径为1.5mm或1.0mm）及有机排废液系统等。

高效液相色谱使用的流动相必须与电感耦合等离子体质谱仪的工作条件匹配，并根据实际情况对电感耦合等离子体质谱仪工作条件进行优化；流动相流速一般为每分钟0.1~1ml，流速过大（超过每分钟1.5ml）需考虑使用柱后分流，流速过小（小于每分钟0.1ml）需考虑在样品溶液通道加入补偿液或采用特制微量雾化器，以保证雾化正常。

接口系统　通常用聚四氟乙烯管（内径为0.12~0.18mm）将经高效液相色谱仪分离后的样品溶液在线引入电感耦合等离子体质谱仪的雾化器。为防止色谱峰变宽，两者之间所用连接管线应尽可能短，管线与雾化器之间的接头应尽量紧密，以减少传输管线的死体积。

应采用雾化效率高、死体积小的雾化器。现多采用具有自提升功能的雾化器，如Micromist、PFA等同心雾化器。雾化器的进样管线一端接入雾化器，另一端直接与色谱柱出口相连。如色谱柱后需连接色谱检测器，另一端则应与色谱检测器的出口端相连。

对某些含高盐和高有机溶剂的流动相，对电感耦合等离子体质谱仪进样系统进行改进并采用小柱径高效液相色谱柱技术是目前接口技术的发展方向；超声雾化器、氢化物发生法、直接注入雾化器、微型同心雾化器、热喷雾雾化器、电热蒸发和液压式高压雾化器等样品导入装置是形态分析重要的联用接口技术。

电感耦合等离子体质谱系统　与高效液相联用时，分析前应对电感耦合等离子质谱系统所有条件进行优化，以保证检测灵敏度和精密度。

当流动相含有高含量无机盐或有机相时，大量无机盐或有机碳会在采样锥和截取锥的锥口沉积，可能堵塞锥口或通过锥口沉积在离子透镜上，甚至进入真空系统，导致仪器基线漂移和灵敏度下降；另外流动相中的高盐或高比例有机溶剂使电感耦合等离子体的负载增大，射频功率大量消耗于流动相基体的分解，造成用于分析元素的能量大量减少，使难电离的元素灵敏度极大降低。此时需要优化仪器工作条件，应尽量在流动相基体条件下进行仪器调谐的最佳化；必要时需要更换流动相。

当流动相中有机相不可避免时，超过一定比例，除需要更换有机炬管并设置合理分析参数外，还需改用有机加氧通道和铂锥。出于安全考虑，加氧一般不采用高纯氧，而是加入一定比例氧气和氩气的混合气（如1：4或1：1）。

当需要梯度洗脱时，流动相的变化导致进入电感耦合等离子体的基体变化，可能会产生不同的基体效应。为保证电感耦合等离子体质谱仪在各梯度条件下均保证最佳灵敏度与抗基质能力，应针对各时间段内进入的流动相分别采用最佳化的调谐条件，在一定范围内并在灵敏度允许的条件下也可通过柱后补偿的方法进行改善。

待测元素质量数的采集点数应选择每个质量数采集一点的方式，积分时间的设置需兼顾信号强度和色谱峰点数（色谱峰点数与色谱峰底宽度成正比，与积分时间成反比），色谱峰点数应保证每峰不少于15点。

数据处理系统　应操作方便，对不同基体样品溶液，能将仪器调谐至最佳条件并保持稳定；并具同步观测元素色谱峰与质谱峰等功能。

传统上电感耦合等离子体质谱仪只输出元素强度计数，而高效液相色谱仪要求有保留时间和峰面积积分等功能，为使二者统一，高效液相色谱-电感耦合等离子体质谱联用时，必须具有同步控制、实时峰形显示及监控色谱分离情况等功能。且数据处理系统需满足能同步分析色谱信号（如紫外）与电感耦合等离子体质谱信号，进行有效的定性、定量分析，如谱图叠加、积分、工作曲线等功能。

（2）系统适用性试验

系统适用性试验主要是考察分析系统和设定的参数是否合适，测试项目和方法与高效液相色谱法相同，可参照高效液相色谱法对各项参数进行规定，如重复性、容量因子、分离度、拖尾因子、线性范围、最低检测限和最低定量限等，具体指标应符合各品种项下的规定，由于电感耦合等离子体质谱仪检测器自身特点，本方法的重复性误差应不大于10.0%。

（3）干扰和校正

试验中应充分考虑流动相及样品前处理过程中引入的干扰，应采用必要的手段来消除干扰。一般不建议使用干扰校正方程法，因为该法需采集待测元素同位素之外与干扰校正有关的其他同位素，从而使获得每个数据点的总时间变长。普通样品的干扰可通过优化色谱条件（如pH、流动相种类及浓度等）使干扰离子与待测离子形态保留时间错开来避免，如不能避免则可考虑采用碰撞反应池模式；如来自流动相的干扰使得仪器基线变高，影响检出灵敏度，建议考虑更换流动相体系。

当流动相含盐时，电感耦合等离子体质谱仪长时间运行后易产生信号漂移，应以质控样品或对照品溶液回校进行监测，或采用内标法予以校正。

（4）样品前处理

元素形态分析由于基体复杂，某些元素形态的含量较低，需对样品进行分离和富集等前处理步骤。原则上所采用的前处理方法必须满足将待分析元素形态"原样地"从样品中与基体物质分离，而不应引起样品中的待分析元素形态发生变化。

所用试剂均应为优级纯或更高纯度级别，所用器皿均应经10%~20%硝酸溶液浸泡过夜，再用去离子水洗净并晾干后使用。应同时制备试剂空白，对照品溶液的介质应与供试品溶液保持一致，且无明显的溶剂效应。

除常规的前处理方法（萃取、浸取、离子交换、超滤、离心及共沉淀等）外，元素形态分析常采用酶水解法、超声辅助萃取、微波辅助萃取、固相萃取、加速溶剂萃取等分离方法。

（5）测定法

选择待测元素目标同位素，应尽量避免流动相和样品基质中可能出现的干扰情况，使干扰离子与待测元素形态保留时间分开。当优化高效液相色谱条件不能将干扰离子分开时，应尽量选择干扰少、丰度较高的同位素进行测定，并进行必要的干扰消除或校正（若使用干扰校正方程，需注意各质量数上设置的采集时间之和应保证色谱峰数据点大于15点）。元素形态测定方法一般采用标准曲线法，分为外标法和内标法；也可采用标准加入法。

外标法　在选定的分析条件下，测定不少于四个不同浓度的待测元素不同形态的系列标准溶液（标准溶液的介质尽量与供试品溶液一致），以色谱峰面积（或峰高）为纵坐标，浓度为横坐标，绘制标准曲线，计算回归方程，相关系数应不低于0.99。测定供试品溶液，从标准曲线或回归方程中查得相应的浓度，计算样品中各待测元素形态的含量。

在同样的分析条件下进行空白试验，计算时应按照仪器说明书要求扣除空白。

内标法　内标法可有效地校正响应信号的波动，减少或消除供试品溶液的基质效应。元素形态分析的内标法可根据实际情况分别选用以下3种方式。

A.加入法　即在供试品或供试品溶液中加入内标物质，该内标物质应含有待测元素，但与待测元素的形态不同。选择该方法，除内标物质性质应稳定外，还需确认样品中不含与内标元素形态相同的元素，且内标元素形态能与待测元素形态完全分离并且提取效率一致。

B.在线内标实时校正　可采取两种方式：一种是在流动相中加入内标物质；另一种是通过蠕动泵在线加入内标溶液。在线内标实时校正对于每个数据采集点都会有一个内标的信号，校正采用点对点校正，即根据每个数据采集点的待测元素计数值与内标计数值的校正值绘制色谱峰，因此仪器的数据处理软件需具有相应的功能。

在线内标实时校正可防止信号漂移带来的准确性问题。内标物质选择时应注意选择与待测元素质量数和电离能相近的元素，且待测样品中不含该元素。

C.阀切换方式　在难以找到合适内标物质时，可使用柱后阀切换技术在每个样品进样后待测元素出峰前增加一个内标溶液的进样，使每个样品的数据可有一个内标信号来校正。

内标法以标准溶液待测元素与内标元素的峰面积（或峰高）或点对点校正后的色谱峰面积（或峰高）比值为纵坐标，浓度为横坐标，绘制标准曲线，计算回归方程，相关系数应不低于0.99。测定供试品中待测元素与内标元素的峰面积（或峰高）或点对点校正后的色谱峰面积（或峰高）比值，从标准曲线或回归方程中查得相应的浓度，计算样品中各待测元素形态的含量。

在同样的分析条件下进行空白试验，计算时应按照仪器说明书要求扣除空白。

标准加入法　标准加入法可有效消除基质效应，由于所有测定样品都具有几乎相同的基体，使结果更加准确可靠。标准加入法加入各元素形态的量应接近或稍大于样品中预计量，在此区间选择不少于三个浓度点进行标准曲线的绘制，因此该方法需预先知道被测元素的大致含量，且待测元素在加入浓度范围内需呈线性。标准加入法的具体操作可参见元素总量测定标准加入法项下。

0421 拉曼光谱法

拉曼光谱法是利用化合物分子受激光照射后所产生的散射光与入射光能级差及其与化合物振动频率、转动频率间关系，对化合物进行定性、定量分析的方法。

与红外光谱类似，拉曼光谱是一种振动光谱技术。所不同的是，前者与分子振动时偶极矩变化相关，而拉曼效应则是分子极化率改变的结果。

拉曼光谱采用激光作为单色光源，将样品分子激发到某一虚态，随后受激分子弛豫跃迁到一个与基态不同的振动能级，此时，散射辐射的频率将与入射频率不同。这种"非弹性散射"光被称之为拉曼散射，频率之差即为拉曼位移（以cm^{-1}为单位），实际上等于激发光的波数减去散射辐射的波数，与基态和终态的振动能级差相当。频率不变的散射称为弹性散射，即瑞利散射。如果产生的拉曼散射频率低于入射频率，则称之为斯托克散射；反之，则称之为反斯托克散射。实际上，几乎所有的拉曼分析都是测量斯托克散射。

用散射强度对拉曼位移作图得到拉曼光谱图。由于官能团或化学键的拉曼位移与它们在红外光谱中的吸收波数相一致，所以谱图的解析也与红外吸收光谱相同。然而，通常在拉曼光谱中出现的强谱带在红外光谱中却成为弱谱带甚至不出现，反之亦然。所以，这两种光谱技术常互为补充。

拉曼光谱的优点在于它的快速、准确，测量时通常不破坏样品（固体、半固体、液体或气体），样品制备简单甚至不需样品制备。谱带信号通常处在可见或近红外光范围，可以有效地和光纤联用；这也意味着谱带信号可以从包封在任何对激光透明的介质，如玻璃、塑料内，或将样品溶于水中获得。现代拉曼光谱仪使用简单，分析速度快（几秒到几分钟），性能可靠。因此，拉曼光谱与其他分析技术联用比其他光谱联用技术从某种意义上说更加简便（可以使用单变量和多变量方法以及校准）。

除常规的拉曼光谱外，还有一些较为特殊的拉曼技术。它们是共振拉曼光谱、表面增强拉曼光谱、拉曼旋光、相关-反斯托克拉曼光谱、拉曼增益或减失光谱以及超拉曼光谱等。其中，在药物分析应用相对较多的是共振拉曼和表面增强拉曼光谱法。

定性和含量测定

1.定性鉴别　拉曼光谱可提供样品分子中官能团的信息，可用于鉴别试验和结构解析。在相同的测定条件下，绘制供试品与对照品的拉曼光谱并进行比对，若相同，除立体异构体外，即可鉴别为同一化合物。如遇多晶现象，可参照红外鉴别的相关内容进行处理。

2.含量测定　拉曼谱带的强度与待测物浓度的关系遵守比尔定律：

$$I_V = KLCI_0$$

式中　I_V 是给定波数处的峰强；

　　　K 代表仪器和样品的参数；

　　　L 是光路长度；

　　　C 是样品中特定组分的摩尔浓度；

　　　I_0 是激光强度。

实际工作中，光路长度被更准确地描述为样品体积，这是一种描述激光聚焦和采集光学的仪器变量。上述等式是拉曼光谱用于定量的基础。

3.影响定量测定的因素　最主要的干扰因素是荧光、样品的热效应和基质或样品自身的吸收。在拉曼光谱中，荧光干扰表现为一个典型的倾斜宽背景。因此，荧光对定量的影响主要为基线的偏离和信噪比的下降，荧光的波长和强度取决于荧光物质的种类和浓度。与拉曼散射相比，荧光通常是一种量子效率更高的过程，甚至很少量不纯物质的荧光也可以导致显著的拉曼信号降低。使用更长的波长如785nm或1064nm的激发光可使荧光显著减弱。然而，拉曼信号的强度与λ^{-4}成比例，λ是激发波长。通过平衡荧光干扰、信号强度和检测器响应可获得最佳信噪比。

测量前将样品用激光照射一定时间，固态物质的荧光也可得以减弱。这个过程被称为光致漂白，是通过降解高吸收物质来实现的。光致漂白作用在液体中并不明显，可能是由于液体样品的流动性，或荧光物质不是痕量。

样品加热会造成一系列的问题，例如，物理状态的改变（熔化）、晶型的转变或样品的烧灼，这是有色的、具强吸收或低热传导的小颗粒物质常出现的问题。样品加热的影响通常是可观察的，表现在一定时间内拉曼光谱或样品的表观变化。除了减少激光通量，有许多种方法可用来降低热效应，例如，在测量过程中移动样品或激光，或者通过热接触或液体浸入来改善样品的热传导。

基质或样品本身也可吸收拉曼信号。在长波傅里叶变换拉曼系统中，拉曼信号可以与近红外的泛频吸收重叠。这种影响与仪器的光学系统以及样品的形态有关。样品的装填和颗粒大小的差异而引起的固体散射的可变性与这种效应有关。然而，由于在拉曼光谱中样品的有限穿透深度和相对狭窄的波长范围，所有这些效应的大小都没有近红外光谱严重。

定量拉曼光谱与许多其他的光谱技术不同，它是单光束零背景测量。谨慎地进行样品测定以及使用设计合理的仪器可以使这种变异减到最小，但是并不能全部消除。所以，绝对的拉曼信号强度很难直接用于待测物的定量。变异的潜在来源是样品的不透明性和样品的不均匀性、照射样品的激光功率的变化以及光学几何学或样品位置的变化。这些影响可以通过能重复的或有代表性的样品处置方式予以减小。

由于拉曼信号绝对强度的波动，应尽可能地使用内标。可以有目的地加入一种内标，该内标应具有与待测物互不干扰的特征谱带以便检测。在溶液中，也可利用溶剂的特征谱带，因为溶剂随样品不同将相对保持不变。另外，在制剂中，如果赋形剂量大大超过待测组分，则可以使用该赋形剂的峰。在假设激光和样品定位的改变将会同等地影响全光谱的前提下，全光谱同样可以用作参比。

样品测定中需考虑的重要因素还有光谱的污染。拉曼是一种可以被许多外源影响掩蔽的弱效应。普通的污染源包括样品支持物（容器或基质）和周围光线。通常，这些问题可以通过细致的实验方法来识别和解决。

仪器装置

根据获得光谱的方式，拉曼光谱仪可分为FT拉曼光谱仪和色散型拉曼光谱仪，但所有的现代拉曼光谱仪均包括激光光源、样品装置、滤光器、单色器（或干涉仪）和检测器等。

1．激光光源　下表列出几种在药学应用中经常使用的激光。紫外激光有时也有特殊应用，但在常规分析中很少采用。

表　药学应用中的主要激光光源

激光波长（λ/nm）（近似整数）[①]	类　型	激光典型功率	波长范围（nm）斯托克区域（100~3000cm^{-1}）	注　释
近红外激光				
1064	固态（钕：YAG）	最大3W	1075~1063	常在傅里叶变换仪器中使用，在多数色散拉曼仪中配置
785	二极管	最大500MW	791~1027	
紫外-可见光				
488~632.8	离子气和固态，双频率激光	最大1W	488~781	荧光风险
紫外-可见光	染料激光器	可调	在紫外和可见光区可调	荧光风险[②]

注：①不同仪器商提供的激光波长与表中值有差异；②紫外区激光可适当地减少荧光风险。

2．样品装置　可有各种各样的样品放置方式，包括直接的光学界面、显微镜、光纤探针（不接触或光学浸入）和样品室（包括特殊的样品盛器和自动样品转换器）。样品光路也可设计成能获得偏振相关拉曼光谱，这种光谱通常包含附加信息。样品装置的选择应根据待测物的具体情况（如样品的状态、体积等）以及测量的速度、激光的安全性和样品图谱的质量要求等决定。

3．滤光装置　激光波长的散射光（瑞利光）要比拉曼信号强几个数量级，必须在进入检测器前滤除。普遍采用的是陷波滤波器，它具有滤波效果好和体积小等优点。另外，为防止样品受外辐射源（如房间灯光、激光等离子体）照射，需要设置适宜的滤波器或者物理屏障。

4．光波处理装置　光波信号可通过色散或者干涉（傅里叶变换）来处理。任何合格仪器都适用于定性鉴别。然而，选择定量测定用仪器时，应注意色散和线性响应可能在整个波谱范围内并不均衡（如当使用阶梯光栅分光镜时）。

5．检测器　硅质CCD是色散仪器中最常用的检测器。这种冷却的阵列检测器允许在低噪声下快速全光谱扫描，常与通常使用的785nm二极管激光器配合使用。傅里叶变换仪器通常采用单通道锗或铟-镓-砷化合物（InGaAs）检测器以配合钕:钇-铝-石榴红（Nd:YAG）1064nm的激光器在近红外区使用。

仪器校正

拉曼仪器的校准包括三个要素：初始波长（X轴）、激光波长以及强度（Y轴）。

仪器供应商应提供可由用户可以执行的对仪器相关参数校准的方法。除另有规定外，使用者应根据仪器所提供的校准方法制定具体的SOP，并严格按照SOP对上述参数进行验证。

特别需要注意的是，激光波长变化可影响仪器的波长精度和光度（强度）精度。即使是最稳定的激光器，在使用过程中其输出波长也会有轻微变化。所以，激光波长必须经校正以确保拉曼位移的准确性。可以使用仪器供应商提供的拉曼位移标准参考物质进行定期校正。某些仪器可以用一种拉曼内标物与初级光路分离，外在校准装置通过散射辐射准确地重现这一光路。

推荐使用外部参考标准对仪器进行校正。

方法验证

必须对方法进行验证，至少应考察准确度、精密度等主要指标。但这些指标受诸多可变因素的影响，其中荧光可能是影响方法适用性的主要因素。样品中荧光杂质的存在完全随样品而异。所以，方法必须能适应不同的样品体系，必须足以将杂质的影响降到最小。

检测器的线性必须适应可能的信号水平范围。荧光可能使信号基线比验证时高，这时必须设法将荧光减弱或者使验证的方法适应较高的荧光水平。这一要求对方法的精密度、检测限（LOD）和定量限（LOQ）同样适用，因为基线噪声的增加会对这些数值产生影响。

由于荧光使基线漂移可能同样会影响定量，所以使用时，同样需要在不同的光漂白作用水平进行可接受的定量验证。

必须确定激光是否对样品造成影响。在不同激光功率和暴露时间的条件下，对样品目视检查和仔细审视测得的拉曼光谱可以确定样品是否改变（而不是光漂白作用）。观察的依据是谱带位置、峰强和谱带宽度是否改变或者背景强度是否有明显变化。

影响方法精密度的因素还包括样品的位置和固体、液体样品的形态，在校正模型中必须严密控制或说明。样品的制备方法或样品室的形状可能影响测量灵敏度，而且，该灵敏度会随着仪器的激发光和采集光学设置的不同而不同。

测定法

测定拉曼光谱可以采用以下任一物质态：结晶态、无定型态、液体、气体或等离子体。

液体能够在玻璃管或石英管中直接测量。无定型和微晶固体也可充填入玻璃管或石英管中直接测定。为了获得较大的拉曼散射光强度，通常使照射在样品上的入射光与所检测的拉曼散射光之间的夹角为0°、90°和180°。样品池的放置可有多种方式。

除另有规定外，一般用作鉴别的样品不必制样，用作晶型、异构体限度检查或含量测定时，供试品的制备和具体测定方法可按正文中各品种项下有关规定操作。

某些特殊样品技术可被应用于表面增强拉曼光谱和显微拉曼光谱测量。

为防止样品分解，常采用的办法是旋转技术。利用特殊的装置使激光光束的焦点和样品的表面做相对运动，从而避免了样品的局部过热现象。样品旋转技术除能防止样品分解外，还能提高分析的灵敏度。

常采用内标法定量，在激光照射下，加入的内标也产生拉曼光谱，选择其一条拉曼谱带作为标准，将样品的拉曼谱带强度与内标谱带的强度进行比较（通常比较谱带的面积或高度）。由于内标和样品完全处于相同的实验条件下，一些影响因素可以相互抵消。

所选择的内标应满足以下要求：①化学性质比较稳定，不与样品中被测成分或其他成分发生化学反应；②内标拉曼谱带和待测物的拉曼谱带互不干扰；③内标应比较纯，不含有被测成分或其他干扰成分。对于非水溶液，常用的内标为四氯化碳（459cm^{-1}）；而对于水溶液，常用的内标是硝酸根离子（1050cm^{-1}）和高氯酸根离子。对于固体样品，有时选择样品中某一拉曼谱带作为自身对照内标谱带。

具有多晶现象的固体药品，由于晶型不同，可能导致所收集的供试品光谱图与对照品光谱图或标准光谱集所收载的光谱图不一致。遇此情况，应按该品种项下规定的方法进行预处理后再绘制比对。

光谱的形状与所用的仪器型号和性能、激发波长、样品测定状态及吸水程度等因素相关。因此，进行光谱比对时，应考虑各种因素可能造成的影响。

0431 质谱法

质谱法是使待测化合物产生气态离子，再按质荷比（m/z）将离子分离、检测的分析方法，检测限可达10^{-15}～10^{-12}mol数量级。质谱法可提供分子质量和结构的信息，定量测定可采用内标法或外标法。

质谱仪的主要组成如图所示。在由泵维持的10^{-3}～10^{-6}Pa真空状态下，离子源产生的各种正离子（或负离子），经加速，进入质量分析器分离，再由检测器检测。计算机系统用于控制仪器，记录、处理并储存数据。当配有标准谱库软件时，计算机系统可以将测得的质谱与标准谱库中图谱比较，获得可能化合物的组成和结构信息。

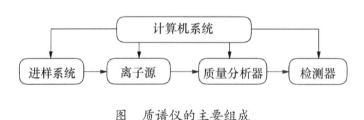

图　质谱仪的主要组成

一、进样系统

样品导入应不影响质谱仪的真空度。进样方式的选择取决于样品的性质、纯度及所采用的离子化方式。

1．直接进样　室温常压下，气态或液态化合物的中性分子通过可控漏孔系统，进入离子源。吸附在固体上或溶解在液体中的挥发性待测化合物可采用顶空分析法提取和富集，程序升温解吸附，再经毛细管导入质谱仪。

挥发性固体样品可置于进样杆顶端，在接近离子源的高真空状态下加热、气化。采用解吸离子化技术，可以使热不稳定的、难挥发的样品在气化的同时离子化。

多种分离技术已实现了与质谱的联用。经分离后的各种待测成分，可以通过适当的接口导入质谱仪分析。

2．气相色谱-质谱联用（GC-MS）　在使用毛细管气相色谱柱及高容量质谱真空泵的情况下，色谱流出物可直接引入质谱仪。

3．液相色谱-质谱联用（LC-MS）　使待测化合物从色谱流出物中分离、形成适合于质谱分析的气态分子或离子需要特殊的接口。为减少污染，避免化学噪声和电离抑制，流动相中所含的缓冲盐或添加剂通常应具有挥发性，且用量也有一定的限制。

（1）粒子束接口　液相色谱的流出物在去溶剂室雾化、脱溶剂后，仅待测化合物的中性分子被引入质谱离子源。粒子束接口适用于分子质量小于1000道尔顿的弱极性、热稳定化合物的分析，测得的质谱可以由电子轰击离子化或化学离子化产生。电子轰击离子化质谱常含有丰富的结构信息。

（2）移动带接口　流速为0.5～1.5ml/min的液相色谱流出物，均匀地滴加在移动带上，蒸发、除去溶剂后，待测化合物被引入质谱离子源。移动带接口不适宜于极性大或热不稳定化合物的分析，测得的质谱可以由电子轰击离子化或化学离子化或快原子轰击离子化产生。

（3）大气压离子化接口　是目前液相色谱-质谱联用广泛采用的接口技术。由于兼具离子化功能，这些接口将在离子源部分介绍。

4．超临界流体色谱-质谱联用（SFC-MS）　超临界流体色谱-质谱联用主要采用大气压化学离子化或电喷雾离子化接口。色谱流出物通过一个位于柱子和离子源之间的加热限流器转变为气态，进入质谱仪分析。

5．毛细管电泳-质谱联用（CE-MS）　几乎所有的毛细管电泳操作模式均可与质谱联用。选择接口时，应注意毛细管电泳的低流速特点并使用挥发性缓冲液。电喷雾离子化是毛细管电泳与质谱联用最常用的接口技术。

二、离子源

根据待测化合物的性质及拟获取的信息类型，可以选用不同的离子源。

1．电子轰击离子化（EI）　处于离子源的气态待测化合物分子，受到一束能量（通常是70eV）大于其电离能的电子轰击而离子化。质谱中往往含有待测化合物的分子离子及具有待测化合物结构特征的碎片离子。电子轰击离子化适用于热稳定的、易挥发化合物的离子化，是气相色谱-质谱联用最常用的离子化方式。当采用粒子束或移动带等接口时，电子轰击离子化也可用于液相色谱-质谱联用。

2．化学离子化（CI）　离子源中的试剂气分子（如甲烷、异丁烷和氨气）受高能电子轰击而离子化，进一步发生离子-分子反应，产生稳定的试剂气离子，再使待测化合物离子化。化学离子化可产生待测化合物（M）的（M＋H）＋或（M－H）⁻特征离子或待测化合物与试剂气分子产生的加合离子。与电子轰击离子化质谱相比，化学离子化质谱中碎片离子较少，适宜于采用电子轰击离子化无法得到分子质量信息的热稳定的、易挥发化合物分析。

3．快原子轰击（FAB）或快离子轰击离子化（LSIMS）　高能中性原子（如氩气）或高能铯离子，使置于金属表面、分散于惰性黏稠基质（如甘油）中的待测化合物离子化，产生（M＋H）⁺或（M－H）⁻特征离子或待测化合物与基质分子的加合离子。快原子轰击或快离子轰击离子化非常适合于各种极性的、热不稳定化合物的分子质量测定及结构表征，广泛应用于分子质量高达10 000道尔顿的肽、抗生素、核苷酸、脂质、有机金属化合物及表面活性剂的分析。

快原子轰击或快离子轰击离子化用于液相色谱-质谱联用时，需在色谱流动相中添加1%~10%的甘油，且必须保持很低流速（1~10μl/分钟）。

4．基质辅助激光解吸离子化（MALDI）　将溶于适当基质中的供试品涂布于金属靶上，用高强度的紫外或红外脉冲激光照射，使待测化合物离子化。基质辅助激光解吸离子化主要用于分子量在100 000道尔顿以上的生物大分子分析，适宜与飞行时间分析器结合使用。

5．**电喷雾离子化（ESI）** 离子化在大气压下进行。待测溶液（如液相色谱流出物）通过一终端加有几千伏高压的毛细管进入离子源，气体辅助雾化，产生的微小液滴去溶剂，形成单电荷或多电荷的气态离子。这些离子再经逐步减压区域，从大气压状态传送到质谱仪的高真空中。电喷雾离子化可在1μl/分钟～1ml/分钟流速下进行，适合极性化合物和分子质量高达100 000道尔顿的生物大分子研究，是液相色谱-质谱联用、毛细管电泳-质谱联用最成功的接口技术。

6．**大气压化学离子化（APCI）** 原理与化学离子化相同，但离子化在大气压下进行。流动相在热及氮气流的作用下雾化成气态，经由带有几千伏高压的放电电极时离子化，产生的试剂气离子与待测化合物分子发生离子-分子反应，形成单电荷离子。正离子通常是（M＋H）$^+$，负离子则是（M－H）$^-$。大气压化学离子化能够在流速高达2ml/min下进行，常用于分析分子质量小于1500道尔顿的小分子或弱极性化合物，主要产生的是（M＋H）$^+$或（M－H）$^-$离子，很少有碎片离子，是液相色谱-质谱联用的重要接口之一。

7．**大气压光离子化（APPI）** 与大气压化学离子化不同，大气压光离子化是利用光子使气相分子离子化。该离子化源主要用于非极性物质的分析，是电喷雾离子化、大气压化学离子化的一种补充。大气压光离子化对于试验条件比较敏感，掺杂剂、溶剂及缓冲溶液的组成等均会对测定的选择性、灵敏度产生较大影响。

三、质量分析器

质量范围、分辨率是质量分析器的两个主要性能指标。质量范围指质量分析器所能测定的质荷比的范围。分辨率表示质量分析器分辨相邻的、质量差异很小的峰的能力。虽然不同类型的质量分析器对分辨率的具体定义存在差异，高分辨质谱仪通常指其质量分析器的分辨率大于10^4。

1．**扇形磁场分析器** 离子源中产生的离子经加速电压（V）加速，聚焦进入扇形磁场（磁场强度B）。在磁场的作用下，不同质荷比的离子发生偏转，按各自的曲率半径（r）运动：

$$m/z=B^2r^2/2V$$

改变磁场强度，可以使不同质荷比的离子具有相同的运动曲率半径（r），进而通过狭缝出口，到达检测器。

扇形磁场分析器可以检测分子质量高达15 000道尔顿的单电荷离子。当与静电场分析器结合、构成双聚焦扇形磁场分析器时，分辨率可达到10^5。

2．**四极杆分析器** 分析器由四根平行排列的金属杆状电极组成。直流电压（DC）和射频电压（RF）作用于电极上，形成了高频振荡电场（四极场）。在特定的直流电压和射频电压条件下，一定质荷比的离子可以稳定地穿过四极场，到达检测器。改变直流电压和射频电压大小，但维持它们的比值恒定，可以实现质谱扫描。

四极杆分析器可检测的分子质量上限通常是4000道尔顿，分辨率约为10^3。

3．**离子阱分析器** 四极离子阱（QIT）由两个端盖电极和位于它们之间的环电极组成。端盖电极处在地电位，而环电极上施加射频电压（RF），以形成三维四极场。选择适当的射频电压，四极场可以储存质荷比大于某特定值的所有离子。采用"质量选择不稳定性"模式，提高射频电压值，可以将离子按质量从高到低依次射出离子阱。挥发性待测化合物的离子化和质量分析可以在同一四极场内完成。通过设定时间序列，单个四极离子阱可以实现多级质谱（MS^n）的功能。

线性离子阱（LIT）是二维四极离子阱，结构上等同于四极质量分析器，但操作模式与三维离子阱相似。四极线性离子阱具有更好的离子储存效率和储存容量，可改善的离子喷射效率及更快的扫描速度和较高的检测灵敏度。

离子阱分析器与四极杆分析器具有相近的质量上限及分辨率。

4. 飞行时间分析器（TOF） 具有相同动能、不同质量的离子，因飞行速度不同而实现分离。当飞行距离一定时，离子飞行需要的时间与质荷比的平方根成正比，质量小的离子在较短时间到达检测器。为了测定飞行时间，将离子以不连续的组引入质量分析器，以明确起始飞行时间。离子组可以由脉冲式离子化（如基质辅助激光解吸离子化）产生，也可通过门控系统将连续产生的离子流在给定时间引入飞行管。

飞行时间分析器的质量分析上限约15 000道尔顿，离子传输效率高（尤其是谱图获取速度快），质量分辨率>10^4。

5. 离子回旋共振分析器（ICR） 在高真空（~10^{-7}Pa）状态下，离子在超导磁场中做回旋运动，运行轨道随着共振交变电场而改变。当交变电场的频率和离子回旋频率相同时，离子被稳定加速，轨道半径越来越大，动能不断增加。关闭交变电场，轨道上的离子在电极上产生交变的像电流。利用计算机进行傅立叶变换，将像电流信号转换为频谱信号，获得质谱。

待测化合物的离子化和质量分析可以在同一分析器内完成。离子回旋共振分析器的质量分析上限>10^4道尔顿，分辨率高达10^6，质荷比测定精确到千分之一，可以进行多级质谱（MS^n）分析。

6. 串联质谱（MS-MS） 串联质谱是时间上或空间上两级以上质量分析的结合，测定第一级质量分析器中的前体离子（precursorion）与第二级质量分析器中的产物离子（production）之间的质量关系。多级质谱实验常以MS^{n}表示。

产物离子扫描（production scan） 在第一级质量分析器中选择某m/z的离子作为前体离子，测定该离子在第二级质量分析器中、一定的质量范围内的所有碎片离子（产物离子）的质荷比与相对强度，获得该前体离子的质谱。

前体离子扫描（precursorion scan） 在第二级质量分析器中选择某m/z的产物离子，测定在第一级质量分析器中、一定的质量范围内所有能产生该碎片离子的前体离子。

中性丢失扫描（neutral-loss scan） 以恒定的质量差异，在一定的质量范围内同时测定第一级、第二级质量分析器中的所有前体离子和产物离子，以发现能产生特定中性碎片（如CO_2）丢失的化合物或同系物。

选择反应检测（selected-reaction monitoring，SRM） 选择第一级质量分析器中某前体离子（m/z）$_1$，测定该离子在第二级质量分析器中的特定产物离子（m/z）$_2$的强度，以定量分析复杂混合物中的低浓度待测化合物。

多反应检测（multiple-reaction monitoring，MRM） 是指同时检测两对及以上的前体离子-产物离子。

四、测定法

在进行供试品分析前，应对测定用单级质谱仪或串联质谱仪进行质量校正。可采用参比物质单独校正或与被测物混合测定校正的方式。

1. 定性分析 以质荷比为横坐标，以离子的相对丰度为纵坐标，测定物质的质谱。高分辨质谱仪可以测定物质的准确分子质量。

在相同的仪器及分析条件下，直接进样或流动注射进样，分别测定对照品和供试品的质谱，观察特定m/z处离子的存在，可以鉴别药物、杂质或非法添加物。产物离子扫描可以用于极性的大分子化合物的鉴别。复杂供试品中待测成分的鉴定，应采用色谱-质谱联用仪或串联质谱仪。

质谱中不同质荷比离子的存在及其强度信息反映了待测化合物的结构特征，结合串联质谱分析结果，可以推测或确证待测化合物的分子结构。当采用电子轰击离子化时，可以通过比对待测化合物的质谱与标准谱库谱图的一致性，快速鉴定化合物。未知化合物的结构解析，常常需要综合应用各种质谱技术并结合供试品的来源，必要时还应结合元素分析、光谱分析（如核磁共振、红外光谱、紫外光谱、X射线衍射）的结果综合判断。

2．定置分析 采用选择离子检测（selectedion monitoring，SIM）或选择反应检测或多反应检测，外标法或内标法定量。内标化合物可以是待测化合物的结构类似物或其稳定同位素（如 ^2H、^{13}C、^{15}N）标记物。

分别配制一定浓度的供试品及杂质对照品溶液，色谱-质谱分析。若供试品溶液在特征 m/z 离子处的响应值（或响应值之和）小于杂质对照品溶液在相同特征 m/z 离子处的响应值（或响应值之和），则供试品所含杂质符合要求。

复杂样本中的有毒有害物质、非法添加物、微量药物及其代谢物的色谱-质谱分析，宜采用标准曲线法。通过测定相同体积的系列标准溶液在特征 m/z 离子处的响应值，获得标准曲线及回归方程。按规定制备供试品溶液，测定其在特征 m/z 离子处的响应值，带入标准曲线或回归方程计算，得到待测物的浓度。内标校正的标准曲线法是将等量的内标加入系列标准溶液中，测定待测物与内标物在各自特征 m/z 离子处的响应值，以响应值的比值为纵坐标，待测物浓度为横坐标绘制标准曲线，计算回归方程。使用稳定同位素标记物作为内标时，可以获得更好的分析精密度和准确度。

0451 X射线衍射法

X射线衍射法（XRD）是一种利用单色X射线光束照射到被测样品上，检测样品的三维立体结构（含手性、晶型、结晶水或结晶溶剂）或成分（主成分及杂质成分、晶型种类及含量）的分析方法。

单晶X射线衍射法（SXRD）的测检对象为一颗晶体；粉末X射线衍射法（PXRD）的测检对象为众多随机取向的微小颗粒，它们可以是晶体或非晶体等固体样品。

根据检测要求和检测对象、检测结果的不同可选择适应方法。

固体化学物质状态可分为晶态（或称晶体）和非晶态（或称无定型态、玻璃体等）物质两大类。

晶态物质（晶体）中的分子、原子或离子在三维空间呈周期性有序排列，晶体的最小重复单位是晶胞。晶胞是由一个平行六面体组成，含有三个轴（a、b、c，单位：Å）和三个角（α、β、γ，单位：°）被称为晶胞参数。晶胞沿（x、y、z）三维的无限有序堆积排列形成了晶体。

非晶态物质（无定型态、玻璃体等）中的分子、原子或离子在三维空间不具有周期性排列规律，其固体物质是由分子、原子或离子在三维空间杂乱无章堆积而成的。

X射线衍射的基本原理：当一束X射线通过滤波镜以单色光（特定波长）照射到单晶体样品或粉末微晶样品时即发生衍射现象，衍射条件遵循布拉格方程式：

$$d_{hkl} = \frac{n\lambda}{2\sin\theta}$$

式中　d_{hkl} 为面间距（hkl 为晶面指数）；

　　　n 为衍射级数；

　　　λ 为X射线的波长；

θ为掠射角。

金属铜（Cu）与钼（Mo）为有机化合物样品常用的X射线阳极靶元素，Cu靶波长λ为1.54178 Å，Mo靶波长λ为0.71073 Å。X射线由K_a和K_β组成，一般采用K_a线作为单晶X射线衍射的结构分析或粉末X射线衍射的成分与晶型分析的特征X射线。

当X射线照射到晶态物质上时，可以产生衍射效应；而当X射线照射到非晶态物质上时则无衍射效应。单晶X射线衍射结构（晶型）定量分析和粉末X射线成分（晶型）定性与定量分析均是依据X射线衍射基本原理。

X射线衍射仪器是由X射线光源（直流高压电源、真空管、阳极靶）、准直系统（准直管、样品架）、仪器控制系统（指令控制、数据控制）和冷却系统组成。

第一法　单晶X射线衍射法

单晶X射线衍射法使用一颗单晶体即可获得样品的化合物分子构型和构象等立体结构信息，主要包括：空间群、晶胞参数、分子式、结构式、原子坐标、成键原子的键长与键角以及分子内与分子间的氢键、盐键、配位键等。

单晶X射线衍射技术是定量检测样品成分与分子立体结构的绝对分析方法，它可独立完成对样品的手性或立体异构体分析、共晶物质分析（含结晶水或结晶溶剂等）、纯晶型物质分析（分子排列规律变化）等。由于单晶X射线衍射分析实验使用一颗晶体，所以采用该分析法可获得晶型纯品物质信息。

单晶X射线衍射法通过两次傅里叶变换完成晶体结构分析。该方法适用于晶态物质的结构或晶型分析。单晶X射线衍射实验中，Cu靶适用于化合物分子的绝对构型测定，Mo靶适用于化合物分子的相对构型测定（含有卤素或金属原子的样品除外）。

试样的制备及有关实验技术

试样制备：单晶X射线衍射分析要求使用一颗适合实验的单晶体，一般需要采用重结晶技术通过单晶体培养获得。晶体尺寸在0.1~1.0mm之间。单晶体应呈透明状、无气泡、无裂纹、无杂质等，晶体外形可为块状、片状、柱状，近似球状或块状晶体因在各方向对X射线的吸收相近，所以属最佳实验用晶体外形。

晶体样品对X射线的衍射能力受到来自内部和外部的影响。晶体样品自身内部影响因素主要为组成晶体的化学元素种类、结构类型、分子对称排列规律、作用力分布、单晶体质量等；外部影响因素包括仪器X射线发生器功率、阳极靶种类等。

当使用Cu靶实验时，衍射数据收集的2θ角要大于114°；当使用Mo靶实验时，衍射数据收集的2θ角要大于54°。

晶胞参数三个轴（a、b、c，单位：Å）的误差在小数点后第三位，三个角（α、β、γ，单位：°）的误差在小数点后第二位；原子相对坐标的误差在小数点后第四位，键长的误差在小数点后第三位，键角的误差在小数点后第一位。

本法适用于晶态样品的分子立体结构定量分析、手性分析、晶型分析、结晶水含量分析、结晶溶剂种类与含量分析等。

仪器校准：仪器应定期使用仪器生产厂家自带的标准样品进行仪器校正。

第二法　粉末X射线衍射法

粉末X射线衍射法用于样品的定性或定量的物相分析。每种化学物质，当其化学成分与固体物质状态（晶型）确定时，应该具有独立的特征X射线衍射图谱和数据，衍射图谱信息包括衍射峰数量、衍射峰位置（2θ值或d值）、衍射峰强度（相对强度、绝对强度）、衍射峰几何拓扑（不同衍射峰间的比例）等。

粉末X射线衍射法适用于对晶态物质或非晶态物质的定性鉴别与定量分析。常用于固体物质的结晶度定性检查、多晶型种类、晶型纯度等分析。粉末X射线衍射实验中，通常使用Cu靶为阳极靶材料。

晶态物质的粉末X射线衍射峰是由数十乃至上百个锐峰（窄峰）组成；而非晶态物质的粉末X射线衍射峰的数量较少且呈弥散状（为宽峰或馒头峰）。在定量检测时，两者在相同位置的衍射峰的绝对强度值存在较大差异。

当化学物质有两种或两种以上的不同固体物质状态时，即存在有多晶型（或称为同质异晶）现象。多晶型现象可以由样品的分子构型、分子构象、分子排列规律、分子作用力等变化引起，也可由结晶水或结晶溶剂的加入（数量与种类）形成。每种晶型物质应具有确定的特征粉末X射线衍射图谱。

当被测定样品化学结构相同，但衍射峰的数量和位置、绝对强度值或衍射峰形几何拓扑间存在差别时，即表明该化合物可能存在多晶型现象。

试样的制备及有关实验技术

试样制备：粉末晶体颗粒过大或晶体呈现片状或针状样品容易引起择优取向现象，为排除择优取向对实验结果的干扰，对有机样品需要增加研磨并过筛（通常为100目）的样品前处理步骤。

试验进样量：当采用粉末X射线衍射法进行定量分析时，需要对研磨后过筛样品进行精密定量称取，试样铺板高度应与板面平行。

衍射数据收集范围：当使用铜Cu靶实验时，衍射数据收集的范围（2θ）一般至少应在3°~60°之间，有时可收集至1°~80°。

定量分析方法：可采用标准曲线法，含外标法、内标法与标准加入法。

定量分析时，应选择一个具有特征性的衍射峰进行。内标法应建立内标物质与衍射强度之间的线性关系。内标物质选取原则是应与样品的特征衍射峰不发生重叠，同时两者对X射线的衍射能力应接近。制备标准曲线时，应取固定质量但含量比例不等的内标物质与样品均匀混合。定量分析时，应保证被测样品含量在标准曲线的线性范围内；外标法应建立标准物质不同质量与衍射强度之间的线性关系。制作标准曲线时，应取不同质量的样品。定量分析时，应保证被测样品含量在标准曲线的线性范围内；标准加入法应保证加入标准物质和被测物质衍射峰强度接近，二者具有良好的分离度且不重叠。

定量分析时，每个样品应平行实验3次，取算术平均值。当样品存在多晶型物质状态，且研磨压力能引起晶型转变时，应慎用定量分析方法。当多晶型衍射图谱的衍射峰数量和位置基本相同，但衍射峰的几何拓扑图形存在较大差异时，应适当增加特征衍射峰的数量（从一般使用1个特征峰，增加到使用3~5个特征峰），以证明晶型含量与特征衍射峰间存在线性关系。

采用相同制备方法的等质量试样定量分析，在同一实验条件下，样品与标准品的2θ值数据误差范围为±0.2°，衍射峰的相对强度误差范围为±5%，否则应考虑重新进行实验或可能存在多晶型问题。

本法适用于样品的结晶性检查、样品与标准品的异同性检查、样品生产工艺稳定性监测、样品化学纯度检查和定量分析（当杂质成分含量大于1%时在衍射图谱中可以识别），样品的晶型鉴别和晶型纯度定量分析等。

仪器校准：应定期使用标准物质Al_2O_3或单晶硅粉进行仪器校正。

0500 色谱法

色谱法根据其分离原理可分为：吸附色谱法、分配色谱法、离子交换色谱法与排阻色谱法等。吸附色谱法是利用被分离物质在吸附剂上吸附能力的不同，用溶剂或气体洗脱使组分分离；常用的吸附剂有氧化铝、硅胶、聚酰胺等有吸附活性的物质。分配色谱法是利用被分离物质在两相中分配系数的不同使组分分离，其中一相被涂布或键合在固体载体上，称为固定相，另一相为液体或气体，称为流动相；常用的载体有硅胶、硅藻土、硅镁型吸附剂与纤维素粉等。离子交换色谱法是利用被分离物质在离子交换树脂上交换能力的不同使组分分离；常用的树脂有不同强度的阳离子交换树脂、阴离子交换树脂，流动相为水或含有机溶剂的缓冲液。分子排阻色谱法又称凝胶色谱法，是利用被分离物质分子大小的不同导致在填料上渗透程度不同使组分分离；常用的填料有分子筛、葡聚糖凝胶、微孔聚合物、微孔硅胶或玻璃珠等，根据固定相和供试品的性质选用水或有机溶剂作为流动相。

色谱法又可根据分离方法分为：纸色谱法、薄层色谱法、柱色谱法、气相色谱法、高效液相色谱法等。所用溶剂应与供试品不起化学反应，纯度要求较高。分离时的温度，除气相色谱法或另有规定外，系指在室温操作。分离后各成分的检测，应采用各品种项下所规定的方法。采用纸色谱法、薄层色谱法或柱色谱法分离有色物质时，可根据其色带进行区分；分离无色物质时，可在短波（254nm）或长波（365nm）紫外光灯下检视，其中纸色谱或薄层色谱也可喷以显色剂使之显色，或在薄层色谱中用加有荧光物质的薄层硅胶，采用荧光猝灭法检视。柱色谱法、气相色谱法和高效液相色谱法可用接于色谱柱出口处的各种检测器检测。

柱色谱法还可分部收集流出液后用适宜方法测定。

0501 纸色谱法

纸色谱法系以纸为载体，以纸上所含水分或其他物质为固定相，用展开剂进行展开的分配色谱法。供试品经展开后，可用比移值（R_f）表示其各组成成分的位置（比移值＝原点中心至斑点中心的距离／原点中心至展开剂前沿的距离）。由于影响比移值的因素较多，因而一般采用在相同实验条件下与对照标准物质对比以确定其异同。用作兽药鉴别时，供试品在色谱图中所显主斑点的位置与颜色（或荧光），应与对照标准物质在色谱图中所显主斑点相同。用作兽药纯度检查时，取一定量的供试品，经展开后，按各品种项下的规定，检视其所显杂质斑点的个数和呈色深度（或荧光强度）。进行兽药含量测定时，将待测色谱斑点剪下经洗脱后，再用适宜的方法测定。

1．仪器与材料

（1）展开容器　通常为圆形或长方形玻璃缸，缸上具有磨口玻璃盖，应能密闭。用于下行法时，盖上有孔，可插入分液漏斗，用以加入展开剂。在近顶端有一用支架架起的玻璃槽作为展开剂的容器，槽内有一玻棒，用以压住色谱滤纸。槽的两侧各支一玻棒，用以支持色谱滤纸使其自然下垂。用于上行法时，在盖上的孔中加塞，塞中插入玻璃悬钩，以便将点样后的色谱滤纸挂在钩上；并除去溶剂槽和支架。

（2）点样器　常用具支架的微量注射器（平口）或定量毛细管（无毛刺），应能使点样位置正确、集中。

（3）色谱滤纸　应质地均匀平整，具有一定机械强度，不含影响展开效果的杂质，也不应与所用显色剂起作用，以免影响分离和鉴别效果，必要时可进行处理后再用。用于下行法时，取色谱滤纸按纤维长丝方向切成适当大小的纸条，离纸条上端适当的距离（使色谱滤纸上端能足够浸入溶剂槽内的展开剂中，并使点样基线能在溶剂槽侧的玻璃支持棒下数厘米处）用铅笔划一点样基线，必要时，可在色谱滤纸下端切成锯齿形便于展开剂向下移动；用于上行法时，色谱滤纸长约25cm，宽度则按需要而定，必要时可将色谱滤纸卷成筒形；点样基线距底边约2.5cm。

2．操作方法

（1）下行法　将供试品溶解于适宜的溶剂中制成一定浓度的溶液。用定量毛细管或微量注射器吸取溶液，点于点样基线上，一次点样量不超过10μl。点样量过大时，溶液宜分次点加，每次点加后，待其自然干燥、低温烘干或经温热气流吹干，样点直径为2～4mm，点间距离为1.5～2.0cm，样点通常应为圆形。

将点样后的色谱滤纸的点样端放在溶剂槽内并用玻棒压住，使色谱滤纸通过槽侧玻璃支持棒自然下垂，点样基线在支持棒下数厘米处。展开前，展开缸内用各品种项下规定的溶剂的蒸气使之饱和，一般可在展开缸底部放一装有规定溶剂的平皿，或将被规定溶剂润湿的滤纸条附着在展开缸内壁上，放置一定时间，待溶剂挥发使缸内充满饱和蒸气。然后小心添加展开剂至溶剂槽内，使色谱滤纸的上端浸没在槽内的展开剂中。展开剂即经毛细作用沿色谱滤纸移动进行展开，展开过程中避免色谱滤纸受强光照射，展开至规定的距离后，取出色谱滤纸，标明展开剂前沿位置，待展开剂挥散后，按规定方法检测色谱斑点。

（2）上行法　点样方法同下行法。展开缸内加入展开剂适量，放置，待展开剂蒸气饱和后，再下降悬钩，使色谱滤纸浸入展开剂约1cm，展开剂即经毛细作用沿色谱滤纸上升。除另有规定外，一般展开至约15cm后，取出晾干，按规定方法检视。

展开可以单向展开，即向一个方向进行；也可进行双向展开，即先向一个方向展开，取出，待展开剂完全挥发后，将滤纸转动90°，再用原展开剂或另一种展开剂进行展开；亦可多次展开和连续展开等。

0502 薄层色谱法

薄层色谱法系将供试品溶液点样于薄层板上，在展开容器内用展开剂展开，使供试品所含成分分离，所得色谱图与适宜的标准物质按同法测定所得的色谱图作对比，亦可用薄层色谱扫描仪进行扫描，用于鉴别、检查或含量测定。

1．仪器与材料

（1）薄层板　按支持物的材质分为玻璃板、塑料板或铝板等；按固定相种类分为硅胶薄层板、键合硅胶板、微晶纤维素薄层板、聚酰胺薄层板、氧化铝薄层板等。固定相中可加入黏合剂、荧光剂。硅胶薄层板常用的有硅胶G、硅胶GF_{254}、硅胶H和硅胶HF_{254}，G、H表示含或不含石膏黏合剂。F_{254}为在紫外光254nm波长下显绿色背景的荧光剂。按固定相粒径大小分为普通薄层板（10～40μm）和高效薄层板（5～10μm）。

在保证色谱质量的前提下，可对薄层板进行特别处理和化学改性以适应分离的要求，可用实验室自制的薄层板。固定相颗粒大小一般要求粒径为 $10 \sim 40 \mu m$。玻板应光滑、平整，洗净后不附水珠。

（2）点样器　一般采用微升毛细管或手动、半自动、全自动点样器材。

（3）展开容器　上行展开一般可用适合薄层板大小的专用平底或双槽展开缸，展开时需能密闭。水平展开用专用的水平展开槽。

（4）显色装置　喷雾显色应使用玻璃喷雾瓶或专用喷雾器，要求用压缩气体使显色剂呈均匀细雾状喷出；浸渍显色可用专用玻璃器皿或用适宜的玻璃缸代替；蒸气熏蒸显色可用双槽展开缸或适宜大小的干燥器代替。

（5）检视装置　为装有可见光、254nm及365nm紫外光源及相应滤光片的暗箱，可附加摄像设备供拍摄图像用。暗箱内光源应有足够的光照度。

（6）薄层色谱扫描议　系指用一定波长的光对薄层板上有吸收的斑点，或经激发后能发射出荧光的斑点，进行扫描，将扫描得到的谱图和积分数据用于物质定性或定量的分析仪器。

2．操作方法

（1）薄层板制备

市售薄层板　临用前一般应在110℃活化30分钟。聚酰胺薄膜不需活化。铝基片薄层板或塑料薄层板可根据需要剪裁，但须注意剪裁后的薄层板底边的固定相层不得有破损。如在存放期间被空气中杂质污染，使用前可用三氯甲烷、甲醇或二者的混合溶剂在展开缸中上行展开预洗，晾干，110℃活化后，置干燥器中备用。

自制薄层板　除另有规定外，将1份固定相和3份水（或加有黏合剂的水溶液，如0.2%～0.5%羟甲基纤维素钠水溶液，或为规定浓度的改性剂溶液）在研钵中按同一方向研磨混合，去除表面的气泡后，倒入涂布器中；在玻璃板上平稳地移动涂布器进行涂布（厚度为0.2～0.3mm），取下涂好薄层的玻板，置水平台上于室温下晾干后，在110℃烘30分钟，随即置于有干燥剂的干燥箱中备用。使用前检查其均匀度，在反射光及透射光下检视，表面应均匀、平整、光滑，并且无麻点、无气泡、无破损及污染。

（2）点样　除另有规定外，在洁净干燥的环境中，用专用毛细管或配合相应的半自动、自动点样器械点样于薄层板上。一般为圆点状或窄细的条带状，点样基线距底边10～15mm，高效板一般基线离底边8～10mm。圆点状样点直径一般不大于4mm，高效板一般不大于2mm。接触点样时注意勿损伤薄层表面。条带状样点宽度一般为5～10mm，高效板条带宽度一般为4～8mm，可用专用半自动或自动点样器械喷雾法点样。点间距离可视斑点扩散情况以相邻点互不干扰为宜，一般不小于8mm，高效板供试品间隔不小于5mm。

（3）展开　将点好供试品的薄层板放入展开缸中，浸入展开剂的深度以距原点5mm为宜，密闭。除另有规定外，一般上行展开8～15cm，高效薄层板上行展开5～8cm。溶剂前沿达到规定的展距，取出薄层板，晾干，待检测。

展开前如需要溶剂蒸气预平衡，可在展开缸中加入适量的展开剂，密闭，一般保持15～30分钟。溶剂蒸气预平衡后，应迅速放入载有供试品的薄层板，立即密闭，展开。如需使展开缸达到溶剂蒸气饱和状态，则须在展开缸的内壁贴与展开缸高、宽同样大小的滤纸，一端浸入展开剂中，密闭一定时间，使溶剂蒸气达到饱和再如法展开。

必要时，可进行二次展开或双向展开，进行第二次展开前，应使薄层板残留的展开剂完全挥干。

（4）显色与检视　有颜色的物质可在可见光下直接检视，无色物质可用喷雾法或浸渍法以适宜的显色剂显色，或加热显色，在可见光下检视。有荧光的物质或显色后可激发产生荧光的物质可在紫外光灯（365nm或254nm）下观察荧光斑点。对于在紫外光下有吸收的成分，可用带有荧光剂的薄层板（如硅胶GF$_{254}$板），在紫外光灯（254nm）下观察荧光板面上的荧光物质淬灭形成的斑点。

（5）记录　薄层色谱图象一般可采用摄像设备拍摄，以光学照片或电子图象的形式保存。也可用薄层色谱扫描仪扫描或其他适宜的方式记录相应的色谱图。

3．系统适用性试验　按各品种项下要求对实验条件进行系统适用性试验，即用供试品和标准物质对实验条件进行试验和调整，应符合规定的要求。

（1）比移值（Rf）　系指从基线至展开斑点中心的距离与从基线至展开剂前沿的距离的比值。

$$R_f = \frac{\text{基线至展开斑点中心的距离}}{\text{基线至展开剂前沿的距离}}$$

除另有规定外，杂质检查时，各杂质斑点的比移值R_f以在0.2~0.8之间为宜。

（2）检出限　系指限量检查或杂质检查时，供试品溶液中被测物质能被检出的最低浓度或量。一般采用已知浓度的供试品溶液或对照标准溶液，与稀释若干倍的自身对照标准溶液在规定的色谱条件下，在同一薄层板上点样、展开、检视，后者显清晰可辨斑点的浓度或量作为检出限。

（3）分离度（或称分离效能）　鉴别时，供试品与标准物质色谱中的斑点均应清晰分离。当薄层色谱扫描法用于限量检查和含量测定时，要求定量峰与相邻峰之间有较好的分离度。分离度（R）的计算公式为：

$$R = 2 \, (d_2 - d_1) \, / \, (W_1 + W_2)$$

式中　d_2为相邻两峰中后一峰与原点的距离；

$\quad\quad\quad d_1$为相邻两峰中前一峰与原点的距离；

$\quad\quad\quad W_1$及W_2为相邻两峰各自的峰宽。

除另有规定外，分离度应大于1.0。

在化学药品杂质检查的方法选择时，可将杂质对照品用供试品自身稀释的对照溶液溶解制成混合对照溶液，也可将杂质对照品用待测组分的对照品溶液溶解制成混合对照标准溶液，还可采用供试品以适当的降解方法获得的溶液，上述溶液点样展开后的色谱图中，应显示清晰分离的斑点。

（4）相对标准偏差　薄层扫描含量测定时，同一供试品溶液在同一薄层板上平行点样的待测成分的峰面积测量值的相对标准偏差应不大于5.0%；需显色后测定的或者异板的相对标准偏差应不大于10.0%。

4．测定法

（1）鉴别　按各品种项下规定的方法，制备供试品溶液和对照标准溶液，在同一块薄层板上点样、展开与检视，供试品色谱图中所显斑点的位置与颜色（或荧光）应与标准物质色谱图的斑点一致。必要时化学药品可采用供试品溶液与标准溶液混合点样、展开，与标准物质相应斑点应为单一、紧密斑点。

（2）限量检查与杂质检查　按各品种项下规定的方法，制备供试品溶液和对照标准溶液，并按规定的色谱条件点样、展开和检视。供试品溶液色谱图中待检查的斑点与相应的标准物质斑点比较，颜色（或荧光）不得更深；或照薄层色谱扫描法操作，测定峰面积值，供试品色谱图中相应斑点的峰面积值不得大于标准物质的峰面积值。含量限度检查应按规定测定限量。

化学药品杂质检查可采用杂质对照法、供试品溶液的自身稀释对照法或两法并用。供试品溶液除主斑点外的其他斑点与相应的杂质对照标准溶液或系列浓度杂质对照标准溶液的相应主斑点比较，不得更深；或与供试品溶液自身稀释对照溶液或系列浓度自身稀释对照溶液的相应主斑点比较，不得更深。通常应规定杂质的斑点数和单一杂质量，当采用系列自身稀释对照溶液时，也可规定估计的杂质总量。

（3）含量测定　照薄层色谱扫描法，按各品种项下规定的方法，制备供试品溶液和对照标准溶液，并按规定的色谱条件点样、展开、扫描测定。或将待测色谱斑点刮下经洗脱后，再用适宜的方法测定。

5. 薄层色谱扫描法　系指用一定波长的光照射在薄层板上，对薄层色谱中可吸收紫外光或可见光的斑点，或经激发后能发射出荧光的斑点进行扫描，将扫描得到的图谱及积分数据用于鉴别、检查或含量测定。可根据不同薄层色谱扫描仪的结构特点，按照规定方式扫描测定，一般选择反射方式，采用吸收法或荧光法。除另有规定外，含量测定应使用市售薄层板。

扫描方法可采用单波长扫描或双波长扫描。如采用双波长扫描，应选用待测斑点无吸收或最小吸收的波长为参比波长，供试品色谱图中待测斑点的比移值（R_f值）、光谱扫描得到的吸收光谱图或测得的光谱最大吸收和最小吸收应与对照标准溶液相符，以保证测定结果的准确性。薄层色谱扫描定量测定应保证供试品斑点的量在线性范围内，必要时可适当调整供试品溶液的点样量。供试品与标准物质同板点样、展开、扫描、测定和计算。

薄层色谱扫描用于含量测定时，通常采用线性回归二点法计算，如线性范围很窄时，可用多点法校正多项式回归计算。供试品溶液和对照标准溶液应交叉点于同一薄层板上，供试品点样不得少于2个，标准物质每一浓度不得少于2个。扫描时，应沿展开方向扫描，不可横向扫描。

0511 柱色谱法

1. 吸附柱色谱　色谱柱为内径均匀、下端（带或不带活塞）缩口的硬质玻璃管，端口或活塞上部铺垫适量棉花或玻璃纤维，管内装入吸附剂。吸附剂的颗粒应尽可能大小均匀，以保证良好的分离效果。除另有规定外，通常采用直径为0.07～0.15mm的颗粒。色谱柱的大小、吸附剂的品种和用量以及洗脱时的流速，均按各品种项下的规定。

（1）吸附剂的填装

干法　将吸附剂一次加入色谱柱，振动管壁使其均匀下沉，然后沿管壁缓缓加入洗脱剂；若色谱柱本身不带活塞，可在色谱柱下端出口处连接活塞，加入适量的洗脱剂，旋开活塞使洗脱剂缓缓滴出，然后自管顶缓缓加入吸附剂，使其均匀地润湿下沉，在管内形成松紧适度的吸附层。操作过程中应保持有充分的洗脱剂留在吸附层的上面。

湿法　将吸附剂与洗脱剂混合，搅拌除去空气泡，徐徐倾入色谱柱中，然后加入洗脱剂将附着在管壁的吸附剂洗下，使色谱柱面平整。

俟填装吸附剂所用洗脱剂从色谱柱自然流下，至液面和柱表面相平时，即加供试品溶液。

（2）供试品的加入　除另有规定外，将供试品溶于开始洗脱时使用的洗脱剂中，再沿管壁缓缓加入，注意勿使吸附剂翻起。或将供试品溶于适当的溶剂中，与少量吸附剂混匀，再使溶剂挥发去尽，使呈松散状，加在已制备好的色谱柱上面。如供试品在常用溶剂中不溶，可将供试品与适量的吸附剂在乳钵中研磨混匀后加入。

（3）洗脱　除另有规定外，通常按洗脱剂洗脱能力大小递增变换洗脱剂的品种和比例，分部收集流出液，至流出液中所含成分显著减少或不再含有时，再改变洗脱剂的品种和比例。操作过程中应保持有充分的洗脱剂留在吸附层的上面。

2. 分配柱色谱　方法和吸附柱色谱基本一致。装柱前，先将固定液溶于适当溶剂中，加入适宜载体，混合均匀，待溶剂完全挥干后分次移入色谱柱中并用带有平面的玻棒压紧；供试品可溶于固定液，混以少量载体，加在预制好的色谱柱上端。

洗脱剂需先加固定液混合使之饱和，以避免洗脱过程中固定液的流失。

0512 高效液相色谱法

高效液相色谱法系采用高压输液泵将规定的流动相泵入装有填充剂的色谱柱，对供试品进行分离测定的色谱方法。注入的供试品，由流动相带入色谱柱内，各组分在柱内被分离，并进入检测器检测，由积分仪或数据处理系统记录和处理色谱信号。

一、对仪器的一般要求和色谱条件

高效液相色谱仪由高压输液泵、进样器、色谱柱、检测器、积分仪或数据处理系统组成。色谱柱内径一般为3.9～4.6mm，填充剂粒径为3～10μm。超高效液相色谱仪是适应小粒径（约2μm）填充剂的耐超高压、小进样量、低死体积、高灵敏度检测的高效液相色谱仪。

1. 色谱柱

反相色谱柱　以键合非极性基团的载体为填充剂填充而成的色谱柱。常见的载体有硅胶、聚合物复合硅胶和聚合物等；常用的填充剂有十八烷基硅烷键合硅胶、辛基硅烷键合硅胶和苯基键合硅胶等。

正相色谱柱　用硅胶填充剂，或键合极性基团的硅胶填充而成的色谱柱。常见的填充剂有硅胶、氨基键合硅胶和氰基键合硅胶等。氨基键合硅胶和氰基键合硅胶也可用作反相色谱。

离子交换色谱柱　用离子交换填充剂填充而成的色谱柱。有阳离子交换色谱柱和阴离子交换色谱柱。

手性分离色谱柱　用手性填充剂填充而成的色谱柱。

色谱柱的内径与长度，填充剂的形状、粒径与粒径分布、孔径、表面积、键合基团的表面覆盖度、载体表面基团残留量，填充的致密与均匀程度等均影响色谱柱的性能，应根据被分离物质的性质来选择合适的色谱柱。

温度会影响分离效果，品种正文中未指明色谱柱温度时系指室温，应注意室温变化的影响。为改善分离效果可适当提高色谱柱的温度，但一般不宜超过60℃。

残余硅羟基未封闭的硅胶色谱柱，流动相pH值一般应在2~8之间。残余硅羟基已封闭的硅胶、聚合物复合硅胶或聚合物色谱柱可耐受更广泛pH值的流动相，适合于pH值小于2或大于8的流动相。

2. 检测器　最常用的检测器为紫外-可见分光检测器，包括二极管阵列检测器，其他常见的检测器有荧光检测器、蒸发光散射检测器、示差折光检测器、电化学检测器和质谱检测器等。

紫外-可见分光检测器、荧光检测器、电化学检测器为选择性检测器，其响应值不仅与被测物质的量有关，还与其结构有关；蒸发光散射检测器和示差折光检测器为通用检测器，对所有物质均有响应，结构相似的物质在蒸发光散射检测器的响应值几乎仅与被测物质的量有关。

紫外-可见分光检测器、荧光检测器、电化学检测器和示差折光检测器的响应值与被测物质的量在一定范围内呈线性关系，但蒸发光散射检测器的响应值与被测物质的量通常呈指数关系，一般需经对数转换。

不同的检测器，对流动相的要求不同。采用紫外-可见分光检测器所用流动相应符合紫外-可见分光光度法（附录0401）项下对溶剂的要求；采用低波长检测时，还应考虑有机溶剂的截止使用波长，并选用色谱级有机溶剂。蒸发光散射检测器和质谱检测器不得使用含不挥发性盐的流动相。

3. 流动相　反相色谱系统的流动相常用甲醇-水系统和乙腈-水系统，用紫外末端波长检测时，宜选用乙腈-水系统。流动相中应尽可能不用缓冲盐，如需用时，应尽可能使用低浓度缓冲盐。用十八烷基硅烷键合硅胶色谱柱时，流动相中有机溶剂一般不低于5%，否则易导致柱效下降、色谱系统不稳定。

正相色谱系统的流动相常用两种或两种以上的有机溶剂，如二氯甲烷和正己烷等。

品种正文项下规定的条件除填充剂种类、流动相组分、检测器类型不得改变外，其余如色谱柱内径与长度、填充剂粒径、流动相流速、流动相组分比例、柱温、进样量、检测器灵敏度等，均可适当改变，以达到系统适用性试验的要求。调整流动相组分比例时，当小比例组分的百分比例X小于等于33%时，允许改变范围为0.7X ~ 1.3X；当X大于33%时，允许改变范围为X−10% ~ X+10%。

若需使用小粒径（约2μm）填充剂，输液泵的性能，进样体积、检测池体积和系统的死体积等必须与之匹配；如有必要，色谱条件也应作适当的调整。当对其测定结果产生争议时，应以品种项下规定的色谱条件的测定结果为准。

当必须使用特定牌号的色谱柱方能满足分离要求时，可在该品种正文项下注明。

二、系统适用性试验

色谱系统的适用性试验通常包括理论板数、分离度、灵敏度、拖尾因子和重复性等五个参数。

按各品种正文项下要求对色谱系统进行适用性试验，即用规定的对照品溶液或系统适用性试验溶液在规定的色谱系统进行试验。必要时，可对色谱系统进行适当调整，以符合要求。

1. 色谱柱的理论板数（n）　用于评价色谱柱的分离效能。由于不同物质在同一色谱柱上的色谱行为不同，采用理论板数作为衡量柱效能的指标时，应指明测定物质，一般为待测物质或内标物质的理论板数。

在规定的色谱条件下，注入供试品溶液或各品种项下规定的内标物质溶液，记录色谱图，量出供试品主成分色谱峰或内标物质色谱峰的保留时间t_R和峰宽（W）或半高峰宽（$W_{h/2}$），按$n=16$（t_R/W）^{2}或$n=5.54$（$t_R/W_{h/2}$）^{2}计算色谱柱的理论板数。t_R、W、$W_{h/2}$可用时间或长度计（下同），但应取相同单位。

2. 分离度（R）　用于评价待测物质与被分离物质之间的分离程度，是衡量色谱系统分离效能的关键指标。可以通过测定待测物质与已知杂质的分离度，也可以通过测定待测物质与某一指标性成分（内标物质或其他难分离物质）的分离度，或将供试品或对照品用适当的方法降解，通过测定待测物质与某一降解产物的分离度，对色谱系统分离效能进行评价与调整。

无论是定性鉴别还是定量测定，均要求待测物质色谱峰与内标物质色谱峰或特定的杂质对照色谱峰及其他色谱峰之间有较好的分离度。除另有规定外，待测物质色谱峰与相邻色谱峰之间的分离度应大于1.5。分离度的计算公式为：

$$R = \frac{2(t_{R_2} - t_{R_1})}{W_1 + W_2} \text{ 或 } R = \frac{2(t_{R_2} - t_{R_1})}{1.70(W_{1,h/2} + W_{2,h/2})}$$

式中　t_{R_2} 为相邻两色谱峰中后一峰的保留时间；

　　　　t_{R_1} 为相邻两色谱峰中前一峰的保留时间；

　　　　W_1、W_2 及 $W_{1,h/2}$、$W_{2,h/2}$ 分别为此相邻两色谱峰的峰宽及半高峰宽（如图）。

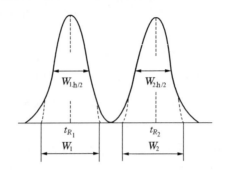

当对测定结果有异议时，色谱柱的理论板数（n）和分离度（R）均以峰宽（W）的计算结果为准。

3．灵敏度　用于评价色谱系统检测微量物质的能力，通常以信噪比（S/N）来表示。通过测定一系列不同浓度的供试品或对照品溶液来测定信噪比。定量测定时，信噪比应不小于10；定性测定时，信噪比应不小于3。系统适用性试验中可以设置灵敏度试验溶液来评价色谱系统的检测能力。

4．拖尾因子（T）　用于评价色谱峰的对称性。拖尾因子计算公式为：

$$T = \frac{W_{0.05h}}{2d_1}$$

式中　$W_{0.05h}$ 为5%峰高处的峰宽；

　　　　d_1 为峰峰顶在5%峰高处横坐标平行线的投影点至峰前沿与此平行线交点的距离（如图）。

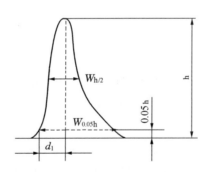

以峰高作定量参数时，除另有规定外，T 值应在0.95～1.05之间。

以峰面积作定量参数时，一般的峰拖尾或前伸不会影响峰面积积分，但严重拖尾会影响基线和色谱峰起止的判断和峰面积积分的准确性，此时应在品种正文项下对拖尾因子作出规定。

5．重复性　用于评价色谱系统连续进样时响应值的重复性能。采用外标法时，通常取各品种项下的对照品溶液，连续进样5次，除另有规定外，其峰面积测量值的相对标准偏差应不大于2.0%；采用内标法时，通常配制相当于80%、100%和120%的对照品溶液，加入规定量的内标溶液，配成3种不同浓度的溶液，分别至少进样2次，计算平均校正因子。其相对标准偏差应不大于2.0%。

三、测定法

1. 内标法　按各品种项下的规定，精密称（量）取对照品和内标物质，分别配成溶液，各精密量取适量，混合配成校正因子测定用的对照溶液。取一定量进样，记录色谱图。测量对照品和内标物质的峰面积或峰高，按下式计算校正因子：

$$校正因子（f）= \frac{A_S / c_S}{A_R / c_R}$$

式中　A_S 为内标物质的峰面积或峰高；

　　　A_R 为对照品的峰面积或峰高；

　　　c_S 为内标物质的浓度；

　　　c_R 为对照品的浓度。

再取各品种项下含有内标物质的供试品溶液，进样，记录色谱图，测量供试品中待测成分和内标物质的峰面积或峰高，按下式计算含量：

$$含量（c_x）= f \times \frac{A_x}{A'_S / c'_S}$$

式中　A_x 为供试品的峰面积或峰高；

　　　c_x 为供试品的浓度；

　　　A'_S 为内标物质的峰面积或峰高；

　　　c'_S 为内标物质的浓度；

　　　f 为校正因子。

采用内标法，可避免因样品前处理及进样体积误差对测定结果的影响。

2. 外标法　按各品种项下的规定，精密称（量）取对照品和供试品，配制成溶液，分别精密取一定量，进样，记录色谱图，测量对照品溶液和供试品溶液中待测成分的峰面积（或峰高），按下式计算含量：

$$含量（c_x）= c_R \frac{A_x}{A_R}$$

式中各符号意义同上。

由于微量注射器不易精确控制进样量，当采用外标法测定供试品中成分或杂质含量时，以定量环或自动进样器进样为好。

3. 加校正因子的主成分自身对照法　测定杂质含量时，可采用加校正因子的主成分自身对照法。在建立方法时，按各品种项下的规定，精密称（量）取待测物对照品和参比物质对照品各适量，配制待测物校正因子的溶液，进样，记录色谱图，按下式计算待测物的校正因子。

$$校正因子 = \frac{c_A / A_A}{c_B / A_B}$$

式中　c_A 为待测物的浓度；

　　　A_A 为待测物的峰面积或峰高；

　　　c_B 为参比物质的浓度；

　　　A_B 为参比物质的峰面积或峰高。

也可精密称（量）取主成分对照品和杂质对照品各适量，分别配制成不同浓度的溶液，进样，记录色谱图，绘制主成分浓度和杂质浓度对其峰面积的回归曲线，以主成分回归直线斜率与杂质回归直线斜率的比计算校正因子。

校正因子可直接载入各品种项下，用于校正杂质的实测峰面积。需作校正计算的杂质，通常以主成分为参比，采用相对保留时间定位，其数值一并载入各品种项下。

测定杂质含量时，按各品种项下规定的杂质限度，将供试品溶液稀释成与杂质限度相当的溶液，作为对照溶液，进样，记录色谱图。必要时，调节纵坐标范围（以噪声水平可接受为限）使对照溶液的主成分色谱峰的峰高达满量程的10%~25%。除另有规定外，通常含量低于0.5%的杂质，峰面积的相对标准偏差（RSD）应小于10%；含量在0.5%~2%的杂质，峰面积的RSD应小于5%；含量大于2%的杂质，峰面积的RSD应小于2%。然后，取供试品溶液和对照品溶液适量，分别进样。除另有规定外，供试品溶液的记录时间，应为主成分色谱峰保留时间的2倍。测量供试品溶液色谱图上各杂质的峰面积，分别乘以相应的校正因子后与对照溶液主成分的峰面积比较，计算各杂质含量。

4．不加校正因子的主成分自身对照法 测定杂质含量时，若无法获得待测杂质的校正因子，或校正因子可以忽略，也可采用不加校正因子的主成分自身对照法。同上述（3）法配制对照溶液、进样调节纵坐标范围和计算峰面积的相对标准偏差后，取供试品溶液和对照溶液适量，分别进样。除另有规定外，供试品溶液的记录时间应为主成分色谱峰保留时间的2倍。测量供试品溶液色谱图上各杂质的峰面积并与对照溶液主成分的峰面积比较，计算杂质含量。

5．面积归一化法 按各品种项下的规定，配制供试品溶液，取一定量进样，记录色谱图。测量各峰的面积和色谱图上除溶剂峰以外的总色谱峰面积，计算各峰面积占总峰面积的百分率。用于杂质检查时，由于仪器响应的线性限制，峰面积归一化法一般不宜用于微量杂质的检查。

0513 离子色谱法

离子色谱法系采用高压输液泵系统将规定的洗脱液泵入装有填充剂的色谱柱时可解离物质进行分离测定的色谱分析方法。注入的供试品由洗脱液带入色谱柱内进行分离后，进入检测器（必要时经过抑制器或衍生系统），由积分仪或数据处理系统记录并处理色谱信号。离子色谱法常用于无机阴离子、无机阳离子、有机酸、糖醇类、氨基糖类、氨基酸、蛋白质、糖蛋白等物质的定性和定量分析。它的分离机理主要为离子交换，即基于离子交换色谱固定相上的离子与流动相中具有相同电荷的溶质离子之间进行的可逆交换；离子色谱法的其他分离机理还有形成离子对、离子排阻等。

一、对仪器的一般要求

离子色谱仪器中所有与洗脱液或供试品接触的管道、器件均应使用惰性材料，如聚醚醚酮（PEEK）等。也可使用一般的高效液相色谱仪，只要其部件能与洗脱液和供试品溶液相适应。仪器应定期检定并符合有关规定。

1．色谱柱 离子交换色谱的色谱柱填充剂有两种，分别是有机聚合物载体填充剂和无机载体填充剂。

有机聚合物载体填充剂最为常用，填充剂的载体一般为苯乙烯-二乙烯基苯共聚物、乙基乙烯基苯-二乙烯基苯共聚物、聚甲基丙烯酸酯或聚乙烯聚合物等有机聚合物。这类载体的表面通过化学反应键合了大量阴离子交换功能基（如烷基季铵、烷醇季铵等）或阳离子交换功能基（如磺酸、羧酸、羧酸-膦酸和羧酸-膦酸冠醚等），可分别用于阴离子或阳离子的交换分离。有机聚合物载体填充剂在较宽的酸碱范围（pH 0 ~ 14）内具有较高的稳定性，且有一定的有机溶剂耐受性。

无机载体填充剂一般以硅胶为载体。在硅胶表面化学键合季铵基等阴离子交换功能基或磺酸基、羧酸基等阳离子交换功能基，可分别用于阴离子或阳离子的交换分离。硅胶载体填充剂机械稳定性好、在有机溶剂中不会溶胀或收缩。硅胶载体填充剂在pH 2 ~ 8的洗脱液中稳定，一般适用于阳离子样品的分离。

2．洗脱液　离子色谱对复杂样品的分离主要依赖于色谱柱中的填充剂，而洗脱液相对较为简单。分离阴离子常采用稀碱溶液、碳酸盐缓冲液等作为洗脱液；分离阳离子常采用稀甲烷磺酸溶液等作为洗脱液。通过调节洗脱液pH值或离子强度可提高或降低洗脱液的洗脱能力；在洗脱液内加入适当比例的有机改性剂，如甲醇、乙腈等可改善色谱峰峰形。制备洗脱液的去离子水应经过纯化处理，电阻率大于18MΩ•cm。使用的洗脱液需经脱气处理，常采用氦气等惰性气体在线脱气的方法，也可采用超声、减压过滤或冷冻的方式进行离线脱气。

3．检测器　电导检测器是离子色谱常用的检测器，其他检测器有安培检测器、紫外检测器、蒸发光散射检测器等。

电导检测器主要用于测定无机阴离子、无机阳离子和部分极性有机物，如羧酸等。离子色谱法中常采用抑制型电导检测器，即使用抑制器将具有较高电导率的洗脱液在进入检测器之前中和成具有极低电导率的水或其他较低电导率的溶液，从而显著提高电导检测的灵敏度。

安培检测器用于分析解离度低、但具有氧化或还原性性质的化合物。直流安培检测器可以测定碘离子（I^-）、硫氰酸根离子（SCN^-）和各种酚类化合物等。积分安培检测器和脉冲安培检测器则常用于测定糖类和氨基酸类化合物。

紫外检测器适用于在高浓度氯离子等存在下痕量的溴离子（Br^-）、亚硝酸根离子（NO_2^-）、硝酸根离子（NO_3^-）以及其他具有强紫外吸收成分的测定。柱后衍生-紫外检测法常用于分离分析过渡金属离子和镧系金属离子等。

原子吸收光谱、原子发射光谱（包括电感耦合等离子体原子发射光谱）质谱（包括电感耦合等离子体质谱）也可作为离子色谱的检测器。离子色谱在与蒸发光散射检测器或（和）质谱检测器等联用时，一般采用带有抑制器的离子色谱系统。

二、样品处理

对于基质简单的澄清水溶液一般通过稀释和经0.45μm滤膜过滤后直接进样分析。对于基质复杂的样品，可通过微波消解、紫外光降解、固相萃取等方法去除干扰物后进样分析。

三、系统适用性试验

照高效液相色谱法（附录0512）项下相应的规定。

四、测定法

（1）内标法
（2）外标法
（3）面积归一化法　上述（1）~（3）法的具体内容均同高效液相色谱法（附录0512）项下相应的规定。
（4）标准曲线法　按各品种项下的规定，精密称（量）取对照品适量配制成贮备溶液。分别量取贮备溶液配制成一系列梯度浓度的标准溶液。量取上述梯度浓度的标准溶液各适量注入色谱仪，记录色谱图，测量标准溶液中待测组分的峰面积或峰高。以标准溶液中待测组分的峰面积或峰高为纵坐标，以标准溶液的浓度为横坐标，回归计算标准曲线，其公式为：

$$A_R = a \times c_R + b$$

式中　A_R为标准溶液中待测组分的峰面积或峰高；

　　　c_R为标准溶液的浓度；

　　　a为标准曲线的斜率；

　　　b为标准曲线的截距。

再取各品种项下供试品溶液适量，注入色谱仪，记录色谱图，测量供试品溶液中待测组分的峰面积或峰高。按下式计算其浓度：

$$c_S = \frac{A_S - b}{a}$$

式中　A_S为供试品溶液中待测组分的峰面积或峰高；

　　　c_S为供试品溶液的浓度；

　　　a、b符号的意义同上。

上述测定法中，以外标法和标准曲线法最为常用。

0514 分子排阻色谱法

分子排阻色谱法是根据待测组分的分子大小进行分离的一种液相色谱技术。分子排阻色谱法的分离原理为凝胶色谱柱的分子筛机制。色谱柱多以亲水硅胶、凝胶或经修饰的凝胶如葡聚糖凝胶（sephadex）和琼脂糖凝胶（sepharose）等为填充剂，这些填充剂表面分布着不同孔径尺寸的孔，药物分子进入色谱柱后，它们中的不同组分按其分子大小进入相应的孔内。大于所有孔径的分子不能进入填充剂颗粒内部，在色谱过程中不被保留，最早被流动相洗脱至柱外，表现为保留时间较短；小于所有孔径的分子能自由进入填充剂表面的所有孔内，在色谱柱中滞留时间较长，表现为保留时间较长；其余分子则按分子大小依次被洗脱。

一、对仪器的一般要求

分子排阻色谱法所需的进样器和检测器同高效液相色谱法（附录0512），液相色谱泵一般分常压、中压和高压泵。在药物分析中，尤其是分子量或分子量分布测定中，通常采用高效分子排阻色谱法（HPSEC）。应选用与供试品分子大小相适应的色谱柱填充剂。使用的流动相通常为水溶液或缓冲溶液，溶液的pH值不宜超出填充剂的耐受力，一般pH值在2～8范围。流动相中可加入适量的有机溶剂，但不宜过浓，一般不应超过30%；流速不宜过快，一般为0.5～1.0ml/分钟。

二、系统适用性试验

分子排阻色谱法的系统适用性试验中色谱柱的理论板数（n）、分离度、重复性、拖尾因子的测定方法，在一般情况下，同高效液相色谱法（附录0512）项下方法。但在高分子杂质检查时，某些药物分子的单体与其二聚体不能达到基线分离时，其分离度（R）的计算公式为：

$$R=\frac{二聚体的峰高}{单体与二聚体之间的谷高}$$

除另有规定外，分离度应大于2.0。

三、测定法

1. **分子量测定法** 一般适用于蛋白质和多肽的分子量测定。按各品种项下规定的方法，选用与供试品分子大小相适宜的色谱柱和适宜分子量范围的标准物质。除另有规定外，标准物质与供试品均需使用二硫苏糖醇（DTT）和十二烷基硫酸钠（SDS）处理，以打开分子内和分子间的二硫键，并使分子的构型与构象趋于一致。经处理的蛋白质和多肽分子通常以线性形式分离，以标准物质分子量（M_W）的对数值对相应的保留时间（t_R）制得标准曲线的线性回归方程$\lg M_W=a+bt_R$，供试品以保留时间由标准曲线回归方程计算其分子量或亚基的分子量。

2. **生物大分子聚合物分子量与分子量分布的测定法** 生物大分子聚合物如多糖、多聚核苷酸和胶原蛋白等具有分子大小不均一的特点，故生物大分子聚合物分子量与分子量分布是控制该类产品的关键指标。在测定生物大分子聚合物分子量与分子量分布时，选用与供试品分子结构与性质相同或相似的标准物质十分重要。

按各品种项下规定的方法，除另有规定外，同样采用分子量标准物质和适宜的GPC软件，以标准物质重均分子量（M_ω）的对数值对相应的保留时间（t_R）制得标准曲线的线性回归方程$\lg M_\omega=a+bt_R$，供试品采用适宜的GPC软件处理结果，并按下列公式计算出供试品的分子量与分子量分布。

$$M_n=\sum RI_i/\sum\left(RI_i/M_i\right)$$
$$M_\omega=\sum\left(RI_iM_i\right)/\sum RI_i$$
$$D=M_\omega/M_n$$

式中　M_n为数均分子量；

　　　M_ω为重均分子量；

　　　D为分布系数；

　　　RI_i为供试品在保留时间i时的峰高；

　　　M_i为供试品在保留时间i时的分子量。

3. **高分子杂质测定法** 高分子杂质系指供试品中含有分子量大于药物分子的杂质，通常是药物在生产或贮存过程中产生的高分子聚合物或在生产过程中未除尽的可能产生过敏反应的高分子物质。

按各品种项下规定的色谱条件进行分离。

定量方法

（1）主成分自身对照法　同高效液相色谱法（附录0512）项下规定。一般用于高分子杂质含量较低的品种。

（2）面积归一化法　同高效液相色谱法（附录0512）项下规定。

（3）限量法　除另有规定外，规定不得检出保留时间小于标准物质保留时间的组分，一般用于混合物中高分子物质的控制。

（4）自身对照外标法　一般用于Sephadex G-10凝胶色谱系统中β-内酰胺抗生素中高分子杂质的检查。在该分离系统中，除部分寡聚物外，β-内酰胺抗生素中高分子杂质在色谱过程中均不保留，即所有的高分子杂质表现为单一的色谱峰，以供试品自身为对照品，按外标法计算供试品中高分子杂质的相对百分含量。

【附注】 Sephadex G-10的处理方法

色谱柱的填装 装柱前先将约15g葡聚糖凝胶Sephadex G-10用水浸泡48小时，使之充分溶胀，搅拌除去空气泡，徐徐倾入玻璃或其他适宜材质的柱，一次性装填完毕，以免分层；然后用水将附着玻璃管壁的Sephadex G-10洗下，使色谱柱面平整。新填装的色谱柱要先用水连续冲洗4~6小时，以排出柱中的气泡。

供试品的加入 进样可以采用自动进样阀，也可以直接将供试品加在床的表面（此时，先将床表面的流动相吸干或渗干，立即将供试品溶液沿着色谱管壁转圈缓缓加入，注意勿使填充剂翻起，待之随着重力的作用渗入固定相后，再沿着色谱管壁转圈缓缓加入3~5ml流动相，以洗下残留在色谱管壁的供试品溶液）。

0521 气相色谱法

气相色谱法系采用气体为流动相（载气）流经装有填充剂的色谱柱进行分离测定的色谱方法。物质或其衍生物气化后，被载气带入色谱柱进行分离，各组分先后进入检测器，用数据处理系统记录色谱信号。

一、对仪器的一般要求

所用的仪器为气相色谱仪，由载气源、进样部分、色谱柱、柱温箱、检测器和数据处理系统等组成。进样部分、色谱柱和检测器的温度均应根据分析要求适当设定。

1. **载气源** 气相色谱法的流动相为气体，称为载气。氦、氮和氢可用作载气，可由高压钢瓶或高纯度气体发生器提供，经过适当的减压装置，以一定的流速经过进样器和色谱柱；根据供试品的性质和检测器种类选择载气，除另有规定外，常用载气为氮气。

2. **进样部分** 进样方式一般可采用溶液直接进样、自动进样或顶空进样。

溶液直接进样采用微量注射器、微量进样阀或有分流装置的气化室进样；采用溶液直接进样或自动进样时，进样口温度应高于柱温30~50℃；进样量一般不超过数微升；柱径越细，进样量应越少，采用毛细管柱时，一般应分流以免过载。

顶空进样适用于固体和液体供试品中挥发性组分的分离和测定。将固态或液态的供试品制成供试液后，置于密闭小瓶中，在恒温控制的加热室中加热至供试品中挥发性组分在液态和气态达到平衡后，由进样器自动吸取一定体积的顶空气注入色谱柱中。

3. **色谱柱** 色谱柱为填充柱或毛细管柱，填充柱的材质为不锈钢或玻璃，内径为2~4mm，柱长为2~4m，内装吸附剂、高分子多孔小球或涂渍固定液的载体，粒径为0.18~0.25mm、0.15~0.18mm和0.125~0.15mm。常用载体为经酸洗并硅烷化处理的硅藻土或高分子多孔小球，常用固定液有甲基聚硅氧烷、聚乙二醇等。毛细管柱的材质为玻璃或石英，内壁或载体经涂渍或交联固定液，内径一般为0.25mm、0.32mm或0.53mm，柱长5~60m，固定液膜厚0.1~5.0μm，常用的固定液有甲基聚硅氧烷、不同比例组成的苯基甲基聚硅氧烷、聚乙二醇等。

新填充柱和毛细管柱在使用前需老化处理，以除去残留溶剂及易流失的物质；色谱柱如长期未用，使用前应老化处理，使基线稳定。

4. **柱温箱** 由于柱温箱温度的波动会影响色谱分析结果的重现性，因此柱温箱控温精度应在

±1℃，且温度波动小于每小时0.1℃。温度控制系统分为恒温和程序升温两种。

5．检测器　适合气相色谱法的检测器有火焰离子化检测器（FID）、热导检测器（TCD）、氮磷检测器（NPD）、火焰光度检测器（FPD）、电子捕获检测器（ECD）、质谱检测器（MS）等。火焰离子化检测器对碳氢化合物响应良好，适合检测大多数的药物；氮磷检测器对含氮、磷元素的化合物灵敏度高；火焰光度检测器对含磷、硫元素的化合物灵敏度高；电子捕获检测器适于含卤素的化合物；质谱检测器还能给出供试品某个成分相应的结构信息，可用于结构确证。除另有规定外，一般用火焰离子化检测器，用氢气作为燃气，空气作为助燃气。在使用火焰离子化检测器时，检测器温度一般应高于柱温，并不得低于150℃，以免水汽凝结，通常为250~350℃。

6．数据处理系统　可分为记录仪、积分仪以及计算机工作站等。

各品种项下规定的色谱条件，除检测器种类、固定液品种及特殊指定的色谱柱材料不得改变外，其余如色谱柱内径、长度、载体牌号、粒度、固定液涂布浓度、载气流速、柱温、进样量、检测器的灵敏度等，均可适当改变，以适应具体品种并符合系统适用性试验的要求。一般色谱图约于30分钟内记录完毕。

二、系统适用性试验

除另有规定外，应照高效液相色谱法（附录0512）项下的规定。

三、测定法

（1）内标法

（2）外标法

（3）面积归一化法　上述（1）~（3）法的具体内容均同高效液相色谱法（附录0512）项下相应的规定。

（4）标准溶液加入法　精密称（量）取某个杂质或待测成分对照品适量，配制成适当浓度的对照品溶液，取一定量，精密加入到供试品溶液中，根据外标法或内标法测定杂质或主成分含量，再扣除加入的对照品溶液含量，即得供试品溶液中某个杂质和主成分含量。

也可按下述公式进行计算，加入对照品溶液前后校正因子应相同，即：

$$\frac{A_{is}}{A_X} = \frac{c_X + \Delta c_X}{c_X}$$

则待测组分的浓度c_X可通过如下公式进行计算：

$$c_X = \frac{\Delta c_X}{(A_{is}/A_X) - 1}$$

式中　c_X为供试品中组分X的浓度；

A_X为供试品中组分X的色谱峰面积；

Δc_X为所加入的已知浓度的待测组分对照品的浓度；

A_{is}为加入对照品后组分X的色谱峰面积。

由于气相色谱法的进样量一般仅数微升，为减少进样量误差，尤其当采用手工进样时，由于留针时间和室温等对进样量也有影响，故以采用内标法定量为宜；当采用自动进样器时，由于进样重复性的提高，在保证分析误差的前提下，也可采用外标法定量。当采用顶空进样时，由于供试品和对照品处于不完全相同的基质中，故可采用标准溶液加入法以消除基质效应的影响；当标准溶液加入法与其他定量方法结果不一致时，应以标准溶液加入法结果为准。

0531 超临界流体色谱法

超临界流体色谱法（supercritical fluid chromatography，SFC）是以超临界流体作为流动相的一种色谱方法。

超临界流体是一种物质状态。某些纯物质具有三相点和临界点。在三相点时，物质的气、液、固三态处于平衡状态。而在超临界温度下，物质的气相和液相具有相同的密度。当处于临界温度以上，则不管施加多大压力，气体也不会液化。在临界温度和临界压力以上，物质以超临界流体状态存在；在超临界状态下，随温度、压力的升降，流体的密度会变化。所谓超临界流体，是指既不是气体也不是液体的一些物质，它们的物理性质介于气体和液体之间，临界温度通常高于物质的沸点和三相点。

超临界流体具有对于色谱分离极其有利的物理性质。它们的这些性质恰好介于气体和液体之间，使超临界流体色谱兼具气相色谱和液相色谱的特点。超临界流体的扩散系数和黏度接近于气体，因此溶质的传质阻力小，用作流动相可以获得快速高效分离。另一方面，超临界流体的密度与液体类似，具有较高的溶解能力，这样就便于在较低温度下分离难挥发、热不稳定性和相对分子质量大的物质。

超临界流体的物理性质和化学性质，如扩散、黏度和溶剂力等，都是密度的函数。因此，只要改变流体的密度，就可以改变流体的性质，从类似气体到类似液体，无需通过气液平衡曲线。通过调节温度、压力以改变流体的密度优化分离效果。精密控制流体的温度和压力，以保证在分离过程中流体一直处于稳定的状态，在进入检测器前可以转化为气体、液体或保持其超临界流体状态。

一、对仪器的一般要求

超临界流体色谱仪的很多部件类似于高效液相色谱仪，主要由三部分构成，即高压泵（又称流体传输单元）、分析单元和控制系统。高压泵系统要有高的精密度和稳定性，以获得无脉冲、流速精确稳定的超临界流体的输送。分析单元主要由进样阀、色谱柱、阻力器、检测器构成。控制系统的作用是控制高压泵保持柱温箱温度的稳定，实现数据处理及显示等。

1. **色谱柱** 超临界流体色谱中的色谱柱可以是填充柱也可以是毛细管柱，分别为填充柱超临界流体色谱法（pSFC）和毛细管超临界流体色谱法（cSFC）。超临界流体色谱法依据待测物性质选择不同的色谱柱。几乎所有的液相色谱柱，都可以用于超临界色谱，常用的有硅胶柱（SIL）、氨基柱（NH_2）、氰基柱（CN）、2-乙基吡啶柱（2-EP）等和各种手性色谱柱，某些应用也会使用C_{18}和C_8等反相色谱柱和各种毛细管色谱柱。

2. **流动相** 在超临界流体色谱中，最广泛使用的流动相是CO_2流体。CO_2无色、无味、无毒，易获取并且价廉，对各类有机分子溶解性好，是一种极好的溶剂；在紫外区是透明的，无吸收；临界温度31℃，临界压力7.38×10^6Pa。在色谱分离中，CO_2流体允许对温度、压力有宽的选择范围。由于多数药物都有极性，可根据待试物的极性在流体中引入一定量的极性改性剂，选择何种改性剂根据实验情况而定，最常用的改性剂是甲醇，改性剂的比例通常不超过40%，如加入1%~30%甲醇，以改进分离的选择因子α值。除甲醇之外，还有异丙醇、乙腈等。另外，可加入微量的添加剂，如三氟乙酸、乙酸、三乙胺和异丙醇胺等，起到改善色谱峰形和分离效果，提高流动相的洗脱/溶解能力的作用。除CO_2流体外，可作流动相的还有乙烷、戊烷、氨、氧化亚氮、二氯二氟甲烷、二乙基醚和四氢呋喃等。通常作为超临界色谱流动相的一些物质，其物理性质列于下表。

表　各种化学物质的临界压力、温度和密度

物质	分子质量 （g/mol）	临界温度 （K）	临界压力 （MPa，标准大气压）	临界密度 （g/cm^3）
二氧化碳(CO_2)	44.01	304.1	7.38(72.8)	0.469
水(H_2O)	18.015	647.096	22.064(217.755)	0.322
甲烷(CH_4)	16.04	190.4	4.60(45.4)	0.162
乙烷(C_2H_6)	30.07	305.3	4.87(48.1)	0.203
丙烷(C_3H_8)	44.09	369.8	4.25(41.9)	0.217
乙烯(C_2H_4)	28.05	282.4	5.04(49.7)	0.215
丙烯(C_3H_6)	42.08	364.9	4.60(45.4)	0.232
甲醇(CH_3OH)	32.04	512.6	8.09(79.8)	0.272
乙醇(C_2H_5OH)	46.07	513.9	6.14(60.6)	0.276
丙酮(C_3H_6O)	58.08	508.1	4.70(46.4)	0.278

3. 检测器　高效液相色谱仪中经常采用的检测器，如紫外检测器、蒸发光散射检测器等都能在超临界流体色谱中很好应用。超临界流体色谱还可采用GC中的火焰离子化检测器（FID）、氮磷检测器（NPD）以及与质谱（MS）、核磁共振（NMR）等联用。与HPLC-NMR联用技术相比，作为流动相的CO_2没有氢信号，因而不需要考虑水峰抑制问题。

二、系统适用性试验

照高效液相色谱法（附录0512）项下相应的规定。

三、测定法

（1）内标法

（2）外标法

（3）面积归一化法　上述测定法的具体内容均同高效液相色谱法（附录0512）项下相应的规定，其中以内标法和外标法最为常用。

0532 临界点色谱法

临界点色谱法（liquid chromatography at critical condition，LCCC）是根据聚合物的功能基团、嵌段结构的差异进行聚合物分离的一种色谱技术。临界点色谱法的原理是基于临界点之上、临界点之下以及临界点附近的标度理论。当使用多孔填充材料作为固定相时，分子排阻色谱（size exclusion chromatography，SEC）和相互作用色谱（interaction chromatography，IC）的分离机制在分离聚合物时同时发生作用。在某个特殊色谱条件（固定相、流动相的组成、温度）下，存在两种分离机制的临界点，被称为熵焓互补点或色谱临界条件（critical conditions）或临界吸附点（critical adsorption point，CAP）。在这一点，聚合物分子按照分子末端功能基团的不同或嵌段结构的差异分离，与聚合物的摩尔质量（分子量）无关，聚合物的洗脱体积等于色谱柱的空隙体积。此时，聚合物的长链成为了"色谱不可见"（chromatographically invisible）。

SEC分离模式仅可以给出聚合物的分子量分布，因此，LCCC分离模式是对SEC分离模式的补充。

一、对仪器的一般要求

1. 对仪器的一般要求 临界点色谱法所需的仪器（进样器、输液泵和检测器）同高效液相色谱法。

2. 色谱柱 对于脂溶性聚合物一般采用反相色谱系统，使用非极性填充剂，常用的色谱柱填充剂为化学键合硅胶，以十八烷基硅烷键合硅胶最为常用，以聚苯乙烯-二乙烯基苯为代表的聚合物填料也有使用。对于水溶性聚合物，一般使用极性填充剂，常用的色谱柱有HILIC柱、二醇柱等。

载体的孔径直接影响聚合物的分离。一般而言，可参照高效液相色谱法的原则选择填料，但由于聚合物的空间拓扑结构不同，在具体应用中需要结合品种的特性并通过实验进行选择。

3. 流动相 分离脂溶性聚合物的流动相一般采用非水溶剂及其适当比例的混合溶剂，应保证流动相绝对无水。对于水溶性聚合物一般采用水与甲醇或乙腈等溶剂组成混合流动相，可使用各种添加剂，如缓冲盐等。

4. 柱温 柱温对于寻找临界吸附点具有重要意义，以硅胶为载体的键合固定相的最高使用温度一般不超过60℃。因此，可以考虑采用聚苯乙烯-二乙烯基苯类型的聚合物填料固定相，其最高使用温度可以达到100℃。

二、确定临界色谱条件

要确定临界色谱条件，必须循序渐进地优化色谱条件，即在影响聚合物熵和焓变的三要素——固定相、流动相（不同比例）、柱温三者之间寻优。

寻优的过程首先需初步确定固定相和流动相的范围：一是色谱柱的孔径要与待测组分的分子量相适应，以使待测组分处于色谱柱的分级范围之内，不会成为全排阻分子；二是流动相的洗脱强度应保证对被测组分有一定的容量因子，保留时间应适宜。

当寻优至临界点附近时，可以观察到聚合度不同的同类聚合物的色谱保留行为，发生SEC模式与IC模式互变现象，或者离散的具有不同聚合度聚合物的色谱峰发生峰聚拢，合并为一个单一尖锐色谱峰的现象。

三、系统适用性试验和测定法

照高效液相色谱法（附录0512）项下相应的规定。

0541 电泳法

电泳是指溶解或悬浮于电解液中的带电荷的蛋白质、胶体、大分子或其他粒子，在电流作用下向其自身所带电荷相反的电极方向迁移。电泳法是指利用溶液中带有不同量电荷的阳离子或阴离子，在外加电场中使供试品组分以不同的迁移速度向对应的电极移动，实现分离并通过适宜的检测方法记录或计算，达到测定目的的分析方法。电泳法一般可分为两大类：一类为自由溶液电泳或移动界面电泳，另一类为区带电泳。

移动界面电泳是指不含支持物的电泳，溶质在自由溶液中泳动，故也称自由溶液电泳，适用于高分子的检测。区带电泳是指含有支持介质的电泳，带电荷的供试品（如蛋白质、核苷酸等大分子或其他粒子）在惰性支持介质（如纸、醋酸纤维素、琼脂糖凝胶、聚丙烯酰胺凝胶等）中，在电场的作用下，向其极性相反的电极方向按各自的速度进行泳动，使组分分离成狭窄的区带。区带电泳法可选用不同的支持介质，并用适宜的检测方法记录供试品组分电泳区带图谱，以计算其含量（%）。除另有规定外，各不同支持介质的区带电泳法，照下述方法操作。采用全自动电泳仪操作时，参考仪器使用说明书进行；采用预制胶的电泳时，参考各电泳仪标准操作规程进行；结果判断采用自动扫描仪或凝胶成像仪时，参考仪器使用说明书进行。

第一法　纸电泳法

纸电泳法以色谱滤纸作为支持介质。介质孔径大，没有分子筛效应，主要凭借被分离物中各组分所带电荷量的差异进行分离，适用于检测核苷酸等性质相似的物质。

（一）仪器装置

包括电泳室及直流电源两部分。

常用的水平式电泳室装置如图，包括两个电泳槽A和一个可以密封的玻璃（或相应材料）盖B；两侧的电泳槽均用有机玻璃（或相应材料）板C分成两部分；外格装有铂电极（直径0.5～0.8cm）D；里格为可放滤纸E的有机玻璃电泳槽架F，此架可从槽中取出；两侧电泳槽A内的铂电极D经隔离导线穿过槽壁与电泳仪外接电源相连。

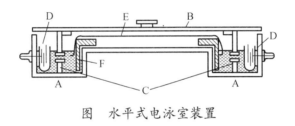

图　水平式电泳室装置

电源为具有稳压器的直流电源，常压电泳一般在100～500V，高压电泳一般在500～10 000V。

（二）操作法

1．电泳缓冲液　枸橼酸盐缓冲液（pH 3.0）：取枸橼酸（$C_6H_8O_7 \cdot H_2O$）39.04g与枸橼酸钠（$C_6H_5Na_3O_7 \cdot 2H_2O$）4.12g，加水4 000ml，使溶解。

2．滤纸　取色谱滤纸置1mol/L甲酸溶液中浸泡不少于12小时，取出，用水漂洗至洗液的pH值不低于4，置60℃烘箱烘干，备用。可裁成长27cm、宽18cm的滤纸，或根据电泳室的大小裁剪，并在距底边5～8cm处划一起始线，每隔2.5～3cm做一点样记号。

3．点样　有湿点法和干点法。湿点法是将裁好的滤纸全部浸入枸橼酸盐缓冲液（pH 3.0）中，湿润后，取出，用滤纸吸干多余的缓冲液，置电泳槽架上，使起始线靠近负极端，将滤纸两端浸入缓冲液中，然后用微量注射器精密点加供试品溶液，每点10μl，共3点，并留2个空白位置。

干点法是将供试品溶液点于滤纸上，吹干，再点，反复数次，直至点完规定量的供试品溶液，然后将电泳缓冲液用喷雾器喷湿滤纸，点样处最后喷湿，本法适用于浓度低的供试品溶液。

4．电泳　于电泳槽中加入适量电泳缓冲液，浸没铂电极，接通电泳仪稳压电源，电压梯度调整为18～20V/cm，电泳约1小时45分钟，取出，立即吹干，置紫外光灯（254nm）下检视，用铅笔划出紫色斑点的位置。

5．含量测定　剪下供试品斑点以及与斑点位置面积相近的空白滤纸，剪成细条，分别置试管中，各精密加入0.01mol/L盐酸溶液5ml，摇匀，放置1小时，用3号垂熔玻璃漏斗滤过，也可用自然沉降或离心法倾取上清液，按各品种项下的规定测定滤纸或上清液的吸光度，并计算含量。

第二法　醋酸纤维素薄膜电泳法

醋酸纤维素薄膜电泳法以醋酸纤维素薄膜作为支持介质。介质孔径大，没有分子筛效应，主要凭借被分离物中各组分所带电荷量的差异进行分离，适用于血清蛋白、免疫球蛋白、脂蛋白、糖蛋白、类固醇激素及同工酶等的检测。

（一）仪器装置

电泳室及直流电源同纸电泳。

（二）试剂

（1）巴比妥缓冲液（pH 8.6）　取巴比妥2.76g、巴比妥钠15.45g，加水溶解使成1000ml。

（2）染色液　常用的有以下几种，可根据需要，按各品种项下要求使用

①氨基黑染色液：取0.5g的氨基黑10B，溶于甲醇50ml、冰醋酸10ml及水40ml的混合液中。

②丽春红染色液：取丽春红9.04g、三氯醋酸6g，用水溶解并稀释至100ml。

③含有醋酸的丽春红染色液：取丽春红0.1g，醋酸5ml，用水制成100ml的溶液。4℃保存。

④含有三氯醋酸和5-磺基水杨酸的丽春红染色液：取丽春红2g，三氯醋酸30g，5-磺基水杨酸30g，用水溶解并稀释至100ml。

（3）脱色液　取乙醇45ml、冰醋酸5ml及水50ml，混匀。

（4）透明液　取冰醋酸25ml，加无水乙醇75ml，混匀。

（三）操作法

（1）醋酸纤维素薄膜　取醋酸纤维素薄膜，裁成2cm×8cm的膜条，将无光泽面向下，浸入巴比妥缓冲液（pH8.6）中，待完全浸透，取出夹于滤纸中，轻轻吸去多余的缓冲液后，将膜条无光泽面向上，置电泳槽架上，经滤纸桥浸入巴比妥缓冲液（pH8.6）中。

（2）点样与电泳　于膜条上距负极端2cm处，条状滴加蛋白含量约5%的供试品溶液2~3μl，一般应在10~12V/cm稳压或0.4~0.6mA/cm〔总电流量=电流量（mA/cm）×每条膜的宽度（cm）×膜条数〕稳流条件下电泳区带距离以4~5cm为宜。

（3）染色　电泳完毕，将膜条取下浸于氨基黑或丽春红染色液中，2~3分钟后，用脱色液浸洗数次，直至脱去底色为止。

（4）透明　将洗净并完全干燥后的膜条浸于透明液中，一般浸泡10~15分钟，待全部浸透后，取出平铺于洁净的玻板上，干后即成透明薄膜，可用于相对含量、纯度测定和作标本长期保存。

（5）含量测定　未经透明处理的醋酸纤维素薄膜电泳图可按各品种项下规定的方法测定，一般采用洗脱法或扫描法，测定各蛋白质组分的相对含量（%）。

洗脱法　将洗净的膜条用滤纸吸干，剪下供试品溶液各电泳图谱的电泳区带，分别浸于1.6%的氢氧化钠溶液中，振摇数次，至洗脱完全，照紫外-可见分光光度法（附录0401），在各品种项下规定的检测波长处测定洗脱液的吸光度。同时剪取与供试品膜条相应的无蛋白质部位，同法操作作为空白对照。先计算吸光度总和，再计算各蛋白组分所占比率（%）。

扫描法　将干燥的醋酸纤维素薄膜用薄层色谱扫描仪采用反射（未透明薄膜）或透射（已透明薄膜）方式在记录器上自动绘出各蛋白组分曲线图，横坐标为膜条的长度，纵坐标为吸光度，计算

各蛋白质组分的含量（%）。亦可用微机处理积分计算。

第三法　琼脂糖凝胶电泳法

琼脂糖凝胶电泳法以琼脂糖作为支持介质。琼脂糖是由琼脂分离制备的链状多糖。其结构单元是D-半乳糖和3,6-脱水-L-半乳糖。许多琼脂糖链互相盘绕形成绳状琼脂糖束，构成大网孔型的凝腔。这种网络结构具有分子筛作用，使带电颗粒的分离不仅依赖净电荷的性质和数量。还可凭借分子大小进一步分离，从而提高了分辨能力。本法适用于免疫复合物、核酸与核蛋白等的分离、鉴定与纯化。

DNA分子在琼脂糖凝胶中泳动时有电荷效应和分子筛效应。DNA分子在高于等电点的pH溶液中带负电荷，在电场中向正极移动。由于糖-磷酸骨架在结构上的重复性质，相同数量的双链DNA几乎具有等量的净电荷，因此它们能以同样的速率向正极方向移动。在一定浓度的琼脂糖凝胶介质中，DNA分子的电泳迁移率与其分子量的常用对数成反比；分子构型也对迁移率有影响，如共价闭环DNA>直线DNA>开环双链DNA。适用于检测DNA，PCR反应中的电泳检测，方法见各品种项下。

方法1

1.仪器装置　电泳室及直流电源同纸电泳。

2.试剂

（1）醋酸-锂盐缓冲液（pH 3.0）　取冰醋酸50ml，加水800ml混合后，用氢氧化锂固体适量调节pH值至3.0，再加水至1000ml。

（2）甲苯胺蓝溶液　取甲苯胺蓝0.1g，加水100ml使溶解。

3.测定法

（1）制胶　取琼脂糖约0.2g，加水10ml，置水浴中加热使溶胀完全，加温热的醋酸-锂盐缓冲液（pH3.0）10ml，混匀，趁热将胶液涂布于大小适宜（2.5cm×7.5cm或4cm×9cm）的水平玻璃板上，涂层厚度约3mm，静置，待凝胶结成无气泡的均匀薄层，即得。

（2）对照品溶液及供试品溶液的制备　照各品种项下规定配制。

（3）点样与电泳　在电泳槽内加入醋酸-锂盐缓冲液（pH3.0），将凝胶板置于电泳槽架上，经滤纸桥与缓冲液接触。于凝胶板负极端分别点样1μl，立即接通电源，在电压梯度约30V/cm、电流强度1~2mA/cm的条件下，电泳约20分钟，关闭电源。

（4）染色与脱色　取下凝胶板，用甲苯胺蓝溶液染色，用水洗去多余的染色液至背景无色为止。

方法2

1.仪器装置　电泳室及直流电源同纸电泳。

2.试剂

（1）巴比妥缓冲液（pH 8.6）　称取巴比妥4.14g、巴比妥钠23.18g，加水适量，加热使之溶解，放冷至室温，再加叠氮钠0.15g，溶解后，加水稀释至1500ml。

（2）1.5%琼脂糖溶液　称取琼脂糖1.5g，加水50ml和巴比妥缓冲液（pH8.6）50ml，加热使完全溶胀。

（3）0.5%氨基黑溶液　称取氨基黑10B 0.5g，溶于甲醇50ml、冰醋酸10ml及水40ml的混合液中。

（4）脱色液　量取乙醇45ml、冰醋酸5ml及水50ml，混匀。

（5）溴酚蓝指示液　称取溴酚蓝50mg，加水使之溶解，并稀释至100ml。

3．测定法

（1）制胶　取上述1.5%的琼脂糖溶液，趁热将胶液涂布于大小适宜的水平玻璃板上，涂层厚度约3mm，静置，待凝胶凝固成无气泡的均匀薄层，即得。

（2）对照品和供试品溶液

对照品：正常人血清或其他适宜的对照品。

供试品溶液的制备：用生理氯化钠溶液将供试品稀释成蛋白质浓度为1%～2%的溶液。

（3）点样与电泳　在电泳槽内加入巴比妥缓冲液（pH8.6）；于琼脂糖凝胶板负极端的1/3处打孔，孔径2~3mm，置于电泳槽架上，经3层滤纸搭桥与巴比妥缓冲液（pH8.6）接触。测定孔加适量供试品溶液和1滴溴酚蓝指示液，对照孔加适量对照品及1滴溴酚蓝指示液。100V恒压条件下电泳2小时（指示剂迁移到前沿），关闭电源。

（4）染色与脱色　取下凝胶板，用0.5%氨基黑溶液染色，再用脱色液脱色至背景无色。

第四法　聚丙烯酰胺凝胶电泳法

聚丙烯酰胺凝胶电泳法以聚丙烯酰胺凝胶作为支持介质。聚丙烯酰胺凝胶是由丙烯酰胺单体和少量的交联剂甲叉双丙烯酰胺，在催化剂作用下聚合交联而成的三维网状结构的凝胶。单体的浓度或单体与交联剂比例的不同，其凝胶孔径就不同。使用聚丙烯酰胺凝胶作为支持介质进行电泳，生物大分子保持天然状态，其迁移速率不仅取决于电荷密度，还取决于分子大小和形状。可以用来研究生物大分子的特性，如电荷、分子量、等电点等。根据仪器装置的不同分为水平平板电泳、垂直平板电泳和盘状电泳。根据制胶方式的不同又可分为连续电泳和不连续电泳。

（一）仪器装置

通常由稳流电泳仪和圆盘电泳槽或平板电泳槽组成。其电泳室有上、下两槽，每个槽中都有固定的铂电极，铂电极经隔离电线接于电泳仪稳流档上。使用垂直平板电泳槽的测定法参见SDS-聚丙烯酰胺凝胶电泳法。使用圆盘电泳槽方法如下。

（二）试剂

（1）溶液A　取三羟甲基氨基甲烷36.6g、四甲基乙二胺0.23ml，加1mol/L盐酸溶液48ml，再加水溶解并稀释至100ml，置棕色瓶内，在冰箱中保存。

（2）溶液B　取丙烯酰胺30.0g、次甲基双丙烯酰胺0.74g，加水溶解并稀释至100ml，滤过，置棕色瓶内，在冰箱中保存。

（3）电极缓冲液（pH8.3）　取三羟甲基氨基甲烷6g、甘氨酸28.8g，加水溶解并稀释至1000ml，置冰箱中保存，用前稀释10倍。

（4）溴酚蓝指示液　取溴酚蓝0.1g，加0.05mol/L氢氧化钠溶液3.0ml与90%乙醇5ml，微热使溶解，加20%乙醇制成250ml。

（5）染色液　取0.25%（g/ml）考马斯亮蓝G250溶液2.5ml，加12.5%（g/ml）三氯醋酸溶液至10ml。

（6）稀染色液　取上述染色液2ml，加12.5%（g/ml）三氯醋酸溶液至10ml。

（7）脱色液　7%醋酸溶液。

（三）测定法

（1）制胶　取溶液A 2ml，溶液B 5.4ml，加脲2.9g使溶解，再加水4ml，混匀，抽气赶去溶液中气泡，加0.56%过硫酸铵溶液2ml，混匀制成胶液；立即用装有长针头的注射器或细滴管将胶液沿管壁加至底端有橡皮塞的小玻璃管（10cm×0.5cm）中，使胶层高度达6~7cm；然后徐徐滴加水少量，使覆盖胶面，管底气泡必须赶走，静置约30分钟，待出现明显界面时即聚合完毕，吸去水层。

（2）对照品/分子量标准品溶液及供试品溶液的制备　照各品种项下的规定。

（3）电泳　将已制好的凝胶玻璃管装入圆盘电泳槽内，每管加供试品或对照品/标准品溶液50~100μl，为防止扩散可加甘油或40%蔗糖溶液1~2滴及0.04%溴酚蓝指示液1滴，也可直接在上槽缓冲液中加0.04%溴酚蓝指示液数滴，玻璃管的上部用电极缓冲液充满，上端接负极、下端接正极。调节起始电流使每管为1mA，数分钟后，加大电流使每管为2~3mA，当溴酚蓝指示液移至距玻璃管底部1cm处，关闭电源。

（4）染色和脱色　电泳完毕，用装有长针头并吸满水的注射器，自胶管底部沿胶管壁将水压入，胶条即从管内滑出，将胶条浸入稀染色液10~12小时或用染色液浸泡10~30分钟，以水漂洗干净，再用脱色液脱色至无蛋白区带凝胶的底色透明为止。

（四）结果判断

将胶条置灯下观察，根据供试品与对照品/标准品的色带位置和色泽深浅程度进行判断。

（1）相对迁移率　供试品和对照品/标准品的电泳区带有时可用相对迁移率（R'_m）进行比较。其计算式如下：

$$相对迁移率（R'_m）= \frac{进胶端到供试品或对照品/标准品区带的距离}{进胶端到溴酚蓝区带的距离}$$

（2）扫描　将清晰的胶条置双波长薄层扫描仪或凝胶电泳扫描仪中扫描并积分，由各组分的峰面积计算含量（%）。

第五法　SDS-聚丙烯酰胺凝胶电脉法

SDS-聚丙烯酰胺凝胶电泳法是一种变性的聚丙烯酰胺凝胶电泳方法。SDS-聚丙烯酰胺凝胶电泳法分离蛋白质的原理是根据大多数蛋白质都能与阴离子表面活性剂十二烷基硫酸钠（SDS）按重量比结合成复合物，使蛋白质分子所带的负电荷远远超过天然蛋白质分子的净电荷，消除了不同蛋白质分子的电荷效应，使蛋白质按分子大小分离。

（一）仪器装置

恒压或恒流电源、垂直板或圆盘电泳槽和制胶模具。

（二）试剂

（1）水（电阻率不低于18.2MΩ•cm）。

（2）A液　1.5mol/L三羟甲基氨基甲烷-盐酸缓冲液。称取三羟甲基氨基甲烷18.15g，加适量水溶解，用盐酸调pH值至8.8，加水稀释至100ml。

（3）B液　30%丙烯酰胺-0.8%N,N'-亚甲基双丙烯酰胺溶液（避光保存）。

（4）C液　1%十二烷基硫酸钠溶液。

（5）D液　10%N,N,N',N'-四甲基乙二胺。

（6）E液　10%过硫酸铵溶液，临用前配制。

（7）F液　0.5mol/L三羟甲基氨基甲烷-盐酸缓冲液。称取三羟甲基氨基甲烷6.05g，加适量水使溶解，用盐酸调pH值至6.8，加水稀释至100ml。

（8）电极缓冲液　称取三羟甲基氨基甲烷3g、甘氨酸14.4g、十二烷基硫酸钠1g，加适量水溶解，用盐酸调pH值至8.3，加水稀释至1000ml。

（9）供试品缓冲液　称取三羟甲基氨基甲烷0.303g、溴酚蓝2mg、十二烷基硫酸钠0.8g，量取盐酸0.189ml、甘油4ml，加水溶解并稀释至10ml。该缓冲液用于非还原型SDS-聚丙烯酰胺凝胶电泳。如用于还原型SDS-聚丙烯酰胺凝胶电泳，则再加β-巯基乙醇2ml。

（10）分子量标准品　所选用的标准品的分子量范围应将供试品的分子量包括在其中。

（11）固定液（蓝染法）　称取三氯醋酸5g，加水200ml溶解后，加甲醇200ml，再加水至500ml。

固定液（银染A法）　取甲醇250ml、冰醋酸60ml，加水稀释至500ml。

固定液（银染B法）　取甲醇50ml，37%甲醛溶液54μl，加水至100ml。

（12）脱色液（银染A法）　取乙醇100ml、冰醋酸50ml，加水稀释至1000ml。

（13）辅染液（银染A法）　称取重铬酸钾10g，量取硝酸2ml加适量水溶解并稀释至200ml。用前40倍稀释。

（14）银染液（银染A法）　称取硝酸银2.04g，加水溶解并稀释至1000ml。

硝酸银溶液（银染B法）　取硝酸银0.8g，加水至4.0ml，将此溶液滴加到0.1mol/L氢氧化钠溶液20ml与25%氨溶液1.5ml的混合液中，摇匀，用水稀释至100ml。

（15）显色液（银染A法）　称取碳酸钠30g，加适量水溶解，加甲醛0.5ml并稀释至1000ml。

显色液（银染B法）　取1%枸橼酸溶液2.5ml，37%甲醛溶液270μl，加水至500ml。

（16）终止液（银染A法）　取冰醋酸10ml，加水稀释至1000ml。

终止液（银染B法）　取冰醋酸100ml，加水至1000ml。

（17）考马斯亮蓝染色液　称取考马斯亮蓝R250 1g，加入甲醇200ml、冰醋酸50ml、水250ml，混匀。

（18）考马斯亮蓝脱色液　取甲醇400ml、冰醋酸100ml与水500ml，混匀。

（19）保存液　取冰醋酸75ml，加水至1000ml，摇匀。

供试品溶液的制备　将供试品与供试品缓冲液按3:1的比例混匀，或照各品种项下的规定制备，除另有规定外，置水浴中100℃加热3～5分钟；对照品/标准品溶液同法操作。

（三）测定法

（1）制备分离胶溶液　根据不同分子量的需要，按下表制成分离胶溶液，灌入模具内至一定高度，加水封顶，室温下聚合（室温不同，聚合时间不同）。

凝胶种类		分离胶溶液						浓缩胶溶液
凝胶浓度		5%	7.5%	10%	12.5%	15%	17.5%	4.5%
试液（ml）	A液	4	4	4	4	4	4	
	B液	2.7	4	5.4	6.7	8	9.4	1.35
	C液	1.6	1.6	1.6	1.6	1.6	1.6	0.9
	D液	0.1	0.1	0.1	0.1	0.1	0.1	0.07
	E液	0.1	0.1	0.1	0.1	0.1	0.1	0.07
	F液							2.25
	H₂O	7.3	6	4.88	3.3	2.28	0.88	4.33

（2）制备浓缩胶溶液　待分离胶溶液聚合后，用滤纸吸去上面的水层，再灌入浓缩胶溶液（配方见上表），插入样品梳，注意避免气泡出现。

（3）加样　待浓缩胶溶液聚合后小心拔出样品梳，将电极缓冲液注满电泳槽前后槽，在加样孔中加入供试品溶液与对照品/标准品溶液5μg（银染法）或10μg以上（考马斯亮蓝染色法）。

（4）电泳　垂直板电泳：恒压电泳，初始电压为80V，进入分离胶时调至150~200V，当溴酚蓝迁移胶底处，停止电泳。或恒流电泳，以恒流10mA条件下开始电泳，至供试品溶液进入分离胶后将电流调至20mA，直至电泳结束。

圆盘电泳：调节电流使每管8mA。

（5）固定与染色

①考马斯亮蓝法　电泳完毕，取出胶片（条），置固定液中30分钟；取出胶片（条），置染色液中1~2小时，用脱色液脱色至凝胶背景透明后保存在保存液中。

②银染法　除另有规定外，银染法一般不用于定量试验；做定性试验时，上样量可以适当增加；做纯度试验时，若结果的量效关系不成正比，建议用考马斯亮蓝法染色。

银染A法：将电泳后的凝胶浸入固定液中10~12小时，取出，用脱色液漂洗3次（温度应不低于25℃）每次10分钟；漂洗后的凝胶浸于辅染液中7~10分钟后取出，用水浸洗3次，每次2分钟；将浸洗后的凝胶浸于银染液中，置较强日光或类似光源下照射30分钟，再于室内光线下放置20分钟；将凝胶自银染液中取出，用水浸洗2次，每次1分钟；然后将凝胶浸于显色液中，每隔2分钟换液1次，直至蛋白质条带显色完全；将凝胶浸于终止液中10分钟后，取出凝胶保存于水中。

银染B法：胶片浸在固定液中至少2小时后弃去固定液，用水浸洗至少1小时；胶片置1%戊二醛溶液中15分钟后，用水洗2次，每次15分钟；胶片置硝酸银溶液中15分钟后，用水洗3次，每次15分钟；胶片置显色液中，待各带显出后置终止液中。

（四）结果判断

用卡尺或用扫描定位法测量溴酚蓝指示剂和蛋白迁移距离（如为圆盘电泳还应测量染色前后胶条长度，垂直板电泳胶片厚度低于1mm，染色前后胶片长度基本不变）。按下式计算相对迁移率：

$$相对迁移率（R'_m）= \frac{蛋白迁移距离}{脱色后胶条长度} \times \frac{脱色前胶条长度}{溴酚蓝指示剂迁移距离}$$

（1）供试品　主成分迁移率应与对照品迁移率一致。

（2）分子量　以R'_m为横坐标，标准蛋白质的分子量对数值为纵坐标，进行线性回归，由标准曲线求得供试品的分子量。

（3）纯度　取凝胶置薄层扫描仪，以峰面积按归一化法计算。

如使用商品化的SDS-聚丙烯酰胺预制胶电泳系统，生产厂家可能提供不同表面积和厚度的凝胶，为了达到最优的分离度，按厂家推荐的条件进行电泳，电泳时间和电流/电压需要按照厂家说明进行调整。

第六法　等电聚焦电泳法

等电聚焦电泳法是两性电解质在电泳场中形成一个pH值梯度，由于蛋白质为两性化合物，其所带的电荷与介质的pH值有关，带电的蛋白质在电泳中向极性相反的方向迁移，当到达其等电点（此处的pH值使相应的蛋白质不再带电荷）时，电流达到最小，不再移动，从而达到检测蛋白质类和肽类供试品等电点的电泳方法。

方法1

1．仪器装置　恒压或恒流电源、带有冷却装置的垂直板电泳槽和制胶模具。

2．试剂

（1）水（电阻率不低于18.2MΩ•cm）。

（2）A液　称取丙烯酰胺29.1g、亚甲基双丙烯酰胺0.9g，加适量水溶解，并稀释至100ml，双层滤纸滤过，避光保存。

（3）B液　10%过硫酸铵溶液，临用前配制。

（4）供试品缓冲液（4倍浓度）　取甘油8ml、40%两性电解质（pH3~10）溶液4ml，加水至20ml。加0.1%甲基红溶液20μl。

（5）标准品　所选用的标准品的等电点范围一般应涵盖供试品的等电点。

（6）固定液　称取三氯乙酸34.5g、磺基水杨酸10.4g，加水溶解并稀释至300ml。

（7）脱色液（平衡液）　取95%乙醇500ml、冰醋酸160ml，加水稀释至2000ml。

（8）染色液　称取考马斯亮蓝G250（或R250）0.35g，加脱色液300ml，在60~70℃水浴中加热，使溶解。

（9）保存液　取甘油30ml，加脱色液300ml，混匀。

（10）正极液（0.01mol/L磷酸溶液）　取磷酸1ml，加水至1800ml。

（11）负极液（0.01mol/L氢氧化钠溶液）　称取氢氧化钠0.4g，加水溶解并稀释至1000ml。

3．测定法

（1）制胶　装好垂直平板电泳槽，压水，于玻璃板和玻璃纸之间加入60%甘油1ml。取水12ml、甘油2ml、A液4.0ml、两性电解质（pH3～10）溶液（或其他两性电解质）1.0ml，混匀，脱气，再加B液72μl，N,N,N',N'-四甲基乙二胺3μl，混匀后注入槽内聚合，插入样品梳，注意避免气泡出现。

（2）供试品溶液的制备　将供试品对水透析（或用其他方法）脱盐后，与供试品缓冲液按3∶1体积比混匀。供试品溶液最终浓度应不低于0.5mg/ml。或按照各品种项下的方法制备。

（3）电泳　待胶溶液聚合后小心拔出样品梳，将电极缓冲液注满电泳槽前后槽，样品孔每孔加供试品缓冲液20μl，接通冷却循环水，于10℃、250V（约10mA）条件下电泳30分钟。每孔分别加供试品溶液与标准品溶液各20μl，于10℃、500V（约10mA），上限电压2000V条件下，电泳约3.5小时。

（4）固定与染色　电泳结束后，即将凝胶放入固定液中固定20分钟以上；取出，放入平衡液中20~30分钟；再放入染色液中40～60分钟，然后用脱色液浸洗至背景无色，取出放入保存液中30分钟；亦可做成干胶保存。

4．结果判断

（1）鉴别　供试品主成分迁移距离应与标准品一致。

（2）等电点　以各标准品的等电点（pI）对其相应的迁移距离作线性回归，将供试品的迁移距离代入线性回归方程，求出供试品的等电点。

方法2

1．仪器装置　恒压或恒流电源、带有冷却装置的水平电泳槽和制胶模具。

2．试剂

（1）水（电阻率不低于18.2MΩ•cm）。

（2）A液　称取丙烯酰胺29.1g、亚甲基双丙烯酰胺0.9g，加适量水溶解，并稀释至100ml，双层滤纸滤过，避光保存。

（3）B液　10%过硫酸铵溶液，临用前配制。

（4）标准品　所选用的标准品的等电点范围一般应涵盖供试品的等电点。

（5）固定液　称取三氯乙酸34.5g、磺基水杨酸10.4g，加水溶解并稀释至300ml。

（6）脱色液（平衡液）　取95%乙醇500ml、冰醋酸160ml，加水稀释至2000ml。

（7）染色液　称取考马斯亮蓝G250（或R250）0.35g，加脱色液300ml，在60~70℃水浴中加热，使溶解。

（8）保存液　取甘油30ml，加脱色液300ml，混匀。

（9）正极液（0.5mol/L磷酸溶液）　量取磷酸50ml，加水至1800ml。

（10）负极液（0.2mol/L氢氧化钠溶液）　称取氢氧化钠8g，加水溶解并稀释至1000ml。

3．测定法

（1）制胶　量取A液6.25ml、pH3~10两性电解质（或其他两性电解质）1.5ml、水17.1ml，抽气5~10分钟，加B液175μl和N,N,N',N'-四甲基乙二胺20μl（根据凝胶速度可适当调整试剂的加入量），混匀后缓慢地注入水平模具内，室温下聚合。将已聚合的聚丙烯酰胺凝胶放在冷却板上，其间涂以液体石蜡或煤油并避免产生气泡。

（2）供试品溶液的制备　将供试品对水透析（或用其他方法）脱盐，并使蛋白质或多肽含量调节在0.5~5mg/ml范围。或按照各品种项下的方法制备。

（3）电泳　用正极液与负极液分别润湿正极与负极电极条，然后分别放于正极与负极上，将加样滤纸放在凝胶上。分别加供试品溶液与标准品溶液各5~30μl。将电极对准电极条的中心，加盖，在上限电压2000V、上限电流50mA、功率为每1cm胶1W、温度4℃的电泳条件下，开始电泳，电泳30分钟后去掉加样滤纸，待电流不再变化时停止电泳。如有必要可在起始电压200V下预电泳30分钟。

（4）固定与染色　同等电聚焦垂直板电泳。

4．结果判断　同等电聚焦垂直板电泳。

0542 毛细管电泳法

毛细管电泳法是指以弹性石英毛细管为分离通道，以高压直流电场为驱动力，根据供试品中各组分淌度（单位电场强度下的迁移速度）和（或）分配行为的差异而实现分离的一种分析方法。

当熔融石英毛细管内充满操作缓冲液时，管内壁上硅羟基解离释放氢离子至溶液中使管壁带负电荷并与溶液形成双电层（ζ电位），即使在较低pH值缓冲液中情况也如此。当毛细管两端加上直流电压时将使带正电的溶液整体地移向阴极端。此种在电场作用下溶液的整体移动称为电渗流（EOF）。内壁硅羟基的解离度与操作缓冲液pH值和添加的改性剂有关。降低溶液pH值会降低解离度，减小电渗流；提高溶液pH值会提高解离度，增加电渗流。有机添加剂的加入有时会抑制内壁硅羟基的解离，减小电渗流。在操作缓冲液中带电粒子在电场作用下以不同速度向极性相反的方向移动，形成电泳，运动速度等于其电泳速度和电渗速度的矢量和。电渗速度通常大于电泳速度，因此电泳时各组分即使是阴离子也会从毛细管阳极端流向阴极端。为了减小或消除电渗流，除了降低操作缓冲液pH值或改变添加剂的种类之外，还可以采用内壁聚合物涂层的毛细管。这种涂层毛细管可减少大分子在管壁上的吸附。

一、分离模式

当以毛细管空管为分离载体时毛细管电泳有以下几种模式。

（1）毛细管区带电泳（CZE）　将待分析溶液引入毛细管进样一端，施加直流电压后，各组分按各自的电泳流和电渗流的矢量和流向毛细管出口端，按阳离子、中性粒子和阴离子及其电荷大小的顺序通过检测器。中性组分彼此不能分离。出峰时间为迁移时间（t_m），相当于高效液相色谱和气相色谱中的保留时间。

（2）毛细管等速电泳（CITP）　采用前导电解质和尾随电解质，在毛细管中充入前导电解质后，进样，电极槽中换用尾随电解质进行电泳分析，带不同电荷的组分迁移至各个狭窄的区带，然后依次通过检测器。

（3）毛细管等电聚焦电泳（CIEF）　将毛细管内壁涂覆聚合物减小电渗流，再将供试品和两性电解质混合进样，两个电板槽中分别加入酸液和碱液，施加电压后毛细管中的操作电解质溶液逐渐形成pH值梯度，各溶质在毛细管中迁移至各自的等电点（pI）时变为中性形成聚焦的区带，而后用压力或改变检测器末端电极槽储液的pH值的方法使溶质通过检测器，或者采用全柱成像方式进行检测。

（4）胶束电动毛细管色谱（MEKC）　当操作缓冲液中加入大于其临界胶束浓度的离子型表面活性剂时，表面活性剂就聚集形成腔束，其亲水端朝外、疏水非极性核朝内，溶质则在水和胶束两相间分配，各溶质因分配系数存在差别而被分离。对于常用的阴离子表面活性剂十二烷基硫酸钠，进样后极强亲水性组分不能进入胶束。随操作缓冲液流过检测器（容量因子k'=0）；极强疏水性组分则进入胶束的核中不再回到水相，最后到达检测器（k'=∞）。常用的其他胶束试剂还有阳离子表面活性剂十六烷基三甲基溴化铵、胆酸等。两亲性质的聚合物，尤其是嵌段聚合物也会在不同极性的溶剂中形成胶束结构，可以起到类似表面活性剂的作用。

（5）亲和毛细管电泳（ACE）　在缓冲液或管内加入亲和作用试剂，实现物质的分离。如将蛋白质（抗原或抗体）预先固定在毛细管柱内，利用抗原-抗体的特异性识别反应、毛细管电泳的高效快速分离能力、激光诱导荧光检测器的高灵敏度，来分离检测样品混合物中能与固定化蛋白质特异结合的组分。

当以毛细管填充管为分离载体时毛细管电泳有以下几种模式。

（6）毛细管凝腔电泳（CGE）　在毛细管中装入单体和引发剂引发聚合反应生成凝胶，如聚丙烯酰胺凝胶、琼脂糖凝胶等。这些方法主要用于测定蛋白质、DNA等生物大分子。另外，还可以利用聚合物溶液，如葡聚糖等的筛分作用进行分析，称为毛细管无胶筛分。有时将它们统称为毛细管筛分电泳，下分为凝胶电泳和无胶筛分两类。

（7）毛细管电色谱（CEC）　将细粒径固定相填充到毛细管中或在毛细管内壁涂覆固定相，或以聚合物原位交联聚合的形式在毛细管内制备聚合物整体柱，以电渗流驱动操作缓冲液（有时再加辅助压力）进行分离。分析方式根据填料不同，可分为正相、反相及离子交换等模式。

除以上常用的单根毛细管电泳外，还有利用一根以上的毛细管进行分离的阵列毛细管电泳以及芯片毛细管电泳。

（8）毛细管阵列电泳（CAE）　通常毛细管电泳一次分析只能分析一个样品。要高通量地分析样品就需要多根毛细管阵列，这就是毛细管阵列电泳。毛细管阵列电泳仪主要采用激光诱导荧光检测，分为扫描式检测和成像式检测两种方式，主要应用于DNA的序列分析。

（9）芯片式毛细管电泳（Chip CE）　芯片毛细管电泳技术是将常规的毛细管电泳操作转移到芯片上进行，利用玻璃、石英或各种聚合物材料加工出微米级通道，通常以高压直流电场为驱动力，对样品进行进样、分离及检测。芯片式毛细管电泳与常规毛细管电泳的分离原理相同，还具备分离时间短、分离效率高、系统体积小且易实现不同操作单元的集成等优势，在分离生物大分子样品方面具有一定的优势。

以上分离模式中，（1）和（4）使用较多。（5）和（7）分离机理以色谱为主，但对荷电溶质则兼有电泳作用。

操作缓冲液中加入各种添加剂可获得多种分离效果。如加入环糊精、衍生化环糊精、冠醚、血清蛋白、多糖、胆酸盐、离子液体或某些抗生素等，可拆分手性化合物；加入有机溶剂可改善某些组分的分离效果，以至可在非水溶液中进行分析。

二、对仪器的一般要求

毛细管电泳仪的主要部件及其性能要求如下。

（1）毛细管　用弹性石英毛细管，内径50μm和75μm两种使用较多（毛细管电色谱有时用内径更大些的毛细管）。细内径分离效果好，且焦耳热小，允许施加较高电压；但若采用柱上检测，则因光程较短，其检测限比粗内径管要差。毛细管长度称为总长度，根据分离度的要求，可选用20～100cm长度；进样端至检测器间的长度称为有效长度。毛细管常盘放在管架上控制在一定温度下操作，以控制焦耳热，操作缓冲液的黏度和电导率，对测定的重复性很重要。

（2）直流高压电源　采用0～30kV（或相近）可调节直流电源，可供应约300μA电流，具有稳压和稳流两种方式可供选择。

（3）电极和电极槽　两个电极槽里放入操作缓冲液，分别插入毛细管的进口端与出口端以及铂电极；铂电极连接至直流高压电源，正负极可切换。多种型号的仪器将试样瓶同时用作电极槽。

（4）冲洗进样系统　每次进样之前毛细管要用不同溶液冲洗，选用自动冲洗进样仪器较为方便。进样方法有压力（加压）进样、负压（减压）进样、虹吸进样和电动（电迁移）进样等。进样时通过控制压力或电压及时间来控制进样量。

（5）检测系统　紫外-可见分光检测器、激光诱导荧光检测器、电化学检测器、质谱检测器、核磁共振检测器、化学发光检测器、LED检测器、共振瑞利散射光谱检测等。其中以紫外-可见分光光度检测器应用最广，包括单波长、程序波长和二极管阵列检测器。将毛细管接近出口端的外层聚合物剥去约2mm一段，使石英管壁裸露，毛细管两侧各放置一个石英聚光球，使光源聚焦在毛细管上，透过毛细管到达光电池。对无光吸收（或荧光）的溶质的检测，可选用适当的紫外或荧光衍生试剂与被检测样品进行柱前、柱上或柱后化学反应来实现溶质的分离与检测。还可采用间接测定法，即在操作缓冲液中加入对光有吸收（或荧光）的添加剂，在溶质到达检测窗口时出现反方向的峰。

（6）数据处理系统　与一般色谱数据处理系统基本相同。

三、系统适用性试验

为考察所配置的毛细管分析系统和设定的参数是否适用，系统适用性的测试项目和方法与高效液相色谱法或气相色谱法相同，相关的计算式和要求也相同；如重复性（相对标准偏差，RSD）、容量因子（k'）、毛细管理论板数（n）、分离度（R）、拖尾因子（T）、线性范围、检测限（LOD）和定量限（LOQ）等，可参照测定。具体指标应符合各品种项下的规定，特别是进样精度和不同荷电溶质迁移速度的差异对分析精密度的影响。

四、基本操作

（1）按照仪器操作手册开机，预热，输入各项参数，如毛细管温度、操作电压、检测波长和冲洗程序等。操作缓冲液需过滤和脱气。冲洗液、缓冲液等放置于样品瓶中，依次放入进样器。

（2）毛细管处理的好坏，对测定结果影响很大。未涂层新毛细管要用较浓碱液在较高温度（如用1mol/L氢氧化钠溶液在60℃）冲洗，使毛细管内壁生成硅羟基，再依次用0.1mol/L氢氧化钠溶液、水和操作缓冲液各冲洗数分钟。两次进样中间可仅用缓冲液冲洗，但若发现分离性能改变，则开始须用0.1mol/L氢氧化钠溶液冲洗，甚至要用浓氢氧化钠溶液升温冲洗。凝胶毛细管、涂层毛细管、填充毛细管的冲洗则应按照所附说明书操作。冲洗时将盛溶液的试样瓶依次置于进样器，设定顺序和时间进行。

（3）操作缓冲液的种类、pH值和浓度，以及添加剂〔用以增加溶质的溶解度和（或）控制溶质的解离度，手性拆分等〕的选定对测定结果的影响也很大，应照各品种项下的规定配制，根据初试的结果调整、优化。

（4）将待测供试品溶液瓶置于进样器中，设定操作参数，如进样压力（电动进样电压）、进样时间、正极端或负极端进样、操作电压或电流、检测器参数等，开始测试。根据初试的电泳谱图调整仪器参数和操作缓冲液，以获得优化结果。而后用优化条件正式测试。

（5）测试完毕后用水冲洗毛细管，注意将毛细管两端浸入水中保存，如果长久不用应将毛细管用氮气吹干，最后关机。

（6）定量测定以采用内标法为宜。用加压或减压法进样时，供试品溶液黏度会影响进样体积，应注意保持试样溶液和对照溶液黏度一致；用电动法进样时，被测组分因电歧视现象和溶液离子强度会影响待测组分的迁移量，也要注意其影响。

0600 物理常数测定法

0601 相对密度测定法

相对密度系指在相同的温度、压力条件下，某物质的密度与水的密度之比。除另有规定外，温度为20℃。

纯物质的相对密度在特定的条件下为不变的常数。但如物质的纯度不够，则其相对密度的测定值会随着纯度的变化而改变。因此，测定兽药的相对密度，可用以检查兽药的纯杂程度。

液体兽药的相对密度，一般用比重瓶（图1）测定；测定易挥发液体的相对密度，可用韦氏比重秤（图2）。

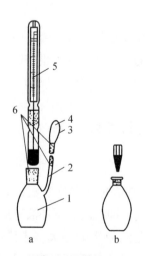

图1　比重瓶

1.比重瓶主体；2.侧管；3.侧孔；4.罩；5.温度计；6.玻璃磨口

用比重瓶测定时的环境（指比重瓶和天平的放置环境）温度应略低于20℃或各品种项下规定的温度。

一、比重瓶法

（1）取洁净、干燥并精密称定重量的比重瓶（图1a），装满供试品（温度应低于20℃或各品种项下规定的温度）后，装上温度计（瓶中应无气泡），置20℃（或各品种项下规定的温度）的水浴中放置若干分钟，使内容物的温度达到20℃（或各品种项下规定的温度），用滤纸除去溢出侧管的液体，立即盖上罩。然后将比重瓶自水浴中取出，再用滤纸将比重瓶的外面擦净，精密称定，减去比重瓶的重量，求得供试品的重量后，将供试品倾去，洗净比重瓶，装满新沸过的冷水，再照上法测得同一温度时水的重量，按下式计算，即得。

$$供试品的相对密度=\frac{供试品重量}{水重量}$$

（2）取洁净、干燥并精密称定重量的比重瓶（图1b），装满供试品（温度应低于20℃或各品种项下规定的温度）后，插入中心有毛细孔的瓶塞，用滤纸将从塞孔溢出的液体擦干，置20℃（或各品种项下规定的温度）恒温水浴中，放置若干分钟，随着供试液温度的上升，过多的液体将不断从塞孔溢出，随时用滤纸将瓶塞顶端擦干，待液体不再由塞孔溢出，迅即将比重瓶自水浴中取出，照上述（1）法，自"再用滤纸将比重瓶的外面擦净"起，依法测定，即得。

二、韦氏比重秤法

取20℃时相对密度为1的韦氏比重秤（图2），用新沸过的冷水将所附玻璃圆筒装至八分满，置20℃（或各品种项下规定的温度）的水浴中；搅动玻璃圆筒内的水，调节温度至20℃（或各品种项下规定的温度）；将悬于秤端的玻璃锤浸入圆筒内的水中，秤臂右端悬挂游码于1.0000处，调节秤臂左端平衡用的螺旋使平衡；然后将玻璃圆筒内的水倾去，拭干，装入供试液至相同的高度，并用同法调节温度后，再把拭干的玻璃锤浸入供试液中；调节秤臂上游码的数量与位置使平衡，读取数值，即得供试品的相对密度。

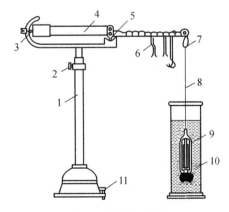

图2　韦氏比重秤

1.支架；2.调节器；3.指针；4.横梁；5.刀口；
6.游码；7.小钩；8.细铂丝；9.玻璃锤；
10.玻璃圆筒；11.调整螺丝

如该比重秤系在4℃时相对密度为1，则用水校准时游码应悬挂于0.9982处，并应将在20℃测得的供试品相对密度除以0.9982。

0611 馏程测定法

馏程系指一种液体照下述方法蒸馏，校正到标准大气压〔101.3kPa（760mmHg）〕下，自开始馏出第5滴算起，至供试品仅剩3～4ml或一定比例的容积馏出时的温度范围。

某些液体兽药具有一定的馏程，测定馏程可以区别或检查兽药的纯杂程度。

仪器装置　用国产19标准磨口蒸馏装置一套，如图。A为蒸馏瓶；B为冷凝管，馏程在130℃以下时用水冷却，馏程在130℃以上时用空气冷凝管；C为具有0.5ml刻度的25ml量筒；D为分浸型具有0.2℃刻度的温度计，预先经过校正，温度计汞球的上端与蒸馏瓶出口支管的下壁相齐；根据供试品馏程的不同，可选用不同的加热器，通常馏程在80℃以下时用水浴（其液面始终不得超过供试品液面），80℃以上时用直接火焰或其他电热器加热。

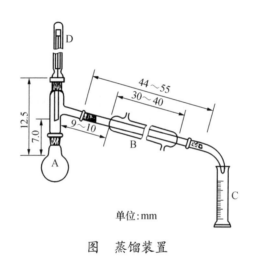

单位:mm

图　蒸馏装置

测定法　取供试品25ml，经长颈的干燥小漏斗，转移至干燥蒸馏瓶中，加入洁净的无釉小瓷片数片，插上带有磨口的温度计，冷凝管的下端通过接流管接以25ml量筒为接收器。如用直接火焰加热，则将蒸馏瓶置石棉板中心的小圆孔上（石棉板宽12～15cm，厚0.3～0.5cm，孔径2.5～3.0cm），并使蒸馏瓶壁与小圆孔边缘紧密贴合，以免汽化后的蒸气继续受热，然后用直接火焰加热使供试品受热沸腾，调节温度，使每分钟馏出2～3ml，注意检读自冷凝管开始馏出第5滴时与供试品仅剩3～4ml或一定比例的容积馏出时，温度计上所显示的温度范围，即为供试品的馏程。

测定时，如要求供试品在馏程范围内馏出不少于90%时，应使用100ml蒸馏瓶，并量取供试品50ml，接收器用50ml量筒。

测定时，大气压如在101.3kPa（760mmHg）以上，每高0.36kPa（2.7mmHg），应将测得的温度减去0.1℃；如在101.3kPa（760mmHg）以下，每低0.36kPa（2.7mmHg），应增加0.1℃。

0612 熔点测定法

依照待测物质的性质不同，测定法分为下列三种。各品种项下未注明时，均系指第一法。

第一法　测定易粉碎的固体兽药

A．传温液加热法

取供试品适量，研成细粉，除另有规定外，应按照各品种项下干燥失重的条件进行干燥。若该品种为不检查干燥失重、熔点范围低限在135℃以上、受热不分解的供试品，可采用105℃干燥；熔点在135℃以下或受热分解的供试品，可在五氧化二磷干燥器中干燥过夜或用其他适宜的干燥方法干燥，如恒温减压干燥。

分取供试品适量，置熔点测定用毛细管（简称毛细管，由中性硬质玻璃管制成，长9cm以上，内径0.9～1.1mm，壁厚0.10～0.15mm，一端熔封；当所用温度计浸入传温液在6cm以上时，管长应适当增加，使露出液面3cm以上）中，轻击管壁或借助长短适宜的洁净玻璃管，垂直放在表面皿或其他适宜的硬质物体上，将毛细管自上口放入使自由落下，反复数次，使粉末紧密集结在毛细管的熔封端。装入供试品的高度为3mm。另将温度计（分浸型，具有0.5℃刻度，经熔点测定用对照品校正）放入盛装传温液（熔点在80℃以下者，用水；熔点在80℃以上者，用硅油或液状石蜡）的容器中，使温度计汞球部的底端与容器的底部距离2.5cm以上（用内加热的容器，温度计汞球与加热器上表面距离2.5cm以上）；加入传温液以使传温液受热后的液面适在温度计的分浸线处。将传温液加热，俟温度上升至较规定的熔点低限约低10℃时，将装有供试品的毛细管浸入传温液，贴附在温度计上（可用橡皮圈或毛细管夹固定），位置须使毛细管的内容物适在温度计汞球中部；继续加热，调节升温速率为每分钟上升1.0～1.5℃，加热时须不断搅拌使传温液温度保持均匀，记录供试品在初熔至全熔时的温度，重复测定3次，取其平均值，即得。

"初熔"系指供试品在毛细管内开始局部液化出现明显液滴时的温度。

"全熔"系指供试品全部液化时的温度。

测定熔融同时分解的供试品时，方法如上述，但调节升温速率使每分钟上升2.5～3.0℃；供试品开始局部液化时（或开始产生气泡时）的温度作为初熔温度；供试品固相消失全部液化时的温度作为全熔温度。遇有固相消失不明显时，应以供试品分解物开始膨胀上升时的温度作为全熔温度。某些兽药无法分辨其初熔、全熔时，可以其发生突变时的温度作为熔点。

B．电热块空气加热法

系采用自动熔点仪的熔点测定法。自动熔点仪有两种测光方式：一种是透射光方式，另一种是反射光方式；某些仪器兼具两种测光方式。大部分自动熔点仪可置多根毛细管同时测定。

分取经干燥处理（同A法）的供试品适量，置熔点测定用毛细管（同A法）中；将自动熔点仪加热块加热至较规定的熔点低限约低10℃时，将装有供试品的毛细管插入加热块中，继续加热，调节升温速率为每分钟上升1.0～1.5℃，重复测定3次，取其平均值，即得。

测定熔融同时分解的供试品时，方法如上述，但调节升温速率使每分钟上升2.5～3.0℃。

遇有色粉末、熔融同时分解、固相消失不明显且生成分解物导致体积膨胀，或含结晶水（或结晶溶剂）的供试品时，可适当调整仪器参数，提高判断熔点变化的准确性。当透射和反射测光方式受干扰明显时，可允许目视观察熔点变化；通过摄像系统记录熔化过程并进行追溯评估，必要时，测定结果的准确性需经A法验证。

自动熔点仪的温度示值要定期采用熔点标准品进行校正。必要时，供试品测定应随行采用标准品校正。

若对B法测定结果持有异议，应以A法测定结果为准。

第二法 测定不易粉碎的固体兽药（如脂肪、脂肪酸、石蜡、羊毛脂等）

取供试品，注意用尽可能低的温度熔融后，吸入两端开口的毛细管（同第一法，但管端不熔封）中，使供试品高约10mm。在10℃或10℃以下的冷处静置24小时，或置冰上放冷不少于2小时，凝固后用橡皮圈将毛细管紧缚在温度计（同第一法）上，使毛细管的内容物适在温度计汞球中部。照第一法将毛细管连同温度计浸入传温液中，供试品的上端应适在传温液液面下约10mm处；小心加热，俟温度上升至较规定的熔点低限尚低约5℃时，调节升温速率使每分钟上升不超过0.5℃，至供试品在毛细管中开始上升时，检读温度计上显示的温度，即得。

第三法 测定凡士林或其他类似物质

取供试品适量，缓缓搅拌并加热至温度达90~92℃时，放入一平底耐热容器中，使供试品厚度达到12mm±1mm，放冷至较规定的熔点上限高8~10℃；取刻度为0.2℃、汞球长18~28mm、直径5~6mm的温度计（其上部预先套上软木塞，在塞子边缘开一小槽），使冷至5℃后，擦干并小心地将温度计汞球部垂直插入上述熔融的供试品中，直至碰到容器的底部（浸没12mm），随即取出，直立悬置，俟黏附在温度计汞球部的供试品表面浑浊，将温度计浸入16℃以下的水中5分钟，取出，再将温度计插入一外径约25mm、长150mm的试管中，塞紧，使温度计悬于其中，并使温度计汞球部的底端距试管底部约为15mm；将试管浸入约16℃的水浴中，通过软木塞在试管口处调节试管的高度使温度计的分浸线同水面相平；加热使水浴温度以每分钟2℃的速率升至38℃，再以每分钟1℃的速率升温至供试品的第一滴脱离温度计为止；检读温度计上显示的温度，即可作为供试品的近似熔点。再取供试品，照前法反复测定数次；如前后3次测得的熔点相差不超过1℃，可取3次的平均值作为供试品的熔点；如3次测得的熔点相差超过1℃时，可再测定2次，并取5次的平均值作为供试品的熔点。

0613 凝点测定法

凝点系指一种物质照下述方法测定，由液体凝结为固体时，在短时间内停留不变的最高温度。

某些兽药具有一定的凝点，纯度变更，凝点亦随之改变。测定凝点可以区别或检查兽药的纯杂程度。

仪器装置 如图。内管A为内径约25mm、长约170mm的干燥试管，用软木塞固定在内径约40mm、长约160mm的外管B中，管底间距约10mm。内管用一软木塞塞住，通过软木塞插入刻度为0.1℃的温度计C与搅拌器D，温度计汞球的末端距内管底约10mm。搅拌器D为玻璃棒，上端略弯，末端先铸一小圈，直径约为18mm，然后弯成直角。内管连同外管垂直固定于盛有水或其他适宜冷却液的1000ml烧杯中，并使冷却液的液面离烧杯口约20mm。

测定法 取供试品（如为液体，量取15ml；如为固体，称取15~20g，加微温使熔融），置内管中，使迅速冷却，并测定供试品的近似凝点。再将内管置较近似凝点高5~10℃的水浴中，使凝结物仅剩极微量未熔融。将仪器按上述装妥，烧杯中加入较供试品近似凝点约低5℃的水或其他适宜的冷却液。用搅拌器不断搅拌供试品，每隔30秒钟观察温度1次，至液体开始凝结，停止搅拌并每隔5~10秒钟观察温度1次，至温度计的汞柱在一点能停留约1分钟不变，或微上升至最高温度后停留约1分钟不变，即将该温度作为供试品的凝点。

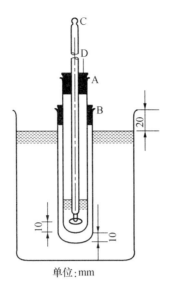

单位：mm

图　凝点测定仪器装置

【附注】　如某些兽药在一般冷却条件下不易凝固，需另用少量供试品在较低温度使凝固后，取少量作为母晶加到供试品中，方能测出其凝点。

0621 旋光度测定法

平面偏振光通过含有某些光学活性化合物的液体或溶液时，能引起旋光现象，使偏振光的平面向左或向右旋转。旋转的度数，称为旋光度。在一定波长与温度下，偏振光透过每1ml含有1g 旋光性物质的溶液且光路长为1dm 时，测得的旋光度称为比旋度。测定比旋度（或旋光度）可以区别或检查某些光学化学药品的纯杂程度，亦可用以测定其含量。

在空间上不能重叠，互为镜像关系的立体异构体称为对映体。手性物质的对映异构体之间，除了使平面偏振光发生偏转的程度相同而方向相反之外，在非手性环境中的理化性质相同。生物大分子如酶、生物受体等通常为手性物质，总是表现出对一种对映体的立体选择性，因此，对映体可在药理学与毒理学方面有差异。来源于自然界的物质，如氨基酸、蛋白质、生物碱、抗体、糖苷、糖等，大多以对映体的形式存在。外消旋体一般由等量的对映异构体构成，旋光度净值为零，其物理性质也可能与其对映体不同。

最常用的光源是采用钠灯在可见光区的D线（589.3nm），但也使用较短的波长，如光电偏振计使用滤光片得到汞灯波长约为578nm、546nm、436nm、 405nm和365nm处的最大透射率的单色光，其具有更高的灵敏度，可降低被测化合物的浓度。还有一些其他光源，如带有适当滤光器的氙灯或卤钨灯。

除另有规定外，本法系采用钠光谱的D线（589.3nm）测定旋光度，测定管长度为1dm（如使用其他管长，应进行换算），测定温度为20℃。使用读数至0.01° 并经过检定的旋光计。

旋光度测定一般应在溶液配制后30分钟内进行。测定旋光度时，将测定管用供试液体或溶液（取固体供试品，按各品种项下的方法制成）冲洗数次，缓缓注入供试液体或溶液适量（注意勿使发生气泡），置于旋光计内检测读数，即得供试液的旋光度。使偏振光向右旋转者（顺时针方向）为右旋，以"＋"符号表示；使偏振光向左旋转者（反时针方向）为左旋，以"－"符号表示。用同法读取旋光度3次，取3次的平均数，照下列公式计算，即得供试品的比旋度。

对液体供试品 $$[a]_D^t = \frac{a}{ld}$$

对固体供试品 $$[a]_D^t = \frac{100a}{lc}$$

式中　$[a]$ 为比旋度；

　　　　D 为钠光谱的D线；

　　　　t 为测定时的温度，℃；

　　　　l 为测定管长度，dm；

　　　　a 为测得的旋光度；

　　　　d 为液体的相对密度；

　　　　c 为每100ml溶液中含有被测物质的重量（按干燥品或无水物计算），g。

旋光计的检定，可用标准石英旋光管进行，读数误差应符合规定。

【注意事项】

（1）每次测定前应以溶剂作空白校正，测定后，再校正1次，以确定在测定时零点有无变动；如第2次校正时发现旋光度差值超过±0.01时表明零点有变动，则应重新测定旋光度。

（2）配制溶液及测定时，均应调节温度至20℃±0.5℃（或各品种项下规定的温度）。

（3）供试的液体或固体物质的溶液应充分溶解，供试液应澄清。

（4）物质的比旋度与测定光源、测定波长、溶剂、浓度和温度等因素有关。因此，表示物质的比旋度时应注明测定条件。

（5）当已知供试品具有外消旋作用或旋光转化现象，则应相应地采取措施，对样品制备的时间以及将溶液装入旋光管的间隔测定时间进行规定。

0622 折光率测定法

光线自一种透明介质进入另一透明介质时，由于光线在两种介质中的传播速度不同，使光线在两种介质的平滑界面上发生折射。常用的折光率系指光线在空气中进行的速度与在供试品中进行速度的比值。根据折射定律，折光率是光线入射角的正弦与折射角的正弦的比值，即

$$n = \frac{\sin i}{\sin r}$$

式中　n 为折光率；

　　　　$\sin i$ 为光线的入射角的正弦；

　　　　$\sin r$ 为光线的折射角的正弦。

物质的折光率因温度或入射光波长的不同而改变，透光物质的温度升高，折光率变小；入射光的波长越短，折光率越大。折光率以 n_D^t 表示，D为钠光谱的D线，t 为测定时的温度。测定折光率可以区别不同的油类或检查某些兽药的纯杂程度。

本法系采用钠光谱的D线（589.3nm）测定供试品相对于空气的折光率（如用阿培折光计，可用白光光源），除另有规定外，供试品温度为20℃。

测定用的折光计须能读数至0.0001，测量范围1.3~1.7，如用阿培折光计或与其相当的仪器，测定时应调节温度至20℃±0.5℃（或各品种项下规定的温度），测量后再重复读数2次，3次读数的平均值即为供试品的折光率。

测定前，折光计读数应使用校正用棱镜或水进行校正，水的折光率20℃时为1.3330，25℃时为1.3325，40℃时为1.3305。

0631 pH 值测定法

pH值是水溶液中氢离子活度的方便表示方法。pH值定义为水溶液中氢离子活度（α_H^+）的负对数，即pH=$-\lg\alpha_H^+$，但氢离子活度却难以由实验准确测定。为实用方便，溶液的pH值规定为由下式测定：

$$pH=pHs-\frac{E-E_s}{k}$$

式中　E为含有待测溶液（pH）的原电池电动势，V；

E_s为含有标准缓冲液（pHs）的原电池电动势，V；

k为与温度（t，℃）有关的常数。

$$k=0.059\,16+0.000\,198（t-25）$$

由于待测物的电离常数、介质的介电常数和液接界电位等诸多因素均可影响pH值的准确测量，所以实验测得的数值只是溶液的表观pH值，它不能作为溶液氢离子活度的严格表征。尽管如此，只要待测溶液与标准缓冲液的组成足够接近，由上式测得的pH值与溶液的真实pH值还是颇为接近的。

溶液的pH值使用酸度计测定。水溶液的pH值通常以玻璃电极为指示电极、饱和甘汞电极或银-氯化银电极为参比电极进行测定。酸度计应定期进行计量检定，并符合国家有关规定。测定前，应采用下列标准缓冲液校正仪器，也可用国家标准物质管理部门发放的标示pH值准确至0.01pH单位的各种标准缓冲液校正仪器。

1. 仪器校正用的标准缓冲液

（1）草酸盐标准缓冲液　精密称取在54℃±3℃干燥4~5小时的草酸三氢钾12.71g，加水使溶解并稀释至1000ml。

（2）苯二甲酸盐标准缓冲液　精密称取在115℃±5℃干燥2~3小时的邻苯二甲酸氢钾10.21g，加水使溶解并稀释至1000ml。

（3）磷酸盐标准缓冲液　精密称取在115℃±5℃干燥2~3小时的无水磷酸氢二钠3.55g与磷酸二氢钾3.40g，加水使溶解并稀释至1000ml。

（4）硼砂标准缓冲液　精密称取硼砂3.81g（注意避免风化），加水使溶解并稀释至1000ml，置聚乙烯塑料瓶中，密塞，避免空气中二氧化碳进入。

（5）氢氧化钙标准缓冲液　于25℃，用无二氧化碳的水和过量氢氧化钙经充分振摇制成饱和溶液，取上清液使用。因本缓冲液是25℃时的氢氧化钙饱和溶液，所以临用前需核对溶液的温度是否在25℃，否则需调温至25℃再经溶解平衡后，方可取上清液使用。存放时应防止空气中二氧化碳进入。一旦出现浑浊，应弃去重配。

上述标准缓冲溶液必须用pH值基准试剂配制。不同温度时各种标准缓冲液的pH值如下表。

温度（℃）	草酸盐 标准缓冲液	苯二甲酸盐标准 缓冲液	磷酸盐 标准缓冲液	硼砂 标准缓冲液	氢氧化钙 标准缓冲液（25℃饱和溶液）
0	1.67	4.01	6.98	9.46	13.43
5	1.67	4.00	6.95	9.40	13.21
10	1.67	4.00	6.92	9.33	13.00
15	1.67	4.00	6.90	9.27	12.81
20	1.68	4.00	6.88	9.22	12.63
25	1.68	4.01	6.86	9.18	12.45
30	1.68	4.01	6.85	9.14	12.30
35	1.69	4.02	6.84	9.10	12.14
40	1.69	4.04	6.84	9.06	11.98
45	1.70	4.05	6.83	9.04	11.84
50	1.71	4.06	6.83	9.01	11.71
55	1.72	4.08	6.83	8.99	11.57
60	1.72	4.09	6.84	8.96	11.45

2．注意事项

测定pH值时，应严格按仪器的使用说明书操作，并注意下列事项。

（1）测定前，按各品种项下的规定，选择两种pH值约相差3个pH单位的标准缓冲液，并使供试品溶液的pH值处于两者之间。

（2）取与供试品溶液pH值较接近的第一种标准缓冲液对仪器进行校正（定位），使仪器示值与表列数值一致。

（3）仪器定位后，再用第二种标准缓冲液核对仪器示值，误差应不大于±0.02pH单位。若大于此偏差，则应小心调节斜率，使示值与第二种标准缓冲液的表列数值相符。重复上述定位与斜率调节操作，至仪器示值与标准缓冲液的规定数值相差不大于0.02pH单位。否则，需检查仪器或更换电极后，再行校正至符合要求。

（4）每次更换标准缓冲液或供试品溶液前，应用纯化水充分洗涤电极，然后将水吸尽，也可用所换的标准缓冲液或供试品溶液洗涤。

（5）在测定高pH值的供试品和标准缓冲液时，应注意碱误差的问题，必要时选用适当的玻璃电极测定。

（6）对弱缓冲液或无缓冲作用溶液的pH值测定，除另有规定外，先用苯二甲酸盐标准缓冲液校正仪器后测定供试品溶液，并重取供试品溶液再测，直至pH值的读数在1分钟内改变不超过±0.05止；然后再用硼砂标准缓冲液校正仪器，再如上法测定；两次pH值的读数相差应不超过0.1，取两次读数的平均值为其pH值。

（7）配制标准缓冲液与溶解供试品的水，应是新沸过并放冷的纯化水，其pH值应为5.5～7.0。

（8）标准缓冲液一般可保存2～3个月，但发现有浑浊、发霉或沉淀等现象时，不能继续使用。

0632 渗透压摩尔浓度测定法

生物膜，如动物体的细胞膜或毛细血管壁，一般具有半透膜的性质，溶剂通过半透膜由低浓度向高浓度溶液扩散的现象称为渗透；阻止渗透所需施加的压力，称为渗透压。在涉及溶质的扩散或通过生物膜的液体转运各种生物过程中，渗透压都起着极其重要的作用。因此，在制备注射剂、眼用液体制剂等药物制剂时，必须关注其渗透压。处方中添加了渗透压调节剂的制剂，均应控制其渗透压摩尔浓度。

静脉输液、营养液、电解质或渗透利尿药（如甘露醇注射液）等制剂，应在兽药说明书上标明其渗透压摩尔浓度，以便临床兽医根据实际需要对所用制剂进行适当的处置（如稀释）。正常动物体（如马、牛、羊、猪、犬等）血液的渗透压摩尔浓度范围为285~310mOsmol/kg，0.9%氯化钠溶液或5%葡萄糖溶液的渗透压摩尔浓度与动物体血液相当。溶液的渗透压依赖于溶液中溶质粒子的数量，是溶液的依数性之一，通常以渗透压摩尔浓度（Osmolality）来表示，它反映的是溶液中各种溶质对溶液渗透压贡献的总和。

渗透压摩尔浓度的单位，通常以每千克溶剂中溶质的毫渗透压摩尔来表示，可按下列公式计算毫渗透压摩尔浓度（mOsmol/kg）：

$$毫渗透压摩尔浓度（mOsmol/kg）= \frac{每千克溶剂中溶解的溶质克数}{分子量} \times n \times 1000$$

式中，n为一个溶质分子溶解或解离时形成的粒子数。在理想溶液中，如葡萄糖$n=1$，氯化钠或硫酸镁$n=2$，氯化钙$n=3$，枸橼酸钠$n=4$。

在生理范围及很稀的溶液中，其渗透压摩尔浓度与理想状态下的计算值偏差较小；随着溶液浓度的增加，与计算值比较，实际渗透压摩尔浓度下降。例如，0.9%氯化钠注射液，按上式计算，毫渗透压摩尔浓度是$2 \times 1000 \times 9/58.4 = 308$mOsmol/kg，而实际上在此浓度时氯化钠溶液的n稍小于2，其实际测得值是286mOsmol/kg；这是由于在其浓度条件下，一个氯化钠分子解离所形成的两个离子会发生某种程度的缔合，使有效离子数减少的缘故。复杂混合物，如水解蛋白注射液的理论渗透压摩尔浓度不容易计算，因此通常采用实际测定值表示。

一、渗透压摩尔浓度的测定

通常采用测量溶液的冰点下降来间接测定其渗透压摩尔浓度。在理想的稀溶液中，冰点下降符合$\Delta T_f = K_f \cdot m$的关系，式中，ΔT_f为冰点下降值，K_f为冰点下降常数（当水为溶剂时为1.86），m为重量摩尔浓度。而渗透压符合$P_o = K_o \cdot m$的关系，式中，P_o为渗透压，K_o为渗透压常数，m为溶液的重量摩尔浓度。由于两式中的浓度等同，故可以用冰点下降法测定溶液的渗透压摩尔浓度。

仪器　采用冰点下降的原理设计的渗透压摩尔浓度测定仪通常由制冷系统、用来测定电流或电位差的热敏探头和振荡器（或金属探针）组成。测定时将测定探头浸入供试溶液的中心，并降至仪器的冷却槽中。启动制冷系统，当供试溶液的温度降至凝固点以下时，仪器采用振荡器（或金属探针）诱导溶液结冰，自动记录冰点下降的温度。仪器显示的测定值可以是冰点下降的温度，也可以是渗透压摩尔浓度。

渗透压摩尔浓度测定仪校正用标准溶液的制备　取基准氯化钠试剂，于500~650℃干燥40~50分钟，置干燥器（硅胶）中放冷至室温。根据需要，按表中所列数据精密称取适量，溶于1kg水中，摇匀，即得。

表　渗透压摩尔浓度测定仪校正用标准溶液

每1kg水中氯化钠的重量（g）	毫渗透压摩尔浓度（mOsmol•kg^{-1}）	冰点下降温度ΔT（℃）
3.087	100	0.186
6.260	200	0.372
9.463	300	0.558
12.684	400	0.744
15.916	500	0.930
19.147	600	1.116
22.380	700	1.302

　　供试品溶液　除另有规定外，供试品应结合兽医临床用法，直接测定或按各品种项下规定的具体溶解或稀释方法制备供试品溶液，并使其摩尔浓度处于表中测定范围内。例如，注射用无菌粉末，可采用兽药标签或说明书中的规定溶剂溶解并稀释后测定。需特别注意的是，供试品溶液经稀释后，粒子间的相互作用与原溶液有所不同，一般不能简单地将稀释后的测定值乘以稀释倍数来计算原溶液的渗透压摩尔浓度。

　　测定法　按仪器说明书操作，首先取适量新沸放冷的水调节仪器零点，然后由表中选择两种标准溶液（供试品溶液的渗透压摩尔浓度应介于两者之间）校正仪器，再测定供试品溶液的渗透压摩尔浓度或冰点下降值。

二、渗透压摩尔浓度比的测定

　　供试品溶液与0.9%（g/ml）氯化钠标准溶液的渗透压摩尔浓度比率称为渗透压摩尔浓度比。用渗透压摩尔浓度测定仪分别测定供试品溶液与0.9%（g/ml）氯化钠标准溶液的渗透压摩尔浓度O_T与O_S，方法同渗透压摩尔浓度测定法，并用下列公式计算渗透压摩尔浓度比：

$$渗透压摩尔浓度比=\frac{O_T}{O_S}$$

　　渗透压摩尔浓度比测定用标准溶液的制备　取基准氯化钠试剂，于500~650℃干燥40~50分钟，置干燥器（硅胶）中放冷至室温。取0.900g，精密称定，加水使溶解并稀释至100ml，摇匀，即得。

0633 黏度测定法

　　黏度系指流体对流动产生阻抗能力的性质，本法用动力黏度、运动黏度或特性黏数表示。

　　动力黏度也称为黏度系数（η）。假设流体分成不同的平行层面，在层面切线方向单位面积上施加的作用力，即为剪切应力（τ），单位是Pa。在剪切应力的作用下，流体各个平行层面发生梯度速度流动。垂直方向上单位长度内各流体层面流动速度上的差异，称之为剪切速率（D），单位是s^{-1}。动力黏度即为二者的比值，表达式为$\eta = d\tau/dD$，单位是Pa•s。因Pa•s单位太大，常使用mPa•s。

　　流体的剪切速率和剪切应力的关系反映了其流变学性质，根据二者的变化关系可将流体分为牛顿流体（或理想流体）和非牛顿流体。在没有屈服力的情况下，牛顿流体的剪切应力和剪切速率是线性变化的，纯液体和低分子物质的溶液均属于此类。非牛顿流体的剪切应力和剪切速率是非线性变化的，高聚物的浓溶液、混悬液、乳剂和表面活性剂溶液均属于此类。在测定温度恒定时，牛顿流体的动力黏度为一恒定值，不随剪切速率的变化而变化。而非牛顿流体的动力黏度值随剪切速率的变化而变化，此时，在某一剪切速率条件下测得的动力黏度值又称为表观黏度。

运动黏度为牛顿流体的动力黏度与其在相同温度下密度的比值，单位是m^2/s。因m^2/s单位太大，常使用mm^2/s。

溶剂的黏度η_o常因高聚物的溶入而增大，溶液的黏度η与溶剂的黏度η_o的比值（η/η_o）称为相对黏度（η_r），通常用乌式黏度计中的流出时间的比值（T/T_0）表示；当高聚物溶液的浓度较稀时，其相对黏度的对数比值与高聚物溶液浓度的比值，即为该高聚物的特性黏数[η]。根据高聚物的特性黏数可以计算其平均分子量。

黏度的测定用黏度计。黏度计有多种类型，本法采用平氏毛细管黏度计、乌氏毛细管黏度计和旋转黏度计三种测定方法。毛细管黏度计适用于牛顿流体运动黏度的测定，旋转黏度计适用于牛顿流体或非牛顿流体动力黏度的测定。

第一法　平氏毛细管黏度计测定法

本法是采用相对法测量一定体积的液体在重力的作用下流经毛细管所需时间，以求得流体的运动黏度或动力黏度。

仪器用具

恒温水浴　可选用直径30cm以上、高40cm以上的玻璃水浴槽或有机玻璃水浴槽，附有电动搅拌器与热传导装置。恒温精度应为±0.1℃。除另有规定外，测定温度应为20℃±0.1℃。

温度计　最小分度为不大于0.1℃，应定期检定，并符合相关规定。

秒表　最小分度为不大于0.2秒，应定期检定，并符合相关规定。

平氏毛细管黏度计（图1）　可根据待测样品黏度范围（表1）选择适当内径规格的毛细管黏度计，应定期检定或校准，符合相关规定，且可获得毛细管黏度常数K值。

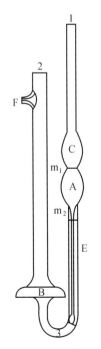

图1　平氏毛细管黏度计

1. 主管；2. 宽管；3. 弯管；A. 测定球；B. 储器；
C. 缓冲球；E. 毛细管；F. 支管；m_1、m_2. 环形测定线

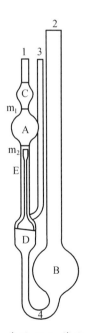

图2　乌氏毛细管黏度计

1. 主管；2. 宽管；3. 侧管；4. 弯管；A. 测定球；B. 储器；
C. 缓冲球；D. 悬挂水平储器；E. 毛细管；m_1、m_2. 环形测定线

测定法

取供试品，照各品种项下的规定，取适当的平氏毛细管黏度计1支，在支管F上连接一橡皮管，用手指堵住管口2，倒置黏度计，将管口1插入供试品（或供试品溶液，下同）中，自橡皮管的另一端抽气，使供试品充满球C与A并达到测定线m_2处；提出黏度计并迅速倒转，抹去黏附于管外的供试品，取下橡皮管使连接于管口1上，将黏度计垂直固定于恒温水浴槽中，并使水浴的液面高于球C的中部，放置15分钟后；自橡皮管的另一端抽气，使供试品充满球A并超过测定线m_1；开放橡皮管口，使供试品在管内自然下落，用秒表准确记录液面自测定线m_1下降至测定线m_2处的流出时间。不重装试样，依法重复测定3次，每次测定值与平均值的差值不得超过平均值的±0.25%。另取一份供试品同法操作。以先后两次取样测得的总平均值按下式计算，即为供试品的运动黏度或动力黏度。

$$v = Kt$$
$$\eta = 10^{-6}Kt \cdot \rho$$

式中　K为已知黏度的标准液测得的黏度计常数，mm^2/s^2；

　　　t为测得的平均流出时间，s；

　　　ρ为供试品在相同温度下的密度，g/cm^3。

除另有规定外，测定温度应为20℃±0.1℃，此时，ρ=d2020×0.9982，d2020为供试品在20℃时的相对密度。

表1　平氏毛细管黏度计测量范围和规格

尺寸号	标称黏度计常数（mm^2/s^2）	测量范围（mm^2/s）	毛细管E内径（mm，±2%）	球体积（cm^3，±5%）	
				C	A
0	0.0017	0.6～1.7	0.40	3.7	3.7
1	0.0085	1.7～8.5	0.60	3.7	3.7
2	0.027	5.4～27	0.80	3.7	3.7
3	0.065	13～65	1.00	3.7	3.7
4	0.14	28～400	1.20	3.7	3.7
5	0.35	70～350	1.50	3.7	3.7
6	1.0	200～1000	2.00	3.7	3.7
7	2.6	520～2600	2.50	3.7	3.7
8	5.3	1060～5300	3.00	3.7	3.7
9	9.9	1980～9900	3.50	3.7	3.7
10	17	3400～17 000	4.00	3.7	3.7

注：0号平氏毛细管黏度计的最小流出时间为350秒，其他均为200秒。

第二法　乌氏毛细管黏度计测定法

乌氏毛细管黏度计常用来测定高分子聚合物极稀溶液的特性黏数，以用来计算平均分子量。

仪器用具

恒温水浴　可选用直径30cm以上、高40cm以上的玻璃水浴槽或有机玻璃水浴槽，附有电动搅拌器与热传导装置。恒温精度应在±0.1℃内。除另有规定外，测定温度应为25℃±0.1℃。

温度计　最小分度为不大于0.1℃，应定期检定，并符合相关规定。

秒表　最小分度为不大于0.2秒，应定期检定，并符合相关规定。

乌氏毛细管黏度计（图2）　可根据待测样品黏度范围（表2）选择适当内径规格的毛细管黏度计。应定期检定或校准，符合相关规定，且可获得毛细管黏度常数K值。

表2　乌氏毛细管黏度计测量范围和规格

尺寸号	标称黏度计常数 (mm^2/s^2)	测量范围 (mm^2/s)	毛细管E内径 (mm, ±2%)	球A体积 (cm^3, ±5%)	管4内径 (mm, ±5%)
0C	0.003	0.6~3	0.36	2.0	6.0
1	0.01	2~10	0.58	4.0	6.0
1B	0.05	10~50	0.88	4.0	6.0
2	0.1	20~100	1.03	4.0	6.0
2B	0.5	100~500	1.55	4.0	6.0
3	1.0	200~1000	1.83	4.0	6.0

注：最小流出时间为200秒。

测定法

取供试品，照各品种项下的规定制成一定浓度的溶液，用3号垂熔玻璃漏斗滤过，弃去初滤液（1ml），取续滤液（不得少于7ml）沿洁净、干燥的乌氏毛细管黏度计的管2内壁注入B中，将黏度计垂直固定于恒温水浴槽中，并使水浴的液面高于球C的中部，放置15分钟后，将管口1、3各接一乳胶管，夹住管口3的胶管，自管口1处抽气，使供试品溶液的液面缓缓升高至球C的中部，先开放管口3，再开放管口1，使供试品溶液在管内自然下落，用秒表准确记录液面自测定线m_1下降至测定线m_2处的流出时间。不重装试样，重复测定2次，两次测量的流动时间之差不得超过平均值的±0.5%。取两次的平均值为供试液的流出时间（T）。取经3号垂熔玻璃漏斗滤过的溶剂同法操作，重复测定2次，两次测定值应相同，取平均值为溶剂的流出时间（T_0）。按下式计算特性黏数：

$$特性黏数[\eta] = \frac{\ln \eta_r}{c}$$

式中　η_r为T/T_0；

c为供试品溶液的浓度，g/ml。

第三法　旋转黏度计测定法

旋转黏度计测定法是通过测定转子在流体内以一定角速度（ω）相对运动时其表面受到的扭矩（M）的方式来计算牛顿流体（剪切非依赖型）或非牛顿流体（剪切依赖型）动力黏度的。当被测样品为非牛顿流体时，在某一特定转速（n）、角速度（ω）或剪切速率（D）条件下测得的动力黏度又被称为表观黏度。

旋转黏度计按照测量系统的类型可分为同轴圆筒旋转黏度计、锥板型旋转黏度计和转子型旋转黏度计三类。按测定结果的性质可分为绝对黏度计和相对黏度计两类，其中绝对黏度计的测量系统具有确定的几何形状，其测定结果是绝对黏度值，可以用其他绝对黏度计重现，同轴圆筒旋转黏度计和锥板型旋转黏度计均属于此类；相对黏度计的测量系统不具有确定的几何形状，其测量结果是通过和标准黏度液比较得到的相对黏度值，不能用其他绝对黏度计或相对黏度计重现，除非是采用相同的仪器和转子在相同的测定条件下获得的测定结果，转子型旋转黏度计属于此类。

（一）同轴圆筒旋转黏度计（绝对黏度计）

同轴圆筒旋转黏度计包括内筒转动型黏度计（如Searle型黏度计）和外筒转动型黏度计（如Couette型黏度计）等类型（图3、图4）。二者测定方法和计算公式相同，但内筒转动型黏度计更为常用。取供试品或照各品种项下规定的方法制成的一定浓度的供试品溶液，注入同轴圆筒旋转黏度计外筒中。将内筒浸入外筒内的样品内，至规定的高度。通过马达带动内筒或外筒旋转，测定转动角速度（ω）和转筒表面受到的扭距（M），根据以下公式代入测量系统的参数，计算样品的动力黏度：

$$\eta = \frac{1}{\omega} \cdot \frac{M}{4\pi \cdot h} \cdot \left(\frac{1}{R_i^2} - \frac{1}{R_0^2} \right)$$

式中　η为动力黏度，Pa·s；

　　　M为转筒表面的扭距，N·m；

　　　h为内筒浸入样品的深度，m；

　　　ω为内筒自转角速度，rad·s^{-1}；

　　　R_i和R_0分别为内筒和外筒半径，m。

将式中关于测量系统的常数合并，公式可以简化为：$\eta = K \cdot \dfrac{M}{\omega}$，其中$K = \dfrac{1}{4\pi h} \left(\dfrac{1}{R_i^2} - \dfrac{1}{R_o^2} \right)$。

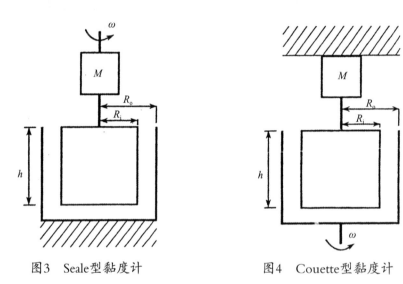

图3　Seale型黏度计　　　　　　　图4　Couette型黏度计

如需采用转筒式流变仪测定供试品或供试品溶液的动力黏度，而具体品种下的黏度测定标准仅提供测量系统的尺寸和转子角速度或转速，可采用以下公式计算所需要的剪切应力或剪切速率的值：

$$\tau = \frac{M}{4\pi h} \times \frac{R_i^2 + R_o^2}{R_i^2 R_o^2}$$

$$D = \frac{R_i^2 + R_o^2}{R_o^2 - R_i^2} \times \omega = \frac{R_i^2 + R_o^2}{R_o^2 - R_i^2} \times \frac{\pi}{30} n$$

式中　τ为剪切应力，Pa；

　　　D为剪切速率，s^{-1}；

　　　ω为内筒自转角速度，rad·s^{-1}；

　　　n为内筒转速，r/min；

其他参数的意义和单位同前。

（二）锥板型旋转黏度计（绝对黏度计）

锥板型旋转黏度计的测量系统由圆锥和平板组成（图5、图6），圆锥与平板之间形成的角度称为锥角（α）。黏性液体样品或半固体样品被加载并充满于圆锥和平板之间的空隙中。马达带动圆锥或平板以恒定的角速度（ω）转动，对黏性流体产生垂直于法向的剪切作用，同时测定马达转动产生的扭矩（M），根据以下公式代入测量系统的参数，计算样品的动力黏度。

$$\eta = \frac{3\alpha M}{2\pi R^3 \omega}$$

式中　η 为动力黏度，Pa•s；

　　　　α 为锥角，rad；

　　　　M 为扭矩，N•m；

　　　　R 为圆锥的半径，m；

　　　　ω 为圆锥或平板的转动角速度，rad•s^{-1}。

将式中关于测量系统的常数合并，公式可以简化为：$\eta = K \cdot \dfrac{M}{\omega}$，其中 $\kappa = \dfrac{3a}{2\pi R^3}$。

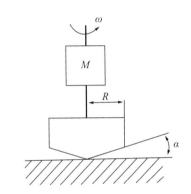

图5　锥板型旋转黏度计(锥转子转动)

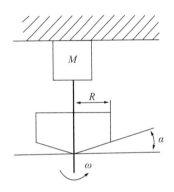

图6　锥板型旋转黏度计(平板转动)

如需采用锥板式流变仪测定供试品或供试品溶液的动力黏度，而具体品种下的黏度测定标准仅提供测量系统的尺寸和转子角速度或转速，可采用以下公式计算所需要的剪切应力或剪切速率的值。

$$\tau = \frac{3M}{2\pi R^3}$$

$$D = \frac{\omega}{\alpha} = \frac{\pi}{30\alpha} \cdot n$$

式中　τ 为剪切应力，Pa；

　　　　D 为剪切速率，s^{-1}；

　　　　ω 为内筒自转角速度，rad•s^{-1}；

　　　　n 为内筒转速，r/min；

其他参数的意义和单位同前。

（三）转子型旋转黏度计（相对黏度计）

转子型旋转黏度计通过将某些类型的转子（图7，转子的类型繁多，在此仅举例说明）浸入待测样品中，并以恒定的角速度（ω）转动，测定马达转动产生的扭矩（M），根据下列公式计算出待测样品的黏度，$\eta = K \cdot \dfrac{M}{\omega}$。通常情况下，转子型黏度计常数$K$是通过采用标准黏度液校准得到的，故其测定结果为相对黏度。

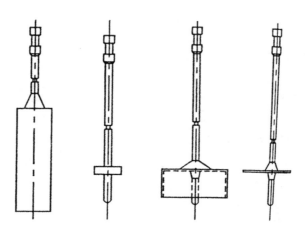

图7　转子型旋转黏度计配备的转子

0661 热分析法

　　热分析法是利用温度和（或）时间关系来准确测量物质理化性质变化的关系，研究物质受热过程中所发生的晶型转变、熔融、蒸发、脱水等物理变化或热分解、氧化等化学变化以及伴随发生的温度、能量或重量改变的方法。

　　物质在加热或冷却过程中，在发生相变或化学反应时，必然伴随着热量的吸收或释放；同时根据相律，物相转化时的温度（如熔点、沸点等）保持不变。纯物质具有特定的物相转换温度和相应的热焓变化（ΔH）。这些常数可用于物质的定性分析，而供试品的实际测定值与这些常数的偏离及其偏离程度又可用于定量检查供试品的纯度。

　　热分析法广泛应用于物质的多晶型、物相转化、结晶水、结晶溶剂、热分解以及药物的纯度、相容性和稳定性等研究中。

一、热重分析

　　热重分析是在程序控制温度下，测量物质的重量与温度关系的一种技术。记录的重量变化对温度或时间的关系曲线称热重曲线（TG曲线）。由于物相变化（如失去结晶水、结晶溶剂或热分解等）时的温度保持不变，所以热重曲线通常呈台阶状，重量基本不变的区段称平台。利用这种特性，可以方便地区分样品所含水分是吸附水（或吸附溶剂）还是结晶水（或结晶溶剂），并根据平台之间的失重率可以计算出所含结晶水（或结晶溶剂）的分子比。

　　通常，在加热过程中，吸附水（或吸附溶剂）的失去是一个渐进过程，而结晶水（或结晶溶剂）的失去则发生在特定的温度或温度范围（与升温速率有关），在此温度由于失重率发生突跃而呈台阶状。

　　热重法可用于某些药物的干燥失重或水分测定。当选择热重法作为样品中的水分测定方法时，应确保样品中不含有其他挥发性成分。

仪器应根据操作规程，定期使用有证标准物质对温度（高纯铟或锌等）、天平（一水草酸钙等）进行校准，以保证检测结果的准确性。

二、差热分析与差示扫描量热分析

在对供试品与热惰性的参比物进行同时加热（或冷却）的条件下，当供试品发生某种物理的或化学的变化时，将使热效应改变，供试品和参比物质之间将产生温度差（ΔT）。这种在程序控制温度下，测定供试品与参比物之间温度差与温度（或时间）关系的技术称为差热分析（DTA）。而测量输给供试品与参比物热量差（dQ/dT）与温度（或时间）关系的技术称差示扫描量热分析（DSC）。

差示扫描量热分析仪可分为功率补偿型和热流型。功率补偿型差示扫描量热分析仪可自动调节输给供试品的加热功率，以补偿供试品发生变化时的热效应，从而使供试品与参比物之间的温度始终保持不变（$\Delta T=0$）。由于$\Delta T=0$，所以供试品与参比物之间没有附加的热传导。热流型差示扫描量热分析仪是在输给供试品与参比物相同的功率条件下，测定供试品与参比物两者的温度差（ΔT），通过热流方程将温度差（ΔT）换算成热量差（dQ/dT）。热流型差示扫描量热分析仪应用较为广泛。差示扫描量热分析的定量测定准确度通常好于差热分析。

DTA曲线与DSC曲线的形状极为相似，横坐标均为温度T（或时间t），不同之处仅在于前者的纵坐标为ΔT，而后者为dQ/dT。在两者的曲线上，随供试品不同而显示不同的吸热峰或放热峰。

在差热分析或差示扫描量热分析中，可使用α-氧化铝作为惰性参比物，通常可采用α-氧化铝空坩埚或其他惰性空坩埚作为参比物用。

仪器应根据操作规程，定期使用有证标准物质对温度（高纯铟或锌等）进行校准，以保证检测结果的准确性。

差热分析与差示扫描量热分析可用于下列数据的测量。

1. 转换温度　DTA或DSC两种试验方法均客观地记录了物质状态发生变化时的温度。例如，熔融曲线可显示熔融发生时的温度（onset值）和峰值温度（peak值）。但这两种温度值与熔点值可能并不一致（由于升温速率等影响）。

2. 转换热焓　吸热或放热峰的峰面积正比于相应的热焓变化，即：

$$M \cdot \Delta H = K \cdot A$$

式中　M为物质的质量；

　　　ΔH为单位质量物质的转换热焓；

　　　A为实测的峰面积；

　　　K为仪器常数。

先用已知ΔH值的标准物质测定仪器常数K后，即可方便地利用上式由试验求取供试品的转换热焓。

当不同样品的化学成分相同，而差热分析或差示扫描量热分析获得的测量转换温度值或转换热焓值发生变化时，表明不同样品的晶型固体物质状态存在差异。

3. 纯度　理论上，固体纯物质均具有一定的熔点（T_0）或无限窄的熔距，并吸收一定的热量（熔融热焓ΔH_f）。任何熔距的展宽或熔点下降都意味着物质纯度的下降。杂质所引起的熔点下降可由范特霍夫方程表示。

$$\frac{dT}{dX_2} = \frac{RT^2}{\Delta H_f} \cdot (k-1) \tag{1}$$

式中　T为热力学温度，K；

　　　X_2为杂质的浓度（摩尔分数）；

　　　ΔH_f为纯物质的摩尔熔融热焓；

　　　R为气体常数；

　　　k为熔融时杂质在固相与液相中的分配系数。

假定熔融时无固溶体形成，即$k=0$，此时可对式（1）积分，得：

$$X_2 = \frac{(T_0 - T_m) \Delta H_f}{RT_0^2} \tag{2}$$

式中　T_0为纯物质的熔点，K；

　　　T_m为供试品的实测熔点，K。

由试验测得ΔH_f、T_0和T_m后，代入式（2）即可求得供试品中杂质的含量。

无定型态固体物质（或非晶态物质）可能没有明确的熔点（T_0）或呈现宽熔距现象，其熔距宽度与物质的化学纯度或晶型纯度无关。无定型固体物质状态亦不符合范特霍夫方程规律。

三、热载台显微镜分析

热载台显微镜可观测供试品的物相变化过程，通过光学显微镜或偏光显微镜直接观测并记录程序温度控制下的供试品变化情况。

热载台显微镜的观察结果可对热重分析、差热分析、差示扫描量热分析给予更直观的物相变化信息。热载台显微镜的温度控制部分需要校准。

四、测定法

热重分析、差热分析和差示扫描量热分析、热载台显微镜分析的测定方法，应按各仪器说明书操作。为了尽可能得到客观、准确、能够重现的热分析曲线或相变规律，首先应在室温至比分解温度（或熔点）高10~20℃的宽范围内做快速升温或降温速率（每分钟10~20℃）的预试验，然后在较窄的温度范围内，以较低的升温或降温速率（必要时可降至每分钟1℃）进行精密的重复试验，以获得准确的热分析结果。

热分析报告应附测定条件，包括仪器型号、温度的校正值、供试品的取用量和制备方法、环境气体、温度变化的方向和速率，以及仪器的灵敏度等。

需要指出的是，利用范特霍夫方程测定纯度时，是建立在杂质不形成固溶体的假设之上的，所以本法的应用具有一定的局限性，特别是当供试品为混晶物质（即不同晶型的混合物熔点值无差异）或熔融时分解的物质，则难以准确地测定其化学或晶型纯度。

0681　制药用水电导率测定法

本法是用于检查制药用水的电导率进而控制水中电解质总量的一种测定方法。

电导率是表征物体导电能力的物理量，其值为物体电阻率的倒数。单位是S/cm（Siemens）

或μS/cm。

纯水中的水分子也会发生某种程度的电离而产生氢离子与氢氧根离子，所以纯水的导电能力尽管很弱，但也具有可测定的电导率。水的电导率与水的纯度密切相关，水的纯度越高，电导率越小，反之亦然。当空气中的二氧化碳等气体溶于水并与水相互作用后，便可形成相应的离子，从而使水的电导率增高。水中含有其他杂质离子时，也会使水的电导率增高。另外，水的电导率还与水的pH值与温度有关。

一、仪器和操作参数

测定水的电导率必须使用精密的并经校正的电导率仪。电导率仪的电导池包括两个平行电极，这两个电极通常由玻璃管保护，也可以使用其他形式的电导池。根据仪器设计功能和使用程度，应对电导率仪定期进行校正。电导池常数可使用电导标准溶液直接校正，或间接进行仪器比对，电导池常数必须在仪器规定数值的±2%范围内。进行仪器校正时，电导率仪的每个量程都需要进行单独校正。仪器最小分辨率应达到0.1μS/cm，仪器精度应达到±0.1μS/cm。

温度对样品的电导率测定值有较大影响，电导率仪可根据测定样品的温度自动补偿测定值并显示补偿后读数。水的电导率采用温度修正的计算方法所得数值误差较大，因此本法采用非温度补偿模式，温度测量的精确度应在±2℃以内。

二、测定法

1. **纯化水**　可使用在线或离线电导率仪，记录测定温度。在表1中，测定温度对应的电导率值即为限度值。如测定温度未在表1中列出，则应采用线性内插法计算得到限度值。如测定的电导率值不大于限度值，则判为符合规定；如测定的电导率值大于限度值，则判为不符合规定。

表1　温度和电导率的限度表（纯化水）

温度（℃）	电导率（μS·cm^{-1}）	温度（℃）	电导率（μS·cm^{-1}）
0	2.4	60	8.1
10	3.6	70	9.1
20	4.3	75	9.7
25	5.1	80	9.7
30	5.4	90	9.7
40	6.5	100	10.2
50	7.1		

内插法的计算公式为：

$$\kappa = \frac{T-T_0}{T_1-T_0} \times (\kappa_1 - \kappa_0) + \kappa_0$$

式中　κ为测定温度下的电导率限度值；

　　　κ_1为表1中高于测定温度的最接近温度对应的电导率限度值；

　　　κ_0为表1中低于测定温度的最接近温度对应的电导率限度值；

　　　T为测定温度；

　　　T_1为表1中高于测定温度的最接近温度；

　　　T_0为表1中低于测定温度的最接近温度。

2. **注射用水**

（1）可使用在线或离线电导率仪。在表2中，不大于测定温度的最接近温度值对应的电导率值即为限度值。如测定的电导率值不大于限度值，则判为符合规定；如测定的电导率值大于限度值，则继续按（2）进行下一步测定。

（2）取足够量的水样（不少于100ml），置适当容器中，搅拌，调节温度至25℃，剧烈搅拌，每隔5分钟测定电导率，当电导率值的变化小于0.1μS/cm时，记录电导率值。如测定的电导率不大于2.1μS/cm，则判为符合规定；如测定的电导率大于2.1μS/cm，继续按（3）进行下一步测定。

表2　温度和电导率的限度表（注射用水）

温度（℃）	电导率（$\mu S \cdot cm^{-1}$）	温度（℃）	电导率（$\mu S \cdot cm^{-1}$）
0	0.6	55	2.1
5	0.8	60	2.2
10	0.9	65	2.4
15	1.0	70	2.5
20	1.1	75	2.7
25	1.3	80	2.7
30	1.4	85	2.7
35	1.5	90	2.7
40	1.7	95	2.9
45	1.8	100	3.1
50	1.9		

（3）应在上一步测定后5分钟内进行，调节温度至25℃，在同一水样中加入饱和氯化钾溶液（每100ml水样中加入0.3ml），测定pH值，精确至0.1pH单位（附录0631），在表3中找到对应的电导率限度，并与（2）中测得的电导率值比较。如（2）中测得的电导率值不大于该限度值，则判为符合规定；如（2）中测得的电导率值超出该限度值或pH值不在5.0～7.0范围内，则判为不符合规定。

表3　pH值和电导率的限度

pH值	电导率（$\mu S \cdot cm^{-1}$）	pH值	电导率（$\mu S \cdot cm^{-1}$）
5.0	4.7	6.1	2.4
5.1	4.1	6.2	2.5
5.2	3.6	6.3	2.4
5.3	3.3	6.4	2.3
5.4	3.0	6.5	2.2
5.5	2.8	6.6	2.1
5.6	2.6	6.7	2.6
5.7	2.5	6.8	3.1
5.8	2.4	6.9	3.8
5.9	2.4	7.0	4.6
6.0	2.4		

3. 灭菌注射用水　调节温度至25℃，使用离线电导率仪进行测定。标示装量为10ml或10ml以下时，电导率限度为25μS/cm；标示装量为10ml以上时，电导率限度为5μS/cm。测定的电导率值不大于限度值，则判为符合规定；如测定的电导率值大于限度值，则判为不符合规定。

0700 其他测定法

0701 电位滴定法与永停滴定法

电位滴定法与永停滴定法是容量分析中用以确定终点或选择核对指示剂变色域的方法。选用适当的电极系统可以作氧化还原法、中和法（水溶液或非水溶液）、沉淀法、重氮化法或水分测定法第一法等的终点指示。

电位滴定法选用两支不同的电极。一支为指示电极，其电极电位随溶液中被分析成分的离子浓度的变化而变化；另一支为参比电极，其电极电位固定不变。在到达滴定终点时，因被分析成分的离子浓度急剧变化而引起指示电极的电位突减或突增，此转折点称为突跃点。

永停滴定法采用两支相同的铂电极，当在电极间加一低电压（如50mV）时，若电极在溶液中极化，则在未到滴定终点时，仅有很小或无电流通过；但当到达终点时，滴定液略有过剩，使电极去极化，溶液中即有电流通过，电流计指针突然偏转，不再回复。反之，若电极由去极化变为极化，则电流计指针从有偏转回到零点，也不再变动。

一、仪器装置

电位滴定可用电位滴定仪、酸度计或电位差计，永停滴定可用永停滴定仪或按图示装置。

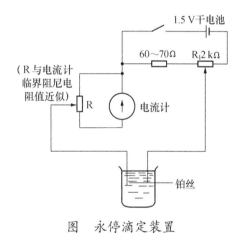

图　永停滴定装置

电流计的灵敏度除另有规定外，测定水分时用10^{-6}A／格，重氮化法用10^{-9}A／格。所用电极可按下表选择。

方 法	电 极 系 统	说 明
水溶液氧化还原法	铂-饱和甘汞	铂电极用加有少量三氯化铁的硝酸或用铬酸清洁液浸洗
水溶液中和法	玻璃-饱和甘汞	
非水溶液中和法	玻璃-饱和甘汞	饱和甘汞电极套管内装氯化钾的饱和无水甲醇溶液。玻璃电极用过后应即清洗并浸在水中保存
水溶液银量法	银-玻璃	银电极可用稀硝酸迅速浸洗
	银-硝酸钾盐桥-饱和甘汞	
−C≡CH中氢置换法	玻璃-硝酸钾盐桥-饱和甘汞	
硝酸汞电位滴定法	铂-汞-硫酸亚汞	铂电极可用10%(g/ml)硫代硫酸钠溶液浸泡后用水清洗。汞-硫酸亚汞电极可用稀硝酸浸泡后用水清洗
永停滴定法	铂-铂	铂电极用加有少量三氯化铁的硝酸或用铬酸清洁液浸洗

二、滴定法

1. 电位滴定法 将盛有供试品溶液的烧杯置电磁搅拌器上，浸入电极，搅拌，并自滴定管中分次滴加滴定液；开始时可每次加入较多的量，搅拌，记录电位；至将近终点前，则应每次加入少量，搅拌，记录电位；至突跃点已过，仍应继续滴加几次滴定液，并记录电位。

滴定终点的确定 终点的确定分为作图法和计算法两种。作图法是以指示电极的电位（E）为纵坐标，以滴定液体积（V）为横坐标，绘制滴定曲线，以滴定曲线的陡然上升或下降部分的中点或曲线的拐点为滴定终点。根据试验得到的E值与相应的V值，依次计算一级微商$\Delta E / \Delta V$（相邻两次的电位差与相应滴定液体积差之比）和二级微商$\Delta^2 E / \Delta V^2$（相邻$\Delta E / \Delta V$值间的差与相应滴定液体积差之比）值，将测定值（E, V）和计算值列表。再将计算值$\Delta E / \Delta V$或$\Delta^2 E / \Delta V^2$作为纵坐标，以相应的滴定液体积（V）为横坐标作图，一级微商$\Delta E / \Delta V$的极值和二级微商$\Delta^2 E / \Delta V^2$等于零（曲线过零）时对应的体积即为滴定终点。前者称为一阶导数法，终点时的滴定液体积也可由计算求得，即$\Delta E / \Delta V$达极值时前、后两个滴定液体积读数的平均值；后者称为二阶导数法，终点时的滴定液体积也可采用曲线过零前、后两点坐标的线性内插法计算，即：

$$V_0 = V + \frac{a}{a+b} \times \Delta V$$

式中 V_0为终点时的滴定液体积；

        a为曲线过零前的二级微商绝对值；

        b为曲线过零后的二级微商绝对值；

        V为a点对应的滴定液体积；

        ΔV为由a点至b点所滴加的滴定液体积。

由于二阶导数计算法最准确，所以最为常用。

采用自动电位滴定仪可方便地获得滴定数据或滴定曲线。

如系供终点时指示剂色调的选择或核对，可在滴定前加入指示剂，观察终点前至终点后的颜色变化，以确定该品种在滴定终点时的指示剂颜色。

2. 永停滴定法 用作重氮化法的终点指示时，调节R_1使加于电极上的电压约为50mV。取供试品适量，精密称定，置烧杯中，除另有规定外，可加水40ml与盐酸溶液（1→2）15ml，而后置电磁搅拌器上，搅拌使溶解；再加溴化钾2g，插入铂-铂电极后，将滴定管的尖端插入液面下约2/3处，用亚硝酸钠滴定液（0.1mol/L或0.05mol/L）迅速滴定；随滴随搅拌，至近终点时，将滴定管的尖端提出液面，用少量水淋洗尖端，洗液并入溶液中，继续缓缓滴定，至电流计指针突然偏转，并不再回复，即为滴定终点。

用作水分测定法第一法的终点指示时，可调节R_1使电流计的初始电流为5~10μA，待滴定到电流突增至50~150μA，并持续数分钟不退回，即为滴定终点。

0702 非水溶液滴定法

本法是在非水溶剂中进行滴定的方法。主要用来测定有机碱及其氢卤酸盐、磷酸盐、硫酸盐或有机酸盐，以及有机酸碱金属盐类药物的含量。也用于测定某些有机弱酸的含量。

非水溶剂的种类

（1）酸性溶剂 有机弱碱在酸性溶剂中可显著地增强其相对碱度，最常用的酸性溶剂为冰醋酸。

（2）碱性溶剂　有机弱酸在碱性溶剂中可显著地增强其相对酸度，最常用的碱性溶剂为二甲基甲酰胺。

（3）两性溶剂　兼有酸、碱两种性能，最常用的为甲醇。

（4）惰性溶剂　这一类溶剂没有酸、碱性，如苯、三氯甲烷等。

第一法

除另有规定外，精密称取供试品适量〔约消耗高氯酸滴定液（0.1mol/L）8ml〕，加冰醋酸10～30ml使溶解，加各药品项下规定的指示液1～2滴，用高氯酸滴定液（0.1mol/L）滴定。终点颜色应以电位滴定时的突跃点为准，并将滴定的结果用空白试验校正。

若滴定供试品与标定高氯酸滴定液时的温度差别超过10℃，则应重新标定；若未超过10℃，则可根据下式将高氯酸滴定液的浓度加以校正。

$$N_1 = \frac{N_0}{1+0.0011\,(t_1-t_0)}$$

式中　0.0011为冰醋酸的膨胀系数；

t_0为标定高氯酸滴定液时的温度；

t_1为滴定样品时的温度；

N_0为t_0时高氯酸滴定液的浓度；

N_1为t_1时高氯酸滴定液的浓度。

供试品如为氢卤酸盐，除另有规定外，可在加入醋酸汞试液3～5ml后，再进行滴定（因醋酸汞试液具有一定毒性，故在方法建立时，应尽量减少使用）；供试品如为磷酸盐，可以直接滴定；硫酸盐也可直接滴定，但滴定至其成硫酸氢盐为止；供试品如为硝酸盐时，因硝酸可使指示剂褪色，终点极难观察，遇此情况应以电位滴定法指示终点为宜。

电位滴定时用玻璃电极为指示电极，饱和甘汞电极（玻璃套管内装氯化钾的饱和无水甲醇溶液）或银-氯化银电极为参比电极，或复合电极。

第二法

除另有规定外，精密称取供试品适量〔约消耗碱滴定液（0.1mol/L）8ml〕，加各品种项下规定的溶剂使溶解，再加规定的指示液1～2滴，用规定的碱滴定液（0.1mol/L）滴定。终点颜色应以电位滴定时的突跃点为准，并将滴定的结果用空白试验校正。

在滴定过程中，应注意防止溶剂和碱滴定液吸收大气中的二氧化碳和水蒸气，以及滴定液中溶剂的挥发。

电位滴定时所用的电极同第一法。

0703 氧瓶燃烧法

本法系将分子中含有卤素或硫等元素的有机药物在充满氧气的燃烧瓶中进行燃烧，俟燃烧产物被吸入吸收液后，再采用适宜的分析方法来检查或测定卤素或硫等元素的含量。

仪器装置

燃烧瓶为500ml、1000ml或2000ml磨口、硬质玻璃锥形瓶，瓶塞应严密、空心，底部熔封铂丝一根（直径为1mm），铂丝下端做成网状或螺旋状，长度约为瓶身长度的2/3，如图1。

图1 燃烧瓶

操作法

按各品种项下的规定，精密称取供试品（如为固体，应研细）适量，除另有规定外，置于无灰滤纸（图2a）中心，按虚线折叠（图2b）后，固定于铂丝下端的网内或螺旋处，使尾部露出。如为液体供试品，可在透明胶纸和滤纸做成的纸袋中称样，方法为将透明胶纸剪成规定的大小和形状（图2c），中部贴一约16mm×6mm的无灰滤纸条，并于其突出部分贴一6mm×35mm的无灰滤纸条（图2d），将胶纸对折，紧粘住底部及另一边，并使上口敞开（图2e）；精密称定重量，用滴管将供试品从上口滴在无灰滤纸条上，立即捏紧粘住上口，精密称定重量，两次重量之差即为供试品的重量。将含有供试品的纸袋固定于铂丝下端的网内或螺旋处，使尾部露出。另在燃烧瓶内按各品种项下的规定加入吸收液，并将瓶口用水湿润，小心急速通入氧气约1分钟（通气管应接近液面，使瓶内空气排尽），立即用表面皿覆盖瓶口，移置他处；点燃包有供试品的滤纸尾部，迅速放入燃烧瓶中，按紧瓶塞，用水少量封闭瓶口，俟燃烧完毕（应无黑色碎片），充分振摇，使生成的烟雾被完全吸入吸收液中，放置15分钟，用水少量冲洗瓶塞及铂丝，合并洗液及吸收液。同法另做空白试验。然后按各品种项下规定的方法进行检查或测定。

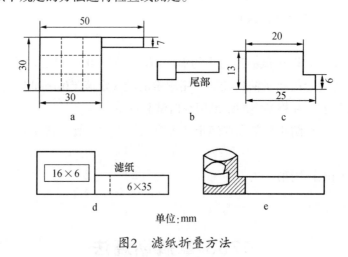

图2 滤纸折叠方法

【附注】 操作中在燃烧时要有防爆措施。

0704 氮测定法

本法系依据含氮有机物经硫酸消化后，生成的硫酸铵被氢氧化钠分解释放出氨，后者借水蒸气被蒸馏入硼酸液中生成硼酸铵，最后用强酸滴定，依据强酸消耗量可计算出供试品的氮含量。

第一法　常量法

取供试品适量（相当于含氮量25~30mg），精密称定，供试品如为固体或半固体，可用滤纸称取，并连同滤纸置干燥的500ml凯氏烧瓶中；然后依次加入硫酸钾（或无水硫酸钠）10g和硫酸铜粉末0.5g，再沿瓶壁缓缓加硫酸20ml；在凯氏烧瓶口放一小漏斗并使凯氏烧瓶成45°斜置，用直火缓缓加热，使溶液的温度保持在沸点以下，等泡沸停止，强热至沸腾，俟溶液成澄明的绿色后，除另有规定外，继续加热30分钟，放冷。沿瓶壁缓缓加水250ml，振摇使混合，放冷后，加40%氢氧化钠溶液75ml，注意使沿瓶壁流至瓶底，自成一液层，加锌粒数粒，用氮气球将凯氏烧瓶与冷凝管连接；另取2%硼酸溶液50ml，置500ml锥形瓶中，加甲基红-溴甲酚绿混合指示液10滴；将冷凝管的下端插入硼酸溶液的液面下，轻轻摆动凯氏烧瓶，使溶液混合均匀，加热蒸馏，至接收液的总体积约为250ml时，将冷凝管尖端提出液面，使蒸气冲洗约1分钟，用水淋洗尖端后停止蒸馏；馏出液用硫酸滴定液（0.05mol/L）滴定至溶液由蓝绿色变为灰紫色，并将滴定的结果用空白试验校正。每1ml硫酸滴定液（0.05mol/L）相当于1.401mg的N。

第二法　半微量法

蒸馏装置如图，图中A为1000ml圆底烧瓶，B为安全瓶，C为连有氮气球的蒸馏器，D为漏斗，E为直形冷凝管，F为100ml锥形瓶，G、H为橡皮管夹。

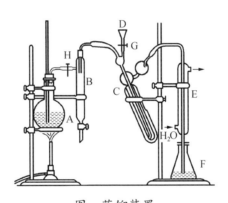

图　蒸馏装置

连接蒸馏装置，A瓶中加水适量与甲基红指示液数滴，加稀硫酸使成酸性，加玻璃珠或沸石数粒，从D漏斗加水约50ml，关闭G夹，开放冷凝水，煮沸A瓶中的水；当蒸汽从冷凝管尖端冷凝而出时，移去火源，关H夹，使C瓶中的水反抽到B瓶；开G夹，放出B瓶中的水，关B瓶及G夹，将冷凝管尖端插入约50ml水中，使水自冷凝管尖端反抽至C瓶，再抽至B瓶，如上法放去。如此将仪器内部洗涤2~3次。

取供试品适量（约相当于含氮量1.0~2.0mg），精密称定，置干燥的30~50ml凯氏烧瓶中，加硫酸钾（或无水硫酸钠）0.3g与30%硫酸铜溶液5滴，再沿瓶壁滴加硫酸2.0ml；在凯氏烧瓶口放一小漏斗，并使烧瓶成45°斜置，用小火缓缓加热使溶液保持在沸点以下，等泡沸停止，逐步加大火力，沸腾至溶液成澄明的绿色后，除另有规定外，继续加热10分钟，放冷，加水2ml。

取2%硼酸溶液10ml，置100ml锥形瓶中，加甲基红-溴甲酚绿混合指示液5滴，将冷凝管尖端插入液面下。然后，将凯氏烧瓶中内容物经由D漏斗转入C蒸馏瓶中，用水少量淋洗凯氏烧瓶及漏斗数次，再加入40%氢氧化钠溶液10ml，用少量水再洗漏斗数次，关G夹；加热A瓶进行蒸气蒸馏，至硼酸液开始由酒红色变为蓝绿色时起，继续蒸馏约10分钟后，将冷凝管尖端提出液面，使蒸气继续冲洗约1分钟，用水淋洗尖端后停止蒸馏。

馏出液用硫酸滴定液（0.005mol/L）滴定至溶液由蓝绿色变为灰紫色，并将滴定的结果用空白（空白和供试品所得馏出液的容积应基本相同，70~75ml）试验校正。每1ml硫酸滴定液（0.005mol/L）相当于0.1401mg的N。

取用的供试品如在0.1g以上时，应适当增加硫酸的用量，使消解作用完全，并相应地增加40%氢氧化钠溶液的用量。

【附注】

（1）蒸馏前应蒸洗蒸馏器15分钟以上。

（2）硫酸滴定液（0.005mol/L）的配制　精密量取硫酸滴定液（0.05mol/L）100ml，置于1000ml量瓶中，加水稀释到刻度，摇匀。

第三法　定氮仪法

本法适应于常量及半微量法测定含氮化合物中氮的含量。

半自动定氮仪由消化仪和自动蒸馏仪组成；全自动定氮仪由消化仪、自动蒸馏仪和滴定仪组成。

根据供试品的含氮量参考常量法（第一法）或半微量法（第二法）称取样品置消化管中，依次加入适量硫酸钾、硫酸铜和硫酸，把消化管放入消化仪中，按照仪器说明书的方法开始消解〔通常为150℃，5分钟（去除水分）；350℃，5分钟（接近硫酸沸点）；400℃，60~80分钟〕至溶液成澄明的绿色，再继续消化10分钟，取出，冷却。

将配制好的碱液、吸收液和适宜的滴定液分别置自动蒸馏仪相应的瓶中，按照仪器说明书的要求将已冷却的消化管装入正确位置，关上安全门，连接水源，设定好加入试剂的量、时间、清洗条件及其他仪器参数等。如为全自动定氮仪，即开始自动蒸馏和滴定；如为半自动定氮仪，则取馏出液照第一法或第二法滴定，测定氮的含量。

0711 乙醇量测定法

一、气相色谱法

本法系采用气相色谱法（附录0521）测定各种含乙醇制剂中在20℃时乙醇（C_2H_5OH）的含量（%，ml/ml）。除另有规定外，按下列方法测定。

第一法　毛细管柱法

色谱条件与系统适用性试验　采用（6%）氰丙基苯基-（94%）二甲基聚硅氧烷为固定液的毛细管柱；起始温度为40℃，维持2分钟，以每分钟3℃的速率升温至65℃，再以每分钟25℃的速率升温至200℃，维持10分钟；进样口温度200℃；检测器（FID）温度220℃；采用顶空分流进样，分流比为1:1；顶空瓶平衡温度为85℃，平衡时间为20分钟。理论板数按乙醇峰计算应不低于10 000，乙醇峰与正丙醇峰的分离度应大于2.0。

校正因子测定　精密量取恒温至20℃的无水乙醇5ml，平行两份，置100ml量瓶中；精密加入恒温至20℃的正丙醇（内标物质）5ml，用水稀释至刻度，摇匀；精密量取该溶液1ml，置100ml量瓶中，用水稀释至刻度，摇匀（必要时可进一步稀释），作为对照品溶液。精密量取3ml，置10ml顶空进样瓶中，密封，顶空进样，每份对照品溶液进样3次；测定峰面积，计算平均校正因子，所得校正因子的相对标准偏差不得大于2.0%。

测定法 精密量取恒温至20℃的供试品适量（相当于乙醇约5ml），置100ml量瓶中；精密加入恒温至20℃的正丙醇5ml，用水稀释至刻度，摇匀；精密量取该溶液1ml，置100ml量瓶中，用水稀释至刻度，摇匀（必要时可进一步稀释），作为供试品溶液。精密量取3ml，置10ml顶空进样瓶中，密封，顶空进样，测定峰面积，按内标法以峰面积计算，即得。

【附注】 毛细管柱建议选择大口径、厚液膜色谱柱，规格为30m×0.53mm×3.00μm。

第二法　填充柱法

色谱条件与系统适用性试验 用直径为0.18～0.25mm的二乙烯苯-乙基乙烯苯型高分子多孔小球作为载体；柱温为120～150℃。理论板数按正丙醇峰计算应不低于700，乙醇峰与正丙醇峰的分离度应大于2.0。

校正因子测定 精密量取恒温至20℃的无水乙醇4ml、5ml、6ml，分别置100ml量瓶中；分别精密加入恒温至20℃的正丙醇（内标物质）5ml，用水稀释至刻度，摇匀（必要时可进一步稀释）。取上述三种溶液各适量，注入气相色谱仪，分别连续进样3次，测定峰面积，计算校正因子，所得校正因子的相对标准偏差不得大于2.0%。

测定法 精密量取恒温至20℃的供试品溶液适量（相当于乙醇约5ml），置100ml量瓶中；精密加入恒温至20℃的正丙醇5ml，用水稀释至刻度，摇匀（必要时可进一步稀释）；取适量注入气相色谱仪，测定峰面积，按内标法以峰面积计算，即得。

【附注】 （1）在不含内标物质的供试品溶液的色谱图中，与内标物质峰相应的位置处不得出现杂质峰。

（2）除另有规定外，若蒸馏法测定结果与气相色谱法不一致，以气相色谱法测定结果为准。

二、蒸馏法

本法系蒸馏后测定相对密度的方法测定各种含乙醇制剂中在20℃时乙醇（C_2H_5OH）的含量（%）（ml/ml）。按照制剂的性质不同，选用下列三法中之一进行测定。

第一法

本法系供测定甘油制剂中的乙醇含量。根据制剂中含乙醇量的不同，又可分为两种情况。

1．含乙醇量低于30%者 取供试品，调节温度至20℃，精密量取25ml，置150～200ml蒸馏瓶中，加水约25ml，加玻璃珠数粒或沸石等物质，连接冷凝管，直火加热，缓缓蒸馏，速度以馏出液液滴连续但不成线为宜。馏出液导入25ml量瓶中，俟馏出液约达23ml时，停止蒸馏。调节馏出液温度至20℃，加20℃的水至刻度，摇匀，在20℃时按相对密度测定法（附录0601）依法测其相对密度。在乙醇相对密度表内（见表）查出乙醇的含量（%）（ml/ml），即得。

2．含乙醇量高于30%者 取供试品，调节温度至20℃，精密量取25ml，置150～200ml蒸馏瓶中，加水约50ml，如上法蒸馏。馏出液导入50ml量瓶中，俟馏出液约达48ml时，停止蒸馏。按上法测其相对密度。将查得所含乙醇的含量（%）（ml/ml）与2相乘，即得。

第二法

本法系供测定含有挥发性物质如挥发油、三氯甲烷、乙醚、樟脑等的制剂中的乙醇量。根据制剂中含乙醇量的不同，也可分为两种情况。

1．含乙醇量低于30%者 取供试品，调节温度至20℃，精密量取25ml，置150ml分液漏斗中，加等量的水，并加入氯化钠使之饱和；再加石油醚，振摇提取1～3次，每次约25ml，使干扰测定的挥发性物质溶入石油醚层中；静置俟两液分离，分取下层水液，置150～200ml蒸馏瓶中，合并石油醚层并用氯化钠的饱和溶液洗涤3次，每次约10ml，洗液并入蒸馏瓶中，照上述第一法蒸馏（馏出液约23ml）并测定。

2. 含乙醇量高于30%者 取供试品，调节温度至20℃，精密量取25ml，置250ml分液漏斗中，加水约50ml，如上法加入氯化钠使之饱和；用石油醚提取1~3次，分取下层水液，照上述第一法蒸馏（馏出液约48ml）并测定。

供试品中加石油醚振摇后，如发生乳化现象时，或经石油醚处理后，馏出液仍很浑浊时，可另取供试品，加水稀释，照第一法蒸馏，再将得到的馏出液照本法处理、蒸馏并测定。

第三法

本法系供测定含有游离氨或挥发性酸的制剂中的乙醇量。供试品中含有游离氨，可酌加稀硫酸，使成微酸性；如含有挥发性酸，可酌加氢氧化钠试液，使成微碱性。再按第一法蒸馏、测定。如同时含有挥发油，除按照上法处理外，并照第二法处理。供试品中如含有肥皂，可加过量硫酸，使肥皂分解，再依法测定。

【附注】 （1）任何一法的馏出液如显浑浊，可加滑石粉或碳酸钙振摇，滤过，使溶液澄清，再测定相对密度。

（2）蒸馏时，如发生泡沫，可在供试品中酌加硫酸或磷酸，使成强酸性，或加稀过量的氯化钙溶液，或加少量石蜡后再蒸馏。

（3）建议选择大口径、厚液膜色谱柱，规格为30m×0.53mm×3.00μm。

表　乙醇相对密度表

相对密度 （20℃/20℃）	浓度 （%）（ml/ml）	相对密度 （20℃/20℃）	浓度 （%）（ml/ml）
0.9992	0.5	0.9970	2.0
0.9985	1.0	0.9968	2.5
0.9978	1.5	0.9956	3.0
0.9949	3.5	0.9732	22.0
0.9942	4.0	0.9726	22.5
0.9935	4.5	0.9721	23.0
0.9928	5.0	0.9715	23.5
0.9922	5.5	0.9710	24.0
0.9915	6.0	0.9704	24.5
0.9908	6.5	0.9698	25.0
0.9902	7.0	0.9693	25.5
0.9896	7.5	0.9687	26.0
0.9889	8.0	0.9681	26.5
0.9883	8.5	0.9675	27.0
0.9877	9.0	0.9670	27.5
0.9871	9.5	0.9664	28.0
0.9865	10.0	0.9658	28.5
0.9859	10.5	0.9652	29.0
0.9853	11.0	0.9646	29.5
0.9847	11.5	0.9640	30.0

（续）

相对密度 （20℃/20℃）	浓度 （%）（ml/ml）	相对密度 （20℃/20℃）	浓度 （%）（ml/ml）
0.9841	12.0	0.9633	30.5
0.9835	12.5	0.9627	31.0
0.9830	13.0	0.9621	31.5
0.9824	13.5	0.9614	32.0
0.9818	14.0	0.9608	32.5
0.9813	14.5	0.9601	33.0
0.9807	15.0	0.9594	33.5
0.9802	15.5	0.9587	34.0
0.9796	16.0	0.9580	34.5
0.9790	16.5	0.9573	35.0
0.9785	17.0	0.9566	35.5
0.9780	17.5	0.9558	36.0
0.9774	18.0	0.9551	36.5
0.9769	18.5	0.9544	37.0
0.9764	19.0	0.9536	37.5
0.9758	19.5	0.9529	38.0
0.9753	20.0	0.9521	38.5
0.9748	20.5	0.9513	39.0
0.9743	21.0	0.9505	39.5
0.9737	21.5	0.9497	40.0
0.9489	40.5	0.9403	45.5
0.9481	41.0	0.9394	46.0
0.9473	41.5	0.9385	46.5
0.9465	42.0	0.9376	47.0
0.9456	42.5	0.9366	47.5
0.9447	43.0	0.9357	48.0
0.9439	43.5	0.9347	48.5
0.9430	44.0	0.9338	49.0
0.9421	44.5	0.9328	49.5
0.9412	45.0	0.9318	50.0

0712 甲氧基、乙氧基与羟丙氧基测定法

本法系采用气相色谱法（附录0521）或容量法测定甲基纤维素、乙基纤维素、羟丙纤维素或羟丙甲纤维素等药用辅料中所含的甲氧基、乙氧基和羟丙氧基。

可选择第一法或第二法测定，当第二法测定结果不符合规定时，应以第一法测定结果为判定依据。

第一法　气相色谱法

1．色谱条件与系统适用性试验　用25%苯基-75%甲基聚硅氧烷为固定液，涂布浓度为20%的填充柱，或用6%氰丙基苯基-94%二甲基硅氧烷（或极性相近的固定液）为固定液的毛细管色谱柱；起始温度为100℃，维持8分钟，再以每分钟50℃的速率升温至230℃，维持2分钟；进样口温度为200℃；检测器〔氢火焰离子化检测器（FID）或热导检测器（TCD）〕温度为250℃。理论板数按正辛烷峰计算不低于1500（填充柱）或10 000（毛细管柱），对照品峰与内标物质峰的分离度应符合要求。取对照品溶液1μl注入气相色谱仪，连续进样5次，计算校正因子，相对标准偏差应不大于3.0%。

2．测定法　取供试品约65mg，精密称定，置已称重的反应瓶中（可取10ml的顶空进样瓶），加己二酸80mg，精密加入内标溶液（取正辛烷0.5g，置100ml量瓶中，加邻二甲苯溶解并稀释至刻度，摇匀，即得）与57%氢碘酸溶液各2ml，密封，精密称定，于130～150℃振荡60分钟，或在130～150℃加热30分钟后，剧烈振摇5分钟；继续在130～150℃加热30分钟，冷却，精密称定。若减失重量小于反应瓶中内容物的0.50%，且无渗漏，可直接取混合液的上层液体作为供试品溶液；若减失重量大于反应瓶中内容物的0.50%，则应按上法重新制备供试品溶液。另取己二酸80mg，置已称重的反应瓶中，精密加入内标溶液与57%氢碘酸溶液各2ml，密封，精密称定；根据供试品中所含甲氧基、乙氧基和羟丙氧基的量，用注射器穿刺加入相应的碘甲烷、碘乙烷和2-碘丙烷对照品，精密称定；两次称重结果相减即为对照品的加入量。振摇约30秒种，静置，取上层液体作为对照品溶液。取供试品溶液与对照品溶液各1μl，分别注入气相色谱仪，记录色谱图，按内标法以峰面积计算，并将结果乘以系数〔碘甲烷（分子量141.94）转换为甲氧基（分子量31.03）系数为0.2186；碘乙烷（分子量155.97）转换为乙氧基（分子量45.06）系数为0.2889；2-碘丙烷（分子量169.99）转换为羟丙氧基（分子量75.09）系数为0.4417〕，即得。

第二法　容量法

（一）羟丙氧基测定

1．仪器装置　如图1。

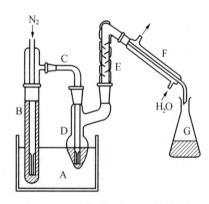

图1　羟丙氧基测定仪器装置

图中D为25ml双颈蒸馏瓶，侧颈与外裹铝箔的长度为95mm的分馏柱E相连接；C为接流管，末端内径为0.25~1.25mm，插入蒸馏瓶内；B为蒸汽发生管（25mm×150mm），亦具末端内径为0.25~1.25mm的气体导入管，并与C相通；F为冷凝管，外管长100mm，与E连接；G为125ml具刻度的带玻塞锥形瓶，供收集馏液用。D与B均浸入可控温的电热油浴A中，维持温度为155℃。

2．测定法　取各品种项下规定量的供试品，精密称定，置蒸馏瓶D中，加30%（g/g）三氧化铬溶液10ml。于蒸汽发生管B中装入水至近接头处，连接蒸馏装置。将B与D均浸入油浴中（可为甘油），使油浴液面与D瓶中三氧化铬溶液的液面相一致。开启冷却水，必要时通入氮气流并控制其流速为每秒钟约1个气泡。于30分钟内将油浴升温至155℃，并维持此温度至收集馏液约50ml，将冷凝管自分馏柱上取下，用水冲洗，洗液并入收集液中，加酚酞指示液2滴，用氢氧化钠滴定液（0.02mol／L）滴定至pH值为6.9～7.1（用酸度计测定），记录消耗滴定液的体积V_1（ml）；而后加碳酸氢钠0.5g与稀硫酸10ml，静置至不再产生二氧化碳气体为止；加碘化钾1.0g，密塞，摇匀，置暗处放置5分钟；加淀粉指示液lml，用硫代硫酸钠滴定液（0.02mol／L）滴定至终点，记录消耗滴定液的体积V_2（ml）。另做空白试验，分别记录消耗的氢氧化钠滴定液（0.02mol／L）与硫代硫酸钠滴定液（0.02mol／L）的体积V_a与V_b，按下式计算，即得。

$$羟丙氧基的含量 = （V_1M_1 - KV_2M_2）\times \frac{0.0751}{W} \times 100\%$$

式中　K为空白校正系数（M_1V_a）／（M_2V_b）；

V_1为供试品消耗氢氧化钠滴定液（0.02mol／L）的体积，ml；

V_2为供试品消耗硫代硫酸钠滴定液（0.02mol／L）的体积，ml；

V_a为空白试验消耗氢氧化钠滴定液（0.02mol／L）的体积，ml；

V_b为空白试验消耗硫代硫酸钠滴定液（0.02mol／L）的体积，ml；

W为供试品的重量，g；

M_1为氢氧化钠滴定液的浓度，mol／L；

M_2为硫代硫酸钠滴定液的浓度，mol／L；

0.0751为羟丙氧基（$OCH_2CHOHCH_3$）的毫摩尔质量。

（二）甲氧基测定

1. **仪器装置**　如图2。A为50ml圆底烧瓶，侧部具一内径为1mm的支管供导入二氧化碳或氮气流用；瓶颈垂直装有长约25cm、内径为9mm的直形空气冷凝管E，其上端弯曲成出口向下、并缩为内径2mm的玻璃毛细管，浸入内盛水约2ml的洗气瓶B中；洗气瓶具出口为一内径约7mm的玻璃管，其末端为内径4mm可拆卸的玻璃管，可浸入两个相连接的接收容器C、D中的第一个容器C内液面之下。

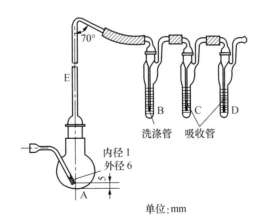

图2　甲氧基测定仪器装置

2. **测定法**　取干燥的供试品（相当于甲氧基10mg），精密称定，置烧瓶中，加熔融的苯酚2.5ml与氢碘酸5ml，连接上述装置；另在两个接收容器内，分别加入10%醋酸钾的冰醋酸溶液6ml

与4ml，再各加溴0.2ml；通过支管将CO_2或N_2气流缓慢而均衡地（每秒钟1~2个气泡为宜）通入烧瓶，缓缓加热使温度控制在恰使沸腾液体的蒸气上升至冷凝管的半高度（约至30分钟使油液温度上升至135~140℃），在此温度下通常在45分钟可完成反应（根据供试品的性质而定，如果供试品中含有多于两个甲氧基时，加热时间应延长到1~3小时）。而后拆除装置，将两只接收容器的内容物倾入250ml碘瓶（内盛25%醋酸钠溶液5ml）中，并用水淋洗使总体积约为125ml；加入甲酸0.3ml，转动碘瓶至溴的颜色消失；再加入甲酸0.6ml，密塞振摇，使过量的溴完全消失，放置1~2分钟；加入碘化钾1.0g与稀硫酸5ml，用硫代硫酸钠滴定液（0.1mol／L）滴定，并将滴定的结果用空白试验校正。每1ml硫代硫酸钠滴定液（0.1mol／L）相当于0.5172mg的甲氧基。

【注意事项】

（1）碘甲烷、碘乙烷和2-碘丙烷均为极易挥发性物质，应在进样前，打开反应瓶密封盖后，立即将上层液体移入进样瓶；进样瓶的密封性应良好。

（2）碘甲烷、碘乙烷和2-碘丙烷均应避光保存，放置过程中释放出碘，使溶液颜色逐渐加深，每次测定前应进行标化（见附注），计算含量时应进行折算。

（3）57%氢碘酸可直接从市场购买，也可取市售的氢碘酸试剂置于全玻璃仪器中，加适量次亚磷酸，使氢碘酸的颜色由棕色变为无色，加热，同时缓缓通入氮气，收集126~127℃的馏分，纯化后的氢碘酸贮藏于有良好密封性的棕色玻璃瓶中，充氮保存。

【附注】碘甲烷、碘乙烷和2-碘丙烷的标化

1．**纯度测定**（气相色谱法）　避光操作。用6%氰丙基苯基-94%二甲基硅氧烷（或极性相近的固定液）为固定液的毛细管柱；起始温度为60℃，维持8分钟，再以每分钟10℃的速率升温至150℃，维持10分钟；进样口温度为200℃；检测器〔氢火焰离子化检测（FID）或热导检测（TCD）〕温度为250℃。取本品1μl，注入气相色谱仪，记录色谱图，按峰面积归一化法计算主峰相对百分含量，不得低于99.5%。

2．**含量测定**（容量法）　避光操作。取乙醇10ml，置100ml量瓶中，精密称定，加碘甲烷（或碘乙烷，或2-碘丙烷）1.0ml，精密称定，用乙醇稀释至刻度，摇匀；精密量取20ml，置100ml量瓶中，精密加硝酸银滴定液（0.1mol/L）50ml与硝酸2ml，时时振摇2小时，避光，放置过夜；继续时时振摇2小时，用水稀释至刻度，摇匀，滤过，弃去初滤液20ml；精密量取续滤液50ml，加硫酸铁铵指示液2ml，用硫氰酸铵滴定液（0.1mol/L）滴定，并将滴定结果用空白试验校正。每1ml硝酸银滴定液（0.1mol/L）相当于14.19mg的碘甲烷（CH_3I）、〔15.60mg的碘乙烷（C_2H_5I）或17.00mg的2-碘丙烷（C_3H_7I）〕，含碘甲烷（或碘乙烷，或2-碘丙烷）不得低于98.0%。

0713 脂肪与脂肪油测定法

液体供试品如因析出硬脂发生浑浊时，应先置50℃的水浴上加热，使完全熔化成澄清液体；加热后如仍显浑浊，可离心沉降或用干燥的保温滤器滤过使澄清；将得到的澄清液体搅匀，趁其尚未凝固，用附有滴管的称量瓶或附有玻勺的称量杯，分别称取下述各项检验所需的供试品。固体供试品应先在不高于其熔点10℃的温度下熔化，离心沉降或滤过，再依法称取。

1．**相对密度的测定**　照相对密度测定法（附录0601）测定。

2．**折光率的测定**　照折光率测定法（附录0622）测定。

3．**熔点的测定**　照熔点测定法（附录0612第二法）测定。

4．脂肪酸凝点的测定

（1）脂肪酸的提取　取20%（g/g）氢氧化钾的甘油溶液75g，置800ml烧杯中，加供试品50g，于150℃在不断搅拌下皂化15分钟，放冷至约100℃，加入新沸的水500ml，搅匀，缓缓加入硫酸溶液（1→4）50ml，加热至脂肪酸明显分离为一个透明层；趁热将脂肪酸移入另一烧杯中，用新煮沸的水反复洗涤，至洗液加入甲基橙指示液显黄色，趁热将澄清的脂肪酸放入干燥的小烧杯中，加无水乙醇5ml，搅匀，用小火加热至无小气泡逸出，即得。

（2）凝点的测定　取按上法制成的干燥脂肪酸，照凝点测定法（附录0613）测定。

5．酸值的测定
酸值系指中和脂肪、脂肪油或其他类似物质1g中含有的游离脂肪酸所需氢氧化钾的重量（mg），但在测定时可采用氢氧化钠滴定液（0.1mol/L）进行滴定。

酸　值	称　重(g)	酸　值	称　重(g)
0.5	10	100	1
1	5	200	0.5
10	4	300	0.4
50	2		

除另有规定外，按表中规定的重量，精密称取供试品，置250ml锥形瓶中，加乙醇-乙醚（1:1）混合液〔临用前加酚酞指示液1.0ml，用氢氧化钠滴定液（0.1mol/L）调至微显粉红色〕50ml，振摇使完全溶解（如不易溶解，可缓慢加热回流使溶解），用氢氧化钠滴定液（0.1mol/L）滴定，至粉红色持续30秒钟不褪。以消耗氢氧化钠滴定液（0.1mol/L）的体积（ml）为A，供试品的重量（g）为W，照下式计算酸值：

$$供试品的酸值 = \frac{A \times 5.61}{W}$$

滴定酸值在10以下的油脂时，可用10ml的半微量滴定管。

6．皂化值的测定
皂化值系指中和并皂化脂肪、脂肪油或其他类似物质1g中含有的游离酸类和酯类所需氢氧化钾的重量（mg）。

取供试品适量〔其重量（g）约相当于250/供试品的最大皂化值〕，精密称定，置250ml锥形瓶中，精密加入0.5mol/L氢氧化钾乙醇溶液25ml，加热回流30分钟，然后用乙醇10ml冲洗冷凝器的内壁和塞的下部，加酚酞指示液1.0ml，用盐酸滴定液（0.5mol/L）滴定剩余的氢氧化钾，至溶液的粉红色刚好褪去，加热至沸，如溶液又出现粉红色，再滴定至粉红色刚好褪去；同时做空白试验。以供试品消耗的盐酸滴定液（0.5mol/L）的体积（ml）为A，空白试验消耗的体积（ml）为B，供试品的重量（g）为W，照下式计算皂化值：

$$供试品的皂化值 = \frac{(B-A) \times 28.05}{W}$$

7．羟值的测定
羟值系指供试品1g中含有的羟基，经用下法酰化后所需氢氧化钾的重量（mg）。

羟　值	称　重(g)	羟　值	称　重(g)
10 ~ 100	2.0	200~250	0.75
100 ~ 150	1.5	250~300	0.60
150 ~ 200	1.0		

除另有规定外，按表中规定的重量，精密称取供试品，置干燥的250ml具塞锥形瓶中，精密加入酰化剂（取对甲苯磺酸14.4g，置500ml锥形瓶中，加乙酸乙酯360ml，振摇溶解后，缓缓加入醋

酐120ml，摇匀，放置3日后备用）5ml，用吡啶少许湿润瓶塞，稍拧紧，轻轻摇动使完全溶解，置50℃±1℃水浴中25分钟（每10分钟轻轻摇动）后，放冷，加吡啶-水（3:5）20ml，5分钟后加甲酚红-麝香草酚蓝混合指示液8～10滴，用氢氧化钾（或氢氧化钠）滴定液（1mol/L）滴定至溶液显灰蓝色或蓝色；同时做空白试验。以供试品消耗的氢氧化钾（或氢氧化钠）滴定液（1mol/L）的体积（ml）为A，空白试验消耗的体积（ml）为B，供试品的重量（g）为W，供试品的酸值为D，照下式计算羟值：

$$供试品的羟值 = \frac{(B-A) \times 56.1}{W} + D$$

8．碘值的测定　碘值系指脂肪、脂肪油或其他类似物质100g，当充分卤化时所需的碘量（g）。

取供试品适量〔其重量（g）约相当于25/供试品的最大碘值〕，精密称定，置250ml的干燥碘瓶中，加三氯甲烷10ml，溶解后，精密加入溴化碘溶液25ml，密塞，摇匀，在暗处放置30分钟；加入新制的碘化钾试液10ml与水100ml，摇匀，用硫代硫酸钠滴定液（0.1mol/L）滴定剩余的碘，滴定时注意充分振摇，待混合液的棕色变为淡黄色，加淀粉指示液1ml，继续滴定至蓝色消失。同时做空白试验。以供试品消耗硫代硫酸钠滴定液（0.1mol/L）的体积（ml）为A，空白试验消耗的体积（ml）为B，供试品的重量（g）为W，照下式计算碘值：

$$供试品的碘值 = \frac{(B-A) \times 1.269}{W}$$

9．过氧化值的测定　过氧化值系指每1000g供试品中含有的其氧化能力与一定量的氧相当的过氧化物量。

除另有规定外，取供试品5g，精密称定，置250ml碘瓶中，加三氯甲烷-冰醋酸（2:3）混合液30ml，振摇溶解后，加入碘化钾试液0.5ml，准确振摇萃取1分钟，然后加水30ml，用硫代硫酸钠滴定液（0.01mol/L）滴定；滴定时，注意缓慢加入滴定液，并充分振摇直至黄色几乎消失；加淀粉指示液5ml，继续滴定并充分振摇至蓝色消失。同时做空白试验。空白试验中硫代硫酸钠滴定液（0.01mol/L）的消耗量不得过0.1ml。供试品消耗硫代硫酸钠滴定液（0.01mol/L）的体积（ml）为A，空白试验消耗硫代硫酸钠滴定液（0.01mol/L）的体积（ml）为B，供试品的重量（g）为W，照下式计算过氧化值：

$$供试品的过氧化值 = \frac{10 \times (A-B)}{W}$$

10．加热试验　取供试品约50ml，置烧杯中，在砂浴上加热至280℃，升温速率为每分钟上升10℃，观察油的颜色和其他性状的变化。

11．杂质　取供试品约20g，精密称定，置锥形瓶中，加石油醚（沸程60～90℃）20ml使溶解，用干燥至恒重的垂熔玻璃坩埚滤过（如溶液不易滤过，可添加石油醚适量）；用石油醚洗净残渣和滤器，在105℃干燥至恒重；精密称定，增加的重量即为供试品中杂质的重量。

12．水分与挥发物　取供试品约5g，置干燥至恒重的扁形称量瓶中，精密称定，在105℃干燥40分钟取出，置干燥器内放冷，精密称定重量；再在105℃干燥20分钟，放冷，精密称定重量，至连续两次干燥后称重的差异不超过0.001g，如遇重量增加的情况，则以增重前的一次重量为恒重。减失的重量，即为供试品中含有水分与挥发物的重量。

【附注】

溴化碘溶液　取研细的碘13.0g，置干燥的具塞玻璃瓶中，加冰醋酸1000ml，微温使碘完全溶解；另用吸管插入法量取溴2.5ml（或在通风橱中称取7.8g），加入上述碘溶液中，摇匀，即得。为了确定加溴量是否合适，可在加溴前精密取出20ml，用硫代硫酸钠滴定液（0.1mol/L）滴定，记下消耗的体积（ml）；加溴后，摇匀，再精密取出20ml，加新制的碘化钾试液10ml，再用硫代硫酸钠滴定液（0.1mol/L）滴定，消耗的体积（ml）应略小于加溴前的2倍。

本液应置具塞玻瓶内，密塞，在暗处保存。

0721 维生素 A 测定法

本法是用紫外-可见分光光度法（附录0401）或高效液相色谱法（附录0512）测定维生素 A 及其制剂中维生素 A 的含量，以单位表示，每单位相当于全反式维生素 A 醋酸酯0.344μg或全反式维生素 A 醇0.300μg。

测定应在半暗室中尽快进行。

第一法　紫外-可见分光光度法

由于维生素 A 制剂中含有稀释用油和维生素 A 原料药中混有其他杂质，采用紫外-可见分光光度法测得的吸光度不是维生素 A 独有的吸收。在以下规定的条件下，非维生素 A 物质的无关吸收所引入的误差可以用校正公式校正，以便得到正确结果。

校正公式采用三点法，除其中一点是在吸收峰波长处测得外，其他两点分别在吸收峰两侧的波长处测定，因此仪器波长应准确，故在测定前，应对仪器波长进行校正。

测定法　取供试品适量，精密称定，加环己烷溶解并定量稀释制成每1ml中含9~15单位的溶液，照紫外-可见分光光度法（附录0401），测定其吸收峰的波长，并在下表所列各波长处测定吸光度，计算各吸光度与波长328nm处吸光度的比值和波长328nm处的$E_{1cm}^{1\%}$值。

波长(nm)	吸光度比值	波长(nm)	吸光度比值
300	0.555	340	0.811
316	0.907	360	0.299
328	1.000		

如果吸收峰波长在326~329nm之间，且所测得各波长吸光度比值不超过表中规定的±0.02，可用下式计算含量：

$$每1g供试品中含有的维生素 A 的单位 = E_{1cm}^{1\%}（328nm）\times 1900$$

如果吸收峰波长在326~329nm之间，但所测得的各波长吸光度比值超过表中规定值的±0.02，应按下式求出校正后的吸光度，然后再计算含量：

$$A_{328}（校正）= 3.52（2A_{328} - A_{316} - A_{340}）$$

如果在328nm处的校正吸光度与未校正吸光度相差不超过±3.0%，则不用校正吸光度，仍以未经校正的吸光度计算含量。

如果校正吸光度与未校正吸光度相差在−5%至−3%之间，则以校正吸光度计算含量。

如果校正吸光度超出未校正吸光度的−15%至−3%的范围，或者吸收峰波长不在326~329nm之间，则供试品须按下述方法测定。

另精密称取供试品适量（约相当于维生素 A 总量500单位以上，重量不多于2g），置皂化瓶中，加乙醇30ml与50%氢氧化钾溶液3ml，置水浴中煮沸回流30分钟，冷却后，自冷凝管顶端加水10ml冲洗冷凝管内部管壁，将皂化液移至分液漏斗中（分液漏斗活塞涂以甘油淀粉润滑剂），皂化瓶用水60~100ml分数次洗涤，洗液并入分液漏斗中；用不含过氧化物的乙醚振摇提取4次，每次振摇约5分钟，第一次60ml，以后各次40ml，合并乙醚液；用水洗涤数次，每次约100ml，洗涤应缓缓旋动，避免乳化，直至水层遇酚酞指示液不再显红色；乙醚液用铺有脱脂棉与无水硫酸钠的滤器滤过，滤器用乙醚洗涤，洗液与乙醚液合并，置250ml量瓶中，用乙醚稀释至刻度，摇匀；精密量取适量，置蒸发皿内，微温挥去乙醚，迅速加异丙醇溶解并定量稀释制成每1ml中含维生素A9~15单位，照紫外-可见分光光度法（附录0401），在300nm、310nm、325nm与334nm四个波长处测定吸光度，并测定吸收峰的波长。吸收峰的波长应在323~327nm之间，且300nm波长处的吸光度与325nm波长处的吸光度的比值应不超过0.73，按下式计算校正吸光度：

$$A_{325}（校正）=6.815A_{325}-2.555A_{310}-4.260A_{334}$$

每1g供试品中含有的维生素A的单位 $=E_{1cm}^{1\%}$（325nm，校正）$\times 1830$

如果校正吸光度在未校正吸光度的97%~103%之间，则仍以未经校正的吸光度计算含量。

如果吸收峰的波长不在323~327nm之间，或300nm波长处的吸光度与325nm波长处的吸光度的比值超过0.73，则应自上述皂化后的乙醚提取液250ml中，另精密量取适量（相当于维生素A300~400单位），微温挥去乙醚至约剩5ml，再在氮气流下吹干，立即精密加入甲醇3ml，溶解后，采用维生素D测定法（附录0722）第二法项下的净化用色谱柱系统，精密量取溶解后溶液500μl，注入液相色谱仪，分离并准确收集含有维生素A的流出液，在氮气流下吹干，而后照上述方法自"迅速加异丙醇溶解"起，依法操作并计算含量。

第二法 高效液相色谱法

本法适用于维生素A醋酸酯原料及其制剂中维生素A的含量测定。

1. **色谱条件与系统适用性试验** 用硅胶为填充剂；以正己烷-异丙醇（997:3）为流动相；检测波长为325nm。取系统适用性试验溶液10μl，注入液相色谱仪，维生素A醋酸酯主峰与其顺式异构体峰的分离度应大于3.0。精密量取对照品溶液10μl，注入液相色谱仪，连续进样5次，主成分峰面积的相对标准偏差不得过3.0%。

2. **系统适用性试验溶液的制备** 取维生素A对照品适量（约相当于维生素A醋酸酯300mg），置烧杯中，加入碘试液0.2ml，混匀，放置约10分钟，定量转移至200ml量瓶中，用正己烷稀释至刻度，摇匀，精密量取1ml，置100ml量瓶中，用正己烷稀释至刻度，摇匀。

3. **测定法** 精密称取供试品适量（约相当于15mg维生素A醋酸酯），置100ml量瓶中，用正己烷稀释至刻度，摇匀，精密量取5ml，置50ml量瓶中，用正己烷稀释至刻度，摇匀，作为供试品溶液。另精密称取维生素A对照品适量（约相当于15mg维生素A醋酸酯），同法制成对照品溶液。精密量取供试品溶液与对照品溶液各10μl，分别注入液相色谱仪，记录色谱图，按外标法以峰面积计算，即得。

【附注】

（1）甘油淀粉润滑剂 取甘油22g，加入可溶性淀粉9g，加热至140℃，保持30分钟并不断搅拌，放冷，即得。

（2）不含过氧化物的乙醚 取乙醚5ml，置总容量不超过15ml的具塞比色管中，加新制的碘化钾淀粉溶液（取碘化钾10g，加水溶解成95ml，再加淀粉指示液5ml，混合）8ml，密塞，强力振摇1分钟，在暗处放置30分钟，两液层均不得染色。如不符合规定，可用5%硫代硫酸钠溶液振摇，静置，分取乙醚层，再用水振摇洗涤1次，重蒸，弃去首尾5%部分，馏出的乙醚再检查过氧化物，应符合规定。

（3）若维生素 A 对照品中含有维生素 A 醋酸酯顺式异构体，则可直接以对照品溶液作为系统适用性溶液，不必再做破坏性实验。

0722 维生素 D 测定法

本法系用高效液相色谱法（附录0512）测定维生素 D（包括维生素D_2和维生素D_3，下同）及其制剂、维生素 AD 制剂或鱼肝油中所含维生素 D 及前维生素 D 经折算成维生素 D 的总量，以单位表示，每单位相当于维生素 D $0.025\mu g$。

测定应在半暗室中及避免氧化的情况下进行。

无维生素 A 醇及其他杂质干扰的供试品可用第一法测定，否则应按第二法处理后测定；如果按第二法处理后，前维生素 D 峰仍受杂质干扰，仅有维生素 D 峰可以分离时，则应按第三法测定。

第一法

1. 对照品贮备溶液的制备 根据各制剂中所含维生素 D 的成分，精密称取相应的维生素D_2或D_3对照品25mg，置100ml棕色量瓶中，加异辛烷80ml，避免加热，超声处理1分钟使完全溶解，用异辛烷稀释至刻度，摇匀，作为贮备溶液（1）；精密量取5ml，置50ml棕色量瓶中，用异辛烷稀释至刻度，摇匀，充氮密塞，避光，0℃以下保存，作为贮备溶液（2）。

测定维生素D_2时，应另取维生素D_3对照品25mg，同法制成维生素D_3对照品贮备溶液，供系统适用性试验用。

2. 色谱条件与系统适用性试验 用硅胶为填充剂；以正己烷-正戊醇（997:3）为流动相；检测波长为254nm。量取维生素D_3对照品贮备溶液（1）5ml，置具塞玻璃容器中，通氮后密塞，置90℃水浴中加热1小时，取出，迅速冷却，加正己烷5ml，摇匀，置1cm具塞石英吸收池中，在2支8W主波长分别为254nm和365nm的紫外光灯下，将石英吸收池斜放成45°，并距灯管5~6cm，照射5分钟，使溶液中含有前维生素D_3、反式维生素D_3、维生素D_3和速甾醇D_3；精密量取该溶液注入液相色谱仪，进样5次，记录峰面积，维生素D_3峰的相对标准偏差应不大于2.0%；前维生素D_3峰（与维生素D_3相对保留时间约为0.5）与反式维生素D_3峰（与维生素D_3相对保留时间约为0.6）以及维生素D_3峰与速甾醇D_3峰（与维生素D_3相对保留时间约为1.1）的分离度均应大于1.0。

3. 响应因子测定 精密量取对照品贮备溶液（2）5ml，置50ml量瓶中，用正己烷稀释至刻度，摇匀，作为对照品溶液；取$10\mu l$注入液相色谱仪，记录色谱图，计算维生素 D 的响应因子f_1。

$$f_1 = c_1/A_1$$

式中 c_1为维生素 D 对照品溶液的浓度，$\mu g/ml$；

A_1为对照品溶液色谱图中维生素 D 峰的峰面积。

另精密量取对照品贮备溶液（2）5ml，置50ml量瓶中，加2,6-二叔丁基对甲酚结晶1粒，通氮排除空气后，密塞，置90℃水浴中加热1.5小时，取出，迅速冷却，用正己烷稀释至刻度，摇匀，作为混合对照品溶液；取$10\mu l$注入液相色谱仪，记录色谱图，计算前维生素 D 的响应因子f_2。

$$f_2 = (c_1 - f_1 A_1)/A_2$$

式中 c_1为f_1测定项下维生素 D 对照品溶液的浓度，$\mu g/ml$；

f_1为维生素 D 的校正因子；

A_1为混合对照品溶液色谱图中维生素 D 峰的峰面积；

A_2为混合对照品溶液色谱图中前维生素D峰的峰面积。

4. 测定法 取该制剂项下制备的供试品溶液进行测定，按下列公式计算维生素D及前维生素D折算成维生素D的总量（c_i）。

$$c_i = f_1 A_{i1} + f_2 A_{i2}$$

式中 A_{i1}为维生素D峰的峰面积；

A_{i2}为前维生素D峰的峰面积；

第二法

1. 供试品溶液A的制备 精密称取供试品适量（相当于维生素D总量600单位以上，重量不超过2.0g），置皂化瓶中，加乙醇30ml、维生素C 0.2g与50%氢氧化钾溶液3ml（若供试量为3g，则加50%氢氧化钾溶液4ml），置水浴上加热回流30分钟；冷却后，自冷凝管顶端加水10ml冲洗冷凝管内壁，将皂化液移至分液漏斗中，皂化瓶用水60~100ml分数次洗涤，洗液并入分液漏斗中，用不含过氧化物的乙醚振摇提取3次，第一次60ml，以后每次40ml；合并乙醚液，用水洗涤数次，每次约100ml，洗涤时应缓缓旋动，避免乳化，直至水层遇酚酞指示液不再显红色；静置，分取乙醚提取液，加入干燥滤纸条少许振摇除去乙醚提取液中残留的水分，分液漏斗及滤纸条再用少量乙醚洗涤；洗液与提取液合并，置具塞圆底烧瓶中，在水浴上低温蒸发至约5ml，再用氮气流吹干，迅速精密加入甲醇3ml，密塞，超声处理助溶后，移入离心管中，离心，取上清液作为供试品溶液A。

2. 净化用色谱柱系统分离收集维生素D 精密量取上述供试品溶液A 500μl，注入以十八烷基硅烷键合硅胶为填充剂的液相色谱柱，以甲醇-乙腈-水（50:50:2）为流动相进行分离，检测波长为254nm，记录色谱图，维生素D与前维生素D应为重叠峰，并能与维生素A及其他杂质分开。准确收集含有维生素D及前维生素D混合物的全部流出液，置具塞圆底烧瓶中，用氮气流迅速吹干，精密加入正己烷溶液适量，使每1ml中含维生素D 50~140单位，密塞，超声处理使溶解，即得供试品溶液B。

3. 测定法 取供试品溶液B，照第一法进行含量测定，进样量为100~200μl。

第三法

1. 供试品溶液的制备 取该制剂项下制备的供试品溶液A，按上述第二法净化用色谱柱系统分离维生素D项下的方法处理，至"用氮气流迅速吹干"后，加入异辛烷2ml溶解，通氮排除空气后，密塞，置90℃水浴中，加热1.5小时后，立即通氮在2分钟内吹干，迅速精密加入正己烷2ml，溶解后，即得供试品溶液C。

2. 对照品溶液的制备 精密量取对照品贮备溶液（1）适量，加异辛烷定量稀释制成每1ml中约含维生素D 50单位，精密量取2ml，置具塞圆底烧瓶中，照供试品溶液制备项下的方法，自"通氮排除空气后"起，依法操作，得对照品溶液。

3. 测定法 照第一法项下的色谱条件，精密量取对照品溶液与供试品溶液C各200μl，注入液相色谱仪，记录色谱图，按外标法以峰面积计算维生素D的含量。

0800 限量检查法

0801 氯化物检查法

除另有规定外，取各品种项下规定量的供试品，加水溶解使成25ml（溶液如显碱性，可滴加硝酸使成中性），再加稀硝酸10ml；溶液如不澄清，应滤过；置50ml纳氏比色管中，加水使成约40ml，摇匀，即得供试品溶液。另取该品种项下规定量的标准氯化钠溶液，置50ml纳氏比色管中，加稀硝酸10ml，加水使成40ml，摇匀，即得对照溶液。于供试溶液与对照溶液中，分别加入硝酸银试液1.0ml，用水稀释使成50ml，摇匀，在暗处放置5分钟，同置黑色背景上，从比色管上方向下观察、比较，即得。

供试品溶液如带颜色，除另有规定外，可取供试品溶液两份，分置50ml纳氏比色管中，一份中加硝酸银试液1.0ml，摇匀，放置10分钟，如显浑浊，可反复滤过，至滤液完全澄清，再加规定量的标准氯化钠溶液与水适量使成50ml，摇匀，在暗处放置5分钟，作为对照溶液；另一份中加硝酸银试液1.0ml与水适量使成50ml，摇匀，在暗处放置5分钟，按上述方法与对照溶液比较，即得。

标准氯化钠溶液的制备 称取氯化钠0.165g，置1000ml量瓶中，加水适量使溶解并稀释至刻度，摇匀，作为贮备液。

临用前，精密量取贮备液10ml，置100ml量瓶中，加水稀释至刻度，摇匀，即得（每1ml相当于$10\mu g$的Cl）。

【附注】 用滤纸滤过时，滤纸中如含有氯化物，可预先用含有硝酸的水溶液洗净后使用。

0802 硫酸盐检查法

除另有规定外，取各品种项下规定量的供试品，加水溶解使成约40ml（溶液如显碱性，可滴加盐酸使成中性）；溶液如不澄清，应滤过；置50ml纳氏比色管中，加稀盐酸2ml，摇匀，即得供试品溶液。另取该品种项下规定量的标准硫酸钾溶液，置50ml纳氏比色管中，加水使成约40ml，加稀盐酸2ml，摇匀，即得对照溶液。于供试品溶液与对照溶液中，分别加入25%氯化钡溶液5ml，用水稀释至50ml，充分摇匀，放置10分钟，同置黑色背景上，从比色管上方向下观察、比较，即得。

供试品溶液如带颜色，除另有规定外，可取供试品溶液两份，分别置50ml纳氏比色管中，一份中加25%氯化钡溶液5ml，摇匀，放置10分钟，如显浑浊，可反复滤过，至滤液完全澄清，再加规定量的标准硫酸钾溶液与水适量使成50ml，摇匀，放置10分钟，作为对照溶液；另一份中加25%氯化钡溶液5ml与水适量使成50ml，摇匀，放置10分钟，按上述方法与对照溶液比较，即得。

标准硫酸钾溶液的制备 称取硫酸钾0.181g，置1000ml量瓶中，加水适量使溶解并稀释至刻度，摇匀，即得（每1ml相当于$100\mu g$的SO_4）。

0803 硫化物检查法

仪器装置 照砷盐检查法（附录0822）项下第一法的仪器装置；但在测试时，导气管C中不装入醋酸铅棉花，并将旋塞D的顶端平面上的溴化汞试纸改用醋酸铅试纸。

标准硫化钠溶液的制备 取硫化钠约1.0g，加水溶解成200ml，摇匀。精密量取50ml，置碘瓶中，精密加碘滴定液（0.05mol/L）25ml与盐酸2ml，摇匀，用硫代硫酸钠滴定液（0.1mol/L）滴定，至近终点时，加淀粉指示液2ml，继续滴定至蓝色消失，并将滴定的结果用空白试验校正。每

1ml碘滴定液（0.05mol/L）相当于1.603mg的硫（S）。根据上述测定结果，量取剩余的原溶液适量，用水精密稀释成每1ml中含5μg的S，即得。

本液须临用前配制。

标准硫斑的制备　精密量取标准硫化钠溶液1ml，置A瓶中，加水10ml与稀盐酸10ml，迅即将照上法装妥的导气管C密塞于A瓶上，摇匀，并将A瓶置80～90℃水浴中加热10分钟，取出醋酸铅试纸，即得。

检查法　除另有规定外，取各品种项下规定量的供试品，置A瓶中，加水（如供试品为油状液，改用乙醇）10ml与稀盐酸10ml，迅即将照上法装妥的导气管C密塞于A瓶上，摇匀，并将A瓶置80～90℃水浴中加热10分钟，取出醋酸铅试纸，将生成的硫斑与上述标准硫斑比较，颜色不得更深。

0804　硒检查法

标准硒溶液的制备　取已知含量的亚硒酸钠适量，精密称定，加硝酸溶液（1→30）制成每1ml中含硒1.00mg的溶液；精密量取5ml置250ml量瓶中，加水稀释至刻度，摇匀后，再精密量取5ml，置100ml量瓶中，加水稀释至刻度，摇匀，即得（每1ml相当于1μg的Se）。

硒对照溶液的制备　精密量取标准硒溶液5ml，置100ml烧杯中，加硝酸溶液（1→30）25ml和水10ml，摇匀，即得。

供试品溶液的制备　除另有规定外，取各品种项下规定量的供试品，照氧瓶燃烧法（附录0703），用1000ml的燃烧瓶，以硝酸溶液（1→30）25ml为吸收液，进行有机破坏后，将吸收液移至100ml烧杯中，用水15ml分次冲洗燃烧瓶及铂丝，洗液并入吸收液中，即得。

检查法　将上述硒对照溶液与供试品溶液分别用氨试液调节pH值至2.0±0.2后，转移至分液漏斗中，用水少量分次洗涤烧杯，洗液并入分液漏斗中，使成60ml；各加盐酸羟胺溶液（1→2）1ml，摇匀后，立即精密加二氨基萘试液5ml，摇匀，室温放置100分钟；精密加环己烷5ml，强烈振摇2分钟，静置分层，弃去水层，环己烷层用无水硫酸钠脱水后，照紫外-可见分光光度法（附录0401），在378nm的波长处分别测定吸光度。供试品溶液的吸光度不得大于硒对照溶液的吸光度。

【附注】　**亚硒酸钠含量测定法**　取亚硒酸钠约0.1g，精密称定，置碘瓶中，加水50ml、碘化钾3g与盐酸溶液（1→2）10ml，密塞，放置5分钟，再加水50ml，用硫代硫酸钠滴定液（0.1mol/L）滴定，至溶液由红棕色至橙红色，加淀粉指示液2ml，继续滴定至溶液由蓝色至紫红色。每1ml硫代硫酸钠滴定液（0.1mol/L）相当于4.324mg的Na_2SeO_3或1.974mg的Se。

0805　氟检查法

氟对照溶液的制备　精密称取经105℃干燥1小时的氟化钠22.1mg，置100ml量瓶中，加水溶解并稀释至刻度，摇匀；精密量取20ml，置另一100ml量瓶中，加水稀释至刻度，摇匀，即得（每1ml相当于20μg的F）。

供试品溶液的制备　取供试品适量（约相当于含氟2.0mg），精密称定，照氧瓶燃烧法（附录

0703）进行有机破坏，用水20ml为吸收液，俟吸收完全后，再振摇2～3分钟，将吸收液移至100ml量瓶中，用少量水冲洗瓶塞及铂丝，合并洗液及吸收液，加水稀释至刻度，摇匀，即得。

检查法　精密量取对照溶液与供试品溶液各2ml，分别置50ml量瓶中，各加茜素氟蓝试液10ml，摇匀；再加12%醋酸钠的稀醋酸溶液3.0ml与硝酸亚铈试液10ml，加水稀释至刻度，摇匀；在暗处放置1小时，照紫外-可见分光光度法（附录0401），置吸收池中，在610nm的波长处分别测定吸光度，计算，即得。

0806 氰化物检查法

第一法

仪器装置　照砷盐检查法（附录0822）项下第一法的仪器装置；但在使用时，导气管C中不装醋酸铅棉花，并将旋塞D的顶端平面上的溴化汞试纸改用碱性硫酸亚铁试纸（临用前，取滤纸片，加硫酸亚铁试液与氢氧化钠试液各1滴，使湿透，即得）。

检查法　除另有规定外，取各品种项下规定量的供试品，置A瓶中，加水10ml与10%酒石酸溶液3ml，迅速将照上法装妥的导气管C密塞于A瓶上，摇匀，小火加热，微沸1分钟。取下碱性硫酸亚铁试纸，加三氯化铁试液与盐酸各1滴，15分钟内不得显绿色或蓝色。

第二法

仪器装置　如图。A为200ml的具塞锥形瓶；B为5ml的烧杯，其口径大小应能置于A瓶中。

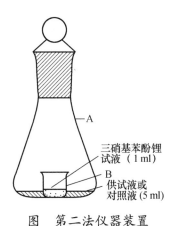

三硝基苯酚锂
试液（1ml）

供试液或
对照液（5ml）

图　第二法仪器装置

标准氰化钾溶液的制备　取氰化钾25mg，精密称定，置100ml量瓶中，加水溶解并稀释至刻度，摇匀。临用前，精密量取5ml，置250ml量瓶中，加水稀释至刻度，摇匀，即得（每1ml相当于2μg的CN）。

本液须临用前配制。

检查法　除另有规定外，取各品种项下规定量的供试品，置A瓶中，加水至5ml，摇匀，立即将精密加有三硝基苯酚锂试液1ml的B杯置入A瓶中，密塞，在暗处放置过夜；取出B杯，精密加水2ml于B杯中，混匀，照紫外-可见分光光度法（附录0401），在500nm的波长处测定吸光度，与该品种项下规定的标准氰化钾溶液加水至5ml按同法操作所测得的吸光度相比较，不得更大。

0807 铁盐检查法

除另有规定外，取各品种项下规定量的供试品，加水溶解使成25ml，移置50ml纳氏比色管中，加稀盐酸4ml与过硫酸铵50mg，用水稀释使成35ml后，加30%硫氰酸铵溶液3ml，再加水适量稀释成50ml，摇匀；如显色，立即与标准铁溶液一定量制成的对照溶液（取该品种项下规定量的标准铁溶液，置50ml纳氏比色管中，加水使成25ml，加稀盐酸4ml与过硫酸铵50mg，用水稀释使成35ml，加30%硫氰酸铵溶液3ml，再加水适量稀释成50ml，摇匀）比较，即得。

如供试管与对照管色调不一致时，可分别移至分液漏斗中，各加正丁醇20ml提取，俟分层后，将正丁醇层移置50ml纳氏比色管中，再用正丁醇稀释至25ml，比较，即得。

标准铁溶液的制备 称取硫酸铁铵〔$FeNH_4(SO_4)_2 \cdot 12H_2O$〕0.863g，置1000ml量瓶中，加水溶解后，加硫酸2.5ml，用水稀释至刻度，摇匀，作为贮备液。

临用前，精密量取贮备液10ml，置100ml量瓶中，加水稀释至刻度，摇匀，即得（每1ml相当于10μg的Fe）。

0808 铵盐检查法

除另有规定外，取各品种项下规定量的供试品，置蒸馏瓶中，加无氨蒸馏水200ml，加氧化镁1g，加热蒸馏；馏出液导入加有稀盐酸1滴与无氨蒸馏水5ml的50ml纳氏比色管中，俟馏出液达40ml时，停止蒸馏；加氢氧化钠试液5滴，加无氨蒸馏水至50ml，加碱性碘化汞钾试液2ml，摇匀，放置15分钟，如显色，与标准氯化铵溶液2ml按上述方法制成的对照溶液比较，即得。

标准氯化铵溶液的制备 称取氯化铵29.7mg，置1000ml量瓶中，加水适量使溶解并稀释至刻度，摇匀，即得（每1ml相当于10μg的NH_4）。

0821 重金属检查法

本法所指的重金属系指在规定实验条件下能与硫代乙酰胺或硫化钠作用显色的金属杂质。

标准铅溶液的制备 称取硝酸铅0.1599g，置1000ml量瓶中，加硝酸5ml与水50ml溶解后，用水稀释至刻度，摇匀，作为贮备液。

精密量取贮备液10ml，置100ml量瓶中，加水稀释至刻度，摇匀，即得（每1ml相当于10μg的Pb）。本液仅供当日使用。

配制与贮存用的玻璃容器均不得含铅。

第一法

除另有规定外，取25ml纳氏比色管三支，甲管中加标准铅溶液一定量与醋酸盐缓冲液（pH3.5）2ml后，加水或各品种项下规定的溶剂稀释成25ml，乙管中加入按各品种项下规定的方法制成的供试品溶液25ml，丙管中加入与乙管相同重量的供试品，加配制供试品溶液的溶剂适量使溶解，再加与甲管相同量的标准铅溶液与醋酸盐溶液缓冲液（pH3.5）2ml后，用溶剂稀释成25ml；若供试品溶液带颜色，可在甲管中滴加少量的稀焦糖溶液或其他无干扰的有色溶液，使之均与乙管、丙管一致；再在甲、乙、丙三管中分别加硫代乙酰胺试液各2ml，摇匀，放置2分钟，同置白纸上，自上向下透视，当丙管中显出的颜色不浅于甲管时，乙管中显示的颜色与甲管比较，不得更深。如丙管中显出的颜色浅于甲管，应取样按第二法重新检查。

如在甲管中滴加稀焦糖溶液或其他无干扰的有色溶液，仍不能使颜色一致时，应取样按第二法检查。

供试品如含高铁盐影响重金属检查时，可在甲、乙、丙三管中分别加入相同量的维生素C 0.5~1.0g，再照上述方法检查。

配制供试品溶液时，如使用的盐酸超过1ml，氨试液超过2ml，或加入其他试剂进行处理者，除另有规定外，甲管溶液应取同样同量的试剂置瓷皿中蒸干后，加醋酸盐缓冲液（pH3.5）2ml与水15ml，微热溶解后，移置纳氏比色管中，加标准铅溶液一定量，再用水或各品种项下规定的溶剂稀释成25ml。

第二法

除另有规定外，当需改用第二法检查时，取各品种项下规定量的供试品，按炽灼残渣检查法（附录0841）进行炽灼处理，然后取遗留的残渣；或直接取炽灼残渣项下遗留的残渣；如供试品为溶液，则取各品种项下规定量的溶液，蒸发至干，再按上述方法处理后取遗留的残渣；加硝酸0.5ml，蒸干，至氧化氮蒸气除尽后（或取供试品一定量，缓缓炽灼至完全炭化，放冷，加硫酸0.5~1ml，使恰湿润，用低温加热至硫酸除尽后，加硝酸0.5ml，蒸干，至氧化氮蒸气除尽后，放冷，在500~600℃炽灼使完全灰化），放冷，加盐酸2ml，置水浴上蒸干后加水15ml，滴加氨试液至对酚酞指示液显微粉红色，再加醋酸盐缓冲液（pH3.5）2ml，微热溶解后，移置纳氏比色管中，加水稀释成25ml，作为乙管；另取配制供试品溶液的试剂，置瓷皿中蒸干后，加醋酸盐缓冲液（pH3.5）2ml与水15ml，微热溶解后，移置纳氏比色管中，加标准铅溶液一定量，再用水稀释成25ml，作为甲管；再在甲、乙两管中分别加硫代乙酰胺试液各2ml，摇匀，放置2分钟，同置白纸上，自上向下透视，乙管中显出的颜色与甲管比较，不得更深。

第三法

除另有规定外，取供试品适量，加氢氧化钠试液5ml与水20ml溶解后，置纳氏比色管中，加硫化钠试液5滴，摇匀，与一定量的标准铅溶液同样处理后的颜色比较，不得更深。

0822 砷盐检查法

标准砷溶液的制备　称取三氧化二砷0.132g，置1000ml量瓶中，加20%氢氧化钠溶液5ml溶解后，用适量的稀硫酸中和，再加稀硫酸10ml，用水稀释至刻度，摇匀，作为贮备液。

临用前，精密量取贮备液10ml，置1000ml量瓶中，加稀硫酸10ml，用水稀释至刻度，摇匀，即得（每1ml相当于1μg的As）。

第一法　（古蔡氏法）

仪器装置　如图1。A为100ml标准磨口锥形瓶；B为中空的标准磨口塞，上连导气管C（外径8.0mm，内径6.0mm），全长约180mm；D为具孔的有机玻璃旋塞，其上部为圆形平面，中央有一圆孔，孔径与导气管C的内径一致，其下部孔径与导气管C的外径相适应，将导气管C的顶端套入旋塞下部孔内，并使管壁与旋塞的圆孔相吻合，黏合固定；E为中央具有圆孔（孔径6.0mm）的有机玻璃旋塞盖，与D紧密吻合。

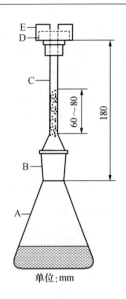

单位:mm

图1 第一法仪器装置

测试时，于导气管C中装入醋酸铅棉花60mg（装管高度为60~80mm），再于旋塞D的顶端平面上放一片溴化汞试纸（试纸大小以能覆盖孔径而不露出平面外为宜），盖上旋塞盖E并旋紧，即得。

标准砷斑的制备　精密量取标准砷溶液2ml，置A瓶中，加盐酸5ml与水21ml，再加碘化钾试液5ml与酸性氯化亚锡试液5滴，在室温放置10分钟后，加锌粒2g，立即将照上法装妥的导气管C密塞于A瓶上，并将A瓶置25~40℃水浴中，反应45分钟，取出溴化汞试纸，即得。

若供试品需经有机破坏后再行检砷，则应取标准砷溶液代替供试品，照该品种项下规定的方法同法处理后，依法制备标准砷斑。

检查法　取按各品种项下规定方法制成的供试品溶液，置A瓶中，照标准砷斑的制备，自"再加碘化钾试液5ml"起，依法操作。将生成的砷斑与标准砷斑比较，不得更深。

第二法　（二乙基二硫代氨基甲酸银法）

仪器装置　如图2。A为100ml标准磨口锥形瓶；B为中空的标准磨口塞，上连导气管C（一端的外径为8mm，内径为6mm；另一端长180mm，外径为4mm，内径为1.6mm，尖端内径为1mm）。D为平底玻璃管（长180mm，内径10mm，于5.0ml处有一刻度）。

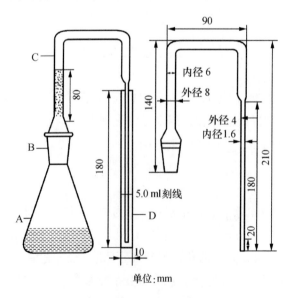

单位:mm

图2 第二法仪器装置

测试时，于导气管C中装入醋酸铅棉花60mg（装管高度约80mm），并于D管中精密加入二乙基二硫代氨基甲酸银试液5ml。

标准砷对照液的制备　精密量取标准砷溶液2ml，置A瓶中，加盐酸5ml与水21ml，再加碘化钾试液5ml与酸性氯化亚锡试液5滴，在室温放置10分钟后，加锌粒2g，立即将导气管C与A瓶密塞，使生成的砷化氢气体导入D管中，并将A瓶置25～40℃水浴中反应45分钟，取出D管，添加三氯甲烷至刻度，混匀，即得。

若供试品需经有机破坏后再行检砷，则应取标准砷溶液代替供试品，照各品种项下规定的方法同法处理后，依法制备标准砷对照液。

检查法　取照各品种项下规定方法制成的供试品溶液，置A瓶中，照标准砷对照液的制备，自"再加碘化钾试液5ml"起，依法操作。将所得溶液与标准砷对照液同置白色背景上，从D管上方向下观察、比较，所得溶液的颜色不得比标准砷对照液更深。必要时，可将所得溶液转移至1cm吸收池中，照紫外-可见分光光度法（附录0401），在510nm波长处以二乙基二硫代氨基甲酸银试液作空白，测定吸光度，与标准砷对照液按同法测得的吸光度比较，即得。

【附注】　（1）所用仪器和试液等照本法检查，均不应生成砷斑，或至多生成仅可辨认的斑痕。

（2）制备标准砷斑或标准砷对照液，应与供试品检查同时进行。

（3）本法所用锌粒应无砷，以能通过一号筛的细粒为宜，如使用的锌粒较大时，用量应酌情增加，反应时间亦应延长为1小时。

（4）醋酸铅棉花系取脱脂棉1.0g，浸入醋酸铅试液与水的等容混合液12ml中，湿透后，挤压除去过多的溶液，并使之疏松，在100℃以下干燥后，贮于玻璃塞瓶中备用。

0831 干燥失重测定法

取供试品，混合均匀（如为较大的结晶，应先迅速捣碎使成2mm以下的小粒），取约1g或各品种项下规定的重量，置与供试品相同条件下干燥至恒重的扁形称量瓶中，精密称定，除另有规定外，在105℃干燥至恒重。由减失的重量和取样量计算供试品的干燥失重。

供试品干燥时，应平铺在扁形称量瓶中，厚度不可超过5mm，如为疏松物质，厚度不可超过10mm。放入烘箱或干燥器进行干燥时，应将瓶盖取下，置称量瓶旁，或将瓶盖半开进行干燥；取出时，须将称量瓶盖好。置烘箱内干燥的供试品，应在干燥后取出置干燥器中放冷，然后称定重量。

供试品如未达规定的干燥温度即融化时，除另有规定外，应先将供试品在低于熔化温度5～10℃的温度下干燥至大部分水分除去后，再按规定条件干燥。

当用减压干燥器（通常为室温）或恒温减压干燥器（温度应按各品种项下的规定设置）时，除另有规定外，压力应在2.67kPa（20mmHg）以下。干燥器中常用的干燥剂为五氧化二磷、无水氯化钙或硅胶；恒温减压干燥器中常用的干燥剂为五氧化二磷。应及时更换干燥剂，使其保持在有效状态。

0832 水分测定法

第一法　费休氏法

1. 容量滴定法

本法是根据碘和二氧化硫在吡啶和甲醇溶液中与水定量反应的原理来测定水分。所用仪器应干燥，并能避免空气中水分的侵入；测定操作应在干燥处进行。

费休氏试液的制备与标定

（1）制备　称取碘（置硫酸干燥器内48小时以上）110g，置干燥的具塞锥形瓶（或烧瓶）中，加无水吡啶160ml，注意冷却，振摇至碘全部溶解，加无水甲醇300ml，称定重量，将锥形瓶（或烧瓶）置冰浴中冷却，在避免空气中水分侵入的条件下，通入干燥的二氧化硫至重量增加72g，再加无水甲醇使成1000ml，密塞，摇匀，在暗处放置24小时。

也可以使用稳定的市售费休氏试液。市售的费休氏试液可以是不含吡啶的其他碱化试剂，或不含甲醇的其他伯醇类等制成；也可以是单一的溶液或由两种溶液临用前混合而成。

本液应遮光，密封，阴凉干燥处保存。临用前应标定滴定度。

（2）标定　精密称取纯化水10～30mg，用水分测定仪直接标定；或精密称取纯化水10～30mg，置干燥的具塞锥形瓶中，除另有规定外，加无水甲醇适量，在避免空气中水分侵入的条件下，用费休氏试液滴定至溶液由浅黄色变为红棕色，或用电化学方法〔如永停滴定法（附录0701）等〕指示终点；另做空白试验，按下式计算：

$$F = \frac{W}{A-B}$$

式中　F 为每1ml费休氏试液相当于水的重量，mg；

W 为称取纯化水的重量，mg；

A 为滴定所消耗费休氏试液的容积，ml；

B 为空白所消耗费休氏试液的容积，ml。

测定法　精密称取供试品适量（约消耗费休氏试液1～5ml），除另有规定外，溶剂为无水甲醇，用水分测定仪直接测定。或精密称取供试品适量，置干燥的具塞锥形瓶中，加溶剂适量，在不断振摇（或搅拌）下用费休氏试液滴定至溶液由浅黄色变为红棕色，或用永停滴定法（附录0701）指示终点；另做空白试验，按下式计算：

$$供试品中水分含量 = \frac{(A-B)F}{W} \times 100\%$$

式中　A 为供试品所消耗费休氏试液的体积，ml；

B 为空白所消耗费休氏试液的体积，ml；

F 为每1ml费休氏试液相当于水的重量，mg；

W 为供试品的重量，mg。

如供试品吸湿性较强，可称取供试品适量置干燥的容器中，密封（可在干燥的隔离箱中操作），精密称定，用干燥的注射器注入适量无水甲醇或其他适宜溶剂，精密称定总重量，振摇使供试品溶解，测定该溶液水分。洗净并烘干容器，精密称定其重量。同时测定溶剂的水分。按下式计算：

$$供试品中水分含量 = \frac{(W_1-W_3)c_1-(W_1-W_2)c_2}{W_2-W_3} \times 100\%$$

式中　W_1 为供试品、溶剂和容器的重量，g；

W_2 为供试品、容器的重量，g；

W_3 为容器的重量，g；

c_1 为供试品溶液的水分含量，g/g；

c_2为溶剂的水分含量，g/g。

对热稳定的供试品，亦可将水分测定仪和市售卡氏干燥炉联用测定水分。即将一定量的供试品在干燥炉或样品瓶中加热，并用干燥气体将蒸发出的水分导入水分测定仪中测定。

2．库仑滴定法

本法仍以卡尔-费休氏（Karl-Fischer）反应为基础，应用永停滴定法（附录0701）测定水分。与容量滴定法相比，库仑滴定法中滴定剂碘不是从滴定管加入，而是由含有碘离子的阳极电解液电解产生。一旦所有的水被滴定完全，阳极电解液中就会出现少量过量的碘，使铂电极极化而停止碘的产生。根据法拉第定律，产生碘的量与通过的电量成正比，因此可以通过测量电量总消耗的方法来测定水分总量。本法主要用于测定含微量水分（0.0001%～0.1%）的供试品，特别适用于测定化学惰性物质如烃类、醇类和酯类中的水分。所用仪器应干燥，并能避免空气中水分的侵入；测定操作宜在干燥处进行。

费休氏试液 按卡尔-费休氏库仑滴定仪的要求配制或使用市售费休氏试液。无需标定滴定度。

测定法 于滴定杯中加入适量费休氏试液，先将试液和系统中的水分预滴定除去，然后精密量取供试品适量（含水量为0.5～5mg），迅速转移至滴定杯中，用卡尔-费休氏库仑滴定仪直接测定，以永停滴定法（附录0701）指示终点，从仪器显示屏上直接读取供试品中水分的含量，其中每1mg水相当于10.72库仑电量。

第二法　甲苯法

仪器装置 如图。图中A为500ml的短颈圆底烧瓶；B为水分测定管；C为直形冷凝管，外管长40cm。使用前，全部仪器应清洁，并置烘箱中烘干。

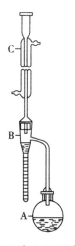

图　甲苯法仪器装置

测定法 取供试品适量（相当于含水量1～4ml），精密称定，置A瓶中，加甲苯约200ml，必要时加入干燥、洁净的无釉小瓷片数片或玻璃珠数粒，连接仪器，自冷凝管顶端加入甲苯至充满B管的狭细部分。将A瓶置电热套中或用其他适宜方法缓缓加热，待甲苯开始沸腾时，调节温度，使每秒钟馏出2滴。待水分完全馏出，即测定管刻度部分的水量不再增加时，将冷凝管内部先用甲苯冲洗，再用饱蘸甲苯的长刷或其他适宜方法，将管壁上附着的甲苯推下，继续蒸馏5分钟，放冷至室温，拆卸装置，如有水黏附在B管的管壁上，可用蘸甲苯的铜丝推下，放置使水分与甲苯完全分离（可加亚甲蓝粉末少量，使水染成蓝色，以便分离观察）。检读水量，并计算成供试品的含水量（%）。

【附注】 测定用的甲苯须先加水少量充分振摇后放置，将水层分离弃去，经蒸馏后使用。

第三法　气相色谱法

色谱条件与系统适用性试验　用直径为0.18~0.25mm的二乙烯苯-乙基乙烯苯型高分子多孔小球作为载体，或采用极性与之相适应的毛细管柱，柱温为140~150℃，热导检测器检测。注入无水乙醇，照气相色谱法（附录0521）测定，应符合下列要求：

（1）理论板数按水峰计算应大于1000，理论板数按乙醇峰计算应大于150；

（2）水和乙醇两峰的分离度应大于2；

（3）用无水乙醇进样5次，水峰面积的相对标准偏差不得大于3.0%。

对照溶液的制备　取纯化水约0.2g，精密称定，置25ml量瓶中，加无水乙醇至刻度，摇匀，即得。

供试品溶液的制备　取供试品适量（含水量约0.2g），剪碎或研细，精密称定，置具塞锥形瓶中，精密加入无水乙醇50ml，密塞，混匀，超声处理20分钟，放置12小时，再超声处理20分钟，密塞放置，待澄清后倾取上清液，即得。

测定法　取无水乙醇、对照溶液及供试品溶液各1~5μl，注入气相色谱仪，测定，即得。

对照溶液与供试品溶液的配制须用新开启的同一瓶无水乙醇。

用外标法计算供试品中的含水量。计算时应扣除无水乙醇中的含水量，方法如下：

对照溶液中实际加入的水的峰面积=对照溶液中总水峰面积-K×对照溶液中乙醇峰面积

供试品溶液中水的峰面积=供试品溶液中总水峰面积-K×供试品溶液中乙醇峰面积

$$K=\frac{无水乙醇中水峰面积}{无水乙醇中乙醇峰面积}$$

0841 炽灼残渣检查法

取供试品1.0~2.0g或各品种项下规定的重量，置已炽灼至恒重的坩埚（如供试品分子结构中含有碱金属或氟元素，则应使用铂坩埚）中，精密称定，缓缓炽灼至完全炭化，放冷；除另有规定外，加硫酸0.5~1ml使湿润，低温加热至硫酸蒸气除尽后，在700~800℃炽灼使完全灰化，移置干燥器内，放冷，精密称定后，再在700~800℃炽灼至恒重，即得。

如需将残渣留作重金属检查，则炽灼温度必须控制在500~600℃。

0842 易炭化物检查法

取内径一致的比色管两支：甲管中加各品种项下规定的对照溶液5ml；乙管中加硫酸〔含H_2SO_4 94.5%~95.5%（g/g）〕5ml后，分次缓缓加入规定量的供试品，振摇使溶解。除另有规定外，静置15分钟后，将甲乙两管同置白色背景前，平视观察，乙管中所显颜色不得较甲管更深。

供试品如为固体，应先研成细粉。如需加热才能溶解时，可取供试品与硫酸混合均匀，加热溶解后，放冷，再移置比色管中。

0861 残留溶剂测定法

　　兽药中的残留溶剂系指在原料药或辅料的生产中，以及在制剂制备过程中使用的，但在工艺过程中未能完全去除的有机溶剂。兽药中常见的残留溶剂及限度见附表1，除另有规定外，第一、第二、第三类溶剂的残留限度应符合表1中的规定；对其他溶剂，应根据生产工艺的特点，制定相应的限度，使其符合产品规范、兽药生产质量管理规范（兽药GMP）或其他基本的质量要求。

　　本法照气相色谱法（附录0521）测定。

色谱柱

　　1. **毛细管柱**　除另有规定外，极性相近的同类色谱柱之间可以互换使用。

　　（1）非极性色谱柱　固定液为100%的二甲基聚硅氧烷的毛细管柱。

　　（2）极性色谱柱　固定液为聚乙二醇（PEG-20M）的毛细管柱。

　　（3）中极性色谱柱　固定液为（35%）二苯基-（65%）甲基聚硅氧烷、（50%）二苯基-（50%）二甲基聚硅氧烷、（35%）二苯基-（65%）二甲基聚硅氧烷、（14%）氰丙基苯基-（86%）二甲基聚硅氧烷、（6%）氰丙基苯基-（94%）二甲基聚硅氧烷的毛细管柱等。

　　（4）弱极性色谱柱　固定液为（5%）苯基-（95%）甲基聚硅氧烷、（5%）二苯基-（95%）二甲基硅氧烷共聚物的毛细管柱等。

　　2. **填充柱**　以直径为0.18~0.25mm的二乙烯苯-乙基乙烯苯型高分子多孔小球或其他适宜的填料作为固定相。

　　系统适用性试验

　　（1）用待测物的色谱峰计算，毛细管色谱柱的理论板数一般不低于5000，填充柱的理论板数一般不低于1000。

　　（2）色谱图中，待测物色谱峰与其相邻色谱峰的分离度应大于1.5。

　　（3）以内标法测定时，对照品溶液连续进样5次，所得待测物与内标物峰面积之比的相对标准偏差（RSD）应不大于5%；若以外标法测定，所得待测物峰面积的RSD应不大于10%。

　　供试品溶液的制备

　　1. **顶空进样**　除另有规定外，精密称取供试品0.1~1g；通常以水为溶剂；对于非水溶性药物，可采用N,N-二甲基甲酰胺、二甲基亚砜或其他适宜溶剂；根据供试品和待测溶剂的溶解度，选择适宜的溶剂且应不干扰待测溶剂的测定。根据各品种项下残留溶剂的限度规定配制供试品溶液，其浓度应满足系统定量测定的需要。

　　2. **溶液直接进样**　精密称取供试品适量，用水或合适的有机溶剂使溶解；根据各品种项下残留溶剂的限度规定配制供试品溶液，其浓度应满足系统定量测定的需要。

　　对照品溶液的制备

　　精密称取各品种项下规定检查的有机溶剂适量，采用与制备供试品溶液相同的方法和溶剂制备对照品溶液；如用水作溶剂，应先将待测有机溶剂溶解在50%二甲基亚砜或N, N-二甲基甲酰胺溶液中，再用水逐步稀释。若为限度检查，根据残留溶剂的限度规定确定对照品溶液的浓度；若为定量测定，为保证定量结果的准确性，应根据供试品中残留溶剂的实际残留量确定对照品溶液的浓度；通常对照品溶液色谱峰面积不宜超过供试品溶液中对应的残留溶剂色谱峰面积的2倍。必要时，应重新调整供试品溶液或对照品溶液的浓度。

测定法

第一法 （毛细管柱顶空进样等温法）

当需要检查有机溶剂的数量不多，且极性差异较小时，可采用此法。

色谱条件 柱温一般为40~100℃；常以氮气为载气，流速为每分钟1.0~2.0ml；以水为溶剂时顶空瓶平衡温度为70~85℃，顶空瓶平衡时间30~60分钟；进样口温度为200℃；如采用火焰离子化检测器（FID），温度为250℃。

测定法 取对照品溶液和供试品溶液，分别连续进样不少于2次，测定待测峰的峰面积。

对色谱图中未知有机溶剂的鉴别，可参考附表2进行初筛。

第二法 （毛细管柱顶空进样系统程序升温法）

当需要检查的有机溶剂数量较多，且极性差异较大时，可采用此法。

色谱条件 柱温一般先在40℃维持8分钟，再以每分钟8℃的升温速率升至120℃，维持10分钟；以氮气为载气，流速为每分钟2.0ml；以水为溶剂时顶空瓶平衡温度为70~85℃，顶空瓶平衡时间为30~60分钟；进样口温度为200℃；如采用FID检测器，进样口温度为250℃。

具体到某个品种的残留溶剂检查时，可根据该品种项下残留溶剂的组成调整升温程序。

测定法 取对照品溶液和供试品溶液，分别连续进样不少于2次，测定待测峰的峰面积。

对色谱图中未知有机溶剂的鉴别，可参考附表3进行初筛。

第三法 （溶液直接进样法）

可采用填充柱，亦可采用适宜极性的毛细管柱。

测定法 取对照品溶液和供试品溶液，分别连续进样2~3次，测定待测峰的峰面积。

计算法

（1）限度检查 除另有规定外，按各品种项下规定的供试品溶液浓度测定。以内标法测定时，供试品溶液所得被测溶剂峰面积与内标峰面积之比不得大于对照品溶液的相应比值。以外标法测定时，供试品溶液所得被测溶剂峰面积不得大于对照品溶液的相应峰面积。

（2）定量测定 按内标法或外标法计算各残留溶剂的量。

【附注】

（1）除另有规定外，顶空条件的选择：

①应根据供试品中残留溶剂的沸点选择顶空平衡温度。对沸点较高的残留溶剂，通常选择较高的平衡温度；但此时应兼顾供试品的热分解特性，尽量避免供试品产生的挥发性热分解产物对测定的干扰。

②顶空平衡时间一般为30~45分钟，以保证供试品溶液的气-液两相有足够的时间达到平衡。顶空平衡时间通常不宜过长，如超过60分钟，可能引起顶空瓶的气密性变差，导致定量准确性的降低。

③对照品溶液与供试品溶液必须使用相同的顶空条件。

（2）定量方法的验证 当采用顶空进样时，供试品与对照品处于不完全相同的基质中，故应考虑气液平衡过程中的基质效应（供试品溶液与对照品溶液组成差异对顶空气-液平衡的影响）。由于标准加入法可以消除供试品溶液基质与对照品溶液基质不同所致的基质效应的影响，故通常采用标准加入法验证定量方法的准确性；当标准加入法与其他定量方法的结果不一致时，应以标准加入法的结果为准。

（3）干扰峰的排除 供试品中的未知杂质或其挥发性热降解物易对残留溶剂的测定产生干扰。干扰作用包括在测定的色谱系统中未知杂质或其挥发性热降解物与待测物的保留值相同（共出峰）；或热降解产物与待测物的结构相同（如甲氧基热裂解产生甲醇）。当测定的残留溶剂超出限度，但未能确定供试品中是否有未知杂质或其挥发性热降解物对测定有干扰作用时，应通过试验排除干扰作用的存在。对第一类干扰作用，通常采用在另一种极性不同的色谱柱系统中对相同供试品再进行测定，比较不同色谱系统中测定结果的方法。如两者结果一致，则可以排除测定中有共出峰的干扰；如两者结果不一致，则表明测定中有共出峰的干扰。对第二类干扰作用，通常要通过测定已知不含该溶剂的对照样品来加以判断。

（4）含氮碱性化合物的测定　普通气相色谱仪中的不锈钢管路、进样器的衬管等对有机胺等含氮碱性化合物具有较强的吸附作用，致使其检出灵敏度降低，应采用惰性的硅钢材料或镍钢材料管路。采用溶液直接进样法测定时，供试品溶液应不呈酸性，以免待测物与酸反应后不易汽化。

通常采用弱极性的色谱柱或其填料预先经碱处理过的色谱柱分析含氮碱性化合物，如果采用胺分析专用柱进行分析，效果更好。

对不宜采用气相色谱法测定的含氮碱性化合物，如N-甲基吡咯烷酮等，可采用其他方法如离子色谱法等测定。

（5）检测器的选择　对含卤素元素的残留溶剂如三氯甲烷等，采用电子捕获检测器（ECD），易得到高的灵敏度。

（6）由于不同的实验室在测定同一供试品时可能采用了不同的实验方法，当测定结果处于合格与不合格边缘时，以采用内标法或标准加入法为准。

（7）顶空平衡温度一般应低于溶解供试品所用溶剂的沸点10℃以下，能满足检测灵敏度即可；对于沸点过高的溶剂，如甲酰胺、2-甲氧基乙醇、2-乙氧基乙醇、乙二醇、N-甲基吡咯烷酮等，用顶空进样测定的灵敏度不如直接进样，一般不宜用顶空进样方式测定。

（8）利用保留值定性是气相色谱中最常用的定性方法。色谱系统中载气的流速、载气的温度和柱温等的变化都会使保留值改变，从而影响定性结果。校正相对保留时间（RART）只受柱温和固定相性质的影响，以此作为定性分析参数较可靠。应用中通常选用甲烷测定色谱系统的死体积（t_0）：

$$RART = \frac{t_R - t_0}{t'_R - t_0}$$

式中　t_R为组分的保留时间；

t'_R为参比物的保留时间。

附表1　兽药中常见的残留溶剂及限度

溶 剂 名 称	限 度（%）	溶 剂 名 称	限 度（%）
第一类溶剂（应该避免使用）		第三类溶剂（兽药GMP或其他质量要求限制使用）	
苯	0.0002	甲氧基苯	0.5
四氯化碳	0.0004	正丁醇	0.5
1,2-二氯乙烷	0.0005	仲丁醇	0.5
1,1-二氯乙烯	0.0008	乙酸丁酯	0.5
1,1,1-三氯乙烷	0.15	叔丁基甲基醚	0.5
第二类溶剂（应该限制使用）		异丙基苯	0.5
乙腈	0.041	二甲基亚砜	0.5
氯苯	0.036	乙醇	0.5
三氯甲烷	0.006	乙酸乙酯	0.5
环己烷	0.388	乙醚	0.5
1,2-二氯乙烯	0.187	甲酸乙酯	0.5
二氯甲烷	0.06	甲酸	0.5
1,2-二甲氧基乙烷	0.01	正庚烷	0.5
N,N-二甲基乙酰胺	0.109	乙酸异丁酯	0.5

（续）

溶 剂 名 称	限度（%）	溶 剂 名 称	限度（%）
N,N-二甲基甲酰胺	0.088	乙酸异丙酯	0.5
二氧六环	0.038	乙酸甲酯	0.5
2-乙氧基乙醇	0.016	3-甲基-1-丁醇	0.5
乙二醇	0.062	丁酮	0.5
甲酰胺	0.022	甲基异丁基酮	0.5
正己烷	0.029	异丁醇	0.5
甲醇	0.3	正戊烷	0.5
2-甲氧基乙醇	0.005	正戊醇	0.5
甲基丁基酮	0.005	正丙醇	0.5
甲基环己烷	0.118	异丙醇	0.5
N-甲基吡咯烷酮	0.053	乙酸丙酯	0.5
硝基甲烷	0.005	第四类溶剂（尚无足够毒理学资料）[2]	
吡啶	0.02	1,1-二乙氧基丙烷	
四氢噻吩	0.016	1,1-二甲氧基甲烷	
四氢化萘	0.01	2,2-二甲氧基丙烷	
四氢呋喃	0.072	异辛烷	
甲苯	0.089	异丙醚	
1,1,2-三氯乙烯	0.008	甲基异丙基酮	
二甲苯[1]	0.217	甲基四氢呋喃	
第三类溶剂（兽药GMP或其他质量要求限制使用）		石油醚	
醋酸	0.5	三氯醋酸	
丙酮	0.5	三氟醋酸	

① 通常含有60%间二甲苯，14%对二甲苯，9%邻二甲苯和17%乙苯。

② 兽药生产企业在使用时应提供该类溶剂在制剂中残留水平的合理性论证报告。

附表2　常见有机溶剂在等温法测定时相对于丁酮的保留值参考值

非 极 性 色 谱 柱			极 性 色 谱 柱		
溶剂名称	t_R（min）	RART	溶剂名称	t_R（min）	RART
柱温40°C			**柱温40°C**		
甲醇	1.828	0.126	正戊烷	1.682	0.032
乙醇	2.090	0.268	正己烷	1.787	0.075
乙腈	2.179	0.315	乙醚	1.842	0.097
丙酮	2.276	0.368	异辛烷	1.926	0.131
异丙醇	2.356	0.411	异丙醚	1.943	0.138
正戊烷	2.487	0.481	叔丁基甲基醚	2.005	0.163
乙醚	2.489	0.482	正庚烷	2.021	0.169
甲酸乙酯	2.522	0.501	环己烷	2.159	0.225
二甲氧基甲烷	2.584	0.534	1,1-二氯乙烯	2.209	0.245
1,1-二氯乙烯	2.609	0.547	二甲氧基甲烷	2.243	0.259
乙酸甲酯	2.635	0.561	甲基环己烷	2.405	0.324
二氯甲烷	2.655	0.572	丙酮	2.876	0.515
硝基甲烷	2.807	0.654	甲酸乙酯	2.967	0.551
正丙醇	2.982	0.748	乙酸甲酯	3.000	0.564
1,2-二氯乙烯	3.109	0.817	1,2-二氯乙烯	3.347	0.705
叔丁基甲基醚	3.252	0.894	四氢呋喃	3.403	0.727

（续）

非极性色谱柱			极性色谱柱		
溶剂名称	t_R（min）	RART	溶剂名称	t_R（min）	RART
丁酮	3.449	1.000	甲基四氢呋喃	3.481	0.758
仲丁醇	3.666	1.117	四氯化碳	3.635	0.821
正己烷	3.898	1.242	1,1,1-三氯乙烷	3.653	0.828
异丙醚	3.908	1.247	乙酸乙酯	3.810	0.891
乙酸乙酯	3.913	1.250	乙酸异丙酯	3.980	0.960
三氯甲烷	3.954	1.272	甲醇	4.062	0.993
四氢呋喃	4.264	1.439	丁酮	4.079	1.000
异丁醇	4.264	1.440	1,2-二甲氧基乙烷	4.604	1.212
1,2-二氯乙烷	4.517	1.576	甲基异丙基酮	4.716	1.257
1,1,1-三氯乙烷	4.808	1.733	二氯甲烷	4.758	1.274
甲基异丙基酮	4.976	1.823	异丙醇	4.822	1.300
1,2-二甲氧基乙烷	4.985	1.828	乙醇	4.975	1.362
苯	5.281	1.988	苯	4.977	1.362
乙酸异丙酯	5.311	2.004	乙酸丙酯	6.020	1.784
正丁醇	5.340	2.019	三氯乙烯	6.643	2.035
四氯化碳	5.470	2.089	甲基异丁基酮	7.202	2.261
环己烷	5.583	2.150	乙腈	7.368	2.328
甲基四氢呋喃	5.676	2.201	乙酸异丁酯	7.497	2.380
三氯乙烯	6.760	2.785	三氯甲烷	7.985	2.577
二氧六环	6.823	2.819	仲丁醇	8.390	2.740
异辛烷	6.957	2.891	甲苯	8.746	2.884
正庚烷	7.434	3.148	正丙醇	9.238	3.083
乙酸丙酯	7.478	3.172	二氧六环	10.335	3.526
甲基环己烷	8.628	3.792	1,2-二氯乙烷	10.827	3.724
甲基异丁基酮	8.738	3.851	乙酸丁酯	11.012	3.799
3-甲基-1-丁醇	8.870	3.922	甲基丁基酮	11.486	3.990
吡啶	9.283	4.145	甲烷	1.602	
甲苯	11.180	5.168	**柱温80℃**		
正戊醇	11.382	5.276	异丁醇	3.577	3.045
甲烷	1.594		正丁醇	4.460	4.334
柱温80℃			硝基甲烷	4.885	4.948
乙酸异丁酯	3.611	2.099	异丙基苯	5.288	5.543
甲基丁基酮	3.859	2.345	吡啶	5.625	6.035
乙酸丁酯	4.299	2.778	3-甲基-1-丁醇	5.934	6.486
氯苯	5.253	3.726	氯苯	6.439	7.223
甲氧基苯	7.436	5.890	正戊醇	7.332	8.527
异丙基苯	8.148	6.589	丁酮	2.176	1.000
丁酮	2.502	1.000	甲烷	1.491	
甲烷	1.493		**柱温120℃**		
柱温120℃			甲氧基苯	3.837	9.890
四氢化萘	8.067	29.609	四氢化萘	7.427	24.484
丁酮	1.630	1.000	丁酮	1.650	1.000
甲烷	1.405		甲烷	1.404	

附表3　常见有机溶剂在程序升温法测定时相对于丁酮的保留值参考值

非极性色谱柱				极性色谱柱			
顺序	溶剂名称	t_R（min）	RART	顺序	溶剂名称	t_R（min）	RART
1	甲醇	1.846	0.127	1	正戊烷	1.691	0.033
2	乙醇	2.121	0.272	2	正己烷	1.807	0.076
3	乙腈	2.201	0.314	3	乙醚	1.856	0.094
4	丙酮	2.303	0.367	4	异辛烷	1.957	0.131
5	异丙醇	2.401	0.419	5	异丙醚	1.966	0.135
6	正戊烷	2.512	0.477	6	叔丁基甲基醚	2.053	0.167
7	乙醚	2.519	0.481	7	正庚烷	2.063	0.171
8	甲酸乙酯	2.544	0.494	8	环己烷	2.217	0.228
9	二甲氧基甲烷	2.611	0.529	9	1,1-二氯乙烯	2.267	0.246
10	1,1-二氯乙烯	2.623	0.535	10	二甲氧基甲烷	2.303	0.260
11	乙酸甲酯	2.665	0.558	11	甲基环己烷	2.488	0.328
12	二氯甲烷	2.674	0.562	12	丙酮	2.988	0.513
13	硝基甲烷	2.839	0.649	13	甲酸乙酯	3.094	0.552
14	正丙醇	3.051	0.760	14	乙酸甲酯	3.126	0.564
15	1,2-二氯乙烯	3.128	0.801	15	1,2-二氯乙烯	3.511	0.707
16	叔丁基甲基醚	3.302	0.892	16	四氢呋喃	3.561	0.725
17	丁酮	3.507	1.000	17	甲基四氢呋喃	3.653	0.759
18	仲丁醇	3.756	1.131	18	四氯化碳	3.821	0.822
19	正己烷	3.966	1.241	19	1,1,1-三氯乙烷	3.833	0.826
20	异丙醚	3.971	1.244	20	乙酸乙酯	4.017	0.894
21	乙酸乙酯	3.981	1.249	21	乙酸异丙酯	4.207	0.964
22	三氯甲烷	4.005	1.262	22	甲醇	4.295	0.997
23	四氢呋喃	4.387	1.462	23	丁酮	4.303	1.000
24	异丁醇	4.397	1.468	24	1,2-二甲氧基乙烷	4.875	1.212
25	1,2-二氯乙烷	4.6124	1.581	25	甲基异丙基酮	5.005	1.260
26	1,1,1-三氯乙烷	4.843	1.702	26	二氯甲烷	5.041	1.273
27	甲基异丙基酮	5.087	1.830	27	异丙醇	5.069	1.284
28	1,2-二甲氧基乙烷	5.099	1.837	28	乙醇	5.275	1.360
29	苯	5.380	1.984	29	苯	5.275	1.360
30	乙酸异丙酯	5.398	1.994	30	乙酸丙酯	6.437	1.790
31	正丁醇	5.402	1.996	31	三氯乙烯	7.108	2.039
32	四氯化碳	5.501	2.048	32	甲基异丁基酮	7.735	2.271
33	环己烷	5.649	2.126	33	乙腈	7.892	2.329
34	甲基四氢呋喃	5.739	2.173	34	乙酸异丁酯	8.068	2.394
35	三氯乙烯	6.815	2.738	35	三氯甲烷	8.533	2.566
36	异辛烷	6.928	2.798	36	仲丁醇	8.848	2.683
37	二氧六环	6.928	2.798	37	甲苯	9.156	2.797
38	正庚烷	7.563	3.131	38	正丙醇	9.461	2.910
39	乙酸丙酯	7.583	3.142	39	二氧六环	10.183	3.177
40	甲基环己烷	8.581	3.666	40	1,2-二氯乙烷	10.446	3.274
41	甲基异丁基酮	8.830	3.797	41	乙酸丁酯	10.543	3.310
42	3-甲基-1-丁醇	8.968	3.870	42	甲基丁基酮	10.801	3.406
43	吡啶	9.178	3.980	43	异丁醇	11.606	3.704
44	甲苯	10.259	4.548	44	正丁醇	13.046	4.237
45	正戊醇	10.448	4.647	45	异丙基苯	13.258	4.315

（续）

非极性色谱柱				极性色谱柱			
顺序	溶剂名称	t_R（min）	RART	顺序	溶剂名称	t_R（min）	RART
46	乙酸异丁酯	10.638	4.747	46	硝基甲烷	13.396	4.367
47	甲基丁基酮	11.025	4.951	47	吡啶	13.949	4.571
48	乙酸丁酯	12.175	5.555	48	3-甲基-1-丁醇	14.519	4.782
49	氯苯	13.166	6.076	49	氯苯	14.562	4.798
50	甲氧基苯	15.270	7.181	50	正戊醇	15.516	5.151
51	异丙基苯	15.724	7.420	51	甲氧基苯	17.447	5.866
52	四氢化萘	22.409	10.933	52	四氢化萘	21.708	7.444
53	甲烷	1.604		53	甲烷	1.602	

注：附表2、3中数据为非极性的SPB-1柱（30m×0.32mm，1.0μm）和极性的HP-INNOWAX柱（30m×0.32mm，0.5μm）测定的结果。

0871 2-乙基己酸测定法

本法系采用照气相色谱法（附录0521）测定β-内酰胺类药物中的2-乙基己酸的量。

色谱条件与系统适用性试验　用聚乙二醇（PEG-20M）或极性相似的毛细管柱；柱温为150℃；进样口温度为200℃；检测器温度为300℃。2-乙基己酸峰的理论板数应不低于5000，各色谱峰之间的分离度应大于2.0。取对照品溶液连续进样5次，2-乙基己酸峰与内标峰面积之比的相对标准偏差应不大于5%。

内标溶液的制备　称取3-环己丙酸约100mg，置100ml量瓶中，用环己烷溶解并稀释至刻度，摇匀，即得。

供试品溶液的制备　取供试品约0.3g，精密称定，加33%盐酸溶液4.0ml使溶解，精密加入内标溶液1ml，剧烈振摇1分钟，静置使分层（如有必要，可离心），取上层溶液作为供试品溶液。必要时可进行二次提取：分取出下层溶液，精密加入内标溶液1ml，剧烈振摇1分钟，静置使分层（如有必要，可离心），弃去下层溶液，合并上清液，作为供试品溶液。

对照品溶液的制备　精密称取2-乙基己酸对照品75mg，置50ml量瓶中，用内标溶液溶解并稀释至刻度，摇匀。精密量取1ml，加33%盐酸溶液4.0ml，剧烈振摇1分钟，静置分层（如有必要，可离心），取上层溶液作为对照品溶液。如供试品进行两次提取，对照品也相应进行两次提取：分取出下层溶液，精密加入内标溶液1ml，再剧烈振摇1分钟，静置分层（如有必要，可离心），弃去下层溶液，合并上清液，作为对照品溶液。

测定法　取对照品溶液与供试品溶液各1μl，分别注入气相色谱仪，记录色谱图，按照以下公式计算2-乙基己酸的百分含量（%）：

$$2\text{-乙基己酸百分含量} = \frac{A_T \times I_R \times M_R \times 0.02}{A_R \times I_T \times M_T} \times 100\%$$

式中　A_T为供试品溶液色谱图中2-乙基己酸的峰面积；

A_R为对照品溶液色谱图中2-乙基己酸的峰面积；

I_T为供试品溶液色谱图中内标的峰面积；

I_R为对照品溶液色谱图中内标的峰面积；

M_T为供试品的重量，g；

M_R为2-乙基己酸对照品的重量，g。

0900 特性检查法

0901 溶液颜色检查法

本法系将药物溶液的颜色与规定的标准比色液比较，或在规定的波长处测定其吸光度。

品种项下规定的"无色"系指供试品溶液的颜色相同于水或所用溶剂，"几乎无色"系指供试品溶液的颜色不深于相应色调0.5号标准比色液。

第一法

除另有规定外，取各品种项下规定量的供试品，加水溶解，置于25ml的纳氏比色管中，加水稀释至10ml。另取规定色调和色号的标准比色液10ml，置于另一25ml的纳氏比色管中，两管同置白色背景上，自上向下透视，或同置白色背景前，平视观察，供试品管呈现的颜色与对照管比较，不得更深。如供试品管呈现的颜色与对照管的颜色深浅非常接近或色调不完全一致，使目视观察无法辨别两者的深浅时，应改用第三法（色差计法）测定，并将其测定结果作为判定依据。

比色用重铬酸钾液 精密称取在120℃干燥至恒重的基准重铬酸钾0.4000g，置500ml量瓶中，加适量水溶解并稀释至刻度，摇匀，即得。每1ml溶液中含0.800mg的$K_2Cr_2O_7$。

比色用硫酸铜液 取硫酸铜约32.5g，加适量的盐酸溶液（1→40）使溶解成500ml，精密量取10ml，置碘量瓶中，加水50ml、醋酸4ml与碘化钾2g，用硫代硫酸钠滴定液（0.1mol/L）滴定，至近终点时，加淀粉指示液2ml，继续滴定至蓝色消失。每1ml的硫代硫酸钠滴定液（0.1mol/L）相当于24.97mg的$CuSO_4·5H_2O$。根据上述测定结果，在剩余的原溶液中加适量的盐酸溶液（1→40），使每1ml溶液中含62.4mg的$CuSO_4·5H_2O$，即得。

比色用氯化钴液 取氯化钴约32.5g，加适量的盐酸溶液（1→40）使溶解成500ml，精密量取2ml，置锥形瓶中，加水200ml，摇匀，加氨试液至溶液由浅红色转变至绿色后，加醋酸-醋酸钠缓冲液（pH6.0）10ml，加热至60℃，再加二甲酚橙指示液5滴，用乙二胺四醋酸二钠滴定液（0.05mol/L）滴定至溶液显黄色。每1ml的乙二胺四醋酸二钠滴定液（0.05mol/L）相当于11.90mg的$CoCl_2·6H_2O$。根据上述测定结果，在剩余的原溶液中加适量的盐酸溶液（1→40），使每1ml溶液中含59.5mg的$CoCl_2·6H_2O$，即得。

各种色调标准贮备液的制备 按表1精密量取比色用氯化钴液、比色用重铬酸钾液、比色用硫酸铜液与水，摇匀，即得。

表1 各种色调标准贮备液的配制

色调	比色用氯化钴液（ml）	比色用重铬酸钾液（ml）	比色用硫酸铜液（ml）	水（ml）
绿黄色	—	27	15	58
黄绿色	1.2	22.8	7.2	68.8
黄色	4.0	23.3	0	72.7
橙黄色	10.6	19.0	4.0	66.4
橙红色	12.0	20.0	0	68.0
棕红色	22.5	12.5	20.0	45.0

各种色调色号标准比色液的制备 按表2精密量取各色调标准贮备液与水，混合摇匀，即得。

表2　各种色调色号标准比色液的配制

色号	0.5	1	2	3	4	5	6	7	8	9	10
贮备液（ml）	0.25	0.5	1.0	1.5	2.0	2.5	3.0	4.5	6.0	7.5	10.0
加水量（ml）	9.75	9.5	9.0	8.5	8.0	7.5	7.0	5.5	4.0	2.5	0

第二法

除另有规定外，取各品种项下规定量的供试品，加水溶解并使成10ml，必要时滤过，滤液照紫外-可见分光光度法（附录0401）于规定波长处测定，吸光度不得超过规定值。

第三法　（色差计法）

本法是通过使用具备透射测量功能的测色色差计直接测定溶液的透射三刺激值，对其颜色进行定量表述和分析的方法。当目视比色法较难判定供试品与标准比色液之间的差异时，应采用本法进行测定与判断。

供试品溶液与标准比色液之间的颜色差异，可以通过分别比较它们与水之间的色差值来测定，也可以通过直接比较它们之间的色差值来测定。

现代颜色视觉理论认为，在人眼视网膜上有三种感色的锥体细胞，分别对红、绿、蓝三种颜色敏感。颜色视觉过程可分为两个阶段：第一阶段，视网膜上三种独立的锥体感色物质，有选择地吸收光谱不同波长的辐射，同时每一物质又可单独产生白和黑的反应，即在强光作用下产生白的反应，无外界刺激时产生黑的反应；第二阶段，在神经兴奋由锥体感受器向视觉中枢的传导过程中，这三种反应又重新组合，最后形成三对对立性的神经反应，即红或绿、黄或蓝、白或黑的反应。最终在大脑皮层的视觉中枢产生各种颜色感觉。

自然界中的每种颜色都可以用选定的、能刺激人眼中三种受体细胞的红、绿、蓝三原色，按适当比例混合而成。由此引入一个新的概念——三刺激值，即在给定的三色系统中与待测色达到色匹配所需的三个原刺激量，分别以 X、Y、Z 表示。通过对众多具有正常色觉的人体（称为标准观察者，即标准眼）进行广泛的颜色比较试验，测定了每一种可见波长（400～760nm）的光引起每种锥体刺激的相对数量的色匹配函数，这些色匹配函数分别用 $\bar{x}(\lambda)$、$\bar{y}(\lambda)$、$\bar{z}(\lambda)$ 来表示。把这些色匹配函数组合起来，描绘成曲线，就叫做CIE色度标准观察者的光谱三刺激值曲线（图1）。

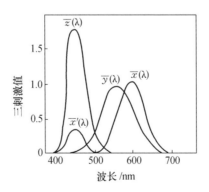

图1　CIE 1931色度标准观察者的光谱三刺激值曲线（10°视场）

色匹配函数和三刺激值间的关系以下列方程表示：

$$X = K \int S(\lambda) P(\lambda) \bar{x}(\lambda) \Delta d(\lambda)$$
$$Y = K \int S(\lambda) P(\lambda) \bar{y}(\lambda) \Delta d(\lambda)$$
$$Z = K \int S(\lambda) P(\lambda) \bar{z}(\lambda) \Delta d(\lambda)$$

式中　K为归化系数；

　　　　S（λ）为光源的相对光谱功率分布；

　　　　P（λ）为物质色的光谱反射比或透射比；

　　　　$\bar{x}(\lambda)$、$\bar{y}(\lambda)$、$\bar{z}(\lambda)$为标准观察者的色匹配函数；

　　　　$\Delta d(\lambda)$为波长间隔，一般采用10nm或5nm。

当某种颜色的三刺激值确定之后，则可用其计算出该颜色在一个理想的三维颜色空间中的坐标，由此推导出许多组的颜色方程（称为表色系统）来定义这一空间。如：CIE1931-XYZ色度系统，CIE1964色度系统，CIE1976$L^*a^*b^*$色空间（CIELab均匀色空间），Hunter表色系统等。

为便于理解和比对，人们通常采用CIELab均匀色空间来表示颜色及色差。该色空间由直角坐标$L^*a^*b^*$构成。在三维色坐标系的任一点都代表一种颜色，其与参比点之间的几何距离代表两种颜色之间的色差（图2和图3）。相等的距离代表相同的色差值。用仪器法对一个供试品与标准比色液的颜色进行比较时，需比较的参数就是空白对照品的颜色和供试品或其标准比色液颜色在均匀色空间中的差值。

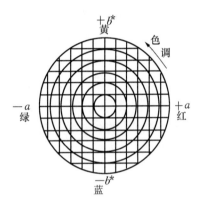

图2　$L^*a^*b^*$色品图

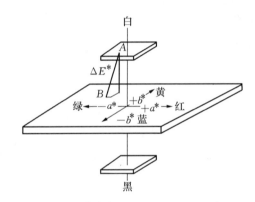

图3　$L^*a^*b^*$色空间和色差ΔE^*

在CIELab均匀色空间中，三维色坐标$L^*a^*b^*$与三刺激值X、Y、Z和色差值之间的关系如下：

$$明度指数 L^* = 116 \times (Y/Y_n)^{1/3} - 16$$

$$色品指数 a^* = 500 \times [(X/X_n)^{1/3} - (Y/Y_n)^{1/3}]$$

$$色品指数 b^* = 200 \times [(Y/Y_n)^{1/3} - (Z/Z_n)^{1/3}]$$

$$色差\ \Delta E^* = \sqrt{(\Delta L^*)^2 + (\Delta a^*)^2 + (\Delta b^*)^2}$$

以上公式仅适用于X/X_n、Y/Y_n、$Z/Z_n > 0.008\ 856$时。

式中　X、Y、Z为待测溶液的三刺激值；

　　　　X_n、Y_n、Z_n为三刺激值；

　　　　ΔE^*为供试品色与标准比色液色的色差；

　　　　ΔL^*为供试品色与标准比色液色的明度指数之差，其中ΔL^*为"正数"表示供试品比标准比色液颜色亮；

　　　　Δa^*、Δb^*为供试品色与标准比色液色的色品指数之差，其中Δa^*、Δb^*为"正数"表示供试品比标准比色液颜色更深。

色差计的工作原理简单地说即是模拟人眼的视觉系统，利用仪器内部的模拟积分光学系统，把光谱光度数据的三刺激值进行积分而得到颜色的数学表达式，从而计算出L^*、a^*、b^*值及对比色的色差。在仪器使用的标准光源与日常观察供试品所使用光源光谱功率分布一致（比如昼光），其光电响应接收条件与标准观察者的色觉特性一致的条件下，用仪器方法测定颜色，不但能够精确、定量地测定颜色和色差，而且比目测法客观，且不随时间、地点、人员变化而发生变化。

1．对仪器的一般要求　使用具备透射测量功能的测色色差计进行颜色测定，照明观察条件为o/o（垂直照明/垂直接收）条件；D65光源照明、10°视场条件下，可直接测出三刺激值 X、Y、Z，并能直接计算给出 L^*、a^*、b^* 和 ΔE^*。

因溶液的颜色随着被测定溶液的液层厚度而变，所以除另有规定外，测量透射色时，应使用1cm厚度液槽。由于浑浊液体、黏性液体或带荧光的液体会影响透射，故不宜采用色差计法测定。

为保证测量的可靠性，应定期对仪器进行全面的检定。在每次测量时，按仪器要求，需用水对仪器进行校准，并规定水在D65光源、10°视场条件下，水的三刺激值分别为：

$$X=94.81；\quad Y=100.00；\quad Z=107.32$$

2．测定法　除另有规定外，用水对仪器进行校准，取按各品种项下规定的方法分别制得的供试品溶液和标准比色液，置仪器上进行测定，供试品溶液与水的色差值 ΔE^* 应不超过标准比色液与水的色差值 ΔE^*。

如品种正文项下规定的色调有两种，且供试品溶液的实际色调介于两种规定色调之间，难以判断更倾向何种色调时，将测得的供试品溶液与水的色差值（ΔE^*）与两种色调标准比色液与水的色差值的平均值比较，不得更深〔$\Delta E^* \leqslant (\Delta E^*_{s1} + \Delta E^*_{s2})/2$〕。

0902 澄清度检查法

澄清度检查法系将药品溶液与规定的浊度标准液相比较，用以检查溶液的澄清程度。除另有规定外，应采用第一法进行检测。

品种项下规定的"澄清"，系指供试品溶液的澄清度与所用溶剂相同，或不超过0.5号浊度标准液的浊度。"几乎澄清"，系指供试品溶液的浊度介于0.5号至1号浊度标准液的浊度之间。

第一法　（目视法）

除另有规定外，按各品种项下规定的浓度要求，在室温条件下，将用水稀释至一定浓度的供试品溶液与等量的浊度标准液分别置于配对的比浊用玻璃管（内径15～16mm，平底，具塞，以无色、透明、中性硬质玻璃制成）中，在浊度标准液制备5分钟后，在暗室内垂直同置于伞棚灯下，照度为1000lx，从水平方向观察、比较。除另有规定外，供试品溶解后应立即检视。

第一法无法准确判定两者的澄清度差异时，改用第二法进行测定并以其测定结果进行判定。

1．浊度标准贮备液的制备　称取于105℃干燥至恒重的硫酸肼1.00g，置100ml量瓶中，加水适量使溶解，必要时可在40℃的水浴中温热溶解，并用水稀释至刻度，摇匀，放置4～6小时；取此溶液与等容量的10%乌洛托品溶液混合，摇匀，于25℃避光静置24小时，即得。该溶液置冷处避光保存，可在2个月内使用，用前摇匀。

2．浊度标准原液的制备　取浊度标准贮备液15.0ml，置1000ml量瓶中，加水稀释至刻度，摇匀，取适量，置1cm吸收池中，照紫外-可见分光光度法（附录0401），在550nm的波长处测定，其吸光度应在0.12～0.15范围内。该溶液应在48小时内使用，用前摇匀。

3．浊度标准液的制备　取浊度标准原液与水，按下表配制，即得。浊度标准液应临用时制备，使用前充分摇匀。

级号	0.5	1	2	3	4
浊度标准原液（ml）	2.50	5.0	10.0	30.0	50.0
水（ml）	97.50	95.0	90.0	70.0	50.0

第二法 （浊度仪法）

供试品溶液的浊度可采用浊度仪测定。溶液中不同大小、不同特性的微粒物质包括有色物质均可使入射光产生散射，通过测定透射光或散射光的强度，可以检查供试品溶液的浊度。仪器测定模式通常有三种类型，透射光式、散射光式和透射光-散射光比较测量模式（比率浊度模式）。

1. **仪器的一般要求** 采用散射光式浊度仪时，光源峰值波长约为860nm；测量范围应包含0.01~100NTU。在0~10NTU范围内分辨率应为0.01NTU，在10~100NTU范围内分辨率应为0.1NTU。

2. **适用范围及检测原理** 本法采用散射光式浊度仪，适用于低、中浊度无色供试品溶液的浊度测定（浊度值为100NTU以下的供试品）。因为高浊度的供试品会造成多次散射现象，使散射光强度迅速下降，导致散射光强度不能正确反应供试品的浊度值。0.5号至4号浊度标准液的浊度值范围为0~40NTU。

采用散射光式浊度仪测定时，入射光和测定的散射光呈90°夹角，入射光强度和散射光强度关系式为：

$$I=K'TI_0$$

式中　I 为散射光强度，单位为cd；

　　　I_0 为入射光强度，单位为cd；

　　　K' 为散射系数；

　　　T 为供试品溶液的浊度值，单位为NTU（NTU是基于福尔马肼浊度标准液测定的散射浊度单位，福尔马肼浊度标准液即为第一法中的浊度标准储备液）。

在入射光强度 I_0 不便的情况下，散射光强度 I 与浊度值成正比，因此，可以将浊度测量转化为散射光强度的测量。

3. **系统的适用性试验** 仪器应定期（一般每月一次）对浊度标准液的线性和重复性进行考察，采用0.5号至4号浊度标准液进行浊度值测定，浊度标准液的测定结果（单位NTU）与浓度间应成线性关系，线性方程的相关系数应不低于0.999；取0.5号至4号浊度标准液，重复测定5次，0.5号和1号浊度标准液测量浊度值的相对标准偏差应不大于5%，2~4号浊度标准液测量浊度值的相对标准偏差应不大于2%。

4. **测定法** 按照仪器说明书要求采用规定的浊度液进行仪器校正。溶液剂直接取样测定；原料药或其他剂型按照个论项下的标准规定制备供试品溶液，临用时制备。分别取供试品溶液和相应浊度标准液进行测定，测定前应摇匀，并避免产生气泡，读取浊度值。供试品溶液浊度值不得大于相应浊度标准液的浊度值。

0903 不溶性微粒检查法

本法系用以检查静脉用注射剂（溶液型注射液、注射用无菌粉末、注射用浓溶液）及供静脉注射用无菌原料药中不溶性微粒的大小及数量。

本法包括光阻法和显微计数法。当光阻法测定结果不符合规定或供试品不适于用光阻法测定时，应采用显微计数法进行测定，并以显微计数法的测定结果作为判定依据。

光阻法不适用于黏度过高和易析出结晶的制剂，也不适用于进入传感器时容易产生气泡的注射剂。对于黏度过高，采用两种方法都无法直接测定的注射液，可用适宜的溶剂稀释后测定。

试验环境及检测　试验操作环境应不得引入外来微粒，测定前的操作应在洁净工作台进行。玻璃仪器和其他所需的用品均应洁净、无微粒。本法所用微粒检查用水（或其他适宜溶剂），使用前须经不大于1.0μm的微孔滤膜滤过。

取微粒检查用水（或其他适宜溶剂）符合下列要求：光阻法取50ml测定，要求每10ml含10μm及10μm以上的不溶性微粒数应在10粒以下，含25μm及25μm以上的不溶性微粒数应在2粒以下。显微计数法取50ml测定，要求含10μm及10μm以上的不溶性微粒数应在20粒以下，含25μm及25μm以上的不溶性微粒数应在5粒以下。

第一法　（光阻法）

1. **测定原理**　当液体中的微粒通过一窄细的检测通道时，与液体流向垂直的入射光，由于被微粒阻挡而减弱，因此由传感器输出的信号降低，这种信号变化与微粒的截面积大小相关。

2. **对仪器的一般要求**　仪器通常包括取样器、传感器和数据处理器三部分。

测量粒径范围为2～100μm，检测微粒浓度为0～10 000个/ml。

3. **仪器的校准**　所用仪器应至少每6个月校准一次。

（1）取样体积　待仪器稳定后，取多于取样体积的微粒检查用水置于取样杯中，称定重量，通过取样器由取样杯中量取一定体积的微粒检查用水后，再次称定重量。以两次称定的重量之差计算取样体积。连续测定3次，每次测得体积与量取体积的示值之差应在±5%以内。测定体积的平均值与量取体积的示值之差应在±3%以内。也可采用其他适宜的方法校准，结果应符合上述规定。

（2）微粒计数　取相对标准偏差不大于5%，平均粒径为10μm的标准粒子，制成每1ml中含1000～1500微粒数的悬浮液，静置2分钟脱气泡，开启搅拌器，缓慢搅拌使其均匀（避免气泡产生），依法测定3次，记录5μm通道的累计计数，弃第一次测定数据，后两次测定数据的平均值与已知粒子数之差应在±20%以内。

（3）传感器分辨率　取相对标准偏差不大于5%，平均粒径为10μm的标准粒子（均值粒径的标准差应不大于1μm），制成每1ml中含1000～1500微粒数的悬浮液，静置2分钟脱气泡，开启搅拌器，缓慢搅拌使其均匀（避免气泡产生）。依法测定8μm、10μm和12μm三个通道的粒子数，计算8μm与10μm的两个通道的差值计数和10μm与12μm两个通道的差值计数，上述两个差值计数与10μm通道的累计计数之比都不得小于68%。若测定结果不符合规定，应重新调试仪器后再次进行校准，符合规定后方可使用。

如所使用仪器附有自检功能，可进行自检。

4. **检查法**

（1）标示装量为25ml或25ml以上的静脉用注射液或注射用浓溶液　除另有规定外，取供试品至少4个，分别按下法测定：用水将容器外壁洗净，小心翻转20次，使溶液混合均匀；立即小心开启容器，先倒出部分供试品溶液冲洗开启口及取样杯，再将供试品溶液倒入取样杯中，静置2分钟或适当时间脱气泡，置于取样器上（或将供试品容器直接置于取样器上）。开启搅拌，使溶液混匀（避免气泡产生），每个供试品依法测定至少3次，每次取样应不少于5ml，记录数据，弃第一次测定数据，取后续测定数据的平均值作为测定结果。

（2）标示装量为25ml以下的静脉用注射液或注射用浓溶液　除另有规定外，取供试品至少4个，分别按下法测定：用水将容器外壁洗净，小心翻转20次，使溶液混合均匀，静置2分钟或适当时间脱气泡；小心开启容器，直接将供试品容器置于取样器上，开启搅拌或以手缓缓转动，使溶液均匀（避免产生气泡），由仪器直接抽取适量溶液（以不吸入气泡为限）。测定并记录数据。弃第一次测定数据，取后续测定数据的平均值作为测定结果。

（1）、（2）项下的注射用浓溶液如黏度太大，不便直接测定时，可经适当稀释，依法测定。

也可采用适宜的方法，在洁净工作台小心合并至少4个供试品的内容物（使总体积不少于25ml），置于取样杯中，静置2分钟或适当时间脱气泡；置于取样器上。开启搅拌，使溶液混匀（避免气泡产生），依法测定至少4次，每次取样应不少于5ml。弃第一次测定数据，取后续3次测定数据的平均值作为测定结果，根据取样体积与每个容器的标示装量体积，计算每个容器所含的微粒数。

（3）静脉注射用无菌粉末 除另有规定外，取供试品至少4个，分别按下法测定：用水将容器外壁洗净，小心开启瓶盖，精密加入适量微粒检查用水（或适宜的溶剂），小心盖上瓶盖，缓缓振摇使内容物溶解，静置2分钟或适当时间脱气泡；小心开启容器，直接将供试品容器置于取样器上，开启搅拌或以手缓缓转动，使溶液混匀（避免气泡产生），由仪器直接抽取适量溶液（以不吸入气泡为限），测定并记录数据。弃第一次测定数据，取后续测定数据的平均值作为测定结果。

也可采用适宜的方法，取至少4个供试品，在洁净工作台上用水将容器外壁洗净，小心开启瓶盖，分别精密加入适量微粒检查用水（或适宜的溶剂），缓缓振摇使内容物溶解；小心合并容器中的溶液（使总体积不少于25ml），置于取样杯中，静置2分钟或适当时间脱气泡，置于取样器上。开启搅拌，使溶液混匀（避免气泡产生），依法测定至少4次，每次取样应不少于5ml。弃第一次测定数据，取后续测定数据的平均值作为测定结果。

（4）供注射用无菌原料药 按各品种项下规定，取供试品适量（相当于单个制剂的最大规格量）4份，分别置取样杯或适宜的容器中，照上述（3）法，自"精密加入适量微粒检查用水（或适宜的溶剂），缓缓振摇使内容物溶解"起，依法操作，测定并记录数据。弃第一次测定数据，取后续测定数据的平均值作为测定结果。

5. 结果判定

（1）标示装量为100ml或100ml以上的静脉用注射液 除另有规定外，每1ml中含10μm及10μm以上的微粒数不得过25粒，含25μm及25μm以上的微粒数不得过3粒。

（2）标示装量为100ml以下的静脉用注射液、静脉注射用无菌粉末、注射用浓溶液及供注射用无菌原料药 除另有规定外，每个供试品容器（份）中含10μm及10μm以上的微粒数不得过6000粒，含25μm及25μm以上的微粒数不得过600粒。

第二法 （显微计数法）

1. 对仪器的一般要求 仪器通常包括洁净工作台、显微镜、微孔滤膜及其滤器、平皿等。

洁净工作台 高效空气过滤器孔径0.45μm，气流方向由里向外。

显微镜 双筒大视野显微镜，目镜内附标定的测微尺（每格5~10μm）。坐标轴前后、左右移动范围均应大于30mm，显微镜装置内附有光线投射角度、光强度均可调节的照明装置。检测时放大100倍。

微孔滤膜 孔径0.45μm、直径25mm或13mm，一面印有间隔3mm的格栅；膜上如有10μm及10μm以上的不溶性微粒，应在5粒以下，并不得有25μm及25μm以上的微粒，必要时，可用微粒检查用水冲洗使符合要求。

2. 检查前的准备 在洁净工作台上将滤器用微粒检查用水（或其他适宜溶剂）冲洗至洁净，

用平头无齿镊子夹取测定用滤膜，用微粒检查用水（或其他适宜溶剂）冲洗后，置滤器托架上；固定滤器，倒置，反复用微粒检查用水（或其他适宜溶剂）冲洗滤器内壁，控干后安装在抽滤瓶上，备用。

3．检查法

（1）标示装量为25ml或25ml以上的静脉用注射液或注射用浓溶液　除另有规定外，取供试品至少4个，分别按下法测定：用水将容器外壁洗净，在洁净工作台上小心翻转20次，使溶液混合均匀；立即小心开启容器，用适宜的方法抽取或量取供试品溶液25ml，沿滤器内壁缓缓注入经预处理的滤器（滤膜直径25mm）中。静置1分钟，缓缓抽滤至滤膜近干，再用微粒检查用水25ml，沿滤器内壁缓缓注入，洗涤并抽滤至滤膜近干；然后用平头镊子将滤膜移置平皿上（必要时，可涂抹极薄层的甘油使滤膜平整），微启盖子使滤膜适当干燥后，将平皿闭合，置显微镜载物台上。调好入射光，放大100倍进行显微测量，调节显微镜至滤膜格栅清晰，移动坐标轴，分别测定有效滤过面积上最长粒径大于10μm和25μm的微粒数。计算三个供试品测定结果的平均值。

（2）标示装量为25ml以下的静脉用注射液或注射用浓溶液　除另有规定外，取供试品至少4个，用水将容器外壁洗净，在洁净工作台上小心翻转20次，使混合均匀，立即小心开启容器，用适宜的方法直接抽取每个容器中的全部溶液，沿滤器内壁缓缓注入经预处理的滤器（滤膜直径13mm）中，照上述（1）同法测定。

（3）静脉注射用无菌粉末及供注射用无菌原料药　除另有规定外，照光阻法中检查法的（3）或（4）制备供试品溶液，同上述（1）操作测定。

4．结果判定

（1）标示装量为100ml或100ml以上的静脉用注射液　除另有规定外，每1ml中含10μm及10μm以上的微粒不得过12粒，含25μm及25μm以上的微粒不得过2粒。

（2）标示装量为100ml以下的静脉用注射液、静脉注射用无菌粉末、注射用浓溶液及供注射用无菌原料药　除另有规定外，每个供试品容器（份）中含10μm及10μm以上的微粒数不得过3000粒，含25μm及25μm以上的微粒数不得过300粒。

0904 可见异物检查法

可见异物系指存在于注射剂、眼用液体制剂和无菌原料药中，在规定条件下目视可以观测到的不溶性物质，其粒径或长度通常大于50μm。

注射剂、眼用液体制剂应在符合兽药生产质量管理规范（兽药GMP）的条件下生产，产品在出厂前应采用适宜的方法逐一检查并同时剔除不合格产品。临用前，需在自然光下目视检查（避免阳光直射），如有可见异物，不得使用。

可见异物检查法有灯检法和光散射法。一般常用灯检法，也可采用光散射法。灯检法不适用的品种，如用深色透明容器包装或液体色泽较深（一般深于各标准比色液7号）的品种可选光散射法；混悬型、乳状液型注射液和滴眼液不能使用光散射法。

实验室检测时应避免引入可见异物。当制备注射用无菌粉末和无菌原料药供试品溶液时，或供试品的容器不适于检查（如透明度不够、不规则形状容器等），需转移至适宜容器中时，均应在B级的洁净环境（如层流净化台）中进行。

用于本试验的供试品，必须按规定随机抽样。

第一法　（灯检法）

灯检法应在暗室中进行。

检查装置　如图所示。

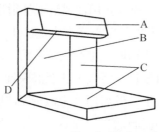

图　灯检法示意

A.带有遮光板的日光灯光源（光照度可在1000~4000lx范围内调节）；

B.不反光的黑色背景；

C.不反光的白色背景和底部（供检查有色异物）；

D.反光的白色背景（指遮光板内侧）。

检查人员条件　远距离和近距离视力测验，均应为4.9或4.9以上（矫正后视力应为5.0或5.0以上）；应无色盲。

检查法

溶液型、乳状液及混悬型制剂　除另有规定外，取供试品20支（瓶），除去容器标签，擦净容器外壁，必要时将药液转移至洁净透明的适宜容器内；置供试品于遮光板边缘处，在明视距离（指供试品至人眼的清晰观测距离，通常为25cm），手持容器颈部轻轻旋转和翻转容器（但应避免产生气泡），使药液中可能存在的可见异物悬浮，分别在黑色和白色背景下目视检查，重复观察，总检查时间为20秒。供试品装量每支（瓶）在10ml及10ml以下的，每次检查可手持2支（瓶）。50ml或50ml以上大容量注射液按直、横、倒三步法旋转检视。供试品溶液中有大量气泡产生影响观察时，需静置足够时间至气泡消失后检查。

注射用无菌制剂　除另有规定外，取供试品5支（瓶），用适宜的溶剂及适当的方法使药粉全部溶解后，按上述方法检查。配带有专用溶剂的注射用无菌制剂，应先将专用溶剂按溶液型制剂检查合格后，再用其溶解注射用无菌制剂。如经真空处理的供试品，必要时应用适当的方法破其真空，以便于药物溶解。低温冷藏的品种，应先将其放至室温，再进行溶解和检查。

无菌原料药　除另有规定外，按抽样要求称取各品种制剂项下的最大规格量5份，分别置洁净透明的适宜容器内，用适宜的溶剂及适当的方法使药物全部溶解后，按上述方法检查。

注射用无菌制剂及无菌原料药所选用的适宜溶剂应无可见异物。如为水溶性药物，一般使用不溶性微粒检查用水（附录0903）进行溶解制备；如使用其他溶剂，则应在各品种正文中明确规定。溶剂量应确保药物溶解完全并便于观察。

注射用无菌制剂及无菌原料药溶解所用的适当方法应与其制剂使用说明书中注明的临床使用前处理的方式相同。如除振摇外还需其他辅助条件，则应在各品种正文中明确规定。

眼用液体制剂　除另有规定外，取供试品20支（瓶），按上述方法检查。临用前配制的滴眼剂专用溶剂，应先检查合格后，再用其溶解滴眼用制剂。

用无色透明容器包装的无色供试品溶液，检查时被观察供试品所在处的光照度应为1000~1500lx，用透明塑料容器包装或用棕色透明容器包装的供试品溶液或有色供试品溶液，检查时被观察样品所在处的光照度应为2000～3000lx；混悬型供试品或乳状液，检查时被观察样品所在处的光照度应增加至约4000lx。

结果判定

各类注射剂、眼用液体制剂　在静置一定时间后轻轻旋转时均不得检出烟雾状微粒柱，且不得检出金属屑、玻璃屑、长度或最大粒径超过2mm的纤维和块状物等明显可见异物。微细可见异物（如点状物、2mm以下的短纤维和块状物等）如有检出，除另有规定外，应分别符合下列规定：

溶液型静脉用注射液、注射用浓溶液　20支（瓶）检查的供试品中，均不得检出明显可见异物。如检出微细可见异物的供试品仅有1支（瓶），应另取20支（瓶）同法复试，均不得超过1支（瓶）。

溶液型非静脉用注射液　被检查的20支（瓶）供试品中，均不得检出明显可见异物。如检出微细可见异物，应另取20支（瓶）同法复试，初、复试的供试品中，检出微细可见异物的供试品不得超过3支（瓶）。

溶液型滴眼剂　被检查的20支（瓶）供试品中，均不得检出明显可见异物。如检出微细可见异物，应另取20支（瓶）同法复试，初、复试的供试品中，检出微细可见异物的供试品不得超过4支（瓶）。

混悬型、乳状液型注射液　被检查的20支（瓶）供试品中，均不得检出金属屑、玻璃屑、色块、纤维等明显可见异物。

临用前配制的溶液型和混悬型滴眼剂，除另有规定外，应符合相应的可见异物规定。

注射用无菌制剂　被检查的5支（瓶）供试品中，均不得检出明显可见异物。如检出微细可见异物，每支（瓶）供试品中检出微细可见异物的数量应符合下表的规定；如有1支（瓶）不符合规定，另取10支（瓶）同法复试，均应符合规定。

类别		可见异物限度
化学药		≤4个
生化药、抗生素药和中药	≥2g	≤10个
	<2g	≤8个

无菌原料药　5份检查的供试品中，均不得检出明显可见异物。如检出微细可见异物，每份供试品中检出微细可见异物的数量应符合下表的规定；如有1份不符合规定，另取10份同法复试，均应符合规定。

类别	可见异物限度
化学药	≤2个
生化药、抗生素药和中药	≤5个

既可静脉用也可非静脉用的注射液应执行静脉用注射液的标准。

第二法　（光散射法）

检测原理　当一束单色激光照射溶液时，溶液中存在的不溶性物质使入射光发生散射，散射的能量与不溶性物质的大小有关。本方法通过对溶液中不溶性物质引起的光散射能量的测量，并与规定的阈值比较，以检查可见异物。

不溶性物质的光散射能量可通过被采集的图像进行分析。设不溶性物质的光散射能量为E，经过光电信号转换，即可用摄像机采集到一个锥体高度为H，直径为D的相应立体图像。散射能量E为D和H的一个单调函数，即$E=f(D, H)$。同时，假设不溶性物质的光散射强度为q，摄像曝光时间为T，则又有$E=g(q, T)$。由此可以得出图像中的D与q、T之间的关系为$D=w(q, T)$，也为一个单调函数关系。在测定图像中的*D*值后，即可根据函数曲线计算出不溶性物质的光散射能量。

仪器装置　仪器主要由旋瓶装置、激光光源、图像采集器、数据处理系统和终端显示系统组成。

供试品被放置至检测装置后，旋瓶装置使供试品沿垂直中轴线高速旋转一定时间后迅速停止，同时激光光源发出的均匀激光束照射在供试品上；当药液涡流基本消失，瓶内药液因惯性继续旋转，图像采集器在特定角度对旋药液中悬浮的不溶性物质引起的散射光能量进行连续摄像，采集图像不少于75幅；数据处理系统对采集的序列图像进行处理，然后根据预先设定的阈值自动判定超过一定大小的不溶性物质的有无，或在终端显示器上显示图像供人工判定，同时记录检测结果。

仪器校准　仪器应具备自动校准功能，在检测供试品前须采用标准粒子进行校准。

除另有规定外，分别用粒径为$40\mu m$和$60\mu m$的标准粒子对仪器进行标定。根据标定结果得到曲线方程并计算出与粒径$50\mu m$相对应的检测像素值。

当把检测像素参数设定为与粒径$50\mu m$相对应的数值时，对$60\mu m$的标准粒子溶液测定3次，应均能检出。

检查法

溶液型供试品　除另有规定外，取供试品20支（瓶），除去不透明标签，擦净容器外壁，置仪器检测装置上，从仪器提供的菜单中选择与供试品规格相应的测定参数，并根据供试品瓶体大小对参数进行适当调整后，启动仪器，将供试品检测3次并记录检测结果。凡仪器判定有1次不合格者，可用灯检法确认。用深色透明容器包装或液体色泽较深等灯检法检查困难的品种不用灯检法确认。

注射用无菌粉末　除另有规定外，取供试品5支（瓶），用适宜的溶剂及适当的方法使药物全部溶解后，按上述方法检查。

无菌原料粉末　除另有规定外，称取各品种制剂项下的最大规格量5份，分别置洁净透明的适宜玻璃容器内，用适宜的溶剂及适当的方法使药物全部溶解后，按上述方法检查。

设置检测参数时，一般情况下取样视窗的左右边线和底线应与瓶体重合，上边线与液面的弯月面成切线；旋转时间的设置应能使液面漩涡到底，以能带动固体物质悬浮并消除气泡；旋瓶停止至摄像启动的时间应尽可能短，但应避免液面漩涡以及气泡的干扰，同时保证摄像启动时固体物质仍在转动。

结果判定　同灯检法。

0911 乳化性检查法

本法用于加水可乳化溶液的乳化性能的检查。

除另有规定外，取30℃±1℃的标准硬水，置250ml烧杯中，按各兽药项下规定的稀释浓度取供试品，在不断搅拌下缓缓加入标准硬水中，使其成100ml乳状液。加完供试品后，继续用2~3转/秒的速度搅拌30秒，立即将乳液移至清洁、干燥的100ml量筒中，并将量筒置于30℃±1℃恒温水浴内，静置1小时后取出，观察乳液分离情况，在量筒中应没有浮油、沉油、沉淀或分层现象。

标准硬水母液的制备

方法1　称取无水氯化钙30.40g和带六个结晶水的氯化镁13.90g，用水溶解并稀释至1000ml，滤过，摇匀，即得（每1ml硬水母液相当于34.20mg的$CaCO_3$）。

方法2　取碳酸钙27.40g和氧化镁2.760g，溶于少量2mol/L盐酸溶液中，在水浴上蒸发至干，加少量水，再蒸干。如此重复操作以除去多余的盐酸，使之为中性，然后用水将残留物溶于1000ml量瓶中并用水稀释至刻度，摇匀即得（每1ml硬水母液相当于34.20mg的$CaCO_3$）。

（上述两种方法可选做一种）

标准硬水的制备 量取标准硬水母液1ml，加30℃±1℃的水至100ml，摇匀，即得（每1ml标准硬水相当于0.3420mg的$CaCO_3$）。

0921 崩解时限检查法

本法系用于检查内服固体制剂在规定条件下的崩解情况。

崩解系指内服固体制剂在规定条件下全部崩解溶散或成碎粒，除不溶性包衣材料或破碎的胶囊壳外，应全部通过筛网。如有少量不能通过筛网，但已软化或轻质上漂且无硬心者，可作符合规定论。

除另有规定外，凡规定检查溶出度、释放度或分散均匀性的制剂，不再进行崩解时限检查。

一、片剂

仪器装置 采用升降式崩解仪，主要结构为一能升降的金属支架与下端镶有筛网的吊篮，并附有挡板。

升降的金属支架上下移动距离为55mm±2mm，往返频率为每分钟30~32次。

（1）吊篮 玻璃管6根，管长77.5mm±2.5mm，内径21.5mm，壁厚2mm；透明塑料板2块，直径90mm，厚6mm，板面有6个孔，孔径26mm；不锈钢板1块（放在上面一块塑料板上），直径90mm，厚1mm，板面有6个孔，孔径22mm；不锈钢丝筛网1张（放在下面一块塑料板下），直径90mm，筛孔内径2.0mm；以及不锈钢轴1根（固定在上面一块塑料板与不锈钢板上），长80mm。将上述玻璃管6根垂直置于2块塑料板的孔中，并用3只螺丝将不锈钢板、塑料板和不锈钢丝筛网固定，即得（图1）。

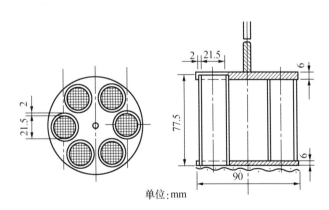

单位：mm

图1 升降式崩解仪吊篮结构

（2）挡板 为一平整光滑的透明塑料块，相对密度1.18~1.20，直径20.7mm±0.15mm，厚9.5mm±0.15mm；挡板共有5个孔，孔径2mm，中央1个孔，其余4个孔距中心6mm，各孔间距相等；挡板侧边有4个等距离的V形槽，V形槽上端宽9.5mm、深2.55mm，底部开口处的宽与深度均为1.6mm（图2）。

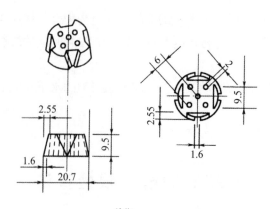

单位：mm

图2　升降式崩解仪挡板结构

检查法　将吊篮通过上端的不锈钢轴悬挂于金属支架上，浸入1000ml烧杯中，并调节吊篮位置使其下降至低点时筛网距烧杯底部25mm；烧杯内盛有温度为37℃±1℃的水，调节水位高度使吊篮上升至高点时筛网在水面下15mm处，吊篮顶部不可浸没于溶液中。

除另有规定外，取供试品6片，分别置上述吊篮的玻璃管中，启动崩解仪进行检查，各片均应在15分钟内全部崩解。如有1片不能完全崩解，应另取6片复试，均应符合规定。

薄膜衣片　按上述装置与方法检查，并可改在盐酸溶液（9→1000）中进行检查，应在30分钟内全部崩解。如有1片不能完全崩解，应另取6片复试，均应符合规定。

糖衣片　按上述装置与方法检查，应在1小时内全部崩解。如有1片不能完全崩解，应另取6片复试，均应符合规定。

肠溶片　按上述装置与方法，先在盐酸溶液（9→1000）中检查2小时，每片均不得有裂缝、崩解或软化现象；然后将吊篮取出，用少量水洗涤后，每管加入挡板1块，再按上述方法在磷酸盐缓冲液（pH6.8）中进行检查，1小时内应全部崩解。如有1片不能完全崩解，应另取6片复试，均应符合规定。

泡腾片　取1片，置250ml烧杯（内有200ml温度为20℃±5℃的水）中，即有许多气泡放出，当片剂或碎片周围的气体停止逸出时，片剂应溶解或分散在水中，无聚集的颗粒剩留。除另有规定外，同法检查6片，各片均应在5分钟内崩解。如有1片不能完全崩解，应另取6片复试，均应符合规定。

二、胶囊剂

硬胶囊或软胶囊　除另有规定外，取供试品6粒，按片剂的装置与方法（如胶囊漂浮于液面，可加挡板）进行检查。硬胶囊应在30分钟内全部崩解；软胶囊应在1小时内全部崩解，以明胶为基质的软胶囊可改在人工胃液中进行检查。如有1粒不能完全崩解，应另取6粒复试，均应符合规定。

肠溶胶囊　除另有规定外，取供试品6粒，按上述装置与方法，先在盐酸溶液（9→1000）中不加档板检查2小时，每粒的囊壳均不得有裂缝或崩解现象；继将吊篮取出，用少量水洗涤后，每管加入挡板，再按上述方法，改在人工肠液中进行检查，1小时内应全部崩解。如有1粒不能完全崩解，应另取6粒复试，均应符合规定。

【附注】

人工胃液　取稀盐酸16.4ml，加水约800ml与胃蛋白酶10g，摇匀后，加水稀释成1000ml，即得。

人工肠液　即磷酸盐缓冲液（含胰酶）（pH6.8）（见附录8004）。

0922 融变时限检查法

本法系用于检查栓剂、阴道片等固体制剂在规定条件下的融化、软化或溶散情况。

一、栓剂

仪器装置 由透明的套筒与金属架组成（图1a）。

（1）透明套筒 为玻璃或适宜的塑料材料制成，高为60mm，内径为52mm，及适当的壁厚。

（2）金属架 由两片不锈钢的金属圆板及3个金属挂钩焊接而成。每个圆板直径为50mm，具39个孔径为4mm的圆孔（图1b）；两板相距30mm，通过3个等距的挂钩焊接在一起。

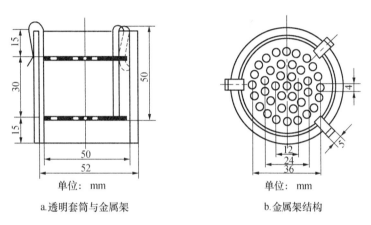

a.透明套筒与金属架　　　　b.金属架结构

图1　栓剂检查仪器装置

检查法 取供试品3粒，在室温放置1小时后，分别放在3个金属架的下层圆板上，装入各自的套筒内，并用挂钩固定。除另有规定外，将上述装置分别垂直浸入盛有不少于4L的37.0℃±0.5℃水的容器中，其上端位置应在水面下90mm处。容器中装一转动器，每隔10分钟在溶液中翻转该装置一次。

结果判定 除另有规定外，脂肪性基质的栓剂3粒均应在30分钟内全部融化、软化或触压时无硬心；水溶性基质的栓剂3粒均应在60分钟内全部溶解。如有1粒不符合规定，应另取3粒复试，均应符合规定。

二、阴道片

仪器装置 同上述栓剂的检查装置，但应将金属架挂钩的钩端向下，倒置于容器内，如图2所示。

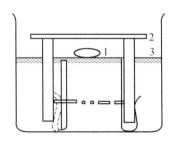

图2　阴道片检查仪器装置

1.阴道片；2.玻璃板；3.水面

检查法　调节水液面至上层金属圆盘的孔恰为均匀的一层水覆盖。取供试品3片，分别置于上面的金属圆盘上，装置上盖一玻璃板，以保证空气潮湿。

结果判定　除另有规定外，阴道片3片，均应在30分钟内全部溶化或崩解、溶散并通过开孔金属圆盘，或仅残留无硬心的软性团块。如有1片不符合规定，应另取3片复试，均应符合规定。

0923 片剂脆碎度检查法

本法用于检查非包衣片的脆碎情况及其他物理强度，如压碎强度等。

仪器装置　内径约为286mm，深度为39mm，内壁抛光，一边可打开的透明耐磨塑料圆筒。筒内有一自中心轴套向外壁延伸的弧形隔片（内径为80mm±1mm，内弧表面与轴套外壁相切），使圆筒转动时，片剂产生滚动（如图）。圆筒固定于同轴的水平转轴上，转轴与电动机相连，转速为每分钟25转±1转。每转动一圈，片剂滚动或滑动至筒壁或其他片剂上。

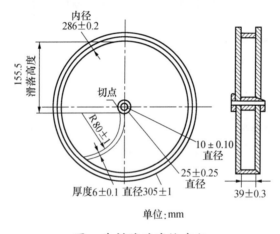

图　片剂脆碎度检查仪

检查法　片重为0.65g或以下者取若干片，使其总重约为6.5g；片重大于0.65g者取10片。用吹风机吹去片剂脱落的粉末，精密称重，置圆筒中，转动100次。取出，同法除去粉末，精密称重，减失重量不得过1%，且不得检出断裂、龟裂及粉碎的片。本试验一般仅作1次。如减失重量超过1%时，应复检2次，3次的平均减失重量不得过1%，并不得检出断裂、龟裂及粉碎的片。

如供试品的形状或大小使片剂在圆筒中形成不规则滚动时，可调节圆筒的底座，使与桌面成约10°的角，试验时片剂不再聚集，能顺利下落。

对于形状或大小在圆筒中形成严重不规则滚动或特殊工艺生产的片剂，不适于本法检查，可不进行脆碎度检查。

对易吸水的制剂，操作时应注意防止吸湿（通常控制相对湿度小于40%）。

0931 溶出度与释放度测定法

溶出度系指活性药物从片剂、胶囊剂或颗粒剂等普通制剂在规定条件下溶出的速率和程度，在缓释制剂、控释制剂、肠溶制剂及透皮贴剂等制剂中也称释放度。

仪器装置

第一法 （篮法）

（1）转篮 分篮体与篮轴两部分，均为不锈钢或其他惰性材料制成，其形状尺寸如图1所示。篮体A由方孔筛网（丝径为0.28mm±0.03mm，网孔为0.40mm±0.04mm）制成，呈圆柱形；转篮内径为20.2mm±1.0mm，上下两端都有封边。篮轴B的直径为9.75mm±0.35mm，轴的末端连一圆盘，作为转篮的盖；盖上有一通气孔（孔径为2.0mm±0.5mm）；盖边系两层，上层直径与转篮外径相同，下层直径与转篮内径相同；盖上的3个弹簧片与中心呈120°角。

（2）溶出杯 一般为由硬质玻璃或其他惰性材料制成的底部为半球形的1000ml 杯状容器，内径为102mm±4mm（圆柱部分内径最大值和内径最小值之差不得大于0.5mm），高为185mm±25mm；溶出杯配有适宜的盖子，盖上有适当的孔，中心孔为篮轴的位置，其他孔供取样或测量温度用。溶出杯置恒温水浴或其他适当的加热装置中。

（3）篮轴与电动机相连，由速度调节装置控制电动机的转速，使篮轴的转速在各品种项下规定转速的±4%范围之内。运转时整套装置应保持平稳，均不能产生明显的晃动或振动（包括装置所处的环境）。转篮旋转时，篮轴与溶出杯的垂直轴在任一点的偏离均不得大于2mm，转篮下缘的摆动幅度不得偏离轴心1.0mm。

（4）仪器一般配有6套以上测定装置。

第二法 （桨法）

除将转篮换成搅拌桨外，其他装置和要求与第一法相同。搅拌桨的下端及桨叶部分可涂适当的惰性材料（如聚四氟乙烯），其形状尺寸如图2所示。桨杆对称度（即桨轴左侧距桨叶左边缘距离与桨轴右侧距桨叶右边缘距离之差）不得超过0.5mm，桨轴和桨叶垂直度90°±0.2°；桨杆旋转时，桨轴与溶出杯的垂直轴在任一点的偏差均不得大于2mm；搅拌桨旋转时，A、B两点的摆动幅度不得超过0.5mm。

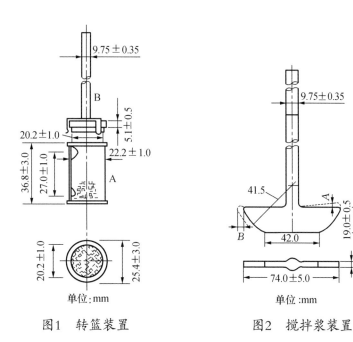

图1 转篮装置   图2 搅拌桨装置

第三法 （小杯法）

（1）搅拌桨 形状尺寸如图3所示。桨杆上部直径为9.75mm±0.35mm，桨杆下部直径为

6.0mm±0.2mm；桨杆对称度（即桨轴左侧距桨叶左边缘距离与桨轴右侧距桨叶右边缘距离之差）不得超过0.5mm，桨轴和桨叶垂直度90°±0.2°；桨杆旋转时，桨轴与溶出杯的垂直轴在任一点的偏差均不得大于2mm；搅拌桨旋转时，A、B两点的摆动幅度不得超过0.5mm。

（2）溶出杯　一般为由硬质玻璃或其他惰性材料制成的底部为半球形的250ml杯状容器，其形状尺寸如图4所示。内径为62mm±3mm（圆柱部分内径最大值和内径最小值之差不得大于0.5mm），高为126mm±6mm，其他要求同第一法（2）。

（3）桨杆与电动机相连，转速应在各品种项下规定转速的±4%范围之内。其他要求同第二法。

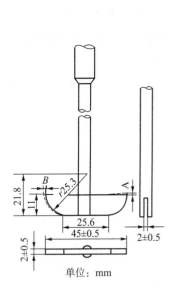

图3　小杯法搅拌桨装置

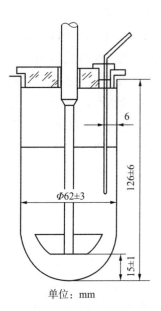

图4　小杯法溶出杯装置

第四法　（桨碟法）

方法1　搅拌桨、溶出杯按第二法，溶出杯中放入用于放置贴片的不锈钢网碟（图5）。网碟装置见图6。

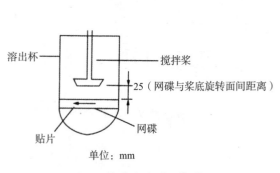

图5　桨碟法方法1装置

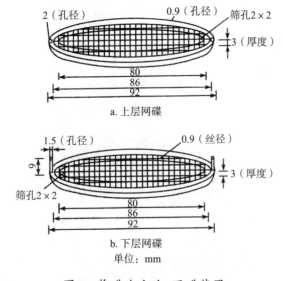

图6　桨碟法方法1网碟装置

方法2 除将方法1的网碟换成图7所示的网碟外，其他装置和要求与方法1相同。

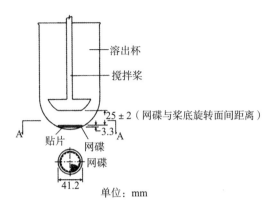

图7 桨碟法方法2装置

第五法 （转筒法）

溶出杯按第二法，但搅拌桨另用不锈钢转筒装置替代。组成搅拌装置的杆和转筒均由不锈钢制成，其规格尺寸见图8。

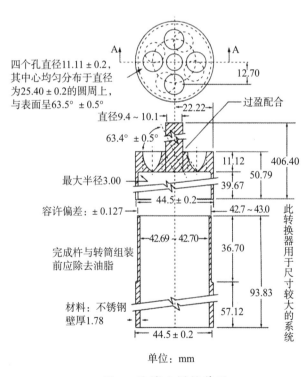

图8 转筒法搅拌装置

测定法
第一法和第二法

普通制剂 测定前，应对仪器装置进行必要的调试，使转篮或桨叶底部距溶出杯的内底部25mm ±2mm。分别量取溶出介质置各溶出杯内，实际量取的体积与规定体积的偏差应在 ±1%范围之内；待溶出介质温度恒定在37℃ ±0.5℃后，取供试品6片（粒、袋）。如为第一法，分别投入6个干燥的转篮内，将转篮降入溶出杯中；如为第二法，分别投入6个溶出杯内（当品种项下规定需要使用沉降篮时，可将胶囊剂先装入规定的沉降篮内；品种项下未规定使用沉降篮时，如胶囊剂浮于液面，可用一小段耐腐蚀的细金属丝轻绕于胶囊外壳。沉降篮的形状尺寸如图9所示）。注意避免供试品表面产生气泡，立即按各品种项下规定的转速启动仪器，计时；至规定的取样时间（实际取样时间与规定时间的差异不得过±2%），吸取溶出液适量（取样位置应在转篮或桨叶顶端至液面的中点，距溶出杯内壁10mm处；需多次取样时，所量取溶出介质的体积之和应在溶出介质的1%之内，如超过总体积的1%时应及时补充相同体积的温度为37℃±0.5℃的溶出介质，或在计算时加以校正），立即用适当的微孔滤膜滤过，自取样至滤过应在30秒钟内完成。取澄清滤液，照该品种项下规定的方法测定，计算每片（粒、袋）的溶出量。

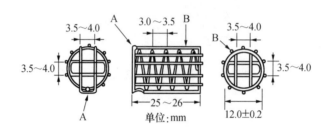

图9　沉降篮装置

A. 耐酸金属卡；B. 耐酸金属支架

缓释制剂或控释制剂　照普通制剂方法操作，但至少采用三个取样时间点。在规定取样时间点，吸取溶液适量，及时补充相同体积的温度为37℃±0.5℃的溶出介质，滤过。自取样至滤过应在30秒钟内完成。照各品种项下规定的方法测定，计算每片（粒）的溶出量。

肠溶制剂　按方法1或方法2操作。

方法1　酸中溶出量　除另有规定外，分别量取0.1mol/L盐酸溶液750ml置各溶出杯内，实际量取的体积与规定体积的偏差应在±1%范围之内。待溶出介质温度恒定在37℃±0.5℃，取供试品6片（粒）分别投入转篮或溶出杯中（当品种项下规定需要使用沉降篮时，可将胶囊剂先装入规定的沉降篮内；品种项下未规定使用沉降篮时，如胶囊剂浮于液面，可用一小段耐腐蚀的细金属丝轻绕于胶囊外壳），注意避免供试品表面产生气泡，立即按各品种项下规定的转速启动仪器，2小时后在规定取样点吸取溶出液适量，滤过。自取样至滤过应在30秒钟内完成。按各品种项下规定的方法测定，计算每片（粒）的酸中溶出量。

其他操作同第一法和第二法项下普通制剂。

缓冲液中溶出量　上述酸液中加入温度为37℃±0.5℃的0.2mol/L磷酸钠溶液250ml（必要时用2mol/L盐酸溶液或2mol/L氢氧化钠溶液调节pH值至6.8），继续运转45分钟，或按各品种项下规定的时间，在规定取样点吸取溶出液适量，滤过。自取样至滤过应在30秒钟内完成。按各品种项下规定的方法测定，计算每片（粒）的缓冲液中溶出量。

方法2　酸中溶出量　除另有规定外，量取0.1mol/L盐酸溶液900ml，注入每个溶出杯中，照方法1酸中溶出量项下进行测定。

缓冲液中溶出量　弃去上述各溶出杯中酸液，立即加入温度为37℃±0.5℃的磷酸盐缓冲液（pH6.8）（取0.1mol/L盐酸溶液和0.2mol/L磷酸钠溶液，按3:1混合均匀，必要时用2mol/L盐酸溶液或2mol/L氢氧化钠溶液调节pH值至6.8）900ml，或将每片（粒）转移入另一盛有温度为37℃±0.5℃的磷酸盐缓冲液（pH6.8）900ml的溶出杯中，照方法1缓冲液中溶出量项下进行测定。

第三法

普通制剂　测定前，应对仪器装置进行必要的调试，使桨叶底部距溶出杯的内底部

15mm±2mm。分别量取溶出介质置各溶出杯内，介质的体积150~250ml，实际量取的体积与规定体积的偏差应在±1%范围之内（当品种项下规定需要使用沉降装置时，可将胶囊剂先装入规定的沉降装置内；品种项下未规定使用沉降装置时，如胶囊剂浮于液面，可用一小段耐腐蚀的细金属丝轻绕于胶囊外壳）。以下操作同第二法，取样位置应在桨叶顶端至液面的中点，距溶出杯内壁6mm处。

缓释制剂或控释制剂　照第三法普通制剂方法操作，其余要求同第一法和第二法项下缓释制剂或控释制剂。

第四法

透皮贴剂　分别量取溶出介质置各溶出杯内，实际量取的体积与规定体积的偏差应在±1%范围之内。待溶出介质预温至32℃±0.5℃，将透皮贴剂固定于两层碟片之间（方法1）或网碟上（方法2），溶出面朝上，尽可能使其保持平整。再将网碟水平放置于溶出杯下部，并使网碟与桨底旋转面平行，两者相距25mm±2mm，按品种正文规定的转速启动装置。在规定取样时间点，吸取溶出液适量，及时补充相同体积的温度为32℃±0.5℃的溶出介质。

其他操作同第一法和第二法项下缓释制剂或控释制剂。

第五法

透皮贴剂　分别量取溶出介质置各溶出杯内，实际量取的体积与规定体积的偏差应在±1%范围之内，待溶出介质预温至32℃±0.5℃；除另有规定外，按下述进行准备，除去贴剂的保护套，将有黏性的一面置于一片铜纺①上，铜纺的边比贴剂的边至少大1cm。将贴剂的铜纺覆盖面朝下放置于干净的表面，涂布适宜的胶黏剂于多余的铜纺边。如需要，可将胶黏剂涂布于贴剂背面。干燥1分钟，仔细将贴剂涂胶黏剂的面安装于转筒外部，使贴剂的长轴通过转筒的圆心。挤压铜纺面除去引入的气泡。将转筒安装在仪器中，试验过程中保持转筒底部距溶出杯内底部25mm±2mm，立即按品种正文规定的转速启动仪器。在规定取样时间点，吸取溶出液适量，及时补充相同体积的温度为32℃±0.5℃的溶出介质。同法测定其他透皮贴剂。

其他操作同第一法和第二法项下缓释制剂或控释制剂。

以上五种测定法中，当采用原位光纤实时测定时，辅料的干扰应可以忽略，或可以通过设定参比波长等方法消除；原位光纤实时测定主要适用于溶出曲线和缓释制剂溶出度的测定。

结果判定

普通制剂　符合下述条件之一者，可判为符合规定：

（1）6片（粒、袋）中，每片（粒、袋）的溶出量按标示量计算，均不低于规定限度（Q）；

（2）6片（粒、袋）中，如有1~2片（粒、袋）低于Q，但不低于$Q-10\%$，且其平均溶出量不低于Q；

（3）6片（粒、袋）中，有1~2片（粒、袋）低于Q，其中仅有1片（粒、袋）低于$Q-10\%$，但不低于$Q-20\%$，且其平均溶出量不低于Q时，应另取6片（粒、袋）复试；初、复试的12片（粒、袋）中有1~3片（粒、袋）低于Q，其中仅有1片（粒、袋）低于$Q-10\%$，但不低于$Q-20\%$，且其平均溶出量不低于Q。

以上结果判断中所示的10%、20%是指相对于标示量的百分率（%）。

缓释制剂或控释制剂　除另有规定外，符合下述条件之一者，可判为符合规定：

（1）6片（粒）中，每片（粒）在每个时间点测得的溶出量按标示量计算，均未超出规定范围；

---

① 11μm±0.5μm厚惰性多孔纤维素膜。

（2）6片（粒）中，在每个时间点测得的溶出量，如有1～2片（粒）超出规定范围，但未超出规定范围的10%，且在每个时间点测得的平均溶出量未超出规定范围；

（3）6片（粒）中，在每个时间点测得的溶出量，如有1～2片（粒）超出规定范围，其中仅有1片（粒）超出规定范围的10%，但未超出规定范围的20%，且其平均溶出量未超出规定范围，应另取6片（粒）复试；初、复试的12片（粒）中，在每个时间点测得的溶出量，如有1～3片（粒）超出规定范围，其中仅有1片（粒）超出规定范围的10%，但未超出规定范围的20%，且其平均溶出量未超出规定范围。

以上结果判断中所示超出规定范围的10%、20%是指相对于标示量的百分率（%），其中超出规定范围10%是指：每个时间点测得的溶出量不低于低限的－10%，或不超过高限的+10%；每个时间点测得的溶出量应包括最终时间测得的溶出量。

肠溶制剂 除另有规定外，符合下述条件之一者，可判为符合规定：

酸中溶出量 （1）6片（粒）中，每片（粒）的溶出量均不大于标示量的10%；

（2）6片（粒）中，有1～2片（粒）大于10%，但其平均溶出量不大于10%。

缓冲液中溶出量 （1）6片（粒）中，每片（粒）的溶出量按标示量计算均不低于规定限度（Q）；除另有规定外，Q应为标示量的70%；

（2）6片（粒）中仅有1～2片（粒）低于Q，但不低于Q－10%，且其平均溶出量不低于Q；

（3）6片（粒）中如有1～2片（粒）低于Q，其中仅有1片（粒）低于Q－10%，但不低于Q－20%，且其平均溶出量不低于Q时，应另取6片（粒）复试；初、复试的12片（粒）中有1～3片（粒）低于Q，其中仅有1片（粒）低于Q－10%，但不低于Q－20%，且其平均溶出量不低于Q。

以上结果判断中所示的10%、20%是指相对于标示量的百分率（%）。

透皮贴剂 除另有规定外，同缓释制剂或控释制剂。

【溶出条件和注意事项】

（1）溶出度仪的适用性及性能确认试验 除仪器的各项机械性能应符合上述规定外，还应用溶出度标准片对仪器进行性能确认试验，按照标准片的说明书操作，试验结果应符合标准片的规定。

（2）溶出介质 应使用各品种项下规定的溶出介质，除另有规定外，室温下体积为900ml，并应新鲜配制和经脱气处理；如果溶出介质为缓冲液，当需要调节pH值时，一般调节pH值至规定pH值±0.05之内。

（3）取样时间 应按照品种各论中规定的取样时间取样，自6杯中完成取样的时间应在1分钟内。

（4）除另有规定外，颗粒剂或干混悬剂的投样应在溶出介质表面分散投样，避免集中投样。

（5）如胶囊壳对分析有干扰，应取不少于6粒胶囊，除尽内容物后，置一个溶出杯内，按该品种项下规定的分析方法测定空胶囊的平均值，作必要的校正。如校正值大于标示量的25%，试验无效；如校正值不大于标示量的2%，可忽略不计。

0941 含量均匀度检查法

本法用于检查单剂量或多剂量的固体、半固体和非均相液体制剂含量符合标示量的程度。

除另有规定外，片剂、胶囊剂或注射用无菌粉末等，每个标示量不大于10mg或主药含量小于每个重量5%者；其他制剂中每个标示量小于2mg或主药含量小于每个重量2%者，均应检查含量均匀度。对于药物的有效浓度与毒副反应浓度比较接近的品种或混匀工艺较困难的品种，每个标示量不大于25mg者，也应检查含量均匀度。复方制剂仅检查符合上述条件的组分。

凡检查含量均匀度的制剂，一般不再检查重（装）量差异；当全部主成分均进行含量均匀度检查时，复方制剂一般亦不再检查重（装）量差异。

除另有规定外，单剂量包装的，取供试品10个；多剂量包装的预混剂、可溶性粉剂、粉剂和颗粒剂等，包装规格为500g以上者取1个包装，500g取2个包装，500g以下者取5个包装，平均在不同部位各取供试品10份。照各品种项下规定的方法，分别测定每个以标示量为100的相对含量x_i，求其均值$\bar{X}$和标准差S，$\left[S=\sqrt{\dfrac{\sum_{i=1}^{n}(x_i-\bar{x})^2}{n-1}} \right]$以及标示量与均值之差的绝对值$A$（$A=|100-\bar{X}|$）。

若$A+2.2S \leqslant L$，则供试品的含量均匀度符合规定；

若$A+S > L$，则不符合规定；

若$A+2.2S > L$，且$A+S \leqslant L$，则应另取供试品20个/份复试。

根据初、复试结果，计算30个/份的均值$\bar{X}$、标准差S和标示量与均值之差的绝对值A。再按下述公式计算并判定。

当$A \leqslant 0.25L$时，若$A^2+S^2 \leqslant 0.25L^2$，则供试品的含量均匀度符合规定；若$A^2+S^2 > 0.25L^2$则不符合规定。

当$A > 0.25L$时，若$A+1.7S \leqslant L$，则供试品的含量均匀度符合规定；若$A+1.7S > L$，则不符合规定。

上述公式中L为规定值。除另有规定外，$L=15.0$；单剂量包装的内服混悬剂，单剂量包装的眼用、耳用、鼻用混悬剂、固体或半固体制剂$L=20.0$；栓剂$L=25.0$。

如该品种项下规定含量均匀度的限度为±20%或其他数值时，$L=20.0$或其他相应的数值。

当各品种正文项下含量限度规定的上下限的平均值（T）>100.0（%）时，若$\bar{X} < 100.0$，则$A=100-\bar{X}$；若$100.0 \leqslant \bar{X} \leqslant T$，则$A=0$；若$\bar{X} > T$，则$A=\bar{X}-T$。同上法计算，判定结果，即得。当$T < 100.0$（%）时，应在各品种正文中规定$A$的计算方法。

当含量测定与含量均匀度检查所用检测方法不同时，而且含量均匀度未能从响应值求出每个含量的情况下，可取供试品10个，照该品种含量均匀度项下规定的方法，分别测定，得仪器测得的响应值Y_i（可为吸光度、峰面积等），求其均值$\bar{Y}$。另由含量测定法测得以标示量为100的含量X_A，由X_A除以响应值的均值$\bar{Y}$，得比例系数K（$K=X_A/\bar{Y}$）。将上述诸响应值Y_i与K相乘，求得每个以标示量为100的相对含量（%）x_i（$x_i=KY_i$），同上法求$\bar{X}$和S以及A，计算，判定结果，即得。如需复试，应另取供试品20个，按上述方法测定，计算30个的均值$\bar{Y}$、比例系数K、相对含量（%）X_i、标准差S和A，判定结果，即得。

0942 最低装量检查法

本法适用于固体、半固体和液体制剂。除制剂通则中规定检查重（装）量差异的制剂外，按下述方法检查，应符合规定。

检查法

重量法（适用于标示装量以重量计的制剂）　除另有规定外，取供试品5个（50g以上者3个），除去外盖和标签，容器外壁用适宜的方法清洁并干燥，分别精密称定重量，除去内容物，容器用适宜的溶剂洗净并干燥，再分别精密称定空容器的重量，求出每个容器内容物的装量与平均装量，均应符合下表的有关规定。如有1个容器装量不符合规定，则另取5个（50g以上者3个）复试，应全部符合规定。

容量法（适用于标示装量以容量计的制剂） 除另有规定外，取供试品5个（50ml以上者3个），开启时注意避免损失，将内容物转移至预经标化的干燥量入式量筒中（量具的大小应使待测体积至少占其额定体积的40%），黏稠液体倾出后，除另有规定外，将容器倒置15分钟，尽量倾净。2ml及以下者用预经标化的干燥量入式注射器抽尽。读出每个容器内容物的装量，并求其平均装量，均应符合下表的有关规定。如有1个容器装量不符合规定，则另取5个（50ml以上者3个）复试，应全部符合规定。

标示装量	注射液及注射用浓溶液		内服及外用固体、半固体、液体；黏稠液体	
	平均装量	每个容器装量	平均装量	每个容器装量
20g（ml）以下	/	/	不少于标示装量	不少于标示装量的93%
20g（ml）至50g（ml）	/	/	不少于标示装量	不少于标示装量的95%
50g（ml）以上至500g（ml）	不少于标示装量	不少于标示装量的97%	不少于标示装量	不少于标示装量的97%
500g（ml）以上	不少于标示装量	不少于标示装量的98%	不少于标示装量	不少于标示装量的98%

【附注】 对于以容量计的小规格标示装量制剂，可改用重量法或按品种项下规定的方法检查。平均装量与每个容器装量（按标示装量计算百分率），取三位有效数字进行结果判断。

0981 结晶性检查法

固态物质分为结晶质和非结晶质两大类。可用下列方法检查物质的结晶性。

第一法 **（偏光显微镜法）**
许多晶体具有光学各向异性，当光线通过这些透明晶体时会发生双折射现象。
取供试品颗粒少许，置载玻片上，加液状石蜡适量使晶粒浸没其中，在偏光显微镜下检视。当转动载物台时，应呈现双折射和消光位等各品种项下规定的晶体光学性质。

第二法 **（X射线粉末衍射法）**
结晶质呈现特征的衍射图（尖锐的衍射峰），而非晶质的衍射图则呈弥散状。测定方法见X射线衍射法（附录0451）。

0982 粒度和粒度分布测定法

本法用于测定原料药和药物制剂的粒子大小或粒度分布。其中第一法、第二法用于测定药物制剂的粒子大小或限度，第三法用于测定原料药或药物制剂的粒度分布。

第一法 **（显微镜法）**
本法中的粒度，系以显微镜下观察到的长度表示。

1. **目镜测微尺的标定** 用以确定使用同一显微镜及特定倍数的物镜、目镜和镜筒长度时，目镜测微尺上每一格所代表的长度。
取载物台测微尺置显微镜载物台上，在高倍物镜（或低倍物镜）下，将测微尺刻度移至视野中央。将目镜测微尺（正面向上）放入目镜镜筒内，旋转目镜，并移动载物台测微尺，使目镜测微尺的"0"刻度线与载物台测微尺的某刻度线相重合，然后再找第二条重合刻度线，根据两条重合线间两种测微尺的小格数，计算出目镜测微尺每一小格在该物镜条件下相当的长度（μm），如图所示。目镜测微尺77个小格（0~77）与载物台测微尺的30个小格（0.7~1.0）相当，已知载物台测微尺每一小格的长度为10μm，目镜测微尺每一小格长度为：$10\mu m \times 30 \div 77 = 3.8\mu m$。

当测定时要用不同的放大倍数时，应分别标定。

2. 测定法 取供试品，用力摇匀，黏度较大者可按各品种项下的规定加适量甘油溶液（1→2）稀释，照该剂型或各品种项下的规定，量取供试品，置载玻片上，覆以盖玻片，轻压使颗粒分布均匀，注意防止气泡混入，半固体可直接涂在载玻片上；立即在50~100倍显微镜下检视盖玻片全部视野，应无凝聚现象，并不得检出该剂型或各品种项下规定的50μm及以上的粒子。再在200~500倍的显微镜下检视该剂型或各品种项下规定的视野内的总粒数及规定大小的粒数，并计算其所占比例（%）。

第二法 （筛分法）

筛分法一般分为手动筛分法、机械筛分法与空气喷射筛分法。手动筛分法和机械筛分法适用于测定大部分粒径大于75μm的样品。对于粒径小于75μm的样品，则应采用空气喷射筛分法或其他适宜的方法。

机械筛分法系采用机械方法或电磁方法，产生垂直振动、水平圆周运动、拍打、拍打与水平圆周运动相结合等振动方式。空气喷射筛分法则采用流动的空气流带动颗粒运动。

筛分试验时需注意环境湿度，防止样品吸水或失水。对易产生静电的样品，可加入0.5%胶质二氧化硅和（或）氧化铝等抗静电剂，以减小静电作用产生的影响。

1. 手动筛分法

（1）单筛分法 称取各品种项下规定的供试品，置规定号的药筛内（筛下配有密合的接收容器），筛上加盖。按水平方向旋转振摇至少3分钟，并不时在垂直方向轻叩筛。取筛下的颗粒及粉末，称定重量，计算其所占比例（%）。

（2）双筛分法 取单剂量包装的5袋（瓶）或多剂量包装的1袋（瓶），称定重量，置该剂型或品种项下规定的上层（孔径大的）药筛中（下层的筛下配有密合的接收容器）。保持水平状态过筛，左右往返，边筛动边拍打3分钟。取不能通过大孔径筛和能通过小孔径筛的颗粒及粉末，称定重量，计算其所占比例（%）。

2. 机械筛分法 除另有规定外，取直径为200mm规定号的药筛和接收容器，称定重量，根据供试品的容积密度，称取供试品25~100g，置最上层（孔径最大的）药筛中（最下层的筛下配有密合的接收容器），筛上加盖。设定振动方式和振动频率，振动5分钟。取各药筛与接收容器，称定重量，根据筛分前后的重量差异计算各药筛上和接收容器内颗粒及粉末所占比例（%）。重复上述操作直至连续两次筛分后，各药筛上遗留颗粒及粉末重量的差异不超过前次遗留颗粒及粉末重量的5%或两次重量的差值不大于0.1g；若某一药筛上遗留颗粒及粉末的重量小于供试品取样量的5%，则该药筛连续两次的重量差异不超过20%。

3. 空气喷射筛分法 每次筛分时仅使用一个药筛。如需测定颗粒大小分布，应从孔径最小的药筛开始顺序进行。除另有规定外，取直径为200mm规定号的药筛，称定重量，根据供试品的容积密度，称取供试品25~100g，置药筛中，筛上加盖。设定压力，喷射5分钟。取药筛，称定重量，根据筛分前后的重量差异计算药筛上颗粒及粉末所占比例（%）。重复上述操作直至连续两次筛分后，药筛上遗留颗粒及粉末重量的差异不超过前次遗留颗粒及粉末重量的5%或两次重量的差值不大于0.1g；若药筛上遗留的颗粒及粉末重量小于供试品取样量的5%，则连续两次的重量差异应不超过20%。

第三法 （光散射法）

单色光束照射到颗粒供试品后即发生散射现象。由于散射光的能量分布与颗粒的大小有关，通过测量散射光的能量分布（散射角），依据米氏散射理论和弗朗霍夫近似理论，即可计算出颗粒的粒度分布。本法的测量范围可达0.02～3500μm，所用仪器为激光散射粒度分布仪。

1．对仪器的一般要求

散射仪 光源发出的激光强度应稳定，并且能够自动扣除电子背景和光学背景等的干扰。

采用粒径分布特征值〔d（0.1）、d（0.5）、d（0.9）〕已知的"标准粒子"对仪器进行评价。通常用相对标准偏差（RSD）表征"标准粒子"的粒径分布范围，当RSD小于50%（最大粒径与最小粒径的比率约为10:1）时，平行测定5次，"标准粒子"的d（0.5）均值与其特征值的偏差应小于3%，平行测定的RSD不得过3%；"标准粒子"的d（0.1）和d（0.9）均值与其特征值的偏差均应小于5%，平行测定的RSD均不得过5%；对粒径小于10μm的"标准粒子"，测定的d（0.5）均值与其特征值的偏差应小于6%，平行测定的RSD不得过6%；d（0.1）和d（0.9）的均值与其特征值的偏差均应小于10%，平行测定的RSD均不得过10%。

2．测定法

根据供试品的性状和溶解性能，选择湿法测定或干法测定。湿法测定用于测定混悬供试品或不溶于分散介质的供试品，干法测定用于测定水溶性或无合适分散介质的固态供试品。

（1）湿法测定 湿法测定的检测下限通常为20nm。

根据供试品的特性，选择适宜的分散方法使供试品分散成稳定的混悬液。通常可采用物理分散的方法如超声、搅拌等，通过调节超声功率和搅拌速度，必要时可加入适量的化学分散剂或表面活性剂，使分散体系成稳定状态，以保证供试品能够均匀稳定地通过检测窗口，得到准确的测定结果。

只有当分散体系的双电层电位（ζ电位）处于一定范围内，体系才处于稳定状态。因此，在制备供试品的分散体系时，应注意测量体系ζ电位，以保证分散体系的重现性。

湿法测量所需要的供试品量通常应达到检测器遮光度范围的8%～20%。最先进的激光粒度仪对遮光度的下限要求可低至0.2%。

（2）干法测定 干法测定的检测下限通常为200nm。

通常采用密闭测量法，以减少供试品吸潮。选用的干法进样器及样品池需克服偏流效应。根据供试品分散的难易，调节分散器的气流压力，使不同大小的粒子以同样的速度均匀稳定地通过检测窗口，以得到准确的测定结果。

对于化学原料药，应采用喷射式分散器。在样品盘中先加入适量的金属小球，再加入供试品，调节振动进样速度、分散气压（通常为0～0.4MPa）和样品出口的狭缝宽度，以控制供试品的分散程度和通过检测器的供试品量。

干法测量所需要的供试品量通常应达到检测器遮光度范围的0.5%～5%。

【附注】

（1）仪器光学参数的设置与供试品的粒度分布有关。粒径大于10μm的微粒，对系统折光率和吸光度的影响较小；粒径小于10μm的微粒，对系统折光率和吸光度的影响较大。在对不同原料和制剂的粒度进行分析时，目前还没有成熟的理论用于指导对仪器光学参数的设置，应由实验比较决定，并采用标准粒子对仪器进行校准。

（2）对有色物质、乳化液和粒径小于10μm的物质进行粒度分布测量时，为了减少测量误差，应使用米氏理论计算结果，避免使用以弗朗霍夫近似理论为基础的计算公式。

（3）对粒径分布范围较宽的供试品进行测定时，不宜采用分段测量的方法，而应使用涵盖整个测量范围的单一量程检测器，以减少测量误差。

0983 锥入度测定法

锥入度测定法适用于软膏剂、眼膏剂及其常用基质材料（如凡士林、羊毛脂、蜂蜡）等半固体物质，以控制其软硬度和黏稠度等性质，避免影响药物的涂布延展性。

锥入度系指利用自由落体运动，在25℃下，将一定质量的锥体由锥入度仪向下释放，测定锥体释放后5秒内刺入供试品的深度。

仪器装置

仪器应能自动释放锥体，即时测出锥体5秒所刺入深度；带有水平调节装置，保证锥杆垂直度；有中心定位装置，用以使锥尖与样品杯中心保持一致；带有升降调节机构，能准确调节锥尖，使锥尖与待测样品表面恰好接触。当释放锥体时锥杆与连接处应无明显摩擦，仪器测量范围应大于65mm。

（1）试验工作台　由水平底座、支柱、水平升降台、释放装置、水平调节仪、锥入度值显示装置等组成。

（2）锥体及锥杆　锥体为由适当材料制成的圆锥体和锥尖组成，表面光滑。共有三种锥体可供选择：Ⅰ号锥体质量为102.5g±0.05g，配套锥杆质量为47.5g±0.05g；Ⅱ号锥体质量为22.5g±0.025g，配套锥杆质量为15g±0.025g；Ⅲ号锥体及锥杆总质量为9.38g±0.025g。三种锥体形状尺寸如图1至图3所示。

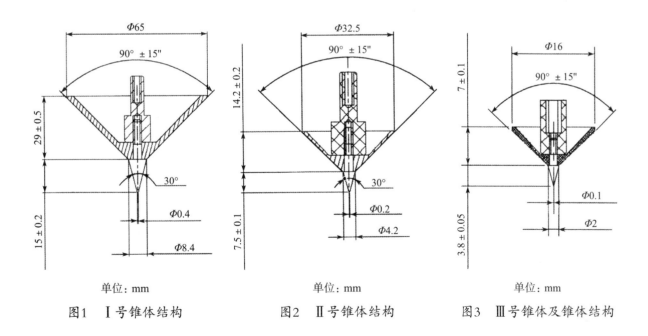

单位：mm	单位：mm	单位：mm
图1　Ⅰ号锥体结构	图2　Ⅱ号锥体结构	图3　Ⅲ号锥体及锥体结构

（3）样品杯　为平底圆筒，不同型号的锥体配套使用不同型号的样品杯（图4至图6）。Ⅰ～Ⅲ号锥体配套使用的样品杯的形状尺寸如图4至图6所示。

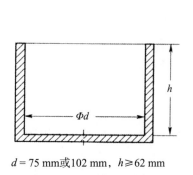

d = 75 mm或102 mm，$h \geqslant 62$ mm

图4　Ⅰ号锥体的样品杯

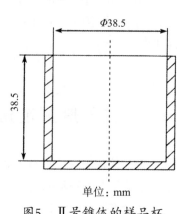

单位：mm

图5　Ⅱ号锥体的样品杯

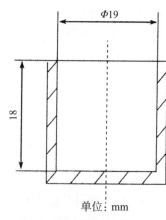

单位：mm

图6　Ⅲ号锥体的样品杯

根据样品量选择适当的锥体进行测定，推荐选用Ⅱ号锥体进行本项目的研究和测定。

测定法

测定前，应按照仪器说明书对仪器装置进行必要的调试，使锥尖恰好落于中心位置。

除另有规定外，供试品按下述方法之一处理并在25℃±0.5℃放置24小时后测定。

（1）将供试品小心装满样品杯，并高出样品杯上沿约2mm，避免产生气泡，在平坦的台面上震动样品杯约5分钟，以除去可能混入的气泡。

（2）按照标准规定将供试品熔融后，小心装满样品杯，并高出样品杯上沿约2mm，避免产生气泡。

在25℃±0.5℃条件下测定。测定前刮平表面，将样品杯置锥入度仪的底座上，调节位置使其尖端与供试品的表面刚好接触。迅速释放锥体（应在0.1秒内完成下落动作）并维持5秒后，读出锥入深度，以锥入度单位表示，1个锥入度单位等于0.1mm。为保证不同锥体测定结果的可比性，实际测定时应将Ⅱ号锥体和Ⅲ号锥体的测定值依据公式换算成Ⅰ号锥体推测值。

结果判定

1）使用Ⅰ号锥体测定　同法测定3次，结果以3次测定结果的平均值表示。如单次测定值与平均值的相对偏差大于3.0%，应重复试验，结果以6次测定结果的平均值表示，并计算相对标准偏差（RSD）。6次测定结果的相对标准偏差应小于5.0%。

2）使用Ⅱ号锥体测定　同法测定3次，依据下述公式将测定值换算成使用Ⅰ号锥体的推测值。

$$p = 2r + 5$$

式中　p为Ⅰ号锥体的推测值；

r为Ⅱ号锥体的实测值。

结果以3次推测值的平均值表示。如单次推测值与平均值的相对偏差大于3.0%，应重复试验，结果以6次推测值的平均值表示，并计算相对标准偏差（RSD）。6次推测值的相对标准偏差应小于5.0%。

对各论中规定采用Ⅰ号锥体测定锥入度的品种，可采用Ⅱ号锥体测定后，按上述公式将测定值换算成Ⅰ号锥体的推测值。如经换算得到的推测值超出标准规定限度，则应采用Ⅰ号锥体再次测定，并依据其实际测定值判断样品是否符合规定。

3）使用Ⅲ号锥体测定　同法测定3次，依据下述公式将测定值换算成使用Ⅰ号锥体的推测值

$$p = 3.75s + 24$$

式中　p为Ⅰ号锥体推测值；

s为Ⅲ号锥体实测值。

结果以3次推测值的平均值表示。如单次推测值与平均值的相对偏差大于5.0%，应重复试验，结果以6次推测值的平均值表示，并计算相对标准偏差（RSD）。6次推测值的相对标准偏差应小于10.0%。

1100 生物检查法

1101 无菌检查法

无菌检查法系用于检查兽药典要求无菌的兽药、原料、辅料、兽医医疗器具及其他品种是否无菌的一种方法。若供试品符合无菌检查法的规定，仅表明了供试品在该检验条件下未发现微生物污染。

无菌检查应在无菌条件下进行，试验环境必须达到无菌检查的要求。检验全过程应严格遵守无菌操作，防止微生物污染，防止污染的措施不得影响供试品中微生物的检出。单向流空气区、工作台面及环境应定期按医药工业洁净室（区）悬浮粒子、浮游菌和沉降菌的测试方法的现行国家标准进行洁净度确认。隔离系统应定期按相关的要求进行验证，其内部环境的洁净度须符合无菌检查的要求。日常检验还需对试验环境进行监控。

一、培养基

硫乙醇酸盐流体培养基主要用于厌氧菌的培养，也可用于需氧菌的培养；胰酪大豆胨液体培养基适用于真菌和需氧菌的培养。

（一）培养基的制备及培养条件

培养基可按以下处方制备，也可使用按该处方生产的符合规定的脱水培养基或成品培养基。配制后应采用验证合格的灭菌程序灭菌。制备好的培养基应保存在2～25℃、避光的环境。若保存于非密闭容器中，一般在3周内使用；若保存于密闭容器中，一般可在一年内使用。

1. 硫乙醇酸盐流体培养基

胰酪胨	15.0g	氯化钠	2.5g
酵母浸出粉	5.0g	新配制的0.1%刀天青溶液	1.0ml
无水葡萄糖	5.0g	L-胱氨酸	0.5g
硫乙醇酸钠	0.5g	琼脂	0.75g
（或硫乙醇酸）	（0.3ml）	水	1000ml

除葡萄糖和刀天青溶液外，取上述成分混合，微温溶解，调节pH为弱碱性，煮沸，滤清，加入葡萄糖和刀天青溶液，摇匀，调节pH，使灭菌后在25℃的pH值为7.1±0.2。分装至适宜的容器中，其装量与容器高度的比例应符合培养结束后培养基氧化层（粉红色）不超过培养基深度的1/2。灭菌。在供试品接种前，培养基氧化层的高度不得超过培养基深度的1/5，否则，须经100℃水浴加热至粉红色消失（不超过20分钟），迅速冷却，只限加热一次，并防止被污染。

除另有规定外，硫乙醇酸盐流体培养基置30～35℃培养。

2. 胰酪大豆胨液体培养基

胰酪胨	17.0g	氯化钠	5.0g

| 大豆木瓜蛋白酶水解物 | 3.0g | 磷酸氢二钾 | 2.5g |
| 葡萄糖/无水葡萄糖 | 2.5g /2.3g | 水 | 1000ml |

除葡萄糖外，取上述成分，混合，微温溶解，滤过，调节pH使灭菌后在25℃的pH值为7.3±0.2，加入葡萄糖，分装，灭菌。

胰酪大豆胨液体培养基置20～25℃培养。

3.中和或灭活用培养基 按上述硫乙醇酸盐流体培养基或胰酪大豆胨液体培养基的处方及制法，在培养基灭菌或使用前加入适宜的中和剂、灭活剂或表面活性剂，其用量同方法适用性试验。

4.0.5％葡萄糖肉汤培养基（用于硫酸链霉素等抗生素的无菌检查）

胨	10.0g	氯化钠	5.0g
牛肉浸出粉	3.0g	水	1000ml
葡萄糖	5.0g		

除葡萄糖外，取上述成分混合，微温溶解，调节pH为弱碱性，煮沸，加入葡萄糖溶解后，摇匀，滤清，调节pH使灭菌后在25℃的pH值为7.2±0.2，分装，灭菌。

5.胰酪大豆胨琼脂培养基

胰酪胨	15.0g	琼脂	15.0g
大豆木瓜蛋白酶水解物	5.0g	水	1000ml
氯化钠	5.0g		

除琼脂外，取上述成分，混合，微温溶解，调节pH使灭菌后在25℃的pH值为7.3±0.2，加入琼脂，加热溶化后，摇匀，分装，灭菌。

6.沙氏葡萄糖液体培养基

动物组织胃蛋白酶水解物		水	1000ml
和胰酪胨等量混合物	10.0g		
葡萄糖	20.0g		

除葡萄糖外，取上述成分，混合，微温溶解，调节pH使灭菌后在25℃的pH值为5.6±0.2，加入葡萄糖，摇匀，分装，灭菌。

7.沙氏葡萄糖琼脂培养基

动物组织胃蛋白酶水解物		琼脂	15.0g
和胰酪胨等量混合物	10.0g	水	1000ml
葡萄糖	40.0g		

除葡萄糖、琼脂外，取上述成分，混合，微温溶解，调节pH使灭菌后在25℃的pH值为5.6±0.2，加入琼脂，加热溶化后，再加入葡萄糖，摇匀，分装，灭菌。

（二）培养基的适用性检查

无菌检查用的硫乙醇酸盐流体培养基和胰酪大豆胨液体培养基等应符合培养基的无菌性检查及灵敏度检查的要求。本检查可在供试品的无菌检查前或与供试品的无菌检查同时进行。

1.无菌性检查 每批培养基随机取不少于5支（瓶），置各培养基规定的温度培养14天，应无菌生长。

2.灵敏度检查

（1）菌种 培养基灵敏度检查所用的菌株传代次数不得超过5代（从菌种保藏中心获得的冷冻干燥菌种为第0代），并采用适宜的菌种保藏技术进行保存，以保证试验菌株的生物学特性。

金黄色葡萄球菌（*Staphylococcus aureus*）〔CMCC（B）26 003或CVCC1882〕

铜绿假单胞菌（*Pseudomonas aeruginosa*）〔CMCC（B）10 104〕

枯草芽孢杆菌（*Bacillus subtilis*）〔CMCC（B）63 501或CVCC717〕

生孢梭菌（*Clostridium sporogenes*）〔CMCC（B）64 941〕

白色念珠菌（*Candida albicans*）〔CMCC（F）98 001〕

黑曲霉（*Aspergillus niger*）〔CMCC（F）98 003〕

（2）菌液制备　接种金黄色葡萄球菌、铜绿假单胞菌、枯草芽孢杆菌的新鲜培养物至胰酪大豆胨液体培养基中或胰酪大豆胨琼脂培养基上，接种生孢梭菌的新鲜培养物至硫乙醇酸盐流体培养基中，30～35℃培养18～24小时；接种白色念珠菌的新鲜培养物至沙氏葡萄糖液体培养基中或沙氏葡萄糖琼脂培养基上，20～25℃培养24～48小时。上述培养物用pH7.0无菌氯化钠－蛋白胨缓冲液或0.9%无菌氯化钠溶液制成每1ml含菌数小于100cfu（菌落形成单位）的菌悬液。接种黑曲霉的新鲜培养物至沙氏葡萄糖琼脂斜面培养基上，20～25℃培养5～7天，加入3～5ml含0.05%（ml/ml）聚山梨酯80的pH7.0无菌氯化钠-蛋白胨缓冲液或0.9%无菌氯化钠溶液，将孢子洗脱。然后，采用适宜的方法吸出孢子悬液至无菌试管内，用含0.05%（ml/ml）聚山梨酯80的pH7.0无菌氯化钠-蛋白胨缓冲液或0.9%无菌氯化钠溶液制成每1ml含孢子数小于100cfu的孢子悬液。

菌悬液若在室温下放置，应在2小时内使用，若保存在2～8℃可在24小时内使用。黑曲霉孢子悬液可保存在2～8℃，在验证过的贮存期内使用。

（3）培养基接种　取每管装量为12ml的硫乙醇酸盐流体培养基7支，分别接种小于100cfu的金黄色葡萄球菌、铜绿假单胞菌、生孢梭菌各2支，另1支不接种作为空白对照，培养3天；取每管装量为9ml的胰酪大豆胨液体培养基7支，分别接种小于100cfu的枯草芽孢杆菌、白色念珠菌、黑曲霉各2支，另1支不接种作为空白对照，培养5天。逐日观察结果。

（4）结果判定　空白对照管应无菌生长，若加菌的培养基管均生长良好，判该培养基的灵敏度检查符合规定。

二、稀释液、冲洗液及其制备方法

稀释液、冲洗液配制后应采用验证合格的灭菌程序灭菌。

1．0.1%无菌蛋白胨水溶液　取蛋白胨1.0g，加水1000ml，微温溶解，滤清，调节pH值至7.1±0.2，分装，灭菌。

2．pH7.0无菌氯化钠-蛋白胨缓冲液　取磷酸二氢钾3.56g、无水磷酸氢二钠5.77g、氯化钠4.30g、蛋白胨1.00g，加水1000ml，微温溶解，滤清，分装，灭菌。

根据供试品的特性，可选用其他经验证过的适宜的溶液作为稀释液、冲洗液（如0.9%无菌氯化钠溶液）。

如需要，可在上述稀释液或冲洗液的灭菌前或灭菌后加入表面活性剂或中和剂等。

三、方法适用性试验

进行产品无菌检查时，应进行方法适用性试验，以确认所采用的方法适合于该产品的无菌检查。若检验程序或产品发生变化可能影响检验结果时，应重新进行方法适用性试验。

方法适用性试验按"供试品的无菌检查"的规定及下列要求进行操作。对每一试验菌应逐一进行方法确认。

1．菌种及菌液制备　除大肠埃希菌（*Escherichia coli*）〔CMCC（B）44 102或CVCC1570〕

外，金黄色葡萄球菌、枯草芽孢杆菌、生孢梭菌、白色念珠菌、黑曲霉的菌株及菌液制备同培养基灵敏度检查。大肠埃希菌的菌液制备同金黄色葡萄球菌。

2. 薄膜过滤法　取每种培养基规定接种的供试品总量按薄膜过滤法过滤，冲洗，在最后一次的冲洗液中加入小于100cfu的试验菌，过滤。加硫乙醇酸盐流体培养基或胰酪大豆胨液体培养基至滤筒内。另取一装有同体积培养基的容器，加入等量试验菌，作为对照。置规定温度培养，培养时间不得超过5天，各试验菌同法操作。

3. 直接接种法　取符合直接接种法培养基用量要求的硫乙醇酸盐流体培养基6管，分别接入小于100cfu的金黄色葡萄球菌、大肠埃希菌、生孢梭菌各2管；取符合直接接种法培养基用量要求的胰酪大豆胨液体培养基6管，分别接入小于100cfu的枯草芽孢杆菌、白色念珠菌、黑曲霉各2管。其中1管接入每支培养基规定的供试品接种量，另1管作为对照，置规定的温度培养，培养时间不得超过5天。

4. 结果判断　与对照管比较，如含供试品各容器中的试验菌均生长良好，则说明供试品的该检验量在该检验条件下无抑菌作用或其抑菌作用可以忽略不计，照此检查方法和检查条件进行供试品的无菌检查。如含供试品的任一容器中的试验菌生长微弱、缓慢或不生长，则说明供试品的该检验量在该检验条件下有抑菌作用，应采用增加冲洗量、增加培养基的用量、使用中和剂或灭活剂、更换滤膜品种等方法，消除供试品的抑菌作用，并重新进行方法适用性试验。

方法适用性试验也可与供试品的无菌检查同时进行。

四、供试品的无菌检查

无菌检查法包括薄膜过滤法和直接接种法。只要供试品性质允许，应采用薄膜过滤法。供试品无菌检查所采用的检查方法和检验条件应与方法适用性试验确认的方法相同。

无菌试验过程中，若需使用表面活性剂、灭活剂、中和剂等试剂，应证明其有效性，且对微生物无毒性。

检验数量　检验数量是指一次试验所用供试品最小包装容器的数量，成品每亚批均应进行无菌检查。除另有规定外，出厂产品按表1规定，上市产品监督检验按表2规定。表1、表2中最少检验数量不包括阳性对照试验的供试品用量。

检验量　是指供试品每个最小包装接种至每份培养基的最小量（g或ml）。除另有规定外，供试品检验量按表3规定。若每支（瓶）供试品的装量按规定足够接种两份培养基，则应分别接种硫乙醇酸盐流体培养基和胰酪大豆胨液体培养基。采用薄膜过滤法时，只要供试品特性允许，应将所有容器内的全部内容物过滤。

阳性对照　应根据供试品特性选择阳性对照菌：无抑菌作用及抗革兰阳性菌为主的供试品，以金黄色葡萄球菌为对照菌；抗革兰阴性菌为主的供试品，以大肠埃希菌为对照菌；抗厌氧菌的供试品，以生孢梭菌为对照菌；抗真菌的供试品，以白色念珠菌为对照菌。阳性对照试验的菌液制备同方法适用性试验，加菌量小于100cfu，供试品用量同供试品无菌检查时每份培养基接种的样品量。阳性对照管培养72小时内应生长良好。

阴性对照　供试品无菌检查时，应取相应溶剂和稀释液、冲洗液同法操作，作为阴性对照。阴性对照不得有菌生长。

供试品处理及接种培养基

操作时，用适宜的消毒液对供试品容器表面进行彻底消毒，如果供试品容器内有一定的真空度，可用适宜的无菌器材（如带有除菌过滤器的针头）向容器内导入无菌空气，再按无菌操作启开容器取出内容物。

除另有规定外，按下列方法进行供试品处理及接种培养基。

1. 薄膜过滤法

薄膜过滤法一般应采用封闭式薄膜过滤器。无菌检查用的滤膜孔径应不大于0.45μm，直径约为50mm。根据供试品及其溶剂的特性选择滤膜材质。使用时，应保证滤膜在过滤前后的完整性。

水溶性供试液过滤前先将少量的冲洗液过滤，以润湿滤膜。油类供试品，其滤膜和过滤器在使用前应充分干燥。为发挥滤膜的最大过滤效率，应注意保持供试品溶液及冲洗液覆盖整个滤膜表面。供试液经薄膜过滤后，若需要用冲洗液冲洗滤膜，每张滤膜每次冲洗量一般为100ml，且总冲洗量不得超过1000ml，以避免滤膜上的微生物受损伤。

水溶液供试品 取规定量，直接过滤，或混合至含不少于100ml适宜稀释液的无菌容器中，混匀，立即过滤。如供试品具有抑菌作用，须用冲洗液冲洗滤膜，冲洗次数一般不少于3次，所用的冲洗量、冲洗方法同方法适用性试验。一般样品冲洗后，1份滤器中加入100ml硫乙醇酸盐流体培养基，1份滤器中加入100ml胰酪大豆胨液体培养基。

水溶性固体供试品 取规定量，加适宜的稀释液溶解或按标签说明复溶，然后照水溶液供试品项下的方法操作。

非水溶性供试品 取规定量，直接过滤；或混合溶于适量含聚山梨酯80或其他适宜乳化剂的稀释液中，充分混合，立即过滤。用含0.1%~1%聚山梨酯80的冲洗液冲洗滤膜至少3次。加入含或不含聚山梨酯80的培养基。接种培养基照水溶液供试品项下的方法操作。

可溶于十四烷酸异丙酯的膏剂和黏性油剂供试品 取规定量，混合至适量的无菌十四烷酸异丙酯[①]中，剧烈振摇，使供试品充分溶解，如果需要可适当加热，但温度不得超过44℃，趁热迅速过滤。对仍然无法过滤的供试品，于含有适量的无菌十四烷酸异丙酯的供试液中加入不少于100ml的稀释液，充分振摇萃取，静置，取下层水相作为供试液过滤。过滤后滤膜冲洗及接种培养基照非水溶性制剂供试品项下的方法操作。

装有药物的注射器供试品 取规定量，将注射器中的内容物（若需要可吸入稀释液或用标签所示的溶剂溶解）直接过滤，或混合至含适宜稀释液的无菌容器中，然后照水溶液或非水溶性供试品项下方法操作。同时应采用适宜的方法进行包装中所配带的无菌针头的无菌检查。

具有导管的医疗器具（输血、输液袋等）**供试品** 取规定量，每个最小包装用50~100ml冲洗液分别冲洗内壁，收集冲洗液于无菌容器中，然后照水溶液供试品项下的方法操作。同时应采用直接接种法进行包装中所配带的针头的无菌检查。

2. 直接接种法

直接接种法适用于无法用薄膜过滤法进行无菌检查的供试品，即取规定量供试品分别等量接种至各含硫乙醇酸盐流体培养基和胰酪大豆胨液体培养基中。一般样品无菌检查时两种培养基接种的瓶或支数相等。除另有规定外，每个容器中培养基的用量应符合接种的供试品体积不得大于培养基体积的10%，同时，硫乙醇酸盐流体培养基每管装量不少于15ml，胰酪大豆胨液体培养基每管装量不少于10ml。供试品检查时，培养基的用量和高度同方法适用性试验。

混悬液等非澄清水溶液供试品 取规定量，等量接种至各管培养基中。

固体供试品 取规定量，直接等量接种至各管培养基中。或加入适宜的溶剂溶解，或按标签说明复溶后，取规定量等量接种至各管培养基中。

非水溶性供试品 取规定量，混合，加入适量的聚山梨酯80或其他适宜的乳化剂及稀释剂使其乳

---

① 无菌十四烷酸异丙酯的制备 采用薄膜过滤法过滤除菌，选用孔径为0.22μm的适宜滤膜。

化，等量接种至各管培养基中。或直接等量接种至含聚山梨酯80或其他适宜乳化剂的各管培养基中。

敷料供试品 取规定数量，以无菌操作拆开每个包装，于不同部位剪取约100mg或1cm×3cm的供试品，等量接种于各管足以浸没供试品的适量培养基中。

肠线、缝合线等供试品 肠线、缝合线及其他一次性使用的兽医用材料按规定量取最小包装，无菌拆开包装，等量接种于各管足以浸没供试品的适量培养基中。

灭菌兽医用器具供试品 取规定量，必要时应将其拆散或切成小碎段，等量接种于各管足以浸没供试品的适量培养基中。

培养及观察

将上述接种供试品后的培养基容器分别按各培养基规定的温度培养14天。培养期间应逐日观察并记录是否有菌生长。如在加入供试品后或在培养过程中，培养基出现浑浊，培养14天后，不能从外观上判断有无微生物生长，可取该培养液适量转种至同种新鲜培养基中，培养3天，观察接种的同种新鲜培养基是否再出现浑浊；或取培养液涂片，染色，镜检，判断是否有菌。

五、结果判断

阳性对照管应生长良好，阴性对照管不得有菌生长。否则，试验无效。

若供试品管均澄清，或虽显浑浊但经确证无菌生长，判供试品符合规定；若供试品管中任何一管显浑浊并确证有菌生长，判供试品不符合规定，除非能充分证明试验结果无效，即生长的微生物非供试品所含。当符合下列至少一个条件时方可判试验结果无效：

（1）无菌检查试验所用的设备及环境的微生物监控结果不符合无菌检查法的要求。

（2）回顾无菌试验过程，发现有可能引起微生物污染的因素。

（3）供试品管中生长的微生物经鉴定后，确证是因无菌试验中所使用的物品和（或）无菌操作技术不当引起的。

试验若经确认无效，应重试。重试时，重新取同量供试品，依法检查。若无菌生长，判供试品符合规定；若有菌生长，判供试品不符合规定。

表1 批出厂产品和半成品最少检验数量

供试品	批产量N（个）	接种每种培养基所需的最少检验数量
注射剂	≤100	10%或4个（取较多者）
	100<N≤500	10个
	>500	2%或20个（取较少者）
大体积注射剂（>100ml）		2%或10个（取较少者）
眼用及其他非注射产品	≤200	5%或2个（取较多者）
	>200	10个
桶装无菌固体原料	≤4	每个容器
	4<N≤50	20%或4个容器（取较多者）
	>50	2%或10个容器（取较多者）
抗生素固体原料药（≥5g）		6个容器
兽医用医疗器具	≤100	10%或4件（取较多者）
	100<N≤500	10件
	>500	2%或20件（取较少者）

注：若供试品每个容器内的装量不够接种两种培养基，那么表中的最少检验数量应增加相应倍数。

表2　上市抽验样品的最少检验数量

供试品	供试品最少检验数量（瓶或支）
液体制剂	10
固体制剂	10
兽医用医疗器具	10

注：1. 若供试品每个容器内的装量不够接种两种培养基，那么表中的最少检验数量应增加相应倍数。

2. 抗生素粉针剂（≥5g）及抗生素原料药（≥5g）的最少检验数量为6瓶（或支）。桶装固体原料的最少检验数量为4个包装。

表3　供试品的最少检验量

供试品	供试品装量	每支供试品接入每种培养基的最少量
液体制剂	≤1 ml	全量
	1ml<V≤40ml	半量，但不得少于1ml
	40ml<V≤100ml	20ml
	V>100ml	10%但不少于20ml
固体制剂	M<50mg	全量
	50mg≤M<300mg	半量
	300mg≤M<5g	150mg
	M≥5g	500mg
兽医用医疗器具	外科用敷料棉花及纱布	取100mg或1cm×3cm
	缝合线、一次性医用材料	整个材料①
	带导管的一次性医疗器具（如输液袋）	二分之一内表面积
	其他医疗器具	整个器具①（切碎或拆散开）

注：①如果兽医用器械体积过大，培养基用量可在2000ml以上，将其完全浸没。

1105 非无菌产品微生物限度检查：微生物计数法

微生物计数法系用于能在有氧条件下生长的嗜温细菌和真菌的计数。

当本法用于检查非无菌制剂及其原、辅料等是否符合相应的微生物限度标准时，应按下述规定进行检验，包括样品的取样量和结果的判断等。除另有规定外，本法不适用于活菌制剂的检查。

微生物计数试验环境应符合微生物限度检查的要求。检验全过程必须严格遵守无菌操作，防止再污染，防止污染的措施不得影响供试品中微生物的检出。单向流空气区域、工作台面及环境应定期进行监测。

如供试品有抗菌活性，应尽可能去除或中和。供试品检查时，若使用了中和剂或灭活剂，应确认其有效性及对微生物无毒性。

供试液制备时如果使用了表面活性剂，应确认其对微生物无毒性以及与所使用中和剂或灭活剂的相容性。

计 数 方 法

计数方法包括平皿法、薄膜过滤法和最可能数法（Most-Probable-Number Method，简称MPN法）。MPN法用于微生物计数时精确度较差，但对于某些微生物污染量很小的供试品，MPN法可能是更适合的方法。

　　供试品检查时，应根据供试品理化特性和微生物限度标准等因素选择计数方法，检测的样品量应能保证所获得的试验结果能够判断供试品是否符合规定。所选方法的适用性须经确认。

计数培养基适用性检查和供试品计数方法适用性试验

　　供试品微生物计数中所使用的培养基应进行适用性检查。

　　供试品的微生物计数方法应进行方法适用性试验，以确认所采用的方法适合于该产品的微生物计数。

　　若检验程序或产品发生变化可能影响检验结果时，计数方法应重新进行适用性试验。

表1　试验菌液的制备和使用

试验菌株	试验菌液的制备	计数培养基适用性检查		计数方法适用性试验	
		需氧菌总数计数	霉菌和酵母菌总数计数	需氧菌总数计数	霉菌和酵母菌总数计数
金黄色葡萄球菌（Staphylococcus aureus）〔CMCC（B—）26 003或CVCC1882〕	胰酪大豆胨琼脂培养基或胰酪大豆胨液体培养基，培养温度30～35℃，培养时间18～24小时	胰酪大豆胨琼脂培养基和胰酪大豆胨液体培养基，培养温度30～35℃，培养时间不超过3天，接种量不大于100cfu		胰酪大豆胨琼脂培养基或胰酪大豆胨液体培养基（MPN法），培养温度30～35℃，培养时间不超过3天，接种量不大于100cfu	
铜绿假单胞菌（Pseudomonas aeruginosa）〔CMCC（B）10 104〕	胰酪大豆胨琼脂培养基或胰酪大豆胨液体培养基，培养温度30～35℃，培养时间18～24小时	胰酪大豆胨琼脂培养基和胰酪大豆胨液体培养基，培养温度30～35℃，培养时间不超过3天，接种量不大于100cfu		胰酪大豆胨琼脂培养基或胰酪大豆胨液体培养基（MPN法），培养温度30～35℃，培养时间不超过3天，接种量不大于100cfu	
枯草芽孢杆菌（Bacillus subtilis）〔CMCC（B）63 501或CVCC717〕	胰酪大豆胨琼脂培养基或胰酪大豆胨液体培养基，培养温度30～35℃，培养时间18～24小时	胰酪大豆胨琼脂培养基和胰酪大豆胨液体培养基，培养温度30～35℃，培养时间不超过3天，接种量不大于100cfu		胰酪大豆胨琼脂培养基或胰酪大豆胨液体培养基（MPN法），培养温度30～35℃，培养时间不超过3天，接种量不大于100cfu	
白色念珠菌（Candida albicans）〔CMCC（F）98 001〕	沙氏葡萄糖琼脂培养基或沙氏葡萄糖液体培养基，培养温度20～25℃，培养时间2～3天	胰酪大豆胨琼脂培养基，培养温度30～35℃，培养时间不超过5天，接种量不大于100cfu	沙氏葡萄糖琼脂培养基，培养温度20～25℃，培养时间不超过5天，接种量不大于100cfu	胰酪大豆胨琼脂培养基（MPN法不适用），培养温度30～35℃，培养时间不超过5天，接种量不大于100cfu	沙氏葡萄糖琼脂培养基，培养温度20～25℃，培养时间不超过5天，接种量不大于100cfu

（续）

试验菌株	试验菌液的制备	计数培养基适用性检查		计数方法适用性试验	
		需氧菌总数计数	霉菌和酵母菌总数计数	需氧菌总数计数	霉菌和酵母菌总数计数
黑曲霉（*Aspergillus niger*）〔CMCC（F）98 003〕	沙氏葡萄糖琼脂培养基或马铃薯葡萄糖琼脂培养基，培养温度20~25℃，培养时间5~7天，或直到获得丰富的孢子	胰酪大豆胨琼脂培养基，培养温度30~35℃，培养时间不超过5天，接种量不大于100cfu	沙氏葡萄糖琼脂培养基，培养温度20~25℃，培养时间不超过5天，接种量不大于100cfu	胰酪大豆胨琼脂培养基（MPN法不适用），培养温度30~35℃，培养时间不超过5天，接种量不大于100cfu	沙氏葡萄糖琼脂培养基，培养温度20~25℃，培养时间不超过5天，接种量不大于100cfu

注：当需用玫瑰红钠琼脂培养基测定霉菌和酵母菌总数时，应进行培养基适用性检查，检查方法同沙氏葡萄糖琼脂培养基。

菌种及菌液制备

菌种　试验用菌株的传代次数不得超过5代（从菌种保藏中心获得的干燥菌种为第0代），并采用适宜的菌种保藏技术进行保存，以保证试验菌株的生物学特性。计数培养基适用性检查和计数方法适用性试验用菌株见表1。

菌液制备　按表1规定程序培养各试验菌株。取金黄色葡萄球菌、铜绿假单胞菌、枯草芽孢杆菌、白色念珠菌的新鲜培养物，用pH7.0无菌氯化钠-蛋白胨缓冲液或0.9%无菌氯化钠溶液制成适宜浓度的菌悬液；取黑曲霉的新鲜培养物加入3~5ml含0.05%（ml/ml）聚山梨酯80的pH7.0无菌氯化钠-蛋白胨缓冲液或0.9%无菌氯化钠溶液，将孢子洗脱。然后，采用适宜的方法吸出孢子悬液至无菌试管内，用含0.05%（ml/ml）聚山梨酯80的pH7.0无菌氯化钠-蛋白胨缓冲液或0.9%无菌氯化钠溶液制成适宜浓度的黑曲霉孢子悬液。

菌液制备后若在室温下放置，应在2小时内使用；若保存在2~8℃，可在24小时内使用。稳定的黑曲霉孢子悬液可保存在2~8℃，在验证过的贮存期内使用。

阴性对照

为确认试验条件是否符合要求，应进行阴性对照试验，阴性对照试验应无菌生长。如阴性对照有菌生长，应进行偏差调查。

培养基适用性检查

微生物计数用的成品培养基、由脱水培养基或按处方配制的培养基均应进行培养基适用性检查。

按表1规定，接种不大于100cfu的菌液至胰酪大豆胨液体培养基管或胰酪大豆胨琼脂培养基平板或沙氏葡萄糖琼脂培养基平板，置表1规定条件下培养。每一试验菌株平行制备2管或2个平皿。同时，用相应的对照培养基替代被检培养基进行上述试验。

被检固体培养基上的菌落平均数与对照培养基上的菌落平均数的比值应在0.5~2范围内，且菌落形态大小应与对照培养基上的菌落一致；被检液体培养基管与对照培养基管比较，试验菌应生长良好。

计数方法适用性试验

1. 供试液制备

根据供试品的理化特性与生物学特性，采取适宜的方法制备供试液。供试液制备若需加温时，应均匀加热，且温度不应超过45℃。供试液从制备至加入检验用培养基，不得超过1小时。

常用的供试液制备方法如下。如果下列供试液制备方法经确认均不适用，应建立其他适宜的方法。

（1）水溶性供试品　取供试品，用pH7.0无菌氯化钠-蛋白胨缓冲液，或pH7.2磷酸盐缓冲液，或胰酪大豆胨液体培养基溶解或稀释制成1∶10供试液。若需要，调节供试液pH值至6～8。必要时，用同一稀释液将供试液进一步10倍系列稀释。水溶性液体制剂也可用混合的供试品原液作为供试液。

（2）水不溶性非油脂类供试品　取供试品，用pH7.0无菌氯化钠-蛋白胨缓冲液，或pH7.2磷酸盐缓冲液，或胰酪大豆胨液体培养基制备成1∶10供试液。分散力较差的供试品，可在稀释剂中加入表面活性剂如0.1%的聚山梨酯80，使供试品分散均匀。若需要，调节供试液pH值至6～8。必要时，用同一稀释液将供试液进一步10倍系列稀释。

（3）油脂类供试品　取供试品，加入无菌十四烷酸异丙酯使溶解，或与最少量并能使供试品乳化的无菌聚山梨酯80或其他无抑菌性的无菌表面活性剂充分混匀。表面活性剂的温度一般不超过40℃（特殊情况下，最多不超过45℃），小心混合，若需要可在水浴中进行，然后加入预热的稀释液使成1∶10供试液，保温，混合，并在最短时间内形成乳状液。必要时，用稀释液或含上述表面活性剂的稀释液进一步10倍系列稀释。

（4）需用特殊方法制备供试液的供试品

肠溶及结肠溶制剂供试品　取供试品，加入pH6.8无菌磷酸盐缓冲液（用于肠溶制剂）或pH7.6无菌磷酸盐缓冲液（用于结肠溶制剂），置45℃水浴中，振摇，使溶解，制成1∶10的供试液。必要时，用同一稀释液将供试液进一步10倍系列稀释。

气雾剂、喷雾剂供试品　取供试品，置−20℃或其他适宜温度冷冻约1小时，取出，迅速消毒供试品开启部位，用无菌钢锥在该部位钻一小孔，放至室温，并轻轻转动容器，使抛射剂缓缓全部释出。供试品亦可采用其他适宜的方法取出。用无菌注射器从每一容器中吸出药液于无菌容器中混合，然后取样检查。

2. 接种和稀释

按下列要求进行供试液的接种和稀释，制备微生物回收试验用供试液。所加菌液的体积应不超过供试液体积的1%。为确认供试品中的微生物能被充分检出，首先应选择最低稀释级的供试液进行计数方法适用性试验。

（1）试验组　取上述制备好的供试液，加入试验菌液，混匀，使每1ml供试液或每张滤膜所滤过的供试液中含菌量不大于100cfu。

（2）供试品对照组　取制备好的供试液，以稀释液代替菌液同试验组操作。

（3）菌液对照组　取不含中和剂及灭活剂的相应稀释液替代供试液，按试验组操作加入试验菌液并进行微生物回收试验。

若因供试品抗菌活性或溶解性较差的原因导致无法选择最低稀释级的供试液进行方法适用性试验时，应采用适宜的方法对供试液进行进一步的处理。如果供试品对微生物生长的抑制作用无法以其他方法消除，供试液可经过中和、稀释或薄膜过滤处理后再加入试验菌悬液进行方法适应性试验。

3. 抗菌活性的去除或灭活

供试液接种后，按下列"微生物回收"规定的方法进行微生物计数。若试验组菌落数减去供试品对照组菌落数的值小于菌液对照组菌落数值的50%，可采用下述方法消除供试品的抑菌活性。

（1）增加稀释液或培养基体积。

（2）加入适宜的中和剂或灭活剂。中和剂或灭活剂（表2）可用于消除干扰物的抑菌活性，最好在稀释液或培养基灭菌前加入。若使用中和剂或灭活剂，试验中应设中和剂或灭活剂对照组，即取相应量稀释液替代供试品同试验组操作，以确认其有效性和对微生物无毒性。中和剂或灭活剂对照组的菌落数与菌液对照组的菌落数的比值应在0.5～2范围内。

表2　常见干扰物的中和剂或灭活方法

干扰物	可选用的中和剂或灭活方法
戊二醛、汞制剂	亚硫酸氢钠
酚类、乙醇、醛类、吸附物	稀释法
醛类	甘氨酸
季铵化合物、对羟基苯甲酸、双胍类化合物	卵磷脂
季铵化合物、碘、对羟基苯甲酸	聚山梨酯
水银	巯基醋酸盐
水银、汞化物、醛类	硫代硫酸盐
EDTA、喹诺酮类抗生素	镁或钙离子
磺胺类	对氨基苯甲酸
β-内酰胺类抗生素	β-内酰胺酶

（3）采用薄膜过滤法。

（4）上述几种方法的联合使用。

若没有适宜消除供试品抑菌活性的方法，对特定试验菌回收的失败，表明供试品对该试验菌具有较强抗菌活性，同时也表明供试品不易被该类微生物污染。但是，供试品也可能仅对特定试验菌株具有抑制作用，而对其他菌株没有抑制作用。因此，根据供试品须符合的微生物限度标准和菌数报告规则，在不影响检验结果判断的前提下，应采用能使微生物生长的更高稀释级的供试液进行计数方法适用性试验。若方法适用性试验符合要求，应以该稀释级供试液作为最低稀释级的供试液进行供试品检查。

4. 供试品中微生物的回收

表1所列的计数方法适用性试验用的各试验菌应逐一进行微生物回收试验。微生物的回收可采用平皿法、薄膜过滤法或MPN法。

（1）平皿法　平皿法包括倾注法和涂布法。表1中每株试验菌每种培养基至少制备2个平皿，以算术均值作为计数结果。

倾注法　取照上述"供试液的制备""接种和稀释"和"抗菌活性的去除或灭活"制备的供试液1ml，置直径90mm的无菌平皿中，注入15～20ml温度不超过45℃熔化的胰酪大豆胨琼脂或沙氏葡萄糖琼脂培养基，混匀，凝固，倒置培养。若使用直径较大的平皿，培养基的用量应相应增加。按表1规定条件培养、计数。同法测定供试品对照组及菌液对照组菌数。计算各试验组的平均菌落数。

涂布法　取15～20ml温度不超过45℃的胰酪大豆胨琼脂或沙氏葡萄糖琼脂培养基，注入直径90mm的无菌平皿，凝固，制成平板，采用适宜的方法使培养基表面干燥。若使用直径较大的平皿，培养基用量也应相应增加。每一平板表面接种上述照"供试液的制备""接种和稀释"和"抗菌活性的去除或灭活"制备的供试液不少于0.1ml。按表1规定条件培养、计数。同法测定供试品对照组及菌液对照组菌数。计算各试验组的平均菌落数。

（2）薄膜过滤法　薄膜过滤法所采用的滤膜孔径应不大于0.45μm，直径一般为50mm，若采用其他直径的滤膜，冲洗量应进行相应的调整。供试品及其溶剂应不影响滤膜材质对微生物的截留。滤器及滤膜使用前应采用适宜的方法灭菌。使用时，应保证滤膜在过滤前后的完整性。水溶性供试液过滤前先将少量的冲洗液过滤以润湿滤膜。油类供试品，其滤膜和滤器在使用前应充分干燥。为发挥滤膜的最大过滤效率，应注意保持供试品溶液及冲洗液覆盖整个滤膜表面。供试液经薄膜过滤后，若需要用冲洗液冲洗滤膜，每张滤膜每次冲洗量一般为100ml。总冲洗量不得超过1000ml，以避免滤膜上的微生物受损伤。

取照上述"供试液的制备""接种和稀释"和"抗菌活性的去除或灭活"制备的供试液适量

（一般取相当于1g、1ml或10cm²的供试品，若供试品中所含的菌数较多时，供试液可酌情减量），加至适量的稀释液中，混匀，过滤。用适量的冲洗液冲洗滤膜。

若测定需氧菌总数，转移滤膜菌面朝上贴于胰酪大豆胨琼脂培养基平板上；若测定霉菌和酵母总数，转移滤膜菌面朝上贴于沙氏葡萄糖琼脂培养基平板上。按表1规定条件培养、计数。每株试验菌每种培养基至少制备一张滤膜。同法测定供试品对照组及菌液对照组菌数。

（3）MPN法　MPN法的精密度和准确度不及薄膜过滤法和平皿计数法，仅在供试品需氧菌总数没有适宜计数方法的情况下使用，本法不适用于霉菌计数。若使用MPN法，按下列步骤进行。

取照上述"供试液的制备""接种和稀释"和"抗菌活性的去除或灭活"制备的供试液至少3个连续稀释级，每一稀释级取3份1ml分别接种至3管装有9~10ml胰酪大豆胨液体培养基中，同法测定菌液对照组菌数。必要时可在培养基中加入表面活性剂、中和剂或灭活剂。

接种管置30~35℃培养3天，逐日观察各管微生物生长情况。如果由于供试品的原因使得结果难以判断，可将该管培养物转种至胰酪大豆胨液体培养基或胰酪大豆胨琼脂培养基，在相同条件下培养1~2天，观察是否有微生物生长。根据微生物生长的管数从表3查被测供试品每1g或每1ml中需氧菌总数的最可能数。

表3　微生物最可能数检索表

生长管数			需氧菌总数最可能数	95%置信限	
每管含样品的g或ml数			MPN/g 或ml	下限	上限
0.1	0.01	0.001			
0	0	0	<3	0	9.4
0	0	1	3	0.1	9.5
0	1	0	3	0.1	10
0	1	1	6.1	1.2	17
0	2	0	6.2	1.2	17
0	3	0	9.4	3.5	35
1	0	0	3.6	0.2	17
1	0	1	7.2	1.2	17
1	0	2	11	4	35
1	1	0	7.4	1.3	20
1	1	1	11	4	35
1	2	0	11	4	35
1	2	1	15	5	38
1	3	0	16	5	38
2	0	0	9.2	1.5	35
2	0	1	14	4	35
2	0	2	20	5	38
2	1	0	15	4	38
2	1	1	20	5	38
2	1	2	27	9	94
2	2	0	21	5	40
2	2	1	28	9	94
2	2	2	35	9	94
2	3	0	29	9	94
2	3	1	36	9	94
3	0	0	23	5	94
3	0	1	38	9	104

（续）

生长管数			需氧菌总数最可能数	95%置信限	
每管含样品的g或ml数			MPN/g 或ml	下限	上限
0.1	0.01	0.001			
3	0	2	64	16	181
3	1	0	43	9	181
3	1	1	75	17	199
3	1	2	120	30	360
3	1	3	160	30	380
3	2	0	93	18	360
3	2	1	150	30	380
3	2	2	210	30	400
3	2	3	290	90	990
3	3	0	240	40	990
3	3	1	460	90	1980
3	3	2	1100	200	4000
3	3	3	>1100		

注：表内所列检验量如改用1g（或ml）、0.1g（或ml）和0.01g（或ml）时，表内数字应相应降低10倍；如改用0.01g（或ml）、0.001g（或ml）和0.0001g（或ml）时，表内数字应相应增加10倍，其余类推。

5. 结果判断

计数方法适用性试验中，采用平皿法或薄膜过滤法时，试验组菌落数减去供试品对照组菌落数的值与菌液对照组菌落数的比值应在0.5～2范围内；采用MPN法，试验组菌数应在菌液对照组菌数的95%置信限内。若各试验菌的回收试验均符合要求，照所用的供试液制备方法及计数方法进行该供试品的需氧菌总数、霉菌和酵母菌总数计数。

方法适用性确认时，若采用上述方法还存在一株或多株试验菌的回收达不到要求，那么选择回收最接近要求的方法和试验条件进行供试品的检查。

供试品检查

检验量

检验量即一次试验所用的供试品量（g、ml或cm²）。

一般应随机抽取不少于2个最小包装的供试品，混合，取规定量供试品进行检验。

除另有规定外，一般供试品的检验量为10g或10ml；贵重药品、微量包装药品的检验量可以酌减。检验时，应从2个以上最小包装单位中抽取供试品。

供试品的检查

按计数方法适用性试验确认的计数方法进行供试品中需氧菌总数，霉菌和酵母菌总数的测定。

胰酪大豆胨琼脂培养基或胰酪大豆胨液体培养基用于测定需氧菌总数，沙氏葡萄糖琼脂培养基用于测定霉菌和酵母菌总数。

阴性对照试验 以稀释液代替供试液进行阴性对照试验，阴性对照试验应无菌生长。如果阴性对照有菌生长，应进行偏差调查。

1. 平皿法

平皿法包括倾注法和涂布法。除另有规定外，取规定量供试品，按方法适用性试验确认的方法进行供试液制备和菌数测定，每稀释级每种培养基至少制备2个平板。

培养和计数 除另有规定外，胰酪大豆胨琼脂培养基平板在30～35℃培养3～5天，沙氏葡萄糖琼脂培养基平板在20～25℃培养5～7天，观察菌落生长情况，点计平板上生长的所有菌落数，计数并报告。菌落蔓延生长成片的平板不宜计数。点计菌落数后，计算各稀释级供试液的平均菌落数，按菌数报告规则报告菌数。若同稀释级两个平板的菌落数平均值不小于15，则两个平板的菌落数不能相差1倍或以上。

菌数报告规则 需氧菌总数测定宜选取平均菌落数小于300cfu的稀释级、霉菌和酵母菌总数测定宜选取平均菌落数小于100cfu的稀释级，作为菌数报告的依据。取最高的平均菌落数，计算1g、1ml或10cm²供试品中所含的微生物数，取两位有效数字报告。

如各稀释级的平板均无菌落生长，或仅最低稀释级的平板有菌落生长，但平均菌落数小于1时，以＜1乘以最低稀释倍数的值报告菌数。

2. 薄膜过滤法

除另有规定外，按计数方法适用性试验确认的方法进行供试液制备。取相当于1g、1ml或10cm²供试品的供试液，若供试品所含的菌数较多时，可取适宜稀释级的供试液，照方法适用性试验确认的方法加至适量稀释液中，立即过滤，冲洗，冲洗后取出滤膜，菌面朝上贴于胰酪大豆胨琼脂培养基或沙氏葡萄糖琼脂培养基上培养。

培养和计数 培养条件和计数方法同平皿法，每张滤膜上的菌落数应不超过100cfu。

菌数报告规则 以相当于1g、1ml或10cm²供试品的菌落数报告菌数；若滤膜上无菌落生长，以＜1报告菌数（每张滤膜过滤1g、1ml或10cm²供试品），或＜1乘以最低稀释倍数的值报告菌数。

3. MPN法

取规定量供试品，按方法适用性试验确认的方法进行供试液制备和供试品接种，所有试验管在30～35℃培养3～5天，如果需要确认是否有微生物生长，按方法适应性试验确定的方法进行。记录每一稀释级微生物生长的管数，从表3查每1g或1ml供试品中需氧菌总数的最可能数。

结 果 判 断

需氧菌总数是指胰酪大豆胨琼脂培养基上生长的总菌落数（包括真菌菌落数）；霉菌和酵母菌总数是指沙氏葡萄糖琼脂培养基上生长的总菌落数（包括细菌菌落数）。若因沙氏葡萄糖琼脂培养基上生长的细菌使霉菌和酵母菌的计数结果不符合微生物限度要求，可使用含抗生素（如氯霉素、庆大霉素）的沙氏葡萄糖琼脂培养基或其他选择性培养基（如玫瑰红钠琼脂培养基）进行霉菌和酵母菌总数测定。使用选择性培养基时，应进行培养基适用性检查。若采用MPN法，测定结果为需氧菌总数。

各品种项下规定的微生物限度标准解释如下：

10^1cfu：可接受的最大菌数为20；

10^2cfu：可接受的最大菌数为200；

10^3cfu：可接受的最大菌数为2000；依此类推。

若供试品的需氧菌总数、霉菌和酵母菌总数的检查结果均符合该品种项下的规定，判供试品符合规定；若其中任何一项不符合该品种项下的规定，判供试品不符合规定。

稀释液、冲洗液及培养基

见非无菌产品微生物限度检查：控制菌检查法（附录1106）。

1106 非无菌产品微生物限度检查：控制菌检查法

控制菌检查法系用于在规定的试验条件下，检查供试品中是否存在特定的微生物。

当本法用于检查非无菌制剂及其原、辅料等是否符合相应的微生物限度标准时，应按下列规定进行检验，包括样品取样量和结果判断等。

供试品检出控制菌或其他致病菌时，按一次检出结果为准，不再复试。

供试液制备及实验环境要求同"非无菌产品微生物限度检查：微生物计数法（附录1105）"。

如果供试品具有抗菌活性，应尽可能去除或中和。供试品检查时，若使用了中和剂或灭活剂，应确认有效性及对微生物无毒性。

供试液制备时如果使用了表面活性剂，应确认其对微生物无毒性以及与所使用中和剂或灭活剂的相容性。

培养基适用性检查和控制菌检查方法适用性试验

供试品控制菌检查中所使用的培养基应进行适用性检查。

供试品的控制菌检查方法应进行方法适用性试验，以确认所采用的方法适合于该产品的控制菌检查。

若检验程序或产品发生变化可能影响检验结果时，控制菌检查方法应重新进行适用性试验。

菌种及菌液制备

菌种　试验用菌株的传代次数不得超过5代（从菌种保藏中心获得的干燥菌种为第0代），并采用适宜的菌种保藏技术进行保存，以保证试验菌株的生物学特性。

金黄色葡萄球菌（*Staphylococcus aureus*）〔CMCC（B）26 003或CVCC1882〕

铜绿假单胞菌（*Pseudomonas aeruginosa*）〔CMCC（B）10 104〕

大肠埃希菌（*Escherichia coli*）〔CMCC（B）44 102或CVCC1570〕

乙型副伤寒沙门菌（*Salmonella paratyphi B*）〔CMCC（B）50 094〕

白色念珠菌（*Candida albicans*）〔CMCC（F）98 001〕

生孢梭菌（*Clostridium sporogenes*）〔CMCC（B）64 941〕

菌液制备　将金黄色葡萄球菌、铜绿假单胞菌、大肠埃希菌、沙门菌分别接种于胰酪大豆胨液体培养基中或胰酪大豆胨琼脂培养基上，30~35℃培养18~24小时；将白色念珠菌接种于沙氏葡萄糖琼脂培养基上或沙氏葡萄糖液体培养基中，20~25℃培养2~3天；将生孢梭菌接种于梭菌增菌培养基中置厌氧条件下30~35℃培养24~48小时或接种于硫乙醇酸盐流体培养基中30~35℃培养18~24小时。上述培养物用pH7.0无菌氯化钠-蛋白胨缓冲液或0.9%无菌氯化钠溶液制成适宜浓度的菌悬液。

菌液制备后若在室温下放置，应在2小时内使用；若保存在2~8℃，可在24小时内使用。生孢梭菌孢子悬液可替代新鲜的菌悬液，孢子悬液可保存在2~8℃，在验证过的贮存期内使用。

阴性对照

为确认试验条件是否符合要求，应进行阴性对照试验，阴性对照试验应无菌生长。如阴性对照有菌生长，应进行偏差调查。

培养基适用性检查

控制菌检查用的成品培养基、由脱水培养基或按处方配制的培养基均应进行培养基的适用性检查。

控制菌检查用培养基的适用性检查项目包括促生长能力、抑制能力及指示特性的检查。各培养基的检查项目及所用的菌株见表1。

表1 控制菌检查用培养基的促生长能力、抑制能力和指示特性

控制菌检查	培养基	特性	试验菌株
耐胆盐革兰阴性菌	肠道菌增菌液体培养基	促生长能力	大肠埃希菌、铜绿假单胞菌
		抑制能力	金黄色葡萄球菌
大肠埃希菌	紫红胆盐葡萄糖琼脂培养基	促生长能力+指示特性	大肠埃希菌、铜绿假单胞菌
	麦康凯液体培养基	促生长能力	大肠埃希菌
		抑制能力	金黄色葡萄球菌
沙门菌	麦康凯琼脂培养基	促生长能力+指示特性	大肠埃希菌
	RV沙门菌增菌液体培养基	促生长能力	乙型副伤寒沙门菌
		抑制能力	金黄色葡萄球菌
	木糖赖氨酸脱氧胆酸盐琼脂培养基	促生长能力+指示特性	乙型副伤寒沙门菌
	三糖铁琼脂培养基	指示特性	乙型副伤寒沙门菌
铜绿假单胞菌	溴化十六烷基三甲铵琼脂培养基	促生长能力	铜绿假单胞菌
		抑制能力	大肠埃希菌
金黄色葡萄球菌	甘露醇氯化钠琼脂培养基	促生长能力+指示特性	金黄色葡萄球菌
		抑制能力	大肠埃希菌
梭菌	梭菌增菌培养基	促生长能力	生孢梭菌
	哥伦比亚琼脂培养基	促生长能力	生孢梭菌
白色念珠菌	沙氏葡萄糖液体培养基	促生长能力	白色念珠菌
	沙氏葡萄糖琼脂培养基	促生长能力+指示特性	白色念珠菌
	念珠菌显色培养基	促生长能力+指示特性	白色念珠菌
		抑制能力	大肠埃希菌

液体培养基促生长能力检查 分别接种不大于100cfu的试验菌（表1）于被检培养基和对照培养基中，在相应控制菌检查规定的培养温度及不长于规定的最短培养时间下培养，与对照培养基管比较，被检培养基管试验菌应生长良好。

固体培养基促生长能力检查 用涂布法分别接种不大于100cfu的试验菌（表1）于被检培养基和对照培养基平板上，在相应控制菌检查规定的培养温度及不长于规定的最短培养时间下培养，被检培养基与对照培养基上生长的菌落大小、形态特征应一致。

培养基抑制能力检查 接种不少于100cfu的试验菌（表1）于被检培养基和对照培养基中，在相应控制菌检查规定的培养温度及不短于规定的最长培养时间下培养，试验菌应不得生长。

培养基指示特性检查 用涂布法分别接种不大于100cfu的试验菌（表1）于被检培养基和对照培养基平板上，在相应控制菌检查规定的培养温度及不长于规定的最短培养时间下培养，被检培养基上试验菌生长的菌落大小、形态特征、指示剂反应情况等应与对照培养基一致。

控制菌检查方法适用性试验

供试液制备 按下列"供试品检查"中的规定制备供试液。

试验菌 根据各品种项下微生物限度标准中规定检查的控制菌选择相应试验菌株，确认耐胆盐革兰阴性菌检查方法时，采用大肠埃希菌和铜绿假单胞菌为试验菌。

适用性试验　按控制菌检查法取规定量供试液及不大于100cfu的试验菌接入规定的培养基中；采用薄膜过滤法时，取规定量供试液，过滤，冲洗，在最后一次冲洗液中加入试验菌，过滤后，注入规定的培养基或取出滤膜接入规定的培养基中。依相应的控制菌检查方法，在规定的温度及最短时间下培养，应能检出所加试验菌相应的反应特征。

结果判断　上述试验若检出试验菌，按此供试液制备法和控制菌检查方法进行供试品检查；若未检出试验菌，应消除供试品的抑菌活性〔见非无菌产品微生物检查：微生物计数法（附录1105）中的"抗菌活性的去除或灭活"〕，并重新进行方法适用性试验。

如果经过试验确证供试品对试验菌的抗菌作用无法消除，可认为受抑制的微生物不易存在于该供试品中，选择抑菌成分消除相对彻底的方法进行供试品的检查。

供试品检查

供试品的控制菌检查应按经方法适用性试验确认的方法进行。

阳性对照试验　阳性对照试验方法同供试品的控制菌检查，对照菌的加量应不大于100cfu。阳性对照试验应检出相应的控制菌。

阴性对照试验　以稀释液代替供试液照相应控制菌检查法检查，阴性对照试验应无菌生长。如果阴性对照有菌生长，应进行偏差调查。

耐胆盐革兰阴性菌（Bile-Tolerant Gram-Negative Bacteria）

供试液制备和预培养　取供试品，用胰酪大豆胨液体培养基作为稀释剂，照"非无菌产品微生物限度检查：微生物计数法"（附录1105）制成1：10供试液，混匀，在20～25℃培养，培养时间应使供试品中的细菌充分恢复但不增殖（约2小时）。

定性试验

除另有规定外，取相当于1g或1ml供试品的上述预培养物接种至适宜体积（经方法适用性试验确定）肠道菌增菌液体培养基中，30～35℃培养24～48小时后，划线接种于紫红胆盐葡萄糖琼脂培养基平板上，30～35℃培养18～24小时。如果平板上无菌落生长，判供试品未检出耐胆盐革兰阴性菌。

定量试验

选择和分离培养　取相当于0.1g、0.01g和0.001g（或0.1ml、0.01ml和0.001ml）供试品的预培养物或其稀释液分别接种至适宜体积（经方法适用性试验确定）肠道菌增菌液体培养基中，30～35℃培养24～48小时。上述每一培养物分别划线接种于紫红胆盐葡萄糖琼脂培养基平板上，30～35℃培养18～24小时。

结果判断　若紫红胆盐葡萄糖琼脂培养基平板上有菌落生长，则对应培养管为阳性，否则为阴性。根据各培养管检查结果，从表2查1g或1ml供试品中含有耐胆盐革兰阴性菌的可能菌数。

表2　耐胆盐革兰阴性菌的可能菌数（N）

各供试品量的检查结果			每1g（或1ml）供试品
0.1g或0.1ml	0.01g或0.01ml	0.001g或0.001ml	中可能的菌数（cfu）
＋	＋	＋	$N>10^3$
＋	＋	－	$10^2<N<10^3$
＋	－	－	$10<N<10^2$
－	－	－	$N<10$

注：（1）＋代表紫红胆盐葡萄糖琼脂平板上有菌落生长；－代表紫红胆盐葡萄糖琼脂平板上无菌落生长。

（2）若供试品量减少10倍（如0.01g或0.01ml，0.001g或0.001ml，0.0001g或0.0001ml），则每1g（或1ml）供试品中可能的菌数（N）应相应增加10倍。

大肠埃希菌（*Escherichia coli*）

供试液制备和增菌培养　取供试品，照"非无菌产品微生物限度检查：微生物计数法（附录1105）"制成1:10供试液。取相当于1g或1ml供试品的供试液，接种至适宜体积（经方法适用性试验确定）的胰酪大豆胨液体培养基中，混匀，30~35℃培养18~24小时。

选择和分离培养　取上述培养物1ml接种至100ml麦康凯液体培养基中，42~44℃培养24~48小时。取麦康凯液体培养物划线接种于麦康凯琼脂培养基平板上，30~35℃培养18~72小时。

结果判断　若麦康凯琼脂培养基平板上有菌落生长，应进行分离、纯化及适宜的鉴定试验，确证是否为大肠埃希菌；若麦康凯琼脂培养基平板上没有菌落生长，或虽有菌落生长但鉴定结果为阴性，判供试品未检出大肠埃希菌。

沙门菌（*Salmonella*）

供试液制备和增菌培养　取10g或10ml供试品直接或处理后接种至适宜体积（经方法适用性试验确定）的胰酪大豆胨液体培养基中，混匀，30~35℃培养18~24小时。

选择和分离培养　取上述培养物0.1ml接种至10ml RV沙门增菌液体培养基中，30~35℃培养18~24小时。取少量RV沙门菌增菌液体培养物划线接种于木糖赖氨酸脱氧胆酸盐琼脂培养基平板上，30~35℃培养18~48小时。

沙门菌在木糖赖氨酸脱氧胆酸盐琼脂培养基平板上生长良好，菌落为淡红色或无色、透明或半透明、中心有或无黑色。用接种针挑选疑似菌落于三糖铁琼脂培养基高层斜面上进行斜面和高层穿刺接种，培养18~24小时，或采用其他适宜方法进一步鉴定。

结果判断　若木糖赖氨酸脱氧胆酸盐琼脂培养基平板上有疑似菌落生长，且三糖铁琼脂培养基的斜面为红色、底层为黄色，或斜面黄色、底层黄色或黑色，应进一步进行适宜的鉴定试验，确证是否为沙门菌。如果平板上没有菌落生长，或虽有菌落生长但鉴定结果为阴性，或三糖铁琼脂培养基的斜面未见红色、底层未见黄色；或斜面黄色、底层未见黄色或黑色，判供试品未检出沙门菌。

铜绿假单胞菌（*Pseudomonas aeruginosa*）

供试液制备和增菌培养　取供试品，照"非无菌产品微生物限度检查：微生物计数法（附录1105）"制成1:10供试液。取相当于1g或1ml供试品的供试液，接种至适宜体积（经方法适用性试验确定的）的胰酪大豆胨液体培养基中，混匀，30~35℃培养18~24小时。

选择和分离培养　取上述培养物划线接种于溴化十六烷基三甲铵琼脂培养基平板上，30~35℃培养18~72小时。

取上述平板上生长的菌落进行氧化酶试验，或采用其他适宜方法进一步鉴定。

氧化酶试验　将洁净滤纸片置于平皿内，用无菌玻棒取上述平板上生长的菌落涂于滤纸片上，滴加新配制的1%二盐酸*N,N*二甲基对苯二胺试液，在30秒内若培养物呈粉红色并逐渐变为紫红色为氧化酶试验阳性，否则为阴性。

结果判断　若溴化十六烷基三甲铵琼脂培养基平板上有菌落生长，且氧化酶试验阳性，应进一步进行适宜的鉴定试验，确证是否为铜绿假单胞菌。如果平板上没有菌落生长，或虽有菌落生长但鉴定结果为阴性，或氧化酶试验阴性，判供试品未检出铜绿假单胞菌。

金黄色葡萄球菌（*Staphylococcus aureus*）

供试液制备和增菌培养　取供试品，照"非无菌产品微生物限度检查：微生物计数法（附录1105）"制成1:10供试液。取相当于1g或1ml供试品的供试液，接种至适宜体积（经方法适用性试验确定）的胰酪大豆胨液体培养基中，混匀，30~35℃培养18~24小时。

选择和分离培养　取上述培养物划线接种于甘露醇氯化钠琼脂培养基平板上，30~35℃培养

18~72小时。

结果判断 若甘露醇氯化钠琼脂培养基平板上有黄色菌落或外周有黄色环的白色菌落生长，应进行分离、纯化及适宜的鉴定试验，确证是否为金黄色葡萄球菌；若平板上没有与上述形态特征相符或疑似的菌落生长，或虽有相符或疑似的菌落生长但鉴定结果为阴性，判供试品未检出金黄色葡萄球菌。

梭菌（*Clostridia*）

供试液制备和热处理 取供试品，照"非无菌产品微生物限度检查：微生物计数法（附录1105）"制成1:10供试液。取相当于1g或1ml供试品的供试液2份，其中1份置80℃保温10分钟后迅速冷却。

增菌、选择和分离培养 将上述2份供试液分别接种至适宜体积（经方法适用性试验确定）的梭菌增菌培养基中，置厌氧条件下30~35℃培养48小时。取上述每一培养物少量，分别涂抹接种于哥伦比亚琼脂培养基平板上，置厌氧条件下30~35℃培养48~72小时。

过氧化氢酶试验 取上述平板上生长的菌落，置洁净玻片上，滴加3%过氧化氢试液，若菌落表面有气泡产生，为过氧化氢酶试验阳性，否则为阴性。

结果判断 若哥伦比亚琼脂培养基平板上有厌氧杆菌生长（有或无芽孢），且过氧化氢酶反应阴性的，应进一步进行适宜的鉴定试验，确证是否为梭菌；如果哥伦比亚琼脂培养基平板上没有厌氧杆菌生长，或虽有相符或疑似的菌落生长但鉴定结果为阴性，或过氧化氢酶反应阳性，判供试品未检出梭菌。

白色念珠菌（*Candida albicans*）

供试液制备和增菌培养 取供试品，照"非无菌产品微生物限度检查：微生物计数法（附录1105）"制成1:10供试液。取相当于1g或1ml供试品的供试液，接种至适宜体积（经方法适用性试验确定）的沙氏葡萄糖液体培养基中，混匀，30~35℃培养3~5天。

选择和分离 取上述预培养物划线接种于沙氏葡萄糖琼脂培养基平板上，30~35℃培养24~48小时。

白色念珠菌在沙氏葡萄糖琼脂培养基上生长的菌落呈乳白色，偶见淡黄色，表面光滑有浓酵母气味，培养时间稍久则菌落增大、颜色变深、质地变硬或有皱褶。挑取疑似菌落接种至念珠菌显色培养基平板上，培养24~48小时（必要时延长至72小时），或采用其他适宜方法进一步鉴定。

结果判断 若沙氏葡萄糖琼脂培养基平板上有疑似菌落生长，且疑似菌在念珠菌显色培养基平板上生长的菌落呈阳性反应，应进一步进行适宜的鉴定试验，确证是否为白色念珠菌；若沙氏葡萄糖琼脂培养基平板上没有菌落生长，或虽有菌落生长但鉴定结果为阴性，或疑似菌在念珠菌显色培养基平板上生长的菌落呈阴性反应，判供试品未检出白色念珠菌。

稀 释 液

稀释液配制后，应采用验证合格的灭菌程序灭菌。

1．**pH7.0 无菌氯化钠-蛋白胨缓冲液** 照无菌检查法（附录1101）制备。

2．**pH6.8 无菌磷酸盐缓冲液、pH7.2 无菌磷酸盐缓冲液、pH7.6 无菌磷酸盐缓冲液** 照缓冲液（附录8004）配制后，过滤，分装，灭菌。

如需要，可在上述稀释液灭菌前或灭菌后加入表面活性剂或中和剂等。

3．**0.9%无菌氯化钠溶液** 取氯化钠9.0g，加水溶解使成1000ml，过滤，分装，灭菌。

培养基及其制备方法

培养基可按以下处方制备，也可使用按该处方生产的符合要求的脱水培养基。配制后，应按验证过的高压灭菌程序灭菌。

1．胰酪大豆胨液体培养基（TSB）、胰酪大豆胨琼脂培养基(TSA)、沙氏葡萄糖液体培养基(SDB)

照无菌检查法（附录1101）制备。

2．沙氏葡萄糖琼脂培养基(SDA)

照无菌检查法（附录1101）制备。如使用含抗生素的沙氏葡萄糖琼脂培养基，应确认培养基中所加的抗生素量不影响供试品中霉菌和酵母菌的生长。

3．马铃薯葡萄糖琼脂培养基（PDA）

马铃薯（去皮）	200g	琼脂	14.0g
葡萄糖	20.0g	水	1000ml

取马铃薯，切成小块，加水1000ml，煮沸20~30分钟，用6~8层纱布过滤，取滤液补水至1000ml，调节pH使灭菌后在25℃的pH值为5.6±0.2，加入琼脂，加热溶化后，再加入葡萄糖，摇匀，分装，灭菌。

4．玫瑰红钠琼脂培养基

胨	5.0g	玫瑰红钠	0.0133g
葡萄糖	10.0g	琼脂	14.0g
磷酸二氢钾	1.0g	水	1000ml
硫酸镁	0.5g		

除葡萄糖、玫瑰红钠外，取上述成分，混合，微温溶解，加入葡萄糖、玫瑰红钠，摇匀，分装，灭菌。

5．硫乙醇酸盐流体培养基

照无菌检查法（附录1101）制备。

6．肠道菌增菌液体培养基

明胶胰酶水解物	10.0g	二水合磷酸氢二钠	8.0g
牛胆盐	20.0g	亮绿	15mg
葡萄糖	5.0g	纯化水	1000ml
磷酸二氢钾	2.0g		

除葡萄糖、亮绿外，取上述成分，混合，微温溶解，调节pH使加热后在25℃的pH值为7.2±0.2，加入葡萄糖、亮绿，加热至100℃30分钟，立即冷却。

7．紫红胆盐葡萄糖琼脂培养基

酵母浸出粉	3.0g	中性红	30mg
明胶胰酶水解物	7.0g	结晶紫	2mg
脱氧胆酸钠	1.5g	琼脂	15.0g
葡萄糖	10.0g	水	1000ml
氯化钠	5.0g		

除葡萄糖、中性红、结晶紫、琼脂外，取上述成分，混合，微温溶解，调节pH使加热后在25℃的

pH值为7.4±0.2。加入葡萄糖、中性红、结晶紫、琼脂，加热煮沸（不能在高压灭菌器中加热）。

8. 麦康凯液体培养基

明胶胰酶水解物	20.0g	溴甲酚紫	10mg
乳糖	10.0g	水	1000ml
牛胆盐	5.0g		

除乳糖、溴甲酚紫外，取上述成分，混合，微温溶解，调节pH使灭菌后在25℃的pH值为7.3±0.2，加入乳糖、溴甲酚紫，分装，灭菌。

9. 麦康凯琼脂培养基

明胶胰酶水解物	17.0g	中性红	30.0mg
胨	3.0g	结晶紫	1mg
乳糖	10.0g	琼脂	13.5g
脱氧胆酸钠	1.5g	水	1000ml
氯化钠	5.0g		

除乳糖、中性红、结晶紫、琼脂外，取上述成分，混合，微温溶解，调节pH使灭菌后在25℃的pH值为7.1±0.2，加入乳糖、中性红、结晶紫、琼脂，加热煮沸1分钟，并不断振摇，分装，灭菌。

10. RV沙门菌增菌液体培养基

大豆胨	4.5g	六水合氯化镁	29.0g
氯化钠	8.0g	孔雀绿	36mg
磷酸氢二钾	0.4g	水	1000ml
磷酸二氢钾	0.6g		

除孔雀绿外，取上述成分，混合，微温溶解，调节pH使灭菌后在25℃的pH值为5.2±0.2。加入孔雀绿，分装，灭菌，灭菌温度不能超过115℃。

11. 木糖赖氨酸脱氧胆酸盐琼脂培养基

酵母浸出粉	3.0g	氯化钠	5.0g
L-赖氨酸	5.0g	硫代硫酸钠	6.8g
木糖	3.5g	枸橼酸铁铵	0.8g
乳糖	7.5g	酚红	80mg
蔗糖	7.5g	琼脂	13.5g
脱氧胆酸钠	2.5g	水	1000ml

除三种糖、酚红、琼脂外，取上述成分，混合，微温溶解，调节pH使加热后在25℃的pH值为7.4±0.2，加入三种糖、酚红、琼脂，加热至沸腾，冷至50℃倾注平皿（不能在高压灭菌器中加热）。

12. 三糖铁琼脂培养基（TSI）

胨	20.0g	硫酸亚铁	0.2g
牛肉浸出粉	5.0g	硫代硫酸钠	0.2g
乳糖	10.0g	0.2%酚磺酞指示液	12.5ml
蔗糖	10.0g	琼脂	12.0g
葡萄糖	1.0g	水	1000ml
氯化钠	5.0g		

除三种糖、0.2%酚磺酞指示液、琼脂外，取上述成分，混合，微温溶解，调节pH使灭菌后在25℃的pH值为7.3±0.1，加入琼脂，加热溶化后，再加入其余各成分，摇匀，分装，灭菌，制成高底层（2～3cm）短斜面。

13. 溴化十六烷基三甲铵琼脂培养基

明胶胰酶水解物	20.0g	溴化十六烷基三甲铵	0.3g
氯化镁	1.4g	琼脂	13.6g
硫酸钾	10.0g	水	1000ml
甘油	10ml		

除琼脂外，取上述成分，混合，微温溶解，调节pH使灭菌后在25℃的pH值为7.4±0.2，加入琼脂，加热煮沸1分钟，分装，灭菌。

14. 甘露醇氯化钠琼脂培养基

胰酪胨	5.0g	氯化钠	75.0g
动物组织胃蛋白酶水解物	5.0g	酚红	25mg
牛肉浸出粉	1.0g	琼脂	15.0g
D-甘露醇	10.0g	水	1000ml

除甘露醇、酚红、琼脂外，取上述成分，混合，微温溶解，调节pH使灭菌后在25℃的pH值为7.4±0.2，加热并振摇，加入甘露醇、酚红、琼脂，煮沸1分钟，分装，灭菌。

15. 梭菌增菌培养基

胨	10.0g	盐酸半胱氨酸	0.5g
牛肉浸出粉	10.0g	乙酸钠	3.0g
酵母浸出粉	3.0g	氯化钠	5.0g
可溶性淀粉	1.0g	琼脂	0.5g
葡萄糖	5.0g	水	1000ml

除葡萄糖外，取上述成分，混合，加热煮沸使溶解，并不断搅拌。如需要，调节pH使灭菌后在25℃的pH值为6.8±0.2。加入葡萄糖，混匀，分装，灭菌。

16. 哥伦比亚琼脂培养基

胰酪胨	10.0g	氯化钠	5.0g
肉胃蛋白酶水解物	5.0g	琼脂	10.0～15.0g
心胰酶水解物	3.0g		（依凝固力）
酵母浸出粉	5.0g	水	1000ml
玉米淀粉	1.0g		

除琼脂外，取上述成分，混合，加热煮沸使溶解，并不断搅拌。如需要，调节pH使灭菌后在25℃的pH值为7.3±0.2，加入琼脂，加热溶化，分装，灭菌。如有必要，灭菌后，冷至45～50℃加入相当于20mg庆大霉素的无菌硫酸庆大霉素，混匀，倾注平皿。

17. 念珠菌显色培养基

胨	10.2g	琼脂	15g
氢霉素	0.5g	水	1000ml
色素	22.0g		

除琼脂外，取上述成分，混合，微温溶解，调节pH使加热后在25℃的pH值为6.3±0.2。滤过，加入琼脂，加热煮沸，不断搅拌至琼脂完全溶解，倾注平皿。

1107 非无菌兽药微生物限度标准

非无菌兽药的微生物限度标准是基于兽药的给药途径和对动物健康潜在的危害以及兽药的特殊性而制订的。兽药生产、贮存、销售过程中的检验，药用原料、辅料的检验，新兽药标准制订，进口兽药标准复核，考察兽药质量及仲裁等，除另有规定外，其微生物限度均以本标准为依据。

1．制剂通则、品种项下要求无菌的制剂及标示无菌的制剂和原辅料

应符合无菌检查法规定。

2．用于手术、严重烧伤、严重创伤的局部给药制剂

应符合无菌检查法规定。

3．非无菌兽药制剂的微生物限度标准

见表1。

表1　非无菌兽药制剂的微生物限度标准

给药途径	需氧菌总数（cfu/g、cfu/ml 或cfu/10cm^2）	霉菌和酵母菌总数（cfu/g、cfu/ml 或cfu/10cm^2）	控制菌
内服给药[①] 固体制剂 液体制剂	10^3 10^2	10^2 10^1	不得检出大肠埃希菌（1g 或1ml）；含脏器提取物的制剂还不得检出沙门菌（10g 或10ml）
耳用制剂 皮肤给药制剂	10^2	10^1	不得检出金黄色葡萄球菌、铜绿假单胞菌（1g、1ml 或10cm^2）
阴道给药制剂	10^2	10^1	不得检出金黄色葡萄球菌、铜绿假单胞菌、白色念珠菌（1g、1ml 或10cm^2）
直肠给药 固体制剂 液体制剂	10^3 10^2	10^2 10^2	不得检出金黄色葡萄球菌、铜绿假单胞菌（1g 或1ml）
其他局部给药制剂	10^2	10^2	不得检出金黄色葡萄球菌、铜绿假单胞菌（1g、1ml 或10cm^2）

注：①兽药制剂若含有未经提取的动植物来源的成分及矿物质，还不得检出沙门菌（10g 或10ml）。

4．非无菌药用原料及辅料的微生物限度标准见

表2。

表2　非无菌药用原料及辅料的微生物限度标准

	需氧菌总数（cfu/g或cfu/ml）	霉菌和酵母菌总数（cfu/g或cfu/ml）	控制菌
药用原料及辅料	10^3	10^2	*

注*：未作统一规定。

5．有兼用途径的制剂

应符合各给药途径的标准。

非无菌兽药的需氧菌总数、霉菌和酵母菌总数照"非无菌产品微生物限度检查：微生物计数法（附录1105）"检查；非无菌兽药的控制菌照"非无菌产品微生物限度检查：控制菌检查法（附录1106）"检查。各品种项下规定的需氧菌总数、霉菌和酵母菌总数标准解释如下：

10^1cfu：可接受的最大菌数为20；

10^2cfu：可接受的最大菌数为200；

10^3cfu：可接受的最大菌数为2000；依此类推。

本限度标准所列的控制菌对于控制某些兽药的微生物质量可能并不全面，因此，对于原料、辅料及某些特定的制剂，根据原辅料及其制剂的特性和用途、制剂的生产工艺等因素，可能还需检查其他具有潜在危害的微生物。

除了本限度标准所列的控制菌外，兽药中若检出其他可能具有潜在危害性的微生物，应从以下方面进行评估：

兽药的给药途径：给药途径不同，其危害不同；

兽药的特性：兽药是否促进微生物生长，或者兽药是否有足够的抑制微生物生长能力；

兽药的使用方法；等等。

当进行上述相关因素的风险评估时，评估人员应经过微生物学和微生物数据分析等方面的专业知识培训。评估原辅料微生物质量时，应考虑相应制剂的生产工艺、现有的检测技术及原辅料符合该标准的必要性。

1121 抑菌效力检查法

抑菌剂是指抑制微生物生长的化学物质，有时也称防腐剂。抑菌效力检查法系用于测定无菌及非无菌制剂的抑菌活性，用于指导生产企业在研发阶段制剂中抑菌剂浓度的确定。

如果药物本身不具有充分的抗菌效力，那么应根据制剂特性（如水溶性制剂）添加适宜的抑菌剂，以防止制剂在正常贮藏或使用过程中由于微生物污染和繁殖，使药物变质而对使用动物造成危害，尤其是多剂量包装的制剂。

在兽药生产过程中，抑菌剂不能用于替代兽药生产的GMP管理，不能作为非无菌制剂降低微生物污染的唯一途径，也不能作为控制多剂量包装制剂灭菌前的生物负载的手段。所有抑菌剂都具有一定的毒性，制剂中抑菌剂的量应为最低有效量。同时，为保证用药安全，成品制剂中的抑菌剂有效浓度应低于对动物体有害的浓度。

抑菌剂的抗菌效力在贮存过程中有可能因药物的成分或包装容器等因素影响而变化，因此，应验证成品制剂中的抑菌剂效力在效期内不因贮藏条件而降低。

本试验方法和抑菌剂抑菌效力判断标准用于包装未启开的成品制剂。

培 养 基

培养基的制备

胰酪大豆胨液体培养基、胰酪大豆胨琼脂培养基、沙氏葡萄糖液体培养基、沙氏葡萄糖琼脂培养基 照无菌检查法（附录1101）制备。

培养基的适用性检查

抑菌效力测定用培养基包括成品培养基、由脱水培养基或按处方配制的培养基均应进行培养基的适用性检查。

菌种 试验所用的菌株传代次数不得超过5代（从菌种保藏中心获得的干燥菌种为第0代），并采用适宜的菌种保藏技术进行保存，以保证试验菌株的生物学特性。培养基适用性检查的菌种及新鲜培养物的制备见表1。

表 1　培养基适用性检查、方法适用性试验、抑菌效力测定用的试验菌及新鲜培养基制备

试验菌株	试验培养基	培养温度	培养时间
金黄色葡萄球菌 (*Staphylococcus aureus*)〔CMCC(B)26 003或CVCC1882〕	胰酪大豆胨琼脂培养基或胰酪大豆胨液体培养基	30～35℃	18～24小时
铜绿假单胞菌(*Pseudomonas aeruginosa*)〔CMCC(B)10 104〕	胰酪大豆胨琼脂培养基或胰酪大豆胨液体培养基	30～35℃	18～24小时
大肠埃希菌 (*Escherichia coli*)〔CMCC(B)44 102或CVCC2801〕	胰酪大豆胨琼脂培养基或胰酪大豆胨液体培养基	30～35℃	18～24小时
白色念珠菌 (*Candida albicans*)〔CMCC(F) 98 001〕	沙氏葡萄糖琼脂培养基或沙氏葡萄糖液体培养基	20～25℃	24～48小时
黑曲霉 (*Aspergillus niger*)〔CMCC(F) 98 003〕	沙氏葡萄糖琼脂培养基或沙氏葡萄糖液体培养基	20～25℃	5～7天或直到获得丰富的孢子

菌液制备　取金黄色葡萄球菌、铜绿假单胞菌、大肠埃希菌、白色念珠菌的新鲜培养物，用pH7.0无菌氯化钠-蛋白胨缓冲液或0.9%无菌氯化钠溶液制成适宜浓度的菌悬液。取黑曲霉的新鲜培养物加入3～5ml含0.05%（ml/ml）聚山梨酯80的pH7.0无菌氯化钠-蛋白胨缓冲液或0.9%无菌氯化钠溶液，将孢子洗脱。然后，采用适宜方法吸出孢子悬液至无菌试管内，用含0.05%（ml/ml）聚山梨酯80的pH7.0无菌氯化钠-蛋白胨缓冲液或0.9%无菌氯化钠溶液制成适宜浓度的孢子悬液。

菌液制备后若在室温下放置，应在2小时内使用；若保存在2～8℃，可在24小时内使用。黑曲霉孢子悬液可保存在2～8℃，在验证过的贮存期内使用。

适用性检查　分别接种不大于100cfu的金黄色葡萄球菌、铜绿假单胞菌、大肠埃希菌的菌液至胰酪大豆胨琼脂培养基，每株试验菌平行制备2个平皿，混匀，凝固，置30～35℃培养不超过3天，计数；分别接种不大于100cfu的白色念珠菌、黑曲霉的菌液至沙氏葡萄糖琼脂培养基，每株试验菌平行制备2个平皿，混匀，凝固，置20～25℃培养不超过5天，计数；同时，用对应的对照培养基替代被检培养基进行上述试验。

结果判定　若被检培养基上的菌落平均数不小于对照培养基上菌落平均数的70%，且菌落形态大小与对照培养基上的菌落一致，判该培养基的适用性检查符合规定。

抑菌效力测定

菌种　抑菌效力测定用菌种见表 1，若需要，制剂中常见的污染微生物也可作为试验菌株。

菌液制备　试验菌新鲜培养物制备见表1，铜绿假单胞菌、金黄色葡萄球菌、大肠埃希菌、白色念珠菌若为琼脂培养物，加入适量的0.9%无菌氯化钠溶液将琼脂表面的培养物洗脱，并将菌悬液移至无菌试管内，用0.9%无菌氯化钠溶液稀释并制成每1ml含菌数约为10^8cfu的菌悬液；若为液体培养物，离心收集菌体，用0.9%无菌氯化钠溶液稀释并制成每1ml含菌数约为10^8cfu的菌悬液。取黑曲霉的新鲜培养物加入3～5ml含0.05%（ml/ml）聚山梨酯80的0.9%无菌氯化钠溶液，将孢子洗脱，然后，用适宜方法吸出孢子悬液至无菌试管内，加入适量的含0.05%（ml/ml）聚山梨酯80的0.9%无菌氯化钠溶液制成每1ml含孢子数10^8cfu的孢子悬液。测定1ml菌悬液中所含的菌数。

菌液制备后若在室温下放置，应在2小时内使用；若保存在2～8℃，可在24小时内使用。黑曲霉的孢子悬液可保存在2～8℃，在1周内使用。

供试品接种 抑菌效力可能受试验用容器特征的影响，如容器的材质、形状、体积及封口方式等。因此，只要供试品每个包装容器的装量足够试验用，同时容器便于按无菌操作技术接入试验菌液、混合及取样等，一般应将试验菌直接接种于供试品原包装容器中进行试验。若因供试品的性状或每个容器装量等因素需将供试品转移至无菌容器时，该容器的材质不得影响供试品的特性（如吸附作用），特别应注意不得影响供试品的pH值，pH值对抑菌剂的活性影响很大。

取包装完整的供试品至少5份，直接接种试验菌，或取适量供试品分别转移至5个适宜的无菌容器中（若试验菌株数超过5株，应增加相应的供试品份数），每一容器接种一种试验菌，1g或1ml供试品中接菌量为10^5～10^6cfu，接种菌液的体积不得超过供试品体积的1%，充分混合，使供试品中的试验菌均匀分布，然后置20～25℃避光贮存。

存活菌数测定 根据产品类型，按表2-1、表2-2、表2-3规定的间隔时间，分别从上述每个容器中取供试品1ml（g），测定每份供试品中所含的菌数，测定细菌用胰酪大豆胨琼脂培养基，测定真菌用沙氏葡萄糖琼脂培养基。存活菌数测定方法及方法适用性试验照"非无菌产品微生物限度检查：微生物计数法（附录1105）"进行，方法适用性试验用菌株见表1，菌液制备同培养基适用性检查，方法适用性试验菌的回收率不得低于70%。

根据存活菌数测定结果，计算1ml（g）供试品各试验菌所加的菌数及各间隔时间的菌数，并换算成lg值。

结果判断 供试品抑菌效力评价标准见表2-1、表2-2、表2-3，表中的"减少的lg值"是指各间隔时间测定的菌数lg值与1ml（g）供试品中接种的菌数lg值的相差值。表中"A"是指应达到的抑菌效力标准，特殊情况下，如抑菌剂可能增加不良反应的风险，那至少应达到"B"的抑菌效力标准。

表2-1 注射剂、眼用制剂、用于子宫和乳腺的制剂抑菌效力判断标准

		减少的lg值				
		6h	24h	7d	14d	28d
细菌	A	2	3	—	—	NR
	B	—	1	3	—	NI
真菌	A	—	—	—	2	NI
	B	—	—	—	1	NI

注：NR：试验菌未恢复生长。

NI：未增加，是指对前一个测定时间，试验菌增加的数量不超过0.5 lg。

表2-2 耳用制剂、皮肤给药制剂、吸入制剂抑菌效力判断标准

		减少的lg值			
		2d	7d	14d	28d
细菌	A	2	3	—	NI
	B	—	—	3	NI
真菌	A	—	—	2	NI
	B	—	—	—	NI

注：NI：未增加，是指对前一个测定时间，试验菌增加的数量不超过0.5 lg。

表2-3 内服制剂、直肠给药制剂的抑菌效力判断标准

	减少的lg值	
	14d	28d
细菌	3	NI
真菌	1	NI

注：NI：未增加，是指对前一个测定时间，试验菌增加的数量不超过0.5 lg。

1141 异常毒性检查法

异常毒性有别于药物本身所具有的毒性特征，是指由生产过程中引入或其他原因所致的毒性。

本法系给予小鼠一定剂量的供试品溶液，在规定时间内观察小鼠出现的异常反应或死亡情况，检查供试品中是否污染外源性毒性物质以及是否存在意外的不安全因素。

试验用小鼠 应健康合格，体重18~22g，在试验前及试验的观察期内，均应按正常饲养条件饲养。做过本试验的小鼠不得重复使用。

供试品溶液的制备 按各品种项下规定的浓度制成供试品溶液。临用前，供试品溶液应平衡至室温。

检查法 除另有规定外，取上述小鼠5只，按各品种项下规定的给药途径，每只小鼠分别尾静脉给予供试品溶液0.5ml。应在4~5秒内匀速注射完毕。规定缓慢注射的品种可延长至30秒。

结果判断 除另有规定外，全部小鼠在给药后48小时内不得有死亡；如有死亡时，应另取体重19~21g的小鼠10只复试，全部小鼠在48小时内不得有死亡。

1142 热原检查法

本法系将一定剂量的供试品，静脉注入家兔体内，在规定时间内，观察家兔体温升高的情况，以判定供试品中所含热原的限度是否符合规定。

供试用家兔 供试用的家兔应健康合格，体重1.7kg以上，雌兔应无孕。预测体温前7日即应用同一饲料饲养，在此期间内，体重应不减轻，精神、食欲、排泄等不得有异常现象。未曾用于热原检查的家兔；或供试品判定为符合规定，但组内升温达0.6℃的家兔；或3周内未曾使用的家兔，均应在检查供试品前7日内预测体温，进行挑选。挑选试验的条件与检查供试品时相同，仅不注射药液，每隔30分钟测量体温1次，共测8次，8次体温均在38.0~39.6℃的范围内，且最高与最低体温相差不超过0.4℃的家兔，方可供热原检查用。用于热原检查后的家兔，如供试品判定为符合规定，至少应休息48小时方可再供热原检查用，其中升温达0.6℃的家兔应休息2周以上。如供试品判定为不符合规定，则组内全部家兔不再使用。

试验前的准备 热原检查前1~2日，供试用家兔应尽可能处于同一温度的环境中，实验室和饲养室的温度相差不得大于3℃，且应控制在17~25℃，在试验全部过程中，实验室温度变化不得大于3℃，应防止动物骚动并避免噪声干扰。家兔在试验前至少1小时开始停止给食，并置于宽松适宜的装置中，直至试验完毕。测量家兔体温应使用精密度为±0.1℃的测温装置。测温探头或肛温计插入肛门的深度和时间各兔应相同，深度一般约6cm，时间不得少于1.5分钟，每隔30分钟测量体温1次，一般测量2次，两次体温之差不得超过0.2℃，以此两次体温的平均值作为该兔的正常体温。当日使用的家兔，正常体温应在38.0～39.6℃的范围内，且同组各兔间正常体温之差不得超过1.0℃。

与供试品接触的试验用器皿应无菌、无热原。去除热原通常采用干热灭菌法（250℃ 30分钟以上），也可用其他适宜的方法。

检查法 取适用的家兔3只，测定其正常体温后15分钟以内，自耳静脉缓缓注入规定剂量并温热至约38℃的供试品溶液，然后每隔30分钟按前法测量其体温1次，共测6次，以6次体温中最高的一次减去正常体温，即为该兔体温的升高温度（℃）。如3只家兔中有1只体温升高0.6℃或高于0.6℃，或3只家兔体温升高的总和达1.3℃或高于1.3℃，应另取5只家兔复试，检查方法同上。

结果判断 在初试的3只家兔中，体温升高均低于0.6℃，并且3只家兔体温升高总和低于1.3℃；或在复试的5只家兔中，体温升高0.6℃或高于0.6℃的家兔不超过1只，并且初试、复试合并8只家兔的体温升高总和为3.5℃或低于3.5℃，均判定供试品的热原检查符合规定。

在初试的3只家兔中，体温升高0.6℃或高于0.6℃的家兔超过1只；或在复试的5只家兔中，体温升高0.6℃或高于0.6℃以上的家兔超过1只；或在初试、复试合并8只家兔的体温升高总和超过3.5℃，均判定供试品的热原检查不符合规定。

当家兔升温为负值时，均以0℃计。

1143 细菌内毒素检查法

本法系利用鲎试剂来检测或量化由革兰阴性菌产生的细菌内毒素，以判断供试品中细菌内毒素的限量是否符合规定的一种方法。

细菌内毒素检查包括两种方法，即凝胶法和光度测定法，后者包括浊度法和显色基质法。供试品检测时，可使用其中任何一种方法进行试验。当测定结果有争议时，除另有规定外，以凝胶限量试验结果为准。

本试验操作过程应防止微生物和内毒素的污染。

细菌内毒素的量用内毒素单位（EU）表示，1EU与1个内毒素国际单位（IU）相当。

细菌内毒素国家标准品系自大肠埃希菌提取精制而成，用于标定、复核、仲裁鲎试剂灵敏度和标定细菌内毒素工作标准品的效价，干扰试验及检查法中编号B和C溶液的制备、凝胶法中的鲎试剂灵敏度复核试验、光度测定法中标准曲线可靠性试验。

细菌内毒素工作标准品系以细菌内毒素国家标准品为基准标定其效价，用于干扰试验及检查法中编号B和C溶液的制备、凝胶法中的鲎试剂灵敏度复核试验、光度测定法中标准曲线可靠性试验。

细菌内毒素检查用水应符合灭菌注射用水标准，其内毒素含量小于0.015EU/ml（用于凝胶法）或0.005EU/ml（用于光度测定法），且对内毒素试验无干扰作用。

试验所用的器皿需经处理，以去除可能存在的外源性内毒素。耐热器皿常用干热灭菌法（250℃、30分钟以上）去除，也可采用其他确证不干扰细菌内毒素检查的适宜方法。若使用塑料器械，如微孔板和与微量加样器配套的吸头等，应选用标明无内毒素并且对试验无干扰的器械。

供试品溶液的制备 某些供试品需进行复溶、稀释或在水性溶液中浸提制成供试品溶液。必要时，可调节被测溶液（或其稀释液）的pH，一般供试品溶液和鲎试剂混合后溶液的pH值在6.0～8.0的范围内为宜，可使用适宜的酸、碱溶液或缓冲液调节pH。酸或碱溶液须用细菌内毒素检查用水在已去除内毒素的容器中配制。缓冲液必须经过验证不含内毒素和干扰因子。

确定最大有效稀释倍数（MVD） 最大有效稀释倍数是指在试验中供试品溶液被允许达到稀释

的最大倍数（1→MVD），在不超过此稀释倍数的浓度下进行内毒素限值的检测。用以下公式来确定MVD：

$$MVD = cL/\lambda$$

式中　L为供试品的细菌内毒素限值；

　　　c为供试品溶液的浓度，当L以EU/ml表示时，则c等于1.0ml/ml；当L以EU/mg或EU/U表示时，c的单位需为mg/ml或U/ml。如供试品为注射用无菌粉末或原料药，则MVD取1，可计算供试品的最小有效稀释浓度$c=\lambda/L$；

　　　λ为在凝胶法中鲎试剂的标示灵敏度（EU/ml），或是在光度测定法中所使用的标准曲线上最低的内毒素浓度。

方法1　凝胶法

凝胶法系通过鲎试剂与内毒素产生凝集反应的原理进行限度检测或半定量内毒素的方法。

鲎试剂灵敏度复核试验　在本检查法规定的条件下，使鲎试剂产生凝集的内毒素的最低浓度即为鲎试剂的标示灵敏度，用EU/ml表示。当使用新批号的鲎试剂或试验条件发生了任何可能影响检验结果的改变时，应进行鲎试剂灵敏度复核试验。

根据鲎试剂灵敏度的标示值（λ），将细菌内毒素国家标准品或细菌内毒素工作标准品用细菌内毒素检查用水溶解，在旋涡混合器上混匀15分钟，然后制成2λ、λ、0.5λ和0.25λ四个浓度的内毒素标准溶液，每稀释一步均应在旋涡混合器上混匀30秒。取分装有0.1ml鲎试剂溶液的10mm×75mm试管或复溶后的0.1ml/支规格的鲎试剂原安瓿18支，其中16管分别加入0.1ml不同浓度的内毒素标准溶液，每一个内毒素浓度平行做4管；另外2管加入0.1ml细菌内毒素检查用水作为阴性对照。将试管中溶液轻轻混匀后，封闭管口，垂直放入37℃±1℃的恒温器中，保温60分钟±2分钟。

将试管从恒温器中轻轻取出，缓缓倒转180°，若管内形成凝胶，并且凝胶不变形、不从管壁滑脱者为阳性；未形成凝胶或形成的凝胶不坚实、变形并从管壁滑脱者为阴性。保温和拿取试管过程应避免受到振动造成假阴性结果。

当最大浓度2λ管均为阳性，最低浓度0.25λ管均为阴性，阴性对照管为阴性，试验方为有效。按下式计算反应终点浓度的几何平均值，即为鲎试剂灵敏度的测定值（λ_c）。

$$\lambda_c = antilg\ (\ \Sigma X/n)$$

式中　X为反应终点浓度的对数值（lg）。反应终点浓度是指系列递减的内毒素浓度中最后一个呈阳性结果的浓度。

　　　n为每个浓度的平行管数。

当λ_c在$0.5\sim 2\lambda$（包括0.5λ和2λ）时，方可用于细菌内毒素检查，并以标示灵敏度λ为该批鲎试剂的灵敏度。

干扰试验　按表1制备溶液A、B、C和D，使用的供试品溶液应为未检验出内毒素且不超过最大有效稀释倍数（MVD）的溶液，按鲎试剂灵敏度复核试验项下操作。

表1　凝胶法干扰试验溶液的制备

编号	内毒素浓度/被加入内毒素的溶液	稀释用液	稀释倍数	所含内毒素的浓度	平行管数
A	无/供试品溶液	—	—	—	2
B	2λ/供试品溶液	供试品溶液	1	2λ	4
			2	1λ	4
			4	0.5λ	4
			8	0.25λ	4

（续）

编号	内毒素浓度/被加入内毒素的溶液	稀释用液	稀释倍数	所含内毒素的浓度	平行管数
C	2λ/检查用水	检查用水	1	2λ	2
			2	1λ	2
			4	0.5λ	2
			8	0.25λ	2
D	无/检查用水	—	—	—	2

注：A为供试品溶液；B为干扰试验系列；C为鲎试剂标示灵敏度的对照系列；D为阴性对照。

只有当溶液A和阴性对照溶液D的所有平行管都为阴性，并且系列溶液C的结果符合鲎试剂灵敏度复核试验要求时，试验方为有效。当系列溶液B的结果符合鲎试剂灵敏度复核试验要求时，认为供试品在该浓度下无干扰作用。其他情况则认为供试品在该浓度下存在干扰作用。若供试品溶液在小于MVD的稀释倍数下对试验有干扰，应将供试品溶液进行不超过MVD的进一步稀释，再重复干扰试验。

可通过对供试品进行更大倍数的稀释或通过其他适宜的方法（如过滤、中和、透析或加热处理等）排除干扰。为确保所选择的处理方法能有效地排除干扰且不会使内毒素失去活性，要使用预先添加了标准内毒素再经过处理的供试品溶液进行干扰试验。

当进行新兽药的内毒素检查试验前，或无内毒素检查项的品种建立内毒素检查法时，须进行干扰试验。

当鲎试剂、供试品的处方、生产工艺改变或试验环境中发生了任何有可能影响试验结果的变化时，须重新进行干扰试验。

检查法

1. 凝胶限度试验

按表2制备溶液A、B、C和D。使用稀释倍数不超过MVD并且已经排除干扰的供试品溶液来制备溶液A和B。按鲎试剂灵敏度复核试验项下操作。

表2　凝胶限度试验溶液的制备

编号	内毒素浓度/被加入内毒素的溶液	平行管数
A	无/供试品溶液	2
B	2λ/供试品溶液	2
C	2λ/检查用水	2
D	无/检查用水	2

注：若A为供试品溶液；B为供试品阳性对照；C为阳性对照；D为阴性对照。

结果判断　保温60分钟±2分钟后观察结果。若阴性对照溶液D的平行管均为阴性，供试品阳性对照溶液B的平行管均为阳性，阳性对照溶液C的平行管均为阳性，试验有效。

若溶液A的两个平行管均为阴性，判供试品符合规定；若溶液A的两个平行管均为阳性，判供试品不符合规定。若溶液A的两个平行管中的一管为阳性，另一管为阴性，需进行复试。复试时，溶液A需做4支平行管，若所有平行管均为阴性，判定供试品符合规定；否则判定供试品不符合规定。

若供试品的稀释倍数小于MVD而溶液A出现不符合规定时，需将供试品稀释至MVD重新试验，再对结果进行判断。

2. 凝胶半定量试验

本方法系通过确定反应终点浓度来量化供试品中内毒素的含量。按表3制备溶液A、B、C和

D。按鲎试剂灵敏度复核试验项下操作。

结果判断　若阴性对照溶液D的平行管均为阴性，供试品阳性对照溶液B的平行管均为阳性，系列溶液C的反应终点浓度的几何平均值在0.5~2λ，试验有效。

系列溶液A中每一系列的终点稀释倍数乘以λ，为每个系列的反应终点浓度。如果检验的是经稀释的供试品，则将终点浓度乘以供试品进行半定量试验的初始稀释倍数，即得到每一系列内毒素浓度c。

若每一系列内毒素浓度均小于规定的限值，判定供试品符合规定。每一系列内毒素浓度的几何平均值即为供试品溶液的内毒素浓度〔按公式c_E=antilg（$\Sigma c/2$）〕。若试验中供试品溶液的所有平行管均为阴性，应记为内毒素浓度小于λ（如果检验的是稀释过的供试品，则记为小于λ乘以供试品进行半定量试验的初始稀释倍数）。

若任何系列内毒素浓度不小于规定的限值时，则判定供试品不符合规定。当供试品溶液的所有平行管均为阳性，可记为内毒素的浓度大于或等于最大的稀释倍数乘以λ。

表3　凝胶半定量试验溶液的制备

编号	内毒素浓度/被加入内毒素的溶液	稀释用液	稀释倍数	所含内毒素的浓度	平行管数
A	无/供试品溶液	检查用水	1	—	2
			2	—	2
			4	—	2
			8	—	2
B	2λ/供试品溶液		1	2λ	2
C	2λ/检查用水	检查用水	1	2λ	2
			2	1λ	2
			4	0.5λ	2
			8	0.25λ	2
D	无/检查用水	—	—	—	2

注：A为不超过MVD并且通过干扰试验的供试品溶液。从通过干扰试验的稀释倍数开始用检查用水稀释至1倍、2倍、4倍和8倍，最后的稀释倍数不得超过MVD。

B为2λ浓度标准内毒素的溶液A（供试品阳性对照）。

C为鲎试剂标示灵敏度的对照系列。

D为阴性对照。

方法2　光度测定法

光度测定法分为浊度法和显色基质法。

浊度法系利用检测鲎试剂与内毒素反应过程中的浊度变化而测定内毒素含量的方法。根据检测原理，可分为终点浊度法和动态浊度法。终点浊度法是依据反应混合物中的内毒素浓度和其在孵育终止时的浊度（吸光度或透光率）之间存在着量化关系来测定内毒素含量的方法。动态浊度法是检测反应混合物的浊度到达某一预先设定的吸光度所需要的反应时间，或是检测浊度增加速度的方法。

显色基质法系利用检测鲎试剂与内毒素反应过程中产生的凝固酶使特定底物释放出呈色团的多少而测定内毒素含量的方法。根据检测原理，分为终点显色法和动态显色法。终点显色法是依据反应混合物中内毒素浓度和其在孵育终止时释放出的呈色团的量之间存在的量化关系来测定内毒素含量的方法。动态显色法是检测反应混合物的吸光度或透光率达到某一预先设定的检测值所需要的反应时间，或检测值增长速度的方法。

光度测定试验需在特定的仪器中进行，温度一般为37℃±1℃。

供试品和鲎试剂的加样量、供试品和鲎试剂的比例以及保温时间等，参照所用仪器和试剂的有关说明进行。

为保证浊度和显色试验的有效性，应预先进行标准曲线的可靠性试验以及供试品的干扰试验。

标准曲线的可靠性试验 当使用新批号的鲎试剂或试验条件有任何可能会影响检验结果的改变时，需进行标准曲线的可靠性试验。

用标准内毒素制成溶液，制成至少3个浓度的稀释液（相邻浓度间稀释倍数不得大于10），最低浓度不得低于所用鲎试剂的标示检测限。每一稀释步骤的混匀时间同凝胶法，每一浓度至少做3支平行管。同时要求做2支阴性对照。当阴性对照的吸光度或透光率小于标准曲线最低点的检测值或反应时间大于标准曲线最低点的反应时间，将全部数据进行线性回归分析。

根据线性回归分析，标准曲线的相关系数（r）的绝对值应大于或等于0.980，试验方为有效，否则须重新试验。

干扰试验 选择标准曲线中点或一个靠近中点的内毒素浓度（设为λ_m），作为供试品干扰试验中添加的内毒素浓度。按表4制备溶液A、B、C和D。

表4 光度测定法干扰试验溶液的制备

编号	内毒素浓度	被加入内毒素的溶液	平行管数
A	无	供试品溶液	至少2
B	标准曲线的中点（或附近点）的浓度（设为λm）	供试品溶液	至少2
C	至少3个浓度（最低一点设定为λ）	检查用水	每一浓度至少2
D	无	检查用水	至少2

注：A为稀释倍数不超过MVD的供试品溶液。

B为加入了标准曲线中点或靠近中点的一个已知内毒素浓度的、且与溶液A有相同稀释倍数的供试品溶液。

C为如"标准曲线的可靠性试验"项下描述的，用于制备标准曲线的标准内毒素溶液。

D为阴性对照。

按所得线性回归方程分别计算出供试品溶液和含标准内毒素的供试品溶液的内毒素含量c_t和c_s，再按下式计算该试验条件下的回收率（R）。

$$R = (c_s - c_t)/\lambda_m \times 100\%$$

当内毒素的回收率在50%~200%之间，则认为在此试验条件下供试品溶液不存在干扰作用。

当内毒素的回收率不在指定的范围内，须按"凝胶法干扰试验"中的方法去除干扰因素，并重复干扰试验来验证处理的有效性。

当鲎试剂、供试品的来源、处方、生产工艺改变或试验环境中发生了任何有可能影响试验结果的变化时，须重新进行干扰试验。

检查法 按"光度测定法的干扰试验"中的操作步骤进行检测。

使用系列溶液C生成的标准曲线来计算溶液A的每一个平行管的内毒素浓度。

试验必须符合以下三个条件方为有效：

（1）系列溶液C的结果要符合"标准曲线的可靠性试验"中的要求；

（2）用溶液B中的内毒素浓度减去溶液A中的内毒素浓度后，计算出的内毒素的回收率要在50%~200%的范围内；

（3）阴性对照的检测值小于标准曲线最低点的检测值或反应时间大于标准曲线最低点的反应时间。

结果判断 若供试品溶液所有平行管的平均内毒素浓度乘以稀释倍数后，小于规定的内毒素限值，判定供试品符合规定。若大于或等于规定的内毒素限值，判定供试品不符合规定。

注：本检查法中，"管"的意思包括其他任何反应容器，如微孔板中的孔。

1144 升压物质检查法

本法系比较赖氨酸升压素标准品（S）与供试品（T）升高大鼠血压的程度，以判定供试品中所含升压物质的限度是否符合规定。

标准品溶液的制备　临用前，取赖氨酸升压素标准品，用氯化钠注射液制成每1ml中含0.1赖氨酸升压素单位的溶液。

供试品溶液的制备　按品种项下规定的限值，且供试品溶液与标准品稀释液的注入体积应相等的要求，制备适当浓度的供试品溶液。

检查法　取健康合格、体重300g以上的成年雄性大鼠，用适宜的麻醉剂（如腹腔注射乌拉坦1g／kg）麻醉后，固定于保温手术台上，分离气管，必要时插入插管，以使呼吸通畅。在一侧颈静脉或股静脉插入静脉插管，供注射药液用，按体重每100g注入肝素溶液50～100单位，然后剥离另一侧颈动脉，插入与测压计相连的动脉插管，在插管与测压计通路中充满含适量肝素钠的氯化钠注射液。全部手术完毕后，将测压计的读数调节到与动物血压相当的高度，开启动脉夹，记录血压。缓缓注入适宜的交感神经阻断药（如甲磺酸酚妥拉明，按大鼠每100g体重注入0.1mg，隔5～10分钟用相同剂量再注射一次），待血压稳定后，即可进行药液注射。各次注射速度应基本相同，并于注射后立即注入氯化钠注射液0.5ml，相邻两次注射的间隔时间应基本相同（一般为5～10分钟），每次注射应在前一次反应恢复稳定以后进行。

选定高低两剂量的垂体后叶标准品稀释液（ml），高低剂量之比约为1:0.6，低剂量应能使大鼠血压升高1.33～3.33kPa，将高低剂量轮流重复注入2～3次，如高剂量所致反应的平均值大于低剂量所致反应的平均值，可认为该动物的灵敏度符合要求。

在上述高低剂量范围内选定标准品稀释液的剂量（d_S），供试品溶液按品种项下规定的剂量（d_T），照下列次序注射一组4个剂量：d_S、d_T、d_T、d_S，然后以第一与第三、第二与第四剂量所致的反应分别比较；如d_T所致的反应值均不大于d_S所致反应值的一半，则判定供试品的升压物质检查符合规定。否则应按上述次序继续注射一组4个剂量，并按相同方法分别比较两组内各对d_S、d_T所致的反应值；如d_T所致的反应值均不大于d_S所致的反应值，则判定供试品的升压物质检查符合规定，如d_T所致的反应值均大于d_S所致的反应值，则判定供试品的升压物质检查不符合规定；否则应另取动物复试。如复试的结果仍有d_T所致的反应值大于d_S所致的反应值，则判定供试品的升压物质检查不符合规定。

1145 降压物质检查法

本法系比较组胺对照品（S）与供试品（T）引起麻醉猫血压下降的程度，以判定供试品中所含降压物质的限度是否符合规定。

对照品溶液的制备　精密称取磷酸组胺对照品适量，按组胺计算，加水溶解使成每1ml中含1.0mg

的溶液，分装于适宜的容器内，4~8℃贮存，经验证保持活性符合要求的条件下，可在3个月内使用。

对照品稀释液的制备　临用前，精密量取组胺对照品溶液适量，用氯化钠注射液制成每1ml中含组胺0.5μg的溶液。

供试品溶液的制备　按品种项下规定的限值，且供试品溶液与标准品稀释液的注入体积应相等的要求，制备适当浓度的供试品溶液。

检查法　取健康合格、体重2kg以上的猫，雌者应无孕，用适宜的麻醉剂（如巴比妥类）麻醉后，固定于保温手术台上，分离气管，必要时插入插管以使呼吸畅通，或可进行人工呼吸。在一侧颈动脉插入连接测压计的动脉插管，管内充满适宜的抗凝剂溶液，以记录血压，也可用其他适当仪器记录血压。在一侧股静脉内插入静脉插管，供注射药液用。试验中应注意保持动物体温。全部手术完毕后，将测压计调节到与动物血压相当的高度（一般为13.3~20.0kPa），开启动脉夹，待血压稳定后，方可进行药液注射。各次注射速度应基本相同，每次注射后立即注入一定量的氯化钠注射液。每次注射应在前一次反应恢复稳定以后进行，且相邻两次注射的间隔时间应尽量保持一致。

自静脉依次注入上述对照品稀释液，剂量按动物体重每1kg注射组胺0.05μg、0.1μg及0.15μg，重复2~3次。如0.1μg剂量所致的血压下降值均不小于2.67kPa，同时相应各剂量所致反应的平均值有差别，可认为该动物的灵敏度符合要求。

取对照品稀释液按动物体重每1kg注射组胺0.1μg的剂量（d_S），供试品溶液按品种项下规定的剂量（d_T），照下列次序注射一组4个剂量：d_S、d_T、d_T、d_S。然后以第一与第三、第二与第四剂量所致的反应分别比较；如d_T所致的反应值均不大于d_S所致反应值的一半，则判定供试品的降压物质检查符合规定。否则应按上述次序继续注射一组4个剂量，并按相同方法分别比较两组内各对d_S、d_T剂量所致的反应值；如d_T所致的反应值均不大于d_S所致的反应值，则判定供试品的降压物质检查符合规定；如d_T所致的反应值均大于d_S所致的反应值，则判定供试品的降压物质检查不符合规定；否则应另取动物复试。如复试的结果仍有d_T所致的反应值大于d_S所致的反应值，则判定供试品的降压物质检查不符合规定。

所用动物经灵敏度检查如仍符合要求，可继续用于降压物质检查。

1146 组胺类物质检查法

本法系比较组胺对照品（S）与供试品（T）引起豚鼠离体回肠收缩的程度，以判定供试品中所含组胺类物质的限度是否符合规定。

对照品溶液的制备　精密称取磷酸组胺对照品适量，按组胺计算，加水溶解并定量稀释制成每1ml中含1.0mg的溶液，分装于适宜的容器内，4~8℃贮存，在确保收缩活性符合要求的前提下，可在3个月内使用。

对照品稀释液的制备　试验当日，精密量取组胺对照品溶液适量，用氯化钠注射液按高、低剂量组（d_{s_2}、d_{s_1}）配成两种浓度的稀释液，高剂量d_{s_2}应不致使回肠收缩达到极限，低剂量d_{SL}所致反应值约为高剂量的一半，调节剂量使可以重复出现。一般组胺对照品浴槽中的终浓度为10^{-7}~10^{-9}g/ml，注入体积一般0.2~0.5ml为宜，高低剂量的比值（r）为1：0.5左右。调节剂量使低剂量能引起回肠收缩，高剂量不致使回肠收缩达极限，且高低剂量所致回肠的收缩有明显差别。

供试品溶液的制备　按品种项下规定的限量，照对照品稀释液低剂量（d_{s_1}）配成适当的浓度。试验时，一般供试品溶液与对照品稀释液的注入体积应相等。

回肠肌营养液的制备 A液：试验当日，取氯化钠160.0g、氯化钾4.0g、氯化钙（按无水物计算）2.0g、氯化镁（按无水物计算）1.0g与磷酸氢二钠（含12个结晶水）0.10g，加注射用水700ml使溶解，再加入注射用水适量，使成1000ml。B液：取硫酸阿托品0.5mg、碳酸氢钠1.0g、葡萄糖（含1个结晶水）0.5g，加适量注射用水使溶解，加A液50.0ml，混合后加注射用水使成1000ml，调节pH值至7.2~7.4。B液应临用前制备。

检查法 取健康合格的成年豚鼠，雌雄均可，雌者无孕，体重250~350g，禁食24小时，迅速处死，将血排净。立即剖腹取出回肠一段（选用远端肠段，该段最敏感），注意避免因牵拉使回肠受损，必要时仔细分离肠系膜。剪取2~3cm长，用注射器抽取上述溶液B，小心冲洗出肠段的内容物。将肠段下端固定于离体器官恒温水浴装置的浴槽底部，上端用线与记录装置相连；浴槽中事先放入一定量的B液（10~30ml），通入95%O_2和5%CO_2的混合气体，维持恒温（34~36℃），用适当方法记录回肠收缩幅度。如果使用杠杆，其长度应能使肠段的收缩放大约20倍。选择1g左右的预负荷，可根据其灵敏度加以调节。回肠放入浴槽后，静置15~30分钟，方可开始注入药液。每次注入药液前，要用B液冲洗浴槽2~3次（最好是溢出，而不排空浴槽）。相邻两次给药的间隔时间应一致（约2分钟），每次给药前应在前一次反应恢复稳定后进行。

在上述高低剂量范围内选定对照品稀释液的剂量（d_{s_1}、d_{s_2}）和供试品溶液按品种项下规定的剂量（d_T），照下列次序准确注入浴槽6个剂量：d_{s_2}、d_{s_1}、d_T、d_T、d_{s_1}、d_{s_2}，如d_{s_2}所致的反应值大于d_{s_1}所致反应值并且可重复时判定试验有效。如供试品溶液引起回肠收缩，分别将第二个剂量d_{s_1}与第四个剂量d_T、第五个剂量d_{s_1}与第三个剂量d_T所致反应进行比较，若d_T所致反应的值均不大于d_{s_1}所致反应的值，即判定供试品组胺类物质检查符合规定；若d_T所致反应的值均大于d_{s_1}所致反应的值，即判定供试品组胺类物质检查不符合规定。否则应另取动物按初试方法进行复试，复试结果若d_T所致反应值均不大于d_{s_1}所致反应值，即判定供试品组胺类物质检查符合规定；只要一个d_T所致反应值大于d_{s_1}所致反应值，即判定供试品组胺类物质检查不符合规定。如供试品不引起回肠收缩，则按照限值剂量在供试品溶液中加入组胺对照品高、低剂量，并按下列次序准确注入d_{s_2}、d_{s_1+T}、d_{s_2+T}、d_{s_1}，重复一次，若供试品组胺溶液产生的收缩与对应组胺对照液高、低剂量产生的收缩基本一致，可判定供试品组胺类物质检查符合规定；若供试品组胺溶液产生的收缩与对应组胺对照液高、低剂量产生的收缩不相符，即减少或无收缩或不能重复出现，则此试验结果无效，应另取动物重试。组胺类物质检查不能得到有效结果时可进行供试品的降压物质检查。

1147 过敏反应检查法

本法系将一定量的供试品溶液注入豚鼠体内，间隔一定时间后静脉注射供试品溶液进行激发，观察动物出现过敏反应的情况，以判定供试品是否引起动物全身过敏反应。

供试用的豚鼠应健康合格，体重250~350g，雌鼠应无孕。在试验前和试验过程中，均应按正常饲养条件饲养。做过本试验的豚鼠不得重复使用。

供试品溶液的制备 除另有规定外，按各品种项下规定的浓度制备供试品溶液。

检查法 除另有规定外，取上述豚鼠6只，隔日每只每次腹腔或适宜的途径注射供试品溶液0.5ml，共3次，进行致敏。每日观察每只动物的行为和体征，首次致敏和激发前称量并记录每只动物的体重。然后将其均分为2组，每组3只，分别在首次注射后第14日和第21日，由静脉注射供试品溶液1ml进行激发。观察激发后30分钟内动物有无过敏反应症状。

结果判断 静脉注射供试品溶液30分钟内，不得出现过敏反应。如在同一只动物上出现竖毛、发抖、干呕、连续喷嚏3声、连续咳嗽3声、紫癜和呼吸困难等现象中的2种或2种以上，或出现二便失禁、步态不稳或倒地、抽搐、休克、死亡现象之一者，判定供试品不符合规定。

1200 生物活性测定法

1201 抗生素微生物检定法

本法系在适宜条件下，根据量反应平行线原理设计，通过检测抗生素对微生物的抑制作用，计算抗生素活性（效价）的方法。

抗生素微生物检定包括两种方法，即管碟法和浊度法。

测定结果经计算所得的效价，如低于估计效价的90%或高于估计效价的110%时，应调整其估计效价，重新试验。

除另有规定外，本法的可信限率不得大于5%。

第一法　管碟法

本法系利用抗生素在琼脂培养基内的扩散作用，比较标准品与供试品两者对接种的试验菌产生抑菌圈的大小，以测定供试品效价的一种方法。

菌悬液的制备

枯草芽孢杆菌（*Bacillus subtilis*）悬液 取枯草芽孢杆菌〔CMCC（B）63 501或CVCC717〕的营养琼脂斜面培养物，接种于盛有营养琼脂培养基的培养瓶中，在35～37℃培养7日，用革兰染色法涂片镜检，应有芽孢85%以上。用灭菌水将芽孢洗下，在65℃加热30分钟，备用。

短小芽孢杆菌（*Bacillus pumilus*）悬液 取短小芽孢杆菌〔CMCC（B）63 202或CVCC709〕的营养琼脂斜面培养物，照上述方法制备。

金黄色葡萄球菌（*Staphylococcus aureus*）悬液 取金黄色葡萄球菌〔CMCC（B）26 003或CVCC1882〕的营养琼脂斜面培养物，接种于营养琼脂斜面上，在35～37℃培养20～22小时。临用时，用灭菌水或0.9%灭菌氯化钠溶液将菌苔洗下，备用。

藤黄微球菌（*Micrococcus luteus*）悬液 取藤黄微球菌〔CMCC（B）28 001或CVCC1600〕的营养琼脂斜面培养物，接种于盛有营养琼脂培养基的培养瓶中，在26～27℃培养24小时，或采用适当方法制备的菌斜面，用培养基Ⅲ或0.9%灭菌氯化钠溶液将菌苔洗下，备用。

大肠埃希菌（*Escherichia coli*）悬液 取大肠埃希菌〔CMCC（B）44 103或CVCC2801〕的营养琼脂斜面培养物，接种于营养琼脂斜面上，在35～37℃培养20～22小时。临用时，用灭菌水将菌苔洗下，备用。

肺炎克雷伯菌（*Klebosiella Pneumoniae*）悬液 取肺炎克雷伯菌〔CMCC（B）46 117〕的营养琼脂斜面培养物，接种于营养琼脂斜面上，在35～37℃培养20～22小时。临用时，用无菌水将菌苔洗下，备用。

标准品溶液的制备 标准品的使用和保存，应照标准品说明书的规定。临用时照表1的规定进行稀释。

标准品的品种、分子式及理论计算值见表2。

表1　抗生素微生物检定管碟法试验设计表

抗生素类别	试验菌	培养基		灭菌缓冲液 pH值	抗生素浓度 范围 （单位/ml）	培养条件	
		编号	pH值			温度 （℃）	时间 （小时）
链霉素	枯草芽孢杆菌〔CMCC（B）63 501 或CVCC717〕	I	7.8～8.0	7.8	0.6～1.6	35～37	14～16
卡那霉素	枯草芽孢杆菌〔CMCC（B）63 501 或CVCC717〕	I	7.8～8.0	7.8	0.9～4.5	35～37	14～16
吉他霉素	枯草芽孢杆菌〔CMCC（B）63 501 或CVCC717〕	II①	8.0～8.2	7.8	20～40	35～37	16～18
安普霉素	枯草芽孢杆菌〔CMCC（B）63 501 或CVCC717〕	I	7.8～8.0	7.8	5.0～20.0	35～37	16～18
盐霉素	短小芽孢杆菌〔CMCC（B）63 202 或CVCC709〕	IV	6.5～6.6	6.0	10.0～40.0	35～37	14～16
庆大霉素	短小芽孢杆菌〔CMCC（B）63 202 或CVCC709〕	I	7.8～8.0	7.8	2.0～12.0	35～37	14～16
红霉素	短小芽孢杆菌〔CMCC（B）63 202 或CVCC709〕	I	7.8～8.0	7.8	5.0～20.0	35～37	14～16
新霉素	金黄色葡萄球菌〔CMCC（B）26 003 或CVCC1882〕	II	7.8～8.0	7.8②	4.0～25.0	35～37	14～16
土霉素	藤黄微球菌〔CMCC（B）28 001 或CVCC1600〕	II	6.5～6.6	6.0	10.0～40.0	35～37	16～18
金霉素	藤黄微球菌〔CMCC（B）28 001 或CVCC1600〕	II	6.5～6.6	6.0	4.0～25.0	35～37	16～18
杆菌肽	藤黄微球菌〔CMCC（B）28 001 或CVCC1600〕	II	6.5～6.6	6.0	2.0～12.0	35～37	16～18
黏菌素	大肠埃希菌〔CMCC（B）44 103 或CVCC2801〕	VI	7.2～7.4	6.0	614～2344	35～37	16～18
泰乐菌素	藤黄微球菌〔CMCC（B）28 001 或CVCC1600〕	II	6.5～6.6	6.0	2.5～10.0	35～37	16～18
大观霉素	肺炎克雷伯菌〔CMCC（B）46 117〕	II	7.8～8.0	7.0	50～200	35～37	16～18

注：① 加0.3%葡萄糖。② 含3%氯化钠。

表2　抗生素标准品品种与理论值

标准品品种	标准品分子式或品名	理论计算值 （单位/mg）	标准品品种	标准品分子式或品名	理论计算值 （单位/mg）
链霉素	$(C_{21}H_{39}N_7O_{12})_2 \cdot 3H_2SO_4$	798.3	杆菌肽	杆菌肽锌	
卡那霉素	$C_{18}H_{36}N_4O_{11} \cdot H_2SO_4$	831.6	红霉素	$C_{37}H_{67}NO_{13}$	1000
新霉素	硫酸新霉素		盐霉素	$C_{42}H_{69}O_{11}Na$	970.3
庆大霉素	硫酸庆大霉素		泰乐菌素	$C_{46}H_{77}NO_{17}$	1000
土霉素	$C_{22}H_{24}N_2O_9 \cdot 2H_2O$	927	大观霉素	$C_{14}H_{24}N_2O_7 \cdot 2HCl \cdot 5H_2O$	670.9
金霉素	$C_{22}H_{23}ClN_2O_8 \cdot HCl$	1000	吉他霉素	吉他霉素	
安普霉素	$C_{21}H_{41}N_5O_{11} \cdot 5/2H_2SO_4$	687.6	黏菌素	硫酸黏菌素	

供试品溶液的制备 精密称（或量）取供试品适量，用各品种项下规定的溶剂溶解后，再按估计效价或标示量照表1的规定稀释至与标准品相当的浓度。

双碟的制备 取直径约90mm、高16～17mm的平底双碟，分别注入加热融化的培养基（表1）20ml，使在碟底内均匀摊布，放置水平台面上使凝固，作为底层。另取培养基适量加热融化后，放冷至48～50℃（芽孢可至60℃），加入规定的试验菌悬液适量（能得清晰的抑菌圈为度。二剂量法标准品溶液的高浓度所致的抑菌圈直径在18～22mm，三剂量法标准品溶液的中心浓度所致的抑菌圈直径在15～18mm），摇匀，在每1双碟中分别加入5ml，使在底层上均匀摊布，作为菌层。放置在水平台上冷却后，在每1双碟中以等距离均匀安置不锈钢小管（内径为6.0mm±0.1mm，高为10.0mm±0.1mm，外径为7.8mm±0.1mm）4个（二剂量法）或6个（三剂量法），用陶瓦圆盖覆盖备用。

检定法

二剂量法 取照上述方法制备的双碟不得少于4个，在每1双碟中对角的2个不锈钢小管中分别滴装高浓度及低浓度的标准品溶液，其余2个小管中分别滴装相应的高低两种浓度的供试品溶液；高、低浓度的剂距为2:1或4:1。在规定条件下培养后，测量各个抑菌圈的直径（或面积），照生物检定统计法（附录1431）中的（2.2）法进行可靠性测验及效价计算。

三剂量法 取照上述方法制备的双碟不得少于6个，在每1双碟中间隔的3个不锈钢小管中分别滴装高浓度（S_3）、中浓度（S_2）及低浓度（S_1）的标准品溶液，其余3个小管分别滴装相应的高、中、低三种浓度的供试品溶液；三种浓度的剂距为1:0.8。在规定条件下培养后，测量各个抑菌圈的直径（或面积），照生物检定统计法（附录1431）中的（3.3）法进行可靠性测验及效价计算。

第二法 浊度法

本法系利用抗生素在液体培养基中对试验菌生长的抑制作用，通过测定培养后细菌浊度值的大小，比较标准品与供试品对试验菌生长抑制的程度，以测定供试品效价的一种方法。

菌悬液制备

金黄色葡萄球菌（*Staphylococcus aureus*）悬液 取金黄色葡萄球菌〔CMCC（B）26 003或CVCC1882〕的营养琼脂斜面培养物，接种于营养琼脂斜面上，在35～37℃培养20～22小时。临用时，用灭菌水或0.9%灭菌氯化钠溶液将菌苔洗下，备用。

大肠埃希菌（*Escherichia coli*）悬液 取大肠埃希菌〔CMCC（B）44 103或CVCC2801〕的营养琼脂斜面培养物，接种于营养琼脂斜面上，在35～37℃培养20～22小时。临用时，用灭菌水将菌苔洗下，备用。

白色念珠菌（*Candida albicans*）悬液 取白色念珠菌〔CMCC（F）98 001〕的改良马丁琼脂斜面的新鲜培养物，接种于10mlⅦ号培养基中，置35～37℃培养8小时，再用Ⅶ号培养基稀释至适宜浓度，备用。

标准品溶液的制备 标准品的使用和保存，应照标准品说明书的规定。临用时照表3的规定进行稀释。

标准品的品种、分子式及理论计算值见表2。

供试品溶液的制备 精密称（或量）取供试品适量，照各品种项下规定进行供试品溶液的配制。

含试验菌液体培养基的制备 临用前，取规定的试验菌悬液适量（35～37℃培养3～4小时后测定的吸光度在0.3～0.7之间，且剂距为2的相邻剂量间的吸光度差值不小于0.1），加入到各规定的液体培养基中，混合，使在试验条件下能得到满意的剂量-反应关系和适宜的测定浊度。

已接种试验菌的液体培养基应立即使用。

表3　抗生素微生物检定浊度法试验设计表

| 抗生素类别 | 试验菌 | 培养基 | | 灭菌缓冲液 | 抗生素浓度范围 | 培养条件 |
		编号	pH值	pH值	（单位/ml）	温度（℃）
庆大霉素	金黄色葡萄球菌〔CMCC（B）26 003 或CVCC1882〕	Ⅲ	7.0～7.2	7.8	0.15～1.0	35～37
链霉素	金黄色葡萄球菌〔CMCC（B）26 003 或CVCC1882〕	Ⅲ	7.0～7.2	7.8	2.4～10.8	35～37
红霉素	金黄色葡萄球菌〔CMCC（B）26 003 或CVCC1882〕	Ⅲ	7.0～7.2	7.8	0.1～0.85	35～37
大观霉素	大肠埃希菌〔CMCC（B）44 103 或CVCC2801〕	Ⅲ	7.0～7.2	7.0	30～72	35～37
安普霉素	金黄色葡萄球菌〔CMCC（B）26 003 或CVCC1882〕	Ⅲ	7.0～7.2	7.8	2.9～7.2	35～37
泰乐菌素	金黄色葡萄球菌〔CMCC（B）26 003 或CVCC1882〕	Ⅲ	7.0～7.2	7.8	0.6～2.0	35～37

检定法

标准曲线法　除另有规定外，取适宜的大小厚度均匀的已灭菌试管，在各品种项下规定的剂量-反应线性范围内，以线性浓度范围的中间值作为中间浓度，标准品溶液选择5个剂量，剂量间的比例应适宜（通常为1∶1.25或更小），供试品根据估计效价或标示量溶液选择中间剂量，每一剂量不少于3个试管。在各试验管内精密加入含试验菌的液体培养基9.0ml，再分别精密加入各浓度的标准品或供试品溶液各1.0ml，立即混匀，按随机区组分配将各管在规定条件下培养至适宜测量的浊度值（通常约为4小时），在线测定或取出立即加入甲醛溶液（1→3）0.5ml以终止微生物生长，在530nm或580nm波长处测定各管的吸光度。同时另取2支试管各加入兽药稀释剂1.0ml，再分别加入含试验菌的液体培养基9.0ml，其中一支试管与上述各管同法操作作为细菌生长情况的阳性对照，另一支试管立即加入甲醛溶液0.5ml，混匀，作为吸光度测定的空白液。照标准曲线法进行可靠性检验和效价计算。

抗生素微生物检定法标准曲线法的计算及统计学检验

标准曲线法的计算及可靠性检验

1．标准曲线的计算

将标准品的各浓度lg值及相对应的吸光度列成表4。

表4　抗生素标准品浓度lg值与吸光度表

组数	抗生素浓度lg值	吸光度
1	x_1	y_1
2	x_2	y_2
3	x_3	y_3
4	x_4	y_4
…	…	…
n	x_n	y_n
平均值	$\bar{x}$	$\bar{y}$

按公式（1）和（2）分别计算标准曲线的直线回归系数（即斜率）b和截距a，从而得到相应标准曲线的直线回归方程（3）。

回归系数：$b = \dfrac{\sum (x_i - \bar{x})(y_i - \bar{y})}{\sum (x_i - \bar{x})^2} = \dfrac{\sum x_i y_i - \bar{x} \sum \bar{y}_i}{\sum x_i^2 - \bar{x} \sum x_i}$ （1）

截距：$a = \bar{y} - b\bar{x}$ （2）

直线回归方程：$Y = bX + a$ （3）

2. 回归系数的显著性测验

判断回归得到的方程是否成立，即X、Y是否存在着回归关系，可采用t检验。

假设H_0：$b = 0$，在假设H_0成立的条件下，按公式（4）～（6）计算t值。

估计标准差：$S_{Y,X} = \sqrt{\dfrac{\sum (y_i - Y)^2}{n-2}}$ （4）

回归系数标准误：$S_b = \dfrac{S_{Y,X}}{\sqrt{\sum (x_i - \bar{x})^2}}$ （5）

$$t = \dfrac{b - 0}{S_b}$$ （6）

式中 y_i为标准品的实际吸光度；

Y为估计吸光度〔由标准曲线的直线回归方程（3）计算得到〕；

$\bar{y}$为标准品实际吸光度的均值；

x_i为抗生素标准品实际浓度lg值；

$\bar{x}$为抗生素标准品实际浓度lg值的均值。

对于相应自由度（$2n$-4）给定的显著性水平α（通常$\alpha = 0.05$），查表得$t_{\alpha/2(n-2)}$，若$|t| > t_{\alpha/2(n-2)}$，则拒绝H_0，认为回归效果显著，即X、Y具有直线回归关系；若$|t| \leq t_{\alpha/2(n-2)}$，则接受$H_0$，认为回归效果不显著，即$X$、$Y$不具有直线回归关系。

3. 测定结果的计算及可信限率估计

3.1 抗生素浓度lg值的计算 当回归系数具有显著意义时，测得供试品吸光度的均值后，根据标准曲线的直线回归方程（3），按方程（7）计算抗生素的浓度lg值。

抗生素的浓度lg值：$X_0 = \dfrac{Y_0 - a}{b}$ （7）

3.2 抗生素浓度（或数学转换值）可信限的计算 按公式（4）和（8）计算得到的抗生素浓度lg值在95%置信水平（$\alpha = 0.05$）的可信限。

X_0的可信限：$FL = X_0 \pm t_{\alpha/2(n-2)} \cdot \dfrac{S_{Y,X}}{|b|} \sqrt{\dfrac{1}{m} + \dfrac{1}{n} + \dfrac{(X_0 - \bar{x})^2}{\sum x_i^2 - \bar{x} \sum x_i}}$ （8）

式中 n为标准品的浓度数乘以平行测定数；

m为供试品的平行测定数；

X_0为根据线性方程计算得到的抗生素的浓度lg值；

Y_0为抗生素供试品吸光度的均值。

3.3 可信限率的计算 按公式（9）计算得到的抗生素浓度（或数学转换值）的可信限率。

$$可信限率FL\% = \frac{X_0高限 - X_0低限}{2X_0} \times 100\% \qquad (9)$$

式中　X_0应以浓度为单位。

其可信限率除另有规定外，应不大于5%。

3.4　供试品含量的计算　将计算得到的抗生素浓度（将lg值转换为浓度）再乘以供试品的稀释度，即得供试品中抗生素的量。

二剂量法或三剂量法　除另有规定外，取大小一致的已灭菌的试管，在各品种项下规定的剂量反应线性范围内，选择适宜的高、（中、）低浓度，分别精密加入各浓度的标准品和供试品溶液各1.0ml；二剂量的剂距为2:1或4:1，三剂量的剂距为1:0.8。同标准曲线法操作，每一浓度组不少于4个试管，按随机区组分配将各试管在规定条件下培养。照生物检定统计法（附录1431）中的（2.2）法和（3.3）法进行可靠性测验及效价计算。

培养基及其制备方法

培养基Ⅰ

胨	5g	琼脂	15～20g
牛肉浸出粉	3g	水	1000ml
磷酸氢二钾	3g		

除琼脂外，混合上述成分，调节pH使比最终的pH值略高0.2～0.4；加入琼脂，加热溶化后滤过，调节pH值使灭菌后为7.8～8.0或6.5～6.6，在115℃灭菌30分钟。

培养基Ⅱ

胨	6g	葡萄糖	1g
牛肉浸出粉	1.5g	琼脂	15～20g
酵母浸出粉	6g	水	1000ml

除琼脂和葡萄糖外，混合上述成分，调节pH使比最终的pH值略高0.2～0.4；加入琼脂，加热溶化后滤过，加葡萄糖溶解后，摇匀，调节pH值使灭菌后为7.8～8.0或6.5～6.6，在115℃灭菌30分钟。

培养基Ⅲ

胨	5g	磷酸氢二钾	3.68g
牛肉浸出粉	1.5g	磷酸二氢钾	1.32g
酵母浸出粉	3g	葡萄糖	1g
氯化钠	3.5g	水	1000ml

除葡萄糖外，混合上述成分，加热溶化后滤过，加葡萄糖溶解后，摇匀，调节pH使灭菌后pH值为7.0～7.2，在115℃灭菌30分钟。

培养基Ⅳ

胨	3g	酵母浸出粉	3g
葡萄糖	1g	琼脂	15～20g
水	1000ml		

除琼脂和葡萄糖外，混合上述成分，调节pH使其比最终的pH值略高0.2～0.4；加入琼脂，加热溶化后滤过，加葡萄糖溶解后，摇匀，调节pH值使灭菌后为6.5～6.6，在115℃灭菌30分钟。

培养基Ⅴ

胨	10g	琼脂	15～20g
麦芽糖	40g	水	1000ml

除琼脂和麦芽糖外，混合上述成分，调节pH使比最终的pH值略高0.2~0.4；加入琼脂，加热溶化后滤过，加麦芽糖溶解后，摇匀，调节pH值使灭菌后为6.0~6.2，在115℃灭菌30分钟。

培养基 Ⅵ

胨	8g	牛肉浸出粉	3g
葡萄糖	2.5g	酵母浸出粉	5g
氯化钠	45g	磷酸二氢钾	1g
琼脂	15~20g	磷酸氢二钾	3.3g
水	1000ml		

除琼脂和葡萄糖外，混合上述成分，调节pH使比最终的pH值略高0.2~0.4；加入琼脂，加热溶化后滤过，加葡萄糖溶解后，摇匀，调节pH值使灭菌后为7.2~7.4；在115℃灭菌30分钟。

培养基 Ⅶ

蛋白胨	7.5g	氯化钠	5.0g
酵母膏	2.0g	葡萄糖	10.0g
牛肉浸出粉	1.0g	水	1000ml

除葡萄糖外，混合上述成分，加热溶化后滤过，加葡萄糖溶解后，摇匀，调节pH使灭菌后pH值为6.5，在115℃灭菌30分钟。

营养琼脂培养基

胨	10g	琼脂	15~20g
氯化钠	5g	肉浸液①	1000ml

除琼脂外，混合上述成分，调节pH使比最终的pH值略高0.2~0.4；加入琼脂，加热溶化后滤过，调节pH值使灭菌后为7.2~7.4；分装，在115℃灭菌30分钟，趁热斜放使凝固成斜面。

改良马丁培养基

胨	5.0g	酵母浸出粉	2.0g
硫酸镁	0.5g	琼脂	15~20g
磷酸氢二钾	1.0g	水	1000ml
葡萄糖	20.0g		

除葡萄糖外，混合上述成分，微温溶解，调节pH值约为6.8；煮沸，加入葡萄糖溶解后，摇匀，滤清，调节pH使灭菌后pH值为6.4±0.2；分装，在115℃灭菌30分钟，趁热斜放使凝固成斜面。

培养基可以采用相同成分的干燥培养基代替，临用时，照使用说明配制和灭菌，备用。

灭菌缓冲液

磷酸盐缓冲液（pH6.0）取磷酸氢二钾2g与磷酸二氢钾8g，加水使成1000ml，滤过，在115℃灭菌30分钟。

磷酸盐缓冲液（pH7.0）取磷酸氢二钠9.39g与磷酸二氢钾3.5g，加水使成1000ml，滤过，在115℃灭菌30分钟。

磷酸盐缓冲液（pH7.8）取磷酸氢二钾5.59g与磷酸二氢钾0.41g，加水使成1000ml，滤过，在115℃灭菌30分钟。

磷酸盐缓冲液（pH8.0）取磷酸氢二钾9.8g与磷酸二氢钾0.2g，加水使成1000ml，滤过，在115℃灭菌30分钟。

---

①肉浸液也可用牛肉浸出粉3g，加水1000ml，配成溶液代替。

1202 青霉素酶及其活力测定法

培养基

胨	15g	甘油	50g
氯化钠	4g	0.1%硫酸亚铁（$FeSO_4 \cdot 7H_2O$）溶液	0.5ml
枸橼酸钠	5.88g	20%硫酸镁（$MgSO_4 \cdot 7H_2O$）溶液	1ml
磷酸氢二钾	4g	肉浸液	1000ml

混合上述成分，调节pH使灭菌后pH值为7.0～7.2，分装于500ml锥形瓶内，每瓶80ml，在115℃灭菌30分钟。

青霉素酶溶液的制备　取蜡样芽孢杆菌（*Bacillus cereus*）〔CMCC（B）63 301〕的斜面培养物，接种至上述一瓶培养基内，在25℃摇床培养18小时后，取此培养物接种至其余各瓶培养基内，每瓶接种10ml。同时每瓶加入无菌青霉素4500单位，在25℃摇床培养24小时；再加无菌青霉素2万单位，继续培养24小时；再加无菌青霉素2万单位，继续培养24小时。离心沉淀菌体，调节pH值至约8.5，用滤柱滤过除菌，滤液用无菌操作调pH值至近中性后，分装于适宜容器内，在10℃以下贮存，备用。

酶活力测定

青霉素溶液的制备　称取青霉素钠（钾）适量，用磷酸盐缓冲液（pH7.0）溶解成每1ml中含青霉素1万单位的溶液。

青霉素酶稀释液的制备　取青霉素酶溶液，按估计单位用磷酸盐缓冲液（pH7.0）稀释成每1ml中含青霉素酶8000～12 000单位的溶液，在37℃预热。

测定法　精密量取青霉素溶液50ml，置100ml量瓶中，预热至37℃后，精密加入已预热的青霉素酶稀释液25ml，迅速摇匀，在37℃准确放置1小时，精密量取3ml，立即加至已精密量取的碘滴定液（0.005mol/L）〔精密量取碘滴定液（0.05mol/L）10ml，置100ml量瓶中，用醋酸钠缓冲液（pH4.5）稀释至刻度〕25ml中，在室温暗处放置15分钟，用硫代硫酸钠滴定液（0.01mol/L）滴定，至近终点时，加淀粉指示液，继续滴定至蓝色消失。

空白试验　取已预热的青霉素溶液2ml，在37℃放置1小时，精密加入上述碘滴定液（0.005mol/L）25ml，然后精密加青霉素酶稀释液1ml，在室温暗处放置15分钟，用硫代硫酸钠滴定液（0.01mol/L）滴定。按下式计算：

$$E = (B-A) \times M \times F \times D \times 100$$

式中　*E*为青霉素酶活力，单位／（ml·小时）；

　　　*B*为空白滴定所消耗的上述硫代硫酸钠滴定液的容量，ml；

　　　*A*为供试品滴定所消耗的上述硫代硫酸钠滴定液的容量，ml；

　　　*M*为硫代硫酸钠滴定液的浓度，mol/L；

　　　*F*为在相同条件下，每1ml的上述碘滴定液（0.005mol/L）相当于青霉素的效价，单位；

　　　*D*为青霉素酶溶液的稀释倍数。

【附注】　磷酸盐缓冲液（pH7.0）取磷酸氢二钾7.36g与磷酸二氢钾3.14g，加水使成1000ml。

醋酸钠缓冲液（pH4.5）取冰醋酸13.86ml，加水使成250ml；另取结晶醋酸钠27.30g，加水使成200ml，两液混合均匀。

1209 绒促性素生物测定法

本法系比较绒促性素标准品（S）与供试品（T）对雌性幼小鼠子宫增重的作用，以测定供试品的效价。

溶剂的制备　试验当日，称取牛血清白蛋白适量，加0.9%氯化钠溶液溶解，制成每1ml中含1mg的溶液，充分溶解后，用1mol/L氢氧化钠溶液调节pH值至7.2±0.2。

标准品溶液的制备　试验当日，按绒促性素标准品的标示效价，用上述溶剂，按高、中、低剂量组（d_{s_3}、d_{s_2}、d_{s_1}）配成3种浓度的稀释液，相邻两浓度之比值（r）应相等，且不得大于1∶0.5。一般高浓度稀释液可制成每1ml中含0.14~0.8单位。调节剂量使低剂量组子宫较正常子宫明显增重，高剂量组子宫增重不致达到极限。稀释液置2~10℃贮存，可供3日使用。

供试品溶液的制备　按供试品的标示量或估计效价（A_T），照标准品溶液的制备法制成高、中、低（d_{T_3}、d_{T_2}、d_{T_1}）3种浓度的稀释液，相邻两浓度之比值（r）应与标准品相等，供试品与标准品各剂量组所致反应平均值应相近。

测定法　取健康合格、出生15~23日、体重9~13g、同一来源的雌性幼小鼠，一次试验所用小鼠的出生日数相差不得超过3日，体重相差不得超过3g；按体重随机等分成6组，每组不少于10只。每日于大致相同的时间分别给每鼠皮下注入一种浓度的标准品或供试品稀释液0.2ml，每日1次，连续注入3次，于最后一次注入24小时后，将动物处死，称体重，解剖。于阴道和子宫交接处剪断，摘出子宫，剥离附着的组织，去掉卵巢，压干子宫内液，直接称重（天平精密度为0.1mg）并换算成每10g体重的子宫重，照生物检定统计法（附录1431）中的量反应平行线测定法计算效价及试验误差。

本法的可信限率（FL%）不得大于25%。

1210 缩宫素生物测定法

本法系比较合成缩宫素标准品（S）与供试品（T）引起离体大鼠子宫收缩的作用，以测定供试品的效价。

标准品溶液的制备　取合成缩宫素标准品适量，用新鲜配制的0.2%三氯叔丁醇溶液（用1mol/L HCl调节至pH3.5）配制成1单位/ml的溶液，溶液分装于适宜的容器内，4~8℃贮存。经验证保持活性符合要求的条件下，可在3个月内使用。

标准品稀释液的制备　试验当日，取合成缩宫素标准品溶液，按高、低剂量组（d_{s_2}、d_{s_1}）加0.9%氯化钠溶液制成两种浓度的稀释液，一般高浓度稀释液可制成每1ml中含0.01~0.02单位，高低剂量的比值（r）一般不得大于1∶0.7。调节剂量使低剂量能引起子宫收缩，记录仪指针一般在20~50mm；高剂量应不致使子宫收缩达到极限，记录仪指针一般为50~85mm，且高低剂量所致子宫的收缩应有明显差别。

供试品溶液与稀释液的制备　按供试品的标示量或估计效价（A_T），照标准品溶液与其稀释液的制备法制成供试品高低两种浓度的稀释液，其比值（r）应与标准品相等，供试品和标准品高低剂量所致的反应均值应相近。

子宫肌蓄养液的制备　试验当日，取氯化钠9g、氯化钾0.42g、氯化钙（按无水物计算）0.06g与葡萄糖0.5g，加水700ml使溶解；另取碳酸氢钠0.5g，加水约200ml溶解后，缓缓倾注于前一溶液中，随加随搅拌，最后加水适量使成1000ml。

供试用动物 取健康合格的成年雌性大鼠，断乳后即与雄鼠隔离，出生后不超过3个月，体重160～240g。试验当日，选择阴道涂片在动情前期的动物，也可用雌性激素处理使子宫涂片为动情前期或动情期的动物。

测定法 取选定的大鼠迅速处死，剖腹取出子宫，仔细分离附在子宫肌上的结缔组织，注意避免因牵拉使子宫肌受损。在子宫分叉处剪下左右2条，取一条将其下端固定于离体器官恒温水浴装置的浴杯底部，上端用线与记录装置相连，以描记子宫收缩；浴杯中加入一定量的子宫肌蓄养液（30～50ml），连续通入适量空气。蓄养液应调节至32～35℃并保持恒温（±0.5℃），子宫放入浴杯后，静置约15分钟，按次序准确注入等体积的标准品或供试品两种浓度的稀释液（0.3～0.8ml），待子宫肌收缩至最高点开始松弛时（60～90秒钟），放去蓄养液并用蓄养液洗涤一次，再加入等量蓄养液，静置；相邻两次给药的间隔时间应相等（3～5分钟），每次给药应在前一次反应恢复稳定以后进行。标准品稀释液和供试品稀释液各取高低两个剂量（d_{S_2}、d_{S_1}、d_{T_2}、d_{T_1}）为一组，按随机区组设计的次序轮流注入每组4个剂量，重复4～6组。测量各剂量所致子宫收缩的高度，照生物检定统计法（附录1431）中的量反应平行线测定法计算效价及试验误差。

本法的可信限率FL（%）不得大于10%。

1211 洋地黄生物测定法

本法系比较洋地黄标准品（S）与供试品（T）对鸽的最小致死量（u/kg），以测定供试品的效价。

标准品溶液的制备 迅速精密称取洋地黄标准品适量，避免吸潮，置玻璃容器内，按标示效价计算，每1单位精密加入76%乙醇1ml，密塞，连续振摇1小时，静置片刻，用干燥滤器迅速滤过，防止乙醇挥发，滤液即为每1ml中含1单位的溶液，4～8℃贮存。经验证保持活性符合要求的条件下，可在1个月内使用。

标准品稀释液的制备 试验当日，精密量取标准品溶液适量，用0.9%氯化钠溶液稀释，稀释液浓度（u/ml）应调节适当（一般可用1→30），使鸽的平均最小致死量为25～34ml。

供试品溶液和稀释液的制备 供试品如为粉末，精密称取适量，按标示量或估计效价（A_T），照标准品溶液及其稀释液的制备法制备；供试品如为片剂，取20片以上，精密称重，求出平均片重，迅速研细，再精密称取不少于20片的粉末，按称重及标示量（A_T）计算，照标准品溶液及其稀释液制备法制备。供试品稀释液和标准品稀释液的鸽平均最小致死量（ml）应相近。

测定法 取健康合格的鸽，试验前16～24小时禁食，但仍给予饮水。试验前准确称重，选取体重在250～400g的鸽（每次试验所用鸽的体重相差不得超过100g），按体重随机等分成两组，每组至少6只，一组为标准品组，一组为供试品组，两组间鸽的情况应尽可能相近。

将鸽仰缚于适宜的固定板上，在一侧翼静脉处拔除羽毛少许，露出翼静脉，插入与滴定管（精密度0.02ml）相连的注射针头，缓缓注入标准品稀释液或供试品稀释液。开始时，一次注入0.5ml，然后以每分钟0.2ml等速连续注入，至鸽中毒死亡立即停止注入。一般鸽死亡前有强烈颤抖、恶心呕吐、排便等现象发生，至瞳孔迅速放大、呼吸停止为终点。记录注入稀释液的总量（ml），换算成每1kg体重致死量（ml）中所含效价（u/kg），取其10倍量的对数值作为反应值，照生物检定统计法（附录1431）中的直接测定法计算效价及实验误差。

本法的可信限率FL（%）不得大于15%。

1421 灭菌法

灭菌法系指用适当的物理或化学手段将物品中活的微生物杀灭或除去，从而使物品残存活微生物的概率下降至预期的无菌保证水平的方法。本法适用于制剂、原料、辅料及医疗器械等物品的灭菌。

无菌物品是指物品中不含任何活的微生物。对于任何一批灭菌物品而言，绝对无菌既无法保证也无法用试验来证实。一批物品的无菌特性只能相对地通过物品中活微生物的概率低至某个可接受的水平来表述，即无菌保证水平（Sterility assurance level，简称SAL）。实际生产过程中，灭菌是指将物品中污染微生物的概率下降至预期的无菌保证水平。最终灭菌的物品微生物存活概率，即无菌保证水平不得高于10^{-6}。已灭菌物品达到的无菌保证水平可通过验证确定。

灭菌物品的无菌保证不能依赖于最终产品的无菌检验，而是取决于生产过程中采用合格的灭菌工艺、严格的兽药GMP管理和良好的无菌保证体系。灭菌工艺的确定应综合考虑被灭菌物品的性质、灭菌方法的有效性和经济性、灭菌后物品的完整性和稳定性等因素。

灭菌程序的验证是无菌保证的必要条件。灭菌程序经验证后，方可交付正式使用。验证内容包括：

（1）撰写验证方案及制定评估标准。

（2）确认灭菌设备技术资料齐全、安装正确，并能处于正常运行（安装确认）。

（3）确认灭菌设备、关键控制和记录系统能在规定的参数范围内正常运行（运行确认）。

（4）采用被灭菌物品或模拟物品按预定灭菌程序进行重复试验，确认各关键工艺参数符合预定标准，确定经灭菌物品的无菌保证水平符合规定（性能确认）。

（5）汇总并完善各种文件和记录，撰写验证报告。

日常生产中，应对灭菌程序的运行情况进行监控，确认关键参数（如温度、压力、时间、湿度、灭菌气体浓度及吸收的辐照剂量等）均在验证确定的范围内。灭菌程序应定期进行再验证。当灭菌设备或程序发生变更（包括灭菌物品装载方式和数量的改变）时，应进行重新验证。

物品的无菌保证与灭菌工艺、灭菌前物品被污染的程度及污染菌的特性相关。因此，应根据灭菌工艺的特点制定灭菌物品灭菌前的微生物污染水平及污染菌的耐受限度并进行监控，并在生产的各个环节采取各种措施降低污染，确保微生物污染控制在规定的限度内。

灭菌的冷却阶段，应采取措施防止已灭菌物品被再次污染。任何情况下，都应要求容器及其密封系统确保物品在有效期内符合无菌要求。

一、灭菌方法

常用的灭菌方法有湿热灭菌法、干热灭菌法、辐射灭菌法、气体灭菌法和过滤除菌法。可根据被灭菌物品的特性采用一种或多种方法组合灭菌。只要物品允许，应尽可能选用最终灭菌法灭菌。若物品不适合采用最终灭菌法，可选用过滤除菌法或无菌生产工艺达到无菌保证要求。只要可能，应对非最终灭菌的物品做补充性灭菌处理（如流通蒸汽灭菌）。

（一）湿热灭菌法

本法系指将物品置于灭菌柜内利用高压饱和蒸汽、过热水喷淋等手段使微生物菌体中的蛋白质、核酸发生变性而杀灭微生物的方法。该法灭菌能力强，为热力灭菌中最有效、应用最广泛的灭菌方法。兽药、容器、培养基、无菌衣、胶塞以及其他遇高温和潮湿不发生变化或损坏的物品，均可采用本法灭菌。流通蒸汽不能有效杀灭细菌孢子，一般可作为不耐热无菌产品的辅助灭菌手段。

湿热灭菌条件的选择应考虑被灭菌物品的热稳定性、热穿透力、微生物污染程度等因素。湿热灭菌条件通常采用121℃×15分钟、121℃×30分钟或116℃×40分钟的程序，也可采用其他温度和时间参数。但无论采用何种灭菌温度和时间参数，都必须证明所采用的灭菌工艺和监控措施在日常运行过程中能确保物品灭菌后的SAL≤10^{-6}。当灭菌程序的选定采用F_0值概念时（F_0值为标准灭菌时间，系灭菌过程赋予被灭菌物品121℃下的灭菌时间），应采取特别措施确保被灭菌物品能得到足够的无菌保证。此时，除对灭菌程序进行验证外，还必须在生产过程中对微生物进行监控，证明污染的微生物指标低于设定的限度。对热稳定的物品，灭菌工艺可首选过度杀灭法，以保证被灭菌物品获得足够的无菌保证值。热不稳定性物品，其灭菌工艺的确定依赖于在一定的时间内、一定的生产批次的被灭菌物品灭菌前微生物污染的水平及其耐热性。因此，日常生产全过程应对产品中污染的微生物进行连续、严格的监控，并采取各种措施降低物品微生物污染水平，特别是防止耐热菌的污染。热不稳定性物品的F_0值一般不低于8分钟。

采用湿热灭菌时，被灭菌物品应有适当的装载方式，不能排列过密，以保证灭菌的有效性和均一性。

湿热灭菌法应确认灭菌柜在不同装载时可能存在的冷点。当用生物指示剂进一步确认灭菌效果时，应将其置于冷点处。本法常用的生物指示剂为嗜热脂肪芽孢杆菌孢子（Spores of *Bacillus stearothermophilus*）。

（二）干热灭菌法

本法系指将物品置于干热灭菌柜、隧道灭菌器等设备中，利用干热空气达到杀灭微生物或消除热原物质的方法。适用于耐高温但不宜用湿热灭菌法灭菌的物品，如玻璃器具、金属制容器、纤维制品、固体试药、液状石蜡等均可采用本法灭菌。

干热灭菌条件一般为（160~170℃）×120分钟以上、（170~180℃）×60分钟以上或250℃×45分钟以上，也可采用其他温度和时间参数。无论采用何种灭菌条件，均应保证灭菌后的物品的SAL≤10^{-6}。采用干热过度杀灭后的物品一般无需进行灭菌前污染微生物的测定。250℃×45分钟的干热灭菌也可除去无菌产品包装容器及有关生产灌装用具中的热原物质。

采用干热灭菌时，被灭菌物品应有适当的装载方式，不能排列过密，以保证灭菌的有效性和均一性。

干热灭菌法应确认灭菌柜中的温度分布符合设定的标准及确定最冷点位置等。常用的生物指示剂为枯草芽孢杆菌孢子（Spores of *Bacillus subtilis*）。细菌内毒素灭活验证试验是证明除热原过程有效性的试验。一般将不小于1000单位的细菌内毒素加入待去热原的物品中，证明该去热原工艺能使内毒素至少下降3个对数单位。细菌内毒素灭活验证试验所用的细菌内毒素一般为大肠埃希菌内毒素（*Escherichia coli* endoxin）。

（三）辐射灭菌法

本法系指将物品置于适宜放射源辐射的γ射线或适宜的电子加速器发生的电子束中进行电离辐射而达到杀灭微生物的方法。本法最常用的为^{60}Co-γ射线辐射灭菌。医疗器械、容器、生产辅助用品、不受辐射破坏的原料药及成品等均可用本法灭菌。

采用辐射灭菌法灭菌的无菌物品其SAL应≤10^{-6}。γ射线辐射灭菌所控制的参数主要是辐射剂量（指灭菌物品的吸收剂量）。该剂量的制定应考虑灭菌物品的适应性及可能污染的微生物最大数量及最强抗辐射力，事先应验证所使用的剂量不影响被灭菌物品的安全性、有效性及稳定性。常用的辐射灭菌吸收剂量为25kGy。对最终产品、原料药、某些兽医用医疗器材应尽可能采用低辐射剂量灭菌。灭菌前，应对被灭菌物品微生物污染的数量和抗辐射强度进行测定，以评价灭菌过程赋予该灭菌物品的无菌保证水平。对于已设定的剂量，应定期审核，以验证其有效性。

灭菌时，应采用适当的化学或物理方法对灭菌物品吸收的辐射剂量进行监控，以充分证实灭菌物品吸收的剂量是在规定的限度内。如采用与灭菌物品一起被辐射的放射性剂量计，剂量计要置于规定的部位。在初安装时剂量计应用标准源进行校正，并定期进行再校正。

^{60}Co-γ射线辐射灭菌法常用的生物指示剂为短小芽孢杆菌孢子（Spores of *Bacillus pumilus*）。

（四）气体灭菌法

本法系指用化学消毒剂形成的气体杀灭微生物的方法。常用的化学消毒剂有环氧乙烷、气态过氧化氢、甲醛、臭氧（O_3）等，本法适用于在气体中稳定的物品灭菌。采用气体灭菌法时，应注意灭菌气体的可燃可爆性、致畸性和残留毒性。

本法中最常用的气体是环氧乙烷，一般与80%～90%的惰性气体混合使用，在充有灭菌气体的高压腔室内进行。该法可用于兽医用医疗器械、塑料制品等不能采用高温灭菌的物品灭菌。含氯的物品及能吸附环氧乙烷的物品则不宜使用本法灭菌。

采用环氧乙烷灭菌时，灭菌柜内的温度、湿度、灭菌气体浓度、灭菌时间是影响灭菌效果的重要因素。可采用下列灭菌条件：温度54℃±10℃；相对湿度60%±10%；灭菌压力8×10^5Pa；灭菌时间90分钟。

灭菌条件应予验证。灭菌时，将灭菌腔室抽成真空，然后通入蒸汽使腔室内达到设定的温湿度平衡的额定值，再通入经过滤和预热的环氧乙烷气体。灭菌过程中，应严密监控腔室的温度、湿度、压力、环氧乙烷浓度及灭菌时间。必要时使用生物指示剂监控灭菌效果。本法灭菌程序的控制具有一定难度，整个灭菌过程应在技术熟练人员的监督下进行。灭菌后，应采取新鲜空气置换，使残留环氧乙烷和其他易挥发性残留物消散。并对灭菌物品中的环氧乙烷残留物和反应产物进行监控，以证明其不超过规定的浓度，避免产生毒性。

采用环氧乙烷灭菌时，应进行泄漏试验，以确认灭菌腔室的密闭性。确认灭菌程序时，还应考虑物品包装材料和灭菌腔室中物品的排列方式对灭菌气体的扩散和渗透的影响。生物指示剂一般采用枯草芽孢杆菌孢子（Spores of *Bacillus subtilis*）。

（五）过滤除菌法

本法系利用细菌不能通过致密具孔滤材的原理以除去气体或液体中微生物的方法。常用于气体、热不稳定的兽药溶液或原料的除菌。

除菌过滤器采用孔径分布均匀的微孔滤膜作过滤材料，微孔滤膜分亲水性和疏水性两种。滤膜材质依过滤物品的性质及过滤目的而定。兽药生产中采用的除菌滤膜孔经一般不超过0.22μm。过滤器的孔径定义来自过滤器对微生物的截留，而非平均孔径的分布系数。所以，用于最终除菌的过滤器必须选择具有截留实验证明的除菌级过滤器。过滤器对滤液的吸附不得影响兽药质量，不得有纤维脱落，禁用含石棉的过滤器。过滤器的使用者应了解滤液过滤过程中的析出物性质、数量并评估其毒性影响。滤器和滤膜在使用前应进行洁净处理，并用高压蒸汽进行灭菌或做在线灭菌。更换品种和批次应先清洗滤器，再更换滤芯或滤膜或直接更换滤器。

过滤过程中无菌保证与过滤液体的初始生物负荷及过滤器的对数下降值LRV（log reduction value）有关。LRV系指规定条件下，被过滤液体过滤前的微生物数量与过滤后的微生物数量比的常用对数值。即：

$$LRV=\lg N_0-\lg N$$

式中　N_0为产品除菌前的微生物数量；

　　　N为产品除菌后的微生物数量。

LRV用于表示过滤器的过滤除菌效率，对孔径为$0.22\mu m$的过滤器而言，要求每$1cm^2$有效过滤面积的LRV应不小于7。因此过滤除菌时，被过滤产品总的污染量应控制在规定的限度内。为保证过滤除菌效果，可使用两个除菌级的过滤器串连过滤，或在灌装前用过滤器进行再次过滤。

在过滤除菌中，一般无法对全过程中过滤器的关键参数（滤膜孔径的大小及分布，滤膜的完整性及LRV）进行监控。因此，在每一次过滤除菌前后均应做滤器的完整性试验，即气泡点试验或压力维持试验或气体扩散流量试验，确认滤膜在除菌过滤过程中的有效性和完整性。完整性的测试标准来自于相关细菌截留实验数据。除菌过滤器的使用时间应进行验证，一般不应超过一个工作日。

过滤除菌法常用的生物指示剂为缺陷假单胞菌（*Pseudomonas diminuta*）。

通过过滤除菌法达到无菌的产品应严密监控其生产环境的洁净度，应在无菌环境下进行过滤操作。相关的设备、包装容器、塞子及其他物品应采用适当的方法进行灭菌，并防止再污染。

（六）无菌生产工艺

无菌生产工艺系指必须在无菌控制条件下生产无菌制剂的方法。无菌分装及无菌冻干是最常见的无菌生产工艺。后者在工艺过程中须采用过滤除菌法。

无菌生产工艺应严密监控其生产环境的洁净度，并应在无菌控制的环境下进行过滤操作。相关的设备、包装容器、塞子及其他物品应采用适当的方法进行灭菌，并防止被再次污染。

无菌生产工艺过程的无菌保证应通过培养基无菌灌装模拟试验验证。在生产过程中，应严密监控生产环境的无菌空气质量、操作人员的素质、各物品的无菌性。

无菌生产工艺应定期进行验证，包括对环境空气过滤系统有效性验证及培养基模拟灌装试验。

二、生物指示剂

生物指示剂系一类特殊的活微生物制品，可用于确认灭菌设备的性能、灭菌程序的验证、生产过程灭菌效果的监控等。用于灭菌验证中的生物指示剂一般是细菌的孢子。

（一）制备生物指示剂用微生物的基本要求

不同的灭菌方法使用不同的生物指示剂，制备生物指示剂所选用的微生物必须具备以下特性：

（1）菌种的耐受性应大于需灭菌物品中所有可能污染菌的耐受性。

（2）菌种应无致病性。

（3）菌株应稳定。存活期长，易于保存。

（4）易于培养。若使用休眠孢子，生物指示剂中休眠孢子含量要在90%以上。

（二）生物指示剂的制备

生物指示剂的制备应按一定的程序进行。制备前，需先确定所用微生物的特性，如D值（微生物的耐热参数，系指一定温度下将微生物杀灭90%所需的时间，以分钟表示）等。菌株应用适宜的培养基进行培养。培养物应制成悬浮液，其中孢子的数量应占优势，孢子应悬浮于无营养的液体中保存。

生物指示剂中包含一定数量的一种或多种孢子，可制成多种形式。通常是将一定数量的孢子附着在惰性的载体上，如滤纸条、玻片、不锈钢、塑料制品等；孢子悬浮液也可密封于安瓿中；有的生物指示剂还配有培养基系统。D值除与灭菌条件相关外，还与微生物存在的环境有关。因此，一定形式的生物指示剂制备完成后，应测定D值和孢子总数。生物指示剂应选用合适的材料包装，并设定有效期。载体和包装材料在保护生物指示剂不致污染的同时，还应保证灭菌剂穿透并能与生物指示剂充分接触。载体和包装的设计原则是便于贮存、运输、取样、转移接种。

有些生物指示剂可直接将孢子接种至液体灭菌物或具有与其相似的物理和化学特性的替代品中。使用替代品时，应用数据证明二者的等效性。

（三）生物指示剂的应用

在灭菌程序的验证中，尽管可通过灭菌过程某些参数的监控来评估灭菌效果，但生物指示剂的被杀灭程度，则是评价一个灭菌程序有效性最直观的指标。可使用市售的标准生物指示剂，也可使用由日常生产污染菌监控中分离的耐受性最强的微生物制备的孢子。在生物指示剂验证试验中，需确定孢子在实际灭菌条件下的D值，并测定孢子的纯度和数量。验证时，生物指示剂的微生物用量应比日常检出的微生物污染量大、耐受性强，以保证灭菌程序有更大的安全性。在最终灭菌法中，生物指示剂应放在灭菌柜的不同部位，并避免指示剂直接接触到被灭菌物品。生物指示剂按设定的条件灭菌后取出，分别置培养基中培养，确定生物指示剂中的孢子是否被完全杀灭。

过度杀灭产品灭菌验证一般不考虑微生物污染水平，可采用市售的生物指示剂。对灭菌手段耐受性差的产品，设计灭菌程序时，根据经验预计在该生产工艺中产品微生物污染的水平，选择生物指示剂的菌种和孢子数量。这类产品的无菌保证应通过监控每批灭菌前的微生物污染的数量、耐受性和灭菌程序验证所获得的数据进行评估。

（四）常用生物指示剂

（1）湿热灭菌法　湿热灭菌法最常见的生物指示剂为嗜热脂肪芽孢杆菌孢子（Spores of *Bacillus stearothermophilus*，如NCTC 10 007、NCIMB 8157、ATCC7953）。D值为1.5～3.0分钟，每片（或每瓶）活孢子数$5 \times 10^5 \sim 5 \times 10^6$个，在121℃、19分钟下应被完全杀灭。此外，还可使用生孢梭菌孢子（Spores of *Clostridium sporogenes*，如NCTC8594、NCIMB8053、ATCC7955）。D值为0.4～0.8分钟。

（2）干热灭菌法　干热灭菌法最常用的生物指示剂为枯草芽孢杆菌孢子（Spores of *Bacillus subtilis*，如NCIMB8058、ATCC9372）。D值大于1.5分钟，每片活孢子数$5 \times 10^5 \sim 5 \times 10^6$个。去热原验证时使用大肠埃希菌内毒素（*Escherichia coli* endoxin），加量不小于1000细菌内毒素单位。

（3）辐射灭菌法　辐射灭菌法最常用的生物指示剂为短小芽孢杆菌孢子（Spores of *Bacillus pumilus*，如NCTC10 327、NCIMB10 692、ATCC27 142）。每片活孢子数$10^7 \sim 10^8$，置于放射剂量25kGy条件下，D值约3kGy。但应注意灭菌物品中所负载的微生物可能比短小芽孢杆菌孢子显示更强的抗辐射力。因此，短小芽孢杆菌孢子可用于监控灭菌过程，但不能用于灭菌辐射剂量建立的依据。

（4）气体灭菌法　环氧乙烷灭菌最常用的生物指示剂为枯草芽孢杆菌孢子（Spores of *Bacillus subtilis*，如NCTC10 073、ATCC9372）。气态过氧化氢灭菌最常用的生物指示剂为嗜热脂肪芽孢杆菌孢子（Spores of *Bacillus stearothermophilus*，如NCTC10 007、NCIMB8157、ATCC7953）。每片活孢子数$1 \times 10^6 \sim 5 \times 10^6$个。环氧乙烷灭菌中，枯草芽孢杆菌孢子D值大于2.5分钟，在环氧乙烷浓度为600mg/L、相对湿度为60%、温度为54℃下灭菌，60分钟应被杀灭。

（5）过滤除菌法　过滤除菌法最常用的生物指示剂为缺陷假单胞菌（*Pseudomonas diminuta*，如ATCC19 146），用于滤膜孔径为0.22μm的滤器；黏质沙雷菌（*Serratia marcescens*）（ATCC14 756）用于滤膜孔径为0.45μm的滤器。

1431 生物检定统计法

一、总则

生物检定法是利用生物体包括整体动物、离体组织、器官、细胞和微生物等评估药物生物活性的一种方法。它以药物的药理作用为基础，以生物统计为工具，运用特定的实验设计在一定条件下比较供试品和相当的标准品或对照品所产生的特定反应，通过等反应剂量间比例的运算或限值剂量引起的生物反应程度，从而测定供试品的效价、生物活性或杂质引起的毒性。

生物检定统计法主要叙述应用生物检定时必须注意的基本原则、一般要求、实验设计及统计方法。有关品种用生物检定的具体实验条件和要求，必须按照该品种生物检定法项下的规定。

1. **生物检定标准品**　凡中国兽药典规定用生物检定的品种都有它的生物检定标准品（S）。S都有标示效价，以效价单位（u）表示，其含义和相应的国际标准品的效价单位一致。

2. **供试品**　供试品（T）或（U）是供检定其效价的样品，它的活性组分应与标准品基本相同。

A_T或A_U是T或U的标示量或估计效价。

3. **等反应剂量对比**　生物检定是将T和其S在相同的实验条件下同时对生物体或其离体器官组织等的作用进行比较，通过对比，计算出它们的等反应剂量比值（R），以测得T的效价P_T。

R是S和T等反应剂量（d_S、d_T）的比值，即$R=d_S/d_T$。

M是S和T的对数等反应剂量（x_S、x_T）之差，即$M=\lg d_S-\lg d_T=x_S-x_T$。$R=\text{anti} \lg M$。

P_T是通过检定测得T的效价含量，称T的测得效价，是将效价比值（R）用T的标示量或估计效价A_T校正之后而得，即$P_T=A_T \cdot R$或$P_T=A_T \cdot \text{anti} \lg M$。

检定时，S按标示效价计算剂量，T按标示量或估计效价（A_T）计算剂量，注意调节T的剂量或调整其标示量或估计效价，使S和T的相应剂量组所致的反应程度相近。

4. **生物变异的控制**　生物检定具有一定的试验误差，其主要来源是生物变异性。因此，生物检定必须注意控制生物变异，或减少生物变异本身，或用适宜的实验设计来减小生物变异对实验结果的影响，以减小实验误差。控制生物变异必须注意以下几点。

（1）生物来源、饲养或培养条件必须均一。

（2）对影响实验误差的条件和因子，在实验设计时应尽可能作为因级限制，将选取的因级随机分配至各组。例如，体重、性别、窝别、双碟和给药次序等都是因子，不同体重是体重因子的级，雌性、雄性是性别因子的级，不同窝的动物是窝别因子的级，不同双碟是碟间因子的级，给药先后是次序因子的级等。按程度划分的级（如动物体重），在选级时应选动物较多的邻近几级，不要间隔跳越选级。

（3）按实验设计类型的要求将限制的因级分组时，也必须严格遵守随机的原则。

5. **误差项**　指从实验结果的总变异中分去不同剂量及不同因级对变异的影响后，剩余的变异成分，用方差（s^2）表示。对于因实验设计类型的限制无法分离的变异成分，或估计某种因级对变异的影响小，可不予分离者，都并入s^2。但剂间变异必须分离。

误差项的大小影响标准误S_M和可信限（FL）。

不同的检定方法和实验设计类型，分别按有关的公式计算s^2。

6. **可靠性测验**　平行线检定要求在实验所用的剂量范围内，对数剂量的反应（或反应的函数）呈直线关系，供试品和标准品的直线应平行。可靠性测验即验证供试品和标准品的对数剂量反应关系是否显著偏离平行偏离直线，对不是显著偏离平行偏离直线（在一定的概率水平下）的实验结果，认为可靠性成立，方可按有关公式计算供试品的效价和可信限。

7. 可信限和可信限率　可信限（FL）标志检定结果的精密度。M的可信限是M的标准误S_M和t值的乘积（$t \cdot S_M$），用95%的概率水平。$M+t \cdot S_M$是可信限的高限，$M-t \cdot S_M$是可信限的低限。用其反对数计算得R和P_T的可信限低限及高限，是在95%的概率水平下从样品的检定结果估计其真实结果的所在范围。

R或P_T的可信限率（FL%）是用R或P_T的可信限计算而得。效价的可信限率为可信限的高限与低限之差除以2倍平均数（或效价）后的百分率。

$$FL\% = \frac{\text{可信限高限} - \text{可信限低限}}{2 \times \text{平均数（或效价）}} \times 100\%$$

计算可信限的t值是根据s^2的自由度（f）查t值表而得。

t值与f的关系见表一。

表一　t值表($P=0.95$)

f	t	f	t
3	3.18	14	2.15
4	2.78	16	2.12
5	2.57	18	2.10
6	2.45	20	2.09
7	2.37	25	2.06
8	2.31	30	2.04
9	2.26	40	2.02
10	2.23	60	2.00
11	2.20	120	1.98
12	2.18	∞	1.96

各品种的检定方法项下都有其可信限率的规定，如果检定结果不符合规定，可缩小动物体重范围或年龄范围，或调整对供试品的估计效价或调节剂量，重复实验以减小可信限率。

对同批供试品重复试验所得n次实验结果（包括FL%超过规定的结果），可按实验结果的合并计算法算得P_T的均值及其FL%作为检定结果。

二、直接测定法

直接测得药物对各个动物最小效量或最小致死量的检定方法。如洋地黄及其制剂的效价测定。

x_S和x_T为S和T组各只动物的对数最小致死量，它们的均值$\bar{x}_s$和$\bar{x}_T$为S和T的等反应剂量，n_S和n_T为S和T组的动物数。

1. 效价计算　按（1）～（3）式计算M、R和P_T。

$$M = \bar{x}_s - \bar{x}_T \tag{1}$$

$$R = antilg(\bar{x}_s - \bar{x}_T) = antilg M \tag{2}$$

$$P_T = A_T \cdot R \tag{3}$$

2. 误差项及可信限计算　按（4）～（8）式计算s^2、S_M及R或P_T的FL和FL%。

$$s^2 = \frac{\sum x_s^2 - \frac{\sum x_s^2}{n_s} + \sum x_T^2 - \frac{\sum x_T^2}{n_T}}{n_s + n_T - 2} \quad (4)$$

$f = n_S + n_T - 2$，用此自由度查表一得t值。

$$S_M = \sqrt{s^2 \cdot \frac{n_s + n_T}{n_s \cdot n_T}} \quad (5)$$

$$R\text{的FL} = \text{antilg}(M \pm t \cdot S_M) \quad (6)$$

$\text{antilg}(M + t \cdot S_M)$是$R$的高限

$\text{antilg}(M - t \cdot S_M)$是$R$的低限

$$P_T\text{的FL} = A_T \cdot \text{antilg}(M \pm t \cdot S_M) \quad (7)$$

$A_T \cdot \text{antilg}(M + t \cdot S_M)$是$P_T$的高限

$A_T \cdot \text{antilg}(M - t \cdot S_M)$是$P_T$的低限

$$R（或P_T）\text{的FL\%} = \frac{R（或P_T）\text{高限} - R（或P_T）\text{低限}}{2R（或2P_T）} \times 100\% \quad (8)$$

当两批以上供试品（T、U…）和标准品同时比较时，按（9）式计算S、T、U的合并方差s^2。

$$s^2 = \left[\sum x_s^2 - \frac{\sum x_s^2}{n_s} + \sum x_T^2 - \frac{\sum x_T^2}{n_T} + \sum x_U^2 - \frac{\sum x_U^2}{n_U} + \cdots\right] / (n_s - 1 + n_T - 1 + n_U - 1 + \cdots)$$

$$f = n_s - 1 + n_T - 1 + n_U - 1 + \cdots \quad (9)$$

效价P_T、P_U…则是T、U分别与S比较，按（1）~（3）式计算。

例1　直接测定法

洋地黄效价测定——鸽最小致死量（MLD）法

S为洋地黄标准品，按标示效价配成1.0单位/ml的酊剂，临试验前稀释25倍。

T为洋地黄叶粉，估计效价$A_T = 10$单位/g，配成1.0单位/ml的酊剂，临试验前配成稀释液（1→25）。测定结果见表1-1。

表1-1　洋地黄效价测定结果

S		T	
MLD$_s$（d_s）	x_S	MLD$_T$（d_T）	x_T
单位/kg体重	lg（$d_s \times 10$）	单位/kg体重	lg（$d_s \times 10$）
1.15	1.061	1.11	1.045
1.01	1.004	1.23	1.090
1.10	1.041	1.06	1.025
1.14	1.057	1.31	1.117
1.06	1.025	0.94	0.973
0.95	0.978	1.36	1.134
$\sum x_s$	6.166	$\sum x_T$	6.384
$\bar{x}_s$	1.028	$\bar{x}_T$	1.064

按（1）~（3）式

$$M = 1.028 - 1.064 = -0.036$$

$$R = \text{antilg}\,(-0.036) = 0.9204$$

$$P_T = 10 \times 0.9204 = 9.20\,(\text{u/g})$$

按（4）～（8）式计算s^2、S_M、P_T的FL和FL%

$$s^2 = \left(1.061^2 + 1.004^2 + \cdots + 0.978^2 - \frac{6.166^2}{6} + 1.045^2 + 1.090^2 + \cdots + 1.134^2 - \frac{6.384^2}{6}\right)$$

$$\div\,(6+6-2) = 0.002\,373$$

$$f = 6+6-2 = 10 \quad 查表一 \quad t = 2.23$$

$$S_M = \sqrt{0.002\,373 \times \frac{6+6}{6 \times 6}} = 0.028\,12$$

$$P_T 的 FL = 10 \cdot \text{antilg}\,(-0.036 \pm 2.23 \times 0.028\,12) = 7.97 \sim 10.6\,(\text{u/g})$$

$$P_T 的 FL\% = \frac{10.6 - 7.97}{2 \times 9.20} \times 100\% = 14.3\%$$

三、量反应平行线测定法

药物对生物体所引起的反应随着药物剂量的增加产生的量变可以测量者，称量反应。量反应检定用平行线测定法，要求在一定剂量范围内，S和T的对数剂量x和反应或反应的特定函数y呈直线关系，当S和T的活性组分基本相同时，两直线平行。

本版兽药典量反应检定主要用（2.2）法、（3.3）法或（2.2.2）法、（3.3.3）法，即S、T（或U）各用2个剂量组或3个剂量组，统称（$k \cdot k$）法或（$k \cdot k \cdot k$）法；如果S和T的剂量组数不相等，则称（$k \cdot k'$）法；前面的k代表S的剂量组数，后面的k或k'代表T的剂量组数。一般都是按（$k \cdot k$）法实验设计，当S或T的端剂量所致的反应未达阈值，或趋于极限，去除此端剂量后，对数剂量和反应的直线关系成立，这就形成了（$k \cdot k'$）法。例如，（3.3）法设计就可能形成（2.3）或（3.2）法等。因此，（$k \cdot k'$）法中的k只可能比k'多一组或少一组剂量。（$k \cdot k'$）法的计算结果可供重复试验时调节剂量或调整供试品估计效价时参考。无论是（$k \cdot k$）法、（$k \cdot k'$）法或（$k \cdot k \cdot k$）法，都以K代表S和T的剂量组数之和，故K＝$k+k$，或K＝$k+k'$或K＝$k+k+k$。

本版兽药典平行线测定法的计算都用简算法，因此对各种（$k \cdot k$）法要求：

（1）S和T相邻高低剂量组的比值（r）要相等，一般r用（1:0.8）～（1:0.5），$\lg r = I$。

（2）各剂量组的反应个数（m）应相等。

1. 平行线测定的实验设计类型

根据不同的检定方法可加以限制的因级数采用不同的实验设计类型。本版兽药典主要用下面三种实验设计类型。

（1）随机设计　剂量组内不加因级限制，有关因子的各级随机分配到各剂量组。本设计类型的实验结果只能分离不同剂量（剂间）所致变异，如绒促性素的生物检定。

（2）随机区组设计　将实验动物或实验对象分成区组，一个区组可以是一窝动物、一只双碟或一次实验。在剂量组内的各行间加以区组间（如窝间、碟间、实验次序间）的因级限制。随机区组设计要求每一区组的容量（如每一窝动物的受试动物只数、每一只双碟能容纳的小杯数等）必须和剂量组数相同，这样可以使每一窝动物或每一只双碟都能接受到各个不同的剂量。因此，随机区组设计除了从总变异中分离剂间变异之外，还可以分离区组间变异，减小实验误差，如抗生素杯碟法效价测定。

（3）交叉设计　同一动物可以分两次进行实验者适合用交叉设计。交叉设计是将动物分组，每组可以是一只动物，也可以是几只动物，但各组的动物只数应相等。标准品（S）和供试品（T）对比时，一组动物在第一次试验时接受S的一个剂量，第二次试验时则接受T的一个剂量，如此调换交叉进行，可以在同一动物身上进行不同试品、不同剂量的比较，以去除动物间差异对实验误差的影响，提高实验精确度，节约实验动物。

（2.2）法S和T各两组剂量，用双交叉设计，将动物分成四组。对各组中的每一只动物都标上识别号。每一只动物都按给药次序表进行两次实验。

双交叉设计两次实验的给药次序表

	第一组	第二组	第三组	第四组
第一次实验	d_{S_1}	d_{S_2}	d_{T_1}	d_{T_2}
第二次实验	d_{T_2}	d_{T_1}	d_{S_2}	d_{S_1}

2．平行线测定法的方差分析和可靠性测验

随机设计和随机区组设计的方差分析和可靠性测验

（1）将反应值或其规定的函数（y）按S和T的剂量分组列成方阵表 见表二。

表二 剂量分组方阵表

		\multicolumn{5}{c}{S和T和剂量组}	总和
		（1）	（2）	（3）	…	（k）	$\sum y_m$
行间（组内）	1	$y_{1(1)}$	$y_{1(2)}$	$y_{1(3)}$	…	$y_{1(k)}$	$\sum y_1$
	2	$y_{2(1)}$	$y_{2(2)}$	$y_{2(3)}$	…	$y_{2(k)}$	$\sum y_2$
	3	$Y_{3(1)}$	$y_{3(2)}$	$y_{3(3)}$	…	$y_{3(k)}$	$\sum y_3$
	⋮	⋮	⋮	⋮		⋮	⋮
	m	$y_{m(1)}$	$y_{m(2)}$	$y_{m(3)}$	…	$y_{m(k)}$	$\sum y_m$
总和 $\sum y(k)$		$\sum y_{(1)}$	$\sum y_{(2)}$	$\sum y_{(3)}$	…	$\sum y_{(k)}$	$\sum y$

方阵中，K为S和T的剂量组数和，m为各剂量组内y的个数。如为随机区组设计，m为行间或组内所加的因级限制；n为反应的总个数，$n=mK$。

（2）特异反应剔除和缺项补足

特异反应剔除 在同一剂量组内的各个反应中，如出现个别特大或特小的反应，应按下法判断其是否可以剔除。

设y_a表示特异反应值（或其规定的函数），y_m为与y_a相对的另一极端的反应值，y_2、y_3为与y_a最接近的两个反应值，y_{m-1}、y_{m-2}为与y_m最接近的两个反应值，m是该剂量组内的反应个数，将各数值按大小次序排列如下：

$$y_a 、 y_2 、 y_3 \cdots y_{m-2} 、 y_{m-1} 、 y_m$$

如y_a为特大值，则依次递减，y_m最小；如y_a为特小值，则依次递升，y_m最大。按（10）～（12）式计算J值。

当$m=3\sim7$时，

$$J_1 = \frac{y_2 - y_a}{y_m - y_a} \tag{10}$$

当$m=8\sim13$时，

$$J_2 = \frac{y_3 - y_a}{y_{m-1} - y_a} \tag{11}$$

当$m=14\sim20$时，

$$J_3 = \frac{y_3 - y_a}{y_{m-2} - y_a} \tag{12}$$

如J的计算值大于J值表（表三）中规定的相应数值时，y_a即可剔除。

表三　剔除特异反应的J值表

m	3	4	5	6	7		
J_1	0.98	0.85	0.73	0.64	0.59		
m	8	9	10	11	12	13	
J_2	0.78	0.73	0.68	0.64	0.61	0.58	
m	14	15	16	17	18	19	20
J_3	0.60	0.58	0.56	0.54	0.53	0.51	0.50

缺项补足　因反应值被剔除或因故反应值缺失造成缺项，致m不等时，根据实验设计类型做缺项补足，使各剂量组的反应个数m相等。

随机设计　对缺失数据的剂量组，以该组的反应均值补入，缺1个反应补1个均值，缺2个反应补2个均值。

随机区组设计　按（13）式计算，补足缺项。

$$缺项 y = \frac{KC + mR - G}{(K-1)(m-1)} \tag{13}$$

式中　C为缺项所在剂量组内的反应值总和；

　　　R为缺项所在行的反应值总和；

　　　G为全部反应值总和。

如果缺1项以上，可以分别以y_1、y_2、y_3等代表各缺项，然后在计算其中之一时，把其他缺项y直接用符号y_1、y_2等当作未缺项代入（13）式，这样可得与缺项数相同的方程组，解方程组即得。

随机区组设计，当剂量组内安排的区组数较多时，也可将缺项所在的整个区组除去。

随机设计的实验结果中，如在个别剂量组多出1～2个反应值，可按严格的随机原则去除，使各剂量组的反应个数m相等。

不论哪种实验设计，每补足一个缺项，就需把s^2的自由度减去1，缺项不得超过反应总个数的5%。

（3）方差分析　方阵表（表二）的实验结果，按（14）～（21）式计算各项变异的差方和、自由度（f）及误差项的方差（s^2）。

随机设计　按（14）式、（15）式计算差方和$_{(总)}$、差方和$_{(剂间)}$。按（20）式计算差方和$_{(误差)}$。按（18）式或（21）式计算s^2。

随机区组设计　按（14）～（17）式计算差方和$_{(总)}$、差方和$_{(剂间)}$、差方和$_{(区组间)}$、差方和$_{(误差)}$。按（18）式或（19）式计算s^2。

$$差方和_{(总)} = \sum y^2 - \frac{\sum y^2}{mK} \tag{14}$$

$$f_{(总)} = mK - 1$$

$$差方和_{(剂间)} = \frac{\sum\left[\sum y_{(k)}\right]^2}{m} - \frac{(\sum y)^2}{mK} \tag{15}$$

$$f_{(剂间)} = K - 1$$

$$差方和_{(区组间)} = \frac{\sum (\sum y_m)^2}{K} - \frac{(\sum y)^2}{mK} \qquad (16)$$

$$f_{(区组间)} = m-1$$

$$差方和_{(误差)} = 差方和_{(总)} - 差方和_{(剂间)} - 差方和_{(区组间)} \qquad (17)$$

$$f_{(误差)} = f_{(总)} - f_{(剂间)} - f_{(区组间)} = (K-1)(m-1)$$

$$各变异项方差 = \frac{各变异项差方和}{各变异项自由度} \qquad (18)$$

$$误差项方差(s^2) = \frac{差方和_{(误差)}}{f_{(误差)}}$$

或

$$s^2 = \frac{Km\sum y^2 - K \cdot \sum \left[\sum y_{(k)}\right]^2 - m \cdot \sum (\sum y_m)^2 + (\sum y)^2}{Km(K-1)(m-1)} \qquad (19)$$

$$f = (K-1)(m-1)$$

$$差方和_{(误差)} = 差方和_{(总)} - 差方和_{(剂间)} \qquad (20)$$

$$f_{(误差)} = f_{(总)} - f_{(剂间)} = K(m-1)$$

$$s^2 = \frac{m\sum y^2 - \sum \left[\sum y_{(k)}\right]^2}{Km(m-1)} \qquad (21)$$

$$f = K(m-1)$$

（4）可靠性测验　通过对剂间变异的分析，以测验S和T的对数剂量和反应的关系是否显著偏离平行直线。（2.2）法和（2.2.2）法的剂间变异分析为试品间、回归、偏离平行三项，其他（k·k）法还需再分析二次曲线、反向二次曲线等。

可靠性测验的剂间变异分析

（k·k）法、（k·k'）法按表四计算各变异项的$m \cdot \sum C_i^2$及$\sum [C_i \cdot \sum y_{(k)}]$，按（22）式计算各项变异的差方和。

$$各项变异的差方和 = \frac{\{\sum[C_i \cdot \sum y_{(k)}]\}^2}{m\sum C_i^2} \qquad (22)$$

$$f = 1$$

（k·k·k）法按（23）式、（24）式计算试品间差方和。

（2.2.2）法

$$差方和_{(试品间)} = \frac{(S_2+S_1)^2 + (T_2+T_1)^2 + (U_2+U_1)^2}{2m} - \frac{(\sum y)^2}{mK} \qquad (23)$$

$$f = 2$$

（3.3.3）法

$$差方和_{(试品间)} = \frac{(S_3+S_2+S_1)^2 + (T_3+T_2+T_1)^2 + (U_3+U_2+U_1)^2}{3m} - \frac{(\sum y)^2}{mK} \qquad (24)$$

$$f = 2$$

按表五计算回归、二次曲线、反向二次曲线各项变异的$m \cdot \sum C_i^2$及$\sum [C_i \cdot \sum y_{(k)}]$；按（22）式计算差方和$_{(回归)}$、差方和$_{(二次曲线)}$。

按（25）式计算差方和$_{(偏离平行)}$及差方和$_{(反向二次曲线)}$。

$$差方和_{(偏离平行)} 差方和_{(反向二次曲线)} = \frac{2\sum\{\sum[C_i \cdot \sum y_{(k)}]\}^2}{\sum(m \cdot \sum C_i^2)} \qquad (25)$$

$$f = 2$$

按（18）式计算各项变异的方差。

将方差分析结果列表进行可靠性测验。例如，随机区组设计（3.3）法可靠性测验结果列表，见表六。

表六中概率P是以该变异项的自由度为分子，误差项（s^2）的自由度为分母，查F值表（表七），将查表所得F值与表六F项下的计算值比较而得。当F计算值大于$P=0.05$或$P=0.01$的查表值时，则$P<0.05$或$P<0.01$，即为在此概率水平下该项变异有显著意义。

表四　（$k \cdot k$）法、（$k \cdot k'$）法可靠性测验正交多项系数表

方法	变异来源	$\sum y_{(k)}$ 的正交多项系数（C_i）								$m \cdot \sum C_i^2$	$\sum [C_i \cdot \sum y_{(k)}]$
		S_1	S_2	S_3	S_4	T_1	T_2	T_3	T_4		
(2.2)	试品间	−1	−1			1	1			$4m$	$T_2+T_1-S_2-S_1$
	回归	−1	1			−1	1			$4m$	$T_2-T_1+S_2-S_1$
	偏离平行	1	−1			−1	1			$4m$	$T_2-T_1-S_2+S_1$
(3.3)	试品间	−1	−1	−1		1	1	1		$6m$	$T_3+T_2+T_1-S_3-S_2-S_1$
	回归	−1	0	1		−1	0	1		$4m$	$T_3-T_1+S_3-S_1$
	偏离平行	1	0	−1		−1	0	1		$4m$	$T_3-T_1-S_3+S_1$
	二次曲线	1	−2	1		1	−2	1		$12m$	$T_3-2T_2+T_1+S_3-2S_2+S_1$
	反向二次曲线	−1	2	−1		1	−2	1		$12m$	$T_3-2T_2+T_1-S_3+2S_2-S_1$
(4.4)	试品间	−1	−1	−1	−1	1	1	1	1	$8m$	$T_4+T_3+T_2+T_1-S_4-S_3-S_2-S_1$
	回归	−3	−1	1	3	−3	−1	1	3	$40m$	$3T_4+T_3-T_2-3T_1+3S_4+S_3-S_2-3S_1$
	偏离平行	3	1	−1	−3	−3	−1	1	3	$40m$	$3T_4+T_3-T_2-3T_1-3S_4-S_3+S_2+3S_1$
	二次曲线	1	−1	−1	1	1	−1	−1	1	$8m$	$T_4-T_3-T_2+T_1+S_4-S_3-S_2+S_1$
	反向二次曲线	−1	1	1	−1	1	−1	−1	1	$8m$	$T_4-T_3-T_2+T_1-S_4+S_3+S_2-S_1$
(3.2)	试品间	−2	−2	−2		3	3			$30m$	$3(T_2+T_1)-2(S_3+S_2+S_1)$
	回归	−2	0	2		−1	1			$10m$	$T_2-T_1+2(S_3-S_1)$
	偏离平行	1	0	−1		−2	2			$10m$	$2(T_2-T_1)-S_3+S_1$
	二次曲线	1	−2	1		0	0			$6m$	$S_3-2S_2+S_1$
(4.3)	试品间	−3	−3	−3	−3	4	4	4		$84m$	$4(T_3+T_2+T_1)-3(S_4+S_3+S_2+S_1)$
	回归	−3	−1	1	3	−2	0	2		$28m$	$2(T_3-T_1)+3(S_4-S_1)-S_2+S_3$
	偏离平行	3	1	−1	−3	−5	0	5		$70m$	$5(T_3-T_1)-3(S_4-S_1)-S_3+S_2$
	二次曲线	3	−3	−3	3	2	−4	2		$60m$	$2(T_3+T_1)-4T_2+3(S_4-S_3-S_2+S_1)$
	反向二次曲线	−1	1	1	−1	1	−2	1		$10m$	$T_3-2T_2+T_1-S_4+S_3+S_2-S_1$

注：用（2.3）法及（3.4）法时，分别将（3.2）法及（4.3）法中S和T的正交多项系数互换即得。

表中S_1、S_2……T_1、T_2……在量反应分别为标准品和供试品每一剂量组内的反应值或它们规定函数的总和〔相当于表二的$\sum y_{(k)}$各项〕。所有脚序1、2、3……都是顺次由小剂量到大剂量，C_i是与之相应的正交多项系数。$m \cdot \sum C_i^2$是该项变异各正交多项系数的平方之和与m的乘积，$\sum [C_i \cdot \sum y_{(k)}]$为$S_1$、$S_2$……$T_1$、$T_2$……分别与该项正交多项系数乘积之和。

表五　（$k \cdot k \cdot k$）法可靠性测验正交多项系数表

方法	变异来源	$\sum y_{(k)}$ 的正交多项系数（C_i）									$m \cdot \sum C_i^2$	$\sum [C_i \cdot \sum y_{(k)}]$
		S_1	S_2	S_3	T_1	T_2	T_3	U_1	U_2	U_3		
(2.2.2)	回归	−1	1		−1	1		−1	1		$6m$	$S_2-S_1+T_2-T_1+U_2-U_1$
	偏离平行	1	−1		−1	1					$4m$	$T_2-T_1-S_2+S_1$
		1	−1					−1	1		$4m$	$U_2-U_1-S_2+S_1$
					1	−1		−1	1		$4m$	$U_2-U_1-T_2+T_1$

（续）

方法	变异来源	∑y(k)的正交多项系数（C_i）									$m \cdot \sum C_i^2$	$\sum[C_i \cdot \sum y_{(k)}]$
		S_1	S_2	S_3	T_1	T_2	T_3	U_1	U_2	U_3		
(3.3.3)	回 归	−1	0	1	−1	0	1	−1	0	1	$6m$	$U_3-U_1+T_3-T_1+S_3-S_1$
	偏 离	1	0	−1	−1	0	1				$4m$	$T_3-T_1-S_3+S_1$
		1	0	−1				−1	0	1	$4m$	$U_3-U_1-S_3+S_1$
	平 行				1	0	−1	−1	0	1	$4m$	$U_3-U_1-T_3+T_1$
	二次曲线	1	−2	1	1	−2	1	1	−2	1	$18m$	$U_3-2U_2+U_1+T_3-$ $2T_2+T_1+S_3-2S_2+S_1$
	反 向 二	−1	2	−1	1	−2	1				$12m$	$T_3-2T_2+T_1-S_3+2S_2-S_1$
		−1	2	−1				1	−2	1	$12m$	$U_3-2U_2+U_1-S_3+2S_2-S_1$
	次 曲 线				−1	2	−1	1	−2	1	$12m$	$U_3-2U_2+U_1-T_3+2T_2-T_1$

表六　随机区组设计(3.3)法可靠性测验结果

变异来源	f	差方和	方　差	F	P
试品间	1	(22)式	差方和/f	方差/s^2	
回归	1	(22)式	差方和/f	方差/s^2	
偏离平行	1	(22)式	差方和/f	方差/s^2	
二次曲线	1	(22)式	差方和/f	方差/s^2	
反向二次曲线	1	(22)式	差方和/f	方差/s^2	
剂间	$K-1$	（15）式	差方和/f	方差/s^2	
区组间	$m-1$	（16）式	差方和/f	方差/s^2	
误差	$(K-1)(m-1)$	（17）式	差方和/$f(s^2)$		
总	$mK-1$	（14）式			

表七　F值表

		f_1（分子的自由度）								
		1	2	3	4	6	12	20	40	∞
f_2（分母的自由度）	1	161	200	216	225	234	244	248	251	254
		4052	4999	5403	5625	5859	6106	6208	6286	6366
	2	18.51	19.00	19.16	19.25	19.33	19.41	19.44	19.47	19.50
		98.49	99.00	99.17	90.25	99.33	99.42	99.45	99.48	99.50
	3	10.13	9.55	9.28	9.12	8.94	8.74	8.66	8.60	8.53
		34.12	30.82	29.46	28.71	27.91	27.05	26.69	26.41	26.12
	4	7.71	6.94	6.59	6.39	6.16	5.91	5.80	5.71	5.63
		21.20	18.00	16.69	15.98	15.21	14.37	14.02	13.74	13.46
	5	6.61	5.79	5.41	5.19	4.95	4.68	4.56	4.46	4.36
		16.26	13.27	12.06	11.39	10.67	9.89	9.55	9.29	9.02
	6	5.99	5.14	4.76	4.53	4.28	4.00	3.87	3.77	3.67
		13.74	10.92	9.78	9.15	8.47	7.72	7.39	7.14	6.88
	7	5.59	4.74	4.35	4.12	3.87	3.57	3.44	3.34	3.23
		12.25	9.55	8.45	7.85	7.19	6.47	6.15	5.90	5.65
	8	5.32	4.46	4.07	3.84	3.58	3.28	3.15	3.05	2.93
		11.26	8.65	7.59	7.01	6.37	5.67	5.36	5.11	4.86
	9	5.12	4.26	3.86	3.63	3.37	3.07	2.93	2.82	2.71
		10.56	8.02	6.99	6.42	5.80	5.11	4.80	4.56	4.31
	10	4.96	4.10	3.71	3.48	3.22	2.91	2.77	2.67	2.54
		10.04	7.56	6.55	5.99	5.39	4.71	4.41	4.17	3.91

（续）

		1	2	3	4	6	12	20	40	∞
						f_1（分子的自由度）				
f_2（分母的自由度）	15	4.54	3.68	3.29	3.06	2.79	2.48	2.33	2.21	2.07
		8.68	6.36	5.42	4.89	4.32	3.67	3.36	3.12	2.87
	20	4.35	3.49	3.10	2.87	2.60	2.28	2.12	1.99	1.84
		8.10	5.85	4.94	4.43	3.87	3.23	2.94	2.69	2.42
	30	4.17	3.32	2.92	2.69	2.42	2.09	1.93	1.79	1.62
		7.56	5.39	4.51	4.02	3.47	2.84	2.55	2.29	2.01
	40	4.08	3.23	2.84	2.61	2.34	2.00	1.84	1.69	1.51
		7.31	5.18	4.31	3.83	3.29	2.66	2.37	2.11	1.81
	60	4.00	3.15	2.76	2.52	2.25	1.92	1.75	1.59	1.39
		7.08	4.98	4.13	3.65	3.12	2.50	2.20	1.93	1.60
	∞	3.84	2.99	2.60	2.37	2.09	1.75	1.57	1.40	1.00
		6.64	4.60	3.78	3.32	2.80	2.18	1.87	1.59	1.00

注：上行，$P=0.05$；下行，$P=0.01$。

随机设计没有区组间变异项。

可靠性测验结果判断

可靠性测验结果，回归项应非常显著（$P<0.01$）

（2.2）法、（2.2.2）法偏离平行应不显著（$P>0.05$）。

其他（$k \cdot k$）法、（$k \cdot k \cdot k$）法偏离平行、二次曲线、反向二次曲线各项均应不显著（$P>0.05$）。

试品间一项不作为可靠性测验的判断标准，试品间变异非常显著者，重复试验时，应参考所得结果重新估计T的效价或重新调整剂量试验。

双交叉设计的方差分析和可靠性测验

（1）双交叉设计实验结果的方阵表　将动物按体重随机分成四组，各组的动物数（m）相等，四组的动物总数为$4m$。对四组中的每一只动物都加以识别标记，按双交叉设计给药次序表进行实验，各组的每一只动物都给药两次，共得$2 \times 4m$个反应值。将S、T各两个剂量组两次实验所得反应值排列成表，见表八。

表八　双交叉实验结果

	第一组			第二组			第三组			第四组			
	第（1）次	第（2）次	两次反应和	第（1）次	第（2）次	两次反应和	第（1）次	第（2）次	两次反应和	第（1）次	第（2）次	两次反应和	
	d_{S_1}	d_{T_2}		d_{S_2}	d_{T_1}		d_{T_1}	d_{S_2}		d_{T_2}	d_{S_1}		
y	$y_{S_{1(1)}}$ ⋮	$y_{T_{2(2)}}$ ⋮	$y_{(1)}+y_{(2)}$ ⋮	$y_{S_{2(1)}}$ ⋮	$y_{T_{1(2)}}$ ⋮	$y_{(1)}+y_{(2)}$ ⋮	$y_{T_{1(1)}}$ ⋮	$y_{S_{2(2)}}$ ⋮	$y_{(1)}+y_{(2)}$ ⋮	$y_{T_{2(1)}}$ ⋮	$y_{S_{1(2)}}$ ⋮	$y_{(1)}+y_{(2)}$ ⋮	总和
Σ	$S_{1(1)}$	$T_{2(2)}$		$S_{2(1)}$	$T_{1(2)}$		$S_{2(2)}$			$S_{1(2)}$			S_1 S_2 T_1 T_2
								$T_{1(1)}$			$T_{2(1)}$		

（2）缺项补足　表八中如有个别组的1个反应值因故缺失，均作该只动物缺失处理，在组内形

成两个缺项。此时，可分别用两次实验中该组动物其余各反应值的均值补入；也可在其余三组内用严格随机的方法各去除一只动物，使各组的动物数相等。每补足一个缺项，误差（Ⅰ）和误差（Ⅱ）的方差$s^2_Ⅰ$和$s^2_Ⅱ$的自由度都要减去1。缺项不得超过反应总个数的5%。同一组内缺失的动物不得超过1只。

（3）方差分析 双交叉设计的总变异中，包含有动物间变异和动物内变异。对表八的$2 \times 4m$个反应值进行方差分析时，总变异的差方和$_{(总)}$按（26）式计算。

$$差方和_{(总)} = \sum y^2 - \frac{(\sum y)^2}{2 \times 4m} \qquad (26)$$

$$f_{(总)} = 2 \times 4m - 1$$

动物间变异是每一只动物两次实验所得反应值的和（表八每组动物的第三列）之间的变异，其差方和按（27）式计算。

$$差方和_{(动物间)} = \frac{\sum \left[y_{(1)} + y_{(2)} \right]^2}{2} - \frac{(\sum y)^2}{2 \times 4m} \qquad (27)$$

$$f_{(动物间)} = 4m - 1$$

总变异中分除动物间变异，余下为动物内变异。

动物间变异和动物内变异的分析 将表八中S和T各剂量组第（1）次实验所得反应值之和$S_{1(1)}$、$S_{2(1)}$、$T_{1(1)}$、$T_{2(1)}$及第（2）次实验反应值之和$S_{1(2)}$、$S_{2(2)}$、$T_{1(2)}$、$T_{2(2)}$按表九双交叉设计正交系数表计算各项变异的$m \cdot \sum C^2_i$及$\sum (C_i \cdot y)$，按（22）式计算各项变异的差方和。

总变异的差方和减去动物间变异的差方和，再减去动物内各项变异的差方和，余项为误差（Ⅰ）的差方和，按（28）式计算。

$$差方和_{(误差Ⅰ)} = 差方和_{(总)} - 差方和_{(动物间)} - 差方和_{(试品间)} - 差方和_{(回归)} - 差方和_{(次间)} - 差方和_{(次间 \times 偏离平行)} \qquad (28)$$

$$f_{(误差Ⅰ)} = f_{(总)} - f_{(动物间)} - f_{(试品间)} - f_{(回归)} - f_{(次间)} - f_{(次间 \times 偏离平行)} = 4(m-1)$$

误差（Ⅰ）的方差s^2，用以计算实验误差S_M、FL，及进行动物内各项变异（表九中*标记者）的F测验。

误差（Ⅱ）的差方和为动物间变异的差方和减去表九中其余三项变异（表九中无*标记者）的差方和，按（29）式计算。

$$差方和_{(误差Ⅱ)} = 差方和_{(动物间)} - 差方和_{(偏离平行)} - 差方和_{(次间 \times 试品间)} - 差方和_{(次间 \times 回归)} \qquad (29)$$

$$f_{(误差Ⅱ)} = f_{(动物间)} - f_{(偏离平行)} - f_{(次间 \times 试品间)} - f_{(次间 \times 回归)} = 4(m-1)$$

误差（Ⅱ）的方差$s^2_Ⅱ$用以进行上述三项变异的F测验。

表九 双交叉设计正交系数表[①]

变异来源	第（1）次实验				第（2）次实验				$m \cdot \sum C^2_i$	$\sum (C_i \cdot \sum y)$
	$S_{1(1)}$	$S_{2(1)}$	$T_{1(1)}$	$T_{2(1)}$	$S_{1(2)}$	$S_{2(2)}$	$T_{1(2)}$	$T_{2(2)}$		
	正交多项系数C_i									
试品间*	-1	-1	1	1	-1	-1	1	1	$8m$	$T_{2(1)} + T_{1(1)} - S_{2(1)} - S_{1(1)} + T_{2(2)} + T_{1(2)} - S_{2(2)} - S_{1(2)}$
回归*	-1	1	-1	1	-1	1	-1	1	$8m$	$T_{2(1)} - T_{1(1)} + S_{2(1)} - S_{1(1)} + T_{2(2)} - T_{1(2)} + S_{2(2)} - S_{1(2)}$
偏离平行	1	-1	-1	1	1	-1	-1	1	$8m$	$T_{2(1)} - T_{1(1)} - S_{2(1)} + S_{1(1)} + T_{2(2)} - T_{1(2)} - S_{2(2)} + S_{1(2)}$

（续）

变异来源	第（1）次实验				第（2）次实验				$m\cdot\sum C_i^2$	$\sum(C_i\cdot\sum y)$
	$S_{1(1)}$	$S_{2(1)}$	$T_{1(1)}$	$T_{2(1)}$	$S_{1(2)}$	$S_{2(2)}$	$T_{1(2)}$	$T_{2(2)}$		
	正交多项系数 C_i									
次间*	-1	-1	-1	-1	1	1	1	1	$8m$	$T_{2(2)}+T_{1(2)}+S_{2(2)}+S_{1(2)}-T_{2(1)}-T_{1(1)}-S_{2(1)}-S_{1(1)}$
次间×试品间	1	1	-1	-1	-1	-1	1	1	$8m$	$T_{2(2)}+T_{1(2)}-S_{2(2)}-S_{1(2)}-T_{2(1)}-T_{1(1)}+S_{2(1)}+S_{1(1)}$
次间×回归	1	-1	1	-1	-1	1	-1	1	$8m$	$T_{2(2)}-T_{1(2)}+S_{2(2)}-S_{1(2)}-T_{2(1)}+T_{1(1)}-S_{2(1)}+S_{1(1)}$
次间×偏离平行*	-1	1	1	-1	1	-1	-1	1	$8m$	$T_{2(2)}-T_{1(2)}-S_{2(2)}+S_{1(2)}-T_{2(1)}+T_{1(1)}+S_{2(1)}-S_{1(1)}$

①各项变异的自由度均为1。有*号标记的四项为动物内变异，其余三项为动物间变异。

（4）可靠性测验　将方差分析及F测验的结果列表，如表十。

表十中的概率P，计算同表六，但表的上半部分是以 s_{II}^2 的自由度为分母，表的下半部分以 s^2 的自由度为分母，查F值表（表七），将查表所得的F值与表十F项下的计算值比较而得。

表十　双交叉设计可靠性测验结果

变异来源	f	差方和	方差	F	P
偏离平行	1	(22)式	差方和/f	方差/s_{II}^2	
次间×试品间	1	(22)式	差方和/f	方差/s_{II}^2	
次间×回归	1	(22)式	差方和/f	方差/s_{II}^2	
误差(Ⅱ)	$4(m-1)$	(29)式	差方和/$f(s_{\mathrm{II}}^2)$		
动物间	$4m-1$	(27)式	差方和/f	方差/s^2	
试品间	1	(22)式	差方和/f	方差/s^2	
回归	1	(22)式	差方和/f	方差/s^2	
次间	1	(22)式	差方和/f	方差/s^2	
次间×偏离平行	1	(22)式	差方和/f	方差/s^2	
误差（Ⅰ）	$4(m-1)$	(28)式	差方和/$f(s^2)$		
总	$2\times4m-1$	(26)式			

可靠性测验结果判断　回归、偏离平行、试品间三项的判断标准同（2.2）法。

次间×试品间、次间×回归、次间×偏离平行三项中，如有F测验非常显著者，说明该项变异在第一次和第二次实验的结果有非常显著的差别，对出现这种情况的检定结果，下结论时应慎重，最好复试。

3. 效价(P_T)及可信限(FL)计算

各种（$k.k$）法都按表十一计算V、W、D、A、B、g等数值，代入（30）～（33）式及（3）式、（8）式计算R、P_T、S_M以及R、P_T的FL和FL%等。

$$R = D\cdot\mathrm{anti}\,\lg\frac{IV}{W} \tag{30}$$

$$S_M = \frac{I}{W^2(1-g)}\sqrt{ms^2[(1-g)AW^2+BV^2]} \tag{31}$$

$$R\text{的}FL = \text{anti lg}\left(\frac{\lg R}{1-g} \pm t \cdot S_M\right) \tag{32}$$

$$P_T\text{的}FL = A_T \cdot \text{anti lg}\left(\frac{\lg R}{1-g} \pm t \cdot S_M\right) \tag{33}$$

（2.2）法双交叉设计　计算方法同上述（2.2）法。双交叉设计各剂量组都进行两次试验，S和T每一剂量组的反应值个数为组内动物数的两倍（$2m$）。

（1）双交叉设计用S和T各组剂量两次试验所得各反应值之和（表八中的S_1、S_2、T_1、T_2）按表十一（2.2）法公式计算V、W、D、g等数值。

表十一　量反应平行线检定法的计算公式[①]

方法 $(k_1 \cdot k_2)$	S	T	效价计算用数值			S_M计算用数值		
			V	W	D	A	B	g
2.2	$d_{S_1}d_{S_2}$	$d_{T_1}d_{T_2}$	$\frac{1}{2}(T_1+T_2-S_1-S_2)$	$\frac{1}{2}(T_2-T_1+S_2-S_1)$	$\frac{d_{S_2}}{d_{T_2}}$	1	1	$\frac{t^2s^2m}{W^2}$
3.3	$d_{S_1}d_{S_2}d_{S_3}$	$d_{T_1}d_{T_2}d_{T_3}$	$\frac{1}{3}(T_1+T_2+T_3-S_1-S_2-S_3)$	$\frac{1}{4}(T_3-T_1+S_3-S_1)$	$\frac{d_{S_3}}{d_{T_3}}$	$\frac{2}{3}$	$\frac{1}{4}$	$\frac{t^2s^2m}{4W^2}$
4.4	$d_{S_1}d_{S_2}d_{S_3}d_{S_4}$	$d_{T_1}d_{T_2}d_{T_3}d_{T_4}$	$\frac{1}{4}(T_1+T_2+T_3+T_4-S_1-S_2-S_3-S_4)$	$\frac{1}{20}[(T_3-T_2+S_3-S_2)+3(T_4-T_1+S_4-S_1)]$	$\frac{d_{S_4}}{d_{T_4}}$	$\frac{1}{2}$	$\frac{1}{10}$	$\frac{t^2s^2m}{10W^2}$
3.2	$d_{S_1}d_{S_2}d_{S_3}$	$d_{T_1}d_{T_2}$	$\frac{1}{2}(T_2+T_1)-\frac{1}{3}(S_1+S_2+S_3)$	$\frac{1}{5}[(T_2-T_1)+2(S_3-S_1)]$	$\frac{d_{S_3}}{d_{T_2}}\cdot\frac{1}{\sqrt{r}}$	$\frac{5}{6}$	$\frac{2}{5}$	$\frac{2t^2s^2m}{5W^2}$
2.3	$d_{S_1}d_{S_2}$	$d_{T_1}d_{T_2}d_{T_3}$	$\frac{1}{3}(T_1+T_2+T_3)-\frac{1}{2}(S_1+S_2)$	$\frac{1}{5}[2(T_3-T_1)+(S_2-S_1)]$	$\frac{d_{S_2}}{d_{T_3}}\cdot\sqrt{r}$			
4.3	$d_{S_1}d_{S_2}d_{S_3}d_{S_4}$	$d_{T_1}d_{T_2}d_{T_3}$	$\frac{1}{3}(T_1+T_2+T_3)-\frac{1}{4}(S_1+S_2+S_3+S_4)$	$\frac{1}{14}[2(T_3-T_1)+(S_3-S_2)+3(S_4-S_1)]$	$\frac{d_{S_4}}{d_{T_3}}\cdot\frac{1}{\sqrt{r}}$	$\frac{7}{12}$	$\frac{1}{7}$	$\frac{t^2s^2m}{7W^2}$
3.4	$d_{S_1}d_{S_2}d_{S_3}$	$d_{T_1}d_{T_2}d_{T_3}d_{T_4}$	$\frac{1}{4}(T_1+T_2+T_3+T_4)-\frac{1}{3}(S_1+S_2+S_3)$	$\frac{1}{14}[2(S_3-S_1)+(T_3-T_2)+3(T_4-T_1)]$	$\frac{d_{S_3}}{d_{T_4}}\cdot\sqrt{r}$			
2.2.2	$d_{S_1}d_{S_2}$	$d_{T_1}d_{T_2}$ $d_{U_1}d_{U_2}$	$\frac{1}{2}(T_1+T_2-S_1-S_2)$ $\frac{1}{2}(U_1+U_2-S_1-S_2)$	$\frac{1}{3}(T_2-T_1+U_2-U_1+S_2-S_1)$	$\frac{d_{S_2}}{d_{T_2}}$ $\frac{d_{S_2}}{d_{U_2}}$	1	$\frac{2}{3}$	$\frac{2t^2s^2m}{3W^2}$
3.3.3	$d_{S_1}d_{S_2}d_{S_3}$	$d_{T_1}d_{T_2}d_{T_3}$ $d_{U_1}d_{U_2}d_{U_3}$	$\frac{1}{3}(T_1+T_2+T_3-S_1-S_2-S_3)$ $\frac{1}{3}(U_1+U_2+U_3-S_1-S_2-S_3)$	$\frac{1}{6}(T_3-T_1+U_3-U_1+S_3-S_1)$	$\frac{d_{S_3}}{d_{T_3}}$ $\frac{d_{S_3}}{d_{U_3}}$	$\frac{2}{3}$	$\frac{1}{6}$	$\frac{t^2s^2m}{6W^2}$

①表中d_S、d_T分别为S和T的剂量，下角1、2、3是顺次由小剂量到大剂量。

（2）参照（31）式计算S_M，因每只动物进行两次实验，式中m用$2m$代替，（2.2）法$A=1$，$B=1$，S_M的公式为

$$S_M = \frac{1}{W^2(1-g)}\sqrt{2ms^2[(1-g)W^2+V^2]} \tag{34}$$

式中　s^2为表十中误差（Ⅰ）的方差；

$$g=\frac{s^2 \cdot t^2 \cdot 2m}{W^2}$$

例2　量反应平行线测定随机设计（3.3.3）法
绒促性素（HCG）效价测定——小鼠子宫增重法

S为绒促性素标准品

d_{S_1}：0.135单位/鼠　　　d_{S_2}：0.225单位/鼠　　　d_{S_3}：0.375单位/鼠

T为绒促性素　　估计效价A_T：2500u/mg

d_{T_1}：0.135单位/鼠　　d_{T_2}：0.225单位/鼠　　d_{T_3}：0.375单位/鼠

U为绒促性素粉针，标示量A_U：500u/安瓿

d_{U_1}：0.144单位/鼠　　　d_{U_2}：0.240单位/鼠　　　d_{U_3}：0.400单位/鼠

$r=1:0.6$　　$I=0.222$

反应（y）:10g体重的子宫重（mg）

测定结果见表2-1。

表2-1　HCG效价测定结果

剂量 u/鼠	d_{S_1} 0.135	d_{S_2} 0.225	d_{S_3} 0.375	d_{T_1} 0.135	d_{T_2} 0.225	d_{T_3} 0.375	d_{U_1} 0.144	d_{U_2} 0.240	d_{U_3} 0.400	
y	9.31	33.70	15.10	20.80	25.70	35.60	26.20	10.00	55.00	
	17.50	56.80	47.20	16.40	6.37	48.40	10.00	40.20	41.70	
	21.90	44.60	51.80	5.66	38.30	41.90	19.22	22.30	15.40	
	14.60	32.30	47.30	9.50	46.80	44.70	22.00	40.50	53.60	
	8.20	16.70	49.90	9.27	43.40	29.80	20.70	50.90	53.70	
	11.00	6.17	47.20	7.56	27.80	38.80	23.20	23.50	33.00	
	24.40	41.50	47.10	15.40	26.00	37.40	18.70	19.60	44.30	
	16.80	36.20	45.10	20.30	27.20	33.70	12.60	27.20	44.70	
	29.90	9.83	46.40	11.50	27.30	35.40	20.90	30.30	23.00	
	8.95	20.00	52.90	22.20	11.90	47.90	19.10	58.80	31.60	
	17.80	22.00	32.50	20.60	33.40	14.60	19.40	55.30	49.20	
	18.00	60.60	56.40	13.90	29.00	49.80	14.50	40.70	55.30	
	13.70	6.43	39.50	12.60	6.43	14.50	11.40	35.40	23.80	
	8.82	26.00	8.08	7.25	27.80	42.00	16.20	15.20	21.80	
	17.80	34.80	37.10	15.80	17.70	11.50	20.80	28.70	36.00	
$\sum y_{(k)}$	238.68 S_1	447.63 S_2	623.58 S_3	208.74 T_1	395.10 T_2	526.00 T_3	274.92 U_1	498.60 U_2	582.10 U_3	$\sum y$ 3795.35

（3.3.3）法，$K=9$；每组15只小鼠，$m=15$

（1）按（14）式、（15）式、（20）式计算各项的差方和

$$差方和_{(总)}=9.31^2+17.50^2+\cdots+23.80^2+21.80^2+36.00^2-\frac{3795.35^2}{9\times15}=29\,868.26$$

$$f_{(总)}=9\times15-1=134$$

$$差方和_{(剂间)}=\frac{238.68^2+477.63^2+\cdots+582.10^2}{15}-\frac{3795.35^2}{9\times15}=12\,336.55$$

$$f_{(剂间)}=9-1=8$$

$$差方和_{(误差)}=29\,868.26-12\,336.55=17\,531.71$$

$$f_{(误差)}=134-8=126$$

（2）剂间变异分析及可靠性测验 按（24）式及表五（3.3.3）法分析。

$$差方和_{(试品间)}=[（238.68+447.63+623.58）^2+（208.74+395.10+526.00）^2]\div（3\times15）+$$

$$（274.92+498.60+582.10）^2\div（3\times15）-3795.35^2\div（9\times15）=633.23$$

$$f_{(试品间)}=2$$

各项分析结果见表2-2、表2-3。

结论：回归非常显著，偏离平行、二次曲线、反向二次曲线均不显著，实验结果成立。

表2-2　HCG(3.3.3)法剂间变异分析

变异来源	$\sum y_{(k)}$									分母 $m\cdot\sum C_i^2$	$\sum[C_i\cdot\sum y_{(k)}]$	差方和	
	S_1	S_2	S_3	T_1	T_2	T_3	U_1	U_2	U_3			$\dfrac{\{\sum[C_i\cdot\sum y_{(k)}]\}^2}{m\cdot\sum C_i^2}$	$\dfrac{2\sum[\sum\{C_i\cdot\sum y_{(k)}\}]}{\sum(m\cdot\sum C_i^2)}$
	238.68	447.63	623.58	208.74	395.10	526.00	274.92	498.60	582.10				
	正交多项系数 C_i												
回归	−1	0	1	−1	0	1	−1	0	1	15×6	1009.34	11 319.64	
偏离平行	1	0	−1	−1	0	1				15×4	−67.64		119.08
	1	0	−1				−1	0	1	15×4	−77.72		
				1	0	−1	−1	0	1	15×4	−10.08		
二次曲线	1	−2	1	1	−2	1	1	−2	1	15×18	−228.64	193.62	
反向二次曲线	−1	2	−1	1	−2	1				15×12	−22.46		71.0
	−1	2	−1				1	−2	1	15×12	−107.18		
				−1	2	−1	1	−2	1	15×12	−87.72		

表2-3　HCG效价测定(3.3.3)法可靠性测验结果

变异来源	f	差方和	方差	F	P
试品间	2	633.2	316.6	2.28	>0.05
回归	1	11 319.64	11 319.64	81.35	<0.01
偏离平行	2	119.08	59.54	<1	>0.05
二次曲线	1	193.62	193.62	1.39	>0.05
反向二次曲线	2	71.00	35.50	<1	>0.05
剂间	8	12 336.55	1542.07	11.08	<0.01
误差	126	17 531.71	139.14(s^2)		
总	134	29 868.26			

（3）效价（P_T、P_U）及可信限（FL）计算 按表十一（3.3.3）法及（30）~（33）式、（3）

式、（8）式计算。

$r=1:0.6 \qquad I=0.222$

$s^2=139.14 \qquad f=126 \qquad t=1.98$

P_T及其FL计算

$$V=\frac{1}{3}\times（208.74+395.10+526.00-238.68-447.63-623.58）=-60.017$$

$$W=\frac{1}{6}\times（526.00-208.74+623.58-238.68+582.10-274.92）=168.223$$

$$g=\frac{139.14\times1.98^2\times15}{6\times168.223^2}=0.048$$

$$R_T=\frac{0.375}{0.375}\cdot\text{antilg}（\frac{-60.017}{168.223}\times0.222）=0.833$$

$$P_T=2500\times0.833=2082.5（u/mg）$$

$$S_{M_T}=\frac{0.222}{168.223^2\times（1-0.048）}\times\sqrt{15\times139.14\times[(1-0.048)\times\frac{2}{3}\times168.223^2+\frac{1}{6}\times(-60.017)^2]}$$

$$=0.051\ 29$$

$$R_T\text{的FL}=\text{antilg}（\frac{\lg0.833}{1-0.048}\pm1.98\times0.051\ 29）=0.653\sim1.043$$

$$P_T\text{的FL}=2500\times（0.653\sim1.043）=1632.5\sim2607.5（u/mg）$$

$$P_T\text{的FL\%}=\frac{2607.5-1632.5}{2\times2082.5}\times100\%=23.4\%$$

P_U及其FL计算

$$V=\frac{1}{3}\times（274.92+498.60+582.10-238.68-447.63-623.58）=15.243$$

$$W=168.223 \qquad g=0.048$$

$$R_U=\frac{0.375}{0.400}\cdot\text{antilg}（\frac{15.243}{168.223}\times0.222）=0.982$$

$$P_U=500\times0.982=491.0（u/安瓿）$$

$$S_{M_U}=\frac{0.222}{168.223^2\times（1-0.048）}\times\sqrt{15\times139.14[(1-0.048)\times\frac{2}{3}\times168.223^2+\frac{1}{6}\times15.243^2]}$$

$$=0.050\ 51$$

$$R_U\text{的FL}=\text{antilg}（\frac{\lg0.982}{1-0.048}\pm1.98\times0.050\ 51）=0.779\sim1.235$$

$$P_U\text{的FL}=500\times（0.779\sim1.235）=389.5\sim617.5（u/安瓿）$$

$$P_U\text{的FL\%}=\frac{617.5-389.5}{2\times491.0}\times100\%=23.2\%$$

按（21）式计算s^2

$s^2=[15\times（9.31^2+17.50^2+\cdots+21.80^2+36.00^2）-（238.68^2+447.63^2+\cdots+582.10^2）]\div[9\times15\times（15-1）]=139.14$

与表2-3结果相同。

例3 量反应平行线测定随机区组设计（3.3）法

新霉素效价测定——杯碟法

S为新霉素标准品

稀释液d_{S_1}：8.0单位/ml　　　d_{S_2}：10.0单位/ml　　　d_{S_3}：12.5单位/ml

T为新霉素　标示量A_T：670u/mg

稀释液d_{T_1}：8.0单位/ml　　　d_{T_2}：10.0单位/ml　　　d_{T_3}：12.5单位/ml

$r=1:0.8$　　　$I=0.0969$

反应（y）：抑菌圈直径（mm）

测定结果见表3-1。

表3-1　新霉素效价测定结果

剂量 u/ml	d_{S_1} 8.0	d_{S_2} 10.0	d_{S_3} 12.5	d_{T_1} 8.0	d_{T_2} 10.0	d_{T_3} 12.5	$\sum y_m$
	16.05	16.20	16.50	15.80	16.35	16.60	97.50
	16.20	16.45	16.65	16.20	16.45	16.70	98.65
	16.00	16.45	16.70	16.05	16.35	16.70	98.25
	15.95	16.35	16.60	16.00	16.25	16.60	97.75
y	15.70	16.25	16.60	15.85	16.25	16.60	97.25
	15.55	16.20	16.55	15.70	16.20	16.60	96.80
	15.65	16.20	16.40	15.80	16.15	16.40	96.60
	15.90	16.10	16.45	15.80	16.10	16.50	96.85
	15.60	16.00	16.30	15.70	15.95	16.30	95.85
$\sum y_{(k)}$	142.60 S_1	146.20 S_2	148.75 S_3	142.90 T_1	146.05 T_2	149.00 T_3	875.50

随机区组设计（3.3）法，$K=6$

不同双碟（碟间）是剂量组内所加的因级限制，共9个双碟，$m=9$

（1）按（14）~（18）式计算各项差方和

$$差方和_{（总）}=16.05^2+16.20^2+\cdots+16.50^2+16.30^2-\frac{875.5^2}{9\times6}=5.4709$$

$$f=9\times6-1=53$$

$$差方和_{（剂间）}=（142.60^2+146.20^2+\cdots+146.05^2+149.00^2）\div9-875.5^2\div（9\times6）=4.1926$$

$$f=6-1=5$$

$$差方和_{（碟间）}=（97.50^2+98.65^2+\cdots+96.85^2+95.85^2）\div6-875.5^2\div（9\times6）=1.0018$$

$$f=9-1=8$$

$$差方和_{（误差）}=5.4709-4.1926-1.0018=0.2765$$

$$f=53-5-8=40$$

（2）剂间变异分析及可靠性测验　按表四（3.3）法计算，结果见表3-2、表3-3。

表3-2　新霉素(3.3)法剂间变异分析

变异来源	$\sum y_{(k)}$						$m \cdot \sum C_i^2$	$\sum[C_i \cdot \sum y_{(k)}]$	差方和 $\dfrac{\{\sum[C_i \cdot \sum y_{(k)}]\}^2}{m \cdot \sum C_i^2}$
	S_1	S_2	S_3	T_1	T_2	T_3			
	142.60	146.20	148.75	142.90	146.05	149.00			
	正交多项系数（C_i）								
试品间	-1	-1	-1	$+1$	$+1$	$+1$	9×6	0.4000	0.002 963
回归	-1	0	$+1$	-1	0	$+1$	9×4	12.25	4.168
偏离平行	$+1$	0	-1	-1	0	$+1$	9×4	0.050 00	0.000 069 44
二次曲线	$+1$	-2	$+1$	$+1$	-2	$+1$	9×12	1.250	0.014 47
反向二次曲线	-1	$+2$	-1	$+1$	-2	$+1$	9×12	0.8500	0.006 690

表3-3　新霉素效价测定(3.3)法可靠性测验结果

变异来源	f	差方和	方差	F	P
试品间	1	0.002 963	0.002 963	<1	>0.05
回归	1	4.168	4.168	602.9	<0.01
偏离平行	1	0.000 069 44	0.000 069 44	<1	>0.05
二次曲线	1	0.014 47	0.014 47	2.1	>0.05
反向二次曲线	1	0.006 690	0.006 690	<1	>0.05
剂间	5	4.1926	0.8385	121.3	<0.01
碟间	8	1.0018	0.1252	18.1	<0.01
误差	40	0.2765	$0.006\,912(s^2)$		
总	53	5.4709			

结论：回归非常显著（$P<0.01$），偏离平行、二次曲线、反向二次曲线均不显著（$P>0.05$），实验结果成立。组内（碟间）差异非常显著（$P<0.01$），分离碟间差异，可以减小实验误差。

（3）效价（P_T）及可信限（FL）计算　按表十一（3.3）法及（30）~（33）式、（3）式、（8）式计算。

$r=1:0.8$　$I=0.0969$　$s^2=0.006\,912$　$f=40$

$t=2.02$（$P=0.95$）

P_T及其FL计算

$$V=\frac{1}{3} \times (142.90+146.05+149.00-142.6-146.2-148.75)=0.1333$$

$$W=\frac{1}{4} \times (149.0-142.9+148.75-142.6)=3.0625$$

$$g=\frac{2.02^2 \times 0.006\,912 \times 9}{4 \times 3.0625^2}=0.007$$

$$R=\frac{12.5}{12.5} \cdot antilg\left(\frac{0.1333}{3.0625} \times 0.0969\right)=1.01$$

$$P_T=670 \times 1.01=676.70（u/mg）$$

$$S_M=\frac{0.0969}{3.0625^2 \times (1-0.007)} \times \sqrt{9 \times 0.006\,912 \times [(1-0.007) \times \frac{2}{3} \times 3.0625^2+\frac{1}{4} \times 0.1333^2]}$$

$$=0.006\,469$$

$$R\text{的FL}=\text{antilg}\,[\,\frac{\lg 1.010}{(1-0.007)}\pm 2.02\times 0.006\ 469\,]=0.980\sim 1.041$$

$$P_\text{T}\text{的FL}=670\times(0.980\sim 1.041)=656.60\sim 697.47\ (\text{u/mg})$$

$$P_\text{T}\text{的FL\%}=\frac{697.47-656.60}{2\times 676.70}\times 100\%=3.0\%$$

按（19）式计算s^2

$$s^2=\frac{6\times 9\times(16.05^2+16.20^2+\cdots+16.50^2+16.30^2)}{6\times 9\times(6-1)\times(9-1)}$$

$$-\frac{6\times(142.6^2+\cdots+149.0^2)-9\times(97.5^2+\cdots+95.85^2)+875.5^2}{6\times 9\times(6-1)\times(9-1)}$$

$$=0.006\ 912$$

$$f=(6-1)\times(9-1)=40$$

和表3-3结果相同。

例4　量反应平行线测定随机区组设计（2.2）法
缩宫素效价测定——大鼠离体子宫法

S为缩宫素标准品

d_{S_1}:0.0068u　　d_{S_2}:0.009u

T为缩宫素注射液　标示量 A_T:10u/ml

d_{T_1}:0.008u　　d_{T_2}:0.0106u

$r=1:0.75$　　$I=0.125$

反应（y）：子宫收缩高度（mm）

测定结果见表4-1。

表4-1　缩宫素效价测定结果

剂量 u	d_{S_1} 0.0068	d_{S_2} 0.0090	d_{T_1} 0.0080	d_{T_2} 0.0106	$\sum y_m$
	39.5	68.0	41.0	71.0	219.5
	37.0	62.5	36.0	53.0	188.5
y	35.0	63.0	37.0	62.0	197.0
	31.5	58.0	34.5 (15.0)	60.0	184.0
	30.0	50.0	35.0	60.0	175.0
$\sum y_{(k)}$	173.0 S_1	301.5 S_2	183.5 T_1	306.0 T_2	964.0

随机区组设计（2.2）法，$K=4$。每组4个剂量为一区组，其给药次序为剂量组内所加因级限制。各剂量组均为5个反应，$m=5$。

（1）特异反应处理　表4-1第三列第四行d_{T_1}的第4个数值特小，本例为随机区组设计按（10）式计算决定此值是否属特异值。

$$m=5\quad y_a=15\quad y=35\quad y_m=41$$

$$J_1 = \frac{y_2 - y_a}{y_m - y_a} = \frac{35-15}{41-15} = 0.77$$

查表三，$m=5$时，$J_1=0.73$，小于计算值0.77，故此值可以剔除。剔除后形成的缺项按（13）式补足。

$$C=149 \quad R=149.5 \quad G=929.5$$

$$K=4 \quad m=5$$

缺项补足值 $y = \dfrac{4 \times 149 + 5 \times 149.5 - 929.5}{(4-1) \times (5-1)} = 34.5$

（2）按（14）~（18）式计算各项差方和补足了一个缺项，误差项的自由度按（17）式再减1。

$$差方和_{(总)} = 39.5^2 + 37.0^2 + \cdots + 60.0^2 + 60.0^2 - \frac{964.0^2}{5 \times 4} = 3600.20$$

$$f = 5 \times 4 - 1 = 19$$

$$差方和_{(剂间)} = \frac{173.0^2 + 301.5^2 + 183.5^2 + 306.0^2}{5} - \frac{964.0^2}{5 \times 4} = 3163.10$$

$$f = 4 - 1 = 3$$

$$差方和_{(区组间)} = \frac{219.5^2 + 188.5^2 + \cdots + 184.5^2 + 175.0^2}{4} - \frac{964.0^2}{5 \times 4} = 285.82$$

$$f = 5 - 1 = 4$$

$$差方和_{(误差)} = 3600.20 - 3163.10 - 285.82 = 151.28$$

$$f = 19 - 3 - 4 - 1 = 11$$

（3）剂间变异分析及可靠性测验 按表四（2.2）法计算，结果见表4-2、表4-3。

表4-2 缩宫素(2.2)法剂间变异分析

变异来源	$\sum y_{(k)}$				$m \cdot \sum C_i^2$	$\sum[C_i \cdot \sum y_{(k)}]$	差方和 $\dfrac{\{\sum[C_i \cdot \sum y_{(k)}]\}^2}{m \cdot \sum C_i^2}$
	S_1 173.0	S_2 301.5	T_1 183.5	T_2 306.0			
	正交多项系数（C_i）						
试品间	-1	-1	1	1	5×4	15.0	11.25
回归	-1	1	-1	1	5×4	251.0	3150.05
偏离平行	1	-1	-1	1	5×4	-6.00	1.80

表4-3 缩宫素效价测定（2.2）法可靠性测验结果

变异来源	f	差方和	方差	F	P
试品间	1	11.25	11.25	<1	>0.05
回归	1	3150.05	3150.05	229.06	<0.01
偏离平行	1	1.80	1.80	<1	>0.05
剂间	3	3163.10	1054.37	76.67	<0.01
区组间	4	285.82	71.46	5.20	<0.05
误差	11	151.27	13.75（s^2）		>0.01
总	19	3600.20			

结论：回归非常显著（$P<0.01$），偏离平行不显著（$P>0.05$），实验结果成立。

区组间差异显著（$P<0.05$），分离区组间变异，可以减小实验误差。

缩宫素离体子宫效价测定，如区组间变异不显著，也可以不分离区组间变异，用随机设计方差分析法计算。

（4）效价（P_T）及可信限（FL）计算　按表十一（2.2）法及（30）~（33）式、（3）式、（8）式计算。

$r=1:0.75$　　$I=0.125$　　$s^2=13.75$

$f=11$　　　　$t=2.20$

P_T及其FL计算：

$$V=\frac{1}{2}\times（183.5+306.0-173.0-301.5）=7.5$$

$$W=\frac{1}{2}\times（306.0-183.5+301.5-173.0）=125.5$$

$$g=\frac{13.75\times2.20^2\times5}{125.5^2}=0.021$$

$$R=\frac{0.009}{0.0106}\cdot antilg（\frac{7.5}{125.5}\times0.125）=0.864$$

$$P_T=10\times0.864=8.64（u/ml）$$

$$S_M=\frac{0.125}{125.5^2\times（1-0.021）}\times\sqrt{5\times13.75\times[(1-0.021)\times125.5^2+7.5^2]}=0.008\,362$$

$$R的FL=antilg（\frac{lg0.864}{1-0.021}\pm2.20\times0.008\,362）=0.826~0.899$$

$$P_T的FL=10\times（0.826~0.899）=8.26~8.99（u/ml）$$

$$P_T的FL\%=\frac{8.99-8.26}{2\times8.64}\times100\%=4.2\%$$

四、实验结果的合并计算

同一批供试品重复n次测定，所得n个测定结果，可用合并计算的方法求其效价P_T的均值及其FL。

参加合并计算的n个结果应该是：

（1）各个实验结果是独立的、完整的，是在动物来源、实验条件相同的情况下，与标准品同时比较所得的检定结果（P_T）；

（2）各次检定结果，经用标示量或估计效价（A_T）校正后，取其对数值（lgP_T）参加合并计算。

计算时，令$lgP_T=M$

n次实验结果共n个M值，按（35）式进行χ^2测验

$$\chi^2=\sum WM^2-\frac{（\sum WM）^2}{\sum W} \tag{35}$$

$$f=n-1$$

式中　W为各次实验结果的权重，相当于各次实验S_M平方的倒数，即

$$W=\frac{1}{S_M^2} \tag{36}$$

按（35）式的自由度（*f*）查χ²值表（表十二），得χ²$_{(f)\,0.05}$查表值；当χ²计算值小于χ²$_{(f)\,0.05}$查表值时，认为*n*个实验结果均一，可按（37）式、（38）式、（39）式计算*n*个*M*的加权均值 $\overline{M}$、$S_{\overline{M}}$及其FL。

表十二　χ²值表（*P*=0.05）

f	χ²	*f*	χ²	*f*	χ²	*f*	χ²
1	3.84	9	16.9	17	27.6	25	37.6
2	5.99	10	18.3	18	28.9	26	38.9
3	7.82	11	19.7	19	30.1	27	40.1
4	9.49	12	21.0	20	31.4	28	41.3
5	11.1	13	22.4	21	32.7	29	42.6
6	12.6	14	23.7	22	33.9	30	43.8
7	14.1	15	25.0	23	35.2		
8	15.5	16	26.3	24	36.4		

$$\overline{M} = \frac{(\sum WM)}{\sum W} \tag{37}$$

$$S_{\overline{M}} = \sqrt{\frac{1}{\sum W}} \tag{38}$$

合并计算的自由度（*f*）是*n*个实验结果的*s*²自由度之和。*f*=∑*f$_i$*，按此*f*查*t*值表（表一）得*t*值。

$$\overline{M}\text{的FL} = \overline{M} \pm t \cdot S_{\overline{M}} \tag{39}$$

$\overline{P_T}$及其可信限按（40）式、（41）式计算：

$$\overline{P_T} = \text{antilg}\ \overline{M} \tag{40}$$

$$\overline{P_T}\text{的FL} = \text{antilg}\ (\overline{M} \pm t \cdot S_{\overline{M}}) \tag{41}$$

FL%按（8）式计算。

当χ²计算值大于χ²$_{(f)\,0.05}$查表值时，则*n*个实验结果不均一，可用以下方法进行合并计算。

（1）如为个别实验结果影响*n*次实验结果的均一性，可以剔除个别结果，将其余均一的结果按以上公式进行合并计算，但剔除个别结果应符合"特异反应剔除"的要求。

（2）如果*n*次实验结果的不均一性并非个别实验结果的影响，则按（42）式、（43）式计算校正权重*W′*，如经公式（43）计算结果为负值，可以删除减号后面一项，计算近似的S_m^2和各次实验的*W′*。用*W′*和∑*W′*代替公式（37）式、（38）式中*W*和∑*W*计算 $\overline{M}$、$S_{\overline{M}}$，再按（39）式、（40）式、（41）式计算 $\overline{M}$的FL、$\overline{P_T}$及其FL。

$$W' = \frac{1}{S_M^2 + S_m^2} \tag{42}$$

$$S_m^2 = \frac{\sum M^2 - (\sum M)^2/n}{n-1} - \frac{\sum (S_M^2)}{n} \tag{43}$$

$$f = n-1$$

例5　肝素钠5次测定结果的合并计算

测定结果见表5-1。

表5-1　肝素钠的效价测定结果

P_T u/mg	M (lgP_T)	S_M	$W\left[\dfrac{1}{S_M^2}\right]$	WM	WM^2
189.28	2.277 1	0.028 9	1 197.30	2 726.37	6 208.22
180.13	2.255 6	0.014 4	4 822.53	10 877.70	24 535.74
189.72	2.278 1	0.010 5	9 070.29	20 663.03	47 072.44
185.27	2.267 8	0.006 33	24 957.01	56 597.51	128 351.83
181.25	2.258 3	0.027 8	1 293.93	2 922.08	6 598.94
		Σ	41 341.06	93 786.69	212 767.17

按（35）式计算

$$\chi^2 = 212\,767.17 - \frac{93\,786.69^2}{41\,341.06} = 1.86$$

$$f = 5 - 1 = 4$$

查表十二，$\chi^2_{(4)\,0.05} = 9.49$

χ^2计算值1.86<$\chi^2_{(4)\,0.05}$查表值，五次结果均一。

按（37）~（41）式

$$\overline{M} = \frac{93\,786.69}{41\,341.06} = 2.2686$$

$$\overline{P_T} = \text{antilg}\,2.2686 = 185.61\,（\text{u/mg}）$$

$$S_{\overline{M}} = \sqrt{\frac{1}{41\,341.06}} = 0.004\,92$$

5次实验均用（3.3）法，随机设计，每剂5管，各次实验s^2的自由度f_i均为：$f_i = 29 - 5 = 24$。
合并计算的自由度$f = 5 \times 24 = 120$，$t = 1.96$

$$\overline{P_T}\text{的FL} = \text{anti lg}\,（2.2686 \pm 1.96 \times 0.004\,92）$$

$$= 181.53 \sim 189.78\,（\text{u/mg}）$$

$$\text{FL\%} = \frac{189.78 - 181.53}{2 \times 185.61} \times 100\% = 2.2\%$$

五、符号

A　S_M计算公式中的数值

A_T　供试品的标示量或估计效价

B　S_M计算公式中的数值

C　缺项所在列各反应值之和

C_i　可靠性测验用正交多项系数

D　效价计算用数值

d_{S_1}，d_{S_2}…　标准品的各剂量

d_{T_1}，d_{T_2}…　供试品的各剂量

F　两方差值之比，用于方差分析等

FL　可信限

FL%　可信限率

f　自由度

G　缺项补足式中除缺项外各反应值之和

g　回归的显著性系数

I　相邻高低剂量比值的对数，$I=\lg r$

J_1，$J_2\cdots$　特异反应剔除用的J值

K　S和T的剂量组数和

$k \cdot k'$　S或T的剂量组数

M　S和T的对数等反应剂量之差，即效价比值（R）的对数，$M=\lg R$。合并计算中$M=\lg P_T$

m　平行线测定法各剂量组内反应的个数或动物数

n　S和T反应个数之和

n_S　最小效量法S反应的个数

n_T　最小效量法T反应的个数

P　概率

P_T、P_U　供试品（T、U）的测得效价

R　S和T的等反应剂量比值

R　缺项所在行反应值之和

r　S和T相邻高低剂量的比值

S　标准品

S_1，$S_2\cdots$　平行线测定标准品（S）各剂量组反应值之和，等于S各剂量组的$\sum y_{(k)}$

S_M　M的标准误

s^2　实验的误差项

S_m^2　合并计算中各次实验间的差方

T　供试品

T_1，$T_2\cdots$　平行线测定供试品（T）各剂量组反应值之和，相当于T各剂量组的$\sum y_{(k)}$

t　可信限计算用t值，见表一

U　供试品的另一符号

U_1，$U_2\cdots$　平行线测定供试品（U）各剂量组反应值之和，相当于U各剂量组的$\sum y_{(k)}$

u　供试品的效价单位

V　平行线测定效价计算用数值，见表七

W　同V

W　合并计算中各次实验结果的权重

W'　合并计算中各次实验结果的校正权重

W_C　权重系数

nW_C　权重

χ　对数剂量，$\chi=\lg d$

χ_S　S的对数剂量或S的对数最小效量

χ_T　T的对数剂量或T的对数最小效量

$\bar{\chi}_s$　直线测定法中，S组对数最小效量的均值

$\bar{\chi}_T$　直接测定法中，T组对数最小效量的均值

y　反应或其规定的函数

y_a、y_m 特异反应所在组的两极端值

$\sum$ 总和

$\sum y_{(k)}$ S和T各剂量组反应值之和

$\sum y_{(m)}$ S和T各剂量组内各区组反应值之和

χ^2 卡方

8000 试剂与标准物质

8001 试药

试药系指在本版兽药典（一部）中供各项试验用的试剂，但不包括各种色谱用的吸附剂、载体与填充剂。除生化试剂与指示剂外，一般常用的化学试剂分为基准试剂、优级纯、分析纯与化学纯四个等级，选用时可参考下列原则：

（1）标定滴定液用基准试剂；

（2）制备滴定液可采用分析纯或化学纯试剂，但不经标定直接按称重计算浓度者，则应采用基准试剂；

（3）制备杂质限度检查用的标准溶液，采用优级纯或分析纯试剂；

（4）制备试液与缓冲液等可采用分析纯或化学纯试剂。

一水合碳酸钠 Sodium Carbonate Monohydrate〔$Na_2CO_3 \cdot H_2O = 124.00$〕

本品为白色斜方晶体；有引湿性，加热至100℃失水。在水中易溶，在乙醇中不溶。

一氧化铅 Lead Monoxide〔$PbO = 223.20$〕

本品为黄色至橙黄色粉末或结晶；加热至300～500℃时变为四氧化三铅，温度再升高时又变为一氧化铅。在热的氢氧化钠溶液、醋酸或稀硝酸中溶解。

一氯化碘 Iodine Monochloride〔$ICl = 162.36$〕

本品为棕红色油状液体或暗红色结晶；具强烈刺激性，有氯和碘的臭气；有腐蚀性和氧化性。

乙二胺四醋酸二钠 Disodium Ethylenediaminetetraacetate〔$C_{10}H_{14}N_2Na_2O_8 \cdot 2H_2O = 372.24$〕

本品为白色结晶性粉末。在水中溶解，在乙醇中极微溶解。

乙二醇甲醚 Ethylene Glycol Monoethyl Ether〔$C_3H_8O_2 = 76.10$〕

本品为无色液体。有愉快气味，有毒。与水、醇、醚、甘油、丙酮和二甲基甲酰胺能混合。沸点为124.3℃。

乙腈 Acetonitrile〔$CH_3CN = 41.05$〕

本品为无色透明液体；微有醚样臭；易燃。与水或乙醇能任意混合。

乙酰丙酮 Acetylacetone〔$CH_3COCH_2COCH_3 = 100.12$〕

本品为无色或淡黄色液体；微有丙酮和醋酸的臭气；易燃。与水、乙醇、乙醚或三氯甲烷能任意混合。

乙酰氯 Acetyl Chloride〔$CH_3COCl = 78.50$〕

本品为无色液体；有刺激性臭；能发烟，易燃；对皮肤及黏膜有强刺激性；遇水或乙醇引起剧烈分解。在三氯甲烷、乙醚、苯、石油醚或冰醋酸中溶解。

乙酸乙酯 Ethyl Acetate 〔$CH_3COOC_2H_5=88.11$〕
本品为无色透明液体。与丙酮、三氯甲烷或乙醚能任意混合，在水中溶解。

乙酸丁酯 Butyl Acetate 〔$CH_3COO(CH_2)3CH_3=116.16$〕
本品为无色透明液体。与乙醇或乙醚能任意混合，在水中不溶。

乙酸甲酯 Methyl Acetate 〔$CH_3COOCH_3=74.08$〕
本品为无色透明液体。与水、乙醇或乙醚能任意混合。

乙酸戊酯 Amyl Acetate 〔$CH_3COOC_5H_{11}=130.19$〕
本品为无色透明液体；有水果香味；易燃。与乙醇或乙醚能任意混合，在水中微溶。

乙酸异丁酯 Isobutyl Acetate 〔$CH_3COOCH_2CH(CH_3)_2=116.16$〕
本品为无色液体；易燃。与乙醇或乙醚能任意混合，在水中不溶。

乙酸异戊酯 Isoamyl Acetate 〔$CH_3COOCH_2CH_2CH(CH_3)_2=130.19$〕
本品为无色透明液体有香蕉样特臭。与乙酸乙酯、乙醇、戊醇、乙醚、苯或二硫化碳能任意混合，在水中极微溶解。

乙醇 Ethanol 〔$C_2H_5OH=46.07$〕
本品为无色透明液体；易挥发，易燃。与水、乙醚或苯能任意混合。

乙醚 Ether 〔$C_2H_5OC_2H_5=74.12$〕
本品为无色透明液体；具有麻而甜涩的刺激味，易挥发，易燃；有麻醉性；遇光或久置空气中可被氧化成过氧化物。沸点为34.6℃。

乙醛 Acetaldehyde 〔$CH_3CHO=44.05$〕
本品为无色液体；有窒息性臭；易挥发；易燃；易氧化成醋酸；久贮可聚合使液体产生浑浊或沉淀现象。与水、乙醇、三氯甲烷或乙醚能任意混合。

二乙胺 Diethylamine 〔$(C_2H_5)2NH=73.14$〕
本品为无色液体；有氨样特臭；强碱性；具腐蚀性；易挥发；易燃。与水或乙醇能任意混合。

二乙基二硫代氨基甲酸钠 Sodium Diethyldithiocarbamate 〔$(C_2H_5)_2NCS_2Na•3H_2O=225.31$〕
本品为白色结晶；溶液呈碱性并逐渐分解，遇酸能分离出二硫化碳而使溶液浑浊。在水中易溶，在乙醇中溶解。

二乙基二硫代氨基甲酸银 Silver Diethyldithiocarbamate 〔$(C_2H_5)_2NCS_2Ag=256.14$〕
本品为淡黄色结晶。在吡啶中易溶，在三氯甲烷中溶解，在水、乙醇、丙酮或苯中不溶。

二甲苯 Xylene 〔$C_6H_4(CH_3)_2=106.17$〕
本品为无色透明液体；为邻、间、对三种异构体的混合物；具特臭；易燃。与乙醇、三氯甲烷或乙醚能任意混合，在水中不溶。沸程为137~140℃。

二甲苯蓝FF Xylene Cyanol Blue FF 〔$C_{25}H_{27}N_2NaO_6S_2=538.62$〕
本品为棕色或蓝黑色粉末。在乙醇中易溶，在水中溶解。

二甲基乙酰胺 Dimethylacetamide 〔$C_4H_9NO=87.12$〕
本品为无色或近似无色澄明液体。与水和多数有机溶剂能任意混合。

二甲基甲酰胺 Dimethylformamide 〔$HCON(CH_3)_2=73.09$〕
本品为无色液体；微有氨臭。与水、乙醇、三氯甲烷或乙醚能任意混合。

二甲基亚砜 Dimethylsulfoxide 〔$(CH_3)_2SO=78.14$〕
本品为无色黏稠液体；微有苦味；有强引湿性。在室温下遇氯能发生猛烈反应。在水、乙醇、丙酮、三氯甲烷、乙醚或苯中溶解。

二甲基黄 Dimethyl Yellow 〔$C_{14}H_{15}N_3=225.29$〕

本品为金黄色结晶性粉末。在乙醇、三氯甲烷、乙醚、苯、石油醚或硫酸中溶解，在水中不溶。

二甲酚橙 Xylenol Orange 〔$C_{31}H_{28}N_2Na_4O_{13}S=760.59$〕

本品为红棕色结晶性粉末；易潮解。在水中易溶，在乙醇中不溶。

二苯胺 Diphenylamine 〔$(C_6H_5)_2NH=169.23$〕

本品为白色结晶；有芳香臭；遇光逐渐变色。在乙醚、苯、冰醋酸或二硫化碳中溶解，在水中不溶。

二苯偕肼 Diphenylcarbazide 〔$C_6H_5NHNHCONHNHC_6H_5=242.28$〕

本品为白色结晶性粉末；在空气中渐变红色。在热乙醇、丙酮或冰醋酸中溶解，在水中极微溶解。

二盐酸萘基乙二胺 N-Naphthylethylenediamine Dihydrochloride 〔$C_{12}H_{14}N_2·2HCl=259.18$〕

本品为白色或微带红色的结晶。在热水、乙醇或稀盐酸中易溶，在水、无水乙醇或丙酮中微溶。

二盐酸N,N-二甲基对苯二胺 N,N-Dimethyl-p-Pheny-lenediamine Dihydrochloride

〔$C_8H_{12}N_2·2HCl=209.12$〕

本品为白色或或灰白色结晶性粉末；置空气中色渐变暗；易吸湿。在水或乙醇中溶解。

二氧化钛 Titanium Dioxide 〔$TiO_2=79.88$〕

本品为白色粉末。在氢氟酸或热浓硫酸中溶解，在水、盐酸、硝酸或稀硫酸中不溶。

二氧化硅 Silicon Dioxide 〔$SiO_2=60.08$〕

本品为无色透明结晶或无定型粉末。在过量氢氟酸中溶解，在水或酸中几乎不溶。

二氧化锰 Manganese Dioxide 〔$MnO_2=86.94$〕

本品为黑色结晶或粉末；与有机物或其他还原性物质摩擦或共热能引起燃烧或爆炸。在水、硝酸或冷硫酸中不溶，有过氧化氢或草酸存在时，在硝酸或稀硫酸中溶解。

二氧六环 Dioxane 〔$C_4H_8O_2=88.11$〕

本品为无色液体；有醚样特臭；易燃；易吸收氧形成过氧化物。与水或多数有机溶剂能任意混合。沸程为100～103℃。

2,3-二氨基萘 2,3-Diaminonaphthalene 〔$C_{10}H_{10}N_2=158.20$〕

本品为叶状结晶。在乙醇或乙醚中溶解。

3,5-二羟基甲苯 3,5-Dihydroxytoluene 〔$C_7H_8O_2·H_2O=142.14$〕

本品为白色结晶；在空气中易氧化变红色；有不愉快气味，味甜。在水或乙醇中溶解；在苯、三氯甲烷或二硫化碳中微溶。

2,7-二羟基萘 2,7-Dihydroxynaphthalene 〔$C_{10}H_8O_2=160.17$〕

本品为白色针状或片状结晶。溶液颜色在空气中迅速变深。在热水、乙醇或乙醚中溶解，在三氯甲烷或苯中微溶。

二硫化碳 Carbon Disulfide 〔$CS_2=76.14$〕

本品为无色透明液体；纯品有醚臭，一般商品有恶臭；易燃；久置易分解。在乙醇或乙醚中易溶，在水中不溶。能溶解碘、溴、硫、脂肪、橡胶等。沸点为46.5℃。

3,5-二硝基苯甲酸 3,5-Dinitrobenzoic Acid 〔$C_7H_4N_2O_6=212.12$〕

本品为白色或淡黄色结晶；能随水蒸气挥发。在乙醇或冰醋酸中易溶，在水、乙醚、苯或二硫化碳中微溶。

2,4-二硝基苯肼 2,4-Dinitrophenylhydrazine 〔$C_6H_6N_4O_4=198.14$〕

本品为红色结晶性粉末；在酸性溶液中稳定，在碱性溶液中不稳定。在热乙醇、乙酸乙酯、苯胺或稀无机酸中溶解，在水或乙醇中微溶。

2,4-二硝基苯胺 2,4-Dinitroaniline 〔$C_6H_5N_3O_4=183.12$〕

本品为黄色或黄绿色结晶。在三氯甲烷或乙醚中溶解，在乙醇中微溶，在水中不溶。

2,4-二硝基苯酚 2,4-Dinitrophenol 〔$C_6H_4N_2O_5=184.11$〕

本品为黄色斜方结晶；加热易升华。在乙醇、乙醚、三氯甲烷或苯中溶解；在冷水中极微溶解。

2,4-二硝基氯苯 2,4-Dinitrochlorobenzene 〔$C_6H_3ClN_2O_4=202.55$〕

本品为黄色结晶；遇热至高温即爆炸。在热乙醇中易溶，在乙醚、苯或二硫化碳中溶解，在水中不溶。

二氯化汞 Mercuric Dichloride 〔$HgCl_2=271.50$〕

本品为白色结晶或结晶性粉末；常温下微量挥发；遇光分解成氯化亚汞。在水、乙醇、丙酮或乙醚中溶解。

二氯化氧锆 Zirconyl Dichloride 〔$ZrOCl_2 \cdot 8H_2O=322.25$〕

本品为白色结晶。在水或乙醇中易溶。

二氯甲烷 Dichloromethane 〔$CH_2Cl_2=84.93$〕

本品为无色液体；有醚样特臭。与乙醇、乙醚或二甲基甲酰胺能均匀混合，在水中略溶。沸程为$40\sim41$℃。

二氯靛酚钠 2,6-Dichloroindophenol Sodium 〔$C_{12}H_6Cl_2NNaO_2 \cdot 2H_2O=326.11$〕

本品为草绿色荧光结晶或深绿色粉末。在水或乙醇中易溶，在三氯甲烷或乙醚中不溶。

十二烷基硫酸钠 Sodium Laurylsulfate 〔$CH_3(CH_2)_{10}CH_2OSO_3Na=288.38$〕

本品为白色或淡黄色结晶或粉末；有特臭；在湿热空气中分解；本品为含85%的十二烷基硫酸钠与其他同系的烷基硫酸钠的混合物。在水中易溶，其10%水溶液在低温时不透明，在热乙醇中溶解。

十四烷酸异丙酯 Isopropyl Myristate 〔$C_{17}H_{34}O_2=270.46$〕

本品为无色液体。溶于乙醇、乙醚、丙酮、三氯甲烷或甲苯，不溶于水、甘油或丙二醇。约208℃分解。

2,3-丁二酮 2,3-Butanedione 〔$C_4H_6O_2=86.09$〕

本品为黄绿色液体；有特臭。与乙醇或乙醚能混匀，在水中溶解。

丁二酮肟 Dimethylglyoxime 〔$CH_3C(NOH)C(NOH)CH_3=116.12$〕

本品为白色粉末。在乙醇或乙醚中溶解，在水中不溶。

丁酮 Butanone 〔$CH_3COC_2H_5=72.11$〕

本品为无色液体；易挥发，易燃；与水能共沸；对鼻、眼黏膜有强烈的刺激性。与乙醇或乙醚能任意混合。

丁醇（正丁醇） Butanol（n-Butanol）〔$CH_3(CH_2)_3OH=74.12$〕

本品为无色透明液体；有特臭，易燃；具强折光性。与乙醇、乙醚或苯能任意混合，在水中溶解。沸程为$117\sim118$℃。

儿茶酚 Catechol 〔$C_6H_6O_2=110.11$〕

本品为无色或淡灰色结晶或结晶性粉末；能随水蒸气挥发。在水、乙醇或苯中易溶。

儿茶酚紫 Catechol Violet 〔$C_{19}H_{14}O_7S=386.38$〕

本品为红棕色结晶性粉末，带金属光泽。在水或乙醇中易溶。

三乙二胺 Triethylenediamine 〔$C_6H_{12}N_2 \cdot 6H_2O=220.27$〕

本品为白色或微黄色结晶；有特臭；有引湿性。在水、甲醇或乙醇中易溶。

三乙胺 Triethylamine 〔$(C_2H_5)_3N=101.19$〕

本品为无色液体；有强烈氨臭。与乙醇或乙醚能任意混合，在水中微溶。沸点为89.5℃。

三乙醇胺 Triethanolamine 〔$N(CH_2CH_2OH)_3=149.19$〕

本品为无色或淡黄色黏稠状液体；久置色变褐，露置空气中能吸收水分和二氧化碳；呈强碱性。与水或乙醇能任意混合。

三甲基戊烷（异辛烷） Trimethylpentane 〔$(CH_3)_3CCH_2CH(CH_3)_2=114.23$〕

本品为无色透明液体；与空气能形成爆炸性的混合物；易燃。在丙酮、三氯甲烷、乙醚或苯中溶解，在水中不溶。沸点为99.2℃。

三氟醋酸 Trifluoroacetic Acid 〔$CF_3COOH=114.02$〕

本品为无色发烟液体；有吸湿性；有强腐蚀性。在水、乙醇、丙酮或乙醚中易溶。

三氧化二砷 Arsenic Trioxide 〔$As_2O_3=197.84$〕

本品为白色结晶性粉末；无臭，无味；徐徐加热能升华而不分解。在沸水、氢氧化钠或碳酸钠溶液中溶解，在水中微溶，在乙醇、三氯甲烷或乙醚中几乎不溶。

三氧化铬 Chromium Trioxide 〔$CrO_3=99.99$〕

本品为暗红色结晶；有强氧化性与腐蚀性；有引湿性；与有机物接触能引起燃烧。在水中易溶，在硫酸中溶解。

三羟甲基氨基甲烷 Trometamol 〔$C_4H_{11}NO_3=121.14$〕

本品为白色结晶；具强碱性。在水中溶解，在乙醚中不溶。

三硝基苯酚 Trinitrophenol 〔$C_6H_3N_3O_7=229.11$〕

本品为淡黄色结晶；无臭，味苦；干燥时遇强热或撞击、摩擦易发生猛烈爆炸。在热水、乙醇或苯中溶解。

三氯化钛 Titanium Trichloride 〔$TiCl_3=154.23$〕

本品为暗红紫色结晶；易潮解，不稳定，热至500℃以上分解。在乙醇中溶解，在乙醚中几乎不溶。溶于水放出热量并形成红紫色溶液。

三氯化铁 Ferric Chloride 〔$FeCl_3 \cdot 6H_2O=270.30$〕

本品为棕黄色或橙黄色结晶形块状物；极易引湿。在水、乙醇、丙酮、乙醚或甘油中易溶。

三氯化铝 Aluminium Trichloride 〔$AlCl_3=133.34$〕

本品为白色或淡黄色结晶或结晶性粉末；具盐酸的特臭；在空气中发烟；遇水发热甚至爆炸；有引湿性；有腐蚀性。在水或乙醚中溶解。

三氯化锑 Antimony Trichloride 〔$SbCl_3=228.11$〕

本品为白色结晶；在空气中发烟；有引湿性；有腐蚀性。在乙醇、丙酮、乙醚或苯中溶解。在水中溶解并分解为不溶的氢氧化锑。

三氯化碘 Iodine Trichloride 〔$ICl_3=233.26$〕

本品为黄色或淡棕色结晶；有强刺激臭；在室温中能挥发，遇水易分解；有引湿性；有腐蚀性。在水、乙醇、乙醚或苯中溶解。

三氯甲烷 Chloroform 〔$CHCl_3=119.38$〕

本品为无色透明液体；质重，有折光性，易挥发。与乙醇、乙醚、苯、石油醚能任意混合，在水中微溶。

三氯醋酸 Trichloroacetic Acid 〔$CCl_3COOH=163.39$〕

本品为无色结晶；有特臭；有引湿性；有腐蚀性；水溶液呈强酸性。在乙醇或乙醚中易溶，在水中溶解。

刃天青 Resazurin 〔$C_{12}H_7NO_4=229.19$〕

本品为深红色结晶，有绿色光泽。在稀氢氧化钠溶液中溶解，在乙醇或冰醋酸中微溶，在水或乙醚中不溶。

马铃薯淀粉 Potato Starch 〔$(C_6H_{10}O_5)_n$〕

本品为白色无定形粉末；无臭、无味；有强引湿性。在水或乙醇中不溶；在热水中形成微带蓝色的溶胶。

无水乙醇 Ethanol, Absolute 〔$C_2H_5OH=46.07$〕

本品为无色透明液体；有醇香味；易燃；有引湿性；含水不得过0.3%。与水、丙酮或乙醚能任意混合。沸点为78.5℃。

无水乙醚 Diethyl Ether, Anhydrous 〔$(C_2H_5)_2O=74.12$〕

参见乙醚项，但水分含量较少。

无水甲酸 Formic Acid, Anhydrous 〔$HCOOH=46.03$〕

本品为无色透明液体；有刺激性特臭；有强腐蚀性，呈强酸性。含$HCOOH$不少于98%。与水、乙醇或乙醚能任意混合。

无水甲醇 Methanol, Anhydrous 〔$CH_3OH=32.04$〕

本品为无色透明液体；易挥发；燃烧时无烟，有蓝色火焰；含水分不得过0.05%。与水、乙醇或乙醚能任意混合。沸点为64.7℃。

无水亚硫酸钠 Sodium Sulfite, Anhydrous 〔$Na_2SO_3=126.04$〕

本品为白色细小结晶或粉末。在水或甘油中溶解，在乙醇中极微溶解。

无水吗啡 Morphine, Anhydrous 〔$C_{17}H_{19}NO_3=285.34$〕

本品为斜方晶型短柱状棱晶（苯甲醚中结晶）；加热至254℃时分解。

无水吡啶 Pyridine, Anhydrous 〔$C_5H_5N=79.10$〕

取试剂吡啶200ml，加苯40ml，混合后在砂浴上加热蒸馏，收集115～116℃的馏出物，密封，备用。

无水硫酸钠 Sodium Sulfate, Anhydrous 〔$Na_2SO_4=142.04$〕

本品为白色结晶性粉末；有引湿性。在水中溶解，在乙醇中不溶。

无水硫酸铜 Cupric Sulfate, Anhydrous 〔$CuSO_4=159.61$〕

本品为灰白色或绿白色结晶或无定形粉末；有引湿性。在水中溶解，在乙醇中几乎不溶。

无水氯化钙 Calcium Chloride, Anhydrous 〔$CaCl_2=110.99$〕

本品为白色颗粒或熔融块状；有强引湿性。在水（放出大量热）或乙醇中易溶。

无水碳酸钠 Sodium Carbonate, Anhydrous 〔$Na_2CO_3=105.99$〕

本品为白色粉末或颗粒；在空气中能吸收1分子水。在水中溶解，水溶液呈强碱性。在乙醇中不溶。

无水碳酸钾 Potassium Carbonate, Anhydrous 〔$K_2CO_3=138.21$〕

本品为白色结晶或粉末，有引湿性。在水中溶解，水溶液呈强碱性。在乙醇中不溶。

无水醋酸钠 Sodium Acetate, Anhydrous 〔$NaC_2H_3O_2=82.03$〕

本品为白色粉末；有引湿性。在水中易溶，在乙醇中溶解。

无水磷酸氢二钠 Disodium Hydrogen Phosphate, Anhydrous 〔$Na_2HPO_4=141.96$〕

本品为白色结晶性粉末；有引湿性，久置空气中能吸收2~7分子结晶水。在水中易溶，在乙醇中不溶。

无氨水 Purified Water, Ammonia Free

取纯化水1000ml，加稀硫酸1ml与高锰酸钾试液1ml，蒸馏，即得。

〔检查〕取本品50ml，加碱性碘化汞钾试液1ml，不得显色。

无硝酸盐与无亚硝酸盐的水 Water, Nitrate-Free and Nitrite-Free

取无氨水或去离子水，即得。

〔检查〕取本品，照纯化水项下硝酸盐与亚硝酸盐检查，不得显色。

无氮硫酸 Sulfuric Acid, Nitrogen Free

取硫酸适量，置瓷蒸发皿内，在砂浴上加热至出现三氧化硫蒸气（约需2小时），再继续加热15分钟，置空干燥器内放冷，即得。

无醇三氯甲烷 Chloroform, Ethanol Free 〔CHCl3=119.38〕

取三氯甲烷500ml，用水洗涤3次，每次50ml，分取三氯甲烷层，用无水硫酸钠干燥12小时以上，用脱脂棉滤过，蒸馏，即得。临用新制。

无醛乙醇 Ethanol, Aldehyde Free

取醋酸铅2.5g，置具塞锥形瓶中，加水5ml溶解后，加乙醇1000ml，摇匀，缓缓加乙醇制氢氧化钾溶液（1→5）25ml，放置1小时，强力振摇后，静置12小时，倾取上清液，蒸馏即得。

〔检查〕取本品25ml，置锥形瓶中，加二硝基苯肼试液75ml，置水浴上加热回流24小时，蒸去乙醇，加2%（ml/ml）硫酸溶液200ml，放置24小时后，应无结晶析出。

五氧化二钒 Vanadium Pentoxide 〔$V_2O_5=181.88$〕

本品为橙黄色结晶性粉末或红棕色针状结晶。在酸或碱溶液中溶解，在水中微溶，在乙醇中不溶。

五氧化二碘 Iodine Pentoxide 〔$I_2O_5=333.81$〕

本品为白色结晶性粉末；遇光易分解；有引湿性。在水中易溶而形成碘酸，在无水乙醇、三氯甲烷、乙醚或二硫化碳中不溶。

五氧化二磷 Phosphorus Pentoxide 〔$P_2O_5=141.94$〕

本品为白色粉末；有蒜样特臭；有腐蚀性；极易引湿。

太坦黄 Titan Yellow 〔$C_{28}H_{19}N_5Na_2O_6S_4=695.73$〕

本品为淡黄色或棕色粉末。在水、乙醇、硫酸或氢氧化钠溶液中溶解。

中性红 Neutral Red 〔$C_{15}H_{17}N_4Cl=288.78$〕

本品为深绿色或棕黑色粉末。在水或乙醇中溶解。

水合氯醛 Chloral Hydrate 〔$C_2H_3Cl_3O_2=165.40$〕

本品为白色结晶；有刺激性特臭，对皮肤有刺激性；露置空气中逐渐挥发，放置时间稍久即转变为黄色。在乙醇、三氯甲烷或乙醚中溶解，在水中溶解并解离。

水杨酸 Salicylic Acid 〔$C_7H_6O_3=138.12$〕

本品为白色结晶或粉末；味甜后变辛辣；见光渐变色；76℃即升华。在乙醇或乙醚中溶解，在水中微溶。

水杨酸钠 Sodium Salicylate 〔$C_7H_5NaO_3=160.10$〕

本品为白色鳞片或粉末；无臭；久置光线下变为粉红色。在水或甘油中易溶，在乙醇中溶解，在三氯甲烷、乙醚或苯中几乎不溶。

水杨醛 Salicylaldehyde〔$C_6H_4(OH)CHO=122.12$〕

本品为无色或淡褐色油状液体；有杏仁味。在乙醇、乙醚或苯中溶解，在水中微溶。

牛肉浸出粉 Beef Extract Powder

本品为米黄色粉末，具吸湿性。在水中溶解。

牛肉浸膏 Beef Extract

本品为黄褐色至深褐色膏状物质；有肉香样特臭；味酸。在水中溶解。

〔检查〕氯化物本品含氯化物以NaCl计算，不得过固性物的6%。

硝酸盐取本品的溶液（1→10），加活性炭煮沸脱色后，滤过，分取滤液1滴，加入二苯胺的硫酸溶液（1→100）3滴中，不得显蓝色。

乙醇中不溶物取本品的溶液（1→10）25ml，加乙醇50ml，振摇混合后，滤过，滤渣用乙醇溶液（2→3）洗净，在105℃干燥2小时，遗留残渣不得过固性物的10%。

醇溶性氮取乙醇中不溶物项下得到的滤液测定，含氮量不得少于醇溶物质的6%。

固性物取本品的溶液（1→10）10ml，加洁净砂粒或石棉混合后，在105℃干燥16小时，遗留残渣不得少于0.75g。

炽灼残渣不得过固性物的30%（附录0841）。

牛血红蛋白 Beef Hemoglobin

本品为深棕色结晶或结晶性粉末。在水或稀酸中溶解。

〔检查〕纯度用醋酸纤维素薄膜电泳后，应得到一条电泳区带。

总氮量含总氮量不得少于16.0%（附录0704第一法）。

干燥失重取本品，在105℃干燥至恒重，减失重量不得过10.5%（附录0831）。

炽灼残渣不得过1.0%（附录0841）。

牛胆盐 Ox Bile Salt

本品为白色或浅黄色粉末，味苦而甜，具吸湿性。在水或醇中易溶。

牛磺胆酸钠 Sodium Taurocholate〔$C_{26}H_{44}NNaO_7S=537.69$〕

本品为白色结晶，味先甜而后苦。在水中易溶，在乙醇中溶解。

乌洛托品 Urotropine〔$C_6H_{12}N_4=140.19$〕

本品为白色结晶；无臭。在水、乙醇或三氯甲烷中溶解，在乙醚中微溶。

孔雀绿 Malachite Green〔$2C_{23}H_{25}N_2·3C_2H_2O_4=929.04$〕

本品为绿色片状结晶；带金属光泽。在热水或乙醇中易溶，在水中极微溶解。

巴比妥 Barbital〔$C_8H_{12}N_2O_3=184.19$〕

本品为白色结晶或粉末；味微苦。在热水、乙醇、乙醚或碱性溶液中溶解。

巴比妥钠 Barbital Sodium〔$C_8H_{11}N_2NaO_3=206.18$〕

本品为白色结晶或粉末；味苦。在水中溶解，在乙醇中微溶，在乙醚中不溶。

双硫腙（二苯硫代偕肼腙） Dithizone〔$C_{13}H_{12}N_4S=256.33$〕

本品为蓝黑色结晶性粉末。在三氯甲烷或四氯化碳中溶解，在水中不溶。

玉米淀粉 Maize Starch

本品以玉米为原料经湿磨法加工制成白色略带浅黄色粉末，具有光泽。白玉米淀粉洁白有光泽，黄玉米淀粉白色略带微黄色阴影。在冷水、乙醇中不溶。

正十四烷 n-Tetradecane〔$CH_3(CH_2)_{12}CH_3=198.39$〕

本品为无色透明液体。与乙醇或乙醚能任意混合，在水中不溶。

正丁醇　见丁醇。

正己烷　*n*-Hexane〔$C_6H_{14}=86.18$〕

本品为无色透明液体；微有特臭；极易挥发；对呼吸道有刺激性。与乙醇或乙醚能任意混合，在水中不溶。沸点为69℃。

正丙醇　见丙醇。

正戊醇　见戊醇。

正庚烷　见庚烷。

去氧胆酸钠　Sodium Deoxycholate〔$C_{24}H_{39}NaO_4=414.56$〕

本品为白色结晶性粉末，味苦。易溶于水，微溶于醇，不溶于醚。

甘油　Glycerin〔$C_3H_8O_3=92.09$〕

本品为无色澄明黏稠状液体；无臭，味甜；有引湿性。与水或乙醇能任意混合。

甘氨酸　Glycine〔$C_2H_5NO_2=75.07$〕

本品为白色结晶性粉末。在水与吡啶中溶解，在乙醇中微溶，在乙醚中几乎不溶。

甘露醇　Mannitol〔$C_6H_{14}O_6=182.17$〕

本品为白色结晶；无臭，味甜。在水中易溶，在乙醇中略溶，在乙醚中几乎不溶。

可溶性淀粉　Soluble Starch

本品为白色粉末；无臭，无味。在沸水中溶解，在水、乙醇或乙醚中不溶。

丙二酸　Malonic Acid〔$C_3H_4O_4=104.06$〕

本品为白色透明结晶；有强刺激性。在水、甲醇、乙醇、乙醚或吡啶中溶解。

丙二醇　Propylene Glycol〔$C_3H_8O_2=76.10$〕

本品为无色黏稠状液体；味微辛辣。与水、丙酮或三氯甲烷能任意混合。

丙烯酰胺　Acrylamide〔$C_3H_5NO=71.08$〕

本品为白色薄片状结晶。在水、乙醇、乙醚、丙酮或三氯甲烷中溶解，在甲苯中微溶，在苯及正庚烷中不溶。

丙酮　Acetone〔$CH_3COCH_3=58.08$〕

本品为无色透明液体；有特臭；易挥发；易燃。在水或乙醇中溶解。

丙醇（正丙醇）　Propanol（n-Propanol）〔$CH_3CH_2CH_2OH=60.10$〕

本品为无色透明液体；易燃。与水、乙醇或乙醚能任意混合。沸点为97.2℃。

石油醚　Petroleum Ether

本品为无色透明液体；有特臭；易燃；低沸点规格品极易挥发。与无水乙醇、乙醚或苯能任意混合，在水中不溶。沸程为30～60℃，60～90℃，90～120℃。

石蕊　Litmus

本品为蓝色粉末或块状。在水或乙醇中能部分溶解。

戊二醛　Glutaradehyde〔$C_5H_8O_2=100.12$〕

本品为无色透明油状液体，在水、乙醇或乙醚中易溶。

戊烷磺酸钠　Sodium Pentanesulfonate〔$C_5H_{11}NaO_3S\cdot H_2O=192.21$〕

本品为白色结晶。在水中溶解。

戊醇（正戊醇）　1-Pentanol（*n*-Pentanol）〔$C_5H_{12}O=88.15$〕

本品为无色透明液体；有刺激性特臭。其蒸气与空气能形成爆炸性的混合物。与乙醇或乙醚能任意混合，在水中微溶。沸点为138.1℃。

甲苯 Toluene〔$C_6H_5CH_3=92.14$〕

本品为无色透明液体；有苯样特臭；易燃。与乙醇或乙醚能任意混合。沸点为110.6℃。

甲苯胺蓝 Toluidine Blue〔$C_{15}H_{16}ClN_3S=305.83$〕

本品为深绿色粉末，具有古铜色光泽。在水中易溶，在乙醇中微溶，在三氯甲烷中极微溶解；在乙醚中几乎不溶。

甲基异丁基酮（甲基异丁酮） Methyl Isobutyl Ketone〔$CH_3COCH_2CH(CH_3)_2=100.16$〕

本品为无色液体；易燃。与乙醇、乙醚或苯能任意混合，在水中微溶。

甲基红 Methyl Red〔$C_{15}H_{15}N_3O_2=269.30$〕

本品为紫红色结晶。在乙醇或醋酸中溶解，在水中不溶。

甲基橙 Methyl Orange〔$C_{14}H_{14}N_3NaO_3S=327.34$〕

本品为橙黄色结晶或粉末。在热水中易溶，在乙醇中几乎不溶。

4-甲基伞形酮葡糖苷酸 4-Methylumbelliferyl-β-D-Glucuronide，MUG〔$C_{18}H_{16}O_9=376.3$〕

本品为白色针状结晶。在水、乙醇或乙醚中溶解。在稀氢氧化钠溶液中分解。

甲酚红 Cresol Red〔$C_{21}H_{18}O_5S=382.44$〕

本品为深红色、红棕色或深绿色粉末。在乙醇或稀氢氧化钠溶液中易溶，在水中微溶。

甲酰胺 Formamide〔$HCONH_2=45.04$〕

本品为无色略带黏性的液体；微具氨臭；有引湿性；有刺激性。与水或乙醇能任意混合。

甲酸 Formic Acid〔$HCOOH=46.03$〕

本品为无色透明液体；有刺激性特臭；对皮肤有腐蚀性。含HCOOH不少于85%。与水、乙醇、乙醚或甘油能任意混合。

甲酸乙酯 Ethyl Formate〔$HCOOC_2H_5=74.08$〕

本品为低黏度液体；易燃；对皮肤及黏膜有刺激性，浓度高时有麻醉性。与乙醇或乙醚能任意混合，在10份水中溶解，同时逐渐分解出甲醇及乙醇。

甲酸钠 Sodium Formate〔$HCOONa·2H_2O=104.04$〕

本品为白色结晶；微有甲酸臭气；有引湿性。在水或甘油中溶解，在乙醇中微溶。

甲醇 Methanol〔$CH_3OH=32.04$〕

本品为无色透明液体；具挥发性；易燃；含水分为0.1%。与水、乙醇或乙醚能任意混合。沸程为64～65℃。

甲醛溶液 Formaldehyde Solution〔$HCHO=30.03$〕

本品为无色液体；遇冷聚合变浑浊；在空气中能缓慢氧化成甲酸；有刺激性。含HCHO约37%。与水或乙醇能任意混合。

四丁基氢氧化铵溶液 见氢氧化四丁基铵溶液

四丁基溴化铵（溴化四丁基铵） Tetrabutylammonium Bromide〔$(C_4H_9)_4NBr=322.37$〕

本品为白色结晶；有潮解性。在水、醇、醚和丙酮中易溶。

四甲基乙二胺 Tetramethylethylenediamine〔$C_6H_{16}N_2=116.21$〕

本品为无色透明液体。与水或乙醇能任意混合。

四苯硼钠 Sodium Tetraphenylborion〔$(C_6H_5)_4BNa=342.22$〕

本品为白色结晶；无臭。在水、甲醇、无水乙醇或丙酮中易溶。

四氢呋喃 Tetrahydrofuran〔$C_4H_8O=72.11$〕

本品为无色液体；有醚样特臭；易燃；在贮存中易形成过氧化物。与水、乙醇、丙酮或乙醚能任意混合。沸点为66℃。

四羟蒽醌（醌茜素） Quinalizarin 〔$C_{14}H_8O_6=272.21$〕

本品为红色或暗红色结晶或粉末；带绿的金属光泽。在醋酸中溶解为黄色，在硫酸中溶解为蓝紫色，在碱性水溶液中呈红紫色，在水中不溶。

四氮唑蓝 Tetrazolium Blue 〔$C_{40}H_{32}Cl_2N_8O_2=727.65$〕

本品为无色或黄色结晶。在甲醇、乙醇或三氯甲烷中易溶，在水中微溶。

四氯化碳 Carbon Tetrachloride 〔$CCl_4=153.82$〕

本品为无色透明液体；有特臭；质重。与乙醇、三氯甲烷、乙醚或苯能任意混合；在水中极微溶解。

对二甲氨基苯甲醛 p-Dimethylaminobenzaldehyde 〔$C_9H_{11}NO=149.19$〕

本品为白色或淡黄色结晶；有特臭；遇光渐变红。在乙醇、丙酮、三氯甲烷、乙醚或醋酸中溶解，在水中微溶。

对甲苯磺酸 p-Toluenesulfonic Acid 〔$CH_3C_6H_4SO_3H \cdot H_2O=190.22$〕

本品为白色结晶。在水中易溶，在乙醇或乙醚中溶解。

对甲氧基苯甲醛（茴香醛） p-Methoxybenzaldehyde（Anisaldehyde）〔$CH_3OC_6H_4CHO=136.15$〕

本品为无色油状液体。与醇或醚能任意混合，在水中微溶。

对甲氨基苯酚硫酸盐 p-Methylaminophenol Sulfate 〔$C_{14}H_{18}N_2O_2 \cdot H_2SO_4=344.39$〕

本品为白色结晶；见光变灰色。在水中溶解，在乙醇或乙醚中不溶。

对苯二胺 p-Diaminobenzene 〔$C_6H_4(NH_2)_2=108.14$〕

本品为白色或淡红色结晶；露置空气中色变暗；受热易升华。在乙醇、三氯甲烷或乙醚中溶解，在水中微溶。

对苯二酚（氢醌） p-Dihydrocybezene（Hydroquinone）〔$C_6H_4(OH)_2=110.11$〕

本品为白色或类白色结晶；见光易变色。在热水中易溶，在水、乙醇或乙醚中溶解。

对氨基苯甲酸 p-Aminobenzoic Acid 〔$C_7H_7NO_2=137.14$〕

本品为白色结晶，置空气或光线中渐变淡黄色。在沸水、乙醇、乙醚或醋酸中易溶，在水中极微溶解。

对氨基苯磺酸 Sulfanilic Acid 〔$C_6H_7NO_3S=173.19$〕

本品为白色或类白色粉末；见光易变色。在氨溶液、氢氧化钠溶液或碳酸钠溶液中易溶，在热水中溶解，在水中微溶。

对氨基酚 p-Aminophenol 〔$C_6H_7NO=109.13$〕

本品为白色或黄色结晶性粉末；置空气中或光线中渐变色。在热水或乙醇中溶解。

α-对羟基苯甘氨酸 p-Hydroxyphenylglycine 〔$C_8H_9NO_3=167.16$〕

本品为白色有光泽的薄片结晶。在盐酸溶液（1→5）中易溶，在酸或碱中溶解，在水、乙醇、乙醚、丙酮、三氯甲烷、苯、冰醋酸或乙酸乙酯中几乎不溶。

对羟基苯甲酸甲酯 Methyl p-Hydroxybenzoate 〔$C_8H_8O_3=152.14$〕

本品为无色结晶或白色结晶性粉末；无气味或微有刺激性气味。在乙醇、乙醚或丙酮中溶解，在苯或四氯化碳中微溶，在水中几乎不溶。

对羟基苯甲酸乙酯 Ethyl p-Hydroxybenzoate 〔$C_9H_{10}O_3=166.17$〕

本品为白色结晶；无臭，无味。在乙醇、乙醚中溶解，在水中微溶。

对羟基苯甲酸丙酯 Propyl *p*-Hydroxybenzoate 〔$C_{10}H_{12}O_3$=180.20〕

本品为白色结晶。在乙醇或乙醚中易溶,在沸水中微溶,在水中几乎不溶。

对羟基联苯 *p*-Hydroxydiphenyl 〔$C_6H_5C_6H_4OH$=170.21〕

本品为类白色结晶。在乙醇或乙醚中易溶,在碱溶液中溶解,在水中不溶。

对硝基苯胺 *p*-Nitroaniline 〔$C_6H_6N_2O_2$=138.13〕

本品为黄色结晶或粉末。在甲醇中易溶,在乙醇或乙醚中溶解,在水中不溶。

对硝基酚 *p*-Nitrophenol 〔$C_6H_5NO_3$=139.11〕

本品为白色或淡黄色结晶;能升华;易燃。在乙醇、三氯甲烷、乙醚或氢氧化钠溶液中易溶,在水中微溶。

对氯苯胺 *p*-Chloroaniline 〔C_6H_6ClN=127.57〕

本品为白色或暗黄色结晶。在热水、乙醇、乙醛或丙酮中溶解。

对氯苯酚 *p*-Chlorophenol 〔C_6H_5ClO=128.56〕

本品为白色结晶;有酚样特臭。在乙醇、乙醚中易溶,在水中微溶。

发烟硝酸 Nitric Acid, Fuming 〔HNO_3=63.01〕

本品为无色或微黄棕色的透明液体;有强氧化性与腐蚀性;能产生二氧化氮及四氧化二氮的红黄色烟雾。与水能任意混合。

考马斯亮蓝G250 Coomassie Brilliant Blue G250 〔$C_{47}H_{48}N_3NaO_7S_2$=854.04〕

本品为紫色结晶性粉末。在热水或乙醇中溶解,在水中微溶。

考马斯亮蓝R250 Coomassie Brilliant Blue R250 〔$C_{45}H_{44}N_3NaO_7S_2$=825.99〕

本品为紫色粉末。在热水或乙醇中微溶,在水中不溶。

亚甲蓝 Methylene Blue 〔$C_{16}H_{18}ClN_3S \cdot 3H_2O$=373.90〕

本品为鲜深绿色结晶或深褐色粉末;带青铜样金属光泽。在热水中易溶。

亚铁氰化钾 Potassium Ferrocyanide 〔$K_4Fe(CN)_6 \cdot 3H_2O$=422.39〕

本品为黄色结晶或颗粒;水溶液易变质。在水中溶解,在乙醇中不溶。

亚硒酸 Selenious Acid 〔H_2SeO_3=128.97〕

本品为白色结晶;有引湿性;能被多数还原剂还原成硒。在水或乙醇中易溶,在氨溶液中不溶。

亚硒酸钠 Sodium Selenite 〔Na_2SeO_3=172.94〕

本品为白色结晶或结晶性粉末;易风化;易被还原剂还原。在水中易溶,在乙醇中不溶。

亚硫酸钠 Sodium Sulfite 〔$Na_2SO_3 \cdot 7H_2O$=252.15〕

本品为白色透明结晶;有亚硫酸样特臭;易风化;在空气中易氧化成硫酸钠。在水中溶解,在乙醇中极微溶解。

亚硫酸氢钠 Sodium Bisulfite 〔$NaHSO_3$=104.06〕

本品为白色结晶性粉末;有二氧化硫样特臭;在空气中易被氧化成硫酸盐。在水中溶解,在乙醇中微溶。

1-亚硝基-2-萘酚-3,6-二磺酸钠 Sodium 1-Nitroso-2-naphthol-3,6-disulfonate 〔$C_{10}H_5NNa_2O_8S_2$=377.26〕

本品为金黄色结晶或结晶性粉末。在水中溶解,在乙醇中微溶。

亚硝基铁氰化钠 Sodium Nitroprusside 〔$Na_2Fe(NO)(CN)_5 \cdot 2H_2O$=297.95〕

本品为深红色透明结晶。水溶液渐分解变为绿色。在水中溶解,在乙醇中微溶。

亚硝酸钠 Sodium Nitrite 〔$NaNO_2$=69.00〕

本品为白色或淡黄色结晶或颗粒;有引湿性;与有机物接触能燃烧和爆炸,并放出有毒和刺激性的过氧化氮和氧化氮气体。在水中溶解，在乙醇或乙醚中微溶。

亚硝酸钴钠 Sodium Cobaltinitrite 〔$Na_3Co(NO_2)_6=403.94$〕

本品为黄色或黄棕色结晶性粉末；易分解。在水中极易溶解，在乙醇中微溶。

亚碲酸钠 Sodium Tellurite 〔$Na_2TeO_3=221.58$〕

本品为白色粉末。在热水中易溶，在水中微溶。

过硫酸铵 Ammonium Persulfate 〔$(NH_4)_2S_2O_8=228.20$〕

本品为白色透明结晶或粉末；无臭；有强氧化性。在水中易溶。

西黄蓍胶 Tragacanth

本品为白色或微黄色粉末；无臭。在碱溶液或过氧化氢溶液中溶解，在乙醇中不溶。

刚果红 Congo Red 〔$C_{32}H_{22}N_6Na_2O_6S_2=696.68$〕

本品为红棕色粉末。在水或乙醇中溶解。

冰醋酸 Acetic Acid Glacial 〔$CH_3COOH=60.05$〕

本品为无色透明液体；有刺激性特臭；有腐蚀性；温度低于凝固点（16.7℃）时即凝固为冰状晶体。与水或乙醇能任意混合。

次甲基双丙烯酰胺 N,N'-Methylene Bisacrylamide 〔$C_7H_{10}N_2O_2=154.17$〕

本品为白色结晶性粉末；水溶液可因水解而形成丙烯酸和氨。在水中略溶。

次磷酸 Hypophosphorous Acid 〔$H_3PO_2=66.00$〕

本品为白色透明结晶，过冷时形成无色油状液体；无臭；有引湿性；系强还原剂。在水、乙醇或乙醚中溶解。

次氯酸钠溶液 Sodium Hypochlorite Solution 〔$NaOCl=74.44$〕

本品为淡黄绿色澄明液体；有腐蚀性；具强氧化性及强碱性。与水能任意混合。

异丁醇 Isobutanol 〔$(CH_3)_2CHCH_2OH=74.12$〕

本品为无色透明液体；具强折光性；易燃。与水、乙醇或乙醚能任意混合。沸程为107.3~108.3℃。

异丙醇 Isopropanol 〔$(CH_3)_2CHOH=60.10$〕

本品为无色透明液体；有特臭；味微苦。与水、乙醇或乙醚能任意混合。沸程为82.0~83.0℃。

异丙醚 Isopropyl Ether 〔$C_6H_{14}O=102.18$〕

本品为无色透明液体；易燃。与乙醇、三氯甲烷、乙醚或苯混溶，在水中微溶。

异戊醇 Isoamylol 〔$(CH_3)_2CHCH_2CH_2OH=88.15$〕

本品为无色液体；有特臭；易燃。与有机溶剂能任意混合，在水中微溶。沸点为132℃

异辛烷 见三甲基戊烷。

异烟肼 Isoniazid 〔$C_6H_7N_3O=137.14$〕

本品为无色结晶，白色或类白色的结晶性粉末；无臭，味微甜后苦；遇光渐变质。在水中易溶，在乙醇中微溶，在乙醚中极微溶解。

红碘化汞 Mercuric Iodide, Red 〔$HgI_2=454.40$〕

本品为鲜红色粉末，质重；无臭。在乙醚、硫代硫酸钠或碘化钾溶液中溶解，在无水乙醇中微溶，在水中不溶。

麦芽糖 Maltose 〔$C_{12}H_{22}O_{11}=342.30$〕

本品为白色结晶（β型）；味甜。在水中易溶，在乙醇中微溶，在乙醚中不溶。比旋度$[\alpha]_D$为＋125°至＋137°。

汞 Mercury 〔Hg＝200.59〕

本品为银白色有光泽的液态金属；质重；在常温下微量挥发；能与铁以外的金属形成汞齐。在稀硝酸中溶解，在水中不溶。

抗坏血酸 Ascorbic Acid 〔$C_6H_8O_6$＝176.13〕

见本版兽药典正文维生素C。

连二亚硫酸钠 Sodium Hydrosulfite 〔$Na_2S_2O_4$＝174.11〕

本品为白色或类白色粉末；有特臭；有引湿性；受热或露置空气中能加速分解乃至燃烧。在水中易溶，在乙醇中不溶。

坚固蓝BB盐 Fast Blue BB Salt 〔$C_{17}H_{18}ClN_3O_3 \cdot 1/2ZnCl_2$＝415.96〕

本品为浅米红色粉末。

吡啶 Pyridine 〔C_5H_5N＝79.10〕

本品为无色透明液体；有恶臭；味辛辣；有引湿性；易燃。与水、乙醇、乙醚或石油醚能任意混合。

含氯石灰（漂白粉） Chlorinated Lime

本品为灰白色颗粒粉末；有氯臭；在空气中即吸收水分子与二氧化碳而缓缓分解。在水中或乙醇中部分溶解。

邻二氮菲 o-Phenanthroline 〔$C_{12}H_8N_2 \cdot H_2O$＝198.22〕

本品为白色或淡黄色结晶或结晶性粉末；久贮易变色。在乙醇或丙酮中溶解，在水中微溶，在乙醚中不溶。

邻甲基苯胺 o-Toluidine 〔C_7H_9N＝107.16〕

本品为淡黄色液体；见光或露置空气中逐渐变为棕红色。在乙醇、乙醚或稀酸中溶解，在水中微溶。

邻甲酚 o-Cresol 〔$CH_3C_6H_4OH$＝108.14〕

本品为无色液体或结晶；有酚臭；有腐蚀性，有毒；久置空气或见光即逐渐变为棕色。在乙醇、乙醚或三氯甲烷中溶解，在水中微溶。熔点为30℃。

邻苯二甲酸二丁酯 Dibutyl Phthalate 〔$C_{16}H_{22}O_4$＝278.35〕

本品为无色或淡黄色油状液体。在乙醇、丙酮、乙醚或苯中易溶，在水中几乎不溶。

邻苯二甲酸二辛酯 Dioctyl Phthalate 〔$C_{24}H_{38}O_4$＝390.56〕

本品为无色或淡黄色油状液体；微有特臭。与有机溶剂能任意混合，在水中不溶。

邻苯二甲酸氢钾 Potassium Biphthalate 〔$KHC_6H_4(COO)_2$＝204.22〕

本品为白色结晶性粉末。在水中溶解，在乙醇中微溶。

邻苯二醛 o-Phthalaldehyde 〔$C_8H_6O_2$＝134.13〕

本品为淡黄色针状结晶。在水、乙醇或乙醚中溶解，在石油醚中微溶。

间二甲苯 m-Xylene 〔C_8H_{10}＝106.16〕

本品为无色澄清液体；有毒，能燃烧。与醇、醚及多种有机溶剂混合，在水中不溶。

间甲酚紫 m-Cresol Purple 〔$C_{21}H_{18}O_5S$＝382.44〕

本品为红黄色或棕绿色粉末。在甲醇、乙醇或氢氧化钠溶液中易溶，在水中微溶。

间苯二酚 Resorcinol 〔$C_6H_4(OH)_2$＝110.11〕

本品为白色透明结晶；遇光、空气或与铁接触即变为淡红色。在水、乙醇或乙醚中溶解。

间苯三酚 Phloroglucinol 〔$C_6H_3(OH)_3 \cdot 2H_2O$＝162.14〕

本品为白色或淡黄色结晶性粉末；味甜；见光易变为淡红色。在乙醇或乙醚中易溶，在水中微溶。

辛烷磺酸钠　Sodium Octanesulfonate〔$C_8H_{17}NaO_3S=216.28$〕

没食子酸　Gallic Acid〔$C_7H_6O_5 \cdot H_2O=188.14$〕

本品为白色或淡褐色结晶或粉末。在热水、乙醇或乙醚中溶解，在三氯甲烷或苯中不溶。

阿拉伯胶　Acacia

本品为白色或微黄色颗粒或粉末。在水中易溶，形成黏性液体；在乙醇中不溶。

环己烷　Cyclohexane〔$C_6H_{12}=84.16$〕

本品为无色透明液体；易燃。与甲醇、乙醇、丙酮、乙醚、苯或四氯化碳能任意混合，在水中几乎不溶。沸点为80.7℃。

玫瑰红钠（四氯四碘荧光素钠）　Rose Bengal Sodium Salt〔$C_{20}H_2Cl_4I_4Na_2O_5=1017.6$〕

本品为棕红色粉末。在水中溶解，溶液呈紫色，无荧光；在硫酸中溶解，溶液为棕色。

苯　Benzene〔$C_6H_6=78.11$〕

本品为无色透明液体；有特臭；易燃。与乙醇、乙醚、丙酮、四氯化碳、二硫化碳或醋酸能任意混合，在水中微溶。沸点为80.1℃。

2-苯乙酰胺（苯乙酰胺）　2-Phenylacetamid〔$C_8H_9NO=135.16$〕

本品为白色结晶。在热水或醇中溶解，在冷水或醚中微溶。熔点为156～160℃。

苯甲酰氯（氯化苯甲酰）　Benzoyl Chloride〔$C_6H_5COCl=140.57$〕

本品为无色透明液体；有刺激性、腐蚀性；在潮湿空气中会发烟，蒸气有腐蚀性，能引起流泪。与乙醚或二硫化碳能任意混合，在水或乙醇中分解。

苯甲酸　Benzoic Acid〔$C_6H_5COOH=122.12$〕

本品为白色有丝光的鳞片或针状结晶或结晶性粉末；质轻；无臭或微臭；在热空气中微有挥发性；水溶液显酸性反应。在乙醇、三氯甲烷或乙醚中易溶，在沸水中溶解，在水中微溶。

苯甲醛　Benzaldehyde〔$C_7H_6O=106.12$〕

本品为无色或淡黄色强折射率液体。具有苦杏仁味。燃烧时有芳香气味。暴露于空气氧化为苯甲酸，能随蒸汽蒸发。与乙醇、乙醚、油类混溶，在水中微溶。

苯肼　Phenylhydrazine〔$C_6H_8N_2=108.14$〕

本品为黄色油状液体，在23℃以下为片状结晶；露置空气中或见光易变为褐色；有腐蚀性；易燃。与乙醇、乙醚、三氯甲烷或苯能混溶，在稀酸中溶解，在水或石油醚中微溶。

苯胺　Aniline〔$C_6H_5NH_2=93.13$〕

本品为无色或淡黄色透明油状液体；有特臭；露置空气中或见光渐变为棕色；易燃。与乙醇、乙醚或苯能任意混合，在水中微溶。

苯氧乙醇　Phenoxyethanol〔$C_6H_5OCH_2CH_2OH=138.17$〕

本品为无色透明液体；有芳香臭。在乙醇、乙醚或氢氧化钠溶液中易溶，在水中微溶。

苯酚　Phenol〔$C_6H_6O=94.11$〕

本品为无色或微红色的针状结晶或结晶性块；有特臭；有引湿性；对皮肤及黏膜有腐蚀性；遇光或在空气中色渐变深。在乙醇、三氯甲烷、乙醚、甘油、脂肪油或挥发油中易溶，在水中溶解，在液状石蜡中略溶。

苯醌　Benzoquinone〔$C_6H_4O_2=108.10$〕

本品为黄色结晶；有特臭；能升华。在乙醇或乙醚中溶解，在水中微溶。

茚三酮　Ninhydrine〔$C_9H_6O_4=178.14$〕

本品为白色或淡黄色结晶性粉末；有引湿性；见光或露置空气中逐渐变色。在水或乙醇中溶解，在三氯甲烷或乙醚中微溶。

叔丁羟甲苯　Butylated Hydroxytoluene〔$C_{15}H_{24}O=220.40$〕

本品为无色结晶或白色结晶性粉末。熔点约为70℃。

叔丁醇　*t*-Butanol〔$(CH_3)_3COH=74.12$〕

本品为白色结晶，含少量水时为液体；似樟脑臭；有引湿性；易燃。与乙醇或乙醚能任意混合，在水中溶解。沸点为82.4℃。

明胶　Gelatin 见本版兽药典正文。

咕吨氢醇　Xanthydrol〔$C_{13}H_{10}O_2=198.22$〕

本品为淡黄色结晶性粉末。在乙醇、三氯甲烷、乙醚中溶解，在水中不溶。

咖啡因　Caffeine〔$C_8H_{10}N_4O_2 \cdot H_2O=212.21$〕

本品为白色或带极微黄绿色、有丝光的针状结晶；无臭，味苦；有风化性。在热水或三氯甲烷中易溶，在水、乙醇或丙酮中略溶，在乙醚中极微溶解。

罗丹明B　Rhodamine B〔$C_{28}H_{31}ClN_2O_3=479.02$〕

本品为带绿色光泽的结晶或红紫色粉末。在水或乙醇中易溶，水溶液呈蓝红色，稀释后有强荧光；在盐酸或氢氧化钠溶液中微溶。

钍试剂　Thorin〔$C_{16}H_{11}AsN_2Na_2O_{10}S_2=576.30$〕

本品为红色结晶。在水中易溶，在有机溶剂中不溶。

钒酸铵　Ammonium Vanadate〔$NH_4VO_3=116.98$〕

本品为白色或微黄色结晶性粉末。在热水或稀氨溶液中易溶，在冷水中微溶，在乙醇中不溶。

乳酸　Lactic Acid〔$CH_3CH(OH)COOH=90.08$〕

见本版兽药典正文。

乳酸锂　Lithium Lactate〔$LiC_3H_5O_3=96.01$〕

本品为白色粉末；无臭。在水中溶解。

变色酸　Chromotropic Acid〔$C_{10}H_8O_8S_2 \cdot 2H_2O=356.33$〕

本品为白色结晶。在水中溶解。

变色酸钠　Sodium Chromotropate〔$C_{10}H_6Na_2O_8S_2 \cdot 2H_2O=400.29$〕

本品为白色或灰色粉末。在水中溶解，溶液呈浅褐色。

庚烷（正庚烷）　Heptane〔$C_7H_{16}=100.20$〕

本品为无色透明液体；易燃。与乙醇、三氯甲烷或乙醚能混溶，在水中不溶。沸点为98.4℃。

庚烷磺酸钠　Sodium Heptanesulfonate〔$C_7H_{15}NaO_3S \cdot H_2O=220.27$〕

单硬脂酸甘油酯　Glycerol Monostearate〔$C_{21}H_{42}O_4=358.57$〕

本品为白色或微黄色蜡状固体；有愉快的气味。在热有机溶剂如醇、醚或丙酮中溶解，在水中不溶。熔点为56~58℃。

茜素红　Alizarin Red〔$C_{14}H_7NaO_7S \cdot H_2O=360.28$〕

本品为黄棕色或橙黄色粉末。在水中易溶，在乙醇中微溶，在苯或三氯甲烷中不溶。

茜素氟蓝　Alizarin Fluoro-Blue〔$C_{19}H_{15}NO_8=385.33$〕

本品为橙黄色粉末。在水、乙醇或乙醚中微溶。

茜素磺酸钠（茜红）　Sodium Alizarinsulfonate〔$C_{14}H_7NaO_7S \cdot H_2O=360.28$〕

本品为橙黄色或黄棕色粉末。在水中易溶，在乙醇中微溶，在三氯甲烷或苯中不溶。

草酸 Oxalic Acid〔$H_2C_2O_4 \cdot 2H_2O = 126.07$〕

本品为白色透明结晶或结晶性颗粒；易风化。在水或乙醇中易溶，在三氯甲烷或苯中不溶。

草酸三氢钾 Potassium Trihydrogen Oxalate〔$KH_3(C_2O_4)_2 \cdot 2H_2O = 254.19$〕

本品为白色结晶或结晶性粉末。在水中溶解，在乙醇中微溶。

草酸钠 Sodium Oxalate〔$Na_2C_2O_4 = 134.00$〕

本品为白色结晶性粉末。在水中溶解，在乙醇中不溶。

草酸铵 Ammonium Oxalate〔$(NH_4)_2C_2O_4 \cdot H_2O = 142.11$〕

本品为白色结晶，加热易分解。在水中溶解，在乙醇中微溶。

茴香醛 见对甲氧基苯甲醛

荧光黄（荧光素） Fluorescein〔$C_{20}H_{12}O_5 = 332.11$〕

本品为橙黄色或红色粉末。在热乙醇、冰醋酸、碳酸钠溶液或氢氧化钠溶液中溶解，在水、三氯甲烷或苯中不溶。

枸橼酸（柠檬酸） Citric Acid〔$C_6H_8O_7 \cdot H_2O = 210.14$〕

本品为白色结晶或颗粒；易风化；有引湿性。在水或乙醇中易溶。

枸橼酸钠 Sodium Citrate〔$C_6H_5Na_3O_7 \cdot 2H_2O = 294.10$〕

本品为白色结晶或粉末。在水中易溶，在乙醇中不溶。

枸橼酸铁铵 Ammonium Ferric Citrate〔$C_{12}H_{22}FeN_3O_{14} = 488.16$〕

本品为棕红色或绿色鳞片或粉末；易潮解；见光易还原成亚铁。在水中溶解，在醇或醚中不溶。

枸橼酸铵 Ammonium Citrate，Tribasic〔$C_6H_{17}N_3O_7 = 243.22$〕

本品为白色粉末；易潮解。在水中易溶，在乙醇、丙酮或乙醚中不溶。

胃蛋白酶（猪） Pepsin

本品为白色或微黄色鳞片或颗粒；味微酸咸；有引湿性。在水中易溶，在乙醇、三氯甲烷或乙醚中几乎不溶。

咪唑 Imidazole〔$C_3H_4N_2 = 68.08$〕

本品为白色半透明结晶。在水、乙醇、乙醚或吡啶中易溶，在苯中微溶，在石油醚中极微溶解。

钙黄绿素 Calcein〔$C_{30}H_{24}N_2Na_2O_{13} = 666.51$〕

本品为鲜黄色粉末。在水中溶解，在无水乙醇或乙醚中不溶。

钙紫红素 Calcon〔$C_{20}H_{13}N_2NaO_5S = 416.39$〕

本品为棕色或棕黑色粉末。在水或乙醇中溶解。

钠石灰 Soda Lime

本品为氢氧化钠与氧化钙的混合物，经用特殊指示剂着色后制成的粉红色小粒，吸收二氧化碳后颜色逐渐变淡。

钨酸钠 Sodium Wolframate〔$Na_2WO_4 \cdot 2H_2O = 329.86$〕

本品为白色结晶性粉末；易风化。在水中溶解，在乙醇中不溶。

氟化钠 Sodium Fluoride〔$NaF = 41.99$〕

本品为白色粉末或方形结晶。在水中溶解，水溶液有腐蚀性，能使玻璃发毛；在乙醇中不溶。

氢溴酸 Hydrobromic Acid〔$HBr = 80.92$〕

本品为无色或微黄色液体；微发烟；暴露于空气或见光色渐变黄；对皮肤和眼有腐蚀性。与水或乙醇能任意混合。

氢氟酸 Hydrofluoric Acid〔$HF = 20.01$〕

本品为无色发烟液体；有刺激臭，对金属和玻璃有强烈的腐蚀性。与水或乙醇能任意混合。

氢氧化四丁基铵溶液（四丁基氢氧化铵溶液） Tetrabutylammonium Hydroxide Solution 〔$C_{16}H_{37}NO=259.48$〕

本品为无色澄清液体；有氨样臭。强碱性，易吸收二氧化碳。通常制成10%和20%溶液。

氢氧化四甲基铵 Tetramethylammonium Hydroxide 〔$(CH_3)_4NOH=91.15$〕

本品为无色透明液体；易吸收二氧化碳；有腐蚀性。在水或乙醇中溶解。

氢氧化钙 Calcium Hydroxide 〔$Ca(OH)_2=74.09$〕

本品为白色结晶性粉末；易吸收二氧化碳而生成碳酸钙。在水中微溶。

氢氧化钡 Barium Hydroxide 〔$Ba(OH)_2 \cdot 8H_2O=315.46$〕

本品为白色结晶；易吸收二氧化碳而生成碳酸钡。在水中易溶，在乙醇中微溶。

氢氧化钠 Sodium Hydroxide 〔$NaOH=40.00$〕

本品为白色颗粒或片状物；易吸收二氧化碳与水；有引湿性。在水、乙醇或甘油中易溶。

氢氧化钾 Potassium Hydroxide 〔$KOH=56.11$〕

本品为白色颗粒或棒状物；易吸收二氧化碳生成碳酸钾；有引湿性。在水或乙醇中溶解。

氢氧化铝 Aluminium Hydroxide 〔$Al(OH)_3=78.00$〕

本品为白色粉末；无味。在盐酸、硫酸或氢氧化钠溶液中溶解，在水或乙醇中不溶。

氢氧化锂 Lithium Hydroxide 〔$LiOH \cdot H_2O=41.95$〕

本品为白色细小单斜结晶；有辣味。强碱性，在空气中能吸收二氧化碳与水分。在水中溶解，在醇中微溶。

氢氧化锶 Strontium Hydroxide 〔$Sr(OH)_2 \cdot 8H_2O=265.76$〕

本品为无色结晶或白色结晶；易潮解；在空气中吸收二氧化碳生成碳酸盐；在干燥空气中能失去7分子结晶水。在热水或酸中溶解，在水中微溶。

氢碘酸 Hydroiodic Acid 〔$HI=127.91$〕

本品为碘化氢的水溶液。无色；见光或久置因析出碘变微黄色至棕色；有腐蚀性和强烈的刺激性气味。与水或醇能任意混合。

氢硼化钠 Sodium Borohydride 〔$NaBH_4=37.83$〕

本品为白色结晶性粉末；有引湿性。在水、氨溶液、乙二胺或吡啶中溶解，在乙醚中不溶。

香草醛 Vanillin 〔$C_8H_8O_3=152.15$〕

本品为白色结晶；有愉快的香气。在乙醇、三氯甲烷、乙醚、冰醋酸或吡啶中易溶，在油类或氢氧化钠溶液中溶解。

重铬酸钾 Potassium Dichromate 〔$K_2Cr_2O_7=294.18$〕

本品为橙红色结晶，有光泽；味苦；有强氧化性。在水中溶解，在乙醇中不溶。

胨 Peptone

本品为黄色或淡棕色粉末；无臭；味微苦。在水中溶解，在乙醇或乙醚中不溶。

胆甾醇 Cholesterol 〔$C_{27}H_{46}O=386.66$〕

本品的一水合物为白色或淡黄色片状结晶；70~80℃时成为无水物；在空气中能缓慢氧化变黄。在苯、石油醚或植物油中溶解，在乙醇中微溶，在水中几乎不溶。

亮绿 Brilliant Green 〔$C_{27}H_{33}N_2 \cdot HSO_4=482.64$〕

本品为金黄色结晶，有光泽。在水或乙醇中溶解，溶液呈绿色。

姜黄粉 Curcuma Powder

本品为姜科植物姜黄根茎的粉末，含有5%挥发油、黄色姜黄素、淀粉和树脂。

活性炭 Activated Charcoal

本品为黑色细微粉末；无臭，无味；无砂性。不溶于任何溶剂。具有高容量吸附有机色素及含氮碱的能力。

洋地黄皂苷 Digitonin 〔$C_{56}H_{92}O_{29}=1229.33$〕

本品为白色结晶。在无水乙醇中略溶，在乙醇中微溶，在水、三氯甲烷或乙醚中几乎不溶。

浓过氧化氢溶液（30％） Concentrated Hydrogen Peroxide Solution 〔$H_2O_2=34.01$〕

本品为无色透明液体；有强氧化性及腐蚀性。与水或乙醇能任意混合。

浓氨溶液（浓氨水） Concentrated Ammonia Solution 〔$NH_3 \cdot H_2O=35.05$〕

本品为无色透明液体；有腐蚀性。含NH_3应为25%～28%（g/g）。与乙醇或乙醚能任意混合。

结晶紫 Crystal Violet 〔$C_{25}H_{30}ClN_3=407.99$〕

本品为暗绿色粉末，有金属光泽。在水、乙醇或三氯甲烷中溶解，在乙醚中不溶。

盐酸 Hydrochloric Acid 〔$HCl=36.46$〕

本品为无色透明液体；有刺激性特臭；有腐蚀性；在空气中冒白烟。含HCl应为36%～38%（g/g）。与水或乙醇能任意混合。

盐酸二氨基联苯胺 Diaminobenzidine Hydrochloride 〔$C_{12}H_{14}N_4 \cdot 4HCl \cdot 2H_2O=396.14$〕

本品为白色或灰色粉末。在水中溶解，溶液易氧化而变色。

盐酸甲胺 Methylamine Hydrochloride 〔$CH_3NH_2 \cdot HCl=67.52$〕

本品为白色或类白色结晶；有引湿性。在水或无水乙醇中溶解。

盐酸半胱氨酸 Cysteine Hydrochloride 〔$CH_2(SH)CH(NH_2)COOH \cdot HCl=157.62$〕

本品为白色结晶。在水或乙醇中溶解。

盐酸苯肼 Phenylhydrazine Hydrochloride 〔$C_6H_8N_2 \cdot HCl=144.60$〕

本品为白色或白色透明结晶；能升华。在水中易溶，在乙醇中溶解，在乙醚中几乎不溶。

盐酸萘乙二胺 *N*-Naphthylethylenediamine Dihydrochloride 〔$C_{12}H_{14}N_2 \cdot 2HCl=259.18$〕

本品为白色微带红色或黄绿色结晶。在热水、乙醇或稀盐酸中易溶，在水、无水乙醇或丙酮中微溶。

盐酸羟胺 Hydroxylamine Hydrochloride 〔$NH_2OH \cdot HCl=69.49$〕

本品为白色结晶；吸湿后易分解；有腐蚀性。在水、乙醇或甘油中溶解。

盐酸氨基脲 Semicarbazide Hydrochloride 〔$NH_2CONHNH_2 \cdot HCl=111.53$〕

本品为白色结晶。在水中易溶，在乙醇或乙醚中不溶。

盐酸普鲁卡因 Procaine Hydrochloride 〔$C_{13}H_{20}N_2O_2 \cdot HCl=272.78$〕

见本版兽药典正文。

钼酸钠 Sodium Molybdate 〔$Na_2MoO_4 \cdot 2H_2O=241.95$〕

本品为白色结晶性粉末；加热至100℃失去结晶水。在水中溶解。

钼酸铵 Ammonium Molybdate 〔$(NH_4)_6Mo_7O_{24} \cdot 4H_2O=1235.86$〕

本品为无色或淡黄绿色结晶。在水中溶解，在乙醇中不溶。

铁氨氰化钠 Sodium Ferricyanide, Ammoniated 〔$Na_3[Fe(CN)_5NH_3] \cdot 3H_2O=325.98$〕

本品为黄色结晶。在水中溶解。

铁氰化钾 Potassium Ferricyanide 〔$K_3Fe(CN)_6=329.25$〕

本品为红色结晶；见光、受热或遇酸均易分解。在水中溶解，在乙醇中微溶。

氧化钬 Holmium Oxide 〔$Ho_2O_3=377.86$〕

本品为黄色固体；微有引湿性；溶于酸后生成黄色盐。在水中易溶。

氧化铝 Aluminium Oxide 〔$Al_2O_3=101.96$〕

本品为白色粉末；无味；有引湿性。在硫酸中溶解；在氢氧化钠溶液中能缓慢溶解而生成氢氧化物，在水、乙醇或乙醚中不溶。

氧化银 Silver Oxide 〔$Ag_2O=231.74$〕

本品为棕黑色粉末；质重；见光渐分解；易燃。在稀酸或氨溶液中易溶，在水或乙醇中几乎不溶。

氧化锌 Zinc Oxide 〔$ZnO=81.39$〕

本品为白色或淡黄色粉末。在稀酸、浓碱或氨溶液中溶解，在水或乙醇中不溶。

氧化镁 Magnesium Oxide 〔$MgO=40.30$〕

本品为白色极细粉末，无气味；暴露空气中易吸收水分和二氧化碳，与水结合生成氢氧化镁。在稀酸中溶解，在纯水中极微溶解，在醇中不溶。

氨气 Ammonia 〔$NH_3=17.03$〕

可取铵盐（氯化铵）与强碱（氢氧化钙）共热，或取浓氨溶液加热，放出的气体经过氧化钙干燥，即得。

本品为无色气体，具氨臭，$-33℃$时液化，$-78℃$时凝固成无色晶体。在水中极易溶解，溶解时放出大量热。

4-氨基安替比林 4-Aminoantipyrine 〔$C_{11}H_{13}N_3O=203.24$〕

本品为淡黄色结晶。在水、乙醇或苯中溶解，在乙醚中微溶。

1-氨基-2-萘酚-4-磺酸 1-Amino-2-naphthol-4-sulfonic Acid 〔$C_{10}H_9NO_4S=239.25$〕

本品为白色或灰色结晶；见光易变色；有引湿性。在热的亚硫酸氢钠或碱溶液中溶解，溶液易氧化；在水、乙醇或乙醚中不溶。

氨基黑10B Amido Black 10B 〔$C_{22}H_{14}N_6Na_2O_9S_2=616.50$〕

本品为棕黑色粉末。在水、乙醇或乙醚中溶解，其溶液为蓝黑色；在硫酸中溶解，溶液为绿色；在丙酮中微溶。

氨基磺酸 Sulfamic Acid 〔$NH_2SO_3H=97.09$〕

本品为白色结晶。在水中溶解，溶液易水解生成硫酸氢铵；在甲醇或乙醇中微溶，在乙醚或丙酮中不溶。

氨基磺酸铵 Ammonium Sulfamate 〔$NH_2SO_3NH_4=114.13$〕

本品为白色结晶；有引湿性。在水中易溶，在乙醇中难溶。

L-胱氨酸 L-Cystine 〔$C_6H_{12}N_2O_4S_2=240.30$〕

本品为白色结晶。在酸或碱溶液中溶解，在水或乙醇中几乎不溶。

胰蛋白胨 Tryptone

本品为米黄色粉末，极易潮解。在水中溶解，在乙醇、乙醚中不溶。

胰蛋白酶 Trypsin

本品为白色、类白色或淡黄色粉末。在水中溶解，在乙醇中不溶。

胰酶 Pancreatin

本品为类白色至微黄色的粉末；微臭，但无霉败的臭气；有引湿性；水溶液煮沸或遇酸即失去酶活力。

高氯酸 Perchloric Acid 〔$HClO_4=100.46$〕

本品为无色透明液体，为强氧化剂，极易引湿；具挥发性及腐蚀性。与水能任意混合。

高氯酸钡 Barium Perchlorate 〔Ba（ClO$_4$）$_2$•3H$_2$O＝390.32〕

本品为无色晶体，有毒。在水或甲醇中溶解，在乙醇、乙酸乙酯或丙酮中微溶，在乙醚中几乎不溶。

高碘酸钠 Sodium Periodate 〔NaIO$_4$＝213.89〕

本品为白色结晶性粉末。在水、盐酸、硝酸、硫酸或醋酸中溶解，在乙醇中不溶。

高碘酸钾 Potassium Periodate 〔KIO$_4$＝230.00〕

本品为白色结晶性粉末。在热水中溶解，在水中微溶。

高锰酸钾 Potassium Permanganate 〔KMnO$_4$＝158.03〕

本品为深紫色结晶，有金属光泽；为强氧化剂。在乙醇、浓酸或其他有机溶剂中即分解而产生游离氧。在水中溶解。

酒石酸 Tartaric Acid 〔H$_2$C$_4$H$_4$O$_6$＝150.09〕

本品为白色透明结晶或白色结晶性粉末。在水、甲醇、乙醇、丙醇或甘油中溶解，在乙醚中微溶，在三氯甲烷中不溶。

酒石酸氢钠 Sodium Bitartrate 〔NaHC$_4$H$_4$O$_6$•H$_2$O＝190.09〕

本品为白色结晶性粉末；味酸。在热水中易溶，在水或乙醇中不溶。

酒石酸氢钾 Potassium Bitartrate 〔KHC$_4$H$_4$O$_6$＝188.18〕

本品为白色透明结晶或结晶性粉末。在水中溶解，在乙醇中不溶。

酒石酸钾钠 Potassium Sodium Tartrate 〔KNaC$_4$H$_4$O$_6$•4H$_2$O＝282.22〕

本品为白色透明结晶或结晶性粉末。在水中溶解，在乙醇中不溶。

黄氧化汞 Mercuric Oxide，Yellow 〔HgO＝216.59〕

本品为黄色或橙黄色粉末；质重；见光渐变黑。在稀硫酸、稀盐酸、稀硝酸中易溶，在水、乙醇、丙酮或乙醚中不溶。

1,3-萘二酚（1,3-二羟基萘） 1,3-Dihydroxynaphthalene 〔C$_{10}$H$_8$O$_2$＝160.17〕

本品为粉红色片状结晶。在水、醇和醚中溶解。

α-萘酚 α-Naphthol 〔C$_{10}$H$_7$OH＝144.17〕

本品为白色或略带粉红色的结晶或粉末；有苯酚样特臭；遇光渐变黑。在乙醇、三氯甲烷、乙醚、苯或碱溶液中易溶，在水中微溶。

β-萘酚 β-Naphthol 〔C$_{10}$H$_7$OH＝144.17〕

本品为白色或淡黄色结晶或粉末；有特臭；见光易变色。在乙醇、乙醚、甘油或氢氧化钠溶液中易溶，在热水中溶解，在水中微溶。

α-萘酚苯甲醇 α-Naphtholbenzein 〔C$_{27}$H$_{20}$O$_3$＝392.45〕

本品为红棕色粉末。在乙醇、乙醚、苯或冰醋酸中溶解，在水中不溶。

β-萘磺酸钠 Sodium β-Naphthalenesulfonate 〔C$_{10}$H$_7$NaO$_3$S＝230.22〕

本品为白色结晶或粉末。在水中溶解，在乙醇中不溶。

萘醌磺酸钾 Potassium Naphthoquinione Sulfonate 〔C$_{10}$H$_5$KO$_5$S＝276.31〕

本品为金黄色结晶。在50%乙醇中溶解，在水中微溶。

酞紫 Phthalein Purple 又名金属酞Metalphthalein 〔C$_{32}$H$_{32}$N$_2$O$_{12}$＝636.58〕

本品为淡黄色或淡棕色粉末。

〔检查〕灵敏度 取本品10mg，加浓氨溶液1ml，加水至100ml，摇匀；取5ml，加水95ml、浓氨溶液4ml、乙醇50ml、0.1mol/L氯化钡溶液0.1ml，应显蓝紫色。加0.1mol/L乙二胺四醋酸二钠溶液0.15ml，溶液应变色。

酚红 Phenol Red〔$C_{19}H_{14}O_5S=354.38$〕

本品为深红色结晶性粉末。在乙醇中溶解，在水、三氯甲烷或醚中不溶，在氢氧化钠溶液或碳酸钠溶液中溶解。

酚酞 Phenolphthalein〔$C_{20}H_{14}O_4=318.33$〕

本品为白色粉末。在乙醇中溶解，在水中不溶。

酚磺酞 Phenolsulfonphthalein〔$C_{19}H_{14}O_5S=354.38$〕

本品为深红色结晶性粉末。在乙醇、氢氧化钠或碳酸钠溶液中溶解，在水、三氯甲烷或乙醚中不溶。

硅钨酸 Silicowolframic Acid〔$SiO_2\cdot12WO_3\cdot26H_2O=3310.66$〕

本品为白色或淡黄色结晶；有引湿性。在水或乙醇中易溶。

硅胶 Silicagel〔$mSiO_2\cdot nH_2O$〕

本品为白色半透明或乳白色颗粒或小球；有引湿性，一般含水3%~7%。吸湿量可达40%左右。

硅藻土 Kieselguhr

本品为白色或类白色粉末；有强吸附力和良好的过滤性。在水、酸或碱溶液中均不溶解。

铝试剂（金精三羧酸铵） Ammonium Aurintricarboxylate〔$C_{22}H_{23}N_3O_9=473.44$〕

本品为棕黄色或暗红色的粉末或颗粒。在水或乙醇中溶解。

铜 Copper〔$Cu=63.55$〕

本品为红棕色片状、颗粒状、屑状或粉末，有光泽；在干燥空气中和常温下稳定，久置潮湿空气中则生成碱式盐。在热硫酸和硝酸中易溶，在浓氨溶液中溶解并生成络盐。

铬天青S Chrome Azurol S〔$C_{23}H_{13}Cl_2Na_3O_9S=605.31$〕

本品为棕色粉末。在水中溶解，呈棕黄色溶液；在醇中溶解度较水中小，呈红棕色。

铬黑T Eriochrome Black T〔$C_{20}H_{12}N_3NaO_7S=461.39$〕

本品为棕黑色粉末。在水或乙醇中溶解。

铬酸 Chromic Acid〔$H_2CrO_4=118.01$〕

本品为三氧化铬的水溶液。

铬酸钾 Potassium Chromate〔$K_2CrO_4=194.19$〕

本品为淡黄色结晶。在水中溶解，在乙醇中不溶。

偶氮紫 Azo Violet〔$C_{12}H_9N_3O_4=259.22$〕

本品为红棕色粉末。在醋酸、氢氧化钠溶液或甲苯中溶解。

脲（尿素） Urea〔$NH_2CONH_2=60.06$〕

本品为白色结晶或粉末；有氨臭。在水、乙醇或苯中溶解，在三氯甲烷或乙醚中几乎不溶。

5-羟甲基糠醛 5-Hydroxymethyl Furfural〔$C_6H_6O_3=126.11$〕

本品为针状结晶。在甲醇、乙醇、丙酮、乙酸乙酯或水中易溶，在苯、三氯甲烷或乙醚中溶解，在石油醚中难溶。

8-羟基喹啉 8-Hydroxyquinoline〔$C_9H_7NO=145.16$〕

本品为白色或淡黄色结晶性粉末；有苯酚样特臭；见光易变黑。在乙醇、丙酮、三氯甲烷、苯或无机酸中易溶，在水中几乎不溶。

液体石蜡（液状石蜡） Paraffin Liquid

本品为无色油状液体；几乎无臭；无味。与多数脂肪油能任意混合，在醚或三氯甲烷中溶解，在水或醇中不溶。

淀粉 Starch 〔（$C_6H_{10}O_5$）$n=$（162.14）n〕

马铃薯淀粉 Potato Starch

本品为茄科植物马铃薯 *Solanum tuberosum* L.块茎中得到的淀粉。

本品为白色无定形粉末；吸湿性强；在冷时与碘反应，溶液呈蓝紫色。在热水中形成微带蓝色的溶胶，浓度高时则成糊状，冷却后凝固成胶冻，在冷水、乙醚或乙醚中不溶。

可溶性淀粉 Soluble Starch

本品为白色或淡黄色粉末。在沸水中溶解成透明微显荧光的液体，但在冷水、乙醇或乙醚中不溶。

琥珀酸 Succinic Acid 〔$H_2C_4H_4O_4=118.09$〕

本品为白色结晶。在热水中溶解，在乙醇、丙酮或乙醚中微溶，在苯、二硫化碳、四氯化碳或石油醚中不溶。

琼脂 Agar 见本版兽药典正文。

琼脂糖 Agarose

本品为白色或淡黄色颗粒或粉末；有吸湿性。在热水中溶解。

2,2'-联吡啶 2,2'-Dipyridyl 〔$C_5H_4NC_5H_4N=156.19$〕

本品为白色或淡红色结晶性粉末。在乙醇、三氯甲烷、乙醚、苯或石油醚中易溶，在水中微溶。

联苯酚 Dihydroxydiphenyl 〔$C_{12}H_{10}O_2=186.20$〕

本品为片状或棱形结晶。在热水、乙醇、乙醚或苯中溶解，在石油醚中不溶。

葡萄糖 Glucose 〔$C_6H_{12}O_6 \cdot H_2O=198.17$〕

见本版兽药典正文。

硝基甲烷 Nitromethane 〔$CH_3NO_2=61.04$〕

本品为无色油状液体；易燃，其蒸气能与空气形成爆炸性混合物。与水、乙醇或碱溶液能任意混合。

硝基苯 Nitrobenzene 〔$C_6H_5NO_2=123.11$〕

本品为无色或淡黄色的油状液体；有苦杏仁臭。在乙醇、乙醚、苯或油类中易溶，在水中极微溶解。

硝酸 Nitric Acid 〔$HNO_3=63.01$〕

本品为无色透明液体；在空气中冒烟，有窒息性刺激气味；遇光能产生四氧化二氮而变成棕色。含HNO_3应为69%~71%（g/g）。与水能任意混合。

硝酸亚汞 Mercurous Nitrate 〔$HgNO_3 \cdot H_2O=280.61$〕

本品为白色结晶；稍有硝酸臭。在水或稀硝酸中易溶；在大量水中分解为碱式盐而沉淀。

硝酸亚铈 Cerous Nitrate 〔$Ce（NO_3）_3 \cdot 6H_2O=434.22$〕

本品为白色透明结晶。在水、乙醇或丙酮中溶解。

硝酸汞 Mercuric Nitrate 〔$Hg（NO_3）_2 \cdot H_2O=342.62$〕

本品为白色或微黄色结晶性粉末；有硝酸气味，有引湿性。在水或稀硝酸中易溶；在大量水或沸水中生成碱式盐而沉淀。

硝酸钍 Thorium Nitrate 〔$Th（NO_3）_4 \cdot 4H_2O=552.12$〕

本品为白色结晶或结晶性粉末；为强氧化剂；有放射性，水溶液呈酸性。在水或乙醇中易溶。

硝酸钡 Barium Nitrate 〔$Ba(NO_3)_2$＝261.34〕

本品为白色结晶或结晶性粉末；与有机物接触、摩擦或撞击能引起燃烧和爆炸。在水中溶解，在乙醇中不溶。

硝酸钠 Sodium Nitrate 〔$NaNO_3$＝84.99〕

本品为白色透明结晶或颗粒；与有机物接触、摩擦或撞击能引起燃烧和爆炸。在水中溶解，在乙醇中微溶。

硝酸钴 Cobaltous Nitrate 〔$Co(NO_3)_2 \cdot 6H_2O$＝291.03〕

本品为白色结晶或结晶性颗粒。在水或乙醇中易溶，在丙酮或氨溶液中微溶。

硝酸钾 Potassium Nitrate 〔KNO_3＝101.10〕

本品为白色结晶或粉末；与有机物接触、摩擦或撞击能引起燃烧和爆炸。在水中溶解，在乙醇中微溶。

硝酸铅 Lead Nitrate 〔$Pb(NO_3)_2$＝331.21〕

本品为白色结晶；与有机物接触、摩擦或撞击能引起燃烧和爆炸。在水中溶解，在乙醇中微溶。

硝酸铈铵 Ammonium Ceric Nitrate 〔$Ce(NO_3)_4 \cdot 2NH_4NO_3$＝548.22〕

本品为橙红色结晶；有强氧化性。在水或乙醇中溶解，在浓硝酸中不溶。

硝酸铜 Cupric Nitrate 〔$Cu(NO_3)_2 \cdot 3H_2O$＝241.60〕

本品为蓝色柱状结晶，与炭末、硫磺或其他可燃性物质加热、摩擦或撞击，能引起燃烧和爆炸。在水或乙醇中溶解。

硝酸铵 Ammonium Nitrate 〔NH_4NO_3＝80.04〕

本品为白色透明结晶或粉末。在水中易溶，在乙醇中微溶。

硝酸银 Silver Nitrate 〔$AgNO_3$＝169.87〕

本品为白色透明片状结晶。在氨溶液中易溶，在水或乙醇中溶解，在醚或甘油中微溶。

硝酸锆 Zirconium Nitrate 〔$Zr(NO_3)_4 \cdot 5H_2O$＝429.32〕

本品为白色结晶；易吸潮；加热至100℃分解。在水中易溶，在乙醇中溶解。

硝酸镁 Magnesium Nitrate 〔$Mg(NO_3)_2 \cdot 6H_2O$＝256.42〕

本品为白色结晶。具潮解性。能溶于乙醇及氨溶液，溶于水，水溶液呈中性。于330℃分解。与易燃的有机物混合能发热燃烧，有火灾及爆炸危险。

硝酸镉 Cadmium Nitrate 〔$Cd(NO_3)_2 \cdot 4H_2O$＝308.49〕

本品为白色针状或斜方形结晶。具潮解性。易溶于水，能溶于乙醇、丙酮和乙酸乙酯，几乎不溶于浓硝酸。与有机物混合时，发热自燃并爆炸。

硝酸镧 Lanthanum Nitrate 〔$La(NO_3)_3 \cdot 6H_2O$＝433.01〕

本品为白色结晶。在水、乙醇或丙酮中溶解。

硝酸镍 NickelousNitrate 〔$Ni(NO_3)_2 \cdot 6H_2O$＝290.79〕

本品为绿色结晶，水溶液呈酸性。在水中易溶，在乙醇或乙二醇中溶解，在丙酮中微溶。

硫乙醇酸（巯基醋酸） Thioglycollic Acid 〔$CH_2(SH)COOH$＝92.12〕

本品为无色透明液体；有刺激性臭气。与水、乙醇、乙醚或苯能混合。

硫乙醇酸钠 Sodium Thioglycollate 〔$CH_2(SH)COONa$＝114.10〕

本品为白色结晶；有微臭；有引湿性。在水中易溶，在乙醇中微溶。

硫化钠 Sodium Sulfide 〔$Na_2S \cdot 9H_2O$＝240.18〕

本品为白色结晶；水溶液呈碱性。在水中溶解，在乙醇中微溶，在乙醚中不溶。

硫代乙酰胺 Thioacetamide 〔$CH_3CSNH_2=75.13$〕

本品为无色或白色片状结晶。在水、乙醇或苯中溶解，在乙醚中微溶。

硫代硫酸钠 Sodium Thiosulfate 〔$Na_2S_2O_3 \cdot 5H_2O=248.19$〕

本品为白色透明结晶或白色颗粒。在水中溶解并吸热，在乙醇中微溶。

硫脲 Thiourea 〔$NH_2CSNH_2=76.12$〕

本品为白色斜方晶体或针状结晶；味苦。在水或乙醇中溶解，在乙醚中微溶。

硫氰酸钾 Potassium Thiocyanate 〔$KSCN=97.18$〕

本品为白色结晶。在水或乙醇中溶解。

硫氰酸铵 Ammonium Thiocyanate 〔$NH_4SCN=76.12$〕

本品为白色结晶。在水或乙醇中易溶，在甲醇或丙酮中溶解，在三氯甲烷或乙酸乙酯中几乎不溶。

硫氰酸铬铵（雷氏盐） Ammonium Reineckate 〔$NH_4Cr(NH_3)_2(SCN)_4 \cdot H_2O=354.45$〕

本品为红色至深红色结晶；在水中能分解游离出氢氰酸而呈蓝色。在热水或乙醇中溶解，在水中微溶。

硫酸 Sulfuric Acid 〔$H_2SO_4=98.08$〕

本品为无色透明的黏稠状液体；与水或乙醇混合时大量放热。含 H_2SO_4 应为 $95\% \sim 98\%$（g/g）。与水或乙醇能任意混合。相对密度约为1.84。

硫酸亚铁 Ferrous Sulfate 〔$FeSO_4 \cdot 7H_2O=278.02$〕

本品为淡蓝绿色结晶或颗粒。在水中溶解，在乙醇中不溶。

硫酸汞 Mercuric Sulfate 〔$HgSO_4=296.68$〕

本品为白色颗粒或结晶性粉末；无臭；有毒。在盐酸、热稀硫酸或浓氯化钠溶液中溶解。

硫酸肼 Hydrazine Sulfate 〔$(NH_2)_2 \cdot H_2SO_4=130.12$〕

本品为白色结晶或粉末。在热水中易溶，在水或乙醇中微溶。

硫酸奎宁 Quinine Sulfate 〔$(C_{20}H_{24}N_2O_2)_2 \cdot H_2SO_4 \cdot 2H_2O=782.96$〕

本品为白色细微的针状结晶，无臭，味极苦，遇光渐变色；水溶液显中性反应。在三氯甲烷-无水乙醇（2:1）的混合液中易溶，在水、乙醇、三氯甲烷或乙醚中微溶。

硫酸氢钾 Potassium Bisulfate 〔$KHSO_4=136.17$〕

本品为白色结晶；水溶液呈强酸性。在水中溶解。

硫酸钠 Sodium Sulfate 〔$Na_2SO_4=142.04$〕

本品为白色颗粒性粉末；在潮湿空气中吸收1分子水。在水或甘油中溶解，在乙醇中不溶。

硫酸钙（锻石膏） Calcium Sulfate 〔$CaSO_4 \cdot 2H_2O=172.17$〕

本品为白色结晶性粉末。在铵盐溶液、硫代硫酸钠溶液、氯化钠溶液或酸类中溶解，在水或乙醇中不溶。

硫酸钾 Potassium Sulfate 〔$K_2SO_4=174.26$〕

本品为白色结晶或结晶性粉末。在水或甘油中溶解，在乙醇中不溶。

硫酸铁铵 Ferric Ammonium Sulfate 〔$FeNH_4(SO_4)_2 \cdot 12H_2O=482.20$〕

本品为白色至淡紫色结晶。在水中溶解，在乙醇中不溶。

硫酸铈 Ceric Sulfate 〔$Ce(SO_4)_2=332.24$〕

本品为深黄色结晶。在热的酸溶液中溶解；在水中微溶，并分解成碱式盐。

硫酸铈铵 Ammonium Ceric Sulfate 〔$Ce(SO_4)_2 \cdot 2(NH_4)_2SO_4 \cdot 4H_2O=668.58$〕

本品为黄色或橙黄色结晶性粉末。在酸溶液中溶解，在水中微溶，在醋酸中不溶。

硫酸铜　Cupric Sulfate　〔$CuSO_4·5H_2O=249.69$〕

本品为蓝色结晶或结晶性粉末。在水中溶解，在乙醇中微溶。

硫酸铵　Ammonium Sulfate　〔$(NH_4)_2SO_4=132.14$〕

本品为白色结晶或颗粒。在水中溶解，在乙醇或丙酮中不溶。

硫酸锂　Lithium Sulfate　〔$Li_2SO_4·H_2O=127.96$〕

本品为白色结晶。在水中溶解，在乙醇中几乎不溶。

硫酸铝　Aluminium Sulfate　〔$Al_2(SO_4)_3·18H_2O=666.43$〕

本品为白色结晶或结晶性粉末，有光泽。在水中溶解，在乙醇中不溶。

硫酸铝钾（明矾）　Potassium Aluminium Sulfate　〔$KAl(SO_4)_2·12H_2O=474.39$〕

本品为白色透明的结晶或粉末，无臭；味微甜而涩。在水或甘油中易溶，在乙醇或丙酮中不溶。

硫酸锌　Zinc Sulfate　〔$ZnSO_4·7H_2O=287.56$〕

本品为白色结晶、颗粒或粉末。在水中易溶，在甘油中溶解，在乙醇中微溶。

硫酸锰　Manganese Sulfate　〔$MnSO_4·H_2O=169.02$〕

本品为粉红色结晶。在水中溶解，在乙醇中不溶。

硫酸镁　Magnesium Sulfate　〔$MgSO_4·7H_2O=246.48$〕

本品为白色结晶或粉末，易风化。在水中易溶，在甘油中缓缓溶解，在乙醇中微溶。

硫酸镍　Nickelous Sulfate　〔$NiSO_4·7H_2O=280.86$〕

本品为绿色透明结晶。在水或乙醇中溶解。

硫酸镍铵　Ammonium Nickelous Sulfate　〔$NiSO_4·(NH_4)_2SO_4·6H_2O=394.99$〕

本品为蓝绿色结晶。在水中溶解，在乙醇中不溶。

紫脲酸铵　Murexide　〔$C_8H_8N_6O_6·H_2O=302.21$〕

本品为红紫色粉末。在水中微溶，水溶液极易变质；在醇或醚中不溶。

喹哪啶红　Quinaldine Red　〔$C_{21}H_{23}IN_2=430.33$〕

本品为深红色粉末。在乙醇中溶解，在水中微溶。

锌　Zinc　〔$Zn=65.39$〕

本品为灰白色颗粒，有金属光泽。在稀酸中溶解并放出氢，在氨溶液或氢氧化钠溶液中缓慢地溶解。

锌试剂　Zincon　〔$C_{20}H_{15}N_4NaO_6S=462.42$〕

本品为棕色结晶性粉末。在乙醇或氢氧化钠溶液中溶解，在水中不溶。

氰化钾　Potassium Cyanide　〔$KCN=65.12$〕

本品为白色颗粒或熔块。在水中溶解，在乙醇中微溶。

氰基乙酸乙酯　Ethyl Cyanoacetate　〔$CH_2(CN)COOC_2H_5=113.12$〕

本品为无色液体，有酯样特臭；味微甜。与乙醇或乙醚能任意混合，在氨溶液或碱性溶液中溶解，在水中不溶。

氯　Chlorine　〔$Cl_2=70.90$〕

由盐酸和二氧化锰作用而制得。本品为黄绿色气体，有剧烈窒息性臭。在二硫化碳或四氯化碳中易溶，在水或碱溶液中溶解。

氯化二甲基苄基烃铵（苯扎氯铵）　Benzalkonium Chloride

本品为白色或微黄色粉末或胶状小片。在水、乙醇或丙酮中极易溶解，在苯中微溶，在乙醚中几乎不溶。

氯化三苯四氮唑　Triphenyltetrazolium Chloride〔$C_{19}H_{15}ClN_4$＝334.81〕

本品为白色结晶，遇光色变暗。在水、乙醇或丙酮中溶解，在乙醚中不溶。

氯化亚锡　Stannous Chloride〔$SnCl_2 \cdot 2H_2O$＝225.65〕

本品为白色结晶。在水、乙醇或氢氧化钠溶液中溶解。

氯化金　Auric Chloride〔$HAuCl_4 \cdot 3H_2O$＝393.83〕

本品为鲜黄色或橙黄色结晶。在水、乙醇或乙醚中溶解，在三氯甲烷中微溶。

氯化钙　Calcium Chloride〔$CaCl_2 \cdot 2H_2O$＝147.01〕

本品为白色颗粒或块状物；有引湿性。在水或乙醇中易溶。

氯化钡　Barium Chloride〔$BaCl_2 \cdot 2H_2O$＝244.26〕

本品为白色结晶或粒状粉末。在水或甲醇中易溶，在乙醇、丙酮或醋酸乙酯中几乎不溶。

氯化钠　Sodium Chloride〔$NaCl$＝58.44〕

本品为白色结晶或结晶性粉末；有引湿性。在水或甘油中溶解，在乙醇或盐酸中极微溶解。

氯化钯　Palladium Chloride〔$PdCl_2$＝177.33〕

本品为红色针状结晶；有吸潮性。在水、乙醇、丙酮或氢溴酸中溶解。

氯化钴　Cobaltous Chloride〔$CoCl_2 \cdot 6H_2O$＝237.93〕

本品为红色或紫红色结晶。在水或乙醇中易溶，在丙酮中溶解，在乙醚中微溶。

氯化钾　Potassium Chloride〔KCl＝74.55〕

本品为白色结晶或结晶性粉末。在水或甘油中易溶，在乙醇中难溶，在丙酮或乙醚中不溶。

氯化铜　Cupric Chloride〔$CuCl_2 \cdot 2H_2O$＝170.48〕

本品为淡蓝绿色结晶。在水、乙醇或甲醇中溶解，在丙酮或乙酸乙酯中微溶。

氯化铵　Ammonium Chloride〔NH_4Cl＝53.49〕

本品为白色结晶或结晶性粉末。在水或甘油中溶解，在乙醇中微溶。

氯化锂　Lithium Chloride〔$LiCl$＝42.39〕

本品为白色结晶性粉末。在水、乙醇、丙酮、乙醚、异戊醇或氢氧化钠溶液中溶解。

氯化锌　Zinc Chloride〔$ZnCl_2$＝136.30〕

本品为白色结晶性粉末或熔块。在水中易溶，在乙醇、丙酮或乙醚中溶解。

氯化锶　Strontium Chloride〔$SrCl_2 \cdot 6H_2O$＝266.64〕

本品为无色透明结晶或颗粒，无气味；在空气中风化；在湿空气中潮解。在水中易溶，在乙醇中溶解。

氯化镁　Magnesium Chloride〔$MgCl_2 \cdot 6H_2O$＝203.30〕

本品为白色透明结晶或粉末。在水或乙醇中溶解。

氯亚氨基-2,6-二氯醌　2,6-Dichloroquinone Chlorimide〔$C_6H_2Cl_3NO$＝210.45〕

本品为灰黄色结晶性粉末。在三氯甲烷或乙醚中易溶，在热乙醇或稀氢氧化钠溶液中溶解，在水中不溶。

氯胺T　Chloramine T〔$C_7H_7ClNNaO_2S \cdot 3H_2O$＝281.69〕

本品为白色结晶性粉末；微带氯臭。在水中溶解，在三氯甲烷、乙醚或苯中不溶。

氯酸钾　Potassium Chlorate〔$KClO_3$＝122.55〕

本品为白色透明结晶或粉末。在沸水中易溶，在水或甘油中溶解，在乙醇中几乎不溶。

焦亚硫酸钠　Sodium Pyrosulfite〔$Na_2S_2O_5$＝190.11〕

本品为白色结晶或粉末；微有二氧化硫臭气；有引湿性。在水或甘油中溶解，在乙醇中微溶。

焦性没食子酸 Pyrogallic Acid 〔$C_6H_3(OH)_3=126.11$〕

本品为白色结晶，有光泽。在水、乙醇或乙醚中溶解，在三氯甲烷、苯或二硫化碳中微溶。

焦锑酸钾 Potassium Pyroantimonate 〔$K_2H_2Sb_2O_7=435.73$〕

本品为白色颗粒或结晶性粉末。在热水中易溶，在冷水中难溶，在乙醇中不溶。

蓝色葡聚糖2000 Blue Dextran 2000

本品系在葡聚糖T2000（平均分子量2 000 000）上引入多环生色团冷冻干燥而成。在水或电介质水溶液中易溶。

蒽酮 Anthrone 〔$C_{14}H_{10}O=194.23$〕

本品为白色结晶。在乙醇、苯或热氢氧化钠溶液中溶解，在水中不溶。

酪胨 Pancreatin Hydrolysate

本品为黄色颗粒，以干酪素为原料经胰酶水解、活性炭脱色处理、精制而成，用作细菌培养基，特别是作无菌检验培养基。

酪氨酸 Tyrosine 〔$C_9H_{11}NO_3=181.19$〕

本品为白色结晶。在水中溶解，在乙醇或乙醚中不溶。

酪蛋白 Casein

本品为白色或淡黄色的颗粒状粉末，无臭。在水或其他中性溶剂中不溶，在氨溶液或氢氧化钠溶液中易溶。

〔检查〕碱度　取本品1g，加水20ml，振摇10分钟后滤过，滤液遇石蕊试纸不得显碱性反应。

含氮量　按干燥品计算，含氮量应为15.2%~16.0%（附录0704）。

脂肪　不得过0.5%（附录0713）。

水中溶解物　不得过0.1%。

干燥失重　不得过10.0%（附录0831）。

炽灼残渣　不得过1%（附录0841）。

酪蛋白胰酶消化物（胰酪胨或酪胨） Casein Tryptone

本品为浅黄色粉末。由酪蛋白经胰蛋白酶消化而得，易吸湿。在水中煮沸溶解。

碘 Iodine 〔$I_2=253.81$〕

本品为紫黑色鳞片状结晶或块状物，具金属光泽。在乙醇、乙醚或碘化钾溶液中溶解，在水中极微溶解。

碘化四丁基铵 Tetrabutylammonium Iodide 〔$(C_4H_9)_4NI=369.37$〕

本品为白色或微黄色结晶。在乙醇中易溶，在水中溶解，在三氯甲烷中微溶。

碘化钠 Sodium Iodide 〔$NaI=149.89$〕

本品为白色结晶或粉末。在水、乙醇或甘油中溶解。

碘化钾 Potassium Iodide 〔$KI=166.00$〕

本品为白色结晶或粉末。在水、乙醇、丙酮或甘油中溶解，在乙醚中不溶。

碘化镉 Cadmium Iodide 〔$CdI_2=366.22$〕

本品为白色或淡黄色结晶或结晶性粉末。在水、乙醇、乙醚、氨溶液或酸中溶解。

碘酸钾 Potassium Iodate 〔$KIO_3=214.00$〕

本品为白色结晶或结晶性粉末。在水或稀硫酸中溶解，在乙醇中不溶。

硼砂 Borax 〔$Na_2B_4O_7 \cdot 10H_2O=381.37$〕

本品为白色结晶或颗粒，质坚硬。在水或甘油中溶解，在乙醇或酸中不溶。

硼酸 Boric Acid 〔H_3BO_3=61.83〕

本品为白色透明结晶或结晶性粉末，有珍珠样光泽。在热水、热乙醇、热甘油中易溶，在水或乙醇中溶解，在丙酮或乙醚中微溶。

微晶纤维素 Microcrystalline Cellulose 〔$C_{6n}H_{10n+2}O_{5n+1}$〕

本品为白色或类白色粉末，无臭、无味。在水、乙醇、丙酮或甲苯中不溶。

羧甲基纤维素钠 Sodium Carboxymethylcellulose

本品为白色粉末或细粒；有引湿性。在热水或冷水中易分散、膨胀，1%溶液黏度为0.005~2.0Pa•s。

溴 Bromine 〔Br_2=159.81〕

本品为深红色液体；有窒息性刺激臭；发烟，易挥发。与乙醇、三氯甲烷、乙醚、苯或二硫化碳能任意混合，在水中微溶。

溴化十六烷基三甲铵 Cetrimonium Bromide 〔$C_{16}H_{33}N（CH_3）_3Br$=364.45〕

本品为白色结晶性粉末。在水中溶解，在乙醇中微溶，在乙醚中不溶。

溴化汞 Mercuric Bromide 〔$HgBr_2$=360.40〕

本品为白色结晶或结晶性粉末。在热乙醇、盐酸、氢溴酸或溴化钾溶液中易溶，在三氯甲烷或乙醚中微溶。

溴化钠 Sodium Bromide 〔$NaBr$=102.89〕

本品为白色结晶或粉末。在水中溶解，在乙醇中微溶。

溴化钾 Potassium Bromide 〔KBr=119.00〕

本品为白色结晶或粉末。在水、沸乙醇或甘油中溶解，在乙醇中微溶。

溴甲酚紫 Bromocresol Purple 〔$C_{21}H_{14}Br_2O_5S$=540.23〕

本品为淡黄色或淡红色结晶性粉末。在乙醇或稀碱溶液中溶解，在水中不溶。

溴甲酚绿 Bromocresol Green 〔$C_{21}H_{14}Br_4O_5S$=698.02〕

本品为淡黄色或棕色粉末。在乙醇或稀碱溶液中溶解，在水中不溶。

溴酚蓝 Bromophenol Blue 〔$C_{19}H_{10}Br_4O_5S$=669.97〕

本品为黄色粉末。在乙醇、乙醚、苯或稀碱溶液中溶解，在水中微溶。

溴酸钾 Potassium Bromate 〔$KBrO_3$=167.00〕

本品为白色结晶或粉末。在水中溶解，在乙醇中不溶。

溴麝香草酚蓝 Bromothymol Blue 〔$C_{27}H_{28}Br_2O_5S$=624.39〕

本品为白色或淡红色结晶性粉末。在乙醇、稀碱溶液或氨溶液中易溶，在水中微溶。

溶剂蓝19 Solvent Blue 19

本品为1-氨基-4-苯氨基蒽醌与1-甲胺基-4-苯氨基蒽醌的混合物。

聚乙二醇1500 Polyethylene Glycol 1500

本品为白色或乳白色蜡状固体；有轻微的特臭；遇热即熔化。在水或乙醇中溶解。

聚山梨酯80（吐温80） Polysorbate 80

本品为淡黄色至橙黄色的黏稠液体；微有特臭。在水、乙醇、甲醇或乙酸乙酯中易溶，在矿物油中极微溶解。

蔗糖 Sucrose 〔$C_{12}H_{22}O_{11}$=342.30〕

本品为无色结晶或白色结晶性的松散粉末；无臭，味甜。在水中极易溶解，在乙醇中微溶，在三氯甲烷或乙醚中不溶。

酵母浸出粉　Yeast Extract Powder

酵母浸膏　Yeast Extract

本品为红黄色至棕色粉末；有特臭，但无腐败臭。在水中溶解，溶液显弱酸性。

〔检查〕氯化物　本品含氯化物以NaCl计算，不得过5%（附录0801）。

含氮量　按干燥品计算，含氮量应为7.2%～9.5%（附录0704）。

可凝蛋白　取本品的水溶液（1→20），滤过后煮沸，不得发生沉淀。

干燥失重不得过5.0%（附录0831）。

炽灼残渣不得过15%（附录0841）。

碱式硝酸铋　Bismuth Subnitrate〔$4BiNO_3(OH)_2BiO(OH)=1461.99$〕

本品为白色粉末，质重；无臭，无味；稍有引湿性。在盐酸、硝酸、稀硫酸或醋酸中溶解，在水或乙醇中几乎不溶。

碱性品红　Fuchsin Basic（Magenta）

本品为深绿色结晶，有金属光泽。在水或乙醇中溶解，在乙醚中不溶。

碳酸钙　Calcium Carbonate〔$CaCO_3=100.09$〕

本品为白色结晶性粉末。在酸中溶解，在水或乙醇中不溶。

碳酸钠　Sodium Carbonate〔$Na_2CO_3 \cdot 10H_2O=286.14$〕

本品为白色透明结晶。在水或甘油中溶解，在乙醇中不溶。

碳酸氢钠　Sodium Bicarbonate〔$NaHCO_3=84.01$〕

本品为白色结晶性粉末。在水中溶解，在乙醇中不溶。

碳酸钾　Potassium Carbonate〔$K_2CO_3 \cdot 1\frac{1}{2}H_2O=165.23$〕

本品为白色结晶或颗粒。在水中溶解，在乙醇中不溶。

碳酸铵　Ammonium Carbonate

本品为碳酸氢铵与氨基甲酸铵的混合物，为白色半透明的硬块或粉末；有氨臭。在水中溶解，但在热水中分解。在乙醇或浓氨溶液中不溶。

碳酸锂　Lithium Carbonate〔$Li_2CO_3=73.89$〕

本品为白色粉末或结晶；质轻。在稀酸中溶解，在水中微溶，在乙醇或丙酮中不溶。

精制煤油　Kerosene, Refined

本品为无色或淡黄色油状液体；有特臭。与三氯甲烷、苯或二硫化碳能混溶，在水或乙醇中不溶。

取市售煤油300ml，置500ml分液漏斗中，加粗硫酸洗涤4～5次，每次20ml，至酸层显浅黑色为止；分取煤油层，用水将酸洗尽，再用氢氧化钠溶液（1→5）20ml洗涤；最后用水洗净并用无水氯化钙脱水后，倾入蒸馏瓶中，在砂浴上附空气冷凝管蒸馏，收集160～250℃的馏出物，即得。

樟脑　Campher〔$C_{10}H_{16}O=152.25$〕

本品为白色结晶性粉末或无色半透明的硬块，加少量乙醇、三氯甲烷或乙醚，易研碎成细粉；有刺激性特臭，味初辛、后清凉；在室温下易挥发，燃烧时发生黑烟及有光的火焰。在三氯甲烷中极易溶解，在乙醇、乙醚、脂肪油或挥发油中易溶，在水中极微溶解。

橄榄油　Olive oil

本品为淡黄色或微带绿色的液体。与三氯甲烷、乙醚或二硫化碳能任意混合，在乙醇中微溶，在水中不溶。

醋酐　Acetic Anhydride〔$(CH_3CO)_2O=102.09$〕

本品为无色透明液体。与三氯甲烷、乙醚或冰醋酸能任意混合，与水混溶生成醋酸，与乙醇混溶生成乙酸乙酯。

醋酸　Acetic Acid〔$C_2H_4O_2=60.05$〕

本品为无色透明液体。含$C_2H_4O_2$应为36%～37%（g/g）。与水、乙醇或乙醚能任意混合，在二硫化碳中不溶。

醋酸汞　Mercuric Acetate〔$Hg(C_2H_3O_2)_2=318.68$〕

本品为白色结晶或粉末，有醋酸样特臭。在水或乙醇中溶解。

醋酸钠　Sodium Acetate〔$NaC_2H_3O_2\cdot3H_2O=136.08$〕

本品为白色透明结晶或白色颗粒，易风化。在水中溶解。

醋酸钴　Cobaltous Acetate〔$Co(C_2H_3O_2)_2\cdot4H_2O=249.08$〕

本品为紫红色结晶。在水、乙醇、稀酸或乙酸戊酯中溶解。

醋酸钾　Potassium Acetate〔$KC_2H_3O_2=98.14$〕

本品为白色结晶或粉末，有引湿性。在水或乙醇中易溶。

醋酸铅　Lead Acetate〔$Pb(C_2H_3O_2)_2\cdot3H_2O=379.34$〕

本品为白色结晶或粉末。在水或甘油中易溶，在乙醇中溶解。

醋酸氧铀　Uranyl Acetate〔$UO_2(C_2H_3O_2)_2\cdot2H_2O=424.15$〕

本品为黄色结晶性粉末。在水中溶解，在乙醇中微溶。

醋酸铜　Cupric Acetate〔$Cu(C_2H_3O_2)_2\cdot H_2O=199.65$〕

本品为暗绿色结晶。在水或乙醇中溶解，在乙醚或甘油中微溶。

醋酸铵　Ammonium Acetate〔$NH_4C_2H_3O_2=77.08$〕

本品为白色颗粒或结晶，有引湿性。在水或乙醇中溶解，在丙酮中微溶。

醋酸联苯胺　Benzidine Acetate〔$C_{14}H_{16}N_2O_2=244.29$〕

本品为白色或淡黄色结晶或粉末。在水、醋酸或盐酸中溶解，在乙醇中极微溶解。

醋酸锌　Zinc Acetate〔$Zn(C_2H_3O_2)_2\cdot2H_2O=219.51$〕

本品为白色结晶。在水或沸乙醇中易溶，在乙醇中微溶。

醋酸镉　Cadmium Acetate〔$Cd(C_2H_3O_2)_2\cdot2H_2O=266.53$〕

本品为白色结晶。在水中易溶，在乙醇中溶解，在乙醚中极微溶解。

镍铝合金　Aluminum Nickel Alloy

本品为灰色金属合金。在氢氧化钠溶液中铝被溶解放出氢气，所剩余的镍具有活性。

糊精　Dextrin　见本版兽药典正文。

缬氨酸　Valine〔$C_5H_{11}NO_2=117.15$〕

本品为白色片状结晶，能升华。在水中溶解，在乙醇或乙醚中不溶。

靛胭脂　Indigo Carmine〔$C_{16}H_8N_2Na_2O_8S_2=466.36$〕

本品为蓝色结晶或粉末，有金属光泽。在水中微溶，在乙醇中不溶。

橙黄Ⅳ（金莲橙OO）　Orange Ⅳ（Tropaeolin OO）〔$C_{18}H_{14}N_3NaO_3S=375.38$〕

本品为黄色粉末。在水或乙醇中溶解。

磺胺　Sulfanilamide〔$C_6H_8N_2O_2S=172.21$〕

本品为白色叶状或针状结晶或粉末。在沸水、乙醇、丙酮、甘油、盐酸或苛性碱溶液中溶解，在水中微溶，在三氯甲烷、乙醚或苯中不溶。

磺基丁二酸钠二辛酯　Dioctyl Sodium Sulfosuccinate〔$C_{20}H_{37}NaO_7S=444.57$〕

本品为白色蜡样固体。在水、甲醇、丙酮、苯或四氯化碳中溶解，在碱性溶液中易水解。

磺基水杨酸 Sulfosalicylic Acid 〔$C_7H_6O_6S \cdot 2H_2O = 254.22$〕

本品为白色结晶或结晶性粉末；遇微量铁时即变粉红色，高温时分解成酚或水杨酸。在水或乙醇中易溶，在乙醚中溶解。

磷钨酸 Phosphotungstic Acid 〔$P_2O_5 \cdot 20WO_3 \cdot 28H_2O = 5283.34$〕

本品为白色或淡黄色结晶。在水、乙醇或乙醚中溶解。

磷钼酸 Phosphomolybdic Acid 〔$P_2O_5 \cdot 20MoO_3 \cdot 51H_2O = 3939.49$〕

本品为鲜黄色结晶。在水、乙醇或乙醚中溶解。

磷酸 Phosphoric Acid 〔$H_3PO_4 = 98.00$〕

本品为无色透明的黏稠状液体；有腐蚀性。在水中溶解。

磷酸二氢钠 Sodium Dihydrogen Phosphate 〔$NaH_2PO_4 \cdot H_2O = 137.99$〕

本品为白色结晶或颗粒。在水中易溶，在乙醇中几乎不溶。

磷酸二氢钾 Potassium Dihydrogen Phosphate 〔$KH_2PO_4 = 136.09$〕

本品为白色结晶或结晶性粉末。在水中溶解，在乙醇中不溶。

磷酸二氢铵 Ammonium Phosphate Monobasic 〔$NH_4H_2PO_4 = 115.03$〕

本品为无色结晶或白色结晶性粉末；无味。露置空气中能失去约8%的氨。在乙醇中微溶，在丙酮中不溶。

磷酸钠 Sodium Phosphate 〔$Na_3PO_4 \cdot 12H_2O = 380.12$〕

本品为无色或白色颗粒。在水中易溶，在乙醇中微溶。

磷酸氢二钠 Disodium Hydrogen Phosphate 〔$Na_2HPO_4 \cdot 12H_2O = 358.14$〕

本品为白色结晶或颗粒状粉末，易风化。在水中溶解，在乙醇中不溶。

磷酸氢二钾 Dipotassium Hydrogen Phosphate 〔$K_2HPO_4 = 174.18$〕

本品为白色颗粒或结晶性粉末。在水中易溶，在乙醇中微溶。

磷酸氢二铵 Diammonium Hydrogen Phosphate 〔$(NH_4)_2HPO_4 = 132.06$〕

本品为白色结晶或结晶性粉末；露置空气中能失去氨而变成磷酸二氢铵。在水中溶解，在乙醇中不溶。

磷酸铵钠 Sodium Ammonium Phosphate 〔$Na(NH_4)_2PO_4 \cdot 4H_2O = 226.10$〕

本品为白色结晶或颗粒，易风化并失去部分氨。在水中溶解，在乙醇中不溶。

曙红钠 Eosin Sodium 〔$C_{20}H_6Br_4Na_2O_5 = 691.86$〕

本品为红色粉末。在水中易溶，水溶液呈红色荧光；在乙醇中微溶，在乙醚中不溶。

糠醛 Furfural 〔$C_5H_4O_2 = 96.09$〕

本品为无色或淡黄色油状液体；置空气中或见光易变为棕色。与水、乙醇或乙醚能任意混合。

鞣酸 Tannic Acid 〔$C_{76}H_{52}O_{46} = 1701.22$〕

本品为淡黄色或淡棕色粉末，质疏松；有特臭；置空气中或见光逐渐变深。在水或乙醇中溶解。

麝香草酚 Thymol 〔$C_{10}H_{14}O = 150.22$〕

本品为白色结晶。在水中极微溶解。

麝香草酚酞 Thymolphthalein 〔$C_{28}H_{30}O_4 = 430.54$〕

本品为白色粉末。在乙醇中溶解，在水中不溶。

麝香草酚蓝 Thymol Blue 〔$C_{27}H_{30}O_5S = 466.60$〕

本品为棕绿色结晶性粉末。在乙醇中溶解，在水中不溶。

8002 试液

一氯化碘试液 取碘化钾0.14g与碘酸钾90mg，加水125ml使溶解，再加盐酸125ml，即得。本液应置玻璃瓶内，密闭，在凉处保存。

乙醇制对二甲氨基苯甲醛试液 取对二甲氨基苯甲醛1g，加乙醇9.0ml与盐酸2.3ml使溶解，再加乙醇至100ml，即得。

乙醇制氢氧化钾试液 可取用乙醇制氢氧化钾滴定液（0.5mol/L）。

乙醇制氨试液 取无水乙醇，加浓氨溶液使每100ml中含NH_3 9~11g，即得。本液应置橡皮塞瓶中保存。

乙醇制硝酸银试液 取硝酸银4g，加水10ml溶解后，加乙醇使成100ml，即得。

乙醇制溴化汞试液 取溴化汞2.5g，加乙醇50ml，微热使溶解，即得。本液应置玻璃塞瓶内，在暗处保存。

二乙基二硫代氨基甲酸钠试液 取二乙基二硫代氨基甲酸钠0.1g，加水100ml溶解后，滤过，即得。

二乙基二硫代氨基甲酸银试液 取二乙基二硫代氨基甲酸银0.25g，加三氯甲烷适量与三乙胺1.8ml，加三氯甲烷至100ml，搅拌使溶解，放置过夜，用脱脂棉滤过，即得。本液应置棕色玻璃瓶内，密塞，置阴凉处保存。

二苯胺试液 取二苯胺1g，加硫酸100ml使溶解，即得。

二盐酸二甲基对苯二胺试液 取二盐酸二甲基对苯二胺0.1g，加水10ml，即得。需新鲜少量配制，于冷处避光保存，如试液变成红褐色，不可使用。

二氨基萘试液 取2,3-二氨基萘0.1g与盐酸羟胺0.5g，加0.1mol/L盐酸溶液100ml，必要时加热使溶解，放冷滤过，即得。本液应临用新配，避光保存。

二硝基苯试液 取间二硝基苯2g，加乙醇使溶解成100ml，即得。

二硝基苯甲酸试液 取3,5-二硝基苯甲酸1g，加乙醇使溶解成100ml，即得。

二硝基苯肼试液 取2,4-二硝基苯肼1.5g，加硫酸溶液（1→2）20ml，溶解后，加水使成100ml，滤过，即得。

稀二硝基苯肼试液 取2,4-二硝基苯肼0.15g，加含硫酸0.15ml的无醛乙醇100ml使溶解，即得。

2,7-二羟基萘试液 取2,7-二羟基萘2.5mg，加甲醇90ml使溶解。另取铁氰化钾10mg和氰化钾50mg，加水10ml溶解。将两液混合，放置30分钟，加氢氧化钠滴定液（0.5mol/L）100ml，摇匀，即得。

二氯化汞试液 取二氯化汞6.5g，加水使溶解成100ml，即得。

二氯靛酚钠试液 取2,6-二氯靛酚钠0.1g，加水100ml溶解后，滤过，即得。

丁二酮肟试液 取丁二酮肟1g，加乙醇100ml使溶解，即得。

三硝基苯酚试液 本液为三硝基苯酚的饱和水溶液。

三硝基苯酚锂试液 取碳酸锂0.25g与三硝基苯酚0.5g，加沸水80ml使溶解，放冷，加水使成100ml，即得。

三氯化钛试液 取三氯化钛15g，加稀盐酸使溶解成100ml，即得。

三氯化铁试液 取三氯化铁9g，加水使溶解成100ml，即得。

三氯醋酸试液 取三氯醋酸6g，加三氯甲烷25ml溶解后，加浓过氧化氢溶液0.5ml，摇匀，即得。

五氧化二钒试液 取五氧化二钒适量，加磷酸激烈振摇2小时后得其饱和溶液，用垂熔玻璃漏斗滤过，取滤液1份加水3份，混匀，即得。

水合氯醛试液 取水合氯醛50g，加水15ml与甘油10ml使溶解，即得。

水杨酸铁试液 （1）取硫酸铁铵0.1g，加稀硫酸2ml与水适量使成100ml。

（2）取水杨酸钠1.15g，加水使溶解成100ml。

（3）取醋酸钠13.6g，加水使溶解成100ml。

（4）取上述硫酸铁铵溶液1ml，水杨酸钠溶液0.5ml，醋酸钠溶液0.8ml与稀醋酸0.2ml，临用前混合，加水使成5ml，摇匀，即得。

甘油淀粉润滑剂 取甘油22g，加入可溶性淀粉9g，加热至140℃，保持30分钟并不断搅拌，放冷，即得。

甘油醋酸试液 取甘油、50%醋酸溶液与水各1份，混合，即得。

甲醛试液 可取用"甲醛溶液"。

甲醛硫酸试液 取硫酸1ml，滴加甲醛试液1滴，摇匀，即得。本液应临用新制。

对二甲氨基苯甲醛试液 取对二甲氨基苯甲醛0.125g，加无氮硫酸65ml与水35ml的冷混合液溶解后，加三氯化铁试液0.05ml，摇匀，即得。本液配制后在7日内使用。

对氨基苯磺酸-α-萘胺试液 取无水对氨基苯磺酸0.5g，加醋酸150ml溶解后，另取盐酸-α-萘胺0.1g，加醋酸150ml使溶解，将两液混合，即得。本液久置显粉红色，用时可加锌粉脱色。

对羟基联苯试液 取对羟基联苯1.5g，加5%氢氧化钠溶液10ml与水少量溶解后，再加水稀释至100ml。本液贮存于棕色瓶中，可保存数月。

亚铁氰化钾试液 取亚铁氰化钾1g，加水10ml使溶解，即得。本液应临用新制。

亚硫酸氢钠试液 取亚硫酸氢钠10g，加水使溶解成30ml，即得。本液应临用新制。

亚硫酸钠试液 取无水亚硫酸钠20g，加水100ml使溶解，即得。本液应临用新制。

亚硝基铁氰化钠试液 取亚硝基铁氰化钠1g，加水使溶解成20ml，即得。本液应临用新制。

亚硝基铁氰化钠乙醛试液 取1%亚硝基铁氰化钠溶液10ml，加乙醛1ml，混匀，即得。

亚硝酸钠试液 取亚硝酸钠1g，加水使溶解成100ml，即得。

亚硝酸钴钠试液 取亚硝酸钴钠10g，加水使溶解成50ml，滤过，即得。

亚碲酸钠（钾）试液 取亚碲酸钠（钾）0.1g，加新鲜煮沸后冷至50℃的水10ml使溶解。

过氧化氢试液 取浓过氧化氢溶液（30%），加水稀释成3%的溶液。临用时配制。

血红蛋白试液 取牛血红蛋白1g，加盐酸溶液（取1mol/L盐酸溶液65ml，加水至1000ml）使溶解成100ml，即得。本液置冰箱中保存，2日内使用。

次氯酸钠试液 取次氯酸钠溶液适量，加水制成含NaClO不少于4%的溶液，即得。本液应置棕色瓶内，在暗处保存。

次溴酸钠试液 取氢氧化钠20g，加水75ml溶解后，加溴5ml，再加水稀释至100ml，即得。本液应临用新制。

异烟肼试液 取异烟肼0.25g，加盐酸0.31ml，加甲醇或无水乙醇使溶解成500ml，即得。

多硫化铵试液 取硫化铵试液，加硫磺使饱和，即得。

邻苯二醛试液 取邻苯二醛1.0g，加甲醇5ml与0.4mol/L硼酸溶液（用45%氢氧化钠溶液调节pH值至10.4）95ml，振摇使邻苯二醛溶解，加硫乙醇酸2ml，用45%氢氧化钠溶液调节pH值至10.4。

含碘酒石酸铜试液 取硫酸铜7.5g、酒石酸钾钠25g、无水碳酸钠25g、碳酸氢钠20g与碘化钾5g，依次溶于800ml水中；另取碘酸钾0.535g，加水适量溶解后，缓缓加入上述溶液中，再加水使成1000ml，即得。

间苯二酚试液 取间苯二酚1g，加盐酸使溶解成100ml，即得。

间苯三酚试液 取间苯三酚0.5g，加乙醇使溶解成25ml，即得。本液应置玻璃塞瓶内，在暗处保存。

玫瑰红钠试液 取玫瑰红钠0.1g，加水使溶解成75ml，即得。

苯酚二磺酸试液 取新蒸馏的苯酚3g，加硫酸20ml，置水浴上加热6小时，趁其尚未凝固时倾入玻璃塞瓶内，即得。用时可置水浴上微热使融化。

茚三酮试液 取茚三酮2g，加乙醇使溶解成100ml，即得。

吨氢醇甲醇试液 可取用85%呫吨氢醇的甲醇溶液。

钒酸铵试液 取钒酸铵0.25g，加水使溶解成100ml，即得。

变色酸试液 取变色酸钠50mg，加硫酸与水的冷混合液（9:4）100ml使溶解，即得。本液应临用新制。

茜素氟蓝试液 取茜素氟蓝0.19g，加氢氧化钠溶液（1.2→100）12.5ml，加水800ml与醋酸钠结晶0.25g，用稀盐酸调节pH值约为5.4，用水稀释至1000ml，摇匀，即得。

茜素锆试液 取硝酸锆5mg，加水5ml与盐酸1ml；另取茜素磺酸钠1mg，加水5ml，将两液混合，即得。

草酸试液 取草酸6.3g，加水使溶解成100ml，即得。

草酸铵试液 取草酸铵3.5g，加水使溶解成100ml，即得。

枸橼酸醋酐试液 取枸橼酸2g，加醋酐100ml使溶解，即得。

品红亚硫酸试液 取碱性品红0.2g，加热水100ml溶解后，放冷，加亚硫酸钠溶液（1→10）20ml、盐酸2ml，用水稀释至200ml，加活性炭0.1g，搅拌并迅速滤过，放置1小时以上，即得。本液应临用新制。

品红焦性没食子酸试液 取碱性品红0.1g，加新沸的热水50ml溶解后，冷却，加亚硫酸氢钠的饱和溶液2ml，放置3小时后，加盐酸0.9ml，放置过夜，加焦性没食子酸0.1g，振摇使溶解，加水稀释至100ml，即得。

氢氧化四甲基铵试液 取10%氢氧化四甲基铵溶液1ml，加无水乙醇使成10ml，即得。

氢氧化钙试液 取氢氧化钙3g，加水1000ml，密塞，时时猛力振摇，放置1小时，即得。用时倾取上清液。

氢氧化钠试液 取氢氧化钠4.3g，加水使溶解成100ml，即得。

氢氧化钡试液 取氢氧化钡，加新沸过的冷水使成饱和的溶液，即得。本液应临用新制。

氢氧化钾试液 取氢氧化钾6.5g，加水使溶解成100ml，即得。

氟化钠试液 取氟化钠0.5g，加0.1mol/L盐酸溶液使溶解成100ml，即得。本液应临用新制。

香草醛试液 取香草醛0.1g，加盐酸10ml使溶解，即得。

重铬酸钾试液 取重铬酸钾7.5g，加水使溶解成100ml，即得。

重氮二硝基苯胺试液 取2,4-二硝基苯胺50mg，加盐酸1.5ml溶解后，加水1.5ml，置冰浴中冷却，滴加10%亚硝酸钠溶液5ml，随加随振摇，即得。

重氮对硝基苯胺试液 取对硝基苯胺0.4g，加稀盐酸20ml与水40ml使溶解，冷却至15℃，缓缓加入10%亚硝酸钠溶液，至取溶液1滴能使碘化钾淀粉试纸变为蓝色，即得。本液应临用新制。

重氮苯磺酸试液 取对氨基苯磺酸1.57g，加水80ml与稀盐酸10ml，在水浴上加热溶解后，放冷至15℃，缓缓加入10%亚硝酸钠溶液6.5ml，随加随搅拌，再加水稀释至100ml，即得。本液应临用新制。

亮绿试液 取亮绿0.1g，加水100ml使溶解。

盐酸试液 取盐酸8.4ml，加水使稀释成100ml。

盐酸羟胺试液 取盐酸羟胺3.5g，加60%乙醇使溶解成100ml，即得。

盐酸羟胺醋酸钠试液 取盐酸羟胺与无水醋酸钠各0.2g，加甲醇100ml，即得。本液应临用新制。

盐酸氨基脲试液 取盐酸氨基脲2.5g与醋酸钠3.3g，研磨均匀，用甲醇30ml转移至锥形瓶中，在4℃以下放置30分钟，滤过，滤液加甲醇使成100ml，即得。

钼硫酸试液 取钼酸铵0.1g，加硫酸10ml使溶解，即得。

钼酸铵试液 取钼酸铵10g，加水使溶解成100ml，即得。

钼酸铵硫酸试液 取钼酸铵2.5g，加硫酸15ml，加水使溶解成100ml，即得。本液配制后2周内使用。

铁氨氰化钠试液 取铁氨氰化钠1g，加水使溶解成100ml，即得。

铁氰化钾试液 取铁氰化钾1g，加水10ml使溶解，即得。本液应临用新制。

稀铁氰化钾试液 取1%铁氰化钾溶液10ml，加5%三氯化铁溶液0.5ml与水40ml，摇匀，即得。

氨试液 取浓氨溶液400ml，加水使成1000ml，即得。

浓氨试液 可取浓氨溶液应用。

氨制硝酸银试液 取硝酸银1g，加水20ml溶解后，滴加氨试液，随加随搅拌，至初起的沉淀将近全溶，滤过，即得。本液应置棕色瓶内，在暗处保存。

氨制硝酸镍试液 取硝酸镍2.9g，加水100ml使溶解，再加氨试液40ml，振摇，滤过，即得。

氨制氯化铵试液 取浓氨试液，加等量的水稀释后，加氯化铵使饱和，即得。

氨制氯化铜试液 取氯化铜22.5g，加水200ml溶解后，加浓氨试液100ml，摇匀，即得。

1-氨基-2-萘酚-4-磺酸试液 取无水亚硫酸钠5g、亚硫酸氢钠94.3g与1-氨基-2-萘酚-4-磺酸0.7g，充分混匀；临用时取此混合物1.5g，加水10ml使溶解，必要时滤过，即得。

高碘酸钠试液 取高碘酸钠1.2g，加水100ml使溶解，即得。

高锰酸钾试液 可取用高锰酸钾滴定液（0.02mol/L）。

酒石酸氢钠试液 取酒石酸氢钠1g，加水使溶解成10ml，即得。本液应临用新制。

硅钨酸试液 取硅钨酸10g，加水使溶解成100ml，即得。

铜吡啶试液 取硫酸铜4g，加水90ml溶解后，加吡啶30ml，即得。本液应临用新制。

铬酸钾试液 取铬酸钾5g，加水使溶解成100ml，即得。

联吡啶试液 取2,2'-联吡啶0.2g、醋酸钠结晶1g与冰醋酸5.5ml，加水适量使溶解成100ml，即得。

硝酸亚汞试液 取硝酸亚汞15g，加水90ml与稀硝酸10ml使溶解，即得。本液应置棕色瓶内，加汞1滴，密塞保存。

硝酸亚铈试液 取硝酸亚铈0.22g，加水50ml使溶解，加硝酸0.1ml与盐酸羟胺50mg，加水稀释至1000ml，摇匀，即得。

硝酸汞试液 取黄氧化汞40g，加硝酸32ml与水15ml使溶解，即得。本液应置玻璃塞瓶内，在暗处保存。

硝酸钡试液 取硝酸钡6.5g，加水使溶解成100ml，即得。

硝酸铈铵试液 取硝酸铈铵25g，加稀硝酸使溶解成100ml，即得。

硝酸银试液 可取用硝酸银滴定液（0.1mol/L）。

硫化氢试液 本液为硫化氢的饱和水溶液。

本液应置棕色瓶内，在暗处保存。本液如无明显的硫化氢臭，或与等容的三氯化铁试液混合时不能生成大量的硫沉淀，即不适用。

硫化钠试液 取硫化钠1g，加水使溶解成10ml，即得。本液应临用新制。

硫化铵试液 取氨试液60ml，通硫化氢使饱和后，再加氨试液40ml，即得。

本液应置棕色瓶内，在暗处保存，本液如发生大量的硫沉淀，即不适用。

硫代乙酰胺试液 取硫代乙酰胺4g，加水使溶解成100ml，置冰箱中保存。临用前取混合液（由1mol/L氢氧化钠溶液15ml、水5.0ml及甘油20ml组成）5.0ml，加上述硫代乙酰胺溶液1.0ml，置水浴上加热20秒钟，冷却，立即使用。

硫代硫酸钠试液 可取用硫代硫酸钠滴定液（0.1mol/L）。

硫氰酸汞铵试液 取硫氰酸铵5g与二氯化汞4.5g，加水使溶解成100ml，即得。

硫氰酸铵试液 取硫氰酸铵8g，加水使溶解成100ml，即得。

硫氰酸铬铵试液 取硫氰酸铬铵0.5g，加水20ml，振摇1小时后，滤过，即得。本液应临用新制。配成后48小时内使用。

硫酸亚铁试液 取硫酸亚铁结晶8g，加新沸过的冷水100ml使溶解，即得。本液应临用新制。

硫酸汞试液 取黄氧化汞5g，加水40ml后，缓缓加硫酸20ml，随加随搅拌，再加水40ml，搅拌使溶解，即得。

硫酸苯肼试液 取盐酸苯肼60mg，加硫酸溶液（1→2）100ml使溶解，即得。

硫酸钙试液 本液为硫酸钙的饱和水溶液。

硫酸钛试液 取二氧化钛0.1g，加硫酸100ml，加热使溶解，放冷，即得。

硫酸钾试液 取硫酸钾1g，加水使溶解成100ml，即得。

硫酸铁试液 取硫酸铁5g，加适量水溶解，加硫酸20ml，摇匀，加水稀释至100ml，即得。

硫酸铜试液 取硫酸铜12.5g，加水使溶解成100ml，即得。

硫酸铜铵试液 取硫酸铜试液适量，缓缓滴加氨试液，至初生的沉淀将近完全溶解，静置，倾取上层的清液，即得。本液应临用新制。

硫酸镁试液 取未风化的硫酸镁结晶12g，加水使溶解成100ml，即得。

稀硫酸镁试液 取硫酸镁2.3g，加水使溶解成100ml，即得。

氰化钾试液 取氰化钾10g，加水使溶解成100ml，即得。

氯试液 本液为氯的饱和水溶液。本液应临用新制。

氯化三苯四氮唑试液 取氯化三苯四氮唑1g，加无水乙醇使溶解成200ml，即得。

氯化亚锡试液 取氯化亚锡1.5g，加水10ml与少量的盐酸使溶解，即得。本液应临用新制。

氯化金试液 取氯化金1g，加水35ml使溶解，即得。

氯化钙试液 取氯化钙7.5g，加水使溶解成100ml，即得。

氯化钡试液 取氯化钡的细粉5g，加水使溶解成100ml，即得。

氯铂酸试液 取氯铂酸2.6g，加水使溶解成20ml，即得。

氯化铵试液 取氯化铵10.5g，加水使溶解成100ml，即得。

氯化铵镁试液 取氯化镁5.5g与氯化铵7g，加水65ml溶解后，加氨试液35ml，置玻璃瓶内，放置数日后，滤过，即得。本液如显浑浊，应滤过后再用。

氯化锌碘试液 取氯化锌20g，加水10ml使溶解，加碘化钾2g溶解后，再加碘使饱和，即得。本液应置棕色玻璃瓶内保存。

氯亚氨基-2,6-二氯醌试液 取氯亚氨基-2,6-二氯醌1g，加乙醇200ml使溶解，即得。

稀乙醇 取乙醇529ml，加水稀释至1000ml，即得。本液在20℃时含C_2H_5OH应为49.5%~50.5%（ml/ml）。

稀盐酸 取盐酸234ml，加水稀释至1000ml，即得。本液含HCl应为9.5%~10.5%。

稀硫酸 取硫酸57ml，加水稀释至1000ml，即得。本液含H_2SO_4应为9.5%~10.5%。

稀硝酸 取硝酸105ml，加水稀释至1000ml，即得。本液含HNO_3应为9.5%~10.5%。

稀醋酸 取冰醋酸60ml，加水稀释至1000ml，即得。

焦锑酸钾试液 取焦锑酸钾2g，在85ml热水中溶解，迅速冷却，加入氢氧化钾溶液（3→20）10ml；放置24小时，滤过，加水稀释至100ml，即得。

碘试液 可取用碘滴定液（0.05mol/L）。

碘试液（用于微生物限度检查） 取碘6g与碘化钾5g，加水20ml使溶解，即得。

碘化汞钾试液 取二氯化汞1.36g，加水60ml使溶解，另取碘化钾5g，加水10ml使溶解，将两液混合，加水稀释至100ml，即得。

碘化铋钾试液 取次硝酸铋0.85g，加冰醋酸10ml与水40ml溶解后，加碘化钾溶液（4→10）20ml，摇匀，即得。

稀碘化铋钾试液 取次硝酸铋0.85g，加冰醋酸10ml与水40ml溶解后，即得。临用前取5ml，加碘化钾溶液（4→10）5ml，再加冰醋酸20ml，加水稀释至100ml，即得。

碘化钾试液 取碘化钾16.5g，加水使溶解成100ml，即得。本液应临用新制。

碘化钾碘试液 取碘0.5g与碘化钾1.5g，加水25ml使溶解，即得。

碘化镉试液 取碘化镉5g，加水使溶解成100ml，即得。

溴试液 取溴2~3ml，置用凡士林涂塞的玻璃瓶中，加水100ml，振摇使成饱和的溶液，即得。本液应置暗处保存。

溴化钾溴试液 取溴30g与溴化钾30g，加水使溶解成100ml，即得。

溴化氰试液 取溴试液适量，滴加0.1mol/L硫氰酸铵溶液至溶液变为无色，即得。本液应临用新制，有毒。

福林试液 取钨酸钠10g与钼酸钠2.5g，加水70ml、85%磷酸5ml与盐酸10ml，置200ml烧瓶中，缓缓加热回流10小时，放冷；再加硫酸锂15g、水5ml与溴滴定液1滴煮沸约15分钟，至溴除尽，放冷至室温，加水使成100ml。滤过，滤液作为贮备液。置棕色瓶中，于冰箱中保存。临用前，取贮备液2.5ml，加水稀释至10ml，摇匀，即得。

酸性茜素锆试液 取茜素磺酸钠70mg，加水50ml溶解后，缓缓加入0.6%二氯化氧锆（$ZrOCl_2 \cdot 8H_2O$）溶液50ml中，用混合酸溶液（每1000ml中含盐酸123ml与硫酸40ml）稀释至1000ml，放置1小时，即得。

酸性硫酸铁铵试液 取硫酸铁铵20g与硫酸9.4ml，加水至100ml，即得。

酸性氯化亚锡试液 取氯化亚锡20g，加盐酸使溶解成50ml，滤过，即得。本液配成后3个月即不适用。

碱式醋酸铅试液 取一氧化铅14g，加水10ml，研磨成糊状，用水10ml洗入玻璃瓶中，加含醋酸铅22g的水溶液70ml，用力振摇5分钟后，时时振摇，放置7日，滤过，加新沸过的冷水使成100ml，即得。

稀碱式醋酸铅试液 取碱式醋酸铅试液4ml，加新沸过的冷水使成100ml，即得。

蒽酮试液 取蒽酮0.7g，加硫酸50ml使溶解，再以硫酸溶液（70→100）稀释至500ml。

碱性三硝基苯酚试液 取1%三硝基苯酚溶液20ml，加5%氢氧化钠溶液10ml，加水稀释至100ml，即得。本液应临用新制。

碱性四氮唑蓝试液 取0.2%四氮唑蓝的甲醇溶液10ml与12%氢氧化钠的甲醇溶液30ml，临用时混合，即得。

碱性亚硝基铁氰化钠试液 取亚硝基铁氰化钠与碳酸钠各1g，加水使溶解成100ml，即得。

碱性连二亚硫酸钠试液 取连二亚硫酸钠50g，加水250ml使溶解，加含氢氧化钾28.57g的水溶液40ml，混合，即得。本液应临用新制。

碱性枸橼酸铜试液 （1）取硫酸铜17.3g与枸橼酸115.0g，加微温或温水使溶解成200ml。

（2）取在180℃干燥2小时的无水碳酸钠185.3g，加水使溶解成500ml。

临用前取（2）液50ml，在不断振摇下，缓缓加入（1）液20ml内，冷却后，加水稀释至100ml，即得。

碱性酒石酸铜试液 （1）取硫酸铜结晶6.93g，加水使溶解成100ml。

（2）取酒石酸钾钠结晶34.6g与氢氧化钠10g，加水使溶解成100ml。

用时将两液等量混合，即得。

碱性β-萘酚试液 取β-萘酚0.25g，加氢氧化钠溶液（1→10）10ml使溶解，即得。本液应临用新制。

碱性焦性没食子酸试液 取焦性没食子酸0.5g，加水2ml溶解后，加氢氧化钾12g的水溶液8ml，摇匀，即得。本液应临用新制。

碱性碘化汞钾试液 取碘化钾10g，加水10ml溶解后，缓缓加入二氯化汞的饱和水溶液，随加随搅拌，至生成的红色沉淀不再溶解，加氢氧化钾30g，溶解后，再加二氯化汞的饱和水溶液1ml或1ml以上，并用适量的水稀释使成200ml，静置，使沉淀，即得。用时倾取上层的澄明液应用。

〔检查〕取本液2ml，加入含氨0.05mg的水50ml中，应即时显黄棕色。

碳酸钠试液 取一水合碳酸钠12.5g或无水碳酸钠10.5g，加水使溶解成100ml，即得。

碳酸氢钠试液 取碳酸氢钠5g，加水使溶解成100ml，即得。

碳酸钾试液 取无水碳酸钾7g，加水使溶解成100ml，即得。

碳酸铵试液 取碳酸铵20g与氨试液20ml，加水使溶解成100ml，即得。

醋酸汞试液 取醋酸汞5g，研细，加温热的冰醋酸使溶解成100ml，即得。本液应置棕色瓶内，密闭保存。

醋酸钠试液 取醋酸钠结晶13.6g，加水使溶解成100ml，即得。

醋酸钴试液 取醋酸钴0.1g，加甲醇使溶解成100ml，即得。

醋酸钾试液 取醋酸钾10g，加水使溶解成100ml，即得。

醋酸氧铀锌试液 取醋酸氧铀10g，加冰醋酸5ml与水50ml，微热使溶解，另取醋酸锌30g，加冰醋酸3ml与水30ml，微热使溶解，将两液混合，放冷，滤过，即得。

醋酸铅试液 取醋酸铅10g，加新沸过的冷水溶解后，滴加醋酸使溶液澄清，再加新沸过的冷水使成100ml，即得。

醋酸铵试液 取醋酸铵10g，加水使溶解成100ml，即得。

醋酸铜试液 取醋酸铜0.1g，加水5ml与醋酸数滴溶解后，加水稀释至100ml，滤过，即得。

浓醋酸铜试液 取醋酸铜13.3g，加水195ml与醋酸5ml使溶解，即得。

靛胭脂试液 取靛胭脂，加硫酸12ml与水80ml的混合液，使溶解成每100ml中含$C_{16}H_8N_2O_2$

（SO$_3$Na）$_2$0.09~0.11g，即得。

靛基质试液　取对二甲氨基苯甲醛5.0g，加入戊醇（或丁醇）75ml，充分振摇，使完全溶解后，再取浓盐酸25ml徐徐滴入，边加边振摇，以免骤热导致溶液色泽变深；或取对二甲氨基苯甲醛1.0g，加入95%乙醇95ml，充分振摇，使完全溶解后，取盐酸20ml徐徐滴入。

磺胺试液　取磺胺50mg，加2mol/L盐酸溶液10ml使溶解，即得。

磺基丁二酸钠二辛酯试液　取磺基丁二酸钠二辛酯0.9g，加水50ml，微温使溶解，冷却至室温后，加水稀释至200ml，即得。

磷试液　取对甲氨基苯酚硫酸盐0.2g，加水100ml使溶解后，加焦亚硫酸钠20g，溶解，即得。本液应置棕色具塞玻璃瓶中保存，配制后2周即不适用。

磷钨酸试液　取磷钨酸1g，加水使溶解成100ml，即得。

磷钨酸钼试液　取钨酸钠10g与磷钼酸2.4g，加水70ml与磷酸5ml，回流煮沸2小时，放冷，加水稀释至100ml，摇匀，即得。本液应置玻璃瓶内，在暗处保存。

磷酸氢二钠试液　取磷酸氢二钠结晶12g，加水使溶解成100ml，即得。

鞣酸试液　取鞣酸1g，加乙醇1ml，加水溶解并稀释至100ml，即得。本液应临用时新制。

8003 试纸

二氯化汞试纸　取滤纸条浸入二氯化汞的饱和溶液中，1小时后取出，在暗处以60℃干燥，即得。

刚果红试纸　取滤纸条浸入刚果红指示液中，湿透后，取出晾干，即得。

红色石蕊试纸　取滤纸条浸入石蕊指示液中，加极少量的盐酸使成红色，取出，干燥，即得。

〔检查〕灵敏度　取0.1mol/L氢氧化钠溶液0.5ml，置烧杯中，加新沸过的冷水100ml混合后，投入10~12mm宽的红色石蕊试纸一条，不断搅拌，30秒钟内，试纸应即变色。

姜黄试纸　取滤纸条浸入姜黄指示液中，湿透后，置玻璃板上，在100℃干燥，即得。

氨制硝酸银试纸　取滤纸条浸入氨制硝酸银试液中，湿透后，取出，即得。

硝酸汞试纸　取硝酸汞的饱和溶液45ml，加硝酸1ml，摇匀，将滤纸条浸入此溶液中，湿透后，取出晾干，即得。

蓝色石蕊试纸　取滤纸条浸入石蕊指示液中，湿透后，取出，干燥，即得。

〔检查〕灵敏度　取0.1mol/L盐酸溶液0.5ml，置烧杯中，加新沸过的冷水100ml，混合后，投入10~12mm宽的蓝色石蕊试纸一条，不断搅拌，45秒钟内，试纸应即变色。

碘化钾淀粉试纸　取滤纸条浸入含有碘化钾0.5g的新制的淀粉指示液100ml中，湿透后，取出干燥，即得。

溴化汞试纸　取滤纸条浸入乙醇制溴化汞试液中，1小时后取出，在暗处干燥，即得。

醋酸铅试纸　取滤纸条浸入醋酸铅试液中，湿透后，取出，在100℃干燥，即得。

醋酸铜联苯胺试纸　取醋酸联苯胺的饱和溶液9ml，加水7ml与0.3%醋酸铜溶液16ml，将滤纸条浸入此溶液中，湿透后，取出晾干，即得。

醋酸镉试纸　取醋酸镉3g，加乙醇100ml使溶解，加氨试液至生成的沉淀绝大部分溶解，滤过，将滤纸条浸入滤液中，临用时取出晾干，即得。

8004 缓冲液

三乙胺缓冲液（pH3.2） 取磷酸 8ml，三乙胺 14ml，加水稀释至 1000ml，用三乙胺调节pH值至 3.2，加水500ml，混匀，即得。

巴比妥缓冲液（pH8.6） 取巴比妥5.52g与巴比妥钠30.9g，加水使溶解成2000ml，即得。

甲酸钠缓冲液（pH3.3） 取2mol/L甲酸溶液25ml，加酚酞指示液1滴，用2mol/L氢氧化钠溶液中和，再加入2mol/L甲酸溶液75ml，用水稀释至200ml，调节pH值至3.25～3.30，即得。

枸橼酸盐缓冲液 取枸橼酸4.2g，加1mol/L的20%乙醇制氢氧化钠溶液40ml使溶解，再用20%乙醇稀释至100ml，即得。

枸橼酸-磷酸氢二钠缓冲液（pH4.0） 甲液 取枸橼酸21g或无水枸橼酸19.2g，加水使溶解成1000ml，置冰箱内保存。

乙液：取磷酸氢二钠71.63g，加水使溶解成1000ml。

取上述甲液61.45ml与乙液38.55ml混合，摇匀，即得。

氨-氯化铵缓冲液（pH8.0） 取氯化铵1.07g，加水使溶解成100ml，再加稀氨溶液（1→30）调节pH值至8.0，即得。

氨-氯化铵缓冲液（pH10.0） 取氯化铵5.4g，加水20ml溶解后，加浓氨溶液35ml，再加水稀释至100ml，即得。

硼砂-碳酸钠缓冲液（pH10.8～11.2） 取无水碳酸钠5.30g，加水使溶解成1000ml；另取硼砂1.91g，加水使溶解成100ml。临用前取碳酸钠溶液973ml与硼砂溶液27ml，混匀，即得。

硼酸-氯化钾缓冲液（pH9.0） 取硼酸3.09g，加0.1mol/L氯化钾溶液500ml使溶解，再加0.1mol/L氢氧化钠溶液210ml，即得。

硼酸-氯化钾缓冲液（pH9.6） 取硼酸0.6189g，加0.2mol/L氯化钾溶液50ml使溶解，再加0.2mol/L氢氧化钠溶液36.85ml，用水稀释至200ml，即得。

醋酸盐缓冲液（pH3.5） 取醋酸铵25g，加水25ml溶解后，加7mol/L盐酸溶液38ml，用2mol/L盐酸溶液或5mol/L氨溶液准确调节pH值至3.5（电位法指示），用水稀释至100ml，即得。

醋酸-醋酸钠缓冲液（pH3.6） 取醋酸钠5.1g，加冰醋酸20ml，再加水稀释至250ml，即得。

醋酸-醋酸钠缓冲液（pH3.7） 取无水醋酸钠20g，加水300ml溶解后，加溴酚蓝指示液1ml及冰醋酸60～80ml，至溶液从蓝色转变为纯绿色，再加水稀释至1000ml，即得。

醋酸-醋酸钠缓冲液（pH3.8） 取2mol/L醋酸钠溶液13ml与2mol/L醋酸溶液87ml，加每1ml含铜1mg的硫酸铜溶液0.5ml，再加水稀释至1000ml，即得。

醋酸-醋酸钠缓冲液（pH4.5） 取醋酸钠18g，加冰醋酸9.8ml，再加水稀释至1000ml，即得。

醋酸-醋酸钠缓冲液（pH4.6） 取醋酸钠5.4g，加水50ml使溶解，用冰醋酸调节pH值至4.6，再加水稀释至100ml，即得。

醋酸-醋酸钠缓冲液（pH6.0） 取醋酸钠54.6g，加1mol/L醋酸溶液20ml溶解后，加水稀释至500ml，即得。

醋酸-醋酸钾缓冲液（pH4.3） 取醋酸钾14g，加冰醋酸20.5ml，再加水稀释至1000ml，即得。

醋酸-醋酸铵缓冲液（pH4.5） 取醋酸铵7.7g，加水50ml溶解后，加冰醋酸6ml与适量的水使成100ml，即得。

醋酸-醋酸铵缓冲液（pH6.0）　取醋酸铵100g，加水300ml使溶解，加冰醋酸7ml，摇匀，即得。

磷酸盐缓冲液　取磷酸二氢钠38.0g，与磷酸氢二钠5.04g，加水使成1000ml，即得。

磷酸盐缓冲液（pH2.0）　甲液:取磷酸16.6ml，加水至1000ml，摇匀。

乙液：取磷酸氢二钠71.63g，加水使溶解成1000ml。

取上述甲液72.5ml与乙液27.5ml混合，摇匀，即得。

磷酸盐缓冲液（pH2.5）　取磷酸二氢钾100g，加水800ml，用盐酸调节pH值至2.5，用水稀释至1000ml。

磷酸盐缓冲液（pH5.0）　取0.2mol/L磷酸二氢钠溶液一定量，用氢氧化钠试液调节pH值至5.0，即得。

磷酸盐缓冲液（pH5.8）　取磷酸二氢钾8.34g与磷酸氢二钾0.87g，加水使溶解成1000ml，即得。

磷酸盐缓冲液（pH6.5）　取磷酸二氢钾0.68g，加0.1mol/L氢氧化钠溶液15.2ml，用水稀释至100ml，即得。

磷酸盐缓冲液（pH6.6）　取磷酸二氢钠1.74g、磷酸氢二钠2.7g与氯化钠1.7g，加水使溶解成400ml，即得。

磷酸盐缓冲液（pH6.8）　取0.2mol/L磷酸二氢钾溶液250ml，加0.2mol/L氢氧化钠溶液118ml，用水稀释至1000ml，摇匀，即得。

磷酸盐缓冲液（pH7.0）　取磷酸二氢钾0.68g，加0.1mol/L氢氧化钠溶液29.1ml，用水稀释至100ml，即得。

磷酸盐缓冲液（pH7.2）　取0.2mol/L磷酸二氢钾溶液50ml与0.2mol/L氢氧化钠溶液35ml，加新沸过的冷水稀释至200ml，摇匀，即得。

磷酸盐缓冲液（pH7.3）　取磷酸氢二钠1.9734g与磷酸二氢钾0.2245g，加水使溶解成1000ml，调节pH值至7.3，即得。

磷酸盐缓冲液（pH7.4）　取磷酸二氢钾1.36g，加0.1mol/L氢氧化钠溶液79ml，用水稀释至200ml，即得。

磷酸盐缓冲液（pH7.6）　取磷酸二氢钾27.22g，加水使溶解成1000ml，取50ml，加0.2mol/L氢氧化钠溶液42.4ml，再加水稀释至200ml，即得。

磷酸盐缓冲液（pH7.8）　甲液：取磷酸氢二钠35.9g，加水溶解，并稀释至500ml。

乙液：取磷酸二氢钠2.76g，加水溶解，并稀释至100ml。

取上述甲液91.5ml与乙液8.5ml混合，摇匀，即得。

磷酸盐缓冲液（pH7.8~8.0）　取磷酸氢二钾5.59g与磷酸二氢钾0.41g，加水使溶解成1000ml，即得。

8005 指示剂与指示液

二甲基黄-溶剂蓝19混合指示液　取二甲基黄与溶剂蓝19各15mg，加三氯甲烷100ml使溶解，即得。

二甲酚橙指示液　取二甲酚橙0.2g，加水 100ml 使溶解，即得。本液应临用新配。

二苯偕肼指示液　取二苯偕肼1g，加乙醇100ml使溶解，即得。

儿茶酚紫指示液　取儿茶酚紫0.1g，加水100ml使溶解，即得。

变色范围 pH6.0~7.0~9.0（黄→紫→紫红）。

中性红指示液 取中性红0.5g，加水使溶解成100ml，滤过，即得。

变色范围 pH6.8～8.0（红→黄）。

中性红指示液（用于微生物限度检查） 取中性红1.0g，研细，加95%乙醇60ml使溶解，再加水至100ml，即得。

甲基红指示液 取甲基红0.1g，加0.05mol/L氢氧化钠溶液7.4ml使溶解，再加水稀释至200ml，即得。

变色范围 pH4.2～6.3（红→黄）。

甲基红-亚甲蓝混合指示液 取0.1%甲基红的乙醇溶液20ml，加0.2%亚甲蓝溶液8ml，摇匀，即得。

甲基红-溴甲酚绿混合指示液 取0.1%甲基红的乙醇溶液20ml，加0.2%溴甲酚绿的乙醇溶液30ml，摇匀，即得。

甲基橙指示液 取甲基橙0.1g，加水100ml使溶解，即得。

变色范围 pH3.2～4.4（红→黄）。

甲基橙-二甲苯蓝FF混合指示液 取甲基橙与二甲苯蓝FF各0.1g，加乙醇100ml使溶解，即得。

甲基橙-亚甲蓝混合指示液 取甲基橙指示液20ml，加0.2%亚甲蓝溶液8ml，摇匀，即得。

甲酚红指示液 取甲酚红0.1g，加0.05mol/L氢氧化钠溶液5.3ml使溶解，再加水稀释至100ml，即得。

变色范围 pH7.2～8.8（黄→红）。

甲酚红-麝香草酚蓝混合指示液 取甲酚红指示液1份与0.1%麝香草酚蓝溶液3份，混合，即得。

亚甲蓝指示液 取亚甲蓝0.5g，加水使溶解成100ml，即得。

刚果红指示液 取刚果红0.5g，加10%乙醇100ml使溶解，即得。

变色范围 pH3.0～5.0（蓝→红）。

含锌碘化钾淀粉指示液 取水100ml，加碘化钾溶液（3→20）5ml与氯化锌溶液（1→5）10ml，煮沸，加淀粉混悬液（取可溶性淀粉5g，加水30ml搅匀制成），随加随搅拌，继续煮沸2分钟，放冷，即得。本液应在凉处密闭保存。

邻二氮菲指示液 取硫酸亚铁0.5g，加水100ml使溶解，加硫酸2滴与邻二氮菲0.5g，摇匀，即得。本液应临用新制。

茜素磺酸钠指示液 取茜素磺酸钠0.1g，加水100ml使溶解，即得。

变色范围 pH3.7～5.2（黄→紫）。

荧光黄指示液 取荧光黄0.1g，加乙醇100ml使溶解，即得。

钙黄绿素指示剂 取钙黄绿素0.1g，加氯化钾10g，研磨均匀，即得

钙紫红素指示剂 取钙紫红素0.1g，加无水硫酸钠10g，研磨均匀，即得。

亮绿指示液 取亮绿0.5g，加冰醋酸100ml使溶解，即得。

变色范围 pH0.0～2.6（黄→绿）。

姜黄指示液 取姜黄粉末20g，用水浸渍4次，每次100ml，除去水溶性物质后，残渣在100℃干燥，加乙醇100ml，浸渍数日，滤过，即得。

结晶紫指示液 取结晶紫0.5g，加冰醋酸100ml使溶解，即得。

萘酚苯甲醇指示液 取α-萘酚苯甲醇0.5g，加冰醋酸100ml使溶解，即得。

变色范围 pH8.5～9.8（黄→绿）。

酞紫指示液 取水10ml，用氨溶液调节pH值至11后，加入酞紫10mg，溶解，即得。

酚酞指示液 取酚酞1g，加乙醇100ml使溶解，即得。

变色范围 pH8.3 ~ 10.0（无色→红）。

酚磺酞指示液 取酚磺酞0.1g，加0.05mol/L氢氧化钠溶液5.7ml使溶解，再加水稀释至200ml，即得。

变色范围 pH6.8 ~ 8.4（黄→红）。

酚磺酞指示液（用于微生物限度检查） 取酚磺酞1.0g，加1mol/L氢氧化钠溶液2.82ml使溶解，再加水稀释至100ml，即得。

变色范围 pH6.8 ~ 8.4（黄→红）。

铬黑T指示剂 取铬黑T 0.1g，加氯化钠10g，研磨均匀，即得。

铬酸钾指示液 取铬酸钾10g，加水100ml使溶解，即得。

偶氮紫指示液 取偶氮紫0.1g，加二甲基甲酰胺100ml使溶解，即得。

羟基萘酚蓝指示液 取羟基萘酚蓝0.5 g，加水50 ml溶解，加0.1 mol/L氢氧化钠溶液2滴，摇匀，即得。

淀粉指示液 取可溶性淀粉0.5g，加水5ml搅匀后，缓缓倾入100ml沸水中，随加随搅拌，继续煮沸2分钟，放冷，倾取上层清液，即得。本液应临用新制。

硫酸铁铵指示液 取硫酸铁铵8g，加水100ml使溶解，即得。

喹哪啶红指示液 取喹哪啶红0.1g，加甲醇100ml使溶解，即得。

变色范围 pH1.4 ~ 3.2（无色→红）。

喹哪啶红-亚甲蓝混合指示液 取喹哪啶红0.3g与亚甲蓝0.1g，加无水甲醇100ml使溶解，即得。

碘化钾淀粉指示液 取碘化钾0.2g，加新制的淀粉指示液100ml使溶解，即得。

溴甲酚紫指示液 取溴甲酚紫0.1g，加0.02mol/L氢氧化钠溶液20ml使溶解，再加水稀释至100ml，即得。

变色范围 pH5.2 ~ 6.8（黄→紫）。

溴甲酚紫指示液（用于微生物限度检查） 取溴甲酚紫1.6g，加95%乙醇100ml使溶解，即得。

变色范围 pH5.2 ~ 6.8（黄→紫）。

溴甲酚绿指示液 取溴甲酚绿0.1g，加0.05mol/L氢氧化钠溶液2.8ml使溶解，再加水稀释至200ml，即得。

变色范围 pH3.6 ~ 5.2（黄→蓝）。

溴酚蓝指示液 取溴酚蓝0.1g，加0.05mol/L氢氧化钠溶液3.0ml使溶解，再加水稀释至200ml，即得。

变色范围 pH2.8 ~ 4.6（黄→蓝绿）。

溴麝香草酚蓝指示液 取溴麝香草酚蓝0.1g，加0.05mol/L氢氧化钠溶液3.2ml使溶解，再加水稀释至200ml，即得。

变色范围 pH6.0 ~ 7.6（黄→蓝）。

橙黄IV指示液 取橙黄IV0.5g，加冰醋酸100ml使溶解，即得。

变色范围 pH1.4 ~ 3.2（红→黄）。

曙红钠指示液 取曙红钠0.5g，加水100ml使溶解，即得。

曙红钠指示液（用于微生物限度检查） 取曙红钠2.0g，加水100ml使溶解，即得。

麝香草酚酞指示液 取麝香草酚酞0.1g，加乙醇100ml使溶解，即得。

变色范围 pH9.3 ~ 10.5（无色→蓝）。

麝香草酚蓝指示液 取麝香草酚蓝0.1g，加0.05mol/L氢氧化钠溶液4.3ml使溶解，再加水稀释至200ml，即得。

变色范围 pH1.2～2.8（红→黄）；pH8.0～9.6（黄→紫蓝）。

8006 滴定液

乙二胺四醋酸二钠滴定液（0.05mol/L）

$C_{10}H_{14}N_2Na_2O_8 \cdot 2H_2O=372.24$ 18.61g→1000ml

【配制】 取乙二胺四醋酸二钠19g，加适量的水使溶解成1000ml，摇匀。

【标定】 取于约800℃灼烧至恒重的基准氧化锌0.12g，精密称定，加稀盐酸3ml使溶解，加水25ml，加0.025%甲基红的乙醇溶液1滴，滴加氨试液至溶液显微黄色，加水25ml与氨-氯化铵缓冲液（pH10.0）10ml，再加铬黑T指示剂少量，用本液滴定至溶液由紫色变为纯蓝色，并将滴定的结果用空白试验校正。每1ml乙二胺四醋酸二钠滴定液（0.05mol/L）相当于4.069mg的氧化锌。根据本液的消耗量与氧化锌的取用量，算出本液的浓度，即得。

【贮藏】 置玻璃塞瓶中，避免与橡皮塞、橡皮管等接触。

乙醇制氢氧化钾滴定液（0.5mol/L或0.1mol/L）

KOH=56.11   28.06g→1000ml

       5.611g→1000ml

【配制】 乙醇制氢氧化钾滴定液（0.5mol/L） 取氢氧化钾35g，置锥形瓶中，加无醛乙醇适量使溶解并稀释成1000ml，用橡皮塞密塞，静置24小时后，迅速倾取上清液，置具橡皮塞的棕色玻瓶中。

乙醇制氢氧化钾滴定液（0.1mol/L） 取氢氧化钾7g，置锥形瓶中，加无醛乙醇适量使溶解并稀释成1000ml，用橡皮塞密塞，静置24小时后，迅速倾取上清液，置具橡皮塞的棕色玻瓶中。

【标定】 乙醇制氢氧化钾滴定液（0.5mol/L） 精密量取盐酸滴定液（0.5mol/L）25ml，加水50ml稀释后，加酚酞指示液数滴，用本液滴定。根据本液的消耗量，算出本液的浓度，即得。

乙醇制氢氧化钾滴定液（0.1mol/L） 精密量取盐酸滴定液（0.1mol/L）25ml，加水50ml稀释后，加酚酞指示液数滴，用本液滴定。根据本液的消耗量，算出本液的浓度，即得。

本液临用前应标定浓度。

【贮藏】 置具橡皮塞的棕色玻瓶中，密闭保存。

三氯化钛滴定液（0.1mol/L）

$TiCl_3=154.23$ 15.42g→1000ml

【配制】 取1mol/L三氯化钛稀盐酸溶液100ml，加盐酸200ml与新沸过的冷水适量使成1000ml，摇匀。

【标定】 精密量取硫酸铁铵滴定液（0.1mol/L）25ml，在二氧化碳气流保护下用本液滴定，至近终点时，加硫氰酸铵试液1ml作为指示液。每1ml硫酸铁铵滴定液（0.1mol/L）相当于15.42mg的三氯化钛。根据本液的消耗量算出本液的浓度，即得。

本液临用前应标定浓度。

【贮藏】 置具玻璃塞的棕色玻瓶中，密闭保存。

四苯硼钠滴定液 （0.02mol/L）

$(C_6H_5)_4BNa=342.22$ 6.845g→1000ml

【配制】 取四苯硼钠7.0g，加水50ml振摇使溶解，加入新配制的氢氧化铝凝胶（取三氯化铝1.0g，溶于25ml水中，在不断搅拌下缓缓滴加氢氧化钠试液至pH8～9），加氯化钠16.6g，充分搅匀，加水250ml，振摇15分钟，静置10分钟，滤过，滤液中滴加氢氧化钠试液至pH8～9，再加水稀释至1000ml，摇匀。

【标定】 精密量取本液10ml，加醋酸-醋酸钠缓冲液（pH3.7）10ml与溴酚蓝指示液0.5ml，用烃铵盐滴定液（0.01mol/L）滴定至蓝色，并将滴定的结果用空白试验校正。根据烃铵盐滴定液（0.01mol/L）的消耗量，算出本液的浓度，即得。

本液临用前应标定浓度。

如需用四苯硼钠滴定液（0.01mol/L）时，可取四苯硼钠滴定液（0.02mol/L）在临用前加水稀释制成。必要时标定浓度。

【贮藏】 置棕色玻瓶中，密闭保存。

甲醇钠滴定液 （0.1mol/L）

$CH_3ONa=54.02$ 5.402g→1000ml

【配制】 取无水甲醇（含水量0.2%以下）150ml，置于冰水冷却的容器中，分次加入新切的金属钠2.5g，俟完全溶解后，加无水苯（含水量0.02%以下）适量，使成1000ml，摇匀。

【标定】 取在五氧化二磷干燥器中减压干燥至恒重的基准苯甲酸约0.4g，精密称定，加无水甲醇15ml使溶解，加无水苯5ml与1%麝香草酚蓝的无水甲醇溶液1滴，用本液滴定至蓝色，并将滴定的结果用空白试验校正。每1ml甲醇钠滴定液（0.1mol/L）相当于12.21mg的苯甲酸。根据本液的消耗量与苯甲酸的取用量，算出本液的浓度，即得。

本液标定时应注意防止二氧化碳的干扰和溶剂的挥发，每次临用前均应重新标定。

【贮藏】 置密闭的附有滴定装置的容器内，避免与空气中的二氧化碳及湿气接触。

亚硝酸钠滴定液 （0.1mol/L）

$NaNO_2=69.00$ 6.900g→1000ml

【配制】 取亚硝酸钠7.2g，加无水碳酸钠（Na_2CO_3）0.10g，加水适量使溶解成1000ml，摇匀。

【标定】 取在120℃干燥至恒重的基准对氨基苯磺酸约0.5g，精密称定，加水30ml与浓氨试液3ml，溶解后，加盐酸（1→2）20ml，搅拌，在30℃以下用本液迅速滴定，滴定时将滴定管尖端插入液面下约2/3处，随滴随搅拌；至近终点时，将滴定管尖端提出液面，用少量水洗涤尖端，洗液并入溶液中，继续缓缓滴定，用永停法（附录7.1）指示终点。每1ml亚硝酸钠滴定液（0.1mol/L）相当于17.32mg的对氨基苯磺酸。根据本液的消耗量与对氨基苯磺酸的取用量，算出本液浓度，即得。

如需用亚硝酸钠滴定液（0.05mol/L）时，可取亚硝酸钠滴定液（0.1mol/L）加水稀释制成。必要时标定浓度。

【贮藏】　置具玻璃塞的棕色玻瓶中，密闭保存。

草酸滴定液（0.05mol/L）

$C_2H_2O_4 \cdot 2H_2O = 126.07$ $\qquad$ 6.304g→1000ml

【配制】　取草酸6.4g，加水适量使溶解成1000ml，摇匀。

【标定】　精密量取本液25ml，加水200ml与硫酸10ml，用高锰酸钾滴定液（0.02mol/L）滴定，至近终点时，加热至65℃，继续滴定至溶液显微红色，并保持30秒钟不褪；当滴定终了时，溶液温度应不低于55℃。根据高锰酸钾滴定液（0.02mol/L）的消耗量，算出本液的浓度，即得。

如需用草酸滴定液（0.25mol/L）时，可取草酸约32g，照上法配制与标定，但改用高锰酸钾滴定液（0.1mol/L）滴定。

【贮藏】　置具玻璃塞的棕色玻瓶中，密闭保存。

氢氧化四丁基铵滴定液（0.1mol/L）

$(C_4H_9)_4NOH = 259.48$ $\qquad$ 25.95g→1000ml

【配制】　取碘化四丁基铵40g，置具塞锥形瓶中，加无水甲醇90ml使溶解，置冰浴中放冷，加氧化银细粉20g，密塞，剧烈振摇60分钟；取此混合液数毫升，离心，取上清液检查碘化物，若显碘化物正反应，则在上述混合液中再加氧化银2g，剧烈振摇30分钟后，再做碘化物试验，直至无碘化物反应为止。混合液用垂熔玻璃滤器滤过，容器和垂熔玻璃滤器用无水甲苯洗涤3次，每次50ml；合并洗液和滤液，用无水甲苯-无水甲醇（3:1）稀释至1000ml，摇匀，并通入不含二氧化碳的干燥氮气10分钟。若溶液不澄清，可再加少量无水甲醇。

【标定】　取在五氧化二磷干燥器中减压干燥至恒重的基准苯甲酸约90mg，精密称定，加二甲基甲酰胺10ml使溶解，加0.3%麝香草酚蓝的无水甲醇溶液3滴，用本液滴定至蓝色（以电位法校对终点），并将滴定的结果用空白试验校正。每1ml氢氧化四丁基铵滴定液（0.1mol/L）相当于12.21mg的苯甲酸。根据本液的消耗量与苯甲酸的取用量，算出本液的浓度，即得。

【贮藏】　置密闭的容器内，避免与空气中的二氧化碳及湿气接触。

氢氧化钠滴定液（1mol/L、0.5mol/L或0.1mol/L）

$NaOH = 40.00$ $\qquad$ 40.00g→1000ml　20.00g→1000ml

$\qquad\qquad\qquad\qquad\qquad\qquad\qquad\qquad\qquad$ 4.000g→1000ml

【配制】　取氢氧化钠适量，加水振摇使溶解成饱和溶液，冷却后，置聚乙烯塑料瓶中，静置数日，澄清后备用。

氢氧化钠滴定液（1mol/L）　取澄清的氢氧化钠饱和溶液56ml，加新沸过的冷水使成1000ml，摇匀。

氢氧化钠滴定液（0.5mol/L） 取澄清的氢氧化钠饱和溶液28ml，加新沸过的冷水使成1000ml，摇匀。

氢氧化钠滴定液（0.1mol/L） 取澄清的氢氧化钠饱和溶液5.6ml，加新沸过的冷水使成1000ml，摇匀。

【标定】 氢氧化钠滴定液（1mol/L） 取在105℃干燥至恒重的基准邻苯二甲酸氢钾约6g，精密称定，加新沸过的冷水50ml，振摇，使其尽量溶解；加酚酞指示液2滴，用本液滴定；在接近终点时，应使邻苯二甲酸氢钾完全溶解，滴定至溶液显粉红色。每1ml氢氧化钠滴定液（1mol/L）相当于204.2mg的邻苯二甲酸氢钾。根据本液的消耗量与邻苯二甲酸氢钾的取用量，算出本液的浓度，即得。

氢氧化钠滴定液（0.5mol/L） 取在105℃干燥至恒重的基准邻苯二甲酸氢钾约3g，照上法标定。每1ml氢氧化钠滴定液（0.5mol/L）相当于102.1mg的邻苯二甲酸氢钾。

氢氧化钠滴定液（0.1mol/L） 取在105℃干燥至恒重的基准邻苯二甲酸氢钾约0.6g，照上法标定。每1ml氢氧化钠滴定液（0.1mol/L）相当于20.42mg的邻苯二甲酸氢钾。

如需用氢氧化钠滴定液（0.05mol/L、0.02mol/L或0.01mol/L）时，可取氢氧化钠滴定液（0.1mol/L）加新沸过的冷水稀释制成。必要时，可用盐酸滴定液（0.05mol/L、0.02mol/L或0.01mol/L）标定浓度。

【贮藏】 置聚乙烯塑料瓶中，密封保存；塞中有2孔，孔内各插入玻璃管1支，一管与钠石灰管相连，一管供吸出本液使用。

重铬酸钾滴定液（0.016 67mol/L）

$K_2Cr_2O_7=294.18$ 4.903g→1000ml

【配制】 取基准重铬酸钾，在120℃干燥至恒重后，称取4.903g，置1000ml量瓶中，加水适量使溶解并稀释至刻度，摇匀，即得。

烃铵盐滴定液（0.01mol/L）

【配制】 取氯化二甲基苄基烃铵3.8g，加水溶解后，加醋酸-醋酸钠缓冲液（pH3.7）10ml，再加水稀释成1000ml，摇匀。

【标定】 取在150℃干燥1小时的分析纯氯化钾约0.18g，精密称定，置250ml量瓶中，加醋酸-醋酸钠缓冲液（pH3.7）使溶解并稀释至刻度，摇匀，精密量取20ml，置50ml量瓶中，精密加入四苯硼钠滴定液（0.02mol/L）25ml，用水稀释至刻度，摇匀，经干燥滤纸滤过，精密量取续滤液25ml，置150ml锥形瓶中，加溴酚蓝指示液0.5ml，用本液滴定至蓝色，并将滴定的结果用空白试验校正。每1ml烃铵盐滴定液（0.01mol/L）相当于0.7455mg的氯化钾。

盐酸滴定液（1mol/L、0.5mol/L、0.2mol/L或0.1mol/L）

HCl=36.46   36.46g→1000ml   18.23g→1000ml

                7.292g→1000ml   3.646g→1000ml

【配制】 盐酸滴定液（1mol/L） 取盐酸90ml，加水适量使成1000ml，摇匀。

盐酸滴定液（0.5mol/L、0.2mol/L或0.1mol/L） 照上法配制，但盐酸的取用量分别为45ml、

18ml或9.0ml。

【标定】 盐酸滴定液（1mol/L） 取在270～300℃干燥至恒重的基准无水碳酸钠约1.5g，精密称定，加水50ml使溶解，加甲基红-溴甲酚绿混合指示液10滴，用本液滴定至溶液由绿色转变为紫红色时，煮沸2分钟，冷却至室温，继续滴定至溶液由绿色变为暗紫色。每1ml盐酸滴定液（1mol/L）相当于53.00mg的无水碳酸钠。根据本液的消耗量与无水碳酸钠的取用量，算出本液的浓度，即得。

盐酸滴定液（0.5mol/L） 照上法标定，但基准无水碳酸钠的取用量改为约0.8g。每1ml盐酸滴定液（0.5mol/L）相当于26.50mg的无水碳酸钠。

盐酸滴定液（0.2mol/L） 照上法标定，但基准无水碳酸钠的取用量改为约0.3g。每1ml盐酸滴定液（0.2mol/L）相当于10.60mg的无水碳酸钠。

盐酸滴定液（0.1mol/L） 照上法标定，但基准无水碳酸钠的取用量改为约0.15g。每1ml盐酸滴定液（0.1mol/L）相当于5.30mg的无水碳酸钠。

如需用盐酸滴定液（0.05mol/L、0.02mol/L或0.01mol/L）时，可取盐酸滴定液（1mol/L或0.1mol/L）加水稀释制成。必要时标定浓度。

高氯酸滴定液（0.1mol/L）

$HClO_4=100.46$ 10.05g→1000ml

【配制】 取无水冰醋酸（按含水量计算，每1g水加醋酐5.22ml）750ml，加入高氯酸（70%～72%）8.5ml，摇匀，在室温下缓缓滴加醋酐23ml，边加边摇，加完后再振摇均匀，放冷，加无水冰醋酸适量使成1000ml，摇匀，放置24小时。若所测供试品易乙酰化，则须用水分测定法（附录8.12第一法）测定本液的含水量，再用水和醋酐调节至本液的含水量为0.01%～0.2%。

【标定】 取在105℃干燥至恒重的基准邻苯二甲酸氢钾约0.16g，精密称定，加无水冰醋酸20ml使溶解，加结晶紫指示液1滴，用本液缓缓滴定至蓝色，并将滴定的结果用空白试验校正。每1ml高氯酸滴定液（0.1mol/L）相当于20.42mg的邻苯二甲酸氢钾。根据本液的消耗量与邻苯二甲酸氢钾的取用量，算出本液的浓度，即得。

如需用高氯酸滴定液（0.05mol/L或0.02mol/L）时，可取高氯酸滴定液（0.1mol/L）用无水冰醋酸稀释制成，并标定浓度。

本液也可用二氧六环配制。取高氯酸（70%～72%）8.5ml，加异丙醇100ml溶解后，再加二氧六环稀释至1000ml。标定时，取在105℃干燥至恒重的基准邻苯二甲酸氢钾约0.16g，精密称定，加丙二醇25ml与异丙醇5ml，加热使溶解，放冷，加二氧六环30ml与甲基橙-二甲苯蓝FF混合指示液数滴，用本液滴定至由绿色变为蓝灰色，并将滴定的结果用空白试验校正，即得。

【贮藏】 置棕色玻瓶中，密闭保存。

高锰酸钾滴定液（0.02mol/L）

$KMnO_4=158.03$ 3.161g→1000ml

【配制】 取高锰酸钾3.2g，加水1000ml，煮沸15分钟，密塞，静置2日以上，用垂熔玻璃滤器滤过，摇匀。

【标定】 取在105℃干燥至恒重的基准草酸钠约0.2g，精密称定，加新沸过的冷水250ml与硫酸10ml，搅拌使溶解，自滴定管中迅速加入本液约25ml（边加边振摇，以避免产生沉淀），待褪色后，加热至65℃，继续滴定至溶液显微红色并保持30秒钟不褪；当滴定终了时，溶液温度应不低于55℃，每1ml高锰酸钾滴定液（0.02mol/L）相当于6.70mg的草酸钠。根据本液的消耗量与草酸钠的取用量，算出本液的浓度，即得。

如需用高锰酸钾滴定液（0.002mol/L）时，可取高锰酸钾滴定液（0.02mol/L）加水稀释，煮沸，放冷，必要时滤过，再标定其浓度。

【贮藏】 置具玻璃塞的棕色玻瓶中，密闭保存。

硝酸汞滴定液（0.02mol/L或0.05mol/L）

$Hg(NO_3)_2 \cdot H_2O = 342.62$ 6.85g→1000ml
                                                       17.13g→1000ml

【配制】 硝酸汞滴定液（0.02mol/L） 取硝酸汞6.85g，加1mol/L硝酸溶液20ml使溶解，用水稀释至1000ml，摇匀。

硝酸汞滴定液（0.05mol/L） 取硝酸汞17.2g，加水400ml与硝酸5ml溶解后，滤过，再加水适量使成1000ml，摇匀。

【标定】 硝酸汞滴定液（0.02mol/L） 取在110℃干燥至恒重的基准氯化钠约15mg，精密称定，加水50ml使溶解，照电位滴定法（附录7.1），以铂电极作为指示电极，汞-硫酸亚汞电极作为参比电极，在不断搅拌下用本液滴定。每1ml硝酸汞滴定液（0.02mol/L）相当于2.338mg的氯化钠。根据本液的消耗量与氯化钠的取用量，算出本液的浓度，即得。

硝酸汞滴定液（0.05mol/L） 取在110℃干燥至恒重的基准氯化钠约0.15g，精密称定，加水100ml使溶解，加二苯偕肼指示液1ml，在剧烈振摇下用本液滴定至显淡玫瑰紫色。每1ml硝酸汞滴定液（0.05mol/L）相当于5.844mg的氯化钠。根据本液的消耗量与氯化钠的取用量，算出本液的浓度，即得。

硝酸银滴定液（0.1mol/L）

$AgNO_3 = 169.87$ 16.99g→1000ml

【配制】 取硝酸银17.5g，加水适量使溶解成1000ml，摇匀。

【标定】 取在110℃干燥至恒重的基准氯化钠约0.2g，精密称定，加水50ml使溶解，再加糊精溶液（1→50）5ml、碳酸钙0.1g与荧光黄指示液8滴，用本液滴定至浑浊液由黄绿色变为微红色。每1ml硝酸银滴定液（0.1mol/L）相当于5.844mg的氯化钠。根据本液的消耗量与氯化钠的取用量，算出本液的浓度，即得。

如需用硝酸银滴定液（0.01mol/L）时，可取硝酸银滴定液（0.1mol/L）在临用前加水稀释制成。

【贮藏】 置具玻璃塞的棕色玻瓶中，密闭保存。

硫代硫酸钠滴定液（0.1mol/L、0.05mol/L）

$Na_2S_2O_3 \cdot 5H_2O = 248.19$ 24.82g→1000ml
                                                       12.41g→1000ml

【配制】 硫代硫酸钠滴定液（0.1mol/L） 取硫代硫酸钠26g与无水碳酸钠0.20g，加新沸过的冷水适量使溶解并稀释至1000ml，摇匀，放置1个月后滤过。

硫代硫酸钠滴定液（0.05mol/L） 取硫代硫酸钠13g与无水碳酸钠0.10g，加新沸过的冷水适量使溶解并稀释至1000ml，摇匀，放置1个月后滤过。或取硫代硫酸钠滴定液（0.1mol/L）加新沸过的冷水稀释制成。

【标定】 硫代硫酸钠滴定液（0.1mol/L） 取在120℃干燥至恒重的基准重铬酸钾0.15g，精密称定，置碘瓶中，加水50ml使溶解，加碘化钾2.0g，轻轻振摇使溶解，加稀硫酸40ml，摇匀，密塞；在暗处放置10分钟后，加水250ml稀释，用本液滴定至近终点时，加淀粉指示液3ml，继续滴定至蓝色消失而显亮绿色，并将滴定的结果用空白试验校正。每1ml硫代硫酸钠滴定液（0.1mol/L）相当于4.903mg的重铬酸钾。根据本液的消耗量与重铬酸钾的取用量，算出本液的浓度，即得。

硫代硫酸钠滴定液（0.05mol/L） 照上法标定，但基准重铬酸钾的取用量改为约75mg。每1ml硫代硫酸钠滴定液（0.05mol/L）相当于2.452mg的重铬酸钾。室温在25℃以上时，应将反应液及稀释用水降温至约20℃。

如需用硫代硫酸钠滴定液（0.01mol/L或0.005mol/L）时，可取硫代硫酸钠滴定液（0.1mol/L或0.05mol/L）在临用前加新沸过的冷水稀释制成，必要时标定浓度。

硫氰酸铵滴定液（0.1mol/L）

$NH_4SCN=76.12$ 7.612g→1000ml

【配制】 取硫氰酸铵8.0g，加水使溶解成1000ml，摇匀。

【标定】 精密量取硝酸银滴定液（0.1mol/L）25ml，加水50ml、硝酸2ml与硫酸铁铵指示液2ml，用本液滴定至溶液微显淡棕红色；经剧烈振摇后仍不褪色，即为终点。根据本液的消耗量算出本液的浓度，即得。

硫氰酸钠滴定液（0.1mol/L）或硫氰酸钾滴定液（0.1mol/L）均可作为本液的代用品。

硫酸滴定液（0.5mol/L、0.25mol/L、0.1mol/L或0.05mol/L）

$H_2SO_4=98.08$ 49.04g→1000ml   24.52g→1000ml
                                  9.81g→1000ml   4.904g→1000ml

【配制】 硫酸滴定液（0.5mol/L） 取硫酸30ml，缓缓注入适量水中，冷却至室温，加水稀释至1000ml，摇匀。

硫酸滴定液（0.25mol/L、0.1mol/L或0.05mol/L） 照上法配制，但硫酸的取用量分别为15ml、6.0ml或3.0ml。

【标定】 照盐酸滴定液（1mol/L、0.5mol/L、0.2mol/L或0.1mol/L）项下的方法标定，即得。

如需用硫酸滴定液（0.01mol/L）时，可取硫酸滴定液（0.5mol/L、0.1mol/L或0.05mol/L）加水稀释制成，必要时标定浓度。

硫酸亚铁铵滴定液（0.1mol/L）

$Fe（NH_4）_2（SO_4）_2·6H_2O=392.13$ 39.21g→1000ml

【配制】 取硫酸亚铁铵40g，溶于预先冷却的40ml硫酸和200ml水的混合液中，加水适量使成

1000ml，摇匀。

本液临用前应标定浓度。

【标定】 精密量取本液25ml，加邻二氮菲指示液2滴，用硫酸铈滴定液(0.1mol/L)滴定至溶液由浅红色转变为淡绿色。

根据硫酸铈滴定液（0.1mol/L）的消耗量，算出本液的浓度，即得。

硫酸铁铵滴定液 （0.1mol/L）

$FeNH_4(SO_4)_2 \cdot 12H_2O = 482.20$ 48.22g→1000ml

【配制】 取硫酸铁铵50g，溶于6ml硫酸与300ml水的混合液中，加水适量使成1000ml，摇匀。

【标定】 精密量取本液25ml，置碘瓶中，加盐酸3ml与碘化钾2.0g，密塞，在暗处放置10分钟后，用硫代硫酸钠滴定液（0.1mol/L）滴定至近终点时，加淀粉指示液2ml，继续滴定至蓝色消失。每1ml硫代硫酸钠滴定液（0.1mol/L）相当于48.22mg的硫酸铁铵。根据硫代硫酸钠滴定液（0.1mol/L）的消耗量，算出本液的浓度，即得。

【贮藏】 置具玻璃塞的棕色玻瓶中，密闭保存。

硫酸铈滴定液 （0.1mol/L）

$Ce(SO_4)_2 \cdot 4H_2O = 404.30$ 40.43g→1000ml

【配制】 取硫酸铈42g（或硫酸铈铵70g），加含有硫酸28ml的水500ml，加热溶解后，放冷，加水适量使成1000ml，摇匀。

【标定】 取在105℃干燥至恒重的基准草酸钠0.2g，精密称定，加水75ml使溶解，加硫酸溶液（取硫酸20ml，加入50ml水中，混匀，放冷）6ml，边加边搅拌，加盐酸10ml，加热至70~75℃，用本液滴定至溶液呈微黄色。每1ml硫酸铈滴定液（0.1mol/L）相当于6.700mg的草酸钠。根据本液的消耗量与草酸钠的取用量，算出本液的浓度，即得。

如需用硫酸铈滴定液（0.01mol/L）时，可精密量取硫酸铈滴定液（0.1mol/L），用每100ml中含硫酸2.8ml的水定量稀释制成。

氯化钡滴定液 （0.1mol/L）

$BaCl_2 \cdot 2H_2O = 244.26$ 24.43g→1000ml

【配制】 取氯化钡24.4g，加水适量使溶解成1000ml，摇匀。

【标定】 精密量取本液10ml，加水60ml和浓氨试液3ml，加酞紫0.5~1mg，用乙二胺四醋酸二钠滴定液（0.05mol/L）滴定至紫色开始消褪，加乙醇50ml，继续滴定至紫蓝色消失，并将滴定的结果用空白试验校正。每1ml乙二胺四醋酸二钠滴定液（0.05mol/L）相当于12.22mg的氯化钡。根据乙二胺四醋酸二钠滴定液（0.05mol/L）的消耗量，算出本液的浓度，即得。

锌滴定液 （0.05mol/L）

$Zn = 65.39$ 3.270g→1000ml

【配制】 取硫酸锌15g（相当于锌约3.3g），加稀盐酸10ml与水适量使溶解成1000ml，摇匀。

【标定】 精密量取本液25ml，加0.025%甲基红的乙醇溶液1滴，滴加氨试液至溶液显微黄色，加水25ml、氨-氯化铵缓冲液（pH10.0）10ml与铬黑T指示剂少量，用乙二胺四醋酸二钠滴定液（0.05mol/L）滴定至溶液由紫色变为纯蓝色，并将滴定的结果用空白试验校正。根据乙二胺四醋酸二钠滴定液（0.05mol/L）的消耗量，算出本液的浓度，即得。

碘滴定液（0.05mol/L）

$I_2=253.81$ 12.69g→1000ml

【配制】 取碘13.0g，加碘化钾36g与水50ml溶解后，加盐酸3滴与水适量使成1000ml，摇匀，用垂熔玻璃滤器滤过。

【标定】 精密量取本液25ml，置碘瓶中，加水100ml与盐酸溶液（9→100）1ml，轻摇混匀，用硫代硫酸钠滴定液（0.1mol/L）滴定至近终点时，加淀粉指示液2ml，继续滴定至蓝色消失。根据硫代硫酸钠滴定液（0.1mol/L）的消耗量，算出本液的浓度，即得。

如需用碘滴定液（0.025mol/L）时，可取碘滴定液（0.05mol/L）加水稀释制成。

【贮藏】 置具玻璃塞的棕色玻瓶中，密闭，在凉处保存。

碘酸钾滴定液（0.05mol/L或0.016 67mol/L）

$KIO_3=214.00$ 10.700g→1000ml

                                                                   3.5667g→1000ml

【配制】 碘酸钾滴定液（0.05mol/L） 取基准碘酸钾，在105℃干燥至恒重后，精密称取10.700g，置1000ml量瓶中，加水适量使溶解并稀释至刻度，摇匀，即得。

碘酸钾滴定液（0.016 67mol/L） 取基准碘酸钾，在105℃干燥至恒重后，精密称取3.5667g，置1000ml量瓶中，加水适量使溶解并稀释至刻度，摇匀，即得。

溴滴定液（0.05mol/L）

$Br_2=159.81$ 7.990g→1000ml

【配制】 取溴酸钾3.0g与溴化钾15g，加水适量使溶解成1000ml，摇匀。

【标定】 精密量取本液25ml，置碘瓶中，加水100ml与碘化钾2.0g，振摇使溶解，加盐酸5ml，密塞，振摇，在暗处放置5分钟，用硫代硫酸钠滴定液（0.1mol/L）滴定至近终点时，加淀粉指示液2ml，继续滴定至蓝色消失。根据硫代硫酸钠滴定液（0.1mol/L）的消耗量，算出本液的浓度，即得。

室温在25℃以上时，应将反应液降温至约20℃。本液每次临用前均应标定浓度。

如需用溴滴定液（0.005mol/L）时，可取溴滴定液（0.05mol/L）加水稀释制成，并标定浓度。

【贮藏】 置具玻璃塞的棕色玻瓶中，密闭，在凉处保存。

溴酸钾滴定液（0.016 67mol/L）

$KBrO_3=167.00$ 2.784g→1000ml

【配制】 取溴酸钾2.8g，加水适量使溶解成1000ml，摇匀。

【标定】 精密量取本液25ml，置碘瓶中，加碘化钾2.0g与稀硫酸5ml，密塞，摇匀，在暗处放置5分钟后，加水100ml稀释，用硫代硫酸钠滴定液（0.1mol/L）滴定至近终点时，加淀粉指示液2ml，继续滴定至蓝色消失。根据硫代硫酸钠滴定液（0.1mol/L）的消耗量，算出本液的浓度，即得。

室温在25℃以上时，应将反应液及稀释用水降温至约20℃。

8062 标准品与对照品

标准品

土霉素	安普霉素	绒促性素
大观霉素	庆大霉素	泰乐菌素
小诺霉素	红霉素	盐霉素
卡那霉素	杆菌肽锌	链霉素
吉他霉素	妥布霉素	新霉素
西索米星	毒毛花苷G	黏菌素
合成缩宫素		

对照品

乙氧酰胺苯甲酯	水杨酸	妥布霉素
乙酰氨基阿维菌素	双甲脒	邻甲基苯甲酸
二甲氧苄啶	双羟萘酸噻嘧啶	邻甲酚
2,4-二甲基苯胺	甘露醇	间甲酚
2,6-二甲基苯胺	甘露糖	阿司匹林
2,3-二氢-6-苯基咪唑	可可碱	阿苯达唑
[2,1-b]噻唑盐酸盐	β-多西环素	阿莫西林
二苄基乙二胺	安乃近	青霉素
二硝托胺	安替比林	青霉素V钾
丁氨基苯甲酸	红霉素烯醇醚	苯扎氯铵
三氯苯达唑	芬苯达唑	苯巴比妥
土霉素	苄星青霉素	盐酸氯苯胍
山梨醇	苄星氯唑西林	盐酸氯胺酮
马来酸麦角新碱	克林霉素	盐酸普鲁卡因
马来酸氯苯那敏	呋塞米	恩诺沙星
马度米星	吡喹酮	氧阿苯达唑
无水4-*N*-去甲基安乃近	利多卡因	氨苄西林

氨苯磺胺	对氯苯乙酰胺	盐酸环丙沙星
氨基苯甲酸	地西泮	盐酸苯海拉明
倍他米松	地克珠利	盐酸金霉素
烟酰胺	地塞米松	盐酸哌替啶
烟酸	地塞米松磷酸酯	盐酸氨丙啉
黄体酮	亚甲蓝	维生素D_3
萘普生	西索米星	维生素E
酚磺乙胺	吗啡	维生素K_1
脱水四环素	延胡索酸泰妙菌素	替米考星
羟苯乙酯	伊维菌素	葡萄糖酸钙
羟苯丙酯	多西环素	2-氯-4-硝基苯胺
4-羟基间苯二甲酸	苯丙酸诺龙	硫喷妥
4-羟基苯甲酸	苯甲酸雌二醇	硫酸阿托品
维生素B_2	苯甲磺酰截短侧耳素	喹乙醇
维生素B_6	苯唑西林	氯化胆碱
维生素C	苯酚	氯化琥珀胆碱
维生素D_2	林可霉素	氯前列醇钠
β-丙氨酸	肾上腺素	氯唑西林
右旋糖酐	乳酸依沙吖啶	氯唑西林钠
卡那霉素	泼尼松	氯氰碘柳胺钠
卡那霉素B	泼尼松龙	氯噻嗪
叶酸	茶碱	酪氨酸
甲苯咪唑	4-差向四环素	碘化钾
甲砜霉素	4-差向金霉素	新霉胺
甲氧苄啶	差向脱水四环素	缩宫索
6-甲氧基-2-萘乙酮	氟尼辛葡甲胺	醋酸可的松
4-甲氨基安替比林	氟苯尼考	醋酸地塞米松
2-甲基-5-硝基咪唑	氟喹啉酸	醋酸泼尼松
N-甲基哌嗪	氟氯西林	醋酸氟轻松
甲萘醌	氢化可的松	醋酸氢化可的松
甲酚	氢氯噻嗪	磺胺
头孢拉定	氢溴酸东莨菪碱	磺胺甲噁唑
头孢唑啉	氢醌	磺胺脒
头孢喹肟	重酒石酸去甲肾上腺素	磺胺喹噁啉
头孢噻呋	美他环素	磺胺氯达嗪钠
对乙酰氨基酚	癸氧喹酯	磺胺氯吡嗪钠
对丁氨基苯甲酸	盐酸左旋咪唑	磺胺嘧啶
对甲酚	盐酸四环素	磷酸可待因
对氨基苯甲酸	盐酸吗啡	
对氨基酚	盐酸异丙嗪	

9000 指导原则

9001 原料药物与制剂稳定性试验指导原则

稳定性试验的目的是考察原料药或制剂在温度、湿度、光线的影响下随时间变化的规律，为兽药的生产、包装、贮存、运输条件提供科学依据，同时通过试验建立兽药的有效期。

稳定性试验的基本要求是：①稳定性试验包括影响因素试验、加速试验与长期试验。影响因素试验用1批原料药或1批制剂进行。加速试验与长期试验要求用3批供试品进行。②原料药物供试品应是一定规模生产的。供试品量相当于制剂稳定性试验所要求的批量，原料药物合成工艺路线、方法、步骤应与大生产一致。药物制剂供试品应是放大试验的产品，其处方与工艺应与大生产一致。药物制剂如片剂、胶囊剂，每批放大试验的规模，片剂至少应为10 000片，胶囊剂至少应为10 000粒。大体积包装的制剂如静脉输液等，每批放大规模的数量至少应为各项试验所需总量的10倍。特殊品种、特殊剂型所需数量，根据情况另定。③供试品的质量标准应与临床前研究及临床试验和规模生产所使用的供试品质量标准一致。④加速试验与长期试验所用供试品的包装应与上市产品一致。⑤研究药物稳定性，要采用专属性强、准确、精密、灵敏的药物分析方法与有关物质（含降解产物及其他变化所生成的产物）的检查方法，并对方法进行验证，以保证药物稳定性试验结果的可靠性。在稳定性试验中，应重视降解产物的检查。⑥由于放大试验比规模生产的数量要小，故申报者应承诺在获得批准后，从放大试验转入规模生产时，对最初通过生产验证的3批规模生产的产品仍需进行加速试验与长期稳定性试验。

本指导原则分两部分，第一部分为原料药物，第二部分为药物制剂。

一、原料药物

原料药物要进行以下试验。

（一）影响因素试验

此项试验是在比加速试验更激烈的条件下进行。其目的是探讨药物的固有稳定性、了解影响其稳定性的因素及可能的降解途径与降解产物，为制剂生产工艺、包装、贮存条件和建立降解产物分析方法提供科学依据。供试品可以用1批原料药物进行，将供试品置适宜的开口容器中（如称量瓶或培养皿），摊成≤5mm厚的薄层，疏松原料药物摊成≤10mm厚的薄层，进行以下试验。当试验结果发现降解产物有明显的变化，应考虑其潜在的危害性，必要时应对降解产物进行定性或定量分析。

（1）高温试验 供试品开口置适宜的洁净容器中，60℃温度下放置10天，于第5天和第10天取样，按稳定性重点考察项目进行检测。若供试品含量低于规定限度则在40℃条件下同法进行试验。若60℃无明显变化，不再进行40℃试验。

（2）高湿试验 供试品开口置恒湿密闭容器中，在25℃分别于相对湿度90%±5%条件下放置10天，于第5天和第10天取样，按稳定性重点考察项目要求检测，同时准确称量试验前后供试品的重量，以考察供试品的吸湿潮解性能。若吸湿增重5%以上，则在相对湿度75%±5%条件下，同法进行试验；若吸湿增重5%以下，其他考察项目符合要求，则不再进行此项试验。恒湿条件可在密闭容器如干燥器下部放置饱和盐溶液，根据不同相对湿度的要求，可以选择NaCl饱和溶液（相对湿度75%±1%，15.5～60℃）、KNO₃饱和溶液（相对湿度92.5%，25℃）。

（3）强光照射试验　供试品开口放在装有日光灯的光照箱或其他适宜的光照装置内，于照度为4500lx±500lx的条件下放置10天，于第5天和第10天取样，按稳定性重点考察项目进行检测，特别要注意供试品的外观变化。

关于光照装置，建议采用定型设备"可调光照箱"，也可用光橱，在箱中安装日光灯数支使达到规定照度。箱中供试品台高度可以调节，箱上方安装抽风机以排除可能产生的热量，箱上配有照度计，可随时监测箱内照度，光照箱应不受自然光的干扰，并保持照度恒定，同时防止尘埃进入光照箱内。

此外，根据药物的性质必要时可设计试验，探讨pH值与氧及其他条件对药物稳定性的影响，并研究分解产物的分析方法。创新药物应对分解产物的性质进行必要的分析。

（二）加速试验

此项试验是在加速条件下进行。其目的是通过加速药物的化学或物理变化，探讨药物的稳定性，为制剂设计、包装、运输、贮存提供必要的资料。供试品要求3批，按市售包装，在温度40℃±2℃、相对湿度75%±5%的条件下放置6个月。所用设备应能控制温度±2℃、相对湿度±5%，并能对真实温度与湿度进行监测。在试验期间第1个月、2个月、3个月、6个月末分别取样一次，按稳定性重点考察项目检测。在上述条件下，如6个月内供试品经检测不符合制订的质量标准，则应在中间条件下即在温度30℃±2℃、相对湿度65%±5%的情况下（可用Na₂CrO₄饱和溶液，30℃，相对湿度64.8%）进行加速试验，时间仍为6个月。加速试验，建议采用隔水式电热恒温培养箱（20～60℃）。箱内放置具有一定相对湿度饱和盐溶液的干燥器，设备应能控制所需的温度，且设备内各部分温度应该均匀，并适合长期使用。也可采用恒湿恒温箱或其他适宜设备。

对温度特别敏感的药物，预计只能在冰箱中（4～8℃）保存，此种药物的加速试验，可在温度25℃±2℃、相对湿度60%±10%的条件下进行，时间为6个月。

（三）长期试验

长期试验是在接近药物的实际贮存条件下进行，其目的是为制订药物的有效期提供依据。供试品3批，市售包装，在温度25℃±2℃、相对湿度60%±10%的条件下放置12个月，或在温度30℃±2℃、相对湿度65%±5%的条件下放置12个月，这是从我国南方与北方气候的差异考虑的，至于上述两种条件选择哪一种由研究者确定。每3个月取样一次，分别于0个月、3个月、6个月、9个月、12个月取样，按稳定性重点考察项目进行检测。12个月以后，仍需继续考察，分别于18个月、24个月、36个月，取样进行检测。将结果与0个月比较，以确定药物的有效期。由于实验数据的分散性，一般应按95%可信限进行统计分析，得出合理的有效期。如3批统计分析结果差别较小，则取其平均值为有效期；若差别较大则取其最短的为有效期。如果数据表明，测定结果变化很小，说明药物是很稳定的，则不作统计分析。

对温度特别敏感的药物，长期试验可在温度6℃±2℃的条件下放置12个月，按上述时间要求进行检测，12个月以后，仍需按规定继续考察，制订在低温贮存条件下的有效期。

长期试验采用的温度为25℃±2℃、相对湿度60%±10%，或温度30℃±2℃、相对湿度65%±5%，是根据国际气候带制定的。国际气候带见下表。

表 国际气候带

气候带	计算数据			推算数据	
	温度[①]（℃）	MKT[②]（℃）	湿度（%）	温度（℃）	湿度（%）
Ⅰ 温带	20.0	20.0	42	21	45
Ⅱ 地中海气候，亚热带	21.6	22.0	52	25	60
Ⅲ 干热带	26.4	27.9	35	30	35
Ⅳ 湿热带	26.7	27.4	76	30	70

注：①记录温度；②MKT为平均动力学温度。

温带主要有英国、北欧、加拿大、俄罗斯；亚热带有美国、日本、西欧（葡萄牙-希腊）；干热带有伊朗、伊拉克、苏丹；湿热带有巴西、加纳、印度尼西亚、尼加拉瓜、菲律宾。中国总体来说属于亚热带，部分地区属湿热带，故长期试验采用温度为25℃±2℃、相对湿度60%±10%，或温度30℃±2℃、相对湿度65%±5%，与美、日、欧国际兽药协调委员会（VICH）采用的条件基本是一致的。

原料药进行加速试验与长期试验所用包装应采用模拟小桶，但所用材料与封装条件应与大桶一致。

二、药物制剂

药物制剂稳定性研究，首先应查阅原料药物稳定性有关资料，特别了解温度、湿度、光线对原料药稳定性的影响，并在处方筛选与工艺设计过程中，根据主药与辅料性质，参考原料药的试验方法，进行影响因素试验、加速试验与长期试验。

（一）影响因素试验

药物制剂进行此项试验的目的是考察制剂处方的合理性与生产工艺及包装条件。供试品用1批进行，将供试品如片剂、胶囊剂、注射剂（注射用无菌粉末如为西林瓶装，不能打开瓶盖，以保持严封的完整性），除去外包装，置适宜的开口容器中，进行高温试验、高湿度试验与强光照射试验，试验条件、方法、取样时间与原料药相同，重点考察项目见附表。

（二）加速试验

此项试验是在加速条件下进行，其目的是通过加速药物制剂的化学或物理变化，探讨药物制剂的稳定性，为处方设计、工艺改进、质量研究、包装改进、运输、贮存提供必要的资料。供试品要求3批，按市售包装，在温度40℃±2℃、相对湿度75%±5%的条件下放置6个月。所用设备应能控制温度±2℃、相对湿度±5%，并能对真实温度与湿度进行监测。在试验期间第1个月、2个月、3个月、6个月末分别取样一次，按稳定性重点考察项目检测。在上述条件下，如6个月内供试品经检测不符合制订的质量标准，则应在中间条件下即在温度30℃±2℃、相对湿度65%±5%的情况下进行加速试验，时间仍为6个月。溶液剂、混悬剂、乳剂、注射液等含有水性介质的制剂可不要求相对湿度。试验所用设备与原料药相同。

对温度特别敏感的药物制剂，预计只能在冰箱（4~8℃）内保存使用，此类药物制剂的加速试验，可在温度25℃±2℃、相对湿度60%±10%的条件下进行，时间为6个月。

乳剂、混悬剂、软膏剂、乳膏剂、糊剂、凝胶剂、眼膏剂、栓剂、气雾剂、泡腾片及泡腾颗粒宜直接采用温度30℃±2℃、相对湿度65%±5%的条件进行试验，其他要求与上述相同。

对于包装在半透性容器中的药物制剂，例如，低密度聚乙烯制备的输液袋、塑料安瓿、眼用制剂容器等，则应在温度40℃±2℃、相对湿度25%±5%的条件（可用$CH_3COOK \cdot 1.5H_2O$饱和溶液）进行试验。

（三）长期试验

长期试验是在接近兽药的实际贮存条件下进行，其目的是为制订兽药的有效期提供依据。供试品3批，市售包装，在温度25℃±2℃、相对湿度60%±10%的条件下放置12个月，或在温度30℃±2℃、相对湿度65%±5%的条件下放置12个月，这是从我国南方与北方气候的差异考虑的，至于上述两种条件选择哪一种由研究者确定。每3个月取样一次，分别于0个月、3个月、6个月、9个月、12个月取样，按稳定性重点考察项目进行检测。12个月以后，仍需继续考察，分别于18个月、24个月、36个月取样进行检测。将结果与0个月比较以确定兽药的有效期。由于实测数据的分散性，一般应按95%可信限进行统计分析，得出合理的有效期。如3批统计分析结果差别较小，则取其平均值为有效期限；若差别较大，则取其最短的为有效期。数据表明很稳定的兽药，不作统计分析。

对温度特别敏感的兽药，长期试验可在温度6℃±2℃的条件下放置12个月，按上述时间要求进行检测；12个月以后，仍需按规定继续考察，制订在低温贮存条件下的有效期。

对于包装在半透性容器中的药物制剂，则应在温度25℃±2℃、相对湿度40%±5%，或30℃±2℃、相对湿度35%±5%的条件进行试验，至于上述两种条件选择哪一种由研究者确定。

此外，有些药物制剂还应考察临用时配制和使用过程中的稳定性。

三、稳定性重点考察项目

原料药物及主要剂型的重点考察项目见附表，表中未列入的考察项目及剂型，可根据剂型及品种的特点制订。

附表　原料药物及制剂稳定性重点考察项目参考表

剂型	稳定性重点考察项目表
原料药	性状、熔点、含量、有关物质、吸湿性以及根据品种性质选定的考察项目
片剂	性状、含量、有关物质、崩解时限或溶出度或释放度
胶囊剂	性状、含量、有关物质、崩解时限或溶出度或释放度、水分，软胶囊要检查内容物有无沉淀
注射剂	性状、含量、pH值、可见异物、不溶性微粒、有关物质，应考察无菌
栓剂	性状、含量、融变时限、有关物质
软膏剂	性状、均匀性、含量、粒度、有关物质
乳膏剂	性状、均匀性、含量、粒度、有关物质、分层现象
眼用制剂	如为溶液，应考察性状、可见异物、含量、pH值、有关物质；如为混悬液，还应考察粒度、再分散性
内服溶液剂	性状、含量、澄清度、有关物质
内服乳剂	性状、含量、分层现象、有关物质
内服混悬剂	性状、含量、沉降体积比、有关物质、再分散性
粉剂	性状、含量、粒度、有关物质、外观均匀度
可溶性粉	性状、含量、粒度、有关物质、外观均匀度、溶解性
颗粒剂	性状、含量、粒度、有关物质、溶化性或溶出度或释放度
搽剂、洗剂	性状、含量、有关物质、分层现象（乳状型）、分散性（混悬型）
外用溶液剂	性状、含量、澄清度、有关物质、乳化稳定性（可乳化溶液剂）、释放度（有透皮作用制剂）
外用混悬剂	性状、含量、沉降体积比、有关物质、再分散性
外用乳剂	性状、含量、分层现象、有关物质
子宫注入剂	性状、含量、分层现象（乳状型）、沉降体积比（混悬型）、有关物质，应考察无菌
乳房注入剂	性状、含量、分层现象（乳状型液）、沉降体积比（混悬型）、有关物质，应考察无菌
预混剂	性状、含量、有关物质

注：有关物质（含降解产物及其他变化所生成的产物）应说明其生成产物的数目及量的变化，如有可能应说明有关物质中何者为原料中的中间体，何者为降解产物，稳定性试验重点考察降解产物。

9013 缓释、控释和迟释制剂指导原则

缓释、控释制剂与普通制剂比较，药物治疗作用持久、毒副作用低、用药次数减少。由于设计要求，药物可缓慢地释放进入体内，血药浓度"峰谷"波动小，可避免超过治疗血药浓度范围的毒副作用，又能保持在有效浓度范围（治疗窗）之内以维持疗效。缓释、控释制剂也包括眼用、鼻腔、耳道、阴道、直肠、口腔或牙用、透皮或皮下、肌内注射及皮下植入等，使药物缓慢释放吸收，避免肝门静脉系统的"首过效应"的制剂。迟释制剂系指在给药后不立即释放药物的制剂，如避免药物在胃内灭活或对胃的刺激，而延迟到肠内释放或在结肠定位释放的制剂，也包括在某种条件下突然释放的脉冲制剂。

缓释、控释、迟释制剂的释药原理主要有控制溶出、扩散、溶蚀或扩散与溶出相结合，也可利用渗透压或离子交换机制。释放过程可以用不同方程进行曲线拟合，如一级方程、Higuchi方程、零级方程等。缓释与控释的主要区别在于缓释制剂是按时间变化先多后少地非恒速释药，而控释制剂是按零级速率规律释放，即其释药是不受时间影响的恒速释药，可以得到更为平稳的血药浓度，"峰谷"波动更小，直至基本吸收完全。通常缓释、控释制剂中所含的药物量比相应单剂量的普通制剂多，工艺也较复杂。为了既能获得可靠的治疗效果又不致引起突然释放（突释）所带来毒副作用的危险性，必须在设计、试制、生产等环节避免或减少突释。缓释、控释、迟释制剂体外、体内的释放行为应符合临床要求，且不受或少受生理与食物因素的影响。所以应有一个能反映体内基本情况的体外释放度试验方法和控制指标，以有效控制制剂质量，保证制剂的安全性与有效性。

本指导原则的缓释、控释、迟释制剂以内服为重点，也可供其他给药途径参考。

一、缓释、控释、迟释制剂的定义

1. **缓释制剂**　系指在规定释放介质中，按要求缓慢地非恒速释放药物，其与相应的普通制剂比较，给药频率比普通制剂减少一半或有所减少，且能减少动物应激的制剂。

2. **控释制剂**　系指在规定释放介质中，按要求缓慢地恒速释放药物，其与相应的普通制剂比较，给药频率比普通制剂减少一半或有所减少，血药浓度比缓释制剂更加平稳，且能减少动物应激的制剂。

3. **迟释制剂**　系指在给药后不立即释放药物的制剂，包括肠溶制剂、结肠定位制剂和脉冲制剂等。

（1）肠溶制剂　系指在规定的酸性介质中不释放或几乎不释放药物，而在要求的时间内，于pH6.8磷酸盐缓冲液中大部分或全部释放药物的制剂。

（2）结肠定位制剂　系指在胃肠道上部基本不释放、在结肠内大部分或全部释放的制剂，即一定时间内在规定的酸性介质与pH6.8磷酸盐缓冲液中不释放或几乎不释放，而在要求的时间内，于pH7.5～8.0磷酸盐缓冲液中大部分或全部释放的制剂。

（3）脉冲制剂　系指不立即释放药物，而在某种条件下（如在体液中经过一段时间或一定pH值或某些酶作用下）一次或多次突然释放药物的制剂。

二、体外释放度试验

本试验是在模拟体内消化道条件下（如温度、介质的pH值、搅拌速率等），对制剂进行药物释放速率试验，最后制订出合理的体外药物释放度，以监测产品的生产过程与对产品进行质量控制。

1.仪器装置 除另有规定外,缓释、控释、迟释制剂的体外药物释放度试验可采用溶出度测定仪进行。

2.温度控制 缓释、控释、迟释制剂模拟体温应控制在37℃±0.5℃。

3.释放介质 以脱气的新鲜纯化水为常用的释放介质,或根据药物的溶解特性、处方要求、吸收部位,使用稀盐酸(0.001~0.1mol/L)或pH3~8的磷酸盐缓冲液,对难溶性药物不宜采用有机溶剂,可加少量表面活性剂(如十二烷基硫酸钠等)。

释放介质的体积应符合漏槽条件。

4.释放度取样时间点 除迟释制剂外,体外释放速率试验应能反映出受试制剂释药速率的变化特征,且能满足统计学处理的需要,释药全过程的时间不应低于给药的间隔时间,且累积释放百分率要求达到90%以上。除另有规定外,通常将释药全过程的数据作累积释放百分率-时间的释药曲线图,制订出合理的释放度检查方法和限度。

缓释制剂从释药曲线图中至少选出3个取样时间点,第一点为开始0.5~2小时的取样时间点,用于考察药物是否有突释;第二点为中间的取样时间点,用于确定释药特性;最后的取样时间点,用于考察释药是否基本完全。此3点可用于表征体外缓释制剂药物释放度。

控释制剂除以上3点外,还应增加2个取样时间点。此5点可用于表征体外控释制剂药物释放度。释放百分率的范围应小于缓释制剂。如果需要,可以再增加取样时间点。

迟释制剂根据临床要求,设计释放度取样时间点。

多于一个活性成分的产品,要求对每一个活性成分均按以上要求进行释放度测定。

5.工艺的重现性与均一性试验 应考察3批以上,每批6片(粒)产品批与批之间体外药物释放度的重现性,并考察同批产品6片(粒)体外药物释放度的均一性。

6.释药模型的拟合 缓释制剂的释药数据可用一级方程和Higuchi方程等拟合,即

$$\ln\left(1-M_t/M_\infty\right)=-kt\ (\text{一级方程})$$

$$M_t/M_\infty=kt^{1/2}\ (\text{Higuchi方程})$$

控释制剂的释药数据可用零级方程拟合,即

$$M_t/M_\infty=kt\ (\text{零级方程})$$

式中 M_t 为 t 时间的累积释放量;

M_∞ 为 ∞ 时累积释放量;

M_t/M_∞ 为 t 时累积释放百分率。

拟合时以相关系数(r)最大而均方误差(MSE)最小的为最佳拟合结果。

三、缓释、控释、迟释制剂的体内试验

对缓释、控释、迟释制剂的安全性和有效性进行评价,应通过体内的药效学和药动学试验。首先对缓释、控释、迟释制剂中药物特性的物理化学性质应有充分了解,包括有关同质多晶、粒子大小及其分布、溶解性、溶出速率、稳定性以及制剂可能遇到的其他生理环境极端条件下控制药物释放的变量。制剂中药物因受处方和制备工艺等因素的影响,溶解度等物理化学特性会发生变化,应测定相关条件下的溶解特性。难溶性药物的制剂处方中含有表面活性剂(如十二烷基硫酸钠)时,需要了解其溶解特性。

关于药物的药动学性质,推荐采用该药物的普通制剂(静脉用或内服溶液,或经批准的其他普通制剂)作为参考,对比其中药物释放、吸收情况,来评价缓释、控释、迟释制剂的释放、吸收情况。当设计内服缓释、控释、迟释制剂时,测定药物在胃肠道各段的吸收,是很有意义的。对饲料的影响也应进行研究。

药物的药效学性质应反映出在足够广泛的剂量范围内药物浓度与临床响应值（治疗效果或副作用）之间的关系。此外，应对血药浓度和临床响应值之间的平衡时间特性进行研究。如果在药物或药物的代谢物与临床响应值之间已经有很确定的关系，缓释、控释、迟释制剂的临床表现可以由血药浓度-时间关系的数据进行预测。如果无法得到这些数据，则应进行临床试验和药动学-药效学试验。

非内服的缓释、控释、迟释制剂还需对其作用部位的刺激性和（或）过敏性等进行试验。

四、体内-体外相关性

（一）关于体内-体外相关性的评价方法

体内-体外相关性，指的是由制剂产生的生物学性质或由生物学性质衍生的参数（如t_{max}、c_{max}或AUC），与同一制剂的物理化学性质（如体外释放行为）之间建立合理的定量关系。

缓释、控释、迟释制剂要求进行体内外相关性的试验，它应反映整个体外释放曲线与血药浓度-时间曲线之间的关系。只有当体内外具有相关性时，才能通过体外释放曲线预测体内情况。

体内外相关性可归纳为三种：①体外释放曲线与体内吸收曲线（即由血药浓度数据去卷积而得到的曲线）上对应的各个时间点分别相关，这种相关简称点对点相关，表明两条曲线可以重合。②应用统计矩分析原理建立体外释放的平均时间与体内平均滞留时间之间的相关。由于能产生相似的平均滞留时间可有很多不同的体内曲线，因此体内平均滞留时间不能代表体内完整的血药浓度-时间曲线；③将一个释放时间点（$t_{50\%}$、$t_{90\%}$等）与一个药物动力学参数（如AUC、c_{max}或t_{max}）之间单点相关，它只说明部分相关。

（二）本指导原则采用的方法

本指导原则中缓释、控释、迟释制剂的体内外相关性，系指体内吸收相的吸收曲线与体外释放曲线之间对应的各个时间点回归，得到直线回归方程的相关系数符合要求，即可认为具有相关性。

1. 体内-体外相关性的建立

（1）基于体外累积释放百分率-时间的体外释放曲线　如果缓释、控释、迟释制剂的释放行为随外界条件变化而变化，就应该另外再制备两种试品（一种比原制剂释放更慢，另一种更快），研究影响其释放快慢的外界条件，并按体外释放度试验的最佳条件，得到基于体外累积释放百分率-时间的体外释放曲线。

（2）基于体内吸收百分率-时间的体内吸收曲线　根据单剂量交叉试验所得血药浓度-时间曲线的数据，对体内吸收符合单室模型的药物，可获得基于体内吸收百分率-时间的体内吸收曲线，体内任一时间药物的吸收百分率（F_a）可按以下Wagner-Nelson方程计算：

$$F_a = \frac{c_t + k\mathrm{AUC}_{0\sim t}}{k\mathrm{AUC}_{0\sim\infty}} \times 100\%$$

式中　c_t为t时间的血药浓度；

　　　　k为由普通制剂求得的消除速率常数。

　　　　双室模型药物可用简化的Loo-Riegelman方程计算各时间点的吸收百分率。

2. 体内-体外相关性检验
当药物释放为体内药物吸收的限速因素时，可利用线性最小二乘法回归原理，将同批供试品体外释放曲线和体内吸收相吸收曲线上对应的各个时间点的释放百分率和吸收百分率回归，得直线回归方程。

如直线的相关系数大于临界相关系数（$P < 0.001$），可确定体内外相关。

9014 微粒制剂指导原则

微粒制剂也称微粒给药系统（microparticle drug delivery system，MDDS），系指药物与适宜载体（一般为生物可降解材料），经过一定的分散包埋技术制得具有一定粒径（微米级或纳米级）的微粒组成的固态、液态或气态药物制剂。具有掩盖药物的不良气味与口味，液态药物固态化，减少复方药物的配伍变化，提高难溶性药物的溶解度，或提高药物的生物利用度，或改善药物的稳定性，或降低药物不良反应，或延缓药物释放、提高药物靶向性等作用的一大类新型药物剂型。

根据药剂学分散系统分类原则，将直径在$10^{-4} \sim 10^{-9}$m范围的分散相构成的分散体系称为微粒分散体系。其中，分散相粒径在$1 \sim 500\mu m$范围内统称为粗（微米）分散体系的MDDS，主要包括微囊、微球、亚微乳等；粒径小于1000nm属于纳米分散体系的MDDS，主要包括脂质体、纳米乳、纳米粒、聚合物胶束等。微囊、微球、亚微乳、脂质体、纳米乳、纳米粒、聚合物胶束等均可作为药物载体。

随着现代制剂技术的发展，微粒载体制剂已逐渐用于临床，其给药途径包括外用、内服与注射。外用和内服微粒制剂一般将有利于药物对皮肤、黏膜等生物膜的渗透性，注射用微粒制剂一般具有缓释、控释或靶向作用。其中具有靶向作用的药物制剂通常称为靶向制剂。

靶向制剂系指采用载体将药物通过循环系统浓集于或接近靶组织、靶器官、靶细胞和细胞内结构的一类新制剂，具有提高疗效并显著降低对其他组织、器官及全身的毒副作用。靶向制剂可分为三类：①一级靶向制剂，系指进入靶部位的毛细血管床释药；②二级靶向制剂，系指药物进入靶部位的特殊细胞（如肿瘤细胞）释药，而不作用于正常细胞；③三级靶向制剂，系指药物作用于细胞内的一定部位。

一、药物载体的类型

（1）微囊　系指固态或液态药物被载体辅料包封成的微小胶囊。通常粒径在$1 \sim 250\mu m$之间的称微囊，而粒径在$0.1 \sim 1\mu m$之间的称亚微囊，粒径在$10 \sim 100$nm之间的称纳米囊。

（2）微球　系指药物溶解或分散在载体辅料中形成的微小球状实体。通常粒径在$1 \sim 250\mu m$之间的称微球，而粒径在$0.1 \sim 1\mu m$之间的称亚微球，粒径在$10 \sim 100$nm之间的称纳米球。

（3）脂质体　系指药物被类脂双分子层包封成的微小囊泡。脂质体有单室与多室之分。小单室脂质体的粒径一般在$20 \sim 80$nm之间，大单室脂质体的粒径在$0.1 \sim 1\mu m$之间，多室脂质体的粒径在$1 \sim 5\mu m$之间。通常小单室脂质体也可称纳米脂质体。前体脂质体系指脂质体的前体形式，磷脂通常以薄膜形式吸附在骨架粒子表面形成的粉末或以分子状态分散在适宜溶剂中形成的溶液，应用前与稀释剂水合即可溶解或分散重组成脂质体。

（4）亚微乳　系指将药物溶于脂肪油/植物油中经磷脂乳化分散于水相中形成$100 \sim 600$nm粒径的O/W型微粒载体药物分散体系，粒径在$50 \sim 100$nm之间的称为纳米乳。干乳剂系指亚微乳或纳米乳经冷冻干燥技术制得的固态冻干制剂，该类产品经适宜稀释剂水化分散后可得到均匀的亚微乳或纳米乳。

（5）纳米粒　系指药物或与载体辅料经纳米化技术分散形成的粒径<500nm的固体粒子。仅由药物分子组成的纳米粒称纳晶或纳米药物，以白蛋白作为药物载体形成的纳米粒称白蛋白纳米粒，以脂质材料作为药物载体形成的纳米粒称脂质纳米粒。

（6）聚合物胶束　亦称高分子胶束，系指由两亲性嵌段高分子载体辅料在水中自组装包埋难溶性药物形成的粒径<500nm的胶束溶液。属于热力学稳定体系。

二、常用载体辅料

载体辅料通常可分为以下三类。

（1）天然材料　在体内生物相容和可生物降解的有明胶、蛋白质（如白蛋白）、淀粉、壳聚糖、海藻酸盐、磷脂、胆固醇、脂肪油、植物油等。

（2）半合成材料　分为在体内可生物降解与不可生物降解两类。在体内可生物降解的有氢化大豆磷脂、聚乙二醇二硬脂酰磷脂酰乙醇胺等；不可生物降解的有甲基纤维素、乙基纤维素、羧甲基纤维素盐、羟丙甲纤维素、邻苯二甲酸乙酸纤维素等。

（3）合成材料　分为在体内可生物降解与不可生物降解两类。可生物降解材料应用较广的有聚乳酸、聚氨基酸、聚羟基丁酸酯、乙交酯-丙交酯共聚物等；不可生物降解的材料有聚酰胺、聚乙烯醇、丙烯酸树脂、硅橡胶等。

此外，在制备微粒制剂时，可加入适宜的润湿剂、乳化剂、抗氧剂或表面活性剂等。

三、生产与贮藏期间应检查的项目

（一）有害有机溶剂的限度检查

在生产过程中引入有害有机溶剂时，应按残留溶剂测定法（附录0861）测定，凡未规定限度者，可参考VICH，否则应制定有害有机溶剂残留量的测定方法与限度。

（二）形态、粒径及其分布的检查

（1）形态观察　微粒制剂可采用光学显微镜、扫描或透射电子显微镜等观察，均应提供照片。

（2）粒径及其分布　应提供粒径的平均值及其分布的数据或图形。测定粒径有多种方法，如光学显微镜法、电感应法、光感应法或激光衍射法等。

微粒制剂粒径分布数据，常用各粒径范围内的粒子数或百分率表示；有时也可用跨距表示，跨距愈小分布愈窄，即粒子大小愈均匀。

$$跨距=（D_{90}-D_{10}）/D_{50}$$

式中　D_{10}、D_{50}、D_{90}分别指粒径累积分布图中10%、50%、90%处所对应的粒径。

如需作图，将所测得的粒径分布数据，以粒径为横坐标，以频率（每一粒径范围的粒子个数除以粒子总数所得的百分率）为纵坐标，即得粒径分布直方图；以各粒径范围的频率对各粒径范围的平均值可作粒径分布曲线。

（三）载药量或包封率的检查

微粒制剂应提供载药量或包封率的数据。

载药量是指微粒制剂中所含药物的重量百分率，即：

$$载药量=\frac{微粒制剂中所含药物重}{微粒制剂的总重}×100\%$$

若得到的是分散在液体介质中的微粒制剂，应通过适当方法（如凝胶柱色谱法、离心法或透析法）进行分离后测定，按下式计算包封率：

$$包封率=\frac{微粒制剂中包封的药量}{微粒制剂中包封与未包封的总药量}×100\%$$

$$=（1-\frac{液体介质中未包封的药量}{微粒制剂中包封与未包封的总药量}）×100\%$$

包封率一般不得低于80%。

（四）突释效应或渗漏率的检查

药物在微粒制剂中的情况一般有三种，即吸附、包入和嵌入。在体外释放试验时，表面吸附的药物会快速释放，称为突释效应。开始0.5小时内的释放量要求低于40%。

若微粒制剂产品分散在液体介质中贮存，应检查渗漏率，可由下式计算：

$$渗漏率 = \frac{产品在贮存一定时间后渗漏到介质中的药量}{产品在贮存前包封的药量} \times 100\%$$

（五）氧化程度的检查

含有磷脂、植物油等容易被氧化载体辅料的微粒制剂，需要进行氧化程度的检查。在含有不饱和脂肪酸的脂质混合物中，磷脂的氧化分三个阶段：单个双键的偶合、氧化产物的形成、乙醛的形成及键断裂。因为各阶段产物不同，氧化程度很难用一种试验方法评价。

磷脂、植物油或其他易氧化载体辅料应采用适当的方法测定其氧化程度，并提出控制指标。

（六）其他规定

微粒制剂除应符合本指导原则的要求外，还应分别符合有关制剂通则（如片剂、胶囊剂、注射剂、眼用制剂、气雾剂等）的规定。

若微粒制剂制成缓释、控释、迟释制剂，则应符合缓释、控释、迟释制剂指导原则（附录9013）的要求。

（七）靶向性评价

具有靶向作用的微粒制剂应提供靶向性的数据，如药物体内分布数据及体内分布动力学数据等。

9015 兽药晶型研究及晶型质量控制指导原则

当固体兽药存在多晶型现象，且不同晶型状态对兽药的有效性、安全性或质量可产生影响时，应对固体制剂、半固体制剂、混悬剂等中的药用晶型物质状态进行定性或定量控制。兽药的药用晶型应选择优势晶型，并保持制剂中晶型状态为优势晶型，以保证兽药的有效性、安全性与质量可控。

优势晶型系指当药物存在有多种晶型状态时，晶型物质状态的临床疗效佳、安全、稳定性高等，且适合兽药开发的晶型。

1. 药物多晶型的基本概念

用于描述固体化学药物物质状态，由一组参量（晶胞参数、分子对称性、分析排列规律、分子作用力、分子构象、结晶水或结晶溶剂等）组成。当其中一种或几种参量发生变化而使其存在有两种或两种以上的不同固体物质状态时，称为多晶型现象（polymorphism）或称同质异晶现象。通常，难溶性药物易存在多晶型现象。

固体物质是由分子堆积而成。由于分子堆积方式不同，在固体物质中包含有晶态物质状态（又称晶体）和非晶态物质状态（又称无定型态、玻璃体）。晶态物质中分子间堆积呈有序性、对称性与周期性；非晶态物质中分子间堆积呈无序性。晶型物质范畴涵盖了固体物质中的晶态物质状态

（分子有序）和无定型态物质状态（分子无序）。

优势药物晶型物质状态可以是一种或多种，故可选择一种晶型作为药用晶型物质，亦可按一定比例选择两种或多种晶型物质的混合状态作为药用晶型物质使用。

2. 晶型样品的制备

采用化学或物理方法，通过改变结晶条件参数可获得不同的固体晶型样品。常用化学方法主要包括：重结晶法、快速溶剂去除法、沉淀法、种晶法等；常用物理方法主要包括：熔融结晶法、晶格物理破坏法、物理转晶法等。晶型样品制备方法可以采用直接方法或间接方法。各种方法影响晶型物质形成的重要技术参数包括：溶剂（类型、组成、配比等）、浓度、成核速率、生长速率、温度、湿度、光度、压力、粒度等。鉴于每种药物的化学结构不同，故形成各种晶型物质状态的技术参数条件亦不同，需要根据样品自身性质合理选择晶型样品的制备方法和条件。

3. 晶型物质状态的稳定性

自然界中的固体物质可处于稳定态、亚稳定态、不稳定态三种状态，晶型物质亦如此。化合物晶型物质状态会随着环境条件变化（如温度、湿度、光照、压力等）而从某种晶型物质状态转变为另外一种晶型物质状态，称为转晶现象。

由于药用晶型物质的稳定性会影响到兽药的临床有效性与安全性，故需要对多晶型药物制剂进行晶型物质状态的稳定性研究。研究内容包括：原料药成分的晶型物质状态的稳定性，原料药晶型物质与制剂处方中各种辅料的相容性，制剂的制粒、成型、干燥等工艺对原料药晶型物质状态的影响等。

通过晶型物质状态的稳定性研究，可为优势药物晶型物质状态选择、药物制剂处方、制备工艺过程控制、兽药贮存条件等提供科学依据。稳定或亚稳定（有条件的稳定）的晶型物质具有成药性，不稳定晶型物质不具有成药性。

根据稳定性试验项下的影响因素试验方法和条件，考察晶型物质状态对高温、高湿、光照条件的稳定性；采用压力方法考察晶型物质状态对压力的稳定性，观察晶型物质状态是否发生转晶现象。

4. 晶型药物的生物学评价

需要采用符合晶型物质的生物学评价的科学方法。溶液状态下的体外细胞评价方法、已发生转晶的悬浮液体内给药等评价方法无法反映固体晶型物质真实的生物学特征。故应采用动物体内试验并采用固体给药方式，可获得晶型物质真实的生物学评价数据。

5. 晶型药物的溶解性或溶出度评价

本法为体外晶型物质评价的辅助方法。

当原料晶型物质状态不同时，晶型原料或固体制剂的溶解或溶出性质可能存在较大差异，所以需要进行晶型物质与溶解或溶出性质的关系研究。以溶解度或溶出度、溶解速率或溶出速率作为评价指标。

原料药采用溶解曲线法，固体制剂采用溶出曲线法。

6. 兽药晶型质量研究方法

不同药物的不同晶型物质状态对定性鉴别方法或成分含量定量分析方法的特异性可以相同或不同，方法包含绝对方法和相对方法，可选择有效的质量控制方法。

（1）晶型种类鉴别——定性方法

绝对鉴别方法：可独立完成晶型物质状态鉴别的方法。方法仅适用于晶型原料药。

单晶X射线衍射法（SXRD）：属绝对晶型鉴别方法，可通过供试品的成分组成（化合物、结晶水或溶剂）、晶胞参数（a，b，c，α，β，γ，V）、分子对称性（晶系、空间群）、分子键合方式（氢键、盐键、配位键）、分子构象等参量变化，实现对固体晶型物质状态的鉴别。方法适用于晶态晶型物质的鉴别。

相对鉴别方法：为需要借助已知晶型信息完成晶型种类鉴别的方法，适用于不同晶型物质的图谱数据间存在差异的晶型种类鉴别。利用相对晶型鉴别方法确定供试品晶型需要与已知晶型样品的图谱数据进行比对。方法仅适用于晶型原料药。

方法1　粉末X射线衍射法（PXRD）

晶态物质粉末X射线图谱呈锐峰，无定型态物质粉末X射线图谱呈弥散峰。晶型鉴别时利用供试品衍射峰的数量、位置（2θ或d）、强度（相对或绝对）、各峰强度之比等参量变化，实现对晶型物质状态的鉴别。方法适用于晶态与晶态、晶态与无定型态、无定型态与无定型态等各种晶型物质的鉴别。若判断两个晶态样品的晶型物质状态一致时，应满足衍射峰数量相同、二者2θ值衍射峰位置误差范围在±0.2°内、相同位置衍射峰的相对峰强度误差在±5%内，衍射峰的强弱顺序应一致；若判断两个无定型态样品的晶型物质状态一致时，应满足弥散衍射峰几何拓扑形状完全一致。

方法2　红外光谱法（IR）

利用供试品不同晶型物质分子振动时特有的偶极矩变化，引起指定波长范围的红外光谱吸收峰的位置、强度、峰形几何拓扑等参量变化，实现对晶型物质状态的鉴别。方法适用于分子作用力变化的晶型物质状态的鉴别，对晶型物质状态鉴别推荐采用衰减全反射进样法，制样时应注意避免研磨、压片可能造成的转晶现象。

方法3　拉曼光谱法（RM）

利用供试品不同晶型物质特有的分子极化率变化，引起指定波长范围的拉曼光谱吸收峰的位置、强度、峰形几何拓扑等参量变化，实现对晶型物质状态的鉴别。

方法4　差示扫描量热法（DSC）

利用供试品不同晶型物质特有的热力学性质，通过供试品吸热峰或放热峰的数量、位置、形状、吸热量（或吸热熔）等参量变化，实现对晶型物质状态的鉴别。方法适用于不同晶型物质的熔融吸热峰值存在较大差异或供试品中含有不同数量和种类结晶溶剂（或水）的晶型物质的鉴别。

方法5　热重法（TG）

利用供试品不同晶型物质特有的质量-失重百分率与温度关系参量的变化，实现对晶型物质状态的鉴别。方法适用于供试品中含有不同数量和种类结晶溶剂（或水）的晶型物质的鉴别。

方法6　毛细管熔点法（MP）

利用供试品不同晶型物质在加热时产生的相变过程、透光率等参量变化，实现对晶型物质状态的鉴别。方法适用于熔点值差异大的晶型物质的鉴别。熔距可反映晶型纯度，熔距小于1℃时表明供试品的晶型纯度较高。制样时应注意避免研磨可能造成的转晶现象。

方法7　光学显微法（LM）

当供试品不同晶型具有不同的固体外形特征时，可通过不同晶型物质特有的固体外形实现对晶型物质状态的鉴别。

方法8　偏光显微法（PM）

利用供试品呈晶态与无定型态时的偏光效应参量变化，进行晶型物质状态的鉴别。

不同晶型判断

当供试品原料药化学物质确定且鉴别方法一致时，鉴别获得的图谱或数据若发生变化，说明样品中的晶型物质种类或成分发生了改变，可能由一种晶型变为另外一种晶型、或混晶物质种类或比例发生了改变。

（2）晶型含量分析——定量方法

晶型物质含量是表征供试品中所包含的某种特定晶型物质成分量值，用百分数表示晶型含量。晶型含量分析方法指进行供试品晶型成分的定量或限量分析。

晶型兽药质量控制应优先选择定量分析方法。定量分析方法有单晶X射线衍射法（SXRD）、粉末X射线衍射法（PXRD）、差示扫描量热法（DSC）、红外光谱法（IR）等。

方法学研究

采用的晶型定量或限量分析方法应符合《兽药质量标准分析方法验证指导原则》的准确度、重复性、专属性、定量限、线性、范围、耐用性等内容。

鉴于不同定量或限量分析技术和方法的基本原理不同，应选择能够表征晶型物质成分与含量呈线性关系的1~3个参数作为定量或限量分析的特征性参量。

晶型含量分析方法

方法1 单晶X射线衍射法（SXRD） 定量分析方法，获得原料药100%晶型纯品数据。

SXRD分析对象仅为一颗单晶体，原理是利用X射线对晶体产生的衍射效应，其分析数据代表了某种晶型纯品的结果。SXRD法可以揭示供试品晶型成因，给出晶型物质的晶体学各种定量数据。采用SXRD分析数据，通过理论计算获得100%晶型纯品的PXRD图谱和数据，作为晶型物质标准图谱。

方法2 粉末X射线衍射法（PXRD） 定量分析方法，获得供试品晶型含量数据。

PXRD是表征供试品对X射线的衍射效应，即衍射峰位置（d或2θ值）与衍射强度关系的图谱。晶型供试品的衍射峰数量与对称性和周期性相关，各个衍射峰位置用d（Å）或2θ（°）表示；衍射峰强度可用峰高度或峰面积表示，其绝对强度值等于每秒的计数点CPS单位，相对强度值等于（其他峰绝对值÷最强峰绝对值）×100%；衍射峰强比例表示了供试品中各衍射峰间的相对强度关系和衍射峰形几何拓扑变化。

（a）晶型原料药分析：为实现对原料药晶型物质的定量控制目的，需要：①选取能够反映原料药晶型物质含量变化的1~3个特征衍射峰，特征衍射峰的强度应与晶型含量（或晶型质量）呈线性关系；②建立混晶原料药样品标准曲线：通过配制两种或多种晶型比例的混晶样品，建立混晶样品中的各种晶型含量与特征峰衍射强度关系的标准曲线，可以实现对原料药的混晶晶型种类和比例的含量测定；③为保证不同时间点的晶型检测，可通过建立随行标准曲线法或标准曲线加外标法进行原料药晶型含量测定，以实现对不同时间点供试品的晶型成分含量测定。

（b）制剂中晶型原料药分析：为实现对制剂中晶型原料药的定量控制目的，①需要固体制剂、晶型原料药、空白辅料；②选取能够反映固体制剂中晶型原料药成分含量变化特征的1~3个衍射峰，特征衍射峰的强度应与晶型含量呈线性关系；③建立制剂中原料药晶型含量标准曲线：利用空白辅料与晶型原料药配制成不同比例的混合样品，建立固体制剂中晶型原料药含量与特征峰衍射强度关系的标准曲线，利用标准曲线可实现对固体制剂中原料药的晶型含量测定的目的；④为保证不同时间点的晶型检测，可通过建立随行标准曲线法或标准曲线加外标法进行原料药晶型含量测定，对不同时间点供试品的晶型成分进行含量测定。

（c）方法说明：①定量方法需要借助SXRD数据通过理论计算获得100%晶型纯品的PXRD图谱和数据，作为晶型物质标准或使用晶型标准品获得标准图谱作为晶型物质标准。②实验用样品需经前处理步骤，有机供试品应过100目筛，无机供试品过200目筛；定量检测时应精密称定实验用样品量。③应注意固体制剂的晶型原料药含量应在标准曲线的线性范围内。④应使用外标标准物质Al_2O_3对仪器及数据进行校正。

方法3　差示扫描量热法（DSC）定量分析方法，获得供试品晶型含量数据。

采用DSC定量分析的晶型物质一般应具有不同的熔融吸热峰值，且晶型样品质量与吸热量呈正比关系。

（a）晶型原料药分析：精密称量不同质量晶型样品，建立质量与热量的热熔值的线性关系，绘制标准曲线，定量测定样品的晶型含量。

（b）混晶原料药分析：当不同晶型含量与热熔呈正比关系，采用精密称量配制不同晶型含量的混晶样品，建立晶型含量与热熔值的线性关系，绘制标准曲线，定量测定混晶样品中的晶型含量。

（c）方法说明：① 仅适用于晶型原料药定量分析。②对熔融吸热峰值相差大的混晶原料供试品，建立标准曲线时线性范围较宽；熔融吸热峰值相差小的混晶样品，建立标准曲线时线性范围较窄。③有时DSC法仅能作为限量检测方法。

方法4　红外光谱（IR）定量分析方法，获得供试品晶型含量数据。

采用IR法可以对晶型原料药或固体制剂进行定量分析，常用的方法为相对峰强度法。

晶型特征峰选取原则：①分别选取2种晶型特有的红外光谱吸收峰作为特征峰。② 2种晶型的特征峰应独立而不受对方干扰。③ 特征峰强度应与晶型成分含量呈对应线性关系。

对压力可致晶型状态发生转变的晶型原料供试品，制样时应避免压片法。

（a）晶型原料药分析：采用相对峰强度法时分别选择2种晶型成分的特征吸收峰位置b_1与b_2，在同一红外光谱图上读取2种晶型成分的特征吸收峰的吸光度值A_1与A_2，计算二者特征吸收峰的吸光度比值r。通过配制一系列不同晶型比例的混晶样品，建立特征吸收峰的吸光度比值的对数值与晶型含量间的线性关系，绘制标准曲线，实现对混晶样品的晶型含量进行定量分析。

（b）制剂中晶型原料药成分分析：采用相对峰强度法时分别选择晶型原料药特征吸收峰位置b_1与空白辅料的特征吸收峰位置b_2，在同一红外光谱图上读取2种晶型成分的特征吸收峰的吸光度值A_1与A_2，计算二者特征吸收峰的吸光度比值r。通过配制一系列含有不同质量晶型原料与空白辅料比例混合样品，建立特征吸收峰的吸光度比值的对数值与晶型原料药含量间的线性关系，绘制标准曲线，实现对固体制剂中晶型原料药含量进行定量分析。

备注：其他国际公认用于物相分析的方法也可对多晶型进行定性定量分析。

9101兽药质量标准分析方法验证指导原则

兽药质量标准分析方法验证的目的是证明采用的方法适合于相应检测要求。在建立兽药质量标准时，分析方法需经验证；在兽药生产工艺变更、制剂的组分变更、原分析方法进行修订时，则质量标准分析方法也需进行验证。方法验证理由、过程和结果均应记载在兽药质量标准起草说明或修订说明中。

验证的分析项目有：鉴别试验，限量或定量检查，原料药或制剂中有效成分含量测定，以及制剂中其他成分（如防腐剂等）的测定。兽药溶出度、释放度等检查中，其溶出量等的测试方法也应进行必要验证。

验证指标有：准确度、精密度（包括重复性、中间精密度和重现性）、专属性、检测限、定量限、线性、范围和耐用性。在分析方法验证中，须采用标准物质进行试验。由于分析方法具有各自的特点，并随分析对象而变化，因此需要视具体方法拟订验证的指标。表1中列出的分析项目和相应的验证指标可供参考。

表1　检验项目和验证指标

项目 内容	鉴别	杂质测定		含量测定及溶出量 测定	校正因子
		定量	限度		
准确度	－	＋	－	＋	＋
精密度					
重复性	－	＋	－	＋	＋
中间精密度	－	＋①	－	＋①	＋
专属性②	＋	＋	＋	＋	＋
检测限	－	－③	＋	－	－
定量限	－	＋	－	－	＋
线性	－	＋	－	＋	＋
范围	－	＋	－	＋	＋
耐用性	＋	＋	＋	＋	＋

① 已有重现性验证，不需要验证中间精密度。

② 如一种方法不够专属，可用其他分析方法予以补充。

③ 视具体情况予以验证。

一、准确度

准确度系指用该方法测定的结果与真实值或参考值接近的程度，一般用回收率（％）表示。准确度应在规定的范围内测定。

1. 含量测定方法的准确度　原料药采用对照品进行测定，或用本法所得结果与已知准确度的另一个方法测定的结果进行比较。制剂可在处方量空白辅料中，加入已知量被测物对照品进行测定。如不能得到制剂辅料的全部组分，可向待测制剂中加入已知量的被测物对照品进行测定，或用所建立方法的测定结果与已知准确度的另一种方法测定结果进行比较。

准确度也可由所测定的精密度、线性和专属性推算出来。

2. 杂质定量测定的准确度　可向原料药或制剂处方量空白辅料中加入已知量杂质进行测定。如不能得到杂质或降解产物对照品，可用所建立方法测定的结果与另一成熟的方法进行比较，如兽药典标准方法或经过验证的方法。在不能测得杂质或降解产物的校正因子或不能测得对主成分的相对校正因子的情况下，可用不加校正因子的主成分自身对照法计算杂质含量。应明确表明单个杂质和杂质总量相当于主成分的重量比（％）或面积比（％）。

3. 校正因子的准确度　对色谱方法而言，绝对（或定量）校正因子是指单位面积的色谱峰代表的待测物质的量。待测物质与所选定的参照物质的绝对校正因子之比，即为相对校正因子。相对校正因子计算法常应用于化学药物有关物质的测定。校正因子的表示方法很多，本指导原则中的校正因子是指气相色谱法和高效液相色谱法中的相对重量校正因子。

相对校正因子可采用替代物（对照品）和被替代物（待测物）标准曲线斜率比值进行比较获得；采用紫外吸收检测器时，可将替代物（对照品）和被替代物（待测物）在规定波长和溶剂条件下的吸收系数比值进行比较，计算获得。

4. 数据要求　在规定范围内，取同一浓度（相当于100%浓度水平）的供试品，用至少测定6份样品的结果进行评价；或设计3种不同浓度，每种浓度分别制备3份供试品溶液进行测定，用9份样品的测定结果进行评价。一般中间浓度加入量与所取供试品待测成分量之比控制在1:1左右，建议高、中、低浓度对照品加入量与所取供试品中待测成分量之比控制在1.2:1，1:1，0.8:1左右，应报告已知加入量的回收率（%），或测定结果平均值与真实值之差及其相对标准偏差或置信区间（置信度一般为95%）。对于校正因子，应报告测定方法、测定结果和RSD%或置信区间。样品中待测成分含量和回收率限度关系可参考表2。在基质复杂、组分含量低于0.01%及多成分等分析中，回收率限度可适当放宽。

表2　样品中待测成分含量和回收率限度

待测成分含量	回收率限度（%）
100%	98 ~ 101
10%	95 ~ 102
1%	92 ~ 105
0.1%	90 ~ 108
0.01%	85 ~ 110
$10\mu g/g$（ppm）	80 ~ 115
$1\mu g/g$	75 ~ 120
$10\mu g/kg$（ppb）	70 ~ 125

二、精密度

精密度系指在规定的测试条件下，同一份均匀供试品，经多次取样测定所得结果之间的接近程度。精密度一般用偏差、标准偏差或相对标准偏差表示。

在相同条件下，由同一个分析人员测定所得结果的精密度称为重复性；在同一个实验室，不同时间由不同分析人员用不同设备测定结果之间的精密度，称为中间精密度；在不同实验室由不同分析人员测定结果之间的精密度，称为重现性。

含量测定和杂质的定量测定应考虑方法的精密度。

1．重复性　在规定范围内，取同一浓度（相当于100%浓度水平）的供试品，用至少测定6份供试品的结果进行评价；或设计3种不同浓度，每种浓度分别制备3份供试品溶液进行测定，用9份供试品的测定结果进行评价。采用9份供试品测定结果进行评价时，一般中间浓度加入量与所取供试品待测成分量之比控制在1:1左右，建议高、中、低浓度对照品加入量与所取供试品中待测成分量之比控制在1.2:1，1:1，0.8:1左右。

2．中间精密度　考察随机变动因素如不同日期、不同分析人员、不同仪器对精密度的影响，应设计方案进行中间精密度试验。

3．重现性　国家兽药质量标准采用的分析方法，应进行重现性试验，如通过不同实验室检验获得重现性结果。协同检验的目的、过程和重现性结果均应记载在起草说明中。应注意重现性试验用样品本身的质量一致性及贮存运输中的环境对该一致性的影响，以免影响重现性结果。

4．数据要求　均应报告偏差、标准偏差、相对标准偏差或置信区间。样品中待测成分含量和精密度可接受范围参考表3。在基质复杂、含量低于0.01%及多成分等分析中，精密度接受范围可适当放宽。

表3　样品中待测成分含量和精密度RSD可接受范围

待测成分含量	重复性（RSD%）	重现性（RSD%）
100%	1	2
10%	1.5	3
1%	2	4
0.1%	3	6

（续）

待测成分含量	重复性（RSD%）	重现性（RSD%）
0.01%	4	8
10μg/g（ppm）	6	11
1μg/g	8	16
10μg/kg（ppb）	15	32

三、专属性

专属性系指在其他成分（如杂质、降解产物、辅料等）存在下，采用的分析方法能正确测定被测物的能力。鉴别反应、杂质检查和含量测定方法，均应考察其专属性。如方法专属性不强，应采用多种不同原理的方法予以补充。

1．**鉴别反应**　应能区分可能共存的物质或结构相似化合物。不含被测成分的供试品，以及结构相似或组分中的有关化合物，应均呈阴性反应。

2．**含量测定和杂质测定**　采用色谱法和其他分离方法，应附代表性图谱，以说明方法的专属性，并应标明各成分在图中的位置，色谱法中的分离度应符合要求。

在杂质对照品可获得的情况下，对于含量测定，试样中可加入杂质或辅料，考察测定结果是否受干扰，并可与未加杂质或辅料的试样比较测定结果。对于杂质检查，也可向试样中加入一定量的杂质，考察各成分包括杂质之间能否得到分离。

在杂质或降解产物不能获得的情况下，可将含有杂质或降解产物的试样进行测定，与另一个经验证了的方法或兽药典方法比较结果。也可用强光照射、高温、高湿、酸（碱）水解或氧化等方法进行加速破坏，以研究可能存在的降解产物和降解途径对含量测定和杂质测定的影响。含量测定方法应比对两种方法的结果，杂质检查应比对检出的杂质个数，必要时可采用光二极管阵列检测和质谱检测，进行峰纯度检查。

四、检测限

检测限系指试样中被测物能被检测出的最低量。兽药的鉴别试验和杂质检查方法，均应通过测试确定方法的检测限。检测限作为限度试验指标和定性鉴别的依据，没有定量意义。常用的方法如下。

1．**直观法**　用已知浓度的被测物，试验出能被可靠地检测出的最低浓度或量。

2．**信噪比法**　用于能显示基线噪声的分析方法，即把已知低浓度试样测出的信号与空白样品测出的信号进行比较，计算出能被可靠地检测出的被测物质最低浓度或量。一般以信噪比为3:1或2:1时相应浓度或注入仪器的量确定检测限。

3．**基于响应值标准偏差和标准曲线斜率法**　按照LOD=3.3δ/S公式计算，式中LOD为检测限；δ为响应值的偏差；S为标准曲线的斜率。

δ可以通过下列方法测得：①测定空白值的标准偏差；②以标准曲线的剩余标准偏差或截距的标准偏差来代替。

4．**数据要求**　上述计算方法获得的检测限数据须用含量相近的样品进行验证。应附测试图谱，说明试验过程和检测限结果。

五、定量限

定量限系指试样中被测物能被定量测定的最低量，其测定结果应符合准确度和精密度要求。

对微量或痕量药物分析、定量测定药物杂质和降解产物时，应确定方法的定量限。常用的方法如下：

1. **直观法**　用已知浓度的被测物，试验出能被可靠地定量测定的最低浓度或量。

2. **信噪比法**　用于能显示基线噪声的分析方法，即把已知低浓度试样测出的信号与空白样品测出的信号进行比较，计算出能被可靠地定量的被测物质最低浓度或量。一般以信噪比为10:1时相应浓度或注入仪器的量确定定量限。

3. **基于响应值标准偏差和标准曲线斜率法**　按照LOQ=10δ/S公式计算，式中LOQ：定量限；δ：响应值的偏差；S：标准曲线的斜率。

δ可以通过下列方法测得：①测定空白值的标准偏差；②采用标准曲线的剩余标准偏差或截距的标准偏差来代替。

4. **数据要求**　上述计算方法获得的定量限数据须用含量相近的样品进行验证。应附测试图谱，说明测试过程和定量限结果，包括准确度和精密度验证数据。

六、线性

线性系指在设计的范围内，测试响应值与试样中被测物浓度呈比例关系的程度。

应在规定的范围内测定线性关系。可用同一对照品贮备液经精密稀释，或分别精密称取对照品，制备一系列对照品溶液的方法进行测定，至少制备5份不同浓度的对照品溶液。以测得的响应信号对被测物的浓度作图，观察是否呈线性，再用最小二乘法进行线性回归。必要时，响应信号可经数学转换，再进行线性回归计算。或者可采用描述浓度-响应关系的非线性模型。

数据要求：应列出回归方程、相关系数和线性图（或其他数学模型）。

七、范围

范围系指分析方法能达到一定精密度、准确度和线性要求时的高低限浓度或量的区间。

范围应根据分析方法的具体应用及其线性、准确度、精密度结果和要求确定。原料药和制剂含量测定，范围一般为测试浓度的80%～120%；制剂含量均匀度检查，范围一般为测试浓度的70%～130%，特殊剂型，如气雾剂和喷雾剂，范围可适当放宽；溶出度或释放度中的溶出量测定，范围一般为限度的±30%，如规定了限度范围，则应为下限的-20%至上限的+20%；杂质测定，范围应根据初步实际测定数据，拟订为规定限度的±20%。如果含量测定与杂质检查同时进行，用峰面积归一化法进行计算，则线性范围应为杂质规定限度的-20%至含量限度（或上限）的+20%。

校正因子测定时，范围一般应根据其应用对象的测定范围确定。

八、耐用性

耐用性系指在测定条件有小的变动时，测定结果不受影响的承受程度，为所建立的方法用于日常检验提供依据。开始研究分析方法时，就应考虑其耐用性。如果测试条件要求苛刻，则应在方法中写明，并注明可以接受变动的范围，可以先采用均匀设计确定主要影响因素，再通过单因素分析等确实变动范围。典型的变动因素有：被测溶液的稳定性、样品的提取次数、时间等。高效液相色谱法中典型的变动因素有：流动相的组成和pH值，不同厂牌或不同批号的同类型色谱柱、柱温、流速等。气相色谱法变动因素有：不同品牌或批号的色谱柱、固定相、不同类型的担体、载气流速、柱温、进样口和检测器温度等。

经试验，测定条件小的变动应能满足系统适用性试验的要求，以确保方法的可靠性。

9102 兽药杂质分析指导原则

　　本原则用于指导兽药质量标准中化学合成或半合成的有机原料药及其制剂杂质分析，并供兽药研究、生产、质量标准起草和修订参考。

　　任何影响兽药纯度的物质均称为杂质。兽药质量标准中的杂质系指在按照经国务院兽医行政管理部门依法审查批准的规定工艺和规定原辅料生产的兽药中，由其生产工艺或原辅料带入的杂质，或在贮存过程中产生的杂质。兽药质量标准中的杂质不包括变更生产工艺或变更原辅料而产生的新的杂质，也不包括掺入或污染的外来物质。兽药生产企业变更生产工艺或原辅料，并由此带进新的杂质对原质量标准的修订，均应依法向国务院兽医行政管理部门申报批准。兽药中不得掺入或污染兽药或其组分以外的外来物质。对于假劣兽药，必要时应根据各具体情况，可采用非法定分析方法予以检测。

一、杂质的分类

　　按杂质化学类别和特性，杂质可分为：有机杂质、无机杂质、有机挥发性杂质。按其来源，杂质可分为：一般杂质和特殊杂质。一般杂质是指在自然界中分布较广泛，在多种药物的生产和贮藏过程中容易引入的杂质，如铁盐、铵盐等。特殊杂质是指在特定药物的生产和贮藏过程中引入的杂质，多指有关物质。按其毒性，杂质又可分为：毒性杂质和信号杂质。毒性杂质如重金属、砷盐；信号杂质如氯化物、硫酸盐等。一般盐无毒，但其含量的多少可反映药物纯度和生产工艺或生产过程问题。由于杂质的分类方法甚多，所以，兽药质量标准中检查项下杂质的项目名称，应根据中国兽药典委员会编写的《兽药质量标准编写细则》的要求进行规范。如有机杂质的项目名称可参考下列原则选用。

　　（1）检查对象明确为某一物质时，就以该杂质的化学名作为项目名称，如碘硝酚中的"对硝基苯酚"，恩诺沙星中的"环丙沙星"，盐酸林可霉素中的"林可霉素B"等。如果该杂质的化学名太长，又无通用的简称，可参考肾上腺素中的"酮体"，阿莫西林中的"阿莫西林聚合物"等选用相宜的项目名称。在质量标准起草说明中应写明已明确杂质的结构式。

　　（2）检查对象不能明确为某一单一物质而又仅知为某一类物质时，则其项目名称可采用"其他甾体""其他生物碱""其他氨基酸""还原糖""脂肪酸""芳香第一胺""含氯化合物""残留溶剂"或"有关物质"等。

　　（3）未知杂质，仅根据检测方法选用项目名称，如"杂质吸光度""易氧化物""易炭化物""不挥发物""挥发性杂质"等。

二、质量标准中杂质检查项目的确定

　　新原料药和新制剂中的杂质，应按国家有关新兽药申报要求进行研究，也可参考VICH的文件GL10（新兽用原料药中的杂质）和GL11（新兽用制剂中的杂质）进行研究，并对杂质和降解产物进行安全性评价。新兽药研制部门对在合成、纯化和贮存中实际存在的杂质和潜在的杂质，应采用有效的分离分析方法进行检测。对于表观含量在0.2%及其以上的杂质以及表观含量在0.2%以下的具强烈生物作用的杂质或毒性杂质，予以定性或确证其结构。对在稳定性试验中出现的降解产物，也应按上述要求进行研究。新兽药质量标准中的杂质检查项目应包括经研究和稳定性考察检出的，并在批量生产中出现的杂质和降解产物，并包括相应的限度，结构已知和未知的这类杂质属于特定杂质。除降解产物和毒性杂质外，在原料中已控制的杂质，在制剂中一般不再控制。原料药和制剂中的无机杂质，应根据其生产工艺、起始原料情况确定检查项目，但对于毒性无机杂质，应在质量标准中规定其检查项。

在仿制兽药的研制和生产中，如发现其杂质模式与其原始开发兽药不同或与已有法定质量标准规定不同，需增加新的杂质检查项目的，应按上述方法进行研究，申报新的质量标准或对原质量标准进行修订，并报国务院兽医行政管理部门审批。

共存的异构体和抗生素多组分一般不作为杂质检查项目，作为共存物质，必要时，在质量标准中规定其比例，以保证生产用的原料药与申报注册时的一致性。但当共存物质为毒性杂质时，该物质就不再认为是共存物质。在单一对映体药物中，可能共存的其他对映体应作为杂质检查，并设比旋度项目。对消旋体药物的质量标准，必要时可以设旋光度检查项目。

残留溶剂，应根据生产工艺中所用有机溶剂及其残留情况，确定检查项目。可参考本兽药典关于残留溶剂的要求，或参考VICH文件GL18（新兽药中残留溶剂指导原则）。对残留的毒性溶剂，应规定其检查项目。

三、杂质检查分析方法和杂质的限度

杂质检查分析方法应专属、灵敏。杂质检查应尽量采用现代分离分析手段，主成分与杂质和降解产物均能分开，其检测限应满足限度检查的要求，对于需做定量检查的杂质，方法的定量限应满足相应的要求。

杂质检查分析方法的建立应按本兽药典的要求做方法验证。在研究时，应采用几种不同的分离分析方法或不同测试条件以便比对结果，选择较佳的方法作为质量标准的检查方法。杂质检查分析方法的建立，应考虑普遍适用性，所用的仪器和试验材料应容易获得。对于特殊试验材料，应在质量标准中写明。在杂质分析的研究阶段，可用可能存在的杂质、强制降解产物，分别或加入主成分中，配制供试溶液进行色谱分析，调整色谱条件，建立适用性要求，保证方法专属、灵敏。

杂质研究中，应进行杂质的分离纯化制备或合成制备，以供进行安全性和质量研究。对确实无法获得的杂质和降解产物，研制部门在兽药质量研究资料和兽药质量标准起草说明中应写明理由。

在用现代色谱技术对杂质进行分离分析的情况下，对特定杂质中的已知杂质和毒性杂质，应使用杂质对照品进行定位；如无法获得该对照品时，可用相对保留值进行定位；特定杂质中的未知杂质可用相对保留值进行定位。应使用多波长检测器研究杂质在不同波长下的检测情况，并求得在确定的一个波长下，已知杂质特别是毒性杂质对主成分的相对响应因子。已知杂质或毒性杂质对主成分的相对响应因子在0.9～1.1范围内时，可以用主成分的自身对照法计算含量；超出0.9～1.1范围时，宜用对照品对照法计算含量。也可用经验证的相对响应因子进行校正后计算。杂质含量可按照薄层色谱法（附录0502）和高效液相色谱法（附录0512）测定。

对于立体异构体杂质的检测广泛采用手性色谱法和高效毛细管电泳法等。手性高效液相色谱法，包括手性固定相法和手性流动相添加剂法（直接法）、手性试剂衍生化法（间接法），其中手性固定相法由于其一般不需要衍生化、定量分析准确性高、操作简便等特点，在手性药物的杂质检测中应用较多。缺点是每种固定相的适用对象有限制，需根据药物的结构特征选择合适的手性柱。对于立体异构体杂质检查方法的验证，立体专属性（选择性）和手性转化是实验考察的重点；通常立体异构体杂质的出峰顺序在前，而母体药物在后，有利于两者的分离和提高检测的灵敏度。另外，由于手性色谱法不能直接反映手性药物的光学活性，需要与旋光度或比旋度测定相互补充，以有效控制手性药物的质量。

在用薄层色谱法分析杂质时，可采用杂质对照品或主成分的梯度浓度溶液比对，对杂质斑点进行半定量评估，质量标准中应规定杂质的个数及其限度。

由于色谱法杂质限度检查受色谱参数设置值的影响较大，有关操作注意事项应在起草说明中写明，必要时，可在质量标准中予以规定。

杂质限度的制订应考虑如下因素：杂质及含一定限量杂质的兽药的毒理学研究结果；给药途径；每日剂量；给药动物；杂质药理学可能的研究成果；原料药的来源；治疗周期；在保证安全有效的前提下，兽药生产企业对生产高质量兽药所需成本和使用者对兽药价格的承受力。

兽药质量标准对毒性杂质和毒性残留有机溶剂应严格规定限度。残留有机溶剂的限度制订可参考本兽药典和VICH的有关文件。

9103 兽药引湿性试验指导原则

兽药的引湿性是指在一定温度及湿度条件下该物质吸收水分能力或程度的特性。供试品为符合兽药质量标准的固体原料药，试验结果可作为选择适宜的兽药包装和贮存条件的参考。

具体试验方法如下：

（1）取干燥的具塞玻璃称量瓶（外径为50mm，高为15mm），于试验前1天置于适宜的25℃±1℃恒温干燥器（下部放置氯化铵或硫酸铵饱和溶液）或人工气候箱（设定温度为25℃±1℃，相对湿度为80%±2%）内，精密称定重量（m_1）。

（2）取供试品适量，平铺于上述称量瓶中，供试品厚度一般约为1mm，精密称定重量（m_2）。

（3）将称量瓶敞口，并与瓶盖同置于上述恒温恒湿条件下24小时。

（4）盖好称量瓶盖子，精密称定重量（m_3）

$$增重百分率 = \frac{m_3 - m_2}{m_2 - m_1} \times 100\%$$

（5）引湿性特征描述与引湿性增重的界定

潮解：吸收足量水分形成液体。

极具引湿性：引湿增重不小于15%。

有引湿性：引湿增重小于15%但不小于2%。

略有引湿性：引湿增重小于2%但不小于0.2%。

无或几乎无引湿性：引湿增重小于0.2%。

9104 近红外分光光度法指导原则

近红外分光光度法系通过测定物质在近红外光谱区（波长范围在780～2500nm，按波数计为12 800～4000cm⁻¹）的特征光谱并利用化学计量学方法提取相关信息，对物质进行定性、定量分析的一种光谱分析技术。近红外光谱主要由C—H、N—H、O—H和S—H等基团基频振动的倍频和合频组成，由于其吸收强度远低于物质中红外光谱（4000～400cm⁻¹）的基频振动，而且吸收峰重叠严重，因此通常不能直接对其进行解析，而需要对测得的光谱数据进行数学处理后，才能进行定性、定量分析。

一、应用范围

近红外分光光度法具有快速、准确、对样品无破坏的检测特性，不仅能进行"离线"分析，还能直接进行"在线"过程控制；不仅可以直接测定原料和制剂中的活性成分，还能对兽药的某些理化性质如水分、脂肪类化合物的羟值、碘值和酸值等进行分析；并能对药物辅料、中间产物以及包装材料进行定性和分级。

二、仪器装置

1. 仪器 近红外分光光度计由光源、单色器（或干涉仪）、采样系统、检测器、数据处理器和评价系统等组成。常采用高强度的石英或钨灯光源，但钨灯比较稳定；单色器有声光可调型、光栅型和棱镜型；样品池、光纤探头、液体透射池、积分球是常用的采样装置；硅、硫化铅、砷化铟、铟镓砷、汞镉碲和氘代硫酸三甘肽检测器为常用的检测器。检测器和采样系统需根据供试品的类型选择。

2. 仪器性能的校验与自检 为确保仪器能达到预期的应用目的，应采用标准参比物质（SRM）对仪器的性能定期进行校验，并在使用中通过自检确保仪器的适用性。近红外光谱仪的校验参数通常包括波长的准确度、吸收/反射度的精密度、线性及最大和最小光通量处的噪声。近红外光谱仪的自检通常通过比较实测光谱与校验时储存于仪器中的标准光谱的差异来实现。自检时除针对上述校验参数设计适当的指标外，还应考虑分析过程中波长的漂移和灵敏度的改变。

仪器的校验除应定期进行外，当维修光路或更换光学部件如光源或采样附件后也应进行。推荐用于药物分析的近红外光谱仪校验参数见下表。

表 推荐用于药物分析的近红外光谱仪校验参数[①]

波长准确性	SRM1920a[②]在1261、1681及1935nm处有峰
波长允许误差	1200nm处 ± 1nm或8300cm⁻¹处 ± 8cm⁻¹
	1600nm处 ± 1nm或6250cm⁻¹处 ± 4cm⁻¹
	2000nm处 ± 1.5nm或5000cm⁻¹处 ± 4cm⁻¹
线性	分别在1200nm、1600nm、2000nm处的A_{OBS}/A_{REF}[③]，斜率1.0 ± 0.05，截距0.0 ± 0.05
噪声	1200~2200nm（8300~4500cm⁻¹）区间和100nm（300cm⁻¹）
高光通量测定平均RMS	应小于0.3×10^{-3}，单个RMS测得值不得大于0.8×10^{-3}
低光通量测定平均RMS	应小于1×10^{-3}，单个RMS测得值不得大于2.0×10^{-3}

① 通常在2500nm（4000cm⁻¹）处仪器允许的最大漂移为10nm（16cm⁻¹）；

② SRM1920a是美国NIST提供的用于近红外波长校正的标准物质，通过SRM1920a对仪器1935nm处的光谱峰进行校准，来确定波长的准确性；

③ A_{OBS}指观测的吸光度，A_{REF}指反射标准物质在3个特定波长处的吸光度。

三、测量模式

近红外光谱分析中常采用透射或反射测量模式。

1. 反射模式（又称漫反射模式） 反射模式主要用于分析固体样品，近红外光可穿至样品内部1~3mm，未被吸收的近红外光从样品中反射出。分别测定样品的反射光强度（I）与参比反射表面的反射光强度（I_r），其比值为反射率R。lg（1/R）与波长或波数的函数为近红外光谱。

$$R = I/I_r$$

$$A_R = \lg(1/R) = \lg(I_r/I)$$

固体样品的颗粒大小、形状、紧密程度及其他物理性质均会引起光谱基线的漂移，因此不是所有的固体混合物均符合比尔定律。可用数学方法减弱或消除粒度的影响。最常用的数学方法为对光谱进行导数处理。当样品量足够大时，也可用多元散射校正方法处理数据。

2. 透射模式　透射模式主要用于分析液体样品，近红外光穿过样品，透射光强度（I）与波长或波数的函数为近红外光谱。测定样品时样品置于光源与检测器之间的光路上，结果直接以透光率（T）或吸光度（A）表示。

$$T=I/I_0$$
$$A=-\lg T=\lg\,(1/T)=\lg\,(I_0/I)$$

式中　I_0为入射光强度。

透射-反射模式为透射与反射模式的结合，将反射镜置样品的后部，光源与检测器在样品的同侧，近红外光穿过样品后经反射镜返回，因此光程增加为两倍。

四、影响近红外光谱的主要因素

环境温度、样品的光学性质、多晶型、样品的含水量和溶剂残留量、样品厚度、硬度、光洁度及样品的贮存时间等均对样品的近红外光谱有影响。液体样品对环境温度最敏感，不同晶型的样品通常具有不同的近红外光谱。

五、应用近红外分光光度法进行定性、定量分析的基本要求

（一）定性分析

利用近红外分光光度法进行定性分析的主要步骤包括：收集代表性样品，测定光谱，选择化学计量学方法对图谱进行预处理和降维处理，建立定性分析模型，对模型进行验证。

1. 代表性样品的选择　选择适宜的代表性样品（如不同的生产工艺、物理形态、粒度分布等）建立定性分析模型。模型中各类样品的性质决定了模型的适用范围。

2. 图谱预处理和降维处理　为有效地提取有用信息，排除无效信息，在建立分类或校正模型时需要对谱图进行数学预处理。归一化处理常用于消除或减弱由位置或光程变化所致的基线平移或强度变化；导数处理可以提高谱图的分辨率，但导数处理的同时扩大了噪声，因此常辅以平滑处理来消除噪声；对固体样品，采用多元散射校正（MSC）或标准正态变量变换（SNV）校正可以消除或减弱光散射引入的基线偏移。

多元近红外光谱数据包含有大量的相关变量（共线性），建模时需要减少变量，即用一组新的不相关但包含相应信息的变量来代表所有数据的变化建立模型。常用的减少变量的方法是主成分分析（PCA）法。

3. 建立定性分析模型　建立定性分析模型就是将样品的性质与光谱的变化相关联，用光谱的差异程度来区分样品的性质。定性分析中常采用模式识别的方法对具有相似特征的样品进行分组。模式识别方法包括判别分析和聚类分析。判别分析要求对样本的类别特征有明确的定义，并按定义区分样本；而聚类分析适用于仅需要对样本进行分组而不需要预先知道这些样品彼此间的确切关系。

4. 模型的验证　对定性分析模型，至少应进行模型的专属性和重现性两方面的验证。

（1）专属性　模型的专属性通常用对已知样品的鉴别正确率表示。不仅需要验证真品的鉴别正确率，还需要用化学结构或性质上与模型中物质相近的样品进行挑战性验证，证明模型能区分出这

些物质。

（2）耐用性　模型的耐用性系指在不改变模型参数的情况下，考查正常操作中的微小变化对模型预测结果的影响。通常包括：① 不同操作者的影响；②环境条件（如实验室中的温度、湿度变化）的影响；③操作（如样品在光学窗口的位置、液体探头的测量深度、包装状况）的影响。④仪器部件的更换。

（二）定量分析

利用近红外分光光度法进行定量分析的主要步骤包括：收集样品并进行检验，选择代表性样品，测定光谱，选择化学计量学方法对图谱进行预处理和降维处理，建立定量分析模型，对模型进行验证。

1．代表性样品的选择　根据样品的收集及检验情况，选择能包括全部样品理化性质差异的适宜数量的样品作为建模样品。建模样品的含量范围应该宽于预测样品的范围，必要时可以通过加速实验或特殊制备的方式获得。

2．图谱预处理和降维处理　参见"定性分析"。

3．建立定量分析模型　近红外光谱测量时一般不需要对样品进行预处理，但测量时可受多种因素的影响，利用单波长光谱数据很难获得准确的定量分析结果。现代近红外光谱定量分析均利用多波长光谱数据，采用多元校正的方法，如多元线性回归（MLR）、主成分回归（PCR）、偏最小二乘回归（PLSR）和人工神经网络（ANN）等建立分析模型。

4．方法学验证　近红外分光光度法定量分析的方法学验证与其他分析方法的要求相似。每个被验证参数可被接受的限度范围与该方法的应用目的有关，通常应考虑专属性、线性、准确度、精密度和重现性。

六、近红外模型的再验证

当预测物质的物理性质改变，或物质的来源改变如产品的组成、生产工艺、原（辅）料的来源或级别发生改变时，需要对已建立的定量模型进行再验证。必要时应对模型进行维护或建立新模型。

七、近红外模型的传递

近红外模型的传递表示模型在不同的近红外光谱仪中的适用情况。当近红外模型在非建模仪器中应用时，必须考虑仪器型号、数据格式、光谱范围、数据点数量、光谱分辨率等对模型的影响。用适宜的代表性样品（数量依据具体模型确定）分别在建模仪器（源机）和其他仪器扫描光谱，分别利用不同仪器上获得的光谱预测结果，并进行统计学检验，以确证该模型在其他仪器中使用是否有效。

9201 兽药微生物检验替代方法验证指导原则

本指导原则是为所采用的试验方法能否替代兽药典规定的方法用于兽药微生物的检验提供指导。

随着微生物学的迅速发展，制药领域不断引入了一些新的微生物检验技术，大体可分为三类：（1）基于微生物生长信息的检验技术，如生物发光技术、电化学技术、比浊法等；（2）直接测定被测介质中的活微生物的检验技术，如固相细胞技术法、流式细胞计数法等；（3）基于微生物细胞所含有特定组成成分的分析技术，如脂肪酸测定技术、核酸扩增技术、基因指纹分析技术等。这些方法与传统检查方法比较，或简便快速，或具有实时或近实时监控的潜力，使生产早期采取纠正措施及监控和指导优良生产成为可能，同时新技术的使用也促进了生产成本降低及检验水平的提高。

在控制兽药微生物质量中，微生物实验室出于各种原因如成本、生产量、快速简便及提高兽药质量等需要而采用非兽药典规定的检验方法（即替代方法）时，应进行替代方法的验证，确认其应用效果优于或等同于兽药典的方法。

一、微生物检验的类型及验证参数

兽药微生物检验方法主要分两种类型：定性试验和定量试验。定性试验就是测定样品中是否存在活的微生物，如无菌检查及控制菌检查。定量试验就是测定样品中存在的微生物数量，如微生物计数试验。

由于生物试验的特殊性，如微生物检验方法中的抽样误差、稀释误差、操作误差、培养误差和计数误差都会对检验结果造成影响。因此，兽药质量标准分析方法验证指导原则（附录9101）不完全适宜于微生物替代方法的验证。兽药微生物检验替代方法的验证参数见表1。

表1　不同微生物检验类型验证参数

参数	定性检验	定量检验
准确度	-	+
精密度	-	+
专属性	+	+
检测限	+	-
定量限	-	+
线性	-	+
范围	-	+
耐用性	+	+
重现性	+	+

注：+表示需要验证的参数；-表示不需要验证的参数。

尽管替代方法的验证参数与兽药质量标准分析方法验证参数有相似之处，但是其具体的内容是依据微生物检验特点而设立的。替代方法验证的实验结果需进行统计分析，当替代方法属于定性检验时，一般采用非参数的统计技术；当替代方法属于定量检验时，需要采用参数统计技术。

进行微生物替代方法的验证时，若替代方法只是针对兽药典方法中的某一环节进行技术修改，此时，需要验证的对象仅是该项替代技术而不是整个检验方法。如无菌试验若改为使用含培养基的过滤器，然后通过适宜的技术确认活的微生物存在，那么，验证时仅需验证所用的微生物回收系统而不是整个无菌试验方法。

二、替代方法验证的一般要求

在开展替代方法对样品检验的适用性验证前，有必要对替代方法有一个全面的了解。首先，所选用的替代方法应具备必要的方法适用性证据，表明在不含样品的情况下，替代方法在不同类型的微生物检验中所具有的专属性、精密度和检测限等参数。这些证据或由替代方法的研发者提供，或由方法使用者完成。

使用者在基本确认替代方法的适用性后，应采用样品按表1规定的参数逐一进行验证，以确认替代方法可否用于该样品的检验。验证至少使用2个批号的样品，每批样品应平行进行至少3次独立试验。

在开展各参数验证时，涉及的菌种除应包括非无菌产品微生物限度检查：微生物计数法（附录1105）、非无菌产品微生物限度检查：控制菌检查法（附录1106）和无菌检查法（附录1101）中培养基适用性检查规定的菌株外，还应根据替代方法及样品的特点增加相应的菌株。各菌种应分别进行验证。

三、样品中微生物定性检验方法的验证

1．专属性　微生物定性检验的专属性是指检测样品中可能存在的特定微生物种类的能力。当替代方法以微生物生长作为判断微生物是否存在时，其专属性验证时应确认所用培养基的促生长试验，还应考虑样品的存在对检验结果的影响。当替代方法不是以微生物生长作为判断指标时，其专属性验证应确认检测系统中的外来成分不得干扰试验而影响结果，如确认样品的存在不会对检验结果造成影响。采用替代方法进行控制菌的检验，还应选择与控制菌具有类似特性的菌株作为验证对象。

2．检测限　微生物定性检验的检测限是指在替代方法设定的检验条件下，样品中能被检出的微生物的最低数量。由于微生物所具有的特殊性质，检测限是指在稀释或培养之前初始样品所含有的微生物数量，而不是指检验过程中某一环节的供试液中所含有的微生物数量。例如，微生物限度检查中规定不得检出沙门菌，对检测限而言，是指每10g样品中能被检出的沙门菌的最低数量。

检测限确定的方法是在样品中接种较低浓度的试验菌（每单位不超过5cfu），然后分别采用兽药典方法和替代方法对该试验菌进行检验，以检出与否来比较两种方法的差异。试验菌的接种量须根据试验而定，以接种后采用兽药典方法50%的样品可检出该试验菌为宜。检测限验证至少应重复进行5次。对于同一种试验菌可采用卡方检验（χ^2）来评价两种方法的检测限是否存在差异。

3．重现性　微生物定性检验的重现性是指相同的样品在正常的实验条件（如实验地点、实验人员、仪器、试剂的批次等）发生变化时，所得检验结果的精密度。重现性可视为微生物检验方法在检验结果上抵抗操作和环境变化的能力。方法使用者应优先测定该验证参数。在样品中接种一定数量的试验菌（接种量应在检测限以上），采用兽药典方法和替代方法，分别由不同人员、在不同时间、使用不同的试剂（或仪器）进行检验，采用卡方检验（χ^2）来评价两种方法的重现性是否存在差异。验证过程中，应注意样品的一致性。

4．耐用性　微生物定性检验的耐用性是指当方法参数有小的刻意变化时，检验结果不受影响的能力，为方法正常使用时的可靠性提供依据。方法使用者应优先测定该验证参数。与兽药典方法比较，若替代方法检验条件较为苛刻，则应在方法中加以说明。替代方法与兽药典方法的耐用性比较不是必须的，但应单独对替代方法的耐用性进行评价，以便使用者了解方法的关键操作点。

四、样品中微生物定量检验方法的验证

微生物定量检验一般都涉及菌落计数。对计数结果进行数据处理时通常需要使用统计的方法。由于菌落计数服从泊松分布，因此采用泊松分布的统计方法对计数结果进行数据处理优于采用正态分布的统计方法。检验者往往习惯采用正态分布的统计方法，因此也可以通过对数转换或加1后开方的方法将原始数据转换为正态分布数据后再进行统计分析。两种统计方法都适用于微生物数据的统计分析。

1．准确度　微生物定量检验的准确度是指替代方法的检验结果与兽药典方法检验结果一致的

程度。准确度的确认应在检测的范围内，通常用微生物的回收率（%）来表示。

检测范围内的准确度都应符合要求，准确度验证的方法是：制备试验菌的菌悬液，菌悬液的浓度应选择为能够准确计数的最高浓度，然后系列稀释至较低浓度（如小于10cfu/ml）。例如，菌落计数平皿法的替代方法，在制备高浓度菌悬液时，其浓度可以是10^3cfu/ml，并系列稀释至 10^0cfu/ml。每个试验菌应至少选择5个菌浓度进行准确度确认，替代方法的检验结果不得少于兽药典方法检验结果的70%，也可以采用合适的统计学方法表明替代方法的回收率至少与兽药典方法一致。当替代方法的回收率高于兽药典方法时，有必要结合专属性项下的有关内容对准确度进行评价。

2．精密度 微生物定量检验的精密度是指在检验范围内，对同一个均匀的样品多次重复取样测定，其检验结果的一致程度，通常采用标准偏差或相对标准偏差来表示，也可以采用其他适宜的方式。

精密度验证的方法是：制备试验菌的菌悬液，菌悬液的浓度应选择为能够准确读数的最高浓度，然后系列稀释至较低浓度（如小于10cfu/ml）。每个试验菌选择其中至少5个浓度的菌悬液进行检验。每一个浓度至少应进行10次重复检验，以便能够采用统计分析方法得到标准偏差或相对标准偏差。一般情况下，可以接受的相对标准偏差（RSD）应不大于35%。不考虑特殊的检验结果，替代方法的相对标准偏差（RSD）应不大于兽药典方法。例如，兽药典菌落计数平皿法其可接受的相对标准偏差（RSD）与含菌浓度的关系见表2。

表2 不同含菌浓度下预期的相对标准偏差

cfu/皿	预期RSD
<10	<35%
10～30	<25%
30～300	<15%

3．专属性 微生物定量检验的专属性是指通过检测适宜的试验菌，以证明检验方法与其设定目的相适应的能力。例如，菌落计数平皿法其设定目的在于检出一定数量的微生物，则其专属性验证应证明当样品中存在一定数量的试验菌时，通过平皿法检验，能够检出试验菌，而样品的存在不会对结果造成影响。专属性验证时，应能够设计出可能使替代方法出现假阳性的实验模型来挑战替代方法，从而确认替代方法的适用性。当替代方法不依赖微生物生长出菌落或出现混浊就可以定量时（如不需要增菌或在1～50cfu范围内就可直接测定菌数的定量方法），以上验证方式就显得更为重要。

4．定量限 微生物定量检验的定量限是指样品中能被准确定量测定的微生物最低数量。由于无法得到含有已知微生物数量的实验样品，因此，在定量限验证时，应选择在检验范围内至少5个菌浓度，每个浓度重复取样测定不少于5次，替代方法的定量限不得大于兽药典方法。需要注意的是，由于细菌计数和菌落数服从泊松分布，可能存在计数结果的误差，因此替代方法的定量限仅需证实在相近的低限度下其灵敏度至少相当于兽药典方法。

定量限验证的方法是：在检验范围的低限制备5份不同含菌浓度的菌悬液，每份菌悬液分别用兽药典方法和替代方法进行不少于5次检验，采用统计方法比较替代方法的检验结果与兽药典方法结果的差异，从而评价替代方法的定量限。

5．线性 微生物定量检验的线性是指在一定范围内，检验结果与样品中微生物数量成比例关系的程度。线性验证时必须覆盖能够准确测定的所有浓度范围。每株试验菌应选择至少5个浓度，每个浓度至少测定5次。根据以上实验数据，以检验结果为因变量，以样品中微生物的预期数量为自变量进行线性回归分析，计算相关系数r。当相关系数不能准确评估线性时，只能确定简单大约的关系值。替代方法的相关系数不得低于0.95。

6．范围 微生物定量检验的范围是指能够达到一定的准确度、精密度和线性，检验方法适用的高低限浓度或数量的区间。

7．重现性 微生物定量检验的重现性是指相同的样品在正常的实验条件（如实验地点、实验人员、仪器、试剂的批次等）发生变化时，所得检验结果的精密度。重现性可视为微生物检验方法在检验结果上抵抗操作和环境变化的能力。方法使用者应优先测定该验证参数。在样品中接种一定数量的试验菌（接种量应在定量限以上），采用兽药典方法和替代方法，分别由不同人员、在不同时间、使用不同的试剂（或仪器）进行检验，对检验结果进行统计分析，以相对标准偏差（RSD）来评价两种方法的重现性差异。验证过程中，应注意样品的一致性。

8．耐用性 微生物定量检验的耐用性是指当方法参数有小的刻意变化时，检验结果不受影响的能力，为方法正常使用时的可靠性提供依据。方法使用者应优先测定该验证参数。与兽药典方法比较，若替代方法检验条件较为苛刻，则应在方法中加以说明。替代方法与兽药典方法的耐用性比较不是必须的，但应单独对替代方法的耐用性进行评价，以便使用者了解方法的关键操作点。

9202 非无菌兽药微生物限度检查指导原则

为更好应用非无菌产品微生物限度检查：微生物计数法（附录1105）、非无菌产品微生物限度检查：控制菌检查法（附录1106）及非无菌兽药微生物限度标准（附录1107），特制定本指导原则。

非无菌兽药中污染的某些微生物可能导致药物活性降低，甚至使兽药丧失疗效，从而对动物健康造成潜在的危害。因此，在兽药生产、贮藏和流通各个环节中，兽药生产企业应严格遵循GMP的指导原则，以降低产品受微生物污染程度。非无菌产品微生物计数法、控制菌检查法及兽药微生物限度标准可用于判断非无菌制剂及原料、辅料等是否符合兽药典的规定，也可用于指导制剂、原料、辅料等微生物质量标准的制定，及指导生产过程中间产品微生物质量的监控。本指导原则将对微生物限度标准和检查方法中的特定内容及应用做进一步的说明。

（1）非无菌兽药微生物限度检查中，受控的洁净环境是指不低于GMP现行版要求的D级洁净环境。

（2）非无菌兽药微生物限度检查过程中，如使用表面活性剂、灭活剂及中和剂，在确定其能否适用于所检样品及其用量时，除应证明该试剂对所检样品的处理有效外，还须确认该试剂不影响样品中可能污染的微生物的检出（即无毒性），因此无毒性确认试验的菌株不能仅局限于验证试验菌株，而应当包括产品中可能污染的微生物。

（3）供试液制备方法、抑菌成分的消除方法及需氧菌总数、霉菌和酵母菌总数计数方法应尽量选择微生物计数方法中操作简便、快速的方法，同时，所选用的方法应避免损伤供试品中污染的微生物。对于抑菌作用较强的供试品，在供试品溶液性状允许的情况下，应尽量选用薄膜过滤法进行试验。

（4）对照培养基系指按培养基处方特别制备、质量优良的培养基，用于培养基适用性检查。

（5）进行微生物计数方法适用性试验时，若因没有适宜的方法消除供试品中的抑菌作用而导致微生物回收的失败，应采用能使微生物生长的更高稀释级供试液进行方法适用性试验。此时更高稀释级供试液的确认要从低往高的稀释级进行，最高稀释级供试液的选择根据供试品应符合的微生物限度标准和菌数报告规则而确定，如供试品应符合的微生物限度标准是1g需氧菌总数不得过10^3cfu，那么最高稀释级是$1:10^3$。

若采用允许的最高稀释级供试液进行方法适用性试验还存在1株或多株试验菌的回收率达不到要求，那么应选择回收情况最接近要求的方法进行供试品的检测。如某种产品对某试验菌有较强的抑菌性能，采用薄膜过滤法的回收率为40%，而采用培养基稀释法的回收率为30%，那么应选择薄膜过滤法进行该供试品的检测。在此情况下，生产单位或研制单位应根据原辅料的微生物质量、生产工艺及产品特性进行产品的风险评估，以保证检验方法的可靠性，从而保证产品质量。

（6）控制菌检查法没有规定进一步确证疑似致病菌的方法。若供试品检出疑似致病菌，确证的方法应选择已被认可的菌种鉴定方法，如细菌鉴定一般依据《伯杰氏细菌鉴定手册》。

（7）兽药微生物检查过程中，如果兽药典规定的微生物计数方法不能对微生物在规定限度标准的水平上进行有效的计数，那么应选择经过验证的、且检测限尽可能接近其微生物限度标准的方法对样品进行检测。

（8）用于手术、烧伤及严重创伤的局部给药制剂应符合无菌检查法要求。对用于创伤程度难以判断的局部给药制剂，若没有证据证明兽药不存在安全性风险，那么该兽药应符合无菌检查法要求。

（9）兽药微生物限度标准中，药用原料、辅料仅规定检查需氧菌总数、霉菌和酵母菌总数。因此，在制定其微生物限度标准时，应根据原辅料的微生物污染特性、用途、相应制剂的生产工艺及特性等因素，还需控制具有潜在危害的致病菌。

（10）对于《中国兽药典》2015 年版制剂通则检查项下有微生物限度要求的制剂，微生物限度为必检项目；对于只有原则性要求的制剂（如内服片剂、胶囊剂、颗粒剂等），应对其被微生物污染的风险进行评估。在保证产品对患病动物安全的前提下，通过回顾性验证或在线验证积累的微生物污染数据表明每批均符合微生物限度标准的要求，那么可不进行批批检验，但必须保证每批最终产品均符合微生物限度标准规定。上述固体制剂若因制剂本身及工艺的原因导致产品易受微生物污染，应在品种项下列出微生物限度检查项及微生物限度标准，如生化类制剂。

（11）制定兽药的微生物限度标准时，除了依据"非无菌兽药微生物限度标准（附录 1107）"外，还应综合考虑原料来源、性质、生产工艺条件、给药途径及微生物污染对患病动物的潜在危险等因素，提出合理安全的微生物限度标准，如特殊品种以最小包装单位规定限度标准。必要时，某些兽药为保证其疗效、稳定性及避免对患病动物的潜在危害性，应制定更严格的微生物限度标准，并在品种项下规定。

9203 兽药微生物实验室质量管理指导原则

兽药微生物实验室质量管理指导原则用于指导兽药微生物检验实验室的质量控制。

兽药微生物的检验结果受很多因素的影响，如样品中微生物可能分布不均匀、微生物检验方法的误差较大等。因此，在兽药微生物检验中，为保证检验结果的可靠性，必须使用经验证的检测方法并严格按照兽药微生物实验室质量管理指导原则的要求进行检验。

兽药微生物实验室质量管理指导原则包括以下几个方面：人员、培养基、试剂、菌种、环境、设备、样品、检验方法、污染废弃物处理、检测结果质量保证和检测过程质量控制、实验记录、结果的判断、检测报告、文件等。

一、人员

从事兽药微生物试验工作的人员应具备微生物学或相近专业知识的教育背景。

实验人员应依据所在岗位和职责接受相应的培训，在确认他们可以承担某一试验前，他们不能独立从事该项微生物试验。应保证所有人员在上岗前接受胜任工作所必需的设备操作、微生物检验技术等方面的培训，如无菌操作、培养基制备、消毒、灭菌、注平板、菌落计数、菌种的转种、传代和保藏、微生物检查方法及鉴定基本技术等，经考核合格后方可上岗。

实验人员应经过实验室生物安全方面的培训，保证自身安全，防止微生物在实验室内部污染。

实验室应制定所有级别实验人员的继续教育计划，保证知识与技能不断的更新。

检验人员必须熟悉相关检测方法、程序、检测目的和结果评价。微生物实验室的管理者其专业技能和经验水平应与他们的职责范围相符，例如，管理技能、实验室安全、试验安排、预算、实验研究、实验结果的评估和数据偏差的调查、技术报告书写等。

实验室应通过参加内部质量控制、能力验证或使用标准菌株等方法客观评估检验人员的能力，必要时对其进行再培训并重新评估。当使用一种非经常使用的方法或技术时，有必要在检测前确认微生物检测人员的操作技能。

所有人员的培训、考核内容和结果均应记录归档。

二、培养基

培养基是微生物试验的基础，直接影响微生物试验结果。适宜的培养基制备方法、贮藏条件和质量控制试验是提供优质培养基的保证。

（一）培养基的制备

微生物实验室使用的培养基可按处方配制，也可使用按处方生产的符合规定的脱水培养基。

在制备培养基时，应选择质量符合要求的脱水培养基或按单独配方组分进行配制。脱水培养基应附有处方和使用说明，配制时应按使用说明上的要求操作以确保培养基的质量符合要求，不得使用结块或颜色发生改变的脱水培养基。

脱水培养基或单独配方组分应在适当的条件下贮藏，如低温、干燥和避光，所有的容器应密封，尤其是盛放脱水培养基的容器。商品化的成品培养基除了应附有处方和使用说明外，还应注明有效期、贮藏条件、适用性检查试验的质控菌和用途。

为保证培养基质量的稳定可靠，各脱水培养基或各配方组分应准确称量，并要求有一定的精确度。配制培养基最常用的溶剂是纯化水。应记录各称量物的重量和水的使用量。

配制培养基所用容器不得影响培养基质量，一般为玻璃容器。培养基配制所用的容器和配套器具应洁净，可用纯化水冲洗玻璃器皿以消除清洁剂和外来物质的残留。对热敏感的培养基如糖发酵培养基其分装容器一般应预先进行灭菌，以保证培养基的无菌性。

脱水培养基应完全溶解于水中，再行分装与灭菌。配制时若需要加热助溶，应注意不要过度加热，以避免培养基颜色变深。如需要添加其他组分时，加入后应充分混匀。

培养基灭菌应按照生产商提供或使用者验证的参数进行。商品化的成品培养基必须附有所用灭菌方法的资料。培养基灭菌一般采用湿热灭菌技术，特殊培养基可采用薄膜过滤除菌。

培养基若采用不适当的加热和灭菌条件，有可能引起颜色变化、透明度降低、琼脂凝固力或pH值的改变。因此，培养基应采用验证的灭菌程序灭菌，培养基灭菌方法和条件应通过无菌性试验和促生长试验进行验证。此外，对高压灭菌器的蒸汽循环系统也要加以验证，以保证在一定装载方式下的正常热分布。温度缓慢上升的高压灭菌器可能导致培养基的过热，过度灭菌可能会破坏绝大多数的细菌和真菌培养基促生长的质量。灭菌器中培养基的容积和装载方式也将影响加热的速度。因此，应根据灭菌培养基的特性，进行全面的灭菌程序验证。

应确定每批培养基灭菌后的pH值（冷却至室温25℃测定）。若培养基处方中未列出pH值的范围，除非经验证表明培养基的pH值允许的变化范围很宽，否则，pH值的范围不能超过规定值±0.2。

制成平板或分装于试管的培养基应进行下列检查：容器和盖子不得破裂，装量应相同，尽量避免形成气泡，固体培养基表面不得产生裂缝或涟漪，在冷藏温度下不得形成结晶，不得污染微生物等。应检查和记录批数量、有效期及培养基的无菌检查。

（二）培养基的贮藏

自配的培养基应标记名称、批号、配制日期、制备人等信息，并在已验证的条件下贮藏。商品化的成品培养基标签上应标有名称、批号、生产日期、失效期及培养基的有关特性，生产商和使用者应根据培养基使用说明书上的要求进行贮藏，所采用的贮藏和运输条件应使成品培养基最低限度地失去水分并提供机械保护。

培养基灭菌后不得贮藏在高压灭菌器中，琼脂培养基不得在0℃或0℃以下存放，因为冷冻可能破坏凝胶特性。培养基保存应防止水分流失，避免阳光照射。琼脂平板最好现配现用，如置冰箱保存，一般不超过1周，且应密闭包装，若延长保存期限，保存期需经验证确定。

固体培养基灭菌后的再融化只允许1次，以避免因过度受热造成培养基质量下降或微生物污染。培养基的再融化一般采用水浴或流通蒸汽加热，若采用其他溶解方法，应对其进行评估，确认该溶解方法不影响培养基质量。融化的培养基应置于45~50℃的环境中，不得超过8小时。使用过的培养基（包括失效的培养基）应按照国家污染废物处理相关规定进行。

（三）培养基的质量控制试验

实验室应对试验用培养基建立质量控制程序，以确保所用培养基质量符合相关检查的需要。

实验室配制或商品化的成品培养基的质量依赖于其制备过程，采用不适宜方法制备的培养基将影响微生物的生长或复苏，从而影响试验结果的可靠性。

所有配制好的培养基均应进行质量控制试验。实验室配制的培养基的常规监控项目是pH、适用性检查试验，定期进行稳定性检查以确定有效期。培养基在有效期内应依据适用性检查试验确定培养基质量是否符合要求。有效期的长短将取决于在一定存放条件下（包括容器特性及密封性）的培养基其组成成分的稳定性。除兽药典附录另有规定外，在实验室中，若采用已验证的配制和灭菌程序制备培养基且过程受控，那么同一批脱水培养基的适用性检查试验可只进行1次。如果培养基的制备过程未经验证，那么每一批培养基均要进行适用性检查试验。试验的菌种可根据培养基的用途从相关附录中进行选择，也可增加从生产环境及产品中常见的污染菌株。

培养基的质量控制试验若不符合规定，应寻找不合格的原因，以防止问题重复出现。任何不符合要求的培养基均不能使用。

用于环境监控的培养基须特别防护，最好双层包装和终端灭菌，如果不能采用终端灭菌的培养基，那么在使用前应进行100%的预培养以防止外来的污染物带到环境中及避免出现假阳性结果。

三、试剂

微生物实验室应有试剂接收、检查和贮藏的程序，以确保所用试剂质量符合相关检查要求。

试验用关键试剂，在开启和贮藏过程中，应对每批试剂的适用性进行验证。实验室应对试剂进行管理控制，保存和记录相关资料。

实验室应标明所有试剂、试液及溶液的名称、制备依据、适用性、浓度、效价、贮藏条件、制备日期、有效期及制备人。

四、菌种

试验过程中，生物样本可能是最敏感的，因为它们的活性和特性依赖于合适的试验操作和贮藏条件。实验室菌种的处理和保藏的程序应标准化，使尽可能减少菌种污染和生长特性的改变。按统一操作程序制备的菌株是微生物试验结果一致性的重要保证。

兽药微生物检验用的试验菌应来自认可的国内或国外菌种保藏机构的标准菌株，或使用与标准菌株所有相关特性等效的可以溯源的商业派生菌株。

标准菌株的复苏、复壮或培养物的制备应按供应商提供的说明或按已验证的方法进行。从国内或国外菌种保藏机构获得的标准菌株经过复活并在适宜的培养基中生长后，即为标准储备菌株。标准储备菌株应进行纯度和特性确认。标准储备菌株保存时，可将培养物等份悬浮于抗冷冻的培养基中，并分装于小瓶中，建议采用低温冷冻干燥、液氮贮存、超低温冷冻（低于-30℃）等方法保存。低于-70℃或低温冷冻干燥方法可以延长菌种保存时间。标准储备菌株可用于制备每月或每周1次转种的工作菌株。冷冻菌种一旦解冻转种制备工作菌株后，不得重新冷冻和再次使用。

工作菌株的传代次数应严格控制，不得超过5代（从菌种保藏机构获得的标准菌株为第0代），以防止过度的传代增加菌种变异的风险。1代是指将活的培养物接种到微生物生长的新鲜培养基中培养，任何形式的转种均被认为是传代1次。必要时，实验室应对工作菌株的特性和纯度进行确认。

工作菌株不可替代标准菌株，标准菌株的商业衍生物仅可用作工作菌株。标准菌株如果经过确认试验证明已经老化、退化、变异、污染等或该菌株已无使用需要时，应及时灭菌销毁。

实验室必须建立和保存其所有菌种的进出、收集、贮藏、确认试验以及销毁的记录，应有菌种管理的程序文件（从标准菌株到工作菌株），该程序包括：标准菌种的申购记录；从标准菌株到工作菌株操作及记录；菌种必须定期转种传代，并做纯度、特性等实验室所需关键指标的确认，并记录；每支菌种都应注明其名称、标准号、接种日期、传代数；菌种生长的培养基和培养条件；菌种保藏的位置和条件；其他需要的程序。

五、环境

微生物实验室应具有进行微生物检测所需的适宜、充分的设施条件，实验环境应保证不影响检验结果的准确性。工作区域与办公区域应分开。

微生物实验室应专用，并与其他区域分开尤其是生产区域。

（一）实验室的布局和运行

微生物实验室的布局与设计应充分考虑到试验设备安装、良好微生物实验室操作规范和实验室安全的要求。实验室布局设计的基本原则是既要最大可能防止微生物的污染，又要防止检验过程对人员和环境造成危害，同时还应考虑活动区域的合理规划及区分，避免混乱和污染，以提高微生物实验室操作的可靠性。

微生物实验室的设计和建筑材料应考虑其适用性，以利清洁、消毒、灭菌并减少污染的风险。洁净或无菌室应配备独立的空气机组或空气净化系统，以满足相应的检验要求，包括温度和湿度的控制，压力、照度和噪声等都应符合工作要求。空气过滤系统应定期维护和更换，并保存相关记录。微生物实验室应划分成相应的洁净区域和活菌操作区域，同时应根据实验目的，在时间或空间上有效分隔不相容的实验活动，将交叉污染的风险降低到最低。活菌操作区应该配备生物安全柜，以避免有危害性的生物因子对实验人员和实验环境造成的危害。一般情况下，兽药微生物检验的实验室应有符合无菌检查法（附录1101）和微生物限度检查（附录1105、附录1106）要求的用于具有开展无菌检查、微生物限度检查、无菌采样等检测活动的、独立设置的洁净室（区）或隔离系统，并配备相应的阳性菌实验室、培养室、试验结果观察区、培养基及实验用具准备（包括灭菌）区、样品接收和贮藏室（区）、标准菌株贮藏室（区）、污染物处理区和文档处理区等辅助区域，同时，应对上述区域明确标识。

微生物实验的各项工作应在专属的区域进行，以降低交叉污染、假阳性结果和假阴性结果出现的风险。无菌检查应在B级背景下的A级单向流洁净区域或D级背景下的隔离器中进行，微生物限度检查应在不低于受控环境下的B级单向流空气区域内进行。A级和B级区域的空气供给应通过终端高效空气过滤器（HEPA）。

一些样品若需要证明微生物的生长或进一步分析培养物的特性，如再培养、染色、微生物鉴定或其他确定试验，均应在实验室的活菌操作区进行。任何出现微生物生长的培养物不得在实验室无菌区域内打开。对染菌的样品及培养物应有效隔离以减少假阳性结果的出现。病原微生物的分离鉴定工作应在二级生物安全实验室进行。

实验室应对进出洁净区域的人和物建立控制程序和标准操作规程，对可能影响检验结果的工作（如洁净度验证及监测、消毒、清洁维护等）能够有效地控制、监测并记录。微生物实验室使用权限应限于经授权的工作人员，实验人员应了解洁净区域的正确进出的程序，包括更衣流程；该洁净区域的预期用途、使用时的限制及限制原因；适当的洁净级别。

（二）环境监测

微生物实验室应按相关国家标准制定完整的洁净室（区）和隔离系统的验证和环境监测标准操作规程，环境监测项目和监测频率及对超标结果的处理应有书面程序。监测项目应涵盖到位，包括对空气悬浮粒子、浮游菌、沉降菌、表面微生物及物理参数（温度、相对湿度、换气次数、气流速度、压差、噪声等）的有效控制和监测。环境监测按兽药洁净实验室微生物监测和控制指导原则（附录9205）进行。

（三）清洁、消毒和卫生

微生物实验室应有制定清洁、消毒和卫生的标准操作规程，规程中应涉及环境监测结果。

实验室在使用前和使用后应进行消毒，并定期监测消毒效果，要有足够的洗手和手消毒设施。应有对发生有害微生物污染的处理规程。

所用的消毒剂种类应满足洁净实验室相关要求并定期更换。理想的消毒剂既能杀死广泛的微生物、对人体无毒害、不会腐蚀或污染设备，又应有清洁剂的作用、性能稳定、作用快、残留少、价格合理。对所用消毒剂和清洁剂的微生物污染状况应进行监测，并在规定的有效期内使用，A级和B级洁净区应当使用无菌的或经无菌处理的消毒剂和清洁剂。

六、设备

微生物实验室应配备与检验能力和工作量相适应的仪器设备，其类型、测量范围和准确度等级应满足检验所采用标准的要求。设备的安装和布局应便于操作，易于维护、清洁和校准，并保持清洁和良好的工作状态。用于试验的每台仪器、设备应该有唯一标识。

仪器设备应有合格证书，实验室在仪器设备完成相应的检定、校准、验证、确认其性能，并形成相应的操作、维护和保养的标准操作规程后方可正式使用，仪器设备使用和日常监控要有记录。

（一）设备的维护

　　为保证仪器设备处于良好工作状态，应定期对其进行维护和性能验证，并保存相关记录。仪器设备若脱离实验室或被检修，恢复使用前应对其检查或校准，以保证性能符合要求。

　　重要的仪器设备，如培养箱、冰箱等，应由专人负责进行维护和保管，保证其运行状态正常和受控，同时应有相应的备用设备以保证试验菌株和微生物培养的连续性。特殊设备如高压灭菌器、隔离器、生物安全柜等实验人员应经培训后持证上岗。对于培养箱、冰箱、高压灭菌锅等影响试验准确性的关键设备，应在其运行过程中对关键参数（如温度、压力）进行连续观测和记录，有条件的情况下尽量使用自动记录装置。如果发生偏差，应评估对以前的检测结果造成的影响并采取必要的纠正措施。

　　对于一些容易污染微生物的仪器设备，如水浴锅、培养箱、冰箱和生物安全柜等应定期进行清洁和消毒。

　　对试验需用的无菌器具应实施正确的清洗、灭菌措施，并形成相应的标准操作规程，无菌器具应有明确标识并与非无菌器具加以区别。

　　实验室的某些设备（如培养箱、高压灭菌器和玻璃器皿等）应专用，除非有特定预防措施，以防止交叉污染。

（二）校准、性能验证和使用监测

　　微生物实验室所用的仪器应根据日常使用的情况进行定期的校准，并记录。校准的周期和校验的内容根据仪器的类型和设备在实验室产生的数据重要性不同而不同。仪器上应有标签说明校准日期、维修日期和重新校准日期。

　　1．温度测量装置　温度不但对实验结果有直接的影响，而且还对仪器设备的正常运转和正确操作起关键因素。相关的温度测量装置如培养箱和高压灭菌器中的温度计、热电耦和铂电阻温度计，应具有可靠的质量并进行校准以确保所需的精确度，温度设备的校准应遵循国家标准或国际标准。

　　温度测量装置可以用来监控冰箱、超低温冰箱、培养箱、水浴锅等设备的温度，应在使用前验证此类装置的性能。

　　2．称量设备　天平和标准砝码应定期进行校准，天平使用过程应采用标准砝码进行校准。每次使用完后应及时清洁，必要时用非腐蚀性消毒剂进行消毒。

　　3．容量测定设备　微生物实验室对容量测定设备如自动分配仪、移液枪、移液管等应进行检定，以确保仪器准确度。对于已经校准或检定证明符合使用要求的玻璃器具可以不进行检定。标有各种使用体积的仪器需要对使用时的体积进行精密度的检查，并且还要测定其重现性。

　　对于一次性使用的容量设备，实验室应该从公认的和具有相关质量保证系统的公司购买。对仪器适用性进行初次验证后，要对其精密度随时进行检查。必要时应该对每批定容设备进行适用性检查。

　　4．生物安全柜、层流超净工作台、高效过滤器　应由有资质的人员进行生物安全柜、层流超净工作台及高效过滤器的安装与更换，要按照确认的方法进行现场生物和物理的检测，并定期进行再验证。

　　实验室生物安全柜和层流超净工作台的通风应符合微生物风险级别及符合安全要求。应定期对生物安全柜、层流超净工作台进行监测以确保其性能符合相关要求。实验室应保存检查记录和性能测试结果。

　　5．其他设备　悬浮粒子计数器、浮游菌采样器应定期进行校准；pH计、传导计和其他类似仪器的性能应定期或在每次使用前确认；若湿度对实验结果有影响，湿度计应按国家标准或国际标准进行校准；当所测定的时间对检测结果有影响时，应使用校准过的计时仪或定时器；使用离心机时，应评估离心机每分钟的转数，若离心是关键因素，离心机应该进行校准。

七、样品

1. 样品采集 试验样品的采集，应遵循随机抽样的原则，并在受控条件下进行抽样，如有可能，抽样应在具有无菌条件的特定抽样区域中进行。抽样时，须采用无菌操作技术进行取样，防止样品受到微生物的污染而导致假阳性的结果。抽样的任何消毒过程（如抽样点的消毒）不能影响样品中微生物的检出。

抽样的容器应贴有唯一性的标识，注明样品名称、批号、抽样日期、采样容器、抽样人等。抽样应由经过培训的人员使用无菌设备在无菌条件下进行无菌操作。抽样环境状况应监测并记录，同时还需记录采样时间。

2. 样品储存和运输 待检样品应在合适的条件下贮藏并保证其完整性，尽量减少污染的微生物发生变化。样品在运输过程中，应保持原有（规定）的储存条件或采取必要的措施（如冷藏或冷冻）。应明确规定和记录样品的贮藏和运输条件。

3. 样品的确认和处理 实验室应有被检样品的传递、接收、储存和识别管理程序。

实验室在收到样品后应根据有关规定尽快对样品进行检查，并记录被检样品所有相关信息，如接收日期及时间、接收时样品的状况、采样操作的特征（包括采样日期和采样条件等）、贮藏条件。

如果样品存在数量不足、包装破损、标签缺失、温度不适等，实验室应在决定是否检测或拒绝接受样品之前与相关人员沟通。样品的包装和标签有可能被严重污染，因此搬运和储存样品时应小心以避免污染的扩散，对容器外部的消毒应不影响样品的完整性。样品的任何状况在检验报告中应有说明。选择具有代表性的样品，根据有关的国家标准或国际标准，或者使用经验证的试验方法，尽快进行检验。

实验室应按照书面管理程序对样品进行保留和处置。如果试验用的是已知被污染的样品，应该在丢弃前进行灭菌。

八、检验方法

1. 检验方法选择 兽药微生物检验时，应根据检验目的选择适宜的方法进行样品检验。

2. 检验方法的验证 兽药典方法或标准中规定的方法是经过验证的，当进行样品检验时，应进行方法适用性确认。

如果检验方法不是兽药典或标准中规定的方法，使用前应进行替代方法的验证，确认其应用效果优于或等同于兽药典方法。替代方法的验证按兽药微生物检验替代方法验证指导原则（附录9201）进行。

实验室对所用商业检测系统如试剂盒等应保留确认数据，这些确认数据可由制造者提供或由第三方机构评估，必要时，实验室应对商业检测系统进行确认。

九、污染废弃物处理

实验室应有妥善处理废弃样品、过期（或失效）培养基和有害废弃物的设施和制度，旨在减少检查环境和材料的污染。污染废弃物的最终处理必须符合国家环境和健康安全规定。

实验室还应针对类似于带菌培养物溢出的意外事件制定处理规程。例如，活的培养物洒出必须就地处理，不得使培养物污染扩散。

十、检测结果的质量保证和检测过程的质量控制

1．内部质量控制　为保证实验室在每个工作日检测结果的连贯性和与检测标准的一致性，实验室应制定对所承担的工作进行连续评估的程序。

实验室应定期对实验环境的洁净度、培养基的适用性、灭菌方法、菌株纯度和活性（包括性能）、试剂的质量等进行监控并详细记录。

实验室应定期对检测人员进行技术考核。可以通过加标试样的使用、平行试验和参加能力验证等方法使每个检测人员所检测项目的可变性处于控制之下，以保证检验结果的一致性。

实验室应对重要的检验设备如自动化检验仪器等进行比对。

2．外部质量评估　实验室应参加与检测范围相关的国家能力验证或实验室之间的比对试验来评估检测水平，通过参加外部质量评估来评定检测结果的偏差。

十一、实验记录

实验结果的可靠性依赖于试验严格按照标准操作规程进行，而标准操作规程应指出如何进行正确的试验操作。实验记录应包含所有关键的实验细节，以便确认数据的完整性。

实验室原始记录至少应包括以下内容：实验日期、检品名称、实验人员姓名、标准操作规程编号或方法、实验结果、偏差（存在时）、实验参数（所使用的设备、菌种、培养基和批号以及培养温度等）、主管/复核人签名。

实验记录上还应显示出检验标准的选择，如果使用的是兽药典标准，必须保证是现行有效的标准。

试验所用的每一个关键的实验设备均应有记录，设备日志或表格应设计合理，以满足试验记录的追踪性，设备温度（水浴、培养箱、灭菌器）必须记录，且具有追溯性。

实验记录写错时，用单线划掉并签字。原来的数据不能抹去或被覆盖。

所有实验室记录应以文件形式保存并防止意外遗失，记录应存放在特定的地方并有登记。

十二、结果的判断和检测报告

由于微生物试验的特殊性，在实验结果分析时，对结果应进行充分和全面的评价，所有影响结果观察的微生物条件和因素应完全考虑，包括与规定的限度或标准有很大偏差的结果；微生物在原料、辅料或试验环境中存活的可能性；及微生物的生长特性等。特别要了解实验结果与标准的差别是否有统计学意义。若发现实验结果不符合兽药典各品种项下要求或另外建立的质量标准，应进行原因调查。引起微生物污染结果不符合标准的原因主要有两个：试验操作错误或产生无效结果的试验环境条件；产品本身的微生物污染总数超过规定的限度或检出控制菌。

异常结果出现时，应进行偏差调查。偏差调查时应考虑实验室环境、抽样区的防护条件、样品在该检验条件下以往检验的情况、样品本身具有使微生物存活或繁殖的特性等情况。此外，回顾试验过程，也可评价该实验结果的可靠性及实验过程是否恰当。如果试验操作被确认是引起实验结果不符合的原因，那么应制定纠正和预防措施，按照正确的操作方案进行实验，在这种情况下，对试验过程及试验操作应特别认真地进行监控。

如果依据分析调查结果发现试验有错误而判实验结果无效，那么这种情况必须记录。实验室也必须认可复试程序，如果需要，可按相关规定重新抽样，但抽样方法不能影响不符合规定结果的分析调查。

微生物实验室检测报告应该符合检测方法的要求。实验室应准确、清晰、明确和客观地报告每

一项或每一份检测的结果。

检测报告的信息应该完整。

十三、文件

文件应当充分表明试验是在实验室里按可控的检查法进行的，一般包括以下方面：人员培训与资格确认；设备验收、验证、检定（或校准期间核查）和维修；设备使用中的运行状态（设备的关键参数）；培养基制备、贮藏和质量控制；菌种管理；检验规程中的关键步骤；数据记录与结果计算的确认；质量责任人对试验报告的评估；数据偏离的调查。

9204 微生物鉴定指导原则

本指导原则为非无菌产品微生物限度控制菌检查中疑似菌的鉴定，以及药物原料、辅料、制药用水、中间体、终产品和环境中检出微生物的鉴定提供指导。当微生物的鉴定结果有争议时，以《伯杰氏系统细菌学手册》（*Bergey's Manual of Systematic Bacteriology*）现行版的鉴定结果为准。

微生物鉴定是指借助现有的分类系统，通过对未知微生物的特征测定，对其进行细菌、酵母菌和霉菌大类的区分，或属、种及菌株水平确定的过程。它是药品微生物检验中的重要环节，药典附录相应章节中对检出微生物的鉴定做了明确规定，如"非无菌产品的微生物检查：控制菌检查"（附录1106）中选择培养基或指示培养基上发现的疑似菌落需进行鉴定；对"无菌检查法"（附录1101）的阳性实验结果中分离的微生物进行鉴定，以判定试验是否重试；兽药洁净实验室微生物监测和控制指导原则（附录9205）中建议对洁净室和其他受控环境分离到的微生物进行鉴定，以掌握环境微生物污染情况，有助于污染调查。此外，在药品生产中，有时亦需对药物原料、辅料、制药用水、生产环境、中间产物和终产品中检出的微生物进行适当水平的鉴定。

微生物鉴定需达到的水平视情况而定，包括种、属鉴定和菌株分型。大多数非无菌药品生产过程和部分无菌生产环境的风险评估中，对所检出微生物的常规特征包括菌落形态学、细胞形态学（杆状、球状、细胞群、孢子形成模式等）、革兰染色或其他染色法及某些能够给出鉴定结论的关键生化反应（如氧化酶、过氧化氢酶和凝固酶反应）进行分析，一般即可满足需要；非无菌药品产品的控制菌检查应达到种属的水平；无菌试验结果阳性和无菌生产模拟工艺（如培养基灌装）失败时，对检出的微生物鉴定至少达到种属水平，必要时需达到菌株水平。

一、微生物的鉴定程序

微生物鉴定的基本程序包括分离纯化和鉴定，鉴定时，一般先将待检菌进行初步的分类。鉴定的方法有表型微生物鉴定和基因型微生物鉴定，根据所需达到的鉴定水平选择鉴定方法。微生物鉴定系统是基于不同的分析方法，其局限性与方法和数据库的局限性息息相关，未知菌鉴定时通过与微生物鉴定系统中的标准微生物（模式菌株）的特征（基因型和/或表型）相匹配来完成。如果数据库中没有此模式菌株，就无法获得正确的鉴定结果。在日常的微生物鉴定试验中，用户应明确所采用鉴定系统的局限性及所要达到的鉴定水平（属、种、菌株），选用最适合要求的鉴定技术，必要时采用多种鉴定方法确定。

（一）待检菌的分离纯化

微生物鉴定的第一步是待检培养物的分离纯化，最常用的分离纯化方法是挑取待检菌在适宜的固体培养基上连续划线分离纯化，以获取待检菌的纯培养物（单个菌落），必要时可进一步进行纯培养，为表型鉴定和随后的鉴定程序提供足够量的菌体。从药物原材料、制药用水、生产环境、中间产物和终产品的样品中检出的受损微生物，经分离纯化程序使其由不利生存易产生变化的状态转变为在营养富集和最佳培养温度条件下生存的稳定状态，以保证鉴定结果的准确性。

（二）初筛试验

常规的微生物鉴定，一般要先进行初筛试验，确定待检菌的基本微生物特征，将待检菌做初步分类。常见的初筛试验包括革兰染色、芽孢染色、镜检观察染色结果和细胞形态、重要的生化反应等。

重要的生化筛选试验包括：

（1）氧化酶试验　用于区分不发酵的革兰阴性杆菌（氧化酶阳性）和肠道菌（氧化酶阴性）；

（2）过氧化氢酶试验　用于区分葡萄球菌（过氧化氢酶阳性）和链球菌（过氧化氢酶阴性）；

（3）凝固酶试验　用于区分凝固酶阴性葡萄球菌（可推测为非致病性）和凝固酶阳性葡萄球菌（很可能为致病性）。

初筛试验可为评估提供有价值的信息。对于微生物鉴定方法来说，初筛试验是最关键的一步，若给出了错误的结果，将影响后续试验，包括微生物鉴定试剂盒和引物的选用。

（三）表型微生物鉴定

表型微生物鉴定依据表型特征的表达来区分不同微生物间的差异，是经典的微生物分类鉴定法，以微生物细胞的形态和习性表型为主要指标，通过比较微生物的菌落形态、理化特征和特征化学成分与典型微生物的差异进行鉴别。微生物分类中使用的表型特征见表1。

表1　微生物分类中使用的表型特征

分类	特征
培养物	菌落形态、颜色、形状、大小和产色素
形态学	细胞形态、细胞大小、细胞形状、鞭毛类型、内容物、革兰染色、芽孢和抗酸染色、孢子形成模式
生理学	氧气耐受性、pH值范围、最适温度和范围、耐盐性
生化反应	碳源的利用、碳水化合物的氧化或发酵、酶的模式
抑制性	胆盐耐受性、抗生素敏感性、染料耐受性
血清学	凝集反应、荧光抗体
化学分类	脂肪酸构成、微生物毒素、全细胞组分
生态学	微生物来源

微生物细胞的大小和形态、芽孢、细胞成分、表面抗原、生化反应和对抗菌剂的敏感性等表型的表达，除受其遗传基因的控制外，还与微生物的分离环境、培养基和生长条件等因素有关。表型微生物鉴定通常需要大量的纯培养物，而微生物的恢复、增殖和鉴定易受培养时间影响，事实上许多环境微生物在普通的微生物增殖培养基中是无法恢复的；此外，一些从初始培养物中刚分离出的受损微生物还可能不能完整表达其表型属性。因此，在表型鉴定时应注意采用的培养基、培养时间和传代次数对鉴定结果的影响。目前已有的基于碳源利用和生化反应特征的鉴定方法，如气相色谱法分析微生物的脂肪酸特征、MALDI-TOF质谱法分析微生物蛋白等微生物鉴定系统，在进行结果判断时需借助于系统自身的鉴别数据库，还依赖特定的培养基和培养方法以确保鉴定结果的一致性。

表型微生物鉴定方法已广泛应用于药品微生物实验室。根据微生物表型鉴定所提供的信息可以判断药品中污染的微生物种类，也可掌握环境微生物群落的变化，并进行产品的风险评估。在许多质量控制调查中，单独的表型鉴定结果就能给出充足的信息帮助调查人员进行深入调查，并按需要推荐适宜的纠正措施。

（四）基因型微生物鉴定

与表型特征不同，微生物基因型通常不受生长培养基或分离物活性的影响，只需分离到纯菌落便可用于分析。由于大部分微生物物种中核酸序列是高度保守的，所以DNA–DNA杂交、聚合酶链反应、16S rRNA序列和18S rRNA序列、多位点序列分型、焦磷酸测序、DNA探针和核糖体分型分析等基因型微生物鉴定方法理论上更值得信赖。基因鉴定法不但技术水平需要保证，还需要昂贵的分析设备和材料，通常仅在关键微生物调查中使用，如产品不合格调查。若使用，方法必须经过确认。

目前《伯杰氏系统细菌学手册》中对细菌分类的描述是通过遗传物质的分析比较来实现的。通过未知微生物的DNA与已知微生物的DNA比较，能够确定亲缘关系的远近。基因型的鉴定可通过DNA杂交、限制性酶切片段图谱的比较和/或DNA探针完成，若DNA–DNA的杂交亲缘关系大于70%时，表明微生物是同一种属；表2系统发育典型的分析方法是通过比较细菌16S rRNA或真菌18S rRNA基因的部分碱基序列来实现，即经过聚合酶链反应（PCR）进行基因扩增、电泳分离扩增产物、以双脱氧链终止法进行碱基测序，然后与经验证过的专用数据库或利用公共的数据库（不一定经过验证）进行比对。

表2　微生物分类学的基因型/系统发育的特征

类别	特征
基因型	DNA-DNA杂交、DNA碱基比例（如G＋C）、限制性酶切片段图谱和DNA探针
系统发育结构	16S rRNA序列和18S rRNA序列

基于核酸的方法可以用来筛选处于过渡期受损的微生物。将存在于过渡期与菌株生存能力相关的rRNA，通过逆转录的方法转换为可用于PCR扩增的DNA。解决了不能存活的细菌细胞中DNA的扩增问题。该方法经过样品收集、核酸提取、目的片段扩增、杂交和检测等步骤，涉及变异微生物的检测、检测限、基质效应、正向截点的核查、仪器设备和系统携带污染、分析的精确性和试验的重现性等内容。

rRNAs记录了微生物的进化历史，对这些序列进行分析可以对微生物进行系统分类和鉴定。

二、微生物鉴定方法的确认

微生物鉴定系统的确认试验按下述方法之一进行：①采用现有方法和待确认方法对日常检验中分离的微生物约50株进行平行鉴定试验，鉴定结果的差异可使用仲裁方法判定。②使用12～15种已知的能代表常规分离到的微生物的贮备菌种，共进行50次鉴定试验。③待确认方法对20～50株微生物（包括15～20个不同的种）进行鉴定，结果应与参照实验室的鉴定结果一致。确认试验所用的菌株应包括鉴定方法供应商和药典推荐的适宜质控菌株。

对所用的微生物鉴定系统的鉴定结果应进行评估，同时还应考虑其一致性水平。合适的微生物鉴定系统，试验菌株与模式微生物的一致性水平通常应大于90%。若可能，微生物鉴定方法确认所用的挑战微生物应包括非发酵型细菌、棒状杆菌和凝固酶阴性的葡萄球菌等，但其一致性水平可能比较低。

微生物鉴定系统不能鉴定所有的微生物，因为数据库中未包含此微生物，或系统参数无法充分识别该微生物，或该微生物在系统中无反应、或该微生物尚未被分类描述。错误鉴定结果的确认是比较难的，任何微生物鉴定都应从微生物形态学、生理要求和微生物来源等方面判断鉴定结果是否合理。错误的鉴定会导致不恰当的纠正和预防措施及产品处置。

微生物鉴定方法的确认应包括准确度、专属性、重现性、灵敏度、阳性预测值、阴性预测值。

确认试验最重要的是准确性和重现性。这些测量值按下述定义：

准确性 =（结果正确的数量/总的结果数量）× 100%

重现性 =（结果正确且达到一致性的数量/总的结果数量）× 100%

用户应该考虑鉴定方法的适用性，建立准确性和重现性的接受标准。

其他测定值如灵敏性、专属性、阳性预测值或阴性预测值。通过以下例子能很好地说明这些测定值。例如，临床微生物实验室分别用DNA杂交探针和传统培养物方法处理了100个临床样本，前者阳性结果比后者高10%，结果列于表3。

表3　DNA探针和培养物方法的阴阳性结果分布对照

| | | 培养方法结果 | |
		阳性	阴性
DNA探针结果	阳性	9	2
	阴性	1	88

准确度＝（9+88）/100 × 100%＝97%

灵敏度＝[9/（9+1）] × 100%＝90%

专属性＝[88/（88+2）] × 100%＝97.7%

阳性预测值（PPV）＝[9/（9 +2）] × 100%＝81.8%

阴性预测值（NPV）＝[88/（88 + 1）] × 100%＝98.9%

应注意到试验的阳性预测值不是固定的，它取决于临床样本中微生物的普遍程度。阳性预测值与流行疾病和条件成正比。如果在一组人群试验中感染人数比例较高，则阳性预测值较高，阴性预测值较低。如果组中所有人都被感染，则阳性预测值为100%，阴性预测值为0%。这些函数引出的数字列于表4中。

表4　培养物方法和PCR替代方法的鉴别结果比较表

| | | 聚合酶链反应 | | |
		阳性	阴性	总数
培养方法	阳性	a 真阳性	b 假阴性	a+b
	阴性	c 假阳性	d 真阴性	c+d
总数		a+c	b+d	

灵敏度（%）＝[a/（a+b）] × 100

专属性（%）＝[d/（c+d）] × 100

阳性预测值（%）＝[a/（a+c）] × 100

阴性预测值（%）＝[d/（b+d）] × 100

分析准确度（%）＝[（a+d）/（a+b+c+d）] × 100

Kappa Index 系数＝2（ad－bc）/[（a+c）×（c+d）+（a+b）×（b+d）]

三、系统发育的相关内容

《伯杰氏系统细菌学手册》（第二版）内容是依据核糖体小亚基16S rRNA的核苷酸序列分析

按照系统发育为框架编写的，而不是按照表型结构编写的。

系统发育树或树状图显示了遗传关系最接近的微生物，这项技术的应用导致了分类的修正和一些已知微生物的重命名，如真菌黑曲霉ATCC 16404被重名为巴西曲霉。一般而言，微生物亲缘关系小于或等于97%被认定为不同的属，那些亲缘关系小于或等于99%被认定为不同的种，但是这种普遍性有很多的例外情况。

基因型鉴定与表型鉴定的结果差异的情况相对比较少见。例如，具有相同或非常相似基因的微生物具有不同的表型、具有相似表型的却具有不同的基因以及基因型距离很远的微生物不能被归为同种或同属。多相分类学的概念是汇集和吸收了分子生物学、生理学、形态学、血清学或生态学资源的多层信息进行微生物分类。例如，微生物特征描述、表型和基因数据及微生物来源等，都可被成功地应用于微生物鉴定中，以避免因使用单一鉴定方法做出毫无意义的结论。

四、溯源分析

溯源分析是通过对污染微生物和相关环节监控微生物进行比对，以同源性的差异程度为依据，确认污染来源的过程。

菌株水平的鉴定在污染调查过程中非常重要，尤其适用于产品中的微生物数量高于建议水平或出现异常高的微生物检出情况时。菌株水平的鉴定在无菌工艺中也很重要，在无菌试验结果阳性和培养基灌装等模拟工艺失败时，应对检出的微生物进行评估。

同一地点的同种菌其表型特征和基因型特征是基本一致的。不同地点的同种菌表型特征可能基本一致，但保守及可变区域的基因特征会有一定的差异性。因此，污染调查等应以基因型特征鉴定为主，表型特征鉴定为辅。

细菌16S rDNA和真菌的18S rDNA为各自的保守序列区域，对种水平的鉴定是非常有用的，但不足以区分亲缘关系近的不同种或同种中的不同株。与此相反，限制性核酸内切酶进行酶解的Southern杂交能有效地显示两个株之间的差异。如果带型表现的完全相同则仅能说明限制性核酸内切酶在两株菌基因组的那个区域具有相似的酶切位点，要证明两株菌是同一株时应该包括两个或更多不同限制性核酸内切酶的酶解物，每个内切酶都可得到一定的DNA区域的谱带，所有来自两株菌的谱带都必须完全一致。如脉冲场电泳等，就是利用此原理进行菌株区分的。

实际工作中无菌试验阳性结果中分离出的微生物，经对其溯源分析，确认污染归因于无菌试验过程中所使用的材料或无菌技术的差错，该试验可判无效，否则判该产品不符合要求。对洁净室和其他受控环境分离到的微生物进行适当比率的鉴定，掌握环境微生物污染情况，有助于污染调查。

确证微生物为同种中的两个相同株，需比对更多的基因序列和特征基因片段，甚至是全基因的比对，实现既鉴定又溯源的目的，同时保证结果的准确性。此外，有些微生物的溯源还需结合表型特征鉴定，如沙门菌属的血清型鉴定。

9205 兽药洁净实验室微生物监测和控制指导原则

本指导原则是用于指导兽药微生物检验用的洁净室等受控环境微生物污染情况的监测和控制。

兽药洁净实验室是指用于兽药无菌或微生物检验用的洁净实验室、隔离系统及其他受控环境。兽药洁净实验室的洁净级别按空气悬浮粒子大小和数量的不同参考现行"兽药生产质量管理规范"分为A、B、C、D 4个级别。为维持兽药洁净实验室操作环境的稳定性、确保兽药质量安全及检测结果的准确性，应对兽药洁净实验室进行微生物监测和控制，使受控环境维持可接受的微生物污染风险水平。

本指导原则包括人员要求、初次使用的洁净实验室参数确认、微生物监测方法、监测频次及监测项目、监测标准、警戒限和纠偏限、数据分析及偏差处理、微生物鉴定和微生物控制。

一、人员

从事兽药洁净实验室微生物监测和控制的人员应符合现行《中国兽药典》附录中"兽药微生物实验室质量管理指导原则"（附录9203）的相关要求。

二、确认

初次使用的洁净实验室应进行参数确认，确认参数包括物理参数、空气悬浮粒子和微生物。洁净实验室若有超净工作台、空气调节系统等关键设备发生重大变化时应重新进行参数测试。

兽药洁净实验室物理参数的测试应当在微生物监测方案实施之前进行，确保操作顺畅，保证设备系统的运行能力和可靠性。主要的物理参数包括高效空气过滤器完整性，气流组织、空气流速（平均风速），换气次数、压差、温度和相对湿度等。测试应在模拟正常检测条件下进行。

各级别洁净环境物理参数建议标准及最长监测周期见表1，必要时，各实验室应根据洁净实验室使用用途、检测兽药的特性等制定适宜的参数标准。物理参数测试方法参照《洁净室施工及验收规范》的现行国家标准中附录D3 高效空气过滤器现场扫描检漏方法、附录E12 气流的检测、附录E1 风量和风速的检测、附录E2 静压差的检测、附录E5 温湿度的检测进行。

初次使用的洁净实验室其空气悬浮粒子和微生物的确认及监测照以下"监测"进行。

表1　各级别洁净环境物理参数建议标准

洁净度级别	物理参数						
	过滤完整性	气流组织	空气流速（平均风速）	换气次数	压差	温度	相对湿度
A级	检漏试验 监测周期 24个月	单向流 监测周期 24个月	0.25～0.50m/s（设备） 0.36～0.54m/s（设施） 监测周期 12个月	—	洁净区与非洁净区之间压差不小于10Pa；不同级别洁净区之间的压差不小于10Pa 监测周期每周一次	18～26℃ 监测周期 每次实验	45%～65% 监测周期 每次实验
B级		①单向流（静态） 监测周期 24个月 ②非单向流 —	①单向流（静态） 0.25～0.50m/s 监测周期 12个月 ②非单向流 —	①单向流 — ②非单向流 40～60h⁻¹ 监测周期 12个月			
C级		非单向流 —	—	20～40h⁻¹ 监测周期 12个月			
D级		非单向流 —	—	6～20h⁻¹ 监测周期 12个月			

三、监测

兽药洁净实验室应定期进行微生物监测，内容包括非生物活性的空气悬浮粒子数和有生物活性的微生物监测，其中微生物监测包括环境浮游菌和沉降菌监测，及关键的检测台面、人员操作服表面及5指手套等的微生物检测。

当洁净区有超净工作台、空气调节系统等关键设备发生重大改变时应重新进行监测；当微生物监测结果或样品测定结果产生偏离，经评估洁净区可能存在被污染的风险时，应对洁净区清洁消毒后重新监测。

（一）监测方法

兽药洁净实验室悬浮粒子的监测照《医药工业洁净室（区）悬浮粒子的测试方法》的现行国家标准进行；沉降菌的监测照《医药工业洁净室（区）沉降菌的测试方法》的现行国家标准进行；浮游菌的监测照《医药工业洁净室（区）浮游菌的测试方法》的现行国家标准进行。

表面微生物测定是对环境、设备和人员的表面微生物进行监测，方法包括接触碟法和擦拭法。接触碟法是将充满规定的琼脂培养基的接触碟对规则表面或平面进行取样，然后置合适的温度下培养一定时间并计数，每碟取样面积约为25cm^2，微生物计数结果以cfu/碟报告；擦拭法是接触碟法的补充，用于不规则表面的微生物监测，特别是设备的不规则表面。擦拭法的擦拭面积应采用合适尺寸的无菌模板或标尺确定，取样后，将拭子置合适的缓冲液或培养基中，充分振荡，然后采用适宜的方法计数，每个拭子取样面积约为25cm^2，微生物计数结果以cfu/拭子报告。接触碟法和擦拭法采用的培养基、培养温度和时间同浮游菌或沉降菌监测。表面菌测定应在试验结束后进行。

环境浮游菌、沉降菌及表面微生物监测用培养基一般采用胰酪大豆胨琼脂培养基（TSA），必要时可加入适宜的中和剂，当监测结果有疑似真菌或考虑季节因素影响时，可增加沙氏葡萄糖琼脂培养基（SDA）。

在兽药洁净实验室监控中，监测频次及监测项目建议按表2进行。

表2　推荐的兽药洁净实验室的监测频次及监测项目

受控区域		采样频次	监测项目
无菌隔离系统		每次试验	空气悬浮粒子[1]、浮游菌[1]、沉降菌[2]、表面微生物（含手套）
微生物洁净实验室	A级	每次试验	空气悬浮粒子[1]、浮游菌[1]、沉降菌[2]、表面微生物（含手套及操作服）
	B级	每周一次	空气悬浮粒子[4]、浮游菌[3]、沉降菌、表面微生物（含手套及操作服）
	C级	每季度一次	空气悬浮粒子[4]、浮游菌[4]、沉降菌、表面微生物
	D级	每半年一次	空气悬浮粒子、浮游菌、沉降菌、表面微生物

注：①每月一次。②工作台面沉降菌的日常监测采样点数不少于3个，且每个采样点的平皿数应不少于1个。③每季度一次。④每半年一次。

如果出现连续超过纠偏限和警戒限、关键区域内发现有污染微生物存在、空气净化系统进行任何重大的维修、消毒规程改变、设备有重大维修或增加、洁净室（区）结构或区域分布有重大变动、引起微生物污染的事故、日常操作记录反映出倾向性的数据时应考虑修改监测频次。

（二）监测标准

各洁净级别空气悬浮粒子的标准见表3、微生物监测的动态标准见表4。

表3　各洁净级别空气悬浮粒子的标准

洁净度级别	悬浮粒子最大允许数/立方米			
	静态		动态	
	≥0.5μm	≥5.0μm	≥0.5μm	≥5.0μm
A级	3 520	20	3 520	20
B级	3 520	29	352 000	2 900
C级	352 000	2 900	3 520 000	29 000
D级	3 520 000	29 000	不作规定	不作规定

表4　各洁净级别环境微生物监测的动态标准[①]

洁净度级别	浮游菌cfu/m³	沉降菌（φ90mm）cfu/4小时[②]	表面微生物	
			接触（φ55mm）cfu/碟	5指手套cfu/手套
A级	<1	<1	<1	<1
B级	10	5	5	5
C级	100	50	25	—
D级	200	100	50	—

注：①表中各数值均为平均值；②单个沉降碟的暴露时间可以少于4小时，同一位置可使用多个沉降碟连续进行监测并累积计数。

（三）警戒限和纠偏限

兽药洁净实验室应根据历史数据，结合不同洁净区域的标准，采用适宜的方法，制定适当的微生物监测警戒限和纠偏限。限度确定后，应定期回顾评价，如历史数据表明环境有所改善，限度应作出相应调整以反映环境实际质量状况。表5列出了各级别洁净环境微生物纠偏限参考值。

表5　各级别洁净环境微生物纠偏限参考值

洁净度级别	浮游菌纠偏限[①]（cfu/m³）	沉降菌纠偏限[②]（φ90mm，cfu/4小时）
A级	<1[③]	<1[③]
B级	7	3
C级	10	5
D级	100	50

注：①数据表示建议的环境质量水平，也可根据检测或分析方法的类型确定微生物纠偏限度标准；②可根据洁净区域用途、检测兽药的特性等需要增加沉降碟数；③A级环境的样本，正常情况下应无微生物污染。

（四）数据分析及偏差处理

1．**数据分析**　应当对日常环境监测的数据进行分析和回顾，通过收集的数据和趋势分析，总结和评估洁净实验室是否受控，评估警戒限和纠偏限是否适合，评估所采取的纠偏措施是否合适。

应当正确评估微生物污染，不仅仅关注微生物数量，更应关注微生物污染检出的频率，往往在一个采样周期内同一环境中多点发现微生物污染，可能预示着风险增加，应仔细评估。几个位点同时有污染的现象也可能由不规范的采样操作引起，所以在得出环境可能失控的结论之前，应仔细回顾采样操作过程。在污染后的几天对环境进行重新采样是没有意义的，因为采样过程不具有可重复性。

2．**偏差处理**　当微生物监测结果超出警戒限度和纠偏限度时，应当按照偏差处理规程进行报告、记录、调查、处理以及采取纠正措施，并对纠正措施的有效性进行评估。

（五）微生物鉴定

建议对受控环境收集到的微生物进行适当水平的鉴定，微生物菌群信息有助于预期常见菌群，并有助于评估清洁或消毒规程、方法，清洁剂或消毒剂及微生物监测方法的有效性，尤其当超过监测限度时，微生物鉴定信息有助于污染源的调查。关键区域分离到的菌落应先于非关键区域进行鉴定。微生物鉴定参照微生物鉴定指导原则（附录9204）进行。

四、微生物控制

为了保证兽药洁净实验室环境维持适当的水平，并处于受控状态，除保持空调系统的良好运行状态，对设施进行良好维护外，洁净室内人员应严格遵守良好的行为规范，并定期进行环境监控，减少人员干预比监测更有效。其次是通过有效控制人员和物品的移动，适当的控制温度和湿度。微生物控制措施还包括良好的清洁和卫生处理，应定期对兽药洁净实验室进行清洁和消毒，应当监测消毒剂和清洁剂的微生物污染状况，并在规定的有效期内使用，A/B 级洁净区应当使用无菌的或经无菌处理的消毒剂和清洁剂。所采用的化学消毒剂应经过验证或有证据表明其消毒效果，其种类应当多于一种，并定期进行更换以防止产生耐受菌株。不得用紫外线消毒代替化学消毒。必要时，可采用熏蒸等适宜的方法降低洁净区的卫生死角的微生物污染，并对熏蒸剂的残留水平进行验证。

9206 无菌检查用隔离系统验证指导原则

本指导原则是为药典要求无菌的药品、生物制品、原料、辅料及其他品种无菌检查用隔离系统的验证提供指导。

无菌检查用隔离器是为产品无菌检查试验提供无菌环境的一种设备。封闭式隔离器不直接与外界环境相连，使用无菌接口或快速转移通道进行物质传递，一般用于无菌检查；开放式隔离器允许材料通过舱门进入，舱门内有一定的压力阻止微生物的进入。物品可通过无菌传递进入隔离器，整个传递过程中可保持隔离器内部空间和外部环境完全隔离。隔离器内部能够反复进行灭菌，内壁可用灭菌剂处理，以去除所有的生物负载。灭菌完成后，隔离器通过高效空气过滤器（HEPA）或更高级别的空气过滤器向其内部输送洁净空气来维持内部的无菌环境。隔离器的使用从根本上避免了操作人员与实验用物品的直接接触，操作人员无需穿着专用洁净服，而是通过隔离器上的操作手套或半身操作服对舱内物品、仪器进行操作。手套-袖套组件或半身操作服是隔离器舱体不可分割的一部分，它们由柔软的材料制成且与所采用的灭菌剂兼容。因此，使用隔离器进行无菌检验，可以避免实验用物品和辅助设备被污染，提高了无菌试验结果的准确性。

一、无菌检查用隔离器的结构

隔离器一般由不锈钢、玻璃、硬质塑料或软质塑料（如聚氯乙烯）建成。隔离器的结构一般包括：

1. 空气处理系统 用于无菌检测的隔离器应配备可截留微生物的高效空气过滤系统（或更高级别的过滤系统）。静态时，隔离器内部环境的洁净度要求应达到我国药品生产质量管理规范（GMP）现行版中A 级空气洁净度的要求。当隔离器与外界环境有直接开口时，应通过持续足够的正压来维持隔离器内部的无菌环境。

2. 传递接口及传递门 灭菌后的培养基、稀释液和实验用品可以通过带传递功能的灭菌器直接无菌传递到隔离器内。此外，不同的隔离器也可以通过专门设计的快速传递门（RTP）连接，以实现将实验物品在两个或多个隔离器之间进行无菌传递。RTP 上未经灭菌的表面通过互锁环或法兰互相叠合，并通过密封圈封闭，从而防止微生物进入隔离器内。

3. 灭菌设备　灭菌气体发生器与隔离器之间气体管路的连接，应确保其密封性。在接近隔离器的部位，进气与排气管路上应分别安装有阀门，当气体发生器与隔离器的连接、分离或隔离器进行无菌维持时，进、排气管路阀门应予以关闭。灭菌气体或蒸汽应通过高效空气过滤器（HEPA）进入隔离器内。灭菌结束后须对灭菌气体进行排空，保证在进行无菌检测前，隔离器内部的灭菌气体浓度低于一定值，消除灭菌气体对无菌检测的影响。

4. 配套设备与辅助设施　隔离器内部安装无菌检查使用的配套设备与辅助设施，如无菌检查过程中使用的蠕动泵、真空泵及连续环境监控设备，其运行不得对隔离器的内部环境造成影响。配套设备上的电机等关键部件及排气口设计应置于隔离器的外部，以防运转时产生的扰动气流、排出的废气对隔离器的环境产生破坏，并防止其内部受到化学灭菌剂的腐蚀而产生安全隐患。

二、隔离器安装位置的选择

无菌检查用隔离器安装环境的洁净度要求应不低于我国现行GMP中D级空气洁净度要求，安装隔离器的房间应限制无关人员出入。应保证隔离器安装地点周围有足够的空间，以便于隔离器的移动、物品的输送和正常维护。

为保证操作人员的安全性与舒适性，安装隔离器的房间内应能控制温湿度。对于某些灭菌技术，温湿度的控制是至关重要的。隔离器应避免安装在房间通风口直吹的地方，否则可能导致隔离器舱体部分区域被冷却，从而造成灭菌过程中灭菌气体在隔离器内壁局部冷凝。当采用对温度敏感的灭菌方法时，隔离器房间的温度应当是均一的。

三、隔离系统验证

无菌检查用隔离系统的验证是保证无菌检查所需无菌环境的必要条件，隔离系统验证在完成安装验证后应定期进行以下验证。

1. 操作验证　证明所有报警功能均能按照设定的要求正常工作；证明隔离系统可按设定参数值运行。

2. 隔离器完整性验证　隔离器在正常运行条件下应能保持良好的完整性。通过泄漏测试来验证设备完整性是否达到制造商的要求。为避免外来污染，正常操作时隔离器维持在正压下，压差范围为20~50Pa。应验证隔离器在动态条件下维持正压差的能力。同时，对隔离器的高效空气过滤器（HEPA）也需定期进行完整性检测。

3. 灭菌验证　隔离器表面、隔离器内的设备及进入隔离器的各种物料都应经过处理以降低微生物负载。用于隔离器、实验物品的灭菌方法应能达到或超过使生物指示剂下降6个对数值的效果。可使用某种合适的、高抗性的生物指示剂来验证。完全灭菌法应采用每单位10^6孢子数的生物指示剂，而阴性对照应该采用每单位不少于10^6孢子数的生物指示剂。使用合适数量的生物指示剂进行试验可以从统计学上证明灭菌效果是否可以再现以及灭菌剂的分布是否合适。尤其要注意那些灭菌剂浓度较低的地方。隔离器内物品和设备满载时需要用更多的生物指示剂进行试验。灭菌程序的确定要经过三次连续的验证且能使生物指示剂下降超过6个对数值。

4. 灭菌循环验证　运行一个灭菌循环，以确认灭菌循环各阶段实际运行值与其设定值是否相符。

5. 隔离器内部洁净度验证　隔离器内部的洁净环境应进行验证，其悬浮粒子（静态的）和微生物应达到我国现行GMP中A级空气洁净度的要求。

在灭菌气体灭菌完成后，通过监测灭菌气体的浓度，保证在无菌检测前隔离器内的灭菌气体残留量低于可接受值。

6. 仪器仪表的验证 需对隔离器配置的仪器仪表，比如H_2O_2传感器、温湿度传感器、压力传感器等进行定期校验。

隔离器一般还应进行日常验证，如操作验证、隔离器完整性验证等。

当隔离器出现运行异常、舱体环境监控异常或变更运行程序、运行参数、无菌检查隔离器安装场地等应进行再验证。再验证应按照文件化的程序及规定的可接受标准实施。再验证的结果应形成记录并保存。

四、隔离器的应用

1. 包装完整性验证 隔离器常用的灭菌气体在灭菌循环过程中不会穿透螺旋盖试管、压塞玻璃瓶、西林瓶、安瓿等密封完好的容器。然而，灭菌气体对某些透析包装物会产生不利影响，可能造成对微生物生长的抑制。操作人员应通过验证试验来证实暴露于灭菌气体中的供试品包装容器及无菌检查过程中所用的器材、稀释剂、培养基，不会由于灭菌气体的渗透而影响供试品中低水平微生物污染的检出。当灭菌气体存在渗入产品容器、实验辅助材料、培养基或稀释液的潜在风险时，操作人员可采取适当的措施，如选用能够耐受灭菌剂渗透的包装材料包装或将材料放入无菌的密闭容器中，以尽量减少灭菌剂进入包装或向容器中渗透，但所采取的措施应避免造成灭菌不彻底。

在某种程度上，可通过降低灭菌剂浓度及缩短灭菌周期，来降低灭菌剂浸入包装和容器内。

在进行无菌检验之前，通常使用杀菌剂处理产品包装表面来减少进入隔离器的物品表面微生物的负荷量。在使用杀菌剂处理产品包装时，应证明该过程没有对存在于产品中的低水平污染的微生物造成影响，不会影响检验结果。建议用化学和微生物挑战试验来检测包装物对污染的抵制能力。经过隔离器全部的灭菌过程后，需进行杀菌剂抑制细菌和真菌情况的验证〔参照无菌检查法（附录1101）〕。

2. 隔离器内部环境的无菌维持 隔离器内部环境在操作周期内的无菌维持需要经过验证。隔离器内的微生物监控，可通过对灭菌后的第一天和无菌保持期的最后一天的采样，并对采样进行培养，通过周期性的采样分析，可以实现隔离器内无菌保持情况的验证。对隔离系统出现故障或者由于偶然因素引起的微生物污染必须进行检测。

隔离器内部表面可采用平面接触碟、不规则的表面可采用拭子擦拭进行微生物监控。由于培养基残留会使隔离器产生染菌的风险，因此，最好在检验完成后进行微生物监测，如果试验中有培养基残留，应清理干净。

检验用具和样品进入隔离器的过程最可能造成微生物的污染，对所有进入隔离器内部的物品的无菌验证是非常重要的。另外，垫圈应定期检查，确保其完整，避免微生物的进入。手套和半身衣可能是另一个微生物污染源，尤其是用于处理无菌检验物品的手套，应当特别注意；选择手套时应考虑手套的穿刺抗性、耐磨性及较好的触感；试验用的手套应保持其完整性，手套上微小的破损很难检查出来，但使用时，在拉伸情况下，即可发现手套上微小的破损；用户使用检测仪对手套进行检测时，检测条件要尽可能与手套使用时的条件一致，微生物检测可补充物理检测，检测时，将手套浸入0.1%的蛋白胨水溶液中，然后采用薄膜过滤法过滤0.1%的蛋白胨水溶液，取出滤膜进行培养，根据是否生长微生物判定检测手套的完整性，本法可以检测出其他方法检测不出的泄露。

采用隔离器内部进行连续的尘埃粒子检测，可快速检测到过滤器的泄露，也可使用便携式的尘埃粒子检测器进行周期检测，尘埃粒子检测取样不能对隔离器内部的无菌环境产生影响。

3. **无菌检验结果的解释** 隔离器内部空间及表面已经过高水平的灭菌工艺处理，操作人员与无菌检查环境没有直接接触，而且系统的完整性经过验证，因此，在功能运行正常的隔离器内进行无菌检测，出现假阳性的概率很低。尽管如此，隔离器也仅是个机械设备，操作人员仍需遵循无菌操作规范。当出现无菌检查试验结果阳性时，应按照无菌检查法中结果判断的要求进行分析，并作出该试验结果是否有效的判定。

4. **培训与安全** 操作人员在使用隔离系统进行无菌检查之前，应接受特定操作规程、日常维护及安全等相关知识的培训，并经考核合格后方可上岗。培训内容及培训考核成绩应记录在每个操作人员的个人培训记录中。操作人员必须遵守化学去污试剂贮存及安全注意事项的规定，应在隔离系统安装地点的显著位置张贴化学灭菌剂的材料安全数据表（MSDS）。在使用隔离系统前，需要对隔离器及相关设备的安全性进行检查并做好使用记录。

9301 兽用化学药品注射剂安全性检查法应用指导原则

本指导原则为兽用化学药品临床使用的安全性和制剂质量可控性而定。

注射剂安全性检查包括异常毒性、细菌内毒素（或热原）、降压物质（包括组胺类物质）、过敏反应等项。根据处方、工艺、用法及用量等设定相应的检查项目并进行适用性研究。其中，细菌内毒素检查与热原检查项目间、降压物质检查与组胺类物质检查项目间，可以根据适用性研究结果相互替代，选择两者之一作为检查项目。

一、兽药注射剂安全性检查项目的设定

（一）静脉用注射剂

静脉用注射剂均应设细菌内毒素（或热原）检查项。兽用化学药品注射剂一般首选细菌内毒素检查项。

所用原料系动物来源或微生物发酵液提取物，组分结构不清晰或有可能污染毒性杂质且又缺乏有效的理化分析方法的静脉用注射剂，应考虑设立异常毒性检查项。

所用原料系动物来源或微生物发酵液提取物时，组分结构不清晰且有可能污染异源蛋白或未知过敏反应物质的静脉用注射剂，如缺乏相关的理化分析方法且临床发现过敏反应，应考虑设立过敏反应检查项。

所用原料系动物来源或微生物发酵液提取物时，组分结构不清晰或有可能污染组胺、类组胺样降血压物质的静脉用注射剂，如缺乏相关的理化分析方法且临床发现类过敏反应，应考虑设立降压物质或组胺类物质检查项。检查项目一般首选降压物质检查项，但若降血压药理作用与该药具有的功能主治有关，或对猫的反应干扰血压检测，可选择组胺类物质检查项替代。

（二）肌内注射用注射剂

所用原料系动物来源或微生物发酵液提取物时，组分结构不清晰或有可能污染毒性杂质且又缺乏有效的理化分析方法的肌内注射用注射剂，应考虑设立异常毒性检查项。

所用原料系动物来源或微生物发酵液提取物时，组分结构不清晰或有可能污染异源蛋白或未知

过敏反应物质的肌内注射用注射剂，如缺乏相关理化分析方法且临床发现过敏反应，应考虑设立过敏反应检查项。

临床用药剂量较大，生产工艺易污染细菌内毒素的肌内注射用注射剂，应考虑设细菌内毒素检查项。

（三）特殊途径的注射剂

椎管内、腹腔、眼内等特殊途径的注射剂，其安全性检查项目一般应符合静脉用注射剂的要求，必要时应增加其他安全性检查项目，如刺激性检查、细胞毒性检查。

（四）注射剂用辅料

注射剂用辅料使用面广、用量大、来源复杂，与兽药的安全性直接相关。在质量控制中，应根据辅料的来源、性质、用途、用法用量，配合理化分析方法，设立必要的安全性检查项目。

（五）其他

原料和生产工艺特殊的注射剂必要时应增加特殊的安全性检查项目，如病毒检查、细胞毒性检查等。

所用原料系中药提取物的注射剂，应按中药注射剂的要求设立相关的安全性检查项目。

二、安全性检查方法和检查限值确定

检查方法和检查限值可按以下各项目内容要求进行研究。研究确定限值后，至少应进行3批以上供试品的检查验证。

（一）异常毒性检查

本法系将一定量的供试品溶液注入小鼠体内，规定时间内观察小鼠出现的死亡情况，以判定供试品是否符合规定。供试品不合格表明兽药中混有超过药物本身毒性的毒性杂质，临床用药将可能增加急性不良反应。

1. 检查方法 参照异常毒性检查法（附录1141）。

2. 设定限值前研究 参考文献数据并经单次静脉注射给药确定该注射剂的急性毒性数据（LD50 或LD1 及其可信限）。有条件时，由多个实验室或多种来源动物试验求得LD50 和LD1 数据。注射速度0.1ml/s，观察时间为72 小时。如使用其他动物、改变给药途径和次数、或延长观察时间和指标，应进行相应动物、给药方法、观察指标、观察时间的急性毒性试验。

3. 设定限值 异常毒性检查的限值应低于该注射剂本身毒性的最低致死剂量，考虑到实验室间差异、动物反应差异和制剂的差异，建议限值至少应小于LD1可信限下限的1/3（建议采用1/3~1/6）。如难以计算得出最低致死量，可采用小于LD50 可信限下限的1/4（建议采用1/4~1/8）。如半数致死量与临床体重剂量之比小于20 可采用LD50 可信限下限的1/4 或LD1 可信限下限的1/3。

如对动物、给药途径和给药次数、观察指标和时间等方法和限值有特殊要求时应在品种项下另作规定。

（二）细菌内毒素或热原检查

本法系利用鲎试剂（或家兔）测定供试品所含的细菌内毒素 （或热原）的限量是否符合规

定。不合格供试品在临床应用时可能产生热原反应而造成严重的不良后果。

1．**检查方法**　参照细菌内毒素检查法（附录1143）或热原检查法（附录1142）。

2．**设定限值前研究**　细菌内毒素检查应进行干扰试验，求得最大无干扰浓度；热原检查应做适用性研究，求得对家兔无毒性反应、不影响正常体温和无解热作用剂量。

3．**设定限值**　细菌内毒素和热原检查的限值根据临床1小时内最大用药剂量计算，细菌内毒素检查限值按规定要求计算，由于药物和适应症（如抗感染等急重病症用药、复合用药、大输液等）的不同，限值可适当严格，至计算值的1/3～1/2，以保证安全用药。热原检查限值可参照兽医临床剂量计算，一般为每千克体重每小时最大供试品剂量的2～5倍，供试品注射体积每千克体重一般不少于0.5ml，不超过10ml。

细菌内毒素测定浓度应无干扰反应，热原限值剂量应不影响正常体温。如有干扰或影响，可在品种项下增加稀释浓度、调节pH值和渗透压或缓慢注射等排除干扰或影响的特殊规定。

（三）降压物质检查

本法系通过静脉注射限值剂量供试品，观察对麻醉猫的血压反应，以判定供试品中所含降压物质的限值是否符合规定。供试品不合格表明兽药中含有限值以上的影响血压反应的物质，兽医临床用药时可能引起急性降压不良反应。

1．**检查方法**　参照降压物质检查法（附录1145）。

2．**设定限值前研究**　供试品按一定注射速度静脉注射不同剂量后（供试品溶液与组胺对照品溶液的注射体积一般应相同，通常为0.2～1ml/kg），观察供试品对猫血压反应的剂量反应关系，求得供试品降压物质检查符合规定的最大剂量（最大无降压反应剂量）。

3．**设定限值**　一般以兽医临床单次用药剂量的1/5～5倍作为降压反应物质检查剂量限值，急重病症用药尽可能采用高限。

特殊情况下，如供试品的药效试验有一定降血压作用，则可按猫最大无降压反应剂量的1/2～1/4作为限值剂量；供试品原液静脉注射1ml/kg剂量未见降压反应，该剂量可作为给药限值。

（四）组胺类物质检查

本法系将一定浓度的供试品和组胺对照品依次注入离体豚鼠回肠浴槽内，分别观察出现的收缩反应幅度并加以比较，以判定供试品是否符合规定的一种方法。不合格供试品表明含有组胺和类组胺物质，在兽医临床上可能引起血压下降和类过敏反应等严重的不良反应。

1．**检查方法**　参照"组胺类物质检查法"（附录1146）。

2．**设定限值前研究**　在确定限值前，应考察供试品对组胺对照品引起的离体豚鼠回肠收缩反应的干扰（抑制或增强），求得最大无收缩干扰浓度。

若供试品的处方、生产工艺等任何有可能影响试验结果的条件发生改变时，需重新进行干扰试验。

3．**干扰试验**　按组胺类物质检查法，依下列顺序准确注入供试品稀释液加对照品稀释液低剂量、对照品稀释液低剂量、供试品稀释液加对照品稀释液高剂量、对照品稀释液高剂量（d_{S_1+T}、d_{S_1}、d_{S_2+T}、d_{S_2}，重复一次，如d_{S_1+T}及d_{S_2+T}所致的反应值d_{S_1}及d_{S_2}所致的反应值基本一致，可认为供试品不干扰组胺物质检查；否则该品种不适合设立组胺物质检查项，建议设立降压物质检查项。同时应进行本法与降压物质检查法符合性的研究。

4．**设定限值**　除特殊要求外，原则上与降压物质检查限值一致，以兽医临床单次用药剂量的1/5～5倍量和每千克体重0.1μg组胺剂量计算注射剂含组胺类物质检查限值，其计算公式为：限值

L=K/M，其中K值为每千克体重接受的组胺量（0.1μg/kg），M为降压物质检查限值（mg/kg、ml/kg、IU/kg）。供试品剂量应低于最大无收缩干扰剂量。

（五）过敏反应检查

本法系将一定量的供试品皮下或腹腔注射入豚鼠体内致敏，间隔一定时间后静脉注射供试品进行激发，观察豚鼠出现过敏反应的情况，以此判定供试品是否符合规定。供试品不合格表明注射剂含有过敏反应物质，兽医临床用药时可能使患病动物致敏或产生过敏反应，引起严重不良反应。

1．检查方法　参照过敏反应检查法（附录1147）。

2．设定限值前研究　测定供试品对豚鼠腹腔（或皮下）和静脉给药的无毒性反应剂量。必要时，可采用注射剂的半成品原辅料进行致敏和激发研究，确定致敏方式和次数，在首次给药后14、21、28天中选择最佳激发时间。

3．设定限值　致敏和激发剂量应小于该途径的急性毒性反应剂量，适当参考兽医临床剂量。一般激发剂量大于致敏剂量。常用腹腔或鼠鼷部皮下注射途径致敏，每次每只0.5ml，静脉注射1ml激发。如致敏剂量较小，可适当增加致敏次数，方法和限值的特殊要求应在品种项下规定。

9601 药用辅料功能性指标研究指导原则

药用辅料系指生产兽药和调配处方时使用的赋形剂和附加剂，是除活性成分以外，在安全性方面已进行了合理的评估，且包含在药物制剂中的物质。药用辅料按用途可以分为多个类别（附录0201药用辅料），为保证药用辅料在制剂中发挥其赋形作用和保证质量的作用，在药用辅料的正文中设置适宜的功能性指标（Functionality-related characteristics，FRCs）十分必要。功能性指标的设置是针对特定用途的，同一辅料按功能性指标不同可以分为不同的规格，使用者可根据用途选择适宜规格的药用辅料以保证制剂的质量。

本指导原则将按药用辅料的用途介绍常用的功能性指标研究和建立方法。药用辅料功能性指标主要针对一般的化学手段难以评价功能性的药用辅料，如稀释剂等十二大类；对于纯化合物或功能性可以通过相应的化学手段评价的辅料，如pH值调节剂、渗透压调节剂、抑菌剂、螯合剂、络合剂、矫味剂、着色剂、增塑剂、抗氧剂、抛射剂等，不在本指导原则中列举其功能性评价方法。

（一）稀释剂

稀释剂也称填充剂，指制剂中用来增加体积或重量的成分。常用的稀释剂包括淀粉、蔗糖、乳糖、预胶化淀粉、微晶纤维素、无机盐类和糖醇类等。在药物剂型中稀释剂通常占有很大比例，其作用不仅保证一定的体积大小，而且减少主药成分的剂量偏差，改善药物的压缩成型性。稀释剂类型和用量的选择通常取决于它的物理化学性质，特别是功能性指标。

稀释剂可以影响制剂的成型性和制剂性能（如粉末流动性、湿法颗粒或干法颗粒成型性、含量均一性、崩解性、溶出度、片剂外观、片剂硬度和脆碎度、物理和化学稳定性等）。一些稀释剂（如微晶纤维素）常被用作干黏合剂，因为它们在最终压片的时候能赋予片剂很高的强度。

稀释剂功能性指标包括：（1）粒度和粒度分布（附录0982）；（2）粒子形态（附录0982）；（3）松密度/振实密度/真密度；（4）比表面积；（5）结晶性（附录0981）；（6）水分（附录0832）；（7）流动性；（8）溶解度；（9）压缩性；（10）引湿性（附录9103）等。

（二）黏合剂

黏合剂是指一类使无黏性或黏性不足的物料粉末聚集成颗粒，或压缩成型的具黏性的固体粉末或溶液。黏合剂在制粒溶液中溶解或分散，有些黏合剂为干粉。随着制粒溶液的挥发，黏合剂使颗粒的各项性质（如粒度大小及其分布、形态、含量均一性等）符合要求。湿法制粒通过改善颗粒一种或多种性质，如流动性、操作性、强度、抗分离性、含尘量、外观、溶解度、压缩性或者药物释放，使得颗粒的进一步加工更为容易。

黏合剂可以被分为：（1）天然高分子材料；（2）合成聚合物；（3）糖类。聚合物的化学属性，包括结构、单体性质和聚合顺序、功能基团、聚合度、取代度和交联度将会影响制粒过程中的相互作用。同一聚合物由于来源或合成方法的不同，它们的性质可能显示出较大的差异。常用黏合剂包括淀粉浆、纤维素衍生物、聚维酮、明胶和其他一些黏合剂。黏合剂通过改变微粒内部的黏附力生成了湿颗粒（聚集物）。它们可能还会改变界面性质、黏度或其他性质。在干燥过程中，它们可能产生固体桥，赋予干颗粒一定的机械强度。

黏合剂的功能性指标包括：（1）表面张力；（2）粒度和粒度分布（附录0982）；（3）溶解度（见凡例）；（4）黏度（附录0633）；（5）堆密度和振实密度；（6）比表面积等。

（三）崩解剂

崩解剂是加入到处方中促使制剂迅速崩解成小单元并使药物更快溶解的成分。当崩解剂接触水分、胃液或肠液时，它们通过吸收液体膨胀溶解或形成凝胶，引起制剂结构的破坏和崩解，促进药物的溶出。不同崩解剂发挥作用的机制主要有四种：膨胀、变形、毛细管作用和排斥作用。在片剂处方中，崩解剂的功能最好能具两种以上。崩解剂的功能性取决于多个因素，如它的化学特性、粒度及粒度分布以及粒子形态，此外还受一些重要的片剂因素的影响，如硬度和孔隙率。

崩解剂包括天然的、合成的或化学改造的天然聚合物。常用崩解剂包括：干淀粉、羧甲基淀粉钠、低取代羟丙基纤维素、交联羧甲基纤维素钠、交联聚维酮、泡腾崩解剂等。崩解剂可为非解离型或为阴离子型。非解离态聚合物主要是多糖，如淀粉、纤维素、支链淀粉或交联聚维酮。阴离子聚合物主要是化学改性纤维素的产物等。离子聚合物应该考虑其化学性质。胃肠道pH值的改变或者与离子型原料药（APIs）形成复合物都将会影响崩解性能。

与崩解剂功能性相关的性质包括：（1）粒度及粒度分布（附录0982）；（2）水吸收速率；（3）膨胀率或膨胀指数；（4）粉体流动性；（5）水分（附录0831和附录0832）；（6）泡腾量等。

（四）润滑剂

润滑剂的作用为减小颗粒间、颗粒和固体制剂制造设备如片剂冲头和冲模的金属接触面之间的摩擦力。

润滑剂可以分为界面润滑剂、流体薄膜润滑剂和液体润滑剂。界面润滑剂为两亲性的长链脂肪酸盐（如硬脂酸镁）或脂肪酸酯（如硬脂酰醇富马酸钠），可附着于固体表面（颗粒和机器零件），减小颗粒间或颗粒、金属间摩擦力而产生作用。表面附着受底物表面的性质影响，为了取得最佳附着效果，界面润滑剂颗粒往往为小的片状晶体；流体薄膜润滑剂是固体脂肪（如氢化植物油，1型）、甘油酯（甘油二十二烷酸酯和二硬脂酸甘油酯）或脂肪酸（如硬脂酸），在压力作用下会熔化并在颗粒和压片机的冲头周围形成薄膜，这将有利于减小摩擦力。在压力移除后流体薄膜润滑剂重新固化；液体润滑剂是在压紧之前可以被颗粒吸收，而压力下可自颗粒中释放的液体物质，也可用于减小制造设备的金属间摩擦力。

常用润滑剂包括：硬脂酸镁、微粉硅胶、滑石粉、氢化植物油、聚乙二醇类、月桂醇硫酸钠。

润滑剂的主要功能性指标包括：（1）粒度及粒度分布（附录0982）；（2）比表面积；（3）水分（附录0831和附录0832）；（4）多晶型（附录0981和附录0451）；（5）纯度（例如硬脂酸盐与棕榈酸盐比率）；（6）熔点或熔程；（7）粉体流动性等。

（五）助流剂和抗结块剂

助流剂和抗结块剂的作用是提高粉末流速和减少粉末聚集结块。助流剂和抗结块剂通常是无机物质细粉。它们不溶于水但是不疏水。其中有些物质是复杂的水合物。常用助流剂和抗结块剂包括滑石粉、微粉硅胶等无机物质细粉。

助流剂可吸附在较大颗粒的表面，减小颗粒间黏着力和内聚力，使颗粒流动性好。此外，助流剂可分散于大颗粒之间，减小摩擦力。抗结块剂可吸收水分以阻止结块现象中颗粒桥的形成。

助流剂和抗结块剂的功能性指标包括：（1）粒度及粒度分布（附录0982）；（2）表面积；（3）粉体流动性；（4）吸收率等。

（六）空心胶囊

胶囊作为药物粉末和液体的载体可以保证剂量的准确和运输的便利。空心胶囊应与内容物相容。空心胶囊通常包括两个部分（即胶囊帽和胶囊体），都是圆柱状，其中稍长的称为胶囊体，另一个称为胶囊帽。胶囊帽和胶囊体紧密结合以闭合胶囊。软胶囊是由沿轴缝合或无缝合线的单片构成。

根据原料不同空心胶囊可分为明胶空心胶囊和其他胶囊。明胶空心胶囊由源于猪、牛或鱼的明胶制备；其他类型胶囊由非动物源的纤维素、多糖等制备。空心胶囊也含其他添加剂如增塑剂、着色剂、遮光剂和抑菌剂。应尽量少用或不用抑菌剂，空心胶囊所用添加剂的种类和用量应符合国家药用或食用相关标准和要求。

空心胶囊可装填固体、半固体和液体制剂。传统的空心胶囊应在37℃生物液体如胃肠液里迅速溶化或崩解。空心胶囊中可以引入肠溶材料和调节释放的聚合物，调节胶囊内容物的释放。

水分随着胶囊类型而变化。水分对胶囊脆度有显著的影响。平衡水分对剂型稳定性有关键作用，因为水分子可在胶囊内容物和胶囊壳之间迁移。透气性是很重要的一个指标，因为羟丙甲纤维素胶囊有开放结构，因而通常其胶囊透气性比一般胶囊更大。明胶胶囊贮藏于较高的温度和湿度（如40℃/75% RH）下可产生交联，而羟丙甲纤维素胶囊不会产生交联。粉末内容物里的醛类物质因为能够使明胶交联而延长崩解时间。明胶胶囊在0.5%盐酸条件和36~38℃但不低于30℃的条件下应该能够在15分钟内崩解。羟丙甲纤维素胶囊在30℃以下也能崩解。

胶囊壳的功能性指标包括：（1）水分（附录0832和附录0831）；（2）透气性；（3）崩解性（附录0921和0931）；（4）脆碎度；（5）韧性；（6）冻力强度；（7）松紧度等。

（七）包衣材料

包衣可以掩盖药物异味、改善外观、保护活性成分、调节药物释放。包衣材料包括天然、半合成和合成材料。它们可能是粉末或者胶体分散体系（胶乳或伪胶乳），通常制成溶液或者水相及非水相体系的分散液。蜡类和脂类在其熔化状态时可直接用于包衣，而不使用任何溶剂。

包衣材料的功能性研究应针对：（1）溶解性，如肠溶包衣材料不溶于酸性介质而溶于中性介质；（2）成膜性；（3）黏度；（4）取代基及取代度；（5）抗拉强度；（6）透气性；（7）粒度等。

（八）润湿剂和（或）增溶剂

增溶剂包含很多种不同的化学结构和等级。典型的增溶剂为阴离子型或非解离型表面活性剂，在水中自发形成的胶束形态和结构起到增溶作用。增溶机理常常与难溶性药物和增溶剂自组装体（如胶束）形成的内核间的相互作用力有关。还有一些类型的增溶剂利用与疏水性分子相互作用的聚合物链的变化，将难溶性药物溶入聚合物链中从而增加药物的溶解度。

增溶剂包括固态、液态或蜡质材料。它们的化学结构决定其物理特性。然而增溶剂的物理特性及功效取决于表面活性特性和亲水亲油平衡值（HLB）（附录0713）。例如，十二烷基硫酸钠（HLB 值为40）是亲水性的，易溶于水，一旦在水中分散，即自发形成胶束。增溶剂特殊的亲水和亲油特性可以由其临界胶束浓度（CMC）来表征。

与润湿剂/增溶剂有关的功能性指标包括：（1）HLB值；（2）黏度；（3）组成，检查法可参考附录0301、0601、0633、0631、0713、0661、0982等；（4）临界胶束浓度；（5）表面张力等。

（九）栓剂基质

栓剂基质为制造直肠栓剂和阴道栓剂的基质。常用栓剂基质包括：油脂性基质，如可可豆脂、半合成椰油酯、半合成或全合成脂肪酸甘油酯等；水溶性基质，如甘油明胶、聚乙二醇、泊洛沙姆等。

栓剂应在略低于体温（37℃）下融化或溶解而释放药物，其释放机制为溶蚀或扩散分配。高熔点脂肪栓剂基质在体温条件下应融化。水溶性基质应能够溶解或分散于水性介质中，药物释放机制是溶蚀和扩散机制。

栓剂基质最重要的物理性质便是它的融程。一般来说，栓剂基质的融程在27~45℃。然而，单一栓剂基质的融程较窄，通常在2~3℃。基质融程的选择应考虑其他处方成分对最终产品融程的影响。

高熔点亲脂性栓剂基质是半合成的长链脂肪酸甘油三酯的混合物，包括单甘油酯、双甘油酯，也可能存在乙氧化脂肪酸。根据基质的融程、羟值、酸值、碘值、凝固点和皂化值，可将基质分为不同的级别。

亲水性栓剂基质通常是亲水性半固体材料的混合物，在室温条件下为固体，而当用于使用者时，药物会通过基质的熔融、溶蚀和溶出机制而释放出来。相对于高熔点栓剂基质，亲水性栓剂基质有更多羟基和其他亲水性基团。聚乙二醇为一种亲水性基质，具有合适的融化和溶解行为。

因此，栓剂基质的功能性指标可参考附录0612和附录0613、0713等。

（十）助悬剂和（或）增稠剂

在药物制剂中，助悬剂和（或）增稠剂用于稳定分散系统（如混悬剂或乳剂），其机制为减少溶质或颗粒运动的速率，或降低液体制剂的流动性。

助悬剂、增稠剂稳定分散体系或增稠效应有多种机制。常见的是大分子链或细黏土束缚溶剂导致黏度增加和层流中断。其余包括制剂中的辅料分子或颗粒形成三维结构的凝胶，和大分子或矿物质吸附于分散颗粒或液滴表面产生的立体作用。每种机制（黏度增加，凝胶形成或立体稳定性）是辅料流变学特性的体现，由于辅料的分子量大和粒径较大，其流变学的性质为非牛顿流体。此类辅料的分散体表现出一定的黏弹性。

助悬剂或增稠剂可以是低分子、也可以是大分子或矿物质。低分子助悬剂或增稠剂如甘油、糖浆。大分子助悬剂或增稠剂包括（a）亲水性的碳水化合物高分子〔阿拉伯胶、琼脂、海藻酸、羧甲基纤维素、角叉（菜）胶、糊精、结冷胶、瓜尔豆胶、羟乙基纤维素、羟丙基纤维素、羟丙甲纤维素、麦芽糖糊精、甲基纤维素、果胶、丙二醇海藻酸、海藻酸钠、淀粉、西黄蓍胶和黄原胶树胶〕

和（b）非碳水化合物亲水性大分子，包括明胶、聚维酮、卡波姆、聚氧乙烯和聚乙烯醇。矿物质助悬剂或增稠剂包括硅镁土、皂土（斑脱土）、硅酸镁铝、二氧化硅等。单硬脂酸铝，按功能分类既非大分子也非矿物质类助悬剂或增稠剂，它主要包含不同组分比例的单硬脂酸铝和单棕榈酸铝。

助悬剂和增稠剂的功能性指标为黏度（附录0633）等。

（十一）软膏基质

软膏是黏稠的用于体表不同部位的半固体外用制剂。软膏基质是其主要组成成分并决定其物理性质。软膏基质可作为药物的外用载体并可作为润湿剂和皮肤保护剂。

软膏基质是具有相对高黏度的液体含混悬固体的稳定混合物。

软膏基质分为：①油性基质：不溶于水，无水、不吸收水，难以用水去除（如凡士林）；②吸收性软膏基质：无水，但能够吸收一定量的水，不溶于水而且不易用水去除（如羊毛脂）；③乳剂型基质：通常是水包油或油包水型，其中含水，能够吸收水分，在水中也无法溶解（如乳膏）；④水溶性软膏基质：本身无水，可以吸水，能溶于水，可用水去除（如聚乙二醇）。

被选择的软膏基质应呈惰性、化学稳定。

黏度和熔程是乳膏基质的重要功能性指标，可参见附录0633和附录0613。

9621 药包材通用要求指导原则

药包材即直接与兽药接触的包装材料和容器，系指兽药生产企业生产的兽药所使用的直接与兽药接触的包装材料和容器。作为兽药的一部分，药包材本身的质量、安全性、使用性能以及药包材与药物之间的相容性对兽药质量有着十分重要的影响。药包材是由一种或多种材料制成的包装组件组合而成，应具有良好的安全性、适应性、稳定性、功能性、保护性和便利性，在兽药的包装、贮藏、运输和使用过程中起到保护兽药质量、安全、有效、实现给药目的（如气雾剂）的作用。

药包材可以按材质、形制和用途进行分类。

按材质分类　可分为塑料类、金属类、玻璃类、陶瓷类、橡胶类和其他类（如纸、干燥剂）等，也可以由两种或两种以上的材料复合或组合而成（如复合膜、铝塑组合盖等）。常用的塑料类药包材如药用低密度聚乙烯滴眼剂瓶、内服固体药用高密度聚乙烯瓶、聚丙烯输液瓶等；常用的玻璃类药包材有钠钙玻璃输液瓶、低硼硅玻璃安瓿、中硼硅管制注射剂瓶等；常用的橡胶类药包材有注射液用氯化丁基橡胶塞、药用合成聚异戊二烯垫片、内服液体药用硅橡胶垫片等；常用的金属类药包材如药用铝箔、铁制的清凉油盒。

按用途和形制分类　可分为输液瓶（袋、膜及配件）、安瓿、药用（注射剂、内服或者外用剂型）瓶（管、盖）、药用胶塞、药用预灌封注射器、药用滴眼（鼻、耳）剂瓶、药用硬片（膜）、药用铝箔、药用软膏管（盒）、药用喷（气）雾剂泵（阀门、罐、筒）、药用干燥剂等。

药包材的命名应按照用途、材质和形制的顺序编制，文字简洁，不使用夸大修饰语言，尽量不使用外文缩写。如内服液体药用聚丙烯瓶。

药包材在生产和应用中应符合下列要求。

药包材的原料应经过物理、化学性能和生物安全评估，应具有一定的机械强度、化学性质稳定、对动物无生物学意义上的毒害。药包材的生产条件应与所包装制剂的生产条件相适应；药包材生产环境和工艺流程应按照所要求的空气洁净度级别进行合理布局，生产不洗即用药包材，从产品成型及以后各工序其洁净度要求应与所包装的兽药生产洁净度相同。根据不同的生产工艺及用途，药包材的微生物限度或无菌应符合要求；注射剂用药包材的热原或细菌内毒素、无菌等应符合所包装制剂的要求；眼用制剂用药包材的无菌等应符合所包装制剂的要求。

兽药生产企业生产的兽药应使用国家批准的、符合生产质量规范的药包材，药包材的使用范围应与所包装的兽药给药途径和制剂类型相适应。应使用有质量保证的药包材，药包材在所包装药物的有效期内应保证质量稳定，多剂量包装的药包材应保证兽药在使用期间质量稳定。不得使用不能确保兽药质量和国家公布淘汰的药包材，以及可能存在安全隐患的药包材。

药包材与药物的相容性研究是选择药包材的基础，药物制剂在选择药包材时必须进行药包材与药物的相容性研究。药包材与药物的相容性试验应考虑剂型的风险水平和药物与药包材相互作用的可能性（见表1），一般应包括以下几部分内容：①药包材对药物质量影响的研究，包括药包材（如印刷物、黏合物、添加剂、残留单体、小分子化合物以及加工和使用过程中产生的分解物等）的提取、迁移研究及提取、迁移研究结果的毒理学评估，药物与药包材之间发生反应的可能性，药物活性成分或功能性辅料被药包材吸附或吸收的情况和内容物的逸出以及外来物的渗透等；②药物对药包材影响的研究，考察经包装药物后药包材完整性、功能性及质量的变化情况，如玻璃容器的脱片、胶塞变形等；③包装制剂后药物的质量变化（药物稳定性），包括加速试验和长期试验兽药质量的变化情况。

表1　药包材风险程度分类

不同用途药包材的风险程度	制剂与药包材发生相互作用的可能性		
	高	中	低
最高	1. 吸入气雾剂及喷雾剂 2. 注射液、冲洗剂	1. 注射用无菌粉末 2. 吸入粉雾剂 3. 植入剂	
高	1. 眼用液体制剂 2. 鼻吸入气雾剂及喷雾剂 3. 软膏剂、乳膏剂、糊剂、凝胶剂及贴膏剂、膜剂		
低	1. 外用液体制剂 2. 外用及舌下给药用气雾剂 3. 栓剂 4. 内服液体制剂	散剂、颗粒剂、丸剂	内服片剂、胶囊剂

药包材标准是为保证所包装兽药的质量而制定的技术要求。国家药包材标准由国家颁布的药包材标准（YBB标准）和产品注册标准组成。药包材质量标准分为方法标准和产品标准，药包材的质量标准应建立在经主管部门确认的生产条件、生产工艺以及原材料牌号、来源等基础上，按照所用材料的性质、产品结构特性、所包装药物的要求和临床使用要求制定试验方法和设置技术指标。上述因素如发生变化，均应重新制定药包材质量标准，并确认药包材质量标准的适用性，以确保药包材质量的可控性；制定药包材标准应满足对兽药的安全性、适应性、稳定性、功能性、保护性和便利性的要求。不同给药途径的药包材，其规格和质量标准要求亦不相同，应根据实际情况在制剂规格范围内确定药包材的规格，并根据制剂要求、使用方式制定相应的质量控制项目。在制定药包材质量标准时既要考虑药包材自身的安全性，也要考虑药包材的配合性和影响药物的贮藏、运输、质量、安全性和有效性的要求。药包材产品应使用国家颁布的YBB标准，如需制定产品注册标准的，其项目设定和技术要求不得低于同类产品的YBB标准。

药包材产品标准的内容主要包括三部分：①物理性能：主要考察影响产品使用的物理参数、机械性能及功能性指标，例如，橡胶类制品的穿刺力、穿刺落屑，塑料及复合膜类制品的密封性、阻隔性能等，物理性能的检测项目应根据标准的检验规则确定抽样方案，并对检测结果进行判断。②化学性能：考察影响产品性能、质量和使用的化学指标，如溶出物试验、溶剂残留量等。③生物性能：考察项目应根据所包装药物制剂的要求制定，例如，注射剂类药包材的检验项目包括细胞毒性、急性全身毒性试验和溶血试验等，滴眼剂瓶应考察异常毒性、眼刺激试验等。

药包材的包装上应注明包装使用范围、规格及贮藏要求，并应注明使用期限。

9622 药用玻璃材料和容器指导原则

药用玻璃材料和容器用于直接接触各类药物制剂的包装，是兽用药品的组成部分。玻璃是经高温熔融、冷却而得到的非晶态透明固体，是化学性能最稳定的材料之一。该类产品不仅具有良好的耐水性、耐酸性和一般的耐碱性，还具有良好的热稳定性、一定的机械强度、光洁、透明、易清洗消毒、高阻隔性、易于密封等一系列优点，可广泛地用于各类药物制剂的包装。

药用玻璃材料和容器可以从化学成分和性能、耐水性、成型方法等进行分类。

按化学成分和性能分类　药用玻璃国家药包材标准（YBB标准）根据线热膨胀系数和三氧化二硼含量的不同，结合玻璃性能要求将药用玻璃分为高硼硅玻璃、中硼硅玻璃、低硼硅玻璃和钠钙玻璃四类。各类玻璃的成分及性能要求如下：

化学组成及性能	玻璃类型			
	高硼硅玻璃	中硼硅玻璃	低硼硅玻璃	钠钙玻璃
B_2O_3（%）	≥12	≥8	≥5	<5
SiO_2*（%）	约81	约75	约71	约70
Na_2O+K_2O*（%）	约4	4-8	约11.5	12-16
$MgO+CaO+BaO+$（SrO）*（%）	—	约5	约5.5	约12
Al_2O_3*（%）	2～3	2～7	3～6	0～3.5
平均线热膨胀系数[①]：$\times 10^{-6}K^{-1}$（20～300℃）	3.2～3.4	3.5～6.1	6.2～7.5	7.6~9.0
121℃颗粒耐水性[②]	1级	1级	1级	2级
98℃颗粒耐水性[③]	HGB1级	HGB1级	HGB1级或HGB 2级	HGB2级或HGB3级
内表面耐水性[④]	HC1级	HC1级	HC1级或HCB级	HC2级或HC3级
耐酸性能　重量法	1级	1级	1级	1~2级
原子吸收分光光度法	100$\mu g/dm^2$	100$\mu g/dm^2$	—	—
耐碱性能	2级	2级	2级	2级

*各种玻璃的化学组成并不恒定，是在一定范围内波动，因此同类型玻璃化学组成允许有变化，不同的玻璃厂家生产的玻璃化学组成也稍有不同。

①：参照《平均线热膨胀系数测定法》

②：参照《玻璃颗粒在121℃耐水性测定法和分级》

③：参照《玻璃颗粒在98℃耐水性测定法和分级》

④：参照《121℃内表面耐水性测定法和分级》

按耐水性能分类　药用玻璃材料按颗粒耐水性的不同分为I类玻璃和Ⅲ类玻璃。I类玻璃即为硼硅类玻璃，具有高的耐水性；Ⅲ类玻璃即为钠钙类玻璃，具有中等耐水性。Ⅲ类玻璃制成容器的内表面经过中性化处理后，可达到高的内表面耐水性，称为II类玻璃容器。

按成型方法分类　药用玻璃容器根据成型工艺的不同可分为模制瓶和管制瓶。模制瓶的主要品种有大容量注射液包装用的输液瓶、小容量注射剂包装用的模制注射剂瓶（或称西林瓶）和内服制剂包装用的药瓶；管制瓶的主要品种有小容量注射剂包装用的安瓿、管制注射剂瓶（或称西林瓶）、预灌封注射器玻璃针管、笔式注射器玻璃套筒（或称卡氏瓶），内服制剂包装用的管制内服液体瓶、药瓶等。不同成型生产工艺对玻璃容器质量的影响不同，管制瓶热加工部位内表面的化学耐受性低于未受热的部位，同一种玻璃管加工成型后的产品质量可能不同。

药用玻璃材料和容器在生产、应用过程中应符合下列基本要求。

药用玻璃材料和容器的成分设计应满足产品性能的要求，生产中应严格控制玻璃配方，保证玻璃成分的稳定，控制有毒有害物质的引入，对生产中必须使用的有毒有害物质应符合国家规定，且不得影响药品的安全性。

药用玻璃材料和容器的生产工艺应与产品的质量要求相一致，不同窑炉、不同生产线生产的产品质量应具有一致性，对玻璃内表面进行处理的产品在提高产品性能的同时不得给药品带来安全隐患，并保证其处理后有效性能的稳定性。

药用玻璃容器应清洁透明，以利于检查药液的可见异物、杂质以及变质情况，一般药物应选用无色玻璃，当药物有避光要求时，可选用棕色透明玻璃，不宜选择其他颜色的玻璃；应具有较好的热稳定性，保证高温灭菌或冷冻干燥中不破裂；应有足够的机械强度，能耐受热压灭菌时产生的较高压力差，并避免在生产、运输和贮存过程中所造成的破损；应具有良好的临床使用性，如安瓿折断力应符合标准规定；应有一定的化学稳定性，不与药品发生影响药品质量的物质交换，如不发生玻璃脱片、不引起药液的pH值变化等。

兽药生产企业应根据药物的物理、化学性质以及相容性试验研究结果选择适合的药用玻璃容器。对生物制品、偏酸偏碱及对pH值敏感的注射剂，应选择121℃颗粒法耐水性为1级及内表面耐水性为HC1级的药用玻璃容器或其他适宜的包装材料。

玻璃容器与药物的相容性研究应主要关注玻璃成分中金属离子向药液中的迁移，玻璃容器中有害物质的浸出量不得超过安全值，各种离子的浸出量不得影响药品的质量，如碱金属离子的浸出应不导致药液的pH值变化；药物对玻璃包装的作用应考察玻璃表面的侵蚀程度，以及药液中玻璃屑和玻璃脱片等，评估玻璃脱片及非肉眼可见和肉眼可见玻璃颗粒可能产生的危险程度，玻璃容器应能承受所包装药物的作用，药品贮藏的过程中玻璃容器的内表面结构不被破坏。

影响玻璃容器内表面耐受性的因素有很多，包括玻璃化学组成、管制瓶成型加工的温度和加工速度、玻璃容器内表面处理的方式（如硫化处理）、贮藏的温度和湿度、终端灭菌条件等；此外药物原料以及配方中的缓冲液（如醋酸盐缓冲液、柠檬酸盐缓冲液、磷酸盐缓冲液等）、有机酸盐（如葡萄糖酸盐、苹果酸盐、琥珀酸盐、酒石酸盐等）、高离子强度的碱金属盐、络合剂乙二胺四乙酸二钠等也会对玻璃容器内表面的耐受性产生不良影响。因此在相容性研究中应综合考察上述因素对玻璃容器内表面耐受性造成的影响。

9901 国家兽药标准物质制备指导原则

本指导原则用于规范和指导国家兽药标准物质的制备，保证国家兽药标准的执行。

一、国家兽药标准物质品种的确定

根据国家兽药标准制定及修订的需要，确定兽药标准物质的品种。

二、候选国家兽药标准物质原料的选择

（1）原料的选择应满足适用性、代表性及可获得性的原则。

（2）原料的性质应符合使用要求。

（3）原料的均匀性、稳定性及相应特性量值范围应适合该标准物质的用途。

三、候选国家兽药标准物质的制备

（1）根据候选兽药标准物质的理化性质，选择合理的制备方法和工艺流程，防止相应特性量值的变化，并避免被污染。

（2）对不易均匀的候选兽药标准物质，在制备过程中除采取必要的均匀措施外，还应进行均匀性初检。

（3）对相应特性量值不稳定的候选兽药标准物质，在制备过程中应考察影响稳定性的因素，采取必要的措施保证其稳定性，并选择合适的储存条件。

（4）当候选兽药标准物质制备量大时，为便于保存可采取分级分装。

（5）候选兽药标准物质供应者须具备良好的实验条件和能力，并应提供以下资料：

①试验方法、量值、试验重复次数、必要的波谱及色谱等资料；

②符合稳定性要求的贮存条件（温度、湿度和光照等）；

③候选兽药标准物质引湿性研究结果及说明；

④加速稳定性研究结果；

⑤有关物质的鉴别及百分比，国家兽药标准中主组分的相对响应因子等具体资料；

⑥涉及危害健康的最新的安全性资料。

四、候选国家兽药标准物质的标定

候选兽药标准物质按以下要求进行标定，必要时应与国际标准物质进行比对。

1．化学结构或组分的确证

（1）验证已知结构的化合物需要提供必要的理化参数及波谱数据，并提供相关文献及对比数据。如无文献记载，应提供完整的结构解析过程。

（2）对于不能用现代理化方法确定结构的兽药标准物质，应选用适当的方法对其组分进行确证。

2．理化性质检查 应根据兽药标准物质的特性和具体情况确定理化性质检验项目，如性状、熔点、比旋度、晶型以及干燥失重、引湿性等。

3．纯度及有关物质检查 应根据兽药标准物质的使用要求确定纯度及有关物质的检查项，如反应中间体、副产物及相关杂质等。

4．均匀性检验 凡成批制备并分装成最小包装单元的候选兽药标准物质，必须进行均匀性检验。对于分级分装的候选兽药标准物质，凡由大包装分装成最小包装单元时，均应进行均匀性检验。

5．定值 符合上述要求后，方可进行定值。

定值的测量方法应经方法学考察证明准确可靠。应先研究测量方法、测量过程和样品处理过程所固有的系统误差和随机误差，如溶解、分离等过程中被测样品的污染和损失；对测量仪器要定期进行校准，选用具有可溯源的基准物；要有可行的质量保证体系，以保证测量结果的溯源性。

（1）定值原则　在测定一个候选化学标准品/对照品含量时，水分、有机溶剂、无机杂质和有机成分测定结果的总和应为100%。

（2）选用下列方式对候选兽药标准物质定值

①采用高准确度的绝对或权威测量方法定值：测量时，要求两个以上分析者在不同的实验装置上独立地进行操作。

②采用两种以上不同原理的已知准确度的可靠方法定值：研究不同原理的测量方法的精密度，对方法的系统误差进行估计，采取必要的手段对方法的准确度进行验证。

③多个实验室协作定值：参加协作标定的实验室应具有候选兽药标准物质定值的必备条件及相关实验室资质。每个实验室应采用规定的测量方法。协作实验室的数目或独立定值组数应符合统计学的要求。

五、 候选国家兽药标准物质的稳定性考察

1．候选兽药标准物质应在规定的贮存或使用条件下，定期进行相应特性量值的稳定性考察。

2．稳定性考察的时间间隔可以依据先密后疏的原则。在考察期间内应有多个时间间隔的监测数据。

（1）当候选兽药标准物质有多个特性量值时，应选择易变的和有代表性的特性量值进行稳定性考察；

（2）选择不低于定值方法精密度和具有足够灵敏度的测量方法进行稳定性考察；

（3）考察稳定性所用样品应从总样品中随机抽取，抽取的样品数对于总体样品有足够的代表性；

（4）按时间顺序进行的测量结果应在测量方法的随机不确定度范围内波动。

原子量表

(^{12}C=12.00)

（录自2001年国际原子量表）

中文名	英文名	符号	原子量	中文名	英文名	符号	原子量
氢	Hydrogen	H	1.00794（7）	砷	Arsenic	As	74.92160（2）
氦	Helium	He	4.002602（2）	硒	Selenium	Se	78.96（3）
锂	Lithium	Li	6.941（2）	溴	Bromine	Br	79.904（1）
硼	Boron	B	10.811（7）	锶	Strontium	Sr	87.62（1）
碳	Carbon	C	12.0107（8）	锆	Zirconium	Zr	91.224（2）
氮	Nitrogen	N	14.0067（2）	钼	Molybdenum	Mo	95.94（2）
氧	Oxygen	O	15.9994（3）	锝	Technetium	Tc	〔99〕
氟	Fluorine	F	18.9984032（5）	钯	Palladium	Pd	106.42（1）
钠	Sodium（Natrium）	Na	22.989770（2）	银	Silver（Argentum）	Ag	107.8682（2）
镁	Magnesium	Mg	24.3050（6）	镉	Cadmium	Cd	112.411（8）
铝	Aluminium	Al	26.981538（2）	铟	Indium	In	114.818（3）
硅	Silicon	Si	28.0855（3）	锡	Tin（Stannum）	Sn	118.710（7）
磷	Phosphorus	P	30.973761（2）	锑	Antimony（Stibium）	Sb	121.760（1）
硫	Sulfur	S	32.065（5）	碘	Iodine	I	126.90447（3）
氯	Chlorine	Cl	35.453（2）	碲	Tellurium	Te	127.60（3）
氩	Argon	Ar	39.948（1）	氙	Xenon	Xe	131.293（6）
钾	Potassium（Kalium）	K	39.0983（1）	钡	Barium	Ba	137.327（7）
钙	Calcium	Ca	40.078（4）	镧	Lanthanum	La	138.9055（2）
钛	Titanium	Ti	47.867（1）	铈	Cerium	Ce	140.116（1）
钒	Vanadium	V	50.9415（1）	钬	Holmium	Ho	164.93032（2）
铬	Chromium	Cr	51.9961（6）	镱	Ytterbium	Yb	173.04（3）
锰	Manganese	Mn	54.938049（9）	钨	Tungsten（Wolfram）	W	183.84（1）
铁	Iron（Ferrum）	Fe	55.845（2）	铂	Platinum	Pt	195.078（2）
钴	Cobalt	Co	58.933200（9）	金	Gold（Aurum）	Au	196.96655（2）
镍	Nickel	Ni	58.6934（2）	汞	Mercury（Hydrargyrum）	Hg	200.59（2）
铜	Copper（Cuprum）	Cu	63.546（3）	铅	Lead（Plumbum）	Pb	207.2（1）
锌	Zinc	Zn	65.409（4）	铋	Bismuth	Bi	208.98038（2）
镓	Gallium	Ga	69.723（1）	钍	Thorium	Th	232.0381（1）
锗	Germanium	Ge	72.64（1）	铀	Uranium	U	238.02891（3）

注：1. 原子量末位数的准确度加注在其后括号内。

2. 中括号内的数字是半衰期最长的放射性同位素的质量数。

索　引

中文索引

（按汉语拼音顺序排列）

G

H

J

Q

英 文 索 引

(按字母顺序排列)

E